JN418049

PRESCOTT
미생물학

PRESCOTT'S
MICROBIOLOGY
12th Edition

12판

PRESCOTT
미생물학

Joanne Willey · Kathleen Sandman · Dorothy Wood 지음

이재영 감수

김경민 · 김한솔 · 박윤경 · 서태근 · 송윤재 · 엄안흠 · 이동선 · 이선희
이인형 · 이재영 · 이준식 · 이진원 · 이찬용 · 이효정 · 정인실 옮김

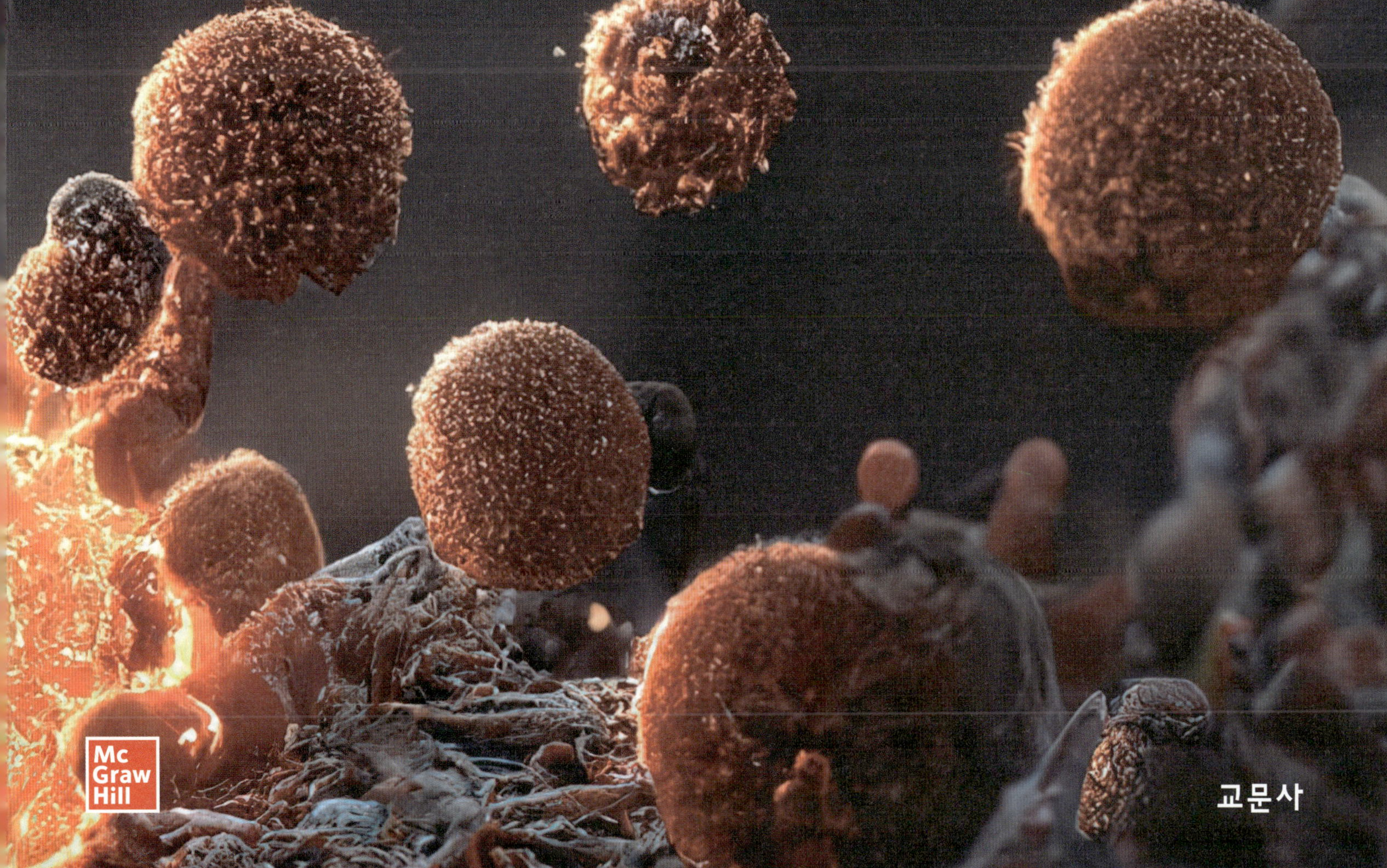

교문사

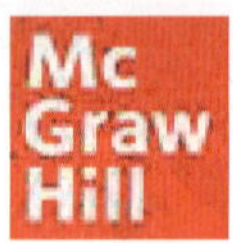

Prescott's Principles of Microbiology, 2nd Edition

1 2 3 4 5 6 7 8 9 10 GMP 20 23

Original: Prescott's Principles of Microbiology, 2nd Edition © 2021
By Joanne Willey, Kathleen Sandman
ISBN 978-1-26-025903-2

This authorized Korean translation edition is jointly published by McGraw-Hill Education Korea, Ltd. and GYOMOON Publisher. This edition is authorized for sale in the Republic of Korea.

This book is exclusively distributed by GYOMOON Publisher.

When ordering this title, please use ISBN 978-89-363-2479-7

Printed in Korea

PRESCOTT
미생물학

12판 발행 2023년 4월 7일

지은이 Joanne Willey, Kathleen Sandman, Dorothy Wood
감　수 이재영
옮긴이 김경민·김한솔·박윤경·서태근·송윤재·엄안흠·이동선·이선희·이인형·이재영·이준식·이진원·이찬용·이효정·정인실
펴낸이 류원식
펴낸곳 교문사

편집팀장 김경수 | **책임진행** 심승화 | **디자인** 신나리 | **본문편집** 다함

주소 10881, 경기도 파주시 문발로 116
대표전화 031-955-6111 | **팩스** 031-955-0955
홈페이지 www.gyomoon.com | **이메일** genie@gyomoon.com
등록번호 1968.10.28. 제406-2006-000035호

ISBN 978-89-363-2479-7 (93470)
정가 55,000원

역자 소개

김경민 [37, 38, 39장]

연세대학교 생물학과 졸업
미국 텍사스대학교 생물학과 박사
현재 아주대학교 의과대학 미생물학교실 교수

김한솔 [13, 14장]

울산과학기술원 생명과학과 졸업
울산과학기술원 생명과학과 박사
현재 인제대학교 BNIT융합대학 제약공학과 교수

박윤경 [20, 22장]

조선대학교 유전공학과 졸업
조선대학교 유전자과학과 박사
현재 조선대학교 자연과학·공공보건안전대학 의생명과학과 교수

서태근 [1, 2장]

한국과학기술원 생명과학과 졸업
한국과학기술원 생명과학과 박사
현재 동국대학교 바이오시스템대학 생명과학과 교수

송윤재 [7, 17, 18, 25장]

성균관대학교 생명과학과 졸업
미국 아이오와대학교 미생물학과 박사
현재 가천대학교 바이오나노대학 생명과학과 교수

엄안흠 [5, 6, 24장]

한국교원대학교 생물교육과 졸업
미국 캔자스주립대학교 생물학과 박사
현재 한국교원대학교 생물교육과 교수

이동선 [11, 12, 40, 42장]

경북대학교 미생물학과 졸업
경북대학교 미생물학과 박사
현재 제주대학교 생명자원과학대학 생명공학부 교수

이선희 [19, 21, 23장]

경북대학교 생물학과 졸업
경북대학교 생물학과 박사
현재 동아대학교 자연과학대학 바이오메디컬학과 교수

이인형 [9, 15, 16장]

서울대학교 식품공학과 졸업
미국 캘리포니아대학교 미생물학과 박사
현재 국민대학교 과학기술대학 바이오발효융합학과 교수

이재영 [31, 32, 33, 34장]

서울대학교 미생물학과 졸업
미국 캘리포니아대학교 미생물학과 박사
현재 목포대학교 자연과학대학 생명과학과 교수

이준식 [35, 36장]

동국대학교 생화학과 졸업
부산대학교 약학과 박사
현재 조선대학교 자연과학·공공보건안전대학 생명과학과 교수

이진원 [26, 27, 28, 29, 30장]

서울대학교 미생물학과 졸업
서울대학교 생명과학부 박사
현재 한양대학교 자연과학대학 생명과학과 교수

이찬용 [41장]

서울대학교 식품공학과 졸업
서울대학교 식품공학과 박사
현재 대전대학교 혜화리버럴아츠칼리지 생명과학전공 교수

이효정 [3, 4장]

중앙대학교 생명과학과 졸업
중앙대학교 생명과학과 박사
현재 군산대학교 자연과학대학 생명과학과 교수

정인실 [8, 10장]

연세대학교 생화학과 졸업
미국 앨라배마주립대학교 분자의학과 박사
현재 한서대학교 바이오식품과학과 교수

저자 소개

Joanne Willey

Joanne M. Willey는 1993년부터 뉴욕 주의 롱아일랜드 소재 호프스트라대학교에서 호프스트라/노스웰(Hofstra/Northwell)의 도널드와 바바라 주커 의과대학(Donald and Barbara Zucker School of Medicine) 소속 생명의과학 Leo A. Guthart 교수직과 과학교육학과 학과장으로 재직하고 있다. Willey 박사는 펜실베니아대학교에서 생물학 전공으로 학사학위를 받았고, 부영양화된 하천에서 번식하는 남세균(cyanobacteria)에 대한 연구를 하면서 미생물학에 관심을 가지게 되었다. 이후 1987년 메사추세츠 공과대학-우즈홀 해양연구소의 공동프로그램(Massachusetts Institute of Technology-Woods Hole Oceanographic Institution Joint Program)을 통해 해양미생물 전공으로 생물해양학(biological oceanography) 박사학위를 취득하였다. 박사후 연구원으로 하버드대학교로 옮긴 후, 사상 토양세균인 *Streptomyces coelicolor* 연구를 진행하였다. Willey 박사는 이 세균의 복잡한 발생주기에 초점을 맞춰 많은 학술논문을 공동 저술하였다. 미국 미생물학회(the American Society for Microbiology, ASM)에서 왕성한 활동을 하고 있으며, 9년 동안 〈응용환경미생물학(Applied and Environmental Microbiology)〉 저널의 편집위원장으로 봉사하였고, 일반미생물학 분과(Division of General Microbiology)의 위원장직도 수행하였다. 20년 간 생물학 전공 학생들에게 미생물학을 가르쳤고, 현재 의대생들에게 미생물학과 감염성 질병을 강의하고 있다. 또한 세포생물학, 해양미생물학 및 분자유전학 실험기법도 강의하였다. 현재 롱아일랜드의 북쪽 해변지역에 거주하며 슬하에 두 아들이 있다. 달리기를 매우 열심히 하고 있으며 스키와 하이킹, 암벽 등반 및 독서를 즐기고 있다.

연락처: joanne.m.willey@hofstra.edu.

Kim Tyndall

Kathleen M. Sandman은 라살대학교(La Salle University)에서 생물학 전공으로 학사학위를 받았고, 하버드대학교에서 세포 및 발생생물학 전공으로 박사학위를 취득하였다. Sandman 박사는 유기화학자로서의 경험을 쌓은 오빠의 영향과 1970년대에 개발되고 있던 재조합 DNA 기술에 고무되어 과학 관련 직종에 관심을 가지게 되었다. 대학원 과정에서는 전이요소를 돌연변이원으로 사용하여 *Bacillus subtilis*의 내생포자 형성과정에 관여하는 유전자 발현을 연구하였다. 영국의 케임브리지대학교(University of Cambridge)에서 박사후 연구원으로 재직하면서 *Bacillus thuringiensis*를 대상으로 그람양성 세균의 유전학 연구를 계속하였다. 오하이오 주립대학교(Ohio State University)에서 두 번째 박사후 연구원으로 연구한 주제는 고균 분자생물학이라는 새로운 분야로서, 고균의 히스톤을 발견하였으며 이후 20여년 간 고균 염색질의 구조 생물학적 연구를 계속하였다. 미국 국립과학재단(National Science Foundation)의 연구비 심사위원과 '극한 환경에서의 생명 프로그램(Life in Extreme Environment Program)'의 토론자로 활동하였고, 고균의 분자생물학과 호극성생물의 단백질에 대한 학술회의 세션을 조직하였다. Sandman 박사는 수많은 학생들에게 기초미생물학과 심화 수준의 분자미생물학 실험을 강의하였다. 또한 산업미생물, 환경지질미생물 및 과학기술 출판 등 다양한 분야의 기업체에서 고문으로 활동하고 있다. 현재 남편과 함께 오하이오주 콜럼버스에 거주하고 있으며 슬하에 두 딸이 있다.

연락처: kathleenmsandman@gmail.com.

Dorothy Wood

Dorothy H. Wood는 노스캐롤라이나(North Carolina) 주 소재 더럼 테크니컬 커뮤니티대학(Durham Technical Community College)에서 17년 간 미생물학과 일반생물학을 강의하고 있다. Wood 박사는 로드아일랜드대학(Rhode Island College)에서 생물학 전공으로 학사학위를 받았으며, 그곳에서 찰스 오웬스 박사의 가르침으로 미생물을 좋아하게 되었다. 채플 힐 소재 노스캐롤라이나대학교(University of North Carolina at Chapel Hill)에서 항생제에 의해 유발되는 췌장 손상에 대한 연구로 세포 및 분자병리학 박사학위를 취득하였으며, 수용체에 결합하는 새로운 화합물을 이용한 대체요법을 연구하였다. 노스캐롤라이나 센트럴대학교(NC Central University)에서 조교수로 3년간 재직한 후 가장 관심을 둔 강의에 집중하기 위해 노스캐롤라이나 커뮤니티대학 시스템(NC Community College System)으로 옮겼다. 이곳에서 재직하면서 대학원 세균학, 병리생리학 및 생물공학 등 다양한 교과목을 개발하였다. Wood 박사는 McGraw Hill 출판사의 디지털 자문위원이며, 다양한 분야의 교재를 대상으로 그 내용에 맞도록 디지털 콘텐츠를 개발하고 편집하는 일을 맡고 있다. 또한 채플 힐에 본부를 두고 있는 국제 교육 및 훈련 시스템의 교육과정 설계 자문위원이다. 피트니스 전문가로서 건강 및 복지 세미나를 이끌고 있으며, 과거 10년 간 비영리단체의 회계 담당자로 일하고 있다. 현재 노스캐롤라이나에서 남편과 두 자녀와 함께 즐거운 삶을 누리고 있다.

연락처: dorothywood241@gmail.com.

간략한 차례

차례

CHAPTER

1

미생물의 진화와 미생물학

Raman Tyukin/Shutterstock

미생물학의 범위

역사를 바라보는 기분이 어떤가? COVID-19 대유행은 앞으로 수년간 과학자, 임상의, 정치인들의 연구의 대상이 될 것이다. 그러나 COVID-19 대유행이 폭발적으로 일어남에 따라 우리는 실시간으로 답이 필요한 많은 질문을 해결할 수 있는 도구를 갖게 되었다. 이러한 질문은 또한 미생물학의 범위를 보여준다. 다음 4개의 질문을 살펴보자.

- **COVID-19의 원인이 되는 바이러스인 SARS-CoV-2의 성질은 무엇인가?** 바이러스를 연구하는 바이러스학자들이 이 질문에 대답하는 것에 도움을 주었다는 것은 쉽게 알 수 있다. 하지만 그들은 다른 많은 사람들로부터 도움을 받았다. 예를 들어, 바이러스를 시각화하기 위해 전자현미경 전문가가 필요했고 분자 생물학자와 유전학자의 도움이 중요했다. 처음 동정된 SARS-CoV-2의 유전체 염기서열과 이후 환자로부터 배양되어 새롭게 분리된 많은 분리주의 유전체를 빠르게 분석하는 능력은 생물정보학자(대규모 생물학적 데이터 세트를 분석하는 사람), 컴퓨터 과학자 및 임상 미생물학자의 중요성을 보여준다.
- **SARS-CoV-2는 어떻게 질병을 일으키는가?** 이것은 처음에 누가 예상했던 것보다 훨씬 더 복잡한 것으로 밝혀졌다. 이 질문에 답하기 위해 면역학자, 생리학자, 감염병 전문가, 병리학자, 그리고 많은 임상의사 과학자들이 연구를 수행했다.
- **어떻게 하면 COVID-19 환자를 가장 잘 치료할 수 있는가?** 기존 약물의 용도 변경과 신약 개발 과정에는 바이러스학자, 분자생물학자, 생화학자, 화학자, 면역학자의 협조적인 노력이 필요했다. 한편, 의사, 간호사, 약사, 공중보건 공무원을 포함한 임상의들은 환자들을 대상으로 새로운 치료법을 실험했다. 실험 결과를 해석하기 위해서는 데이터 과학자와 통계학자가 필요했다.
- **COVID-19 확산을 어떻게 예방할 것인가?** 세계는 COVID-19로 질병의 확산을 추적하고 예측하는 역학자와 질병 모형 연구자의 역할이 중요함을 알게 되었다. 지리 정보 과학자는 바이러스가 어디에서 퍼지고 있는지를 알아내는데 도움을 주었다. 미생물학자, 생화학자, 면역학자가 백신을 개발하는 데 시간이 걸린다는 것이 분명해짐에 따라 산업미생물학자와 생명공학자가 제공하는 값싸고 쉬운 시험의 설계 및 배포의 중요성이 커졌다.

이것들은 COVID-19가 제기하는 질문 중 일부에 불과하다. 이 교재의 목표는 여러분에게 미생물 세계(미생물의 다양성, 미생물학의 우아함, 그리고 미생물학의 많은 하위 분야들)를 소개하는 것이다. 안타깝게도, COVID-19로 인해 이미 여러분은 미생물학의 중요성을 알게 되었을 것이다.

이 장에서 우리는 이와 같이 놀라운 생물에 대해 소개할 것이며, 그들이 어떤 과정을 거쳐 진화하였으며, 어떻게 발견되었는지에 대해 서술하고자 한다. 미생물학은 생물학의 한 분야이기 때문에, 이 교재에서 배우게 될 많은 것들은 큰 생물을 중심으로 가르치는 고등학교와 대학의 생물학 시간에 배운 내용 등과 비슷하지만, 미생물은 독특한 특징을 가지고 있기에 미생물학은 그들을 이해하기 위한 독특한 방법을 사용한다. 이 방법에 대해서도 소개할 것이다. 그러나 이 장을 공부하기 전에 이 장에서 다루고 있는 내용을 이해하는 데 필요한 기본적인 것을 공부하였는지 살펴보기 바란다.

이 장의 학습을 위해 점검할 사항:

- ✓ 진핵세포의 특징 중에서 다른 세포 유형의 특징과 구별되는 특징을 나열할 수 있다.
- ✓ 거대분자, 핵산, 단백질, 탄수화물, 지질의 기본 구조를 이해할 수 있다(부록 I 참조).
- ✓ 유전체, 유전자형, 돌연변이라는 용어를 설명할 수 있다.

1.1 미생물 세계의 구성원들

이 절을 학습한 후 점검할 사항:

a. '미생물학'이라는 용어의 의미를 정의할 수 있다.
b. 세포성 생물을 3영역으로 분류하는 체계를 확립하는 과정에서 우즈가 어떤 기여를 하였는지 설명할 수 있다.
c. 새로 발견된 미생물의 특성을 알았을 때 그 미생물이 어떤 유형의 미생물(예: 세균, 진균 등)인지 판단할 수 있다.
d. 각 주요 미생물 유형이 사람에게 어떤 중요성이 있는지 예를 하나씩 들 수 있다.

미생물(microorganism)이란 크기가 너무 작아 맨눈으로 명확하게 확인할 수 없는 생명체로서 엄청나게 다양하고 상상할 수 없을 정도로 많다(**그림 1.1**). 지구상의 미생물의 수를 세는 것은 어렵지만, 약 10^{30}개의 미생물이 있을 것으로 추정되며, 이들은 개미 내장이나 바다밑 깊은 곳의 퇴적물에도 있어서 다양한 서식지를 갖고 있다(**그림 1.2**). 지구에는 우리가 알고 있는 우주의 별보다 더 많은 미생물이 있다.

일반적으로 미생물의 크기는 지름이 1 mm 이하이지만, 빵곰팡이와 같은 일부 세포성 미생물은 현미경이 없어도 볼 수 있을 만큼 크다. 맨눈으로 볼 수 있는 어떤 미생물은 다세포로 이루어져 있다. 이 미생물은 고도로 분화된 조직을 갖고 있지 않다는 점에서 식물이나 동물과 구별된다. 또한 **미생물**(microorganism, microbe)에는 바이러스와 바이러스의 일부분을 이루는 물질로 된 존재(subviral agent)를 포함하는 비세포성 생물학적 존재도 있다. 이러한 존재들은 독립적으로 번식할 수 없기 때문에 이들을 미생물로 보아야 할 것인지에 대한 논란이 없는 것은 아니다.

미생물의 다양성은 항상 미생물 분류학자들의 관심을 불러일으켰다. 미생물 분류의 초기에는 세포성 미생물을 식물이나 동물로 분류하였는데 이는 너무 단순한 결정이었다. 예를 들어, 어떤 미생물은 동물처럼 움직일 수 있지만 식물처럼 세포벽을 가지고 있고 광합성도 한다. 미생물 분류에서의 중요한 돌파구는 생물의 세포가 2가지 중 하나의 "평면도"로 되어 있음이 발견된 것에서 마련되었다. **원핵세포**(prokaryotic cell: 그리스어 *pro*는 '전에', *karyon*은 '알' 또는 '핵'을 의미, 원시적인 핵을 가진 생물)라 불리는 세포들은 개방된 평면

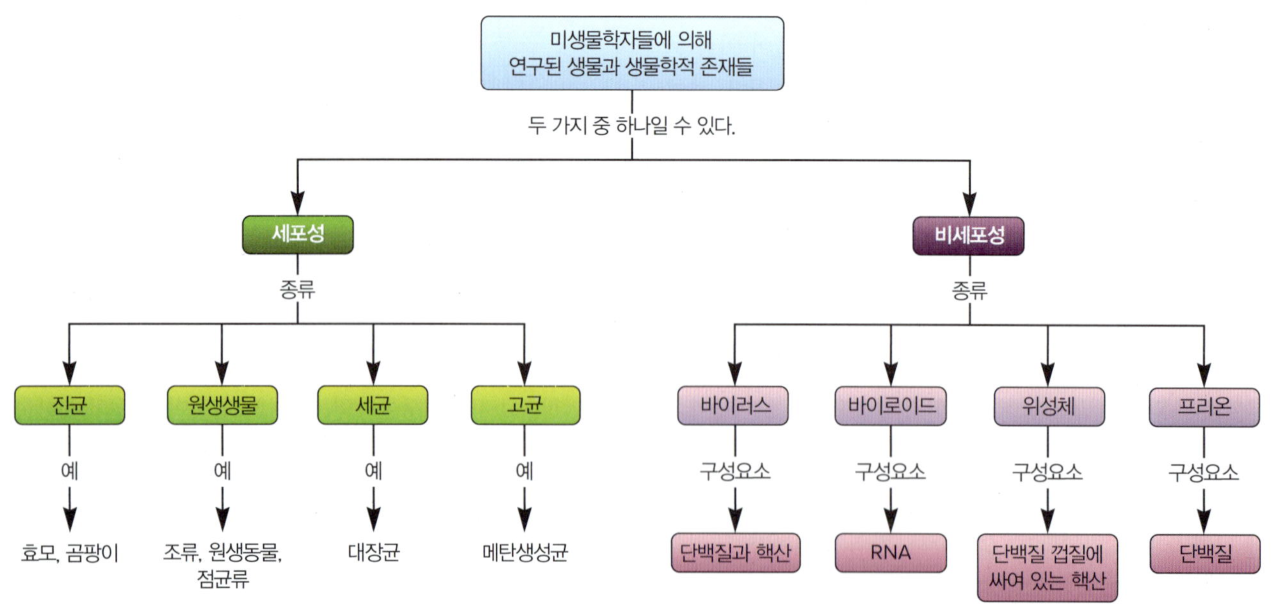

그림 1.1 미생물학자들에 의해 연구된 생물학적 존재의 유형을 나타내는 개념도.

연관 질문 이 개념도를 변형하되 변형된 개념도가 현재의 것과 마찬가지로 세포성 생물들을 서로 구분되게 하려면 어떻게 해야 하는가?

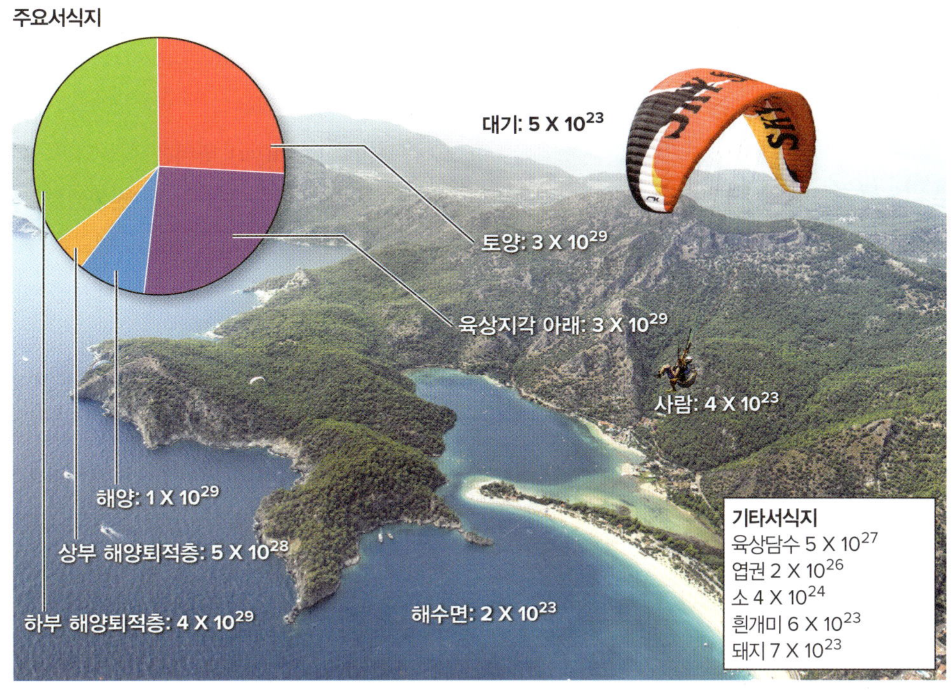

그림 1.2 세균과 고균의 서식지와 풍부함. 제시된 숫자들은 각 서식지의 미생물 수를 나타낸다. 대부분의 박테리아와 고균은 지각이나 지각 바로 아래에 있는 해양과 퇴적층에서 산다. 지구 깊숙한 곳에서 생존할 수 있는 미생물의 발견은 최근의 흥미로운 발전이다. 다른 서식지로는 엽권(phyllosphere, 식물의 땅위 부위), 가축, 사람이 있다. Fotout/Shutterstock

도를 가지고 있다. 즉, 그들의 세포에 존재하는 내용물들은 막으로 서로 분리되어 있는 공간 속에 나누어져 존재하지 않는다. **진핵세포**(eukaryotic cell: 그리스어 *eu*는 '진짜'를 의미)만 핵과 막으로 싸인 다른 세포소기관들(예: 미토콘드리아, 엽록체)을 가지고 있는데, 이 소기관들은 서로 다른 세포물질을 소유하고 서로 다른 물질대사를 수행한다.

이러한 관찰결과들은 결국 새로운 분류체계를 개발하게 하여 생물을 모네라계(monera), 원생생물계(protista), 진균계(fungi), 동물계(animalia), 식물계(plantae)와 같은 5계(kingdom)로 나누게 되었다. 미생물(바이러스와 다른 비세포성 감염체는 제외)은 모네라계와 원생생물계 및 진균계에 배치되어 있다. 이 분류체계에서는 원핵세포 구조로 된 모든 생물들이 모네라계에 속한다. 그러나 미생물학자들은 5계 체계를 더 이상 받아들이지 않는다. 그들은 원핵세포 생물들이 너무 다양하기 때문에 이들을 하나의 계로 분류할 수 없다고 생각하였다. ▶| 원핵생물이라는 용어 사용에 대해 논란이 있다(3.1절)

미생물 분류는 3가지 분야에서의 진보로 발전할 수 있었다. 첫째, 전자현미경의 사용으로 미생물세포의 자세한 구조를 많이 알게 되었다. 둘째, 다양한 미생물의 생화학적, 생리적 특성을 측정하는 방법은 미생물 간의 많은 유사점과 차이점을 보여주었다. 셋째, 유전체 혁명은 다양한 생물의 핵산과 단백질 서열을 분석할 수 있게 해주었다. 1970년대에 칼 우즈(Carl Woese, 1928~2012)에 의해 시작된 리보솜 RNA(rRNA) 핵산 서열의 비교는 원핵생물이라는 용어에 대한 우리의 이해를 바꾸어 놓았다. 원핵세포의 형태를 가진 2개의 매우 다른 생물군(세균과 고균)이 있다는 것이 밝혀졌다. 후속연구를 통해 진핵미생물에 속하는 원생생물계가 응집력이 있는 하나의 분류군(분류단위, taxon)이 아님을 밝혀냈기 때문에 원생생물계는 3계 혹은 그 이상의 계로 나누어져 통합되어야 했다. 이러한 연구를 비롯한 일련의 연구결과로 인해 분류학자들은 기존 5계 분류체계를 거부하고 세포성 생물들을 세균(bacteria) 영역, 고균(archaea) 영역, 진핵생물(eukarya, 모든 진핵세포 생물) 영역과 같이 3영역(three domain)으로 나누게 되었다(**그림 1.3**). ▶| 핵산(부록 I); 단백질(부록 I)

세균(bacteria) 영역에 속하는 미생물은 대부분 단세포생물이다.[1] 대부분이 펩티도글리칸이라는 구조 분자가 포함된 세포벽을 가지고 있다. 속설과는 반대로 대부분의 세균은 질병을 일으키지 않는다. 사

1 이 책에서는 세균(bacteria, 단수, bacterium)이라는 용어를 세균(Bacteria) 영역에 속하는 미생물을 지칭할 때 사용하고, 고균(archaea, 단수 archaeon)이라는 용어는 고균(Archaea) 영역에 속하는 미생물을 대상으로 사용할 것이다. 어떤 출판물에서는 세균이라는 용어를 원핵세포 구조를 하고 있는 모든 생물을 대상으로 사용하고 있는데, 이 교재에서는 그렇게 사용하지 않는다.

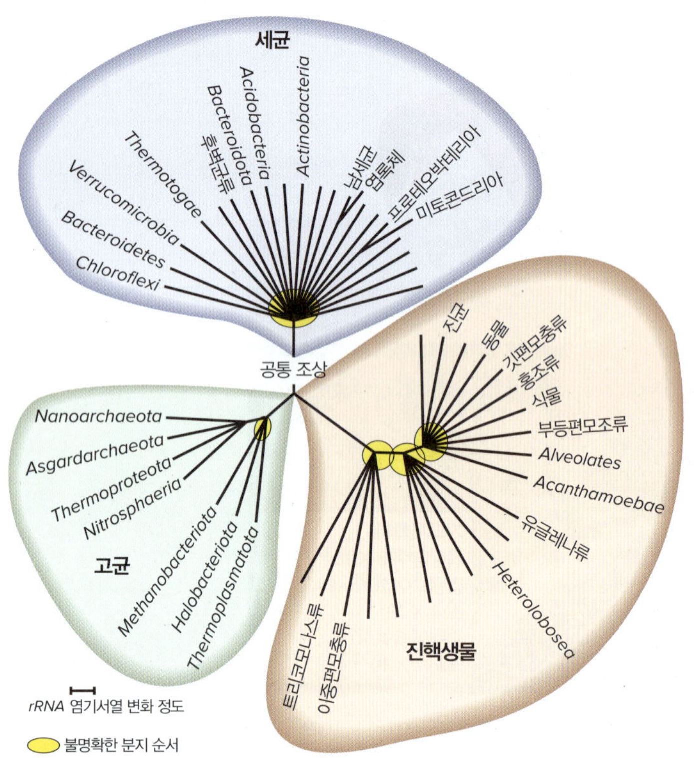

그림 1.3 보편적 계통수. 대표적인 혈통만 표기하였다.

연관 질문 이 그림에 열거된 분류군 중에서 몇 개의 분류군이 미생물을 포함하고 있는가?

실, 세균은 우리 몸의 주된 서식자로 인체 **마이크로바이옴**(microbiome)을 형성한다. 실제로 우리 몸의 내부와 외부에는 적어도 우리 몸을 구성하고 있는 세포의 수 만큼이나 많은 미생물이 발견된다. 미생물들은 우리의 면역체계가 발달하도록 도와준다. 대장에 서식하는 미생물은 음식물의 소화를 돕고 몇 가지 비타민을 생산한다. 이와 같은 것을 포함한 다양한 방법으로 인체 마이크로바이옴은 우리가 건강과 행복을 유지할 수 있도록 도와준다. ▶| 세포벽은 많은 기능을 가지고 있다(3.4절); 미생물과 사람이 공존하는 생태계(33장)

안타깝게도 일부 세균은 질병을 유발하고, 이 질병 중의 일부는 큰 영향을 주었다. 1347년에 벼룩에 살고 있는 세균에 의해 일어나는 질병인 흑사병이 유럽을 무자비하게 휩쓸었고, 4년 동안 유럽 인구 1/3의 목숨을 앗아갔다. 흑사병은 그 후에도 약 80년간 계속 발병하여 결국에는 유럽 인구 절반의 목숨을 앗아 갔다. 이로 인해 나타난 노동력 부족이 농노의 힘을 크게 만들었고, 결국 농노제를 무너뜨리고 르네상스의 기초를 만들었다.

고균(Archaea) 영역에 속하는 미생물은 여러 가지 측면에서 세균 영역에 속하는 것들과 구분이 되는데, 그중에서 두드러진 특징은 rRNA 염기서열, 세포벽, 지질이 독특하다는 것이다. 어떤 것은 메탄(자연)가스 생산과 같은 특이한 물질대사를 한다. 어떤 고균은 높은 온도(호열성 생물)나 고농도의 염분(극호염성 생물)과 같은 극단적인 환경에서 발견된다. 고균은 사람에게서 직접적으로 질병을 일으키는 것으로 보이지는 않는다.

진핵생물(Eukarya) 영역은 식물과 동물 및 원생생물이나 진균으로 분류된 미생물을 포함한다. **원생생물**(Protist)은 일반적으로 단세포 구조를 하고 있지만 대부분의 세균이나 고균보다 더 크다. 원생생물은 전통적으로 동물과 비슷한 대사를 하는 **원생동물**(protozoa)과 광합성을 하는 **조류**(algae)로 나뉘었다. 그러나 원생생물이나 조류, 원생동물은 각각 하나의 진화적 역사를 가진 3가지 그룹을 형성하지 못하기 때문에 이들 용어는 분류학적인 가치가 결여되어 있다. 그럼에도 불구하고 우리는 편의상 이 용어들을 사용한다. ▶| 원생생물의 다양성은 다양한 계통발생군을 반영한다(23.1절)

진균(fungi)은 효모와 같은 단세포체에서 곰팡이와 버섯과 같은 다세포체까지 포함하는 다양한 미생물 집단이다. 진균은 다양한 물질대사 능력을 갖고 있어서 빵 반죽을 부풀게 하거나 항생물질의 생산과 죽은 생명체의 분해와 같은 여러 가지 유익한 일을 한다. 어떤 진균은 식물의 뿌리에서 서식하면서 균근(mycorrhiza)을 형성하고 있다. 균근을 형성하는 진균은 영양분을 식물의 뿌리에 공급하여 식물의 성장을 돕는데, 이와 같은 현상은 척박한 토양에서 두드러지게 나타난다. 어떤 진균은 식물의 질병[예: 녹병(rust), 흰가루병(powdery mildew), 깜부기병(smut)]과 사람을 포함한 동물들의 질병을 일으키기도 한다. ▶| 진균 생물학은 방대한 다양성을 보여준다(24.1절)

미생물의 세계는 많은 종류의 비세포성 감염체도 포함하고 있다. **바이러스**(virus)는 비세포성 존재이며, 복제를 하기 위해서는 반드시 숙주세포에 침입하여야 한다. 가장 단순한 바이러스 입자(비리온이라고도 부름)는 몇 가지 단백질과 한 종류의 핵산으로만 구성되어 있고, 크기도 아주 작다(가장 작은 바이러스의 크기는 전형적인 세균의 1/10,000). 그러나 바이러스는 크기는 작지만 큰 힘을 가지고 있다. 바이러스는 많은 동식물 질병을 유발하며, 우리가 가장 최근에 COVID-19에서 보았듯이 인류 역사를 결정짓는 대유행을 일으킬 수도 있다. COVID-19 이외에도 바이러스성 질병으로는 광견병, 인플루엔자, 후천성면역결핍증, 일반 감기, 암 등이 있다. 바이러스는 수생환경에서도 중요한 역할을 하는데, 바이러스가 물속의 미생물군집 형성에 결정적인 역할을 한다. **바이로이드**(viroid)는 RNA로만 구성된 감염체이다. **위성체**(satellite)는 1개의 핵산과 핵산을 싸고 있는 단백질 껍질로 구성되어 있다. 위성체는 그들의 생활주기를 완전하게 마무리하기 위해서 보조바이러스라 불리는 바이러스와 함께 숙주세포를 감염시켜야 한다. 위성체와 보조바이러스는 식물과 동물 모두에게 질병을 일으킨다. 마지막으로 **프리온**(prion)은 단백질로만

구성된 감염체이며 스크래피나 '광우병'과 같은 다양한 종류의 신경계 질환을 유발한다. ▶| 바이러스(25장)

마무리 점검

1. 미생물의 분류를 위해 사용했던 방법이 어떻게 변해왔는지 설명하되, 20세기 후반에 일어난 변화를 중심으로 설명하시오. 이와 같은 기술의 발전은 어떤 결과를 이끌어냈는가?
2. 세균, 고균, 원생생물, 진균, 바이러스, 바이로이드, 위성체, 프리온 등이 가지고 있는 특징 중에서 각 미생물을 다른 미생물들과 구분할 수 있는 하나의 특징을 찾아보시오.
3. 여러분이 어제 경험했던 미생물과의 상호작용 중 하나에 대해 서술하시오.

1.2 미생물은 수십억 년 동안 진화하고 다양화되었다

이 절을 학습한 후 점검할 사항:

a. RNA 세계 가설과 그 가설을 뒷받침하는 증거를 설명할 수 있다.
b. 새로 발견한 세포성 미생물을 작은 소단위 리보솜 RNA의 염기서열을 기반으로 만든 계통발생수에 배치하는 데 사용할 수 있는 일련의 실험과정을 디자인할 수 있다.
c. 미토콘드리아와 엽록체의 진화를 비교하고 차이점을 서술할 수 있다.

그림 1.3은 미생물이 지구에서 지배적인 생물이라는 것을 보여준다. 미생물이 어떻게 이처럼 놀라울 정도의 다양성을 나타내게 되었을까? 이 질문에 답하기 위해서는 미생물의 진화에 대해 생각해 봐야만 한다. 미생물의 진화에 대한 연구는 다른 과학 분야의 연구처럼 먼저 가설을 세운 후, 자료를 모으고 분석하여 새롭게 확인한 증거들을 바탕으로 가설을 수정하거나 새로운 가설을 만들어 가는 일을 기반으로 한다. 이는 미생물의 진화에 대한 연구가 과학적인 방법에 기초한다는 것을 말한다. 수백만 또는 수십억 년 전에 일어난 일들의 증거를 모으는 것은 대단히 어려운 일이지만 분자수준의 연구방법을 사용함으로써 생물의 오래된 역사의 살아있는 기록을 밝혀낼 수 있게 되었다. 이 절에서는 이 과학적 연구의 결과를 소개할 것이다.

생명의 기원에 대한 이론들은 주로 간접적인 증거에 의존한다

방사성 동위원소를 이용한 운석의 연대 결정방법에 따르면 지구의 나이는 약 45~46억 년으로 추정된다. 그러나 지구 형성 초기의 약 1억 년 동안의 지구는 너무 거칠어서 어떤 종류의 생물도 살 수 없었다. 시간이 지남에 따라 운석이 떨어지는 횟수가 줄고, 지구상에 액체 형태의 물이 나타나고, 지질학적 활동에 의한 기체 방출의 결과로 지구의 대기가 형성되었다. 이와 같은 조건들로 인해 첫 번째 생명체가 탄생하였다. 그렇다면 최초의 생명체가 어떤 과정을 거쳐서 탄생하였고, 그 생명체는 어떤 모습이었을까?

생명체의 존재에 대한 증거를 찾고 생명체의 기원과 진화에 대한 가설을 세우기 위해서 과학자들은 먼저 생명체에 대한 정의를 내려야 한다. 어린아이들도 어떤 물체를 보고 그것이 살아 있는지 아닌지 정확하게 판단할 수 있지만, 생명체를 순순히 정의하는 것은 결코 쉬운 일이 아니다. 생명체에 대한 대부분의 정의는 그들이 가지고 있는 몇 가지 속성으로 이루어져 있다. 고생물학자의 입장에서 특별히 중요한 속성은 체계적인 구조와 에너지를 얻고 사용할 수 있는 능력(물질대사) 및 번식 능력 등이다. 미국 항공우주국의 과학자들이 현재 지구에 존재하는 미생물의 특성을 이용하여 다른 행성에서 생명체의 존재를 확인하는 것처럼 과학자들은 생명의 기원을 밝히기 위해 **현존하는 생물**(extant organism)에 대한 조사를 진행하고 있다. 현존하는 생물 중에는 과거에 존재하였던 생명체의 흔적을 나타내는 구조와 분자를 가지고 있는 것이 있다. 이와 같은 것들은 과학자들이 가설을 검증할 때 어떤 유형의 증거를 살펴보아야 할지에 대한 아이디어도 제공할 수 있다.

원시 생명체의 특성에 대한 최상의 직접적인 증거는 화석 기록일 것이다. 1977년 이후에 미생물 화석의 발견에 대한 다수의 보고가 있었다. 이 보고들은 항상 회의론에 부딪혔는데 그것은 세포처럼 보이는 어떤 물체들은 암석이 형성될 때 발생하는 지질학적 힘에 의해 형성될 수 있기 때문이다. 이와 같은 사실을 감안하면 미생물 화석은 매우 드물고 그 기록은 항상 재해석의 대상이 된다.

이러한 문제가 있음에도 불구하고 대부분의 과학자들은 35~38억 년 전에 지구상에 생명체가 존재했다는 이론에 동의한다(**그림 1.4**). 이와 같은 결론에 도달하기 위해서 생물학자들은 간접적인 증거에 의존할 수 밖에 없다. 이 간접 증거 중에는 분자화석도 있다. 이것은 암석이나 퇴적물에서 발견된 화학물질로 생체 분자와 화학적인 연관성이 있다. 예를 들어, 암석 속에 호판(hopane)으로 불리는 분자가 존재하면 그 암석이 형성되었을 때 그 속에 세균이 존재하고 있었음을 나타낸다. 이런 결론을 내릴 수 있는 것은 호판은 현재 살고 있는 세균의 원형질막에 존재하는 호파노이드(hopanoid)로부터 만들어지기 때문이다. 여러분도 알다시피 하나의 증거만으로는 어떤 사실을 입증할 수 없다. 대신 퍼즐 게임처럼 완전한 그림을 완성하기 위해서 많은 조각의 증거들을 맞추어야 한다.

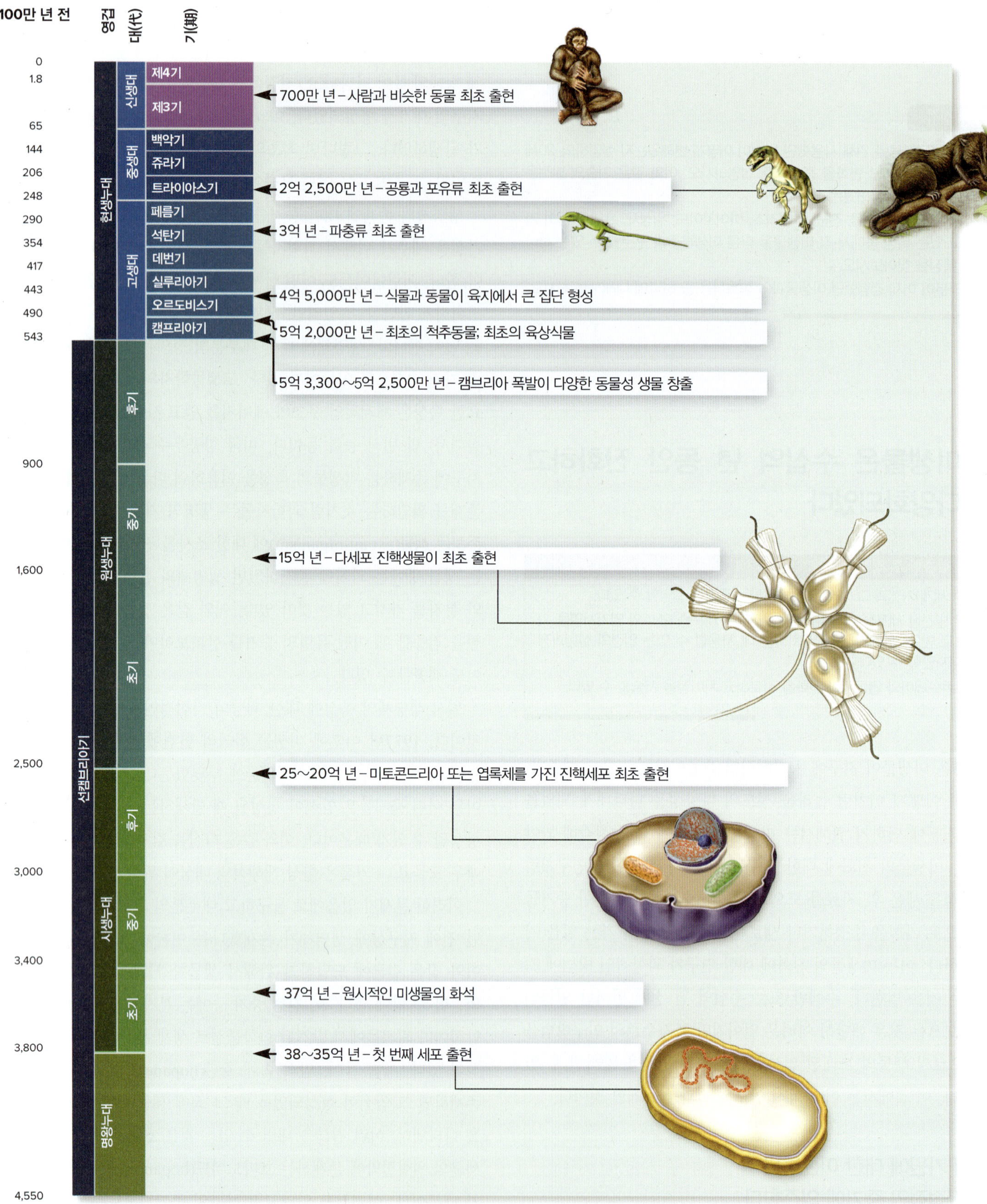

그림 1.4 지구 생명체의 역사에 대한 개관. mya = 100만 년 전, bya = 10억 년 전.

초기 생명체는 아마도 RNA를 기반으로 했을 것이다

대부분의 증거들은 생명체가 존재하기 이전의 지구는 지금과는 너무나 다른 곳이었음을 보여준다. 뜨겁고, 산소가 없었으며, 수증기와 이산화탄소 및 질소가 다량으로 존재하는 대기에 싸여 있었다. 바다에서는 지질학적 및 화학적 과정에 의해 수소와 메탄 및 카르복실산 등이 만들어졌다. 열수 분출공(hydrothermal vent) 부근은 화학물질들이 서로 반응할 수 있는 여건을 제공하고, 반응의 유용성과 반응 결과물의 안정성을 무작위로 시험하였을 것이다. 어떤 반응은 촉매로 작용하는 분자들을 만들어내었고, 반응으로 만들진 어떤 분자들은 다른 분자들과 결합하여 오늘날 세포 구조의 원시적인 형태를 만들었으며, 다른 분자들은 복제가 가능하여 유전정보의 단위 역할을 하였다(**미생물 다양성 및 생태 1.1**).

종종 **전(前)생물체**(probiont)라고 불리는 초기 세포는 어떻게 생겨났을까? 오늘날 세포에서는 3가지 서로 다른 분자가 촉매와 구조분자 및 유전분자의 역할을 수행한다. 단백질은 현대세포에서 구조적 역할과 촉매 역할 등 주된 2가지 역할을 수행한다. 촉매 역할을 하는 단백질은 **효소**(enzyme)라고 한다. 구조단백질은 수송과 부착 및 운동성 등 무수히 많은 기능을 제공한다. DNA는 유전정보를 저장하고 있으며, 이 정보가 복제되어 다음 세대로 전달된다. RNA는 DNA에 저장된 정보를 단백질로 전환한다. 생명의 기원에 대한 어떤 가설도 이 분자들의 진화를 설명해야 하지만, 현대 세포내에서 일어나고 있는 이 뷰자들의 상호관계의 본질이 이 뷰자들의 진화과정을 추정하고자 하는 시도들을 복잡하게 만들고 있다. 단백질은 세포에서 여러 가지 일을 하지만, 그것이 만들어지는 과정에 다른 단백질과 RNA가 참여하고 DNA에 저장된 정보도 이용한다. DNA는 세포가 하는 일을 할 수 없고, DNA의 복제에는 단백질이 필요하다. RNA 합성에는 주형 역할을 하는 DNA와 촉매 역할을 하는 단백질이 필요하다.

이와 같은 고찰을 통해, 전(前)생물체가 진화하던 어떤 시점에 세포내의 일과 자기복제를 모두 수행하는 단일 분자가 분명히 존재하였을 것이라고 추측하게 되었다. 이와 같은 생각은 1981년에 체크(Thomas Cech)가 어떤 원생생물(*Tetrahymena* 종)에서 촉매 기능을 가진 RNA를 발견함으로써 뒷받침되었다. 이 발견 이후에 리보솜에서 펩티드 결합(단백질의 구성단위인 아미노산을 서로 연결하는 결합)을 만드는 RNA를 포함하여 다수의 촉매 기능을 가진 RNA(촉매 RNA)들이 발견되었다. 현재 촉매 RNA들은 **리보자임**(ribozyme)이라 불린다.

리보자임의 발견은 RNA가 진화과정에서 자신을 주형으로 사용하여 자기복제를 촉진할 수 있는 기능을 가지고 있었음을 보여주었다. 노벨상 수상자인 월터 길버트(Walter Gilbert)가 1986년에 생명체의 진화과정에서 RNA가 유전정보를 저장하고, 복제하며, 발현할 수 있음은 물론, 다른 화학반응도 촉매할 수 있었던 세포 이전의 시기(precellular stage)를 묘사하기 위하여 **RNA 세계**(RNA world)이라는 용어를 만들었다. 그렇지만 이 세포 이전의 시기가 세포성 생명체의 진화로 발전하기 위해서는 RNA 주위에 지질막이 형성되어야 한다(**그림 1.5**). 이 중요한 진화단계는 세포성 생명체의 탄생과정에서 일어난 다른 사건들보다 더 상상하기가 쉬운데, 이는 현대 생물의 세포막을 구성하는 주된 요소인 지질이 자발적으로 리포솜(liposome: 지질 이중층으로 싸인 주머니)을 만들기 때문이다. RNA 세계의 개념은 일부 과학자들이 화성에서 증거를 찾도록 만들었는데, 화성은 생물권 이전 시대의 상태로 유지되어 왔다고 여겨진다. ▶| 지질(부록 I)

지구로 돌아가 보면, 또 다른 노벨상 수상자인 쇼스택(Jack Szostak)은 RNA만 담고 있는 전(前)생물체가 어떻게 형성되었는지를 실험적으로 시뮬레이션하는 데 있어 선두주자이다. 그의 그룹이 오늘

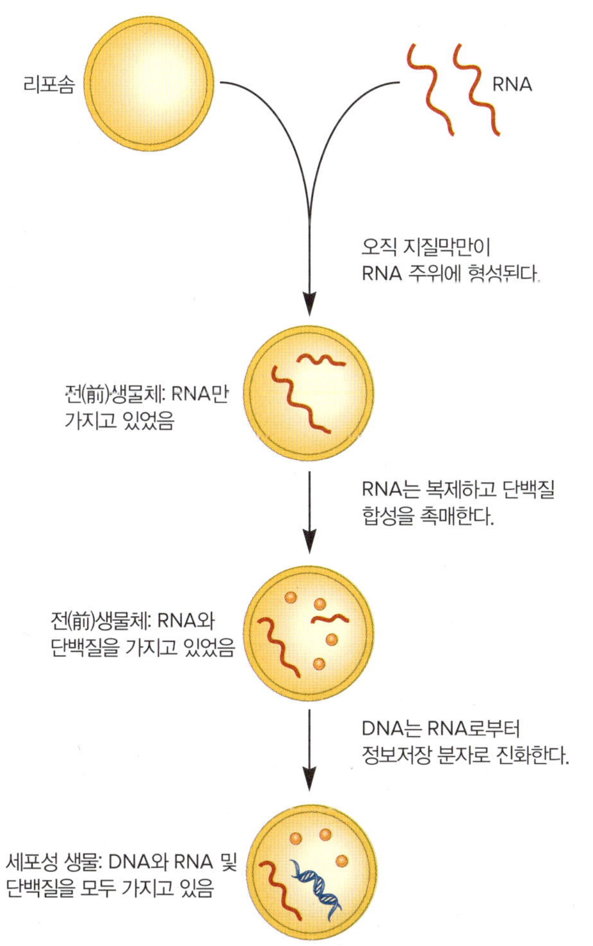

그림 1.5 생명의 기원을 설명하기 위한 RNA 세계 가설.

연관 질문 위에 그려진 전(前)생물체를 세포성 생물로 간주할 수 없는 이유는 무엇인가?

미생물 다양성 및 생태 1.1

열수 분출구: 생명은 바다에서 생겨났을까?

초기 생명체가 RNA 기반이었든 아니든, 한 가지는 분명하다. 생명의 기원은 생체분자를 합성하기 위해 에너지가 필요했다. 아마도 가장 근본적인 진화적 질문은 "생체분자와 그것들을 만드는데 필요한 에너지는 어디에서 왔을까?"이다. 이에 대한 3가지 가설이 제시되었다. 첫 번째 가설인 **판스페르미아 이론**(panspermia theory)은 운석이 다른 세계의 생체분자들을 가지고 와서 우리 행성을 폭격했다고 추측한다. 우리와 더 친숙한 두 번째 가설인 **원시 수프 이론**(primordial soup theory)은 유기 분자가 번개와 같은 에너지로 의해 자발적으로 조립되었다고 주장한다. 최근 몇 년 동안 증거를 얻은 마지막 이론은 에너지와 분자 모두 열수 분출구에서 기원했다고 추측한다. **열수 분출구 이론**(hydrothermal vent theory)을 살펴보자.

열수 분출구는 바다 표면 아래 수천미터 아래에 있는 지열적으로 활발한 심해저 구멍이다. 1977년 열수 분출구의 발견은 신비로운 생물이 있는 완전히 새로운 생태계의 이미지를 보여주어 과학자들과 대중의 관심을 끌면서 엄청난 흥분을 불러일으켰다. 열수 분출구는 황화물이 가득한 400℃의 물을 주위에 있는 차가운 물로 퍼 올려 황화물이 바로 침전되도록 한다. 그래서 이 굴뚝같은 구조물은 "검은 흡연자"라는 별명을 갖고 있다. 2000년에 과학자들은 심해에서 다른 종류의 분출 시스템을 가진 분출구를 발견했다. 이 분출구는 더 차갑고(45~90℃) 알칼리성(pH 9~11℃)이다. 이 물이 주변 바닷물과 섞이면(pH 약 8.0), 탄산칼슘이 침전되어 로스트 시티(Lost City) 분출구에서 볼 수 있는 하얀 굴뚝과 같은 구조물을 형성한다(**그림**).

이 pH 기울기는 로스트 시티에서 보이는 분출 시스템이 생체분자의 기원이 될 수 있다는 가설에 매우 중요하다. 여러분이 미토콘드리아나 배터리를 공부하면서 배웠듯이, 양전하와 음전하의 분리는 위치에너지를 형성한다(에너지는 절대 저절로 만들어지지 않는다는 것을 기억해보자). 로스트 시티 분출구에서, 굴뚝과 같은 얇은 벽은 3-단위 pH만큼 차이나게 이러한 유체를 분리하는 역할을 한다. 지금 회자되는 질문은 "이렇게 형성된 위치에너지가 바닷물 속의 CO_2를 아미노산, 짧은 탄화수소, 그리고 다른 것들과 같은 단순한 탄소 기반 분자로 전환시키기 위해 이용되었는가?"이다.

그림 D.Kelley, University of Washington.

만약 '그렇다'라는 답을 얻는다면, 2019년에 이루어진 한 연구는 우리에게 더 친숙한 인지질인 단일사슬 양친매성 물질(SCA)이라고 불리는 분자들의 혼합물이 뜨거운 알칼리성 바닷물에서 로스트 시티의 것과 유사한 소포를 형성할 수 있다는 것을 보여준다. 이것을 종합하면, 우리는 37억에서 40억년 전에 일어났던 일련의 사건들에 대한 가설을 세울 수 있다. 첫째, 로스트 시티의 지질학적 장벽을 가로지르는 pH 기울기의 존재는 무작위적인 유기 분자의 형성을 촉진시켰는데, 그 중 일부는 SCA였다. 이러한 SCA는 pH 기울기를 유지하는 유체를 가두는 데 필요한 소포를 축적하고 형성했다. 이 소포들은 다른 분자들의 형성을 시험해 볼 수 있는 에너지를 가지고 있었다. 그 분자들 중 하나가 RNA였을까?

날 생물막에 존재하는 지방산보다 더 간단한 지방산을 이용하여 리포솜을 만들었을 때, 그 리포솜들이 물질에 대한 투과성을 나타냈다. 이 투과성이 있는 리포솜은 단일 RNA 뉴클레오티드 분자들이 리포솜 내부로 이동하도록 하였으나 리포솜 내부에 있는 큰 RNA 사슬은 외부로 이동하지 못하게 하였다. 더 나아가, 그들은 리포솜이 커지고 분열할 수 있게도 하였다. 또한 쇼스택 박사 그룹은 하나의 RNA 분자가 주형 역할을 하여 상보적인 RNA 가닥을 합성할 수 있는 조건도 확립할 수 있었다. 이러한 실험들은 세포 진화의 초기 단계를 개략적으로 설명해주는지도 모른다. 그림 1.5에서와 같이 원시세포가 오늘날의 세포에서 볼 수 있는 복잡한 수준까지 이르기 위해서는 몇 가지 다른 과정이 일어나야 했을 것이다.

촉매활동을 수행할 수 있는 능력 외에도 RNA가 나타내고 있는 기능은 RNA가 아주 오래전에 생겨났음을 추측하게 한다. 현존하는 세포내에 있는 대부분의 RNA는 주로 rRNA로 구성되어 있으며, 전령 RNA(mRNA)와 운반 RNA(tRNA)를 이용하여 단백질을 합성하는 구조물인 리보솜에 존재한다. 또한, rRNA가 단백질 합성과정에서 펩티드 결합의 형성을 촉진한다. 따라서 RNA는 단백질이 만들어지는 과정에서의 중요성을 잘 유지하고 있는 것 같다(그림 1.5). RNA와 DNA는 구조적으로 유사하기 때문에 RNA가 이중나선 구조의 DNA를 생기게 했을 것이다. 일단 DNA가 만들어지고 DNA가 유전정보저장 역할을 담당하였는데, 이는 DNA가 RNA보다 화학적으로 더 안정된 구조를 가지고 있기 때문이다. RNA 세계 가설(RNA world hypothesis)을 뒷받침하는 증거가 2가지 더 있는데, 그것은 세포내에서 에너지 화폐로 쓰이는 ATP가 리보뉴클레오티드라는 것과 RNA가 유전자 발현을 조절할 수 있음이 발견된 것이다. ▶| ATP: 세포의 주요 에너지 화폐(10.2절); 리보스위치: 효과기-mRNA 상호작용이 전사를 조절한다(14.3절); 번역 리보스위치(14.4절)

그러나 RNA 세계 가설에 문제가 없는 것은 아니며, 최근의 실험 결과는 최초의 핵산이 DNA와 RNA 분자의 혼합이었을 수도 있다는 것을 시사한다. 다른 연구 분야에도 꽤 논란이 있는데, 그것은 물질대사의 진화이다. 초기의 지구는 뜨겁고 산소가 없는 환경이었다. 따라서 그와 같은 환경에서 생겨난 세포들은 아주 척박한 조건에서 얻을 수 있는 에너지원을 이용할 수 있어야 했을 것이다. 현존하는 생물 중에는 호열성 고균이 있는데, 이들은 황하철(FeS)과 같은 무기분자를 에너지원의 하나로 이용할 수 있다. 어떤 학자들은 이와 같은 흥미로운 대사 능력이 첫 번째 에너지 대사 형태의 잔존물이라고 한다. 다른 대사 방법인 산소를 방출하는 광합성(산소발생 광합성)은 아마도 27억 년 전에 진화했을 것으로 짐작된다. 이 가설은 아주 오래된 스트로마톨라이트(stromatolite)의 발견에 의해 지지된다(**그림 1.6**). 스트로마톨라이트는 여러 겹으로 이루어진 암석으로, 지표에 두꺼운 매트 형태로 자라고 있는 남세균(cyanobacteria) 층에 무기침전물이 혼합되어 형성된다. 이러한 초기 남세균이 방출한 산소로 인해 마침내 지구의 대기는 오늘날과 같이 산소가 풍부한 상태가 되었다. 그 결과, 많은 미생물과 동물들이 이용하는 산소소비 대사과정인 산소호흡(aerobic respiration)과 같은 또 하나의 에너지 포획 전략의 진화를 가능하게 하였다.

그림 1.6 스트로마톨라이트. 호주 서부에 있는 오늘날의 스트로마톨라이트. 각 스트로마톨라이트는 돌과 같은 모양을 하고 있으며, 대부분 직경이 1 m이고, 여러 겹의 남세균층으로 되어 있다. Horst Mahr/age fotostock

생명 3영역의 진화

그림 1.3을 자세히 관찰하면 '기원(origin)'이라고 표시된 선이 있다. 이것은 3영역에 속하는 모든 생물들의 **모든 생명의 공통조상**(last universe common ancestor, LUCA)이 위치할 자리임을 보여주는 곳이다. LUCA는 세균, 고균, 진핵생물인 3종류의 생명체가 모두 출현한 자리에 있는 가장 최근의 생물이다. 생명의 나무에서 LUCA는 3영역 중에서 세균의 분지 위에 있는데, 이는 고균 영역이나 진핵생물 영역이 세균 영역과 떨어져 독립적으로 진화한 것임을 의미한다.

고균 영역과 진핵생물 영역과의 진화적 관계에는 여전히 논란이 있다. **보편적 계통수**(universal phylogenetic tree, 그림 1.3)에 따르면 고균 영역과 진핵생물 영역은 같은 조상을 공유했지만, 갈라져 별개의 영역이 되었다. 최근의 증거는 진핵생물 영역이 고균 영역으로부터 진화했다는 가설을 지지한다(미생물 다양성 및 생태 26.1 참조). 이 2가지 생명이 진화적으로 밀접한 관계에 있다는 것은 이들이 유전 정보를 처리하는 방식을 살펴보면 명백하다. 예를 들어, RNA 합성을 촉매하는 효소인 RNA 중합효소의 특정 단백질 소단위체는 고균과 진핵생물에서는 서로 유사하지만, 세균에서는 그렇지 않다. 그러나 고균의 특징 중에는 세균의 상응하는 특징과 매우 유사한 것도 있다(예: 에너지 보존 기전). 이런 것들이 고균 영역과 진핵생물 영역의 진화적인 연관성에 대한 논란을 더 부추기고 복잡하게 만들었다. 핵과 소포체의 진화과정도 많은 논란의 중심에 있다. 그러나 막으로 싸인 다른 세포소기관들의 진화에 대한 가설은 널리 받아들여지게 되었는데, 그에 관한 내용은 다음과 같다.

미토콘드리아와 미토콘드리아 유사기관 및 엽록체는 내부공생체로부터 진화하였다

내부공생설(endosymbiotic hypothesis)은 미토콘드리아, 엽록체, 수소발생체(hydrogenosome)와 같은 진핵세포내에 존재하는 몇몇 세포소기관의 기원을 설명하는 가설로 널리 받아들여지고 있다. **내부공생**(endosymbiosis)이란 한 생물이 다른 생물의 내부에 살면서 두 생물이 상호작용을 하는 것을 말한다. 원래의 내부공생설은 어떤 세균이 오랜 세월을 걸쳐 진핵생물 혈통에 속한 조상세포의 내부에서 공생을 하는 동안 혼자 살아갈 수 있는 능력을 상실하게 되었을 가능성을 제안하였다. 세포내부에서 산소호흡을 하던 세균은 미토콘드리아가 되었다. 내부공생체 중 남세균은 광합성을 하였기에 엽록체가 되었다(**그림 1.7**).

내부공생관계가 어떻게 이루어졌는지는 모르지만 이 가설을 뒷받침할 수 있는 증거는 많이 있다. 미토콘드리아와 엽록체는 모두 DNA와 리보솜을 가지고 있고, 이들의 특징은 세균의 DNA 및 리보솜의 특징과 유사하다. 세균 세포벽에만 존재하는 독특한 분자인 펩티도글리칸이 일부 조류의 엽록체를 감싸고 있는 2개의 막 사이에서 발견되었다. 실제로 그림 1.3을 보면, 두 세포소기관이 모두 세균의 계보에 속하고 있음을 알 수 있다. 좀더 구체적으로 말하면 미토콘드리아는 프로테오박테리아라 불리는 세균과 가장 가깝다. 식물과 녹조류의 엽록체는 남세균인 프로클로론(*Prochloron*) 속의 조상의 계통을 이어온 것으로 짐작되며, 이 프로클로론은 해양무척추동물의 세포내에서 살고 있는 종들을 포함한다. ▶ Cyanobacteria 문: 산소발생 광합성 세균(20.4절); 미토콘드리아의 프로테오박테리아 기원(21.1절)

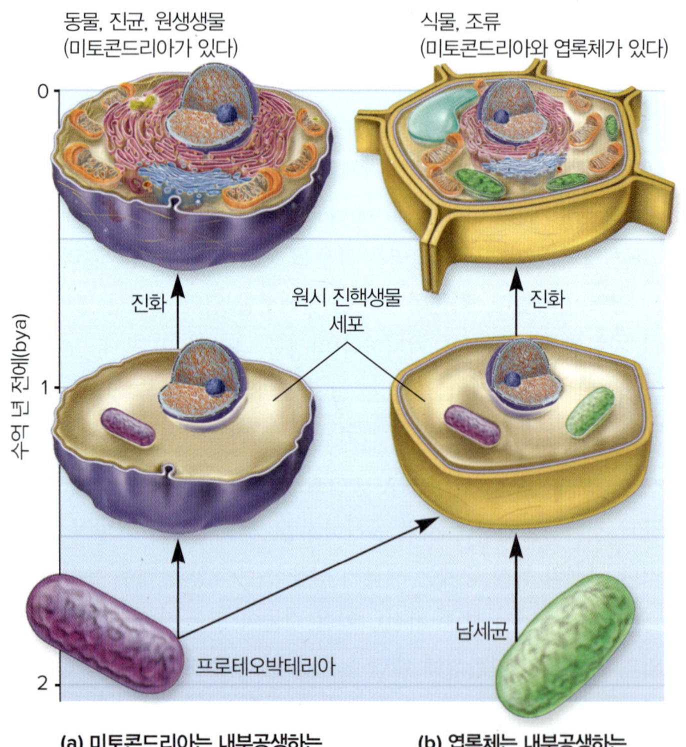

그림 1.7 내부공생설. (a) 이 가설에 의하면, 미토콘드리아는 프로테오박테리아 문에 있는 세균으로부터 유래하였다. (b) 유사한 현상이 남세균에서 유래한 엽록체에서도 일어났다.

미토콘드리아에 대한 내부공생설이 **수소가설**(hydrogen hypothesis)에 의해 수정되었다. 수소가설은 내부공생체가 물질대사의 산물로 수소와 이산화탄소를 생산하였던 산소비요구성 세균이었다고 주장한다. 오랜 세월이 지나는 동안 숙주는 내부공생체가 생산하는 수소에 의존하게 되었고, 내부공생체는 몇 개의 세포소기관 중 하나로 진화하게 되었다(그림 5.13 참조). 어떤 내부공생체는 현존하는 일부 원생생물에서 발견된 세포소기관으로 발효과정을 통해 ATP를 생산하는 수소발생체와 같은 다른 세포소기관으로 진화하였다(그림 5.15 참조).

세포성 미생물의 진화

세포로 된 초기 생명체가 어떻게 유래하였는지에 대해서는 절대 알 수 없겠지만, 일단 이들이 나타난 이후에는 오늘날의 생물들이 진화해온 과정과 동일한 진화과정을 거쳤을 것이다. 세균과 고균 및 진핵생물들의 조상들은 다른 방법으로 복제와 소실 또는 돌연변이가 가능한 유전정보를 가지고 있었다. 돌연변이는 여러 가지 결과를 초래하였다. 어떤 돌연변이는 미생물을 죽게 만들었고, 다른 돌연변이는 새로운 기능과 특성을 지닌 미생물로 진화하게 하였다. 생물의 번식 능력을 증가시킬 수 있는 돌연변이가 선택되어 다음 세대에 전달되었다. 선택적인 힘뿐만 아니라 집단의 지리학적 격리가 어떤 집단으로 하여금 다른 집단과 별개로 진화하게 만들었다. 따라서 선택과 격리가 궁극적으로 새로운 유전자 무리(즉, 유전자형)의 형성과 새로운 종의 출현을 주도한 것이다.

돌연변이 외에도 유전체를 재편하여 유전적 다양성을 만들어내는 다른 메커니즘이 있다. 진핵생물에 속하는 대부분의 종들은 유성생식을 함으로써 유전적인 다양성을 증가시키는데, 각 자손들은 부모들의 유전자가 혼합된 유전자들과 자기만의 독특한 유전자형을 가지고 있다. 세균과 고균의 종들은 유성생식을 하지 않는다. 그들은 돌연변이와 수평적 유전자 전달[horizontal(lateral) gene transfer, HGT] 방법으로 유전적 다양성을 증가시킨다. 수평적 유전자 전달을 하는 동안 공여자에서 수용자로 유전정보가 전달되어 새로운 유전자형이 수용자에서 탄생하게 된다. 이런 방식으로 유전정보는 같은 세대의 개체 사이에서 전달되는 것은 물론이고, 서로 다른 영역의 종들

표 1.1 세균, 고균, 진핵생물의 비교

특징	세균	고균	진핵생물
유전물질 구성			
막으로 싸여진 핵	없음	없음	있음
히스톤과 결합된 DNA	없음	일부 있음	있음
염색체	주로 하나의 원형 염색체를 가짐. 염색체에는 하나의 복제원점이 있음. 일부는 배수체임	하나의 원형 염색체를 가짐. 일부 염색체에는 여러 개의 복제원점이 있음. 일부는 배수체임	여러 개의 선형 염색체를 가짐. 염색체에는 여러 개의 복제원점이 있음. 주로 이배체임
플라스미드	있음	있음	드묾
유전자의 인트론	드묾	드묾	있음
인	없음	없음	있음
미토콘드리아, 엽록체, 소포체, 골지체, 리소좀	없음	없음	있음
세포막의 지질	에스테르가 결합된 인지질. 일부는 스테롤을 가짐	글리세롤 디에테르와 디글리세롤 테트라에테르	에스테르가 결합된 인지질과 스테롤
편모	광학현미경으로 관찰이 어려운 크기임. 한 종류의 플라젤린 단백질로 이루어진 섬유임	광학현미경으로 관찰이 어려운 크기임. 여러 종류의 아카엘린(archaellin) 단백질로 이루어진 섬유임	광학현미경으로 관찰 가능한 크기임. 세포막과 결합되어 있음. 주로 9 + 2 모양을 이룬 20개의 미세소관으로 되어 있음
세포벽 내 펩티도글리칸	있음	없음	없음
리보솜 크기와 구조	70S, 3개의 rRNA, 49~59여개의 리보솜 단백질	70S, 3개의 rRNA, 58~68여개의 리보솜 단백질	80S, 4개의 rRNA, 78~80여개의 리보좀 단백질
세포골격	발달하지 못함	발달하지 못함	있음

사이에서도 전달이 가능하다. 유전체 염기서열 분석결과는 수평적 유전자 전달이 모든 미생물 종들의 진화에 중요한 역할을 했음을 밝혔다. 중요한 것은 수평적 유전자 전달이 지금도 세균과 고균 사이에서 일어나고 있고, 이것이 항생제 내성과 새로운 독성 및 새로운 대사 능력을 가진 미생물의 급속한 진화로 이어지고 있다는 것이다. 수평적 유전자 전달의 결과로 많은 세균과 고균의 종들이 다른 생물들의 유전체 조각이나 유전체의 일부분으로 구성된 모자이크 유전체를 가지고 있다. ▶ 수평적 유전자 전달: 무성적인 방법에 의한 변이 생성(16.4절)

계통발생학적(phylogenetic) 또는 **계통분류학적 분류체계**(phyletic classification systcms)는 진화적 관계에 기초하여 생물을 비교한다. 계통발생(phyrologeny: 그리스어 *phylon*은 '종족'을 의미, *genesis*는 '혈통' 또는 '기원'을 의미)이라는 용어는 생물의 진화적 발달을 의미한다. 논의된 바와 같이, 미생물 계통발생은 현존하는 생물에서 발견되는 여러 특징들의 비교에 기반하고 있다. 이러한 특징들에는 세포벽 구조, 지방산과 같은 생체분자, 특정 세포유지단백질(세포 생명을 유지하기 위해 사용되는 단백질, 따라서 많은 다른 생물에서 발견됨) 및 특히 작은 소단위 RNA 분자의 뉴클레오티드 염기서열이 포함된다(**표 1.1**). ▶ 세균의 리보솜(3.7절); 고균의 리보솜(4.3절); 진핵생물의 리보솜(5.5절)

계통수

그림 1.3은 **계통수**(phylogenetic tree)의 한 예이다. 계통수 작성의 목적은 서로 다른 생물의 진화적 유연관계를 보여주는 것이다. 계통수는 다양한 생물들의 아미노산이나 뉴클레오티드의 서열을 비교함으로써 만들어진다. 이러한 비교에 아미노산 서열이 종종 이용된다. 뉴클레오티드 변화는 단백질을 변화시키지 않을 수도 있어서 이러한 경우에는 진화에 거의 영향을 미치지 않기 때문이다. 역사적으로 여러 가지 이유로 작은 리보솜 소단위체(세균과 고균에서 16S, 진핵생물에서 18S)의 rRNA는 미생물 계통발생을 추론하고 분류학적 할당을 위해 선택한 분자였다. 세포유지단백질(필수 기능을 가진 단백질)과 마찬가지로 SSU rRNA는 모든 미생물에서 동일한 역할을 하며

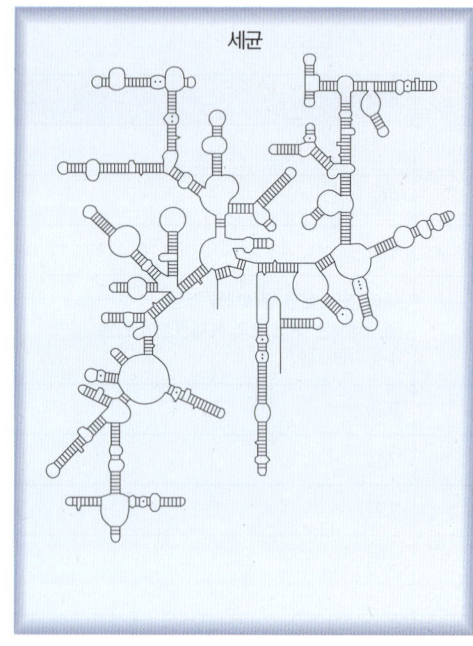

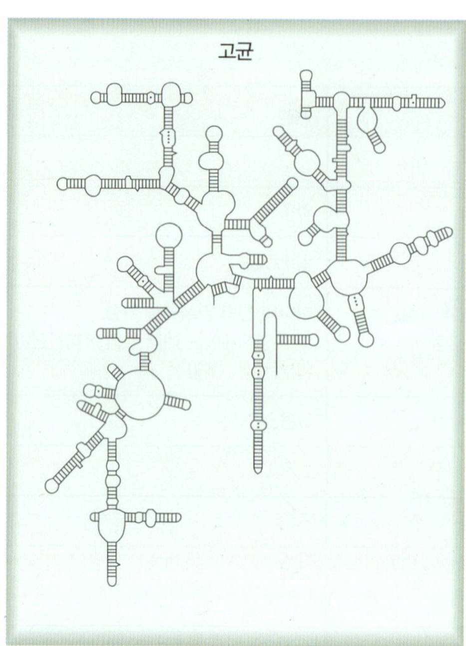

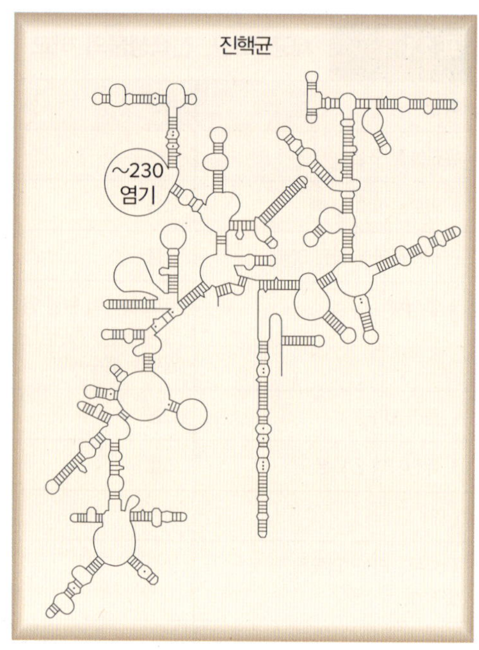

그림 1.8 미생물을 구별하는 데 도움을 주는 서명 rRNA. 3영역에서 rRNA 2차 구조의 대표적인 예로, 세균(*Escherichia coli*), 고균(*Methanococcus vannielii*), 진핵균(*Saccharomyces cerevisiae*)이다.

생존에 필수적이다. 따라서 세포유지단백질이나 SSU rRNA를 암호화하는 유전자 모두 서열의 큰 변화를 허용하지 않는다. SSU rRNA의 효용성은 매우 유사한 부위뿐만 아니라 생물에 따라 달라지는 SSU rRNA 유전자 내의 특정 배열의 존재에 의해 더 커진다. 가변부위는 유연관계가 가까운 미생물 간의 비교를 가능하게 하는 반면, 안정적인 염기서열은 유연관계가 더 먼 미생물을 비교할 수 있게 한다. SSU rRNA 서열이 안정적이라는 것은 서열이 매우 느리게 진화한다는 것을 의미하기 때문에 세포유지유전자(house keeping gene)의 분석이 유연관계가 가까운 생물의 진화를 추론하는데 더 자주 사용된다.

수천 개의 생물들에서 나온 SSU rRNA 서열의 비교분석을 통해 **올리고뉴클레오티드 서명서열**(oligonucleotide signature sequence)이 있음이 밝혀졌다(**그림 1.8**). 이 서열은 계통발생학적으로 정의된 생물군에 특이적인 짧고 보존된 뉴클레오티드 서열이다. 따라서 세균의 rRNA에서 발견되는 서명서열은 고균의 rRNA에서 거의 또는 전혀 발견되지 않으며, 그 반대도 마찬가지이다. 마찬가지로, 진핵생물의 18S rRNA에는 진핵생물에 특이적인 서명서열이 있다.

계통수를 작성하는 방법은 크게 2가지로 나눌 수 있는데, 거리-기반 접근법과 형질-기반 접근법이다. 거리-기반 접근법이 가장 직관적이다. 여기서 정렬된 서열 간의 차이는 각 쌍에 대해 계산되고 단일 통계값으로 요약된다(**그림 1.9**). 이 값은 생물 사이의 진화적 거리를 측정하는 척도로서, 차이가 클수록 진화적 거리가 멀어진다. 이와 같은 방법으로 파악한 여러 생물들의 진화적 거리를 복잡한 컴퓨터 프로그램으로 분석하여 계통수를 작성하는 데 이용한다. 계통수에 나타나 있는 각 분지의 끝[**노드**(node)라고 함]은 서열 비교에 사용된 생물들 중 하나를 나타낸다. 한 노드에서 다른 노드까지의 거리가 두 생물 사이의 진화적 거리이다.

알고리즘은 이 정보를 분석하여 계통수를 만들어낸다. 클러스터(cluster) 분석이라고 하는 알고리즘은 서열의 차이가 있는 염기서열 쌍들을 순차적으로 연결시킨다(다시 말하면, 염기서열 차이가 가장 적은 것으로 시작하여 가장 많은 것으로 이동한다). 이것이 가장 이해하기 쉽지만, 허상에 기반한 잘못된 계통수를 만들어낼 수도 있다. 이웃 결합(neighbor joining)은 또 다른 거리 기반 방법인데, 다른 모든 노드와의 평균 차이를 기반으로 각 노드 쌍 사이의 거리를 수정하는 행렬을 사용하는 방법이다.

계통수 작성에 있어서, 형질-기반 접근법은 더 복잡하지만 더 탄탄한 계통수를 만들어낸다. 이 방법은 진화의 경로에 대한 가정으로 시작하여 각 노드의 조상을 추론하고 진화 변화의 특정 모델에 따라 최적의 계통수를 선택한다. 여기서 계통수 추론에 이용되는 방법 중 하나는 최대 파시모니법(maximum parsimony)인데, 이것은 조상과 현존하는 생물 사이에 가장 적은 수의 변화가 일어났다는 가정에 기반하여 계통수를 추론한다. 또 다른 방법으로 최대 확률추정법(maximum likelihood)이 있다. 이 방법에는 큰 데이터 세트가 필요한데, 만들 수 있는 각 가능한 계통수에 대해 특정 진화 및 분자 정보에 기

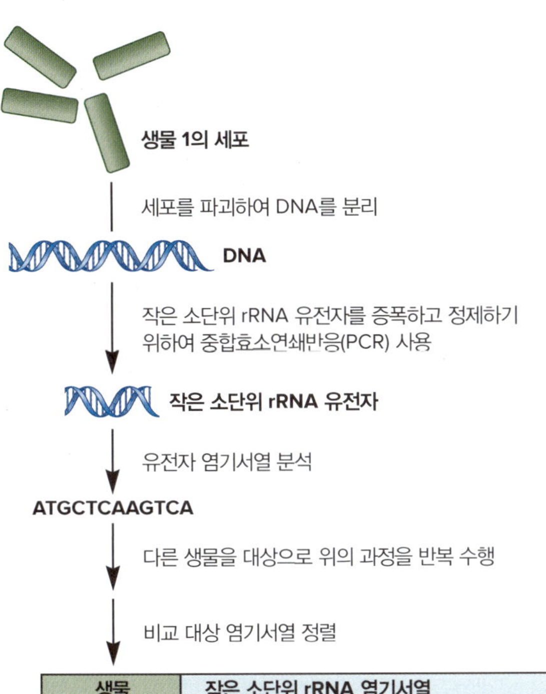

생물	작은 소단위 rRNA 염기서열
1	ATGCTCAAGTCA
2	TAGCTCGTGTAA
3	AAGCTCTAGTTA
4	AACCTCATGTTA

비교한 각 쌍의 염기서열 중에서 서로 다른 염기의 수를 파악하여 진화적 거리(evolutionary distance, E_D)를 계산

비교한 한 쌍	진화적 거리	보정한 거리
1 → 2	0.42	0.61
1 → 3	0.25	0.30
1 → 4	0.33	0.44
2 → 3	0.33	0.44
2 → 4	0.33	0.44
3 → 4	0.25	0.30

생물 1과 2의 경우, 비교한 12개의 염기 중 5개가 서로 다름.
진화적 거리 = 5/12 = 0.42

계산된 초기 진화적 거리는 각 염기가 원래의 염기로 되돌아갈 돌연변이의 확률 또는 다른 점돌연변이의 확률을 고려한 통계학적 방법으로 보정된다

계통수를 구축하기 위해
컴퓨터 분석 방법을 사용

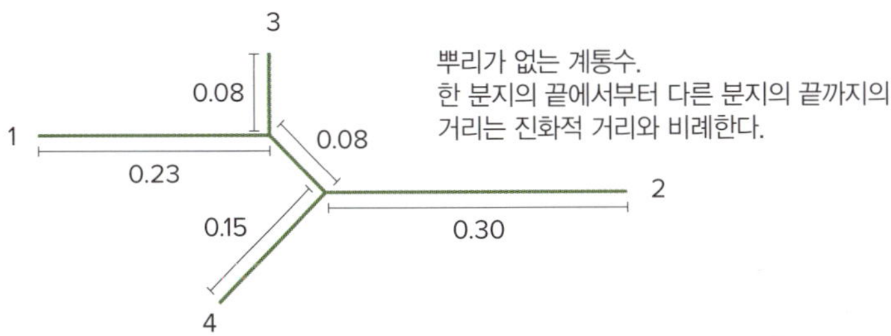

그림 1.9 거리법을 사용한 계통발생수의 구축. 중합효소연쇄반응은 17장에 설명되어 있다.

연관 질문 분지의 길이는 진화적 변이의 정도를 나타내는 것이고, 변이가 초래된 시간을 나타내는 것은 아니다. 왜 그렇다고 생각하는가?

반한 확률(즉, 가능도)을 결정하고 이 확률이 가장 높은 계통수를 선택하기 때문이다. 베이지안 추론(Bayesian inference)은 또 다른 형질-기반 접근법이다. 베이지안 추론은 단일 계통수를 보는 대신 여러 개의 가능한 계통수를 비교하고 이 비교를 기반으로 각 분지가 나타날 확률을 계산한다.

계통수가 작성되면 분지와 노드의 배치가 타당한지를 파악하는 것이 중요하다. 계통수의 튼튼함을 평가하는 방법은 다양하지만 가장 일반적인 방법은 부트스트랩핑(bootstrapping)이다. 부트스트래핑은 계통수에 표시된 데이터 중 일부를 무작위로 선택하여 재분석하는 것이다. 부트스트랩 값은 특정 분지가 발견된 횟수의 백분율 값입니다. 일반적으로 70% 이상의 부트스트랩 값이 나온다면 그 계통수가 튼튼한 것으로 간주된다. 주목할 점은 베이지안 추론 값도 백분율로 보고되지만 부트스트랩 값과 직접 비교할 수 없다는 것이다. 베이지안 추론을 사용할 때는 95%보다 큰 값만 인정된다.

계통수를 조사할 때 2가지 점을 명심해야 한다. 첫째, 계통수는 분자에 대한 트리(tree)이지 개체에 대한 트리가 아니라는 점이다. 다시 말해서, 계통수는 어떤 분자(예: rRNA)의 진화 역사를 되도록 정확하게 보여주고 있는 것이다. 둘째, 노드 간의 거리가 시간적 차이를 나타내는 것이 아니라 유연관계의 정도를 보여주고 있다는 점이다. 두 분지의 끝(노드) 사이의 거리가 멀수록 두 생물은 더 다르게 진화하였다는 것(즉, 유연관계가 멀다)이다. 그러나 우리는 이들이 진화과정에서 언제 서로 갈라졌는지는 알 수 없다. 이것은 인쇄된 지도가 두 도시 사이의 거리는 정확하게 보여주지만 여러 가지 요인(교통량이나 도로 상태 등) 때문에 그 거리를 가는 데 필요한 시간을 보여줄 수는 없는 것이나 마찬가지이다.

중요한 것은, 계통수의 뿌리가 있을 수도 없을 수도 있다는 것이다. 뿌리가 없는 계통수(**그림 1.10a**)는 계통발생학적 관계를 보여주지만 어떤 생물이 다른 생물보다 더 이전의 것인지는 나타내지 않는다. 그림 1.10a는 A가 B나 D보다 C와 더 가까운 유연관계에 있다는 것을 보여주지만, 4종 중 어느 것이 가장 오래된 것인지 나타내지는 않는다. 이와는 대조적으로 뿌리가 있는 계통수(그림 1.10b)는 공통조상 역할을 하는 노드(분류학 단위)를 포함하고 있으며, 이 뿌리에서부터 4종의 발달해왔음을 보여준다. 뿌리가 있는 계통수를 작성하는 것은 훨씬 더 어렵다. 예를 들어, 4종을 연결하여 계통수를 작성하면, 뿌리가 있는 계통수는 15가지가 가능하지만 뿌리가 없는 계통수는 3가지뿐이다.

뿌리가 없는 계통수는 계통수에 있는 모든 종과 유연관계가 아주 먼 종인 외군(outgroup)을 추가하여 뿌리가 있는 계통수로 바꿀 수 있다(그림 1.10c). 뿌리는 외군이 계통수에 추가되는 지점에 따라 결정된다. 외군이 추가됨으로써 계통수에서 가장 오래된 노드(외군과

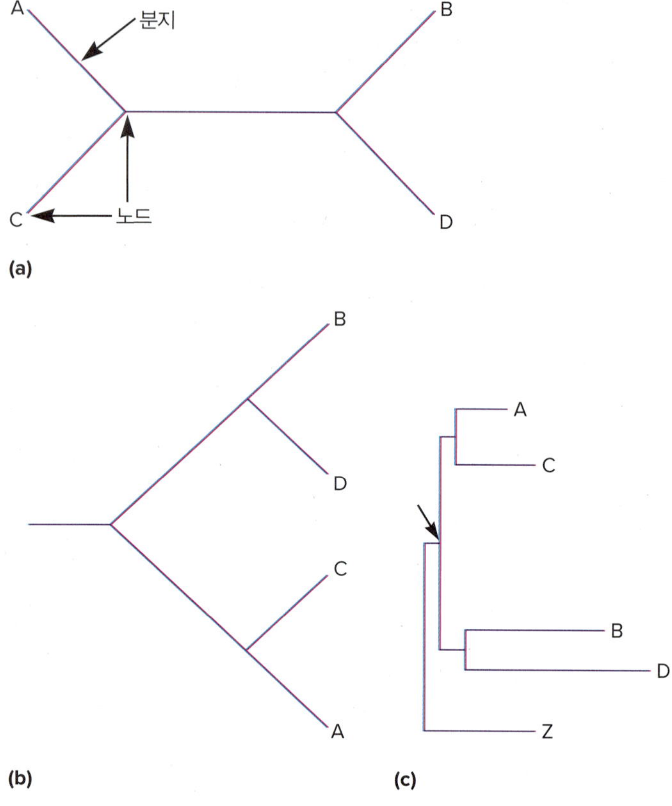

그림 1.10 계통수 위상들. (a) 4가지 분류군(A, B, C, D)을 연결한 뿌리가 없는 계통수이고, (b) 뿌리가 있는 계통수이다. (c) Z로 표시된 외군이 추가됨으로써 뿌리가 있는 계통수로 바뀔 수 있다. 화살표는 조상 생물로부터 새로운 종의 출현을 가져온 종분화 사건을 나타낸다.

가장 가까운 노드)를 알 수 있게 된다. 예를 들어, 그림 1.10c에서 생물 Z는 외군이고 계통수에서 가장 오래된 노드는 화살표로 표시되어 있다.

미생물 분류학

생물을 분류하는 과학을 **분류학**(taxonomy)이라고 한다. 분류학은 구분되어 있지만 서로 관련된 3가지 부분인 분류(classification), 명명법(nomenclature), 동정(identification)으로 구성되어 있다. 분류체계는 생물들을 상호유사성에 기초하여 **분류군**(taxa, 단수형 taxon)이라고 불리는 그룹으로 배치하는 데 사용된다. 미생물은 겹치지 않는 계층 구조로 배열된 분류학적 단계에 배치되므로 각 단계에는 그 단계 위에 있는 순위를 정의하는 형질뿐만 아니라 더 제한적인 새로운 형질도 있다(**그림 1.11**). 따라서 각 영역(박테리아, 고균, 진핵생물) 내에서 각각의 생물은 (내림차순으로) 문, 강, 목, 과, 속, 종의 이름을 갖게 된다. 어떤 미생물들은 아종 이름을 갖기도 한다. 각 단계의 미생물 그룹은 순위 또는 단계를 나타내는 특정 접미사를 가진다.

미생물학자들은 18세기 생물학자이자 의사인 칼 린네(Carl Linnaeus)의 이명체계(binomial system)를 사용하여 미생물의 이름을 짓는다. 라틴어의 이탤릭체로 된 이름은 두 부분으로 구성되어 있다. 첫 번째 부분은 대문자로 표기된 총칭(즉, 미생물의 속 이름)이고, 두 번째 부분은 소문자로 표기된 종에 대한 호칭이다. 예를 들어, 페스트를 일으키는 박테리아는 *Yersinia pestis*라고 불린다. 종종 생물의 이름은 속명을 하나의 대문자로 축약함으로써 길이를 줄일 수 있다

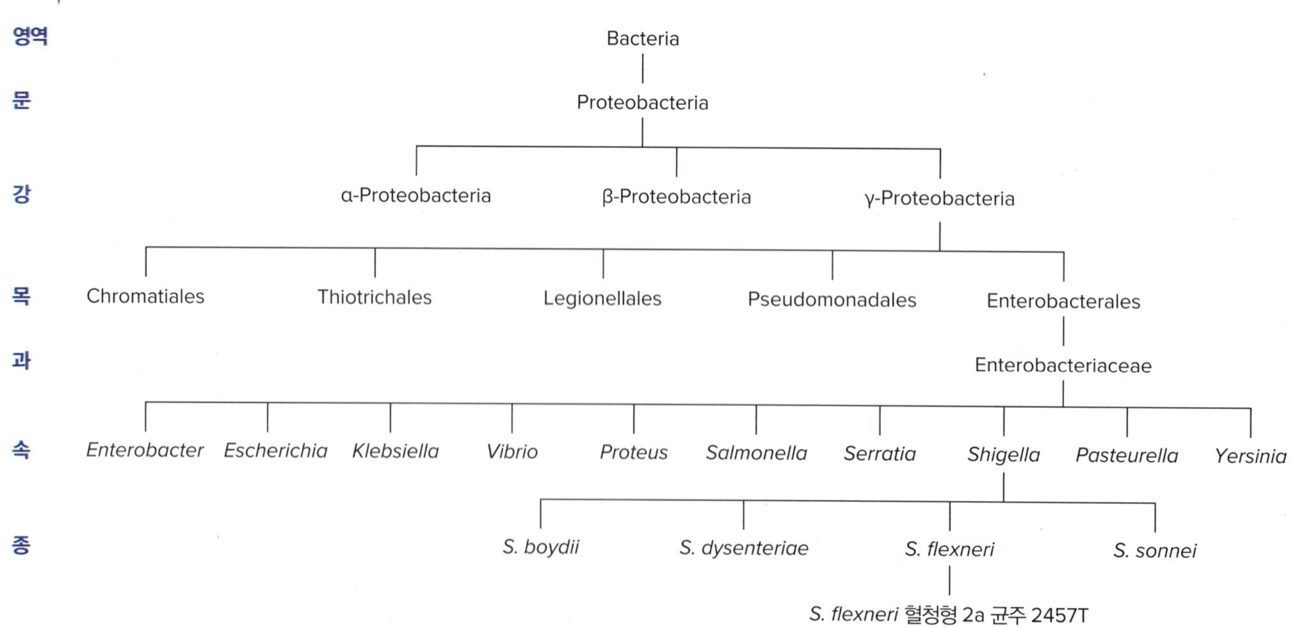

그림 1.11 분류학에서의 계층적 배열. 이 예에서, *Shigella* 속의 구성원들은 더 높은 분류 등급에 속한다. 모식도를 단순화하기 위해 각 등급에서 가능한 모든 분류를 표현하지는 않는다. -ales는 목을 나타내고 -ceae는 과를 나타낸다.

(예: *Y. pestis*).

이러한 간단하고도 조직적인 방법은 세균과 고균이 성을 통해 번식하지 않는다는 사실 때문에 복잡해진다. 여러분은 일반생물학 수업에서 식물과 동물의 **종**(species)이 교배 또는 잠재적으로 교배할 수 있는 자연 상태의 개체군들의 그룹(다른 그룹과는 생식적으로 격리되어 있음)으로 정의된다는 것을 기억할 수 있을 것이다. 이 정의는 성을 통해 번식하는 많은 진핵생물들에게는 적절하다. 그러나 세균과 고균은 성을 통해 번식하지 않기 때문에 이 기준으로 정의할 수 없다. 따라서 한 종을 다른 종과 구별하는 데에 유전체 서열의 비교가 종종 사용된다. 적절한 정의가 무엇인지는 여전히 논쟁 중이다. 일반적인 정의는 세균과 고균에서의 종이란 많은 안정적인 성질을 공유하고 다른 균주 그룹과 크게 다른 균주의 그룹이라는 것이다. **균주**(strain)는 하나의 순수 미생물 배양체로부터 비롯한 후손들로 되어 있다. 한 종 내의 여러 균주들은 다양한 방식으로 서술된다. 생물형(biovar)은 생화학적 또는 생리학적 차이를 특징으로 구분된 다양한 균주들이고, 형태형(morphova)은 형태적으로 구분되며, 혈청형(serovar)은 항체에 의해 검출되는 독특한 특성을 가지고 있으며, 병원형(pathovar)은 병원성 균주로서 그 균주가 질병을 일으키는 식물에 의해 구분된다.

비록 미생물학자들이 린네의 분류체계를 계속 사용하고 있지만, 유전체 분석의 폭발적 성장은 이 계층 구조에 영향을 미쳤다. 지난 수십년 동안, 이전에 정의된 어떤 분류군에도 속하지 않는 수천 개의 16S rRNA 유전자 및 단백질을 암호화하는 유전자에 대한 염기서열이 밝혀졌다. 이러한 데이터는 영역 아래지만 문 위에 있는 분류학적 난계인 **초문**(superphylum)의 최근 발전을 이끌었다(예로, 그림 1.11에서 초문은 Bacteria와 Proteobacteria 사이에 위치할 것이다). 초문은 독특한 형태학적 특성이나 대사적 특성과 같은 특징들을 공유하는 여러 개의 문으로 구성되어 있다.

마무리 점검

1. RNA를 최초로 자기복제를 했던 생체분자로 추측하는 이유 2가지를 서술하시오.
2. 내부공생설은 미토콘드리아와 수소발생체 및 엽록체의 기원을 어떻게 설명하는가? 이 가설을 뒷받침하는 2가지 증거를 들어보시오.
3. 계통수 작성의 목적은 무엇인가?
4. 일반적으로 거리-기반 계통수와 형질-기반 계통수의 차이는 무엇인가? 뿌리가 있는 계통수나 뿌리가 없는 계통수가 더 많은 정보를 제공하는가? 이에 대한 답을 설명해보시오.
5. 돌연변이와 수평적 유전자 전달의 차이점은 무엇인가?
6. Bacillus subtilis, Bacillus subtilis, Bacillus Subtilis, Bacillus subtilis 중에서 세균의 이름을 정확하게 표기한 것은 어떤 것인가? 앞의 이름에서 종명과 속명은 어떤 것인가?

1.3 미생물학은 미생물의 연구를 위한 새로운 도구가 개발되면서 발전했다

이 절을 학습한 후 점검할 사항:

a. 후크와 레벤후크, 파스퇴르, 리스터, 코흐, 바이아링크, 폰 베링, 키타사토, 메츠니코프, 위노그라스키가 미생물학에 기여한 업적의 중요성을 평가할 수 있다.
b. 어떤 미생물이 어떤 질병의 원인임을 밝히는 데 사용할 수 있는 실험과정을 간략하게 서술할 수 있다.
c. 어떤 미생물이 사람에게만 질병을 유발하는지의 여부를 판단하기 위해 코흐의 명제를 사용했을 때 생길 수 있는 어려움을 예견할 수 있다.

미생물을 눈으로 보기 전에도 일부 연구자들은 이미 그들의 존재를 알고, 그들이 질병의 원인일 것이라고 짐작하고 있었다. 로마의 철학자 루크레티우스(Lucretius, 기원전 98~55년)와 의사인 프라카스토로(Girolamo Fracastoro, 1478~1553)는 질병이 눈에 보이지 않는 생명체에 의해 유발된다고 했다. 그러나 미생물을 실제로 보거나 다른 방법으로 연구되기 전까지는 그들의 존재에 대해 추측만 난무하였다. 따라서 **미생물학**(microbiology)을 정의하는 데에는 연구 대상 생물이 어떤 것인지 뿐만 아니라 그들을 연구하는 기법까지 고려해야 한다. 현미경의 개발은 미생물학의 발전과정에서 결정적인 첫 번째 단계가 되었다. 그러나 현미경만으로는 미생물에 대한 과학자들의 다양한 궁금증을 모두 풀 수 없다. 미생물학의 독특한 점 중 하나는 미생물이 보통 그들의 고유한 서식지에서 떼어져 다른 미생물과는 분리된 상태로 배양된다는 것이다. 이렇게 배양된 미생물을 **순수배양체**(pure culture 또는 axenic culture)라고 한다. 미생물을 순수배양체로 분리하는 기술의 개발은 미생물학의 역사에서 또 하나의 매우 중요한 단계였지만, 그 기술은 현재 한계가 있음이 입증되었다. 순수배양체 상태로 존재하는 미생물은 마치 동물원에 있는 동물과 같다. 동물학자들이 동물원의 동물을 대상으로 연구하는 것으로 동물의 생태학적 특성을 완전히 이해할 수가 없다. 오늘날에는 분자유전학적 기술과 유전체 분석 기술이 미생물의 생명활동을 새롭게 통찰할 수 있도록 하고 있다.

우리는 여기서 미생물학자들이 사용한 기법들이 미생물학의 발전에 어떠한 영향을 미쳤는지에 대하여 설명하고자 한다. 미생물학이 하나의 과학 분야로 발전하면서, 미생물학은 인류의 복지에 크게 기여하였다. 미생물학에서의 일부 중요한 발견의 역사적 배경이 **그림 1.12**에 나타나 있다.

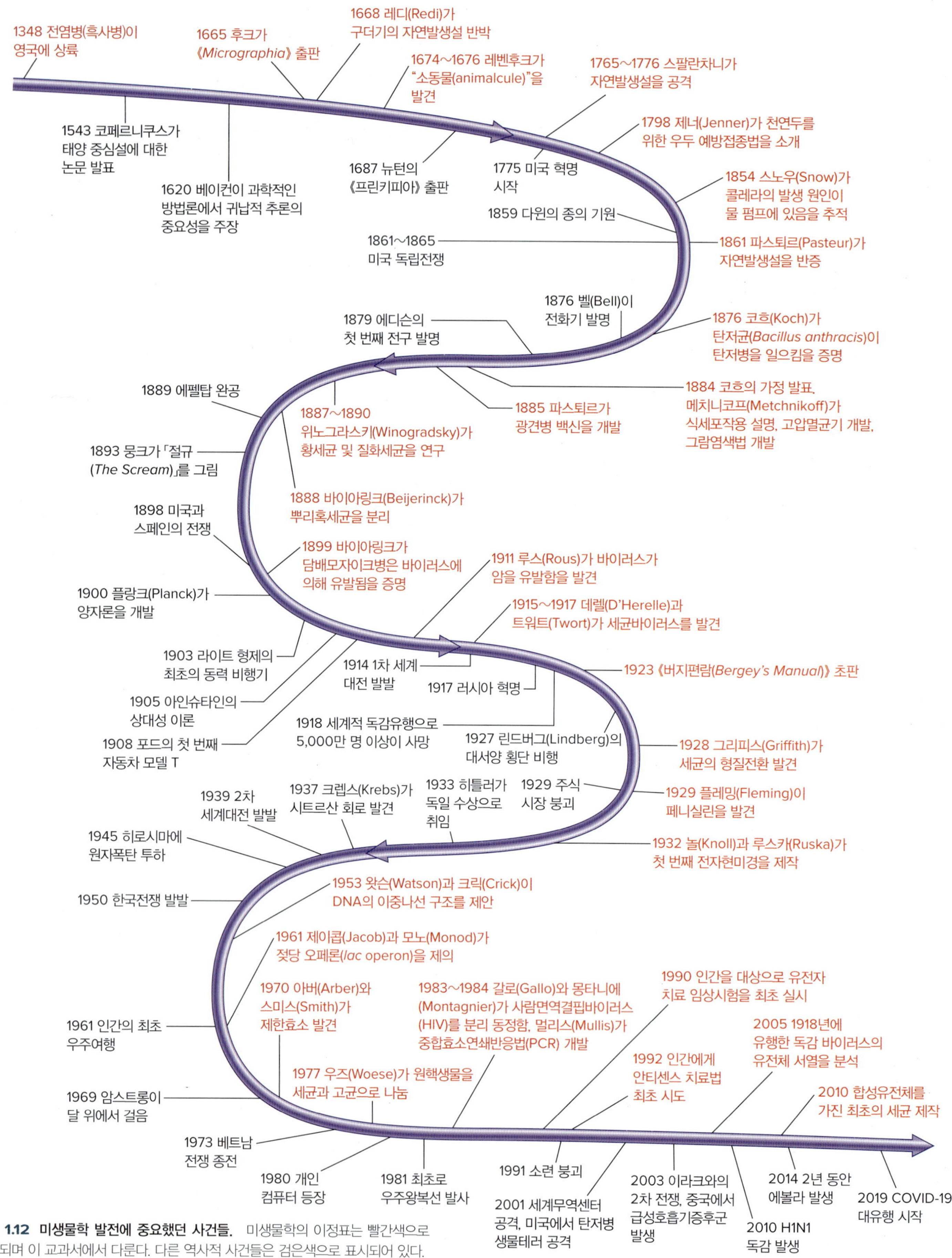

그림 1.12 미생물학 발전에 중요했던 사건들. 미생물학의 이정표는 빨간색으로 표시되며 이 교과서에서 다룬다. 다른 역사적 사건들은 검은색으로 표시되어 있다.

현미경 관찰이 미생물의 발견으로 이어졌다

현미경을 이용한 관찰 중에서 가장 빠른 것은 갈릴레오(Galileo, 1564~1642)가 제공했을 것으로 생각되는 현미경을 사용하여 이탈리아의 스텔루티(Francesco Stelluti, 1577~1652)가 1625년과 1630년 사이에 꿀벌과 바구미를 관찰한 것이다. 후크(Robert Hooke, 1635~1703)는 과학 잡지에 미생물의 그림을 최초로 발표한 것으로 인정받고 있다. 그는 1665년에 그가 만든 《마이크로그라피아(Micrographia)》라는 책에 **털곰팡이**(Mucor)의 모양을 아주 자세하게 그려서 발표하였다. 《마이크로그라피아》는 섬세한 그림을 담고 있다는 점에서 뿐만 아니라 현미경 제작에 필요한 정보를 제공하였다는 점에서 매우 중요하다. 《마이크로그라피아》에 소개된 한 도안은 아마도 네덜란드 델프트(Delft) 지역의 아마추어 현미경학자였던 레벤후크(Antony van Leeuwenhoek, 1632~1723)가 만들어 사용한 현미경의 모델이 되었을 것이다. 레벤후크는 남자용 옷과 양품을 팔아 생활비를 벌고, 남는 시간의 대부분은 2개의 은판 사이에 양면 볼록렌즈를 고정하여 만든 단순현미경을 만드는 데 사용하였다(**그림 1.13a**). 그가 만든 현미경은 50~300배 정도로 확대할 수 있었으며, 2개의 유리 사이에 액체 시료를 넣고 시료와 45°의 각도로 빛을 쪼여서 관찰하는 방식이다. 이러한 방법은 아마도 어두운 배경 위에 관찰 대상의 생물이 밝게 보이도록 하여 세균을 확실하게 보이도록 하는 암시야 조명 환경을 만들어주었을 것이다. 레벤후크는 1673년부터 현미경을 이용하여 발견한 내용을 기록하여 런던왕립학회(Royal Society of London)에 보고하였다. 그의 기록을 보면 레벤후크는 세균과 원생생물을 관찰했던 것이 분명하다(그림 1.13b). ▶| 암시야현미경: 밝은 물체, 어두운 배경(2.2절)

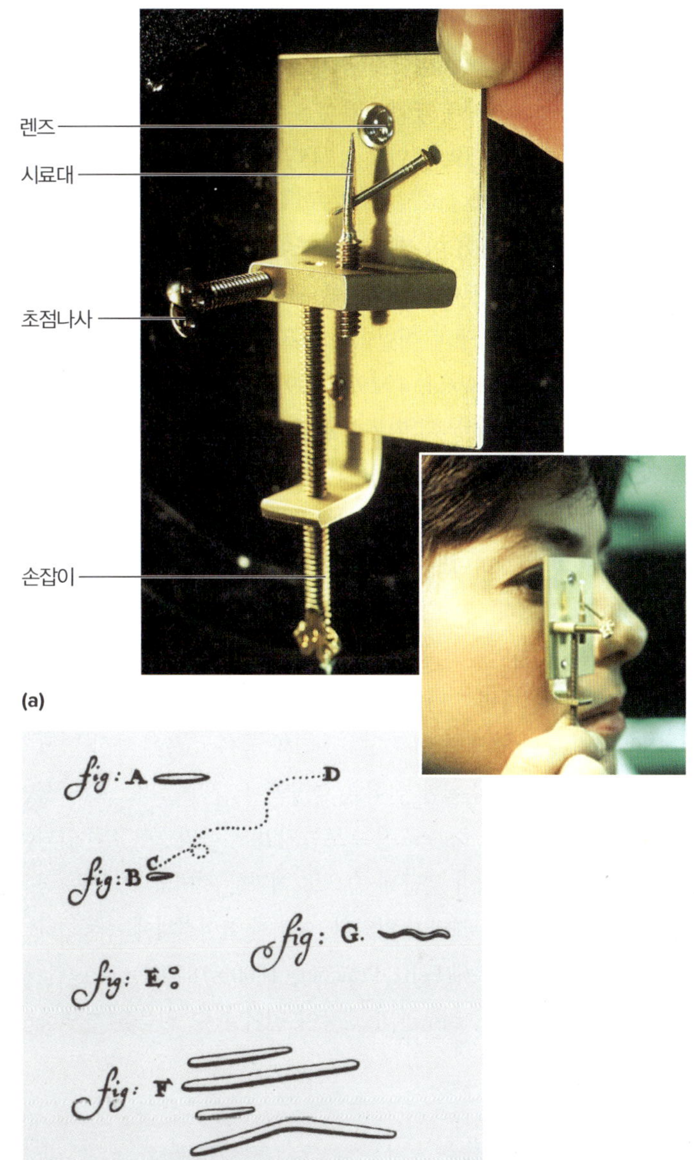

그림 1.13 레벤후크의 현미경과 그림. (a) 놋쇠로 만든 레벤후크 현미경의 모조품이다. 삽화는 현미경 잡는 법을 보여준다. (b) 레벤후크가 그린 사람의 입 속에 있는 세균들의 그림이다. (a, 1)Kathy Park Talaro/Pasadena City College; (a, 2) Pasadena City College/Kathy Park Talaro (b)Dr. Jeremy Byrgess/SPL/Getty Images

미생물 연구를 위한 배양-기반 연구법은 주요한 발전이었다

레벤후크의 관찰 결과만큼이나 중요한 것은 레벤후크 이후에 미생물을 분리하고 실험실에서 배양하는 기술이 확립되기까지의 200년 동안에는 미생물학의 발전이 본질적으로 시들하였다는 점이다. 그 시기 동안, 과학자들이 자연발생설(theory of spontaneous generation)에 대한 의견 충돌을 해결하고자 노력하였다. 이러한 갈등과 그 이후에 진행된 발생과정에서의 미생물의 역할에 대한 연구들이 마침내 수위 미생물학의 황금시대(golden age of microbiology)를 낳게 하였다.

자연발생

오래전부터 사람들은 살아 있는 생명체는 무생물에서 생겨날 수 있다는 **자연발생**(spontaneous generation)을 믿어 왔다. 이러한 관점은 자연스럽게 구더기를 생기게 한다는 썩어가는 고기에 대한 일련의 실험을 수행한 이탈리아의 의사 레디(Francesco Redi, 1626~1697)에 의해 마침내 노선을 받게 되었다. 레디는 고기가 들어있는 용기를 뚜껑을 덮거나 덮지 않은 상태로 둠으로써 썩고 있는 고기 위의 구더기는 그 고기 위에 있던 파리 알로부터 생긴 것이고 고기가 구더기를 자연스럽게 만든 것이 아님을 확실히 증명하였다. 다른 실험들은 큰 생명체가 자연적으로 생긴다는 주장을 반박하는 데 도움을 주었다. 그러나 미생물에 대한 레벤후크의 발표가 자연발생에 대한 논쟁을 재연시켰다. 어떤 사람들은 큰 생물은 자연적으로 발생하지 못하지만 미생물은 자연발생이 가능하다고 주장하였다. 그들은 그 근거로 건초나 고기를 끓인 추출물을 얼마 동안 방치하면 미생물이 생긴다는 사실을 예로 들었다. 1748년에 영국의 목사 니덤(John Needham, 1713~1781)이 그 추출물 속의 유기물질이 생기(vital force)를 포함하고 있어 이 생기가 생명이 없는 물질에 생명체의 특성을 부여할 수 있을 것이라는 의견을 제시했다.

니덤의 실험 몇 년 후에 이탈리아의 목사이자 박물학자인 스팔란차니(Lazzaro Spallanzani, 1729~1799)가 물과 씨앗이 들어 있는 유리 플라스크를 밀봉한 후, 밀봉한 플라스크를 끓는 물에 45분 정도 중탕하였다. 그는 그 플라스크가 밀봉되어 있는 한 아무것도 자라지 않는 것을 확인하였다. 스팔란차니는 공기가 배양액에 균을 옮기며, 배양액에 이미 존재하던 동물이 성장하기 위해서는 외부 공기가 필요할 것이라고 했다. 자연발생을 추종하는 사람들은 밀봉된 플라스크 내의 공기를 가열하면 공기가 가지고 있는 생명을 유지하게 해주는 능력이 파괴된다면서 자연발생 이론을 굽히지 않았다.

1800년대 중반에 몇몇 연구자들이 그와 같은 주장에 대한 반박을 시도하였다. 그들이 수행한 실험은 영양액이 담긴 플라스크를 끓인 후 공기가 들어가도록 하는 과정이 포함되었다. 플라스크로 주입되는 공기는 매우 뜨거웠거나 멸균된 솜으로 여과한 것이었다. 모든 경우의 배지에서 미생물이 자라지 않았다. 이러한 실험결과에도 불구하고 프랑스의 박물학자 푸셰(Felix Pouchet, 1800~1872)는 1859년 공기와의 접촉이 없이도 미생물의 생장이 일어날 수 있음을 증명하는 실험을 수행했다.

푸셰의 실험은 파스퇴르(Louis Pasteur, 1822~1895)가 자연발생에 대한 문제에 관심을 가지게 했다. 파스퇴르(**그림 1.14**)는 먼저 공기를 솜으로 걸러내어 식물의 포자와 비슷해 보이는 물체가 걸러진 것을 확인했다. 이 솜의 한 조각을 멸균된 배지에 넣고 여과된 공기를 공급하면 미생물이 자랐다. 그다음 그는 영양액을 플라스크에 넣고 플라스크의 목 부분을 가열한 다음 길게 늘여서 여러 가지 모양으로 구부렸다. 이렇게 만들어진 백조의 목처럼 생긴 플라스크는 공기가 들어갈 수 있도록 열려 있었다(**그림 1.15**). 파스퇴르는 이 플라스크를 가열한 다음 식혔다. 플라스크 안의 용액이 공기에 노출되어 있었지만 미생물이 성장하지 않았다. 파스퇴르는 먼지와 미생물이 구부러진 플라스크의 벽에 걸려 용액에 들어가지 못했기 때문에 미생물이 생장하지 않았을 것이라고 추정했다. 그러나 플라스크의 목 부분을 깨뜨리자 곧바로 미생물이 생장하기 시작하였다. 이로써 파스퇴르는 1861년 자연발생설에 대한 논쟁을 종결시키는 동시에 어떻게 하면 용액을 멸균 상태로 유지할 수 있는지를 보여주었다.

영국의 물리학자 틴들(John Tyndall, 1820~1893)과 독일의 식물학자 콘(Ferdinand Cohn, 1828~1898)이 자연발생설에 최후의 일격을 가하였다. 틴들은 1877년에 공기에 떠다니는 먼지에 미생물이 있기 때문에 공기 중의 먼지를 제거하면 영양액이 공기에 직접 노출되더라도 무균 상태로 유지된다는 것을 증명하였다. 이와 같은 연구를 하는 과정에서 틴들은 극도로 열에 강한 세균의 형태가 존재한다는 사실도 증명했다. 이와는 별개로 독일 식물학자 콘은 틴들이 확인

그림 1.14 루이스 파스퇴르. Pixtal/age fotostock

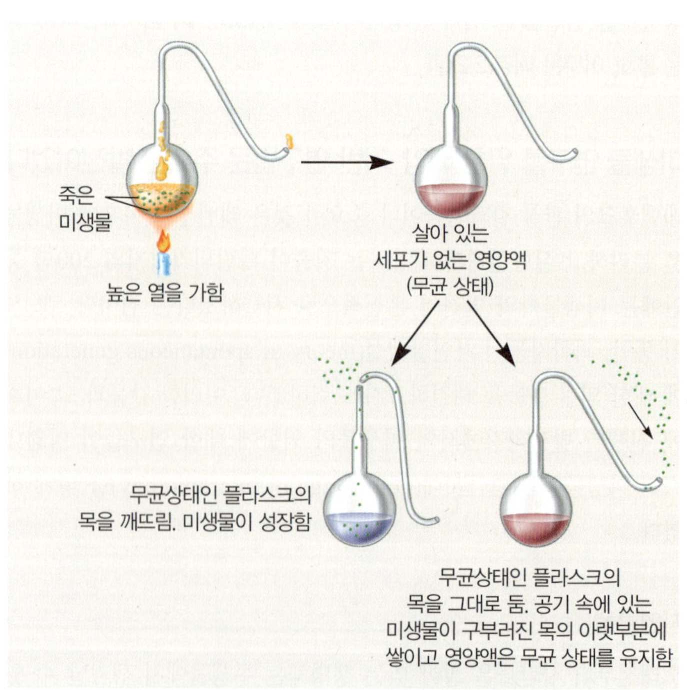

그림 1.15 백조목 플라스크를 이용한 파스퇴르의 실험.

한 내열성 세균이 내생포자를 만들 수 있는 능력을 가진 종이라는 사실을 발견하였다. 뒤에 콘은 세균의 모양과 생리적 특성을 바탕으로 하는 세균 분류체계를 확립하는 데 도움이 되었다. ▶| 세균의 내생포자는 생존 전략이다(3.10절)

초기 미생물학자들은 자연발생이 틀렸음을 입증하여 미생물학을 부활시키는 것에 기여하였다. 그들은 미생물의 배양을 위한 액체배지와 미생물을 배양할 수 있도록 그 배지를 멸균하는 방법을 개발하였다. 이와 같은 기술들이 질병 유발과정에서의 미생물의 역할을 이해하기 위한 연구에 이용되었다.

미생물과 질병

수백년 동안 대부분의 사람들은 초자연적 힘과 독성을 띠는 증기 및 우리 몸 안에 흐르고 있다고 생각했던 4가지 체액의 균형 상실 등이 질병의 원인이라고 믿고 있었다. 혈액, 점액, 황색담즙(분노), 흑색담즙(우울) 등 4가지 체액의 균형이 깨질 때 질병이 생긴다는 생각은 그리스의 의사 갈렌(Galen, 129~199)이 살았던 시대 이후에 널리 알려졌다. 19세기 초반에 이르러서 미생물이 질병을 유발한다는 사실, 즉 미생물 병인론(germ theory of disease)을 받아들이는 사람들이 늘기 시작했다. 바씨(Agostino Bassi, 1773~ 1856)는 1835년에 누에의 질병이 곰팡이의 감염에 의해 유발된다는 것을 증명함으로써 미생물이 질병을 일으킬 수 있다는 사실을 처음으로 보여주었다. 그는 여러 가지 다른 질병들도 미생물 감염 때문에 일어난다고 했다. 버클리(M. J. Berkeley, 1803~1889)는 1845년에 아일랜드를 휩쓸었던 감자마름병이 원생동물(그 당시에는 곰팡이로 알고 있었음)에 의한 것임을 증명하였고, 배리(Heinrich de Bary, 1831~1888)는 1853년에 곰팡이가 곡물의 질병을 유발한다는 사실을 입증하였다.

파스퇴르 또한 우연한 방법으로 이 분야의 연구에 공헌하였다. 파스퇴르는 화학자로서의 훈련을 받았으며, 수년 동안 포도주를 포함한 알코올 음료를 생산하는 데 사용되는 발효에 대하여 연구하였다. 그가 알코올 발효에 대한 일을 시작하였을 때, 화학계의 주요 인물들은 발효는 설탕에 존재하는 화학적 불안정성으로 인하여 설탕이 알코올로 분해되기 때문에 발효 현상이 일어난다고 믿고 있었다. 파스퇴르는 이에 동의하지 않고 발효가 미생물에 의해 일어난다고 믿었다.

1856년에 프랑스 릴(Lille) 지역의 기업가인 비고(M. Bigo)가 파스퇴르에게 도움을 청하였다. 비고는 사탕무를 발효시켜 에탄올을 생산하는 사업을 하고 있었는데 그 당시에 알코올 생산량도 줄고 생산된 알코올이 시큼해지는 어려움을 겪고 있었다. 파스퇴르는 발효 탱크에 알코올 발효를 하는 효모 대신에 에탄올이 아닌 산을 생산하는 세균이 자라서 알코올 발효가 제대로 이루어지지 않았음을 발견하였다. 이와 같은 문제를 해결하는 과정에서 파스퇴르는 모든 발효가 특수한 효모나 세균의 활동에 의해 이루어짐을 입증하였다.

파스퇴르는 또 프랑스의 포도주 생산업계에서도 도와 달라는 요청을 받았다. 수년간 질이 낮은 포도주가 생산되고 있었기 때문이다. 파스퇴르는 그 포도주가 병이 들었고, 그 포도주의 병이 포도주를 오염시키고 있는 어떤 미생물과 관련이 있음을 입증하였다. 그리고 그는 드디어 그 바람직하지 않은 미생물을 죽이기 위한 열처리 방법을 제안하였다. 이 과정은 현재 **파스퇴르 살균법**(pasteurization)이라 부른다.

미생물 병인론에 대한 간접적인 증거는 영국의 외과의사 리스터(Joseph Lister, 1827~1912)가 상처의 감염을 예방하는 연구를 하다가 나왔다. 발효과정에 대한 파스퇴르의 연구에 감동을 받은 리스터는 외과수술을 할 때 상처에 미생물이 감염되지 않도록 하는 무균수술법을 개발했다. 수술 도구는 열로 멸균했고, 붕대나 수술 부위를 소독하기 위하여 페놀을 사용했다. 이러한 시도는 대단한 성공을 거두었다. 이 실험은 또한 질병 유발과정에 미생물이 관여되어 있음을 간접적이지만 강하게 시사한다.

코흐의 가정

세균이 질병을 유발한다는 사실에 대한 직접적인 증명은 독일의 의사인 코흐(Robert Koch, 1843~1910: '코케'로 발음)의 탄저병에 대한 연구과정에서 처음으로 이루어졌다. 코흐(**그림 1.16**)는 그의 은사인

그림 1.16 코흐. 연구실에서 시료를 관찰하고 있는 코흐이다. Bettmann/Getty Images

가정	실험
① 어떤 미생물이 그 병을 앓고 있는 모든 동물에서 발견되어야 하고, 건강한 동물에서는 발견되지 않아야 한다.	코흐가 인체조직을 관찰하기 위한 염색법을 개발했다. 병든 조직에서 결핵균을 확인할 수 있었다.
② 의심되는 미생물은 그 동물로부터 분리되어 순수배양체로 배양되어야 한다.	코흐가 고체혈청배지를 이용하여 결핵균을 순수배양체로 배양하였다.
③ 분리한 미생물을 건강한 숙주에게 접종하였을 때 동일한 질병을 일으켜야 한다.	코흐가 결핵균의 순수배양체를 기니피그에 주사하였다. 기니피그는 그 뒤에 결핵으로 죽었다.
④ 병을 앓고 있는 숙주로부터 동일한 미생물이 분리되어야 한다.	코흐가 죽은 기니피그의 고체혈청배지 위에서 결핵균을 순수배양체로 분리하였다.

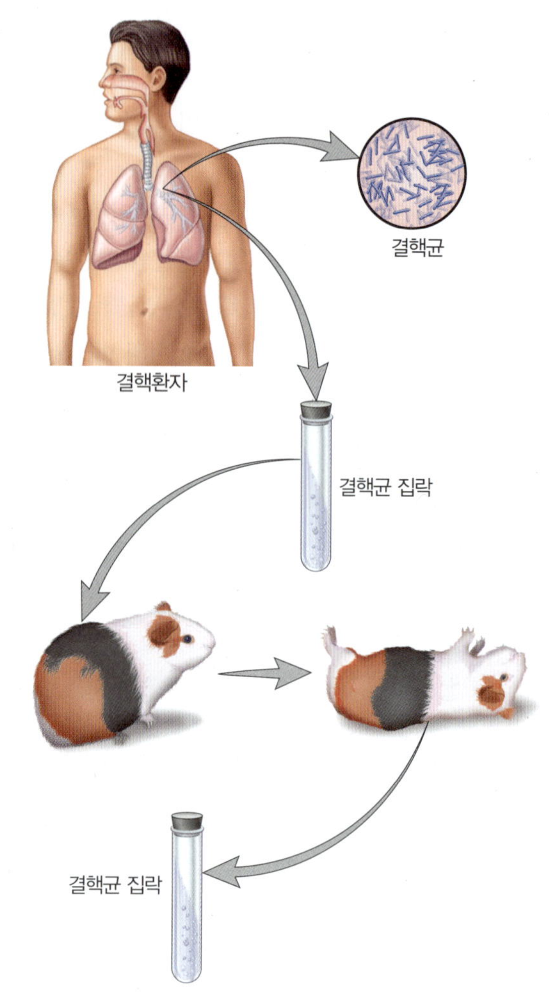

그림 1.17 결핵에 적용된 코흐의 가정.

연관 질문 네 번째 가정은 왜 필요한가?

헨레(Jacob Henle, 1809~1885)를 포함한 몇 사람이 제안했던 기준을 사용해 탄저균(*Bacillus anthracis*)이 탄저병을 일으킨다는 사실을 확인하였다. 1876년에 발표된 이 연구에서 코흐는 쥐를 모델생물 또는 실험생물로 사용하였다. 코흐는 그다음 **그림 1.17**에 요약된 순서에 따라 기니피그를 사용하여 결핵균(*Mycobacterium tuberculosis*)이 결핵을 유발한다는 사실을 확인하였다. 당시 결핵은 유럽에서 가장 많은 사망자를 낸 질병이었다. 코흐는 1905년에 노벨 생리의학상을 수상하였고, 그가 미생물과 특정 질병 사이의 병인관계를 증명하기 위해 사용했던 기준은 **코흐의 가정**(Koch's postulate)으로 알려져 있다. 코흐의 가정은 그 후 수많은 감염성 질병의 원인이 되는 미생물을 발견하는 데 이용되었다.

코흐의 가정이 지금도 광범위하게 이용되고 있지만 때로는 그것을 적용하는 것이 부적절한 경우도 있다. 예를 들어, 바이러스 또는 나병을 일으키는 **나균**(*Mycobacterium leprae*)과 같이 숙주세포내에서만 살아야 하는 것들은 순수배양체로 분리할 수 없다. 어떤 질병은 적절한 동물모델이 없기 때문에 코흐의 가정을 완전하게 적용할 수 없다. 이와 같은 어려움을 일부나마 해결하기 위하여 미생물학자들은 가끔

COVID-19

COVID-19는 바이러스 감염이기 때문에 코흐의 가정은 COVID-19의 원인을 규명하는 데 사용될 수 없었다. 대신 2019년 12월 26일 중국 우한의 한 병원에 입원한 41세 호흡곤란 남성의 폐액이 분석됐다. 알려진 병원체를 제외시킨 후, 핵산 염기서열분석으로 이전에 중국의 박쥐에서 분리된 다른 코로나 바이러스와 놀랄만한 뉴클레오티드 유사성을 가진 바이러스가 밝혀졌다. 현재 SARS-CoV-2로 알려진 이 바이러스는 원래 WH-사람 1 코로나바이러스라고 불렸다. 같은 바이러스가 곧 수천명의 다른 환자들로부터 동정되었고 COVID-19라는 이름이 만들어졌다.

분자 및 유전학적인 증거를 이용한다. 예를 들어, 병의 원인이 되는 미생물을 분리하지 않고, 인체 조직에 존재하는 미생물의 핵산을 분자생물학적인 방법으로 찾아내거나 병원미생물(병원체)의 독성과 관련이 있을 것으로 추정되는 유전자를 돌연변이시키기도 한다. 이 경우 돌연변이체는 질병유발 능력이 감소해야 하고, 이 돌연변이체에 정상적인 유전자를 도입하면 원래의 독성을 회복해야 한다.

지금까지 우리는 세균, 진균 및 원생생물의 발견에 대해 주로 이야기하였다. 그런데 바이러스성 병원체에 대한 연구도 이따금 이루어졌다. 바이러스의 발견과 질병 과정에서의 바이러스의 역할에 대한 연구는 파스퇴르의 조수였던 챔버랜드(Charles Chamberland, 1851~1908)가 세균을 걸러낼 수 있는 도자기 필터를 제작함으로써 가능해졌다. 이바노브스키(Dimitri Ivanowski, 1864~1920)와 바이아링크(Martinus Beijerinck, 1851~1931)가 이 필터를 사용하여 담배모자이크바이러스에 대한 연구를 하였다. 그들은 병든 식물의 세포 추출액과 수액이 감염 능력을 가지고 있을 뿐만 아니라, 이 수액이나 세포 추출액을 챔버랜드의 필터로 여과한 여과액도 감염성이 있음을 발견하였다. 감염성이 있는 병원체가 세균을 걸러내기 위해 만든 필터를 통과하였기 때문에 그들은 그 병원체들이 세균보다 작은 존재라고 판단했다. 바이아링크는 그 병원체가 "여과성 바이러스(라틴어 *virus*는 '끈끈한 액체', '독'을 의미)"일 것이라고 했다. 결국 그 바이러스가 작은 비세포성 병원체임이 확인되었다.

면역학

미생물 배양기술은 면역학 연구의 초기 단계에서도 중요한 역할을 하였다. 닭의 콜레라를 유발하는 세균에 대한 연구를 수행하면서 파스퇴르와 루(Pierre Roux, 1853~1933)는 닭 콜레라균을 배양액에 오래 두면 그들의 콜레라 유발 능력이 상실됨을 발견하였다. 이런 세균들을 약독화되었다고 한다. 약독화된 세균을 닭에 주사했을 때 닭이 콜레라에 걸리지 않았음은 물론이고, 놀랍게도 독성이 있는 세균에 노출되더라도 병에 대한 저항력을 나타냈다. 파스퇴르는 약독화된 세균 배양체를 제너(Edward Jenner, 1749~1823)를 기리는 뜻에서 백신(vaccine: 라틴어 *vacca*는 '소'를 의미)이라고 명명했는데, 이는 몇 년 전에 제너가 소의 우두에서 채취한 물질을 사람의 천연두를 예방하는 데 사용했기 때문이다(역사 속 주요 장면 35.3 참조). 곧이어 파스퇴르와 챔버랜드는 2가지 방법으로 약독화된 탄저병 백신을 개발했다. ▶ 백신은 감수성 집단을 면역시킨다(35.6절)

파스퇴르는 약독화된 광견병바이러스(rabies virus)를 이용하여 광견병 백신도 만들었다. 이 연구를 할 때 사람들이 광견병에 걸린 개에게 물린 아홉 살 된 소년 마이스터(Joseph Meister)를 파스퇴르에게 데려 왔다. 조치를 취하지 않으면 소년이 죽게 되는 것은 확실했기 때문에, 파스퇴르는 백신접종을 시도하는 것에 동의했다. 마이스터는 10일간 13번에 걸쳐 매번 조금씩 독성이 더 강한 형태로 제조된 약독화된 백신주사를 맞았다. 백신을 접종한 소년의 생존은 백신 이용의 엄청난 발전을 나타내는 것이었다. 파스퇴르가 백신을 개발한 것에 대한 감사의 표시로 전 세계 많은 사람들이 기부를 했고, 그 결과 프랑스 파리에 있는 파스퇴르연구소가 건립되었다. 파스퇴르연구소의 주요한 임무 중 하나는 백신 생산이었다.

이와 같은 면역학의 초기 발전은 면역체계가 작동하는 방식에 대한 이해가 없는 가운데 이루어졌다. 면역학자들은 이제 백혈구와 백혈구가 생산하는 화학물질이 면역에서 중심 역할을 한다는 사실을 알고 있다. 화학물질 중에는 혈액이나 림프액을 포함한 여러 가지 체액에 존재하는 가용성 단백질인 항체가 있다. 질병 예방에서 항체의 역할은 폰 베링(Emil von Behring, 1854~1917)과 키타사토(Shibasaburo Kitasato, 1852~1931)가 인지한 바 있다. 디프테리아가 세균이 생산하는 독소에 의해 유발된다는 사실을 발견한 후, 그로 하여금 항독소를 생산하게 유도하였고, 이 항독소가 디프테리아병을 예방하였다. 현재 항독소는 독소와 결합하여 그 독소를 중화시키는 항체로 알려져 있다(역사 속 주요 장면 32.2 참조). 면역체계를 이루고 있는 세포는 메치니코프(Élie Metchnikoff, 1845~1916)가 일부 백혈구가 질병을 유발하는 세균을 잡아먹는다는 사실을 발견함으로써 최초로 확인되었다. 그는 이 세포를 식세포(phagocyte)라 하고, 식세포가 병원체를 제거하는 과정을 식세포작용(phagocytosis: 그리스어 *phagein*은 '먹다'를 의미)이라 불렀다.

미생물 생태학

초기 미생물 생태학자들은 탄소와 질소 및 황의 순환과정과 미생물의 연관성에 대하여 연구하였다. 러시아의 미생물학자인 위노그라스키(Sergei Winogradsky, 1856~1953)는 토양 미생물학 분야에서 여러 가지 공헌을 하였다. 그는 토양세균이 철과 황 및 암모니아를 산화시키면서 에너지를 얻을 수 있고 많은 세균들이 광합성세균처럼 이산화탄소를 유기화합물로 고정할 수 있다는 사실을 발견했다. 위노그라스키는 세균에 대한 연구도 수행했다. 바이아링크는 바이러스뿐만 아니라 미생물 생태학에서도 중요한 공헌을 하였다. 그는 몇 가지 종류의 질소고정 세균과 황산염환원세균 등을 분리했다. 바이아링크와 위노그라스키는 또한 미생물학에서 매우 중요하게 사용되는 농화배양(enrichment culture) 기술과 선택배지(selective media)도 개발했다. ▶ 농화배양(7.7절); 생물지구화학적 순환은 지구상의 생명을 유지한다(28.1절)

마무리 점검

1. 파스퇴르가 공기를 걸러낸 솜마개를 배지에 넣으면 미생물의 성장이 유발됨을 보여주었는데, 이와 같은 실험결과는 무엇을 입증하는가? 그가 이 실험을 통해서 말하고자 했던 것은 어떤 것인가?
2. 리스터와 파스퇴르 및 코흐가 미생물 병인론 및 질병의 예방과 치료에 어떤 공헌을 하였는지 논의하시오.
3. 순수배양체가 왜 코흐의 가정에서 중요한가?
4. 제너, 파스퇴르, 폰 베링, 키타사토, 메치니코프 등이 면역학의 발전에 어떻게 기여하였는가? 미생물을 배양할 수 있는 능력은 그 사람들의 연구에 얼마나 중요하였는가?
5. 위노그라스키와 바이아링크는 어떤 점에서 미생물 생태학의 발전에 기여하였는가? 그들은 연구과정에서 어떤 새로운 배양기술을 개발하였는가?

1.4 미생물학은 다수의 하위 분야를 포함하고 있다

이 절을 학습한 후 점검할 사항:

a. 미생물학의 다양한 특징과 그것이 인간의 삶을 어떻게 향상시켰는지를 보여주는 개념도와 표 또는 그림을 만들 수 있다.

b. 미생물학이 제2의 황금기를 맞고 있다는 많은 미생물학자들의 믿음에 대해 논의할 수 있다.

오늘날의 미생물학은 그 분야의 연구대상 생물만큼이나 다양하다. 미생물학은 기초와 응용 분야를 모두 포함한다. 기초 분야는 미생물 자체의 생물학적 특성을 다룬다. 응용 분야는 질병, 물 처리, 폐수 처리, 식품의 변질, 식품 생산, 미생물의 산업적 이용 등 실용적인 문제를 다룬다. 미생물학의 기초와 응용 분야는 서로 얽혀 있다. 기초 연구가 가끔 응용 분야에서 수행되고, 응용 연구는 대부분 기초 연구에서 나온다.

미생물학 분야의 중요한 발전은 각 미생물에 대한 연구는 물론이고 미생물 사이의 상호작용에 대한 연구를 위하여 분자 및 유전학적인 방법을 점점 더 많이 사용하는 것이다. 이와 같은 기술은 미생물학을 미생물학의 전성기에 맞먹을 만큼 빠르게 발전시켰다. 실제로, 많은 사람들은 미생물학이 두 번째 전성기를 맞았다고 느끼고 있다. ▶| 미생물 DNA 기술(17장); 미생물 유전체학(18장); 생태계의 미생물 탐험(26장)

미생물학의 주요 영역

미생물학은 보통 연구대상 미생물의 유형을 기반으로 하여 몇 가지 하위 분야로 나뉜다. 그래서 미생물학은 세균학과 바이러스학뿐만 아니라 미생물 종류에 따른 다른 분야도 포함한다. 미생물학은 또한 환경 미생물학이나 농업 미생물학과 같이 미생물의 활동에 기반하여 나눌 수도 있다. 마지막으로, 미생물학자들은 미생물의 생명활동 중 하나의 활동에 대해서만 연구하기도 하는데, 이는 미생물 유전학과 미생물 생리학과 같은 하위 분야로 이어진다.

미생물학에서 가장 활발하고 중요한 분야 중 하나는 사람과 동물의 질병에 대해 연구하는 의학 미생물학이다. 의학 미생물학자는 감염성 질병을 일으키는 미생물을 찾고 이를 제어 및 제거할 수 있는 방안을 연구한다. 그들은 지카바이러스와 COVID-19와 같은 새로운 미확인 병원체를 찾아내기도 한다. 이들은 또한 미생물의 질병 유발기전에 대해서도 연구한다. 병원 및 기타 임상실험실에서 근무하는 임상실험실 연구자들은 의사들이 감염성 질병의 진단과 치료에 필요한 정보를 제공하기 위하여 배양 및 분자생물학적 기법을 사용한다.

심각한 전염병들은 인류 역사에 주기적으로 영향을 미쳤다. 예를 들어, 사람면역결핍바이러스/후천성면역결핍증(HIV/AIDS)은 1981년에 사람면역결핍바이러스가 급속히 확산한 이래로 7,500만 명이 감염되었다. COVID-19 대유행은 공중보건 미생물학이 전염성 질병의 통제와 확산에 관련이 있다는 것을 세계에 보여주었다. 공중보건 미생물학자들은 역학자들과 함께 집단 중에서 병을 앓고 있는 사람들이 얼마나 되는지 추적한다. 그 조사결과를 바탕으로 그들은 유행성 질병이 시작될 때 그 질병의 발생과 확산을 감지하고 적절한 통제 수단을 시행할 수 있다. 그들은 또한 새로운 질병이나 생물테러에 대한 감시도 수행한다. 지방 정부에서 일하는 공중보건미생물학자들은 지역의 식품 생산 및 보관시설과 수고시설을 안전하게 유지함은 물론, 병원체를 차단하기 위하여 이 시설들에 대한 감시를 수행한다. ▶| 역학 및 공중보건 미생물학(35장)

감염성 질병을 이해하고, 치료하며, 관리하기 위해서는 면역체계가 어떻게 병원체로부터 우리 몸을 방어하는지에 대해 이해하는 것이 중요하며, 이 질문이 면역학의 관심사이다. 면역학은 과학 중에서 가장 빠르게 성장하고 있는 분야 중 하나이다. 많은 발전들은 특별히 면역체계를 구성하고 있는 세포를 표적으로 하는 사람면역결핍바이러스를 발견하면서 이루어졌다. 면역학은 또한 알레르기 및 류마티스성 관절염과 같은 자가면역질환의 특징과 치료방법에 대해서도 연구하고 있다. ▶| 선천성 숙주 저항(31장); 적응면역(32장)

미생물 생태학은 미생물학에서 또 하나의 중요한 분야이다. 미생물 생태학자들은 형태학적 및 생리학적으로는 물론이고 다른 생물과의 관계나 서식지의 환경조건 등을 중심으로 미생물의 방대한 다양성을 묘사하기 위하여 다양한 배양방법과 분자적 연구를 수행한다.

탄소와 질소 및 황의 국지적 및 지구 전체의 순화과정에서 미생물의 중요성에 대해서 오랫동안 연구되었다. 그러나 이와 같은 연구들은 기후가 변화함에 따라 새로운 위급한 일과 마주치게 되었다. 그중에서 관심을 끄는 것은 이산화탄소나 메탄가스와 같은 온실가스의 생산과 제거 과정에서의 미생물의 역할이다. 미생물 생태학자들은 또한 환경오염을 줄이기 위한 생물복원 작업에도 미생물을 활용하고 있다. 미생물 생태학의 흥미 있는 개척 분야는 인체 마이크로바이옴이라 불리는 인체에 정상적으로 존재하고 있는 미생물에 대한 연구이다. ▶ 지구기후 변화(28.3절); 미생물과 사람이 공존하는 생태계(33장); 생분해와 생물복원은 미생물이 환경을 청소하도록 이용한다(42.4절)

농업 미생물학은 의학 미생물학 및 미생물 생태학과 관계가 있는 분야이다. 농업 미생물학은 질소고정 세균이 토양의 비옥도에도 영향을 미치는 것과 같은, 식품 생산에 미치는 미생물의 영향에 대해서도 연구한다. 소와 같은 반추동물의 소화기관에 살고 있는 미생물들은 이 동물들이 먹는 식물성 먹이를 분해한다. 식물과 동물에 병을 유발하는 미생물도 있는데, 이들은 잘 통제하지 않으면 심각한 경제적 손실을 입을 수 있다. 더 나아가 일부 가축의 병원체는 사람에게 질병을 유발하기도 한다. 농업 미생물학자들은 토양을 비옥하게 하거나 작물의 생산성을 높이는 방법의 개발과 고기와 우유의 생산을 증대시키기 위해 반추동물의 소화계에 서식하는 미생물에 대한 연구와 함께 식물과 동물의 질병을 퇴치하기 위해 노력하고 있다. 최근에는 많은 농업 미생물학자들이 화학살충제 대신 곤충에 병을 일으키는 세균이나 바이러스를 살충제로 사용하는 것에 대한 연구를 하고 있다. ▶ 토양생태계의 미생물(30장)

농업 미생물학과 함께 식품 미생물학이 고품질 식품의 주기적인 공급에 기여했다. 식품 미생물학자들은 식품과 음료(예: 요구르트, 치즈, 맥주)에 사용되는 미생물뿐만 아니라 식품을 부패시키거나 식품을 통해 번지는 병원체도 연구한다. 예를 들어, 어떤 대장균 균주의 주기적인 발생이 질병을 발생시키는데, 어떤 경우에는 신부전증을 일으켜 죽음에 이르게 한다. 사람들을 보호하기 위하여 그와 같은 특수한 균주에 오염된 식품을 찾아내야 한다. 식품 미생물학자들은 또한 식품의 부패 방지와 미생물을 가축과 사람의 영양공급원으로 사용하기 위한 연구도 수행한다. ▶ 식품미생물학(40장)

산업 미생물학은 미생물을 이용하여 사람에게 도움이 되는 제품을 생산하는 일을 한다. 1929년에 중요한 발전이 있었는데, 이는 플레밍(Alexander Fleming)이 페니실린 곰팡이(*Penicillium* 종)가 세균 감염을 성공적으로 억제할 수 있는 첫 번째 항생제인 페니실린을 생산한다는 사실을 다시 발견한 것이다. 미생물학자들이 2차 세계대전을 거치면서 페니실린을 대량으로 생산하는 방법을 익혔지만, 이들은 곧바로 다른 항생제를 생산하는 미생물도 발견하였다. 오늘날 산업 미생물학자들은 미생물을 이용하여 백신, 스테로이드, 알코올 및 다른 종류의 용매, 비타민, 아미노산, 효소, 생물연료를 생산하고 있다. 이 대체연료는 재생이 가능하고 화석연료 사용으로 야기되는 공해를 줄이는 데 도움을 줄 수 있을 것이다. ▶ 생물연료 생산은 역동적인 분야이다(41.2절); 미생물 연료전지: 미생물에 의해 구동되는 배터리(42.3절)

의학 미생물학, 농업 미생물학, 식품 및 낙농 미생물학, 산업 미생물학 분야의 발전은 미생물 생리학, 미생물 유전학, 분자생물학, 생물정보학 등의 분야에서 이루어진 기초 연구의 결과물이라 할 수 있다. 미생물생리학자들은 미생물의 대사 능력을 포함한 여러 가지 생물학적 특성에 대하여 연구한다. 그들은 또한 미생물이 거친 환경에서 살아가기 위해 생산하는 항생물질과 독소의 생산 및 미생물의 성장과 생존에 미치는 화학 및 물리학적 요소의 영향에 대한 연구도 한다. 미생물 유전학자와 분자 생물학자 및 생물정보학자들은 유전정보의 본질과 그 유전정보가 어떻게 세포와 개체의 성장과 기능을 조절하는지에 대한 연구를 한다. 대장균 및 고초균(*Bacillus subtilis*) 등의 세균과 빵 효모(*Saccharomyces cerevisiae*)와 같은 효모 및 T4나 람다 등의 세균바이러스는 생물현상을 이해하기 위해 계속적으로 활용되고 있는 중요한 모델 개체들이다.

미생물학의 미래는 밝다. 유전체학은 연구자들이 개체의 특성을 부분적으로 이해하는 대신 전체적으로 이해하기 시작하게 하는 등 미생물학에 획기적인 변화를 초래하였다. 미생물 유전체의 진화기전과 숙주와 병원체 사이의 상호작용의 본질 및 개체의 생존에 필요한 최소 유전자 세트 등을 포함한 다양한 주제들이 분자 분석 및 유전체 분석기술에 의해 활발하게 연구되고 있다. 지금은 미생물학자가 되기에 좋은 때이다. 미생물학자가 되는 여정을 즐기기 바란다.

마무리 점검

1. 미생물학의 주된 하위 학문 분야에 대하여 간단히 서술하시오. 그중에서 응용 분야는 어떤 것이고 기초 분야는 어떤 것인가?
2. 모든 음식과 비타민을 포함한 약을 생각하면서 당신이 일주일 동안 사용하고 있는 미생물이 생산하는 제품을 모두 나열하시오. 이런 것들이 없다면 당신의 삶이 어떨지 생각하시오.
3. 당신이 살고 있는 지역사회에서 미생물학의 직접적인 도움을 받고 있는 활동 또는 사업을 모두 열거하시오.

요약

1.1 미생물 세계의 구성원들

- 미생물학은 현미경을 통해서만 확인할 수 있는 생물을 연구하는 학문이다. 연구대상 생물들은 대부분이 단세포생물이고 다세포 생물이라 하더라도 잘 분화된 조직을 가지고 있지 않은 것들이다. 미생물학은 비세포성 생물학적 존재도 다룬다(그림 1.1).
- 미생물학자들은 생물을 세균과 고균 및 진핵생물 등 3영역으로 나눈다(그림 1.3).
- 세균 영역과 고균 영역에 있는 미생물은 세포소기관이 없다. 진핵세포 미생물(원생생물과 진균)은 진핵생물 영역에 속한다. 바이러스와 바이로이드, 위성체, 프리온은 비세포성의 존재로 어느 영역에도 속하지 않고 다른 체계에 의해 분류된다.

1.2 미생물은 수십억 년 동안 진화하고 다양화되었다

- 지구의 나이는 약 45억 년이다. 생명체는 지구가 존재한 후 10억 년이 지나지 않아 생겨났다(그림 1.4).
- RNA 세계 가설은 지구에서 맨 처음 자기복제를 하였던 존재가 지질 이중층에 쌓인 RNA를 가지고 있었으며, 이 RNA가 유전 정보 저장과 세포 기능을 수행하였다고 가정한다(그림 1.5).
- 모든 생명의 공통조상(LUCA)은 보편적 계통수의 세균 영역 분지에 위치하고 있다(그림 1.3). 따라서 세균 영역이 먼저 갈라지고, 고균 영역과 진핵생물 영역은 뒤에 나타난 것으로 짐작된다.
- 미토콘드리아와 엽록체 및 수소발생체는 진핵생물 계통의 조상세포내부에서 공생하던 세균의 진화된 형태인 것으로 추측된다(그림 1.7).
- 작은 소단위체(SSU) rRNA 유전자의 비교연구는 계통적 유연관계를 확립하는데 유용하게 활용되어 왔다(그림 1.8).
- 계통적 유연관계는 종종 계통수라고 불리는 분지형 모식도로 표현된다. 계통수는 거리-기반 혹은 형질-기반의 방법을 이용하여 작성될 수 있다(그림 1.9).
- 계통수는 뿌리가 있을 수도 없을 수도 있다. 뿌리가 없는 계통수는 외군을 추가함으로써 뿌리가 있는 계통수로 바꿀 수 있다(그림 1.10).
- 분류학적 순위는 겹쳐지지 않는 계층 안에 배열되어 있다(그림 1.11). 종은 린네의 이명체계를 사용하여 명명된다.
- 세균과 고균은 성을 통해 번식하지 않기 때문에 이들의 종의 개념을 정의하는 것은 어렵다.

1.3 미생물학은 미생물의 연구를 위한 새로운 도구가 개발되면서 발전했다

- 미생물학은 연구대상 생물뿐만 아니라 연구기법에 의해서도 정의된다. 현미경 관찰과 배양-기반 기술은 이 분야의 발전에 중요한 역할을 한다.
- 레벤후크는 1개의 렌즈만 가지고 있는 단순현미경을 사용하였고, 미생물을 광범위하게 묘사한 최초의 인물이다(그림 1.13).
- 미생물의 연구를 위한 배양-기반 기술은 과학자들이 자연발생설에 대해 논쟁을 하면서 발전하기 시작하였다. 레디를 포함한 연구자들의 실험은 큰 생물의 자연발생설이 옳지 않음을 입증하였다. 미생물의 자연발생은 파스퇴르 등에 의해 옳지 않음이 입증되었다(그림 1.15).
- 코흐의 가정은 의심이 가는 병원체와 질병 사이의 직접적인 연관성을 입증하기 위해 활용된다. 코흐와 그의 공동연구자들은 세균을 고체배지 위에서 배양하는 기술과 병원체를 순수배양체로 분리하는 기술을 개발했다(그림 1.17).
- 바이러스는 챔버랜드가 세균을 걸러낼 수 있는 필터를 발명한 다음에 발견되었다. 이바노브스키와 바이아링크는 바이러스학 분야에서 중요한 공헌을 하였다.
- 미생물학자들이 면역학 분야를 탄생시켰다. 그들은 백신을 만들어 내고 항체와 식세포를 발견하였다.
- 미생물 생태학은 위노그라스키와 바이아링크의 연구에서 탄생하였다. 그들은 탄소와 질소 및 황의 순환과정에서의 미생물의 역할에 대해 연구하였고, 농화배양 기술과 선택배지도 개발하였다.

1.4 미생물학은 다수의 하위 분야를 포함하고 있다

- 미생물학에는 여러 분야가 있다. 의학 미생물학, 공중보건 미생물학, 산업 미생물학, 식품 및 낙농 미생물학 등이 여기에 포함된다. 미생물 생태학과 미생물 생리학 및 미생물 유전학 등은 미생물학의 중요한 하위 학문 분야이다.

심화 학습

1. 바이러스와 바이로이드, 위성체, 프리온 등은 왜 3영역 체제에 포함되지 않는가?

2. 어떤 사람들은 병원체에 감염되었지만 증상이 나타나지 않을 수도 있다. 실제로 어떤 사람들은 병원체의 만성 보균자로 지낸다. 이와 같은 현상은 코흐의 가정에 어떤 영향을 미치는가? 만성 보균자의 존재를 감안한다면 코흐의 가정은 어떻게 변형되어야 하겠는가?

3. "여러 가지 소아 질병에 대한 백신접종이 여성들(특히 어머니들)이 상근 직장을 얻는 데 기여했다"는 주장을 뒷받침하시오.

4. 지구에 오래 전에 살았던 생명체에 대한 강력한 증거를 지닌 가장 오래된 스트로마톨라이트들이 수년 동안 서부 호주 지역에서 발견되었다. 이 침전 구조물을 이루고 있는 미생물 군집들은 대개 35억 년 전의 것들이다. 그러나 2016년에 그린란드에서 발견된 스트로마톨라이트는 37억 년 된 것으로 보고되었다. 흥미로운 것은 그린란드 스트로마톨라이트의 복잡성과 모양이 호주의 것들과 비슷하다는 것이다. 지구에서 생명체의 가장 오래된 증거를 밝히고 기록하는 것이 왜 흥미로운가? 이 연구가 2억 년 동안 진행된 생물의 진화에 대하여 무엇을 시사하고 있는가? 만일 이 스트로마톨라이트들의 지리학적 분포에 중요한 점이 있다면 그것은 어떤 것인가?

5. RNA 세계 가설은 리보뉴클레오티드가 모여(응축하여) RNA를 형성한다는 것을 시사하며, 이들 중 일부는 오늘날 리보자임처럼 촉매 활성을 가지고 있다. 최근 변형되었거나 특이한(비표준적인) 리보뉴클레오티드가 이러한 초기 리보자임 생성에 필수적일 수 있다는 주장이 제기되었다. 왜 이런 비표준적인 리보뉴클레오티드의 참여가 이론화되었는가? 왜 이 리보뉴클레오티드가 결국 제거되었는가?

   참고문헌: Wolk, S. K., et al. 2020. Modified nucleotides may have enhanced RNA catalysis. *Proc. Natl. Acad. Sciences, USA.* 117: 8236-8242. doi.org/10.1073/pnas.1809041117.

CHAPTER

2

현미경학

Kenneth Lambert/AP Images

탄저균 생물테러 공격

2001년 9월 말, 플로리다 출신의 63세의 사진기자가 노스캐롤라이나로 여행을 가던 중 몸에 이상을 느끼기 시작했다. 근육이 쑤시고, 멀미가 나며, 열이 났다. 그 증세는 집에 도착한 후에 더 심해졌고, 10월 2일에는 구토를 하면서 잠에서 깨어났다. 더 두려운 것은 그의 정신 상태가 혼란스러워진 것이다. 그의 부인이 그를 지역 병원의 응급실로 데려 갔을 때 의사들은 뇌수막염을 의심했고, 척추천자를 하여 뇌척수액을 모았다. 이 액은 병원의 실험실로 보내졌고, 그곳에서 그람염색을 하였다. 임상연구실의 과학자들은 그 뇌척수액에 전형적인 뇌막염 유발 세균의 모습과는 다른 사슬 모양으로 연결된 긴 그람양성 간균들이 존재하는 것을 보고 매우 놀랐다. 의사들은 처음에 그람염색결과를 보고 그가 탄저균을 흡입하였다고 진단하였다. 이와 같은 진단결과는 놀라운 것인데, 이는 미국에서 탄저균을 흡입하는 경우가 매우 드물기 때문이다. 의사들은 즉시 항생제로 치료하기 시작했지만, 그 사진기자는 상태가 더 악화되어 10월 5일 사망하였다.

미국에서의 첫 번째 탄저균 생물테러 공격은 그렇게 시작되었다. 그 후 몇 주동안, 16명의 다른 사람들이 탄저균을 흡입하였고, 이들은 모두 탄저균의 포자가 들어 있는 우편물을 열어보다 흡입하였다. 이들 중 4명이 사망했다. 이와 같은 공격을 통해 탄저병에 대해 많은 것을 알게 되었다. 또한, 생물테러에 대처하기 위해 국가가 어떻게 준비해야 하는지에 대해서도 알게 되었다. 또한 이 사건은 미생물학과 질병의 진단 과정에서 현미경이 중요한 역할을 해내는 존재임을 상기시켜 주었다.

이 장에서 우리는 가장 흔히 사용되고 있는 현미경 중 일부를 소개할 것이다. 우리는 광학현미경들을 먼저 소개한 다음, 다른 일반 유형의 현미경에 대해 서술하고, 현미경으로 관찰하기 위해 시료를 어떻게 준비하는지에 대해서도 서술할 것이다.

이 장의 학습을 위해 점검할 사항:

- ✓ 현미경이 왜 미생물학자들이 사용하는 주된 도구인지 설명할 수 있다(1.1절, 1.3절).
- ✓ 배율이란 무엇인지 설명할 수 있다.
- ✓ 미터법을 이용하여 생물의 크기를 표현할 수 있다(**표 2.1**).

표 2.1 일반적인 측정 단위

단위	약어	값
1센티미터	cm	10^{-2}미터 또는 0.4인치
1밀리미터	mm	10^{-3}미터
1마이크로미터	μm	10^{-6}미터
1나노미터	nm	10^{-9}미터
1옹스트롬	Å	10^{-10}미터

2.1 렌즈는 빛을 굴절시켜 상을 창출한다

이 절을 학습한 후 점검할 사항:

a. 빛이 프리즘이나 볼록렌즈를 통과할 때 빛이 지나가는 경로가 유리와 공기의 굴절률과 관련되어 있음을 설명할 수 있다.

b. 렌즈의 배율과 초점거리의 연관성을 설명할 수 있다.

광학현미경은 가장 먼저 발명된 현미경이며, 가장 흔히 사용되는 현미경이다. 모든 현미경은 대상의 상을 정확하게 확대하기 위해 쓰인다. 광학현미경의 원리를 이해하기 위해서는 렌즈가 상을 만들기 위해 빛을 굴절시켜 한곳에 집중시키는 원리를 알아야 한다. 빛이 하나의 매질에서 다른 매질로 전달될 때 굴절현상이 일어난다. 굴절(refraction)이란 두 매질의 경계에서 빛이 구부러지는 현상이다. **굴절률**(refractive index)은 물질이 빛의 속도를 얼마나 늦추는가를 나타내는 값이다. 굴절의 방향과 정도는 서로 맞닿아 있는 매질의 굴절률에 따라 결정된다. 빛이 공기 중에서 굴절률이 더 높은 유리로 들어가면 진행 속도가 떨어져서 표면에 직각 방향으로 그어진 법선 쪽으로 굴절된다(**그림 2.1**). 빛이 유리를 지나 굴절률이 낮은 공기로 나갈 때에는 빛의 속도가 빨라져서 법선에서 멀리 굴절된다. 그러므로 유리와 공기의 굴절률 차이에 따라 프리즘에 도달한 빛은 특정한 각도로 휘어진다.

현미경의 렌즈는 여러 개의 프리즘이 모여 마치 하나인 것처럼 작동한다. 광원이 멀리 떨어져 있어 렌즈에 빛이 평행하게 도달하면 볼록렌즈는 특정 지점, 즉 초점(focal point)에 빛을 모은다(**그림 2.2**에서 *F*). 렌즈의 중심에서 초점까지의 거리를 초점거리(focal length)라 한다(그림 2.2에서 *f*).

인간의 눈으로는 25 cm(약 10인치) 이하의 거리에 있는 물체에 초점을 맞출 수 없다. 이런 한계는 볼록렌즈를 돋보기처럼 물체에 가까이 두면 극복할 수 있다. 돋보기를 사용하면 가까이 있는 물체도 분명하고 더 크게 보인다. 렌즈의 배율은 초점거리와 관계가 있다. 초점거리가 짧은 렌즈는 초점거리가 긴 렌즈보다 물체를 더 크게 확대한다.

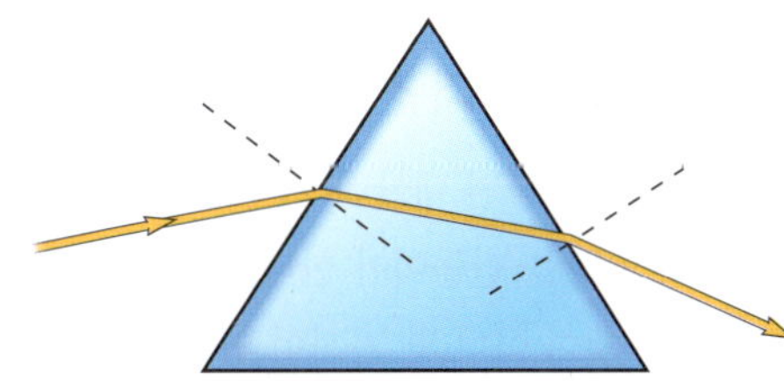

그림 2.1 프리즘에 의한 빛의 굴절. 프리즘의 표면과 직각을 이루는 점선은 법선이라 부른다. 빛이 공기에서 유리로 들어가면 첫 번째 법선 쪽으로 휘어진다. 빛이 유리를 통과하여 공기 중으로 다시 나갈 때에는 두 번째 법선에서 멀어지는 쪽으로 휘어진다.

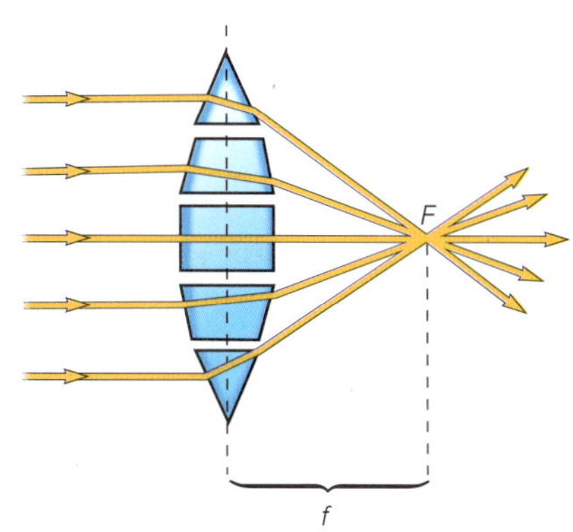

그림 2.2 렌즈의 기능. 렌즈는 프리즘이 여러 개 모여 있는 것과 같이 작용한다. 멀리 떨어진 광원에서 오는 빛은 초점 *F*에 모인다. 렌즈의 중심에서 초점까지의 거리 *f*를 초점거리라고 한다.

연관 질문 그림의 렌즈가 더 두꺼워지면 초점거리는 어떻게 변할 것인가?

마무리 점검

1. 굴절, 굴절률, 초점, 초점거리의 차이점을 설명하시오.
2. 얇거나 두꺼운 렌즈를 투과하는 광선의 경로를 그려보시오.
3. 만일 두꺼운 렌즈와 얇은 렌즈가 교정용 안경에 사용된다면, 이들 중 독서를 위해 사용하는 것과 원거리 시력을 개선하기 위해 사용하는 것은 어떤 것인가?

2.2 광학현미경에는 여러 가지 종류가 있다

이 절을 학습한 후 점검할 사항:

a. 광학현미경을 구성하고 있는 각 부분이 영상 형성과 현미경 사용에 어떻게 기여하는지 평가할 수 있다.

b. 시료를 관찰할 때 사용하는 빛의 파장과 렌즈의 개구수를 바탕으로 상대적인 해상력을 예측할 수 있다.

c. 여러 가지 유형의 광학현미경을 용도와 영상 창출 원리 및 형성된 영상의 질적인 면에서 비교하고 대조할 수 있다.

미생물학자들은 현재 여러 종류의 광학현미경을 연구에 사용하는데, 각 현미경은 특정한 용도를 위해 설계되었다. 현재 사용되는 현미경은 모두 2개의 렌즈로 구성된 복합현미경이다. **대물렌즈**(objective lens)는 시료에 가장 가까이 있는 렌즈이다. 이 렌즈는 확대된 상을 만드는데, 이 확대된 상은 1개 이상의 다른 렌즈에 의해 더 확대된다.

광시야현미경: 어두운 물체, 밝은 배경

광시야현미경(bright-field microscope)은 염색하거나 염색하지 않은 시료를 관찰하기 위해 일상적으로 사용되고 있다. 이 현미경을 광

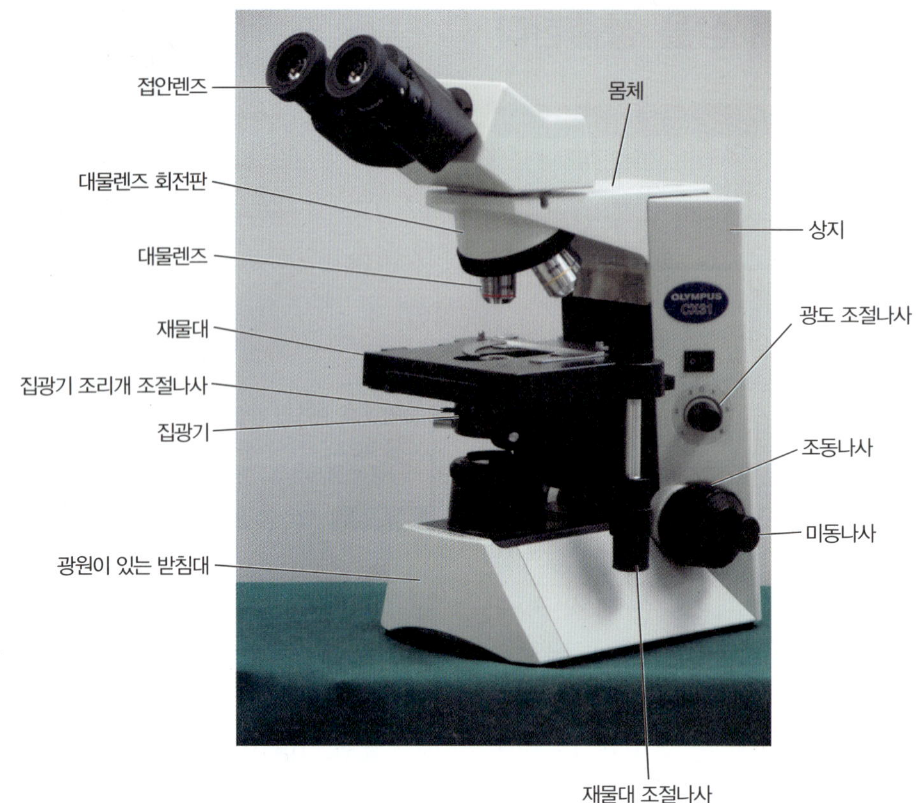

그림 2.3 광시야현미경. James Redfearn/McGraw Hill

시야현미경이라 부르는 이유는 이 현미경이 상대적으로 밝은 배경에 어두운 상을 형성하기 때문이다. 이 현미경은 하나의 받침대(base)와 하나의 상지(arm)로 구성된 견고한 금속 대와 그것에 부착되어 있는 여러 가지 부품들로 이루어져 있다(**그림 2.3**). 광원은 현미경의 대좌에 존재한다. 초점을 맞추는 데 사용하는 2개의 손잡이인 조동나사와 미동나사가 상지에 붙어 있고, 이것들을 이용하여 재물대나 대물렌즈 부착 부위를 수직으로 움직여 상의 초점을 맞춘다.

재물대는 상지의 중간 정도에 위치한다. 현미경 슬라이드는 재물대 위에 고정되고, 관찰 도중에 조절나사를 돌려서 움직이게 할 수 있다. **집광기 렌즈**(substage condenser lens 또는 condenser)는 재물대의 안쪽 또는 밑에 장착되어 있으며 빛을 슬라이드 위에 모은다. 간단한 현미경의 경우에는 집광기의 위치가 고정되어 있지만 더 복잡한 현미경에서는 위아래로 조절할 수 있도록 되어 있다.

현미경 상지의 위쪽 구부러진 부분은 몸체(body assembly)를 받치고 있고, 이 몸체에 대물렌즈 회전판(nosepiece)과 1개 이상의 **접안렌즈**(ocular lens 또는 eyepiece)가 달려 있다. 쌍안현미경(binocular microscope)에는 두 눈으로 관찰하기 위해 2개의 접안렌즈가 있다. 몸체에는 여러 종류의 거울과 프리즘이 있어 접안렌즈를 잡고 있는 원통을 기울여서 관찰이 용이하도록 한다. 대물렌즈 회전판에는 서로 다른 배율의 대물렌즈가 3~5개 달려 있고 배율을 바꾸기 위해 회전시킬 수 있다. 이상적인 현미경이라면 대물렌즈를 바꾸더라도 접안렌즈의 초점거리를 일정하게 유지할 수 있는 **동초점**(parfocal) 기능을 가지고 있어야 한다.

복합현미경으로 시료를 관찰할 때 보이는 상은 함께 작용하는 대물렌즈와 접안렌즈에 의해 만들어진다. 빛을 받은 시료에서 나온 빛이 대물렌즈에 의해 한 곳으로 집중되면 현미경 안에서 확대된 상을 만들게 된다. 접안렌즈는 이 확대된 상을 더 크게 확대한다. 전체 확대율은 대물렌즈의 확대율에 접안렌즈의 확대율을 곱한 값으로 나타난다. 예를 들어, 45×의 대물렌즈와 10×의 접안렌즈를 사용한 경우 시료의 확대율은 450×가 된다.

더 나은 현미경 해상력은 더 선명한 상을 의미한다

현미경에서 가장 중요한 부품인 대물렌즈는 단순히 확대된 상을 만드는 것이 아니라 선명한 상을 만들어야 한다. **해상력**(resolution)은 하나의 대상을 확대하는 것이 아니라, 가까이 있는 두 대상을 분리 또는 구별하는 렌즈의 능력을 말한다. 광시야현미경의 해상력은 기껏해야 0.2 μm인데, 이는 아주 작은 세균의 크기에 해당한다. 이것이 왜 이럴까? 해상력은 어느 정도 렌즈의 **개구수**(numerical aperture, $n \sin \theta$)

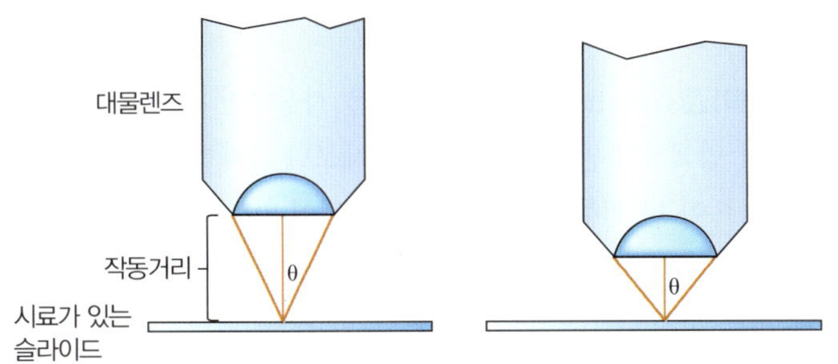

그림 2.4 현미경 관찰에서의 개구수. 렌즈의 개구수는 개구각(angular aperture, θ)과 관련이 있다. 개구각은 시료에서 렌즈로 들어가는 원추형 빛의 각도의 1/2에 해당한다. 개구수를 구하는 방정식은 $n \sin \theta$이다. 오른쪽 그림의 렌즈는 왼쪽 그림의 렌즈에 비해 더 큰 개구각과 개구수를 가지고 있다. 따라서 해상력은 더 크고 작동거리는 더 짧다.

에 의존한다. 렌즈의 개구수는 2가지 요소에 의해 결정된다. n은 렌즈가 작동하고 있는 매질(예: 공기 = 1)의 굴절률이고, θ는 시료에서 대물렌즈로 들어가는 빛이 이루는 원뿔 각도의 1/2에 해당한다(**그림 2.4**). 각도가 좁은 빛의 원뿔은 밀집된 물체에서 나오는 광선들을 적절하게 분리하지 못하기 때문에 상의 해상도가 떨어진다. 빛의 원뿔각이 아주 크면 광선을 잘 분리할 수 있고, 밀집된 물체들이 잘 분리되어 상의 해상도도 높아진다. 빛의 파장이 통과하는 모든 물질의 굴절률이 시료에서 나오는 빛의 방향을 결정한다는 사실을 상기해보자. 렌즈는 종종 굴절률이 1.00인 공기 속에서 작동한다. $\sin \theta$는 1보다 클 수 없기 때문에(최대 θ은 90°이고, sin 90°는 1.00), 공기 중에서 작용하는 렌즈의 개구수는 1보다 클 수 없다. 해상력을 높이기 위해 개구수를 1 이상으로 높이는 유일한 현실적인 방법은 굴절률이 유리와 동일하고 무색 액체인 침윤유(immersion oil)를 이용하여 굴절률을 증가시키는 것이다(**표 2.2**). 공기가 침윤유로 대체되면 대물렌즈와 슬라이드 유리 표면에서 반사되거나 굴절되어 대물렌즈로 들어가지 않던 많은 빛이 대물렌즈로 들어간다(**그림 2.5**). 그 결과 개구수와 해상력이 증가한다.

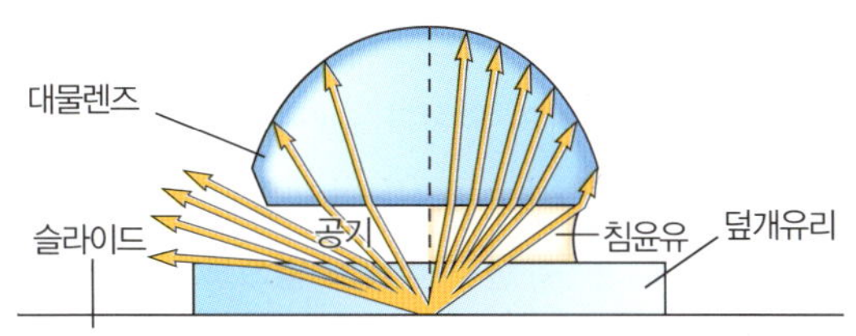

그림 2.5 침윤유를 사용하는 대물렌즈. 침윤유를 이용할 때와 이용하지 않을 때 시료를 통과하여 침윤유용 대물렌즈로 들어가는 광선 양을 비교한다.

해상력은 1870년대에 현미경 설계의 기본이 되는 광학 이론의 상당 부분을 뒷받침한 독일 물리학자 아베(Ernst Abbé, 1840~1905)가 개발한 방정식에 의해 수학적으로 서술되었다. 아베 방정식(Abbé equation)은 서로 분리되었음을 나타내는 두 물체 사이의 최소거리(d)가 시료에 비친 빛의 파장(λ)과 렌즈의 빛을 모으는 능력을 나타내는 렌즈의 개구수($n \sin \theta$)에 따라 달라진다고 말하고 있다.

$$d = \frac{0.5\lambda}{n \sin \theta}$$

d의 값이 작아질수록 해상력이 커지고 더 상세한 모습을 관찰할 수 있다. d는 사용된 빛의 파장이 짧을수록, 그리고 개구수가 커질수록 작아진다. 따라서 가능한 한 개구수가 큰 렌즈를 사용하고 가시광선에서 청록광의 짧은 파장(450~500 nm)을 쓸 때 가장 큰 해상력을 얻을 수 있다.

그림 2.4는 어떤 대물렌즈가 다른 대물렌즈보다 시료에 더 가까이 있는 것을 보여준다. 특별히 오른쪽에 있는 대물렌즈가 개구수가 더 크고 작동거리가 더 짧다. 대물렌즈의 작동거리는 초점이 아주 잘 맞았을 때 대물렌즈의 표면과 시료 또는 덮개유리(cover glass)를 사용한 경우에는 대물렌즈의 표면과 덮개유리 표면 사이의 거리를 말한다. 개구수와 해상력이 큰 대물렌즈의 작동거리는 짧다(표 2.2).

개구수는 현미경 집광기 렌즈에서도 중요하다. 집광기는 빛을 모으는 아주 큰 렌즈로 넓은 원추 모양의 빛이 슬라이드를 통과하여 대

표 2.2 대물렌즈의 특성

	대물렌즈			
특성	**주사**	**저출력**	**고출력**	**침윤유**
배율	4×	10×	40~45×	90~100×
개구수	0.10	0.25	0.55~0.65	1.25~1.4
동초점거리(f)	40 mm	16 mm	4 mm	1.8~2.0 mm
작동거리	17~20 mm	4~8 mm	0.5~0.7 mm	0.1 mm
450 nm 파장의 빛(청색광)에서의 해상력	2.3 μm	0.9 μm	0.35 μm	0.18 μm

물렌즈로 투영하는 역할을 한다. 대부분의 집광기의 개구수가 1.2~1.4 정도지만, 집광기의 위쪽과 슬라이드의 바닥 사이에 침윤유가 존재하지 않으면 개구수는 0.9를 넘지 않는다. 일상적인 현미경 관찰에서는 집광기에 침윤유를 처리하지 않으므로 침윤유를 사용하는 대물렌즈를 사용하더라도 전체 해상력이 증가하지는 않는다.

현미경의 해상력을 가장 정확하게 계산하려면 대물렌즈의 개구수뿐만 아니라 집광기의 개구수도 고려해야 한다. 이 사실은 다음 공식에서 분명하게 알 수 있다(NA: 개구수).

$$d_{\text{현미경}} = \frac{\lambda}{(\text{NA}_{\text{대물렌즈}} + \text{NA}_{\text{집광기}})}$$

그러나 대부분의 경우, 광학현미경의 해상력은 대물렌즈만을 고려하는 아베 방정식을 사용하여 계산한다. 이제 우리는 침윤유를 활용하는 대물렌즈(개구수 1.25)와 청록광을 사용하여 시료를 관찰할 때의 이론적인 최대 해상력이 0.2 μm 정도인 것을 알 수 있다.

$$d = \frac{(0.5)(530\text{ nm})}{1.25} = 212\text{ nm 또는 } 0.2\text{ μm}$$

광학현미경의 해상력 한계를 감안하면 가장 작은 존재의 크기를 광학현미경으로 볼 수 있을 정도의 크기로 증가시키는 데 필요한 최대 배율을 결정할 수 있다. 맨눈으로는 지름 0.2 nm 정도의 작은 점을 인지할 수 있다. 우리 눈의 예리함과 현미경의 해상력을 함께 감안하면 배율의 유용한 한계는 대물렌즈 개구수의 1,000배 정도인 것으로 계산이 된다. 대부분의 표준현미경에는 10×의 접안렌즈가 달려 있으며 침윤유를 처리했을 때 얻을 수 있는 최대 배율은 1,000×이다. 15×의 접안렌즈를 질이 좋은 대물렌즈와 함께 사용한다면 1,500×의 배율을 얻을 수 있다. 그러나 더 확대한다고 해서 더 자세한 상이 보이는 것은 아니다. 10,000×까지 확대할 수 있는 광학현미경을 만들 수는 있으나 명확한 상을 얻을 수는 없다. 전자현미경이 고배율의 선명한 상을 만들기에 충분한 해상력을 제공한다.

염색하지 않은 살아 있는 미생물의 형상화

광시야현미경은 강의와 연구 및 임상연구실에서 가장 흔히 볼 수 있는 현미경이다. 그러나 많은 미생물들이 색소를 가지고 있지 않아 세포와 세포내 구조물 및 물 사이에서 대비 차이가 거의 없기 때문에 선명하게 볼 수 없다. 2.3절에서 이야기한 것과 같이 이 문제를 해결하는 하나의 방법은 세포를 염색하는 것이다. 그러나 유감스럽게도 염색을 하는 과정에서 세포들은 대부분 죽게 된다. 그러나 관찰자가 살아 있는 세포를 보고 싶다면 어떻게 해야 할까? 3가지 종류의 광학현미경이 살아 있는 시료의 자세하고 선명한 상을 만드는데, 그것은 바로 암시야현미경, 위상차현미경, 차등간섭대비현미경이다.

암시야현미경: 밝은 물체, 어두운 배경

암시야현미경(dark-field microscope)을 사용하면 조명하는 방법만 바꾸어서 염색하지 않아도 살아 있는 세포나 개체를 자세히 관찰할 수 있다. 속이 빈 원추형 빛만 시료에 초점이 맞도록 하기 때문에 반사되지 않거나 굴절되지 않은 빛은 대물렌즈에 들어가지 않는다. 시료에 의해 반사되거나 굴절된 빛으로만 상을 형성하게 된다(**그림 2.6**). 그 결과 시료를 둘러싼 배경은 검게 보이고 시료만 밝게 보인다(**그림 2.7**). 암시야현미경은 큰 진핵미생물의 내부 구조를 어느 정도 드러낼 수 있다(그림 2.7b). 암시야현미경은 얇고 특이한 모양을 지닌 매독균(*Treponema pallidum*, 그림 2.7a) 등을 확인하는 데도 사용할 수 있다.

위상차현미경

위상차현미경을 이해하기 위하여 **그림 2.8**에서 보여주는 것처럼 슬라이드 유리 위에 있는 한 방울의 물(즉, 습식마운트) 속에 존재하는 세균 한 마리를 생각해보자. 세균의 굴절은 물의 굴절률보다 크다. 그러므로 세포내 구조물을 통과하는 빛의 파장이 회절되고 파장의 속도도 세포내부와 외부에 존재하는 물을 통과하는 빛의 파장 속도보다 느려진다. 그 결과 세균의 세포구조물과 상호작용한 빗나간 빛의 파장과 물을 통과한 빗나가지 않은 빛의 파장이 생긴다. 빗나간 빛의 속도는 빗나가지 않은 빛의 속도보다 상대적으로 느리기 때문에 그들은 위상(phase)이 달라졌다고 말한다. 즉, 빗나간 파장의 정점과

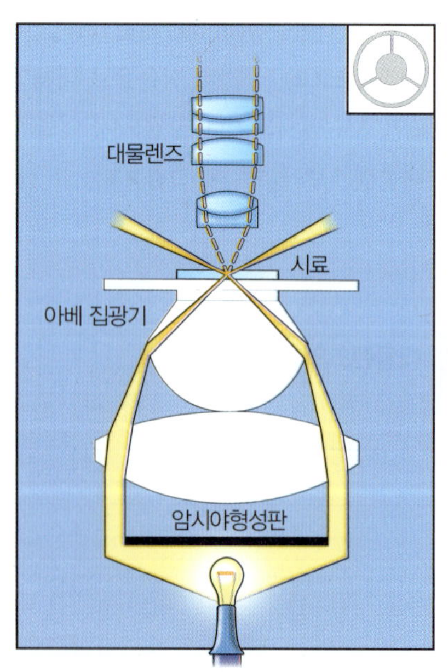

그림 2.6 암시야현미경법. 암시야현미경에서는 현미경의 집광기 아래쪽에 암시야형성판(dark-field stop)을 설치한다. 이렇게 하면 집광기는 속이 빈 빛의 원추를 형성하고 시료에 의해 반사되거나 굴절된 빛만 대물렌즈로 들어간다.

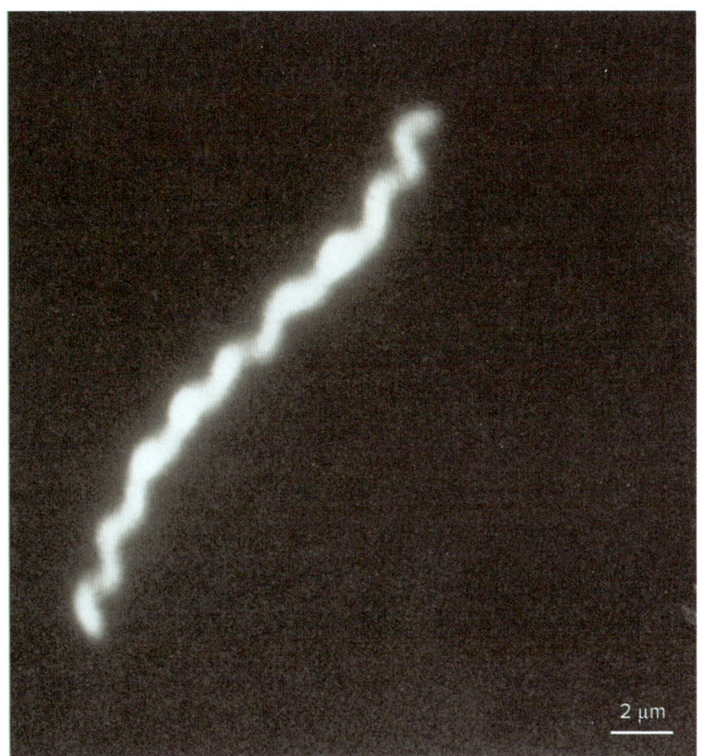

(a) 매독균(*T. pallidum*)

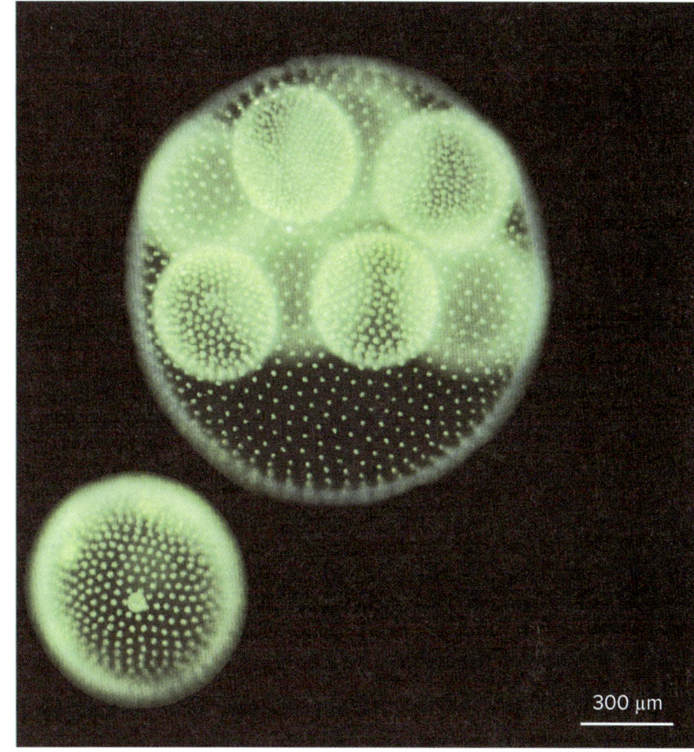

(b) 볼복스(*Volvox*)

그림 2.7 암시야현미경법으로 관찰한 몇 가지 미생물. (a) 매독균(*Treponema pallidum*)은 매독을 일으키는 스피로헤타이다. (b) 원생생물인 볼복스(*Volvox*)이다. 완전히 성장한 볼복스 집락 내에 있는 낭군체들을 주목하자. (a) CDC/Schwartz; (b) Stephen Durr

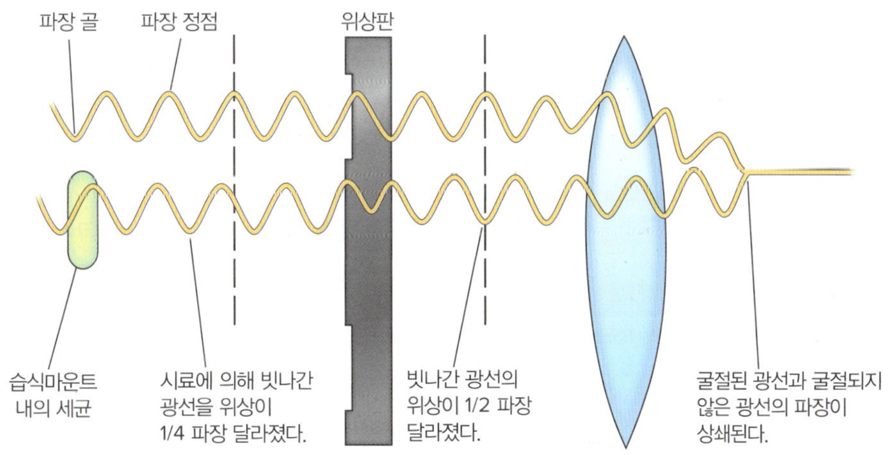

그림 2.8 위상차현미경법에서 위상 대비를 형성하는 원리. 양성위상차현미경에서 빗나간 광선과 빗나가지 않은 광선(회절 되지 않은 광선)의 움직임이다. 광선은 서로 상쇄되는 경향이 있기 때문에 시료의 상은 밝은 바탕에 어둡게 보이게 될 것이다.

골이 빗나가지 않은 파장의 정점 및 골과 일치하지 않는다. 일반적으로 빗나간 빛의 파장이 빗나가지 않은 빛에 비해 1/4 파장 가량 느려진다(그림 2.8).

위상차현미경(phase-contrast microscope)은 이런 현상을 이용하여 빛의 세기 차이를 창출하고, 이 차이가 관찰자로 하여금 더 선명하고 자세한 시료의 상을 볼 수 있도록 해준다(**그림 2.9**). 위상차현미경은 빛을 2종류로 나누고, 빗나가지 않은 빛(주로 물체 주변을 통과한 빛)이 빗나간 빛(세균을 통과한 빛)과 다시 결합하여 상을 만들게 함으로써 더 선명하고 세밀한 상이 창출되도록 한다. 집광고리(condenser annulus)와 위상판(phase plate) 등 2가지 부품이 이런 효과가 나타나도록 한다(**그림 2.10**). 집광고리는 얇고 투명한 고리가 들어 있는 불투명한 원판이다. 그림 2.10에서와 같이 집광고리를 통과하

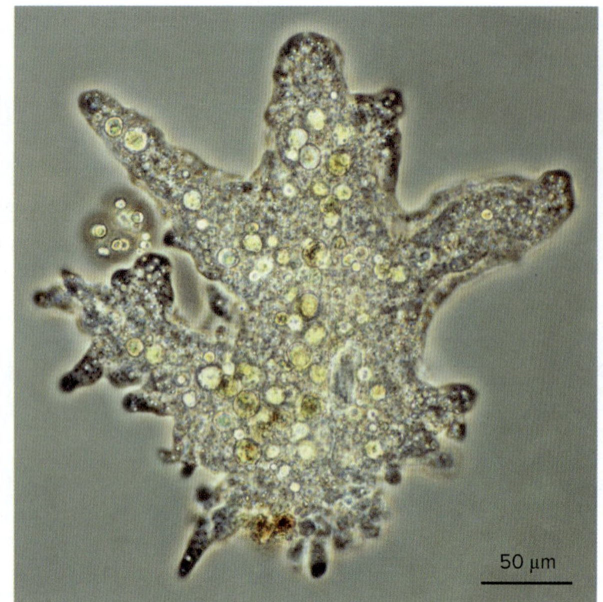

(a) 아메바

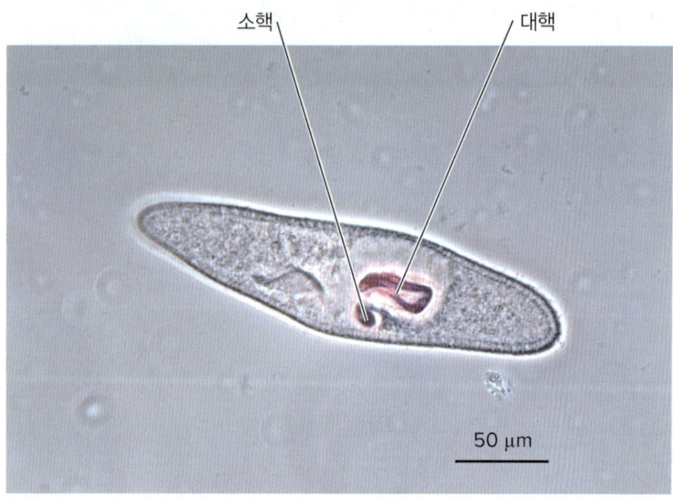

(b) 짚신벌레 종(*Paramecium* sp.)

그림 2.9 위상차현미경으로 본 몇 가지 미생물. (a) 진핵생물이며, 세포 몸체에서 뻗어 나온 위족을 이용하여 움직이는 아메바이다. (b) 짚신벌레(*Paramecium*)의 중심부에 있는 커다란 대핵(macronucleus)과 그 옆에 있는 작은 구형의 소핵(micronucleus)을 보여주기 위해 짚신벌레를 염색하였다. (a) Stephen Durr; (b) James Redfearn/McGraw-Hill

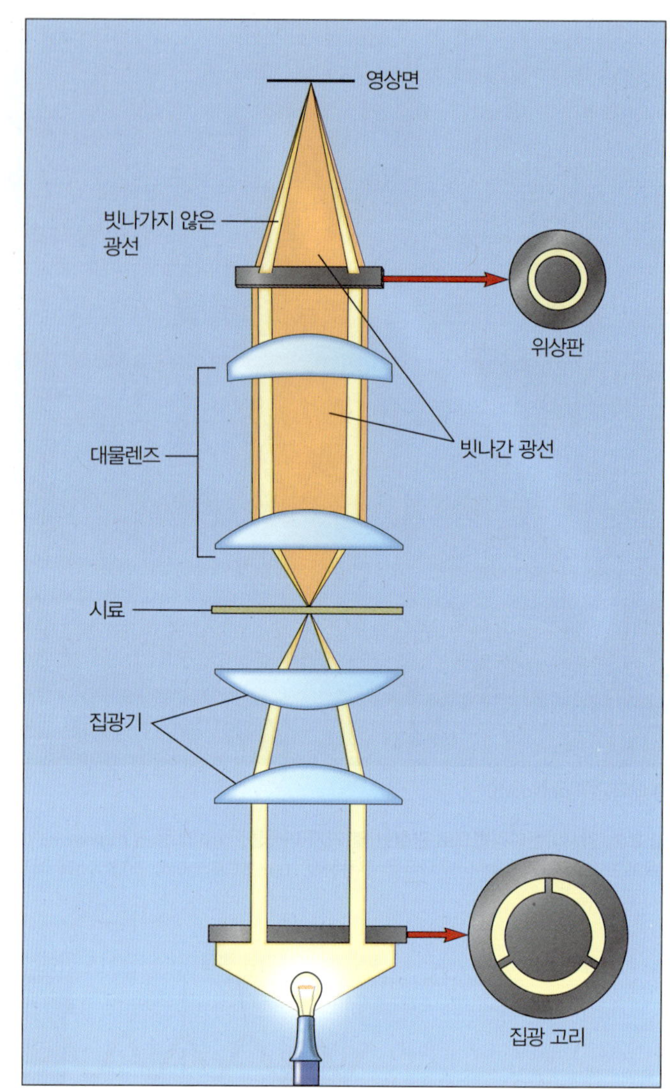

그림 2.10 위상차현미경법. 양성 위상차현미경의 광학적 특성이다.

연관 질문 위상차현미경에서 집광고리의 역할은 무엇인가? 다른 광학현미경에도 이것이 있는가?

며 형성된 고리 모양의 빛이 집광기에 다다르면 집광기가 그 빛을 시료에 집중시킨다. 그다음 물체를 통과한 빗나가거나 빗나가지 않은 빛이 위상판으로 향한다. 위상판에는 빗나가지 않은 빛에 초점이 맞는 얇은 고리가 있다(그림 2.8). 일반적으로 위상차현미경 관찰(양성 위상차, positive phase contrast)에서 사용하는 고리에는 빗나가지 않은 빛의 위상을 1/4 파장 앞서게 하는 물질이 코팅되어 있다. 빗나간 빛은 위상판의 나머지 부분에 집중되며, 그 부분을 통과하는 빛의 파장은 변하지 않는다. 위상판을 통과한 빗나간 빛과 빗나가지 않은 빛은 1/2 파장의 위상 차이가 난다(그림 2.8). 이 2가지 광선이 재결합하여 상을 만들 때 두 광선의 위상이 서로 상쇄되는데 이와 같은 현상을 상쇄적 간섭이라고 한다. 상쇄적 간섭은 한 파도의 정점이 다른 파도의 골과 만났을 때도 볼 수 있다. 한 파도의 정점과 다른 파도의 골이 서로 상쇄되어 두 부분이 만나는 지점의 수면이 잔잔하게 된다. 위상차현미경의 경우에는 밝은 배경에 어두운 세균의 상을 만들게 된다.

위상차현미경은 미생물의 운동성이나 살아있는 세포의 형태 또는 내생포자나 봉입체와 같은 세균의 특별한 구조를 관찰할 때 특히 유용하다. 위상차현미경을 사용하면 이들을 명확히 볼 수 있는데, 이는 이들의 굴절률이 물의 굴절률과는 완전히 다르기 때문이다. 위상차현미경은 진핵세포 연구에서도 광범위하게 사용된다. ▶ 봉입체(3.7절); 세균의 내생포자는 생존 전략이다(3.10절)

차등간섭대비현미경

차등간섭대비현미경(differential interference contrast microscope, DIC microscope)은 굴절률과 두께의 차이를 감지하여 상을 만들어 낸다는 점에서 위상차현미경과 유사하다. 프리즘을 사용해 빛이 서로 직각인 2종류의 평면편광을 만든다. 한 설계를 보면 물체 빔(object beam)은 시료를 통과하고 기준 빔(reference beam)은 슬라이드의 투명한 곳을 통과한다. 시료를 통과한 두 빛은 합해져 서로 간섭하며 상을 형성한다. 살아 있는 세포는 밝은색을 띠고 배경에서 돌출된 것처럼 보이기 때문에 관찰자에게 3차원의 영상을 보는 것처럼 느끼게 한다(**그림 2.11**). 세포벽, 내생포자, 세포내 입자, 진핵세포의 핵들이 선명하게 보인다.

형광현미경은 방출된 빛을 이용하여 상을 창출한다

지금까지 살펴본 현미경은 모두 빛이 시료를 투과하면서 상을 형성했다. 시료가 직접 빛을 내는 경우에도 관찰할 수 있는데, 이것이 바로 형광현미경법의 원리다. 분자가 빛에너지를 흡수하면 들뜬 상태가 되고 이때 흡수한 에너지의 대부분을 빛으로 방출한다. 들뜬 분자가 방출하는 빛은 원래 흡수한 빛보다 파장이 더 길다(즉, 에너지 준위가 더 낮음). **형광**(fluorescent light)은 들뜬 분자가 가지고 있던 에너지를 방출하여 보다 안정한 상태가 될 때 순간적으로 나온다.

형광현미경(fluorescence microscope)은 시료를 특수한 빛의 파장으로 자극하는 데, 이렇게 자극하면 시료에서 형광이 방출된다. 가장 일반적으로 사용되는 형광현미경법은 에피형광현미경(epifluorescence microscopy)으로 투사광 또는 반사형광현미경법이라고도 한다. 에피형광현미경(그리스어 *epi*는 '위쪽'을 의미)은 시료의 위쪽에서 빛을 비춘다. 대물렌즈는 집광기의 역할도 한다(**그림 2.12**). 수은증기방전램프(mercury vapor arc lamp) 등이 강한 빛의 빔을 만들고 이 빔이 여기필터(exciter filter)를 통과한다. 여기필터는 원하는 파장(짧은 파장)의 빛만 투과시킨다. 투과된 빛은 이색성 거울(dichromatic mirror)이라는 특수한 거울에 의해 아래로 반사되는 데, 이 거울은 상대적으로 짧은 파장의 빛(여기광)만 반사하고 상대적으로 긴 파장의 빛은 투과시킨다. 여기광은 내물렌즈를 통과하여 특수한 **형광염료**(fluorochrome, **표 2.3**)로 염색된 시료에 닿는다. 형광물질은 여기광에서 빛에너지를 흡수하여 볼 수 있는 형광빛을 발산하는데, 이 빛은 위쪽으로 진행하여 대물렌즈를 통해 현미경으로 전달된다. 방출된 형광빛은 파장이 더 길기 때문에 이색성 거울을 투과하여 장벽필터(barrier filter)에 다다르고, 이 필터가 그 빛 중에서 남아있는 짧은 파장의 여기광을 모두 차단한다. 마침내 형광물질에서 방출된 긴 파장의 빛이 장벽필터를 통과하여 접안렌즈에 도달한다.

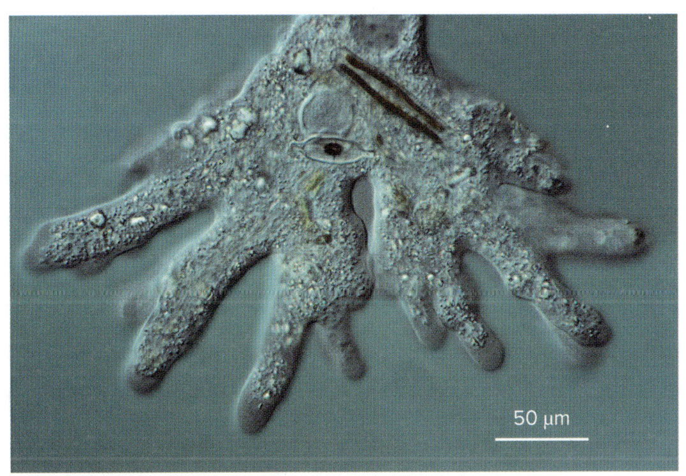

그림 2.11 차등간섭대비현미경법. 이 사진은 원생동물인 *Amoeba proteus*의 입체적인 상을 꽤 자세하게 보여주고 있다. Stephen Durr

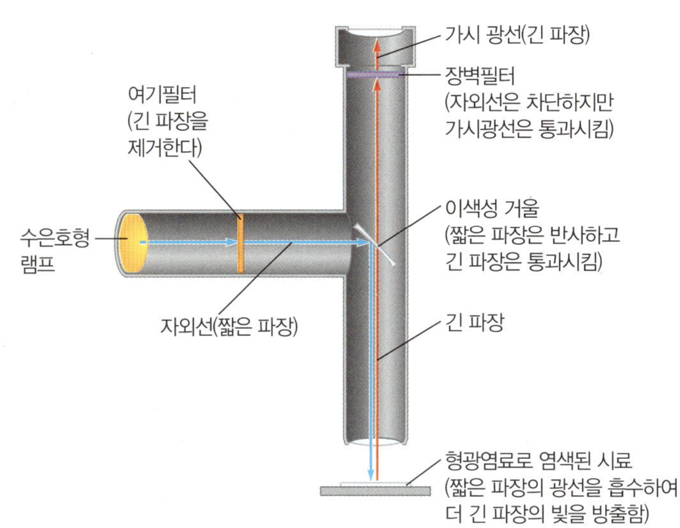

그림 2.12 에피형광현미경법. 에피형광현미경의 작동 원리이다.

표 2.3 일반적으로 사용하는 형광염료

형광염료	용도
아크리딘오렌지	핵산 염색
디아미디노-2-페닐 인돌(DAPI)	DNA 염색
형광성 이소티오시아네이트(FITC)	특이적인 세포 성분과 결합하는 항체나 DNA 탐침에 붙임
4메틸 로다민 이소티오시아네이트(TRITC 또는 로다민)	특이적인 세포 성분과 결합하는 항체에 붙임

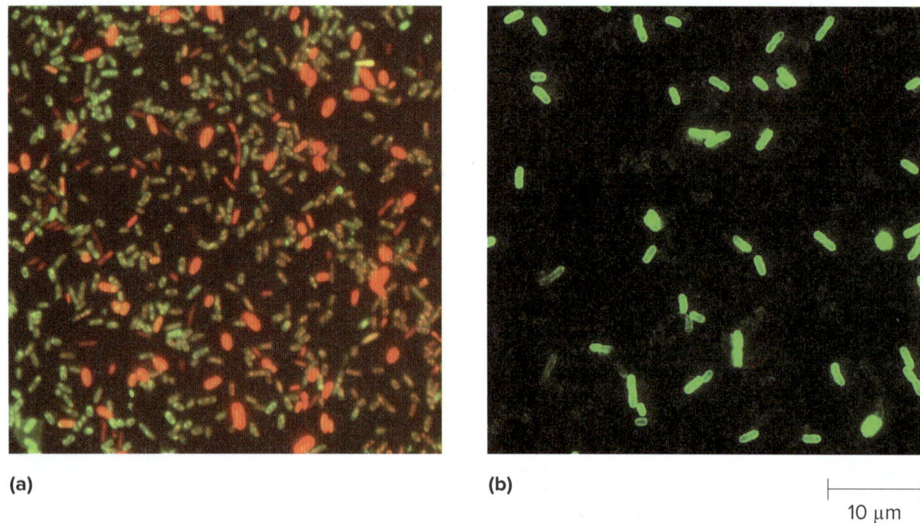

그림 2.13 형광염료와 표지. (a) 살아 있는 세균은 녹색 형광을, 죽은 세균은 빨간색 형광을 내도록 하는 염료로 처리된 세균 표본이다. (b) 형광을 띠는 항체는 특수한 분자에 결합한다. 이 사진은 형광을 띠는 항체가 페스트를 유발하는 *Yersinia pestis*에만 존재하는 분자에 결합한 것을 보여준다. (a) ©Dr. Rita B. Moyes; (b) Larry Stauffer/Oregon State Public Health Laboratory/CDC

연관 질문 그림 2.13b에서 사용한 형광 항체를 감염성 질병의 진단에 어떻게 활용할 수 있을까?

형광현미경은 미생물학 분야에서 필수적인 도구이다. 세균 병원체는 형광염색을 하거나 그 병원체의 고유한 단백질에 결합하는 형광물질로 표지된 항체를 이용해 쉽게 확인할 수 있다. 생태학 연구에서는 미생물을 형광물질로 표지된 탐침이나 특이적인 세포 구성성분에 결합하는 형광물질(표 2.3)로 염색한 다음 형광현미경으로 관찰한다. 또한, 광합성 미생물은 광합성 색소가 특정한 파장의 빛에 의해 스스로 형광을 내므로, 미생물생태학자는 에피형광현미경법으로 이들 광합성 미생물을 관찰하기도 한다. 염색 방법을 잘 선택하면 살아 있는 세균과 죽은 세균이 내는 형광의 색을 달리하여 이들을 구별할 수도 있다(**그림 2.13a**). ▶| 미생물 개체군 평가(26.3절); 검체로부터 미생물의 확인(36.2절)

형광현미경법의 또 다른 중요한 용도는 세포내에 존재하는 특정 단백질의 위치를 확인하는 것이다. 하나의 방법은 애쿠오리아(*Aequorea*) 속에 속하는 해파리에서 분리한 유전자에 원하는 단백질의 유전자를 융합하는 유전공학기술을 이용하는 것이다. 이 해파리 유전자는 특별한 파장의 빛에 노출되면 녹색의 형광을 내는 단백질인 녹색형광단백질(green fluorescent protein, GFP)을 암호화한다. 따라서 세포가 녹색형광단백질을 만들면 그 세포는 형광성을 나타내게 된다. 녹색형광단백질은 세균의 세포분열 및 그와 관련된 여러 가지 현상에 대한 연구에 광범위하게 이용되었다(**그림 2.14**). 실제로 2008년도 노벨 화학상은 이처럼 중요한 기술을 개발한 일본의 시모무라(Osamu Shimomura), 미국의 챌피(Martin Chalfie)와 첸(Roger Tsien)에게 수여되었다. ▶| 형광표지법(17.4절)

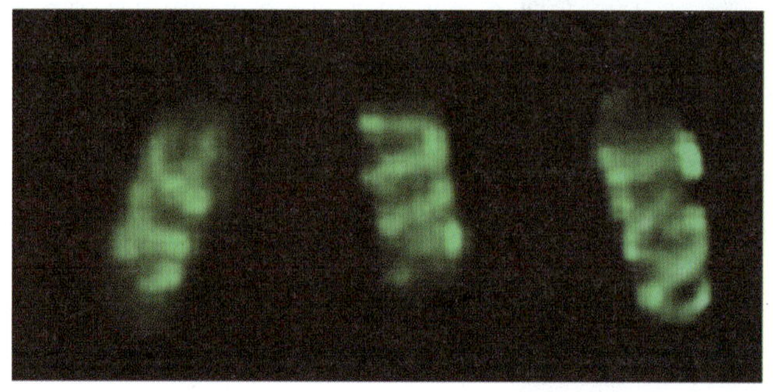

그림 2.14 녹색형광단백질. 고초균(*Bacillus subtilis*)의 세포골격단백질의 하나인 Mbl의 모습을 보여주고 있다. Mbl 단백질이 녹색형광단백질과 융합되어 녹색의 형광을 낸다. Jeff Errington/Centre for Bacterial Cell Biology/Newcastle University

공초점현미경법

그림 2.15a의 크고 작은 여러 개의 구슬처럼 생물학적 시료는 3차원적이다. 3차원적인 대상을 전통적인 광학현미경으로 관찰하면 초점거리의 위쪽과 아래쪽에 위치한 대상 전체에서 반사되는 빛이 현미경으로 들어가 상을 형성한다. 그 결과 흐릿하고 겹쳐진 형태의 상이 형성된다(그림 2.15b). 이러한 문제를 해결한 것이 공초점주사레이저현미경(confocal scanning laser microscope, CSLM)이다. 이를 간단하게 **공초점현미경**(confocal microscope)이라고 한다. 공초점현미경은 레이저빔을 형광물질로 염색된 시료에 비춘다. 공초점현미경의 주된 부분은 대물렌즈 위쪽에 있는 구멍(개구)이다. 이 개구는 시료 부분 중 초점평면의 아래 또는 위에 존재하는 곳에서 오는 빛을 제거한다. 따라서 상을 맺는 데 사용되는 빛은 모두 초점평면에서 오

(a) 모든 입체 시료는 x와 y 및 z라는 3개의 축으로 설명할 수 있다. 공초점주사레이저현미경법은 x축과 y축에 의해 형성된 면의 상과 y축과 z축에 의해 형성된 평면의 상을 만들 수 있다.

(b) 그림 **(a)**에 나타난 두 구슬의 광학현미경상. 여러 초점면으로부터 나오는 빛을 이용하여 상을 만들기 때문에 구슬이 모두 선명하게 보이지 않는다.

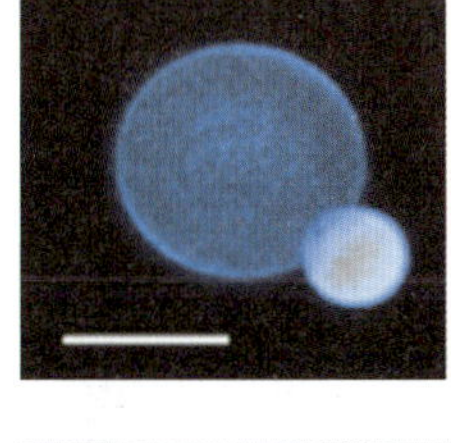

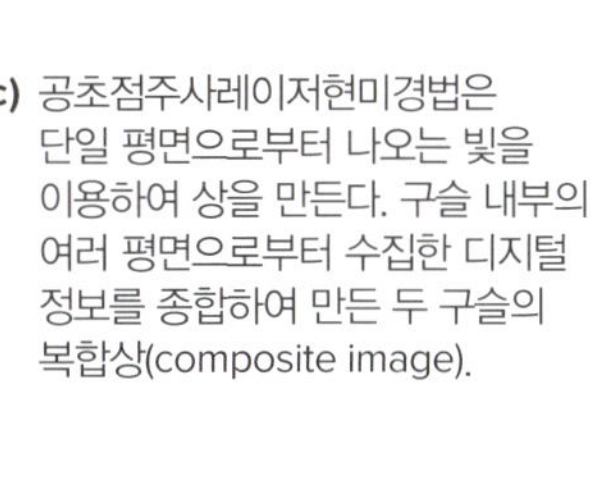

(c) 공초점주사레이저현미경법은 단일 평면으로부터 나오는 빛을 이용하여 상을 만든다. 구슬 내부의 여러 평면으로부터 수집한 디지털 정보를 종합하여 만든 두 구슬의 복합상(composite image).

(d) 구슬의 입체상을 재현하기 위해 구슬 내의 여러 초점으로부터 수집한 수치화된 정보를 모았다.

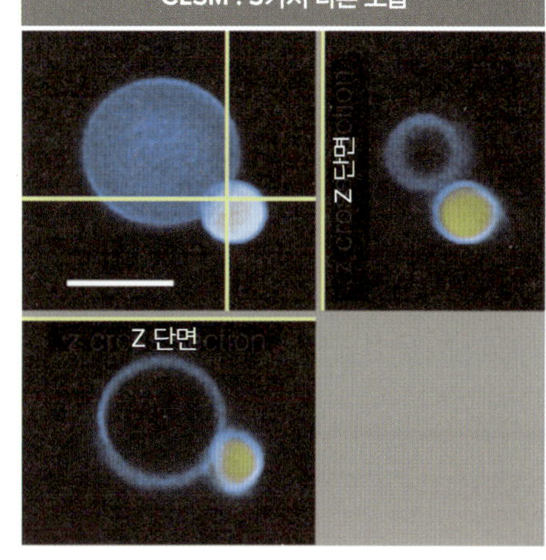

(e) 이 그림의 면과 다른 면을 이용하여 여러 가지 다른 모습도 만들었다. 왼쪽 위의 사진은 단일 x-y 평면의 상이다(시료를 위에서 아래로 내려 본 평면). 2개의 선은 다른 두 그림에서 보여주는 2개의 x-z 평면을 나타낸다. 수직선은 오른쪽 위 그림에서 보여주는 x-z 평면을 나타낸다(오른쪽에서 본 시료). 그리고 수평선은 아래 그림(구슬의 정면에서 본 시료)에서 보여주는 x-z 평면을 나타낸다.

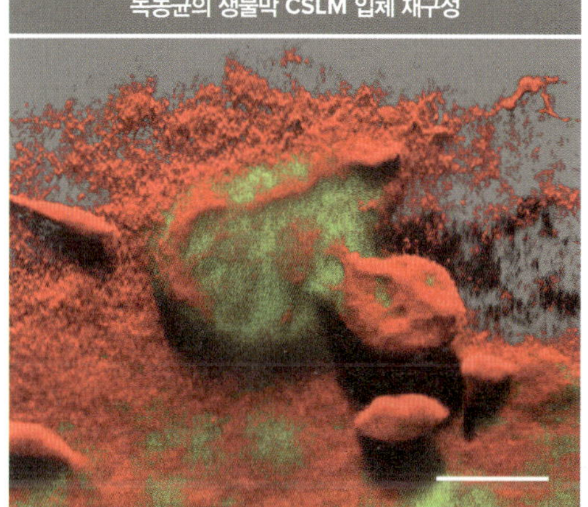

(f) 녹농균(*Pseudomonas aeruginosa*)의 생물막을 입체적으로 재구성한 영상. 생물막을 항생제로 처리한 다음 살아있는 세포(녹색)와 죽은 세포(빨간색)를 구별할 수 있는 염료로 염색하였다. 생물막의 표면에 있는 세포는 죽었으나 내부에 위치한 세포는 아직 살아 있다. 이 영상은 생물막에 있는 모든 세포를 완전히 죽이는 것이 어렵다는 것을 보여준다.

그림 2.15 광학현미경법과 공초점주사레이저현미경법. (a~e) 광학현미경법과 공초점주사레이저현미경법으로 관찰한 2개의 구슬이다. (f) 생물막의 입체적 재구성이다. (b~f) P. Dirckx/Center for Biofilm Engineering/Montana State University

는 것이며 그 결과 훨씬 더 선명한 상이 맺힌다.

공초점 상을 만들기 위해 공초점현미경과 접속된 컴퓨터가 시료의 각 평면에서 오는 수치화된 정보를 수합한다. 이 정보를 조합하여 선명하고 상세한 이미지를 만들거나(그림 2.15c) 시료를 3차원적으로 재구성할 수 있다(그림 2.15d). x-z 평면의 이미지를 만들어 관찰자 시각에서 보는 그대로의 상을 제공할 수도 있다(그림 2.15e). 공초점현미경법은 다양하게 응용된다. 예를 들어, 인공고관절과 같은 의료기기의 표면을 포함한 여러 가지 종류의 표면에 형성되는 생물막(biofilm)의 연구에 활용되고 있다. 그림 2.15f에서와 같이 생물막에 존재하는 세포를 모두 제거하기는 매우 어렵다. 의료기구에 생물막이 형성되면 치료하기 어려운 감염을 야기하기 때문에 의료계의 큰 문제가 되고 있다. ▶| 생물막은 자연에 흔히 존재한다(7.6절)

마무리 점검

1. 집광기와 대물렌즈 및 접안렌즈의 기능을 비교하고 차이를 설명하시오.
2. 빛의 파장과 굴절률 및 개구수를 증가시키면 해상력에 어떤 영향을 주는가? 해상력과 배율은 어떤 연관성이 있는가?
3. 현미경 사용자가 침윤액이 없는 상태에서 침윤액용 대물렌즈로 시료를 관찰하면 어떻게 보이는가?
4. 대부분의 광학현미경들이 배율을 높이기 위해 30× 접안렌즈를 사용하지 않는 이유는 무엇인가?
5. 암시야현미경, 위상차현미경, 차등간섭대비현미경, 에피형광현미경의 작동 기전을 비교하고, 각 현미경이 어떤 상을 만들어내는지 표를 작성해 설명해보시오. 각 현미경은 어떤 경우에 사용하는 것이 좋은지 예를 들어 보시오.
6. 광합성세균, 수영하는 세균, 녹색형광단백질로 표지된 미생물, 염색되지 않은 미생물, 해캄 시료의 관찰에 적합한 현미경은 어떤 것인가? 그렇게 답한 이유를 설명하시오.

2.3 시료 염색은 미생물을 시각화하고 확인하는 데 도움을 준다

이 절을 학습한 후 점검할 사항:

a. 세균이나 고균 또는 원생생물의 고정 과정을 추천할 수 있다.
b. 정체가 파악되지 않은 어떤 세균의 정체를 되도록 완전하게 파악하기 위한 적절한 염색 절차를 구상할 수 있다.
c. 그람염색 과정의 각 단계에서 그람양성 세균과 그람음성 세균이 나타내는 반응을 비교할 수 있다.

2.2절에서 설명한 것과 같이 광시야현미경으로 관찰하는 시료들은 대부분 고정을 한 다음 염색하여 관찰한다. 이와 같은 처리는 미생물의 선명도를 높여주고, 특별한 부분을 강조하여 잘 볼 수 있게 하며, 향후 연구를 위한 보관이 가능하도록 해 준다. 또 어떤 염색 방법은 관찰하는 개체의 동정에도 도움을 준다.

고정

염색하여 현미경으로 관찰하는 세포는 살아 있는 세포와 비슷해야 한다. **고정**(fixation)이란 시료의 내부와 외부 구조를 보존하고 제자리에 있게 하는 과정이다. 시료를 고정하면 세포의 구조를 파괴하는 효소가 비활성되고 세포 구조가 단단해져 염색과 관찰 과정에서 변형되지 않는다. 고정하는 동안 미생물은 대부분 모두 죽은 채로 현미경 슬라이드에 단단하게 부착된다.

고정 방법에는 본질적으로 다른 2가지 방법(열 고정, 화학적 고정)이 있다. **열 고정**(heat fixation) 방법은 세균과 고균의 관찰에 일상적으로 사용된다. 세균을 슬라이드에 얇게 도말하여 건조시킨 다음 열처리하여 고정하는 방법이다. 열 고정 방법은 전체적인 형태를 유지해주고 효소를 불활성화한다. 그러나 열 고정은 세포내 구조물을 이루고 있는 단백질도 파괴하여 그 구조물들의 형체를 망가뜨린다. **화학적 고정**(chemical fixation) 방법은 미세한 세포 구조나 비교적 크기가 크고 구조가 복잡한 미생물의 모양을 보호하기 위해 사용한다. 화학고정액은 세포내부로 들어가 단백질이나 지질과 같은 세포내 구성분자와 반응하여 분자의 활성을 죽이고, 물에 녹지 않으며, 움직이지 않도록 고정시킨다. 흔히 사용하는 고정용 혼합액에는 에탄올, 아세트산, 염화수은, 포름알데히드, 글루타르알데히드 등이 있다.

염료와 단순염색

미생물을 염색하기 위해 사용하는 염료들은 2가지 공통점을 가지고 있다. 첫째, 염료에는 복합이중결합이 있는 **발색기**(chromophore group)가 있어 색깔을 드러내는 것과 함께 이온결합, 공유결합 또는 소수성결합으로 세포와 결합할 수 있다.

세포에 이온결합을 하는 염료가 가장 널리 사용된다. 이 염료는 하전된 작용기의 성질에 따라 일반적으로 염기성 염료와 산성 염료와 같이 2종류로 나뉜다(**표 2.4**). 이온화될 수 있는 염료의 염색 효과는 pH에 따라 변하는데, 이는 세포 구성분자에 존재하는 하전된 부분의 수가 pH를 바꾸기 때문이다. 그러므로 산성 염료는 단백질 등의 세포 분자가 양전하를 띠는 산성 조건에서 염색이 잘 되고, 염기성 염료는 알칼리 조건에서 가장 효과가 좋다.

공유결합이나 특수한 용해도를 지니는 염료들도 유용하게 사용된다. 예를 들어, DNA는 포일겐 염색법(Feulgen procedure)으로 염색할 수 있는데, 이때 염색물질(시프 시료, Schiff's reagent)은 DNA의 당과 공유결합을 한다. 수단 III(Sudan Black)은 지용성이므로 세포의 수용성 성분에는 녹지 않아서 지질분자만 선택적으로 염색한다.

미생물은 한 종류의 염료로 염색하는 **단순염색**(simple staining) 방법으로 염색할 수 있다(**그림 2.16**). 단순염색법의 가치는 사용하기 쉽다는 데 있다. 슬라이드 표면에 도말하여 고정시킨 시료 위에 염료를 처리하여 잠깐 둔 다음, 과량의 염료를 물로 씻어낸 후 말리면 된다. 크리스털 바이올렛, 메틸렌 블루, 카볼푹신(carbolfuchsin) 등의 염기성 염료는 주로 세균과 고균의 크기와 모양 및 배열 상태를 관찰하는 데 사용된다.

대부분의 염료가 관찰하고자 하는 세포 또는 대상물질을 직접 염색하지만 일부 염료(예: 인디아 잉크, 니그로신)는 **음성염색**(negative staining)에 사용된다. 음성염색에서는 세포가 아니라 배경이 염색된다. 염색되지 않은 세포는 어두운 배경과 대조되어 밝게 보이게 된다.

표 2.4 이온화될 수 있는 염료

염료 종류	예	특성
염기성 염료	메틸렌블루, 염기성 푹신, 크리스탈 바이올렛, 사프라닌, 말라카이트그린	양전하를 띠는 그룹을 가지고 있다. 핵산, 여러 가지 단백질, 세균과 고균의 표면 등 음전하를 띠고 있는 분자에 결합한다.
산성 염료	카복실기(–COOH)와 페놀성 수산기(–OH)를 가지고 있는 에오신, 로즈벤갈, 산성 푹신	음전하를 띤 그룹이 있다. 양전하를 띤 세포 구조물에 결합한다.

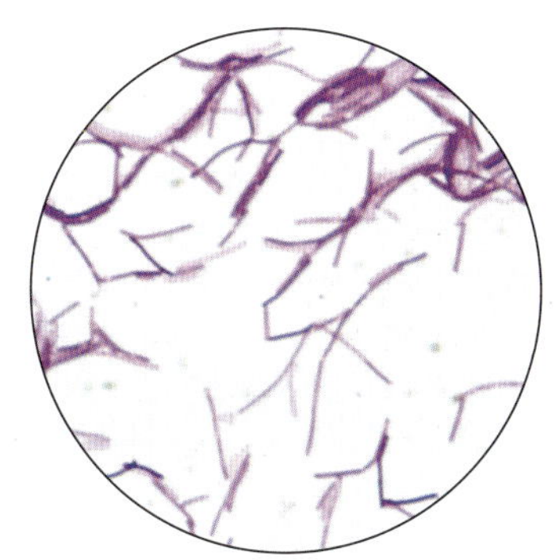

그림 2.16 단순염색은 세포의 크기와 모양을 보여준다. Dr. Rita B. Moyes

분별염색

덴마크의 의사 그람(Christian Gram)이 1884년에 개발한 **그람염색**(Gram stain)은 세균학에서 가장 널리 사용되는 염색법이다. 그람염색은 염색 결과에 따라 세균을 구별하는 **분별염색**(differential staining)의 한 방법이다. 그람염색은 대부분의 세균을 세포벽의 구성요소에 따라 그람음성 또는 그람양성 중 한 그룹으로 나눈다.

그람염색을 하는 과정은 **그림 2.17**에 요약되어 있다. 그람음성 세균은 분홍색으로 착색되지만 그람양성 세균은 짙은 보라색을 그대로 유지한다(**그림 2.18a**). ▶| 세포벽은 많은 기능을 가지고 있다(3.4절)

항산성염색(acid-fast staining)은 또 하나의 중요한 분별염색법이다. 이 염색법은 결핵과 나병을 각각 유발하는 병원체인 결핵균(*Mycobacterium tuberculosis*)과 나균(*M. leprae*)을 확인하는 데 사용될 수 있다(그림 2.18b). 이 세균들을 포함함 항산균(mycobacteria)들은 가지가 난 수산화지방산의 일종인 마이콜산(mycolic acid)으로 만들어진 지질을 포함하고 있는 세포벽을 가지고 있기 때문에 염료가 세포에 잘 결합하지 못한다(그림 22.6 참조). 흔히 사용되는 염색 방식인 냉 지얼-닐센법(cold Ziehl-Neelsen method)은 고농도의 페놀과 카볼푹신(carbol fuchsin) 및 카볼푹신을 항산균 세포내로 들어갈 수 있게 해주는 습윤제를 사용하여 염색한다. 카볼푹신이 일단 세포 안으로 들어가고 나면 항산균은 산성화된 알코올(산성 알코올)로 세척해도 쉽게 탈색되지 않는데 이와 같은 속성을 항산성이라 한다. 비항산성 세균은 산성 알코올 용액을 처리하면 푹신의 붉은색이 쉽게 탈색되고, 두 번째 염료, 즉 대조염료로 염색을 하면 두 번째 염료의 색으로 착색된다.

협막염색(capsule staining, 그림 2.18c)은 가장 간단한 염색법 중 하나로 많은 세균과 일부 진균을 둘러싸고 있고 주로 다당류로 만들어진 그물망인 협막(capsure)이 드러나게 한다. 세포를 인디아 잉크(India ink) 또는 니그로신 염료(nigrosin dye)와 혼합한 다음 슬라

염색 단계	세균의 상태	설명
1단계: 크리스탈 바이올렛(1차 염료)으로 1분간 처리 후 물로 씻어 낸다.	세포가 보라색으로 염색된다.	염료가 모든 세포에 잘 흡수된다.
2단계: 요오드(매염제)로 1분간 처리 후 물로 씻어 낸다.	세포가 보라색을 유지한다.	요오드는 세포벽에 염료가 단단히 결합되도록 도와주는 매염제 역할을 한다.
3단계: 알코올(탈색제)로 10~30초 처리 후 물로 씻어 낸다.	그람양성 세포는 보라색을 유지하고, 그람음성 세포는 탈색된다.	그람음성 세포의 세포벽은 얇아서 염료가 유지되지 않는다.
4단계: 사프라닌(대조염료)을 30~60초 처리하고, 물로 씻은 다음, 물기를 빨아들여 말린다.	그람양성 세포는 보라색을 유지하고, 그람음성 세포는 붉게 보인다.	염색되지 않은 그람음성 세포만 염료를 흡수할 수 있다. 그람양성 세포내의 크리스탈 바이올렛은 대조염료를 접근하지 못하게 한다.

그림 2.17 그람염색. 그람염색 과정의 단계들이다.

연관 질문 그람염색 과정에서 탈색 단계를 가장 중요한 단계로 여기는 이유는 무엇인가?

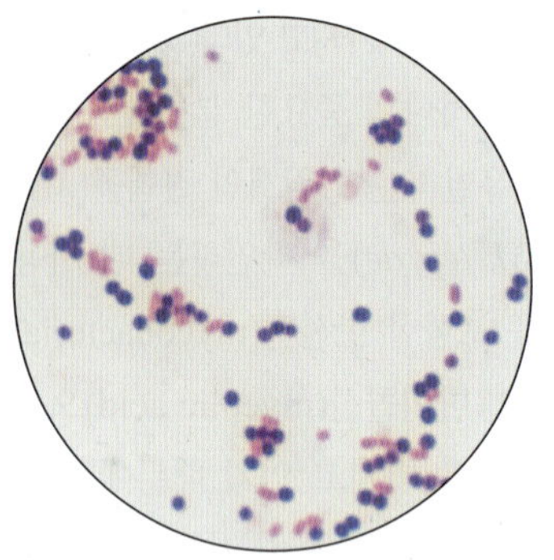

(a) 그람염색
보라색 세포는 그람양성이다.
빨간색 세포는 그람음성이다.

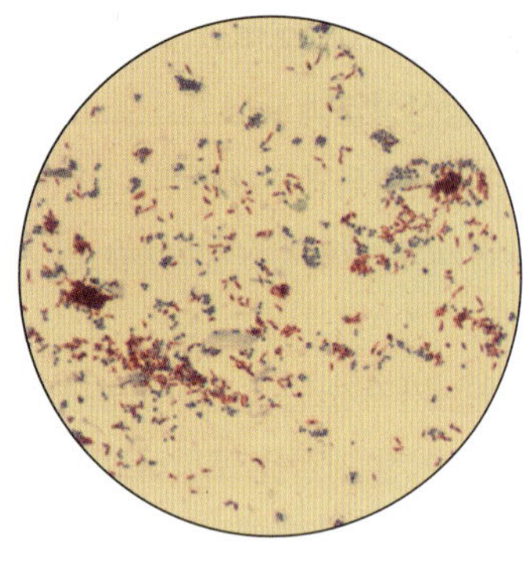

(b) 항산성염색
빨간색 세포는 항산성 세포이다.
파란색 세포는 항산성 세포가 아니다.

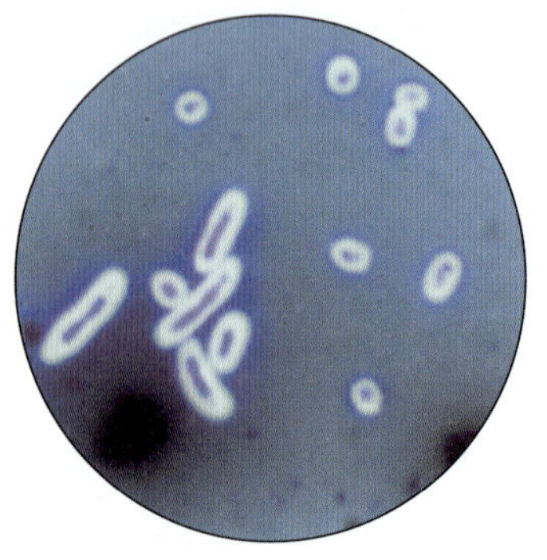

(c) *Klebsiella pneumoniae*의 협막염색

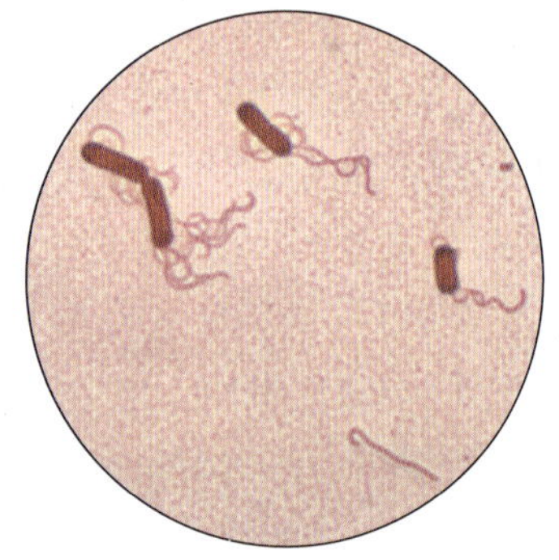

(d) *Bacillus brevis*의 편모염색

그림 2.18 분별염색. (a,c) Lisa Burgess/McGraw Hill; (b) James Redfearn/McGraw-Hill Education; (d) Dr. William A. Clark/CDC

이드에 도말한다. 공기 중에서 말린 다음에 시료를 관찰하면, 잉크나 염료가 세포나 세포의 협막을 투과하지 못하기 때문에 세포는 짙은 청색 배경의 중앙에 협막의 광륜에 둘러싸인 형체로 보인다. 그래서 협막염색은 음성염색의 한 예이다. 이 방법을 사용하면 세포의 원래 모습이 거의 그대로 유지되고, 세포의 모습을 보다 확실하게 관찰하기 위해 대조염색을 할 수도 있다. ▶| 협막과 점액층(3.6절)

편모염색(flagella staining)은 세균 및 고균의 편모 존재여부와 편모의 분포유형 등 분류학적으로 중요한 정보를 제공한다(그림 2.18d, 그림 3.38 참조). 이들의 편모는 가늘고 긴 섬유형의 운동기관이다. 지름이 10~30 nm 밖에 되지 않는 매우 가느다란 구조여서 직접 관찰하려면 전자현미경을 사용해야 한다(편모의 다발은 암시야현미경으로 볼 수 있음). 광학현미경으로 세균의 편모를 관찰하기 위해서는 타닌산(tannic acid)이나 명반과 같은 매염제를 사용해 편모를 코팅한 다음 염기성 푹신과 같은 염료로 염색한다. ▶| 세균의 편모(3.8절)

마무리 점검

1. 염색을 할 때 사용하는 2가지 고정 방법에 대해 설명하시오. 이 중에서 세균을 그람염색할 때 어떤 방법을 사용하는가? 원생생물의 세포소기관을 관찰하기 위해서는 어떤 방법을 사용하는가?
2. 염기성 염료는 왜 알칼리성 조건에서 염색이 더 잘 되는가?
3. 그람양성 세균과 그람음성 세균이 섞여 있는 시료를 그람염색했을 때, 붉은 세포만 보인다면 염색 과정에 어떤 문제가 있었기 때문인가?
4. 협막염색과 편모염색은 분별염색인가? 답에 대해 설명하시오.

2.4 전자현미경은 고배율의 상을 창출하기 위해 전자빔을 사용한다

이 절을 학습한 후 점검할 사항:

a. 투과전자현미경과 광학현미경의 특징을 비교하는 개념도와 삽화 또는 표지를 만들 수 있다.
b. 미생물을 관찰하는 과정에서 투과현미경법과 주사현미경법 및 전자동결단층촬영법을 언제 사용하는 것이 가장 좋은지 판단할 수 있다.

우리가 배웠듯이, 광학현미경은 약 0.2 μm의 해상력 한계를 가지고 있어서 많은 미생물에 대한 상세한 구조 연구에 한계가 있을 수밖에 없다(**그림 2.19**). 예를 들어, 바이러스는 너무 작아서 광학현미경으로는 관찰할 수 없다(최근에 발견된 일부 거대바이러스는 예외). 세균과 고균은 관찰이 가능하기는 하지만, 지름이 1~2 μm 밖에 되지 않으므로 광학현미경으로는 단지 대략적인 모양과 주된 형태적 특성만 확인할 수 있다. 따라서 광학현미경으로는 미생물의 자세한 내부 구조를 효과적으로 연구할 수 없다.

광학현미경의 해상력은 시료를 비추는 빛의 파장이 짧을수록 증가한다는 사실을 상기하자. 전자현미경에서는 조명을 위해 빛 대신 전자빔을 사용한다. 전자빔은 광학현미경에서의 빛처럼 초점을 맞출 수 있고, 파장은 가시광선의 100,000분의 1에 불과하다. 따라서 전자현미경의 실질적인 해상력은 간격이 0.2 nm 정도 떨어진 두 점을 구별할 수 있으며, 선명하게 볼 수 있는 배율은 100,000× 이상이 된다(그림 2.19). 전자현미경의 효용성은 **그림 2.20**에 있는 현미경 사진들을 비교해보면 분명하게 알 수 있다. 미생물의 구조를 이제 아주 세밀하게 연구할 수 있다. 이제 가장 보편적인 유형의 전자현미경에 대해 간단히 살펴보고자 한다.

투과전자현미경

투과전자현미경(transmission electron microscope, TEM)은 전자

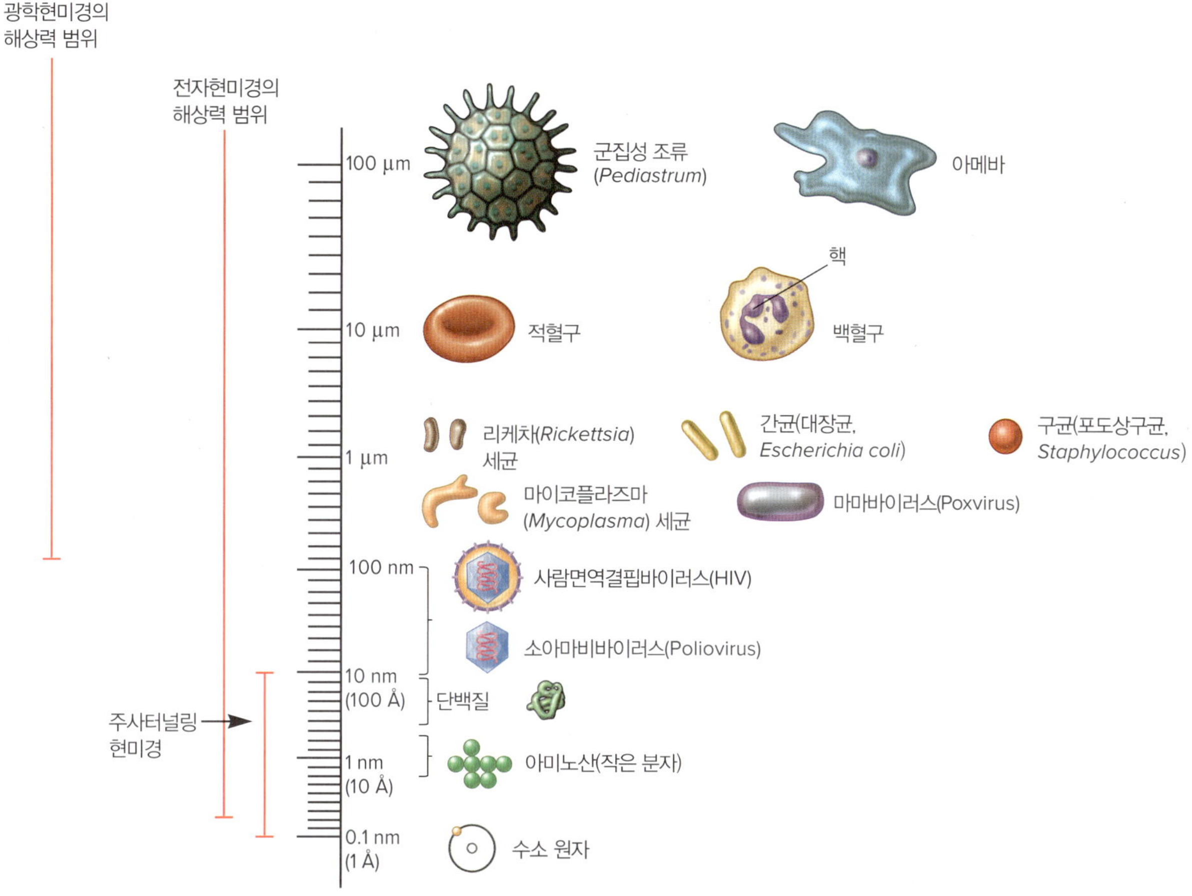

그림 2.19 현미경의 해상력 범위. 크기를 대수 비율로 나타내었다(각 주요 분할 지점은 10배의 크기 변화를 나타냄). 눈금의 오른쪽에 표시된 숫자는 세포와 바이러스, 분자, 원자 등의 대략적인 크기를 나타낸다.

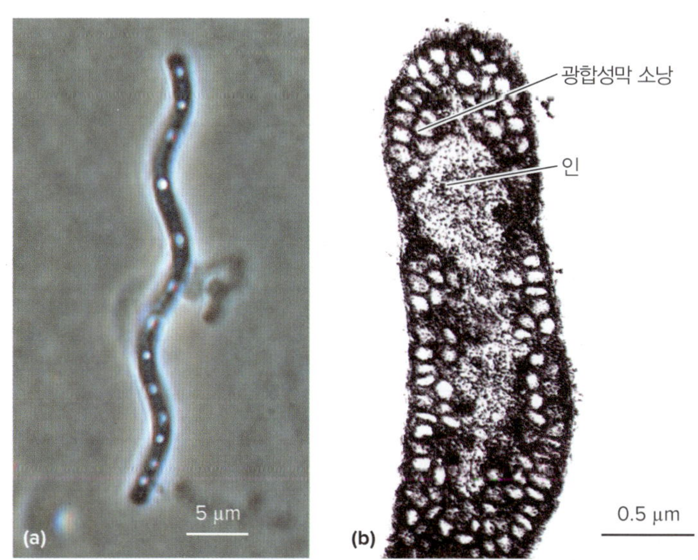

그림 2.20 광학현미경법과 전자현미경법. 광학현미경과 전자현미경의 해상력 비교이다. (a) 위상차광학현미경으로 본 *Spirillum volutans*(×1,000)이다. (b) 투과전자현미경으로 본 *Rhodospirillum rubrum*의 박편(×100,000)이다. (a) James Redfearn/McGraw-Hill Education; (b) Biology Media/Science Source

총에 들어 있는 가열된 텅스텐 필라멘트가 전자빔을 방출하면 집광기는 방출된 전자빔을 모아 시료로 보낸다(**그림 2.21**). 전자는 유리렌즈를 투과할 수 없으므로 자석렌즈라고 하는 도넛 모양의 전자석이 전자빔을 집중시킨다. 전자가 공기분자와 충돌하면 굴절되므로 렌즈와 시료가 들어있는 몸체를 진공 상태로 유지해야 한다. 시료는 일부 전자를 산란시키지만 이를 통과한 전자는 컴퓨터 모니터에 접속된 형광스크린에 확대된 상을 만든다(**그림 2.22**). 시료에서 상대적으로 밀도가 높은 부분은 전자를 더 많이 산란시키므로 스크린에 도달하는 전자의 수가 적어서 상대적으로 어둡게 보인다. 이와 같은 부분을 '고전자밀도(electron dense)' 부위라고 한다. 반면, 전자가 잘 투과하는 부분은 상대적으로 밝다.

표 2.5는 광학현미경과 전자현미경의 주요 특징을 비교한 것이다. TEM의 중요한 특징 중 하나는 관찰할 수 있는 시료의 상태에 제한이 많고 시료를 준비하는 과정이 까다롭다는 점이다. 시료는 진공상태에서 관찰해야 하고, 전자는 고체에 의해 쉽게 흡수 및 분산되기 때문에 아주 얇은 박편(20~100 nm)의 시료만 일반적인 투과전자현

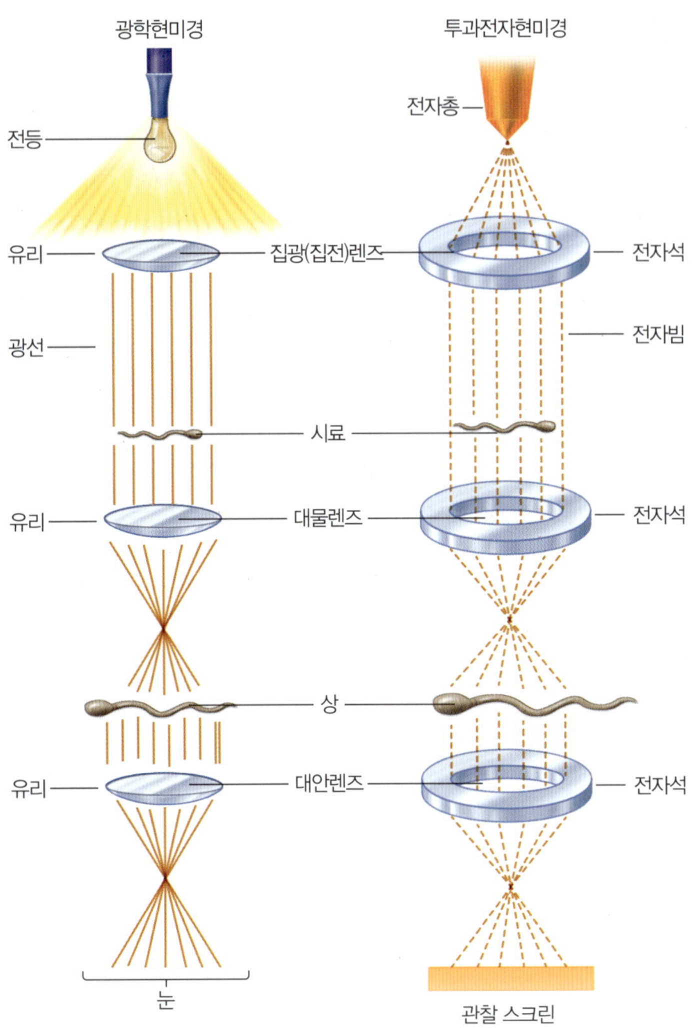

그림 2.21 광학현미경과 투과전자현미경의 비교. 효율적인 비교를 위해 광학현미경의 위와 아래를 뒤집었다.

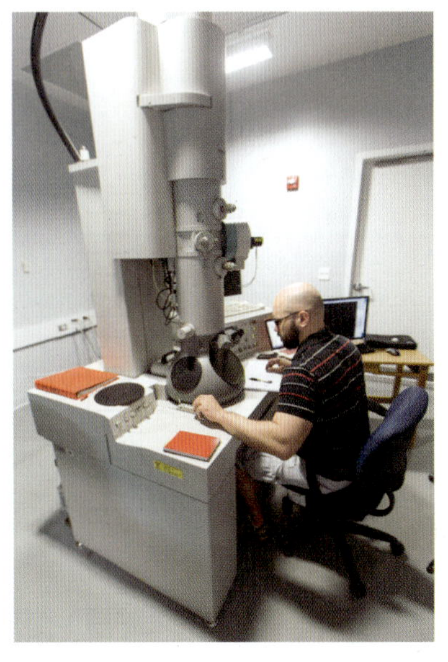

그림 2.22 투과전자현미경. 전자총은 가운데에 있는 기둥의 꼭대기에 있고, 자석렌즈는 기둥의 안쪽에 있다. 형광스크린 위에 맺힌 상은 컴퓨터 모니터에서도 볼 수 있다. Holly Curry/McGraw-Hill Education

미경으로 관찰할 수 있다. 그와 같은 얇은 박편으로 잘라내기 위해 시료는 그것을 지탱하게 해주는 플라스틱 망 속에 박혀 있어야 한다. 시료 준비를 위해 먼저 시료를 글루타르알데히드나 사산화오스뮴(osmium tetroxide)과 같은 화학물질로 고정하여 세포의 구조를 안정화시킨다. 그 다음 유기용매(예: 아세톤이나 에탄올)로 시료에서 물을 제거한다. 이어서 시료를 중합되지 않은 액상의 에폭시 수지(epoxy plastic)에 넣어 완전히 침투되도록 방치한 후 플라스틱 수지를 고체 상태로 굳혀 단단한 토막을 만든다. 시료가 포함된 고체 토

표 2.5 광학현미경과 투과전자현미경의 특징

특성	광학현미경	투과전자현미경
최대 배율	대략 1,000~1,500배	100,000배 이상
최고 분해능[1]	0.2 μm	0.2 nm
복사선의 종류	가시광선	전자빔
복사선의 투과 매질	공기	진공
렌즈의 종류	유리	전자석
상의 대비(contrast)	흡광도의 차이	전자의 산란
초점을 맞추는 방법	기계적으로 렌즈의 위치 조절	자기렌즈에 흐르는 전류 조절
배율의 변환	대물렌즈 또는 접안렌즈의 교환	자기렌즈에 흐르는 전류 조절
시료 탑재	유리 슬라이드	금속 격자판(대개는 구리)

[1] 맨눈으로 식별할 수 있는 분해능의 한계는 0.2 mm이다.

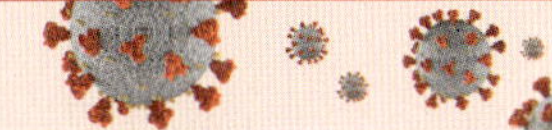

COVID-19

바이러스는 전자현미경(EM)을 통해서만 볼 수 있다. 다른 코로나바이러스와 마찬가지로 COVID-19를 유발하는 SARS-CoV-2도 EM으로 볼 때 뚜렷한 형태를 띤다. 바이러스 표면에서 뻗어 나온 단백질은 각각 왕관 모양 또는 코로나 모양을 낸다. 아래 현미경 사진에는 SARS-CoV-2가 파란색으로 표시되어 있다(모든 전자파 색상은 흑백으로 표시). 배양 세포에서 바이러스를 관찰할 수 있다. 각각의 바이러스는 지름이 약 100 nm이다.

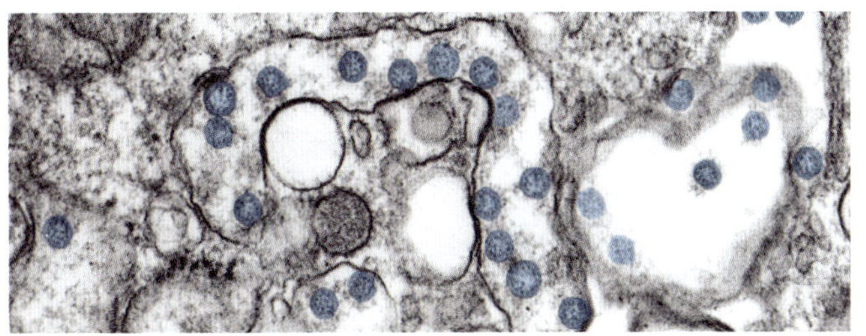

Hannah A. Bullock; Azaibi Tamin/CDC

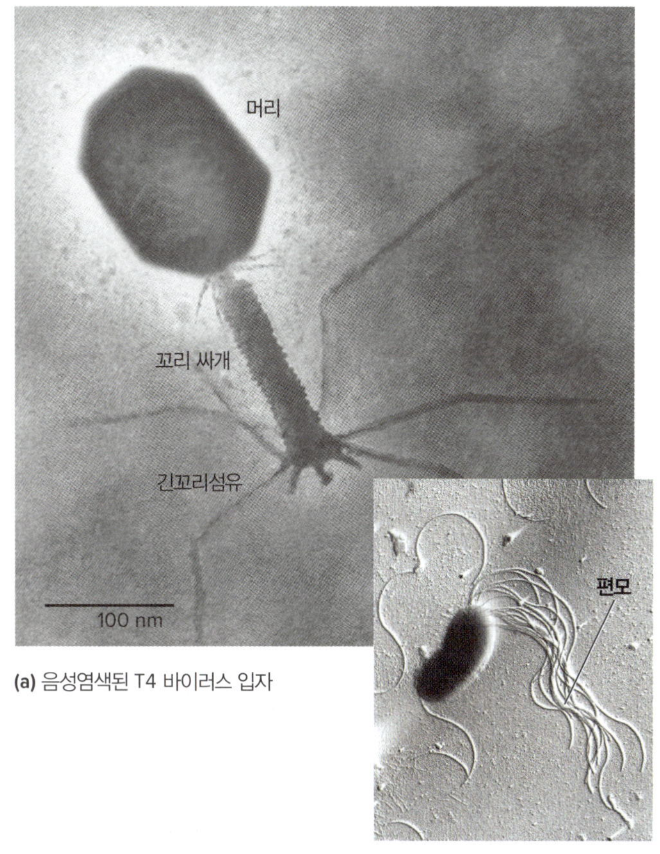

(a) 음성염색된 T4 바이러스 입자

(b) 음영 처리된 *P. fluorescens*

그림 2.23 투과전자현미경으로 본 염색된 미생물. (a) T4는 대장균을 감염시키는 바이러스이다. (b) 극편모를 가진 *Pseudomonas fluorescens*이다. (a) AMI Images/Science Source; (b) Dr. Tony Brain/SPL/Science Source

연관 질문 전자현미경 사진은 왜 모두 흑백사진인가(가끔 인화한 후에 인위적으로 색을 찰할 수도 있지만)?

막을 초박편절편기(ultramicrotome)라 불리는 기계에 장착된 유리나 다이아몬드 칼을 이용하여 잘 잘라서 얇은 박편을 만든다.

투과전자현미경으로 세포를 뚜렷하게 관찰하려면 대개 세포를 광시야현미경으로 관찰할 때처럼 염색을 한다. 전자를 분산시키는 정도는 시료를 이루는 원자의 밀도(원자번호)에 따라 다르다. 생물분자는 대개 원자번호가 작은 수소, 탄소, 질소, 산소 등의 원자로 이루어져 있고, 시료를 염색하지 않았을 경우 전자가 분산되는 정도는 세포나 바이러스에서 거의 일정하다. 따라서 박편을 시트르산납 또는 아세트산우라늄과 같은 중금속염의 용액에 적셔서 시료를 더 처리해야 한다. 납이나 우라늄 이온은 시료내의 구조물에 결합하여 전자가 잘 투과하지 못하게 하여 물질들 사이의 명암의 차이를 크게 만든다. 고정액으로 사용된 산화오스뮴에 존재하는 큰 오스뮴 원자 역시 세포를 염색하는 기능이 있어 세포가 잘 드러나 보이게 한다. 염색된 박편은 작은 구리 격자 위에 올린 다음 관찰한다.

시료 준비 과정에서 사용되는 또 다른 2가지 중요한 기법이 있는데, 이는 음성염색과 음영처리(shadowing)이다. 음성염색에서는 시료를 텅스텐인산(phosphotungstic acid) 또는 아세트산우라늄(uranyl acetate) 등과 섞어 얇게 도말한다. 광학현미경 관찰에서의 음성염색과 마찬가지로 중금속이 시료를 투과하지 못하여 사진의 배경은 어둡게 보이는 반면, 피검체는 밝게 보인다(**그림 2.23a**). 음영처리를 할 때, 백금이나 다른 중금속을 증발시켜 수평면에서 45° 각도로 시료를 코팅하면 금속분자는 미생물의 한쪽 면에만 부착된다. 흔히 사용하는 어떤 이미지 기법에서는 금속이 부착되지 않은 쪽과 피검체에 의해 만들어진 그림자 부위는 밝게 보인다(그림 2.23b). 이 기법은 바이러스 입자의 모양이나 세균과 고균의 편모 및 DNA 등을 관찰할 때 특이 유용하다.

세포를 화학적으로 고정하거나 탈수 과정을 거치면 인위적인 결과로 세포의 형태를 변형시킬 수 있다. 이와 같은 현상은 동결식각(freeze-etching) 과정으로 최소화하거나 피할 수 있다. 액체질소를 이용하여 세포를 급속냉동시키면 세포가 매우 잘 부서지기 때문에 통상 가장 약한 부분인 내부막(internal membrane)의 중간 부분을 따라 세포를 쪼갤 수 있다(**그림 2.24**). 노출된 표면을 음영처리한 다음 백금과 탄소 층으로 코팅하여 표면의 복사본을 만든다. 시료를 화학적으로 제거하고 나서 만들어진 복사본을 투과전자현미경으로 관찰하면 아주 세밀하고 3차원적인 세포내부 구조를 볼 수 있다.

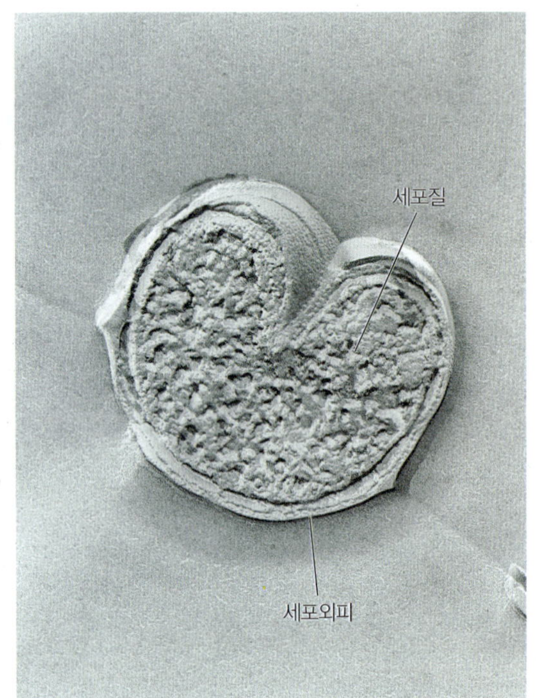

그림 2.24 동결식각법의 예. 동결식각된 *Nitrospira* 종 세균의 시료이다. Dr. Kari Lounatmaa/SPL/Science Source

주사전자현미경

투과전자현미경을 이용하면 시료를 투과한 전자가 상을 만든다. **주사전자현미경**(scanning electron microscope, SEM)은 물체의 표면에서 방출된 전자가 상을 형성한다. 주사전자현미경은 미생물의 표면을 매우 상세하게 보여준다. 대부분의 주사전자현미경은 분해능력이 10 nm 정도이다.

주사전자현미경의 시료 준비과정은 비교적 간단하며 때로는 공기로 건조시킨 시료를 관찰하는 경우도 있다. 그러나 세포의 표면 구조를 보존하고, 주사전자현미경의 진공 상태에 노출되었을 때 세포가 붕괴되는 것을 막기 위해 먼저 미생물을 고정하고 탈수와 건조 처리를 한 다음 관찰한다. 관찰하기 전에 건조된 시료를 시료대에 장착한 후 표면에 전하가 쌓이는 것을 방지하고 더 좋은 상을 얻기 위해 금속으로 얇게 코팅한다.

상을 만들기 위해 주사전자현미경은 끝으로 갈수록 가늘어지는 좁은 전자빔을 시료의 표면 전체에 주사한다(**그림 2.25**). 전자빔이 특정부분에 도달하면 표면에 있는 원자는 2차 전자라 불리는 아주 작은 전자소나기(shower of electron)를 방출하고, 이 전자들은 탐지기(detector)가 잡아낸다. 탐지기에 들어간 2차 전자들은 섬광기(scintillator)에 부딪쳐 빛을 방출한다. 이 섬광들은 광전증폭관(photomultiplier)에 의해 전류로 바뀌어 증폭된다. 증폭된 신호가 수치화되어 컴퓨터로 보내지면 상을 볼 수 있게 된다.

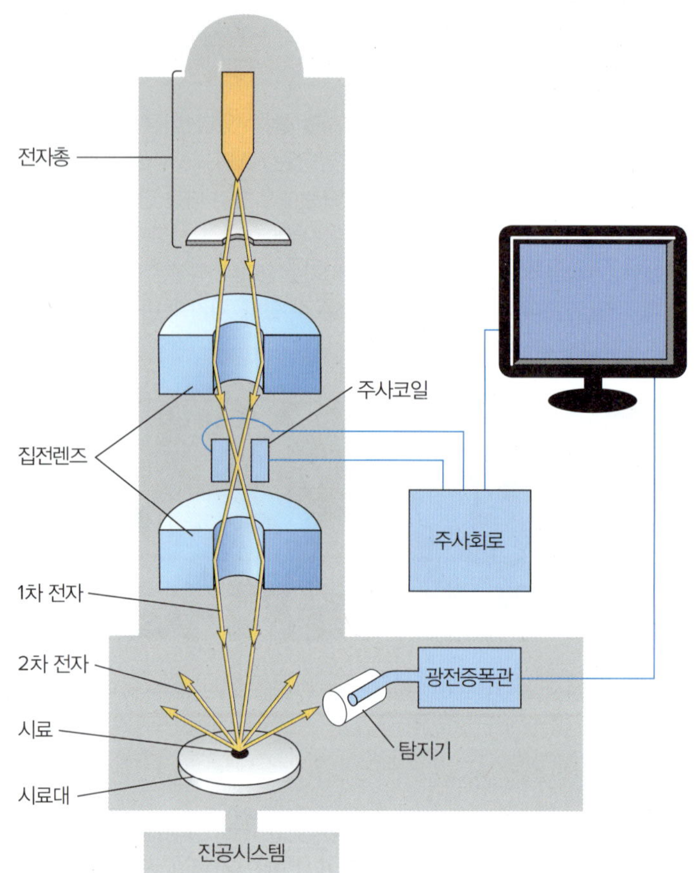

그림 2.25 주사전자현미경.

탐지기에 도달한 2차 전자의 숫자는 시료 표면의 특성에 따라 다르다. 전자빔이 돌출된 부분에 부딪히면 다량의 2차 전자가 탐지기에 들어간다. 그 반면에 움푹 파여진 표면에서는 상대적으로 적은 수의 2차 전자가 나와서 탐지기에 다다른다. 그러므로 튀어나온 부분

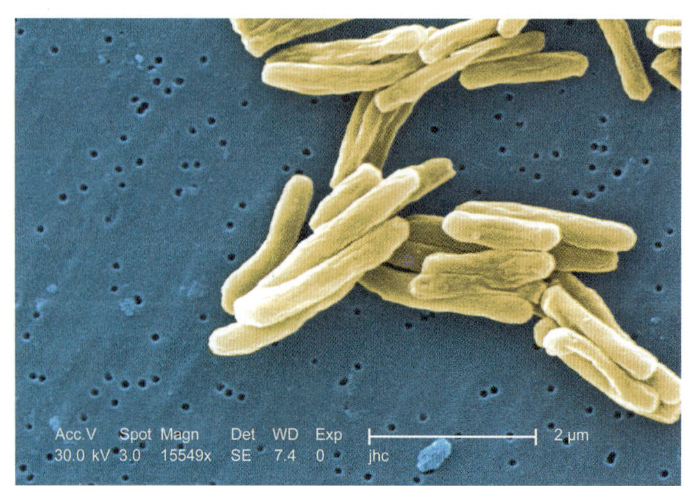

그림 2.26 결핵균(*Mycobacterium tuberculosis*)의 주사전자현미경 사진. 색을 칠한 영상이다(×15,549). Janice Carr/CDC

은 화면에서 밝게 보이고 패인 부분은 어둡게 보인다. 이렇게 해서 미생물 표면의 실감나는 3차원 영상이 만들어지는 것이다(**그림 2.26**). 하나의 기기에 투과전자현미경과 주사전자현미경을 모두 장착할 수도 있다.

동결 전자현미경법

2017년, **동결 전자현미경법**(cryo-electron microsopy, cryo-EM) 개발에 기여한 공로로 3명의 과학자에게 노벨 화학상이 수여되었다. 노벨위원회는 이 기술이 단백질에서 복잡한 분자 구조를 가진 생체 분자를 시각화하는 데 있어 큰 기여를 했다고 인정했다. 단백질 결정화와 X-선 회절(X-선 결정법이라 함)은 오랫동안 단백질 구조를 밝히는 데 쓰여 왔지만, 모든 단백질이 결정화될 수 있는 것은 아니며, 결정화 과정은 단백질 구조에 변화를 가져올 수도 있다. 게다가, 분자 간의 상호작용을 연구하는 것에는 X-선 결정이 적합하지 않다. 동결 전자현미경법을 이해하기 위해, 먼저 각 노벨상 수상자가 이룬 업적을 살펴보자.

리처드 헨더슨(Richard Henderson)은 투과전자현미경을 사용하여 단백질을 관찰하는 방법을 발명했다. 우리가 살펴본 바와 같이, 투과전자현미경은 보통 세포와 바이러스를 관찰하거나 얇게 썰어 그 내부를 관찰하는 데 사용된다. 헨더슨 박사는 고균 단백질인 아르카로돕신(archaerhodopsin)의 여러 분자들로 하나의 샘플을 만들고 이를 여러 각도에서 촬영하여 이미지들을 얻었다, 이 이미지들을 결합함으로써, 3차원적 이미지를 만들어 낼 수 있었다. 결국, 그는 X-선 결정학이 보여주는 해상력에 근접하는 이미지를 얻는 기술을 개발하였다. 요하킴 프랭크(Joachaim Frank)는 단일 샘플의 많은 이미지를 3차원적 이미지로 조립하는 컴퓨터 계산 방법을 개발하여 헨더슨의 기술을 더 향상시켰다. ▶| 호염성 고균(19.5절)

세 번째 수상자인 제임스 두보셰(James Dubochet)는 분자를 관찰하려면 물이 제거되어야 하는 데, 물이 제거되면 분자의 실제 구조를 관찰하기 어렵다는 것을 알았다. 그의 해결책은 시료를 빠르게 얼려서 물이 전자빔을 회절시키는 결정성 얼음으로 변하는 것을 막는 것이었다. 대신에, 물은 유리 얼음이라고 불리는 유리 같은 막으로 바뀌었다. 이것은 액체질소로 −196°C로 냉각된 에탄에 시료를 넣음으로써 이루어진다. 이러한 유리화된 분자는 동결된 상태에서도 3차원적 구조를 유지하였고 투과전자현미경로도 관찰할 수 있었다. 이 기술에 헨더슨과 프랭크의 이미지와 분석 알고리즘을 더하면 놀라운 고해상도 현미경 이미지를 얻을 수 있었다(**그림 2.27**).

동결 전자현미경법이 처음 도입되었을 때는 특수장비를 일부 실험실에서만 사용할 수 있었다. 그러나 2013년부터 시작된 소프트웨어와 하드웨어 기술의 발전으로 리보솜과 같이 여러 분자로 이루어진 복합체나 매우 약한 생물학적 막에 대해서도 매우 선명한 이미지를 얻을 수 있었다. 복합체나 막에 대한 이미지는 X-선 결정법으로는 얻기 힘들었다. 2020년에는 또 다른 기술적 진보가 있었다. 전자빔의 모든 전자가 시료에 충돌하기 전에 동일한 속도를 가지도록 하는 기술은 전자현미경이 원자 수준의 해상력을 갖게 해주어, 안정화된 단백질의 개별 원자까지 관찰이 가능하게 되었다. 동결 전자현미경법으로 얻는 수천 개의 이미지를 가진 이미지 뱅크도 있다. 향후 10년 동안 고해상도 구조 분석에 동결 전자현미경법이 X-선 결정법보다 더 선호될 것으로 예상된다.

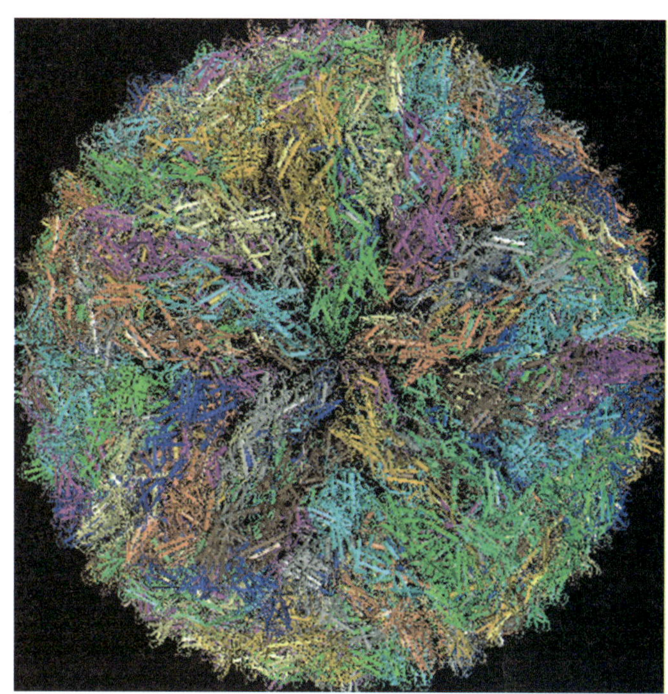

그림 2.27 동결 전자현미경법으로 얻은 사진. 3.8옹스트롬의 해상력을 가진 동결 전자현미경법으로 지카바이러스 구조가 밝혀졌다. 바이러스의 외피에는 180개의 당단백질이 포함되어 있는 것으로 밝혀졌다. 컴퓨터 분석 과정에서 이미지에 색이 추가되었다. National Center for Biotechnology Information

마무리 점검

1. 전자현미경이 광학현미경보다 해상력이 훨씬 높은 이유는 무엇인가?
2. 전자현미경의 전자총은 시료가 위치한 자리에서 어느 쪽에 위치하고 있는가? 투과전자현미경으로 시료를 관찰할 때 고진공환경과 초박편시료를 사용해야 하는 이유는 무엇인가?
3. 투과전자현미경 관찰을 위한 시료를 준비할 때, 다음과 같은 시료 처리는 어떤 상황에서 바람직한가? 박편 제작? 음성염색? 음영처리? 동결식각?
4. 주사전자현미경은 어떤 점에서 투과전자현미경과 다른가? 현미경 사진을 보았을 때 그 사진의 시료가 투과전자현미경법, 주사전자현미경법, 동결 전자현미경법 중 어느 방법으로 관찰한 것인지 어떻게 알 수 있는가?
5. 동결 전자현미경법이 X-선 결정법에 비해 가지는 장점은 무엇인가?

2.5 주사탐침현미경법은 분자와 원자를 볼 수 있게 한다

이 절을 학습한 후 점검할 사항:

a. 주사터널링현미경과 원자힘현미경을 영상 형성방법과 용도의 측면에서 구별할 수 있어야 한다.

b. 광학현미경과 전자현미경 및 주사터널링현미경을 용도와 해상력, 형성된 영상의 질적인 측면에서 평가할 수 있어야 한다.

가장 강력한 현미경 중 하나가 **주사탐침현미경**(scanning probe microscope, SPM)이다. 이 현미경은 날카로운 탐침을 시료의 표면 위에서 이동시키면서 표면의 특징을 기록한다. 이 현미경 중 한 유형이 **주사터널링현미경**(scanning tunneling microscope)이다. 이 현미경은 1억 배의 배율로 물체를 관찰할 수 있고, 고체 표면에 있는 원자도 볼 수 있게 한다. 주사터널링현미경에는 끝이 매우 뾰족하여 그 끝에 단 1개의 원자만이 위치할 수 있는 바늘 같은 탐침이 있다. 이 탐침을 탐침의 전자구름이 시료의 표면 원자에 겨우 닿을 때까지 시료 표면 쪽으로 드리운다. 탐침의 끝과 시료 사이에 약한 전압을 가하면 전자구름에 존재하는 좁은 통로를 따라 전자가 흘러간다. 이러한 양자역학적 터널링 전류는 거리에 매우 민감하여 탐침이 표면에서 원자의 지름만큼만 멀어지더라도 1,000배 정도 감소한다.

시료의 표면 위를 탐침의 끝으로 이리저리 훑으면 시료 표면에 있는 원자의 배열 상태를 결정할 수 있는데, 이때 탐침과 시료 표면 사이의 거리를 일정하게 유지해야 한다. 탐침의 끝부분이 원자 표면의 등고선을 따라 위아래로 움직이면 컴퓨터가 그 움직임을 기록하고 분석하여 표면 원자의 정확한 3차원적 영상을 만들어 낸다. 표면의 원자 구조는 컴퓨터 화면으로 보여주거나 종이 위에 그릴 수 있다. 해상력이 매우 높아 개개의 원자를 쉽게 관찰할 수 있다. 더 놀라운 것은 이 현미경이 물속에 잠겨 있는 시료도 관찰할 수 있다는 것이다. 그래서 이 현미경을 DNA와 같은 생체분자의 연구에도 사용할 수 있다(**그림 2.28**). 주사터널링현미경을 발명한 비니히(Gred Binning)와 로러(Heinrich Rohrer)는 1986년에 첫 번째 투과전자현미경을 설계한 루스카(Ernst Ruska)와 함께 노벨 물리학상을 공동수상했다.

또 다른 유형의 주사탐침현미경은 **원자힘현미경**(atomic force microscope)이다. 이 현미경은 뾰족한 탐침이 탐침의 끝과 표면 사이의 거리를 일정하게 유지하면서 시료 표면 위에서 움직이게 한다.

그림 2.28 주사터널링현미경법으로 관찰한 DNA. 세 번 정도 감긴 DNA 이중나선의 모양(인위적 색깔, ×2,000,000)이다. Driscoll, Youngquist & Baldeschwieler, California Institute of Technology/Science Source

연관 질문 이 상의 배율을 그림 2.26(주사전자현미경으로 관찰한 시료 사진)과 비교하시오. 이 사진의 배율이 얼마나 더 큰가?

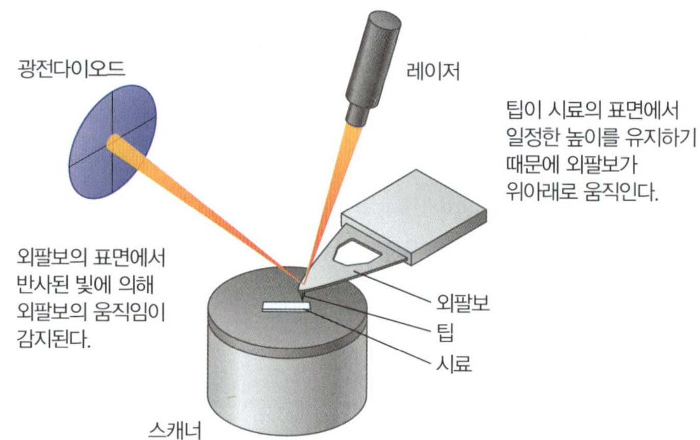

그림 2.29 원자힘현미경의 기본 요소. 시료를 살피는 역할을 하는 탐침의 팁(tip)은 외팔보에 부착되어 있다. 탐침이 시료의 울퉁불퉁한 표면을 따라 이동할 때 외팔보가 수직으로 '오르락내리락'한다. 외팔보에 닿는 레이저빔은 이러한 움직임을 관찰하는 데 이용된다. 외팔보에서 반사되는 빛이 광전다이오드(photodiode)에 의해 감지되어 시료의 상을 만드는 데 활용된다.

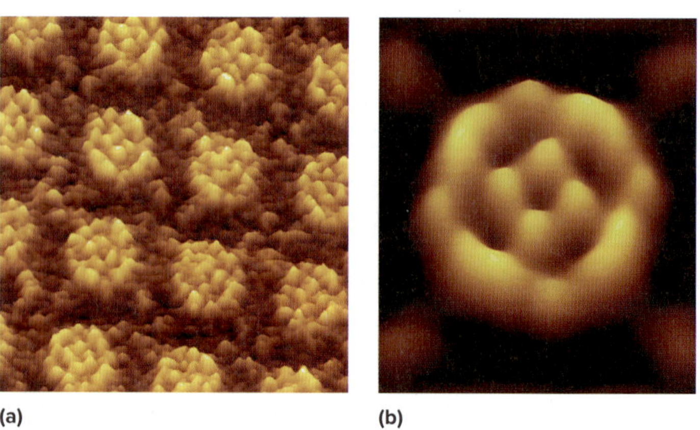

그림 2.30 원자힘현미경으로 관찰한 막단백질 아쿠아포린. 아쿠아포린은 막을 관통하고 있는 단백질로 막의 안과 밖으로 물 분자가 출입할 수 있도록 해준다. (a) 아쿠아포린의 표면 모습. (b) 높은 배율로 자세히 관찰한 1개의 아쿠아포린 단백질이다. (a-b) ©simon Scheuring

그것은 이 현미경이 탐침의 끝이 표면과의 거리는 일정하게 유지하되 표면을 상하게 하지 않을 정도의 아주 약한 힘을 탐침에 가하기 때문에 가능하다. 탐침의 수직적 움직임에는 일반적으로 탐침을 잡고 있는 지렛대(외팔보, cantilever)에 부딪치는 레이저빔의 굴절 측정이 수반된다(**그림 2.29**). 주사터널링현미경과 달리 원자힘현미경은 전기를 잘 전도하지 못하는 표면의 연구에 활용될 수 있다. 원자힘현미경은 단백질 사이의 상호작용에 대한 연구와 세균을 포함한 살아 있는 세포의 행동 추적 및 아쿠아포린(aquaporin)과 같은 막단백질의 관찰 등에 사용되어 왔다(**그림 2.30**).

마무리 점검

1. 가장 많이 사용되고 있는 각 유형의 주사탐침현미경에 대해 간단히 서술하시오. 각 유형의 주사탐침현미경에 의해 보일 수 있는 구조에 대하여 논의하시오.
2. 주사탐침현미경법은 건조되지 않은 시료의 관찰에 적용할 수 있으나 전자현미경법은 그것이 불가능하다. 주사탐침현미경법의 이러한 특징이 왜 중요한 이점이 되는가?

요약

2.1 렌즈는 빛을 굴절시켜 상을 창출한다

- 빛은 공기에서 유리로 또는 그 반대로 진행할 때 굴절현상을 보인다(그림 2.1).
- 렌즈는 초점에 빛을 모아 상을 확대한다(그림 2.2).

2.2 광학현미경에는 여러 가지 종류가 있다

- 광시야현미경과 같은 복합현미경의 1차 상은 대물렌즈에 의해 확대된 상이다. 1차 상이 최종 상을 형성하는 접안렌즈에 의해 더 확대된다(그림 2.3).
- 현미경의 해상력은 시료에 비추는 빛의 파장이 짧을수록, 그리고 개구수가 증가할수록 증가한다. 광학현미경의 최대 해상력은 약 0.2 μm 정도이다(그림 2.4).
- 암시야현미경은 굴절된 빛을 이용하여 상을 형성하므로 배경이 검고 피사체는 밝게 빛난다(그림 2.6).
- 위상차현미경은 굴절률과 세포밀도의 차이를 빛의 강도의 차이로 바꿔주어 색깔이 없고 염색을 하지 않아도 살아 있는 세포가 잘 보이도록 해준다(그림 2.8~그림 2.10).
- 차등간섭대비현미경은 2종류의 빔을 이용하여 살아 있는 시료의 선명한 영상을 만들어 낸다(그림 2.11).
- 형광현미경은 형광염료로 표지된 시료에 빛을 쪼여 형광염료에서 나오는 형광을 이용하여 상을 형성한다(그림 2.12~2.14).
- 공초점현미경은 두껍고 복잡한 시료의 연구에 사용된다. 이 현미경은 초점면의 위쪽이나 아래쪽에서 나오는 빛은 차단하고, 초점면에서 나오는 빛만 이용하여 상을 형성한다(그림 2.15).

2.3 시료 염색은 미생물을 시각화하고 확인하는 데 도움을 준다

- 광시야현미경으로 시료를 관찰할 때는 대부분 먼저 시료를 고정하고 염색한다. 고정 방법에는 열 고정과 화학적 고정으로 2가지 방법이 있다.
- 대부분의 염료는 세포의 이온화된 부분에 결합하는 양전하를 띤 염기성 염료이거나 음전하를 띤 산성 염료이다.
- 난순염색에서는 한 가지 염료만 사용하여 미생물을 염색한다(그림 2.16).
- 그람염색이나 항산성염색과 같은 분별염색법은 미생물이 서로 다르게 염색되게 해서 미생물의 종류를 구분한다(그림 2.17, 그림 2.18a,b). 다른 분별염색법들은 내생포자나 세균의 협막과 편모 등 특정한 구조물을 관찰할 때 사용한다(그림 2.18c,d).

2.4 전자현미경은 고배율의 상을 창출하기 위해 전자빔을 사용한다

- 투과전자현미경은 아주 얇은 시료 박편을 투과한 전자를 활용하여 상을 형성하기 위해 자석렌즈를 사용한다(그림 2.21). 전자빔의 파장이 매우 짧기 때문에 해상력이 크다.
- 투과전자현미경을 이용하여 관찰할 시료는 일반적으로 시료 내의 각 부분을 더 명확히 구분할 수 있는 처리를 한 다음에 관찰한다. 시료는 사산화오스뮴이나 우라늄, 또는 납과 같은 중금속염의 용액으로 처리하여 염색할 수 있다. 투과전자현미경으로 관찰할 시료는 또한, 음성염색이나 금속을 이용한 음영처리 또는 동결식각의 방법으로도 준비할 수 있다(그림 2.23, 그

림 2.24).

- 주사전자현미경은 미생물의 표면을 관찰할 때 사용한다(그림 2.25, 그림 2.26).
- 동결 전자현미경법으로 단일 분자와 복잡한 분자 구조를 관찰할 수 있다. 시료는 급속냉동되고 시료의 입체 구조를 재구성하기 위해 여러 방향에서 관찰한 이미지를 종합하고 처리하는 과정을 거친다(그림 2.27).

2.5 주사탐침현미경법은 분자와 원자를 볼 수 있게 한다

- 주사탐침현미경은 시료를 매우 크게 확대할 수 있기 때문에 연구자들로 하여금 생체분자를 관찰할 수 있도록 해준다(그림 2.2, 그림 2.30).
- 주사터널링현미경은 탐침과 시료 사이의 전자 상호작용을 이용하여 분자의 표면을 볼 수 있도록 해주고, 원자힘현미경은 전기를 잘 전달하지 못하는 분자의 표면을 자세히 볼 수 있도록 해준다(그림 2.29).

심화 학습

1. 광학현미경을 이용하여 시료를 관찰하기 위해 그람염색을 하였는데, 아무것도 볼 수 없었다면 시료를 염색하는 과정에서 어떤 잘못이 있을 것이라고 생각하는가?
2. 다음 각 항목을 관찰하는 데 적합한 현미경 및 염색법(해당하는 경우)은 무엇인가? (정답이 둘 이상 있을 수 있음.) 반드시 여러분의 답에 대해서도 설명하시오. 결핵균(*Mycobacterium tuberculosis*), 해캄, 피부 상처의 황색포도상구균(*Staphylococcus aureus*), 홍역 바이러스, 세균 편모, *Borrelia burgdorferi*(라임병을 일으키는 나선균), 세균의 리보솜.
3. 유도방출감쇄현미경(STED microscope)은 약 10년 전에 처음으로 개발되었다. 이 현미경은 공초점현미경의 단점을 보완하기 위해 수정한 것으로 일반 공초점현미경이 1개의 고도로 집중된 빛줄기를 사용하는 것과 달리 2개의 빛줄기를 사용한다. 첫 번째 빛줄기는 시료 표지에 사용한 형광발색단을 자극한다. 이 결과로 형광발색단이 위치한 곳에 형광반점이 생기게 된다. 두 번째 빛줄기는 속이 빈 원추 모양을 하고 있다. 이 빛줄기는 첫 번째 빛줄기에 의해 만들어진 형광반점의 가장 바깥쪽 끝 부분을 때린다. 이와 같은 과정에서 두 번째 빛줄기의 파장이 형광발색단을 기저 상태로 되돌리기 때문에 형광반점의 중심부만 보이게 된다. 그 결과로 유도방출감쇄현미경의 해상력이 커지게 되어 200 nm보다 작은 물체도 확인할 수 있다. 만일 유도방출감쇄현미경의 사용이 가능하다면 생물과학에서 어떤 문제들을 알아보고 싶고, 왜 그 문제들을 알아보려고 하는가? 그림 2.15, 그림 2.19을 참고하면 이 질문들에 대한 답을 만드는 데 도움이 될 것이다.
4. COVID-19 대유행에 대응하여, 중국 과학자 그룹은 동결 전자현미경법을 사용하여 인간세포수용체인 ACE-2가 바이러스 스파이크 단백질과 결합한 상태와 결합하지 않는 상태를 관찰하였다. 주사전자현미경과 투과전자현미경에 비해 동결 전자현미경은 어떤 이점이 있었는가? 이 바이러스로 인한 질병을 이해하기 위해 치료제 및 백신 개발 측면에서 이 정보가 중요한 이유를 적어도 3가지 이상 나열하시오.

   참고문헌: Yan, R. et al. 2020. Structural basis for the recognition of SARS-CoV-2 by full-length human ACE2. *Science*. 367:1444-1448. DOI: 10.1126/science.abb2762.

CHAPTER

3

세균의 세포 구조

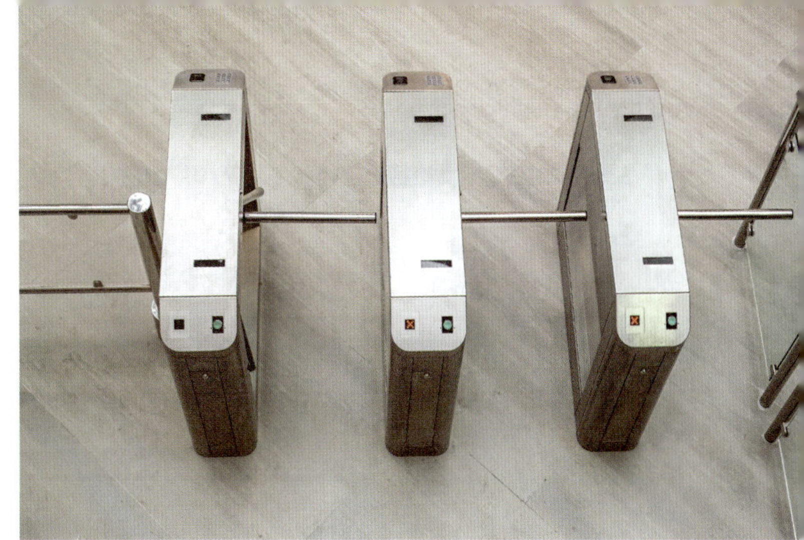

Roberto Sorin/Shutterstock

세균은 빠른 수송을 사용한다

사람들은 종종 세균이라는 용어를 살을 파먹는 것으로 떠올리곤 한다. 수많은 미생물 중 극소수의 피부 감염을 일으키는 미생물만이 이러한 심각한 결과를 초래한다. 이러한 감염을 일으킬 수 있는 미생물 중 가장 흔한 원인은 A 그룹 연쇄상구균(GAS)이다. 만약 이 이름이 친숙하다면, 여러분은 GAS의 또 다른 질병인 패혈증 인두염을 생각하고 있을지도 모른다. 과학자들은 작은 유전체를 가진 아주 작은 미생물이 어떻게 그렇게 빠르게 증식하며 다른 인체조직에서 그러한 손상을 일으킬 수 있는지에 대해 알고 싶어 했다. 그 해답은 세포에 들어가거나 나가는 분자를 제어하는 운반체의 다양성에 있다.

세균 세포로 들어가는 입구는 세포막에 박혀 있는 수송단백질에 의해 제어된다. 운반체들은 이온, 아미노산, 비타민 또는 당과 같은 한 종류의 분자에만 특이적이다. 세포막은 운반체들로 채워져 있어 영양분이 효율적으로 들어올 수 있다. 다른 운반체들은 다른 세포와의 소통, 독성 및 노폐물 분자를 처리하기 위해 내보낸다. 침과 같은 인체 내 특정 부위에서 GAS는 해당 환경에서 사용 가능한 영양분에 가장 적합한 운반체를 사용할 수 있다.

GAS가 인체 내 영양분을 흡수할 때 어떤 수송을 사용할까? 연구에 따르면 GAS가 골격근(근육)에서 생장할 때 상당한 양의 아미노산이 필요하다는 것은 알려졌고, 근육은 대부분 단백질로 이루어져 있기 때문에 의미가 있다. GAS가 사용하는 대부분의 운반체는 근육의 아미노산을 세포로 수송하는 것을 담당한다. 이러한 정보가 근육을 갉아먹는 GAS 감염을 치료하는데 어떻게 도움이 될까? 여기에서 2가지 연구 방법을 제시한다. 첫째, 아미노산 운반체를 막는 분자로 GAS 생장을 늦추고, 둘째, 세포 표면에 있는 운반체를 활용한 백신이다.

이 장에서는 세균 세포의 기본구조를 알아보고자 한다. 세포막이나 세포벽과 같은 경계를 구축하고, 이 경계를 넘나드는 조건은 유기체의 생활사에 중요한 부분이다. 세균 세포는 광학현미경으로 보면 단순한 구조처럼 보이지만 자세히 들여다보면 믿기 어려울 정도로 복잡하다.

이 장의 학습을 위해 점검할 사항:

✓ 생명체를 3영역으로 분류하는 칼 우즈의 분류체계에서 작은 소단위체 rRNA가 어떻게 활용되는지를 설명할 수 있다(1.2절).

✓ 식물이나 동물세포의 세포벽, 원형질막, 세포질, 미토콘드리아, 엽록체, 리보솜 등의 구조와 각 구조의 기능과 영역을 구분할 수 있다.

✓ 세포에 필요한 필수영양소를 정의하고, 이들 영양소가 어떻게 사용되는지를 예를 들어 설명할 수 있다.

3.1 원핵생물이라는 용어 사용에 대해 논란이 있다

이 절을 학습한 후 점검할 사항:

a. 원핵세포를 설명하는 데 사용되는 특징을 나열할 수 있다.
b. 세균에 관한 증거를 이용하여 원핵생물에 대한 논란에 대해 토론할 수 있다.

세균(bacteria)과 고균(archaea)은 오랫동안 원핵생물(prokaryote)로 불려 왔다. 원핵생물이라는 용어는 20세기 초에 처음으로 소개되었지만, 확실한 개념은 1962년 스타니어(R. Stanier)와 반 니엘(C. B. van Niel)이 진핵세포와 비교하여 어떤 점이 부족한지 설명하고 나서야 완전히 확립되었다. 예를 들어, 스타니어와 반 니엘은 원핵생물의 경우 막으로 둘러싸인 핵, 세포골격, 막으로 된 세포소기관 및 소포체나 골지체와 같은 세포내 막성 구조를 갖고 있지 않다고 했다. 1960년대 이후 생화학적, 유전학적 및 유전체 분석을 통해 세균과 고균이 서로 다른 분류군(taxon)에 해당한다는 것이 밝혀졌다. 이러한 발견을 토대로 2006년, 노먼 페이스(Norman Pace)는 **원핵생물**이라는 용어를 더 이상 사용하지 않아야 한다고 제안하였으며, 대부분의 미생물학자가 이에 동의하고 있다.

이러한 논쟁은 미생물학이 흥미롭고, 역동적이며 빠르게 변화하는 학문 분야라는 것을 보여준다. 이 장 전반에 걸쳐 우리는 **원핵생물**이라는 용어를 사용하지 않는 대신 어떤 특징이 세균과 연관이 있는지, 어떤 특징이 고균에 연관이 있는지, 또 어떤 특징이 이 2가지 분류군 모두와 연관이 있는지를 가능한 명확하게 보여주고자 한다.

3.2 세균은 다양하지만 몇 가지 공통점을 가지고 있다

이 절을 학습한 후 점검할 사항:

a. 일반적인 세균의 세포 모양과 배열, 크기, 세포 구조를 동식물의 세포와 구분할 수 있다.
b. 세균 세포의 크기와 모양을 결정하는 요인에 대해 설명할 수 있다.

이 장에서는 주로 세포를 구성하는 각각의 구성요소에 대해 논의할 것이다. 따라서 대부분 세균의 공통적인 특징들을 순서에 따라 살펴보고자 한다. 이를 위해 세포의 형태에 대해 먼저 알아보고, 이후에 세포의 구조에 대해 알아보자.

형태, 배열 및 크기

세균 세포는 크기가 작고 비교적 단순하기 때문에 형태와 크기가 일정할 것으로 생각하기 쉽지만 실제로는 그렇지 않다. 미생물들은 형태가 매우 다양하지만 가장 흔하게 볼 수 있는 형태로 구균과 간균이 있다(**그림 3.1**). **구균**(coccus, 복수 cocci)은 구형에 가까운 세포이다. 이들은 하나씩 따로 떨어져 있을 수도 있고 특정한 배열을 이룰 수도 있다. 구균은 단독으로 있을 수도 있고, 동정에 사용될 정도의 특징을 가지기도 한다. **쌍구균**(diplococcus, 복수 diplococci)은 분열한 구균이 떨어지지 않고 쌍을 형성할 때 만들어진다. 계속해서 한 방향으로 분열한 구균이 서로 부착되어 있으면 긴 사슬이 만들어진다. 연쇄상구균(*Streptococcus*), 장내구균(*Enterococcus*) 및 젖산구균(*Lactococcus*) 속(genus)의 세균들이 이러한 형태를 이룬다. 포도상구균 속의 세균은 무작위 방향으로 분열한 세포가 그대로 뭉쳐서 불규칙한 포도송이 모양으로 배열된다(그림 3.1a). 둘 또는 세 방향으로의 분열은 구균이 대칭적으로 집단을 형성하게 한다. 소구균(*Micrococcus*) 속에 속하는 세균은 두 방향으로 분열하여 세포 4개가 사각형을 이루는 사분면(tetrad) 형태를 이루며, 팔련구균(*Sarcina*) 속의 세균은 구균이 세 방향으로 분열하여 8개의 세포가 정육면체 형태를 만든다.

레지오넬라 뉴모필라(*Legionella pneumophila*)는 **막대**(rod) 형태 세균이다(그림 3.1b). **간균**(bacillus, 복수 bacilli)이라고 불리는 막대균은 길이와 폭의 비율이 매우 다르다. 구형 간균(coccobacilli)은 길이가 짧고 폭이 넓어서 형태가 구균과 유사하다. 간균의 끝부분 모양 역시 종(species)마다 달라서 납작한 것, 둥근 것, 축구공 모양을 한 것, 두 갈래로 나누어진 것 등이 있다. 막대균은 대부분 하나씩 따로 존재하지만, 일부는 분열한 이후에도 서로 붙어 쌍을 이루거나 사슬 모양을 이루기도 한다.

일반적이지 않은 형태와 배열을 한 세균들도 관찰된다. **비브리오**(vibrio)는 쉼표 모양이고, **나선균**(spirilla)은 견고한 나선형이며, **스**

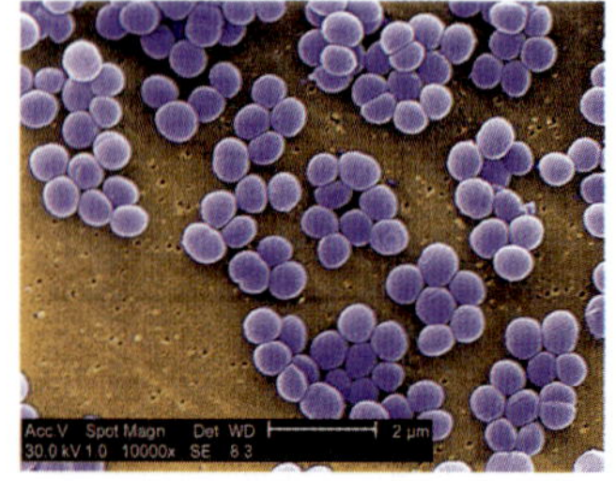

(a) *S. aureus*–집단 형태의 구균

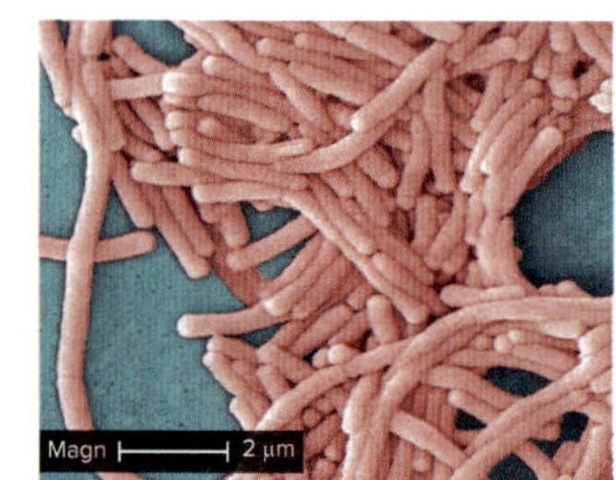

(b) *L. pneumophila*–사슬 형태의 구균

그림 3.1 세균의 가장 흔한 형태는 구균과 간균이다. 색상이 강화된 주사전자현미경 사진이다. (a) 황색포도상구균(*Straphylococcus aureus*), (c) 재향 군인병(Legionnaires' disease)을 일으키는 *Legionella pneumophila*이다. Janice Haney Carr/CDC

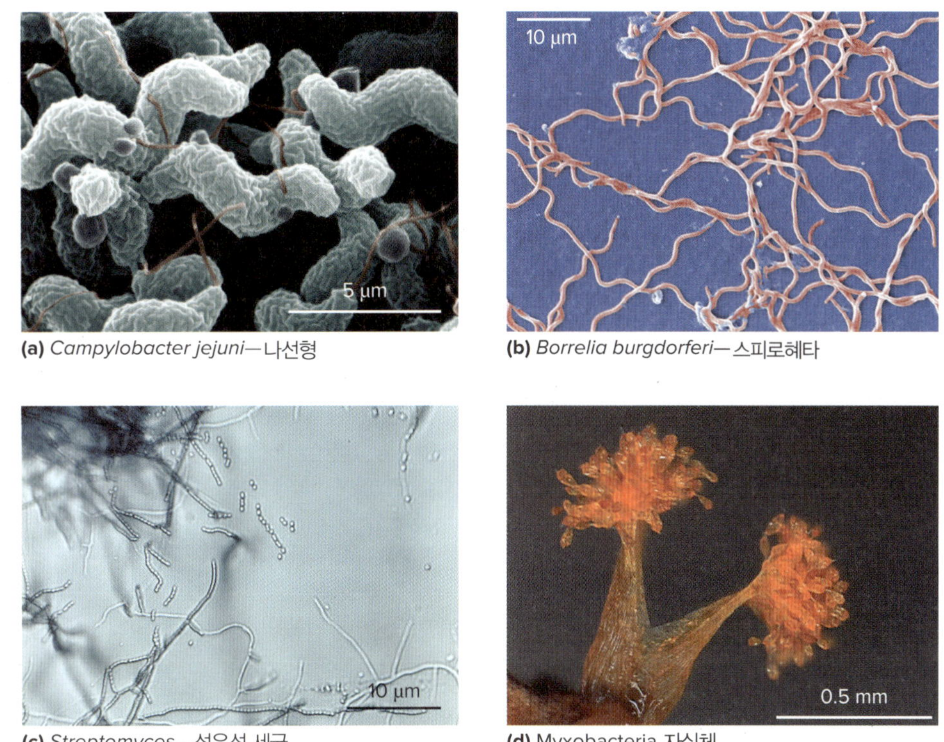

(a) *Campylobacter jejuni*—나선형 **(b)** *Borrelia burgdorferi*—스피로헤타 **(c)** *Streptomyces*—섬유성 세균 **(d)** Myxobacteria 자실체

그림 3.2 그외 세균의 형태와 집단. (a) *Campylobacter jejuni*, SEM이고, (b) 라임병을 일으키는 스피로헤타인 *Borrelia burgdorferi*이고, (c) *Streptomyces* 종의 광학현미경 사진이다. (d) 수천 개의 세포로 구성된 점액세균(myxobacteria)의 전형적인 자실체(fruiting body)의 광학현미경 사진이다. (d)의 눈금 막대는 µm가 아닌 mm이다. (a) De Wood, Chris Pooley/USDA; (b) Janice Haney Carr/CDC; (c) Courtesy of Dr. David Berd/CDC; (d) Simia Attentive/Shutterstock

피로헤타(spirochete)는 유연한 나선형 세균이다(**그림 3.2a,b**). 하나의 독특한 모양을 갖지 않고 형대가 다양한 **다형성**(pleomorphic) 세균들도 있다(그림 7.10 참조). ▶| Spirochaetota 문(20.6절); Vibrionaceae 과는 수생 생물발광 세균과 병원체가 있다(21.2절)

일부 세균은 다세포로 생각될 수 있다. 대부분의 방선균(actinobacteria)은 **균사**(hyphae)라 불리는 긴 섬유를 형성한다(그림 3.2c). 균사는 가지를 뻗어 망상 구조인 **균사체**(mycelium)를 형성하는데, 이런 점에서 이들은 진핵생물의 섬유성 진균(filamentous fungi)과 유사하다. 광합성세균인 남세균(cyanobacteria) 또한 대부분 섬유성이다. 섬유성은 섬유에 있는 세포들이 어느 정도 분화할 수 있게 해준다. 예를 들어, 몇몇 섬유성 남세균은 섬유내에서 이질낭(heterocyst)이라 불리는 질소고정을 하는 특수화된 세포를 만들어낸다(그림 20.8a 참조). 점액세균(myxobacteria)은 형태적으로 복잡하다. 이들은 때로는 집단을 형성하여 자실체(fruiting body)라 불리는 복잡한 구조를 만든다(그림 3.2d). ▶| Streptomycetales 목은 중요한 항생제 제공자다(22.1절); Cyanobacteria 문: 산소발생 광합성 세균(20.4절); Bdellovibrionota와 Myxococcota 문(20.10절)

대장균(*Escherichia coli*, *E. coli*)은 평균 크기의 세균을 대표하며, 이 막대형 세균의 크기는 폭 1.1~1.5 µm, 길이 2.0~6.0 µm이다. 그러나 세균 중에는 평균의 범위를 뛰어넘는 세균들도 있다(**그림 3.3**). 그가기 가장 작은 세균은 *Mycoplasma* 속(지름이 0.3 µm)에 속하는

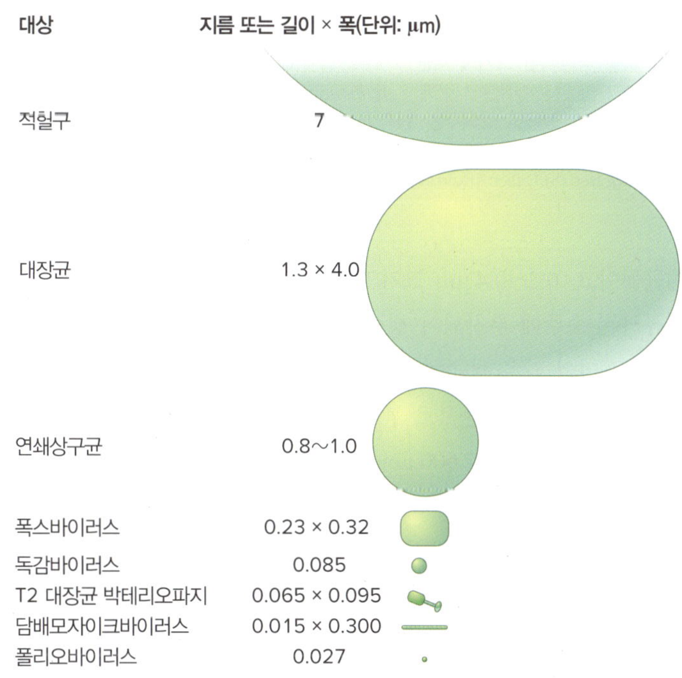

그림 3.3 적혈구 및 바이러스와 비교한 세균의 크기. 큰 바이러스는 작은 세균과 크기가 비슷하다.

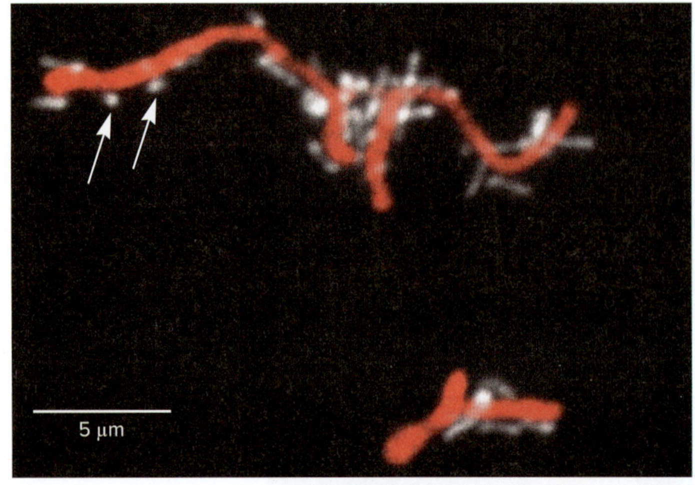

(a)

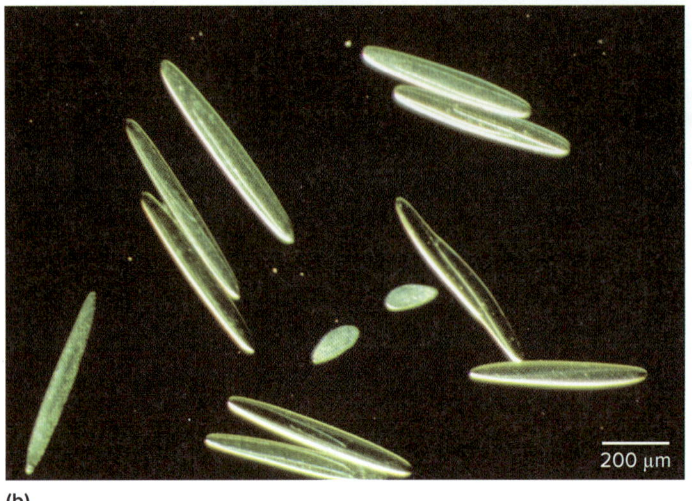

(b)

그림 3.4 극단적인 크기의 세균. (a) 초소형 *Candidatus* Saccharibacterie(흰색)가 사람의 입에서 채취한 시료에서 *Actinomyces odontolyticus*(빨간색)의 절대기생성으로 자라고 있음을 보여주는 형광현미경 사진이다. (b) 원생동물인 짚신벌레가 *Epulopiscium fishelsoni*보다 작음을 보여주는 위상차현미경 사진이다. (a) Courtesy of Batbileg Bor. (b) Esther Angert/Medical Images/DIOMEDIA

세균들이고, 0.2~0.4 μm 크기의 기생성 세균은 공생자에 영양분을 제공하는 숙주에 부착되어 생장할 때만 생존할 수 있다(**그림 3.4a**). 스피로헤타와 같은 세균들은 크기가 커서 길이가 500 μm에 달한다. 몇몇 세균은 세균 기준으로 볼 때 거대하다. 예를 들어, *Epulopiscium fishelsoni*는 길이 600 μm, 지름 80 μm 정도까지 자랄 수 있는데, 이는 책에 인쇄된 하이픈(hyphen)보다 약간 작고, 진핵생물인 짚신벌레(*Paramecium*)보다 크다(그림 3.4b). 이보다 훨씬 큰 세균인 *Thiomargarita namibiensis*는 해양 퇴적물에 서식한다(그림 21.22 참조). 이처럼 세균 중에는 일반적인 진핵세포보다 훨씬 더 큰 것도 있다(전형적인 식물과 동물세포의 지름은 대략 10~50 μm이다).

세균의 다양한 크기와 형태는 근본적인 궁금증을 갖게 한다. 세균

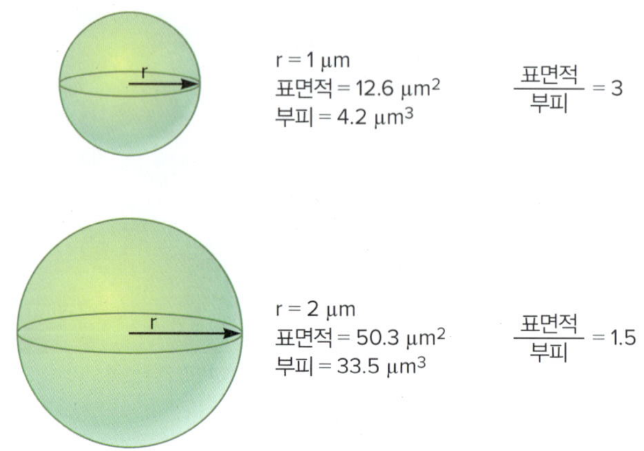

그림 3.5 세포 크기의 주요 요인인 단위부피당 표면적 비율. 표면적은 $4\pi r^2$이다. 형태 또한 S/V 비율에 영향을 미친다. 부피가 같아도 막대균은 구균보다 S/V 비율이 더 크다.

종이 독특한 크기와 형태를 가지게 되는 이유는 무엇일까? 단위부피당 표면적 비율(S/V 비율, **그림 3.5**)을 증가시키기 위해 미생물은 당연히 크기가 작아야 한다고 오랫동안 생각되어 왔다. 이 비율이 증가할수록 영양분의 흡수와 여러 분자들의 확산이 더욱 효율적으로 되어 생장 속도가 빨라지게 된다. 형태는 S/V 비율에 영향을 미친다. 구균과 부피가 같은 막대균은 구균에 비해 S/V 비율이 더 높다. 이것은 막대균이 원형질막을 가로질러 많은 양의 영양분을 받아들일 수 있다는 것을 의미한다. 그러나 *E. fishelsoni*의 발견은 세균이 매우 클 수도 있다는 것을 분명히 보여준다. 세균이 커지기 위해서는 S/V 비율을 최대화할 수 있는 다른 특징을 가지고 있거나, 어떤 방식으로든 얻는 이점이 있어야만 한다. 예를 들어, *E. fishelsoni*는 S/V 비율을 높여주는 매우 굴곡이 심한 원형질막을 가지고 있다. 또한, 세포 크기가 크면 포식성의 원생동물에게 잘 잡아먹히지 않는다. 세포가 섬유성이거나 줄기를 가지고 있거나 형태가 이상해도 쉽게 잡아먹히지 않는다. ▶| 포식자는 모든 크기가 가능하다(27.4절)

세포의 구성

그림 3.6은 세균에서 자주 관찰되는 구조를 보여준다. 세균이 이들 구조물 전부를 항상 갖고 있지는 않다. 일부 구조는 특정 세포가 특정한 조건에 있거나 생활사의 특정 단계에 있을 때만 나타난다.

세균의 세포 구조에는 몇 가지 공통된 특징들이 있다. 세균은 여러 층으로 둘러싸여 있는데, 이를 총체적으로 세포외피(cell envelope)라고 부른다. 가장 일반적인 세포외피층은 원형질막(plasma membrane)과 협막(capsule) 또는 점액층(slime layer)이다. 원형질막은 세포외피의 가장 안쪽에 있으며 세포질을 둘러싸고 있다. 대부분의 세균은 화학적으로 복잡한 세포벽을 가지고 있으며, 세포벽은 원형

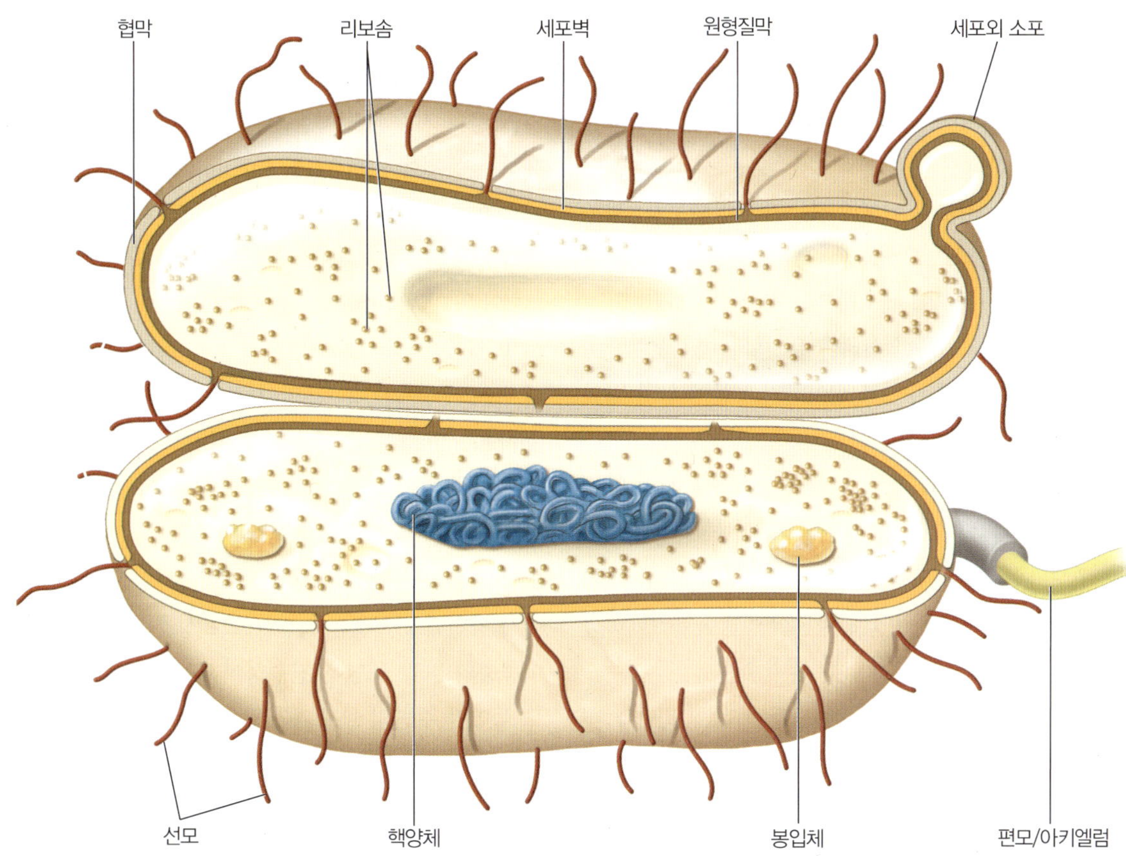

그림 3.6 일반적인 세균 또는 고균세포의 구조.

질막을 넓고 있나. 또한, 많은 세균은 세포벽 바깥이 협막 또는 점액층으로 둘러싸여 있다. 대부분의 세균은 세포내에 막으로 둘러싸인 소기관이 없으므로 세포내부가 형태학적으로 단순해보인다. 유전물질은 핵양체(nucleoid)로 불리는 부위에 모여 있지만, 막에 의해 주변의 세포질과 분리되어 있지는 않다. 리보솜과 봉입체(inclusion)라 불리는 큰 덩어리가 세포질에 분산되어 있다. 선모(pilus, 복수 pili)라고 불리는 섬유성 구조는 세포 표면에서 돌출되어 유전자 전달 또는 표면 부착을 촉진할 수 있다. 마지막으로 많은 세균이 편모(flagella)를 이용해 움직인다. 3장의 나머지 절에서는 세균에서 발견되는 주요 구조에 대해 상세하게 살펴볼 것이다.

마무리 점검

1. 일부 미생물학자들이 원핵생물이라는 용어가 부적절하다고 생각하는 이유는 무엇인가?
2. 세균은 어떠한 독특한 형태를 가질 수 있는가? 세균 세포들이 서로 모여 있는 방식을 설명할 수 있다.
3. 단세포성 세균과 비교하여 다세포성 배열(집단이나 사슬)을 형성하는 능력이 주는 장점은 무엇인가?
4. 단위부피당 표면적 비율은 무엇과 연관이 있는가?

3.3 세균의 원형질막은 세포로 들어가고 나가는 물질을 조절한다

이 절을 학습한 후 점검할 사항:

a. 세균의 막 구조를 설명하고 막에 있는 지질의 종류를 구분할 수 있다.
b. 다량원소(다량영양소)와 미량원소(미량영양소)를 구분하고 각각에 해당하는 예를 제시할 수 있다.
c. 일부 미생물에게 필요한 성장인자의 예를 제시할 수 있다.
d. 수동확산과 촉진확산, 능동수송, 작용기 전달을 비교하고, 각각의 예시를 제시할 수 있다.
e. 세포 안으로 철 흡수가 매우 어려움에도 불구하고 세균은 어떻게 이를 극복하는지 설명할 수 있다.

세포외피(cell envelope)는 원형질막과 그 외부를 둘러싸는 모든 층을 일컫는다. 대부분 세균의 세포외피는 **원형질막**(plasma membrane)과 세포벽, 그리고 최소한 한 가지 이상의 부가적인 층(협막 또는 점액층)으로 구성된다. 이 중에서 원형질막은 세포질을 둘러싸고 세포의 경계를 정하기 때문에 가장 중요하다. 원형질막이 제거되거나 손상되면 세포의 내용물이 주변으로 새어 나와 세포가 더 이상 살

수 없게 된다. 원형질막은 세포외피 중 가장 안쪽에 있는 층임에도 불구하고 세포가 세포 밖 환경과 소통하게 하는 데 많은 부분을 담당한다. 따라서 원형질막에 대해 먼저 알아봄으로써 세균의 세포 구조에 대한 설명을 시작하고자 한다.

먼저 세포가 생존하기 위해서 무엇을 해야 하는지 생각해보자. 세포는 주변 환경과 선택적인 방식으로 상호작용하고, 영양분을 얻고 노폐물을 제거해야 한다. 이와 동시에 세포내부를 항상 일정하고, 외부의 변화에 대응하여 고도로 조직화한 상태를 유지할 수 있어야 한다. 원형질막은 이러한 세포의 임무 수행에 관여하기 때문에 살아 있는 생명체들은 모두 원형질막이 필요하다.

원형질막의 주된 역할은 선택적 투과성 장벽으로, 특정 분자에 한해서만 선택적으로 세포 안팎으로 출입하게 하고, 다른 분자의 수송은 방해한다. 세균의 원형질막은 다른 주요 역할도 하는데, 호흡, 광합성, 지질과 세포벽 성분의 합성 등 여러 중요 대사과정이 일어나는 곳이기도 하다(그림 11.12, 그림 11.31 및 그림 12.8 참조).

일부 세균은 원형질막 이외에도 광범위한 세포질내 막계(intracytoplasmic membrane systems)를 가지고 있다. 세포질내 막과 원형질막은 기본 구조가 같지만, 이들 막에 있는 지질과 단백질은 크게 다를 수 있다. 이러한 화학적 성분의 차이와 원형질막을 비롯한 다른 막들의 다양한 기능을 이해하기 위해서는 먼저 막의 구조를 잘 알아야 한다.

원형질막 구조는 역동적이다

원형질막은 두께가 약 7~8 nm인 매우 얇은 구조로, 투과전자현미경으로 관찰하면 안쪽의 밝은 부분과 양쪽에 2개의 어두운 선으로 나타난다. 이러한 특징은 막이 끝과 끝을 서로 맞닿게 배열한 지질분자들 두 층으로 이루어져 있음을 알려준다(**그림 3.7**). 세균막은 거의 동일한 양의 지질과 단백질을 가지고 있다. 좀더 자세히 보기 위해 사용하는 동결에칭법(freeze-etching technique)으로 막을 잘라내면 지질 이중층 안에 있는 단백질들을 볼 수 있다. **◀ 전자현미경은 고배율의 상을 창출하기 위해 전자빔을 사용한다(2.4절); 주사탐침현미경법은 분자와 원자를 볼 수 있게 한다(2.5절)**

막 지질이 갖는 화학적 특성은 이중층을 형성하는 데 매우 중요하다. 막을 이루는 대부분의 지질(예: 그림 3.7의 인지질)은 **양친매성**(amphipathic)이다. 이들은 구조적으로 비대칭이며, 한쪽 말단은 극성이고 다른 쪽 말단은 비극성이다(**그림 3.8**). 극성 말단은 물과 상호작용하는 **친수성**(hydrophilic)이며, 비극성인 **소수성**(hydrophobic) 말단은 물에 녹지 않아 서로 응집하려는 경향이 있다. 따라서 수용액에서 양친매성 지질은 자발적으로 상호작용하여 이중층을 형성한다. 이중층의 바깥 표면은 친수성이지만, 소수성 말단은 이중층 안쪽으로 들어가 주변의 물로부터 멀어진다(그림 3.7). 각각의 인지질 분자는 비공유 상호작용을 통해 결합하고, 막에서 계속해서 움직인다. ▶ 지질(부록 I)

막단백질은 막에서 분리되는 성질에 따라 2가지로 구분된다. **주변 막단백질**(peripheral membrane protein)은 막에 느슨하게 연결되어 있어 쉽게 떼어낼 수 있다(그림 3.7). 이들은 수용액에 잘 녹으며 전체 막단백질의 20~30%를 차지한다. 나머지 단백질은 **내재성 막단백질**(integral membrane protein)로서, 이들의 소수성 부위는 막 지질층에 파묻혀 있지만, 친수성 부위는 막의 표면에 돌출되어 있다(그림 3.7). 이들은 막에서 추출하기 어려우며 지질을 제거하였을 때 수

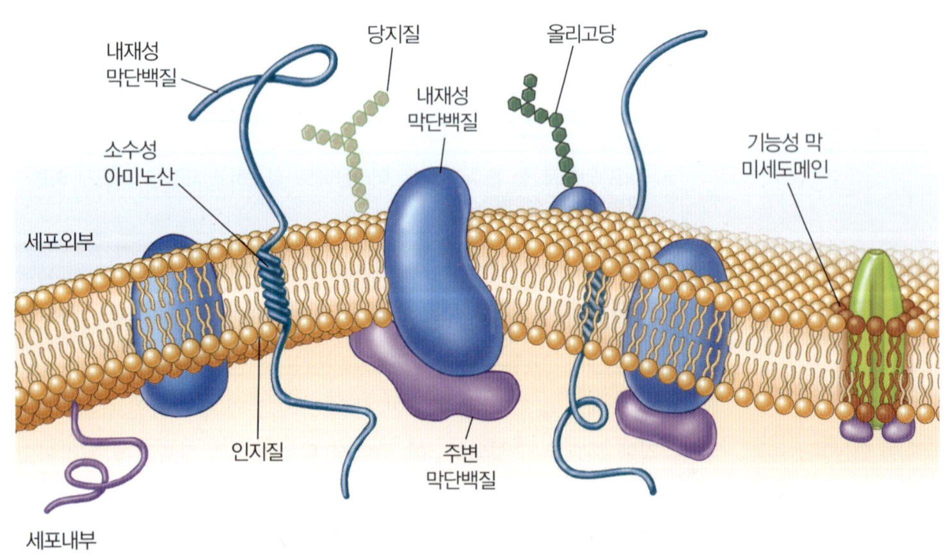

그림 3.7 세균의 막 구조. 황갈색의 작은 공 모양은 막 인지질의 친수성 말단을 나타내며, 구불구불한 꼬리는 소수성 지방산 사슬이다. 내재성 막단백질(파란색)은 지질 이중층에 떠 있다. 주변 막단백질(보라색)은 내부 막 표면 또는 막단백질에 느슨하게 결합하고 있다. 주변 환경으로 뻗어 있는 올리고당(탄수화물 사슬)이 단백질 또는 막의 인지질(당지질)에 부착해 있다. 기능성 막 미세도메인은 다른 지질로 구성된 막 이중층이다. 인지질의 실제 크기는 그림보다 훨씬 작다.

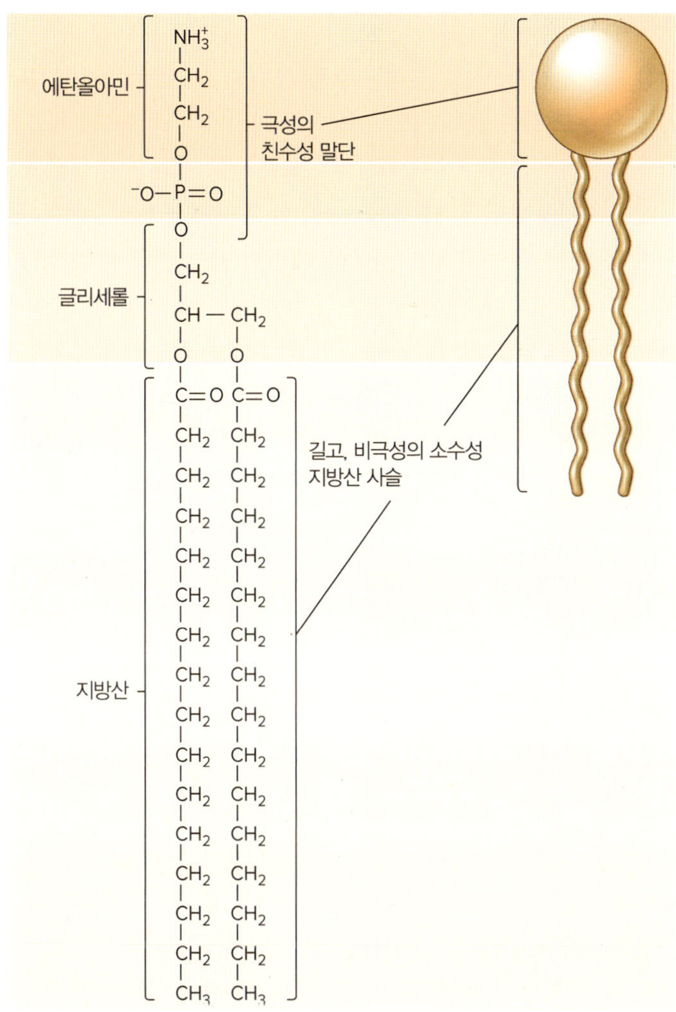

그림 3.8 인지질의 구조. 세균의 막에서 흔히 발견되는 인지질인 포스파티딜에탄올아민(phosphatidylethanolamine)이다.

용액에 녹지 않는다. 막 지질과 마찬가지로 내재성 막단백질은 양친매성이다.

내재성 막단백질은 막의 가장 중요한 기능 중 일부를 수행한다. 많은 단백질이 세포의 안팎으로 물질을 이동하는 수송단백질로 사용되고 일부는 전자전달사슬에 있는 단백질과 같은 에너지보존 과정에 관여한다. 세포의 바깥쪽으로 노출된 부위를 갖는 내재성 막단백질은 세포가 자신의 주변 환경과 상호작용할 수 있게 해준다. ▶| 단백질(부록 I)

수십년 동안 막 구조에 대해 가장 널리 알려진 모델은 유동성 모자이크 모델(fluid mosaic model)로 막은 단백질이 떠 있는 지질 이중층 구조라고 제안했다. 이 기본 전제는 여전히 유효하지만, 최근 들어 막 조직이 매우 복잡하다는 것이 발견되고 있다.

지질 이중층과 막단백질들은 막에 균일하게 분포하고 있지 않다. 몇몇 인지질들은 원형질막의 대부분을 구성하며, 스테로이드(steroid), 호파노이드(hopanoid) 그리고 카로티노이드(carotinoid)와 같은 소량의 지질도 함께 있다(그림 11.29 참조). **호파노이드**(hopanoid)는 진핵세포의 막에 있는 콜레스테롤과 구조가 유사하며(**그림 3.9**), 경직된 평면 구조로 인해 인지질보다 더 소수성이 되게 한다. 이러한 소수성으로 인해 지질은 막에 쉽게 삽입되지만 양친매성이 아니기 때문에 규칙적인 이중층 구조를 비틀어버린다. 이것은 막의 유동성과 모양에 영향을 미치게 되고, 이 영향으로 특정 내재성 막단백질이 위치할 수 있는 장소를 제공하게 한다. 이들은 거대한 단백질 복합체가 조립될 수 있도록 플랫폼 역할을 하는 **기능성 막 미세도메인**(functional membrane microdomain)을 형성한다. 예를 들어, **플로틸린**(flotillin)이라고 불리는 내재성 막단백질은 세포 밖으로 분자를 이동시키는 분비계와 주변 환경으로부터 세포질에 있는 분자로 신호를 전달하는 복합체 형성에 관여한다(그림 3.7). 원형질막 내에서 지질이 변하는 부위는 막의 일부를 구별하고 일부 단백질이 위치를 잡을 수 있도록 허용해준다.

(a) 진핵세포막에 있는 콜레스테롤(스테로이드의 일종)

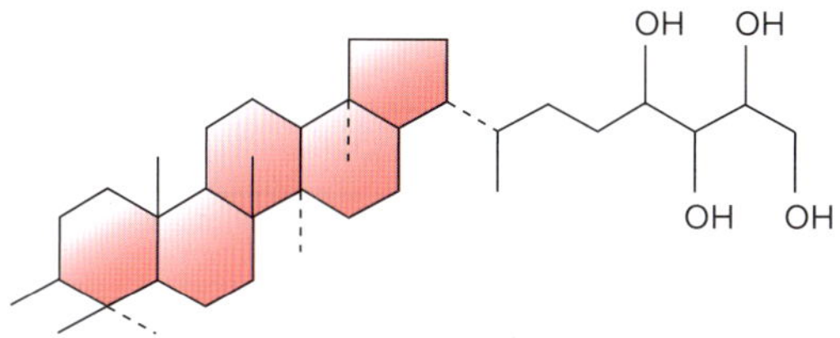

(b) 세균막에 있는 박테리오호판에테트롤(호파노이드의 일종)

그림 3.9 막 스테로이드와 호파노이드.

세균은 세포내부로 영양물질을 흡수하기 위해 다양한 기전을 이용한다

모든 원형질막은 장벽으로 작용한다. 그러나 원형질막은 영양소가 세포 안으로 이동할 수 있도록 해야 한다. 만약 미생물이 주변 환경으로부터 영양소를 얻지 못하면 이들 미생물은 생존에 필요한 아미노산과 뉴클레오티드를 비롯해 많은 분자를 다 써버리게 된다. 게다가 미생물이 자라서 생장을 하려면 에너지원이 있어야만 한다. 에너지원은 세포의 주요 에너지 화폐인 아데노신 삼인산(adenosine trip-

표 3.1	세균세포에게 필요한 영양소		
다량영양소	양이온 다량영양소	미량영양소	성장인자
탄소	칼륨	망간	아미노산
산소	칼슘	아연	퓨린
수소	마그네슘	코발트	피리미딘
질소	철	몰리브덴	비타민
황		니켈	
인		구리	

hosphate, ATP) 생성에 사용된다. 에너지와 영양소를 확보하는 것은 생명체가 해야 할 가장 중요한 일 중 하나이며, 원형질막의 주된 기능이다. 영양소 흡수 방법에 대해 설명하기에 앞서 세포에게 필요한 영양소를 설명하는 데 사용되는 몇 가지 용어에 대해 먼저 알아보자.

상대적으로 많은 양이 필요한 6가지 **다량영양소**(macronutrient)가 있다(**표 3.1**). 이들 영양소는 단백질, 지질, 핵산 및 탄수화물 같은 유기분자의 구성성분이다. 다른 다량영양소는 양이온으로 존재하며 효소나 리보솜과 같은 분자 및 세포 구조들의 활성과 안정성에 필요하다. 따라서 다량영양소는 단백질 합성과 에너지 보존을 포함한 다양한 세포내 대사 과정에 중요하다. 소량만 필요한 **미량영양소**(micronutrient) 또는 **미량원소**(trace element)도 있다. 이들 원소의 필요량은 매우 적어서 실험실에서는 물이나 유리 제품, 배지성분에 들어 있는 불순물로부터 충분히 얻어진다. 이들 원소는 자연계 곳곳에 있으며 미생물의 생장을 유지하기에 적당한 양이 존재한다. 미량영양소는 반응의 촉매작용과 단백질 구조 유지를 돕는 효소의 일부분을 담당한다. 일부 미생물들은 생존에 필요한 특정 유기분자를 합성할 수 없는데, 이러한 분자를 **성장인자**(growth factor)라고 부르며 환경에서 얻을 수 있다(표 3.1).

세균들이 영양소를 흡수하는 공통된 특징은 무엇일까? 세균은 용해된 분자들만 흡수할 수 있다. 흡수 기작은 특이적이어서 필요한 물질만 흡수한다. 사용할 수 없는 물질을 흡수하는 것은 세포에 도움이 되지 않는다. 세균은 세포내 영양소의 농도가 세포 바깥쪽보다 더 높을 때조차도 농도구배에 역행하여 영양소를 세포 안으로 이동시킬 수 있다. 세균은 대체로 영양물질이 부족한 환경에서 살기 때문에 이러한 방식의 물질수송은 매우 중요하다. 영양소의 종류가 엄청나게 다양하고 수송 작업의 복잡함을 생각해볼 때 세균이 여러 가지 수송 방법을 이용해 물질을 이동한다는 사실은 놀랄만한 일이 아니다. 세균의 물질수송 기작에는 수동확산, 촉진확산, 1차 및 2차 능동수송, 작용기 전달이 있다.

수동확산

확산 또는 단순확산으로 불리는 **수동확산**(passive diffusion)은 분자가 높은 농도에서 낮은 농도로 이동하는 과정이다. 즉 농도구배를 따라서 물질이 이동한다. 수동확산의 속도는 세포 밖과 안의 물질 농도구배의 차이에 따른다(**그림 3.10**). 적절한 양의 영양소가 수동확산에 의해 흡수되려면 농도 차가 상당히 커야 한다(즉, 세포 밖의 영양물질의 농도가 높고, 안쪽의 농도는 낮아야 함). 영양소가 세포내에 축적될수록 흡수 속도가 감소한다. 이러한 현상은 흡수된 영양소가 세포내에서 즉시 소모되지 않는 경우 발생한다.

대부분의 물질은 세포내부로 자유롭게 확산될 수 없다. 그러나 O_2와 CO_2를 비롯한 일부 가스는 수동확산으로 원형질막을 쉽게 통과한다. 더 큰 분자, 이온 및 극성물질은 수동확산으로 이동할 수 없으므로 수송단백질(transport protein)이라고 하는 특별한 단백질을 통해 막을 통과한다.

촉진확산

통로나 운반체인 수송단백질의 도움을 받아 물질이 원형질막을 통과하는 이동 방법을 **촉진확산**(facilitated diffusion)이라고 한다. 통로는 명칭이 말해주는 것처럼 막에 구멍을 형성하는 단백질로서, 주로 촉진확산에 관여한다. 통로는 이를 통과하는 물질에 대해 약간의 특이성이 있지만, 기질특이성이 매우 큰 운반체에 비하면 특이성이 상당히 적은 편이다. 촉진확산의 속도는 단순확산에 의한 이동보다 빠르다(그림 3.10). 운반체에 의해 이동하는 경우, 특정 농도구배 이상

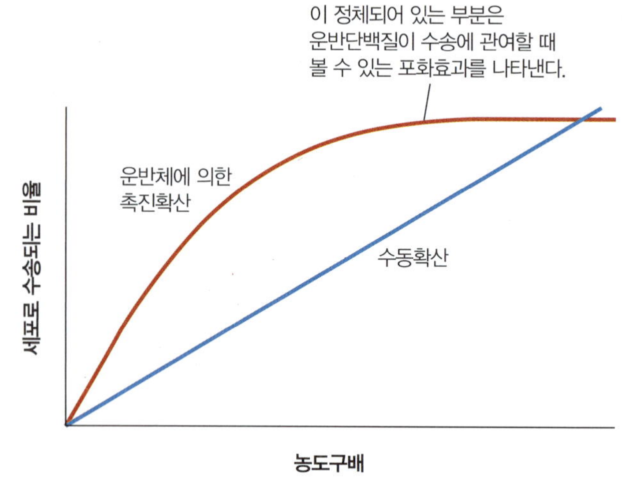

그림 3.10 수동확산과 촉진확산. 확산 속도는 용질의 농도구배(세포 안쪽의 농도에 대한 세포 바깥쪽 농도의 비율)에 따라 다르다. 그래프는 운반단백질이 포화된 경우의 촉진확산을 보여준다. 통로는 대개 포화효과를 보이지 않는다.

연관 질문 수동확산과 운반체를 통해 막을 통과하는 용질의 곡선을 그릴 수 있는가?

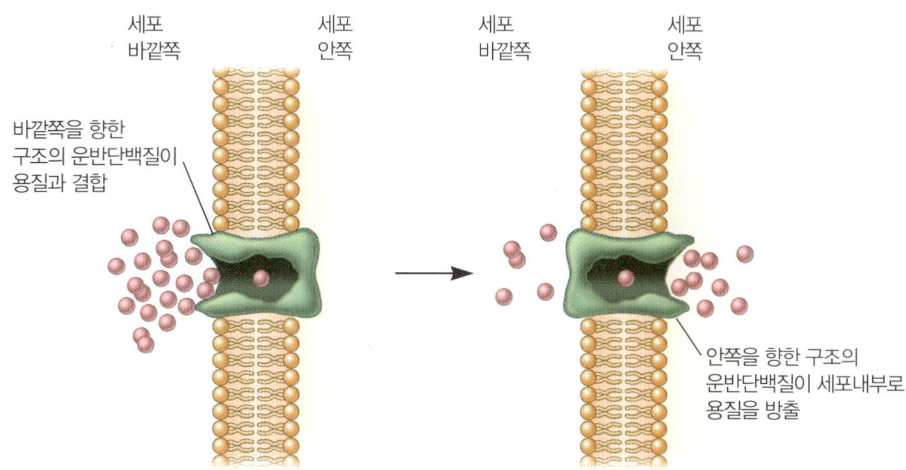

그림 3.11 촉진확산 모델. 에너지 투입이 없으므로 세포 바깥쪽의 용질 농도가 높은 경우만 용질 분자가 세포내부로 들어온다.

이 되면 확산 속도가 더 이상 증가하지 않고 정체되는데, 이는 운반단백질이 운반될 분자로 포화되어 있는 상태, 즉 운반단백질이 최대한의 용질분자를 운반하고 있기 때문이다. 그 결과 촉진확산의 속도를 그래프로 그리면 효소-기질 곡선과 같으며(그림 10.16 참조), 이는 단순확산에서 볼 수 있는 직선 반응과는 다르다. 통로를 통한 촉진확산은 물을 운반하는 아쿠아포린(aquaporin)이 좋은 예이다(그림 2.30 참조).

촉진확산은 수송단백질에 의존하지만, 막 안팎의 농도구배가 분자의 이동을 일으키고 에너지가 필요하지 않으므로 틀림없는 확산이다. 농도구배가 사라지게 되면 세포 안으로의 분자 이동은 멈추게 된다. 농도구배는 영양소가 물질대사될 때와 마찬가지로 수송된 영양소를 다른 화합물로 전환하면 계속 유지될 수 있다.

운반체에 의한 촉진확산의 작용 기전을 알기 위해 많은 연구가 수행되었다. 용질 분자가 운반체의 바깥쪽에 결합하면 운반체의 형태가 바뀌면서 세포내부로 분자를 방출한다(**그림 3.11**). 이후에 운반체는 원래의 모양으로 되돌아가 다른 분자와 결합할 준비를 한다. 이렇게 친수성 분자가 농도구배에 의해 세포 안으로 들어가게 된다.

일부 세균에서 촉진확산이 보고되었지만, 미생물에게 있어서 촉진확산은 주된 물질 취득방법이 아닌 것으로 보인다. 많은 세균이 영양물질의 농도가 낮은 환경에서 살고 있고, 촉진확산으로는 영양물질을 세포내부에 농축시킬 수 없기 때문이다. 따라서 세균에게는 영양소를 농축시킬 수 있는 에너지의존 수송 기전이 훨씬 더 중요한 흡수 방법이다.

1차 능동수송과 2차 능동수송

능동수송(active transport)은 에너지를 사용하여 농도가 낮은 곳에서 농도가 높은 곳으로 농도구배에 역행하여 용질 분자를 수송하는 과정이다. 3가지 유형의 능동수송 방법, 즉 1차 능동수송과 2차 능동수송 그리고 작용기 전달이 관찰된다. 이들은 수송을 수행하는 데 사용되는 에너지 및 수송되는 분자가 세포 안으로 들어갈 때 변형되는지 아닌지에 따라 구분된다.

능동수송은 수송에 운반단백질이 관여한다는 점에서 촉진확산과 비슷하다. 운반단백질은 특정 기질과 매우 특이적으로 결합한다. 능동수송은 또한 용질 농도가 높을 때 운반체가 포화되는 특징을 가지고 있다(그림 3.10). 그럼에도 불구하고 능동수송은 에너지를 사용하고 물질을 농축시킬 수 있다는 점에서 촉진확산과 다르다.

1차 능동수송(primary active transport)은 1차 능동수송체라고 하는 운반체에 의해 일어난다. 1차 능동수송체는 ATP 가수분해로 얻은 에너지를 이용하여 농도구배에 역행하여 물질을 이동한다. 1차 능동수송은 막을 가로질러 하나의 분자만 수송하는 **단일수송체**(uniporter)이다(**그림 3.12**). **ATP-결합 카세트 수송체**(ATP-binding cassette transporter, ABC 수송체)는 비타민, 이온 및 당과 같은 기

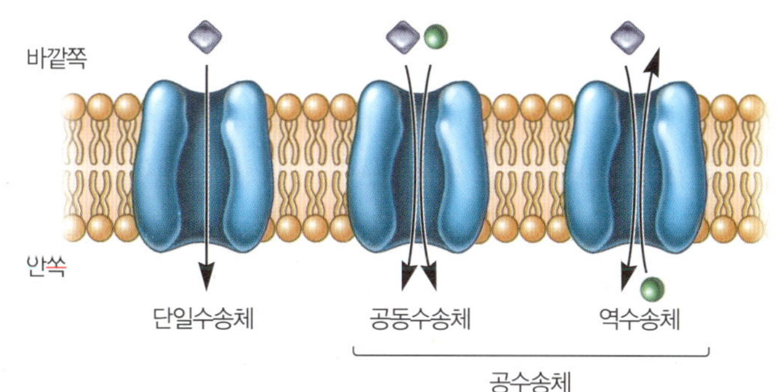

그림 3.12 운반단백질은 단일수송체 또는 공수송체이다. 단일수송체는 한 종류의 물질을 세포 안쪽으로 이동시키며, 공수송체는 두 종류의 물질이 동시에 막을 가로질러 이동하게 한다. 두 종류의 물질이 동일 방향으로 이동할 경우 공동수송체, 서로 반대방향으로 이동할 경우 역수송체이라고 한다.

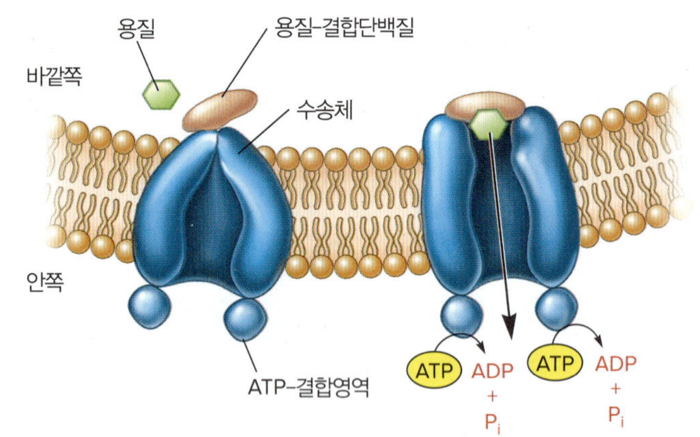

그림 3.13 ABC 수송체의 기능. 그림은 주변세포질에 자유롭게 있는 용질-결합단백질과 함께 작동하는 수송체를 보여준다. 다른 용질-결합단백질은 원형질막과 연관되어 있으며, 항상 수송체와 연관되어 있거나 심지어 수송체와 융합되어 있다.

질을 이동시키는 중요한 1차 능동수송체이다. 여기서는 세포 밖으로의 이동보다는 물질을 세포 안으로 이동하는 데 사용되는 ABC 수송체에 초점을 맞춰 설명한다. 세포 밖으로 내보내는 수송체에 대해서는 13장에서 설명한다. ▶| 단백질 성숙과 분비(13.9절)

대부분의 ABC 수송체는 막을 관통하여 세포질을 향하는 2개의 ATP-결합 영역이 있는 2개의 소수성 영역으로 이루어져 있다(**그림 3.13**). 막 관통영역은 막에 구멍을 형성하며, ATP-결합영역은 ATP와 결합 후 가수분해시켜 물질을 흡수하는 데 필요한 에너지를 제공한다. 대부분의 ABC 수송체는 용질-결합단백질들을 이용하여 운반할 분자를 사용한다.

2차 능동수송(secondary active transport)은 이온구배에 의한 위치에너지를 결합하여 물질을 변형시키지 않고 수송한다. 2차 능동수송체는 2가지의 물질을 동시에 운반하기 때문에 공수송체이다. 농도구배에 의해 이온이 운반되고 물질이 막을 가로질러 이동한다. 이온과 다른 물질이 같은 방향으로 이동하는 경우를 **공동수송**(symport)이라고 하고, 서로 반대 방향으로 이동하면 **역수송**(antiport)이라고 한다.

2차 능동수송체가 사용하는 이온구배는 주로 3가지 방식으로 일어난다. 첫 번째는 세균의 대사활동에 의해 일어난다. 에너지보존 과정 중 전자전달은 세포 안보다 밖의 양성자 농도가 높은 양성자구배를 만든다. 양성자구배는 2차 능동수송을 비롯한 세포내 일을 수행하는 데 사용된다. 일부 세균은 V형 ATP 가수분해효소가 ATP를 가수분해하여 발생한 에너지를 막을 가로지르는 양성자구배 혹은 나트륨구배를 만드는 데 사용하는 두 번째 방식을 사용한다(F형 ATP 합성효소가 미생물학자에게 더 친숙하지만, 이들은 양성자구배를 **만드는 것**이 아니고 **사용**을 한다). 마지막은 양성자구배를 사용하여 나트륨구배와 같은 이온구배를 만드는 방식이다. 이러한 수송은 나트륨 이온이 세포 밖으로 이동함에 따라 양성자가 세포 안으로 들어오는 역수송에 의해 일어나며, 나트륨 이온구배는 공동수송을 통해 영양물질을 흡수하는 데에도 이용될 수 있다. ▶| 전자전달과 산화적 인산화는 대부분의 ATP를 생산한다(11.4절)

대장균의 젖당 투과효소는 연구가 잘 되어 있는 공동수송 2차 능동수송체이다. 젖당 투과효소는 양성자가 세포 안으로 들어올 때 젖당 분자를 세포 안으로 이동시키는 단일단백질이다. 양성자는 양성자구배를 따라 이동하고 이때 방출된 에너지가 용질의 수송을 일으킨다. X-선 회절법 연구에 의하면 운반단백질은 바깥쪽을 향한 구조와 안쪽을 향한 구조가 있다. 젖당과 하나의 양성자가 바깥쪽을 향한 구조의 서로 다른 자리에 결합하면 단백질의 모양이 안쪽을 향한 구조로 바뀌면서 당과 양성자가 세포질로 방출된다.

세균은 1가지 영양물질 수송을 위해 1가지 이상의 수송체계를 가지고 있는 경우가 많다. 대장균은 갈락토오스 수송에 최소한 5가지 수송체계를 가지고 있으며 아미노산 글루탐산과 류신의 경우에는 수송체계를 3가지씩, 그리고 2가지 종류의 칼륨 수송복합체를 가지고 있다. 동일 물질에 대해 여러 가지 수송체계가 있는 경우 각각의 수송체계는 에너지원, 수송될 물질에 대한 친화성, 조절 특성 등이 서로 다르다. 이러한 다양성으로 인해 세균은 변화하는 환경에서 살아갈 수 있는 경쟁적인 이점을 갖게 된다.

작용기 전달

작용기 전달(group translocation)의 큰 특징은 물질이 세포 안으로

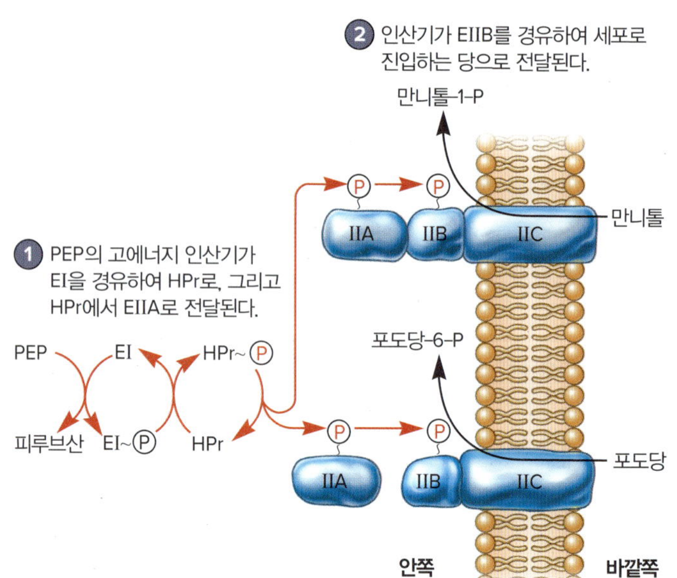

그림 3.14 작용기 전달: 세균의 PTS 수송체. 포스포엔올피루브산의 두 가지 예는 당 인산기 전달효소계(PTS)이다. 이 계에는 포스포엔올피루브산(PEP), 효소 I(EI), 저분자 열-안정단백질(HPr), 효소 II(EII)과 같은 구성요소가 포함되어 있다. 만니톨 수송계에서는 EIIA가 EIIB에 부착되어 있고, 포도당 수송계에서는 EIIB와 서로 분리되어 있다.

들어올 때 화학적으로 변형된다는 점이다. 가장 잘 알려진 작용기 전달체계는 많은 세균에서 관찰되는 포스포엔올피루브산: 당 인산기 전달효소계(phosphoenolpyruvate: sugar phosphotransferase system, PEP: PTS)이다. PTS는 포스포엔올피루브산(PEP)을 인산 공여체로 이용하여 여러 종류의 당을 인산화시킴으로써 당을 수송한다. PEP는 많은 세균에서 발견되는 일반적인 중간산물이다.

PEP의 인산기를 세포 안으로 수송되는 분자로 전달하는 데 여러 단백질이 관여하며, 이것은 **연속인산전달체계**(phosphorelay system)의 한 가지 예이다. 대장균과 살모넬라균의 PTS는 2개의 효소와 하나의 분자량이 작은 열-안정단백질(heat-stable protein, HPr)로 이루어져 있다. 효소 I와 HPr의 도움으로 인산기가 PEP로부터 효소 II로 전달된다(**그림 3.14**). 효소 II는 당 분자가 막을 가로질러 운반될 때 인산화시키는 내재성 막단백질이다. 다양한 종류의 PTS가 존재하며 운반하는 당에 따라 각각 다르다. 이러한 특이성은 PTS에 사용되는 효소 II의 종류가 다르기 때문이다. ▶| 효소와 리보자임은 세포의 화학 반응 속도를 높인다(10.6절)

철의 흡수

대부분의 미생물은 효소의 기능뿐만 아니라 시토크롬(cytochrome)과 같은 에너지 보존과정에 중요한 분자를 만드는 데 철을 필요로 한다. 철(III) 이온(Fe^{3+})과 그 유도체는 극도의 불용성이기 때문에 철은 세포내로 수송되는 이온들 중 매우 독특하다(표 3.1). 대다수의 세균은 일반적인 막 수송체보다는 **시데로포어**(siderophore: 그리스어로 '철을 가지고 있다'를 의미)를 분비한다. 시데로포어는 철(III) 이온에 결합하여 철을 세포에 공급하는 분자량이 작은 유기분자이다(**그림 3.15**). ▶| 전자전달사슬: 연속 산화환원 반응 세트(10.4절)

미생물은 배지에 철이 부족할 때 시데로포어를 분비한다. 일단 철-시데로포어 복합체가 세포 표면에 도달하면 이 복합체는 시데로포어-수용체 단백질에 결합한다. 그 후 철이 방출되어 세포 안으로 직접 들어가거나 철-시데로포어 복합체 전체가 ABC 수송체에 의해 세포 안으로 수송된다. 철은 미생물에 매우 중요하므로 미생물은 철 공급을 충분하게 하기 위해서 한 가지 이상의 철 흡수 방법을 이용한다.

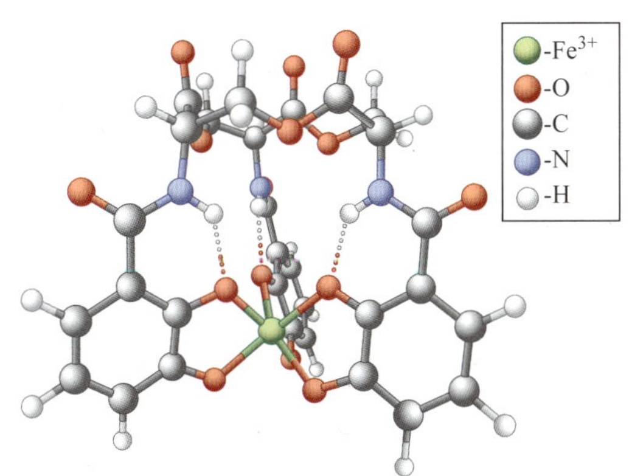

그림 3.15 엔테로박틴(enterobactin): 대장균에 의해 생성된 시데로포어. Fe^{3+}과 복합체를 형성하고 있는 엔테로박틴의 공-막대 모형이다.

마무리 점검

1. 세균 원형질막의 기능을 열거하시오. 세균의 원형질막이 진핵세포의 원형질막보다 더 많은 기능을 수행해야 하는 이유는 무엇인가?
2. 다량영양소와 미량영양소를 나누는 기준은 무엇인가?
3. 성장인자란 무엇인가?
4. 촉진확산, 1차 및 2차 능동수송, 작용기 전달을 각각의 특징과 기전을 중심으로 설명하시오. 세균이 촉진확산으로 물질을 수송하는 것보다 능동수송을 이용할 경우 어떤 이점이 있는가?
5. 단일수송, 공동수송, 역수송을 간략히 설명하시오.
6. 세균은 왜 시데로포어를 생산하는 능력을 갖도록 진화하였는가?

3.4 세포벽은 많은 기능을 가지고 있다

이 절을 학습한 후 점검할 사항:

a. 펩티도글리칸의 구조를 설명할 수 있다.
b. 그람양성균과 그람음성균의 세포벽을 비교할 수 있다.
c. 세포벽이 삼투압 스트레스로부터 세포를 보호하는 방법을 설명할 수 있다.

세포벽(cell wall)은 원형질막 바로 바깥쪽에 있는 층으로, 여러 가지 이유로 인해 가장 중요한 구조 중 하나로 꼽힌다. 세포벽은 세포의 형태를 유지해주며 삼투에 의해 세포가 용해되지 않도록 보호한다. 또한, 독성물질로부터 세포를 보호하고, 병원체에서는 병원성을 갖게 한다. 세포벽은 매우 중요하기 때문에 세균 대부분이 세포벽을 가지고 있다. 세포벽이 없는 세균은 세포벽 기능을 수행하는 다른 구조를 가지고 있다. 세균의 세포벽 합성은 많은 항생제의 주요 표적이다. ▶| 항세균제(9.4절)

세균 세포벽 구조의 개요

1884년에 그람(Christian Gram)이 그람염색법을 개발한 이후, 대부분 세균은 그람염색 과정에 반응하는 양상에 따라 2개의 주요 그룹으로 나눌 수 있다는 것이 확실해졌다. 그람양성균은 보라색으로 염색되는 반면, 그람음성균은 분홍색이나 붉은색으로 염색된다(그림 2.17 참조). 두 유형의 구조적 차이는 투과전자현미경을 통해 염색

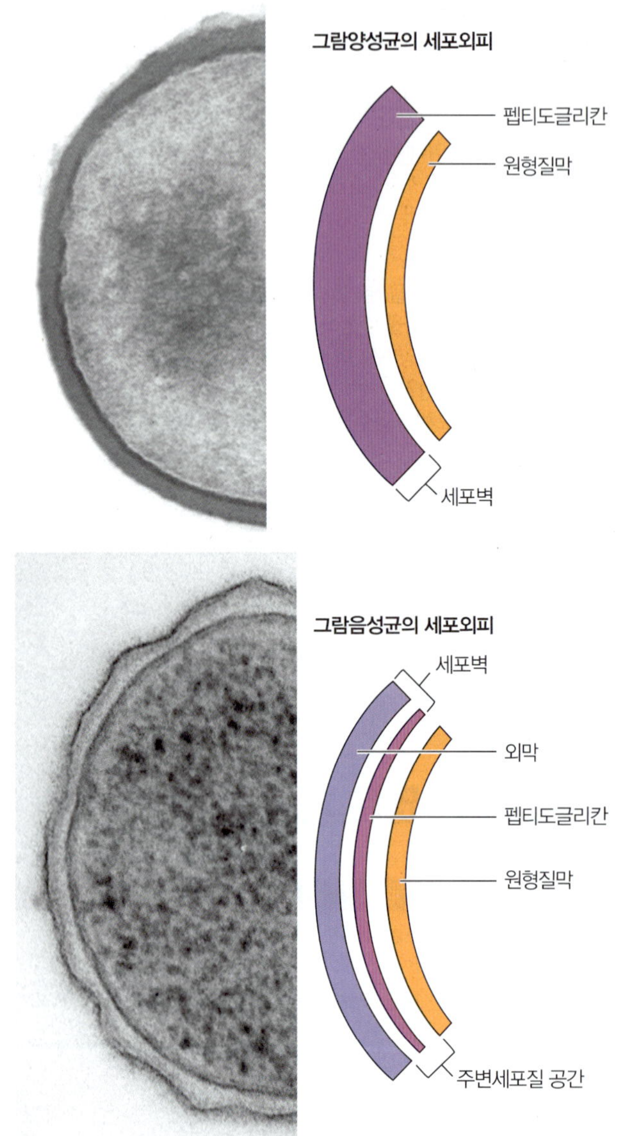

그림 3.16 그람양성균과 그람음성균의 세포외피. 세포외피는 원형질막과 원형질막 바깥쪽에 위치한 모든 층(예: 세포벽)으로 구성된다. 그림에서는 단순화하여 원형질막과 세포벽만 보여준다. *Staphylococcus aureus*(위)는 주로 펩티도글리칸으로 구성된 전형적인 그람양성의 세포벽을 가지고 있다. *Myxococcus xanthus*(아래)는 얇은 펩티도글리칸층, 외막 그리고 주변세포질 공간으로 이루어진 전형적인 그람음성 세포벽을 갖는다. Egbert Hoiczyk

양상과 세포벽 사이의 관계를 밝혀낸 1960년대에 들어서야 밝혀졌다. ◀ 분별염색(2.3절)

일반적인 그람양성균의 세포벽은 원형질막 바깥쪽에 20~80 nm 두께의 **펩티도글리칸**(peptidoglycan) 또는 **뮤레인**(murein) 단일층으로 이루어져 있다(**그림 3.16**). 반면, 일반적인 그람음성균의 세포벽은 2개의 층, 즉 2~7 nm 두께의 펩티도글리칸층과 펩티도글리칸층을 덮는 12~14 nm 두께의 **외막**(outer membrane)으로 이루어져 있다.

그람음성균의 주요 특징 중 하나는 원형질막과 외막 사이에 존재하는 공간이다. 그람양성균의 원형질막과 세포벽 사이에서도 이와 같은 공간이 관찰되기도 한다. 이러한 공간을 **주변세포질 공간**(periplasmic space)이라고 하며, 이 공간은 **주변세포질**(periplasm)로 채워져 있다.

수십 년 동안 분류학자들은 세포벽 구조의 그람음성/그람양성 모델을 사용했으며 임상 시험에서 세균을 식별하는 기본적인 도구로 사용되었다. 하지만 최근 이러한 오랜 모델이 모든 세균에 적용되지 않는다는 것이 밝혀졌다. 서트클리프(Iain Sutcliffe)는 미생물학자들이 세포질을 둘러싸고 있는 막의 숫자로 세균 세포외피를 정확하게 기술해야 한다고 제안했다. **단일막세균**(monoderm: 그리스어로 *mono*는 '하나'를, *derma*는 '피부'를 의미)은 전형적으로 그람양성균에서 볼 수 있는 단일 막을 갖는 반면, **이중막세균**(diderm: 그리스어로 *di*는 '둘'을, *derma*는 '피부'를 의미)은 전형적으로 그람음성균에서 볼 수 있는 세포질을 둘러싸는 원형질막과 세포질을 둘러싸는 외막을 모두 가지고 있다.

본 교재에서는 계속해서 그람양성 및 그람음성 용어를 사용하지만, 이것은 세균 세포외피 구조의 다양성을 지나치게 단순화한다는 점을 염두에 두도록 하자. 여기서는 단일막/이중막 분류에 의해 가장 잘 설명되는 생명체에 대해 설명한다.

펩티도글리칸 구조

거의 모든 세균 세포벽에 공통으로 있는 특징은 펩티도글리칸(peptidoglycan)의 존재이며, 펩티도글리칸은 펩티도글리칸 주머니라고 불리는 매우 큰 망상 구조를 형성한다. 펩티도글리칸은 여러 개의 동일한 소단위로 이루어져 있으며 주머니에 있는 각각의 소단위는 2종류의 당 유도체, 즉 N-아세틸글루코사민(N-acetyglucosamine, NAG)과 N-아세틸무람산(N-acetylmuramic acid, NAM), 그리고 몇 종류의 다른 아미노산을 가지고 있다. 4개의 D-아미노산과 L-아미노산은 교대로 연결되어 줄기펩티드라고 불리는 짧은 펩티드를 형성하며, 이 펩티드는 NAM의 카르복실기에 연결되어 있다(**그림 3.17**). 아미노산 중에서 3종류의 아미노산, 즉 D-글루탐산(D-glutamic acid), D-알라닌(D-alanine) 그리고 메조-디아미노피멜산(meso-diaminopimelic acid)은 단백질에서 발견되지 않는다. 줄기펩티드에 있는 D-아미노산은 L-이성질체만을 인식하는 펩티드 가수분해효소에 의해 펩티도글리칸이 파괴되지 않도록 보호해준다. ▶ 탄수화물(부록 I); 단백질(부록 I); 단백질은 아미노산의 중합체이다(13.2절)

펩티도글리칸 주머니는 펩티도글리칸 소단위의 당이 서로 연결되어 가닥이 형성되고, 이들 가닥이 각각의 가닥으로부터 뻗어 나온 줄기펩티드들 간에 공유결합으로 서로 교차결합하여 형성된다. **그림 3.18**

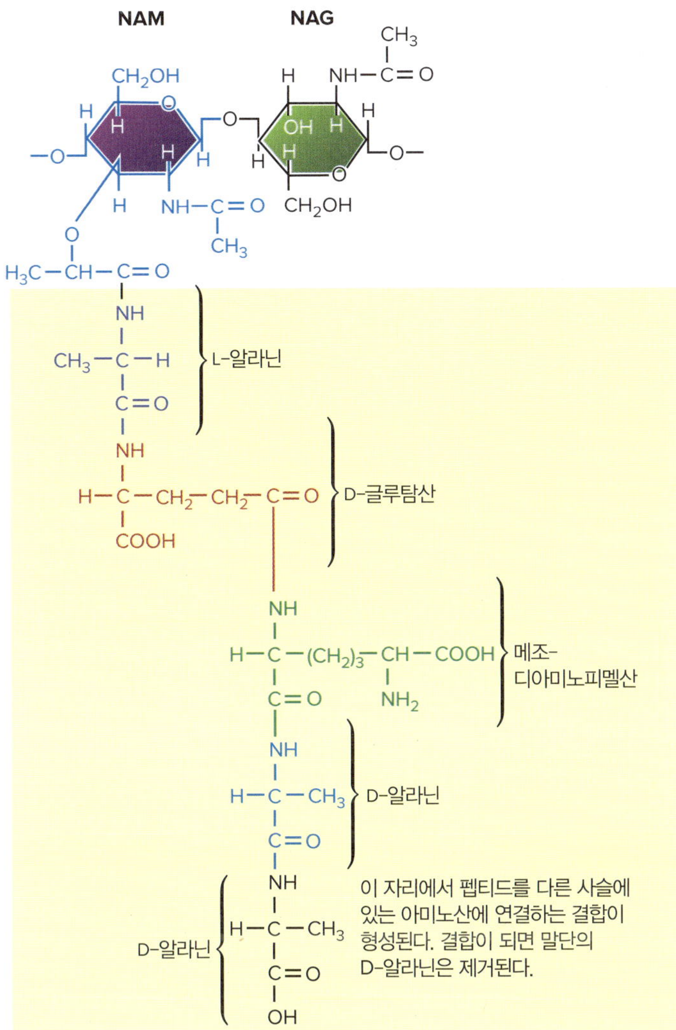

그림 3.17 펩티도글리칸 소단위의 구성. 그람음성균과 그람양성균의 펩티도글리칸 소단위의 화학적 구조를 보여준다. 그림은 펩티도글리칸 중합체로 삽입되기 전의 소단위이다. 줄기펩티드는 D-형과 L-형 아미노산이 서로 교대로 반복되어 구성되고, 2개의 D-알라닌으로 종결한다. 아미노산을 다른 색으로 표시하여 구별하기 쉽게 하였다. NAG는 N-아세틸글루코사민, NAM은 N-아세틸무람산이다.

에서 볼 수 있듯이 펩티도글리칸 각 가닥의 골격은 NAG와 NAM 잔기가 번갈아 구성하고 있다. 각 가닥은 나선형이며 줄기펩티드가 골격으로부터 서로 다른 방향으로 뻗어 나와 있다. 교차결합은 직접결합과 간접결합인 2가지 유형이 있다. 직접결합은 하나의 줄기펩티드에 있는 아미노산의 카르복실기가 다른 줄기펩티드에 있는 아미노산의 아미노기에 직접 연결된다. 예를 들어, 많은 세균이 줄기펩티드의 4번 위치에 있는 D-알라닌의 카르복실기를 다른 펩티도글리칸 가닥의 줄기펩티드에 있는 디아미노피멜산(3번 위치)의 아미노기에 직접 연결하여 가닥들을 교차결합한다. 5번 위치인 D-알라닌은 이 연결이 형성됨에 따라 제거된다. 간접결합을 하는 세균들은 펩티도글리칸 가닥의 줄기펩티드를 다른 가닥의 줄기펩티드와 연결하는 짧은

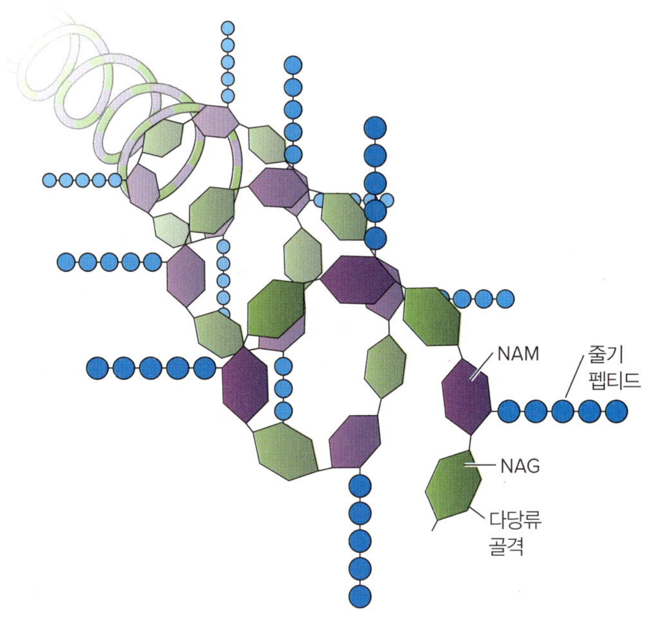

그림 3.18 나선형 펩티도글리칸 가닥. 가닥이 나선형이기 때문에 줄기펩티드가 NAM-NAG 골격으로부터 약 90° 각도로 서로 다른 방향으로 돌출되어 있다.

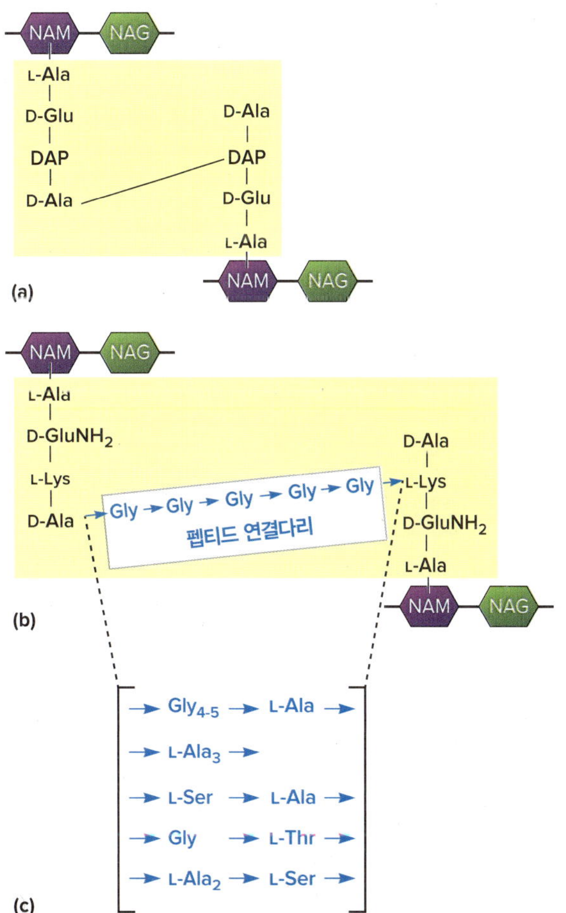

그림 3.19 펩티도글리칸의 교차결합은 펩티드 연결다리를 통해 직접 또는 간접으로 형성된다. (a) 일반적인 그람음성균에 나타나는 대장균의 펩티도글리칸은 직접 교차결합을 가진다. (b) 그람양성균인 황색포도상구균(*Staphylococcus aureus*)의 펩티도글리칸 연결다리이다. Gly는 글리신, D-GluNH$_2$는 아미노기가 α탄소(카복실기 옆에 있는 탄소)에 결합한 D-글루탐산이다.

(a)
COOH
|
H_2N-CH
|
CH_2
|
CH_2
|
CH_2
|
CH_2
|
NH_2

(b)
COOH
|
H_2N-CH
|
CH_2
|
CH_2
|
CH_2
|
H_2N-CH
|
COOH

그림 3.20 펩티도글리칸에 존재하는 다이아미노산. (a) L-리신, (b) 메조-디아미노피멜산이다.

아미노산 사슬인 **펩티드 연결다리**(peptide interbridge)를 사용한다(**그림 3.19**). 교차결합으로 펩티도글리칸 사슬들이 촘촘하게 연결된 하나의 망상 구조가 만들어진다. **▶ 펩티도글리칸의 합성은 세포질, 원형질막, 주변세포질 공간에서 일어난다(12.4절)**

펩티도글리칸 주머니는 튼튼하지만, 탄력성이 있으며 삼투압에 반응하여 늘어나고 수축할 수 있다. 이러한 특징은 교차결합이 신축성이 있고 골격이 견고하기 때문이다. 펩티도글리칸 주머니는 또한 여러 개의 구멍이 있어 분자량이 50,000 정도 되는 크기의 구형 단백질도 주머니를 느슨하게 하거나 늘림으로써 통과하게 한다. 크기가 매우 큰 단백질만이 펩티도글리칸을 통과할 수 없다.

펩티도글리칸의 변이체는 보통 그람양성균에서 발견된다. 예를 들어, 일부는 메조-디아미노피멜산을 다이아미노산인 리신으로 대체하였으며(**그림 3.20**), 사슬들이 펩티드 연결다리로 교차결합하고 있다. 이들 펩티드 연결다리는 매우 다양하다(그림 3.19). 펩티도글리칸은 NAM-NAG 가닥의 길이와 교차결합의 양에 따라 달라질 수 있다. 펩티도글리칸 가닥의 길이와 교차결합의 수에 따라 다양해질 수 있다. 그람양성으로 염색되는 세균들이 그람음성으로 염색되는 세균보다 훨씬 많은 교차결합을 갖는 경향이 있다.

그람양성균의 세포벽은 주로 펩티도글리칸으로 이루어져 있다

그람양성으로 염색되는 대부분의 배양균은 Firmicutes와 Actinobacteria 문에 속하며, 이들 균의 대부분은 펩티도글리칸과 테이코산과 같은 여러 중합체로 이루어진 두꺼운 세포벽을 가지고 있다(**그림 3.21**). **테이코산**(teichoic acid)은 글리세롤이나 리비톨(ribitol)이 인산기에 의해 연결된 중합체이다. 일부 테이코산은 펩티도글리칸에 공유결합으로 연결되어 있으며, 벽 테이코산(wall teichoic acid)이라고 한다(**그림 3.22**). 또한, 원형질막에 공유결합으로 연결된 테이코산도 있는데, 이를 지질테이코산(lipoteichoic acid)이라고 부른다.

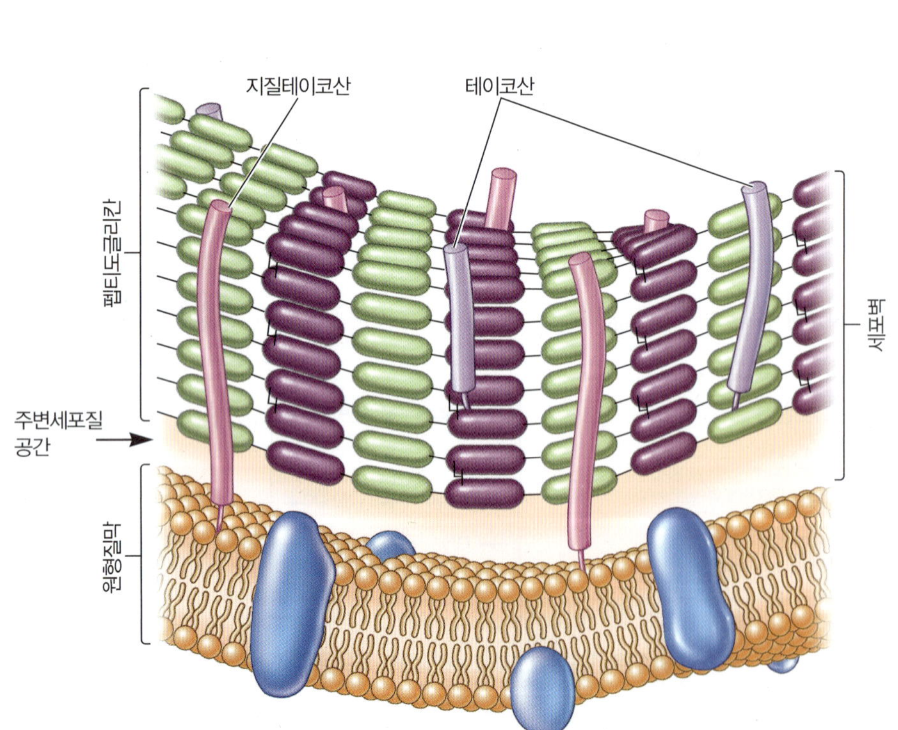

그림 3.21 그람양성균의 세포벽. 세포외피의 이와 같은 구성요소는 원형질막 바로 바깥쪽에 있다.

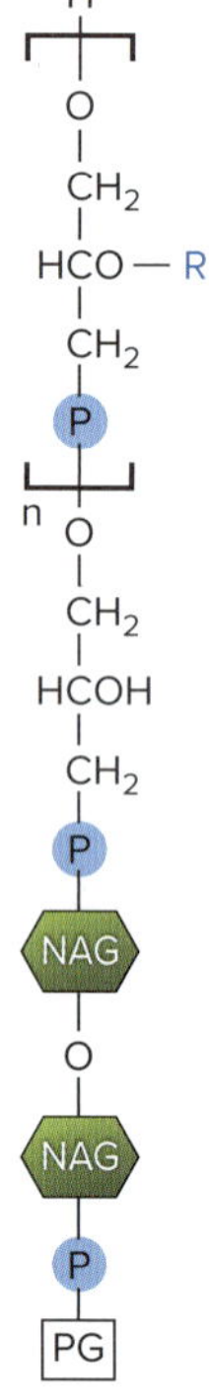

그림 3.22 테이코산의 구조. 세포벽의 테이코산은 인산기, 글리세롤 및 곁사슬(R)로 이루어졌다. R은 D-알라닌, 포도당 또는 그 외 분자를 나타낸다. NAG: N-아세틸글루코사민, PG: 펩티도글리칸.

벽 테이코산은 펩티도글리칸의 표면으로 돌출되어 있으며, 음전하를 띤 인산염이 있기 때문에 세포벽이 음전하를 띠게 한다.

테이코산은 몇 가지 중요한 기능을 가지고 있다. 테이코산은 세포벽을 원형질막에 고정시킴으로써 세포외피의 구조를 만들고 유지하는 데 도움을 준다. 세포분열에도 중요하며, 주변에 있는 해로운 물질(예: 항생제와 숙주의 방어분자)로부터 세포를 보호한다. 또한, 일부 테이코산은 이온을 세포 안으로 흡수하는 역할을 하고 병원성이 있는 종이 숙주조직에 결합하여 감염성 질환을 일으키는 데에도 관여한다.

그람음성균의 세포벽에는 펩티도글리칸 외에 층이 더 있다

앞에서 설명했듯이 그람양성으로 염색되는 대부분의 배양균은 Firmicutes와 Actinobacteria 문에 속한다. 몇몇 경우를 제외하고 나머지 문에 속하는 세균들은 그람음성이고, 단일막 구조보다 훨씬 더 널리 퍼져 있다. 그림 3.16을 얼핏 보아도 그람음성균의 세포벽은 그람양성균의 세포벽에 비해 훨씬 더 복잡하다는 것을 알 수 있다. 가장 큰 차이 중 하나는 펩티도글리칸이 매우 적다는 것이다. 펩티도글리칸층은 매우 얇으며(세균에 따라 2~7 nm의 두께) 주변세포질 공간 내에 위치한다.

그람음성균의 주변세포질 공간은 그람양성균의 것보다 훨씬 커서 폭이 30~70 nm에 달한다(**그림 3.23**). 일부 연구 결과에 따르면, 그람음성균의 주변세포질 공간은 세포 전체 부피의 20~40%를 차지한다. 주변세포질 공간에는 다양한 단백질이 있다. 일부 주변세포질 단백질은 가수분해효소나 수송단백질처럼 영양분의 흡수에 관여한다. 펩티도글리칸 합성 및 세포에 손상을 줄 수 있는 독성 화합물의 변형 등에 관여하는 주변세포질 단백질도 있다.

외막은 얇은 펩티도글리칸층의 바깥쪽에 위치한다. 세포당 백만 개 이상으로 존재하는 외막에 가장 풍부한 단백질인 브라운 지질단백질(Braun's lipoprotein)을 통해서 세포에 연결되어 있다(그림 3.23). 이 작은 지질단백질은 외막과 펩티도글리칸의 펩티드 사슬에 공유결합으로 연결되어 있다.

대칭인 원형질막과는 대조적으로, 외막의 가장 두드러진 구조적

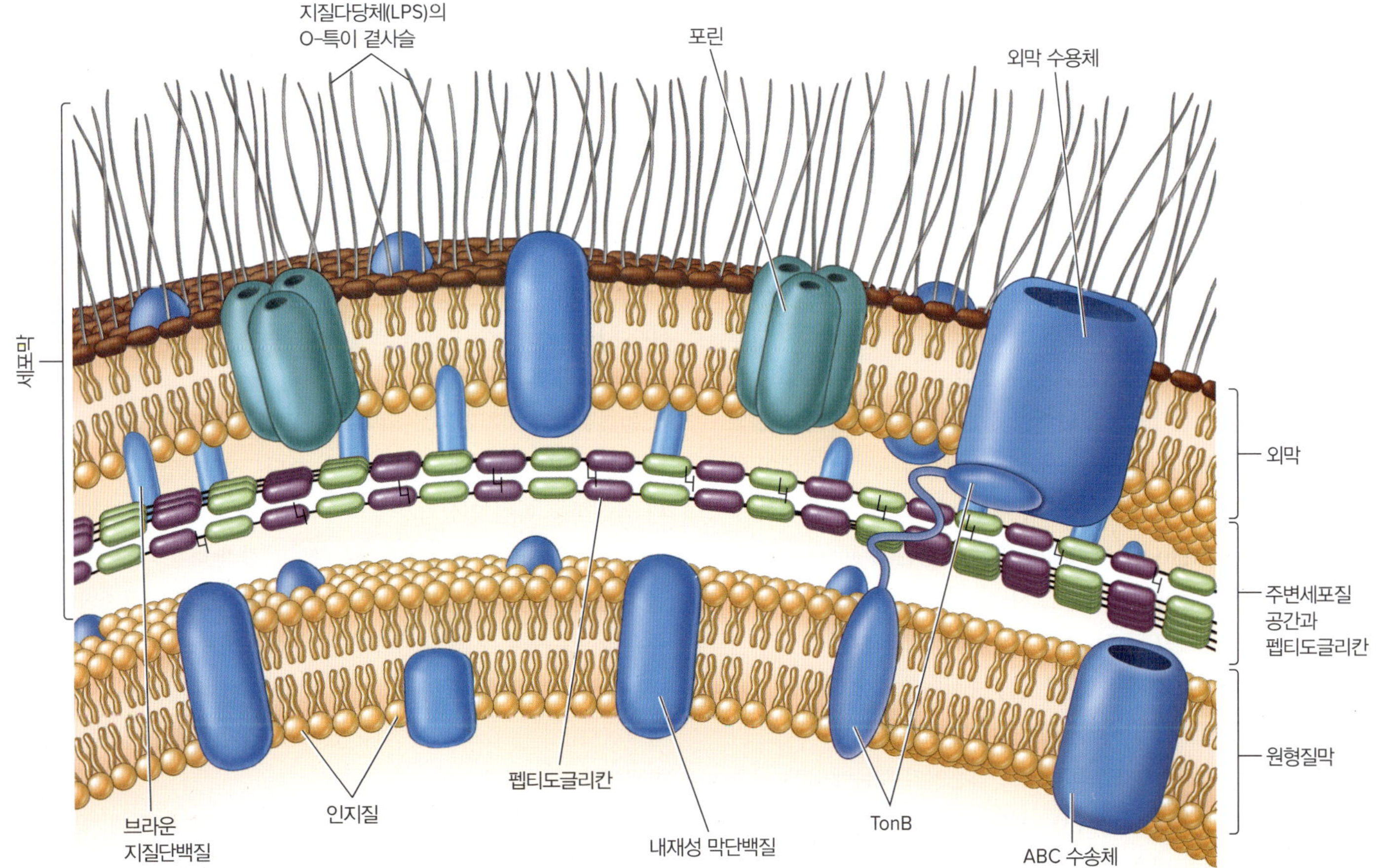

그림 3.23 그람음성균의 세포벽. 이 세균들은 2개의 막, 즉 원형질막과 세포벽의 외막으로 둘러싸여 있음을 주시하라.

연관 질문 세포벽의 외막은 원형질막과 어떻게 다른가?

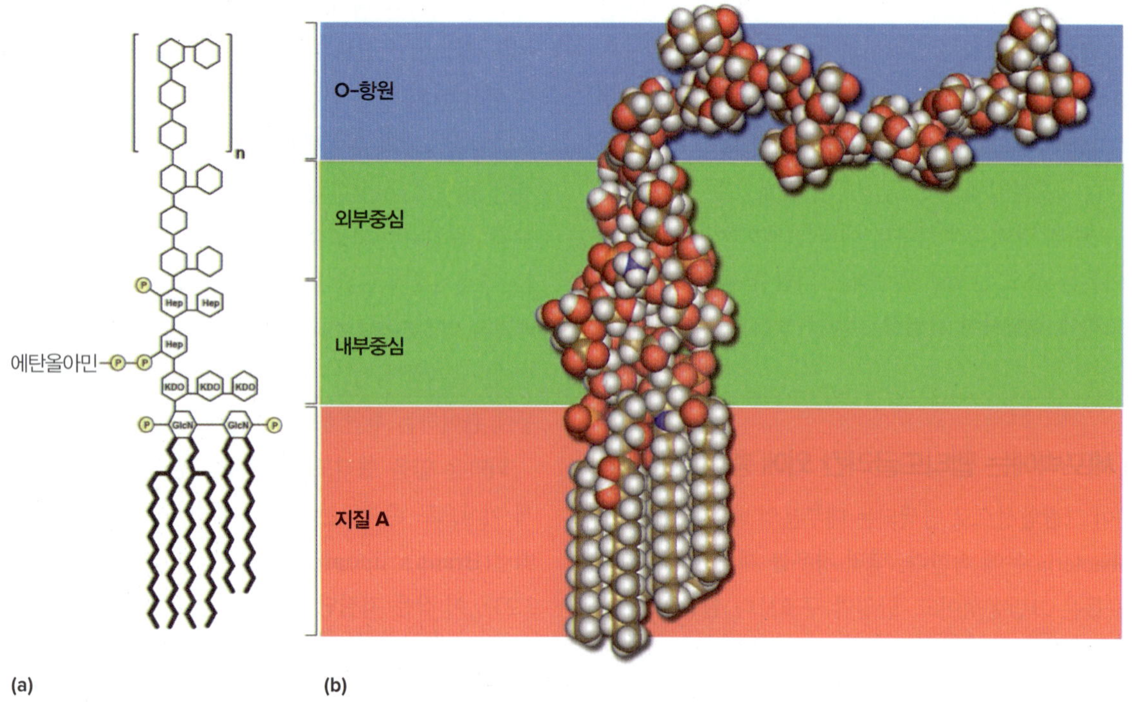

그림 3.24 지질다당체(LPS)의 구조. (a) LPS를 단순화한 그림이다. 지질 A는 외막에 묻혀 있다. (b) 지질다당체의 분자 모형이다. 지질 A와 중심다당체는 직선으로 뻗어 있고, O 곁사슬은 비스듬히 굽어 있다. GlcN: 글루코사민(glucosamine), Hep: 헵툴로오스(heptulose), KDO: 2-케토-3-데옥시옥탄산(2-keto-3-deoxyoctonate), P: 인산.

특징은 내부층(주변세포질을 향하는)과 바깥층(주변 환경을 향하는)이 다르다는 것이다. 내부층은 원형질막에서 발견되는 인지질로 구성되어 있는 반면, 그람음성 세포의 바깥층은 **지질다당체**(lipopolysacchride, LPS)로 이루어져 있다. 지질다당체는 지질과 탄수화물을 모두 가지고 있는 크고 복잡한 분자로 3부분, 즉 (1) 지질 A, (2) 중심다당체, (3) O 곁사슬로 이루어져 있다(**그림 3.24**). **지질 A**(lipid A)에는 2개의 글루코사민 당 유도체가 있으며 각 유도체에는 지방산과 인산이 결합되어 있다. 지질 A의 지방산 부분은 외막의 소수성 성분을 구성하고, 지질다당체의 나머지 부분은 표면으로부터 돌출되어 있다. **중심다당체**(core polysaccharide)는 지질 A와 연결되어 있고 10개의 당분자로 구성되어 있으며, 대부분의 당분자는 특이한 구조를 가진다. **O 곁사슬**(O side chain) 또는 **O 항원**(O antigen)은 중심에서 바깥쪽으로 뻗어있는 다당류 사슬로, 여러 개의 독특한 당분자를 가지고 있으며 세균 균주마다 그 구성성분이 다르다.

LPS는 중요한 많은 기능을 한다. (1) 중심다당체가 하전된 당과 인산기를 포함하므로 LPS는 세균 표면이 음전하를 띠게 한다(그림 3.24). (2) 지질 A가 외막 바깥쪽 층의 주성분이기 때문에 외막 구조를 안정화하는 데 도움을 준다. (3) LPS는 투과성 장벽의 형성을 돕는다. (4) LPS는 또한 병원성 세균을 숙주의 방어로부터 보호해주는 역할을 한다. LPS의 O 곁사슬은 감염된 숙주에서 면역반응을 유도하므로 O 항원이라고도 불린다. 예를 들어, 미생물학자들은 *E. coli* O157처럼 O 항원을 사용하여 특정 그람음성균의 균주를 명명한다. 이 경우 O 곁사슬은 항원 유형 157번이다. 그러나 불행히도 많은 세균들이 O 항원의 항원성을 재빨리 변화시킬 수 있어 숙주의 방어 작용을 피해간다. (5) LPS의 지질 A 부분은 독소로 작용할 수 있으며 이를 **내독소**(endotoxin)라고 한다. 지질다당체 또는 지질 A가 혈류에 들어가면, 직접적인 치료법이 존재하지 않는 패혈성 쇼크(septic shock)의 일종이 발병하게 된다. ▶| 내독소(34.4절); 항체는 특정 3-D 항원에 결합한다(32.7절)

원형질막과 마찬가지로 외막은 세포의 효율적인 장벽으로, 그 비대칭성은 장벽 효과에 크게 도움을 준다. 지질다당체는 중심다당체의 음전하를 띠는 인산기가 칼슘 이온과 상호작용함으로써 LPS 분자를 안정화시키고 단단하게 묶는다. 그 결과 다수의 항생제와 독소를 비롯한 작은 분자들을 차단하는 불투과성 장벽이 형성된다. 외막층은 외막층으로 흘러 들어가는 인지질을 제거하는 기전을 막고 있다는 점에서 매우 중요함을 알 수 있다. 또한 내재성 단백질은 원형질막에서는 자유롭게 이동할 수 있지만, 외막에서의 이동은 매우 제한적이다.

그람음성 세포로의 수송은 2단계 과정을 거친다. 첫째, 용질이 외막을 통과해야 한다. 주변세포질에 용질이 일단 들어가면 원형질막을 가로질러 이동해야 한다. 외막을 가로지르는 수송은 **포린**(porin)이라고 하는 한 종류의 단백질을 포함하는 내재성 막단백질에 의해

(a) 포린 삼량체

(b) OmpF 측면

그림 3.25 포린 단백질. 대장균의 OmpF 포린을 2가지 서로 다른 각도에서 바라 본 모습이다. (a) 외막의 바깥쪽 표면에서 내려다본 포린 삼량체의 구조(평면도)이고, 포린 단량체 각각의 중심은 물로 채워진 통로이다. 각 OmpF 단량체는 3부분으로 구성된다. 녹색의 통 모양은 통로를 형성하고 파란색 부위는 다른 포린 단백질과 상호작용함으로써 삼량체 형성을 도와주며, 주황색 고리는 통로를 좁혀 포린이 화학물질을 선택할 수 있게 한다. (b) 그림 (a)의 화살표 방향으로 포린분자를 관찰했을 때의 그림이다. 포린 단량체의 측면도는 포린 단백질의 특징인 β-통(β-barrel)형 구조를 잘 보여준다.

연관 질문 포린 수송단백질은 통로 혹은 운반단백질로 분류되는가?

조절된다. 대부분의 포린은 서로 모여 외막에서 삼량체를 형성한다(**그림 3.25**). 일반적으로 세포 하나에 100,000개 이상의 포린이 있다. 삼량체의 단백질들은 모래시계 형태를 띠고 있다. 포린은 중앙의 물로 채워진 통로를 통해 약 600 Da 이하의 작은 친수성 분자와 영양소를 통과시킨다. 통로 내부는 아미노산의 전하를 띠는 부분으로 구성된다. 이 전하 부분은 통로의 물 분자가 소수성과 극성 분자를 구별할 수 있도록 하고 극성 분자만을 통과할 수 있게 한다.

포린을 기반으로 한 비특이적 수송 기작과는 달리 비타민 B12나 철-시데로포어 복합체와 같은 큰 분자는 특정 수용체의 작용으로 외막을 통과한다(그림 3.23). 외막의 용질-결합수용체는 주변세포질에 걸쳐있는 TonB 단백질 복합체와 상호작용한다. TonB는 원형질막을 수용체에 연결하여 용질을 수송하기 위한 에너지를 제공한다. 주변세포질에 들어가면 다른 수송단백질이 용질을 세포질로 전달하기 위해 원형질막의 ABC-수송체로 이동시킨다.

세포벽과 삼투 보호

미생물은 삼투압 변화에 대응하는 몇 가지 기전을 가지고 있다. 삼투 스트레스는 세포내부의 용질의 농도가 외부 농도와 다를 때 발생하며, 반응을 통해 용질의 농도를 동일하게 만든다. 그러나 특정 상태에서 삼투압이 세포가 적응할 수 있는 능력 이상으로 높아질 수 있다. 이런 경우, 세포벽이 부가적인 보호 기능을 수행한다. 세포가 저장액(용질의 농도가 세포질의 농도보다 낮은 용액)에 있으면 용질의 농도를 낮추기 위해 물이 세포 안으로 들어와 세포가 팽창한다. 세포벽의 펩티도글리칸층이 없으면 원형질막에 가해지는 압력이 너무 커져서 막이 파열되고 세포가 터지게 되며, 이를 **용해**(lysis, 또는 용균)라고 한다. 반대로 고장액에서는 물이 밖으로 흘러나가고 세포질이 쭈그러드는 **원형질분리**(plasmolysis) 현상이 일어난다.

펩티도글리칸의 보호 특성은 세균을 리소자임이나 페니실린으로 처리할 때 가장 확실하게 증명할 수 있다. **리소자임**(lysozyme) 효소는 N-아세틸무람산과 N-아세틸글루코사민을 연결하는 결합을 가수분해함으로써 펩티도글리칸을 공격한다(그림 3.17, 그림 31.4 참조). 이와는 달리, 페니실린(penicillin)은 펩티도글리칸 사슬 사이의 교차결합을 만드는 펩티드전이효소(transpeptidase)를 억제한다. 만약 저장액에 있는 세균을 리소자임이나 페니실린 중 하나로 처리하면 용해되지만, 등장액에 놓여 있으면 살아남아서 정상적으로 성장한다. 그람양성균을 리소자임이나 페니실린으로 처리하면 세포벽이 완전히 제거되어, 세포는 **원형질체**(protoplast)가 된다. 그러나 그람음성균을 리소자임이나 페니실린으로 처리하면 펩티도글리칸 주머니는 없어지지만, 외막은 그대로 유지된다. 이러한 세포를 **스페로플라스트**(spheroplast)라고 한다. 원형질체와 스페로플라스트 모두 삼투압에 민감해서, 만일 이들을 저장액으로 옮기면 수분의 유입을 견디지 못해 용해된다(**그림 3.26**). ▶| 항세균제(9.4절)

세포벽이 없는 세균

몇몇 세균, 특히 마이코플라즈마 그룹에 속하는 세균은 세포벽이 없다. 세포벽이 없으면 다형성이며 삼투압에 민감하지만(그림 22.21

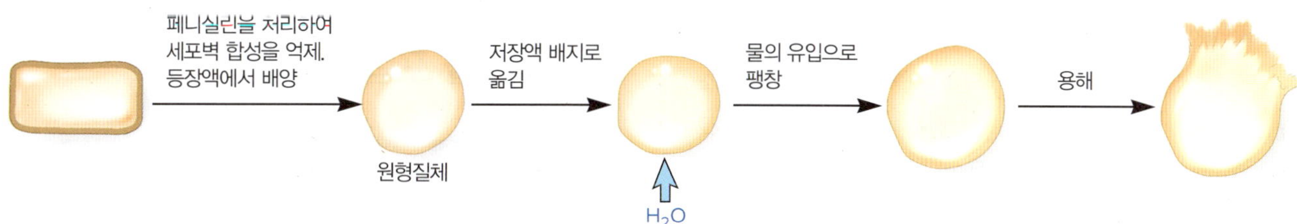

그림 3.26 원형질체의 형성과 용해. 등장액에서 페니실린과 함께 배양하여 유도한 원형질체를 형성한다. 이를 저장액 배지로 옮기면 용해가 일어난다.

참조), 이들 세균의 원형질막은 세포벽을 가지고 있는 세균의 원형질막보다 삼투압에 더 강하여 묽은 배양액이나 육상환경에서 종종 생장할 수 있다. 대다수 세균 종들의 막에는 스테롤이 있어 막에 견고함을 더해주는 것으로 생각되지만, 정확한 이유는 아직 밝혀지지 않았다. ▶| Mycoplasmatales 목(22.2절)

마무리 점검

1. 펩티도글리칸의 조성과 구조를 상세하게 설명하시오. 펩티도글리칸이 단백질에서 관찰되는 L-이성질체가 아니라 독특한 D-이성질체의 알라닌과 글루탐산을 갖는 이유는 무엇인가?
2. 그람양성균과 그람음성균의 세포벽을 구성하는 주요 분자와 두 유형의 세포벽에 공통으로 있는 분자를 구분할 수 있는 벤다이어그램을 그리시오. 또한, 이들 분자가 세포벽의 기능에 어떻게 기여하는지 설명하시오.
3. 원형질체와 스페로플라스트가 만들어지면 세포는 원래의 형태와 무관하게 구형이 된다. 그 이유는 무엇인가?
4. Firmicutes와 Actinobacteriota 문에 속하는 대부분 세균의 세포벽에는 포린이 존재하지 않는다. 그 이유는 무엇인가?
5. 그람음성균의 외막을 가로질러 영양소가 통과할 수 있게 하는 2가지 기전은 무엇인가?
6. 그림 3.8과 그림 3.24를 활용하여 지질 A와 인지질의 구조를 비교하시오.

3.5 세포외 소포는 세균막에서 나온다

이 절을 학습한 후 점검할 사항:

a. 그람양성균과 그람음성균의 세포외 소포의 구조적 특성을 열거할 수 있다.
b. 세포외 소포의 기능을 설명할 수 있다.

막 소포라고도 불리는 **세포외 소포**(extracellular vesicle, EV)는 크기가 약 20~400 nm인 작은 막 결합 입자로 다양한 세균 세포에서 전자현미경으로 관찰되었다(**그림 3.27**).

그람양성 세포에 의해 만들어진 세포외 소포는 적은 양의 세포질을 둘러싼 원형질막으로 구성된다. 그람양성 세포는 삼투압을 이용하여 펩티도글리칸의 구멍을 통해 세포외 소포를 밀어낸다. 그람음성 세포에서 만들어진 세포외 소포는 주변세포질 공간을 둘러싸고 있는 지질다당류가 있는 외막으로 구성되며, 이러한 구조를 **외막 소포**(outer membrane vesicle, OMV)라고 한다. 외막은 바깥쪽으로 자라기 전에 브라운 지질단백질로부터 분리되어야 한다. 그람음성균에서 방출되는 입자들은 세포질을 둘러싸는 원형질막과 주변세포질을 둘러싸는 외막을 모두 포함한다.

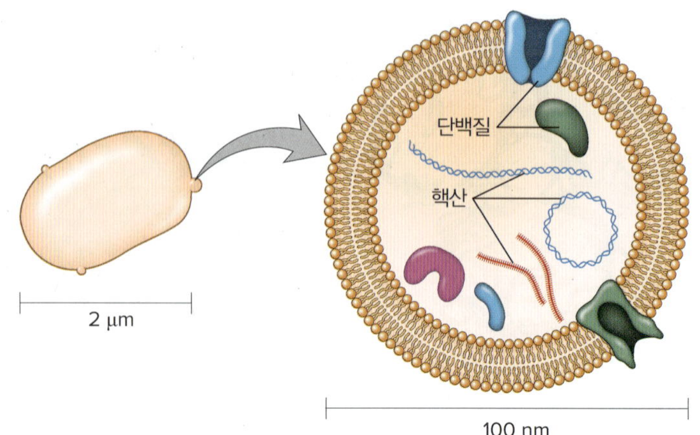

그림 3.27 그람양성 세포의 세포외 소포. 세포외 소포는 세포질 시료와 그 내용물로 구성된 막 결합 나노입자이다.

세포외 소포는 몇몇 작은 공생세포의 크기와 비슷하지만(그림 3.4a), 세포외 소포는 증식하지 않기 때문에 세포가 아니다. 이들은 어느 정도의 ATP를 운반할 수 있지만 에너지를 보존할 수 있는 능력은 없다. 그럼에도 불구하고 세포외 소포는 감염에 필요한 독소 분자를 전달하는 능력과 세포 간 유전물질을 전달하는 능력을 갖추고 있기 때문에, 세포-세포 상호작용에 큰 영향을 미친다. 세포외 소포는 지질 이중층에 의해 보호되기 때문에 환경에 노출되어 있는 거대 분자보다 오래 살아남는다. 세포외 소포는 막 융합이나 세포내흡입 후에 내용물을 진핵세포로 전달한다(그림 5.9 참조). 이와 비슷하게, 세포외 소포는 다른 그람음성 세포의 외막과 융합하여 내용물을 주변세포질로 방출한다.

세포가 스트레스에 반응하여 소포 생산이 증가하고, 세포외 소포는 생리적 특성에 따라 그 크기와 내용물이 매우 다양하다. 세포외 소포의 일반적인 내용들은 잘 알려져 있지만, 특이적 분자의 형성 방법의 구체적인 내용에 대한 연구는 아직까지는 진행중이다.

3.6 세포외피는 세포벽 바깥쪽에 있는 층들을 포함한다

이 절을 학습한 후 점검할 사항:

a. 세균의 모든 외피층에 있는 구조를 열거할 수 있다.
b. 세포외피 구조의 기능과 주요 성분을 구분할 수 있다.

그림 3.21과 그림 3.23은 원형질막과 세포벽으로만 구성된 세균의 외피를 보여준다. 그러나 많은 세균은 세포벽 밖에 있는 세포외피에 또 다른 층을 가지고 있다. 이 층은 구성성분이나 조직된 방법에 따라 각기 다른 명칭을 가지고 있다.

협막과 점액층

협막(capsule)은 대부분 다당류로 구성된 잘 조직화된 층이다. 그람음성균에서 이러한 다당류는 외막 지질에 공유결합으로 연결되어 있어 쉽게 떨어져 나가지 않는다. 다른 물질로 이루어져 있는 협막도 있다. 예를 들어, 탄저균(*Bacillus anthracis*)은 D-글루탐산의 중합체로 이루어진 단백질 협막을 가지고 있다(**그림 3.28**). 협막은 매질염색이나 특수한 협막염색을 이용하면 광학현미경으로 뚜렷이 관찰할 수 있다.

실험실에서 배양할 때 협막이 세균의 성장과 번식에 꼭 필요한 것은 아니지만, 협막은 세균이 정상적인 서식지에서 자라는 경우 여러 가지 이점을 제공한다. 협막은 병원성 세균이 숙주 식세포에 의한 식세포 작용을 피할 수 있게 한다. 중이염, 폐렴 및 그외 다른 질병을 유발하는 폐렴연쇄상구균(*Streptococcus pneumoniae*)은 극적인 예를 보여준다(그림 13.1 참조). 이 균은 협막이 없으면 쉽게 잡아먹혀 질병을 일으키지 못한다. 반면에 협막이 있는 변이 균주는 질병을 유발한다. 협막은 상당한 양의 물을 함유하고 있어 세균이 건조해지지 않도록 보호하며, 바이러스나 계면활성제와 같은 소수성 독성물질이 침투하지 못하게도 한다.

점액층(slime layer)은 다당류층이지만 잘 확산되고 조직화되지 않기 때문에 쉽게 제거된다는 점에서 협막과 다르다. 광학현미경으로는 쉽게 관찰되지 않는다. 활주세균은 종종 점액질을 분비하는데, 점액질은 때때로 이들 세포가 이동하는 데 도움이 되는 것으로 보인다(3.9절).

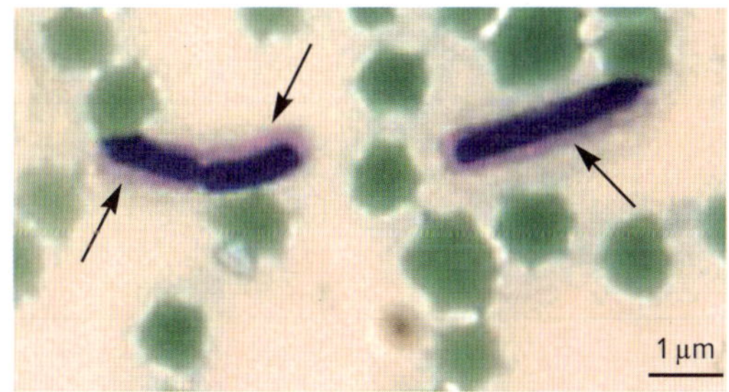

B. anthracis

그림 3.28 세균의 협막. *Bacillus anthracis*의 협막(화살표)은 보라색 세포를 둘러싸고 있는 분홍색 층을 나타낸다. 명시야광학현미경 사진이다. Courtesy of Larry Stauffer, Oregon State Public Health Laboratory/CDC

그림 3.29 S-층. *Candidatus* Viridilinea mediisalina 세균의 육각형 S-층 전자현미경 사진이다. Dr. Vasil Gaisin, Professor Martin Pilhofer, Dr. Romain Kooger

당질피질(glycocalyx)은 세포의 표면에서 뻗어 나온 다당류층이다. 협막과 점액층이 모두 다당류로 이루어져 있으므로 당질피질에 속한다. 당질피질은 식물과 동물 숙주의 조직 표면을 비롯한 고형 표면에 부착하는 것을 도와준다.

S-층

많은 세균이 **S-층**(S-layer)으로 불리는 세포 표면을 덮는 층을 가지고 있다. S-층은 바닥 타일과 유사한 규칙적인 배열의 무늬를 가지고 있으며 단백질이나 당단백질로 구성되어 있다(**그림 3.29**). S-층을 가진 많은 세균에서 한 종류의 수많은 단백질이 이 2차원 결정 표면을 형성한다. 그람음성균의 경우는 S-층이 외막에 비공유결합으로 부착되어 있으며, 그람양성균에서는 펩티도글리칸 표면과 연결되어 있다.

S-층은 생물학적 역할뿐만 아니라 나노기술 분야에도 상당한 관심 대상이 되고 있다. S-층은 이온, pH 변화, 삼투 스트레스, 효소 또는 포식세균으로부터 세포를 보호해주는 등의 생물학적 역할을 한다. 또한, 일부 세균에서는 세포의 형태 및 외피의 견고함이 유지되도록 하고, 세포가 표면에 부착하는 것을 촉진한다. 마지막으로, S-층은 일부 세균의 병원성을 숙주 방어체계로부터 보호하여, 그들의 독성이 나타나게 하는 것으로 보인다. 나노기술 분야에서 S-층이 잠재적으로 유용한 이유는 S-층 단백질이 자가조립을 할 수 있는 능력이 있기 때문이다. 다시 말해, S-층 단백질들은 추가적인 다른 인자의 도움 없이 자발적으로 결합하여 S-층을 형성하는 데 필요한 정보를 가지고 있다.

마무리 점검

1. 세포외 소포와 세균 세포를 비교하시오.
2. 협막과 점액층의 차이는 무엇인가? 당질피질이라는 용어가 협막과 점액층을 모두 포함하는 이유는 무엇인가?
3. S-층과 일부 협막은 단백질로 구성되어 있다. S-층은 단백질성 협막과 어떠한 점이 다른가?

3.7 세균의 세포질은 생각보다 복잡하다

이 절을 학습한 후 점검할 사항:

a. 세포골격 섬유의 기능에 대해 설명할 수 있다.
b. 구체적인 예를 들어 저장 봉입체와 미소구획을 비교할 수 있다.
c. 세균에 있는 리보솜의 조성 및 세포내에서의 공간적 구성을 열거할 수 있다.
d. 세균의 염색체 포장에 대한 물리적 및 생물학적 해결책을 설명할 수 있다.
e. 세균의 염색체와 플라스미드의 구조와 기능을 구별할 수 있다.

원형질막과 그 내부에 있는 모든 것을 일컬어 **원형질체**(protoplast)라고 한다. **세포질**(cytoplasm)은 원형질막으로 둘러싸인 물질로 원형질체의 주요 성분이다. 세포질의 액체 성분을 **세포기질**(cytosol)이라고 하며, 세포기질에는 봉입체, 리보솜 및 플라스미드와 같은 구조가 떠다니고 다양한 분자들이 녹아 있다. 이러한 거대분자와 거대분자의 전구체 및 대사산물들의 농도가 높으면 **고분자 혼잡**(macromolecular crowding) 현상을 초래한다. 용질이 많으면 각 분자 주변에 이용 가능한 공간이 적어지는데, 이는 출퇴근 시간에 도시를 돌아다니는 사람이 어려움을 겪는 것과 유사하다. 세균의 세포질은 물보다 점성이 약 10배 정도 더 높아 확산과 같은 물리 및 화학적 과정이 영향을 받는다.

원형질체는 매우 작고 단순함에도 불구하고, 세균 세포내에 조직화하고 있다는 건 분명하다. 전자현미경과 형광현미경의 진화는 세균 세포생물학의 발달로 이어져 왔다. 이 절에서는 세포질의 다양한 구조들에 대해 알아보고자 한다.

세균의 세포골격

세포골격(cytoskeleton)은 여러 유형의 단백질 섬유로 구성된다. 각 세포골격단백질 중합체는 서로 연결되어 기능성 섬유를 형성한다. 기능성 섬유는 세포의 끝에서 끝까지 확장할 수도 있다. 세포골격은 세포분열, 세포 형태 유지, 봉입체와 플라스미드 DNA의 위치지정 및 분리에 중요한 역할을 한다(**표 3.2**). 일부 세균과 고균 세포골격단백질은 진핵생물 세포골격의 구성요소인 액틴(actin) 및 튜불린(tubulin)과 공통조상을 공유한다. 따라서 세포골격의 진화는 지구상의 생명체 역사 초기에 일어난 사건으로 생각된다.

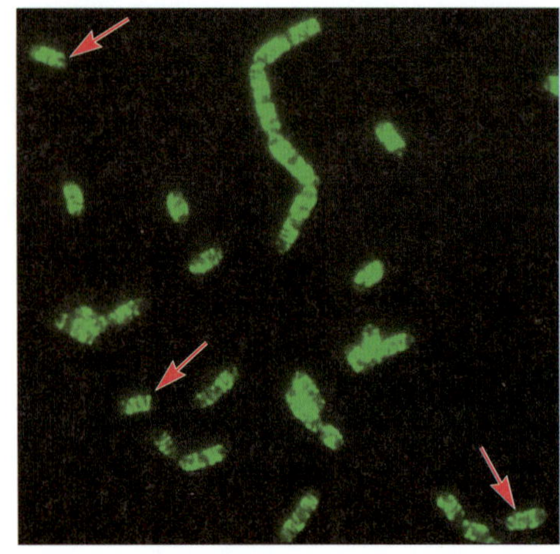

(a) Mbl

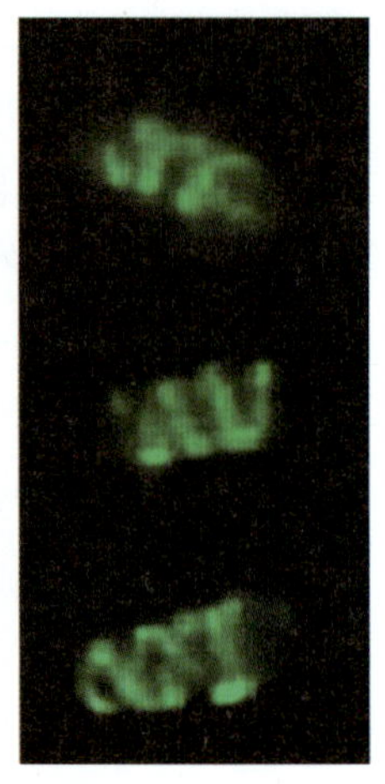

(b) Mbl

그림 3.30 세균의 세포골격. (a) *Bacillus subtilis*의 MreB 유사 세포골격단백질(Mbl)이다. 살아 있는 세포의 Mbl-GFP를 형광현미경으로 관찰하였다. 이 방법으로 보면 Mbl이 나선 구조를 형성하는 것처럼 보인다(화살표). 좀더 세밀한 방법으로 관찰하면 Mbl이 세포의 긴축에 수직으로 움직이는 조각을 형성하고 있음을 볼 수 있다. (b)는 (a)의 3개 세포를 더 높은 배율로 나타냈다. Jeff Errington/Centre for Bacterial Cell Biology/Newcastle University

막대형 세균 세포의 형태는 견고한 세포벽에 의해 결정된다. 세포벽은 액틴의 상동체 MreB과 연관단백질에 의해 형태가 만들어지고, 이들의 섬유는 원형질막과 결합하고 세포가 성장함에 따라 펩티도글리칸을 합성하는 효소를 배치한다(**그림 3.30**). 곡선 형태의 세균인

표 3.2 세균의 세포골격단백질

기능	예시	진핵생물의 상동체
세포 형태. 세포벽 합성하는 곳에 위치시켜 세포가 막대균 형태를 가지게 함	MreB	액틴
세포 형태. 구부러진 세포의 안쪽에 있는 막에 위치	CreS(크레센틴)	중간섬유
세포 분열. 분열 후 새로운 세포벽의 위치를 지정하고 수축하여 분열하는 세포를 분리	FtsZ	튜불린
	FtsA	액틴
DNA 분리. 세포분열 중 플라스미드를 세포 반대쪽으로 밀어냄	ParM, AlfA	액틴
DNA 분리. 세포분열 동안 박테리오파지 DNA를 세포 반대쪽으로 밀어냄	TubZ, PhuZ	튜불린
주자성. 자기주성 세균의 세포내에서 마그네토솜을 조직화하고 방향을 지정	MamK	액틴

*Caulobacter crescentus*의 CreS 단백질은 곡선의 내부 표면에 위치한다(그림 7.8 참조). CreS 단백질은 진핵생물 중간섬유의 상동체이다. ▶| 세포 생장과 세포 형태 결정(7.2절)

튜불린의 상동체인 FtsZ는 세균과 고균에서 가장 잘 연구된 세포 골격단백질 중 하나이다. FtsZ의 섬유는 딸 세포가 분리되면서 수축하는 분열 세포의 중심에 고리를 형성한다(그림 7.6 참조). Z-고리는 새로운 세포벽을 합성하는 효소의 구조적인 틀이 된다. ▶| 염색체 복제와 분할(7.2절)

세포질내 막

세균은 미토콘드리아나 엽록체와 같은 복잡한 막성 세포소기관을 가지고 있지는 않지만, 일부 세균에서는 내막 구조들이 발견된다(**그림 3.31**). 질화 세균과 광합성 세균처럼 호흡 활동이 매우 왕성한 세균에서는 이러한 내막구조가 매우 광범위하고 복잡하다. 광합성 남세균의 내부 막은 틸라코이드(thylakoid)라고 불리며 엽록체의 틸라코이드와 유사하다. ▶| 미토콘드리아, 관련 세포소기관, 엽록체는 에너지 보존에 관여한다(5.6절); 광합성 세균은 다양하다(20.4절); 질화세균은 암모니아와 아질산염을 산화해서 에너지와 전자를 얻는다(21.1절)

세균에서 발견되는 내막의 구조는 구형의 소포, 납작한 소포 또는 관형의 막들로 이루어져 있다(그림 21.2 참조). 이들은 종종 원형질막에 연결되어 있으며 원형질막이 함입하여 만들어진다. 그러나 이들 내막은 에너지 전환에 관여하는 분자들이 풍부하다는 점에서 원형질막과 다르다. 예를 들어, 남세균의 틸라코이드에는 빛에너지를 ATP로 전환하는 데 관여하는 엽록소와 광합성 반응중심이 있다. 따라서 내막의 기능은 더 많은 대사작용을 위해 넓은 표면적을 제공하기 위한 것일 것이다.

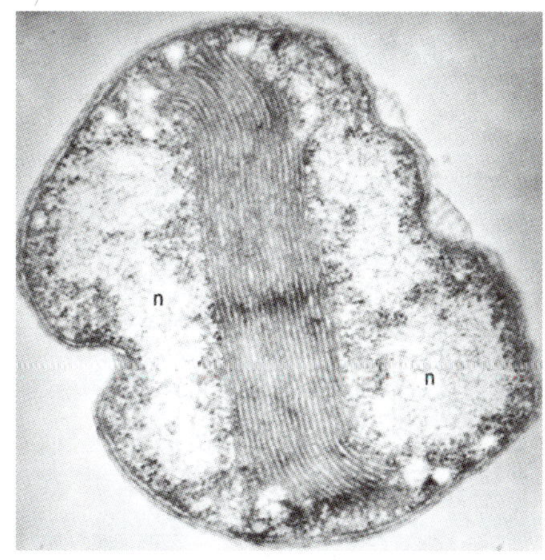

그림 3.31 세균의 내부 막 구조. 질화세균 *Nitrosococcus oceani*는 세포 전체를 가로지르는 평행한 막 구조를 가지고 있다. 핵양체(n)를 주목하시오. Dr. Robert G.E. Murray/University of Western Ontario

봉입체

봉입체(inclusion)는 모든 세포에 공통적이다. 봉입체는 유기물 또는 무기물로 이루어진 물질이 응집하여 만들어진다. 봉입체의 주요 기능은 특정 세포성분을 분리하여 세포질에서 자유롭게 확산되지 않도록 하는 것이다. 봉입체는 저장장소, 효소반응을 격리하는 위치 또는 세포 이동을 위한 안내 역할을 한다. 봉입체의 형태는 과립, 결정 또는 구형의 형태를 띠고 일부는 무정형이다.

한 가지 영양물질은 충분히 공급되는데 다른 영양물질들은 공급이 잘 되지 않을 경우, 많은 저장 봉입체(storage inclusion)가 만들어진다. 봉입체 중 일부는 대사과정의 최종산물을 저장한다. 미생물이 다른 환경조건에 처하게 되면 이들 최종산물을 이용하는 경우도 있다. 가장 일반적인 저장 봉입체로는 글리코겐 봉입체, 폴리히드록시알콘산(polyhydroxyalkanoate, PHA) 과립, 황 과립 및 폴리인산염(polyphosphate) 과립 등이 있다.

탄소는 종종 폴리히드록시알콘산(PHA) 과립 형태로 저장되는데, 이는 카보노솜(carbonosome)이라고도 불린다(**그림 3.32a**). 여러 유형의 PHA 과립이 확인되었지만 가장 일반적인 과립은 폴리히드록시부티르산(polyhydroxy butyrate, PHB)을 함유하고 있다(그림

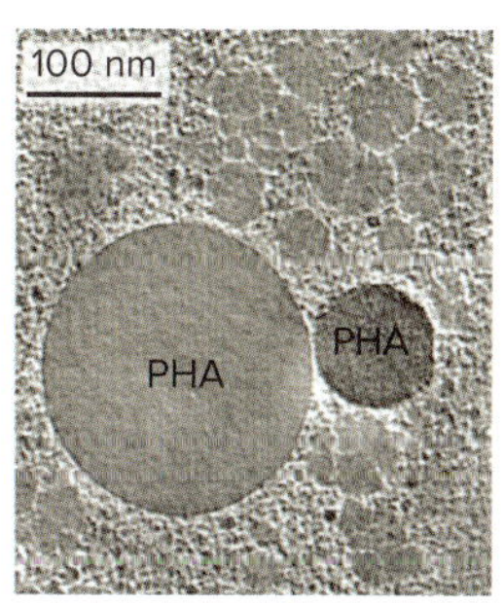

(a) PHA 과립

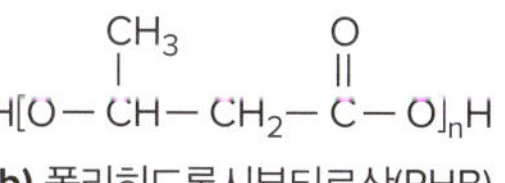

$$H[O-\underset{\displaystyle CH_3}{\overset{|}{CH}}-CH_2-\overset{\displaystyle O}{\overset{||}{C}}-O]_nH$$

(b) 폴리히드록시부티르산(PHB)

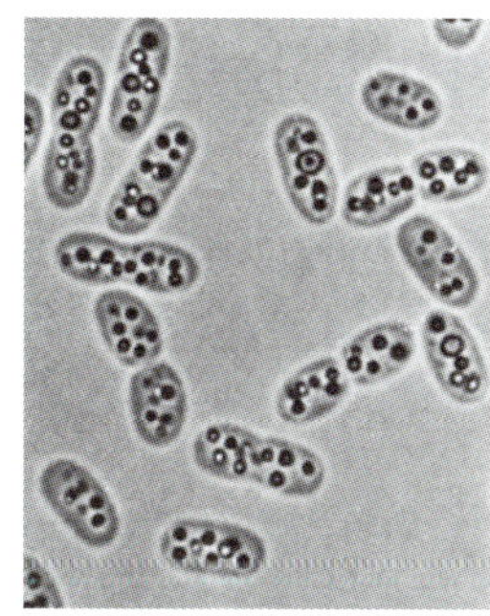

(c) 황 과립

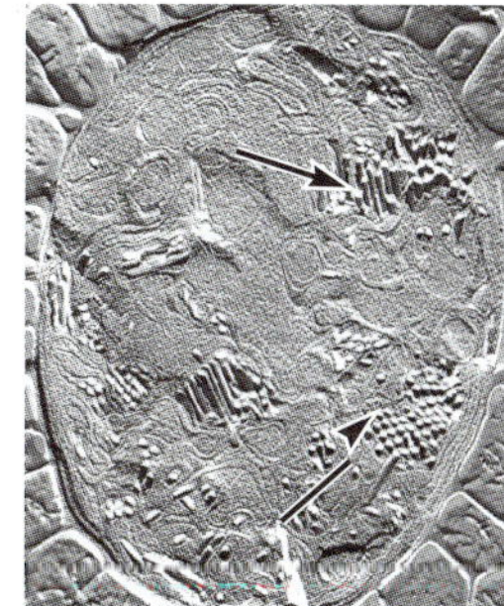

(d) 기체 소낭

그림 3.32 세균의 세포 봉입체. Chloroflexota의 세포질에 있는 구형의 PHA 과립. (b) 폴리히드록시부티르산의 화학적 구조. (c) 홍색황세균인 *Allochromatium vinosum*의 세포내 황 과립. (d) 동결절단으로 처리한 *Dolichospermum flosaquae*의 기체소낭과 기낭이다. 화살표는 기낭의 종단면과 횡단면으로 모두 가리키고 있다. (a) Dr. Vasil Gaisin, Professor Martin Pilhofer, Dr. Romain Kooger; (c) James T. Staley; (d) Daniel Branton/Harvard University

3.32b). PHA 과립은 단백질 껍질로 둘러싸여 있다. PHA 과립은 생분해되는 플라스틱 제조에 산업적으로 이용되기 때문에 많은 관심을 끌고 있다.

폴리인산염 과립과 황 과립은 많은 생명체에서 관찰되는 무기질 봉입체이다. **폴리인산염 과립**(polyphosphate granule)은 핵산과 같은 중요한 세포구성물 합성에 필요한 인산염을 저장한다. 일부 세포에서는 폴리인산염 과립이 에너지 저장고로 작용하며, 폴리인산염 사슬의 마지막 인산을 연결하는 결합이 가수분해될 때 폴리인산염 또한 에너지원으로 작용할 수 있다. 황 과립은 에너지 보존 대사과정에서 환원된 황을 포함하는 화합물을 자신의 전자공급원으로 사용하는 세균에 의해 만들어진다(그림 3.32c). 예를 들어, 일부 광합성 세균은 광합성을 할 때 물 대신에 황화수소를 전자공여체로 사용하고 이때 만들어지는 황을 세포 바깥쪽이나 세포내부에 축적한다. ▶| 산소비발생 광합성에서의 명반응(11.10절); Chromatiales 목: 홍색황세균은 산소비발생 광합성을 수행한다(21.2절)

미소구획(microcompartment)이라고 불리는 일부 세균의 봉입체는 비교적 큰 다면체이다. 세균에는 막으로 연결된 세포소기관이 없기 때문에 미소구획은 단백질 껍질로 둘러싸여 있다(**미생물 다양성 및 생태 3.1**). 단백질 껍질 안에는 한 가지 이상의 효소들이 있다. 이러한 효소는 촉매작용을 하는 화학반응 또는 경로의 특성 때문에 격리된다. 독성이 있는 중간산물을 생성하거나 반응물이 지질막을 쉽게 통과할 수 있는 기체인 경우도 있다.

카르복시솜(carboxysome)은 많은 이산화탄소를 고정하는 세균에 존재하며 지름은 약 100 nm 정도이다. 이산화탄소 고정에 중요한 2가지 효소인 탄산탈수효소(carbonic anhydrase, CA)와 리불로오스 1,5-이인산 카르복실라아제/산소화효소(ribulose 1,5-bisphos-

미생물 다양성 및 생태 3.1

막이 없는 소기관?

진핵세포의 중요한 특징 중 하나는 막이 있는 세포소기관의 존재이다. 선택적 투과성 장벽으로의 세포막은 많은 유형의 분자를 통과시키지 않는다. 막 결합 소기관이 없는 세균 세포에서 일부 세포질 봉입체는 새로운 경계 기전을 사용한다. ▶| 세포의 구성(5.1절)

남세균 및 기타 이산화탄소 고정 생명체들은 카르복시솜에 RuBisCO 효소를 따로 분리한다. 카르복시솜이 세포질에서 막이 없는 상태로 분리되어 있는 것을 전자현미경 사진으로 나타내었다(**그림**). 생화학적으로 카르복시솜은 완전한 단백질이다. 그렇다면 카르복시솜은 활성 상태인 RuBisCO 효소 주변에서 조립될까?

RuBisCO는 **액체-액체 상분리**(liquid-liquid phase separation, LLPS)라는 기전에 의해 조립되는 스캐폴드 단백질에 의해 카르복시솜 안에 위치하게 된다. RuBisCO 소단위와 스캐폴드 소단위 모두 일반적인 단백질과는 달리 구조적으로 무질서한 아미노산 사슬 부분을 가지고 있다. 이러한 무질서한 단백질 부분들은 서로 상호작용하고 응집한다. 이것을 상상하기는 매우 어려울 것이다. 서로 가까이 했을 때 마술처럼 정렬되는 무작위 스냅이 있는 2개의 레고 조각을 생각해보라. 이와 유사한 방식으로 RuBisCO 소단위와 스캐폴드 소단위는 카르복시솜 다면체를 조립한다. ▶| 단백질(부록 I)

LLPS는 세균 세포내에서 단백질 복합체를 구성하는 기전으로 보고되고 있다. 이 복합체는 **생분자 응축물**(biomolecular condensate)로 알려져 있으며 세포질과 별개의 구획이지만 막이 아니라 고농도 분자의 생물물리학적 특성에 의해 분리된다. 특히 응축물의 구성요소는 동적이며 입체의 응축 단계와 세포질 확산 단계 사이를 이동한다.

카르복시솜 외에도 다른 생분자 응축물은 *Caulobacter*와 같이 비대칭적으로 분열하는 세포(그림 21.7 참조)에서 세포의 끝부분을 구성하거나 세포질분열에서 격벽 생산을 조절할 수 있다(그림 7.6 참조).

그림 ***Halothiobacillus neapolitanus*** **세균의 카르복시솜.** Michael Schmid

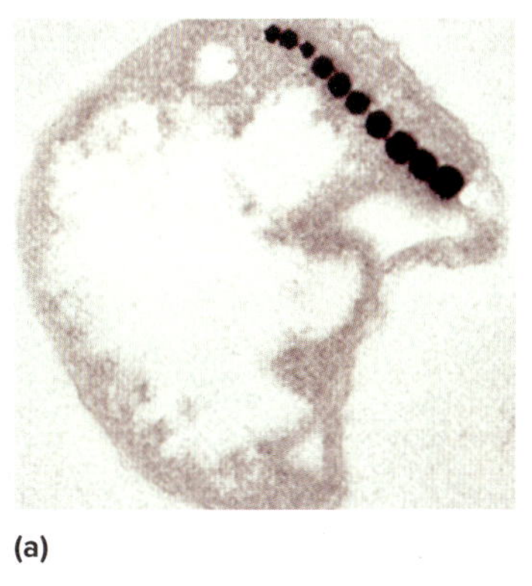

(a)

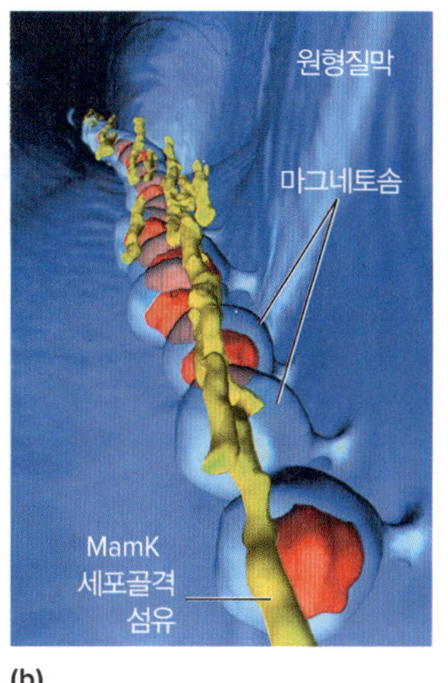

(b)

그림 3.33 마그네토솜. (a) *Magnetococcus marinus* 세포는 거의 구형에 가까우며, 사슬 형태로 된 자철광 결정체를 가지고 있다. (b) *Phaeospirillum magneticum*의 마그네토솜을 3차원으로 나타낸 그림이다. (a) Dennis Bazylinski; (b) Grant J. Jensen

phate carboxylase/oxygenase, RuBisCO)는 카르복시솜에 있다. 탄산탈수소효소는 이산화탄소를 단백질 껍질로 방출시켜 이산화탄소가 높은 농도로 축적되게 되고 RuBisCO는 이산화탄소를 당으로 전환하는 촉매 작용을 한다. ▶ **CO_2 고정: CO_2 탄소의 환원과 동화** (12.3절)

세균의 이동에 관여하는 2가지 봉입체는 기체 소낭과 마그네토솜이다. **기체 소낭**(gas vacuole)은 일부 수생 세균에게 부력을 제공하는데, 이들 세균의 대부분은 광합성 세균이다. 기체 소낭은 **기낭**(gas vesicle)이라 불리는 작고 속이 비어 있는 관 모양의 구조물이 엄청나게 많이 모여 형성된다(그림 3.32d). 기낭벽은 한 종류의 작은 단백질이 많이 모여 이루어져 있다. 단백질 소단위가 모여 물 분자는 투과하지 못하나 대기의 기체는 자유롭게 투과하는 견고한 원기둥을 형성한다. 기체 소낭을 갖는 세포는 부력을 조절함으로써 빛의 세기와 산소 농도 그리고 영양분의 농도가 적절한 위치에 자리 잡을 수 있다. 이들 세포는 단순히 기낭을 붕괴시켜 아래로 내려가고, 기낭을 새로 만들어 위로 떠오른다.

수생 주자성(magnetotactic) 세균은 **마그네토솜**(magnetosome)을 이용하여 지구의 자기장에서 방향을 찾아간다. 북반구 세균은 이들의 마그네토솜 사슬을 이용하여 북쪽과 아래쪽 방향을 결정하고 영양이 풍부한 퇴적물로 이동하거나 담수나 해양 서식지에서 적절한 깊이에 위치하게 한다. 남반구에 있는 주자성 세균은 일반적으로 남쪽과 아래쪽으로 향한다. 마그네토솜은 세포내에 존재하는 자철석(magnetite, Fe_3O_4) 또는 그레자이트(Fe_3S_4) 입자가 사슬 형태로 연결된 것(**그림 3.33**)으로, 지름이 약 35~125 nm이고 원형질막의 함입내에 둘러싸여 있다. 함입에는 원형질막에서는 발견되지 않는 독특한 단백질이 있어, 기능성 막 미세도메인을 구성한다. 세포골격단백질인 MamK가 사슬이 형성될 수 있도록 틀을 만든다(표 3.2).

세균의 리보솜

리보솜(ribosome)은 단백질이 합성되는 장소이며, 거의 모든 세포에서 많은 수(10,000~20,000)의 리보솜이 발견된다. 빠르게 성장 중인 세균의 세포질은 종종 리보솜으로 가득 차 있으며, 원형질막에도 리보솜이 추가로 느슨하게 붙어 있다. 세포질에 있는 리보솜에서는 세포내에 남아 있게 될 단백질을 합성하는 반면, 원형질막에 부착된 리보솜에서는 세포외피에 남아 있거나 밖으로 운반되는 단백질을 합성한다.

단백질 합성과정인 번역(translation)은 매우 복잡한데, 13장에서 자세히 설명한다. 이와 같은 복잡성은 리보솜의 구조에서도 일부 확인할 수 있는데, 리보솜은 많은 수의 단백질과 몇 가지 리보핵산(RNA) 분자로 구성된다. 리보솜은 생명의 3역 모두에서 유사하지만 몇 가지 중요한 차이점이 있다. 4장에서는 세균과 고균의 리보솜을

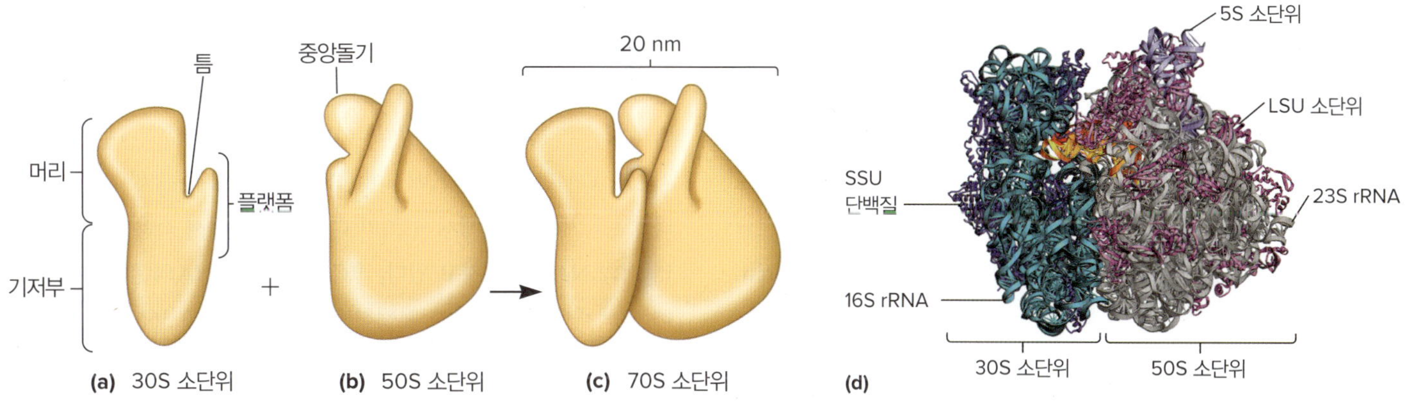

그림 3.34 세균의 리보솜. (a~c) 대장균 리보솜의 2가지 소단위와 완전한 70S를 보여주는 그림이다. (d) *Thermus thermophilus*의 70S 리보솜의 분자 구조이다. 50S 소단위(LSU)는 23S rRNA(회색)와 5S rRNA(보라색)를 가지고 있고, 30S 소단위(SSU)는 16S rRNA(청록색)를 가지고 있다. tRNA는 금색으로 나타내었다.

비교하고, 5장에서는 3가지 유형의 리보솜을 비교하고자 한다.

세균의 리보솜은 70S 리보솜이라 불리며 50S 소단위 하나와 30S 소단위 하나로 구성된다(**그림 3.34**). S는 **스베드버그 단위**(Svedberg unit)로서 원심분리할 때 침강되는 속도를 나타내는 침강계수단위이다. 원심분리할 때 입자가 빨리 움직일수록 스베드버그 값, 즉 침강계수는 더 커진다. 침강계수는 입자의 분자량, 부피 및 형태에 의해 결정된다. 무겁고 조밀한 입자일수록 침강계수가 크다.

세균 리보솜은 주로 리보솜 RNA(rRNA) 분자로 구성되어 있다. 리보솜의 작은 소단위는 16S rRNA를 가지고 있으며 큰 소단위는 23S와 5S rRNA를 가지고 있다. 약 55개의 단백질이 리보솜의 나머지 부분을 구성하며, 이 중 21개는 작은 소단위에, 34개는 큰 소단위에 있다.

핵양체

핵양체(nucleoid)는 염색체와 많은 단백질을 포함하는 부위로 세포 부피의 약 20%를 차지하는 타원형 모양이다(**그림 3.35a**). 핵양체는 세포질과 막으로 분리되어 있지 않지만, 현미경으로 관찰되는 세포의 뚜렷한 부위이다. 리보솜은 핵양체에 포함되지 않는다.

대부분 세균의 염색체는 원형의 이중가닥 **데옥시리보핵산**(deoxyribonucleic acid, DNA)이지만, 일부 세균은 선형 염색체를 가지고 있다. 대부분의 세균이 하나의 염색체를 가지고 있는 1배체(monoploid)이지만 종종 세포당 10개 이상의 염색체를 갖는 배수체(polyploid)인 세균들도 있다.

DNA는 염기쌍(base pair, bp)으로 측정된다. 즉, 긴 DNA 중합체에서 쌍을 이루는 상보적인 질소 염기의 숫자이다. 세균의 염색체는 일반적으로 50~1,000만(0.5~10 Mbp)이며, 이는 약 500~10,000개의 유전자를 나타낸다. 세균의 염색체는 세포의 길이보다 길다. 따라서 이들 미생물이 어떻게 길이가 긴 염색체를 핵양체가 차지하는 좁은 공간 안에 들어가게 하는지가 매우 중요하다. 예를 들어, 대장균의 원형 염색체는 약 4.6 Mbp로 대략 1,400 μm의 길이를 가지는데 이는 세포보다 약 230~700배 정도 더 길다. 따라서 염색체는 전체적인 크기를 줄이기 위해 조직화하고 응축되어야 한다. 하지만 유전정보에 대한 접근은 분명히 쉬워야 한다. ▶| DNA는 데옥시리보뉴클레오티드의 중합체이다(13.2절)

거대분자 혼잡(macromolecular crowding)이나 초나선(supercoiling)과 같은 물리적 요인들이 핵양체 조직화를 도와준다. 염색체는 핵양체내에서 방향과 여러 규모의 구조를 가지고 있다. 가장 큰 규모의 염색체는 약 1 Mbp의 몇 가지 거대도메인을 가지고 있으며 이들은 수십개의 **염색체 상호작용 도메인**(chromosome interaction domain)으로 나뉜다(그림 3.35b). 더 작은 규모인 수천 bp는 초나선에 의해 제한되는 위상학적 도메인을 구성한다.

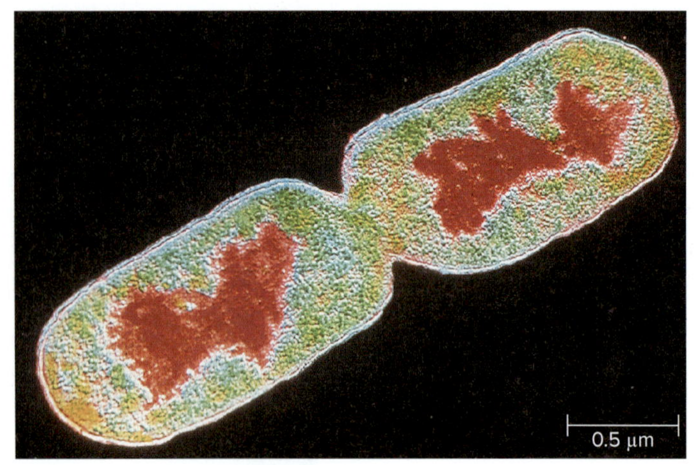

(a)

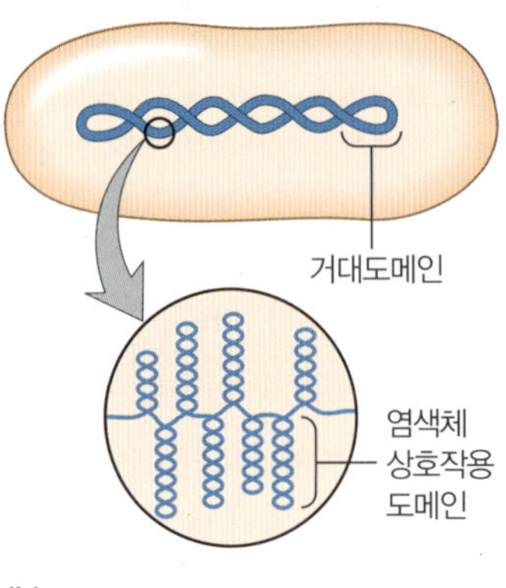

(b)

그림 3.35 대장균의 핵양체와 염색체. 세균의 염색체는 세포질의 일부인 핵양체에 위치한다. (a) 분열 중인 대장균세포의 초박절편을 투과전자현미경으로 찍어서 채색한 사진이고, 빨간색 부분은 2개의 딸세포에 존재하는 핵양체이다. (b) 핵양체내의 염색체 조직을 보여주는 그림이다. (a) CNRI/SPL/Science Source

구조단백질 역시 핵양체 구조 형성에 기여한다. 핵양체-연관단백질(nucleoid associated protein, NAP)은 염색체를 구부리거나 접을 수 있는 크기가 작은 DNA 결합단백질이다(**그림 3.36**). NAP는 DNA와 공유결합을 형성하지 않고 정전기적 상호작용에 의해 결합한다. NAP는 표면에 DNA 골격의 음전하와 배열되는 양전하를 띤 아미노산 부분을 가지고 있다. 이러한 유형의 상호작용은 세포내에서 DNA가 필요할 때 단백질이 DNA 안팎으로 이동할 수 있도록 한다. 모든 세포는 염색체 구조의 다양한 규모에서 작용할 수 있는 여러 개의 NAP를 가지고 있다. 특정 NAP는 DNA의 짧은 부분을 통해 염색체를 구부리거나 뻣뻣하게 만든다(그림 3.36a,b,c). 또 다른 NAP는 염색체에 인접하지 않는 영역을 연결하기도 한다(그림 3.36d). NAP는 세포분열 중에 염색체를 응축할 때 특히 중요한데, 이것은 세포분열 동안 딸염색체의 적절한 분리에 중요하다.

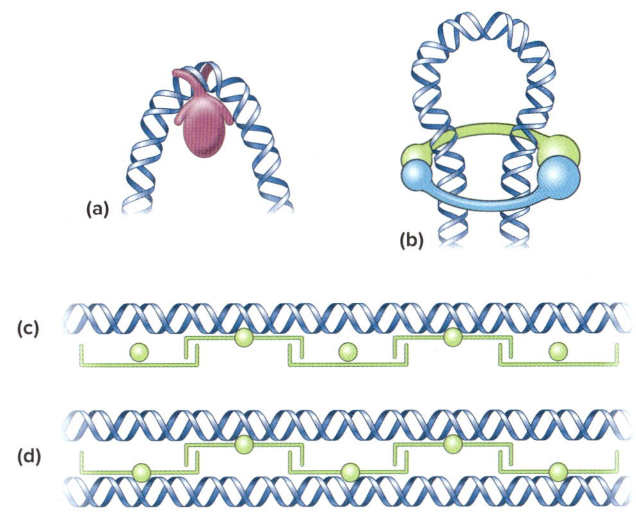

그림 3.36 대장균에서 선별된 핵양체-연관단백질과 DNA와의 상호작용. (a) HU는 구형 중심에서 확장되어 여러 위치에서 DNA와 접촉하는 2개의 팔을 가지고 있다. HU 결합은 DNA에 날카로운 굴곡을 만든다. (b) SMC는 DNA를 둘러싸는 루프를 돌출시킨다. (c, d) H-NS는 하나의 이중체에 결합될 때 DNA를 뻣뻣하게 하거나 2개의 이중체를 연결할 수 있다.

플라스미드

대부분 세균은 핵양체에 존재하는 유전물질과 더불어 플라스미드라고 불리는 작은 DNA 분자를 지닌다. 생명체가 가지고 있는 유전체는 플라스미드를 비롯한 모든 DNA를 포함한다. 실제로 지금까지 서열이 결정된 대부분의 세균 유전체는 플라스미드를 포함한다. 단일 종에 수많은 서로 다른 플라스미드가 존재하는 경우도 있다. 예를 들어, *Borrelia burgdorferi*는 12개의 선형 플라스미드와 9개의 원형 플라스미드를 가지고 있다. 플라스미드는 이를 가지고 있는 생명체의 생존에 중요한 많은 역할을 한다. 또한, 플라스미드는 17장에서 설명하는 것처럼 새로운 유전자 조합을 만들어서 전달하는 과정과 유전자 클로닝에 필요하므로 미생물학자와 분자생물학자들에게 매우 중요하다.

플라스미드(plasmid)는 염색체와는 독립적으로 존재하는 이중가닥 DNA 분자이다. 원형 플라스미드와 선형 플라스미드가 모두 발견되었으나 알려진 플라스미드의 대부분은 원형이다. 플라스미드에는 대체로 30개 이하의 비교적 적은 수의 유전자가 존재한다. 플라스미드의 유전정보는 세균에게 필수적인 것은 아니며 플라스미드가 없는 세포도 정상적인 기능을 한다. 그러나 대부분의 플라스미드는 세균이 특정 환경에 처했을 때 선택적 이점을 제공하는 유전자를 가지고 있다. 플라스미드는 세포내에 들어있는 사본(copy) 수에 차이를 보인다. 단일사본 플라스미드는 숙주세포에 단지 하나의 사본만을 생성하고, 다중사본 플라스미드는 세포 하나당 100개 혹은 그 이상이 존재하기도 한다.

플라스미드는 복제를 위해 세포의 DNA 합성 장치를 사용하지만, 플라스미드의 복제는 세포주기의 특정 단계와 연계되어 있지 않다. 따라서 플라스미드 복제와 염색체 복제는 서로 독립적이다. 그러나 일부 플라스미드는 염색체 안으로 삽입될 수 있다. 이와 같은 플라스미드를 **에피솜**(episome)이라 부르며, 삽입된 경우 염색체 일부로 복제될 수 있다. 플라스미드는 세포가 분열하는 동안 안정적으로 다음 세대로 전달되지만, 모두가 딸세포에 균등하게 분배되는 것이 아니며 때로는 소실되기도 한다. 따라서 이를 막기 위해 세포골격 요소를 포함하는 분리 방법이 필요하다(표 3.2).

마무리 점검

1. 세포질의 특성과 기능 및 세포질에 있는 구역과 구조를 간단히 설명하시오. 세포기질과 세포질은 어떻게 다른가?
2. 가장 일반적인 형태의 봉입체를 진핵생물의 소기관과 비교하시오.
3. 플라스미드는 염색체와 어떤 점이 다른가? 에피솜이란 무엇인가?

3.8 외부 구조는 부착과 운동에 관여한다

이 절을 학습한 후 점검할 사항:

a. 선모(핌브리아)와 편모를 구분할 수 있다.
b. 편모의 분포 양상을 설명할 수 있다.
c. 선모와 편모의 형성 과정을 설명할 수 있다.

세균은 변화하는 환경에 끊임없이 대응해야 한다. 때로는 표면에 부착하는 것이 더 이롭고, 때로는 환경에 있는 무언가를 향해 이동하거나 멀리 피하는 것이 더 이롭다. 대다수의 세균은 표면에 부착하거나 세포 이동에 관여하는 기관을 가지고 있다. 또한, 이들 기관은 방어와 유전자의 수평적 유전자 전달 기능도 있다. 이 절에서는 이들 중 몇 가지에 관해 공부할 것이다.

세균의 선모와 핌브리아

세균은 편모보다 가늘고 짧은, 털과 같은 구조를 가지고 있으며 이를 **핌브리아**(fimbriae, 단수 fimbria) 또는 **선모**(pili, 단수 pilus)라고 한다. 이들은 동의어지만 어떤 구조는 선모라고 불리고[예: 성선모(sex pili)], 반면에 어떤 것은 핌브리아라고 불린다. 세포 하나는 최대 1,000개 정도의 선모로 뒤덮여 있지만 선모는 크기가 매우 작아 전자현미경으로만 관찰된다(**그림 3.37**). 선모는 단백질 소단위가 나선형으

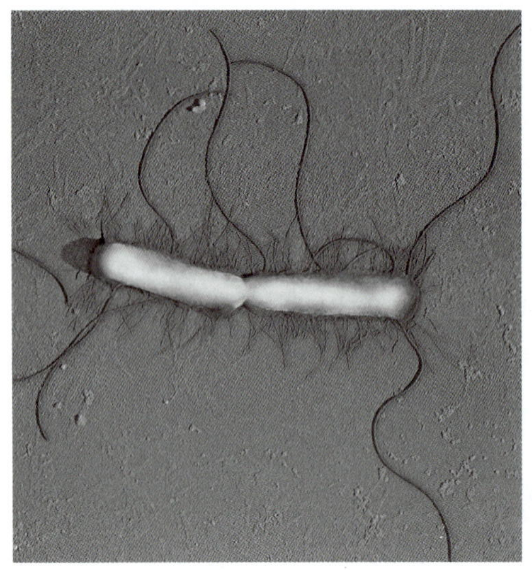

그림 3.37 편모와 핌브리아. *Proteus vulgaris*의 주사전자현미경 사진으로, 긴 편모와 수많은 짧은 핌브리아가 명확히 보인다. Thomas Deerinck, NCMIR/Science Source

로 배열하여 가느다란 관을 형성하고 지름은 약 3~10 nm 정도이며 길이는 최대 수 μm에 이른다. 선모는 기저부에 단백질 소단위를 첨가함으로써 자란다(그림 20.13 참조). 여러 유형의 서로 다른 선모가 발견되었다. 핌브리아는 물속의 바위나 숙주의 조직과 같은 고체 표면에 세포를 부착시키는 기능을 한다. **IV형 선모**(type IV pili)는 운동성(3.9절 참조)과 세균의 형질전환 과정 및 세균의 접합 등 2가지 유전자 전달 기전에 관여한다. ▶| 접합은 세포-세포 접촉을 필요로 한다(16.6절); 형질전환은 자유 DNA를 흡수하는 것이다(16.7절)

대부분의 세균은 세포당 최대 10개의 **성선모**(sex pili)를 가지고 있다. 성선모의 구조는 다음과 같은 점에서 다른 선모와 다르다. 성선모는 다른 선모보다 크다(지름이 약 9~10 nm). 이들은 플라스미드에 유전적으로 암호화되어 있으며 접합에 필요하다. 일부 세균성 바이러스는 감염주기 초기에 성선모에 특이적으로 부착한다.

세균의 편모

대부분의 운동성 세균은 원형질막과 세포벽으로부터 바깥쪽으로 뻗어 나온 실 모양의 운동 부속기관인 **편모**(flagella, 단수 flagellum)를 이용하여 이동한다. 편모의 주요 기능은 운동성이지만, 다른 기능도 할 수 있다. 이들은 표면에 부착하는 데 관여하기도 하고, 일부 세균에서는 독성인자로 작용하여 세균이 질병을 일으키게 한다.

세균의 편모는 가늘고 단단하며 지름은 약 20 nm, 길이는 최대 15 μm이다. 편모는 너무 가늘어서 광학현미경으로 직접 관찰되지 않으므로 편모를 두껍게 보여주는 특수한 기법으로 염색하여야 보인다. 편모의 세부 구조는 전자현미경으로만 관찰이 가능하다. |◀ 분별염색(2.3절); 전자현미경은 고배율의 상을 창출하기 위해 전자빔을 사용한다(2.4절)

세균은 종에 따라 편모의 분포 양상이 다른 경우가 많으며 이들 패턴은 세균을 동정하는 데 유용하게 사용된다. **단성편모**(monotrichous: 그리스어로 *trikhos*는 '털'을 의미) 세균은 편모가 하나이다. 이때 편모가 한쪽 끝에 부착되어 있으면 **극성편모**(polar flagellum)라고 부른다(**그림 3.38a**). **양극성편모**(amphitrichous: 그리스어로 *amphi*는 '양쪽'을 의미) 세균은 양쪽 끝에 편모가 하나씩 있다. 반면에 **군모성편모**(lophotrichous: 그리스어로 *lopho*는 '무더기'를 의미)

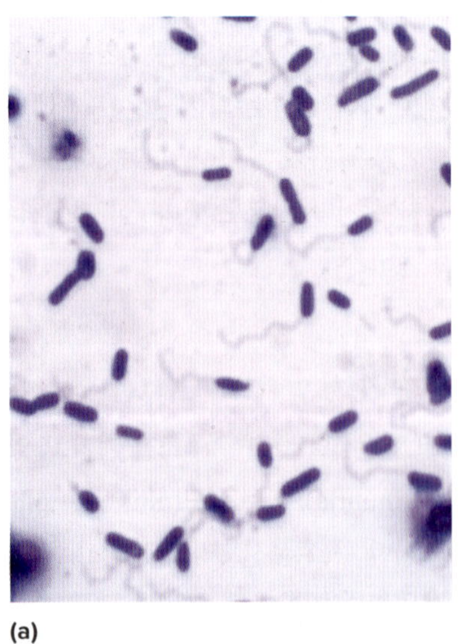
(a)

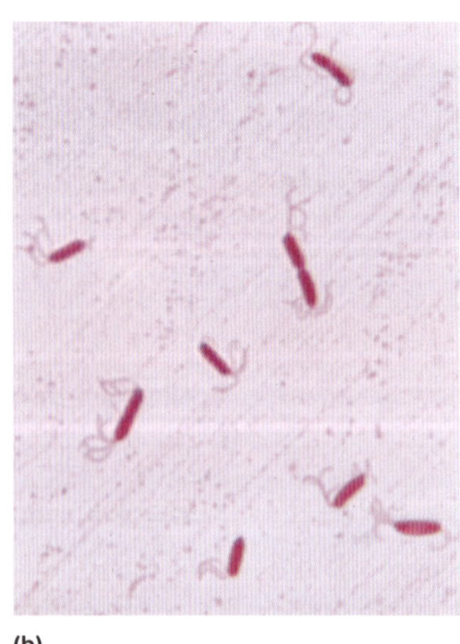
(b)

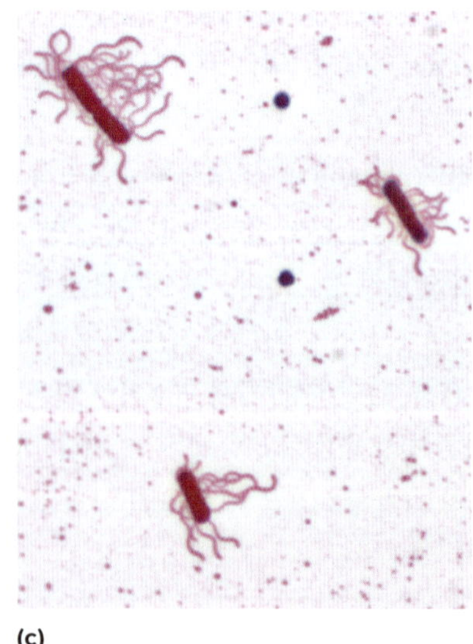
(c)

그림 3.38 편모의 분포. 광학현미경으로 관찰한 편모의 다양한 양상이다. (a) *Pseudomonas aeruginosa*-단성편모, (b) *Comamonas terrigena*-군모성편모, (c) *Bacillus cereus*-주모성편모이다. (a) Lisa Burgess/McGraw Hill; (b) R. E. Weaver, MD, PhD/CDC; (c) Dr. William A. Clark/CDC

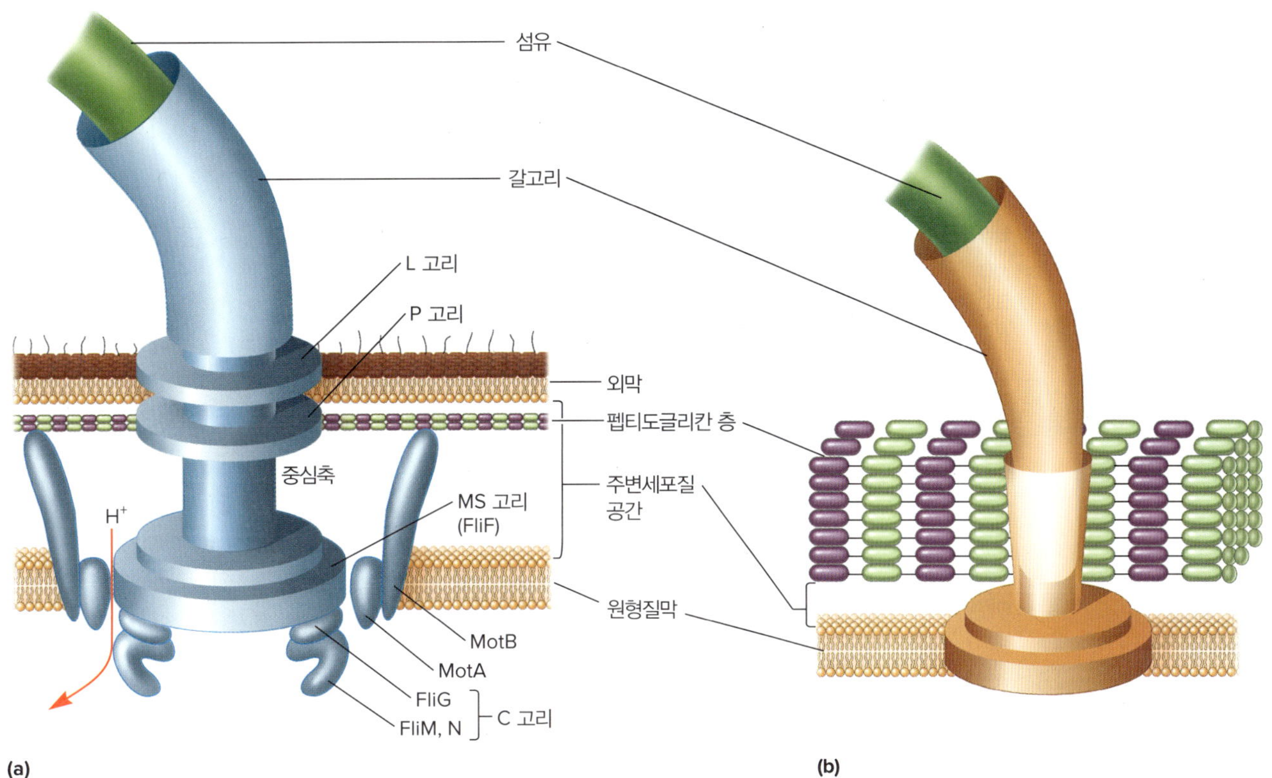

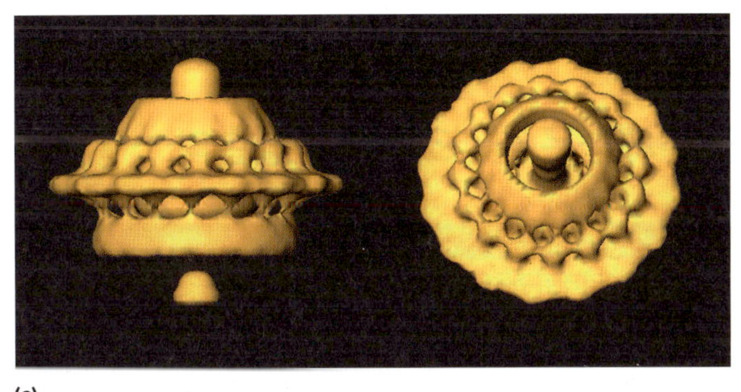
(c)

그림 3.39 세균 편모의 미세 구조. (a) 그람음성균 편모이다. 중요한 단백질 성분 중 일부를 나타내고, 화살표는 회전을 유도하는 양성자의 흐름을 나타낸다. (b) 그람양성균의 기저체와 갈고리의 구성성분이다. (c) 편모 모터의 3차원 전자동결단층을 재구성한 그림이다. (c) Gavin Murphy/Nature/Science Source

세균에는 한쪽 또는 양쪽 끝에 편모가 무더기로 있다(그림 3.38b). **주모성편모**(peritrichous: 그리스어로 *peri*는 '주변'을 의미) 세균은 편모가 세균의 표면 전체에 균일하게 분포되어 있다(그림 3.38c).

투과전자현미경으로 관찰하면 세균의 편모가 3부분으로 이루어진 것을 볼 수 있다(**그림 3.39**). (1) 가장 길고 뚜렷하게 보이는 부분은 **섬유**(filament)로, 이는 세포의 표면에서 편모 끝까지 뻗어 있다. (2) **기저체**(basal body)는 세포외피에 삽입되어 있으며, (3) 짧고 구부러진 **갈고리**(hook)가 섬유를 기저체와 연결하고 구부릴 수 있는 연결 부위의 역할을 한다.

섬유는 속이 비어 있는 견고한 실린더 형태로 **플라젤린**(flagellin)이라는 단위 단백질로 이루어져 있고, 분자량은 세균 종에 따라 30,000~60,000 달톤(dalton) 정도이다. 섬유의 끝에는 고깔형성 단백질(capping protein)이 있다. 일부 세균은 편모를 둘러싸는 겉껍질을 가지고 있다. 예를 들어, *Vibrio cholerae*는 지질다당류로 된 껍질층을 가지고 있다.

갈고리와 기저체는 섬유와 상당히 다르다(그림 3.39). 갈고리는 섬유보다 폭이 약간 더 넓으며, 다른 단백질 소단위로 이루어져 있다. 기저체는 편모에서 가장 복잡한 부분이다. 대부분의 그람음성균의 기저체는 L, P, MS, C의 4개의 고리(ring)가 중심대에 연결되어 있다(그림 3.39a). L, P, MS 고리는 각각 지질다당류(lipopolysaccharide), 펩티도글리칸(peptidoglycan), 원형질막(plasma membrane)에 박혀있고, C 고리는 MS 고리의 세포질 쪽에 있다. 그람양성균은 원형질막에 연결된 안쪽 고리와 펩티도글리칸에 부착된 외부 고리인 단 2개의 고리만 가지고 있다(그림 3.39b).

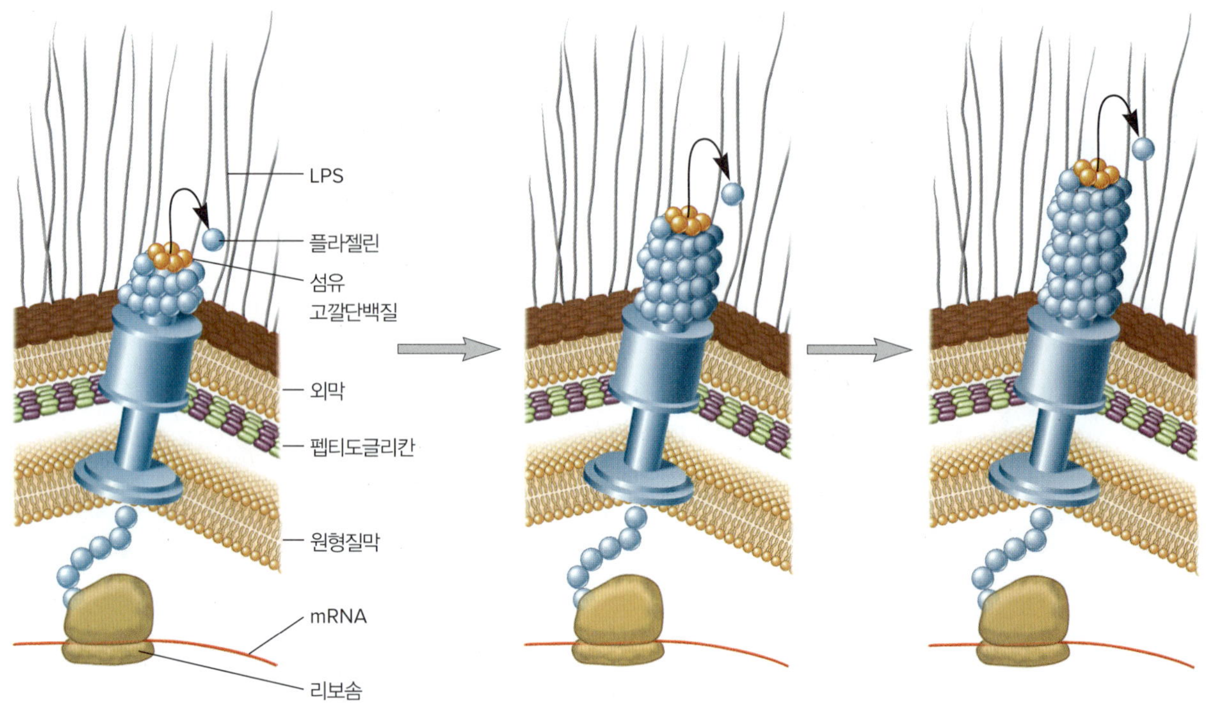

그림 3.40 편모 섬유의 끝부분에서 신장. 편모의 소단위체는 비어 있는 편모의 중심부를 따라 이동하여 신장되고 있는 끝부분에 부착된다. 이들의 부착은 섬유고깔단백질에 의해 지시된다.

연관 질문 편모의 신장은 선모의 신장과 어떻게 다른가?

세균의 편모 합성은 20개 이상의 서로 다른 단백질이 관여된 복잡한 과정이다. 플라젤린 외에도 10개 이상의 갈고리와 기저체 단백질이 존재한다. 편모의 구조나 기능 조절에 관여하는 단백질들도 있다. 편모의 많은 구성성분이 세포외피 바깥쪽에 위치하므로 조립되려면 세포 밖으로 운반되어야 한다. 각각의 편모 소단위체는 섬유내부의 빈 중심부를 통해 이동한다. 운반된 소단위가 편모 끝에 도달하면 섬유 고깔(cap)이라 불리는 단백질의 방향에 따라 소단위들이 자발적으로 모인다. 따라서 편모는 기저부에서가 아니라 끝 부위에서 자란다(**그림 3.40**). S-층 형성과 마찬가지로 섬유 합성은 효소나 다른 요인의 도움없이 발생하는 **자기조립**(self-assembly)의 예이다.

마무리 점검

1. 핌브리아와 성선모의 기능은 무엇인가?
2. 세균에서 관찰되는 여러 가지 편모의 분포 양상을 설명하는 데 사용되는 용어는 무엇인가?
3. 자기조립이란 무엇인가? 편모의 섬유가 자기조립 방식으로 조립되는 것이 왜 합리적인가?

3.9 세균은 환경조건에 반응한다

이 절을 학습한 후 점검할 사항:

a. 편모의 수영과 유주운동, 스피로헤타 편모운동, 연축운동, 활주운동을 비교할 수 있다.
b. 편모운동에 필요한 에너지 공급원에 대하여 설명할 수 있다.
c. 세균의 질주와 구르기의 빈도가 어떻게 세균의 이동을 결정하는지 설명할 수 있다.

3.8절에서 설명한 것처럼 세균의 외피 밖으로 돌출된 여러 구조는 운동성에 관여한다. 세균에서 발견되는 5가지 주요 운동 방법은 다음과 같다. 편모에 의한 수영, 유주행동(swarming), 스피로헤타의 나선운동, IV형 선모와 연관된 연축운동, 그리고 활주운동이다.

세균은 목적 없이 이동하지 않는다. 오히려 운동성은 당이나 아미노산과 같은 영양물질을 향해 이동하거나 유해물질과 세균의 노폐물을 피하는 데 사용된다. 화학 유인물질을 향하거나 혐오성 물질을 피해 운동하는 것을 **주화성**(chemotaxis)이라고 한다. 운동성 세균은 온도(주열성, thermotaxis), 빛(주광성, photoaxis), 산소(주기성, aerotaxis), 삼투압(주농성, osmotaxis), 자기장(주자성, magnetotaxis) 그리고 중력과 같은 환경신호에도 반응하여 이동할 수 있다.

편모운동

수영

세균 편모의 섬유는 견고한 나선으로, 이 나선이 선박의 프로펠러처럼 회전할 때 세균이 이동한다. 편모의 모터는 매우 빠르게 회전할 수 있다. 대장균의 모터는 초당 270회 회전하며, *Vibrio alginolyticus*는 초당 평균 1,100회 정도 회전한다. 물속에 사는 세균의 경우, 편모의 회전으로 2가지 유형의 운동이 발생한다. 하나는 부드럽게 수영하는 것 같은 운동으로 **질주**(run)라고 하며, 이로 인해 세포가 한 장소에서 다른 장소로 이동하게 된다. 또 다른 운동 유형은 **구르기**(tumble)로서, 세포가 방향을 바꿀 수 있게 하는 운동 유형이다. 주화성에서 설명하겠지만 질주와 구르기 운동을 번갈아 하는 것은 환경조건에 반응하는 데 중요하다. 질주가 될지 구르기가 될지는 종종 편모의 회전방향에 의해 결정된다. 예를 들어, 단성편모 세균은 극성편모가 시계반대방향으로 회전할 때 세포가 질주한다(**그림 3.41**). 편모의 회전방향이 반대로 바뀌면 세포는 구르기를 한다. 주모성편모 세균도 이와 비슷한 방법으로 움직인다. 질주할 때 앞으로 나아가기 위해서는 편모가 시계반대방향으로 회전한다. 이렇게 회전할 때 편모가 갈고리 부위에서 구부러져 세포를 앞으로 밀어내는 회전 묶음을 만든다. 편모가 시계방향으로 회전하면 이 묶음이 흩어지고 세포는 구르게 된다.

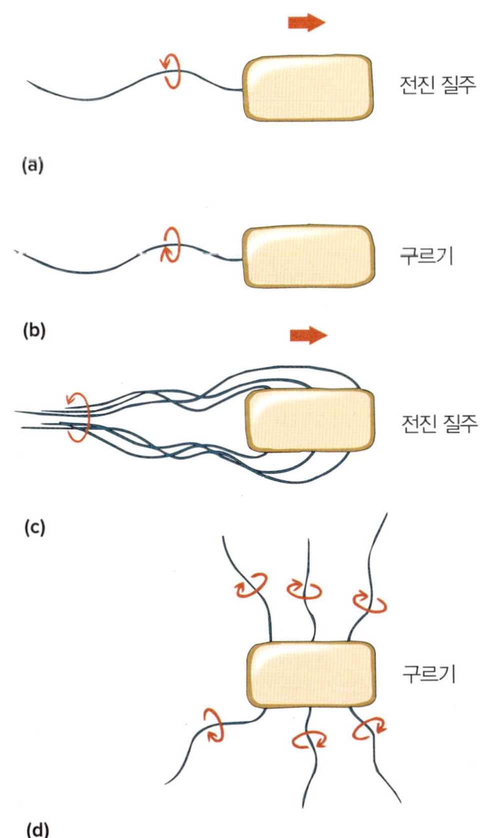

그림 3.41 편모의 회전방향은 세균의 이동방식을 결정한다. (a), (b) 단성편모와 극성편모를 가진 세균의 움직임을 보여준다. (c), (d) 주모성편모를 가진 세균의 움직임을 보여준다.

모든 세균이 수영을 위해 질주와 구르기 운동을 이용하는 것은 아니다. 예를 들어, *Cereibacter sphaeroides* 세포는 단일 편모를 한 방향으로 회전하기(질주)와 회전 멈추기를 번갈아 함으로써 **질주–정지**(run-stop)라고 일컫는 운동을 한다. 세포가 운동을 멈추면 주변에 있는 분자가 세포에 충격을 주어 방향을 약간 변화시킨다. 다시 질주를 재개하면 새로운 방향으로 움직이게 된다. 또 다른 유형의 수영은 단성편모 세균인 *Vibrio alginolyticus*에서 볼 수 있다. 이 세균은 **질주–후진–방향전환**(run-reverse-flick) 운동을 이용한다. 편모가 한 방향으로 회전하면 앞쪽으로 수영(질주)하고, 반대로 회전하면 뒤로 이동한다(후진). 질주하기 위해 회전방향을 다시 바꾸면 편모가 튕겨지며, 그 결과 세포는 방향을 전환해 새로운 방향으로 이동하게 한다.

편모의 회전을 일으키는 모터는 편모의 기저체에 있다(그림 3.39c). 모터가 만들어낸 회전력은 갈고리와 섬유로 전달된다. 모터는 2가지 구조물, 즉 움직이는 부위인 축차(rotor)와 움직이지 않는 구조인 고정자(stator)로 이루어져 있다. 축차가 전자석인 고정자 고리의 중심에서 회전하는 전기 모터와 같은 기능을 하는 것으로 생각된다. 그람음성균에서 축차는 중심축과 4개의 고리로 이루어져 있다(그림 3.39a). C 고리단백질인 FliG는 고정자와 상호작용하므로 특히 중요하다. 고정자는 MotA와 MotB 단백질로 이루어져 있으며, 이들 2가지 단백질은 원형질막을 통과하는 통로를 형성하고 있다. MotB는 MotA를 세포벽의 펩티도글리칸에 고정한다.

모든 모터가 그렇듯이 편모의 모터 또한 회전력을 생성하고 편모의 회전을 일으킬 힘이 필요하다. 대부분의 편모 모터가 사용하는 힘은 원형질막을 가로지르는 전하와 pH의 차이다. 이 차이를 양성자구동력(proton motive force, PMF)이라고 부른다. PMF는 주로 생명체의 대사활동으로 생겨나며, 이에 대해서는 11장에서 다룰 것이다. 세포가 수행하는 한 가지 중요한 대사과정은 전자전달사슬(electron transport chain, ETC)이라 불리는 전자수송체의 사슬을 통해 전자공여체로부터 전자수용체로 전자를 전달하는 것이다. 세균에서 ETC의 구성요소는 대부분 원형질막에 위치한다. 전자가 ETC를 따라 이동함에 따라 양성자가 세포질에서 세포 밖으로 운반된다. 세포 안쪽보다 바깥쪽에 양성자가 더 많기 때문에, 바깥쪽은 양전하를 띠는 이온(양성자)을 더 많이 갖게 되고 pH가 낮아진다. 양성자구동력은 일을 수행하는 데 사용할 수 있는 일종의 위치에너지이다. 편모회전과 같은 기계적인 일과 세포 안팎으로의 물질수송(3.3절), 세포의 주요한 에너지 화폐인 ATP 합성과 같은 화학적인 일 등 다양한 일을 하는 데 사용된다. ◀ 전자전달사슬(11.4절)

양성자구동력은 어떻게 편모 모터가 작동하게 하는가? MotA와 MotB 단백질에 의해 만들어진 통로는 양성자가 세포 바깥쪽에서 세포 안으로 원형질막을 가로질러 이동하게 할 수 있게 한다(그림 3.39a). 따라서 양성자는 전하와 pH의 농도구배를 따라 이동한다. 이러한 이동은 편모가 회전하는 데 필요한 에너지를 방출한다. 양성자가 통로로 들어오는 것은 사람이 회전문으로 들어가는 것과 본질적으로 유사하다. 양성자의 '힘'은 회전문을 미는 사람처럼 회전력을 발생시킨다. 실제로 편모의 회전 속도는 양성자구동력의 크기에 비례한다.

편모는 매우 효과적인 수영장치이다. 세균의 관점에서 보면 주변의 물이 당밀처럼 끈적거리기 때문에 수영하기가 매우 힘들다. 세균은 와인 따개 모양의 편모를 이용해 물을 헤쳐나가야 하며, 만약 편모가 활동을 중지하면 세균의 움직임은 바로 멈춘다. 이러한 주변의 저항에도 불구하고 세균은 초당 10~100 μm를 움직일 수 있다. 수영 속도에 영향을 미치는 한 가지는 세포 형태이다. 곡선형태의 세포는 막대형태보다 마찰저항이 적은 코르크 따개 운동으로 움직인다.

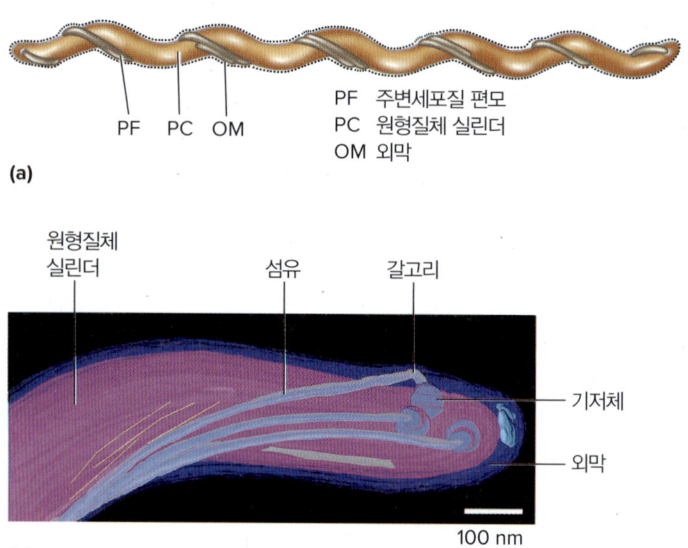

그림 3.43 스피로헤타 편모. (a) 수많은 편모가 스피로헤타의 각 말단에서부터 생성된다. 이들 편모는 서로 꼬여 세포 주위를 둘러싸며, 중간에서 겹쳐진다. (b) 세포 말단에서 나온 3개의 편모를 보여주는 스피로헤타 *Treponema denticola*를 전자동결단층촬영한 그림이다. Jacques Izard

유주행동

유주행동의 운동(swarming motility)은 세포가 물기가 있는 표면을 가로질러 이동하는 집단행동 방식이다. 유주행동은 세포가 식물뿌리나 우리 몸의 특정 조직에서 모여 자라게 한다. 무리를 짓기 위해서는 편모가 필요하며, 무리를 지어 사는 세균은 주로 주모성편모를 가진다. 무리를 짓기 위해서는 더 많은 움직임이 필요하기 때문에 세포당 편모의 수를 증가시키기도 한다. 또한 이동이 용이하기 위해 기질의 표면장력을 낮추는 화학물질인 계면활성제를 생산하기도 한다. 무리를 이루는 세균을 실험실에서 적절한 고체배지 위에 배양하면 특징 있는 모양의 집락을 형성한다(**그림 3.42**).

그림 3.42 유주행동을 하는 세균은 고체 성장 배지에서 독특한 양상을 만든다. 이들 세균은 배양접시의 중심부로부터 무리를 지어 이동하며, 수상돌기라고 불리는 나뭇가지 무늬를 형성한다. Dr. Daniel Kearns

스피로헤타 운동

스피로헤타 운동은 파도 모양의 세포 형태로 설명할 수 있다. 스피로헤타 운동은 세포의 양쪽 끝에서 나온 주변세포질 편모에 의해 발생하며, 이 편모는 세포 주위를 휘감고 있지만, 세포벽내부에 있다(**그림 3.43**). 이 내편모(endoflagella)는 다른 세균의 외부 편모처럼 회전하여 코르크 따개 형태의 외막을 회전하게 하고 이를 통해 세포를 이동시킨다. 병원성 스피로헤타의 경우 단단한 신체 조직을 나선형으로 통과하고, 주변세포질에 위치한 편모는 면역체계를 피하는데 도움을 준다. ▶| Spirochaetota 문(20.6절)

연축운동과 활주운동

연축운동과 활주운동은 세포가 단단한 표면에 있을 때 일어난다. 그러나 유주행동과는 달리 2가지 운동 모두 편모가 관여하지 않는다. 활주운동은 속도(분당 2~600 μm 이상)와 운동 특성에 따라 매우 다양하다. 100여 년 전에 세균의 활주운동이 처음 관찰되었지만, 그 기전은 여전히 잘 모른다. *Flavobacterium* 종과 *Mycoplasma* 종의 활

주운동에 대해서는 20장과 22장에서 자세히 다룰 것이다. ▶| Bacteroidota 문에는 중요한 장 미생물총이 포함되어 있다(20.7절); Mycoplasmatales 목(22.2절)

이 장에서는 연축운동과 활주운동을 모두 하는 *Myxococcus xanthus*에 대해 설명하고자 한다. 이 세균의 연축운동은 많은 세포가 조화롭게 함께 이동할 때 일어나므로 사회적(social, S) 운동이라고 불린다. **연축운동**(twitching motility)은 물기가 많은 표면에서 일어나는 짧고 간헐적인 운동으로 수 μm의 거리를 급격하게 움직이는 특징이 있다. IV형 선모는 연축운동을 하는 중에 확장과 수축을 반복하면서 세균을 이동시킨다. 확장된 선모가 세포 몸체로부터 약간 떨어진 지점의 표면과 접촉한 뒤, 선모가 수축하면 세포가 앞으로 끌려나간다. ATP의 가수분해가 확장과 수축과정에 필요한 에너지를 제공한다.

연축운동이 급격한 운동인데 반해 **활주운동**(gliding motility)은 부드럽고, 다른 기관이 필요하지 않다. *Myxococcus xanthus*에서 볼 수 있는 활주운동은 탐구적(adventurous, A) 운동이라 불리며 하나의 세포가 독립적으로 움직일 때 관찰된다. *M. xanthus*의 경우, 편모의 모터단백질인 MotA, MotB와 유사한 단백질이 활주운동의 모터로 작용하며, 이들 또한 양성자구동력으로 동력을 얻는다. 이들 단백질은 편모의 모터처럼 원형질막에 위치한다. 운동에 필요한 다른 단백질들은 주변세포질과 외막에 위치하여 독립적으로 움직인다. 이들 단백질 복합체 전체가 세포외피 전체에 걸쳐 일렬로 정렬될 때만 세포를 추진시킬 수 있는 기계적 힘을 발휘할 수 있다. 세포 표면의 부착(adhesin) 단백질이 압축되고 기질 위에서 미끄러지면서 세포의 몸체를 앞으로 밀어낸다. ▶| Bdellovibrionota와 Myxococcota 문: 세균의 포식자(20.10절)

주화성

바다에서 운동하는 세균을 상상해보자. 빛, 산소 및 영양분의 수준은 물속에서 어느 위치에 있는지에 따라 다르다. 이러한 환경요인들은 또한 존재하는 생명체의 활동으로 인해 시간이 지남에 따라 달라진다. 물속에서 가장 유리한 위치를 확보하기 위해서, 세균은 환경의 변화를 감지하고 그에 따라 움직여야 한다. 앞서 설명하였듯이 세균은 빛과 산소를 포함한 다양한 자극에 **수성**(taxis)을 보인다. 세포가 화학적 유인물질이 있는 방향으로 이끌려가거나 화학적 배척물질로부터 달아나는 운동을 **주화성**(chemotaxis)이라고 하며 이는 가장 연구가 잘 된 유형이다. 주화성은 배양접시에서 쉽게 관찰할 수 있다. 세균을 유인물질이 들어있는 반고체의 한천 배양접시 중앙에 두면, 세균은 그 부위의 영양물질을 다 사용하고 유인물질의 농도구배를 따라 점점 바깥쪽으로 이동한다. 그 결과 세균의 집락은 점점 커질 것이다. 세균이 들어있는 반고체 배양접시에 작은 원반 형태의 기피물질을 올려놓으면, 세균이 기피물질을 피하고자 원반으로부터 달아나 원반 주위에 투명한 영역이 형성된다.

유인물질과 기피물질은 **화학수용체**(chemoreceptor)에 의해 감지된다. 화학수용체는 화학물질과 결합하는 단백질로 화학감지체계에 관여하는 다른 구성요소에 신호를 전달한다. 원형질막에 위치하는 화학감지체계는 매우 민감하여 세균이 낮은 농도(일부 당의 경우는 약 10^{-8} M까지)의 유인물질에도 반응하게 한다. 또한, 일부 수용체는 세포 안으로 당을 수송하는 초기 단계에 참여한다.

대장균의 주화성에 대해서는 많이 연구되었기 때문에, 이 장에서 이를 중점적으로 알아보고자 한다. 세균의 움직임은 추적현미경(tracking microscope)을 이용해 조사할 수 있다. 추적현미경에는 움직이는 재물대가 장착되어 있어 개별 세균의 움직임을 자동으로 추적 관찰할 수 있다. 화학물질의 농도구배가 없으면 대장균은 방향성 없이 무작위로 움직이며, 질주와 구르기를 반복한다. 질주하는 동안 세균은 직선으로 또는 약간의 곡선을 그리며 수영하다가, 몇 초 후 수영을 멈추고 구르기를 한다. 구르기는 세균이 무작위로 방향을 잡게 하므로 대부분 다른 방향을 향하게 한다. 따라서 세균이 다음 질주를 시작할 때는 통상 다른 방향으로 가게 된다(**그림 3.44a**). 반면에 유인물질에 노출되면, 세균이 유인물질을 향해 이동할 때 구르기가 자주 일어나지 않는다(혹은 질주를 더 길게 한다). 구르기는 여전

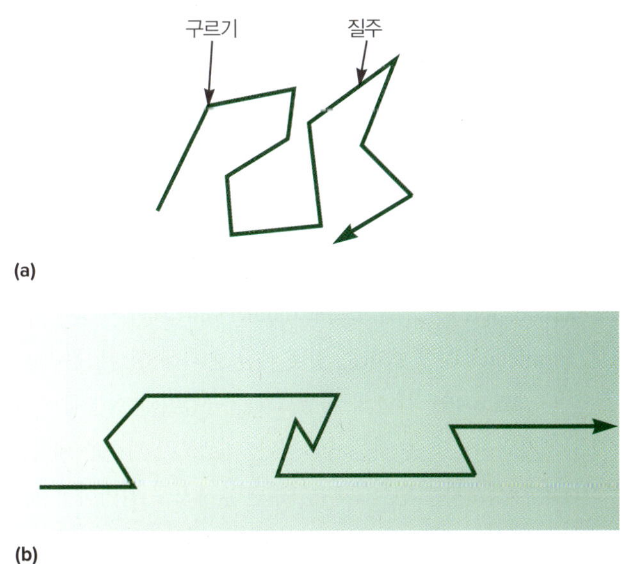

그림 3.44 구르기와 질주는 세균이 화학 유인물질을 향해 이동할 때 사용된다. (a) 농도구배가 없는 조건에서의 무작위 운동이다. 구르기 빈도가 상당히 일정하게 나타난다. (b) 유인물질의 농도구배가 있을 때의 운동이다. 세균이 유인물질의 농도가 높은 곳으로 이동하는 경우 구르기 빈도가 낮아진다. 따라서 유인물질의 농도가 높은 방향으로의 질주는 길어진다.

히 세균을 유인물질로부터 멀어지게 하지만 시간이 지남에 따라 세균은 유인물질에 점점 가까워진다(그림 3.44b). 기피물질일 경우에는 이와 반대 반응이 일어난다. 세균이 기피물질로부터 멀어질 때는 구르기 빈도가 줄어든다(질주 시간은 길어짐).

세균의 수영은 화학물질 농도의 순간적인 변화로 결정된다. 세포는 화학물질의 현재 농도와 몇 초 전의 농도를 비교할 수 있다. 유인물질의 농도가 증가하고 있으면 구르기가 억제된다. 마찬가지로 대장균이 기피물질로부터 멀어지는 것은 기피물질의 농도가 감소하고 있음을 감지하기 때문이다. 이 과정에서 세균의 화학수용체가 중요한 역할을 한다. 대장균이 화학물질의 농도 차이를 감지하고 적절히 반응할 수 있게 하는 분자적인 반응은 14장에서 다룰 것이다.

마무리 점검

1. 편모가 세균을 움직이게 하는 작동 방법을 설명하시오.
2. 수영은 유주행동과 어떻게 다른가?
3. 세균이 어떻게 영양물질에는 끌리고 독성물질은 피해 움직이는지 설명하시오.
4. 주화성이 때로는 "편향된 무작위 걷기"로 불리는 이유를 제시하시오.

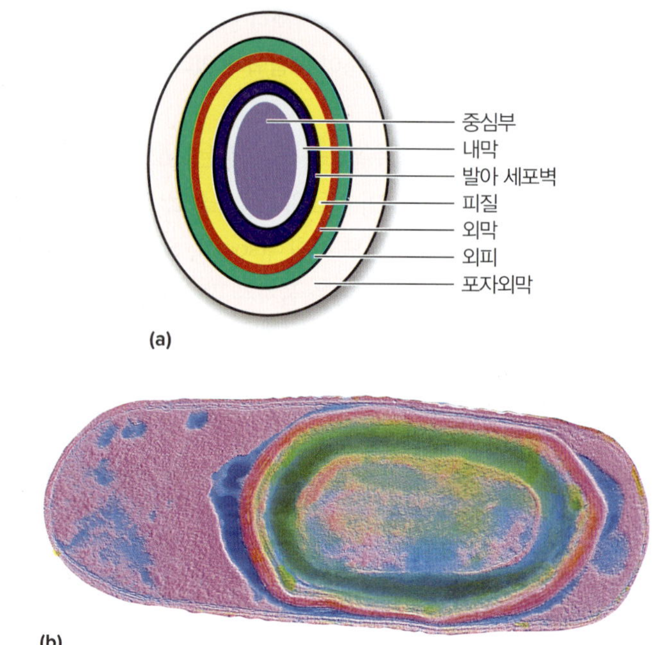

그림 3.45 세균의 내생포자. (a) 내생포자의 다양한 층을 보여주는 모식도이다. 이해를 높이기 위해 각 층의 크기는 비율에 맞게 그리지 않았다. (b) 포자형성 과정이 진행 중인 *Bacillus subtilis* 세포의 채색된 단면이다. 중앙에 있는 타원형은 거의 성숙한 내생포자이다. 성숙이 되면 모세포가 포자를 방출하기 위해 용해된다. CNRI/Science Source

3.10 세균의 내생포자는 생존 전략이다

이 절을 학습한 후 점검할 사항:

a. 세균의 내생포자 구조에 대해 설명할 수 있다.
b. 내생포자가 왜 식품산업에서 특별한 관심의 대상이 되는지, 내생포자-형성 세균이 왜 주요한 모델 생명체인지 설명할 수 있다.
c. 포자형성 과정을 설명할 수 있다.
d. 환경 스트레스에 저항성을 갖게 하는 내생포자의 특성을 설명할 수 있다.
e. 내생포자가 활성 있는 영양세포로 전환되는 3단계를 설명할 수 있다.

내생포자(endospore)는 소위 모세포(mother cell) 내에 형성된 휴면세포로서, Firmicutes 문에 속하는 몇몇 세균에 의해 생성되는 매력 있는 구조이다(**그림 3.45**). 세균의 내생포자를 곰팡이와 식물에 의해 만들어지는 포자와 구분하는 것은 중요하다. 내생포자 과정은 세균이 세포당 하나의 내생포자를 만들고 나중에 단일 세포로 발아하기 때문에 세포 수가 증가하는 것은 아니다. 이와 반대로 곰팡이와 식물은 번식을 위해 많은 수의 포자를 생산한다. 세균의 내생포자형성은 영양소 고갈에 대한 반응으로 내생포자는 생명체의 휴면 단계를 나타낸다.

미생물학자들이 내생포자에 대해 오랜기간 관심을 가져온 데에는 여러 이유가 있다. 주된 이유는 내생포자가 열, 자외선, 감마선, 화학살균제 및 건조 등과 같은 환경 스트레스에 엄청나게 저항력이 강하다는 것이다. 실제로 어떤 내생포자는 약 2억 5천만 년 동안 생존할 수 있었다. 또 다른 주요 이유는 내생포자형성 세균 중 일부 종은 위험한 병원체라는 점이다. 예를 들어, *Clostridium botulinum*은 보툴리누스중독을 초래한다. 보툴리누스중독은 가장 치명적인 독소로 알려진 보툴리누스 독소를 섭취할 경우 발생하는 식품유래 질병이다. *C. botulinum* 내생포자의 열에 대한 극한 내성은 식품산업에 있어 주요 관심사이다. 의학적으로 중요한 내생포자형성 세균으로는 *B. anthracis*(탄저병 유발)와 *C. tetani*(파상풍 유발), *C. perfringens*(가스괴저와 식중독 유발), 그리고 *Clostridioides difficile*(대장염 유발)이 있다. 내생포자는 또한 복잡한 구조와 포자가 형성되는 복잡한 과정으로 인해 과학자들에게 큰 관심을 받고 있다. 수십년간 미생물학자들은 내생포자와 내생포자형성에 관해 다음과 같은 의문을 가졌다. (1) 내생포자형성을 유발하는 것은 무엇인가? (2) 내생포자형성은 어떠한 단계를 거치며 이 과정은 어떻게 조절되는가? (3) 내생포자는 영양세포와 구조적으로 어떻게 다른가? (4) 내생포자가 혹독한 환경조건을 견뎌낼 수 있는 것은 무엇 때문인가? (5) 내생포자는 어떻게 다시 영양세포로 돌아가는가? 3.10절에서는 이 질문들에 대한 답을 알아보고, 14장에서는 포자형성 조절에 대해 알아보고자 한다.

▶| *B. subtilis*의 포자형성(14.6절)

포자형성: 내생포자형성

내생포자형성 세균은 토양에 흔하게 존재하며 토양 속 양분의 양이 변화하는 것을 잘 견뎌낼 수 있다. **포자형성**(sporulation)은 양분이 결핍되어 성장이 멈추면 시작된다. 따라서 포자형성은 세균이 이용할 양분이 다시 공급되어 영양성장을 재개할 수 있을 때까지 휴면세포를 만드는 생존 전략이다. 이들 세균은 영양성장과 내생포자로 생존이라는 2가지 상태 사이를 순환한다. 영양성장은 성장과 분열을 정상적이고 연속적으로 하는 주기이다. 반면에 포자형성 과정은 몇 시간에 걸쳐 매우 고도화된 방식으로 일어나는 복잡한 과정이다. 성숙한 내생포자는 모세포(포자낭으로 불림) 안의 특정 부위에 위치하며, 그 위치는 종에 따라 다르다. 내생포자는 포자낭의 중심부에 위치하거나 말단부 근접 부위(아말단)에 혹은 아주 끝부분에 위치하기도 한다(**그림 3.46**). 때로는 내생포자가 너무 커서 포자낭이 부풀어 오르기도 한다. 포자를 형성하는 세균 중 가장 잘 연구된 세균은 *Bacillus subtilis*이며, 이는 중요한 모델 생물이 되었다.

전자현미경은 내생포자 구조를 살펴보기 위한 중요한 도구이다. 전자현미경 사진은 내생포자가 여러 층으로 둘러싸인 중심부로 구성되어 있음을 보여준다(그림 3.45b). 중심부는 리보솜과 핵양체와 같은 정상적인 세포 구조를 가지고 있지만 수분 함량은 낮다.

내생포자의 구조를 자세히 알아보기 위해 그 형성 과정을 살펴보도록 하자. 내생포자를 형성하는 세균은 두꺼운 펩티도글리칸(peptidoglycan, PG)층으로 둘러싸인 원형질막인 그람양성(단일막세균) 세포벽을 가지고 있다. 영양생장에서 내생포자형성으로의 전환은 나란히 있는 2개의 세포가 다른 하나는 삼키는 세포로 전환하는 것을

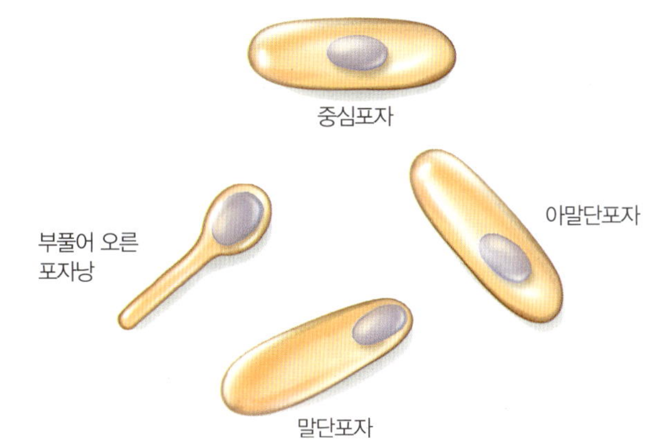

그림 3.46 내생포자의 위치와 크기를 보여주는 예시.

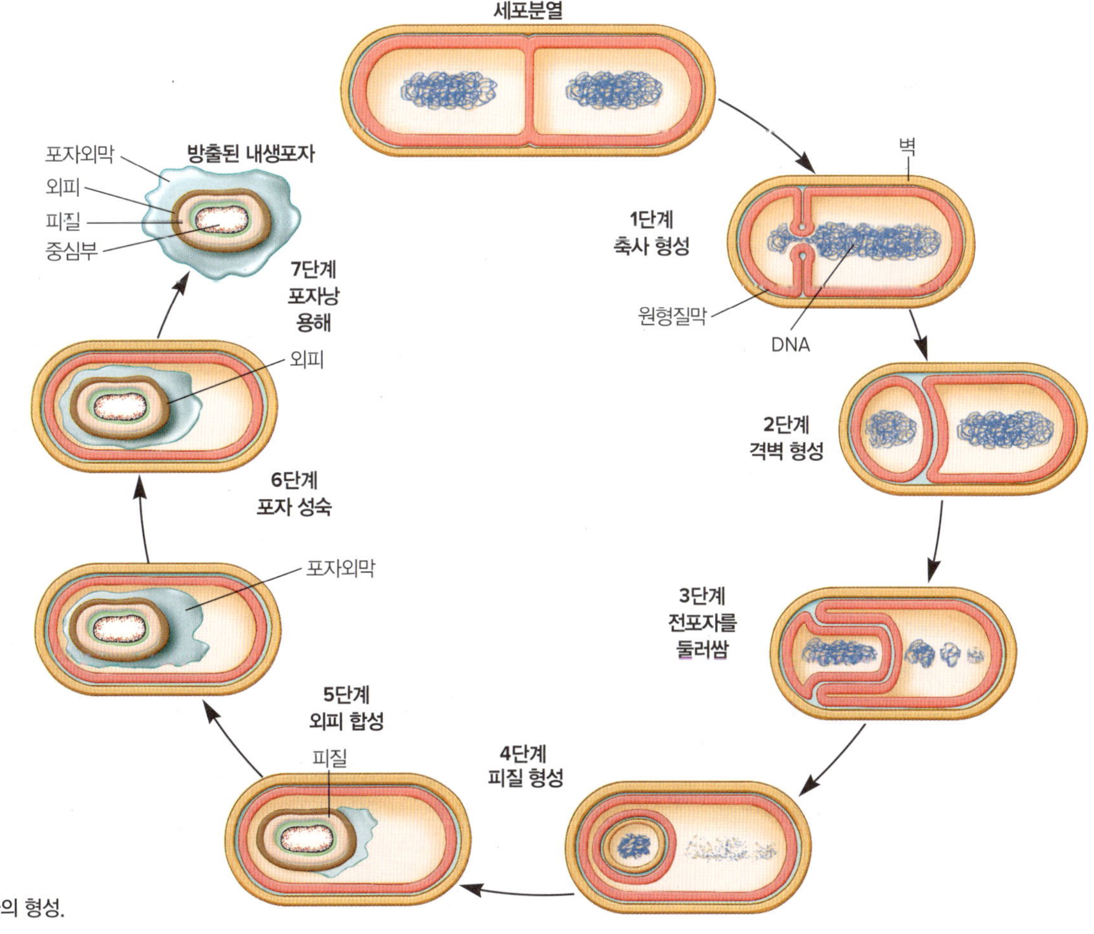

그림 3.47 내생포자의 형성.

포함한다. 이 두 세포에서 세포외피의 접힘과 배열은 내생포자가 여러 층을 가지게 한다.

포자형성은 *Bacillus subtilis*에서 7단계로 나누어진다(**그림 3.47**). 세포의 염색체가 복제되고 세포분열이 일어난다(1단계). 분할 격벽은 세포의 중심이 아닌 한쪽에 치우쳐서 생성되고 2개의 불균등한 세포가 생성된다(2단계). 작은 것을 **전포자**(forespore)라고 하며 이후 내생포자가 된다. 더 큰 세포는 내생포자를 구성하는데 도움을 주며 **모세포** 또는 **포자낭**이라고 한다. 내생포자의 중심부에는 전포자의 세포질이 있고 이를 둘러싸는 원형질막을 **내막**(inner membrane)이라고 한다. 따라서 내생포자의 중심부에는 리보솜, 단백질과 작은 분자들을 포함하는 세포질과 염색체가 존재한다. 중심부는 또한 세포질의 탈수를 담당하는 칼슘(**ca**lcium)과 디피콜린산(**dip**icolinic **a**cid) 복합체(Ca-DPA)를 축적한다.

격벽이 형성된 후, 모세포막은 **외막**(outer membrane)이라고 하는 두 번째 막에서 전포자를 삼키기 위해 계속 성장한다(3단계). 여기서 외막은 그람음성 세포의 외막과 용어가 같지만, 두 막은 전혀 다르다. 전포자와 모세포막 사이에서 펩티도글리칸이 형성된다(4단계). 이때 펩티도글리칸은 영양세포의 세포벽과 화학적으로 유사하다. 외부층인 피질(cortex)에는 교차결합이 적은 펩티도글리칸으로 구성된다. 이러한 펩티도글리칸층은 중심부가 탈수될 때 삼투압에 대응하는 데 중요하다.

외막 바깥쪽에는 고도로 교차결합된 80개 이상의 서로 다른 단백질로 구성된 복잡한 구조의 외피(coat)가 있다. 5단계에서 외피 단백질은 모세포에서 합성되어 전포자 표면에 위치한다. 6단계에서는 지속적인 탈수를 통해 전포자의 저항성 능력을 증가시켜, 물리적 및 화학적 손상에 치명적인 피해를 입지 않도록 한다. 마지막으로 7단계에서는 모세포의 포자낭이 용해되어 성숙된 내생포자를 방출시킨다. 일부 종에서 내생포자는 얇은 당단백질 덮개인 **포자외막**(exosporium)으로 둘러싸인다. 포자외막은 소수성이어서 내생포자가 표면에 부착하게 한다.

내생포자의 저항성

내생포자가 열, 방사선, 해로운 화학물질로부터 살아남으려면 효소와 DNA가 손상되어서는 안 되는데, 내생포자의 다양한 층은 이러한 저항성에 기여한다. 조밀한 단백질 외피는 화학물질과 리소자임과 같은 용해효소로부터 포자를 보호한다. 내막은 DNA 손상을 유발하는 물질을 포함한 여러 가지 화학물질에 대해 불투과성이다. 중심부는 수분 함량이 매우 낮고 디피콜린산이 칼슘 이온과 복합된 Ca-DPA가 매우 많으며 pH가 약간 낮은데, 이러한 상태는 포자가 나쁜 환경에 저항성을 갖게 한다. 특히 낮은 수분 함량이 내생포자의 저항성에 중요한 것으로 보인다. 중심부에 있는 수분의 양은 내부에 있는 효소와 단백질이 회전하지 못할 정도로 충분히 낮다. 하지만 단백질 변성이 완전히 일어나지 않는 것은 아니다. 효소와 단백질들의 고정화(immobilization)가 이들이 상호작용을 하고 서로 얽히는 것을 방지하는 것으로 생각된다. 따라서 단백질과 효소는 변성이 될 수 있지만, 내생포자가 발아할 때 활성이 있는 적절한 구조로 다시 접힐 수 있다. 내생포자의 DNA는 2가지 주요 기전에 의해 보호된다. Ca-DPA 복합체가 DNA의 질소염기 사이에 삽입되어 DNA를 안정화하는 데 도움을 준다. 또한, 산성용액에 용해되는 작은 DNA 결합단백질(small, acid-soluble DNA-binding proteins, SASP)이 내생포자 DNA를 포화시킨다. SASP는 내생포자 중심부에 있는 DNA의 3차원 구조를 변형시켜 일반적인 B형을 A형으로 전환시킨다. A형 DNA는 자외선(UV)에 의한 손상에 덜 민감하며, 이로 인해 내생포자가 UV에의 노출을 견딜 수 있는 듯하다. ▶| DNA는 데옥시리보뉴클레오티드의 중합체이다(13.2절)

내생포자의 영양세포로의 전환

휴면 상태의 포자가 활성을 지닌 영양세포로 전환되는 과정은 포자형성 과정 못지않게 복잡하다. 이 과정은 (1) 활성화, (2) 발아, (3) 성장의 3단계에 걸쳐 일어난다. 활성화 과정은 포자가 발아를 위해 준비하는 과정이며 짧은 열처리 등의 결과로 나타날 수 있다. 이때 발아 단백질이 구조적으로 변화를 일으킨다. 그 이후 포자의 휴면 상태를 깨우는 **발아**(germination) 과정이 뒤따른다. 이 과정은 발아수용체로 불리는 내막에 존재하는 단백질이 당이나 아미노산 같은 작은 분자를 감지할 때 시작된다. 활성화된 수용체는 Ca-DPA 복합체의 방출, 수분 흡수를 유발한다. 이때 피질에 있는 펩티도글리칸이 분해되어 중심부가 더 확장되고 물을 받아드린다. 이 결과, 발아하는 포자 내의 수분 함량이 영양세포의 특성에 맞게 증가하고 중심부에 있는 효소들이 활성화된다. 이로 인해 포자는 성장에 필요한 다양한 분자들을 합성하고 영양단계로 되돌아간다. 일부 종의 내생포자는 발아 시에 질병이나 독소 생성을 초래하기 때문에 발아 수용체를 차단함으로써 발아를 억제하는 것이 주요 연구 분야가 되고 있다.

마무리 점검

1. 세균의 내생포자 구조를 그림을 그려 설명하시오.
2. 내생포자의 형성과 발아 과정을 간략하게 기술하시오. 내생포자는 어떤 면에서 중요한가?
3. 내생포자의 어떠한 특성이 내생포자로 하여금 열악한 환경에 저항성을 갖게 하는가?

요약

3.1 원핵생물이라는 용어 사용에 대해 논란이 있다.

- 세균과 고균은 서로 연관이 있으며 공통된 세포 구조를 갖는다. 그러나 세균과 고균은 서로 다른 독특한 특성과 진화적 계보를 가지고 있다.

3.2 세균은 다양하지만 몇 가지 공통점을 가지고 있다

- 막대형(bacilli)과 구형(cocci)은 가장 일반적인 세균의 형태이지만, 쉼표처럼 구부러진 모양(vibrio)이나 나선형(spirillum과 spirochaete), 섬유형(filamentous)도 있다. 이들은 자실체를 형성하기도 하며, 또한 특정 형태를 갖지 않는 것도 있다(다형성)(그림 3.1, 그림 3.2).
- 일부 세포는 분열한 다음 그대로 서로 붙어 쌍을 이루거나 사슬 모양으로 연결되어 있기도 하며, 많이 모여 다양한 크기와 형태를 갖기도 한다.
- 자주 관찰되는 세균 세포의 구조는 세포벽, 원형질막, 세포질, 세포외 소포, 핵양체, 선모, 봉입체, 협막, 리보솜, 편모이다(그림 3.6).

3.3 세균의 원형질막은 세포로 들어가고 나가는 물질을 조절한다

- 세포외피는 원형질막, 세포벽을 비롯한 그외 모든 층(예: 협막)으로 이루어져 있다.
- 세균의 원형질막은 반투과성 장벽으로 작용하고, 호흡과 광합성을 수행하며 외부 환경의 화학물질을 감지하고 이에 반응하는 등 여러 가지 역할을 수행한다.
- 세포막은 내재성 막단백질이 박혀있는 지질 이중층이다. 주변 막단백질은 막에 느슨하게 결합되어 있다(그림 3.7).
- 세균의 막은 글리세롤에 지방산이 에스테르 결합으로 연결된 인지질 이중층이다(그림 3.8). 세균의 막에는 변형된 지질 성분을 특징으로 하는 미세도메인이 있으며, 여기에서 큰 단백질 복합체들이 플로틸린에 의해 조립된다.
- 미생물은 에너지 보존과 생합성에 사용될 영양소가 필요하다. 다량영양소는 비교적 많이 필요한 영양소이고 미량영양소(미량원소)는 적은 양이 필요하다(표 3.1).
- 수동확산의 경우, 물질이 막을 관통해 자발적으로 이동한다. 이때 농도구배를 따라 농도가 낮은 쪽으로 이동하며 에너지가 필요하지 않다. 소수의 물질만이 수동확산에 의해 세포 안으로 들어간다.
- 수송단백질은 2가지 주요 유형, 즉 통로와 운반체로 나뉜다. 통로는 물질이 이동할 수 있는 구멍을 만들고, 운반체는 자신들이 막을 가로질러 물질을 운반한다.
- 촉진확산에서는 수송단백질(통로 혹은 운반체)이 농도가 낮은 쪽으로 물질이 이동하는 것을 돕는다. 이때 에너지는 필요하지 않다(그림 3.11). 세균에게 있어 촉진확산은 주요한 물질흡수 방법이 아니다.
- 능동수송계는 대사에너지와 운반단백질을 이용하여 농도에 역행하여 물질을 운반함으로써 물질을 농축한다. ATP는 1차 능동수송 종류인 ABC 수송체에 의해 에너지원으로 사용된다(그림 3.13). ABC 수송체는 한 가지 물질만 운반하는 단일수송체이다(하나의 물질만 수송함).
- 2차 능동수송에서는 이온의 농도 차가 용질의 흡수를 유도한다. 2차 능동수송은 공동수송(2가지 물질이 같은 방향으로 이동)이거나 역수송(2가지 물질이 서로 반대 방향으로 이동)이다(그림 3.12).
- 작용기 전달은 세균이 유기분자를 변형시키면서 운반하는 능동수송의 한 가지 유형이다(그림 3.14).
- 철(III) 이온과 결합하는 시데로포어의 분비로 인해 세균내에 철이 축적된다(그림 3.15).

3.4 세포벽은 많은 기능을 가지고 있다

- 대부분의 세균은 원형질막 바깥쪽에 세균의 형태를 유지해주고 삼투 스트레스로부터 보호해주는 세포벽을 가지고 있다.
- 세균의 세포벽은 화학적으로 복잡하며 통상적으로 펩티도글리칸을 가지고 있다(그림 3.16~그림 3.20). 그람양성균의 세포벽은 펩티도글리칸과 테이코산이 두껍고 균일하게 분포된 층을 가지고 있다(그림 3.21, 그림 3.22). 그람음성균의 펩티도글리칸층은 얇고, 지질다당체(LPS) 및 다른 성분으로 이루어진 복잡한 외막으로 둘러싸여 있다(그림 3.23, 그림 3.24). LPS의 지질 A 부분을 내독소라고도 하며, 사람의 몸으로 방출될 경우 패혈증을 일으킬 수 있다.

3.5 세포외 소포는 세균막에서 나온다

- 세포외 소포(extracellular vesicle, EV)는 원형질막이 조여지고 세포로부터 방출될 때 형성된다. 세포외 소포는 세포질 또는 주변세포질을 구성하는 조성으로 이루어진다(그림 3.27).

3.6 세포외피는 세포벽 바깥쪽에 있는 층들을 포함한다

- 협막, 점액층, 당질피질은 세포벽 바깥쪽에 존재하는 물질의 층이다. 이들은 특정 외부 환경조건으로부터 세포를 보호하고, 세포가 표면에 부착하는 것을 도우며 숙주의 방어체계로부터 병원성 세균을 보호한다(그림 3.28).
- S-층은 일부 세균에 있는 가장 바깥층으로, 단백질 또는 당단백질로 구성되어 있으며 독특한 기하학적 구조를 지닌다(그림 3.29).

3.7 세균의 세포질은 생각보다 복잡하다

- 세균의 세포질은 생화학물질이 고도로 농축되고 밀집된 용액이다.
- 세균의 세포질에는 진핵생물의 세포골격과 구조와 기능이 유사한 단백질들이 있다(그림 3.30, 표 3.2).
- 일부 세균은 광합성장치와 호흡장치를 포함하는 간단한 내막체계를 가지고 있다(그림 3.31).
- 봉입체는 모든 세포에서 관찰된다(그림 3.33). 봉입체는 대부분이 저장(예: PHA 봉입체와 폴리인산염 과립)에 사용되지만, 일부는 다른 목적으로 사용된다(예: 마그네토솜, 기체 소낭). 카르복시솜과 같은 미소구획은 중요한 반응을 촉매하는 효소를 가지고 있다(예: CO_2 고정).
- 세균 리보솜은 크기가 70S이며, 많은 단백질과 여러 개의 rRNA로 이루어져 있다(그림 3.34).
- 세균의 유전물질은 핵양체라 불리는 세포질내의 특정 부위에 위치한다. 핵양체는 일반적으로 막으로 둘러싸여 있지 않다(그림 3.35).
- 염색체는 이중가닥의 DNA가 양끝이 공유결합으로 연결된 원형의 DNA 분자로 이루어져 있다. 핵양체 연관단백질은 염색체 구조를 형성하는 데 도움을 준다.
- 플라스미드는 염색체와는 별도로 존재하는 DNA 분자로서, 많은 세균에서 관찰된다. 세포질에 존재할 수도 있고 염색체에 삽입될 수도 있는 플라스미드가 있는데, 이를 에피솜이라고 한다. 플라스미드는 대부분 생존에 필수적이지 않지만, 특정 환경에서는 선택적 이점을 제공하는 형질을 암호화할 수 있다.

3.8 외부 구조는 부착과 운동에 관여한다

- 많은 세균이 핌브리아 또는 선모로 불리는 머리카락 모양의 부속기관을 가지고 있다. 핌브리아는 주로 표면에 부착하는 기능을 하지만 IV형 선모는 연축운동에 관여한다. 성선모는 한 세균에서 다른 세균으로 DNA를 전달하는 데 관여한다(그림 3.37).
- 세균 대부분이 편모라 불리는 실 모양의 운동기관을 이용하여 운동한다. 세균의 종에 따라 편모의 수와 분포가 다르다(그림 3.38). 각각의 세균 편모는 섬유와 갈고리, 기저체로 이루어져 있다(그림 3.39).

3.9 세균은 환경조건에 반응한다

- 세균은 운동성에 있어 여러 유형, 즉 편모의 수영, 편모에 의한 유주행동, 스피로헤타 운동, 연축운동 및 활주운동 등이 관찰되었다.
- 세균 편모의 섬유는 견고한 나선으로 프로펠러처럼 회전함으로써 세균으로 하여금 물을 헤치고 나가게 한다(그림 3.39, 그림 3.41). 세균이 수영할 때 일반적으로 2종류의 운동, 즉 질주와 구르기를 교대로 한다.
- 일부 세균은 유주행동이라 불리는 무리를 지어 이동한다. 유주행동은 편모에 의한 운동으로 습기가 있는 표면에서 일어난다.
- 스피로헤타 운동은 주변세포질 공간에 남아 있으면서 세포 주변을 감싸고 있는 편모에 의해 일어난다. 편모가 회전하면 스피로헤타의 외막이 회전하면서 세포를 이동시키는 것으로 보인다(그림 3.43).
- *Myxococcus* 종은 연축운동과 활주운동을 모두 한다. 연축운동은 IV형 선모에 의해 일어나는 경련성 운동인 반면, 활주운동은 부드러운 운동이다.
- 운동성이 있는 세균은 유인물질과 기피물질의 농도구배에 반응할 수 있으며 이런 현상을 주화성이라고 한다. 대장균과 주모성편모를 갖는 많은 세균은 유인물질을 향해 이동하는 시간은 늘리고 구르기 시간을 단축함으로써 유인물질을 향한 이동을 완성한다(그림 3.44). 이와 유사하게 세균이 기피물질에서 멀어질 때는 질주하는 시간을 길게 한다.

3.10 세균의 내생포자는 생존 전략이다

- Firmicutes 문의 일부 세균은 휴면 상태로서 열, 건조, 여러 화학물질 등에 저항성이 있는 내생포자를 형성하여 열악한 환경에서도 생존할 수 있다(그림 3.45).
- 내생포자의 형성과 발아는 특정한 외부환경의 신호에 반응하여 일어나는 복잡한 과정이다(그림 3.47).

심화 학습

1. 그람양성균의 외피에서 편모가 조립되는 과정의 모델을 제시하시오.
2. 그람염색을 나타내는 그림 2.17을 바탕으로 세포벽 구조와 염색 방법의 연관성을 설명하시오.
3. 그람양성/그람음성과 같은 기존의 체계가 단일막/이중막으로 대체되기 위해서는 얼마나 많은 증거가 필요하다고 생각하는가? 이를 추론하시오.
4. 세균의 펩티도글리칸은 중세의 기사가 갑옷 밑에 입었던 쇠사슬 갑옷과 비교된다. 이러한 구조는 방어와 유연성을 모두 제공한다. 생명체에서 이러한 기능을 하는 다른 구조를 제시하시오. 이와 같은 견고한 구조는 생물이 성장함에 따라 어떻게 대체되고 변형되어야 하는가?
5. 미생물은 특정 물질을 흡수하기 위해 한 가지 이상의 방법을 이용하는가?
6. 세균이 용해되지 않도록 보호하는 세포벽의 기능을 보여주는 실험을 설계하시오.
7. 원형질막과 외막의 두께를 비교할 수 있다. 이 두께는 수송체와 포린에 어떠한 영향을 주는가?
8. CreS를 *Bacillus subtilis*와 같은 막대균으로 이식할 수 있다면, 어떠한 변화가 생길 것으로 예상하는가?
9. 기체 소낭이 지질 이중층이 아닌 단백질로 둘러싸인 이유를 설명하는 가설을 만드시오.
10. 주변세포질은 막으로 둘러싸인 구획이므로 일종의 세포소기관이라는 진술을 지지 또는 반박하시오.
11. 현미경으로 보면 초소형 세균(그림 3.4a)과 세포외 소포(그림 3.27)가 서로 유사하게 보인다. 이 둘을 관찰할 경우 어떻게 구분할 수 있는가?
12. 광합성 미생물은 에너지원인 햇빛을 하루 중 일부만 사용할 수 있다. 이때 폴리인산염과 같은 세포내 저장 소포의 역할에 대해 설명하시오.
13. 물속에서 개별적으로 헤엄치는 세균과 무리를 지어 다니는 세균을 비교하기 위해 연구자들은 2가지 조건에서 구르기 편향과 수영속도를 측정했다. 구르기 편향은 세포가 질주에서 구르기로 전환하는 빈도를 말한다. 높은 구르기 편향은 구르기가 많은 것을 의미하고, 낮은 구르기 편향은 구르기는 적게 하고 질주를 길게 하는 것을 의미한다. 막대 형태의 세균 5종의 운동성을 위상차현미경으로 관찰한 결과, 세균은 종에 따라 서팩틴(surfactin) 생산량과 편모의 숫자가 다양했지만 두 조건에 대해서는 유사한 차이를 보였다. 2가지 유형의 운동에서 구르기 편향과 수용 속도는 어떻게 다를 것으로 예상할 수 있는가? 그림 3.44에 나타나 있는 것처럼 2가지 조건의 이동경로를 그려 보시오.

   참고문헌: Partridge, J. D., et al. 2020. Conserved features of motility. *mBio*. 11:e01189-20.
14. 해양 남세균은 바다에서 우점하는 미생물이다. 이들은 햇빛으로부터 에너지를 얻으므로 해양 표면 가까이에 있어야 한다. 이를 위해 기체 소낭이나 편모가 없음에도 중력으로 가라앉지 않고 세포의 위치를 조정하는 세균 종이 발견되었다. 흥미롭게도 스페인과 영국 과학자들은 이러한 종들이 IV형 선모를 가지고 있는 것을 확인하였다. 이러한 선모는 단단한 표면에 연축운동을 가지게 하지만 바다 표면에는 단단한 표면이 거의 없다. 헤엄치는 세균 세포의 IV형 선모가 어떻게 물리적인 세포의 위치를 결정하는데 영향을 미칠 수 있겠는가?

   참고문헌: Aguilo-Ferretjans M.d.M., et al. 2021. Pili allow dominant marine cyanobacteria to avoid sinking. *Nature Communications* 112:1857.

CHAPTER

4

고균의 세포 구조

Heath Johnson/Shutterstock

메탄-또 다른 온실가스

기후변화를 일으키는 원인 중 하나는 지구 대기에 온실가스가 축적되는 것이다. 이산화탄소(CO_2)와 메탄(CH_4) 같은 가스는 지구를 단열시켜 전 세계적으로 기온을 높인다. 대기에는 CH_4보다 CO_2가 더 많지만 CH_4이 더 많은 열을 가두기 때문에 문제가 더 크다. CH_4이 만들어지는 곳은 어딜까? CH_4의 약 4분의 1이 가축으로부터 생성된다. 소, 양, 염소와 같은 반추동물은 연간 약 2억 톤에 해당하는 메탄을 방출한다. 가축의 분뇨에서 생성된 1,800만 톤을 추가하면 30억 마리의 동물에서 나오는 메탄의 영향은 매우 심각한 문제이다.

그렇다고 가축을 비난할 수는 없다. 가축이 메탄을 직접 만드는 것은 아니다. 수소, 이산화탄소 그리고 아세트산을 이용해 메탄을 만드는 것은 고균에 속하는 메탄생성균이다. 또한 반추위의 기질은 반추위에서 살고 있는 복잡한 미생물 군집이 음식을 소화시키면서 만들어진다. 메탄생성균이 더 적게 존재하는 유전자 변형 가축이나 사료를 변화시켜 메탄 생성을 제어하는 등 메탄 생산을 줄이는 방법에 대한 연구가 활발히 이루어지고 있다.

메탄생성균은 고균 영역 중에서 유일하게 생리적인 그룹이다. 이를 제외한 고균은 극한환경에서 살 수 있는 능력 덕분에 많은 관심을 받았다. 고균의 일부 기능은 세균과 유사하고 일부는 진핵생물과 유사한 키메라와 같은 특성을 가지고 있다. 고균 세포는 일반 원핵세포처럼 보이지만, 독특하거나 진핵생물과 유사한 분자로 세포를 구성한다. 더욱이 15장과 19장에서 설명하듯 고균의 생리작용 또한 양쪽 특성을 다 보인다. 일반적으로 에너지 보존하는데 사용하는 분자들은 세균과 유사하고, 유전체를 복제하고 발현하는 분자는 진핵생물과 유사하다. 여기서는 고균 세포만이 가지는 분자 및 구조적 측면을 설명한다.

이 장의 학습을 위해 점검할 사항:

✓ 세균 세포에서 관찰되는 구조와 분자 구성을 요약할 수 있다(3장).

✓ 세균이 영양분을 얻기 위해 사용하는 기전을 설명할 수 있다(3.3절).

✓ 세균이 외부 환경의 변화에 반응하여 운동하는 기전을 설명할 수 있다(3.9절).

4.1 고균은 다양하지만 몇몇 공통된 특징을 갖는다

이 절을 학습한 후 점검할 사항:

a. 전형적인 고균 세포에 대해 설명할 수 있다.
b. 세균과 고균의 주요 차이점을 설명할 수 있다.

오랜기간 **고균**(archaea)과 세균을 함께 묶어 원핵세포로 불러 왔으나, 현재는 고균과 세균을 별개의 독특한 분류군으로 인식하고 있다. 세균과 고균을 각기 별개의 분류군으로 나누는 것은 이들이 각기 독특하고 고유한 특성을 가지고 있다는 관찰과 일치하며, 일부 특성을 **표 4.1**에 정리하였다.

인간의 관점에서 볼 때 많은 고균은 극한환경에 서식하는데, 이러한 극한환경에서 생명체가 있을 것이라고 생각하지 않았다. 미생물학자들이 지구의 미생물 서식지 영역을 확장해 탐험함으로써 고균은 어느 곳에서든 존재하는 생명체라는 것을 밝혀냈다. 극한환경이 아닌 일반환경에 대한 조사에 따르면 고균은 대부분 서식지에 살지만 적은 수로 존재하는 것으로 나타났다. 고균의 세포 구조에 대해 밝혀진 것들은 대부분 쉽게 배양되는 몇가지 모델 미생물의 실험을 통한 것이기 때문에, 이러한 지식은 고균의 다양성의 작은 부분에 불과하다. 메탄생성균(methanogen: 메탄가스를 생성하는 미생물)은 산소에 노출되면 죽게 되므로 밀봉된 용기에서 배양해야 한다. 호염성 생물(halophiles: 염분을 좋아하는 균)은 높은 염분 조건이 필요하다. 고온과 낮은 pH가 모두 필요한 *Sulfolobus*에 대해서도 연구가 많이 되고 있다.

많은 고균은 16S rRNA 서열 혹은 유전체 염기서열이 결정되었다는 정도로만 알려져 있다. 고균의 분류체계는 현재 새로운 고균을 발견한 방대한 양의 유전체 자료로 인해 유동 상태에 있다. 여기서는 전반적인 세포의 형태와 구성, 구조를 고려한 다음 특성 세포 구조를 고려함으로써 고균 세포에 대한 논의를 시작하고자 한다. ▶| 메타유전체학은 배양되지 않은 미생물 연구를 가능하게 한다(18.3절)

형태와 배열 및 크기

고균 세포는 세균 세포와 마찬가지로 형태가 다양하며, 이 중에서 **구균**(coccus)과 **막대**(rod) 형태가 가장 보편적이다(**그림 4.1**). 구균과 막대형 둘다 통상 하나씩 존재하지만, 일부 구균은 덩어리를, 일부 막대형은 사슬을 형성한다. 곡선으로 휜 막대형, 나선 모양, 다형성(많은 형태) 고균 또한 관찰되었다(그림 7.10 참조). 현재까지 스피로헤타와 유사하거나 균사체를 형성하는 고균은 발견되지 않았다. 그러나 *Thermoproteus tenax*의 가지 친 모양처럼 독특한 형태를 보여주는 고균도 있고(그림 4.1b), *Haloquadratum walsbyi*처럼 납작한 우표 모양을 갖는 것도 있다. 소금 연못에 서식하는 *Haloquadratum*

표 4.1 세균과 고균 세포의 비교

특성	세균	고균
원형질막 지질	에스테르-결합 인지질	글리세롤 디에테르, 글리세롤 테트라에테르
세포벽 구성	펩티도글리칸이 거의 모든 세균에 있으며, 일부는 세포벽이 없음	매우 다양함. S-층만으로 구성된 것이 보편적임. S-층이 다당류나 단백질 혹은 다당류와 단백질 2가지 모두를 가짐. 세포벽이 없는 고균도 있음. 펩티도글리칸은 항상 없음.
봉입체 유무	있음	있음
리보솜 크기	70S	70S
염색체 구조	원형, 이중가닥 DNA	원형, 이중가닥 DNA
플라스미드 유무	있음. 원형과 선형의 이중가닥 DNA	있음. 원형의 이중가닥 DNA
협막 또는 점액층	흔함	드묾
핌브리아, 선모	흔함	아키엘라를 포함한 선모가 흔함
운동 구조	편모	아키엘라
세포골격	튜불린과 액틴의 여러 가지 상동체	튜불린과 액틴의 여러 가지 상동체
세포외 소포	있음	있음

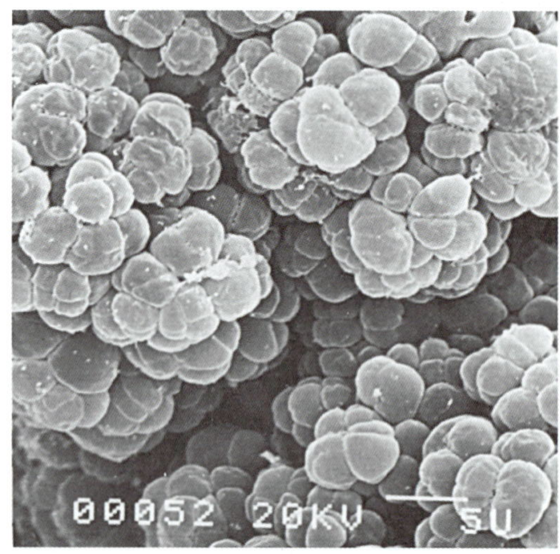

(a) *Methanosarcina mazei*–덩어리를 형성하는 구균

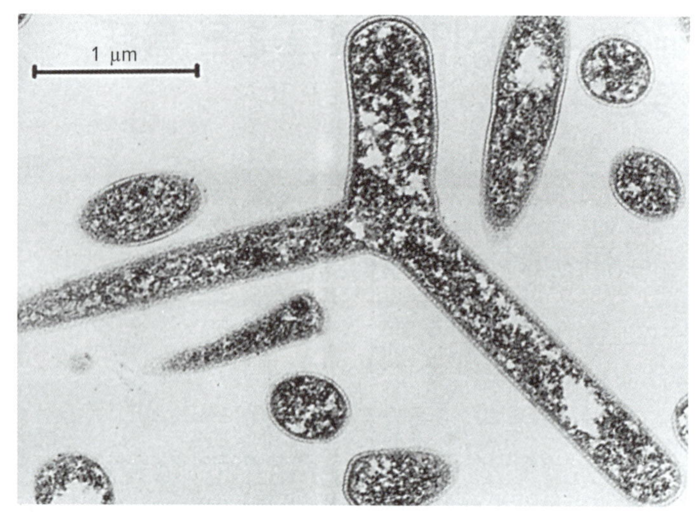

(b) *Thermoproteus tenax*–가지 형태를 나타내는 고균

그림 4.1 고균 세포의 형태. (a) 주사전자현미경 사진이다. Bar = 5 μm. (b) 투과전자현미경 사진이다. James T. Staley

*walsbyi*의 폭과 길이는 각각 3 μm와 2~4 μm이고, 두께는 0.25 μm 정도에 불과하다(그림 19.13 참조). 이러한 형태는 단위부피당 표면적 비율(S/V)을 크게 증가시키는 장점이 있으며(그림 3.5 참조), 이로 인해 영양소 흡수와 분자의 확산, 성장률이 증가하게 된다. ◀ 세균은 다양하지만 몇 가지 공통점을 가지고 있다(3.2절)

고균의 크기 또한 모양만큼이나 다양하다. 전형적인 막대형은 폭이 1~2 μm이고 길이는 1~5 μm이다. 구균의 직경은 1~3 μm이다. 하지만 최근 매우 작거나 매우 큰 고균이 확인되었다. 아주 작은 고균으로는 숙주세포의 영양분을 필요로 하는 공생 나노고균(symbiotic nanoarchaeote: 직경 0.2 μm)이 있다(**그림 4.2a**). 길이가 30 mm에 달하는 기다란 섬유를 형성하는 거대한 고균도 발견되었다. 섬유는 폭 8~10 μm, 길이 20~24 μm의 세포로 구성되어 있다. 이 고균의 흥미로운 특징은 섬유가 한 가지 종의 세균에 의해 만들어진 생물막으로 덮여 있다는 점이다(그림 4.2b). 고균이 숙주이고 세균이 공생하는 것으로 생각된다.

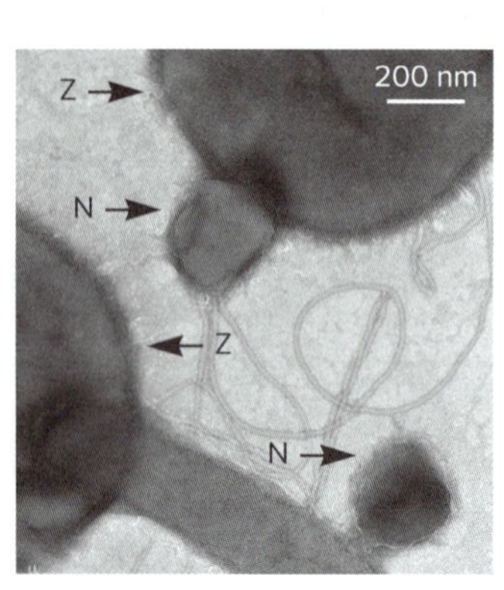

(a)

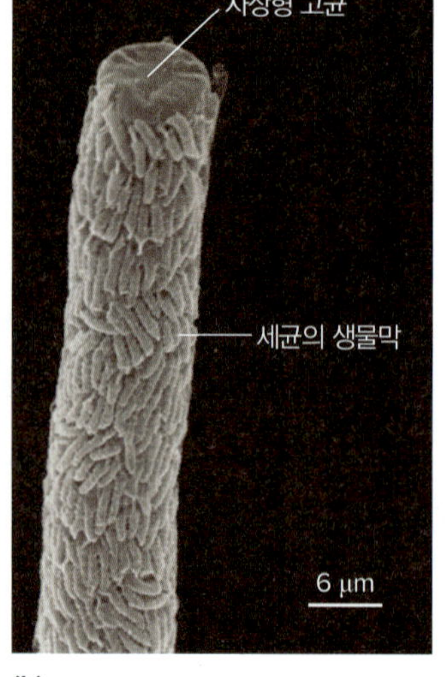

(b)

그림 4.2 극한 크기의 고균. 각 패널의 눈금 막대의 크기 차이를 확인하자. (a) *Candidatus* Nanoclepta minutus(N)은 숙주 고균인 *Zestosphaera tikiterensis*(Z)와 안정적으로 연합하며 살아간다. (b) *Candidatus* Giganthauma karukerense는 세균의 생물막으로 둘러싸인 길이가 긴 사상체를 형성한다. (a) St. John, E. et al. A new symbiotic nanoarchaeote (Candidatus Nanoclepta minutus) and its host (Zestosphaera tikiterensis gen. nov.; sp. nov.) from a New Zealand hot spring. *Syst. Appl. Microbiol.* 42, 94-106 (2019); (b) Prof. Olivier Gros

세포의 구성

표 4.1에 세균과 고균 모두에서 관찰되는 구조를 요약하고 이들의 차이를 명시하였다. 고균의 원형질막은 세균의 원형질막에서 발견되는 지질과 확연히 다른 지질로 이루어져 있다. 실제로 이와 같은 특이한 지질은 고균이 세균과 계통학적으로 다른 미생물이라는 첫 번째 증거가 되었다. 대부분의 고균이 세포벽을 가지고 있지만, 고균의 세포벽은 세균의 세포벽보다 상당히 다양하다. 특히 고균의 세포벽에는 펩티도글리칸이 없다.

4장의 나머지 절에서는 고균에서 관찰되는 주요 구조들에 관해 좀 더 상세히, 특히 세균에 있는 이와 유사한 구조들과의 차이점에 주력하여 알아본다. 많은 고균이 극한 서식지에서 발견되기 때문에 고균의 구조를 분자 수준에서 이해하기 위해 집중적으로 연구하고 있다. 여기서는 이러한 생활사에 도움이 되는 구조적 적응을 중점으로 알아보고자 한다. 그러나 극한 서식지에서의 생존에 대해서는 7장에서 더 상세히 설명한다. ▶ 미생물 생장에 영향을 주는 환경요인(7.5절)

마무리 점검

1. 세균과 고균 모두에서 관찰되는 세포 형태는 어떠한 것이 있는가? 세균에서만 또는 고균에서만 관찰되는 형태는 어떠한 것인가?
2. 고균이 독특한 분류군이라는 것이 rRNA 서열 비교를 통해 처음으로 규명되었다. 전형적인 원핵생물 구조를 갖는 미생물이 세균인지 고균인지 결정하는 데 이용되는 2가지 다른 분자는 무엇인가?

4.2 고균의 세포외피는 구조적으로 다양하다

이 절을 학습한 후 점검할 사항:

a. 고균의 세포외피를 그릴 수 있고 구성 층을 구분할 수 있다.
b. 고균과 세균의 세포외피를 구조와 분자 구성, 기능 측면에서 비교할 수 있다.
c. 세균과 고균에서 관찰되는 영양소 흡수 기전을 비교할 수 있다.

세포외피(cell envelope)는 원형질막과 원형질막 바깥쪽에 있는 모든 층을 일컫는다. 세균의 경우 세포벽, S-층, 협막, 점액층이 포함된다. 고균의 가장 독특한 특징은 세포외피이며 고균의 독특함은 원형질막에서부터 시작한다. 3장에서 이미 원형질막을 지질 이중층에 단백질들이 떠다니는 유동성 모자이크 모델로 설명하였다(그림 3.7 참조). 미생물학자들이 일부 고균이 이중층처럼 작용하는 단일층 막을 갖고 있음을 발견하였을 때 얼마나 놀랐을지 상상해보라. 이러한 구조적 차이는 고균 원형질막에 독특한 지질이 있기 때문이다. 또한, 고균의 세포외피는 구성 측면에서도 다르다. 많은 고균에서 S-층이 세포벽의 주요 구성요소이며 때로는 세포벽의 유일한 구성요소이기도 하다. 점액층은 일부 고균에서 발견되며 세포와 세포 간의 상호작용을 매개하는 것으로 보이지만 점액층의 조성과 조절에 관해서는 알려진 바가 거의 없다.

고균 원형질막은 독특한 지질로 구성되어 있으나 기능은 세균의 원형질막과 유사하다

고균의 막은 세균이나 진핵생물의 지질과는 2가지 측면에서 다르다. 첫째, 이들은 이소프렌(isoprene) 단위 구조에서 유래한 탄화수소를 갖고 있다(**그림 4.3**). 이러한 구조는 지질이 모이는 방식에 영향을 주고, 이로 인해 막의 유동성과 투과성이 손상될 수 있는 극한 고균(extremophilic archaea)인 경우에 매우 중요하다. 둘째, 탄화수소는 에스테르 결합이 아닌 에테르 결합으로 글리세롤에 연결되어 있다

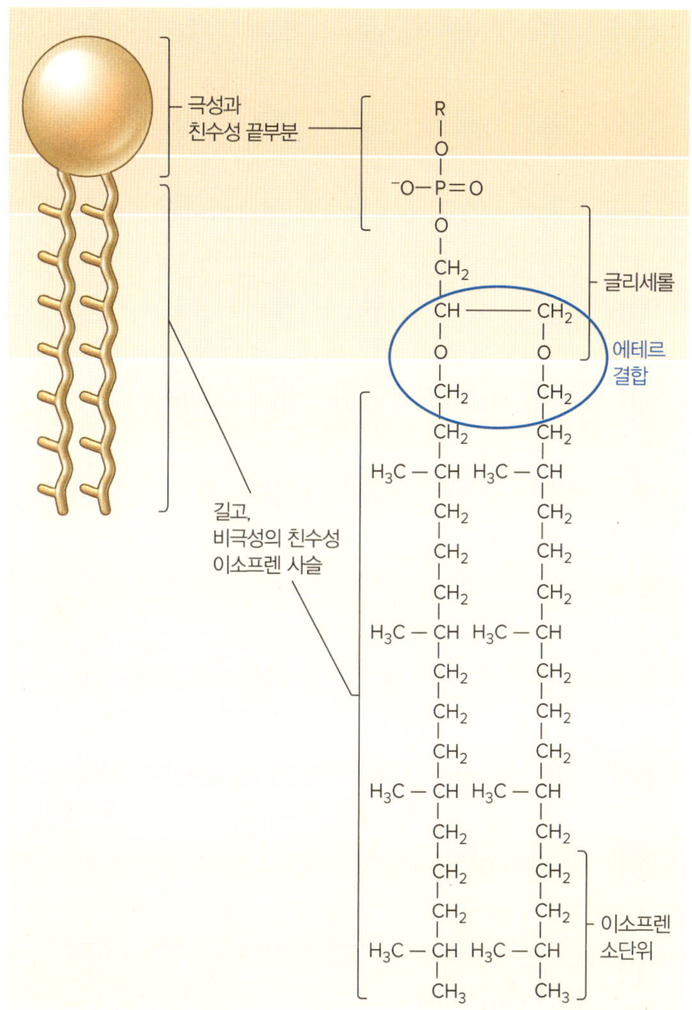

그림 4.3 고균 인지질의 구조. 고균 막에서 발견되는 지질인 포스파티딜글리세롤(phosphatidylglycerol)이다.

연관 질문 이 그림을 그림 3.8과 비교해보자. 이 지질과 세균에서 흔히 볼 수 있는 인지질의 화학적 차이는 무엇인가?

(그림 4.3). 에테르 결합은 에스테르 결합보다 화학물질의 공격이나 열에 더 강하다.

고균 지질의 2가지 주요 유형인 글리세롤 디에테르와 디글리세롤 테트라에테르가 확인되었다. **글리세롤 디에테르 지질**(glycerol diether lipid)은 2개의 탄화수소가 글리세롤에 부착하여 만들어진다(**그림 4.4**, 지질 4). 일반적으로 글리세롤 디에테르의 탄화수소 사슬은 탄소가 약 20개이다. 때로는 2개의 글리세롤 잔기가 40개의 탄소 길이를 가진 2개의 긴 탄화수소와 결합하여 **디글리세롤 테트라에테르 지질**(diglycerol tetraether lipid)이 형성된다(그림 4.4, 지질 5, 6). 테트라에테르는 디에테르보다 더 견고하다. 세포는 사슬을 고리화하여 5탄소 고리를 형성함으로써 테트라에테르의 전체 길이를 조정할 수 있다(그림 4.4, 지질 5). 세균과 진핵세포 막에서 관찰되는 인지질

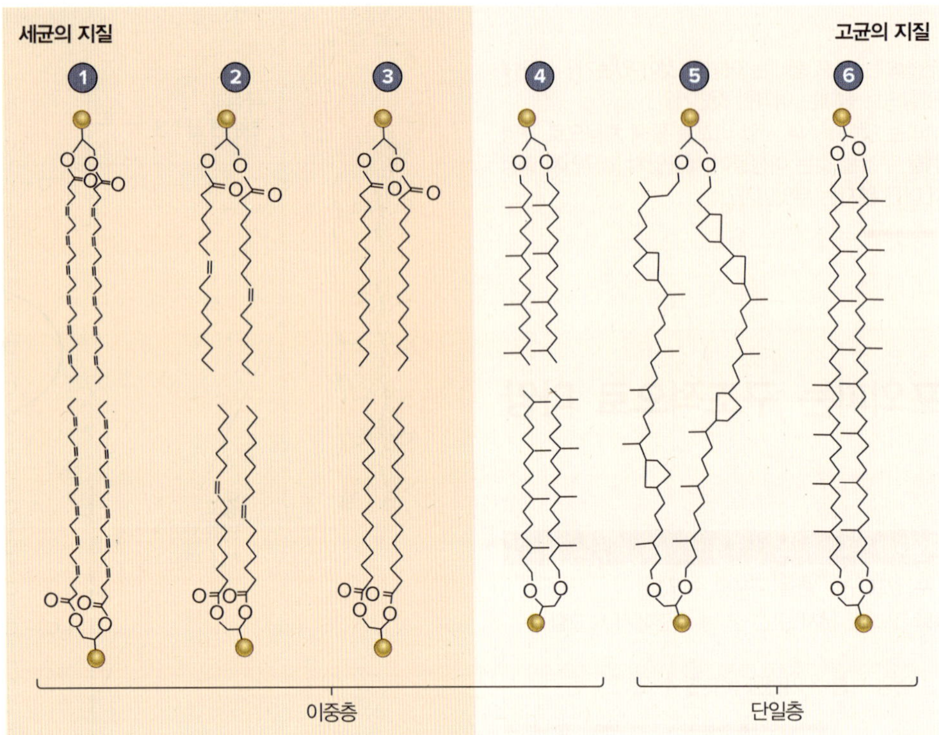

그림 4.4 세균과 고균의 지질. (a) 분자 1, 2, 3은 세균의 지질이고, 분자 4, 5, 6은 고균의 지질이다. 분자 4는 글리세롤 디에테르이고, 분자 5와 6은 디글리세롤 테트라에테르이다. 일부 고균의 지질(5, 6)은 단일층을 형성하는 반면(그림 4.5b), 모든 세균의 지질은 이중층을 형성한다.

과 마찬가지로 디에테르나 테트라에테르에 있는 글리세롤에 인산-, 황-, 아미노- 또는 당-함유기가 부착될 수 있다.

막지질의 구조적 차이에도 불구하고 고균 막의 기본적인 구조는 세균이나 진핵세포 막의 구조와 유사하여 2개의 친수성 표면과 하나의 소수성 내부로 되어 있다. C_{20} 디에테르가 사용되면 전형적인 이중층 막이 형성된다(**그림 4.5a**). 막이 C_{40} 테트라에테르로 구성되면 훨씬 견고한 단일층 막이 만들어진다(그림 4.5b). 5탄소 고리가 추가되면 견고성은 더욱 높아진다. 안정성이 요구되는 것으로부터 예측할 수 있듯이 극호열성균의 세포막은 거의 전부 테트라에테르 단일층으로 되어 있다. *Thermoplasma* 종처럼 적당히 뜨거운 환경에서 자라는 고균은 단일층과 이중층이 섞여 있는 막을 가지고 있다.

고균 막은 3장에서 세균 막에 대해 설명한 바처럼 미세도메인을 포함한다. *Pyrococcus*의 막에서 발견된 프로틸린-유사단백질들은 서로 모여 세균과 진핵세포에서와 마찬가지로 복합체를 형성한다.

3장에서 논의하였듯이 생명체는 여러 가지 방법으로 자신에게 필요한 영양분을 주변 환경으로부터 얻는다. 그러나 미생물은 종종 영양분이 부족한 환경에 처하게 되므로 세포 바깥쪽보다 세포질내에 높은 농도로 영양분을 축적할 수 있어야 한다. 고균에서도 수동확산과 촉진확산이 관찰되긴 하였지만 고균은 주로 능동수송으로 영양소를 흡수한다. 고균의 유전체 분석을 통해 고균에 1차(예: ABC 수송)와 2차 능동수송계(예: 공동수송과 역수송)의 요소를 암호화하는 유전체가 발견됨으로써 두 능동수송계가 모두 있음이 확인되었다. 이

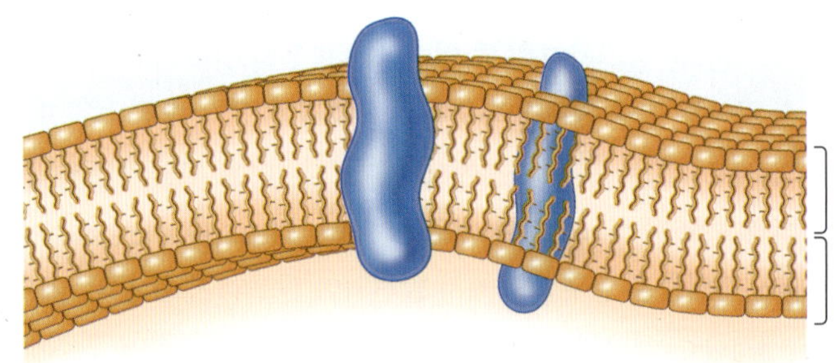

(a) C_{20} 디에테르 이중층

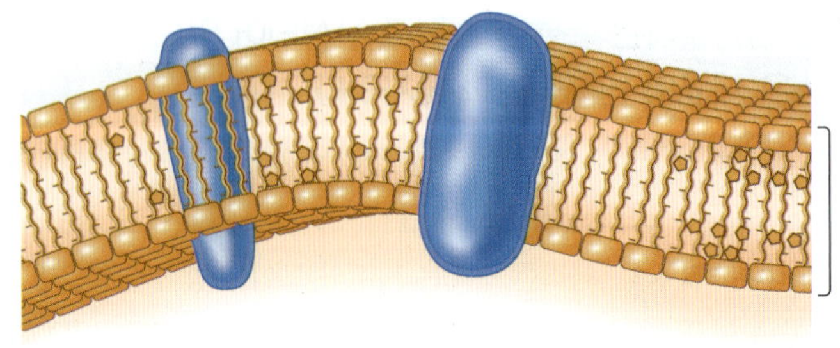

(b) C_{40} 테트라에테르 단일층

그림 4.5 고균 원형질막의 예.

들 수송계는 세균에 있는 수송계와 유사한 경향이 있다. 포스포엔올피루브산:당 인산기 전달효소계(phosphoenolpyruvate:sugar phosphotransferase system, PTS)와 같은 작용기전달계 또한 일부 고균에서 물질수송을 담당한다. ◀ 세균은 세포내부로 영양물질을 흡수하기 위해 다양한 기전을 이용한다(3.3절); 미생물 유전체학(18장)

고균은 다양한 유형의 세포벽을 가지고 있다

고균이 생명의 독특한 영역으로 간주되기 이전에는 그람염색에 대한 반응에 따라 그람양성균이나 그람음성균으로 구분되었다. 따라서 고균도 다른 모든 세포(진핵세포조차)와 마찬가지로 그람염색에 의해 보라색이나 분홍색으로 염색된다. 그러나 고균의 염색 반응은 세균의 경우와는 달리 특정 세포벽 구조와 확실한 연관성이 없다.

고균의 세포벽은 형태를 결정하고, 삼투압으로부터 세포를 보호하고, 물리적 강도를 부여하고, 투과성 장벽을 형성하는 등 세균과 동일한 필수적인 기능을 담당한다. 고균의 세포벽을 구성하는 분자는 세균의 분자와는 완전히 다르다. 고균의 세포벽에는 펩티도글리칸이 없다.

고균세포벽의 가장 일반적인 형태는 당단백질이나 단백질로 이루어진 **S-층**(S-layer)이다(**그림 4.6**, 구조 1). S-층은 두께가 70 nm 정도이다. *Sulfolobus* 종의 S-층은 원형질막 표면에 연결된 단백질 덮개 사슬처럼 생겼다(**그림 4.7**). S-층을 전자현미경으로 관찰해보면 각각의 폴리펩티드가 2차원 표면으로 압축되어 표면 기하학적 양상을 나타낸다(그림 3.29 참조). S-층의 격자 스타일은 종에 따라 다르며 공극(pore)의 크기를 결정한다. 세균의 세포벽 구조와 유사하게 S 층은 원형질막 사이의 공간을 유사주변세포질 공간(pseudo-periplasmic space)이라고 한다. 고균의 S-층 단백질은 S-층을 보호하고 안정화시키는 탄수화물로 넓게 분포하고 있다. 이러한 당은 또한 부분적으로 공극을 가로질러 S-층을 통과하는 분자를 조절할 수 있게 만든다.

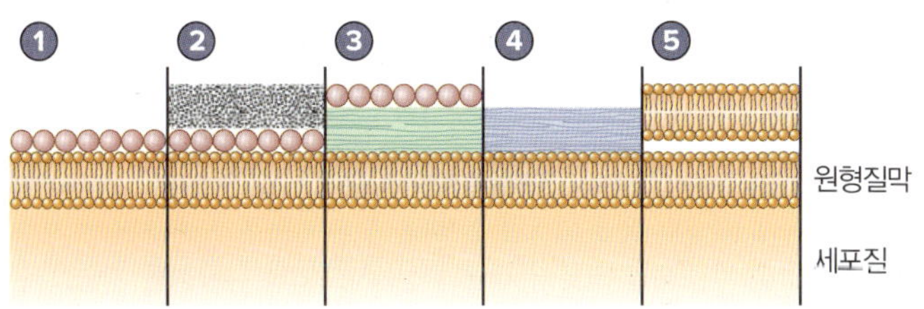

그림 4.6 고균 세포외피. (1) 가장 흔한 세포외피는 단순한 S-층이다. (2) 일부 S-층은 추가 단백질 외피 또는 탄수화물 층으로 덮여 있다. (3) 다른 고균은 S-층 아래에 탄수화물 층을 가진다. (4) S-층 대신에 탄수화물 층이 있다. (5) 일부는 이중막을 가진다.

연관 질문 단일막세포/이중막세포 용어를 고균 세포벽에 사용할 수 있는가?

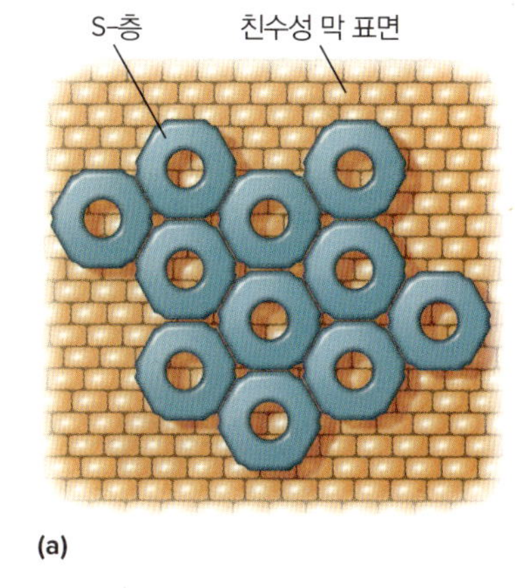

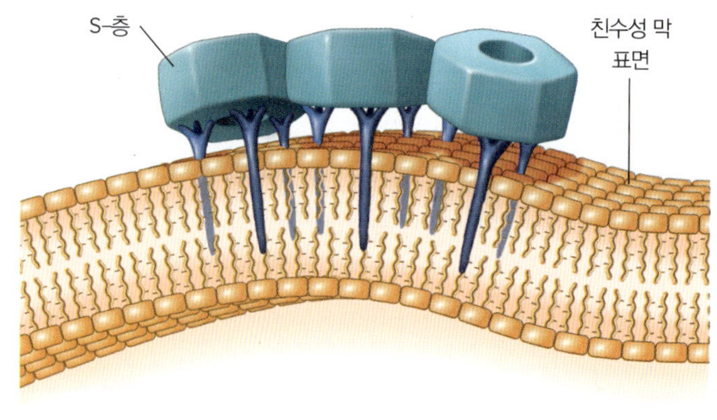

그림 4.7 고균 S-층의 구조. 두 패널은 세포 표면(a)과 막(b)에서 서로 90도 각도로 보이는 구조를 나타낸다. (a) S-층 단백질의 2차원 네트워크에 의해 형성된 기하학적 양상의 예이다. 육각형 구조는 용질이 통과하는 공극을 형성한다. (b) S-층 폴리펩티드가 소수성 줄기를 통해 원형질막에 부착되는 방식을 나타내는 도표이다.

일부 고균들은 S-층 바깥쪽에 다른 물질로 된 층을 더 가지고 있다. 예를 들어, *Methanospirillium* 종은 S-층 바깥쪽에 단백질 껍질이 있다. 다른 메탄생성균인 *Methanosarcina* 종은 다당류층이 S-층을 덮고 있다(그림 4.6, 구조 2). 메타노콘드로이틴(methanochondroitin)이라 불리는 이 물질은 동물 결합조직의 콘드로이틴황산염과 유사하다.

일부 메탄생성균의 경우 S-층은 슈도뮤레인(pseudomurein)이라 불리는 펩티도글리칸 유사분자에 의해 원형질막과 분리되어 있다(그림 4.6, 구조 3). 슈도뮤레인은 교차결합에 D-아미노산 대신 L-아미노산을 가지고 있고, N-아세틸무람산(N-acetylmuramic acid) 대신에 N-아세틸탈로사미뉴론산(N-acetyltalosaminuronic acid)을 사용하며, β(1 → 4) 글리코시드 결합 대신 β(1 → 3) 글리코시드 결합을 한다는 점에서 펩티도글리칸과 다르다(**그림 4.8**). 이러한 차이로 인해 펩티도글리칸의 구조와 세균 세포벽 합성에 영향을 주는 리소자임, 페니실린, 그리고 그외 다른 화학물질이 슈도뮤레인을 함유하는 고균세포벽에는 아무 효과가 없다. ◀ 세포벽과 삼투 보호(3.4절)

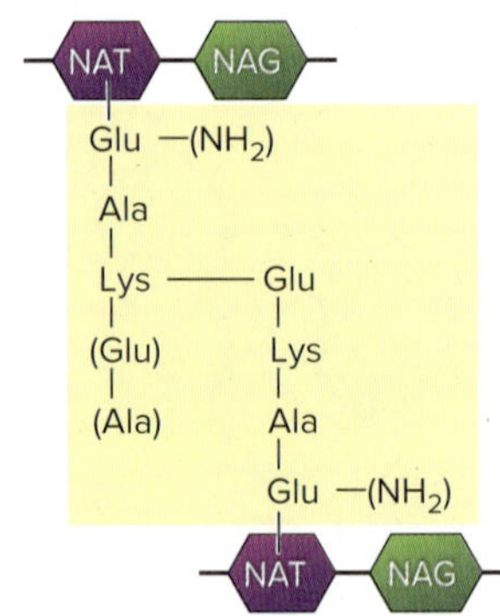

그림 4.8 슈도뮤레인. 괄호 안의 아미노산과 아미노기는 항상 존재하지는 않는다. NAG: N-아세틸글루코사민, NAT: N-아세틸탈로사미뉴론산.

연관 질문 슈도뮤레인과 펩티도글리칸은 얼마나 유사한가? 그리고 얼마나 다른가?

고균 세포벽의 또 다른 유형은 그람양성균이 가지고 있는 것과 유사한 하나의 두껍고 균일한 층으로 이루어진 세포벽이다(그림 4.6 구조 4). 이러한 고균 세포벽에는 S-층이 없으며 종종 그람양성으로 염색된다. 이러한 고균 세포벽의 화학적 조성은 종에 따라 다르지만, 대개 슈도뮤레인과 같은 복합다당류로 이루어져 있다.

일부 고균에는 세포벽처럼 보이는 층이 없다. 예를 들어, *Ignicoccus*는 원형질막과 외막으로만 구성된 외피를 가지고 있으며 두 막 사이의 영역이 있다(그림 4.6, 구조 5). 외막에는 구멍을 형성하는 단백질 복합체가 있으며, 이 구멍은 전형적인 그람음성 세균의 외막에 구멍을 형성하는 세균의 포린 단백질과 매우 유사하다.

세균 세포와 마찬가지로 고균 세포도 세포외 소포(EV)를 생성하는 것으로 관찰되었다(**그림 4.9a**). 이 소포는 원형질막과 주변 세포벽 성분(그림 4.6) 또는 단순히 S-층으로 구성된다. 테트라에테르 막이 있는 고균에서 EV가 어떻게 형성되는지는 아직 밝혀지지 않았다. 단순한 EV외에도 일부 고균 세포는 S-층으로 둘러싸인 원형질막 소포인 **나노튜브**(nanotube)와 **나노포드**(nanopod)를 생성하는 것으로 관찰되었다(그림 4.9b).

EV가 내포하는 물질은 세포질, 단백질, 핵산 등 다양하다. EV는 지질로 코팅되어 있어 고온에서도 변성으로부터 DNA를 보호할 수 있는데, 이로 인해 EV가 세포간 유전자 전달을 위한 중요한 기작일 수 있다고 추측되고 있다.

마무리 점검

1. 고균의 원형질막을 세균 원형질막과 구별하는 3가지 특징을 열거하시오.
2. 세균과 고균 모두 S-층을 가질 수 있다. 이들이 세포내에서 S-층을 사용하는 방식은 어떻게 다른가?
3. 고균과 세균의 세포외 소포를 비교하시오.

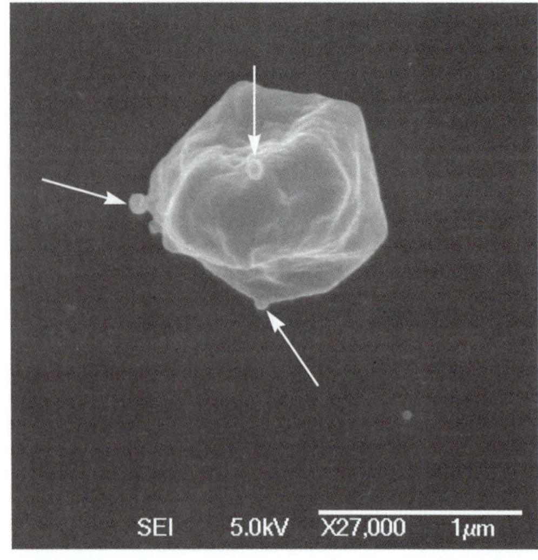

(a)

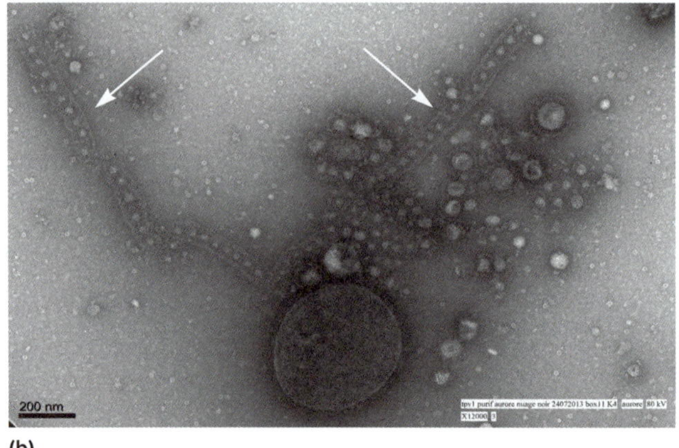

(b)

그림 4.9 고균의 세포외 소포와 나노튜브. (a) 화살표는 *Sulfolobus* 세포에서 발생하는 세포외 소포를 나타낸다. (b) 여러 개의 나노튜브가 있는 *Thermococcus prieurii*이다. 나노튜브는 세포외 소포로 포장되어 있는 섬유이다. 나노튜브가 세포 사이에 직접적인 연결다리를 형성하는 경우도 있다. Gill S, Catchpole R, Forterre P. Extracellular membrane vesicles in the three domains of life and beyond. *FEMS Microbiol Rev.* 2019;43(3):273-303. doi:10.1093/femsre/fuy042

4.3 고균의 세포질은 세균의 세포질과 유사하다

이 절을 학습한 후 점검할 사항:

a. 세균과 고균의 세포질을 비교할 수 있다.
b. 고균 DNA의 구성을 비롯해 세균과 진핵세포와의 유사성을 기술할 수 있다.

전반적으로 고균세포의 세포질의 물리적 특성은 세균의 물리적 특성과 유사하다. 봉입체로 세포질-폴리히드록시알콘산(cytoplasm-

표 4.2 일부 고균의 세포골격단백질

예	진핵생물 상동체	기능과 계통학적 분포
FtsZ	튜불린	**세포 분열:** 수축성 고리를 세포 분열 중 딸 세포를 분리한다. 대부분의 고균은 유전체에 2개의 상동체를 가지고 있다.
CetZ	튜불린	**세포 분열:** 고균의 세포 형태를 제어한다(Euryarchaeota 문)
크레넥틴	액틴	**세포 분열:** 세포 길이에 관여한다(Crenarchaeota 문)
로키액틴	액틴	**기능을 알 수 없음:** 유전체 서열을 통해 확인(Lokiarchaeota 문)
아튜불린	튜불린	**기능을 알 수 없음:** 유전체 서열을 통해 확인(Thaumarchaeota 문)

polyhydroxyalkanoate), 폴리인산염 과립, 글리코겐 과립, 기체 소낭을 비롯한 리보솜, 핵양체 및 플라스미드가 있다. 또한, **세포골격**(cytoskeleton)을 형성하는 단백질 섬유도 확인되었다(**표 4.2**). 이러한 단백질에는 세균에서 발견되는 상동체와 고균의 고유한 단백질이 포함된다. 이들의 유사성은 DNA 서열로 분석되었으며 세포에서의 실제 구조는 아직 시각화하지 않았다. 이 절에서는 세포질 구조에 대해 중점적으로 알아보고자 한다.

고균 리보솜은 세균 리보솜과 크기는 같으나 구성분자는 다르다

세균과 마찬가지로 고균 **리보솜**(ribosome)의 크기는 70S이고 50S 소단위 하나와 30S 소단위 하나로 이루어져 있다. 그러나 모양은 다소 차이가 있으며, 분자 구성성분이 다르다. 세균과 고균의 **리보솜 RNA**(ribosomal RNA, rRNA)는 크기가 비슷하며 작은 소단위에는 16S, 큰 소단위에는 23S와 5S가 있다. 그러나 1장에서 논의하였듯이 이 분자들 간에 서열 차이가 있으며 이러한 차이는 고균 분류군을 확립하는 데 근간이 되었다.

세균과 고균 리보솜은 단백질 조성 또한 서로 다르다. 기능이 보존된 리보솜을 감안할 때 절반 이상의 리보솜 단백질(r-단백질)이 세균과 고균에 모두 존재한다는 것은 놀라운 일이 아니다. 고균의 리보솜은 전반적으로 더 많은 r-단백질을 가지고 있으며, 이들은 진핵생물의 r-단백질과 상동성이 있다. 고균 리보솜이 세균 리보솜과 서로 다르다는 것은 세균 리보솜에 결합하여 리보솜 기능을 억제하는 항생제를 사용해서는 고균 리보솜의 기능을 억제할 수 없다는 사실과 일치한다. ▶| 단백질 합성 억제제(9.4절)

핵양체

핵양체(nucleoid)는 고균과 세균 간에 차이가 있음을 보여주는 또 다른 예이다. 세포질내에 있는 핵양체 부위에는 세포의 **염색체**(chromosome)와 핵양체-연관단백질(nucleoid-associated protein, NAP)이 있다. 알려진 모든 고균의 염색체는 원형이며 이중가닥의 **데옥시리보핵산**(deoxyribonucleic acid, DNA)이다. 일부 고균은 생활주기에 여러 개의 염색체 복사본을 갖는 배수체(polyploid)이고, 일부는 염색체 복사본이 하나인 1배체(monoploid)이다. 이러한 차이는 세포분열 과정 중 딸세포로 염색체를 나누는 기전이 다름을 의미한다. 일부 고균은 염색체 분리 기전이 엄밀히 조절되지만, 그렇지 않은 경우는 분리과정이 무작위적이다. 여러 개 복사본의 유전정보를 유지하는 것은 개개의 딸세포들이 온전한 복사본을 갖도록 보장한다. ▶| 고균의 세포주기는 독특하다(7.3절)

세균에서와 마찬가지로 고균 염색체는 핵양체내에서 염색체 상호작용 도메인으로 조직화되어 있는 것으로 보인다. 모델 고균인 *Sulfolobus*에서 염색체는 유전자 발현이 높은 영역과 낮은 영역이 나뉘어 있다. 코알레신(coalescin)이라고 하는 SMC와 관련된 NAP (그림 3.36 참조)는 이러한 영역을 설정하는 데 도움을 준다.

유전체를 세포에 맞게 응축하는 문제는 고균과 세균에 공통적이며, 해결책도 비슷하다. DNA의 초나선과 NAP의 존재가 염색체 구성에 기여한다. 세균과 마찬가지로 고균에도 다양한 NAP가 있지만 세균의 NAP와 거의 유사하지 않다. 이 단백질의 일반적인 특징은 작은 크기와 양전하를 띈다는 것이다.

많은 고균에는 염색체와 연관된 히스톤이라는 NAP가 있다. 이들 **히스톤**(histone)은 **뉴클레오솜**(nucleosome)을 형성하는데, 이는 진핵생물에서 관찰되는 뉴클레오솜과 관련이 있다(그림 5.10 참조). *Haloferax volcanii*에 있는 뉴클레오솜은 진핵생물 뉴클레오솜과는 달리 8개가 아닌 4개의 히스톤으로 구성되고, 더 짧은 길이의 DNA를 구성한다. 그러나 *Thermococcus kodakarensis*에서는 2개부터 12개 이상의 히스톤을 갖는 다양한 크기의 히스톤 복합체를 형성한다. 호열성 고균의 경우, 히스톤이 염색체의 변성을 방지하는 데 도움이 되는 것으로 생각된다. |◀ 핵양체(3.7절) ▶| 핵(5.5절)

마무리 점검

1. 아직까지 고균에서 중간섬유의 상동체가 확인되지 않았다. 그러나 궁극적으로는 발견될 가능성이 있는가? 선택한 답에 대해 설명하시오.
2. 고균은 세균과 유사한 특징을 일부 갖는 한편, 진핵생물과도 유사한 특징이 있다. 4.3절에서 학습한 내용을 바탕으로 고균이 세균, 진핵생물과 유사함을 보여주는 예를 각각 2가지씩 제시하시오.

4.4 많은 고균이 부착과 운동에 사용되는 외부 구조를 갖고 있다

이 절을 학습한 후 점검할 사항:

a. 세균과 고균의 선모를 비교할 수 있다.
b. 세균과 고균의 편모를 구조와 기능 차원에서 비교할 수 있다.

세균과 마찬가지로 많은 고균이 세포외피 바깥쪽으로 돌출한 선모, 편모와 같은 구조를 가지고 있다. 이 절에서는 외부 구조와 이들의 기능에 대해서 설명한다.

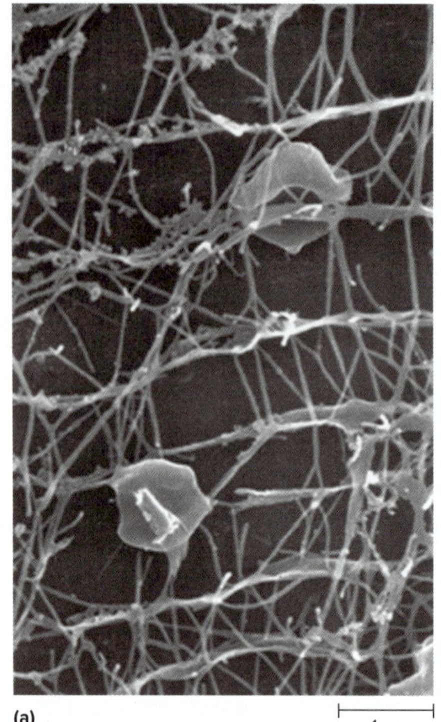

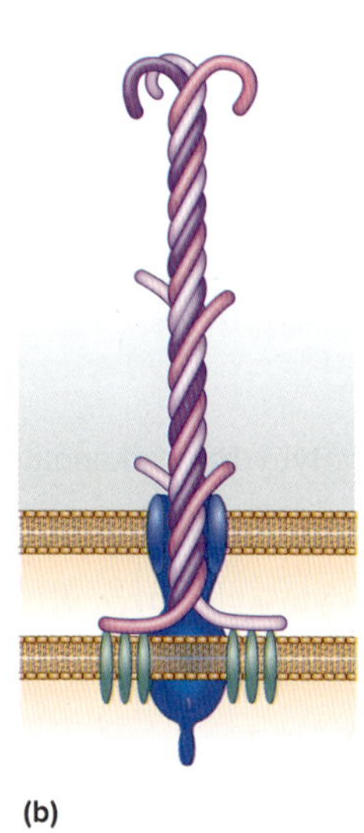

그림 4.10 고균에 특화된 선모. (a) 캐뉼라는 지름이 약 25 nm이 되는 관상 구조로, *Pyrodictium* 종에서만 관찰된다. 캐뉼라는 딸세포들을 연결하여 치밀한 세포망을 형성한다. (b) 하미는 표면에 부착하는데 사용되는 것으로 생각되는 갈고리 모양의 구조이다. 종종 세포보다 몇 배 더 길다. Karl O. Stetter

선모

고균의 선모(pili)는 다양한 길이와 지름의 범주를 가지고 일부는 속이 차 있고 일부는 속이 비어 있다. 고균의 선모는 세포외피에서 그들의 기전과 조립을 설명했던 IV형 선모이다. 선모는 필린(pilin)이라고 하는 단백질 소단위들의 많은 복사본으로 구성된다. 필린은 세포질의 리보솜에서 합성된 후 원형질막의 단백질 복합체에 고정된다. 필린 소단위는 복합체를 통해 분비된 후 성숙한 선모 구조를 조립한다. S-층의 공극은 선모의 직경보다 작기 때문에 선모 주변의 세포외피 구조에 대한 연구가 진행 중이다.

*Saccharolobus solfataricus*는 적어도 2가지 유형의 선모를 보여준다. 고균 부착 선모(archaeal adhesive pilus, Aap)는 특정 성장 조건에서 표면에 부착하는 역할을 한다. 자외선-유도 선모(ultraviolet-inducible pilus, Ups)는 세포가 자외선에 노출된 후에만 생성된다. 자외선이 DNA를 손상시키기 때문에 Ups는 세포 응집을 유도하고 세포 사이의 DNA 전달을 촉진한다. ◀ 세균의 선모와 핌브리아(3.8절)

2가지의 특별한 선모, 캐뉼라와 하미에 대해 살펴보자. **캐뉼라**(cannula)는 속이 빈 관 모양의 구조로 *Pyrodictium* 속에 속하는 호열성 고균의 표면에서 관찰된다(**그림 4.10a**). 캐뉼라의 기능은 밝혀지지 않았지만, 세포분열의 한 주기로부터 생성되는 딸세포들이 캐뉼라에 의해 서로 연결되는 것으로 알려져 있다. 따라서 세포분열이 여러 번 일어나면 세포들 네트워크가 형성된다. **하미**(hami)는 형태적 특징으로 인해 특별히 관심을 끈다. 하미는 작은 갈고리 닻(grappling hook)처럼 생겼으며, 이는 세포가 표면에 부착하게 하는 기능이 있음을 시사한다. 실제로 하미를 만드는 세포인 *Candidatus* Altarchaeum hamiconexum은 통상적으로 하미를 생산하는 고균과 세균으로 이루어진 생물막 군집의 일원이다.

아키엘라와 운동성

아키엘라(archaella)라고 불리는 고균편모는 몇몇의 모델 생명체에서 자세히 연구되었다. 이들은 표면상으로는 세균의 편모와 유사하지만 중요한 차이점이 있으며 아키엘라는 IV형 선모로 가장 잘 설명된다. 아키엘라는 세균의 편모보다 가늘며(세균의 편모가 18~22 nm인 것에 반해 10~14 nm), 일부는 2가지 유형 이상의 단백질 소단위로 이루어져 있다(**그림 4.11**). 섬유의 속은 비어있지 않다는 점에서 아키엘라의 조립 또한 세균 편모의 조립과 다르다. 아키엘린(필린) 단백질은 모터 복합체를 통해 외부로 방출되고(그림 4.11), 섬유의 기저부에 첨가된다. 추가적인 단백질들이 고균편모를 S-층에 고

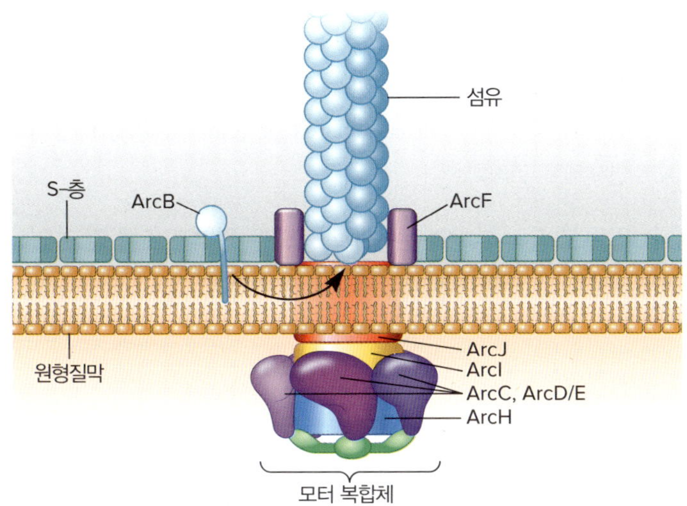

그림 4.11 *Pyrococcus*에 근거한 아키엘라의 구조. 아키엘라는 원형질막에 고정되어 있고, ArcF에 의해 S-층에 연결되어 있다. 섬유의 조립은 ArcJ를 통해 ArcB 단량체를 첨가하여 발생한다. ArcCDE 및 ArcHI 복합체는 모터를 구성한다. ArcI는 섬유를 회전시키는 회전력을 생성하는 ATP 가수분해효소이다.

정시킨다. 전자동결단층촬영을 통해 세포 한쪽 끝에 아키엘라 단백질 다발이 있으며, 막에 있는 단백질성 구조에 의해 조직화됨이 밝혀졌다. ◀ 세균의 편모(3.8절)

아키엘라는 세균의 편모와 유사한 방식으로 작동한다. 즉, 회전을 통해 세포를 이동시킨다. 그러나 몇 가지 중요한 차이가 있다. 첫째, 편모의 회전력은 양성자구동력(PMF)에 의해서가 아니라 ATP 가수분해에 의해 얻는다. 둘째, 회전 방향이 바뀌면 극성편모를 갖는 일부 세균에서와 마찬가지로 정방향과 역방향으로 이동한다. 단, 질주와 구르기를 번갈아 하는 것은 아직까지 관찰되지 않았다.

주화성과 주광성 모두 고균에서 발견되며 이러한 행동을 담당하는 단백질은 세균의 단백질과 상동인 것으로 알려졌다. 화학수용체는 세포의 한쪽 끝의 원형질막에 모여 있으며, 여기서 감지된 외부 환경에 의해 고균의 회전을 담당하는 모터를 조절할 수 있다.

고균은 재배치-탐색 전략이라고 불리는 2가지 유형의 수영 행동을 하는 것으로 관찰되었다. 빠른 속도의 직선운동(최대 약 500 μm/초)은 신속한 위치 변화를 초래한다. 느린 지그재그운동(50~100 μm/초)은 유리한 조건을 찾기 위한 탐색을 하게 한다. 가장 빠르게 수영하는 것으로 잘 알려진 *Methanocaldococcus* 종은 초당 신체길이의 약 500배인 500 bps(body lengths per second)로 이동할 수 있는데 대장균은 20 bps, 인간은 11 bps로 이동한다. 이처럼 과격한 수영행동은 심해 열수분출구 환경에 적응한 것이다. 온도구배는 이들 미생물이 400℃의 분출 액체와 2℃ 해수 사이의 좁은 공간에 서식하게 한다. 빠른 수영으로 적절한 서식지(50~90℃)를 찾게 되면 미생물은 아키엘라를 이용해 부착한다.

아키엘라는 운동성에 관여할 뿐만 아니라 기질에 대한 부착, 생물막의 형성, 세포-세포 상호작용에도 관여한다.

마무리 점검

1. 캐뉼라와 하미의 이들 구조가 고균으로 하여금 다른 세포를 비롯한 무언가의 표면에 달라붙게 하는 것으로 어떻게 알게 되었는가?
2. 아키엘라와 이들의 운동이 세균의 편모 및 편모운동과 유사한 3가지 측면을 열거하시오.
3. 아키엘라가 선모의 한 가지 유형이라는 제안에 대해 설명하시오.

요약

4.1 고균은 다양하지만 몇몇 공통된 특징을 갖는다

- 세균과 고균에 속하는 균들은 공통된 세포 구조를 갖는다. 그러나 각각의 고유한 특성으로 인해 독특한 분류군으로 나뉜다(표 4.1).
- 많은 고균들이 16S rRNA 혹은 부분적인 유전체 염기서열 및 메타유전체를 통해서만 확인되었다.
- 고균의 형태는 막대균과 구균이 가장 보편적이다. 그러나 곡선으로 휜 막대 모양, 나선, 가지 친 모양, 사각형, 다형성인 고균도 있다(그림 4.1).
- 대부분 고균은 세균과 크기가 비슷하지만, 크기가 매우 작거나 큰 고균 또한 발견되었다(그림 4.2).

4.2 고균의 세포외피는 구조적으로 다양하다

- 세포외피는 원형질막 및 세포벽과 그외 다른 층을 포함하는 외부의 모든 층으로 구성된다. 그러나 고균의 외피는 일반적으로 원형질막과 세포벽으로만 이루어져 있다.
- 고균의 막은 글리세롤 디에테르와 디글리세롤 테트라에테르 지질로 이루어져 있다(그림 4.4). 글리세롤 디에테르로 구성된 막은 지질이중층이다. 디글리세롤 테트라에테르로 구성된 막은 지질단일층이다. 단일층 막의 전체적인 구조는 막이 소수성 중심부와 친수성 표면을 가지고 있다는 점에서 이중층 막 구조와 매우 유사하다(그림 4.5).
- 고균은 능동수송계를 이용하여 외부 환경으로부터 영양분을

얻는다.

- 고균 세포벽은 펩티도글리칸을 함유하지 않으며, 균마다 구성 성분이 매우 다양하다. S-층만으로 구성된 세포벽이 가장 보편적이다(그림 4.6, 그림 4.7).
- 고균 세포는 원형질막과 S-층으로 구성된 세포외 소포를 방출한다(그림 4.9).

4.3 고균의 세포질은 세균의 세포질과 유사하다

- 기낭을 포함하며 수많은 봉입체가 관찰된다.
- 고균 세포에서 세포골격 단백질이 발견되었다. 이들은 진핵생물의 세포골격 단백질의 상동체이다(표 4.2).
- 세균과 고균 리보솜의 크기는 모두 70S이지만 형태가 서로 약간 다르다. rRNA분자는 계통발생을 결정하는 데 사용되는 분자이기 때문에 염기서열이 서로 다르다. 고균의 리보솜 단백질의 절반 정도가 3영역 모두에서 발견되는 반면, 나머지는 진핵생물 리보솜 단백질의 상동체이다.
- 고균 세포의 유전물질은 핵양체에 위치하며, 핵양체는 막으로 둘러싸여 있지 않다. 알려진 모든 고균의 염색체는 이중가닥이며, 양쪽 끝이 공유결합한 원형의 DNA 분자를 가진다. 세균과 마찬가지로 고균은 진핵생물과 상동체인 히스톤과 핵양체-연관 단백질(nucleoid-associated protein, NAP)을 이용하여 염색체를 조직화한다.

4.4 많은 고균이 부착과 운동에 사용되는 외부 구조를 갖고 있다

- 대부분 고균은 세균의 IV형 선모와 유사한 선모를 갖고 있다.
- 많은 고균이 아키엘라라 불리는 고균편모를 이용해 운동한다. 아키엘라는 세균의 IV형 선모와 구조적으로 연관이 있다(그림 4.11). 아키엘라는 회전하는 견고한 나선이며 회전 방향에 따라 세포가 앞으로 나아갈지 후진할지 결정된다. 회전력은 ATP 가수분해를 통해 얻는다.
- 운동성 고균은 주화성을 나타낸다. 일부 고균은 주광성이다. 고균의 주성 조절기구는 세균의 것과 유사하다.
- 고균은 세포가 온도구배에서 적절한 위치를 차지하게 도와주는 재배치-탐색 수영을 한다.

심화 학습

1. 복합다당류로 된 두껍고 균일한 층으로 구성된 세포벽을 갖는 고균은 그람염색법으로 염색할 경우 크리스털 바이올렛으로 염색이 된다. 이러한 염색반응이 일어나는 이유를 설명하시오.
2. 이소프렌은 고균 막에서 관찰되는 탄화수소뿐만 아니라 스테롤, 카로티노이드, 레티날, 퀴논 등을 합성하는 단위분자로 사용된다. 이소프렌을 기반으로 만든 분자들의 기능을 알아내고 이들이 자연에 어떻게 분포하고 있는지 설명하시오. 이처럼 다양한 분자배열을 하기 위해 이소프렌을 사용한다는 사실은 모든 생명의 공통조상(last universal common ancestor, LUCA)의 특성에 관해 무엇을 알려주는가?
3. *Haloquadratum walsbyi* 세포는 2 μm × 2 μm × 0.25 μm 크기의 직사각형 프리즘 형태이다. 이러한 규격의 단일세포 표면적과 부피를 계산하고 표면적 대 부피의 비율을 계산하시오. 계산하여 얻은 수치를 그림 3.5의 구균으로부터 얻은 수치와 비교하시오.
4. 고균의 서식지가 소금 연못, 산성 광산 배수지 및 심해 열수분출구와 같은 장소인 경우, 실험실에서 이들 고균에 대한 연구를 수행할 때 직면해야 할 문제는 무엇인가?
5. 아키엘라-기반 운동성의 물리적인 매개변수를 결정하는 데 관심이 있던 과학자들은 *Haloferax volcanii*의 유령세포(ghost cell)를 만들어냈다. 세포에 간단히 계면활성제를 처리하여 원형질막에 구멍을 만들고 세포질과 그 내용물을 비웠다. 세포는 사멸했지만 세포벽은 손상되지 않은 채 남아 있었고, 유령세포에 ATP를 첨가하면 세포의 운동성이 되살아나게 된다. 과학자들은 작은 구슬을 고균에 부착하여 현미경으로 회전을 관찰하고 정량화할 수 있었다. 회전을 위한 에너지가 ATP로부터 나온다는 것은 널리 알려져 있지만(이 교재에도 나와 있음), 이 실험은 그에 대한 최초의 직접적인 시연이었다. ATP를 첨가하면 유령세포의 운동성이 회복된다. 이 주장을 뒷받침하기 위해 어떤 다른 화학물질을 조사할 수 있겠는가?
이렇게 새로 개발된 분석을 다양한 Arl 단백질(그림 4.11)의 돌연변이와 함께 사용하여 모터와 고정자가 어떤 아키엘라 구성요소인지 확인하려면 어떻게 해야 하는가?

참고문헌: Kinosita, Y., et al. 2020. Motile ghosts of the halophilic archaeon, *Haloferax volcanii*. *Proc. Natl. Acad. Sci. USA* 117:26766-72.

CHAPTER

5

진핵세포의 구조

U.S. Department of Agriculture (USDA)

죽음을 의미하는 빨간색

캐나다와 미국의 로키산맥 고속도로를 달리다 보면 한때는 초록빛으로 우거졌던 삼림 속에서 적갈색의 죽은 소나무들이 크게 무리를 이루고 있는 놀라운 광경을 볼 수 있다. 캐나다 브리티시 컬럼비아주에서는 로지폴 소나무의 반 이상이 죽었으며, 미국 콜로라도주 북부와 와이오밍주 남부에서는 이 소나무가 완전히 사라졌다.

이러한 현상을 일으키는 장본인은 산소나무좀(mountain pine beetle)과 이 곤충에 공생하는 진균인 청변균(blue stain fungus, *Grosmannia clavigera*)이다. 두 종류의 생물은 서로에게 이득이 되는 상리공생관계를 이용하여 소나무를 죽인다. 산소나무좀은 청변균을 구기(mouth parts)에 담아 한 나무에서 다른 나무로 옮겨줌으로써 곤충은 진균에게 도움을 준다. 또한 진균은 나무의 방어기전으로부터 곤충을 보호하고, 곤충의 유충에게 영양분을 공급해줌으로써 곤충에게 도움을 준다.

곤충이 수피 아래의 조직에 접근하기 위해 소나무 수피를 씹기 시작하면서 소나무를 죽이는 과정이 시작된다. 소나무는 곤충에게 독성이 있는 송진을 만들어 반격한다. 그러나 진균은 이 송진을 분해하여 탄소와 에너지원으로 이용할 수 있기 때문에 곤충을 보호한다. 그렇게 진균의 도움으로 곤충은 계속해서 소나무를 공격할 수 있으며, 결국 소나무 안에 알을 낳고, 진균을 나무 안쪽 깊숙이 옮겨준다. 이제 나무 안쪽 깊이 들어간 진균은 균사 덩어리를 만들어, 곤충의 유충들을 키운다. 이 균사가 나무의 순환체계를 막음으로써 영양소와 물이 나무에서 더 이상 순환하지 못하게 되고, 나무는 결국 말라죽게 된다.

이 교재의 대부분은 세균과 고균에 대해 다루고 있다. 그러나 청변균의 사례에서처럼, 진핵미생물도 살펴볼 필요가 있다. 진핵미생물은 생태계의 주요 구성원이고, 중요한 모델 생물이며, 산업미생물학 분야에서 아주 유용하게 사용하고 있다. 또한, 많은 진핵미생물은 사람에게 중요한 병원균이기도 하다.

진핵미생물은 원생생물과 진균으로 나눌 수 있다. 원생생물은 매우 다양하다. 일부는 동물처럼 에너지원으로 유기분자를 사용한다. 그리고 어떤 원생생물은 식물처럼 광합성을 하기도 한다. 원생동물의 계통은 하나의 단계통 분류군(가장 최근의 조상에서 나온 모든 후손을 포함하는 분류군)이 아니다. 따라서 원생생물이란 용어는 공식적인 분류군이 아니라 이런 미생물을 포함하는 분류군에 대한 일반적인 이름이다. 반면 모든 진균은 공통진화의 역사를 공유하고 있어 단계통 분류군에 속한다.

진핵생물을 적절한 분류군으로 나누는 것은 진핵생물의 진화와 마찬가지로 현재에도 계속 논의되고 있다. 진핵생물의 분류와 진화에 대해서는 23장과 24장에서 더 자세히 설명하고, 39장에서는 병원균으로서의 역할에 대해서 다루고 있다. 이 장에서는 진핵세포의 구조와 기능을 소개한다.

이 장의 학습을 위해 점검할 사항:

✓ 생물의 3영역을 나열할 수 있다(1.1절).

✓ 우즈가 제안한 3영역 분류체계를 확립하는 데 작은 소단위체(SSU) rRNA 분석을 적용한 내용을 설명할 수 있다(1.2절).

✓ 다음 식물세포와 동물세포의 구성성분을 구분하고 기능을 설명할 수 있다: 세포벽, 세포막, 세포질, 미토콘드리아, 엽록체, 리보솜.

✓ 세균과 고균 세포에서 관찰되는 주요 세포 구조를 구분하고 각각의 기능과 분자구성을 설명할 수 있다(3장, 4장).

5.1 진핵세포는 다양하지만 일부 공통적인 특징을 갖는다

이 절을 학습한 후 점검할 사항:

a. 진핵세포, 세균, 고균 세포에서 원형질막의 사용, 크기, 형태적 다양성, 세포소기관에 대해 비교, 대조할 수 있다.
b. 진핵세포에서 세포내 구획이 어떤 이점을 갖고 있는 지 설명할 수 있다.

진핵세포에서 관찰되는 많은 구조들과 세포소기관들에 대해 이야기하기에 앞서, 전반적인 개요로 시작하려고 한다. 이 절에서는 진핵세포에 대해 포괄적이고 일반적인 내용을 설명하고, 이 장이 진행되면서는 일반적인 특징에서 벗어나는 예를 설명하려고 한다.

모양과 크기

진핵세포는 형태적으로 다양하다는 점이 큰 특징이다. 특히 수많은 서식지와 그에 따라 형태적으로 적응하여 진화한 진핵미생물의 경우 형태적 다양성이 높은 것이 사실이다. 진핵미생물의 다양한 형태는 **그림 5.1**에서 볼 수 있다.

일반적으로 진핵미생물은 세균이나 고균의 세포보다 크다(그림 2.19 참조). 그러나 큰 원생생물(그림 3.4 참조)보다도 큰 세균과 고세균이 있는 것처럼, 많은 세균과 고균보다 작은 원생생물도 있다. 이렇게 작은 진핵미생물에는 *Ostreococcus tauri*가 있는데, 지름이 약 0.8 μm이며, 가장 작은 자유생활을 하는 조류로 알려져 있다. 실제로, 해양 환경에서 발견되는 이렇게 작은 진핵생물(picoeukaryote)

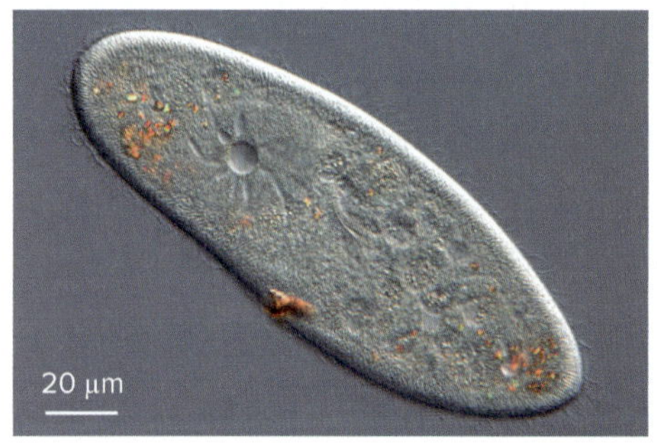

(a) *P. caudatum*

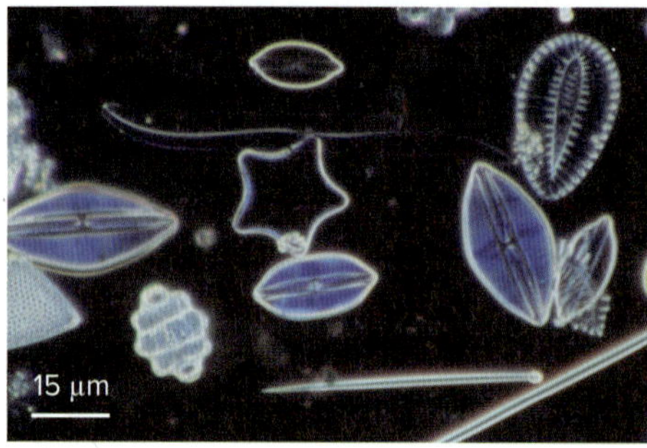

(b) 해양 규조류

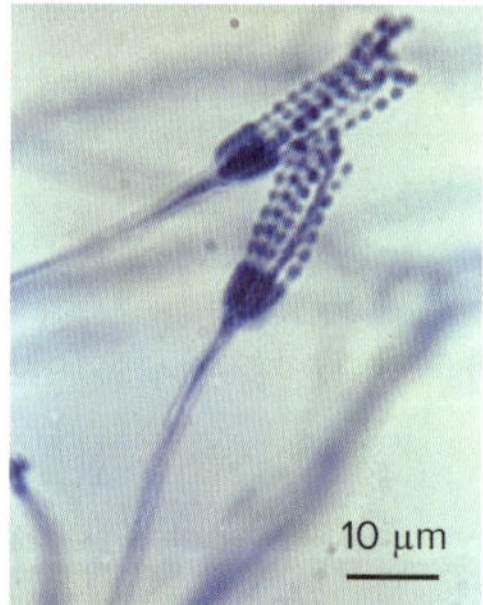

(c) *Penicillium* 종

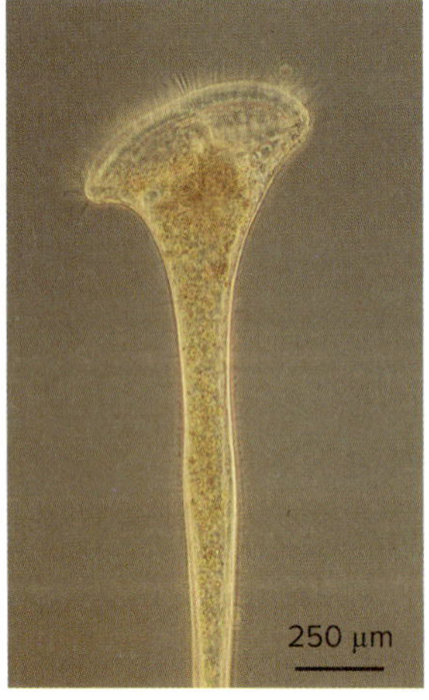

(d) *Stentor* 종

(e) *Gonium* 종

(f) *Polysiphonia* 종

그림 5.1 진핵미생물의 예. (a) *Paramecium caudatum* 원생생물의 간섭대비현미경 사진이다. (b) 여러 가지 규조류 껍질의 암시야현미경. (c) *Penicillium* 종 균사와 분생포자의 위상차현미경. (d) *Stentor* 종 섬모충류의 일종으로 활발하게 먹이를 먹는 모습의 위상차현미경. (e) *Gonium* 종 담수조류의 간섭대비현미경. (f) *Polysiphonia* 종 사상성 홍조류의 위상차현미경 사진이다. (a) micro_photo/iStock/Getty Images; (b) Oxford Scientific/Photodisc/Getty Images; (c) Dr. Lucille K. Georg/CDC; (d-e) Stephen Durr; (f) Steven P. Lynch

들은, mL당 10^3~10^4개 정도로 많이 관찰된다.

세포의 구성

진핵세포는 막을 사용하는 데에 있어서 그 특징을 찾을 수 있다(**그림 5.2**와 **그림 5.3**, 그림 5.6과 이 그림들을 비교). 진핵세포에는 막으로 둘러싸인 핵이 있으며 다른 세포소기관의 구조에서도 중요한 역할을 한다. **세포소기관**(organelle)은 세포내에 존재하는 구조물을 말하며, 다세포 생물체의 기관(organ)처럼 세포내에서 특수한 기능을 담당하고 있다. 막은 진핵세포내부를 세포소기관으로 나누어 서로 다른 세포 기능이 세포내의 다른 공간에서 이루어질 수 있게 함으로써, 서로 다른 세포 기능을 동시에 독립적으로 조절하고 적절하게 연계하는 것이 가능하다. 막의 표면적이 넓어지면 막에서 일어나는 호흡과 광합성 활동을 증가시킬 수 있다. 또한 세포내의 막 구조는 세포내의 다른 구획 사이에 물질을 이동하는 수단으로도 사용된다. 진핵세포는 부피가 크고 적절한 조절과 대사활동, 물질수송이 필요하기 때문에 막체계가 발달한 것은 필연적이다.

그림 5.2와 그림 5.3에 이 장에서 논의하게 될 대부분의 세포소기관이 나타나 있다. 진핵세포의 구조를 살펴보기 전에 먼저 진핵세포의 막에 대해 알아보기로 한다. 이어서 세포질과 세포질내부에 존재하는 세포소기관을 살펴보고 마지막으로 세포의 외부 구조를 다루기로 한다.

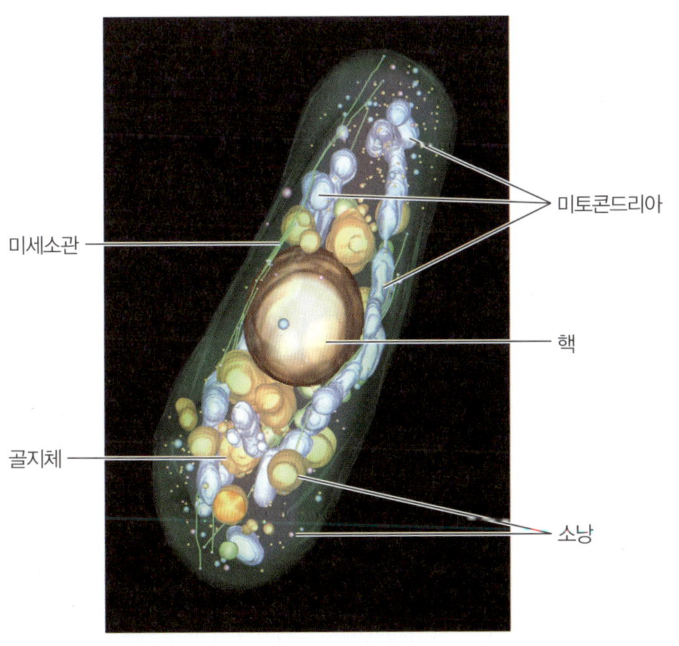

그림 5.2 진핵세포의 초미세 구조. 효모 *Schizosaccharomyces pombe*의 저온전자현미경 사진이다. 이 사진은 완전한 진핵세포에 대한 최초의 고해상도 3D 사진이다. Johanna Hoog/European Molecular Biology Laboratory/Science Source

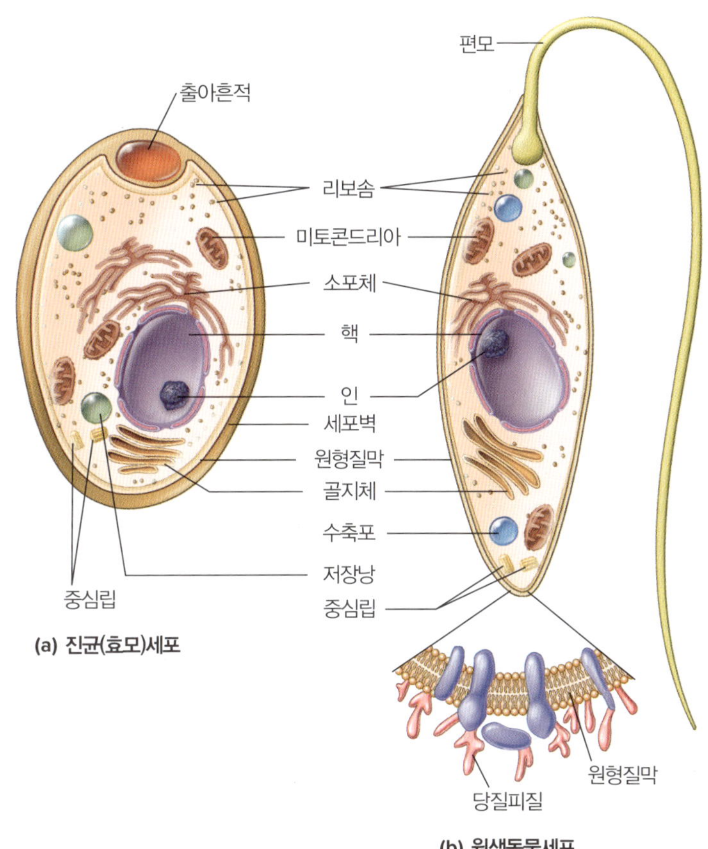

그림 5.3 대표적인 진핵미생물 2종의 구조. 진균에 속하는 효모세포(a)와 편모가 있는 원생생물인 *Peranema* (b)의 모식도이다.

연관 질문 세포질에서 세포소기관을 분리하는 기능 외에 내막의 다른 기능은 무엇인가?

5.2 진핵세포의 외피

이 절을 학습한 후 점검할 사항:

a. 세균과 진핵생물에 존재하는 지질을 비교하고 구별할 수 있다.
b. 세포벽을 가진 진핵미생물의 유형을 구분하고 그 구성을 설명할 수 있다.

세포외피는 원형질막과 이 원형질막 바깥쪽 부위에 있는 모든 것들로 구성되어 있다. 많은 진핵미생물은 세포벽이 없고 원형질막만을 가지고 있어, 아주 단순한 외피를 갖는다. 그러나 세포벽이 존재하는 진핵미생물의 경우 세균이나 고균의 세포벽과는 아주 많이 다르다.

진핵미생물의 원형질막은 세균의 막에서 관찰되는 인지질 외에 높은 비율의 스핑고지질과 스테롤(콜레스테롤과 에르고스테롤)로 이루어진 지질이중층이다(**그림 5.4**). 인지질과 스핑고지질에서 지방산은 글리세롤과 에스테르 결합으로 붙어 있다. 스핑고지질과 스테롤

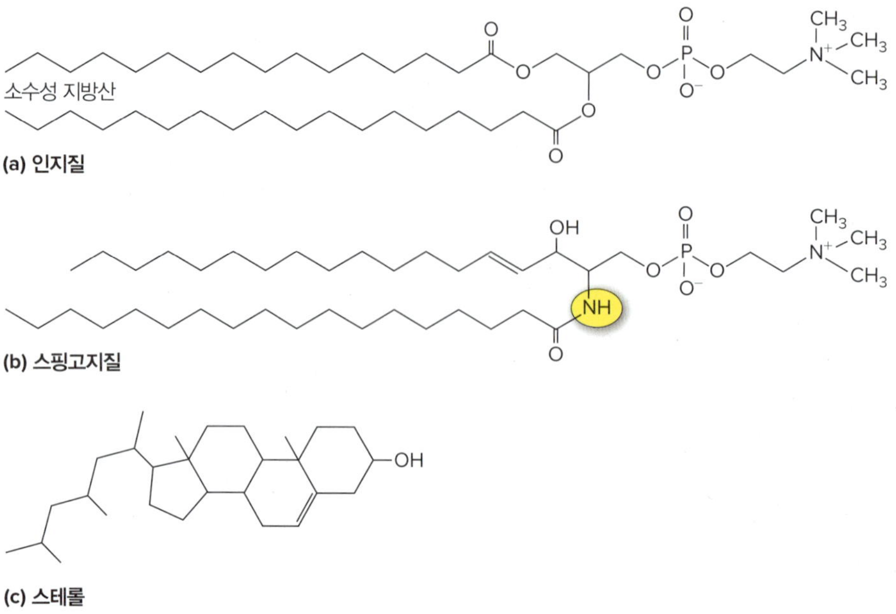

소수성 지방산

(a) 인지질

(b) 스핑고지질

(c) 스테롤

그림 5.4 진핵세포 막 지질의 예. (a) 포스파티딜콜린, 인지질의 일종이다. (b) 스핑고미엘린, 스핑고지질의 일종이고, 스핑고지질과 인지질의 차이는 아민기이며 원으로 표시하였다. (c) 콜레스테롤, 스테롤의 일종이다.

은 서로 아주 빽빽하게 채워져 있을 수 있어서 원형질막의 유동성과 투과성에 영향을 미친다. 따라서 진핵세포는 높거나 낮은 온도 스트레스에 반응해서 스테롤과 스핑고지질의 양이 변화한다.

원형질막에서 지질의 분포는 비대칭적이다. 이는 막의 안쪽과 바깥 층에서 지질의 분포가 다르다는 의미이다. 각 면에서 대부분의 지질은 서로 자유롭게 섞일 수 있으나, 지질과 단백질 조성이 다른 미세부위도 존재한다. 이 미세부위는 지질 뗏목으로 알려져 있으며 세균에서 발견되는 미세부위와 동일하다. 이 부위는 다양한 세포활동에 관여한다(예: 신호전달, 바이러스 입자의 조립과 방출, 세포내흡입). 그림 5.3b에서 볼 수 있듯이, 많은 진핵세포는 탄수화물이 부착된 내재성 막단백질과 지질을 가지고 있어 세포 표면에 **당질피질**(glycocalyx)이라는 탄수화물이 풍부한 층을 형성한다. ▶| 원형질막 구조는 역동적이다(3.3절)

세균과 고세균의 원형질막과 마찬가지로 진핵세포는 원형질막을 통해 물질을 이동시킬 수 있다. 진핵세포에서 촉진확산은 세균과 고세균 세포에서보다 훨씬 더 일반적이다(그림 3.10 참조). 진핵생물은 1차, 2차 능동수송과 수동확산도 사용한다. 뿐만 아니라 진핵생물은 세포내로 물질을 가지고 들어오는 또 다른 방법인 세포내흡입(endocytosis)도 사용한다. 이러한 독특한 방법에 대해서는 5.4절에서 설명한다.

세포벽을 가진 진핵미생물로는 일반적으로 조류(algae)라고 불리는 광합성 원생생물, 여러 원생생물의 포낭(cyst) 그리고 진균이 있다. 이렇게 방대한 다양성을 생각하면, 진핵미생물의 세포벽 조성이 아주 다양하다는 것은 당연하다. 조류의 세포벽은 일반적으로 한 층으로 되어 있고 셀룰로오스(cellulose)와 펙틴(pectin) 같은 다당류들이 많이 들어 있다. 그리고 실리카 또는 탄산칼슘 같은 무기물이 포함되어 있기도 하다. 많은 원생생물이 형성하는 휴면 포낭은 여러 개의 키틴층으로 이루어져 있다. 진균의 세포벽은 견고하다. 진균 세포벽의 정확한 조성은 생물마다 다양한데, 일반적으로 키틴과 글루칸(셀룰로오스와는 다른 형태의 포도당 중합체)이 존재한다. 이들 물질은 세균의 펩티도글리칸보다 화학적으로 더 단순하다. ▶| 세포벽은 많은 기능을 가지고 있다(3.4절)

5.3 진핵세포의 세포질에는 세포골격과 세포소기관이 들어 있다

이 절을 학습한 후 점검할 사항:

a. 세포질의 기능에 대해 설명할 수 있다.

b. 진핵세포의 세포골격을 이루는 3종류의 섬유를 확인하고 그 구조와 기능에 대해 설명할 수 있다.

세포질(cytoplasm)은 진핵세포에서 가장 중요한 기능을 하며 복잡한 구조로 이루어져 있다. 세포질은 여러 세포소기관들이 들어 있는 액상 성분인 **세포기질**(cytosol)로 이루어져 있다. 세포질은 여러 가

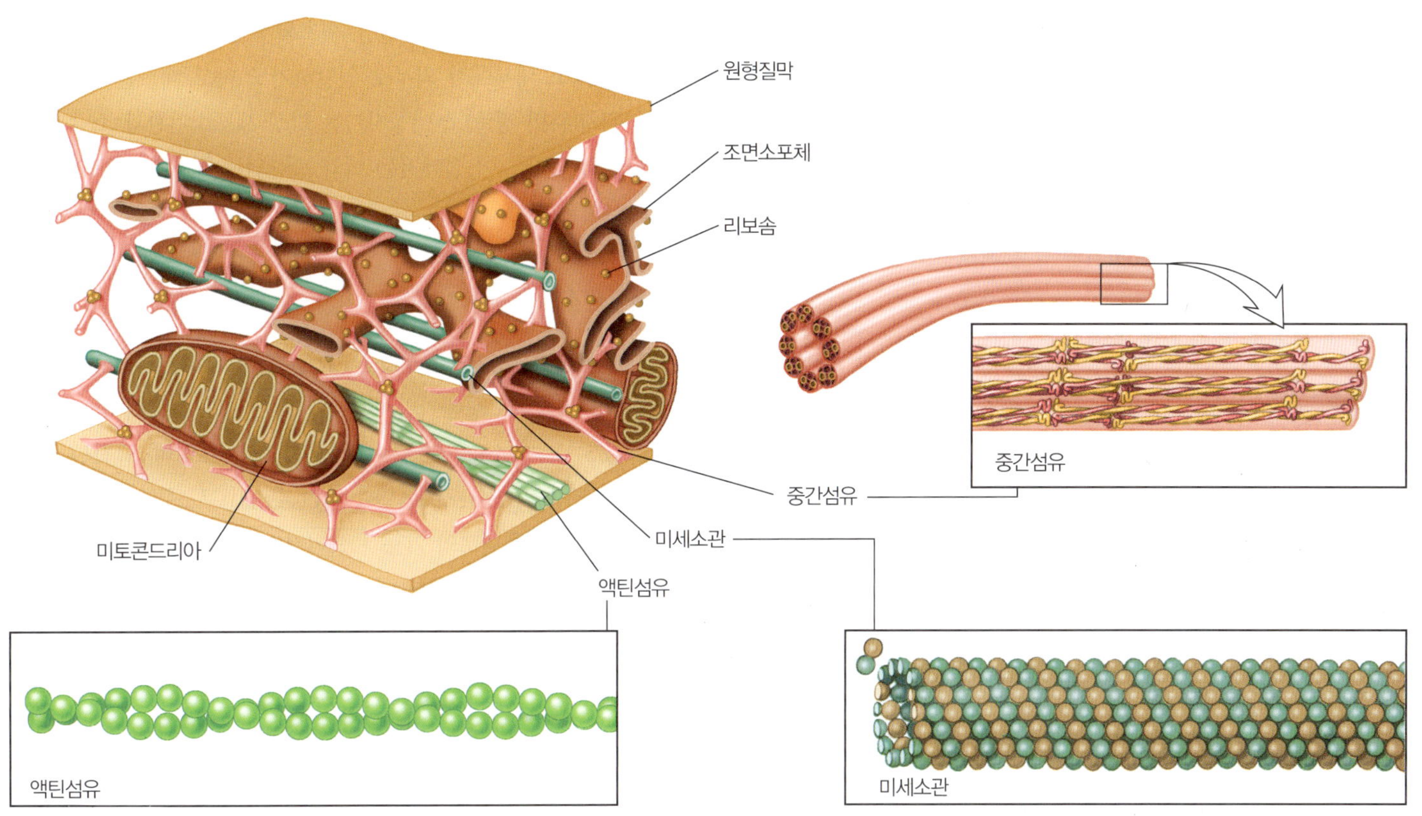

그림 5.5 진핵생물 세포질과 세포골격. 진핵세포의 세포질에는 여러 가지 주요 세포소기관이 들어 있다. 세포골격은 세포소기관의 위치를 고정하는 틀을 제공한다. 세포골격은 액틴섬유, 미세소관, 중간섬유의 3종류로 이루어진다.

연관 질문 α-튜불린과 β-튜불린으로 구성된 세포골격섬유는 무엇인가?

지 중요한 생화학 반응이 수행되는 장소이며, 여러 가지 물리적 변화(점액성의 변화, 세포질 유동)도 세포질의 활성에 의해 일어난다. 아주 다양한 세포소기관이 진핵세포의 세포질에서 관찰되기 때문에, 이들을 5.4~5.6절에서 각각 따로 구분하여 설명하려고 한다. 여기서는 세포질 구성성분을 조직화하는 세포골격에 초점을 맞춰 다루고자 한다.

세포골격(cytoskeleton)은 3종류의 섬유(filament)가 서로 복잡하게 얽힌 그물과 같은 구조를 말한다. 세포골격을 이루는 3종류의 섬유는 액틴섬유(미세섬유로도 불림), 중간섬유, 미세소관이다(**그림 5.5**). 세포골격의 그물과 같은 구조는 세포 구조의 움직임을 안내하는 고속도로와 같다. 액틴섬유와 미세소관에 연관되어 있는 3가지 운동단백질(미오신, 키네신, 디네인)은 세포 구조들을 세포골격섬유를 따라서 다른 곳으로 이동시키는 것을 돕는다.

액틴섬유(actin filament)는 작은 단백질 섬유로 지름은 4~7 nm 정도이며, 세포 유형에 따라 다양한 구조를 이룬다(그림 5.5). 액틴섬유는 근육조직의 액틴 수축성 단백질과 유사한 액틴단백질로 구성된다. 액틴섬유는 세포 구조를 움직이거나 세포 형태의 변화를 돕는다. 따라서 액틴섬유가 작용하는 세포의 운동에는 아메바 운동, 세포내흡입 및 세포질분열 등이 있다.

중간섬유(intermediate filament)는 유연하지만 아주 강하다. 중간섬유는 운동단백질과 연관되어 있기 때문에 다양한 구조적 역할을 수행한다. 중간섬유의 지름은 약 10 nm 정도이며 여러 종류의 단백질군(예: 케라틴, 비멘틴)으로 구성된다. 기능이 다른 중간섬유는 여러 종류의 단백질로 이루어진다. 진균과 식물은 중간섬유가 없다. 동물과 일부 원생동물의 중간섬유는 핵막의 형태를 지지하는 구조인 핵막하층(nuclear lamina)을 이루고 있다. 또한 중간섬유는 동물 세포내에서 소기관이 적절한 위치에 있도록 돕고 세포를 서로 연결하여 조직을 형성하는 데 도움을 주기도 한다.

미세소관(microtubule)은 지름이 약 25 nm 정도의 얇은 원통 모양이다. 미세소관은 2종류의 구형 단백질인 α-튜불린과 β-튜불린으로 이루어져 있다(그림 5.5). 이들 2가지 단백질은 분자량이 같으나 아미노산 서열과 3차 구조가 약간 다르다. 각 튜불린 단량체의 지름은 약 4~5 nm 정도이다. 이들 소단위는 나선 한 바퀴에 평균 13개의 소단위가 들어가는 나선형 원통을 형성한다.

미세소관은 여러 가지 중요한 기능을 가지고 있다. 미세소관은 체세포분열 또는 감수분열 시 염색체를 분리하는 방추사를 만든다. 미세소관은 수많은 종류의 세포소기관과 소포가 세포내에서 이동하는 트랙을 형성하며 세포에 운동성을 제공하는 2종류의 세포소기관인 섬모와 편모에 존재한다. 또한 미세소관은 일부 원생생물의 길고 가늘며 단단한 유축위족(axopodia)과 같은 지지구조에 존재한다(그림 23.7 참조).

마무리 점검

1. 진핵세포막의 주요 지질은 무엇인가? 어떤 영역의 생물이 이와 비슷한 지질을 갖고 있는가?
2. 어떤 종류의 진핵미생물이 세포벽을 갖고 있는가? 진핵미생물의 세포벽과 세균, 고세균의 세포벽은 어떤 차이가 있는가?
3. 진핵세포에서 관찰되는 3가지 세포골격 성분은 무엇이며 그 기능은 무엇인가? 모든 진핵미생물이 3가지 성분을 가지고 있는가?

5.4 일부 세포소기관은 분비와 세포내흡입에 관여한다

이 절을 학습한 후 점검할 사항:

a. 구조와 기능의 측면에서 2종류의 소포체에 대해 구분할 수 있다.
b. 수송과 분비과정을 통한 물질의 이동에 대해 그 구조와 역할과 관련하여 설명할 수 있다.
c. 세포내흡입 과정에 관련된 구조와 그 역할 및 진핵미생물에서 관찰되는 세포내흡입 과정에 주의하면서, 포유동물세포에서 관찰되는 세포내흡입 과정에 대해 설명할 수 있다.
d. 미세소포와 엑소솜의 형성을 비교하고 대비할 수 있다.

진핵세포의 세포질은 물질을 세포외부에서 내부(세포내흡입 경로)로 그리고 내부에서 외부로 전달하기도 하고 때로는 세포내에서 다른 위치(분비 경로)로 이동시키는 막성 세포소기관과 소낭이 복잡하게 얽혀 있다. 이 절에서는 이와 관련되는 몇 가지 세포소기관에 대해 살펴본다.

소포체

소포체(endoplasmic reticulum, ER)는 막으로 된 소관(tubule)이 가지를 치고 또 서로 합해지면서 이루는 부정형의 그물과 같은 구조이다(그림 5.3). 이 소관은 지름이 40~70 nm 정도이며, 납작한 주머니 형태의 **시스터나**(cisternae, 단수는 cisterna) 구조를 이룬다. 이러한 소포체의 본질은 세포의 기능과 생리적 상태에 따라 다양하다. 분비 단백질을 많이 합성하여 분비하는 세포에서는 소포체 바깥쪽에 리보솜이 많이 부착되어 있으며 **조면소포체**(rough endoplasmic reticulum, RER)라고 한다. 지질을 다량 합성하는 세포에서는 소포체에 리보솜이 부착되어 있지 않다. 이러한 소포체를 **활면소포체**(smooth endoplasmic reticulum, SER)라고 한다.

소포체는 분자의 합성과 수송에서 중요한 중심 기능을 담당한다. 지질과 단백질은 소포체에 부착되어 있는 효소나 리보솜에서 합성된다. 조면소포체에 부착된 리보솜에서 합성된 폴리펩티드 사슬은 조면소포체의 막으로 들어가거나 소포체 내강으로 들어가 다른 곳으로 운반된다. 소포체는 또한 세포막 합성이 일어나는 주된 장소이기도 하다.

골지체는 물질 분비를 준비한다

골지체(golgi apparatus)는 납작한 주머니 모양의 시스터나(cisternae)로 이루어져 있다(**그림 5.6**). 시스터나 가장자리에 소관과 소낭

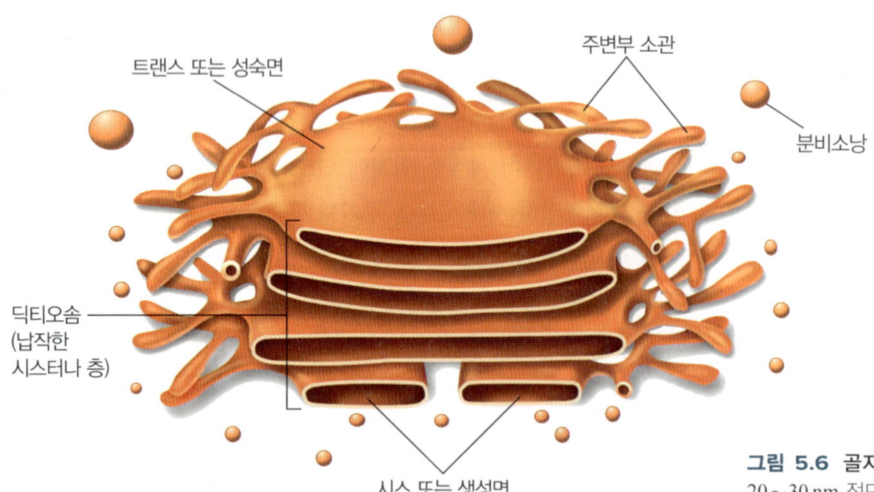

그림 5.6 골지체. 각각의 시스터나는 15~20 nm 두께이며, 다른 시스터나와 20~30 nm 정도 거리가 떨어져 있다.

의 복잡한 망상구조가 위치한다. 많은 진핵생물에서 시스터나는 서로 겹겹이 쌓여져 하나의 구조를 형성하는데 이를 **딕티오솜**(dictyosome)이라고 한다. 보통 4~8개 정도의 시스터나가 겹쳐져 하나의 더미를 이룬다. 많은 세포에서 여러 개의 시스터나 더미들이 연결되어 골지 리본을 형성한다. 대부분의 진핵미생물은 하나의 시스터나 더미를 가지지만, 더미를 형성하지 않는 경우도 있다(예: 효모 *Saccharomyces cerevisiae*).

시스터나 더미의 양쪽 면은 서로 다르다. 생성면(cis face 또는 forming face)에 있는 주머니는 소포체와 가까이 위치하여 소포체와 연관이 있다. 성숙면(trans face 또는 maturing face)에 있는 주머니는 소포체와 가장 멀리 떨어져 있다. 골지체의 이 2가지 면은 막의 두께, 효소의 구성, 소낭 형성의 정도가 다르다.

골지체의 역할은 물질을 포장하여 분비 준비를 하는 것이지만 이 역할의 정확한 본질은 생물에 따라 다르다. 예를 들어, 일부 편모를 가진 원생생물의 표면에 있는 비늘과 같은 구조는 골지체 안에서 형성되어 소낭을 통해 표면으로 수송된다. 골지체는 세포막의 합성과 세포 산물의 포장에도 관계한다. 일부 진균의 균사 성장은 골지체 소낭이 세포벽 구성성분을 균사 끝부분의 세포벽에 제공할 때 일어난다. ▶| 원생생물(23장); 진균(24장)

리소좀은 세포내흡입 기능을 갖는 분해 세포소기관이다

리소좀(lysosome)은 영양소를 소화하는 데 관련되기 때문에 동물세포에서 관찰된다. 리소좀은 둥근 공 모양으로 단일막에 둘러싸여 있으며, 평균지름은 500 nm 정도이나 크기는 50 nm에서 수 마이크로미터(μm) 정도에 이르기까지 다양하다. 리소좀은 모든 종류의 생체 고분자를 소화하는 데 필요한 효소를 포함하고 있다. 이러한 효소를 **가수분해효소**(hydrolase)라고 하며 분자의 가수분해 과정을 촉매하며 약산성 조건(보통 pH 3.5~5.0)에서 가장 활발하게 작용한다. 리소좀은 양성자를 리소좀 내부로 수송하여 산성 환경을 유지한다.

리소좀과 같은 기능을 하는 세포소기관이 진균과 원생생물 세포에 존재하는데, 이를 액포(vacuole), 포식 액포(phagocytic vacuole), 식포(food vacuole)라 한다. 이들은 세포내 소화 기능뿐만 아니라 칼슘 이온, 인산염, 아미노산의 저장 같은 다른 기능도 갖고 있다.

수송 및 분비 경로는 분자를 세포외부 및 세포내 다른 장소로 이동한다

다양한 경로가 세포내에서 물질을 이동하는 데 사용된다. 이러한 경로의 초기 단계는 원형질막 안으로 물질을 이동하거나 세포 밖으로 이동하는 데 사용되는 경로와 같다. 따라서 이러한 과정을 함께 **분비경로**(secretory pathway)로 표현한다. 단백질이나 지질과 같은 물질을 이동하는 과정에는 단백질이나 지질을 적절한 위치로 옮기는 데는 수많은 분자가 관여한다. 그 중 특히 단백질의 이동에 초점을 맞추어 설명하기로 한다.

세포내 특정 위치로 이동하거나 세포 밖으로 분비되는 단백질은 그 단백질의 최종 위치까지 유사한 경로로 이동한다. 조면소포체에 부착된 리보솜에서 합성된 단백질에는 이 단백질을 조면소포체의 내강 안으로 유도하는 아미노산 서열이 포함되어 있다. 이 단백질은 조면소포체 내강을 통해 이동하여 소포체에서 발달한 작은 소낭으로 방출된다. 소포체의 이동과정에서 단백질에 당이 부착되는 **당화**(glycosylation) 과정을 거치기도 한다. ▶| 진핵생물의 단백질 위치 지정과 분비(15.4절)

소포체에서 방출된 소낭은 골지체의 생성면(소포체에서 가장 가까운 면)쪽으로 이동하여 융합한다(그림 5.6). 골지체의 생성면에서 성숙면(소포체에서 가장 먼 면)으로 이동하는 과정에서 단백질은 더 변형된다. 이러한 변형과정을 통해서 단백질은 최종 위치로 보내진다.

골지체의 성숙면에서 방출된 수송소낭(transport vesicle)은 세포내의 다양한 위치로 내용물을 운반한다. 원형질막이 목적지인 경우 2종류의 분비과정 중 하나가 사용된다. 한 종류의 과정은 조절되지 않은 방법으로 단백질을 운반한다. 이 과정에서 수송소낭(구성성 분비소낭)이 원형질막과 융합함으로써 단백질이 세포밖으로 방출된다. 조절성 분비과정이라고 하는 또 다른 종류의 과정은 소낭(조절성 분비소낭)이 원형질막에 융합하여 내용물을 방출하기 위해서는 신호가 필요하다.

분비경로는 단백질을 효과적으로 옮기지만 조면소포체에서 받은 단백질이 잘못 만들어진 것이라면 어떻게 할 것인가? 세포에는 접히지 않거나 잘못 접힌 단백질을 확인하는 단백질의 품질유지 기선이 내재되어 있어 이러한 단백질을 최종 목적지로 운반되지 않도록 한다. 그 대신 이들 단백질은 세포질로 방출되어 파괴된다. 그러나 세포질에는 많은 정상적인 단백질이 존재하기 때문에 잘못된 단백질만이 제거되도록 표지되어야 한다. 이 과정은 단백질에 유비퀴틴(ubiquitin)이라는 작은 폴리펩티드 여러 개를 부착함으로써 이루어진다(**그림 5.7**). 유비퀴틴으로 표지된 단백질은 26S **프로테아솜**(proteasome)이라는 거대한 관 모양의 복합체에 의해 분해된다. 유비퀴틴으로 표지된 단백질은 톱밥제조기의 통나무처럼 26S 프로테아솜에서 분해된다. ATP 가수분해를 통해 공급된 에너지를 사용하여 단백질은 더 작은 펩티드로 분해된다. 단백질이 분해되면서 유비퀴틴은 방출되어 재사용된다. 프로테아솜과 프로테아솜 유사구조가 세균과 고균에서도 발견되었다. 그러나 구조는 더 단순하며 분해되는 단백질은 유비퀴틴 이외의 기전에 의해 분해기구로 이동된다.

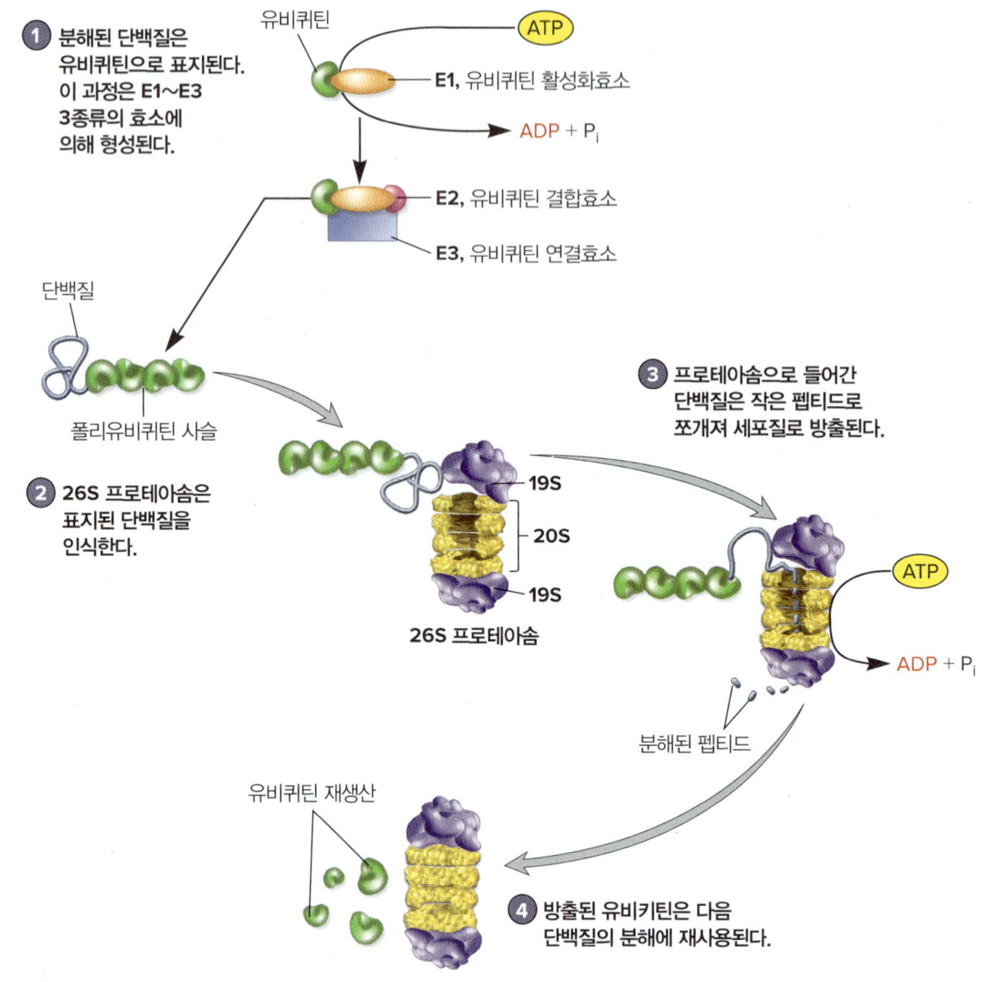

그림 5.7 프로테아솜에 의한 단백질 분해.

연관 질문 왜 단백질은 프로테아솜으로 들어갈 때 단백질 접힘을 풀어야 하는가? 프로테아솜에서 방출된 펩티드는 어떻게 되는가?

세포내흡입 경로는 여러 가지가 있다

세포내흡입(endocytosis) 과정은 모든 진핵세포가 세포외부의 물질을 세포 안으로 흡수하는 데 사용한다. 세포내흡입이 일어나는 동안 세포는 용질(음세포작용, pinocytosis)이나 입자(식세포작용, phagocytosis)를 원형질막이 함입되어 형성된 소낭으로 둘러싸서 세포 안으로 운반한다. 세포내흡입은 막에 존재하는 분자를 재활용하는 방법으로서 모든 진핵세포에서 지속적으로 일어난다. 세포내흡입을 수행하는 세포 단계를 **세포내흡입 경로**(endocytic pathway)라고 한다. 일부 진핵세포에는 세포 바깥에 존재하는 물질을 농축시켜 세포 안으로 들여오는 특수한 세포내흡입 경로가 존재한다. 또 다른 세포에서는 영양소를 섭취하는 기전으로 세포내흡입 과정을 사용한다. 세포내흡입은 세균이나 고세균에서는 발견되지 않으며, 진핵세포는 많은 바이러스와 다른 세포내 병원균을 포획하는 데 세포내흡입을 사용한다.

세포는 세포내흡입을 언제 수행할지 언제 알게 되는가? 세포내흡입은 세포막에 있는 **수용체**(receptor)에 세포 바깥쪽에 있는 분자인 **리간드**(ligand)가 결합하여 시작하기도 한다. 이 과정을 **수용체매개 세포내흡입**(receptor-mediated endocytosis)이라고 한다. 리간드의 본질은 다양하다(호르몬이나 바이러스 표면의 분자 등). 수용체는 세포막의 특정 부분에 집중되어 있기도 하며, 수용체매개 세포내흡입 과정은 세포내흡입이 시작되기 전 리간드를 농축시키는 역할을 한다.

포유동물세포에는 여러 가지 형태의 세포내흡입 과정이 알려져 있다(**그림 5.8**). 포유동물세포는 모두 특정 형태의 세포내흡입 소낭을 생성하며 소낭내의 물질은 리소좀으로 운반되어 분해된다. **식세포작용**(phagocytosis)은 세포의 표면에서 일부가 밖으로 돌출되면서 입자를 둘러싸서 삼키는 과정이다. 식세포작용 과정에서 형성된 세포내흡입 소낭을 파고솜(phagosome)이라 한다. **클라트린 의존성 세포**

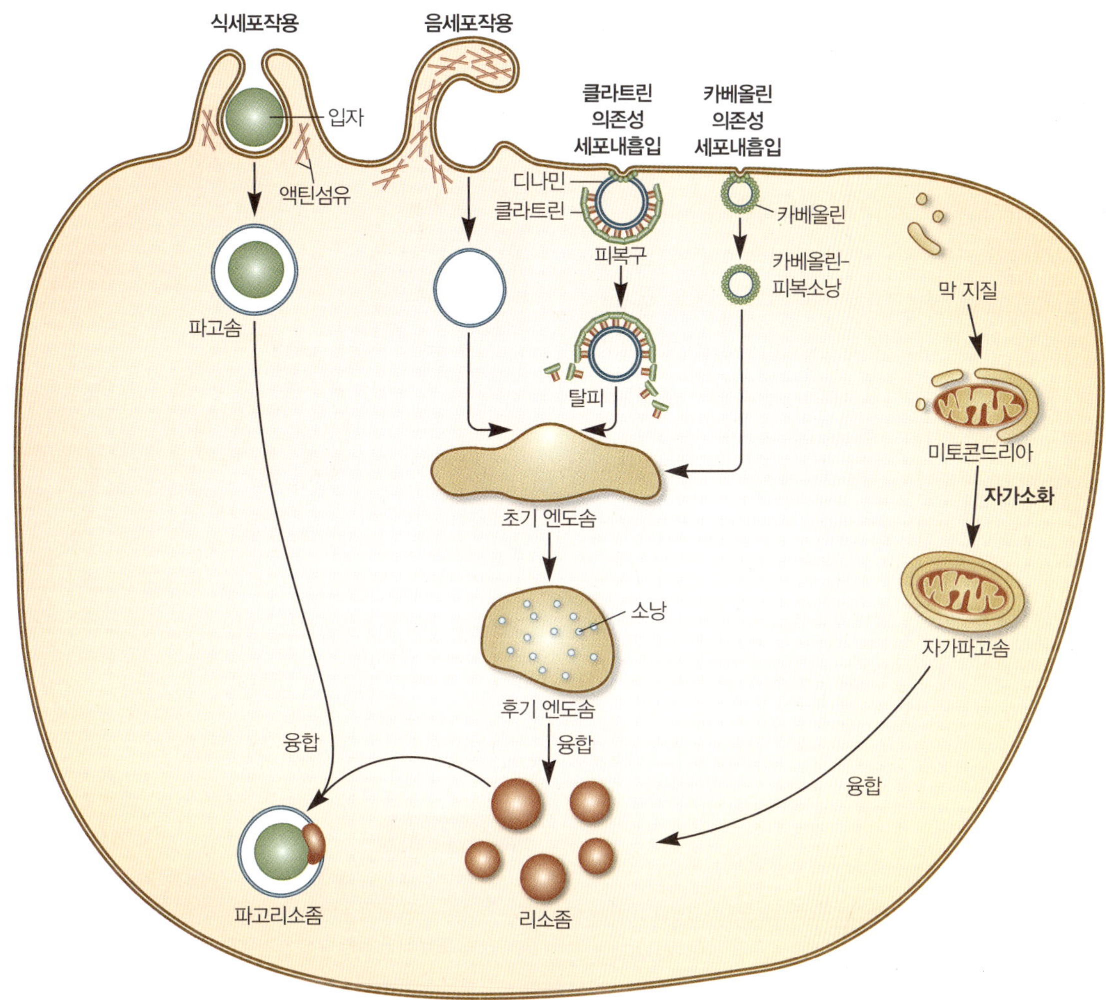

그림 5.8 포유동물세포에서 관찰된 일부 세포내흡입 경로. 세포내흡입 과정을 통해 흡수된 물질은 리소좀으로 전달된다. 리소좀으로 전달되는 경로는 세포내흡입 경로에 따라 다르다. 또한 자가파고솜에서 리소좀으로 세포 구성성분이 전달되면 리소좀은 이를 분해하여 재사용한다. 이 과정을 자가소화라고 한다.

내흡입(clathrin-dependent endocytosis)은 먼저 세포질 쪽의 특수화된 막 부분이 클라트린(clathrin)이라는 단백질로 둘러싸이면서 시작하는데, 이 부분을 **피복구**(coated pit)라고 한다. 피복구가 함입되면서 형성된 세포내흡입 소낭을 **피복소낭**(coated vesicle)이라 한다. 클라트린 의존성 세포내흡입을 통해서 호르몬, 성장인자, 철, 콜레스테롤을 농축시켜 흡수한다. **카베올린 의존성 세포내흡입**(caveolin-dependent endocytosis)은 작은 컵 모양으로 원형질막이 함입된 포낭(caveolae, 지름이 대략 50~80 nm)에 의해 이루어진다. 포낭을 형성하는 막에는 콜레스테롤과 카베올린(caveolin)이라는 막단백질의 농도가 매우 높다. 포낭이 함입될 때 생긴 소낭을 **카베올린-피복소낭**이라고 한다. 신호전달과정과 엽산 같은 작은 분자와 다른 고분자 물질을 수송하는 과정에 카베올린 의존성 세포내흡입이 관여하는 것으로 생각된다. 많은 바이러스, 세균과 원생동물이 포낭을 이용하여 숙주세포로 침입한다.

세포내흡입 물질을 분해하는 과정의 다음 단계는 리소좀으로 물질을 전달하는 단계이다. 물질을 리소좀으로 전달하는 방법은 세포내흡입 과정에 따라 다르다. 클라트린 피복소낭과 카베올린-피복소낭은 먼저 가수분해효소가 들어 있는 작은 세포소기관으로 물질을 전달한다. 이 세포소기관을 초기 **엔도솜**(endosome)이라 한다(그림 5.8). 초기 엔도솜은 후기 엔도솜으로 발달한 후 리소좀과 융합하여, 더 분해된 화합물을 전달한다. 파고솜은 다른 경로의 리소좀으로 물질을 전달한다. 파고솜은 초기 엔도솜 단계를 건너뛰고 직접 리소좀과 융합하여 파고리소좀을 형성한다(그림 5.8).

진핵미생물에서 세포내흡입은 아직 포유동물에서 이루어진 것만큼 많은 연구가 이루어지지 않았다. 일부 진핵미생물은 식세포작용과 대음세포작용(macropinocytosis)을 수행한다(그림 5.8). 클라트린 의존성 세포내흡입은 진균에서 관찰되었으며, 이 흡입 경로는 효모 *Saccharomyces cerevisiae*에서 가장 잘 밝혀졌다.

리소좀은 **자가소화**(autophagy)라는 또 다른 중요한 과정에 관여한다. 여러 종류의 자가소화 과정이 밝혀졌다. 그 중 일부는 세균, 바이러스, 응축된 단백질, 미토콘드리아를 선택적으로 격리시켜 파괴한다. 그러나 이러한 선택적 과정은 **거대자가소화**(macroautophagy)보다는 덜 연구되었다. 거대자가소화는 세포질 구성성분(미토콘드리아같은 세포소기관 포함)을 비선택적으로 소화하거나 재활용하는 데 사용되며, 세포내 항상성의 유지를 도와주는 정상적인 과정이다.

거대자가소화가 이루어지는 동안, 소화될 물질은 이중막으로 둘러싸인 **자가파고솜**(authophagosome)이라고 불리는 구조를 형성한다. 자가파고솜의 형성은 격리막(isolation membrane)을 만들면서 시작한다. 많은 자가소화 관련 단백질과 지질은 격리막이 형성되고 이어지는 자가파고솜의 성숙과 관련된다. 자가파고솜은 성숙하여 최종적으로 리소좀과 융합한다.

어떤 경로를 통하든 목표 물질이 리소좀으로 전달되면 소화가 일어난다. 리소좀 안에 든 내용물이 소화될 때, 작은 분해 산물은 리소좀을 떠나 영양소나 다른 용도로 사용된다. 분해되지 않는 물질이 축적되어 있는 리소좀을 **잔여소체**(residual body)라고 한다. 잔여소체는 내용물을 세포의 바깥으로 방출하기도 한다.

세포외 소포

세균 및 고세균과 마찬가지로 모든 진핵세포는 단백질, 지질, 및 핵산을 비롯한 다양한 분자가 들어 있는 **세포외 소포**(extracellular vesicle, EV)를 방출한다. 포유동물세포의 세포외 소포는 세포신호전달 및 면역 반응의 발달에 관련된 분자를 수송한다. 병원성 진균과 원생생물은 숙주에 해를 끼치고 면역반응을 억제할 수 있는 분자를 운반하는 세포외 소포를 생산한다.

모든 세포외 소포는 막이 분리되어 운반하는 분자를 둘러싸면서 형성된다. 진핵생물은 세포내 막을 가지고 있기 때문에 진핵세포의 세포외 소포는 원형질막이나 세포소기관의 막에서 발생할 수 있다(**그림 5.9**). 세포외 소포막의 기원을 구분하기 위해 **미세소포**(microvesicle, 지름 50~1000 nm)라는 용어는 원형질막이 바깥쪽으로 돌출하여 방출되는 세포외 소포를 나타내는 데 사용된다. 엔도솜 안에서 생성된 세포외 소포는 **엑소솜**(exosome, 30~100 nm)이라고 한다. 엑소솜은 여러 단계에 걸쳐 생산된다. 먼저 엔도솜의 막이 안쪽으로 돌출하면서 내강내 소포(intraluminal vesicle, ILV)를 형성한다. 엔도솜이 내강내 소포들로 채워지면 다소포 엔도솜(multivesicular endosome, MVE)이라고 한다. 다소포 엔도솜은 원형질막의 세포질 쪽으로 이동하고 거기에서 다소포 엔도솜과 원형질막이 융합되어 성숙한 엔도솜이 배출된다. 진균과 조류의 세포외 소포가 외부 환경에 도달하기 위해서는 세포벽을 통과해야 하는 문제가 있는데 이것은 현재 완전하게 이해되지는 않고 있다.

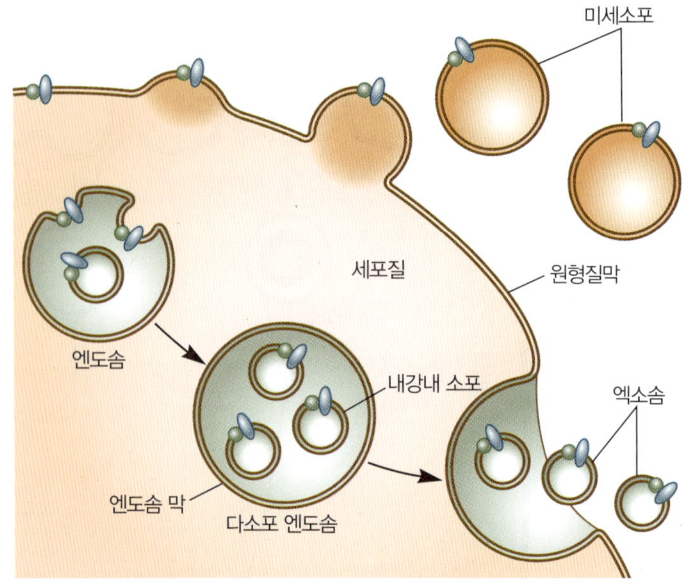

그림 5.9 세포외 소포의 형성. 미세소포는 원형질막이 밖으로 돌출되어 형성된 세포외 소포이다. 엑소솜은 엔도솜 막의 일부가 안쪽으로 돌출되어 형성된 내강내 소포이다. 여러 개의 내강내 소포로 채워진 엔도솜을 다소포 엔도솜이라고 한다. 다소포 엔도솜이 원형질막과 융합하면 엑소솜이 방출된다. 미세소포는 엑소솜보다 훨씬 크지만 둘 모두 다양한 크기의 분자를 운반한다.

마무리 점검

1. 조면소포체와 활면소포체는 구조와 기능 면에서 서로 어떤 차이가 있는가? 소포체와 관련된 과정을 나열하시오.
2. 프로테아솜이란 무엇인가? 프로테아솜은 소포체가 적절하게 기능하는 데 왜 중요한가?
3. 골지체의 구조를 설명하시오. 골지체의 생성면과 성숙면은 어떻게 서로 다른가? 골지체의 주요 기능을 나열하시오.
4. 리소좀이란 무엇인가? 리소좀은 세포내 소화에 어떻게 작용하는가? 리소좀이 세포질내에서 효소 내용물을 방출하면 어떤 일이 생길 것인가?
5. 분비 경로를 설명하시오. 이 경로를 통해서 단백질을 비롯한 다른 물질들은 어디로 운반되는가?
6. 세포내흡입을 정의하시오. 소화를 위해서 물질을 리소좀으로 운반하는 경로를 설명하시오.
7. 진핵세포가 세포외 소포를 형성하는 2가지 방법을 설명하시오. 세포외 소포의 기능은 무엇인가?

5.5 핵과 리보솜은 세포의 유전적 조절에 관여한다

이 절을 학습한 후 점검할 사항:

a. 핵, 염색체, 인, 리보솜의 구조와 기능에 대해 설명할 수 있다.
b. 세균, 고세균, 진핵세포의 염색체와 리보솜을 비교 설명할 수 있다.

진핵세포는 핵의 존재와 DNA를 저장하고 사용하는 방식이 세균 및 고세균 세포와 크게 다르다. 이 절에서는 이와 같이 중요한 세포 기능을 담당하는 세포소기관에 대해 살펴보기로 한다.

핵

핵은 진핵세포에서 가장 뚜렷하게 보이는 소기관이다. 핵은 세포의 구조에 대한 연구가 시작된 시기인 1831년 브라운(Robert Brown, 1773~1853)에 의해 진핵세포에서 항상 존재하는 구조로 발견되었다. 세포의 DNA는 **핵**(nucleus)에서 만들어져 저장되지만, RNA는 핵에서 만들어져 방출된다.

세포의 핵은 막으로 둘러싸인 구체이며 지름은 대략 5~7 μm 정도이다(그림 5.2와 그림 5.3). 핵은 하나 이상의 염색체를 포함하는데, 그 숫자는 생물, 세포의 종류, 생활사의 단계에 따라 다르게 나타난다. 각 진핵세포의 **염색체**(chromosome)는 염색질로 이루어져 있다. **염색질**(chromatin)은 DNA와 히스톤을 포함한 단백질의 복합체이다. 히스톤은 라이신(lysine), 아르기닌(arginine) 또는 두 아미노산이 모두 많은 작은 염기성 단백질이다. 대부분의 진핵세포에는 5가지 종류(H1, H2A, H2B, H3, H4)의 히스톤이 존재한다. 히스톤은 염기성 단백질이므로 양으로 하전되어 있으며 DNA는 산성이고 음으로 하전되어 있다. 이는 DNA와 단백질이 서로 밀접하게 연관되어 있게 해준다. 일부 히스톤은 DNA가 단백질을 감싸고 있어 실패와 같은 기능을 한다. 8개의 히스톤 분자와 관련 DNA는 실에 구슬이 꿰어있는 형태(beads-on-a-string)를 만든다(**그림 5.10**). 이때 각각의 구슬을 **뉴클레오솜**(nucleosome)이라고 한다. ◀ 핵양체(3.7절, 4.3절)

핵은 **핵막**(nuclear envelope, 그림 5.3)으로 둘러싸여 있다. 핵막은 2개의 지질이중층 막인 내막과 외막으로 이루어져 있으며, 2개의 막이 핵주위공간으로 분리된 복잡한 구조이다. 핵막은 여러 부분에서 소포체와 연결되어 있고 외막은 리보솜으로 덮여 있다. 핵막에는 핵공(nuclear pore)이 많이 뚫려 있으며, 각 핵공은 약 30개의 단백질로 구성된다. 각 핵공 및 핵공 연관 단백질을 합쳐 **핵공복합체**(nuclear pore complex)라 부른다(**그림 5.11**). 핵공의 지름은 약 70 nm 정도이고 전체적으로 핵 표면의 10~25%를 차지한다. 핵공복합체는 핵과 그 주변의 세포질 사이를 연결하는 수송 통로를 담당한다. 작은 분자는 핵공복합체를 통과해서 이동한다. 큰 분자는 핵공복합체 단백질의 도움으로 수송된다.

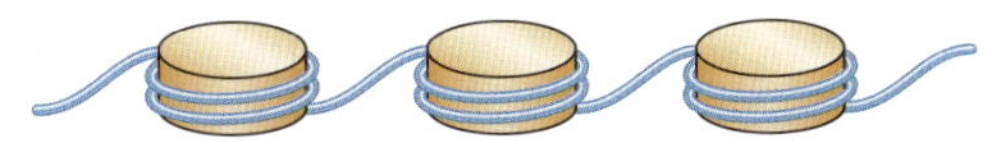

그림 5.10 뉴클레오솜. DNA는 8개의 히스톤단백질(각각 2개의 H2A, H2B, H3와 H4)으로 구성된 타원체 주위를 둘러싼다. 대부분의 진핵세포에서 히스톤 H1은 뉴클레오솜과 관련된다.

(a) 핵공을 가진 핵

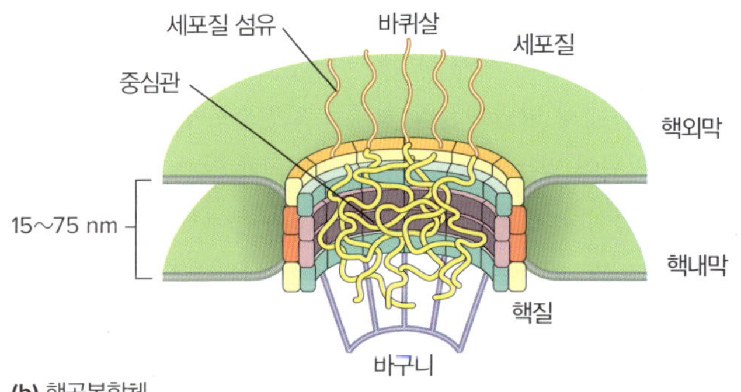

(b) 핵공복합체

그림 5.11 핵과 핵공복합체. (a) 동결식각법으로 관찰한 한 세포의 투과전자현미경 사진이다. 앞으로 돌출한 커다란 핵의 표면에 핵공이 여기저기 뚫려 있는 모습이 관찰된다. (b) 핵공복합체의 도식이다. 핵막은 2개의 지질이중층 막(핵외막과 핵내막)으로 둘러싸여 있다. (a) Biophoto Associates/Science Source

핵에서 눈에 가장 잘 띄는 구조는 리보솜 RNA(rRNA)의 합성이 일어나는 장소인 **인**(nucleolus)이다(그림 5.3). rRNA는 단백질이 합성되는 장소인 리보솜의 구성에 필요하다. 따라서 세포가 필요한 리보솜의 수에 따라서 한 개의 핵에는 하나 이상의 인이 존재한다. 인은 막으로 둘러싸여 있지 않지만, 입자상으로 된 부분과 섬유상 부분으로 이루어진 복잡한 세포소기관으로 생각된다. ◀ 미생물 다양성 및 생태 3.1

rRNA를 암호화하는 DNA는 인 형성체(nucleolar organizer)라는 고도로 응축된 염색체 부위에 존재한다. 이 RNA는 하나의 긴 조각으로 합성된 다음 잘려 최종 rRNA분자가 형성된다. 가공된

rRNA는 리보솜 단백질(세포질에서 합성되어 핵으로 수송된)과 결합하여 부분적으로 완성된 리보솜 소단위를 형성한다. 인에서 보이는 입자상의 물질은 이 소단위일 것으로 생각된다. 미성숙한 리보솜의 소단위는 핵공복합체를 통해 핵을 떠나 세포질에서 성숙한다.

진핵세포의 리보솜은 세균과 고세균의 리보솜보다 더 크고 다른 분자로 이루어져 있다

미토콘드리아나 엽록체에 있는 리보솜을 제외한 진핵세포의 리보솜은 세균과 고균의 70S 리보솜보다 크다. 각각의 리보솜은 60S와 40S 크기의 소단위로 이루어진 이량체이다. 60S 소단위는 3종류의 rRNA 분자(5S, 28S, 5.8S rRNA)와 약 50개의 단백질로 구성된다. 40S 소단위는 18S rRNA와 약 30개의 단백질로 구성된다. 각각의 리보솜은 지름이 약 22 nm, 침강계수는 80S, 분자량은 400만이다(**그림 5.12**). 진핵세포의 리보솜은 대개 소포체에 붙어 있거나 세포질에 따로 유리되어 있다. 소포체에 결합하여 조면소포체를 형성할 때는 60S 소단위를 통해 결합한다.

세포질에 유리된 리보솜과 조면소포체에 결합한 리보솜 모두 단백질을 합성한다. 조면소포체에 부착된 리보솜에서 만들어지는 단백질은 분비되거나 내재 막단백질의 형태로 조면소포체막에 삽입된다. 세포질에 유리되어 있는 리보솜에서는 분비되지 않는 단백질과 비막성 단백질을 합성한다. 세포질에 유리된 리보솜에서 합성된 단백질 가운데 일부는 핵, 미토콘드리아, 엽록체와 같은 세포소기관으로 들어간다. 13장과 15장에서 설명한 것처럼 분자 샤프론(chaperone)이라는 단백질은 합성된 단백질이 적절하게 접히는 과정을 돕는다. 또한 샤프론 단백질은 미토콘드리아와 같은 진핵생물의 세포소기관으로 단백질의 수송을 도와준다.

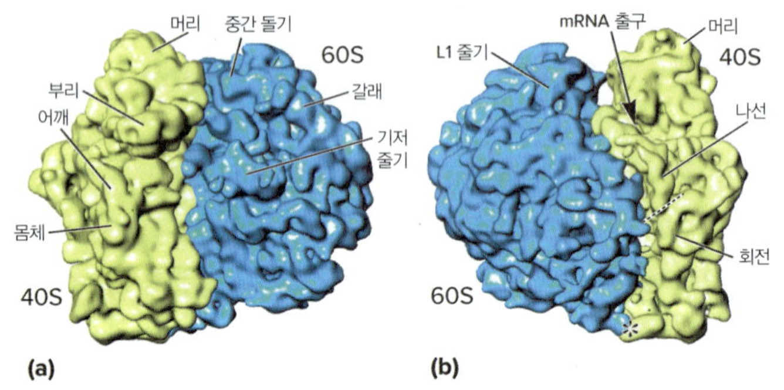

그림 5.12 진핵세포의 리보솜. *Trypanosoma cruzi* 80S 리보솜의 저온전자현미경사진과 12 Å 해상도의 이미지이다. 리보솜의 대표적 구조물들이 보이고 있다. 이것을 그림 3.34에서 보이는 세균의 70S 리보솜과 비교하시오.

연관 질문 리보솜의 어떤 소단위가 조면소포체에 부착되어 있는가?

마무리 점검

1. 진핵세포의 염색체가 접히는 과정에 관여하는 단백질은 무엇인가?
2. 단백질 합성에 인이 중요한 이유는?
3. 진핵세포의 80S 리보솜 구조를 설명하고 이를 세균 및 고세균의 리보솜과 비교하시오.
4. 세포질에 유리된 리보솜과 소포체에 부착된 리보솜의 기능은 어떻게 다른가?

5.6 미토콘드리아, 관련 세포소기관, 엽록체는 에너지 보존에 관여한다

이 절을 학습한 후 점검할 사항:

a. 미토콘드리아를 그려보고 그 구성요소들을 구분할 수 있다.
b. 미토콘드리아와 수소발생체를 구조와 수행하는 화학반응의 관점에서 비교하여 설명할 수 있다.
c. 엽록체를 그려보고 그 구성요소들을 구분할 수 있다.

에너지 보존에 관여하는 3가지 중요한 세포소기관인 미토콘드리아, 수소발생체(hydrogenosome), 엽록체에 대하여 이 절에서 다룰 것이다. 이들 소기관은 세포에너지 대사에서의 역할뿐만 아니라 진화의 역사 때문에도 과학적 흥미를 불러일으킨다. 3종류의 소기관 모두 진핵세포의 초기 조상에 침입했거나 잡아먹힌 세균 세포에서 유래한 것으로 생각된다(그림 1.7 참조). ◀ 생명 3영역의 진화(1.2절) ▶ 미토콘드리아의 프로테오박테리아 기원(21.1절)

산소요구성 미토콘드리아는 미토콘드리아 관련 세포소기관에 속한다

진핵미생물은 미토콘드리아와 관련된 많은 세포소기관을 갖고 있다. 1장에서 살펴봤듯이, 미토콘드리아는 세포내 공생이라는 한 번의 진화적 사건에 의해 발생한 것으로 생각된다. 그러나 그 후 여러 진화적 경로를 통해 최소한 5가지의 미토콘드리아와 관련된 세포소기관(MRO)이 만들어지게 되었다(**그림 5.13**). 이 절에서는 이들 중에서 2가지 MRO인, 산소요구성 미토콘드리아와 수소발생체(hydrogenosome)에 대해 알아보고자 한다.

산소요구성 미토콘드리아는 생물학을 전공하는 학생들에게 가장 친숙한 미토콘드리아 관련 세포소기관일 것이다. 여기서는 산소요구성 미토콘드리아를 단순하게 미토콘드리아로 표현할 것이다. 거의 모든 진핵세포에서 발견되는 **미토콘드리아**(mitochondria)는 종종 세포의 '발전소'라고 일컬어진다(**그림 5.14**). TCA 회로와 같은 대사

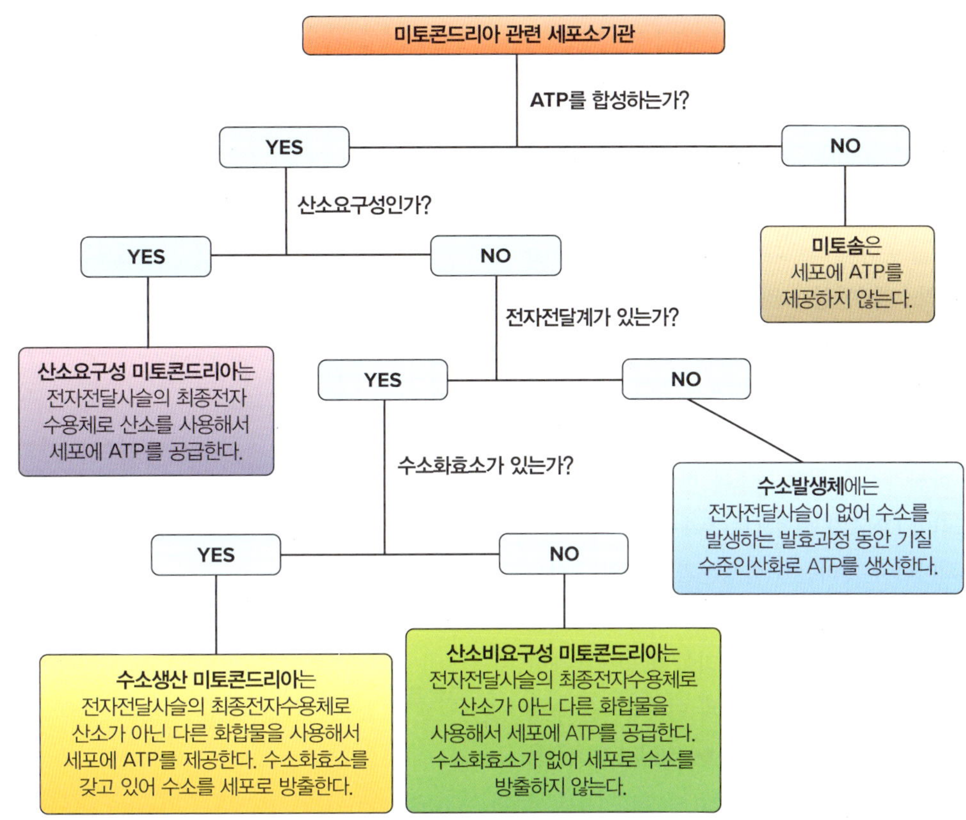

그림 5.13 미토콘드리아 관련 세포소기관. 세포내 공생체의 조상은 서로 다른 진화 과정을 거쳐 5가지의 세포소기관이 된 것으로 생각된다. 여기서 언급된 대사 과정은 11장에서 설명하였다. ETC는 전자전달사슬을 의미한다.

과정과 모든 생명체의 주요에너지 단위인 ATP 합성이 미토콘드리아에서 일어나는데 산소가 있을 때만 일어난다. 많은 진핵생물의 미토콘드리아는 원통형 구조를 하고 있으며, 폭이 0.3~1.0 μm, 길이가 5~10 μm인 원통형 구조를 하고 있다. 이는 세균 세포의 크기와 거의 같다. 일부 세포에는 보통 1,000개 이상의 미토콘드리아가 있지만 일부 효모, 단세포 조류, 트리파노솜 원생생물 등에서는 하나의 거대한 관상 미토콘드리아가 세포질 전체에 뻗어 있다. ▶ **전자전달과 산화적 인산화는 대부분의 ATP를 합성한다(11.4절)**

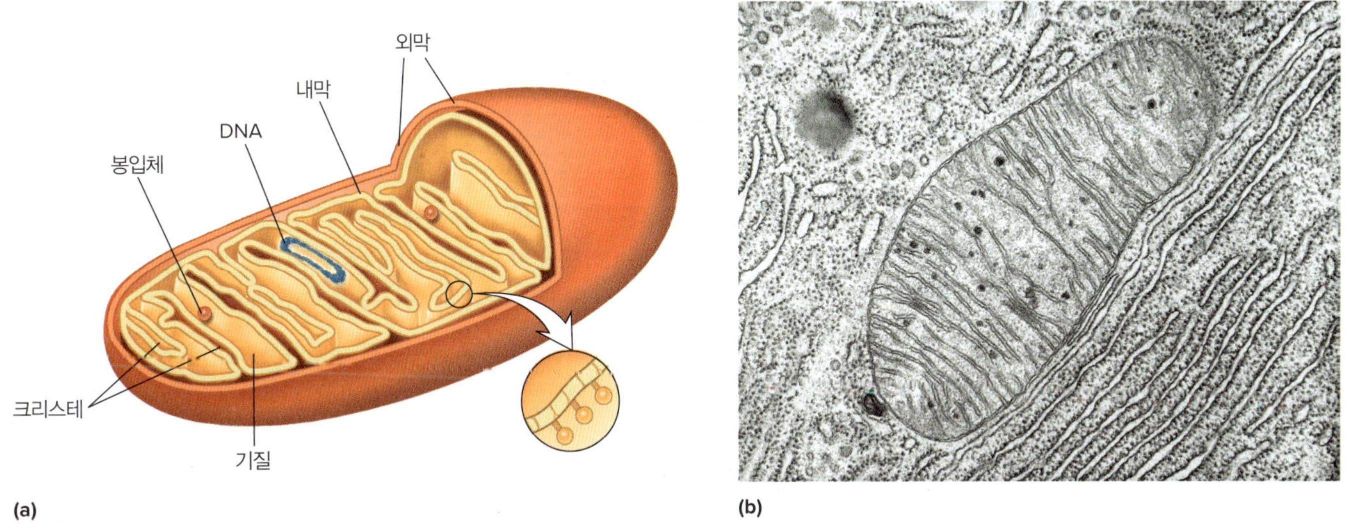

그림 5.14 미토콘드리아의 구조. (a) 미토콘드리아 구조의 모식도이다. 원 안의 그림에는 크리스테 내막에 부착되어 있는 ATP 합성효소가 나타나 있다. (b) 크리스테 구조가 보이는 미토콘드리아의 투과전자현미경 사진(×85,000)이다. (b) Keith R. Porter/Science Source

미토콘드리아는 그람음성 세균처럼 2개의 막으로 둘러싸여 있으며 미토콘드리아의 외막과 내막 사이에 6~8 nm 정도의 공간이 있다(그림 5.14). 미토콘드리아의 외막에 포린이 존재하는 점도 그람음성 세균과 유사하다(그림 3.25 참조). 내막은 주름이 많이 잡힌 **크리스테**(cristae, 단수는 crista)라는 구조를 이루고 있어 막의 표면적이 매우 넓다. 크리스테의 모양은 생물 종마다 다르다. 판형 크리스테(laminar cristae), 디스크 모양의 크리스테, 관상 크리스테, 소포 모양의 크리스테가 발견되었다. 내막은 미토콘드리아 기질을 둘러싸고 있다. 미토콘드리아 기질은 매우 조밀하며 리보솜과 DNA가 있고 때로는 커다란 인산칼슘 입자가 존재하기도 한다. 많은 생물에서 미토콘드리아 DNA는 세균의 DNA와 마찬가지로 원형 구조를 하고 있으나 일부 원생생물에서는 미토콘드리아 DNA가 선형으로 존재한다.

미토콘드리아의 각 구획마다 존재하는 화학성분과 효소의 구성은 다르다. 예를 들어, 전자전달과 산화적 인산화 과정(호흡동안 ATP의 형성)에 관여하는 효소와 전자운반체는 미토콘드리아 내막에 존재한다. TCA 회로의 효소(그림 11.8 참조)와 지방산의 이화작용을 수행하는 효소는 미토콘드리아의 기질에 위치한다. ▶ 지질의 이화작용(11.7절)

미토콘드리아는 자신의 DNA와 리보솜을 가지고 있다는 점에서 다른 세포소기관과 다르다. 이는 미토콘드리아의 세균 조상을 나타내지만, 미토콘드리아는 단백질의 일부만을 합성한다. 대부분의 미토콘드리아 단백질은 핵의 지시로 만들어져 미토콘드리아로 수송된다. 세균과의 또 다른 유사성으로는 미토콘드리아도 이분법으로 분열한다는 점이다. ▶ 세균의 세포주기는 3단계로 나누어진다(7.2절); 진핵생물의 단백질 위치 지정과 분비(15.4절)

수소발생체(hydrogenosomes)는 일부 무산소성 원생생물에서 에너지 획득에 관여하는 작은 세포소기관이다(**그림 5.15**). 미토콘드리아처럼 수소발생체는 이중막으로 둘러싸여 있다. 수소발생체는 ATP를 합성하는 방법이 미토콘드리아와 다르다. ATP는 발효과정동안 만들어지므로 수소발생체는 넓은 세포내 막계가 필요 없고 크리스테도 없다. 일부 수소발생체를 가진 원생생물에서, 대사산물은 원생생물 안에서 공생하는 세균과 고균에 의해서 소비된다. ▶ 발효는 전자전달사슬이 관여하지 않는다(11.6절); 상리공생: 절대적인 긍정적 상호작용(27.2절)

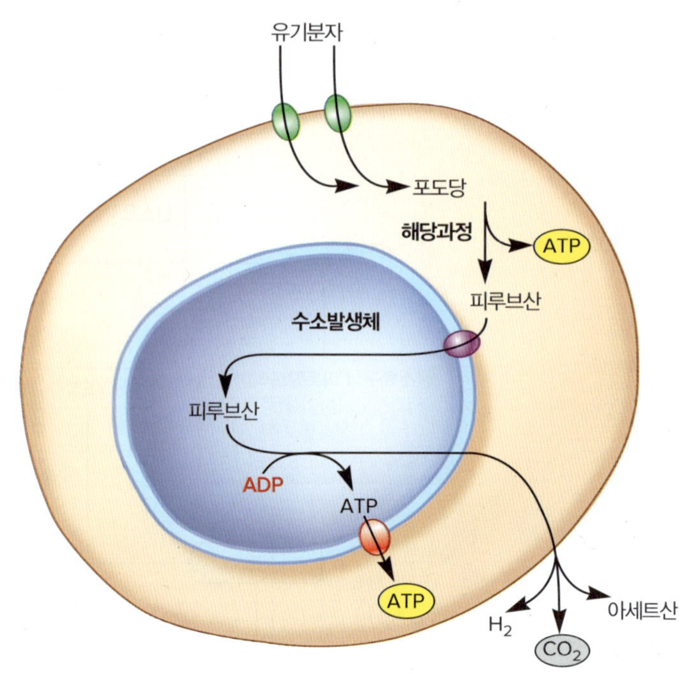

그림 5.15 수소발생체의 대사활성.

엽록체

색소체(plastid)는 조류(광합성 원생생물)와 식물에서 발견되는 세포질내 세포소기관이다. 색소체는 보통 엽록소나 카로티노이드와 같은 색소를 지니고 있으며 영양물질을 합성하거나 저장하는 장소이다. 엽록체는 가장 중요한 색소체다. **엽록체**(chloroplast)는 엽록소를 포함하고 있어 빛에너지를 이용해 이산화탄소와 물을 탄수화물과 산소로 전환한다. 즉, 엽록체는 광합성이 일어나는 세포소기관이다. 엽록체는 1차 내부공생으로부터 진화해 온 엽록체와 2차(또는 3차) 내부공생으로부터 진화해 온 엽록체가 있다(**미생물 다양성 및 생태 5.1**). 식물과 일부 조류의 엽록체는 1차 색소체로 여기에서 주로 다루려고 한다.

엽록체는 크기나 모양이 아주 다양하지만, 구조적인 특징은 유사하다. 엽록체는 대개 폭이 2~4 μm, 길이가 5~10 μm인 타원형이나 일부 조류는 세포의 대부분을 차지하는 하나의 거대한 엽록체를 갖고 있다. 엽록체도 미토콘드리아처럼 2중막으로 둘러싸여 있다(**그림 5.16**). 내막은 스트로마(stroma)라는 기질을 둘러싸고 있다. 스트로마에는 DNA, 리보솜, 지질 입자, 녹말 과립 등이 들어 있다. 또한 스트로마 내부에는 **틸라코이드**(thylakoid)라는 납작한 주머니 형태의 복잡한 막계가 존재한다. 대부분의 조류 엽록체의 기질에는 2개 이상의 틸라코이드가 함께 흩어져 있다(그림 5.16). 일부 광합성 원생동물에서는 여러 개의 원반 모양 틸라코이드가 동전처럼 층을 이루어 그라나(grana) 구조를 형성하기도 한다.

광합성은 빛에너지를 포획하여 ATP와 NADPH를 생성하는 명반응과 이렇게 만들어진 ATP와 NADPH를 사용하여 CO_2와 물로부터 탄수화물을 합성하는 암반응의 조합으로 정의한다. 명반응은 엽록소와 전자전달계가 존재하는 틸라코이드막에서 일어난다. 광합성의 암반응은 스트로마에서 일어난다. ▶ 광영양(11.10절)

미생물 다양성 및 생태 5.1

파리를 삼킨 할머니

동요 '파리를 삼킨 할머니'는 한 할머니의 특이한 식습관에 관한 것이다. 이 이야기는 그 할머니가 파리를 삼킨 것에서 시작했지만, 할머니는 파리를 없애기 위해 파리와 먹이관계에 있는 다른 동물들도 연쇄적으로 먹게 되었다. 엽록체의 진화 역사 또한 이러한 연쇄적인 섭식과 관련이 있다. 일부 엽록체는 진핵세포의 조상이 남세균 조상을 식세포작용으로 삼켜서(**그림**) 발생했다는 사실이 다양한 광합성 원생생물의 엽록체의 분자 연구로 밝혀졌다. 이와 같은 진화적 사건으로 녹조류와 홍조류라고 불리는 광합성 원생생물과 식물도 발생하게 되었다(23장 참조). 내부공생으로부터 진화해온 이 엽록체가 생물학을 전공하는 학생들에게 친숙한 전형적인 엽록체이며, 이렇게 발생한 1차 색소체의 막은 2개이다. 색소체가 없는 진핵세포가 식세포작용으로 녹조류나 홍조류를 포식함으로써 1차 색소체는 최소한 2종류의 색소체로 진화했다. 2차 색소체라고 하는 이 엽록체는 3개의 막으로 둘러싸여 있으며 광합성 원생생물인 규조류와 갈조류와 같은 부등편모조류(Stramenopila)에서 볼 수 있다. 이런 일련의 포식 과정에서 마지막 포식자는 2개의 편모를 갖고 있는 일부 쌍편모조류였으며, 2차 색소체가 들어 있는 원생생물을 포식한 것으로 보인다. 이 원생생물은 4개의 막으로 둘러싸인 3차 색소체로 진화하였다.

출처: Reyes-Prieto, A., et al. 2007. The origin and establishment of the plastid in algae and plants. *Annu. Rev. Genet.* 41:147.

Dorrell, R. G., and Smith, A. G. 2011. Do red and green make brown?: Perspectives on plastid acquisitions within chromalveolates. *Euk. Cell* 10:856.

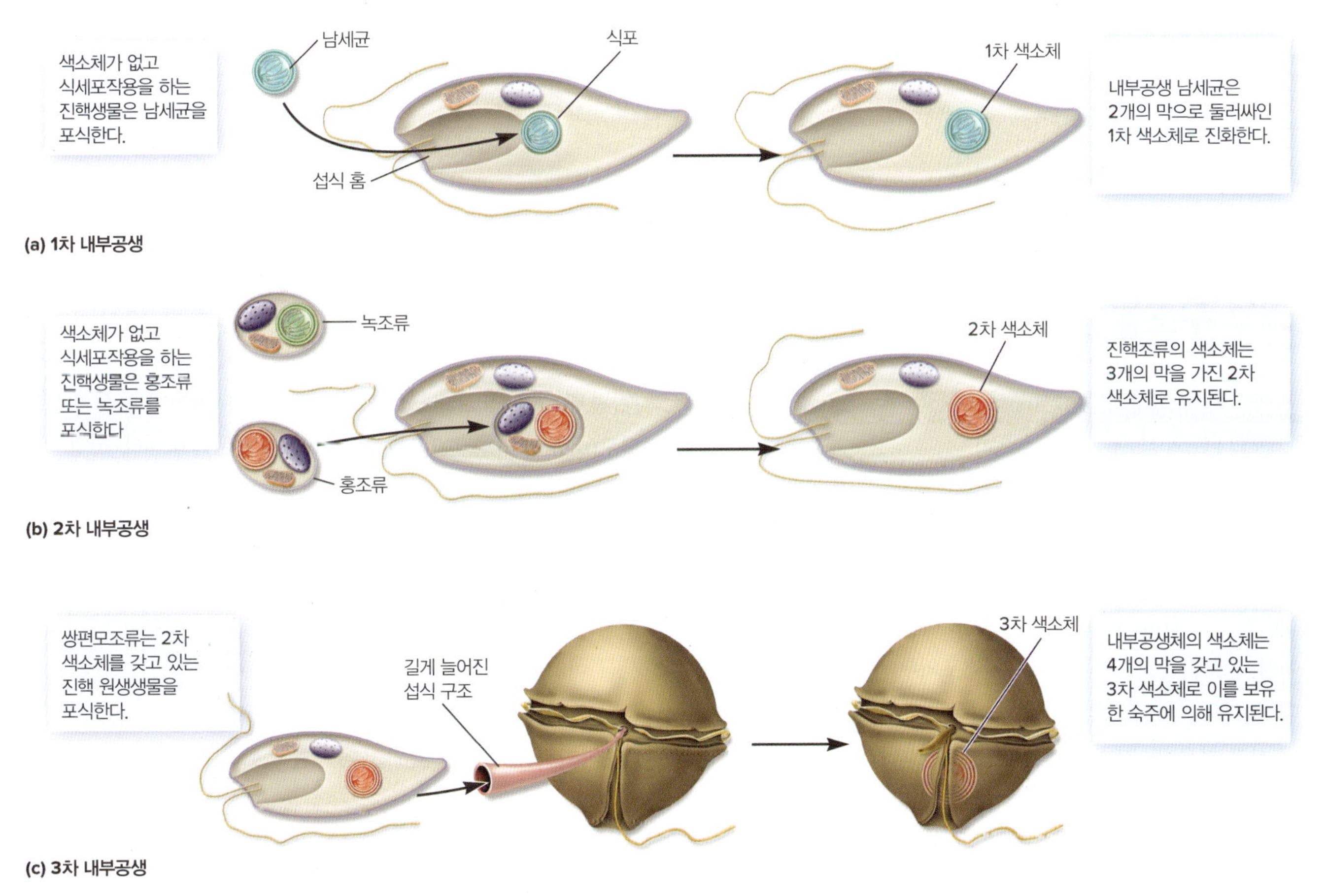

그림

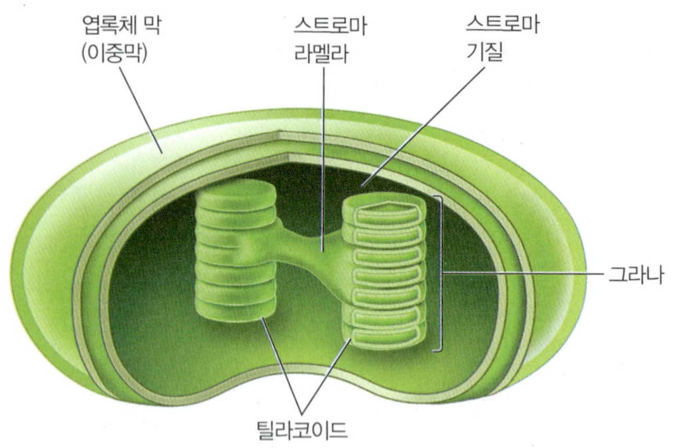

그림 5.16 엽록체 구조의 모식도.

연관 질문 엽록체의 명반응과 암반응이 일어나는 부위는 어디인가?

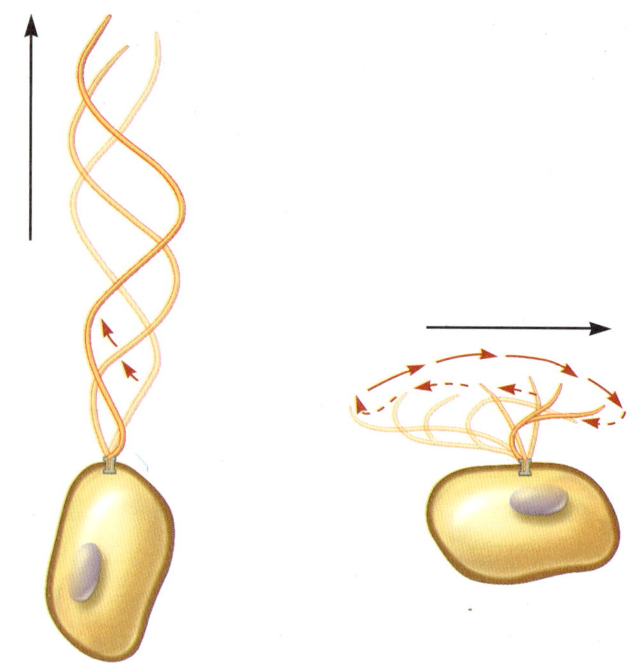

그림 5.17 편모와 섬모의 운동 양상. 편모와 섬모는 파상운동을 한다. 편모는 기저부에서 말단부로 또는 말단부에서 기저부로 파도치듯 움직인다(왼쪽 그림). 이러한 편모의 파동운동에 의해 개체가 이동한다. 섬모의 움직임은 2단계로 구분된다(오른쪽 그림). 이동기에 섬모는 비교적 단단해져서 노를 젓듯이 물을 쳐낸다. 그 다음 회복기에는 다시 섬모를 구부려 원래의 물을 쳐낼 준비를 한다. 검은색 화살표는 물의 이동 방향을 나타낸다.

마무리 점검

1. 호기성 미토콘드리아, 수소발생체 및 엽록체를 구분하시오. 미토콘드리아와 엽록체의 에너지 포획시스템의 여러 구성요소는 어디에 존재하는가?
2. 호기성 미토콘드리아, 수소발생체, 엽록체가 에너지를 보존하기 위해 어떤 과정을 사용하는가? 왜 수소발생체에는 크리스테가 없는가?
3. 미토콘드리아 DNA의 역할은 무엇인가?

5.7 많은 진핵미생물은 운동에 사용되는 외부 구조를 갖고 있다

이 절을 학습한 후 점검할 사항:

a. 진핵세포의 편모와 섬모를 구분할 수 있다.
b. 세균의 편모, 고균편모, 진핵세포의 편모를 비교하여 설명할 수 있다.
c. 진핵 미생물에서 관찰되는 운동성의 종류를 설명할 수 있다.

섬모(cilia, 단수는 cilium)와 **편모**(flagella, 단수는 flagellum)는 진핵세포에서 관찰되는 가장 눈에 띄는 세포외부 구조이며 운동성과 관련된다. 편모와 섬모 모두 미생물이 이동하는데 사용되지만 2가지 측면에서 서로 다르다. 첫째, 섬모는 짧은 털 모양의 구조이며, 길이가 5~20 μm밖에 되지 않는 반면, 편모는 긴 채찍모양의 섬유이며 길이가 100~200 μm이다. 둘째, 움직이는 양상이 일반적으로 다르다(**그림 5.17**). 편모는 물결치듯이 움직여 편모의 기저부에서 또는 끝에서부터 평면 또는 나선형 파동을 일으킨다. 만일 파동이 기저부에서 말단부위로 이동하면 세포를 밀어내고, 파동이 말단에서 기저부로 이동하면 세포를 잡아당긴다. 일부 편모의 측면에는 플리머섬유(flimmer filament)라는 털 구조가 달려 있는 경우도 있다[섬유가 두껍고 단단하면 이를 편모털(mastigoneme)이라 한다]. 이 섬유는 편모의 작용을 바꾸어 파동이 섬유를 따라 편모의 말단으로 이동하면 세포를 밀어내지 않고 잡아당긴다. 플리머섬유가 붙어 있는 편모를 **깃 편모**(tinsel flagellum)라 하고 아무것도 달리지 않은 편모를 **채찍 편모**(whiplash flagellum)라 한다(**그림 5.18**). 반면에 섬모는 일반적으로 2단계로 움직인다. 섬모가 세포를 효과적으로 움직이게 하려면 섬모는 노를 젓듯이 주변의 액체를 쳐내어 세포가 물속에서 앞으로 나아가게 한다. 앞으로 나아가면서 섬모는 구부러져 다시 한 번 더 주변의 액체를 쳐낼 준비를 한다(그림 5.17). 섬모가 있는 미생물은 사실 이러한 섬모의 움직임을 잘 조율하여 일부 섬모가 구부러져 칠 준비를 하는 동안 다른 섬모는 주변의 액체를 쳐내어 앞으로 나아간다. 이러한 움직임이 효과적으로 조율되어 생물은 부드럽게 물속을 유영할 수 있다.

편모와 섬모는 구조적으로 같다. 이들의 분자구조가 알려지기 오래전에 이름이 붙여졌다. 그 크기와 세포에서의 분포상 차이를 고려할 때 이 둘은 구조적으로 서로 다른 것으로 생각했었다. 그러나 모든 섬모와 편모는 지름이 약 0.2 μm인 막으로 둘러싸인 관이다. 세균과 고세균의 편모가 원형질막에 존재하는 기저부의 하나의 분자

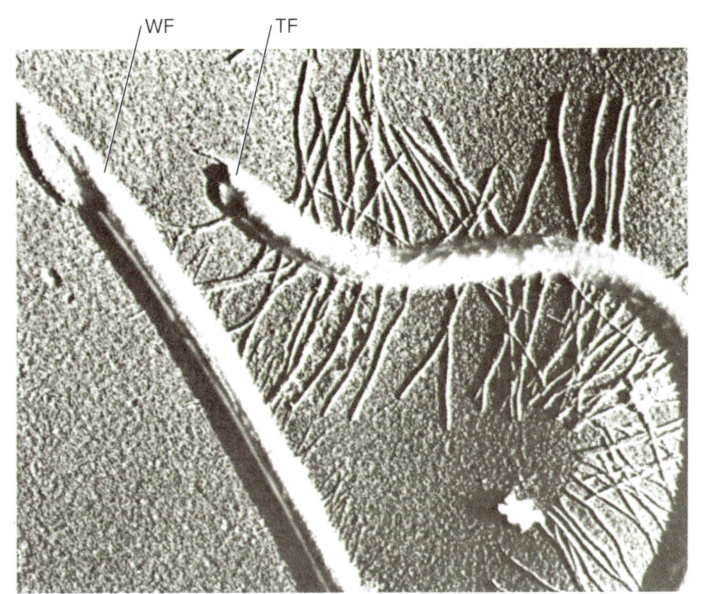

그림 5.18 채찍 편모와 깃 편모. 그림자 진 채찍 편모(whiplash flagellum, WF)와 마스티고넴이 측면에 부착되어 있는 깃 편모(tinsel flagellum, TF)의 투과전자현미경 사진이다. Source: Electron microscopic observations of the flagellar hairs of Phytophthora palmivora zoospores by P. R. Desjardins, G. A. Zentmyer, D. A. Reynolds. *Canadian Journal of Botany*, 1969, 47(7): 1077-1079, 10.1139/b69-153.

모터를 가지고 있는 반면에 진핵생물의 편모와 섬모는 수백 개의 작은 ATP 의존성 모터인 **디네인**(dynein)을 가지고 있다. 디네인은 **축사**(axoneme)라고 하는 중앙섬유 안에 들어 있다(그림 5.19). 축사는 일반적으로 2개의 중심미세소관 주위에 원형으로 배열된 9쌍의 미세소관으로 이루어져 있다(**그림 5.19**). 이를 미세소관의 9 + 2 구조라 한다. 각 미세소관 쌍 가운데 아소관 A(subtubule A)에서는 한 쌍의 팔이 옆에 있는 미세소관 쌍을 향해 뻗어 있다. 또한 아소관 A에서는 중앙에 위치한 미세소관 쪽으로 단백질이 돌출되어 바퀴살 모양을 이룬다. 이 미세소관은 세포질에 있는 미세소관과 동일하다.

섬모와 편모는 인접해 있는 미세소관이 각각의 길이를 유지한 채 서로에 기대어 미끄러지는 형태로 구부러진다. 미세소관에 달려 있는 한 쌍의 팔은 길이가 약 15 nm 정도 되고, 디네인이라는 단백질로 구성된다(그림 5.19). 디네인 팔이 옆에 있는 미세소관 쌍 아소관 B와 상호작용하여 서로 미끄러지게 한다. 이때 중심부로 돌출한 단백질도 함께 작용한다. 섬모와 편모는 ATP 에너지를 사용해 움직인다.

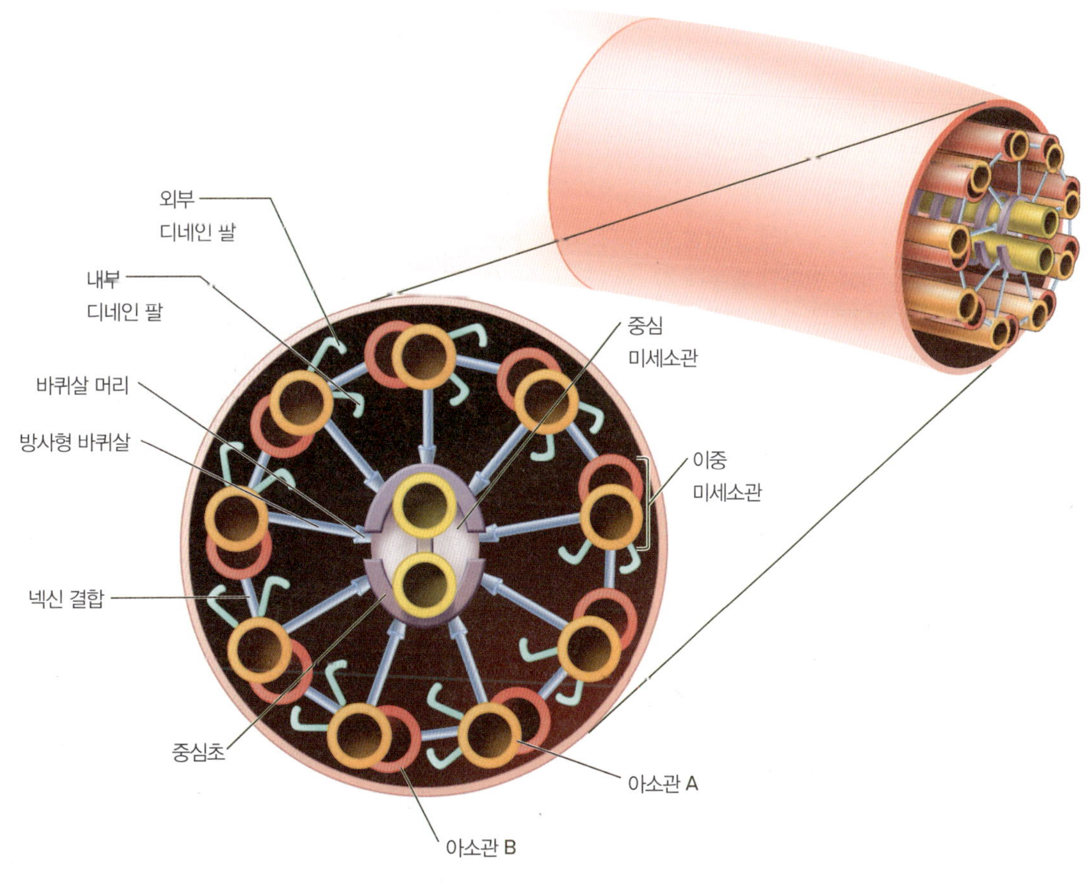

그림 5.19 섬모와 편모의 축사 구조의 모식도.

기저체(basal body)는 각 섬모나 편모 기저부의 세포질에 위치한다. 기저체는 주변부에 9개의 미세소관 삼중체(triplet)가 존재하는 9 + 0의 구조를 이루며 기저판(basal plate)에 의해 세포소기관의 다른 부분과 분리되어 있다. 기저체는 이들 세포소기관의 수축과정을 주도한다. 섬모와 편모는 미리 형성된 미세소관 소단위가 그 말단부에 첨가되는 형태로 성장한다.

섬모와 편모는 초당 10~40회 움직여 미생물을 빠르게 이동시킨다. 편모를 가진 원생생물인 *Cryptomonas stigmatica*는 초당 260 μm의 속도로 이동한다(이는 초당 자기 몸길이의 40배가량 이동하는 것에 해당된다). 섬모를 가진 원생생물인 *Paramecium caudatum*은 초당 2,700 μm를 이동한다(초당 자기 몸길이의 12배를 이동한다). 이는 고등동물과 비슷하거나 훨씬 빠르게 이동하는 것이지만 세균이나 고균에 비하면 그리 빠른 편이 아니다. ◀ 편모운동(3.9절); 아키엘라와 운동성(4.4절)

마무리 점검

1. 섬모와 편모는 어떻게 움직이는가? 그 과정에서 디네인의 역할은 무엇인가? 편모와 섬모를 이용해서 진핵미생물이 물에서 이동하는 방식을 비교하시오.
2. 세균과 진핵생물의 편모에서 기저체의 기능을 비교하시오.
3. 초당 자기 몸길이의 40배를 이동하는 *C. stigmatica*와 비교해서 여러분의 달리기 속도를 계산하시오. 이러한 달리기 속도가 인간적으로 가능한가?

요약

5.1 진핵세포는 다양하지만 일부 공통적인 특징을 갖는다

- 진핵세포는 일반적으로 세균과 고균보다 크고, 형태학적인 다양성도 매우 더 높은 것으로 보인다.
- 진핵세포에는 막으로 둘러싸인 핵과 막으로 이루어진 여러 세포소기관이 존재한다(그림 5.2와 그림 5.3).
- 막으로 이루어진 세포소기관은 세포질에 구획을 형성한다. 이로써 세포는 여러 가지 생화학반응을 동시에 수행할 수 있다. 세포소기관은 또한 호흡과 같은 막과 연관된 활동을 할 수 있는 막의 표면적을 늘려준다.

5.2 진핵세포의 외피

- 진핵세포의 막은 세균의 막과 그 구조와 기능이 유사하다. 진핵세포와 세균의 막은 지질의 조성이 서로 다르다(그림 5.4).
- 진핵세포의 막은 특정 지질과 단백질이 많이 존재하고 다양한 세포내 반응에 참여한다.
- 진핵세포의 세포벽은 세균의 세포벽에서 발견되는 펩티도글리칸보다 화학적으로 더 단순한 다당류(예: 키틴)로 이루어져 있다.

5.3 진핵세포의 세포질에는 세포골격과 세포소기관이 들어 있다

- 세포질은 세포소기관과 세포골격이 들어 있는 세포기질(cytosol)로 이루어져 있다.
- 세포골격은 액틴섬유(actin filament), 중간섬유(intermediate filament), 미세소관(microtubule)으로 구성된다. 이들 세포골격의 구성요소는 세포의 구조, 세포내흡입, 세포구조의 이동, 세포분열, 운동성 등에 관여한다(그림 5.5).
- 액틴섬유와 미세소관은 진핵미생물에서 발견된다. 액틴섬유는 액틴단백질로 이루어지며 미세소관은 α-튜불린과 β-튜불린으로 구성된다.
- 중간섬유는 서로 다른 몇 가지 단백질이 조립되어 형성된다. 중간섬유는 동물세포와 일부 일부 원생동물에서 관찰이 되지만, 진균이나 식물의 세포에서는 발견되지 않았다.
- 진핵세포에만 존재하는 세포소기관으로는 소포체, 골지체, 미토콘드리아 및 엽록체 등이 있다.

5.4 일부 세포소기관은 분비와 세포내흡입에 관여한다

- 특정 세포소기관과 소낭이 물질을 합성하고 분비하는 과정에 관여한다(분비 경로). 일부는 세포가 외부환경에서 물질을 흡수하는 경로에 관련되어 있다(세포내흡입 경로).
- 소포체(ER)는 불규칙한 관 모양 또는 납작한 주머니 모양의 막 구조가 이루는 망상 구조를 말한다. 리보솜이 부착되어 있는 것을 조면소포체라 하며 리보솜이 부착되지 않은 것을 활면소포체라 한다.
- 소포체에서 합성된 물질은 생체막으로 이루어진 납작한 주머

니 모양이 층상 구조를 이루고 있는 골지체로 이동한다(그림 5.6). 골지체로 이동한 물질은 포장되어 세포 밖으로 분비된다.

- 골지체는 가수분해효소를 비롯한 여러 단백질을 포함하는 소낭을 형성하여 리소좀 및 리소좀과 유사한 세포소기관으로 전달한다. 리소좀에는 소화효소가 들어 있어 세포내흡입 과정과 거대자가포식을 통해 세포외부의 물질을 세포내에서 분해하는 과정을 돕는다.
- 진핵세포에서는 여러 종류의 세포내흡입이 일어난다(그림 5.8). 세포내흡입에는 식세포작용, 클라트린 의존성 세포내흡입, 카베올린 의존성 세포내흡입 등이 있다. 일부 고분자는 수용체매개 세포내흡입으로 알려진 과정을 통해 흡수되며 이때에는 세포내흡입이 일어나기 전에 고분자가 수용체에 결합하는 단계를 거친다.
- 진핵세포는 2종류의 세포외 소포를 방출한다. 미세소포는 원형질막에서 발생하고 엑소솜은 엔도솜에서 발생한 후 원형질막과 융합한다(그림 5.9).

5.5 핵과 리보솜은 세포의 유전적 조절에 관여한다

- 핵은 세포의 염색체를 포함하는 거대한 세포소기관이다. 핵은 이중막으로 둘러싸여 있으며 핵공이 뚫려 있어 세포 물질의 교환이 가능하다(그림 5.11).
- 인은 핵 안에 있으며 rRNA와 리보솜 소단위의 합성에 관여한다.
- 진핵세포의 리보솜은 세포질에 유리되어 존재하기도 하고 소포체 막에 부착되어 있기도 한다. 진핵세포 리보솜의 크기는 80S이며 세균과 고세균의 리보솜과는 크기와 분자 구성이 다르다(그림 5.12).

5.6 미콘드리아, 관련 세포소기관, 엽록체는 에너지 보존에 관여한다

- 미토콘드리아 관련 세포소기관은 산소요구성 미토콘드리아와 수소발생체를 비롯하여 최소한 5개로 이루어져 있다(그림 5.13).
- 산소요구성 미토콘드리아는 2개의 막으로 둘러싸여 있고 내막은 주름이 많이 접힌 크리스테(cristae) 구조를 이룬다(그림 5.14). 미토콘드리아는 전자전달과 산화적 인산화 과정 등을 포함하는 세포호흡 과정에 의해 에너지 보존이 일어나는 장소이다.
- 수소발생체는 이중막으로, 수소 가스를 발생시키는 대사과정을 수행한다(그림 5.15). 수소발생체는 일부 원생동물에서 발견된다.
- 엽록체는 색소를 포함하고 광합성이 일어나는 세포소기관이다(그림 5.16). 빛에너지는 엽록체의 틸라코이드 막에서 포획되고 스트로마에서 이산화탄소 고정이 일어난다.

5.7 많은 진핵미생물은 이동에 사용되는 외부 구조를 갖고 있다

- 섬모와 편모는 운동성을 제공하는 막으로 둘러싸인 세포소기관이다. 편모와 섬모 모두 2개의 중심미세소관을 둘러싸는 9쌍의 미세소관으로 이루어져 있다(그림 5.19).
- 섬모와 편모는 구조적으로 동일하지만 섬모는 더 짧고 수가 더 많다. 편모와 섬모는 모두 채찍 모양의 움직임을 보여준다. 즉 미세소관의 쌍이 서로에 기대어 미끄러지면서 섬모나 편모를 구부려 세포가 이동한다.

심화 학습

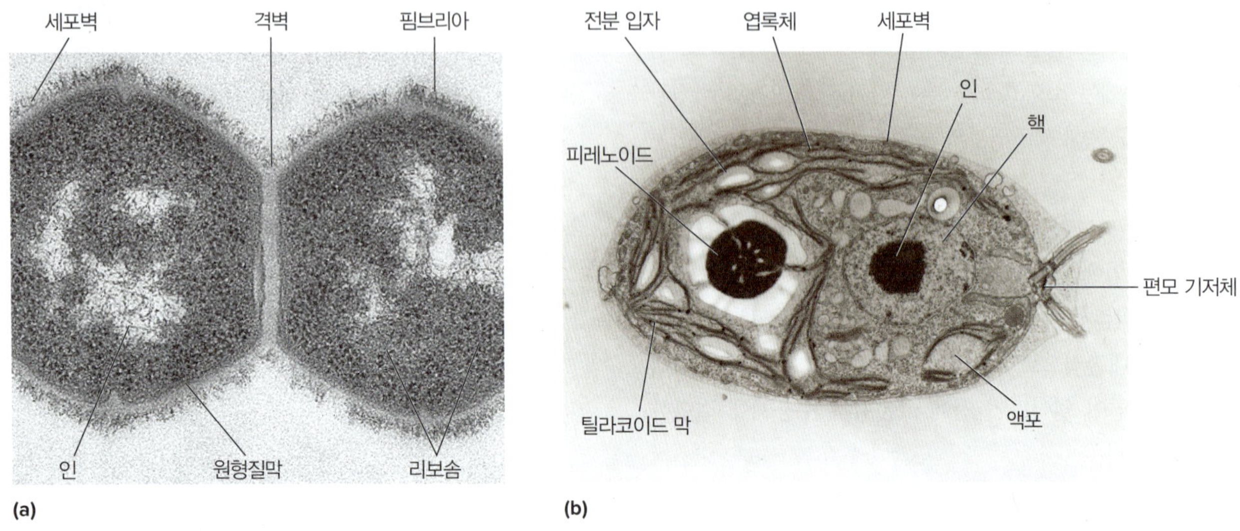

세균세포와 진핵세포 구조의 비교. (a) 세포분열 중인 *Streptococcus pyogenes*의 투과전자현미경 사진이다. 두 딸세포는 격벽에 의해 분리된다(×20,000). (b) 진핵생물 조류 *Chlamydomonas reinhardtii*의 투과전자현미경 사진이다. 지름은 대략 10μm이다(×30,000).

1. '세균세포와 진핵세포 구조의 비교'의 사진은 투과전자현미경으로 관찰한 세균과 조류세포이다. 이 사진을 보고 두 미생물에 대하여 두 미생물이 공유하는 형태적 기능적 특징과 각 미생물에 고유한 특징을 포함하는 벤다이어그램을 그리시오.
2. 세균과 고균의 세포 크기는 세포내의 한 장소에서 다른 장소로 영양소가 확산되는 비율에 따라 제한된다. 진핵미생물도 마찬가지로 제한되는가? 그 이유는 무엇인가?
3. 대부분의 진핵세포가 영양소를 획득하는 기전에 대해 세균 및 고세균의 기전과 비교하시오. 다른 서식지에서의 생존과 원생생물, 세균과 고균과 같은 진핵미생물들 사이의 경쟁의 측면에서 이것이 의미하는 것은 무엇인가?
4. 많은 병원성 원생동물은 감염동안 세포외 소포를 방출하지만 질병과정에 세포외 소포가 어떤 역할을 하는지는 최근에서야 밝혀졌다. 이런 미생물중 하나인 *Acanthamoeba castellanii*는 눈과 뇌에 감염될 수 있다. 질병을 일으키는 *A. castellanii*의 세포외 소포의 잠재적 역할을 조사하기 위해 대만의 과학자들은 미생물에서 세포외 소포를 분리하고 프로테오믹스 접근법을 이용하여 그 안에 있는 130개의 서로 다른 단백질을 확인했다. 그 단백질의 대부분은 가수분해효소(분해효소)였다. *A. castellanii*의 세포외 소포가 질병을 일으키는 데 어떤 역할을 하는지를 예측하는 가설을 제안하고 그 가설을 검증하기 위한 실험을 설계하고 실험 개요를 작성하시오(대조군을 포함할 것).

참고문헌: Lin, W-C., et al. 2019. Quantitative proteomic analysis and functional charcterization of *Acanthamoeba castellanii* exosome-like vesicles. *Parasites & Vectors*. 12:467. https://doi.org/10.1186/s13071-019-3725-z.

CHAPTER

6

바이러스와 비세포성 감염인자

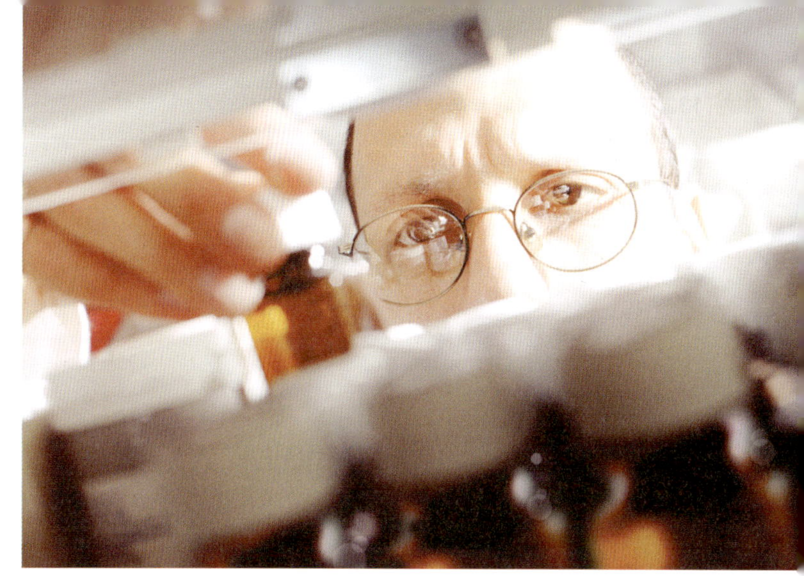
Corbis/VCG/Getty Images

바이러스를 이용한 치료

세균 감염을 치료하기 위해 항생제 대신에 세균을 감염시키는 바이러스인 박테리오파지 처방을 받기 위해 바이러스 전문의에게 간다고 상상해보자. 박테리오파지 치료와 같은 미래의 치료법은 역사적 근원을 가지고 있으며 약물 내성 감염으로 인해 새로운 치료법이 필요한 이 시기에 새로운 치료법으로서의 가능성을 보여주고 있다.

항생제와 박테리오파지는 모두 세균을 죽이지만 특이성이 다르다. 박테리오파지는 여러 종류의 세균을 죽이는 항생제와 달리 한 가지 종류의 세균을 죽인다. 두 치료법 모두 20세기 초에 개발되었으나 냉전이라는 정치적 대립으로 인해 과학자들이 서로 협력하거나 진행상황을 공유할 수 없었다. 1955년까지 서구 과학자들은 항생제 치료에 관련된 많은 자료들을 축적하였다. 한편, 소련 과학자들은 특정 병원균에 특이적인 박테리오파지를 수집했으나, 이러한 전문 지식이 동유럽 밖으로는 알려지지 않았다.

전 세계적으로 항생제 내성이 증가하고 있기 때문에 박테리오파지 치료법과 같은 대안적 방법이 주목받고 있다. 문제는 특정 세균을 표적으로 하는 호환 가능한 박테리오파지와 숙주의 쌍을 찾는 것이다. 2018년 영국에서 낭포성 섬유증을 가진 한 젊은 환자가 폐 이식 후에 *Mycobacterium abscessus*에 대한 항생제 내성 감염이 발생했다. 감염은 많은 장기로 퍼졌으며, 이 환자의 의사들은 최후의 수단으로 세균을 죽일 수 있는 박테리오파지를 찾으려고 하였다. 그 중 최고의 후보가 피츠버그의 냉동고에서 발견되었으며 숙주세포인 *M. abscessus*를 효과적으로 죽이기 위해서는 바이러스에 약간의 유전자 변형이 필요했다. 몇 달 간의 치료 후 환자는 세균감염으로부터 회복되었으며 박테리오파지의 임상 사용에 하나의 이정표를 세우게 되었다.

일반적으로 우리는 바이러스를 질병의 주요 원인으로 생각하고 있기 때문에 질병의 치료제로서의 바이러스는 많은 사람들에게는 놀라운 것일 수 있다. 그러나 바이러스는 우리에게 중요한 여러 가지 다른 이유가 있다. 바이러스는 수생태계의 중요한 구성원이다. 수생태계에서 바이러스는 세포성 미생물과 상호작용하여 입자 형태의 유기물질을 용해된 형태로 전환하는데 기여한다. 또한 수많은 동물 바이러스는 암세포를 죽이는데도 사용되고 있다. 그리고 인체 내부와 외부에서 발견되는 바이러스의 집합체인 인체 바이롬(human virom)은 상대적으로 현재까지 많은 연구가 이루어지지 않았다. 초기 데이터는 인체의 장내 박테리오파지가 마이크로바이옴의 세균 구성원을 조절하는 데 중요하다는 것을 시사하고 있다. 마지막으로 바이러스는 중요한 모델 생물이다. 이 장에서는 바이러스 및 기타 비세포 감염원을 설명하려고 한다. ▶| 생물학적 방법으로 미생물을 제어할 수 있다(8.5절); 해양 바이러스: 바다에서의 죽음(29.2절)

이 장의 학습을 위해 점검할 사항:

✓ 용어 "비세포성"을 정의할 수 있다.

✓ 바이러스, 바이로이드, 위성체, 프리온을 비교하여 설명할 수 있다(1.1절).

6.1 바이러스는 비세포성이다

이 절을 학습한 후 점검할 사항:

a. 바이러스학, 박테리오파지, 파지를 정의할 수 있다.
b. 바이러스의 숙주생물에 대해 열거할 수 있다.

바이러스학(virology)은 단순한 비세포성 구조와 증식방법이 독특한 감염성 병원체인 **바이러스**(virus)를 연구하는 학문이다. 이러한 단순한 특징에도 불구하고 바이러스는 질병의 주요한 원인이다. 예를 들어, 2020년에 전 세계는 COVID-19를 일으키는 바이러스인 SARS-CoV-2가 대유행하면서 바이러스가 사람들의 건강에 미치는 영향에 대해 알게 되었다. 그러나 바이러스의 이러한 단순한 특징으로 인해 바이러스가 오히려 매력적인 생물 모델이 될 수 있었다. 바이러스는 DNA 복제, RNA 합성과 단백질 합성에 관련된 중요한 과정들을 이해하는 모델로 여겨지고 있다. 그러므로 바이러스에 대한 연구는 분자생물학의 발전에 큰 기여를 해왔다.

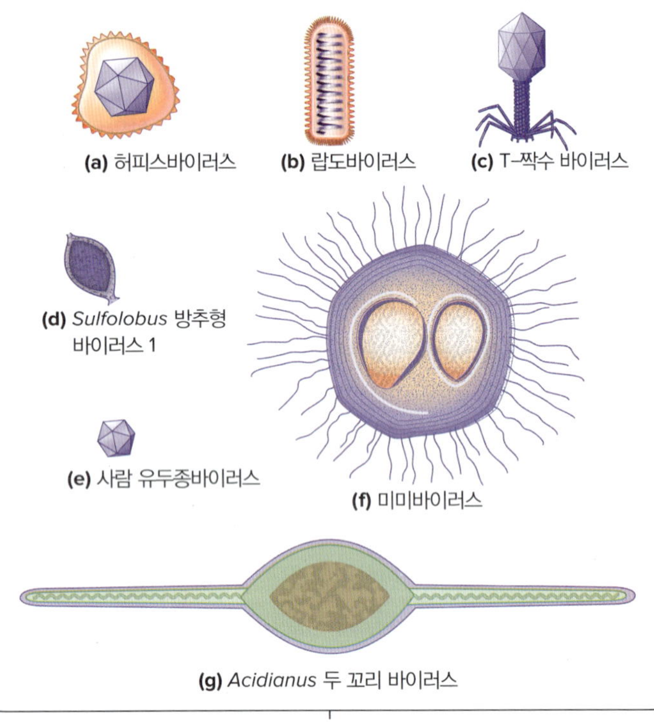

그림 6.1 바이러스의 크기와 비리온 형태. 비리온은 일정한 비율로 그려져 있다.

연관 질문 어떤 캡시드가 정이십면체인가? 어떤 것이 나선형인가? 어떤 것이 복잡한 대칭성을 지니는가?

바이러스는 세포 밖 또는 세포 안에 존재할 수 있다. 세포 밖에서는 증식할 수 없기 때문에 비활성 상태이다. 세포 안에서 바이러스는 숙주세포를 지휘하여 바이러스의 구성요소를 합성하고, 성숙한 자손 바이러스를 조립하여 세포 밖으로 방출하는데 숙주세포를 사용한다.

바이러스는 모든 종류의 세포를 감염시킬 수 있다. 많은 바이러스는 세균을 감염시키며 이러한 바이러스를 **박테리오파지**(bacteriophage) 또는 간단히 **파지**(phage)라 부른다. 고균에 감염되는 바이러스는 많지 않다. 대부분의 알려진 바이러스는 식물, 동물, 원생생물과 진균 같은 진핵생물을 감염시킨다.

이 장에서는 바이러스의 구조와 증식방법에 대해 소개하고자 한다. 바이러스의 분류학적 다양성에 대해서는 25장에서 설명하였으며, 생태학적 관련성은 29장에서 논의하였다. 인간 질병에서 바이러스의 역할은 37장의 주제이다.

6.2 비리온의 구조는 캡시드 대칭성과 외피의 존재여부에 따라 구분한다

이 절을 학습한 후 점검할 사항:

a. 비리온의 크기 범위를 설명할 수 있다.
b. 비리온의 각 부분을 구분하고 기능을 설명할 수 있다.
c. 외피비보유 바이러스와 외피보유 바이러스를 구분할 수 있다.
d. 캡시드 대칭성의 유형을 설명할 수 있다.
e. 바이러스 유전체의 유형을 나열할 수 있다.

하나의 성숙한 바이러스 입자를 **비리온**(virion)이라고 한다. 바이러스의 중요성과 근본적인 생물학적 질문에 대한 해답을 얻는데 도움이 될 수 있기에 바이러스의 형태에 관한 연구는 집중적으로 진행되었다. 다양한 바이러스가 존재하기 때문에 바이러스 형태에 대한 이해가 아직 완전하지는 않지만, 바이러스의 구조에 대하여 일반적인 수준에서 설명할 수는 있을 것이다.

바이러스 구조의 일반적 특징

비리온은 막대 모양의 세균 세포(1.5 × 0.5 μm)와 거의 같은 크기에서부터 지름이 20 nm 정도로 아주 작을 수 있다(**그림 6.1**). 가장 작은

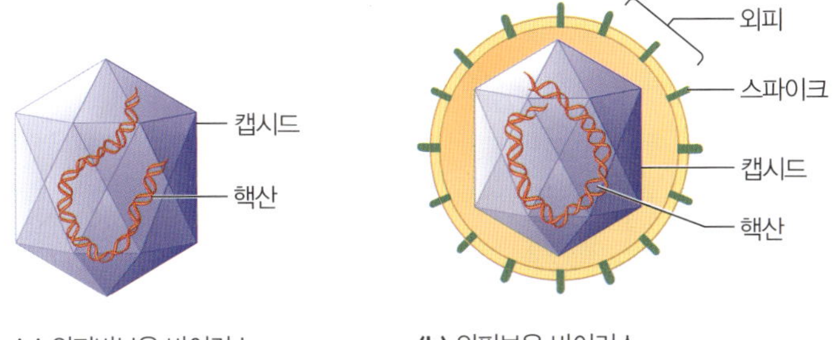

그림 6.2 비리온의 일반 구조. (a) 가장 간단한 비리온은 외피비보유 바이러스의 비리온으로서 핵산가닥을 둘러싸고 조립된 대칭적인 캡시드(뉴클레오캡시드)로 구성되어 있다. (b) 외피보유 바이러스의 비리온은 외피라고 하는 막이 뉴클레오캡시드를 둘러싸고 있다. 스파이크라는 바이러스 단백질이 주로 외피에 박혀 있다.

바이러스는 리보솜보다 조금 큰 반면, 크기가 가장 큰 것으로 알려진 미미바이러스(mimivirus)는 광학현미경으로 관찰할 수 있다. 그러나 대부분의 바이러스 입자는 전자현미경으로 관찰해야 한다. **◀ 전자현미경은 고배율의 상을 창출하기 위해 전자빔을 사용한다(2.4절)**

가장 단순한 비리온은 **뉴클레오캡시드**(nucleocapsid)로만 이루어져 있다(**그림 6.2**). 뉴클레오캡시드는 DNA 또는 RNA 중 하나인 핵산과 **캡시드**(capsid)라 불리는 단백질 껍질로 이루어져 있다. 캡시드는 바이러스의 핵산을 둘러싸고 있어 바이러스의 유전체를 보호하고 숙주세포 사이에서 유전체의 전달을 돕는다. 일부 비리온은 지질막으로 덮여 있어 **외피보유 바이러스**(enveloped virus)라고 하며, 지질막이 없는 비리온은 **외피비보유 바이러스**(nonenveloped virus, naked virus)라고 한다. 바이러스에는 단백질 합성을 위한 리보솜과 ATP 생성을 위한 기전이 없다. 세포질은 없고, 일부 효소가 존재할 수 있으나 세포 과정을 유지하기에는 충분하지 않다.

외피비보유 바이러스는 한 종류의 단백질 여러 개와 몇 개의 다른 단백질이 하나의 캡시드를 구성한다. 각 소단위는 **프로토머**(protomer)라고 하며 수천 개의 프로터머가 자가조립하여 캡시드를 형성한다(**그림 6.3**). 그러나 외피보유 바이러스는 뉴클레오캡시드 단백질과 막에 부착하기 위한 부가적인 단백질이 모두 존재한다. 일부 바이러스는 캡시드를 조립할 때 비캡시드 단백질을 보조장치로 사용한다. 바이러스의 캡시드가 이런 형태로 구성될 때의 가장 중요한 장점으로는 바이러스의 유전체를 최대한 효율적으로 사용할 수 있다는 점이다. 예를 들어, 담배모자이크바이러스(tobacco mosaic virus, TMV)의 캡시드는 한 종류의 프로토머로 이루어진다. 단백질은 아미노산으로 구성되고, 각각의 아미노산은 3개의 뉴클레오티드로 암호화된다는 것을 다시 한 번 생각해보자. 담배모자이크바이러스의 프로토머는 158개의 아미노산으로 이루어져 있다. 그러므로 외피단백질을 만드는 데 겨우 474개의 뉴클레오티드만을 사용한다. 담배모자이크바이러스의 전체유전체는 6,400개의 뉴클레오티드로만으로 구성되어 있다. 그러므로 유전체에서 아주 적은 부분만이 캡시드를 암호화하고 있다.

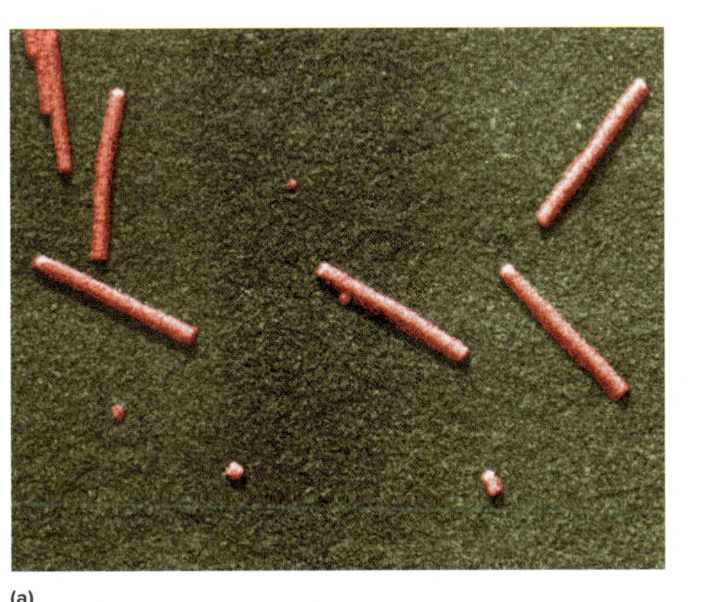
(a)

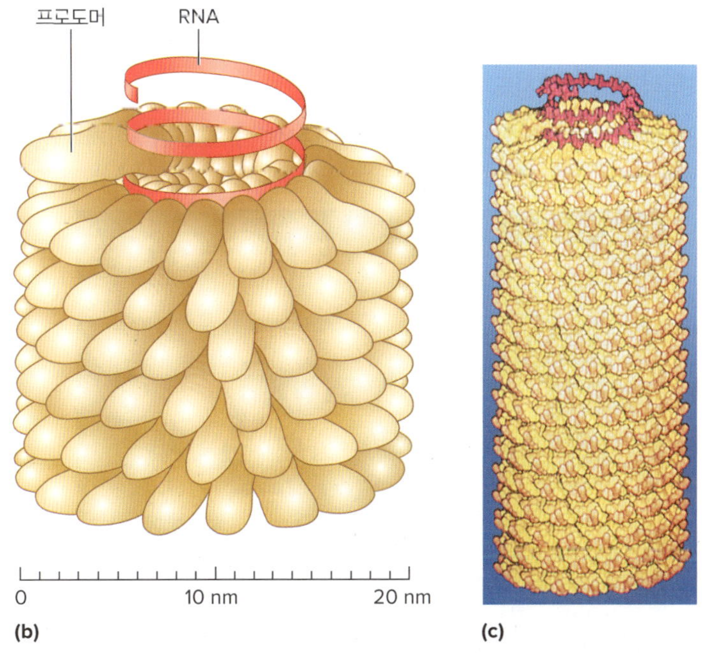

(b) (c)

그림 6.3 담배모자이크바이러스(TMV)의 비리온. (a) 음성염색한 나선형 캡시드의 전자현미경 사진이다. 비리온은 직경이 20 nm 이하이며, 길이는 300 nm이다. (b) TMV 뉴클레오캡시드 그림이다. 나선형 배열의 프로토머로 되어 있으며 그 속에 RNA가 감겨 있다. (c) TMV 비리온의 모델이다. (a) Photo Researchers/Science History Images/Alamy Stock Photo

나선형 캡시드

나선형 캡시드(helical capsid)는 단백질 벽으로 이루어진 속이 빈 관처럼 생겼다. 잘 연구된 나선형 캡시드 구조를 가진 바이러스로는 담배모자이크바이러스가 있다(그림 6.3). 담배모자이크바이러스의 프로토머가 나선형 배열로 자가조립되어, 단단한 관 모양을 이루고 있다. 캡시드 안에는 RNA 유전체가 들어 있다. RNA 유전체는 나선형으로 감겨 있으며 단백질 소단위체에 의해 만들어진 홈 안쪽에 놓여 있다. ▶| 담배모자이크바이러스(25.5절)

나선형 캡시드의 크기는 프로토머와 바이러스 핵산에 의해 결정된다. 캡시드의 지름은 프로토머의 크기와 모양, 그리고 프로토머들의 상호작용에 의해 결정된다. 나선형 캡시드의 길이는 바이러스 유전체의 크기에 의해 결정되는 것으로 보인다.

정이십면체 캡시드

정이십면체는 규칙적인 다면체로 20개의 정삼각형과 12개의 꼭짓점이 있다(그림 6.1a,e). **정이십면체 캡시드**(icosahedral capsid)는 공간을 둘러싸는 가장 효율적인 방법이다. 캡시드는 반지 모양 또는 문손잡이 모양인 **캡소머**(capsomer)라고 불리는 단위체로 구성되어 있으며, 각각의 캡소머는 5~6개의 프로토머로 구성되어 있다(**그림 6.4**). 오량체(pentamer, penton)는 5개의 소단위로 구성되며, 육량체(hexamer, hexon)는 6개의 소단위로 구성된다. 많은 정이십면체 캡시드는 오량체와 육량체 둘다 가지고 있으나, 일부는 오량체만을 갖기도 한다.

복합적 대칭형 캡시드

대부분의 바이러스가 정이십면체 또는 나선형 구조로 이루어지지만,

그림 6.4 아데노바이러스의 정이십면체 캡시드. 252 캡소머로 이루어진 아데노바이러스 비리온 전자현미경사진이다. Biophoto Associates/Science Source

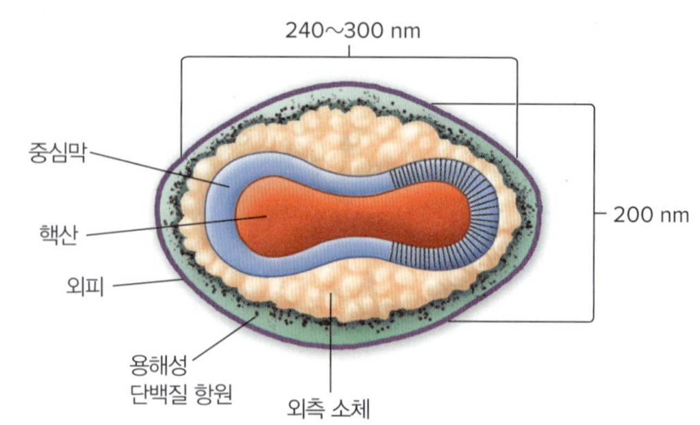

그림 6.5 백시니아바이러스 비리온의 형태.

이 2종류에 속하지 않는 바이러스도 있다. 폭스바이러스와 크기가 큰 박테리오파지가 이런 종류에 속한다.

폭스바이러스는 가장 크기가 큰 동물바이러스(약 400 × 240 × 200 nm, 그림 3.3 참조)로 광학현미경으로 볼 수 있다. 폭스바이러스는 굉장히 복잡한 내부 구조와 달걀 모양이나 벽돌 모양의 다양한 외부 구조로 이루어져 있다. **그림 6.5**은 백시니아바이러스의 비리온의 형태이다. 유전체는 이중가닥 DNA로 단백질에 결합하고 있으며, 양면이 오목하고 막으로 둘러싸여 있는 원판 모양의 중심부(core) 안에 들어 있다. 2개의 측면체(lateral body)가 중심부와 바이러스 바깥쪽 외피 사이에 존재하며, 효소를 갖고 있다.

크기가 큰 몇 종류의 박테리오파지의 비리온은 폭스바이러스보다 한층 더 정교하다. 대장균(*Escherichia coli*)을 감염시키는 T2 파지, T4 파지, T6 파지(T-짝수 파지)의 비리온은 정이십면체와 유사한 머리와 나선형 꼬리를 갖고 있어 **이중대칭형**(binal symmetry)이라 한다. 정이십면체 머리는 중앙에 있는 육량체가 1줄 또는 2줄로 길게 연장된 형태로 그 안에 바이러스의 DNA 유전체를 갖고 있다(**그림 6.6**). 꼬리는 꼬리를 머리에 연결하는 깃(collar)과 가운데가 빈 중심관, 그 관을 둘러싸는 껍질(sheath) 그리고 복잡한 기저판(base plate)으로 이루어진다. T-짝수 파지의 경우 기저판은 육각형 모양을 하고 있으며 육각형의 각 모서리에 핀과 이음매가 있는 긴 꼬리섬유와 짧은 꼬리섬유가 하나씩 연결되어 있다. ▶| T4 박테리오파지: 독성 박테리오파지(25.2절)

바이러스의 외피와 효소

최소한 한 종류의 세균바이러스와 일부 식물바이러스 그리고 많은 동물바이러스의 뉴클레오캡시드는 **외피**(envelope, **그림 6.7**)로 둘러싸여 있다. 동물바이러스의 외피는 대개 숙주세포의 원형질막이나 세포소기관의 막에서 유래한다. 즉, 바이러스 외피의 지질과 탄수화

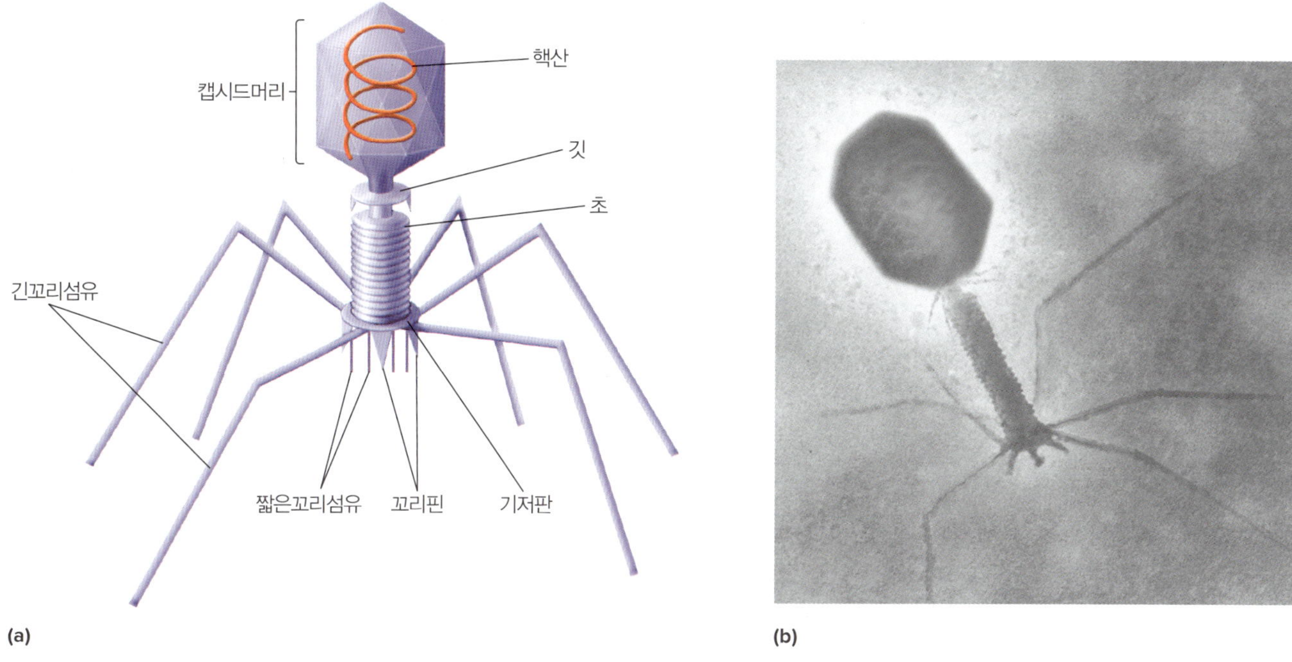

그림 6.6 대장균의 T4 파지. (a) T4 박테리오파지 비리온의 구조이다. (b) 비리온의 전자현미경 사진이다. 머리와 꼬리의 길이는 각각 100 nm이다. (b) Ami Images/Science Source

연관 질문 T4는 왜 이중대칭형을 이루는가?

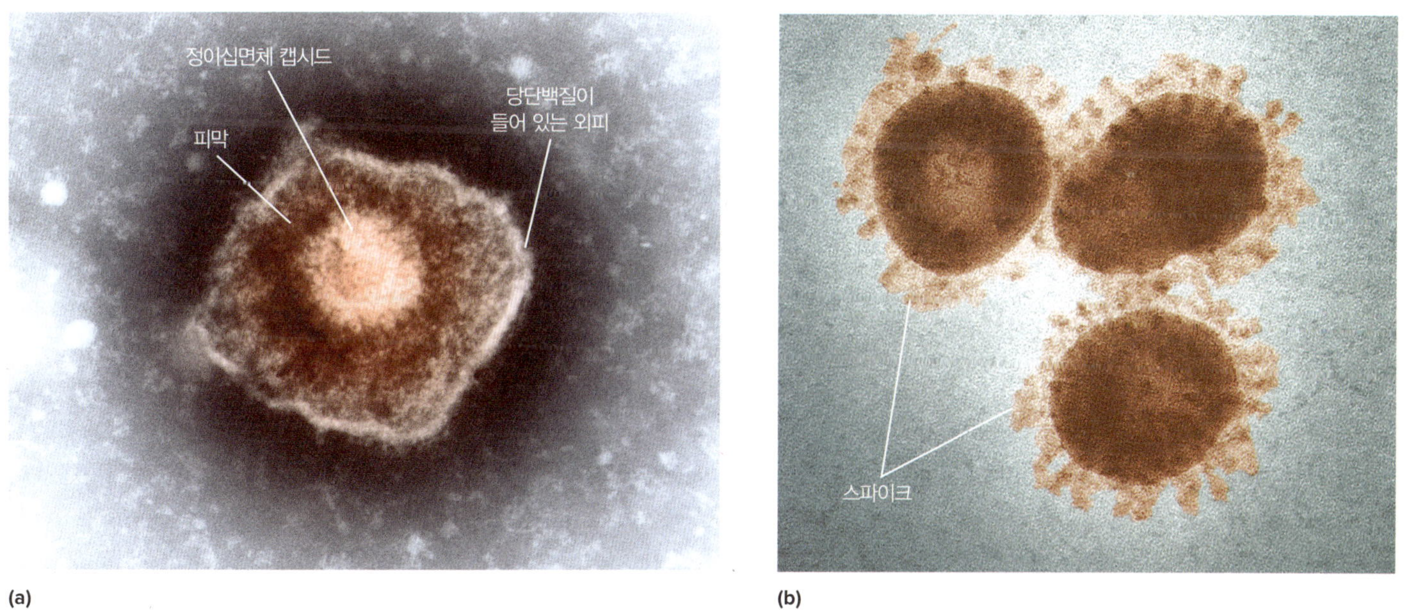

그림 6.7 외피보유 바이러스의 예. (a) 수두-대상포진 바이러스 입자(지름 200 nm 이하). 수두와 대상포진의 병원체이다. (b) 감염성 기관지염 바이러스의 비리온, 코로나바이러스. 외피에서 돌출된 표면 스파이크를 보여주고 있다. 각 비리온의 지름은 100 nm 이하이다. 이미지는 인위적으로 색을 입힌 투과전자현미경사진이다. (a) Heather Davies/Science Source; (b) CDC/Dr. Fred Murphy/Sylvia Whitfield

물은 숙주가 갖고 있던 성분이다. 그러나 외피의 단백질 성분은 바이러스 유전자에 의해 만들어지며 이 단백질을 **스파이크**(spike) 또는 **페플로머**(peplomer, 그림 6.7b)라고 하며 외피 표면 밖으로 튀어나와 있는 경우도 있다. 대체로, 스파이크는 비리온이 숙주세포 표면에 부착할 때 관여한다.

또한 일부 외피 단백질은 바이러스가 숙주세포에 들어가거나 나오는데 필요한 효소활성을 갖고 있다. 바이러스마다 스파이크가 다르기 때문에 일부 바이러스를 동정하는 데 사용하기도 한다. 외피나

캡시드와 관련된 효소 외에도 일부 바이러스는 캡시드 안에 효소를 갖고 있으며 일반적으로 핵산 복제에 관여한다. 예를 들어, RNA유전체를 가진 많은 바이러스는 RNA주형을 사용하여 RNA를 합성하는 효소를 지니고 있다(그림 25.23 참조). 그러므로 바이러스는 진정한 대사 작용이 결여되어 있고 살아 있는 세포 없이는 증식할 수 없지만, 비리온은 바이러스의 생활사를 완성하는 데 필수적인 하나 이상의 효소를 갖고 있다.

바이러스 유전체는 구조적으로 다양하다

세포성 생물과 바이러스 사이의 한 가지 명확한 차이는 유전체의 성격이다. 세포의 유전체는 항상 이중가닥의 DNA이다. 반면 바이러스는 핵산의 가능한 4가지 형태, 즉 단일가닥 DNA(ssDNA), 이중가닥 DNA(dsDNA), 단일가닥 RNA(ssRNA), 이중가닥 RNA(dsRNA)를 모두 갖고 있다. 동물바이러스에는 4가지 형태의 유전체가 모두 존재한다. 대부분의 식물바이러스는 단일가닥 RNA를 유전체로 갖고 있으며, 대부분의 세균바이러스와 고세균 바이러스는 이중가닥 DNA를 갖고 있다. 바이러스 유전체의 크기 역시 다양하다. 아주 작은 유전체는 약 4,000 뉴클레오티드 정도이다. 단지 3~4개의 단백질을 암호화할 수 있는 크기이다. 일부 바이러스는 유전자를 서로 겹쳐서 사용해 크기를 더 줄이기도 한다. 반대로 원생생물을 감염시키는 판도라바이러스의 유전체는 아주 커서 길이가 2백만 개의 뉴클레오티드 정도이며, 일부 세균과 고세균보다도 큰 암호화 능력을 지닌다.

대부분의 DNA 바이러스의 유전체는 이중가닥이다. 그러나 일부 바이러스는 단일가닥 DNA 유전체를 가진다(예: ϕX174와 파보바이러스). 2가지 유전체 모두 선형 또는 원형의 유전체이다. 선형 바이러스 유전체의 말단은 공유결합에 의해 닫혀 있거나 단백질에 부착되어 있을 수 있으며 가려져 있을 수도 있다. 이중가닥 RNA 유전체를 가진 바이러스는 상대적으로 거의 없으며 단일가닥 RNA를 유전체로 지닌 바이러스가 더 일반적이다. 코로나바이러스, 담배모자이크바이러스, 광견병바이러스, 인간면역결핍바이러스(HIV) 모두 단일가닥 RNA 바이러스이다. ▶| 단일가닥 DNA 바이러스는 생활사에서 이중가닥 중간체를 사용한다(25.3절)

일부 RNA 바이러스는 **분절유전체**(segmented genome)를 가진다. 즉, 여러 개로 분절된 RNA 유전체를 가진다. 많은 경우에 각 분절유전체는 단백질 1개를 암호화하고 있으며, 분절이 모두 10~12개에 이르는 것도 있다. 대개 이 모든 분절유전체는 하나의 캡시드 안에 들어 있다. 인플루엔자 바이러스는 분절 바이러스의 대표적인 예이다.

마무리 점검

1. 바이러스는 세포성 생물과 얼마나 유사한가? 기본적인 차이점은 무엇인가?
2. 뉴클레오캡시드와 캡시드의 차이점을 설명하시오.
3. 외피란 무엇인가? 스파이크(페플로머)는 무엇인가?
4. 바이러스는 핵산의 가능한 4가지 형태를 유전체로 가질 수 있다. 각각을 설명하시오. RNA 분절유전체는 무엇인가?

6.3 바이러스의 생활사는 5단계이다

이 절을 학습한 후 점검할 사항:

a. 바이러스의 공통된 생활사 5단계를 설명할 수 있다.
b. 바이러스의 생활사에서 수용체, 캡시드 단백질, 외피 단백질의 역할을 설명할 수 있다.
c. 숙주세포에서 비리온이 방출되는 방법 중 가장 흔한 2가지 방법을 설명할 수 있다.

바이러스학의 초기에 근본적인 질문 중 하나는 자손 바이러스가 어떻게 만들어지는 가였다. 1939년에 델브뤽(Max Delbrück, 1906~1981)과 엘리스(Emory Ellis, 1906~2003)가 고안한 박테리오파지 T4 일단계 증식실험(one-step experiment)은 이 질문에 답하기 위한 실험적 접근방식이었다. 델브뤽과 엘리스는 T4가 숙주인 대장균을 용균시켜 자손 파지를 방출한다는 것을 이미 알고 있었다. 이들은 T4를 대장균 세포와 혼합하여 짧은 시간동안 배양한 후, 숙주세포가 용균되면서 방출된 비리온이 다른 숙주세포를 감염시키지 않도록 하기 위해 혼합물을 충분히 희석하였다. 희석한 배양체를 배양한 후 시간 경과에 따라 시료를 채취하여 배양체에 존재하는 감염 파지 입자수를 측정하였다. 파지 입자수와 시간의 관계로 나타낸 생장곡선에서 몇 개의 뚜렷한 구간을 볼 수 있다(**그림 6.8**, 빨간색 선). 잠재기간(latent period)은 파지를 첨가한 직후 나타난다. 이 기간 동안 배지에는 비리온이 존재하지 않는다. 이어서 나타나는 증식기간에는 감염된 파지가 급속하게 방출되는 것이 특징이다. 마지막으로 평행 상태에 도달하며 더 이상 비리온은 생성되지 않는다.

일단계 증식실험을 통해 잠재기간에 무슨 일이 일어나는 지에 대한 기본적인 의문을 갖게 되었으며, 후속 실험에서는 파지에 감염된 세포를 잠재기간 동안 인위적으로 용해시켰다. 이를 통해서 잠재기간 초기에는 세포 안에서 비리온이 검출될 수 없다는 것이 밝혀졌다(그림 6.8, 파란색 선). 본질적으로 파지는 세포 안에서 잠시 사라진다. 이 기간에 감염된 비리온이 숙주세포 안에 숨어 있거나 사라지기

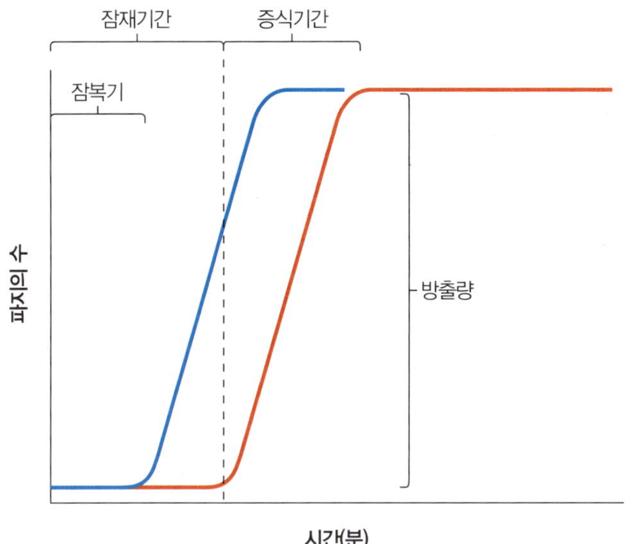

그림 6.8 일단계 생장곡선. 빨간색 선은 세포외 바이러스의 수를 나타내며, 숙주세포에 감염하지 않은 바이러스와 숙주세포의 용균에 의해 방출된 바이러스를 더한 숫자이다. 파란색 선은 세포내 바이러스와 숙주세포가 용균된 후에 수집된 세포외 바이러스 모두를 나타낸다.

때문에 잠복기(eclipse period)라고 부른다. 이 실험은 또한 잠복기가 끝난 후 숙주세포 안에서 완전한 감염 파지의 수가 증가한다는 사실을 입증하였다. 또 다른 실험을 통해서 잠재기간에는 세밀하게 조절되는 일련의 사건들이 일어난다는 사실을 보여주었으며, 이 절에서는 이 사건들에 대해서 주로 설명하려고 한다.

바이러스가 증식하여 새로운 자손바이러스를 발생시키는 경우, 숙주세포를 발견하고 그 세포를 이용해야 한다. 이를 위해서 바이러스는 적절한 숙주에 접근하여 속임수를 사용해서 숙주세포 안으로 들어가야 한다. 숙주세포는 침입한 바이러스를 제거하거나 증식을 막기 위한 방어수단을 갖고 있는데, 바이러스가 숙주세포 안으로 들어가기 위해서는 이러한 숙주세포의 방어수단을 피해야 한다. 일단 숙주세포에 들어가면 바이러스는 숙주세포의 기능을 제어함으로써 숙주세포가 생산한 ATP를 사용하여 바이러스의 유전체와 mRNA, 단백질을 합성한다. 독특한 바이러스 생활사(복제주기)가 여러 가지 존재한다. 바이러스의 전략은 일반적으로 바이러스 유전체의 구조와 관련이 있다.

바이러스 생활사의 다양성에도 불구하고 바이러스 복제주기의 일반적인 양상을 식별할 수 있으며 5단계로 구분될 수 있다(**그림 6.9**). 일반적인 접근 방식을 사용하여 이러한 각 단계를 살펴보려고 한다.

부착(흡착)

바이러스가 증식하기 위해서는 숙주세포가 필요하기 때문에 첫 번째 단계는 숙주에 부착(attachment)하거나 흡착(adsorption)하는 것이

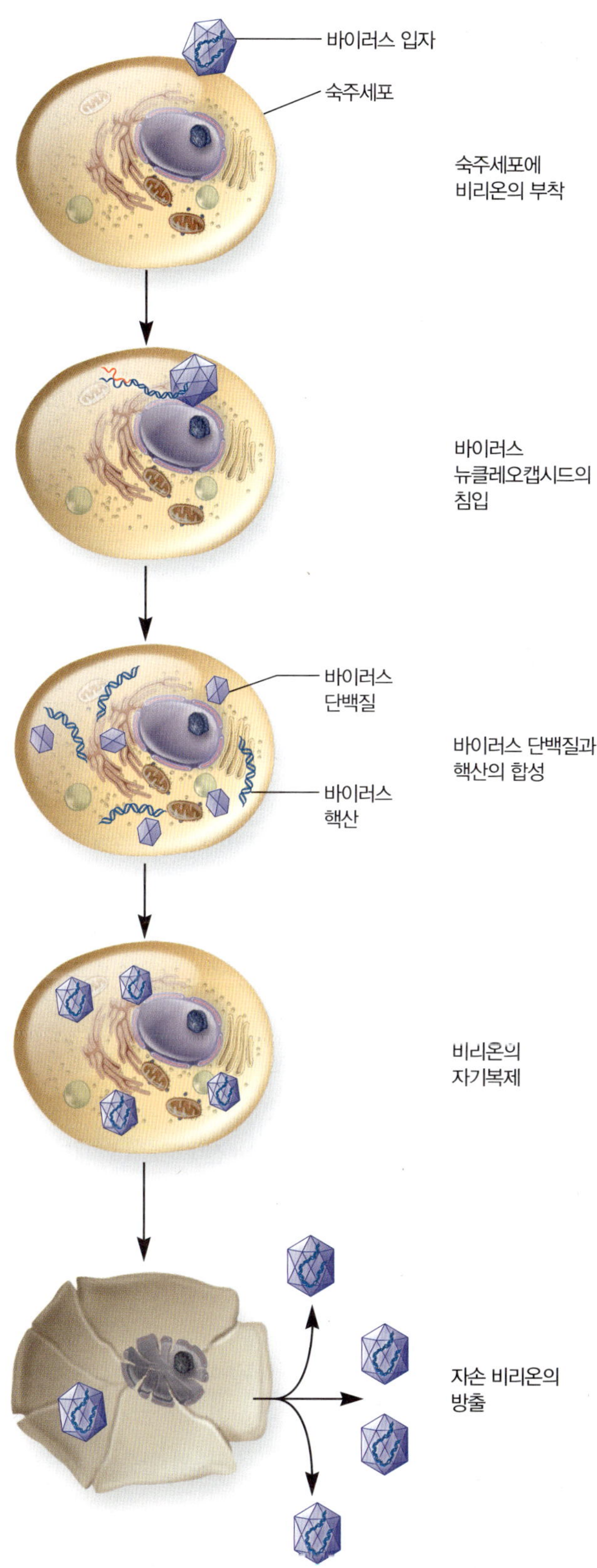

그림 6.9 일반적인 바이러스 증식의 모식도. 동물세포에 감염하는 바이러스의 생활사를 보여준다. 그림 6.15에서는 세균 바이러스와 고균 바이러스의 일반적인 생활사를 보여주고 있다. 비리온은 실제 크기대로 그려진 것이 아니고 그림보다 훨씬 더 작다.

COVID-19

SARS-CoV-2의 스파이크 단백질은 ACE2라고 하는 인간의 세포수용체에 결합하는 바이러스 리간드이다. 스파이크 단백질이 ACE2에 결합하면 숙주세포 표면의 단백질분해효소를 활성화시켜 단백질분해를 통한 단백질의 입체 구조를 변화시킨다.

다. 부착은 비리온 표면의 분자(리간드)와 **수용체**(receptor)라고 하는 숙주세포 표면에 있는 분자 사이의 특이적 상호작용에 의해서 일어난다. 많은 경우에 바이러스 표면 리간드는 단백질이나 당단백질이지만 일부 동물바이러스는 숙주세포의 세포막에서 유래한 지질을 리간드로 사용한다. 바이러스는 숙주세포가 정상적으로 기능하는 데 중요한 숙주의 수용체를 사용하도록 진화하였다. 어떤 박테리오파지는 세포벽의 지질다당체(lipopolysaccharide)나 단백질에 부착하지만, 다른 박테리오파지는 테이코산이나 편모 또는 선모에 부착하기도 한다. 고균 바이러스의 비리온에는 수염 모양의 섬유뭉치나 갈고리 모양의 부속물이 존재하며 숙주세포에 부착하는 데 사용된다. 동물바이러스 입자가 수용체와 결합하면 비리온 단백질이 구조적으로 변화하기도 하는데, 이와 같은 구조적 변화는 이차 수용체와 상호작용, 숙주세포로 진입 그리고 뉴클레오캡시드의 탈피를 촉진한다.

수용체 특이성은 특정 숙주에 대한 바이러스의 선호도와 관련성이 있다. 박테리오파지는 세균의 특정 종에만 감염되며 종내의 특정 균주만을 감염시키기도 한다. 사람처럼 복잡한 동물의 경우, 세포의 표면에 존재하는 수용체 분자의 분포는 기관과 조직에 따라 다양하다. 바이러스는 **친화성**(tropism)이 있어서, 조직 표면의 수용체 분포에 따라 특정 유형의 세포가 감염된다. ▶| 진핵세포의 외피(5.2절)

식물바이러스는 아직까지 수용체가 밝혀지지 않아 수용체 결합에 의해 바이러스가 숙주에 부착하지 않는 예외적인 바이러스이다. 식물바이러스 입자가 숙주로 들어가기 위해서는 숙주세포가 손상되어야 한다. 식물을 먹는 곤충이 한 식물에서 다른 식물로 비리온을 옮김으로써 감염이 이루어지기도 한다. 곤충이 식물을 갉아 먹을 때 비리온이 식물조직내로 들어가게 된다. 어떤 바이러스는 숙주식물을 변화시킨다. 이러한 숙주식물의 변화는 곤충의 활동을 촉진시켜 식물에 바이러스가 감염될 수 있게 한다.

숙주세포로의 침투

바이러스의 유전체 또는 전체 뉴클레오캡시드는 바이러스가 숙주세포에 흡착된 후 세포질로 들어간다. 많은 박테리오파지는 세포벽에 흡착하여 캡시드를 밖에 남겨둔 채로 유전체만을 세포질 안으로 주입한다. 파지와 달리, 많은 진핵생물 바이러스의 뉴클레오캡시드는 유전체가 캡시드로 둘러싸인 채로 세포질 안으로 들어간다. 일부 바이러스는 세포질 안으로 들어간 후 탈피(uncoating)라는 과정에 의해 캡시드 단백질을 제거하는 반면, 다른 바이러스는 유전체가 캡시드 단백질에 둘러싸인 채로 세포질에 남아 있기도 한다. 침투와 탈피는 종종 연결되어 있으므로 함께 설명할 것이다.

침투와 탈피 기전은 바이러스마다 다양하다. 동물바이러스는 일반적으로 3가지 침투방식 중 하나를 사용하는데, 숙주세포의 원형질막과 바이러스 외피의 융합, 세포내흡입에 의한 침투, 그리고 숙주세포의 세포질 안으로 바이러스 핵산의 주입 등이 있다(**그림 6.10**).

숙주세포의 원형질막과 바이러스 외피의 융합은 숙주세포의 원형질막에 있는 단백질과 상호작용하는 바이러스 외피의 당단백질이나 인지질이 관련된다(그림 6.10a). 이러한 상호작용을 통해 뉴클레오캡시드가 세포질 안으로 들어가게 된다. 두 번째 침투 방식에서는 외피비보유 바이러스와 일부 외피보유 바이러스의 비리온이 클라트린 의존성 세포내흡입과 거대음세포작용과 같은 세포내흡입 경로 중 하나를 이용하여 세포 안으로 들어간다(그림 6.10b, 그림 5.8 참조). 생성된 세포내 소낭은 비리온으로 채워진 후, 엔도솜과 융합한다. 세포내 소낭에서 뉴클레오캡시드나 유전체가 빠져나오는 것은 엔도솜과 융합되기 전이나 후에 일어나며 이는 바이러스에 따라 다르다. 이어서 엔도솜에 존재하는 엔도솜 효소가 비리온의 탈피를 도와주며 엔도솜 안의 낮은 pH에 의해 탈피 과정이 유발되기도 한다. 일부 외피바이러스의 경우 바이러스의 외피가 엔도솜의 막과 융합하여 뉴클레오캡시드가 세포질내로 방출된다. 바이러스가 세포질 안으로 들어가면 탈피를 한 후 바이러스의 핵산이 캡시드에서 방출되거나 캡시드에 부착되어 있는 상태에서 바이러스의 핵산이 기능을 수행하기 시작한다. 세 번째 침투 방식은 엔도솜에서 핵산을 방출하는 데 사용되는 막융합 기전이 없는 일부 외피비보유 동물바이러스가 사용한다(그림 6.10c). 이 경우, 엔도솜의 낮은 pH는 캡시드에 구조적 변화를 일으킨다. 구조가 바뀐 캡시드는 엔도솜의 막과 접촉해 핵산을 세포질로 방출하거나, 뉴클레오캡시드 전체를 방출하기 위해 막을 파괴하기도 한다. ▶| 세포내흡입 경로는 여러 가지가 있다(5.4절)

합성 단계

각 바이러스의 유전체는 바이러스의 생활사를 결정하는 중요한 요소이기 때문에 바이러스의 생활사에서 합성 단계는 아주 다양한 모습을 보여준다. 이중가닥 DNA 바이러스의 경우 합성 단계는 세포에 존재하는 전형적인 정보의 흐름과 아주 유사하다. 즉 유전 정보는 DNA에 저장되어 있고 DNA 중합효소에 의해 복제되며, mRNA로

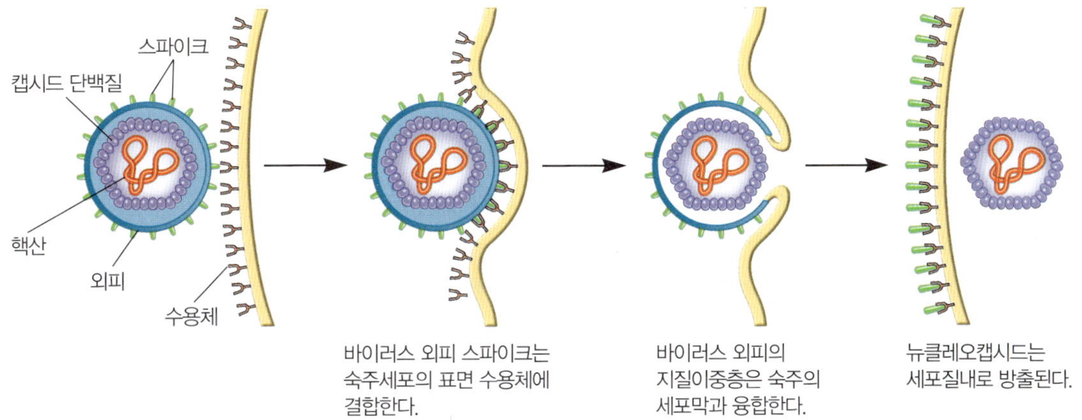

(a) 원형질막과 융합하여 침입하는 외피보유 바이러스

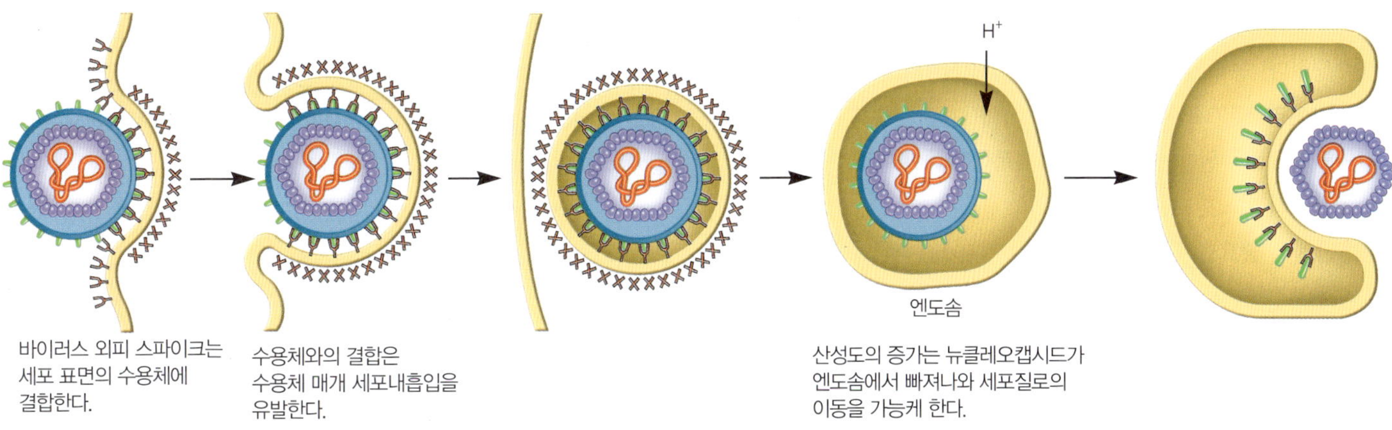

(b) 세포내흡입에 의한 외피보유 바이러스의 침입

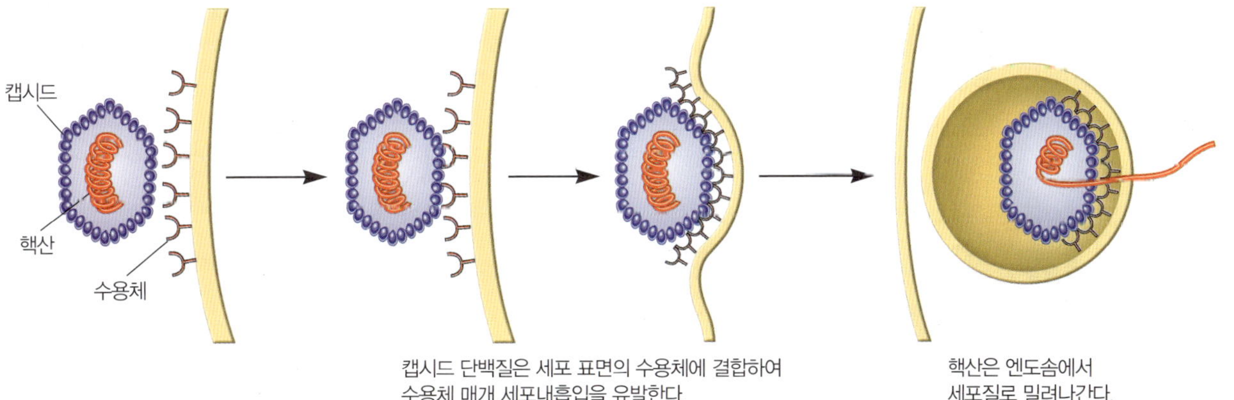

(c) 세포내흡입에 의한 외피비보유 바이러스의 침입

그림 6.10 동물바이러스의 세포내 침입. 동물바이러스가 숙주세포에 부착해서 세포내로 침입하는 예. 외피보유 바이러스는 (a) 외피가 원형질막과 융합하여 세포로 들어가거나, (b) 세포내흡입 과정 후 엔도솜에서 빠져 나온다. (c) 외피비보유 바이러스는 세포내흡입으로 세포에 들어간 후 소낭막을 통해서 바이러스의 유전체를 세포질내로 주입한다. 또는 원형질막을 통해 직접 유전체를 주입하는 경우도 있다.

연관 질문 숙주세포내에서 소낭의 형성에 관여하는 기전은 무엇인가? 바이러스 단백질과 숙주세포 막단백질 사이의 상호작용에 관여하는 것은 무엇인가?

다시 정보가 전사되고, 단백질 합성과정 동안 번역된다. 이런 유사성 때문에 이중가닥 DNA 바이러스는 바이러스 유전체를 복제하고 단백질을 합성하기 위해 숙주세포의 생합성기구에 전적으로 의존하기도 한다.

그러나 RNA 바이러스는 이와 다르다. 세포성 생물(식물 제외)은 RNA를 복제하거나 RNA유전체에서 mRNA를 합성하는 데 필요한 효소들을 갖고 있지 않다. 따라서 RNA 바이러스는 합성단계의 전 과정을 완결시키기 위해 필요한 효소들을 뉴클레오캡시드 안에 가지고 있거나 감염 과정 동안에 이 효소들을 합성해야 한다. 이러한 과정의 더 자세한 내용은 25장에서 논의할 것이다.

일부 동물바이러스와 식물바이러스는 숙주세포질 안에서 합성단계와 이어지는 조립단계를 수행한다. 이러한 과정을 숙주의 방어로부터 보호하기 위하여 일부 바이러스는 숙주세포막(예: 소포체, 골지체, 리소좀의 막)을 재구성하여 유전체 복제, 전사와 단백질 합성에 필요한 기구를 둘러싸는 막 구조를 형성한다(**그림 6.11**). 그 구조를 **바이러스 복제복합체**라고 하며 감염된 세포의 전자현미경사진에서 소낭, 관 구조 그리고 그 외 여러 가지 형태로 나타난다. 다른 바이러스는 막으로 둘러싸이지 않은 세포질내의 한정된 지역에서 합성과 조립을 수행한다. 농축된 바이러스 유전체, mRNA와 단백질의 이러한 영역을 **바이러스질**(viroplasm)이라고 하며 감염된 세포의 전자현미경사진에서도 관찰된다. 바이러스 복제복합체와 바이러스질은 **바이러스 공장**이라고도 한다.

합성단계의 중요한 특징 중 하나는 유전자 발현과 단백질 합성을 엄격하게 조절한다는 점이다. 유전자는 발현되는 시기에 따라 초기, 중기, 후기 유전자로 부른다. 이러한 유전자가 암호화하고 있는 단백질도 마찬가지로 전기, 중기, 후기 단백질이라고 한다. 많은 초기 단백질이 숙주세포를 인식하는 데 관여한다. 중기 단백질은 바이러스 유전체의 복제와 후기 유전자 발현의 활성화에 참여한다. 비리온에 통합되지 않은 이들 단백질 및 기타 단백질을 **비구조**(nonstructural, NS) **단백질**이라고 한다. 후기 단백질은 보통 캡시드 단백질과 자가조립 및 방출에 관여하는 단백질이 해당된다. 비리온에 존재하는 단백질을 **구조단백질**이라고 한다.

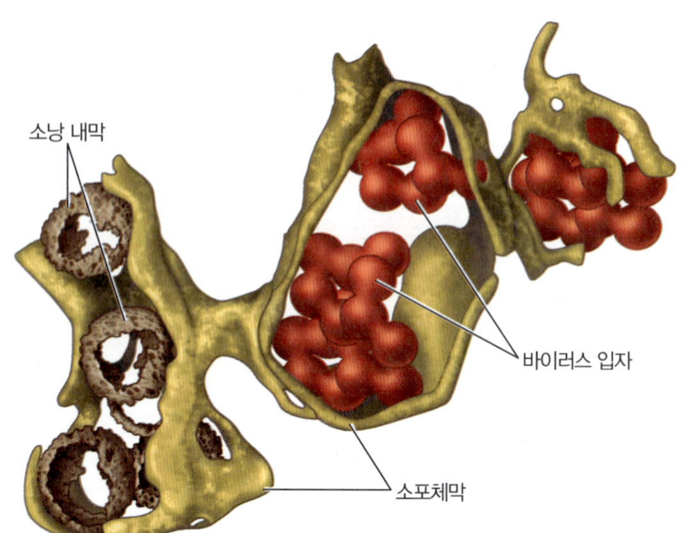

그림 6.11 바이러스 복제복합체. 이 예에서 중증급성호흡기증후군 코로나바이러스(SARS-CoV)는 소포체막(금색)에서 파생된 바이러스 복제복합체를 형성했다. 소낭의 막(갈색)은 소포체에 연결된다. 바이러스 입자는 붉은색으로 보인다.

조립

여러 종류의 후기단백질이 성숙한 비리온의 조립에 관여한다. 일부는 뉴클레오캡시드 단백질이며, 일부는 뉴클레오캡시드 단백질의 구성원보다는 조립에 관여하며, 또 다른 후기단백질은 비리온 방출에 관여한다. 또한 숙주가 합성한 단백질과 기타 인자들이 성숙한 비리온의 조립에 관여할 수도 있다.

조립과정은 다양한 하위조립(subassembly) 과정들로 인해 매우 복잡할 수 있다. 하위조립 과정들은 독립적으로 기능하며, 이후 단계에서 수렴하여 뉴클레오캡시드의 형성을 완성한다. **그림 6.12**와 같이 박테리오파지 T4는 기저판, 꼬리섬유, 머리 부위를 각각 독립적으로 조립한다. 기저판의 조립이 끝나면 그 위에 꼬리관이 형성되고 그 꼬리관 주위에 껍질단백질들이 조립된다. 파지의 머리전구체[prohead, 캡시드전구체(procapsid)]는 골격단백질(scaffolding protein)의 도움으로 조립되며, 이 단백질은 조립이 끝난 후 분해되거나 제거된다. DNA는 **패커솜**(packasome)이라는 단백질 복합체에 의해 머리전구체에 통합된다. 패커솜은 머리전구체의 기저에 위치한 입구단백질

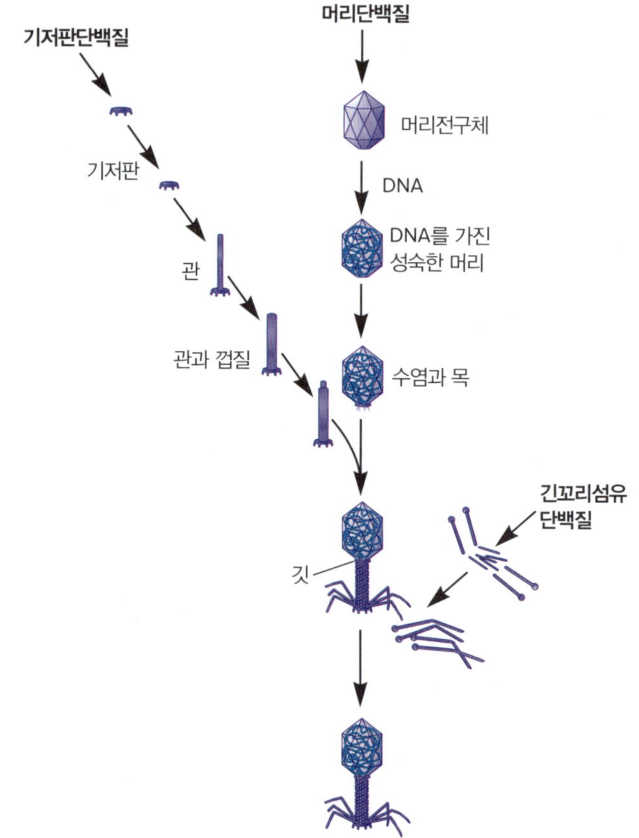

그림 6.12 T4 비리온의 조립. 기저판, 꼬리관과 껍질, 긴꼬리섬유, 머리의 조립과정에 주목하자.

(portal protein)과 DNA를 머리전구체로 이동시키는 터미네이스(terminase)로 이루어진다. DNA의 이동에는 ATP 형태의 에너지가 사용되며, 이는 숙주 세균의 대사활성에 의해 공급된다. 머리가 완성되면 그 다음으로 자연스럽게 꼬리의 조립이 이어진다.

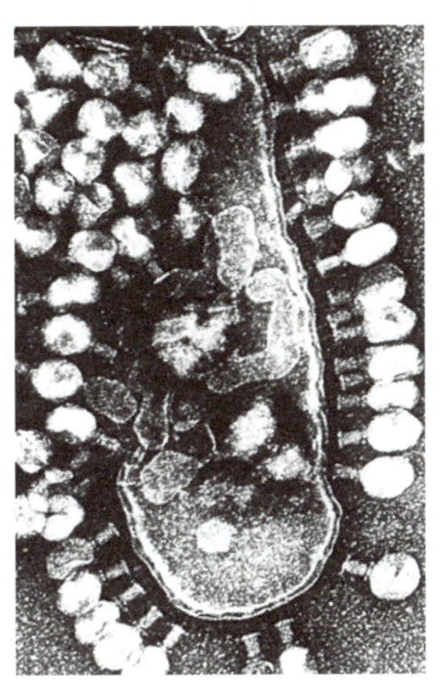

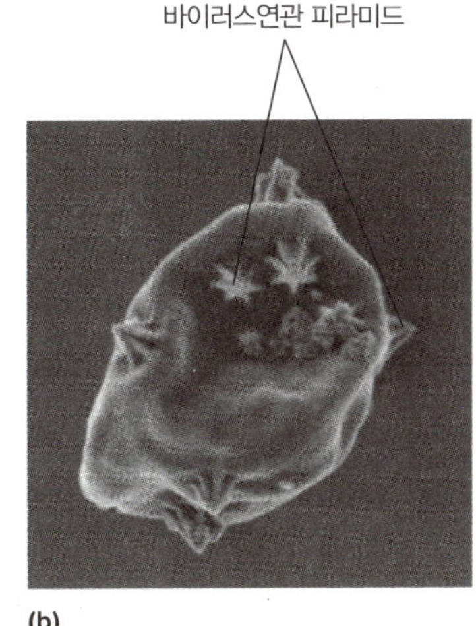

(a) (b)

그림 6.13 바이러스 방출 기전. (a) 숙주세포의 용균에 의한 T4 비리온의 방출 모습이다. 숙주세포가 용균되어(세포의 위쪽 오른쪽), 비리온이 방출된다. 자손 비리온을 세포질에서도 볼 수 있으며 또한 속이 빈 캡시드가 세포의 밖에서 세포를 덮고 있다. (b) STIV(Sulfololus turrelted icosahedral virus)에 감염된 *Sulfolobus sofataricus*이다. 비리온은 세포 표면에서 형성된 피라미드 구조를 통해 방출된다.
(a) Lee D. Simon/Science Source; (b) Courtesy of Susan Brumfield and Mark Young

연관 질문 바이러스 유전체가 숙주세포내로 들어간 이후 텅 빈 캡시드가 부착된 채로 남아 있는 이유는 무엇인가?

비리온 방출

가장 일반적인 2가지의 바이러스 방출 기전은 숙주세포의 용균을 통한 방출과 출아에 의한 방출이다. 용균에 의한 방출은 세균바이러스와 일부 외피비보유 동물바이러스에서 특히 흔하게 나타난다. 이 과정에는 숙주세포의 원형질막을 뚫거나 박테리오파지처럼 숙주세포의 펩티도글리칸을 분해하는 바이러스 단백질의 활성이 필요하다(**그림 6.13a**). 세균의 세포벽을 가수분해하는 바이러스의 효소는 삼투압 스트레스를 통해 세포벽을 용균시킨다(그림 3.26 참조).

일부 고균 바이러스에서 새로운 방출 기전이 밝혀졌다. 비리온이 세포질에서 조립되고 세포외피 근처에 7면의 피라미드 구조가 형성된다. 이러한 바이러스연관 피라미드(virus-associated pyramid)는 외피에 구멍을 내고 꽃잎처럼 벌어진다(그림 6.13b), 그 구멍을 통해 비리온이 방출되고, 텅빈 숙주 세포만 남아 있게 된다.

출아(budding)에 의한 방출은 외피보유 바이러스에서 흔히 관찰된다. 실제로 외피 형성과 비리온의 방출은 거의 동시에 일어난다. 비리온이 출아에 의해 방출되는 경우, 숙주세포는 살아남아 일정기간 동안 바이러스 입자를 계속 방출 할 수도 있다. 동물바이러스의 모든 외피는 숙주세포의 원형질막에서 유래하며 여러 단계를 거쳐 형성된다. 첫 번째 단계는, 바이러스의 단백질이 숙주세포의 막에 통합된다. 그 다음 뉴클레오캡시드가 방출되는 동시에 막이 출아하여 바이러스의 외피가 형성된다(**그림 6.14**). 몇 개의 바이러스 과(family)에서는 기질(matrix, M) 단백질이 원형질막에 결합하여 바이러스의

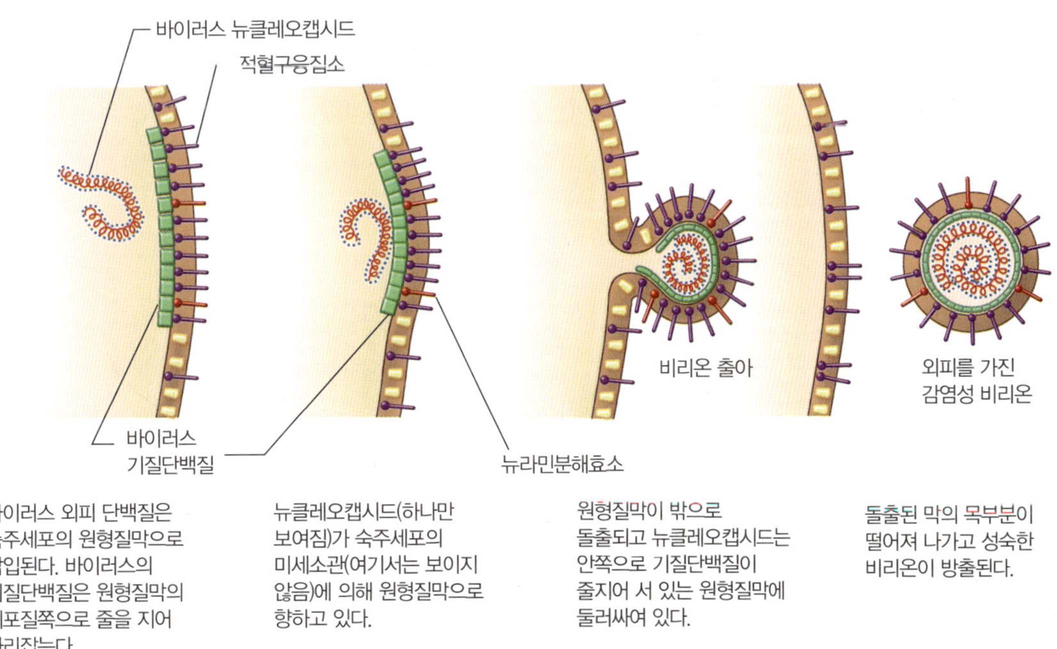

그림 6.14 출아에 의한 인플루엔자바이러스 비리온의 방출. 적혈구응집소와 뉴라민분해효소는 인플루엔자 스파이크 단백질로 출아하기 전에 숙주세포막에 삽입되어야 한다.

출아를 돕는다. 대부분의 외피는 원형질막에서 유래하지만 소포체와 골지체 그리고 다른 내막들도 외피를 형성하는 데 사용될 수 있다.

일부 바이러스는 숙주세포에서 주변 환경으로 방출되지 않고 한 숙주세포에서 다른 숙주세포로 비리온이 직접 옮겨 간다. 대부분의 진균 바이러스는 복제주기에 세포외 기간이 없고 세포분열, 포자형성 또는 교배 중에 다른 숙주세포에 감염된다. 백시니아바이러스는 원형질막을 통해 뉴클레오캡시드를 직접 인접세포로 보낼 수 있는 긴 액틴꼬리의 형성을 유도한다. 이러한 방법으로 바이러스는 숙주 면역체계를 피할 수 있다. 많은 식물 바이러스의 유전체와 뉴클레오캡시드는 인접세포와 연결된 원형질연락사(plasmodesmata)라는 연결통로를 통해 세포에서 세포로 직접 이동한다. 이러한 바이러스의 확산에는 일반적으로 바이러스의 이동 단백질이 관여한다. ◀ 진핵세포의 세포질에는 세포골격과 세포소기관이 들어 있다(5.3절)

마무리 점검

1. 1단계 생장곡선에서 나타나는 잠복기 동안 무슨 일이 일어나는지 설명하시오.
2. 바이러스의 수용체가 숙주세포에게 매우 중요하며 필수적인 기능을 담당하기도 하는 숙주세포의 표면 단백질인 이유를 설명하시오.
3. 바이러스의 조직 특이성이나 숙주 특이성을 결정하는 중요한 요인에 대해 예를 들어 설명하시오.
4. 바이러스 입자의 조립이 복잡한 것은 바이러스 유전체 크기와 어떤 관련이 있는가?
5. 일반적으로 DNA 바이러스는 RNA 바이러스보다 숙주세포에 더 의존적이다. 왜 그런가?
6. 비리온의 조립에 관여하는 단백질이 바이러스 생활사의 후반에 합성되는 이유는 무엇인가?

6.4 바이러스 감염에는 여러 가지 유형이 있다

이 절을 학습한 후 점검할 사항:

a. 독성 파지와 온건성 파지 생활사의 주요 단계를 비교하고 대비할 수 있다.
b. 용원성 전환을 정의할 수 있다.
c. 동물세포의 바이러스 감염 유형들을 구분할 수 있다.

바이러스성 질병에 걸려본 사람은 잘 이해할 수 있듯이 숙주세포에 대한 바이러스의 의존성은 많은 결과를 초래한다. 이제부터는 바이러스와 숙주 사이의 상호작용에 관해 살펴보고자 한다.

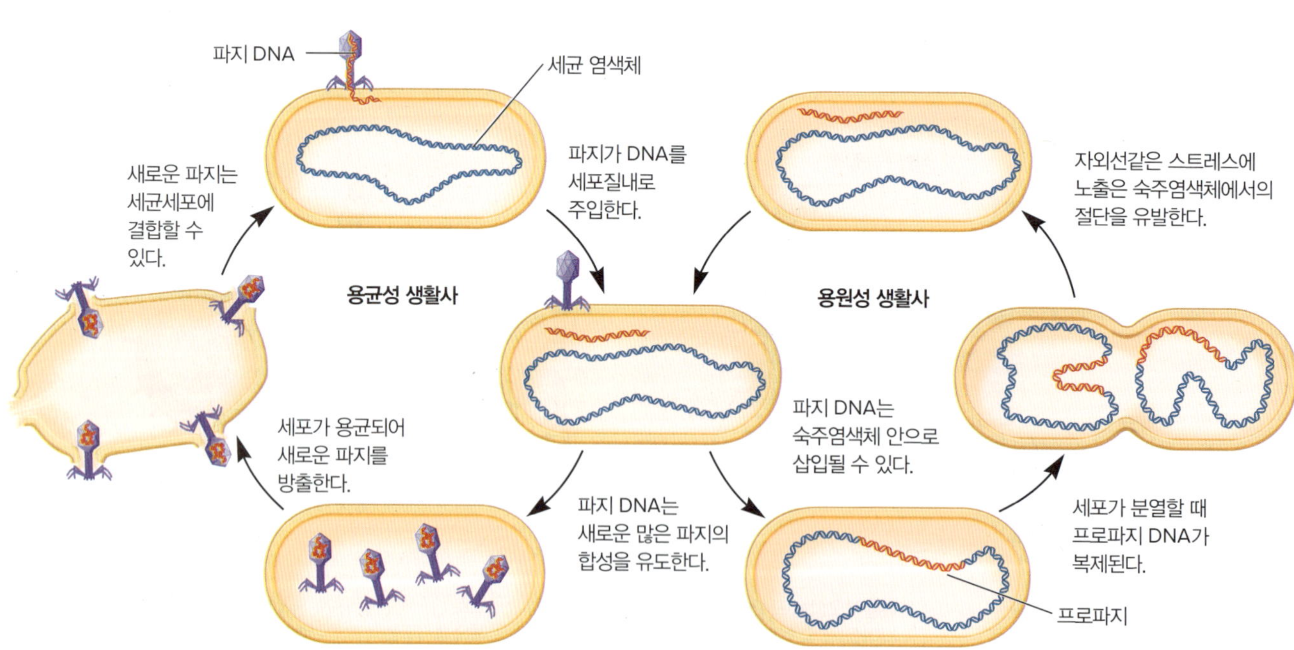

그림 6.15 온건성 파지의 용균성 및 용원성 생활사. 온건성 파지는 2가지 생활사를 보인다. 용원성 생활사는 바이러스의 유전체가 숙주세포 유전체가 복제될때 수동적으로 복제되는 것을 말한다. 자외선 조사와 같은 특정 환경요인은 용원성 생활사를 용균성 생활사로 전환시킬 수 있다. 용균성 생활사에서 새로운 바이러스 입자가 만들어져 숙주가 용균될 때 방출된다. 독성 파지는 용균성 생활사만을 나타낸다.

연관 질문 용원균이 새로운 세균으로 여겨지는 이유는 무엇인가?

용균성과 용원성 감염은 세균과 고균에서 일반적이다

대부분의 박테리오파지는 독성과 온건성으로 나뉠 수 있다. **독성 파지**(virulent phage)는 세균 숙주로 들어가는 즉시 증식하기 시작하고 용균에 의해 숙주에서 방출된다. 독성 파지의 예로는 T4가 있다. **온건성 파지**(temperate phage)는 숙주세포에 들어가 독성 파지처럼 증식하여 숙주를 용균시킬 수도 있고, 숙주를 파괴하지 않고 숙주 안에 남을 수도 있다(**그림 6.15**). 박테리오파지 람다는 이러한 파지의 사례이다.

온건성 파지와 숙주의 관계를 **용원성**(lysogeny)이라고 한다. 숙주에 남는 바이러스의 형태는 **프로파지**(prophage)라고 한다. 프로파지는 바이러스의 유전체로서 세균의 염색체와 통합될 수도 있고 세포질내에서 자유롭게 존재하기도 한다. 파지에 감염된 세균을 **용원균**(lysogen 또는 lysogenic bacteria)이라 한다. 용원균은 대체로 완벽히 정상 상태인 것처럼 보인다. 그러나 용원균은 2가지 뚜렷한 특징

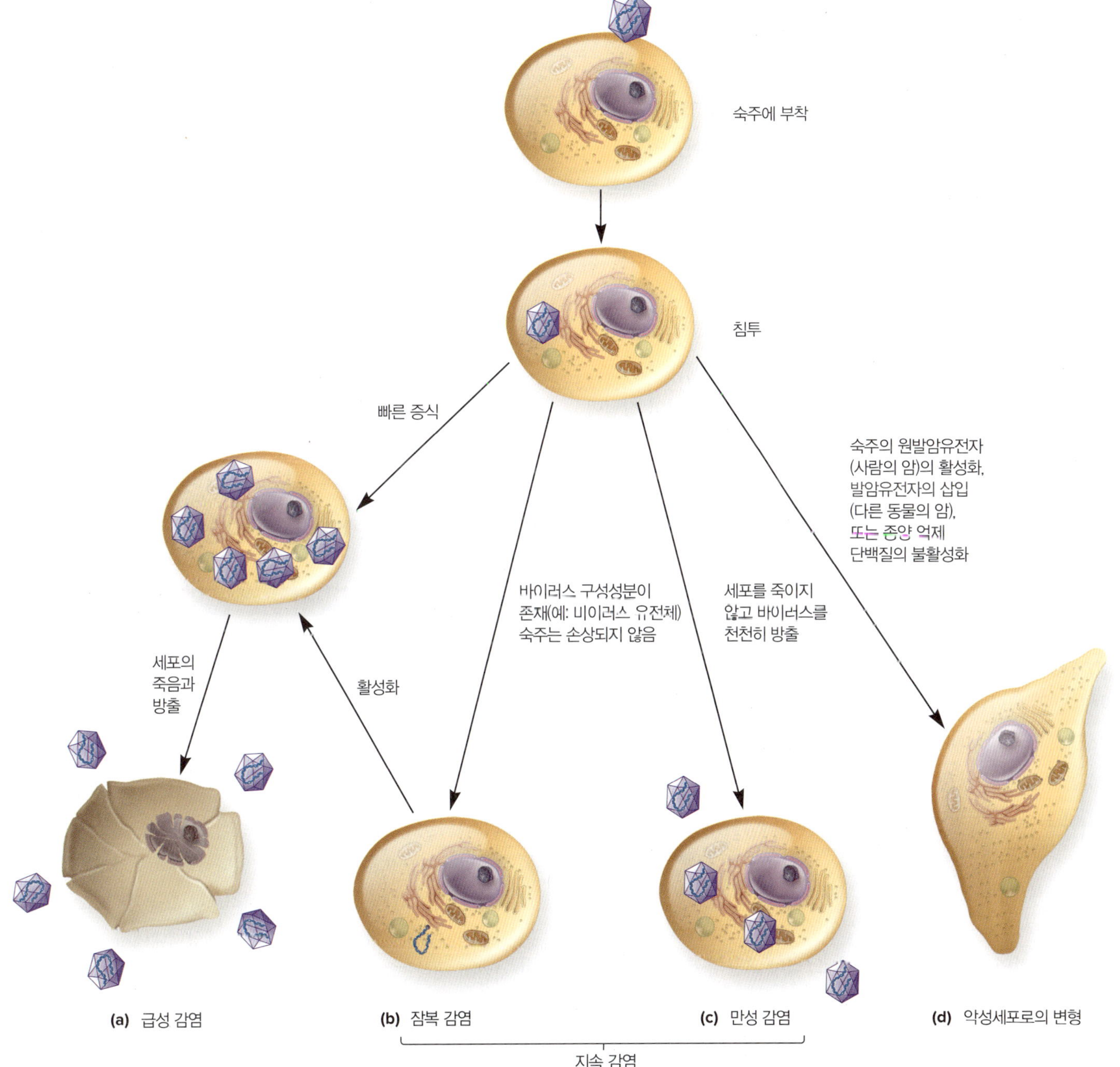

그림 6.16 바이러스 감염의 종류와 숙주세포에 미치는 영향. (a) 숙주세포의 용균성 감염은 동물 숙주에서 나타나는 급성 감염이라 불리는 질병을 유발할 수 있다. 2종류의 지속 감염에는 (b) 잠복 감염과 (c) 만성 감염이 있다. (d) 동물세포에 감염되면 숙주에 암을 유발하는 악성세포로 전환시킬 수도 있다.

이 있다. 첫째, 같은 바이러스에 의해 다시 감염되지 않는다. 즉 중복 감염(superinfection)에 대해 면역성을 갖게 된다. 둘째, 프로파지는 숙주세포의 유전체내에서 복제되고 유전된다. 이러한 상태는 프로파지가 파지단백질을 합성하여 새로운 비리온을 조립하게 되는 **유도**(induction)과정이 발생할 때까지 오랜세대 동안 지속될 수 있다. 유도는 주로 성장조건에 변화가 오거나 자외선 조사와 같이 숙주세포가 스트레스를 받았을 때 일어난다. 유도의 결과로 **용원성 생활사**(lysogenic cycle)가 끝나고 **용균성 생활사**(lytic cycle)가 시작되며 숙주세포는 용균되면서 파지가 방출된다.

용원성의 또 다른 중요한 결과는 **용원성 전환**(lysogenic conversion)이다. 용원성 전환은 온건성 파지가 숙주의 표현형을 변화시킬 때 일어난다. 용원성 전환은 숙주의 표면 특성을 변화시키기도 한다. 예를 들어, 살모넬라(*Salmonella*) 속에 속하는 세균이 엡실론파지(epsilon phage)에 감염되면 파지가 세균의 지질다당체의 탄수화물 성분을 만드는 데 관여하는 몇 가지 효소의 활성을 바꾼다. 이러한 변화는 엡실론파지에 대한 수용체가 사라지게 되어 세균은 다른 엡실론파지에 대한 면역이 생기게 된다.

온건성 파지에 의한 세균 감염은 숙주에 중요한 영향을 미친다. 그러나 왜 온건성 파지는 이런 대체 생활사 방식을 갖도록 진화하였을까? 파지가 세균에서 용원성 생활사를 선택하면 2가지의 장점이 있을 수 있다. 첫째, 용원성은 바이러스가 숙주 안에서 바이러스 핵산을 유지할 수 있게 해준다. 세균은 영양물질이 부족하면 휴면 상태에 들어가며 이때에는 핵산과 단백질을 합성하지 않는다. 이러한 상황에서 프로파지는 생존할 수는 있으나 대부분의 독성 박테리오파지는 세균의 생합성기구가 필요하기 때문에 증식할 수 없게 된다. 또한 독성 박테리오파지의 유전체는 숙주세포가 휴면 상태에 들어가게 되면 분해된다. 두 번째 장점은 숙주세포보다 더 많은 바이러스가 주변 환경에 있을 때인데, 바이러스 학자들은 이를 감염배수(multiplicity of infection, MOI)가 높은 상태이라고 한다. 이러한 조건에서 용원성은 감염되지 않은 세포가 거의 없는 집단에서 감염된 숙주세포가 생존할 수 있게 한다. MOI가 높으면 독성 파지는 그 환경에 존재하는 숙주세포를 빠르게 죽이지만 프로파지는 숙주세포가 증식하는 한 계속 복제될 수 있다.

고균 바이러스도 독성이나 온건성일 수 있다. 많은 고균 바이러스는 만성적인 감염을 일으키기도 한다. 그러나 고균의 복제주기를 조절하는 기전에 대해서는 알려진 것이 거의 없다.

진핵세포의 감염

바이러스는 여러 가지 방법으로 진핵의 숙주세포에게 피해를 줄 수 있다. 감염의 결과로 세포가 죽는 경우를 **세포살해 감염**(cytocidal infection)이라고 하며, 세균 바이러스와 고균 바이러스처럼 숙주세포를 용균시켜 일어난다(**그림 6.16a**). 바이러스 감염이 항상 숙주세포의 용균을 초래하지 않는다. 일부 바이러스(예: 허피스바이러스)의 경우 수년간 바이러스 감염이 지속되기도 한다(그림 6.16b,c). 진핵세포를 감염시키는 바이러스는 숙주의 세포내에서 퇴행적인 변화나 비정상적인 변화를 유발할 수 있으며, 이는 숙주세포의 용균과는 다르다. 이를 **세포병변효과**(cytopathic effect, CPE)라고 한다. 바이러스는 다양한 기전을 사용하여 세포병변효과와 세포살해를 일으킨다. 특히 주목할 만한 기전 중 하나는 일부 바이러스가 숙주세포를 악성세포로 변형시키는 것이다(그림 6.16d). ▶| 바이러스성 간염(37.3절)

마무리 점검

1. 용원성, 온건성 파지, 용원균, 프로파지, 면역, 유도 등의 용어에 대해 정의하시오.
2. 파지가 용원성을 획득하면 얻게 되는 장점은 무엇인가?
3. 용원성 전환과 이의 중요성에 대해 설명하시오.
4. 잠복 감염과 만성 감염의 차이점을 설명하시오.
5. 세포살해 감염은 무엇인가? 세포병변효과는 무엇인가?

6.5 바이러스 배양과 정량법

이 절을 학습한 후 점검할 사항:

a. 바이러스 종류별 배양법에 주목하여 바이러스를 배양하기 위한 방법을 설명할 수 있다.
b. 플라크형성단위를 정의하고 바이러스 정량법에서 그 역할을 설명할 수 있다.
c. 세균 배지에서 플라크의 형성을 유도하는 방법을 설명할 수 있다.

바이러스는 살아 있는 세포 없이는 증식할 수 없으므로 세포성 미생물과 동일한 방법으로 배양할 수는 없다. 숙주세포가 배양액에서 쉽게 자라준다면 상대적으로 세균 바이러스나 고균 바이러스를 배양하는 것은 단순하다. 바이러스와 세포를 배양액내에서 단순히 혼합하면 시간이 지날수록 더 많은 세포가 감염되고 용균되어 배양액으로 비리온을 방출시킨다. 온건성 바이러스를 배양하기 위해서는 용균성 생활사를 유도하는 추가적인 단계가 필요하다. 고체배지에서 세포를 배양하면 세균 배지에 **플라크**(plaque)로 나타나는 숙주세포의 용균을 확인할 수 있다(**그림 6.17**).

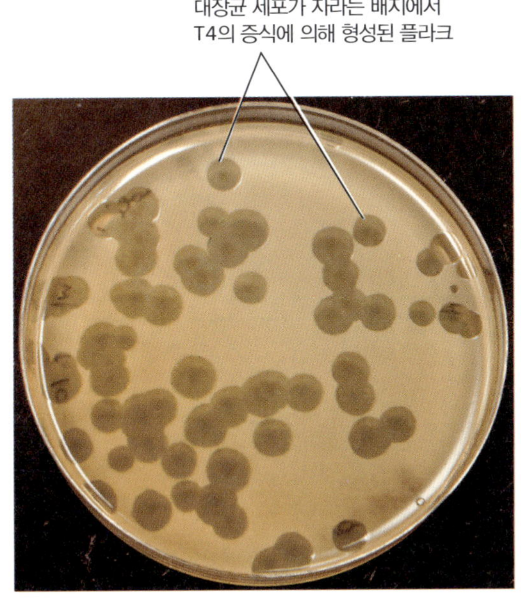

그림 6.17 바이러스 플라크. 그림 6.18에서 설명한 과정으로 세균 세포에 형성된 플라크이다. Lisa Burgess/McGraw Hill

동물바이러스는 적절한 숙주동물이나 배발생단계에 있는 달걀(수정되어 산란한 지 6~8일 지난 달걀)에 바이러스를 접종하여 배양한다. 동물바이러스도 동물세포를 단층으로 조직배양하여 증식시킬 수 있다. 동물바이러스가 숙주세포의 용균을 일으키면 세포 단층에 플라크가 형성된다. 세포병변효과를 일으키는 바이러스 또한 조직배양법으로 증식할 수 있고 확인할 수 있다.

식물바이러스는 다양한 방법으로 배양할 수 있다. 식물의 조직배양, 분리된 세포의 배양 또는 원형질체(세포벽이 없는 세포)의 배양 등을 사용하여 식물바이러스를 배양할 수 있다. 또한 바이러스와 연마제를 혼합해 식물의 잎에 대고 문질러 기계적으로 감염시키면 바이러스가 전체 식물에서 자랄 수 있다. 세포벽이 연마제에 의해 손상되면, 비리온이 직접 세포의 원형질막과 접촉하고 이때 노출된 숙주세포가 감염된다. 일부 식물바이러스는 감염된 식물의 병든 부위를 건강한 식물에 접목할 때만 전염될 수 있다. 국소적으로 생기는 괴사 병변(necrotic lesion)은 감염된 세포가 빠른 속도로 죽기 때문에 생긴다. 이러한 괴사 병변이 생기지 않더라도 감염된 식물은 색소가 변한다거나 잎 모양이 변하는 등의 증세를 보이기도 한다.

바이러스를 정량하는 일반적인 방법은 **플라크분석법**(plaque assay)이다. 바이러스 입자를 여러 번 희석해 적절한 숙주세포와 함께 배양한다. 이론적으로 감염된 세포의 수가 아주 낮다면 숙주세포의 층에 형성된 각 플라크는 하나의 비리온이 증식해 형성한 것으로 간주한다(**그림 6.18**). 그러므로 형성된 플라크의 수를 사용하여 원래 시료에 들어 있던 비리온의 수를 추정할 수 있다. 결과 값은 비리온

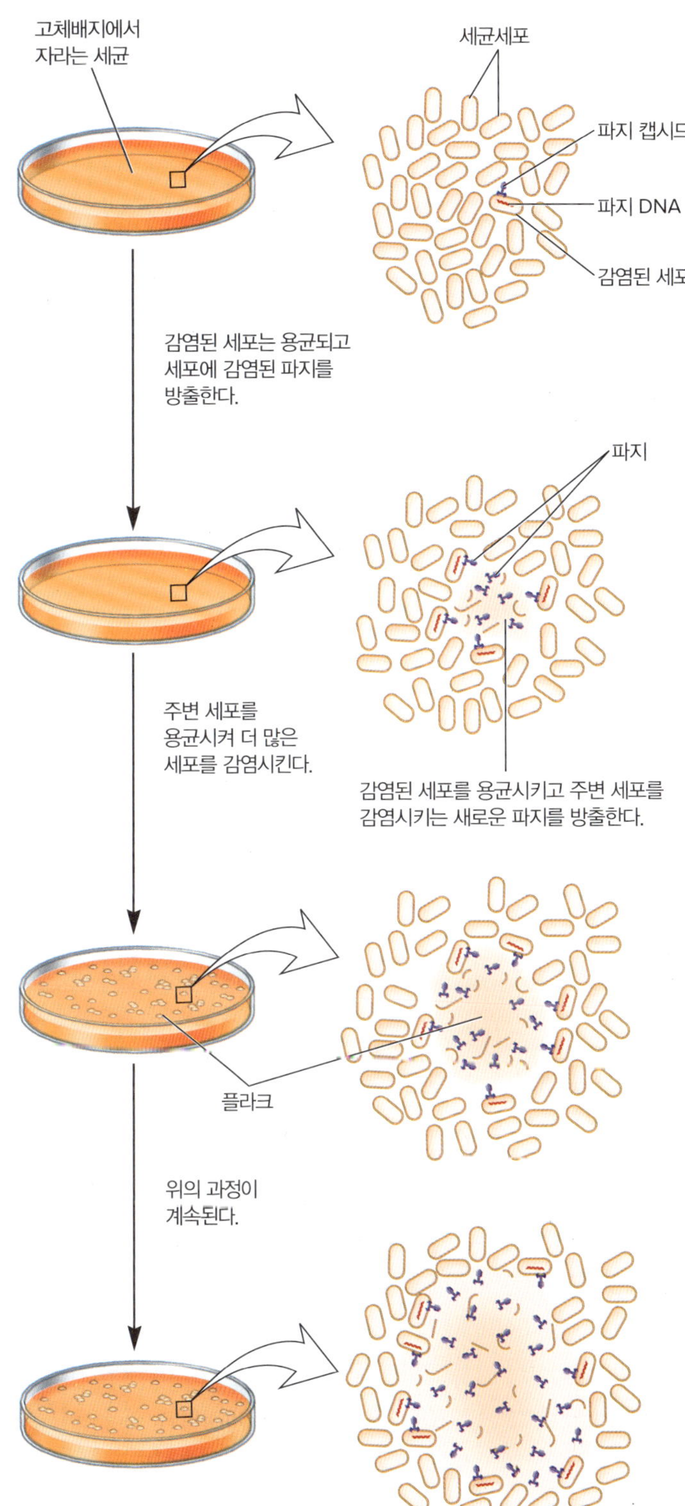

그림 6.18 파지 플라크의 형성. 파지와 숙주인 세균의 세포가 적당한 비율로 혼합되었을 때, 초기에는 세균의 일부만이 감염된다. 이 혼합물을 배지에 도말하면, 감염된 세균은 서로 분리될 것이다. 감염된 세균이 용균되어 자손 파지를 방출하면 근처에 있는 감염되지 않은 세균을 감염시켜 또 다시 용균되고, 더 많은 파지를 방출시킬 것이다. 이 과정은 계속되고 그 결과 궁극적으로 파지가 감염된 세균 배지는 주변 부위에 비해 투명해질 것이다. 이 투명한 부위가 플라크이다.

연관 질문 바이러스 감염을 지속시키기 위해, 바이러스 배양접시를 다시 배양기에 넣었을 때 각 플라크에 어떤 일이 발생하겠는가?

의 수가 아니라 **플라크형성단위**(plaque-forming units, PFU)로 나타낸다. 그 이유로는 첫째, 모든 비리온이 감염성을 갖고 있는 것은 아니기 때문이다. 또한 숙주세포보다 바이러스가 훨씬 적더라도 하나 이상의 비리온이 동일한 세포에 감염될 수 있다(그림 6.13). 마지막으로, 2개의 감염된 세포가 동일한 자리에 도말되어 하나의 플라크를 형성할 수 있다. 그러나 PFU의 수는 바이러스의 수에 비례한다. 비리온의 수가 두 배 많은 시료는 두 배 많은 PFU를 형성한다.

마무리 점검

1. 바이러스를 배양할 수 있는 방법에 대해 설명하시오. 플라크, 괴사 병변을 정의하시오.
2. 바이러스 질병에 대한 백신을 만들려면 바이러스를 배양해야 한다. 동물 바이러스를 배양하는 데 사용되는 각각의 방법(배아란 또는 세포배양)의 장점과 단점을 비교 설명하시오.

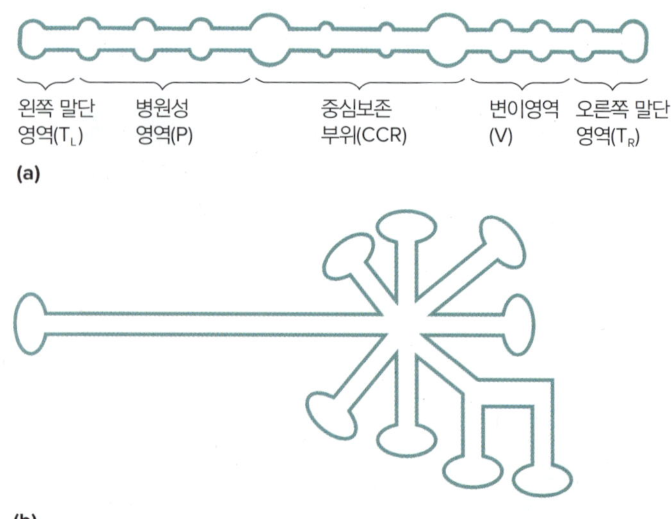

그림 6.19 바이로이드의 구조. (a) Pospiviroidae 과에 속하는 바이로이드 일반적인 구조이다. 끝이 닫힌 원형의 단일가닥 RNA는 같은 가닥내에서 염기쌍이 많이 형성되어 있으며 염기쌍을 이루지 않아 형성된 고리도 여러 곳에 퍼져 있다. 또한 분자내에서 5개의 영역으로 구분할 수 있다. 바이로이드 병원성의 차이는 대부분 P와 T_L 영역에서의 변이에 기인한다. (b) Avsunviroidae 과에 속하는 바이로이드의 구조이다. 이 바이로이드에는 포스피바이로이드(pospiviroid)에 존재하는 중심보존부위가 없다.

6.6 바이로이드와 위성체: 핵산에 기반한 보조성 바이러스 감염인자

이 절을 학습한 후 점검할 사항:

a. 바이로이드의 구조에 대해 설명하고 바이로이드의 실제적인 중요성에 대해 논의할 수 있다.
b. 위성체 바이러스와 위성체 핵산을 구별할 수 있다.

모든 바이러스가 매우 작고 간단하지만 이보다 더 단순한 감염체가 존재한다. **바이로이드**(viroid)는 RNA로만 이루어진 감염인자이다. 바이로이드는 식물에 20종류 이상의 질병을 유발하는데, 감자갈쭉병(potato spindle-tuber disease)과 국화왜화병(chrysanthemum stunt disease) 등이 있다. 바이로이드는 공유결합으로 연결되어 닫힌 원형의 단일가닥 RNA로 길이가 250~430개의 뉴클레오티드이며 단백질을 암호화하지는 않는다(**그림 6.19**). 바이로이드는 현재 2개의 과로 나누어진다. Prospiviroidae 과에 속하는 바이로이드는 원형의 단일가닥 RNA가 가닥내에서 염기쌍을 형성하여 막대기 같은 모양을 이루어 단일가닥고리에 이중가닥 부위를 형성한다(그림 6.19a). Avsunviroidae 과에 속하는 바이로이드는 원형 RNA의 한쪽 끝이 분지된 막대 모양이다(그림 6.19b). 각각의 가지는 줄기고리 구조를 만드는 RNA의 분자내 염기쌍에 의해 형성된다. 2종류의 바이로이드는 감염된 식물세포내의 다른 위치에서 복제된다. 포스피바이로이드(pospiviroids)는 핵에서 복제하는 반면, 에브선바이로이드(avsunviroid)는 엽록체에서 복제한다. 바이로이드 RNA는 단백질을 암호화하는 mRNA로 작용하지 않는다. 오히려 바이로이드는 숙주 효소의 특이성을 변경하여 이 효소가 기질로서 DNA대신에 RNA에 작용하게 한다. 바이로이드 RNA는 DNA이전에 존재했던 RNA 세계의 생존자일 것으로 생각된다. ◀ 초기 생명체는 아마도 RNA를 기반으로 했을 것이다(1.2절)

식물은 바이로이드에 감염되었어도 병의 징후를 보이지 않을 수도 있다. 즉, 잠복 감염일 수 있다. 그러나 같은 종류의 바이로이드가 다른 식물에서 심각한 질병을 일으킬 수도 있다. 바이로이드의 병원성은 잘 알려지지 않았지만, RNA의 특정부위가 필요하며 이 부위를 제거하면 질병의 발생이 저해된다고 알려져 있다(그림 6.19a). 일부 연구에서는 바이로이드가 **RNA 사일런싱**(RNA silencing)이라는 반응을 유도하여 질병을 일으킨다고 한다. RNA 사일런싱은 RNA 바이러스에 의한 감염으로부터 보호하는 기능을 한다. RNA 사일런싱 과정에서 세포는 dsRNA의 존재를 인지하고 작은 조각으로 절단한다. 이 RNA 조각들은 RNA 사일런싱 과정에서 표적 mRNA 분자를 파괴하거나 번역을 방지하는 데 사용된다. 바이로이드는 상보적인 뉴클레오티드 서열을 가진 숙주의 특정 mRNA에 결합함으로써 이 반응을 이용할 수 있다. 바이로이드와 숙주 사이의 잡종 dsRNA 분자가 형성되어 RNA 사일런싱을 유도하는 것으로 생각된다. RNA 사일런싱으로 인해 숙주 mRNA가 파괴되고 따라서 숙주 유전자의 사일런싱이 일어난다. 이로 인해 숙주는 필요한 유전자를 발현하지 못하고 숙주 식물에 질병이 발생한다.

위성체(satellites)는 핵산(DNA 또는 RNA)으로 구성되어 있다는 점에서 바이로이드와 유사하다. 위성체는 핵산이 캡시드로 둘러싸여 있고 복제를 위해서는 도움바이러스(helper virus)의 도움이 필요하다는 점에서 바이로이드와 다르다. 위성체의 핵산과 도움바이러스의 핵산 사이에는 상동성이 거의 없거나 전혀 없다(즉, 위성체는 결함이 있는 도움바이러스가 아니다). 위성체 바이러스는 자신의 캡시드 단백질을 암호화하고 있지만 도움바이러스의 복제효소를 사용한다. 대부분의 위성체는 식물바이러스를 도움바이러스로 사용한다.

6.7 프리온은 단백질로만 이루어져 있다

이 절을 학습한 후 점검할 사항:

a. 프리온 구조와 어떻게 프리온이 복제되는지 설명할 수 있다.
b. 프리온에 의해 일어나는 모든 동물 질병의 공통된 특성을 나열할 수 있다.
c. 프리온에 의해 일어나는 사람 질병을 적어도 2개 나열할 수 있다.

프리온(prion, proteinaceous infectious particle: 단백질성 감염 인자)은 단일 단백질로만 이루어져 바이러스보다 훨씬 더 단순하다. 프리온은 사람과 동물에게 다양한 퇴행성 신경질환을 일으키는데, 양에서의 스크래피, 소해면양뇌병증(bovine spongiform encephalopathy, BSE: 일명 '광우병'), 사람의 질병인 쿠루(kuru), 치명적 가계 불면증(fatal familial insomnia, FFI), 크로이츠펠트-야콥병(Creutzfeldt-Jakob disease, CJD)과 거스만-스트라우슬러-쉰커증후군(Gerstmann-Sträussler-Scheinker syndrome, GSS)이 있다. 모두 진행성 퇴행성 뇌질환을 일으켜 결국 사망에 이르게 한다. 아직 효과적인 치료법은 없다. ▶| 프리온 단백질이 질병을 전파한다(37.6절)

질병은 PrP^C(세포의 프리온 단백질)라는 세포단백질의 비정상적 형태에 의해 발생한다. 건강한 뇌세포에서 이 단백질은 뉴론의 원형질막에만 존재하며 뇌 발달 및 기능에 관련된다. 비정상적인 형태는 PrP^{SC}(스크래피와 관련된 프리온 단백질)이며 3차원적 구조에서만 차이가 있다. 두 단백질 형태 사이의 접촉은 PrP^C가 PrP^{SC}로 비가역적으로 전환되도록 한다(**그림 6.20**). PrP^{SC}의 2가지 중요한 특성은 안정성과 다른 PrP^{SC} 분자와의 응집이다. 현재로서는 질병이 정상적인 PrP^C의 손실로 인한 것인지 PrP^{SC} 응집체의 축적에 의한 것인지는 확실치 않다.

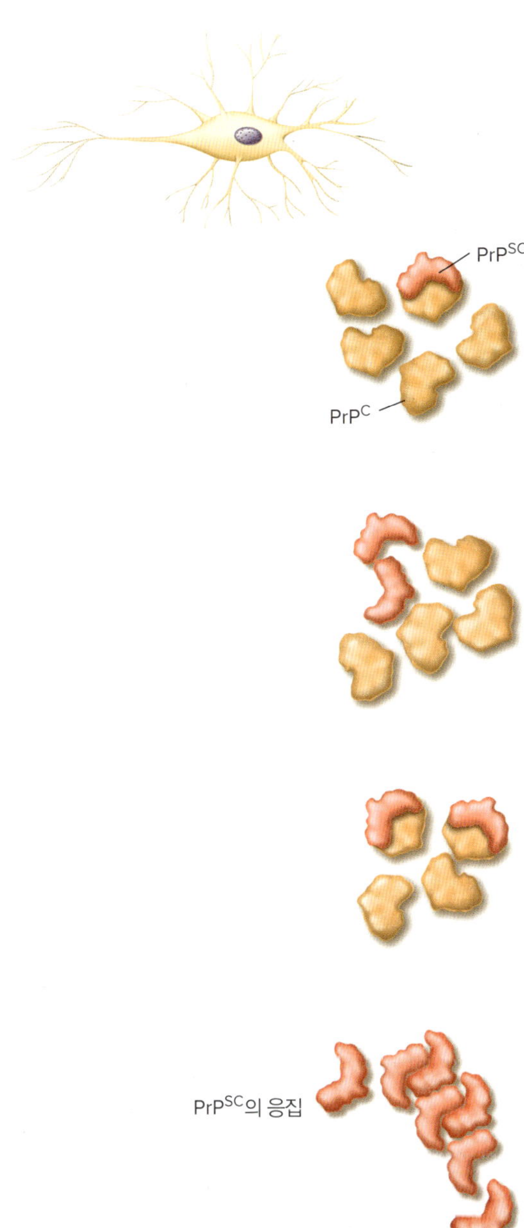

그림 6.20 프리온 복제 기전 모델. 정상(황갈색) 프리온 단백질과 비정상(분홍색) 프리온 단백질은 3차원적 구조에서 차이가 있다. 비정상 프리온 단백질은 정상 프리온 단백질을 비정상 형태로 전환하는 촉매역할을 하는 주형으로 작용한다. Lachina Publishing Services/McGraw-Hill Education

마무리 점검

1. 바이로이드는 무엇이며 이들이 매우 흥미로운 이유를 설명하시오.
2. 바이로이드가 바이러스나 위성체와 어떻게 다른 지 설명하시오.
3. 프리온은 무엇인가? 프리온이 바이러스나 바이로이드와 근본적으로 다른 점은 무엇인가?
4. 프리온은 숙주조직에서 검출하기 어렵다. 왜 그렇다고 생각하는가? 왜 프리온이 일으키는 질병에 대한 효과적인 치료법이 아직 개발되지 않았다고 생각하는가?

요약

6.1 바이러스는 비세포성이다

- 바이러스학은 바이러스와 비세포성 감염인자에 대해 연구하는 학문이다.
- 바이러스는 살아있는 세포 밖에서 독립적으로 증식할 수 없다.

6.2 비리온의 구조는 캡시드 대칭성과 외피의 존재여부에 따라 구분한다

- 모든 비리온은 DNA나 RNA의 핵산으로 구성된 뉴클레오캡시드를 가지고 있으며, 이는 프로토머라고 하는 1개 이상의 단백질 소단위로 이루어진 캡시드로 구성되어 있다(그림 6.2).
- 나선형 캡시드는 속이 빈 단백질 관(tube)을 닮았으며 단단하거나 유연하다(그림 6.3).
- 정이십면체 캡시드는 대개 2종류의 캡소머로 구성된다. 오량체(penton, 펜톤)는 꼭짓점을 이루며 육량체(hexon, 헥손)는 정이십면체의 변이나 면을 이룬다(그림 6.4).
- 폭스바이러스 및 큰 파지처럼 복잡한 비리온은 정이십면체나 대칭적 나선형 캡시드라고 특정할 수 없는 복잡한 형태를 갖고 있다(그림 6.5). 큰 파지의 비리온은 이중대칭 구조로 되어 있는데, 머리 부분은 정이십면체이며 꼬리부분은 나선형이다(그림 6.6).
- 일부 바이러스는 뉴클레오캡시드를 둘러싸는 막성 외피를 가지고 있다. 외피의 지질은 주로 숙주세포에서 유래한 것인 반면 막을 구성하는 많은 단백질은 바이러스 유전자에서 생성된 것으로 스파이크처럼 외피 표면에서 돌출되어 있는 것도 있다(그림 6.7).
- 바이러스 핵산은 단일가닥 또는 이중가닥의 DNA 또는 RNA로 되어 있다. 대부분의 DNA 바이러스는 직선 또는 원형의 이중가닥 DNA 유전체를 가지고 있다. RNA 바이러스는 대개 단일가닥 RNA를 갖고 있다. 일부 RNA 유전체는 절편으로 되어 있다.
- 바이러스는 진정한 의미의 물질대사 작용은 하지 않으나 자신의 증식에 필요한 몇 종류의 효소를 갖고 있는 경우도 있다.

6.3 바이러스의 생활사는 5단계이다

- 델브뤽과 엘리스가 고안한 일단계 증식실험은 바이러스가 어떻게 복제하는지를 이해하는 데에 있어서 중요한 첫 번째 단계였다(그림 6.8). 이러한 유형의 실험은 비리온이 방출되지 않는 초기 잠재기간에 이어서 비리온이 방출되는 증식기간이 뒤따르는 것을 보여주였다. 잠재기간의 초기는 감염된 세포에 바이러스 입자가 존재하지 않는 잠복기이다.
- 바이러스의 생활사는 5단계로 나뉜다. ① 숙주에의 부착, ② 숙주에 침입, ③ 바이러스 핵산과 단백질의 합성, ④ 뉴클레오캡시드의 자가조립, ⑤ 숙주로부터의 방출(그림 6.9~그림 6.14).
- 바이러스 생활사의 합성 단계는 바이러스 유전체의 특성에 따른다. DNA 바이러스는 숙주의 효소와 유사한 효소를 이용한다. 어떤 경우에는 바이러스의 핵산과 단백질 합성을 전적으로 숙주에 의존한다.
- RNA 바이러스는 mRNA를 합성하고 유전체의 복제하는데 필요한 효소들을 암호화하고 있거나 바이러스의 캡시드 내에 이러한 효소를 가지고 있다.

6.4 바이러스 감염에는 여러 가지 유형이 있다

- 독성 박테리오파지와 고균 바이러스는 숙주를 용균시킨다. 또한 온건성 세균바이러스는 숙주세포를 용균시킬 뿐만 아니라 숙주세포에서 휴면상태로 있을 수 있는 용원성 생활사로 들어갈 수 있다. 이것은 대개 숙주세포의 유전체에 바이러스의 유전체가 삽입되는 경우 일어난다(그림 6.15).
- 진핵세포를 감염시키는 바이러스는 숙주세포를 용균시키거나 아니면 좀더 천천히 세포를 죽음에 이르게 할 수 있다. 이러한 진핵세포에 감염된 바이러스는 세포살해 감염을 유발한다(그림 6.16). 바이러스 감염은 숙주세포에서 세포병변효과를 일으킨다.

6.5 바이러스 배양과 정량법

- 바이러스는 조직배양, 부화란, 세균 배양체 또는 살아 있는 숙주에서 배양할 수 있다.
- 파지는 세균 배양체에 플라크를 형성한다. 동물바이러스가 감염된 부위는 플라크 같은 세포병변효과에 의해 알아볼 수 있다(그림 6.17~그림 6.18).

6.6 바이로이드와 위성체: 핵산에 기반한 보조성 바이러스 감염인자

- 바이로이드는 원형의 단일가닥 RNA 분자로만 이루어진 식물 감염인자이다(그림 6.19). 바이로이드는 단백질을 암호화하지 않는다.
- 위성체는 자신의 캡시드 단백질을 암호화하는 보조성 바이러

스 감염인자이며 복제를 위해서는 도움바이러스가 필요하다.

6.7 프리온은 단백질로만 이루어져 있다

- 프리온은 작은 단백질로서 최소한 6종류의 퇴행성 신경계질환과 연관이 있다. 스크래피, 소해면양뇌병증, 쿠루, 치명적 가계불면증, 거스만-스트라우슬러-쉰커증후군, 크로이츠펠트-야콥병 등이 해당 질환이다.
- 프리온 단백질은 2가지 형태인 감염성의 비정상적으로 접힌 형태와 정상적인 세포성 형태로 존재한다. 비정상적인 형태와 세포의 정상적인 형태 사이의 상호작용은 세포의 정상적인 형태를 비정상적인 형태로 전환시킨다(그림 6.20).

심화 학습

1. 세균을 동정하기 위해서는 다양한 분류체계를 사용한다. 그람염색으로 시작해서 형태적 특성을 분석하고 다양한 대사검사를 통해 세균을 동정한다. 바이러스를 동정하기 위하여 이와 유사한 전략을 세워보시오. 숙주를 먼저 고려하여 전략을 세울 수도 있으며 해양의 여과물처럼 특정 환경에서 발견되는 바이러스로 시작하여 전략을 세울 수도 있다.
2. 바이러스의 기원과 진화에 대해서는 논란의 여지가 있다. 바이러스가 첫 번째 원핵세포보다 먼저 진화했다고 생각하는지, 아니면 바이러스가 숙주와 함께 진화해왔으며 아직도 숙주와 함께 진화하고 있는지에 대해 논의하시오.
3. 동물바이러스 생활사를 각 단계를 고려하여, 바이러스에게 독특하며 항바이러스제에 적합한 약물 표적이 될 수 있는 구조와 과정에 대한 간단한 목록을 작성하시오. 각각의 선택에 대한 적절한 근거를 설명하시오.
4. 바이러스 외피의 기원을 고려하여 세균과 식물을 감염시키는 외피바이러스가 드문 이유를 제안하시오.
5. 회색곰이 바이러스와 같을 때는 언제인가? 회색곰이 먹이를 먹을 때이다. 여러분은 바이러스에서 포식자의 어떤 특성을 설명할 수 있는가?

   덴마크의 수리모델학자는 먹이의 무리 행동(herding behavior)의 관점에서 바이러스와 세균 세포 사이의 관계를 포식자-먹이의 관계로 간주했다. 먹이가 무리를 짓는 것의 장점과 단점은 무엇인가? 세균 세포는 어떻게 무리를 지을 수 있는가?

   수리모델학자는 바이러스와 세균세포가 서로 만나는 기전으로 확산을 사용했다. 이것은 적절한 선택인가? 그 이유는 무엇인가? 먹잇감인 세균 무리를 만났을 때 온건성 파지와 독성파지는 어떻게 다른가? 첫 번째 감염과 그 이후의 감염 모두를 고려하여 설명하시오.

   참고문헌: Eriksen, R. S., et al. 2020. On phage adsorption to bacteria. *Biophys. J.* 119:1896-1904.

CHAPTER

7

세균과 고균의 생장

Arthur Dorety/Stocktrek Images/Getty Images

얼마나 느리게 생장할 수 있을까?

1억년 전, 공룡이 지구상에서 지배적인 포식자였을 때, 몇몇 미생물들은 태평양의 바닥으로 표류했다. 수천 년 동안, 퇴적물은 암석으로 압축되었고, 미생물들은 암석의 틈새에 갇히게 되었다. 식량이 부족해지고 세포 생장은 느려졌지만 죽지는 않았다. 그들은 바위 속에 남아서 활발하게 자라지는 않고 그저 버티고 있었다.

2010년, 한 일본 선원이 살아있는 미생물을 찾기 위해 시료를 채취하려 바위에 구멍을 뚫기 시작했다. 가장 깊은 곳이 오래된 층이였고, 퇴적물은 깊이에 따라 연대를 매겼다. 이 퇴적물들에서 회수된 시료들은 영양분과 함께 배양되었고, 놀랍게도 미생물들은 불과 며칠 후에 되살아났다. 시간을 거슬러 올라가서, 더 깊고 깊은 퇴적물을 조사하면서, 연구원들은 모든 층에서 살아있는 세포들을 회복할 수 있다는 것을 발견했다. 그 암석 시료에 있는 소량의 미생물은 1억 년 이상 유지되어 왔다. 우리가 10장에서 보게 될 것처럼, 미생물들은 살기 위해 화학적 작업, 수송 작업 및 기계적인 작업을 수행해야 한다.

미생물만이 이렇게 느린 속도로 살 수 있다. 놀랍게도, 이 세포들은 겉으로 보기에는 화학적 분해에 대항하여 세포를 온전히 유지한다. 미생물 종류에 대한 선행연구를 통해 내생포자를 형성할 수 있는 소수의 종들을 밝혔고, 이 세포들은 완전히 활동을 멈추지 않은 상태였다. 이 미생물들은 온전하게 남아 있고 부활할 수 있다. 배양을 통해 이 미생물들은 방사능 표지가 된 화합물들을 섭취하여 생물량을 늘릴 준비가 되어 있다. 비록 우리가 수천년의 세대시간을 가진 미생물을 연구하기 시작했을 뿐이지만, 이러한 관찰은 미생물학자들이 관찰하고 계량화하기 어려운 것은 말할 것도 없고, 자연에서의 생장이 어려울 수 있음을 확인시켜 준다.

'생장'과 '생존'을 정의하는 것은 미생물학자들을 혼란스럽게 한다. 무엇이 살 수 있는 환경을 구성하는가에 대한 우리의 의인화된 생각에서부터 짧은 시간 안에 미생물 세포분열을 기대하는 것까지, 지난 세기에야 우리는 생명체가 극한 환경에 존재하며, 그들은 거의 대부분 미생물이라는 것을 깨달았다. 이 장에서는 세균 및 고균의 생장 패턴들과 이를 측정하는 방법, 생장에 영향을 미치는 환경조건 등을 설명한다.

이 장의 학습을 위해 점검할 사항:

- ✓ 진핵세포의 세포주기를 설명할 수 있다.
- ✓ 필수적인 영양소의 예를 정의하고 나열할 수 있어야 하며, 이들이 세포에서 어떻게 사용되는지 설명할 수 있다.
- ✓ 대량영양소, 미량영양소와 미량원소를 구분하고, 각각의 예를 나열하며, 이들이 어떻게 사용되는지 설명할 수 있다(3.3절).
- ✓ 여러 미생물들에게 필요한 생장인자의 예를 들 수 있다(3.3절).

7.1 대부분의 세균과 고균은 이분법을 이용하여 증식한다

이 절을 학습한 후 점검할 사항:

a. 세균과 고균에서 관찰되는 이분법을 서술할 수 있다.
b. 이분법과 다른 증식법을 비교할 수 있다.

대부분의 세균과 고균은 **이분법**(binary fission)을 이용하여 증식한다(**그림 7.1**). 이분법은 비교적 단순한 형태의 세포분열 방법이다. 세포는 새로운 세포외피 성분이 합성되면서 길어진다. 하나의 독립체로 존재하는 핵양체는 복제되어 이분법 과정에서 길어진 세포의 양쪽에 분할된다. 반면에 리보솜이나 봉입체(inclusion)들과 같은 세포 내 구조는 세포질 속에 고르게 분포될 정도로 풍부하여 세포 중간에 격막(cross wall)이 만들어질 때 쉽게 딸세포에 나눠진다. 이로 인해 부모세포가 2개의 딸세포로 분할되는 과정에서 각각의 딸세포가 핵양체와 완전한 세포 구성물을 갖게 된다.

세균에서는 이분법 이외에 다양한 증식법들이 발견되었다(**그림 7.2**). 몇몇의 세균은 출아(bud)를 형성하며 증식한다. 다른 세균들은 중복 분열을 하여 자손세포들이 부모세포내에 성숙할 때까지 붙어있다(그림 20.18 참조). *Streptomyces*에 속하는 세균들은 다중핵양체(multinucleoid) 섬유를 형성한 뒤에 여러 개의 단일핵양체(uninucleoid) 포자로 분열하는 방법으로 증식한다. 사상성 진균(filamentous fungi)들이 형성하는 포자들처럼 이러한 포자들은 손쉽게 확산된다.

▶| Streptomycetales 목은 중요한 항생제 제공자다(22.1절)

세균과 고균의 다양한 증식법에도 불구하고, 몇몇 특성은 공유된다. 모든 경우에서 유전체는 복제한 뒤 별개의 핵양체를 형성하기 위해 분열한다. 그리고 증식과정의 한 시점에 각각의 핵양체와 이를 둘러싸고 있는 세포질은 원형질막에 의해 둘러싸인다. 이러한 과정들이 세포주기의 주요 단계들이다.

(a) 세포주기 초기 단계의 세포

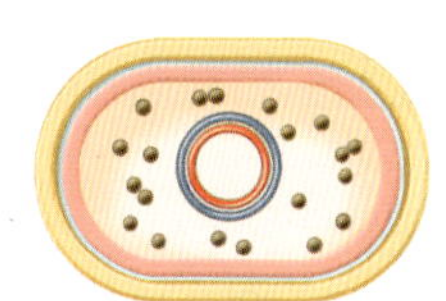

(b) 세포벽, 원형질막, 전체적인 부피를 늘려서 분열을 준비하는 부모세포. 그런 다음 DNA 복제가 시작된다.

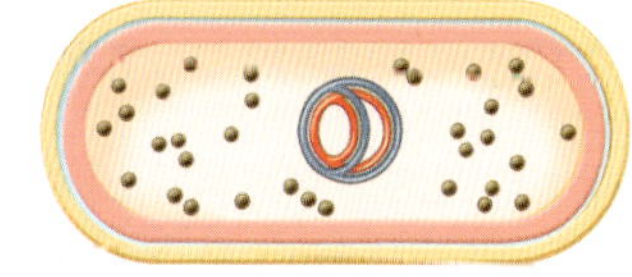

(c) 염색체가 서로 세포의 반대쪽 끝으로 이동하면서 격벽(septum)이 안쪽으로 자란다. 다른 세포질 성분들은 만들어지는 2개의 딸세포에 고르게 분포한다.

(d) 격벽이 세포중심까지 완전히 합성되고 2개의 분리된 세포가 만들어진다.

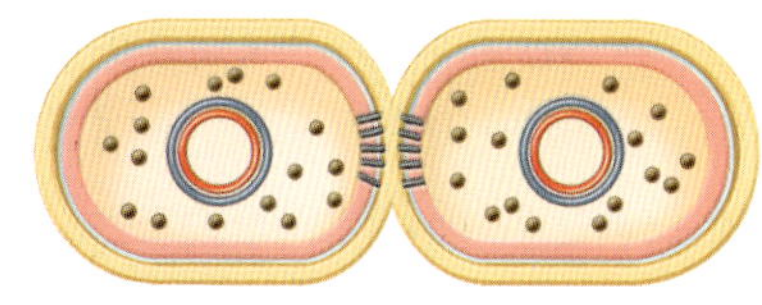

(e) 이 단계에서 딸세포로 분리된다. 일부 종은 여기에서 보이는 것처럼 완전히 분리되고, 반면에 다른 종은 서로 연결된 상태로 남아서 사슬을 형성하거나 쌍으로 존재하거나 또는 다른 형태의 세포배열을 갖는다.

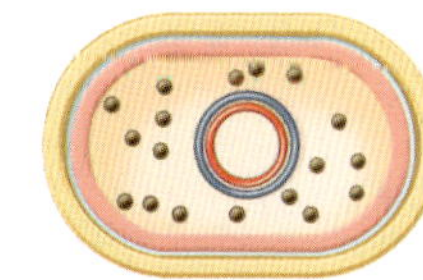

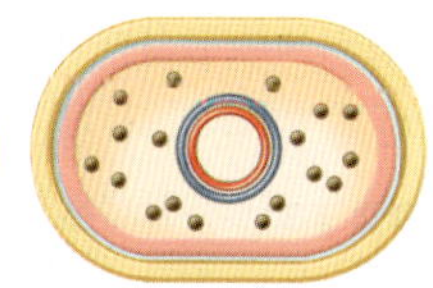

그림 7.1 이분법.

연관 질문 염색체의 분리 외에 어떠한 세포질내 성분들이 딸세포 간에 분배되어야 하는가?

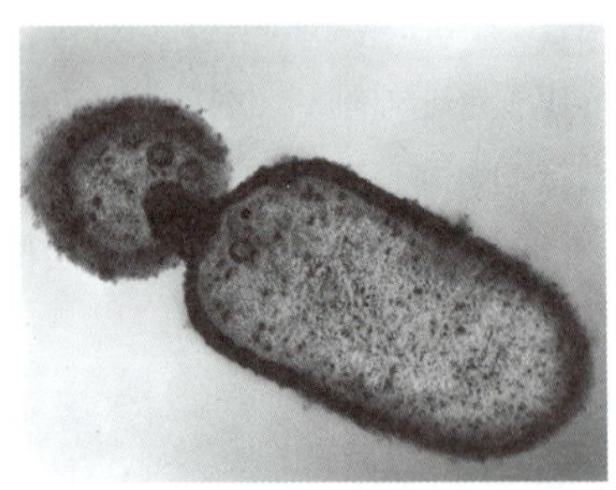

(a) *L. monocytogenes* 출아

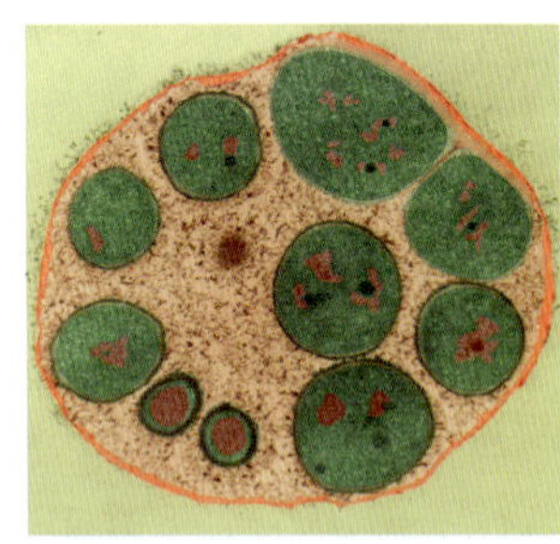

(b) 다수의 분열이 진행 중인 *Dermocarpa* 세포

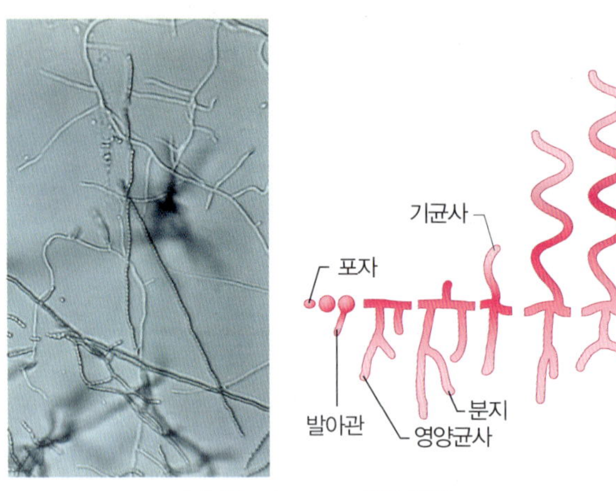

(c) *Streptomyces* 포자 형성

그림 7.2 몇몇 세균은 이분법 이외의 방법을 사용하여 증식한다. (a) 출아하는 *Listeria monocytogenes* 세포의 투과전자현미경 사진이다. (b) 남세균 *Dermocarpa*에 의해 생산되는 베오사이트(baeocyte)이다. (c) *Streptomyces* 종의 포자 형성이다. 분지된 섬유, 기균사(aerial hyphae), 포자사슬들이 광학현미경으로 보인다. (a) ©Dr. Kari Lounatmaa/Science Source, (b) ©Dennis Kunkel Microscopy/Science Source, (c) Smith Collection/Gado/Archive photos/Getty Images

7.2 세균의 세포주기는 3단계로 나누어진다

이 절을 학습한 후 점검할 사항:

a. 일반적인 세균 세포주기를 3단계로 요약할 수 있다.
b. 염색체 분할과 세포질 분열에 대한 기작을 요약할 수 있다.
c. 세포골격섬유들이 세포질 분열과 세포의 모양을 결정하는 데 어떠한 기능을 하는지 설명할 수 있다.

세포주기(cell cycle)는 분열에 의해서 새로운 세포를 만드는 과정에 일어나는 모든 사건의 완전한 과정이다. 세포주기는 기초적인 생명 과정으로서 미생물학자들의 본질적인 관심사이다. 그러나 세포주기의 이해는 응용적인 측면에서의 중요성 또한 갖고 있다. 예를 들어, 세균에서 펩티도글리칸(peptidoglycan)의 합성은 다양한 항생제(antibiotic)의 표적이 된다. ▶ 세포벽 합성 억제제(9.4절)

대장균(*Escherichia coli*)과 고초균(*Bacillus subtilis*) 및 *Caulobacter crescentus*의 세포주기는 자세히 연구되었으며 세포주기에 대한 우리의 이해는 주로 이들 연구에 기초한다. 세균의 세포주기는 3단계로 구성되어 있다. (1) 진핵세포주기의 G1기와 비슷하게 세포가 나타난 뒤 생장하는 시기, (2) 진핵세포주기의 S기와 M기의 체세포분열 현상에 해당하는 염색체 복제 및 분할 시기, (3) 격벽과 딸세포가 형성되는 세포질 분열이다(**그림 7.3**). 진핵세포주기에서는 G2기에 의해서 S기와 M기가 구분된다는 것을 상기하자. G2기에서 염색체 복제가 완료되고 어느 정도 시간이 흐른 뒤 염색체 분리가 일어난다. 이것은 세균에게는 해당되지 않는다. 이어지는 논의에서 알 수 있듯이 염색체 복제와 분할은 동시에 일어난다. 더욱이 세포질 분열 초기 단계는 실제로 염색체 복제와 분할이 완료되기 전에 일어난다. 마지막으로, 일부 세균은 1차 복제와 세포질 분열이 끝나기 전에 새로운 복제를 시작할 수 있다. 염색체 복제와 분할이 세포질 분열과 겹치지만, 우리는 그것들을 따로 고려한다.

염색체 복제와 분할

대부분의 세균염색체는 원형이다. 각각의 염색체에는 **복제원점**(origin of replication) 또는 단순히 원점(origin)이라는 복제 시작부위가 하나씩 존재한다(그림 7.3). 복제는 원점과 반대 부위에 있는 말단(terminus)에서 종결된다. 새롭게 만들어진 대장균세포에서는 염색체가 응축되고 원점과 말단이 서로 세포의 반대편에 위치하도록 배열되어 있다. 세포주기의 초기에는 원점과 말단이 세포 가운데로 이동하고 염색체 복제에 필요한 단백질은 복제원점에서 조합된다. 이러한 DNA 합성기구를 **리플리솜**(replisome)이라고 한다. DNA 복제는 원점에서 양쪽 방향으로 이루어진다. 딸염색체가 합성되면 2개의 복제원점은 서로 반대의 세포 방향으로 이동한다. 염색체의 나머지 부분은 이를 따라간다. ▶ 세균의 DNA 복제(13.3절)

세균의 염색체가 각각의 딸세포로 분할되는 기전은 세균들의 종류에 따라 약간 다르다. *C. crescentus*에 대한 연구는 분할과정에 대한 자세한 이해를 제공하였다. 이 세균은 고착성 자루세포가 분열하여 더 작고 편모를 가진 유주자세포가 생기는 흥미로운 생활사를 가지고 있다. 편모는 자루의 반대편 극에서 형성된다(그림 21.7 참조).

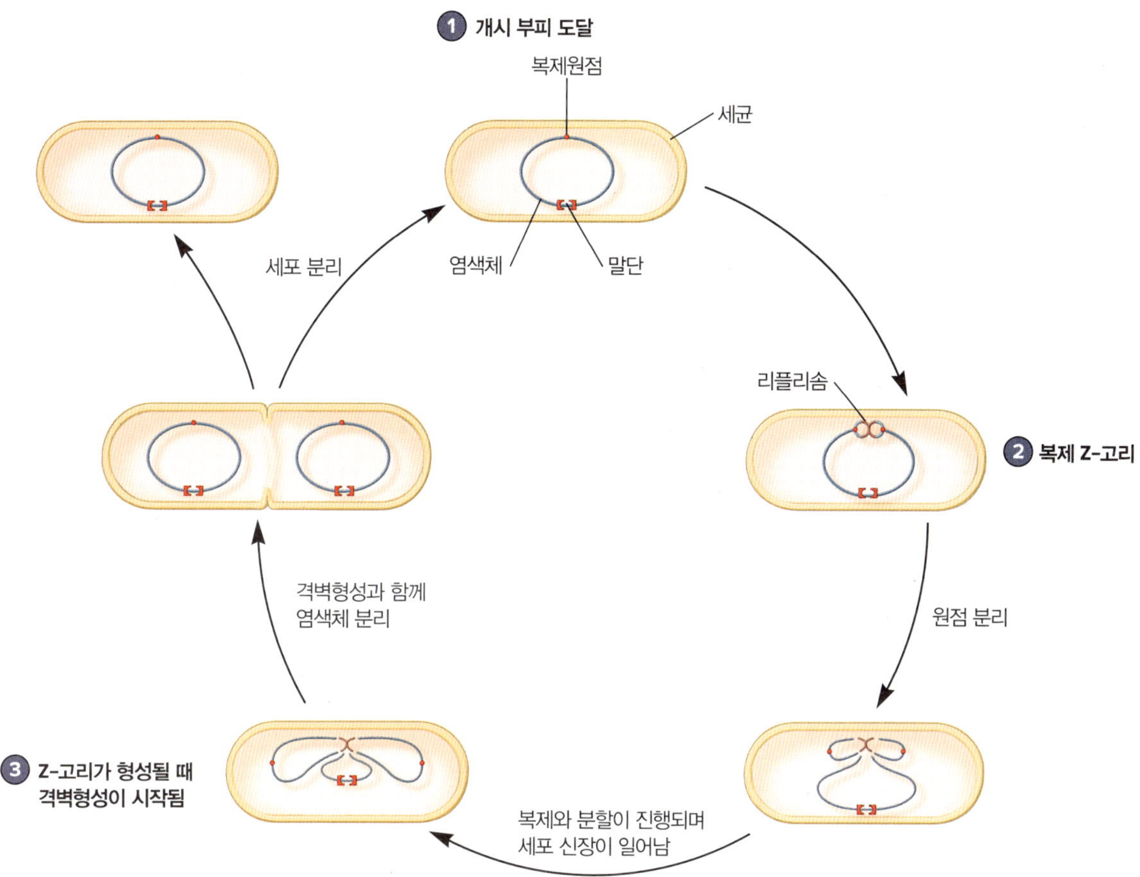

그림 7.3 대장균의 세포주기. 세포량의 증가는 DNA 복제의 개시를 유도한다. DNA 복제 준비가 되면서 복제원점은 세포의 중앙으로 이동하고 리플리솜을 구성하는 단백질의 합체가 일어난다. 이 그림에서 세포분열 전에 한 번의 DNA 복제가 일어난다. 빨리 자라는 배양에서는 두 번째 및 세 번째 복제가 원래 세포분열이 일어나기 전에 시작된다. 따라서 딸세포는 부분적으로 복제된 DNA를 갖고 있다.

연관 질문 복제 전에 복제원점이 세포중앙으로 이동하는 것이 왜 중요한가?

세균염색체 분할체계는 ParA 및 ParB 단백질과 염색체의 *parS* 부위 3가지로 구성되어 있다(**그림 7.4**). *C. crescentus*의 염색체는 가까운 2개의 *parS* 부위를 복제원점 근처에 갖고 있으며, 이 부위는 진핵세포의 동원체와 같은 기능을 한다. 염색체 복제의 첫 단계는 *parS*가 두 딸염색체들의 분리를 위해 적절하게 배치되는 것이다. ParB는 먼저 각 염색체의 *parS* 부위에 결합하고, 추가적인 ParB 단백질들이 근처에 결합하여 궁극적으로는 수천 개의 염기쌍을 덮는다. 이 단백질과 DNA 조립체를 **분할복합체**(partition complex)라고 한다. 한 분할복합체는 분열하는 세포의 자루 극에 남아 있고, 다른 분할복합체는 ParA에 의해 반대쪽 극으로 이동한다. ParA에 의한 두 번째 분할복합체의 이동은 릴레이로 설명된다. 릴레이 경주에서, 바통은 한 주자에서 다음 주자로 전달되며, 경주가 끝날 때쯤에는 바통이 전체거리를 이동했지만, 각 주자는 일부만 이동했다. 마찬가지로 새롭게 복제된 염색체의 움직임은 분할복합체를 일련의 ParA 단백질에 전달함으로써 발생한다. ParA는 세포내에 농도기울기를 형성하여 분포하며

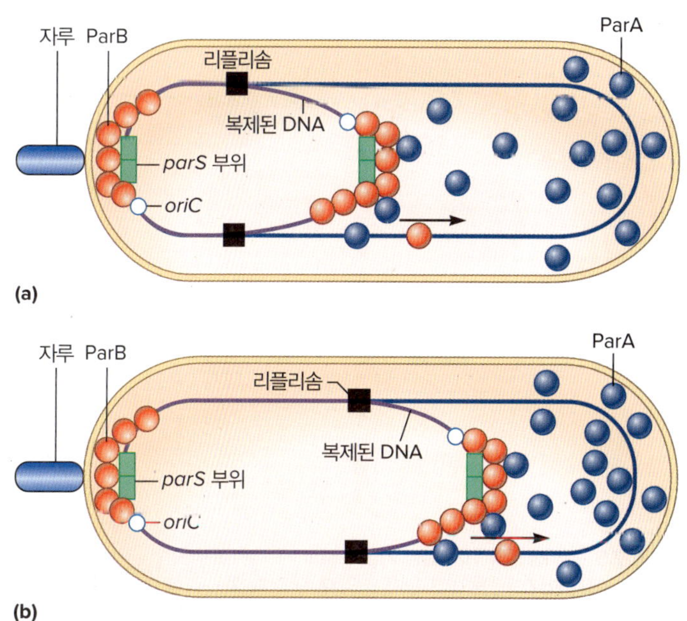

그림 7.4 *Caulobacter crescentus*의 ParAB/*parS* 분할시스템. ParB는 두 딸염색체의 *parS* 부위에 결합한다. ParA 단백질의 농도기울기는 릴레이 방식으로 ParB/*ParS* 분할복합체를 세포의 반대 극으로 유도한다.

반대 극에서 가장 풍부하다(그림 7.4) ParA의 농도기울기가 어떻게 형성되고 세포에서 유지되는지는 여전히 불분명하다. ▶| Caulobacterales 목은 특이한 방법으로 증식한다(21.1절)

세포질 분열

세포질 분열(cytokinesis)은 세포 분열에 따른 2개의 딸세포를 형성하는 과정이고, **격벽형성**(septation)은 2개의 딸세포 사이를 가로지르는 벽을 형성하는 과정이다. 비록 이 과정들은 서로 연관되어 있지만, 이들은 여러 단계로 나누어질 수 있다. (1) 격벽이 형성될 위치 선정, (2) 세포골격단백질인 FtsZ로 구성된 Z-고리(Z ring)의 조립, (3) 펩티도글리칸 및 세포벽 구성물질 합성 기구의 조립, (4) 세포의 수축과 격벽형성이다. FtsZ 합성과 조립에 따른 Z-고리 형성의 시간과 공간의 위치 배정은 정확한 격벽형성의 기초이다. 이 기전은 이분법에 의해 분열하는 모든 세포에서 발생하며, 막대형의 대장균에서 가장 광범위하게 연구되어 왔다. |◀ 세균의 세포골격(3.7절) ▶| 펩티도글리칸의 합성은 세포질, 원형질막, 주변세포질 공간에서 일어난다(12.4절)

FtsZ에 대한 연구는 느리게 생장하는 대장균에서 수행되므로 세포주기당 한 번의 복제만 일어난다. 세포주기 초기에 FtsZ 섬유는 크기가 각기 다르며(40~50개의 단량체) 원형질막 주위에 널리 분포한다. FtsZ는 분열할 부위에 위치하는 첫 번째 단백질이다. 개별 FtsZ 단량체는 중합되어 짧은 섬유를 형성한다. 어떻게 이 섬유들이 세포 중앙에 분열부위를 결정할까? Min 체계라고 통칭해서 불리는 3가지 단백질이 FtsZ의 위치를 결정한다(**그림 7.5**). 이 단백질들은 FtsZ를 올바른 위치에 배치시키는 것이 아니라 잘못된 위치에 중합되는 것을 방지함으로써 분열부위를 결정한다. MinC는 FtsZ 중합에 대한 강력한 억제제이며, 세포 양극에서의 MinC의 위치는 FtsZ 섬유가 세포 중앙에 축적되도록 한다.

FtsZ 중합 위치에 대한 제어는 타이밍이 맞아야 한다. 만약 너무 일찍 이루어진다면, Z-고리는 복제하는 염색체 주위로 수축되어 적절한 분할이 방해될 수 있다. 따라서 성숙한 Z-고리를 형성하기 위한 FtsZ 섬유의 조정은 복제된 염색체가 양극으로 거의 나눠진 뒤에야 일어난다. 이 과정은 염색체의 움직임과 세포 분리를 조정하는 **핵양체 폐쇄**(nucleoid occlusion) 기전에 의해 이루어진다. 단백질 SlmA는 복제종결지역(*ter*)을 제외하고 염색체를 덮는다. MinC와

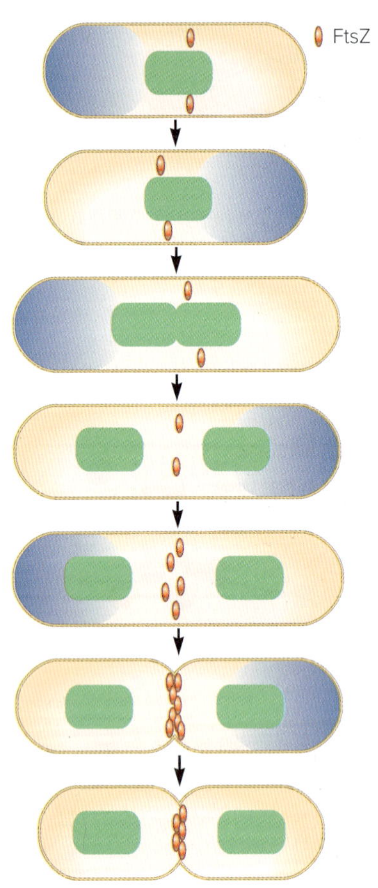

그림 7.5 격벽형성의 위치 설정 기전. Min 시스템(파란색)은 극 사이를 계속 오가며 극에서 FtsZ 중합을 방지한다. 핵양체(녹색) 폐쇄는 두 핵양체가 분리될 때까지 Z-고리 형성을 막는다. 두 기작 모두 Z-고리 형성이 세포의 중앙에서 일어날 수 있도록 한다.

연관 질문 세포 중앙 이외의 부분에 FtsZ가 Z-고리를 형성하면 어떠한 결과가 나올 것인가? 딸세포의 형태와 염색체의 분할을 고려하시오.

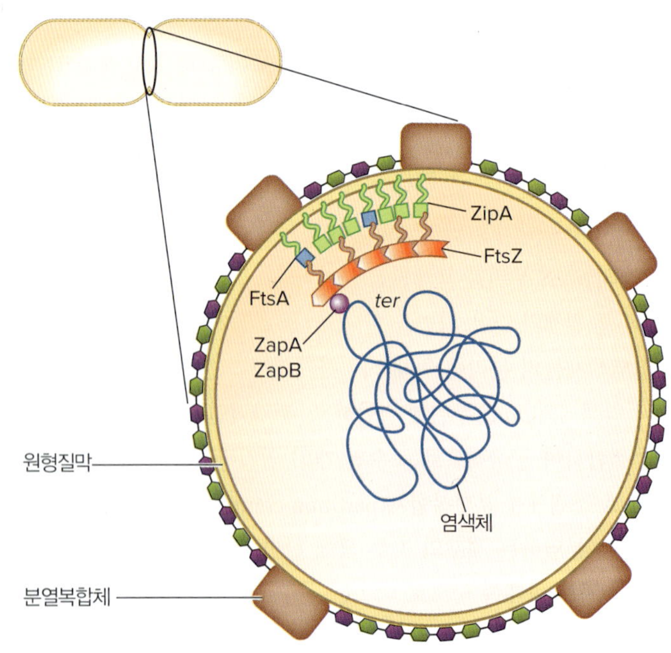

그림 7.6 분열하는 세균의 세포 단면도. FtsZ 섬유는 고정단백질인 FtsA와 ZipA를 통해 원형질막에 부착하며, 이는 또한 발달 중인 격벽에서 펩티도글리칸을 합성하고 재구성하는 효소를 조정한다. ZapA와 ZapB는 Z-고리를 염색체 복제종결지역(ter)에 연결하여 복제 후 격벽의 수축이 일어날 수 있도록 한다. Du and Lutkenhaus. At the Heart of Bacterial Cytokinesis: The Z Ring. Trends in Microbiology. 2019. Figure 4. https://doi.org/10.1016/j.tim.2019.04.011

유사하게, SlmA는 FtsZ 중합을 억제한다. 대부분의 SlmA로 뒤덮힌 염색체가 세포 중앙에서 멀어질 때에만 Z-고리가 형성될 수 있다(그림 7.5).

Z-고리는 세포 중앙에서 불연속적이고 무작위로 결합한 FtsZ 섬유가 밀집된 집합체이다. 원형질막 바로 안쪽에 위치한 80~100 nm 폭의 역동적인 구조이다(**그림 7.6**). Z-고리는 막에 직접 결합되지 않는다. 대신에 Z-고리는 자신을 막에 고정시키기 위해 어댑터 단백질을 사용한다. Z-고리 내에서 개별 섬유는 트레드밀링(treadmilling)이라고 불리는 과정을 통해 막의 내부 둘레를 움직인다. 이 과정은 섬유의 한쪽 끝에서 개별 FtsZ 단량체를 제거하고 다른 쪽 끝에서 새로운 단량체의 재중합에 의해 발생한다. 최종 결과는 GTP 가수분해에 의해 에너지가 제공되어 섬유가 움직인다(GTP는 ATP와 연관되어 동일한 방식으로 에너지를 제공한다).

Z-고리는 염색체의 복제종결지역(*ter*)과 연결되어 있다(그림 7.6). 이 상호작용은 2개의 새로운 염색체가 세포 중앙에서 멀어질 때까지 동적인 Z-고리를 안정시키고 수축을 방지한다.

Z-고리 조립과 염색체 분할과의 조율을 설명할 때, 우리는 아직 그것의 주요 기능을 다루지 않았다. Z-고리는 세포막 층을 합성하는 효소들이 모이는 발판이 된다(그림 7.6). FtsZ를 막에 고정시키는 단백질 또한 **분열복합체**(divisome) 형성을 조절한다. 30개 이상의 단백질로 이루어진 이 복합체는 펩티도글리칸 리모델링을 촉매하여 소낭으로 분열시킨다. 펩티도글리칸 가닥은 짧은 펩티드(그림 3.19 참조)에 의해 연결되며, 이러한 가닥은 분리되어 하나의 딸소낭 또는 그 외의 것과 다시 결합되어야 한다. 궁극적으로, Z-고리 둘레가 줄어들고, 2개의 세포질(및 그 내용물)이 분리되며, 각각 2개의 딸세포가 새로운 세포주기를 시작한다.

FtsZ와 그것의 필라멘트, 그리고 Z-고리는 세포질 분열의 초석이다. 이 장의 시작 부분에 나열된 네 가지 단계에서 각각 중요한 역할을 한다. 새로운 세포벽 구성을 위한 물리적 틀로서, 그것의 위치와 상호작용하는 단백질의 네트워크는 세포질 분열의 모든 측면을 조정한다.

세포 생장과 세포 형태 결정

세포는 발생하자마자 생장기에 들어간다. 생장이라는 용어는 미생물을 논할 때 여러 가지 방법으로 사용된다. 7.4절에서, 우리는 생장을 세포 수의 증가로 정의한다. 그러나 이 절에서는 세포 생장을 단일 세포 크기의 증가로 정의한다. 크기 증가와 특징적인 형태를 유지하는 것은 밀접하게 관련되어 있다. 이 모양들은 한 세대에서 다음 세대로 모양이 확실하게 유지되는 점에 의해 증명되었듯이 우연적이거나 무작위적이지 않다. 게다가, 어떤 미생물들은 특정한 상황에서 그들의 모양을 바꾼다. 예를 들어, 위궤양과 위암의 원인체인 *helicobacter pylori*는 환경에 따라 나선형에서 직선 막대형, 구형, 필라멘트 등으로 모양이 변한다.

세포 형태를 고려하기 위해서는 먼저 세포벽의 기능을 검토해야만 한다. 세포벽은 세포가 부풀어올라 터지는 것으로부터 보호하기 위해 세포질에 의해 가해지는 팽압을 견뎌내야 한다. 팽압은 세포질 성분의 삼투압 때문에 세포벽을 밀어내는 힘을 나타낸다. 펩티도글리칸은 단단하지만 탄성 있는 구조로 세포가 용해되지 않도록 보호한다. 사실 펩티도글리칸 소낭(peptidoglycan sacculus)은 세포막과 그 내용물들을 포함하는 단일 분자이다. 새로운 펩티도글리칸 단위체가 추가될 때 기존 소낭(sacculus)의 견고함이 유지되어야 한다는 것이다. 따라서 펩티도글리칸 합성을 이해하는 것은 세포의 생장과 형태를 결정하는 것을 이해하는 데 중요하다. ◀ 펩티도글리칸 구조(3.4절)

펩티도글리칸 합성은 세포 생장 및 분화 과정 동안 소낭 형성에 관여하는 많은 단백질들을 포함한다. **그림 7.7**은 펩티도글리칸 합성 기구를 구성하는 요소들과 펩티도글리칸 합성의 일반적인 개요를 보여준다. ① 원형질막에 위치한 지질운반체인 박토프레놀(bactoprenol)에 부착된 상태에서 NAG-NAM-펜타펩티드 구성단위의 합성이 완료된다. ② 운반체 결합 구성단위는 MurJ에 의해 막을 가로질러 뒤집힌다. ③ NAG-NAM-펜타펩티드가 주변세포질 공간에 방출되면 펩티도글리칸 당 전달효소(GTase)라 불리는 효소에 의해 펩티도글리칸 가닥에 삽입된다. 펩티도글리칸 가닥들은 아미노산선이효소(TPase)라고 불리는 효소에 의해 가교된다. TPase는 또한 페니실린 결합 단백질이라고도 불린다. 세포 형태를 유지하기 위해서는

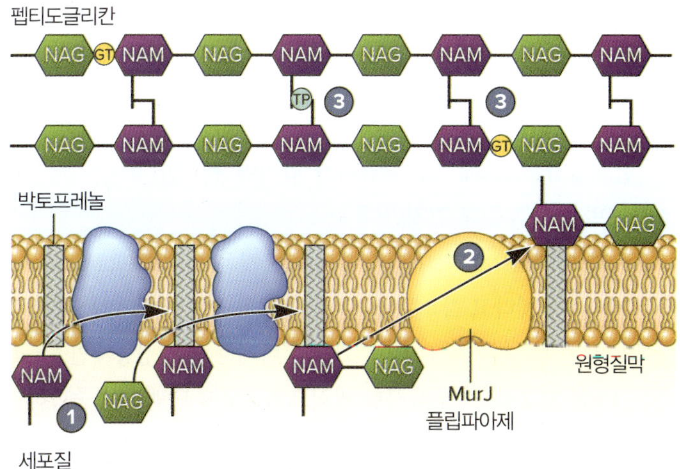

그림 7.7 펩티도글리칸 합성 기구의 개요. 번호는 본문에 있는 단계를 반영한다(그림 9.5, 그림 12.8 참조). GT(GTase): glycosyltansferase, TP(TPase): transpeptidase.

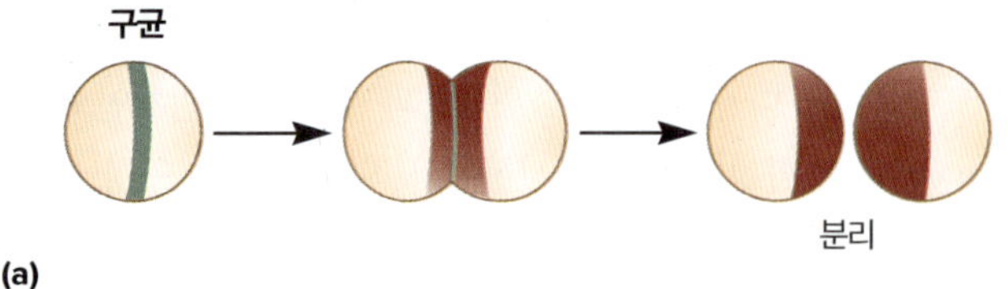

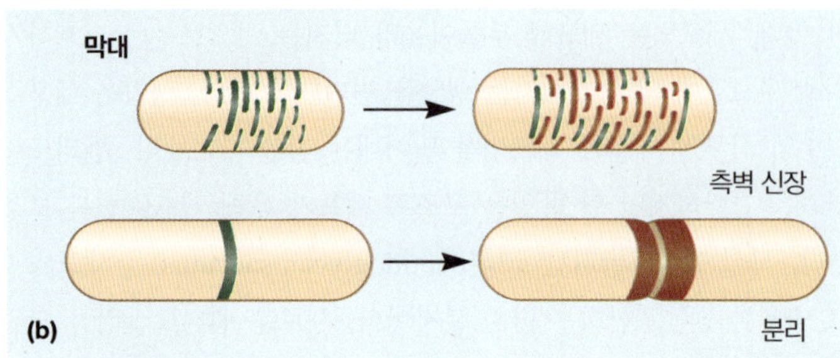

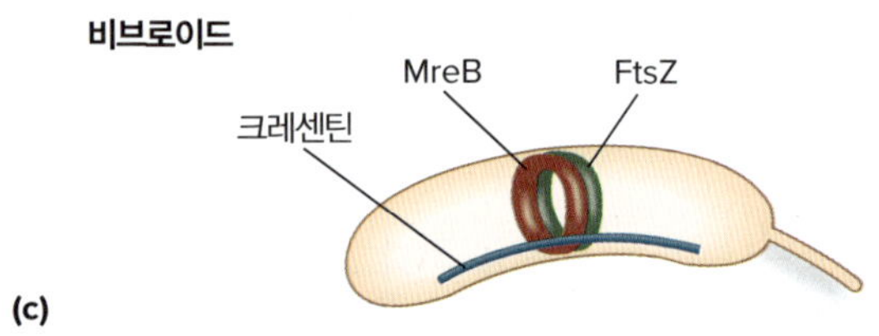

그림 7.8 구형, 막대모양, 구부러진 세포의 세포벽 생합성과 세포 형태의 결정.

연관 질문 막대모양 세포의 발달과정 중 어떤 과정이 세포의 형태를 결정하는 데 필수적인가?

이러한 단백질과 함께 원형질막의 적절한 위치로 그들을 유도하기 위한 비계단백질(scaffold protein)이 필요하다. 펩티도글리칸 합성 부위는 무작위로 일어나지 않으며 세포 형태를 결정하는 데 중요한 역할을 한다.

먼저 가장 단순한 모양인 구균에 대해 알아보자. 모델 구균(예: *Enterococcus faecalis* 및 *Staphylococcus aureus*)에 대한 연구는 새로운 펩티도글리칸이 오직 중앙 격벽에서만 형성된다는 것을 보여준다(**그림 7.8a**). 딸세포가 분리될 때 각각의 딸세포는 새로운 반구와 오래된 반구를 하나씩 가진다. 대부분의 미생물이 그렇듯 격벽의 적절한 배치는 FtsZ의 위치에 의해 결정된다. 따라서 FtsZ 배치는 분열복합체(dirisome)에 펩티도글리칸 합성에 필요한 효소를 모집하여 세포벽 생장 부위를 결정한다.

구균과 대조적으로 막대형을 유지하는 것은 **신장체**(elongasome) 또는 막대복합체라고 불리는 분자 기계를 필요로 한다. 이는 분열복합체와 많은 효소를 공유하지만, 그것의 비계는 액틴 상동체인 MreB이다. FtsZ 및 Z-고리와 유사한 방식으로 MreB 단백질이 중합하여 원형질막의 세포질 표면을 따라 섬유를 만든다(그림 7.8b). MreB는 원형질막의 주변부에서 GTase와 TPase를 포함한 신장체 단백질의 조립을 유도한다. 세포벽 생장은 세포 둘레의 수많은 띠에서 일어난다. 이 띠는 세포 길이를 따라 배치되지만 극 부분에는 배치되지 않는다(그림 3.30b 참조). 세포 모양을 결정하는 데 있어서 MreB 단백질의 중요성은 2가지 관측에 의해 증명된다. 첫째, 화학적인 방법으로 MreB 단백질이 고갈된 막대모양 세포들은 구형이 된다. 둘째, 거의 대부분의 막대모양 세균 또는 고균이 최소한 1개 이상의 MreB계 단백질이 결핍되어 있다.

마지막으로 *Caulobacter crescentus*에서 발견되는 비브로이드(vibroid) 모양의 세포에 대해 살펴보자. 이들 세포와 그외 비브로이드 모양의 세포들은 MreB와 FtsZ 단백질에 추가로 크레센틴(crescentin)이라고 불리는 세포골격 단백질을 발현한다. 이 단백질 섬유는 세포의 한쪽 면에만 위치하여 새로운 펩티도글리칸 단위체가 펩티도글리칸 소낭에 삽입되는 것을 지연시킨다(그림 7.8c). 비대칭적인 세포벽 생장의 결과로 이러한 세포 형태의 특징을 결정하는 내부 굴곡을 형성한다(그림 3.2a 참조).

이러한 예들로 미루어 일반적인 미생물세포들의 형태는 진핵세포의 세포골격 단백질들과 놀랍게도 유사한 세포골격 단백질에 의해 결정된다. 그러나 일부 세포의 형태는 다른 기전에 의해 결정된다. 예를 들어, 라임병을 야기하는 *Borrelia burgdorferi*와 같은 스피로헤타(spirochete)는 주변세포질의 편모 배치에 의해 나선형을 형성하여 유지한다. 다른 예로 감귤 병원체인 **스피로플라스마**(Spiroplasma)도 세포벽이나 편모가 없다. 이 병원체는 수축성 세포질 원섬유의 배치에 의해 나선 형태를 유지한다. ▶ Spirochaetota 문: 나사와 같은 형태를 지닌 세균(20.6절)

마무리 점검

1. 세균의 세포주기의 3단계를 설명하시오. 세포질 분열과 염색체 분할의 중첩은 세포주기 동안 잠재적으로 세포에 문제를 일으킬 수 있다. 이러한 문제를 예방하기 위해 세포가 사용하는 기전은 무엇인가?
2. 세균 세포주기는 진핵세포 세포주기와 어떻게 비교되는가? 유사점과 차이점을 각각 2가지 열거하시오.
3. Min 시스템이 구형의 세포에서 기능하는가? 답에 대해 설명하시오.
4. 스피로플라스마가 FtsZ 또는 MreB를 합성하는가? 논리적으로 설명하시오.

7.3 고균의 세포주기는 독특하다

이 절을 학습한 후 점검할 사항:

a. *Sulfolobus* 종 세포주기와 일반적인 진핵세포주기를 비교하고 대조할 수 있다.
b. *Sulfolobus* 종 세포주기와 세균의 세포주기를 비교하고 대조할 수 있다.

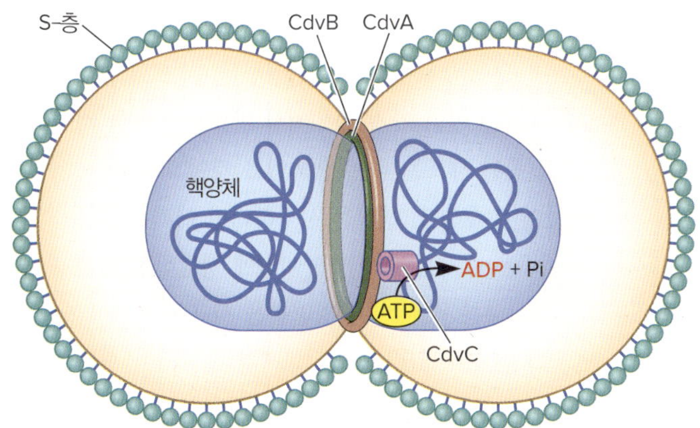

그림 7.9 ***Sulfolobus*** **아종의 세포질 분열.** Haertel and Schwille. ESCRT-III mediated cell division in Sulfolobus acidocaldarius, a reconstitution perspective. 2014. Figure 1B. https://doi.org/10.3389/fmicb.2014.00257

고균 생물학의 많은 다른 측면에서도 그렇듯이, 고균 세포주기의 이해는 세균의 세포주기의 이해보다 뒤떨어진다. 그러나 *Sulfolobus* 종과 같은 모델 고균에 대한 연구는 흥미진진한 결과를 낳았다. 그들의 세포주기는 체세포 분열 세포주기를 연상시킨다. 생장단계(G1) 이후, 그들의 DNA는 진핵생물과 유사한 복제 기구를 사용하여 복제된다. 주목할 것은 세균과 달리 *Sulfolobus* 종의 원형 염색체는 3개의 복제원점을 가진다는 사실이다. 더군다나 일단 복제되면, 딸염색체들은 한동안 분리되지 않은 상태로 남아 있다(G2); *Sulfolobus* G2 단계는 세포주기의 50% 이상을 차지한다. G2에 이어 염색체의 분리가 발생하고 세포질 분열이 발생한다. ▶| 고균은 진핵생물과 동형의 복제체 단백질을 이용한다(15.2절)

염색체 분리에 관여하는 2가지 단백질 SegA와 SegB가 규명되었다. SegA는 세균에서 발견되는 ParA 단백질과 유사하며, SegB는 고균 특유의 단백질이지만 세균의 ParB에 해당하는 기능을 갖는 것으로 생각된다. SegA는 필라멘트를 형성하여 당기거나 밀거나 염색체를 분리하는 힘을 발휘하는 것으로 생각된다. DNA와 결합하고 SegA와 상호작용하여 필라멘트 형성을 촉진하는 것으로 알려져 있지만, SegB의 역할은 불분명하다. 그러나 *Sulfolobus*의 유전체에서는 *parS* 유사 서열이 명확하게 식별되지 않는다.

세균과 비슷한 염색체 분리와 달리 *Sulfolobus* 종의 세포질 분열은 진핵세포의 과정과 가장 유사하다. 이 고균들은 CdvA, CdvB, CdvC라 불리는 세포분열에 관여하는 단백질을 이용하여 세포질 분열을 한다(**그림 7.9**). 이 단백질들은 *Sulfolobus* 종에서만 발견되는데, 세포막에 결합하고 세포중앙에 비수축성의 고리를 형성한다. CdvA는 세포 분열부위로 CdvB와 CdvC를 모집하는 것으로 예측된다. CdvB 고리는 딸세포를 분리하기 위해 수축한다. CdvB와 CdvC는 각각 진핵생물 단백질인 ESCRT-III와 Vsp4의 상동체이다. 진핵생물에서 이 단백질들은 막의 절단을 일으키기 위해 막을 둘러싸고 있다. CdvB와 CdvC는 여러 고균의 문 계통에서 널리 발견된다.

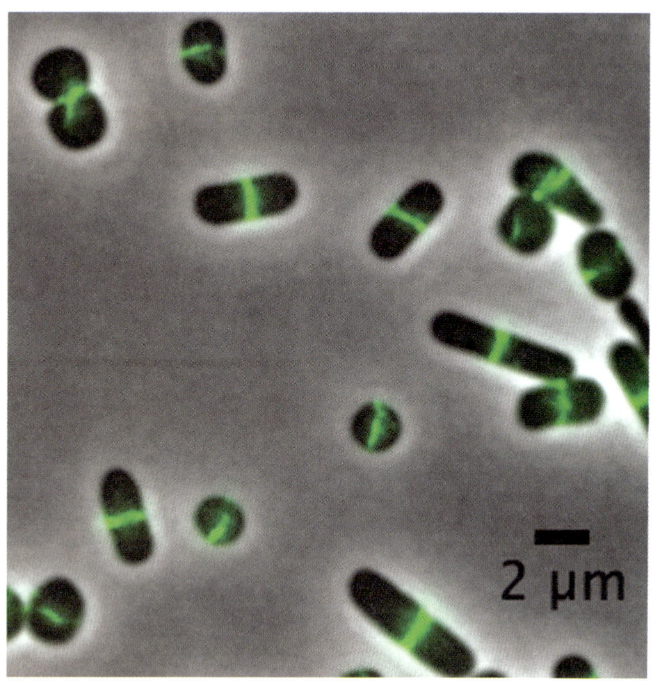

그림 7.10 **다형성 고균 *Haloferax volcanii*에서의 Z-고리 위치.** 고균의 FtsZ 상동체는 녹색 형광단백질로 표지되어 있다. 세균에서처럼 FtsZ는 세포 분열부위에서 수축 고리를 형성한다. Courtesy of Dr. Iain Duggin

다른 고균의 세포주기는 생장, DNA 복제, 세포질 분열 등을 특징으로 하는 세균의 세포주기에 필적한다. FtsZ는 대부분의 고균에 존재하며, 종종 2가지 관련 형태로 존재한다(**그림 7.10**). 고균에는 펩티도글리칸이 없기 때문에, Z-고리가 물리적으로 펩티도글리칸을 합성하는 효소에 결합하는 세균 모델과는 달리, 고균의 Z-고리는 새로운 S 층(S layer) 단백질과 다른 세포벽 구성요소들과 결합한다. 어떻게 이런 일이 일어나는지는 밝혀지지 않았다.

4장에서 언급했듯이, 고균은 배수체로, 종종 12개 이상의 염색체 복사본을 가지고 있다. 유전체 분리체계가 존재하지 않을 가능성이 있으며, 염색체 수가 많으면 이러한 문제를 보완할 수도 있다. |◀ 핵양체(4.3절)

마무리 점검

1. *Sulfolobus* 종 세포주기의 어떤 요소들이 세균의 세포주기의 요소들과 비슷한가? 진핵세포주기와 유사한 요소는 무엇인가?
2. 많은 고균들이 FtsZ 상동체를 암호화하는 유전자를 가지고 있다. FtsZ가 고균 세포주기에서 어떻게 기능할지 설명하시오.
3. 그림 4.6과 고균의 다양한 세포벽 유형을 검토해보았을 때, 세포 분열 동안 세포벽을 만들기 위해 이들 세포벽 유형들이 세포질 분열 단백질과 어떻게 상호작용을 하는가?

7.4 생장곡선은 5단계로 구성되어 있다

이 절을 학습한 후 점검할 사항:

a. 회분배양 시 관찰되는 미생물 생장곡선의 5단계를 설명할 수 있다.
b. 자연환경에서 영양물질 농도의 변화를 미생물 생장곡선의 5단계와 연관시킬 수 있다.
c. 생장률 상수와 세대시간(또는 배가시간)을 연계하고 산업 또는 기초연구에서 미생물학자들이 이러한 값들을 어떻게 사용할 수 있는지 제안할 수 있다.

7.2절에서 세포 분열의 준비와 동반된 세균의 크기 증가에 대한 세균 생장에 대해서만 언급했었다. 이것은 미생물학자들이 고려하는 **생장**의 한 형태이다. 하지만 생장이라는 용어는 군집 규모의 증가를 의미하는 말로 더 흔히 쓰인다.

집단의 생장은 액체배지에서 미생물 배양의 생장곡선을 분석하여 연구한다. 미생물을 액체배지에서 배양할 때는 일반적으로 **회분배양**(batch culture)을 이용한다. 즉, 그것들은 배양액이 들어 있는 시험관이나 플라스크와 같은 밀폐된 배양용기에서 배양된다. 배양기간에 새로운 배양액은 제공되지 않아 영양분이 소비되어 농도가 감소하며 노폐물이 축적된다. 이분법으로 번식하는 미생물의 생장과정은 생균 수의 로그값을 배양시간에 따라 그래프로 그려 확인할 수 있다. 이때 얻어지는 생장곡선은 이 절에서 살펴보듯이 5단계를 가진다(**그림 7.11**). 이것은 실험실에서만 일어나는 생활사이지만 미생물들은 회분배양과 흡사한 자연환경조건을 만나기도 한다. 나아가서 인류는 미생물들에게 회분배양인 인공적 환경을 종종 만들어 낸다(예: 제약공장의 발효조, 그림 41.4 참조). 따라서 생장곡선을 이해하는 것은 매우 중요하다.

미생물을 새로운 배양액에 처음 접종하면 세포 수가 바로 증가하지 않는다. 하지만 세포는 새로운 구성성분을 합성하고 있으며, 이러한 시기를 **지체기**(lag phase)라고 한다. 이 시기에 미생물은 비활성화 상태가 아니며 새로운 구성성분을 합성한다. 세포 분열이 일어나기 전까지의 지체기는 여러 가지 이유에서 반드시 필요한 시기이다. 새로운 배지에 접종된 세포는 나이가 들었을 것이고 ATP, 필수보조인자, 리보솜 등이 부족하다. 생장을 시작하려면 이러한 성분을 합성해야만 한다. 새로운 배지는 미생물이 이전에 생장하던 배지와 다를 수도 있다. 배지가 다른 경우 다른 영양분을 사용하는 데 필요한 새로운 효소가 필요할 수도 있다. 또한 세포가 손상되어 회복하는 데 시간이 필요할 수도 있다. 이유가 무엇이었든 세포는 DNA 복제를 시작하고 세포질량을 늘린 다음 최종적으로 분열한다. 결과적으로 집단 내의 세포의 수는 증가하기 시작한다.

대수기(exponential phase) 동안 미생물은 종의 유전적인 특성, 배지의 조성과 생장 조건 아래에서 분열할 수 있는 최고의 속도로 생장하고 분열한다. 대수기 동안 생장속도는 일정하게 나타나서 일정한 시간 간격으로 분열하여 숫자가 2배로 증가한다(그림 7.11). 대수기에 집단의 모든 세포는 화학적 · 생리적 특징이 가장 균일하다. 그러므로 생화학이나 생리학적 연구에는 주로 대수기의 세포를 이용한다. 대수기 중 생장률은 영양분 가용성을 포함한 몇 가지 요인에 따라 달라진다. 필요한 영양분의 농도가 낮아서 생장이 억제되었을 때는 부족한 영양분의 초기 양에 따라 최종적인 세포의 생장 또는 생산이 증가한다(**그림 7.12a**). 생장속도는 영양분의 농도에 따라 증가하지만(그림 7.12b), 많은 효소에서 보이는 것과 같이 포화된다(그림 10.16 참조). 이러한 생장곡선의 모양은 미생물의 수송단백질이 영양분을 흡수하는 속도를 반영하는 것으로 생각된다. 영양분의 농도가 충분히 높은 경우 수송계가 포화되어 영양분의 농도가 증가하더라도 생장속도는 더 이상 증가하지 않는다. ◀ 세균은 세포내부로 영

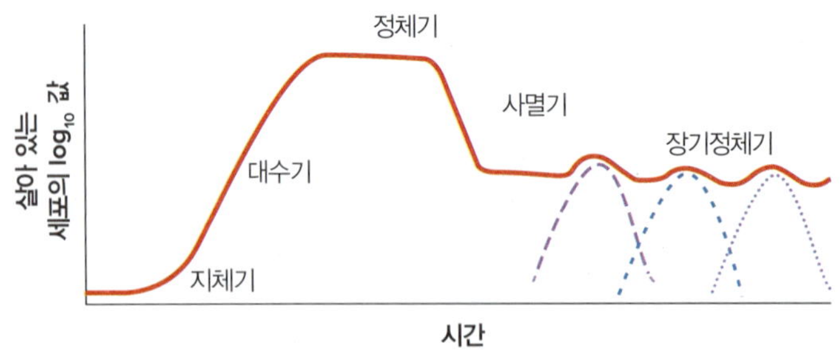

그림 7.11 닫힌계에서의 미생물 생장곡선. 생장곡선의 5단계가 표시되어 있다. 장기정체기에 표시된 점선은 생장곡선의 단계에서 발생한 유전적 변이체의 성공적인 출현을 나타낸다.

연관 질문 생장곡선에서 (1) 영양분이 급속히 감소하는 지역과 (2) 노폐물이 축적되는 지역을 정의하시오.

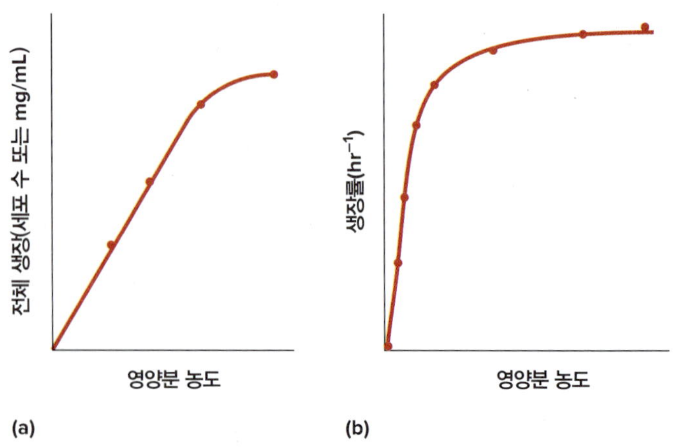

그림 7.12 영양분의 농도와 생장. (a) 제한적으로 공급되는 영양분 농도의 변화가 전체 미생물 생산에 미치는 영향이다. 충분히 높은 농도에서 전체적인 생장은 정체된다. (b) 생장률에 미치는 영향이다.

양물질을 흡수하기 위해 다양한 기전을 이용한다(3.3절)

회분배양과 같은 닫힌계에서 세포 생장은 궁극적으로 멈추고 생장곡선은 수평선을 그린다(그림 7.11). 이런 **정체기**(stationary phase)는 보통 세균이 1 mL당 10^9세포 정도가 되면 나타난다. 물론 최종 집단의 크기는 영양분이나 다른 요인뿐 아니라 미생물을 배양하는 방식에 따라 다르다. 정체기에서 살아 있는 미생물의 총 수는 일정하게 유지된다. 이는 세포 분열과 세포의 사멸이 평형을 이루거나 집단의 세포가 대사활성은 유지한 채로 단순히 분열을 멈추는 것에 기인할 것이다. 정체기에 있는 미생물 집단은 다양하다는 것을 기억하는 것이 중요하다. 비록 어떤 세포들은 죽어가고 있지만, 다른 세포들은 여전히 증식하고 있다. 집단에서 세포를 정량화하는 방법은 그 집단 내에서 개별 세포의 대사활동을 구분하지 않는다.

미생물은 여러 가지 이유로 정체기에 들어간다. 1가지 중요한 이유는 영양분의 제한이다. 만일 필수영양분이 심각하게 고갈되면 집단의 생장속도는 느려지고 결국 멈출 것이다. 산소요구성 생물(aerobic organism)은 산소 공급이 제한될 때 종종 생장이 억제된다. 산소는 물에 잘 녹지 않아 쉽게 고갈되기 때문에 배양액 표면 쪽에만 생장에 적당한 산소 농도가 유지된다. 표면 아래에 있는 세포는 배양액을 흔들어주거나 다른 방법으로 산소를 공급해주지 않는 한 생장하기 어렵다. 독성 노폐물이 축적되어도 집단의 생장이 억제된다. 이것은 무산소배양(anaerobic culture, 산소 공급이 없는 상태에서의 생장)에서 생장을 제한하는 주된 요인일 것이다. 예를 들어, 연쇄상구균(streptococci)은 당 발효로부터 너무 많은 산을 생산해서 생장이 억제된다(그림 11.18 참조). 마지막으로 집단이 임계밀도에 이르면 생장이 억제된다는 증거가 있다. 그러므로 정체기에 돌입하는 것은 이런 여러 가지 요인이 함께 작용한 결과일 것이다.

집단의 생장에 영향을 미치는 영양분의 수준에 대한 정보는 개별 세포의 생장에 영향을 미치는 분자에게 전달되어야 한다. 복제를 시작하기 위해 염색체의 복제원점에 결합하는 단백질인 DnaA는 정체기에서 활동성이 떨어진다. 진행되고 있던 복제는 완료되지만, 더 이상 시작되지 않는다. 이것은 세포가 생존에 필수적이지 않은 과정을 제거하여 에너지를 보존하는 많은 방법 중 하나이다.

회분배양에서 자라는 미생물은 영원히 정체기에 머물 수 없다. 궁극적으로 이들은 **사멸기**(death phase)라고 알려진 단계에 진입한다(그림 7.11). 이 단계 동안 죽는 세포와 새롭게 태어나는 세포 간의 평형은 뒤바뀌게 되고, 살아 있는 세포의 수는 급격한 세포의 소멸에 의해 기하급수적으로 감소한다. 영양분의 고갈, 독성 노폐물의 축적이 일어나면 생균 수의 감소와 같은 회복할 수 없는 피해를 입게 된다.

장기간의 생장 실험을 통해 기하급수적인 사멸기 이후에 일부 미생물들의 개체 수가 다소 일정하게 유지되는 긴 기간이 있음을 알 수 있다. 이 **장기정체기**(long-term stationary phase: 확장정체기라고도 함)는 수개월에서 수년까지 지속될 수 있다(그림 7.11). 이 기간 동안 세균 집단은 지속적으로 변화하여, 결과적으로 활발하게 증식하는 세포는 죽어가는 그들의 형제가 방출하는 영양분을 가장 잘 사용할 수 있고 축적되는 독소에 가장 잘 견뎌낼 수 있는 세포가 된다. 이러한 역동적인 과정은 유전적으로 서로 다른 변이체의 연속적인 출현으로 특징지어진다. 따라서 단일 배양기에서 자연선택을 확인할 수 있다.

생장에 관련된 수학

미생물학자라면 자신이 연구하는 미생물의 대수기 생장률(growth rate)을 반드시 알아야 한다. 생장률에 대한 연구는 기초적인 생리적, 생태적 연구를 수행하는 데 도움이 되며 산업에도 응용된다. 세포의 생장은 일반적으로 회분배양에서 측정되는데, 오로지 대수기만이 공시성(synchrony)인 세포 집단을 나타낸다. 이러한 이유로 생장의 정량적 측면은 오로지 대수기인 배양에서만 유효하고, 또한 이분법에 의한 미생물의 생장에만 적용한다.

대수기에는 각각의 미생물이 일정한 간격으로 분열한다. 그러므로 집단의 규모는 특정한 시기마다 2배로 증가하며 이 시간을 **세대시간**(generation time, g) 또는 **배가시간**(doubling time)이라고 한다. 이러한 상황은 간단한 예로 나타낼 수 있다. 배지에 20분마다 한번씩 분열하는 세포 하나를 접종했다고 가정하자(**표 7.1**). 그 집단은 20분 후에 2개, 40분 후에는 4개와 같은 식으로 증가할 것이다. 집단은 세대마다 2배로 커지므로 n을 세대수라고 할 때 집단은 항상 2^n으로 증가한다. 결과적으로 집단은 기하급수적으로 증가한다(**그림 7.13**).

대수기 동안 생장에 관련된 수학은 2가지 중요한 값의 계산을 보

표 7.1 기하급수적인 생장의 예[1]

시간(분)[2]	분열 횟수	2^n	세포 수[3]($N_0 \times 2^n$)	$\log_{10} N_t$
0	0	$2^0 = 1$	1	0.000
20	1	$2^1 = 2$	2	0.301
40	2	$2^2 = 4$	4	0.602
60	3	$2^3 = 8$	8	0.903
80	4	$2^4 = 16$	16	1.204

[1] n, N_0, N_t의 정의는 그림 7.14에 있다.
[2] 가상의 배양은 20분의 세대시간을 가진 하나의 세포로 시작한다.
[3] 배양세포 수.

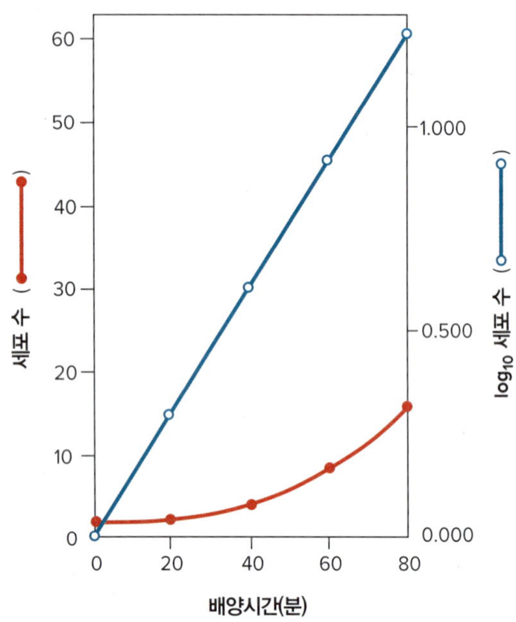

그림 7.13 대수적 미생물 생장. 4세대의 생장에 대한 자료를 직접 대입한 선(●——●)과 대수값을 대입한 선(○——○)이다. 로그 그래프에서 직선으로 나타난 것은 대수적인 생장이 이루어짐을 나타낸다.

생장률 상수의 계산

N_0 = 초기 집단의 크기
N_t = t시간에서의 집단 크기
n = t시간 동안의 세대수

이때 이분법에 의해 증식하는 집단은

$$N_t = N_0 \times 2^n$$

이 식을 세대수인 n에 대해 풀면 다음과 같다. 이때 모든 대수는 아래가 10인 상용대수이다.

$$\log N_t = \log N_0 + n \cdot \log 2,$$

$$n = \frac{\log N_t - \log N_0}{\log 2} = \frac{\log N_t - \log N_0}{0.301}$$

생장률 상수(k)는 단위시간당 세대수이다$\left(\frac{n}{t}\right)$. 따라서

$$k = \frac{n}{t} = \frac{\log N_t - \log N_0}{0.301t}$$

세대시간의 계산

만약 집단이 2배씩 증가하면

$$N^t = 2N_0$$

$2N_0$를 생장률 상수 공식에 대입하여 풀면 다음과 같다.

$$k = \frac{\log(2N_0) - \log N_0}{0.301g} = \frac{\log 2 + \log N_0 - \log N_0}{0.301g}$$

$$k = \frac{1}{g}$$

세대시간은 생장률 상수의 역수이다.

$$g = \frac{1}{k}$$

그림 7.14 생장률 상수와 세대시간의 계산. 이 계산은 생장률이 일정한 대수기에만 유효하다.

여주는 **그림 7.14**에 설명되어 있다. **생장률 상수**(growth rate constant, k)는 단위시간당 세대수이며 시간당 세대수로 자주 표현된다 (hr^{-1}). 더 큰 생장률 상수 값은 더 빠른 생장을 나타낸다. 생장률 상수는 세대시간(generation time)을 계산하는 데 사용된다. 그림 7.14에서처럼 세대시간은 생장률 상수의 역수가 된다. 세대시간은 생장 자료의 세미로그그래프(semilogarithmic plot)에서 직접 구할 수 있다(**그림 7.15**). 이러한 방법으로 구한 세대시간 값은 평균 생장률을 계산하는 데 쓰인다.

세대시간은 미생물의 종과 환경조건에 따라 크게 달라진다(**표 7.2**). 자연에서의 세대시간은 일반적으로 실험실배양보다 훨씬 더 길다.

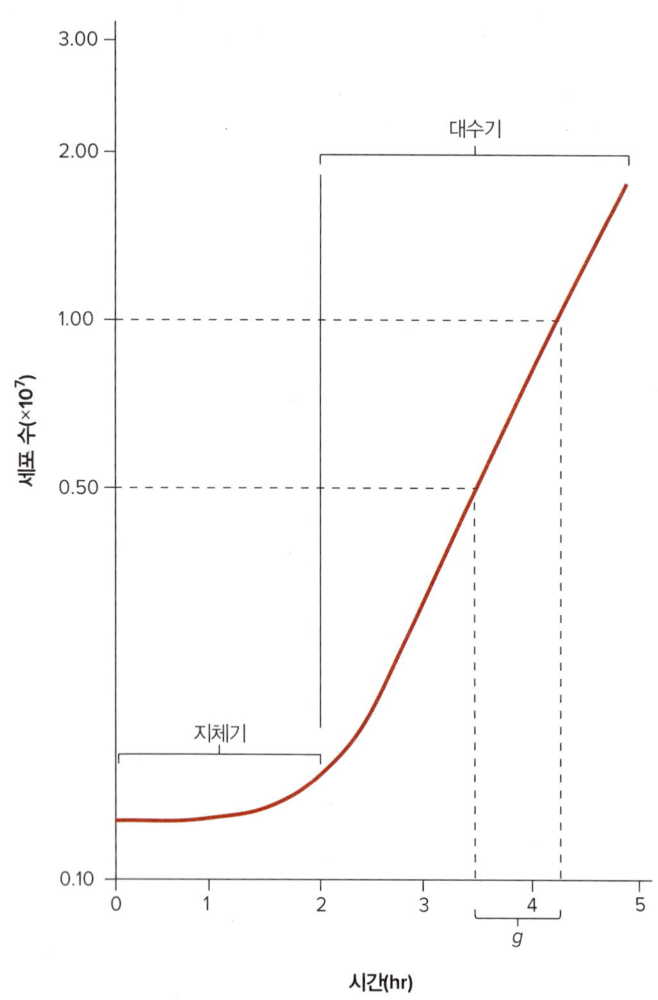

그림 7.15 세대시간의 결정. 미생물의 생장곡선에서 세대시간을 구할 수 있다. 집단의 생장을 세포 수의 대수값으로 그래프에 그렸다. 이를 통해 집단의 세포 수가 2배가 되는 시간을 곧바로 측정할 수 있다.

표 7.2 세대시간의 예[1]

미생물	배양온도(℃)	세대시간(hr)
세균		
Escherichia coli	40	0.35
Staphylococcus aureus	37	0.47
Mycobacterium tuberculosis	37	~12
Treponema pallidum	37	33
고균		
Pyrococcus abyssi	90	0.67
Sulfurisphaera tokodaii	75	6
Nitrososphaera viennensis	37	45
진핵생물[2]		
Eugena gracilis	25	22
Ceratium tripos	20	48~72
Saccharomyces cerevisiae	30	2
Monilinia fructicola	25	30

[1] 세대시간은 생장배지와 환경조건에 따라 다르다.

[2] 세대시간은 무성 생식에 해당된다.

마무리 점검

1. 미생물의 생장을 정의하시오.
2. 미생물 생장곡선을 설명하고 각각의 시기로 접어드는 원인을 논의하시오.
3. 왜 생장률 상수와 세대시긴이 대수기에서 측정한 값으로 계산을 해야만 하는가?
4. 왜 활발하게 자라던 미생물세포는 냉장고에 보관되었던 세포에 비해 새로운 배지에 접송하였을 때 짧은 지체기를 가지는가?
5. 대수기에서 12시간 동안에 5×10^2에서 1×10^8으로 증식하는 배양체의 생장률 상수와 세대시간을 계산하시오.
6. 어떤 고균의 세대시간을 90분이라 가정하고 대수기를 시작할 때의 세포 수는 10^3세포라고 가정하자. 8시간의 대수기 생장 후에는 얼마나 많은 세균이 존재하겠는가?

7.5 미생물 생장에 영향을 주는 환경요인

이 절을 학습한 후 점검할 사항:

a. 세균의 생장 범위 또는 세균의 생장에 영향을 주는 필수요인을 설명하는 용어들을 사용할 수 있다.
b. 극한미생물의 서식지 적응에 대해 요약할 수 있다.
c. 비극한미생물이 환경의 변화에 순응하는 전략들을 요약할 수 있다.
d. 독성 산소산물로부터 미생물을 보호하는 효소들을 설명할 수 있다.

거의 매년 옐로스톤 국립공원에서는 관광객들이 공원 내 온천에 떨어져서 심각한 화상을 입거나 죽는 일이 벌어진다. 하지만 이러한 온천뿐만 아니라 뜨거운 저수지, 분기공 및 공원 내 다른 뜨거운 구조물에도 풍부한 미생물 공동체가 존재한다. 분명히, 인간이 살기 어려운 **극한환경**(extreme environment)에서 일부 미생물의 적응은 정말로 주목할 만하다. 미생물은 사실상 지구 어느 곳에나 존재한다. *Bacillus infernus*와 같은 원핵생물은 지구 표면의 약 2.4 km 아래, 산소도 없고 온도가 60℃가 넘는 곳에서도 살 수 있다. 다른 미생물은 심해 또는 미국 유타 주의 대염호(Great Salt Lake)와 같은 높은 소금 농도를 가진 호수에서 자란다. 이처럼 살기 어려운 조건에서 자라는 미생물을 **극한미생물**(extremophile)이라고 한다. 극한미생물이든 아니든, 모든 미생물은 환경의 변화에 반응해야 한다. 그러나 그 환경조건들이 미생물들의 반응 능력을 초과하면 생장하지 못하고 결국 죽을 수도 있다. 따라서 각 환경변수에 대해 미생물은 미생물이 생존할 수 없는 높은 값과 낮은 값으로 정의되는 특성범위를 가진다. 이 범위 내에서 가장 좋은 최적의 생장값이 존재한다. **그림 7.16**은 이를 환경요인의 범위에 대한 생장률 상수(k)의 그래프로 보여준다. 이 전 절에서 k값이 높을수록 생장이 더 빠르다는 것을 기억하자. 이 일반적인 유형의 흐름은 미생물이 그들의 특징적인 최적의 조건에서 가장 빨리 자라고, 조건이 양쪽 방향으로 벗어나면서 생장이 느려지고 궁극적으로 멈춘다는 것을 보여준다.

미생물의 생태적 분포를 연구하기 위해서는 미생물들의 생존 전략을 이해할 수 있어야 한다. 미생물에 영향을 주는 환경요인과 작용을 이해하면 미생물 생장에 영향을 미치는 중요한 환경인자에 대해 간단히 공부할 것이다. 용질과 물의 활성, pH, 온도, 산소분압, 압력과 방사능 따위의 환경요인을 주로 공부할 것이다. 자연의 환경에서 생존하기 위해 변화되어 온 미생물의 적응에 대해서도 공부할 것이다.

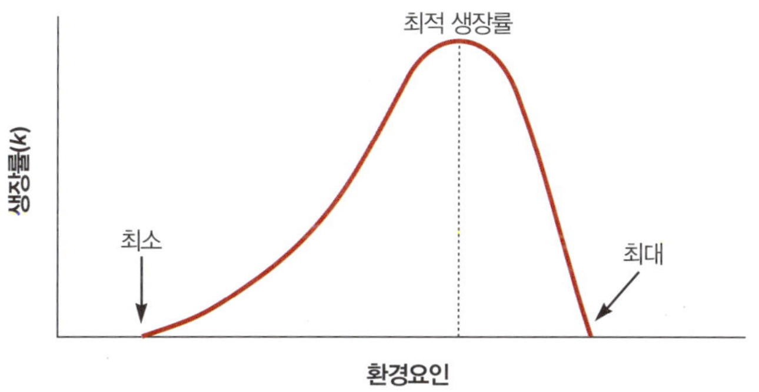

그림 7.16 환경요인 범위에 따른 생장. 생장률에 대한 환경요인의 영향이다. y축은 생장률 상수(k)이다.

용질은 삼투와 수분활성도에 영향을 미친다

물은 모든 유기체의 생존에 중요하지만, 물 또한 파괴적일 수 있다. 수용액에서 용질은 물의 특성을 변화시킨다. 이런 현상이 일어나는 한 가지 방법은 삼투현상인데, 두 용액이 물의 이동을 허용하지만 용질은 허용하지 않는 반투과성 막에 의해 분리될 때 관찰된다. 한 용액의 용질 농도가 다른 용액보다 높으면 물이 이동하여 농도가 같아진다. 즉, 용질 농도가 낮은 용액에서 용질 농도가 높은 용액으로 물이 이동한다(용질의 농도를 삼투 농도 또는 삼투압 농도라고도 한다). 선별적으로 투과 가능한 원형질막은 세포의 세포질을 환경과 분리하기 때문에 미생물은 주변의 용질 농도 변화에 의해 영향을 받을 수 있다. 미생물이 저장액(세포내부보다 외부의 용질 농도가 낮은 용액)에 놓이게 되어 물이 세포 안으로 들어올 때 물의 유입이나 원형질막의 팽창을 막는 방도가 없으면 세포가 파괴될 것이다. 반대로 고장액(세포내부보다 외부의 삼투 농도가 더 높은 용액)에 놓이면 물이 세포로부터 빠져나갈 것이다. 세포벽을 갖는 미생물에서는 막이 세포벽에서 분리되어 수축한다. 고장액 환경에서 세포가 건조해지면 원형질막이 손상되고 세포의 대사활동이 비활성화된다.

통제되지 않는 삼투의 잠재적인 손상 효과 때문에, 미생물이 환경의 용질 농도의 변화에 대응할 수 있는 것이 중요하다. 세포질은 용질의 농도가 높은 환경이라는 것을 생각해 봤을 때, 결과적으로 대부분의 미생물은 저삼투압의 환경에서 산다. 그들은 부분적으로 세포벽에 의해 원형질막의 과도환 확장을 방지해 보호된다. 미생물은 다양한 기전을 이용하여 세포질의 삼투농도를 낮춘다. 예를 들어, 어떤 미생물은 원형질막에 기계수용채널(mechanosensitive channel, MS channel)을 갖기도 한다. 주변의 삼투농도가 세포질보다 낮아지면 삼투압에 의해 물이 세포 안으로 들어오면서 막이 팽창하고 세포가 부풀어 오르게 된다. 이때 MS 채널이 열리고 용질이 빠져나간다. 따라서 이들은 세포가 터지는 것을 막는 탈출 밸브로 작용할 수 있다. 대부분의 원생생물은 과량의 물을 방출하기 위해 수축포(contractile vacuole)를 이용한다. ◀ 세포벽과 삼투 보호(3.4절)

일부 미생물은 극단적인 고장액 환경에 적응하고 호삼투생물이라 불린다. 보통 호삼투생물은 고농도의 당분을 필요로 하는 생물을 의미한다. 그러나 정의상으로, **호염성생물**(halophile)을 포함한 **호삼투생물**(osmophile)은 염화나트륨이 약 0.2 M 이상으로 존재할 때 정상적으로 자란다(**그림 7.17**). 극단적인 호염성생물은 고장액 생리환경에 완벽하게 적응하여 정상적으로 자라기 위해서는 3 M과 포화가 될 수 있는 농도(약 6.2 M) 사이의 염화나트륨이 필요하다. 호염성 고균은 사해(이스라엘과 요르단 사이의 소금 호수), 유타 주에 있는 대염호 및 염화나트륨 농도가 거의 포화 상태에 이르는 다른 수계 서식지

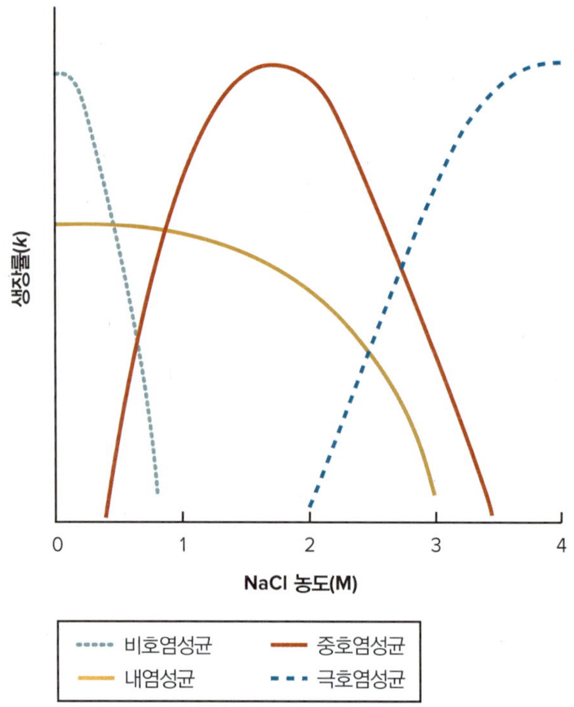

그림 7.17 염화나트륨의 농도에 따른 미생물의 생장. 염화나트륨(NaCl)의 농도에 따라 나타나는 미생물 생장 양상의 4종류를 나타낸다. 이 곡선은 편의상 도식화한 것이며 생장에 필요한 염도를 정확하게 제시하지는 않는다.

연관 질문 호염성과 내염성의 차이점은 무엇인가?

등에서 분리할 수 있다.

호염성생물은 염입(salt-in) 또는 염출(solt-out)이라는 2가지 분자 단위의 전략 중 하나를 채택한다. 염출 전략을 사용하는 미생물은 **호환성 용질**(compatible solute)를 얻거나 합성함으로써 세포질 외부에 염이온을 유지한다. 호환성 용질은 대사나 생장의 저해 없이 세포내에 높은 농도를 유지할 수 있는 화학물질이다. 저장액 또는 고장액에 있는 많은 미생물들은 호환성 용질을 이용하여 세포질 내의 삼투 농도를 서식지보다 높게 유지함으로써 원형질막이 세포벽에 항상 견고히 압착되도록 한다. 호환성 용질로는 콜린과 같은 유기분자, 베타인(양전하와 음전하의 작용기를 모두 갖고 있는 중성분자), 프롤린과 글루탐산 같은 아미노산이다. 예를 들어, 진균과 광합성 원생생물은 이를 위해 설탕과 폴리올(예: 아라비톨, 글리세롤, 만니톨 등)을 호환성 용질로 이용한다.

호염성 고균들은 염입 전략을 사용한다. 이 고균들은 칼륨과 염화이온을 축적하여 그들의 환경에 대해 고장성 상태를 유지한다. 내부의 칼륨 농도가 4~7 M까지 이른다. 이들의 효소, 리보솜 및 수송단백질 등도 안정성과 활성을 위해 높은 농도의 칼륨이 필요하다. 또한, 이들의 원형질막과 세포벽은 높은 농도의 나트륨 이온에 의해 안정화된다. 만약 나트륨의 농도가 너무 많이 줄어들면 세포벽과 원형

질막이 붕괴된다. 극호염성생물은 대부분의 유기체를 파괴할 수 있는 환경조건에 성공적으로 적응했지만, 그들은 생태학적 유연성이 부족할 정도로 전문화되었다. ▶| 호염성 고균(19.5절)

용질이 물의 행동을 변화시키는 또 다른 방법은 미생물에 대한 물의 이용 가능성을 줄이는 것이다. 소금과 설탕 같은 용질이 존재할 때, 물은 용질과의 상호작용에 의해 '접착'된다. 미생물학자들은 **수분활성도**(water activity, a_w)를 결정하여 수분가용성(water availability) 정도를 정량적으로 표현한다. 용액의 수분활성도는 용액의 상대습도(백분율로 나타내는 경우)의 1/100이다. 이것은 또한 용액의 증기압(P_{soln})과 순수한 물의 증기압(P_{water})의 비율로도 나타낸다. 따라서 증류수의 수분활성도는 1인 반면에 우유는 0.97, 포화된 소금 용액은 0.75, 건조된 과일은 0.5 밖에 안 된다. 대부분의 미생물은 수분활성도가 0.98 정도(바닷물의 수분활성도가 대략 이 정도) 또는 그 이상에서만 잘 자란다. 말리거나 소금 또는 설탕을 많이 첨가한 음식이 잘 변질되지 않는 것은 이것 때문이다. ▶| 식품 부패를 제어하는 환경적 요인(40.2절)

수분활성도 값이 낮은 서식지에서 살아남기 위해서 미생물은 높은 내부 용질 농도를 유지하여 물을 보유한다. **내삼투성**(osmotolerant) 미생물은 광범위한 수분활성도에서 생장하지만, 높은 수분활성도에서 최적으로 생장한다. 이들은 광범위한 수분활성도나 삼투농도 범위에서 잘 자란다. 예를 들어, 황색포도상구균(*Staphylococcus aureus*)은 내삼투성이기 때문에 약 3 M 염화나트륨을 함유한 배지에서 배양될 수 있으며, 피부에서 자랄 수 있도록 적응된 것이다. 효모의 일종인 *Zygosaccharomyces rouxii*는 수분활성도가 0.65 정도로 낮은 설탕 용액에서도 자랄 수 있다. 원생생물인 *Dunaliella viridis*는 1.7 M의 염화나트륨 농도에서부터 포화용액까지 견뎌낸다. 이와는 대조적으로, **건조내성**(xerotolerant) 미생물은 높은 용질 농도나 건조 효과를 견딜 수 있다. 이 미생물들은 사막 지역, 집안 먼지, 그리고 보존식품에 존재한다.

마무리 점검

1. 미생물은 어떻게 고장액과 저장액 환경에 적응하는가?
2. 3.3절의 전달 기전을 복습하자. 어떤 종류가 기계수용채널로 사용되는가?
3. 호염성미생물이란? 왜 그들은 나트륨과 칼륨 이온이 필요한가?
4. 수분활성도를 정의하고, 미생물이 수분활성도가 낮은 환경에서 살기 어려운 이유는 무엇인가?

pH

pH는 용액의 상대적인 산성도를 측정한 값으로 용액의 몰 농도로 표현된 수소 이온 농도에 음의 로그를 취한 값이다.

$$pH = -\log[H^+] = \log(1/[H^+])$$

pH의 범위는 pH 0.0 (1.0 M의 H^+)에서 pH 14.0 (1.0×10^{-14} M의 H^+)이며 각 pH 단위는 수소 이온 농도의 10배 차이를 나타낸다. **그림 7.18**을 보면 미생물이 아주 넓은 pH 범위에서 살고 있다는 것을 알 수 있다. 강산성 환경인 pH 0~2 정도부터 pH 9~10에 이르는 염기성 호수나 토양에도 서식하는 미생물이 있다.

각각의 미생물 종은 일정한 pH 범위 내에서만 생장할 수 있고 생장하기에 가장 좋은 최적 pH가 있다. **호산성생물**(acidophile)은 pH 0~5.5에서, **호중성생물**(neutrophile)은 pH 5.5~8.0에서, **호염기성 미생물**(alkaliphile 또는 alkalophile)은 pH 8.0~11.5에서 가장 잘 자란다. 일반적으로 각기 다른 미생물 그룹은 특정한 pH에서만 잘 자란다. 대부분의 세균과 원생생물은 호중성이다. 대부분의 진균은 약산성 환경인 pH 4~6 정도를 좋아한다. 광합성 원생생물도 역

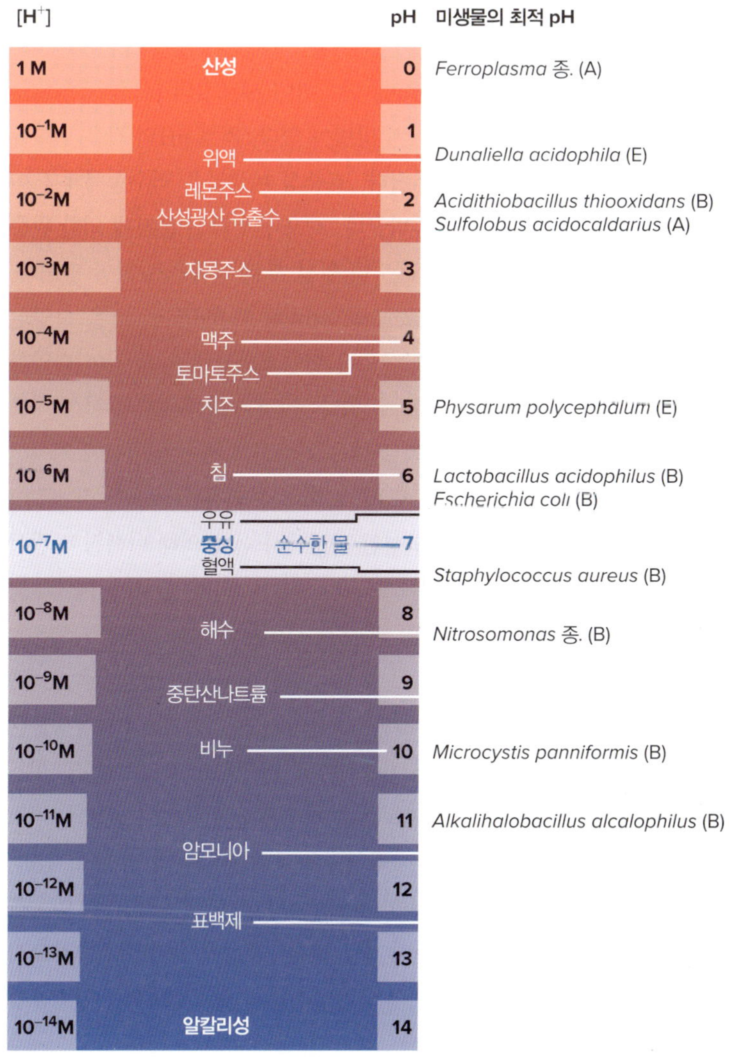

그림 7.18 pH 범위. 다른 pH 범위의 물질의 예이다. 각각의 pH에서 최적 생장을 하는 미생물의 예를 표기했다. A: 고균, E: 진핵생물, B: 세균

시 약산성에서 잘 자라는 것 같다. 대부분의 고균은 호산성생물이다. 예를 들어, *Sulfolobus acidocaldarius*는 산성 온천이 일반적인 서식지이다. 이것은 pH 1~3 정도의 고온에서 잘 자란다. *Ferroplasma acidarmanus*는 pH가 0이거나 이에 근접한 산도에서도 자랄 수 있다. 호염기성생물은 고균, 세균, 진핵생물의 3영역에 퍼져 있다. 해수는 pH가 8.1 정도이기 때문에 해양미생물들은 호염기성이다.

비록 미생물이 종종 넓은 범위의 pH에서나 그들이 살기에 척박한 환경에서 자라기도 하지만, 그들의 내성에는 한계가 있다. 외부 pH가 낮을 때, H^+의 농도는 내부보다 외부에서 훨씬 더 크기에 H^+는 세포질로 이동하여 세포질의 pH를 낮출 것이다. 내부 pH 변화는 생체분자, 특히 막 지질과 단백질의 이온화에 영향을 미친다. 단백질의 아미노산 곁사슬은 pH 변화에 대해 접힘 패턴과 효소 활성부위의 화학적 특징에 영향을 미치는 방식으로 반응한다. 대부분의 미생물은 내부 pH가 5.0에서 5.5 이하로 떨어지면 죽는다. 외부 pH 변화는 영양분 분자의 이온화를 변화시켜 미생물에 대한 영양분의 가용성을 감소시킬 수 있다.

미생물이 외부 pH의 변화에 반응하여 세포질의 pH를 중성으로 유지하는 데 이용하는 몇 가지 방법이 있다. 외부 pH의 작은 변화에 대한 다양한 반응들이 밝혀졌다. 호중성 미생물은 역수송체계를 이용해 수소 이온과 칼륨을 맞바꾼다. 세포내의 물질 분자에 의한 완충작용도 pH 항상성을 유지하는 데 일정 부분 역할을 담당할 것이다. 예를 들어, *Salmonella enterica* serovar Typhimurium은 다양한 pH에 최적화된 여러 펩티도글리칸 합성효소를 가지고 있어 다양한 pH 값에서 세포벽을 유지할 수 있다. 이것은 숙주세포의 산성 식포 내에서 살모넬라균의 생장과 분열을 가능하게 하여 병원성에 기여한다. 만약 외부의 pH가 4.5 또는 그 이하가 되면 스트레스 단백질이 합성된다. 이런 단백질은 산성인 환경에서 산에 의해 단백질이 변성되는 것을 막고, 변성된 단백질을 복구하는 과정을 돕는다. ◀ 1차 능동수송과 2차 능동수송(3.3절) ▶ 분자 샤프론: 단백질 접힘을 도와주는 단백질(13.9절)

극심한 pH 환경에 사는 미생물들은 어떻게 하는가? 호산성생물은 칼륨 이온과 같은 양이온을 세포내부로 유입하여 수소 이온의 세포내 유입을 감소시키거나 수소 이온 수송체를 이용하여 들어온 수소 이온을 방출하거나 매우 불투과성인 세포막을 갖는 방법 등이 있다. 호염기성인 *Alkalihalobacillus alcalophilus*는 내부의 염화 이온을 외부의 수소 이온과 교환하여 내부 pH를 중성에 유지한다. **미생물 다양성 및 생태 7.1**에서 나타냈듯이 높은 pH 조건에서의 내성은 생명공학 목적으로 이용될 수가 있다.

마무리 점검

1. pH, 호산성생물, 호중성생물, 호염기성 미생물을 정의하시오.
2. 다음의 생물(*Staphylococcus aureus*, *Microcystis panniformis*, *Sulfolobus acidocaldarius*, *Escherichia coli*)을 각각 호염성, 호중성 또는 호산성으로 분류하시오(그림 7.18 참조). 이 중에서 병원성인 것은 어느 것인가? 그 이유를 설명하시오.
3. 미생물이 내부에 중성 pH를 유지할 수 있는 기전을 설명하시오. 극단적인 pH가 미생물에 해가 되는 이유를 설명하시오.

온도

미생물은 내부의 온도를 조절할 수 없기 때문에 외부의 온도에 특히 민감하다. 미생물들이 자라는 온도 범위는 액체 상태의 물에 대한 그들의 결정적인 의존성을 반영한다. 미생물 생존의 범위는 현재 −15℃(영구동토층에서 활동하는 호염성 세균 *Planococcus halocryophilus*)에서 113℃(심해의 열수 분출구에 사는 고균인 *Pyrolobus fumarii*)까지 이른다. 이러한 온도에서 물을 액체 상태로 유지하기 위한 화학적, 물리적 방법은 미생물의 생명을 위해 필요하다. 즉 높은 염분 농도는 어는 것을 억제하고, 고압은 끓는 것을 억제한다.

생장에 미치는 온도 효과의 가장 중요한 요인은 효소촉매 반응의 온도민감성이다. 각각의 효소는 작용하기에 적당한 온도가 있다. 적정 온도 이하에서는 촉매 활성이 정지된다. 이 낮은 온도에서 온도가 상승하면 효소촉매 반응의 속도가 적정 온도에서 볼 수 있을 정도까지 증가한다. 온도가 10℃ 상승할 때마다 효소 반응의 속도는 2배씩 증가한다. 미생물의 모든 효소를 함께 생각할 경우, 각각의 반응속도가 빨라지면 전체적인 대사활동이 활발하게 일어나고 미생물은 빨리 자란다. 하지만 특정 온도를 넘어서면 생장이 둔화되고 아주 높은 온도에서는 사멸한다. 고온에서는 효소, 수송단백질 및 다른 단백질 등이 변성되어 미생물이 손상된다. 온도는 미생물의 세포막에도 심각한 영향을 미친다. 매우 낮은 온도에서는 막이 굳어지며, 높은 온도에서는 지질 이중층이 녹아서 분해된다. 따라서 생명체는 그들의 최적온도보다 고온 또는 저온에서 세포의 기능과 구조에 영향을 받는다. ◀ 원형질막 구조는 역동적이다(3.3절)

이러한 상반된 온도의 영향 때문에 미생물의 생장은 독특한 **기본온도**(cardical temperature)에 비교적 특징적인 온도 의존성을 가진다. 기본온도는 최저(minimum), 최적(optimum), 최고(maximum) 온도로 나타낸다(**그림 7.19a**). 온도 의존성 곡선의 모양은 생물종마다 다르지만 최적온도는 항상 최저온도보다 최고온도에 가깝다. 특정 종의 기본온도는 항상 고정된 것이 아니고 pH나 주변의 영양분 농도 등과 같은 다른 환경요인에 따라 어느 정도 달라진다. 예를 들어, 모기의 내장에 사는 편모충류의 하나인 *Crithidia fasciculata*는

미생물 다양성 및 생태 7.1

미생물 조각가

석공 모집 중: 알칼리성 및 고염성 작업 조건을 견딜 수 있어야 한다. 직장에서 잠을 자는 것을 장려한다.

석회암(탄산칼슘, $CaCO_3$)의 형성은 다음의 4가지 요소만 필요로 한다.

- 칼슘 고농도 용액
- 무기 탄소의 농도가 높은 용액
- 높은 pH(염기성) 조건
- 핵생성 부위

만약 처음 3가지가 충족된다면, 일부 세균은 $CaCO_3$ 침전물을 핵으로 만들어 새로운 석회암을 축적할 수 있다. 어떤 *Bacillus* 종들은 효과적으로 $CaCO_3$를 침전시키는 세포벽을 가지고 있다. 부패하는 건축물(**그림**)의 보존과 콘크리트 수리와 같은 기술을 가진 미생물들에게 중요한 진로는 열려 있다.

수십 년 동안, 예술 보존가들은 석회암 형성의 자연적인 과정을 모방하기 위해 미생물을 이용했다. 최근에는 토목 기술자들이 미생물을 생물 콘크리트에 혼합하고 있는데, 미생물은 손상의 첫 징후가 보일 때 복구 작업을 시작할 준비가 되어 있다.

그림 *DrObjektiff/Shutterstock*

자가 치유 콘크리트는 휴면 내생포자와 젖산칼슘의 영양공급으로 콘크리트에 파종함으로써 형성된다. 콘크리트 구조물이 파손되면 균열이 생기고 물이 유입된다. 그 물은 젖산칼슘을 녹이고 내생포자의 발아를 시작한다. 회생된 박테리아는 대사의 부산물로 CO_2를 생성하며, 이는 콘크리트의 높은 pH 환경에서 탄산염으로 용해된다. 이러한 시스템은 $CaCO_3$를 침전시킬 수 있도록 준비되어 구조적 손상이 발생하기 전에 균열을 밀봉한다.

22~27°C일 때에 단순배지에서도 잘 자란다. 그러나 33~34°C에서 배양하려면 추가로 금속, 아미노산, 비타민, 지질 등을 배지에 첨가해야 한다.

기본온도는 미생물에 따라 상당히 다르다(그림 7.19b). 특정 미생물이 생장 가능한 온도 범위는 30°C 정도이다. 몇 종(예: *Neisseria gonorrhoeae*)은 작은 온도 범위를 갖고 몇 종은 광범위한 온도범위에서 생장할 수 있다. 세균과 고균은 진핵생물보다 훨씬 더 높은 온도에서 자랄 수 있다. 진핵생물은 60°C 이상에서는 안정적이고 기능을 수행할 수 있는 막을 만들지 못하는 것으로 생각된다.

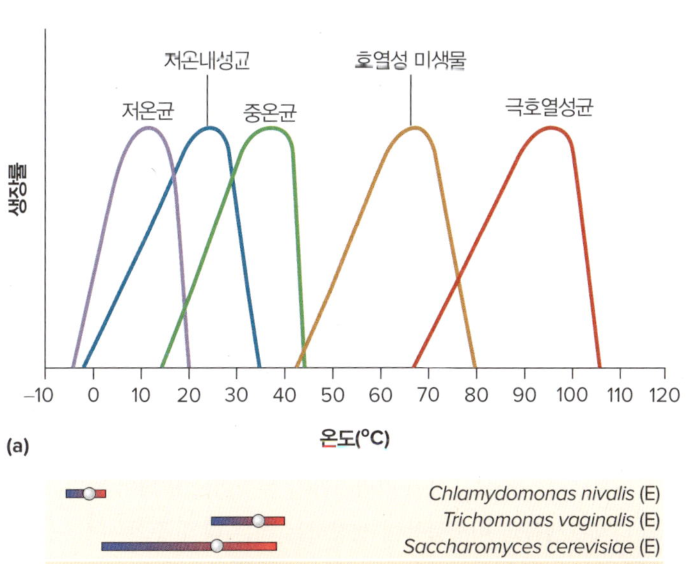

그림 7.19 미생물 생장의 온도범위. (a) 미생물은 생장 온도범위에 따라 구분된다. (b) 대표적인 미생물의 온도범위이다. 최소 및 최대 온도는 파란색 및 빨간색 막대 끝이다. 최적 온도는 흰색 점이다. E, 진핵생물; B, 세균; A, 고균.

연관 질문 (b)의 어떤 생물이 인간의 병원체일 수 있는가?

생장에 필요한 온도 범위에 따라 미생물을 정의하기 위하여 다양한 용어들이 사용된다(그림 7.19a). 추운 환경에서 자라는 미생물을 저온균 또는 저온발육생물이라 부른다. **저온발육생물**(psychrotroph 또는 psychrotolerant)은 0℃ 또는 그 이상에서 자라고 보통 35℃가 최고온도이다. **저온균**(psychrophile 또는 cryophiles)은 0℃에서도 잘 자라고 최적생장온도가 15℃이다. 최고온도는 대개 20℃ 정도이다. 저온균은 남극이나 북극지방에서 잘 분리된다. 대부분의 바닷물이 5℃ 이하이므로 북극과 남극은 저온균의 좋은 서식지가 된다. 호저온성 원생생물인 *Chlamydomonas nivalis*는 실제로 그들의 선홍색 포자로 눈밭이나 빙하를 분홍빛으로 물들인다("수박눈"이라 불리는 현상). 저온균은 세균 분류군에 널리 퍼져 있으며, 여러 가지 방법을 이용하여 낮은 온도에 적응하고 있다. 저온균의 세포막 지질에는 불포화지방산이 많이 들어 있어 추운 환경에서도 반유동성을 유지한다. 실제로 저온균 가운데는 20℃만 넘어도 세포막이 녹아서 세포 구성성분이 유출되는 것들이 많다. 세포기질의 어는점을 낮추기 위해 저온균들이 사용하는 2가지 전략은 호환성 용질을 축적하거나 부동단백질과 얼음 구조의 단백질들을 합성하는 것이다. 호냉성, 저온내성 세균이나 진균은 냉장식품 변질의 주원인이다.

중온균(mesophile)은 생장 최적온도가 20~45℃인 미생물이다. 이들의 최저온도는 보통 15~20℃ 정도이다. 최고온도는 대략 45℃ 이하이다. 인간의 온도가 거의 일정하게 37℃를 유지하므로 인간에게 병을 일으키는 병원체는 거의 모두 중온균이다. 면역계는 병원체의 생장률을 낮추기 위한 발열을 통해 중온균의 생장 최고온도를 이용한다.

높은 온도에서 최적으로 생장하는 미생물을 호열성 미생물 또는 극호열성균이라 부른다. **호열성 미생물**(thermophile)은 45~85℃에서 자라고 최적온도는 55~65℃ 정도인 경우가 많다. 몇몇 원생생물과 진균이 호열성 미생물에 속하기는 하지만 대부분은 세균과 고균이다. 호열성 미생물은 퇴비, 땔감용 건초, 온수관, 온천 등을 포함하는 여러 서식지에서 번성한다. **극호열성 미생물**(hyperthermophile)은 85~100℃에서 자란다. 이들은 보통 55℃ 이하에서는 잘 생장하지 못한다.

호열성 및 극호열성 미생물은 중온균과 여러 면에서 다르다. 이들은 열에 더욱 안정적인 효소와 단백질 합성체계를 가지고 있어서 높은 온도에서도 정상적으로 기능할 수 있다. 이들 단백질이 열에 안정적인 이유는 여러 가지가 있다. 열 안정성 단백질의 내부는 고도로 조직화되어 있으며 강한 소수성을 나타내며 많은 수소결합과 다른 비공유결합이 구조를 강화시킨다. 프롤린과 같은 아미노산이 많아 폴리펩티드 사슬의 유연성이 적고 열에 안정적이다. 또한 호열성 미생물의 단백질은 샤프론이라 불리는 단백질에 의해 안정화되고 입체구조를 형성하는 데 도움을 받는다. 호열성 미생물의 DNA는 핵양체 연관단백질에 의해 안정화된다. 극호열성 미생물들은 역DNA 자이라아제(reverse DNA gyrase)를 이용하여 DNA의 위상(topology)을 변화시켜 안정성을 높인다. 호열성 및 극호열성 미생물의 막지질 또한 열에 강하다. 이들의 막지질은 포화지방산의 함량이 높고 가지 달린 지방산 사슬을 많이 포함하며, 다른 생물의 막지질에 비해 분자량이 더 크다. 호열성 고균의 막지질은 고열에서도 분해되지 않는 에테르 결합을 지닌다. 또한 막을 이루는 지질이 견고하고 안정한 단일층으로 이루어진 호열성 고균도 존재한다. ◀ 고균의 세포외피는 구조적으로 다양하다(4.2절) ▶ 단백질(부록 I)

마무리 점검

1. 기본온도(cardinal temperature)란 무엇인가?
2. 온도가 상승하면 생장률이 높아지다가 더 높은 온도에서는 다시 낮아지는 이유는 무엇인가?
3. 저온성, 저온내성, 중온성, 호열성, 극호열성 미생물을 발견할 수 있는 환경을 정의하시오.
4. 극심한 온도에서 저온균과 호열성 미생물의 대사 및 구조적 적응을 비교하시오.

산소 농도

미생물 진화의 첫 10억 년 동안, 미생물들은 산소 없이 살았었다. 빛에너지를 보존하고 O_2를 생성하는 데 성공한 남세균은 지구 대기의 O_2 수준을 증가시켰다. 그러나 O_2를 사용하면 독성 유도체의 형성을 통해 산화 스트레스를 유발한다. 따라서 O_2 함유한 대기는 극한 환경을 나타냈었다. O_2 손상을 막는 효소는 미생물들이 다양한 수준의 O_2를 가진 조건에 적응하도록 진화했다. ◀ 미생물은 수십억 년 동안 진화하고 다양화되었다(1.2절) ▶ 광영양(11.10절)

생명체의 생장에 필요한 산소의 중요성은 에너지를 보존하기 위한 과정과 활성산소를 해독하는 능력과 관련이 있다. 거의 대부분의 에너지 보존 대사과정은 전자전달사슬(electron transport chain, ETC)을 통한 전자의 이동을 포함한다. 화학에너지원을 사용하는 생명체의 경우, 외부에서 공급되는 최종전자수용체가 전자전달사슬의 기능에 매우 중요하다. 산소를 최종전자수용체로 사용하는 생명체의 능력은 산소에 대한 반응성을 결정한다. ▶ 전자전달사슬(11.4절)

전통적으로 산소요구성에 따라 5가지 유형이 설명되어 왔다. 대부분의 다세포생물과 미생물들이 생장하는 데는 대기 중의 산소가 반드시 필요하다. 그러므로 이들은 **절대산소요구성생물**(obligate aerobe)이다. 산소는 산소호흡의 전자전달사슬에서 최종전자수용체로 작용한다. **저농도산소요구성생물**(microaerophiles)은 대기의 산소 농도

(20%)에 손상을 받으며, 2~10% 범위의 산소분압에서만 생장이 가능하다. **조건부산소비요구성생물**(facultative anaerobe)은 생장하는데 산소가 꼭 필요한 것은 아니지만, 산소가 있으면 산소 호흡을 해서 더 잘 자란다. **내기성 산소비요구성생물**(aerotolerant anaerobe)은 산소의 존재에 관계없이 잘 자라지만, 산소를 이용할 수는 없다. 조건부산소비요구성 및 내기성 산소비요구성 생물들이 산소 및 무산소 환경 모두에서 생장할 수 있는 능력은 상당한 유연성을 제공하며 생태학적 장점이다. 반면, **절대산소비요구성생물**(obligate anaerobe)은 산소가 있으면 견디지 못하고 사멸한다. 절대산소비요구성생물은 유산소호흡을 통해 에너지를 발생시킬 수 없고 산소가 필요 없는 다른 대사 전략을 사용한다. 절대산소비요구성생물은 산소가 있으면 죽지만, 산소가 있는 것으로 보이는 환경에서도 살아가는 방법이 있다. 산소가 존재하는 경우, 산소를 소비하는 조건부산소비요구성 미생물과 함께 생활하면서 주변 산소를 제거하여 절대산소비요구성생물의 생장을 가능하게 만든다. 예를 들어, 절대산소비요구성인 *Porphyromonas gingivalis*는 입속 치아 근처의 산소가 없는 틈에서 자란다. ▶ 산소호흡은 포도당 산화로부터 시작한다(11.3절); 무산소호흡은 산소호흡과 동일한 단계를 사용한다(11.5절); 발효는 전자전달사슬이 관여하지 않는다(11.6절)

세균의 산소에 대한 반응의 특성은 산소 수치를 낮추기 위한 환원제를 함유한 티오글리콜레이트(thioglycollate) 액체배지와 같은 배지에서 미생물을 배양하면 쉽게 알 수 있다(**그림 7.20**). 세균, 고균, 원생동물에서는 모두 5가지 형태가 발견된다. 진균은 주로 산소요구성이지만 특히 효모 가운데 일부를 포함하는 몇 종은 조건부산소비요구성이다. 광합성 원생생물은 거의 모든 종이 절대산소요구성이다.

미생물이 산소와 관련하여 다른 반응을 나타내는 데는 산소로 인해 단백질이 비활성되거나 독성 산소의 작용 등의 몇 가지 이유가 있다. 산소와 반응을 잘하는 설프히드릴기 등의 작용기가 산화되면 효소는 활성을 잃을 수 있다. 하지만 유산소 환경에서 작용하도록 진화한 분자들조차도 산소에 의해 손상을 입을 수 있다. 이는 O_2가 외부 껍질에 2개의 비공유전자를 가지고 있는 반면에 초과산화물(superoxide)과 수산화 라디칼(hydroxy radical)은 1개만 가지고 있어 매우 불안정하기 때문이다(그림 AI.2 참조). **활성산소종**(reactive oxygen species, ROS)이라고 불리는 독성 O_2 유도체는 플라보단백질(flavoprotein)과 같은 단백질이 산소에 전자를 전달할 때 형성된다. 이러한 활성산소종은 단백질, 지질, 핵산을 손상시킬 수 있고, 종류로는 초과산화물 라디칼(superoxide radical), 과산화수소(hydrogen peroxide)와 가장 위험한 수산화 라디칼(hydroxyl radical) 등이 있다.

$$O_2 + e^- \rightarrow O_2\bar{\bullet}$$ (초과산화물 라디칼)

$$O_2\bar{\bullet} + e^- + 2H^+ \rightarrow H_2O_2$$ (과산화수소)

$$H_2O_2 + e^- + H^+ \rightarrow H_2O + OH\bullet$$ (수산화 라디칼)

미생물은 이러한 활성산소의 작용에서 자신을 보호할 수 있는 방법을 찾아야 하며 그렇지 않은 경우 사멸한다. 실제로 면역계의 중요한 세포인 호중구와 대식세포는 이런 활성산소를 이용해 숙주에 침입한 병원균을 제거한다. ▶ 산화환원 반응: 물질대사의 핵심 반응(10.3절); 식세포작용은 침입자를 파괴한다(31.6절)

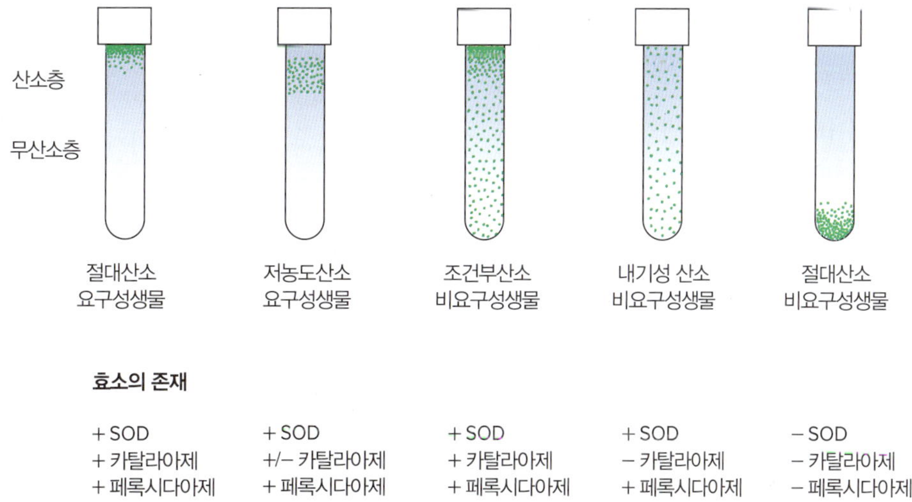

그림 7.20 산소와 세균의 생장. 각각의 점은 배지 안이나 표면에 있는 세균 집락을 나타낸다. 공기 중 산소에 직접 노출되는 표면에는 산소가 존재할 것이다. 배지에 있는 산소의 양은 깊어질수록 감소하여 시험관의 밑바닥은 산소가 없는 상태가 될 것이다. 각각의 형태에서 초과산화물 불균등화효소(SOD), 카탈라아제, 페록시다아제의 존재 여부를 보여준다.

연관 질문 내기성 산소비요구성생물은 시험관 전체에서 골고루 자라는 데 비해서 조건부산소비요구성생물은 왜 시험관 표면에서 가장 잘 자라는가?

많은 미생물은 독성 산소산물로부터 보호해주는 효소를 지닌다(그림 7.20). **초과산화물 불균등화효소**(SOD)는 초과산화물 라디칼을 제거한다. **카탈라아제**(catalase)와 **페록시다아제**(peroxidase)는 서로 다른 기전을 사용하여 과산화수소를 없앤다.

$$2O_2^{\bullet} + 2H^+ \xrightarrow[\text{불균등화효소}]{\text{초과산화물}} O_2 + H_2O_2$$

$$2H_2O_2 \xrightarrow{\text{카탈라아제}} 2H_2O + O_2$$

$$H_2O_2 + NADH + H^+ \xrightarrow{\text{페록시다아제}} 2H_2O + NAD^+$$

절대산소비요구성생물에는 이러한 효소들이 다 없거나 아주 낮은 농도로 존재하기 때문에 산소 독성을 견디지 못한다.

마무리 점검

1. 미생물이 산소와의 관계에서 보여주는 5가지 형태를 설명하시오.
2. 산소의 독성 효과는 무엇인가? 호기성생물과 다른 내기성 미생물은 이러한 산소 독성으로부터 어떻게 자신을 보호하는가?

압력

일생을 육상이나 물의 표면에서 보내는 생물은 1기압(atm: 1 atm은 0.1 메가파스칼)에서 생활하도록 적응되어 있다. 많은 세균과 고균 같은 생물들은 수압이 600~1,100기압에 달하며 수온은 2~3°C 정도인 심해(깊이가 1,000 m 이상)에 살고 있다. 이러한 많은 미생물들은 **내압미생물**(barotolerant)이며 압력이 높아지면 생장하는 데 영향을 받기는 하지만 보통의 세균보다는 영향을 훨씬 덜 받는다. **호압미생물**(piezophilic 또는 barophilic)도 몇몇 존재한다. 호압미생물은 높은 압력에서 최적의 생장을 보인다. 예를 들어, 필리핀 근해의 마리아나 해구(Mariana trench: 수심 10,500 m)에서 발견된 호압미생물은 2°C, 400~500기압인 환경에서만 자란다.

호압미생물에서 발견된 중요한 적응변화는 압력의 변화에 반응하여 막지질을 변화시키는 것이다. 예를 들어, 압력이 높아질수록 막지질 내 불포화지방산의 양을 증가시키고 지방산의 길이가 감소된다. 호압미생물은 심해에서 영양분의 재활용에 중요한 역할을 하는 것으로 보인다. 지금까지 세균과 고균의 몇몇 속(genera)에서 호압미생물이 발견되었다. ▶ 해저의 해양 퇴적물에 있는 미생물 군집들은 거대하고 신비하다(29.2절)

방사선

우리는 여러 종류의 전자기 방사선(electromagnetic radiation)에 항상 노출되어 있다(**그림 7.21**). 이런 방사선은 수면 위의 파도처럼 파동 형태로 공간을 이동한다. 두 파동의 마루와 마루 또는 골과 골 사이의 거리를 파장(wavelength)이라고 한다. 전자기파의 파장이 감소하면 복사에너지는 커진다. 감마선과 X-선은 가시광선이나 적외선보다 훨씬 더 높은 에너지를 가진다. 전자기파는 광자(photon)라고 하는 에너지 단위의 흐름처럼 작용하기도 한다. 각각의 광자는 양자화 에너지를 지니며 이 값은 방사선의 파장에 따라 다르다.

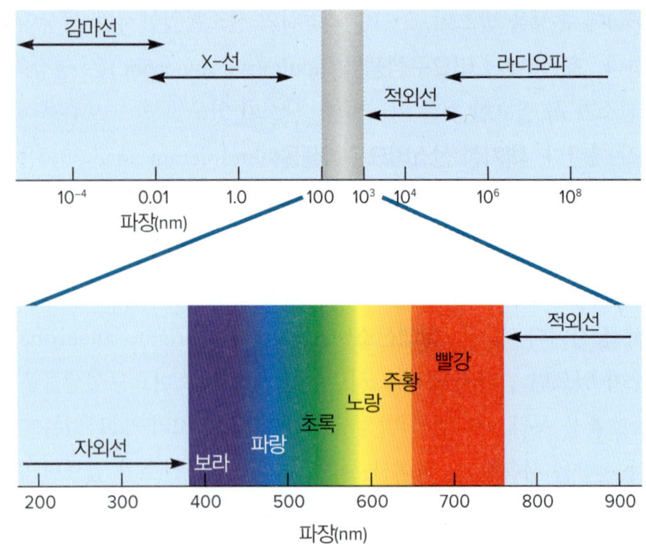

그림 7.21 전자기 스펙트럼. 가시광선 범위와 주변 자외선 및 적외선 파장을 보여주는 스펙트럼의 일부가 그림 하단에 확대되어 있다.

태양빛은 지구에 쏟아지는 방사선의 주공급원이다. 태양빛에는 가시광선, 자외선 조사(UV), 적외선과 라디오파 등이 포함된다. 가시광선은 가장 확실하게 느낄 수 있는 중요한 환경요인이다. 가시광선은 우리 환경에서 가장 눈에 잘 띄고 중요한 측면이다. 지구상의 대부분의 생명체는 광합성 유기체가 가지고 있는 에너지를 가두는 능력에 의존하기 때문이다. 가시광선 스펙트럼은 초기 과학 수업에 외운 빨주노초파남보(ROIGBV) 파장으로 구성된다. 가시광선의 중요성에도 불구하고, 그것은 햇빛의 주요 구성요소가 아니다. 적외선은 태양 복사의 거의 60%를 차지한다. 적외선은 지구열의 주공급원이다. 지구 표면에 도달하는 빛의 약 3%만이 자외선 조사이다. ▶ 광영양(11.10절)

다양한 형태의 전자기방사선은 미생물에 매우 치명적이다. 가장 피해가 큰 것 중 하나는 매우 짧은 파장과 높은 에너지의 전리선(ionizing radiation)으로 원자가 전자(이온화)를 잃게 한다(그림 7.21). 전리선에는 인공적으로 형성되는 X-선과 방사성동위원소가 붕괴될 때 발생하는 감마선의 2가지 주요한 형태가 있다. 전리선은 다양한 세포변화를 야기한다. 그것은 수소 결합을 깨뜨리고, 고리 구

조를 파괴하며, 일부 분자를 중합시키지만 가장 심각한 효과는 단백질 산화이다. 낮은 수준의 전리선에 노출되면 돌연변이가 형성되어 이로 인해 간접적으로 미생물의 사멸이 야기되며, 높은 수준의 전리선은 직접 미생물을 사멸시킨다. 전리선은 도구를 멸균하는 데 사용되기도 한다. 하지만 세균의 내생포자와 *Deinococcus radiodurans*와 같은 미생물은 많은 양의 전리선에 노출되더라도 내성이 있어 생존할 수 있다. ▶| 방사선(8.2절)

자외선 조사(Ultraviolet radiation, UV radiation)는 짧은 파장(약 10~400 nm)과 높은 에너지로 인해 미생물을 죽일 수 있다. DNA가 가장 잘 흡수하고 손상을 일으키는 260 nm 파장의 자외선 조사가 가장 치명적이다. 자외선에 의한 손상은 여러 가지 DNA 수선 기전에 의해 복구될 수 있다. 이에 대해서는 16장에서 공부할 것이다. 자외선에의 과다노출은 생명체의 수선 능력을 능가하여 죽음을 초래한다. ▶| 돌연변이: 유전체 내에서의 유전되는 변화(16.1절)

가시광선 역시 강도가 높은 경우 미생물세포에 손상을 입히거나 죽일 수 있다. 이때 보통 광감각제(photosensitizer)라는 색소와 산소가 함께 작용한다. 광감각제에는 엽록소, 세균엽록소, 시토크롬, 플라빈 등의 색소를 함유하고 있으며 이들 색소는 빛에너지를 흡수하여 들뜬 상태(excited)로 활성화되어 광감각제로 작용한다. 들뜬 광감각제(P)는 에너지를 산소에 전달하여 단일상태산소(singlet oxygen, $^1O_2$)를 발생시킨다.

$$P \xrightarrow{\text{빛}} P\ (\text{활성화})$$

$$P\ (\text{활성화}) + O_2 \longrightarrow P + {}^1O_2$$

단일상태산소는 반응성이 매우 높은 강력한 산화제로 순식간에 세포를 파괴한다.

공기 중에 떠다니거나 노출된 표면에 살고 있는 많은 미생물은 카로티노이드 색소를 이용해 빛에 의한 산화 과정에서 자신을 보호한다. 카로티노이드 색소는 단일상태산소에서 에너지를 흡수하여 원래의 기저 상태로 되돌려놓는 방법으로 효과적으로 단일상태산소를 제거한다. 광합성 미생물뿐만 아니라 비광합성 미생물도 이런 방법으로 색소를 이용한다.

마무리 점검

1. 내압미생물과 호압미생물을 어디에서 발견할 수 있는가? 답에 대해 설명하시오.
2. 에너지 준위가 감소하는 순서 또는 파장이 증가하는 순서대로 전자기 방사선의 종류를 나열하시오.
3. 전리선, 자외선 조사, 가시광선은 어떻게 미생물에 손상을 입히는가? 또 미생물은 자외선 조사나 가시광선에 의한 손상에서 자신을 보호하기 위해 어떤 방법을 사용하는가?

7.6 자연환경에서의 미생물 생장

이 절을 학습한 후 점검할 사항:

a. 미생물이 기아상태에서 생존하는 기전을 논의할 수 있다.
b. 음식이나 상수도에 비배양성 생존 세포의 존재가 공중보건에 어떤 영향을 미칠 수 있는지 예측할 수 있다.
c. 미생물의 고착성과 부유성 생활사를 구분할 수 있다.
d. 생물막 형성을 서술하고 자연환경, 산업 및 의학에서 생물막의 중요성을 요약할 수 있다.
e. 쿼럼센싱을 정의하고 이에 의해 조절되는 세포 현상들의 예시를 들 수 있다.

인간에 의해 만들어지지 않은 자연에서 미생물의 환경은 복잡하고 지속적으로 변화한다. 이 환경들은 미생물을 여러 겹의 영양분과 다른 환경적 요소들에 노출시킨다. 여기에는 미생물 생장을 제한하는 억제 물질뿐만 아니라 7.5절에서 설명한 환경 매개변수가 포함된다. 나아가서, 미생물들은 홀로 존재하지 않는다. 미생물 서식지에는 미생물과 거대 생물들이 모두 포함되어 있다. 미생물들은 서로 연관되어 있고 그들은 종종 식물, 동물들과 관계를 형성한다. 이 절에서는 자연에서 생활하는 3가지 측면, 즉 스트레스 유발 생장억제, 생물막, 미생물이 종간 의사소통을 위해 사용하는 기전을 탐구한다.

대부분의 미생물들이 생장이 멈춘 상태에 살고 있다

비교적 적은 수의 미생물들만이 영양분이 **부영양**(eutrophic) 환경에서 실 수 있다. 오히려, 대부분은 영양분 수준이 낮은 **빈영양**(oligotrophic) 환경에 살고 있으며 몇몇은 '결핍 또는 기근' 환경에서 서식하고 있다. 빈영양 또는 영양분 결핍환경의 미생물에게는 기아상태에서 살아남는 능력이 무엇보다 중요하다. 다행히 미생물들은 기아와 환경 스트레스에 대한 수많은 반응을 진화시켰다.

소수의 세균은 내생포자(endospore) 형성과 같은 명백한 형태학적 변화를 통해 기아상태에 반응한다. 내생포자가 다양한 스트레스(예: 고온 또는 방사선)에 높은 저항성을 보이는 것뿐만 아니라 대사적으로 휴면상태인 것을 상기하자. 다른 미생물들은 이와 같은 극단적인 세포의 재구성 없이 휴면에 들어간다. 많은 진핵 미생물과 소수의 세균은 포낭(cyst)을 형성한다(그림 21.4, 그림 23.2 참조). |◀ 세균의 내생포자는 생존 전략이다(3.10절)

가장 일반적으로, 영양분과 환경조건은 미생물을 **생장억제**(growth arrest)라고 불리는 상태로 남겨둔다. 이 상태의 미생물은 적극적으로 분열하지 않으며, 죽지도 않는다(**그림 7.22**). 그들은 영양분의 부족이나 최적의 조건으로부터의 일탈로 인해 스트레스를 받는다. 그림 7.11은 생장곡선에서 이러한 현상을 보여준다. 정체기 진입은 영

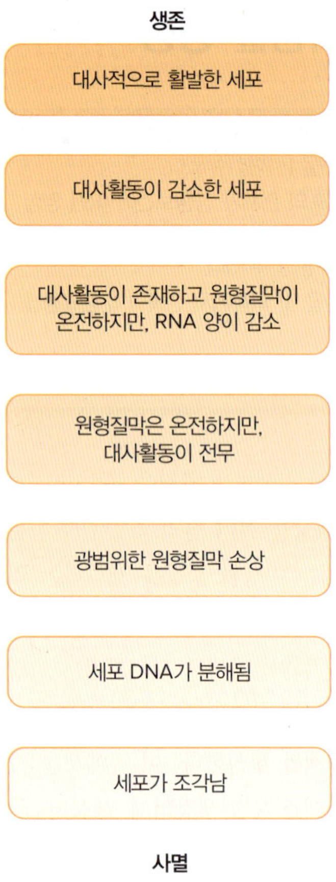

생존

대사적으로 활발한 세포

대사활동이 감소한 세포

대사활동이 존재하고 원형질막이 온전하지만, RNA 양이 감소

원형질막은 온전하지만, 대사활동이 전무

광범위한 원형질막 손상

세포 DNA가 분해됨

세포가 조각남

사멸

그림 7.22 생존 또는 사멸? 전통적으로 미생물학자들은 미생물이 더 이상 배양되지 않을 때 사멸했다고 정의하곤 했다. 하지만 세포가 비활성화되거나 손상되어 일시적으로 생장할 수 없는 상태가 될 수 있다. 시간이 지나고 적절한 조건에서 이러한 세포들은 회복하여 생장할 수 있다. 이러한 상태를 설정하기 위해 다양한 기준들이 사용되었다. 하지만 미생물학자들은 아직도 미생물이 진정 사멸되어 소생될 수 없는 시점을 정의하지 못하고 있다.

양분의 한계나 폐기물 축적에 의해 촉발되며, 세포는 새로운 조건에 적응하면서 생장을 멈춘다. 시간이 흐를수록 세포는 죽을 수도 있지만, 장기간의 정체기는 많은 세포들이 개체수가 증가하지 않음에도 불구하고 생존 가능성을 유지하고 있음을 보여준다. 자연 집단 역시 다양한 종류의 미생물로 구성되어 있는데, 이들 미생물의 대부분은 어떤 형태로든 생장억제의 형태로 존재한다.

세포는 생장억제 중에 온전히 유지되어야 조건이 개선될 때 반응할 수 있다. ATP를 보존하고 이를 세포 유지보수로 전환하기 위해 세포 분열과 같은 에너지 집약적인 공정을 중단한다. 저장성 봉입체와 같은 자원을 먼저 사용해 영양분을 공급한다. 장기간의 기아상태는 세포성분이 영양분으로 쓰이는 것을 촉발한다. 예를 들어, 많은 생장억제된 세포는 크기가 감소한다. 이것은 세포내에서 그들의 구성성분이 재활용되면서 막 지질과 리보솜이 손실된 데서 비롯된다. 세포 크기 감소의 또 다른 이점은 부피 대 세포 표면적 비율의 증가라는 것이고, 이는 다시 더 효율적인 영양분 이동을 촉진한다는 것이다.

대장균은 급속한 생장에서 생장억제로 전환을 조절하기 위해 RpoS와 ppGpp 두 분자를 이용한다. RpoS는 DNA 결합 및 RNA 합성(전사) 개시를 담당하는 RNA 중합완전효소의 단백질 소단위이다. RpoS는 일반적인 스트레스 반응에 관여하는 단백질뿐만 아니라 핵심효소를 세균이 기아상태를 극복하는 데 필요한 단백질을 암호화하는 유전자로 이끌어준다. ppGpp는 DNA와 RNA에 구아닌 뉴클레오티드와 연관된 신호 분자로 14장에서 자세하게 다룰 긴축반응(stringent response)이라고 불리는 조절네트워크에 관여한다. ppGpp는 많은 스트레스 요인에 반응하여 합성되며 세포가 생존할 수 있도록 수많은 유전자와 단백질의 활동을 조절하기 때문에 **알라몬**(alarmone)이라 불리기도 한다. ▶ 세균의 전사(13.5절); 대장균의 긴축반응(14.5절)

기아에 반응하여 만들어지는 단백질은 다양한 방법으로 생존을 가능하게 한다. 몇몇 기아 단백질들은 펩티도글리칸 교차결합과 세포벽의 강도를 증가시킨다. 기아 단백질인 Dps 단백질(기아상태 세포에 있는 DNA 결합단백질)은 DNA를 보호한다. **샤프론**(chaperone)이라 부르는 단백질은 단백질의 변성을 막고 손상된 단백질을 복구한다. 이들과 여러 가지 다른 기전에 의해 세포는 기아상태, 온도 변화에 의한 손상, 산화반응이나 삼투현상에 의한 손상, 염소와 같은 독성 화학물질에도 더 잘 견딜 수 있게 된다. 이러한 변화는 매우 효과적이어서 세균 개체군의 일부 구성원들이 수년간 생장 억제에서 살아남기도 한다. *Salmonella enterica* serovar Typhimurium(*S.* Typhimurium)과 일부 병원성 세균은 기아상태에 있을 때 독성이 더욱 강해진다는 증거도 있다. 이런 고찰은 의학미생물학이나 산업미생물학 분야의 실용적인 면에서 매우 중요하다.

생장억제 기간이 길어진 이후에 세포는 **비배양성 생존**(viable but nonculturable, VBNC)이라 불리는 상태로 진입한다. 이는 이전의 일반적인 생장 환경에서의 생장이 일시적으로 불가능하다는 것을 의미한다. 적절한 조건(예: 온도 변화 또는 동물 감염)이 확보되면 비배양성 생존 미생물들은 생장을 재개한다. 비배양성 생존 미생물은 식품과 음용수를 검사하는 많은 분석들이 배양기반이기 때문에 공중보건에 위협을 가할 수 있다.

생존자(persister)라고 불리는 일부 세포는 또 다른 형태의 생장억제를 나타낸다. 생존자는 항생제 내성 유전자를 가지지 않은 상태에서도 항생제(다중 항생제)에 노출되어도 살아남을 수 있는 능력이 발견된다. 이러한 비생장세포는 낮은 ATP 수준을 특징으로 한다. 항생제 표적은 비활성화되어 있으므로 영향을 받지 않는다. 생존자는 항생제 치료 후 재발성 감염을 일으킬 수 있는 가능성 등 몇 가지 이유로 상당한 관심을 갖고 있다. ▶ 항미생물제 내성은 공중보건에 위협이다(9.8절)

왜 생장이 멈추는가? 어떤 경우에는 영양분을 쉽게 구할 수 있는 경우에도, 생장 중인 세포의 모집단에서 작은 부분집단의 세포가 저절로 생존자 세포가 된다는 증거가 있다. 이러한 생존자들은 미래의 기아 상황에 대비하려는 집단의 시도로 생각할 수 있다. 또한 다양한 원인에 반응하여 생존자가 발생한다는 증거가 늘어나고 있는데, 기아가 가장 중요한 것일지도 모른다.

생물막은 자연에 흔히 존재한다

많은 미생물학개론 수강생들이 치아를 긁어내고 그 안의 미생물을 검사하여, 레벤후크(van Leeuwenhoek, 그림 1.13 참조)가 종종 했던 방식을 그대로 재현했다. 모두가 표본으로 추출한 것은 생물막의 중요한 예인 치과용 플라크였다(**그림 7.23**). 1940년대에 이미 생태학자들이 수계환경에서 많은 미생물들이 자유롭게 떠다니기(**부유성**, planktonic)보다는 표면에 부착(**고착성**, sessile)되어 있다는 사실을 관찰하였다. **생물막**(biofilm)은 복잡하고 점액(slime)으로 둘러싸인 미생물 집단이다. 생물막은 자연에서 흔히 존재하고, 지구상 세균과 고균의 40~80%가 생물막에 존재하는 것으로 예측된다. 생물막은 트여있는 바다 표면을 제외하고는 모든 환경에 존재한다. 주된 관심의 하나는 인공 무릎이나 엉덩이 및 내재 카테터(indwelling catheter) 등과 같은 의학장치에 생기는 생물막이다. 이들 생물막은 종종 질병을 일으키거나 의학장치를 망가트린다. 생물막은 상처 딱지에도 형성될 수 있고 상처 치유를 지연시킬 수 있다. 약 34억 년 전의 화석기록에서 생물막의 증거가 발견되었다는 것을 보면 생물막 형성이 미생물의 오래된 능력임이 분명하다.

그림 7.23 치과용 플라크의 생물막. 생물막은 미생물에 노출된 모든 표면에서 만들어진다. Steve Gschmeissner/SPL/Getty Images

생물막은 환경에 있는 실질적으로 모든 표면에 형성될 수 있다. 세포는 토양 미생물이 식물 뿌리로 이동하는 경우(그림 30.9 참조)와 같이 종종 표면의 유인물질에 대한 주화성을 통해 집락 형성지를 인식한다. 표면 접촉은 일반적으로 편모 또는 섬모(**그림 7.24**)를 통해 이루어진다. 예를 들어, 회전하는 편모가 표면에 부딪힐 때, 힘은 편모 모터에 있는 고정자 단백질(stator protein)로 되돌아간다. 이것은 기계적인 신호를 화학적인 신호로 변환하는 과정을 시작하여 세포가 고착 단계로 들어갈 수 있도록 준비한다. 변화는 접착단백질과 세포가 기질에 달라붙을 수 있게 하는 생물막 세포외기질 분자의 합성을 포함한다. 세포외기질은 미생물에 따라 다양한 중합체로 이루어져 있다. 이러한 고분자들은 **세포외 중합체**(extracellular polymeric

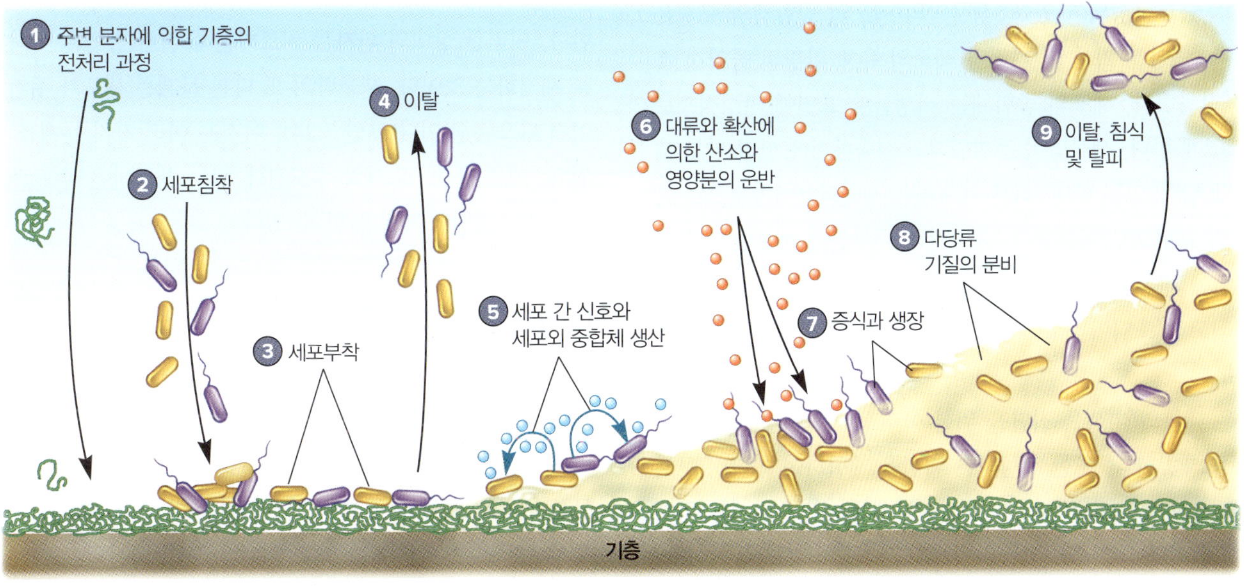

그림 7.24 생물막 형성.

연관 질문 어떠한 생체분자가 세포외 중합체 기질을 구성하는가? 세포외 중합체 기질은 어떠한 기능을 하는가?

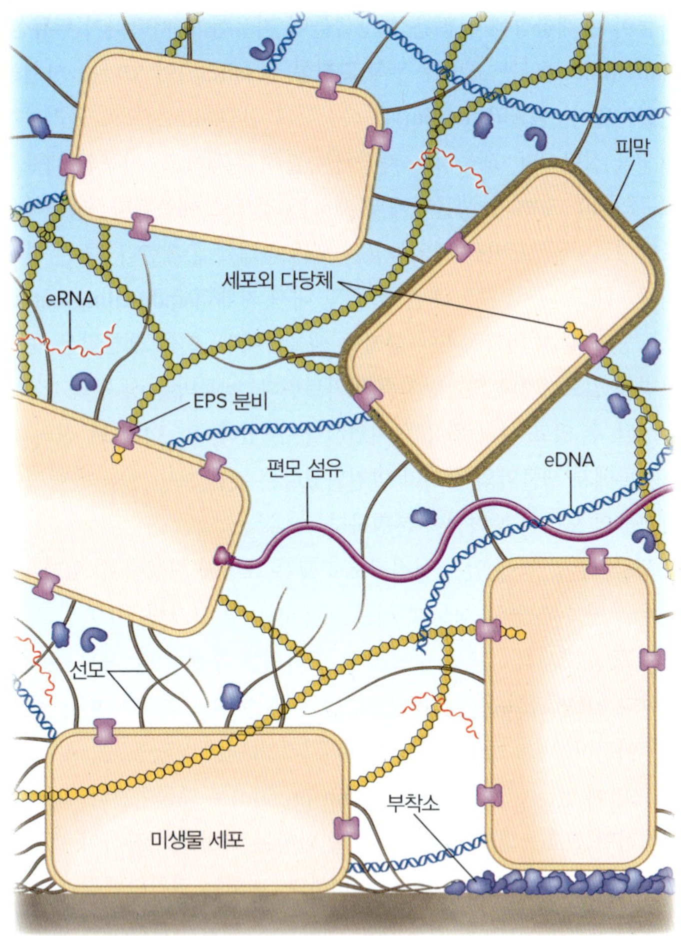

그림 7.25 생물막의 이질성. eDNA: 세포외 DNA, eRNA: 세포외 RNA.

substance, EPS)이라 통틀어 불리며 다당류, 단백질, 당단백질, 당지질 및 DNA로 구성되어 있다. 생물막의 세포외 중합체의 구성은 존재하는 종, 영양분 가용성, 기질과 세포의 유체 환경의 물리적 특징에 따라 다양하다. 세포외 중합체는 미생물이 표면에 안정적으로 결합할 수 있게 한다. 생물막이 두꺼워지고 성숙해짐에 따라 일부 세포는 기질에 남아 있는 반면, 다른 세포들은 생물막을 3차원으로 확장하기 위해 표면으로 이동한다. 생물막의 대부분의 세포는 세포외 중합체 기질에 내장되어 있다. 그 기질은 상주 미생물에 의해 연속적으로 형성되고 개조되어 매우 이질적이게 된다(**그림 7.25**). ◀ 세균의 편모(3.8절)

생물막은 내부의 미생물 집단을 위한 물리적 비계이며, 안정성과 보호 기능을 제공한다. 또한 생물막은 확산을 제한하여 화학적 구배를 형성한다. 그리고 생물막은 잔여 미생물에게 기질중합체와 함께 탄소공급원을 제공하는 영양공급원이기도 하다. 결국, 생물막이 위치한 부위의 조건들은 생장에 해로울 수 있고, 이는 세포들이 생물막에서 분리하고 탈출하는 데 이롭게 한다. 이것은 의료기기 관련 생물막에 상당히 중요한데, 이는 빠져나가는 세포가 신체의 다른 곳에서 감염할 수 있기 때문이다.

성숙한 생물막은 다양한 위치에서 여러 미생물 대사활동의 다양성으로 인해 상당한 이질성을 보인다. 생물막은 어떤 의미에서 닭과 달걀의 문제이다. 각각의 세포는 즉각적이고 국소적인 환경에서의 조건에 반응하고, 동시에 환경은 생물막에 있는 세포들의 집단적인 작용의 합에 의해 결정된다. 생물막 미생물은 다양한 방법으로 상호작용한다. 예를 들어, 어떤 미생물의 노폐물이 다른 미생물에게는 에너지원이 될 수 있다. 세포들은 또한 다음에 설명하는 것과 같이 분자를 이용하여 서로 의사소통을 한다. 결과적으로 세포 밖 점액에 존재하는 DNA는 생물막 집단의 다른 구성원에 의해 섭취된다. 따라서 유전자가 한 세포(또는 종)에서 다른 세포로 전달될 수 있다. ▶ 수평적 유전자 전달: 무성적인 방법에 의한 변이 생성(16.4절); 생물막은 미생물에게 보호막을 제공한다(34.3절)

생물막은 이를 구성하는 단일 세포들의 연구를 통해 예측할 수 없는 새로운 특징들, 즉 **창발성**(emergent property)을 가진다. 예로 들어, 생물막 내에서 미생물은 자외선, 항생제와 같은 유해한 물질에게서 보호받는다. 이 현상은 부분적으로 이들이 묻혀 있는 세포외 중합체 때문이지만(그림 7.25), 생리적인 변화 때문이기도 하다. 실제로 생물막세포에서 합성되고 활성화되는 여러 가지 단백질들이 부유세포에서는 관찰되지 않으며, 반대의 경우에도 마찬가지이다. 생물막 세포의 항미생물제에 대한 저항성은 심각한 결과를 초래한다. 의학 기구의 표면에 생체막이 형성되면 항생제 치료가 듣지 않는다. 항생제 치료가 실패한 이유는 생물막 내의 '생존자'들 때문이다. 생존자들은 항생제 치료로부터 생존하여 치료가 끝난 뒤 생물막을 다시 형성한다. 이러한 상태의 환자를 치료하는 유일한 방법은 이식된 고관절을 제거하는 것이다. 생물막의 또 다른 문제는 세포가 주기적으로 떨어져 나오는 것이다(그림 7.24). 이것은 여러 가지 문제를 일으킬 수 있다. 예를 들어, 도시의 수도관에 있는 생물막은 수도관을 막히게 하거나 오염원의 역할을 할 수 있다.

미생물집단내에서의 세포 간 의사소통

미생물학자들은 오랫동안 세균 집단을 독립적으로 생장하고 활동하는 개체 집합으로 생각해왔다. 그러나 대부분의 미생물세포가 생물막에서 자라고 생물막이 새로운 성질을 가지고 있다는 인식은 미생물학자들에게 미생물이 어떻게 소통하는지 조사하게 만들었다. 미생물의 소통은 작은 신호 분자가 환경을 통해 확산되는 화학적 방식이다. 병인 발생이나 생체발광을 시작하는 능력과 같은 새로운 특성은 공동체의 협조적인 행동을 요구한다. 성공하기 위해서는 충분한 수의 미생물이 존재하고 참여해야 하며, 각 개체는 개체군의 크기를 확인할 수 있는 방법이 필요하다. 이것을 **쿼럼센싱**(quorum sensing, 정족수인식)이라고 한다. 정족수란 일반적으로 한 집단의 최소의 수를 의미한다. 다시 말해서, 사업 수행에 필요한 법적인 개체수와 같은 의미이다.

쿼럼센싱의 이해에 대한 많은 연구들은 *Vibrio* 종들을 이용하였다. 해양 발광 세균인 *Vibrio fischeri*는 특정 어류와 오징어의 발광기관에 생물막으로 서식한다. *V. fischeri*는 **자가유도물질**(autoinducer)이라고 불리는 작고 확산성 분자를 만들어 발광을 조절한다. 자가유도물질 분자는 ***N*-아실호모세린락톤**(*N*-acyl homoserine lactone, AHL)이다(**그림 7.26a**). 지금은 많은 그람음성 세균이 길이가 다양하고 아실 잔기의 세 번째 위치가 치환된 화학적으로 유사한 AHL 분자

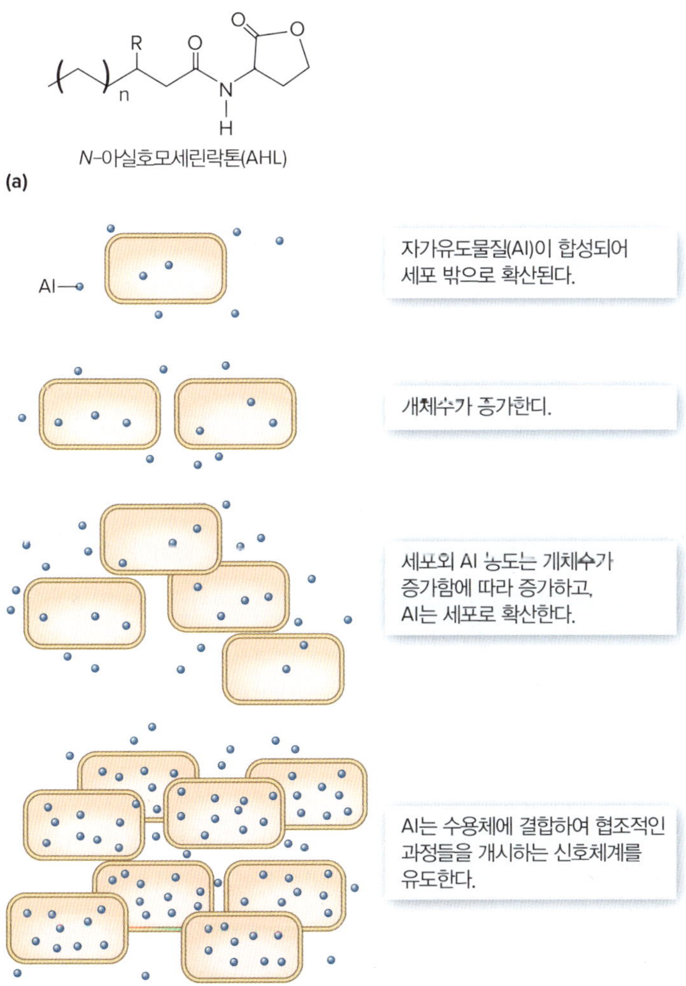

그림 7.26 쿼럼센싱. (a) *N*-아실호모세린락톤의 화학 구조이다. R과 n은 미생물에 따라 달라지는 부위를 나타낸다. (b) 쿼럼센싱 기전이다. 자가유도물질(AI)은 원형질막을 가로질러 주변으로 자유롭게 확산된다. 외부 AI 농도가 높은 수준(쿼럼)에 도달하면 세포로 다시 확산되어 개별 세포가 동시에 특정 활동을 시작하도록 유도한다.

신호를 생산한다는 것이 알려져 있다. 이 종의 대부분에서 AHL은 원형질막을 통해 자유롭게 확산된다. 따라서 세포밀도가 낮을 때는 세포 밖으로 확산되어 나간다(그림 7.26b). 그러나 세포밀도가 증가하여 AHL이 세포 밖에 축적되면 확산기울기가 역전되어 AHL이 세포 안으로 들어온다. AHL의 유입은 세포밀도에 의존적이기 때문에 이것은 각각의 세포로 하여금 집단의 밀도를 인식할 수 있게 해 준다. 세포 안의 AHL이 임계 수준에 이르면, 이것은 미생물에 따라 다른 여러 가지 기능을 수행하는 유전자의 발현을 유도하는 역할을 한다. 이들 기능은 다수의 미생물이 존재할 때 가장 효율적이다. 예를 들어, 하나의 세포에 의해 만들어지는 빛은 눈에 띄지 않지만, 어류와 오징어의 발광기관(light organ)에 있는 세포의 밀도가 10^{10}세포/mL에 이르면 달라진다. 이 밀도에서 빛은 명백하게 눈에 띄게 된다. 따라서 쿼럼센싱은 높은 밀도에서 생체발광을 촉진하는 데 이용된다. 이것은 물고기에게 손전등과 같은 효과를 제공한다. 오징어에서 생체발광은 은폐에 필요한 표피색을 변화시켜 야간에 사냥하는 포식자에게서 스스로를 보호한다. 반면 미생물은 안전하고 영양분이 풍부한 서식지를 갖게 된다(**그림 7.27**). ▶| *Vibrio* 종의 쿼럼센싱(14.6절)

과학자들은 쿼럼센싱에 의해 조절되는 많은 과정들이 병원성을 포함한 숙주와 미생물의 상호작용을 수반한다는 것을 알게 되었다. 예를 들어, 기회감염을 일으키는 그람음성 병원체인 *Burkholderia cepacia*와 *Pseudomonas aeruginosa*도 생물막 형성과 독성인자의 발현을 조절하기 위해 AHL을 이용한다. 이러한 세균들은 면역력이 약화된 사람을 허약하게 만드는 감염을 일으키며 낭포성 섬유증(cystic fibrosis) 환자에게 심각한 병원체이다.

그람양성 세균도 자가유도펩티드(AIP)라 불리는 짧은(5-17 아미노산) 펩티드를 이용하여 의사소통을 한다. 예를 들어 *Enterococcus faecalis*처럼, 올리고펩티드 신호는 접합(유전자 전달)하기에 최적인 시간을 결정하는 데 사용된다. *Staphylococcus aureus*와 *Bacillus subtilis*의 AIP 의사소통은 환경으로부터 DNA 유입을 촉진하는 데 또한 사용된다.

다양한 미생물에 의해 만들어지는 여러 가지 분자 간 신호의 발견은 원핵생물의 여러 가지 과정을 조절하는 세포 간 의사소통(cell-cell communication)의 중요성을 강조한다. 예를 들어, 그람음성 세균만이 AHL을 만드는 것으로 알려져 있지만, 많은 세균이 보편적 쿼럼센싱 신호인 자가유도물질-2(AI-2)를 만든다. 토양 미생물인 *Streptomyces griseus*는 A-인자라고 알려진 감마-부티로락톤(γ-butyrolactone)을 생산한다. 이 작은 분자는 형태적인 분화와 스트렙토마이신 항생제의 생산을 조절한다. 진핵미생물도 집단 내의 주요한 활동을 조율하는 데 세포 간 의사소통을 이용한다. 예를 들어, 병원성 진균인 *Candida albicans*는 형태와 독성 관리를 위해 파네소익산(far-

(a) 단발오징어 *E. scolopes*

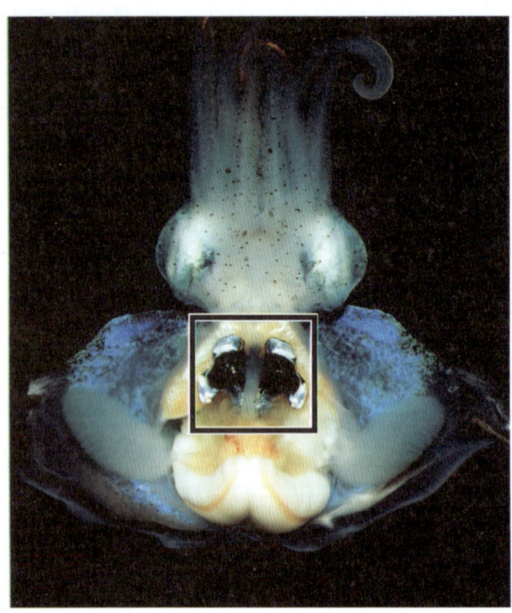

(b) 발광기관

그림 7.27 오징어와 비브리오균의 공생. (a) 단발오징어는 낮에는 모래에 묻혀 지내고 밤에는 먹이를 먹는다. (b) 먹이를 먹을 때는 빛을 아래쪽으로 비춰 위장하는 발광기관(네모로 표시함, 배 쪽에 위치)을 이용한다. 따라서 오징어의 몸체가 먹잇감에게는 수면처럼 밝게 보여 물관(water column)을 통해 보는 것처럼 보인다. 발광기관에는 많은 수의 *Vibrio fischeri*가 집락을 형성하고 있기 때문에 자가유도물질이 임계 농도까지 축적되어 있어 빛을 발하게 된다. 이러한 관계는 쿼럼센싱 모델이 될 뿐만 아니라 상피 표면의 집락 형성이라는 가장 일반적인 형태의 동물-세균 조합의 중요한 모델이다. (a) Chris Frazee/UW-Madison; (b) ©Dr. margaret Jean McFall-Ngai

nesoic acid)을 분비한다. 이러한 세포 간 의사소통의 예는 많은 개별 세포들이 서로 의사소통을 하면서 하나의 단위처럼 행동하는 다세포 행동이라 불리는 현상을 설명해준다.

마무리 점검

1. 생장억제 기간 동안 한 세포가 기아상태에 적응함에 따라 어떤 세포분열 분자가 더 이상 필요하지 않은가?
2. 생물막은 무엇인가? 생물막이 미생물에게 이로운 이유 2가지는 무엇인가?
3. 생물막의 의학적 문제점을 설명하시오.
4. 쿼럼센싱이란 무엇인가? 어떻게 이런 현상이 나타나며 미생물에 있어서 어떤 면에서 중요한지 간단하게 설명하시오.

7.7 실험실배양은 정상적인 서식환경을 모방한 환경이 필요하다

이 절을 학습한 후 점검할 사항:

a. 미생물을 연구하기 위해 미생물 배양의 중요성을 설명할 수 있다.
b. 성분명확(합성)배지와 복합배지의 차이점과 고체배지와 액체배지 사용을 구분할 수 있다.
c. 지지(일반), 농화, 선택, 분별배지를 비교하여 차이점을 분석하고 각각의 예를 나열하고 어떻게 사용되는지 설명할 수 있다.
d. 미생물 분리를 위해 사용되는 농화배양을 논의할 수 있다.
e. 순수배양을 분리하기 위해 획선평판법, 도말평판법, 주입평판법을 구분할 수 있다.

수십 년 동안 자연 서식지의 미생물을 연구하는 것은 미생물학자들에게 어려운 난관이었다. 이러한 이유 때문에 미생물학 연구는 실험실에서 미생물을 배양하고 유지할 수 있는가에 달려 있었다. 안타깝게도, 5% 미만의 미생물만이 실험실에서 배양될 수 있는 것으로 추정된다. 최근 무배양 기반 대체법이 개발되었다. 하지만 이러한 기술들이 있어도 궁극적인 주요 목적은 정상적인 서식지에서 미생물들을 분리하는 것이다. 따라서 미생물 배양은 미생물학자들이 사용하는 중요한 도구이다. ▶| 미생물학은 배양에 의존한다(26.1절)

배지

미생물 배양은 적절한 배지가 있어야만 가능하다. **배지**(culture medium)는 미생물을 배양하고 옮기거나 저장하는 데 사용되는 고체 또는 액체의 각종 영양분과 다른 화합물들의 혼합물이다. 배지로 사용될 수 있으려면 미생물이 생장하는 데 필요한 생장인자들이 모두 들어 있어야 한다. 특수한 배지는 미생물의 분리와 동정, 항생제에 대한 감수성 측정, 수질 및 식품검사, 산업미생물학 및 다른 여러 분야에 필수적이다. 모든 미생물에게는 에너지, 탄소, 질소, 인, 황 및 여러 가지 무기질 공급원이 필요하지만, 영양요구성이 미생물마다 매우 다양하기 때문에 배양하고자 하는 미생물 종에 따라 만족스러운 배지의 정확한 조성이 결정된다. 자연환경에 따라 필요한 영양물질이 서로 다르므로 미생물의 정상 서식지에 대한 지식은 적절한 배지를 선정하는 데 도움이 된다. 때로는 특정한 미생물을 선별하여 배양하거나 특정한 종을 동정하기 위해 배지를 선택하는 경우가 있다. 자연에서 얻어진 미생물을 고농도로 키우기 위해 특별한 배지를 만들 수도 있다. ▶ 세균은 세포내부로 영양물질을 흡수하기 위해 다양한 기전을 이용한다(3.3절)

배지는 그들을 구성하는 화학적 조성과 물리적 성질 및 기능에 근거하여 구분할 수 있다(**표 7.3**). 이러한 변수에 의해 구분되는 배지의 종류에 대해 이제부터 설명할 것이다.

배지의 화학적 종류와 물리적 종류

성분명확배지(defined medium) 또는 **합성배양배지**(synthetic medium)는 구성성분이 화학식으로 정의되어 있다. 이것은 액체 상태(broth) 또는 한천과 같은 물질을 이용하여 고체 상태가 될 수 있다. 환원된 유기물을 탄소 및 에너지원으로 사용하는 많은 미생물들도 (예를 들어 탄소원으로서 포도당이 있는 배지나 질소원으로서 암모늄염이 있는 배지와 같은) 성분명확배지에서 배양된다. 반면 몇몇의 성분명확배지는 몇 종의 성분으로 구성된 것도 있고, 수십 종의 성분으로 구성된 것도 있다. 실험대상 미생물이 어떤 물질을 대사하는지 알아야 할 필요가 있기 때문에 성분명확배지가 연구에 널리 사용된다.

복합배지(complex media)는 펩톤, 고기 또는 효모 추출물과 같은 적어도 하나의 비특이적 화학 성분이 포함된 배지를 말한다. 펩톤은 다른 단백질 공급원을 부분적으로 가수분해하여 만든 단백질 가수분해 산물이다. 이들은 탄소, 에너지 및 질소 공급원으로 작용한다. 육류 추출물과 효모 추출물은 아미노산, 펩티드, 뉴클레오티드, 유기산, 비타민 및 무기질 등이 들어 있는 수용성 추출물이다. 효모 추출물은 질소원과 탄소원이며 비타민 B군의 훌륭한 공급원이기도 하다.

복합배지는 다양한 미생물의 모든 영양학적 요구를 충족시킬 수 있을 만큼 충분한 영양성분이 있기 때문에 매우 유용하다. 또한 특정 미생물의 영양요구성을 잘 알지 못해서 합성배지를 만들 수 없는 경우에도 유용하게 사용된다. 복합배지는 복잡한 영양학적 또는 배양 조건을 갖는 까다로운 미생물의 배양에도 사용된다.

표 7.3 배지의 종류

분류 기준	종류
화학적 조성	성분명확(합성)배지, 복합배지
물리적 성질	액체배지, 반고체배지, 고체배지
기능	지지(일반적인 목적)배지, 농화배지, 선택배지, 분별배지

일반적으로 액체배지와 고체배지가 모두 사용되고 있기는 하지만 고체배지는 순수배양체를 얻기 위해 서로 다른 미생물을 각각의 미생물로 분리하는 데 사용될 수 있기 때문에 더욱 중요하다. 1장에서 논의한 바와 같이 이것은 코흐의 가정을 사용하여 미생물과 질병의 관계를 증명할 때 중요한 단계이다(그림 1.17 참조). **한천**(agar)은 가장 일반적으로 사용되는 고형제(solidifying agent)이다. 이것은 D-갈락토오스, 3,6-무수-L-갈락토오스 및 D-글루쿠론산을 주성분으로 하는 황산화된 중합체로 주로 홍조류에서 추출한다. 한천은 좋은 고형제로 최적의 조건 몇 가지를 가지고 있다. 첫 번째는 약 90℃ 정도에서 녹지만 일단 녹으면 45℃가 될 때까지 고형화되지 않는다는 점이다. 따라서 끓는 물에서 녹은 후에는 사람의 손이나 미생물이 견딜 만한 온도까지 식힐 수 있다. 뿐만 아니라 한천배지에서 자라는 미생물을 다양한 범위의 온도에서 배양할 수 있다. 마지막으로 대부분의 미생물은 한천을 분해하지 못하므로 한천은 훌륭한 고형제이다.

배지의 기능적 분류

대두카제인소화액체 배지(tryptic soy broth, tryptic soy agar)는 많은 종류의 미생물 생장을 유지시킬 수 있기 때문에 일반적인 목적의 배지 또는 **지지배지**(supportive media)라고 부른다. 배양이 까다로운 미생물을 배양하기 위해서는 지지배지에 혈액 및 다른 특수한 영양물질을 첨가해야 한다. 이렇게 특별히 강화된 배지(예: 혈액 한천배지)를 **농화배지**(enriched media)라고 한다(**그림 7.28a,b**).

선택배지(selective media)에서는 특정한 미생물만 자란다. 염기성 푹신 및 크리스털 바이올렛과 같은 담즙 또는 염료는 그람양성 세균의 생장을 억제하여 그람음성 세균이 잘 자란다.

분별배지(differential media)는 서로 다른 종류의 세균을 구별할 수 있는 배지이며, 생물학적 특성에 따라 미생물을 잠정적으로 동정할 수도 있다. 혈액 한천은 분별배지인 동시에 농화배지이기도 하다. 혈액 한천배지를 이용해 용혈성 세균과 비용혈성 세균을 구별할 수 있다. 일부 용혈성 세균(인후에서 분리한 연쇄상구균과 포도상구균 같은 세균)은 적혈구를 파괴하여 집락 주변에 투명대를 형성한다(그림 7.28b). 혈액 한천배지는 농화된 생장배지이며, 혈액(주로 양의 혈액)은 까다로운 생명체의 배양에 필요한 단백질, 탄수화물, 지실, 철, 많은 생장인자 및 비타민을 공급한다. 에오신메틸렌블루 한천과 맥콘키 한천은 분별적이고 선택적이다. 이들 배지는 모두 젖당 및 pH 지시 염료를 함유하고 있다. 젖당을 발효시켜 젖당을 소비하는 세균은 염료의 색 변화를 유발하는 산성 폐기물들을 방출한다(그림

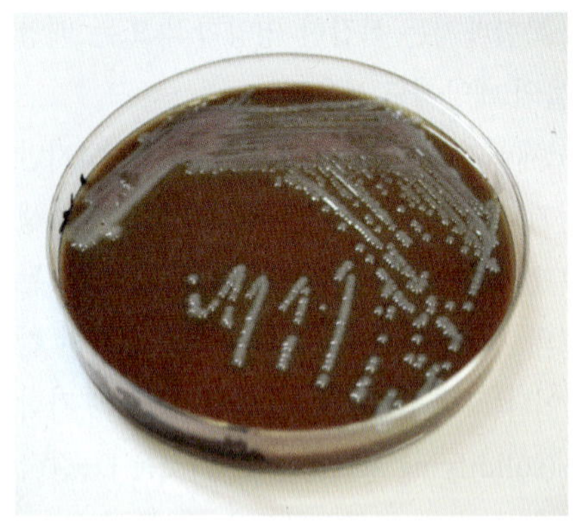

(a)

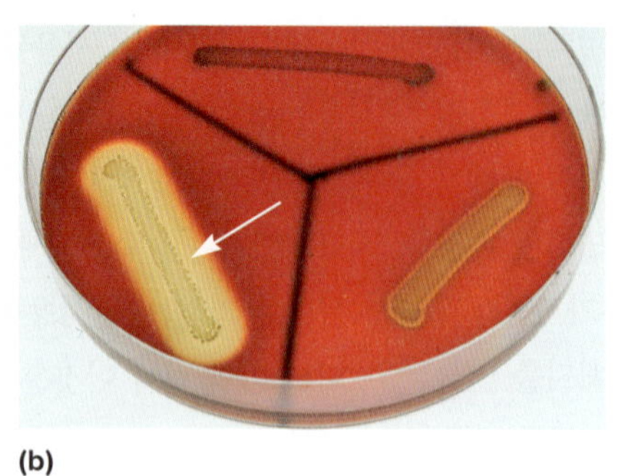

(b)

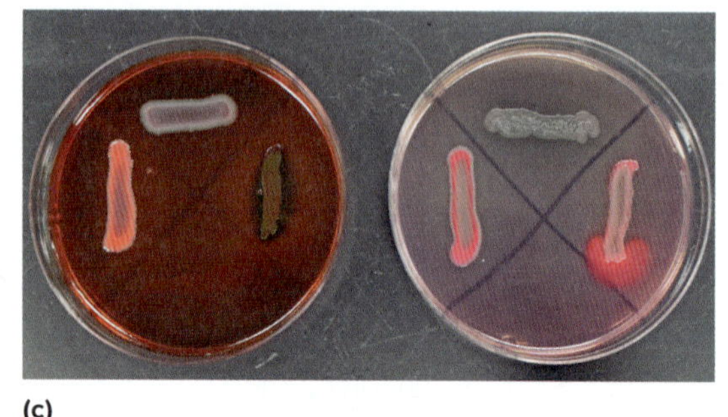

(c)

그림 7.28 농화배지, 선택배지, 분별배지. (a) 초콜릿 한천은 까다로운 생명체를 배양하는 데 사용된다. 배지에 첨가된 가열되고 용해된 적혈구로 인한 색깔 때문에 초콜릿 한천이라고 불린다. (b) 혈액 한천배지에서 몇몇 박테리아 종의 생장이다. 화살표는 용혈소를 분비하는 종을 나타낸다. (c) 에오신메틸렌블루 한천(Eosin methylene blue agar)과 맥콘키 한천배지(MacConkey agar)는 세균 분별을 위한 염색약을 포함하고 있다. 에오신메틸렌블루 한천(왼쪽)에서 자라는 세균은 젖당을 사용하는 정도에 따라 3가지 반응 중 하나를 갖는다. 대장균과 같이 활발한 발효를 하는 세균은 특유의 녹색 광택과 함께 어둡게 보이고, 적당한 발효를 하는 세균은 분홍색으로 보이며, 발효하지 않는 세균은 일반적인 색을 유지한다. 마찬가지로, 젖당 발효를 하는 세균과 하지 않는 세균(분홍색과 무색)은 맥콘키 한천배지(오른쪽) 염색으로 구분된다. (a) CDC/Megan Mathias and J. Todd Parker; (b, c) Lisa Burgess/McGraw-Hill

연관 질문 이 배지들을 농축배지, 선택배지 또는 분별배지로 분류하고 설명하시오.

7.28c). 또한 물 공급과 그 외 다른 곳에서 대장균과 관련된 세균을 검출하는 데 널리 사용된다.

호기성생물과 혐기성생물 배양

호기성생물은 산소가 있어야 살고, 혐기성생물은 산소가 있으면 죽기 때문에 2종류의 미생물을 배양하기 위해서는 전혀 다른 방법을 사용해야 한다. 호기성생물을 액체배지에서 다량으로 배양하려면 배지에 공기를 불어넣기 위해 배양용기를 흔들거나 멸균 공기를 주입해야 한다. 환기가 없으면 액체의 낮은 O_2 용해도가 적절한 산소 공급을 막는다.

혐기성생물을 키울 때는 이와는 정반대의 상태로 모든 산소를 반드시 제거해야만 한다. 여러 가지 방법으로 배양액이나 배양기의 산소를 제거할 수 있다. (1) 티오글리콜산(thioglycollate)과 시스테인 같은 환원제를 넣은 특수 산소비요구성 배지를 사용한다. 배지를 만드는 과정에서 이런 성분을 녹이기 위해 끓이게 되는데 이 과정에서 산소 분자가 효과적으로 제거된다. 환원제는 배지 내부에 남아 있는 잔존 산소를 제거하여 혐기성생물이 배지표면 아래에서 자랄 수 있게 한다(그림 7.20). (2) 산소비요구성 상자 또는 산소비요구성 작업대라 불리는 닫혀 있는 작업구역에서 산소는 제거되어야 한다. 진공펌프로 공기를 빼고 질소 기체로 정화한다(**그림 7.29**). 그리고 수소를 포함한 가스 혼합체를 작업대로 주입한다. 팔라듐 촉매제가 있을 때 수소와 남아 있는 산소는 반응하여 물로 전환되고 무산소 상태가 형성된다. 산소비요구성 세균 가운데는 최적의 생장을 위해서 적은 양의 이산화탄소가 필요한 생물이 많아 질소와 함께 이산화탄소를 배양기에 첨가하는 경우도 있다. (3) 밀봉될 수 있는 단단한 투명 용기는 페트리접시를 배양하는 데 자주 사용된다. 페트리접시를 추가한 후, 촉매 봉투를 개봉하여 용기에 넣고, 즉시 밀봉한다. 촉매는 산소와 반응하여 기체를 대부분 또는 전부 제거하여 용기 내 혐기성 또는 미세 혐기성 환경을 만든다. (4) 캔들 항아리는 유사하지만 저렴하게 작동한다. 밀봉하기 전에 불이 켜진 촛불이 병 안에 들어 있다. 불은

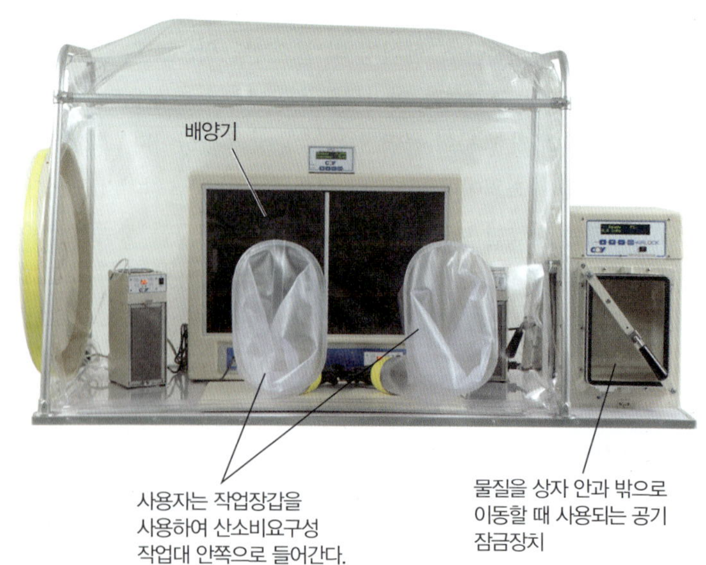

그림 7.29 산소비요구성 작업대 및 인큐베이터. 이 장치에는 산소가 없는 작업 공간과 인큐베이터가 포함되어 있다. 공기차단 구획(오른쪽)을 사용하면 내부에서 산소에 노출시키지 않고 물질을 이동시킬 수 있다. Coy Laboratory Products, Inc.

사용 가능한 모든 O_2를 소모하고 대기 중에 남아 있는 O_2가 없을 때 꺼진다.

순수배양체의 농화와 분리

자연 서식지에서, 미생물은 많은 다른 종들을 포함하는 복잡한 미생물 집단에서 종종 자란다. 혼합배양(mixed culture) 상태에서는 한 종의 미생물을 적절하게 연구할 수 없어 미생물학자에게는 어려움이 있었다. 개별종을 특정 짓기 위해서는 단일세포로부터 발생한 미생물 집단인 **순수 배양**(pure culture) 또는 **무균배양**(axenic culture)이 필요하다. 토양이나 수상 서식지에서 순수 배양체를 분리할 때 미생물학자들은 원하는 미생물이 자랄 수 있는 조건을 확정, 즉 원하는 미생물을 농축하는 것부터 시작한다. 이후에 다른 방법을 사용하여 하나의 세포에서 무균배양체를 얻는다.

농화배양

농화배양(enrichment culture) 기법은 특정한 특성을 가진 미생물의 생장을 촉진하는 동시에 다른 미생물의 생장을 억제하는 데 사용되는 강력한 도구이다. 이 배양법은 1800년대 후반 위노그라드스키(Sergei Winogradsky)와 바이아링크(Martinus Beijerinck)가 처음 개발한 이후 미생물학자들이 사용해왔다. 이들은 농화배양을 사용하여 질소고정 및 에너지원으로 무기물을 사용하는 흥미로운 대사능력을 가진 다양한 세균들을 분리했다. 이러한 미생물을 농화하기 위해서 이들은 3가지 요인을 고려하였다. (1) 미생물의 적절한 근원, (2) 배지에 들어가야 하는 영양분과 들어가지 말아야 할 영양분, (3) 배양기간 동안 제공되어야 하는 환경조건이다. ◀ 미생물 생태학(1.3절)

오일을 분해하는 세균을 분리하여 순수 배양을 통해 연구하고자 한다고 가정해보자. 이 경우에 오일에 오염된 토양을 위해 이 세균을(예: 접종원) 이용하고자 할 것이다. 그러한 원천은 토양에 있는 모든 세균을 오일에 노출시켰을 것이지만, 오일을 에너지와 탄소원으로 사용할 수 있는 미생물 집단이 많이 증식하고 농축될 것이다. 오일을 분해하는 세균을 선별하기 위해서 사용할 배지에는 무기질소, 황, 인 등이 들어 있으나 오일에서 발견되지 않는 탄소와 에너지원은 제공되지 않아야 된다. 마지막으로 배양기간 동안 토양 환경과 온도, pH, 산소수준이 비슷해야 된다.

이러한 유용성에도 불구하고 농화배양의 문제점이 존재한다. 때로는 원하는 미생물을 성공적으로 분리하기 위한 적절한 조건을 잡기가 힘들다. 나아가서, 미생물이 성공적으로 배양되었다고 해도 미생물을 처음에 얻은 근원의 전체 집단을 적절히 대표하지는 않는다. 일반적으로, 농화배양은 빨리 자라는 미생물을 얻게 하며, 이들은 서식지에서 우세한 미생물이 아닐 수 있다. 마지막으로 농화배양은 순수 배양이 아니다. 농화배양은 대체적으로 비슷한 특징을 가진 한 종 이상의 미생물을 포함하고 있다. 순수 배양체를 얻기 위해서는 다음에 설명되는 방법 중 하나를 사용해야 된다.

획선평판법

순수 배양을 분리하는 방법은 독일의 세균학자 코흐(Robert Koch)에 의해 개발되었다. 그는 이 기술들을 그의 이름을 딴 코흐의 가정 단계들에 이용하였다. 1장에서 살펴보았듯이 코흐의 가정은 미생물이 특정 질병의 원인인지를 밝히는 데 사용된다. 이러한 방법들의 사용은 미생물학을 변화시켰고, 개발된 뒤 20년 안에 대부분의 주요 세균성 질환의 원인균들이 분리되고 밝혀졌다. 코흐는 혼합액의 세포들이 공간적으로 분리될 수 있다면, 각각의 세포는 자라서 완전하게 분리된 **집락**(colony)을 형성할 것으로 판단했다. 집락이란 고체 배지의 표면이나 내부에서 맨눈으로 볼 수 있을 만큼 자란 미생물의 군집이다. 각각의 집락은 하나의 세포로부터 만들어지기 때문에 각각의 집락은 순수 배양체를 나타낸다.

그림 7.30 획선평판법. 전형적인 (a) 획선 패턴과 (b) 획선평판의 예를 보여주고 있다. (b) Kathy Park Talaro/Pasadena City College

획선평판법(streak plate) 기술에서는 세포를 접종용 백금이나 면봉을 이용해 평면 한천의 한쪽 끝에 접종한 다음 몇 가지 패턴 중 한 가지 방법으로 표면 전체에 획선을 긋는다(**그림 7.30**). 첫 번째 부분에 획선을 그은 다음에는 접종용 백금이를 멸균시키고 첫 번째 부분에서 접종원(inoculum)을 취해서 두 번째 부분에 획선을 긋는다. 접종원이 두 번째 부분에서 오는 것만 제외하고, 동일한 과정을 반복하여 세 번째 부분에 획선을 긋는다. 따라서 각 구역에 획선이 그어지면서 미생물의 수는 희석된다. 결국 극소수의 세포가 접종용 백금이에 있게 될 것이고, 단일세포는 평면 한천 표면을 가로지를 때 접종용 백금이에서 떨어질 것이다. 이들 세포가 분리된 집락으로 발달한다.

도말평판법과 주입평판법

도말평판법과 주입평판법은 각각의 세포를 공간적으로 분리하기 전에 세포 시료를 희석한다는 점이 유사하다. 다른 점은 도말평판법에서는 세포를 한천 표면에 도말하고, 주입평판법은 세포를 한천 안에 묻는다는 것이다. 2방법 다 시료 안의 미생물의 수를 측정하는 데 사용될 수 있다.

도말평판법(spread plate)에서는 소량의 미생물 혼합액을 평면 한천의 중심에 옮기고 멸균된 구부러진 유리봉을 이용하여 전체적으로 고르게 펴서 도말한다(**그림 7.31**). 흩뿌려진 세포는 각각 배양하는 동안 분리된 집락을 형성한다. 도말평판법을 위한 희석은 주입평판법과 마찬가지로 연속 희석을 통해 만든다(**그림 7.32**).

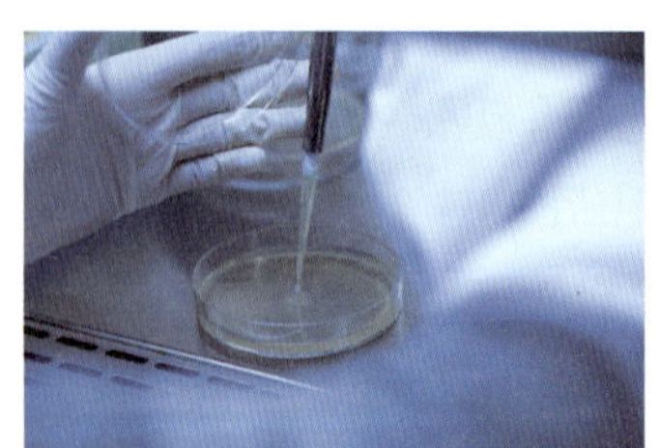
평면 한천의 중앙에 적은 양의 시료를 피펫을 이용해 떨어뜨린다.

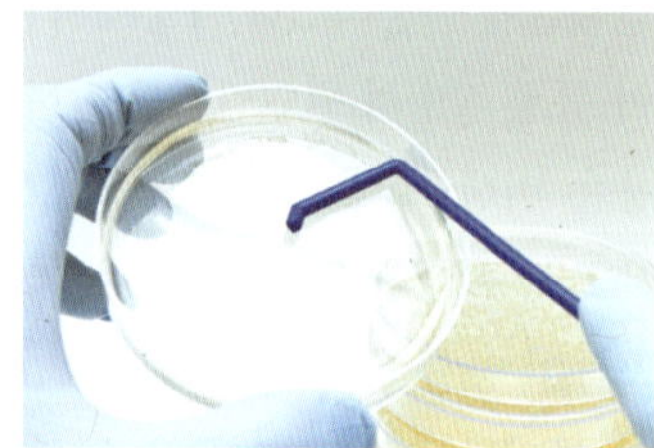
멸균 스프레더는 검체를 배지의 표면에 고르게 펴 바르는 데 사용된다.

(a)

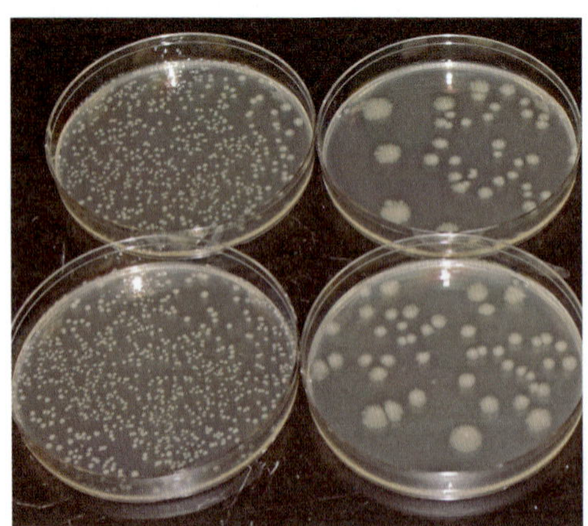
(b)

그림 7.31 도말평판법. (a) 도말평판 준비과정과 (b) 도말평판법의 전형적인 결과이다. (a,1) Choksawatdikorn/Shutterstock; (a,2) unoL/Shutterstock; (b) Lisa Burgess/McGraw Hill

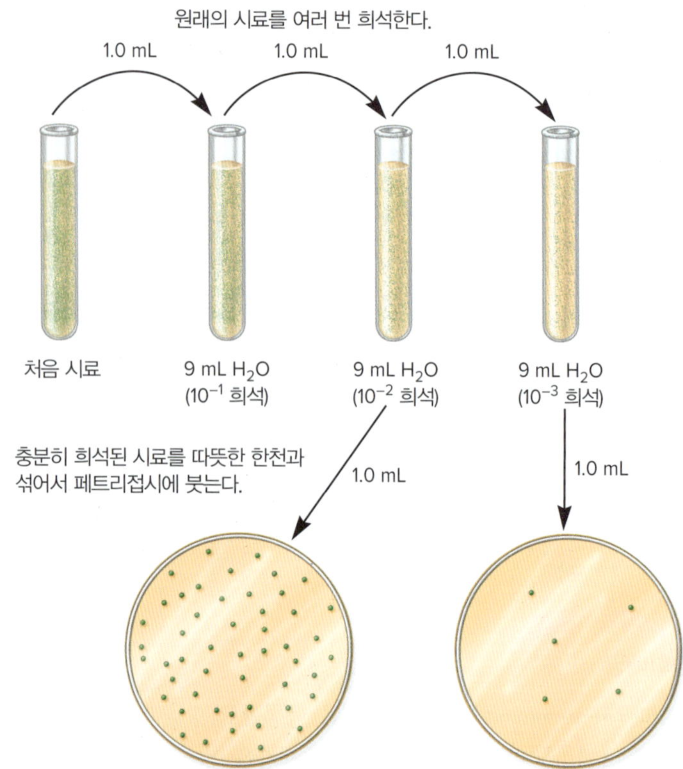

그림 7.32 연속희석법과 주입평판법.

주입평판법(pour plate)은 세균, 고균 및 진균에 널리 쓰인다. 이 방법은 획선평판법이나 도말평판법을 통해 분리될 경우 한천 표면에 퍼져버리는 미생물들이 포함된 불균질한 미생물 집단을 추출할 때 특히 유용하다. 주입평판법에서는 별도의 군집을 얻기 위해서 원시료를 연속 희석한다(그림 7.32). 여러 번 희석한 시료 약간을 45°C 정도로 식힌 액상 한천과 섞어 즉시 멸균된 배양접시에 붓는다. 대부분의 미생물은 따뜻한 한천에 잠깐 노출되어도 살아남는다. 각 세포는 한천이 굳고 난 뒤에 개별 집락을 형성하기 위해 고정되고 평판은 배양된다.

미생물을 배양하는 새로운 방법

실험실에서 배양이 가장 어려운 미생물 배양의 중요성은 미생물학자들이 새로운 기술을 고안하게 했다. 우리가 주목했듯이, 미생물을 배양하는 전통적인 방법들은 미생물의 자연환경을 모방하는 플라스크나 페트리접시에 인공적인 서식지를 만들어 낼 수 있느냐에 달려 있다. 하지만 생장에 필요한 모든 환경조건을 알기 어려운 경우가 많다. 이 문제를 해결하는 한 가지 방법은 많은 유형의 배지를 만들어 내고 **배양체학**(culturomics)이라고 불리는 접근 방식인 다양한 조건에서 배지를 배양하는 것이다. 이 접근법은 조작 횟수가 방대하기 때문에 소형화된 배양과 로봇공학을 사용하지만 인간의 소화관 환경에서 얻어 배양된 미생물 수를 크게 확대하는 데 성공했다. 놀랄 것도 없이, 배양할 수 있는 많은 배지들은 포유류의 혈액과 혈청을 첨가함으로써 풍부해졌다.

또 다른 방법은 자연환경의 일부를 실험실로 가져오는 것이다. 예를 들어, 바닷물, 해변 모래, 해양식물 및 자연 서식지에서 채취한 거시적인 생물들을 포함하는 수족관은 해양미생물을 배양하는 데 사용될 수 있다. 이 방법은 실험실의 혼합된 집단을 유지하는 데 매우 효과적이지만, 여전히 특정 미생물을 분리하는 문제를 남겨두고 있다. 한 가지 해결책은 주변으로부터 영양분과 다른 요소들의 자유로운 확산은 가능하게 하지만 미생물을 특정 밀폐구역에 봉합하는 인공 '자연' 서식지를 만드는 것이다. 이러한 예로는 이론적으로 단일세포만이 존재하는 매우 희석된 바닷물로 구역을 접종한다. 따라서 그 구역 안에는 무균 배양이 형성될 것이다.

또 다른 접근법은 다른 종의 존재가 필요한 생물들과 함께 공동 배양된다. 때때로 필요한 생명체는 동물, 동물조직, 식물 또는 식물조직이다. 미생물들은 그 생명체 내부나 표면에서 자라도록 유지되어야 한다. 공동 배양의 또 다른 예는 페트리접시에서 발생하는데, 원하는 미생물의 희석액이 도말된 뒤 도움 미생물을 배지의 특정 위치에 접종하는 것이다. 도움 미생물에 의해 생성된 물질은 배지로 확산되어 원하는 미생물의 생장을 돕는다. 이 방법은 무균 배양에서 미생물이 분리된 뒤에 배양을 장기적으로 유지하는 데 유용하다.

미생물학자들은 배양할 수 없는 미생물을 배양하기 위해 더 많은 방법들을 연구하고 있다. 미래에는 이러한 새로운 기술로 미생물학자들이 미생물의 다양성과 많은 환경에서 미생물의 역할에 대해 더 잘 이해할 수 있을 것으로 기대된다. ▶| 미생물학은 배양에 의존한다 (26.1절)

마무리 점검

1. 성분명확배지, 복합배지(성분불명확배지), 지지배지, 농화배지, 선택배지, 분별배지의 종류와 용도를 설명하고 각각의 예를 들어보시오.
2. 펩톤, 효모 추출물, 쇠고기 추출물, 티오글리콜산 및 한천은 무엇인가? 어떤 종류의 배지에 이들이 사용되는가?
3. 혐기성생물을 배양하는 4가지 방법을 설명하시오.
4. 순수 배양체는 무엇이며 이것은 왜 중요한가? 도말평판법, 획선평판법, 주입평판법을 만드는 방법을 설명하시오.

7.8 미생물 집단의 크기는 직접적으로 또는 간접적으로 측정될 수 있다

이 절을 학습한 후 점검할 사항:

a. 미생물 집단 크기의 측정을 위해 직접계수법, 생균계수법, 세포질량 측정법들을 평가할 수 있다.
b. 평판계수법 결과를 집락형성단위로 표현되어야 하는 이유를 설명할 수 있다.
c. 다른 종류 시료에서 집단 크기를 측정하기 위한 적절한 방법을 구상할 수 있다.

생장률과 세대시간을 알기 위해 미생물의 생장을 측정하는 방법은 여러 가지가 있다. 생장에 따라 집단의 질량이나 수가 증가하므로 이를 측정할 수 있다. 미생물 생장을 측정하는 데 가장 일반적으로 사용되는 방법과 그 장단점을 알아보기로 하자. 한 가지 방법이 언제나 최상의 방법일 수는 없다. 실험 상황에 따라 가장 적절한 방법은 달라지기 마련이다.

세포 수의 직접 측정

미생물의 수를 측정하는 가장 확실한 방법은 측정용 계수기를 이용하는 **직접계수법**(direct count)이다(예: Petroff-Hausser 계수기). 이 방법은 쉽고 값싸고 비교적 빠르게 세포 수를 측정할 수 있으며 미생물의 크기와 형태에 관한 정보도 얻을 수 있다. 측정용 계수기는 특별히 고안된 슬라이드와 덮개를 갖고 있으며, 슬라이드와 덮개 사이의 공간은 깊이가 일정한 공간을 형성한다. 슬라이드 바닥에는 눈금이 그려져 있어 편리하게 계수를 할 수 있다(**그림 7.33**). 시료의 미생물 수는 계수기의 부피와 개수를 세기 전에 시료의 희석 정도로 계산할 수 있다. 이 방법의 단점은 측정하는 시료의 양이 매우 적기 때문에 미생물 집단이 비교적 커야만 정확하게 측정할 수 있다는 점이다.

액체 시료에 있는 세균 수는 종종 특별한 막여과지에 걸러진 세균을 직접 계수하여 얻는다. 막여과법(membrane filter technique)에서는 시료를 먼저 검은색 폴리카보네이트 막여과지에 통과시켜 걸러낸다. 그리고 세균을 아크리딘오렌지(acridine orange) 또는 DNA 염색약인 DAPI와 같은 형광염색제로 염색하여 현미경으로 관찰한다(그림 26.5 참조). 다른 방법으로는 주어진 분류군에 선별적인 형광염색제를 사용할 수도 있다(그림 3.4b 참조). 염색된 세포는 막여과지의 검정 배경과 대치되어 쉽게 관찰할 수 있고, 이것을 형광현미경으로 관찰하면 쉽게 셀 수 있다. 환경에서 얻어진 미생물의 수를 직접 세는 것은 언제나 배양을 통해 세는 것보다 세포밀도가 훨씬 높게 나타난다. 그 이유는 환경에서 자라는 미생물의 아주 낮은 비율만

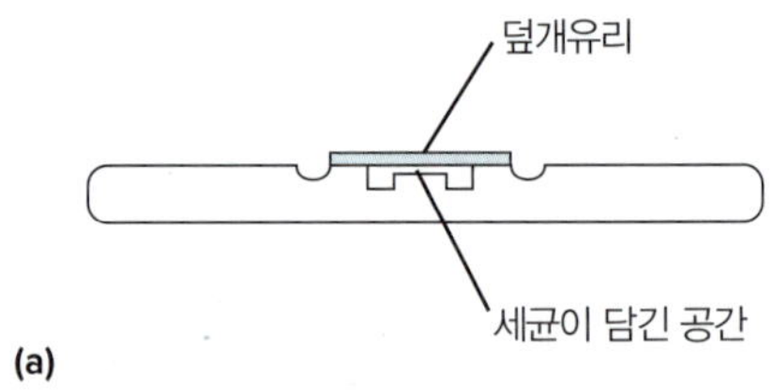

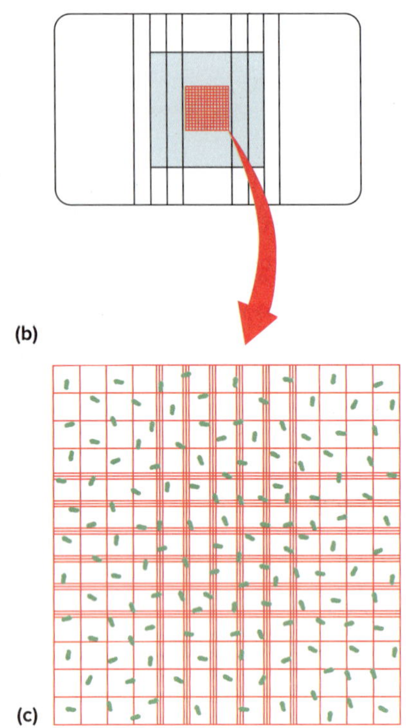

그림 7.33 페트로프-하우저 계수기. (a) 덮개유리와 세균 용액을 지니고 있는 덮개유리 밑의 공간을 보여주는 계수기의 측면이다. (b) 계수기를 위에서 내려다 본 모습과 슬라이드 중앙에 눈금이 그려져 있다. (c) 계수기의 눈금을 확대한 모양과 중앙 네모 칸 안에 있는 세균의 수를 측정하며 대개 400~500배의 배율로 관찰한다. 네모 칸에 있는 세균 수의 평균값을 사용해 원래 시료에 있는 세균의 농도를 계산한다.

이 실험실에서 배양이 가능하기 때문이다. ◀ 형광현미경은 방출된 빛을 이용하여 상을 창출한다(2.2절)

미생물 수를 직접 세고 자세한 정보를 얻기 위해 유세포계수법(flow cytometry)의 사용이 증가하고 있다. 유세포계수법은 한 번에 세포 1개가 레이저 빔을 통과할 수 있도록 좁은 세포의 흐름을 만든다. 세포가 레이저 빔을 통과할 때마다 빛이 흩어지고, 흩어진 빛은 유세포계수법에 의해 측정된다. 세포들은 서로 떨어져 있기 때문에, 각각의 세포에 의해 빛이 흩어지는 현상은 따로 측정된다. 따라서 빛이 흩어지는 현상의 수는 시료에 있는 세포의 수를 나타내는 것이다(그림 26.3 참조). 집단에서 크기, 내부 구조 및 그 외의 특징이 다른 세포들의 측정이 가능하다. 이 경우는 형광염료나 형광표지항체를 이용한다. 이와 같이 좀 더 정교한 유세포계수법의 사용은 세포 집단의 특징에 대한 귀중한 정보를 제공한다.

또한, 미생물의 수는 쿨터계수기(Coulter counter)라는 전자계수기로 직접 측정할 수 있다. 쿨터계수기의 작은 구멍 속으로 미생물현탁액을 통과시킨다. 전기가 이 구멍을 통과하여 흐르고 양쪽에 있는 전극이 전기저항을 측정한다. 미생물이 이 구멍을 통과할 때마다 전기저항이 증가하여(또는 전도성이 떨어져서) 세포 수를 셀 수 있다.

시료에 있는 미생물을 직접 세는 전통적인 방법으로 세포 수를 측정하면 일반적으로 다음에 설명할 평판법보다 세포밀도가 훨씬 높게 나타난다. 그 이유는 살아 있는 세포와 죽은 세포를 구분하지 않기 때문이다. 살아 있는 세포와 죽은 세포를 분별하여 염색하기 위해 형광물질을 이용하는 상업용 키트를 사용하면 시료 중 살아 있는 세포와 죽은 세포의 수를 직접 셀 수 있다(그림 2.13a, 그림 26.1 참조). 하지만 이 방법이 완전히 정확하지는 않다. 과학자들이 삶을 정의하기 어려운 것처럼, 세포가 완전히 죽었는지 정의하기도 어렵다(그림 7.22).

생균수계수법

시료에 있는 살아 있는 미생물을 확인하는 데 이용할 수 있는 몇 가지 평판법(plating method)이 있다. 이 방법들은 살아 있어서 증식할 수 있는 세포만을 세기 때문에 **생균수계수법**(viable counting method) 또는 **표준평판법**(standard plate count)이라고 한다. 7.7절에서 다루듯이 일반적으로 사용되는 2가지 방법으로는 도말평판법과 주입평판법이 있다. 집단의 크기를 측정하기 위해 이들 방법을 사용할 때, 시료가 평판당 25~250개 사이의 집락을 형성해야만 정확한 계수가 이뤄진다. 집락의 개수를 알고 난 뒤에는 시료에서 살아있는 미생물의 수를 형성된 집락 수와 희석배율로 계산할 수 있다. 예를 들어, 1×10^6배로 희석된 시료 1 mL당 150개의 집락이 형성되었다면, 원래의 시료에는 1 mL당 1.5×10^8 세포가 들어 있다는 것이다. 그러나 각각의 집락이 단일세포에서 유래한 것임을 확신하는 것은 불가능하기 때문에 이와 같은 계수법의 결과를 미생물의 숫자보다는 **집락형성단위**(colony forming unit, CFU)라는 용어를 사용해서 표현한다.

일반적으로 사용되는 다른 평판법은 먼저 액체배지에 있는 세균을 막여과지에 걸러낸다. 그리고 이 여과지를 한천배지 또는 액체배지에 적신 판 위에 올려놓고(**그림 7.34**), 각각의 세포가 분리된 집락을 형성할 때까지 배양한다. 집락의 수는 걸러진 시료에 있는 미생물의 수를 나타내며 특수한 배지를 사용하여 특정 미생물을 선택적으로 셀 수도 있다. 이 방법은 물의 순도(purity)를 측정하는 데 특별히 효과적이다. ▶ 수질 위생분석(42.1절)

평판법은 간단하고 정확하여 음식, 물, 토양 등의 시료에 살아 있

그림 7.34 막여과법. (a) 천공의 크기가 서로 다른 막을 이용해 다른 미생물을 걸러낼 수 있다. 막을 배양하는 시간은 배지와 미생물의 종류에 따라 달라진다. (b) 일반적인 막여과법의 결과이다. (b) Lisa Burgess/McGraw Hill

연관 질문 집단 크기를 정의하기 위해 집락을 셀 때 평판에 250개 미만의 집락이 있어야 되는 것이 왜 중요한가?

는 세균이나 다른 미생물을 세는 데 널리 이용된다. 그러나 오류가 발생할 수 있는 몇 가지 요인이 있다. 세포덩어리가 잘 분리되지 않거나 미생물이 배지 표면에 균일하게 퍼지지 않는 경우에는 수가 적게 측정될 것이다. 주입평판법에 사용되는 뜨거운 한천에 예민한 세포를 손상하거나 죽일 수도 있다. 그러므로 도말평판법의 결과가 주입평판법의 결과보다 많게 나올 수 있다. 평판계수법의 가장 큰 문제점은 사용된 배지가 모든 미생물의 생장에 충분하지 않을 경우 결과가 적게 나올 수 있다는 점이다. 이러한 문제점은 미생물 집단의 형성을 연구하는 미생물생태학자에게는 흔히 일어나는 일이다. 이러한 연구에서 현미경으로 관찰된 세포의 수가 평판계수법에 의한 결과보다 훨씬 많게 나오게 된다. 이러한 불일치는 '**거대평판계수 차이**(the great plate count anomaly)'라고 불리며 26장에서 자세히 다룰 것이다. ▶| 미생물학은 배양에 의존한다(26.1절)

세포질량 측정

세포질량 변화를 측정하는 기법을 이용해 미생물의 생장을 측정할 수 있다. 하나의 방법은 미생물의 건조중량(microbial dry weight)을 측정하는 것이다. 액체배지에서 자란 세포를 원심분리법으로 모아서 세척한 다음 오븐에서 말린 후 질량을 잰다. 이 방법은 사상 진균의 생장을 측정하는 데 특히 좋다. 그러나 이 과정은 시간이 많이 걸리고 정확하지 않다. 세균은 너무 가벼워 정확하게 측정하려면 적어도 큰 부피의 배양액을 원심분리해야만 질량을 측정하기에 충분한 정도가 된다.

세포질량을 측정하는 데 가장 빠르고 정확한 방법은 분광광도법(spectrophotometry)이다(**그림 7.35**). 분광광도법은 미생물세포가 빛을 산란시킨다는 사실을 이용하는 방법이다. 하나의 미생물 집단의

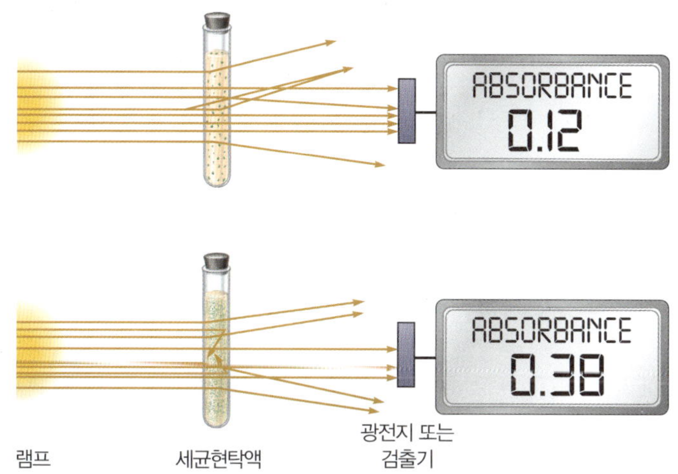

그림 7.35 탁도와 미생물 질량 측정. 미생물 배양액이 흡수한 빛의 양을 측정하여 미생물의 질량을 결정한다. 집단 규모와 탁도가 증가함에 따라 빛이 더 산란되고 분광광도계가 흡수하는 빛의 양도 증가한다.

각 세포는 크기가 비교적 일정하며 빛을 산란하는 양이 시료에 들어 있는 세포의 양에 직접적으로 비례하고 간접적으로는 세포의 수와도 관련이 있다. 세균의 농도가 1 mL당 100만 개(10^6) 정도에 이르면 배양액이 약간 뿌옇게 보인다. 배양액에 있는 세균 수가 더 증가하면 탁도(turbidity) 역시 증가하고 배지를 투과하는 빛의 양은 감소한다. 빛을 산란시키는 정도(다시 말하면, 투과되는 빛의 감소)는 분광광도계(spectrophotometer)를 이용해 측정할 수 있으며 배지의 흡광도(absorbance, optical density)라 불린다. 흡광도는 흡광 수준 약 0.5 미만에서 세포의 농도와 거의 정비례한다. 만약 시료가 0.5를 넘어선다면 희석해야 한다. 그러므로 집단의 생장은 집단의 탁도가 감지할 수 있는 정도의 탁도 이상만 되면 분광광도계를 이용해 쉽게 측정할 수 있다.

세포의 질량은 각 세포마다 일정한 세포내 물질의 농도를 측정하여 추정할 수 있다. 예를 들어, 일정한 부피의 배양액에서 회수한 세포를 세척한 다음 전체 단백질 또는 질소량을 측정할 수 있다. 미생물 집단의 크기가 커지면 단백질의 총량도 증가할 것이다. 이와 유사한 원리로 엽록소의 양을 측정하여 조류와 남세균 집단의 크기를 알 수 있고 ATP의 양을 측정하여 살아 있는 미생물 덩어리의 양을 측정할 수 있다.

마무리 점검

1. 미생물 집단의 수를 측정하는 여러 가지 방법을 간단하게 설명하고 이들 방법의 장단점을 논하시오.
2. 배양 후에 직접 세포 수를 셀 때 배양체가 언제 사멸기에 들어갔는지를 구별하기 어려운 이유는 무엇인가?
3. 평판계수법으로 살아 있는 세포 수를 측정할 때 집락형성단위로 표시하는 까닭은 무엇인가?
4. 다음 (a) *Staphylococcus aureus* 순수 배양, (b) 대장균 오염 측정을 위한 수질시료, (c) 요구르트 시료를 위해서 어떠한 계수법을 사용하겠는가? 그 이유를 설명하시오.

7.9 항성분배양장치와 항탁도조절장치가 미생물의 연속배양을 위해 사용된다

이 절을 학습한 후 점검할 사항:

a. 회분배양과 연속배양을 구별할 수 있다.
b. 항성분배양장치와 항탁도조절장치를 구별할 수 있다.
c. 항성분배양장치의 희석률과 집단의 크기 및 생장률의 연관관계를 설명할 수 있다.

7.4절에서 영양분이 새로 공급되지도 않고 노폐물이 배출되지도 않는 회분배양이라는 닫힌계를 알아보았다. 이 경우에 대수기는 단지 몇 세대 동안만 지속될 수 있고 곧 정체기로 접어든다. 그러나 지속적으로 영양분을 공급하고 노폐물을 제거하여 환경조건이 일정하게 유지되는 열린계를 이용해 미생물을 배양할 수도 있다. 이러한 체계를 **연속배양체계**(continuous culture system)라고 부른다. 연속배양체계에서는 일정한 생장률로 미생물 집단의 대수생장기를 유지시키고 일정한 생물량을 지속적으로 유지할 수 있다. 연속배양체계는 자연환경에서와 비슷한 낮은 영양분 농도에서 미생물 생장연구를 가능하게 했으며, 수년간 영양분 농도에서 미생물 생장연구를 가능하게 했으며, 수년간 생태학을 포함한 연구들에서 필수적이다. 일반적으로 사용하는 연속배양체계는 항성분배양장치와 항탁도조절장치 두 종류가 있다.

항성분배양장치

항성분배양장치(chemostat)는 미생물을 포함하는 배양액이 회수되는 속도로 멸균된 배지가 배양액에 공급되도록 설계되었다(**그림 7.36**). 항성분배양장치에 있는 배양액에는 비타민과 같은 한 종류의

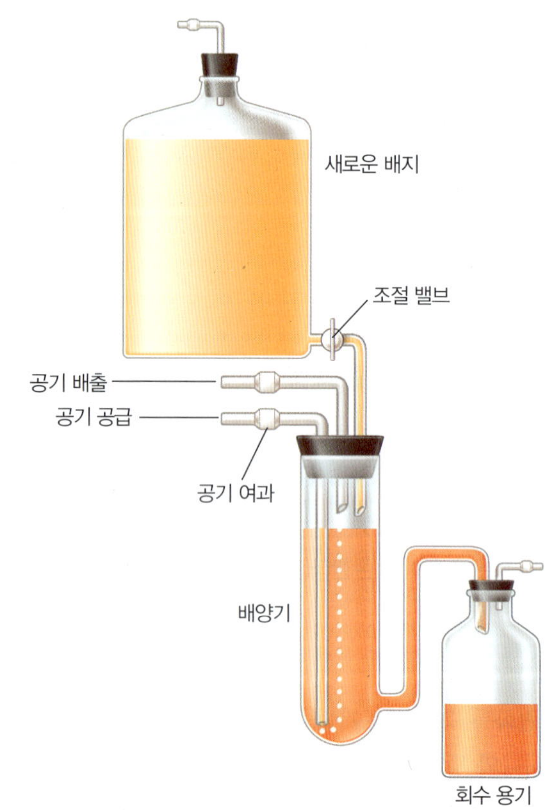

그림 7.36 항성분배양장치. 새로운 배지에는 한 가지의 필수영양분이 제한된 농도로 들어 있다. 나타내지는 않았지만 새로 유입되는 배지는 배양기 내에 원래 있던 배지와 기계적으로 혼합된다.

필수적인 영양분이 부족하게 들어 있다. 이렇게 한 가지 영양분이 부족하기 때문에 생장률은 새로운 배지가 배양기에 공급되는 속도에 의해 결정되고 세포의 최종 농도는 제한적으로 공급되는 영양성분의 농도에 따라 달라진다. 영양분이 교환되는 비율은 희석률(dilution rate, D)로 표현되며 희석률은 배양기의 부피에 대한 배지의 공급 속도로 나타낼 수 있다. 여기서 f는 배양액이 공급되는 속도(mL/hr)이고 V는 배양장치의 부피(mL)이다.

$$D = f/V$$

예를 들어, f가 30 mL/hr이고 V가 100 mL이라 하면 희석률은 0.30 hr^{-1}이 된다.

미생물 집단의 크기와 세대시간은 희석률과 관계가 있다(**그림 7.37**). 희석률이 매우 낮을 때는 제한된 에너지양을 보존한다. 이들 에너지의 대부분은 미생물의 생장 또는 복제보다는 세포 유지에 사용된다. 약간 높은 희석률은 많은 영양분을 미생물에 제공한다. 희석률이 유지와 증식에 충분한 영양분을 제공해줄 때 세포밀도가 증가하기 시작한다. 다른 말로 영양분이 공급하는 에너지의 총량이 **유지에너지**(maintenance energy)를 초과할 경우 생장률이 증가한다(세대시간은 감소함). 그림 7.37을 보면 넓은 범위의 희석률에서 세포밀도는 안정적으로 존재한다. 이것은 세대시간의 감소에서 보이듯이 제한된 양의 영양분이 신속한 세포 복제율에 의해 고갈되었기 때문이다. 그러나 만약 희석률이 지나치게 높아지면 희석률이 최대생장률보다 커지기 때문에 미생물은 증식하기 전에 배양기에서 회수될 수 있다.

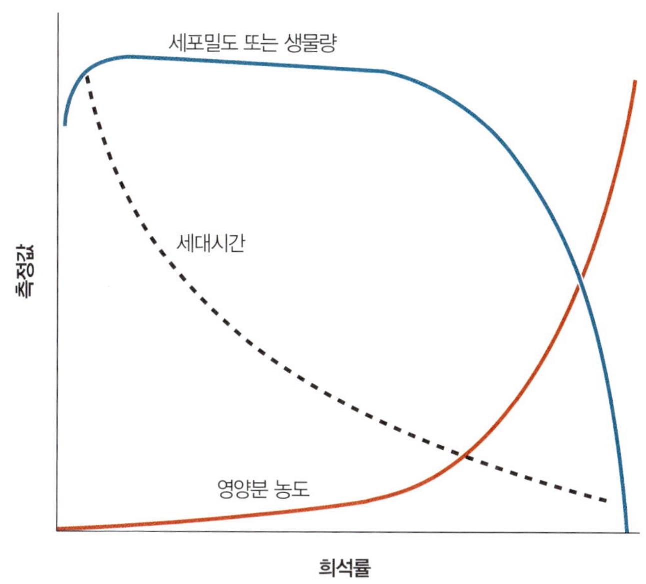

그림 7.37 항성분배양장치의 희석률과 미생물의 생장. 희석률의 변화가 배양장치에 미치는 효과이다.

연관 질문 큰 희석률 범위에도 불구하고 세포밀도는 왜 상대적으로 일정한가?

항탁도조절장치

두 번째 형태의 연속배양체계인 **항탁도조절장치**(turbidostat)는 배양기 내에서 배양액의 흡광도(산란되는 빛의 양으로 결정되는)를 측정하는 광전지(photocell)가 있다. 배양장치에 들어가는 배양액의 유속은 미리 입력한 탁도, 즉 세포밀도를 일정하게 유지하도록 자동유속으로 조절된다. 흡광도는 세포밀도와 연관되어 있기 때문에 항탁도조절장치는 원하는 세포밀도를 유지시킨다. 항탁도조절장치는 항성분배양장치와 여러 면에서 다르다. 항탁도조절장치에서는 희석률이 고정되지 않고 계속 변하며 배양액에는 모든 영양분이 과량으로 들어 있다. 즉, 영양분은 무제한이다. 항탁도조절장치는 희석률이 높은 경우에 작동이 잘 되는 반면, 항성분배양장치는 희석률이 낮을 때 가장 안정적이고 더 효과적이다.

마무리 점검

1. 연속배양체계는 닫힌 배양체계, 즉 회분배양과 어떻게 다른가?
2. 항성분배양장치와 항탁도조절장치는 어떻게 운영되며 어떻게 다른가?
3. 희석률과 유지에너지를 정의하고, 그 연관성을 설명하시오.

요약

7.1 대부분의 세균과 고균은 이분법을 이용하여 증식한다

- 세균 및 고균 세포분열의 가장 일반적인 형태는 이분법이다. 이분법을 통한 분열은 세포의 신장, 염색체의 복제, 양극으로 복제된 염색체의 이동, 세포를 2개의 딸세포로 나누어주는 격벽의 형성으로 진행된다(그림 7.1).
- 다른 세균은 증식을 위해 출아, 베오사이트 및 포자생성 등의 방법을 사용한다(그림 7.2).

7.2 세균의 세포주기는 3단계로 나누어진다

- 세균의 세포주기는 초기 생장기, 염색체 복제 및 분리, 세포질 분열로 구성된다. 마지막 2단계는 겹친다(그림 7.3).
- 세균에서는 복제원점이라 불리는 한 부분으로부터 염색체 복제가 개시된다. 복제된 염색체의 분할에 관한 모델이 많이 제시되었다. 가장 잘 알려진 염색체 분할시스템은 *Caulobacter crescentus*의 ParAB/*parS* 시스템이다(그림 7.4).
- 빠르게 분열하는 세포에서는 DNA 합성이 전 단계의 합성이 완전히 끝나기 전에 시작된다. 이것은 세포가 세포주기를 끝내는 데 필요한 시간을 줄여준다.
- 대부분의 세균에서 격벽 형성은 염색체가 부분적으로 분리가 될 때 세포의 중앙에서 세포벽 합성기구의 조립과 Z-고리 형성에 의해 달성된다(그림 7.5, 그림 7.6).
- 세균과 고균의 형태는 세포벽에 의해 결정된다. 막대모양 세균의 경우, 세포골격 단백질인 FtsZ와 MreB가 골격과 같은 역할을 하여 펩티도글리칸 재구성요소의 조립이 일어난다. 세포 분열 동안, FtsZ의 위치는 펩티도글리칸 합성을 세포중앙에서 일어나도록 한다(그림 7.7, 그림 7.8). 구균에서 FtsZ와 펩티도글리칸 합성은 세포중앙에 위치한다.

7.3 고균의 세포주기는 독특하다

- *Sulfolobus* 종은 G1기, S기, G2유사기, 분할 및 세포질 분열로 구성된 세포주기를 갖고 있다. 분할과정은 *C. crescentus*의 ParAB/*parS* 시스템과 유사하다. 하지만 이들 고균은 진핵세포 세포질 분열에 관여하는 ESCRT 단백질에 상동체로 사용한다(그림 7.9).
- 다른 고균의 세포주기는 세균 모델과 좀 더 비슷하다. 대다수가 FtsZ 상동체를 이용하여 세포질 분열을 하는 것으로 생각된다(그림 7.10).

7.4 생장곡선은 5단계로 구성되어 있다

- 생장은 세포성분의 증가이며 세포 크기, 세포 수 또는 둘 다의 증가를 초래한다.
- 미생물을 닫힌계에서 배양하거나 회분배양할 때 생장곡선은 일반적으로 지체기, 대수기, 정체기, 사멸기, 장기정체기의 5단계로 구별한다(그림 7.11).
- 대수기에서 이분법에 의해 증식하는 집단 규모는 일정한 시간마다 배가 되며, 이를 배가시간 또는 세대시간이라 한다(그림 7.14). 평균생장률 상수(k)는 세대시간(g)의 역수이다(그림 7.15).

7.5 미생물 생장에 영향을 주는 환경요인

- 용질 농도는 용해 또는 세포질 수축을 유발하여 미생물에 부정적인 영향을 미친다. 대부분의 세균, 광합성 원생생물 및 진균에는 견고한 세포벽이 있어 삼투압으로부터 스스로를 보호할 수 있다. 호환성 용질 생산을 통해 서식지보다 세포질 내에서 고장액 환경이 나타나도록 유지할 수 있다.
- 용질은 물과 상호작용하여 다양한 생리활동에 사용할 수 없게 만들기 때문에 미생물에 영향을 준다. 미생물이 사용 가능한 물의 양은 수분활성도(a_w)로 나타낸다. 대부분의 미생물은 수분활성도가 0.98 이하인 경우에는 잘 생장할 수 없지만 내삼투성 생물은 낮은 a_w에서도 살아남아서 번성할 수 있다. 실제로 호염성생물은 염화나트륨의 높은 농도가 필요하다(그림 7.17).
- 각 미생물 종들은 생장에 유리한 최적 pH를 가지고, 이에 따라 호산성, 호중성, 호염기성 미생물로 구분된다(그림 7.18).
- 미생물은 생장가능한 온도 범위가 있고 미생물 생장에 따른 최저, 최고, 최적온도를 기본온도라고 한다. 이 범위는 촉매속도, 단백질 변성, 막 구조 변화에 미치는 온도의 영향에 따라 결정된다. 생장온도에 따라 미생물은 저온성, 내냉성, 중온성, 호열성, 극호열성(그림 7.19)으로 나뉜다.
- 미생물은 산소에 반응하는 정도에 따라 절대산소요구성, 조건부산소비요구성, 내기성 산소비요구성, 절대산소비요구성 및 저농도산소요구성 미생물 등의 5종류로 분류할 수 있다(그림 7.20).
- 산소는 과산화수소, 초과산화물, 수산화 라디칼 등을 생성하기 때문에 독성이 있다. 이들 과산화물은 SOD, 카탈라아제, 페록시다아제 등의 효소에 의해 제거된다.
- 대부분의 해저미생물은 내압성이지만 일부는 호압성생물로 고압에서만 최적의 조건으로 생장한다.
- 고에너지 또는 단파장의 방사선은 여러 면으로 생명체에 손상을 준다. X-선이나 감마선과 같은 전리선은 분자를 이온화시켜 DNA 가닥을 절단한다. 가시광선은 세포에 손상을 입히는 반응성이 높은 단일상태 산소 형성에 필요한 에너지를 제공할 수 있다.

7.6 자연환경에서의 미생물 생장

- 자연환경에서 미생물은 영양분이 부족하거나 그 밖에 불리한 인자들에 심각하게 영향을 받는다. 미생물들은 빈영양 환경을 자주 직면한다. 그들은 이러한 환경에서 살아남기 위해 포자형성과 생장 정지상태에서 다른 종류의 휴지 방법 등의 전략을 발전시켜 왔다.

- 많은 미생물들은 미생물의 군집으로 세포외 다당류에 의해 서로 뭉쳐 있는 생물막을 형성한다(그림 7.24, 그림 7.25). 생물막을 형성하는 생명체는 해가 되는 물질에서 보호받는 것과 같은 몇 가지 이점이 있다.
- 세균은 종종 화학물질을 이용하여 밀도에 의존하는 방식으로 서로 의사소통하고 특정한 인구밀도에 도달해야만 특정한 활동을 수행한다. 이런 현상을 쿼럼센싱(정족수인식, quorum sensing)이라고 한다(그림 7.26).

7.7 실험실배양은 정상적인 서식환경을 모방한 환경이 필요하다

- 배지는 화학적으로 정확한 성분(성분명확배지 또는 합성배지)만으로 만들 수도 있고 정확한 화학조성을 알지 못하는 펩톤이나 효모 추출액과 같은 성분(복합배지)으로 만들 수도 있다. 홍조류에서 추출한 복합다당류의 일종인 한천을 넣어 배지를 고형화시킬 수 있다.
- 배지는 기능에 따라 나눈다. 지지배지는 다양한 미생물 배양에 사용된다. 농화배지는 까다로운 미생물을 위해 필요한 영양성분이 첨가된 지지배지이다. 선택배지는 일부 미생물의 생장에 선택적인 성분을 가지고 있다. 분별배지는 각각의 미생물을 구별할 수 있게 하는 성분을 가지고 있으며, 일반적으로 대사 능력에 의해 구별된다.
- 호기성생물은 산소를 제공하여 배양하고 혐기성생물은 산소가 배제된 배지와 방법을 통해 배양한다(그림 7.29).
- 농화배양은 순수 배양체를 분리하기 위한 첫 번째 작업이다. 농화배양은 선택적인 조건(배지, 환경조건)을 사용해서 특정 미생물의 생장을 촉진한다.
- 획선평판법, 도말평판법 및 주입평판법 등의 3가지 평판기술을 통해 개별 세포를 분리하여 순수 배양체가 확보된다. 획선평판법은 접종 백금이를 사용하여 한천 표면에 세포를 퍼트린다. 도말평판법에서 세포는 한천 표면에 구부러진 막대를 이용하여 도말된다. 도말평판법에서는 세포를 한천 표면에 퍼뜨리고 주입평판법에서는 세포를 식힌 한천이 들어간 배지와 섞은 뒤 페트리접시에 붓는다(그림 7.30~그림 7.32).
- 과거에는 배양할 수 없었던 미생물을 배양하기 위한 새로운 접근법이 개발되고 있다. 여기에는 실험실환경 내에서 자연서식지를 조성하고 생존을 돕는 생명체와 함께 미생물을 공동 배양하는 것이 포함된다.

7.8 미생물 집단의 크기는 직접적으로 또는 간접적으로 측정될 수 있다

- 미생물의 집단 크기는 계수기, 유세포분석기, 전자계수기 또는 형광현미경 등을 이용해 직접 측정할 수 있다(그림 7.33).
- 간접적인 측정법은 도말평판법, 주입평판법 또는 막여과법과 같은 세포계수법(표준평판법)을 포함한다(그림 7.34).
- 집단 크기는 건조중량, 탁도, 세포 구성성분의 양 등을 측정하여 알 수 있다(그림 7.35).

7.9 항성분배양장치와 항탁도조절장치가 미생물의 연속배양을 위해 사용된다

- 영양분을 계속 공급하고 계속 제거하는 열린계에서는 미생물을 연속적으로 배양할 수 있다.
- 연속배양체계는 미생물 집단을 대수기로 유지할 수 있다. 연속배양체계에는 항성분배양장치와 항탁도조절장치 2가지가 있다(그림 7.36).

심화 학습

1. 분산되는 신호 대신으로 세균이 쿼럼센싱을 할 수 있는 기전은 무엇인가?
2. 벤젠을 분해하여 이를 탄소와 에너지원으로 사용할 수 있는 미생물의 순수 배양체를 얻고자 한다. 어떻게 할 것인가?
3. 느리게 자라는 미생물 배양이 지체기인지 대수기인지를 어떻게 구분할 것인가?
4. 미생물의 기본온도가 주변 환경의 조건(예: pH)에 따라 변화하는 이유는 무엇이라 생각하는가? 이러한 변화의 구체적인 기전을 한 가지 제시하시오.
5. 알래스카의 영구 동토층에서 새로운 세균 종을 발견했다고 가정하자. 세균을 배양할 수 있지만 이 세균이 매우 느리게 생장한다. 생장률을 최적화하기 위해서 이 세균의 어떠한 특성을 고

려할 것인가? 그 이유를 설명하시오.

6. 이전 질문에서 나온 당신의 새로운 세균 균주의 경우, 기본온도를 결정하기 위해 그림 7.19에 표시된 것과 같은 곡선을 실험적으로 생성하는 방법은 무엇인가?

7. 극호열성이며 산소비요구성인 미생물을 다루기 위해서는 장비와 기술의 어떤 변화가 필요한가? 또는 생장 기질이 CO_2와 같은 기체일 경우에는 어떠한가?

8. *Variovorax*균은 *N*-아실호모세린락톤을 생장에 필요한 탄소 및 에너지원으로 사용한다. 생태계에서 *Variovorax* 균의 존재는 미생물 군집에 어떠한 영향을 미치는가?

9. 그림 7.11에 나타난 것과 같이 일반적인 세균 생장곡선을 고려했을 때, 개체가 최적의 조건에서 자라고 있다고 가정하자. 만약 그 배양이 그것의 최소온도 근처에서 배양된다면 곡선은 어떻게 달라지는가? 만약 영양분이 10배 희석되었지만 온도가 최적의 상태라면 곡선은 어떻게 달라지는가?

10. 혼합 미생물 집합체로부터 광합성으로 생장할 수 있는 박테리아를 분리하기 위해 농화 배양이 어떻게 사용될 수 있는가?

11. 0.5 M NaCl의 환경에서 존재하는 모든 개체가 호염성이라고 예상하는가? 이에 대해 설명하시오.

12. *Cupriavidus necator*는 다양한 배지에서 자라지만, 나이지리아와 영국의 한 과학자 그룹은 이 개체에 대해 화학적으로 밝혀진 배지를 확립하기 위해 노력했다. 그들의 첫 번째 실험으로, 세포밀도 측정(생장의 간접 측정)이 생존가능한 세포 수(생장의 직접 측정)와 상관관계가 있다는 것을 확립할 필요가 있었다. 이 실험을 어떻게 수행하겠는가?
   *C. necator*에 적합한 탄소원과 질소 공급원을 식별하기 위해, 실험자들은 여러 후보들을 선별했고, 과당이 급격한 생장을 돕는다는 것을 발견했다. 화학적으로 규명된 배지에 적용 가능한 질소 공급원으로 고려해야 할 화합물은 무엇인가?

   참고문헌: Azubuike, C. C., et al. 2020. Applying statistical design of experiments to understanding the effect of growth medium components on *Cupriavidus necator* H16 growth. *Appl. Env. Microbiol.* 86:e00705-20.

13. *Sulfolobus islandicus*에 감염하는 새로운 고균 바이러스(STSV2)는 일반적인 용혈 주기를 가지고 있지 않으며(그림 6.15 참조), 오히려 분비 기전에 의해 성숙한 바이러스를 지속적으로 방출한다. 프랑스와 중국의 과학자 팀은 감염된 숙주세포가 정상 크기의 약 20배까지 생장했다는 것을 관찰했다. 해당 세포에서 세포와 바이러스의 유전체에서 DNA 함량이 증가한 것이 관찰되었다. 이 바이러스 감염에서 고균 세포주기의 어떤 부분이 망가졌는가? 감염된 세포에서 어떤 단백질이 덜 풍부할 것으로 예상하는가?
   놀랍게도, 그 거대한 세포들은 정상 크기의 세포들을 방출하는 출아 과정(그림 7.2a)을 거쳤다. 이 출아 과정을 설명할 수 있는 관련 기전을 생각할 수 있는가? (힌트: 4.2절 참조)

   참고문헌: Liu, J., et al. 2021. Virus-induced cell gigantism and asymmetric cell division in archaea. *Proc. Natl. Acad. Sci. USA* 118:e2022578118.

CHAPTER

8

환경에서 미생물의 제어

eldar nurkovic/Shutterstock

닦을 것인가 말 것인가? 그것이 문제로다

COVID-19 대유행이 시작됐을 때 크로락스®(Clorax®)와 라이솔®(Lysol®) 티슈를 찾는 것은 거의 불가능했다. 가게에서 소독제는 눈 깜짝할 사이에 없어졌고 이것을 찾는 소비자들은 온라인 가격이 터무니없이 올라가는 것을 보았다. 6개월이 빠르게 지나갔지만 마트의 소독제 진열대는 여전히 비어 있었다. 크로락스 회사의 임원은 소독용 물티슈를 다시 보는 데 일 년 이상이 걸릴 거라고 말했다. 이런 재고 부족의 이유는 2가지였다. 첫째, 수요가 공급을 훨씬 초과했고, 둘째로 소독용 물티슈는 몇 기지 개인보호장비(PPE)에 이용되는 천과 같은 종류의 천으로 만든다. 당연히 대유행기간에는 보건의료진에 필요한 개인보호장비가 우선 순위이고, 이 때문에 물티슈의 복잡한 공급망이 멈춰 섰다.

대유행 초기에 무슨 일이 일어났기에 공황 구매를 부추겼는가? COVID-19를 일으키는 바이러스인 SARS-CoV-2가 주로 호흡기 비말을 통해 전염된다는 것을 알고 있음에도 불구하고 **매개물**(fomite)로 알려진 무생물의 표면을 통해 전파될 가능성에 대한 우려가 명백한 원인이었다. 초기 뉴스에서는 식료품뿐 아니라 받는 우편물과 택배도 씻어야 한다고 보도하였다. 봉쇄와 엄격한 규제에 직면하면서 소독용 물티슈는 인기 상품이 되었다. 2019년 12월 바이러스가 처음으로 동정되었을 때 보건 전문가가 참조할 수 있는 유일한 데이터는 이전에 규명된 6종류의 병원성 코로나 바이러스밖에 없었다. 정보가 제한되어 있을 때는 주의를 하는 것이 실수라 해도 포괄적인 연구결과가 발표될 때까지 그것이 분명히 더 나았다. 무생물 표면이나 물체로부터의 전파가 상당한 위험을 내포하고 있다고 시사하는 초기 데이터는 실제상황과 유사한 점이 전혀 없는 실험실 실험에 기초했다. 이후의 실험은 표면에서 검출된 바이러스는 소량이며, 감염된 사람이 근처에서 기침을 하거나 재채기를 했을 때에만 발견된다는 것을 증명했다. SARS-CoV-2가 발견되었을 때, 바이러스는 정상적인 환경조건에서 몇 시간 동안만 전염성을 유지했다.

그러면 이 새로운 데이터를 고려하여 표면을 소독하는 것을 잊어야 하는가? 아니다. 접촉을 많이 하는 표면이 있는 공용구역을 정기적으로 소독하는 것은 분명 좋은 습관이다. 하지만 우리는 식료품을 닦아내고 택배를 씻는 것이 과했다는 것을 지금은 알고 있다. 전염에 대해 좀 더 이해하게 되면서, 질병관리청(CDC)은 쇼핑한 물품과 우편물 취급에 대한 상식적인 지침을 제공했다. 포장을 풀거나 물건을 집은 후 손 씻기 그리고/또는 소독할 것을 권장하지만, COVID-19 예방조치로 매일 쓰는 물건을 사용하기 전에 닦는 것은 더 이상 권장하지 않는다.

이 장의 학습을 위해 점검할 사항:

✓ 세균, 원생생물, 진균, 바이러스, 프리온의 구조와 기능을 규명할 수 있다. 또한 이들의 복제 과정과 에너지 요구 특성을 확인한다(3.3~3.10절, 5.1~5.7절, 6.1~6.7절, 7.1~7.7절)

8.1 미생물 생장과 복제: 미생물 제어의 표적

이 절을 학습한 후 점검할 사항:

a. 소독, 방부, 화학치료요법, 살균을 대조하고 비교할 수 있다.
b. 살균(사멸)과 정균(억제) 제제의 차이를 구별할 수 있다.
c. 로그 감소시간(D 값)을 계산할 수 있다.
d. 방부, 위생처리, 소독, 살균과 각 제제의 효능을 연관시킬 수 있다.

미생물 제어의 원리는 7장에서 논의한 미생물의 영양분, 생장, 발생에서부터 찾을 수 있다. 만약 미생물을 굶기거나, 독으로 죽이거나, 생장이나 복제를 억제할 수 있으면, 미생물을 제어할 수 있다. 물론, 이것이 생각만큼 단순하지는 않다. 집단 밀도의 차이, 살균의 정도, 제어 기전의 본질을 설명하기 위해 약간은 복잡한 어휘가 사용된다. 일반적으로 **소독제**(disinfectant)와 **방부제**(antiseptic)와 같은 단어는 막연하게 쓰지만, 이 둘은 서로 다른 의미를 가지기 때문에 미생물 제어를 논의할 때 전문용어는 특히 중요하다. 특정 처리방법이 조건에 따라 미생물 생장을 억제할 수도, 미생물 복제를 불활성시킬 수도, 미생물을 사멸할 수도 있기 때문에, 이 상황은 훨씬 헷갈린다. **그림 8.1**에 제어제의 유형과 사용법이 정리되어 있다. 모든 제제가 화학물질이 아닌 점에 주목해야 한다. 그보다 항미생물제는 물리적, 화학적, 기계적, 생물학적 물질일 수 있다. 용어를 단순화하기 위해 미생물 제어에 이용되는 모든 항미생물제를 의미할 때 **살생물제**(biocide)라는 용어를 사용한다. 일반적으로 미생물 제어를 위해 살생물제의 효능은 그 효과가 나타나는 특정한 변수를 결정하여 평가해야 한다.

미생물세포 유형의 범위는 생장 제어를 위한 광범위한 표적을 제시한다. 미생물의 바깥쪽 층은 효과적인 처리를 위해 반드시 극복해야할 투과 장벽이다. 많은 세균세포는 쉽게 파괴되지만, 그람음성균은 그 외막 때문에 민감성이 약간 감소한다. *Mycobacterium* 종, 세균의 내생포자(endospore), 원생생물의 피낭(cyst)은 이들 세포를 특히 다루기 어렵게 한다. 제어 방법을 평가할 때 상황에 따른 미생물의 다양성을 고려하는 것이 중요하다.

우리가 생각하는 **살균**(sterilization, 멸균: 라틴어 *sterilis*는 '자손을 낳지 못하다'를 의미)은 살아 있는 모든 세포와 포자 그리고 비세포성 입자(예: 바이러스, 바이로이드, 프리온)를 물건이나 서식지에서 완전히 파괴하거나 제거하는 과정이다. 살균된 물건에는 살아 있는 미생물이나 포자, 그 밖의 감염원이 전혀 존재하지 않는다. 화학물질을 이용해 살균할 때, 이 물질을 **살균제**(sterilant)라 한다. 반면, **소독**(disinfection)은 질병을 일으킬 수 있는 미생물을 죽이거나, 억제 또는 제거하는 것이다. 소독은 전체 미생물 집단의 크기는 크게 줄이고 잠재적인 병원체를 파괴한다. **소독제**(disinfectant)는 대개

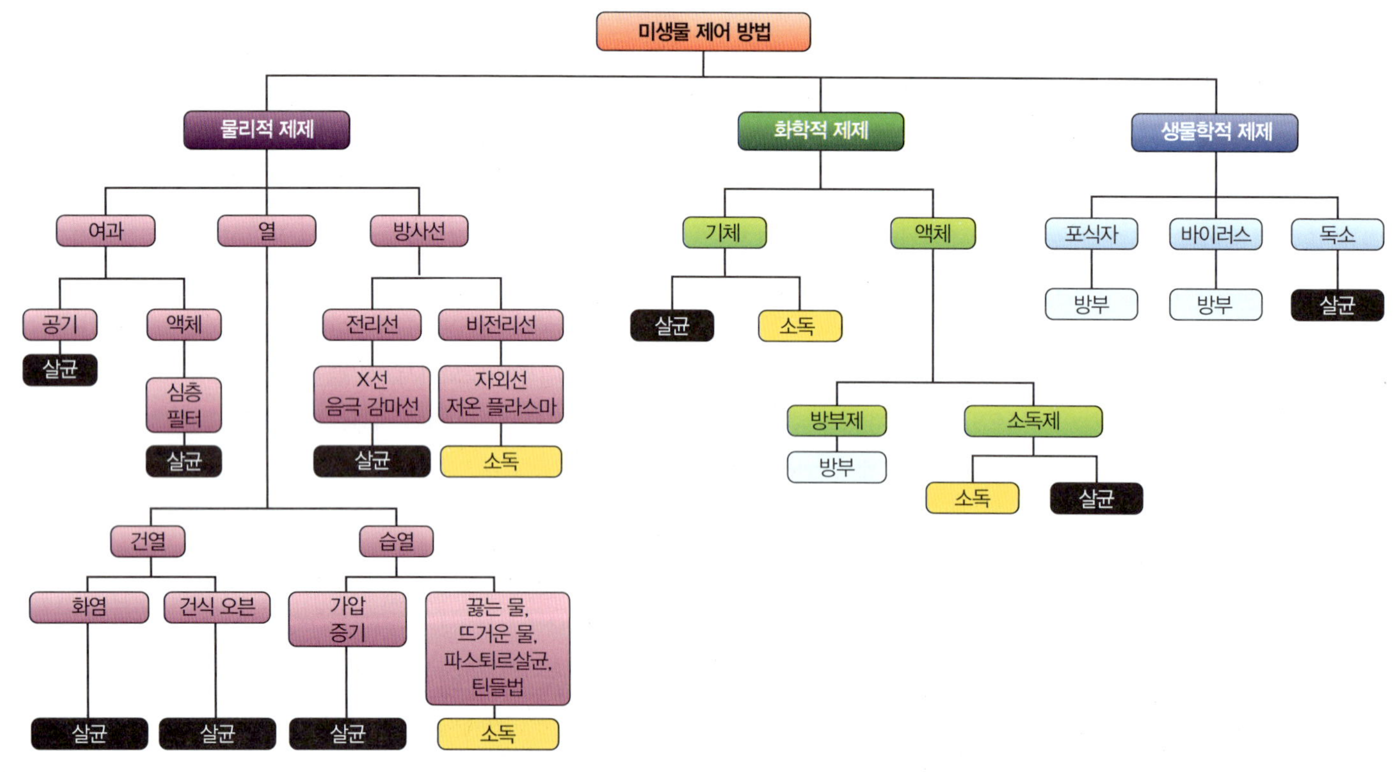

그림 8.1 미생물 제어 방법.

연관 질문 살균에는 어느 유형의 제제를 사용할 수 있는가? 방부제로 사용할 수 있는 제제는? 둘 사이의 차이점은 무엇인가?

화학물질로 병을 일으키는 미생물을 죽이거나 생장을 억제하며 보통 무생물인 물질에만 사용한다. 소독제로 어떤 물건이 꼭 살균되는 것은 아니므로 생장 가능한 포자나 적은 수의 미생물이 남아 있을 수 있다. **위생처리**(sanitization)를 하면 미생물 집단의 크기가 공중보건 기준에서 안전하다고 생각되는 수준으로 감소한다. 위생처리로 물건이 부분적으로 소독되는 것은 물론 대개 깨끗이 세척된다. 예를 들어, 위생처리제(sanitizer)는 식당에서 식기를 세척할 때 사용된다. ◀ 바이로이드와 위성체: 핵산에 기반한 보조성 바이러스 감염인자(6.6절); 프리온은 단백질로만 이루어져 있다(6.7절)

방부(antisepsis: 그리스어 *anti*는 '~에 반대', *sepsis*는 '부패'를 의미)는 살아 있는 조직에 있는 미생물을 파괴하거나 억제하는 것으로 감염 또는 부패를 방지한다. **방부제**(antiseptic)는 생체 조직에 처리해 병원체를 죽이거나 생장을 억제하여 감염을 막는 화학물질로, 전체 미생물 집단을 감소시키기도 한다. 방부제는 숙주의 조직에 심한 손상을 입히지 않아야 하므로, 보통 소독제만큼 독성이 강하지 않다.

화학치료요법(chemotherapy)은 미생물을 죽이거나 생장을 억제하기 위해 화학약품을 사용하는 것을 설명하는 일반적인 용어이다. 화학치료제는 종종 적용 결과로 특성을 나타낸다. 미생물을 죽이는 물질은 보통 용어 앞에 '살-'자를 붙여 사용한다(영어에서는 접미사 *-cide*를 쓴다. 라틴어로 *cida*는 '죽이다'를 의미). 살상제는 병원체를 죽이는 물질이지만 내생포자를 반드시 죽이지는 않는다. 소독제나 방부제는 특정 미생물 종류에만 특히 효과적일 수 있으며, 이런 종류에는 **살세균제**(bactericide), **살진균제**(fungicide), **살바이러스제**(viricide)가 있다. 또 다른 종류의 화학약품은 미생물을 죽이지는 못하고 생장만 억제한다. 이 경우는 약품이 제거되면 미생물은 다시 생장한다. 이들 이름의 앞에는 '정-'자를 붙인다(영어에서는 *-static*으로 끝난다. 그리스어 *statikos*는 '멈추게 하다'를 의미). 예를 들어, **정세균제**(bacteriostatic)와 **정진균제**(fungistatic) 등이 있다.

여기서 주목할 필요가 있는 것은 거의 항생제 내성만큼이나 빠르게 증가하고 있는 항미생물성 살생물제에 대한 내성이다. 살생물제 내성 기전은 항생제 내성의 기전과 닮았는데, 둘 다 배출 펌프 유도, 막투과성 변화, 표적 변형의 방법을 사용한다. 또한 항생제와 살생물제 내성 기전 둘 다를 유도하는 유전자의 획득과 연관되어 있는 것이 연구로 밝혀졌다. 많은 경우 이 기전은 플라스미드를 공유하며, 환경 어디에서나 있는 낮은 살생물제 농도에 반응하여 상향조절된다. 미생물이 새로운 상황에 잘 적응하고, 그 결과 성공적인 내성 전략을 공유한다는 것은 분명하다. 특히, 2016년에 광범위 항미생물제인 트리클로산(triclosan)은 광범위한 내성의 증거 때문에 가정용 개인세정 제품에 사용이 금지되었다. 이 금지 조치는 단순히 트리클로산 내성만을 우려한 것이 아니라, 전 세계적인 보건에 영향을 미칠 수 있는 임상적으로 중요한 다른 항생제에 대한 교차 내성이 입증되었기 때문이다. ▶ 항미생물제 내성은 공중보건에 위협이다(9.8절)

미생물의 사멸 패턴은 미생물의 생장 패턴을 투영한다

미생물 집단은 치사제에 노출될 때 즉시 사멸하지 않는다. 미생물 집단의 사멸은 일반적으로 지수적(log 값)으로 일어난다. 즉, 집단은 일정한 기간에 같은 비율로 감소한다(**표 8.1**). 미생물이 치사제에 노출된 시간에 따라 미생물 집단의 개체 수의 log 값을 그래프로 나타내면 직선이 그려진다(**그림 8.2**). 집단 크기가 아주 작아질 때 더 강한 내성 균주의 생존 때문에 치사율이 조금씩 둔화하기도 한다.

약품의 치사효과를 측정하는 수치 중 하나는 **로그 감소시간**(decimal reduction time, D) 또는 **D 값**(D value)이다. 로그 감소시간은 특정 조건에서 시료에 들어 있는 미생물이나 내생포자의 90%를 사

표 8.1 이론적인 미생물 열-사멸 실험

시간(분)	시작 시점의 미생물 수	1분 안에 사멸된 미생물 수(전체의 90%)[1]	1분 지난 시점에 살아 있는 미생물 수	생존한 미생물 수의 $\log_{10}$
1	10^6	9×10^5	10^5	5
2	10^5	9×10^4	10^4	4
3	10^4	9×10^3	10^3	3
4	10^9	9×10^2	10^2	2
5	10^2	9×10^1	10	1
6	10^1	9	1	0
7	1	0.9	0.1	–1

[1] 초기 시료에 들어 있는 영양세포성 미생물의 수가 10^6이고 열처리 동안 매 분마다 이 중 90%가 사멸한다고 가정한다. 온도는 121℃이다.

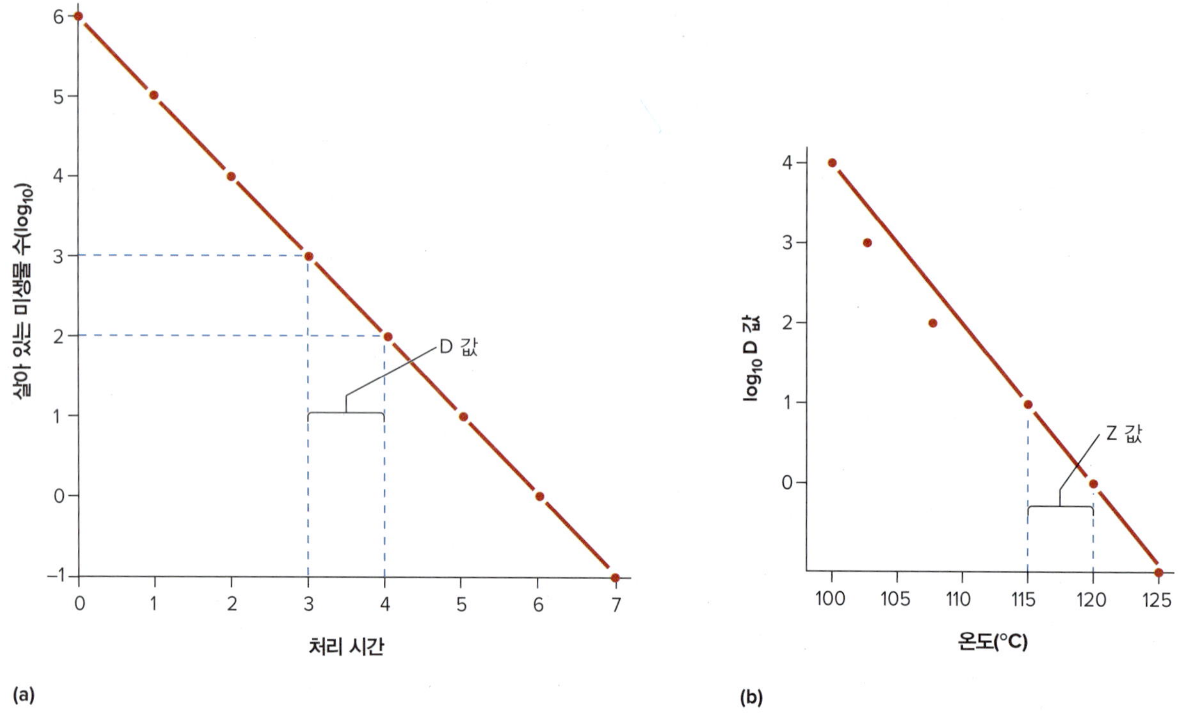

그림 8.2 미생물 사멸 패턴. (a) 121°C의 열처리 시간(분)에 따라 살아남은 미생물 수를 지수로 나타낸 그래프이다. 이 예에서 D 값은 1분이다. 그래프에서는 표 8.1의 데이터를 사용했다. (b) D 값을 온도에 따라 지수로 나타낸 그래프이다. 주어진 D 값에서 1 log 단위만큼 집단을 감소시키는 온도 변화를 Z 값이라 한다. 이 예에서 Z 값은 5°C이다.

연관 질문 그래프 (a)를 보고 처음 미생물 집단의 절반을 사멸하는 데 걸리는 시간을 구하시오. 그래프의 Y축이 log_{10} 값인 점에 주의하자.

멸시키는 데 걸리는 시간이다. 예를 들어, 남아 있는 미생물 집단의 크기를 열처리한 시간에 대해 나타낸 세미로그 그래프에서 D 값은 그래프의 선이 1 log 값, 또는 10배 떨어지는 데 걸리는 시간이다(그림 8.2a). 즉 집단의 크기가 10배 단위로 줄어드는 데 걸리는 시간이다. 미생물 집단이 1 log (90%) 단위로 감소하는 어떤 D 값에서의 온도 변화도 결정할 수 있다. 이 온도 변화를 **Z 값**(Z value)이라 하며 온도에 대한 세미로그 D 값을 나타내는 그래프로부터 예측할 수 있다(그림 8.2b).

치사제의 효과를 알아보려면 반드시 미생물이 언제 죽는지를 결정해야 하는데 이것이 쉽지 않을 수 있다. 정상 상태에서 어떤 미생물이 자랄 수 있는 새로운 배지에 접종했을 때 세포가 생장하지 않으면 그 미생물은 보통 죽은 것으로 정의된다. 같은 맥락으로 보면 불활성 바이러스는 자신의 숙주를 감염시킬 수 없다. 그러나 이런 정의에는 오류가 있다. 세균은 특정 조건에 노출되면 생명력은 유지하지만, 일시적으로 번식하지 않는다는 것이 밝혀졌다(그림 7.22 참조). 항미생물제의 사멸효과를 검증하는 통상적인 시험에서 비배양성 생존(viable but nonculturable) 미생물은 죽은 상태로 판단된다. 이는 아주 심각한 문제인데 이와 같은 세균이 일정 시간 후에 분열 능력을 회복하면 번식하여 질병을 유발할 수 있기 때문이다.

그림 8.3은 3종류의 다른 살생물제를 사용하였을 때 나타날 수 있는 3가지 유형의 집단 감소 곡선을 보여주고 있다. 곡선의 모양은 살생물제의 효과에 영향을 주는 다양한 조건을 반영한다. 방부에서 살균까지 각 방법에서 미생물의 예상 생존 간격에 따라 궁극적으로 살아 있는 미생물이 감소하는 점을 주목하자. ◀ 대부분의 미생물들이 생장이 멈춘 상태에 살고 있다(7.6절)

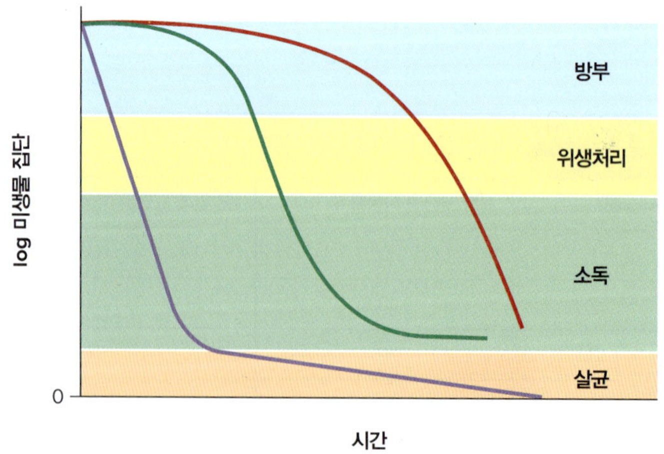

그림 8.3 살생물제 처리 효과. 살생물제의 처리시간에 따른 미생물 생존을 나타내는 지수 그래프의 3가지 곡선은 살생물제 작용의 잠재적 동역학을 보여준다. 미생물 제어를 지칭하는 일반적인 용어가 미생물 수의 감소에 의해 어떻게 영향을 받는지 주목하시오. 예로, 살균은 살생물제의 역학과 관계없이 생장 가능한 생명체가 존재하지 않는 것을 말한다.

마무리 점검

1. 다음 용어를 정의하시오: 살균, 살균제, 소독, 소독제, 위생처리, 방부, 방부제, 화학치료요법, 살생물제.
2. 살세균제와 정세균제의 차이점은 무엇인가? 가정에서 사용하는 세제 대부분은 둘 중 어느 것에 속한다고 생각하는가? 그 이유는 무엇인가?
3. D 값과 Z 값 사이의 관계를 설명하시오. 두 값이 반비례하는 이유는 무엇인가?

8.2 물리적 방법으로 미생물을 제어할 수 있다

이 절을 학습한 후 점검할 사항:

a. 여과법으로 미생물을 제거하는 기전을 설명할 수 있다.
b. 여과법으로 액체와 기체를 살균하는 방법의 차이를 구분할 수 있다.
c. 미생물을 제어하는 열과 방사선 처리 방법을 설명할 수 있다.
d. 열과 방사선이 미생물을 제어하는 기전을 설명할 수 있다.

물리적 방법은 살아있는 미생물을 제어하는데 자주 사용된다. 여과법은 미생물 집단을 고립시키는 장벽을 제공하는 반면 열이나 방사선은 미생물 자체를 변형시킨다. 건조, pH 조작 또는 삼투압 변화는 식품보존에서 미생물을 제어하는 데 자주 사용된다. ▶| 식품 부패를 제어하는 환경적 요인(40.2절)

여과법

여과법(filtration)은 열에 약한 물질로 된 용액에서 미생물 집단을 감소시키기에 아주 좋은 방법이며, 액체와 기체(공기 포함)를 살균하는 데 이용할 수 있다. 여과법은 오염된 미생물을 직접 파괴하기보다 필터(filter, 여과 장치)가 단순히 미생물을 가두는 장벽으로 작용한다. 액체 여과시스템에는 2종류가 있다. **심층필터**(depth filter)는 섬유상 또는 입자상의 물질로 구성되는데, 이들은 좁고 꼬불꼬불한 통로로 가득 채워진 두꺼운 층으로 접합되어 있다(**그림 8.4a**). 미생물이 들어있는 용액을 진공 상태에서 이 층에 통과시키면 미생물세포는 필터물질 표면에 흡착되어 물리적으로 걸러지거나 포획됨으로써 제거된다.

막필터(membrane filter)는 심층필터를 대신하여 여러 용도로 사용된다. 막필터는 다공성 막으로 두께는 0.1 mm보다 약간 두꺼우며, 아세트산 셀룰로오스(cellulose acetate), 질산 셀룰로오스(cellulose nitrate), 탄산염중합체(polycarbonate), 불화 비닐리덴중합체(polyvinylidene fluoride), 또는 다른 종류의 합성물질로 만들어진다. 구

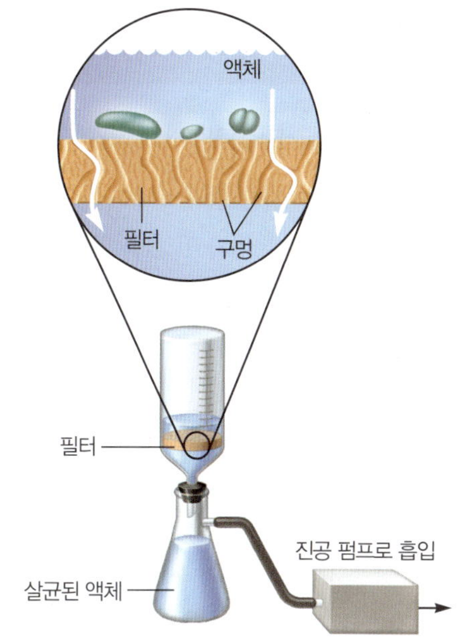

(a)

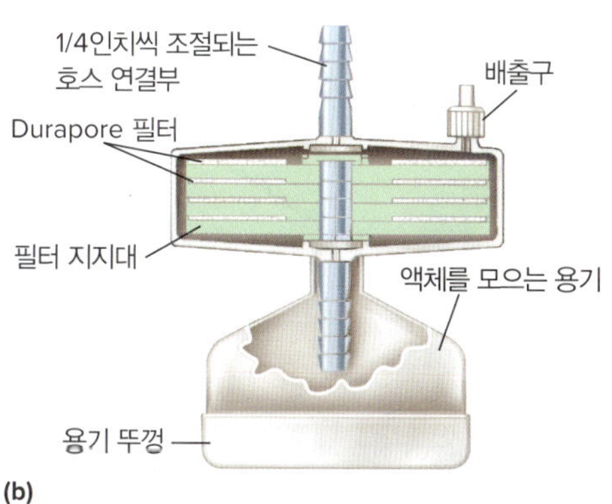

(b)

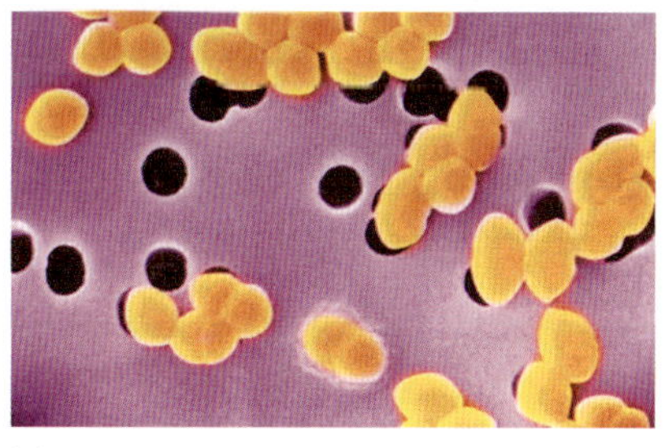

(c)

그림 8.4 여과 살균. (a) 진공 펌프를 사용하여 필터를 통해 액체를 강제로 통과시키는 심층필터장치의 개략적인 모식도이다. 확대된 부분은 필터의 단면과 그 구멍을 보여준다. 구멍의 크기는 미생물이 통과하기에는 너무 작다. (b) 막필터장치의 단면이다. 여과 용량을 늘리기 위해 막이 여러 개 사용된다. (c) 구멍 크기가 0.4 μm인 탄산염중합체 막에 붙어 있는 *Enterococcus faecalis*이다. @Callista Images Cultura/Newscom

연관 질문 여과법에 의해 모든 미생물이 제거되는지 어떻게 확인할 수 있는가?

기술 및 응용 8.1

나랑 같이 비행기를 타볼래?

COVID-19 대유행의 기간에 잠재적 슈퍼확산사건이 될 수 있는 위험한 활동에 대해 많은 논의가 있었다. 결혼식장은 이제 위험한 장소가 된 것인가? 장례식을 치름으로써 사랑하는 사람의 죽음을 애도하는 것은 잘못된 생각이었는가? 전 세계의 지도자들이 자국민들에게 여행 제한을 요청하면서 항공 산업이 급감했다. 비행기간 밀폐된 공간에 갇혀 있으며, 어쩌면 감염 전파를 촉진할 수도 있다는 것을 알고 비행기에 탑승하는 것이 얼마나 위험한 일이었는가? 비행 후에 코를 훌쩍이는 것은 항상 위험했다. COVID-19 시대에 이런 행동이 삶과 죽음의 문제가 되었는가? 항공사들은 승객들을 안심시키기 위해 노력했고, 심지어 침체된 산업을 되살리기 위해 미국 국방부와 실험을 하기도 했다. 2020년 8월, 두 대의 대형여객기에서 에어로졸 테스트를 실시하여 공기 중 입자의 기내 확산을 평가하였다. 여러 곳에서 형광추적 입자를 방출하여 항공기 전체에 배치된 마네킹에 노출시켰다.

바이러스와 세균의 99.9%를 포착하는 HEPA 필터를 사용하여 2~5분마다 공기를 교환시킨 덕분에 연구원들은 HEPA 필터가 장착된 항공기가 "당신이 있을 수 있는 가장 안전한 곳 중 하나"라고 선언하게 되었다. 또한 보잉은 항공사, 기관 및 규제 당국과 협력하여 소독제에 대한 데이터를 재평가하고 더 효과적인 소독 방법에 대한 연구를 수행했으며 항공기 객실에서 사용할 새로운 항미생물 물질과 도장 물질도 연구하였다. 항공사들은 물리적이고 화학적인 통제방법까지 모든 박스를 확인했지만, 불행하게도 예측할 수 없는 인간변수는 관리하기가 더 어렵다. 재채기할 때 얼굴 좀 가립시다!

(a)

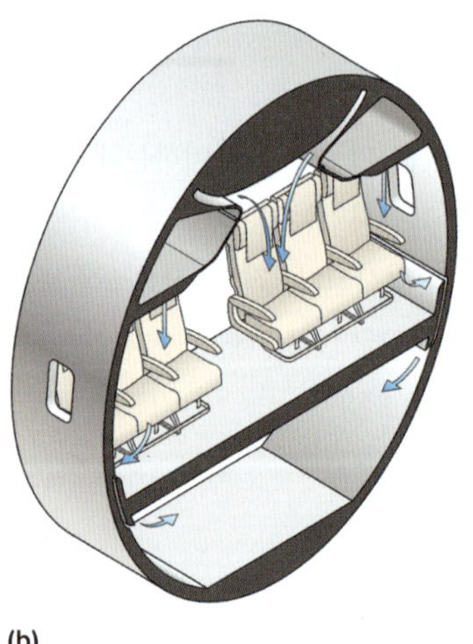

(b)

그림 항공기 안전 주의사항. (a) 코로나바이러스에 대한 항공기 실내의 집중 소독을 하는 모습이다. (b) 일반적인 항공기 객실 내부의 공기 순환을 보여주는 모식도이다. (a) Zern Liew/Shutterstock; (b) Pradpriew/Shutterstock

멍의 크기는 다양하지만, 지름이 0.2 μm 정도의 구멍이 있는 막을 이용하여 바이러스를 제외한 대부분의 영양세포를 용액에서 제거할 수 있다. 막은 특수한 기구 안에 장착되며(그림 8.4b), 막필터를 막히게 하는 커다란 입자를 제거하기 위해 먼저 심층필터를 사용하는 경우가 많다. 액체가 강제로 막필터를 통과하도록 하고 여과용액은 미리 살균된 용기에 담아 회수한다. 막필터는 큰 모래알과 작은 모래알을 체로 걸러 구분하는 것과 같은 원리로 용액에서 미생물을 제거한다(그림 8.4c). 막필터는 약품, 안약, 배양액, 유액, 항생제 등의 열에 약한 용액을 살균하기 위해 사용한다.

미생물 제거를 위해 공기도 여과할 수 있다. 가장 흔한 2가지 예로 병원과 실험실에서 사용하는 N95 일회용 마스크와 **고효율입자 공기 필터**[high-efficiency particulate air filter, HEPA filter]가 있다. HEPA 필터는 공기는 자유롭게 통과시키지만 미생물의 통과는 저지한다. N95 마스크는 0.3 μm보다 큰 입자를 95% 제거한다. HEPA 필터(유리 섬유로 만든 일종의 심층필터)는 물리적 잔류와 정전기적 인력에 의해 공기 중에 있는 크기가 0.3 μm 이상의 입자를 99.97%

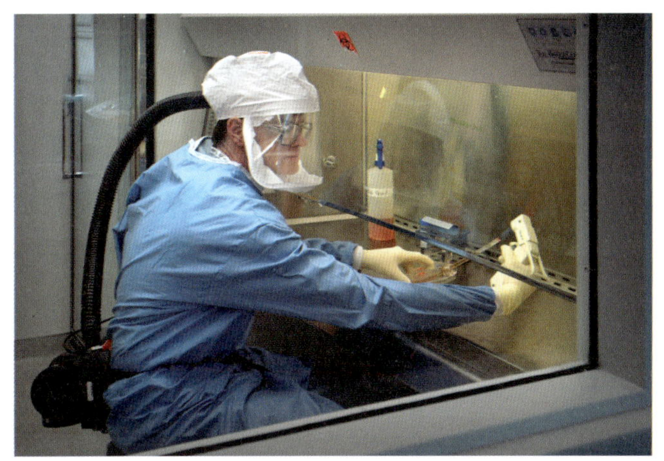

(a)

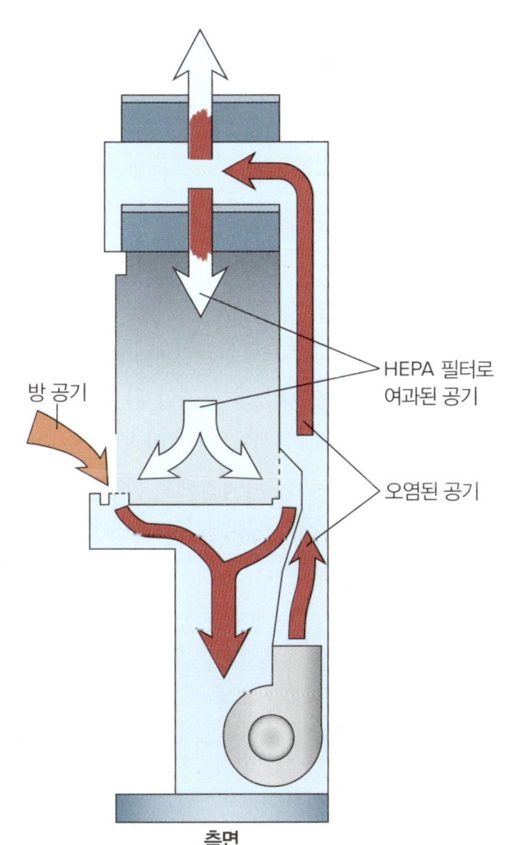

(b)

그림 8.5 생물안전캐비닛. (a) 실험자가 안전캐비닛에서 잠재적 위험물질을 피펫으로 분주하고 있는 모습이다. (b) II형 안전캐비닛에서의 공기순환 패턴을 보여주는 모식도이다. (a) James Gathany/CDC

제거한다. HEPA 필터는 크기가 0.1 μm 이하의 바이러스를 제거하여 공기를 살균시킨다. HEPA 필터로 걸러진 공기는 수술실과 의약품 제조시설과 같은 클린룸(clean room) 환경에 아주 중요하다. 층류 생물안전캐비닛(laminar flow biological safety cabinet) 또는 후드(hood)는 HEPA 필터를 통해 공기를 강제로 통과시킨 다음 캐비

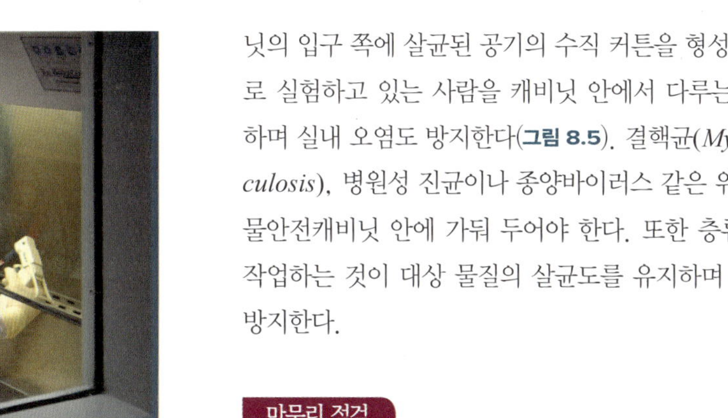

닛의 입구 쪽에 살균된 공기의 수직 커튼을 형성시킨다. 이런 방법으로 실험하고 있는 사람을 캐비닛 안에서 다루는 미생물로부터 보호하며 실내 오염도 방지한다(**그림 8.5**). 결핵균(*Mycobacterium tuberculosis*), 병원성 진균이나 종양바이러스 같은 위험물질은 반드시 생물안전캐비닛 안에 가둬 두어야 한다. 또한 층류 생물안전후드에서 작업하는 것이 대상 물질의 살균도를 유지하며 배양 생물의 오염을 방지한다.

마무리 점검

1. 심층필터와 막필터는 무엇인가? 이들을 이용하여 어떻게 액체를 살균할 수 있는가?
2. 생물안전캐비닛/후드의 작동방법을 설명하시오.

열

대부분의 미생물은 정상적인 생장과 복제를 위해 특정 온도를 요구한다. 이보다 높은 온도는 구조를 손상시키고 화학 반응을 변형시킨다(그림 7.19 참조). 이 과정에서 습열과 건열 처리로 바이러스, 세균, 진균은 쉽게 파괴된다(**표 8.2**).

습열(moist heat)은 핵산을 분해하고, 효소와 다른 필수적인 단백질의 변성을 초래하며 세포막을 파괴하여 세포와 바이러스를 사멸시킨다. 끓는 물에 10분간 처리하면 영양세포나 진핵포자를 충분히 죽일 수 있다. 그러나 불행히도 끓는 물의 온도(해수면에서 100℃)는 세균의 내생포자를 파괴하기에 충분하지 못하다. 그러므로 식수를 끓이거나, 물이 묻어도 상관없는 도구를 물에 넣고 끓이는 방법으로 이들을 소독은 할 수 있지만 살균시키지는 못한다.

세균의 내생포자를 파괴하기 위해서는 100℃ 이상에서 습열멸균을 해야 하며, 이때 고압에서 포화증기가 필요하다. 증기를 이용한 증기멸균은 압력솥 같은 **고압멸균기**(autoclave)를 이용한다(**그림 8.6**).

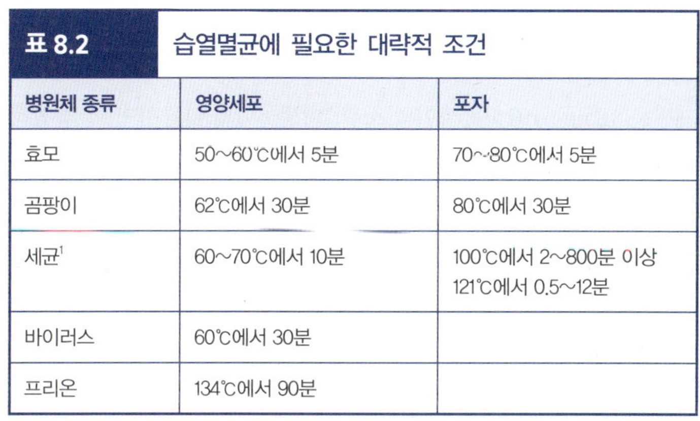

표 8.2 습열멸균에 필요한 대략적 조건

병원체 종류	영양세포	포자
효모	50~60℃에서 5분	70~80℃에서 5분
곰팡이	62℃에서 30분	80℃에서 30분
세균[1]	60~70℃에서 10분	100℃에서 2~800분 이상 121℃에서 0.5~12분
바이러스	60℃에서 30분	
프리온	134℃에서 90분	

[1] 중온균의 사멸 조건.

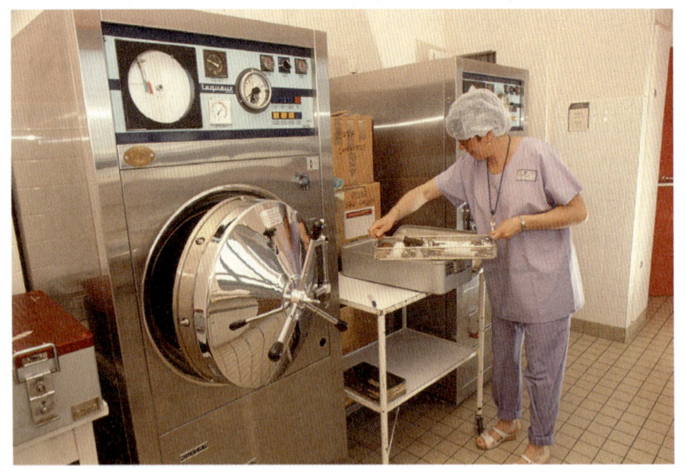

(a)

압력조절기
안전밸브
재킷에서 멸균실로 유입되는 증기
문 개스킷
증기 재킷
증기 공급장치

(b)

그림 8.6 고압멸균기. (a) 현대적인 자동조절 고압멸균기 또는 살균기이다. (b) 전형적인 고압멸균기의 부품과 증기의 경로를 보여주는 멸균기의 종단면이다.
(a) BERANGER/BSIP SA/Alamy Stock Photo

1879년 찰스 챔버랜드(Charles Chamberland)에 의한 고압멸균기의 개발은 1850~ 1915년 사이의 소위 "미생물학의 황금시대"에 결정적인 역할을 하였다. 증기는 고압멸균기 내부로 분출된다(그림 8.6b). 처음 내부에 있던 공기는 포화증기로 내부가 채워질 때까지 강제로 밖으로 배출되고 그 다음 배출구는 닫힌다. 뜨거운 포화증기는 멸균기의 내부가 적정 온도와 압력, 즉 보통 온도는 121℃, 압력은 15 psi (1 inch^2 당 15파운드)에 이를 때까지 계속 유입된다.

고압멸균은 바르게 수행해야만 멸균처리하는 물질에 있는 모든 영양세포와 내생포자가 파괴된다. 멸균기 내부의 공기가 모두 제거되지 않으면 압력이 15 psi에 이르더라도 온도가 121℃까지 오르지 않는다. 내부에서 증기가 자유롭게 순환되어 멸균기에 있는 모든 물질과 접촉할 수 있도록 멸균기 내부를 너무 꽉 채우면 안 된다. 세균의 내생포자는 121℃에서 10~12분간 유지되어야만 사멸된다. 많은 양의 액체를 한꺼번에 멸균할 때는 액체의 중심부가 121℃가 되는 데까지 시간이 더 걸리므로 멸균시간을 늘려야 한다. 액체 5 L를 멸균하려면 약 70분이 필요할 것이다. 이런 문제 때문에, 멸균할 때는 생물학적 지표를 함께 넣어 멸균 여부를 확인한다. 생물학적 지표는 보통 멸균한 배양액 앰플과 *Geobacillus stearothermophilus* 내생포자로 싸인 종이 띠가 들어있는 시험관으로 되어 있다. 고압멸균이 끝나면 앰플을 오염되지 않게 깬 다음 배지를 며칠 동안 배양한다. 만일 지표 세균이 배지에서 자라지 않는다면 성공적으로 멸균된 것이다. 열이 가해지면 색이 변하는 표식 테이프나 종이를 멸균할 시료와 함께 고압멸균기에 넣어 사용하는 경우도 있다. 이런 방법은 가열이 된 상태를 표시하고 편하긴 하지만, 세균의 내생포자를 직접 불활성하는 방법만큼 믿을 만하지는 않다.

우유처럼 열에 약한 많은 물질은 끓이는 것보다 훨씬 낮은 온도로 조절하면서 가열한다. 이 방법은 이를 개발한 파스퇴르(Louis Pasteur, 1822~1895)의 업적을 기려 **파스퇴르살균법**(pasteurization, 저온살균법)이라 한다. 1860년대에 프랑스의 양조업계는 포도주가 변질하는 문제로 큰 곤란을 겪었는데, 이 때문에 보관과 선적 수송이 어려웠다. 파스퇴르는 변질한 포도주를 현미경으로 관찰하여 내생포자를 형성하지 않는 젖산 발효균과 아세트산 발효균처럼 보이는 미생물을 검출하였다. 그 후 그는 포도주를 55~60℃에서 잠깐 가열하면 이런 미생물들이 제거되고 포도주를 오랫동안 보존할 수 있다는 사실을 발견했다. 1886년 독일의 화학자 속슬렛(V. H. Soxhlet과 F. Soxhlet)은 이 기술을 우유 보존에 적용하였다. 우유의 파스퇴르살균법이 미국에 도입된 것은 1889년이다. 지금은 우유, 맥주 및 다른 많은 음료를 파스퇴르살균 처리한다. 파스퇴르살균법으로 음료를 살균시킬 수는 없지만, 병원성 미생물을 제거하고 비병원성 부패 미생물의 수를 감소시켜 식품이 부패하는 속도를 상당히 늦춘다(표 40.2 참조).

어떤 물질은 고압멸균기의 높은 온도를 견디지 못하고, 내생포자 오염은 이 물질을 멸균하는 데 다른 방법을 이용할 수 없게 한다. 이런 물질에는 간헐멸균법(intermittent sterilization)의 과정이 이용된다. 영국의 물리학자 틴들(John Tyndall, 1820~1893)은 먼지 속에 존재하는 열에 강한 미생물을 죽이기 위해 이 방법을 사용하였는데, 그의 이름을 따서 이 방법을 **틴들법**(tyndallization)이라고도 한다. 이 방법도 영양세포 상태의 세균을 파괴하기 위해 증기를 30~60분 동안 사용한다. 하지만 총 3회의 증기 처리를 하고, 증기 처리 사이에 23~24시간 배양한다. 배양은 남아 있는 내생포자가 열에 민감한 영양세포로 발아하게 하고 그 다음의 증기 처리 과정에서 영양세포가 파괴된다.

많은 기구는 건열(dry heat)로 가장 잘 멸균된다. 예를 들어 실험실에서 일상적으로 사용하는 백금이(inoculating loop)는 작은 탁상용 화염살균기로 멸균할 수 있다. 다른 기구들은 160~170℃의 오븐에서 2~3시간 동안 멸균시킨다. 미생물은 세포 성분이 산화되고 단백질이 변성되면 그 결과로 죽는다. 건열은 습열보다 덜 효과적이다. 보툴리누스중독을 일으키는 보툴리누스균(*Clostiridium botulinum*)의 내생포자는 습열멸균으로 121℃에서 5분 만에 사멸되지만, 건열을 사용하면 160℃에서 2시간이 경과된 후에야 사멸된다. 그렇지만 건열멸균이 가진 몇 가지 장점이 있다. 습열을 사용하는 경우 유리기구의 파손이나 금속기구의 부식이 일어나지만 건열은 그렇지 않다. 분말, 기름 및 이와 유사한 물질을 멸균하는 데 건열을 이용할 수 있다. 이런 장점에도 불구하고, 건열멸균법은 멸균속도가 느리고, 열에 약한 플라스틱이나 고무제품에는 사용할 수 없다.

방사선

파장이 260 nm 근처인 **자외선**(ultraviolet radiation, UV radiation, 그림 7.21 참조)은 아주 치명적이다. 자외선은 미생물의 DNA에 티민-티민 이량체를 형성시켜 복제와 전사를 방해한다(그림 16.4 참조). 그러나 자외선은 유리, 오염된 막, 물, 그 밖의 다른 물질을 아주 효율적으로 투과하지 못한다. 따라서 자외선을 살균제로 사용하는 것은 제한적이다. 어떤 때는 공기나 공기에 노출된 표면을 살균하기 위해 실험실이나 생물안전캐비닛의 천장에 UV등(UV lamp)을 설치한다. 자외선은 피부에 화상을 입히고 눈에 손상을 주기 때문에 자외선등이 설치된 공간에서 작업할 때는 반드시 자외선등을 꺼야 한다. 물을 소독하기 위한 상용 자외선장치도 있는데(**그림 8.7**), 얇은 물층이 자외선등 아래를 통과하여 병원균과 그 밖의 미생물들이 파괴된다. ▶ 안전한 식수를 보장하는 정화 및 위생 분석(42.1절)

그림 8.7 자외선을 이용한 살균. 산타클라라밸리 정수구역(Santa Clara Valley Water District) 소속인 남부 샌프란시스코 만 지역에 위치한 실리콘밸리 고급정수센터에 있는 자외선 시스템이다. Sundry Photography/Shutterstock

COVID-19

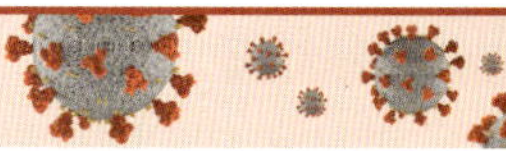

자외선은 효과적인 소독제로 여겨지지만 만병통치약은 아니다. 고에너지 UVC는 SARS-CoV-2를 죽이는 데 가장 효과적인 것으로 증명되었지만, 대부분의 UVC는 오존층에 흡수된다. 따라서 햇빛과 저성능의 가정용 UV 기구가 효과를 나타내기 위해서는 훨씬 긴 시간 노출시켜야 한다.

최근의 연구는 물질의 네 번째 상태로 여겨지는 **저온 플라스마**(cold plasma)가 효과적인 항미생물제라는 것을 보여주었다. 저온 플라스마는 일부 또는 완전히 이온화된 기체로 구성된다. 이온화된 기체에서 원자 그리고/또는 분자는 외곽 전자껍질이 제거되어 있다. 저온 플라스마는 자외선, 활성산소 그리고/또는 질소류를 방출하는데 이들은 핵산을 손상시키고, 각각 핵산, 단백질, 지질을 산화시킨다. 의료기기의 살균, 농산물 내 병원균 불활성화, 식품보존 등에 저온 플라스마를 활용하는 것이 검토되고 있다.

전리선(ionizing radiation)은 아주 좋은 살균제로 물체 속으로 깊숙이 투과할 수 있다. 전리선은 원자나 분자로부터 전자를 분리시키기에 충분한 에너지를 가지며 화학 반응성이 있는 자유라디칼을 생성한다. 자유라디칼은 가깝게 있는 물질을 약화시키거나 파괴한다. 전리선은 세균의 내생포자를 파괴하고 모든 미생물을 사멸시키지만, 바이러스에는 항상 효과적이지 않다. 감마선(γ-radiation, 코발트 60에서 방출)과 베타선(β-radiation, 고압전기장에서 방출된 가속 전자)은 항생제, 호르몬, 수술 봉합사, 주사기와 같은 일회용 플라스틱 물품을 비열살균(cold sterilization)하는 데 사용된다. 감마선과 전자빔은 육류와 여러 식품들을 '파스퇴르살균'하는 데도 쓰인다(그림 8.9). 방사선조사는 치명적 장 질환을 유발하는 대장균 O157:H7, 피부와 혈액 감염을 유발하며 환자 처치에 이용하는 의료장비에 쉽게 집락을 형성하는 황색포도상구균(*Staphylococcus aureus*), 육류를 오염시켜 덜 익힌 고기를 먹을 때 발생하는 장 질환을 유발하는 캄필로박터(*Campylobacter jejuni*)와 같은 병원체의 위협을 제기할 수 있다. 미국 식품의약품안전처와 세계보건기구는 식품의 방사선조사를 승인하고 안전하다고 선언하였다. 최근에는 육류, 과일, 채소, 양념류를 처리하는 데 방사선조사 방법이 이용되고 있다. ▶ 세균에 의한 질병(38장); 식품 부패를 제어하는 환경적 요인(40.2절)

마무리 점검

1. 고압멸균기가 어떻게 작동하는지 설명하시오. 습열로 멸균하기 위해서는 어떤 조건이 필요한가? 고압멸균기로 확실하게 멸균하기 위해 고려해야 할 3가지 사항은 무엇인가?
2. 과거에는 상한 우유가 영유아 사망원인의 상당 부분을 차지하였다. 살균 처리되지 않은 우유가 쉽게 상하는 이유는 무엇인가?
3. 살균제로서 자외선과 전리선의 장단점 목록을 작성하시오. 자외선이나 전리선이 각각 살균 목적으로 이용하는 예를 몇 가지 들어보시오.
4. 방사선 에너지와 살균 기전 사이에 어떤 상관관계가 있는가?

8.3 화학물질로 미생물을 제어한다

이 절을 학습한 후 점검할 사항:

a. 미생물을 제어하기 위한 페놀류, 알코올, 할로겐, 중금속, 4차 암모늄 화합물, 알데하이드, 산화물의 사용과 작용 기전을 기술할 수 있다.
b. 페놀류, 알코올, 할로겐, 중금속, 4차 암모늄 화합물, 알데하이드, 산화물을 이용한 새로운 항미생물 제어 방법을 고안할 수 있다.

화학물질은 식품보존에서부터 감염병 치료를 망라하여 살균, 소독, 방부에 이용할 수 있다. 화학치료요법에서 사용되는 화학약품은 9장에서 다루었고 음식에서 이용되는 화학물질은 40장에서 다룰 것이다. 여기에서는 신체 외부에서 이용되는 화학물질에 대해 알아본다.

많은 화학물질은 소독제로 사용하도록 특수하게 조성되었고 각각의 물질마다 장단점이 있다. 이상적인 항생물제는 유기물이 있는 조건에서 낮은 농도로 아주 광범위한 감염물질(세균, 세균의 내생포자, 진균, 바이러스, 프리온)에 대해 효과적이다. 화학물질은 감염물질에 독성을 나타내야 하지만, 사람에게는 독성이 없어야 하고 우리가 일상적으로 사용하는 물질을 부식시키지 않아야 한다. 실제로는 이렇게 높은 효과와 낮은 독성의 균형을 맞추기 어렵다. 어떤 화학물질은 효과가 그리 높지 않아도 비교적 독성이 낮기 때문에 사용된다. 이상적인 소독제는 오래 보관해도 역가가 떨어지지 않아야 하고, 냄새가 없거나 좋은 냄새가 나야 하며, 미생물에 잘 투과할 수 있도록 물과 지질에 잘 용해되어야 한다. 또한, 표면장력이 작아 표면의 작은 틈새로 잘 투과해야 하며 상대적으로 값이 싸야 한다.

다른 화학적 살생물제는 방부제로 사용된다. 방부제는 소독제보다 사람에게 독성이 적고, 따라서 소독제가 죽일 수 있는 모든 미생물을 죽이는 데 효과가 작을 수 있다는 사실을 기억할 것이다. 일반적으로 방부제는 감염을 예방하기 위해 사람 조직에 있는 병원체의 수를 감소시켜야 한다. 방부제의 예로는 손세정제, 옷감에 같이 넣어

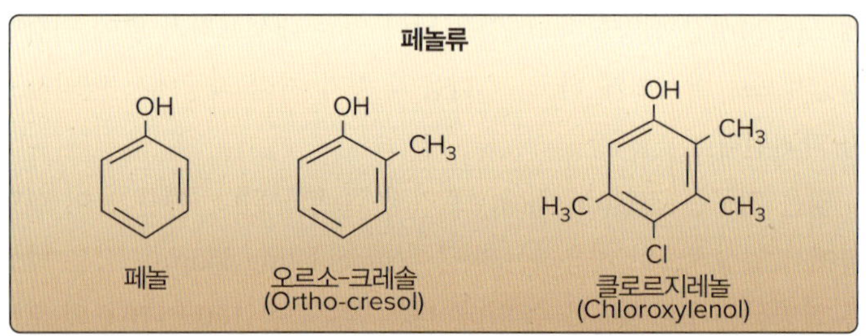

알코올

CH_3-CH_2-OH 에탄올

$CH_3-CH(OH)-CH_3$ 이소프로판올

알데하이드

$H-C(=O)-H$ 포름알데하이드

$H-C(=O)-CH_2-CH_2-CH_2-C(=O)-H$ 글루타르알데하이드

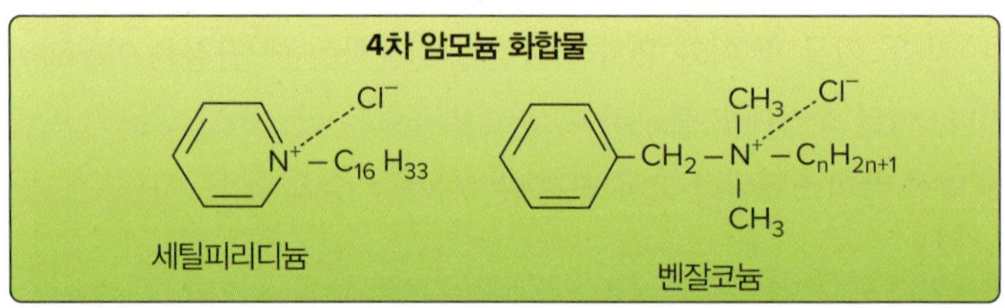

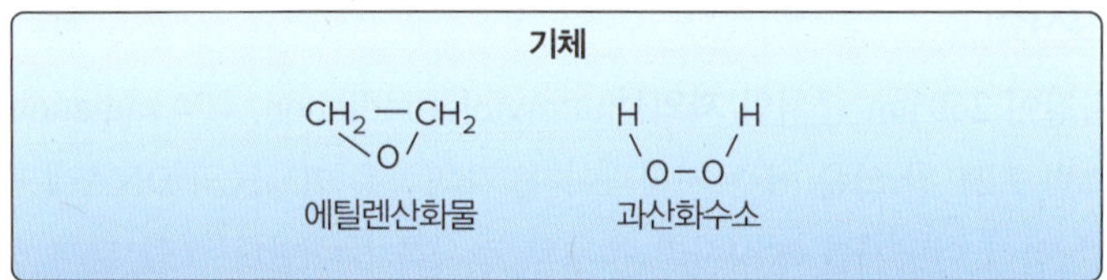

그림 8.8 소독제와 방부제. 흔히 쓰이는 소독제와 방부제의 화학 구조이다.

연관 질문 이 모든 화합물이 비교적 소수성인 것이 왜 중요하다고 생각하는가?

직조하는 은사(silver thread), 상처에 뿌리는 희석 요오드 용액 등이 있다.

일상적으로 사용되는 소독제와 방부제의 특징과 사용법을 다음에 알아보자. 흔히 사용되는 몇 가지 물질의 구조는 **그림 8.8**에 나타내었고, 여러 가지 소독제와 방부제의 특징에 대한 정보는 **표 8.3**에 요약되어 있다.

페놀류

페놀은 가장 먼저 널리 사용된 방부제 및 소독제이다. 1867년 리스터(Joseph Lister)가 수술 중 감염의 위험을 줄이기 위해 페놀을 처음 사용했다. 오늘날 페놀과 페놀유도체(페놀류)는 실험실과 병원에서 소독제로 사용된다. 시중에서 판매하는 소독제 라이솔(Lysol)은 여러 페놀류의 혼합물이다. 페놀류는 단백질을 변성시키고 세포막을 파괴한다. 페놀류는 소독제로서 중요한 몇 가지 장점을 가지고 있다.

표 8.3 일부 살생물제의 활성도

물질의 상태	유효성분의 사용 농도	활성도[1]	특이사항
기체			
에틸렌산화물	450~500 mg/L[2]	높음	살포자 활성, 독성, 침투 잘 됨. 30% 이상의 상대 습도 요구됨. 살미생물 활성은 사용하는 기구에 따라 다름. 다공성 물질에 흡수됨. 건조한 포자는 저항력이 강함. 사용 전 미리 담그는 것이 가장 바람직함.
이산화염소(ClO_2)	350~1,500 ppm	높음	살포자 활성, 독성, 침투 잘 됨. 60% 이상의 상대 습도 요구됨. pH 4~10 범위에서 효과가 있음. 생물막 침투 가능. 방이나 건물과 같은 넓은 면적에 유용함.
기화 과산화수소(VPH)	140~1,400 ppm	높음	독성. 4~80℃ 온도 범위에서 효과가 있음. 방이나 건물과 같은 넓은 면적에 유용함.
액체			
글루타르알데하이드, 수용액	2~8%	높음에서 중간	살포자 활성, 활성 용액은 불안정함. 독성
포름알데하이드, 수용액	6~8%	높음에서 중간	살포자 활성, 유해 연기, 독성
포름알데하이드 + 알코올	8% + 70%	높음에서 중간	살포자 활성, 유해 연기, 독성, 휘발성
안정화된 과산화수소 용액	6~30%	높음에서 중간	살포자 활성, 용액은 6주까지 안정, 경구 또는 눈에 접촉 시 독성, 약간의 피부 독성, 유기물에 의한 불활성화 정도 낮음.
요오드포어, 고농도	5,000~10,000 mg/L[3]	높음에서 중간	약간 불안정, 일시적 착색, 부식성
요오드포어, 저농도	75~150 mg/L	중간에서 낮음	약간 불안정, 일시적 착색, 부식성
요오드, 수용액	1%	중간	빠른 살미생물 작용, 부식성, 섬유 착색, 피부 자극
요오드 + 알코올	0.5% + 70%	중간	빠른 살미생물 작용, 부식성, 섬유 착색, 피부 착색 및 자극, 발화성
알코올(에틸, 이소프로필)	62~70%	중간	내생포자와 바이러스를 제외하고 빠른 살미생물 작용, 휘발성, 발화성, 피부 건조 및 자극
염소 화합물	500~5,000 mg/L[4]	중간	빠른 작용, 유기물에 의해 불활성됨. 부식성, 피부 자극
페놀류 화합물, 수용액	0.5~3%	중간에서 낮음	안정성, 부식성, 유기물에 의한 불활성 정도 낮음. 피부 자극
4차 암모늄 화합물	0.1~0.2% 수용액	낮음	비누와 음이온 세제에 의해 불활성됨. 섬유에 흡수됨. 오래되거나 희석된 용액에서 그람음성균의 성장 가능
클로르헥시딘(chlorhexidine)	0.75~4%	낮음	수용성, 알코올에 용해, 살세균 작용 약함
헥사클로로펜(hexachlorophene)	1~3%	낮음	물에 불용성, 알코올에 용해, 비누에 의해 불활성 되지 않음. 살세균 작용 약함

[1] 활성도 높음: 결핵균을 포함한 영양세포, 세균의 내생포자, 진균 및 바이러스를 모두 파괴함. 활성도 중간: 세균의 내생포자를 제외한 위의 모든 생물을 파괴함. 활성도 낮음: 결핵균을 제외한 세균의 영양세포, 진균, 중간 크기의 피막 바이러스를 파괴하지만 세균의 내생포자 또는 작고 피막이 없는 바이러스에는 효과가 없음.

[2] 55~60℃에서 고압멸균기 유형의 기구로 살균하는 경우.

[3] 가용 요오드.

[4] 유리 염소.

페놀류는 결핵균을 죽이고 유기물질이 있는 경우에도 효과적이며 처리 후 오랫동안 표면에서 활성을 지닌 채로 남아 있다. 클로르헥시딘(chlorhexidine)과 클로르지레놀(chloroxylenol)은 항균비누와 수술 전 세척에 많이 사용된다.

알코올

알코올은 가장 널리 사용되는 소독제 및 방부제이며 위생청결제이다. 알코올은 세균과 진균에 모두 효과적이지만 포자를 파괴하지는 못한다. 일부 피막 바이러스도 파괴한다. 가장 많이 사용되는 2종류의 알코올 소독제는 에탄올과 이소프로판올이며 보통 60~80%의 농도로 사용된다. 알코올은 단백질을 변성시키고, 아마도 막지질을 분해하여 작용한다. 작은 기구는 10~15분 동안 알코올 용액에 담가두면 소독에 충분하고, 특별하게 배합된 알코올 제품으로 손을 씻으면 많은 병원체가 죽어서 위생 효과를 나타낸다.

할로겐

할로겐인 요오드와 염소는 중요한 항미생물제이다. 요오드는 피부 방부제로 사용되며 세포의 구성성분을 산화시키고 단백질을 요오드화시켜 세포를 죽인다. 고농도에서는 어느 정도의 내생포자도 파괴할 수 있다. 요오드는 주로 요오드팅크(iodine tincture)로 사용된다. 요오드팅크는 2% 이상의 요오드가 물과 에탄올 혼합액에 녹아 있는 요오드화칼륨 용액이다. 요오드는 효과적인 방부제이긴 하지만 피부에 손상을 주고, 얼룩이 남아있거나 알레르기를 유발할 수 있다. 요오드는 유기운반체와 결합하여 **요오드포어**(iodophor)를 형성할 수 있다. 요오드포어는 수용성이고 안정적이며 얼룩이 남지 않고 요오드를 서서히 방출하여 피부 자극을 최소화한다. 병원에서 수술 전 피부소독에 사용하며 병원이나 실험실에서 일반 소독제로도 쓰인다. 피부 처치에는 웨스코다인(Wescodyne), 상처 치료에는 베타딘(Betadine)이 많이 사용된다.

염소는 도시의 식수 공급과 수영장 물의 소독을 위해 사용하는 일반적인 소독제이며, 유가공이나 식품 산업에서 쓰이기도 한다. 염소 기체(Cl_2) 형태로 사용되거나 차아염소산나트륨(표백제, NaOCl) 또는 차아염소산칼슘[$Ca(OCl)_2$]의 형태로 사용된다. 이들은 모두 차아염소산(hypochlorous acid, HOCl) 분자를 생성한다.

$$Cl_2 + H_2O \rightarrow HCl + HOCl$$
$$NaOCl + H_2O \rightarrow NaOH + HOCl$$
$$Ca(OCl)_2 + 2H_2O \rightarrow Ca(OH)_2 + 2HOCl$$

결과적으로 세포물질이 산화되고 세균과 진균의 영양세포가 파괴된다. 거의 모든 미생물은 대개 30분 이내에 사멸된다. 염소 처리로 2가지 중요한 수인성 진핵병원체인 *Cryptosporidium*과 *Giardia*는 죽일 수 없다. ▶| 식품과 물은 원생동물 질병의 운반체이다(39.5절); 안전한 식수를 보장하는 정화 및 위생 분석(42.1절)

염소는 효과적이고 비용이 많이 들지 않으며 사용하기 쉽기 때문에 개인위생용으로 사용하기에 아주 좋은 소독제이다. 체액으로 더러워진 표면을 소독하는 데 가정용 표백제(물에 10%로 희석, 10분 동안 처리)를 이용할 수 있는 점을 기억하자. 여기에 가정에서 사용하는 식초를 조금 넣으면 더 효과적이다.

금속

오랫동안 수은, 은, 비소, 아연, 구리 등의 중금속 이온은 살균제로 사용되어 왔다. 현재는 다른 화합물들의 독성 우려 때문에 은과 구리 화합물들만이 사용되고 있다. 은 설파다이아진(silver sulfadiazine)은 화상에 국소적으로 사용되며, 은 나노입자는 시간이 지남에 따라 천천히 방출되어야 하는 제품 코팅제에 들어간다. 황산구리(copper sulfate)는 호수나 수영장의 조류를 제거하는 데 효과적이다. 금속은 종종 설프하이드릴기(−SH)를 통해 단백질을 비활성화시킨다.

4차 암모늄 화합물

4차 암모늄 화합물(QAC)은 광범위한 항미생물 활성을 가지는 합성 세제이며 오염제거 목적으로 이용되는 효과적인 소독제이다. **계면활성제**(detergent: 라틴어 *detergere*는 '닦아내다'를 의미)는 유기세정제로 극성 친수성기와 비극성인 소수성기를 모두 가진 양친매성 물질이다. 4차 암모늄 화합물의 친수성 부위는 양전하를 띠는 4가 질소이므로 4차 암모늄 화합물은 양이온 계면활성제이다. QAC는 미생물의 세포막 파괴와 단백질 변성의 결과로 항미생물 활성을 나타낸다.

염화벤잘코늄(benzalkonium chloride)과 염화세틸피리디늄(cetylpyridinium chloride)과 같은 QAC는 대부분의 세균을 죽이지만, 결핵균이나 내생포자에는 영향을 주지 않는다. 이들은 안정하고 독성이 없다는 장점이 있지만, 경수(센물)와 비누가 있으면 활성을 잃는다. QAC는 주방도구나 작은 도구를 소독하는데 사용되거나 방부제로 사용된다.

알데하이드

가장 널리 사용되는 2종류의 알데하이드인 포름알데하이드와 글루타르알데하이드 모두 활성이 아주 강하다. 이 물질은 핵산과 단백질에 결합하여 이들을 교차결합시키거나 알킬화시켜 핵산과 단백질을 비활성화시킨다(**그림 8.9**). 살포자 효과도 있어 화학적 살균제로 사용할 수 있다. 포름알데하이드는 보통 사용 전 물이나 알코올에 녹인다. 2% 글루타르알데하이드 완충용액은 효율적인 소독제이다. 포름알데하이드보다 자극성이 작아 병원과 실험실 도구를 소독하는 데 사용된다. 글루타르알데하이드를 사용하면 대개 10분 이내에 물건을 소독할 수 있으나 내생포자를 모두 파괴하려면 12시간 정도 필요하다.

살균 기체

일회용 플라스틱 배양접시나 주사기, 심장-폐 관련 기계부품, 봉합사, 도관 등 열에 약한 많은 도구는 에틸렌산화물 기체로 살균한다. 에틸렌산화물(ethylene oxide, EO)은 미생물과 포자 둘 다에 작용하는 살상제이다. 이 기체는 강력한 알킬화 시약으로 DNA와 단백질의 주요 작용기와 반응하여 DNA 복제와 효소작용을 둘 다 차단한다. 포장물질뿐 아니라 플라스틱 랩에도 빠른 속도로 투과할 수 있

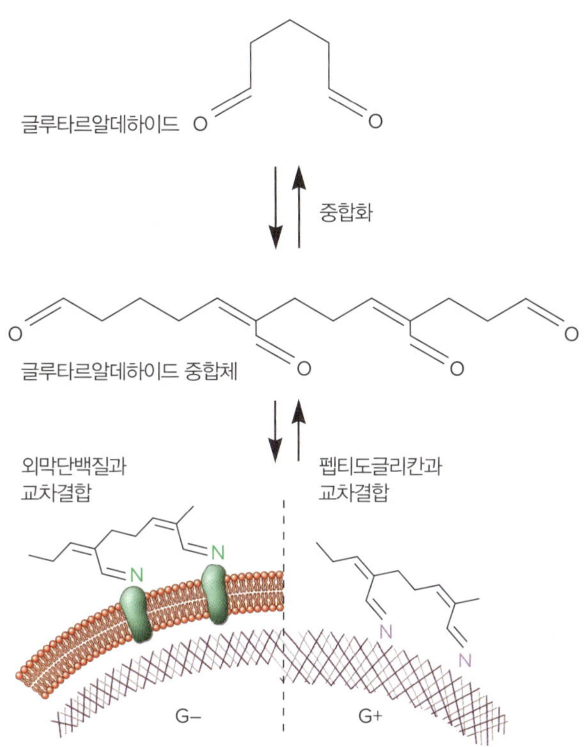

그림 8.9 글루타르알데하이드의 효과. 글루타르알데하이드는 중합체를 형성한 후에 그람음성균 외막 단백질의 아미노기(왼쪽) 또는 그람양성균의 펩티도글리칸(오른쪽)과 결합한다. 이 결과 단백질은 알킬화되어 다른 단백질과 교차결합을 형성하고 단백질이 불활성화된다.

연관 질문 글루타르알데하이드와 같이 교차결합을 형성하는 물질을 흔히 '고정제(fixative)'로 부르거나 '세포를 고정한다'라고 하는 이유는 무엇인가?

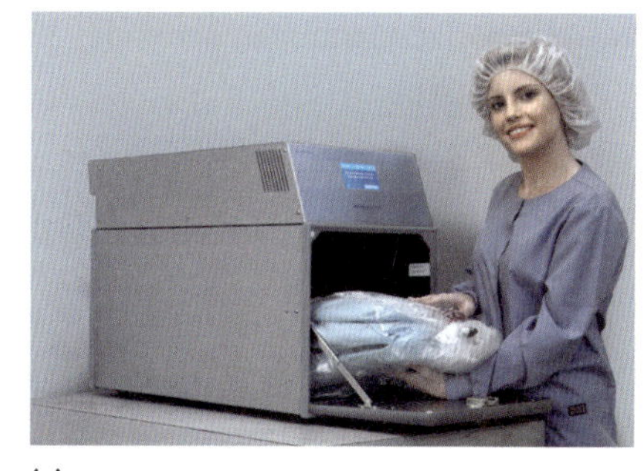
(a)

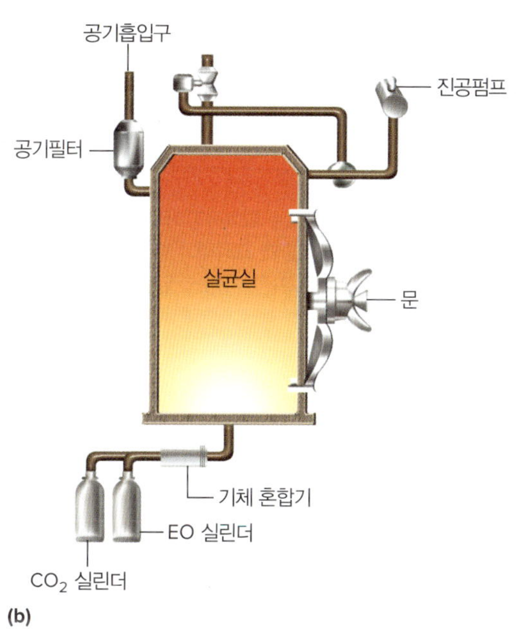

(b)

그림 8.10 에틸렌산화물 살균기. (a) 자동 에틸렌산화물(EO) 살균기이다. (b) EO 살균기의 모식도이다. 살균할 시료를 살균실에 넣고 EO와 이산화탄소를 살균실에 주입한다. 살균 과정이 완료된 후에, 펌프로 EO와 이산화탄소가 살균실로부터 방출되고 공기가 내부로 들어간다. (a) Anderson Producrs, www.anpro.com

기 때문에 특히 효과적인 살균제이다.

특수한 EO 살균기를 이용해 살균하는데, 이 살균기는 겉으로 보기에는 고압멸균기와 흡사하다. 살균기는 EO 농도, 온도, 습도를 조절할 수 있다(**그림 8.10**). 순수한 에틸렌산화물은 폭발성이므로 CO_2나 이염화이불화메탄(dichlorodifluoromethane)과 섞어 10~20%의 농도로 공급하는 것이 보통이다. EO 농도, 습도, 온도가 살균속도에 영향을 준다. 깨끗한 물건이라면 습도가 40~50%, 에틸렌산화물의 농도가 700 mg/L로 유지될 때, 38°C에서 5~8시간 또는 54°C에서 3~4시간 안에 살균할 수 있다. 에틸렌산화물은 사람에 대한 독성이 매우 강하므로 살균한 물건은 바람을 충분히 통하도록 하여 남아 있는 에틸렌산화물을 완전히 제거할 필요가 있다.

이산화염소(ClO_2) 기체도 소독제로 사용한다. 이산화염소의 화학 특성은 염소 기체와 아주 다른 점에 주목해야 한다. ClO_2는 전형적으로 습한 환경에서 에어로졸로 되는데, 60% 상대 습도에서 공기 1 L 당 1 mg 농도로 적어도 4시간 동안 처리한다. 이 농도에서 ClO_2는 내생포자와 세균의 영양세포를 6 log 값 이상 감소시킨다. ClO_2는 병원의 수술실과 병실을 살균하는 데 이용되어 왔다. ClO_2 훈증 소독은 식품업계에서 과일과 채소의 효모와 곰팡이 오염을 방지하기 위한 위생처리에 이용된다. 2001년 탄저균 위협 이후 미국 상원과 우체국 시설의 살균을 목적으로 소독 기체로 사용되었고, 허리케인과 홍수 피해 이후에 곰팡이로 오염된 걸프만 지역의 주택 소독에도 이용되었다. ClO_2는 세균, 내생포자, 진균, 원생생물까지 제어할 수 있을 만큼 살균 범위가 넓으며 작용 기선은 다양한 것 같다. 이 물질은 아미노산인 시스테인, 트립토판, 타이로신과 빠르게 반응하여 단백질을 변성시키고, 유리 지방산과도 쉽게 반응하여 막을 붕괴시킨다. 핵산과도 반응하여 복제를 억제한다. ClO_2 저항성은 지금까지 확인되지 않았다. ClO_2는 물에 아주 잘 녹는 물질로 특히 냉수에 잘 녹는다. 냉수에서 가수분해되지 않고 용액에 용존 기체로 남아 있다. 따라서 많은 도시의 정수시설에서 물 소독에 이용된다.

기화 과산화수소(vaporized hydrogen peroxide, VHP)는 생물안전캐비닛, 수술실 및 기타 대규모 시설의 소독에도 사용될 수 있다. VHP는 살균하려는 물질의 종류에 따라 과산화수소수 용액을 140~1,400 ppm (part per million) 사이의 증기 농도가 되도록 기화기를 통과시켜 생산한다. 다음 살균 증기로 VHP를 일정시간 동안 막힌 공간 안으로 유입시키는데, VHP 유입시간은 장소의 크기와 그 안에 들어 있는 물질에 따라 차이를 둔다. 과산화수소와 이 물질의 산화라디칼 부산물은 독성이 강해(75 ppm은 사람의 건강에 위험함) 다양한 미생물을 죽인다. 반면에 소독 과정이 진행되는 동안 VHP는 물과 산소로 분해된다.

마무리 점검

1. 대부분의 항미생물 작용이 있는 화학물질이 살균제보다는 소독제인 이유는 무엇인가? 소독제를 선택할 때 고려해야 할 일반적인 특성은 무엇인가?
2. 다음 물질의 화학 특성, 작용 기전, 사용법, 일반적인 사용의 예와 효과, 장단점 등을 비교하는 표를 만드시오: 페놀류, 알코올, 할로겐, 금속, 4차 암모늄 화합물, 알데하이드, 에틸렌산화물.
3. 다음의 기구를 처리할 때 사용되는 소독제나 방부제는 무엇인가? 실험대 표면, 식수, 외과수술 전 피부의 일부, 작은 의료기구(탐침, 핀셋 등). 특정 소독제나 방부제를 선택한 이유는 무엇인가?
4. 페놀류와 이 장에서 설명한 다른 화학제어제와의 차이점은 무엇인가?
5. 다음 물건들을 살균하려고 할 때 가장 좋은 물리적 또는 화학적 제제는 무엇인가? 유리 피펫, 트립신으로 처리된 대두로 만든 시험관(tryptic soy broth tube), 영양한천배지, 항생제 용액, 생물안전캐비닛 내부, 포장된 플라스틱 페트리 접시. 그러한 선택을 한 이유를 설명하시오.

8.4 항미생물제는 반드시 효능을 평가해야 한다

이 절을 학습한 후 점검할 사항:

a. 미생물 집단의 크기와 구성, 온도, 처리 시간, 국소 환경조건이 항미생물제의 효능에 미치는 영향을 예측할 수 있다.
b. 항미생물제의 미생물 사멸 속도의 측정, 희석검사, 실사용검사에서 이용되는 과정을 설명할 수 있다.

항미생물제 효능의 측정은 아주 복잡한 과정이며 미국에서는 2곳의 다른 연방기관에서 규제한다. 소독제는 환경보호국에서 관리하지만, 사람이나 동물에 사용되는 물질은 식품의약품안전처에서 관리한다. 두 기관에서 약품의 사용과 효능검사에 대한 지침을 정한다. 무엇보다 항미생물제의 효능을 검사할 때 반드시 고려해야 하는 변수가 많이 있다.

미생물을 파괴하거나 미생물 생장을 억제하는 것은 그리 간단하지 않은데, 적어도 6가지 요인이 항미생물제의 효능에 영향을 미치기 때문이다.

1. **집단의 크기.** 미생물 집단은 일정시간 동안 동일한 수의 일부 개체가 사멸하기 때문에 집단의 크기가 클수록 사멸하는 데 오랜 시간이 걸린다(표 8.1과 그림 8.4).
2. **집단의 구성.** 미생물에 따라 약물에 대한 감수성이 매우 다르기 때문에 약물의 효능은 처리하는 미생물의 특성에 크게 좌우된다. 세균의 내생포자는 영양세포보다 대부분의 항미생물제에 대한 저항력이 훨씬 크다. 분열 후 얼마 안 된 세포는 성숙한 세포에 비해 일반적으로 쉽게 파괴된다. 몇몇 종류의 세균은 열악한 환경에서 견디는 능력이 다른 세균보다 뛰어나다. 예를 들어 결핵을 일으키는 결핵균(*M. tuberculosis*)은 대부분의 다른 세균보다 항미생물제에 대한 내성이 훨씬 강하다.
3. **항미생물제의 농도 또는 강도.** 반드시 그런 것은 아니지만, 화학물질의 농도가 높거나 물리적 제제의 강도가 높을수록 미생물은 더 빨리 파괴되는 것이 보통이다. 그러나 제제의 효과가 항상 농도 또는 강도에 직접 비례하지는 않는다. 좁은 범위 내에서는 항미생물제의 농도를 약간 높여도 효과가 기하급수적으로 증가한다. 그러나 특정 농도 이상에서는 농도를 증가시키더라도 치사율이 거의 증가하지 않을 수 있다. 때로는 낮은 농도에서 더 효과적인 약물도 있다. 예를 들어, 70% 에탄올은 물이 있을 때 활성이 더 강화되기 때문에 95% 에탄올보다 더 효과적이다.
4. **처리 시간.** 항미생물제를 미생물 집단에 처리하는 시간이 길수록 사멸되는 개체가 더 많다(그림 8.2와 그림 8.3). 살균하려면 생존 가능성이 적어도 6 log 값까지 낮아지도록 처리시간을 충분히 주어야 한다.
5. **온도.** 온도를 증가시키면 대체로 화학물질의 활성이 높아진다. 좀 더 높은 온도에서는 소독제나 살균제의 농도를 낮추어 사용하는 경우가 많다.
6. **국소 환경.** 처리대상인 미생물 집단은 따로 분리되어 존재하는 것이 아니라, 집단을 파괴되지 않게 보호하거나 오히려 파괴하기 쉽게 하는 여러 가지 환경요인들에 둘러싸여 있다. 예를 들어, 미생물은 산성 pH에서 열에 더 약해지므로 과일이나 토마토와 같은 산성식품이나 음료는 우유와 같은 염기성식품보다 파스퇴르살균하기 쉽다. 두 번째로 중요한 환경요인은 미생물을 물리적, 화학적 소독제로부터 보호하는 유기물이다. 생물막(biofilm)이 좋은 예이다. 생물막에 있는 유기물은 그 안에 서

식하는 미생물을 보호한다. 더욱이 생물막 안에 있는 미생물은 생리적으로 변형된 상태이기 때문에 많은 항미생물제의 작용에 덜 민감하다. 유기물의 효과 때문에 특히 의료기구나 치과용 기구는 이들을 소독하거나 살균하기 전에 깨끗이 씻을 필요가 있다. ◀ 생물막은 자연에 흔히 존재한다(7.6절)

항미생물제 실제 효능 평가는 보통 그 물질이 효과가 있는지, 또 어떤 농도에서 효과가 있는지 측정하는 초기 검사부터 시작한다. 그 다음에 좀 더 실제상황인 실사용검사(in-use testing)를 한다(그림 8.11). 가장 잘 알려진 소독제 검사법은 소독제의 효능을 페놀의 효능과 비교하는 **페놀계수법**(phenol coefficient test)이다. 먼저 페놀과 검사 대상 소독제의 연속 희석액을 준비한다. 검사 세균인 *Salmonella enterica serovar* Typhi와 황색포도상구균(*Staphylococcus aureus*)을 기준량만큼 각각 일련의 페놀 희석액과 소독제 희석액에 접종한 다음 20℃ 또는 37℃ 수조에 넣어둔다. 5분 간격으로 각 희석액에서 시료를 채취한 후 새로운 배양액에 접종한 다음 배양하고 생장 여부를 확인한다. 배양액에서 세균이 생장한다는 것은 시료 채취 시점에서 사용한 소독제 희석률로는 세균이 죽지 않았다는 것을 나타낸다. 소독제를 처리한 후 5분 이내에는 세균을 죽이지 않지만, 처리한 다음 10분 후에는 세균을 사멸시키는 최고 희석률(즉, 소독제의 가장 낮은 농도)로 페놀계수를 계산할 수 있다. 페놀계수가 클수록 이 검사 조건에서 소독제는 더 효율적이다. 1보다 큰 값은 검사 대상인 소독제가 페놀보다 효과가 큰 것을 나타낸다.

페놀계수법은 초기 검사법으로는 유용하지만 소독제를 실제 사용할 때의 효능을 그대로 나타낸다고 하기에는 오류가 있을 수 있다. 이는 페놀계수가 순수 세균균주를 이용하여 아주 통제된 조건에서 측정되는 것이기 때문이다. 실제 소독제가 쓰이는 환경에는 유기물이 존재하고 여러 미생물 집단이 섞여 있는 경우가 대부분이며 pH, 온도, 염도 등의 여러 환경요인이 크게 다르기 때문이다.

그림 8.11 공공소독. COVID-19 확산 방지를 위한 효과적인 살생물제가 공공장소에서의 안전한 사용을 위해 검사되었다. Aleksandar Malivuk/Shutterstock

소독제의 효능을 더 현실적으로 측정하기 위해 다른 방법이 종종 이용된다. 어떤 세균을 선택하여 이 세균이 다양한 화학제제에 의해 파괴되는 속도를 실험적으로 결정하여 비교할 수 있다. 또한 **실용희석검사**(use dilution test)를 사용할 수도 있다. 세밀하게 통제된 조건에서 스테인리스 스틸 용기를 특정한 3가지 세균 종 중에 하나로 오염시킨다. 용기를 잠시 말리고 검사대상 소독제에 10분간 담근 다음 배양액에 옮겨 2일 동안 배양한다. 이 조건에서 60개 용기 중 적어도 59개(95% 수준의 신뢰도)에서 세균을 죽이는 소독제의 농도를 결정한다. 또한, 실제로 소독제를 사용하는 조건(실사용 조건)과 동일하게 고안된 상황에서 약제의 효능을 검사하는 방법도 있다. 이런 실사용검사 기술은 소독제를 특정 상황에서 사용할 때의 적정 농도를 더 정확하게 결정할 수 있게 한다.

마무리 점검

1. 집단의 크기, 집단의 구성, 항미생물제의 농도 또는 강도, 처리 시간, 온도, 국소 환경조건이 항미생물제의 효능에 어떤 영향을 미치는지 간단하게 설명하시오.
2. 미생물이 생물막 안에 있을 때 어떻게 생물의 항미생물제에 대한 감수성에 영향을 미치는가?
3. 병원관리자가 감염병 확산을 방지하기 위해 병원의 병실에 있는 모든 샤워기 머리를 청소하는 작업을 한다고 가정할 때, 관리자가 사용할 소독제의 효능에 가장 큰 영향을 미칠 2가지 요인은 무엇인가? 그 영향이 무엇인지 설명하시오.
4. 페놀계수법을 간략하게 설명하시오.
5. 실용희석검사와 실사용검사와 같은 과정을 수행할 필요가 있는 이유는 무엇인가?

8.5 생물학적 방법으로 미생물을 제어할 수 있다

이 절을 학습한 후 점검할 사항:

a. 미생물의 생물학적 제어를 위한 포식, 경쟁과 다른 방법을 제안할 수 있다.
b. 세균, 진균, 원생동물에 감염하는 바이러스를 이용한 대체 오염제거 방법과 의학적 치료 방법을 제안할 수 있다.

미생물을 생물학적으로 제어하는 새로운 분야는 큰 가능성을 가지고 있다. 과학자들은 한 미생물에 의한 다른 미생물의 포식, 바이러스 매개 용균, 독소매개 살상 등과 같은 자연적 조절 과정을 이용하는 방법을 알아가고 있다. 이런 기전이 자연에서 일어나지만, 사람이 이

기전을 이용하는 것은 비교적 최근의 일이다.

사람의 장 병원체인 *Salmonella* 종, *Shigella* 종, 대장균을 *Bdellovibrio* 종과 같은 그람음성 포식자로 제어하는 효과를 평가하는 연구로 가금류 농장에 포식 세균을 살포하여 잠재적 오염을 줄일 가능성을 생각해볼 수 있다. 또 다른 생물학적 제어 방법은 1900년대 초 프랑스의 파스퇴르연구소에서 시작되었다. 데렐(Felix d'Herelle)은 세균성 이질 감염에서 회복 중인 환자로부터 박테리오파지를 분리하였다. 수많은 생체외(in vitro) 검사 끝에 데렐은 박테리오파지가 이질을 일으키는 세균의 파괴 과정에 참여한다는 결론을 내렸다. 페니실린이 항생제 시대를 열었을 때 박테리오파지 치료법은 활발한 개발 단계에 있었다. 이 방법은 현재 러시아, 폴란드, 조지아 공화국에서만 사용되고 있다(6장 시작이야기 참조). 하지만 박테리오파지를 이용하여 인간 질병을 통제하려는 시도는 상당한 지지를 받고 있으며 병원성 숙주를 용균시킴으로써 많은 종류 세균의 박멸에 효과가 있는 것으로 보인다. 미국 FDA는 현재 식품에서 리스테리아, 살모넬라, 대장균을 퇴치하기 위한 박테리오파지 스프레이 사용을 승인했다. 유사한 방법으로 인간 감염병을 치료하기 위해 고안된 몇 가지 방법은 아직 승인되지 않았다. 바이러스가 자신의 특이적 숙주만을 용균시킨다는 사실이 이 방법을 직관적으로 보이게 하지만, 바이러스를 삼키거나 주사 맞거나 우리 몸에 발라야 한다고 생각하면 사용하는 물질이 박테리오파지라 해도 이 방법을 사용하는 것이 불안하기는 하다.

박테리오파지를 치료제로 사용하는 것에 대한 혐오감은 **효소바이오제제**(enzybiotics)의 사용으로 극복할 수 있다. 이 물질은 숙주 용균을 유발하는 박테리오파지에서 정제된 단백질이다. 이 효소제제는 기질을 펩티도글리칸으로 하는 엔도리신(endolysin)으로, 노출된 펩티도글리칸 층을 갖는 그람양성 세포의 세포벽이 이 단백질에 특히 취약하다. 가능성이 있는 유용한 다른 단백질은 생물막의 기질과 미생물 독소(예: 박테리오신)를 가수분해하는 세균 탈중합효소이다. ◀ 바이러스와 비세포성 감염인자(6장) ▶ Bdellovibrionota 문과 Myxococcota 문: 세균의 포식자(20.10절); 박테리오신(31.3절); 식품 부패를 제어하는 환경적 요인(40.2절)

마무리 점검

1. 항생제에 반응하지 않는 세균으로 생긴 뼈의 감염을 제거하기 위해 바이러스를 사용하는 가능성에 대해 환자에게 어떻게 설명할 수 있을까?
2. 병원성이 더 큰 다른 세균, 바이러스, 진균을 사멸하기 위해 특정 세균, 바이러스, 진균의 생산물을 이용하는 방법을 제안하시오.

요약

8.1 미생물 생장과 복제: 미생물 제어의 표적

- 살균은 도구나 장소에서 살아있는 모든 세포, 생육 가능한 포자, 바이러스, 바이로이드, 프리온을 파괴 또는 물건이나 서식지로부터 제거하는 과정이다. 소독은 질병을 일으킬 수 있는 미생물(내생포자까지는 아님)을 사멸, 억제 또는 제거하는 것이다.
- 소독이나 방부의 주요 목적은 병원성 미생물을 제거, 억제 또는 사멸시키는 것이다. 두 방법 모두 전체 미생물의 수도 감소시킨다. 소독제는 무생물성 물건을 소독하기 위해 사용하는 화학물질이다. 방부제는 살아 있는 조직에 사용한다.
- 미생물을 죽이는 항미생물제는 보통 앞에 '살-'을 붙여 사용하며 미생물의 생장이나 증식을 억제하는 제제에는 앞에 '정-'을 붙여 사용한다.
- 미생물은 보통 지수적으로 사멸한다(그림 8.2).
- 로그 감소시간은 제제의 사멸 효과를 측정한다. 이 값은 특정 조건에서 전체 미생물의 90%를 사멸하는 데 필요한 시간을 나타낸다.

8.2 물리적 방법으로 미생물을 제어할 수 있다

- 미생물은 심층필터나 막필터를 이용한 여과법을 사용해 효과적으로 제거할 수 있다(그림 8.4).
- 고효율입자 공기필터(HEPA 필터)가 장착된 생물안전캐비닛은 공기를 여과해서 살균할 수 있다(그림 8.5).
- 습열은 핵산을 분해하고 효소나 다른 단백질을 변성시키며 세포막을 파괴하여 미생물을 죽인다.
- 영양세포는 끓는 물에 10분간 처리하면 대부분 파괴되지만, 내생포자를 제거하기 위해서는 121℃에서 15파운드의 압력을 가하는 고압멸균기를 이용해야 한다(그림 8.6).
- 유리제품이나 그 밖에 열에 강한 도구는 160~170℃ 건열에서 2~3시간 동안 처리하여 살균할 수 있다.

- 짧은 파장의 방사선 또는 고에너지 자외선 및 전리선으로 물건을 살균할 수 있다(그림 8.7).

8.3 화학물질로 미생물을 제어한다

- 화학물질은 보통 세균 포자를 쉽게 파괴하지 못하므로 소독제나 방부제로 작용한다.
- 소독제의 효능은 농도, 처리시간, 온도, 유기물의 존재 여부에 따라 다르다(표 8.3).
- 페놀류와 알코올은 많이 사용되는 소독제와 방부제로 단백질을 변성시키고 세포막을 파괴하여 작용한다(그림 8.9).
- 할로겐(요오드와 염소)은 세포 구성성분을 산화시켜 세포를 죽이지만, 세포단백질을 요오드화시키기도 한다. 요오드는 요오드팅크나 요오드포어의 형태로 사용된다. 염소는 기체 상태, 차아염소산 이온이나 유기염소계 유도체의 형태로 물에 첨가할 수 있다.
- 금속은 정세균제 효능을 나타내는 경향이 있다. 금속은 수영장이나 호수에 처리하는 황산구리와 같이 특수 상황에 사용된다.
- 4차 암모늄 화합물 같은 양이온 계면활성제는 소독제나 방부제로도 종종 사용된다. 이 물질은 막을 파괴하고 단백질을 변성시킨다.
- 포름알데하이드와 글루타르알데하이드 같은 알데하이드는 포자를 죽일 뿐 아니라 살균할 수 있다.
- 에틸렌신화물 기체는 플라스틱 포장용지를 투과할 수 있고, 단백질과 반응하여 모든 생명체를 파괴한다. 따라서 이를 이용하여 열에 약한 물질을 포장한 채로 살균할 수 있다.
- 이산화염소는 저농도에서 에어로솔로 되어 생활공간과 농작물을 오염시키는 세균, 포자, 진균, 원생동물을 죽인다. 이 물질은 여러 가지 사멸 기전을 갖고 있다.
- 기화 과산화수소는 안전캐비닛과 작은 방처럼 막힌 공간을 소독하는 데 사용한다. 기화 과산화수소는 막힌 공간 전체에 걸쳐 순환할 수 있는 증기이다. 과산화수소와 이 물질의 산화라디칼 부산물들은 대부분의 미생물에 독성을 나타낸다.

8.4 항미생물제는 반드시 효능을 평가해야 한다

- 소독제나 살균제의 효능은 집단의 크기, 미생물 집단의 조성, 약제의 농도나 강도, 처리 시간, 온도, 국소 환경의 특성에 영향을 받는다.
- 생물막이 있으면 항미생물제의 효능을 극적으로 변화시킨다.
- 페놀계수법은 항미생물제의 효능을 평가하는 데 자주 쓰이는 검사 방법이다. 그러나 실생활 사용에서 재현할 수 없는 조건을 이용한다.
- 소독제의 효능을 결정하는 데 이용되는 다른 방법으로 살균제에 의한 사멸 속도의 측정, 실용희석검사, 실사용검사가 있다.

8.5 생물학적 방법으로 미생물을 제어할 수 있다

- 포식, 바이러스의 용균작용, 독소 등을 통한 자연적인 방법을 이용한 미생물 제어가 유망한 분야로 대두하고 있다.

심화 학습

1. 역사적으로 향신료는 음식물 보존이나 약간 상한 음식의 향과 맛을 감추려고 사용되어 왔다. 몇몇 향신료의 성공은 의례적인 사용으로 이어졌고, 향신료의 소유는 공동체의 성직자나 다른 권력자로 제한되었다.
   a. 향신료를 1가지 선택하여 그 향신료의 지리학적, 역사적 사용을 알아보시오. 지금 그 향신료의 일반적인 용도는 무엇인가?
   b. 향신료는 더운 기후를 가진 지역에서 주로 재배하고 사용하는 경향이 있는데, 그 이유를 설명하시오.
2. 어떤 항미생물 약제가 살균용인지 정균용인지를 결정하기 위한 실험 방법을 고안하시오. 이 약제가 소독제보다 방부제로 사용하기에 적절하다는 것은 어떻게 결정할 것인가?
3. 과학자는 태아 소 혈청(FBS fetal bovine serum)을 첨가한 성장 배지를 이용하여 조직 배양 방법으로 포유류 세포를 배양하고 있다. 세포 오염을 방지하기 위해 배지를 살균하는 직절한 방법을 논의하시오.
4. 페놀계수법을 이용하여 소독제의 효능을 측정하여 '소독제 처리 후 세균 생장' 표의 결과를 얻었다고 가정하자. 어떤 소독제가 가장 효능이 높다고 안전하게 말할 수 있는가? 이 결과로 소독제의 페놀계수를 결정할 수 있는가?

소독제 처리 후 세균 생장			
희석	소독제 A	소독제 B	소독제 C
1/20	−	−	−
1/40	+	−	−
1/80	+	−	+
1/160	+	+	+
1/320	+	+	+

5. 이 장을 시작할 때 언급한대로 COVID-19 대유행 초기에는 무생물 표면에서의 SARS-CoV-2 생존 능력에 관한 많은 추측이 있었다. 연구자들은 신속하게 코로나바이러스 간 차이점을 평가하는 비교 연구를 수행했고, 수많은 조건에서 다공성, 비다공성 및 금속 표면에서의 생존 능력에 관한 광범위한 데이터를 생성했다. 일단 연구결과가 출간되면 효과적인 물리적 및 화학적 제어를 검증하는 데이터를 대중에게 알리는 것이 중요하다. 햇빛에 노출한 후 바이러스의 생존 능력을 결정하기 위한 실험에서, 모조 침과 배양 배지에 있는 SARS-CoV-2를 스테인리스 스틸에서 건조시키고 시뮬레이션된 햇빛에 노출시켰다. 연구결과에 따르면 두 조건에서 햇빛 모델에 대한 D 값은 무엇인가? 차이를 설명할 수 있는 요인은 무엇인가? 연구는 실내에 있는 것과 실외에 있는 것의 위험에 대해 무엇을 시사하는가? 만약 시뮬레이션된 햇빛이 바이러스를 상당히 불활성화시킨다면, 훨씬 더 효과적인 것으로 판명될 수 있는 추가적인 제어 방법은 무엇일까?

참고문헌: Ratnesar-Shumate, S., et al. 2020. Simulated sunlight rapidly inactivates SARS-CoV-2 on surfaces. *The Journal of Infectious Diseases*. doi.org/10.1093/infdis/jiaa274.

CHAPTER

9

항미생물 화학치료

eldar nurkovic/Shutterstock

중국 전통의학에서 온 선물

1960년대와 1970년대 초기는 격동의 시기였다. 미국과 전쟁 중이었고 중국으로부터 지원을 받고 있던 북베트남인들은 약제저항성 열대열원충(*Plasmodium falciparum*, 악성 말라리아 원충)이 군인과 시민들에게 상당한 희생자를 내고 있음을 알았다. 열대열원충(*P. falciparum*)은 5개의 말라리아 기생충 가운데서 가장 치명적인 것으로, 미국이 남베트남에서 알아낸 것과 비슷한 문제였다는 점에서 그리 놀라운 일은 아니었다. 이에 대응하여, 미국의 제약개발사들은 메플로퀸(mefloquine, 항말라리아제)이라고 부르는 새로운 약을 내놓았다. 북베트남인들은 중국에 도움을 청했지만 중국의 연구 하부조직은 문화혁명(1966~1976)으로 크게 해체되어 있었다. 그럼에도 불구하고 500여 명이 넘는 과학자들이 연루된 프로젝트 523이라 불리는 국가적인 노력이 비밀스럽게 시작되었다.

이들 과학자 중의 한 사람인 화학자 유유 투(Youyou Tu)와 그녀의 동료들은 2000개가 넘는 중국의 전통 약초요법을 세밀하게 탐색하였다(사진은 1950년대의 Youyou Tu와 그의 스승 Lou Zhicen을 보여준다). 그들은 거대한 제약회사가 파산에 이르게 할 정도의 규모로 500가지가 넘는 혼합물을 제조하여 생쥐 말라리아를 일으키는 말라리아원충에 감염된 쥐들에게 실험했다. 가장 유망한 것 중의 하나는 개똥쑥(*Artemisia annu*)에서 추출한 것이었다. 약효 성분을 정제하기 위하여 유유 투는 갈홍(Ge Hong, 283~343CE)의 '응급치료를 위한 처방전 편람(The Handbook of Prescriptions for Emergency Treatments)'의 제조법을 가지고 시작했다. 이 제조법을 간단히 번역하면 다음과 같다. "한 묶음의 칭하오(Qinghao)를 약 0.4리터의 물에 담가 즙을 짜서 주스를 얻고, 그 전체를 먹는다."

1972년 프로젝트 523 연구진과의 미팅에서 그녀의 연구결과가 발표된 후, 현재 아르테미시닌(artemisinin)이라 불리는 활성성분이 결정화되었다. 최소한의 외교적인 표현으로 의학적인 면에서, 중국의 연구진들은 아르테미시닌(artemisinin)과 메플로퀸(mefloquine) 조합의 향상된 효용성을 보여주었다. 그래서 아르테미시닌 조합 치료(artemisinin combined therapy, ACT)가 탄생하게 되었다. 현재 세계보건기구(World Health Organization)는 ACT(메플로퀸과 같은 다른 종류의 약제를 더한 아르테미시닌)를 악성 말라이아 원충에 의한 감염의 치료법으로 명시하고 있다. 2015년에 유유 투는 노벨 생리의학상을 수상하게 된다. 그녀는 노벨 수상식 연설을 "아르테미시닌의 발견: 세상을 향한 중국 전통 의학으로부터의 선물"이라 명명하고, "세상을 돕기 위해 무언가 할 수 있다는 것은 모든 과학자의 꿈"이라고 설명하였다.

이 이야기가 실증하듯이, 감염병 치료에 관한 연구는 몹시 힘들다. 하여튼 산업화된 서방세계에 사는 극소수의 사람들만이 항생제를 복용하지 않고 성인이 된다. 항생제란 진정 무엇을 의미하는가? **항생제**(antibiotic: 그리스어 *anti*는 '대항하여'이고, *bios*는 '생명')는 감수성이 있는 미생물을 죽이거나 성장을 억제하는 자연(화학적으로 합성되지 않은) 물질을 일컫는다. 좀 더 포괄적인 용어는 자연물질과 화학적으로 합성된 화합물을 포함하는 **항미생물제**(antimicrobial agent)이다. 미생물 중에 항생물질에 대한 내성의 증가는 현대의학에 있어 신약 개발 및 항미생물 전략을 다시 생각하게 하고 있다(42장에 다루어짐). 본 장에서는 항미생물 화학요법과 내성의 원리를 소개한다.

이 장의 학습을 위해 점검할 사항:

✓ 세균, 원생생물, 진균, 바이러스의 주요 구조와 기능을 알아볼 수 있다(3.3~3.10절, 5.1~5.7절, 6.2~6.3절, 7.1~7.7절).

✓ 바이러스와 세균의 다양한 성장 및 복제과정을 비교할 수 있다(6.3절, 6.5절, 7.1~7.2절, 7.4~7.7절).

9.1 방부효과로부터 진화된 항미생물 화학치료

이 절을 학습한 후 점검할 사항:

a. 항미생물 화학치료에 대한 일반적 역사에 대해 설명할 수 있다.
b. 신규 항미생물 치료제가 될 수 있는 자연물질을 제안할 수 있다.

독일 의사 파울 에를리히(Paul Ehrlich, 1854~1915)에 의해 현대의 화학치료(chemotherapy)가 시작되었다. 그는 미생물세포에 특이적으로 결합하여 염색할 수 있는 염료에 매료되었다. 그는 어떤 염료가 사람에게는 해가 없으면서 병원균을 선택적으로 파괴할 수 있는 화학물질 '마법의 탄알(magic bullet)'이 될 수 있다고 생각하였다. 에를리히와 일본인 과학자 사하치로 하타(Sahachiro Hata, 1873~1938)는 매독에 걸린 토끼에게 비소에 근거한 여러 종류의 화학물질을 시험하여 매독 치료제를 개발하였다. 그들은 아스펜아민(arsphenamine)이 스피로헤타 매독(syphilis spirochete)에 효과가 있음을 발견했다. 아스펜아민은 살바산(Salvarsan)이라는 상표명으로 1910년부터 사용되었다.

에를리히와 하타의 성공은 다른 마법의 탄약을 위한 다양한 화학물질을 찾기 위한 검사로 이끌었다. 1927년에 게르하르트 도마크(Gerhard Domagk, 1895~1964)는 가죽염료인 프론토실 레드(Prontosil red)가 독성 없이 연쇄상구균과 포도상구균으로부터 쥐를 완벽하게 보호해준다는 것을 발견했다. 자크 트레푸엘(Jacques Trefouel, 1897~1977)과 테레사 트레푸엘(Therese Trefouel, 1892~1978)은 이후에 프론토실 레드가 체내에서 설파닐아마이드(sulfanyl amide)로 대사됨을 보여주었다. 도마크는 설파닐아마이드 또는 설파제(sulfa drugs)를 발견한 공로로 1939년에 노벨 생리의학상을 받았다.

설파제는 항미생물제이지만 화학적으로 합성되었기 때문에 진정한 항생제는 아니다. 첫 번째 진정한 항생제는 **페니실린**(penicillin)으로 1896년에 젊은 프랑스 의과대학생인 뒤센(Ernest Duchesne, 1874~1912)에 의해 처음 발견되었다. 그의 발견은 플레밍(Alexander Fleming, 1881~1955)이 1928년에 페니실린을 우연히 재발견할 때까지 잊혀져 있었다. 주말 휴가에서 돌아온 플레밍은 포도상구균 접시에서 곰팡이가 자란 것을 발견하였고 곰팡이가 자란 부위에서 세균 집락이 없는 것을 발견하게 되었다(**그림 9.1**). 자세한 일은 알 수 없지만, 포도상구균을 접종하기 전에 *Penicillium chrysogenum* 포자가 포도상구균 배양접시를 오염시켰을 것으로 생각된다. 곰팡이가 세균보다 먼저 자라서 페니실린을 생산했고 곰팡이 근처 세균의 성장을 방해했다. 플레밍은 곰팡이가 만든 확산물질이 포도상구균을 죽인다고 추론했으며 이를 페니실린(penicillin)이라 불렀다. 그러나 플레밍은 페니실린이 병원균을 죽일 만큼 긴 시간 동안 체내에서 활성을 유지한다는 것을 증명하지 못하였고, 연구를 그만두었다.

플레밍의 발견은 한동안 방치되다가 한 세기 후에 옥스퍼드 대학교 교수인 플로리(Howard Florey, 1898~1968)와 체인(Ernst Chain, 1906~1979)에 의해 플레밍으로부터 얻은 **페니실리움** 배양에서 항생제로 정제가 되게 된다. 이를 위해 생화학자인 히틀리(Norman Heatley, 1911~2004)의 도움을 받았다. 정제된 페니실린을 포도상구균이나 연쇄상구균에 감염된 쥐에 주사했을 때 거의 모든 쥐가 생

그림 9.1 페니실린의 살균작용. 페니실리움(*Penicillium*) 곰팡이 집락은 주변의 획선 배양된 황색포도상구균(*Staphylococcus aureus*)을 죽이는 페니실린을 분비한다. Christine L. Case, Skyline College

존하였다. 이 성공은 1940년에 보고되었고, 그 후에 사람을 대상으로 한 시도에서도 성공적이었다. 플레밍, 플로리와 체인이 페니실린을 발견하고 생산한 공로로 1945년에 노벨상을 받았다.

페니실린의 발견은 다른 항생제의 탐색을 촉진하였다. 럿거스대학교(Rutgers University)에 근무하던 왁스먼(Selman Waksman, 1988~1973)은 그의 동료와 함께 *Streptomyces griseus*가 생산하는 새로운 항생제인 스트렙토마이신(streptomycin)을 발견했음을 1944년에 발표하였다. 이 발견은 약 10,000여 균주의 토양세균과 진균(fungi)의 주의 깊은 탐색으로 이루어낸 것이다. 스트렙토마이신은 결핵을 성공적으로 치료한 첫 번째 약이었기 때문에 그 중요성은 매우 크다. 왁스먼은 1952년에 노벨상을 받았다. 그의 성공은 항생물질을 만드는 또 다른 토양미생물을 찾기 위한 전 세계적인 연구로 이어졌다. 1953년까지 다른 스트렙토미세스 종(*Streptomyces* spp.)으로부터 네오마이신(neomycin), 옥시테트라사이클린(oxytetracycline), 테트라사이클린(tetracycline)이 분리되었다(표 22.2 참조).

이러한 항생제의 황금시대는 감염병이 어떻게 치료되었는가 뿐만 아니라, 어떻게 의학이 적용되었고 지속적으로 적용될 것인가를 변화시켰던 새로운 항미생물질의 신속한 개발을 보여준다. 항생제가 출현하기 전에는, 선택적 수술(즉, 관절치환 및 성형수술)을 생각할 수가 없었었다. 암을 치료하기 위한 면역억제성 화학치료제도 마찬가지로 불가능한 일이었다. 그래서 지난 세기에 걸쳐 의학에서 아주 엄청난 이득은 많은 부분 항생제의 도래와 감염병의 감소 때문이다.

마무리 점검

1. 왜 에를리히와 다른 이들이 항미생물 활성을 가진 물질에 '마법의 탄알'이란 용어를 사용하였는가?
2. 루이 파스퇴르는 종종 "기회는 준비된 마음으로부터 온다."는 말을 하였다. 이 말은 플레밍의 페니실린 발견과 어떤 연관성이 있는가?

9.2 항미생물 약은 선택적 독성을 가진다

이 절을 학습한 후 섭섭할 사항:

a. 협범위 약과 광범위 약의 차이점을 설명할 수 있다.
b. 약작용의 살균 효과와 정균 효과의 연관성을 설명할 수 있다.

에를리히가 이해한 것처럼 성공적인 화학치료제는 **선택적 독성**(selective toxicity)이 있어야 한다. 병원균을 죽이거나 억제하면서 숙주에는 손상이 최소여야 한다. 선택적 독성의 정도는 (1) 특정 감염을 치료하는 데 필요한 양인 치료량(therapeutic dose), (2) 약이 숙주에 지나치게 독성을 나타내는 양인 독성량(toxic dose), (3) 치료량에 대한 독성량의 비율인 **치료지수**(therapeutic index)로 나타낸다. 일반적으로 치료지수가 클수록 더 좋은 화학요법제이다.

숙주세포에는 없었던 미생물의 구조나 기능을 파괴하는 약은 부작용은 적고, 큰 선택적 독성과 높은 치료지수를 갖고 있다. 예를 들어, 페니실린은 숙주세포에는 없는 세균 세포벽(cell wall) 성분인 펩티도글리칸(peptidoglycan)의 생성을 억제하여 숙주에는 거의 영향을 미치지 않으므로 치료지수가 높다. 낮은 치료지수를 갖는 약은 항미생물 작용과 같은 과정으로 숙주를 억제하거나 다른 작용으로 숙주에 손상을 입힌다. 이러한 작용은 숙주의 여러 기관에 관여하여, 다양한 범위의 부작용(side effect)으로 나타날 수 있다. 부작용은 아주 심각할 수도 있기 때문에 화학치료제는 아주 신중하게 투여되어야 한다.

박테리아와 진균은 자연적으로 진정한 항생제를 생산해낸다. 반면, 다수의 중요한 화학치료제는 비생물적 과정을 통해 합성 제조된 것으로, 설폰아미드(sulfonamide), 트리메토프림(trimethoprim), 시프로플록사신(ciprofloxacin), 이소니아지드(isoniazid) 등이 이에 해당한다. 많은 항생제는 반합성 약으로, 천연 항생제를 위산에 대한 감수성이 낮아지도록 하고, 병원균에 의해 불활성화되지 않도록 화학적 작용기를 첨가해 구조적으로 변형한 것이다[예: 암피실린(ampicillin)과 아목시실린(amoxycillin)].

항미생물제는 종종 한정된 병원체에만 효능이 있는 **협범위 약**(narrow-spectrum drug)과 다양한 종류의 세균을 공격하는 **광범위 약**(broad-spectrum drug)으로 분류된다(**표 9.1**). 또한, 약은 작용하는 일반적인 미생물그룹에 따라 항세균(antibacterial), 항진균(antifungal), 항원생동물(antiprotozoan), 항바이러스(antiviral) 약으로 분류되기도 한다. 일부 약은 여러 미생물그룹에 작용할 수 있다. 예를 들면, 설폰아미드는 세균과 일부 원생동물에 작용할 수 있다.

마지막으로, 화학치료제는 **살균**(cidal) 또는 **정균**(static) 작용에 의해 구분한다(표 9.1). 정균제(static agent)는 가역적으로 생장 억제를 하기 때문에, 약이 제거되면 미생물은 다시 회복하여 생장할 수 있다. 살균제(cidal agent)는 병원체를 죽이지만 낮은 농도에서는 정균작용을 하기도 한다. 또한, 효과가 표적 종에 따라 다르기도 하여, 한 종에서는 살균 작용을 하지만 다른 종에서는 정균 작용을 하기도 한다. 정균제는 병원체를 직접 죽이지 않으므로 감염의 제거는 숙주 자신의 면역기전에 의존한다. 따라서 숙주의 면역 작용이 너무 약하면 정균제는 별 효과가 없을 수 있다. 병원체에 대한 화학치료제의

표 9.1 자주 사용되는 일부 항세균제의 특성

항생제 그룹	1차 효과	작용기전	구성원	작용범위	흔히 나타나는 부작용
세포벽 합성 억제					
페니실린	살균	펩티도글리칸의 다당류 사슬을 서로 연결하는 데 관여하는 펩티드전이효소를 억제함. 세포벽 용해효소를 활성화함	페니실린 G, 페니실린 V, 나프실린, 도클로삭실린 암피실린, 카르베니실린, 피페라실린	협범위(그람양성) 광범위(그람양성, 일부 그람음성)	알레르기 반응(설사, 빈혈, 두드러기, 메스꺼움, 신장 독성)
세팔로스포린	살균	위와 동일	세팔로틴, 세폭시틴, 세파페라존, 세프트리악손	광범위(그람양성, 일부 그람음성)	알레르기 반응, 혈전, 신장 독성
반코마이신	살균	펩티드 측쇄의 말단 D-Ala-D-Ala 아미노산에 결합하여 펩티도글리칸의 소단위의 펩티드전이를 억제함.	반코마이신	협범위(그람양성)	내이신경독성(이명 및 귀머거리), 신장 독성, 알레르기 반응
단백질 합성 억제					
아미노 글리코시드	살균	작은 리보솜 소단위체(30S)에 결합하여 mRNA 번역 오류를 일으켜 단백질 합성을 방해	네오마이신, 겐타마이신 아미카신	광범위(그람음성, 마이코박테리아)	내이신경독성, 신장손상 균형감각 상실, 구역질, 알레르기 반응
테트라사이클린	정균	아미노글리코시드계와 동일	옥시테트라사이클린, 독시사이클린	광범위(리케치아와 클라미디아 포함)	위장관계 이상, 치아 변색, 신장과 간 손상
마크롤라이드	정균	큰 리보솜 소단위체(50S)의 23S rRNA에 결합해 단백질 합성 동안 펩티드사슬의 신장을 억제함	에리트로마이신, 아지트로마이신	광범위(호기성 및 혐기성 그람양성, 일부 그람음성)	위장관계 이상, 간 손상, 빈혈, 알레르기 반응
린코사마이드	정균	50S 리보솜 소단위체에 작용하여 펩티드기 전달효소의 활성을 방해함으로써 펩티드전이를 차단	클린다마이신	광범위(장구균 및 대부분의 혐기성균을 제외한 대부분의 그람양성)	위장관계 이상, 설사, 간 손상, *C. difficile*의 과성장
옥사졸리디논	정균	50S 리보솜에 결합하여 70S 개시복합체의 형성을 차단	리네졸리드	협범위(그람양성)	골수 기능 억제, 알레르기 반응
핵산 합성 억제					
플루오로퀴놀론	살균	DNA 자이라아제와 DNA 회전효소 IV(topoisomerase IV)를 저해하여 DNA 복제를 억제	레보플록사신, 시프로플록사신	광범위	건염, 두통, 저혈당, 알레르기 반응
리파마이신	살균	세균의 RNA 중합효소 억제	리파마이신, 리팜핀	마이코박테리아 감염과 세균성 뇌수막염 노출에 대한 예방	구역질, 구토, 설사, 피로, 빈혈, 나른함, 두통, 구강 궤양, 간 손상

(계속)

효과는 **최소억제농도**(minimal inhibitory concentration, MIC)로 표시한다. MIC는 특정 병원체의 생장을 억제하는 최소농도이다. **최소치사농도**(minimal lethal concentration, MLC)는 병원체를 죽이는 약의 최소농도이다. 정균제는 병원체를 죽이는 것이 가능하다고 해도 살균제보다 훨씬 더 높은 농도에서 병원체를 죽일 수 있지만, 살균제는 MIC의 2~4배의 농도에서 병원체를 죽인다.

마무리 점검

1. 다음 용어들을 정의하시오: 선택적 독성, 치료지수, 부작용, 협범위 약, 광범위 약, 합성항생제, 반합성항생제, 살균제, 정균제, 최소억제농도(MIC), 최소치사농도(MLC).
2. 높은 치료지수와 낮은 치료지수의 약 중 어떤 약이 더 큰 부작용이 있겠는가? 이점은 에를리히의 개념 '마법의 탄약'과 어떻게 연관되어 있는가?
3. MIC와 MLC의 개념으로 살균제와 정균제를 구분하시오.

표 9.1	자주 사용되는 일부 항세균제의 특성(계속)				
세포막 파괴					
콜리스틴	살균	원형질막에 결합하여 막구조와 투과성을 파괴함	콜리스틴, 폴리믹신 국소 연고	협범위(그람음성)	어지럼증, 발진, 신장독성, 신경독성, 호흡부전
다프토마이신	살균	세포막에 채널을 형성하여 세균세포를 탈극성화	다프토마이신	협범위(그람양성)	구역질, 구토, 어지럼증, 발한, 주사 부위 염증
항대사물질					
트리메토프림	정균	테트라하이드로폴레이트 환원효소를 억제하여 엽산 합성을 억제	트리메토프림(설파메톡사졸과 함께 병용)	광범위	설폰아미드와 유사하지만 덜 빈번함
설폰아미드	정균	*p*-아미노벤조산(*p*-aminobenzoic acid, PABA)과 경쟁하여 엽산 합성을 억제	설파메톡사졸, 설파닐아미드, 설파살라진, 설파디아진	광범위	구역질, 구토, 설사, 발진이나 광민감성과 같은 과민반응
댑손	정균	설폰아미드와 같은 기전으로 엽산 합성을 방해하는 것으로 생각됨	댑손	협범위-마이코박테리아 감염, 주로 한센병	등, 다리, 또는 위장의 통증과 복통, 손톱, 입술, 피부의 변색, 호흡곤란, 열, 식욕 상실, 피부 발진, 피곤
이소니아지드	세균이 활발히 증식하면 살균, 세균이 휴면하면 정균	에노일-환원효소 보조인자 NAD에 결합하여 마이콜산의 생성을 억제함	이소니아지드	협범위-마이코박테리아 감염, 주로 결핵	구역질, 구토, 간 손상, 발작, 말단의 "찌릿찌릿한 저림"(말단의 신경병증)

9.3 항미생물제의 활성은 특정 시험법에 의해 측정될 수 있다

이 절을 학습한 후 점검할 사항:

a. 희석 감수성 시험법, 원판 확산 시험법, Etest®를 이용하여 항세균성 약의 활성 수준을 평가하는 방법에 관해 설명할 수 있다.

b. 생체 외에서 얻은 데이터로 생체 내의 항미생물제 수준을 예측할 수 있다.

특정 병원균에 대한 항미생물 약의 효과를 결정하는 것은 적절한 치료를 위해 필수적이다. 이 시험을 통해 어떠한 약이 병원체에 가장 효과가 있는지를 보여주며, 약의 적정 치료량을 결정할 수 있다.

희석 감수성 시험

희석 감수성 시험(dilution susceptibility test)은 최소억제농도(MIC)와 최소치사농도(MLC) 값을 설정하는 데 사용될 수 있다. 항생제 희석 시험은 한천 배지와 액상 배지에서 모두 사용할 수 있다. Mueller-Hinton이라 불리는 액상 배지나 한천 배지가 사용된다. 배양액 희석 시험에서는 0.1~128 mg/mL(2배 희석) 범위의 항생제를 포함한 액상 배지에 표준화된 농도의 시험 균주를 접종한다. 접종 16~20시간 후에 생장이 없는 항생제 최소농도가 MIC이다. 생장을 보이지 않는 배양액을 항생제가 없는 새 배지에서 배양함으로써 MLC를 알아낼 수 있다. 새 배지에서도 자라지 않는 항생제의 최소농도가 MLC이다. 한천 배지 희석 시험도 액상 배지 희석 시험과 비슷하다. Mueller-Hinton 한천과 다양한 양의 항생제가 포함된 평판에 접종하여 생장을 조사한다.

그동안 다수의 감수성 검사와 MIC 값 결정을 위한 자동화된 방법들이 상업화되어 왔다. 이러한 방법들은 편의성을 제공하고, 시간을 줄이며, 기술적 오차를 줄이는 배양액 희석 방법으로 테스트 결과를 분석할 수 있는 특화된 기구와 함께 소형화되고 있다. 미량 희석 배지에의 접종, 배양, 결과의 수집 및 해석은 로봇에 의해 이루어진다.

원판 확산 시험법

여러 상황 중에서, 예를 들어 급속히 자라는 세균을 검사하는 데에는 원판 확산 시험법(disk diffusion test)이 사용된다. 이 시험법은 아주 간단하다. Mueller-Hinton 한천 배지에 시험하는 세균(예를 들어, 소변에서 채취한 시료)을 접종한다. 각각 다른 항생제를 함유한 작은 종이 원판을 시험 세균이 접종된 한천 배지에 올려놓는다. 원판의 항생제는 원형으로 한천 배지에 퍼져 항생제 농도기울기(gradient)를 이루게 된다. 항생제의 농도는 원판에 가까울수록 높으며, 최소한의 감수성이 있는 미생물도 영향을 받는다. 반대로, 내성이 있는 미생물

(a)

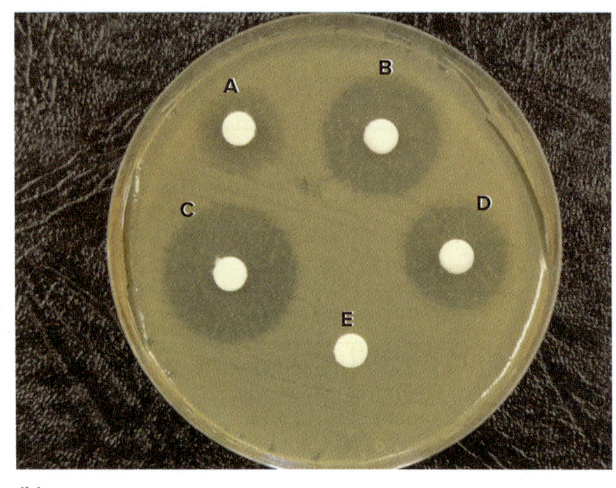

(b)

그림 9.2 Kirby-Bauer 방법. (a) 다중 항생제 원판분배기와 (b) 원판확산 시험 결과이다. (a-b) James Redfearn/McGraw Hill

연관 질문 배양된 세균은 어떤 항생제(A, B, C, D, 또는 E)에 내성을 가지는가?

은 원판 가까이 까지 자란다. 원판에서 멀어질수록 항생제 농도가 낮아지고 그 항생제에 민감한 병원균만 영향을 받는다. 항생제가 세균의 생장을 억제하면, 항생제 원판 주위에 투명대 또는 투명환이 생긴다. 그 투명대가 클수록 병원균이 더 민감한 것이다. 투명대 넓이는 항생제의 최초 농도, 용해성, 한천에서의 확산율에 따라 달라진다. 그러므로 투명대 넓이로 다른 항생제의 효능을 직접 비교하기 위해서는 사용할 수 없다.

현재 가장 많이 사용되는 원판 확산 시험법은 **Kirby-Bauer 방법**(Kirby-Bauer method)이다. 이 방법은 커비(William Kirby)와 바우어(A. W. Bauer)에 의해 1960년대 초에 개발되었다(**그림 9.2**). Kirby-Bauer 방법의 결과는 투명대 지름과 미생물의 내성 정도를 나타내는 표를 이용하여 해석한다(**표 9.2**). 표의 값들은 특정 미생물에 대한 항생제의 MIC를 투명대 지름으로 나타낸 다수의 그래프를 만들어서 얻어낸 것이다. 항생제가 원판으로부터 한천 배지로 확산함에 따라 항생제의 농도는 감소하게 되고, 항생제의 농도가 효과 수준 아래로 내려가게 되면 세균은 자라게 된다. 그러므로 MIC는 투명대의 경계로 정해진다. 이들 데이터는 박테리아와 약의 조합으로 편집되고, 이들 값이 정리된 표는 항미생물 치료법 선택을 위한 첫 단계로 이용된다. 임상 시료를 시험한 후, 다양한 약에 노출된 병원균의 억제환의 지름을 측정하고, 표에 나타낸 지름의 크기와 비교한다. 표에 나타난 데이터와 치료량이 투여됐을 때 환자의 체내 약의 수준이 대략 연관되어 있기 때문에, 각각의 약에 대한 저항성이나 민감성이 체계화될 수 있다.

표 9.2 선택된 화학치료 약의 억제대 지름

		억제환 지름(가장 근접 mm)		
화학치료 약	디스크의 약 함량	저항성	중간	감수성
카르베니실린(프로테우스 종 및 대장균)	100 μg	≤19	20~22	≥23
카르베니실린(녹농균)	100 μg	≤13	14~16	≥17
페니실린(장구균)	10 U	≤14	–	≥15
페니실린(포도상균)	10 U[1]	≤28	–	≥29
스트렙토마이신	10 mg	≤11	12~14	≥15
설폰아미드	250 또는 300 μg	≤12	13~16	≥17

[1] 페니실린 G 나트륨 1 mg = 1,600 units(U).

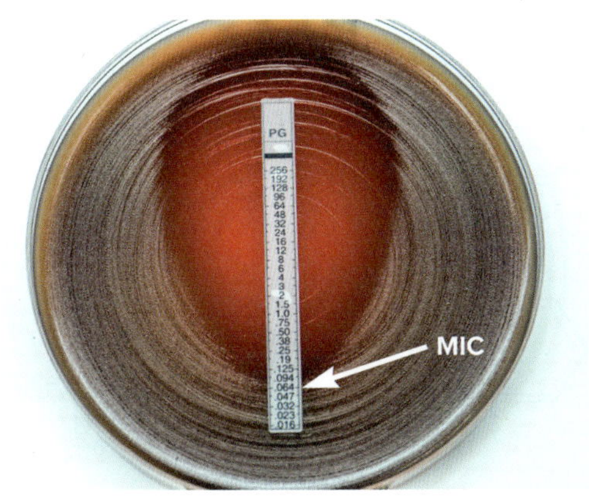

그림 9.3 Etest®. Etest® 스트립이 놓인 세균 배양 평판의 예이다. 화살표로 표시한 값으로 억제대와 스트립의 값이 타원형으로 서로 만나는 점으로 MIC 농도를 결정한다. Etest®는 비오메리으사(bioMerieux S.A.) 또는 자회사의 등록상표이다. Sirirat/Shutterstock

Etest®

비오메리으사(bioMerieux S.A.)의 Etest®는 종종 민감성 시험에 사용된다. Kirby-Bauer 방법과 달리, Etest®는 MIC를 결정하기 위해서도 이용된다. 일반적으로, 항미생물의 민감성 시험을 위해 각각 분리된 세균을 한천 배지의 표면에 접종하고 Etest® 스트립을 배지 표면 위에 올려놓는다(**그림 9.3**). 각 스트립은 농도기울기로 항생제를 포함하고 있으며, MIC의 값이 표시되어 있다. 24~48시간 배양 후 타원형의 억제대가 나타난다. 이 억제대와 스트립의 MIC 값이 서로 만나는 점으로부터 MIC를 결정한다.

마무리 점검

1. Kirby-Bauer 방법에서 성장억제대의 지름과 항생제 민감성 사이의 관계를 설명하시오.
2. Kirby-Bauer 방법에서 성장억제대 내에서 자라고 있는 개별 세균 집락이 관찰되었다면 무엇을 추측해 볼 수 있는가?
3. 어떻게 Etest®가 수행되는가? 언제 Kirby-Bauer 방법 대신 사용할 수 있겠는가?

9.4 항세균제

이 절을 학습한 후 점검할 사항:

a. 항세균제의 작용기전들을 비교할 수 있다.
b. 선택적 독성으로 미생물의 생장을 저해하는 요소를 연관지어 설명할 수 있다.
c. 약의 표적에 기반한 다양한 항세균제의 상대적 유효성을 설명할 수 있다.

많은 다른 항생제가 있지만, 대부분의 항생제는 제한된 수의 그룹으로 분류된다(표 9.1). 새로운 항생제를 개발하는 데 있어서 도전은 이미 표적이 되지 않은 병원균의 구조나 대사를 찾는 것이다. 이러한 새로운 표적은 최소한 당분간은 항생제 내성 문제를 해결할 수 있는 가장 좋은 기회를 제공한다. 항생제 개발은 활발한 연구 분야이다. 본 장에서는 가장 일반적인 항생제를 기능/구조에 따라 분류하여 설명할 것이다.

세포벽 합성 억제제

가장 선택적인 항생제는 세균의 세포벽 합성을 억제하는 약이다. 이러한 약들은 치료지수가 높은데, 그 이유는 이들 약이 진핵세포에는 없는 구조와 기능을 표적으로 하기 때문이다. ◀ 세포벽은 많은 기능을 가지고 있다(3.4절)

페니실린

대부분의 페니실린(예: 페니실린 G 또는 벤질페니실린)은 6-아미노페니실란산(6-aminopenicillanic acid)의 유도체로 이들은 아미노기에 붙은 측쇄(side chain)가 서로 다르다(**그림 9.4**). 분자의 가장 중요한 특징은 생물활성에 필수적인 **β-락탐 고리**(β-lactam ring)이다.

새로운 펩티도글리칸 단위가 성장하는 세포벽에 추가될 때, 펩티드전이(transpeptidation)라 불리는 과정에 의해 펩티도글리칸 소단위의 펩티드 측쇄끼리 연결되어야 한다(그림 9.5a, 그림 3.19 참조). 페니실린의 구조는 펩티도글리칸 소단위의 펩티드 측쇄에서 발견되는 말단의 D-알라닐-D-알라닌(D-alanyl-D-alanine)과 비슷하다. 페니실린의 구조적 유사성으로 인해 펩티드전이를 촉매하는 펩티드전이효소가 기질인 펩티글리칸 대신에 페니실린과 결합하게 돼 교차 연결된 펩티도글리칸의 합성이 억제된다(**그림 9.5**). 실제로 이들 펩티드전이효소는 보통 **페니실린결합 단백질**(penicillin-binding protein, PBP)로 불린다. 세포벽 형성이 억제되기 때문에 삼투적 용해(osmotic lysis)가 일어난다. 또한 페니실린은 세균 자체의 자가용해효소를 활성화해서 세균을 죽인다. 이들 효소는 세포를 커지게 하는 새로운 세포벽 합성 부위에서 펩티도글리칸을 파괴한다. 그러므로 페니실린은 새로운 펩티도글리칸을 합성하며 활발히 생장하는 세균에게만 작용하는 것이다. ◀ 세포벽과 삼투 보호(3.4절)

많은 페니실린 내성균은 **페니실린분해효소**(penicillinase)를 생산하고, 이 효소는 β-락탐 고리의 결합을 가수분해하여 항생제를 불활성화시킨다. 페니실린분해효소는 **β-락타마아제**(β-lactamase) 효소 그룹 중 하나이다.

페니실린은 여러 면에서 서로 다르다. 2종류의 자연적으로 생산되

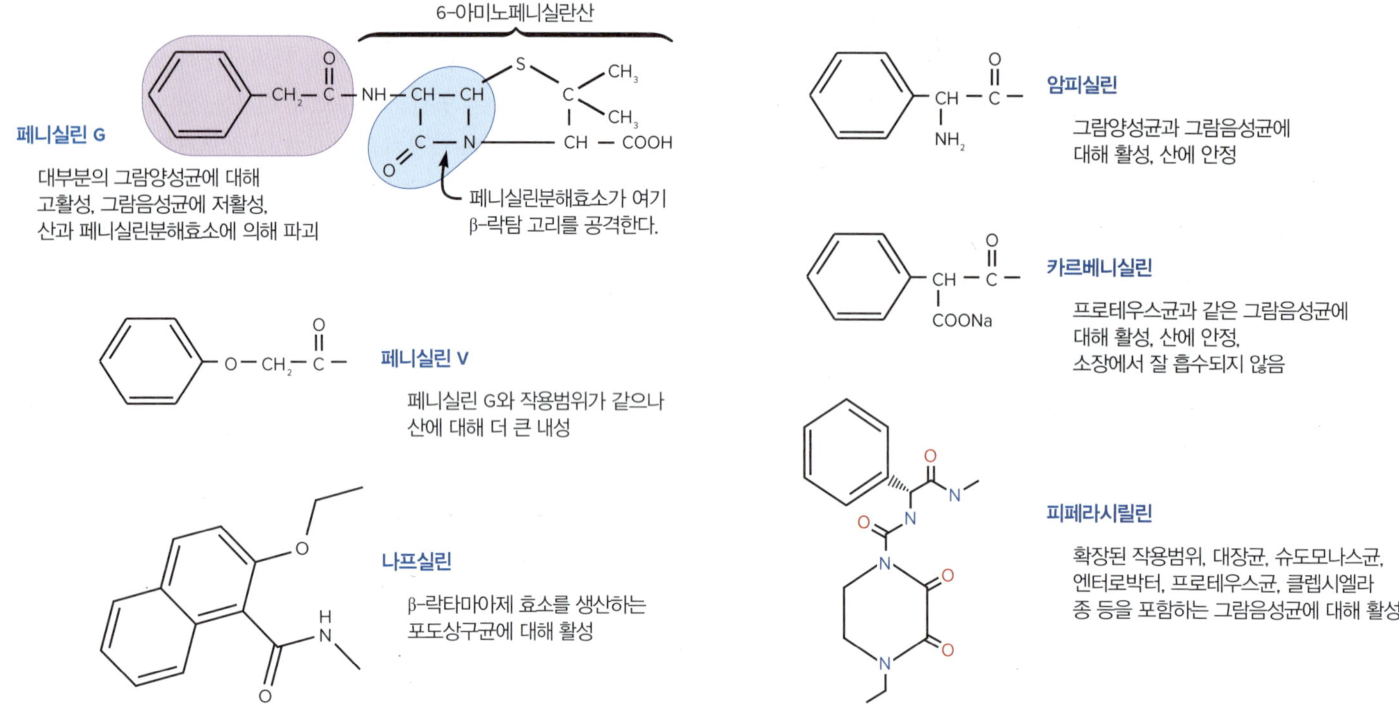

그림 9.4 페니실린. 대표적 페니실린의 구조와 특성이다. 모두가 6-아미노페니실란산의 유도체이다. 페니실린 G의 음영(보라색) 부위가 표시된 측쇄로 치환된다. β-락탐 고리는 음영(파란색)으로 표시하였다.

연관 질문 페니실린 G와 페니실린 V의 차이점은? 반합성 페니실린은 원조 화합물은 어떤 점이 다른가?

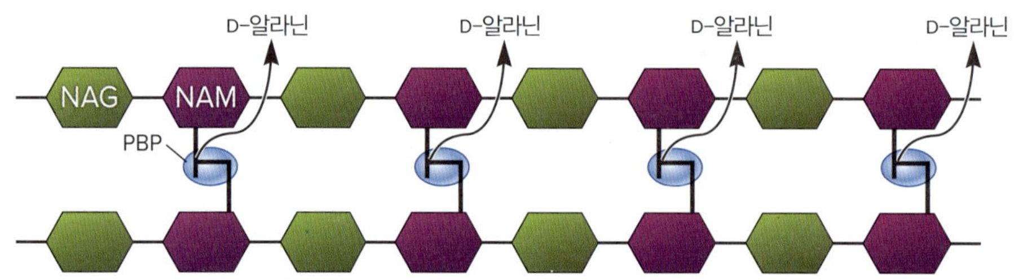

(a) 약이 없으면, PBP(파란색)는 평행한 펩티드글리칸 가닥의 펩티드 사슬(검은색 선) 간의 펩티드 결합의 형성을 촉진시킨다. 펩티드전이 반응은 한 펩티드 사슬로부터 말단 D-알라닌을 방출하게 한다(그림 12.10 참조).

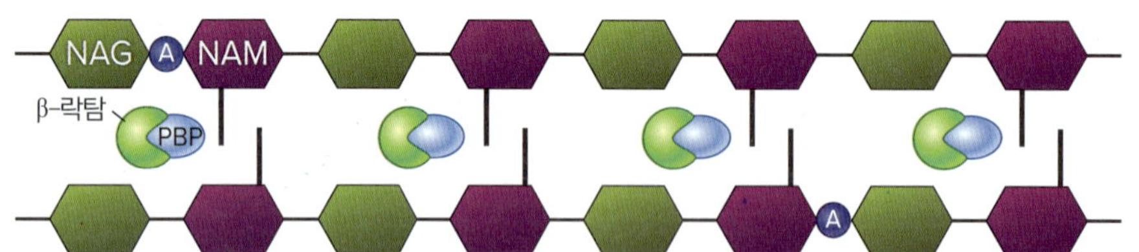

(b) β-락탐 항생제(초록색)는 PBP와 결합하여 펩티드전이와 세포벽 합성을 방해한다. β-락탐 항생제는 또한 세균 자가분해효소(A)의 활성을 증가시켜 NAM과 NAG 소단위체 간의 글리코시드 결합을 가수분해함으로써 펩티도글리칸 분해에 기여한다.

그림 9.5 β-락탐 항생제는 성장하는 펩티도글리칸 사슬의 펩티드전이를 막는다. NAG: *N*-아세틸글루코사민; NAM: *N*-아세틸무람산; PBP: 페니실린결합 단백질

는 페니실린인 페니실린 G와 페니실린 V는 협범위 약으로 많은 그람양성 병원균에 효과가 있다(그림 9.4). 페니실린 G는 위산에 의해 파괴되므로 주사에 의해(비경구적으로) 투여해야 한다. 페니실린 V는 위산에 강해서 경구투여가 가능하다. 페니실린이 사용된 후 곧바로 항생제 내성이 발견되었다. 내성 문제 극복 및 효능 범위 확대를 위해 반합성 페니실린이 개발되었다. 처음으로 개발된 반합성 페니실린은

항포도상구균 약으로 나프실린(nafcillin), 옥사실린(oxacillin), 디클록사실린(dicloxacillin)과 메티실린(methicillin) 등이다. 이들 약은 자연적인 페니실린보다 부피가 큰 측쇄를 가지고 있어 페니실린분해효소에 의해 분해가 잘되지 않는다. 다음으로 등장한 것은 아미노페니실린(aminopenicillin)으로, 더 친수성으로, 그람음성균 세포벽 외막의 포린(proin)을 통한 세포내로 통과가 쉽게 개발된 것이다. 항포도상구균 페니실린이 좁은 그람양성 스펙트럼을 보유한 데 비해, 암피실린(ampicillin)과 아목실린(amoxicillin)과 같은 아미노페니실린은 많은 그람음성 세균을 포함하는 넓은 항균 범위를 갖는다. 또 다른 반합성 페니실린인 카르베니실린(carbenicilin)이 녹농균(*Pseudomonas aeruginosa*) 같은 특정 그람음성 세균을 표적으로 개발되었다. 확장된 항균 범위의 페니실린으로 주목받는 항생제인 피페라실린(piperacillin)은 매우 광범위한 활성 범위를 갖는다(그림 9.4).

세팔로스포린

세팔로스포린(cephalosporin)은 곰팡이 *Cephalosporium*으로부터 1948년에 처음 분리된 항생제이며, 페니실린과 비슷한 β-락탐 구조를 가지고 있다(**그림 9.6**). 페니실린과의 구조적 유사성으로 짐작할 수 있듯이 세팔로스포린은 페니실린처럼 펩티도글리칸 합성 시 펩티드전이를 억제한다. 초기 세대 세팔로스포린은 후세대 약보다 그람양성 세균에 대해 나은 효과를 보이지만, 후세대 약은 넓은 범위의 그람음성 세균에 효과가 있다.

카르바페넴과 모노박탐

β-락타마아제 효소가 계속해서 진화하고 많은 세균이 다양한 그룹의 항생제에 대한 저항성을 획득해간다는 사실을 인지하면서, 두 그룹의 β-락탐 약인 **카르바페넴**(carbapenem)과 **모노박탐**(monobactam)이 1980년대 중반에 개발되었다. 카르바페넴 그룹에 이미페넴(imipenem), 에르타페넴(ertapenem), 메로페넴(meropenem), 도리페넴(doripenem) 등 4종류의 항생제가 있는데, 이중 오직 하나 모노박탐계 아즈트레오남(aztreonam)만이 임상적으로 사용된다. 카르바페넴이 통성 혐기성, 혐기성 균을 포함한 광범위한 범위의 세균에 효과적인 것에 반해, 메로페넴은 그람음성균에 대해서만 효과적이다. 이러한 약들은 경구투여할 수 없고, 항생제 내성균을 포함한 복합 감염에 사용된다. 실제로 수년 동안 이러한 약은 다양한 범위의 세균에 의해 생산되는 β-락타마아제 효소의 영향을 받지 않는 것으로 생각되었다. 하지만 최근 들어서 **카르바페네마아제**(carbapenemase)라 불리는 β-락타마아제 효소를 생산하는 그람음성균이 문제가 되고 있다.

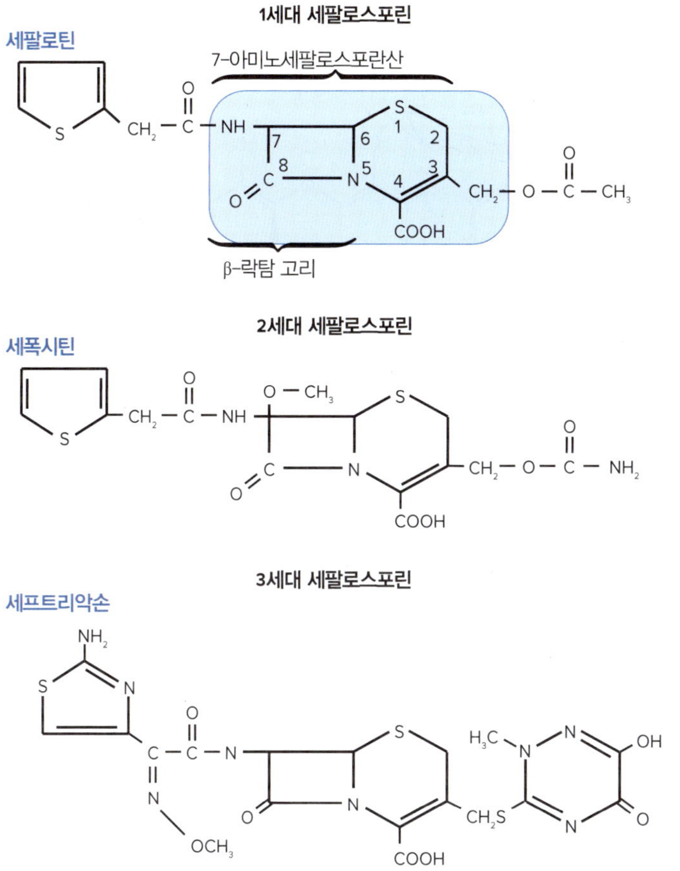

1세대 세팔로스포린

세팔로틴

7-아미노세팔로스포란산

β-락탐 고리

2세대 세팔로스포린

세폭시틴

3세대 세팔로스포린

세프트리악손

그림 9.6 세팔로스포린 항생제. 이 약들은 7-아미노세팔로스포란산의 유도체이며 β-락탐 고리를 갖고 있다. 새로운 혹은 차세대 항생제가 개발됨에 따라 1세대, 2세대 등으로 지정된다.

연관 질문 세팔로스포린 항생제가 β-락타마아제 효소의 분해에 민감하다고 생각하는가? 설명해보시오.

반코마이신

반코마이신(vancomycin)은 세균 *Streptomyces orientalis*에 의해 생성되는 당펩티드(glycopeptide) 항생제이다. 이당류(disaccharide)에 결합된 펩티드로 구성된 컵 모양의 분자이다. 반코마이신은 펩티도글리칸의 펜타펩티드(pentapeptide)에 있는 D-알라닐-D-알라닌 말단 서열에 특이적으로 결합한다(**그림 9.7**). 반코마이신은 β-락탐 항생제처럼 펩티드전이를 막으나, 효소 자체보다는 효소기질에 결합한다.

반코마이신은 그람음성균 외벽을 통과할수 없기 때문에 그람양성 세균에게만 살균작용을 한다. 반코마이신은 포도상구균 속(*Staphylococcus*), 바실러스 속(*Bacillus*, 식중독), 연쇄상구균(*Streptococcus*, 폐혈성 인두염), 장구균(*Enterococcus*, 요로감염), 클로스트리듐(*Clostridium*, 괴저), 클로스트리디오이데스(*Clostridioides*, 쇠약하게 만드는 설사) 등에 효과가 있다. 보통 혈관주사를 시행하나 클로스트리디오이데스 디피실(*Clostridioides difficile*) 감염의 경우 경

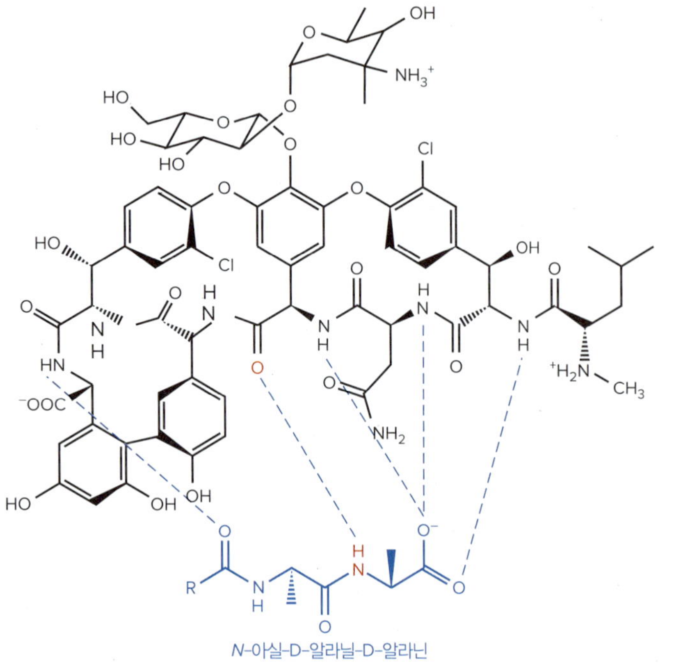

그림 9.7 반코마이신. 컵 모양의 반코마이신은 점선으로 표시된 것처럼 펩티도글리칸의 D-알라닐-D-알라닌 말단부위에 결합한다.

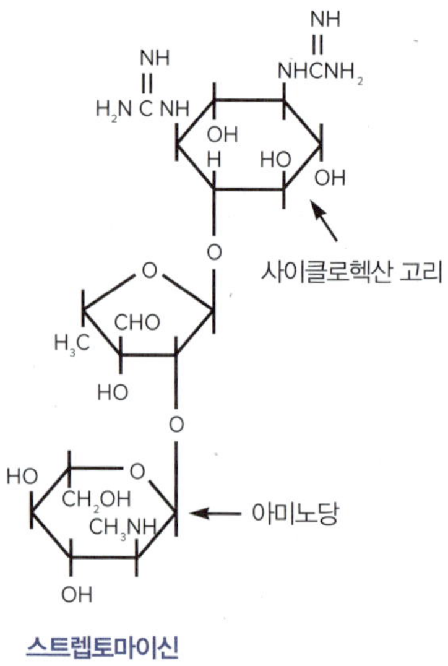

그림 9.8 스트렙토마이신은 아미노글리코시드 항생제이다. 사이클로헥산 고리와 아미노당이 확인된다.

연관 질문 아미노글리코시드계 항생제는 어떻게 단백질 합성을 억제하는가?

구투여된다. 항생제 내성이 있는 포도상구균과 장구균 감염 치료에 아주 중요한 약이다. 하지만 반코마이신에 내성이 있는 장구균(*Enterococcus*)이 출현했으며 최근 황색포도상구균(*Staphylococcus aureus*)에서도 일부 내성균이 발견되었다. 항생제 내성 황색포도상구균의 경우에 마지막으로 선택하는 약이 반코마이신이므로 반코마이신 내성균은 공중보건에 심각한 위협이다.

단백질 합성 억제제

많은 항생제는 세균의 리보솜 단백질이나 rRNA에 결합함으로써 단백질 합성을 억제한다. 이들 약은 세균과 진핵세포의 리보솜을 구분할 수 있으므로 이들 약의 치료지수는 높은 편이지만 세포벽 합성 억제제보다는 높지 않다. 단백질 합성 과정의 다른 단계가 이 부류의 약에 의해 억제된다. ▶ 세균의 번역(13.7절)

아미노글리코시드

아미노글리코시드계 항생제(aminoglycoside antibiotics)의 구조는 각기 다르지만 모두 사이클로헥산 고리(cyclohexane ring)와 아미노당(amino sugar)을 갖고 있다(**그림 9.8**). 스트렙토마이신(streptomycin), 카나마이신(kanamycin), 네오마이신(neomycin)과 토브라마이신(tobramycin)은 *Streptomyces* 속 여러 종에 의해 합성되는 반면, 겐타마이신(gentamicin)은 관련 세균인 *Micromonospora echinospora*에 의해 합성된다. 스트렙토마이신은 결핵 치료에 사용된 최초의 약이었으나, 내성의 증가로 스트렙토마이신의 유용성은 매우 감소되었다. 아미노글리코시드는 살균력(bactericidal)이 있으며, 그람음성균에 의한 염증을 치료하는 데 일반적으로 사용되고 있다. 그러나 아미노글리코시드는 독성이 있어 드물게 사용되고 있다(표 9.1).

모든 아미노글리코시드계 항생제는 번역과정 중 펩티드 신장(peptide elongation)을 방해한다. 아미노글리시드는 리보솜의 30S 작은 소단위체의 리보솜 RNA에 결합하여 mRNA 번역을 방해하거나 펩티드 합성을 초기 종료시켜 작용한다. 아미노글리코시드의 부작용은 박테리아 조상들과 같은 결합장소를 공유하는 인간의 미토콘드리아 리보솜에 결합할 수 있는 능력 때문으로 생각되고 있다.

테트라사이클린

테트라사이클린(tetracycline)은 공통적인 4개의 링 구조에 여러 종류의 측쇄가 부착된 구조를 갖는 항생제 군이다(**그림 9.9**). 옥시테트라사이클린(oxytetracycline)과 클로르테트라사이클린(chlortetracycline)은 *Streptomyces* 종에 의해 자연적으로 생성되지만, 다른 테트라사이클린들은 반합성 항생제이다. 이들 항생제는 아미노글리코시드계와 유사하게 리보솜의 30S 소단위체에 결합하여 단백질 합성을 억제한다. 이들은 단지 정균작용(bacteriostatic)만 한다. 테트라사이클린은 광범위 항생제로 세포내 병원체인 리케차(rickettsia), 클라미디아(chlamydia), 마이코플라즈마(mycoplasma)를 포함한 대부분의 세균에 효과가 있다.

테트라사이클린(클로르테트라사이클린, 독시사이클린)

그림 9.9 테트라사이클린. 테트라사이클린계 항생제의 세 가지 약. 테트라사이클린은 음영으로 표시된 두 가지 작용기가 없다. 클로르테트라사이클린(오레오마이신)은 염소 원자(파란색)를 가지고 있어 테트라사이클린과 다르며, 독시사이클린은 테트라사이클린에 추가로 하이드록실기(보라색)를 갖고 있다.

마크롤라이드

마크롤라이드 항생제(macrolide antibiotic)는 락톤 고리(lactone ring)라 불리는 12~22개 탄소로 이루어진 고리 구조를 가진다. 락톤 고리는 하나 또는 그 이상의 당에 연결되어 있다(그림 9.10). 마크롤라이드는 리보솜의 50S 소단위체에 결합하여 세균의 단백질 합성 중 신장과정을 억제한다. 마크롤라이드는 그람양성균, 마이코플라즈마(mycoplasma), 그람음성균 등 비교적 넓은 항균 범위를 가진다. 페니실린에 알레르기 반응을 보이는 환자에게 사용하며 백일해 기침, 디프테리아(diphtheria), 캄필로박터(*Campylobacter*)에 의한 설사, 레지오넬라(*Legionella*) 또는 마이코플라즈마(*Mycoplasma*) 감염에 의한 폐렴 치료 시 사용한다. 아지쓰로마이신(azithromycin)은 부작용이 적기 때문에 오래된 에리트로마이신(erythromycin)보다 더 사용되고 있다. 특히 성적 접촉으로 전염되는 클라미디아(*Chlamydia trachomatis*)를 포함한 여러 세균에 효과적이다. 케톨리드(ketolide)는 유사한 기전으로 작용하는 반합성 마크롤라이드(semisynthetic macrolide) 파생물이다. 보다 나은 산 안정성과 경구적 생체이용률로 순환에 도달하는 약의 양에 있어 이점이 있다. 텔리트로마이신(telithromycin)은 지역사회 감염성 폐렴을 치료하는 데 사용되는 케톨리드이다.

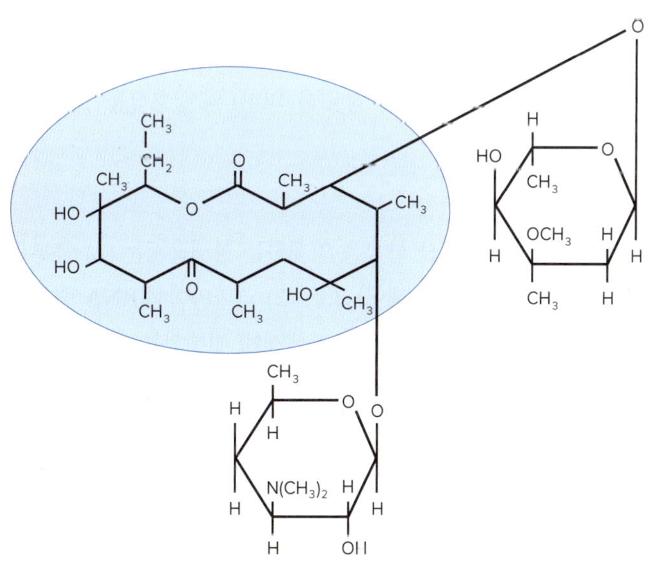

그림 9.10 마크롤라이드계 항생제인 에리트로마이신. 에리트로마이신은 14개 탄소의 락톤 고리(음영 부분)로 구성된다. 2개의 당에 연결된 락톤이나 고리형의 에스테르기를 포함하기 때문에 락톤 고리라고 명명되었다.

연관 질문 마크롤라이드가 단백질 합성을 차단하는 기전은 테트라사이클린이 단백질 합성을 차단하는 기전과 어떤 점에서 유사한가? 그리고 어떻게 다른가?

린코사마이드

린코사마이드(lincosamide) 항생제는 *Streptomyces* 균에 의해서 생산된다. 이들은 혐기성세균에 대한 광범위한 효능을 가지고 있으며, 많은 그람양성 구균(cocci)을 억제한다. 린코사마이드는 종종 생명을 위협하는 설사성 감염의 원인이 되는 *C. difficile*의 과성장을 일으킬 수 있어 드물게 사용된다. 클린다마이신(clindamycin)이 치아 감염과 포도상구균(staphylococcal) 및 연쇄상구균(streptococcal) 감염의 치료에 사용된다.

옥사졸라이디논

옥사졸라이디논(oxazolidinone)은 이형 고리(heterocyclic)의 5원자 고리 구조를 가진 독특한 합성 약이다. 리네졸리드(linezolid)라 불리는 옥사졸라이디논은 21세기에 소개된 아주 드문 항생제 중의 하나이다. 옥사졸라이디논은 신규기전에 의해 단백질 합성을 저해하는 정균제이다. 이들은 단백질 합성이 시작되기 전에 50S 리보솜 소단위체의 23S rRNA에 결합하여 70S 개시복합체의 형성을 막는다. 리네졸리드는 메티실린(methicillin) 감수성 및 내성 황색포도상구균(*Staphylococcus aureus*, MRSA)에 작용하는데, 이것은 MRSA가 어느 β-락탐 항생제에도 치료될 수 없으므로 중요하다. 이 약은 또한 벤코마이신 저항성 장구균(enterococci), 페니실린 저항성 연쇄상폐렴구균(*Streptococcus pueumoniae*)과 그람양성 혐기성균 치료에 사용될 수 있다. 이 약은 구강으로 혹은 주사로 투여할 수 있고 부작용이 거의 없지만, 과다 복용 방지와 내성균 생성 방지를 위해 주로 병원에서 사용된다.

대사 저해제

여러 중요한 약이 **항대사제**(antimetabolite)로 작용하는데, 이들은 대사경로의 기능을 억제하거나 막는다. 항대사제는 핵심 효소의 기질과 구조적으로 비슷하여 효소의 결합부위에 경쟁적으로 작용한다. 하지만 항대사제는 대사물질과 다르게 효소와 결합하고 나면 효소의 활성을 막아 대사경로의 진행을 차단한다. 대사 작용을 차단하기 때

문에 이들은 광범위 약이지만 정균제이고, 이 약이 없어지면 대사 활성은 다시 회복된다. ▶| 효소와 리보자임은 세포의 화학 반응 속도를 높인다(10.6절)

설폰아미드 또는 설파제

설폰아미드(sulfonamide) 또는 설파제(sulfa drug)는 *p*-아미노벤조산(*p*-aminobenzoic acid, PABA)과 구조적으로 유사하다(**그림 9.11**). PABA는 엽산(folic acid, folate) 합성에 필요하다. 엽산은 퓨린(purine)의 합성에 요구된다. 그래서 세포내 엽산을 고갈시킴으로써, 설폰아미드는 DNA, RNA, 단백질, 그리고 다른 중요한 세포성분(즉 ATP)의 합성을 방해한다. 설파제는 세균 세포내에서 엽산 합성의 첫 번째 단계 중 하나에 작용하는 효소(dihydropteroate synthase)의 활성부위에 PABA와 경쟁적으로 결합한다(그림 10.17 참조). 설폰아미드는 세균과 원생동물에 선택적으로 독성이 있는데 많은 세균과 원생동물은 엽산을 세포내에서 합성하지만 외부로부터 얻지 못하기 때문이다. 반면에 인간은 엽산을 합성하지 못하여 대신 음식물로부터 섭취해야만 한다. 따라서 설폰아미드는 치료지수가 높다.

트리메토프림

트리메토프림(trimethoprim)은 엽산 생합성 경로의 후 단계에 작용하여 엽산 합성을 억제하는 합성항생제이다. 트리메토프림은 디히드로엽산(dihydrofolic acid)을 테트라히드로엽산으로 전환하는 효소인 디히드로엽산 환원효소(dihydrofolate reductase, DHFR)에 결합함으로써 디히드로엽산 기질과 경쟁하여 엽산 합성을 막는다(**그림 9.12**). 트리메토프림은 광범위 항생제로서 요로감염 치료에 종종 사용된다. 엽산 합성 과정의 두 중요 단계를 억제하여 치료 효과를 높이기 위해 설파제와 함께 사용되기도 한다. 하나의 생화학적 경로에서 2개의 연속적인 단계의 억제는 단독으로 사용하였을 때보다 복합제제로 사용할 때 각 약이 덜 필요하다는 뜻이다. 이것을 상호증진적(synergistic: 그리스어로 *syn*은 '함께'이고 *ergos*은 '작용'을 의미) 약 상호작용이라 한다.

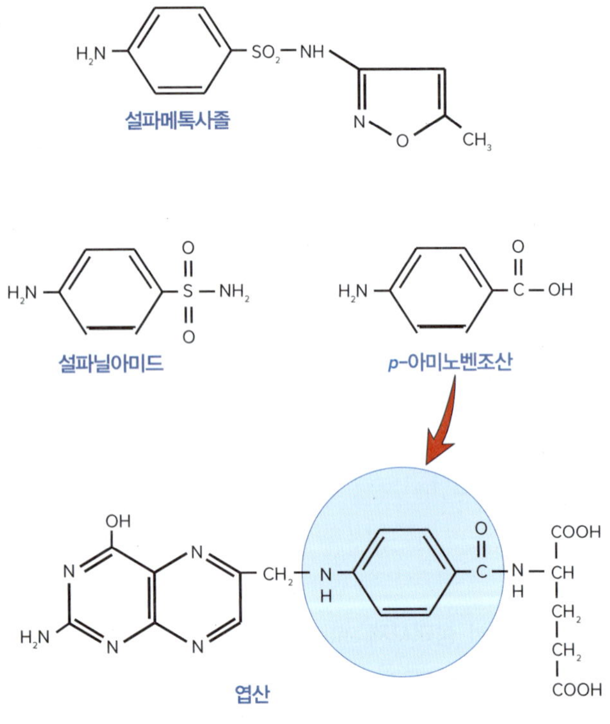

그림 9.11 설파제. 설파닐아미드와 설파메톡사졸은 *p*-아미노벤조산과 경쟁하여 엽산의 합성을 억제한다.

연관 질문 설파제는 왜 높은 치료지수를 가지는가?

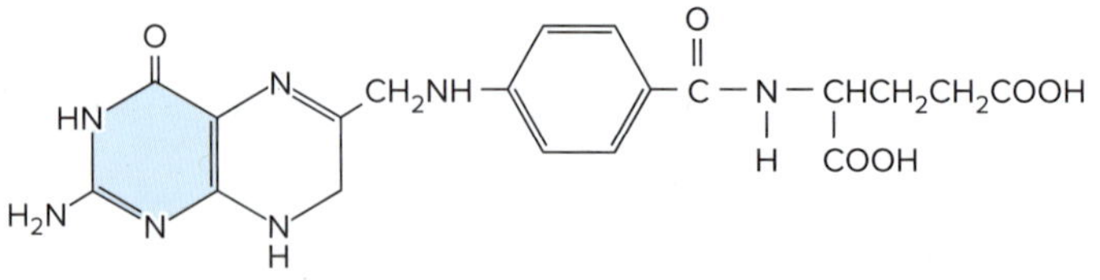

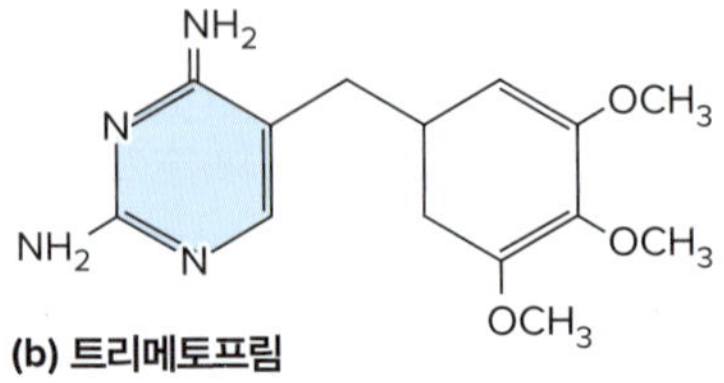

그림 9.12 트리메토프림에 의한 디히드로엽산 환원효소(DHFR)의 경쟁적 억제. (a) 디히드로엽산(dihydrofloic acid, DFA)은 엽산합성 과정의 DHFR 효소의 천연 기질이다. (b) 전체적인 구조는 다르지만, 트리메토프림은 DFA의 구조적 방향(음영 부위)을 흉내내고 있어 효소의 활성부위 결합에 경쟁한다. 트리메토프림이 DHFR의 활성부위에 결합하면 DFA가 테트라히드로엽산으로 전환될 수 없기 때문에 엽산 합성이 느려지거나 일어나지 못하게 된다.

핵산 합성 억제제

가장 많이 사용되는 핵산 합성을 억제하는 항세균제는 (1) 플루오로퀴놀론(DNA 회전효소를 제어) 또는 (2) 리파마이신(RNA 중합효소를 제어)이다. 이러한 약은 다른 항생제에 비해서는 선택적 독성이 높지 않은데, 그 이유는 진핵생물이나 원핵생물 모두 핵산 합성이 크게 다르지 않기 때문이다. 핵산 합성 억제제로서 일반적으로 가장 많이 사용되는 약은 플루오로퀴놀론(fluoroquinolone)이다.

플루오로퀴놀론

합성 항생물질인 **플루오로퀴놀론**(fluoroquinolone)은 불소가 첨가된(fluorinated) 4-퀴놀론 고리를 갖고 있다(**그림 9.13**). 플루오로퀴놀론은 세균성 DNA 회전효소(topoisomerase)인 DNA 자이레이스(DNA gyrase)와 DNA 회전효소 IV(topoisomerase IV)에 결합함으로써

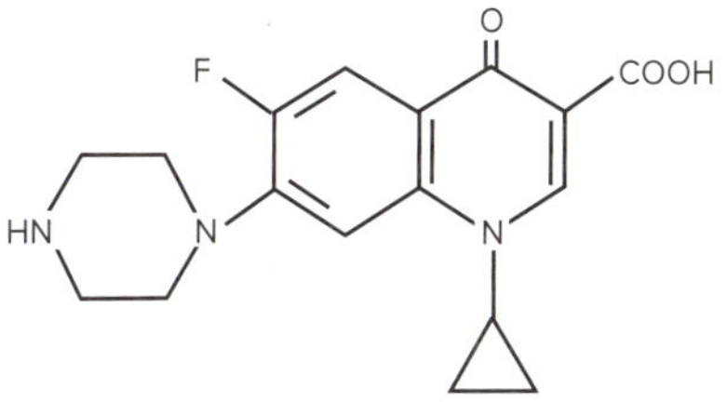

그림 9.13 플루오로퀴놀론 항미생물제. 불소 원자(fluorine)를 주목하자.

작용한다. DNA 자이레이스는 DNA에 음성 꼬임(negative twist)을 유도하여 가닥이 분리되도록 돕고, DNA 회전효소 IV는 딸염색체를 분리하여 적절히 분리될 수 있게 작용한다. 이들 효소의 억제는 DNA 복제 및 수선, 세포분열 시 세균 염색체의 분리 등을 파손한다. 따라서 플루오로퀴놀론이 살균제라는 것이 놀랄 일은 아니다. ▶| 세균의 DNA 복제(13.3절)

플루오로퀴놀론은 광범위 항생제(broad-spectrum antibiotic)로 다양한 범위의 감염을 치료하는 데 사용됐다. 이러한 성공은 과다 복용으로 이어졌고, 플루오로퀴놀론에 대한 내성이 문제가 되고 있다. 그리고, 특히 노인들에게 힘줄과 신경을 손상시켜 장애를 일으킬 수 있어서 미국식품의약국(US FDA)에서는 이 항생제들을 중증감염 외에 모든 감염에 사용하기에는 위험한 것으로 간주하고 있다.

리파마이신

가장 일반적으로 사용되는 **리파마이신계**(rifamycin class) 항생제는 반합성 파생물질인 리팜핀(rifampin)이다. 이 물질은 RNA 중합효소의 β-소단위 결합에 의해 세균의 전사를 억제한다. 리팜핀은 결핵과 마이코박테리아 감염을 치료하는데 사용된 다중약 양생법의 중요한 구성원이다. 이것은 또한 *Neisseria meningitidis*(수막염의 특이성 병원균)과 *Haemophilus influenzae*(인플루엔자균)에 의해 야기된 수막염으로 진단된 사람들과 접촉한 사람들을 보호하기 위해 사용될 수 있다. 표 9.1에 나열된 부작용에 더해서, 리파마이신은 전형적으로 소변을 붉은색으로 나타나게 한다. 이것은 전혀 해는 없으나 정보를 갖지 못한 환자들을 속상하게 할 수 있다.

마무리 점검

1. 화학치료제가 병원성 세균을 죽이거나 손상을 입히는 5가지 기전을 설명하시오.
2. 왜 페니실린과 세팔로스포린은 다른 항생제보다 치료지수가 높은가?
3. 왜 리네졸리드가 더 일반적으로 처방되지 않는가?
4. 항대사제는 무엇인가? 왜 이 약은 여기에 소개된 다른 약은 효과가 없는 원생동물 병원균에 효과가 있는가?

9.5 항바이러스제

이 절을 학습한 후 점검할 사항:

a. 항바이러스제들의 작용기전을 비교할 수 있다.
b. HIV 치료에 있어서, 복합적 약물치료 논리를 제공할 수 있다.
c. 항바이러스제가 항세균제보다 훨씬 적은 이유를 설명할 수 있다.

바이러스 특이효소 및 복제주기 과정을 억제하는 저분자의 발견은 항바이러스제의 개발로 이어졌다. 하지만 항바이러스제는 COVID-19 팬데믹에 의해 분명해진 것처럼, 일부 바이러스에 대해 성공적이었지만 대다수의 바이러스 감염은 약으로 치유할 수 없다. 어떤 항바이러스제는 단순히 앓는 기간(예: 독감의 경우) 혹은 심한 정도(예: 허피스와 HIV 경우)를 제한한다. 몇 가지 중요한 항바이러스제들은(항생제라 불리지 않음을 상기하라) **그림 9.14**에 제시되어 있다. |◀ 바이러스의 생활사는 5단계이다(6.3절)

대부분의 항바이러스제는 바이러스 증식주기의 주요 단계를 억제한다. 아마도 가장 잘 알려진 항바이러스제는 오셀타미비르(oseltamivir, Tamiflu)이다. 오셀타미비르(그림 9.14d)는 새롭게 합성된 인플루엔자 A와 B 바이러스 입자가 숙주세포로부터 빠져나오는 데 필요한 뉴라민분해효소(neuraminidase)의 기능을 억제한다. 하지만 오셀타미비르의 광범위한 사용에 따른 독감 바이러스에 대한 내성의 증가가 우려되었고, 미국 질병예방센터(Center for Disease Control and Prevention, CDC)는 오셀타미비르의 사용제한을 권고하였다. 오셀타미비르가 바이러스를 완전히 지료하시는 못하지만, 인플루엔자 감염 48시간 이내에 오셀타미비르를 복용한 환자는 복용하지 않은 환자보다 증상이 1.5일 빠르게 회복된다. 다른 2종류의 뉴라민분해효소 억제제인 정맥주사로 사용하는 페라미비르(peramivir)와 흡입하는 자나미비르(zanamivir)는 성인의 인플루엔자 감염을 치료하는 데 사용될 수 있다. 2018년 마르복실 발록사비르(marboxil baloxavir)라는 새로운 항인플루엔자 약이 승인되었다. 이 약은 숙주의 5′ 캡이 바이러스 전사체에 첨가되는 **캡-스내칭**(cap snatching)이라 알려진 단계를 방해함으로 인플루엔자 바이러스의 전사를 막는다(그림 25.23 참조). 이 약에 대한 내성이 보고된 것은 놀라지 않은 일이다. ▶| 인플루엔자(37.1절)

여러 약이 일반적으로 DNA 유전체를 가진 허피스바이러스 과에 의한 질병 치료에 사용된다(표 25.3 참조). 이러한 약은 허피스, 수두, 대상포진을 일으키는 바이러스와 사이토메갈로바이러스(cytomegalovirus)는 그들 자신의 효소를(숙주의 것이라기보다는) 이용하여 뉴클레오시드를 뉴클레오티드로 인산화하는 점에 근거를 둔다. 따라서 이러한 약들은 뉴클레오시드나 모노뉴클레오티드 유사체로

(a) 뉴클레오시드 역전사효소 억제제

아지도티미딘 (AZT) 또는 지도부딘

(d) 뉴라민분해효소 억제제

오셀타미비르

(b) 바이러스 단백질분해효소 억제제

리토나비어

(c) 바이러스 DNA 중합효소 억제제

포스카넷

시도포비르

아시클로비르

그림 9.14 바이러스 복제주기를 표적으로 하는 항바이러스제.

인산화된 후 성장하는 바이러스 유전체에 포함된다. 이들은 자연에 존재하는 뉴클레오티드가 아니어서 이들의 추가는 연쇄반응 종결에 의해 더 이상의 DNA 합성을 차단하게 된다. 이러한 항바이러스제의 예로 허피스 감염과 대상포진을 치료하기 위해 사용되는 아시클로비르(acyclovir, 그림 9.14c)와 비다라빈(vidarabine) 연고를 들 수 있다. 간시클로비르(ganciclovir)는 몸 전체에 퍼지는 사이토메갈로바이러스 질환을 치료하는 데 사용되고, 모노뉴클레오티드 유사체(mononucleotide analog)인 시도포비르(cidoforvir, 그림 9.14c)는 사이토메갈로바이러스에 의한 안구감염(retinitis, 망막염)을 치료하는 데 사용된다. 아시클로비르나 간시클로비르 내성의 경우, 포스카넷(foscarnet, 그림 9.14c)이 사용될 수도 있다. 이것은 바이러스성 효소에 의한 변형이 필요하지 않는 피로인산염 유사체(pyrophosphate analogue)여서 단순 허피스바이러스와 사이토메갈로바이러스에 의한 질병 치료에 사용될 수 있다. ▶| 바이러스가 직접접촉 질병을 야기할 수 있다(37.3절)

후천성면역결핍증 바이러스(HIV) 치료가 시작된 이래로, 새로운 약 개발에 초점을 맞춘 노력이 진행되고 있다. 이런 약들은 바이러스 복제과정 중에 중요한 단계를 타겟하고 방해한다(**그림 9.15**). 다음 5종류의 약이 HIV 감염치료에 사용된다. (1) 아시클로비르나 시도포비르와 동일한 방식에 의해 DNA 복제를 종결하는 뉴클레오시드 유사체인 뉴클레오시드 역전사효소 저해제(nucleoside reverse transcriptase inhibitor, NRTI) [예: 아지도티미딘(azidothymidine, AZT), 그림 9.15a], (2) 바이러스 역전사효소에 선택적인 결합과 저해로 HIV DNA 합성을 차단하는 비뉴클레오시드 역전사효소 저해제(NNRTI), (3) 단일 폴리펩티드로의 번역된 단백질을 분해하여 바이러스 단백질 생산에 필요한 HIV 단백질분해효소의 활성을 막는 단백질분해효소 억제제(PI)(그림 9.14b), (4) HIV 유전체의 숙주염색체로의 삽입을 차단하는 삽입효소 억제제(integrase inhibitor), (5) HIV의 세포내 침투를 방해하는 융합 억제제(FI)이다. ▶| 레트로바이러스: 생활사에서 역전사효소를 사용하는 양성가닥 바이러스(25.7절)

현재 HIV/AIDS에 대한 가장 성공적인 치료전략은 병합요법이다. HIV의 가장 효과적인 치료 방법은 약내성을 막는 3개 약의 동시 사용이다. 예를 들어, 2가지 역전사효소 저해제(NRTI)와 하나의 삽입효소 억제제(integrase inhibitor)는 혈장 내에서의 HIV 농도를 감지할 수 없는 수준으로 낮춘다. 그러나 이 치료법은 면역세포(즉, 기억 T세포) 또는 그 이외의 세포에서도 존재하는 전구 바이러스성 HIV DNA를 제거하지는 못한다. 그렇더라도, 적절한 치료법은 환자의 혈액 내 바이러스의 입자를 제거하고, 약내성 바이러스도 거의

COVID-19

COVID-19 치료제로 최초로 승인된 항바이러스제인 렘데시비르(remdesivir)는 뉴클레오시드 유사체이다. 이 약은 2000년대 초반에, 에볼라 바이러스(Ebola Virus)와 중동호흡기증후군(MERS)을 일으키는 코로나바이러스처럼 잠재적인 전염병의 원인인 RNA 바이러스에 대한 치료를 위한 공공-민간 협력의 하나로 개발되었다. 이 약은 2020년 5월 1일 긴급 사용승인이 이루어졌고, 미국 식품의약국에 의해 2020년 10월 사용 승인되었다.

HIV 융합과 함께 감염이 시작된다. 융합 억제제는 이 단계를 억제한다.

숙주세포 안에 들어오면, HIV의 외피(coat)가 제거되고 역전사효소(RT)는 바이러스 RNA 유전체로부터 DNA를 만든다. RT 억제제는 이 단계를 차단한다.

바이러스 DNA가 바이러스 삽입효소(viral integrase)의 활성으로 숙주 DNA에 삽입된다. 삽입효소 억제제는 이 단계를 차단한다.

바이러스 DNA는 전사 및 번역되어 먼저 다단백질(polyprotein)로 합성된 후 바이러스 단백질로 절단되고 포장되어 바이러스가 만들어진다. 바이러스는 숙주세포로부터 출아에 의해 방출된다. 단백질분해효소 억제제는 이 단계를 차단한다.

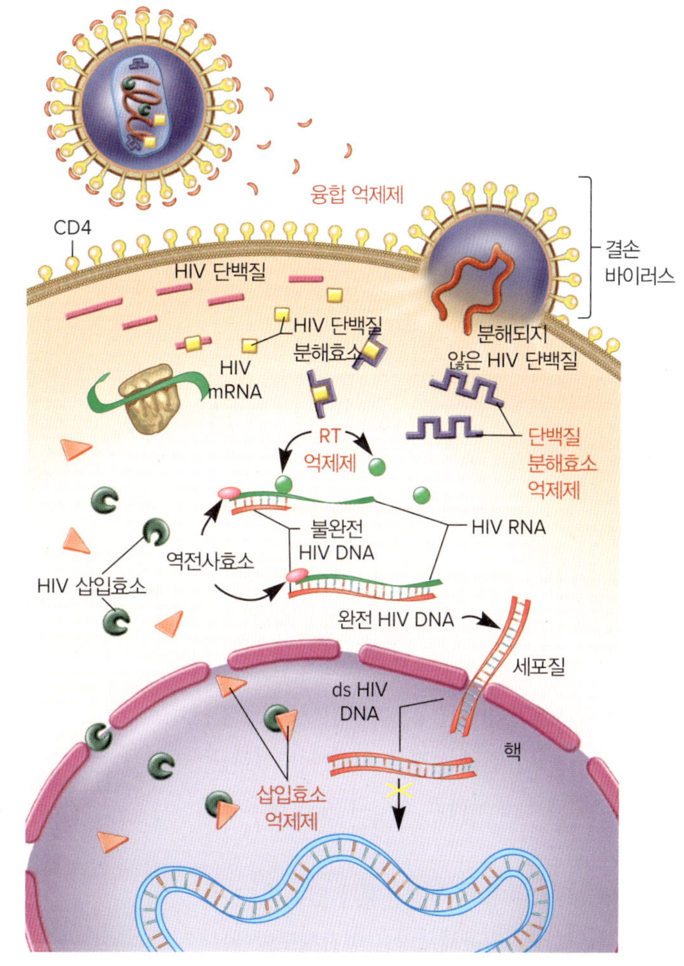

그림 9.15 항 HIV 약이 HIV 복제를 억제하는 방법의 예. HIV 복제과정의 특정 구성물질을 표적으로 하는 약의 사용으로 바이러스 감염을 방해할 수 있다. 세포막 융합에 의해 바이러스가 침입하는 것을 보여준다. 그러나 바이러스의 침입은 또한 수용체매개 세포내흡입 작용에 의해 촉진될 수도 있다.

발생되지 않는다. 그러나 HIV는 휴면기의 숙주세포에 남아 있기 때문에 약치료가 중단되면 재활성화될 수 있다. 그래서 환자들은 완진히 치료가 어렵고, 평생 약물 치료요법을 필요로 한다. 미국 질병관리본부(CDC)는 최근 연구들을 근거로 HIV 바이스 접촉 위험이 큰 HIV 비감염자들에게 노출적 예방요법(pre-HIV exposure prophylaxis, PrEP)을 권고하고 있다. PrEP는 하루에 2가지의 NRTI를 경구 복용하는 것이다. ▶| 후천성면역결핍증(AIDS)(37.3절)

C형 간염 바이러스(HCV)의 감염 치료는 최근에 개발된 흥미로운 전개이다. CDC는 미국에서만 최근 240만 명의 사람들이 C형 간염 감염자이고 간이식의 주된 원인이 되고 있다고 추정한다. 수년 동안, RNA 바이러스에 의해 야기된 손상을 최소화하려는 시도는 인간 면역 체계의 조정자(시토카인)인 인터페론-α(interferon-α)와 항바이러스 약인 리바비린(ribavirin)을 이용한 치료에 집중되었다. 이 치료법은 효과적이지 못했으며 심각한 부작용을 일으켰다. 2014년에 직접-작용하는 항바이러스 약들이 도입되었고, 수천의 환자들의 예후가 변화되었다. 이 약들은 조합으로 투여된다. 소포스부비르(sofosbuvir)는 뉴클레오티드 유사체로서 HCV RNA 중합효소의 활성을 차단하고, 레디파스비르(ledipasvir)와 벨파타스비르(velpatasvir)는 복제에 필요한 바이러스 효소에 작용한다. 감염된 HCV 유전형에 따라 특이적인 양생법이 처방된다. 미국 내 HCV 환자의 70%가 유전형 1에 의한 감염으로, 레디파스비르-소포스부비르 또는 소포스부비르-벨파타스비르가 약 조합 후보이다. 거의 다른 모든 환자는 유전형 2 및 3에 의한 감염으로 소포스부비르-벨파타스비르로 치료될 수 있다. 치료비용은 생명을 살리는 치료법의 적용을 제한하고 있는 논쟁적인 요소이다. ▶| 바이러스성 간염(37.3절)

마무리 점검

1. 허피스 치료에 사용되는 약이 바이러스에게만 작용하는 이유는 무엇인가?
2. 뉴클레오시드 역전사효소 억제제와 비뉴클레오시드 역전사효소 억제자의 활성을 비교하시오.

3. 왜 HIV 감염자는 평생 항레트로바이러스 약을 먹어야 하는가?
4. C형 간염 바이러스를 치료하기 위한 옛 약과 신규 약을 비교하시오. 왜 신규 화합물이 직접-작용하는 항바이러스제라 불리는지 설명하시오.

9.6 항진균제

이 절을 학습한 후 점검할 사항:

a. 항진균제 작용기전을 비교할 수 있다.
b. 항세균제보다 항진균제가 더 적은 이유를 설명할 수 있다.

진균감염의 치료는 세균감염의 치료보다 덜 효과적인데, 그 이유는 진균은 진핵생물로서 세균보다 인간 세포와 유사하기 때문이다. 진균을 억제하거나 죽이는 많은 약은 인간에게 독성을 나타내고, 따라서 낮은 치료지수를 가진다. 대부분의 항진균제는 약이 고농도로 유지될 정도로 반복적으로 투여될 때만 진균 생장을 억제하는 정진균(fungistatic) 작용을 한다. 그럼에도 불구하고 소수의 약은 주요 진균성 질병 치료에 유용하다.

폴린엔(polyene)과 아졸(azole) 2종류의 항진균제가 있는데, 2가지 모두 진균세포막 합성을 차단한다. 진균세포막은 인간세포막에는 존재하지 않는 스테롤인 에르고스테롤(ergosterol)을 필요로 하기 때문에 좋은 약의 타켓이 된다. 폴리엔은 에르고스테롤에 직접 결합하고, 아졸은 에르고스테롤 생합성의 마지막 단계를 차단한다.

진균감염은 표피조직에 감염된 표재성 진균증(superficial mycosis)과 피하진균증(subcutaneous mycosis), 전신진균증(systemic mycosis), 기회진균증(opportunistic mycosis)으로 나누어진다. 각 진균증의 치료는 다르다. 표재성 진균증과 피부진균증(cutaneous mycosis)은 피부와 머리털에 나타나며, 아졸 약으로 국소 치료한다. 손발톱의 표재성 진균증은 그리세오풀빈(griseofulvin)으로 치료되며 경구투여된다(**그림 9.16**). 이 약은 진균 유사분열 방추를 파괴하여 세포분열을 방지한다. 니스타틴(nystatin, 그림 9.16a)은 *Streptomyces noursei*에서 분리된 폴리엔(polyene)계 항진균제로 피부, 질, 구강 및 식도의 기회감염인 칸디다 감염을 제어하는 데 사용된다. 이 약은 전신에 투여하기에는 독성이 강하여 구강칸디다증에는 입속에 잠시 머금고 헹군 후 삼키는 방식으로 사용하면 위장관을 통해 흡수되지 않는다. ▶ 진균과 원생생물에 의한 질병(39장)

전신 진균감염은 치료하기 매우 힘들며 치명적일 수 있다. 전신 진균증 치료에 주로 사용되는 약은 암포테리신 B(amphotericin B), 5-플루시토신(5-flucytosine)과, 플루코나졸(fluconazole), 이트라코나졸(itraconazole), 보리코나졸(voriconazole) 같은 아졸(azole)이다. *Streptomyces* 종에서 유래한 암포테리신 B는 인체에 대한 독성이 강해서 'ampho-terrible'이라는 별명을 얻었다. 이 약은 생명을 위협하는 아주 심각한 감염에만 사용된다. 경구의 합성 항진균제인 5-플루시토신(5-flucytosine, 5-fluorocytosine)은 대부분의 전신 진균감염에 효과적이지만, 약내성이 빠르게 형성되어 보통 암포테리신 B와 병행하여 사용된다. 이 약은 진균에 의해서만 플루오로우라실(5-fluorouracil, 5FU)로 전환되고, 5FU는 RNA를 구성하는 염기의 하나인 우라실(uracil) 유사체이다. 전사 시 RNA상의 우라실 위치에 들어가서 RNA 기능을 파괴시킨다. 이 약은 효모균류 뇌수막염(cryptococcal meningitis)의 치료에 암포테리신 B와 조합하여 사용된다. 플루코나졸(fluconazole)은 칸디다증, 치사성 수막염(coccidioidal meningitis, valle fever) 치료에 쓰인다. 플루코나졸의 부작용은 대체로 많지 않기 때문에 심각하게 면역이 억제된 환자에게 치명적인 진균감염을 예방하는 목적으로 사용된다.

면역력이 약한 사람에게 *Pneumocystis jiroveci*(이전 *P. carinii*) 감염은 생명에 위협을 가져올 수 있다. *P. jiroveci* 세포막은 에르고스테롤보다 콜레스테롤을 함유하고 있어 폴리엔과 아졸은 효과가 없다. 그래서 감염의 치료는 항대사 약인 트리메토프림(trimethoprim)과 술피속사졸(sulfisoxazole)을 조합하여 사용함으로 이루어진다. 이 방법은 *P. jiroveci*가 세균과 유사한 효소를 사용하여 엽산을 합성하기 때문에 효과적이다.

에치노칸딘(echinocandin)은 최근에 개발된 항진균제이다. 이 약들은 글루칸 소단위를 연결하는 베타(1,3)-D-글루칸 합성효소를 억제함으로 진균 세포벽의 합성을 차단한다. 세포벽 온전함의 상실은 박테리아 세포벽 합성 저해제에서 보여진 것과 같이 삼투적 용해를 촉발시킨다. 에치노칸딘은 진균이 폴리엔 또는 아졸에 내성일 때 사용된다. 최근에는 에치노칸딘을 포함하여 모든 항진균제에 내성인 효모 *Candida auris*가 출현하였다. 이는 *C. auris* 감염이 종종 치명적임으로 매우 두려운 일이다.

마무리 점검

1. 폴리엔, 아졸, 5-플루시토신에 의해 진균 성장이 저해받는 기전을 비교 설명하시오.
2. 약국을 온라인으로 또는 직접 방문하여, 삼중 항생연고에 있는 약제와 무좀약에 있는 약제를 비교하시오. 이로부터 무좀에 관해 무엇을 추정할 수 있는가?
3. 면역 억제된 사람들은 종종 감염이 없는데도 불구하고 항진균제를 왜 투여받아야 하는가?

(a) 폴리엔이 스테롤에 결합하여 막을 손상시킨다.

암포테리신 B

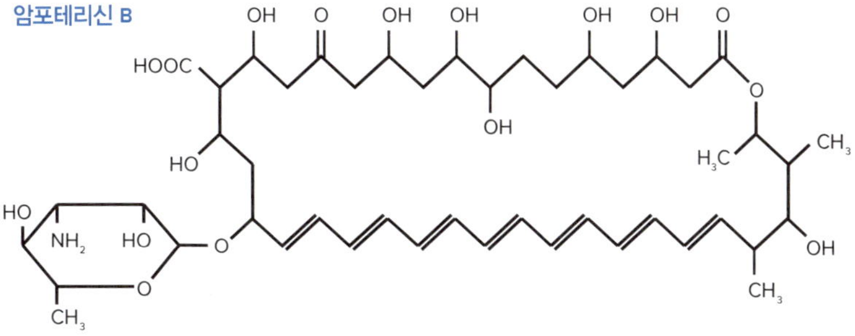

니스타틴

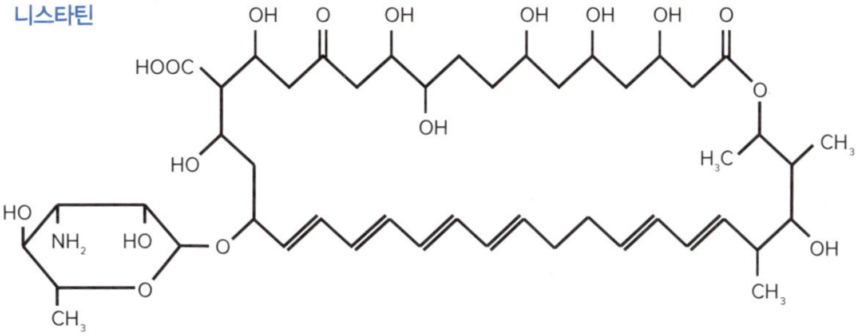

(b) 아졸이 스테롤 합성을 억제하여 세포막 투과성을 변화시키다.

이트라코나졸

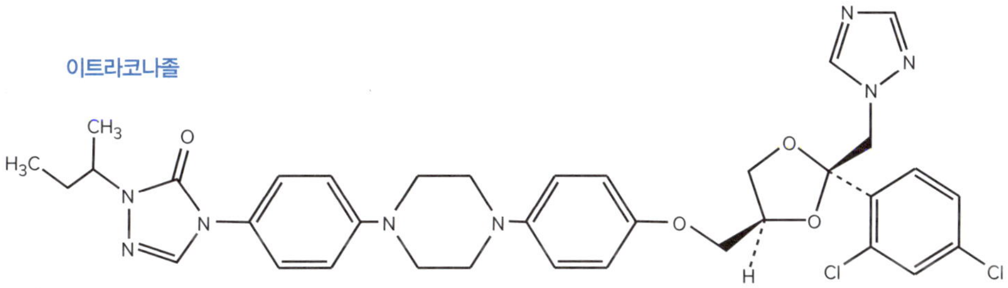

(c) 핵산 합성, 단백질 합성, 세포 분열을 방해하는 약

그리세오풀빈

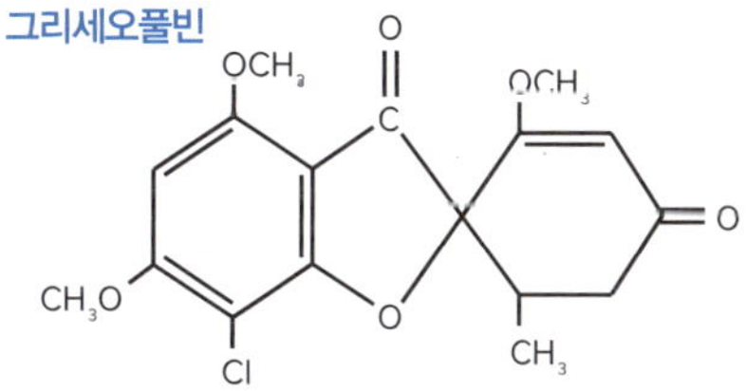

(d) RNA 기능을 파괴하고 핵산 합성을 억제하는 약

5-플루시토신

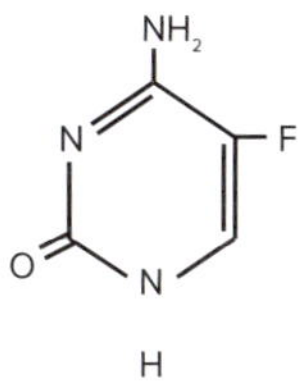

그림 9.16 항진균제.

연관 질문 니스타틴(nystatin)이 성장을 억제하는 기전은 무엇인가? 5-플루시토신의 기전과 비교하면 어떠한가?

9.7 항원충제

이 절을 학습한 후 점검할 사항:

a. 항원충제들의 작용기전을 비교할 수 있다.
b. 항원충제가 항세균제보다 적은 이유에 관해 설명할 수 있다.

다른 항미생물 치료처럼, 항원충제의 효능도 어떤 약이 결합하여 생명유지에 필수적인 기능을 억제하는 특정 표적을 동정함으로써 시작한다. 그러나 원생동물은 진핵생물이기 때문에 세균을 표적으로 한 약보다 숙주세포 또는 조직에 작용할 가능성이 더 크다. 원생동물 감염에 사용되는 대부분의 약은 상당히 큰 부작용을 가지고 있다. 그럼에도 불구하고, 이런 부작용들은 기생충에 의한 손실과 비교하여 보통 허용된다.

항원충제의 수는 상대적으로 적고, 대부분의 항원충제의 작용기전은 완전히 밝혀지지 않았다. 여기서 설명된 약들은 강한 항원충제 작용을 하며 원생동물의 핵산 또는 대사과정에 작용하는 것처럼 보인다.

말라리아는 *Plasmodium* 속의 5가지 중 한 종에 의해서 발생하며 매년 50만 명 정도의 사상자를 발생시키고, 그 희생자의 대부분은 어린이다. 1600년대에 기나나무(cinchona tree) 껍질에서 **퀴닌**(quinine)이 발견되어 말라리아 치료에 사용될 수 있었다. 현재는 클로로퀸(chloroquine), 퀴닌 설페이트(quinine sulfate) 같은 좀 더 정제된 형태의 퀴닌을 사용한다. 이들 약은 말라이아원충(*Plasmodium*)의 증식을 억제하고 적혈구 세포에서 일어나는 말라이아원충의 생활사에서 무성생식단계를 근절시키는 데 효과적이다. 말라리아원충의 생활사 중 필수단계는 헤모글로빈의 분해이다. 이 과정에서 원충은 독성을 가진 헴 대사산물을 독성이 없는 헤마조인(hemazoin)으로 중합한다. 큐닌계 약이 이 과정을 차단하여 독성 대사산물이 축적된다. 2020 COVID-19 팬데믹 기간에 클로로퀸(chloroquine)과 이에서 파생된 히드록시클로로퀸(hydroxychloroquine)이 치료 또는 예방 가능성으로 더욱 대중의 관심을 끌었다(**질병 9.1**).

다른 약, 메플로퀸(mefloquine)은 독성 복합물을 형성함으로써 막과 다른 말라리아원충의 성분에 손상을 입히는 부위인 열대열말라리아(*P. falciparum*)의 식포(food vacuole)를 부풀어 오르게 한다. 프리마퀸(primaquine)은 간에서 발견되는 휴지기 원생생물에 작용하여 수면소체(hypnozoite)를 생산하는 *P. vivax*과 *P. ovale*에 의한 말라리아의 재발을 막는다. 말라리아가 유행하는 지역으로 여행하는 사람은 항말라리아제 같은 화학적 예방약을 처방받아야 한다. ▶| 말라리아(39.3절)

세계보건기구(WHO)는 퀴닌 약과 **아르테미시닌**(artemisinin: 이 장의 시작이야기를 참조) 유도체를 조합하여 복용하는 것을 추천한다. 중국 민간요법에 근거한 아르테미시닌은 개똥쑥(sweet wormwood, *Artemisia annua*)에서 발견되는 화합물이다. 병합 치료 방법에서 사용되는 아르테미시닌 반합성 유도체는 말라리아 치료에 매우 효과적이며 경제적인 약이다. 아르테미시닌의 기전은 아직 규명되지 않았다. 아르테미시닌은 열대열말라리아원충 감염(*Plasmodium*-infected)된 적혈구의 내부에 활성산소를 형성하여 헤모글로빈 이화작용에 변화를 유발하고 원생생물 전자전달계에 손상을 주는 것으로 보인다. ▶| 전자전달사슬(11.4절)

39장에서 논의된 것처럼 원생동물에 의해서 발생하는 여러 질병이 있다. 이질아메바균(*Entamoeba histolytica*)에 의한 이질과 원생동물 질트리코모나스(*Trichomonas vaginalis*)에 의한 질 감염은 **메트로니다졸**(metronidazole)로 치료될 수 있다. 이러한 혐기성생물은 세포질에서 메트로니다졸을 활성질소로 쉽게 환원시킨다. 활성질소는 다양한 세포 고분자들에 산화 손상을 야기할 수 있다. 니타족사니드(nitazoxanide) 약은 매우 비슷한 활성기전을 가지고 있고, 원생동물 *Giardia intestinalis*와 *Cryptosporidium parvum*에 의한 수인성 설사를 치료하는 데 사용된다. 세균의 단백질 합성을 억제하는 여러 항생제(즉, 아미노글리코시드계 클린다마이신과 파로모마이신) 또한 원생동물에 의한 염증을 치료하는 데 사용된다. 이 약들은 정단복합체충류(apicomplexan)라 알려진 원생동물 문에 의해 야기된 감염을 치료하거나 방지하는 데 사용된다. 이 미생물들은 생존에 필수적인 색소체에서 파생된 세포소기관 아피코플라스트(apicoplast)를 가지고 있다. 이러한 단백질 합성 억제제는 이들 세포소기관 내의 리보솜에 결합한다. ▶| Metamonada(23.2절); Amoebozoa 분기군에는 위족을 가진 원생생물이 포함된다(23.3절); Alveolata(23.4절); 식품과 물은 원생동물 질병의 운반체이다(39.5절)

톡소플라즈마증(Toxoplasmosis)은 면역력이 약한 사람에게는 생명에 위험한 감염이고 태아에게는 선천성 결함을 유발할 수 있다. 미국 CDC는 6세 이상 전체 인구의 11%가 *Toxoplasma gondii*에 의해 감염되는 것으로 추산하고 있으나, 면역체계가 대개 원생생물에 의한 증상이나 병을 유발시키는 것을 막아 준다. 톡소플라즈마증은 피리메타민(pyrimethamine), 댑손(dapsone), 설파디아진(sulfadiazine)에 폴리닉산(folinic acid)을 혼용하여 치료된다. 피리메타민과 댑손은 트리메토프림과 같은 기전(디히드로엽산 환원효소를 저해하여 엽산 합성을 방해하는 기전)으로 작용하는 것으로 생각된다. ▶| 톡소플라스마증(39.5절)

질병 9.1

클로로퀸과 COVID-19 : 교훈적인 이야기

코로나바이러스 SARS-CoV-2에 의해 야기된 COVID-19 팬데믹의 초기에, 기존 약제들의 코로나 치료제로의 연구가 치열했다. 팬데믹이 심해짐에 따라 새로운 약을 개발하고 시험하는 것을 기다리는 개념은 성립할 수 없어 보였다. 2003년 SARS가 확산하는 동안, 클로로퀸과 이에서 파생된 히드록시클로로퀸(**그림**)이 SARS의 원인이 되는 SARS-CoV 코로나바이러스의 복제를 차단함을 시험관 시험에서 밝혀냈다. 이러한 약들의 항바이러스 작용기전에 대해서는 여전히 논쟁이지만, 그중 선도적인 이론은 숙주세포에 진입할 때 바이러스가 거주하는 엔도솜(endosome)의 산성도를 높임으로 바이러스 생활사의 진행을 방해한다는 것이었다.

불행하게도, 치료를 향한 열망은 효능이 없고 안전하지 않은 약으로부터 대중을 보호하기 위해 약에 대한 시험이 어떻게 진행되어야 하는지에 대한 이해 부족과 충돌했다. 의심스러운 결과를 가지고 임상시험을 서두름으로써 과학계는 뒤따르는 혼란에 대한 비난을 감당해야 했다. 2020년 상반기의 클로로퀸과 히드록시클로로퀸에 관련된 사건들은 다음과 같다.

2월 4일: 저널 〈Cell Research〉는 코로나바이러스 전문가를 포함한 중국 과학자들의 항말라리아용 치료약 클로로퀸이 COVID-19 치료에 효과적일 수 있다는 내용의 논문을 출판한다.

2월 15일: 프랑스 과학자 그룹이 〈International Journal of Antimicrobial Agents〉에 유사한 논설을 출판한다.

2월 중~후반: 다수의 뉴스매체가 COVID-19 환자를 치료하기 위한 클로로퀸과 생체이용성이 좋은 히드록시클로로퀸을 사용한 초기 중국 임상시험의 희망적인 결과를 보고한다.

3월 16일: 사업가 머스크(Elon Musk)가 클로로퀸이 COVID-19 치료에 효과적일 수 있다고 트위터를 한다.

3월 20일: 도널드 트럼프(Donald Trump) 미국 대통령은 클로로퀸이 "국면 전환자"임을 발표한다.

3월 23일: 클로로퀸과 히드록시클로로퀸을 복용하는 면역질환 환자들이 이 약품을 받는 데 수년이 길릴 거리는 약품 부족 사태가 보고된다.

3월 24일: COVID-19에 감염되는 것을 막기 위한 노력으로 클로로퀸이 함유된 어항 소독제를 복용 후 애리조나의 한 남자가 사망하고 그 부인이 위태롭게 된다.

3월 25일: 세계보건기구는 COVID-19를 치료하는 데 있어 히드록시클로로퀸의 안전성과 효능을 시험하기 위한 대형 국제 임상시험을 발표한다.

3월 28일: 미국 식품의약국(FDA)은 광범위한 사용을 허용하는 응급 사용을 승인한다.

4월 10일: 일선의 의료종사자들이 이 약품이 효과적이지 않고, 몇몇 환자들에게는 부작용을 야기할 수 있다고 보고한다.

4월 13일, 4월 22일: 히드록시클로로퀸이 COVID-19 환자들의 치료에 효과 가능성이 없다는 2건의 임상시험이 보고된다.

4월 24일: 미국 식품의약국은 입원환자가 아닌 경우 히드록시클로로퀸 사용을 경고한다.

5월 18일: 도널드 트럼프는 히드록시클로로퀸을 예방적으로 복용하고 있음을 발표한다.

5월 26일: 의학저널 〈The Lancet〉은 COVID-19 치료에 있어 히드록시클로로퀸이 효과적이지 않고 사망위험이 증가한다는 대형 임상시험의 결론을 출판한다.

6월 5일: 〈The Lancet〉은 데이터 질에 대한 염려로 5월 26일에 발간한 논문을 철회한다.

6월 15일: 미국 식품의약국은 클로로퀸과 히드록시클로로퀸의 응급 사용 승인을 철회한다.

6월20일: NIH는 COVID-19 치료 효과에 대한 증거 부족으로 임상시험을 끝낸다.

이후로는 클로로퀸과 히드록시클로로퀸은 대부분 말라리아와 자가면역질환을 치료하는 데 이용된다. 이해 관계기관들이 이들 약의 흥망성쇠로부터 뭔가를 배웠는지를 알기 위해 다음 팬데믹까지 기다리지 않아도 되기를 바라자.

그림 클로로퀸과 히드록시클로로퀸. 히드록시클로로퀸은 보라색으로 표시된 것과 같이 히드록실기를 가지고 있다.

마무리 점검

1. 세균의 단백질 합성을 억제하는 약이 일부 원생생물에 효과가 있는 이유에 관해 설명하시오.
2. 결핵과 HIV처럼, 말라리아가 여러 약을 동시에 사용하여 치료하는 이유는 무엇인가?
3. 톡소플라스마증 치료에 사용된 약에 의해 어떤 대사산물의 합성이 차단되는가?

9.8 항미생물제 내성은 공중보건에 위협이다

이 절을 학습한 후 점검할 사항:

a. 증가하는 약제 내성에 대한 일반적인 이유를 설명할 수 있다.
b. 항미생물제에 내성이 발생하는 일반적인 기전에 관해 기술할 수 있다.
c. 약제 내성을 극복하기 위한 전략을 제안할 수 있다.

항생제 내성 세균은 **메티실린 내성 황색포도상구균**(methicillin-resistant *S. aures*, MRSA)이 널리 알려진 정도로 확산하고 있다. 다행히 대부분의 MRSA는 치료될 수 있으나, 최근에 출현한 **반코마이신 내성 장구균**(vancomycin-resistant enterococci, VRE)과 **카르바페넴 내성 장내세균**(carbapenem-resistant Enterobacteriaceae, CRE) 그리고 모든 약제 내성 *C. auris*는 세계 공중보건 당국자들 사이에 큰 걱정거리가 되고 있다. 서서히 진행되는 새로운 항생제 개발과 한 병원체에서 다른 병원체로의 내성의 확산은 매년 700,000명의 사상자를 낸다. 혹자는 만약 내성의 확산이 저지되지 못하고 항생제 개발 연구가 뒷받침하지 못한다면, 2050년까지는 전 세계적으로 천만 명 정도로 늘어날 수 있을 것으로 보고 있다.

내성의 유형은 내재적인 것과 획득된 것 2가지가 있다. 내재적 내성의 예로 β-락탐 항생제와 다른 세포벽 억제제에 대한 마이코플라즈마 내성을 들 수 있는데 이 균들은 세포벽이 결핍되어 있기 때문이다. 획득된 내성은 세균 유전체의 변화로 항생제에 민감한 것에서 저항적인 것으로 전환되면서 생겨난다. 다른 특징은 내성과 반대되는 약에 대한 용인성(drug tolerance)이다. 약용인성 세균은 항생제 저항성에 대한 기전을 갖고 있지 않다. 대신, 이 세균들은 항생제가 효과적으로 침투할 수 없는 생물막 속에 존재하거나 억제되기에는 너무 천천히 성장함으로써 항생제의 존재를 "무시"한다. 이들 세균은 저항성 세균(persister)이라 불리며, 7장에 논의되었다. 빠른 성장을 돕는 환경에 있게 되면, 저항성 세균은 약민감성(drug sensitivity)을 보인다. 반대로 항생제 내성균은 성장 속도와 관계없이 돌연변이나 수평적 유전자 이동에 의해 진짜 내성을 갖게 하는 단백질을 암호화하는 유전체의 변화를 획득한다. 이러한 유전적 변화에 의한 기전은 16장에서 논의된다.

다수의 약제 내성 기전

세균은 여러 가지 내성 기전을 갖도록 진화해오고 있다(**그림 9.17**, **표 9.3**). 그중 하나는 항생제의 표적을 변형하는 것이다. 예를 들어 MRSA는 펩티드전이효소(언급된 것처럼, 페니실린 결합단백질, PBP)를 이 효소의 다른 버전으로 대체 함으로써 모든 β-락탐 항생제에 내성을 갖게 되었다(그림 9.5). 이 변형된 PBP가 여전히 펩티드전이효소로 기능하도록 바뀌었지만, β-락탐 항생제 결합 자리가 존재하지 않는다. 이것은 왜 MRSA가 이 계통의 모든 항생제에 내성을 갖지만, 반코마이신에는 민감한지를 설명해준다. 반코마이신은 다른 표적, 즉 펩티도글리칸 단위체에 있는 펜타펩티드의 D-알라닌 말단에 결합한다는 것을 기억해보자. 일부 장구균의 이 약에 대한 내성은 표적 변경에 대한 또 다른 예이다. 반코마이신 내성은 세균이 말단의 D-알라닌을 약이 결합할 수 없는 D-젖산 또는 D-세린 잔기로 바꿀 수 있는 능력을 획득할 때 생긴다.

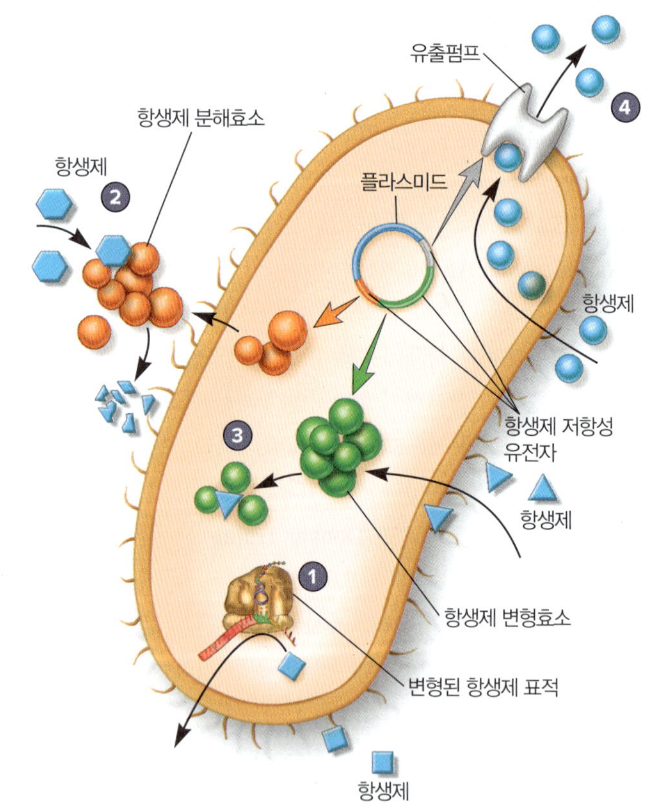

그림 9.17 항생제 내성 기전. 세균은 (1) 항생제의 표적 접근을 억제(또는 표적 변형)하거나, (2) 항생제를 분해하거나, (3) 항생제를 변형시키거나, (4) 항생제를 급속히 배출시킴으로 항생제의 작용에 저항할 수 있다.

표 9.3 항미생물제에 대한 내성 기전

작용기전	예
약 표적의 변경	메티실린-내성의 황색포도상구균(MRSA)은 β-락탐 약이 결합할 수 없어 모든 β-락탐 약의 활성을 차단하는 대체 펩티드전이효소인 페니실린 결합단백질(PBP-2)을 가지고 있다. *Enterococcus faecium*은 펩티도글리칸 펩티드 사슬의 말단 D-알라닌을 D-젖산으로 대체하여 반코마이신의 활성을 차단한다.
약 불활성화	분해: 많은 그람양성 및 그람음성 세균은 β-락탐 약을 분해하는 β-락타마아제 효소를 생산한다. 화학적 변형: 결핵균(*Mycobacterium tuberculosis*) 효소는 아미노글리코시드계 항생제인 카나마이신과 아미카신을 아세틸화한다.
세포속으로의 약 진입 방지	임질균(*Neisseria gonorrhoeae*)의 포린(porin)은 페니실린과 테트라사이클린의 진입을 차단한다. 결핵균(*Mycobacterium tuberculosis*) 유출 펌프는 다발성 항결핵약의 흡수를 차단한다.
약 활성과 무관한 대체 방안 사용	원생동물 병원체 리슈마니아 종(*Leishmania* 종)은 디히드로엽산 환원효소를 필요로 하지 않는 대체 엽산 생합성 과정을 사용한다.

두 번째 내성 전략은 약불활성화(drug inactivation)이다. 가장 잘 알려진 예로는 페니실린 분해효소 및 β-락타마아제 효소에 의한 페니실린의 β-락탐 고리의 가수분해이다(**그림 9.18**). 약은 또한 작용기의 추가로 불활성화된다. 예를 들어, 아미노글리코시드계는 아미노기의 아세틸화나 아미노글리코시드에 존재하는 수산화기의 인산화 또는 아데닐화에 의해 변형되거나 불활성화될 수 있다. 이러한 내성 전략은 불활성화 반응을 촉진시키는 효소의 획득과 관련되어 있기 때문에, 새로운 기능은 세균이 수평적 유전자 이동이라 불리는 과정에 의해 서로 유전자를 공유하여 종종 획득된다.

세 번째 내성 전략은 세포내 항생제의 농도를 최소화시키는 것이다. 이것은 세포막구조를 변경시킴으로써, 특별히 그람음성 세균의 세포 외막의 구조를 변경시킴으로 이루어질 수 있는데, 이로써 세포내로 좀 더 적은 항생제가 들어가게 된다. 또 다른 전략은 약물이 들어오게 되면 세포 밖으로 퍼내는 것으로 **유출펌프**(efflux pumps)라 불리는 전위효소(translocase)를 사용하여 약물을 배출하는 것이다. 유출 펌프는 상대적으로 비특이적이어서 서로 다른 많은 약들을 배출시킬 수 있다. 그래서 종종 다중 약제 내성이라고 언급되기도 한다. 많은 유출 펌프는 약/양성자 역수송자(drug/proton antiporter)로서 약이 빠져나갈 때 양성자는 세포내로 들어간다.

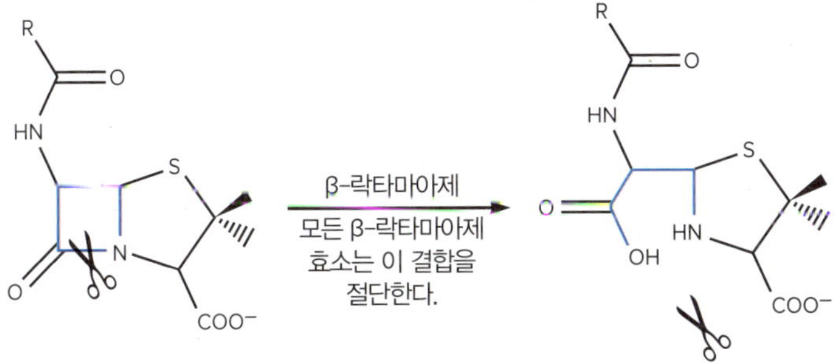

그림 9.18 β-락타마아제 효소는 β-락탐 고리를 절단한다. 일부 β-락타마아제 효소는 단지 몇 가지 다른 종류의 항생제를 분해하는 반면, 다른 위험한 효소들은 광범위한 β-락탐 특이성을 가지고 있다. β-락탐 고리는 파란색으로 표시하였다.

마지막으로, 내성균은 약에 의해 억제된 생화학반응을 우회하기 위해 다른 경로를 사용하거나 표적 대사물질의 생산을 증가시킬 수 있다. 예를 들면, 어떤 세균은 스스로 엽산을 합성하기보다는 그들 주위에 미리 형성된 엽산을 사용함으로써 설폰아미드에 내성을 갖는다. 다른 균주는 엽산 생산 속도를 증가시킴으로써 설폰아미드 억제에 대항한다. 이러한 변화 또한 대부분 수평적 유전자 이동에 의한다.

약제 내성 탐지

임상적으로 분리된 미생물이 내성인자를 발현하는지 또는 그렇게 할 수 있는 유전적 가능성을 가지고 있는 것을 아는 것이 중요하다. 내성인자는 유전적으로 암호화되어 있기 때문에 유전자 산물이나 유전자를 검사하는 것이 가능하다. 상용 유전자 발현 시스템은 표적 변형효소 같은 특정 내성인자의 생산을 동정하도록 디자인되어 있다. 여러 테스트 시스템은 β-락타마아제(그림 9.18)나 항생제 변형효소에 의해 발색단(chromophore)이 활성화될 때 야기되는 색깔 변화를 측정한다. 색깔 변화는 분광광도법으로 측정되며, 단백질 농도는 표준곡선으로부터 계산된다. 그럼으로써 유도된 내성에 대한 직접적인 증거를 얻을 수 있다. 중합효소연쇄반응(PCR)을 이용한 약제 내성인자를 암호화하는 유전자를 동정하기 위한 탐지체계도 상업적으로 이용 가능하다. ▶ 중합효소연쇄반응은 표적 DNA를 증폭시킨다(17.2절)

약제 내성 극복

세계보건기구는 항생제 내성을 "오늘날 세계보건, 식량 안전보장, 그리고 개발에 가장 큰 위협중 하나"로 들었다. CDC는 특정 항생제 내성 세균을 "긴급하고, 심각한, 또는 우려되는 위협"으로 분류하였다. 이러한 경고는 항세균제의 효능이 지속되기를 보장하도록 조치를 취하도록 하는 요청과 결부되어 있다. 이러한 문제들은 장기간 항생제의 과다 사용, 오용, 남용 등으로부터 나타난 결과로 이해되어 오고 있다. 단순히 말해서, 더 많은 약이 사용될수록 세균은 내성을 더 가지게 될 것이다. 그렇다면 약제 내성을 극복할 방법이 있는가?

약제 내성의 출현을 제한하기 위해 여러 전략이 사용될 수 있다. 미국에서 사용되는 항생제의 70%가 가축사육에 사용되고 있기 때문에, 동물사료에 항생제 과사용에 대한 더욱 더 강력한 규제가 필요하다. 사람 또는 동물에 투여하든, 약은 민감한 세균과 약물치료 시 발생할 수 있는 대부분의 자발적 돌연변이를 파괴할 수 있을 정도의 충분히 높은 농도로 투여되어야 한다. 환자는 처방된 대로 항미생물제를 복용하고 가능한 한 짧은 기간의 치료과정이 끝날 때까지 복용하도록 교육되어야 한다. 만약 환자가 치료를 완수하지 못하면, 내성 돌연변이체는 내성이 없는 세균에 비해 경쟁적인 우위에 있기 때문에 생존하여 번성하게 된다. 때론, 내성의 출현을 방지하기 위해 2가지 또는 3가지의 다른 약이 동시에 사용될 수 있다. 예를 들어, 이 방법은 결핵, HIV, 말라리아 치료에 사용된다.

약제 내성을 막기 위한 또 다른 전략은 특히 새롭게 개발되어서 세균이 아직 광범위한 내성을 갖지 않은 약에 대한 사용을 엄격하게 통제하는 것이다. 광범위 약(broad-spectrum drugs)은 가능한 한 꼭 필요할 때만 사용하도록 해야 한다. 가능하다면 병원균을 동정하고 약감수성 검사를 시행해 적절한 협범위 약(narrow-spectrum drug)을 적용하여야 한다. 이러한 아이디어는 이제는 대부분의 의료관리 기관에서 항생제관리 프로그램(antibiotic stewardship programs)에 적용되고 있다.

약제 내성균의 출현과 확산을 막으려는 노력에도 불구하고 상황은 점점 나빠지고 있다. 따라서 미생물이 이제껏 접해보지 못한 새로운 항생제를 개발하는 것이 절실히 필요하다. 불행히도, 제약회사들의 새로운 항생제 개발에 대한 보상이 없다(41장 시작이야기 참조). 현재의 이런 위기에 대한 가장 흥미로운 반응은 20세기 초 박테리오파지(bacteriophage)를 발견한 사람 중 하나인 데렐(Felix d'Herelle)이 제안한 아이디어에 대한 새로운 관심이다. 데렐은 박테리오파지가 세균에 의한 질병을 치료하기 위해 사용될 수 있다고 제안하였다. 비록 대부분의 미생물학자는 기술적 어려움과 항생제의 개발로 그의 의견을 적극적으로 수용하지는 않았지만, 러시아의 과학자들은 박테리오파지를 의학에 이용하도록 발전시켰다(6장 시작이야기 참조). 이 아이디어는 최근에 새롭게 부상하였고 박테리오파지를 이용하여 특정 세균감염을 치료하는 시도가 진행되고 있다. ◀ 바이러스와 비세포성 감염인자(6장) ▶ 미생물 유전체학(18장); 생물공학과 산업미생물학(41장)

마무리 점검

1. 세균이 항생제의 활성을 막는 데 사용하는 5가지의 기전을 비교 설명하시오.
2. 이 장에서 서술된 내성 기전 중 바이러스에 의해 사용될 수 있는 것과 없는 것을 설명하시오.
3. 협범위 항생제의 사용이 왜 광범위 항생제보다 약제 내성의 전파를 막는데 도움이 되는가?
4. 항미생물제에 대한 내성을 갖게 되는 초기 의료행위는 무엇인가?

요약

9.1 방부효과로부터 진화된 항미생물 화학치료

- 화학 치료법의 근대기는 아프리카 수면병과 매독에 대한 의약품에 관련된 에를리히의 업적으로 시작되었다.
- 초기의 다른 선구자들로는 도마크, 플레밍, 플로리, 체인, 히틀리, 왁스먼 등이 있었다.

9.2 항미생물 약은 선택적 독성을 가진다

- 효과적인 화학요법제는 선택적인 독성을 지녀야 한다. 훌륭한 선택적 독성을 지닌 약은 높은 치료지수를 가지며, 병원체의 고유한 구조나 기능을 차단한다. 또한, 부작용이 적다.
- 항생제는 표적 미생물의 범위(광범위 vs 협범위), 기원(자연물, 반합성물, 합성물), 일반적인 효과(정균성 vs 살균성) 등에 따라 분류될 수 있다(표 9.1).

9.3 항미생물제의 활성은 특정 시험법에 의해 측정될 수 있다

- 항생제 효능은 희석을 통한 감수성 시험에서 최소억제농도와 최소치사농도를 통해 추정될 수 있다.
- Kirby-Bauer 시험과 Etest®와 같은 확산 시험법은 종종 약에 대한 병원체의 감수성을 빠르게 평가하기 위해 사용되어 진다(그림 9.2와 그림 9.3).

9.4 항세균제

- 페니실린 계열은 β-락탐 고리를 가지고 있으며, 세균의 세포벽 합성을 방해하고, 그 결과 세균을 용해시킨다(그림 9.4와 그림 9.5). 자연적인 페니실린은 그람양성균에서만 효과를 나타낸다. 대부분의 반합성 페니실린은 광범위 항생제이고 페니실린 분해효소에 더 저항성이 있다.
- 세팔로스포린은 페니실린과 유사하지만, 대체로 작용범위가 넓고 β-락타마아제의 공격에 더 저항성을 가진다(그림 9.6).
- 반코마이신은 당펩티드 항생제로 펩티도글리칸 합성 동안에 펩티드전이를 저해한다(그림 9.7). 그람양성균만을 표적으로 하는 협범위 항생제이다.
- 스트렙토마이신과 같은 아미노글리코시드계 항생제는 작은 리보솜 소단위체에 결합하여, 단백질의 합성을 저해하고, 세균을 죽인다(그림 9.8).
- 테트라사이클린은 광범위 항생제이며, 작용기가 붙어 있는 4개의 링 구조의 핵심구조를 갖는다(그림 9.9). 그들은 작은 리보솜 소단위체에 결합하고 단백질의 합성을 저해한다.
- 에리트로마이신과 아지트로마이신은 정균작용을 하는 마크롤라이드계 항생제로 큰 리보솜 소단위체에 결합하여 단백질의 합성을 저해한다(그림 9.10).
- 리네졸리드는 리보솜 큰 소단위체에 결합하여 70S 개시복합체의 형성을 방해하여 단백질 합성을 차단한다. 리네졸리드는 그람양성 내성균에 의한 심삭한 감염을 치료하는 데 사용된다.
- 설폰아미드 또는 설파제는 *p*-아미노벤조산과 닮아서 엽산의 합성을 경쟁적으로 저해한다(그림 9.11).
- 트리메토프림은 합성항생제로, 엽산을 만드는 데 요구되는 디히드로엽산 환원효소(dihydrofolate reductase)를 방해한다(그림 9.12).
- 플루오로퀴놀론은 살균 합성 약의 하나로 DNA 자이레이스와 DNA 회전효소 IV를 저해하여 DNA 복제를 억제한다(그림 9.13).
- 리파마이신은 합성항생제로 세균 RNA 중합효소에 결합하여 전사를 차단한다.

9.5 항바이러스제

- 항바이러스제는 바이러스의 생활사에서 중요한 단계를 방해하거나 바이러스-특이 핵산의 합성을 저해한다(그림 9.14).
- 약 조합(칵테일 요법)은 한 가지 약물 치료법보다 HIV나 C형 간염에 더 큰 효과를 나타낸다.
- HIV를 치료하기 위한 5종류의 항레트로바이러스제가 있다. 약 조합은 종종 2가지의 뉴클레오시드 역전사효소 억제자와 하나의 삽입효소 저해제를 포함한다(그림 9.15).

9.6 항진균제

- 항진균제는 폴리엔계와 아졸계 2종류로 분리된다. 2종류 모두 진균의 원형질막을 파괴한다. 암포테리신 B와 같은 폴리엔계는 치료지수가 낮다.
- 표재성 피부진균증은 아졸계와 그리세오풀빈으로 국부 치료될 수 있다(그림 9.16). 암포테리신 B, 5-플루시토신, 아졸, 에치노칸딘 약 등은 전신 진균증의 치료제로 사용된다.

9.7 항원충제

- 항원충제는 핵산 합성이나 단백질 합성, 전자전달, 엽산 합성과 같은 중요한 단계를 방해한다.

9.8 항미생물제 내성은 공중보건에 위협이다

- 항미생물제의 독성에 내성을 갖기 위해 미생물이 사용하는 기전은 약 표적을 변화시켜 약이 더 이상 결합하지 못하게 하거나, 약을 변형시키거나, 약을 분해하거나, 약의 흡수를 억제하는 것이다(그림 9.17).
- 약제 내성은 약의 효능을 제한할 수 있다. 그러나 이 문제는 항미생물제의 신중한 사용(선택압 감소), 약물 칵테일 사용(한 가지 이상의 미생물 구조나 기능 공격), 감염 미생물을 표적으로 하는 특이적인 협범위 약 사용을 통해 극복될 수 있다.

심화 학습

1. 일부 사람들은 인플루엔자 대유행이 일어날 경우를 대비해 오셀타미비르를 비축해 놓는 것을 옹호한다. 다른 사람들은 개발도상국(대유행이 가장 시작되기 쉬운 곳)은 이 비싼 항바이러스제에 접근하지 못하게 됨으로써, 부유한 서양 국가가 부당한 이득을 가진다고 지적한다. 더욱이 일부 사람들은 약의 무분별한 사용은 저항성 독감 균주의 진화를 촉진한다고 지적한다. 이런

것을 고려해볼 때, 인플루엔자 대유행이 일어날 경우를 대비한 오셀타미비르의 비축의 장단점을 논의하시오. COVID-19 백신의 세계적인 불공평한 보급과 비교 설명하시오.

2. 당신은 바이러스에 의한 상기도 감염에 걸린 어린이를 치료하는 소아과 의사이다. 아이의 부모는 당신이 항생제를 처방해야 한다고 주장한다. 그들은 항생제 처방 없이는 가지 않겠다고 한다. 항생제가 이롭기보다는 더 해롭다고 아이의 부모를 어떻게 확신시킬 수 있을 것인가?

3. 이전에 사용되지 않은 분자를 표적으로 하는 항생제가 매우 필요하다. 그런 표적 중 하나는 FtsZ 단백질이다(3장과 7장 참조). 저분자 3-메톡시벤자미드(3-MBA)는 고초균(*Bacillus subtilis*)에서 FtsZ를 억제한다고 알려졌으나 살균제는 아니다. 잠재적인 약물 후보일 수 있는 분자의 합성을 위한 좋은 출발점으로서 3-MBA을 이용하여, 당신은 어떻게 박테리아 병원균에 살균 효과가 있는 유사 분자를 찾아볼 수 있겠는가?

4. 새롭게 개발된 펩티드 항생제는 활발한 연구 분야이다. 이러한 작은 단백질은 박테리아 병원균의 2가지 분자를 표적으로 한다. 예를 들면, 펩티드가 세포벽 구조에 결합하고 밑에 있는 원형질막에 구멍을 내서 두 구조를 붕괴시킨다. 2개의 구조나 기능을 표적으로 하는 약의 장단점은 무엇인가? 만약 여러분이 약을 설계한다면 어떤 2개의 박테리아 표적을 추적할 것인가?

5. 그람음성 병원균인 카르파페넴 내성 장내세균(CRE)은 거의 모든 β-락탐 항생제에 저항성을 가지기 때문에 문제가 커지는 추세이다. 캘리포니아 보건체계의 임상미생물학자들은 4년에 걸쳐 모든 CRE 분리균주의 내성기전을 밝혀냈다. 약 95%는 광범위한 기질특이성을 가진 β-락타마아제를 만들거나, 특이 포린의 생산을 멈춘다는 것을 발견했다. 그림 9.18과 표 9.3을 참조하여, 이 두 작용기전을 제시된 기전의 카테고리에 배치해보시오. 남아 있는 5% CRE 분리균의 내성을 설명하는 가설을 세워보시오. 가설이 무엇을 예측하고 있고, 이를 어떻게 시험할 것인가?

참고문헌: Senchyna, F., et al. 2019. Diversity of resistance mechanisms in carbapenem-resistant Enterobacteriaceae at a health care system in Northern California, from 2013 to 2016. *Diagnostic Microbiology and Infectious Disease*. 93: 250-257. https://doi.org/10.1016/j.diagmicrobio.2018.10.004.

CHAPTER

10

물질대사 개론

Roger Loewenberg/McGraw-Hill Education

흘려버리기

하루 동안 집에 있는 변기에 물을 내리는 횟수를 세어보자. 집에 있는 변기가 물을 내릴 때마다 약 6 L 이하를 흘려보내는 절약형인가? 아니면 물을 더 쓰는 구형인가? 당신이 변기로 버린 물이 어디로 가는지 생각해본 적이나 있는가?

당신이 도시에 산다면 버린 물은 하수처리장(위의 그림)으로 흘러갈 것이다. 자, 그럼 지금부터 계산을 해보자. 당신 집에서 하루에 변기로 내리는 물의 양에 당신이 사는 동네의 가구 수를 곱한다. 그것이 당신이 사는 동네에서 매일 하수처리장으로 흘러가는 물의 양이다. 만일 대도시에 산다면 하루에 생기는 하수의 양은 천문학적이다. 뉴욕시의 경우 그 양은 하루에 약 50억 L이다. 가뭄이 자주 발생하는 캘리포니아 주는 하루에 무려 약 150억 L를 생산한다!

안전한 상태로 만들어 환경으로 방출하도록 하수를 처리하는 비용도 역시 천문학적이다. 뉴욕시는 매년 약 15억 달러를 사용한다. 따라서 하수처리 비용은 어느 도시이건 시 예산의 큰 비중을 차지한다. 그렇지만 이런 하수를 이용하여 하수 처리 비용을 줄일 수 없을까? 더 좋게는 오히려 시에 재원을 제공할 수는 없을까?

42장에서 다룰 내용과 같이 하수처리장은 복잡한 미생물 군집의 서식지이다. 공동작업으로 이 미생물들은 하수에 있는 유기물(하수 슬러지)을 줄이고 다양한 대사 능력을 이용하여 여러 부산물을 생산한다. 가장 중요한 물질 중 하나는 무산소 조건에서 유기물이 분해될 때 만들어지는 메탄이다. 하수처리장 건물의 난방에 메탄을 사용하는 시설이 늘어나고 있으며, 미국을 포함한 몇몇 국가에서는 하수 슬러지를 가스관으로 공급 가능한 품질의 난방용 천연가스로 전환하고 있다.

하수 처리는 인간이 미생물의 대사 솜씨를 어떻게 이용하는지 보여주는 하나의 예에 불과하다. 40장에서 본 것처럼 에탄올은 맥주, 에일, 와인의 생산에 이용된다. 프로피온산은 스위스 치즈 맛을 낸다. 이산화탄소는 빵을 부풀리며, 역시 미생물 대사물인 항생제는 매일 인간의 생명을 구한다.

미생물의 대사물은 산업과 식품생산에 이용되는 것보다 훨씬 더 많은 부분에 영향을 미친다. 지금은 인간의 신체 내부나 표면에 사는 미생물이 인간의 항상성에 필요한 화합물을 제공하는 것이 밝혀졌다. 실제 공동진화의 결과로 고유미생물총과 이들의 숙주인 인간의 대사능력이 긴밀히 통합되어 있다. ▶| 미생물과 사람이 공존하는 생태계(33장)

미생물의 물질대사가 인류의 복지에 극히 중요하며 미생물에 대한 많은 연구는 미생물 생물학 중 이 부분에 초점이 맞추어져 왔다. 10장부터 12장까지는 생명체의 에너지원에서 공급되는 에너지를 이용(보존)하는 대사 과정과, 이 에너지가 생명체를 만드는 구성단위체를 합성하는 데 어떻게 이용되는지에 초점을 맞출 것이다. 이 장에서는 이 주제에 대한 기초 개념을 다룬다.

이 장의 학습을 위해 점검할 사항:

✓ 물질대사, 이화작용, 동화작용을 구분할 수 있다.

✓ 세균과 고균 세포의 외피 구조를 설명할수 있다(3.3절, 3.4절, 4.2절).

✓ 미토콘드리아의 구조와 기능을 설명할 수 있다(5.6절).

10.1 물질대사: 주요 원리와 개념

이 절을 학습한 후 점검할 사항:

a. 모든 유형의 물질대사의 공통점을 열거할 수 있다.
b. 세포가 수행하는 3가지 작용을 설명할 수 있다.
c. 세포 작용과 에너지 사이의 관계를 제시할 수 있다.
d. 열역학 제1법칙과 제2법칙을 다르게 표현할 수 있다.
e. 자유에너지 변화의 공식과 표준자유에너지 변화와 반응 평형상수를 연결하는 공식을 이용하여 이 개념의 중요성을 설명할 수 있다.
f. 자유에너지 변화로부터 어떤 반응이 자유에너지방출 반응인지 자유에너지흡수 반응인지 유추할 수 있다.

미생물이 인간의 이익을 위해 존재했다고 생각하면 편리하겠지만 물론 그렇지는 않다. 오히려 미생물은 모든 생명체가 그렇듯 생존과 번식을 위해 엄청나게 많은 화학반응 레퍼토리를 이용한다. 사실 **물질대사**는 모든 생명체에서 중심적인 작용이다. 진화압은 수십억 년에 걸쳐 생명체가 이용하는 물질대사 과정을 만들어왔다. 진화하면서 만들어진 다양한 화학 반응에도 불구하고 모든 생명체에 공통되는 물질대사의 측면이 있다. 여기에 공통적인 특징을 나열하고, 각각이 이 장의 어디에서 다루어지는지 정리해 놓았다.

- **생명은 열역학법칙을 따른다**(10.1절). 생명체는 반드시 환경으로부터 에너지를 얻어야 한다. 생명체는 에너지를 "생성"하지 못하며 반드시 포획하거나 보존해야 한다.
- **세포가 환경으로부터 얻는 에너지는 아데노신 5′-삼인산**(ATP)으로 보존되는 것이 가장 일반적이다(10.2절). ATP는 특정 화학 반응을 진행하는 데 필요한 에너지를 공급한다.
- **산화환원 반응은 에너지 보존에 필수적인 역할을 한다**(10.3절). 많은 산화환원 반응이 전자전달사슬에서 일어난다(10.4절).
- **세포 안에서 일어나는 화학 반응은 경로로 조직화된다.** 경로에 있는 한 반응의 생성물은 다음 반응의 기질이다(10.5절).
- **경로의 각 반응은 효소나 리보자임에 의해 촉진된다.** 효소와 리보자임은 생명의 존재를 가능하게 하는 반응의 속도를 증가시키기 때문에 모든 생명에 필수적이다(10.6절).
- **생화학 경로의 기능은 조절되며 그 결과 경로의 생성물은 올바른 시점에 만들어진다**(10.7절).

세포 작용과 에너지 전달

방금 설명한 물질대사의 공통점을 살펴보면 세포가 생존과 생식을 위해 반드시 일을 해야하는 것이 명백하다. 세포는 3가지 유형의 중요한 일을 수행한다. **화학작용**(chemical work)은 간단한 전구체로부터 복잡한 생물분자의 합성을 포함한다(예: 동화작용). 에너지는 세포의 분자 복잡성을 증가시키는 데 필요하다. **수송작용**(transport work)은 영양분을 섭취하고 노폐물을 제거하며 이온 평형을 유지하기 위해 에너지가 필요하다. 분자와 이온은 농도와 전기화학 기울기를 거슬러 세포막을 가로질러 운반되어야 하는 때가 많기 때문에 에너지 투입이 필요하다. 세 번째 유형의 일은 **기계작용**(mechanical work)이다. 세포의 운동과 세포분열 동안 염색체 배분과 같은 세포 안의 구조물 이동에 에너지가 필요하다.

방금 언급한 대로, 세포는 일하기 위해 에너지가 필요하다. 실제로 가장 간단히, 에너지는 일할 수 있는 능력으로 정의될 것이다. 이는 모든 물리적, 화학적 과정이 에너지의 이동이나 적용의 결과이기 때문이다. 생명체는 필요한 에너지를 환경에 있는 에너지원으로부터 얻고, 이 에너지원으로부터 제공되는 에너지를 유용한 형태로 변환한다.

세포에너지는 가장 일반적으로 **ATP**에 저장된다. 에너지가 어떻게 ATP로 보존(이용)되고 어떻게 ATP가 세포의 작업에 이용되는지 이해하기 위해 열역학법칙의 몇 가지 기본 원리를 이해해야 한다. **열역학**(thermodynamics)은 시스템(system)이라고 하는 모아진 물질(예: 세포나 식물)에서 에너지의 변화를 분석하는 학문이다. 우주(universe)에 있는 모든 다른 물질을 주위(surrounding)라 한다. 열역학은 하나의 시스템에서 초기 상태와 최종 상태 사이의 에너지 차이에 초점을 둔다. 과정의 속도는 고려하지 않는다. 예를 들어, 냄비에 있는 물을 끓일 때 열역학에서는 물이 얼마나 빨리 가열되는 것이 중요한 것이 아니라 시작할 때와 끓을 때 물의 상태만이 중요하다.

열역학 법칙

2가지 열역학 법칙이 에너지 전달을 이해하는 데 중요하다. **열역학 제1법칙**(first law of thermodynamics)에 따르면 에너지는 생성될 수도 소멸될 수도 없다. 우주에 있는 총에너지는 재배치될 수는 있어도 그 총량은 일정하게 유지된다. 실제로 에너지 재배치는 화학 반응 동안 일어나는 에너지 교환의 특성이다. 예를 들어, 열은 발열 반응에 의해 방출되고 흡열 반응 동안 흡수된다. 그러나 제1법칙만으로는 열이 하나의 화학 반응에 의해 방출되고 또 다른 반응에 의해 흡수되는지 설명할 수 없다. 이 현상을 설명하기 위해서는 **열역학 제2법칙**(second law of thermodynamics)과 엔트로피라고 하는 물질의 상태가 필요하다. **엔트로피**(entropy)는 시스템의 무작위성이나 무질서의 척도라고 할 수 있다. 시스템이 무질서할수록 엔트로피는 증가한다. 제2법칙은 우주(시스템과 그 주위)의 무질서 또는 무작위성이 증가하는 방향으로 물리적, 화학적 과정이 진행되는 것을 말한다. 그러나 우주의 엔트로피가 증가해도 우주 안에 있는 어떤 시스템의 엔트로피는 증가하거나 감소할 수도 있고 그대로 유지될 수도 있다.

특정 과정에서 사용되거나 만들어지는 에너지의 양을 결정하기 위해 2가지 유형의 에너지 단위가 사용된다. **칼로리**(cal)는 1 g의 물을 1°C (특히 14.5°C에서 15.5°C로) 올리는 데 필요한 열에너지의 양이다. 에너지양을 일의 단위인 **주울**(joules, J)로 나타내기도 한다. 열 1 cal는 4.1840 J의 일과 맞먹는다. 1,000 cal 또는 1 kcal는 70 kg인 사람이 계단 35개를 오를 수 있는 에너지양이다.

자유에너지 변화는 화학 반응의 본질을 예측한다

열역학 제1, 2법칙을 결합하여 화학 반응과 또 다른 과정에서 일어나는 에너지 변화와 연관된 유용한 방정식을 유도할 수 있다.

$$\Delta G = \Delta H - T\,\Delta S$$

ΔG는 자유에너지 변화이다. ΔH는 엔탈피의 변화이고 T는 켈빈(Kelvin) 온도(°C+273)이며 ΔS는 반응 동안 일어나는 엔트로피 변화이다. **엔탈피**(enthalpy) 변화는 열량의 변화이다. 세포 반응은 일정한 압력과 부피 조건에서 일어난다. 따라서 엔탈피의 변화는 반응 동안의 총에너지의 변화와 거의 같다. **자유에너지 변화**(free energy change, ΔG)는 일정한 온도와 압력에서 유용한 일을 하는 데 사용할 수 있는 시스템(또는 세포) 안에 있는 에너지의 양이다. 그러므로 엔트로피 변화(ΔS)는 총에너지의 변화 중, 시스템이 일하는 데 이용할 수 없는 비율을 나타내는 값이다. 자유에너지 변화와 엔트로피 변화는 시스템이 어떻게 시작하고 끝나는지와 무관하다. 만일 반응 동안 시스템의 자유에너지가 감소한다면, 다시 말해 ΔG가 음수이면 반응은 자발적으로, 즉 어떤 외부의 요인도 없이 일어날 것이다. 방정식에 따르면 엔트로피 변화가 큰 양수 값을 갖는 반응은 일반적으로 음수의 ΔG 값을 갖게 되고, 따라서 반응이 자발적으로 일어난다. 엔트로피의 감소는 ΔG 값을 더 큰 양수로 만들게 되고 반응은 잘 일어나지 않게 된다.

자유에너지 변화는 화학 반응의 진행방향과 확실하고 구체적인 관련이 있다. 다음과 같은 간단한 반응을 생각해보자.

$$A + B \rightleftharpoons C + D$$

만일 분자 A와 B가 혼합된다면, 이들은 결합하여 생성물 C와 D를 형성할 것이다. 결국 C와 D가 만들어지는 것과 같은 속도로, C와 D는 결합하여 A, B를 생성할 만큼 충분한 양으로 농축될 것이다. 반응은 이제 **평형**(equilibrium)이 된다. 이때는 양방향의 반응속도가 같고 반응물과 생성물 농도의 순 변화가 없다. 이 상태를 **평형상수**(equilibrium constant, K_{eq})로 나타내며, 이 상수는 서로에 대한 생성물과 기질의 평형 농도와 연관되어 있다.

$$K_{eq} = \frac{[C][D]}{[A][B]}$$

평형상수가 1보다 크면 평형상태에서 생성물의 농도가 반응물의 농도보다 높다. 즉, 반응은 생성물 형성의 방향으로 완성되려는 경향이 있다.

반응의 평형상수는 자유에너지 변화와 직접적으로 연관되어 있다. 어떤 과정의 자유에너지 변화가 농도, 압력, pH, 온도를 신중하게 정의한 표준조건에서 결정될 때 이를 **표준 자유에너지 변화**(standard free energy change, ΔG°)라 한다. 만일 pH가 살아 있는 대부분 세포의 pH와 비슷한 7.0에 설정되면 표준 자유에너지 변화는 $\Delta G^{\circ\prime}$라는 기호로 표시한다. 표준 자유에너지 변화는 표준조건일 때, 시스템에서 유용한 일을 하는 데 사용할 수 있는 최대 에너지양이라고 할 수 있다. $\Delta G^{\circ\prime}$값을 이용하면 환경조건의 차이 때문에 생긴 ΔG의 변동을 고려하지 않고 반응을 비교할 수 있다. $\Delta G^{\circ\prime}$과 K_{eq}의 관계는 다음 방정식으로 나타낸다.

$$\Delta G^{\circ\prime} = -2.303RT \cdot \log K_{eq}$$

R은 기체상수(1.9872 cal/mole-온도 또는 8.3145 J/mole-온도), T는 절대온도이다. 이 방정식을 살펴보면 $\Delta G^{\circ\prime}$가 음수이면 평형상수는 1보다 크고 반응은 오른쪽 방향으로 완성된다. 이를 **자유에너지 방출 반응**(exergonic reaction)이라 한다(**그림 10.1**). **자유에너지흡수 반응**(endergonic reaction)에서 $\Delta G^{\circ\prime}$는 양수이며 평형상수는 1보다 작다. 즉, 반응이 일어나기 어렵고 표준조건 하의 평형에서 형성되는

자유에너지방출 반응	자유에너지흡수 반응
$A + B \rightleftharpoons C + D$	$A + B \rightleftharpoons C + D$
$K_{eq} = \frac{[C][D]}{[A][B]} > 1.0$	$K_{eq} = \frac{[C][D]}{[A][B]} < 1.0$
$\Delta G^{\circ\prime}$는 음수	$\Delta G^{\circ\prime}$는 양수

그림 10.1 $\Delta G^{\circ\prime}$와 반응 평형과의 관계. 자유에너지방출 반응과 자유에너지흡수 반응 사이의 차이를 주목하시오.

연관 질문 어떤 반응이 열을 방출하는가? 그 이유는 무엇인가?

생성물은 매우 적다. $\Delta G^{\circ\prime}$ 값은 단지 평형에서 반응이 어느 쪽에 있는지를 나타내고, 얼마나 빨리 반응이 평형에 이르는지를 나타내지 않는다는 점을 명심해야 한다.

마무리 점검

1. 세균이 펩티도글리칸의 합성, 편모의 회전과 수영, 철운반체(siderophore)의 분비와 같은 일을 한다고 가정하시오. 각 경우에 세균이 하는 일의 유형은 무엇인가?
2. 당신이 생각하는 열역학 제1, 2법칙을 요약하시오.
3. 엔트로피, 엔탈피, 자유에너지를 정의하시오. 자유에너지방출 반응과 자유에너지흡수 반응의 차이는 무엇인가?
4. 아주 큰 음의 값의 $\Delta G^{\circ\prime}$를 가진 화학 반응은 자유에너지흡수 반응인가, 자유에너지방출 반응인가? 이것으로 평형상수에 대해 무엇을 알 수 있나? 평형에서 벗어난다면 반응이 완성되는 방향으로 빠르게 진행할 것인가? 쓸 수 있는 자유에너지가 많이 만들어지는가? 또는 적게 만들어지는가?

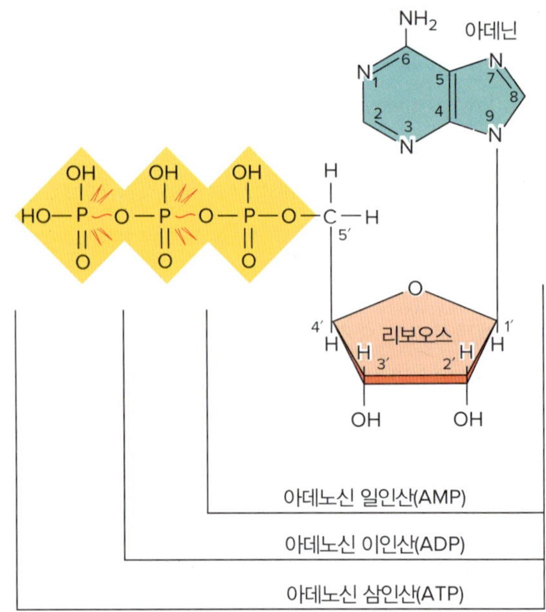

(a) 파괴될 때 에너지를 방출하는 ∼ 결합

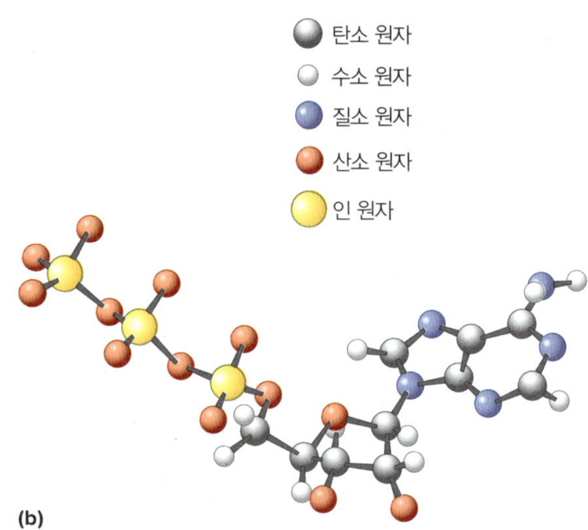

(b)

그림 10.2 아데노신 삼인산. (a) ATP, ADP, AMP의 구조이다. 2개의 빨간색 결합(∼)은 쉽게 끊어지고 자유에너지흡수 반응에서 이용될 수 있는 충분한 에너지를 방출한다. 퓨린 고리에 있는 원자에는 리보오스의 탄소 원자와 같이 번호가 매겨져 있다. (b) ATP의 공-막대 모델이다. 간단하게 표현하기 위해 일부 H 원자는 표시하지 않았다.

10.2 ATP: 세포의 주요 에너지 화폐

이 절을 학습한 후 점검할 사항:

a. ATP 구조를 표현하는 간단한 모식도를 그릴 수 있다.
b. 자유에너지방출 반응과 자유에너지흡수 반응을 연결하는 물질로서 ATP의 기능을 설명할 수 있다.
c. ATP의 인산기 전달 역량을 포도당 6-인산과 포스포엔올피루브산(PEP)의 인산기 전달 역량과 비교하고 이를 세포에서의 ATP 기능과 연관시킬 수 있다.
d. 모든 생명체에서 관찰되는 에너지 회로를 설명할 수 있다.
e. ATP 이외에 다른 3가지 뉴클레오시드 삼인산이 물질대사에서 어떤 기능을 하는지 설명할 수 있다.

에너지는 추상적 개념으로 보이기 때문에 화폐에 비유하여 생각하면 도움이 된다. 에너지와 화폐 모두, 벌거나 저장하거나 사용할 수 있지만 제조할 수는 없다(화폐의 경우 적어도 합법적으로는 안 된다). 에너지는 자유에너지방출 반응(예: 음수인 ΔG를 가진 반응)에서 벌어들인다. 이 에너지를 낭비하는 대신 대부분의 에너지는 일을 할 수 있는 실질적 형태로 저장된다. 세포는 자유에너지흡수 반응(예: 동화작용)을 수행하고, 저장된 에너지는 이 반응을 완성하는 데 이용된다. 살아 있는 생명체에서 실질적인 에너지의 형태는 **아데노신 5′-삼인산**(adenosine 5′-triphosphate, ATP, **그림 10.2**)이다. 세포의 경제에서 세포는 특정 공정을 수행함으로써 ATP를 벌 수 있고, 또 다른 공정을 수행하는 데 이 ATP가 사용된다. 따라서 흔히 ATP를 세포의 에너지 화폐라고 부른다. 세포의 에너지 화폐로서 ATP는 자유에너지방출 반응과 자유에너지흡수 반응을 연결한다(**그림 10.3**).

무엇이 ATP를 에너지 화폐로서의 역할에 알맞게 하는 것인가? ATP는 고에너지 분자이다. 즉, ATP는 **아데노신 이인산**(adenosine diphosphate, ADP)과 오르토인산염(P_i)으로 거의 완전하게 가수분해되며, 이는 $\Delta G^{\circ\prime}$가 -7.3 kcal/mole (-30.5 kJ/mole)인 아주 큰 자유에너지방출 반응이다.

$$ATP + H_2O \rightleftharpoons ADP + P_i + H^+$$

방출되는 에너지는 자유에너지흡수 반응을 진행하는 동력으로 사용

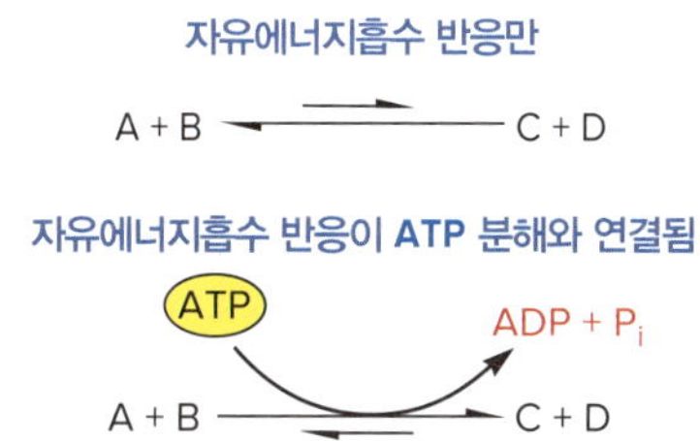

그림 10.3 연결물질로의 ATP. ATP 가수분해는 자유에너지방출 반응이며 자유에너지흡수 반응을 진행하는 데 이용된다.

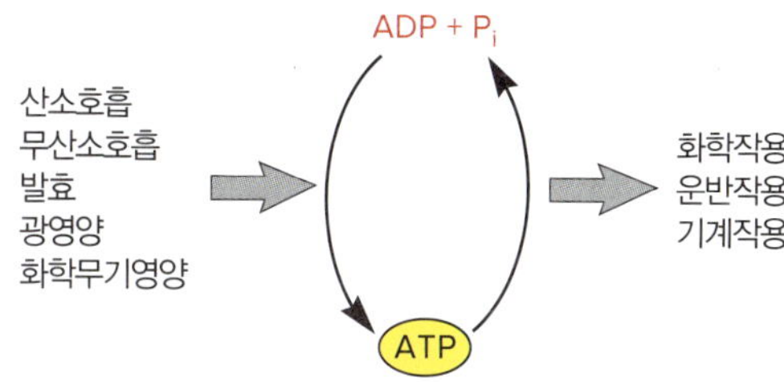

그림 10.4 세포의 에너지회로. 세포는 화학, 운반, 기계작용에 이용될 수 있는 ATP를 합성한다.

된다(그림 10.3).

ATP 가수분해 반응의 $\Delta G^{\circ\prime}$가 아주 큰 음의 값인 것은 ATP의 또 다른 중요한 특성, 즉 다른 분자에 인산기를 전달하는 능력과 관련이 있다. ATP는 인산기를 다른 분자에 쉽게 전달하기 때문에 **인산기 전달 역량**(phosphate transfer potential)이 높은 물질이라고 한다. **표 10.1**에 나타낸 세포에 있는 다른 인산화 화합물에 주목하자. 이 분자는 포도당 같은 유기분자의 이화작용 동안 생성된다. 이 분자 중 일부는 ATP보다 더 높은 인산기 전달 역량을 가진다. ATP의 인산기 전달 역량이 가장 높지 않다는 사실은 포스포엔올피루브산(PEP)같은 분자를 인산기 제공원으로 이용하여 세포가 ADP로부터 ATP를 쉽게 만들 수 있다는 의미이다. 이렇게 ATP를 합성하는 기전을 **기질 수준 인산화**(substrate-level phosphorylation)라고 한다. ▶| 포도당 산화로 시작하는 산소 호흡(11.3절)

ATP, ADP, P_i는 에너지 회로를 형성한다. **그림 10.4**에 나타난 것처럼 에너지원에서 방출되는 에너지는 ADP와 P_i로부터 ATP를 합성하는 데 이용된다. ATP가 가수분해될 때 방출된 에너지는 이화작용, 운반작용, 기계작용과 같은 자유에너지흡수 반응을 진행시킨다. ATP 합성 기전은 11장에서 좀 더 자세히 살펴볼 것이다.

ATP가 세포에서 주요 에너지 화폐이지만 유일한 에너지 화폐는 아니다. 다른 뉴클레오시드 삼인산(NTP)도 대사과정에서 주요 역할을 한다. 구아노신 5′-삼인산(GTP)은 단백질 합성에 이용되는 에너지 일부를 공급한다. 시티딘 5′-삼인산(CTP)은 지질 합성에 이용되며, 유리딘 5′-삼인산(UTP)은 펩티도글리칸과 여러 다당류의 합성 과정에서 이용된다. ▶| 탄수화물의 합성(12.4절); 지질 합성(12.7절); 세균의 번역(13.7절)

표 10.1 주요 인산화 화합물의 인산기 전달 역량(kJ/mol)[1]

인산화 분자	인산 제거 가수분해의 $\Delta G^{\circ\prime}$(kJ/mol)	인산기 전달 역량
고에너지 인산화 화합물		
포스포엔올피루브산[2]	−61.9	61.9
1,3-비스포스포글리세르산[2]	−49.3	49.3
ATP (AMP로 가수분해될 때)	−45.6	45.6
ATP (ADP로 가수분해될 때)	−30.5	30.5
저에너지 인산화 화합물		
포도당 6-인산	−13.8	13.8
글리세롤 1-인산	−9.2	9.2

[1] 인산기 전달 역량은 인산화 화합물로부터 가수분해에 의해 인산을 제거할 때의 표준 자유에너지 변화($\Delta G^{\circ\prime}$)의 음의 값으로 정의된다.

[2] 포스포엔올피루브산과 1,3-비스포스포글리세르산은 포도당 같은 유기분자의 이화작용 동안 형성된다.

마무리 점검

1. ATP를 고에너지 분자라고 부르는 이유는 무엇인가? 이것이 인산기 전달 역량과 무슨 연관이 있는가?
2. 에너지 회로에서 ATP의 역할을 설명하시오. ATP의 어떤 특성이 이 역할에 알맞은 점인가?

10.3 산화환원 반응: 물질대사의 핵심 반응

이 절을 학습한 후 점검할 사항:

a. 반응의 전자공여체, 전자수용체, 산화환원쌍을 알아내고, 2개의 반쪽반응 역할에 주목하여 산화환원 반응을 설명할 수 있다.
b. 산화환원쌍의 표준 환원전위를 전자공여 반쪽반응으로 작용하려는 경향과 연관시킬 수 있다.
c. 표준 자유에너지 변화를 산화환원 반응의 2개 반쪽반응 표준 환원전위와 연결하는 방정식을 표현할 수 있다.
d. 어떤 분자가 전자공여체로, 어떤 분자가 전자수용체로 작용할지 예측할 수 있다. 또한, 반응의 산화환원쌍의 표준 환원전위를 이용하여 산화환원 반응에서 방출되는 상대적 에너지양을 예측할 수 있다.

표 10.2 생물학적으로 중요한 반쪽반응

반쪽반응(수용체 + ne^- → 공여체)	E_0' (volt)[1]
$2H^+ + 2e^- \rightarrow H_2$	−0.42
페레독신(Fe^{3+}) + e^- → 페레독신(Fe^{2+})	−0.42
$NAD(P)^+ + H^+ + 2e^- \rightarrow NAD(P)H$	−0.32
$S + 2H^+ + 2e^- \rightarrow H_2S$	−0.27
아세트알데하이드 + $2H^+ + 2e^-$ → 에탄올	−0.20
피루브산$^-$ + $2H^+ + 2e^-$ → 젖산$^-$	−0.19
$FAD + 2H^+ + 2e^- \rightarrow FADH_2$	−0.18[2]
옥살로아세트산$^{2-}$ + $2H^+ + 2e^-$ → 말산$^{2-}$	−0.17
푸마르산$^{2-}$ + $2H^+ + 2e^-$ → 숙신산$^{2-}$	0.03
시토크롬 *b* (Fe^{3+}) + e^- → 시토크롬 *b* (Fe^{2+})	0.08
유비퀴논 + $2H^+ + 2e^-$ → 유비퀴논 H_2	0.10
시토크롬 *c* (Fe^{3+}) + e^- → 시토크롬 *c* (Fe^{2+})	0.25
시토크롬 *a* (Fe^{3+}) + e^- → 시토크롬 *a* (Fe^{2+})	0.29
시토크롬 a_3 (Fe^{3+}) + e^- → 시토크롬 a_3 (Fe^{2+})	0.35
$NO_3^- + 2H^+ + 2e^- \rightarrow NO_2^- + H_2O$	0.42
$NO_2^- + 8H^+ + 6e^- \rightarrow NH_4^+ + 2H_2O$	0.44
$Fe^{3+} + e^- \rightarrow Fe^{2+}$	0.77[3]
$O^2 + 2H^+ + 2e^- \rightarrow H_2O$	0.82

[1] E_0'는 pH 7.0에서의 표준 환원전위이다.
[2] FAD/$FADH_2$에 대한 값은 자유상태의 보조인자에 적용되는 값이다. 인자가 아포효소와 결합할 때 그값이 크게 변하기 때문이다.
[3] 단백질에 결합된 상태의 Fe가 아니라 자유 상태의 Fe에 대한 값이다(예: 시토크롬).

연관 질문 $Fe^{3+} + e^- \rightarrow Fe^{2+}$ 반쪽반응에서 철의 어느 형태가 수용체이고 어느 형태가 공여체인가?

산화환원 반응(redox reaction)은 전자가 **전자공여체**(electron donor)로부터 **전자수용체**(electron acceptor)로 이동하는 반응이다.[1] 전자가 공여체에서 수용체로 이동하면서 공여체는 에너지를 더 적게 저장하고 수용체는 에너지를 더 많이 저장한다. 따라서 전자를 에너지 꾸러미로 생각할 수 있다. 분자가 전자를 더 많이 가질수록 그 분자는 산화환원 반응에서 전자를 주는 능력이 크며, 더 많은 에너지를 가지고 있다. 이 사실로 산화환원 반응에서 전자를 24개까지 줄 수 있는 포도당과 같은 분자가 왜 그렇게 훌륭한 에너지원이 되는지 설명할 수 있다.

각 산화환원 반응은 2개의 반쪽반응으로 이루어진다. 반쪽반응 1개의 기능은 전자공여 반쪽반응(예: 산화 반응)으로, 다른 1개의 기능은 전자수용 반쪽반응(예: 환원 반응)으로 작용한다. 전통적으로 반쪽반응은 환원 반응으로 제시한다. **표 10.2**에서와 같이 각 반쪽반응의 왼편은 전자를 수용하는 분자, 이 분자가 수용하는 전자(e^-)의 수(n)로 구성된다. 반면 반응의 오른편에는 전자를 수용한 후 형성되는 분자를 표시하고, 이 분자는 전자를 줄 수 있기 때문에 공여체라고 한다. 반쪽반응에서의 수용체와 공여체를 **짝산화환원쌍**(conjugate redox pair)이라 한다.

$$\text{수용체} + ne^- \rightleftharpoons \text{공여체}$$

반쪽 산화환원 반응의 평형상수를 **표준 환원전위**(standard reduction potential, E_0)라 하며 이는 반쪽반응의 공여체가 전자를 잃어버리는 경향의 척도이다. 전통적으로 표 10.2에서와 같이 반쪽반응의 표준 환원전위는 pH 7에서 결정되고 E_0'으로 나타낸다. 표준 환원전위는 전력 또는 전자동력 단위인 볼트(volt)로 측정한다. 따라서 수용체가 전자를 얻으면 짝산화환원쌍은 잠재적인 에너지원이다.

기본 개념은 더 음성의 환원전위를 가진 짝산화환원쌍은 더 양성의 전위를 가지고 전자 친화도가 더 큰 쌍에 자발적으로 전자를 공여한다는 것이다. 따라서 전자는 표 10.2의 목록 맨 위에 있는 공여체로부터 맨 아래에 있는 수용체로 이동하는 경향이 있는데, 이는 아래에 있는 수용체가 더 양성전위를 가지고 있기 때문이다. 이는 마치 가장 음성의 환원전위가 꼭대기에 있는 전자탑의 형태로 시각화 할 수 있다(**그림 10.5**). 전자는 탑의 높은 곳에 있는 공여체(더 음성의 환원전위를 가진)에서 탑의 아래쪽에 있는 수용체(더 양성의 환원전위를 가진)로 "떨어진다".

전자수용체 **니코틴아미드 아데닌 디뉴클레오티드**(nicotinamide adenine dinucleotide, NAD^+)의 경우를 보자. NAD^+/NADH 짝산화환원쌍은 매우 음성인 E_0'를 가지므로 O_2를 포함한 많은 수용체에 전자를 줄 수 있다.

$$NAD^+ + 2H^+ + 2e^- \rightleftharpoons NADH + H^+ \qquad E_0' = -0.32 \text{ volts}$$
$$\frac{1}{2}O_2 + 2H^+ + 2e^- \rightleftharpoons H_2O \qquad E_0' = +0.82 \text{ volts}$$

NAD^+/NADH의 환원전위는 $\frac{1}{2}O_2/H_2O$의 환원전위보다 더 음성이기 때문에 그림 10.5에서처럼 에너지가 첨가되지 않아도 전자는

[1] 산화환원 반응에서 전자공여체가 수용체에게 전자를 주어 전자수용체를 환원시키기 때문에 전자공여체를 흔히 환원제라고 부른다. 전자수용체는 공여체의 전자를 제거하여 공여체를 산화시키기 때문에 산화제라고 부른다.

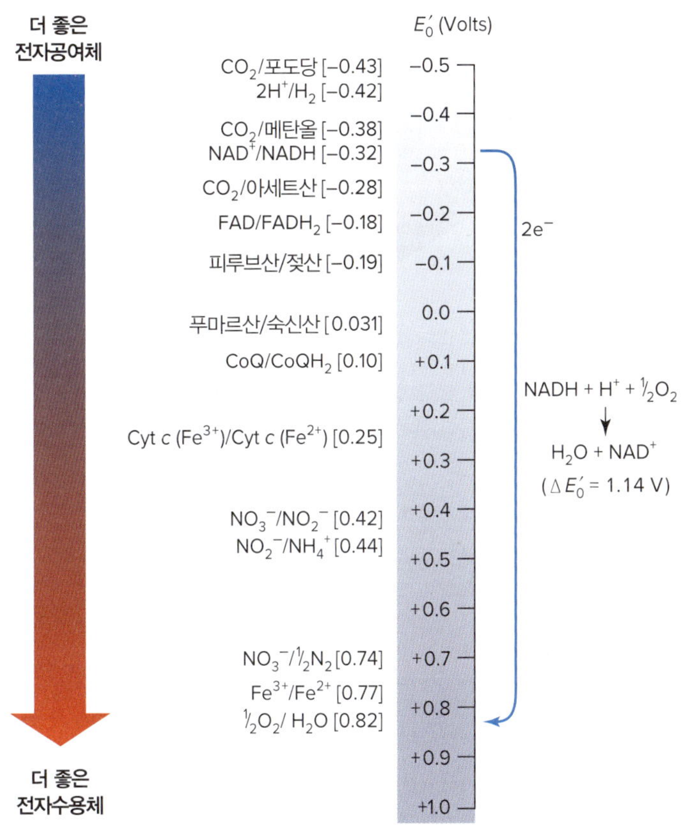

그림 10.5 전자 이동과 환원전위. 전자는 탑 위쪽의 공여체(더 음성의 전위)에서 아래쪽의 수용체(더 양성의 전위)로 자발적으로 이동한다. 즉 공여체는 언제나 수용체보다 탑 위쪽에 있다. 예를 들어 전달 과정에서 NADH는 산소에 전자를 주고 이 과정에서 물을 생성한다. 전형적인 산화환원쌍을 왼쪽에 표시했고 각각의 환원전위는 괄호 안에 표시했다.

연관 질문 물에서 아질산염으로, 전자가 탑의 '위쪽'으로 이동하려면 에너지가 필요한 이유는 무엇인가?

NADH(공여체)에서 O_2(수용체)로 흐른다. 이 산화환원 반응은 다음과 같다.

$$\text{NADH} + \text{H}^+ + \frac{1}{2}\text{O}_2 \rightarrow \text{H}_2\text{O} + \text{NAD}^+$$

NAD^+/NADH 쌍이 가진 비교적 음성의 E'_0은 NAD^+/NADH 쌍이 덜 음성(더 양성)의 E'_0 값을 가진 산화환원쌍보다 더 많은 위치에너지를 저장한다는 의미이기도 하다. 따라서 공여체로부터 더 양성의 산화환원전위를 가진 수용체로 전자가 이동할 때 자유에너지가 방출된다. 반응의 $\Delta G^{\circ\prime}$는 두 쌍의 환원전위 차이($\Delta E'_0$)의 크기와 직접 연관되어 있다. 다음 방정식에서 분명히 알 수 있는 것처럼 $\Delta E'_0$가 클수록 사용 가능한 자유에너지가 더 많은 양으로 만들어진다.

$$\Delta G^{\circ\prime} = -nF \cdot \Delta E'_0$$

여기에서 n은 전달된 전자의 수, F는 패러데이상수(23,062 cal/mol-volt, 96,480 J/mol-volt)이고, $\Delta E'_0$는 수용체의 E'_0에서 공여체의 E'_0를 뺀 값이다. 전자 2개가 전달되는 경우, $\Delta E'_0$가 0.1 volt 변할 때마다 $\Delta G^{\circ\prime}$는 4.6 kcal (19.3 kJ) 만큼 변한다. 이는 다른 화학반응의 $\Delta G^{\circ\prime}$와 K_{eq}의 관계와 비슷하다. 즉 평형상수가 클수록 $\Delta G^{\circ\prime}$가 크다. NAD^+/NADH와 $\frac{1}{2}O_2/H_2O$ 사이의 환원전위차는 1.14 volt로, 이는 큰 E'_0 값이다. NADH에서 O_2로 전자가 이동할 때 ATP 합성과 다른 일의 수행에 이용할 수 있는 많은 양의 자유에너지가 만들어진다.

10.4 전자전달사슬: 연속 산화환원 반응 세트

이 절을 학습한 후 점검할 사항:

a. 전자전달사슬(ETC)에서 흔하게 발견되는 분자를 나열하고 이들이 전자와 양성자를 전달하는지 아니면 단순히 전자만 전달하는지 표시할 수 있다.
b. 표준 환원전위를 이용하여 ETC에 있는 전자운반체를 순서대로 배열할 수 있다.
c. 세균, 고균, 진핵세포에서 ETC의 위치를 표시할 수 있다.

지금까지 NADH에 의한 O_2의 환원에 초점을 맞춘 것은 NADH가 많은 생물의 물질대사에서 중심 역할을 하기 때문이다. 예를 들어, 포도당은 일반적 에너지원이다. 포도당은 분해되는 과정에서 산화된다. 포도당으로부터 방출된 많은 전자는 NAD^+가 수용하고, 그 결과 NADH로 환원된다. 그다음 NADH는 전자를 O_2로 전달한다. 그러나 이 과정이 그렇게 직접적인 전달은 아니다. 대신 전자는 일련의 추가 전자운반체에 의해 O_2에 전달된다. 이 전자운반체는 막에 결합된 **전자전달사슬**(electron transport chain, ETC)이라 부르는 시스템으로 조직화되어 있다. ETC는 물통을 릴레이로 전달하는 소방대와 비슷하다. 각 운반체는 불(최종전자수용체)로 향하는 운명인 물(전자)을 받는 사람과 비슷하다. 각 물통은 줄을 선 사람을 따라 전달되고 이는 마치 전자가 운반체에서 운반체로 전달되는 것과 같다. 줄에 서 있는 한 사람이 다음 사람에게 물 한 통을 건네자마자 그 사람은 자기 앞에 있는 사람으로부터 새 물통을 받는다. 마찬가지로 이화과정이 지속되는 동안 전자가 ETC를 통하여 흐르면서 각 운반체는 순차적으로 환원되고(물이 가득 찬 통을 받고), 그 다음 재산화되어(줄에 서 있는 다음 사람에게 물통을 전달), 더 많은 전자를 받을 준비를 한다.

ETC에서 첫 번째 전자운반체가 가장 음성의 E'_0를 갖고, 그 다음에는 그보다 조금 덜 음성의 E'_0를 가진 운반체가 오는 식으로 구성되

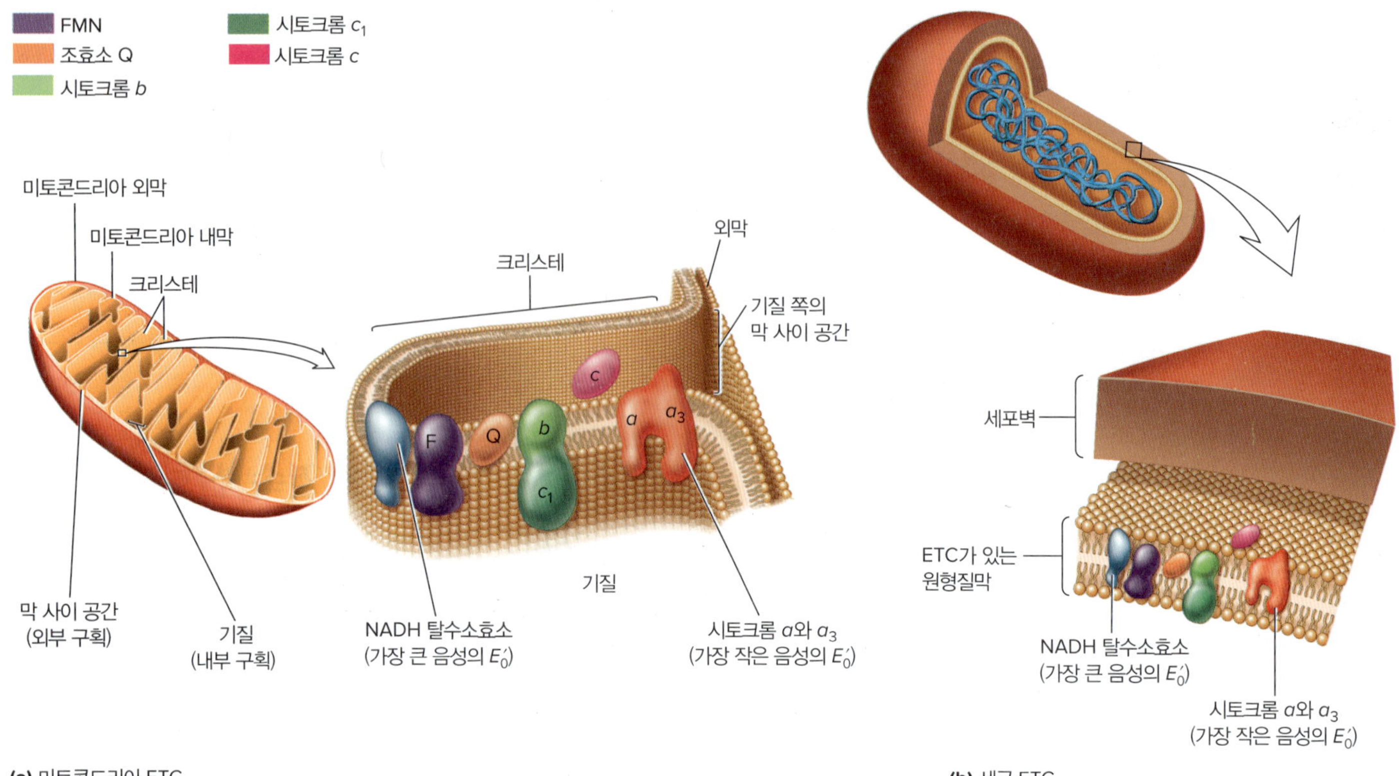

그림 10.6 전자전달사슬. 전자전달사슬(ETC)은 막에 연관되어 있다. 전자는 가장 음성의 환원전위를 가진 전자운반체로부터 가장 양성의 환원전위를 가진 전자운반체로 흐른다. 호흡과정(산소호흡, 그림 11.2 참조) 동안 전자원은 포도당과 같은 환원된 물질이고 산소와 같은 외인성 분자가 최종전자수용체로 작용한다. (a) 미토콘드리아 ETC이고, (b) 전형적인 세균 ETC이다.

연관 질문 그림 10.5를 참고하여 NAD^+/NADH와 조효소 Q/$CoQH_2$의 E_0'를 결정하시오. FMN의 가능한 E_0' 값을 제시하시오.

어 있다(**그림 10.6**). 따라서 전자는 한 운반체에서 다음 운반체로 자발적으로 이동한다. 운반체는 전자를 최종전자수용체(이 경우에는 O_2)로 유도한다. 전자운반체의 E_0'는 비교적 비슷해야 하는데, 이는 세포내의 다른 분자를 무작위로 환원시킴으로써 세포가 에너지를 잃는 것을 막기 위해서이다. 다시 물통을 전달하는 소방대로 비유해보면, 사람들이 너무 멀리 떨어져서 줄에 서 있으면 물통을 전달할 때마다 물이 튀어 없어질 수 있다.

앞으로 알아볼 바와 같이 또 다른 기본 개념은 ETC가 세균과 고균 세포의 원형질막과 내막계의 내부에 있거나 이들과 연결되어 있다는 점이다(그림 10.6). 진핵세포에서는 ETC가 미토콘드리아와 엽록체의 내막에 위한다. 11장에서 알아볼 것처럼 ETC는 거의 모든 유형의 에너지 보존 과정에 중요하다.

ETC에 있는 전자운반체는 화학적 특성과 전자운반 방법에서 서로 차이가 난다. ETC에 전자를 공여하는 NADH와, 생합성 반응에서 다른 분자에 전자를 공여하는 NADH 유사체인 **니코틴아미드 아데닌 디뉴클레오티드 인산**(nicotinamide adenine dinucleotide phosphate, NADPH)은 1개의 니코틴아미드 고리를 가지고 있다(**그림**

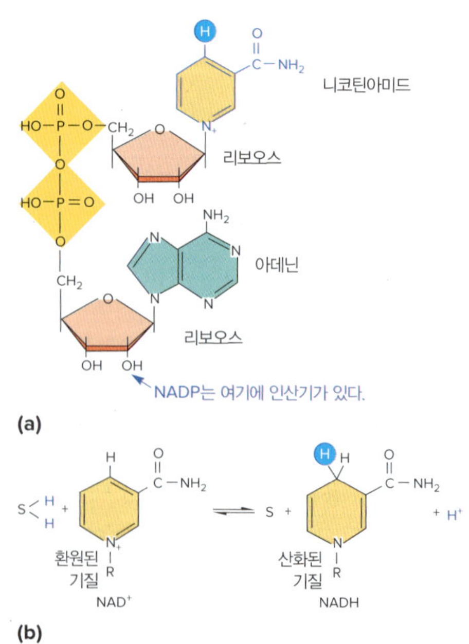

그림 10.7 NAD^+의 구조와 기능. (a) NAD^+와 $NADP^+$의 구조이다. $NADP^+$는 리보오스 당 단위에 인산이 하나 더 결합되어 있는 점이 NAD^+와 다르다. (b) NAD^+는 환원된 기질(S)로부터 니코틴아미드 고리에 전자 2개와 수소 1개를 수용할 수 있다. 그림의 예에서 전자와 양성자는 환원된 기질의 수소 원자로부터 제공된다. 각 수소 원자는 1개의 양성자와 1개의 전자로 구성되어 있는 점을 기억하자.

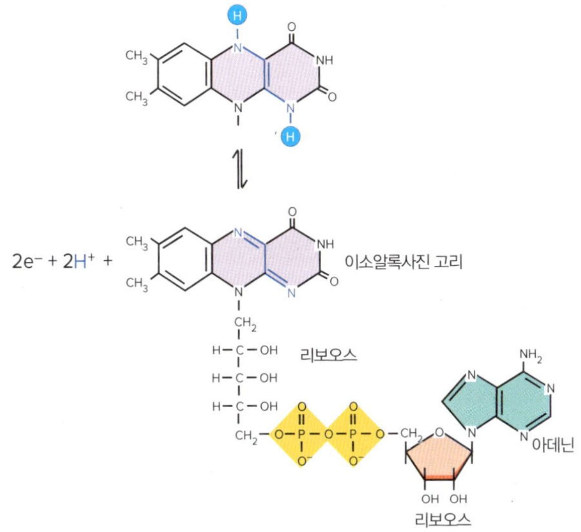

그림 10.8 FAD의 구조와 기능. 비타민 리보플라빈은 이소알록사진(isoalloxazine) 고리와 그것에 연결된 리보오스 당으로 이루어져 있다. FMN은 리보플라빈 인산이다. 고리에서 산화환원 반응에 직접 관여하는 부분은 보라색로 표시하였다.

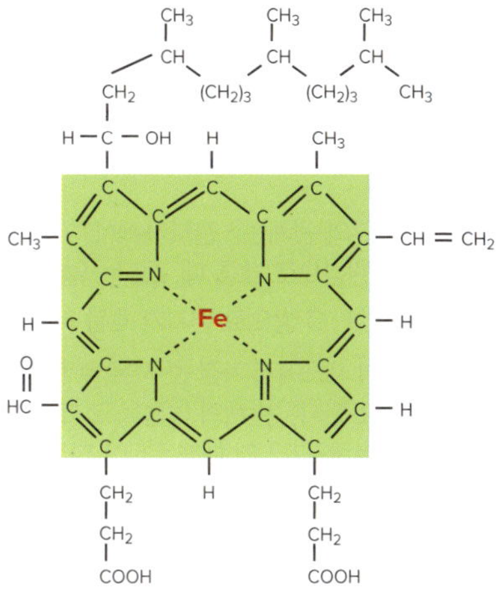

그림 10.10 헴의 구조. 헴은 포피린 고리(색칠한 부분)와 여기에 결합한 철 원자로 이루어져 있다. 헴은 많은 시토크롬의 비단백질 구성성분이다. 철 원자는 전자를 수용하거나 전자를 방출한다.

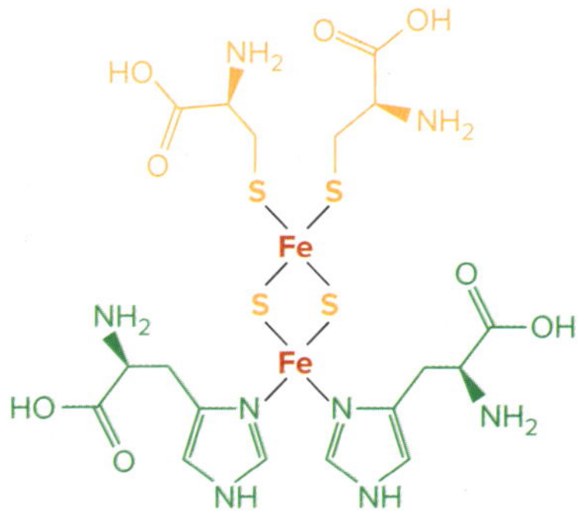

그림 10.11 철-황 단백질의 철-황 클러스터. 이 클러스터는 4개의 S 원자와 2개의 Fe 원자로 구성된다. 클러스터는 1개의 Fe 원자와 시스테인(노란색) 잔기에 있는 2개의 S 원자 사이의 결합, 그리고 다른 Fe 원자와 히스티딘(초록색)에 있는 2개의 N 원자 사이의 결합에 의해 단백질과 결합한다. Fe 원자는 ETC에서 한 번에 1개씩 전자를 다음 운반체에 전달하는 역할을 한다.

10.7). 이 고리는 공여체(예: 포도당 이화과정 동안 형성되는 중간물질)로부터 2개의 전자와 1개의 양성자를 받고, 두 번째 양성자는 방출한다. **플라빈 아데닌 다이뉴클레오티드**(flavin adenine dinucleotide, FAD)와 **플라빈 모노뉴클레오티드**(flavin mononucleotide, FMN)는 **그림 10.8**에서 보는 것처럼 복잡한 고리시스템에 전자 2개와 양성자 2개를 지닐 수 있다. FAD와 FMN을 가진 단백질을 플라보단백질이라 한다. **조효소 Q** (coenzyme Q, CoQ) 또는 **유비퀴논**(ubiquinone)은 2개의 전자와 2개의 양성자를 운반하는 퀴논이다(**그림 10.9**). **시토크롬**(cytochrome)과 몇 가지 다른 운반체는 철 원자를 이용해 한 번에 1개씩 전자를 운반한다. 시토크롬에서 철 원자는 헴이나 다른 비슷한 철-포피린 고리의 일부분이다(**그림 10.10**). 시토크롬에는 몇 가지 다른 종류가 있는데, 모두 단백질과 철-포피린 고리로 구성되어 있다. 헴그룹이 없지만 철을 가지고 있는 전자운반단백질을 **비헴철 단백질**(nonheme iron protein)이라 한다. 일반적으로 이들을 **철-황 단백질**(iron-sulfur proteins, Fe-S protein)이라고 부르는데 철이 황 원자와 결합하고 있기 때문이다(**그림 10.11**). 페레독신(ferredoxin)은 광합성과 연관된 전자전달 과정과 또 다른 중요한 산화환원 반응에서 작용하는 Fe-S 단백질이다. 시토크롬과 마찬가지로 Fe-S 단백질도 한 번에 전자를 1개씩 운반한다. 전자운반체가 운반하는 전자 수와 양성자 수의 차이는 전자전달사슬이 작동하는 데 매우 중요하며 이 점은 11장에서 더 다룰 것이다.

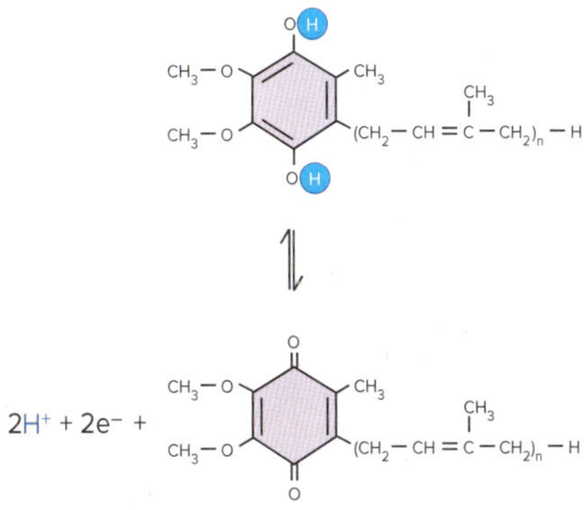

그림 10.9 조효소 Q (유비퀴논)의 구조와 기능. 곁가지의 길이는 생물체마다 n=6에서 n=10까지 다양하다.

마무리 점검

1. 짝산화환원쌍 사이의 전자흐름 방향이 표준 환원전위와 자유에너지방출과 어떻게 연관되어 있는가?
2. $NAD^+/NADH$ 짝산화환원쌍으로부터 $\frac{1}{2}O_2/H_2O$ 산화환원쌍으로 전자가

흐를 때, NAD^+ 또는 NADH 중 어디에서 반응이 시작되는가? O_2 또는 H_2O 중 무엇이 생성되는가?

3. 다음 유비퀴논/유비퀴논 H_2, NAD^+/NADH, FAD/$FADH_2$, NO_3^-/NO_2^- 중 전자공여체로 가장 좋은 것과 가장 나쁜 것은 무엇인가? 답에 대해 그 이유를 설명하시오.
4. 일반적으로 $\Delta G^{\circ\prime}$와 $\Delta E_0^{\prime}$의 관계는? 전자가 NAD^+/NADH 산화환원쌍으로부터 Fe^{3+}/Fe^{2+} 산화환원쌍으로 흐를 때 $\Delta E_0^{\prime}$는 얼마인가? 이를 Fe^{3+}/Fe^{2+} 짝산화환원쌍에서 $\frac{1}{2}O_2/H_2O$ 쌍으로 전자가 흐를 때의 $\Delta E_0^{\prime}$와 어떻게 비교할 수 있는가? 어떤 쌍이 세포에게 가장 큰 자유에너지를 제공할 수 있는가?
5. 세포에서 발견되는 주요 전자운반체의 이름을 쓰고 간단히 설명하시오. 왜 NADH가 좋은 전자공여체인가? 왜 페레독신이 더 좋은 전자공여체인가?

10.5 생화학 경로: 연결된 화학 반응 세트

이 절을 학습한 후 점검할 사항:

a. 생화학 경로의 구성성분과 이들이 어떻게 조직화하는지 설명할 수 있다.

생명체는 무수한 화학 반응을 수행하며 이 반응의 생성물을 **대사물질**(metabolites)이라 한다. 반응들은 다양한 형태의 **생화학 경로**(biochemical pathways)로 조직화된다. 몇몇 경로는 선형이며, 이 경로의 처음 분자를 보통 경로의 **시작 분자** 또는 경로의 **기질**이라 한다(**그림 10.12a**). 경로의 마지막 분자는 **최종생성물**이라고 한다. 경로의 중간에 있는 대사물질은 **중간물질**이라고 한다. 그림 10.12b에서처럼 일부 선형 경로는 갈라져서 하나 이상의 생성물을 만들 수 있다. 생화학 경로는 회로 형태가 될 수도 있다(그림 10.12c). 이 경우 경로의 모든 분자는 중간물질로 간주한다. 회로가 계속 진행되기 위해 회로로 물질이 투입되어야 한다. 2가지 경로에서 모든 각 반응은 화살표로 표시되고 효소나 리보자임에 의해 촉진된다. 이 내용은 10.6절에서 다룬다.

생화학 경로는 각 경로가 마치 독립적으로 있는 것처럼 묘사되는 것이 보통이다. 그러나 이는 오해의 소지가 매우 크다(특히 학생들에게 그렇다). 실제로 생화학 경로는 역동적이고 서로 연결되어 복잡한 네트워크를 형성한다(그림 10.12d). 따라서 어떤 경로의 중간물질은 한 경로로부터 다른 경로로 전용될 수 있다. 경로의 시작물질이나 경

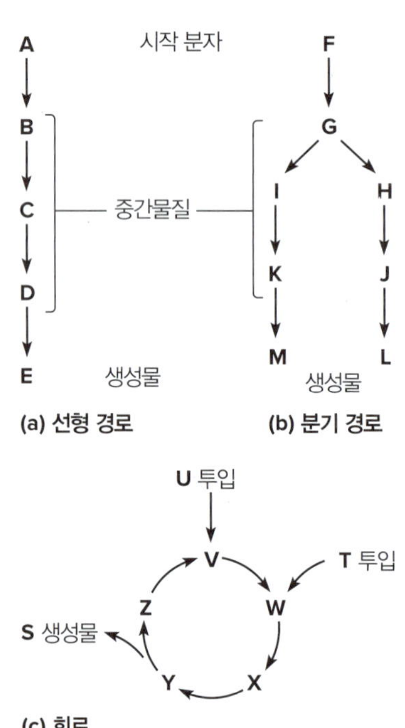

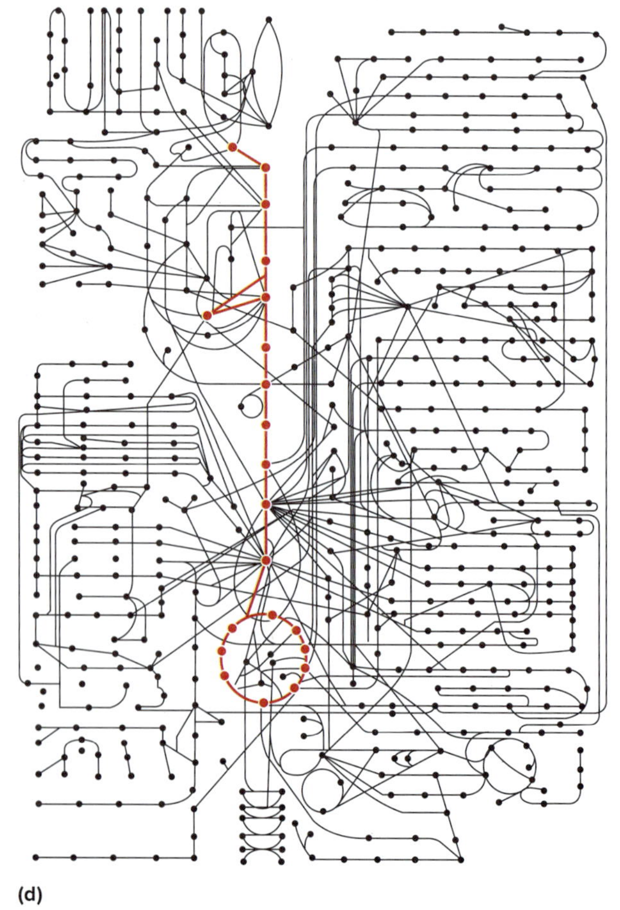

그림 10.12 세포가 수행하는 화학 반응은 생화학 경로로 조직화된다. 생화학 경로는 2개의 주요 형태인 선형과 회로형으로 되어 있다. (a) 선형 경로에 있는 분자는 경로에서의 위치로 구분된다. (b) 일부 선형 경로는 분기되어 하나 이상의 최종생성물(분자 M과 V)을 가진다. (c) 생화학 회로에 있는 분자는 경로의 중간물질(분자 V, W, X, Y, Z)이다. 생화학 회로는 생성물(분자 S)도 만든다. 그러나 회로가 진행되기 위해서 물질(분자 U와 T)이 회로로 반드시 투입되어야 한다. (d) 물질대사 경로는 상호연결되어 복잡한 네트워크를 형성한다. 여기에 예로 든 물질대사 네트워크에서 각 점은 네트워크의 반응에서 형성된 대사물질을 나타낸다. 각각의 선은 하나의 대사물질에서 다른 대사물질로 전환되는 효소 촉매 반응이다.

로의 투입물질이 있고 최종생성물에 대한 요구가 있는 한, 이런 분자는 세포 안에서 작동하는 많은 경로를 들락날락할 것이다. 미생물학자들은 대사물 흐름을 고려하는 경우가 많다. **대사유동**(metabolite flux)은 대사물질의 전환율이다. 즉, 대사물질이 형성되고 그다음 사용되는 속도이다. 대사유동은 경로의 활성을 측정하고 물질대사 네트워크를 이해하는 데 이용될 수 있다.

10.6 효소와 리보자임은 세포의 화학 반응 속도를 높인다

이 절을 학습한 후 점검할 사항:

- **a.** 효소의 기능과 화학적 구성을 설명할 수 있다.
- **b.** 아포효소와 완전효소를 구별하고 보결분자단과 조효소를 구별할 수 있다.
- **c.** 효소가 화학 반응의 활성화에너지에 미치는 영향을 나타내는 모식도를 그릴 수 있다.
- **d.** 기질 농도, pH, 온도가 효소 활성에 미치는 영향을 설명할 수 있다.
- **e.** 효소의 경쟁적 억제제와 비경쟁적 억제제를 구분할 수 있다.
- **f.** 리보자임과 효소를 비교할 수 있다.
- **g.** 리보자임이라는 용어를 정의할 수 있다.

10.1절에서 살펴본 바와 같이 자유에너지방출 반응은 음수인 $\Delta G^{\circ\prime}$를 가지며 평형상수는 1보다 크다. 자유에너지방출 반응은 반응식의 기술 방향대로, 즉 반응식의 오른쪽 방향으로 진행되며 완성된다. 그럼에도 불구하고 자유에너지방출 반응에서 반응물이 결합해도 아무런 결과를 만들지 못하는 경우가 빈번하게 일어난다. 예를 들어, 녹말과 같은 다당류를 물과 섞는다면, 녹말이 그 구성성분인 단당류(포도당)로 가수분해되는 반응은 자유에너지방출 반응이고 충분한 시간이 주어질 때 자발적으로 일어날 것이다. 그러나 아주 오랜 시간이 필요하다. 유기화학자가 6 moles/L(M) HCl, 100℃에서 이 반응을 진행한다고 해도 반응이 완성되려면 몇 시간이 걸릴 것이다. 반면, 세포는 그보다 훨씬 낮은 온도, 중성 pH에서 단지 몇 초 만에 같은 반응을 해낼 수 있다. 세포는 화학반응을 가속하는 생물 촉매를 만들기 때문에 이렇게 빨리 반응을 끝낼 수 있다. 이 촉매의 대부분은 효소라는 단백질이다. 다른 촉매는 리보자임이라는 용어로 쓰는 RNA 분자이다. 효소와 리보자임은 세포에 절대적으로 중요한데, 이들 없이 대부분의 생물학적 반응이 매우 천천히 일어나기 때문이다. 실제로 효소와 리보자임이 생명 현상을 가능하게 만든다.

표 10.3 효소 촉매 반응

산화환원효소	산화환원 반응
전이효소	분자 간 화학작용기 전달을 포함하는 반응(예: 인산전이효소는 인산기를 운반함)
가수분해효소	분자의 가수분해
리아제	가수분해와는 다른 방법으로 C–C, C–O, C–N과 다른 결합을 절단
이성질화효소	이성질체 형태로 분자를 재배열(예: D형에서 L형에서, 또는 그 반대)
연결효소	ATP (또는 다른 뉴클레오시드 삼인산)의 에너지를 이용하여 두 분자를 연결

효소의 구조

효소(enzyme)는 작용하는 분자, 촉매하는 반응, 반응이 생성하는 생성물에 대해 매우 특이성을 가진 단백질 촉매이다. **촉매**(catalyst)는 화학 반응 자체를 영구적으로 변화시키지 않고, 반응속도를 증가시키는 물질이다. 반응하는 분자를 **기질**(substrate)이라 하고 반응의 결과로 형성되는 물질을 **생성물**(product)이라 한다. 효소는 6가지 일반적 유형으로 구분할 수 있고, 보통 효소가 이용하는 기질의 유형과 효소가 촉매하는 반응의 유형에 따라 이름을 붙인다(**표 10.3**). ▶| 단백질(부록 I)

많은 효소는 단백질만으로 되어 있다. 그러나 어떤 효소는 2가지 성분으로 구성된다. 하나는 **아포효소**(apoenzyme)라고 하는 단백질 성분이고 다른 하나는 **보조인자**(cofactor)라는 촉매작용에 필요한 비단백질 성분이다. 보조인자에는 금속 이온과 다양한 유기 분자가 있다. 아포효소와 보조인자로 구성된 완전한 효소를 **완전효소**(holoenzyme)라 한다. 보조인자가 아포효소에 단단히 결합하거나 공유적으로 결합되어 있으면 이를 **보결분자단**(prosthetic group)이라 한다. 만일 보조인자가 아포효소와 느슨히 결합하여, 생성물이 형성된 후에 효소에서 떨어져 나올 수 있으면 **조효소**(coenzyme)라 한다. 사람에게 필요한 많은 비타민은 조효소나 그 전구체로 작용한다. FAD로 삽입되는 리보플라빈이 그 예이다. 대개 조효소는 어떤 화학 반응의 생성물 중 하나를 다른 효소로 운반하거나 하나의 기질에서 다른 기질로 화학작용기를 전달할 수 있다(**그림 10.13**).

효소가 반응 속도를 증가시키는 방법

효소는 반응속도를 증가시킬 뿐 평형상수를 변화시키지 않는 점을 명심해야 한다. 만일 어떤 반응이 자유에너지흡수 반응이라면 효소가

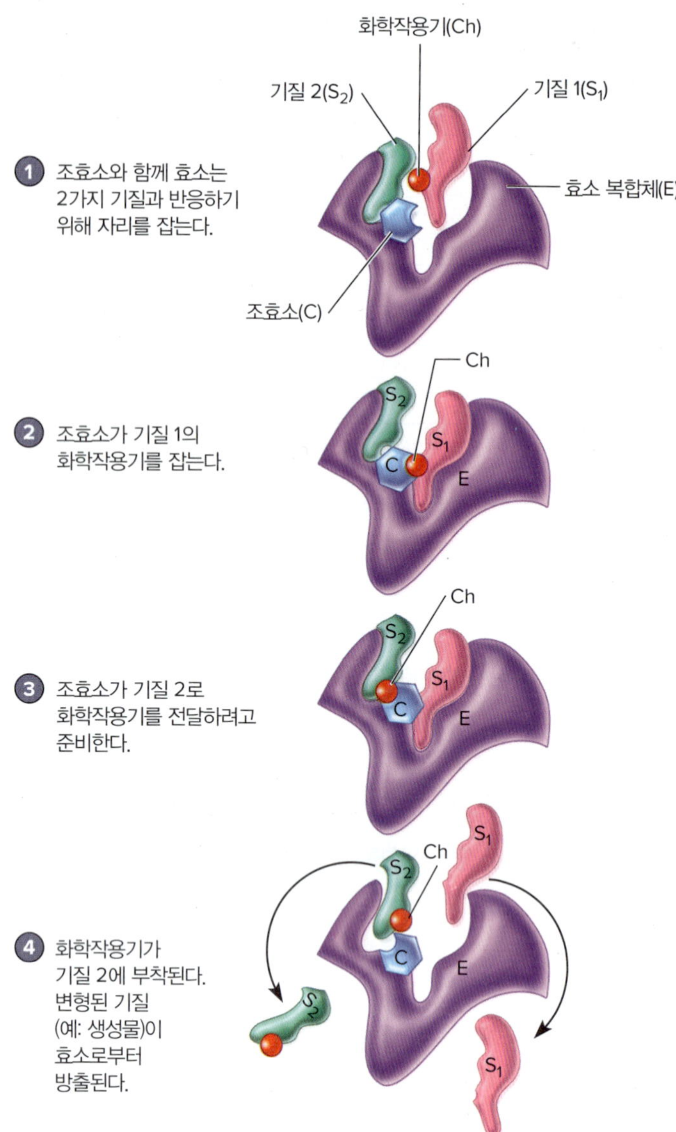

그림 10.13 운반체로서의 조효소.

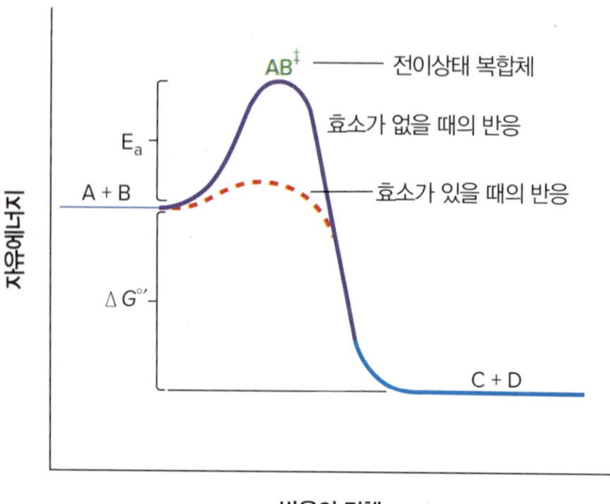

그림 10.14 효소는 활성화 에너지를 낮춘다. 이 그림은 A와 B가 C와 D로 전환되는 화학반응 과정을 따라간 것이다. $AB^{\dagger}$는 전이상태 복합체, 여기에 이르기 위해 필요한 활성화 에너지는 E_a로 나타내었다. 빨간색 선은 효소가 있을 때의 반응 과정을 나타낸다. 효소가 촉매하는 반응에서 활성화 에너지가 훨씬 낮은 점에 주목하자.

있어도 평형이 이동하여 더 많은 생성물이 형성되지는 않는다. 효소는 단순히 반응이 최종 평형으로 진행되는 속도를 증가시킬 뿐이다.

효소는 어떻게 반응을 촉진할까? 간단한 자유에너지방출 반응 과정을 고려하면 그 기전을 어느 정도 이해할 수 있다.

$$A + B \rightleftharpoons C + D$$

분자 A와 B가 서로 반응할 수 있을 만큼 접근하면 이들은 기질과 생성물 양쪽 모두와 닮은 전이-상태 복합체(transition-state complex)를 형성한다(**그림 10.14**). 반응하는 분자가 올바른 방법으로 전이상태에 도달하도록 유도하는 데 **활성화 에너지**(activation energy)가 필요하다. 그다음 전이-상태 복합체는 분해되어 생성물 C와 D를 형성한다. 반응물과 생성물의 자유에너지 수준의 차이가 $\Delta G^{\circ\prime}$이다.

따라서 우리가 다루고 있는 예에서는 $\Delta G^{\circ\prime}$가 음수이기 때문에(생성물의 자유에너지가 기질의 자유에너지보다 작음) 평형은 생성물 쪽에 있다.

그림 10.14에서 보는 것처럼 활성화 에너지만큼의 에너지양이 공급되지 않는다면 A와 B는 C와 D로 전환될 수 없다. 효소는 활성화 에너지를 낮추어 반응을 가속시킨다. 따라서 더 많은 반응물이 함께 모여 생성물을 형성할 수 있는 충분한 에너지를 가질 것이다. 평형상수(또는 $\Delta G^{\circ\prime}$)가 변하지 않아도 효소가 있을 때는 활성화 에너지가 감소하기 때문에 반응은 더 빨리 평형에 이른다.

연구자들은 효소가 어떻게 활성화 에너지를 감소시키는지 밝히려는 연구를 열심히 해왔다. 효소는 **활성부위**(active) 또는 **촉매부위**(catalytic site)라는 효소 내부의 특정한 위치에 기질을 함께 끌고 와서 효소-기질 복합체를 형성하도록 한다. 효소와 기질의 결합 방법은 아직 완전히 밝혀지지 않았다. 그러나 유도적응 모델로 많은 효소 반응에서의 결합을 설명할 수 있다. 유도적응 모델에서 효소는 기질과 결합할 때 모양을 변화시켜 활성부위로 기질을 싸면서 정확하게 기질에 모양을 맞춘다. **그림 10.15**에는 6탄당 인산화효소가 이 기전을 이용하는 것이 그려져 있다. 효소-기질 복합체의 형성은 여러 가지 방법으로 활성화 에너지를 낮출 수 있다. 예를 들어, 효소는 기질을 활성부위로 모아 사실상 그 부위의 기질 농도를 증가시킴으로써 반응을 가속화한다. 그러나 효소가 단순히 기질을 농축하는 것만은 아니다. 효소는 기질이 서로에 대해 바른 방향으로 자리를 잡도록 한다. 방향이 맞으면 기질이 전이 상태에 이르는 데 필요한 에너지양을 줄여준다. 이 방법과 다른 촉매부위 활성이 반응속도를 수백, 수천 배 증가시킨다.

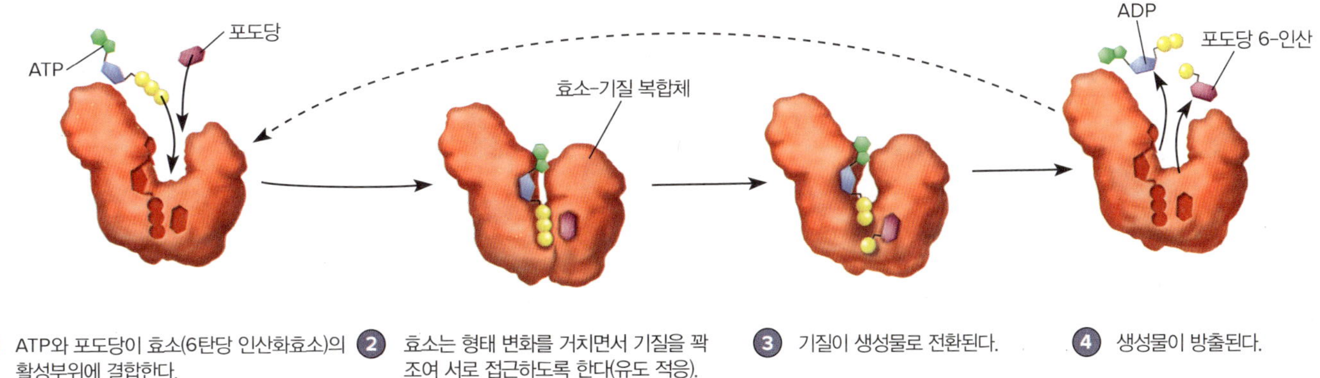

그림 10.15 효소 기능의 유도적응 모델. 그림은 6탄당 인산화효소에 의해 촉진되는 포도당과 ATP 사이의 반응을 나타낸 것이다.

기질 농도는 효소 활성에 영향을 미친다

효소 활성은 기질 농도에 따라 변화한다. **그림 10.16**을 보면 기질 농도에 반응하는 효소활성 변화 곡선(보통 생성물 형성 농도로 표현함)이 쌍곡선인 것을 알 수 있다. 왜 그럴까? 아주 낮은 기질 농도에서 효소는 기질 분자와 거의 접촉하지 않기 때문에 느리게 생성물을 만든다. 만일 더 많은 기질 분자가 있다면 효소는 기질과 더 자주 결합하게 되고 반응속도는 낮은 기질 농도 때보다 증가하게 된다. 결국에는 기질 농도의 추가 증가로 반응속도가 더 이상 증가하지 않는데, 이는 이용할 수 있는 효소가 모두 기질과 결합하여 가능한 가장 빠른 속도로 생성물을 만들고 있기 때문이다. 즉, 효소는 기질로 포화되고 이때 효소는 최고 속도(V_{max})로 작동한다.

세포 안의 기질 농도는 낮은 것이 보통이다. 따라서 어떤 효소가 적절하게 기능하기 위해 필요한 기질 농도를 알면 유용하다. 전통적으로 효소가 최고속도의 반으로 작동하는 데 필요한 기질 농도를 기질에 대한 효소의 겉보기 친화력의 척도로 사용한다. 이 값은 **미카엘리스 상수**(Michaelis constant, K_m)라고 한다. K_m 값이 낮을수록 효소가 반응을 촉매하기 위해 필요한 기질의 농도는 낮다. 낮은 K_m 값을 가진 효소는 그 기질에 대한 친화력이 크다고 말한다.

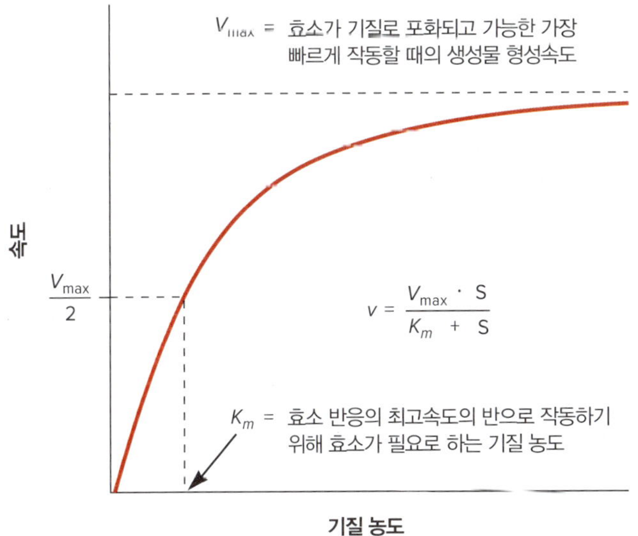

그림 10.16 기질 농도가 효소 활성에 미치는 영향. 효소 활성은 기질 농도의 증가에 따라 최고속도(V_{max})에 이를 때까지 증가한다. 이 결과 얻어진 곡선은 미카엘리스–멘텐 방정식에 의해 표현된다. 미카엘리스–멘텐 방정식은 생화학자인 Leonor Michaelis(1875~1949)와 Maud Menten(1879~1960)에 의해 유도되었다. 이 방정식은 V_{max}와 미카엘리스 상수(K_m)를 이용해 반응속도(V)와 기질 농도(S) 사이의 관계를 나타낸다.

연관 질문 비교적 큰 K_m 값을 갖는 효소는 기질에 대해 친화도가 상대적으로 높은가, 아니면 낮은가? 그 이유를 설명하시오.

효소의 변성은 효소 활성을 파괴한다

효소의 활성은 기질 농도뿐 아니라 pH와 온도 변화에 의해서도 변한다. 각 효소는 그 효소의 특이 pH에서 가장 빨리 작동한다. pH가 너무 급하게 그 최적 pH에서 벗어나면 효소 활성은 느려지고 효소는 손상될 수 있다. 비슷하게 효소가 최대 활성을 낼 수 있는 최적온도가 있다. 온도가 최적온도보다 너무 급격히 증가하면 효소 구조가 파괴되고 활성을 잃는다. 이 현상은 **변성**(denaturation)이라고 알려져 있다. 미생물효소의 최적 pH와 온도는 일반적으로 그 서식지의 pH와 온도를 반영한다. ◀ 미생물 생장에 영향을 주는 환경요인(7.5절)

효소 활성의 억제

다양한 화학물질(예: 시안화물)은 미생물에 독성을 나타내고, 가장 독성이 강한 독극물 중 많은 물질이 효소 억제제이다. **경쟁적 억제제**(competitive inhibitor)는 효소의 촉매부위를 기질과 직접적으로 경쟁하여 효소가 생성물을 형성하지 못하도록 한다(**그림 10.17**). 경쟁적 억제제는 대개 정상적인 기질과 모양이 비슷하지만, 생성물로 전환될 수 없다.

경쟁적 억제제는 미생물에 의해 야기되는 많은 질병의 치료에 중

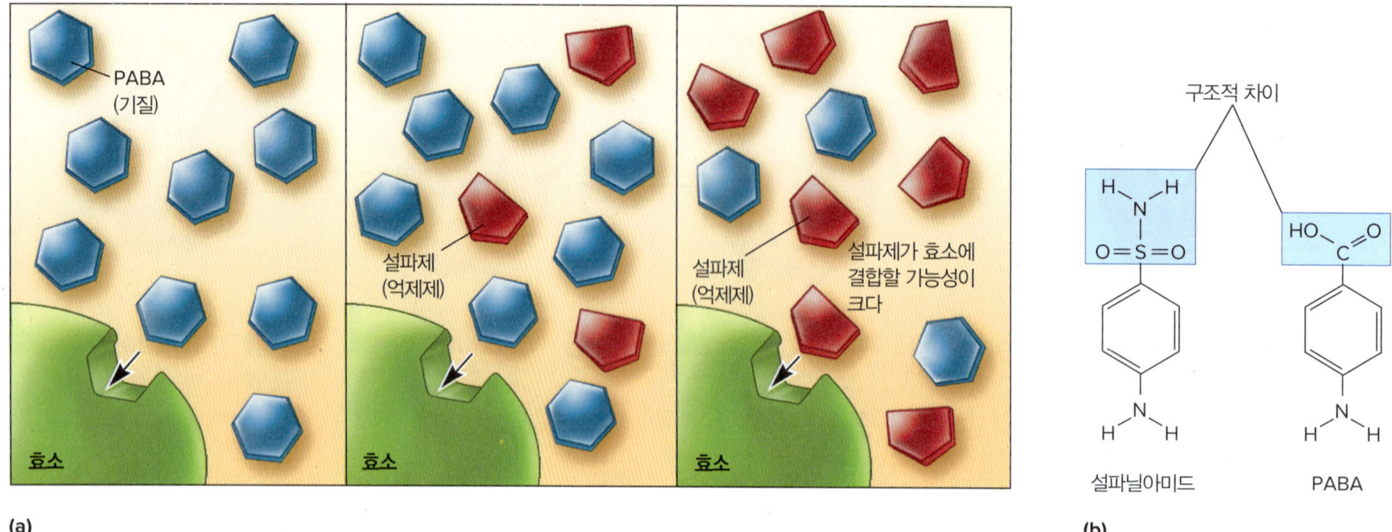

그림 10.17 효소 활성의 경쟁적 억제. (a) 경쟁적 억제제는 대개 효소의 정상적인 기질과 모양이 비슷하기 때문에 효소의 활성부위에 결합할 수 있다. 이 특성은 기질이 활성부위에 결합하는 것을 방해하고 반응을 차단시킨다. (b) PABA의 구조 유사체인 설파닐아미드의 구조이다. PABA는 엽산 생합성에 관여하는 효소의 기질이다. 설파닐아미드가 효소와 결합하면 효소활성은 억제되고 엽산의 합성은 중단된다(9.4절 참조).

연관 질문 이 그림에 근거하여 설파닐아미드의 최소 억제 농도의 개념을 설명하시오.

요하다. 설파닐아미드(그림 10.17b)와 같은 설파제는 조효소인 엽산 합성에 이용되는 분자, *p*-아미노벤조산(PABA)과 모양이 비슷하다. 설파제는 엽산 합성에 관련된 효소의 촉매부위를 PABA와 경쟁한다. 이는 엽산 생성을 억제함으로써 엽산 합성이 필요한 생명체의 성장을 억제한다. 인간은 엽산을 생성하지 못하고 음식으로 섭취해야 하기 때문에 해를 입지 않는다. ◀ 대사길항제(9.4절)

비경쟁적 억제제(noncompetitive inhibitors)는 효소의 활성부위와는 다른 자리에 결합하여 효소 활성에 영향을 준다. 이런 억제제는 효소의 형태를 바꾸어 효소를 불활성화시키거나 활성을 낮춘다. 이런 저해제는 기질과 직접 경쟁하지 않기 때문에 비경쟁적이라 한다. 수은 같은 중금속은 대개 효소의 비경쟁적 억제제이다.

리보자임: 촉매 RNA 분자

생물학자들은 한때 세포 반응이 모두 단백질에 의해 촉매된다고 생각하였다. 그러나 1980년대 초반에 체크(Thomas Cech)와 알트먼(Sidney Altman)이 어떤 RNA 분자가 반응을 촉진할 수 있다는 사실을 발견하였다. 촉매 기능을 가진 RNA 분자를 **리보자임**(ribozyme)이라고 한다. 중요한 리보자임 중 하나는 리보솜에 있으며 단백질 합성 동안 아미노산 사이의 펩티드 결합 형성을 촉진한다. 다른 예의 리보자임 목록은 **표 10.4**에 있다. 리보자임도 미카엘리스-멘텐 동역학을 따른다(그림 10.16). ▶ 세균의 번역(13.7절)

표 10.4 자가 스플라이싱 리보자임의 예

기능	관찰되는 생물
전-rRNA의 스플라이싱	섬모충류
미토콘드리아 rRNA와 mRNA의 스플라이싱	여러 진균
엽록체 tRNA, rRNA, mRNA의 스플라이싱	식물과 조류
바이러스 mRNA의 스플라이싱	바이러스(예: T4, 간염 델타 바이러스)

마무리 점검

1. 아포효소와 완전효소의 차이점은 무엇인가? 보조인자의 2가지 유형은 무엇인가? 효소 기능에서 보조인자의 역할은 무엇인가?
2. 효소가 촉매하는 반응의 활성화 에너지에 미치는 영향을 보여주는 모식도를 그리고, 효소가 자신이 촉매하는 반응의 평형을 변화시키지 않는지 설명하시오.
3. 효소가 촉매하는 반응속도가 V_{max}에 이를 때 속도가 더 이상 증가하지 않는 이유는 무엇인가?
4. 저온균이나 호열성 미생물에서 효소가 활성화 에너지를 다소 낮출 필요가 있는가? 당신의 대답을 설명하시오.
5. 경쟁적 억제제와 비경쟁적 억제제의 결합부위를 비교하고, 이들이 각각 효소를 억제하는 방법을 설명하시오.
6. 효소와 리보자임의 유사점과 차이점은 무엇인가?

10.7 물질대사는 항상성 유지를 위해 반드시 조절되어야 한다

이 절을 학습한 후 점검할 사항:

a. 물질대사 조절에 이용되는 3가지 방법을 나열할 수 있다.
b. 물질대사 채널링과 이 방법이 어떻게 이루어지는지 알 수 있는 예 1가지를 설명할 수 있다.
c. 다른자리입체성 조절과 공유 변형을 구별할 수 있다.
d. 다른자리입체성 효소의 구조를 설명할 수 있다.
e. 양성과 음성 다른자리입체성 작용인자가 효소 활성을 조절하는 방법을 나타내는 개념도를 만들 수 있다.
f. 효소의 공유변형에 자주 이용되는 화학작용기 3개의 목록을 작성할 수 있다.
g. 되먹임 억제가 생화학 경로의 작동을 조절하는 데 어떻게 이용되는지 설명할 수 있다.
h. 생화학 경로 중 어떤 효소가 다른자리입체성 조절이나 공유변형에 의한 조절을 받을 가능성이 큰 지 예측할 수 있다.
i. 되먹임 억제가 여러 개로 갈라진 생화학 경로의 조절에 어떻게 이용되는지를 표현하는 모델을 구축할 수 있다.

미생물은 원료물질과 에너지를 보존하고 다양한 세포 구성성분의 균형을 유지하기 위해 물질대사를 조절해야만 한다. 미생물은 보통 영양분, 에너지원, 물리적 조건이 빠르게 바뀌는 환경에 산다. 따라서 미생물은 끊임없이 내부와 외부 조건을 감시하고 그 조건에 맞게 반응해야 한다. 이는 필요할 때마다 물질대사 경로의 활성화나 불활성화를 포함한다. 물질대사 경로는 다음의 3가지 주된 방법으로 조절될 수 있다. (1) 물질대사 채널링, (2) 특정 효소의 합성 조절(보통 유전자 발현 조절이라고 함), (3) 번역 후 조절이라고 하는 필수효소 활성의 직접 조절 등이다. 우리가 여기서 개별적인 경로에 초점을 맞추지만, 그림 10.12d는 여러 경로가 상호연관되어 있음을 상기시킨다. 따라서 한 경로의 조절은 다른 경로에 영향을 미친다. 세포는 복잡한 물질대사 활성을 조율하기 위해 여러 가지 조절 방법을 이용하는 경우가 많다.

물질대사 채널링

물질대사 채널링(metabolic channeling)은 대사물과 효소를 세포의 특정 부위에 놓음으로써 물질대사 경로의 활성에 영향을 준다. 가장 흔한 물질대사 채널링 기전 중 하나는 **구획화**(compartmentation)로 효소와 대사물질을 세포 안의 분리된 구조나 소기관에 분배하는 것이다. 구획화는 진핵미생물의 소기관에서 특히 중요하다. 예를 들어, 지방산 분해는 미토콘드리아 안에서 일어나고 지방산 합성은 세포기질에서 일어난다. 그람음성균의 미세구획과 주변세포질도 구획화의 예이다. 구획화는 비슷한 대사 반응을 동시에, 그러나 독립적으로 작동하고 조절할 수 있게 한다. 또 각각의 세포 구획 사이에서 대사물질과 조효소가 운반되는 것을 조절함으로써 경로의 활성을 조율할 수 있다.

유전자 발현 조절

특정 효소의 합성 조절은 세포 안에 있는 효소의 양을 조절하기 위해 전사 또는 번역의 속도를 변화시킨다. 효소가 필요하지 않을 때 효소는 합성되지 않거나, 만일 합성이 일어난다 해도 아주 적은 양만 합성된다. 반대로 효소가 필요하면 더 많은 효소 분자가 만들어진다. 유전자 발현 조절은 세포 상태 변화에 비교적 느리게 반응하지만 상당한 양의 에너지와 원료물질을 보존할 수 있다. 세포는 유전자 발현을 조절하는 수많은 기전을 갖도록 진화해왔다. 이 기전에 대해서는 14장과 15장에서 다루도록 한다.

효소 활성의 번역 후 조절

유전자 발현 조절과 달리 필수효소 활성을 직접 촉진하거나 억제하면 경로를 빠르게 조절할 수 있다. 이 방법은 효소가 합성된 후에 일어나기 때문에 **번역 후 조절**(posttranslational regulation)이라고 한다. 다양한 번역 후 조절 기전이 알려져 있다. 이 중에서 어떤 경우는 비가역적이다. 예를 들어, 단백질 절단은 그 활성을 증가시키거나 감소시킬 수 있다. 다른자리입체성 조절과 공유적 변형과 같은 또 다른 유형은 가역적이다.

다른자리입체성 조절

조절효소는 대부분 **다른자리입체성 효소**(allosteric enzyme)이다. **다른자리입체성 작용인자**(allosteric effector)라는 작은 분자에 의해 다른자리입체성 효소의 활성이 바뀐다. 작용인자는 촉매부위와는 구분된 **조절부위**(regulatory site)에 비공유적 힘에 의해 가역적으로 결합하여 효소 형태(구조)의 변화를 야기한다(**그림 10.18**). 그 결과 활성부위의 활성이 바뀐다. 양성 작용인자는 효소 활성을 증가시키고 음성 작용인자는 효소 활성을 감소시킨다(예: 효소 억제). 이런 효소 활성의 변화는 효소의 기질에 대한 겉보기 친화력의 변화 때문이지만 최대 속도도 변할 수 있다.

효소의 공유 변형

다른자리입체성 조절이 단백질에 결합하는 작은 분자가 관여하는 것인 반면에, 효소 활성은 가역적 공유 변형에 의해서도 스위치가 켜지

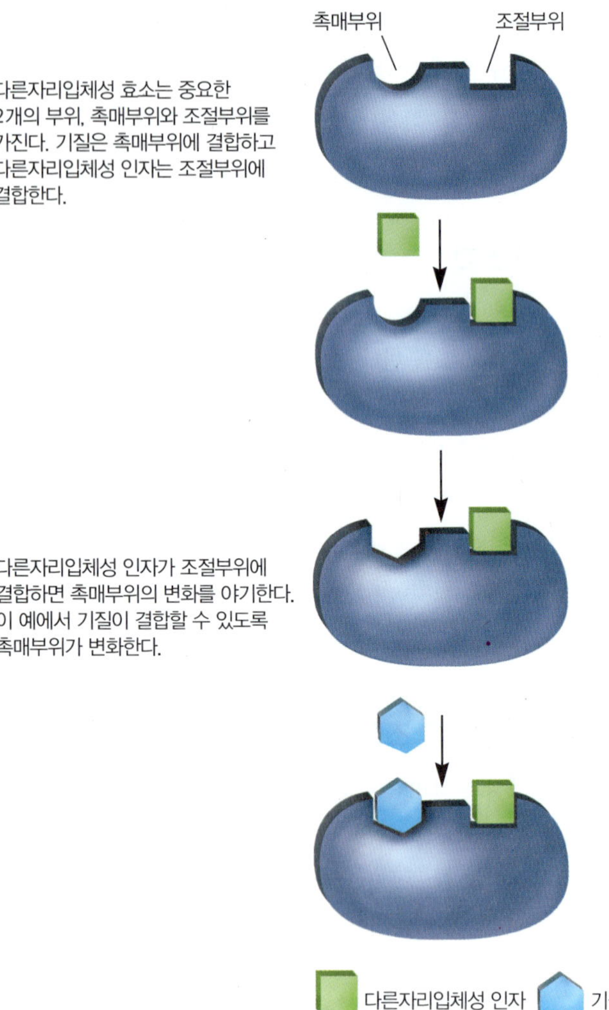

그림 10.18 다른자리입체성 조절. 다른자리입체성 효소의 구조와 기능이다.

연관 질문 이 다른자리입체성 작용인자는 양성 작용인자인가, 음성 작용인자인가? 모든 다른자리입체성 인자에서 이것이 사실인가?

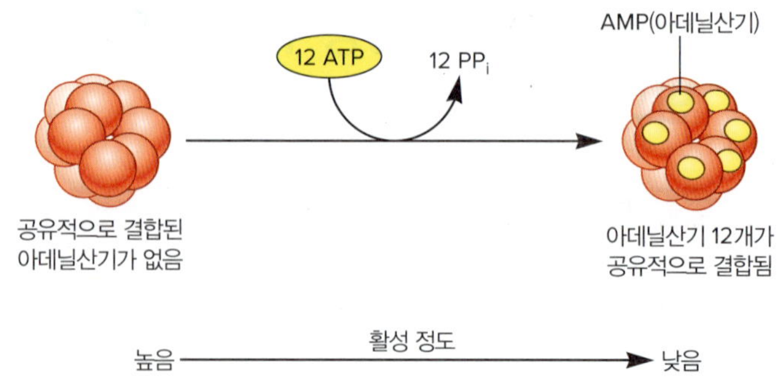

그림 10.19 공유 변형에 의한 글루타민 합성효소의 조절. 글루타민 합성효소는 12개의 소단위로 구성된다. 6개 소단위가 고리 1개를 형성하며, 고리 하나(진한 색)는 다른 고리(옅은 색) 위에 위치한다. 아래 고리에 있는 모든 소단위를 나타내지는 않았다. 소단위는 각각 아데닐산화될 수 있다. 위쪽 고리에 있는 아데닐산기만을 나타내었다. 아데닐산기의 수가 늘어갈수록 효소 활성은 감소한다.

거나 꺼질 수 있다. 대개 이는 특정 화학작용기를 첨가하거나 제거하여 일어난다. 전형적인 화학작용기는 인산기, 메틸기, 아데닐산기 등이다. 이런 반응을 촉매하는 효소 자체도 엄격하게 조절된다.

가장 많이 연구된 조절효소 중 하나는 질소동화에 관여하는 효소인 대장균의 글루타민 합성효소이다. 이 효소는 12개의 소단위로 구성된 크고 복잡한 효소로 각 소단위는 아데닐산기에 의해 공유 변형될 수 있다(**그림 10.19**). 아데닐산기가 12개 소단위 모두에 결합해 있을 때 글루타민 합성효소의 활성은 크지 않다. AMP 그룹의 제거로 활성이 증가된 탈아데닐산화된 글루타민 합성효소가 되고 이 효소에 의해 글루타민이 합성된다. ▶ 무기 질소동화(12.5절)

공유 변형을 효소 활성의 조절에 이용하면 몇 가지 장점이 있다. 상호전환이 가능한 이런 효소는 대개 다른자리입체성이기도 하다. 예를 들어, 글루타민 합성효소는 다른자리입체성 조절도 받는다. 각 형태가 다른자리입체성 작용인자에 대해 다르게 반응할 수 있기 때문에 공유 변형된 효소의 시스템은 여러 가지 자극에 대해 다양하고 정교하게 대응할 수 있다. 공유 변형을 촉매하는 효소의 조절에도 이 방법이 적용될 수 있는데, 이는 두 번째 수준의 조절을 시스템에 추가한다.

되먹임 억제

많은 물질대사 경로의 속도는 속도조정효소 활성의 조절을 통해 조정된다. 속도조정효소는 대사 경로 중 가장 느린, 또는 속도결정(rate-limiting) 반응을 촉매한다. 다른 반응들은 속도조정 반응보다 빨리 진행되기 때문에 이 효소의 변화는 전체 대사 경로의 작동속도를 직접 변화시킨다. 보통 경로의 첫 번째 반응은 속도조정효소에 의해 촉매된다. 경로의 최종생성물이 종종 이 조절효소를 억제하는데, 이 과정을 **되먹임 억제**(feedback inhibition) 또는 **최종생성물 억제**(end product inhibition)라 한다. 되먹임 억제는 대사 경로의 최종생성물이 균형 있게 합성되는 것을 보장한다. 만일 어떤 대사 경로의 최종생성물이 지나치게 농축되면 조절효소를 억제하고 자체 합성속도를 늦춘다. 최종생성물의 농도가 낮아지면 다시 경로 활성이 증가하며, 더 많은 생성물이 형성된다. 이런 방식으로 되먹임 억제는 최종생성물의 공급과 수요를 맞춘다.

생합성 경로는 하나 이상의 최종생성물을 형성하기 위해 나누어지는 경우가 종종 있다. 이런 상황에서 모든 최종생성물의 합성은 정확히 조율되어야 한다. 분기 대사 경로에서 분기점에 위치한 조절효소를 이용함으로써 최종생성물 사이의 균형을 이룰 수 있다(**그림 10.20**). 만일 하나의 최종생성물이 너무 많으면 그 물질을 합성하는 분기 경로에 있는 첫 번째 효소를 억제하는데, 이런 방법으로 다른 생성물의

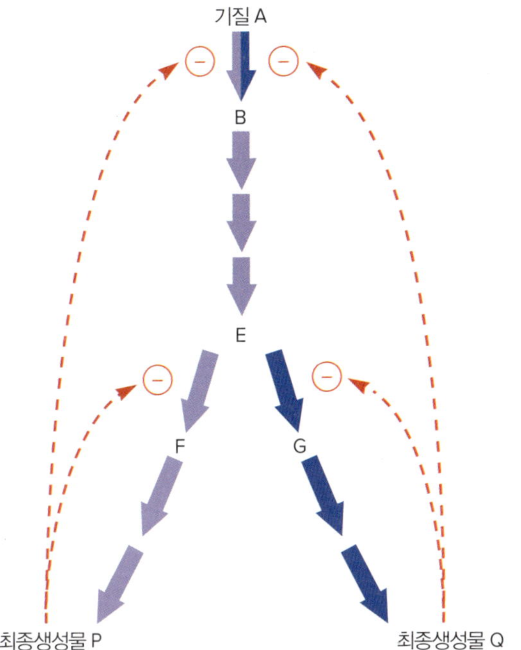

그림 10.20 되먹임 억제. 2가지 최종생성물을 생성하는 분기 경로에서의 되먹임 억제이다. 중간물질 E가 F와 G로 전환되는 것을 촉매하는 분기점 효소는 되먹임 억제에 의해 조절을 받는다. 생성물 P와 Q도 동종효소에 의해 촉진될 가능성이 있는 경로(2가지 색으로 나타낸 화살표)의 시작 반응을 억제한다. 끝이 (−)로 표시된 화살표 색선은 최종생성물 P 또는 Q가 (−) 표시 옆에 있는 단계를 촉매하는 효소를 억제하는 것을 나타낸다.

연관 질문 최종생성물 P에 의해 속도조정효소가 억제되면 최종생성물 Q의 생성도 멈추는 이유는 무엇인가?

합성에 영향을 주지 않고 자신의 합성만을 조절할 수 있다. 그림 10.20에서 두 최종생성물 모두 경로의 처음 효소를 억제하는 것에 주목할 필요가 있다. 한 생성물이 과량 있으면 전체 경로로 투입되는 탄소 흐름(그림 10.20의 기질 A)을 늦추고 해당 분기점에 있는 효소도 억제한다. 분기 경로 중 하나로 작동할 때 탄소 요구는 감소하고, 처음 속도조정효소의 되먹임 억제는 분기 대사 경로의 요구에 맞게 탄소를 공급하도록 도와준다. 분기 경로의 조절은 **동종효소**(isoenzymes)의 존재로 더욱 정교해진다. 동종효소는 같은 반응을 촉매하는 서로 다른 효소 형태이다. 그림 10.20의 경로에서 최종생성물 P가 하나의 동종효소(보라색)를 조절할 수 있고 또 다른 최종생성물 Q는 그 경로의 첫 번째에 있는 동종효소(파란색)를 조절할 수 있다. 만일 Q가 과량으로 있으면 Q는 그 동종효소에만 영향을 미칠 것이다. P 동종효소는 여전히 작용하고 경로도 작동하겠지만 감소된 수준에서 작동할 것이다. 따라서 처음 속도조정 단계는 각각 독립적으로 조절되는 여러 동종효소에 의해 촉매될 수 있다. 이 경우 하나의 최종생성물이 과다로 있을 때 경로의 활성을 감소시키지만, 다른 동종효소는 활성이 있으므로 대사 경로가 완전히 차단되지는 않는다.

마무리 점검

1. 물질대사 채널링과 구획화 용어를 정의하시오. 이들이 어떻게 물질대사 조절에 관여하는가?
2. 다른자리입체성 효소, 다른자리입체성 작용인자를 정의하시오.
3. 조절효소는 가역적 공유 변형을 통해 어떻게 영향을 받는가?
4. 속도조정효소란 무엇인가? 되먹임 억제는 무엇인가? 또 되먹임 억제가 어떻게 경로의 최종생성물 농도를 자동으로 조절하는가?
5. 조절효소가 대사 경로의 분기점에 있는 경우가 흔한 이유는 무엇인가? 동종효소란 무엇이고 이들이 경로의 조절에서 하는 역할은 무엇인가?

요약

10.1 물질대사: 주요 원리와 개념

- 미생물 세계에서 볼 수 있는 엄청난 물질대사 다양성에도 불구하고 모든 물질대사는 공통점이 있다. (1) 생명은 열역학 법칙을 따른다. (2) ATP는 세포의 주요 에너지 화폐 형태이다. (3) 산화환원 반응은 에너지 보존 과정에 중요하다. (4) 세포의 화학 반응은 생화학 경로로 조직화된다. (5) 세포의 화학반응은 효소와 리보자임에 의해 촉매된다. (6) 생화학 경로의 기능은 조절된다.
- 살아 있는 세포는 3가지의 주요한 일을 한다. 생합성을 하는 화학작용, 운반작용, 기계작용이다. 에너지는 세포가 일을 하는 데 필요하며 에너지는 일을 할 수 있는 능력으로 정의될 수 있다.
- 열역학은 세포와 같은 시스템의 에너지 변화를 분석하는 분야이다. 열역학 제1법칙은 에너지는 생성되지도 소멸하지도 않는다는 진술이다. 열역학 제2법칙은 우주의 무작위 또는 무질서는 가능한 최대에 이르도록 증가한다는 진술이다. 즉 자발적

과정에서 엔트로피는 언제나 증가한다.

- 열역학 제1법칙과 제2법칙을 결합하여 유용한 일을 할 수 있는 가용 에너지의 양을 결정할 수 있다.

$$\Delta G = \Delta H - T \cdot \Delta S$$

이 방정식에서 자유에너지의 변화(ΔG)는 유용한 일에 사용할 수 있도록 만들어진 에너지이며 엔탈피의 변화(ΔH)는 열량의 변화이고, 엔트로피의 변화는 ΔS이다.

- 화학 반응에 있어 표준 자유에너지 변화($\Delta G^{\circ\prime}$)는 평형상수와 직접 연관되어 있다.
- 자유에너지방출 반응에서 $\Delta G^{\circ\prime}$는 음수이며 평형상수는 1보다 크다. 반응은 생성물 형성의 방향으로 완성된다. 자유에너지흡수 반응은 양수의 $\Delta G^{\circ\prime}$를 가지며 평형상수는 1보다 작다(그림 10.1).

10.2 ATP: 세포의 주요 에너지 화폐

- ATP는 하나의 반응에서 다른 반응으로 또는 세포의 한 위치로부터 다른 위치로 유용한 형태의 에너지를 운반하는 고에너지 분자이다(그림 10.2).
- ATP는 자유에너지방출 반응에서 나온 에너지를 이용하여 ADP와 P_i로부터 즉시 합성된다. 다시 ADP와 P_i로 가수분해되면 에너지를 방출하고 이 에너지는 자유에너지흡수 반응을 진행시키는 데 이용된다. ADP, P_i와 ATP의 순환을 세포의 에너지 회로라 한다(그림 10.4).

10.3 산화환원 반응: 물질대사의 핵심 반응

- 산화환원 반응에서 전자는 전자공여체에서 전자수용체로 이동한다. 각 산화환원 반응은 2개의 반쪽반응으로 이루어진다. 하나는 전자를 공여하는 반쪽반응이고 다른 하나는 전자를 수용하는 반쪽반응이다.
- 산화환원 반응의 각 반쪽반응은 전자를 수용할 수 있는 분자와 전자를 공여할 수 있는 분자로 구성된다. 이 2분자를 짝산화환원쌍이라 한다.
- 표준 환원전위는 짝산화환원쌍의 공여체가 전자를 내어주는 경향을 측정한 값이다.
- 더 음성의 환원전위를 갖는 짝산화환원쌍은 더 양성전위를 가진 쌍에게 전자를 주며, 이 전달과정에서 사용 가능한 에너지가 만들어진다(그림 10.5와 표 10.2).

10.4 전자전달사슬: 연속 산화환원 반응 세트

- 많은 물질대사 과정은 1차 전자공여체(예: 생물의 에너지원)로부터 최종전자수용체(예: 산소)까지 전자를 운반하는 일련의 전자운반체를 이용한다. 이런 일련의 전자운반체를 전자전달사슬(ETC)이라고 한다. ETC는 막과 연관되어 있다(그림 10.6).
- 세포에서 가장 중요한 전자운반체로는 NAD^+, $NADP^+$, FAD, FMN, 조효소 Q, 시토크롬, 비헴철(Fe-S) 단백질이 있다(그림 10.7~10.11). 이들은 수용하고 운반하는 전자와 양성자의 수를 비롯하여 몇 가지 점에서 차이가 난다.

10.5 생화학 경로: 연결된 화학 반응 세트

- 세포가 수행하는 화학 반응은 조직화되어 생화학 경로를 형성한다. 경로의 중간물질과 생성물을 대사물질이라고 한다(그림 10.12).
- 물질대사 경로는 한 경로의 중간물질과 최종생성물이 또 다른 경로의 시작 분자가 되는 방식으로 상호연결되어 있다(그림 10.12d). 대사유동은 대사물질이 다양한 생화학 경로에서 이용될 때 이들의 전환율을 의미한다.

10.6 효소와 리보자임은 세포의 화학 반응 속도를 높인다

- 효소는 특정 반응을 촉매하는 단백질이다.
- 많은 효소는 단백질 성분, 아포효소, 보조인자로 구성된다. 보조인자는 금속이나 유기분자일 수 있다. 일부 보조인자는 보결분자단으로, 아포효소에 단단히 결합하고 있다. 효소와 느슨하게 결합하는 보조인자는 조효소라고 한다.
- 효소와 리보자임은 기질을 활성부위에 결합시키고 활성화 에너지를 낮추어 반응을 촉진한다(그림 10.14와 그림 10.15).
- 효소 또는 리보자임이 촉매하는 반응의 속도는 기질 농도가 낮을 때는 기질 농도에 따라 증가하고 포화 기질 농도에서 안정기(최대 속도, V_{max})에 이른다. 미카엘리스 상수는 효소나 리보자임 반응이 최고 속도의 반에 도달하기 위해 필요한 기질 농도이다(그림 10.16).
- 효소는 활성에 필요한 최적 pH와 온도가 있다. 효소 활성은 경쟁적 또는 비경쟁적 억제제에 의해 감소한다(그림 10.17).
- 어떤 리보자임은 자신의 구조나 다른 RNA 분자의 구조를 변경시킨다. 중요한 리보자임은 리보솜에 있으며 단백질 합성과정 동안 아미노산을 연결 한다.

10.7 물질대사는 항상성 유지를 위해 반드시 조절되어야 한다

- 물질대사의 조절은 세포의 구성성분이 적절한 균형을 이루고 물질대사에 필요한 에너지와 물질을 보존하도록 한다. 물질대사 조절에는 3가지 주요 방법이 있다. 물질대사 채널링, 유전자 발현 조절, 효소 활성의 번역 후 조절 등이다.
- 물질대사 채널링은 대사물질과 효소가 세포의 서로 다른 부분

에 위치하게 하여 경로의 활성에 영향을 준다. 채널링의 일반적인 기전은 구획화이다.

- 유전자 발현 조절은 전사와 번역 속도를 조절하여 이루어진다. 이 부분은 14장과 15장에서 다룬다.
- 번역 후 조절은 효소 활성을 직접 조절한다. 번역 후 조절에는 2가지 주요 가역적 기전인 다른자리입체성 조절과 공유 변형이 있다. 다른자리입체성 조절에서 경로의 특정 효소는 조절효소이다. 이 효소에 작용인자나 조절인자가 효소의 촉매부위와 구분된 조절부위에 비공유적이고 가역적으로 결합한다. 이 결합은 효소 형태의 변화를 가져오고, 이는 효소 활성을 변화시킨다(그림 10.18). 공유 변형에서 효소 활성은 화학작용기의 가역적 부착에 의해 조절된다. 화학작용기는 인산기, 메틸기, 아데닐산기 같은 것이 있다(그림 10.19).
- 경로의 첫 번째 효소와 분기점에 있는 효소는 하나 이상의 최종생성물에 의한 되먹임 억제의 대상이 되는 경우가 많다. 과량으로 있는 최종생성물은 자신의 합성 반응 속도를 늦춘다(그림 10.20).

심화 학습

1. 부록 I에 나와 있는 거대분자의 구조를 살펴보시오. 전자를 가장 많이 공여하는 유형은 무엇인가? 유기분자를 에너지원으로 이용하는 세균에서 탄수화물이 주요 에너지원인 이유를 제안하시오.

2. 그림에서 아미노산인 아스파르트산, 메티오닌, 라이신, 트레오닌, 이소류신의 분기 생합성 경로를 살펴보시오.

   1번 상황: 아스파르트산과 라이신은 있지만, 메티오닌, 트레오닌, 이소류신은 없는 배지에서 미생물을 배양한다.

   2번 상황: 위의 5가지 아미노산이 모두 풍부하게 들어 있는 배지에서 미생물을 배양한다.

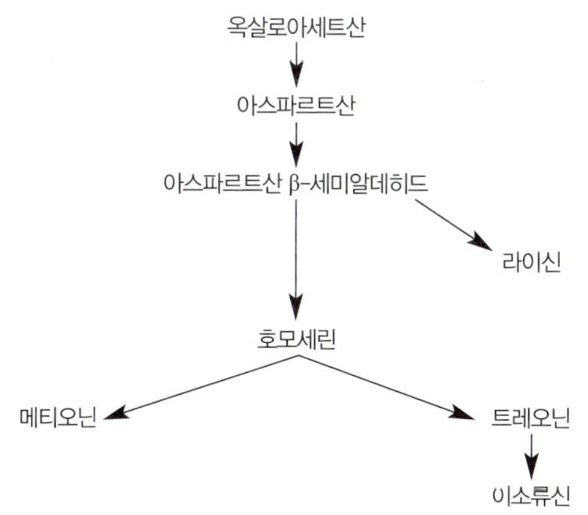

   2가지 각각의 상황에 대해 다음 질문에 답하시오.

   a. 이 상황에서 경로를 멈추게 하려면 경로 중 어느 부분(들)을 멈추어야 하는가?

   b. 경로를 멈추기 위해 다른자리입체성 조절을 어떻게 이용할 수 있는가?

3. 클라미디아(Chlamydia)는 진핵생물 숙주세포 안에서만 자랄 수 있는 병원성 세균이다. 이들은 뉴클레오티드, 지질, 아미노산을 포함한 많은 영양분을 얻는 데 숙주세포에 의존한다. 따라서 이 대사물질 중 한 가지라도 결핍된 배지에 숙주와 공동배양하면 클라미디아의 생장이 감소하는 것이 놀랄 일은 아니다. 그러나 특정 아미노산의 양이 많아도 클라미디아의 생장은 억제된다. 특히 아미노산 류신, 이소류신, 메티오닌, 페닐알라닌은 BrnQ라는 아미노산 운반체를 억제함으로써 클라미디아의 생장을 늦출 수 있다. 반면 위의 아미노산이 있는 배지에 발린을 첨가하면 BrnQ에 미치는 영향은 없다. 어떻게 이 현상이 가능한지 논의하시오.

4. *Pseudomonas aeruginosa*는 항생제 내성 증가를 보이는 중요 병원체이다. 항생제가 표적할 가능성이 있는 새로운 분자와 경로를 밝히는 과정에서 영국과 호주 과학자들은 디히드로디피코린산 합성효소(dihydrodipicolinate synthase, DHDPS)에 집중했다. 이 효소는 세포벽 성분 중 2가지, L-라이신과 디아미노피멜산(DAP, 그림 3.17과 그림 3.20 참조)의 합성에 필요하다. 분기 경로인 이 합성과정에서 DHDPS가 작용하는 지점은 어디인가? 더욱이 *P. aeruginosa*는 2가지 다른 형태의 DHDPS를 가진다. 하나는 L-라이신에 의해 다른자리입체성 억제를 받고, 다른 하나는 그렇지 않다. L-라이신이 억제하는 방법을 설명하고 이 생물체가 2가지 다른 DHDPS 동종효소를 가지는 이유에 대한 가설을 제안하시오.

   참고문헌: Impey, R. E., et al. 2020. Identification of two dihydrodipicolinate synthase isoforms from *Pseudomonas aeruginosa* that differ in allosteric regulation. *FEBS J.* 287: 386-400. doi: 10.1111/febs.

CHAPTER

11

이화작용: 에너지 방출과 보존

NASA

지구상에서 가장 비옥한 언덕

몬태나 주 뷰트의 역사는 흥미로운 인물, 위대한 비극 그리고 사람들의 놀라운 회복력으로 가득 차 있다. 이 도시는 구리 등 여러 금속의 매장량이 많은 산악 지역에 위치해 있었기 때문에 호황기와 불황기를 다양하게 겪었다. 1860년대부터 1982년까지 뷰트에서의 삶은 광산업 그 자체였다.

1955년부터 시작하여 이후 20년에 걸친 노천 채굴(strip mine)로 인해 산과 도시의 일부분이 잘려나가면서 직경 2.41 km의 깊은 구덩이를 가진 버클리 핏(Berkeley Pit)이 새로 만들어졌다. 이 과정에서 10억 톤의 구리, 금, 납 및 여러 금속들이 생산되어 뷰트 경제에 큰 이익을 가져다주었다.

채굴이 진행되면서 지하수와 빗물이 이 구덩이로 유입되었고, 결국 유입된 물을 계속 펌프로 퍼내야만 했다. 1982년에 광산이 폐쇄되면서 펌프의 가동도 중지되었고, 물은 계속 쌓이게 되었다. 현재 뷰트의 북부지역은 버클리 핏 호수(Berkeley Pit Lake)와 맞닿아 있고, 이 호수는 독성 금속과 약 pH 2.5의 물로 오염되어 있다. 이렇게 오염된 호숫물의 위험성은 1995년에 철새인 눈기러기가 이 호수에 착수한 후 342마리가 죽게 되는 비극적 결과를 통해 나타나게 되었다.

그러나 버클리 핏 호수에 생명이 없는 것은 아니다. 몬타나 공과대학교(Montana Tech Univ.)의 과학자인 미트맨(Grant Mitman)이 이끄는 연구팀은 이 호수에 서식하는 조류(algae), 진균류(fungi) 및 세균을 발견하게 되었다. 몬타나-미술라 대학교(Univ. of Montana-Missoula)의 돈 스티엘리(Don Stierle)와 안드레아 스티엘리(Andrea Stierle)의 이후 연구는 암, 편두통 및 기타 질병을 치료하는 데 유용한 흥미로운 화학물질을 생성하는 미생물의 발견으로 이어졌다. 그러므로 버클리 핏 호수는 "지구상에서 가장 부유한 언덕"이라는 명성을 되찾을 수 있을 것이다.

버클리 핏의 이야기는 거의 모든 생각할 수 있는 조건에서 미생물이 성장으로 측정될 때, 지구상에서 가장 성공적인 유기체는 미생물이라는 것을 분명히 보여준다. 대부분 그들의 성공은 에너지 공급 반응의 다양성(이 장의 초점)에 집중할 것이다.

이 장의 학습을 위해 점검할 사항:

- ✓ 대사작용, 이화작용, 동화작용을 구별할 수 있다.
- ✓ ATP의 기능과 이로 인한 인산전달전위와의 연계성을 설명할 수 있다(10.2절).
- ✓ 짝을 이룬 산화환원쌍의 표준 환원전위와 전자-공여 반쪽반응에서의 역할을 이해할 수 있다(10.3절).
- ✓ 전자전달사슬에서 흔히 발견되는 분자들의 구성을 설명할 수 있다(10.4절).
- ✓ 세포내 화학 반응들이 상호연계된 생화학 경로를 이해할 수 있다(10.5절).
- ✓ 세포내 화학 반응에서 효소와 리보자임의 기능을 설명할 수 있다(10.6절).

11.1 대사적 다양성과 영양형식

이 절을 학습한 후 점검할 사항:

a. 지구상의 거의 모든 환경에서 미생물이 발견되는 이유를 설명할 수 있다.
b. 광무기독립영양생물, 광유기종속영양생물, 화학무기독립영양생물, 화학무기종속영양생물, 화학유기종속영양생물의 탄소, 에너지, 전자원을 기술할 수 있다.
c. 연료공급 반응의 산물을 설명할 수 있다.
d. 미생물의 대사 유연성에 대해 토론할 수 있다.

산소 없이 무엇을 할 수 있는가? 유기탄소(식품)를 얻을 수 없다면 어떻게 되는가? 대답은 분명하지만 약 2억 1천만 년 동안 진화한 포유류의 비교적 최근 역사를 보여준다. 우리의 제한된 신진대사 능력(공기를 마셔야 하고 음식을 먹어야 함)은 또한 포유류가 지구 표면에 제한되는 이유를 설명한다.

이제 포유류(우리와 같은)를 약 35억 년(포유동물보다 약 33억 년 더 긴) 동안 진화해 온 세균 및 고균과 비교해보자. 초기 미생물은 모두 혐기성 미생물이었다. 산소가 없으면 우리가 알고 있는 음식은 존재할 수 없다. 대신 미생물은 "암석을 먹도록" 진화했다. 즉, 무기 분자에서 에너지를 추출하였다. 35억 년 동안 미생물은 대사 능력을 다양화하여 에너지, 전자 및 탄소 공급원에 접근할 수 있는 모든 곳에서 생존하고 성장하였다.

에너지, 전자 및 탄소의 핵심적인 중요성은 생물학자들로 하여금 이러한 요구사항들이 유기체들에게 어떻게 충족되는가에 대하여 설명하게 이끌었다. 용어는 유기체의 영양형식을 특성화하기 위해 활용될 수 있다. 유기체가 환경에서 얻는 에너지, 전자 및 탄소는 **연료공급반응**(fueling reaction)이라고 하는 화학 반응에 사용된다. 영양형식 및 연료공급 반응이 이 절에서 중요하다.

영양형식은 유기체의 에너지, 전자 및 탄소의 근원에 의해 정의된다

각 요구사항(에너지, 전자 및 탄소)에 대해 유기체가 그 필요를 충족시키는 방법은 양분되어 설명된다. 유기체가 이용할 수 있는 에너지원은 빛과 특정 화학 분자의 2가지뿐이다. **광영양생물**(phototroph)은 빛을 에너지원으로 사용한다(**그림 11.1**). **화학영양생물**(chemotrophs)는 화학화합물(유기 또는 무기)의 산화로부터 에너지를 얻는다. 마찬가지로, 유기체는 전자공급원으로 단지 2가지를 갖는다. **무기영양생물**(lithotroph, 암석을 먹는 생물)은 환원된 무기물질을 전자원으로 사용하는 반면, **유기영양생물**(organotroph)은 환원된 유기화합물로부터 전자를 사용한다. 마지막으로, 유기체는 성장을 위한 탄소원으로 유기 분자를 사용하는 유기체인 **종속영양생물**(heterotroph), 또는 이산화탄소(CO_2)를 유일하거나 주요 탄소원으로 사용하는 **독립영양생물**(autotroph)일 수 있다.

이러한 용어의 어근을 결합함으로써 대부분의 유기체는 탄소, 에너지 및 전자의 주요 공급원을 기반으로 하는 5가지 영양형식 중 하나로 분류될 수 있다(**표 11.1**). 예를 들어, 식물은 광(빛으로부터 에너지), 무기(무기 분자 및 물로부터 전자), 독립(CO_2로부터 탄소), 영양(그리스어로 *trophe*는 '영양')이다. 동물은 화학유기종속영양생물(chemoorganoheterotroph)로 정반대이다.

지금까지 연구된 대부분의 미생물은 화학무기독립영양, 광무기독립영양, 화학유기종속영양이다. **화학무기독립영양생물**(chemolithoautotroph)은 철, 질소 또는 황 함유 분자와 같은 무기화합물을 산화시켜 생합성을 위한 에너지와 전자를 획득하고 이산화탄소를 탄소원으로 사용한다. 그들은 무기화합물을 사용하여 자라기 때문에 화학무기독립영양생물은 가장 오래된 미생물이지만 지구에서 원소의 화학적 변형(예: 암모니아에서 질산염으로 또는 황에서 황산염으로의 전환)에 계속 상당한 영향을 미치고 있다. 종종 단순히 **광독립영양생**

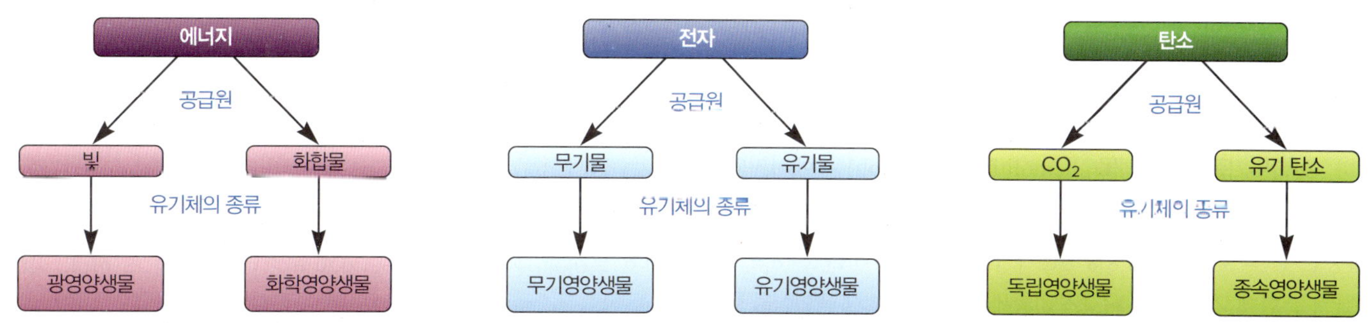

그림 11.1 에너지, 전자 및 탄소원의 개념도. 각각에 대해, 미생물의 영양 유형을 정의하는 2개의 서로 다른 공급원이 있다.

연관 질문 식물을 설명하는 3가지 영양 유형은 무엇인가?

표 11.1 미생물의 주요 영양형식

영양 형식	에너지원	전자원	탄소원	대표 미생물
광무기독립영양생물	빛	무기물	CO_2	홍색황세균, 녹색황세균, 남세균, 규조류
광유기종속영양생물	빛	유기물	유기 탄소	홍색비황세균, 녹색비황세균
화학무기독립영양생물	무기화합물	무기물	CO_2	황-산화세균, 수소-산화세균, 메탄생성균, 질화세균, 철-산화세균
화학무기종속영양생물	무기화합물	무기물	유기 탄소	일부 황-산화세균(예: *Beggiatoa*)
화학유기종속영양생물	유기화합물, 종종 탄소원과 동일	유기물, 종종 탄소원과 동일	유기 탄소	대부분의 비광합성 세균(대부분의 병원균, 진균 및 많은 원생생물

물(photoautotroph)라고 불리는 **광무기독립영양생물**(photolithoautotroph)에는 보라색 및 녹색 유황 박테리아가 포함되며, 화학무기영양생물처럼 수소, 황화수소 및 원소 황과 같은 무기 공급원으로부터 전자를 추출하지만, 그 외는 빛에서 에너지를 얻는다. 광합성 원생생물(조류)과 남조류와 같은 다른 광무기독립영양생물은 나중에 진화했으며 전자공여체로 물을 사용하고 산소를 방출한다는 점에서 식물과 유사하다. 그들은 포유동물의 진화를 가능하게 한 대산화 사건 동안 산소농도의 초기 상승의 원인이 된다. 광독립영양생물과 화학무기독립영양생물은 또한 생태계에서 중요한 1차 생산자이다. 즉, 그들은 CO_2를 고정시켜 설탕과 같은 환원된 유기 분자를 만들어 (우리와 같은) 화학유기종속영양생물을 지원한다.

화학유기종속영양생물(chemoorganoheterotroph, 화학종속영양생물 또는 화학유기영양생물이라고도 함)은 환원된 유기화합물을 에너지, 전자 및 탄소의 공급원으로 사용한다. 종종 동일한 유기영양소가 이러한 모든 요구사항을 충족한다. 많은 화학유기영양생물은 식품(예: 요구르트, 피클, 치즈), 의료 제품(예: 항생제) 및 음료(예: 맥주 및 와인)를 만드는 데 산업적으로 사용된다. 거의 모든 인간 병원성 미생물은 화학유기종속영양생물이다.

다른 영양형식은 알려진 미생물이 적지만 생태학적으로 매우 중요하다. 일부 광영양 세균(예: 보라색 비황 및 녹색 박테리아)은 유기물을 전자공여체 및 탄소원으로 사용한다. 이 **광유기종속영양생물**(photoorganoheterotroph)은 오염된 호수와 개울의 일반적인 거주자이다. **화학무기종속영양생물**(chemolithoheterotroph)은 에너지와 전자원으로 환원된 무기 분자를 사용하지만 탄소원으로 유기 공급원을 활용한다. 화학무기독립영양생물와 같이, 그들은 수많은 생물지구화학적 순환에 기여한다. ▶| 홍색비황세균는 산소비발생 광합성을 한다(21.1절)

미생물을 특정 영양형식으로 분류했지만 미생물이 항상 그렇게 쉽게 분류되는 것은 아니다. 일부는 뛰어난 신진대사 유연성이 진화되어 환경적 변화에 반응하여 신진대사를 변경하였다. 예를 들어, 많은 홍색비황세균은 산소가 없을 때 광유기종속영양생물로 작용하지만, 정상적인 산소 수준에서 화학유기영양적으로 기능하여 유기 분자를 산화시킨다(그림 21.3). 산소가 낮으면 광영양 대사와 화학유기영양 대사가 동시에 기능할 수 있다. 이를 통해 세균은 빛과 유기 분자 모두에서 에너지를 얻을 수 있으며 생합성에 필요한 탄소를 계속 공급할 수 있다. 환경조건이 자주 변경되는 경우, 이러한 종류의 유연성은 이러한 미생물에게 뚜렷한 이점을 제공한다.

연료공급 반응은 에너지, 전자 및 탄소원을 ATP, 환원력 및 전구대사물질로 변환한다

물질대사는 매우 효율적인 진화과정을 통한 보존의 훌륭한 예시이다. 유기체가 사용하는 에너지, 전자 및 탄소원의 다양성에도 불구하고 모두 3가지 주요 생성물을 생성하는 데 사용된다. **ATP**는 에너지원에 의해 공급되는 에너지를 보존하는 데 사용되는 주요한 분자이고, **환원력**(reducing power)은 다양한 화학 반응을 위한 전자의 준비된 공급 역할을 하는 분자, **전구대사물질**(precursor metabolites)은 아미노산과 같은 중요한 화학 구성요소(단량체)의 생합성에 필요한 탄소 골격을 제공하는 작은 유기 분자이다(**그림 11.2**). ATP, 환원력 및 전구대사물질을 공급하는 과정을 **연료공급 반응**이라고 한다. CO_2 고정을 제외하고 연료공급 반응은 화합물 분자가 분해되기 때문에 이화 작용의 일부이다. 그림 11.2에서 볼 수 있듯이 연료공급 반응의 산물을 사용하여 단량체를 생성하면 거대분자(예: 단백질과 같은 중합체)를 합성하는 동화작용 반응의 길을 열 수 있다. 거대분자는 리보솜 및 편모와 같은 세포 구조를 구성하는 데 사용된다. ▶| CO_2 고정: CO_2 탄소의 환원과 동화(12.3절)

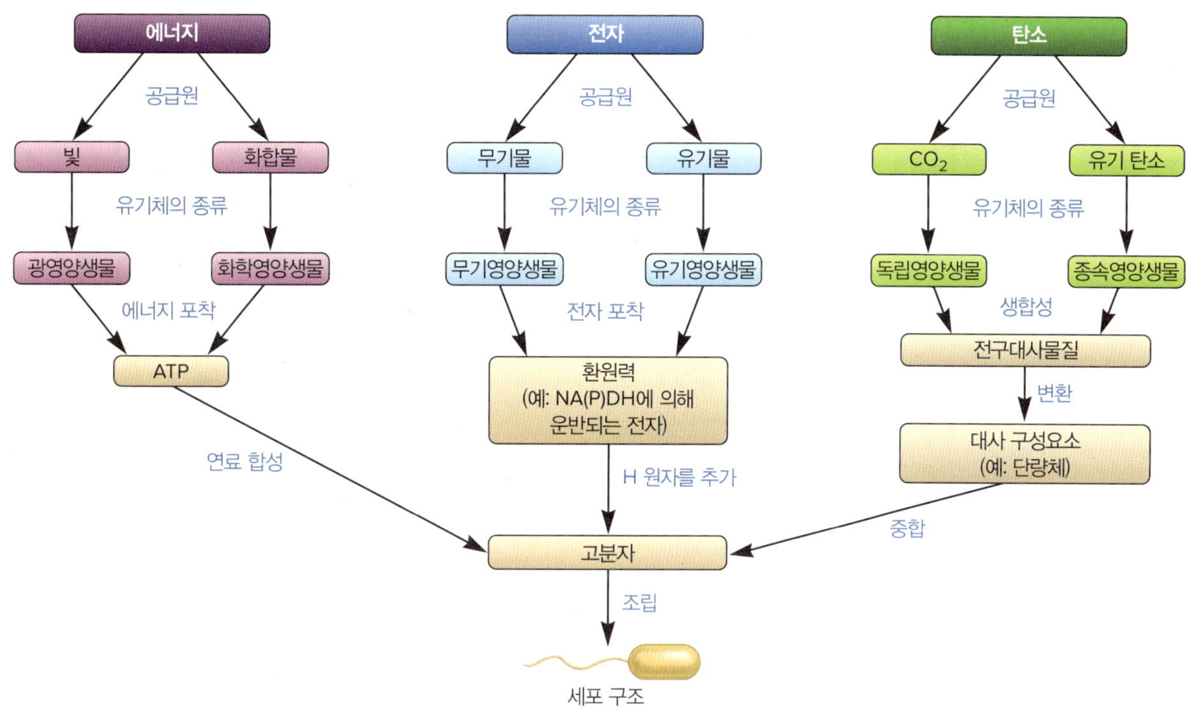

그림 11.2 ATP, 환원력 및 전구대사물질 형태의 에너지, 전자 및 탄소원에 대한 세포 합성 요구사항의 개념 지도. ATP 및 환원력(예: NADPH)은 전구대사물질을 단량체 및 기타 빌딩 블록으로 전환하는 동화 반응에 사용된다. 단량체는 다양한 세포 구조로 조립되는 단백질과 같은 거대 분자를 생성하는 데 사용된다.

마무리 점검

1. 다음 광무기독립영양생물, 광무기종속영양생물, 화학유기종속영양생물, 화학무기독립영양생물, 화학무기종속영양생물 유형의 미생물 각각에 대한 에너지, 탄소 및 전자원을 기술하시오.
2. 광무기독립영양화, 화학무기독립영양화를 비교하시오. 생태계가 (광합성 생물의 기여 없이) 화학무기영양생물에 의해 생성된 유기탄소로만 존재할 수 있다고 생각할 수 있는가? 당신의 추론을 설명하시오.
3. 연료공급반응에 의해 생성되는 3가지 주요 생성물은 무엇인가? 동화작용에서 사용되는 방법을 요약하시오.

11.2 2가지 화학유기영양적 연료공급 과정이 있다

이 절을 학습한 후 점검할 사항:

a. 화학유기영양생물 물질대사의 2가지 형태를 기술할 수 있다.
b. 화학유기영양생물의 중요한 대사경로를 나열하고 중요성을 설명할 수 있다.

그림 11.2에서 설명한 것 같이, 화학유기영양생물은 동화작용과 이화작용을 위하여 환원된 유기화합물을 사용한다. 유기화합물이 산화되어 에너지를 방출(이화과정)할 때, 동화작용에 필요한 탄소와 전자를 제공한다. 이화작용의 세부사항에 대해 배우기 전에 간략한 개요를 고려하는 것이 좋다. 화학유기영양생물은 호흡과 발효라는 2가지 일반적인 유형의 이화전략을 사용한다. 2가지 경우 모두, 유기 에너지원이 산화될 때 방출된 전자는 NAD^+ 및 FAD와 같은 전자운반체에 의해 수용되어야 한다. 이러한 환원된 전자운반체(예: NADH, $FADH_2$)가 차례로 전자를 전자전달사슬에 제공할 때 대사 과정을 **호흡**(respiration)이라고 하며 2가지 유형으로 나눌 수 있다(**그림 11.3**).

산소호흡에서는 최종전자수용체로 산소를 이용하는 반면, 무산소호흡에서는 최종전자수용체로 NO_3^-, SO_4^{2-}, Fe^{3+}와 같은 다른 종류의 산화된 분자를 이용한다. 가끔 푸마르산과 부식산과 같은 유기수용체도 쓰일 수 있다. 호흡동안, 전자는 전자전달사슬(ETC)을 통해 말단 전자수용체로 전달되어 양성자구동력(PMF)이라고 하는 일종의 잠재 에너지를 생성한다. 양성자구동력은 ADP와 인산염(P_i)으로부터 ATP를 합성하는 데 이용된다. 따라서 호흡은 ETC와 NADH 및 $FADH_2$의 산화를 포함하며, 재산화될 때 다시 전자를 받아 ETC에 전달할 수 있다. 호흡과 달리 두 번째 유형의 연료공급 반응인 **발효**(fermentation: 라틴어 *fermentare*는 '증가하다'를 의미)는 전자전달사슬을 사용하지 않는다. 대신, 내인성(세포내에서) 전자수용체가 사용된다. 이 전자수용체는 일반적으로 유기 에너지원을 분해 및 산화하는 데 사용되는 이화작용 경로의 중간체(예: 피루브산)이다. 발

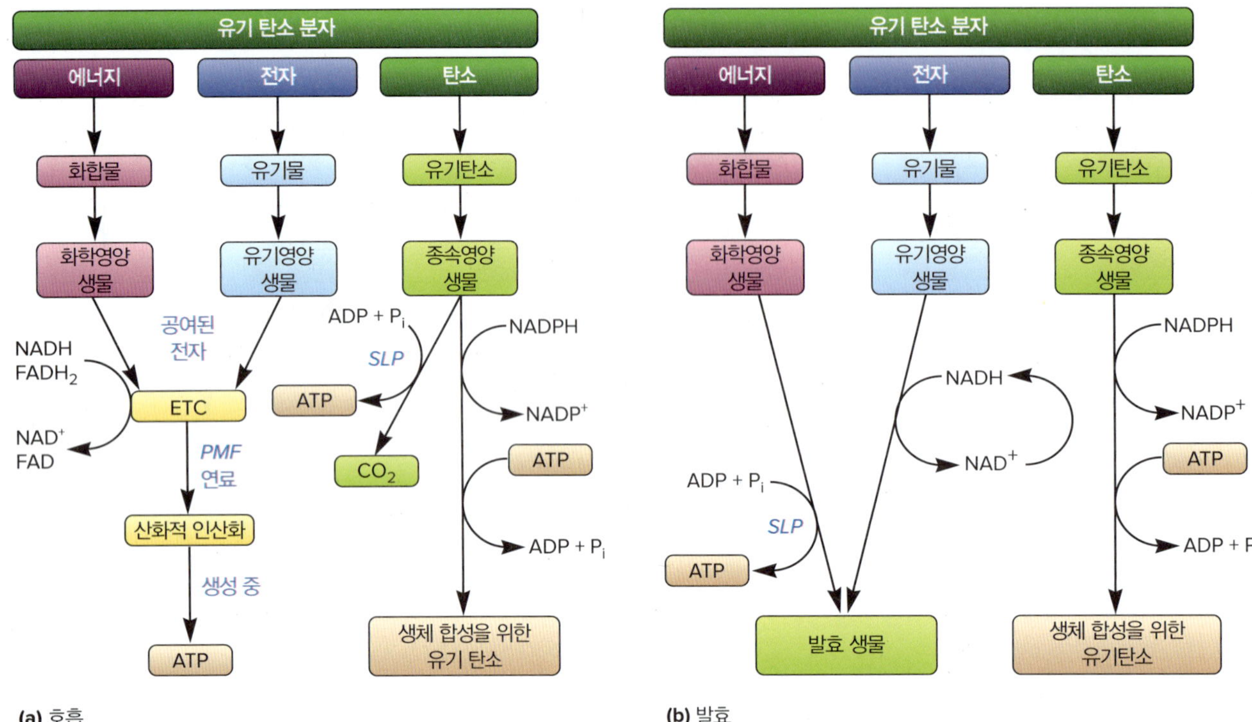

그림 11.3 화학유기영양의 연료공급 과정. (a) 호흡에서 유기 분자의 산화는 전자전달사슬을 통과하는 전자를 제공한다. 이것은 산화적 인산화(Ox phos)라고 하는 기전에 의해 대부분의 세포 ATP를 합성하는 데 사용되는 양성자구동력(PMF)을 생성한다. 소량의 ATP는 기질 수준 인산화(SLP)에 의해 만들어진다. 호기성 호흡에서 O_2는 말단 전자 수용체인 반면, 혐기성 호흡에서는 O_2 이외의 외인성 분자가 전자수용체 역할을 한다(표시되지 않음). (b) 발효 동안 내인성 유기 분자는 전자수용체로 작용하고 전자전달사슬은 존재하지 않으며 ATP는 기질 수준 인산화(SLP)에 의해 합성된다.

효 과정에서 NADH는 산화되어 재사용이 가능하며 ATP는 거의 전적으로 기질 수준 인산화에 의해 합성된다. ◀ ATP: 세포의 주요 에너지 화폐(10.2절)

전통적으로 호흡과 발효라는 2가지 연료공급 반응은 일반적으로 포도당을 에너지원으로 이용하는 과정으로 설명된다. 이렇게 설명하는 이유가 몇 가지 있다. 하나는 많은 화학유기영양생물이 포도당을 에너지원으로 이용하기 때문이다. 그러나 더 중요한 점은 이화경로가 조직화되는 방법이다. 대부분의 화학유기영양생물은 다양한 유기 분자를 에너지원으로 이용한다(**그림 11.4**). 이 분자는 포도당을 생성하는 경로 또는 포도당 이화작용에 사용되는 경로의 중간체에 의해 분해된다. 따라서 영양물질 분자들은 점점 더 적은 수의 대사 중간물질로 변화된다. 사실 많은 비슷한 분자(예: 여러 가지 다른 당류)가 공통경로에 의해 분해된다. 따라서 비효율적인 대사경로를 많이 만들 필요 없이 소수의 공통 대사경로가 각각 많은 영양물질을 분해함으로써, 대사효율을 최대한 높일 수 있다.

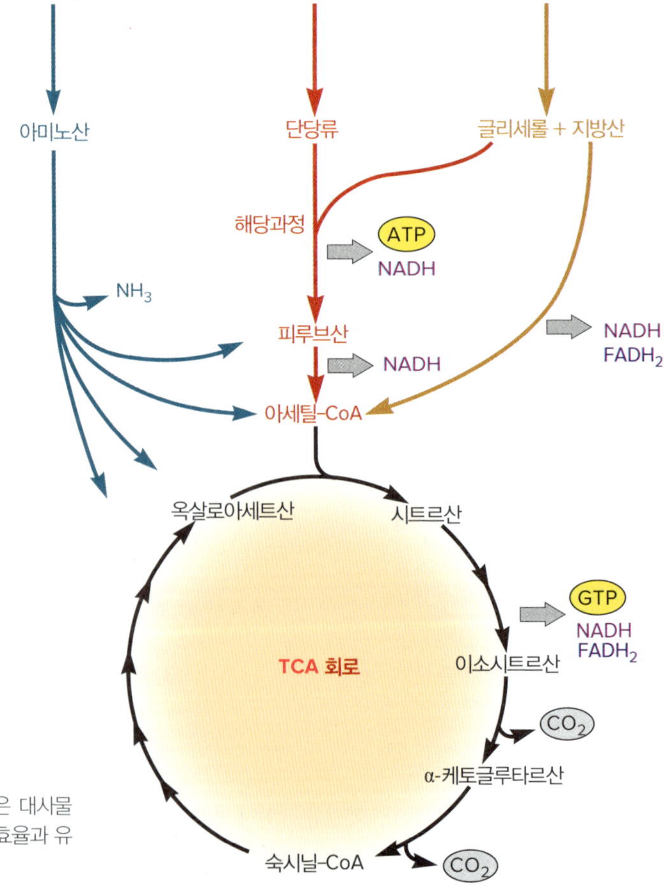

그림 11.4 화학유기영양생물이 유기에너지원을 분해하는 데 이용하는 경로. 이 경로들은 대사물질을 과정과 TCA 회로로 들어가게 하는 경로인 점을 주목하자. 이 경로에 의해 물질대사 효율과 유연성이 증가한다.

화학유기영양에 대한 우리의 논의는 호기성 호흡으로 시작하여 경로, TCA 회로 및 기타 중요한 과정을 소개한다. 이들 중 다수는 혐기성 호흡 동안에 발생한다. 발효는 호흡과 상당히 다르다. 그것은 호흡하는 동안 기능하고 에너지원을 부분적으로만 대사하는 반응의 집합만을 포함한다. 그러나 그것은 미생물에 의해 널리 사용되며 많은 식품의 생산을 포함하여 중요한 실용적인 응용을 가지고 있다.

▶| 발효식품의 미생물학: 맥주, 치즈 등(40.5절)

마무리 점검

1. 발효와 호흡에 사용되는 전자수용체의 유형을 예를 들어 보시오. 호기성 호흡과 무산소 호흡의 차이점은 무엇인가?
2. 다양한 유기 에너지원을 몇 가지 공통 경로로 유입하여 이화시키는 것이 세포에 유리한 이유는 무엇인가?

11.3 산소호흡은 포도당 산화로부터 시작된다

이 절을 학습한 후 점검할 사항:

a. 엠덴-마이어호프 경로, 엔트너-도우도로프 경로 및 5탄당 인산 경로에 의해 대사될 때 포도당의 주요 변화를 도식화할 수 있다.
b. 엠덴-마이어호프 경로, 엔트너-도우도로프 경로 및 5탄당 인산 경로에 의한 ATP 및 NAD(P)H의 수율을 계산할 수 있다.
c. 양방향 경로가 필요한 이유를 설명하고 구체적인 예를 제시할 수 있다. .
d. 피루브산 탈수소효소에 의해 생성되는 피루브산의 대사반응 변화를 도식화 할 수 있다.
e. GTP 및 NADH를 생성하거나 전구체 대사산물을 생성하거나 산화환원 반응인 TCA 회로의 대사반응을 식별할 수 있다.
f. TCA 회로에 의해 ATP, NADH 및 $FADH_2$의 수율을 계산하고 이들 분자 각각의 운명을 설명할 수 있다.

산소호흡(aerobic respiration)은 O_2를 전자전달사슬의 최종수용체로 이용하여 해당과정 TCA 회로에서 환원된 유기에너지원을 CO_2로 완전하게 분해하는 과정이다. 포도당의 이화작용은 3단계로 나눌 수 있다. 그것은 하나 이상의 경로를 사용하여 피루브산의 형성으로 시작된다. 이러한 경로는 또한 NADH, $FADH_2$ 또는 둘 다를 생성한다. 다음으로, 피루브산은 TCA 회로에 공급되고 GTP, NADH 및 $FADH_2$의 생성과 함께 CO_2로 완전히 산화된다. 마지막으로 해당과정과 TCA 회로에 의해 형성된 NADH와 $FADH_2$는 O_2를 말단 전자수용체로 사용하는 전자전달사슬에 의해 산화된다. 호기성 호흡 동안 대부분의 에너지를 ATP로 보존해내는 것은 바로 전자전달사슬의 활성 덕분이다.

미생물은 (1) 엠덴-마이어호프 경로, (2) 엔트너-도우도로프 경로 및 (3) 5탄당 인산 경로를 가진다. 우리는 이러한 경로를 **해당경로**(glycolytic pathways) 또는 **해당과정**(glycolysis: 그리스어 *glyco*는 '달콤한', *lysis*는 '느슨하게 하다'를 의미)이라고 언급한다. 그러나 일부 문헌에서는 해당과정을 엠덴-마이어호프 경로만으로 언급한다. 단순화를 위해 일부 대사 중간체의 자세한 구조는 이 장의 경로 그림에서 사용되지 않는다. 이는 부록 II에서 찾을 수 있다.

엠덴-마이어호프 경로: 피루브산으로의 가장 일반적인 경로

엠덴-마이어호프 경로(Embden-Meyerhof pathway, EMP)는 의심할 여지 없이 포도당이 피루브산으로 분해되는 가장 일반적인 경로이다. 그것은 식물과 동물뿐만 아니라 모든 주요 미생물 그룹에서 발견되며 O_2의 존재 여부에 관계없이 기능한다. 그것은 세포에 대한 여러 전구체 대사산물, NADH 및 ATP를 제공한다.

엠덴-마이어호프 경로는 6-탄소 단계와 3-탄소 단계의 2부분으로 나눌 수 있다(**그림 11.5** 및 부록 II). 초기 6-탄소 단계에서 포도당은 2번 인산화되어 과당 1,6-이인산(fructose 1,6-bisphosphate)으로 전환된다. 이 준비 단계는 당의 양 끝에 인산기를 더하여 '펌프질을 할 준비'를 한다. 본질적으로 생물은 그들이 가진 ATP를 투자하여 경로의 후반부에서 더 많은 ATP가 만들어질 수 있도록 한다.

3-탄소 단계, 에너지 보존 단계는 과당 1,6-이인산이 2개의 3-C 분자인 디히드록시아세톤 인산과 글리세르알데히드 3-인산으로 분해될 때 시작된다. 디히드록시아세톤 인산은 즉시 글리세르알데히드 3-인산으로 전환된다. 따라서 1개의 포도당 분자의 절단반응에 의해 2분자의 글리세르알데히드 3-인산이 형성된다. 이들은 5단계 과정으로 피루브산으로 전환된다.

ATP가 소모될 때 6-탄소 단계와 대조적으로, 경로의 3-탄소 단계에서 NADH와 ATP가 생성된다. NADH는 글리세르알데히드 3-인산이 산화될 때 형성된다. NAD^+를 전자수용체로 사용하고 인산염이 동시에 통합되어 1,3-비스포스포글리세르산이라고 하는 고에너지 분자를 생성한다. 이 반응은 ATP 생산의 단계를 설정한다. 1,3-비스포스포글리세르산의 첫 번째 탄소에 있는 인산염은 ADP에 전달되어 ATP를 합성한다. 이것은 **기질수준 인산화**(substrate-level phosphorylation)의 한 예시이다. 이는 ADP 인산화가 ATP보다 높은 인산기 전달역량을 가진 고에너지 분자의 자유에너지 방출 분해반응과 연결되기 때문이다(표 10.1 참조). 두 번째 ATP는 포스포엔올피루브

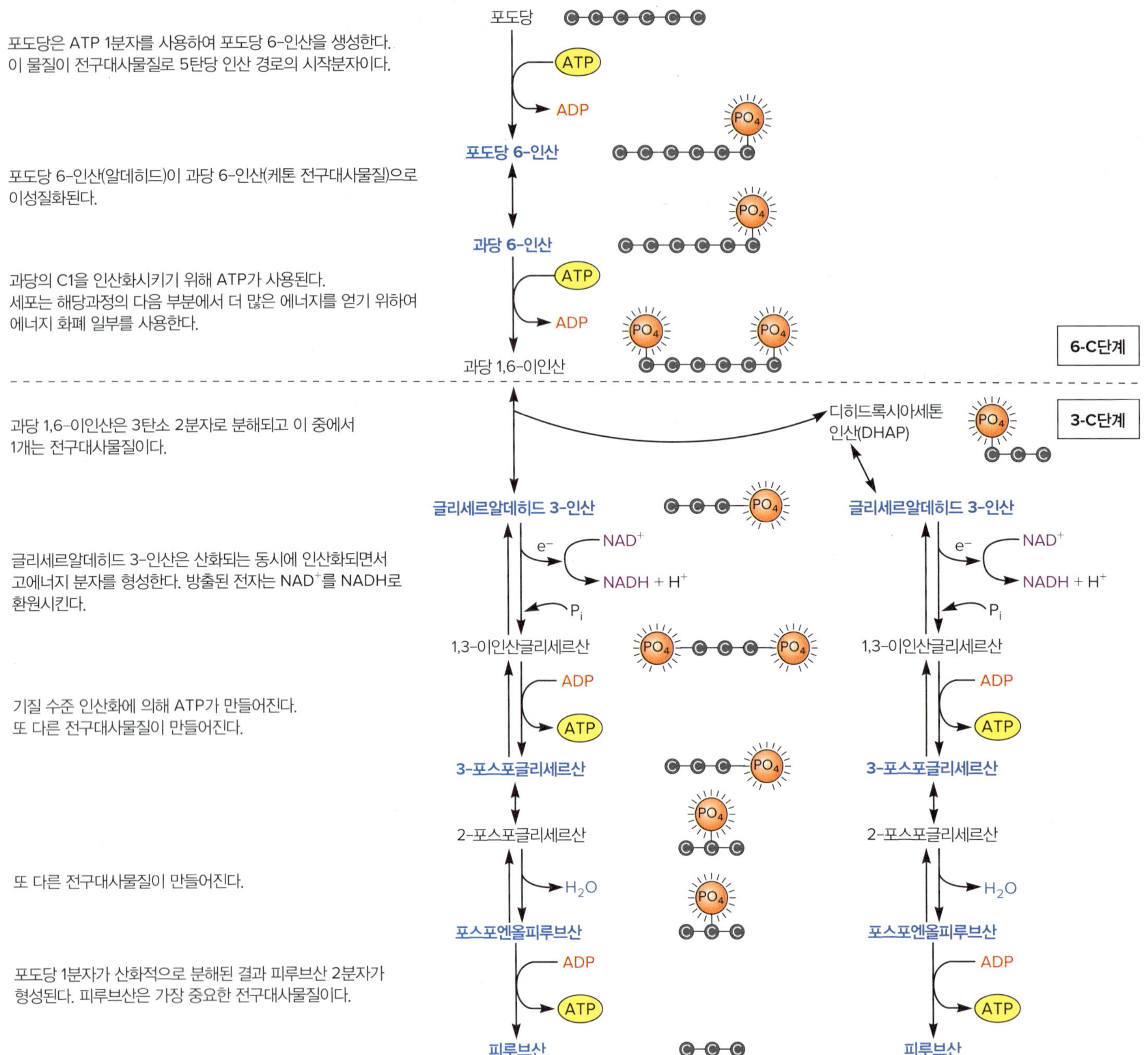

그림 11.5 엠덴-마이어호프 경로. 이 경로는 포도당을 피루브산으로 대사하는 데 사용되는 3가지 경로 중 하나이며 산소호흡, 무산소호흡 및 발효 동안에 작동할 수 있다. 호흡 동안 이 과정이 이용될 때, NAD^+에 의해 수용된 전자는 전자전달사슬로 전달되고 궁극적으로 O_2 또는 다른 외인성 전자수용체에 의해 수용된다. 발효 중에 사용되는 경우(11.6절), NAD^+에 의해 수용된 전자는 내인성 전자수용체(예: 피루브산)에 제공된다. 엠덴-마이어호프 경로는 여러 가지 전구대사물질(파란색으로 표시됨)도 생산한다.

연관 질문 기질수준 인산화의 예로 어떤 반응들이 있는가?

산(경로의 마지막 중간체)의 인산염이 ADP에 전달될 때 기질 수준 인산화에 의해 만들어진다. 이 반응은 또한 경로의 최종 생성물인 피루브산을 생성한다. ◀ ATP: 세포의 주요 에너지 화폐(10.2절)

엠덴-마이어호프 경로에 의한 ATP와 NADH의 수율을 계산할 수 있다. 6-탄소 단계에서 과당 1,6-이인산을 형성하는 데 2개의 ATP가 사용된다. 각각의 글리세르알데히드 3-인산이 피루브산으로 전환되는 과정에서 NADH 1개와 ATP 2개를 형성한다. 1개의 포도당에서 2개의 글리세르알데히드 3-인산이 만들어지기 때문에(1개는 디히드록시아세톤인산으로부터 옴), 결국 3탄소 단계에서 포도당 1개당 4개의 ATP와 2개의 NADH가 만들어진다. 3-탄소 단계에서 기질 수준 인산화에 의해 생성된 ATP의 수에서 6탄소 단계에서 사용한 ATP 수를 빼면 포도당 1개당 총 2개의 ATP가 생성된다. 따라서 포도당에서 피루브산으로의 이화작용은 다음과 같은 간단한 식으로 표시될 수 있다.

포도당 + 2ADP + 2P_i + 2NAD^+
→ 2피루브산 + 2ATP + 2NADH + 2H^+

엠덴-마이어호프 경로는 또한 반대로 작동하여 2개의 피루브산 분자를 포도당 분자로 전환할 수 있다. 이 과정을 포도당 신생합성(대략적으로 새로운 포도당을 만드는 것으로 번역됨)이라고 한다. 따라서 이것은 **양방향 경로**(amphibolic pathway: 그리스어 *amphi*는 '양쪽')의 한 예시이다. 양방향 경로에는 일반적으로 양방향(이화작용와 동화작용)으로 작용하는 효소에 의해 촉매되는 단계가 포함되지만, 이러한 이화작용 및 동화작용 반응 중에서 몇 가지 주요 반응 단계를 촉매하는 효소는 엄격하게 조절되고 있다(그림 12.5). 예를 들어, ATP를 소비하는 과당 6-인산에서 과당 1,6-이인산으로 전환되는 이화단계는 포스포프룩토키나아제라는 키나아제에 의해 촉매된다. 그러나 포도당신생합성/신진대사 동안 역반응은 과당 1,6-비스포스파타아제라는 다른 효소에 의해 촉진된다. 이러한 조절된 효소의 상대적 수준은 양쪽성 경로가 진행되는 방향을 결정하는 데 관여한다.

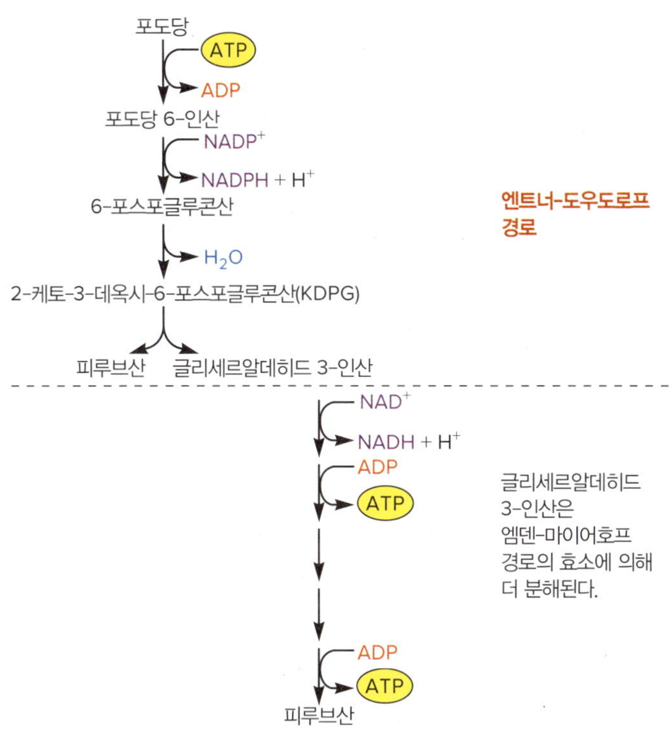

그림 11.6 엔트너-도우도로프 경로.

연관 질문 어떤 종류의 반응에 NADPH가 이용되는가?

엔트너-도우도로프 경로

엔트너-도우도로프 경로(Entner-Doudoroff pathway)는 토양에서 발견되는 일부 그람음성 세균에 의해 사용된다. 지금까지 장내세균인 *Enterococcus faecalis*와 같이 매우 드문 예외를 제외하고 그람양성 세균이 엔트너-도우도로프 경로를 이용하는 경우는 거의 알려지지 않았다. 엠덴-마이어호프 경로에 비하여 낮은 ATP 수율에서도 더 잘 견디는 호기성 세균에서 더 일반적으로 보인다. ATP의 손실은 호기성 호흡 동안 생성된 높은 ATP 수율에 의해 상쇄된다. 대장균 및 *E. faecalis*와 같은 장내 미생물에서 이 경로는 탄소 공급원으로 담즙산을 산화시키는 데 중요할 수 있다. 진핵생물에서는 사용하지 않는다.

엠덴-마이어호프 경로의 첫 단계 6-탄소에서 유래하는 2분자의 글리세르알데히드 3-인산 대신 엔트너-도우도로프 경로에서는 1개의 피루브산과 1개의 글리세르알데히드 3-인산을 생산하는 것으로 대체한다(**그림 11.6** 및 부록 II). 이 경로의 주요 중간물질인 2-케토-3-데옥시-6-포스포글루콘산(2-keto-3-deoxy-6-phosphogluconate, KDPG)은 포도당으로부터 시작하여 3번의 반응을 거쳐 형성되며, 1개의 ATP를 사용하고 1개의 NADPH를 생성한다. 그다음 KDPG는 피루브산과 글리세르알데히드 3-인산으로 분해된다. 이 경로를 이용하는 세균은 엠덴-마이어호프 경로의 두 번째 단계(3-탄소단계)에서 작용하는 효소도 가지고 있다. 이 효소는 글리세르알데히드 3-인산을 분해하여 두 번째 피루브산을 생산하는 데 이용되기도 한다. 이 과정이 일어나면 2개의 ATP와 1개의 NADH가 생성된다. 따라서 엔트너-도우도로프 경로가 엠덴-마이어호프 경로의 두 번째 단계와 연결되면 포도당 1개당 ATP 1개와 NADH 1개, NADPH 1개, 피루브산 2개 생성된다. 이러한 방식으로 엔트너-도우도로프 경로와 엠덴-마이어호프 경로를 연결하면 그림 11.6과 같이 나타낼 수 있다.

엔트너-도우도로프 경로:
포도당 + ATP + $NADP^+$
→ 피루브산 + 글리세르알데히드 3-인산 + ADP + NADPH + H^+
엠덴-마이어호프 경로:
글리세르알데히드 3-인산 + 2ADP + NAD^+
→ 피루브산 + 2ATP + NADH + H^+

산소호흡 동안 NADH는 전자전달사슬(ETC)로 전자를 제공하며, 엔트너-도우도로프 경로에서 생성된 NADPH는 동화과정의 반응에서 환원력으로 전자를 제공한다.

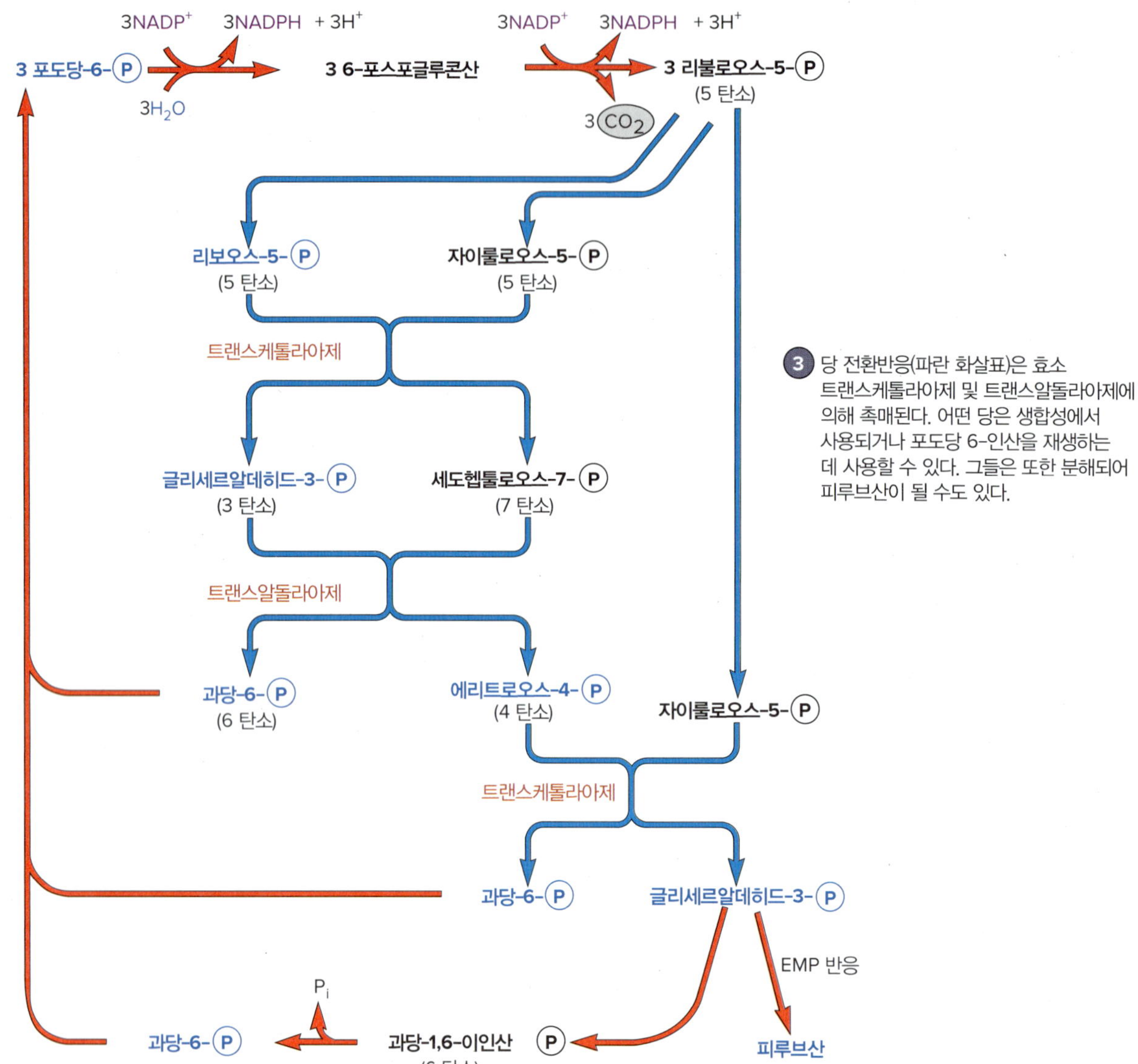

그림 11.7 5탄당 인산 경로. 포도당 6-인산 3분자가 과당 6-인산 2개와 글리세르알데히드 3-인산, CO_2 3개로 분해되는 이화과정을 추적하는 모식도이다. 5탄당 인산 경로는 엠덴-마이어호프 경로(EMP)의 중간물질이기도 한 여러 가지 중간물질을 생성한다는 사실을 주목하자. 이 중간물질이 EMP로 들어가 두 가지 결과가 나올 수 있다. (a) 피루브산이 계속해서 분해되거나, (b) 포도당 6-인산이 포도당신생합성에 의해 재생성된다. 5탄당 인산 경로는 생합성을 위해 환원력(NADPH)과 여러 전구대사물질(파란색으로 표시)의 생성에도 중요한 역할을 한다. 당 전환과정은 파란색 화살표로 나타내었다.

연관 질문 리보오스 5-인산은 어떤 고분자 물질의 전구물질이 되는가?

5탄당 인산 경로: 동화반응을 위한 환원력의 주요 생산자

5탄당 인산 경로(pentose phosphate pathway) 또는 **6탄당 1인산 경로**(hexose monophosphate pathway)는 호기성 또는 혐기성으로 사용할 수 있다. 생합성 및 이화작용에 중요하기 때문에 엠덴-마이어호프 경로 혹은 엔트너-도우도로프 경로와 동시에 사용할 수 있다. 진핵생물과 세균은 NADPH와 같은 환원력과 뉴클레오티드 생합성의 전구체 5탄당인 리보오스-5-인산을 제공하기 위해 5탄당 인산 경로를 사용한다. 그것은 고균에서 아직 발견되지 않았다.

5탄당 인산 경로는 포도당 6-인산이 6-포스포글루콘산(6-phosphogluconate)으로 산화되면서 시작되고 곧이어 6-포스포글루콘산은 5-탄당인 리불로오스 5-인산과 CO_2로 산화된다(**그림 11.7**과 부록 II). 이 산화과정 동안에 NADPH가 합성된다. 엠덴-마이어호프 경로에서는 NAD^+가 전자를 받아서 NADH를 생성하나, 5탄당 인산 경로에서는 $NADP^+$가 전자수용체가 되어 NADPH를 생성한다. NADH는 전자전달계에 전자를 제공하여 에너지를 보존하나, NADPH는 에너지를 소비하는 생합성 반응에 전자를 제공한다.

초기 산화단계 이후에서, 리불로오스 5-인산(ribulose 5-phosphate)은 3-탄소 당-인산와 7-탄당 당-인산까지의 혼합물로 전환된다. 2개의 효소가 이 전환과정에 중심적인 역할을 한다. ① 트랜스케톨라아제(transketolase)는 2-탄소 그룹을, ② 트랜스알돌라아제(transaldolase)는 세도헵툴로오스 7-인산(sedoheptulose 7-phsophate, 7-탄소 분자)으로부터 글리세르알데히드 3-인산(3탄소 분자)으로 3-탄소 그룹을 전달한다. 전체 반응 결과는 다음 반응식에서 보는 바와 같이 3개의 포도당 6-인산이 과당 6-인산 2개, 글리세르알데히드 3-인산 1개, CO_2 3개로 전환된다.

$$\text{3 포도당 6-인산} + 6NADP^+ + 3H_2O \rightarrow \text{2 과당 6-인산} + \text{글리세르알데히드 3-인산} + 3CO_2 + 6NADPH + 6H^+$$

이 중간물질들은 2가지 방법으로 이용된다. 과당 6-인산은 포도당 6-인산으로 되돌아갈 수 있고, 글리세르알데히드 3-인산은 엠덴-마이어호프 경로의 효소에 의해 피루브산으로 전환될 수 있다. 또는 글리세르알데히드 3-인산 2개가 결합하여 과당 1,6 이인산을 형성하고 이는 결국 포도당 6-인산으로 전환된다. 이 결과 포도당 6-인산은 CO_2로 완전히 분해되고 많은 NADPH를 생성할 수 있다.

$$\textbf{포도당 6-인산} + \mathbf{12NADP^+} + \mathbf{7H_2O} \rightarrow \mathbf{6CO_2} + \mathbf{12NADPH} + \mathbf{12H^+} + \mathbf{P_i}$$

5탄당 인산 경로는 다음과 같은 이유 때문에 중요한 양방향 경로이다. (1) 5탄당 인산 경로에서 만들어진 NADPH는 생합성과정 동안 분자를 환원하는 데 필요한 전자공급원으로 작용한다. 실제 5탄당 인산 경로는 세포가 필요로 하는 환원력의 주된 공급원으로 이용되어 포도당 1분자가 피루브산으로 바뀔 때마다 NADPH 2분자가 생성된다. (2) 5탄당 인산 경로는 2가지 중요한 전구대사물질인 에리트로오스 4-인산(erythrose 4-phosphate)과 리보오스 5-인산(ribose 5-phosphate)을 생성한다. 에리트로오스 4-인산은 방향족 아미노산과 비타민 B6[피리독살(pyridoxal)]을 합성하는 데 쓰이고, 리보오스 5-인산은 핵산의 주요 성분이다. 더욱이 미생물이 5-탄당인 탄소원에서 생장할 때 이 경로는 6-탄당을 제공하는 생화학과정으로 작용하기도 한다(예: 펩티도글리칸 합성에 포도당이 필요함). (3) 5탄당인산 경로의 중간물질은 ATP 합성에 이용되기도 한다. 예를 들어, 5탄당 인산 경로에서 유래된 글리세르알데히드 3-인산은 엠덴-마이어호프 경로의 3-탄소 단계로 들어갈 수 있다. 이 과정에서 피루브산으로 분해되면서 기질수준 인산화에 의해 2개의 ATP가 생성된다. ▶| 아미노산의 합성은 많은 전구대사물질을 소비한다(12.5절); 퓨린, 피리미딘과 뉴클레오티드의 합성(12.6절)

마무리 점검

1. 엠덴-마이어호프 경로, 엔트너-도우도로프 경로, 5탄당 인산 경로의 주요한 특징을 요약하시오. 출발점, 경로의 산물, ATP 수율 및 각 경로가 갖는 대사 역할을 포함해야 된다.
2. 기질수준 인산화는 무엇이며, 예시 반응을 나열하시오.
3. 엠덴-마이어호프 경로과 5탄당 인산 경로는 양방향 경로로 간주되는 이유는 무엇인가?

피루브산 탈수소효소와 TCA 회로

해당과정에서 포도당은 피루브산으로 산화된다. 산소호흡 동안 피루브산이 3개의 CO_2로 산화되면서 이화과정은 계속 진행된다. 이 과정의 첫 번째 단계는 **피루브산 탈수소효소 복합체**(pyruvate dehydrogenase complex, PDH)라고 하는 다중효소 시스템을 이용한다. 이 시스템은 피루브산을 산화하여 1개 NADH, 1개 CO_2와 2-탄소 분자인 **아세틸-CoA** (acetyl-coenzyme A, acetyl-CoA)를 형성한다(**그림 11.8**, 단계1). 피루브산의 산화가 CO_2 방출과 NADH 생성(NAD 환원)이 동시에 일어나므로 **산화적 탈카복실화 반응**(oxidative decarboxylation)이라 한다. 1분자의 포도당은 2분자의 피루브산을 생성하므로, 1분자의 포도당 수율은 다음과 같다.

$$\textbf{2 피루브산} + \mathbf{2NAD^+} + \mathbf{2CoA} \rightarrow \textbf{2 아세틸-CoA} + \mathbf{2CO_2} + \mathbf{2NADH} + \mathbf{2H^+}$$

아세틸-CoA는 많은 인산기 함유 분자의 가수분해처럼 아세트산이 고에너지 티오에스터 결합으로 조효소 A(coenzyme A)와 연결되어 있으므로 가수분해될 때 높은 음성의 자유에너지 변화값을 가진다. 한 분자의 포도당 산화를 위하여 2분자의 아세틸-CoA가 **시트르산 회로**(citric acid cycle) 또는 **크렙스 회로**(Krebs cycle)라고도 불리는 **TCA 회로**(tricarboxylic acid cycle, TCA cycle)로 들어간다(그림 11.8과 부록 II). 따라서 포도당 1분자를 완전히 산화시키기 위해서는 TCA 사이클을 두 번 실행해야 하지만, 간단하게 설명하기 위해 우리는 사이클의 한 번을 보여준다.

첫 번째 반응에서 아세틸-CoA는 4-탄소 중간물질인 옥살로아세트산(oxaloacetate)에 축합하여(첨가되어) 6-탄소 분자인 시트르산

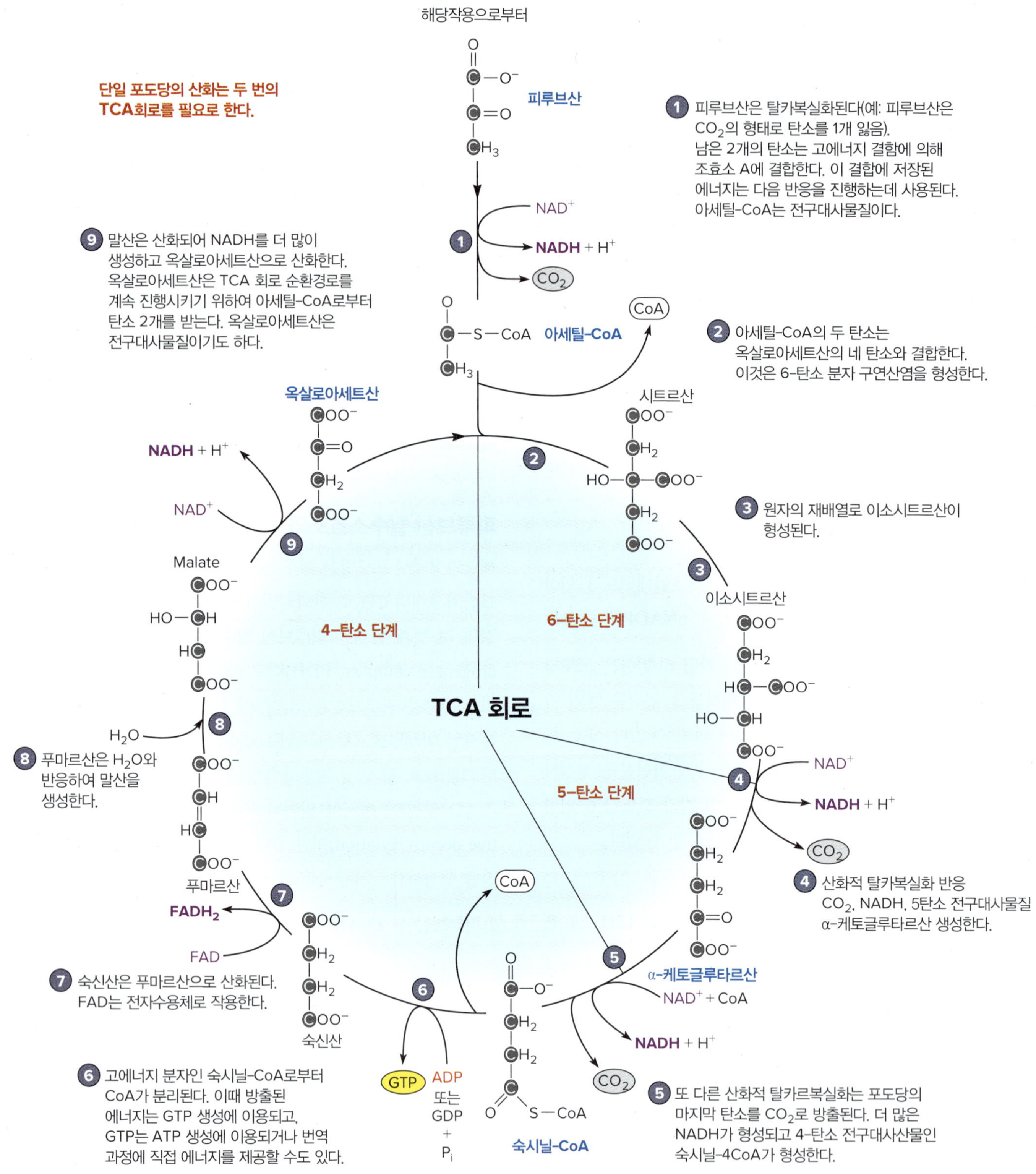

그림 11.8 TCA 회로. TCA 회로는 피루브산 탈수소효소 복합체에 의해 촉진되는 반응을 통해 해당과정과 연결되어 있다. 이 반응은 피루브산에서 탄소를 제거하고(카복실기를 CO_2의 형태로 제거함) 아세틸-CoA를 만든다. 이 회로는 중간 대사물질의 크기에 따라 3단계(6-탄소, 5-탄소 및 4-탄소 단계)로 나눌 수 있다. 이 3단계는 카복실기가 CO_2로 방출되는 두 번의 산화적인 탈카복실화 반응으로 서로 구분된다. 전구대사물질은 파란색으로 나타내었다. NADH와 $FADH_2$는 보라색으로 표시하였고, 둘 다 전자전달 사슬(ETC)로 전자를 전달할 수 있다.

연관 질문 4-탄소 옥살로아세트산과 2-탄소 아세틸-CoA가 시트르산을 형성하는 축합 반응에 쓰일 에너지를 제공하는 반응은 무엇인가?

(citrate)을 형성한다. 이 반응은 아세틸-CoA에 있는 고에너지 티오에스테르 결합의 절단에 의해 촉진된다. 시트르산은 재배열되어 더 쉽게 산화되는 알코올인 이소시트르산(isocitrate)을 생성한다. 이소시트르산은 곧이어 산화되고 두 번 연속적으로 탈카복실화되어 α-케토글루타르산(α-ketoglutarate, 5-탄소)이 되며, 그다음 숙시닐-CoA(succinyl-CoA, 4-탄소)가 되는데 이 분자는 티오에스터 결합을 가진 또 다른 고에너지 분자이다. 이 시점에서 2개의 NADH가 생성되고 2개의 탄소는 CO_2의 형태로 회로에서 방출된다. 숙시닐-CoA가 숙신산(succinate)으로 전환될 때 회로는 계속 진행된다. 이때 숙시닐-CoA의 티오에스터 결합이 가수분해되면서 방출되는 많은 양의 에너지를 이용해 1개의 ATP 또는 1개의 GTP를 기질수준 인산화를 통해 생성한다. GTP도 고에너지 분자로서 ATP와 동일한 기능을 가진다. GTP는 단백질 생합성 과정에 이용되며 ATP를 포함한 다른 뉴클레오시드 삼인산을 만드는 데 이용된다. 이어 2번의 산화단계가 이어지며 $FADH_2$ 1개, NADH 1개가 생성된다. 마지막 산화단계에서 옥살로아세트산이 재생되며 아세틸-CoA가 회로에 공급되는 동안 회로는 그 자체로 반복될 수 있다. 그림 11.8을 살펴보면 TCA 회로는 하나의 아세틸-CoA가 산화될 때마다 CO_2 2분자, NADH 3분자, $FADH_2$ 1분자, ATP 1분자 또는 GTP 1분자를 생성한다.

TCA 회로의 효소는 미생물에 널리 분포한다. 세균과 고균에서 이 효소는 세포질에 있다. 진핵생물에서는 미토콘드리아 기질에서 발견된다. 많은 산소요구성 세균, 자유생활 원생생물, 진균에도 완전한 형태의 회로가 존재하는 것으로 보인다. TCA 회로가 많은 양의 NADH와 $FADH_2$를 생성하여 에너지 보존에 아주 중요한 역할을 하기 때문에 이는 놀랄 만한 것이 아니다(11.6절). 완전한 TCA 회로가 없는 미생물에도 TCA 회로가 생합성에서 이용되는 전구대사물질의 주요 공급원이기 때문에 TCA 회로의 효소 대부분이 존재한다. ▶| 보충대사 반응은 아미노산 생합성을 위해 사용된 전구대사물질을 대체한다(12.5절)

마무리 점검

1. TCA 회로의 기질과 산물을 식별하시오. 일반적인 용어로 구성을 설명하시오. 주요 기능은 무엇인가?
2. 피루브산을 TCA 회로에 연결하는 화학적 중간체는 무엇인가?
3. 1분자의 포도당을 6분자의 CO_2로 완전히 산화시키기 위해 TCA 사이클을 몇 번 수행해야 하는가? 그 이유는?
4. TCA 회로를 촉매하는 효소가 발견된 진핵세포 소기관은 무엇인가? 이것은 세균 및 고균 세포와 어떻게 비교되는가?
5. 엠덴-마이어호프 경로와 TCA 회로를 가진 미생물이 5탄당 인산 경로도 갖는 것이 바람직한 이유는 무엇인가?

11.4 전자전달과 산화적 인산화는 대부분의 ATP를 생산한다

이 절을 학습한 후 점검할 사항:

a. 세균와 고균의 전자전달사슬(ETC)의 기본 구조를 설명할 수 있다.
b. 화학삼투적 가설을 서술할 수 있다.
c. 전자전달사슬의 길이와 그 안에 있는 운반체를 전자전달사슬이 만들어내는 양성자구동력의 크기와 연관시킬 수 있다.
d. ATP 합성효소가 PMF를 이용하여 ATP를 만드는 방식을 설명할 수 있다.
e. 해당과정, TCA 회로, 전자전달사슬, ATP 합성 간의 연결을 보여주는 도표를 간단하게 그릴 수 있다.
f. ATP 합성 이외에, 세균세포가 PMF를 사용하는 방법을 설명할 수 있다.
g. 산소호흡에서 포도당을 CO_2 6분자로 완전 분해할 때 발생하는 최대 ATP 양을 계산할 수 있다.

해당과정과 TCA 회로에 의해 1개 포도당이 6개 CO_2로 산화되는 동안, 기질수준 인산화에 의해 4개의 ATP가 생산된다. 따라서 이 시점에서 세포가 일을 하여 생산한 ATP 수는 상대적으로 적다. 그러나 포도당을 산화하면서 세포는 많은 수의 NADH와 $FADH_2$ 분자도 생산한다. 이 분자는 둘 다 상대적으로 음성의 E_0'를 가지고 있어서 에너지를 보존하는 데 이용될 수 있다. 실제 호흡 동안 만들어지는 대부분의 ATP는 이 전자운반체가 전자전달사슬을 통해 산화될 때 보존된 에너지로부터 획득된다. 미토콘드리아 전자전달사슬에서 이미 알고 있지만, 미토콘드리아는 내부공생 세균(endosymbiotic bacteria)에서 진화했다는 것을 기억하자. 세균 및 고균 전자전달사슬은 원형질막에 포함되어 있지만 일부 그람음성 세균은 원형질막 주변 공간과 심지어 외막에 전자전달사슬 운반체를 가지고 있다(그림 21.27 참조). 전자전달사슬의 맥락에서 세균와 고균의 원형질막은 미토콘드리아의 내막과 동일한 기능을 한다(그림 5.14 참조).

전자전달사슬

미토콘드리아의 **전자전달사슬**(electron transport chain, ETC)은 일련의 전자운반체로 구성되어 있으며, 이들은 함께 작용하여 NADH와 $FADH_2$ 같은 공여체로부터 O_2 같은 수용체로 전자를 전달한다(**그림 11.9**). 전자는 더 음성의 환원전위를 가진 운반체로부터 더 큰 양성전위를 가진 운반체로 흐르고, 마지막으로 O_2 및 H^+와 결합해 물을 생성한다. 각 운반체는 전자를 수용하여 환원되며, 전자는 사슬의 다음 전자운반체로 전달되어 재산화된다. 이처럼 운반체는 전자가 사슬을 통해 운반되는 동안 계속해서 재활용된다(**그림 11.10**). 전자는 급류에서 물이 아래로 흐르는 것처럼 전위 기울기를 따라 아래로 이동한다. O_2와 NADH 사이의 환원전위차는 1.14 V 정도로 커서 많

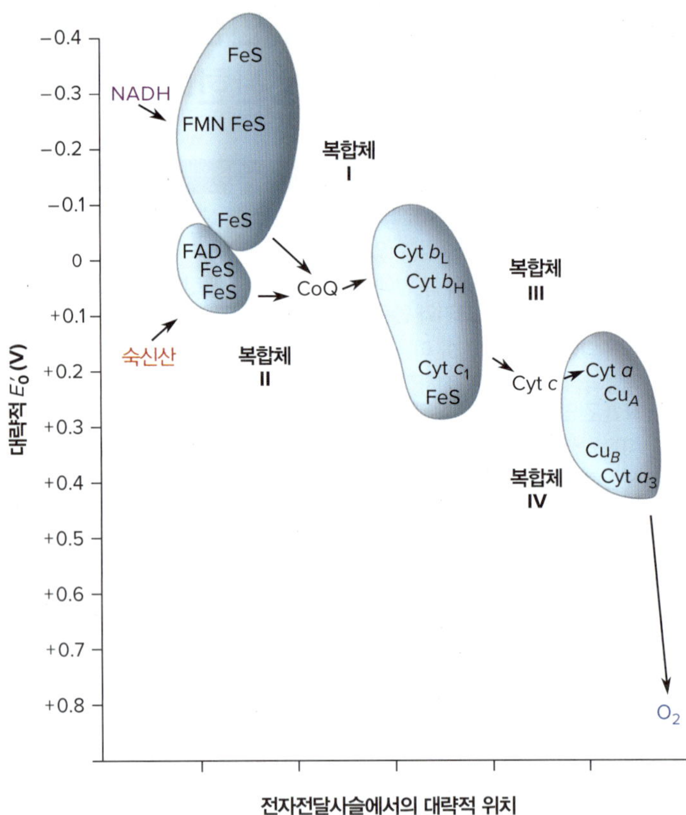

그림 11.9 미토콘드리아 전자전달사슬에서 운반체가 가지는 환원전위. 중요한 전자운반체는 대략적인 환원전위의 크기와 순서대로 배열하였다. 미토콘드리아에서 전자운반체는 4가지 복합체로 구성되어 있고, 이들은 조효소 Q(CoQ)와 시토크롬 c(Cyt c)에 의해 연결되어 있다. 전자는 NADH와 숙신산으로부터 산소까지 환원전위 기울기를 따라 아래로 흐른다. 박테리아 ETC는 유사하게 배열되지만 구성요소가 더 다양하다.

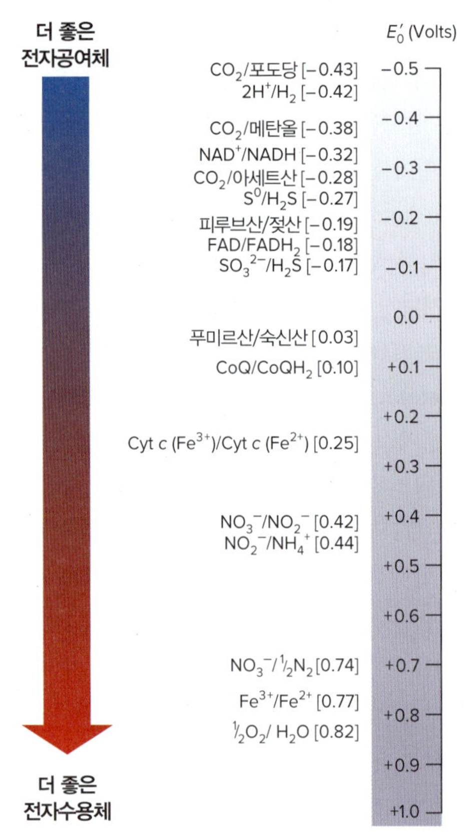

그림 11.10 전자탑. 전자는 더 음성의 환원전위를 갖는 공여체로부터 더 양성의 환원전위를 가진 수용체로 자발적으로 이동한다.

은 양의 에너지를 방출할 수 있다.

그러나 전자전달사슬에서는 전체 에너지 방출(전자전달)을 여러 개의 작은 단계로 나누어서 방출함으로써 전자가 전자전달사슬 외부의 세포구성성분을 환원시키는 것을 방지한다. 또한 이렇게 나누어서 방출된 에너지는 ATP를 생산하기에 충분하다. 이는 마치 폭포로부터의 에너지가 물레방아를 돌리며 전기를 생산하는 것과 같다. 같은 방식으로 전자전달사슬을 통해 전자가 흐르면서 ATP를 생산한다. ◀ 전자전달사슬: 연속 산화환원 반응 세트(10.4절)

ETC를 구성하는 전자운반체는 전자와 양성자를 운반하는 것과 전자만 운반하는 것으로 분류할 수 있다. 전자와 양성자를 모두 운반하는 것에는 2종류의 분자가 있다. 첫 번째 유형은 보결분자단 플라빈을 포함하는 단백질이다. 플라빈은 산화환원 활성을 보이며, 이는 전자를 받아들일 때 환원되고 사슬의 다음 운반체에 전달할 때 산화되는 분자의 일부임을 의미한다. 플라빈 모노뉴클레오티드(FMN)가 그 예시이다(그림 10.8 참조). 두 번째 유형은 코엔자임 Q(유비퀴논, 그림 10.9 참조)와 같은 퀴논이다. 코엔자임 Q는 직접 환원, 산화가 가능하기 때문에 플라빈과 같은 보결분자단을 필요로 하지 않는다. 전자만 운반하는 분자는 산화환원 활성성분으로 철을 포함한다. 시토크롬은 헴(heme)에 결합된 철을 가지고 있는 반면(그림 10.10 참조), 철-황 단백질은 헴에 결합되지 않은 철을 가지고 있으므로 철-황 단백질은 때때로 비헴(nonheme) 단백질이라고 부른다(그림 10.11 참조). 시토크롬과 철-황 단백질은 플라빈 단백질과 코엔자임 Q에 의해 사슬을 따라 전달되는 양성자를 받아들일 수 없기 때문에 세포에서 양성자를 방출하여 PMF를 형성한다. 이것이 발생하는 메커니즘은 아직 완전히 이해되지 않고 있다. 전자전달사슬의 마지막 구성요소는 말단 산화효소 복합체에 있는 말단 전자수용체(TEA)이다. 호기성 호흡에서 TEA는 산소이며, 전자전달사슬로 운반되는 2개의 전자와 세포질에서 2개의 양성자를 사용하여 물로 환원시킨다.

세균와 고균의 전자전달사슬의 가장 놀라운 측면 중 하나는 유연성이다. 미토콘드리아와 달리, 이러한 미생물 중 다수는 다양한 환경 조건에 반응하기 위하여 전자전달사슬의 구성요소를 변경할 수 있다. 예를 들어, 단일 세균 또는 고균 종은 전자운반체를 대체하거나 다른 말단 산화효소를 사용할 수 있다. 또한 세균와 고균의 전자전달사슬은 분기될 수 있다. 즉, 전자는 전자전달사슬의 여러 지점에서

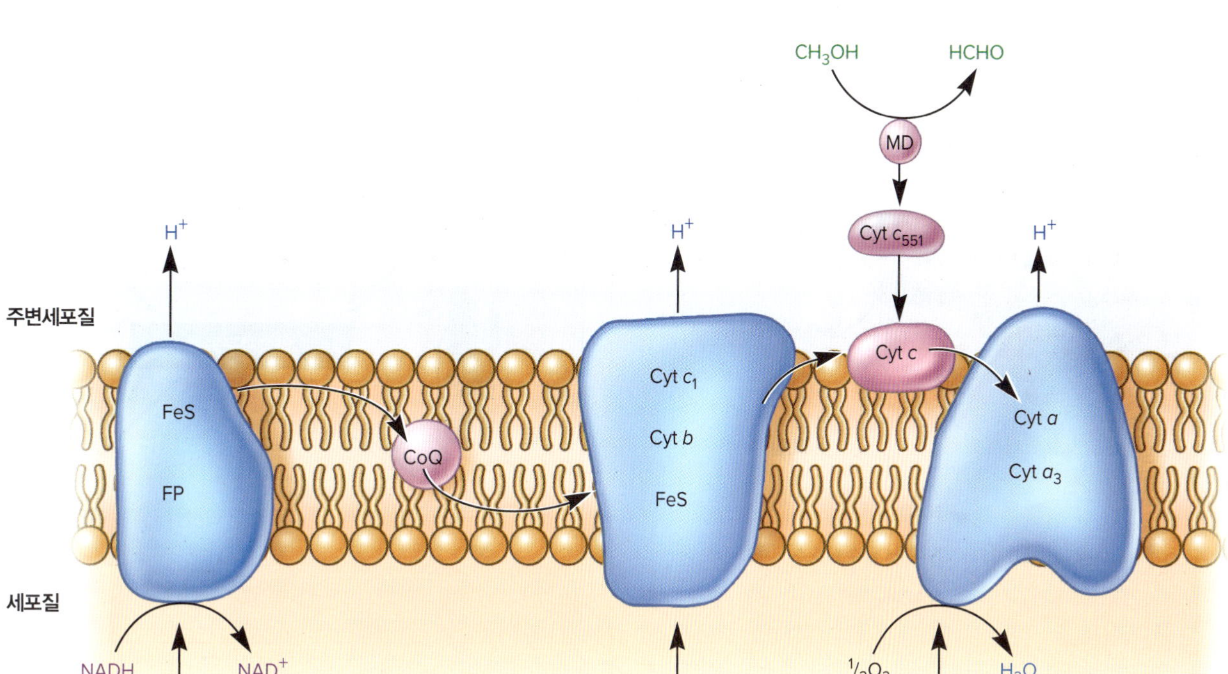

그림 11.11 ***Paracoccus denitrificans*에서 산소호흡에 이용되는 전자전달사슬.** *P. denitrificans*는 산소호흡과 무산소호흡을 모두 한다(그림 11.16). 산소호흡에 이용되는 전자전달사슬은 미토콘드리아 전자전달사슬과 비슷하고 최종전자수용체로 O_2를 이용한다. 다양한 물질대사를 하는 이 세균은 메탄올과 메틸아민도 전자공여체로 이용할 수 있다. 이들은 전자를 시토크롬 c 단계에서 사슬에 전달한다. 양성자의 이동 위치는 표시되어 있지만, 양성자 수는 표시되어 있지 않다. 8개 내지 10개의 양성자가 이동되는 것으로 생각된다. FP: 플라보단백질, MD: 메탄올 탈수소효소.

연관 질문 전자전달사슬에 전자를 전달하는 NADH를 제공하는 경로는 무엇인가? 전자전달사슬에서 양성자와 전자를 모두 전달받는 전달체는 무엇이며, 전자만 전달받는 전달체는 무엇인가?

들어갈 수 있으며 O_2를 환원시키는 것뿐만 아니라 여러 다른 말단 산화효소를 통해 전자전달사슬로부터 빠져나갈 수 있다. 세균와 고균의 전자전달사슬은 또한 더 짧을 수 있으며, 결과적으로 막을 가로지르는 양성자의 수를 더 적게 수송하여 더 적은 에너지를 얻을 수 있게 된다. 미생물 전자전달사슬의 구성은 세부사항에서 다르지만 동일한 기본원리를 사용하여 작동한다.

*Paracoccus denitrificans*와 대장균의 전자전달사슬은 세균 사슬의 예이다. *P. denitrificans*는 조건부 산소비요구성 그람음성 토양세균으로 아주 다양하게 물질대사를 한다. 산소가 있는 조건에서 **그림 11.11**에서 보여주는 전자전달사슬을 이용한 산소호흡을 수행한다. 이 사슬은 미토콘드리아 사슬과 아주 비슷하다. 해당과정과 TCA 회로 동안 유기 기질의 산화를 통해 생성된 NADH는 전자전달사슬의 첫 번째 구성성분인 막결합 NADH 탈수소효소(NADH dehydrogenase)에 의해 NAD^+로 산화된다. NADH에서 나온 전자는 더 양성의 환원전위를 가진 다음 운반체로 전달된다. 전자가 운반체를 통하여 이동하면서 양성자는 미토콘드리아에서의 막간 공간이 아니라 원형질막을 가로질러 주변세포질 공간으로 이동된다. 세균의 물질대사 다양성은 그림 11.11에서도 확인할 수 있다. 미생물이 포도당과 같은 에너지원에서 생장할 때 방금 설명한 것처럼 전자는 NADH에 의해 ETC로 운반된다. 그러나 *P. denitrificans*는 메탄올과 같은 1-탄소 분자도 에너지 및 전자공급원으로 이용할 수 있다. 이 경우 메탄올은 효소인 메탄올 탈수소효소에 의해 산화되어 전자를 직접 시토크롬 c로 전달하기 때문에 NADH가 생성되지 않는다.

간단한 형태로 나타낸 대장균의 전자전달사슬이 **그림 11.12**에 나와 있다. 이 전자전달사슬에는 서로 다른 산소 수준에서 작동하는 2개의 분기가 있다. 산소를 쉽게 이용할 수 있는 경우 시토크롬 *bo* 가지가 사용된다(그림 11.12의 아래쪽 절반). 산소가 덜 풍부할 때 시토크롬 *bd* 가지는 산소에 대한 친화력이 더 높기 때문에 사용된다(그림 11.12의 위쪽 절반). 그러나 *bd* 가지가 주변 세포질 공간으로 더 적은 수의 양성자를 이동시키기 때문에 *bo* 가지보다 덜 효율적이다.

이 2가지 예에서 알 수 있듯이 세균 ETC는 고정되어 있지 않으며 특정 운반체 및 수용체와 긴밀하게 연결되어 있다. ETC를 변화하는 환경조건에 빠르게 적응시키는 능력은 세균과 고균의 오랜 진화 역사를 반영하며 지구상의 모든 서식지에 침투하는 성공을 설명한다.

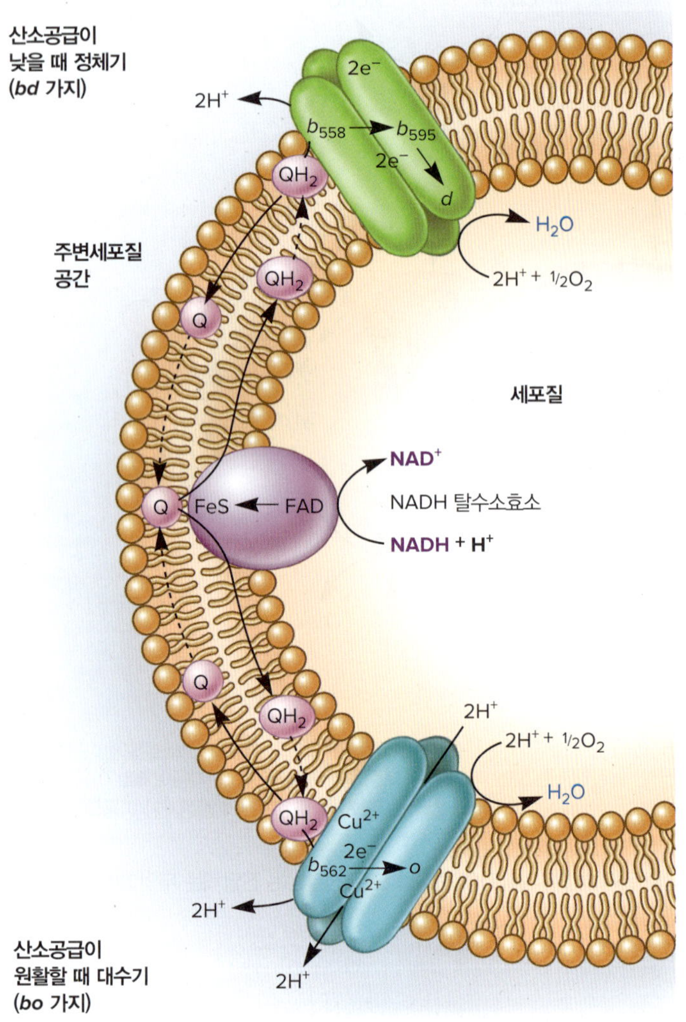

그림 11.12 대장균의 전자전달사슬. NADH는 유기에너지원과 전자원으로부터 전자전달사슬로 전자를 운반한다. 유비퀴논-8(Q)은 NADH 탈수소효소와 2개의 말단 산화효소 시스템을 연결한다. 상부(*bd*) 가지는 세균이 정체기에 있고 산소가 거의 없을 때 작동한다. 시토크롬 b_{558}, b_{595}, *d*를 사용하기 때문에 *bd* 가지라고 한다. 하부 *bo* 가지 기능은 산소공급이 원활한 상태에서 대장균의 생장이 활발할 때 아래쪽 경로가 작동한다. 그것은 2개의 시토크롬인 b_{562}와 *o*를 사용하기 때문에 그렇게 명명되었다.

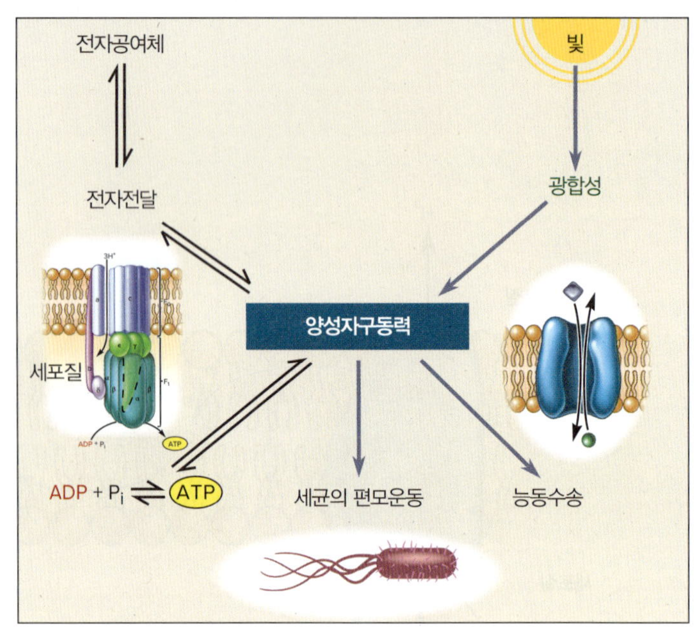

그림 11.13 양성자구동력의 중심 역할. NoPainNoGain/Shutterstock

산화적 인산화

산화적 인산화(oxidative phosphorylation)는 화학에너지원의 산화로 유도된 전자전달에너지를 사용하여 ATP가 합성되는 과정이다. 산화적 인산화가 일어나는 기전은 영국의 생화학자 미첼(Peter Mitchell, 1920~1992)에 의해 체계화된 **화학삼투설**(chemiosmotic hypothesis)로 가장 잘 설명할 수 있다. 화학삼투설에 따르면 미토콘드리아의 전자전달사슬은 전자가 사슬을 따라 아래로 전달되면서 양성자가 미토콘드리아 기질에서 내막을 가로질러 막간 공간으로 이동되도록 조직되어 있다. 세균과 고균에서 양성자는 원형질막을 가로질러 세포질에서 주변세포질공간(periplasmic space)로 이동한다(그림 11.11과 그림 11.12). 막을 가로지르는 양성자의 이동은 완전히 밝혀지지는 않았다. 몇몇 경우에 양성자는 막을 가로질러 능동적으로 퍼내진다. 다른 경우에서는 양성자의 이동은 전자와 양성자를 둘 다 수용하는 운반체와 전자만 수용하는 운반체의 배치로 인하여 발생한다.

전자전달 동안 일어나는 양성자의 방출 결과, 양성자의 농도기울기(ΔpH, 화학 위치에너지)와 전하기울기(Δψ, 전기 위치에너지)가 생긴다. 세포막은 양성자를 포함한 이온의 확산을 허용하지 않기 때문에, 세균과 고균의 세포질이 주변세포질에 비해 더 염기성이고 전기적으로 더 음성이다. 결합된 화학적 및 전기적 전위차는 **양성자구동력**(proton motive force, PMF)을 구성한다. PMF는 양성자가 농도 및 전하기울기에 따라 막을 가로질러 세포질로 되돌아올 때 작업을 수행하는 데 사용된다. 이 흐름은 자유에너지 방출반응이며 종종 ADP를 ATP로 인산화시키는 데 이용된다. PMF는 세포로 영양물질을 수송하는 많은 2차 능동수송 시스템과 세균의 편모운동에서 회전하는데 이용되기도 한다(**그림 11.13**). ◀ 1차 능동수송과 2차 능동수송(3.3절); 세균의 편모(3.8절)

ATP 합성을 위한 PMF의 사용은 **ATP 합성효소**(ATP synthase)에 의해 촉진된다. 가장 연구가 많이 된 ATP 합성효소는 세균, 미토콘드리아 및 엽록체에서 발견되는 F_1F_0 ATP 합성효소이다. ATP 가수분해를 촉매할 수 있기 때문에, ATP 분해효소라고도 한다. 이 효소는 F_1F_0 ATP 분해효소(F_1F_0 ATPase)라고도 알려져 있는데, 그 이유는 ATP 가수분해를 촉진할 수 있기 때문이다. F_1 구성성분은 줄기

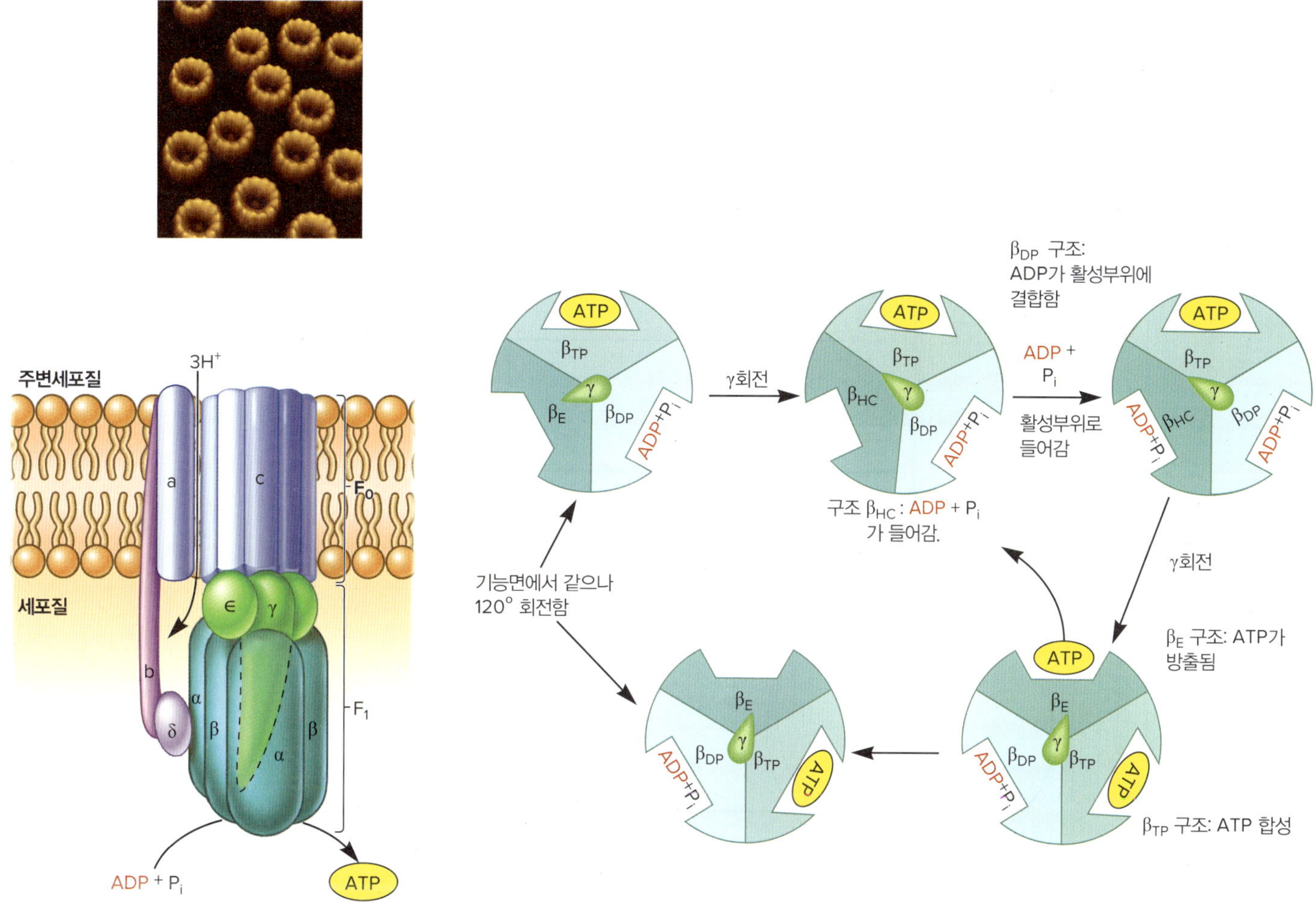

그림 11.14 ATP 합성효소의 구조와 기능. (a) ATP 합성효소의 주요 구조적 특성이다. F_1은 주로 α와 β 소단위가 번갈아 있는 구조로 구성되며, 3개의 활성부위는 β 소단위 상에 있다. γ 소단위(점선)는 구 중심에서 밖으로 뻗어 있고 회전이 가능하다. 줄기(γ와 ε 소단위)는 구와 F_0를 연결시키는데, F_0는 막에 묻혀 있으면서 양성자 통로로 작용한다. F_0는 a 소단위 1개, b 소단위 2개, c 소단위 9～12개를 포함한다. 고정 팔은 a 소단위, b 소단위 2개와 δ 소단위(보라색)로 구성되어 있으며 막에 박혀 F_1과 연결되어 있다. F_0(파란색)에서 c 소단위 고리는 줄기와 연결되어 있으며 회전자(삽입된 사진)로 작용하고 고정 팔의 a 소단위를 지나 이동할 수 있다. c 소단위 고리가 회전하면 자루(γε 소단위)를 회전시킨다. 삽입된 사진은 F_0 회전자의 원자현미경 사진이다. (b) 결합변화 기전은 ATP 합성을 설명하는 데 널리 받아들여지는 모형이다. 이 모형을 간단히 나타낸 그림은 F_1 복합체의 중앙에 위치하고 있는 3개의 활성 β 소단위와 γ 소단위를 보여주고 있다. γ 소단위가 회전하면서 각 소단위의 구조 변화를 일으킨다. $β_E$(빈)구조는 뉴클레오티드에 결합하지 않는 열린 구조이다. γ 소단위가 회전할 때 $β_E$는 $β_{HC}$(반 폐쇄) 구조로 바뀐다. 이 변형 구조로 있을 때 P_i와 ADP가 활성부위로 들어갈 수 있다. γ 소단위에 의한 다음 회전이 중요한데 약 3번의 중요한 구조변형을 가져오기 때문이다. ① $β_{HC}$로부터 $β_{DP}$(ADP가 붙은), ② $β_{DP}$로부터 $β_{TP}$(ATP가 붙은), ③ $β_{TP}$로부터 $β_E$로 구조변형이다. $β_{DP}$로부터 $β_{TP}$로의 변형은 ATP 생성과 동반되어 일어나고, $β_{TP}$로부터 $β_E$로의 변형은 ATP 합성효소에서 ATP를 방출시킨다. Photo: (a) Thomas Meier

에 의해 막 표면에 부착된 구형 구조로 보인다(**그림 11.14**). F_0 성분은 막에 박혀 있다. ATP 합성은 세균 세포막의 세포질 표면에서 일어난다. F_0는 막을 가로지르는 양성자 이동에 참여한다. F_1은 큰 복합체로 3개의 α 소단위가 3개의 β 소단위와 서로 번갈아가며 일어난다. ATP 합성에 필요한 활성부위는 β 소단위에 있다. F_1의 중심에는 γ 소단위가 있다. γ 소단위는 F_1을 통해 뻗어 나와 F_0와 결합하여 상호작용한다.

ATP 합성효소는 세균 편모의 회전 운동과 마찬가지로 회전 엔진과 같은 기능을 한다. F_0 소단위를 통한 양성자 기울기 아래쪽으로 흐르는 양성자 흐름은 F_0와 γ 소단위를 회전하도록 한다. γ 소단위가 F_1 안에서 자동차의 크랭크축처럼 빠르게 회전하면서(바람개비에 바람을 불어넣는 것과 매우 유사), β 소단위의 구조변화가 발생한다(그림 11.14b). 구조가 변형되면($β_E$로부터 $β_{HC}$로) ADP와 P_i가 활성부위로 들어올 수 있다. 구조가 또 다르게 변형되면($β_{HC}$로부터 $β_{DP}$로) ADP와 P_i가 활성부위에서 느슨하게 결합한다. $β_{DP}$ 구조가 $β_{TP}$ 구조로 바뀔 때 ATP가 합성되고, $β_{TP}$가 $β_E$ 구조로 바뀔 때 ATP가 방출되면서 다시 합성회로가 새로 시작된다.

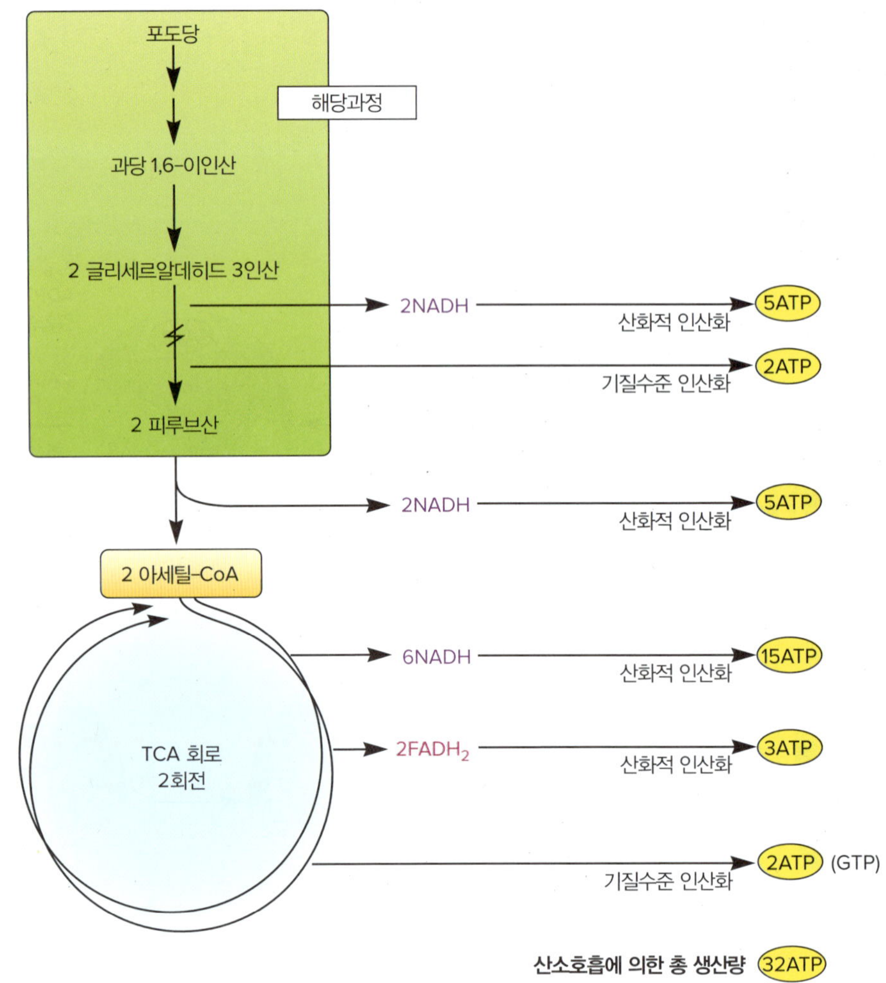

그림 11.15 산소호흡에서 나오는 ATP의 이론적인 최대 생성량. 이론적인 최대 ATP 생성량에 도달하려면 NADH에 대한 P/O비는 2.5, $FADH_2$에 대한 P/O비는 1.5로 가정해야 한다. 이러한 P/O 비율은 미토콘드리아 ETC를 기반으로 한다. 세균과 고균에 대한 값은 다르며 환경조건에 따라 다를 수 있다.

산소호흡 동안 ATP의 생성량

NADH와 $FADH_2$로부터 전자전달사슬에 전자를 전달하고, 궁극적으로 산소 원자를 물로 환원시키는 데 사용되는 전자 한쌍당 합성된 ATP의 수를 추정하는 것이 가능하다. 인산 대 산소의 비율(phosphorus to oxygen ratio, P/O 비)이라고 하며, 화학삼투설을 받아들이기 전에는 인산 대 산소의 비율은 NADH와 $FADH_2$가 산화될 때 환원되는 산소(O)당 생성되는 ATP 분자(인)의 수를 측정하는 데 이용되었다. 화학삼투설이 인정되면서, 중요한 측정은 NADH 산화에 의해 막을 가로질러 이동하는 양성자의 숫자와 1개의 ATP 합성을 유도하는데 필요한 양성자의 숫자인 것으로 인식되었다. 이런 변화에도 불구하고 NADH 산화 결과 생성되는 ATP의 양을 여전히 P/O 비로 나타내는 것이 보통이다. NADH의 산화로 인해 막을 가로질러 이동할 수 있는 양성자의 최대 수는 10개이다. $FADH_2$가 산화되면서 산소로 전자가 흐르기 시작할 때 6개의 전자가 전달된다고 생각된다. 현재, ATP 합성 동안 4개의 양성자가 소비된다고 생각된다. 3개 양성자는 ATP 합성효소에 의해 사용되며, 1개 양성자는 ATP, ADP, P_i가 운반될 때 사용된다. 따라서 P/O 비율는 NADH의 경우 2.5이고 $FADH_2$의 경우 1.5로 예상한다.

주어진 정보를 이용하여 진핵생물의 산소호흡 동안 생산되는 최대 ATP의 수를 계산할 수 있다(**그림 11.15**). 피루브산으로 전환되는 포도당 1개당 기질수준 인산화에 의해 최대 2개의 ATP가 나온다(그림 11.5). 아세틸-CoA 2개를 산화시키기 위해 TCA 회로를 2번 회전시키는 동안 기질수준 인산화에 의해 2개의 GTP (ATP 등가물)가 만들어진다(그림 11.8). 따라서 포도당의 산소호흡 동안 기질수준 인산화에 의해 생성되는 ATP의 최대 수는 4개이다. 산소호흡 동안 생성되는 대부분의 ATP는 산화적 인산화에 의해 만들어진다. 포도당이 6개 CO_2로 완전히 산화될 때 10개 NADH(해당과정으로부터 2개, 피루브산으로부터 아세틸-CoA로 전환될 때 2개, TCA 회로에서 6개), 2개 $FADH_2$(TCA 회로에서)까지 생성된다. NADH 산화에 대한 P/O 비율이 2.5, $FADH_2$ 산화에 대한 P/O 비율이 1.5로 가정하면 이론적으로 10개의 NADH는 25개의 ATP 합성을 유도할 수 있고, 2개의 $FADH_2$ 분자의 산화로 인해 ATP 3개를 더해 산소호흡을 통해 이론적으로 최대 28개의 ATP가 만들어진다. 따라서 산화적 인산화에 의한 ATP의 생성량은 기질수준 인산화에 비해 7배 더 많은 ATP를 설명한다.

진핵생물에서 산소호흡 동안 생성되는 ATP의 총 수는 최대 32개이다(기질수준 인산화에 의해 만들어진 것을 포함). 세균의 전자전달사슬은 대개 짧기 때문에 원형질막을 가로질러 이동하는 양성자의 수도 적다. 따라서 세균 전자전달사슬의 P/O비는 진핵세포의 사슬보다 P/O 비가 낮고, ATP 생성량도 적다. 예로 불완전하게 잘린 전자전달사슬을 갖고 있는 대장균은 산소 농도가 높을 때 시토크롬 bo 경로를 이용하는데 이때의 P/O 비는 약 1.3이며, 낮은 산소 농도에서는 시토크롬 bd 경로를 이용하는데 이때의 P/O 비는 약 0.67에 불과하다(그림 11.12).

2가지 다른 요인이 포도당이 산소호흡에 의해 이화될 때 ATP의 수율이 이론상 최대치에 도달하는 것을 방해한다. 하나는 전자전달에 의해 생성되는 양성자구동력(PMF)은 ATP 합성 외에 다른 기능(예: 세균 편모 회전와 물질수송)에 이용된다는 것이다. 두 번째는 포도당 이화작용에 이용되는 대사과정의 양방향성 특성과 연관된다. 이 과정의 중요한 기능은 동화작용을 위한 전구대사물질의 생성이라는 점을 기억하라. 포도당 1분자가 분해될 때마다 수많은 전구대사물질이 만들어진다. 만들어지는 전구대사물질마다 미생물은 이 대사물질이 동화과정에 필요한지 혹은 계속 이화과정을 진행해야 하는지 '결정'해야 한다. 전구대사물질이 생합성에 사용된다면 만들어지는 NADH와 $FADH_2$ 분자의 수는 적어지고 따라서 합성되는 ATP의 수도 적어진다. 결국 포도당으로부터 탄소의 흐름이 면밀히 모니터되고 조절됨으로써 ATP 생성이 생합성과 적절히 균형을 이룬다. 이런 조절 기전은 10장과 14장에서 설명되어 있다.

마무리 점검

1. 전자전달사슬의 구성요소와 상대적인 표준환원전위차에 대하여 서술하시오.
2. 현재의 산화적 인산화 모델을 설명하시오. ATP 합성효소의 구조를 간단히 서술하고 어떻게 기능하는 것으로 생각되는지 설명하시오.
3. 기질수준 인산화와 산화적 인산화를 비교하고 차이점에 대하여 설명하시오.
4. 세균이 엔트너-도우도로프 경로를 사용하여 포도당을 피루브산으로 분해한 다음 TCA 회로를 통해 포도당의 이화작용을 완료했다고 가정한다면, ATP 생성 최대 수율은 얼마이며, 그 이유를 설명하시오.

11.5 무산소호흡은 산호호흡과 동일한 단계를 사용한다

이 절을 학습한 후 점검할 사항:

a. 포도당을 탄소원으로 이용하는 산소호흡과 무산소호흡을 비교할 수 있다.
b. 무산소호흡 동안 이용되는 최종전자수용체의 예를 나열할 수 있다.
c. 이화적 질산염 환원에서 질산염(NO_3^-)이 최종전자수용체로 사용되는 이유를 설명할 수 있다.
d 산소호흡과 비교해서, 무산소호흡 동안 에너지가 덜 보전되는 이유를 설명할 수 있다.
e. 무산소호흡의 중요성을 보여주는 3가지 예를 나열할 수 있다.

초기에 지구는 산소가 없는 행성이었다는 것을 기억하자. 따라서 호흡은 처음에는 산소가 필요하지 않은 상태에서 발달했다는 것은 놀라운 일이 아니다. 산소호흡이 우리에게 훨씬 더 친숙하지만, 조건부 또는 절대산소비요구성 생물로서 무산소호흡을 계속하는 많은 세균 및 고균에 비해 상대적으로 후발적이다.

무산소호흡(anaerobic respiration)은 O_2 이외의 말단 전자수용체가 전자수송에 사용되는 화학유기영양 과정이다. 이 과정은 많은 세균, 고균 및 일부 진핵미생물에 의해 수행된다. 무산소호흡에서 이용되는 가장 일반적인 최종전자수용체는 질산염, 황산염, CO_2이지만 금속과 몇 가지의 유기 분자도 환원될 수 있다(**표 11.2**).

표 11.2 호흡에 이용되는 일부 전자수용체

	전자수용체	환원된 생성물	미생물의 예
산소호흡	O_2	H_2O	모든 산소요구성 세균, 진균, 원생생물
무산소호흡	NO_3^-	NO_2^-	대장균, 다른 장내세균
	NO_3^-	NO_2^-, N_2O, N_2	*Pseudomonas*, *Bacillus*, *Paracoccus spp.*
	SO_4^{2-}	H_2S	*Desulfovibrio*, *Desulfotomaculum*
	CO_2	CH_4	메탄생성균
	CO_2	아세트산	아세트산생성균
	S^0	H_2S	*Nitratidesulfovibrio*, *Thermoproteus* 종
	Fe^{3+}	Fe^{2+}	*Pseudomonas*, *Bacillus*, *Geobacter* 종
	$HAsO_4^{2-}$	$HAsO_2$	*Bacillus*, *Desulfotomaculum*, *Sulfurospirillum* 종
	SeO_4^{2-}	Se, $HSeO_3^-$	*Aeromonas*, *Bacillus*, *Thauera* 종
	푸마르산	숙신산	대장균, *Bacteroides* 종

산소호흡 및 무산소호흡 과정 모두에서, 당 및 기타 유기 분자가 산화되고 전자가 NADH 및 $FADH_2$로 전달된 다음 전자전달사슬에 전자를 전달한다. 그러나 산화된 각 NADH 또는 $FADH_2$에 대해, 무산소호흡은 ATP를 덜 생성한다. 더 낮은 ATP 수율은 무산소호흡 동안 사용된 모든 말단 전자수용체가 O_2보다 적은 양의 환원전위를 갖기 때문이다(그림 11.10). 따라서 NADH와 이들 전자수용체 사이의 표준 환원전위의 차이는 NADH와 O_2의 차이보다 작다. 이는 호기성 호흡과 비교하여 NADH 또는 $FADH_2$의 산화동안 더 짧은 ETC를 통해 전자가 전달되므로, 주변세포질로 운반되는 양성자 숫자가 더 적은 양을 전달한다. 그럼에도 불구하고 무산소호흡은 O_2가 없을 때에도 전자전달과 산화적 인산화에 의해 ATP를 합성할 수 있도록 하기 때문에 여전히 유용하다. 또한, 무산소호흡에 의해 생성된 더 작은 PMF 및 ATP 수율 때문에, 산소호흡 및 무산소호흡이 가능한 조건부산소비요구성 미생물은 가능하다면 산소호흡을 사용하는 이유를 설명한다.

산소호흡과 무산소호흡을 모두 수행할 수 있는 세균의 예로 *Paracoccus denitrificans*가 있다. 그림 11.11은 산소호흡 동안 이 미생물이 사용하는 전자전달사슬을 보여준다. 무산소 조건에서 *P. denitrificans*는 NO_3^-를 전자수용체로 이용하여 질소 기체(N_2)로 환원시킨다. **그림 11.16**에서 보는 것처럼 무산소호흡 전자전달사슬은 산소호흡 사슬보다 복잡하다. 무산소호흡 전자전달사슬은 가지로 갈라지며 다른 전자운반체를 이용하는데, 이중 일부는 주변세포질에 위치한다. 무산소 생장 동안 막을 가로질러 퍼내는 양성자의 수가 많지 않음으로 더 적은 PMF가 형성된다.

무산소 조건에서 질산염이 환원되면 세포내로 동화할 수 없는 질소 가스를 만든다. 즉, 아미노산과 뉴클레오티드 같은 질소 함유 분자를 만드는 데 이용할 수 없다. 따라서 이 환원 과정을 **이화적 질산염 환원**(dissimilatory nitrate reduction)이라 부른다. 이화적 질산염 환원이 일어나면 N_2 같은 질소 기체가 생산되어 대기 중으로 방출되는데, 이 과정을 **탈질작용**(denitrification)이라고 부른다. 그림 11.16에서 볼 수 있듯이, *P. denitrificans*에 의해 수행되는 탈질소화는 4개의 효소가 참여하는 다단계 과정이다. 이 효소는 질산염(NO_3^-)을 아질산염(NO_2^-)으로, 그 다음 아질산염을 산화질소(NO)로, 이어서 NO를 아산화질소(N_2O)로, 마지막으로 N_2O를 N_2로 환원시키는 기능을 순차적으로 수행한다. ▶| 질소 순환(28.2절)

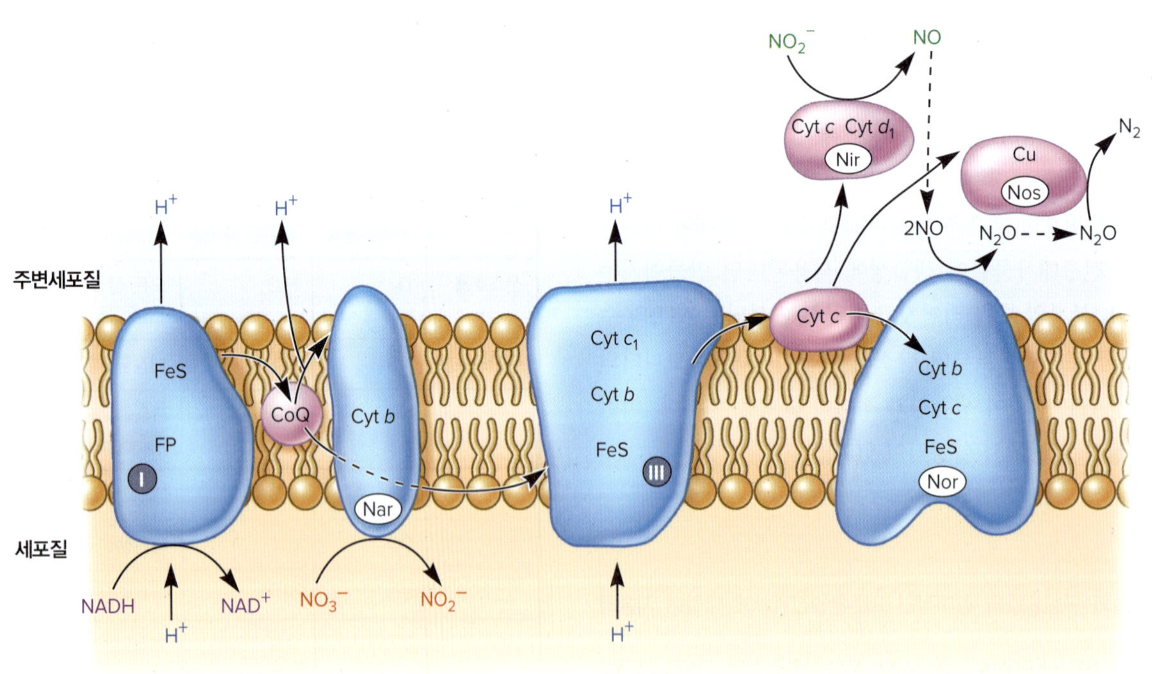

그림 11.16 ***Paracoccus denitrificans*에서 무산소호흡 동안 이용되는 전자전달사슬.** 가지가 많은 전자전달사슬은 원형질막 단백질과 주변세포질 단백질로 이루어진다. 질산염은 CoQ와 시토크롬 c에서 전자를 받는 4종류의 서로 다른 환원효소의 통합작용에 의해 질소 분자로 환원된다. 양성자 이동의 위치가 나타나 있다. 4개의 양성자는 NADH 산화에서 복합체 I에 의해 주변세포질 공간으로 펌프된다. 2개 양성자는 질산염환원효소(nitrate reductase, Nar)에 의해, 나머지 2개 양성자는 복합체 III에 의해 펌프된다. 그러나, 산화질소(nitric oxide)를 아산화질소(nitrous oxide)로 환원시키기 위해 산화질소환원효소(Nor)에 의해 2개의 양성자가 사용된다. 따라서 6개의 양성자 PMF를 생성하는데 사용된다. FP: 플라보단백질(flavoprotein), Nar: 질산염환원효소(nitrate reductase), Nir: 아질산염환원효소(nitrite reductase), Nos: 아산화질소 환원효소(nitrous oxide reductase)는 특이한 구리-황 센터를 갖는다.

마무리 점검

1. 무산소호흡은 산소호흡에서만큼의 ATP가 합성되지 않는다. 그 이유는 무엇인가?
2. 탈질작용은 무엇인가?
3. 대장균은 서로 다른 조건에서 O_2, 푸마르산, 질산염을 최종전자수용체로 이용할 수 있다. 그림 11.10을 참고하여, 생성하는 에너지양이 높은 것에서 낮은 것의 순서대로 이 전자수용체를 정렬하시오.

11.6 발효는 전자전달사슬이 관여하지 않는다

이 절을 학습한 후 점검할 사항:

a. 포도당의 산소호흡, 무산소호흡, 발효과정에서 산화적 인산화와 기질수준 인산화의 중요성을 비교설명할 수 있다.
b. 포도당이 생물체의 탄소원과 에너지원으로 사용될 때, 발효 과정에서 작동하는 경로를 나열할 수 있다.
c. 일부 발효 경로와 이들의 생성물, 이들 생성물의 중요성을 나타내는 표를 작성할 수 있다.
d. 호흡과 발효 과정에서 사용되는 ATP 합성효소를 비교할 수 있다.

산화적 인산화에 의해 얻어지는 ATP의 수가 엄청난데도 불구하고 어떤 화학유기영양 미생물은 호흡을 하지 않는다(즉 PMF를 생성하기 위해 ETC를 사용한다). 다른 미생물들은 어떠한 조건에서는 호흡을 할 수 없다. 이러한 미생물은 ETC가 결여되어 완전히 호흡을 할 수 없다. 산소호흡을 하는 미생물은 무산소조건에서 ETC 성분의 합성을 억제하므로 무산소호흡이 불가능해진다. 마지막으로 일부 조건부산소비요구성 미생물은 산소호흡과 무산소호흡을 모두 할 수 있지만, 산소가 없고 무산소호흡에 사용되는 말단 최종전자수용체(예: 질산염)가 결여된 환경에서도 발견될 수 있다. 이러한 광범위한 이화작용 과정을 사용할 수 있는 능력은 미생물이 극도로 진화한 유연성을 보여준다.

발효되는 미생물의 경우, 해당과정(그림 11.5) 동안 엠덴-마이어호프 경로 반응에 의해 생성되는 NADH는 ETC의 도움 없이도 꼭 산화되어 다시 NAD^+로 돌아가야 한다. 만일 NAD^+가 다시 만들어지지 않으면 글리세르알데히드 3-인산의 산화는 멈추고 해당과정은 중단되어 미생물은 생존하지 못한다. 많은 미생물은 피루브산 탈수소효소(pyruvate dehydrogenase: 피루브산을 아세틸-CoA로 전환하여 TCA 회로로 첨가하는 반응촉매) 활성을 늦추거나 중단하여 이 문제를 해결한다. 대신, 발효(fermentation) 과정에서 NADH의 재

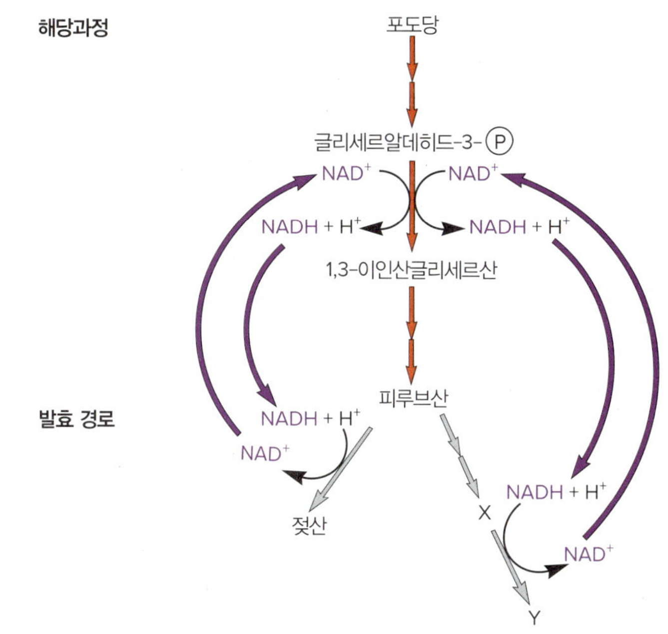

그림 11.17 발효과정 동안 일어나는 NADH의 재산화. 해당과정에서 나온 NADH는 피루브산이나 그 유도체(X)를 환원하기 위해 이용되면서 재산화된다. 그 결과 젖산이나 환원산물 Y가 생성된다.

연관 질문 포도당 1개가 분해될 때마다 NAD^+로 재산화되는 NADH의 수는?

산화를 위한 전자수용체로 피루브산이나 그 유도체 중 하나를 이용한다(**그림 11.17**). 발효에는 많은 종류가 있으며 이들은 대개 특정 미생물 그룹의 특징이 있다(**그림 11.18**). 여기서는 공통적으로 발견되는 몇 가지 발효과정을 소개할 것이다.

미생물 발효과정을 고찰할 때는 4가지 공통된 주제를 생각해야 한다. ① O_2는 필요하지 않다. ② 전자수용체는 대개 피루브산이나 그 유도체이다. ③ NADH는 ETC 없이 NAD^+로 산화되어야 한다. ④ (산화적 인산화를 작동할 수 없기 때문에) ETC 부재는 포도당 1개당 만들어지는 ATP의 수를 현저히 감소시킨다. 따라서 발효에서 기질(예: 포도당)은 부분적으로만 산화되고(CO_2로 완전히 산화되지 않는다) 대부분의 미생물에서 기질수준 인산화에 의해서만 ATP가 합성된다. 그러나 작동하는 ETC가 없으면 미생물을 발효시키는 데 문제가 발생한다. 그러나 발효를 하는 미생물도 여전히 일을 하기 위한 PMF가 필요하다. 특히 수송작용(antiport, symport)에서는 더욱 그렇다. ETC 없이 PMF를 생성해야 하는 문제점을 해결하기 위해 미생물은 ATP 합성효소를 역방향으로 이용한다. 즉, ATP 합성효소는 ATP를 ADP와 P_i로 가수분해시켜 나오는 에너지를 이용해 양성자를 세포 밖으로 퍼낸다. 발효로 생산되는 ATP의 수는 비교적 적지만, 미생물이 발효로 인해 서식지의 변화에 적응할 수 있기 때문에 이는 많은 미생물의 여러 대사과정 중 중요한 구성요소이다.

발효 경로는 특정 미생물이 생산하는 주요 산이나 알코올의 이름

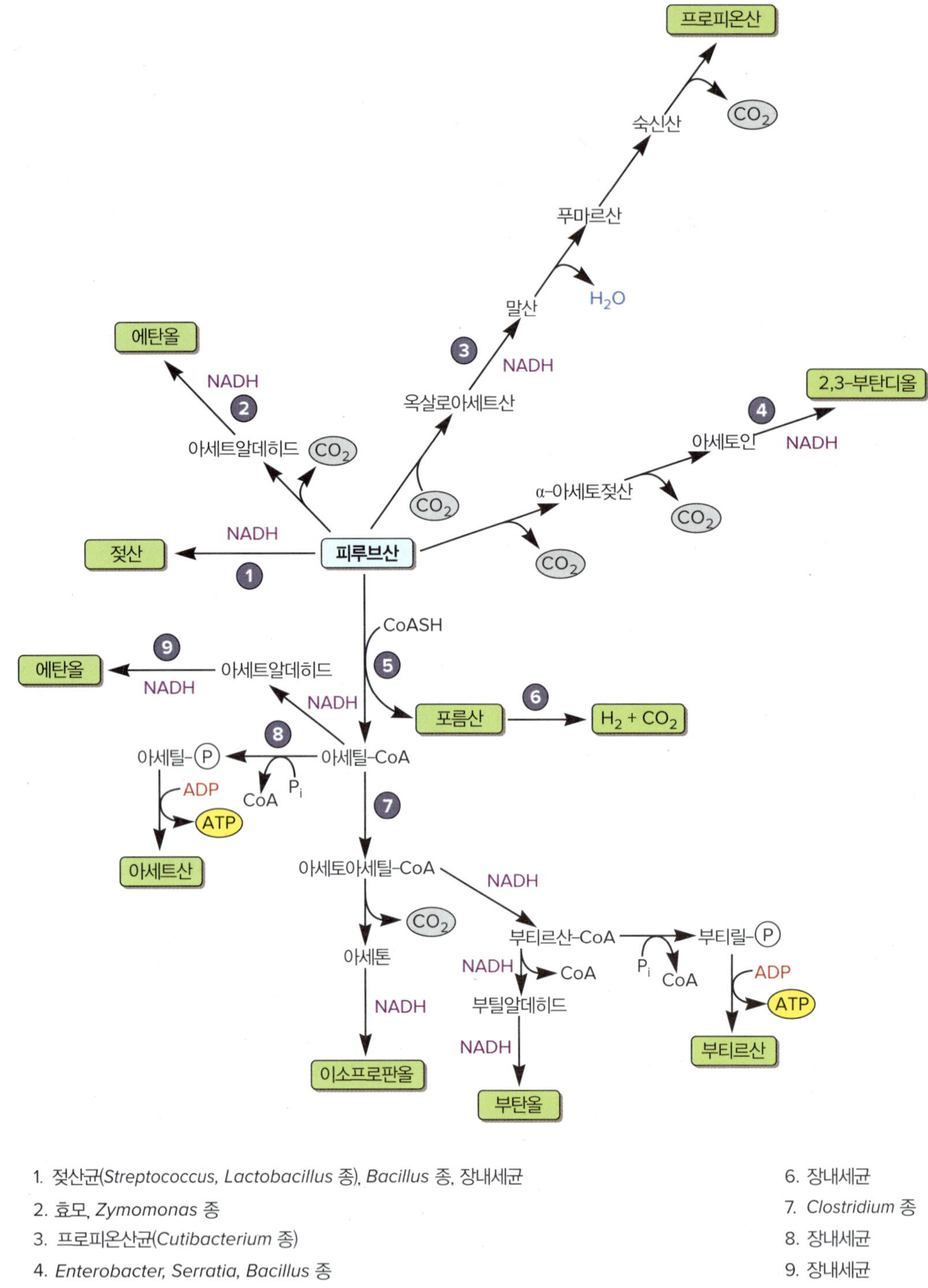

그림 11.18 일반적인 미생물 발효. 단순화하기 위해 피루브산 발효만을 표시했지만 다른 많은 유기 분자도 발효될 수 있다. 각 NADH(보라색)는 NAD^+로의 산화를 나타낸다. 대부분의 과정은 하나 이상의 단계와 중간물질을 생략하여 간단히 나타냈다. 피루브산과 주요 최종산물은 색으로 나타냈다. 장내세균에는 에셔리키아(*Escherichia*), 엔테로박터(*Enterobacter*), 살모넬라(*Salmonella*) 및 프로테우스(*Proteus*) 속의 구성원이 포함된다.

을 따서 명명한다. 가장 흔한 발효는 젖산(젖산염) 발효로 피루브산이 젖산으로 환원된다(그림 11.18의 ①). 젖산 발효는 세균(젖산균, *Bacillus* 종), 원생생물(*Chlorella* 종과 몇몇 수생 곰팡이)과 동물의 골격근육에서도 일어난다. 젖산 발효를 하는 생물은 크게 2개 그룹으로 나눌 수 있다. **동종젖산 발효생물**(homolactic fermenter)은 엠덴-마이어호프 경로를 이용하고 젖산 탈수소효소(lactate dehydrogenase)로 거의 모든 피루브산을 젖산으로 직접 환원시킨다. **이종젖산 발효생물**(heterolactic fermenter)은 젖산 이외에 다른 생성물을

표 11.3 대장균의 혼합산 발효산물

	발효 균형(μM 생성물/100 μM 포도당)	
	산성 생장(pH 6.0)	염기성 생장(pH 8.0)
에탄올	50	50
포름산	2	86
아세트산	36	39
젖산	80	70
숙신산	11	15
이산화탄소	88	2
수소가스	75	0.5

생성한다. 많은 미생물은 에탄올과 CO_2도 생산한다. 젖산균은 다양한 발효식품(예: 요구르트, 치즈)을 만드는 식품 산업에 중요하다. ▶| 발효식품의 미생물학: 맥주, 치즈 등(40.5절)

일부 진균, 원생생물과 몇몇 세균은 **알코올 발효**(alcoholic fermentation)라 불리는 과정으로 당을 에탄올과 CO_2로 발효시킨다. 피루브산은 아세트알데히드로 탈카복실화되고, 이는 다시 NADH를 전자공여체로 이용하여 알코올 탈수소효소(alcohol dehydrogenase)에 의해 알코올로 환원된다(그림 11.18의 ②). 이러한 발효는 맥주나 에일 또는 와인의 생산에서 사용된다.

많은 세균, 특히 Enterobacteriaceae 과에 속하는 세균은 여러 과정을 동시에 이용하여 피루브산으로부터 많은 다른 생성물을 만든다. 이런 복잡한 발효 중 하나가 **혼합산 발효**(mixed acid fermentation)로 에탄올과 복잡한 산 혼합물, 특히 아세트산, 젖산, 숙신산, 포름산의 혼합물을 배출한다(**표 11.3**). *Escherichia*, *Salmonella*, *Proteus* 속에 속하는 세균이 혼합산 발효를 수행한다. 이들은 그림 11.18의 ①, ⑤, ⑧, ⑨번 과정을 이용하여 숙신산을 제외한 모든 발효 생성물을 만든다. 만약 포름산 수소분해효소(formate hydrogenlyase, 그림 11.18의 ⑥)가 있으면 포름산은 H_2와 CO_2로 분해될 것이다(그림 21.28 참조). 또 다른 복잡한 발효는 **부탄디올 발효**(butanediol fermentation)로 *Enterobacter*, *Serratia*, *Erwinia* 속과 몇몇 *Bacillus* 종에서 나타나는 특성이다. 이름이 의미하듯이, 부탄디올은 이 발효과정의 주요한 최종산물이다(그림 11.18의 ④). 그러나 많은 양의 에탄올도 생성되며(그림 11.18의 ⑨) 동시에 적은 양의 젖산(그림 11.18의 ①)과 포름산(그림 11.18의 ⑤)도 생성된다. 일부 세균에서 포름산은 더욱 분해되어 H_2와 CO_2가 된다(그림 11.20의 ⑥). 혼합산 발효와 부탄디올 발효 중 어느 하나를 사용하는가가 임상적으로 중요한 많은 Enterobacteriaceae 과의 구성원을 구별하는 데 중요하다. ▶| Enterobacteriaceae 과는 병원체와 상리공생자를 포함한다(21.2절); Bacillales 목(22.2절); 검체로부터 미생물의 확인(36.2절)

마무리 점검

1. 발효는 무엇이고 왜 많은 미생물에게 유용한가?
2. 발효에 이용되는 전자수용체는 산소호흡이나 무산소호흡 동안 이용되는 최종전자수용체와 어떻게 다른가?
3. 동종젖산 발효생물과 이종젖산 발효생물은 어떻게 다른가? 혼합산 발효생물과 부탄디올 발효생물은 서로 어떻게 다른가?
4. 동종젖산, 아세트산 및 부티르산 발효과정 동안의 ATP 수율은 얼마인가? 이때 인산화 양과 기전의 측면에서 이 발효과정의 수율은 산소호흡과 비교하면 어떻게 다른가?
5. 세균이 발효를 수행하는 동안 TCA 회로 중 몇 개의 반응만이 작동한다. 이 반응이 일어나는 목적은 무엇이라고 생각하는가? 회로 중 일부가 작동하지 않는 이유는 무엇인가?

11.7 포도당이 아닌 다른 유기 분자의 이화작용

이 절을 학습한 후 점검할 사항:

a. 포도당 이외의 다른 단당류의 이화과정에서 ATP와 UTP의 기능을 토론할 수 있다.
b. 가수분해에 의한 이당류와 다당류의 이화과정을 인산분해에 의한 이화작용과 구분할 수 있다.
c. 트리글리세리드가 분해될 때 구성성분인 지방산과 글리세롤의 운명을 토론할 수 있다.
d. 단백질을 아미노산으로 가수분해하는 효소의 명칭을 기술할 수 있다.
e. 탈아미노화와 아미노기전이를 구분하고, 이 둘이 어떻게 연관되는지 설명할 수 있다.
f. 포도당 이외의 환원된 유기분자를 분해하는 경로가 어떻게 해당과정과 TCA 회로에 연결되는지 보여주는 간단한 도표를 그릴 수 있다.

지금까지 우리는 포도당의 이화과정에 주로 초점을 맞추어 왔다. 그러나 미생물은 다양한 기타 탄수화물, 지질 및 아미노산을 비롯한 많은 다른 유기 분자를 이화할 수 있다. 이러한 에너지원의 사용은 다음에 논의한다.

탄수화물

미생물이 이용하는 탄수화물은 세포의 외부에서 올 수도 있고 정상적인 대사과정에서 유래된 내부 물질원에서 올 수도 있다. 종종 외인성 탄수화물 중합체 분해의 첫 단계는 내인성 저장물질의 분해과정과 다

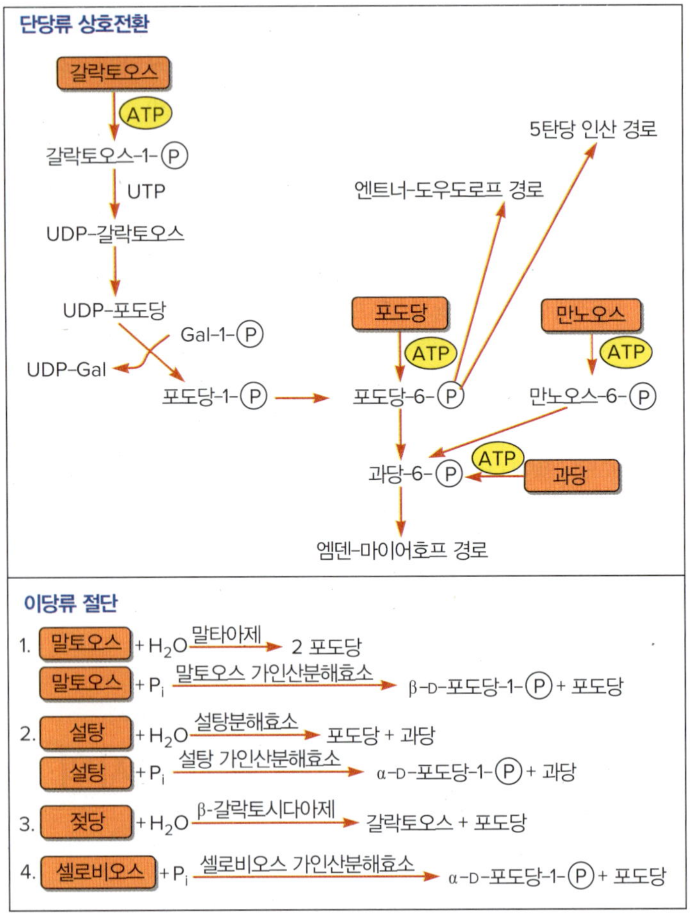

단당류 상호전환

갈락토오스 —(ATP)→ 갈락토오스-1-Ⓟ —(UTP)→ UDP-갈락토오스 → UDP-포도당

UDP-포도당 + Gal-1-Ⓟ → UDP-Gal + 포도당-1-Ⓟ

포도당-1-Ⓟ → 포도당-6-Ⓟ

포도당 —(ATP)→ 포도당-6-Ⓟ → 엔트너-도우도로프 경로, 5탄당 인산 경로

만노오스 —(ATP)→ 만노오스-6-Ⓟ → 과당-6-Ⓟ

포도당-6-Ⓟ → 과당-6-Ⓟ

과당 —(ATP)→ 과당-6-Ⓟ → 엠덴-마이어호프 경로

이당류 절단

1. 말토오스 + H_2O —말타아제→ 2 포도당
   말토오스 + P_i —말토오스 가인산분해효소→ β-D-포도당-1-Ⓟ + 포도당
2. 설탕 + H_2O —설탕분해효소→ 포도당 + 과당
   설탕 + P_i —설탕 가인산분해효소→ α-D-포도당-1-Ⓟ + 과당
3. 젖당 + H_2O —β-갈락토시다아제→ 갈락토오스 + 포도당
4. 셀로비오스 + P_i —셀로비오스 가인산분해효소→ α-D-포도당-1-Ⓟ + 포도당

그림 11.19 탄수화물 이화작용. 이당류와 단당류 이화과정에 이용되는 효소의 예이다. UDP는 유리딘 이인산(uridine diphosphate)의 약자이다. 그들은 인산전이효소(phosphotransferase) 시스템을 사용하기 때문에 ATP보다는 PEP가 Enterobacteriaceae에서 포도당, 과당 및 만노오스를 인산화한다. 단당류의 이름이 어떻게 지정되는지 알아보려면 그림 AI.9를 참조하시오.

연관 질문 가수분해효소와 가인산분해효소의 차이점은 무엇인가?

른 경우가 대부분이다. 그러나 목표는 동일하다. 이전에 논의된 것처럼, 탄수화물을 해당과정 중간대사체 중의 하나로 공급되는 단량체로 전환하는 것이다. **그림 11.19**에 단당류(단당)인 포도당, 과당, 만노오스, 갈락토오스의 이화과정이 요약되어 있다. 앞의 3가지 당은 ATP를 사용해 인산화되어 쉽게 엠덴-마이어호프 경로로 들어간다. 반면 갈락토오스는 먼저 인산화된 후 유리딘 이인산 갈락토오스(uridine diphosphate galactose, UDP-gal)로 전환되고(그림 12.6 참조) 그다음 3단계 과정을 거쳐 포도당 6-인산으로 전환되어야 한다.

보통의 이당류는 가수분해와 인산화의 적어도 2가지 기전에 의해 단당류로 분해된다(그림 11.19). 엿당, 설탕, 젖당은 그 구성 단당류로 직접 가수분해된다. 많은 이당류(예: 엿당, 셀로비오스, 설탕)는 당 2개가 연결된 결합을 인산기가 공격하는 인산분해(phospholysis)라는 과정에 의해 분해된다. 이로써 2개의 단당류가 생성되는데, 1개는 인산화된 것이다.

세포내 혹은 세포 밖에 존재하는 다당류도 이당류처럼 가수분해와 가인산가수분해에 의해 절단된다. 세포 밖 환경에서 존재하는 다당류는 크기가 너무 커서 세포내로 수송이 불가능하다. 그래서 세균, 고균, 진균은 가수분해효소를 분비하여 외부의 탄수화물을 분해한다. 그들 세포외 효소(exoenzyme)는 다당류를 단당류와 같은 작은 분자로 절단하여 세포내로 수송후 대사한다. 미생물은 수많은 다당류를 이와 같은 방법으로 대사한다. 예를 들면, 녹말과 글리코겐은 아밀라아제에 의해 가수분해되어 포도당, 엿당 및 다른 생성물이 된다. 소화하기 더 어려운 셀룰로오스는 많은 곰팡이와 소수의 세균이 생산하는 셀룰라아제(cellulase)에 의해 가수분해되어 셀로비오스와 포도당을 생성한다. 일부 박테리아는 한천을 분해하는 아가레이스(agarase)를 분비한다(예: *Cytophaga* 종). 많은 토양 세균과 세균성 식물 병원체는 식물 세포벽과 조직의 중요한 구성요소인 갈락투론산(갈락토오스 유도체)의 중합체인 펙틴(pectin)을 분해한다. ▶ 토양은 미생물의 중요한 서식지이다(30.1절)

세포내 에너지가 풍족할 때 미생물은 글리코겐과 전분과 같은 세포내 비축량을 합성하여 과잉 탄소를 저장한다는 것을 상기하자. 그들은 외인성 영양소가 없을 때 장기간 생존하기 위해 이것을 사용한다. 이러한 상황에서 그들은 세포내 저장을 이화한다. 글리코겐과 전분은 인산화효소에 의해 분해되어 다당류 사슬을 하나의 포도당으로 단축시켜 포도당 1-인산을 생성한다.

$$(\text{포도당})_n + P_i \rightarrow (\text{포도당})_{n-1} + \text{포도당-1-P}$$

포도당 1-인산은 포도당 6-인산의 형태로 전환되어 해당과정으로 들어갈 수 있다(그림 11.19).

지질의 이화작용

화학유기영양생물은 지질을 에너지원으로 이용할 때가 많다. 트리글리세리드(Triglyceride, 트리아실글리세롤이라고도 부름)는 글리세롤 골격에 지방산 3개가 결합되어 있다. 이는 일반적인 에너지원으로 이용되며 여기서 예로 제시되어 있다(**그림 11.20**). 트리글리세리드

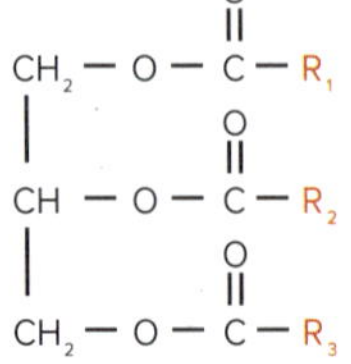

$CH_2-O-C(=O)-R_1$
$CH-O-C(=O)-R_2$
$CH_2-O-C(=O)-R_3$

그림 11.20 트리아실글리세롤(트리글리세리드). R기는 지방산의 곁사슬을 나타낸다.

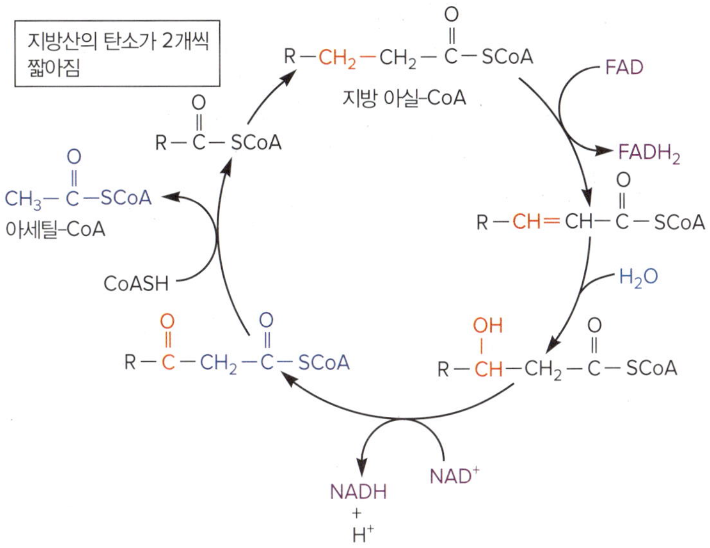

지방산의 탄소가 2개씩 짧아짐

$R-CH_2-CH_2-C(=O)-SCoA$ 지방 아실-CoA → (FAD → $FADH_2$) → $R-CH=CH-C(=O)-SCoA$ → (H_2O) → $R-CH(OH)-CH_2-C(=O)-SCoA$ → (NAD^+ → NADH + H^+) → $R-C(=O)-CH_2-C(=O)-SCoA$ → (CoASH) → $CH_3-C(=O)-SCoA$ 아세틸-CoA + $R-C(=O)-SCoA$

그림 11.21 지방산 β-산화. 변형된 지방산 부분은 빨간색으로 표기한다.

연관 질문 지방산이 β-산화 과정에 의해 분해될 때 ATP가 생성되지 않지만 이들이 고에너지원인 이유는 무엇인가?

는 **리파아제**(lipase)라 부르는 지질분해효소에 의해 글리세롤과 지방산으로 가수분해될 수 있다. 이후 글리세롤은 엠덴-마이어호프경로(EMP)의 중간물질인 디히드록시아세톤(dihydroxyacetone phosphate)으로 인산화되고 산화된 후 계속 분해된다.

트리아실글리세롤과 다른 지질로부터 나온 지방산은 조효소 A에 연결된 다음 **β-산화 경로**(β-oxidation pathway)에 의해 산화된다(**그림 11.21**). 이 과정에서 지방산은 회로가 한 번 순환할 때마다 탄소가 2개씩 짧아진다. 2탄소 단위는 아세틸-CoA로 방출되어 TCA 회로로 들어가거나 생합성과정에 이용된다. 회로가 한 번 돌면 아세틸-CoA, NADH, $FADH_2$를 생산하며 NADH와 $FADH_2$는 선사선달사슬을 거쳐 산화되어 더 많은 ATP를 제공한다. 지방산은 호흡대사를 수행하는 유기체의 풍부한 에너지원이다.

단백질과 아미노산의 이화과정

몇몇 세균과 진균, 특히 병원균, 식품부패균과 토양세균 등은 탄소원 및 에너지원으로 단백질을 이용한다. 다당류와 마찬가지로 단백질은 너무 커서 원형질막을 가로질러 운반할 수 없으므로 이러한 미생물은 단백질을 아미노산으로 가수분해하는 **단백질분해효소**(protease)라고 하는 효소를 분비한다. 그런 다음 이들은 세포로 운반되어 이화된다.

아미노산 이화과정의 첫 단계는 아미노산에서 아미노기를 제거하는 **탈아미노반응**(deamination)이다. 이는 대개 **아미노기전이반응**(transamination)에 의해 이루어진다. 아미노기는 아미노산으로부터

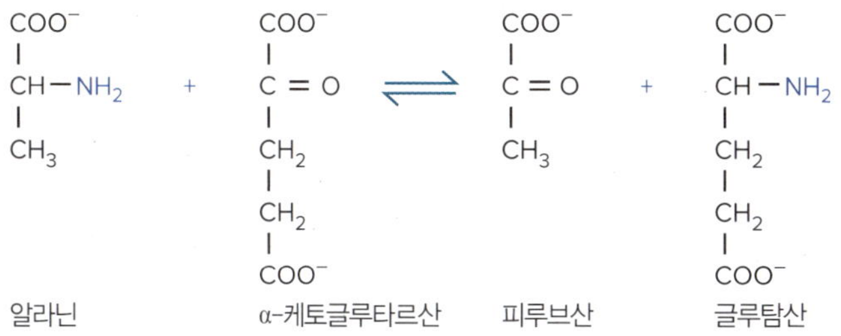

알라닌 ($CH_3-CH(NH_2)-COO^-$) + α-케토글루타르산 ($^-OOC-CH_2-CH_2-C(=O)-COO^-$) ⇌ 피루브산 ($CH_3-C(=O)-COO^-$) + 글루탐산 ($^-OOC-CH_2-CH_2-CH(NH_2)-COO^-$)

그림 11.22 아미노기전이 반응의 일반적인 예. 알라닌의 α-아미노기(파란색)는 수용체인 α-케토글루타르산으로 옮겨져 피루브산과 글루탐산을 생성한다. 피루브산은 발효되거나 TCA 회로에 의해 분해될 수 있고 또한 생합성에 이용될 수도 있다.

α-케토산 수용체로 전달된다(**그림 11.22**). 탈아미노반응에 의해 생긴 유기산은 피루브산, 아세틸-CoA 또는 TCA 회로의 중간물질로 전환된다. 생성된 유기산은 여러 방식으로 이용될 수 있다. 유기산에 따라 이들은 발효될 수도 있고 TCA 회로에서 산화되어 에너지를 방출할 수도 있다. 예를 들어, *Clostridium* 속 어떤 미생물은 하나의 아미노산이 산화되고 두 번째 아미노산이 전자수용체로 작용하는 스틱랜드(stickland) 반응을 사용하여 아미노산 혼합물을 발효한다(그림 22.25 참조). 대부분의 미생물은 유기산을 TCA 회로를 경유하여 산화시키거나 세포 구성성분의 생합성과정에서 탄소원으로 사용한다. 탈아미노반응으로 인해 생기는 과량의 질소는 암모늄 이온으로 배출되기도 한다. ▶| Firmicutes 문, Clostridia 강: 산소비요구성 내생포자형성 세균(22.3절)

마무리 점검

1. 미생물이 내인성과 외인성의 단당류, 이당류, 다당류를 분해하고 이용하는 방법을 서술하시오.
2. 중성지질의 산화는 발효만 가능한 미생물에 문제가 되는 이유가 무엇인가?
3. 어떻게 미생물이 식단의 지질과 단백질로부터 탄소와 에너지를 유도할 수 있는지 서술하시오. β-산화와 탈아미노반응, 아미노기전이반응이란 무엇인가?

11.8 화학무기영양: 바위를 먹다

이 절을 학습한 후 점검할 사항:

- **a.** 화학무기영양생물의 연료공급 반응을 일반적인 관점에서 서술할 수 있다.
- **b.** 화학무기영양생물이 에너지원과 전자원으로 보통 사용하는 분자들을 나열할 수 있다.
- **c.** 화학무기영양생물이 이용하는 전자전달사슬과 산화적 인산화 사용에 대하여 토론할 수 있다.

d. 포도당의 산소호흡과 무산소호흡 동안에 방출되는 에너지와의 비교에서, 화학무기영양생물이 보통 이용하는 에너지원에서 방출되는 에너지의 상대값을 예측할 수 있다.
e. 질화작용과 탈질작용을 구분할 수 있다.
f. 화학무기영양생물의 3가지 중요한 예시를 나열할 수 있다.

지금까지 우리는 탄수화물, 지질, 단백질 같은 유기 기질을 산화할 때 방출되는 에너지를 이용해 ATP를 합성하는 미생물을 살펴보았다. 특정 세균과 고균은 **화학무기영양생물**(chemolithotroph)이다. 이 미생물은 유기영양분이 아닌 무기 분자를 산화하여 전자를 얻는다(**그림 11.23**). 가장 일반적인 에너지원(전자공여체)은 수소, 환원된 질소화합물, 환원된 황화합물, 산화 철(II) 이온(Fe^{2+}) 등이다. 최종전자수용체는 대개 O_2이지만 황산염과 질산염도 이용될 수 있다(**표 11.4**).

NAD^+/NADH 산화환원 쌍보다 더 음의 표준 환원전위를 갖는 H_2를 제외하고, 포도당의 CO_2로의 완전한 산화보다 무기 분자의 산화로 나오는 훨씬 적은 에너지가 발생한다(**표 11.5**). 이는 H^+/H_2 산화환원 쌍과 달리 화학영양체에 의해 사용되는 대부분의 무기기질의 환원전위가 NADH 및 $FADH_2$의 환원전위보다 좀더 양의 값이기 때문이다. 예를 들어, 그림 11.10을 참조하면, NAD^+/NADH 쌍이 S^0/H_2S 쌍보다 더 음수임이 분명하다. 따라서 O_2를 최종전자수용체로 사용하더라도 H_2S가 전자를 제공할 때 전자전달사슬이 더 짧아지므로 더 적은 양의 양성자가 세포에서 방출되고 더 작은 PMF가 생성된다. 따라서 성장 및 번식에 충분한 ATP를 갖기 위해 화학영양체는 많은 양의 무기물질을 산화시켜야 한다. 이것은 탄소 공급원으로 CO_2를 사용하는 화학독립영양생물의 경우 특히 그렇다. CO_2-고정 경로는 많은 ATP와 환원력(종종 NADPH)을 소모한다. 화학무기영양생물은 너무 많은 무기물질을 소비하기 때문에 상당한 생태학적 영향을 미친다. 그들은 질소, 황, 철 순환을 포함한 여러 생물지구화학적 순환에 중요한 기여를 한다. ▶ CO_2 고정: CO_2 탄소의 환원과 동화(12.3절); 생물지구화학적 순환은 지구상의 생명을 유지한다(28.1절)

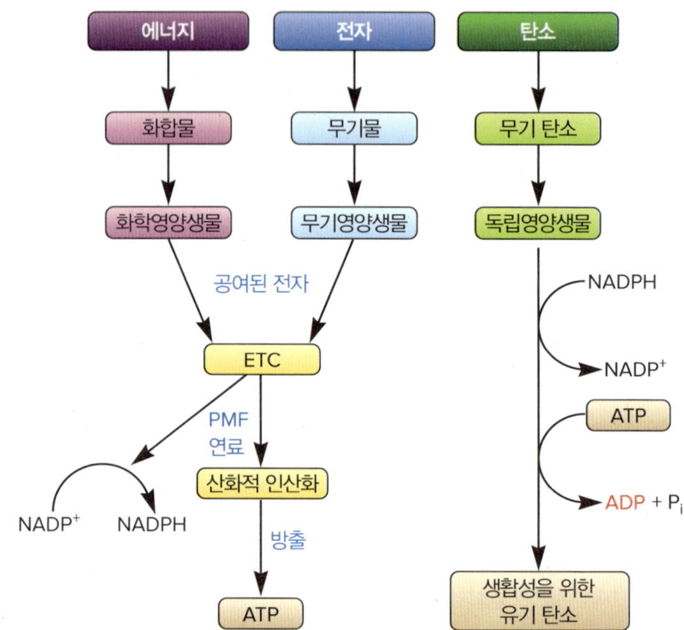

그림 11.23 화학무기영양생물의 연료공급 반응. 화학무기영양 세균과 고균은 에너지원과 전자원으로 작용하는 무기 분자(예: H_2S와 NH_3)를 산화한다. 방출된 전자는 전자전달사슬을 통과하여 양성자구동력(PMF)을 생성한다. ATP는 산화적 인산화에 의해 합성된다. 대부분의 화학무기영양생물은 O_2를 최종전자수용체로 이용한다. 화학유기영양생물과는 달리, 에너지원이 아닌 분자가 생합성에 필요한 탄소를 제공한다. 많은 화학무기영양생물은 여기에 표시된 것과 같이 독립영양생물이다.

몇 종류의 세균과 고균 속의 구성원은 수소화효소(hydrogenase)를 이용하여 수소기체를 산화한다(표 11.4).

$$H_2 \rightarrow 2H^+ + 2e^-$$

$2H^+/H_2$ 산화환원 쌍이 매우 음성의 표준 환원전위를 가지고 있기 때문에(그림 11.10), 전자는 수소화효소에 의해 전자전달사슬이나 NAD^+에 주어진다. 만일 NADH가 생성되면 NADH는 O_2, Fe^{3+}, S^0와 일산화탄소(CO) 모두를 최종전자수용체로 이용하여 전자전달과 산화적 인산화과정을 통해 ATP 합성에 이용될 수 있다. 이런 수소-산화 미생물은 유기물이 있을 때 이를 에너지원으로 사용하는 경우가 흔하다.

표 11.4 대표적 화학무기영양생물과 이들이 사용하는 에너지원

세균	전자공여체	전자수용체	생성물
Alcaligenes, *Hydrogenophaga*, *Pseudomonas* 종	H_2	O_2	H_2O
Nitrobacter 종	NO_2^-	O_2	NO_3^-, H_2O
Nitrosomonas 종	NH_4^+	O_2	NO_2^-, H_2O
Thiobacillus denitrificans	S^0, H_2S	NO_3^-	SO_4^{2-}, N_2
Acidithiobacillus ferrooxidans	Fe^{2+}, S^0, H_2S	O_2	Fe^{3+}, H_2O, H_2SO_4

표 11.5 화학무기영양생물이 이용하는 산화과정에서 생성되는 에너지 수율

반응	$\Delta G^{\circ\prime}$(kcal/mole)[1]
$H_2 + \frac{1}{2}O_2 \rightarrow H_2O$	−56.6
$NO_2^- + \frac{1}{2}O_2 \rightarrow NO_3^-$	−17.4
$NH_4^+ + 1\frac{1}{2}O_2 \rightarrow NO_2^- + H_2O + 2H^+$	−65.0
$S^0 + 1\frac{1}{2}O_2 + H_2O \rightarrow H_2SO_4$	−118.5
$S_2O_3^{2-} + 2O_2 + H_2O \rightarrow 2SO_4^{2-} + 2H^+$	−223.7
$2Fe^{2+} + 2H^+ + \frac{1}{2}O_2 \rightarrow 2Fe^{3+} + H_2O$	−11.2

[1] 포도당이 CO_2로 완전 산화될 때 $\Delta G^{\circ\prime}$는 −686 kcal/mole이다. 1 kcal는 4.184 kJ과 같다.

어떤 세균과 고균은 질소화합물의 산화를 전자원으로 이용한다. 이런 화학무기영양생물 중에서 **질화세균**(nitrifying bacteria)이 가장 잘 연구되어 있다. 이 세균은 **질화작용**(nitrification: 암모니아를 질산염으로 산화, 그림 21.12 참조)을 수행하는 생태적으로 아주 중요한 토양 및 수생 세균이다. 질화작용은 2015년까지 적어도 2종류의 다른 미생물의 활성에 따라 2단계로 일어난다고 생각되었다. 첫 번째 단계에서 암모니아는 아질산염으로 산화된다. 두 번째 단계에서 아질산염은 질산염으로 산화된다. 2종류의 박테리아가 관련되면 하나는 암모니아 산화(예: *Nitrosomonas* 종)를 수행하고 다른 하나는 아질산염을 산화시켜 질산염(예: *Nitrobacter* 종)을 생성한다. *Nitrospira* 속의 일부 구성원은 완전한 암모니아 산화를 위해 **코마목스**(comammox, complete ammonia oxidation)라고 하는 과정으로 두 단계를 모두 수행할 수 있다.

질화작용과 탈질작용을 혼동하지 않도록 주의해야 한다. 질산화는 2단계 공정에서 암모니아가 산화되어 질산염을 생성하는 화학무기영양적 과정이다. 암모니아와 아질산염의 전자는 최종전자수용체로 산소를 사용하는 전자전달사슬에 전달된다. 대조적으로, 탈질작용은 최종전자수용체로 질산염을 사용하는 무산소호흡의 한 형태이다(그림 11.16).

질산화와 탈질화의 양측면을 결합한 독특한 대사과정은 아나목스 박테리아(Planctomycetota 문)에 의해 수행된다. 이들 세균은 아나목소솜(anammoxosome)이라는 막으로 둘러싸인 구획을 사용하여 무산소 암모니아 산화(anaerobic ammonia oxidation) 또는 **아나목스**(anammox)를 수행한다. 아나목소솜에서 암모니아 산화는 아질산염의 환원과 결합되어 N_2와 H_2O를 생성한다(그림 20.9 참조). 아나목스 반응은 유일한 최종 생성물로 질산염을 생성하는 코마목스와 다르다. 질화작용은 질소화합물이 전자를 ETC에 주는 화학무기영양의 형태이다. 반면 탈질작용은 산화된 질소화합물이 전자수용체로 작용하여 질소 기체로 환원되는 무산소호흡의 결과이다. 아나목스 반응은 질소화합물의 산화와 환원 모두가 일어난다는 점에서 특이한 반응이다.

(a) 아황산염 직접 산화

$$SO_3^{2-} \xrightarrow{\text{아황산 산화효소}} SO_4^{2-} + 2e^-$$

(b) 아데노신 5′-포스포황산염 형성

$$2SO_3^{2-} + 2AMP \rightarrow 2APS + 4e^-$$
$$2APS + 2P_i \rightarrow 2ADP + 2SO_4^{2-}$$
$$2ADP \rightarrow AMP + ATP$$
$$2SO_3^{2-} + AMP + 2P_i \rightarrow 2SO_4^{2-} + ATP + 4e^-$$

그림 11.24 황의 산화에 의한 에너지 발생. (a) 아황산염은 산화되어 전자전달과 산화적 인산화에 필요한 전자를 직접 제공할 수 있다. (b) 아황산염은 또한 산화되어 아데노신 5′-포스포황산염(APS)으로도 전환될 수 있다(APS, 그림 21.19 참조). 이 과정에서 방출된 전자는 전자전달에 이용되거나 기질수준 인산화에 의해 APS로부터 ATP를 합성하는 데 이용된다.

황-산화 미생물은 화학무기영양생물의 세 번째 주요 그룹이다. *Thiobacillus*와 *Acidithiobacillus* 종의 물질대사가 잘 연구되어 있다. 이 세균은 황(S^0), 황화수소(H_2S), 티오황산($S_2O_3^{2-}$) 및 다른 환원된 황화합물들을 전자전달사슬에 대한 전자공여체로 활용한다. 흥미롭게도 이들은 산화적 인산화와 기질수준 인산화의 2가지 방법에 의해 ATP를 생성한다(그림 22.19 참조). 기질수준 인산화에는 아황산염과 아데노신 일인산에서 형성되는 고에너지 분자인 아데노신 5′-포스포황산염(adenosine 5′-phosphosulfate, APS)이 관여한다(**그림 11.24**).

일부 황-산화 미생물은 다양하게 변화할 수 있는 대사과정을 가지고 있다. 예를 들어, 일부 세균과 고균인 *Sulfolobus brierleyi*는 산소를 전자수용체로 이용하여 황을 산화시켜 유산소 생장을 할 수 있다(그림 19.8 참조). 하지만 O_2가 없을 때는, 화학무기영양에서 무산소호흡으로 전환하여 황을 전자수용체로 이용해 다른 유기물을 산화시킨다. 많은 황-산화 화학무기영양생물이 CO_2를 탄소원으로 이용하지만, 포도당이나 아미노산과 같이 환원된 유기 탄소원이 있으면 종속영양생물로 생장한다. 게다가, 많은 황-산화 화학영양생물은 탄소원으로 CO_2를 사용하지만 포도당이나 아미노산과 같은 환원된 유기 탄소원을 공급받는다면 종속영양적으로 성장할 것이다.

암모니아, 아질산염 및 황 함유 화합물의 산화에 의해 방출된 전자는 전자전달사슬에 전달되어 산화적 인산화에 의해 ATP를 만드는

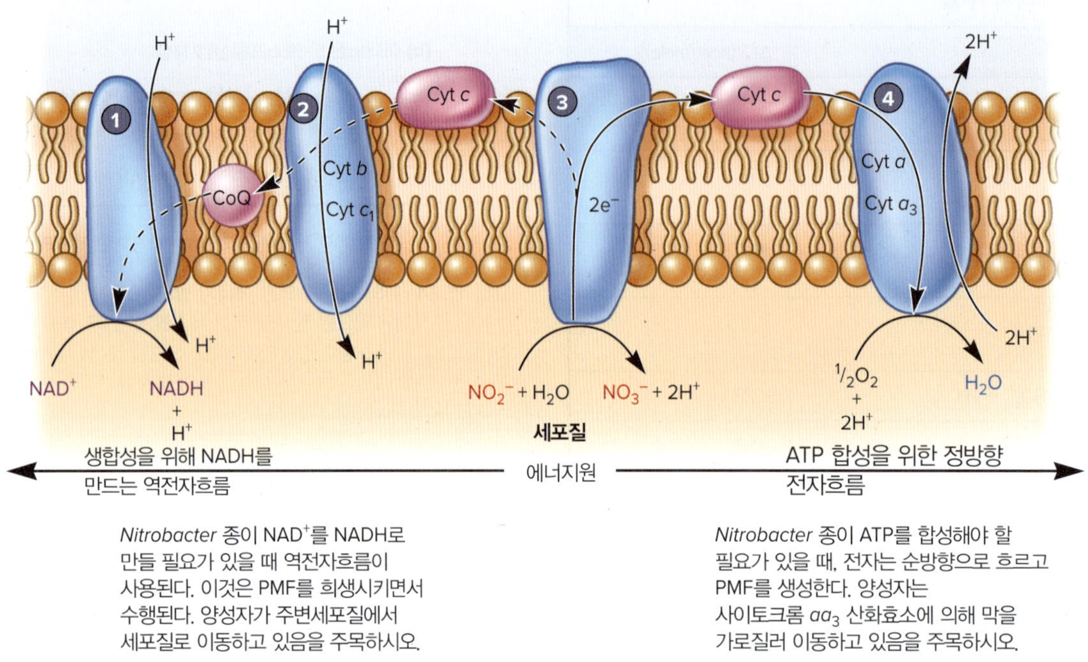

그림 11.25 ***Nitrobacter*** **종의 전자전달사슬에서 전자의 흐름.** *Nitrobacter* 종은 아질산염을 산화하여 정상적인 전자전달을 통해 ATP 합성에 필요한 양성자구동력을 발생시킨다. 이 과정은 모식도에서 오른쪽 방향의 경로이다. 양성자구동력의 일부분은 환원전위를 거슬러 전자를 아질산염으로부터 NAD^+로 이동하는 데 이용된다(왼쪽 방향 경로). 전체 과정에 시토크롬 c와 CoQ, 다음의 4가지 복합체가 관여한다. (1) NADH-유비퀴논 산화환원효소(NADH-ubiquinone oxidoreductase), (2) 유비퀴놀-Cyt *c* 산화환원효소(ubiquinol-Cyt *c* oxidoreductase), (3) 아질산염 산화효소(nitrite oxidase), (4) 시토크롬 aa_3 산화효소(Cyt aa_3 oxidase)이다.

데 사용할 수 있는 PMF를 생성한다. 우리가 이미 언급한 바와 같이, 이들 화학무기영양생물의 짧은 전자전달사슬 때문에 생성하는 ATP의 수율은 낮다. 이런 어려운 생활 방식을 더욱 힘들게 하는 것은 이 중 많은 미생물이 독립영양생물인 점이다. 독립영양생물은 CO_2 및 다른 분자를 환원하기 위해 ATP뿐만 아니라 NAD(P)H(환원력)가 필요하다(그림 11.23). 암모니아, 아질산염, H_2S와 같은 분자는 $NAD(P)^+$/NAD(P)H 산화환원 쌍보다 더 양성의 환원전위를 가진다(그림 11.10). 따라서 이들은 $NAD(P)^+$로 직접 전자를 줄 수 없다. 전자는 더 음성의 환원전위를 갖는 공여체로부터 더 양성의 환원전위를 갖는 수용체로만 자발적으로 이동하는 것을 기억하자. 따라서 이 화학무기영양생물은 이들에게 필요한 NAD(P)H를 만들어야 하는 문제점에 마주친다. 이 미생물은 **역전자흐름**(reverse electron flow)이라는 과정을 이용하여 이 문제를 해결한다. 역전자흐름 동안 무기기질(환원된 질소나 황화합물)의 산화에 의해 나온 전자가 전자전달사슬을 거슬러 이동하여 $NAD(P)^+$를 NAD(P)H로 환원시킨다(**그림 11.25**). 물론 이 과정이 열역학적으로 선호되는 방법은 아니다. 그러므로 비교적 양성의 환원전위를 가진 분자로부터 더 음성의 환원전위를 가진 분자로 전자를 '밀어올리기' 위해 세포에 필요한 다른 종류의 일(ATP 합성, 수송, 운동)을 하는 데 필요한 에너지가 양성자구동력 형태의 에너지로 전환되어야 한다.

전반적으로 미생물에 의한 무기 분자의 사용은 혼란스러울 수 있다. 그 이유는 이들 환원된 무기물 분자들은 화학무기영양에서 전자공여체로 사용되거나, 산소비요구적 호흡에서 최종전자수용체로 사용되기 때문에, 미생물에 따른 이들 무기물의 사용은 다르다. 에너지 보존 측면에서, 미생물에 의한 무기화합물의 사용은 2가지 면을 고려해야 한다. 먼저, "무기 분자의 산화 상태는 무엇인가?" 그것이 완전히 환원된 경우(예: H_2S, NH_3), 분자는 더 이상 전자를 수용할 수 없기 때문에 전자공여체로서만 기능할 수 있다. 그러므로 완전히 환원된 무기물 분자는 화학무기영양에서 전자를 전자전달사슬에 전달하여 에너지를 방출한다. 반대로 무기물이 완전히 산화되었다면(예를 들어, NO_3^-, SO_4^{2-}), 산화된 무기물은 전자를 받을 수는 있지만 줄 수는 없으므로 무산소호흡 동안 최종전자수용체로 작용한다. 완전히 산화되거나 환원되지 않은 분자들은(예: S^0, NO_2^-) 화학무기영양 전자전달사슬에 전자를 전달할 수도 있으며, 무산소호흡에서 최종전자수용체로 작용할 수 있다. 이러한 경우, 특정 미생물의 생리적인 상태를 이해해야 한다.

11.9 플라빈-기반 전자분기

이 절을 학습한 후 점검할 사항:

a. 전자분기가 왜 ATP 가수분해 또는 양성자구동력(PMF)과는 다른 에너지 보존의 기본 기전인지 설명할 수 있다.

b. 열역학적으로 불리한 산화환원 반응을 달성하기 위하여 발열 반응과 흡열 반응을 연결하는 개념을 설명할 수 있다.

최근 어떤 산소비요구성 고균과 세균은 열역학적으로 불리한 에너지 흡수 산화환원 반응 장벽을 우회하기 위하여 열역학적으로 유리한 발열 반응(에너지발생 반응)과 밀접하게 연결하는 것으로 밝혀졌다. 이 과정은 전자의 흐름이 분기되기 때문에 전자분기(bifurcation: 라틴어 *bifurcate*는 '2개의 포크로 나누어진다'를 의미)로 알려져 있다. 하나의 전자(또는 전자쌍)는 에너지흡수 방향으로 움직이고, 다른 하나는 에너지발생 방향으로 움직인다. 현재까지 보고된 모든 전자분기 시스템은 **플라보효소**(flavoenzyme)라고 불리는 플라빈 보조인자를 갖는 세포질효소가 특징이다. 이러한 시스템을 일반적으로 **플라빈-기반 전자분기**(flavin-based electron bifurcation, FBEB)라고 한다. 모든 분지형 플라보효소는 하나의 전자공여체(NADH)를 산화시키면서 동시에 2개의 다른 전자수용체에 전자를 공여한다. 한 수용체의 환원은 에너지발생 반응적으로 되며, 이것은 열역학적으로 덜 유리한 두 번째 수용체의 에너지흡수 반응을 "끌" 수 있도록 된다. 이러한 방식으로 FBEB는 ATP 가수분해가 없는 상태에서 또는 양성자 원동력의 에너지를 이용하여 작업을 수행한다.

FBEB는 전자를 NADH에서 페레독신(Fd)으로 전달하는 산소비요구적인 화학종속영양 세균인 *Clostridium kluyveri*에서 처음 발견되었다. 이 반응은 NADH의 표준 환원전위(E_0')가 −320 mV로, 페레독신 표준 환원전위(E_0', 약 −500 mV)보다 덜 음성이므로 에너지 흡수 반응이다. 이 반응은 에너지발생 반응에 의해 일어나므로 페레독신(Fd)을 환원시키기 위해 전자를 윗 방향으로 올리는(push) 것이다. 동시에 NADH로부터 전자를 크로토닐-CoA로 전달하여 부티릴-CoA (E_0' = −30 mV)로 환원시킨다. 이 반응은 전자가 산화환원전위가 더 음성인 분자로부터 덜 음성인 분자로 흐르는 것이다. 세포질 내의 분기 플라보효소는 전자흐름을 지시하는 교통경찰 역할을 한다(**그림 11.26**). *C. kluyveri*에서 FBEB가 발견된 이후, 다른 FBEB 시스템도 발견되었다. FBEB는 열역학적 한계의 가장자리에 사는 미생물에 중요한 에너지보존 형태인 것으로 보인다. ◀ 세포 작용과 에너지 전달(10.1절)

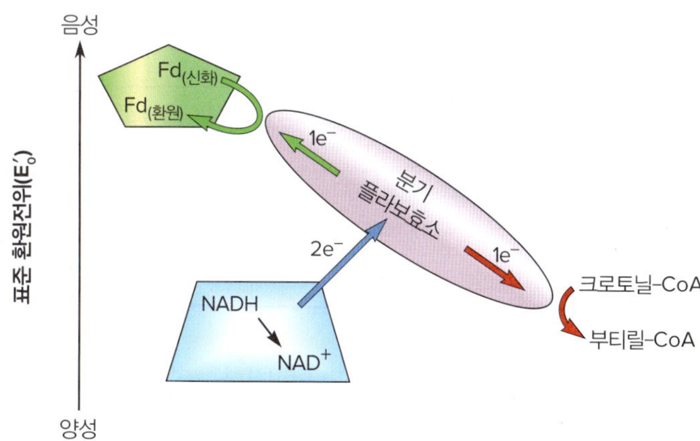

그림 11.26 플라빈-기반 전자분기. 분기 플라보효소(보라색)는 NADH로부터 2개의 전자를 받아들이고 에너지방출 반응인 크로토닐-CoA를 환원함과 동시에 에너지흡수 반응인 페레독신(Fd)의 에너지 환원을 촉진한다. Fd와 크로토닐-CoA를 모두 환원시키려면 2 NADH를 산화시켜야 한다. NAD^+는 해당과정 동안 에너지보존에 기여하는 중심 대사로 돌아간다.

마무리 점검

1. 화학무기영양생물은 어떻게 ATP와 NAD(P)H를 얻는가? 화학무기영양생물이 가장 많이 이용하는 탄소원은 무엇인가?
2. 수소-산화세균, 질화세균, 황-산화세균에 의한 에너지 생산을 서술하시오.
3. 황-산화, 암모니아-산화세균과 고균은 전자를 NAD^+에 줄 수 없는 반면 수소-산화세균과 고균은 전자를 NAD^+에 줄 수 있는 이유는 무엇인가?
4. 역전자흐름이란 무엇이며 대부분의 화학무기영양생물이 이 과정을 수행하는 이유는 무엇인가?
5. 일부 수소산화 화학무기영양 세균은 FBEB를 사용하여 Fd 및 NAD^+를 NADH로 환원하면서 H_2를 $2H^+$ (E_0' = −420 mV)로 산화시킨다. 이들의 산화환원쌍의 E_0'에 대한 전자의 흐름을 보여주는 도식을 작성하시오.

11.10 광영양

이 절을 학습한 후 점검할 사항:

a. 광합성과 광영양을 구분할 수 있다.

b. 산소발생 광영양생물과 산소비발생 광영양생물이 사용하는 광흡수 색소의 구조와 기능을 요약할 수 있다.

c. "엽록소를 이용한 광영양생물에 의한 산화적 인산화와 광인산화는 주로 이 과정을 구동시키는 에너지원이 서로 다르다."라는 말을 옹호할 수 있다.

d. 순환적 광인산화와 비순환적 광인산화를 구분할 수 있다.

e. 산소발생 광합성, 산소비발생 광영양, 로돕신을 이용한 광영양을 비교할 수 있다.

f. 엽록소를 이용한 광영양의 중요성을 보여주는 2가지 예를 들 수 있다.

우리는 어린시절 식물이 빛에너지를 수확한다는 것을 배우지만, 많은 미생물이 빛에너지를 포착하여 ATP와 환원력(예: NADPH)을 합

표 11.6	광영양미생물의 다양성
진핵생물	다세포녹조류, 갈조류, 홍조류, 단세포 원생생물(예: 유글레나, 쌍편모조류, 규조류)
세균	남세균, 녹색황세균, 녹색비황세균, 홍색황세균, 홍색비황세균, 헬리오박테리아, 호산성균
고균	호염성균

성하는 데 사용한다는 사실은 훨씬 덜 인식한다. ATP와 환원력을 이용하여 CO_2를 환원하고 삽입시키는 과정(CO_2 고정)을 **광합성**(photosynthesis)이라 한다. 대부분의 에너지가 태양에너지에서 유래되기 때문에 광합성은 지구에서 가장 중요한 물질대사과정 중 하나이다. 광합성 생물은 생물권 먹이사슬의 기초가 된다. 또한 광합성은 지구 대기에 O_2를 공급해주는 역할을 한다. 대부분의 사람들이 광합성을 식물과 연결시키지만 지구상에서 일어나는 광합성의 반 이상은 미생물에 의해 이루어진다(**표 11.6**). 실제로, 시아노박테리움인 *Prochlorococcus*는 지구상에서 가장 풍부한 광합성 유기체로 생각되며, 생물권의 기능에 주요 기여자이다.

광합성은 2부분으로 나뉜다. **명반응**(light reaction)에서는 빛에너지가 포획되어 화학에너지(ATP)와 환원력(NADPH)으로 전환된다. ATP 합성은 **광인산화**(photophosphorylation)라고 하는 과정인 빛의 흡수에 의해 시작된 PMF의 형성에 의해 수행된다. **암반응**(dark reaction)은 이러한 ATP와 환원력을 사용하여 CO_2를 고정하고 세포성분을 합성한다. **광영양**(phototrophy)이라는 용어는 다양한 세포활동에 연료를 공급하기 위해 빛에너지를 사용하는 것을 의미하지만, 반드시 CO_2 고정은 아니다. 이러한 의미에서 빛을 사용하여 ATP 합성을 유도하지만 탄소 고정은 하지 않는 광종속영양생물은 광영양체로 간주되지만 광합성은 아니다. 이 절에서는 산소 광합성, 무산소 광합성 및 로돕신-기반 광영양의 3가지 유형의 광영양에 대해 논의한다(**그림 11.27**). 광합성의 암반응은 12장에서 검토된다. ▶| CO_2 고정: CO_2 탄소의 환원과 동화(12.3절)

산소발생 광합성에서의 명반응

앞서 설명했듯이 24억 년 전의 대산화 사건은 지구를 영원히 바꿔 놓았다. 산소의 존재는 산소호흡에 의해 연료를 공급받는 더 크고 복잡한 동물의 진화를 가능하게 했다. 그러나 물을 수소와 대기 중의 자유 산소로 분해할 수 있는 남조류의 진화가 없었다면 대산화 사건은 없었을 것이다.

남세균과 내부공생 남세균에서 유래한 엽록체를 포함하는 광합성

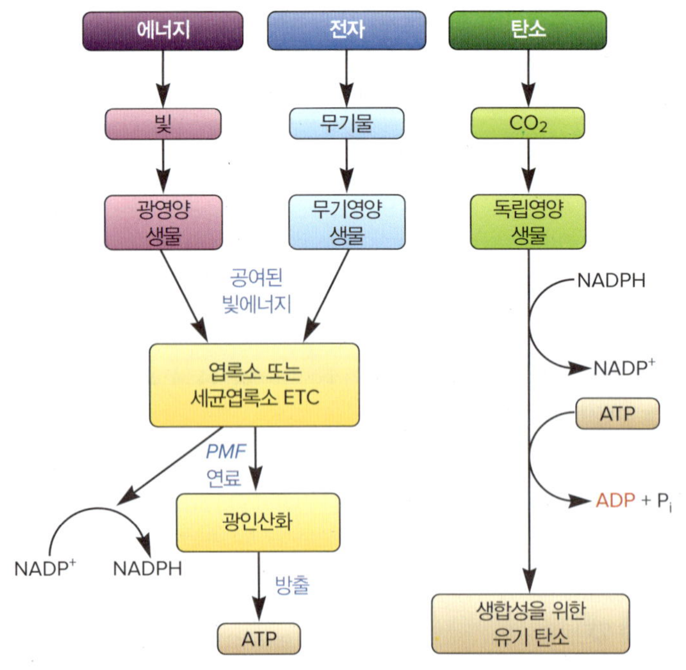

(a) 엽록소-기반 광영양

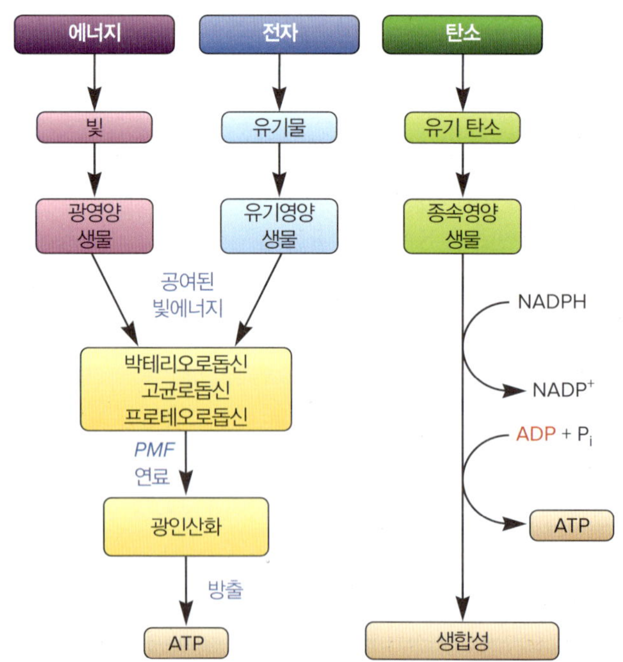

(b) 로돕신-기반 광영양

그림 11.27 광영양 연료화 반응. 광영양생물은 빛을 사용하여 양성자구동력(PMF)을 생성한 다음, 광인산화라는 과정을 통해 ATP를 합성한다. 이 공정에는 흡광성 색소가 필요하다. (a) 색소가 엽록소 또는 세균엽록소의 경우, 빛의 흡수는 막을 가로질러 양성자의 펌핑과 함께 전자전달사슬을 통한 전자흐름을 유발한다. 이러한 광영양 중 많은 부분이 독립영양이며 CO_2를 고정하기 위해 ATP와 환원력을 많이 사용해야 한다. (b) 로돕신-기반 광영양은 PMF가 빛에 의해 유도되는 양성자 펌프인 광흡수 색소에 의해 직접 형성된다는 점에서 다르다.

진핵생물은 **산소발생 광합성**(oxygenic photosynthesis)을 하는데, 물이 환원(분할)될 때 산소가 생성되기 때문에 그렇게 명명되었다. 빛에너지가 화학에너지로 전환될 때 산소가 환경으로 방출된다.

광흡수 색소는 모든 광영양 과정의 중심이다(**표 11.7**). 산소발생 광영양생물에서 가장 중요한 색소는 **엽록소**(chlorophyll)이다. 엽록소는 치환된 피롤 고리 4개(테트라피롤)로 구성된 평면구조로, 4개의 피롤 고리 각각은 피롤 고리 중앙의 질소 원자와 배위 결합된 마그네슘 원자를 갖는다(**그림 11.28**). 피롤 고리는 한 유형의 엽록소를 다른 유형과 구별하는 특정 화학그룹으로 장식되어 있다. 엽록소 고리에 붙은 긴 소수성 꼬리(그림 11.28의 왼쪽 하단에 있는 R 측쇄)는 엽록소가 명반응이 일어나는 위치에 엽록소 막에 부착되는 것을 돕는다. 진핵생물에서는 몇 종류의 엽록소가 발견되는데 그중 가장 중요한 두 종류가 엽록소 *a*와 엽록소 *b*이다. 이 두 분자는 구조와 흡광도에서 약간의 차이가 있다. 둘 다 가시광선 스펙트럼의 적색 범위에서 빛을 흡수하지만(그림 7.21 참조) 엽록소 *a*는 엽록소 *b*보다 약간 긴 파장(665 nm 대 645 nm)에서 빛 흡수 피크를 나타낸다. 엽록소는 적색광을 흡수할 뿐만 아니라 청색광도 강력하게 흡수한다. 엽록소는 주로 빨간색과 파란색 범위에서 흡수하기 때문에 녹색 빛은 반사되고 이러한 유기체(산소발생 광합성 생물)는 녹색으로 보인다.

엽록소는 빛파장의 좁은 범위를 흡수하기 때문에, 다른 광합성 색소는 빛에너지를 포획하는 데 이용된다. 이 중 가장 널리 분포되어 있는 색소가 카로티노이드(carotenoid)로 대개 노란색을 띠고 광범위한 복합 이중결합(conjugated double bond) 체계를 가진 긴 분자이다(**그림 11.29**). β-카로틴은 *Prochloron* 속에 속하는 남세균과 대부분의 광합성 원생생물에 있다. 갈조소(fucoxanthin)는 규조류와 쌍편모조류와 같은 원생생물에서 발견된다. 홍조류와 남세균은 직선의 테트라피롤이 붙은 단백질로 구성된 **피코빌리단백질**(phycobiliprotein)이라는 광합성 색소를 갖고 있다. 이러한 색소들은 미생물들에게 고유한 색상을 부여한다.

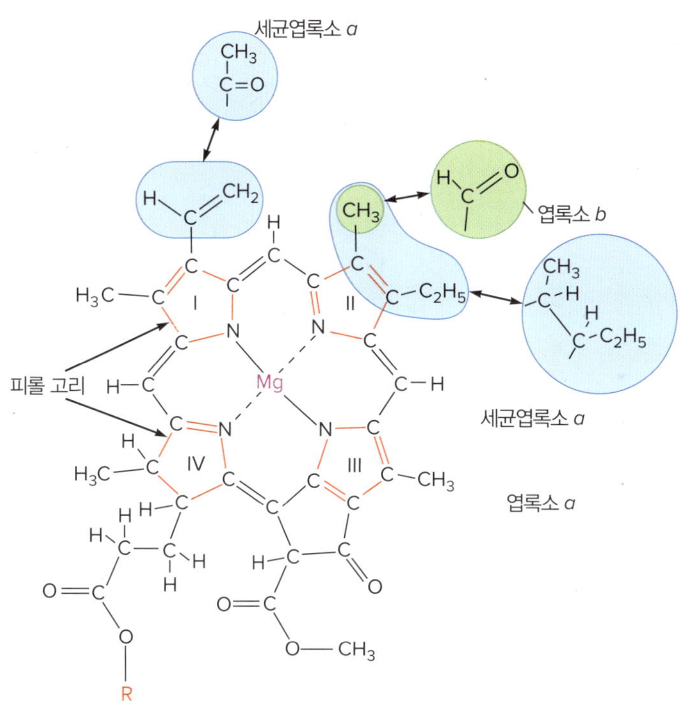

그림 11.28 엽록소 구조. 엽록소 *a*, 엽록소 *b*, 세균엽록소 *a*의 구조. 그림은 엽록소 *a*의 완전한 구조를 보여주고 있다. 엽록소 *b*에서는 이 중 한 그룹만이 다르며(녹색), 세균 엽록소 *a*는 고리구조에 2가지의 변형이 있다(파란색). 세균엽록소 *a*의 곁사슬(R)은 피틸기(20개 탄소의 사슬로 엽록소 *a*와 엽록소 *b*에도 있음) 또는 게라닐게라닐기(피틸기와 비슷한 20개 탄소 곁사슬이지만 이중결합이 3개 더 있음) 중 하나이다. 피롤 고리는 숫자로 매겨져 있으며, 빨간색으로 표시한다.

카로티노이드와 피코빌리단백질은 종종 **보조색소**(accessory pigment)라 불리는데, 광합성에서 이들이 하는 역할 때문이다. 보조색소는 엽록소가 흡수하지 못하는 청록색부터 노란색까지의 파장을 갖는 빛(약 470~630 nm, 그림 20.3 참조)을 흡수하기 때문에 중요하

표 11.7 엽록소-기반 광합성 시스템의 특성

특성	진핵생물	남세균	녹색 및 홍색세균, Helicobacteria, Acidobacteria
광합성 색소	엽록소 *a*	엽록소 *a*[1]	세균엽록소
광계의 수	2	2[2]	1
광합성 전자공여체	H_2O	H_2O	H_2, H_2S, S, 유기물
O_2 생성 양상	산소발생	산소발생[3]	산소비발생
에너지전환 과정의 1차 생성물	ATP + NADPH	ATP + NADPH	ATP
탄소원	CO_2	CO_2	유기물 혹은 CO_2

[1] 남세균 속에 속하는 *Prochlorococcus*는 디비닐 엽록소 *a*와 *b*를 갖고 있다.
[2] 최근 발견한 남세균에는 광계 II가 없다.
[3] 특정 조건에서 어떤 남세균은 산소비발생으로 작용할 수 있다. 예로 *Oscillatoria*는 H_2O 대신 H_2S를 전자공여체로 사용할 수 있다.

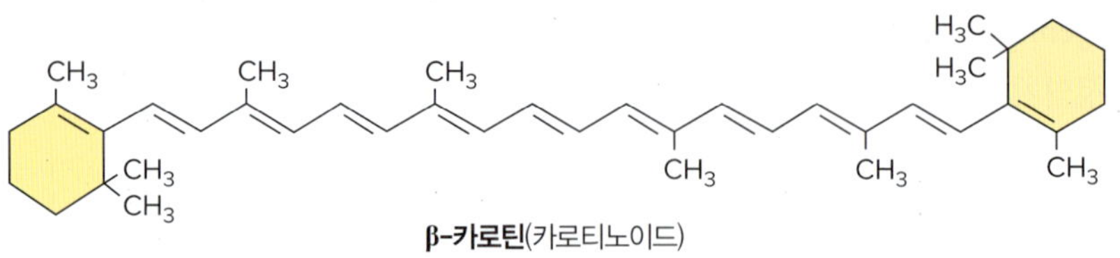

그림 11.29 대표적 보조색소. β-카로틴은 광합성 원생생물과 식물에서 발견되는 카로티노이드이다. 이중결합과 단일결합이 번갈아 있는 긴사슬 구조인 점을 주의하자. 갈조소는 여러 종류의 조류에 있는 카로티노이드 보조색소이다. 피코시아노빌린은 선형으로 연결된 피롤 고리 4개(테트라피롤, 그림 11.28 참조)로 구성되며, 단백질과 결합하여 피코빌리단백질을 형성한다.

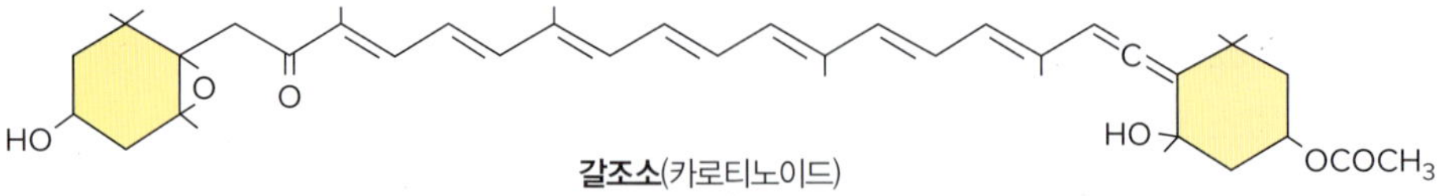

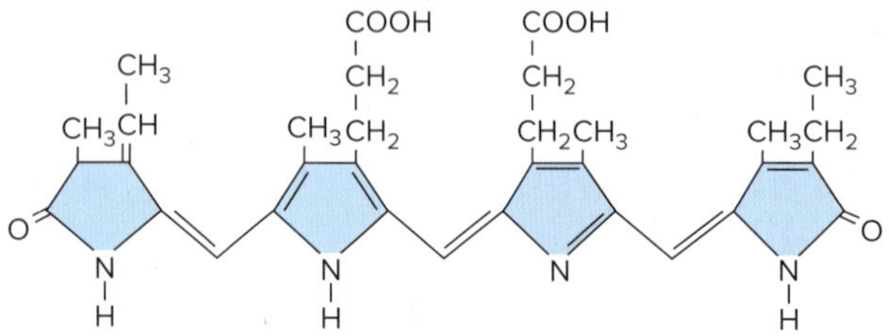

다. 이 빛은 엽록소로 전달되며, 이런 방법으로 보조색소는 가능한 넓은 범위의 파장을 이용해 광합성이 보다 효율적으로 일어나도록 한다. 또한, 보조색소는 서식지에 있는 다른 광영양생물이 이용하지 않는 빛을 보조색소를 가진 생물이 이용할 수 있도록 한다. 또한 보조색소는 미생물을 극심한 태양빛으로부터 보호할 수 있는데, 이런 빛은 색소가 없으면 광합성 기구를 산화시키고 손상시킬 수 있다.

하나의 안테나에는 약 300개의 엽록소 분자와 보조색소는 안테나(antenna)라는 아주 잘 정돈된 배열로 조직되어 있다. 이 구조의 목적은 광자(photon)를 가능한 한 많이 포획할 수 있도록 표면적을 크게 만드는 데 있다. 빛에너지는 안테나에 포획되고 광합성에서 전자전달에 직접 관여하는 특별한 **반응중심 엽록소쌍**(reaction-center chlorophyll pair)에 이를 때까지 보조색소에서 엽록소까지, 엽록소에서 엽록소로 전달된다(그림 21.6 참조). 산소발생 광영양생물에는 2종류의 광계와 상호작용하는 2종류의 안테나가 있다(**그림 11.30**). **광계 I**(photosystem I)은 긴 파장의 빛을 흡수하며 P700이라는 반응중심 엽록소 *a* 쌍으로 에너지를 모아들인다. P700이란 용어는 이 분자가 700 nm 파장의 빛을 가장 효과적으로 흡수하는 것을 의미한다. **광계 II**(photosystem II)는 더 짧은 파장의 빛을 흡수하여 P680이라는 반응중심 엽록소 쌍으로 에너지를 전달한다. 유기체의 필요에 따라 광계 I은 독립적으로 기능할 수 있지만, 다른 경우에는 광계 I과 II가 함께 사용된다. 우리는 함께 작동하는 2개의 광계로 논의를 시작한다.

함께 작동하는 2개의 광계는 ATP와 NADPH를 생성하고, 산소가 방출된다

그림 11.30을 자세히 살펴보면 광계(즉, P680 및 P700) 내의 반응중심 엽록소 쌍에 빛이 흡수될 때 엽록소 분자가 매우 양의 표준 환원전위에서 매우 음의 표준 환원전위로 변한다는 것을 알 수 있다. 즉, 빛을 흡수하면 반응중심의 엽록소가 우수한 전자공여체가 된다. 이를 염두에 두고 먼저 광계 II를 살펴본다. 그것이 빛을 흡수할 때, 활성화된 P680(그림 11.30의 P^*_{680})은 일련의 전자운반체에 전자를 제공하여 궁극적으로 광계 I의 P700에 전자를 제공한다. P680 관련 ETC를 통한 전자의 흐름은 PMF를 생성하며, ATP 합성효소가 ADP와 P_i로부터 ATP를 만드는 데 사용할 수 있다. 그 동안, 광계 I은 빛을 흡수하며 그리고 에너지를 받아 활성화된 반응중심 엽록소(그림 11.30의 P^*_{700})는 전자를 $NADP^+$로 궁극적으로 전달하는 짧은 ETC에 전자를 제공하여 NADPH를 생성한다. 따라서 두 광계가 함께 작동하면 ATP와 NADPH가 모두 생성된다. 전자는 비순환형으로 흐르기 때문에 이것을 비순환형 전자흐름이라고 하며, 생성된 ATP는 **비순환적 광인산화**(noncyclic photophosphorylation)에 의해 만들어진다고 한다.

이 시점에서 세포에는 문제가 있다. P700이 산화되면 그 전자는 P680의 산화로 인해 발생하는 전자로 대체된다. 그러나 P680이 계속 빛을 흡수하려면 전자를 교체해야 한다. 그림 11.30에서 P680의 표준 환원전위가 $\frac{1}{2}O_2/H_2O$ 복합 산화환원 쌍의 환원전위보다 좀더

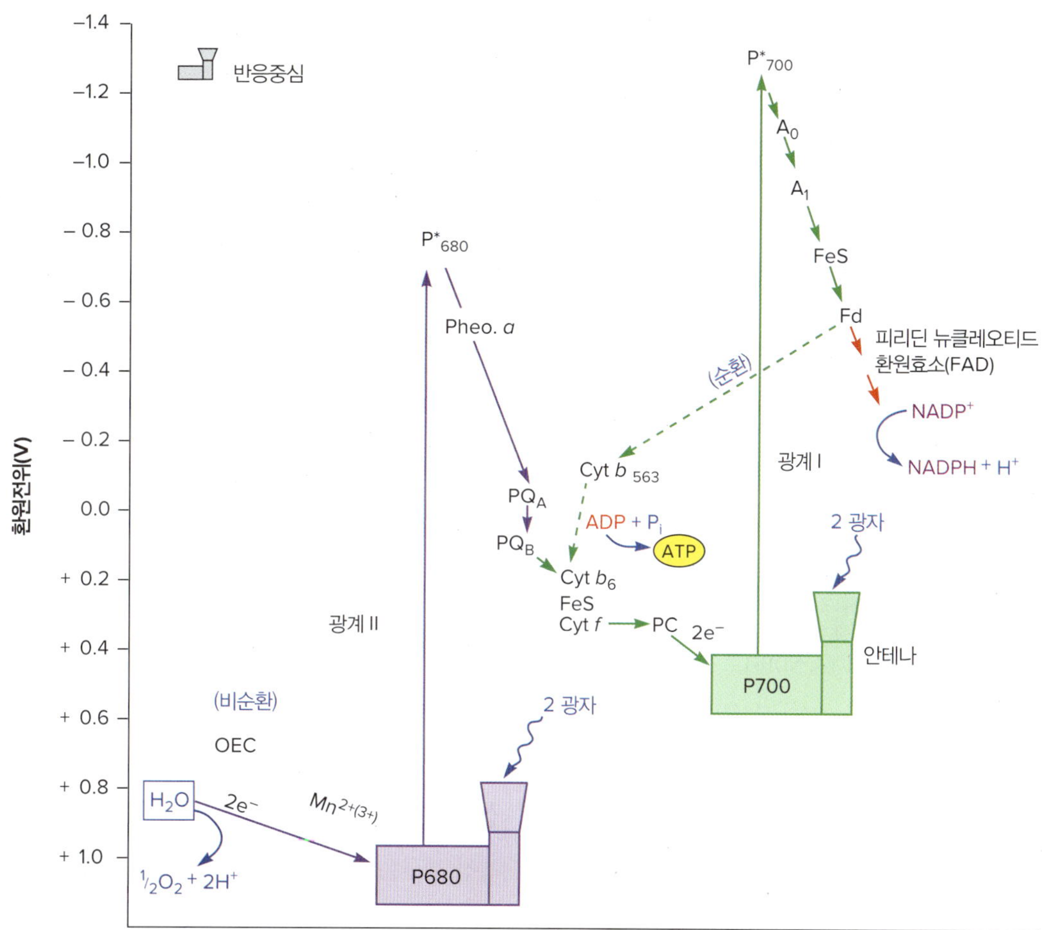

그림 11.30 산소발생 광합성. 남세균과 진핵조류는 어떤 부분에서 차이는 있으나 2개의 광계를 갖는 면에서 비슷하다. 전자전달에 관여하는 운반체는 페레독신(Fd)과 또 다른 철-황 단백질(FeS)이다. 시토크롬 b_6, b_{563}, f, 플라스토퀴논 A와 B (PQ_A & PQ_B), 구리 함유 단백질인 플라스토시아닌(PC), 페오피틴 a(Pheo. a), 특수한 형태의 엽록소(A_0), 그리고 필로퀴논(A_1)도 관여한다. 비순환적 광인산화에는 광계 I(PS I)와 광계 II(PS II) 모두 관여한다. 순환적 광인산화에는 광계 I만이 참여한다. 물에서 전자를 추출하는 산소방출 복합체(oxygen evolving complex, OEC)는 전자를 광계 II 반응중심으로 전달할 수 있도록 하는 망간 이온을 포함한다.

연관 질문 P700으로부터 나온 전자가 $NADP^+$를 환원하는 데 이용될 때, P700의 재환원을 위해 전자를 공급하는 화합물은 무엇인가?

양의 값임을 주목하자. 이것은 H_2O가 P680에 전자를 제공하여 산소를 방출할 수 있음을 의미한다. 이것은 광계 II와 밀접한 관련이 있는 OEC (oxygen-evolving complex) 또는 water-splitting complex라고 하는 금속 함유효소에 의해 수행된다. 광계 II가 빛을 흡수함에 따라 OEC의 Mn 원자는 점점 산화되어 H_2O에서 전자를 추출하여 광계의 단백질로 전달한 다음 이를 P680으로 전달한다. 이 과정에서 양성자는 광합성 기구가 있는 막을 가로질러 이동한다. 따라서 물에서 산소가 발생하는 것도 PMF에 기여한다.

광계 I 혼자 작업하면 ATP만 생성된다

이제 혼자 기능하는 광계 I에 주의를 돌려본다. 그림 11.30에서 전자가 P^*_{700}에서 광계 I 관련 ETC로 전달될 때 페레독신(Fd)에서 분기점에 도달한다는 점에 주목하자. 광계 I이 단독으로 기능할 때 전자는 점선을 따라 광계 II 관련 ETC (cyt b_6)의 전자운반체로 이동한다. 거기에서 전자는 결국 P700으로 돌아온다. 이 경우 전자는 순환 방식으로 흐른다. 이것은 여전히 ATP를 합성하는 데 사용할 수 있는 PMF를 생성하며, 이를 **순환적 광인산화**(cyclic photophosphorylation)라고 한다. 또한 전자가 Fd에서 전환되었기 때문에 $NADP^+$를 NADPH로 환원하는 데 사용할 수 있는 전자가 없다. 따라서 광계 I이 단독으로 기능할 때 세포는 ATP만 사용할 수 있다.

유기체가 특정시간에는 두 광계를 모두 사용해야 하고 다른 시간에는 광계 I만 사용해야 하는 이유를 묻고 있다. 그 대답은 암반응의 요구사항과 관련이 있다. 산소발생 광영양의 암반응은 CO_2 1개를 탄수화물(CH_2O)로 환원하는 데 ATP 3개와 NADPH 2개를 쓴다.

$$CO_2 + 3ATP + 2NADPH + 2H^+ + H_2O \rightarrow (CH_2O) + 3ADP + 3P_i + 2NADP^+$$

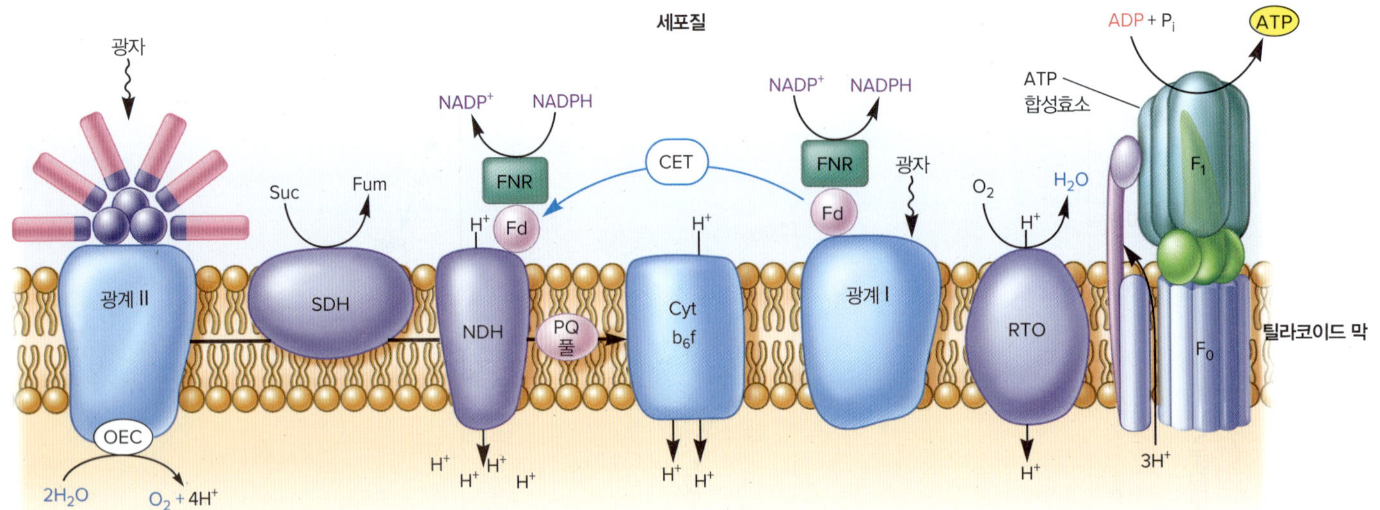

그림 11.31 일반화된 시아노박테리아 전자전달사슬. 시아노박테리아 광합성 및 호흡기 ETC는 틸라코이드 막에 내장되어 있는 공통 구성요소를 공유한다. 빛에너지를 화학에너지로 변환하는 것은 OEC(산소-발생 복합체)를 갖는 광계 II (PSII)에서 시작된다. 전자는 시토크롬 b_6f 복합체(Cyt b_6f)와 광계 I(PSI)에 전달된다. 순환 전자전달(CET)은 NADPH 탈수소효소(NDH) 복합체가 관여한다. 또한 틸라코이드 막은 호흡 성분, 특히 숙신산 탈수소효소(SDH), NDH 및 호흡 말단 산화효소(RTO)를 포함한다. 페레독신(Fd)은 Fd-NADP$^+$ 환원효소(FNR)를 통해 NADPH에서 NDH-1로 전자를 전달하는 것으로 생각된다. 광합성 ETC는 세포 합성 및 성장을 위해 ATP 합성효소와 NADPH를 통해 ATP를 재생한다. PQ: 플라스토퀴놀.

산소발생 광영양생물은 이러한 수요를 충족시키기 위해 비순환적 전자흐름과 순환적 전자흐름을 사용한다. 비순환 시스템은 전자 1쌍당 NADPH 1개와 ATP 1개를 생산한다. 따라서 전자 4개가 시스템을 지나가는 동안 NADPH 2개와 ATP 2개가 생산된다. 물에서 NADP$^+$로 4개의 전자를 전달하려면, 총 8개의 빛에너지(각 광계에 대해 4개의 양자)가 필요하다. CO_2 고정에 필요한 ATP와 NADPH의 비율이 3:2이기 때문에 적어도 하나의 ATP가 더 공급되어야 한다. 순환적 광인산화는 아마도 독립적으로 작동하여 여분의 ATP를 생성할 것이다. 이것은 또 다른 2~4개의 양자를 흡수해야 한다. 따라서 광합성 동안 1분자의 CO_2를 감소시키고 통합하는 데 약 10~12 양자의 빛에너지가 필요하다. ▶| CO_2 고정: CO_2의 탄소 환원과 동화(12.3절)

빛이 엽록소-기반 광영양을 위한 에너지원이지만 ATP를 만드는 데 사용되는 과정은 화학영양에서 볼 수 있는 것과 거의 동일하다는 점을 다시 강조할 가치가 있다. ETC에서 발생하는 산화환원 반응은 ATP 합성효소가 ATP를 만드는 데 사용하는 PMF를 생성한다. PMF 발생은 광합성 명반응에서 시아노박테리아 세포막을 가로질러 발생하나, 식물세포에서는 틸라코이드 막에 위치하나, 가로질러 발생한다. **그림 11.31**을 주의 깊게 살펴보면 호흡기 ETC 단백질도 같은 막 안에 위치한다는 것을 알 수 있다. 시아노박테리아는 식물과 마찬가지로 특히 어두울 때 호흡한다.

산소비발생 광합성에서의 명반응

특정 세균은 **산소비발생 광합성**(anoxygenic photosynthesis)이라고 불리는 두 번째 유형의 광합성을 수행한다. 광합성이라는 용어가 사용되지만 이들 세균 대부분은 광종속영양체로 기능할 수 있으며 항상 빛에서 얻은 에너지를 사용하여 CO_2를 고정하는 것은 아니다. **산소비발생 광영양**(anoxygenic phototrophy)은 더 나은 용어이다. 그것은 물 이외의 분자가 전자공급원로 사용되어 O_2가 생성되지 않는다는 사실에서 그 이름을 파생하였다. 이 과정은 또한 (1) 사용된 색소, (2) 단 하나의 광계만 참여, (3) 환원력을 생성하는 데 사용되는 메커니즘 측면에서 다르다. 5개의 박테리아 문의 구성원은 산소비발생 광영양을 수행한다[Proteobacteria(홍색황세균 및 홍색비황세균), Chlorobi(녹색황세균), Chloroflexota(녹색비황세균), Firmicutes(헬리오박테리아) 및 Acidobacteria]. 이 유기체의 생물학과 생태는 20장, 21장, 22장에서 자세히 설명한다.

산소비발생 광영양생물은 **세균엽록소**(bacteriochlorophyll, 그림 11.28)라는 광합성 색소를 가지고 있다. 세균엽록소는 산소발생 광합성에 사용되는 엽록소와 구조적으로 유사하나, 산소에 민감하여 산소비발생 광영양을 수행하는 세균에서만 발견된다. 일부 세균에서 세균엽록소는 클로로솜(chlorosome)이라는 막으로 둘러싸인 소낭 안에 있다(그림 20.4 참조). 세균엽록소의 최대 흡광파장은 엽록소의 최대 흡광파장보다 더 길어서 적외선 파장을 흡수한다. 더 넓은 범위의 파장을 흡수함으로 이 세균이 생태적 지위에 더욱 잘 적응하도록

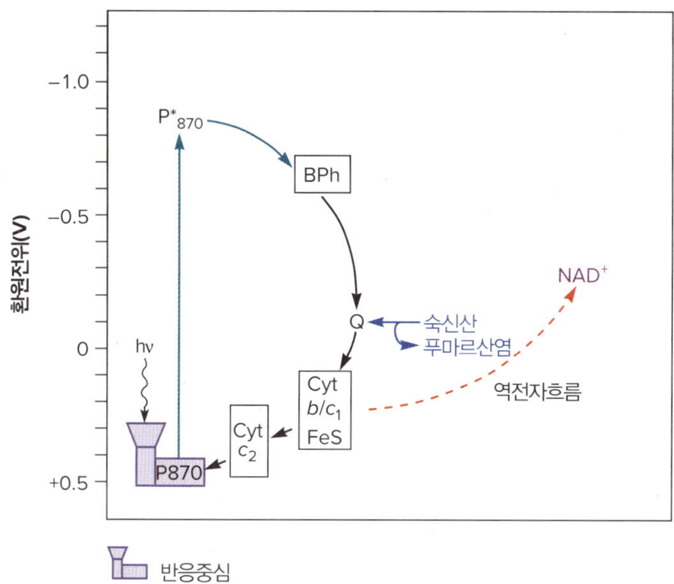

그림 11.32 홍색비황세균의 광영양. 홍색비황세균, *Rhodobacter sphaeroides*의 광합성 전자전달사슬이다. 유비퀴논(Q)은 조효소 Q와 아주 비슷하다. 전자공급원으로 작용하는 숙신산은 파란색으로 나타냈다. BPh: 박테리오페오피틴.

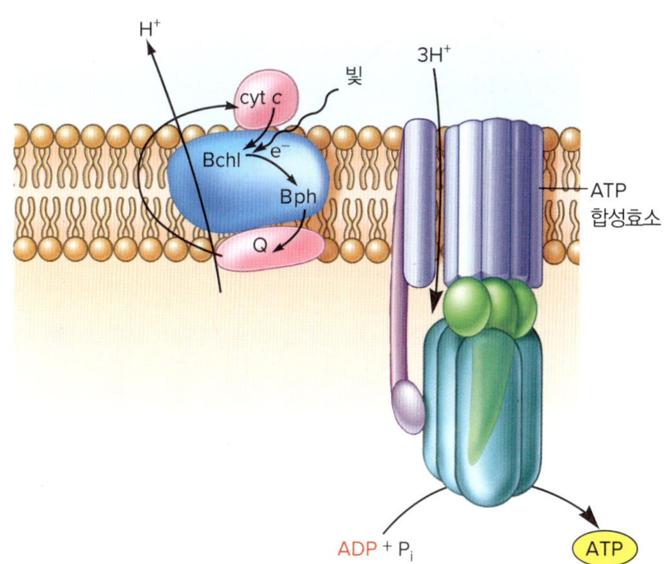

그림 11.33 산소비발생 광영양 동안 순환적 전자흐름. *Blastochloris viridis*의 광계를 나타내고 있다. Bchl: 세균엽록소, Bph: 박테리오페오피틴, Q: 퀴논, cyt c: 시토크롬 c.

한다. ▶ 광합성 세균은 다양하다(20.4절)

산소비발생 광영양생물과 산소발생 광영양생물의 주요 차이점은 산소비발생 광영양생물은 광계 하나만을 가지고 있기 때문이다. 산소비발생 광영양생물은 순환적 광인산화에 국한되므로 H_2O에서 O_2를 생성할 수 없다. 실제로 거의 모든 산소비발생 광영양생물이 절대산소비요구성 생물이다. 실제로 거의 모든 산소비발생 광영양생물이 절대산소비요구성 생물이다. 2개의 홍색비황세균의 광영양성 ETC에 대한 계획은 **그림 11.32**와 **그림 11.33**에 나와 있다. 반응중심 세균엽록소 P870이 여기되면 ETC에 전자를 제공하여 전자를 P870으로 다시 전달하는 동시에 ATP 합성효소에 의한 ATP 합성을 유도하기에 충분한 PMF를 생성한다. ▶ 녹색황세균(20.4절); 홍색비황세균은 산소비발생 광합성을 수행한다(21.1절)

ATP를 만드는 것 외에도 산소비발생 광독립영양생물은 CO_2 고정 및 다른 생화학과정(광독립영양생물 및 광종속영양생물)을 위해 환원력[NAD(P)H 또는 환원된 페레독신]이 필요하기 때문에 또 다른 문제에 직면한다. 이들은 세균의 종류에 따라 적어도 3가지 방법으로 환원력을 만들 수 있다. ① 몇몇은 수소화효소(hydrogenases)를 가지고 있어 수소 기체를 산화하여 직접 NAD(P)H를 생성하는 데 이용한다. 이는 수소 기체가 NAD^+보다 환원전위가 더 음성이기 때문에 가능하다(그림 11.10). ② 광합성 홍색세균 같은 다른 미생물은 역전자흐름을 이용하여 NAD(P)H를 생성한다(그림 11.32). 이 기전에서 전자는 광합성의 전자전달사슬에서 빠져나와 PMF를 이용하여 $NAD(P)^+$로 밀려 올라간다. 이 과정은 $NAD(P)^+$/NAD(P)H의 환원전위보다 양성인 환원전위를 갖는 무기 에너지원을 이용하는 화학무기영양생물에서 살펴본 과정과 비슷하다. ③ 광영양 녹색세균과 헬리오박테리아도 전자전달사슬에서 전자를 빼내야 한다. 그러나 이 과정이 일어나는 운반체의 환원전위가 NAD^+ 및 산화된 페레독신보다 더 음성이기 때문에, 전자는 이 전자수용체로 자발적으로 흐른다. 따라서 이 세균은 간단한 형태의 비순환적 광합성 전자흐름을 보여준다(**그림 11.34**). 광합성 전자전달사슬에서 전자를 빼낸다는 것은 전자가 채워지지 않는 한, 연속적인 PMF 생성은 중단된다는 의미이다. 황화수소, 황 원소 및 유기화합물 같은 전자공여체에서 나온 전자는 이 방법을 이용하여 전자전달사슬에서 제거된 전자를 대체한다.

로돕신을 이용한 광영양

지금까지 우리는 엽록소-기반 광영양 유형에 대해 논의했다. 즉, 엽록소 또는 세균엽록소를 사용하여 빛을 흡수하고 빛에너지를 화학에너지로 전환하기 시작한다. 그러나 많은 세균과 고균이 엽록소와 무관한 광영양을 할 수 있다. 이 미생물은 많은 다세포 유기체의 눈에서 발견되는 것과 유사한 분자인 미생물 로돕신 형태에 의존한다. 최초의 미생물 로돕신은 특정 고균에서 발견되었다. 그러나 그것은 아주 오래 전에 처음 기술되어 박테리오로돕신(bacteriorhodopsin)이라고 명명되었다. 지금은 이 분자를 정확하게 **아키로돕신**(archaeorhodopsin)이라고 불러야 한다. 그 이후 많은 종류의 로돕신이 프로

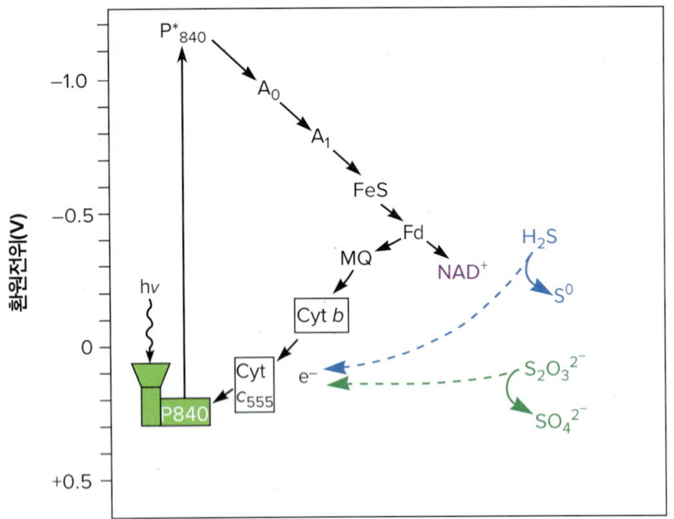

그림 11.34 녹색황세균의 명반응. 빛에너지는 순환적 광인산화에 의해 ATP를 만들기 위하여 사용되며, 또한 티오황산염($S_2O_3^{2-}$) 및 H_2S(녹색 및 파란색)에서 NAD^+로 전자를 이동하는 데 사용된다. ETC는 A_0(세균엽록소 663), A_1, 퀴논 유사 분자, FeS(반응중심 내의 철-황 분자), Fd(페레독신), MQ(메나퀴논), 및 2개의 다른 시토크롬(Cyt) 등으로 구성된다.

테오박테리아[Proteobacteria: 따라서 프로테오로돕신(proteorhodopsin)이라고 부름], 플라보박테리아, 극호염성 세균(호염성 로돕신, xanthorhodopsin), 일부 진핵생물에서 발견되었다. 그중 호염성 고균인 *Halobacterium salinarum*의 아키로돕신이 가장 잘 연구되었기 때문에 여기에서 살펴본다. ▶| 호염성 고균(19.5절)

*H. salinarum*은 유기에너지원에서 에너지를 얻기 위해 산소호흡에 의존한다. 이 생물은 무산소호흡이나 발효를 이용한 무산소적 생장을 할 수 없다. 그러나 산소 농도가 낮고 빛이 강한 조건에서는 짙은 보라색 색소인 아키로돕신을 합성한다. 아키로돕신의 발색소는 카로티노이드의 한 종류인 레티날(retinal)에서 유래한다. 레티날은 원형질막에 포함된 단백질에 공유결합으로 연결되어 원형질막 안에 박혀 있는데, 이때 레티날은 막의 중심에 위치한다.

아키로돕신은 빛을 동력으로 하는 양성자 펌프로 작용한다. 레티날이 빛을 흡수할 때 양성자가 방출되고 아키로돕신은 양성자를 주변세포질 공간으로 이동시키도록 일련의 구조 변형을 거친다. 빛을 동력으로 하는 양성자 펌프는 화학삼투에 의해 ATP 합성의 동력으로 이용될 수 있는 pH 기울기를 발생시킨다. 이런 광영양생물의 능력은 *H. salinarum*에게 특히 유용한데 이는 염 농도가 높은 용액에 산소가 잘 녹지 않으므로, 이들의 서식지에는 산소가 아주 적은 양만 있을 것이기 때문이다. 주변이 일시적으로 무산소 상태가 되면 고세균은 산소 수준이 다시 높아질 때까지 빛에너지를 이용하여 생존에 충분한 ATP를 합성한다. 이런 유형의 광영양에는 전자전달이 관여하지 않는 점을 주목하자.

미생물 로돕신이 해양 생태계에서 흔하다는 발견은 대사전략 간의 경계를 흐리게 한다. 현재까지 모든 로돕신 함유 미생물은 유기탄소를 탄소, 전자 및 에너지의 공급원으로 사용하는 화학유기종속영양생물이다. 로돕신-기반 양성자 펌프 작용은 ETC를 통해 NADH를 산화시키지 않고도 PMF를 생성한다. 이것이 이 미생물에게 의미하는 바는 무엇일까? 이러한 미생물 중 다수는 유기탄소가 제한된 영양소가 고갈된 환경에서 살고 있다. 유기체가 흡수하는 각 유기 분자와 함께, 유기체는 그것을 산화시켜 NADH와 ATP를 만들거나 혹은 NADPH와 ATP를 희생시키면서 환원시켜 성장을 위한 더 많은 거대분자를 만들지 "결정"해야 한다. 로돕신-기반 양성자 펌프 작용을 사용하면 귀중한 유기 탄소를 많이 분해하지 않고도 ATP를 합성할 수 있다. 즉, 로돕신-매개 광영양을 수행함으로써 이러한 화학유기종속생물은 에너지를 위해 산화하기보다는 성장을 위해 더 많은 유기탄소를 분류할 수 있다. ▶| 대양의 미생물은 제한된 영양에 적응되어 있다(29.2절)

마무리 점검

1. 다음 용어 명반응, 암반응, 엽록소, 카로티노이드, 피코빌리단백질, 안테나, 광계 I, 광계 II를 정의하시오.
2. P700과 같은 반응중심 엽록소 쌍이 빛을 흡수할 때 무슨 일이 일어나는가?
3. 보조색소의 기능은 무엇인가?
4. 광인산화란 무엇인가? 순환적 광인산화와 비순환적 광인산화의 차이는 무엇인가?
5. 산소비발생 광영양과 산소발생 광합성을 비교하고 상반되는 점을 찾으시오. 어떻게 이 두 종류의 광영양이 로돕신을 이용한 광영양과 다른가?
6. 산소발생 광합성을 수행하는 세균종을 분리하였다고 가정하자. 이 세균이 가지고 있을 가능성이 큰 광계는 무엇인가? 이 세균이 속할 가능성이 가장 높은 세균 그룹은 무엇인가?

요약

11.1 대사적 다양성과 영양형식

- 모든 생물체에서 탄소원, 에너지원, 전자원이 필요하다. 생물학자들은 이러한 필요가 어떻게 충족되는지 설명하는 용어를 고안했다(그림 11.1).
- 종속영양생물은 환원된 유기분자를 생합성을 위한 탄소원으로 이용한다. 독립영양생물은 CO_2를 1차 또는 유일한 탄소원으로 이용한다.
- 광영양생물은 빛에너지를 이용하고, 화학영양생물은 화학물질을 산화하여 에너지를 얻는다.
- 전자를 무기영양생물은 환원된 무기물에서 얻고, 유기영양생물은 환원된 유기물에서 얻는다.
- 대부분의 생물은 5개의 영양 그룹 광무기독립영양생물, 광유기종속영양생물, 화학무기독립영양생물, 화학무기종속영양생물, 화학유기종속영양생물 중 하나에 속한다(표 11.1).

11.2 2가지 화학유기영양적 연료공급 과정이 있다

- 화학유기영양 미생물은 에너지 대사과정 동안 3종류의 전자수용체를 이용할 수 있다(그림 11.3). 산화된 영양분에서 나온 전자는 내인성 전자수용체로 전달되거나(발효), 산소로 전달되거나(산소호흡), 산소 이외의 다른 외부 전자수용체로 전달된다(무산소호흡).
- 화학유기영양생물은 다양한 분자를 에너지원, 전자원, 탄소원으로 이용할 수 있다. 이 분자는 포도당 이화과정에 이용되는 경로로 모여들어 가는 과정에 의해 분해된다(그림 11.4).

11.3 산소호흡은 포도당 산화로부터 시작된다

- 포도당의 산소호흡은 포도당을 피루브산으로 분해하는 해당과정으로부터 시작한다.
- 해당과정은 가장 넓은 의미에서 포도당을 피루브산으로 분해하는 데 사용되는 모든 경로를 의미한다.
- 엠덴-마이어호프 경로에는 6-탄소 단계와 3-탄소 단계를 갖는다. 순생산량은 NADH 2개, ATP 2개이며, ATP는 기질수준 인산화에 의해 생성된다. 이 경로는 여러 가지 전구대사물질도 생산한다(그림 11.5).
- 엔트너-도우도로프 경로에서 포도당은 피루브산과 글리세르알데히드 3-인산으로 분해된다(그림 11.6). 글리세르알데히드 3-인산은 엠덴-마이어호프 경로의 효소에 의해 산화되어 ATP와 NADH, 또 다른 피루브산 분자를 제공할 수 있다.
- 5탄당 인산 경로에서 포도당 6-인산은 두 번 산화되어 5탄당 및 다른 당으로 전환된다. 이 경로는 NADPH, ATP, 여러가지 전구대사물질을 제공한다(그림 11.7).
- 엠덴-마이어호프 및 5탄당 인산 경로는 양쪽성이며 이화작용과 동화작용 모두에서 기능하다.
- 해당 경로의 피루브산은 효소 피루브산 탈수소효소에 의해 촉매되는 반응에 의해 TCA 회로로 공급된다. 그것은 피루브산을 아세틸-CoA로 전환시킨다. 이 과정에서 피루브산의 탄소 중 하나가 이산화탄소 형태로 방출되고 하나의 NADH가 생성된다.
- TCA 회로는 아세틸-CoA를 CO_2로 산화시키고 아세틸-CoA 1개당 GTP 1개, NADH 3개, $FADH_2$ 1개를 생성한다(그림 11.8). 이 과정은 여러 가지 전구대사물질도 생성한다.

11.4 전자전달과 산화적 인산화는 대부분의 ATP를 생성한다

- 환원된 유기분자의 산화로 생성된 NADH와 $FADH_2$는 전자전달사슬(ETC)에서 산화될 수 있다. 전자는 더 음성인 환원전위를 가진 운반체로부터 더 양성인 전위를 가진 운반체로 흐른다(그림 11.9 및 그림 11.10).
- 전자가 전자전달사슬을 통해 흐르면 양성자가 막을 가로질러 이동하여 PMF(Proton Motive Force)를 생성한다. PMF는 산화적 인산화에 의한 ATP 합성에 사용된다.
- 세균과 고균의 전자전달사슬은 가지가 있는 경로가 있고, 이용하는 전자운반체가 다르다는 점에서 진핵생물의 사슬과 나르다(그림 11.11 및 그림 11.12).
- ATP 합성효소는 ATP 합성을 촉진한다(그림 11.14). 세균과 고균의 ATP 합성효소는 원형질막 안쪽 표면에 있다. ATP 합성효소는 PMF를 이용하여 ATP를 합성한다.
- 진핵생물에서 NADH에 대한 P/O 비는 약 2.5이고 $FADH_2$에 대한 P/O 비는 약 1.5이다. 일반적으로 세균과 고균 사슬에서 P/O 비는 현저히 낮다. 진핵생물에서 산소호흡은 최대 32개의 ATP를 생산할 수 있다(그림 11.15).

11.5 무산소호흡은 산소호흡과 동일한 단계를 사용한다

- 무산소호흡은 O_2 이외에 다른 외인성 분자를 최종전자수용체로 이용하여 전자를 전달한다. 가장 일반적인 수용체는 질산염, 황산염, CO_2이다(그림 11.16과 표 11.2).
- 무산소호흡은 산소호흡보다 적은 에너지를 만드는데, 그 이유는 대체 전자수용체의 환원전위가 산소보다 더 작은 양성의 값

을 가지기 때문이다. 그래서 무산소호흡의 전자전달사슬은 더 짧고 더 적은 수의 양성자가 막을 가로질러 이동시킨다.

11.6 발효는 전자전달사슬이 관여하지 않는다

- 발효 동안, 포도당으로부터 피루브산까지의 이화작용으로 생산된 NADH를 재산화하기 위하여 내인성 전자수용체가 이용된다(그림 11.17). 전자공여체로부터 전자수용체로의 전자흐름에 전자전달사슬이 이용되지 않으며, 대부분의 생물체에서 ATP는 기질수준 인산화에 의해서만 합성된다.
- 다양한 종류의 발효과정이 있다. 이 과정은 의학계와 산업계에 있어 실질적으로 중요하다(그림 11.18).

11.7 포도당이 아닌 다른 유기 분자의 이화작용

- 미생물은 세포 밖에 있는 많은 탄수화물을 분해한다. 단당류는 섭취되어 인산화되고 이당류는 가수분해나 인산가수분해에 의해 단당류로 절단된다. 외부 다당류는 가수분해에 의해 분해되고 그 생성물은 흡수된다. 세포내 글리코겐과 녹말은 인산가수분해에 의해 포도당 1-인산으로 전환된다(그림 11.19).
- 중성지방은 리파아제라고 부르는 효소에 의해 글리세롤과 지방산으로 가수분해된다. 지방산은 대개 β-산화과정을 통해 아세틸-CoA로 산화된다(그림 11.21).
- 단백질은 아미노산으로 가수분해된 다음 탈아미노화된다(그림 11.22). 탈아미노화에 의해 생성된 탄소골격은 발효되거나 TCA 회로로 들어갈 수 있다(그림 11.4).

11.8 화학무기영양: 바위를 먹다

- 화학무기영양생물은 무기화합물(보통 수소, 환원 질소 및 황 화합물 또는 철)을 사용하여 전자전달사슬에 전자를 제공한다. O_2는 일반적인 말단 전자수용체이다(그림 11.23 및 표 11.4). 생성된 PMF는 ATP 합성효소에 의해 ATP를 만드는 데 사용된다.
- 화학무기영양생물에 의해 이용되는 많은 에너지원은 NAD^+/NADH 산화환원 쌍보다 더 양성의 표준 환원전위를 가진다(그림 11.10). 이런 화학무기영양생물은 역전자흐름을 가동시키고, CO_2 고정 및 다른 과정에 필요한 NADH를 생성하기 위해 에너지(PMF)를 지출해야 한다(그림 11.25).

11.9 플라빈-기반 전자분기

- 일부 혐기성 세균과 고균은 전자를 전달하는 세포질 플라보효소를 사용하여 에너지를 보존하므로 에너지흡수 산화환원 반응이 에너지발생 산화환원 반응과 결합되어 있기 때문에 가능하다(그림 11.26).

11.10 광영양

- 산소발생 광합성에서 진핵생물과 남세균은 엽록소와 보조색소로 빛에너지를 포획하고 광계 I, II를 통해 전자를 이동시켜 ATP와 NADPH를 만든다(명반응). ATP와 NADPH는 암반응에서 CO_2를 고정시키는 데 이용된다(그림 11.30).
- 순환적 광인산화는 광계 I만이 관여하며 ATP만 생성한다. 비순환적 광인산화에는 광계 I, II가 함께 작용하여 물에서 나온 전자를 $NADP^+$로 전달하고 ATP, NADPH, O_2를 생성한다(그림 11.31). 두 경우 모두, 전자흐름이 PMF를 생성하고 이는 다시 ATP 합성효소가 ATP를 만드는 데 이용된다.
- 산소비발생 광영양생물은 세균엽록소가 있고 1개의 광계만 가진다는 점에서 산소발생 광영양생물과 차이가 난다(그림 11.32~그림 11.34). 순환적 전자흐름은 PMF를 생성하고 이는 다시 ATP 합성효소가 ATP를 만드는 데 이용된다(즉, 순환적 광인산화). 이들은 전자흐름과 환원력 생산을 위한 전자공여체로 물 이외의 다른 분자를 이용하기 때문에 산소비발생성이다. 일부 세균과 고균은 양성자를 퍼내는 색소인 로돕신을 이용하여 광영양을 한다. 이런 유형의 광영양은 PMF를 생성하지만 전자전달사슬은 없다. 이러한 유형의 광영양은 PMF를 생성하지만 전자전달사슬을 포함하지 않으며, 종속영양생물의 에너지 요구량을 보충한다.

심화 학습

1. 황 화합물을 에너지와 전자의 공급원으로 사용하는 호열성 화학영양체를 어떻게 분리할 수 있는가? 무산소호흡에서 황 화합물을 사용하여 세균을 분리하려면 배양시스템에서 어떤 변화가 필요한가? 사용된 배지에 존재하는 황 분자의 분석을 통해 어떤 과정이 진행되고 있는지 어떻게 알 수 있는가?
2. 특정 화학물질은 양성자와 다른 이온이 막을 가로질러 새어나

가게 하여 전자전달사슬에서 전자흐름에 의해 생기는 전하기울기와 양성자 기울기의 생성을 방해한다. 이런 현상이 화학삼투설을 지지하는가? 답변에 대한 이유를 설명하시오.

3. 대장균을 포함한 2개의 플라스크를 동일한 배지(2% 글루코오스 및 아미노산, 질산염 없음) 및 동일한 온도(37°C)에서 회분(단회) 배양으로 성장시켰다. 배양액 #1은 산소조건에서, 배양액 #2는 무산소에서 배양한다. 16시간 후 다음과 같은 관찰이 이루어진다.
   - 배양 #1은 세포 밀도가 높다. 세포는 정지상에 있는 것으로 보이며, 배지 중의 포도당 수준은 1.2 %로 감소된다.
   - 배양 #2는 세포 밀도가 낮다. 세포는 세대시간이 길어지지만(1시간 이상) 대수기 단계인 것으로 보인다. 포도당 수준이 약 0.2%로 감소한다.

   이 현상은 파스퇴르 효과로 알려졌다. 파스퇴르가 했던 것처럼, 배양 #2의 성장 속도가 느리고 균체량이 적더라도 배양 #2가 배양 #1에 비해 포도당이 너무 적은 이유를 밝히시오.

   (힌트 : 스포츠카 또는 오래된 고물차로 얻은 가스 마일리지를 서로 비교하는 것이 도움이 될 수 있다.)

4. 이 장의 시작이야기 연구에서 버클리 핏 호수에 대한 설명을 검토하시오. 중금속 외에도 물에는 황산염 농도가 높다. 호수에서 분리될 수 있는 영양 유형을 예측한다. 그들은 에너지와 전자원으로 무엇을 사용할 수 있는가? 호수의 화학영양생물은 ETC에 대한 말단 전자수용체로 무엇을 사용할 수 있는가?

5. 세균 지속자는 특정 항균제 내성 메커니즘이 없음에도 불구하고 항생제 존재하에서 생존하는 세포이다(그림 9.17 참조). 박테리아 지속성이 항생제의 영향을 어떻게 견디는지는 불분명하다. 천천히 자라는 세균은 항균제의 성장 억제를 "무시"할 수 있다고 제안되었다(이유를 생각해보시오). 미생물학자 그룹은 요로병성 대장균(요로 감염을 일으키는 대장균)의 지속 세포를 조사했다. 그들은 지속성 표현형을 가진 세포가 코엔자임 Q 기능을 촉진하는 PasT라고 불리는 단백질이 결핍된 돌연변이라는 것을 발견했다. 왜 그럴 수 있는지 토론하시오. 이 돌연변이 균주는 어떤 다른 표현형을 나타낼 수 있는가? (힌트: PMF의 크기를 측정하는 것이 가능하다.) 비병원성 대장균은 조건부산소비요구성세균이다. 무산소호흡을 사용할 때 이러한 돌연변이가 지속성 표현형을 발현하는가? 발효의 경우에는 어떨까?

참고문헌: Fino, C., et al. 2020. PasT of *Escherichia coli* sustains antibiotic tolerance and aerobic respiration as a bacterial homolog of mitochondrial Coq10. *Microbiology Open*. doi.org/10.1002/mbo3.1064.

CHAPTER 12

동화작용: 생합성 과정에서 에너지 이용

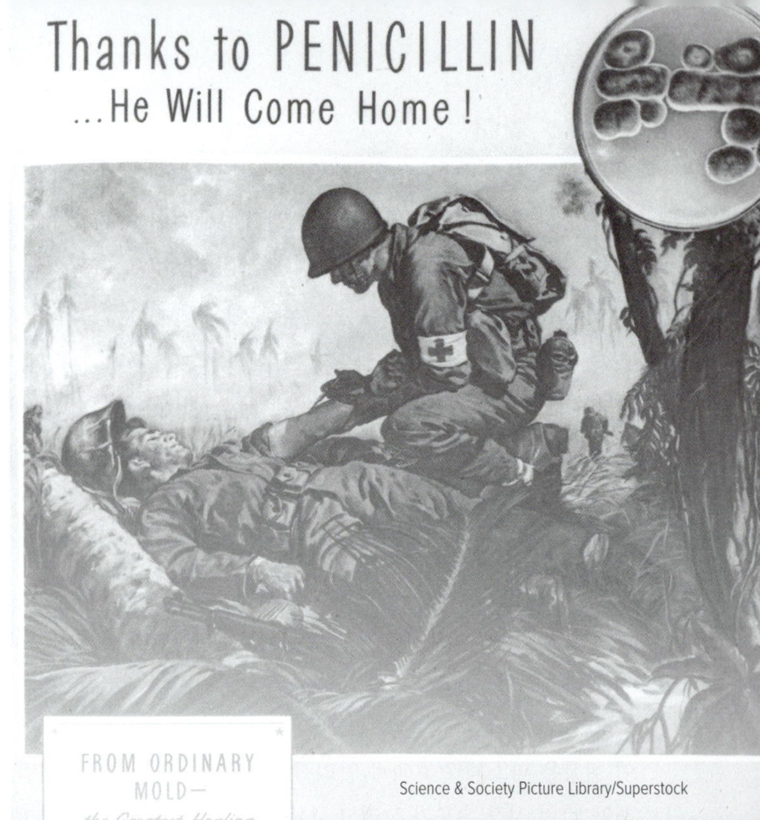

Science & Society Picture Library/Superstock

페니실린 덕분에

1929년에 페니실린을 발견한 플레밍(Alexander Fleming)의 이야기는 잘 알려져 있다. 그러나 플레밍은 몇 가지 초기 실험 후에 페니실린의 활성에 대한 연구를 포기했기 때문에, 전염병 치료제로 페니실린을 개발하는 것과는 거의 관련이 없었다. 다행히 체인(Ernst Chain)이 화학물질에 관심을 가졌고, 결국 그 물질을 순수분리하였다. 많은 나라가 2차 세계대전에 참전했던 1940년에 플로리(Howard Florey)와 동료들은 페니실린의 임상실험을 추진했다. 그때까지 왁스먼(Selman Waksman)은 여러 가지 다른 항균제를 발견했으며, 미생물에 의해 생성된 항균제를 의미하는 항생제라는 용어를 만들었다. 페니실린 처방은 성공적이었고, 2차 세계대전 당시 상처를 통한 감염 치료에 항생제가 필요함에 따라 임상사용을 위한 더 많은 항생제를 발견하고 개발하는 작업에 더욱 박차를 가하게 되었다. 몇 년 후에 준비되어 공급이 가능해졌다. ◀ 방부효과로부터 진화된 항미생물 화학치료(9.1절)

항생제는 여러 가지 이유로 흥미로운 분자이다. 하나는 그들이 생성되었다는 것이다. 미생물이 항생제를 만들기 위해 재료와 에너지를 소비하는 이유는 무엇인가? 그들은 어떤 선택적 이점을 제공하는가? 미생물의 생태에 어떻게 기여하는가? 그들은 다른 미생물을 죽이는 것 이외의 목적을 수행하는가(22장의 시작이야기)? 이 질문들에 대한 답은 아직 충분하지 않다. 이 분자가 흥미로운 또 다른 이유는 구조적으로 복잡하기 때문이다. 그럼에도 불구하고, 그들은 생명을 유지하는 동화작용 경로에 사용되는 동일한 전구대사물질과 동일한 생화학적 과정을 사용하여 만들어졌다.

동화작용 동안 미생물은 간단한 무기 분자와 탄소원에서 시작하여 새로운 세포소기관과 세포를 만들 때까지 점점 더 복잡한 분자를 만들어낸다(**그림 12.1**). 그래서 동화작용은 질서를 창조하는 과정이다. 세포는 대단히 질서정연하고 복잡하기 때문에 생합성에는 많은 에너지가 필요하다. 이와 같은 사실은 빠르게 생장하고 있는 대장균의 생합성 능력을 예측하면 명백하다(**표 12.1**). 게다가 생장하지 않는 세포조차도 그들이 수행하는 생합성 과정을 위해 에너지와 환원력이 필요하다. 이는 생장하지 않는 세포도 변환(turnover)이라는 과정 동안 끊임없이 세포 분자를 분해하고 재합성하기 때문이다. 그러므로 세포는 어떤 순간에도 똑같은 적이 없다. 비록 이화과정에 비해 동화과정의 다양성이 상당히 낮음에도 불구하고 동화과정은 그 자체로 놀랍다. 단지 12개의 전구대사물질을 사용하여 세포는 무수한 분자들을 제작할 수 있다. 이 장에서 우리는 세포 구성요소의 가장 중요한 유형 중 일부의 합성에 대해 논의할 것이다.

이 장의 학습을 위해 점검할 사항:

✓ 탄소, 수소, 산소, 질소, 인, 황이 세포에서 어떻게 사용되는지 설명할 수 있다.

✓ 대사작용, 이화작용, 동화작용을 구별할 수 있다.

✓ ATP의 기능과 그 기능이 인산염 전달전위와 어떻게 관련되는지 논의할 수 있다(10.2절).

✓ 생화학적 경로의 구성요소와 구성방법을 설명할 수 있다(10.5절).

✓ 효소와 리보자임의 기능을 설명할 수 있다(10.6절).

✓ 종속영양과 독립영양을 구별할 수 있다(11.1절).

✓ 연료공급 반응의 산물을 나열할 수 있다(11.1절).

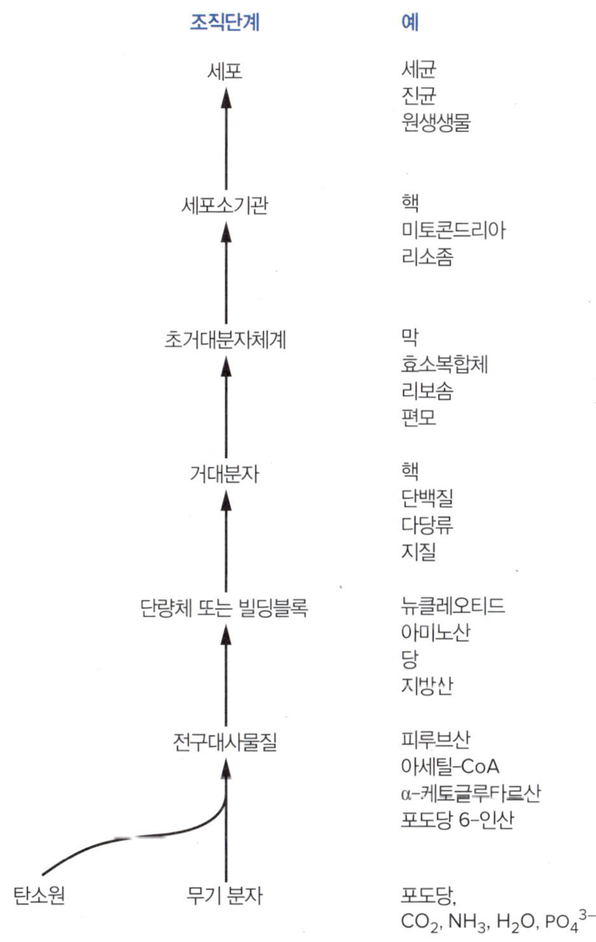

그림 12.1 세포의 형성과정. 세포와 세포 구성성분의 생합성은 점차 복잡해지는 단계로 조직화된다.

표 12.1	대장균내 고분자의 생합성	
세포 성분	세포당 구성성분 분자 수	초당 합성되는 분자 수
DNA	1	1,000 뉴클레오티드
RNA	2×10^5	40~80 뉴클레오티드
다당류	1×10^6	32.5 뉴클레오티드
지질	2×10^7	12,500 뉴클레오티드
단백질	3×10^6	10~20 아미노산

12.1 생합성을 지배하는 원리

이 절을 학습한 후 점검할 사항:

a. 생물체가 탄소원과 무기 분자를 세포로 전환하는 데 사용하는 단계들을 개괄적으로 서술할 수 있다.
b. 생합성의 원리를 논의할 수 있다.

모든 세포들이 직면하는 문제점은 필요한 많은 분자들을 어떻게 하면 효율적으로 만들 수 있는가에 있다. 세포는 여기에 설명된 몇 가지 기본 원리를 사용하여 생합성을 수행하여 이 문제를 해결하였다.

1. **큰 분자는 작은 분자로 만들어진다(그림 12.1).** 단일 유형의 공유결합으로 연결된 몇 개의 간단한 구조 단위(단량체)로부터 거대분자(macromolecule, 복합분자)의 구성은 많은 유전자 저장 용량, 생합성 원료 및 에너지를 절약하여 합성을 매우 효율적으로 만든다.
2. **많은 효소가 2가지 역할을 한다. 그러나 일부 효소는 1가지 역할으로만 작동한다.** 11장에서 논의한 것처럼, 세포는 많은 효소를 이화과정과 동화과정 모두에 이용하여(양방향 경로에 의해서) 원료와 에너지를 절약한다. 양방향 경로의 여러 단계는 가역적으로 작용하는 효소에 의해 촉매되지만 일부는 그렇지 않다. 비가역적인 단계는 별도의 효소를 사용해야 한다. 하나는 이화반응을 촉매하고 다른 하나는 동화작용을 촉매한다. 2가지 효소의 사용은 이화 및 동화과정을 독립적으로 조절할 수 있다. 따라서 이화작용 및 동화작용 경로는 많은 효소를 공유하더라도 동일하지 않다. 2가지 유형의 경로 모두 ATP, ADP, AMP 및 NAD^+/NADH의 농도 뿐만 아니라 최종산물에 의해 조절될 수 있지만, 최종산물조절은 일반적으로 동화경로에서 더 중요하다.
3. **동화경로에 에너지가 소비된다.** 동화경로의 많은 반응들은 에너지를 필요로 하며 생합성 방향으로 진행되지 않을 것이다. 세포는 일부 생합성 반응을 ATP 및 다른 뉴클레오시드 삼인산 분해와 연결시켜 이 문제를 해결한다. 이 두 과정이 연결되어 있으면 뉴클레오시드 삼인산 분해로 만들어진 자유에너지는 생합성 반응을 완성시키는 쪽으로 유도한다. ▶| ATP: 세포의 주요 에너지 화폐(10.2절)
4. **이화작용과 동화작용은 물리적으로 분리될 수 있다.** 이화작용과 동화작용은 물리적으로 분리될 수 있다. 이화경로와 동화경로는 **구획화**(compartmentation)라는 과정을 통해 세포내 특정 구획에 각각 따로 위치한다. 진핵세포에게는 특정 기능을 수행

하는 여러 막결합 세포소기관이 있기에 이 과정이 쉽게 수행된다. 세균과 고균 세포에도 이러한 구획화가 일어난다. 예를 들어 세균에서 CO_2 고정은 다른 과정과 구별해서 카르복시솜(carboxysome)에서 일어난다. 구획화는 이화작용 및 동화작용 경로가 동시에 독립적으로 작동하는 것을 더 쉽게 만든다.

5. **이화작용과 동화작용은 종종 서로 다른 보조인자를 사용한다.** 보통 이화작용의 산화는 전자전달계의 기질인 NADH를 생산한다. 반면, 생합성 과정에서 전자공여체가 필요할 때 NADPH가 공여체로 작용한다.
6. **간단한 전구체로부터 거대분자가 만들어진 다음 초거대분자체계(supramolecular system)와 소기관처럼 더 크고 더 복잡한 구조가 소위 자기조립(self-assembly)이라 불리는 과정에 의해 형성된다(그림 12.1).** 이것은 많은 거대분자가 효소의 도움 없이 다분자 복합체를 구축하는 데 필요한 정보를 포함하고 있기 때문에 가능하다.

마무리 점검

1. 양방향 경로에서 대부분의 효소가 동화작용 및 이화작용에서 모두 기능은 하지만, 몇몇 효소들은 동화작용과 이화작용 중에서 하나에만 작용하는 이유를 설명하시오.
2. **NADH/NADPH** 비율은 동화작용과 이화작용 사이의 균형을 어떻게 나타내는가?
3. 진핵세포, 세균 및 고균에서의 구획화의 예를 기술하시오.
4. 자기조립이란 무엇인가? 어떤 생물학적 개체가 자기조립을 나타내는가?

12.2 전구대사물질: 생합성을 위한 시작 분자

이 절을 학습한 후 점검할 사항:

a. 중심대사경로의 예를 들고, 각 경로에서 생성되는 전구대사물질들을 주목할 수 있다.
b. 모든 전구대사물질과 이들이 생합성에 사용되는 방식을 보여주는 도표를 그릴 수 있다.

전구대사물질(precursor metabolite)의 생성은 세포에서 만드는 다른 모든 분자를 생성하기 때문에 동화작용에서 중요한 단계이다. 전구대사물질은 거대분자 생합성에 필요한 단량체 및 다른 구성성분의 합성을 위한 시작물질로 쓰이는 탄소골격(즉, 탄소사슬)이다(그림 12.1). 생합성 동안 아미노기 및 황수소기(sulfhydryl group)와 같은 기능적 부분이 탄소사슬에 첨가된다. 전구대사물질과 생합성에서의 사용은 **그림 12.2**에 나와 있다. 몇 가지 사항을 주목해야 한다. 첫째, 모든 전구대사물질은 해당과정(엠덴-마이어호프 경로나 엔트너-도우도로프 경로, 5탄당 인산 경로)과 TCA 회로의 중간물질이다. 그러므로 이 경로는 물질대사에서 중심 역할을 수행하고 보통 **중심대사 경로**(central metabolic pathway)라고 부른다. 대부분의 전구대사물질이 아미노산과 뉴클레오티드 합성에 이용되는 점에도 주목하자. ◀ 산소호흡은 포도당 산화로부터 시작된다(11.3절) ▶ 일반적인 대사 경로(부록 II)

어떤 생명체가 포도당을 에너지원, 전자원, 탄소원으로 이용하는 화학유기영양생물인 경우(산소요구성 또는 산소비요구성에 상관없이), ATP와 환원력을 생성하면서 전구대사물질도 생성한다. 그러나 화학유기영양생물이 아미노산을 유일한 탄소원, 전자원, 에너지원으로 이용한다면 무슨 일이 생기는가? 독립영양생물인 경우는 어떤가? 어떻게 이런 생물이 그들의 탄소원인 CO_2로부터 전구대사물질을 생성하는가? 포도당 이외의 다른 물질에서 생장하는 종속영양생물은 그 탄소원을 중심대사 경로의 하나 이상의 중간물질로 전환한다. 이 중간물질로부터 그들은 나머지 전구대사물질을 생성할 수 있다. 독립영양생물은 먼저 CO_2를 유기탄소로 전환해야만 하고 이 유기탄소로부터 전구대사물질을 생성한다. 독립영양생물이 전구대사물질 합성에 이용하는 많은 반응은 중심대사 경로 중에서 이화작용이나 동화작용에 관여하는 반응이다. 따라서 중심대사 경로는 종속영양생물과 독립영양생물 모두의 동화작용에 중요하다.

우리는 먼저 독립영양생물에 의한 CO_2 고정으로 동화작용에 대한 논의를 시작한다. 일단 CO_2가 유기탄소로 전환되면 다른 전구대사물질, 아미노산, 뉴클레오티드, 추가적 구성단위체의 합성은 독립영양생물과 종속영양생물 모두에서 매우 유사하다. 전구대사물질이 다른 중요한 유기 분자합성에 필요한 탄소골격을 제공한다는 것을 기억하자. 전구대사물질이 아미노산이나 뉴클레오티드로 전환되는 과정에서 탄소골격은 질소, 인, 황의 첨가 등을 통하여 여러 방법으로 변형된다. 그러므로 우리가 전구대사물질에서 단량체의 합성을 논의하면서 이러한 요소들의 동화도 같이 고려할 것이다.

12.3 CO_2 고정: CO_2 탄소의 환원과 동화

이 절을 학습한 후 점검할 사항:

a. 미생물이 CO_2를 고정하는 대사 경로를 나열하고, 각 경로를 사용하는 생물체(진핵, 세균, 고균)의 유형을 설명할 수 있다.
b. 캘빈-벤슨 회로의 3단계를 개괄적으로 설명할 수 있다.
c. 캘빈-벤슨 회로에서 ATP와 NADPH가 소비되는 단계를 설명할 수 있다.

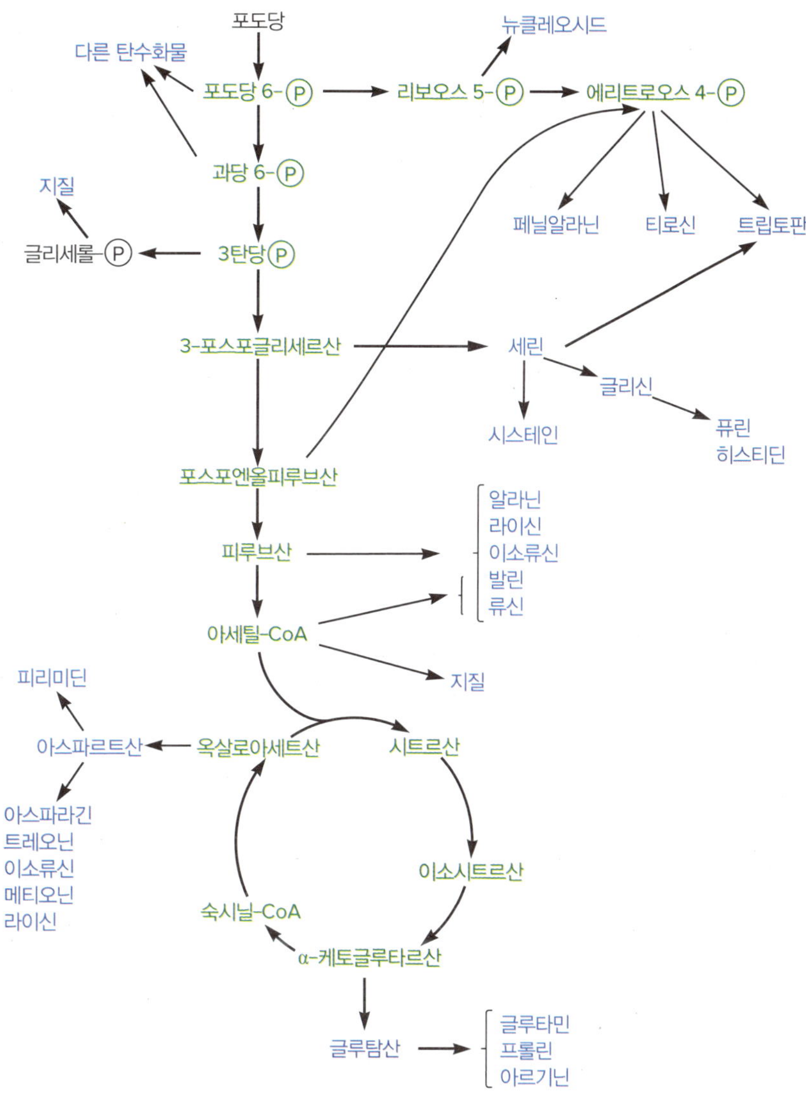

그림 12.2 동화작용의 구성. 생합성 산물(파란색)은 12개의 전구대사물질(녹색)로부터 유도된다.

독립영양생물은 CO_2를 유일한 또는 주된 탄소원으로 이용하며, CO_2의 환원과 고정에는 많은 에너지가 필요하다. 일반적으로, 독립영양생물에는 광독립영양생물과 화학독립영양생물의 2가지 유형이 있다. 광독립영양생물은 광합성의 명반응 동안 빛을 포획하여 에너지를 얻으며, 화학무기독립영양생물은 무기 전자공여체를 산화하여 에너지를 얻는다. 독립영양생물의 CO_2 고정은 종속영양생물이 의존하는 유기물을 제공하기 때문에 이 과정은 지구상의 생명체에 매우 중요하다. 화학적으로, CO_2의 탄소는 환원되어 궁극적으로 전구대사산물로 첨가되어야 한다. 이러한 방식으로 탄소원(CO_2)은 생합성 경로로 들어간다. ◀ 화학무기영양: 바위를 먹다(11.8절); 광영양(11.10절) ▶ 탄소 순환(28.2절)

캘빈-벤슨 회로

진핵독립영양생물과 대부분의 호기성 세균 독립영양생물은 캘빈 회로라고도 부르는 **캘빈-벤슨 회로**(Calvin-Benson cycle)를 사용하여 CO_2를 고정한다. 이러한 반응은 진핵독립영양생물의 엽록체 기질에서 발생한다. 남조류, 일부 질화세균 및 티오바실러스(황-산화 화학무기영양생물)에서, 캘빈 회로는 카르복시솜(carboxysome)이라 부르는 봉입체(inclusion body)와 연관되어 있다. 이 다면체 구조에는 캘빈-벤슨 회로에 중요한 효소가 포함되어 있다. ◀ 봉입체(3.7절); 5탄당 인산 경로: 동화반응을 위한 환원력의 주요한 생산자(11.3절)

캘빈 회로는 3단계 카르복실화 단계, 환원 단계 및 재생 단계로 나뉜다(**그림 12.3**와 부록 II). 카르복실화 단계 동안, 리불로오스 1,5-이인산 카르복실라아제/산소화효소(ribulose 1,5-bisphosphate carbo-

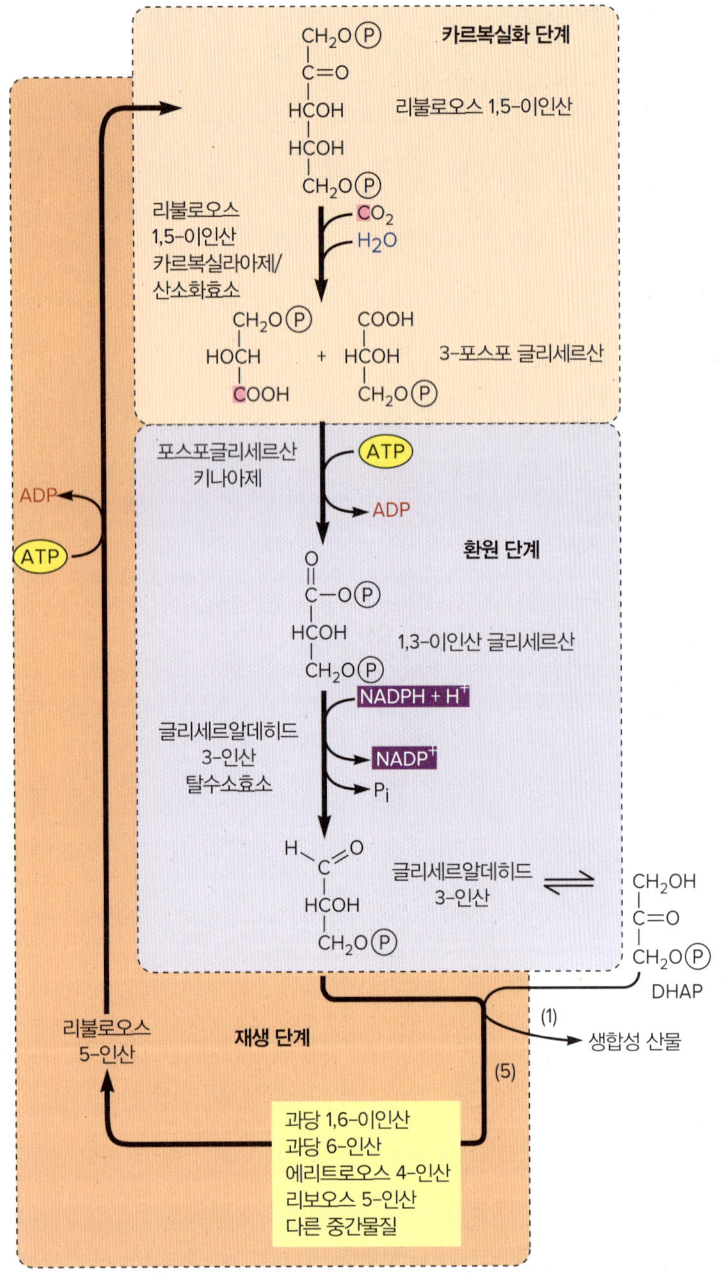

그림 12.3 캘빈-벤슨 회로. 이 회로의 개요는 카르복실화와 환원 반응만 자세히 보여준다. 카르복실화 단계에서 3개의 리불로오스 1,5-이인산이 카르복실화되어(삽입되는 탄소 원자는 분홍색으로 음영처리됨) 6개의 3-포스포글리세르산을 형성한다. 환원 단계에서 이는 디히드록시아세톤 인산(DHAP)으로 전환될 수 있는 6개의 글리세르알데히드 3-인산으로 전환된다. 이 6개의 3탄당(글리세르알데히드 인산과 DHAP) 중에서 5개가 재생 단계에서 3개의 리불로오스 1,5-이인산을 다시 만드는데 이용된다. 남은 1개의 3탄당은 생합성에 이용된다. 오른쪽 아래에 있는 괄호 안의 숫자는 이런 탄소흐름을 나타낸다.

xylase/oxygenase, RubisCO)가 5탄당 분자인 리불로오스 1,5-이인산(ribulose 1,5-bisphosphate, RuBP)에 CO_2를 첨가하여 1분자의 6탄당 중간물질을 형성하고, 이는 즉시 자발적으로 2분자의 3-포스포글리세르산(3-phosphoglycerate, PGA)으로 쪼개진다. PGA는 엠덴-마이어호프 경로(EMP)의 중간물질이고, 캘빈 회로의 환원단계에서 PGA는 EMP 경로의 반응 중 2개의 역반응에 의해 글리세르알데히드 3-인산으로 환원된다는 점을 주목하자. 차이점은 캘빈 회로에서 글리세르알데히드 3-인산 탈수소효소(glyceraldehyde 3-phosphate dehydrogenase)는 NADH 대신에 NADPH를 사용한다는 점이다(그림 12.3과 그림 11.5를 비교하자). 마지막으로, 재생 단계에서 RuBP가 재생되면서 회로는 반복될 수 있다. 또한 이 단계는 과당 6-인산과 포도당 6-인산과 같은 전구대사물질을 생산한다(그림 12.2). 재생 단계는 본질적으로 5탄당 인산 경로의 반대이다. 당연히 캘빈-벤슨 회로의 또 다른 이름은 환원성 5탄당 인산 회로이다.

CO_2로부터 과당 6-인산이나 포도당 6-인산을 합성하기 위해, 회로는 6회 작동하여 원하는 6탄당을 만들고 6개의 RuBP 분자를 재생성해야 한다.

$$6RuBP + 6CO_2 \rightarrow 12PGA \rightarrow 6RuBP + \text{과당 6-인산}$$

한 분자의 CO_2를 유기물에 삽입하기 위해 ATP 3개와 NADPH 2개가 필요하다. CO_2로부터 포도당이 합성되는 과정은 다음과 같은 반응식으로 요약할 수 있다.

$$6CO_2 + 18ATP + 12NADPH + 12H^+ + 12H_2O \rightarrow \text{포도당} + 18ADP + 18P_i + 12NADP^+$$

다른 CO_2 고정 경로

캘빈 회로의 반응들은 1940년대와 1950년대에 결정되었다. 당시에는 모든 독립영양생물이 이 경로를 사용한다고 생각했다. 두 번째 CO_2 고정 경로가 발견되었을 때, 사실이 아님이 밝혀졌다. 이후 수년에 걸쳐 4개의 경로가 추가로 발견되었다. 왜 이렇게 많은 경로가 존재하는지에 대한 질문에는 답변할 수 없지만, 특정 경로가 특정 생활 방식과 관계된다는 증거가 제시되고 있다. 즉, 미생물이 점유하고 있는 생태적 지위로 인해 자신의 CO_2 고정 경로의 형태가 결정된다는 것이다.

제일 먼저 발견된 대체 CO_2 고정 경로는 **환원성 TCA 회로**(reductive TCA cycle, **그림 12.4**)인데, 세균인 Aquificota, Proteobacteria, Nitrospirota 및 Bacteroidota 문에 속하는 일부 독립영양생물에 의해 이용된다. 환원성 TCA 회로는 정상적인 산화성 TCA 회로의 역방향으로 진행되기 때문에 붙여진 이름이다(그림 12.4와 그림 11.8을 비교). 환원적 TCA 회로에서, 2분자의 CO_2는 TCA 회로에서 CO_2를 방출하는 반응의 역으로 탄소골격에 첨가된다. 모든 생합성 반응과 마찬가지로 CO_2 고정에는 ATP와 환원력이 필요하다. 생합성 방향으로 작동하는 이러한 반응은 보조인자를 산화시키고 ATP

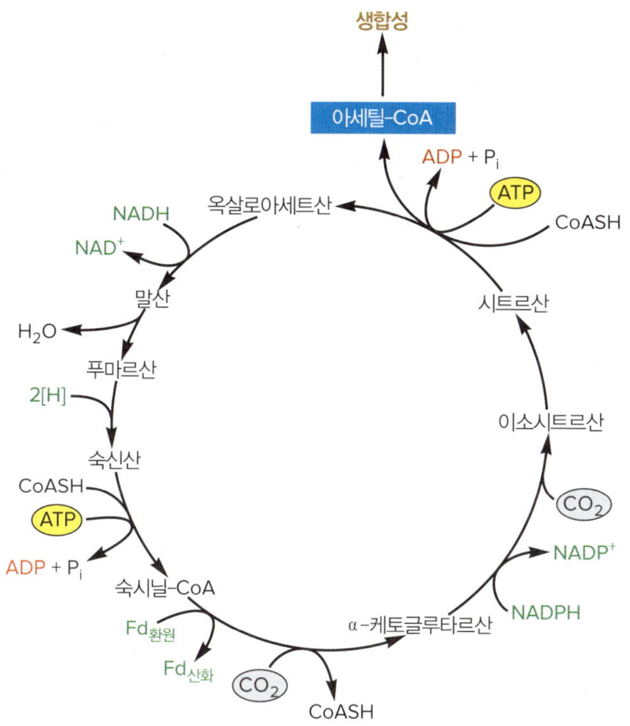

그림 12.4 환원성 TCA 회로. 이 회로에서, 2개의 CO_2 분자가 유기탄소에 첨가된다. 이 회로는 TCA 회로의 역방향으로 진행된다. ATP와 환원력[NADH, NADPH 및 (H)]이 회로를 거꾸로 돌아가도록 한다. 이 과정의 산물은 아세틸-CoA이다.

연관 질문 아세틸-CoA는 생합성에서 어떻게 사용되는가?

를 탈인산화한다. 카르복실라아제 중 하나는 산소에 민감한 산화환원 단백질인 페레독신에 의존하므로 환원성 TCA 회로는 혐기성 미생물에 제한되어 일어난다. ▶| Aquificota와 Thermotogota는 극호열성균이다(20.2절); 녹색황세균(20.4절)

나머지 CO_2 고정 경로는 세균 Chloroflexota 문(그림 20.5 참조)과 고균 영역(그림 19.1 및 그림 19.2 참조)의 구성원이 사용한다.

마무리 점검

1. 캘빈-벤슨 회로의 3단계를 간단히 서술하시오.
2. 캘빈 회로에만 특이하게 있는 2가지 효소는 어떤 것인가?
3. 그림 12.4와 그림 11.8을 비교하시오. TCA 회로와 환원성 TCA 회로 사이에서 공유되지 않는 효소는 무엇인가?
4. CO_2 고정 경로의 산물이 전구대사물질로 작용하는 것이 왜 중요한가?

12.4 탄수화물의 합성

이 절을 학습한 후 점검할 사항:

a. 포도당신생합성과 엠덴-마이어호프 경로를 비교할 수 있다.
b. 단당류(포도당 제외) 및 다당류 합성에서 ATP와 UTP의 역할을 서술할 수 있다.
c. 펩티도글리칸 합성의 주요 단계를 정리할 수 있다.
d. 펩티도글리칸 합성을 표적으로 하는 항생제의 효율성을 평가할 수 있다.

많은 미생물은 동화과정을 위해 포도당 6-인산을 합성한다(그림 12.2). 비탄수화물 전구체로부터 포도당이 합성되는 것을 **포도당신생합성**(gluconeogenesis)이라 한다. 포도당신생합성 경로는 엠덴-

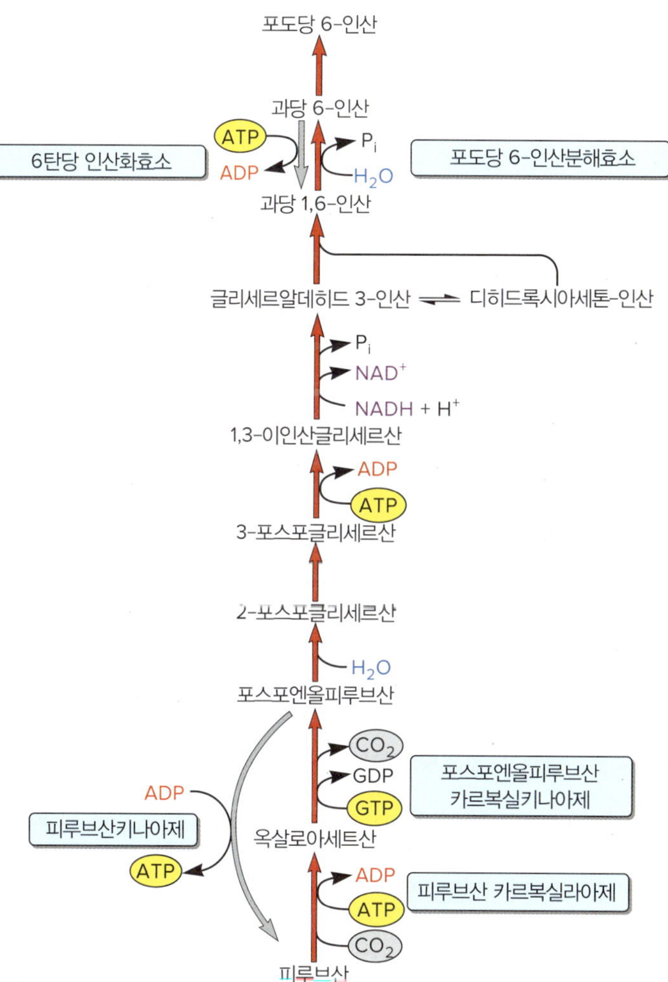

그림 12.5 많은 미생물이 사용하는 포도당신생합성 경로. 빨간색 화살표는 경로의 방향을 나타내며 그 최종생성물인 포도당 6-인산이 맨 위에 있다. 하늘색 상자는 엠덴-마이어호프 경로(EMP)에서 발견되는 효소들과는 다르게 비가역적 반응을 촉매하는 효소의 이름을 보여준다. EMP 단계는 회색 화살표로 표시한다.

연관 질문 포도당신생합성 과정에서 작용하는 효소들이(이화작용과 동화작용 모두에서 사용되는 효소보다) 3-탄소와 6-탄소 단계 모두에서 발견되는 것이 왜 중요하다고 생각하는가?

마이어호프 경로와 6가지 효소를 공유한다(**그림 12.5**). 그러나 두 경로는 같지 않다(그림 12.5 및 그림 11.5 비교). 3가지 반응은 포도당신생합성에 특이적인 효소에 의해 촉매된다. 이들 효소 중 2개는 피루브산을 포스포엔올피루브산(phosphoenolpyruvate)으로 전환하는 데 관여하고, 세 번째 효소(과당이인산분해효소, fructose bisphosphatase)는 과당 1,6-인산으로부터 과당 6-인산의 형성을 촉매한다. ◀ 2가지 화학유기영양적 연료공급 과정이 있다(11.2절)

단당류와 다당류의 합성에는 종종 뉴클레오시드 이인산 운반체가 관여한다

그림 12.5처럼 포도당신생합성 과정은 과당 6-인산과 포도당 6-인산을 합성한다. 다른 일반적인 당은 이러한 전구대사물질로부터 합성될 수 있다. 예를 들어, 만노오스 6-인산은 과당 6-인산의 수산기를 간단히 재배열하여 바로 만들어진다. 몇 종류의 당은 뉴클레오시드 이인산(nucleoside diphosphate)에 연결된 채로 만들어진다. 가장 중요한 뉴클레오시드 이인산 당 중 하나는 유리딘 이인산 포도당(uridine diphosphate glucose, UDPG)이며, 포도당 1-인산과 유리딘 삼인산(uridine triphosphate)이 반응하여 생성된다(**그림 12.6**). 다른 중요한 유리딘 이인산 당은 UDP-갈락토오스(UDP-galactose)와 UDP-글루쿠론산(UDP-glucuronic acid)이다. UDP는 효소 반응에 참여하기 위해 당과 결합한 채로 당을 운반하는데, 이는 ADP가 ATP의 형태로 인산기를 가지고 있는 것과 마찬가지이다.

뉴클레오시드 이인산 당은 포도당으로 구성된 긴 사슬인 녹말, 글리코겐과 같은 다당류 합성에서도 중심적인 역할을 한다. 다시 말하면, 생합성은 이화작용의 단순한 역과정이 아니다. 예를 들어 세균과 원생생물에서 녹말과 글리코겐의 합성과정 동안, 포도당 1-인산과 ATP로부터 아데노신 이인산 포도당(ADP-glucose)이 생성되고, 이는 신장하는 글리코겐과 녹말사슬 끝에 포도당을 전달해준다.

$$\text{ATP} + \text{포도당 1-인산} \rightarrow \text{ADP-포도당} + \text{PP}_i$$

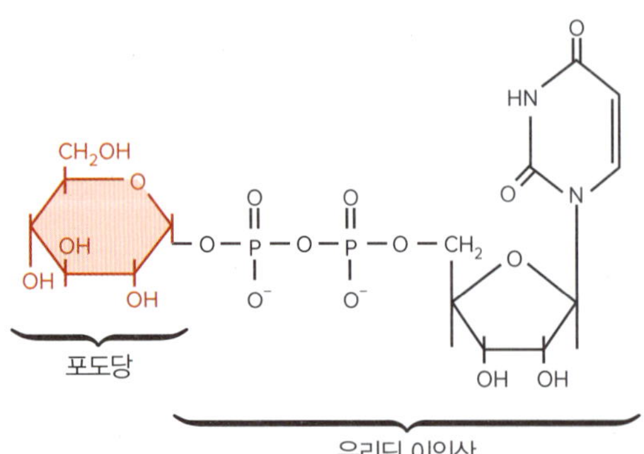

그림 12.6 유리딘 이인산 포도당(UDPG).

$$(\text{포도당})_n + \text{ADP-포도당} \rightarrow (\text{포도당})_{n+1} + \text{ADP}$$

펩티도글리칸의 합성은 세포질, 원형질막, 주변세포질 공간에서 일어난다

뉴클레오시드 이인산 당은 펩티도글리칸(peptidoglycan) 합성에도 참여한다. 펩티도글리칸은 *N*-아세틸무람산(N-acetylmuramic acid, NAM)과 *N*-아세틸글루코사민(N-acetylglucosamine, NAG)기가 교대로 결합하면서 긴 다당류 사슬로 구성된 크고 복잡한 분자인 것을 기억하라. 또한 5펩티드 사슬(pentapeptide chain)이 NAM기에 연결되어 있다. 인접한 다당류 사슬은 줄기 펩티드 사이에 형성된 교차결합에 의해 가교가 형성된다. 그람음성 세균과 많은 그람양성 세균에서 5펩티드 사슬은 서로 직접 연결되어 있는 반면, 일부 그람양성 세균에서는 5펩티드가 1개 이상의 아미노산으로 구성된 중간다리(interbridge)에 의해 연결되어 있다(그림 3.19 참조). ▶ 세포벽은 많은 기능을 가지고 있다(3.4절)

당연히 이런 복잡한 구조를 만들기 위해서는 복잡한 생합성 과정이 필요하다. 특히 어떤 반응은 세포질에서, 어떤 반응은 막에서, 또 다른 반응은 주변세포질(periplasmic space)에서 합성되기 때문이다. 펩티도글리칸 합성에는 2종류의 운반체가 참여한다. 첫 번째 운반체인 유리딘 이인산(UDP)은 세포질 반응에 작용한다. 두 번째 운반체인 박토프레놀 인산(bactoprenol phosphate)은 원형질막 반응에 작용한다.

펩티도글리칸 합성의 1단계에서 NAM과 NAG의 UDP 유도체가 합성된다(**그림 12.7**). 다음에 아미노산이 순차적으로 UDP-NAM에

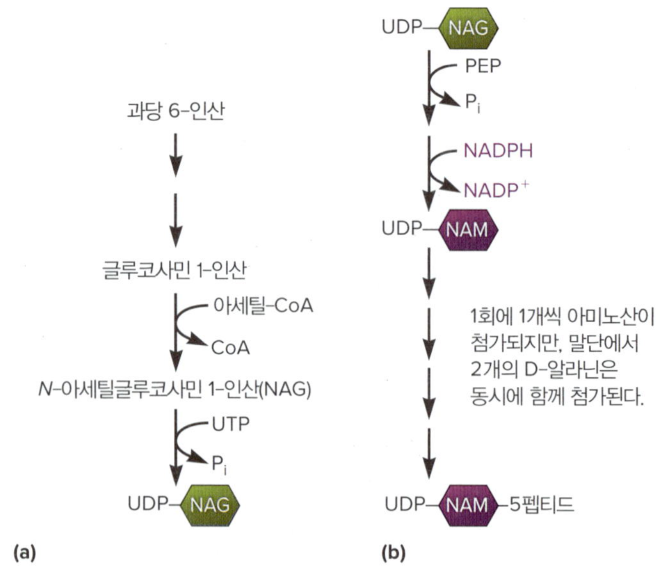

그림 12.7 펩티도글리칸 합성의 초기 단계. (a) UDP-NAG의 합성, (b) UDP-NAM-5펩티드의 합성이다. NAG: *N*-아세틸글루코사민, NAM: *N*-아세틸무람산, PEP: 포스포엔올피루브산, UDP: 유리딘 이인산.

1 NAM과 NAG의 UDP 유도체가 생선된다.

2 UDP-NAM에 아미노산을 순차적으로 첨가하여 NAM-5펩티드를 생성한다.

3 NAM-5펩티드는 박토프레놀 인산에 전달되고, 지질 I이 생성된다. 이들은 피로인산 결합에 의해 연결된다.

4 UDP는 NAG를 박토프레놀-NAM-5펩티드로 전달하고, 지질 II가 생성된다. 중간다리는 막 안에서 형성된다.

5 지질 II는 플립파아제 효소에 의해 막을 가로질러 뒤집힌다(그림에는 나타나지 않음). 박토프레놀 운반체는 완성된 NAG-NAM-5펩티드 반복단위를 막을 가로질러 수송한다.

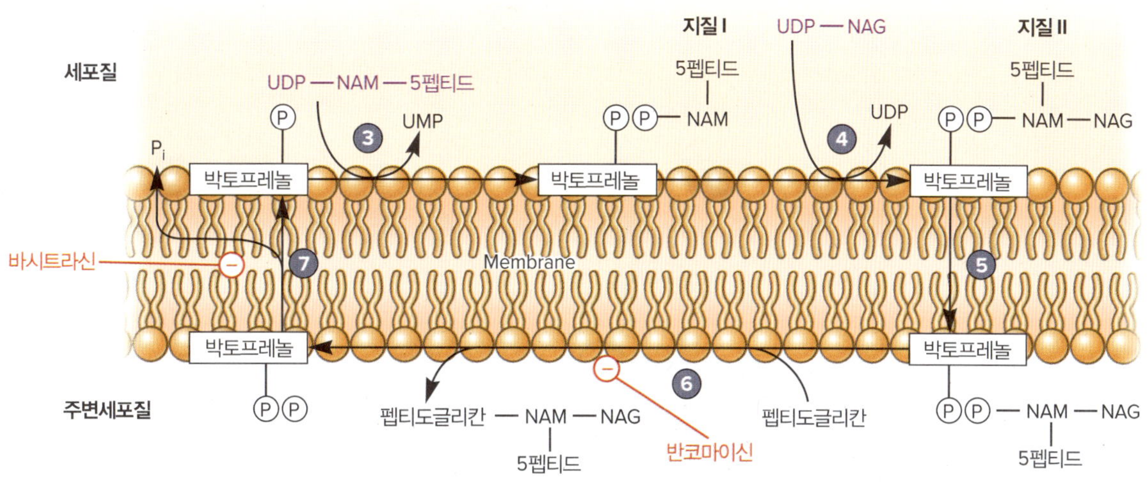

6 NAG-NAM-5펩티드는 신장하는 펩티도글리칸 사슬 말단에 첨가되어 사슬 길이는 1개의 반복단위만큼 늘어난다.

7 박토프레놀 운반체는 막을 가로질러 돌아온다. 이때 박토프레놀 운반체는 인산기를 1개 잃어버리고 박토프레놀 인산이 되며 다시 새로운 순환주기를 시작할 수 있다.

8 펩티도글리칸 사슬 사이를 교차연결하는 펩티드 결합이 펩티드전이에 의해 형성된다.

그림 12.8 펩티도글리칸 합성. 바시트라신(bacitracin)과 반코마이신(vancomycin)에 의해 억제되는 부분도 빨간색으로 표시된다. NAM: *N*-아세틸무람산, NAG: *N*-아세틸글루코사민.

연관 질문 지질 I과 지질 II의 차이점은 무엇인가?

$$CH_3-\underset{}{\overset{CH_3}{\overset{|}{C}}}=CH-CH_2-(CH_2-\overset{CH_3}{\overset{|}{C}}=CH-CH_2)_9-CH_2-\overset{CH_3}{\overset{|}{C}}=CH-CH_2-O-\underset{O^-}{\underset{|}{\overset{O}{\overset{||}{P}}}}-O-\underset{O^-}{\underset{|}{\overset{O}{\overset{||}{P}}}}-O-\text{NAM}-\text{5펩티드}$$

그림 12.9 박토프레놀-NAM. 박토프레놀은 피로인산염에 의해 N-아세틸무람산(NAM-5펩티드)에 연결된 55개 탄소, 이소프렌 유래 알코올(12.7절)이다.

첨가되어 줄기펩티드(5펩티드 사슬)를 형성한다. NAM-5펩티드는 다음에 두 번째 운반체인 박토프레놀 인산(undecaprenyl phosphate 라고도 부름)으로 전달된다. 박토프레놀 인산은 원형질막의 세포질 쪽 부위에 위치하고 있다(**그림 12.8**). 이 결과 생기는 중간물질을 종종 지질 I(Lipid I)이라 부른다. 박토프레놀(bactoprenol)은 55개의 탄소로 구성된 이소프렌 유래 알코올이며, 2개의 인산염(피로인산염)에 의해 NAM-5펩티드와 연결되어 있다(**그림 12.9**). 다음에, UDP는 NAG를 박토프레놀-NAM-5펩티드 복합체(지질 I)로 전달하여 지질 II(Lipid II)를 생성한다. 이로써 펩티도글리칸 반복단위(peptidoglycan repeat unit)가 만들어진다. 반복단위는 박토프레놀에 의해 막을 통과한다. 만일 펩티도글리칸 반복단위에 중간다리가 필요하면 반복단위가 막 내부에 있을 때 첨가된다. 박토프레놀 피로인산(bactoprenol pyrophosphate)은 막 내부에 머무르고 주변세포질로 들어가지 않는다. 일단 지질 II가 형성되면, 반복 단위는 원형질막을 가로질러 뒤집어지면서 이제는 여전히 원형질막의 원형질막 쪽에 있으며, 여전히 박토프레놀에 부착되어 있다. 이것은 효소 MurJ에 의해 촉매되며 종종 "플립파아제(flippase)"라고 불린다. **글리코실트랜스퍼라아제**(glycosyltransferases)라 불리는 효소는 반복 단위를 성장하는 초기 펩티도글리칸 가닥에 부착시키며, 이는 여전히 박토프레놀에 부착되어 있다. 펩티도글리칸 합성의 마지막 단계인 **펩티드전**

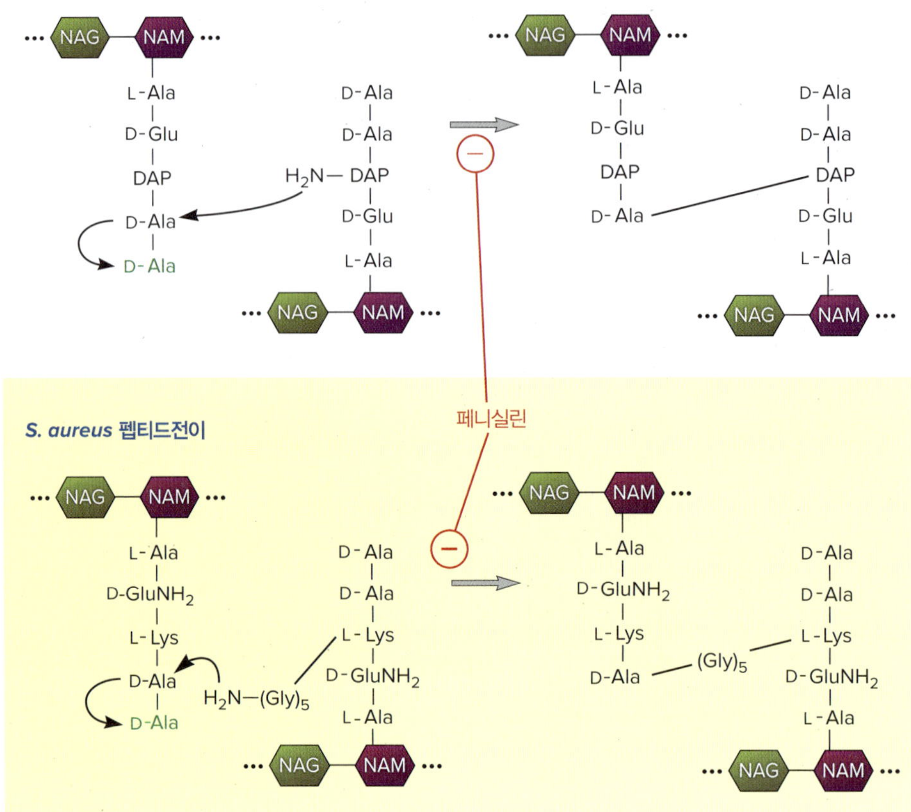

그림 12.10 펩티드전이. 대장균(*E. coli*) 및 황색포도상구균(*Staphylococcus aureus*) 펩티도글리칸 합성에서 트랜스펩티드 반응이다. 말단 D-알라닌이 제거되었음을 유의하시오. 페니실린에 의한 펩티드전이의 중단이 표시되었다. DAP: 디아미노피멜산.

이(transpeptidation, **그림 12.10**) 동안, 성장하는 사슬은 박토프레놀에서 제거되어 펩티도글리칸 가닥의 줄기 펩티드 사이에 교차연결을 생성한다. **펩티드전이효소**(transpeptidase)라 불리는 효소는 펩티드 결합을 형성하여 이러한 가교 반응을 촉매한다. 펩티드전이 동안 가교가 형성됨에 따라 말단 D-알라닌이 제거된다. 페니실린은 펩티도글리칸 합성 경로의 효소인 페니실린 결합단백질(PBP)을 억제하고 펩티드 전달을 차단한다.

우리가 방금 설명한 과정의 결과는 한 층씩 두꺼워진 펩티도글리칸 구형낭이다. 그러나 모든 세균의 펩티도글리칸은 일반적으로 극적으로 증가하거나 감소하지 않는 전형적인 두께를 갖는다. 또한, 막대형 세포가 신장되고, 세균세포가 분열되기 위해서는, 세포질 분해 동안 적절한 두께, 신장 및 분리를 유지하기 위해 구형낭(sacculus)의 구조를 조각하고 변형해야 한다. 동일한 효소인 글리코실트랜스퍼라아제 및 펩티드전이효소는 높은 삼투압이 있는 상태에서 벽 모양과 완전성을 유지하면서 정확하고 잘 조절된 방식으로 기능한다(그림 7.8 참조). 이러한 효소가 조절되지 않는다면 펩티도글리칸 구형낭을 약화시키기 때문에 엄격하게 통제된다. 효소는 비활성 형태로 합성되고 유지되는 것으로 보인다. 그들은 환경변화에 대응하기 위해 필요에 따라 활성화되고 단백질 분해에 의해 억제된다.

◀ 세포 생장과 세포 형태 결정(7.2절)

세포벽의 구조와 기능에 펩티도글리칸 합성은 중요하며, 또한 펩티도글리칸은 동물세포에 없기 때문에 펩티도글리칸 합성은 특히 효율적인 항미생물제제의 표적이 된다. 합성의 어느 단계가 방해되면 세포벽이 약해져서 세포 용해가 일어난다. 흔히 많이 사용되는 항생제가 펩티도글리칸 합성을 방해한다. 예로 페니실린은 펩티드전이 반응을 방해하고(그림 12.10), 바시트라신(bacitracin)은 박토프레놀 피로인산의 탈인산화를 억제한다(그림 12.8). ◀ 세포벽 합성 억제제(9.4절)

마무리 점검

1. 포도당신생합성은 무엇인가? 왜 이 과정이 중요한가?
2. 미생물이 당이 없고 아미노산만 있는 배지에서 생장한다고 가정하시오. 이 미생물은 필요한 5탄당과 6탄당을 어떻게 합성할 수 있는가?
3. 뉴클레오시드 이인산 당은 무엇인가? 만노오스 6-인산, 전분 및 글리코겐의 생성과정을 서술하시오.
4. 펩티도글리칸 합성에 관여하는 단계를 도표로 요약하고 세포에서 일어나는 위치를 보여주시오. 박토프레놀과 UDP의 역할은 무엇인가?
5. 펩티도글리칸 합성에서 글리코실트랜스퍼라아제와 펩티드전이효소를 구별하시오. 이 효소들이 주의 깊게 조절되지 않으면 세포에는 무슨 일이 일어나는가?

12.5 아미노산의 합성은 많은 전구대사물질을 소비한다

이 절을 학습한 후 점검할 사항:

a. 미생물이 질소동화에 사용하는 3종류의 기전과 이때 작용하는 아미노기전이효소의 역할을 논의할 수 있다.
b. 미생물이 황의 동화에 이용하는 3가지 방법을 서술할 수 있다.
c. 동화적 질산염환원과 이화적 질산염환원을 비교할 수 있다. 또한 동화적 황산염환원과 이화적 황산염환원을 비교할 수 있다.
d. 아미노산 합성에 사용되는 분지경로의 효율을 평가할 수 있다.
e. 보충대사반응 또는 경로의 주요 형태를 나열하고, 이들의 중요성을 설명할 수 있다.

많은 전구대사물질이 아미노산 생합성의 시작물질로 작용한다(그림 12.2). 아미노산 생합성 경로에서 탄소골격은 재조립되고 아미노기가 더해지거나 어떤 때는 황이 더해진다. 이 절에서는 먼저 질소와 황이 동화되어 아미노산에 삽입되는 기전을 살펴볼 것이다. 우선 아미노산 생합성 경로의 구성을 간단히 논의하고자 한다.

무기질소동화

질소는 단백질뿐만 아니라 핵산, 조효소 및 다른 많은 세포 구성물의 주요 성분이기도 하다. 그러므로 무기질소를 동화할 수 있는 세포의 능력은 매우 중요하다. 질소 가스는 대기 중에 풍부하지만, 가스를 환원시켜 질소 공급원으로 사용할 수 있는 몇 가지 세균와 고균을 제외한 모든 유기체에서는 사용할 수 없다. 대부분은 암모니아 또는 질산염을 포함한다. 우리는 먼저 암모니아와 질산염 동화를 조사한 다음 N_2를 고정시키는 미생물의 질소 동화에 대해 논의한다.

암모니아는 2가지 방법으로 첨가된다

암모니아의 질소는 다른 형태의 무기질소보다 더 환원된 형태이기 때문에 비교적 쉽게 직접 유기물로 첨가된다. 암모니아는 먼저 환원성 아미노화 또는 글루타민 합성효소-글루탐산 합성효소 시스템의 2가지 기전 중 한 기전에 의해 탄소골격으로 삽입된다. 사용되는 특정 경로는 암모니아 농도에 따라 다르다. 일단 삽입되면 질소는 아미노기전이효소(transaminase)에 의해 다른 탄소골격으로 전달된다.

환원성 아미노화 경로(reductive amination pathway)는 α-케토글루타르산으로부터 글루탐산(glutamate)을 생성하는 과정으로, 많은 세균과 진균류에서 암모니아 농도가 높을 때 글루탐산 탈수소효소(glutamate dehydrogenase)에 의해 촉진된다(**그림 12.11**). 일단 글루탐산이 합성되면 새로 형성된 α-아미노기는 **아미노기전이효소**(transaminase)에 의해 다른 탄소골격으로 전달되어 다른 아미노산을 생성할 수 있다. 미생물은 많은 종류의 아미노기전이효소를 갖고 있는데, 각각 여러 종류의 아미노산 생성을 촉진한다.

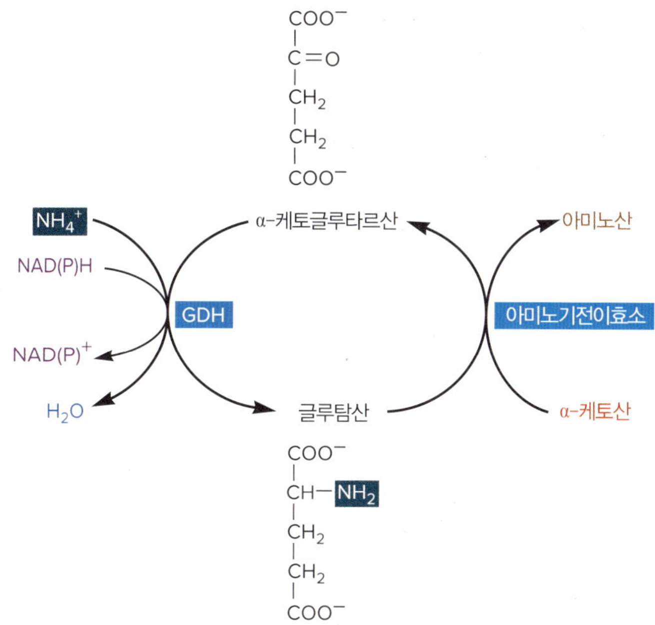

그림 12.11 환원성 아미노화 및 아미노기전이효소에 의한 암모니아 동화. NADPH 또는 NADH 의존성 글루탐산 탈수소효소가 관여할 수 있다. GDH: 글루탐산 탈수소효소.

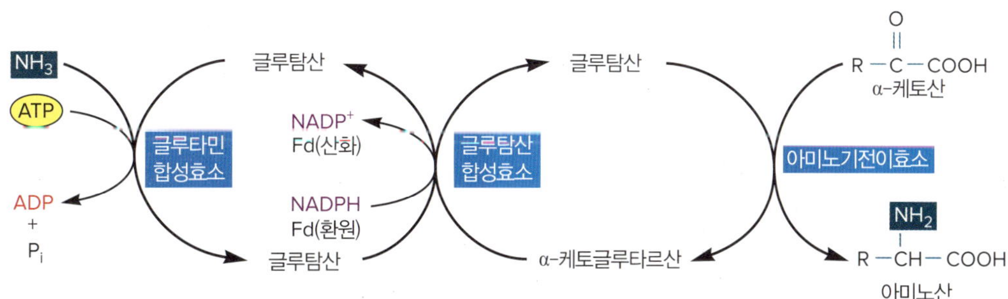

그림 12.12 글루타민 합성효소, 글루탐산 합성효소 및 아미노기전이효소를 이용한 암모니아 첨가. NADPH는 고균 및 비광합성 세균의 글루탐산 합성효소 반응에서 전자공여체이고, 페레독신(Fd)은 남세균 및 광합성 진핵생물에서 전자공여체이다.

글루타민 합성효소 반응

글루탐산 + NH_3 + ATP → 글루타민 + ADP + P_i

글루탐산: COOH–CH_2–CH_2–CH–NH_2–COOH

글루타민: O=C–NH_2 (아미드질소)–CH_2–CH_2–CH–NH_2–COOH

글루탐산 합성효소 반응

α-케토글루타르산 + 글루타민 + NADPH + H^+ 또는 $Fd_{환원}$ → 2개의 글루탐산 + $NADP^+$ 또는 $Fd_{산화}$

그림 12.13 글루타민 합성효소와 글루탐산 합성효소 반응은 암모니아 동화에 관여한다. NADPH 혹은 페레독신(Fd)은 글루탐산 합성효소 반응의 전자공급원이다.

연관 질문 세포에서 1개의 글루타민 대신 2개의 글루탐산을 생성하는 반응이 이용될 때 그 목적은 무엇인가?

많은 세균에서 암모니아 수준이 낮을 때 **글루타민 합성효소-글루탐산 합성효소 시스템**(glutamine synthetase-glutamate synthase system, GS-GOGAT)은 암모니아를 동화하기 위해 작동한다(**그림 12.12**). 이 시스템에 의한 암모니아 첨가는 글루타민 합성효소(glutamine synthetase)가 글루탐산으로부터 글루타민을 합성하면서 시작된다(**그림 12.13**). 이 반응에서 글루탐산 곁사슬의 카르복실기가 암모니아와 반응하고, 삽입된 질소는 글루타민에서 아미드 형태로 존재하게 된다. 그다음 글루탐산 합성효소(glutamate synthase)는 글루타민의 아미드질소를 α-케토글루타르산으로 전달하여 새로운 글루탐산 2분자가 생성된다(그림 12.13). 아미노기전이 반응에서 글루탐산이 아미노기 공여체로 작용하기 때문에, 적당한 아미노기전이효소가 있으면 암모니아는 모든 일반 아미노산을 합성하는 데 이용될 수 있다.

동화적 질산염환원: $NO_3 \rightarrow NH_3$

질산염(NO_3^-)의 질소는 암모니아의 질소에 비해 훨씬 산화된 형태이다. 그러므로 질소가 유기물의 형태로 전환되기 전에 질산염은 반드시 암모니아로 환원되어야 한다. 이런 질산염의 환원을 **동화적 질산염환원**(assimilatory nitrate reduction)이라 하는데, 이는 11장에서 논의한 또 다른 질산염환원인 **이화적 질산염환원**(dissimilatory nitrate reduction)과는 명확하게 구별하는 것이 중요하다. 이화적 질산염환원에서 질산염은 무산소호흡(anaerobic respiration)의 최종 전자수용체로 작용한다. 여기에서 생산된 환원형 질소(예: N_2, N_2O)는 주위 환경으로 방출되어 세포내 성분으로는 첨가되지 않는다. 동화적 질산염환원에서 질산염은 세포물질(생물자원, biomass)로 삽입

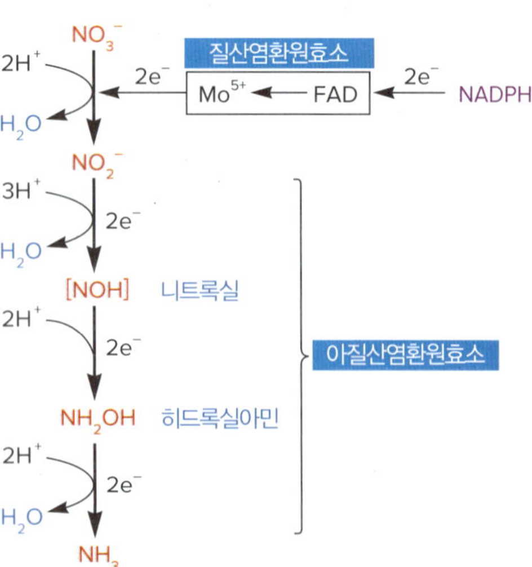

그림 12.14 동화적 질산염환원. 이 경로는 질산염 질소를 환원 및 동화시키는 세균에서 작동한다. 여기에서는 전자공여체가 NADPH이다. 그러나 일부 세균은 페레독신 또는 NADH와 같은 다른 전자공여체를 사용한다.

되고 에너지 생성에는 관여하지 않는다. 이 과정은 세균, 진균류, 광합성 원생생물에 널리 퍼져 있으며, 질소 순환의 중요한 단계이다. ◀ 무산소호흡은 산소호흡과 동일한 단계를 사용한다(11.5절) ▶ 질소 순환(28.2절)

동화적 질산염환원은 세균의 세포질에서 일어난다. 질산염 동화의 첫 단계는 FAD와 몰리브덴을 포함하는 **질산염환원효소**(nitrate reductase)에 의해 질산염이 아질산염(NO_2^-)으로 환원되는 것이다(**그림 12.14**). NADPH는 전자공여체이다.

$$NO_3^- + NADPH + H^+ \rightarrow NO_2^- + NADP^+ + H_2O$$

그다음 아질산염은 아질산염환원효소(nitrite reductase)에 의해 2개 전자가 첨가되는 일련의 반응을 거쳐 암모니아로 환원된다. 이어 암모니아는 환원성 아민화 또는 GS GOGAT 시스템에 의해 아미노산으로 삽입된다.

질소고정: $N_2 \rightarrow NH_3$

대기 중의 질소 기체가 암모니아로 환원되는 것을 **질소고정**(nitrogen fixation)이라 한다. 소수의 세균과 고균만이 질소고정을 할 수 있다(진핵세포에는 이 기능이 전혀 없음). 이들 미생물을 **질소고정 세균**(diazotrophs: 그리스어 *di*는 '2', 프랑스어 *azo*는 '질소 함유', 그리스어 *troph*는 '먹는 사람')라고 하며 질소 순환에서 중요한 역할을 한다. 질소고정의 생물학적 측면은 28장과 30장에서 논의된다. 질소고정의 생화학은 이 절의 초점으로 다룬다.

질소고정 동안, **그림 12.15**에서 설명한 대로 질소는 순차적으로 2개 전자 첨가에 의해 환원된다. 질소 분자가 암모니아로 환원되는 반응은 매우 큰 자유에너지방출 반응이지만, 질소 원자 2개가 삼중결합으로 이루어진 질소 기체는 불활성이기 때문에 매우 큰 활성화에너지가 필요하다. 따라서 질소환원은 많은 양의 ATP를 소비하는 고비용 반응이다. 즉, 최소한 8개 전자와 16개의 ATP(전자 한쌍당 ATP 4개씩)가 필요하다. 그림 12.15에서 2개의 전자와 4개의 ATP 분자가 질소고정 시작 시 2개의 양성자를 수소 기체로 환원하는 데 소비된다는 점에 유의하자. 이것은 종종 전자와 에너지의 낭비적인 소비로 생각된다. 그러나 일부 세균은 수소 가스를 포착하고 이를 질소환원을 위한 전자공급원으로 사용하는 메커니즘을 발전시켰다. 동화성 질산염환원과 마찬가지로 질소고정에 의해 생성된 암모니아는 이전에 설명한 대로 아미노산으로 통합된 후 생합성에 사용된다(그림

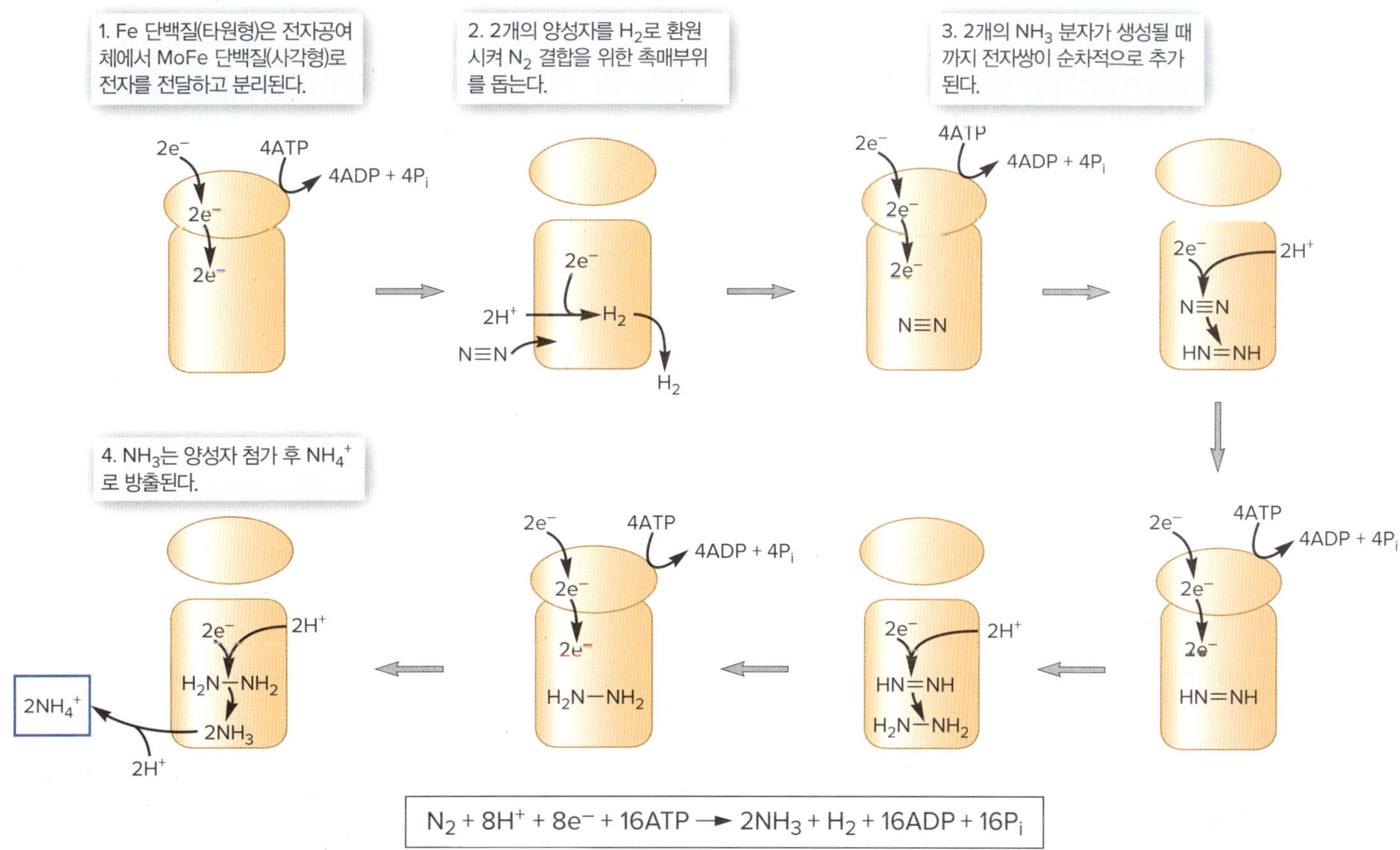

그림 12.15 질소고정효소에 의한 질소환원. 페레독신은 자주 질소고정 반응에서 전자공여체로 작용한다.

12.11, 그림 12.12 및 그림 12.13).

$$N_2 + 8H^+ + 8e^- + 16ATP \rightarrow 2NH_3 + H_2 + 16ADP + 16P_i$$

질소가 암모니아로 환원되는 것은 **질소고정효소**(nitrogenase)에 의해 촉매된다(그림 12.15). 가장 잘 연구된 질소고정효소는 2가지 주요 단백질 성분으로 구성된 복잡한 효소이다. 하나는 Fe 단백질(분자량 64,000)과 결합된 MoFe 단백질(분자량 220,000)이다. MoFe 단백질은 몰리브덴 원자, 철 원자 및 황 원자로 구성된 유기 보조인자를 포함하고 있으며, Fe 단백질은 철 원자를 가지고 있다. Fe 단백질은 먼저 페레독신에 의해 환원된 후, ATP에 결합한다. ATP가 결합하면 Fe 단백질 구조가 변형되고 환원전위를 낮추어(−0.29 V에서 −0.40 V로 낮춰짐) MoFe 단백질을 환원시킬 수 있게 한다. 전자전달이 일어날 때 ATP가 분해된다. 결국 환원된 MoFe 단백질은 전자를 질소 원자에 준다(그림 12.15에서 3번으로 언급된 일련의 반응, 전자가 양성자에 전달된 후에 다음으로 질소에 전달됨). 질소고정효소는 O_2에 아주 민감하기 때문에 세포 안에서 O_2에 의해 불활성되지 않도록 반드시 보호되어야 한다. 미생물은 여러 다양한 방법으로 질소고정효소를 산소로부터 보호하는데, 이것에 대해서는 21장과 30장에서 자세히 논의할 것이다.

황의 동화: SO_4 → 황을 함유하는 분자

황은 아미노산(시스테인과 메티오닌)과 여러 조효소(예: 조효소 A, 비오틴)의 합성에 필요하다. 황 원자는 유기 분자 사이에서 이동하거나 무기 황산염에서 얻을 수 있다. 질산염과 마찬가지로, 황산염은 유기 분자에서보다 더 산화되기 때문에 생물량으로 동화되기 전에 환원되어야 한다. **동화적 황산염환원**(assimilatory sulfate reduction)으로 알려진 이 과정은 무산소호흡 동안 황이 전자수용체로 작용할 때 일어나는 **이화적 황산염환원**(dissimilatory sulfate reduction)과 구분된다. ◀ 무산소호흡은 산소호흡과 동일한 단계를 사용한다(11.5절) ▶ 황 순환(28.2절)

그림 12.16 포스포아데노신 5′-인산황산염(PAPS). 황산염 그룹은 녹색으로 음영 처리되어 있다.

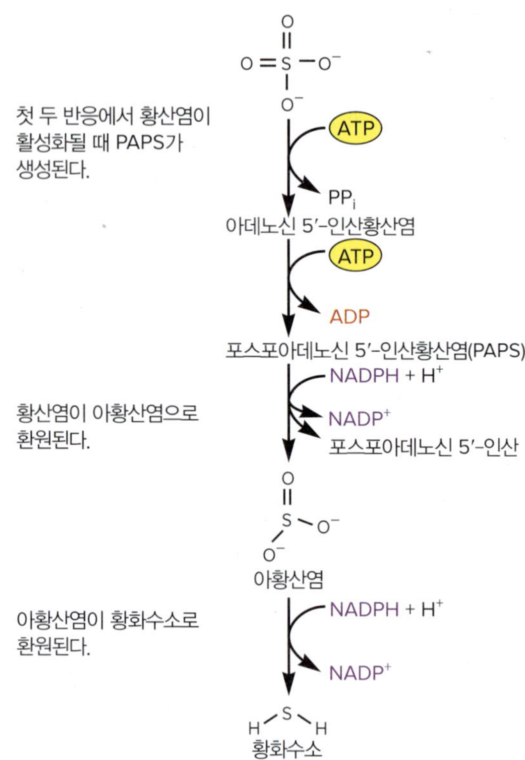

그림 12.17 황산염환원 경로.

동화적 황산염 환원은 운반체로 작용하는 또 다른 변형된 뉴클레오티드인 포스포아데노신 5′-인산황산염(phosphoadenosine 5′-phosphosulfate, PAPS)의 생성을 통한 황산염 활성화를 포함한다(**그림 12.16**). **그림 12.17**에서 보듯이, 황산염이 먼저 아황산염(SO_3^{2-})으로 환원된 다음, 이어서 황화수소(hydrogen sulfide)로 환원된다. 황화수소는 시스테인을 합성하는데 사용된다(**그림 12.18**). 진균류는 황화수소와 세린을 결합시켜 시스테인을 형성하는 반면(그림 12.18a), 많은 세균은 황화수소를 O-아세틸세린과 결합시켜 시스테인을 만든다(그림 12.18b). 시스테인이 일단 생성되면, 메티오닌을 비롯한 황을 함유한 다른 유기화합물의 합성에 사용된다. 황 동화는 세포에 매우 중요하므로 일부 세균은 PAPS를 성장 신호로 사용한다.

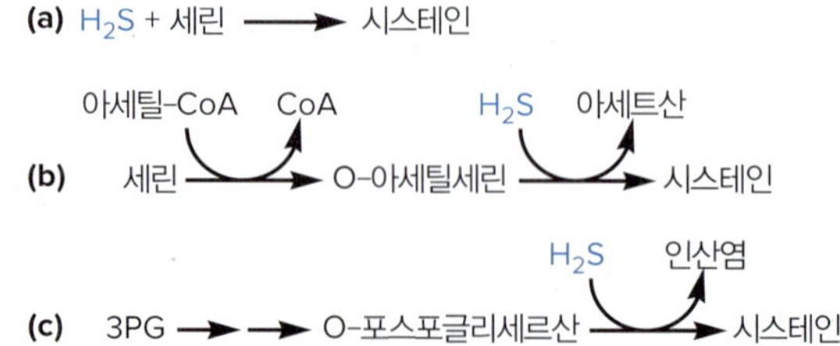

그림 12.18 H_2S에서 황의 삽입. H_2S는 그림 12.17과 같이 황산염환원의 산물이다. (a) 진균, (b) 많은 세균과 일부 고균, (c) 일부 고균이 사용하는 경로이다. 3PG: 3-포스포글리세르산.

아미노산 생합성 경로

어떤 아미노산은 전구대사물질로부터 아미노기전이 반응에 의해 직접 만들어진다. 예를 들어, 알라닌과 아스파르트산은 글루탐산을 아미노기 공여체로 이용하여 각각 피루브산, 옥살로아세트산으로부터 직접 만들어진다. 그러나 대부분의 아미노산을 만들기 위해서는 그 전구대사물질이 아미노기 첨가 이상으로 좀 더 변형되어야만 한다. 많은 경우 탄소골격은 재배열되어야 하고, 시스테인과 메티오닌을 만들기 위해서 탄소골격은 황을 첨가해야 한다. 이런 생합성 경로는 가지로 갈라져 있는데, 한 개의 전구대사물질은 서로 연관된 아미노산 종류들의 합성을 위하여 사용된다. 예를 들어 라이신, 트레오닌, 이소류신, 메티오닌은 가지 경로에 의해 옥살로아세트산으로부터 만들어진다(**그림 12.19**). 질소, 탄소, 에너지를 보존할 필요가 있기 때문에 아미노산 생합성 경로는 일반적으로 되먹임 기전에 의해 엄격하게 조절된다. ◀ 효소 활성의 번역 후 조절(10.7절)

그림 12.19 메티오닌, 트레오닌, 이소류신, 라이신 합성의 가지 경로. 대부분의 화살표는 여러 효소 촉진 단계를 나타냄을 주목하자. 환원력과 ATP의 소비는 표시하지 않았다. 각 구조의 부분들은 화학적 변형을 추적하기 위하여 채색된다.

연관 질문 어떤 돌연변이 미생물 균주가 호모세린을 생산할 수 없다고 가정하자. 이 균주가 영양물질로 섭취해야만 하는 아미노산은 무엇인가?

보충대사 반응은 아미노산 생합성을 위해 사용된 전구대사물질을 대체한다

생명체가 아미노산을 활발하게 생합성할 때, 전구대사물질이 매우 많이 필요해진다. 전구대사산물의 탄소골격은 2가지 보완적인 목적을 위해 재배열된다는 점을 상기하자. 즉, 세포의 생물량이 될 단량체를 생성하는 것(동화작용, 이 장)과 단계적 방식으로 탄소-탄소 결합의 에너지를 추출하는 것(이화작용, 11장). 예를 들어, 옥살로아세트산은 6개의 아미노산과 피리미딘에 필요하다(그림 12.2). TCA 회로에서 옥살로아세트산을 생합성으로 전환하면 TCA 회로가 NADH와 $FADH_2$를 생성하는 능력이 느려져 세포의 에너지 보존 능력이 제한된다. 따라서 TCA 회로 중간체가 동화작용을 위해 제거될 때 보충되는 것이 중요하다. TCA 회로에서 생성되는 전구대사물질의 적절한 공급을 보장하기 위해 미생물은 **보충대사 반응**(anaplerotic reaction: 그리스어 *anaplerotic*은 '채운다'를 의미)을 사용하여 이러한 중간체를 보충한다.

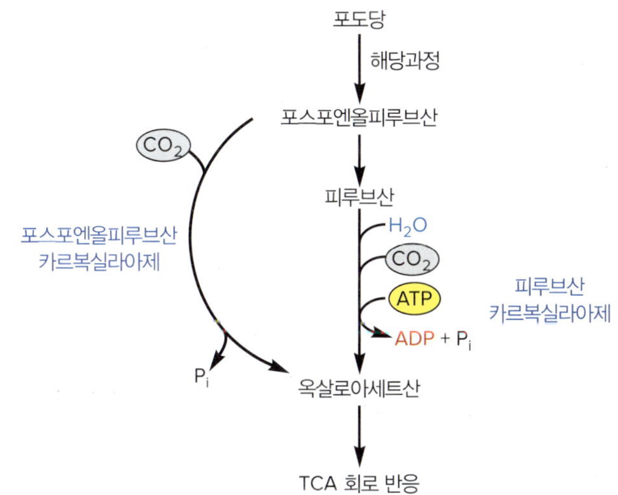

그림 12.20 옥살로아세트산을 대체하는 보충대사 반응. 피루브산과 포스포엔올피루브산은 엠덴-마이어호프 경로로부터 생성된다.

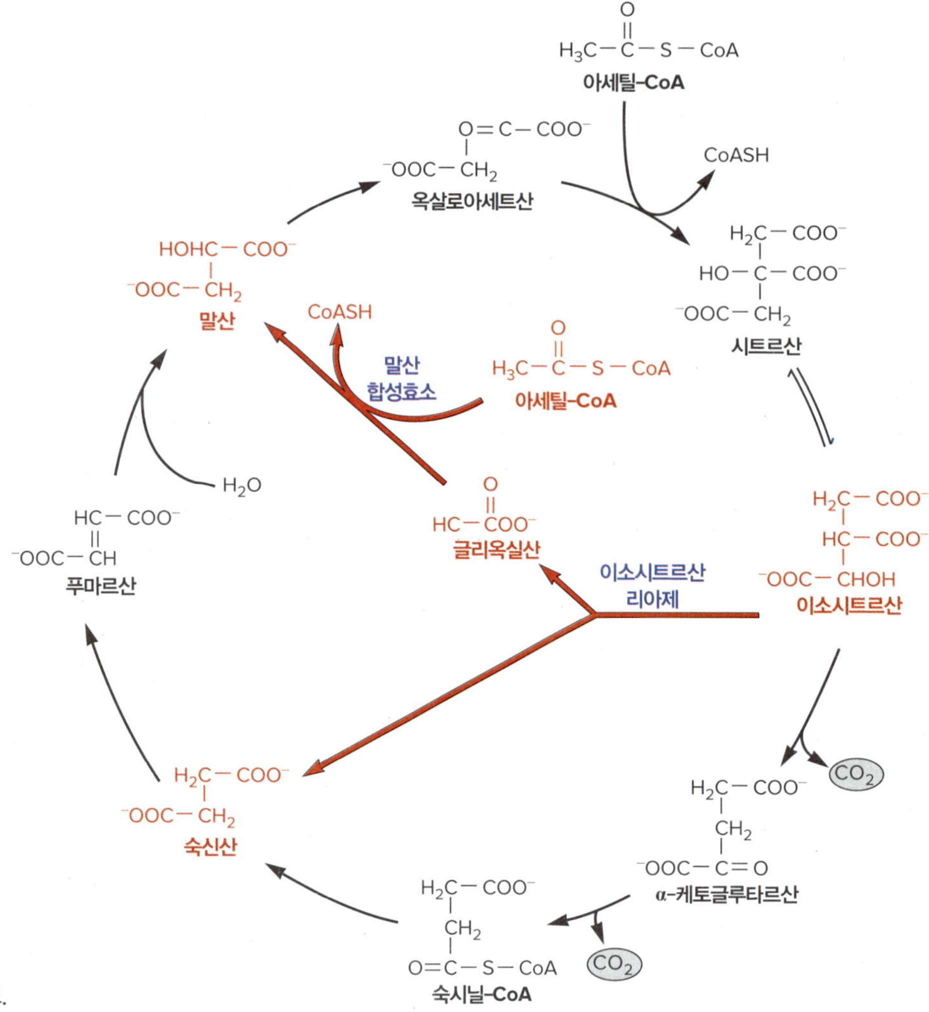

그림 12.21 글리옥실산 회로.

대부분의 미생물은 2가지 방법으로 옥살로아세트산을 생성함으로써 TCA 회로 중간물질을 대체한다. 하나는 피루브산에 카르복실기로 CO_2를 추가하고(피루브산 카르복실라아제에 의해 촉매), 다른 보충 반응은 포스포엔올피루브산에 CO_2를 추가한다(포스포엔올피루브산 카르복실라아제에 의해 촉매됨, **그림 12.20**).

다른 보충대사 반응은 **글리옥실산 회로**(glyoxylate cycle)의 일부로 몇몇 세균, 진균류, 원생생물에서 작동한다(**그림 12.21**). 이 회로는 2가지 독특한 효소인 이소시트르산 리아제(isocitrate lyase)와 말산 합성효소(malate synthase)에 의해 가능하다. 글리옥실산 회로는 실제로 변형된 TCA 회로이다. TCA 회로에서 두 번의 탈카르복실화 반응을 우회하여 아세틸-CoA의 탄소를 CO_2로 잃어버리지 않고, 아세틸-CoA로부터 옥살로아세트산을 생성할 수 있게 한다. ◀ 피루브산 탈수소효소와 TCA 회로(11.3절)

마무리 점검

1. 암모니아 동화과정에서 글루탐산 탈수소효소, 글루타민 합성효소, 글루탐산 합성효소, 아미노기전이효소의 역할을 서술하시오.
2. 동화적 질산염환원은 이화적 질산염환원과 어떻게 다른가? 각 경우에 질산염의 운명은 어떻게 되는가?
3. 질소고정효소의 구조와 작용기전을 간단히 서술하시오. 질소고정은 왜 에너지 비용이 많이 지출되는가?
4. 생명체는 어떻게 황을 동화하는가? 동화적 황산염환원은 이화적 황산염환원과 어떻게 다른가?
5. 왜 아미노산 합성에 가지 경로가 효율적인 기전인가?
6. 보충대사 반응을 정의하고, 3가지 보충 반응의 예를 제시하시오.
7. 글리옥실산 회로를 정의하시오. 이는 TCA 회로와 어떻게 비슷한가? 그리고 TCA 회로와 어떻게 다른가?

12.6 퓨린, 피리미딘과 뉴클레오티드의 합성

이 절을 학습한 후 점검할 사항:

a. 퓨린인지 또는 피리미딘인지를 구분할 수 있다.
b. 뉴클레오시드와 뉴클레오티드의 화학적 구성을 나타내는 도표를 간략히 그릴 수 있다.
c. 인이 동화되는 방법을 서술할 수 있다.
d. 퓨린과 피리미딘의 생합성을 비교할 수 있다.
e. 리보뉴클레오티드를 데옥시리보뉴클레오티드로 전환하는 데 사용되는 방법을 논의할 수 있다.

퓨린과 피리미딘은 ATP, 여러 보조인자, 리보핵산(RNA), 데옥시리보핵산(DNA), 그밖에 다른 중요한 세포구성물의 합성에 이용되기 때문에 이들의 생합성은 모든 세포에 중요하다. 퓨린, 피리미딘은 세포기능에 절대적이기 때문에 거의 모든 미생물이 스스로 퓨린과 피리미딘을 합성할 수 있다. ▶ 세균의 DNA 복제(13.3절); 세균의 전사(13.5절)

퓨린(purine)과 **피리미딘**(pyrimidine)은 고리형 질소성 염기로서 몇 개의 이중결합을 갖고 있다. **아데닌**(adenine)과 **구아닌**(guanine)은 2개의 연결된 고리를 갖는 퓨린인 반면, **우라실**(uracil), **시토신**(cytosine), **티민**(thymine)은 1개의 고리만 가지고 있다(그림 13.5 참조). 5탄당인 리보오스(ribose)나 데옥시리보오스(deoxyribose)에 퓨린 혹은 피리미딘이 연결되어 **뉴클레오시드**(nucleoside)가 된다. **뉴클레오티드**(nucleotide)는 뉴클레오시드의 당에 1개 이상의 인산기가 연결된 것이다.

아미노산은 유기질소를 제공하는 방법 등으로 질소성 염기와 뉴클레오티드의 합성에 참여한다. 여기에는 모든 퓨린과 피리미딘의 일부분인 질소를 제공하는 것도 포함되어 있다. 뉴클레오티드에 있는 인은 다른 기전에 의해 제공된다. 이 절은 인의 동화로 시작하며, 다음으로 질소성 염기와 뉴클레오티드 합성 경로를 살펴볼 것이다.

인의 동화

핵산 이외에, 인은 인지질, $NADP^+$, 특정 단백질의 변형(인산화된 단백질)에서 발견된다. 가장 일반적인 인 공급원은 무기인산과, 인산기를 가진 유기 분자이다. 무기인산은 다음 3가지 (1) 광인산화, (2) 산화적 인산화, (3) 기질수준 인산화 중 하나의 방법으로 ATP 생성을 통하여 첨가된다. ▶ 산소호흡은 포도당 산화로부터 시작된다(11.3절); 전자전달과 산화적 인산화는 대부분의 ATP을 생산한다(11.4절); 광영양(11.10절)

미생물은 유기인산을 환경에서 용해형 또는 미립자형의 형태로 얻을 수 있다. **인산분해효소**(phosphatase)는 종종 유기인산염을 포함하는 분자를 가수분해하여 무기인산으로 방출한다. 그람음성 세균은 주변세포질에 인산분해효소를 가지고 있어서 방출된 인산을 즉시 받아들일 수 있다. 반면에 원생생물은 섭취한 유기인산을 직접 사용하거나 리소좀에서 분해한 다음 인산을 삽입한다.

퓨린 생합성

퓨린 생합성 과정은 복잡한 11단계의 순서(부록 II 참조)를 거치며, 7가지 다른 종류의 분자가 모여 최종 퓨린골격을 완성한다(**그림 12.22**). 이 과정은 리보오스 5-인산으로부터 시작하고 퓨린골격이 이 당을 기본으로 하여 만들어지기 때문에, 이 경로의 첫 산물은 자유퓨린 염기가 아니라 뉴클레오티드인 이노신산(inosinic acid)이다. 보조인자 엽산(folic acid)은 엽산유도체가 퓨린골격에 2개의 탄소를 제공하기 때문에 퓨린 생합성에서 중요하다.

일단 이노신산이 합성되면 비교적 짧은 경로에 의해 아데노신 일인산(adenosine monophosphate)과 구아노신 일인산(guanosine monophosphate)이 합성되며(**그림 12.23**), 이어서 뉴클레오시드 이인산과 삼인산이 ATP로부터 인산기를 전달받아서 만들어진다. 이때 세포가 합성한 것은 리보뉴클레오티드이다. 그러나 DNA 합성을 위해서는 데옥시리보뉴클레오티드가 필요하다. 데옥시리보뉴클레오티드에서는 당의 2번 탄소에 수산기가 아니라 수소 원자가 있다(그림 13.4 참조). 따라서 리보뉴클레오티드를 데옥시리보뉴클레오티드로 전환하기 위해서는 2번 탄소가 환원되어야만 한다. 데옥시리보뉴클레오티드는 2가지 다른 경로로 만들어진다. 일부 미생물은 보조인자로 비타민 B_{12}를 필요로 하는 시스템으로 뉴클레오시드 삼인산의 리보오스를 환원시킨다. 다른 것들은 뉴클레오시드 이인산에서 리보오

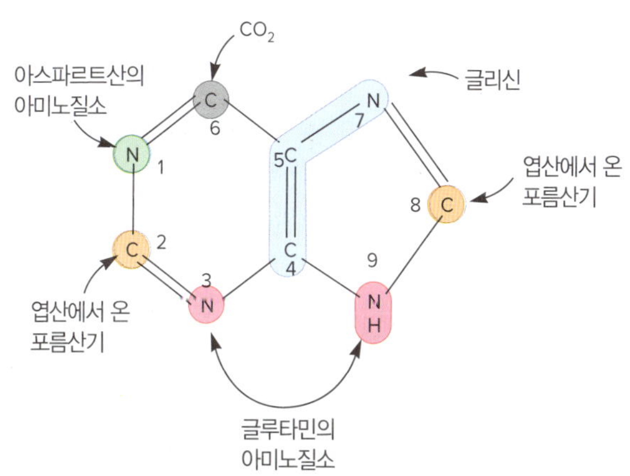

그림 12.22 퓨린의 질소와 탄소의 공급원. 9번 위치의 질소는 당 리보오스 5-인산에 연결되고, 염기는 당에 연결된 채 완성된다.

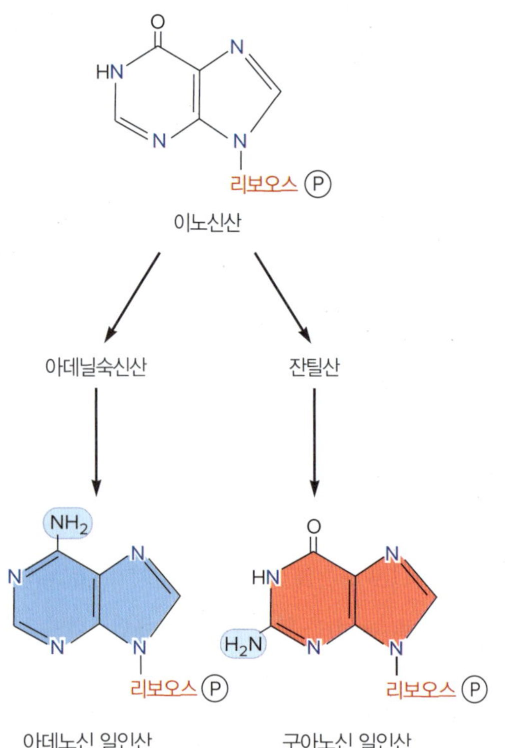

그림 12.23 퓨린 일인산의 합성. 파란색으로 강조 표시된 그룹은 이노신산의 그룹과 다르다.

스를 환원시킨다. 2가지 방법 모두 환원제로 티오레독신(thioredoxin)이라는 작은 황 함유 단백질을 이용한다.

피리미딘 생합성

피리미딘 생합성도 퓨린 생합성처럼 복잡하다. 퓨린은 리보오스 5-인산에 화학성분을 추가하면서 합성되나, 반면에 피리미딘 고리는 리보오스가 연결되기 전에 완성된다.

피리미딘 생합성은 아스파라긴산의 탄소골격과 중탄산염 및 글루타민에서 유래한 추가 탄소 및 질소 원자로 시작된다(**그림 12.24a**). 6각형의 탄소-질소 고리가 형성된 후, 리보스 5-인산이 부착되어 뉴클레오티드를 형성한다. 인산염 그룹은 ATP에서 옮겨져 유리딘 이인산, 유리딘 삼인산 및 시티딘 삼인산을 형성한다. 이러한 리보뉴클레오티드는 퓨린 리보뉴클레오티드와 동일한 방식으로 데옥시 형태로 환원된다. 그것은 세포에 아직 만들어지지 않은 단 하나의 데옥시뉴클레오티드, 즉 데옥시티미딘 일인산만 남게 한다. 데옥시뉴클레오티드인 데옥시티미딘 일인산(deoxythymidine monophosphate)은 데옥시유리딘 일인산(deoxyuridine monophosphate)이 엽산유도체로 메틸화될 때 만들어진다(그림 12.24b).

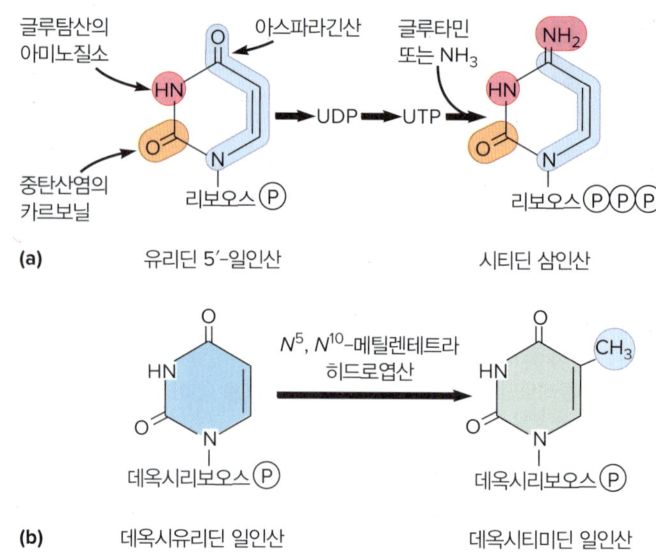

그림 12.24 피리미딘 합성. (a) CTP 합성을 위한 반응과 피리미딘 내 탄소와 질소 원자의 공급원이고, (b) 데옥시티미딘은 음영 처리된 메틸기의 존재에서 데옥시유리딘과 다르다.

마무리 점검

1. 인은 어떻게 동화되는가? 인산분해효소가 인 동화에서 하는 역할은 무엇인가? 왜 질산염, 질소기체, 황산염은 세포 구성성분으로 직접 동화될 수 없는 반면, 인산은 직접 동화될 수 있는가?
2. 퓨린과 피리미딘의 차이점과 뉴클레오시드와 뉴클레오티드의 차이점을 설명하시오.
3. 퓨린과 피리미딘이 합성되는 방법을 요약하시오. 데옥시리보뉴클레오티드의 데옥시리보오스 성분은 어떻게 만들어지는가?

12.7 지질 합성

이 절을 학습한 후 점검할 사항:

- **a.** 지방산 합성에서 아세틸-CoA, 아실기 운반단백질(ACP) 및 지방산 합성효소의 역할을 서술할 수 있다.
- **b.** 포화지방산과 불포화지방산을 구별할 수 있다.
- **c.** 트리아실 글리세롤 합성에서 디히드록시아세톤 인산과 지방산의 역할을 서술할 수 있다.
- **d.** 인지질 합성에서 디아실글리세롤과 CTP의 역할을 서술할 수 있다.
- **e.** 스테롤 합성과 고균의 이소프레노이드 지질 합성을 비교설명할 수 있다.
- **f.** LPS 합성 및 외막으로의 첨가에 대하여 요약할 수 있다.

지질은 세포막의 주요 성분이므로 세포에 절대 필수적인 성분이다. 대부분의 세균과 진핵생물의 지질은 지방산 또는 그 유도체가 포함되어 있다. 고균의 지질은 불포화 5-탄소 단위인 이소프렌을 사용하여 만들어진다. 이 절에서는 이러한 분자로 이어지는 경로에 대해 생각해보고, 그람음성 세균의 외막의 주요성분인 지질다당류(LPS) 층의 합성을 고려한다.

지방산과 인지질

지방산은 일반적으로 짝수의 탄소(평균 길이는 탄소 18개)로 된 긴 탄소 사슬(알킬사슬)을 가진 모노카복실산(monocarboxylic acid)이다. 어떤 것은 하나 이상의 이중결합이 있는 불포화지방산이다(그림 3.8 참조). 대부분의 미생물 지방산은 직쇄형이지만 몇몇 종류는 가지가 있고, 또 일부는 사슬에 1개 이상의 사이클로프로판 고리를 가지고 있다(그림 4.4 참조). 지질 합성은 복잡하고, 진핵 병원체가 일으키는 감염성 질병을 치료하기 위해 사용하는 일부 항미생물 제제의 표적이 되기도 한다. ▶| 항진균제(9.6절); 지질(부록 I)

포화지방산 합성은 **지방산 합성효소 복합체**(fatty acid synthase complex)에 의해 촉매된다. 초기 단계에서 아세틸-CoA 분자와 아실기-운반단백질(acyl carrier protein, ACP)과의 결합으로 조효소 A(CoA)는 해리된다(**그림 12.25**). 두 번째 아세틸-CoA 분자는 이산화탄소의 첨가에 의해 활성화되어 3-탄소 분자인 말로닐-CoA를 생성하며, 그런 다음 ACP와 복합체를 형성하여 말로닐-ACP를 형성한다. 3개의 탄소 중 아세틸-CoA에서 파생된 2개 탄소는 초기 형성된 아세틸-ACP에 추가되고 남은 탄소(CO_2 유래)와 ACP는 방출되며 4-탄소 분자는 신장 단계로 진행된다. 신장 단계에서는, 초기 축합반응에서 발생한 β-케토기가 두 번의 환원과 탈수 반응을 포함한 3단계 과정으로 제거된다. 그러면 지방산은 동일한 기전으로 2개의 탄소 원자를 더 추가할 준비가 된다. 탄화수소 사슬의 최종 길이에 도달하고 지방산이 ACP에서 방출될 때까지 사이클이 반복된다.

불포화지방산은 2가지 방법으로 합성된다. 진핵생물과 산소요구성 세균에서는 다음 식과 같이 NADPH와 O_2를 모두 이용하여 포화지방산에 이중결합을 도입하는 경로를 사용한다.

$$R-(CH_2)_9-\overset{\overset{\displaystyle O}{\|}}{C}-SCoA + NADPH + H^+ + O_2$$

$$\rightarrow R-CH=CH(CH_2)_7-\overset{\overset{\displaystyle O}{\|}}{C}-SCoA + NADP^+ + 2H_2O$$

9번과 10번 탄소 사이에 이중결합이 형성되고, 지방산과 NADPH가 제공하는 전자에 의해 O_2는 물로 환원된다. 산소비요구성 세균과 몇몇 호기성 세균은 지방산 합성 동안 수산화지방산(hydroxy fatty acid)을 탈수시켜 이중결합을 생성한다. 이 과정에 의해 이중결합이 형성되는데 산소는 필요 없다.

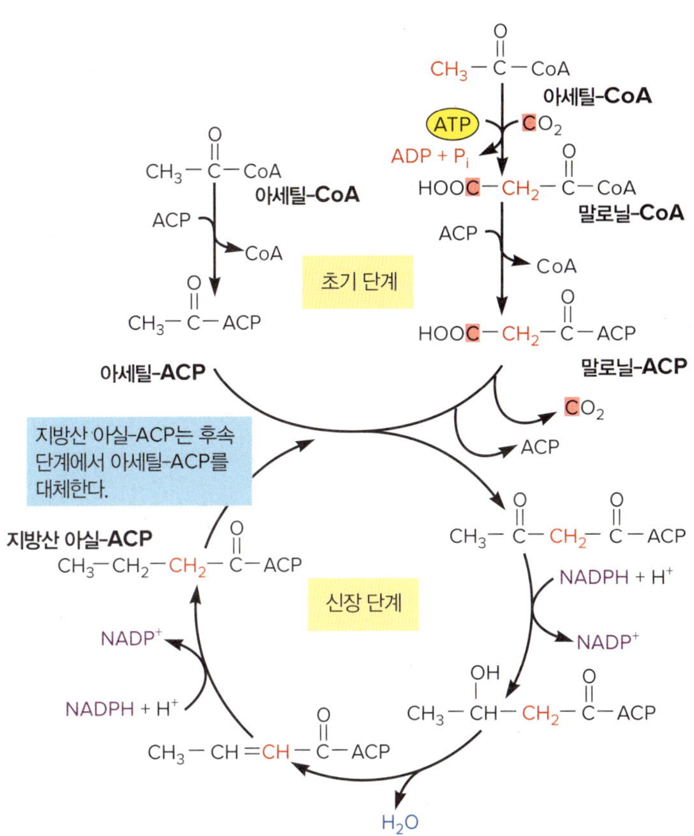

그림 12.25 지방산 합성. CO_2로부터 파생된 탄소 원자는 빨간색 상자로 표시되며, 말로닐-CoA에서 유래하는 원자는 빨간색으로 표시된다. ACP: 아실기 운반단백질

지방산은 트리아실글리세롤(triacylglycerol)과 인지질 같은 다른 지질을 만드는 데 사용된다. 이 두 물질은 지방산과 에스테르 결합(그림 3.8 참조)으로 연결된 글리세롤을 가지고 있으며, 같은 분지된 경로를 사용하여 합성된다(**그림 12.26**). 글리세롤은 엠덴-마이어호프 경로 중간체인 디히드록시아세톤 인산이 글리세롤 3-인산으로 환원되어 생기며, 글리세롤 3-인산은 다시 2개의 지방산으로 에스테르화되어 포스파티드산(phosphatidic acid)을 생성한다. 포스파티드산의 인산기는 분해되어 디아실글리세롤(diacylglycerol)을 만들고 다시 세 번째 지방산이 결합되어 트리아실글리세롤을 만든다. 인지질에 대한 분지는 포스파티드산이 탄수화물 생합성에서 유리딘 및 아데노신 이인산 운반체와 유사한 역할을 하는 시티딘 이인산(CDP) 운반체에 부착될 때 시작된다. 그림 12.26의 오른쪽 가지에 있는 단계는 CDP-디아실글리세롤의 형성이 일련의 반응으로 주요 세포막 구성요소의 극성 머리를 형성하는 방법을 보여준다. 이 CDP 유도체는 세린과 반응하여 포스파티딜세린을 형성하고, 탈카르복실화는 포스파티딜에탄올아민을 생성한다. 이러한 방식으로 해당과정, 지방산 생합성 및 아미노산 생합성의 산물로부터 복잡한 막 지질이 구성된다.

그림 12.26 트리아실글리세롤과 인지질 합성. 세린에서 유래한 포스파티딜에탄올아민의 극성 머리(head) 부분은 파란색으로 표시했다. CMP: 시티딘 일인산, CDP: 시티딘 이인산, CTP: 시티딘 삼인산.

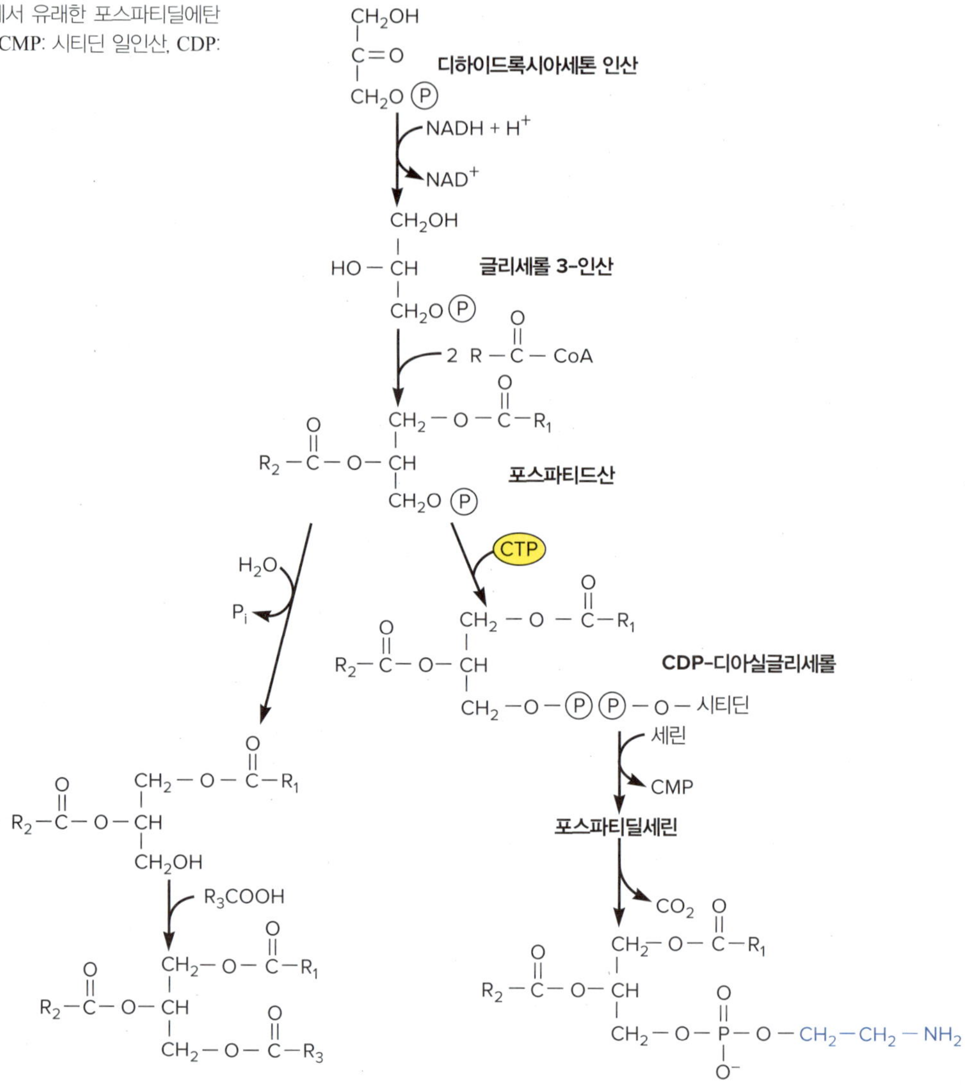

스테롤 및 이소프레노이드 지질

스테롤은 진핵세포막에서 발견되는 중요한 지질이며, 이소프레노이드 지질(이소프렌이라고도 함)은 고균세포막에서 발견되는 유형이다. 이소프렌이 스테롤 생합성 경로의 2개의 중간체로부터 합성되기 때문에 함께 고려한다. 2개의 중간체는 이소펜테닐 피로인산염(IPP) 및 이의 이성질체 디메틸알릴 피로인산염(DMAPP)이다(**그림 12.27a,b**). 이 2분자는 가장 중요한 전구대사물질인 아세틸-CoA로 시작하는 경로에 의해 가장 일반적으로 합성된다. IPP와 DMAPP에는 2가지 뚜렷한 목적이 있다. 피로인산 말단을 머리라고 하고 반대쪽 끝을 꼬리라고 한다. 2분자는 분자를 머리와 꼬리(그림 12.27c), 머리와 머리 또는 꼬리와 꼬리를 연결하는 축합 반응에 참여하여 콜레스테롤과 스테로이드호르몬, 박토프레롤, 카로티노이드, 고균의 지질 등을 생성하는 중간체를 포함하여 다양한 분자를 생성한다. 진핵세포에서 발견되는 스테롤의 경로는 잘 알려져 있으며 수많은 반응 및 효소를 포함한다. 고균의 지질 합성 경로는 완전히 확립되지 않았

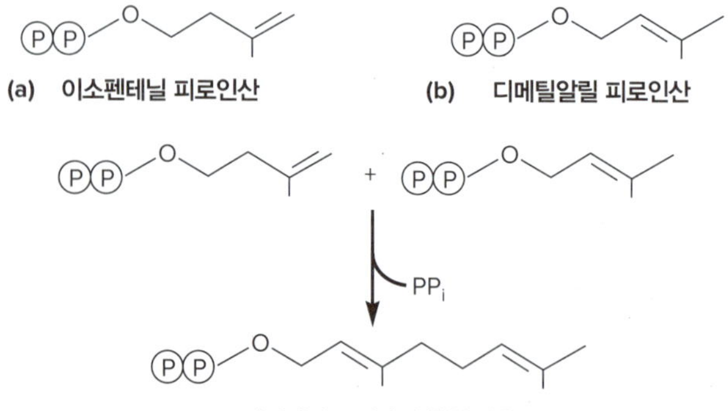

그림 12.27 이소프레노이드 지질 빌딩 블록. (a) 이소펜테닐 피로인산 및 (b) 디메틸알릴 피로인산은 (c) 머리에서 꼬리까지 축합 반응이 진행되는 것으로 보인다.

표 12.2 세균과 고균 지질 합성의 비교		
	세균	**고균**
지방산 합성		
지방산 사슬의 성장을 위한 운반체	Malonyl-ACP	없음
회로당 첨가되는 탄소단위 수	2	5
탄소단위의 공급원	아세틸-CoA	이소펜테닐 피로인산
탄화수소 길이	16~18	20~25
인지질 합성		
글리세르인산골격	글리세롤 3-인산	글리세롤 1-인산
골격과 지방산 사이의 연결	에스테르(ester)	에테르(ether)
지방산과 글리세롤인산을 갖는 화합물	포스파티드산	아케올
활성화된 운반체	CDP-디아실글리세롤	CDP-아케올
공통적인 극성 헤드기	세린, 에탄올아민	세린, 에탄올아민

지만, 박테리아 지질 합성 경로와 공통된 주제가 있다(**표 12.2**). 세균 지방산 합성 경로에서와 같이, 탄소 단위는 최종 소수성 사슬 길이에 도달할 때까지 반복적으로 첨가된다. 고균의 빌딩 블록은 IPP 및 DMAPP이다(그림 12.27). 글리세롤인산염골격에 2개의 지방산이 순차적으로 에테르 결합되어 포스파티드산과 유사한 화합물인 **아케올**(archaeol)을 형성한다. 극성 헤드기 첨가 반응은 세균와 고균 사이에 고도로 보존된 효소에 의해 촉매된다. 고균 경로의 마지막 단계는 이소프레노이드 사슬에서 불포화 결합의 환원를 포함한다. 고균 테트라에테르 지질을 합성하는 경로(그림 4.4 참조) 및 환경조건의 변화에 반응하여 지질 생합성을 조절하기 위해 세포에 의해 사용되는 기전은 여전히 명확하지 않다.

지질다당류

지질다당류(lipopolysaccharide)는 전형적인 그람음성 세균의 외막에서 중요한 성분이다. 3장에서 이 분자들은 지질성분(지질 A), 올리고당 코어, O 다당(O 항원)으로 구성되어 있음을 상기하자. LPS는 지질과 탄수화물 성분을 모두 가지고 있기 때문에 2가지 유형의 분자를 합성하는 데 사용되는 과정을 보여준다. 경로는 2개의 분지로 구성된다. 하나는 코어 올리고당에 부착된 지질 A(지질 A-코어)의 합성을 위한 것이고, 다른 하나는 O-항원 반복단위의 합성 및 최종 O 항원으로의 중합을 위한 것이다.

지질 A-코어 분자는 UDP-*N*-아세틸글루코사민(UDP-GlcNAc, 그림 12.7: UDP-NAG로 약칭)으로 시작하고 수많은 반응을 통해 아실이당류(즉, 지방산에 연결된 이당류) 플랫폼을 생성한다. 이 플렛폼에서 코어 올리고당을 구성하는 당이 첨가된다(**그림 12.28**). 지방산은 지방산 생합성에 대한 논의에서 소개된 아실 운반단백질(ACP)에 의해 전달된다(그림 12.25). 이 과정은 지방산이 원형질막에 삽입되는 원형질막의 세포질 면에서 일어난다. 신장하는 코어 올리고당은 세포질 내로 확장된다(**그림 12.29**). LPS의 지질 A-코어 부분의 합성이 완료되면, 지질 A-코어 부분은 원형질막의 세포질 부분에서 주변세포질 공간 쪽으로 뒤집어진다(그림 12.29).

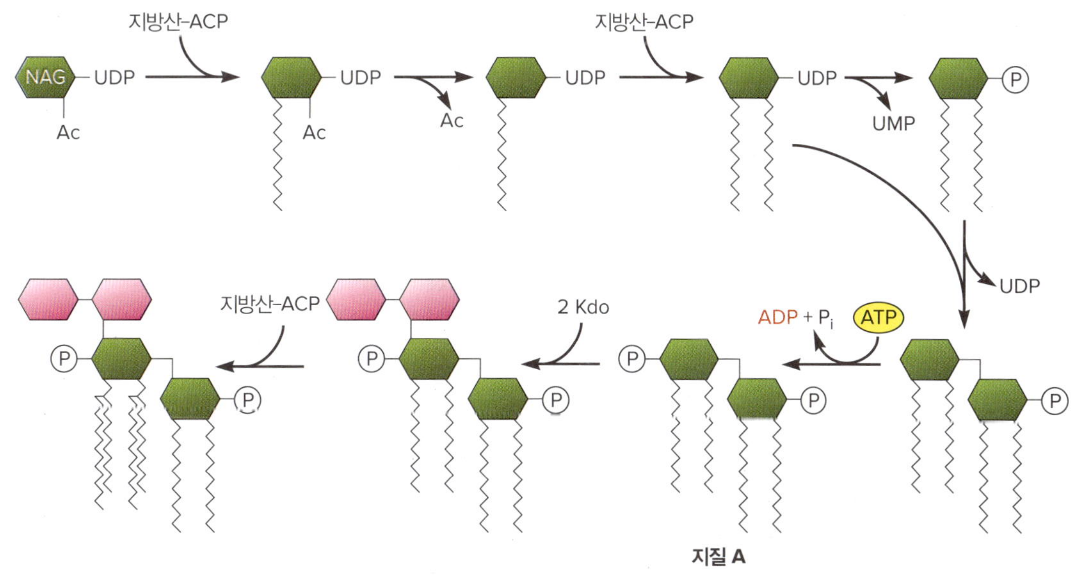

그림 12.28 지질 A-코어 생합성 경로. NAG: *N*-아세틸글루코사민, UDP: 유리딘 이인산, Ac: 아세틸기, ACP: 아실 운반단백질, UMP: 유리딘 일인산, Kdo: 2-케토-3-데옥시옥토네이트.

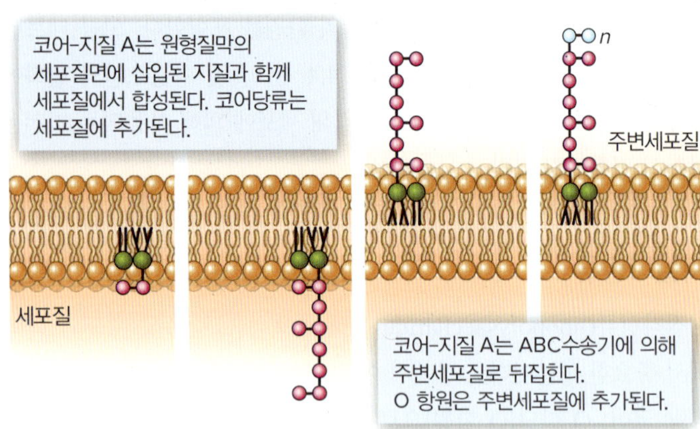

그림 12.29 지질다당류(LPS) 생합성 경로. LPS의 색상 부분은 그림 12.28에 사용된 색상에 해당한다.

경로의 O-항원 가지는 O 항원의 반복단위를 형성하는 3 내지 5개의 당(각각 뉴클레오시드 이인산에 의해 운반됨)으로 시작한다. 이들은 원형질막의 세포질면에 위치하는 박토프레놀에 순차적으로 첨가된다. 반복단위 당은 세포질에 있다(펩티도글리칸 합성에서 박토프레놀의 사용을 상기하라, 그림 12.8). 박토프레놀-반복단위는 이어서 원형질막의 주변세포질 쪽으로 뒤집어진다. 현재 주변세포질 공간으로 연장되는 반복단위는 블록으로서 중합되어 O 항원을 생성한다. 마지막으로, O 항원은 지질 A-코어에 결합되어 최종 LPS 분자를 생성한다(그림 12.29).

그림 12.29은 LPS의 합성을 보여주지만 성숙한 분자가 어떻게 외막의 외부 부분에 삽입되는지는 보여주지 않는다. 세포가 직면한 문제는 2가지이다. 첫째, LPS의 탄수화물 부분은 친수성이어서 외막을 가로지르는 수송을 어렵게 만든다. 두 번째, LPS의 지질 A 부분은 소수성이므로, 주변세포질 공간을 가로지르는 그의 수송을 어렵게 한다. 현재의 증거는 7개의 단백질이 LPS가 움직이는 "보행 경로"를 형성하는 모델을 지지한다(**그림 12.30**). 단백질은 Lpt 단백질(LPS 수송을 위하여)이라고 하며, Lpt 단백질이 만드는 경로는 Lpt 경로라고 한다. 원형질막($LptB_2FC$)에 매립된 Lpt 단백질은 수송하기 위하여 LPS 분자와 결합한다. 이들 단백질은 원형질막으로부터 β-젤리롤 구조를 사용하여 수용성인 주변세포질로 LPS를 전달한다. β-젤리롤은 단백질의 소수성 부분(종종 "기름기"로 표시됨)이며 지질 A와 쉽게 상호작용한다. LptF, LptC, LptA 및 LptD의 β-젤리롤은 LPS를 안내하는 연속적인 소수성 트랙을 형성한다. LptB에 의한 세포질 ATP 가수분해는 다리를 가로질러 LPS를 밀어내는 에너지를 제공한다. 친수성 코어 올리고당 및 O 항원은 브릿지로부터 주변세포질로 연장된다. 이것은 경로의 다음 부분인 두 단백질의 복합체 근처에 O 항원을 위치시킨다. 단백질 중 하나 (LptD)는 β-배럴

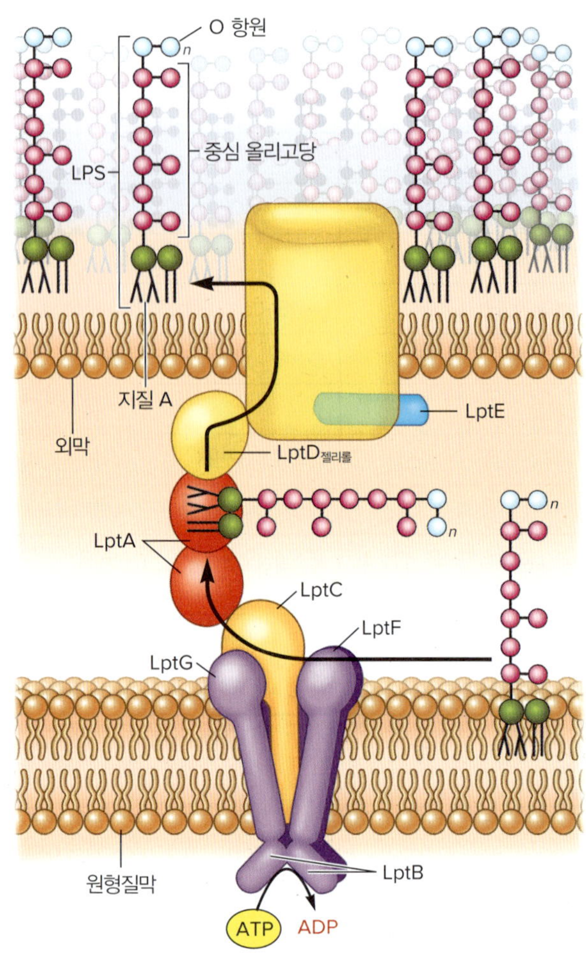

그림 12.30 Lpt 경로는 LPS를 원형질막에서 외막으로 이동시킨다. 화살표는 Lpt 경로의 단백질을 통한 LPS 분자의 경로를 추적한다.

구조를 형성한다. 3장에서 β-배럴은 막을 가로질러 분자를 이동시키는 수송단백질(예를 들어, 포린 단백질)에서 일반적이라는 것을 상기하자. 두 번째 단백질인 LptE는 LptD β-배럴 내부에 존재한다. LptE는 LPS가 LptD 내부(lumen)로 들어가도록 지시하고, LPS는 그곳에서 방향을 바꿔 외막의 외부 부분(leaflet)에 삽입한다.

마무리 점검

1. 지방산은 무엇인가? 지방산 합성효소가 어떻게 지방산을 만드는지 서술하시오.
2. 불포화지방산은 어떻게 만들어지는가?
3. 트리아실글리세롤과 인지질 합성과정을 간략히 서술하시오. 포스파티드산과 CDP-디아실글리세롤의 중요성에 대해 기술하시오.
4. 스테롤과 이소프렌 생합성에 중요한 2가지 빌딩 블록은 무엇인가? 그것들을 제공하기 위해 가장 일반적으로 사용되는 경로는 무엇인가?
5. 활성화된 운반체는 탄수화물, 펩티도글리칸, 지질 및 LPS 합성에서 참여한다. 이 운반체와 그 역할을 간단히 설명하시오. 모든 운반체에 공통적인 특징이 있는가? 대답에 대한 이유를 설명하시오.

요약

12.1 생합성을 지배하는 원리

- 많은 주요 세포성분은 간단한 단량체들이 모여서 이루어진 큰 중합체, 즉 거대분자이다.
- 많은 이화작용 및 동화작용은 효소를 공유하여 신진대사를 보다 효율적으로 만들지만, 몇 가지 효소는 분리되어 있고 독립적으로 조절된다.
- 거대분자 성분은 대개 자가조립으로 최종분자나 복합체를 형성한다.

12.2 전구대사물질: 생합성을 위한 시작 분자

- 전구대사물질은 생합성 경로에서 시작 기질로 이용되는 탄소골격이다. 이들은 해당과정과 TCA 회로(중심대사경로)의 중간체이다(그림 12.2).
- 대부분의 전구대사물질은 아미노산 생합성에 이용되고, 다른 전구대사물질은 퓨린, 피리미딘, 지질 합성에 이용된다.

12.3 CO_2 고정: CO_2 탄소의 환원과 동화

- 캘빈 회로는 대부분의 호기성 독립영양생물이 CO_2를 고정하는 데 이용한다. 이 회로는 3단계인 카르복실화 단계, 환원 단계, 재생 단계로 나눌 수 있다(그림 12.3). 1분자의 CO_2를 삽입하는데 ATP 3개, NADPH 2개가 사용된다.
- 세균 문(phyla)인 *Aquificae*, *Chlorobi*, 프로테오박테리아 및 *Nitrospirae*에 속하는 많은 독립영양생물이 환원성 TCA 회로는 세균 문(phyla Aquificota), 박테로이도타(Bacteroidota), 프로테오박테리아(Proteobacteria) 및 니트로스피로타(Nitrospirota)에 속하는 다수의 독립영양생물에 의해 사용된다(그림 12.4).

12.4 탄수화물의 합성

- 포도당신생합성 과정은 피루브산으로부터 포도당 6-인산 및 관련 당을 합성하는 과정이다.
- 글루코오스 6-인산, 과당 6-인산, 만노오스 6-인산은 포도당신생합성 과정의 중간물질이거나 이 중간물질로부터 직접 만들어진다(그림 12.5). 세균과 원생생물은 아데노신 이인산 포도당으로부터 녹말과 글리코겐을 합성한다.
- 펩티도글리칸 합성은 세포막을 가로질러 NAG-NAM-5펩티드 단위를 운반하는 지질 운반체인 박토프레놀과 UDP 유도체가 관여하는 복잡한 과정이다. 교차연결은 펩티드전이 반응에 의해 형성된다(그림 12.7~그림 12.10).

12.5 아미노산의 합성은 많은 전구대사물질을 소비한다

- 전구대사물질이 제공한 탄소사슬에 질소를 첨가하는 것은 아미노산 생합성에서 중요한 단계이다. 암모니아, 질산염, 질소기체는 질소원으로 제공될 수 있다.
- 암모니아는 아미노기전이효소와 글루탐산 탈수소효소 또는 글루타민 합성효소-글루탐산 합성효소 시스템에 의해 직접 동화된다(그림 12.11~12.13).
- 질산염은 질산염환원효소와 아질산염환원효소가 촉진하는 동화적 질산염환원을 통해 삽입된다(그림 12.14).
- 질소고정은 질소고정효소에 의해 촉진된다. 대기 중 질소 분자는 암모니아로 환원되고 이어서 아미노산으로 삽입된다(그림 12.15).
- 황산염은 동화되기 전에 황화물로 환원되어야 한다. 이는 동화적 황산염환원 과정동안 일어난다(그림 12.17 및 그림 12.18).
- 어떤 아미노산은 전구대사물질에 아미노기를 첨가하여 직접 생성되지만, 대부분의 아미노산은 좀 더 복잡한 경로에 의해 합성된다. 많은 아미노산 생합성 경로는 가지로 갈라져 있다. 따라서 1개의 전구대사물질로부터 여러 종류의 아미노산을 합성할 수 있다(그림 12.19).
- 보충대사 반응은 회로가 전구대사물질을 공급하는 동안 회로의 균형을 유지하기 위해 TCA 회로의 중간물질을 대체한다. 중요한 보충대사 반응에는 옥살로아세트산의 합성과 글리옥실산 회로도 포함된다(그림 12.20 및 그림 12.21).

12.6 퓨린, 피리미딘과 뉴클레오티드의 합성

- 퓨린과 피리미딘은 DNA, RNA 및 다른 분자에서 발견되는 질소성 염기이다. 질소는 특정 아미노산에 의해 공급된다. 인은 무기인산 혹은 유기인산으로부터 공급된다.
- 인은 ADP와 P_i로부터 ATP를 생성하는 인산화 반응에 의해 직접 동화될 수 있다. 유기인산원은 유기 분자로부터 인산기를 방출시키는 인산분해효소(phosphatases)의 기질이다
- 퓨린골격은 리보오스 5-인산으로부터 시작하여 합성되고 처음에 이노신산을 생성한다(그림 12.22 및 그림 12.23). 피리미딘 생합성은 카바모일 인산과 아스파르트산으로부터 시작하고 골격이 완성된 다음에 리보오스가 첨가된다(그림 12.24).

12.7 지질 합성

- 지방산은 지방산 합성효소에 의해 아세틸-CoA, 말로닐-CoA, NADPH로부터 합성된다. 합성 동안 중간물질은 아실기 운반 단백질에 연결된다(그림 12.25). 이중결합은 2가지 방법으로 첨가된다.
- 트리아실글리세롤은 지방산과 글리세롤 인산으로부터 만들어진다. 포스파티드산은 이 경로의 중요한 중간물질이다(그림 12.26).
- 인지질은 포스파티드산으로부터 만들어지는데 먼저 CDP-디아실글리세롤을 생성하고 그다음에 아미노산을 첨가한다.
- 스테롤과 이소프렌은 이소펜테닐이인산(isopentenyl pyrophosphate)과 디메틸알릴이인산(dimethylallyl pyrophosphate)으로 불리는 2개의 기본단위로부터 합성된다. 이들 분자를 사용하는 축합반응은 고균막에서 발견되는 글리세롤 디에테르(glycerol diether), 디글리세롤 테트라에테르(diglycerol tetraether), 스테롤의 링 구조를 만든다(그림 12.27).
- 지질다당류(Lipopolysaccharides)는 복잡한 분지 경로에 의해 합성되는데, 한 경로는 지질 A-코어 부분을 만들며, 다른 경로는 O 항원을 만든다(그림 12.28). 이들 두 분자는 주변세포질 공간에서 합쳐진다(그림 12.29). LPS는 Lpt 경로에 의해서 원형질막으로부터 외막의 외부 부분(leaflet)으로 이동하여 삽입된다(그림 12.30).

심화 학습

1. 만약 글리옥실산 회로에 의존하는 미생물이 더 이상 이소시트르산 리아제 효소를 생산하지 않는다면 무슨 일이 일어나는가? 배지에 영양물질을 첨가하여 이 결함을 보완할 수 있는가? 만약 그렇다면 어떤 영양물질이 있는가?

2. 뉴클레오시드 이인산은 생합성 반응에서 일반적인 운반체이다. 이 장에서 ADP, UDP 및 CDP를 운반체로 사용하는 경로를 식별하고, 추가적인 예시를 찾기 위하여 11장에 설명된 구조를 설명하시오.

3. 그림 3.22에서 테이코산의 구조를 조사하시오. 이 장에서 배운 내용과 온라인에서 검색한 내용을 바탕으로 테이코산 합성에 필요한 전구체와 그림 12.2에 나열된 전구대사물질의 기원을 확인하시오.

4. 많은 질소고정 미생물도 독립영양생물이다. 산소발생 광합성은 O_2를 생성하고, 질소고정을 촉매하는 효소인 질소고정효소는 O_2에 민감하다는 것을 기억하시오. O_2로부터 질소고정효소를 보호하기 위해 질소자급영양생활을 하는(diazotrophic) 독립영양생물에 대해 어떤 기전을 생각할 수 있는가? (힌트: 공간적 기전과 시간적 기전을 모두 고려하시오.)

5. 일곱 번째 CO_2 고정 경로는 황산염환원 세균인 *Desulfovibrio desulfuricans*에서 최근에 설명되었다(20.9절 참조). 독립영양 조건에서 *D. desulfuricans*를 배양하려는 시도는 유기체가 탄소 및 에너지원으로 포름산염만을 사용하여 메탄생성균과 공동 배양에서 성장할 수 있다는 것이 관찰된 후 시작되었다. *D. desulfuricans*에서 활성으로 존재하는 포름산염 탈수소효소는 CO_2를 포름산염으로 전환한다. 연구원들은 이 세균이 공동 배양 파트너 없이 성장할 수 있다면 독립영양 성장을 나타낼 수 있다고 추론했다. 그들의 첫 번째 단계는 황산염, H_2 및 CO_2를 포함하는 최소 배지에서 *D. desulfuricans*를 배양하는 것이었다. 성장이 관찰되었지만 장기간 배양 후에만 가능했다. 연구자들은 (1) 영양소의 이동으로 인한 긴 지연 단계, (2) 새로운 배지에 적응하기 위한 유전적 돌연변이의 출현, (3) 배양물의 오염과 같은 몇 가지 설명을 가정했다. 그들은 관찰된 성장에 대한 이러한 가능한 설명을 어떻게 구별할 수 있는가? *D. desulfuricans* 유전체 서열을 통해 연구자들은 알려진 CO_2 고정 경로에서 발견되는 효소를 암호화하는 유전자를 찾을 수 있다. 캘빈-벤슨 회로의 사용을 나타내는 유전자는 무엇인가?

참고문헌: Sanchez-Andrea, I., et al. 2020. The reductive glycine pathway allows autotrophic growth of *Desulfovibrio desulfuricans*. *Nature Communications* 11:5090.

CHAPTER

13

세균 유전체의 복제와 발현

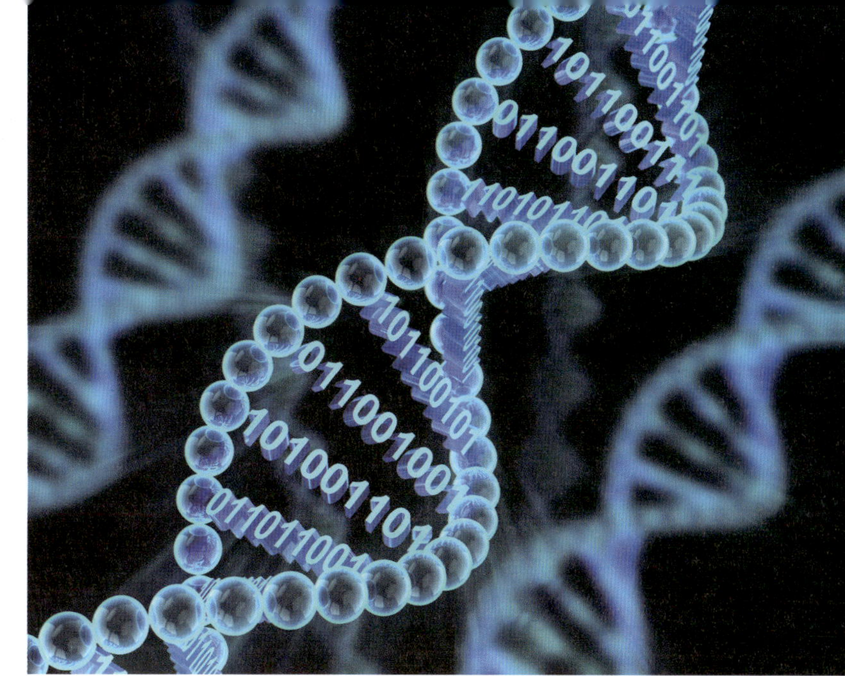

ymgerman/Shutterstock

암호 제작

예로부터 사람들은 중요한 메시지를 암호로 전달했다. 스코틀랜드의 메리 여왕은 엘리자베스 1세 여왕을 타도하기 위한 계획의 세부사항을 암호로 만들었다. 조지 워싱턴은 그가 지휘관으로 참전한 모든 전쟁에서 그의 부대와 규칙적으로 암호로 교신하였다. 오늘날에도 더욱 풍부한 정보를 지니고 있으면서 해독하기가 더 어려운 암호를 만드는 작업이 지속되고 있다.

암호를 통한 교신은 정보 저장의 역사와 평행하게 이루어졌다. 초기에는 메시지가 언어, 노래와 춤에 암호화되었다. 나중에는 암호화된 메시지가 종이에 기록되었고, 문서와 책은 가치 있는 데이터를 저장하였다. 암호가 정교해질수록 내용은 더 방대해지고, 암호화된 메시지의 형태도 무선통신, 녹음, 컴퓨터의 이진법 등으로 진화하였다. 데이터를 저장하는 데에도 비슷한 방법이 개발되었다.

금세기 초에 과학자들은 암호를 작성하고 데이터를 저장하는 생물저장(biostorage) 또는 생명암호화(bioencryption)라 불리는 새로운 방법을 연구하기 시작하였다. 처음에는 DNA 조각에 암호화된 데이터를 저장하여 세균염색체에 삽입시켰다. 과학자들은 500쪽에 달하는 1,000권 가량의 책이 담을 수 있는 데이터를 하나의 사람염색체가 암호화할 수 있다는 사실을 밝혔다. 또한 데이터를 DNA에 저장하는 장점 중 하나는 DNA가 차갑고 건조한 조건에서 상당한 기간에 화학적으로 안정하며, 작은 부피로 압축할 수 있는 점이다.

데이터를 DNA에 저장하기 위해서는 2진법의 0과 1이 DNA 염기인 A, G, C, T로 변환된다. 음악, 영화 또는 본 교재와 같이 디지털 파일로 저장된 어떤 데이터도 핵산으로 변환될 수 있고, 나중에 해독하여 재생할 수 있다. 이러한 원리에 대한 놀라운 예로, 하버드 대학의 한 연구팀이 말과 기수의 GIF 파일을 짧은 합성 DNA 조각에 암호화하였다. 이 DNA 조각은 대장균에 도입되었으며, 염색체 속에서 안정하게 유지되었다. 빠르고 효율적인 DNA 염기서열분석 기술은 데이터를 재생할 수 있게 하였다.

수천년 동안 생명체들은 유전정보를 저장하기 위해 DNA를 사용하여 왔고, 유전정보를 복제하고, 기록하고, 해독하는 방법을 고안해 왔다. 이 장에서는 생명체의 특정한 형질 유전의 핵심인 DNA, RNA 및 단백질을 만드는 중합화 반응을 알아볼 것이다.

미생물은 20세기 내내 유전학 연구를 위한 모델 시스템으로 사용되었고, 유전정보, 유전자 구조, 유전암호, 돌연변이의 본질을 규명하는 데 도움을 주었다. 그래서 이 장과 다음 장에서는 세균의 유전학을 다루고자 한다. 진핵생물과 고균이 지닌 독특한 특성 때문에 이들 유전체의 복제와 발현에 대해서는 15장에서 다룰 것이다.

이 장의 학습을 위해 점검할 사항:

✓ 유전체, 염색체, 플라스미드, 반수체, 이배체, 유전형 및 표현형 용어를 정의한다.

✓ 유전정보 흐름의 개요와 과정을 설명한다.

✓ 염기쌍 규칙을 이해한다.

✓ 단백질 구조의 4단계에 대해 설명한다.

✓ 세균유전체의 구조를 설명한다(3.7절).

✓ 뉴클레오티드의 화학적 구조를 그린다(12.6절).

13.1 세균과 바이러스를 사용하여 DNA가 유전물질임을 규명한 실험

이 절을 학습한 후 점검할 사항:

a. 그리피스의 형질전환 실험을 요약할 수 있다.

b. DNA가 유전물질을 저장한다는 것을 확정하는 데 에이버리, 맥리오드, 맥카시, 허쉬, 체이스가 어떤 공헌을 하였는지 이야기할 수 있다.

지금은 상상하기 어렵지만 한때 DNA는 너무 단순해서 유전정보를 저장하기에 충분하지 않다고 생각되었다. DNA는 단 4종류의 뉴클레오티드로 구성되어 있기 때문에 이보다는 훨씬 더 복잡한 물질이어야 세포의 유전정보를 담을 수 있을 것이라고 생각했던 것이다. 따라서 중요한 세포의 기능을 수행하기에는 20개의 서로 다른 아미노산으로 이루어진 단백질이 더 적절한 후보라는 주장도 있었다.

1928년 병원체인 **폐렴연쇄상구균**(*Streptococcus pneumoniae*)의 병원성이 전달될 수 있다는 것을 보여준 그리피스(Fred Griffith)의 초기 실험은 DNA가 유전물질임을 보여주는 연구의 발판을 제공했다. 그리피스는 열처리한 병원성 세균을 쥐에게 주입하면 쥐는 폐렴에 걸리지 않았고, 쥐에서 폐렴균을 다시 찾을 수 없다는 것을 발견하였다(**그림 13.1**). 그러나 사멸시킨 병원성 세균과 살아 있는 비병원성 세균을 섞어서 쥐에게 주입하면 쥐가 죽었다. 게다가 죽은 쥐에서 살아 있는 병원성 세균을 검출할 수 있었다. 그리피스는 비병원성 세

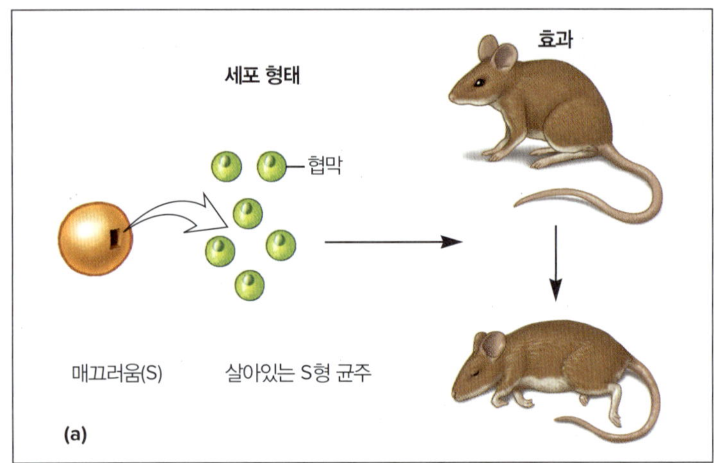

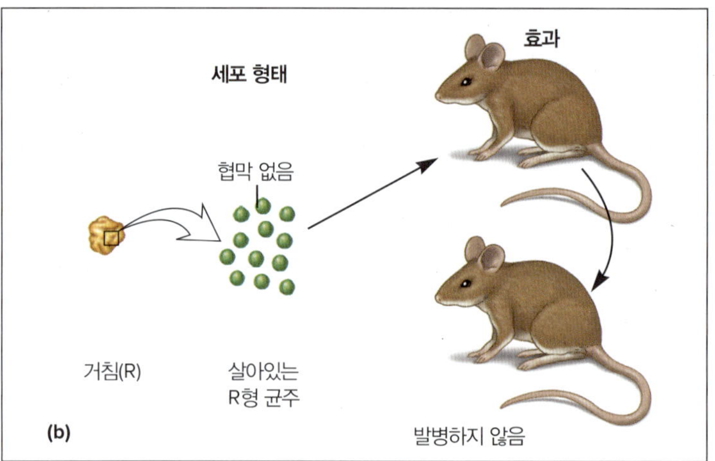

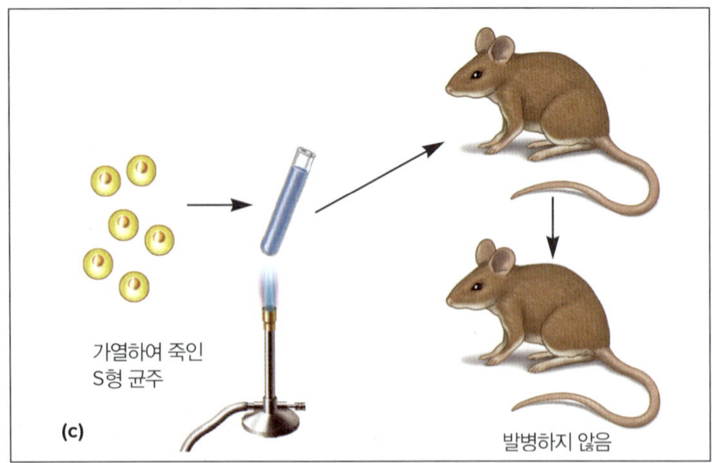

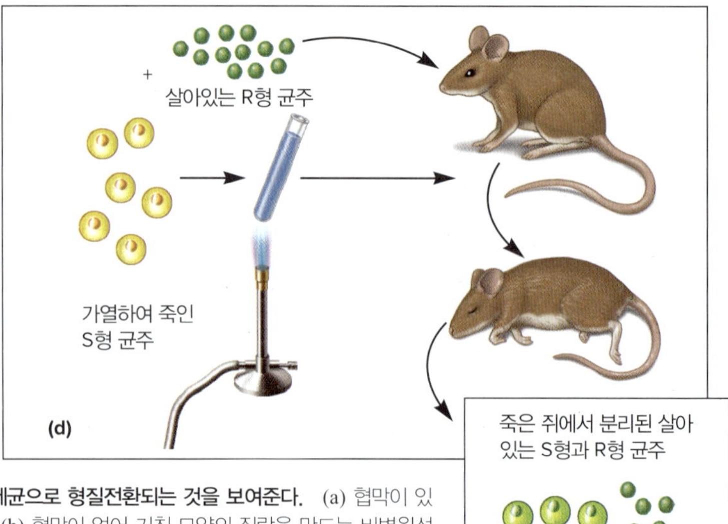

그림 13.1 그리피스의 형질전환 실험은 세포 구성성분이 비병원성 세균에서 병원성 세균으로 형질전환되는 것을 보여준다. (a) 협막이 있어 매끈한 모양의 집락을 만드는 병원성 폐렴 균주를 접종하면 쥐가 죽는다(S형 균주). (b) 협막이 없어 거친 모양의 집락을 만드는 비병원성 폐렴 균주를 접종하면 쥐는 살아 있다(R형 균주). (c) 쥐에게 가열하여 죽인 S형 균주를 접종하면 병에 걸리지 않는다. (d) 쥐에게 살아 있는 R형 균주와 가열하여 죽인 S형 균주를 섞어서 접종하면 폐렴에 걸린다. 그리고 죽은 쥐에서 S형 균주가 발견된다.

연관 질문 단백질에 대한 지식을 근거로 하였을 때, 왜 이 실험에서 유전정보가 단백질에 들어 있지 않다는 결론을 내릴 수 있을까?

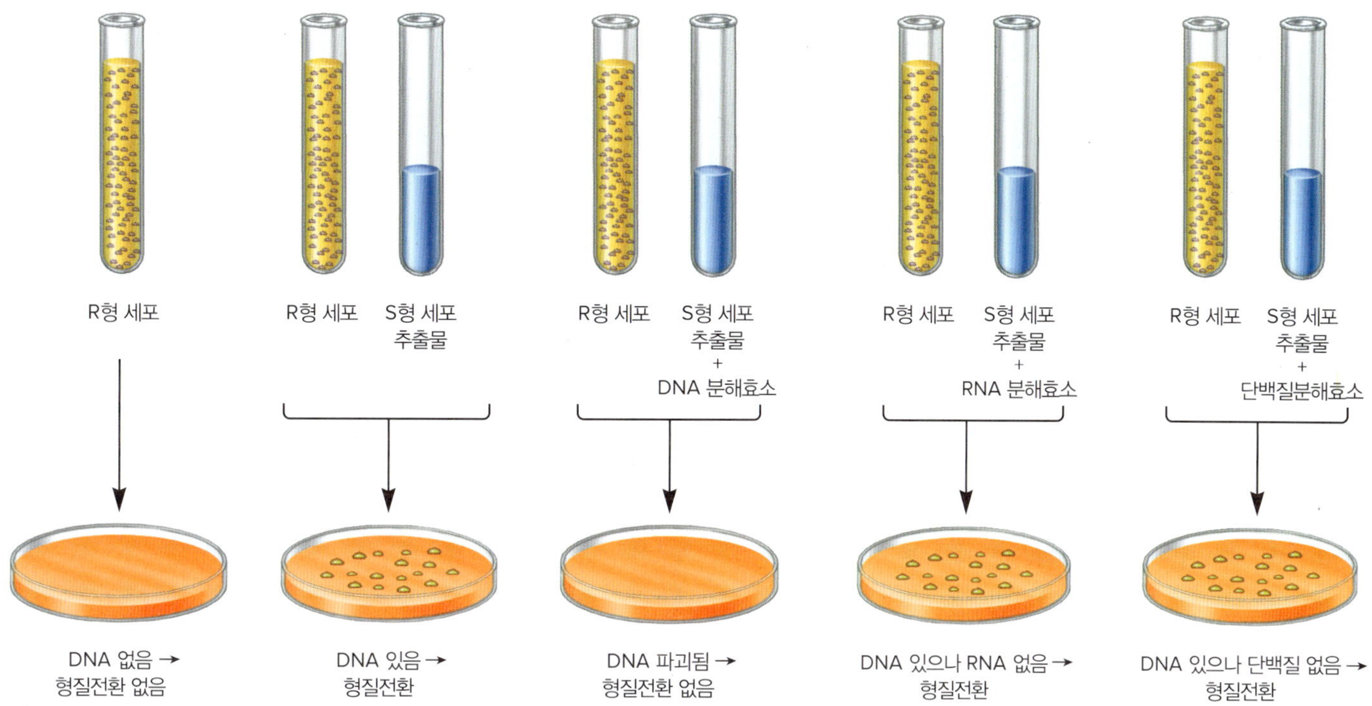

그림 13.2 형질전환 원리 실험. 앞선 에이버리, 맥리오드, 맥카시의 실험에서 S형 세포의 DNA 추출물만이 R형 세포를 S형 세포로 형질전환시킨다는 것을 보여주었다. DNA 추출물에 포함된 다른 분자가 형질전환을 일으키지 않았다는 것을 보여주기 위해, S세포의 DNA 추출물을 DNA 분해효소, RNA 분해효소, 단백질분해효소로 처리하고 R형 세포와 섞어 주었다. S형 세포 추출액에서 DNA를 DNA 분해효소로 처리하였을 때에만 R형 세포를 형질전환시키는 능력이 사라졌다.

연관 질문 왜 이 실험이 매우 중요한가? 소수의 집락만 자라는 것을 어떻게 해석할 수 있는가?

균이 병원성 병원체로 바뀌는 이와 같은 현상을 **형질전환**(transformation)이라고 명명하였다.

에이버리(Oswald Avery)의 연구진은 그리피스의 형질전환 실험에서 열처리된 병원성 폐렴균의 어느 구성성분이 형질전환을 일으켰는지 알아내는 실험에 착수했다. 이들은 DNA나 RNA 또는 단백질을 가수분해하는 효소를 사용하여 병원성 폐렴균(S형 균주) 추출물에서 특정 구성성분만을 선택적으로 파괴했다. 그리고 처리된 추출물에 비병원성 폐렴균(R형 균주)을 노출시켰다. DNA를 파괴한 경우에만 비병원성 세균의 형질전환이 일어나지 않았으며, 이것은 DNA가 형질전환에 필요한 정보를 가지고 있음을 암시하는 것이다(**그림 13.2**). 1944년 발표된 에이버리, 맥리오드(C. M. MacLeod), 맥카시(M. J. McCarty)의 논문은 DNA가 유전정보를 가지고 있음을 처음으로 증명한 것이었다.

8년 후, 허쉬(Alfred Hershey)와 체이스(Martha Chase)는 T2 박테리오파지라는 세균 바이러스에서 유전정보를 이동시키는 물질이 단백질인지 DNA인지 알고자 하였다. 그들은 바이러스의 DNA를 ^{32}P로 표지하고, 바이러스의 단백질 껍질은 ^{35}S로 표지하여 실험을 했다. 방사성 물질로 표지된 바이러스를 대장균(*Escherichia coli*)과 혼합하여 몇 분간 배양하였다. 이때 바이러스가 대장균에 부착하여 감염을 시작하게 된다(그림 6.15 참조). 그 후, 감염된 세포를 침전물로 바닥에 가라앉히고 부착하지 못한 바이러스를 상층액으로 분리하기 위해 배양액을 원심분리하였다. 상층액은 버리고, 침전물에 있는 감염된 세포를 다시 녹인 후, 혼합액을 믹서에 넣고 심하게 뒤섞어주었다. 이 처리로 대장균에 붙었던 박테리오파지 입자가 떨어져 나가도록 하였다(**그림 13.3**). 믹서 처리가 파지의 숙주세포내에서 증식하는 능력에 영향을 끼쳤는지 알아보기 위하여 일부 혼합액을 플라크 분석법(그림 6.17 참조)에 사용하였다. 남은 혼합액은 떨어진 파지와 세포를 분리하기 위하여 다시 원심분리하였다. 원심분리한 후, 세균 세포 침전물과 상층액(바이러스 입자가 남아 있음)을 분리하여 방사능을 측정하였다.

이 실험에서 자손 파지가 증식하는 것으로 보아 믹서 처리가 감염과정을 방해하지 않는 것을 알 수 있었다. 또한 ^{35}S로 표지한 T2 파지 실험결과에서 대부분의 방사성 단백질이 상층액에 존재하는 반면, ^{32}P로 표지한 T2 파지 실험결과에서는 방사성 DNA가 침전물의 세균 안에 남아 있었다. 단백질은 세포내로 들어가지 못하고 DNA만 유입되므로, 파지 DNA는 완전한 감염과정에 필요한 유전정보를 운반하는 것이 분명하였다. 많은 바이러스가 유전물질로 RNA를 가지고 있으나 연구자들이 우연히 DNA 바이러스를 선택한 것은 행운

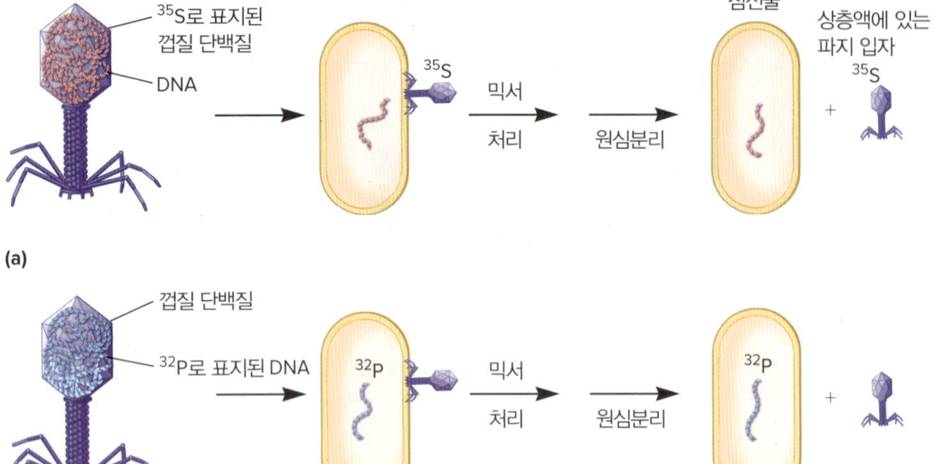

그림 13.3 허쉬-체이스 실험. (a) 단백질이 ^{35}S로 표지된 T2 파지를 대장균에 감염시킨 후 원심분리하면 대부분의 방사능은 파지 입자가 있는 상층액에서 발견된다. (b) ^{32}P로 표지된 DNA를 가진 T2 파지를 대장균에 접종하고 원심분리하면, 방사성 DNA는 숙주세포가 있는 침전물에 있다. 이것으로 DNA가 바이러스의 유전물질을 옮긴다는 결론에 이른다.

이라고 할 수 있다. 만일 T2 파지가 RNA 바이러스였을 경우에 생겼을 혼란을 상상해보라! 유전정보의 특성에 대한 논쟁은 훨씬 더 오랜 기간 지속되었을 것이다.

마무리 점검

1. 그리피스의 실험과 에이버리, 맥리오드, 맥카시의 실험, 그리고 허쉬와 체이스의 실험을 간단히 요약하여 설명하시오.
2. 이 중요한 미생물학자들이 수행한 각각의 실험에서 어떻게 유전정보를 저장하는 물질로부터 단백질을 배제하였는지 설명하시오.

13.2 핵산과 단백질의 구조

이 절을 학습한 후 점검할 사항:

a. 중요한 특징이 나타나도록 DNA, RNA 및 아미노산 구조를 그릴 수 있다.
b. DNA와 RNA의 구조를 비교 설명할 수 있다.
c. 뉴클레오티드를 연결하여 핵산을 형성하는 공유결합과 아미노산을 결합시켜 단백질을 만드는 공유결합을 식별할 수 있다.
d. DNA에서 초나선의 역할을 설명할 수 있다.

DNA, RNA 및 단백질은 **정보를 지닌 분자**로 불린다. 정보는 이들 고분자가 만들어질 때 사용되는 단량체의 서열에 존재한다. 이 장에

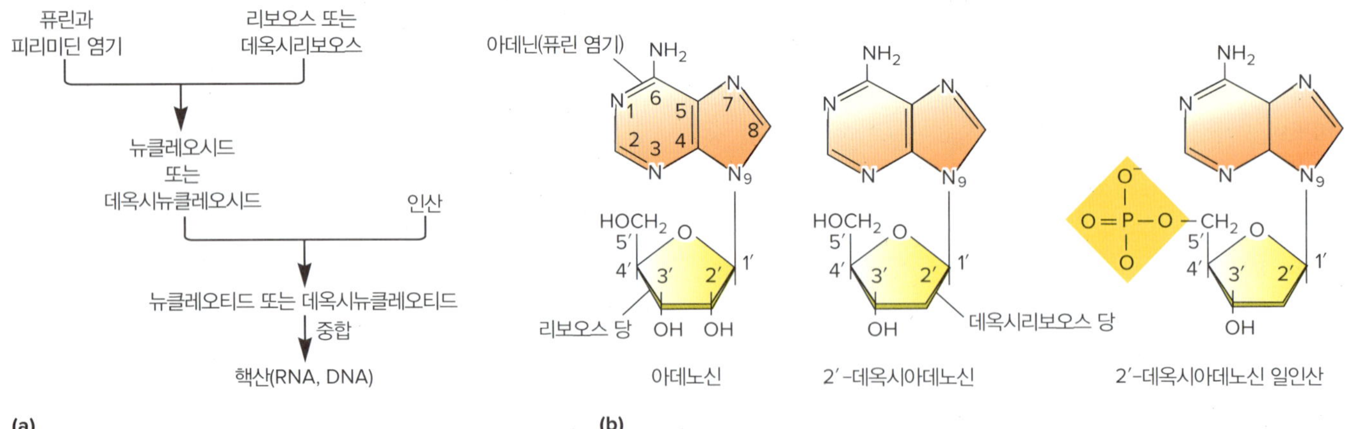

그림 13.4 핵산의 구성성분. (a) 여러 가지 핵산 구성성분들 사이의 연관성을 보여주는 모식도이다. 퓨린이나 피리미딘 염기가 리보오스나 데옥시리보오스와 결합한 것을 뉴클레오시드라고 한다(리보뉴클레오시드 또는 데옥시리보뉴클레오시드). 뉴클레오티드는 뉴클레오시드가 하나 이상의 인산을 가진 것이다. 뉴클레오티드가 인산이에스테르 결합으로 연결되어 폴리뉴클레오티드를 형성한 것이 핵산이다(그림 13.5a). (b) 뉴클레오시드의 예는 아데노신과 2′-데옥시아데노신이다. 뉴클레오티드는 2′-데옥시아데노신 일인산이다. 뉴클레오시드와 뉴클레오티드를 이루는 당의 탄소에는 숫자 위에 프라임(′)을 붙여 염기를 이루는 탄소원자와 구별한다.

연관 질문 아데닌은 리보오스 또는 데옥시리보오스의 몇 번 탄소와 결합하는가? 데옥시아데노신의 수산기와 인산기는 리보오스와 데옥시리보오스의 몇 번 탄소와 결합하는가?

서는 단량체에 대해 서술하고 어떻게 그들이 연결되어 중요한 고분자를 형성하는지 알아볼 것이다.

DNA는 데옥시리보뉴클레오티드의 중합체이다

데옥시리보핵산(deoxyribonucleic acid, DNA)은 데옥시리보뉴클레오티드(**그림 13.4**)가 인산이에스테르 결합(**그림 13.5a**)으로 연결되어 있는 중합체이다. DNA는 아데닌, 구아닌, 시토신 및 티민 염기를 포함한다. DNA 분자는 일반적으로 폭보다 몇 배나 더 긴 이중나선을 형성하기 위해 두 가닥의 폴리뉴클레오티드 사슬이 코일처럼 꼬인 형태로 존재한다. DNA의 단량체는 데옥시리보오스(그림 13.4b)를 가지고 있어 데옥시리보뉴클레오티드라고 한다. 단량체를 연결하여 중합체를 만드는 결합은 **인산이에스테르 결합**(phosphodiester bond)이라 하며, 인산분자를 사이에 두고 앞에 오는 당의 3′-수산기와 다음 당의 5′-수산기가 에스테르 결합으로 연결된 것이다. 퓨린과 피리미딘 염기는 데옥시리보오스 당의 1′-탄소에 붙어 있고, 두 사슬로 이루어진 원통의 중앙을 향하고 있다. (당의 탄소 번호를 염기에 있는 질소 및 탄소 번호와 구별하기 위해 당의 탄소 번호에는 프라임을 붙인다.) 각 가닥의 염기는 다른 사슬의 염기와 상호작용하여 염

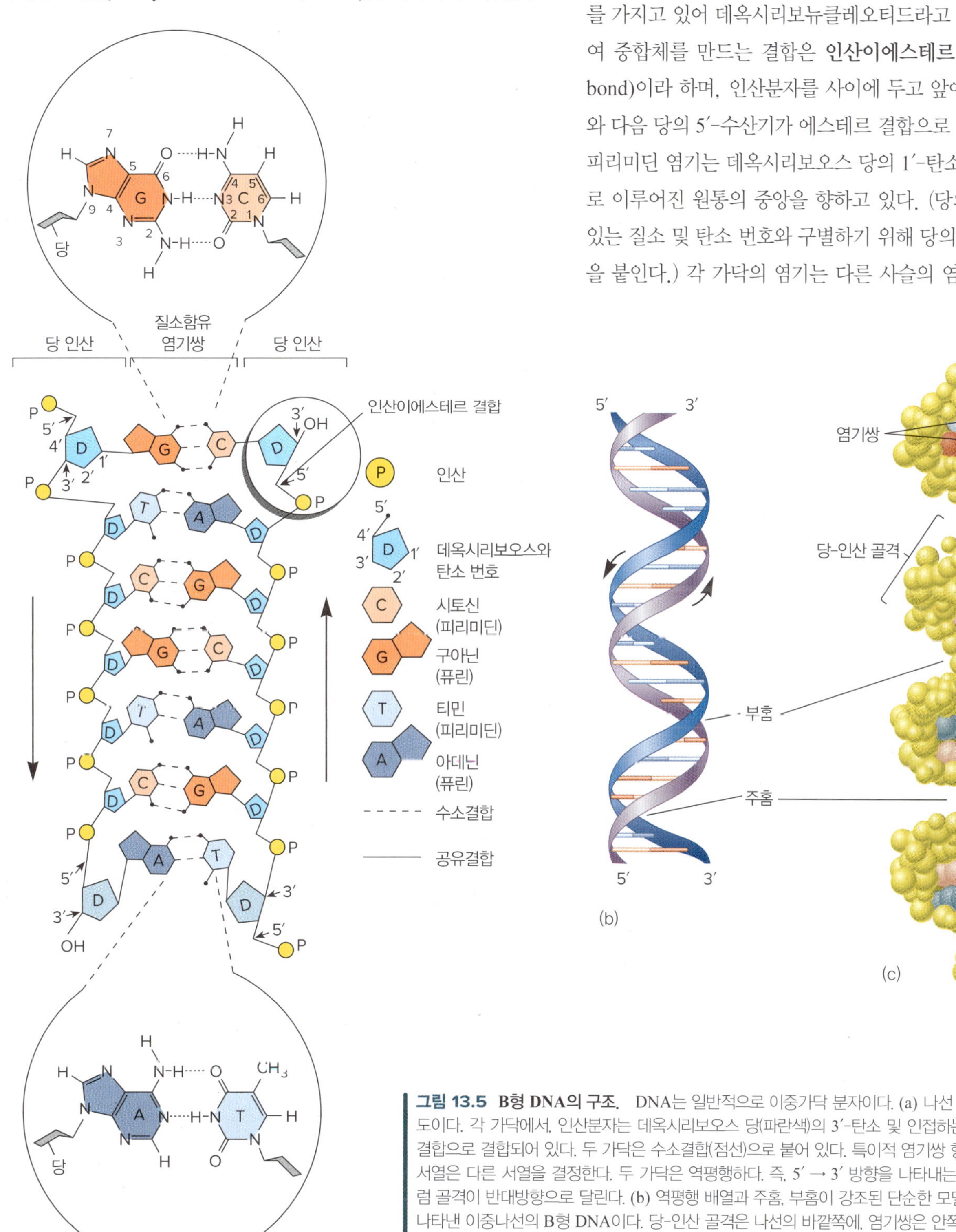

그림 13.5 B형 DNA의 구조. DNA는 일반적으로 이중가닥 분자이다. (a) 나선 구조가 드러나지 않은 모식도이다. 각 가닥에서, 인산분자는 데옥시리보오스 당(파란색)의 3′-탄소 및 인접하는 당의 5′-탄소에 에스테르 결합으로 결합되어 있다. 두 가닥은 수소결합(점선)으로 붙어 있다. 특이적 염기쌍 형성 때문에, 각 가닥의 염기 서열은 다른 서열을 결정한다. 두 가닥은 역평행하다. 즉, 5′ → 3′ 방향을 나타내는 2개의 화살로 표시된 것처럼 골격이 반대방향으로 달린다. (b) 역평행 배열과 주홈, 부홈이 강조된 단순한 모델이다. (c) 공간충전 모델로 나타낸 이중나선의 B형 DNA이다. 당-인산 골격은 나선의 바깥쪽에, 염기쌍은 안쪽에 묻혀 있다.

연관 질문 아데닌과 티민, 그리고 구아닌과 시토신 사이에는 각각 몇 개의 수소결합이 있는가?

기쌍을 형성한다. 각 염기쌍은 중앙에서 사다리의 가로대처럼 서로 포개져 있다. 한 가닥에 있는 퓨린 염기인 아데닌(A)은 반대 가닥에 있는 피리미딘 염기 티민(T)과 2개의 수소결합으로 쌍을 이룬다. 퓨린 염기인 구아닌(G)은 피리미딘 염기 시토신(C)과 3개의 수소결합으로 쌍을 이룬다. 이들 AT와 GC 염기쌍은 DNA 이중나선의 두 가닥이 **상보적**(complementary)이라는 사실을 의미한다. 즉, 한 가닥의 염기가 다른 가닥의 염기와 염기쌍 법칙에 따라 짝을 이룬다는 것이다. DNA 가닥을 이루는 염기서열에는 유전정보가 암호화되어 있기 때문에, 다수의 미생물을 포함한 여러 생물들의 DNA와 RNA의 염기서열을 분석하기 위해서 많은 연구가 진행되어 왔다. ▶| 미생물 유전체학(18장)

DNA의 두 폴리뉴클레오티드 가닥은 서로 퍼즐 조각처럼 잘 들어맞는다. 그림 13.5b,c를 보면 두 가닥이 서로 정확하게 반대에 위치하지는 않는다. 각 가닥은 비틀어져 서로 꼬여 있는 나선형 골격구조를 이루며, 이때 넓은 주홈(major groove)과 이보다 좁은 부홈(minor groove)이 형성된다. 나선 한 바퀴에는 10.5개의 염기쌍이 있다. 나선은 오른손 방향으로 꼬여 있다. 따라서 사슬을 중심축에서 내려다보면 시계 반대방향으로 올라온다. 두 가닥은 역평행(antiparallel)으로 당이 두 사슬의 반대쪽에 위치하고 있다. 한쪽 가닥의 5′ 말단이 상보적 가닥의 3′ 말단과 짝을 이룬다. 즉, 한쪽 가닥이 5′에서 3′으로의 방향성을 가진다면 다른 가닥은 3′에서 5′의 방향으로 배열되어 있다(그림 13.5b).

위에서 설명한 DNA 구조는 B형으로 세포에서 가장 흔한 유형이다. A형은 나선이 한 바퀴 회전하는 동안 10.5개가 아닌 11개 염기쌍이 참여하여 폭이 약간 더 넓다는 점에서 B형과 다르다. A형 DNA는 세균의 내생포자에서 발견되며, UV 손상으로부터 DNA를 보호하는 데 필요하다. 일부 바이러스 유전체에도 A형 DNA가 있다. |◀ 내생포자의 저항성(3.10절)

초나선(supercoiling)은 DNA의 또 다른 특성이다. DNA는 나선, 즉 코일 구조이다. 어떠한 방법으로든 코일의 회전이 억제되면 코일은 스스로 더 꼬이게 된다. 나선이 또 한번 더 꼬인 것이 초나선이며 고무줄을 비틀면 관찰되는 형태와 비슷하다. 대부분의 세균염색체가 닫힌 원형의 이중나선 DNA임을 기억하라. 즉, 두 가닥은 자유롭게 회전할 수 없으며 긴장되어 있다. 긴장은 초나선에 의해 완화된다. 초나선에는 양성과 음성 두 종류가 있다. DNA의 경우에는 이중나선 한 바퀴당 포함되는 염기쌍 수의 변화로 정의한다. 나선 한 바퀴당 포함되는 염기쌍 수가 감소하는 초나선을 음성 초나선이라 한다. 같은 방법으로, 나선 한 바퀴당 포함되는 염기쌍 수가 증가하는 초나선을 양성 초나선이라 한다.

초나선은 DNA의 기능을 위해 매우 중요한 구조이다. 비록 대부분의 세균염색체가 음성 초나선이지만, 특정 시간에 염색체가 사용되는 방법에 따라 작은 부분에 변이가 있다. 초나선은 DNA를 느슨하게 하여 이중가닥이 단일가닥으로 쉽게 분리되도록 해준다. 이중가닥의 분리는 각각 13.3절과 13.5절에서 논의할 DNA 복제와 전사의 초기과정에서 매우 중요하다.

RNA는 리보뉴클레오티드의 중합체이다

리보핵산(ribonucleic acid, RNA)은 리보뉴클레오티드의 중합체로 리보오스 당과 아데닌, 구아닌, 시토신과 우라실 염기가 포함되어 있다. RNA에는 티민을 우라실 염기가 대체하고 있다. 리보뉴클레오티드는 DNA에서와 마찬가지로 인산이에스테르 결합으로 연결된다. 세포내에서 RNA 분자는 단일가닥이나 RNA 가닥이 자체적으로 꼬여서 상보적 염기쌍과 나선형 구조를 가진 머리핀의 형태를 이룰 수도 있다. RNA의 이중가닥 형성부위는 RNA의 기능에 중요한 역할을 한다. ▶| 감쇠조절과 리보스위치가 전사를 초기에 종결시킨다(14.3절); 번역 리보스위치(14.4절)

단백질은 아미노산의 중합체이다

단백질은 아미노산이 펩티드 결합으로 연결된 중합체이며 폴리펩티드라고도 부른다. 아미노산은 중심 탄소(α 탄소)에 수소 이온, 카르복실기, 아미노기, 그리고 곁사슬이 부착되어 있는 분자로 정의된다(**그림 13.6**). 일반적으로 20개의 아미노산이 단백질을 형성한다. 아미노산은 곁사슬이 서로 다르다. 곁사슬의 화학적 구조에 따라 비극성이나 극성 또는 전하를 띠는 등 아미노산의 특징이 결정된다. 한 아미노산의 카르복실기와 다음 아미노산의 아미노기에 반응이 일어나 탄소-질소 결합인 펩티드 결합이 형성되면서 아미노산들이 서로 연결된다(**그림 13.7**). 폴리펩티드 역시 DNA나 RNA처럼 극성을 나타낸다. 폴리펩티드 사슬의 한쪽 끝에는 아미노기가 있고, 반대편 끝에는 카르복실기가 위치한다. 따라서 폴리펩티드는 아미노 말단(N 말단)과 카르복실 말단(C 말단)을 지닌다.

그림 13.6 일반적인 아미노산의 구조. 모든 아미노산은 카르복실기(COOH), 아미노기(NH_2) 및 곁사슬(R)이 붙는 중심 탄소(α 탄소)를 가지고 있다. 아미노산은 곁사슬의 종류에 따라 비극성, 극성, 음전하(산성), 양전하(염기성)로 서로 다르다.

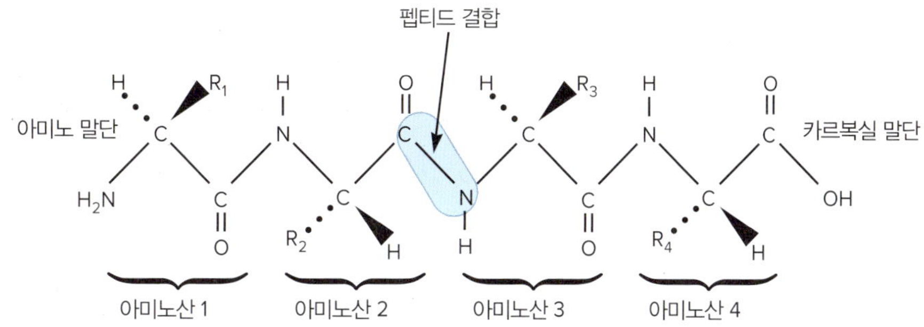

그림 13.7 펩티드 결합은 펩티드 사슬에서 아미노산을 연결한다. 그림은 4개의 아미노산으로 이루어진 테트라펩티드 사슬을 보여준다. 4개의 아미노산을 연결하는 펩티드 결합 중 하나를 파란색으로 표시하였다.

연관 질문 그림의 테트라펩티드 사슬에 존재하는 2개의 다른 펩티드 결합을 찾아 표시하시오.

단백질은 아미노산 사슬이 길게 연장된 형태로 되어 있지 않고 스스로 접혀서 다소 구형의 형태를 취하고 있다. 최종 형태는 폴리펩티드에 존재하는 아미노산의 서열에 의해 결정된다. 폴리펩티드를 이루는 아미노산의 서열을 **1차 구조**(primary structure)라고 한다. **2차 구조**(secondary structure)와 **3차 구조**(tertiary structure)는 폴리펩티드 사슬이 접힘에 따라 나타나는 결과이다. 최종적으로 2개 이상의 폴리펩티드 사슬이 상호작용하여 기능을 지닌 단백질을 형성한다. 이 구조를 **4차 구조**(quaternary structure)라 한다. 이러한 구조는 사슬 내부 및 외부 결합을 통해 안정화된다. 단백질의 구조는 부록 I에 더 자세하게 설명되어 있다.

마무리 점검

1. 핵산이란 무엇인가? DNA와 RNA 구조는 어떤 점이 다른가?
2. DNA의 이중가닥이 상보적이라는 것과 역평행하다는 것은 무슨 의미인가? 그림 13.5b를 살펴보고 주홈과 부홈의 차이를 설명하시오.
3. 아미노산은 곁사슬을 만드는 문자 구소에 따라 비극성이나 극성 또는 진하를 띤다고 설명한다. 어떤 종류의 아미노산들이 원형질막에 삽입되어 있는 폴리펩티드의 막 관통부위에서 많이 발견되겠는가? 답에 대해 설명하시오.

그림 13.8 반보존적 DNA 복제. DNA의 복제분기점에서 2개의 자손가닥이 합성되는 모습을 보여준다. 새로 합성되고 있는 가닥은 보라색으로 표시했다. 각 사본은 새로운 가닥과 이미 존재하던 가닥을 가진다.

13.3 세균의 DNA 복제

이 절을 학습한 후 점검할 사항:

a. 세균의 복제단위를 설명할 수 있다.
b. DNA 복제의 개시, 신장, 종결 과정 동안 일어나는 사건을 요약할 수 있다.
c. 세균 리플리솜에 있는 주된 단백질의 기능을 설명하는 표나 그림을 만들 수 있다.
d. DNA를 합성하기 위해 DNA 중합효소에 필요한 구조적, 효소학적 요소를 나열할 수 있다.
e. 복제분기점에서 일어나는 중요한 현상을 설명할 수 있다.

DNA 복제는 모든 생물의 생사가 걸린 매우 중요하고 복잡한 과정이다. DNA가 복제될 때, 이중나선의 두 가닥은 분리되고 각각은 염기쌍 규칙에 따라 상보적 가닥을 합성하는 주형이 된다. 2개의 자손 DNA 분자는 각기 하나의 새로운 가닥과 하나의 기존 가닥으로 이루어져 있다. 이런 의미에서 DNA 복제는 **반보존적**(semiconservative)이다(**그림 13.8**). DNA 복제는 또한 매우 정확하다. 대장균은 복제될 때, 염기쌍당 10^{-9}~10^{-10}의 빈도로 오류가 일어난다(또는 한 세대당 하나의 유전자에 돌연변이가 일어날 빈도는 10^{-6}이다). 복잡한 과정과 높은 정확성을 가짐에도 불구하고 복제는 매우 빠르게 진행된다. 세균에서는 1초당 1,000개의 염기쌍이 복제된다. 이 절에서는 대장균 염색체의 DNA 복제기전을 살펴보고자 한다.

세균 DNA 복제는 단일 복제원점에서 시작한다

염색체 DNA의 복제는 *oriC*라고 하는 하나의 **복제원점**(origin of replication)에서 시작된다. 세균의 복제는 다른 세포 활동과 조정될 수 있도록 단일 복제원점을 갖는 것이 중요하다. 염색체 분할은 기원 근처에 결합하고 새로 복제된 염색체를 반대쪽 세포 극으로 이동시키는 단백질에 의해 수행됨을 기억하라(그림 7.4 참조). 세균의 *oriC*는 260 bp의 유전자 영역으로, DNA 가닥 분리와 복제 개시가 일어나는 단백질 결합부위를 갖는다(**그림 13.9**). 개시 단백질인 DnaA는 *oriC* 내에서 12번 반복되는 9 bp 서열에 결합한다. 결합된 다수의 DnaA는 필라멘트를 형성하며, DNA를 비틀게 한다. 핵양체-관련 단백질인 IHF 결합은 해당 과정을 촉진한다. **DNA 이중나선 해체 요소**(DNA unwinding element, DUE)라고 하는 인접 영역은 AT 염기쌍이 풍부하며 이 부위에서 DNA 가닥이 분리된다. 아데닌은 2개의 수소 결합만을 사용하여 티민과 쌍을 이루므로 AT가 풍부한 부분은 GC가 풍부한 영역보다 더 쉽게 단일가닥으로 분리됨을 기억하라. **복제기포**(replication bubble)라고 하는 원점에서의 분리는 여러 효소에 의해 확장된다. 이는 질소 염기를 노출시켜 복제를 위한 단일가닥의 주형을 형성하게 된다.

DNA 이중나선이 풀리는 지점인 **복제분기점**(replication fork)에서 DNA 합성이 진행되며 각각의 가닥이 복제된다. 2개의 복제분기점은 **복제단위**(replicon) 전체가 복제할 때까지 복제원점에서 바깥 방향으로 진행한다. 복제단위는 복제원점을 포함하고 있는 한 단위로 복제되는 유전체 영역을 말한다. 복제분기점이 대부분의 세균에서 관찰되는 고리형 염색체를 따라 이동할 때 그리스 문자 θ(theta)와 같은 구조가 형성된다(그림 13.9). 세균염색체는 하나의 복제단위

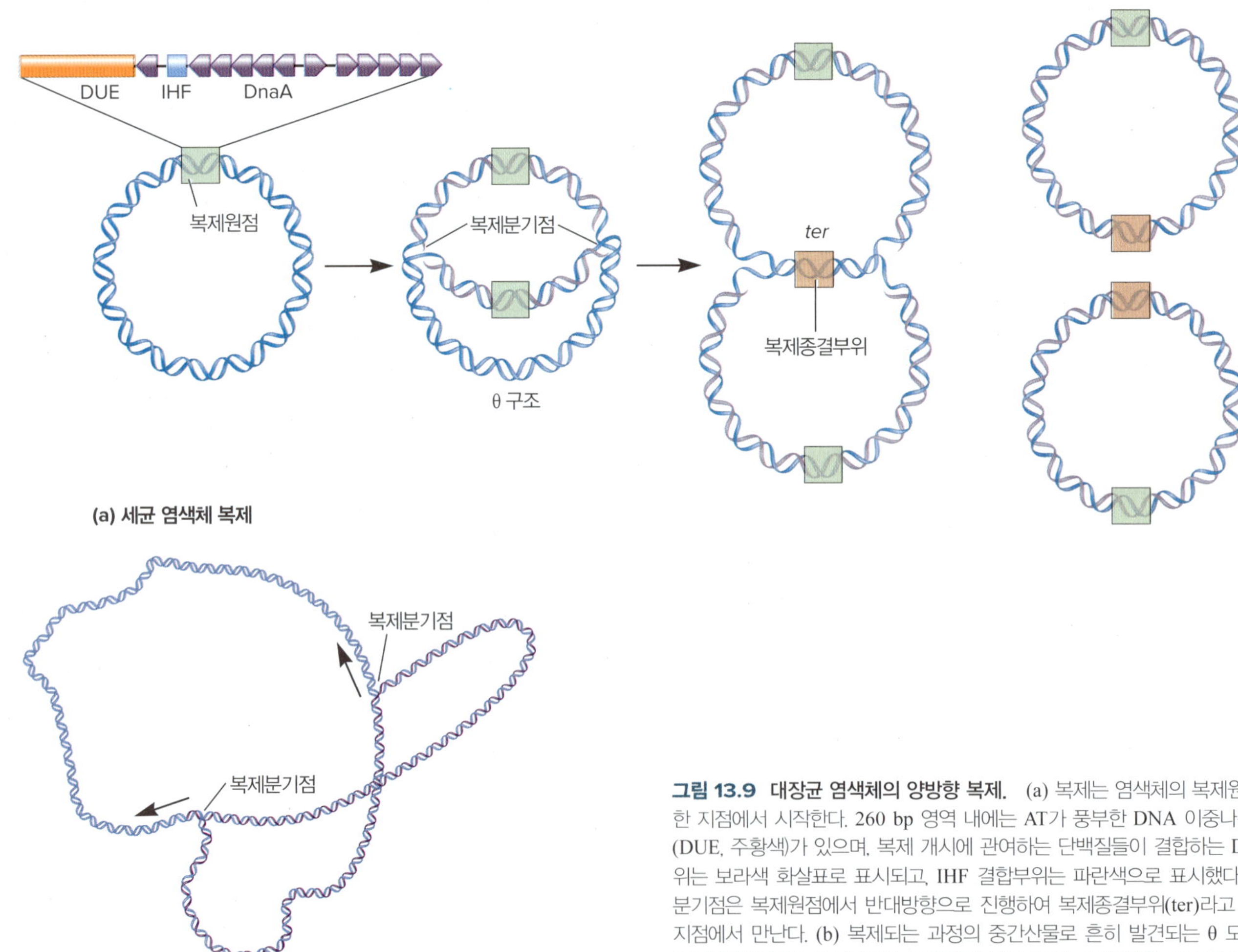

그림 13.9 대장균 염색체의 양방향 복제. (a) 복제는 염색체의 복제원점이라 하는 한 지점에서 시작한다. 260 bp 영역 내에는 AT가 풍부한 DNA 이중나선 해체 요소(DUE, 주황색)가 있으며, 복제 개시에 관여하는 단백질들이 결합하는 DnaA 결합부위는 보라색 화살표로 표시되고, IHF 결합부위는 파란색으로 표시했다. 2개의 복제분기점은 복제원점에서 반대방향으로 진행하여 복제종결부위(ter)라고 하는 특수한 지점에서 만난다. (b) 복제되는 과정의 중간산물로 흔히 발견되는 θ 모양의 구조가 묘사된 염색체의 모식도이다. 파란색은 부모 DNA, 보라색은 새로 합성된 DNA, 화살표는 분기점의 이동방향을 나타낸다.

를 이루므로, 복제분기점은 반대편에서 서로 만나게 되고, 이후 2개의 독립적 염색체는 분리된다.

DNA 복제에 다양한 효소들이 필요하다

DNA 복제는 생명체에 꼭 필요한 과정이기 때문에 DNA 복제기전을 이해하고자 많은 노력을 기울여 왔다. 대장균의 DNA 복제에는 적어도 12개의 단백질이 필요하며 이 단백질들은 **리플리솜**(replisome)이라는 거대한 복합체를 복제분기점에서 형성한다. 2개의 리플리솜은 각각 원점에서 멀어지는 방향으로 움직인다. DUE 영역 바깥의 부모 DNA 가닥을 분리(또는 변성)하려면 **헬리카아제**(helicase)라는 효소가 필요하다(**그림 13.10**). 헬리카아제는 고리 구조를 가지고 있는 육합체로 하나의 DNA 가닥을 감싸고 있다. 헬리카아제는 ATP를 사용하여 이동하면서, 부모 DNA 이중가닥을 형성하고 있는 수소결합을 파괴하게 되고 단일가닥을 형성한다. 이는, 리플리솜이 계속해서 DNA 가닥을 따라 움직이며 작동할 수 있게 한다.

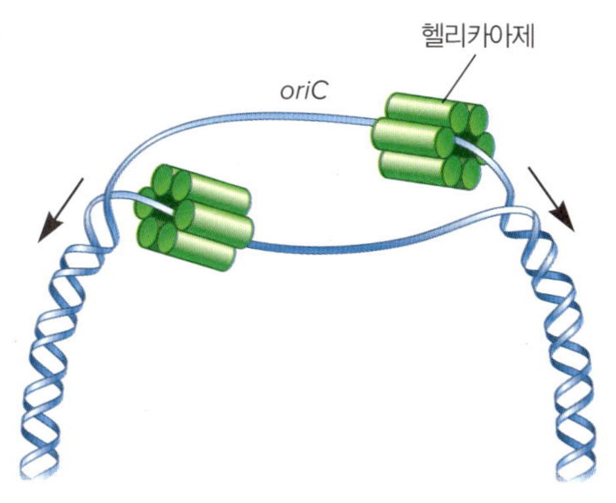

그림 13.10 DNA 복제개시. 원점 영역이 변성되면 헬리카아제가 각 가닥에 결합하여 주형을 노출시킨다.

리플리솜 안에 있는 **DNA 중합효소**(DNA polymerase)라 불리는 효소가 DNA 합성을 촉매한다. DNA 합성은 5′에서 3′ 방향으로 일어나고, 첨가되는 뉴클레오티드는 데옥시뉴클레오시드 3인산(dNTP)이다. 신장되는 DNA 가닥의 3′ 말단에 있는 수산기와 새로

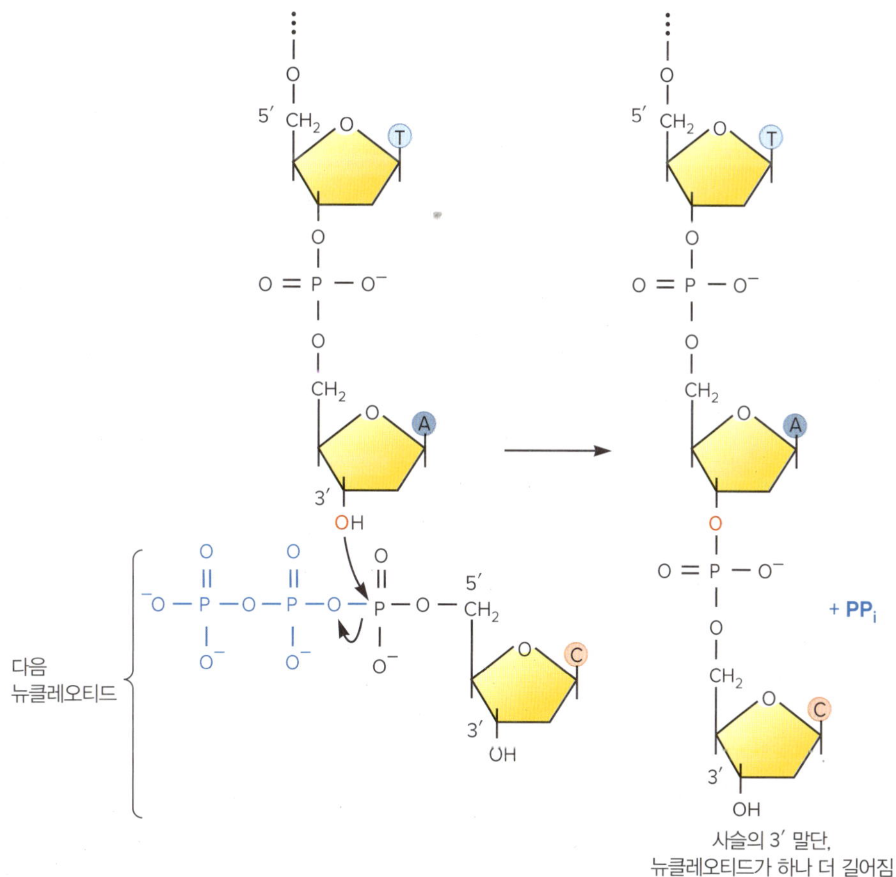

그림 13.11 DNA 중합효소 반응. 데옥시리보오스의 3′ 말단에 있는 수산기가 다음 뉴클레오티드의 α-인산기에 대한 친핵성 공격(nucleophilic attack)을 실행한다. 이 그림에서는 아데노신이 시티딘 3인산을 공격하고 있다). 방출된 피로인산은 파란색으로 표시했다.

연관 질문 이 반응에 필요한 에너지는 무엇으로 공급하는가?

첨가되는 데옥시뉴클레오티드의 5′ 탄소에 가장 가까운 인산(α-인산) 사이에서 반응이 일어나 인산이에스테르 결합이 형성되면서 새로운 데옥시뉴클레오티드가 추가된다(**그림 13.11**). 인산이에스테르 결합을 형성하는 데 필요한 에너지는 새로 첨가되는 뉴클레오티드에서 말단의 피로인산(pyrophosphate, PP_i)이 방출되어 제공된다. 방출된 피로인산은 이후 가수분해되어 2개의 인산(P_i)으로 분리된다. 즉, 데옥시뉴클레오시드 3인산(dNTPs: dATP, dTTP, dCTP, dGTP)이 DNA 중합효소의 기질로 사용되며, 데옥시뉴클레오시드 일인산(dNMPs: dAMP, dTMP, dCMP, dGMP)이 신장되는 사슬에 삽입된다.

다른 효소들과 마찬가지로 DNA 중합효소는 특정 기질 요구도가 존재한다. 뉴클레오티드를 추가하려면 주형(부모 DNA 가닥)과 성장하는 핵산 사슬의 3′-OH기가 모두 필요하다. DNA 중합효소는 주형만으로 DNA를 복제할 수 없다. DNA 중합효소가 작동하기 위해서는 **프리마아제**(primase)라는 효소가 주형에 상보적인 짧은 10개 염기의 RNA 분자를 합성해야 한다. RNA 중합효소(primase와 같은)는 3′-OH 없이 RNA 합성을 시작할 수 있기 때문에, **프라이머**(primer)는 DNA가 아닌 RNA로 만들어진다. 헬리카아제와 프리마아제를 포함하는 다중 단백질 복합체를 **프리모솜**(primosome)이라고 한다.

대장균에는 5종의 서로 다른 DNA 중합효소가 존재한다(DNA 중합효소 I~V). 이 가운데 DNA 중합효소 III이 복제에서 주된 역할을 하며, DNA 중합효소 I은 보조적인 역할을 담당한다. 각각의 리플리솜에는 2개의 DNA 중합효소가 있으며 핵심 중합효소는 DNA의 한 가닥에 결합한다. 두 DNA 중합효소는 그들 사이에 프리모솜을 끼우고, 하나는 헬리카아제를 통과한 가닥을 복제하고 다른 하나는 헬리카아제를 통과하지 않은 나머지 가닥을 복제한다(**그림 13.12**). 클램프(clamp)라고 하는 도넛 모양의 단백질이 각 중합효소에 부착되어 DNA 주형에서 효소를 안정화시킨다. 마지막으로 클램프 로더 복합체(clamp loader complex)가 프리모솜에 중합효소를 부착시킨다.

리플리솜에서 발견되는 추가적인 2가지의 단백질들은 단일가닥 DNA 결합단백질과 DNA 회전효소이다(**그림 13.13**). **단일가닥 DNA 결합단백질**(single-stranded DNA binding protein, SSB)은 이름에서 알 수 있듯이, 단일가닥의 DNA에 결합하여 DNA를 보호한다. **DNA 회전효소**(topoisomerase)는 이중나선의 빠른 풀림으로 발생하는 비틀림을 완화한다. 이중나선의 빠른 풀림으로 인해 발생할 수 있는 복제분기점 앞의 과도한 초나선은 헬리카아제의 이동을 방해하기 때문에 해당 효소의 역할이 중요하다. DNA 회전효소는 뉴클레오

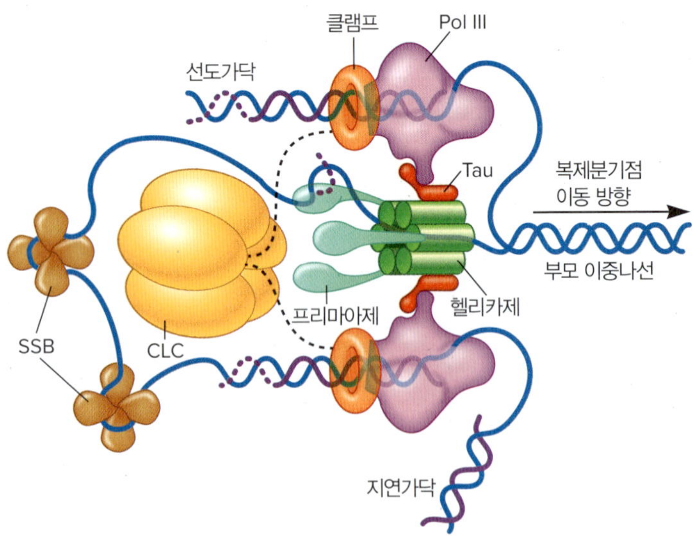

그림 13.12 복제분기점에서 일어나는 사건. 부모 DNA 가닥(오른쪽)은 헬리카아제(짙은 녹색)에 의해 풀리게 되는데, 선도가닥은 헬리카아제를 통과하지 않고, 지연가닥은 헬리카아제를 통과한다. 프리모솜(연한 녹색과 짙은 녹색)은 두 DNA 중합효소 사이에 끼어 있다. 위 그림에서 클램프 로더 복합체(CLC)는 정상 위치에서 제거된다. 점선은 CLC가 프리모솜의 끝 부분에 존재하는 두 DNA 중합효소와 접촉하는 위치를 나타낸다. Pol III: DNA 중합효소 III, SSB: 단일가닥 DNA 결합 단백질.

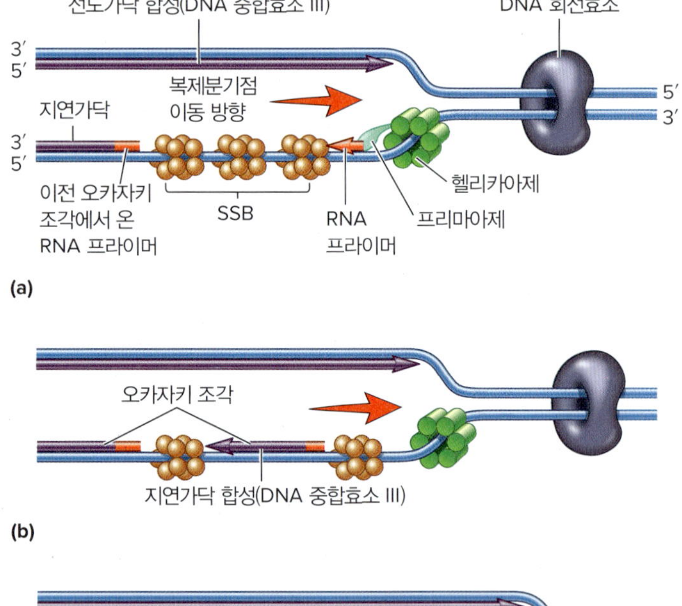

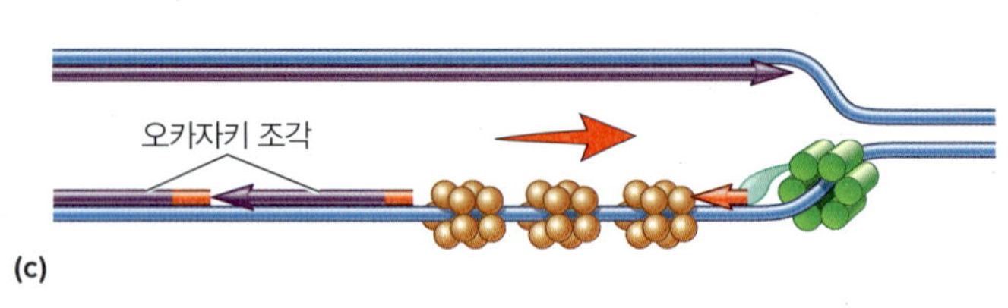

그림 13.13 그 밖의 리플리솜 단백질. 3가지 패널은 복제분기점과 선도가닥 및 지연가닥에서의 복제 진행 상황을 보여준다. DNA 중합효소 III 완전효소는 그림에는 나타나지 않았다. 헬리카아제는 SSB에 의해 갈라진 부모 DNA의 두 가닥을 분리한다. 프라마아제가 RNA 프라이머를 합성한다. DNA 회전효소는 헬리카아제에 의해 발생하는 변형을 완화한다. 지연가닥은 오카자키 조각이라는 짧은 가닥으로 합성된다. 각 오카자키 조각의 합성에는 새로운 RNA 프라이머를 필요로 한다.

연관 질문 헬리카아제와 회전효소의 차이점은 무엇인가?

티드 서열을 변경하지 않고 한 가닥 또는 두 가닥 모두를 일시적으로 끊고 다시 봉합하는데, 이는 염색체의 얽힘을 방지하는데 중요하다.

앞에서 말했듯이 DNA 중합효소는 DNA를 5′에서 3′ 방향으로 합성한다. 하나의 DNA 중합효소 중심 효소는 복제분기점과 같은 방향으로 이동할 수 있으며, 중심 효소 앞에서 DNA가 풀림에 따라 연속적으로 DNA를 합성할 수 있다. 이 가닥을 **선도가닥**(leading strand)이라고 한다(그림 13.13). **지연가닥**(lagging strand)으로 불리는 다른 가닥은 뉴클레오티드가 첨가될 자유 3′-OH가 없기 때문에 복제분기점이 이동하는 방향으로 연장될 수 없다. 결과적으로 지연가닥은 불연속적으로 5′에서 3′의 방향(복제분기점이 진행하는 방향과 반대 방향)으로 합성되어 일련의 조각을 형성한다. 이 조각은 이를 발견한 학자 오카자키(Reiji Okazaki, 1930~1975)의 이름을 따서 **오카자키 조각**(Okazaki fragment)이라 불린다. 지연가닥은 헬리카아제의 중심 채널을 통과하며, 프리마아제는 주형가닥을 따라 많은 RNA 프라이머를 만들어낸다. 선도가닥의 합성이 시작되는 데에는 단 하나의 RNA 프라이머가 필요하지만, 지연가닥이 합성되기 위해서는 여러 개의 RNA 프라이머가 필요하며 합성된 프라이머는 최종적으로 모두 제거된다. 오카자키 조각의 길이는 세균에서 약 1,000~3,000 뉴클레오티드로 알려졌다.

오카자키 조각이 형성되면서 지연가닥이 대부분 합성된 후, DNA 중합효소 I이 RNA 프라이머의 5′ 말단에서 작업을 시작하여 3′ 말단으로 이동하면서 뉴클레오티드를 잘라내는 독특한 능력을 사용하여 RNA 프라이머를 제거한다. 이 능력을 5′ → 3′ 핵산외부가수분해효소 활성이라 한다. DNA 중합효소 I은 각 RNA 프라이머의 5′ 말단에서 핵산외부가수분해효소 작용을 시작한다. 리보뉴클레오티드를 제거한 후에, DNA 중합효소 I은 데옥시뉴클레오티드를 이용하여 오카자키 조각 사이의 간극을 채운다(**그림 13.14**). 마지막으로 **DNA 연결효소**(DNA ligase)의 작용으로 새로 신장하고 있는 가닥의 3′-OH와 오카자키 조각의 5′-인산기 사이에 인산이에스테르 결합이 형성되면서 오카자키 조각들이 서로 연결된다(**그림 13.15**).

놀랍게도 DNA 중합효소 III는 매우 중요한 추가 기능을 가진다. 바로 **교정**(proofreading) 기능이다. 교정은 잘못 짝지어진 염기가 첨가된 직후에 제거하는 작용이다. 이때 다음 염기가 삽입되기 전에 잘못된 염기가 제거되어야 한다. DNA 중합효소 III의 소단위는 3′ → 5′

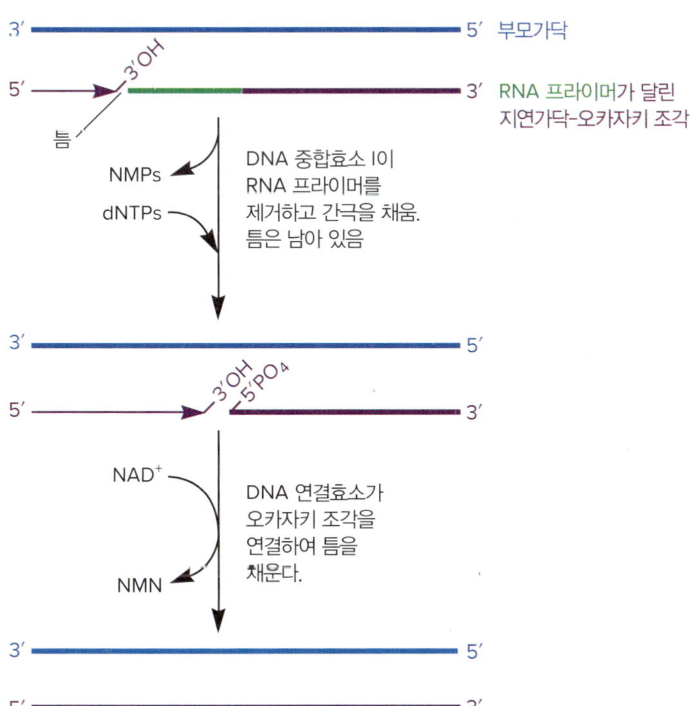

그림 13.14 DNA 중합효소 I이 지연가닥 합성을 완성한다. dNTP: 데옥시뉴클레오시드 3인산, NAD^+: 니코틴아미드 아데닌 디뉴클레오티드, NMN: 니코틴아미드 모노뉴클레오티드, NMP: 뉴클레오시드 일인산.

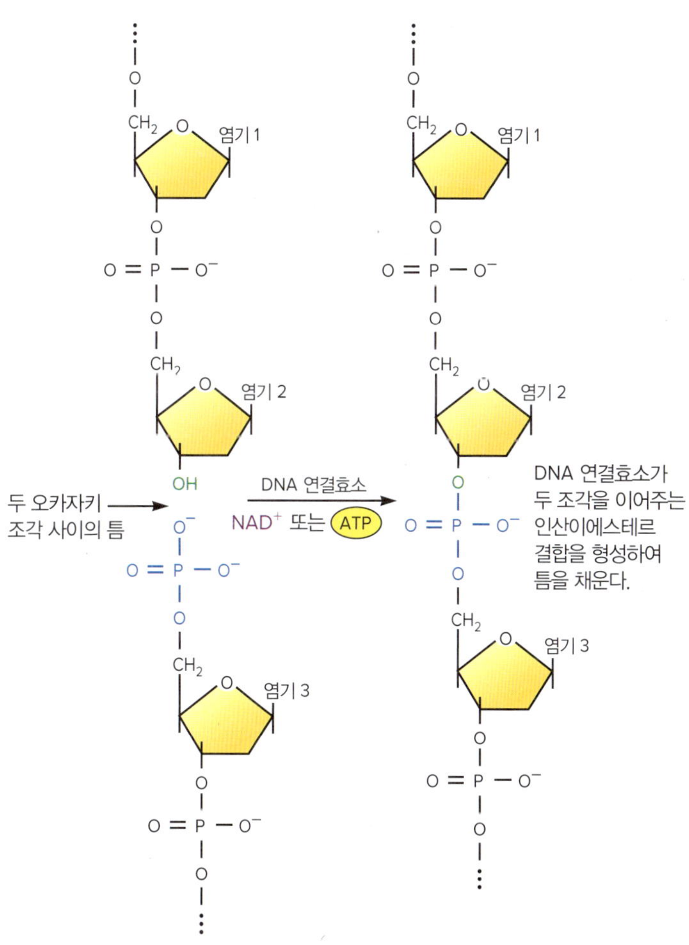

그림 13.15 DNA 연결효소 반응. 해당 반응은 NAD^+나 ATP를 에너지원으로 사용한다.

연관 질문 DNA 중합효소 I이 이 반응을 촉매할 수 없는 이유는?

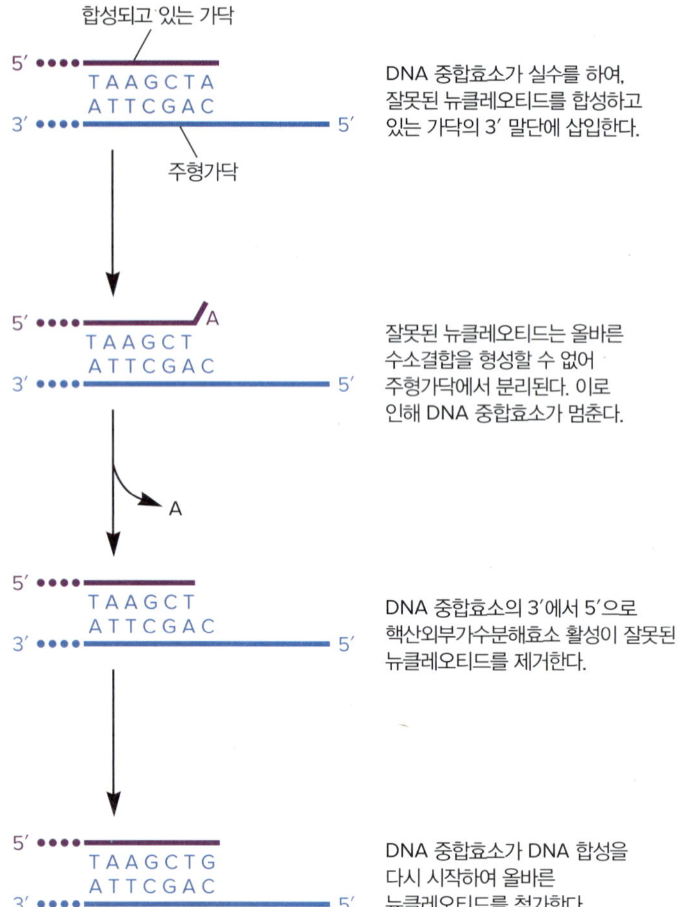

그림 13.16 DNA 중합효소의 교정 기능.

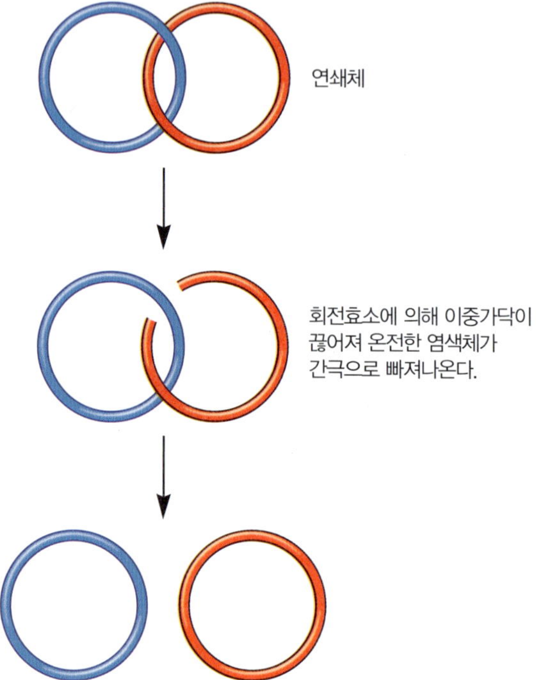

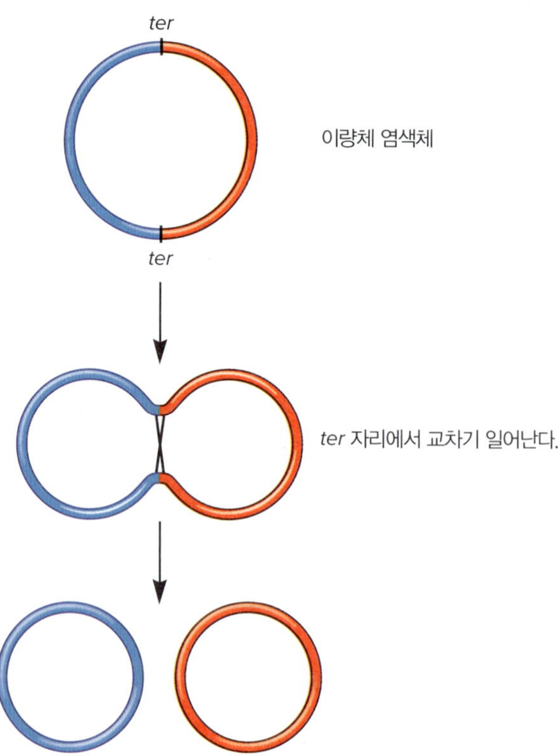

그림 13.17 연쇄체와 이량체 염색체. (a) 연쇄체는 DNA 회전효소에 의해 분리된다. (b) 이량체 염색체는 대장균의 XerCD와 같은 재조합효소에 의해 분리된다. 이러한 효소들은 두 염색체를 분리하기 위한 교차를 촉매한다.

핵산외부가수분해효소 활성(exonuclease activity)을 가진다. 중합효소는 이 활성으로 새로 삽입된 염기가 주형가닥과 안정된 수소결합을 형성했는지를 검사한다. 이러한 방법으로 잘못된 염기를 찾아낼 수 있다. 만약 잘못된 염기가 실수로 첨가되면, 핵산외부가수분해효소 활성을 이용해서 잘못된 염기를 제거하지만, 잘못 짝지어진 염기가 연장되는 가닥의 3′ 말단에 있을 때만 제거가 가능하다(**그림 13.16**). 일단 제거되면 완전효소가 그 자리에 적절한 뉴클레오티드를 넣어준다. 그러나 DNA 교정이 100% 효과를 보이는 것은 아니며 16장에 소개될 불일치 수선체계(mismatch repair system)는 잘못 들어간 뉴클레오티드의 삽입으로 인한 세포의 손상을 막아줄 2차 방어선으로 작용한다.

우리는 복제를 일련의 개별 단계로 학습하였지만 실제 세포에서 이러한 현상은 선도가닥과 지연가닥 모두에서 동시다발적으로 빠르게 발생한다. 완전효소에 의한 체계적인 지연가닥의 합성은 특히 놀라운데, 오래된 클램프의 제거, 새로운 클램프의 도입, 그리고 오카자기 조각 합성의 매 라운드마다 주형을 중심효소에 연결하는 등의 매우 복잡한 과정이기 때문이다. 이러한 모든 과정은 DNA 중합효소 III가 DNA를 합성할 때 나타난다.

복제종결에는 딸염색체 분리과정이 요구된다

대장균에서는 리플리솜이 DNA상의 복제종결부위(termination site, *ter*)에 도달하면 DNA 복제가 멈춘다. Tus 단백질은 *ter* 위치에 결합해 복제분기점의 진행을 막는다. 다른 많은 세균에서 복제는 복제분기점이 서로 마주치게 될 때 자연스럽게 멈추기도 한다. 분기점의 이동이 어떤 방법으로 멈추든지, 리플리솜이 풀어야 할 두 가지 문제가 있다. 첫 번째는 **연쇄체**(catenane, **그림 13.17a**)라고 부르는 꼬인 상태의 염색체가 형성되는 것이다. 연쇄체는 DNA 회전효소가 복제분기점 앞에서 DNA 가닥을 자르고 다시 붙여 쉽게 초나선을 만들 때 형성된다. 2개의 딸 DNA 분자는 다른 DNA 회전효소의 작용으로 분해되며, 이 효소는 한 DNA의 가닥을 모두 잘라 두 딸 DNA를 분리한 후 다시 잘려진 부분을 결합시킨다. 두 번째 문제는 두 염색체가 서로 연결되어 크기가 2배인 하나의 염색체로 되는 염색체 이량화(dimerized)가 일어나는 것이다(그림 13.17b). 이량체 염색체는 DNA 복제 동안 두 딸 DNA에서 종종 나타나는 DNA 재조합의 결과로 형성된다. 대장균의 XerCD와 같은 재조합효소(recombinase)들은 두 염색체를 분리하는 분자 간 교차를 촉매한다.

마무리 점검

1. 일반적인 세균세포(1개의 염색체를 가지고 있는)에는 얼마나 많은 복제단위가 있는가? 고리형 염색체의 복제를 위해 몇 개의 복제분기점이 사용되는가? 프리모솜이 리플리솜의 일부인가 아니면 리플리솜이 프리모솜의 일부인가? 각각의 기능은 무엇인가?
2. 리플리솜, DNA 중합효소 III 완전효소 및 중심효소의 차이가 무엇인가?
3. 다음 복제 구성인자들과 중간산물의 특성과 기능을 설명하라: DNA 중합효소 I과 III, DNA 회전효소, DNA 자이라아제, 헬리카아제, SSB, 오카자키 조각, DNA 연결효소, 선도가닥, 지연가닥, 프리마아제.
4. 복제분기점에서 DNA 합성에 관계되는 단계를 요약하시오. DNA 중합효소는 자신의 오류를 어떻게 수정하는가?

13.4 세균 유전자는 암호부위와 유전자 기능에 중요한 다른 서열로 구성된다

이 절을 학습한 후 점검할 사항:

a. 세균의 단백질을 암호화하고 있는 유전자를 그리고, 유전자의 중요 부분을 표시하고, 염기에 번호를 붙일 수 있다.
b. tRNA와 rRNA를 암호화하고 있는 유전자를 그릴 수 있다.

DNA가 복제되면서 유전정보는 한 세대에서 다음 세대로 전해질 수 있다. 그런데 유전정보는 어떻게 사용되는 것인가? 이 질문에 답하기 위해 먼저 유전정보의 구조를 살펴볼 필요가 있다. 유전정보의 기본 단위는 유전자이다. 유전자는 여러 가지로 정의되어 왔다. 초기에는 유전자가 효소의 합성을 위한 정보를 가지고 있다는 "단일 유전자 단일 효소 가설(one gene-one enzyme hypothesis)"로 정의되었다. 이것은 "단일 유전자 단일 폴리펩티드 가설(one gene-one polypeptide hypothesis)"로 변형되었는데, 서로 다른 유전자에 암호화되어 있는 2개 이상의 폴리펩티드(소단위)로 구성된 효소와 단백질이 존재하기 때문이다. 과거에는 단일 폴리펩티드를 암호화하는 부위를 **시스트론**(cistron)이라고 부르기도 했다. 그러나 모든 유전자가 단백

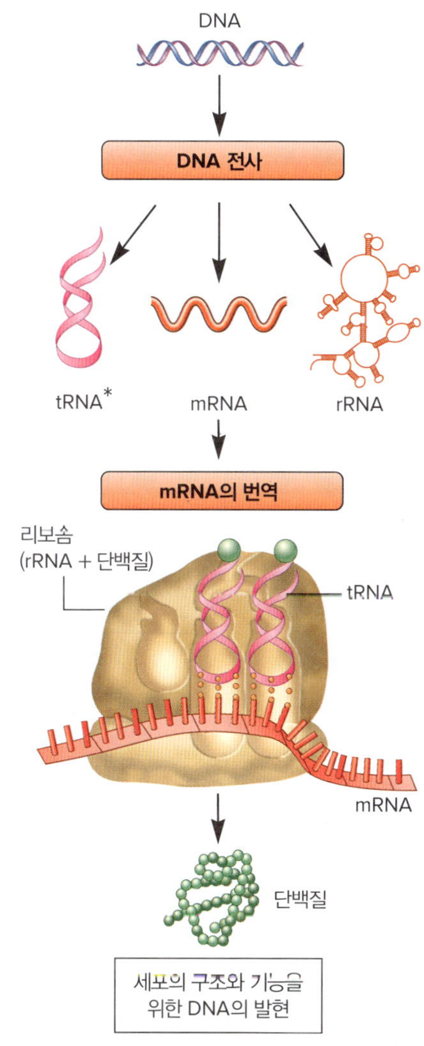

그림 13.18 전사로 3종류의 주요 RNA 분자가 생성된다. mRNA는 단백질 암호화 유전자의 전사로 생성된다. 이들은 다른 두 종류 RNA의 도움을 받아 단백질로 번역된다. tRNA는 번역과정에서 리보솜으로 아미노산을 전달하며, rRNA는 펩티드 결합 형성을 촉매하는 등 여러 기능을 한다.

질을 암호화하는 것은 아니다. 어떤 유전자는 단백질 합성에 관여하는 rRNA와 tRNA를 암호화한다(**그림 13.18**). DNA 주형으로부터 RNA의 합성을 **전사**(transcription)라고 하며, RNA 생성물은 합성을 지시하는 DNA 주형에 상보적인 서열을 갖는다. 전사는 3가지의 주요 RNA를 생성한다. **tRNA**는 단백질 합성 과정에서 아미노산을 운반하며, **rRNA**는 리보솜의 구성요소이다. **전령 RNA**(messenger RNA, mRNA)는 단백질 합성에 대한 정보를 담고 있다. **유전자**(gene)는 하나 이상의 기능적 산물(예: 폴리펩티드, tRNA, rRNA)을 암호화하고 있는 폴리뉴클레오티드 서열이라 정의할 수 있다. 이 절에서는 이러한 3종류의 유전자 각각의 구조를 살펴볼 것이다.

단백질 암호화 유전자

세균유전체의 대부분 유전자는 단백질을 암호화하고 있다. 이러한 유전자를 **구조유전자**(structural gene)라고 한다. 그러나 DNA가 단백질 합성을 위한 직접적인 주형으로 사용되지는 않는다. 유전자의 유전정보는 mRNA로 전사되고, 단백질로 번역된다(13.7절, 그림 13.18). 따라서 단백질을 암호화하고 있는 유전자는 전사개시 및 종결신호를 가지고 있어야만 하고, 전사산물인 mRNA는 번역개시 및 종결신호를 가지고 있어야만 한다. 13.5절에서 더 자세히 설명하겠지만, 전사를 하는 동안 유전자의 단 한 가닥만이 mRNA 합성을 주도한다. 이 가닥을 **주형가닥**(template strand)이라 하고 이에 상보적인 DNA 가닥은 **전사가닥**(sense strand)이라 불린다(**그림 13.19**). mRNA의 합성도 DNA 합성과 마찬가지로 5′ → 3′ 방향으로 진행된다. 주형가닥과 mRNA는 서로 상보적이기 때문에 mRNA 서열은 전사가닥과 동일하며, 티민이 우라실로 대체된다. 즉, 주형으로 사용되는 가닥이 아닌 전사가닥을 통해서도 유전자 염기서열을 읽을 수 있다.

유전자가 시작되는 부분에는 **프로모터**(promoter)라 불리는 중요한 자리가 있다. 프로모터는 RNA를 합성하는 RNA 중합효소가 결합하는 자리이다. 프로모터 자체는 전사되거나 번역되지 않는다. 프로모터는 단지 주형이 되는 DNA상에서 RNA 합성 시작점에서 일정거리 떨어진 곳에 RNA 중합효소가 자리 잡을 수 있도록 한다. 이로써 프로모터는 전사될 DNA 가닥과 전사 시작부위를 지정한다. 14장에서 설명하겠지만 프로모터 근처의 서열은 유전자가 언제 어느 속도로 전사할지를 조절하는 데 매우 중요하다. ▶| **전사개시의 조절은 많은 에너지와 물질들을 절약한다(14.2절)**

전사개시점(그림 13.19의 +1)은 mRNA의 첫 번째 뉴클레오티드를 나타낸다. 그러나 초기에 전사되는 부분은 대개 아미노산을 암

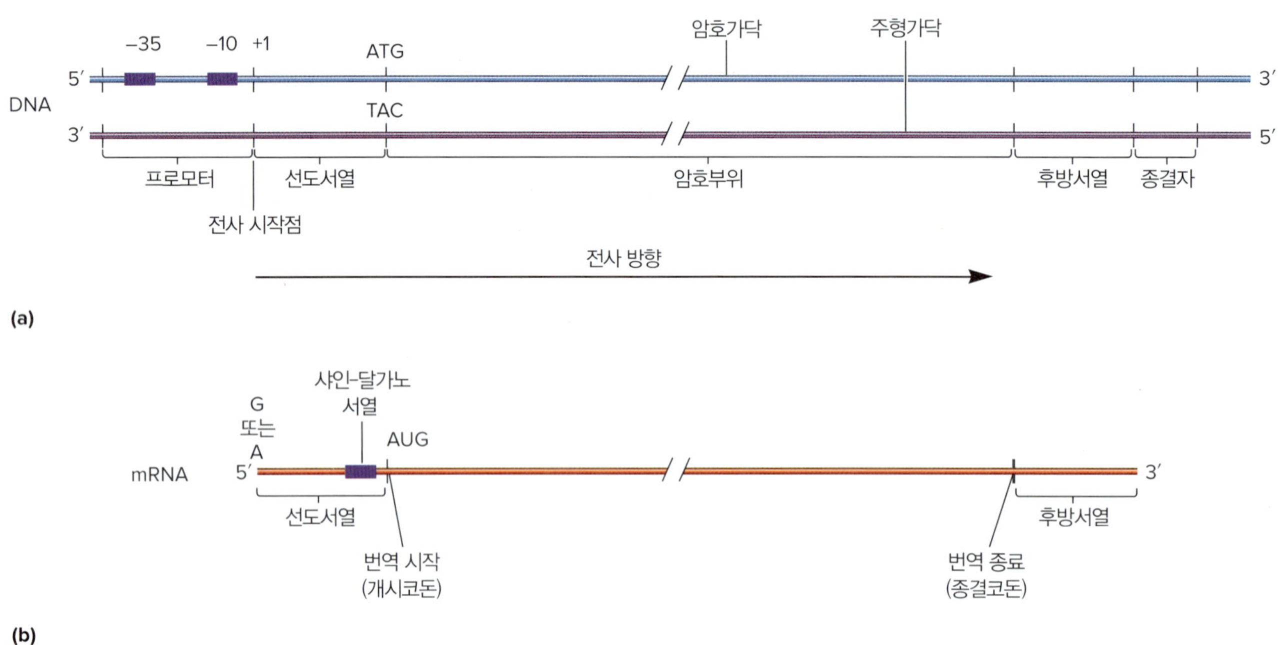

그림 13.19 세균의 구조유전자와 mRNA 산물. (a) 세균 구조유전자의 전형적인 구조이다. 일부 유전자는 선도서열이나 후방서열이 없다. 전사는 DNA의 +1 자리에서 시작하여 그림처럼 오른쪽으로 진행한다. 이 지점의 왼쪽에 있는 뉴클레오티드는 음수로 표시하고, 오른쪽은 양수로 표시한다. 예를 들어, +1 자리 바로 왼쪽에 있는 뉴클레오티드는 −1이고, 오른쪽에 있는 뉴클레오티드는 +2로 표시한다. 번호가 0인 뉴클레오티드는 없다. 많은 세균의 프로모터는 −35와 −10 자리 사이에 위치하며 전사를 촉진하는 중요한 역할을 한다. 조절부위는 그림에서 표시하지 않았지만 암호부위의 상부에 있으며 프로모터와 겹쳐 있다. (b) 그림 (a)에 나타난 유전자의 mRNA 산물이다. mRNA로 삽입되는 첫 뉴클레오티드는 보통 GMP나 AMP이다. mRNA의 번역은 AUG 개시코돈에서 시작된다.

연관 질문 비주형가닥을 "전사가닥"이라 부르는 이유는?

호화하지 않는다. 이 부분은 **선도서열**(leader)이라 하여 mRNA로는 전사되나 아미노산으로는 번역되지 않는다. 세균에서 선도서열에는 **샤인-달가노 서열**(Shine-Dalgarno sequence)이 포함되어 있는데, 이 서열은 번역개시 단계에서 중요한 역할을 한다. 선도서열은 전사와 번역과정을 조절하는 데 관여하기도 한다. ▶| 감쇠조절과 리보스위치가 전사를 초기에 종결시킨다(14.3절); RNA 2차 구조가 번역을 조절한다(14.4절)

선도서열 뒤에는 유전자 구조에서 가장 중요한 **암호부위**(coding region)가 있다(그림 13.19). 암호부위는 전형적으로 주형가닥 DNA의 3′-TAC-5′ 서열에서 시작한다. 이 서열은 폴리펩티드의 첫 번째 아미노산을 암호화하는 개시코돈인 5′-AUG-3′로 전사된다. 나머지 유전자 암호부위는 특정 단백질의 아미노산 서열을 지시하는 코돈서열로 전사된다. 암호부위는 종결코돈이라 부르는 특수한 코돈에서 끝난다. 이것은 단백질의 끝을 나타내며 번역 중인 리보솜을 멈추게 한다. 종결코돈 바로 다음에 **후방서열**(trailer)이 존재하는데 후방서열은 전사는 되나 번역되지 않는다. 후방서열에는 RNA 중합효소가 주형가닥에서 떨어져 나오는 것을 준비해주는 서열이 포함되어 있다. 사실 후방서열 바로 다음에(때로는 이와 겹쳐져서) **종결자**(terminator)가 위치한다. 종결자는 RNA 중합효소가 전사를 중단하게 하는 신호서열이다.

tRNA와 rRNA 유전자

활발하게 자라고 있는 세포는 단백질을 합성하기 위해 tRNA와 rRNA를 지속적으로 공급해야 한다. 이를 충족하기 위해 세균은 각각에 대한 유전자를 하나 이상 가지고 있다. 더구나 각 tRNA나 rRNA의 개수와 다른 tRNA나 rRNA의 상대적인 개수를 조절하는 것이 중요하다. 이것은 하나의 프로모터로부터 여러 개의 tRNA나 rRNA 유전자를 함께 전사함으로써 어느 정도 가능해진다.

세균에서 tRNA 유전자는 프로모터, tRNA 암호부위, 선도서열과 후방서열로 구성된다. 이것은 단백질 암호화 유전자와 똑같으나, 번역되지 않는다는 점에서 다르다. 프로모터에서 하나 이상의 tRNA가 전사될 경우, 암호부위는 짧은 사이서열(spacer sequence)로 나뉘어 있다(**그림 13.20a**). 유전자가 몇개의 tRNA를 암호화하든지 간에 최초 전사체의 비암호화 서열(즉, 선도서열, 후방서열, 사이서열)은 제거되어야만 한다. 이 과정을 **전사후 변형**(posttranscriptional modification)이라 하며, RNA를 자르는 효소인 리보핵산분해효소(어떤 경우에는 리보자임)가 작용한다. |◀ 리보자임: 촉매 RNA 분자(10.6절)

보통 세균세포에는 1개 이상의 rRNA 유전자가 포함되어 있다. 각 유전자는 프로모터, 후방서열과 종결자를 가지고 있다(그림 13.20b). tRNA 유전자에서 보듯이 rRNA도 하나의 거대한 전구체 분자로 합성되고, 전사가 끝나면 리보핵산분해효소로 잘려서 최종 rRNA 산물이 된다. 흥미롭게도 많은 세균에서 후방서열과 사이서열에 tRNA 유전자가 들어 있다. 그러므로 rRNA 전구체는 tRNA와 rRNA를 모두 포함한다.

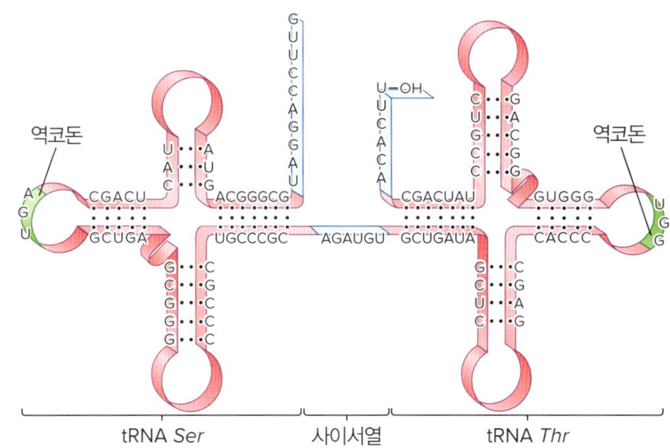

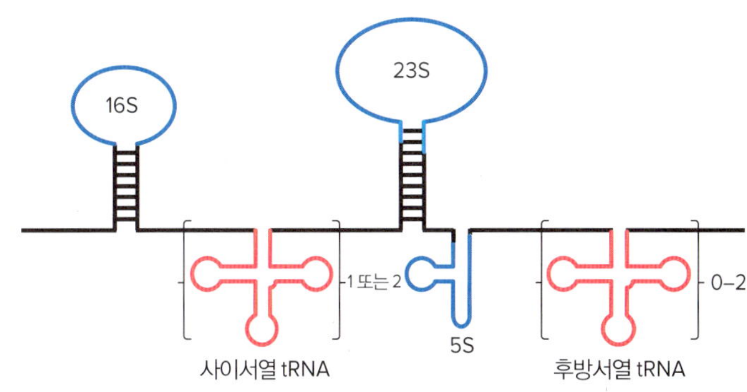

그림 13.20 tRNA와 rRNA 유전자. (a) 대장균의 tRNA 전구체는 2개의 tRNA 분자로 구성되어 있다. 양쪽에 있는 여분의 뉴클레오티드와 사이서열은 다듬는 과정에서 제거된다. (b) 대장균의 rRNA 유전자는 3개의 rRNA 조각으로 분리될 큰 전사산물을 암호화하고 있다. 16S, 23S, 5S rRNA 조각은 파란색으로 표시했고, tRNA 서열은 광호로 표시했다. 이 유전자의 사본은 7개 있는데, 각 사본마다 포함하고 있는 tRNA 서열의 개수와 종류가 다르다.

마무리 점검

1. 유전자의 암호부위는 선도서열 '하부(downstream)'에 있다고 한다. 거꾸로, 선도서열는 암호부위의 상부에 있는지 하부에 있는지 말해보시오. 프로모터, +1 뉴클레오티드, 후방서열, 종결자 중 어느 부위가 전사는 되나 번역되지 않는가?
2. 유전자의 어느 가닥이 mRNA의 개시코돈(AUG가 아닌 ATG)과 종결코돈에 상응하는 서열을 가지고 있는가?
3. tRNA와 rRNA 유전자의 일반적인 구조를 간단히 설명하시오. 전사후 변형 측면에서 이들의 산물은 단백질 암호화 유전자와 어떻게 다른가?

13.5 세균의 전사

이 절을 학습한 후 점검할 사항:

a. 전형적인 오페론이 있는 세균 유전자의 구조를 설명할 수 있다.
b. 세균의 RNA 중합완전효소의 구조를 설명할 수 있다.
c. 전사 3단계 과정 중에 일어나는 일을 요약할 수 있다.
d. 전사개시에서 프로모터와 시그마 인자의 기능을 설명할 수 있다.
e. ρ-인자 의존적 종결과 비의존적 종결을 구별하여 설명할 수 있다.

지금까지 우리는 프로모터와 종결자로 묶인 개별 단위로서의 유전자에 대해 논의했다. 그러나 모든 세균 유전자가 이러한 방식으로 구성되는 것은 아니다. 관련된 과정에 참여하는 단백질을 암호화하고 있는 세균 유전자(예로, 아미노산 합성효소를 암호화하고 있는 유전자)는 서로 가까이 있고 단일 프로모터에 의해 전사된다. 단일 프로모터에 의해 제어되는 여러 유전자의 전사 단위를 **오페론**(operon)이라고 한다. 오페론의 전사로 선도서열에 이어 사이서열들에 의해 구분되는 암호부위들, 마지막에 후방서열을 지닌 mRNA가 만들어진다. 이러한 mRNA를 **다중시스트론 mRNA**(polycistronic mRNA)라고 한다(**그림 13.21a**). 다중시스트론 mRNA에 있는 각 암호부위는 개시코돈과 종결코돈에 의해 구분된다. 따라서 각 암호부위는 독립적으로 번역되어 분리된 폴리펩티드를 형성한다. 많은 고균의 mRNA도 다중시스트론이다. 반면에 다중시스트론 mRNA는 진핵생물에서는 드물다. 대신에 진핵생물의 mRNA는 일반적으로 하나의 유전자 정보만을 가지는 **단일시스트론**(monocistronic)이다(그림 13.21b). ▶| 진핵생물의 전사(15.3절)

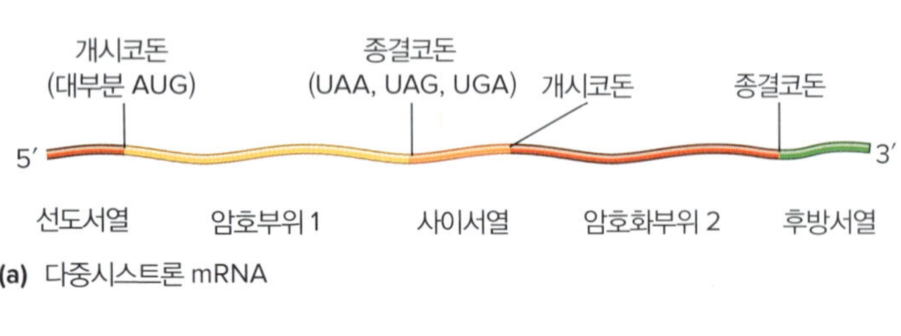

(a) 다중시스트론 mRNA

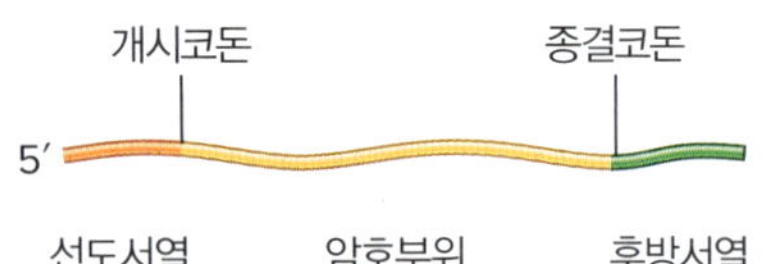

(b) 단일시스트론 mRNA

그림 13.21 다중시스트론 mRNA와 단일시스트론 mRNA. (a) 다중시스트론 mRNA는 세균과 고균에서 보편적으로 나타난다. (b) 단일시스트론 mRNA는 3가지 영역 모두에서 나타난다.

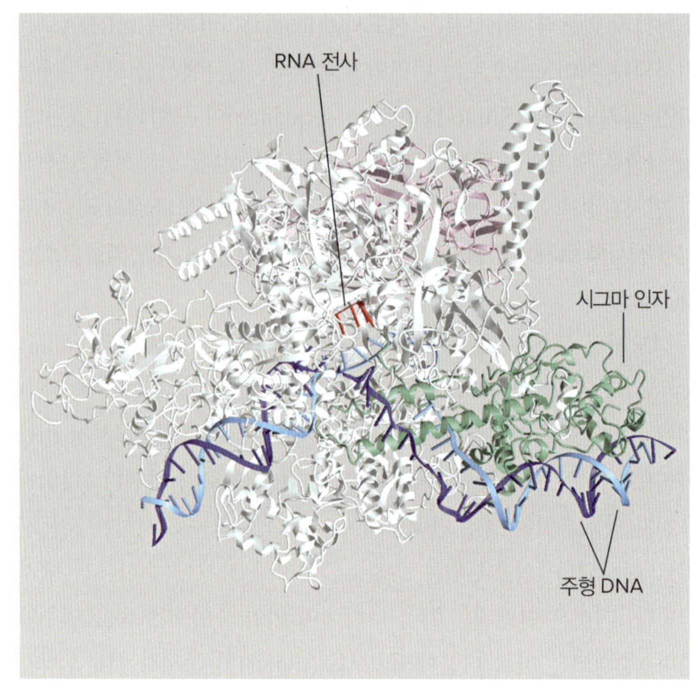

그림 13.22 프로모터에 있는 대장균 RNA 중합효소의 극저온전자현미경 사진. DNA 가닥은 연하고 진한 파란색, 짧은 mRNA는 빨간색으로 표시했다. RNA 중합효소 소단위 β와 β′는 회색, 2개의 α 소단위는 분홍색, σ는 녹색으로 표시했다. ω 소단위는 표시하지 않았다. Source: RCSB PDB

연관 질문 어떤 가닥(연한 파란색과 진한 파란색 중)이 주형가닥이고, 어떤 가닥이 전사가닥인가? 전사가 진행될 때, 중합효소는 어떤 방향(왼쪽 또는 오른쪽)으로 이동하는가?

세균의 RNA 중합효소는 5가지 다른 단백질로 구성된다

RNA는 **RNA 중합효소**(RNA polymerase)에 의해 합성된다. 대부분의 세균 RNA 중합효소는 5가지 유형의 폴리펩티드 사슬 α, β, β′, ω 및 σ을 포함한다(**그림 13.22**). **RNA 중합중심효소**(RNA polymerase core enzyme)는 5개의 폴리펩티드(2개의 α와 β, β′, ω)로 이루어지며 RNA 합성을 촉매한다. **시그마 인자**(sigma factor, σ)는 촉매활성을 갖지는 않지만 중심효소가 프로모터를 인식하도록 돕는다. 시그마 인자가 중심효소에 결합해서 형성하는 6개의 소단위 복합체는 **RNA 중합완전효소**(RNA polymerase holoenzyme)라 불린다(그림 13.22). 완전효소만이 전사를 시작할 수 있으나 일단 시작된 RNA 합성은 중심효소가 완결시킨다.

전사단계: 개시, 신장, 종결

전사에는 개시, 신장, 종결의 독립적인 3과정이 있으며, 통틀어 전사주기(transcription cycle, **그림 13.23**)라고 한다. 전사인자인 시그마 인자는 개시단계에 중요한 역할을 한다. RNA 중합완전효소의 일부로서 시그마 인자는 RNA 중합중심효소가 프로모터에 결합할 수 있

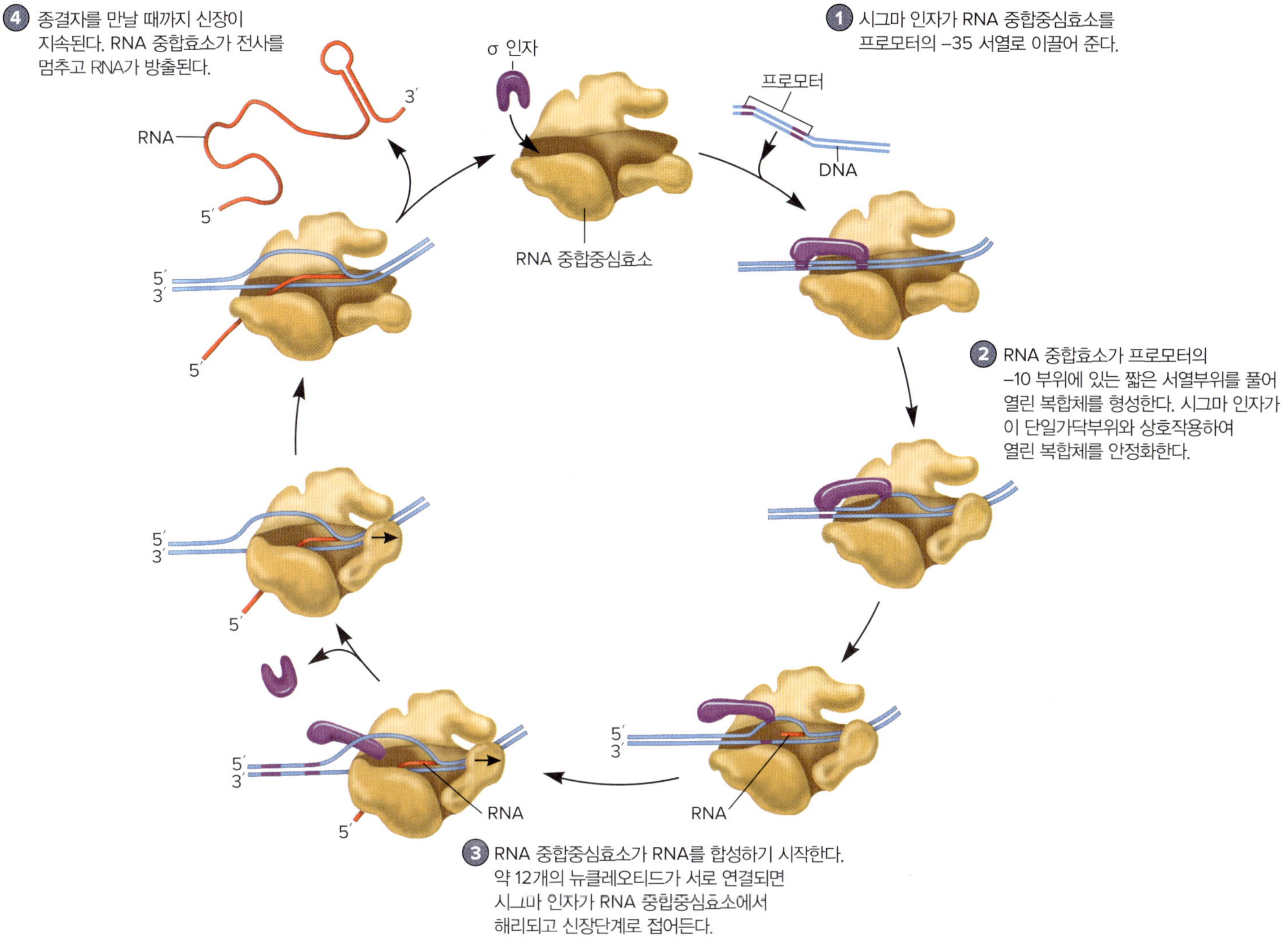

④ 종결자를 만날 때까지 신장이 지속된다. RNA 중합효소가 전사를 멈추고 RNA가 방출된다.

① 시그마 인자가 RNA 중합중심효소를 프로모터의 −35 서열로 이끌어 준다.

② RNA 중합효소가 프로모터의 −10 부위에 있는 짧은 서열부위를 풀어 열린 복합체를 형성한다. 시그마 인자가 이 단일가닥부위와 상호작용하여 열린 복합체를 안정화한다.

③ RNA 중합중심효소가 RNA를 합성하기 시작한다. 약 12개의 뉴클레오티드가 서로 연결되면 시그마 인자가 RNA 중합중심효소에서 해리되고 신장단계로 접어든다.

σ 인자

RNA 중합중심효소

프로모터

DNA

RNA

그림 13.23 세균의 전사주기.

도록 위치 지정을 도와준다. 세균의 프로모터는 여러 가지 특징을 가지고 있다. 2가지 특징은 전사 시작점에서 대략 35염기쌍 정도 상부에 6개의 염기서열(보통 TTGAGA)이 있고, 전사 시작점에서 약 10염기쌍 상부에는 TATAAT 서열이 있다(**그림 13.24**, 그림 13.19 참조). 이들은 각각 −35와 −10 부위라 불리는데, 이는 이들이 전사되는 첫 염기(+1 부위)로부터 상부에 위치하며, 떨어진 거리를 뉴클레오티드의 개수로 나타낸 것이다. 먼저 시그마 인자가 −35의 특이적 서열을 인식해서 RNA 중합완전효소가 프로모터에 자리를 잡을 수 있도록 도와준다. 시그마 인자와 중심효소가 구조적 변화를 하여 AT가 풍부한 −10 부위의 DNA를 분리하게 한다. 이후에 시그마 인자는 한 가닥과 상호작용하고 RNA 중합효소와 풀린 DNA와의 상호작용을 안정화한다. 이렇게 형성된 RNA 중합효소와 풀린 DNA의 복합체를 **열린 복합체**(open complex)라고 한다(**그림 13.25**).

여기에서 세균이 한 종류 이상의 시그마 인자를 만드는 것을 주목

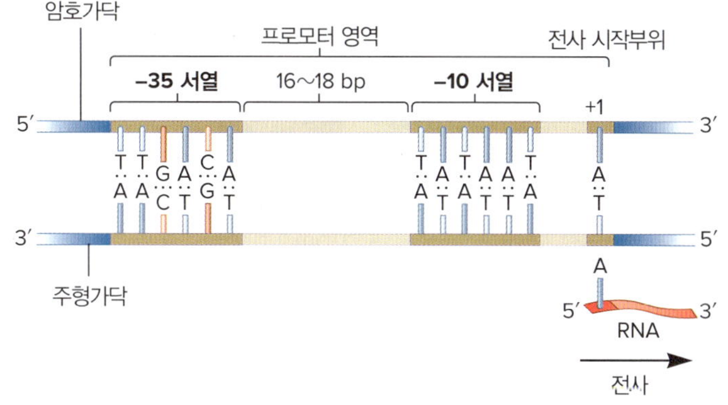

그림 13.24 σ^{70} **프로모터.** 많은 대장균의 프로모터는 시그마 인자 σ^{70}에 의해 인식된다. 프로모터의 −35와 −10 지역의 중심부에는 특징적인 뉴클레오티드 서열이 있다. 이 두 중요한 프로모터 자리의 공통서열을 보여주고 있다.

연관 질문 프로모터의 −10과 −35 지역은 +1 뉴클레오티드의 '상부(upstream)'인가, 아니면 '하부(downstream)'인가?

할 필요가 있다. 각 시그마 인자는 RNA 중합효소를 특정한 프로모터로 이끈다. 예를 들어, 대장균에서는 대부분의 유전자가 시그마 인자 σ^{70}에 의해 인지되는 프로모터를 가진다. 그림 13.24에서 보듯이 시그마 인자는 -35와 -10의 두 지역을 포함하는 프로모터를 인식한다. 이들은 시그마 인자 σ^{70}에 의해 인지되는 프로모터의 **공통서열**(consensus sequence)이다. 다른 시그마 인자에 의해 인지되는 프로모터는 다른 공통서열을 가지고 있다. 전사개시를 위해 서로 다른 시그마 인자를 사용하는 것은 14장에서 볼 수 있는 세균의 일반적인 조절기전이다. 여기에서는 σ^{70}에 의해 인지되는 유전자의 전사에 초점을 맞춘다.

일단 열린 복합체가 형성되면 전사를 시작할 수 있다. 열린 복합체 내에는 대략 16~20개의 염기쌍의 DNA가 풀리는 부분이 있다. 이 부분이 **전사버블**(transcription bubble)이며 RNA 중합효소와 함께 이동하면서 주형 DNA 가닥으로부터 mRNA를 합성한다(그림 13.22). 전사버블 내에서 DNA 주형에 상보적인 RNA가 합성됨에 따라 일시적으로 RNA:DNA 혼성체(hybrid)가 형성된다. RNA 중합완전효소가 DNA 주형을 따라 이동하면, 시그마 인자는 열린 복합체에서 떨어진다. 떨어져 나간 시그마 인자는 다른 RNA 중합중심효소의 전사개시에 사용될 수 있다(그림 13.23).

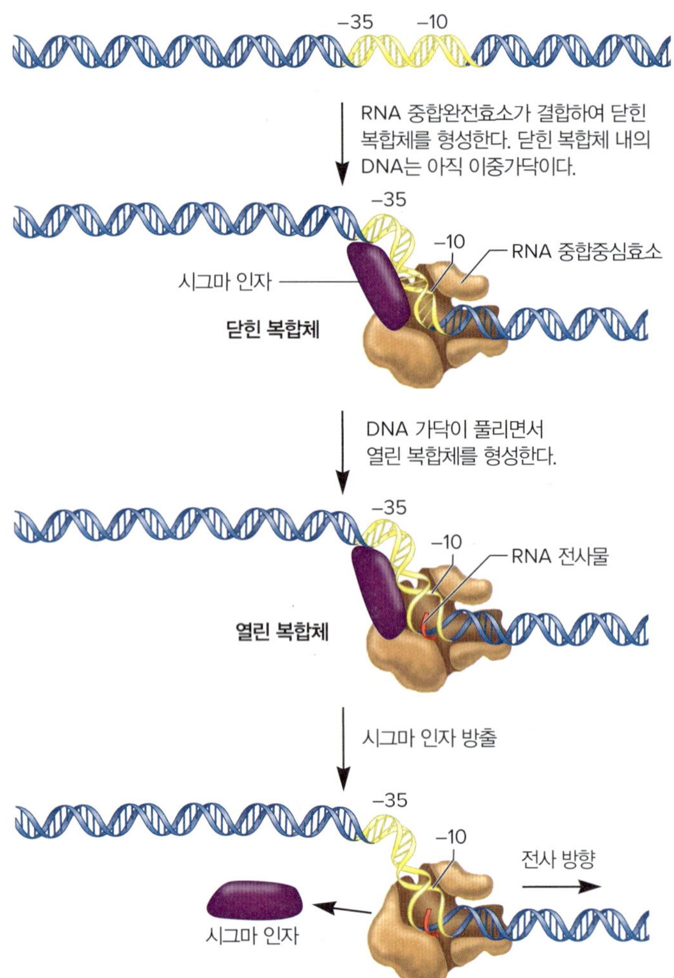

그림 13.25 세균의 전사개시. RNA 중합효소의 시그마 인자는 중심효소가 프로모터에서 적절하게 자리 잡도록 한다. 시그마 인자는 프로모터의 -35와 -10의 두 지역을 인식한다. 일단 적절히 자리 잡으면 -10 지역의 DNA가 풀리고 열린 복합체를 형성한다. 시그마 인자는 전사가 시작되면 중심효소에서 분리된다.

RNA 중합효소가 촉매하는 반응은 DNA 중합효소와 매우 비슷하다(그림 13.11). DNA 주형서열과 상보적인 RNA를 만드는 데 ATP, GTP, CTP, UTP를 사용한다. 신장되는 RNA 사슬에 리보뉴클레오시드 일인산이 첨가되면서 피로인산이 방출되는데, 피로인산은 이 과정의 에너지를 공급한다. RNA 합성도 신장되는 사슬의 3′ 말단에 새로운 뉴클레오티드를 첨가하므로, 5′ → 3′ 방향으로 합성이 진행된다. RNA는 주형 DNA에 상보적이며 역평행이다. mRNA의 신장이 계속되면서 단일가닥 mRNA가 방출되고, 전사버블의 뒤쪽에 있는 DNA 두 가닥은 이중나선 구조를 다시 회복한다. 그림 13.23에서 볼 수 있듯이 RNA 중합효소는 DNA 이중나선을 풀고, 주형을 따라 이동하며, RNA의 인산이에스테르 결합을 합성하는 여러 가지 활성을 지니는 놀라운 효소이다. DNA 복제와 마찬가지로 전사를 위한 DNA 변성은 초나선을 도입한다. 그렇기 때문에, 전사 중인 RNA 중합효소는 염색체에 도입된 비틀림을 완화하기 위해 DNA 회전효소가 필요하다.

신장 중인 RNA 중합효소는 100~200개 염기마다 잠시 멈추는데, 이때 주형의 염기가 활성부위에서 빠져나와 효소 활성이 중단된다. 14장에서 더 자세히 기술하겠지만, 활성이 일시정지된 효소는 서열 특이적 조절신호와 상호작용할 수 있다.

RNA 중합효소가 주형 DNA에서 분리되면서 전사가 종결된다. 3가지 유형의 종결이 있는 것으로 알려져 있는데, 첫 번째 유형은 내재적 종결로 RNA 전사체 내에 자체적인 종결신호를 포함하고 있는 경우이다. 이는 **그림 13.26**에 요약되어 있다. 다른 2가지 유형의 종결은 인자-의존적 종결로 다른 단백질의 도움이 필요한 경우이다. **그림 13.27**에서 보듯이, 종결 ρ인자(rho factor)는 전사체를 따라 이동하면서 물리적으로 열린 복합체에서 RNA를 제거하기 위해 ATP를 필요로 한다. 세 번째 유형의 종결은 13.8절에서 자세히 다루도록 하겠다.

마무리 점검

1. 세균의 전사주기를 요약하시오. RNA 중합중심효소, 시그마 인자와 RNA 중합완전효소가 관여하는 단계는 언제인가?
2. 공통서열이란 무엇인가? 전사개시에서 −35와 −10 부위에 어떤 일들이 발생하는가?
3. 내재적 전사종결과 인자-의존적 전사종결의 유사점과 차이점을 비교하시오.

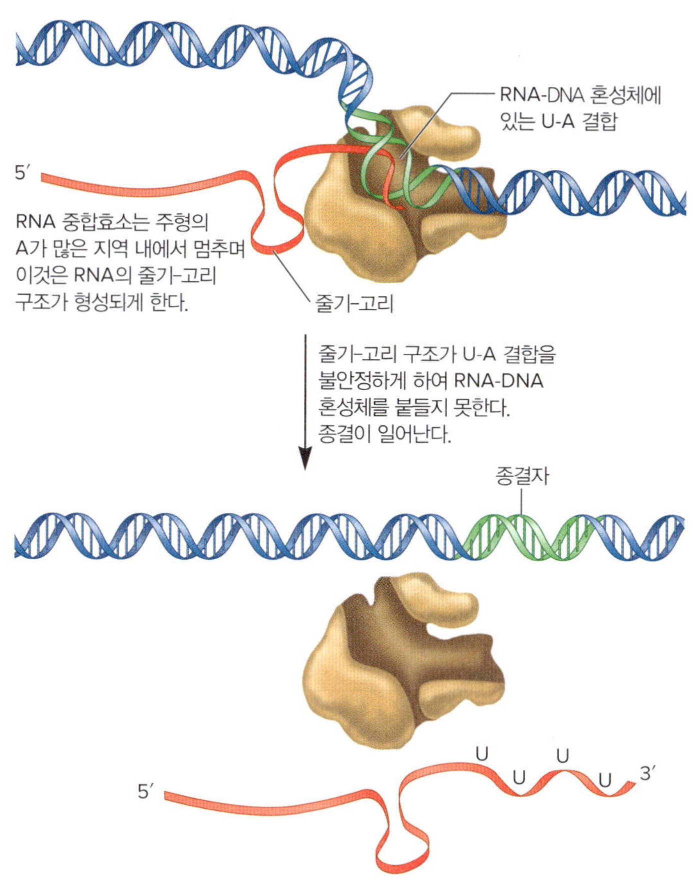

그림 13.26 내재적 전사종결.

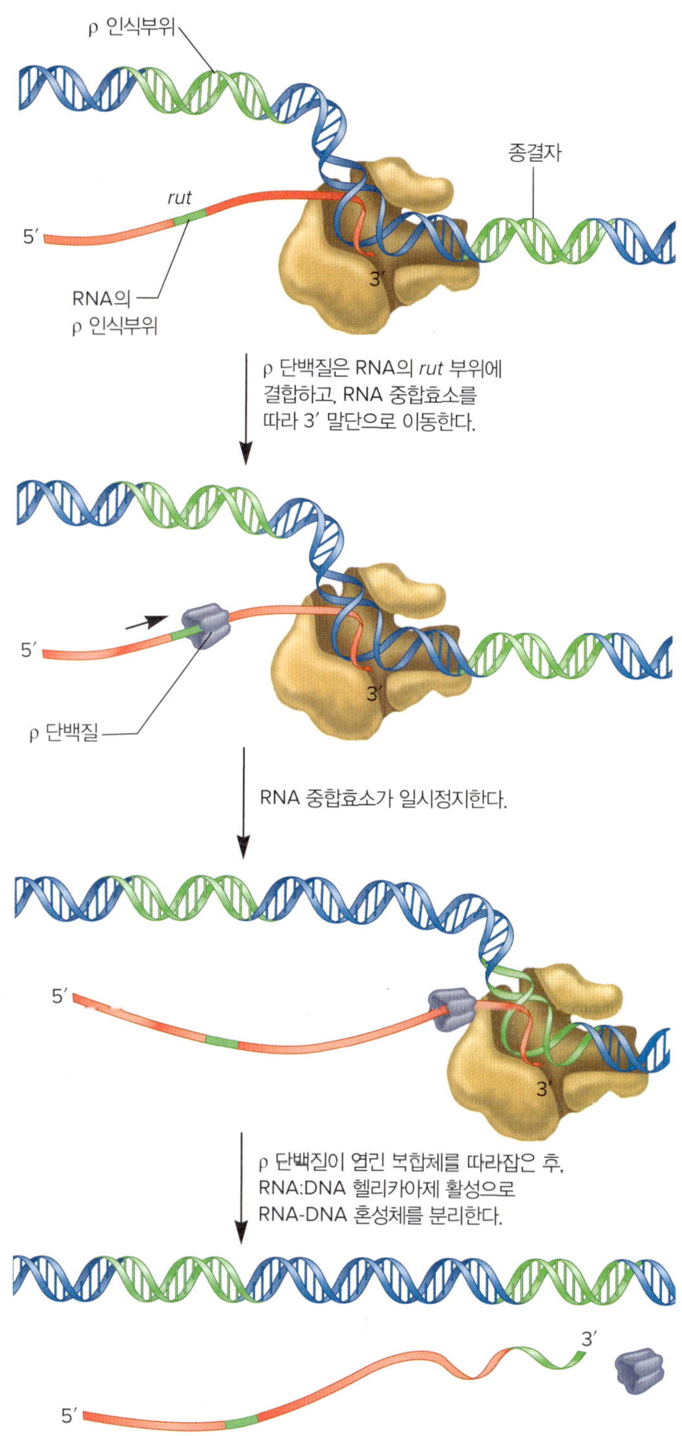

그림 13.27 로(ρ) 인자-의존적 전사종결. *rut*는 ρ-이용자리(*r*ho *ut*ilization site)를 나타낸다.

13.6 유전암호는 세 문자 단어로 구성된다

이 절을 학습한 후 점검할 사항:

- **a.** 단백질 암호화 유전자에 있는 해독틀의 중요성을 설명할 수 있다.
- **b.** 유전암호를 설명할 수 있다.
- **c.** 어떻게 동요현상이 생명체가 소수의 tRNA 분자만을 암호화하고 있어도 되는지에 대해 설명할 수 있다.
- **d.** 일부 미생물에서 발견된 공통유전암호에서 벗어나는 것의 목록을 작성할 수 있다.

단백질을 암호화하는 유전자 발현의 마지막 단계는 **번역**(translation)이다. 단백질 합성을 번역이라 부르는 것은 핵산의 언어로 암호화된 정보를 단백질의 언어로 해독하는 과정이기 때문이다. 번역과정에서 3개의 뉴클레오티드가 한 세트로 읽혀지고, 각 세트는 **코돈**(codon)이 된다. 각 코돈은 하나의 아미노산을 암호화한다. 코돈의 서열, 즉 **해독틀**(reading frame, **그림 13.28**)은 오직 한 방향으로만 읽혀져 폴리펩티드의 아미노산 서열이 된다. 유전암호를 해독한 것은 20세기의 가장 대표적인 업적 중 하나이다. 이 절에서는 유전암호의 본질을 알아보고 번역은 13.7절에서 다룰 것이다.

RNA 형태의 유전암호는 **표 13.1**에 정리되어 있다. 암호를 자세히 살펴보면 세포가 정보를 저장하기 위해 DNA를 사용하는 방법을 알 수 있을 뿐만 아니라, 이 장의 서문에서 기술한 암호가 정보를 저장

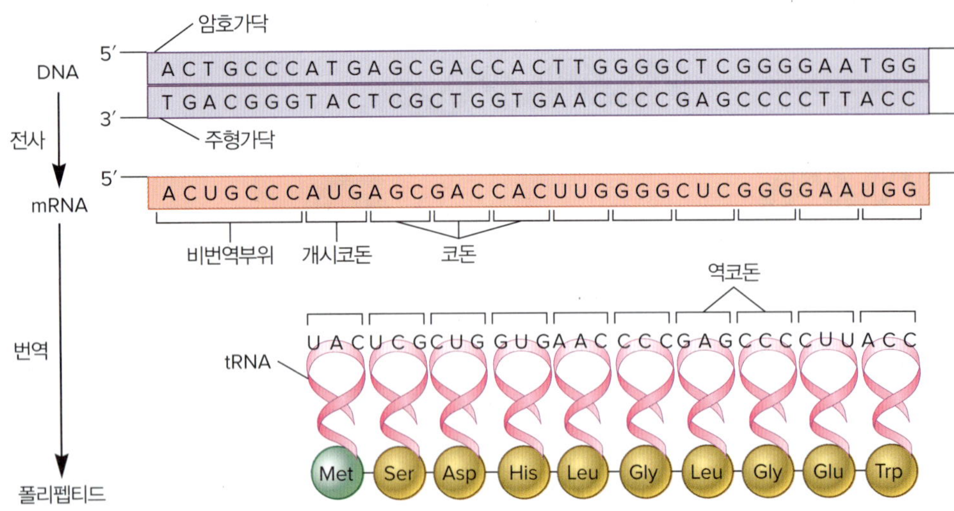

그림 13.28 해독틀. 전사가 진행되는 동안 DNA의 주형가닥에 상보적인 mRNA가 합성된다. mRNA에서 3개의 뉴클레오티드가 한 그룹을 이루며 각 그룹이 코돈이 된다. 단백질로 번역되는 첫 번째 코돈을 개시코돈이라 한다. 개시코돈에 의해 이후의 해독틀이 지정되고 mRNA에서 만들어지는 폴리펩티드 사슬의 아미노산 서열이 결정된다.

표 13.1 유전암호[1]

첫 번째 자리(5′ 말단)[2]	두 번째 자리: U	C	A	G	세 번째 자리(3′ 말단)
U	UUU Phe F	UCU Ser S	UAU Tyr Y	UGU Cys C	U
	UUC Phe F	UCC Ser S	UAC Tyr Y	UGC Cys C	C
	UUA Leu L	UCA Ser S	UAA STOP	UGA STOP	A
	UUG Leu L	UCG Ser S	UAG STOP	UGG Trp W	G
C	CUU Leu L	CCU Pro[3] P	CAU His H	CGU Arg R	U
	CUC Leu L	CCC Pro[3] P	CAC His H	CGC Arg R	C
	CUA Leu L	CCA Pro[3] P	CAA Gln Q	CGA Arg R	A
	CUG Leu L	CCG Pro[3] P	CAG Gln Q	CGG Arg R	G
A	AUU Ile I	ACU Thr T	AAU Asn N	AGU Ser S	U
	AUC Ile I	ACC Thr T	AAC Asn N	AGC Ser S	C
	AUA Ile I	ACA Thr T	AAA Lys K	AGA Arg R	A
	AUG Met M	ACG Thr T	AAG Lys K	AGG Arg R	G
G	GUU Val V	GCU Ala A	GAU Asp D	GGU Gly G	U
	GUC Val V	GCC Ala A	GAC Asp D	GGC Gly G	C
	GUA Val V	GCA Ala A	GAA Glu E	GGA Gly G	A
	GUG Val V	GCG Ala A	GAG Glu E	GGG Gly G	G

[1] 각 코돈 또는 코돈 세트 옆에 파란색으로 표시된 것은 해당 아미노산의 곁사슬(R group)을 나타낸 것이다.
[2] 암호는 RNA 형태로 제공된다. 코돈은 5′에서 3′ 방향으로 진행된다. 코돈으로 지정되는 아미노산에 대한 3자 및 1자 약어가 제공된다.
[3] 프롤린은 아미노산이 아니라 이미노산이다.

하는 데 왜 가치가 있는지를 알 수 있다. 하나의 특징은 유전암호에서의 단어(코돈)는 3개의 문자(염기)로 이루어지고, 하나의 작은 단어는 상당한 양의 정보를 전달한다는 것이다. 각각의 코돈은 tRNA 분자에 있는 역코돈이 인식한다. 또 다른 특징은 유전암호 나름의 '구두법'이 있다는 것이다. 코돈 가운데 하나인 AUG는 항상 mRNA 분자의 단백질 암호부위에서 첫 번째 코돈이다. 이 코돈이 개시 tRNA를 암호화하여 번역의 시작지점으로 작용하기 때문에 **개시코돈**(start codon)이라고 한다. 또 다른 3개의 코돈(UGA, UAG, UAA)은 번역을 종결하므로 **종결코돈**(stop codon) 또는 **정지코돈**(nonsense codon)이라고 부른다. 이들은 아미노산을 암호화하지 않으므로, 이에 해당하는 역코돈을 지니는 tRNA는 존재하지 않는다. 따라서 암호에 있는 64개의 코돈 중에 61개의 코돈만이 **전사코돈**(sense codon)이며, 단백질에 삽입되는 아미노산을 지정한다. 마지막으로 **암호의 중복성**(code degeneracy)을 볼 수 있다. 최대 6개의 서로 다른 코돈이 하나의 아미노산에 대응되는 경우도 있다.

비록 61개의 전사코돈이 존재하지만, 이에 대응하는 tRNA를 모두 갖는 것이 아니기 때문이다. 세포는 역코돈의 5′ 염기와 코돈의 3′ 염기 사이의 염기쌍이 느슨하게 형성되기 때문에 더 적은 수의 tRNA로 mRNA를 번역할 수 있다. 따라서 번역과정에서 코돈의 첫 번째와 두 번째 염기가 역코돈과 정확하게 상보적인 염기쌍을 형성하는 한, 정확한 아미노산을 지닌 tRNA는 mRNA에 결합할 수 있다. 유전암호를 보면 이를 알 수 있다. 특정한 아미노산에 대한 코돈은 대개 세 번째 자리만 달라진다는 점을 주목하라(표 13.1). 셋째 자리에서의 이러한 느슨한 염기쌍 형성을 **동요현상**(wobble)이라고 하며 이러한 현상은 많은 tRNA를 합성할 필요를 줄여준다(**그림 13.29**). 또한, 동요현상은 돌연변이의 효과를 감소시킨다. ▶| 돌연변이: 유전체 내에서 유전되는 변화(16.1절)

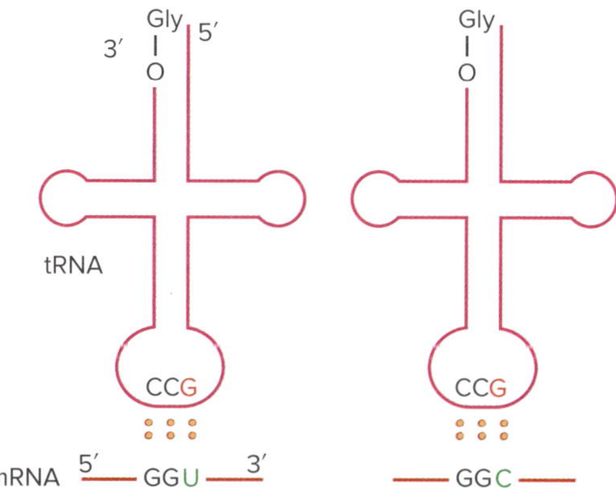

그림 13.29 동요현상이 아미노산 지정에 필요한 tRNA의 개수를 감소시킨다. 동요현상으로 인해 역코돈의 5′ 자리의 G가 코돈의 3′ 자리의 C 또는 U와 염기쌍을 이룰 수 있다. 따라서 이들 2개의 코돈은 동일한 tRNA에 의해 인식될 수 있다. 예로, 글리신-tRNA이다.

셀레노시스테인 피롤리신

그림 13.30 셀레노시스테인과 피롤리신. 이 희귀한 아미노산은 DNA에 암호화되어 있지 않으며 특수한 종결코돈과 mRNA의 머리핀 구조에 대응하여 삽입된다.

유전암호에 대한 설명은 공통유전암호의 설명이다. 유전암호에 예외는 있지만 유전체가 감소된 세포소기관과 미생물로 그 범위가 제한된다. 첫 번째로 발견된 예외는 종결코돈이 20개의 아미노산 중 하나를 암호화하고 있는 것이다. 예를 들어, 마이코플라즈마(mycoplasma)는 글루타민을 암호화하기 위해 종결코돈인 UGA를 사용한다. 더 극적인 예외도 발견되었다. 모든 생물 영역에서 21번째의 아미노산인 셀레노시스테인(selenocysteine, **그림 13.30a**)을 포함하고 있는 단백질이 발견되었다. 셀레노시스테인을 가진 효소 대부분은 산화환원 반응을 촉매한다. 22번째 아미노산인 피롤리신(pyrrolysine)은 여러 고균의 단백질에서 발견할 수 있다(그림 13.30b). 셀레노시스테인은 특정 UGA 코돈에 삽입되는 반면에 피롤리신은 UAG 코돈에 삽입된다.

마무리 점검

1. 코돈과 역코돈의 차이는 무엇인가?
2. 유전암호의 구두법 기능을 나열하고 중요성을 설명하시오.
3. 암호의 중복성이란 무엇인가? 어떻게 동요현상이 암호의 중복성으로 인해 세포에 요구되는 에너지를 완화하는가?
4. 정말로 유전암호가 공통적인가? 답에 대해 설명하시오.

13.7 세균의 번역

이 절을 학습한 후 점검할 사항:

a. tRNA 분자의 구조와 아미노산 활성화 및 번역에서의 기능을 연관시켜 말할 수 있다.
b. 세균 리보솜 구조를 설명할 수 있다.
c. 번역개시 복합체의 형성을 요약할 수 있다.
d. 세균의 개시 tRNA를 설명할 수 있다.
e. 번역의 신장 단계 동안 세균 리보솜의 A, P, E 자리에서 일어나는 일을 요약할 수 있다.

번역(translation)은 mRNA를 해독하면서 이에 따라 아미노산을 공유결합으로 연결하여 폴리펩티드를 만드는 과정이다. 이 과정은 리보솜에서 일어난다. 번역은 리보솜이 mRNA에 결합하고 폴리펩티드 사슬에서 정확한 아미노산 서열을 생성할 수 있도록 위치할 때 시작된다. tRNA 분자는 아미노산을 리보솜으로 운반하고 리보솜이 mRNA를 따라 이동할 때 아미노산을 폴리펩티드 사슬에 추가한다. DNA와 RNA가 한 방향으로만 합성되는 것처럼 단백질 합성도 한 방향으로만 진행된다. 폴리펩티드의 합성은 자유 아미노기가 있는 사슬의 끝(N 말단)에서 시작되어 C 말단 방향으로 진행된다. 즉, 번역은 N 말단의 아미노기에서 C 말단의 카르복실기 방향으로 진행된다고 말할 수 있다.

아미노산 활성화: 운반 RNA에 아미노산 결합

번역이 이루어지려면 해당 아미노산과 결합하고 있는 tRNA 분자가 충분히 공급되어야 한다. 따라서 단백질 합성의 준비 단계는 아미노산을 tRNA 분자에 결합시키는 **아미노산 활성화**(amino acid activation)이다. 이 과정을 이야기하기 전에 tRNA 분자의 구조를 알아둘 필요가 있다.

tRNA 분자는 70~95개의 뉴클레오티드로 이루어지며 여러 가지 특별한 구조를 지닌다. tRNA 가닥에서 염기쌍이 최대로 형성되도록 입체 구조를 만들어보면 이와 같은 특징을 분명하게 알 수 있다. 2차 원적으로 보면 tRNA는 토끼풀 잎의 형태를 이룬다(**그림 13.31a**). 그러나 3차 구조는 L자 모양으로 보인다(그림 13.31b). tRNA에서 가장 중요한 특징은 활성화된 아미노산을 싣는 수용체 줄기(acceptor stem)이다. 모든 tRNA의 3′ 말단은 공통으로 CCA 서열을 가지며, 모든 경우에 아미노산이 아데닌 뉴클레오티드의 3′ 수산기와 결합한다. 또 다른 중요한 특징은 **역코돈**(anticodon)이다. 역코돈은 mRNA 코돈에 상보적인 서열로 역코돈 팔에 위치한다.

아미노산 활성화를 촉매하는 효소를 **아미노아실-tRNA 합성효소**(aminoacyl-tRNA synthetase)라고 한다(**그림 13.32**). DNA나 RNA 합성에서와 마찬가지로 이 반응은 ATP가 가수분해되어 피로인산으로 분해되는 것에서 에너지를 얻는다. 아미노산은 고에너지 결합으로 tRNA에 결합된다. 이 결합에 저장된 에너지는 신장하는 폴리펩티드 사슬에 아미노산을 덧붙이는 펩티드 결합을 만드는 데 필요한 에너지로 사용된다.

적어도 20개의 아미노아실-tRNA 합성효소가 존재하며 각각의 아미노산과 동족 tRNA(cognate tRNA)에 특이적이다. 일단 부정확한 아미노산이 tRNA와 결합하면 폴리펩티드에도 부정확한 아미노

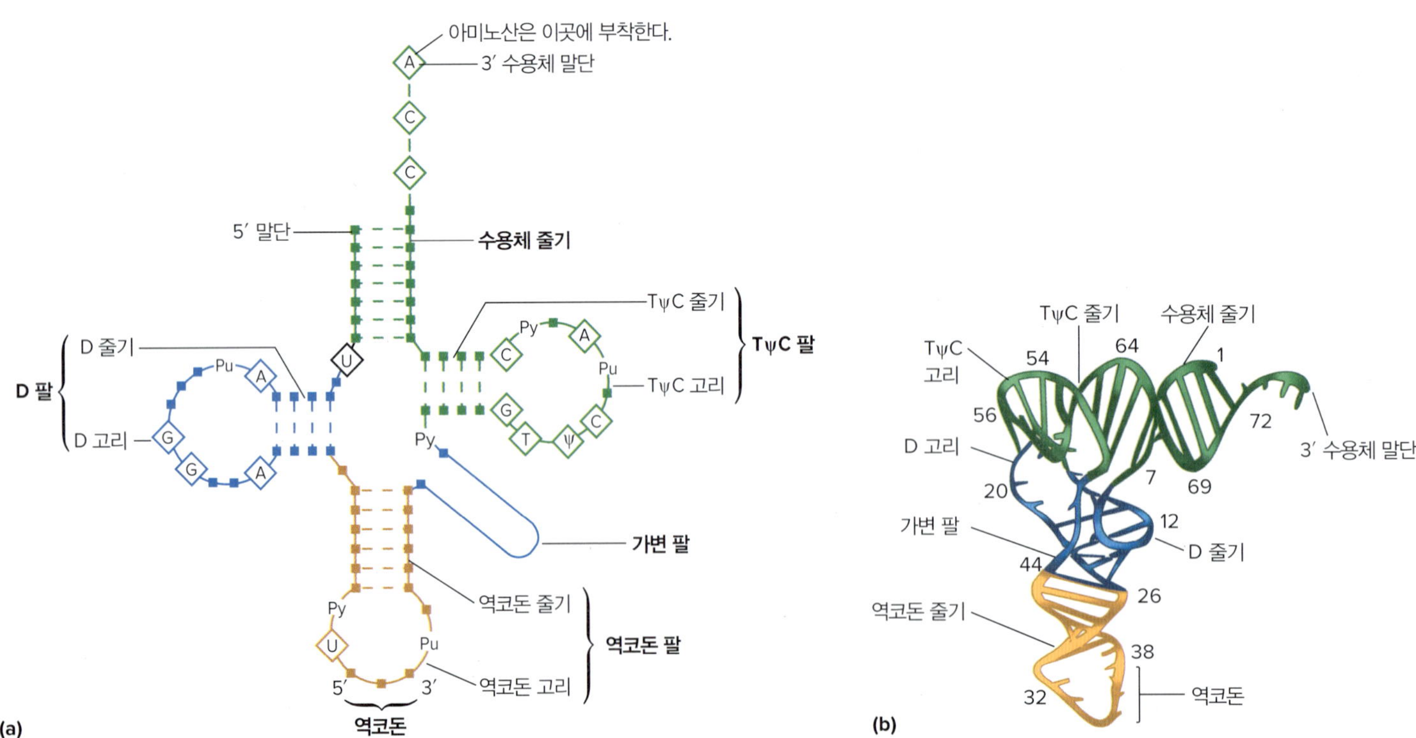

그림 13.31 tRNA 구조. (a) tRNA의 2차원 토끼풀 구조이다. 역코돈 팔과 다른 3개의 팔, D 팔(파란색), T 또는 TψC 팔(녹색) 및 가변 팔(파란색)이 잘 보인다. D 팔과 T 팔은 특이한 뉴클레오티드가 존재하기 때문에 명명한 것이다. 가변 팔은 tRNA에 따라 길이가 다르나 나머지 팔들은 크기가 비교적 일정하다. 모든 tRNA에서 발견되는 염기는 마름모로, 퓨린과 피리미딘은 Pu과 Py로 표시하였다. ψ는 유리딘의 이성질체인 유사유리딘을 나타낸다. (b) tRNA의 3차원 구조이다. 각 부분의 색깔은 (a)와 동일하다.

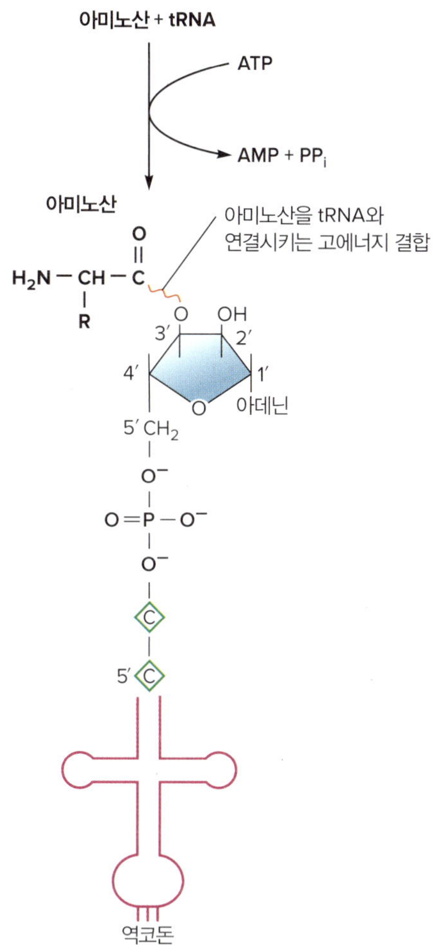

그림 13.32 아미노아실-tRNA 합성효소가 아미노산을 tRNA에 붙인다. 적절한 아미노아실-tRNA 합성효소가 아미노산을 말단 아데노신 뉴클레오시드의 3′-OH에 부착시킨다. 2개의 시토신 뉴클레오티드는 마름모로, 아데닌 뉴클레오티드는 분자구조로 표시하였다.

연관 질문 아미노아실-tRNA 합성효소가 tRNA에 잘못된 아미노산을 부착시키면 어떻게 될까? (즉, tRNA의 3′ 말단에 역코돈이 지정하는 아미노산과 다른 아미노산이 부착된다면?

산이 대신 삽입되기 때문에, 각각의 tRNA가 특이적인 아미노산에 결합하는 것은 매우 중요한 일이다. 단백질 합성기구들은 아미노아실 tRNA의 역코돈만을 인식하기 때문에 정확한 아미노산이 결합했는지 구별할 수가 없다. 따라서 일부 아미노아실-tRNA 합성효소는 DNA 중합효소처럼 교정 기능을 지닌다. 잘못된 아미노산이 tRNA에 부착되었을 경우 이 효소는 잘못된 산물을 방출하거나는 tRNA에서 아미노산을 가수분해한다.

리보솜은 3개의 tRNA 결합부위를 가진다

단백질의 합성은 작업대로 작용하는 리보솜에서 일어나며 mRNA가 청사진으로 작용한다. 리보솜은 큰 소단위와 작은 소단위라 불리는

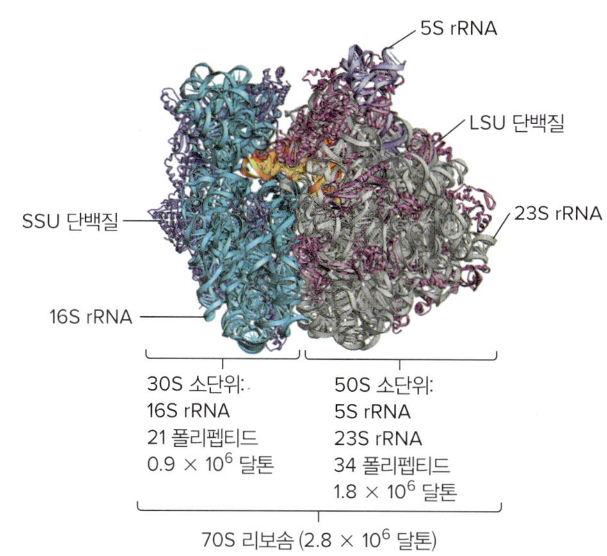

그림 13.33 세균의 리보솜 구조. 30S 소단위(SSU)가 왼쪽에, 50S 소단위(LSU)가 오른쪽에 있는 *Thermus thermophilus*의 70S 리보솜을 보여준다. A 자리에 있는 tRNA(금색)가 접촉면 틈 사이로 보인다. 16S rRNA: 청록색, 23S rRNA: 회색, 5S rRNA: 연한 파란색, 30S 단백질: 진한 파란색, 50S 단백질: 자주색.

2개의 소단위로 구성되며 각각의 소단위는 하나 또는 그 이상의 rRNA 분자를 비롯한 수많은 단백질을 포함한다는 것을 기억하자. 세균의 리보솜과 그 구성성분이 **그림 13.33**에 나타나 있다. 리보솜에는 tRNA가 결합하는 A, P, E 자리가 있다. 수용체자리라고도 불리는 **A 자리**(aminoacyl site 또는 acceptor site)는 단백질이 합성될 때 첨가될 아미노산을 유반하는 tRNA를 받는 자리이다. 공여자리라고도 불리는 **P 자리**(peptidyl site 또는 donor site)는 신장 중인 폴리펩티드 사슬이 결합되어 있는 tRNA가 결합하는 자리이다. 출구인 **E 자리**(exit site)는 빈 tRNA가 리보솜에서 방출되는 자리이다.

rRNA는 3가지 역할을 가진다. (1) 리보솜의 구조에 기여한다. (2) 30S 소단위의 16S rRNA는 단백질 합성의 개시 단계에 필요하다. 16S rRNA의 3′ 말단이 샤인-달가노 서열이라 불리는 mRNA의 선도서열에 결합한다. 샤인-달가노 서열은 **리보솜결합부위**(ribosome-binding site, RBS)의 일부이다. 이것은 리보솜에 mRNA가 자리잡는 것을 돕는다. 리보솜의 16S rRNA는 번역개시에 필요한 단백질과 아미노아실-tRNA 말단의 3′ CCA에도 결합한다. (3) 23S rRNA는 펩티드 결합 형성을 촉매하는 리보자임이다.

번역단계: 개시, 신장, 종결

전사와 DNA 복제처럼 단백질 합성과정 또한 개시, 신장, 종결의 세 단계로 나뉜다. 세균에서 단백질 합성은 개시코돈인 AUG에 암호화된 **개시 tRNA**(initiator tRNA)라고 하는 특이하게 변형된 아미노아실-tRNA인 *N*-포밀메티오닐-tRNA^{fMet}(fMet-tRNA)를 사용하여 시

$$\text{tRNA}^{\text{fMet}}-\overset{\overset{\displaystyle O}{\|}}{C}-\underset{\underset{\underset{\underset{\displaystyle H}{|}}{\displaystyle C=O}}{|}}{\underset{\displaystyle NH}{\underset{|}{CH}}}-CH_2-CH_2-S-CH_3$$

그림 13.34 ***N*-포밀메티오닐-tRNA^{fMet}가 세균에서 사용되는 개시 tRNA이다.** 포밀기는 파란색으로 표시하였다.

연관 질문 왜 fMet-tRNA는 다른 아미노산과 펩티드 결합 형성반응을 시작하지 못하는가? (힌트: 그림 13.37을 자세히 살펴보시오)

작한다(**그림 13.34**). 이 개시 tRNA의 아미노산은 아미노기에 포밀(formyl)기가 공유결합되어 있어 펩티드 결합을 형성할 수 없기 때문에 개시단계에만 사용할 수 있다. 신장되는 폴리펩티드 사슬에 메티오닌 코돈이 오면(즉, mRNA 가운데에 AUG 코돈이 오면) 정상 메티오닐-tRNA(또는 methionyl-tRNA^{Met})가 사용된다. 대부분의 세균에서 단백질 합성은 *N*-포밀메티오닌으로 시작되지만, 포밀기는 계속 남아 있지 않고 가수분해되어 제거된다(13.9절).

세균에서 단백질 합성은 개시 tRNA, 번역될 mRNA 및 2개의 **개시인자**(initiation factor, IF-1과 IF-2)를 포함한 30S 리보솜 소단위로 구성된 30S 개시 복합체가 형성됨에 따라 시작된다(**그림 13.35**). mRNA의 정확한 번역을 위해 개시 fMet-tRNA가 mRNA 위에 정확히 위치하는 것이 매우 중요하다. 이 과정은 30S 리보솜 소단위에 들어 있는 16S rRNA의 도움으로 이루어지며, 16S rRNA는 mRNA의 선도서열에 있는 샤인-달가노 서열에 결합한다. 16S rRNA가 결합된 샤인-달가노 서열이 정렬되면서, 개시코돈(AUG 때로는 GUG)이 fMet-tRNA의 역코돈과 특이적으로 결합할 수 있다. 이로써 개시코돈이 처음으로 번역될 수 있는 것이다.

30S 개시 복합체가 형성되면 50S 소단위가 결합하여 70S 개시 복합체를 형성한다. fMet-tRNA는 리보솜의 펩티드 자리인 P 자리에 위치하게 된다. 무엇이 개시 단계 초기에 30S와 50S 소단위를 계속 결합하도록 하는지 궁금할 수 있다. 답은 그림 13.35에 설명된 세 번째 개시인자(IF-3)이다. 그림에서는 개시과정에 에너지를 소모한다는 것도 보여준다. ATP와 같이 GTP도 고에너지 분자이다. GTP가 GDP로 가수분해하면서 개시에 필요한 에너지를 공급한다.

합성 중인 폴리펩티드의 말단에 아미노산이 하나 추가될 때마다 아미노아실-tRNA의 결합, 펩티드전이(transpeptidation)반응, 전좌(translocation)의 3단계로 이루어진 **신장주기**(elongation cycle)가 진행된다. 이 과정은 **신장인자**(elongation factor, EF)라 불리는 단백질의 도움을 받는다. 주기가 한 번 진행될 때마다 리보솜이 mRNA를 5′에서 3′ 방향으로 이동하면서 코돈이 지시하는 적절한 아미노산

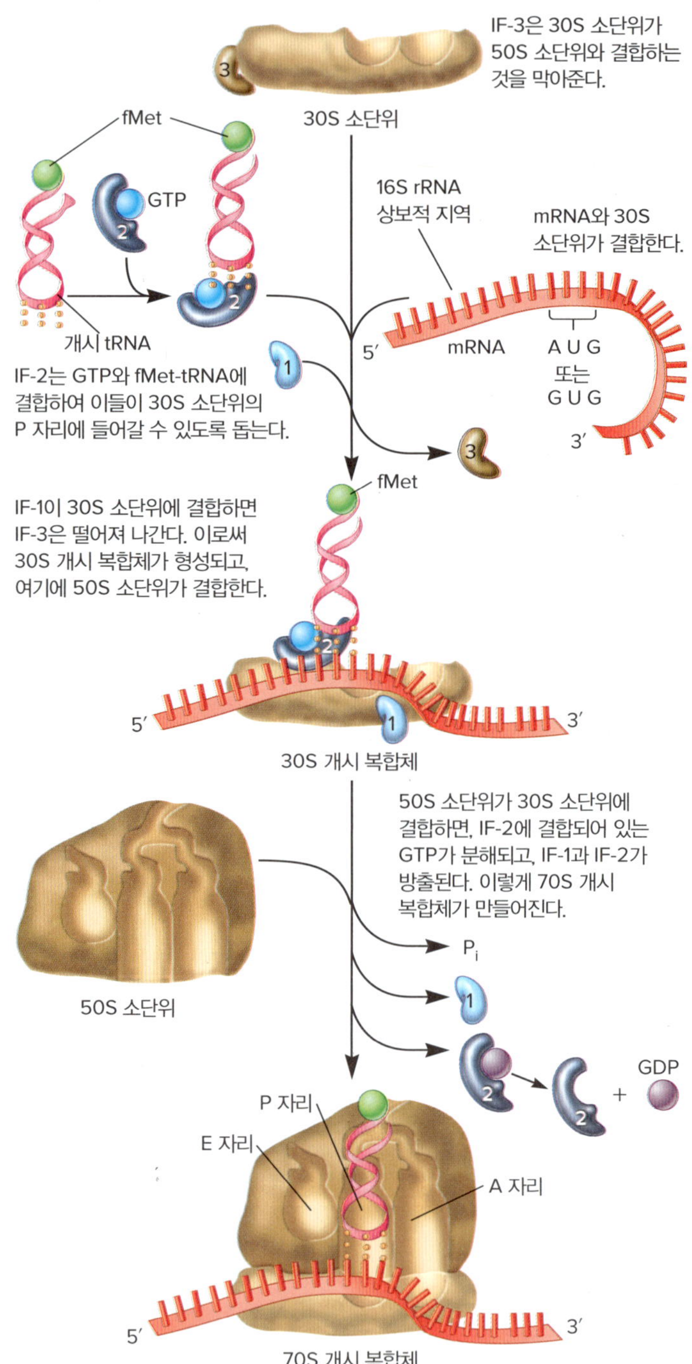

그림 13.35 세균의 단백질 합성 개시. 1, 2 및 3으로 표시된 단백질은 각각 개시인자 1, 2, 3을 의미한다. 개시 tRNA는 *N*-포밀메티오닐-tRNA^{fMet}이다. 개시인자의 리보솜 위치는 실제 결합부위를 나타낸 것이 아니라 모식도에서 개시인자의 결합을 나타내기 위한 의도로 표시한 것이다.

을 폴리펩티드사슬의 C 말단에 첨가한다.

신장주기가 시작될 때, P 자리는 개시 fMet-tRNA 또는 신장 중인 폴리펩티드 사슬이 결합되어 있는 tRNA(펩티딜-tRNA)로 채워지고 A 자리와 E 자리는 비어 있다(**그림 13.36**). mRNA는 적절한 코돈이 P 자리에 위치한 tRNA와 상호작용할 수 있도록 리보솜과 결합되어

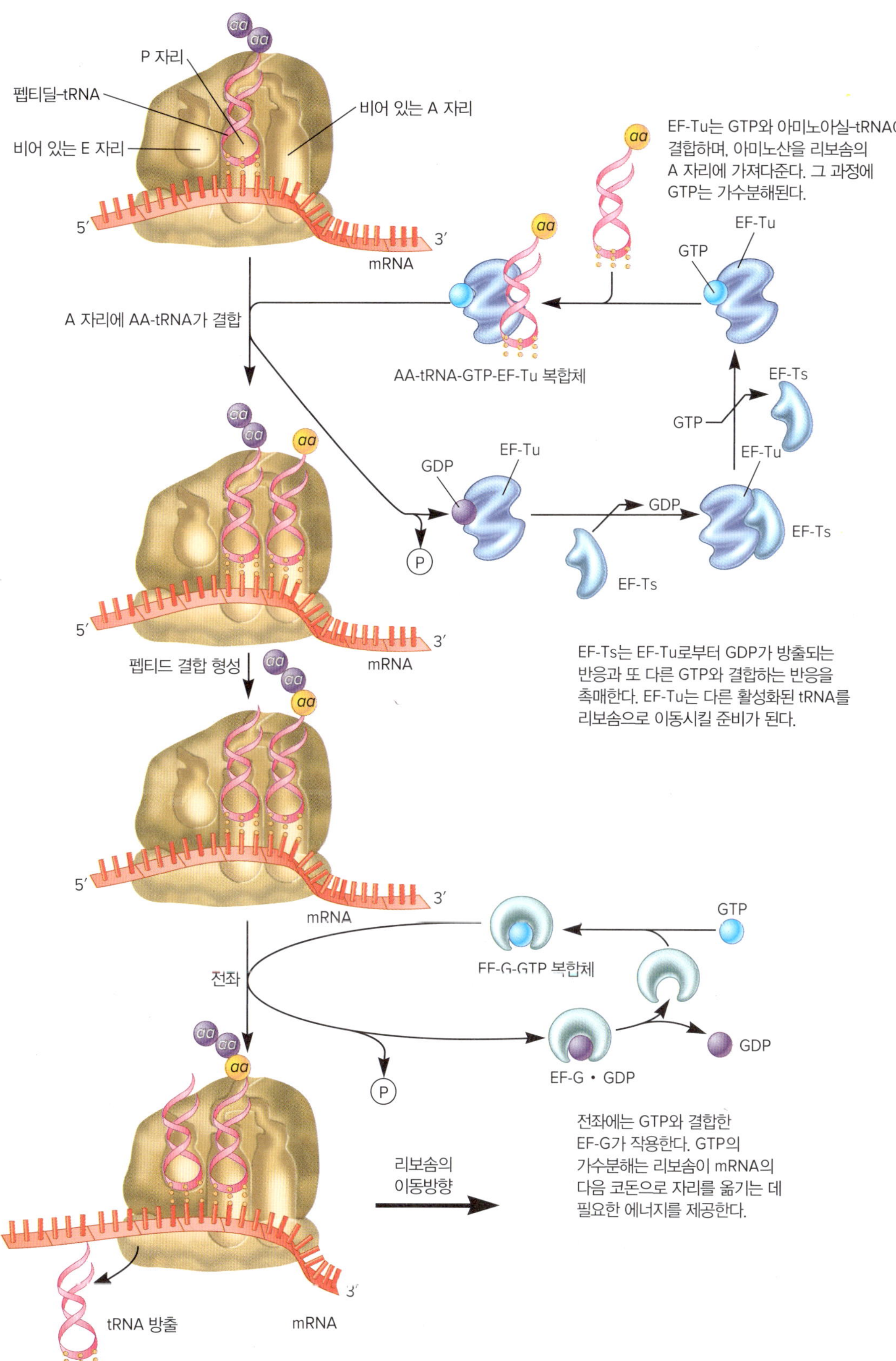

그림 13.36 단백질 합성의 신장주기. 리보솜은 3개의 결합자리를 지닌다. 즉, 펩티드 또는 공여자리(P 자리), 아미노아실 또는 수용체자리(A 자리), 출구자리(E 자리)이다. EF-Tu, Ef-Ts, EF-G는 신장인자이다. 위치 이동단계에 있는 리보솜의 두꺼운 오른쪽 화살표는 리보솜의 이동방향을 나타낸다.

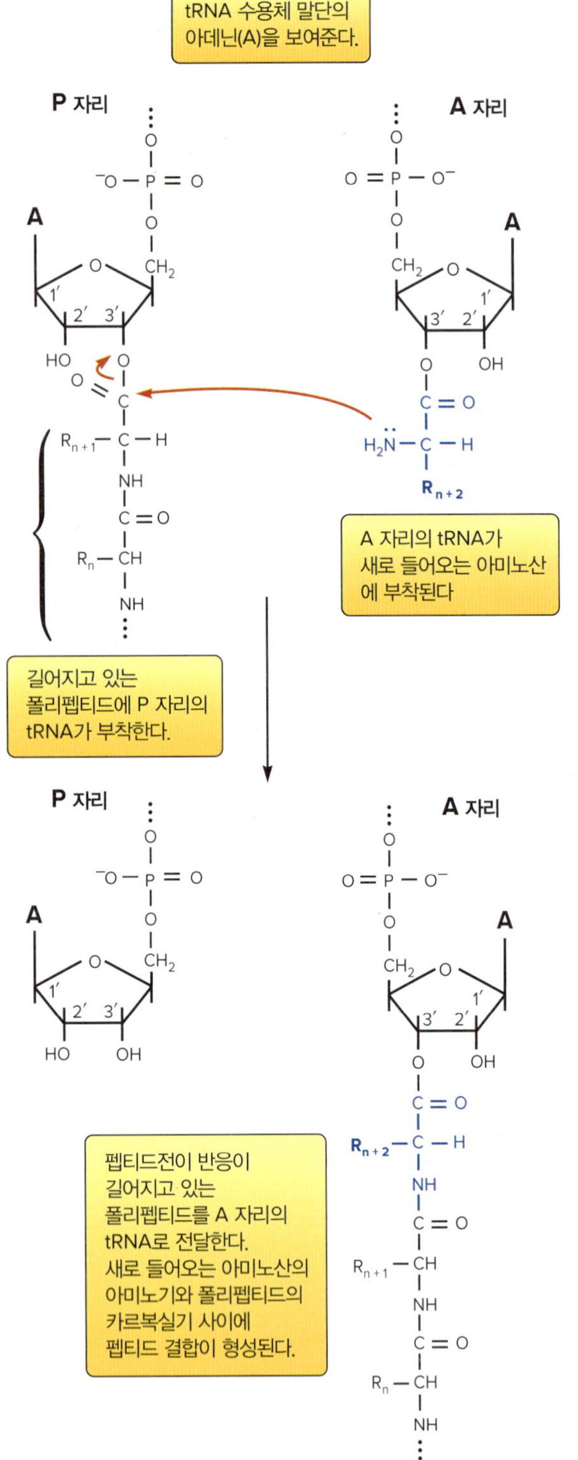

그림 13.37 펩티드전이 반응. 펩티딜 전달효소 반응은 23S rRNA 리보자임에 의해 촉매된다. 펩티드는 하나의 아미노산이 첨가되면서 길어지고 A 자리로 이동한다.

연관 질문 이 반응의 에너지는 어디에서 공급받는가?

있다(예로, AUG 코돈에는 fMet-tRNA가 결합). 다음 코돈은 A 자리에 위치해서 이에 대응하는 아미노아실-tRNA와 결합할 수 있다.

신장주기의 첫 단계인 아미노아실-tRNA 결합 단계에서 A 자리의 코돈에 상응하는 아미노아실-tRNA가 들어와 tRNA의 역코돈과 mRNA의 코돈이 서로 정렬한다. 세균에서 이 과정은 2종류의 신장인자의 도움을 받으며, 이때 한 분자의 GTP가 소모된다(그림 13.36). 적절한 아미노아실-tRNA가 A 자리에 결합하면 신장주기의 두 번째 단계인 펩티드전이반응이 시작된다(그림 13.36과 **그림 13.37**). 이 반응은 50S 리보솜 소단위의 일부인 23S rRNA 리보자임의 **펩티딜 전달효소**(peptidyl transferase) 활성에 의해 촉매된다. 이 펩티드전이 반응은 펩티드 결합이 형성됨에 따라 P 자리의 tRNA에서 A 자리의 tRNA로 펩티드 사슬이 전달되는 결과를 낳는다. tRNA와 아미노산 사이의 결합이 끊어질 때 충분한 에너지가 방출되므로 펩티드 결합 형성에는 외부 에너지가 필요하지 않다(그림 13.32).

신장주기의 최종 단계는 **전좌**(translocation)이다. 이 단계에서는 3가지 사건이 동시에 일어난다. (1) 펩티딜-tRNA가 A 자리에서 P 자리로 이동한다. (2) A 자리에 새로운 코돈이 위치하도록 리보솜이 mRNA를 따라 한 코돈 이동한다. (3) 빈 tRNA가 P 자리에서 E 자리로 이동한 후 리보솜에서 방출한다. 전좌는 30S 소단위와 50S 소단위의 상대적 회전으로 일어난다. 게다가, 30S 소단위의 머리 부분에는 회전 고리(swivel)가 있다. 리보솜 구조의 이러한 변화로 tRNA가 새로운 자리로 이동한다. tRNA와 mRNA 사이의 코돈-역코돈 상호작용으로 tRNA가 이동함에 따라 mRNA가 이동하게 된다. 이 단계에서 하나의 신장인자가 참여하며 한 분자의 GTP가 가수분해된다.

단백질 합성은 리보솜이 종결코돈인 UAA, UAG, UGA 중 하나에 도착하면 멈춘다. 종결코돈은 mRNA의 후방지역 바로 앞에서 발견된다. 3종의 방출인자(RF-1, RF-2, RF3)가 리보솜이 종결코돈을 인식하는 데 도움을 준다. 종결코돈을 인식할 tRNA가 존재하지 않으므로 리보솜은 분리된다. 펩티딜 전달효소가 P 자리에 있는 tRNA와 폴리펩티드 사이의 결합을 가수분해하면, 폴리펩티드와 빈 tRNA가 방출된다. 리보솜 재순환인자(recycling factor)가 번역 복합체를 분리한다. mRNA가 방출되고, 2개의 리보솜 소단위가 분리된다.

셀레노시스테인과 피롤리신의 삽입

번역과정 중 특이한 아미노산인 셀레노시스테인과 피롤리신의 삽입은 2가지 독특한 기전에 의해 일어난다. 셀레노시스테인은 세린이 tRNA에 결합한 후에 합성된다. 세린을 셀레노시스테인으로 전환하는 효소는 셀레노시스테인 합성효소(selenocysteine synthase)이다.

아미노산이 형성되면 특수한 신장인자에 의해 인식되고, UGA 종결코돈이 시스작용용 셀레노시스테인 삽입서열(selenocysteine insertion sequence element, SECIS)이라는 뉴클레오티드 서열과 만날 때 삽입된다. 세균에서 SECIS는 UGA 종결코돈 바로 뒤에서 발견된다.

피롤리신의 삽입은 여러 면에서 셀레노시스테인의 경우와 다르다. 피롤리신은 tRNA에 결합하기 전에 라이신에서 합성된다. 피롤리신을 사용하는 생명체는 CUA 역코돈을 지닌 특수한 tRNA를 만든다. 즉, 피롤리신은 특수한 아미노아실-tRNA 합성효소에 의해 결합한다. 피롤리신은 피롤리신 삽입서열(pyrrolysine insertion sequence, PYLIS)이라는 서열부위 근처에 있는 UAG 종결코돈에 삽입된다. SECIS와 PYLIS는 번역이 종결되는 것을 방지하기 위하여 모두 머리핀 구조를 형성한다.

번역과정에서의 정확도 보장

단백질 합성과정에는 매우 많은 에너지가 필요하다. 아미노산이 활성화되기 위해 2개의 ATP 에너지가 요구되며, 번역개시에 1개의 GTP가 소모되고, 신장주기가 진행될 때마다 3개의 GTP가 사용되며, 단백질 합성 종결에 1개의 GTP가 가수분해된다(그림 13.32, 13.35, 13.36, 13.38). 이렇게 많은 에너지가 필요한 것은 단백질 합성의 정확도를 높이기 위한 것으로 추정된다. 펩티드 결합 형성 전후에도 정확도를 높일 수 있다. 아미노아실-tRNA가 A 자리에 들어갈 때 역코돈과 코돈이 정확하게 짝지어지면 리보솜 구성요소의 구조적 변화를 초래하여 펩티드 결합을 형성할 수 있도록 아미노아실-tRNA가 위치하게 한다. 부정확한 아미노아실-tRNA에서는 이러한 구조적 변화가 일어나지 않고 tRNA는 방출된다. 매우 드물게 아미노아실-tRNA를 잘못 선택하여 부정확한 아미노산을 신장하고 있는 폴리펩티드에 첨가하는 경우도 있다. 부정확한 아미노산의 존재는 방출인자에 의해 감지되며, 방출인자는 잘못된 폴리펩티드를 tRNA에서 분리하여 리보솜에서 방출시키고 번역을 중단한다.

마무리 점검

1. 폴리펩티드의 합성 방향은?
2. 운반 RNA의 구조를 간략하게 소개하고 각 부분과 연관된 기능을 설명하시오. 단백질 합성에 사용되는 아미노산은 어떻게 활성화되는가? 아미노아실-tRNA 합성효소 반응의 특이성이 중요한 이유는 무엇인가?
3. 리보솜 RNA의 기능은 무엇이인가?
4. 다음의 특성과 기능을 설명하시오: fMet-RNA, 개시코돈, 개시인자, 신장주기, 신장인자, P 자리와 A 자리, 펩티드전이 반응, 펩티딜 전달효소, 전좌, 종결코돈, 방출인자.

13.8 유전자 발현의 조절

이 절을 학습한 후 점검할 사항:

a. 움직이는 DNA와 RNA 중합효소가 동일한 주형에서 어떻게 상호작용하는지 설명할 수 있다.
b. 전사와 번역 사이의 조절 관계를 설명할 수 있다.

13.3절, 13.5절 및 13.7절에서 DNA 복제, 전사 및 번역의 자세한 기전에 대해 설명하였다. 이 절에서는 이러한 과정들이 개별적으로 일어나는 것이 아니라 세포내에서 밀접한 상호관계를 가지고 일어남을 배울 것이다. 복제와 전사는 모두 짧은 영역의 이중가닥 DNA를 변성시켜 주형으로 사용하고, 전사와 번역은 mRNA에서 물리적으로 연결되어 있다. 이 절에서는 이러한 과정들이 세균 세포내에서 공존할 수 있도록 조절하는 방법에 대해 알아보도록 한다.

중합효소 충돌

염색체는 복제 분기점에 있는 DNA-단백질 복합체인 2~4개의 리플리솜을 가지고 있다. 그에 반해, 염색체에는 수천 개에 달하는 RNA 중합효소가 존재한다. 따라서 리플리솜은 동일한 주형을 사용 중인 RNA 중합효소라는 장애물을 회피할 수 있어야 한다.

리플리솜은 원점에서 지정된 방향으로 이동한다. 그에 반해, 유전자는 두 가닥의 DNA 가닥 중 하나를 전사를 위한 주형으로 사용할 수 있다. 즉, 전사가 진행되는 방향이 리플리솜의 진행방향과 동일하거나 반대일 수 있다(**그림 13.38**). 그러나 전사의 방향은 무작위가 아

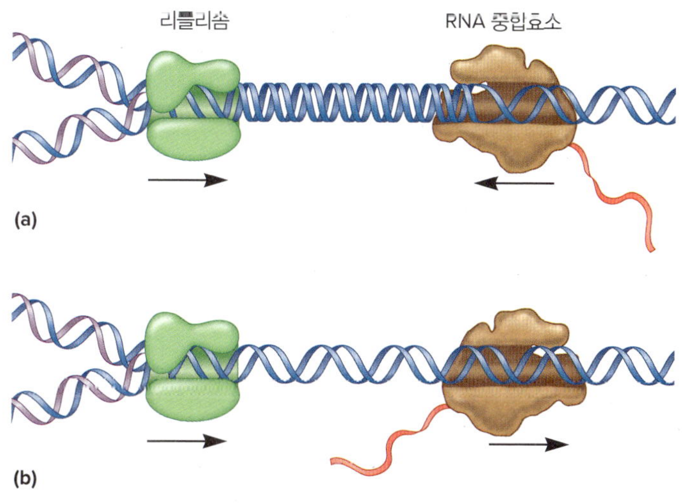

그림 13.38 중합효소 충돌. (a) 중합효소 간 정면출동은 초나선 발생율을 증가시켜 헬리카아제를 제한한다. 이는 리플리솜을 불안정화시켜 돌연변이를 초래한다. (b) 동방향 충돌은 덜 심각하며 일반적으로 주형에서 RNA 중합효소가 제거되는 결과를 초래한다.

니다. 수천 개의 유전체의 대부분의 유전자, 특히 전사율이 높은 유전자에서 전사의 방향이 리플리솜의 진행방향과 동일하다는 것이 알려졌다.

리플리솜과 RNA 중합효소 사이의 충돌은 유전자 방향에 의해 결정되고, 둘 사이의 정면충돌은 심각한 결과를 야기시킨다(그림 13.38a). 이러한 충돌은 리플리솜을 정지시켜 3가지 결과를 초래할 수 있는데, 첫 번째로 리플리솜이 DNA 주형에서 분리될 수 있다. 분리된 리플리솜이 *oriC* 이외의 부위에서 재조립하기 위해서는 추가적인 보조 단백질들이 필요하다. 두번째로 복제 정확도가 떨어져서 오류가 발생할 수 있다. 마지막으로, 두 효소가 서로 반대방향으로 접근하면서, 움직이는 중합효소(DNA와 RNA 모두) 사이에서 초나선의 발생률이 매우 높아지게 된다(그림 13.38a). ▶| 자연발생 돌연변이(16.1절)

이와 달리, 동방향 충돌 또는 후방 충돌로 발생하는 문제는 쉽게 해결이 가능하다(그림 13.38b). 세포내에 존재하는 헬리카아제와 유사헬리카아제는 RNA 중합효소와 같은 장애물을 통과해서 복제분기점 이동을 촉진할 수 있고, 리플리솜은 RNA 전사체를 이용해서 선도가닥의 합성을 재촉진할 수 있다. 또한, Mfd 단백질은 DNA를 따라 이동하며 일시중지되거나 정지된 RNA 중합효소를 제거하기 때문에 전사 종결자로 간주된다.

결합된 전사 및 번역

빠른 속도로 단백질 합성을 번역하기 위해서, 하나의 mRNA는 종종 많은 수의 리보솜과 동시다발적으로 결합하고, 각 리보솜은 mRNA를 번역함으로 다수의 폴리펩티드를 합성하게 된다. 최대 번역 속도를 위해, 80개의 뉴클레오티드마다 리보솜이 존재하거나 50,000 달톤 크기의 폴리펩티드를 암호화하는 mRNA에 20개의 리보솜이 동시에 존재할 수 있다. 다수의 리보솜이 mRNA와 복합체를 이룬 것을 **폴리리보솜**(polyribosome) 또는 **폴리솜**(polysome)이라 한다(**그림 13.39**). 폴리솜은 모든 유기체에 존재한다. 박테리아는 전사와 번역을 결합하여 유전자 발현의 효율성을 더욱 높일 수 있다(그림 13.39b). RNA 중합효소가 mRNA를 합성하는 동안, 리보솜이 전사된 mRNA 부분에 결합하여 전사와 번역이 동시에 일어날 수 있다. 진핵세포와 달리, 세균 세포는 핵막을 통해 DNA와 번역에 필요한

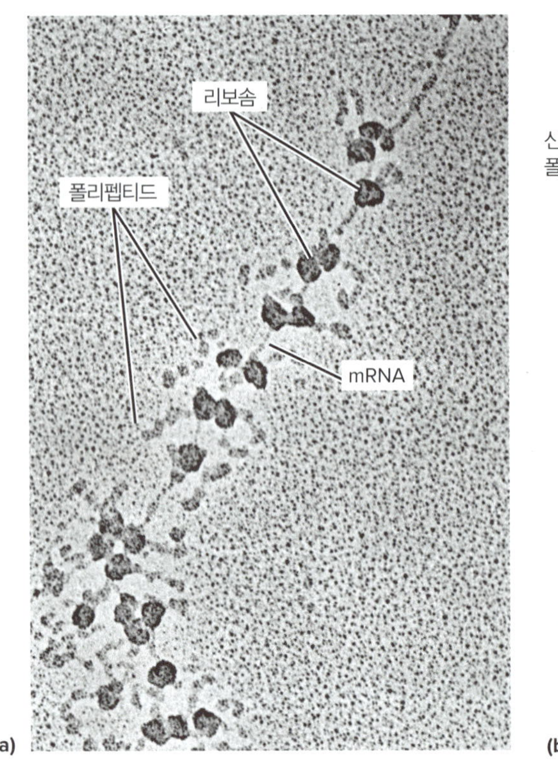

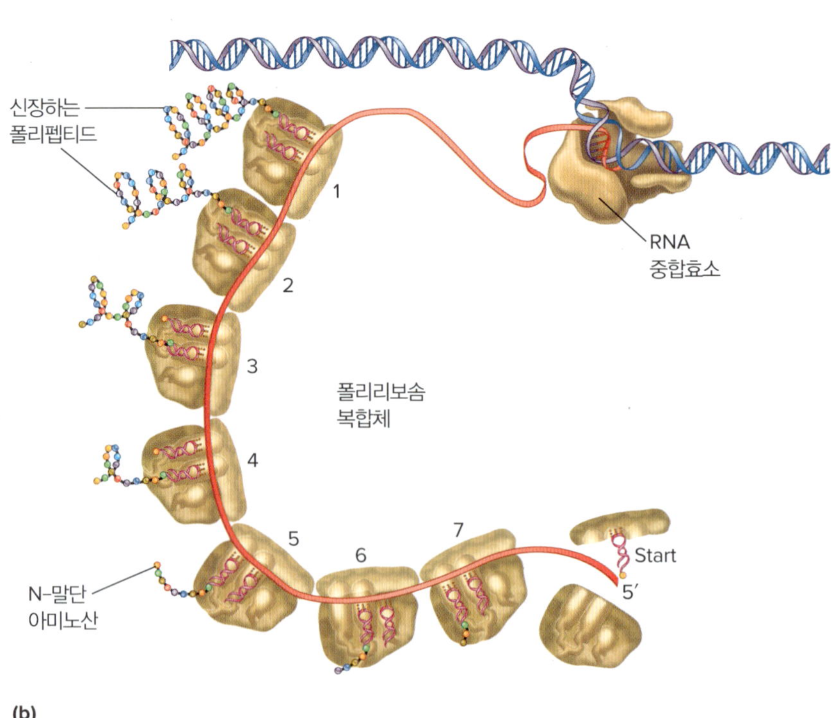

그림 13.39 결합된 전사 및 번역. (a) 폴리리보솜을 보여주는 투과 전자현미경 사진이고, (b) 결합된 전사 및 번역의 모식도이다. DNA가 전사됨에 따라 리보솜은 mRNA의 자유 5′ 말단에 결합한다. 따라서 전사가 완료되기 전에 번역이 시작된다. mRNA에 결합된 다수의 리보솜은 폴리리보솜을 형성한다. 리보솜들은 번역 과정에 따라 다른 지점에 표시하였다. 리보솜 1, 2, 5, 7는 펩티드전이 반응을 완료하였지만, 전좌는 아직 일어나지 않았다. 리보솜 3과 4는 아미노아실-tRNA를 포함하는 A 자리를 가지고 있지만, 펩티드전이 반응은 일어나지 않았다. 리보솜 6은 펩티드전이 반응과 전좌가 모두 완료되어 신장되는 과정을 보여준다. 신장 중인 폴리펩티드를 포함하는 tRNA는 P 자리에 있고 빈 tRNA는 E 자리에 있다. (a) Steven L. McKnight

연관 질문 진핵생물에서 동시에 전사와 번역이 불가능한 이유는 무엇인가?

요소를 분리하지 않기 때문에 결합된 전사와 번역이 가능하다.

DNA 복제와 전사는 동일한 기질을 사용한다. 바로 핵양체 안의 염색체이다. 그러나 번역은 세포질에서 일어난다. 전사 중인 RNA 중합효소는 핵양체 주변부로 이동하게 되고 그곳에서 전사체가 리보솜의 소단위와 결합하게 된다. 최근의 연구에서 전사 신장인자인 NusG가 RNA 중합효소를 30S 리보솜 소단위에 연결한다는 것을 입증하였다. 이것은 mRNA를 단일가닥으로 유지하여 리보솜으로 원활하게 전달하기 위한 것으로 보인다. 이러한 효소와 리보솜의 결합체를 발현체(expressome)라고 한다.

13.9 단백질 성숙과 분비

이 절을 학습한 후 점검할 사항:

a. 단백질 접힘에서 분자 샤프론의 기능을 설명할 수 있고, 몇 가지 중요한 샤프론의 예를 들 수 있다.
b. 단백질의 전좌와 분비를 구별하여 설명할 수 있다.
c. 세균의 전좌와 분비체계를 나열하고, 각 체계가 그람양성, 그람음성 또는 모든 세균에서 기능이 있는지 설명할 수 있다.

폴리펩티드가 세포 기능을 수행하기 위해서는 리보솜과 연관된 정확한 아미노산 서열을 가진 것만으로는 부족하고 그 이상이 요구된다. 일부 아미노산은 변형되어야 하고, 단백질은 적절히 접히거나 때로는 다른 단백질 소단위와 연합해야만 기능을 갖는 효소를 만들어낸다(예로, DNA 중합효소와 RNA 중합효소는 다량체 단백질임). 또한 단백질은 적절한 세포 안팎의 특정 구역으로 운반되어야 한다. 종종 단백질 성숙, 접힘 및 분비는 단백질 복합체와 연관되어 있기 때문에 함께 살펴볼 것이다.

폴리펩티드의 N-말단 변형

단백질 성숙에 대한 정보는 단백질의 1차 및 2차 구조에 암호화되어 있다. 정보의 해독은 단백질이 리보솜에서 나오자마자 시작한다. 단백질 합성은 N-포밀메티오닌으로 시작하기 때문에 N-포밀기를 제거해야 성숙한 폴리펩티드의 N 말단이 된다. 일부 단백질이 메티오닌을 추가적으로 제거하기 위해 요구되며, 몇 개의 N 말단 아미노산을 제거하기 위해 또 다른 단백질도 요구된다. 이것은 폴리펩티드의 두 번째 아미노산의 특성에 기인한다. 이러한 반응을 촉매하는 효소는 폴리펩티드 출구터널 근처에 있는 리보솜과 연관되어 있다. 이 반응은 **동시번역적**(cotranslationally)으로 일어난다(즉, 단백질 합성 동안).

분자 샤프론: 단백질 접힘을 도와주는 단백질

폴리펩티드는 리보솜 출구터널을 통과하면서 α-나선, β-사슬 및 코일 등 2차 구조 형성을 시작할 것이다. 기능이 있는 3차 구조의 조립은 2차 구조들의 정확한 상호작용이 요구된다. 단백질 합성의 직선 형틀은 때때로 폴리펩티드가 과밀한 세포질로 들어갈 때 부적절한 접힘이나 응집을 초래할 수 있다. 세포는 부정확한 접힘을 억제하고 때로는 잘못 접힌 단백질을 되돌리기 위하여 **샤프론**(chaperone)이라는 단백질을 사용한다. 따라서 샤프론은 모든 생명체에 존재하는 단백질 구조에 매우 중요하다.

시발인자(trigger factor, TF)라는 샤프론은 리보솜과 연관되어 있으며 많은 세포질 단백질을 정상적으로 접히게 한다. 시발인자는 신장 중인 폴리펩티드에 결합하여 소수성 부위를 가림으로써 미성숙한 폴리펩티드 사이 또는 다른 단백질과의 상호작용을 막는 것으로 생각된다. 일반적으로 소수성 부위가 단백질 내부에 있으며, 표면에 소수성 부위가 존재하면 폴리펩티드가 기능적 구조를 형성하기 위해서 도움이 필요하다는 것을 기억하자. 시발인자는 또한 폴리펩티드의 프롤린 잔기에 선행하는 펩티드 결합에서 이성질화효소로 작용한다. 프롤린의 시스/트랜스 이성질체화는 단백질 접힘에 중요한 단계이며, 여러 샤프론이 이 효소 활성을 갖는다.

약 25%의 단백질은 동시번역적 또는 **번역 후**(posttranslationally) 접힘에 있어서 추가적인 도움이 필요하다. 이러한 단백질들을 위하여 DnaJ/DnaK/GrpE 또는 GroES/GroEL 같은 다른 샤프론이 접힘과정을 완성한다. 이 샤프론들은 세포질에 있고 ATP를 요구한다. DnaJ/DnaK/GrpE의 여러 기능 가운데 하나는 단백질에 철-황 센터(iron-sulfur center)를 삽입시키고, 화학적으로 철 이온을 배열하도록 돕는 것이다. GroES/GroEL은 잘못 접힌 단백질이 과밀한 세포질로부터 빠져나와 코일을 풀고 다시 접히는 장소를 만든다. 대부분의 복잡한 구조를 갖는 큰 단백질은 올바른 성숙을 위해 GroES/GroEL을 요구하는 것 같다.

세균에서 단백질의 전좌와 분비

세포에서 합성되는 단백질의 1/3 정도가 세포질을 떠나는 것으로 추정된다. 단백질은 원형질막, 그람음성 세균의 주변세포질 공간, 또는 세포 밖의 환경에 자리 잡을 수 있다. 따라서 단백질을 이동시키는 다수의 수송체계가 있다는 것이 놀랄 만한 일은 아니다. 이들 수송체계의 일부는 생물의 3개 영역 전체에 존재한다. 반면, 세균 영역에서만 독특하게 나타나거나 그람음성 또는 그람양성 세균에만 독특하게 발견되는 수송체계도 있다. 단백질이 세포질에서 원형질막을 가로질러 이동하는 과정을 **전좌**(translocation)라고 한다. 단백질 **분비**(secretion)는 단백질이 세포질을 떠나 외부환경으로 이동하는 과정을 말한다. 단백질의 전좌나 분비체계는 ATP 또는 양성자구동력 같은 에너지 소비를 요구한다. 더구나, 원형질막을 가로지르는 이동을 담당하는 단백질 복합체는 기능성 막의 미세영역에 위치한다. ◀ 원형질막 구조는 역동적이다(3.3절)

단백질 분비과정은 미생물의 세포외부 구조에 따라 몇 가지 어려움을 겪는다. 그람양성 세균이 단백질을 분비하기 위해서는 단백질이 원형질막을 통과해야만 한다. 일단 원형질막을 통과하고 나면 단백질은 비교적 구멍이 많이 나 있는 펩티도글리칸 층을 통과해서 세포외부 환경으로 방출되거나 펩티도글리칸에 부착된다. 그람음성 세균 역시 원형질막을 통과하여 단백질을 수송해야 하지만 외막 또한 통과해야만 한다.

전좌체계는 그람양성 세균과 그람음성 세균에 공통적이다

3개의 전좌체계인 Sec 분비체계, Tat 분비체계 및 YidC는 그람양성 세균과 그람음성 세균 모두에서 관찰된다. 일반적인 분비경로로 불리는 **Sec 분비체계**(Sec system)는 매우 잘 보존되어 있고, 생물 3영역 모두에서 발견되었다(**그림 13.40**). 이 분비체계는 접히지 않은 단백질을 원형질막 밖으로 수송하거나 원형질막에 결합시킨다. YidC는 원형질막 단백질의 접힘과 수송에 주로 관여하지만, Sec 분비체계와 함께 작용하기도 한다.

단백질이 Sec 분비체계를 통해 수송되기 전에 단백질은 최종 위치로 목표를 정해야만 하고 선별되어야만 한다. 리보솜에서 나온 첫 부위인 폴리펩티드의 N-말단부위를 **신호펩티드**(signal peptide) 또는 신호서열(signal sequence)이라고 한다. 리보솜과 연관된 단백질의 신호인자부위는 여러 경로 중 하나로 향한다. **신호인식입자**(signal recognition particle, SRP)는 단백질과 RNA 복합체로 시발인자와 동시에 활동적으로 번역하고 있는 리보솜을 점검한다. 시발인자가 세포질 단백질을 접고 방출하는 반면에, 신호인식입자는 매우 소수성이 강한 신호펩티드를 통해 막단백질을 인식한다. 특히 막단백질에는 SRP가 리보솜 출구 터널을 조사할 때 인식하는 막관통 α-나선이 존재한다. SRP는 전체 리보솜을 막으로 이동시킨다.

원형질막으로 향하는 또 다른 경로는 SecA 단백질을 통해서 이루어진다. SecA는 SRP가 선호하는 신호펩티드보다 덜 소수성인 신호펩티드를 인식한다. 원형질막으로의 SecA 수송은 동시번역적으로 또는 번역 후에 일어난다. SecA는 홀로 작용하지 않는다. 3개의 단백질(SecY, SecE와 SecG)은 막에 통로를 형성한다. SecA가 신호펩티드를 통로로 넣고 전구단백질(preprotein)이 통로를 통과한다(그림 13.40). SecA는 ATP가 가수분해되는 힘을 이용하여 모터와 같은 작용을 하고, 또 다른 2개의 단백질(SecDF)은 양성자구동력을 사용해서 전구단백질을 이동시킨다. SecYEG 통로는 독특하여 수송수단과 단백질의 목적지에 따라 2가지 방법으로 열린다. SRP-리보솜 복합체는 SecYEG 통로와 리보솜 출구 터널을 정렬하고 그후 SecYEG 통로가 열려서 막단백질이 삽입된다.

단백질 분비를 위한 **Tat 분비체계**(Tat system, **그림 13.41**)도 오직 수십 개의 단백질을 이동시키지만 그람양성 세균과 그람음성 세균 모두에 널리 분포한다. Tat이라는 이름은 '*t*win-*a*rginine *t*ranslocase'의 약어이며, 이 분비체계에 의해 수송되는 단백질의 신호펩티드에 있는 연속되는 2개의 아르기닌 잔기를 의미한다. Tat 분비체계에 의해

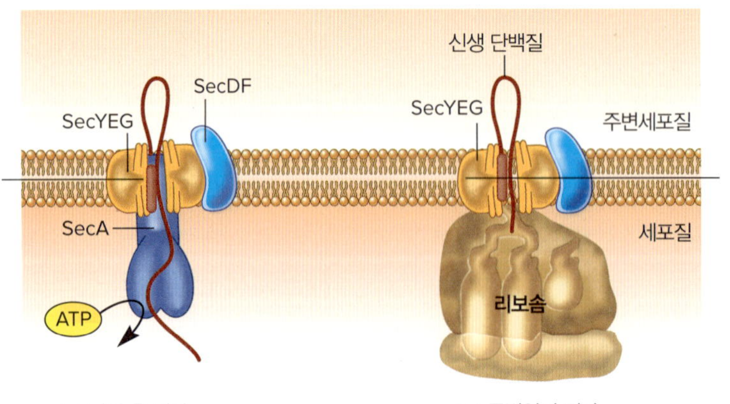

그림 13.40 Sec 분비체계에 의한 전좌가 접히지 않은 단백질을 원형질막 또는 밖으로 이동시킨다. (a) 번역 후 전좌는 접히지 않은 단백질이 SecA에 의해 인식될 때까지 유지되도록 샤프론을 사용한다. SecA가 이량체로 존재하고 있음을 보여준다. 또 전좌를 위해서는 단량체 SecA로도 충분한 것을 알 수 있다. (b) 공번역적 전좌에서는 단백질이 SRP에 결합하여 리보솜을 따라 SecYEG로 전달되기 전까지는 접힐 기회가 없다.

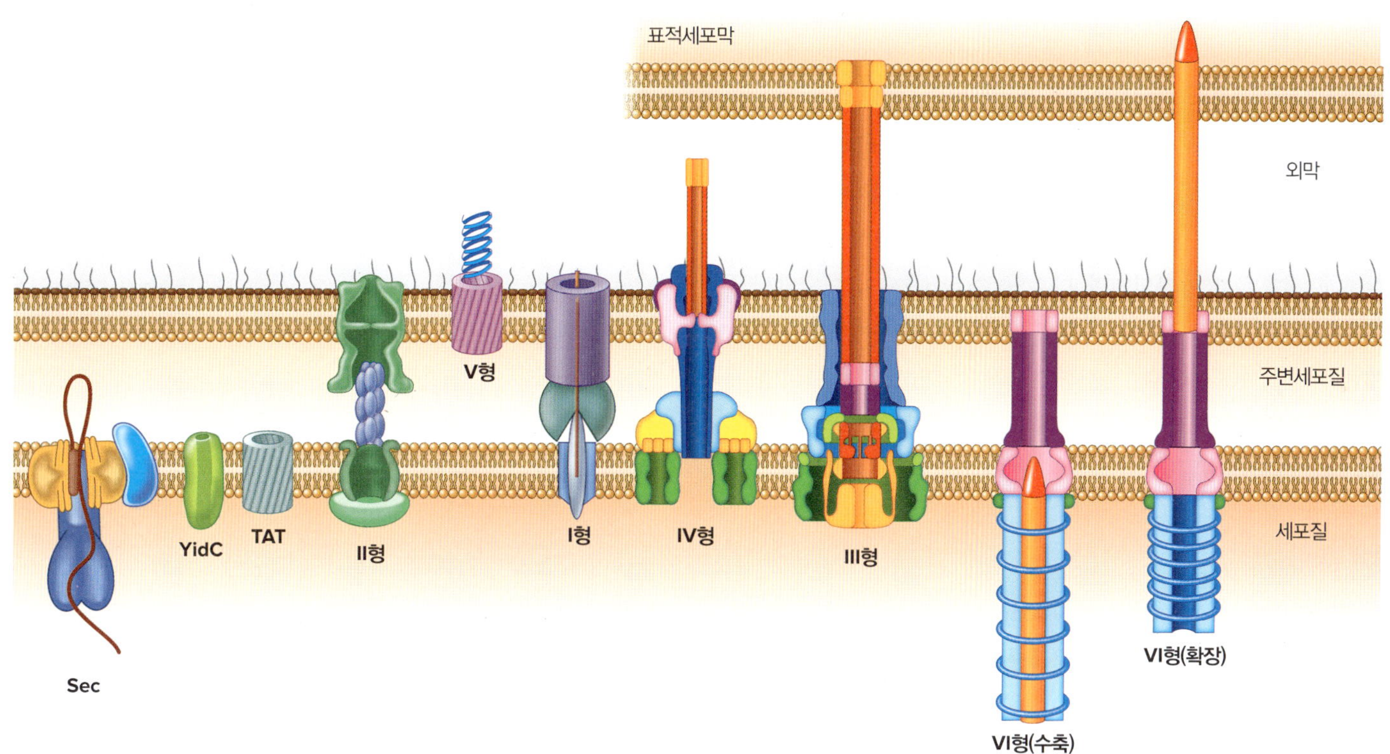

그림 13.41 세균의 분비체계. Sec, YidC 및 TAT에 의한 분비체계는 왼쪽에 표시된다. 이들은 단백질을 그람음성 세균에서 주변세포질로 이동시키고 그람양성 세균에서는 세포외부로 분비시킨다. II 형 및 V형 분비체계는 단백질을 주변세포질에서 그람음성 세균 외부로 방출한다. I단계 분비체계는 단백질(I형)과 DNA(IV형)을 세포질에서 직접 세포 외부로 이동시킨다. III형 및 VI형 분비체계는 세균의 세포질에서 표적세포의 세포질까지 3개의 막을 통과하여 분자를 전달한다. 위 그림은 하나의 세포에 모든 전좌와 분비체계가 존재함을 뜻하는 것이 아니다. 비교를 위해 하나의 세포에 표시한 것이다.

분비되는 단백질은 세포질에서 완벽하게 접힌다. 따라서 Sec 분비체계와는 달리 Tat 분비체계는 접힌 단백질만 분비한다. 일부 단백질은 보조인자를 삽입하고 접힘을 돕기 위해 전용 샤프론을 가지고 있다. 단백질 도킹복합체(dockig complex)는 신호펩티드를 인식하고 단백질이 원형질막에 있는 통로복합체(pore complex)로 이동하도록 호위한다. Tat 분비체계는 에너지원으로 양성자구동력을 사용한다.

폴리펩티드가 이동한 후 2번의 성숙 단계가 더 일어난다. 어떠한 분비체계를 사용하더라도 신호펩티드는 전구단백질에서 제거되어야만 한다. **신호펩티드가수분해효소**(signal peptidase)는 신호펩티드를 인식하여 전구단백질이 이동한 직후 펩티드 결합을 가수분해하는 막단백질이다. 최종적으로, 이황화 결합이 요구되는 단백질은 이황화 결합을 형성하기 위해 **단백질 이황화물 이성질화효소**(protein disulfide isomerase, PDI)로 시스테인 잔기(−SH)들을 이황화물(−S−S−)로 결합시킨다. 세포질은 환원된 환경이기 때문에 이 반응(산화반응)을 하는 것이 쉽지 않다. 그람음성 세균에서는 이 반응이 Dsb (*d*isulfide *b*ond) 효소에 의해 주변세포질에서 일어난다. 단백질이 SecYEG로부터 방출될 때 DsbA와 DsbB가 작용하고 뒤이어 DsbA가 N 말단부터 시스테인을 산화한다. 모든 단백질이 이러한 방법으로 접히는 것은 아니다. DsbC는 샤프론과 PDI로 함께 작용하여 잘못 형성된 이황화 결합을 교정한다. 일반적으로 그람양성 세균은 이황화 결합을 형성하지 않으나 일부 분비되는 단백질은 이황화 결합을 가지고 있다. 이들의 성숙과정은 아직 알려져 있지 않다.

그람양성 세균의 일부 단백질은 펩티도글리칸에 공유결합으로 부착하여 세포 표면에 고정되어 있다. 이러한 단백질은 C 말단에 2차 신호펩티드인 **선별신호서열**(sorting signal)을 가지고 있어 막에 끼어 있는 선별효소로 향하게 한다. **선별효소**(sortase)는 선별신호서열과 펩티드글리칸 전구체인 지질 II(lipid II) 사이의 반응을 촉매한다. 이를 통해 표면단백질-지질 II 분자는 신장하고 있는 세포외피에 삽입된다. ◀ 펩티도글리칸의 합성은 세포질, 원형질막, 주변세포질 공간에서 일어난다(12.4절)

그람음성 세균에서는 2개의 막을 통과해야 단백질이 분비된다

그람음성 세균에서 생산된 단백질은 분비될 것인지 또는 세포 표면에 위치할 것인지에 관계없이 원형질막, 주변세포질 공간 및 세포외막을 통과해야만 한다. 일부 단백질은 2단계 과정으로 통과한다. 첫 번째 단계는 위에서 설명한 것과 같이 Sec 또는 Tat 체계에 의해 주변세포질로 이동하는 과정이고, 두 번째 단계는 세포외막을 통과하여 분비되는 과정이다. 1단계 과정은 주변세포질 전체에 퍼져 있는 다중 폴리펩티드 구조를 포함한다(그림 13.41). 분비체계는 발견된 순서에 따라 번호가 부여된다(I형 분비체계, II형 분비체계 등). 이 분비체계 가운데 II, V, IX형 체계는 2단계 과정의 두 번째 단계에 관여하고, 나머지는 1단계 과정에 관여한다. 비록 VII형 분비체계가 그람양성 세균에서 발견되지만 다수의 속(genera)이 이중막세균(diderm)의 세포벽 구조를 가지고 있기 때문에 이 분비체계에 대한 자세한 설명을 하고자 한다. 병원성에 중요한 역할을 하는 여러 분비체계가 잘 알려져 있으며, 숙주 상해 기전에 영향을 미치는 **효과기**(effector)를 분비한다.

2단계 분비체계

V형 분비체계(Type V secretion system, T5SS)는 단순한 구조로서 분비되는 단백질을 통형(barrel) 구조를 통해 주변세포질에서 세포외막으로 통과시킨다(그림 13.41). 통형 구조는 이동되는 단백질의 일부이거나 별도의 폴리펩티드로 함께 발현되고 함께 주변세포질로 이동한다. 샤프론은 통형 구조 또는 통형 영역의 삽입과 접힘을 위해 액상 주변세포질부터 막까지 함께 이동된다. T5SS는 독성과 관련된 단백질분해효소와 세균세포를 기질에 부착하게 하는 부착단백질(adhesin)을 분비한다.

II형 분비체계(type II secretion system, T2SS)는 오직 Proteobacteria에서만 발견된다. 세균세포는 여러 개의 T2SS를 가질 수 있으며, 각 분비체계는 하나 혹은 소수의 단백질만을 분비한다. T2SS는 여러 단백질로 구성된 복합체에 의해 원형질막과 외막에 고정되어 있고, 두 막복합체는 위선모(pseudopilus)로 연결되어 있다(그림 13.41). 분비될 단백질이 주변세포질로 들어오면 위선모가 피스톤처럼 작용하여 단백질을 외막을 통해 밀어낸다. 전형적으로 T2SS가 분비하는 단백질에는 단백질분해효소, 지방분해효소, 섬유소분해효소 같은 분해효소가 포함된다. T2SS의 합성은 종종 정족수인식(quorum sensing)에 의해 시작된다. ◀ 미생물집단내에서의 세포 간 의사소통(7.6절) ▶ 프로테오박테리아(21장)

IX형 분비체계(type IX secretion system, T9SS)도 계통학적으로 좁은 분류군을 가지고 있다. Bacteroideta에 한정되며, 이 분류군에 속하는 *Flavobacterium*의 활주운동 단백질과 치아 병원체인 *Porphyromonas*의 독성 단백질분해효소가 이 분비체계로 분비된다. 이 단백질들은 Sec 체계에 의해 이동되어 주변세포질에서 접힌다. 외막에 위치하거나 표면에 존재하기 위해 단백질의 C 말단에 신호펩티드가 붙어 있다. 외막에서 선별효소가 신호펩티드를 제거하고 단백질을 지질다당류에 부착시킨다. ◀ 연축운동과 활주운동(3.9절)

1단계 분비체계

I형 분비체계(type I secretion pathway, T1SS)는 1단계 분비체계 중에서 가장 단순한 체계이며, 세균은 서로 다른 단백질을 분비하기 위하여 여러 종류의 I형 분비체계를 가지고 있다(그림 13.41). T1SS에 의해 분비되는 단백질에는 S-층 소단위, 분해효소 및 병원성에 중요한 단백질이 있다. 각 T1SS는 3개의 구성요소를 가지고 있다. 즉, 원형질막에 있는 ABC(ATP binding cassette) 운반체(그림 3.13 참조), 주변세포질을 연결하는 막융합단백질(membrane fusion protein) 및 외막에 끼어 있는 통 구조가 있다. ABC 구성요소는 단일 기질에 특이적이지만, 외막의 통형단백질(barrel protein)은 여러 T1SS에 공통적이다. ABC 운반체에 기질이 결합할 경우에만 3가지 구성요소가 조립한다.

III형 분비체계(type III secretion system, T3SS)는 **인젝토솜**(injectosome)이라고 하며, 병원체가 단백질을 진핵 숙주세포에 주입하는 분자 주사기이다(그림 38.12 참조). 주입된 단백질을 효과기 단백질(effector protein)이라고 하며, 효과기 단백질은 세포골격, 신호전달경로 및 다른 세포 과정을 변화시켜 병원성을 증진한다. T3SS는 원형질막에 내장된 기저체와 세포외 바늘을 가진다. 기저체는 효과기 단백질을 숙주세포에 전달하기 위해 주변 세포질에 통로를 만들 수 있는 바늘 형태의 채널을 포함한다. T3SS 구조는 양성자 구동력과 ATP 모두의 에너지를 사용한다. T3SS의 복잡성은 그것의 조립이 신중하게 조절되어야 한다는 것을 의미한다. T3SS에 의해 분비될 단백질에는 T3SS 자체의 말단부위와 진핵생물 숙주를 목표로 하는 효과기 단백질이 포함된다. 조립은 세균과 숙주의 인자에 반응하여 시작되며, 일단 조립되면 적당한 목표와 접촉할 때까지 작용할 태세를 갖추고 있다. 효과기를 숙주세포로 분비하는 신호의 특성은 종에 따라 다른데 어떤 경우에는 pH나 칼슘 농도의 변화와 같은 화학적 신호가 분비를 시작하는 반면, 다른 세포에서는 신호가 기계적 감지의 결과로 보인다. ▶ 페스트(흑사병)(38.2절)

IV형 분비체계(type IV secretion system, T4SS)는 일부가 DNA-단백질 복합체나 단백질 분비에 특이적이기는 하지만, 대부분 DNA 전달에 사용된다. 이 분비체계는 DNA를 전달하는 접합기구(conjugative machinery)로부터 진화하였다(그림 16.20 참조). T4SS는 세포의 양끝에서 조립되는 것으로 보이며, 조립에는 내막과 외막의 내재성 막단백질, 분비에 필요한 에너지를 공급하는 세포질 ATP 분해효소 및 선모가 포함된다. 선모는 언제나 생성되나 효과기 단백질 분비는 전달되는 숙주세포가 필요하다. 선모가 어떻게 생성되고 효과기 분자가 어떻게 분비되는지는 함께 연구되어야 할 분야이다.

VI형 분비체계(type VI secretion system, T6SS)는 세균이 독소를 세균과 진핵생물에 독소를 전달하는 수축성 무기(contractile weapon)이다. T6SS는 원형질막에 있는 기저판과 주변세포질에 있는 막에 연결된 복합체로 구성된다. 외피막과 내부관인 2개의 동심 실린더 구조가 원형질막에 형성된 후 막복합체와 연결된다(그림 13.41). 껍질과 튜브 조립체의 길이는 최대 1 μm이다. 접촉신호에 반응하여 내부관이 튀어나와 표적세포를 뚫고 표적세포의 세포질에 다수의 다양한 효과기 단백질을 전달한다. 면역 단백질을 가지고 있는 동족 세균은 분비된 독소에 영향을 받지 않는다. 따라서 *Vibrio cholerae*의 경우처럼 동족 세균의 집단이 생태계에서 우점할 수 있다. 수생환경에서 키틴은 여러 생물이 선호하는 영양물질이기 때문에 *V. cholerae*는 T6SS를 통해 독소를 분비하여 다른 세균이나 포식 아메바와 경쟁을 한다. 사람이 오염된 물을 통해 *V. cholerae*를 섭취할 경우, 동일한 T6SS를 사용하여 장내 마이크로바이옴과 경쟁을 하고, 이로 인해 콜레라라는 감염을 일으킨다. ▶ T4 박테리오파지: 독성 박테리오파지(25.2절); 기능적 핵심 마이크로바이옴이 숙주의 항상성에 필요하다(33.3절); 콜레라(38.4절)

VII형 분비체계(type VII secretion system, T7SS)는 *Mycobacterium* 종에서 처음으로 알려졌다. 이 세균은 그람양성으로 간주되지만, 마이콜산(그림 22.6 참조)이 포함된 외막과 원형질막으로 구성된 독특한 세포벽을 가지고 있다. 2개의 막을 통과하여 단백질을 분비하기 위해서는 그람음성 세균에서 발견되는 것과 같은 분비체계가 필요하다. *M. tuberculosis*는 중요한 독성인자를 숙주 면역세포에 전달하기 위해 T7SS를 사용한다. ▶ 결핵균(38.1절)

마무리 점검

1. 분자 샤프론은 무엇인가? 이들의 기능을 설명하시오.
2. 신호펩티드란 무엇인가? 단백질이 원형질막을 통과할 때까지 단백질의 신호펩티드가 제거되지 않는 이유가 무엇이라 생각하는가?
3. 신호펩티드는 신호인식입자와 어떻게 다른가?
4. 이 절에서 설명한 단백질 분비체계의 특징과 기능을 설명하시오.

요약

13.1 세균과 바이러스를 사용하여 DNA가 유전물질임을 규명한 실험

- DNA는 단지 4종류의 서로 다른 구성분자(뉴클레오티드)로 이루어진다. 따라서 초기에는 너무 단순해서 생물의 유전물질로서 기능하기 어려울 것으로 생각되었다.
- 그리피스와 에이버리의 형질전환에 관한 연구와 허쉬와 체이스의 T2 파지에 대한 실험을 통해 DNA가 세포의 유전물질이라는 생각을 갖게 되었다(그림 13.1~그림 13.3).

13.2 핵산과 단백질의 구조

- DNA와 RNA는 각각 데옥시리보뉴클레오티드와 리보뉴클레오티드의 중합체다. DNA는 리보오스와 우라실 대신에 데옥시리보오스와 티민을 포함한다는 점에서 RNA와 다르다.
- DNA는 이중가닥이며 AT와 GC가 두 가닥 사이에서 염기쌍을 이룬다. 두 가닥은 역평행하고 오른손방향으로 꼬여 있는 이중나선이다(그림 13.5).
- RNA는 자체적으로 꼬일 수 있고 염기쌍을 이루어 머리핀 구조를 형성하기도 하지만 보통은 단일가닥의 형태로 존재한다.
- 단백질은 아미노산 중합체(그림 13.6)로 펩티드 결합(그림 13.7)에 의해 연결된다.

13.3 세균의 DNA 복제

- 고리형 세균 DNA는 단일한 복제원점을 지닌다. 이들 DNA 분자는 2개의 복제분기점이 반대 방향으로 진행되면서 θ형을 이루며 복제된다(그림 13.9, 그림 13.10).
- 리플리솜은 DNA 복제에 필수적인 단백질 복합체다(그림 13.12, 그림 13.13).
- DNA 중합효소는 주형을 3′에서 5′ 방향으로 읽으며, 5′에서 3′ 방향으로 DNA를 복제한다. DNA 회전효소의 도움을 받아 헬리카아제가 이중나선을 푼다. DNA 결합단백질이 각 가닥을 분리된 채로 유지한다(그림 13.11~그림 13.13).
- 세균의 DNA 중합효소인 DNA 중합효소 III 완전효소는 프라이마제 효소가 만든 짧은 RNA 프라이머에서 시작하여 상보적 DNA를 복제한다. 선도가닥은 연속적으로 복제되는 반면, 지

연가닥은 불연속적으로 합성되어 오카자키 조각을 형성한다(그림 13.13, 그림 13.14). DNA 중합효소 I은 RNA 프라이머를 제거하고 그 결과 형성되는 간극을 채운다. DNA 연결효소가 두 조각을 연결한다(그림 13.15).

13.4 세균 유전자는 암호부위와 유전자 기능에 중요한 다른 서열로 구성된다

- 폴리펩티드, tRNA, rRNA를 암호화하는 핵산 서열이 유전자다.
- DNA의 주형가닥은 유전정보를 가지고 있어서 RNA 전사물의 합성을 지시한다.
- 유전자는 프로모터, 암호부위와 종결자를 가진다. 선도서열과 후방서열을 가질 수도 있다(그림 13.19).
- tRNA와 rRNA 유전자는 주로 전구체를 만들고, 이를 다듬어서 여러 개의 최종산물을 만든다(그림 13.20).

13.5 세균의 전사

- 서로 관련된 기능을 하는 유전자들은 종종 오페론이라는 전사단위로 구성되어 있다. 단일 프로모터가 오페론의 전사를 지시하여 다중시스트론 mRNA를 만든다. 다중시스트론 mRNA에 있는 각각의 암호부위는 자체 개시코돈과 종결코돈을 가지고 있으며 하나의 폴리펩티드를 형성한다(그림 13.21).
- RNA는 RNA 중합효소의 작용으로 합성된다. 세균의 RNA 중합효소는 여러 개의 단백질 소단위로 구성되어 있다(그림 13.22).
- 전사주기(그림 13.23)에는 개시, 신장, 종결이 있다.
- 시그마 인자라는 단백질은 전사개시 동안 RNA 중합효소가 프로모터에 결합하게 하는 전사인자이다. 시그마 인자는 프로모터에 있는 특정 서열을 인식한다(그림 13.24). 일단 결합하면 RNA 중합효소는 짧은 길이의 DNA를 푼다(그림 13.25). RNA 중합효소는 5′ → 3′ 방향으로 RNA를 합성하면서 주형가닥(그림 13.27)을 따라 이동한다(신장). 전사종결은 내재적 종결(mRNA 접힘에 의한)과 인자 의존적인 종결 두 가지 기전에 의해 일어난다(그림 13.26, 그림 13.27).

13.6 유전암호는 세 문자 단어로 구성된다

- 유전정보는 코돈이라 불리는 64개의 뉴클레오티드의 3염기 형태로 전달된다(표 13.1). 61개의 전사코돈은 아미노산의 삽입을 유도하고, 3개의 종결코돈은 번역을 종결한다. 유전암호에는 중복성이 있다. 즉, 대부분의 아미노산에 대응하는 하나 이상의 코돈이 존재한다.
- 특정 단백질은 2개의 희귀한 아미노산, 셀레노시스테인과 피롤리신을 가지고 있다(그림 13.30).

13.7 세균의 번역

- 번역할 때 리보솜은 mRNA에 결합해서 N-말단부터 폴리펩티드를 합성한다.
- 단백질 합성을 위한 아미노산은 tRNA의 3′ 말단에 결합하여 활성화된다. 활성화에는 ATP가 필요하며 이 반응은 아미노아실-tRNA 합성효소가 촉매한다(그림 13.32).
- 리보솜은 rRNA와 여러 종의 폴리펩티드를 포함하는 거대하고 복잡한 세포소기관이다(그림 13.33).
- 단백질 합성은 mRNA, fMet-tRNA, 2개의 개시인자와 30S 소단위가 결합하여 30S 개시복합체를 형성하면서 시작된다. 개시 tRNA가 mRNA의 개시코돈에 결합한다. 다음에 50S 소단위가 결합하여 70S 개시복합체를 형성한다(그림 13.34, 그림 13.35).
- 신장주기에서 적절한 아미노아실-tRNA가 A 자리에 결합한다(그림 13.36). 다음의 펩티드 전달반응은 펩티딜 전달효소가 촉매한다(그림 13.37). 최종 전좌 단계에서 펩티딜-tRNA가 P 자리로 이동하고 리보솜은 mRNA상에서 한 코돈 길이만큼 자리를 옮긴다. 빈 tRNA는 E 자리를 통해 리보솜을 빠져나간다.
- 종결코돈에 도달하면 단백질 합성이 멈춘다. 세균은 코돈을 인식하고 mRNA에서 리보솜을 분리하기 위해 3종의 방출인자를 요구한다.

13.8 유전자 발현의 조절

- DNA 복제, 전사 및 번역은 세포에서 동시다발적으로 일어난다.
- 리플리솜과 RNA 중합효소는 종종 충돌한다. 정면 충돌은 후방 충돌과 비교해서 리플리솜의 파괴, 돌연변이 가능성 증가, 높은 수준의 초나선 형성과 같은 심각한 결과를 가져온다(그림 13.38).
- 폴리솜 또는 폴리리보솜은 다수의 리보솜이 있는 mRNA 복합체이다(그림 13.39).

13.9 단백질 성숙과 분비

- 샤프론 단백질은 단백질이 적절히 접히거나 이들의 최종 목적지까지 전달되도록 돕는다.
- 단백질은 기능적 구조를 형성하기 위해 처리과정이 필요하다. 효소들은 N-포밀기 및/또는 N-말단의 메티오닌을 제거하고, 금속 보조인자를 삽입하거나 시스테인을 산화시킨다.
- 많은 단백질은 원형질막을 통과해야 한다. 가장 널리 사용되는 분비경로는 Sec 분비체계와 Tat 분비체계이고, Sec 분비체계는 모든 생물에서 발견된다(그림 13.40).

- 그람음성 세균의 단백질 분비는 2단계 과정으로 먼저 Sec 분비체계 또는 Tat 분비체계를 사용하고 그 다음, 외막에 위치한 분비체계를 사용한다. 또는 화물 단백질이 직접 단일복합체를 형성하여 세포질에서 세포외부로 전달하는 1단계 과정으로 분비할 수도 있다(그림 13.41). 어떤 경우라도 분비에 필요한 에너지는 ATP 또는 양성자구동력 형태로 세포질에서 공급한다.

심화 학습

1. 다음과 같은 대장균 돌연변이를 분리했다.
   돌연변이체 #1은 세린 합성 구조 유전자 프로모터의 −10 지역에 점돌연변이(단일 염기쌍 변화)를 가지고 있다.
   돌연변이체 #2는 동일 유전자 프로모터의 −35 지역에 돌연변이를 가지고 있다.
   돌연변이체 #3은 동일 유전자 프로모터의 −10과 −35 지역 모두에 이중 돌연변이를 가지고 있다.
   돌연변이체 #3만이 세린을 만들지 못했다.
   그 이유가 무엇이라 생각하는가?
2. DNA 중합효소와 RNA 중합효소를 비교하시오. 각 효소는 염색체 DNA 서열의 개시 신호를 어떻게 인식하는가? 그 효소들의 역할은 무엇인가? 각 효소에 필요한 보조 단백질은 무엇인가?
3. 세포외 소포에 대한 3.5절을 복습하시오. 세포외 소포를 분비체계로 간주해야 하는가?
4. 영국과 스웨덴의 연구진들은 2단계 체계의 X형 분비체계를 제안했다. 이는 홀린(holin) 단백질과 펩티도글리칸을 개조하는 효소로 구성되어 있다(홀린에 대해 6.3절 참조). 해당 단백질들이 어떻게 협력하여 그람음성 세포에서 폴리펩티드를 분비하였는가? 해당 기전에 의해 분비되는 단백질은 어떻게 외막을 통과할 수 있는가?

   참고문헌: Palmer, T., et al. 2020. A holin/peptidoglycan hydrolyase-dependent protein secretion system. *Mol. Microbiol.* 115:345-355.

CHAPTER

14

세균의 세포과정 조절

Mr. Anujak Jaimook/Getty Images

표현 촉진하기

라이트 쇼를 본 경험이 있다면, 얼마나 장엄하고 복잡한 전기 스위치들이 사용되는지 알 수 있을 것이다. 기술자들은 빛의 밝기를 리드미컬하게 조절하기 위해 일련의 조절기를 사용한다. 유전자 발현 역시 스위치 역할을 하는 개개 유전자의 프로모터를 조정함으로써 조절할 수 있다. 사실상 유전자 발현은 세균의 라이트 쇼 결과로 얻을 수 있다.

과학자들은 특정 자극에 반응하는 프로모터를 녹색형광단백질(GFP)을 암호화하는 유전자와 결합하여 정교한 센서를 만들었다. 녹색형광단백질은 UV에 의해 자극을 받으면 녹색형광을 띠므로 이에 완벽한 이름이다. GFP를 암호화하는 유전자를 프로모터에 융합시킴으로써 녹색광을 켜고 끄는 효율적인 스위치를 만든다. 녹색광을 내는 시기 및 강도가 프로모터가 어떻게 조절되는지를 알 수 있는 척도이다.

프로모터의 특이성을 뚜렷하게 입증하기 위하여 과학자들은 새로운 프로모터-유전자를 융합하여 대장균에 도입시켰다. 그들은 폭발성 TNT에 반응하는 프로모터를 GFP 유전자와 융합시켜 대장균에 도입하였다. 이 대장균 바이오센서는 TNT에 노출되면 녹색으로 빛나게 되는데, 실제 적용에서 이 시스템은 모래에 묻혀 폭발하지 않은 지뢰에서 유출되는 극소량의 휘발성 TNT를 검출할 수 있을 정도로 민감하였다. 프로모터가 녹색광 스위치를 켜게 활성화시키는 이 새로운 응용 방안은 무력 분쟁지역 인근에 거주하고 있는 사람들의 생명과 신체를 보호할 수 있었다.

이 TNT-GFP 바이오센서가 단순함에도 불구하고 프로모터는 점멸스위치처럼 단순하지가 않다. 매우 흔하게 세포 구성성분들은 프로모터와 상호작용하며, 전사수준을 증가 또는 감소시켜 빛의 밝기를 조절하는 조강기로 작용한다. 유전자 발현은 정보를 조정하거나 번역을 조정함으로써 조절될 수도 있다. 이 장에서는 유전자 조절기전과 이들이 어떻게 세포과정과 상호작용하는지 알아볼 것이다.

이 장의 학습을 위해 점검할 사항:

- ✓ RNA의 2차구조와 3차구조를 구별한다.
- ✓ 포스포엔올피루브산: 당 인산기 전달효소계를 설명한다(3.3절).
- ✓ 효소활성을 조절하는 기전을 이해한다(10.7절).
- ✓ 세균의 유전체 구조와 유전정보의 구성을 설명한다(13.3절, 13.4절).
- ✓ 전사와 번역의 단계 동안 일어나는 현상을 요약한다(13.5절, 13.7절).

14.1 세균은 많은 조절 전략을 사용한다

이 절을 학습한 후 점검할 사항:

a. 구성 및 조절 유전자 발현을 구별할 수 있다.
b. 유전정보의 흐름 동안 세균세포가 유전자 발현을 조절할 수 있는 시기는 언제인지 설명할 수 있다.
c. 왜 미생물 유전학자들이 오랜시간 전사개시의 조절에 초점을 두었는지 추정할 수 있다.

세균 세포의 생존에 필요한 일들은 단백질들에 의해 수행된다. 많은 단백질들이 기본적인 세포 기능을 위해 지속적으로 사용되는데, 중심 대사 경로에 관여하는 효소, 펩티도글리칸과 같은 세포 구조를 만드는 효소들이 그 예이다. 이러한 효소들을 암호화하는 유전자는 정기적으로 전사되고 번역되어 활성효소를 지속적으로 공급한다. 이러한 유전자를 **구성유전자**(constitutive gene) 또는 **세포유지 유전자**(housekeeping gene)라고 한다. 이와 달리, 어떤 효소들은 특정 조건이나 환경에서만 필요하다. 예를 들어, 광합성 미생물은 새벽에 빛을 감지하여, 빛에너지를 포착할 단백질을 암호화하는 유전자를 발현하기 시작한다. 에너지와 세포물질을 보존하기 위해 이러한 단백질을 암호화하는 유전자는 필요시에만 발현되도록 **조절된다**. **그림 14.1**은 세포가 환경신호를 통해 어떻게 유전자 발현을 조절하는지 보여주고 있다. 이를 위해서는 환경자극으로부터 신호를 수신하고 해석하여 궁극적으로 유전자 발현을 제어할 수 있는 특정한 센서가 필요하다. mRNA 합성을 제어해서 유전자 발현이 조절되면 **전사수준**(transcriptional level)에서 조절된다고 말한다. 마찬가지로 단백질 합성과정을 제어하여 유전자 발현이 조절된다면 이는 **번역수준**(translational level)에서 조절된다고 말한다. 번역을 통해 합성된 단백질이 기능을 지니는 경우도 있고 기능이 없는 경우도 있다. 단백질의 활성 정도는 번역후 변형과정에 의해 바뀔 수 있다(그림 10.19 참조).

전사수준에서의 조절은 미생물 유전학자들이 오랫동안 집중해서 연구했던 분야로서 매우 잘 알려져 있다. 전사는 개시 또는 신장 단계를 제어하여 조절할 수 있다. 이 장에서는 효소 합성의 유도와 억제라는 두 현상을 설명하는 것으로 시작한다. 유도와 억제는 유전자 조절에 대한 첫 번째 모델을 제공하였다. 이 모델은 조절단백질의 작용과 유전자 발현이 DNA 결합단백질에 의해 조절된다는 개념을 포함하고 있었고, 이로써 유전자 발현이 단백질만으로 조절된다고 오랫동안 생각해왔다. 그러나 결국에는 RNA도 조절 기능을 가질 수 있다는 것이 밝혀졌다.

14.2 전사개시의 조절은 많은 에너지와 물질들을 절약한다

이 절을 학습한 후 점검할 사항:

a. 구성유전자, 유도유전자 및 억제유전자를 비교할 수 있다.
b. DNA 결합단백질에 있는 나선-회전-나선 모티프를 설명할 수 있다.
c. 어떻게 음성전사조절과 양성전사조절이 유도유전자 및 억제유전자를 모두 조절할 수 있는지 요약할 수 있다.

유도와 억제는 유전자 발현의 조절과정을 자세하게 이해한 최초의 과정이므로 역사적으로 중요하다. 이 절에서는 이러한 현상을 설명하고 그 바탕이 되는 조절기전을 설명한다.

효소 합성의 유도와 억제

생물이 살아가는 환경에서 식품 공급원의 출현은 유전자 발현의 변화를 이끌어내는 가장 기본적인 자극 중 하나이다. β-갈락토시다아제는 이당류인 젖당을 포도당과 갈락토오스로 가수분해한다(**그림 14.2**). 대장균이 젖당을 유일한 탄소원으로 사용하여 자랄 때, 각 세포는 약 3,000개의 β-갈락토시다아제 분자를 갖는다. 그러나 젖당이 없는 상태에서는 3개 이하를 갖는다. β-갈락토시다아제는 유도효소(inducible enzyme)이다. 즉, **유도물질**(inducer)이라고 하는 작은 효과기분자(effector molecule)가 있으면 합성되는 효소의 양이 늘어난다[이 경우 젖당 유도체는 유사젖당(allolactose)임]. β-갈락토시다아제와 같이 유도효소를 암호화하는 유전자들을 **유도유전자**(inducible gene)라고 한다.

β-갈락토시다아제는 이화 경로에서 작용하는데, 많은 이화효소들은 유도효소이다. 반면에 생합성에 관여하는 효소의 유전자는 **억제유전자**(repressible gene)이며, 그 산물은 억제효소(repressible

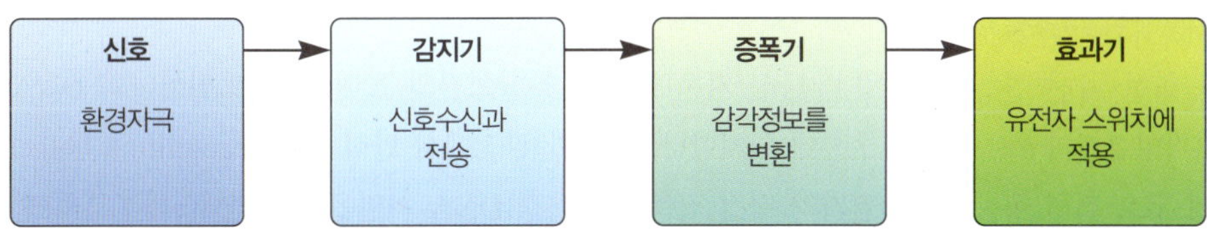

그림 14.1 환경신호를 유전자 발현으로 변환하는 세포 과정.

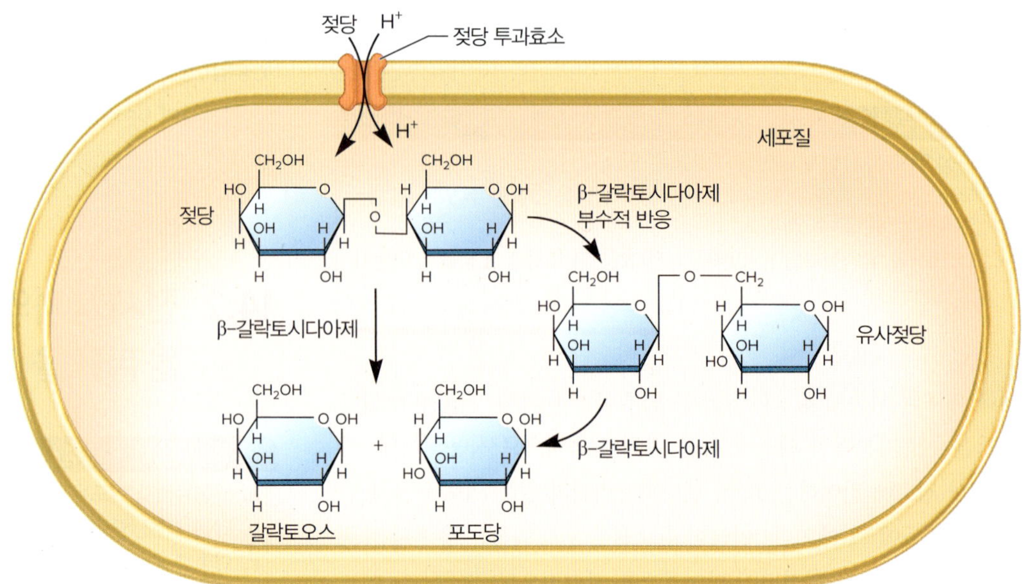

그림 14.2 β-갈락토시다아제 반응. β-갈락토시다아제가 촉매하는 주된 반응은 이당류인 젖당을 단당류인 포도당과 갈락토오스로 가수분해하는 것이다. 이 효소는 또한 젖당을 유사젖당으로 전환하는 부수적 반응도 촉매한다. 유사젖당은 β-갈락토시다아제 합성의 유도물질로 작용한다.

enzyme)이다. 예를 들어, 주변에 아미노산이 존재하면 이를 생합성하는 데 관여하는 효소의 형성을 저해할 수 있다. 이미 이용할 수 있는 특정 기질이 있는 경우, 미생물에게 이것을 합성하는 효소는 당연히 필요하지 않다. 이러한 과정을 조절하는 작은 효과기분자를 **보조억제자**(corepressor)라고 한다. 일반적으로 억제효소는 생합성을 담당하며, 해당 대사경로의 최종산물이 없는 경우에 존재한다. 반면 유도효소는 이들의 기질이 있을 때만 필요하다. 유도물질이 없으면 존재하지 않는다.

조절단백질은 종종 전사개시를 조절한다

세균의 전사개시는 RNA 중합효소의 시그마 소단위가 중심효소를 프로모터에 위치시킬 때 발생한다. 즉, 전사개시의 조절은 **전사인자**(transcription factor)의 작용을 통해 발생한다. 이러한 조절단백질은 프로모터 부근의 염색체에도 결합한다. 이러한 전사인자의 대부분은 2개의 도메인으로 구성되는데, **도메인**(domain)이란 특정 구조와 기능을 가진 단백질의 일부를 뜻한다. 전사인자의 경우, DNA 결합 도메인은 프로모터와 상호작용하고, 나머지 다른 도메인은 효과기분자와 상호작용한다. 효과기분자가 도메인과 결합하면, DNA 결합 도메인의 입체 구조가 변화되어 DNA와 작용하는 능력에 영향을 받는다. 이것이 다른자리입체성 조절(allosteric control)의 예이다.

◀ 다른자리입체성 조절(10.7절)

전사조절단백질의 DNA 결합영역에서 발견되는 공통적인 구조를 나선-회전-나선(helix-turn-helix)이라고 한다. 나선-회전-나선 연결구조 부위는 일반적으로 20개 아미노산으로 이루어지며 2개의 α-나선(부록 그림 A1.14 참조)이 β-회전 구조를 사이에 두고 접힌 형태이다. 나선 가운데 하나가 단백질의 표면 쪽으로 튀어나와 DNA의 주홈에 위치한다. 이러한 관점에서 **인식 나선**(recognition helix)은 염기와 직접 접촉하여 특정 DNA 서열을 인식한다. 대부분의 전

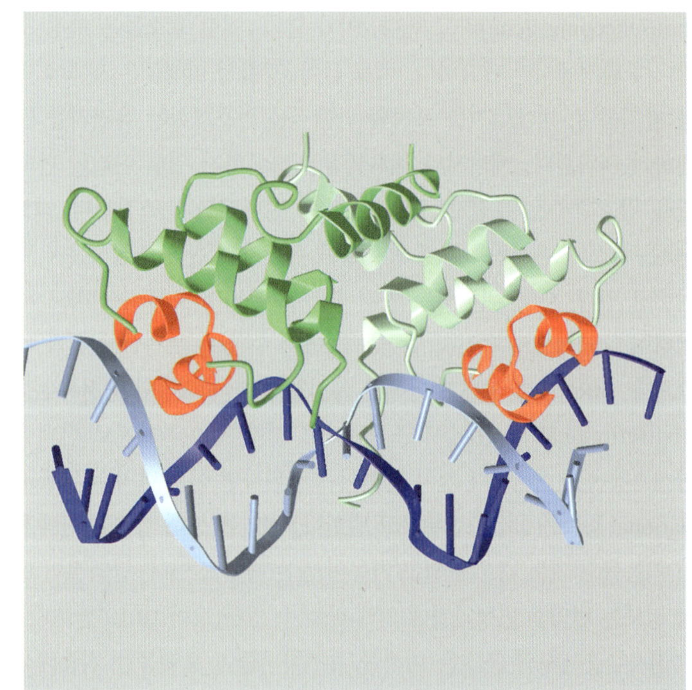

5′-AACACCGTGCGTGTT-3′
3′-TTGTGGCACGCACAA-5′

그림 14.3 나선-회전-나선 모티프와 DNA 주홈의 결합. 전사조절단백질의 두 소단위는 녹색으로 표시하였다. 두 나선-회전-나선 부분은 빨간색으로 표시하였다. 두 DNA 가닥은 파란색으로 표시하였다. 이미지 아래의 서열은 나선-회전-나선 모티프가 인식하는 회문서열의 예이다. 회문서열은 앞뒤로 읽을 때 동일한 서열을 말한다.
Source: Structure 1LMB from RCSB PDB. https://www.rcsb.org/structure/1/LMB

사조절단백질은 이량체, 즉 단일 폴리펩티드의 두 복사본으로 존재한다. 2개의 단일 펩티드가 결합하여 이량체를 형성할 때, 각 단량체에서 하나씩, 총 2개의 인식 나선이 DNA의 주홈과 상호작용하게 된다(**그림 14.3**). 전형적으로 해당 결합부위는 회문 구조이며, 각 인식 나선은 정확히 동일한 염기서열과 상호작용한다. 효과기 결합 도메인에 대한 다른자리입체성 변화는 헬리카아제의 이동을 초래하여, 주홈과의 상호작용을 억제하게 되고, 이는 결과적으로 DNA 염기와의 접촉을 막는다.

전사조절단백질은 음성 또는 양성 조절의 역할을 할 수 있다. **음성조절**(negative control)은 **억제자**(repressor)라고 하는 단백질이 DNA에 결합하여 전사개시를 억제한다. **양성조절**(positive control)은 **활성자**(activator)라고 하는 단백질이 DNA에 결합하여 전사개시를 촉진한다.

세균에서 억제자 단백질은 **작동유전자**(operator)라고 부르는 DNA의 특정 부위에 결합하며, 작동유전자는 일반적으로 프로모터와 중첩되어 있거나 하류(암호화부위 가까이)에 있다(**그림 14.4**). 억제자 단백질이 작동유전자에 결합하면 RNA 중합효소가 프로모터에 결합하는 것을 막거나 진행을 방해한다. 활성자 단백질은 **활성자 결합부위**(activator-binding site)에 결합한다(그림 14.4). 이들은 종종 프로모터 상류(암호화부위에서 먼 쪽)에 존재한다. 활성자 단백질이 자신의 조절부위에 결합하면 일반적으로 RNA 중합효소의 결합이 촉진된다. 더 많은 경우에는 활성자 단백질이 RNA 중합효소의 α 또는 σ 소단위와 작용하여 프로모터와의 결합을 촉진한다.

우리는 전사인자가 효과기분자의 존재유무에 따라 DNA 결합 능력이 향상되거나 감소되는 2가지 방법에 대해 설명했다. 더불어, 전사인자에 대한 DNA 결합부위의 위치는 RNA 중합효소의 활성을 자극하거나 차단할 수 있다. 이러한 기본 기전은 많은 유전자의 발현을 조절하기 위해 변형될 수 있다. 그림 14.1의 순서도에서 해당 현상을 배치해본다면, 다른자리입체성 전사인자는 순서도 제일 오른쪽 상자(효과기)에 해당된다.

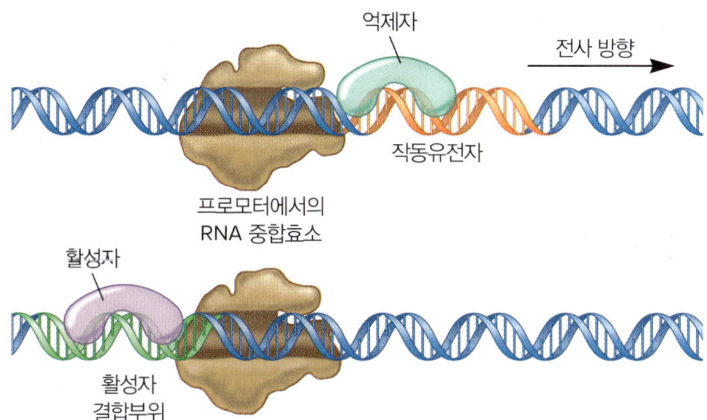

그림 14.4 세균 유전자의 전사조절 영역. 억제자 단백질의 결합부위인 작동유전자는 프로모터의 하류 또는 겹치는 위치에 존재한다. 활성자 결합부위는 프로모터의 상류에 위치한다.

설명을 계속하기 전에 전사조절의 2가지 일반적 측면을 생각해보아야 한다. 우선, 유전자 발현은 대부분 전부 아니면 전무(all-or-nothing) 현상이 아니라는 것이다. 즉, 유전자 발현은 연속적으로 일어난다. 전사의 억제가 유전자가 '꺼진 상태(turned off)'를 의미하지는 않는다(이 용어가 종종 사용되기는 함). 오히려 mRNA 합성 수준이 상당히 감소했지만, 대부분의 경우 매우 낮은 수준으로 합성되고 있다는 것을 뜻한다. 다시 말해, 조절되고 있는 많은 유전자의 프로모터와 오페론은 '새기 쉬운(leaky)' 것으로 보이며 항상 낮은 전사 기본수준(basal level of transcription) 상태에 있다. 두 번째 측면은 프로모터의 세기가 다르다는 것이다. 이상적인 프로모터는 RNA 중합효소의 시그마 인자와의 상호작용을 최적화한다(그림 13.25 참조). 이상적인 프로모터와의 편차는 일반적인 것이며, 이는 전사개시 빈도에 영향을 미친다. 활성자는 약한 프로모터의 한계를 극복하는 데 도움을 준다. 그에 반해, 강한 프로모터의 경우, 프로모터 상류에 RNA 중합효소와 결합하는 넓은 영역을 가진다.

기능적으로 연관된 유전자들은 하나의 프로모터에서 전사된다는 것을 기억하자. 구조유전자들은 DNA에 함께 정렬해 있고, 하나의 다중시스트론 mRNA가 모든 정보를 전달한다(그림 13.21 참조). 구조유전자들과 상류에 위치하는 조절 영역을 **오페론**(operon)이라고 한다. 뒤에서 논의할 잘 연구된 3가지 대장균 오페론들은 조절단백질들이 전사수준에서 유전자 발현을 어떻게 제어하는지에 대한 다양한 방식을 보여준다.

젖당 오페론: 유도유전자의 음성전사조절

1930년대 후반 모노(Jacques Monod, 1910~1976)는 세균의 생장과 조절을 연구하기 시작하였다. 그는 대장균을 모델 세균으로 선택하였으며 젖당 배지에서 대장균의 생장에 관여하는 유전자들에 집중하였다. 약 15년 후 자코브(Francois Jacob, 1920~2013)가 그의 연구에 동참하였다. 그들은 오페론의 개념을 정립하였고, 연구결과로 대장균의 젖당 오페론이 가장 잘 연구된 음성조절시스템이 되었다.

lac 오페론에는 *lac* 억제자(LacI)에 의해 조절되는 3개의 구조유전자가 포함된다. LacI는 *lac* 오페론 상부에 위치하는 *lacI*에 의해 암호화된다(**그림 14.5**). 오페론에 있는 한 유전자(*lacZ*)는 β-갈락토시다아제를 암호화하고, 두 번째 유전자(*lacY*)는 젖당 흡수를 담당하는 막수송체단백질인 젖당 투과효소(lactose permease)를 지정한다. 세 번째 유전자(*lacA*)는 β-갈락토시드 아세틸기전이효소(β-galactoside

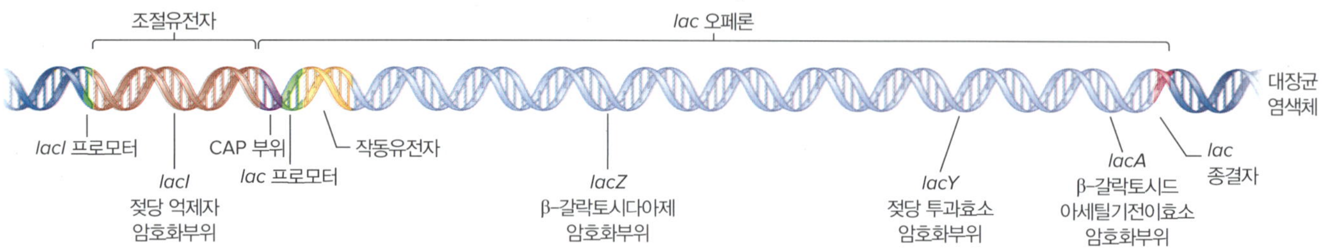

그림 14.5 ***lac*** **오페론.**

transacetylase)를 암호화하는데, 이 유전자의 기능은 잘 알려져 있지 않다. 처음 두 유전자가 같은 오페론에 존재함으로써 젖당의 흡수와 분해의 속도가 동시에 조절된다.

젖당은 대장균이 탄소와 에너지원으로 사용할 수 있는 많은 유기물 중 하나이다. 젖당이 없을 때 *lac* 오페론의 효소를 합성하는 것은 낭비이다. 따라서 세포는 선호하는 탄소원과 에너지원이 없고 젖당만 이용 가능할 때, 높은 수준으로 *lac* 오페론을 발현한다. 즉, 젖당이 없을 때 *lac* 억제자는 전사를 저해한다.

lac 억제자는 4개의 동일한 Lac1 폴리펩티드로 이루어진 4량체이다. 각각의 소단위는 나선-회전-나선 DNA 결합 도메인을 지닌다. 4량체는 2개의 2량체가 합쳐지면서 형성된다. 젖당이 없을 때, 각각의 2량체는 3개의 *lac* 작동유전자(O_1, O_2, O_3) 중 하나를 인식해서 단단히 결합한다(**그림 14.6a**). O_1은 주된 작동유전자부위로, 전사가 억제되려면 이 부위에 억제자가 반드시 결합해야만 한다. 하나의 2량체가 O_1에 결합하고, 다른 2량체가 두 작동유전자부위 중 하나에 결합하면, 이 2개의 2량체는 두 작동유전자부위를 가깝게 만들면서 그 사이에 DNA 고리를 형성하게 된다. *lac* 억제자의 결합은 2단계로 일어난다. 첫째, 억제자는 DNA에 비특이적으로 결합한다. 다음에 작동유전자부위에 도달할 때까지 DNA 주홈을 따라 빠르게 이동한다. 나선-회전-나선 모티프가 회문구조서열을 인식하면 작동유전자에 결합하게 된다(그림 14.6b).

억제자는 전사를 어떻게 억제하는가? *lac* 작동유전자부위 일부는 *lac* 프로모터와 겹쳐져 있다. 젖당이 없을 때 억제자가 O_1과 다른 두 작동유전자부위 중 하나에 결합하면, 프로모터 주변의 DNA가 구부러진다. 구부러진 프로모터에는 RNA 중합효소가 결합하지 못하거나 암호화부위로 이동할 수가 없으므로 전사개시가 억제된다(**그림 14.7a**).

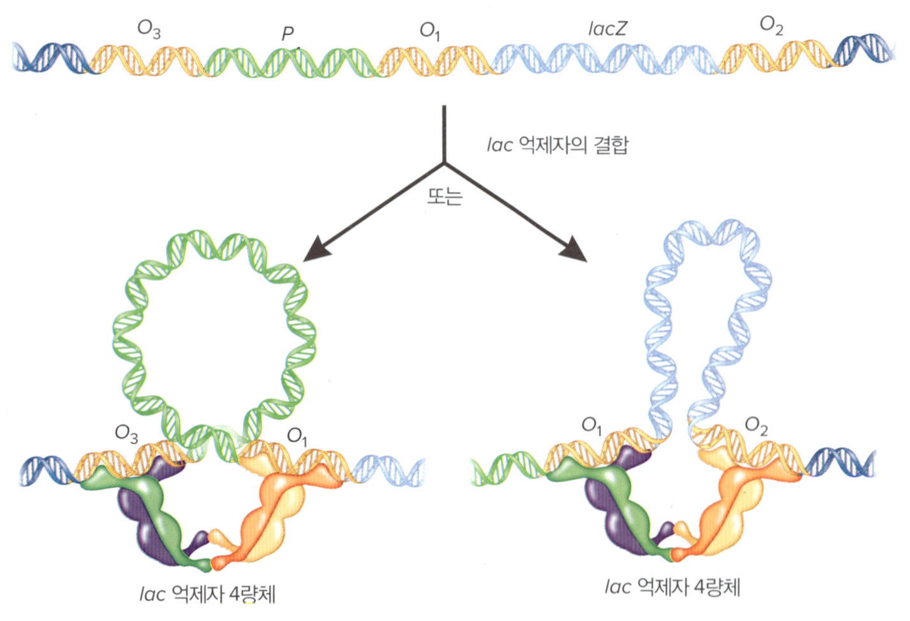

(a) *lac* 억제자로 만들어지는 DNA 고리

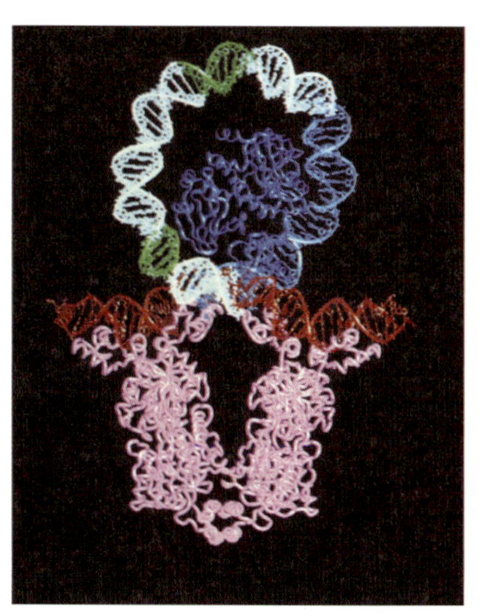

(b) *lac* 억제자가 O_1과 O_3(빨간색)에 결합

그림 14.6 ***lac*** **작동유전자부위.** (a) *lac* 억제자가 O_1과 다른 작동유전자부위 중 하나와 결합하여 RNA 중합완전효소가 인식하는 −35 및 −10 결합부위를 포함하는 DNA 고리를 형성한다. 따라서 해당 부위에 접근할 수 없으므로 전사가 차단된다. (b) DNA 고리는 또한 CAP 결합부위를 포함하고, 그림은 CAP(파란색)가 DNA에 결합한 것을 보여준다. (b) SPL/Science Source

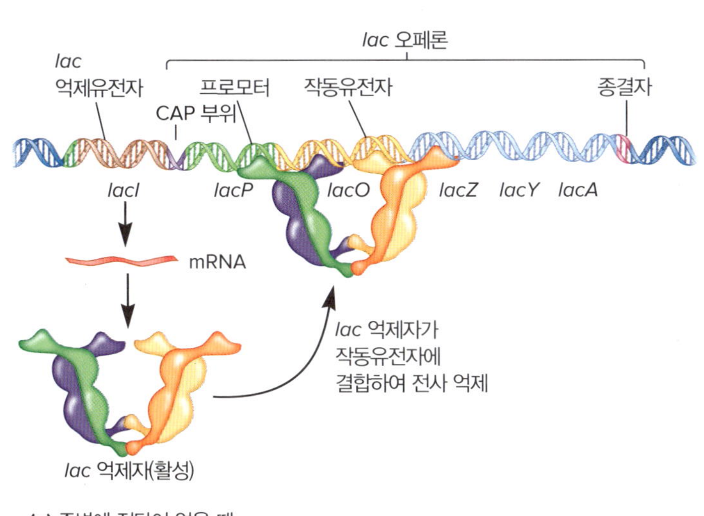

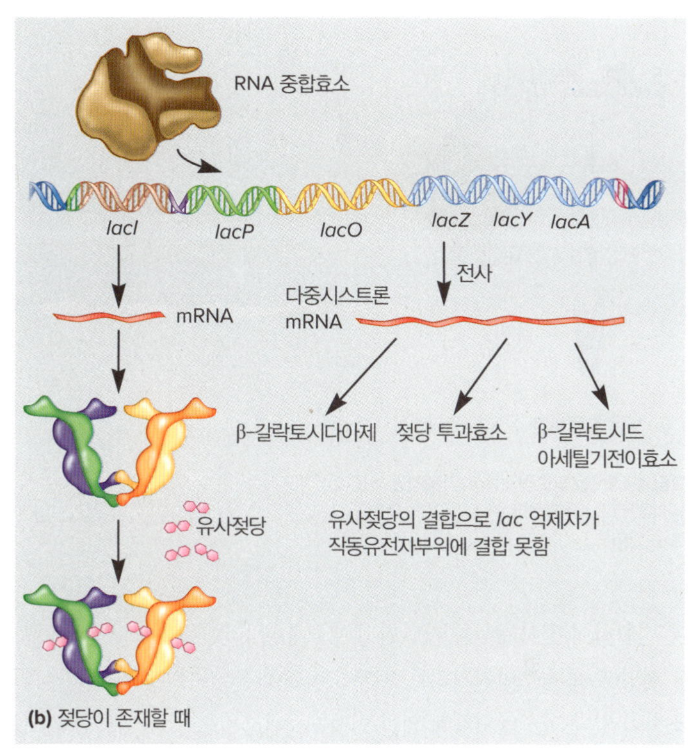

그림 14.7 ***lac*** **억제자의 의한** ***lac*** **오페론의 조절.** (a) 유사젖당이 없을 때, *lac* 억제자(*lacI*에 의해 암호화되어 있는)는 활성화되어 작동유전자에 결합한다. 억제자가 작동유전자에 결합하면 전사가 억제된다. (b) 젖당이 있으면, 일부는 β-갈락토시다아제에 의해 유사젖당으로 전환된다. 충분한 양의 유사젖당이 존재하면, *lac* 억제자에 결합하여 불활성화시킨다. 억제자는 작동유전자에서 떨어져 나가고 RNA 중합효소는 자유롭게 전사를 개시한다.

연관 질문 유사젖당은 보조억제자인가 유도물질인가? 그 이유를 설명하시오.

젖당이 존재하면 젖당은 젖당 투과효소에 의해 흡수된다. 세포내에서 β-갈락토시다아제는 젖당을 오페론 유도물질인 유사젖당(allolactose)으로 전환한다(그림 14.2). 낮은 수준의 투과효소와 β-갈락토시다아제가 항상 존재하기 때문에 이것이 가능하다. 유사젖당은 *lac* 억제자와 비공유결합하여 각 2량체의 경첩 영역이 주홈에 맞지 않도록 2개의 인식나선을 구부린다. 불활성화된 억제자가 DNA를 떠나면 오페론의 전사가 일어난다(그림 14.7b).

그림 14.5와 그림 14.6을 자세히 살펴보면 *lac* 오페론 조절이 훨씬 더 복잡하다는 것을 알 수 있다. 이것은 *lac* 오페론이 이화물 활성자 단백질(catabolite activator protein, CAP)이라는 두 번째 조절단백질로 조절되기 때문이다. CAP는 대장균이 **이화물억제**(catabolite repression)라는 기전에 의해 여러 종류의 탄소원 및 에너지원이 있을 때 포도당을 먼저 사용할 수 있도록 하는 포괄적 조절시스템에 기능이 있다. 오페론의 발현에 서로 다른 2가지 조절단백질을 사용하는 것은 조절과정에 대한 또 다른 중요한 점을 알려준다. 즉, 여러 수준에서 조절이 이루어질 수 있다는 점이다. 젖당 오페론의 경우, 억제자는 젖당의 존재 유무에 반응하여 조절을 한다. CAP는 포도당의 유무에 반응해서 오페론을 조절한다. 14.5절에서 설명하겠지만 2개의 조절단백질 사용으로 발현의 연속성을 만든다. 가장 높은 전사수준은 젖당이 존재하면서 포도당은 존재하지 않을 때이다. 가장 낮은 수준은 젖당이 없고 포도당이 존재할 때이다. 이 장에서 설명하는 거의 모든 사례에서 조절은 한 가지 이상의 기전으로 일어난다.

트립토판 오페론: 억제유전자의 음성전사조절

대장균의 트립토판(*trp*) 오페론은 트립토판의 합성에 필요한 효소를 암호화하는 5개의 구조유전자로 되어 있다(**그림 14.8**). 트립토판 오페론의 발현은 *trpR* 유전자가 암호화하는 전사인자인 *trp* 억제자(TrpR)에 의해 조절된다. *trp* 오페론이 암호화하고 있는 효소가 생합성 경로에 작동하므로, 트립토판을 쉽게 얻을 수 있을 때 트립토판 합성에 필요한 효소를 만드는 것은 낭비가 된다. 따라서 트립토판이 없고 전구체로부터 새로 만들어야 할 때만 오페론이 작동한다. 이러한 조절을 위해 TrpR은 트립토판이 낮은 농도로 존재하는 한 *trp* 작동유전자에 결합하지 못하는 불활성형으로 만들어진다(그림 14.8a). 트립토판 농도가 높아지면, 트립토판은 보조억제자(corepressor)로 작용하여 TrpR의 한 도메인과 결합하고 이는 나선-회전-나선 모티프의 방향을 바꾸게 된다. 억제자-보조억제자 복합체는 작동유전자

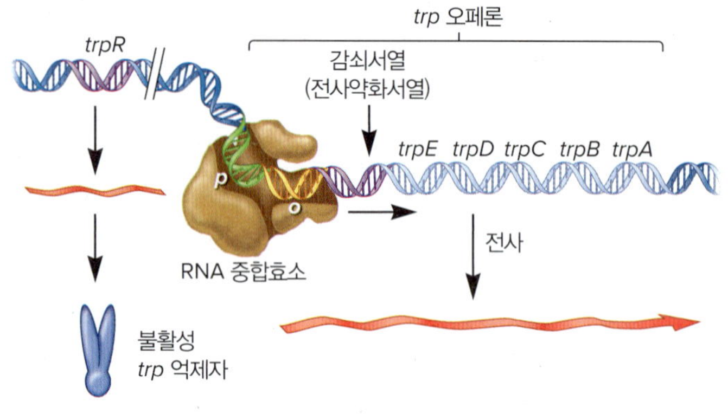

(a) 낮은 트립토판 수준에서는 전 *trp* 오페론의 전사가 일어남

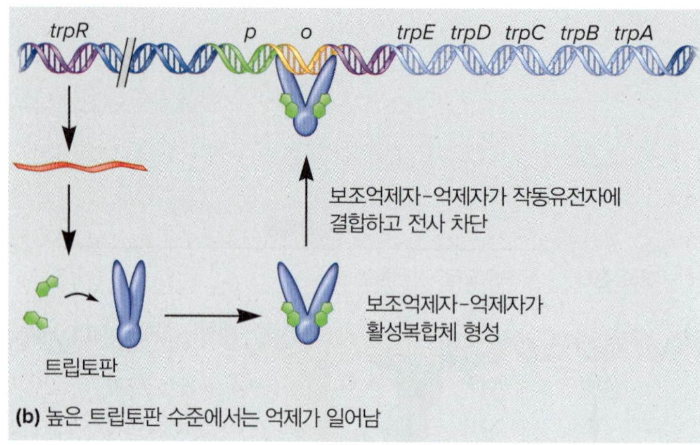

(b) 높은 트립토판 수준에서는 억제가 일어남

그림 14.8 트립토판과 *trp* 억제자에 의한 *trp* 오페론의 조절. 처음 합성되었을 때, *trp* 억제자(TrpR)는 작동유전자에 결합할 수 없다. 보조억제자인 트립토판의 결합에 의해 활성화된다. (a) 트립토판 수준이 낮으면, 억제자는 불활성화되어 전사가 일어난다. (b) 트립토판 수준이 충분히 높으면, 트립토판이 억제자와 결합한다. 억제자-보조억제자 복합체는 작동유전자에 결합하여 오페론의 전사를 억제한다.

에 결합하여 전사개시를 차단한다(그림 14.8b).

젖당 오페론과 마찬가지로, 트립토판 오페론에도 또 다른 부가적인 조절이 있다. *trp* 억제자에 의한 전사개시단계의 조절뿐 아니라, 감쇠조절(전사약화 조절, attenuation)이라는 과정에 의한 전사신장 단계의 조절이 있다. 이러한 조절 양식은 14.3절에서 설명하기로 한다.

아라비노오스 오페론: 양성적 및 음성적으로 작용하는 단백질에 의한 전사조절

대장균 아라비노오스(*ara*) 오페론의 조절은 환경조건에 따라 동일한 단백질이 어떻게 양성조절을 하거나 음성조절을 하는지 보여준다. 아라비노오스 오페론은 아라비노오스를 5탄당인산 경로의 중간산물인 자일룰로오스 5-인산(xylulose 5-phosphate)으로 이화하는 데 필요한 효소들을 암호화한다. 아라비노오스 오페론은 AraC에 의해 조절되며, AraC는 차례로 배열된 *araO*$_2$, *araO*$_1$, *araI* 3종의 서로 다른 조절자와 작용할 수 있다(**그림 14.9**). 아라비노오스가 없으면, AraC 한 분자가 *araI*에 결합하고, 또 하나는 *araO*$_2$에 결합한다. 2개의 AraC 단백질은 상호작용하여 DNA를 구부려 고리형태로 만든다. 이것으로 RNA 중합효소가 *ara* 프로모터에 결합하는 것을 막고 전사를 차단한다. 이 경우 AraC는 억제자로 작용하는 것이다(그림 14.9a). 그러나 아라비노오스가 존재하면, 아라비노오스가 AraC에 결합하여 AraC 분자가 상호작용하는 것을 방해하며, DNA 고리가 만들어지지 않는다. 2개의 AraC-아라비노오스 복합체가 *araI*에 결합하여 전사를 촉진한다. 따라서 아라비노오스가 존재하면, AraC는 활성자로 작용하는 것이다(그림 14.9b). 아라비노오스 오페론도 젖당 오페론과 마찬가지로 이화물억제에 의해 조절된다(14.5절). ◀ 5탄당 인산 경로: 동화반응을 위한 환원력의 주요 생산자(11.3절)

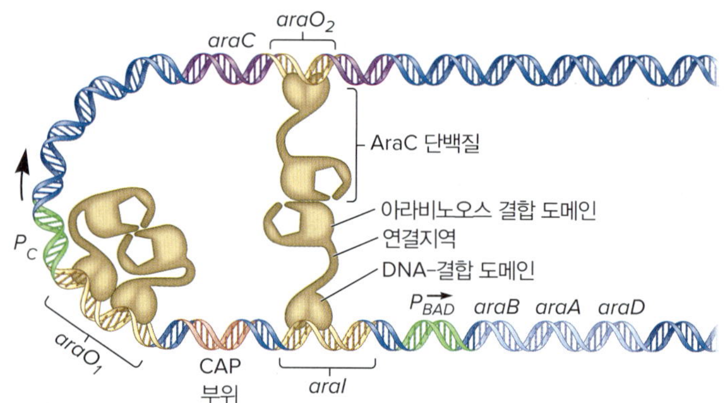

(a) 아라비노오스의 부재 시 오페론 억제

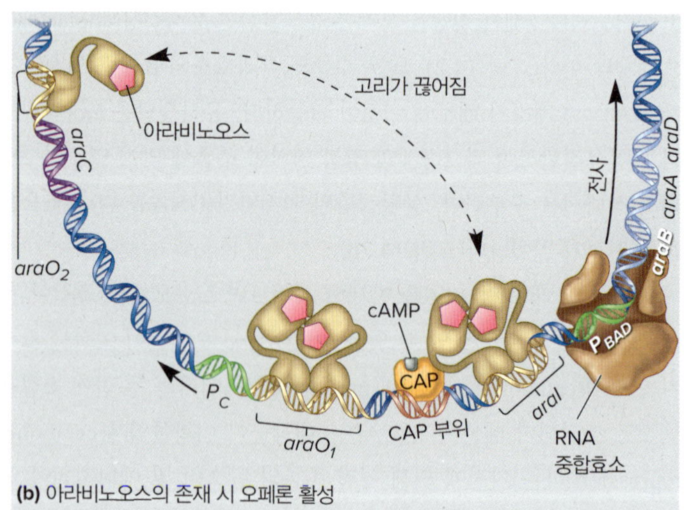

(b) 아라비노오스의 존재 시 오페론 활성

그림 14.9 AraC 단백질에 의한 *ara* 오페론의 조절. AraC 단백질은 아라비노오스의 존재 여부에 따라 억제자로 작용할 수도 있고 활성자로 작용할 수도 있다. (a) 아라비노오스가 없으면, 단백질은 억제자로 작용한다. 이때 2개의 AraC 단백질이 관여한다. 하나는 *araI*에 결합하고 다른 하나는 *araO*$_2$에 결합한다. 두 단백질이 상호작용하여, DNA를 구부리면서 RNA 중합효소 접근이 차단된다. (b) 아라비노오스가 존재하면, 아라비노오스는 AraC와 결합하여 2개의 AraC 단백질 사이의 상호작용을 방해한다. 이어 각각 아라비노오스와 결합한 2개의 AraC 단백질은 2량체를 이루어 *araI*에 결합한다. AraC 2량체는 활성자로 작용한다.

마무리 점검

1. 많은 유전자와 오페론이 전사개시 단계에서 조절된다. 전사단계에서 조절되는 것이 번역중이나 번역후에 조절되는 것보다 더 좋은 점은 무엇이라고 생각하는가?
2. 유도와 억제가 다른 점은 무엇인가? 세균은 이 과정을 어떻게 활용하여 영양물질의 공급 변화에 반응하는가?
3. 유도유전자와 억제유전자 모두에서 음성 조절과 양성 조절이 어떻게 작용하는지 도표로 나타내시오.

14.3 감쇠조절과 리보스위치가 전사를 초기에 종결시킨다

이 절을 학습한 후 점검할 사항:

a. 대장균의 *trp* 오페론이 감쇠조절에 의해 조절되는 방법을 설명할 수 있다.
b. 감쇠조절과 리보스위치에 의한 전사신장의 조절을 비교할 수 있다.
c. 세균에서 전사와 번역이 동시에 일어나는 것이 세균의 조절기전에 중요한 이유를 설명할 수 있다.

앞에서 DNA의 프로모터 부위에 단백질이 결합하여 전사를 조절하는 조절경로에 대해 설명하였다. 전사산물인 RNA도 유전자 발현에 대한 조절기능이 있다. RNA는 단일가닥으로 합성되지만, 단백질 또는 다른 분자와 상호작용하기 위해 2차(짧은 이중가닥 부분) 및 3차 구조(3차원 구조)를 이용한다. 지금 설명하는 조절기전에서는 mRNA의 선도서열과 접힘 패턴이 전사, 특히 전사종결에 영향을 준다. 이러한 유형의 조절에서는 전사가 정상적으로 시작되지만 환경조건과 생물의 필요성에 따라 조기에 종결된다. 감쇠조절(전사약화조절, attenuation)은 이러한 조절 방식의 첫 번째 예이다. 이 기전은 야노프스키(Charles Yanofsky)에 의해 1970년대에 *trp* 오페론 연구를 통해 발견되었다. 최근에는 리보스위치(riboswitch)가 발견되었다. mRNA의 선도서열에 있는 이 조절서열은 환경조건을 감지하고 또한 이에 반응하여, 전사를 중간에 종료하거나 번역을 차단한다.

감쇠조절: 리보솜은 전사에 영향을 주는 행동을 한다

14.2절에서 언급하였듯이 대장균의 트립토판(*trp*) 오페론은 억제자 단백질에 의해 조절된다. 과량의 트립토판은 억제자 단백질의 보조억제자로 작용하여 오페론의 전사를 억제한다(그림 14.8). 오페론은 주로 억제에 의해 조절되지만 전사의 종결도 조절을 받는다. 즉, 전사조절에는 전사개시와 전사 지속여부 2가지 결정지점이 존재한다. 이러한 추가적 조절은 트립토판 가용성을 측정할 수 있는 센서와 유전적 스위치를 사용하게 된다. 2가지 방식으로 조절하면 1가지 방식보다 전사가 일어나는 것을 더욱 섬세하게 조절할 수 있다. 억제자 단백질이 불활성화되면 RNA 중합효소는 선도서열 지역의 전사를 시작한다. 그러나 RNA 중합효소는 종종 오페론의 첫 구조유전자를 전사하는 단계까지 다다르지 못한다. 대신 전사는 선도서열에서 종료되는데, 이를 **감쇠조절**(attenuation, 전사약화조절)이라고 한다. ◀ 단백질 암호화 유전자(13.4절)

감쇠조절은 RNA 선도서열의 접힘 패턴과 세균에서의 연관된 전사와 번역, 이 2가지에 기인한다(그림 13.39 참조). 전사 시작 부위에서 오페론의 첫 번째 구조유전자까지의 영역에 해당되는 *trp* 오페론 내의 선도서열은 162개 염기쌍이며 비정상적으로 길다. RNA 선도서열은 전사되지만 번역은 되지 않는다는 사실을 13장에서 배웠다. 흥미롭게도 *trp* 오페론의 선도서열 중 일부는 번역되어 **선도펩티드**(leader peptide)라는 작은 펩티드를 만든다. 이와 더불어 RNA 선도서열은 선도펩티드를 암호화하는 부위 외에 **감쇠**(attenuator)서열을 포함한다(**그림 14.10**). 전사될 때, 이 감쇠서열은 RNA 선도서열에서 줄기-고리(stem-loop) 2차 구조를 형성한다. 이들 서열을 숫자로 구분하기로 한다(1, 2, 3, 4번 지역). 1번과 2번 지역이 서로 쌍을 이루면(1:2, 그림 14.10a), 이들은 머뭇거리는 고리(pause loop)라고 하는 2차 구조를 형성한다. 종결고리(terminator loop)는 3번과 4번 지역의 염기쌍(3:4, 그림 14.10a)이 형성되어 만들어진다. 종결고리 뒤에 폴리-U 서열이 생기면서, 내재적 전사종결을 유도한다(그림 13.26 참조). 그러나 이 경우 종결자는 오페론 말단이 아닌 선도서열에 있다. 또 다른 줄기-고리 구조가 2번과 3번 사이(2:3, 그림 14.10b)에서 만들어질 수 있다. 이것은 항종결고리(antiterminator loop)로 종결고리의 생성을 방해하여, RNA 중합효소가 오페론의 전사를 지속하게 한다.

trp 오페론의 전사는 단백질 합성에 트립토판이 필요할 시 일어난다. RNA 선도서열의 2가지 대체 구조는 전사의 종결(트립토판의 공급이 충분할 시)과 전사의 신장(트립토판의 공급이 저조할 시)을 지정한다. RNA 선도서열의 2가지 대체 구조를 결정하는 것은 무엇인가? RNA 중합효소와 리보솜의 조정이 감쇠조절에 중요하다고 할 수 있는데, RNA 중합효소가 주형을 따라 이동함에 따라 리보솜이 RNA의 샤인-달가노 서열에 결합하여 선도펩티드의 번역을 시작하게 된다. RNA 선도서열의 처음 몇 개의 뉴클레오티드는 2개의 트립토판 코돈을 암호화한다. 이것은 매우 특이한 경우로, 대장균 단백질에는 보통 100개의 아미노산 당 하나의 트립토판만이 포함되어 있다. 만약 트립토판 농도가 낮으면, $tRNA^{trp}$ 분자가 적어서 리보솜의 A 부위를 채우는 데 시간이 걸리기 때문에 리보솜은 이 2개의 트립

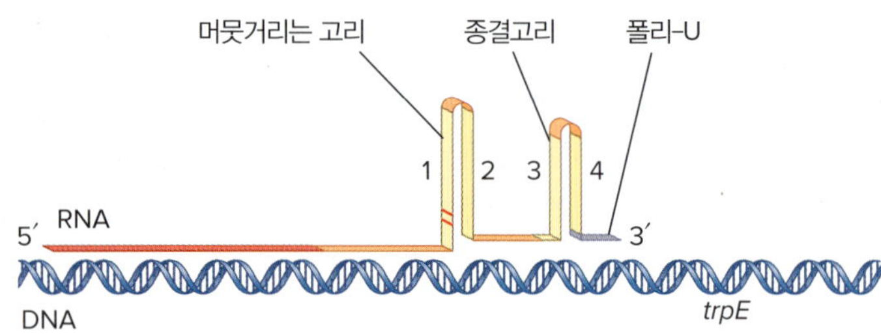

(a) 감쇠기 영역의 요소

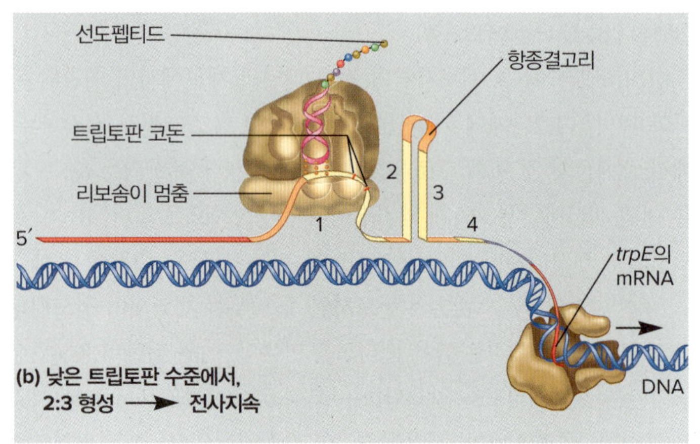

(b) 낮은 트립토판 수준에서,
2:3 형성 ⟶ 전사지속

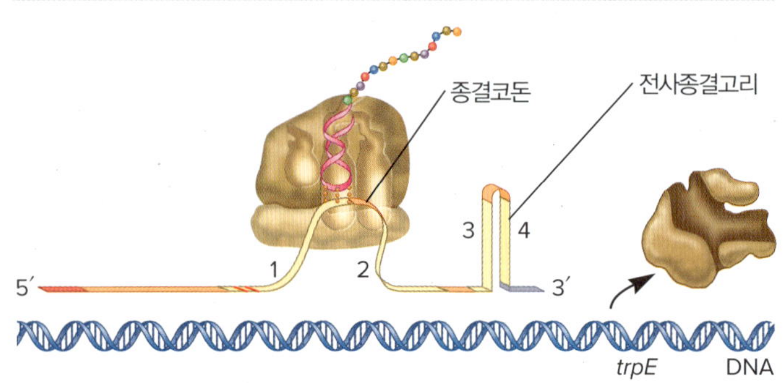

(c) 높은 트립토판 수준에서,
3:4 형성 ⟶ 전사종결

그림 14.10 ***trp* 오페론의 감쇠조절(전사약화조절).** (a) *trp* RNA 선도서열의 구조적 특징이고, (b) *trp* 선도펩티드의 번역은 tRNA^{trp}의 가용성을 측정한다. 트립토판 수준이 낮을 때 리보솜은 정지하게 되고 이는 1번 지역을 차단하여 2번 지역은 3번 지역과 결합하게 된다. 2:3 항종결고리는 전사를 진행시킨다. (c) 트립토판 수준이 높으면, 리보솜이 종결코돈까지 진행되면서 2번 지역이 차단된다. 3:4 고리가 형성되어 전사가 종결된다.

연관 질문 어떻게 감쇠조절(전사약화조절)이 세포내의 트립토판 농도와 더불어 단백질이 합성되는 속도에도 반응하는가?

토판 코돈을 만나면서 멈추게 될 것이다(그림 14.10b). 반면에 RNA 중합효소는 mRNA 전사를 계속하고, 멈춰 있는 리보솜에서 멀어질 것이다. 1번 위치에 리보솜이 존재하면 1번 지역과 2번 지역이 염기쌍을 형성하는 것을 방해한다. 따라서 RNA 중합효소가 진행하면서 3번 지역이 전사되고 2:3 항종결고리가 형성된다. 이는 다시 3:4 종결고리 형성을 방해하여, RNA 중합효소가 *trp* 구조유전자로 계속해서 이동할 수 있게 한다. 이와 반대로, tRNA^{trp}가 풍부하다면, 리보솜은 선도펩티드에 있는 2개의 트립토판 코돈을 주저하지 않고 번역하게 되고, 2번 지역의 UGA 종결코돈에 도달할 때까지 지속되게 된다. 3번과 4번 지역이 전사되면, 종결고리가 형성되게 되고, RNA 중합효소는 DNA 주형에서 떨어지게 된다(그림 14.10c). ◀ 유전암호는 세 문자 단어로 구성된다(13.6절)

감쇠조절은 선도펩티드에서 리보솜의 속도를 측정하여, 번역에 사용할 수 있는 tRNA^{trp}의 양을 측정한다. "너무 느린" 신호는 RNA 중합효소를 방출하여 오페론을 전사하고, 효소를 합성하고, 궁극적으로 트립토판을 합성한다. 대조적으로, 빠르게 움직이는 리보솜은 RNA 중합효소를 종결시킨다. 중요하게, 감쇠조절은 RNA 전사체에서 발생한다. *trp* 오페론의 전사를 조절하는 첫 번째 단계는 TrpR 억제자에 의해 제어되는 개시이다. 전사가 시작된 후에 신장 수준에서의 감쇠조절이 추가적으로 진행된다.

어떻게 감쇠조절이 대장균에게 유리한가? 만일 세균이 트립토판 이외의 아미노산이 부족하게 되면 단백질 합성속도는 느려지고 tRNA^{trp}는 축적될 것이다. 트립토판 오페론의 전사는 감쇠조절(전사약화조절)에 의해 저해를 받게 된다. 세균이 단백질을 빠르게 합성하면 트립토판이 줄어들고, tRNA^{trp}의 양이 부족해진다. 그 결과 오페론의 전사가 촉진되어 많은 양의 트립토판 생합성효소가 발현된다. 억제와 감쇠조절(전사약화조절)이 동시에 작용하면서 특정 아미노산의 양과 전체적인 단백질 합성 속도에 따른 아미노산 생합성효소의 합성 속도를 조절할 수 있다. 만약 트립토판이 고농도로 존재한다면, 활성화된 억제자의 작용에도 불구하고 전사를 시작한 RNA 중합효소가 있더라도 감쇠서열에서 전사를 중단하게 될 것이다. 억제는 전사를 70배 정도 감소시키고 감쇠조절(전사약화조절)은 8~10배 감소시킨다. 두 기전이 함께 작용하면 전사는 600배 정도까지 감소시킬 수 있다.

감쇠조절은 아미노산 생합성효소를 암호화하는 다른 오페론의 조절에 중요하다. 선도펩티드서열은 해당 아미노산에 대해 여러 개의 tRNA를 필요로 하며, 그 뒤에 종결자 서열인 감쇠기가 오게 된다.

리보스위치: 효과기-mRNA 상호작용이 전사를 조절한다

감쇠조절에 의한 유전자 조절과 마찬가지로, **리보스위치**(riboswitch)에 의한 조절은 RNA의 선도 영역의 대체 접힘 패턴에 의해 결정된다. 특정한 접힘 패턴에 의해 전사종결자(그림 13.26 참조)가 형성되고, 이는 하류에 위치한 유전자들의 전사를 억제한다. 다른 접힘 패턴에서는 종결자가 형성되지 않고, 오페론이 전사된다. 선도서열의 2가지 접힘 패턴 중 어느 것이 발생하는지는 작은 효과기 분자의 존재 유무에 따라 결정되는데, 리보스위치가 독특한 것은 RNA 접힘

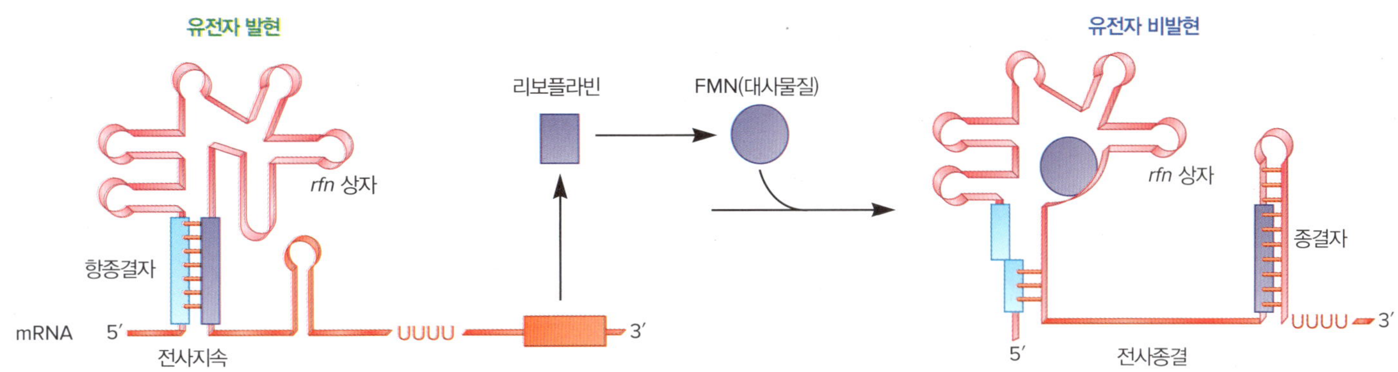

그림 14.11 ***B.subtilis*의 리보플라빈(*rfn*) 오페론을 조절하는 리보스위치.** 리보플라빈(*rfn*) 오페론은 플라빈 모노뉴클레오티드(FMN)의 구성인자인 리보플라빈 합성에 필요한 효소를 암호화한다. FMN이 mRNA 선도서열에 있는 *rfn*(리보플라빈) 상자에 결합하면 전사종결자가 형성된다.

연관 질문 2개의 RNA 선도서열의 접힘 구조에서 몇 개의 뉴클레오티드는 연한 파란색 상자와 진한 파란색 상자에 해당된다. 두 서열이 염기쌍을 이룰 때, 이것을 항종결자(왼쪽)라고 하는 이유는 무엇인가?

유형이 RNA에 직접 결합하는 효과기 분자에 의해 결정된다는 것이다. 이전에는 이러한 능력을 단백질만 가지고 있는 것으로 생각하였다. 특정 리보스위치들은 번역 수준에서 역할을 하는 경우가 있는데, 이는 14.4절에서 알아보도록 한다.

*Bacillus subtilis*의 리보플라빈 생합성 오페론의 예를 살펴보기로 하자. *rfn* 오페론에 의한 리보플라빈 생합성효소의 생산은 리보플라빈에서 유래한 플라빈 모노뉴클레오티드(flavin mononucleotide, FMN)의 세포내 농도에 의해 조절된다(**그림 14.11**). 리보플라빈 오페론의 전사가 시작되면, RNA 선도서열이 *rfn* 상자라는 구조로 접힌다. FMN 양이 적거나 리보플라빈 합성에 효소가 필요하다면, 선도서열이 접혀 전사를 진행할 수 있다. 반대로 FMN 양이 많거나 효소가 필요하지 않다면, FMN이 *rfn* 상자에 결합하여 종결고리를 형성하고 전사를 종결한다. 전사는 인자-매개 전사종결에 기능이 있는 RNA 헬리카아제와 rho 단백질의 도움으로 중단된다(그림 13.27).

*Firmicutes*에서 아미노산 생합성을 위한 효소를 암호화하는 많은 오페론들은 T 상자(T box) 리보스위치에 의해 제어된다. 전사체에 존재하는 RNA 선도서열은 구조유전자를 통한 전사종결 또는 지속적인 전사를 유발하기 위해 2가지 다른 접힘 구조를 도입한다. 2가지 구조는 전하를 띤 tRNA가 **T 상자**라고 하는 RNA 선도서열의 특정 부분에 결합하는지에 따라 결정된다. *trp* 오페론의 감쇠조절과 마찬가지로 T 상자 리보스위치는 번역에 사용할 수 있는 아미노산으로 충전된 tRNA의 가용성을 측정한다. 충분한 양의 아미노산이 존재할 때의 신호는 전하를 띤 tRNA로 이어지고 T 상자는 종결자를 형성하여 전사를 억제한다. 이와 반대로, 아미노산의 농도가 낮을 때는 빈 tRNA가 T 상자에 결합하는데, 이는 전사종결을 방지하고 유전자 발현을 유도한다.

14.4절과 14.5절에서는 다른 형식의 조절기전과 공동으로 작용하는 리보스위치에 대해 알아볼 것이다. 예를 들어, 어떤 리보스위치는 2차 전달자와 반응하는 반면에 다른 리보스위치는 소형 RNA(small RNA)과 함께 작용한다. 이것은 어떻게 세균이 자신의 활성을 조절하기 위해 다수의 조절기전을 사용하는지에 대한 또 다른 예이다.

14.4 RNA 2차 구조가 번역을 조절한다

이 절을 학습한 후 점검할 사항:

a. 전사 리보스위치와 번역 리보스위치를 구별할 수 있다.
b. 소형 RNA에 의한 번역 조절을 이해한다.

이전 절에서 RNA 선도서열의 2가지 대체 구조들에 대한 예를 알아보았고, 그 중 하나가 전사종결자였다. 더불어 mRNA의 선도영역은 번역 수준에서의 유전자 조절 기능도 가지고 있다. 번역은 일반적으로 개시를 차단하는 것을 통해 조절된다. 번역 시 개시코돈의 위치를 지정하는 리보솜의 16S rRNA와 상호작용하는 mRNA의 영역을 샤인-달가노 서열이라고 하는데, RNA 선도서열의 구조는 샤인-달가노 서열을 격리하거나 노출시킨다.

번역 리보스위치

14.3절에서 언급한 리보스위치와 유사하게, 번역단계에서 작용하는 리보스위치는 긴 RNA 선도서열에 효과기 결합부위를 가지고 있다. 효과기 분자의 결합은 mRNA 선도서열이 접히는 양상을 변화시켜 종종 샤인-달가노 서열을 차단한다. 이는 리보솜 결합을 방지하고 결과적으로 번역개시를 억제한다(**그림 14.12**).

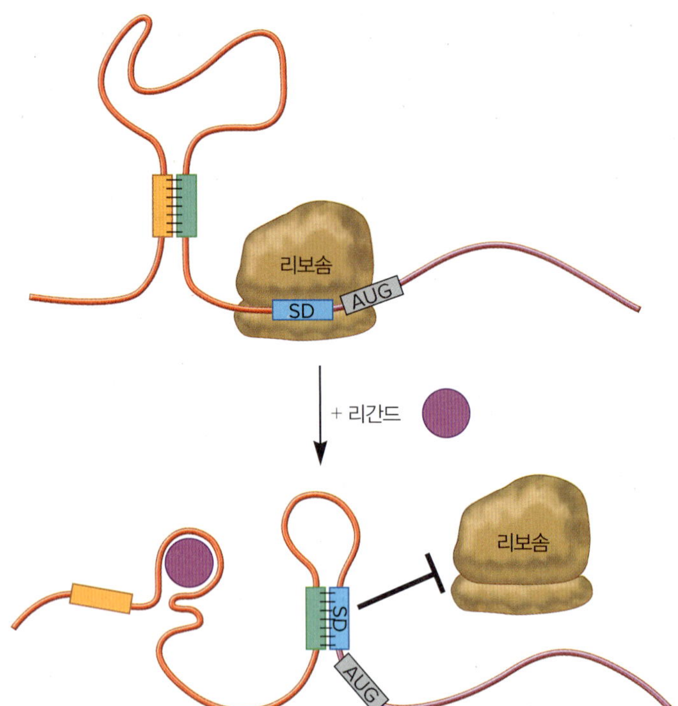

그림 14.12 리보스위치에 의한 번역 억제. 제어 리간드(보라색)가 없는 경우, 리보스위치의 안정적인 구조는 샤인-달가노(SD) 서열(파란색)을 리보솜과 결합할 수 있도록 하여, mRNA를 번역할 수 있도록 한다. 풍부한 리간드가 안정적인 구조의 RNA 선도서열에 결합하면, 이는 RNA 선도서열과 SD 서열의 이중가닥을 형성한다. 이는 리보솜이 SD 서열에 결합하는 것을 막아, 번역을 억제한다.

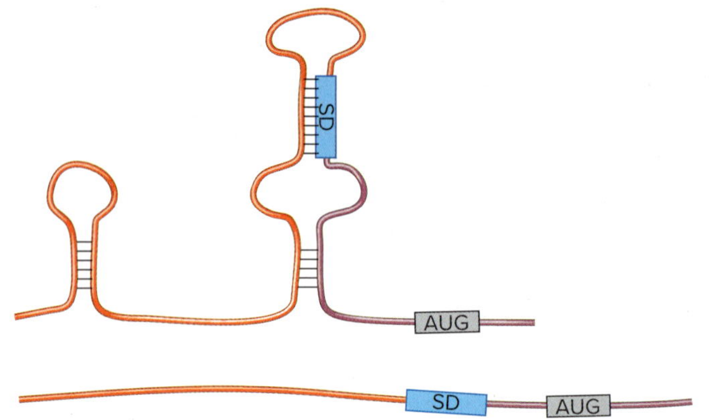

그림 14.13 RNA 온도계에 의한 번역 활성. 저온(위)에서 선도 영역은 줄기-고리를 형성하여 샤인-달가노(SD) 서열(파란색)을 차단한다. 온도가 높아지면서(아래) 해당 영역이 변성되면서 SD 서열이 노출되고, 리보솜 결합과 유전자 발현이 허용된다.

RNA 온도계

병원체 사이에서 널리 관찰되는 한 가지 조절 기전은 온도 변화를 통한 유전자 발현 조절이다. 미생물은 37℃의 일정한 체온을 인식하여 감염 기회를 감지한다. 병원성을 나타내는 중요한 유전자는 이러한 환경에서만 발현되며, 온도에 대한 RNA 접힘의 민감도는 신호전달을 위한 중요한 기전으로 진화했다.

RNA 온도계(RNA thermometer)는 mRNA 선도서열에 위치한 RNA 2차 구조 영역이다. 해당 영역은 AU 뉴클레오티드가 풍부하기 때문에, 열에 덜 안정적이다. **그림 14.13**은 mRNA 선도영역의 2가지 대체 구조를 보여주는데, 저온에서는 선도서열이 2개의 두드러진 줄기-고리 구조를 가지고 있으며, 그 중 하나는 염기쌍을 이루는 SD 서열을 가지고 있어 리보솜에서 사용할 수 없다. 온도가 상승함에 따라 이중가닥 RNA가 변성되어 염기쌍을 이루던 SD 서열이 자유로워져 번역이 가능해진다.

소형 RNA 분자

mRNA, tRNA, rRNA로 작용하지 않는 다수의 RNA 분자가 발견되었다. 미생물학자들은 이들을 **소형 RNA**(small RNA, sRNA) 또는 비암호화 RNA(noncoding RNA, ncRNA)라 하고, 크기는 50~500 뉴클레오티드 정도이다. 일부 sRNA는 DNA 복제와 전사를 조절하는 것으로 보이지만, 다수가 번역단계에서 작용한다. 번역의 조절은 mRNA 분자를 표적으로 하여 행해진다.

mRNA-표적 sRNA는 유전체의 어느 부위에 결합하는지에 따라 시스-암호화와 트랜스-암호화 2가지 형식으로 설명한다. 시스-암호화 sRNA는 표적 mRNA가 만들어지는 유전자의 비주형가닥(즉, 센스가닥)으로부터 합성된다. 따라서 표적 mRNA에 상보적인 서열을 가지며, **안티센스 RNA**(antisense RNA)라고 불린다. 시스-암호화 sRNA는 한 유전자의 발현을 조절한다. 트랜스-암호화 sRNA는 표적 mRNA를 암호화하는 유전자와는 완전히 다른 부위에서 합성되는데, 그들은 표적에 대한 짧은 상보성 영역을 가지고 있으며 여러 유전자의 발현을 조절한다. sRNA가 표적 mRNA에 결합하면 이는 mRNA의 여러 기능을 방해하므로, sRNA가 번역을 억제하는 건 논리적으로 타당해보인다.

트랜스-암호화 sRNA에 의한 번역 조절의 예로 OmpF 포린단백질 합성이 조절되는 것을 들 수 있다. 그람음성 세균의 외막에는 포린단백질로 만든 채널이 있다는 것을 기억하자(그림 3.25 참조). 대장균에서 가장 중요한 포린은 OmpF와 OmpC다(Omp, outer membrane protein). OmpC 통로는 다소 작고, 더 큰 OmpF 통로는 용질을 더 쉽게 세포내로 확산한다. 항생제의 존재는 세포가 화학물질을 배제하기 위해 더 작은 OmpC 통로를 선호하도록 유도한다. *ompF* 유전자의 발현은 MicF RNA로 조절된다. MicF RNA는 *micF* 유전자 산물이다(mic, mRNA-interfering complementary RNA). MicF RNA는 *ompC* 발현이 선호되는 조건에서 생성된다. MicF RNA는 *ompF* mRNA에 부분적으로 상보적이며(**그림 14.14**) MicF

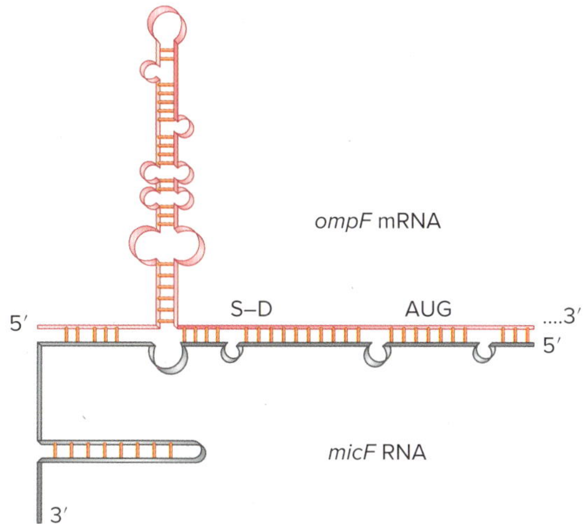

그림 14.14 트랜스-암호화된 소형 RNA(trans-encoded sRNA)에 의한 번역의 억제. *ompF* mRNA(빨간색)는 포린 OmpF를 암호화한다. 이 mRNA의 번역은 *micF* 유전자 산물인 트랜스-암호화된 소형 RNA MicF(검은색)에 의해 조절된다. MicF는 부분적으로 *ompF* mRNA에 상보적이며, 결합하였을 때 번역을 방해한다.

연관 질문 sRNA에 의한 번역 억제는 리보스위치에 의한 번역 억제와 어떤 면에서 다른가?

RNA가 *ompF* mRNA와 염기쌍을 이룰 때, 2가지 효과가 나타난다. 하나는 기존 *ompF* mRNA의 번역을 억제하여 *ompF* 발현을 급격히 감소시킨다. 두 번째로 *ompF* mRNA가 MicF RNA와 염기쌍을 이루며, 생기는 구조는 RNase의 기질로 작용하기 때문에 *ompF* mRNA의 파괴를 유도한다. *ompF*(그리고 *ompC*)는 MicF RNA에 의해 조절되는 것 이외에도 14.5절에서 설명할 2인자 조절시스템에 의해서도 조절된다.

일부 sRNA는 mRNA에 결합할 때 번역을 촉신한다. 억세 또는 활성화 여부에 관계없이 대부분의 트랜스-암호화 sRNA는 RNA 샤프론의 도움으로 작동한다. 대장균의 RNA 샤프론 단백질인 Hfq는 많은 sRNA와 결합하여 이를 안정화시키고, 조절 표적의 상보적 서열과의 상호작용을 촉진한다.

마무리 점검

1. 감쇠조절에서 감쇠서열과 리보솜의 기능은 무엇인가?
2. 대장균의 *trp* 오페론을 완벽히 그려보시오. 프로모터, 작동유전자, 감쇠, 리보솜 결합부위, 선도서열, 열린번역틀을 포함하시오. RNA에서 활성인 것은 무엇인가? DNA에서 활성인 것은 무엇인가?
3. 대장균을 트립토판이 충분한 배지에 접종한 후 트립토판이 결핍된 배지로 옮길 경우 감쇠조절이 어떻게 변할지 설명하시오.
4. 전사 리보스위치와 번역 리보스위치의 공통점과 차이점을 설명하시오.
5. 어떻게 리보스위치가 *trp* 오페론에서 설명한 감쇠조절과 유사한가? 어떤 점에서 다른가? 리보스위치는 sRNA와 어떻게 다른가?
6. *micF* 전사가 조절할 것으로 예상되는 기전은 무엇인가?

14.5 포괄적 조절에 사용되는 기전

이 절을 학습한 후 점검할 사항:

a. 2인자 조절시스템과 연속인산 전달체계를 비교할 수 있다.
b. 어떻게 시그마 인자가 서로 다른 오페론의 전사개시에 사용될 수 있는지 설명할 수 있다.
c. 세균이 2차 전달자로 사용하는 뉴클레오티드를 적을 수 있다.
d. 어떻게 CAP, cAM와 *lac* 억제자가 함께 작용하여 이중영양적 생장을 일으키는지, 또 젖당 오페론의 조절과 연관된 다른 결과를 요약할 수 있다.
e. 이화효소를 암호화하고 있는 다른 오페론이 이화물억제에 의해 조절되는 방법을 추론할 수 있다.
f. 긴축반응을 설명할 수 있다.
g. c-di-GMP를 합성하고 가수분해하는 효소들을 설명할 수 있다. 생물막 형성 시 세포내 농도를 조절하는 방법을 설명할 수 있다.

이제까지는 단일자극에 대한 반응을 조절하는 방법을 설명하였다. 탄소원이나 영양분 농도의 단일변화는 소수의 유전자나 오페론에만 영향을 준다. 또한 미생물은 병원체가 감수성이 있는 숙주와 접하는 경우처럼 중요한 환경의 변화에 대응할 필요가 있다. 이러한 상황에서 미생물의 반응은 감각입력과 유전자 발현 및 세포 생리를 조절하는 큰 규모의 변화가 필요하다. 이는 **포괄적 조절시스템**(global regulatory system)에 의존하며 포괄적 조절시스템은 많은 유전자와 오페론 및 대사 경로에 동시에 영향을 준다. 아마도 포괄적 조절시스템을 실행하는 가장 간단한 방법이 다수의 오페론(또는 유전자)의 발현을 변경하는 단일 **포괄적 조절단백질**(global regulatory protein)의 사용일 것이다. 포괄적 조절자에 의해 조절되는 일련의 유전자와 오페론의 집합을 **레귤론**(regulon)이라고 한다. 포괄적 조절단백질의 좋은 예가 CAP이다. CAP는 세균이 다른 좋은 탄소원의 존재와 무관하게 포도당의 사용을 더 선호하게 해준다. CAP 레귤론은 *lac* 오페론과 *ara* 오페론을 포함한다.

여러 주제가 포괄적 조절에 대해 언급하고 있다. 미생물의 감각과정은 환경신호를 센서(RNA 또는 단백질)의 입체적 구조변화로 전환하는 것을 포함한다. 입체적 구조변화로 신호를 효과기분자에 전달한다. 종종 센서는 여러 개의 영역으로 구성된 큰 단백질이며, 한 영역의 입체 구조변화가 다른 영역의 변화를 초래한다. 다른 경우에는 센서 영역의 변화가 다른 영역의 효소활성을 촉진한다. 이러한 다른 지리입체성 조절은 포괄적 조절시스템에서 중요한 역할을 한다. 이 절에서는 세균이 포괄적 조절시스템을 사용하여 복잡한 과정을 조절하는 일부 방법을 설명한다.

2인자 신호전달체계와 연속인산전달체계

가끔 환경자극에 대한 반응은 **2인자 신호전달체계**(two-component

signal transduction system)로 이루어진 조절단백질에 의해 조절된다. 이 체계는 세포외부의 사건과 세포내부의 유전자 발현을 연결한다.

2인자 신호전달체계는 조절경로를 2종류의 단백질이 관장함에 따라 이렇게 명명되었다. 첫 번째 효소는 원형질막을 가로지르는 **감지 인산화효소**(sensor kinase)로, 이 단백질의 일부는 세포 바깥 환경에 노출되어 있고(그람음성 세균에서는 주변세포질), 다른 부위는 세포질에 노출되어 있다. 이러한 구조로 인해 감지 인산화효소는 환경의 특정 변화를 감지하여 세포내로 정보를 전달한다. 이 단백질은 먼저 자체 인산화된 후 인산기를 두 번째 단백질인 **반응 조절자**(response regulator)로 전달한다. 파트너인 감지 인산화효소로부터 신호를 받으면 반응조절자는 다른 분자와 작용하기 위하여 입체 구조를 변화시킨다. 일부는 DNA에 결합하여 전사개시를 활성화하거나 억제한다. 또 다른 반응조절단백질은 포괄적 네트워크에 참여하는 단백질이나 효소를 변형한다.

EnvZ/OmpR 체계는 전사수준에서 작동하는 2인자 신호전달체계의 좋은 예로 대장균에서 포린 생산을 조절한다(**그림 14.15**). 14.4절에서 소개한 바와 같이 대장균은 sRNA를 사용하여 OmpF 합성을 조절한다. 따라서 삼투압에 대한 반응을 조절하기 위해 두 기전이 사용된다. 실제로 두 기전은 밀접하게 연결되어 있고, 2인자 체계는 MicF sRNA 생산도 조절한다. 흔히 2인자 체계와 sRNA는 함께 작용하여 복잡한 조절 네트워크를 형성한다. EnvZ/OmpR 체계에서 EnvZ[Env는 세포외피(envelope)를 뜻함]는 감지인산화효소이다. EnvZ는 내재성 막단백질로 막관통 영역에 의해 막에 고정되어 있다.

EnvZ의 센서 도메인이 주변세포질의 높은 삼투압 농도를 감지하면, 촉매 도메인은 ATP 가수분해와 세포질에 노출되어 있는 단백질의 히스티딘 잔기를 인산화한다. 이것을 **자가인산화**(autophosphorylation)라고 한다. 이 인산기는 두 번째 인자인 OmpR의 수용체 도메인의 아스파르트산으로 빠르게 전달된다. OmpR이 인산화되면 DNA 결합 도메인이 전사를 조절하여 *ompF*가 억제되고 *ompC*가 활성화된다.

2인자 신호전달체계의 효율성은 큰 것으로 입증된다. 대부분의 세균이 빛, 산소, 영양소와 같은 환경신호에 대한 반응으로 이 체계를 사용한다.

2인자 신호전달체계는 단순한 연속과정을 이용한다. 감지인산화효소는 자신의 인산기를 반응조절자에 직접 전달한다. 그러나 때로는 더 많은 단백질이 인산기의 전달에 관여하는 경우가 있다. 이처럼 긴 경로를 **연속인산전달체계**(phosphorelay system)라고 한다. 연속인산전달체계는 *Vibrio harveyi*의 쿼럼센싱과 *Bacillus subtilis*의 내생포자형성 과정에 중요하게 작동한다. 두 과정은 이 절의 후반부에서 자세하게 설명한다.

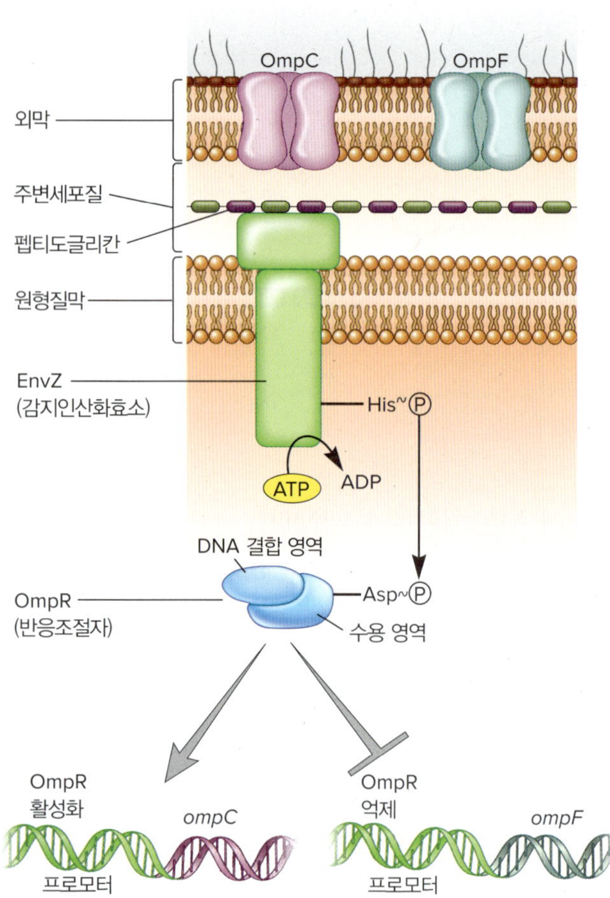

그림 14.15 2인자 신호전달체계와 포린 단백질의 조절. EnvZ 감지인산화효소는 세포질막을 관통하며, C 말단과 N 말단이 세포질에 있다. EnvZ가 주변세포질의 삼투압 변화를 감지하면, 히스티딘 잔기를 자가인산화한다. EnvZ는 반응조절단백질 OmpR의 아스파르트산 잔기에 인산기를 전달한다. 이로써 OmpR은 활성화되어 DNA에 결합할 수 있고, 그 결과 *ompF* 발현은 억제되고 *ompC*의 발현은 촉진된다.

연관 질문 각각의 프로모터를 비교하면 인산화된 OmpR 단백질은 *ompC*와 *ompF* 유전자 중 어느 쪽에 결합할 것으로 예상되는가?

시그마 인자

많은 유전자들이 **선택적 시그마 인자**(alternate sigma factor)를 사용하여 잘 정돈된 방식으로 반응할 수 있다. 선택적 시그마 인자는 세균유전체 프로모터의 특정 부분에 RNA 중합효소를 인도하기 때문에 여러 유전자의 발현을 즉시 변화시킨다. 이것은 RNA 중합효소 중심효소가 프로모터에 결합해서 전사를 시작하려면 시그마 인자의 도움이 필요하기 때문에 가능하다(그림 13.23 참조). 각 시그마 인자는 서열이 다른 프로모터를 인식한다.

표 14.1	대장균의 시그마 인자와 해당 인자들이 인식하는 서열		
시그마 인자	공통 프로모터 서열[1]		전사되는 유전자
σ^{70}	TTGACA	TATAAT	기하급수적 생장에 필요한 유전자
σ^{54}	YTGGCAC[2]	TTGC	질소 대사에 관여하는 유전자
σ^{38}	TTGACA	TCTATACTT	정체기와 일반적인 스트레스 반응에 필요한 유전자
σ^{32}	TNTCNCCCTTGAA	CCCCATTTA	열충격 및 기타 스트레스에 대한 보호에 필요한 유전자
σ^{28}	TAAAG	GYCGATAR	편모 조립에 필요한 유전자
σ^{24}	GAACT	TCAAA	막단백질의 정확한 접힘에 필요한 유전자
σ^{19}	GAAAAT	TGTCCT	철 결핍에 반응하는 유전자

[1] σ^{54} 프로모터를 제외한 모든 공통서열은 각각 −35 및 −10에 있다. σ^{54} 공통 서열은 −24 및 −12에 있다.
[2] N은 임의의 뉴클레오티드를 나타내고, Y는 피리미딘으로 C 또는 T를 나타내고, R은 퓨린으로 A 또는 G를 나타낸다.

대장균은 여러 종류의 시그마 인자를 합성한다(**표 14.1**). 생장하기 좋은 조건에서는 σ^{70}이라는 시그마 인자가 RNA 중합효소의 활성을 주도한다(시그마 인자의 위첨자 번호는 시그마 인자의 크기를 표시한 것으로 70은 70,000 Da임). 편모나 주화성 단백질이 필요하면 대장균은 σ^{28}을 생성한다. σ^{28}은 편모 생합성과 주화성에 필요한 산물을 생산하는 유전자의 프로모터상의 공통서열에 결합한다. 온도가 너무 높으면 σ^{32}가 생산되어 열 손상에서 세포를 보호하는 수십개의 열충격 단백질 발현을 촉진한다.

2차 전달자

많은 세균이 포괄적 조절시스템에 **2차 전달자**(second messenger)를 사용한다. 2차 전달자는 세포 밖의 신호(1차 전달자)에 반응하여 세포 안에서 생산되는 저분자물질이다. 2차 전달자를 합성하는 효소는 환경신호에 반응하고, 2차 전달자는 그 신호를 증폭하여 더 큰 효과기 그룹에 전달한다. 3개의 세균 2차 전달자인 고리형 AMP(cAMP), 구아노신 사인산(ppGpp) 및 구아노신 오인산(pppGpp)이 수년 전에 발견되었다(**그림 14.16**). 가장 최근에 발견된 세균의 2차 전달자 군에는 **고리형 디뉴클레오티드**(cyclic dinucleotide)인 고리형 2합체 GMP(cyclic dimeric GMP, c-di-GMP), c-di-AMP와 cGMP가 포함된다. 각 2차 전달자는 특정한 종류의 환경신호에 반응하며, 반응하기 위해 세포의 생리와 유전자 발현을 전환한다. 3개의 2차 전달자 레귤론(regulon)을 자세하게 설명할 것이다.

대장균의 이화물억제

만약 대장균을 포도당과 젖당이 함유된 배지에서 키우면, 포도당이 없어질 때까지 포도당을 우선 사용한다. 포도당이 고갈되면 짧은 지체기(lag)를 거쳐 젖당을 탄소원으로 사용하여 느린 속도의 생장을 다시 시작한다(**그림 14.17**). 이로써 더 쉽게 분해할 수 있으며 더 많은 에너지를 생성하는 분자인 포도당을 먼저 사용하고, 그다음으로 분해가 좀더 어렵고 에너지를 덜 내는 다른 에너지원을 사용하게 된다. 이러한 2단계 생장패턴을 **이중영양 생장**(diauxic growth)이라 하고, 이러한 현상은 **이화물억제**(catabolite repression)라는 포괄적 조절 시스템에 의해 일어난다. 대장균에서는 2개의 조절 네트워크가 이화물억제를 일으킨다. 첫 번째 네트워크는 덜 선호하는 당을 흡수하는 수송단백질을 직접 억제한다. 다른 네트워크는 당을 이화하는 효소를 암호화하는 유전자의 발현을 급격하게 감소시킨다. 예상한 대로 두 네트워크는 서로 연결되어 있다. 여기서는 두 번째 네트워크를 살펴보고자 한다.

포도당의 이화작용에 관여하는 효소는 항상 발현된다. 그러나 해당과정에 들어가기 전 먼저 변형이 일어나야 하는 탄소원의 이화작용에 필요한 효소를 암호화하는 오페론[예로, *lac*, *ara*, *mal* 및 *gal* (그림 11.19 참조), 전체적으로 이들은 이화물 오페론이라 함]의 발현은 포도당이 많을 때 억제된다. 이것은 고리형 AMP 수용체 단백질(cycle AMP receptor protein, CRP)이라고도 하는 **이화물 활성자 단백질**(catabolite activator protein, CAP)에 의해 이루어진다. CAP는 2차 전달자인 **3′,5′-고리형 아데노신 일인산**(3′,5′-cyclic adenosine monophosphate, cAMP, 그림 14.16a)의 존재 유무에 따라 두 형태로 존재한다. cAMP가 결합하면 CAP는 나선-회전-나선 모티프(helix-turn-helix motif)로 DNA에 결합한다. cAMP가 없으면 CAP는 DNA에 결합할 수 없다. 아데닐산 고리화효소(adenyl cyclase)는 ATP로부터 cAMP를 합성한다. 아데닐산 고리화효소는 포도당이 거의 또는 완전히 없을 때만 cAMP 합성을 촉매한다. 즉,

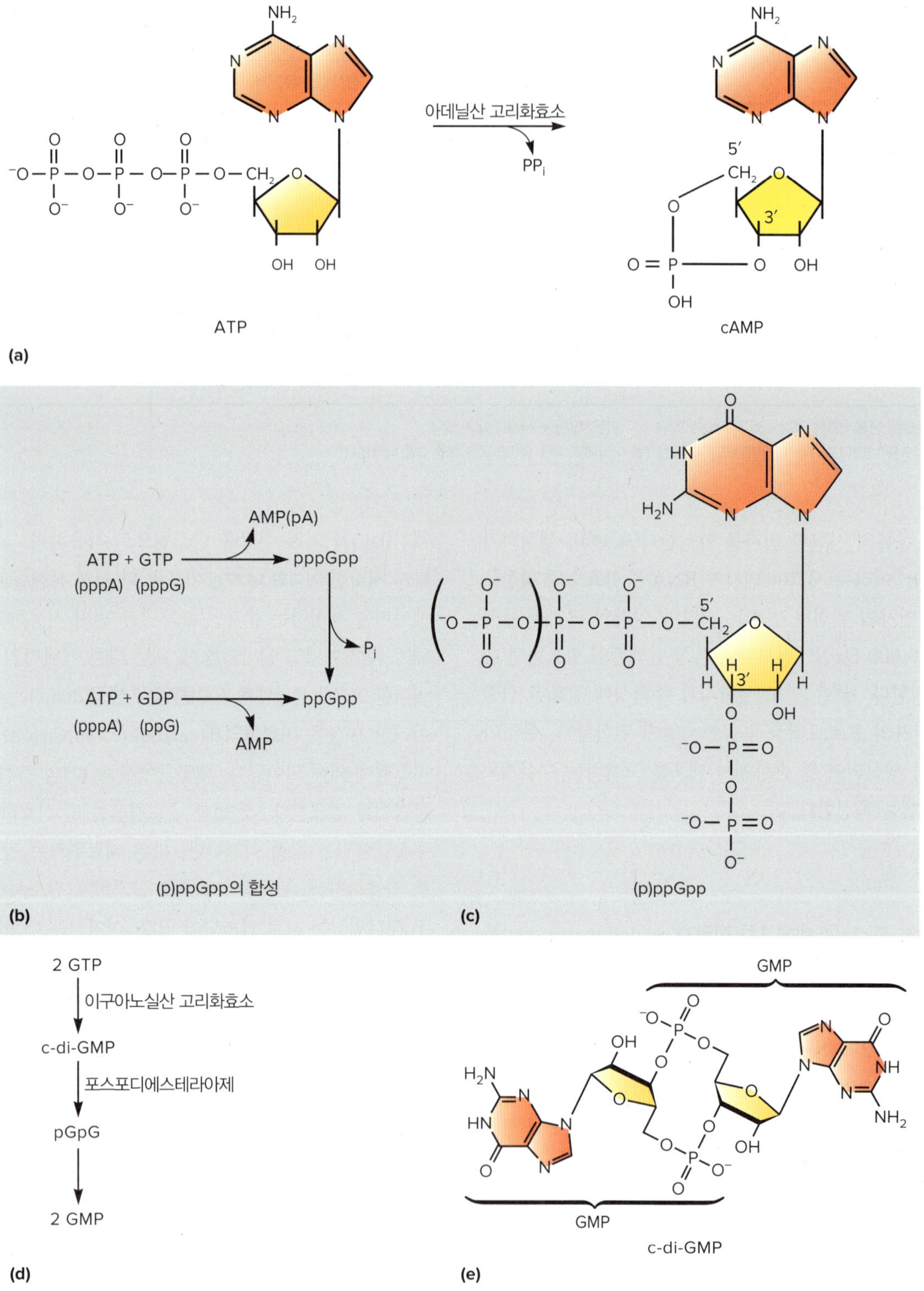

NH2
N N
N N
아데닐산 고리화효소
PPi
O O O
−O—P—O—P—O—P—O—CH2
O− O− O−
OH OH
ATP
5′
CH2
3′
O=P—O OH
OH
cAMP
(a)

AMP(pA)
ATP + GTP → pppGpp
(pppA) (pppG)
Pi
ATP + GDP → ppGpp
(pppA) (ppG)
AMP
(p)ppGpp의 합성
(b)

(p)ppGpp
(c)

2 GTP
이구아노실산 고리화효소
c-di-GMP
포스포디에스테라아제
pGpG
2 GMP
(d)

GMP
GMP
c-di-GMP
(e)

그림 14.16 2차 전달자. (a) cAMP는 ATP로부터 형성된다. 인산기는 리보오스의 3′와 5′ 수산기 사이에 연결된다. (b) 구아노신 사인산(ppGpp)과 구아노신 오인산(pppGpp)의 합성경로이고, (c) (p)ppGpp의 구조이다. (d) 두 효소가 세포내 c-di-GMP 수준을 조절한다. 이구아노실산 고리화효소는 c-di-GMP를 형성하고 포스포디에스테라아제는 c-di-GMP를 분해한다. (e) 고리형 2합체 GMP(c-di-GMP)의 구조이고, 두 분자의 GMP 분자가 인산기로 연결되어 있다.

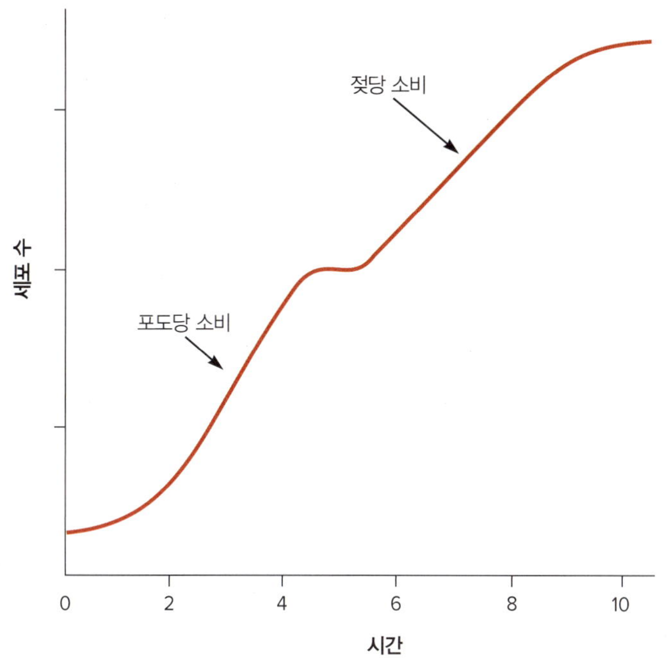

그림 14.17 이중영양 생장. 포도당과 젖당의 혼합물에서 배양한 대장균의 이중영양 생장곡선이다. 포도당이 우선 사용되고, 다음 젖당이 사용된다. 젖당 소비에 필요한 효소를 합성하는 동안에 생장이 잠시 지체되는 시기가 있다.

연관 질문 이런 종류의 이중영양 생장을 보이는 다른 화합물에는 어떤 것들이 있는가?

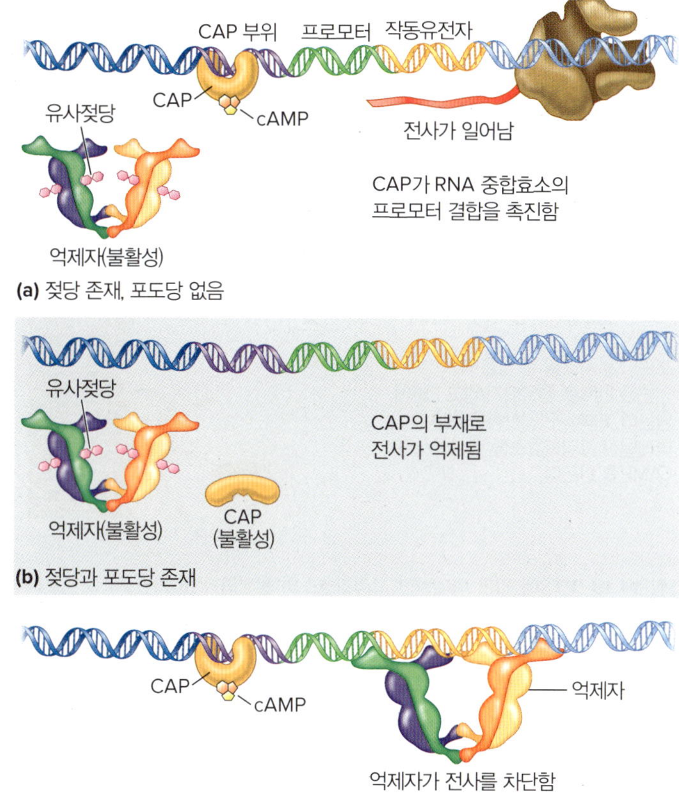

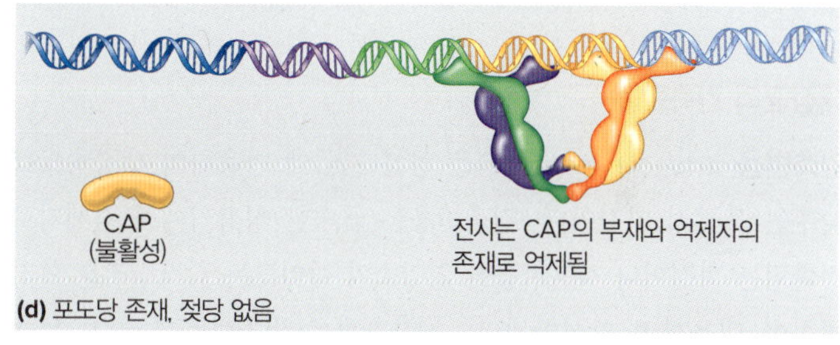

그림 14.18 *lac* 억제자와 CAP에 의한 *lac* 오페론 조절. 젖당 오페론 mRNA 합성의 지속여부는 CAP와 *lac* 억제자의 작용으로 조절된다.

포도당의 수준과 cAMP 수준은 반대로 변한다. 포도당이 없고 다른 당의 이화가 필요하면 세포의 cAMP 양이 증가하고 cAMP는 CAP에 결합하여 CAP를 활성화한다.

모든 이화물 오페론은 CAP 인지부위를 가지고 있고 RNA 중합효소가 효율적으로 전사를 시작하기 전에 cAMP-CAP가 이 부위에 반드시 결합해야 한다(그림 14.7, 그림 14.9). 결합을 하면 CAP는 RNA 중합효소 소단위와 작용하여 RNA 중합효소와 프로모터의 상호작용을 안정화시킨다. 이것이 전사를 촉진한다. 따라서 모든 이화물 오페론은 2종류의 조절단백질에 의해 조절된다. 그 하나는 각 오페론에 특이적인 조절단백질(예로, *lac* 억제자와 araC 단백질)이고 다른 하나는 CAP이다. 젖당 오페론의 경우 포도당이 없고 젖당이 있으면, 유도물질인 유사젖당이 *lac* 억제자 단백질에 결합하여 억제자를 불활성화시키고, CAP가 활성형으로 되어(cAMP가 결합하여) 전사가 진행될 것이다(**그림 14.18a**). 그러나 포도당과 젖당이 모두 부족하면, CAP가 DNA에 있는 자신의 부위에 결합한다 해도, 유도물질이 없는 상태에서 작동유전자에 여전히 붙어 있는 억제자 단백질의 존재로 전사는 억제될 것이다(그림 14.18c). 이와 같은 이중조절로 젖당 오페론은 젖당을 분해하는 유전자가 필요할 때만 발현된다.

CAP가 이화물 오페론을 어떻게 조절하는지 살펴보았다. 이제 cAMP의 조절과 세포가 어떻게 포도당의 양을 감지하는지에 대해 알아보자. 두 경우 모두 PTS(phosphoenolpyruvate: sugar phosphotransferase system)에 기능이 있는 단백질의 상태에 의존한다(**그림 14.19**). 3장에서 PTS 체계에 대해 살펴본 바 있다. PTS에서는 인산기가 일련의 단백질에 의해 PEP(phosphoenolpyruvate)에서 포도당으로 전달된다. 그리고 포도당 6-인산으로 세포에 들어간다(그림 3.14 참조). PTS 단백질의 인산화 상태는 포도당 양의 척도이다. 포도당 양이 적으면, 효소 IIB는 효소 IIA로부터 인산기를 받을 수 없고, 인산기를 포도당에 전달할 수도 없다. 대신에 효소 IIA가 아데닐산 고리화효소를 인산화시켜 활성화하고, cAMP 생산을 촉진한다. 그 후 2차 전달자인 cAMP는 포도당 농도가 감소하는 정보를 이용

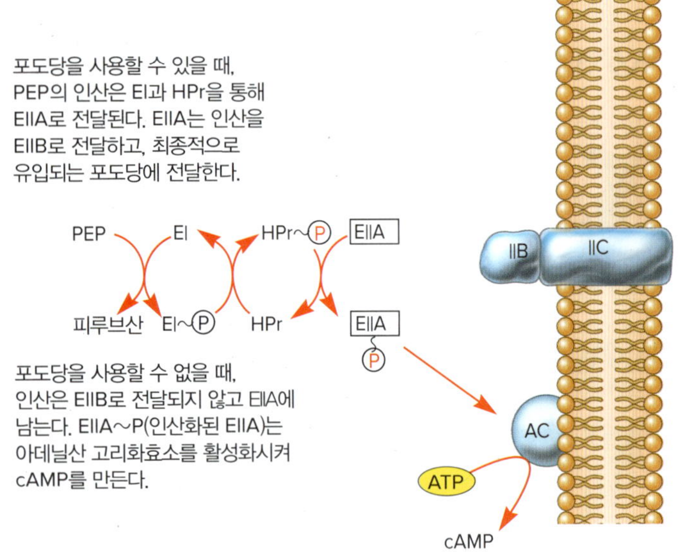

그림 14.19 PTS에 의한 아데닐산 고리화효소의 활성화. PEP는 포스포엔올피루브산을 말한다. EI과 EII는 PTS 체계의 효소 I과 효소 II를 각각 나타낸다. EII는 A, B, C 3개의 소단위로 이루어져 있다. HPr은 열안정 단백질(heat-stable protein)을 의미한다. AC는 아데닐 고리화효소를 의미한다.

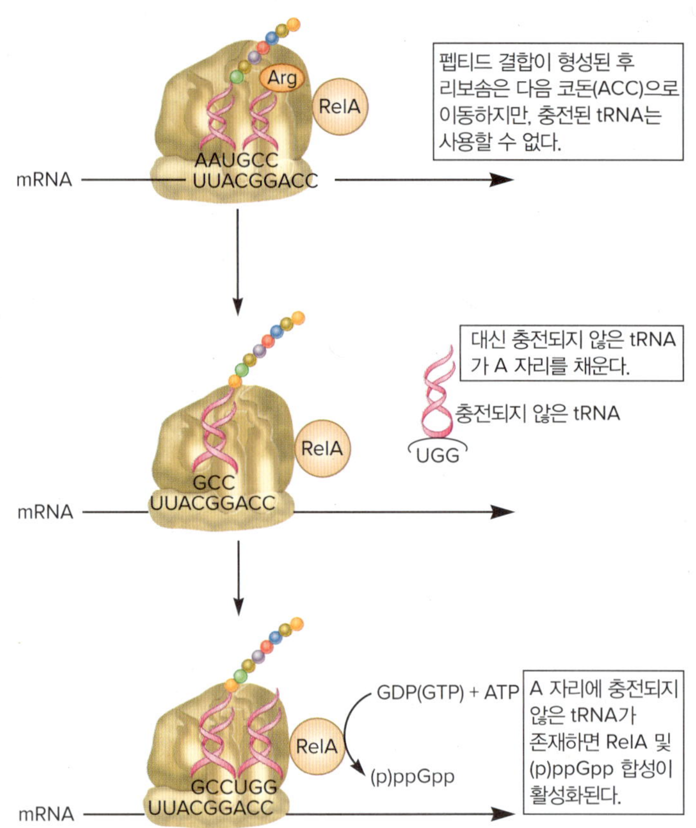

그림 14.20 아미노산 결핍 시 RelA의 활성화.

가능한 대체 탄소원을 찾도록 반응할 수 있는 분자에게 전달한다. ◀ 작용기 전달(3.3절)

대장균의 긴축반응

긴축반응(stringent response)은 양분 자극에 반응하여 생장속도를 늦추는 포괄적 기전이다. 긴축반응은 급속한 성장기에서 정체기로 전환되는 과정이나 사용가능한 영양소가 줄어드는 갑작스러운 환경 변화에 대응하여 활성화된다. 동화과정은 생물량을 늘리기 위해 ATP를 필요로 하며, 에너지를 보존하기 위해 느려진다.

대장균에서 가장 잘 연구된 긴축반응의 하나는 아미노산 고갈에 대한 반응이다. 대장균이 양분이 풍부한 조건에서 자라면 RNA 중합효소는 tRNA와 rRNA, 리보솜 단백질 유전자를 활발하게 전사하여 단백질 번역을 위한 해당 분자들을 즉시 공급한다. 아미노산이 고갈되었을 때 세포가 지속적으로 많은 양의 tRNA와 rRNA을 합성하는 것은 낭비이다. 대신에 세포는 이들의 합성을 감소시키고 적절한 아미노산 생합성 유전자의 전사를 증가시킨다.

세균의 아미노산이 고갈되면, tRNA 분자는 동족 아미노산에 부착할 수 없다. 그래서 번역 동안 리보솜의 A 자리에 들어갈 아미노산 결합 tRNA는 없고 리보솜은 정지된다(**그림 14.20**). 그러나 빈 tRNA는 결국 A 자리로 들어간다. 이는 리보솜과 관련된 RelA라는 효소를 촉발시켜 2차 전달자인 (p)ppGpp의 합성을 촉매한다(그림 14.16b,c). 이에 관련된 분자는 양분 자극에 반응하기 때문에, **알라몬**(alarmone)이라고 한다. 이는 세포내에서 유사하게 작용하기 때문에, (p)ppGpp로 함께 지정된다. 좋은 생장 조건에서 (p)ppGpp의 농도는 낮고, 영양소에 제한이 있을 때, (p)ppGpp 합성은 증가한다.

(p)ppGpp의 효과는 광범위하며 일반적으로 억제적이다. (p)ppGpp는 GTP와 구조적으로 관련이 있기 때문에 번역개시인자 IF2의 경쟁적 억제자로 작용한다(그림 13.35 참조). IF2가 GTP 대신 (p)ppGpp와 결합하면 번역의 첫 번째 과정을 방해하기 때문에, 그로 인해 번역 과정 전체가 멈추게 된다. 또한 RNA 중합효소 프로모터의 열린 복합체를 불안정하게 하여(그림 13.23 참조) 전사를 막고, 복제단백질인 프리마아제를 억제하여(그림 13.12 참조), 유전체 복제를 늦춘다. 추가적으로 여러 물질대사 효소들을 억제한다. 결국 (p)ppGpp는 가수분해되고, 세포는 가용한 양분을 보다 잘 이용하도록 (p)ppGpp의 양을 재설정한다. ◀ 세균의 DNA 복제(13.3절); 세균의 전사(13.5절); 세균의 번역(13.7절)

비록 긴축반응이 다양한 세균에서 작용을 하지만 각 미생물 특유의 생활양식에 따라 정확한 시발인자는 다르다. 작은 알라몬 합성효소와 작은 알라몬 가수분해효소라는 효소들이 세포의 (p)ppGpp 양을 조절하며 효소 자체는 시그마 인자와 같은 포괄기전에 의해 조절된다. 일부 세포는 이들 효소를 큰 단백질의 영역으로 가지고 있어 동일한 단백질 내에 있는 감지영역에 의해 활성화된 (p)ppGpp의 양을 직접 조절한다. 최근 연구에 의하면 존속세포(persister cell)는 많은 양의 (p)ppGpp를 가지고 있으며, 이는 존속성 세균이 생장속도를 느리게 하는 극단적 반응을 통해 형성됨을 추정할 수 있다. ◀ 자연환경에서의 미생물 생장(7.6절)

고리형 디뉴클레오티드에 의한 신호전달

여러 고리형 퓨린 뉴클레오티드는 또 다른 부류의 2차 전달자를 구성한다(그림 14.16d,e). 가장 먼저 발견되고 가장 잘 연구된 것은 고리형 이합체 GMP(c-di-GMP)이다. 유사한 전달자로는 아데노신 일인산의 이합체인 c-di-AMP와 구아노신과 아데노신 일인산의 이종이합체인 cGAMP가 있다. 3종의 고리형 디뉴클레오티드 모두 특정한 환경신호에 반응하여 형성되고 단백질과 리보스위치 모두에 작용하여 유전자 발현을 조절한다. 여기서는 c-di-GMP에 초점을 맞춰 설명하겠다.

c-di-GMP(그림 14.16d)는 이구아닐산 고리화효소(diguanylate cyclase, DGC)에 의해 합성된다. 이에 반대로, 포스포디에스테라아제(phosphodiesterase, PDE)는 c-di-GMP를 분해한다. 이 2가지 효소의 균형이 세포내 농도를 결정하고, 이는 차례로 주요 조절 기전을 제어한다. DGC 및 PDE 도메인을 포함하는 단백질은 세균에 널리 존재하고, 막에 존재하는 센서에서 세포질 단백질 형태로 만들어진다. 센서가 신호를 감지하면 c-di-GMP를 합성하거나 가수분해한다. 각 미생물마다 c-di-GMP에 영향을 미치는 여러 환경적 요소가 있을 수 있고, 이를 통해 세포가 여러 신호를 통합할 수 있다.

c-di-GMP가 형성되면 세포질 전체에 확산되어 효과기분자에 결합한다. 일부 효과기는 단일 c-di-GMP 분자에 반응하는 반면 다른 효과기는 2개 또는 4개의 분자를 필요로 하기 때문에, c-di-GMP의 세포내 농도가 조절에 중요하다. 잘 연구된 한 가지 예시로 c-di-GMP에 의한 신호전달은 자유로운 생활을 하는 운동성 생활방식에서 비운동성 생활방식으로의 전환을 제어하고, 세포의 형태학적 및 생리학적 변화를 위한 환경신호를 조절하는데 필요하다(그림 7.24 참조).

최근의 연구결과들은 *Pseudomonas* 종에서의 c-di-GMP 조절의 복잡성과 광범위성을 보여준다. 운동성 세포가 단단한 표면에 가까워지면 편모의 회전이 중단되어 모터에서 기계적 신호를 생성할 수 있다(그림 3.39 참조). 근처의 막 센서가 신호를 감지하고 DGC 도메인을 활성화하고, 증가하는 c-di-GMP 농도는 처음에 운동을 느리게 한 다음, 운동성을 빠르게 차단하기 위해 일련의 유전자 발현을 시작한다. 이는 편모의 구성성분을 암호화하는 유전자의 전사를 억제하고 2인자 신호전달체계와 작은 RNA 분자의 활성화를 통해 이루어진다. 동시에, c-di-GMP는 표면 부착을 촉진하기 위해 부착소(adhesin) 단백질의 합성을 촉진한다(**그림 14.21a**). LapA 부착소는 외막에 표지되어 세포를 기질에 고정시킨다. LapA의 C-말단에는 시스테인 잔기가 있으며 주변세포질에 도달하면 산화되어 이황화결합을 형성한다. C-말단은 LapE의 내강을 연결하여 부착소를 세포에

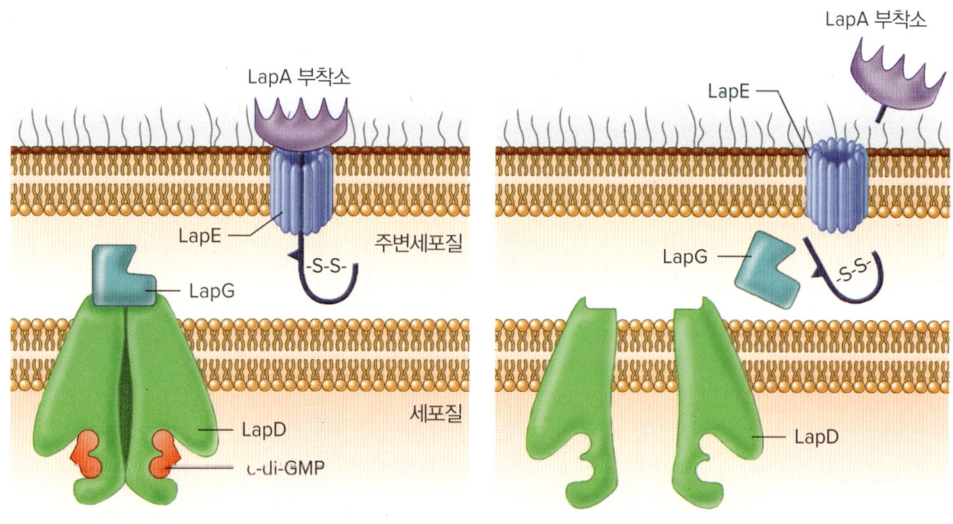

(a) 부착소는 세포를 기질에 고정시킨다.

(b) 부착소를 파괴하면 세포가 기질로부터 분리될 수 있다.

그림 14.21 ***Pseudomonas* 생물막에서의 고착성-운동성 전이.** (a) 표면 부착소(예: LapA)가 세포를 기질에 부착시키고 LapE를 통해 고정시킨다. c-di-GMP가 LapD에 결합하여 LapG 단백질분해효소가 격리되는 구조를 형성하도록 촉진한다. (b) c-di-GMP 수준이 낮아지면 LapG가 LapD로부터 분리되어 부착소의 주변세포질 영역을 자른다. 세포는 기질로부터 떨어져나와 생물막을 이탈한다.

고정한다. c-di-GMP의 두 번째 효과는 다중 도메인 단백질인 LapD에 기인한다. LapD는 세포질과 주변세포질에 영역을 가지고 원형질막에 걸쳐 있다. c-di-GMP가 LapD의 세포질 도메인과 결합하면, 주변세포질 도메인의 형태변화가 일어나게 되고, 여기서 LapD는 LapG라는 단백질분해효소를 억제한다. 환경적 조건이 세포를 운동성 상태로 바꾸는 경우에, c-di-GMP 수준이 떨어지고 LapD-LapG 상호작용이 역으로 진행되어 세포가 분산된다(그림 14.21b). PDE 활성이 c-di-GMP를 제거하면 LapD의 세포질 영역의 입체배치가 변하고 LapG를 주변세포질로 방출한다. LapG는 C 말단 근처의 LapA를 잘라 세포를 부착소로부터 방출시킨다. 이로써 세포는 떨어져 나간다. ◀ 2단계 분비체계(13.9절)

마무리 점검

1. 포괄적 조절시스템이란 무엇이며 왜 필요한가?
2. 이화물억제가 어떻게 이중영양 생장을 일으키는지 설명하시오.
3. 다음 생장 조건 아래에서는 대장균에서 어떤 일이 일어나는지 기술하시오: 포도당은 있으나 젖당은 없는 배지, 포도당과 젖당이 모두 포함된 배지, 젖당은 있으나 포도당은 없는 배지, 둘 다 없는 배지.
4. 전형적으로 긴축반응이 탄소원에는 반응하지 않고 질소원 고갈에는 활성화되는가?
5. CDG과 PDE 도메인이 어떻게 환경적 조건을 유전자 활성 및 단백질 활성으로 변환시키는지 설명하시오.

14.6 세균은 복잡한 세포과정을 조절하기 위해 여러 조절기전을 조합한다

이 절을 학습한 후 점검할 사항:

a. 대장균의 주화성 체계에 있는 단백질이 화학유인물질이 존재할 때 어떻게 편모의 회전을 조절하는지 설명할 수 있다.
b. 화학기피물질이 농도기울기를 형성하여 존재할 때 대장균세포에서 일어나는 현상을 추론할 수 있다.
c. *Vibrio fischeri*와 *Vibrio harveyi*에서 관찰되는 쿼럼센싱을 구분할 수 있다.
d. *Bacilius subtilis*가 내생포자 형성을 조절하기 위해 사용하는 조절기전을 설명할 수 있다.
e. 박테리오파지 감염에 대한 세포반응에서 제한-수식과 CRISPR/Cas의 활성을 비교할 수 있다.

이 절에서는 세균의 생활사에 심각한 변화를 초래하는 복잡한 과정 4개를 설명한다. 이 변화들은 많은 에너지를 소모하며, 세포는 자원을 투입하기 전에 다수의 감지기로부터 전달된 입력들의 균형을 유지한다. 이러한 예들은 어떻게 포괄적 조절시스템이 다양한 행동을 조절할 수 있는지, 어떻게 각 체계가 분자 수준에서 반응을 정리하는지 설명한다.

대장균의 주화성

3장에서 세균이 환경에 존재하는 화학물질을 감지하며 유인물질(attractant)인지 기피물질(repellent)인지에 따라 물질이 있는 쪽으로 움직이거나 반대로 멀어질 수 있다는 사실을 살펴보았다. 간단하게 설명하기 위하여 유인물질 쪽으로 움직이는 것만을 고려한다. 대장균의 주화성 체계가 가장 잘 연구되어 있으며, 대장균 역시 다른 주모성 편모를 지닌 세균과 같이 2가지 동작을 나타낸다. 질주(run)라는 유영과 질주를 방해하는 구르기(tumble)라는 두 번째 동작이다. 질주는 편모가 반시계방향(CCW)으로 회전할 때 나타나며 구르기는 편모가 시계방향(CW)으로 회전할 때 나타난다(그림 3.44 참조). 세포는 2가지 운동을 번갈아서 사용하여 구르기로 방향을 바꾼 다음 질주한다.

대장균이 균질한 환경, 즉 서식지 전체에 걸쳐 화학물질의 농도가 항상 일정한 환경에 있을 때에는 세포가 특정한 방향 없이 무작위로 움직인다. 이를 **무작위 이동**(random walk)이라 한다. 그러나 주변에 화학물질의 농도기울기가 형성되어 있을 때에는, 세포는 **편향된 무작위 이동**(biased random walk)을 시작한다. 질주와 구르기를 번갈아하지만, 유인물질을 향한 질주는 더 오래지속되고 유인물질로 멀어지는 질주는 짧아진다. 그 결과 세포는 유인물질의 방향으로 점차 이동한다.

수십여 년 동안 과학자들은 이와 같은 복잡한 행동을 분석하여 대장균이 어떻게 유인물질이 있는지를 감지하고, 어떻게 질주에서 구르기로, 그리고 다시 질주하는 것으로 동작을 바꾸며, 어떻게 자신이 정확한 방향으로 가고 있다는 것을 '아는지' 등을 이해하고자 노력했다. 이러한 연구를 통해 대장균의 주화성 반응에는 2인자 신호전달체계와 주화성 수용체의 공유변형(covalent modification)이 관여한다는 것을 알 수 있었다. 비록 대부분의 2인자 신호전달체계가 전사개시를 조절하지만, 일부는 효소의 활성을 조절한다. 주화성이 이런 경우이다. ◀ 편모운동(3.9절)

대장균은 화학물질이 화학수용체에 결합할 때 주변의 화학물질을 감지한다(**그림 14.22**). 여기서는 메틸기수용 주화성 단백질(methyl-accepting chemotaxis protein, MCP)이라 불리는 한 종류에 초점을 맞추어 살펴보기로 한다. 편모의 회전방향을 조절하는 신호전달체계는 감지 인산화효소 CheA와 반응 조절자 CheY로 이루어져 있다. 유인물질에 의해 활성화되면 CheA 단백질이 ATP를 이용해서 자가인산화된다(그림 14.22a). 이 인산기는 빠르게 CheY로 전달된

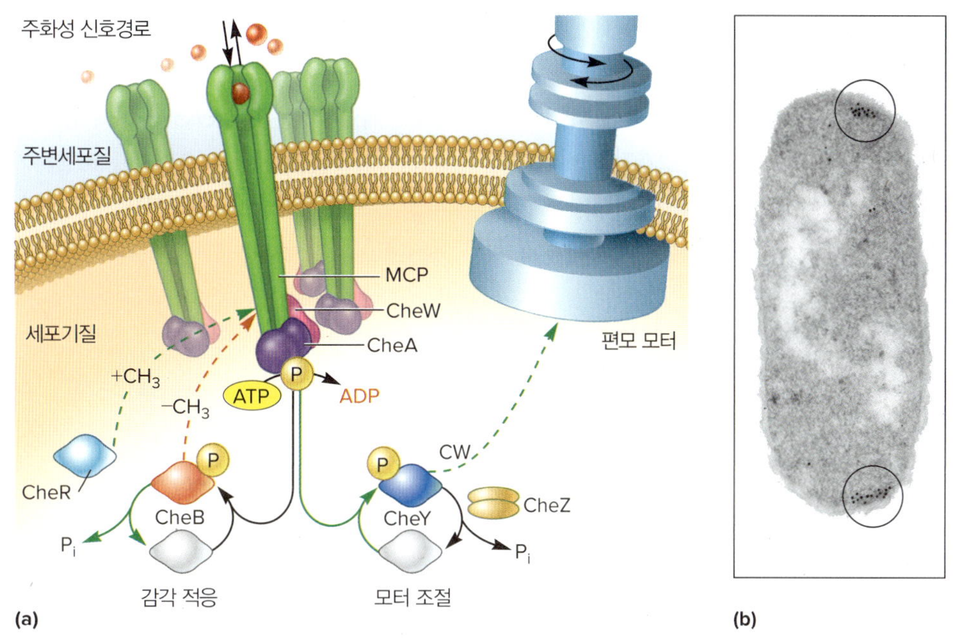

그림 14.22 대장균의 주화성 반응의 단백질과 신호전달 경로. (a) 메틸기수용 주화성 단백질(MCP)은 CheA와 CheW 단백질과 결합하여 클러스터 구조를 가진다. CheA는 감지 인산화효소로 활성화되면 2개의 서로 다른 반응 조절단백질인 CheB(메틸에스터라아제) 또는 CheY를 인산화시킨다. 인산화된 CheY는 편모 모터와 작용하여 편모의 회전을 반시계방향에서 시계방향으로 전환시킨다. 이 결과 질주(반시계방향 회전)에서 구르기(시계방향 회전)로 전환된다. 반시계방향 회전 빈도를 증가시키는 경로는 빨간색으로 표시되어 있다. 반시계방향의 회전은 주기적으로 구르기를 야기하는 시계방향 회전에 의해 방해를 받는다. 시계방향 회전으로 이끄는 경로는 녹색으로 표시되어 있다. 회색으로 표시된 분자는 탈인산화되어 있으며 활성이 없다. (b) MCP, CheA, CheZ 복합체는 대장균의 전자현미경 사진에서 보듯이 세포의 양 끝에 큰 수용체 클러스터를 형성한다. 수용체 클러스터를 표지하기 위하여 금으로 표지된(gold-tagged) 항체를 사용하였고, 검은색 점으로 보인다(원형). (b) Courtesy of Prof. Janine Maddock

다. 인산화된 CheY는 세포질을 통해 편모의 모터로 확산된다. 모터 단백질과 상호작용하면 회전방향이 반시계방향에서 시계방향으로 바뀌면서 세포는 머무르게 된다. CheY가 불활성화되면 편모는 반시계방향(CCW)으로 회전하고 세포는 앞으로 서서히 질주한다.

앞에서 암시하였듯이 MCP의 상태가 CheA/CheY 체계와 소통해야만 한다. 어떤 방식으로 소통이 가능한가? MCP는 원형질막에 삽입되어 있으며 막의 양쪽으로 다른 부분이 노출되어 있다(그림 14.22). 주변세포질 쪽으로 노출된 MCP 영역에는 유인물질 분자가 결합할 수 있는 결합부위가 있다. 세포질 쪽에 노출된 MCP 영역은 2개의 단백질인 CheW, CheA와 상호작용한다. CheW, CheA와 함께 MCP 수용체는 세포의 한쪽 또는 양쪽 끝에 큰 수용체 클러스터를 형성한다(그림 14.22b).

각 수용체 클러스터에 들어 있는 MCP 분자들은 서로 협력적으로 CheA 활성을 조절하는 것으로 보인다. 클러스터의 MCP 분자가 하나라도 유도물질에 결합하면, CheA 자가인산화가 억제되고 편모는 계속 반시계방향으로 돌면서 세포가 질주하는 상태를 유지하도록 한다. 이러한 과정이 협력적으로 일어나기 때문에 세포는 유도물질이 매우 낮은 농도로 존재하더라도 이에 반응할 수 있다. 한편, 세포가 잘못된 방향으로 움직인다면, 유인물질의 농도가 감소하여 신호전달 단위의 MCP에 결합한 유인물질의 양이 감소한다. CheA 자가인산화가 촉진되어 인산기를 CheY로 전달하여, 세포가 머무르기 시작한다. 그러나 구르기가 무한정으로 지속되지는 않는다. 편모가 시계방향으로 약 10초 정도 회전하면 CheZ 단백질이 CheY에서 인산기를 제거하여 편모는 반시계방향으로 회전하기 시작한다.

그런데 대장균은 어떻게 주변 환경에 있는 유인물질의 농도를 측정하고 또 어떻게 자신이 유인물질 쪽으로 다가가고 있다는 것을 알 수 있는가? 대장균은 유인물질의 농도를 몇 초 간격으로 측정해서 시간이 지나면서 농도가 증가하는지 감소하는지를 결정한다. 시간에 따른 유인물질의 농도를 비교하기 위하여 대장균은 조금 전의 농도를 '기억'하는 기전을 가지고 있어야만 한다. 대장균은 MCP를 메틸화하여 이를 수행한다. CheR과 CheB 단백질은 MCP의 전체 메틸화 수준(세포질 쪽)을 전체 유인물질 결합량(주변세포질 쪽)과 비교한다. 유인물질의 농도가 계속 증가하는 동안, 유인물질이 결합된 MCP의 수가 많아지고, MCP 메틸화 정도도 높게 유지된다(즉, 거의 모든 부위가 메틸화된다). 그러나 유인물질의 농도가 감소하면, 메틸화 정도가 유인물질의 결합 정도를 초과하게 된다. 이와 같은 메틸화 정도와 MCP에 결합한 유인물질 정도의 차이는 CheA 분자가 자가인산화되는 것을 촉진한다. 세포는 스스로의 방향을 재조정하기 위해 농도기울기 방향으로 구르게 되고, 세포는 회전하여 유인물질에서 멀어지는게 아니라 유인물질을 향하여 움직이게 된다. 이와 동시에 일부 메틸기가 메틸에스테르 가수분해효소인 CheB에 의해 MCP에서 제거되어 MCP에 결합한 유인물질의 수에 상응하는 메틸화 수준을 확립한다. 몇 초 후에 세포는 유인물질에 결합한 MCP의 수와 새롭게 확립된 메틸화 수준을 비교하게 된다. 2가지를 비교하면서 세포는 다시 농도기울기를 따라 움직이고 있는지 아닌지를 결정할 것이다. 만일 역행하는 것이 아니라면 회전은 억제되고 계속 질주할 것이다.

먹이를 향해 움직이는 아주 간단한 행동에도 미생물 행동의 분자적 복잡성이 존재한다. 화학물질을 감지하는 장치는 신호를 검출할 뿐만 아니라 이를 해석하여 세포질 검출 분자인 CheA 및 CheW를 통해 원시 형태의 기억을 구성한다. 이러한 2인자 구성체계는 인산기의 전달을 통해 신호 감지와 운동성을 연결하고, 메틸기의 전달을 통해 검출과 기억을 연결한다.

Vibrio 종의 쿼럼센싱

세균세포 사이의 소통은 대개 신호 또는 신호분자로 불리는 화학물질을 교환하면서 이루어진다. 신호분자 교환은 미생물 집단에서 유전자 발현을 조율하는 데 필수적이다. 세포의 소통은 광범위한 세균에서 독성, 공생, 생물막 형성 및 형태적 분화에 필요한 산물을 암호화하는 유전자의 조절에 필수적인 역할을 한다. 쿼럼센싱 기전은 미생물에 다양하게 존재한다. 여기에서는 가장 잘 연구된 두 기전에 초점을 둔다.

해양 생체발광(bioluminescent) 세균인 *Vibrio fischeri*는 숙주인 오징어의 발광기관에서 빛의 생산을 조절하기 위해 쿼럼센싱을 사용한다. 즉, 이 세균은 집단의 밀도가 높을 때만 빛을 발한다(그림 7.27 참조). 쿼럼센싱은 *V. fischeri*와 숙주상에 공생관계를 유지하기 위해 필요한 산물을 생산하는 유전자를 조절하기 위해서도 사용된다. 그 결과로, 오징어/*V.fischeri*의 공생은 동물과 세균 사이의 연합을 이해하는 중요한 모델이 되었다. 우리는 생체발광을 포함한 단일 오페론의 조절에 초점을 둘 것이나, **쿼럼센싱**(정족수인식, quorum sensing)은 여러 유전자와 오페론을 조절한다는 것을 기억해야 한다. ◀ 미생물집단 내에서의 세포 간 의사소통(7.6절)

*V. fischeri*를 비롯한 많은 그람음성 세균은 쿼럼센싱 과정에 ***N*-아실호모세린락톤**(*N*-acylhomoserine lactone, AHL) 신호를 사용한다(**그림 14.23**). 이 작은 분자의 합성은 *luxI* 유전자 산물인 AHL 합성효소라는 효소에 의해 촉매된다. *luxI* 유전자는 양성 자가조절(autoregulation)을 한다. 즉, *luxI*의 전사는 세포내에서 AHL이 축적됨에 따라 증가한다. 이것은 AHL과 결합할 때만 활성화되는 전사활성자인 LuxR을 통해 이루어진다. 그래서 단순한 되먹임고리가 만들어진다. AHL에 의해 활성화된 LuxR이 없으면, *luxI* 유전자는 기본 수준만 전사된다. 오징어 발광기관 내의 *V. fischeri* 밀도가 낮으면 세균이 생산한 소량의 AHL은 자유롭게 세포를 확산해나가서 주변에 축적된다. 세포밀도가 증가함에 따라, 세포 밖 AHL의 농도가 세포내보다 더 높아지고, 농도기울기가 역전된다(그림 7.26 참조). 세포내 AHL의 농도가 증가함에 따라 AHL은 LuxR에 결합하여 LusR을 활성화시킨다. LuxR은 *lux*I와 생체발광에 필요한 산물을

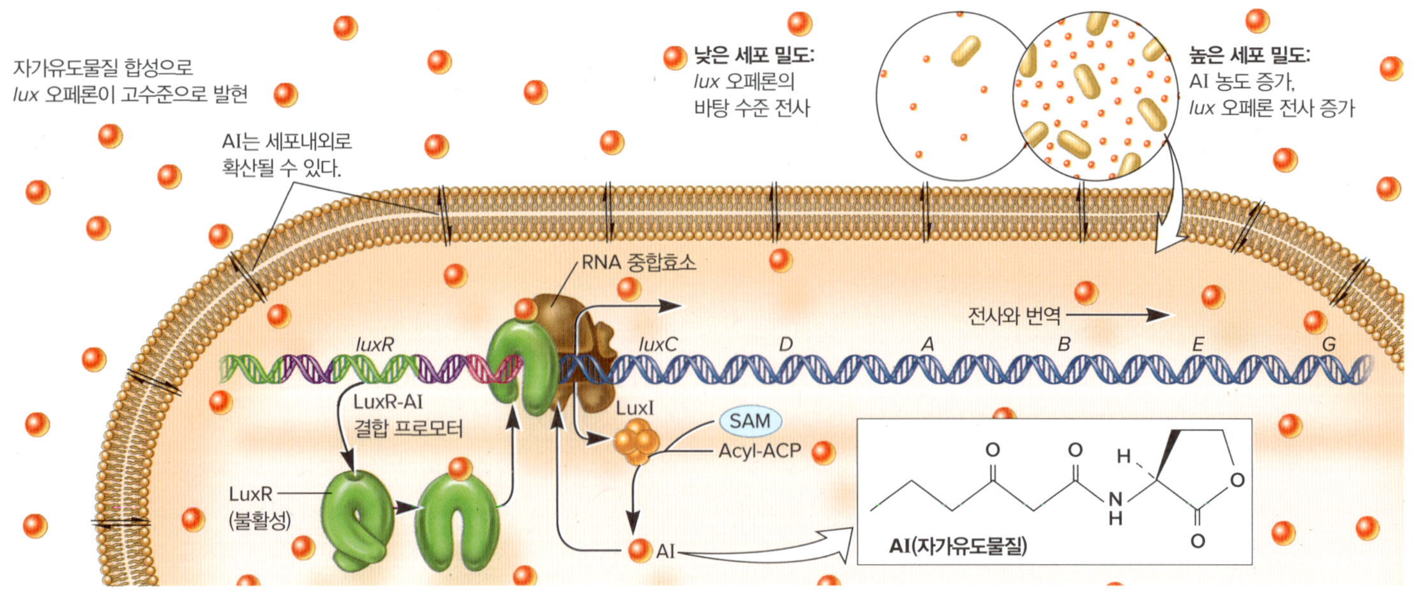

그림 14.23 ***V. fischeri*의 쿼럼센싱.** AHL 신호분자(AI)는 세포 밖으로 확산되어 나온다. 세포밀도가 높으면, AI는 역으로 세포 안으로 확산된다. 세포 안에서 전사조절자인 LuxR과 결합하여 활성화된다. 활성화된 LuxR은 다시 AHL 합성효소 유전자(*luxI*)뿐만 아니라 빛 발생에 필요한 단백질 유전자들의 전사를 촉진한다.

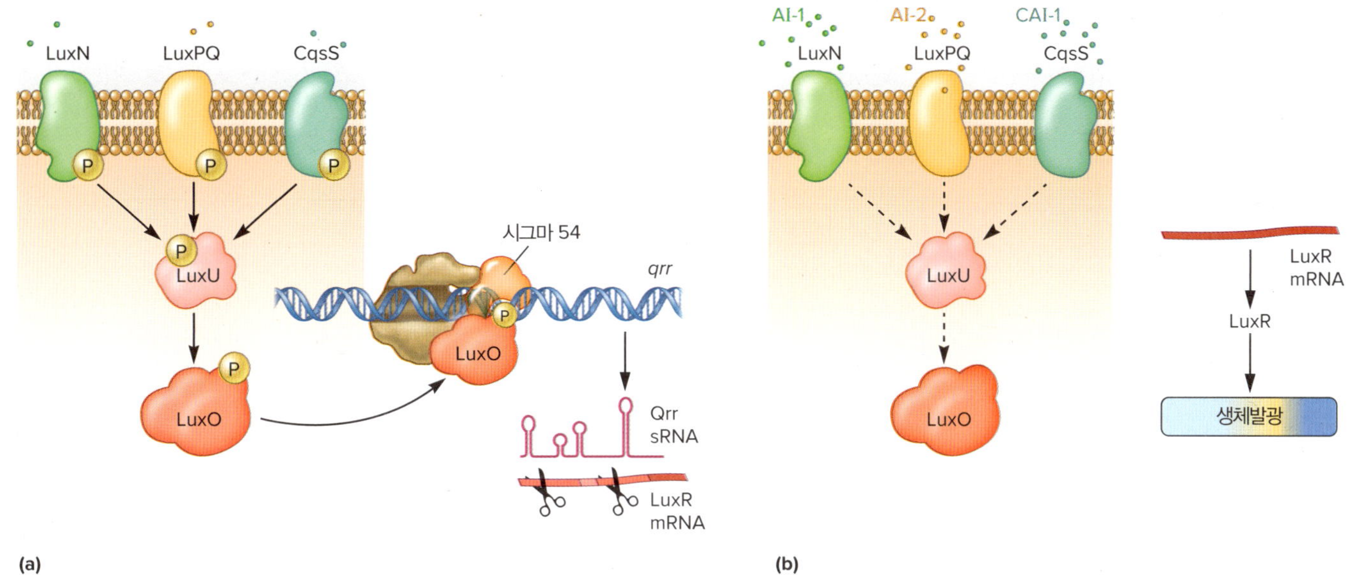

그림 14.24 *V. harveyi*의 쿼럼센싱. (a) 낮은 농도의 자가유도 신호에서 3종류의 감지 인산화효소 모두는 인산기를 LuxU로 전달하고 LuxU는 인산기를 LuxO로 전달한다. 시그마 54와 함께 작용하는 LuxO는 *qrr*(quorum regulatory RNA) 유전자의 전사를 활성화시킨다. 이 유전자들의 산물은 소형 RNA(sRNA) 분자들로 LuxR mRNA에 결합하여 이를 분해한다. *luxCDABE* 오페론의 전사를 촉진하는 LuxR이 없으면 생체발광이 일어나지 않는다. (b) 자가유도 신호는 LuxU의 인산화를 억제한다. LuxR은 합성되고 그림 14.23처럼 생체발광을 초래한다.

연관 질문 *V. harveyi*가 3가지 분리된 신호분자를 만들어내는 까닭은 무엇인가?

만드는 유전자(*luxCDABEG*)의 전사를 증가한다. 쿼럼센싱은 이 체계가 자가조절적 특징으로 인하여 종종 **자가유도**(autoinduction)라고 부르고, 신호물질은 **자가유도물질**(autoinducer, AI)이라고 불리기도 한다.

다른 종류의 쿼럼센싱은 정교한 연속인산전달 신호전달체계에 의존한다. 이는 그람음성과 그람양성 세균에서 모두 발견되었고, 생체발광 세균인 *Vibrio harveyi*에서 가장 잘 연구되었다.

*V. fischeri*와 달리 *V. harveyi*는 3종류의 자가유도 분자에 반응한다. **그림 14.24**에서 볼 수 있듯이 AI-1, AI-2, CAI-1은 세포 밖으로 분비되며, 이들의 존재를 감지하는 데 각각 서로 다른 단백질인 LuxN, LuxPQ 및 CqsS를 사용한다. LuxN, LuxQ, CqsS는 감지 인산화효소들이다. 자가유도물질이 없어 세포의 밀도가 낮으면, 이들 3종류의 감지 인산화효소는 자가인산화되어 LuxU라 불리는 단일 인산전이효소 단백질에 인산기를 전한다. 각각의 감지 인산화효소에서 인산기를 전달받은 LuxU는 반응 조절단백질인 LuxO를 인산화시킨다. 인산화된 LuxO는 *luxR* mRNA를 불안정화시키는 여러 소형 RNA 분자를 암호화하는 유전자의 전사를 활성화한다. LuxR은 생체발광에 필요한 단백질을 암호화하는 *luxCDABE* 오페론의 전사 활성자이다. *luxR* mRNA가 번역되지 않으므로 LuxR 단백질은 생성되지 않는다. 따라서 세포의 밀도가 낮으면 빛을 내지 않는다.

이들 자가유도물질 가운데 어느 하나라도 밀도가 증가하면 흥미로운 일이 벌어진다. LuxN은 AI-1과, LuxPQ는 AI-2와, CqsS는 CAI-1과 각각 결합한다. 이렇게 결합된 단백질들은 인산화효소에서 탈인산화효소로 기능이 전환되어 기질에 인산기를 붙이는 것이 아니라 붙어 있는 인산기를 떼어낸다. 이제 인산의 흐름은 역진된다. LuxO는 탈인산화로 인해 활성을 잃게 되고, 소형 RNA 분자가 만들어지지 않고, *luxR* mRNA가 번역된다. LuxR은 *luxCDABE*의 전사를 활성화하고 빛이 생성된다.

여기서 잠시 중요한 문제 하나를 짚고 넘어가자. *V. harveyi*에서 3종류의 서로 다른 자가유도물질이 필요한 까닭은 무엇인가? 이들 분자로 인해 세균이 서로 다른 3가지 종류의 소통을 할 수 있게 된다. AI-1은 *V. harveyi* 및 *V. harveyi*와 밀접하게 연관된 한 종에 특이적이다. 따라서 이것은 *V. harveyi*가 같은 종의 구성원과 소통할 수 있도록 한다. 이 분자는 "근처에 *V. harveyi*가 많이 있다"라는 메시지를 전하는 것 같다. 많은 그람음성 및 그람양성 세균들은 AI-2 유사 분자를 만든다. 따라서 이것은 "근처에 많은 세균이 있다"라는 메시지를 전하는 것이다. 마지막으로 CAI-1은 *V. Cholerae*를 포함하는 *Vibrio* 속에 의해 생산되며, 이는 "근처에 *Vibrio* 종이 많이 있다"라는 메시지를 전한다. 예상할 수 있듯이 각각의 자가유도물질은 신호의 강도 또한 서로 다르다. AI-1의 신호가 가장 강하고 CAI-1의 신호가 가장 약하다. 3종류의 자가유도물질이 모두 존재하면 생체발광 유전자의 발현이 극대화된다.

*B. subtilis*의 포자형성

3장에서 설명한 것처럼, 내생포자형성은 복잡한 과정으로, 큰 모세포와 작은 전포자(forespore)를 만드는 비대칭적 세포질 분열, 모세포에 의한 전포자의 에워싸기, 포자껍질 층의 추가조성 등이 포함된다(**그림 14.25a**, 3.47 참조). *B. subtilis*를 포함하여 많은 수의 그람양성 세균이 내생포자를 형성하며, *B. subtilis*는 포자형성을 이해하기 위한 생물로 사용되었다.

*B. subtilis*에서 포자형성은 연속인산전달, 단백질의 번역후 변형, 시그마 인자를 포함한 다수의 전사인자에 의해 조절된다. 후자가 특히 중요하다. 영양생장을 하는 *B. subtilis*의 RNA 중합효소는 정상

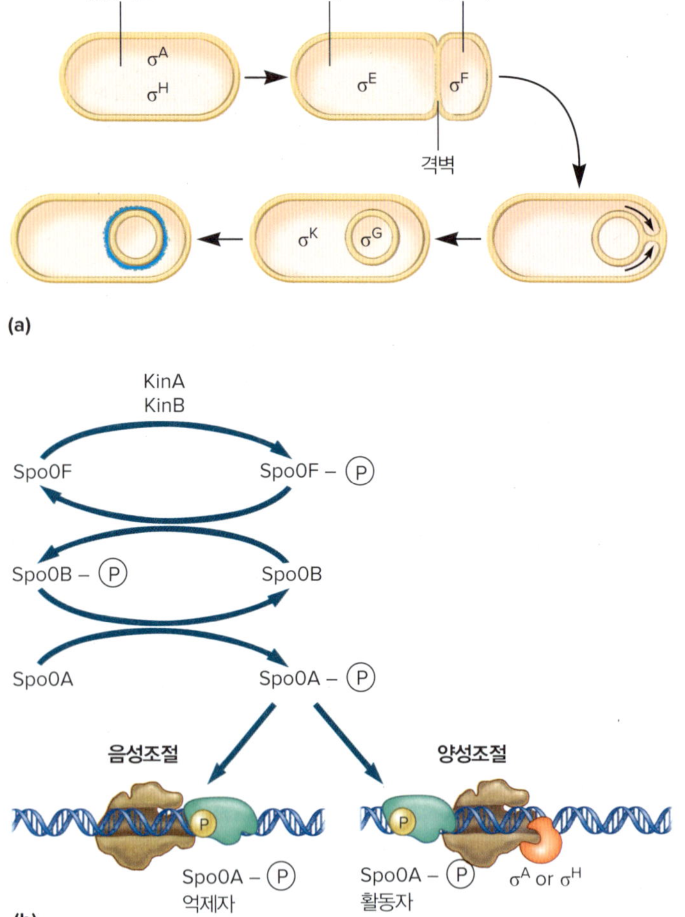

그림 14.25 ***B. subtilis*에서 포자형성 과정의 조절.** (a) 포자형성개시는 공간적으로 분리된 시그마 인자 두 종의 활성에 의해 어느 정도 조절된다. (b) 감지 인산화효소의 활성화로 촉발된 연속인산전달체계는 반응조절자 Spo0A를 인산화한다. SpoOA-P는 영양세포에 필요한 유전자를 억제하고 내생포자형성에 필요한 유전자를 활성화시키는 전사인자이다.

연관 질문 조절의 방식으로 단백질을 공간적으로 분리하여 발현시키는 구획화 방식은 주로 진핵세포에서만 고려의 대상이 되어 왔다. 어떤 면에서 *B. subtilis*의 내생포자형성 과정이 이러한 구획화에 의한 조절의 예가 될 수 있는가?

생장 유전자를 인식하기 위해 시그마 인자, σ^A와 σ^H를 사용한다. 그러나 세포가 기아 신호를 감지하면, 연쇄적 사건을 개시하며, 발생하는 내생포자와 모세포에서 서로 다른 방식으로 발현되는 시그마 인자를 생성한다.

포자형성개시는 연속인산전달체계에 속하는 반응 조절단백질인 Spo0A(Spo는 sporulation의 약자이며, 숫자 0은 단백질이 작용하는 포자형성단계를 의미, 그림 3.47 참조) 단백질에 의해 조절된다(그림 14.25b). 이와 관련된 5가지 다른 감지 인산화효소는 포자형성을 유발하는 환경자극을 감지한다. 이 5개의 효소는 다르지만 자극에 중첩된다. 포자형성은 시간과 자원에 대한 상당한 투자이므로, 세포는 이를 시작하기 전에 조건이 이상적인지 많은 확인이 필요하다. 이에 단독으로 작용하는 하나의 감지 인산화효소는 포자형성을 시작하기에 충분하지 않고, 다수의 감지 인산화효소가 함께 필요한 것이다.

가장 중요한 감지 인산화효소 중 하나는 KinA이며, KinA는 영양물질의 고갈을 감지하고 특정 히스티딘 잔기를 자가인산화한다. 인산기는 연속인산전달체계의 두 번째 구성원인 Spo0F의 아스파르트산 잔기에 전달된다. Spo0F는 Spo0B의 히스티딘에 인산기를 전달한다. Spo0B는 다시 인산기를 Spo0A에 전달한다. 인산화된 Spo0A는 전사인자로서 포자형성에 필요한 유전자를 양성적으로 조절하고, 필요없는 유전자는 음성적으로 조절한다. 인산화된 Spo0A에 반응하여, 500개 이상의 유전자 발현이 변한다. 이로 인해 Spo0A를 '발생조절자(master regulator)'라고 한다. 시그마 인자 σ^F를 암호화하는 *sigF*와 불활성형 σ^E(pro-σ^E)를 암호화하는 *spoIIGB* 유전자도 Spo0A에 의해 발현이 촉진되는 유전자에 속한다.

포자형성이 시작되면, 염색체가 복제되어 한 사본은 모세포에 남고 다른 것은 전포자로 이동한다. 포자격벽이 형성된 직후, σ^F는 전포자에서 발견되고 σ^E는 모세포에 위치한다(그림 14.25a). 2종의 시그마 인자, σ^F와 σ^E는 각각 전포자와 모세포가 필요한 유전자 프로모터에 결합한다. 이들 시그마 인자는 내생포자형성의 초기 단계에 필요한 산물을 암호화하는 유전자의 발현을 주도한다. 이들 유전자는 포자의 에워싸기 과정에 필수적이다. σ^F가 조절하는 또 다른 유전자는 발생하는 내생포자에서 σ^F를 대체하는 σ^G를 암호화하는 유전자이다. 유사하게, σ^E는 모세포 특이적 시그마 인자인 σ^K의 전사를 주도한다. σ^K는 후기단계 포자형성 산물을 암호화하는 유전자가 전사되게 한다. 여기에는 내생포자의 피질과 외피층을 합성하는 데 필요한 유전자가 포함된다. 전체적으로, σ^F와 σ^E가 초기 포자형성 과정에 필요한 유전자의 전사를 주도하고, σ^G와 σ^K는 나중에 필요한 유전자의 전사를 주도하여 시차적 조절(temporal control)이 이루어질 수 있다. 더불어 σ^F와 σ^G는 전포자와 발달 중인 내생포자에 위치하고 σ^E

와 σ^K는 모세포에서만 발견되기 때문에 유전자 발현을 공간적으로 조절(spatial control)한다.

바이러스 감염에 대한 반응

실제 환경에서 직면하고 있는 세균의 포괄적 조절시스템의 문제는 바이러스 감염으로부터 자신을 보호하는 것이다. 6장에서 논의한 바이러스 및 바이러스의 생활주기는 바이러스의 관점에서 접근하였다. 여기서 우리는 세균의 관점에서 해당 현상에 대해 이야기할 것이다. 사실 세균은 전혀 수동적인 피해자가 아니라 바이러스 감염에 활발하게 대응하는 여러 체계를 가지고 있다. 바이러스의 생활사(그림 6.10 참조)의 어떠한 단계를 방해하는 것만으로도 세균의 보호에 있어 많은 도움이 된다. 바이러스 유전체의 도입이 감염의 첫 번째 단계라고 볼 수 있기 때문에, 여기서 우리는 바이러스 핵산에 대한 세균 및 고균의 반응에 중점을 두겠다.

첫 번째 체계는 1950년대 루리아(Salvador Luria)에 의해 발견된 **제한-변형**(restriction-modification)이다. 그는 특정 대장균 균주가 박테리오파지의 생장을 제한하기 때문에 **제한**(restriction) 체계라고 명명하였다. 미생물은 염색체에 있는 DNA의 짧은 질소성 염기를 메틸화한다. 세균과 고균은 메틸화효소와 같은 DNA 서열을 인지하고, 메틸화되지 않은 DNA의 인산이에스테르 결합만을 가수분해하는 **제한효소**(restriction endonuclease, RE)도 생산한다. 미생물은 메틸기를 첨가함으로써 자신의 DNA(메틸화된)와 바이러스 유전체(메틸화되지 않은)를 구분할 수 있다. 메틸화되지 않은 바이러스의 DNA가 세포질로 들어오면, 제한효소에 의해 인지되고 분해된다. 그러나 큰 군집을 대상으로 루리아의 실험을 하였을 때, 소수의 박테리오파지는 메틸화효소를 사용하여 DNA를 수식하여 제한을 회피하고 전염성이 강하게 되었다. 제한효소는 대부분의 세균과 고균에서 발견되며 유전공학에 사용된다. ▶| 미생물 DNA 기술(17장)

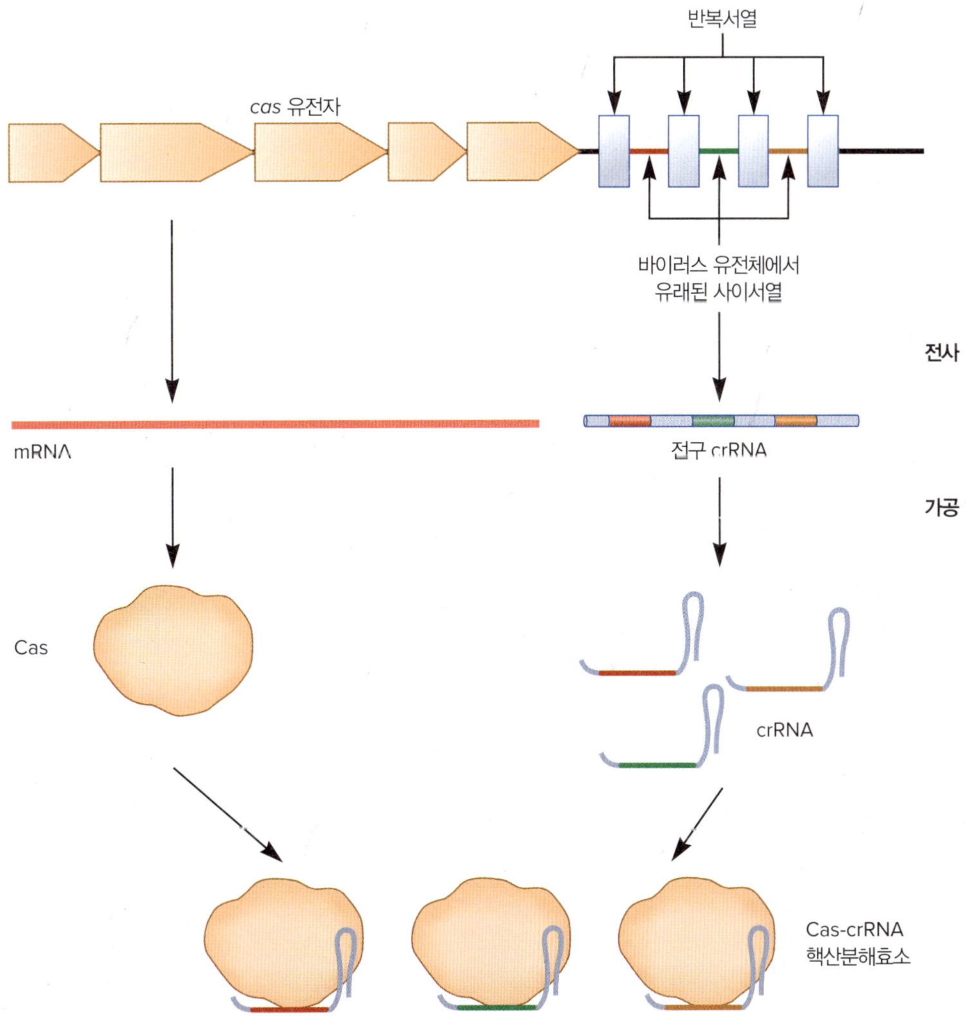

그림 14.26 CRISPR/Cas 체계. 세균과 고균 유전자는 *cas* 유전자 인근에 있는 CRISPR 어레이에 일련의 반복서열과 사이서열을 가지고 있다. 이 유전자 자리들의 발현으로 Cas 단백질이나 전구 CRISPR RNA(crRNA)가 생산된다. 전구 crRNA는 가공되어 성숙한 crRNA가 되고 각각은 Cas 단백질과 결합하여 위치특이성 핵산분해효소를 만든다.

고등생물의 면역체계와 유사하게 미생물은 자기와 비자기를 구분하고, 침입자를 파괴하는 분자 수준의 기전으로 감염에 대응한다. 제한–변형은 숙주염색체에 암호화되어 있고 낮은 수준으로 항시 발현하는 선천적 체계이다. 더욱이 많은 미생물이 적응면역으로 잘 알려진 **CRISPR/Cas 체계**(CRISPR/Cas system)를 또 다른 방어기전으로 가지고 있다. 적응면역체계가 기억하고 다음 침입에 대비하기 위하여 침입한 미생물의 일부를 사용하는 것과 똑같이 CRISPR/Cas 체계도 공격을 '기억'하고 재공격에 대비하기 위하여 침입한 바이러스 유전체의 일부를 사용한다. ▶| 적응면역(32장)

CRISPR/Cas는 유전체 분석으로 짧은 사이서열에 분리된 일련의 반복된 뉴클레오티드 서열을 밝힘으로써 발견되었다. 이러한 뉴클레오티드가 CRISPR 어레이(array)를 형성하고, CRISPR는 'clustered regularly interspersed short palindromic repeats'의 약어이다. 반복서열에 있는 염기쌍의 서열은 동일하거나 거의 같다. 사이서열의 서열은 매우 다르다(**그림 14.26**). 놀랍게도 사이서열을 핵산 데이터베이스와 비교한 결과, 사이서열이 바이러스의 유전체와 높은 유사도를 보였다. 후에 CRISPR 어레이가 Cas 단백질(CRISPR-associated sequence)이라는 단백질을 암호화하는 일련의 유전자와 관련되어 있음을 알았다. 그래서 CRISPR/Cas 체계로 표기한다. CRISPR/Cas 체계는 세균유전체의 약 45%에서, 고균유전체의 85%에서 확인되었다.

CRISPR/Cas 체계의 기능은 적응(adaptation), 발현(expression) 및 간섭(interference) 3단계로 나뉜다. 적응단계는 바이러스에 감염되면 일어난다. 만일 미생물이 생존하면, 바이러스 유전체의 일부 조각을 CRISPR 어레이에 첨가한다. 이는 새로운 전화번호를 당신의 휴대전화에 저장하는 것과 같다.

CRISPR는 발현과 간섭인 두 번째와 세 번째 단계로 감염에 대응한다. 발현단계에서 CRISPR 지역이 전사되어 모든 반복서열과 사이서열을 포함한 전구 RNA가 만들어진다. Cas 단백질은 이 RNA와 결합하여 RNA를 성숙한 CRISPR RNA(crRNA)로 가공한다. 각각은 하나의 반복서열과 하나의 사이서열로 구성된다(그림 14.26). 바이러스 감염 동안 Cas-crRNA는 바이러스의 DNA나 mRNA와 결합하여 이들을 찾아낸다. 이를 휴대전화에 비유하자면, Cas-crRNA는 바이러스의 번호를 연락처에서 찾는 것과 같다. 이전에 접촉했던 것(전화번호를 저장했던 것)이 확인이 되면 이들을 파괴한다(간섭). 이러한 방법으로 바이러스의 증식을 막고 감염을 무산시킨다.

CRISPR 발현은 여러 포괄적 조절시스템의 산물을 흡수한다. CRISPR 어레이는 항상 반응할 준비가 되어 있으며, 항상 낮은 수준으로 전사되는 것처럼 보여진다. 고밀도의 세포는 감염에 민감하게 되므로 쿼럼센싱 신호는 CRISPR/Cas 발현을 촉진한다. 비록 자세한 분자기전이 완벽하게 확립되지는 않았지만 세포외피의 자극을 감지하는 하나 이상의 2인자 조절시스템이 바이러스 접촉에 반응하여 CRISPR 전사를 활성화할 수 있다. 더구나 감염은 종종 숙주세포의 물질대사를 파괴하며, CRISPR 어레이는 cAMP-CAP 수준의 변화에 반응한다.

우리는 바이러스 공격을 막기 위해 세균이 사용하는 CRISPR/Cas 체계에 초점을 맞추었다. 그러나 이러한 체계에는 훨씬 더 많은 것이 있다. 수평적 유전자 전달(16장 참조)을 통해 들어오는 외래 핵산으로부터 자신의 유전체를 보호하기 위해 CRISPR/Cas 체계를 사용하는 것이 명백해졌다. 마지막으로 제한효소와 같이 CRISPR/Cas 복합체가 17장에서 논의할 유전체공학(genome engineering)의 유용한 도구로 개발되었다.

마무리 점검

1. MCP-Chew-CheA 수용체 복합체를 설명하시오. CheA에 의해 인산화되는 2개의 단백질은 무엇인가? 각각의 기능은 무엇인가?
2. MCP가 어떻게 CheA 자가인산화 속도를 조절하는가? 이것이 어떻게 주화성에 영향을 주는가?
3. 유전자 *luxI*를 조절하지 못해 자가유도물질이 항상 고농도로 생성되는 *V. fischeri* 돌연변이 균주의 표현형은 어떠한가?
4. 세균이 쿼럼센싱을 사용하여 병독성에 필요한 유전자를 조절하는 이유가 무엇이라 생각하는가? 공생관계를 확립하는데 쿼럼센싱을 사용하는 것과는 어떻게 관련되는가?
5. *B. subtilis*가 포자형성 과정을 조절하는 데 연속인산전달체계와 시그마 인자를 어떻게 활용하는지 간단히 설명하시오. 이 과정을 조절하는 수단으로 번역 후 변형의 예를 하나 들어보시오.
6. 시그마 인자는 내생포자형성 동안 유전자 발현시기를 어떻게 제어하는가? 그들은 유전자 발현의 위치를 어떻게 제어하는가?
7. 바이러스 감염에 대응하는 CRISPR/Cas 3단계를 간단히 설명하시오. 쿼럼센싱이 관여하는 이유는 무엇인가?

요약

14.1 세균은 많은 조절 전략을 사용한다

- 구성 또는 세포유지 유전자는 기본 세포 기능에 지속적으로 필요한 단백질을 암호화한다. 특정 상황에서만 해당 유전자는 조절된다.
- 유전자 발현의 조절은 세포에 의해 자극이 받아들여지고 해석될 때 발생한다(그림 14.1).

14.2 전사개시의 조절은 많은 에너지와 물질들을 절약한다

- 효소활성의 유도와 억제는 2가지 중요한 조절 현상이다. 이들은 일반적으로 조절단백질의 작용으로 일어난다.
- 전사인자에는 2가지 도메인이 있다. 센서 도메인은 작은 효과기분자와 결합하여 DNA 결합부위에 구조적 변화를 일으킨다(그림 14.3). 전사인자는 하나의 구조로만 DNA에 결합할 수 있다.
- 전사인자는 전사를 억제(음성 대조군)하거나 전사를 촉진(양성 대조군)할 수 있다.
- 억제자는 음성조절을 담당한다. 이들은 작동유전자에 결합하여 RNA 중합효소가 프로모터에 결합하는 것을 방해하여 전사를 차단하거나 RNA 중합효소가 DNA에 결합한 다음 이동하는 것을 차단하여 전사를 억제한다(그림 14.4).
- 활성자는 양성조절을 담당한다. 이들은 활성자 결합부위라고 하는 DNA 서열에 결합하여 RNA 중합효소가 프로모터에 결합하는 것을 촉진한다(그림 14.4).
- 대장균의 *lac* 오페론은 음성적으로 조절되는 유도 가능한 오페론의 예이다. 주변에 젖당이 없으면, *lac* 억제자가 활성화되고 전사는 차단된다. 젖당이 있으면, 이것은 β-갈락토시다아제에 의해 유사젖당으로 전환되고, 유사젖당은 억제자에 결합하고, 억제자를 불활성화함으로써 *lac* 오페론의 유도물질로 작용한다. 불활성 억제자는 작동유전자에 결합할 수 없고 이 경우 전사가 일어난다(그림 14.7).
- 대장균의 *trp* 오페론은 음성적으로 조절되는 억제 가능한 오페론이다. 트립토판이 없으면, *trp* 억제자는 불활성화되어 전사가 일어난다. 트립토판 수준이 높으면, 트립토판이 보조억제자로 작용하여 *trp* 억제자에 결합해서 활성화시킨다. *trp* 억제자는 작동유전자에 결합하여 전사를 차단한다(그림 14.8).
- 대장균의 *ara* 오페론은 유도 가능한 오페론으로 2가지 기능이 있는 araC 조절단백질에 의해 조절된다. AraC는 아라비노오스가 없으면 억제자로 작용한다. 유도물질인 아리비노오스가 있으면 활성자로 작용한다(그림 14.9).

14.3 감쇠조절과 리보스위치가 전사를 초기에 종결시킨다

- 트립토판 오페론에서, 선도서열이라는 지역은 작동유전자와 첫 번째 구조유전자 사이에 있다(그림 14.10). 이것은 선도펩티드 합성을 암호화하고 인자-독립적 종결지점인 감쇠(전사약화)부위를 지닌다. 전하를 띤 tRNA의 가용성에 따라 연관된 전사 및 번역은 RNA 선도서열의 대체 접힘 구조를 형성한다. 이와 같은 전사기전을 감쇠조절(전사약화조절)이라고 한다.
- 일부 mRNA의 5′ 말단(선도서열)은 대사물질과 효과기 분자가 결합할 수 있다. 효과기 분자가 mRNA에 결합하면, 선도서열의 구조가 바뀌고 전사가 종결된다. 이러한 조절기전을 리보스위치라 한다(그림 14.11).

14.4 RNA 2차 구조가 번역을 조절한다

- 일부 리보스위치는 번역 수준에서 유전자 발현을 조절한다. 이러한 리보스위치에서, 효과기 분자가 mRNA 선도지역의 특수한 서열에 결합하면, 선도서열의 구조가 바뀌고 음성적 또는 양성적으로 리보솜 결합에 영향을 준다(그림 14.12).
- 일부 선도서열의 RNA 접힘 구조는 온도 변화에 반응한다(그림 14.13). 이러한 RNA 온도계는 종종 병원체가 감염을 개시할 때 사용한다.
- 번역은 또한 소형 RNA(small RNA)에 의해 조절될 수도 있다. 이들 소형 RNA 분자는 단백질을 암호화하지 않는다. 이들은 mRNA와 염기쌍을 이루고 일반적으로 번역을 억제한다(그림 14.14).

14.5 포괄적 조절에 사용되는 기전

- 일부 세포과정은 매우 복잡하여 동시에 조절되어야만 하는 여러 오페론의 작용이 필요하다. 이러한 오페론 네트워크가 포괄적 조절시스템이다.
- 포괄적 조절시스템은 종종 여러 단계의 조절과정을 포함한다. 포괄적 조절단백질, 2인자 신호전달체계, 연속인산전달체계, 선택적 시그마 인자와 2차 전달자가 사용된다.
- 포린 유전자인 *ompF*와 *ompC*의 발현은 2인자 신호전달체계에 의해 조절된다. 이러한 체계는 환경의 변화를 감지하는 감지 인산화효소를 가지고 있다. 감지 인산화효소는 인산기를 전

달하는 방법으로 환경신호를 반응 조절단백질에 전달한다. 반응조절단백질은 새로운 환경조건 적응에 필요한 유전자를 활성화시키거나, 필요없는 유전자 발현을 억제한다(그림 14.15).

- 다른 시그마 소단위는 RNA 중합 중심효소에 결합할 때, 특정 유전자의 전사를 제어한다. 특정 시그마 인자에 의해 조절을 받는 유전자들은 시그마 인자에 의해 인지되는 유일한 프로모터 서열을 가지고 있다.
- 이중영양 생장은 대장균에 젖당 등의 다른 당과 함께 포도당을 제공하여 배양할 때 관찰된다(그림 14.17). 이 생장 양식은 이화물억제의 결과로 포도당이 다른 당에 비해 우선 사용된다. 이화물억제체계의 오페론은 활성자인 CAP에 의해 조절된다. CAP 활성은 2차 전달자인 cAMP에 의해 조절되는데, cAMP는 포도당이 없을 때만 생산된다(그림 14.19). 따라서 포도당이 없으면 CAP가 활성화되고 다른 당의 이화작용에 필요한 오페론의 전사가 촉진된다(그림 14.18).
- 긴축반응(stringent response)은 세균이 생장속도를 조절할 때 일어난다. 이 반응은 2차 전달자인 구아노신 사인산(ppGpp)과 구아노신 오인산(pppGpp)에 의하여 매개된다. 긴축반응의 결과로 전사, 번역, 복제 및 대사과정이 감소된다(그림 14.20). (p)ppGpp는 다른 스트레스 조건에서 일반적인 '경고(alarm)'의 역할도 한다.
- 세균세포에 존재하는 고리형 2합체 GMP(c-di-GMP)의 양은 이구아닐산 고리화효소(diguanylate cyclase, DGC)라는 c-di-GMP를 합성하는 효소와 c-di-GMP를 분해하는 포스포디에스테라아제(phosphodiesterase, PDE)의 활성에 의존한다. DGC와 PDE는 환경신호를 감지하는 감지영역이 있다. 신호에 대한 반응으로 c-di-GMP의 양을 결정한다. c-di-GMP는 표적에 영향을 주는 효과기분자와 작용하여 환경신호에 대해 적절하게 반응한다.

14.6 세균은 복잡한 세포과정을 조절하기 위해 여러 조절기전을 조합한다

- 대장균의 주화성은 화학수용체 단백질의 공유변형(covalent modification)과 편모의 회전방향을 조절하는 2인자 신호전달체계에 의해 조절된다(그림 14.22). 메틸화는 시간이 지나면서 마주하는 화학유인물질의 양을 측정하는 데 사용된다. 이러한 방법으로 대장균은 유인물질 방향으로 이동할지 아니면 유인물질에서 멀어지는 방향으로 이동할지 결정할 수 있다.
- 쿼럼센싱은 *N*-아실호모세린락톤과 같은 작은 신호분자에 의해 매개되는 세포 간 소통의 한 유형이다. 쿼럼센싱은 세포 밀도와 전사의 조절을 연결한다. *Vibrio* 속 세균의 생체발광 등이 쿼럼센싱 체계로 잘 알려져 있다(그림 14.23, 그림 14.24).
- *B. subtilis*의 내생포자형성은 포자형성 개시에 중요한 연속인산전달체계와 선택적 시그마 인자의 사용으로 조절된다(그림 14.25).
- 세균은 바이러스 핵산을 분해하는 효소를 사용하여 바이러스 감염에 반응한다. 제한핵산중간가수분해효소(restriction endonuclease)는 메틸화되지 않은 바이러스의 DNA를 인지하여 분해한다. CRISPR/Cas 체계는 바이러스의 기록을 CRISPR 어레이에 저장한다(그림 14.26). 바이러스 접촉에 의해 유도된 후 발현된 Cas 핵산분해효소(Cas nuclease)가 바이러스 핵산을 공략한다.

심화 학습

1. 감쇠조절(전사약화조절)은 동화작용 경로에 영향을 미친다. 반면, 억제는 이화작용과 동화작용 경로에 모두 영향을 줄 수 있다. 이 현상에 대해 설명하시오.
2. 다음 대장균 돌연변이 균주를 포도당이나 젖당만을 가진 다른 두 배지에서 키웠을 때, 어떤 표현형이 나오는가? 그 논리적 근거를 설명하시오.
   a. *lac* 억제자를 암호화하는 유전자에 돌연변이가 발생하여 유사젖당이 억제자에 결합하지 못하는 균주
   b. CAP를 암호화하는 유전자에 돌연변이가 발생하여 CAP가 결합은 하지만 cAMP를 방출할 수 없는 균주
   c. 아데닐산 고리화효소를 암호화하는 유전자에서 샤인-달가노 서열이 결실된 균주
3. 선도서열에 연속적으로 존재하는 트립토판 코돈이 세린 코돈으로 바뀐 대장균 균주는 어떤 표현형을 가지는가?
4. σ^G 유전자가 결실된 *B. subtilis* 균주는 어떤 표현형을 가지는가? 영양물질이 풍부한 조건과 영양물질이 결핍된 조건에서 생

존 능력을 비교하여 생각하시오.

5. 세포가 주변의 Na^+ 이온의 수준을 감지하고 반응할 수 있는 기전을 제시하시오.

6. 항생제에 내성을 제공하는 산물을 생산하는 일부 유전자는 항생제가 존재할 때만 유전자가 발현하도록 조절된다. 리보솜에 결합하여 번역을 느리게 하는 항생제를 고려하시오. 선도펩티드를 통해 작용하는 조절기전을 그림으로 설명하시오.

7. 일부 유전자는 2개의 리보스위치에 의해 조절되는데, 하나는 ppGpp를 인식하고 다른 하나는 특정 아미노산을 인식한다. 두 가지 다른 기전이 유전자 발현을 조절하는 데 유용한 이유를 제시하시오.

8. 여기서 설명한 조절 기전을 고려하여, 신호 인식과 응답 사이의 경과시간을 어떻게 비교할 수 있는가?

9. CRISPR/Cas 체계는 용해성 또는 용원성 박테리오파지 중 어떤 것을 표적으로 할 가능성이 더 높은가? (그림 6.15 참조) 그 이유를 설명하시오.

10. 주자성 세균(그림 3.33 참조)은 세포내 마그네토솜, 즉 Fe^{+2} 및 Fe^{+3} 결정으로 형성된 입자를 만들고, 생체 무기질화에는 이온의 특정 비율이 필요하다. 세포로의 철 유입은 산화 스트레스를 유발하는 활성산소의 생성을 자극한다. 산화 스트레스를 감지하는 분자 센서는 막에 결합되거나 혹은 세포질 중 어디에 존재하는가?
    센서는 2개의 도메인이 있는 나선-회전-나선 전사인자이다. 가해지는 산화 스트레스는 센서 도메인의 DNA 결합 능력에 영향을 준다. 단백질은 산화 스트레스를 감지하기 위해 어떤 기전을 사용하는가? (힌트: 산화환원 변화에 가장 민감한 아미노산은?)
    산화 스트레스에 대응하기 위한 유전자가 활성화될 경우, OxyR 전사인자는 많은 유전자를 활성화한다. 어떤 효소가 OxyR 레귤론에 포함될 수 있는지 제시하시오(7.5절 참조).

    참고문헌: Niu, W., et al. 2020. OxyR controls magnetosome formation. *Free Radical Biology and Medicine* 161:272-282.

11. 최근 바이러스 침입에 대한 방어 시스템으로 CBASS(cyclic-oligonucleotide-based anti-phage signalling system)가 연구되고 있다. 2개의 다중 도메인이 해당 시스템의 핵심이다. 첫 번째 단백질은 바이러스 감염을 나타내는 자극을 인식하고 해당정보를 고리형 GMP-AMP(cGAMP)를 합성하는 도메인으로 번역한다. cGAMP에 결합한 두 번째 단백질은 효소를 활성화하여 감염된 세포를 죽인다. 이는 성숙한 바이러스가 다른 세포를 감염시키기 전에 개별 세포를 제거한다는 점에서 세균 군집의 생존에 이점이 있다. 이스라엘의 과학자들은 CBASS를 식별하고, 그 변이를 연구하기 위해 수천 개의 유전체를 조사하였다. 세균 및 고균 유전체의 약 13%에서 CBASS를 암호화하고 있는 오페론이 확인되었다. CBASS는 바이러스 감염을 감지하는 기전 혹은 세포를 죽이는 기전에 따라 분류되었다. 어떻게 분자 수준에서 세포가 감염되었는지를 식별할 수 있는지에 대해 생각해보라. CBASS가 감지할 수 있는 신호는 무엇인가? 또한 어떻게 세포를 죽일 수 있을까? 이러한 치명적인 시스템을 유지하기 위해 어떠한 조절 방식이 중요한가?

    참고문헌: Millman, A., et al. 2020. Diversity and classification of cyclic-oligonucleotide-based anti-phage signalling systems. *Nature Micro* 5:1608-1615.

CHAPTER

15

진핵생물과 고균의 유전체 복제 및 발현

Kai4107/Shutterstock

제약농업

위의 사진이 백신 생산시설처럼 보이는가? 만약 이 밭의 잎 하나하나를 생물반응기라고 생각한다면, 이것은 하나의 거대한 "농장" 제약 공장이다. 모든 공장처럼, 이 공장도 기술자들에 의해 디자인된 생산품(백신, 항체)을 제조하기 위해 생 원료(대기로부터 이산화탄소와 토양으로부터 영양분)와 에너지(햇빛)를 이용한다. 담배 식물은 세균, 효모, 또는 동물세포 기반의 전통적인 세포 배양보다 더욱 빠르고 값싸게 항체와 백신 같은 생리활성물질을 대량생산할 수 있다. 에이즈(AIDS)나 에볼라(Ebola) 같은 바이러스 감염을 치료하기 위한 항체가 담배 식물에서 생산되어 왔고, 항 SARS-CoV-2 백신도 이런 식으로 개발 중이다.

수세기에 걸친 연구와 개발로 **담배 식물**(*Nicotiana tobocum*)이 실험실에서 쉽게 유전적으로 조작되었고, 과학자들은 식물세포에서 유전자발현 방법을 최적화해오고 있다. 이를 위해서는 다른 생물분류 영역의 생물에서 일어나는 과정 간의 유사성과 차이점에 대한 상당한 이해가 요구된다.

세균, 고균, 진핵생물은 기본적인 분자와 세포구조를 공유한다. 지질-기반 세포 경계, 세포 반응을 위한 단백질 촉매작용, 핵산 유전체 등이다. 지금까지 세포구조에 관해 3개의 생물영역을 비교했으나(3~5장), 복제, 전사, 번역, 그리고 조절(13장, 14장) 과정은 세균에 관해서만 깊이 있게 학습했다. 이제 진핵생물과 고균으로 확장한다. 큰 그림은 같지만, 이들 과정의 다른 점은 세포구조의 차이점을 반영한다.

이 장의 학습을 위해 점검할 사항:

- ✓ 진핵세포의 세포내흡입 경로 및 분비 경로를 통한 물질의 이동을 추적할 수 있다(5.4절).
- ✓ 세균 유전체의 구조와 유전정보의 구성을 논의할 수 있다(13.2절, 13.4절, 13.6절).
- ✓ DNA 복제의 3단계에서 일어나는 사건과 세균 복제체 구성요소가 어떻게 작용하는지를 설명할수 있다(13.3절).
- ✓ 보편적인 세균 RNA 중합완전효소의 구조와 전사의 3단계에서 어떻게 기능하는지 설명할 수 있다(13.5절).
- ✓ 번역 3단계에서 일어나는 사건과 세균 리보솜의 구조를 설명할 수 있다(13.7절).
- ✓ 올바르게 접힌 단백질을 세균의 내부 또는 외부의 적절한 위치에 자리잡게 하는 번역 후 사건을 요약할 수 있다(13.9절)
- ✓ 진핵세포의 세포주기의 단계의 개요를 설명할 수 있다.

15.1 3가지 생물영역의 유전적 과정

이 절을 학습한 후 점검할 사항:

a. 생화학반응을 위한 구획화의 중요성을 설명할 수 있다.
b. 세포막에 둘러싸인 세포소기관과 세포반응 분리를 위한 생체분자 응축물을 구별할 수 있다.

세포 과정을 이해하기 위해서, 생물학자들은 세포질을 통해서 분자들이 퍼지고 아주 근접했을 때 반응한다고 오랫동안 추측해왔다. 세포내의 막대한 분자, 특별히 진핵세포의 크기와 복잡성을 고려하면 이렇게 생각하기 어렵게 된다. 특정 반응을 세포막에 둘러싸인 소기관들에 제한하는 것이 세포 과정을 설명하는 한 방법이다. 예를 들어, 전자전달사슬에 있어 전달자는 효율적인 전자전달을 위해 미토콘드리아 크리스테(cristae)에 순서 있게 배열된다. 최근의 연구들은 세포소기관 안에서조차 몇몇의 과정은 **생체분자 응축물**(biomolecular condensate)로 나누어진다는 것을 보여주고 있다. 이러한 단백질 복합체들은 이들이 참여하는 생화학반응의 효율을 높이기 위해 분리되고 특별한 분자들로 응집된다. 첫 번째 예로 발견된 것은 rRNA 합성부위인 인(nucleolus)이었다.

이 장에 기술된 여러 진핵생물의 과정(복제, 전사, 그리고 RNA 가공)은 핵(nucleus) 안에 있는 생체분자 응축물에서 어느 정도 일어난다. 생체분자 응축물은 유전체의 특별한 위치(복제원점 또는 프로모터)에 위치하여 진행과정 중에 조직화되어 있다. 응축물은 분자의 농도가 한계점에 도달한 경우에만 형성되고 과정이 완성되면 용해된다는 점에서 역동적이다.

생체분자 응축물은 전적으로 진핵생물의 헌신만은 아니다(분자 다양성 및 생태학 3.1 참조). 예를 들어, 세균과 고균 세포분열 시 FtsZ 트레드밀링은 일종의 응축이라고 믿어진다(그림 7.6 참조). 하지만 3가지 생물영역 세포 간에 복제와 유전자 발현을 비교하는 데 있어, 어떻게 진핵세포의 복잡성이 생체분자 응축에 의해 부여되는 추가적인 조직화를 필요로 하는지를 주목하는 것은 흥미로운 일이다.

이 장에서는 3가지에 목표를 두고 있다. (1) 유전체 정보들을 복제하고 발현하고 조절하는 방법에 있어 진핵생물과 고균의 유사성을 설명하고, (2) 고균에만 특징적으로 존재하는 기구를 언급하고, (3) 생명의 3영역에 속하는 생물들을 비교한다. 이러한 목표를 위해, 세포내에서의 유전정보 흐름에 따라 이 장을 구성하였다. 각 절의 서두에는 세균에서 일어나는 과정에 대한 가장 중요한 정보를 요약하였다. 다음에는 진핵생물, 마지막 고균의 순서로 설명하였다. 알게 되겠지만, 고균은 세균과 진핵생물의 특징을 혼합한 흥미로운 특징을 지니고 있다. 이러한 혼합된 특징은 미생물의 진화 역사를 규명할 후속 연구를 촉진시켰다.

15.2 DNA 복제: 전체적으로 비슷하지만 다른 복제체 단백질

이 절을 학습한 후 점검할 사항:

a. 진핵생물, 고균 및 세균 유전체의 구조와 구성에서의 차이점을 설명하는 표나 개념도를 작성할 수 있다.
b. 진핵생물 및 고균의 복제 단위를 세균의 복제단위와 구별할 수 있다.
c. 진핵생물, 고균 및 세균의 복제체를 비교 설명할 수 있다.
d. 진핵생물 염색체 복제에서 말단소체 합성효소의 역할을 설명하는 모델을 만들 수 있다.

DNA 복제는 모든 세포성 생물에서 비슷하다. 이러한 복제는 **복제체**(replisome, 리플리솜)라는 많은 다른 단백질로 이루어진 복합체에 의해 이루어진다. 13장에서 다룬 대부분의 세균의 DNA는 환형이며, 복제는 단일 복제원점에서 시작됨을 기억해보자(그림 13.9 참조). 세균의 복제체는 개시단백질 DnaA가 2개의 DNA 가닥을 분리한 후에 복제원점에 조립된다. 환형 염색체가 완전히 복제될 때까지 복제 분기점은 복제원점에서 양방향으로 이동한다. 이제 이 현상을 진핵생물과 고균에서 비교해보기로 한다. 진핵생물의 복제는 대부분 효모 *Saccharomyces cerevisiae*(그림 24.9 참조)와 배양된 곤충 및 포유류 세포에서 연구된다.

진핵생물의 DNA 복제

진핵생물 DNA 복제의 독특한 특징은 복제효소 및 염색체 구조의 차이에 기인한다. 대부분의 진핵생물은 DNA 복제를 위한 유사한 단백질 세트를 사용한다(**표 15.1**, **그림 15.1**). 하지만 진핵생물의 DNA 복제체 단백질은 세균의 복제체 단백질과는 일반적으로 무관한 점을 반영하기 위해 서로 다른 이름으로 명명된다. 진핵생물의 염색체는 일반적인 세균과 고균의 염색체보다 훨씬 크다. 또한 진핵생물의 염색체 DNA는 선형이며, 따라서 염색체 말단을 위한 복제 기전이 필요하다. 끝으로, 진핵생물의 DNA는 히스톤을 휘감아 뉴클레오솜(그림 5.10 참조)을 형성하고 있다. 뉴클레오솜은 복제 분기점에 앞서 해체(즉, 히스톤이 제거)되어야 하고, 원래 가닥과 새롭게 합성된 DNA 가닥을 포함한 뉴클레오솜이 복제 분기점 뒤에 형성되어야 한다.

표 15.1 세균, 진핵생물 및 고균의 주요 복제체 단백질

기능	세균	진핵생물	고균
개시자, 복제원점에 결합[1]	DnaA	ORC	Orc1/Cdc6
헬리카아제 장전자	DnaC	Cdc6/Cdt1	Orc1/Cdc6
헬리카아제	DnaB	Cdc45, MCM, GINS[2]의 CMG 복합체	RecJ/Gan, MCM, GINS[2],의 복합체
단일가닥 DNA 결합	SSB 단백질	복제 단백질 A(RPA)	종에 따라 SSB 또는 RPA
시발자 합성	DnaG	Pol α-프리마아제(소단위체 PriS와 PriL)	PriS, PriL, PriX
복제성 DNA 중합효소	DNA 중합효소 III (C-유형 중합효소)	DNA 중합효소(Pol) δ와 DNA 중합효소 ε(B-유형 중합효소)	B-유형 중합효소와 D-유형 중합효소
클램프 장전자	τ 복합체	복제 인자 C(RFC)-L과 RFC-S(1-4)[3]	RFC-L과 RFC-S[3]
클램프	β 클램프	증식하는-세포 핵 항원(PCNA)	PCNA
시발자 제거	리보핵산가수분해효소 (RNase) H[4], DNA 중합효소 I	RNase H[4], Dna[2], Flap endonuclease (FEN)-1	RNase H[4], FEN-1
연결효소	NAD^+-의존 DNA 연결효소, ATP-의존 DNA 연결효소[5]	ATP-의존 DNA 연결효소[5]	ATP-의존 DNA 연결효소, NAD^+-의존 DNA 연결효소[5]

[1] 표에 포함하였지만, 개시자는 복제체 형성에만 포함되고 복제체가 복제원점으로부터 이동하면 남아있지 않는다.

[2] 진핵생물에서 MCM은 6종류의 다른 Mcm 단백질(Mcm2-7)로 구성된 이형체이다. GINS는 GINS을 구성하는 단백질을 대표하는 일본의 숫자 체계에서 첫째 글자의 약자이다. 대부분의 고균에서 MCM는 동형육량체이다. 고균 MCM은 GINS 상동체와 연합한다. RecJ/Gan은 Cdc45의 고균 유형일 수 있다.

[3] 진핵생물의 클램프 장전자는 하나의 큰 소단위(RFC-L)와 4개의 다른 유전자에 의해 암호화된 4개의 작은 소단위로 구성된 하나의 오량체 구조이다. 고균의 클램프 장전자도 고균에 따라, 하나의 큰 소단위(RFC-L)와 1개 또는 2개의 유전자에 의해 암호화된 4개의 작은 소단위로 구성된 오량체 구조이다.

[4] 세균의 RNase H는 독특한 데 반해, 진핵생물과 고균의 RNase H는 상동성이 있다.

[5] 모든 NAD^+-의존 DNA 연결효소는 같은 유형의 연결효소에 속하고 진화적으로 연관되어 있다. 마찬가지로 ATP-의존 DNA 연결효소도 관련되어 있다. NAD^+-의존 DNA 연결효소는 세균에서 오카자키 조각을 연결에 일차적으로 작용하지만, ATP-의존 DNA 연결효소가 진핵생물과 고균에서 이 역할을 한다.

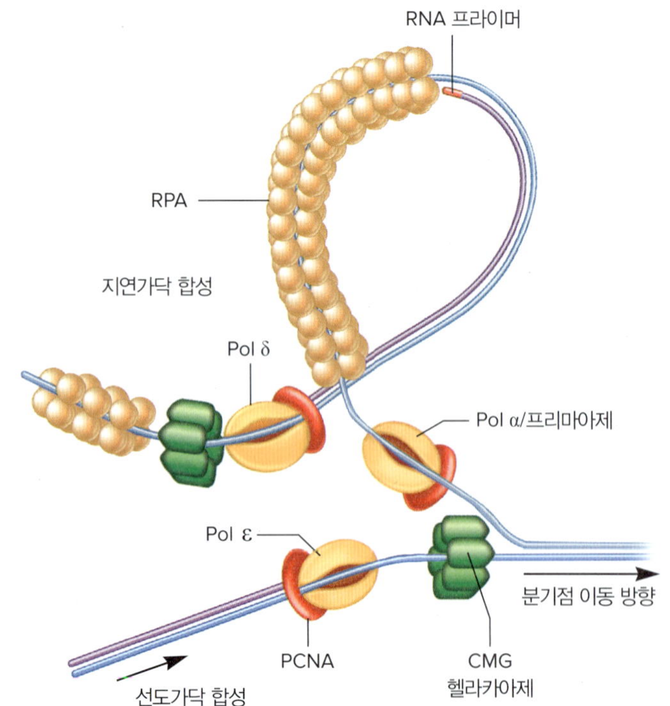

그림 15.1 전형적인 진핵생물의 복제 분기점. 복제체 단백질과 그들의 기능은 표 15.1에 정의되어 있다. 이 그림과 그림 13.12를 비교해보자. 부모 DNA 가닥은 파란색으로, 새롭게 합성된 DNA 가닥은 보라색으로 표시되어 있다.

DNA 복제는 다중 복제원점으로부터 개시된다

진핵생물의 큰 염색체의 복제는 여러 개의 복제원점에서 개시된다 (**그림 15.2**). 이것은 염색체당 오직 한 개의 복제원점을 가지고 있는

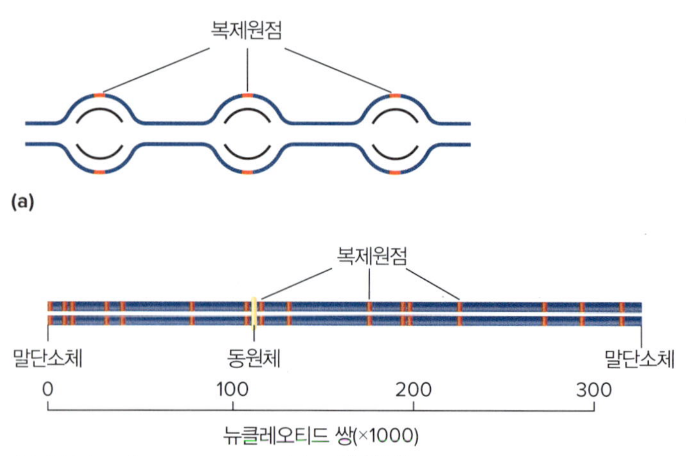

그림 15.2 진핵생물의 염색체는 다수의 복제원점으로부터 복제된다. (a) 복제되고 있는 진핵생물 염색체, (b) 효모 *Saccharomyces cerevisiae* 염색체 III의 도식이다. 317,000 염기쌍이며 다수의 복제원점으로부터 복제된다.

것보다 훨씬 빠른 속도로 염색체가 복제될 수 있도록 해준다. 2개의 복제 분기점은 인접한 원점에서 형성한 복제 분기점을 만날 때까지 각 원점에서 바깥쪽으로 이동한다. 그래서 진핵생물의 염색체는 세균에서 발견되는 단일 복제단위(즉, 전체 염색체)가 아니라 여러 개의 **복제단위**(replicon)로 구성된다.

복제체의 조립을 개시하기 위해 2개의 DNA 가닥을 분리하는 인자에 의한 복제원점의 인식이 요구된다. 세균에서는 DnaA 단백질이 복제원점의 수백 개의 염기쌍을 변성시킨다(그림 13.10 참조). 진핵생물에서 복제원점은 **복제원점 인식단백질 복합체**(origin recognition complex, ORC)라는 단백질 복합체에 의해 표지되는데, ORC는 대부분의 세포주기 동안 원점에 결합되어 있다(**그림 15.3**과 표 15.1). ORC는 DnaA와는 다르게 DNA 가닥을 분리하지 않는다. ORC는 세포주기가 진행됨에 따라 추가적인 단백질 조립을 위한 플랫폼으로 작용한다. ORC와 결합하는 첫 번째 단백질은 헬리카아제 장전자(helicase loader)이다. G1단계에서, MCM(minichromosome maintenance) 복합체라 불리는 단백질 세트인 헬리카아제 효소가 ORC과 연합하여 **복제전복합체**(pre-replication complex, pre-RC)를 형성한다. 2개의 헬리카아제가 각각의 주형 DNA의 단일 가닥을 둘러싸 세균 복제체가 조립되는 것과는 반대로, pre-RC에서 각각의 MCM 복합체가 DNA 양 가닥을 둘러싼다(그림 15.3). 세포주기가 G1 단계에서 S단계로 전이될 때, 헬리카아제 장전자는 다른 다수의 단백질에 의해 치환되어, CMG 헬리카아제 복합체를 형성한다(표 15.1). 마지막 단계인 DNA 가닥 분리는 각각의 CMG 헬리카아제로부터 한 가닥을 방출하고 CMG 헬리카아제를 반대 방향으로 나아가게 하기 위한 단백질 인자를 필요로 한다(그림 15.3).

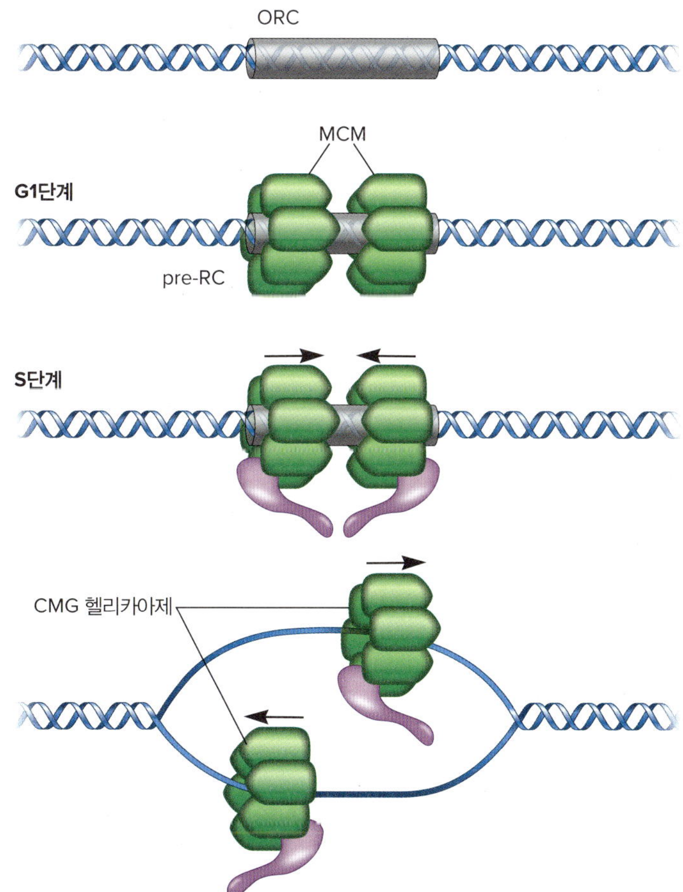

그림 15.3 진핵생물의 복제개시. 복제원점 인식 단백질 복합체(origin recognition complex, ORC)는 세포주기 동안 원점에 결합되어 있다. G1단계에서는, 복제전복합체(pre-replicative complex, pre-RC)를 형성하고, S단계에서는 완전히 조립된 CMG 헬리카아제가 2개의 DNA 가닥을 분리하기 위해 원점으로부터 움직일 때 복제가 시작된다.

진핵생물의 프리마아제와 DNA 중합효소

많은 생물의 DNA 중합효소가 분석되었고, 아미노산 서열과 구조에 기초하여 7개 그룹으로 분류되었다. **표 15.2**에서와 같이 진핵생물의 DNA 중합효소는 세균의 DNA 중합효소와 다른 그룹에 분포한다. 진핵생물의 DNA 복제에는 DNA 중합효소 α-프리마아제(primase), ε 및 δ인 3종류의 중합효소가 기능한다. 시발자(primer, 프라이머) 합성은 DNA 중합효소 α-프리마아제(종종 간단하게 Pol α-프리마아제로 불림)에 의해 수행된다. Pol α-프리마아제는 DNA 합성(Pol α)과 RNA 합성(프리마아제)의 두 가지 활성을 가지고 있어서, 이를 반영하여 명명되어졌다. 이 흥미로운 효소는 4개의 소단위체로 구성되어 있으며, 즉 DNA 합성을 촉매하는 2개의 소단위체(Pol 1과 Pol 2)와 RNA 합성을 촉매하는 2개의 소단위체(PriS과 PriL)로 구성되어 있

표 15.2 DNA 중합효소 패밀리

패밀리	예	기능/설명
A	세균 DNA 중합효소 I	오카자키 조각에 있는 RNA 시발자 교체
B	고균 DNA 중합효소 B(Pol B) 진핵생물 DNA 중합효소 α, δ, ε	진핵생물과 일부 고균의 복제성 DNA 중합효소
C	세균 DNA 중합효소 III	복제성 DNA 중합효소
D	고균 DNA 중합효소 D(Pol D)	일부 고균의 복제성 DNA 중합효소, 고균에 독특함
X	진핵생물 DNA 중합효소 β	DNA 복구
Y	세균 DNA 중합효소 IV(Din B)	DNA 복구
역전사효소(RT)	레트로바이러스 역전사효소 말단소체 합성효소 RT	RNA-의존 DNA 중합효소

다. 시발자는 2단계로 만들어진다. 즉, PriS과 PriL는 짧은 RNA 가닥(~10 뉴클레오티드)을 만들어 Pol α의 활성부위로 전달한다. Pol α는 RNA 가닥에 20개 정도의 데옥시뉴클레오티드를 첨가한다. 그래서 진핵생물의 DNA 복제를 위한 단일가닥 시발자는 RNA-DNA 혼성 분자이다. 일단 시발자가 형성되면 다른 2가지 DNA 중합효소가 관여한다. DNA 중합효소 ε(Pol ε)는 선도가닥 합성을 촉매하고, DNA 중합효소 δ(Pol δ)는 지연가닥을 합성한다(그림 15.1). 따라서 대부분의 세균에서는 DNA 중합효소 III가 선도가닥과 지연가닥을 모두 합성하지만, 진핵생물에서는 2가지의 독특한 DNA 중합효소가 이 기능을 수행한다.

말단소체와 말단소체 합성효소: 선형 DNA 분자의 말단 보호

진핵생물의 선형 염색체 DNA는 세균과 고균의 원형 염색체에서 직면하지 않는 여러 가지 문제를 안고 있다. 복제하는 동안 지연가닥은 오카자키 단편으로 구성됐던 사실을 상기해보자. 딸 가닥의 5′ 말단에 위치한 오카자키 단편의 시발자가 제거되면, 딸 분자의 크기는 부모 분자보다 짧게 된다. 여러 차례에 걸쳐 DNA가 복제되고 세포가 분열되면서 염색체는 점차 짧아질 수밖에 없다. 결국에는 염색체는 중요한 유전정보를 잃게 될 것이다. 이러한 현상은 **말단 복제 문제**(end replication problem)라 불린다.

진핵세포는 염색체 말단에 **말단소체**(telomere)라는 복합체를 형성하고, **말단소체 합성효소**(telomerase, **그림 15.4**)라는 효소를 이용

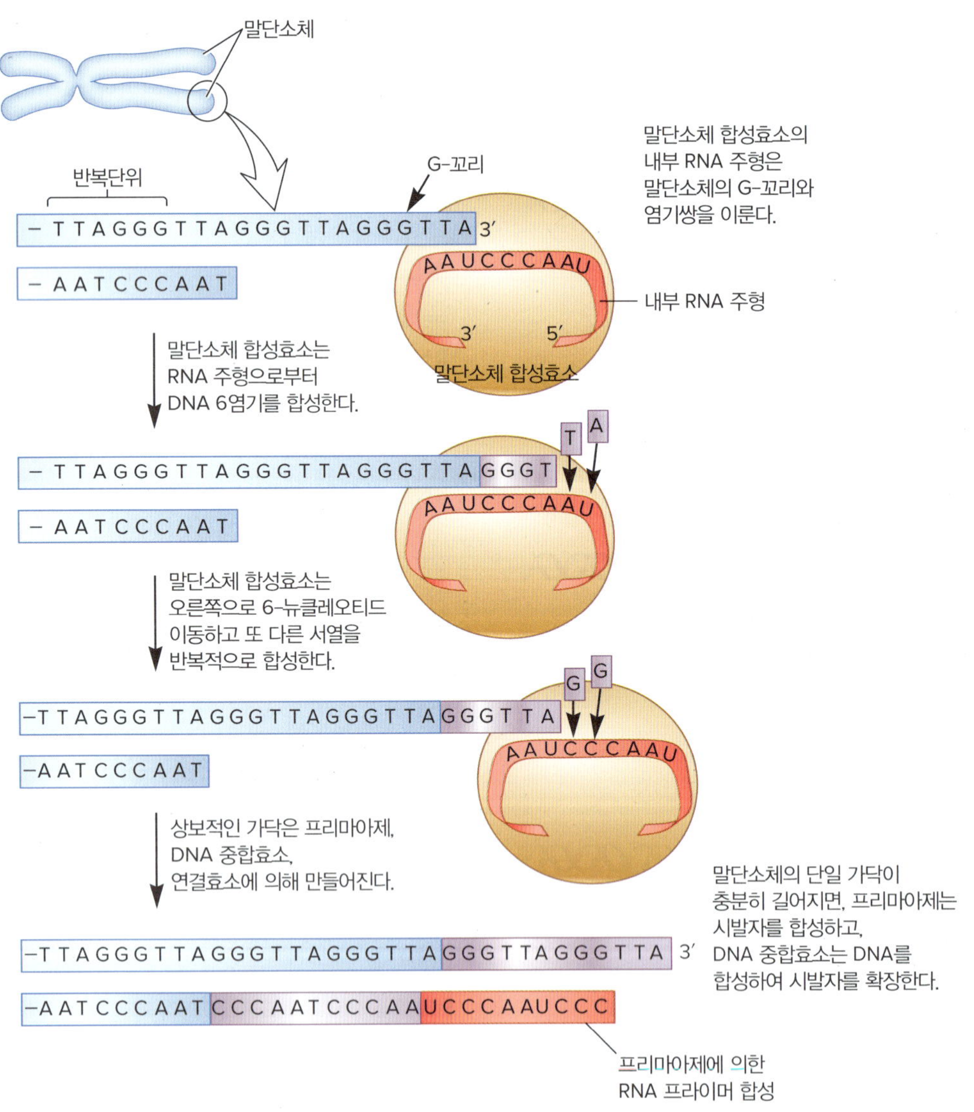

그림 15.4 말단소체 합성효소는 진핵생물 염색체의 말단소체 DNA를 복제한다. 말단소체 합성효소는 3′ 돌출부(G-꼬리)의 작은 부위와 염기쌍을 형성할 수 있는 RNA 분자를 가지고 있다. RNA는 역전사효소의 활성에 의해 촉매되는 DNA 합성을 위한 주형으로 작용한다. 말단소체 DNA의 3′-OH는 시발자로 작용한다. 그림의 과정은 3′ 돌출부가 상보적 말단소체 DNA 가닥을 위한 주형으로 작용할 수 있을 정도로 길어질 때까지 여러 번 반복된다.

해서 말단 복제 문제를 해결한다. 말단소체는 단백질-DNA 복합체로 DNA의 분해와 말단 융합으로부터 DNA를 보호한다. 말단소체의 단백질 구성과 해당 DNA의 길이는 생물 종에 따라 다르다. 말단소체 DNA는 6-8 염기의 반복서열을 가지고 있다. 중요하게 말단의 DNA는 단일 가닥이고 구아노신 염기가 풍부하여 **G-꼬리**(G-tail)라 한다. 말단소체 합성효소는 G-꼬리를 이용하여 염색체의 길이를 유지한다.

말단소체 합성효소는 2가지 주요 구성성분, 즉 내부 RNA 주형과 역전사효소(RT) 활성을 가진 효소를 가지고 있다. 내부 RNA는 G-꼬리에 상보적이어서 염기쌍을 형성한다(그림 15.4). 내부 RNA는 말단소체 합성효소의 역전사효소 활성에 의해 촉매되는 DNA 합성을 위한 주형으로 작용한다(즉, G-꼬리의 3′-OH는 DNA 합성의 시발자로 작용함). 길이가 충분히 길어지면 RNA 시발자가 합성될 수 있는 충분한 공간이 생기며, 단일가닥의 말단소체 DNA는 상보적 가닥 합성의 주형으로 작용한다. 이런 방식으로 염색체 길이가 유지된다. 말단소체 합성효소는 RNA를 주형으로 하여 DNA를 합성하는 일반적이지 않은 효소이다. 이런 능력이 있는 효소들을 RNA 의존 DNA 중합효소(RNA-dependent DNA polymerase)로 정의한다(표 15.2). RNA 의존 DNA 중합효소는 말단소체 합성효소에만 특이적인 것은 아니며, 25장과 37장에서 기술되어 있듯이 어떤 바이러스는 생활사를 완성하기 위해 RNA 의존 DNA 중합효소를 사용한다(예: 인간면역결핍바이러스).

고균은 진핵생물과 동형의 복제체 단백질을 이용한다

고균의 DNA 복제는 혼성(hybrid) 특성을 보여준다. 실험실에서 배양할 수 있는 고균이 거의 없어서 DNA 복제에 대한 실험연구가 적은 숫자의 고균에 제한되어 있지만, 알아낸 사실은 일반화될 수 있다. 고균의 환형 염색체는 진핵생물과 유사한 복제체 단백질에 의해 복제된다(표 15.1). 대부분의 고균 염색체는 세균의 염색체와 같이 하나의 복제원점을 가지고 있으나, 극히 일부 고균은 둘, 셋, 또는 네 개의 원점을 가지고 있다. 고균의 원점은 각각 원점-결합 단백질 Orc1/Cdc6(표 15.1)에 의해 결합되는 2개의 부위를 가지고 있다. 이들 부위는 2개의 가닥이 분리되는 것으로 믿어지는 75 bp AT-풍부 부위의 양쪽에 위치한다. 고균 염색체로부터 하나 또는 그 이상의 원점을 실험적으로 삭제하는 것이 가능하다. 놀랍게도 모든 복제원점이 *Haloferax volcanii*와 *Thermococcus kodakarensis*로부터 아무 영향 없이 삭제될 수 있다. 이들 세포는 DNA 복제를 개시하기 위해 미토콘드리아와 엽록체에서 관찰되는 현상의 하나인 재조합 추진 DNA 복제(recombination-deriven DNA replication, RDR)와 같은 상동 재조합을 이용한다.

많은 고균 세포는 배수체이고, 이들 세포에서 DNA 복제와 세포분열이 연관되어 있는지는 현재 알려지지 않았다. 배수체 세포는 분명한 세포주기가 없을 수도 있고, 세포분열 시 염색체가 딸세포로 균등하게 배분되지 않을 수도 있다. RDR이 가능하다고 알려진 생물체는 적어도 2개의 유전체 사본이 필요하므로 모두 배수체이다. 흥미롭게도 배수체 유전체 중에 많은 필수유전자가 복제원점 근처에 위치하고 있다. 이러한 유전자 배열은 첫 번째로 복제되게 해서 필수유전자의 세포당 사본 수를 늘리려는 방안일 가능성이 있다. 이러한 전략은 DNA 손상을 받기 쉬운 환경에서 보호책이 될 수 있다.

고균 DNA 중합효소는 2개의 구조적 부류로 나누어진다. 현재까지 연구된 모든 고균은 진핵생물의 복제 DNA 중합효소와 같은 DNA 중합효소를 가지며(B그룹 중합효소, 표 15.2), Pol B로 불린다. 그러나 많은 고균은 Pol D라 불리는 주요 복제 중합효소로 여겨지는 독특한 DNA 중합효소를 가진다.

마무리 점검

1. 세포막으로 둘러싸인 세포소기관들과 생화학적 반응을 위한 구획으로써 생체분자 응축물을 비교하시오.
2. 다수의 복제원점을 가지고 있는 것의 장점은 무엇인가?
3. 그림 15.1를 참조하여 염색체 말단 근처에 존재하는 마지막 복제 분기점을 그려 보시오. 그림을 사용하여 말단 복제 문제를 설명하시오.
4. 감수분열과 유사분열 단계를 설명하시오. 왜 보호되지 않은 선형 DNA 말단이 이 중요한 2가지 세포 과정을 파괴하겠는가?
5. 염색체의 길이를 유지하기 위해 말단소체 합성효소가 사용되는 과정을 요약하시오.
6. 고균에서 말단소체 합성효소 활성을 발견한 것이 왜 놀라운 일인가?
7. 세균, 진핵생물 및 고균에서 염색체 구조와 복제의 독특하고 공유된 특징을 보여주는 벤 다이어그램을 그리시오.

15.3 전사

이 절을 학습한 후 점검할 사항:

a. 진핵생물, 고균 및 세균의 유전자 구조를 비교 대조할 수 있다.
b. 진핵생물, 고균 및 세균의 프로모터, RNA 중합효소, 전사인자를 구별하여 표로 작성할 수 있다.
c. 합성하는 동안과 합성 후의 진핵생물의 mRNA 분자의 변형을 설명할 수 있다.

전사는 본질적으로 모든 세포성 생물에서 동일하다. 즉, 유전자 한 가닥을 주형가닥으로 하여 RNA 중합효소에 의해 5′ 말단에서 3′ 말

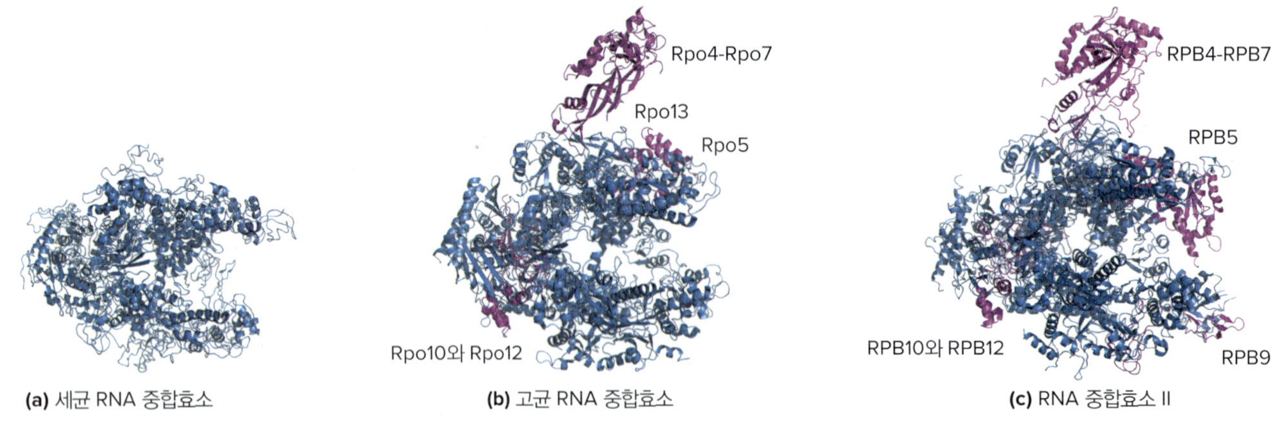

그림 15.5 세균, 고균, 진핵생물의 RNA 중합효소. (a) 세균 *Thermus aquaticus*, (b) 고균 *Saccharolobus shibatae*와 (c) 진핵생물 RNA 중합효소 II의 리본 도해이다. 푸른색으로 보이는 것은 3종류의 RNA 중합효소에서 모두 발견되는 소단위이다. 자홍색으로 보이는 것은 고균과 RNA 중합효소 II에만 독특한 소단위이다.

단 방향으로 RNA를 합성한다. 이 전사 과정은 모든 생명체 영역(domain)에서 통일되어 있지만, 여러 다른 핵심적인 면이 있다. 이러한 다른 측면은 세포 및 염색체 구조, RNA 중합효소의 속성, 단백질을 암호화하는 유전자 조직 등의 차이에 기인한다. 세균은 mRNA 합성을 촉매하는 핵심요소와 전사인자 소단위인 시그마 인자(σ, 그림 13.23 참조)로 구성된 하나의 RNA 중합효소를 사용한다. 세균에서 기능이 연관된 유전자들은 종종 오페론(operon)으로 구성되어 있고, 유전자들은 같은 프로모터(promoter)로부터 전사된다. 다중시스트론 mRNA(polycistronic mRNA)가 합성되고(그림 13.21 참조), 각 유전자는 개별 단백질로 번역된다. 세균 유전자의 일부 부위(즉, leader 및 trailer)는 전사되나 번역되지 않고, 거의 모든 단백질-암호화 유전자들의 유전자 내 암호화 정보는 연속적이다. 이제 이것을 진핵생물과 고균에서의 전사와 비교해보자.

진핵생물의 전사

진핵생물에서 전사는 핵에서 일어나고, RNA 산물은 번역이 일어나는 세포질로 이동하여야 한다. DNA 복제에서와같이 염색질 구조는 RNA 중합효소가 프로모터에 결합하고 전사가 진행됨에 따라 RNA 중합효소가 이동하도록 변형되어야 한다. 이는 15.5절에 서술된 염색질리모델링 효소에 의해서 이루어진다. 진핵생물 유전자의 구조와 구성도 세균과는 현저하게 다르다. 대부분의 진핵생물에 있어 각 단백질-암호화 유전자는 자체 프로모터를 가지고 있으며, 유전자로부터 합성된 전사물은 **단일시스트론**(monocistronic)이다. 또한, 많은 진핵생물 단백질-암호화 유전자는 엑손(exon)과 인트론(intron)이라는 부위로 구성되어 있다. 엑손은 폴리펩티드를 암호화하고 있는 서열이나, 인트론은 비암호화 서열이다. 따라서 진핵생물 유전자의 암호화 부위는 비연속적이다. 엑손과 인트론은 모두 전사되어 엑손과 인트론이 포함된 **1차 mRNA**(primary mRNA) 또는 **전구체 mRNA**(pre-mRNA)라는 전사물을 만든다. 인트론은 번역이 일어나기 전에 1차 전사체로부터 잘려 나간다.

진핵생물의 RNA 중합효소는 세균 RNA 중합효소 핵심 소단위의 상동체를 포함한다

진핵생물은 3종의 주요 RNA 중합효소를 가지고 있다. RNA 중합효소 I은 rRNA 합성을 촉매하고, RNA 중합효소 II는 mRNA를 합성에 관여하며, RNA 중합효소 III는 모든 tRNA와 하나의 rRNA(5S rRNA)를 합성한다. 세균 RNA 중합효소 핵심효소의 5개 소단위 모두 진핵생물의 RNA 중합효소에 보존되어 있다(**그림 15.5**). 그러나 진핵생물의 RNA 중합효소는 여러 추가적인 소단위를 가지고 있다.

진핵생물의 전사개시

진핵생물의 전사에 관한 대부분의 연구는 단백질-암호화 유전자의 전사에 관한 것이고, 여기에서도 이점에 초점을 둘 것이다. 진핵생물에서 RNA 중합효소 II(RNAPII)가 단백질-암호화 유전자 전사를 담당한다. 이 복합체 효소는 크기가 적어도 500,000 달톤(dalton)에 달하며 10개의 소단위체로 구성되어 있다.

전사개시는 RNAPII가 프로모터에 모집되어야 가능하다. 기본 또는 일반 전사인자라 불리는 전사인자 중 일부가 핵심 프로모터에 결합한 후, 다른 전사인자와 상호작용을 통해 RNAPII를 유인한다(**표 15.3**). RNAPII가 인식하는 프로모터는 핵심 프로모터와 조절 부위를 가지고 있다. 핵심 프로모터는 전사가 일어나는 데 필요한 최소부위이다. 프로모터에 발견된 두 세트의 보전된 서열은 BRE와 TATA이다(**그림 15.6**). 처음에는 모든 RNAPII 핵심 프로모터가 TATA 박

표 15.3	진핵생물 및 고균의 기본 전사인자 상동체
진핵생물의 전사인자	고균 전사인자
TATA-결합단백질(TBP)[1]	TBP
TFIIB[2]	TFB[2]
TFIIE	TFE
TFIIF	
TFIIB	
TFIIH	

[1] 진핵생물 TBP는 종종 TFIID라는 단백질 복합체의 일부이다.

[2] TFII(transcription factor for RNA polymerase II)는 RNA 중합효소 II의 전사인자 단백질이다. TF(transcription factor)는 고균 RNA 중합효소의 전사인자 단백질을 의미한다.

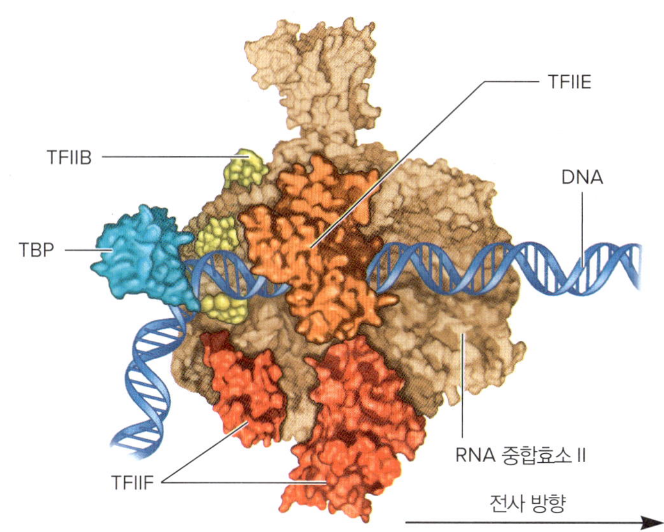

그림 15.7 진핵생물의 전사개시. 개시전복합체(PIC) 내에서 일부 전사인자들의 위치를 보여주는 그림이다. TFIIH와 TFIIA는 이 그림에는 보이지 않는다. 전사개시 인자가 RNA 중합효소 II와 얼마나 가까이 연합되어 있는지를 주목하라. 화살표는 전사가 시작된 후 전사의 방향을 보여준다.

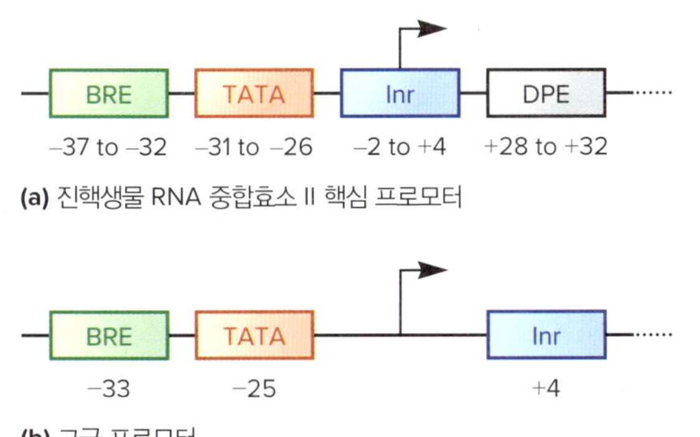

그림 15.6 진핵생물과 고균의 프로모터. (a) 진핵생물 RNA 중합효소 II 핵심 프로모터는 하나 또는 하나 이상의 요소가 포함된 것을 보여준다. 그러나 모든 요소가 단일 유전자에 존재하는 경우는 매우 드물다. 각 요소의 대략적인 위치는 전사개시 부위 화살표에 상대적인 위치로 표시하였다. (b) 고균 프로모터이다. 비록 프로모터의 정확한 뉴클레오티드 서열은 다르긴 하나, 프로모터 구성 요소의 명칭은 진핵생물 프로모터와 같다. BRE: TFIIB 인식 요소(TFIIB recognition element), Inr: 개시자 요소(initiator element), DPE: 하부 프로모터 요소(downstream promotor element).

스를 포함하는 것으로 생각하였지만, 현재 TATA 박스가 없는 많은 RNAPII 프로모터가 알려졌다. TATA가 없는 프로모터들은 항시 발현되는 유전자인 세포유지 유전자(housekeeping gene)에 존재한다. TATA 박스를 포함하는 유전자는 조절유전자인 경향이 있다.

진핵세포의 전사인자는 RNA 중합효소의 일부분이 아니기 때문에 외인성 인자로 언급된다. TATA-결합단백질(TATA-binding protein, TBP)이 전사개시에 가장 중요한 인자 중 하나이다. TBP는 종종 TFIID(transcription factor D for RNA polymerase II의 약어)라고 불리는 단백질 복합체의 일부이다. 이름과 달리, TBP는 TATA 박스를 포함한 프로모터와 TATA 박스가 없는 프로모터에 작용하여 전사개시 기능을 한다.

일단 RNAPII의 개시전복합체(pre-initiation complex, PIC)가 형성되면(**그림 15.7**), TFIIE가 DNA을 비틀고 DNA의 14 염기쌍을 변성시킬 수 있도록 TFIIH를 위치하게 하여 열린복합체를 형성한다(그림 13.25 참조). 이제 RNAPII는 mRNA 합성을 시작할 수 있다. 그러나 TFIIB와 RNAPII 접촉이 깨질 때까지 전사신장단계(elongation phase)로 이어질 수 없다. 이는 TFIIH가 RNAPII 소단위 중 하나의 C-말단 영역을 인산화함으로써 이루어진다. 일단, 이 과정이 일어나면, RNAPII는 PIC로부터 유리되어 신장단계로 진행한다. 전사인자와 공동활성자는 추가적인 RNAPII 모집하기 위해 프로모터에 남아 있게 된다.

mRNA 전구체에서 mRNA로 가공: 진핵생물 특이적 과정

대부분의 세균 mRNA와는 달리, 진핵생물의 단백질-암호화 유전자에서 합성되는 초기 전사물은 번역 가능한 mRNA가 되기 전에 반드시 변형되어야 한다. 변형은 핵 내에서 일어나는데, 전사신장단계에 시작하여 전사가 종결된 후에 완결된다. 첫 변형은 전사물의 길이가 약 25 리보뉴클레오티드일 때, 전사물의 5′ 말단에 흔치 않은 뉴클레오티드의 첨가이다(**그림 15.8**). **5′ 캡**(5′ cap)이라 불리며, 7-메틸구아노신(7-methylguanosine)이다. 5′ 캡이 첨가되고 전사물의 길이가 충분히 길어지면 전사신장 동안 인트론의 제거가 일어난다. 전사가 완결된 후 남아 있는 인트론이 제거되고 전구체 mRNA(pre-mRNA)에는 **3′ 폴리-A 꼬리**(3′ poly-A tail)가 첨가되어 더 변형된다(그림 15.8). 5′ 캡과 3′ 폴리-A 꼬리는 모두 효소에 의한 공격으로부터 mRNA를 보호하는 것을 돕는다. 또한 mRNA가 핵에서 세포질로

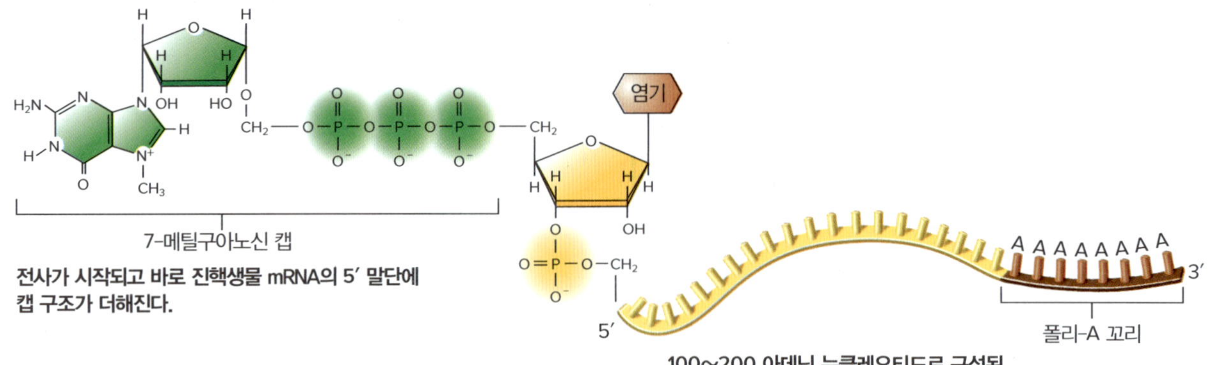

그림 15.8 **진핵생물 mRNA의 말단의 변형.**

연관 질문 5′ 캡과 3′ 폴리-A 꼬리가 하는 기능은 무엇인가?

이동할 준비가 된 것을 세포가 인식하도록 해준다. 5′ 캡은 리보솜 결합의 인식 신호로 작용하여 mRNA가 번역될 수 있도록 하는 부가 기능을 가지고 있다.

인트론은 **스플라이세오솜**(spliceosome)이라 불리는 진핵세포에 독특한 리보자임(ribozyme)에 의해 전구체 mRNA에서 제거된다. 리보자임처럼 스플라이세오솜은 수십 개의 단백질과 여러 RNA 분자로 이루어져 있다. 각각의 인트론 내의 짧은 서열들은 스플라이세오솜 RNA에 의해 인식되고 절단되고, 엑손들은 함께 연결된다. 이 반응은 번역을 위해 리보솜으로 이동하는 mRNA와 모양 때문에 올가미(lariot)라 불리는 삭제된 RNA 분자, 2가지 산물을 생성한다(**그림 15.9**), 올가미는 리보뉴클레오티드로 분해되거나, 일부는 유전자 조절에 기능할 수도 있다. 인트론의 제거는 전사가 일어나는 동안 일어나기 때문에 mRNA는 RNA 중합효소 II와 스플라이세오솜과 동시에 연합될 수 있다.

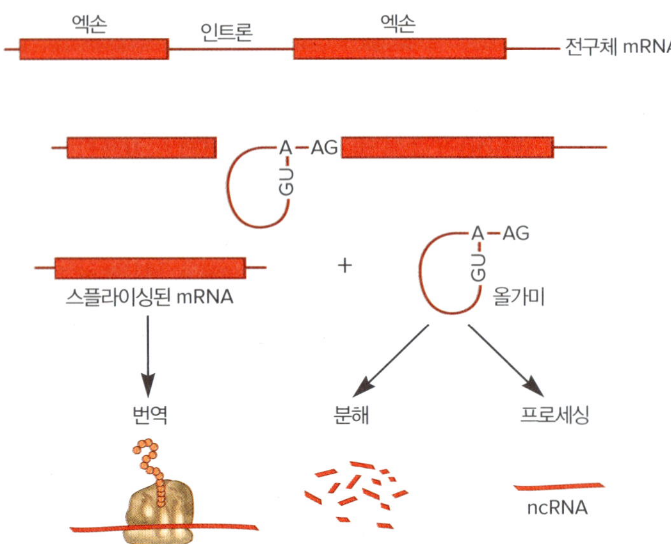

그림 15.9 **스플라이싱에 의한 인트론의 제거.** 스플라이싱 반응은 스플라이세오솜 리보자임에서 일어난다. 인트론 제거를 위한 중요한 서열은 엑손-인트론 분지점에 보여진다. ncRNA: 비암호 RNA.

때때로 전구체 mRNA가 다른 패턴의 엑손 또는 다른 엑손의 연결 경계를 갖도록 스플라이싱이 된다. 이 **대체 스플라이싱**(alternative splicing)으로 하나의 유전자가 하나 이상의 단백질을 암호화할 수 있게 된다. 스플라이싱 양상에 따라 합성되는 단백질의 종류가 결정된다. 스플라이싱 양상은 세포 유형 특이적이거나, 세포의 필요성에 따라 결정될 수 있다. 다세포성 진핵생물에서 대체 스플라이싱의 중요성은 인간의 유전체가 기대했던 100,000개가 아니라 단지 약 20,000개의 유전자만을 가지고 있다는 것이 알려지면서 더욱 명확해졌다. 대체 스플라이싱은 인간 세포가 더 적은 수의 유전자에서 많은 단백질 조합을 만들어 내는 하나의 기전이다. 이러한 유전체의 암호화 능력을 확대하는 기전은 단백질 암호화 유전자에 인트론이 매우 드물어서 세균과 고균에서는 이용 가능하지 않다.

고균의 전사

만약 고균의 전사를 기술하는 기사라면, 그 기사의 헤드라인은 "진핵생물의 것과 같은 RNA 중합효소가 세균과 같은 환경에서 작용한다" 일 것이다. 이는 고균의 전사가 세균의 경우와 같이 핵양체(nucleoid)에서 일어나기 때문이다. 많은 고균의 mRNA는 세균 유전자처럼 다중시스트론이다. 고균의 단백질-암호화 유전자에는 인트론이 드물고 (세균의 경우와 같이), 있다고 해도 진핵생물이 사용하는 방법과 다른 과정으로 제거된다(또한 세균의 경우와 같이). 마지막으로, 고균은 단일 RNA 중합효소를 사용하여 모든 전사를 촉매한다.

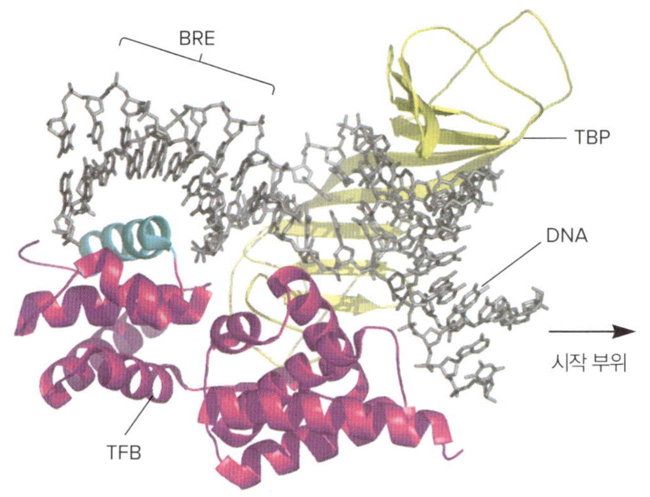

그림 15.10 TBP와 TFB의 고균 프로모터에의 결합. TBP(금색), TFB의 카르복실 말단(자홍색), TATA 박스와 BRE를 포함하는 고균 프로모터 부위 간에 형성되는 3차원 복합체의 결정 구조이다. TFB의 청록색 부분은 BRE를 인지하는 α-나선이다. TBP: TATA 결합 단백질, TFB: 전사인자, BRE: B 인지 요소.

세균과 많은 유사성에도 불구하고, 고균의 RNA 중합효소는 크고 진핵생물의 RNA 중합효소 II와 유사하다(그림 15.5). 또한 고균의 전사개시는 프로모터의 유사성(그림 15.6)과 비슷한 기본 전사인자를 사용한다는 점(표 15.3)에서 진핵생물의 경우와 매우 비슷하다. 고균의 전사과정은 진핵생물의 단순화된 과정으로 생각될 수 있다. **그림 15.10**에서 보는 바와 같이, 2개의 고균 전사인자가 고균의 RNA 중합효소를 프로모터에 모집하는 데 중요하다. 즉, TATA 결합 단백질(TBP)과 전사인자 B(TFB)이다. 세 번째 전사인자인 TFE가 RNA 중합효소와 결합하여 DNA의 풀림을 촉진하고 열린복합체를 형성한다(그림 13.25 참조). 그 후 RNA 중합효소는 유전자를 따라 이동하면서 RNA를 합성한다. TFB는 프로모터에 결합한 채로 남아 있으면서 다음 전사개시를 준비한다. TFE는 전사가 종결될 때까지 RNA 중합효소와 함께 이동한다.

마무리 점검

1. 고균 프로모터의 어떤 요소가 진핵생물의 RNA 중합효소 II(RNAPII) 핵심 프로모터에서도 발견되는가? 다른 추가적인 요소가 RNA 중합효소 II 핵심 프로모터에서 발견되는가? 세균의 프로모터는 진핵생물과 고균의 프로모터와 어떻게 다른가?
2. 전사개시에서의 세균의 시그마 인자의 역할을 진핵생물과 고균의 전사인자와 비교하시오. 세균의 시그마 요소가 내재성 전사인자로 언급되는 반면 진핵생물 및 고균의 전사인자는 왜 외인성으로 언급되는가?
3. 진핵생물에서 성숙한, 번역 가능한 mRNA을 만드는 과정을 요약하시오. 이 과정은 어디에서 일어나는가?

15.4 번역, 단백질 성숙, 위치 지정

이 절을 학습한 후 점검할 사항:

a. 진핵생물, 고균 및 세균의 리보솜 구조를 구별할 수 있다.
b. 진핵생물과 고균 세포가 사용하는 개시 tRNA를 알아볼 수 있다.
c. 진핵생물에서 관찰된 번역 개시단계의 개요를 설명하고 세균과 고균에서 관찰된 것들과 비교할 수 있다.
d. 진핵생물과 고균 세포에서의 샤프론 분자의 기능을 설명할 수 있다.
e. 생물의 3영역에서 관찰되는 전위와 분비체계를 구별하여 표나 개념도를 만들 수 있다.

생물체가 생존하기 위해서는 그들이 필요한 단백질을 합성하고(번역), 기능적인 구조로 접어야 하며, 세포의 내부의 적절한 부위(또는 외부)에 위치시켜야 한다. 세균의 번역개시는 3개의 단백질 개시인자(IF), 개시 tRNA(fMet-tRNA$_i^{Met}$)와 2개의 리보솜 소단위(50S와 30S 소단위)를 필요로 한다(그림 13.35 참조). 16S rRNA와 mRNA의 Shine-Dalgarno 서열이 작용하여 리보솜을 개시코돈에 적절하게 위치시킨다. 다음에 3개의 신장인자(EF, 그림 13.39 참조)의 도움으로 신장이 이루어진다. 번역은 전사와 밀접하게 연계되어 있고 종종 폴리솜(polysome)이 관찰된다(그림 13.39 참조). 번역의 종결에는 3개의 방출인자(RF)가 관여한다. **샤프론**(chaperone)은 단백질 접힘을 돕고, 일부 샤프론은 단백질을 단백질 전위나 분비체계로 배달한다.

이 절에서는 진핵생물과 고균에서 일어나는 번역, 단백질 접힘 및 위치 지정에 초점을 둔다. DNA 복제와 전사와 같이 전체 과정은 모든 생물에서 비슷하다. 따라서 세균에서 관찰되는 것과는 다른 진핵생물과 고균의 특징에 초점을 맞출 것이다.

진핵생물의 번역은 개시과정이 독특하나 세균에서처럼 진행된다

세균과 진핵생물의 번역 사이에는 많은 면에서 뚜렷한 차이가 있다. 첫째는 진핵생물의 리보솜은 세균의 것보다 크고, mRNA에 적절하게 위치하기 위해 더 많은 개시인자를 필요로 한다. 진핵생물의 5′ 캡과 3′ 폴리-A 꼬리는 번역개시에 필수 불가결한 것이다. 이 과정은 mRNA 활성화로 번역과정이 시작되는데, 여러 개의 진핵생물 개시인자(eIF)가 mRNA의 5′ 말단에 결합하고, 폴리-A 결합 단백질(PABP)이 3′ 말단에 결합하여 활성화된다. eIF와 PABP의 상호작용으로 mRNA가 접혀서 두 말단 사이에 eIF와 PABP의 가교가 형성된다(**그림 15.11**). 그동안, 개시 tRNA(Met-tRNA$_i^{Met}$)는 40S 리보솜 소단위(SSU)에 장전되어 43S 복합체를 형성한다. 43S 복합체의 형

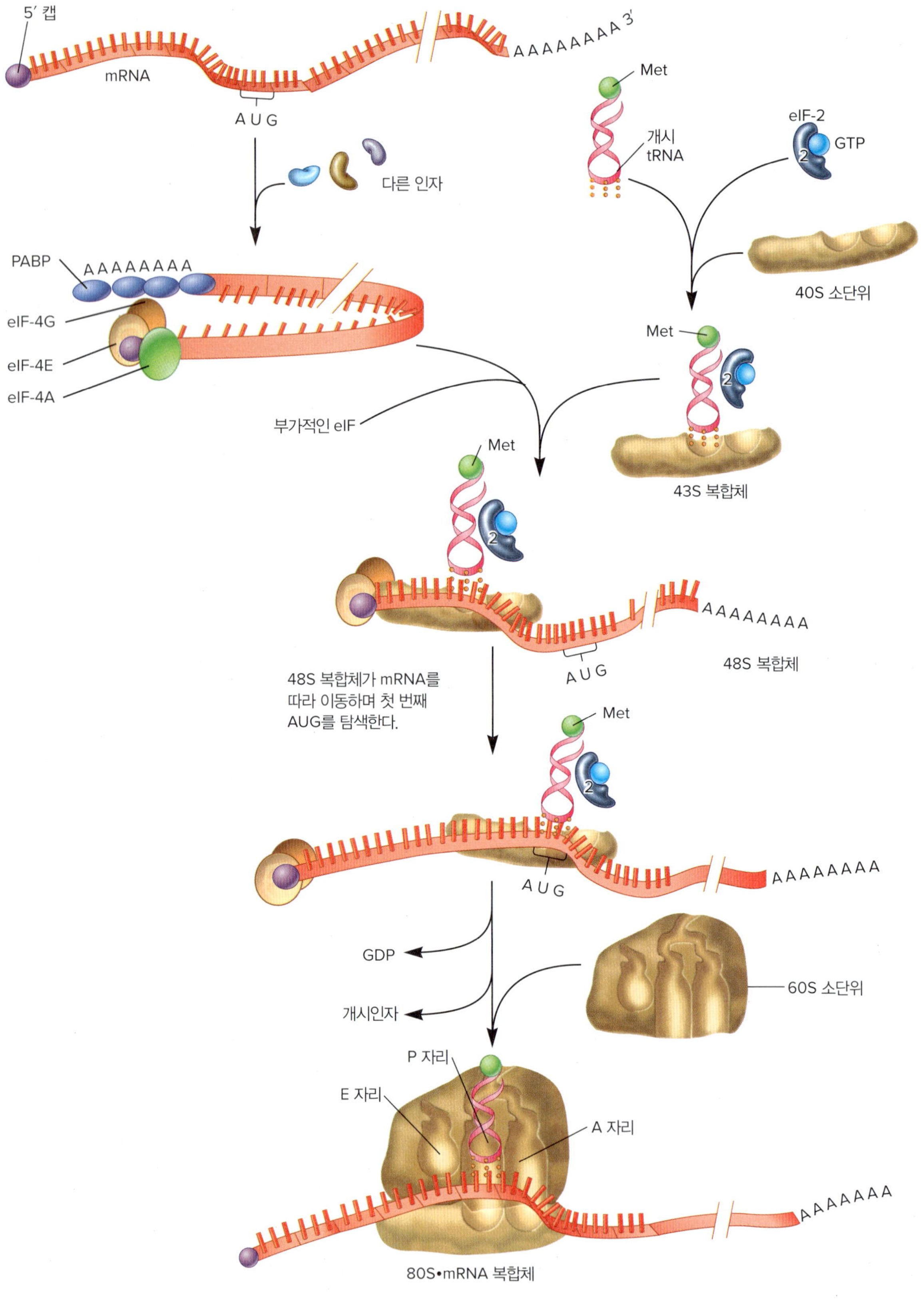

그림 15.11 진핵생물의 번역개시. 그림을 간단하게 하도록 많은 진핵생물 개시인자(eIF)는 생략하였다. 그림의 왼쪽 위 부분은 mRNA 활성화를 보여주며, 위 오른쪽은 43S 복합체 형성을 보여준다. 43S 복합체는 활성화된 mRNA의 5′ 말단에 결합하여 48S 복합체를 형성한 후 첫 번째 AUG를 찾을 때까지 mRNA를 따라 이동한다. 이렇게 함으로써 메티오닌을 운반하는 개시 tRNA를 60S 소단위가 결합한 후 리보솜의 P(peptidyl) 자리가 되는 위치에 오게 한다. A(acceptor) 자리는 비어 있어 mRNA가 암호화하는 두 번째 아미노산을 운반하는 tRNA가 도착하기를 기다린다. Met: 메티오닌, PABP: 폴리-A 결합 단백질, E 부위: 방출부위.

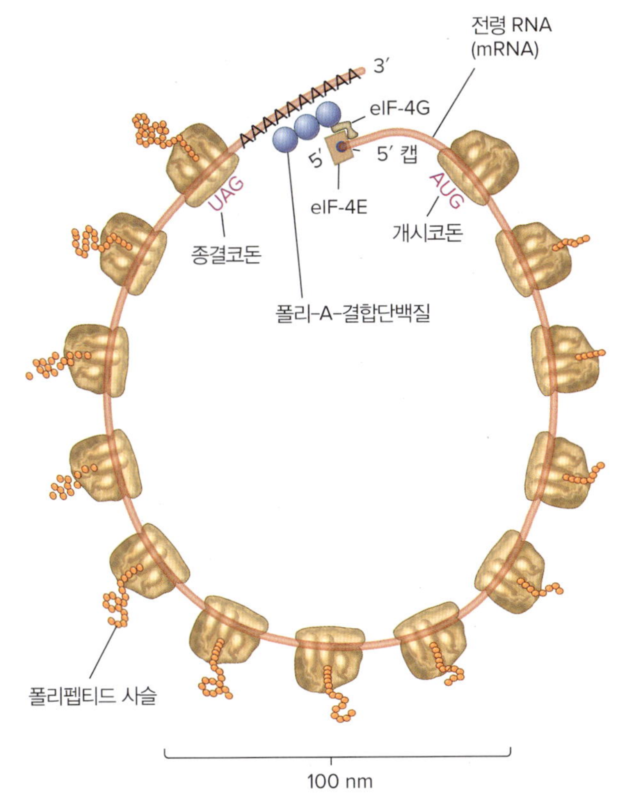

그림 15.12 진핵생물의 폴리솜. 폴리솜(polysome)의 모식도이다. 특징적인 환형의 형태는 폴리-A-결합 단백질, eIF-4E, eIF-4G 및 다른 개시인자들에 의한 mRNA 두 말단의 상호작용으로 형성된다.

성은 여러 추가적인 eIF에 의해 촉진된다. 다음에 43S 복합체는 활성화된 mRNA에 결합하여 48S 복합체를 만든다.

그림 15.11에서 보듯이 번역개시시점에서 SSU는 세균의 경우와 달리 mRNA의 개시코돈에 위치하지 않는다. 오히려 mRNA의 5′ 말단에 위치한다. SSU는 개시코돈을 찾아서 mRNA를 스캔하며 이동한다. 개시코돈을 마주하면 eIF가 떨어져 나가고, 60S 리보솜 단위체(큰 소단위)가 48S 복합체와 결합하여 완전한 80S 리보솜을 형성한다. 이제 번역이 시작될 수 있다.

번역신장과 종결은 세균의 경우와 유사한 방법으로 진행된다. 3개의 신장인자가 세균과 진핵생물 모두에서 기능하며, 구조적으로나 기능적으로 비슷하다. 진핵생물의 mRNA 번역과정에 폴리솜이 형성된다. 그러나 번역이 개시되는 동안 mRNA가 구부러짐으로 폴리솜은 독특한 구조를 가진다(**그림 15.12**). 또 다른 차이는 종결과정에서 볼 수 있다. 세균의 경우 3개의 방출인자(RF)가 관여하는 반면에 진핵생물에서는 단일 방출인자(eRF)가 기능한다.

진핵생물의 단백질 접힘은 세균과 유사하다

세균처럼 진핵생물도 많은 단백질을 적절하게 접히게 하고, 환경 조건에 의해 변성된 단백질을 원래 형태로 복원하기 위해 샤프론(chaperone)을 사용한다. 샤프론은 열에 의해 스트레스를 받은 세포의 단백질을 보호하는 기능으로 처음 동정되었으며, 이에 따라 종종 열충격단백질(heat-shock protein, HSP)로 불린다. 많은 HSP가 알려져 있으며, 종종 분자량에 따라 HSP 유형으로 나뉜다. 예를 들어, 세균 샤프론인 GroEL과 GroES는 분자량이 약 60,000 정도로 비슷한 크기의 HSP와 HSP60으로 그룹이 이뤄진다. 모든 유형의 대표적인 샤프론이 진핵생물에서도 발견된다.

세균에서와 같이, 진핵생물은 단백질을 올바르게 접기 위해 여러 경로를 사용한다(**그림 15.13**). 일부 샤프론은 번역되고 있는 단백질에 작용하고, 다른 샤프론은 번역 후 작용한다. 약 70%의 단백질이 리보솜 출구 터널(ribosome exit tunnel)에서 단백질과 상호작용하는 샤프론인 리보솜 연관 복합체(ribosome-associated complex, RAC)와 신생사슬 연관 복합체(nascent-chain-associated complex, NAC)에 의해 성공적으로 번역 후 접히게 된다. 접힘을 위해 추가적인 도움이 필요한 단백질은 HSP70 샤프론(세균 DnaK 단백질과 유사)과 HSP40 샤프론(세균 DnaJ 단백질과 유사)에 의해 결합된다. HSP70은 접혀지지 않은 기질을 프리폴딘(prefoldin)이라 불리는 단백질 또는 그 기질에 특이적인 다른 부류의 샤프론에 연결하는 중심이 되는 접힘 허브이다. 다른 단백질은 세균의 GroEL체계와 비슷한 HSP60 샤프론을 사용하는 경로에 의해 접힌다. 이는 진핵생물에서 TRiC/CCT[tailless complex polypeptide-1 (TCP-1) ring complex/chaperonin-containing TCP-1]라 불린다.

진핵생물의 단백질 위치 지정과 분비

진핵세포는 고도로 구획되어 있고 막으로 둘러싸인 세포소기관을 가지고 있으므로 진핵세포에서 생산되는 단백질의 목적지는 매우 다양하다. 비록 미토콘드리아와 엽록체는 자체의 단백질을 암호화하는 유전체를 가지고 있지만, 대부분은 핵에 암호화되어 있고 세포질에서 번역된다. 따라서 일부 단백질은 세포질에서 합성되어 그곳에 머

COVID-19

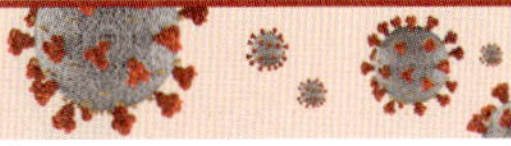

숙주세포에 침입할 때 SARS-CoV-2에 의해 만들어진 첫 단백질 중 하나는 2개의 이름을 가지고 있다. 즉 Nspl과 숙주 차단 인자(host shutoff factor)이다. 이 단백질은 숙주세포의 40S 리보솜 소단위에 결합함으로써 mRNA가 정상적으로 진입하는 통로를 막아 숙주 mRNA의 번역을 차단한다. 놀랍게도, 이는 선택적인 숙주 mRNA의 번역 차단이다. 반면에 숙주 리보솜에 의해 자신의 mRNA는 효과적으로 번역하는데 이를 위해 다른 보다 복합적인 기전을 사용한다.

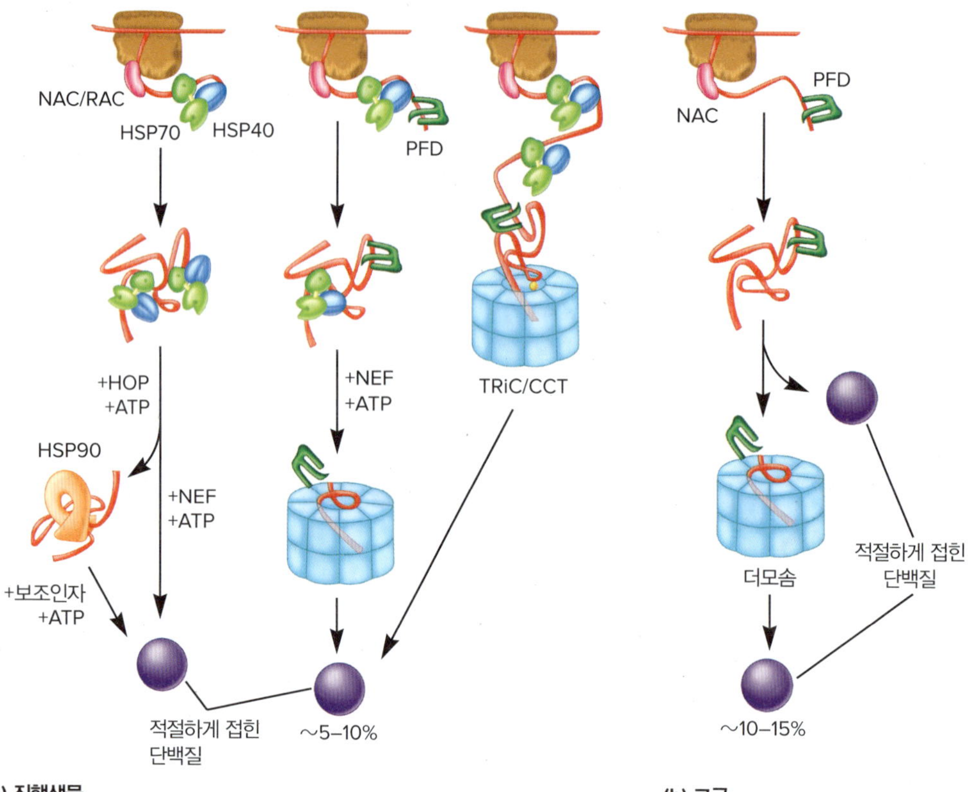

그림 15.13 진핵생물과 고균의 단백질 접힘. (a) 진핵생물에서의 경로는 모두 NAC(nascent-chain-associated complex, 신생사슬 연관 복합체), RAC(ribosome-associated complex, 리보솜 연관 복합체)이다. 조-샤프론(co-chaperone) HSP40과 HSP70 샤프론을 이용한다. 일부 단백질은 이 샤프론만으로도 적절히 접힌다. 다른 단백질은 HSP90, prefoldin(PFD), 그리고 TRiC/CCT 같은 추가적인 샤프론을 필요로 한다. 후자는 세균의 GroEL과 같은 HSP60 샤프론이다. HOP: HSP90-조직 단백, NEF: 뉴클레오티드 교환인자(nucleotide exchange factor). (b) 많은 고균이 HSP70 샤프론이 없기 때문에 대부분의 고균 단백질은 NAC와 PFD에 의해 접힌다. 다른 단백질은 TRIC/CCT의 고균 상동체인 더모솜(thermosome)에 의한 추가적인 접힘 단계가 필요하다. 비록 보이진 않았지만 모든 HSP60 샤프론은 ATP를 가수분해한다.

물지만, 많은 단백질은 특정한 세포 구역으로 이동하거나 분비된다. 5장에서 설명한 바와 같이, 분비될 단백질이나 소포체, 골지체, 엔도솜 및 기타 세포내흡입 작용 및 분비 경로의 막성 구성요소로 이동할 단백질은 한 소기관(예: ER)으로부터 부풀어 떨어져나와(pinch off) 표적막과 융합하는 소낭에 의해 각각의 소기관이나 세포막으로 이동한다. 이러한 단백질 위치 지정 및 분비 기전을 **소낭 수송**(vesicular transport)이라 하며, 세포막을 가로지르는 단백질 위치이동을 포함하지 않는다. 그러나 단백질이 세포질에서 ER, 미토콘드리아 및 엽록체로 이동하기 위해서는 세포막을 통과하여 이동하여야 한다. 이러한 막관통 수송(transmembrane transport)은 세균에서 발견되는 단백질 위치이동 및 분비체계와 비슷할 뿐만 아니라, 세균의 세포막에서 발견되는 다른 단백질의 이동과도 비슷하다. ▶| 일부 세포소기관은 분비와 세포내흡입에 관여한다(5.4절)

진핵생물에서 가장 잘 연구된 단백질 위치이동(protein translocation) 체계는 **Sec 체계**(Sec system, **그림 15.14**)이다. 진핵생물에서 이 경로의 기능에서 중심은 Sec61αβγ 트랜스로콘(translocon)이다. 진

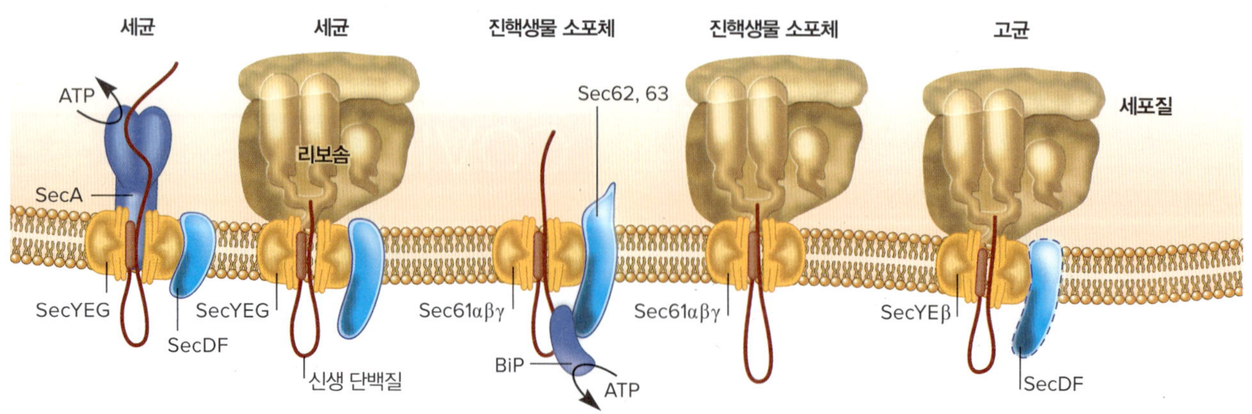

그림 15.14 세균, 진핵생물 및 고균에서 발견되는 Sec 체계의 비교. 세균과 진핵생물에서는 단백질의 위치이동이 번역 후에 또는 번역과 동시에 일어날 수 있다. 고균에서 번역과 동시에 일어나는 위치이동은 상대적으로 많이 연구되었으나, 번역 후 위치이동은 많이 연구되지 않고 있다. SecDF 단백질은 일부 고균에서만 발견된다.

표 15.4	분비체계의 비교	
세균	진핵생물	고균
Sec 단백질 상동체		
SecY	Sec61α	SecY[1]
SecE	Sec61γ	SecE
SecG	—	—
—	Sec61β[2]	Sec61β
신호인지입자(SRP) 상동체		
4.5S RNA	7S RNA	7S RNA
Ffh (SRP54)	SRP54	SRP54
	SRP19	SRP19
	SRP72, SRP68, SRP14, SRP9	

[1] 비록 세균 단백질과 같은 명칭이지만, 이 고균 단백질의 구조는 진핵생물 상동체와 더 유사하다.
[2] 모든 Sec 체계는 단백질이 이동할 통로를 형성하는 3개의 단백질을 가지고 있다. 그러나 Sec61β 단백질은 구조나 기능면에서 모두 SecG와 다르다.

핵생물의 Sec 체계를 구성하는 몇몇 단백질은 세균의 Sec 단백질과 상동성이 있다(**표 15.4**). 진핵생물에서 Sec 체계는 접히지 않은 단백질의 세포질에서 ER의 막이나 내강으로 이동에 기능한다. 또한 엽록체에서는 단백질의 스트로마(stroma)에서 틸라코이드(thylakoid) 막이나 틸라코이드 내강으로의 이동에 기능한다. 세균의 Sec 체계와 같이 동시 번역 위치이동(cotranslational translocation)에는 신호인지입자(signal recognition particle, SRP)가 관여하는데(표 15.4), SRP는 번역 중인 리보솜과 신생 폴리펩티드를 Sec 체계로 배달하는 것을 돕는다. 마찬가지로, 번역 후 위치이동되는 단백질은 아미노-말단에 있는 **신호펩티드**(signal peptide)에 의해 Sec 트랜스로콘으로 표적이 된다(그림 13.40 참조). Sec 체계에 추가해서, Tat(twin-arginine translocation) 체계가 일부 진핵생물의 엽록체와 미토콘드리아에서 기능하는 것으로 생각된다. ◀ 세균에서 단백질의 전좌와 분비(13.9절)

고균의 번역, 단백질 성숙 및 위치 지정

전자현미경 사진은 세균에서처럼 고균에서 전사와 번역이 연관되어 일어나는 것을 보여준다. 전사물은 가공되지 않기 때문에 mRNA는 바로 번역될 수 있다. 일부 고균 mRNA은 선도서열에 Shine-Dalgarno 서열을 가진다. 이러한 mRNA의 번역개시는 세균과 유사한 기전으로 진행된다. 그러나 개시 tRNA는 진핵생물과 같은 Met-$tRNA_i^{Met}$이다. 더구나 세균보다 더 많은 개시인자(고균 IF 또는 aIF라 불림)가 참여하며, 이들은 eIF 상동체이다. 반대로, 많은 고균의 mRNA는 선도서열이 없다. 즉, Shine-Dalgarno 서열이 없고 AUG 개시코돈 앞에 5개보다 적은 염기가 있다. 선도서열이 없는 mRNA는 온전한 70S 리보솜을 이용하여 번역된다. 다중시스트론인 mRNA에서는 각 암호화 영역은 세균에서처럼 각각의 폴리펩티드를 생산한다.

번역 신장과 종결은 번역 개시보다는 잘 연구되지 않았다. 그렇지만 여러 고균의 신장인자가 밝혀진 바 있다. 고균의 신장인자는 세균과 진핵생물의 것과 비슷하다. 따라서 신장인자는 개시인자와는 달리 모든 생물에서 매우 보존적이다. 끝으로 번역종결 시 고균은 진핵생물과 같이 단일 방출인자를 사용한다.

대부분의 고균 단백질의 접힘은 진핵생물의 샤프론 이름과 같은 상동체(그림 15.13b)인 NAC와 PFD라 불리는 2개의 샤프론에 의해 일어난다. 일부 단백질의 접힘은 TRiC/CCT 의 상동체인 **더모솜**(thermosome)이라 불리는 HSP60의 추가적인 도움으로 일어난다. 많은 고균이 호열성(thermophilic)이어서 고균 샤프론은 미생물학자들에게 특별한 관심이 되어 왔다. 다른 HSP60s처럼, 더모솜은 단백질 접힘에 작용 시 ATP를 가수분해한다. 잘 연구된 더모솜 하나는 110°C까지의 고온에서 성장하는 고균인 *Pyrodicitium occultum*에서 유래한 것이다. *P. occultum*의 더모솜은 100°C에서 가장 빠른 속도로 ATP를 분해하고, 108°C에서 성장할 때 세포내에 존재하는 수용성 단백질의 3/4을 차지한다.

고균의 단백질 전위체계는 세균이나 진핵생물보다 덜 연구되어 있다. 현재까지 Sec 경로와 TAT 경로(그림 13.41 참조) 2가지 단백질 위치이동체계가 알려져 있다. 고균의 Sec 경로는 잘 연구되어 있고, 세균과 진핵생물의 특성이 혼합된 대표적인 예이다(그림 15.14와 표 15.4). 고균에서 Sec 트랜스로콘(translocon)은 SecY와 Sec E, 그리고 Sec61β로 구성되어 있어서 SecYEβ 트랜스로콘이라 부른다. 이 트랜스로콘은 세균과 진핵생물 모두와 상동성이 있으나 진핵생물의 트랜스로콘과 더 비슷하고(표 15.4), Sec61β는 진핵생물에서도 발견된다. 고균에서 공번역 위치이동(cotranslational translocation)은 신호인지입자(signal recognition particle)를 필요로 하며, 생명의 3개 영역에서의 신호인지입자 구성요소는 표 15.4에 비교하였다. ◀ 세균에서 단백질의 전좌와 분비(13.9절)

마무리 점검

1. 모든 생물에서 폴리솜이 관찰되는 것이 놀라운 것인가? 답을 설명하시오.
2. 개시코돈에 리보솜이 위치를 잡는 것이 세균과 진핵생물에서 어떻게 다른가? 진핵생물에서 이 과정에서 5′ 캡과 3′ 폴리-A 꼬리는 어떤 역할을 하는가?
3. 고균과 세균의 번역과정에서 비슷한 점을 나열하시오. 고균과 진핵생물의 번역을 비교하여 비슷한 점을 설명하시오. 이러한 비교를 통해 일반화할 수 있는 것은 무엇인가?

15.5 세포 과정의 조절

이 절을 학습한 후 점검할 사항:

a. 세포 과정 중 진핵생물과 고균이 조절할 수 있는 단계를 나열할 수 있다.

b. 진핵생물에서 전사와 번역이 시간과 공간의 차이가 나는 것이 왜 조절 기전에 중요한지 설명할 수 있다.

c. 세균, 진핵생물 및 고균의 조절 단백질이 전사를 조절하는 기전을 비교하는 개념도를 그릴 수 있다.

세균의 경우처럼 진핵생물과 고균의 세포 과정 조절은 전사, 번역 및 번역 후 단계에서 일어날 수 있다. 진핵생물과 고균의 조절에 관한 연구는 대부분 전사개시에 집중되어 있고, 여기에서도 전사개시에 중점을 둔다.

진핵생물 전사개시는 염색질 구조와 활성자 단백질에 의해 조절된다

진핵생물 유전체의 염색질 기반 구조는 RNA 중합효소 II (RNA polymerase II, RNAPII)가 유전자 발현을 위해서 극복해야만 하는 주된 장벽을 제시한다. 발현을 위한 유전자 활성화는 여러 과정을 통한 염색질 구조 변형을 필요로 한다(**그림 15.15**). 첫째, 염색체의 일반적 영역이 열려야 하고, 궁극적으로 DNA 서열이 전사인자에 접근 가능하도록 프로모터 영역에 있는 개개의 뉴클레오솜이 헐거워져야 한다.

세균에서와 같이, 전사개시 지점(the transcription start site, TSS)의 바로 전 서열은 프로모터라 하고, 15.3절에 기술한 바와 같이, 프로모터는 기본 전사인자의 결합부위이다. 진핵생물에서는, 프로모터와 TSS 주변의 넓은 지역에 해당하는 인핸서가 조절 역할을 한다. **인핸서**(enhancers)는 전사 활성자와 억제자 결합을 위한 100~1,000 염기쌍 플랫폼이다. 역사적으로, 억제자 결합부위는 사일런서(silencer)로 불리지만, 이제는 인핸서가 유전자 발현 조절에 양성적 또는 음성적으로 기능하는 것이 이해되고 있다. 프로모터가 TATA 박스와 BRE(그림 15.6) 같은 인식할 만한 DNA 서열 요소를 가지고 있는 반면, 인핸서는 염색질 내에서 기능한다. 이는 DNA 염기서열과 뉴클레오솜으로의 3차원적 조직이 전사를 위한 주형 구조를 만들기 위해 작용한다는 의미이다. 뉴클레오솜은 DNA 146 bp가 핵심 8개의 히스톤을 휘감고 있는 구조임을 기억하자(그림 5.10 참조). 비록 전체적인 뉴클레오솜 구조는 매우 안정적이나, 가장자리를 휘감고 있는 DNA는 종종 히스톤으로부터 떨어져나와 임시로 조절 단백질로의 접근을 허용한다. 히스톤에 아세틸기 또는 메틸기를 공유적으로 추가하거나 제거하는 효소들 또한 히스톤-DNA 상호작용에 영향을

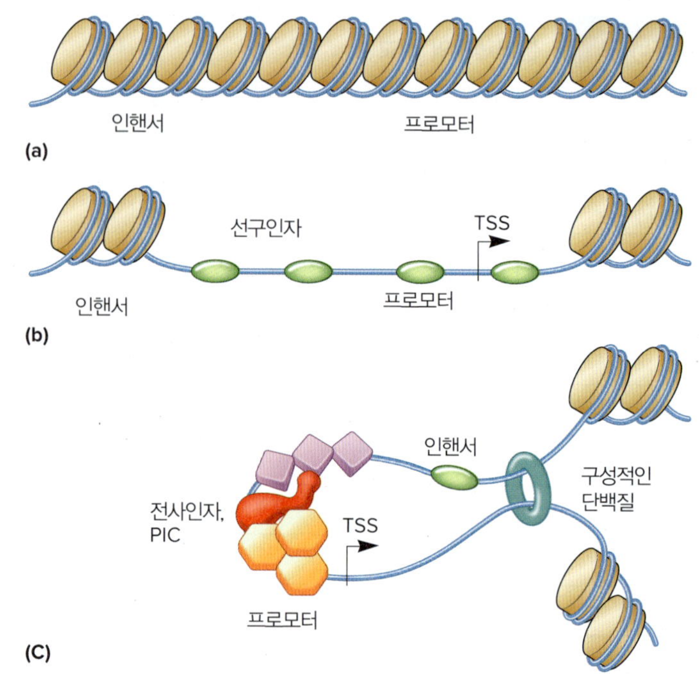

그림 15.15 진핵생물 유전자 발현의 활성화. (a) 진핵생물의 DNA는 뉴클레오솜으로 구성되어 있다. 활발하게 전사되지 않은 유전자는 밀도가 높은 뉴클레오솜 집단에 배열되어 있다. (b) 활성화는 선구인자(pioneer factor)가 인핸서 부위의 염색질을 느슨하게 함으로 시작된다. (c) 완전히 발현된 유전자는 뉴클레오솜이 없으며, 인핸서는 다중 전사인자 결합을 위한 플랫폼이다. TSS: 전사개시부위, PIC: 개시전복합체.

미친다. 활발하게 전사되는 염색질은 특별한 변형으로 표지되어 있다. 추가로, **염색질 리모델링**(chromatin remodeling) 단백질은 ATP를 사용하여 기본 전사인자가 접근 가능하도록 DNA 주형의 뉴클레오솜의 위치를 다시 자리잡게 한다(그림 15.7).

유전자 활성은 **선구인자**(pioneer factor)라 불리는 단백질의 인핸서 결합으로 시작된다. 선구인자는 활성화를 위한 부위를 분별하고 히스톤 변형자(histone modifier)나 리모델링효소 같은 전사활성자를 끌어들인다. 전사를 개시하기 위해서는 100여 개 이상의 다른 단백질이 필요하다. 프로모터-인핸서 DNA에 있는 단백질 복합체는 생체분자 응축물이다. 이 세포막이 없는 구획 안에서 개시전복합체(PIC)가 프로모터에 형성되고, RNA 중합효소 II는 유전자 전사를 진행한다. 전사신장 동안 RNA 중합효소 II는 히스톤을 변형함으로써 염색질을 표지하는 효소와 동반하고, 그렇게 함으로 유전자 발현이 계속되도록 주형의 열린 상태를 유지한다.

효모 *Saccharomyces cerevisiae*의 *GAL* 유전자의 조절은 진핵생물의 전사개시의 조절을 위한 중요한 모델이 되어 왔다. **그림 15.16**에 진핵생물의 조절 개요가 서술되었듯이, 염색질 리모델링, 히스톤 변형, 활성복합체의 형성, 그리고 활성자와 억제자의 간접적인 영향 등을 포함한 진핵생물의 조절 특징의 예를 보여준다.

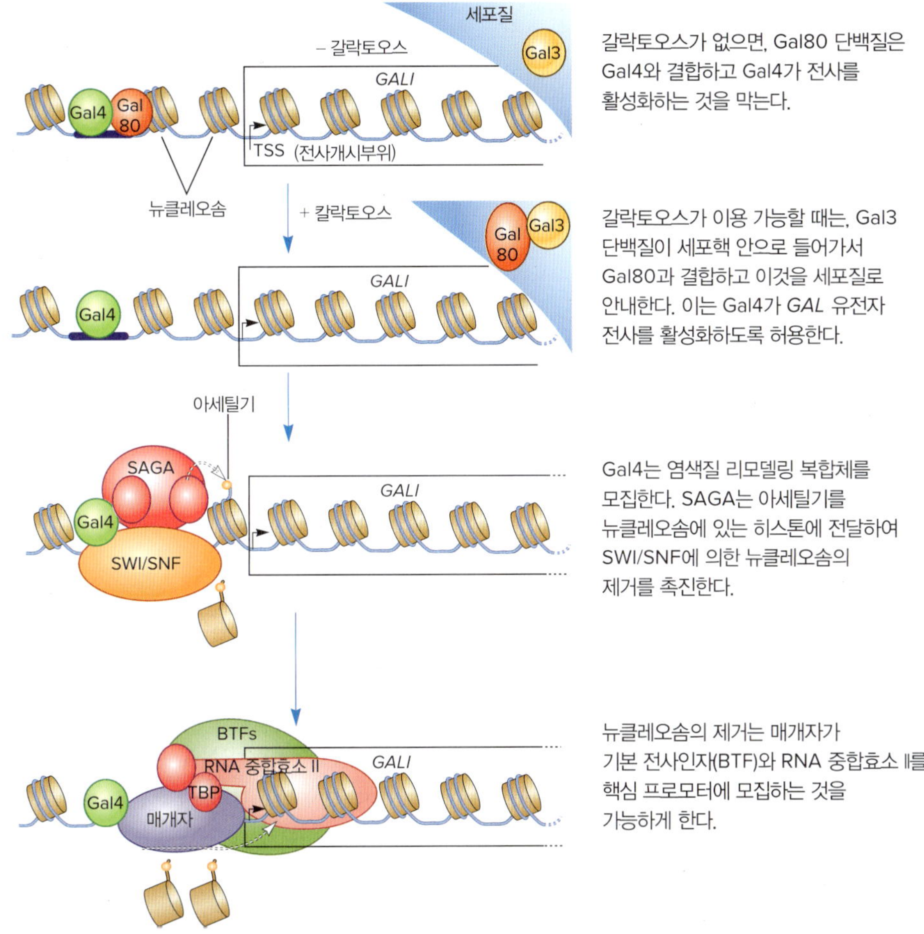

그림 15.16 ***Saccharomyces cerevisiae*의 *GAL* 유전자 조절.**

고균의 유전자 발현의 조절

고균에서 유전자 발현 조절은 고균의 전사와 번역기구가 진핵생물과 가장 비슷하지만, 환형 염색체를 가진 핵이 없는 세포에서 기능하기 때문에 많은 관심을 받고 있다. 고균의 유전자 발현 조절은 세균과 유사할까 아니면 진핵생물과 유사할까? 우리는 이제 겨우 이 질문에 답하기 시작하였다.

세균에서 폭넓게 사용되고 있음에도 불구하고 2요소 조절시스템(two-component regulatory system)은 고균에서는 드물다. 하지만 대부분의 고균 전사인자(archaeal transcription factor, TF)는 세균의 전사인자와 비슷한데, 환경신호를 감지하는 도메인(domain)과 특별한 서열에서 DNA에 결합하는 도메인을 가지고 있다. 감지 도메인의 구조적 변화는 DNA-결합 도메인에 전파되어 조절유전자의 프로모터 영역에 결합하는 TF의 능력을 변화시킨다(그림 14.7과 14.8 참조). 유전자 조절은 TF가 개시전복합체(pre-initiation complex, PIC)의 구성요소와 어떻게 상호작용하느냐에 따라 음성적이거나 양성적일 수 있다. 음성적 조절은 TF가 PIC의 프로모터에의 결합을 방해한 결과이다. 양성적 조절은 TF가 PIC 구성요소를 모집하거나, DNA 구조를 변화시켜 PIC와 호의적인 상호반응이 증가될 때 일어난다. ◀ 전사개시의 조절은 많은 에너지와 물질들을 절약한다(14.2절)

일부 고균의 염색체에 히스톤의 결합은 염색체 구조가 전사에 장애가 되는지에 대한 질문을 하게 한다. 고균의 히스톤-DNA 복합체는 다양한 수의 히스톤 2량체, 종종 동종 2량체로 구성되어 있으며, 단일 2량체에는 약 30 bp DNA가 존재한다. 고균의 다중 히스톤 이량체는 180 bp로 둘러싸여 있음이 증명되었다. 앞에서 보아 왔듯이, 진핵생물 내의 단백질 복합체는 종종 고균에서 단순화되었고, 단일 상동 단백질이 비교할 만한 구조를 생성하고 같은 기능을 수행할 수 있다. 고균의 히스톤에서는 번역 후 변형(post-translational modification, 유전자 활성이나 억제에 사용된 아세틸화와 메틸화)이 일어나지는 않는다. 그러나 고균 프로모터 부위는 다른 부위보다 적은 히스톤이 있고, 전사신장은 DNA 주형의 히스톤을 만나면 느려진다. 명백하게, 히스톤이 핵양체(nucleoid)에 세균-크기의 염색체를 조직하는 능력은 진화적으로 함축된 중요성이 있다. DNA를 감싸는 이러한 단순한 플랫폼은 진핵생물에서 더 확장되고 윤색되어 왔다.

마무리 점검

1. 세균과 진핵생물의 조절단백질의 공통점과 차이점을 각각 2가지씩 나열하시오.
2. 진핵생물 유전체에서 발견되는 인핸서와 유사한 세균 유전체의 조절서열은 무엇인가?
3. 고균 프로모터를 도식화 하고 어떻게 전사인자가 유전자 발현을 양성적으로 또는 음성적으로 조절하는지 표시하시오.

요약

15.1 3가지 생물영역의 유전적 과정

- 생체분자 응축물(biomolecular condensates)이라 불리는 세포막 없는 구획은 진핵세포의 핵 내에서 유전자 발현과정을 구성한다.
- 고균 유전체의 발현과 가공과정에 관여하는 기구는 세균보다는 진핵생물과 더 비슷하다는 것을 알 수 있다.

15.2 DNA 복제: 전체적으로 비슷하지만 다른 복제체 단백질

- 진핵생물의 DNA는 많은 복제단위와 복제원점을 가지고 있다(그림 15.2). DNA 복제는 복제원점 인식 복합체(ORC, 표 15.1)에 의해 복제효소 단백질들이 복제원점에 모이면 시작된다.
- 진핵생물에서 3개의 다른 DNA 중합효소는 복제체의 일부이다(그림 15.1). DNA 중합효소 α-프리마아제는 DNA 합성을 위한 시발자로 사용될 RNA-DNA 혼성 분자를 합성한다. DNA 중합효소 ε는 선도가닥을 합성하고, DNA 중합효소 δ는 지연가닥을 합성한다.
- 말단소체 합성효소는 선형의 진핵생물 염색체 말단 복제를 담당한다(그림 15.4).
- 알려진 모든 고균 세포는 세균의 환형 DNA와 비슷한 방법으로 복제된다고 생각되는 환형 DNA를 가지고 있다.
- 일부 고균은 하나 이상의 복제원점을 가지고 있지만, 다른 고균은 복제원점 없이 복제가 일어난다. 이러한 생물들은 염색체 복제를 위해 일종의 재조합을 사용한다.
- 현재까지 조사된 모든 종의 고균에서 복제체는 진핵생물의 복제체에 있는 것과 비슷한 프리마아제(primase)와 DNA 중합효소(Pol B)를 가지고 있다. 일부 고균은 고균에만 독특한 두 번째 DNA 중합효소(Pol D)를 가지고 있다(표 15.2).

15.3 전사

- 대부분의 진핵생물의 단백질-암호화 유전자는 오페론(operon)으로 구성되어 있지 않다. 따라서 mRNA는 단일시스트론이다.
- 진핵생물에서는 3종류의 RNA 중합효소가 유전자를 전사한다. RNA 중합효소 II는 단백질-암호화 유전자를 전사한다. RNA 중합효소 I은 rRNA 유전자를 전사하며, RNA 중합효소 III는 5S rRNA와 모든 tRNA 유전자를 전사한다. 모든 3종류의 진핵생물 RNA 중합효소는 세균의 RNA 중합효소보다 더 많은 소단위체를 가지고 있다(표 15.5).
- 진핵생물의 RNA 중합효소 II 핵심 프로모터는 전사개시 기전과 마찬가지로 독특하다(그림 15.6). 여러 기본 전사인자는 RNA 중합효소 II가 프로모터에 모이도록 작용한다(표 15.7).
- RNA 중합효소 II는 전구체 mRNA를 합성한다. 전구체 mRNA는 3′ 폴리-A 서열과 5′ 캡을 첨가(그림 15.8), 인트론의 제거(그림 15.9) 등에 의해 변형된다.
- 많은 고균 유전자는 오페론 구조로 되어 있다. 단일 고균 RNA 중합효소는 진핵생물의 RNA 중합효소 II와 비슷하다. 고균의 RNA 중합효소는 프로모터에 적절하게 위치하기 위해서 2개의 전사인자를 필요로 한다(그림 15.10). 고균의 프로모터는 진핵생물의 RNA 중합효소 II 핵심 프로모터와 비슷한 요소를 가지고 있다(그림 15.6과 그림 15.10).

15.4 번역, 단백질 성숙, 위치 지정

- 진핵생물의 번역개시과정은 세균보다 더 많은 개시인자를 필요로 한다(그림 15.11). 개시과정에서는 mRNA의 5′ 말단과 3′ 말단에서 단백질 인자가 상호작용하고, 이어서 5′ 말단에 43S 복합체(리보솜의 SSU와 개시 tRNA)가 결합한다. 그 후 48S

복합체가 개시코돈을 만날 때까지 mRNA를 따라 스캔한다.

- 번역신장은 세균 및 진핵생물에서 비슷하다. 번역종결은 3종류의 방출인자가 필요한 세균과 달리 단일 방출인자가 필요하다.
- 진핵생물의 단백질 접힘은 샤프론 단백질의 도움(그림 15.13)으로 번역과 동시 또는 번역 후에 일어난다. 모든 유형의 샤프론 상동체가 진핵생물에서 발견된다.
- 진핵생물에서 단백질은 Sec 체계에 의해 소포체(ER) 막으로 이동한다(그림 15.14). 그다음에 단백질은 소낭 수송에 의해 소포체, 세포막, 골지체, 세포내흡입 작용과 분비 경로의 구성요소 간에 수송된다. Sec 체계는 또한 일부 단백질을 엽록체 스트로마로부터 틸라코이드 막이나 틸라코이드 내강으로 운반한다. Tat 체계는 일부 진핵생물에서 단백질을 미토콘드리아와 엽록체로 수송하는 기능을 한다.
- 세균의 경우처럼 고균의 전사와 번역이 짝지어져 있다. 대부분의 고균은 Shine-Dalgarno 서열이 없거나 선도서열이 없다. 온전한 70S 리보솜이 이러한 mRNA의 번역을 시작하는 것으로 생각된다. 개시 tRNA와 단백질 인자를 포함해서 고균 번역의 다른 면은 진핵생물의 경우와 비슷하다.
- 고균의 샤페론은 진핵생물의 샤페론과 유사하다.
- 고균은 단백질을 세포막 내부로 또는 막을 통과하여 수송하기 위해 Sec 경로와 Tat 경로를 사용한다. 고균의 Sec 체계 단백질은 진핵생물의 Sec 체계 단백질과 상동성이 있다(그림 15.14).

15.5 세포 과정의 조절

- 진핵생물의 유전자 발현은 염색질 구조에 의해 억제된다. 유전자 활성은 뉴클레오솜으로부터 여러 수준의 DNA가 헐거워지는 것을 요구한다. 인핸서는 프로모터와 중복되고 1000 염기까지 확장된 부위이다. 이 서열은 활성화되어야 할 유전자에 특이적인 전사인자를 유혹한다(그림 15.15와 그림 15.16).
- 인핸서 내에서 뉴클레오솜은 메틸화 또는 아세틸화에 의해 화학적으로 변형되고 염색질 리모델러(chromatin remodeler)의 작용에 의해 위치가 바뀐다.
- 고균 유전자 조절은 세균의 조절과 유사하다. 전사인자들은 환경신호를 조절되는 유전자의 프로모터 부위에 DNA 결합으로 전환시킨다. 조절은 양성적이거나 음성적일 수 있다. 히스톤은 고균 전사에 있어 추가적인 수준의 조절을 부여한다.

심화 학습

1. *S. cerevisiae* 같은 출아 효모는 생활사 전 시기에 걸쳐 말단소체 합성효소 활성을 보이는 반면에, 인간의 체세포는 말단소체 합성효소 활성을 보이지 않는다. 왜 그런지 설명하시오.
2. 세균 RNA 중합효소의 모든 소단위는 고균과 진핵생물의 RNA 중합효소의 상동체를 가진다. 이 효소의 진화에서 이것이 의미하는 것은 무엇인가?
3. 기질과 효소작용의 관점에서 2개의 리보자임, 리보솜과 스플라이세오솜을 비교하시오.
4. 효모에서의 *GAL* 유전자 조절(그림 15.16)을 *E. coli*의 *lac* 오페론 조절(그림 14.7)과 비교하시오.
5. 고균의 전사종결인자를 찾기 위해, 콜로라도 주립대학교의 과학자들은 새로운 접근법을 이용했다. 진핵생물과 고균에서 전사 기구들이 보존된 것을 감안하여 그들은 진핵 전사종결인자의 고균 상동체를 찾아냈고, FttA(Factor that terminates transcription in Archaea)라고 명명하였다. 고균 단백질 시료를 제조하여 활성을 시험하기 위해 체외검사를 준비하였다. DNA 주형에 RNA 중합효소가 125염기를 합성하였고, 잠시 멈췄지만 주형과 연결된 상태로 남아 있었다. 연구자들은 FttA를 첨가하자 전사물이 유리되었으나 그 크기는 예측했던 125염기가 아닌 100염기였음을 발견하였다. FttA에 의한 전사 종료를 설명하는 무슨 기전을 유추할 수 있는가?(세균의 전사종결 기전은 그림 13.26과 그림 13.27 참조)

참고문헌: Sanders, T. J., et al. 2020. FttA is a CPSF73 homologue that terminates transcription in Archaea. *Nature Microbiol*. 5:545-553.

CHAPTER

16

유전 변이 기전

Yadamons/IStock/Getty Images

거름 생성

우유를 생산하는 젖소는 평균 150파운드(68킬로그램)의 거름을 매일 만들어내고, 고기용 소는 도축까지 가는 과정에서 약 5톤의 거름을 생산할 것이다. 이 값을 세계의 젖소와 육우의 숫자로 곱하여 보라, 엄청난 양의 거름이다!

이 많은 양의 거름은 많은 문제를 야기한다. 악취, 수질오염, 그리고 가능한 병원체의 전파이다. 후자는 상당히 우려되는데, 이는 병원균과 비병원균에의 항생제 내성 세균의 확산 같은 또 다른 문제들과 관련되어 있기 때문이다. 현재, 전 세계적으로 700,000명 이상이 항미생물제에 대한 내성 미생물에 의해 야기된 감염으로 매년 죽는다.

여러분은 왜 항생제 내성 세균이 거름에 들어 있을까 의아해할 수도 있다. 답은 간단하다. 가축은 치료목적이나 사료를 통해 적은 용량(치료 이하 수준)의 항생제를 받아들인다. 이러한 항생제들은 서식하는 미생물총에 선택적인 압박으로 작용하여 항생제 내성(antibiotic-resistant, AR) 세균이 생기게 된다. 이러한 세균은 그들의 내성 유전자를 자손에게 전달한다. 그러나 더 염려되는 것은 내성 세균이 내성 유전자를 서식지에 있는 다른 세균에게까지 수평적 유전자전달(horizontal gene transfer, HGT)에 의해 공유할 수 있는 능력이다. 세균은 유전적 변이를 위해 HGT를 사용하는데, 이것은 새로운 환경에서의 생존에 도움을 준다(즉, 항생제에 노출).

치료목적의 항생제 사용은 이해할 만하나, 가축의 먹이에 치료 이하 수준의 항생제를 주는 이유는 명백하지 않다. 주된 이점은 사료가 더 효율적으로 사용되고, 결과로 더 많은 고기 혹은 우유가 생산된다는 점이다. 이것은 목장 주인에게는 더 큰 수익을, 소비자에게는 더 싼 가격을 의미한다.

세균에 있어서 항생제 내성의 증가는 미생물 진화의 하나의 예에 불과하다. 모든 미생물은 생존을 보장하고 새로운 종으로 진화하기 위해 다양한 기전을 이용한다. 세균과 고균 간에 수평적 유전자전달(HGT)은 특별히 중요한 역할을 한다. 유전자가 세균과 고균으로부터 진핵생물로 전달되고, 또한 진핵생물에서 박테리아와 고균으로 전달되는 수평적 유전자전달(HGT)이 빈번하게 일어나는 것은 명백하다.

어떻게 미생물의 유전체가 변하여 유전적 다양성이 증가하는지가 이 장의 주제이다. 주요 초점은 어떻게 이것이 유성생식 없이도 이루어지는지이다. 일부 기전은 실제로 유전체 내에서 해로운 변화를 초래할 수 있다. 그래서 유전체 안정성과 유전적 변형 도입 능력 간의 균형을 맞추는 과정도 고려될 것이다.

이 장의 학습을 위해 점검할 사항:

- ✓ 플라스미드를 기술할 수 있다(3.7절).
- ✓ 바이러스의 용균성과 용원성 생활주기를 설명할 수 있다(6.4절).
- ✓ 뉴클레오티드를 구성하는 3개의 화학성분을 설명하는 간단한 모식도를 그릴 수 있다(13.2절).

✓ DNA 염기쌍의 규칙을 서술할 수 있다.

✓ 단백질 암호화 유전자의 해독틀의 중요성을 설명할 수 있다(13.6절).

✓ 그람음성 세균에서 관찰되는 분비체계를 구별하여 표나 개념도를 작성할 수 있다(13.9절).

16.1 돌연변이: 유전체 내에서 유전되는 변화

이 절을 학습한 후 점검할 사항:

a. 자연발생 돌연변이와 유도된 돌연변이를 구분하고, 각각 일어나는 가장 보편적인 방법을 작성할 수 있다.
b. 염기 유사체, DNA 변형물질, 그리고 끼어들기 물질이 돌연변이를 유발하는 방법을 표로 요약할 수 있다.
c. 돌연변이에 의한 영향을 논의할 수 있다.

아마도 유성생식 없이 유전적 다양성을 획득할 수 있는 가장 분명한 방법은 유전 가능한 DNA 염기서열의 변화인 **돌연변이**(mutation: 라틴어 *mutare*는 '변화'를 의미)에 의한 것이다. 여러 유형의 돌연변이가 존재한다. 일부 돌연변이는 뉴클레오티드 단일 염기쌍이 변하거나 유전자의 암호화 부위에 하나의 뉴클레오티드 쌍이 첨가되거나 결실되어 생겨난다. 이러한 DNA의 작은 변화는 단 하나의 염기쌍에만 영향을 주기 때문에 **점돌연변이**(point mutation)라고 한다. 상대적으로 빈도가 낮은 돌연변이는 상당한 길이의 뉴클레오티드 서열의 삽입(insertion), 결실(deletion), 역위(inversion), 중복(duplication), 전좌(translocation) 등이다.

돌연변이는 2가지 경로로 일어난다. (1) **자연발생 돌연변이**(spontaneous mutation)는 어떤 자극 없이도 모든 세포에서 때때로 발생한다. (2) **유도된 돌연변이**(induced mutation)는 물리적 또는 화학적 물질인 **돌연변이원**(mutagen)에 노출될 때 생긴다. 돌연변이는 유전형적 변화의 종류 및 이들에 의한 표현형적 결과에 따라서도 분류할 수 있다. 이 절에서는 돌연변이와 돌연변이 생성 과정의 분자적 기초를 우선 살펴보고, 돌연변이의 표현형적 효과가 논의될 것이다.

자연발생 돌연변이

자연발생 돌연변이는 DNA 복제 도중 실수, 복제체와 RNA 중합효소 간의 정면충돌, 자연적으로 생기는 DNA 손상, 또는 이동성 유전인자의 작용 등으로 생긴다(16.5절). 자주 일어나는 기전의 일부를 여기서 다루고자 한다.

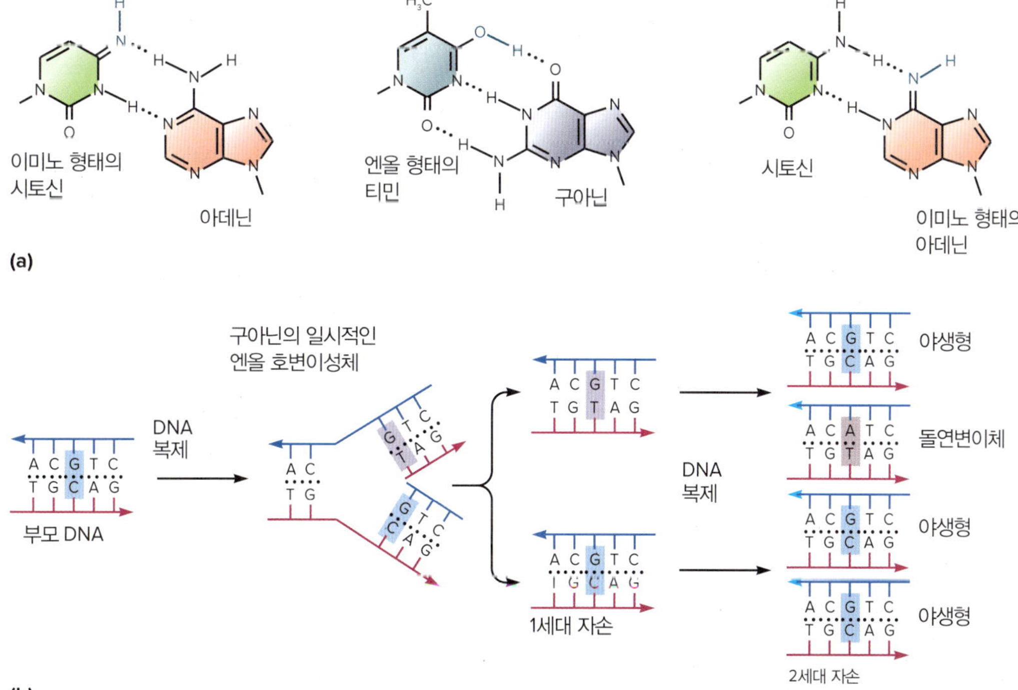

그림 16.1 호변이성화와 염기전이돌연변이. 염기의 호변이성화에 따른 복제 오류이다. (a) 케토기(keto group)와 아미노기(amino group)가 수소 결합에 참여하면 정상적인 AT와 GC 염기쌍이 형성된다. 그러나 이미노기 호변이성체는 AC 염기쌍을 생성하고, 엔올 호변이성체(enol tautomer)는 GT 염기쌍을 생성한다. 염기의 변화는 파란색으로 나타냈다. (b) DNA가 복제되는 중에 호변이성화가 일어난 결과로 생성되는 돌연변이이다. 구아닌이 일시적으로 엔올화되면 1세대 DNA 자손 분자 중 하나에 GT 염기쌍을 형성한다. 만약 이 비정상적인 쌍이 수선 기전에 의해 해결되지 않으면, 자손 DNA 분자가 복제될 때 2세대 복제 DNA 분자 중 하나는 AT 염기쌍을 가지게 되고, GC 쌍이 AT 염기쌍으로 바뀌는 염기전이돌연변이가 일어난다. 이 과정은 두 번의 복제과정을 거쳐야 한다. 야생형은 돌연변이가 일어나기 전의 유전자 형태를 말한다.

보통 복제 도중 일어나는 실수는 뉴클레오티드의 염기가 **호변이성체 형태**(tautomeric form)라는 이성질체(isomer)로 전환될 때 일어난다. T와 G는 보통 케토(keto) 형태로 존재하고, A와 C는 아미노(amino form) 형태로 존재하기도 하지만(그림 13.5 참조), 엔올(enol)과 이미노(imino) 형태와 화학적 평형상태로 존재하기도 한다(**그림 16.1a**). 이러한 호변이성체로의 전환은 염기의 수소결합 특성을 변화시켜 특정 퓨린이 다른 퓨린으로(G가 A로) 또는 특정 피리미딘이 다른 피리미딘으로의(C가 T로) 치환을 가능하게 하여 결국에는 뉴클레오티드 서열의 안정된 변화를 초래한다(그림 16.1b). 이러한 치환은 **염기전이돌연변이**(transition mutation)로 알려져 있으며 비교적 흔하게 일어난다. 한편, **교차형 염기전환돌연변이**(transversion mutation), 즉 퓨린이 피리미딘으로 또는 피리미딘이 퓨린으로 치환되는 돌연변이는 퓨린과 퓨린, 피리미딘과 피리미딘 간의 염기쌍 형성이 공간적으로 어렵기 때문에 드물게 일어난다.

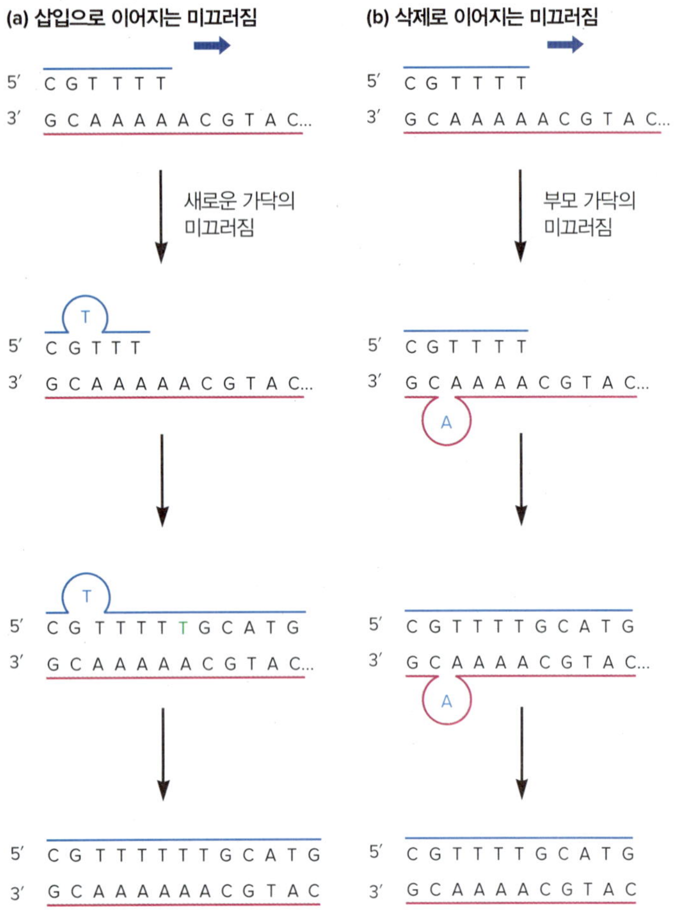

그림 16.2 복제과정 중 삽입과 결실이 생성되는 기전. 복제방향은 파란색 화살표로 표시했다. 각 경우에서, 가닥 미끄러짐(strand slippage)으로 반복적인 AT 서열의 수소 결합에 의해 안정화된 작은 고리가 생긴다. (a) 새로운 가닥이 미끄러지면, 하나의 T가 첨가된다. (b) 부모 가닥이 미끄러지면, 결실이 생긴다(여기서는 하나의 T 결실).

복제가 잘못되어 뉴클레오티드가 삽입되거나 결실될 수 있다. 이들 돌연변이는 일반적으로 짧게 반복된 뉴클레오티드, 특히 AT 염기쌍이 반복되는 곳에서 일어난다. 이러한 위치에서 주형과 새로 합성되는 가닥의 염기쌍이 제대로 형성되지 않아 새로운 가닥에 염기의 삽입이나 결실이 일어나게 된다(**그림 16.2**).

자연발생 돌연변이는 DNA 손상으로 인해 생길 수도 있다. 예를 들어, 퓨린 뉴클레오티드(A와 G)가 탈퓨린 현상으로 인산-당 골격은 온전하지만 염기를 잃게 된다. 이 결과로 탈퓨린 자리(apurinic site)가 생긴다. 그렇게 되면 정상 염기쌍을 이루지 못하게 되고 다음 복제 시에 돌연변이를 일으킬 수 있다(**그림 16.3**). 유사하게 피리미딘 염기(T와 C)를 잃게 되면, 탈피리미딘 자리(apyrimidinic site)가 형성된다. 호기적 대사과정에서 생성되는 활성산소나 과산화물과 같은 반응성 산소에 의해 다른 손상이 생길 수 있다. 예를 들어, 구아닌이 8-옥소-7,8-디히드로데옥시구아닌(8-oxo-7,8-dihydrodeoxyguanine)으로 변환될 수 있는 데, 이것은 복제하는 동안 주로 시토신이 아닌 아데닌과 염기쌍을 이룬다.

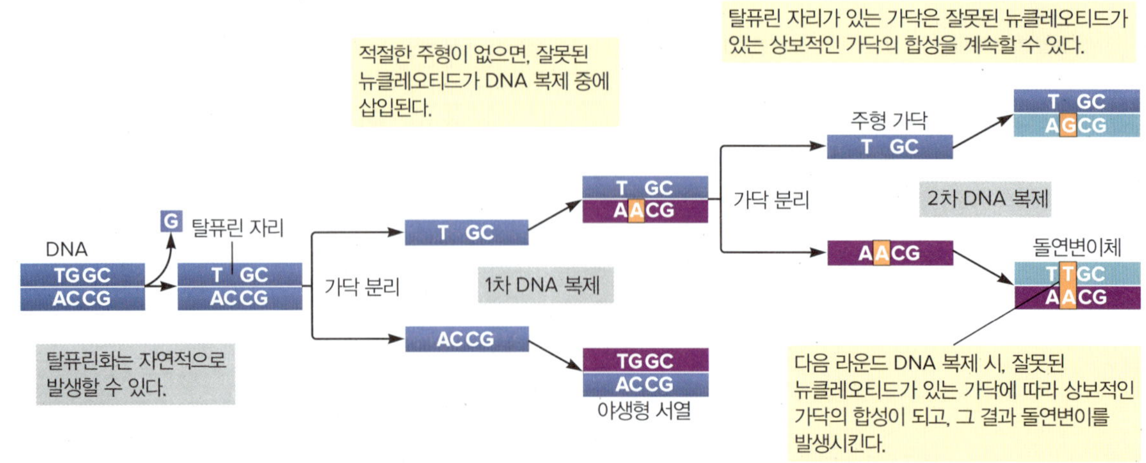

그림 16.3 탈퓨린 자리 형성으로 인한 돌연변이.

유도된 돌연변이는 돌연변이원에 기인한다

DNA에 직접 손상을 입히거나, DNA의 화학적 특성을 변화시키거나, 기능을 방해하는 거의 모든 요인은 돌연변이를 유발할 수 있고, 이를 돌연변이원(mutagen)이라 부른다. 돌연변이원은 작용기전에 따라 분류한다. 일반적 화학적 돌연변이원의 3가지 유형으로 염기 유사체, DNA 변형물질, 끼어들기 물질이 있다. 일부 물리적 요인(예: 방사선 조사) 또한 DNA를 손상시키는 돌연변이원이다.

염기 유사체(base analogue)는 정상적인 질소 염기와 구조가 유사하기 때문에 복제 동안 성장하는 폴리 사슬에 포함될 수 있다. 일단 포함되면, 염기 유사체는 바뀐 염기와 염기쌍을 형성하는 특성이 달라 궁극적으로 안정된 돌연변이를 일으킬 수 있다. 예를 들면, 염기 유사체 5-브로모우라실(5-bromouracil)은 티민의 유사체인데, 정상적인 염기보다 호변이성체로의 전환이 더 자주 일어난다. 엔올 호변체는 시토신과 비슷한 형태로 수소 결합을 하기 때문에, 5-브로모우라실은 아데닌이 아닌 구아닌과 짝을 이룬다. 다른 염기 유사체의 작용도 5-브로모우라실과 유사하다.

DNA 변형물질(DNA-modifying agent)은 염기의 구조를 변화시키고 그 결과 염기쌍 형성 특성을 변화시키는 돌연변이원으로, 여러 가지가 존재한다. 일부 돌연변이원은 특정 염기를 선호하여 반응하여 특정 DNA 손상을 일으킨다. 예를 들면, 메틸니트로소구아니딘(methyl-nitrosoguanidine)은 구아닌에 메틸(methyl)기를 첨부하여 티민과 잘못된 염기쌍을 이루게 한다. 그 결과 DNA가 다음에 복제될 때 GC 염기쌍이 AT 염기쌍으로 염기 전이가 일어날 수 있다(그림 16.1).

끼어들기 물질(intercalating agent)은 DNA의 구조를 변화시켜 단일 염기쌍을 삽입하거나 결실을 유도할 수 있다. 이 돌연변이원은 편평한 형태를 가지고 있어서 나선의 쌓여 있는 염기 사이에 끼어든다. 그 결과 나선구조에 변형이 생기게 되고, DNA는 복제나 전사를 위한 주형으로서의 기능을 못하게 된다. 에티디움 브로마이드(ethidium bromide)가 하나의 예로 DNA 나선에 광범위하게 끼어들기 때문에 종종 DNA 염색제로 사용된다.

많은 돌연변이원과 발암물질은 염기를 심각하게 손상시켜 염기쌍의 수소결합을 방해하거나 잘못 짝짓게 하고 손상된 DNA는 더이상 주형으로 작용하지 못하게 한다. 예를 들어, 자외선(UV) 조사는 같은 가닥의 두 티민 사이에 티민 2량체를 생성한다(**그림 16.4**).

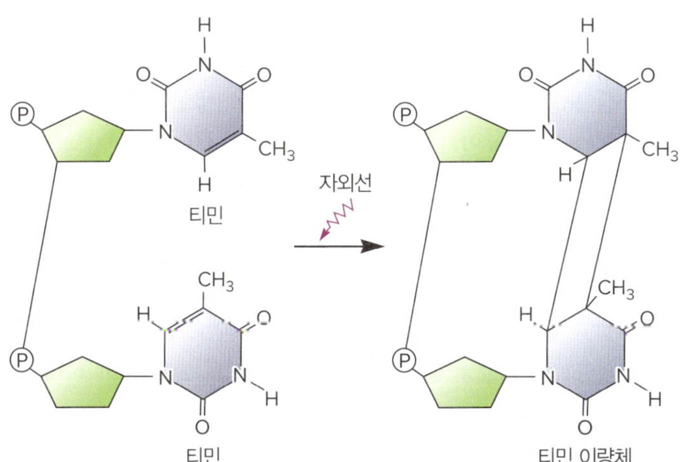

그림 16.4 같은 DNA 가닥의 티민 이량체는 자외선 조사로 형성된다. 티민 이량체는 자외선 조사에 의해 생성된 사이클로부탄 2량체(cyclobutane dimer, 근접한 피리미딘 사이에 형성된 2량체)의 한 유형이다.

돌연변이 영향

돌연변이의 영향은 단백질 수준이나 쉽게 관찰할 수 있는 표현형 수준에서 설명할 수 있다. 어느 경우든지 돌연변이의 영향은 표현형의 변화가 나타날 때만 쉽게 관찰된다. 일반적으로, 가장 흔한 형태의 유전자와 이 유전자의 표현형을 **야생형**(wild type)이라 부른다. 야생형이 돌연변이로 변하는 과정을 **정돌연변이**(forward mutation)라 한다(**표 16.1**). 점돌연변이가 가장 흔한 돌연변이 유형이므로, 여기에 초점을 두어 이들의 효과를 다루기로 한다.

단백질-암호화 유전자의 돌연변이

단백질-암호화 유전자의 점돌연변이는 다양한 방법으로 단백질 구조에 영향을 미친다. 점돌연변이는 이들이 단백질에 영향을 주는지 그리고 어떻게 영향을 주는지에 따라 명명된다. 가장 흔한 유형의 점돌연변이는 침묵돌연변이(silent mutation), 과오돌연변이(missense mutation), 정지돌연변이(nonsense mutation), 틀이동돌연변이

표 16.1 정 점돌연변이 유형

돌연변이 유형	DNA 변화	예
[야생형]		5′-ATG ACC TCC CCG AAA GGG-3′ Met Thr Ser Pro Lys Gly
침묵	염기치환	5′-ATG ACA TCC CCG AAA GGG-3′ Met Thr Ser Pro Lys Gly
과오	염기치환	5′-ATG ACC TGC CCG AAA GGG-3′ Met Thr Cys Pro Lys Gly
정지	염기치환	5′-ATG ACC TCC CCG TAA GGG-3′ Met Thr Ser Pro 멈춤
틀이동	삽입/결실	5′-ATG ACC TCC GCC GAA AGG G-3′ Met Thr Ser Ala Glu Arg

(frameshift mutation)이다. 각각의 돌연변이에 대한 예는 표 16.1에 정리되어 있다.

뉴클레오티드 코돈서열에 변화가 있으나 그 코돈이 암호화하는 아미노산이 바뀌지 않는 경우가 **침묵돌연변이**(silent mutation)이다. 이것은 유전암호가 중첩성(degeneracy)을 지니기 때문에 가능하다. 따라서 하나의 아미노산이 하나 이상의 코돈을 가진 경우, 염기 하나가 바뀌어도 같은 아미노산을 암호화하는 다른 코돈이 형성될 수 있다. 예를 들어, 코돈 ACC가 ACA로 변하여 돌연변이가 발생하였어도 이것은 여전히 트레오닌(threonine)을 암호화한다. 단백질에 변화가 없다면, 개체의 표현형에도 변화가 없다. ◀ 유전암호는 세 문자 단어로 구성된다(13.6절)

염기 하나가 바뀌어 특정 아미노산 코돈이 다른 아미노산의 코돈으로 변하는 것이 **과오돌연변이**(missense mutation)이다. 예를 들어, 세린(serine)을 지정하는 TCC는 시스테인(cysteine)을 암호화하는 TGC로 바뀔 수 있다. 과오돌연변이의 영향은 다양하다. 돌연변이는 단백질의 1차 구조를 변형시키지만, 그 영향은 완전한 활성의 소실에서부터 전혀 아무런 변화가 없는 것까지 다양하다. 이것은 치환되는 아미노산의 종류와 위치에 따라 단백질의 기능에 미치는 과오돌연변이의 영향이 다르기 때문이다. 예를 들어, 단백질 내부에 존재하는 비극성 아미노산을 극성 아미노산으로 치환하면 단백질의 3차 구조가 심하게 변형되어 기능이 변할 것이다. 유사하게, 효소의 활성부위(active site)에 존재하는 중요한 아미노산을 치환하면 효소의 활성이 파괴될 것이다. 그러나 단백질 표면에 존재하는 하나의 극성 아미노산을 다른 극성 아미노산으로 대체하면 미미한 영향이나 또는 아무런 영향이 없을 수도 있다. 이러한 돌연변이를 **중립돌연변이**(neutral mutation)라 한다. 과오돌연변이는 그다지 치명적이지 않아서 집단에 남아 있을 수 있기 때문에, 진화를 추진하는 새로운 다양성을 제공하는 데 중요한 역할을 한다. ▶ 단백질(부록 I)

정지돌연변이(nonsense mutation)는 센스(sense)코돈(즉, 아미노산을 암호화하는 코돈)을 넌센스(nonsense)코돈(즉, 종결코돈)으로 변환한다. 이는 번역을 일찍 끝나도록 해서 짧은 폴리펩티드를 만든다. 돌연변이의 위치에 따라 표현형의 영향은 다소 심각할 수 있다. 대부분의 단백질은 소수의 아미노산의 소실에 의해 단백질의 길이가 짧아져도 일부 기능을 유지할 수 있지만, 정지돌연변이가 유전자 초반이나 중간 위치에서 발생하는 경우에는 단백질의 기능이 완전히 상실된다.

틀이동돌연변이(frameshift mutation)는 유전자의 암호화 부위에 염기쌍이 삽입되거나 결실되면서 일어난다. 암호는 정확히 3개의 염기로 구성된 코돈으로 구성되므로, 하나 또는 두 개의 염기쌍이 삽입

표 16.2 역돌연변이 및 억제돌연변이 유형

돌연변이 유형	예: 돌연변이는 빨간색으로 표시
원래 서열을 복원하기 위한 복귀	5′-ATG ACC TCC-3′ Met Thr Ser 5′-ATG CCC TCC-3′ Met Pro Ser 5′-ATG ACC TCC-3′ Met Thr Ser
염기치환에 의한 복귀 및 유전자 내 억제	5′-ATG ACC TCC-3′ Met Thr Ser 5′-ATG CCC TCC-3′ Met Pro Ser 5′-ATG TCC TCC-3′ Met Ser Ser
염기치환에 의한 복귀 및 유전자 내 억제: 하나의 염기 삽입으로 해독틀 이동 발생, 하나의 염기 삭제로 해독틀 복원	5′-ATG ACC TCC CCG AAA GGG-3′ Met Thr Ser Pro Lys Gly 5′-ATG ACC TCC GCC GAA AGG G-3′ Met Thr Ser Ala Glu Arg 5′-ATG ACC CCG CCG AAA GGG-3′ Met Thr Pro Pro Lys Gly

되거나 결실되면 그 지점 이후의 해독틀이 이동하게 된다. 일반적으로 틀이동돌연변이는 기능이 없는 단백질을 생성하게 되므로 돌연변이 표현형을 나타낸다. 또한, 틀이동돌연변이가 일어난 부위의 하부 서열에 종종 종결코돈의 형성으로 짧은 폴리펩티드가 생성되거나 아미노산 서열이 다른 폴리펩티드가 생성된다.

두 번째 점돌연변이로 돌연변이체를 야생형 표현형으로 복구하는 것이 가능하다(**표 16.2**). 두 번째 돌연변이가 원래 돌연변이와 같은 자리에서 일어나 같은 아미노산으로 복구되면, 이를 **역돌연변이**(reversion mutation)라 부른다. 어떤 역돌연변이는 원래의 염기서열로 복구시킨다. 다른 것들은 같은 아미노산을 암호화하는 다른 코돈을 생성한다. 또한 야생형 아미노산을 유사한 아미노산(예를 들면, 두 아미노산 모두 비극성)으로 대체하는 코돈을 생성함으로써 야생형 표현형을 복구할 수 있다. 원래 돌연변이와는 다른 부위에서 두 번째 돌연변이가 일어나서 야생형 표현형이 복구되면, 이를 **억제돌연변이**(suppressor mutation)라 부른다. 억제돌연변이는 같은 유전자(유전자 내 억제돌연변이)나 다른 유전자(유전자 외 억제돌연변이)에 있을 수 있다.

표 16.2에 동일 유전자 내 억제돌연변이의 두 가지 예가 있다. 단백질의 화학적 특성을 바꾸는 아미노산 치환은(예를 들면, 극성에서 비극성으로) 원래의 특성을 복구하는 두 번째 치환(비극성에서 극성으로)에 의해 보상받게 될 수도 있다. 두 번째 치환은 관련이 있는 아미노산일 수 있지만 원래 아미노산일 필요는 없다. 마찬가지로, 이전

의 틀이동돌연변이 근처에서 발생하는 두 번째 틀이동돌연변이는 모든 아미노산은 아니지만 적절한 해독틀을 복구할 수도 있다.

유전자 밖 억제는 정지억제인자나 생리적 억제제의 형태이기도 한다. 정지 억제돌연변이는 염색체 어디의 tRNA-암호화 유전자 내에 점돌연변이가 발생할 때 형성한다. 정지코돈과 쌍을 허용하는 tRNA 안티코돈의 변화는 정지돌연변이가 일어난 유전자를 기능하게 할 수 있다. tRNA가 종결코돈을 해독할수 있기 때문에 이 억제돌연변이는 유전체 전체에 영향을 준다. 생리적 억제는 한 경로의 결함이 같은 산물을 만드는 다른 경로의 발현을 유도하는 두 번째 돌연변이에 의해 회피되거나, 첫 번째 돌연변이에 의해 영향을 받은 화합물보다 더 효율적인 섭취를 허용하는 돌연변이에 의해 경로의 결함이 회피될 때 일어난다.

단백질 구조의 변화는 생물체의 표현형을 여러 가지 방법으로 변화시킬 수 있다. 치사돌연변이(lethal mutation)가 발생하면 미생물에게 죽음을 초래한다. 미생물을 분리해서 연구하려면 미생물이 반드시 성장해야 함으로, 조건부돌연변이인 경우만 치사돌연변이가 회복될 수 있다. **조건부돌연변이**(conditional mutation)는 특정 환경조건에서만 발현되는 돌연변이를 말한다. 예를 들어, 조건부 치사돌연변이는 저온에서는 발현되지 않고, 고온에서만 발현될 수 있다. 따라서 돌연변이체는 낮은 온도에서는 정상적으로 생장하지만 고온에서는 사멸한다.

다른 일반적인 돌연변이는 생합성 경로를 비활성화시켜, 아미노산이나 뉴클레오티드와 같은 필수적인 분자의 합성 능력을 잃게 한다. 이러한 돌연변이를 가지는 균주는 조건부 표현형을 가진다. 즉, 특정한 화합물이 없는 배지에서는 자라지 못하며, 그 물질이 공급될 때만 자란다. 이러한 돌연변이체를 **영양요구체**(auxotroph)라고 하며, 합성하지 못하는 화합물에 대해 영양요구적이라 한다. 돌연변이체가 유래한 야생형 균주는 **원영양체**(prototroph)라고 한다. 또 다른 유형의 돌연변이체는 내성돌연변이체(resistance mutant)이다. 이러한 돌연변이체는 일부 병원체(예로, 박테리오파지), 화합물(예로, 항생제), 또는 물리적 요인에 대해 내성을 획득하였다. 영양요구체와 내성돌연변이체는 선별하기가 쉬우면서 상대적으로 많아 미생물 유전학 연구에 매우 중요하다.

조절서열 내 돌연변이

가장 흥미롭고 많은 정보를 주는 돌연변이는 유전자 발현을 조절하는 조절서열 돌연변이이다. 대장균의 항시 발현 젖당 오페론(operon) 돌연변이가 좋은 예이다. 여러 종류의 항시 발현 돌연변이가 작동자(operator) 부위에서 발견되며, 이들은 젖당 억제자(*lac* represssor) 단백질이 인식하지 못하는 변경된 작동자 서열을 만든다. 그 결과, 오페론은 항상 전사되고 β-갈락토시다아제(β-galactosidase) 또한 항상 합성된다. 프로모터에 존재하는 돌연변이도 발견되었다. 만약 돌연변이로 프로모터 서열의 기능이 파괴되었다면, 구조 유전자의 암호화 지역이 완전히 정상이라도 돌연변이체는 산물을 만들 수 없다. ◀ 전사개시의 조절은 많은 에너지와 물질들을 절약한다(14.2절)

tRNA와 rRNA 유전자 내 돌연변이

rRNA나 tRNA를 암호화하는 유전자는 단백질 암호화 유전자와 비교해서 돌연변이 발생 빈도가 낮다. 3차원적인 RNA 구조의 중요한 성질 때문에 이들 유전자 내에서의 돌연변이는 보통 치명적이다. 돌연변이가 rRNA나 tRNA 유전자에서 발생하면 단백질 합성이 방해받아 개체의 표현형이 달라진다. 실제로 이러한 돌연변이체는 종종 성장이 느려진 균주에서 발견된다. 반면, tRNA 억제돌연변이는 정상적인(또는 거의 정상적인) 성장속도를 회복한다.

마무리 점검

1. 자연발생 돌연변이가 일어날 수 있는 3가지 방법을 설명하시오.
2. 때때로 점돌연변이는 표현형을 변화시키지 않는다. 그 이유를 설명하시오.
3. 단백질 표면의 과오돌연변이는 개체의 표현형에 영향을 주지 않지만, 내부 아미노산 치환은 영향을 주는가?
4. 그림 3.25의 포린 구조를 검토하시오. 어떤 위치에서의 아미노산 변화가 포린이 용질의 통과를 조절하는 데 영향을 미치겠는가? 어떤 위치에서의 아미노산의 변화가 3개 채널의 조립에 영향을 미치겠는가? 아미노산 변화가 어디에서 가장 영향이 적을 것인가?

16.2 돌연변이체의 검출과 분리

이 절을 학습한 후 점검할 사항:

a. 돌연변이 검출과 선택을 구별할 수 있다.
b. 특별한 아미노산 영양요구 돌연변이 세균을 분리하는 실험을 설계할 수 있다.
c. 아미노산 영양요구체에서 역돌연변이체를 분리하는 실험을 구상하고 어떤 종류의 돌연변이가 역돌연변이 표현형을 끌어낼지 예측할 수 있다.

돌연변이는 환경조건의 변화에 생존을 증가시키는 유전적 다양성을 제공하기 때문에, 돌연변이는 미생물에게 가치가 있는 것이다. 돌연변이는 미생물 유전학자에게도 실용적으로 중요하다. 돌연변이체는 DNA 복제, 내생포자 형성, 전사조절 등 복잡한 과정의 기전을 밝히

는 데 사용됐다. 또한, 재조합 DNA 과정에서 선택적 표지로도 유용하다. ▶ 미생물 DNA 기술(17장)

미생물 돌연변이체를 연구하려면, 돌연변이체가 매우 적은 수만 존재해도 쉽게 찾아낼 수 있어야 하고, 이들을 야생형 개체나 관심의 대상이 되지 않는 다른 돌연변이체에서 효율적으로 분리할 수 있어야 한다. 미생물 유전학자들은 대체로 돌연변이 유발물질을 사용해서 돌연변이 발생률을 높여서 돌연변이체를 얻을 수 있는 확률을 높인다. 대체로 10^7~10^{11} 세포 가운데 하나 정도의 비율에서 10^3~10^6 세포마다 하나 정도로 발생빈도를 높힐 수 있다. 이렇게 빈도가 높아지더라도 원하는 돌연변이체를 검출하고 선택하려면 세밀하게 고안된 방법이 필요하다. 여기서는 돌연변이체의 검출과 선택에 사용되는 일부 기술을 설명하고자 한다.

돌연변이체 검출: 관찰 가능한 표현형을 가진 돌연변이체의 선별

특정 생물의 돌연변이체를 수집할 때, 변이된 표현형을 인식하기 위해서는 야생형의 특징을 알아야 한다. 돌연변이체 표현형에 대한 적절한 검출체계(detection system)가 필요하다. 검출체계의 사용을 스크리닝(screening)이라 한다. 반수체 생물에서는 사용된 성장환경에서 돌연변이 유전자가 발현되면 대부분의 돌연변이 효과가 바로 나타나므로 돌연변이 표현형에 의한 스크리닝이 간단하다. 때로 집락의 형태를 조사하는 것만으로도 돌연변이체를 확인할 수 있다. 만약 정상적으로 적색 집락을 형성하는 세균에서 색깔이 없는 집락의 돌연변이체를 찾으려면 집락의 색을 관찰하면 된다. 다른 스크리닝 방법은 좀 더 복잡하다. 한 예로 영양요구성 돌연변이체를 스크리닝하기 위해 **복제평판법**(replica plating)을 사용한다. 특정한 생합성 경로의 최종산물이 없는 상태에서의 성장능력에 따라 돌연변이체와 야생형 균주를 구별한다(**그림 16.5**). 예를 들어, 라이신 영양요구체는 라이신을 합성하지 못하므로 라이신이 첨가된 배지에서는 자라지만 라이신이 없는 배지에서는 성장하지 못한다. ▶ 배지(7.7절)

일단 스크리닝 방법이 결정되면 돌연변이체를 수집한다. 그러나 돌연변이체의 수집에 문제가 있을 수 있다. 앞서 언급한 색이 없는 집락의 돌연변이체 탐색을 생각해보자. 만약 돌연변이 발생 빈도가 100만 분의 1이라면 하나의 색이 없는 돌연변이체를 발견하기 위해 평균 100만 개 이상의 개체를 검사해야 한다. 이를 위해 적어도 수천 개의 배양접시를 사용해야 한다. 만약 영양요구체를 이와 같은 방법으로 검색한다면 복제평판법까지 사용해야 하는 노력이 필요하다. 따라서 가능하다면, 야생형의 성장을 억제하는 환경인자를 적용하는 선택 방식을 사용하는 것이 더욱 효과적이다.

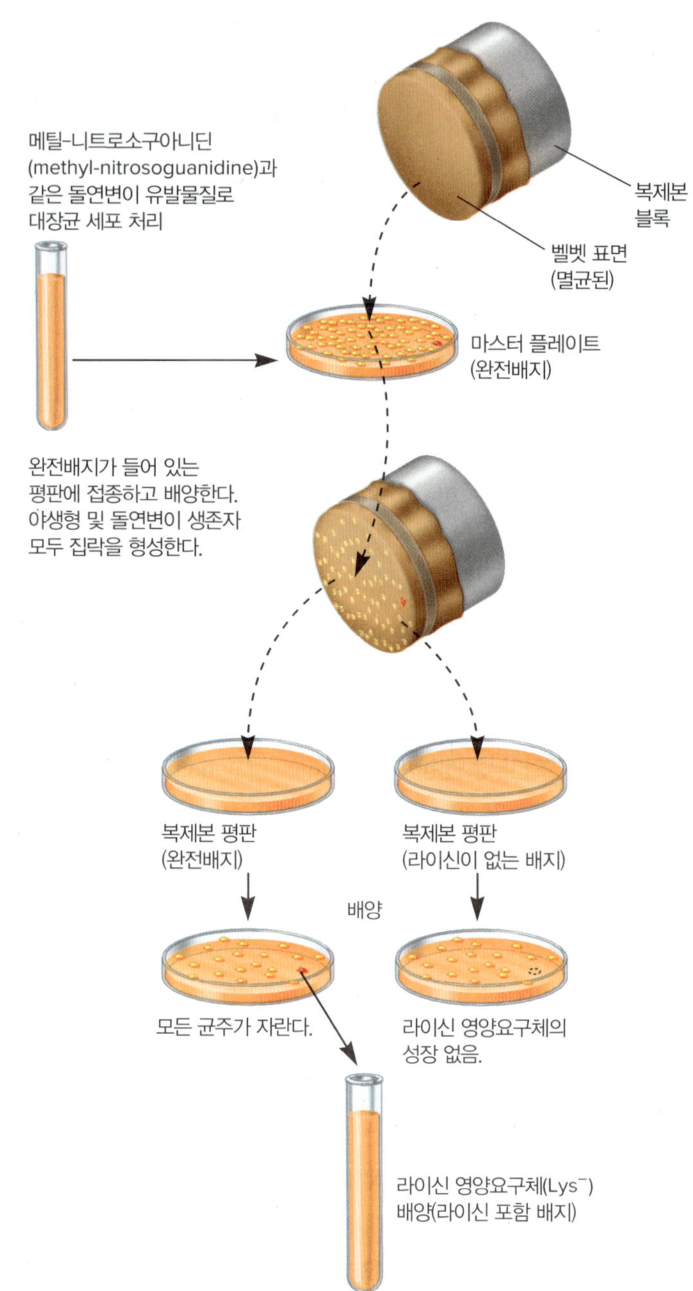

그림 16.5 복제평판법. 복제평판법을 사용한 라이신 영양요구체 분리 방법이다. 돌연변이를 유발시킨 배양액을 완전배지에 배양하여 집락이 생성되면, 멸균된 벨벳 조각을 평판에 찍어서 집락을 이루고 있는 세균을 묻힌다. 이 벨벳을 다른 새로운 평판에 찍으면 벨벳에 묻어 있던 세균이 이전 평판과 동일한 자리로 이동한다. 완전배지에서 자란 집락과 비교해 라이신을 합성하지 못하는(Lys^-) 집락의 위치를 알아낸 다음, 그 부위에 있는 영양요구체를 완전배지에서 골라내어 배양한다.

연관 질문 트립토판 영양요구체는 어떻게 선별할까? 항생제 암피실린에는 내성이 있으나 테트라사이클린에는 민감한 돌연변이체를 어떻게 선택할 수 있을까? (원래의 균주는 두 가지 항생제에 모두 내성이 있다고 가정한다.)

돌연변이체 선택: 야생형의 성장을 억제하는 환경의 사용

돌연변이 선택(selection)기법에서는 돌연변이 특성을 바탕으로 돌연변이체는 자랄 수 있고 야생형은 자라지 못하는 배양조건을 사용한다. 선택 방법은 역돌연변이나 환경에 저항성을 보이는 억제돌연변이를 선별할 때 주로 사용된다. 예를 들어, 라이신 영양요구체(Lys^-)에서 원영양체(prototroph)를 분리하는 경우, 대량의 라이신 영양요구체를 라이신이 없는 최소배지에 접종하고 배양한 뒤 집락의 형성을 검사한다. 라이신을 합성하는 능력을 회복한 돌연변이체(즉, 원영양체)만 최소배지에서 자랄 것이다. 하나의 배양접시에 수백만 개의 세포를 접종할 수 있지만, 여기에서 드물게 역돌연변이체 세포만이 자랄 것이다. 따라서 단 몇 개의 배양접시에서 성장을 관찰함으로써 많은 세포의 돌연변이 검사를 할 수 있다.

다른 선택 방법으로 바이러스 공격, 항생제 처리, 또는 특정 온도 등과 같은 특정 환경 스트레스에 저항성을 가지는 돌연변이체도 찾을 수 있다. 스트레스가 주어진 조건에서 세균을 배양한 다음 생존하는 개체를 찾아내면 된다. 야생형의 경우 항생제에 감수성이 있는 세균을 생각해보자. 항생제가 없는 배지에 배양 후 항생제를 함유한 선택배지에 배양 시 형성된 집락은 항생제에 내성이 있고 항생제 내성을 부여하는 돌연변이 유전자를 가지는 것이다.

마무리 점검

1. 복제평판법을 이용해서 영양요구성 돌연변이체를 검출하고 분리하는 방법을 설명하시오.
2. 돌연변이체를 스크리닝하는 방법보다 선택하는 기술이 선호되는 이유는 무엇인가?
3. 역돌연변이 및 환경인자에 대한 저항성(즉, 항생제의 존재)을 사용해서 돌연변이체를 선택하는 방법을 간단히 설명하시오.
4. 성장하는 데 히스티딘이 필요하고 페니실린에 내성이 있는 돌연변이체를 분리하는 방법을 설명하시오. 야생형은 원영양체이다.

16.3 DNA 수선은 유전체 안정성을 유지한다

이 절을 학습한 후 점검할 사항:

a. 교정, 불일치수선, 절제수선, 직접수선, 및 재조합수선을 비교 및 대조 설명할 수 있다.
b. SOS 반응을 유발하는 시나리오를 제안하고, 이 조건에서의 반응을 설명할 수 있다.

COVID-19

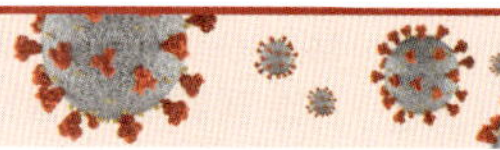

대유행 초기에, RNA 중합효소에는 드문 일인데 SARS-CoV-2 RNA 중합효소가 교정능력이 있음에 주목했다. 이것이 변형된 전염성 또는 독성을 가진 유전적 변이의 급격한 진화를 예방할 수 있다고 믿었다. 명백히, 일부 원인이지만 너무 많은 사람들이 감염되었기 때문에 이는 사실이 아닌 것으로 판명되었다. 바이러스 복제 속도가 폭발적이어서 돌연변이가 발생할 충분한 기회가 제공되었고 전염성이 높고 때론 치명적인 변이로 진화할 수 있게 되었다.

알다시피 돌연변이는 드물지만 지속해서 발생하고 세포에 치명적인 영향을 줄 수 있다. 따라서 미생물이 유전체의 손상을 수선할 수 있는 능력은 매우 중요한 것이다. 여러 수선 기전이 존재하고, 이는 생명의 모든 역에서 잘 보전되어 있다. 대장균의 수선이 가장 잘 알려져 있고, 이 절에서는 이를 중심으로 설명하기로 한다.

교정: 제1 방어선

13장에서 논의한 바와 같이, 복제 DNA 중합효소는 DNA가 복제되는 동안 가끔 잘못된 뉴클레오티드를 삽입할 수가 있다. 그러나 DNA 중합효소는 주형 뉴클레오티드와 새로 첨가되는 뉴클레오티드 사이에 형성되는 수소결합을 평가하는 능력이 있어, 다음 뉴클레오티드가 첨가되기 전에 오류를 즉시 수정한다. 이 능력을 **교정**(proofreading)이라 한다. DNA 중합효소가 오류를 발견하면, DNA 중합효소는 $3' \rightarrow 5'$ 핵산외부분해효소 활성으로 잘못된 뉴클레오티드를 제거한다(그림 13.16 참조). 그런 후에 올바른 뉴클레오티드를 삽입하면서 DNA 복제를 다시 시작한다. 교정은 효율적이지만, 복제 과정에서 생긴 오류를 모두 교정하지는 않는다. 특히 유도된 돌연변이를 교정하지는 않는다. 그래서 대장균(*E. coli*)은 유전체의 안정성을 유지하기 위하여 다른 수선 기전을 사용한다. ▶| 세균의 DNA 복제(13.3절)

DNA 수선 기전: 제2 방어선

2015년 모드리치(Paul Modrich), 산자르(Aziz Sancar), 린달(Tomas Lindahl)의 노벨 화학상 수상으로 DNA 수선에 의한 유전체 보호의 중요성이 강조되었다. 각 과학자는 대장균이 DNA의 손상을 감지하고 수선하기 위해 사용하는 기전 중 하나를 밝혀냈는데, 이러한 기전들이 다루어진다.

그림 16.1과 그림 16.3에서 보여주듯이 잘못 짝지어진 염기는 보통 **불일치수선**(mismatch repair) 체계에 의해 감지되고 수선된다(그

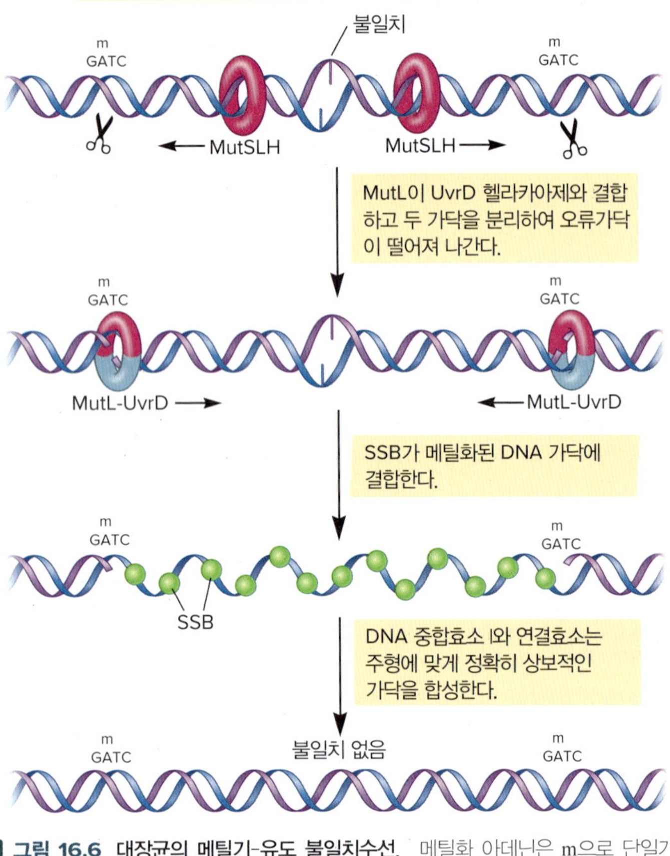

그림 16.6 대장균의 메틸기-유도 불일치수선. 메틸화 아데닌은 m으로 단일가닥 결합단백질은 SSB으로 표시하였다.

연관 질문 불일치수선은 DNA 중합효소의 교정 기능과 어떤 면에서 유사하고, 또 어떤 면에서 서로 다른가?

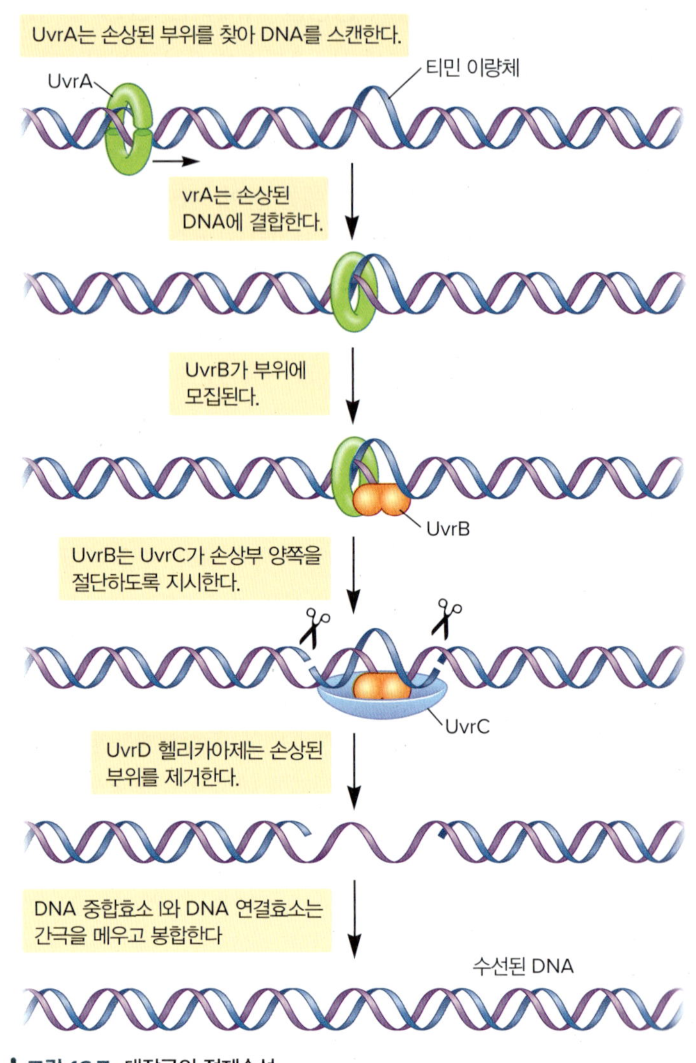

그림 16.7 대장균의 절제수선.

연관 질문 UvrD 헬리카아제는 불일치 복구와 뉴클레오티드 절단 회복에 모두 작용한다. 두 기전에서 활성은 어떻게 다른가?

림 16.6). 모드리치가 밝힌 대로 성공적인 불일치수선은 부모 DNA 가닥과 새로 합성된 DNA 가닥을 구별할 수 있는 수선효소의 능력에 의존한다. 이 구별은 새로 합성된 DNA 가닥이 주형가닥과 화학적으로 다르기 때문에 가능하다. 새로 합성된 질소 염기는 일시적으로 메틸기가 없지만 부모 DNA는 메틸화되어 있다. 따라서 복제 분기점이 지나간 후 짧은 시간 동안 DNA는 반메틸화(hemimethylated), 즉 부모가닥만 메틸화되어 있다. 수선체계는 메틸화되지 않은 가닥으로부터 잘못 짝지어진 염기를 제거한다.

절제수선(excision repair)은 DNA 이중나선이 뒤틀리는 손상을 입었을 때 이를 교정한다. 절제수선은 2가지 유형으로 구분된다. 산자르에 의해 밝혀진 **뉴클레오티드 절제수선**(nucleotide excision repair) 체계는 티민 이량체(thymine dimer)를 제거할 수 있고(그림 16.4), DNA 구조의 뒤틀림을 유발하는 거의 모든 종류의 손상을 수선한다(**그림 16.7**).

린달이 연구한 **염기 절제수선**(base excision repair)은 손상되었거나 비정상적인 염기를 제거하고, 그 결과 탈퓨린(apurinc) 또는 탈피리미딘(apyrimidinic) 자리(AP 자리)를 생성한다(**그림 16.8**). 뉴클레오티드 절제수선 및 염기 절제수선체계 둘다 같은 방법을 사용한다. 즉 DNA 가닥의 손상된 부분을 제거하고 온전한 상보적인 가닥을 새로운 DNA 합성을 위한 주형으로 사용한다.

티민 이량체와 알킬화된 염기(메틸 또는 에틸그룹이 부착된 염기)는 종종 **직접수선**(direct repair)에 의해 교정되기도 한다. 티민 이량체(그림 16.4)는 **광회복**(photoreactivation)이라 불리는 과정에 의해 쪼개지는데, 이 과정은 가시광선이 필요하며 광분해효소에 의해 촉매된다. 구아닌에 첨가된 메틸 또는 다른 알킬기는 효소적으로 제거될 수 있다.

재조합수선(recombinational repair)은 염기쌍 양쪽이 모두 소실

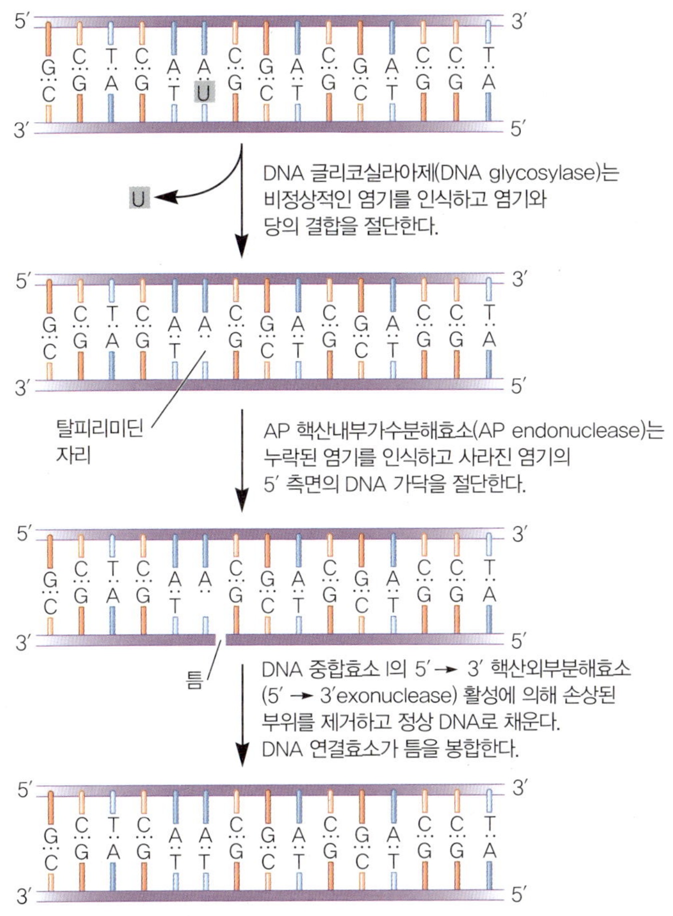

그림 16.8 대장균의 염기 절제수선.

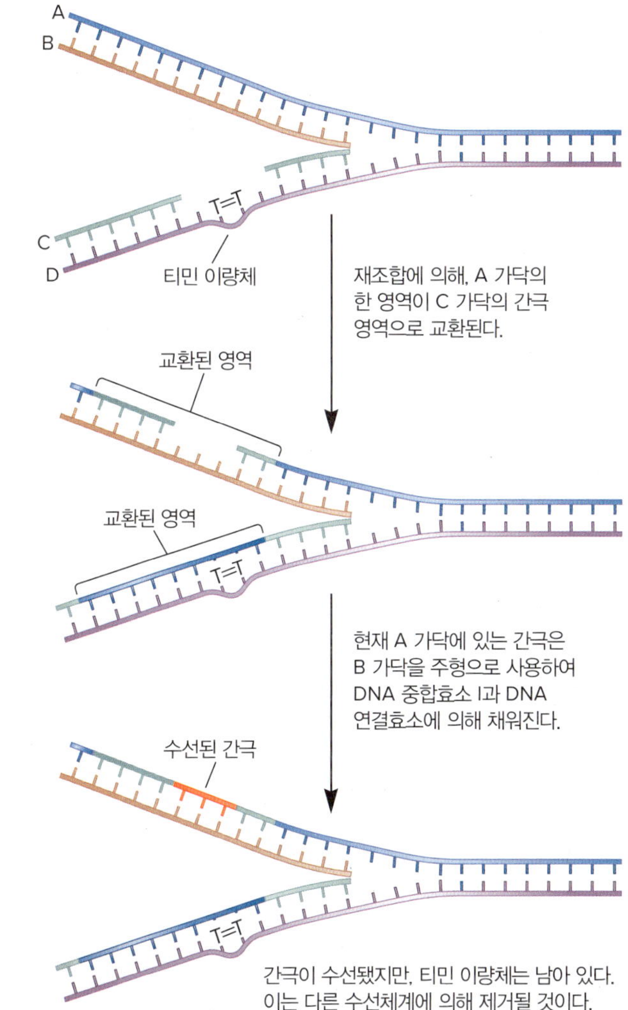

그림 16.9 재조합수선.

연관 질문 어떤 다른 수선체계가 티민 이량체를 제거할 것인가?

되거나 손상된 DNA 또는 손상 반대편에 간극(gap)이 있는 경우에 일어난다. 재조합수선에서 **RecA** 단백질은 손상된 DNA를 유전체의 두 번째 사본과 정렬하고 사본을 주형으로 사용하여 손상된 가닥을 교체한다(**그림 16.9**). 바로 복제되었거나 하나 이상의 염색체기 존재하기 때문에, 손상된 DNA 부위의 사본이 하나 더 존재한다. 일단 한 가닥을 주형으로 확보하고 나면 나머지 손상 부위는 다른 수선체계에 의해 바로잡힐 수 있다.

SOS 반응

여러 수선체계가 있음에도 불구하고, 때로 개체의 DNA 손상이 심하다면, 정상적인 수선 방법으로는 모든 손상을 수선할 수 없을 수 있다. 결과적으로 DNA 합성이 완전히 멈추게 된다. 이때, **SOS 반응**(SOS response)이라는 포괄적 조절 네트워크가 활성화된다. SOS 반응이 일어나면 LexA라 불리는 전사 억제자 단백질이 분해되면서 50개 이상의 유전자가 활성화된다.

SOS 반응은 재조합수선과 같이 RecA 단백질 활성에 의존한다. RecA는 단일가닥 또는 이중가닥 DNA가 절단된 지점이나 손상 부위에 DNA 중합효소의 중단으로 생성된 간극(gap)에 결합한다. RecA 결합은 재조합수선을 개시한다. 동시에 RecA는 자체 단백질 분해효소 활성으로 LexA 단백질을 파괴한다(autoproteolysis, 자가 단백질 분해). SOS 반응에서 첫 번째로 전사되는 유전자는 뉴클레오티드 절제수선에 필요한 Uvr 단백질 유전자이다(그림 16.7). 다음으로 재조합수선에 관여하는 유전자들의 발현이 증가한다. 세포가 DNA를 수선하는 시간을 주기 위해, 세포분열이 중단된다. 최종적으로 40분이 지나도 DNA가 완전히 수선되지 않으면, **손상통과 DNA 합성**(translesion DNA synthesis) 경로가 촉발된다. 이 과정에서 DNA 중합효소 IV와 DNA 중합효소 V가 간극(gap)이나 다른 손상 지역의 DNA를 합성한다. 그러나 온전한 주형이 존재하지 않기 때문에, SOS 반응 중합효소는 가끔 부정확한 염기를 삽입한다. 더구나 이들은 교정 기능도 없다. 따라서 DNA 합성은 진행되지만,

오류가 상당히 잘 일어나 수많은 돌연변이가 생성된다.

SOS 반응이라 불리는 것은 이것이 삶과 죽음의 상황에서 만들어진 반응이기 때문이다. 이 반응이 일어나면, DNA 합성이 지속될 수 있어 일부 세포만이라도 살아남을 가능성이 커진다. 세포에게는, 오류 발생률이 높은 과정에 의해 생성되는 돌연변이에 의한 위험보다 DNA를 복제하지 못하여 죽는 위험이 더 크기 때문이다.

마무리 점검

1. 불일치수선에서 DNA 메틸화의 기능은 무엇인가?
2. 2종류의 절제수선을 비교하시오.
3. 대장균이 빠르게 생장할 때 염색체 사본을 4개까지 지닐 수 있다. 이것의 대장균 재조합수선을 수행하는 데 중요한 이유는 무엇인가?
4. 다음과 같은 DNA 변형과 복제오류가 어떻게 수정될 수 있는지 설명하시오(하나 이상의 방법이 있을 수 있음): 복제과정에서 DNA 중합효소 III에 의해 잘못된 염기의 첨가, 티민 이량체, AP 자리, 메틸화된 구아닌, 복제과정에서 생성된 간극.

16.4 미생물은 돌연변이 외 다른 기전을 이용하여 유전적 변이를 생성한다

이 절을 학습한 후 점검할 사항:

a. 수직적 유전자 전달과 수평적 유전자 전달을 구별할 수 있다.
b. 수평적 유전자 전달로 가능한 4가지 결과를 요약할 수 있다.
c. 상동재조합과 위치특이적 재조합을 비교할 수 있다.

16.1절에서, 돌연변이가 단백질과 돌연변이를 가진 개체의 표현형에 미치는 영향을 알아보았다. 그러나 그 영향은 개체가 살아가는 환경에 따라서 다르다. 다른 말로, 생물체를 즉시 죽이지 않는 돌연변이일 경우 생물체는 선택적 압력에 놓이게 된다. 선택적 압력은 돌연변이가 집단 내에서 계속 존재하여 대체 유전자, 즉 **대립유전자**(allele)가 될 수 있을지를 결정한다. 유전체에 각 유전자의 대립유전자 존재는 집단 내 각 생물이 특징적인(아마도 독특한) 대립유전자 집합, 즉 유전자형(genotype)을 가질 수 있다는 것을 의미한다. 집단 내 각 유전자형은 선택되거나 역선택된다. 주어진 환경에 가장 적합한 유전자형을 가진, 적합한 표현형을 가진 개체는 생존할 것이고, 따라서 그들의 유전자를 다음 세대에 전달할 가능성이 크다. 환경적 압력이 변하면 이에 따라 집단이 변화하고, 궁극적으로 새로운 종이 나타날 수도 있다. 이 절에서는 유전자의 새로운 조합이 어떻게 생성되는지 살펴보고자 한다. 모든 과정에서 하나 또는 그 이상의 핵산 분자가 재배열되거나 조합되어 새로운 유전형을 생성하는 과정인 **재조합**(recombination)을 포함한다. 유전학자들은 재조합으로 생성된 개체를 **재조합체**(recombinant)라 한다.

유성생식과 유전적 변이

부모에서 자손에게로의 유전자 전달을 **수직적 유전자 전달**(vertical gene transfer)이라 하고, 모든 생물에서 관찰된다. 유성생식이 가능한 진핵생물에서 수직적 유전자 전달은 2가지 방식에 의한 유전자 재조합이 동반된다. 첫 번째는 감수분열 시기에 일어나는 자매염색체 사이의 교차이다. 이는 상동염색체에 새로운 대립유전자 조합을 만든다. 두 번째 형식의 재조합은 배우자세포(gamete) 융합의 결과이다. 각 배우자세포는 부모로부터 받은 대립유전자를 가지고 있어 융합되면 부모의 대립유전자가 접합체에서 조합된다. 이러한 2가지 방식의 재조합 결과로 자손생물은 부모와도 다르고 다른 자손생물과도 동일하지 않다.

수평적 유전자 전달: 무성적인 방법에 의한 변이 생성

세균과 고균은 유성생식으로 증식하지 않는다. 이로 인해 세균과 고균 집단에서 생기는 유전적 변이는, 새로운 돌연변이가 생성된 다음 세대로 전달되는 수직적 유전자 전달 과정에 의해서만 일어나는 비교적 제한적일 것으로 생각된다(**그림 16.10a**). 그러나, 그렇지는 않다. 세균과 고균은 포괄적으로 **수평적 유전자 전달**[horizontal(lateral) gene transfer, HGT]이라 일컫는 재조합체를 생성하기 위한 다수의 기전을 가지고 있다. 수평적 유전자 전달은 수직적 유전자 전달과 뚜렷하게 다르다. 별개의 성숙한 개체에서 다른 성숙한 개체로 유전자가 이동하며, 종종 공여(donor)와 수용(recipient) 개체의 특징을 모두 가지는 안정된 재조합체를 생성한다(그림 16.10b).

수평적 유전자 전달은 매우 중요한 과정이다. 수평적 유전자 전달은 많은 환경에서 흔히 일어나고, 세균과 고균 진화의 주된 기전이다. 연관성이 먼 생물 속(genus) 간 그리고 생물 영역(domain)에 걸쳐, 특히 동일한 서식지(예: 인간의 장)를 공유하는 미생물들 간에 DNA가 전달되는 많은 사례가 알려져 있다. 수평적 유전자 전달은 세균과 고균이 환경적 스트레스에서 살아남도록 돕는다. 예를 들어, 일부 고균은 UV 조사선에 반응해서 HGT를 수행하는 능력을 증가시킴으로써 다른 세포로부터 온 DNA를 획득하고 이용하여 유전체 내 UV에 손상된 DNA를 수선할 수 있다. 또 다른 중요한 예는 병원성 세균으로부터 다른 세균으로의 독성 인자를 암호화하는 유전자 집단의 전달이다. 이들 유전자 집단은 **병원성 유전자군**(pathogenicity islands)이라 불리며, 이들의 발견은 병원성 세균의 진화를 이해

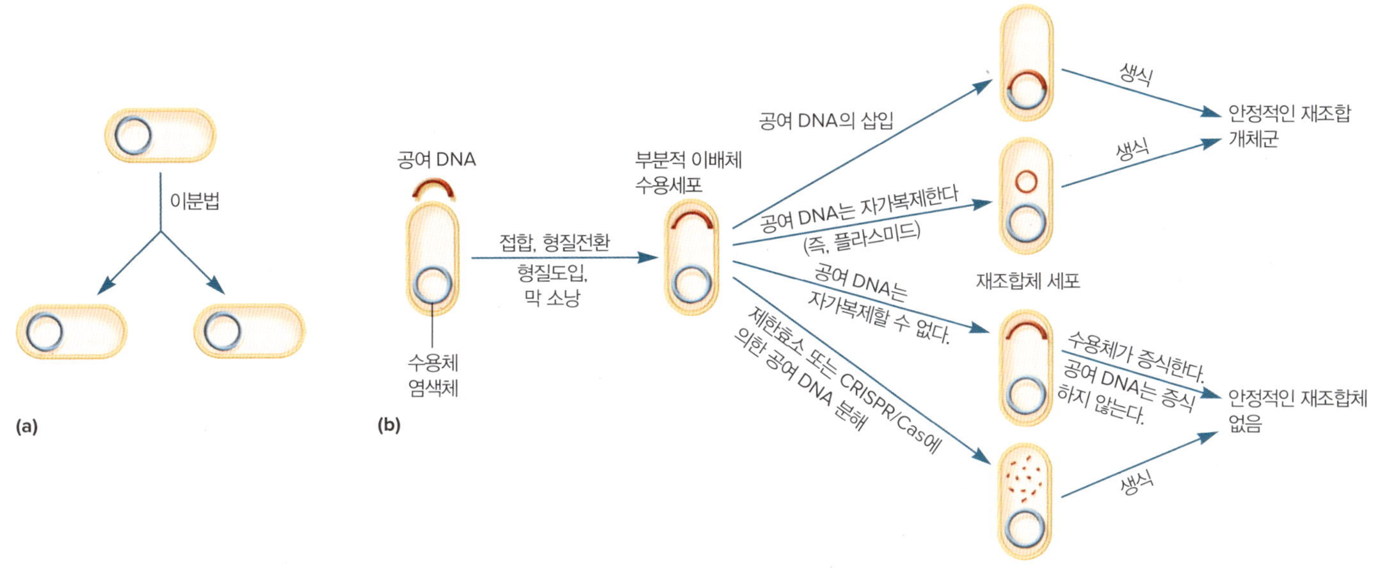

그림 16.10 수직적 및 수평적 유전자 전달. 수직적 유전자 전달(a)은 세균이 이분법에 의해 분열하는 동안 부모로부터 자손으로의 유전자 전달이다. 수평적 유전자 전달(b)은 DNA가 한 개체에서 다른 개체로의 유전자 이동이다. 그림은 전달된 DNA의 4가지 가능한 운명을 보여준다.

하는 데 크게 기여했다. 마지막으로 많은 경우에, 수평적 유전자 전달에 의한 새로운 형질의 획득은 미생물의 생태적 서식지를 빠르게 확장할 수 있었다. 이러한 사실은 수평적 유전자 전달로 세균들 사이에 항생제 내성 유전자가 확산되는 것을 통해서 분명하게 알 수 있다. ▶| 병원성 섬은 독성인자를 암호화한다(34.4절)

수평적 유전자 전달은 3가지 기전을 통해 일어난다(그림 16.10b). DNA는 환경에서 직접 획득될 수 있고(transformation, 형질전환), 공여세포로부터 전달될 수 있고(conjugation, 접합), 박테리오파지로 운반될 수도 있다(transduction, 형질도입). 고균의 수평적 유전자 전달은 앞에서 설명한 동일한 기전으로 일어나나 소수의 다른 기전이 알려져 있다. 나노튜브나 소낭(menbrane vesicle) 같은 구조 또한 세균과 고균 역에서 DNA 전달을 매개한다(DNA 소낭수송을 위해 *vesiduction*이라는 용어가 제안되었다). HGT의 다중적이고 다양한 기전은 세균과 고균을 위한 유전자 풀이 외향적이고 방대함을 보여준다.

HGT가 일어나는 동안, 공여 DNA 조각이 수용세포로 들어간다. 공여 DNA는 수용세포 안에서 다음과 같은 4가지 경로를 겪게 된다(그림 16.10b). 첫째, 공여 DNA가 수용염색체와 상동서열을 가지고 있을 때 삽입이 발생할 수 있다. 공여 DNA는 수용자 DNA와 짝을 지어 재조합이 일어날 수 있다. 재조합체는 증식하여 안정된 재조합체 변이군을 형성한다. 둘째, 공여 DNA가 스스로 복제할 수 있다면(예: 플라스미드의 경우), 수용세포의 염색체와 별개로 존재할 수 있다. 수용세포가 증식함에 따라, 공여 DNA도 복제되면서 안정된 재조합체 개체군을 형성한다. 셋째, 공여 DNA가 세포질에 남아 있지만 복제될 수 없는 경우이다. 여러 번의 세포분열 후 결국 개체군에서 사라진다. 마지막으로, 숙주 제한(host restriction) 또는 CRIPR/Cas 작용이 공여 DNA를 분해하여 재조합체가 형성되는 것을 막을 수 있다. |◀ 바이러스 감염에 대한 반응(14.6절)

분자수준에서의 재조합: DNA 분자의 연결

진핵생물의 감수분열 과정 중의 교차와 세균과 고균의 수평적 유전자 전달과정 중에 공여 DNA가 수용세포의 염색체로 삽입되는 것은 비슷한 기전으로 일어난다. **상동재조합**(homologous recombination)은 가장 흔히 일어나는 기전이며, 사용되는 많은 효소는 모든 생물에서 비슷하다. 상동재조합은 두 DNA 분자 사이에 같거나 비슷한 뉴클레오티드 서열이 긴 지역(예: 이배체 진핵생물의 자매염색체나 염색체와 플라스미드의 비슷한 염기서열)에서 일어난다. 상동재조합으로 DNA 가닥이 절단된 다음 재결합하면서 교차가 생긴다. 상동재조합은 DNA 수선에 중요한 효소(RecA, 그림 16.9)를 포함한 많은 효소에 의해 수행된다.

또 다른 주요 유형의 재조합은 **위치특이적 재조합**(site-specific recombination)이다. 위치특이적 재조합은 3가지 중요한 점에서 상동재조합과 다르다. 첫째, 위치특이적 재조합은 긴 상동성 염기서열이 필요하지 않다. 둘째, 재조합은 DNA의 특정한 표적부위에서 일어난다. 셋째, 이 반응은 포괄적으로 **재소합효소**(recombinase)라 불리는 효소에 의해 촉진된다. 위치특이적 재조합은 일부 플라스미드와 바이러스 유전체가 숙주염색체로 삽입되는 과정에 이용되는 기전이다. 이것은 16.5절에서 논의한, DNA 분자 내에서 한 곳에서 다른 곳으로 이동하는 이동성 유전인자(mobile genetic element)에 의해 사용되는 재조합 유형이다.

마무리 점검

1. 세균염색체에 위치한 항생제 내성 유전자가 자손세균으로 전달된다. 어떤 종류의 유전자 전달인가?
2. 세균에 들어간 DNA가 겪을 수 있는 네 가지 경로는 무엇인가?
3. 상동재조합과 위치특이적 재조합은 어떻게 다른가?

16.5 이동성 유전인자는 DNA 분자 내 및 DNA 분자 간에 유전자를 옮긴다

이 절을 학습한 후 점검할 사항:

a. 삽입서열과 트랜스포존을 구분할 수 있다.
b. 단순전이와 복제전이를 구별할 수 있다.
c. "이동성 유전인자는 세균과 고균의 진화에 중요한 인자이다."라는 주장을 옹호할 수 있다.

점점 더 많은 유전체의 염기서열이 밝혀지고 해석됨에 따라, 유전체는 유전체 내 또는 유전체 간 이동하는 유전인자(genetic element)로 가득 채워져 있다는 것이 더욱 명확해졌다. 이러한 유전물질들을 "jumping gene", **이동성 유전인자**(mobile genetic elements), 또는 전이인자라고 한다. **전이**(transposition)는 이동성 유전인자의 이동을 뜻한다.

이동성 유전인자(MGE)는 세포내와 세포 간의 DNA 이동성을 촉진한다. 1940년대에 매클린톡(Barbara McClintock)에 의해 옥수수 유전연구 중 처음으로 발견되었다(이 발견으로 1983년 노벨상을 받음). 많은 종류의 MGE는 구조, 삽입과 절제 기전, HGT에 의한 한 세포에서 다른 세포로 전달되는 능력 등이 다르다. 전이 기능이 있는 효소를 모두 재조합효소라고 한다. 그러나 특정 이동성 유전인자에 의해 사용되는 재조합효소는 삽입효소(integrase), 위치특이성 재조합촉진효소(resolvase) 또는 **전이효소**(transposase)라고도 한다. MGE 삽입은 무작위로, 유전체의 어느 위치에서든지 발생한다.

가장 단순한 이동성 유전인자는 **삽입서열**(insertion sequence)로 이를 줄여 IS 인자라고도 한다(**그림 16.11a**). IS 인자는 짧은 DNA 서열(약 750~1,600 염기쌍 길이)이다. IS 인자는 전형적으로 전이효소 유전자와 양 끝에 동일하거나 거의 유사한 서열이 역방향으로 있는 역반복서열(inverted repeat) 만을 지닌다. 역반복서열은 보통 15~25 염기쌍 길이 정도이나, IS의 종류에 따라 서열이나 길이가 다양하여 IS는 역반복서열에 특이서열을 갖는다. 전이효소는 IS의 말단을 인식하고 전이과정을 촉매한다. IS 인자는 여러 종류의 세균과 일부 고균에서 발견되었다.

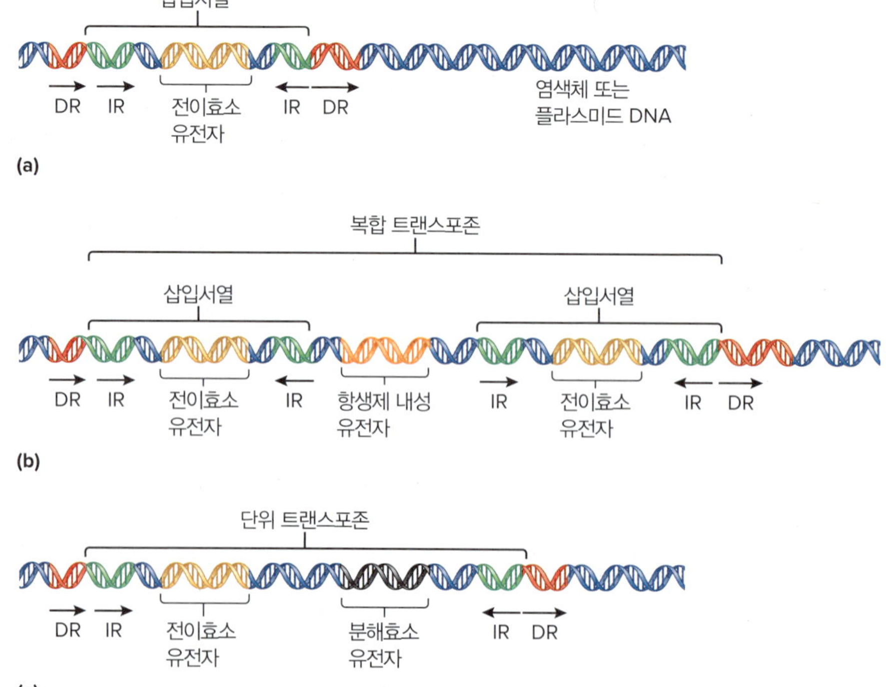

그림 16.11 이동성 유전인자. 이동성 유전인자의 공통적인 특징은 인자 말단의 역반복서열(IR)과 전이효소 유전자를 지닌다. (a) 삽입서열(IS)은 전이효소 유전자 양쪽에 IR만 가지고 있다. (b) 복합 트랜스포존과 (c) 단위 트랜스포존(unit transposon)은 전이효소에 추가하여 추가 유전자(예로, 항생제 내성 유전자)를 포함하고 있다. 복합 트랜스포존에는 추가 유전자의 양쪽 측면에 전이효소를 제공하는 삽입서열이 존재한다. 단위 트랜스포존은 삽입서열과 연관되어 있지 않다. 숙주 DNA의 직렬반복서열(DR) 전이인자 양쪽에 위치한다.

연관 질문 모든 유형의 전이인자에 공통으로 나타나는 특징은 무엇인가?

트랜스포존(transposon)은 IS보다 구조가 더 복잡하다. 복합 트랜스포존(composite transposon)은 중앙에 전이와 무관한 유전자를 지니고 있으며(예: 항생제 내성 유전자) 양쪽 말단에 염기서열이 동일한 또는 매우 유사한 IS인자를 가지고 있다(그림 16.11b). 말단 의 IS 인자는 트랜스포존 이동에 사용하는 전이효소를 암호화한다. 많은 IS가 인접 유전자를 활성화시키는 강력한 프로모터를 가지고 있다. 단위 트랜스포존(unit transposon)은 IS인자가 없으며, 역반복서열이 경계에 있다. 단위 트랜스포존은 자신의 전이효소를 암호화하고 종종 승객 유전자(passenger gene)를 가지고 다닌다(그림 16.11c).

2가지 주요 전이 방법이 확인되었다. **단순전이**(simple transposition)는 **절단–접합 전이**(cut-and-paste transposition)라고도 불린다. 이 방법은 전이효소가 이동성 유전인자의 절단을 촉매하고, 다음에 새로운 삽입자리를 절단해서 그 지점에 전이인자를 연결시킨다(**그림 16.12**). 이동성 유전인자가 삽입될 때, 5~9 염기의 표적서열이 중복되어, 전이인자의 짧은 동일방향 반복서열이 말단 역반복서열 양쪽에 생긴다. **복제전이**(replicative transposition)에서는 원래의 MGE는 있던 자리에 그대로 남아 있고 복제된 사본이 새로운 DNA 부위에 삽입된다.

MGE는 여러 가지 이유로 관심을 끌고 있다. 이들의 염색체에 삽입은 삽입되는 유전자에 돌연변이를 일으키거나, 인접한 유전자의 발현패턴을 변화시키는 조절부위로 작동함으로써 유전자의 기능을 변경시킬 수 있다. 또한, 이들은 개체의 염색체, 플라스미드 및 여러 이동성 유전인자들의 진화에 기여한다. 특히 주목할 점은 16.9절에서 논의한 항생제 내성 유전자의 확산에서의 이동성 유전인자의 역할이다.

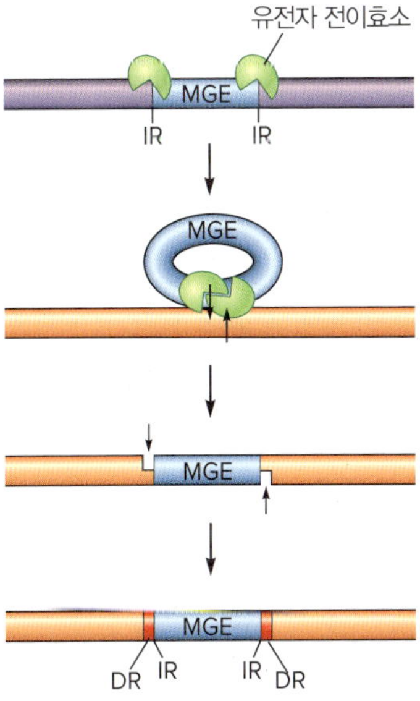

유전자 전이효소

MGE

IR IR

전이효소가 역반복서열을 인식하고 이동상 전이인자 양 말단을 절단하여, 원래 자리로부터 전이인자를 유리시킨다. 전이효소는 MGE에 남는다.

MGE

전이효소는 MGE를 새로운 자리로 운반하고 5~9 염기가 엇갈린 자리에서 표적 DNA를 절단한다.

MGE

MGE가 표적부위에 삽입된다.

MGE

DR IR IR DR

DNA 간극이 채워진다.

그림 16.12 단순전이. IR: 역반복서열, DR: 직렬반복서열, MGE: 이동성 유전인자.

연관 질문 간극 메우기 반응에서 직렬반복서열이 어떻게 형성되는지 보여주는 그림을 그리시오. 어떤 효소가 이 반응을 촉매하는가?

마무리 점검

1. 트랜스포존과 삽입서열은 어떻게 다른가?
2. 단순전이(절단–접합)가 무엇인가? 복제전이는 무엇인가? 두 전이 기전의 차이점은? 전이 과정 중 표적부위에 일어나는 현상은?
3. 이동성 유전인자의 존재가 미생물의 진화 속도에 어떤 영향을 주리라 생각하는가? 그 이유를 설명하시오.

16.6 접합은 세포–세포 접촉을 필요로 한다

이 절을 학습한 후 점검할 사항:

a. (1) 자신을 새로운 숙주세포로 전달하고, (2) 숙주세포 염색체에 삽입되게 하는 F 인자의 특징을 설명할 수 있다.
b. F^+세포가 F^- 세포를 만났을 때 일어나는 사건을 요약할 수 있다.
c. F^+세포, Hfr 세포 및 F' 세포를 구별하여 설명할 수 있다.
d. Hfr 세포가 생성되는 과정을 설명할 수 있다.
e. Hfr 세포가 F^- 세포를 만났을 때 일어나는 사건을 요약할 수 있다.

접합(conjugation)은 두 세균이 직접 접촉해 DNA를 전달하는 방법이며, **접합플라스미드**(conjugative plasmid)가 존재할 때 일어난다. 3장에서 살펴보았듯이 플라스미드(plasmid)는 숙주염색체와 별개로 존재할 수 있는 작은 이중가닥 DNA 분자이다. 플라스미드는 자신의 복제원점을 가지고 염색체와는 독립적으로 복제되어 안정되게 유전된다.

가장 잘 알려진 접합플라스미드는 **F 인자**(F factor)이다. 이것은 대장균의 접합에 주된 역할을 하며, 가장 먼저 밝혀진 접합플라스미드이다(**그림 16.13**). F 인자는 약 100,000염기쌍 길이로 접합 시 대장균 세포 사이의 부착과 플라스미드 이동에 관여하는 유전자를 가지고 있다. 플라스미드의 이동에 관여하는 유전자는 대부분 *tra* 오페론에 있고, *tra* 오페론은 적어도 28개의 유전자를 가지고 있다. 이들 유전자는 대부분 F^+ 세포(F 플라스미드를 가지고 있는 공여 세포)가 F^- 세포에 부착하는 데 필요한 성선모(sex fili)의 형성에 관여한다(**그림 16.14**). 다른 유전자 산물도 DNA 이동을 돕는다. 또한, F 인자에는 플라스미드가 숙주세포 염색체에 삽입되는 것을 돕는 여러 개의 삽입서열이 존재한다. 따라서 F 인자는 세균 염색체의 외부에 별도로 존재할 수도 있고 삽입될 수도 있는 **에피솜**(episome)이다(**그림 16.15**).

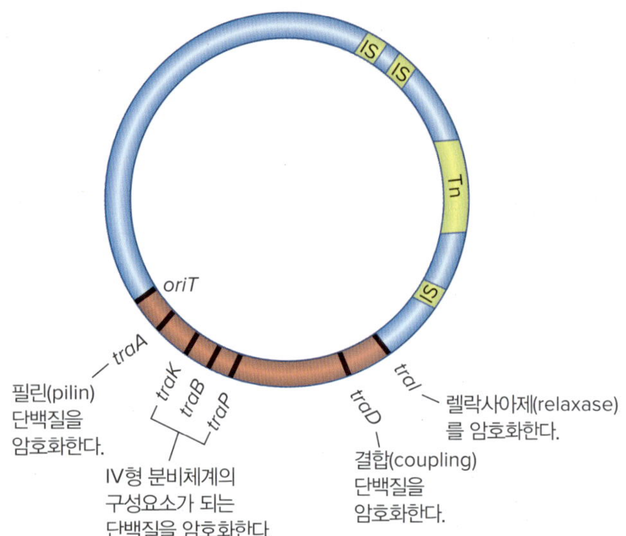

그림 16.13 F 인자. 운반(*tra*) 오페론은 갈색으로 음영 처리되었으며, 유전자 기능 일부는 표시되었다. 접합 과정에서 회전환 복제와 유전자 전달이 시작되는 위치는 *oriT*이다. IS: 삽입서열, Tn: 트랜스포존.

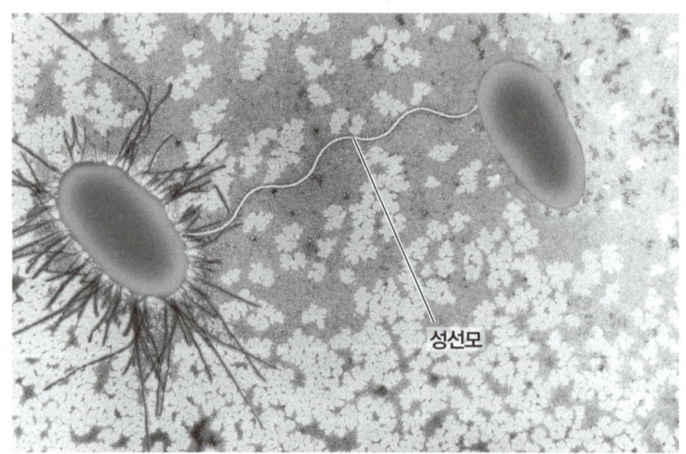

그림 16.14 접합. 두 대장균의 접합 초기의 전자현미경 사진이다. 왼쪽의 F^+세포는 핌브리아로 덮여 있고, 성선모가 두 세포를 연결하고 있다. *DENNIS KUNKEL MICROSCOPY/Science Source*

접합(conjugation)에 대한 증거는 1946년에 레더버그(Joshua Lederberg)와 테이텀(Edward Tatum)의 멋진 실험을 통해 처음으로 알려졌다. 그들은 두 종류의 영양요구성 균주를 섞어 영양이 풍부한 배지에 수시간 배양한 다음 다시 최소배지에 배양하였다. 단순한 역돌연변이와 억제돌연변이를 배제하기 위해, 2가지 또는 3가지 역돌연변이와 억제돌연변이가 동시에 일어날 확률이 매우 낮다는 가정하에 2가지와 3가지 영양요구성 돌연변이체를 사용하였다. 2종류의 균주를 섞어서 배양하자 최소배지에서 원영양체가 나타났다. 이들은 두 종류 영양요구체가 서로 합쳐져 재조합되었기 때문에 원영양체가 나타난 것으로 결론지었다.

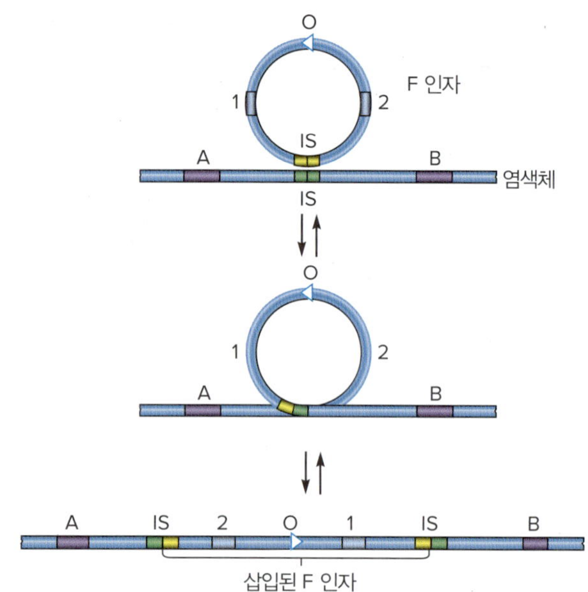

그림 16.15 F 인자 삽입. 숙주염색체에 F 인자의 가역적인 삽입이다. 이 과정은 플라스미드와 삽입서열(IS)의 연합으로 시작된다. IS(삽입서열)는 전이가 아닌 재조합에 사용되는 것을 주목하라. O위치의 화살머리(흰색) 표시는 염색체가 수용세포로 이동하는 방향을 표시한다. A, B, 1, 2는 표지 유전자를 나타낸다.

연관 질문 에피솜이라는 용어는 무엇을 뜻하는가?

레더버그와 테이텀이 유전자 이동에 세포 사이의 물리적인 접촉이 필요하다는 것을 직접적으로 증명한 것은 아니다. 이 사실은 몇 년 후에 데이비스(Bernard Davis)가 증명했는데, 그는 구부러진 2개의 관을 연결하고 그사이에 유리 필터를 끼워 U자 형태의 관을 만들었다. 영양물질은 필터를 통해 이동했지만, 세균은 통과하지 못했다. 그는 U자 관에 배지를 채우고 필터의 양 반대편에 두 종류의 영양요구체 대장균을 접종하였다. 양편의 배지를 서로 잘 섞어주면서 배양한 후, 세균을 최소배지에 접종하였다. 데이비스는 영양분의 이동만 있고 세포 사이 접촉이 없었던 두 영양요구체 사이에서 유전자 이동은 일어나지 않았다는 것을 발견했다. 따라서 레더버그와 테이텀이 발견했던 재조합이 일어나려면 세포 사이의 직접적인 접촉이 필요하다는 것을 알 수 있었다.

$F^+ \times F^-$ 교배: 플라스미드만 전달

1952년 헤이즈(William Hayes)는 레더버그와 테이텀에 의해 관찰된 유전자 이동이 한 방향으로 일어남을 발견했다. 유전자는 공여세포(F^+ 또는 생식능력이 있는)에서 수용세포(F^- 또는 생식능력이 없는)로 이동하고 역방향의 이동은 일어나지 않았다. 또한, 그는 $F^+ \times F^-$ 교배에서 자손의 영양요구성은 거의 변하지 않는다(즉, 염색체 유전자는 보통 이동하지 않음)는 사실을 알 수 있었다. 그러나 F^- 균주는 빈번하게 F^+ 균주가 되었다.

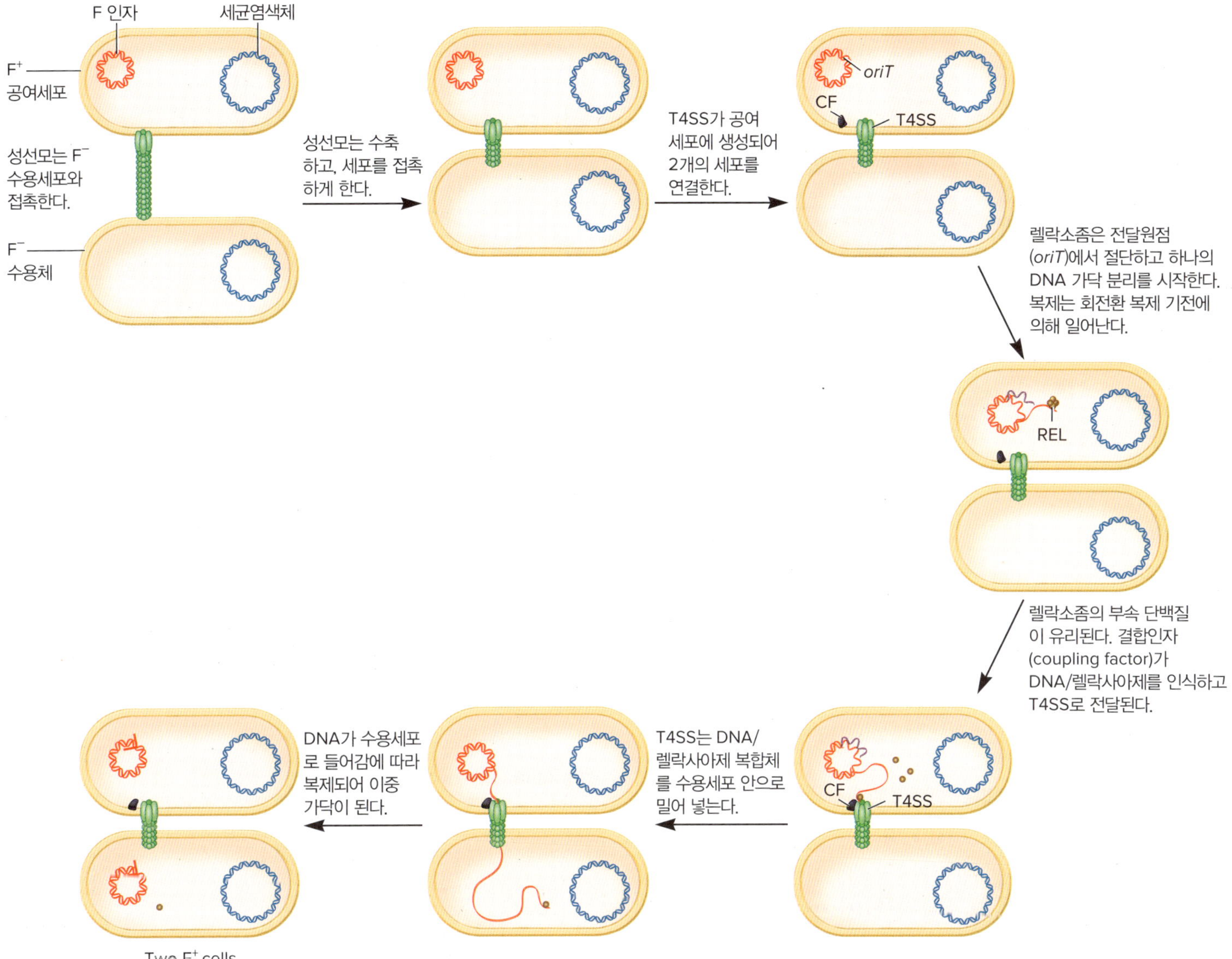

그림 16.16 F 인자-매개 접합. F 인자는 성선모를 만드는 단백질과 DNA를 F^- 수용세포로 전달하는데 필요한 IV형 분비체계(T4SS)를 구성하는 단백질을 암호하한다. 결합인자(coupling factor)라고 불리는 한 단백질이 분비체계(T4SS)로 DNA를 호송한다. $F^+ \times F^-$ 접합 동안에 플라스미드가 염색체 바깥에 위치하기 때문에 F 인자만 이동한다. 수용세포는 F^+가 된다.

이와 같은 결과는 다음과 같은 방법으로 설명된다. F^+ 균주는 성선모 형성과 플라스미드 전달에 관여하는 유전자가 포함된 F 인자를 염색체와 별개로 가지고 있다. F^+와 F^- 세포는 **성선모**(sex pilus)를 이용해서 직접 접촉한다(**그림 16.16**). 일단 두 세포가 연결되면, 성선모가 수축하여 세포가 물리적으로 가까이 닿게 된다. 그리고 F^+ 세포는 IV형 분비기구를 조립하고 성선모 막 구조(sex pilus membrane-spanning structure)에 있는 많은 단백질을 용도에 맞게 만들어 DNA 전달을 준비한다(**그림 16.17**). **성선모**라는 용어는 외부 구조를 일컫지만, 막으로 둘러싸인 구성요소들은 **IV형 분비체계**(type IV secretion system, T4SS)라 불린다. 비록 두 구조가 폴리펩티드를 공유하고, 접합에 상호보완적인 역할을 하지만, 선모 형성과 DNA 전달은 독립적인 과정이다.

F 플라스미드의 전달이 이루어질 때, F 플라스미드는 **회전환 복제**(rolling-circle replication)라는 과정에 의해 복제된다. 환형 DNA의 한 가닥에 틈이 형성되고, 이 틈의 3′ 말단(3′-hydroxyl end)이 복제효소에 의해 연장된다(**그림 16.18**). 복제 지점에서 환형의 주형을 돌아가면서 신장하는 3′ 말단이 연장되고, 5′ 말단의 가닥은 주형에서 떨어져 나와 계속 자라나는 꼬리처럼 길어진다. 이는 사과를 깎을 때 칼로 사과 껍질을 벗겨내는 것과 비슷한 모양이다.

접합과정에서 회전환 복제는 F 인자에 암호화된 단백질의 복합체인 렐락소좀(relaxosome)에 의해 시작된다(그림 16.13). 렐락소좀은 *oriT*(전달원점)라 불리는 지점에서 F 인자의 한 가닥을 자른다. 렐락

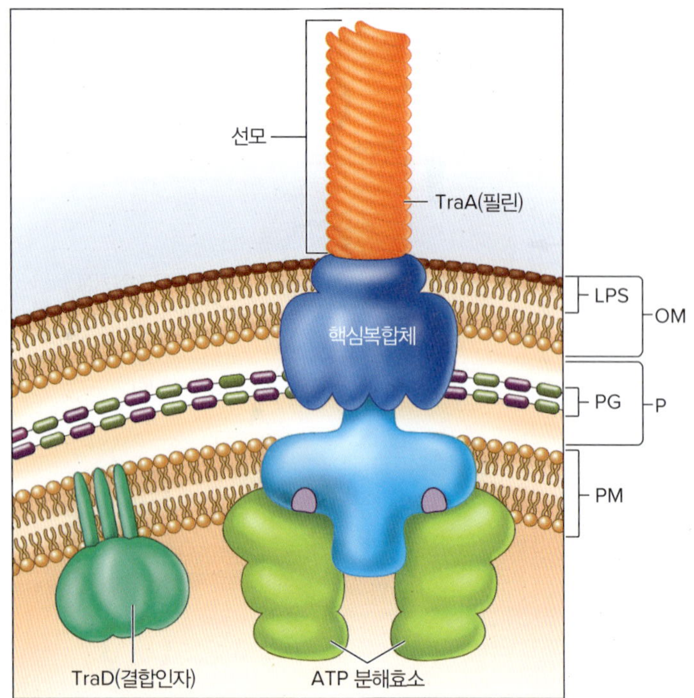

그림 16.17 F 인자에 의해 암호화되는 접합기구는 IV형 분비체계이다. F 인자가 암호화하는 IV형 분비체계(T4SS)는 성선모를 형성하는 TraA 단백질과 결합인자인 TraD를 비롯한 여러 종류의 Tra 단백질로 이루어져 있다. 핵심 복합체는 선모 생성과 DNA 전이에 모두 사용된다. LPS: 지질다당체, OM: 외막, P: 주변세포질공간, PG: 펩티도글리칸, PM: 원형질막.

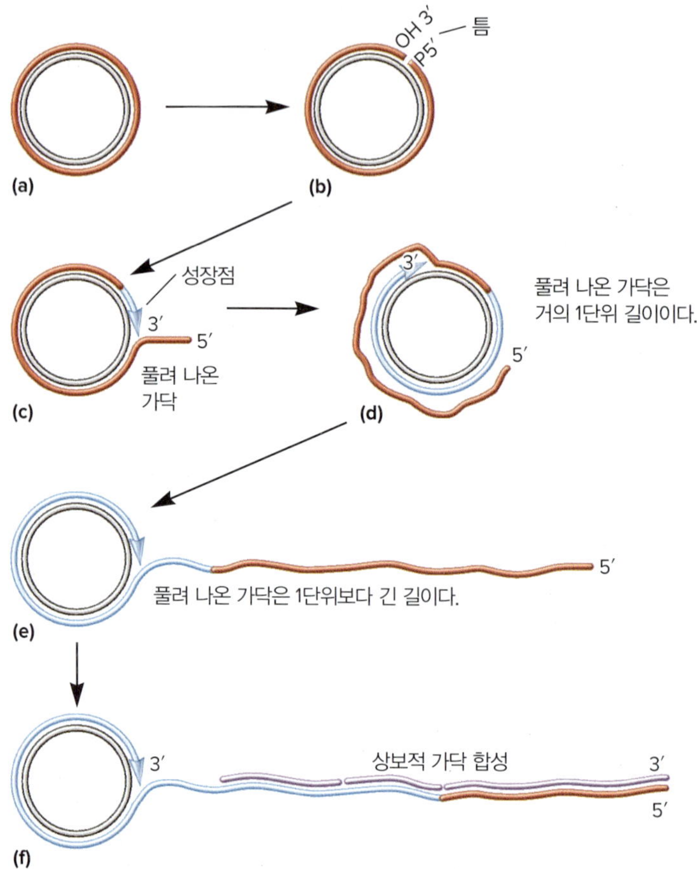

그림 16.18 회전환 복제. DNA 가닥에 틈이 형성되었을 때 OH 3′은 3′-수산기를 P 5′은 5′-인산기를 나타낸다. 회전환을 이루는 가닥의 자유 말단에는 렐락소좀이 결합해 있다. 때로 하나의 유전체 사본보다 긴 단일가닥으로 이루어진 꼬리가 생성되고, 상보적 가닥이 합성되면서 이중가닥으로 전환된다.

소좀의 주된 요소는 TraI이라는 단백질로 잘린 가닥의 5′ 말단에 결합한다. F 인자가 복제되면서, TraI 단백질은 치환된 가닥을 T4SS을 통해 수용세포로 안내한다. ATP 가수분해와 양성자구동력(proton motive force)이 DNA 전달을 위한 에너지로 공급되는 것으로 보인다. 플라스미드가 전달되는 동안 진입가닥은 상보적인 DNA 가닥을 합성하기 위한 주형으로 사용된다. 과정이 끝나면 F^- 수용세포는 F^+ 세포가 된다.

Hfr 접합은 염색체 DNA를 전달한다

정의에 따르면, F^+ 세포의 F 인자는 염색체와 별개로 존재한다. 따라서 $F^+ \times F^-$ 교배에서 염색체 DNA는 전달되지 않는다. 그러나 이들 집단 내에서 소수의 세포는 F 플라스미드가 염색체에 삽입된(즉, 재조합된) 채로 존재한다. 이점은 $F^+ \times F^-$ 교배가 발견된 지 얼마 지나지 않아, F 인자에 의해 매개되는 두 번째 유형의 접합 발견을 설명한다. 이 유형의 접합에서, 공여세포의 염색체 유전자는 높은 효율로 수용세포로 전달되나, 수용세포를 F^+로 변환시키지는 않는다. 이 교배에서 높은 빈도의 재조합체(high frequency of recombinant)가 생성되므로, 이것을 **Hfr 접합**(Hfr conjugation)이라 하고, 공여세포를 **Hfr 균주**(Hfr strain)라 한다.

Hfr 균주는 플라스미드 상태가 아닌 그들의 염색체에 삽입된 F인자를 포함하고 있다. 삽입된 후에도 F 인자의 *tra* 오페론은 여전히 기능을 지닌다. 즉, 성선모를 직접 합성하고, 회전환 복제를 하며, 유전물질을 F^- 수용세포로 전달한다. 그러나 F 인자는 플라스미드 자신만을 전달하는 것이 아니라 숙주염색체도 이동시킨다. DNA의 전달은 삽입된 F 인자가 전달원점(*oriT*)에서 잘리면서 시작된다. 복제되면서 F 인자는 수용세포로 전달된다(**그림 16.19**). 전달의 초기에 F 인자의 일부만 전달되고 이어서 숙주염색체가 전달된다. 만일 세포가 계속 연결되어 있다면 삽입된 F 인자의 나머지 부분과 함께 전체 염색체가 전달될 것이며, 이는 약 100분 정도가 걸린다. 그러나 세포 간 연결은 DNA 전달과정이 완전히 끝나기 전에 끊어진다. 그래서 F 인자가 완전히 전달되지 못하고, 수용체는 여전히 F^-로 남는다. Hfr 균주가 접합하면 공여체 세균의 유전자가 수용체로 전달된다. 복제된 공여세포의 염색체가 수용세포에 들어가면, 분해될 수도 있고 재조합에 의해 F^- 유전체로 삽입될 수도 있다.

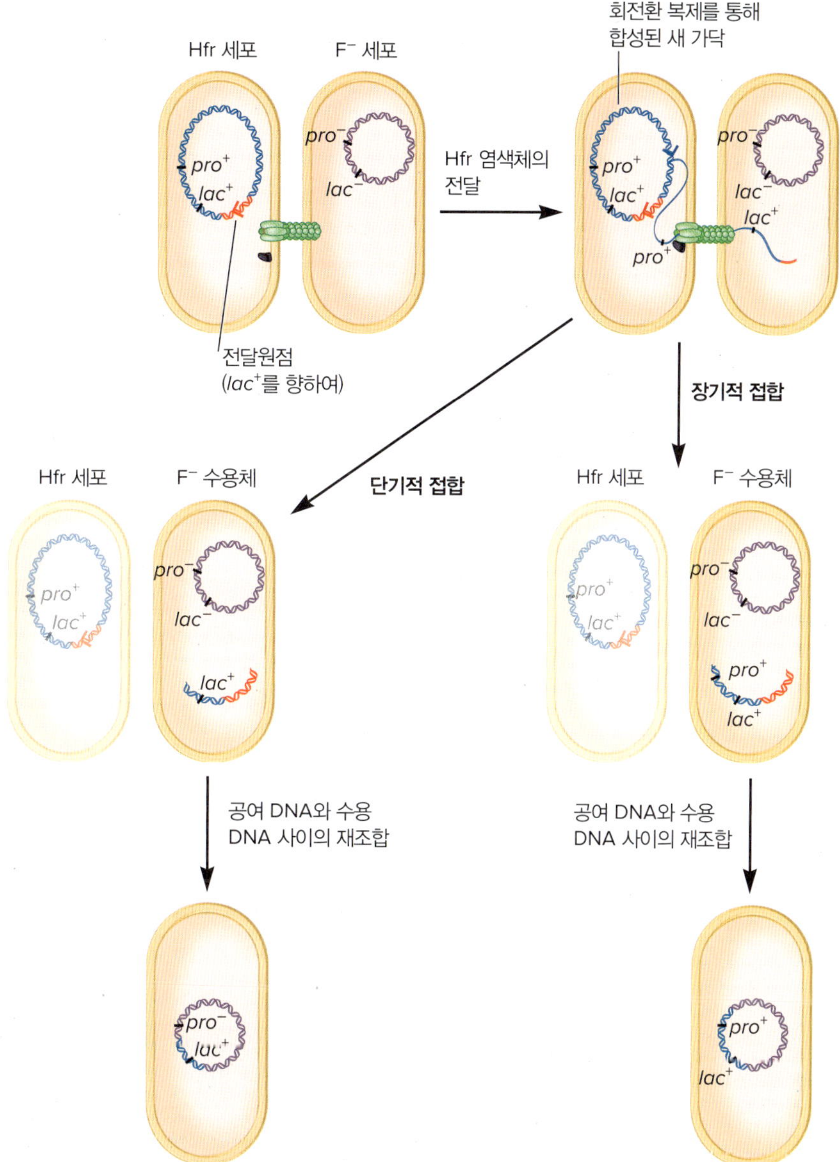

그림 16.19 Hfr × F^- 접합. 최초 접촉과 T4SS 완성 후의 두 세포를 나타낸다. 그림에서처럼, Hfr × F^- 접합 중에는 일부 플라스미드 유전자와 일부 염색체 유전자가 수용세포로 이동한다. F 인자의 일부만 수용세포로 이동하는 것을 주목하라. 플라스미드가 모두 전달되지 못하므로, 수용세포는 F^-로 남게 된다. 그리고 수용세포로 들어온 DNA가 안정되게 유지되려면 수용세포의 염색체에 재조합되어야 한다.

F′ 접합

F 인자는 에피솜이므로, 세균염색체로부터 빠져나와 독립적인 플라스미드로 작용할 수 있다. 때로 이 과정 중에 오류가 발생하여 염색체의 일부 유전자가 잘려 F 플라스미드의 일부가 될 수 있다. 이 실수로 살려 나온 플라스미드는 원래의 F 인자보다 크고 유전자으로 다르므로 **F′ 플라스미드**(F′ plasmid)라고 한다(**그림 16.20a**). F′ 플라스미드를 지니는 세포는 일부 유전자가 F 플라스미드에 있기는 하지만 자신의 유전자를 모두 지니고 있다. 이 세포는 F^- 수용세포와만 교배하고 F′ × F^- 접합은 F^+ × F^- 교배와 유사하다. 이 경우 역시 플라스미드는 회전환 복제로 복사되면서 이동한다. 염색체상의 유전자는 이동하지 않으나(그림 16.20b), F′ 플라스미드 상의 유전자는 이동한다. 이 유전자들은 수용세포 염색체에 삽입되지 않아도 발현될 수 있다. 수용세포는 F′이 되고, 같은 유전자가 수용세포 염색체와 F′ 플라스미드에 존재함으로 부분적으로 이배체가 된다. 이와 같은 방법으로 특정 유전자가 집단에 빠르게 확산될 수 있다.

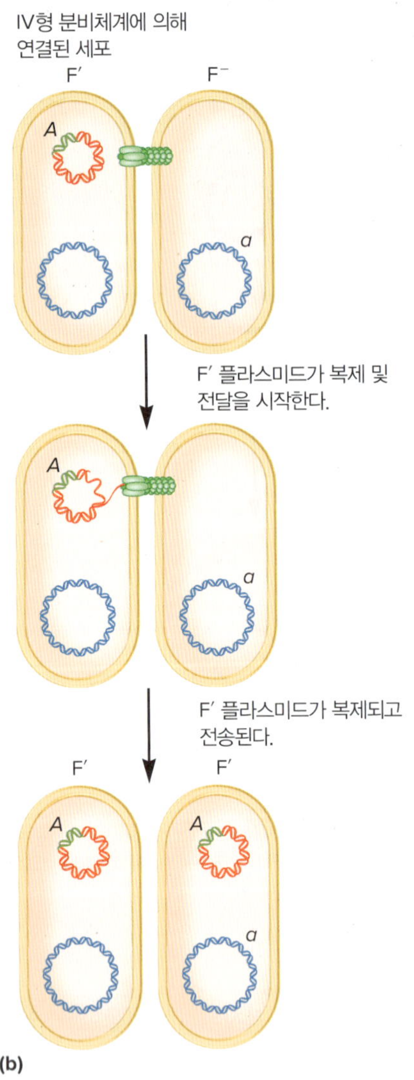

그림 16.20 F′ 접합. (a) 절제의 실수로 Hfr 세포의 염색체에 있던 A 유전자가 F 인자에 포함되었다. (b) 접합과정에서 F 인자에 있는 A 유전자가 수용세포에 전달되어 해당 유전자는 부분적으로 이배체가 된다(즉, Aa).

마무리 점검

1. 세균의 접합이란 무엇이며, 어떻게 발견되었는가?
2. 대장균 F^+, Hfr, F^- 균주 중 어떤 균주가 접합 중 공여세포 또는 수용세포로 작용하며, 어떤 균주가 염색체 DNA를 전달할 수 있는가?
3. $F^+ \times F^-$ 및 Hfr 접합 과정을 설명하고, 두 접합과정을 기전과 최종결과 관점에서 구별하시오.
4. $F^+ \times F^-$와 $F' \times F^-$ 접합을 비교하시오.

16.7 형질전환은 자유 DNA를 흡수하는 것이다

이 절을 학습한 후 점검할 사항:

a. 자연적으로 세균이 형질전환 가능한 세포가 되는데 기여하는 요인을 설명할 수 있다.
b. DNA 조각과 플라스미드를 형질전환한 각각의 결과를 예측할 수 있다.

또 하나의 수평적 유전자 전달(HGT) 기전은 1928년 그리피스(Fred Griffith)가 발견한 형질전환이다(그림 13.1 참조). **형질전환**(transformation)은 세포외부의 환경으로부터 환형 또는 선형 DNA 분자가 수용세포에 흡수되어 유전되는 형태로 유지되는 것이다. 자연적 형질전환은 세포가 DNA를 흡수하도록 하는 실험실적 기술인 인위적 형질전환과 구별된다. 자연적 형질전환은 일부 고균과 여러 세균 문(phyla)에서 발견되었다. 자연적 형질전환은 토양, 수중 생태계, 감염 중인 체내, 생물막, 그리고 다른 미생물 군집에서 발생한다. ▶| 숙주세포로의 재조합 DNA 도입(17.1절)

자연적 형질전환은 세균이 용해되어 DNA가 주변 환경으로 방출될 때 일어난다. 이 DNA 조각들은 비교적 크고 여러 유전자를 포함하고 있을 수도 있다. 이 DNA 조각들이 **형질전환가능세균**(competent cell), 즉 DNA를 흡수하고 형질전환될 수 있는 세포에 접촉하면 세포는 DNA 조각과 결합하여 세포내로 도입한다(**그림 16.21a**). 많은 양의 DNA를 사용했을 때 대부분의 세균 속(genera)의 형질전환 빈도는 대략 10^{-3} 정도이다. 다시 말해서 1,000개의 세포 가운데 하나의 세포가 DNA를 흡수하여 유전자를 삽입하고 발현한다.

형질전환능은 집단의 작은 비율의 세포에서 유도되는 복잡한 현상이다. 형질전환에 관여하는 단백질을 암호화하는 유전자는 대부분의 세균 유전체에 존재하며, 이는 대부분의 세균은 그들의 자연 서식지에서 형질전환이 가능함을 시사한다. 형질전환 기전은 잘 보존되어 있지만, 형질전환능이 활성화되는 경우는 세균에 따라 매우 다양

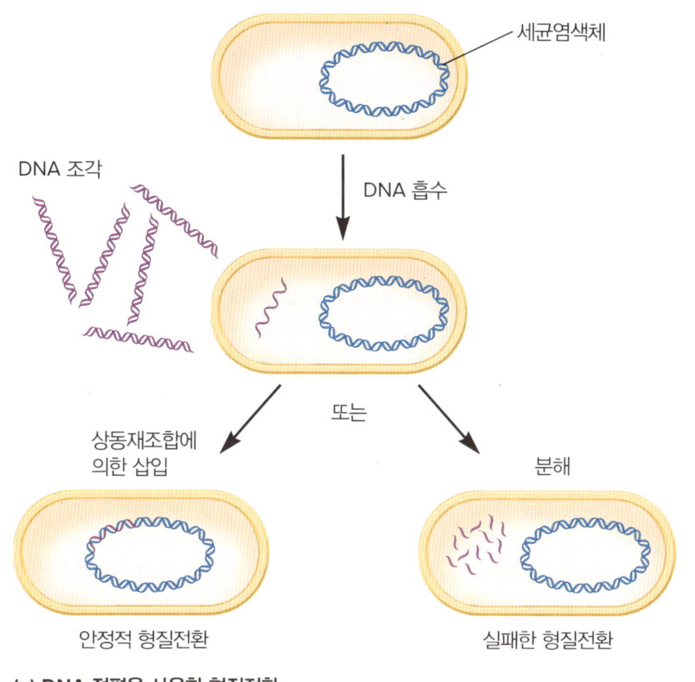

그림 16.21 세균 형질전환. 형질전환된 DNA는 보라색으로 표시되어 있다. (a) 선형 DNA의 삽입은 유전체의 상동 영역에서 일어난다. (b) 플라스미드를 이용한 형질전환은 실험실에서 자주 인위적으로 유도한다.

하다. 일부는 항상 형질전환 가능하지만(*Thermus* 종), 다른 세균은 형질전환능과 생장단계가 연관되어 있다(*Streptococcus pneumoniae*는 대수기에 *Bacillus subtilis*는 정체기에 형질전환능을 갖는다). 대부분의 자연적으로 형질전환능이 있는 세균은 어떤 DNA 원(즉, 다른 세균, 고균, 진핵생물)으로부터 DNA를 흡수하지만, 일부 세균은 가까운 종으로부터만 DNA를 흡수한다. 예를 들이, *Haemophilus influenzae*는 *H. influenzae* 유전체에 공통으로 존재하는 특이적인 9-염기쌍 서열을 포함하는 DNA만을 흡수한다.

자연적 형질전환은 **그림 16.22**의 *S. pneumoniae*에서 설명했듯이 여러 단계의 과정이다. 세포의 외피 구조의 차이에도 불구하고, 그람양성 세균과 그람음성 세균은 DNA 도입기구의 주된 구성요소로서 유사한 단백질을 사용한다. 이들 단백질은 II형 분비체계와 IV형 선

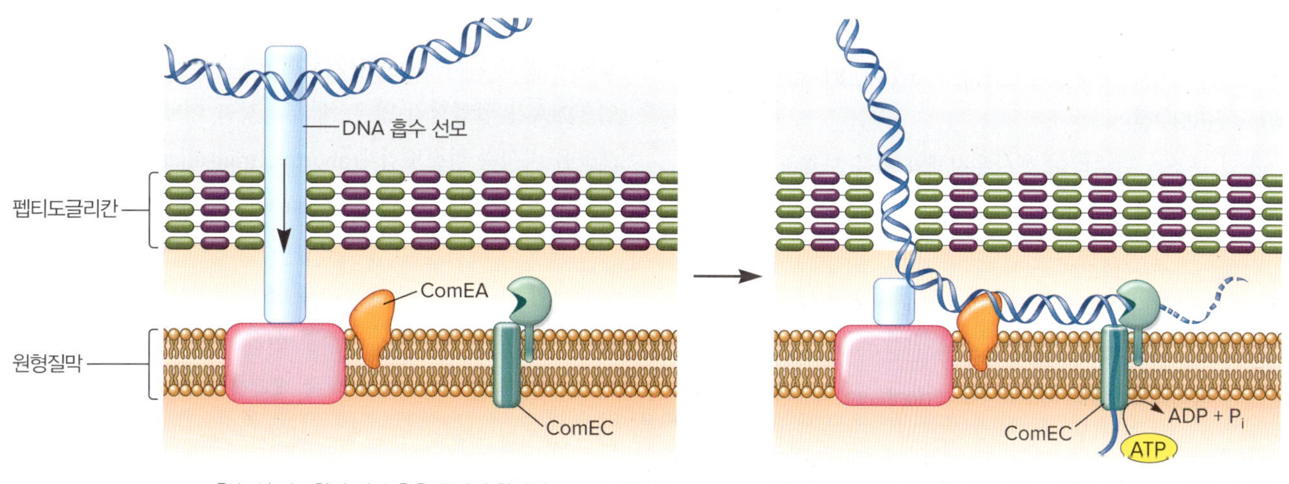

그림 16.22 *Streptococcus pneumoniae*에서의 형질전환. DNA와 접촉하면, DNA 흡수 선모는 수축하여 DNA를 원형질막 표면으로 가져온다. 막 결합 ComEA가 DNA를 막 채널(ComEC)과 핵산내부분해효소로 유도한다. 하나의 가닥은 세포질로 가는 채널을 통과하고, 다른 가닥은 분해된다.

연관 질문 위 그림은 그람양성균 *S. pneumoniae*에서의 형질전환을 보여준다. 이것이 그람음성 세포에서는 어떻게 다르겠는가?

모에서 사용된 단백질들과 관련되어 있다(그림 13.41 참조, IV형 선모는 IV형 분비체계와 관련이 없음을 주목하라). 그람음성 세균에서의 주된 차이는 ssDNA가 원형질막을 통과하여 세포질로 이동하기에 앞서 dsDNA가 외막을 통과하여 이동할 필요가 있다는 점이다.

마무리 점검

1. 형질전환과 형질전환능은 어떤 관계가 있는가?
2. *S. pneumoniae*의 형질전환을 설명하고, *H. influenzae*와 *B. subtilis*의 형질전환과의 차이점을 설명하시오.

16.8 형질도입은 바이러스-매개 DNA 전달이다

이 절을 학습한 후 점검할 사항:

a. 일반 형질도입과 특수 형질도입을 구별할 수 있다.
b. 바이러스의 생활사와 일반 형질도입 또는 특수 형질도입을 매개하는 능력을 연관하여 설명할 수 있다.
c. 접합, 형질전환, 형질도입을 구별하여 그림, 개념도, 표로 나타낼 수 있다.

형질도입(transduction)은 바이러스에 의해 매개된다. 이것은 자연계에서 빈번한 수평적 유전자 전달 방식이다. 증거에 의하면 해양 바이러스에 의해 한 숙주세포에서 다른 세포로 이동하는 유전자의 수는 매우 엄청나다(약 10^{24}/년). 더구나, 해양생태계나 온천에서 바이러스는 3영역의 생명체들 사이에 유전자를 이동한다. ▶| 해양 바이러스: 바다에서의 죽음(29.2절)

바이러스의 구조는 단순하여 핵산유전체와 이를 보호하는 캡시드로 불리는 단백질로 이루어져 있다. 바이러스는 스스로 복제할 수 없다. 바이러스는 대신 숙주세포를 감염시켜 숙주세포를 조절해서, 숙주가 여러 개의 바이러스를 만들게 한다. 세균을 감염시키는 바이러스를 박테리오파지(bacteriophage), 또는 간단히 파지(phage)라고도 한다. **독성 박테리오파지**(virulent bacteriophage)는 감염 직후 바로 복제된다. 복제된 파지가 일정 수에 이르면, 숙주를 용해하고, 유출되어 새로운 숙주세포를 감염시킨다(그림 6.15 참조). 이와 같은 과정을 **용균성 주기**(lytic cycle)라 한다. 반면 **온건성 박테리오파지**(temperate bacteriophage)는 숙주와 **용원성**(lysogeny)이라 불리는 관계를 형성하고, 용원화된 세균을 **용원균**(lysogen)이라 부른다. 많은 온건성 파지는 자신의 유전체를 세균염색체에 삽입함으로써 용원성을 수립한다. 삽입된 바이러스 유전체를 **프로파지**(prophage)라고 한다. 숙주 세균은 이 과정에서 해를 입지 않으며 파지유전체는 숙주유전체와 함께 복제된다. 온건성 파지는 여러 세대에 걸쳐 숙주에 잠복해 있을 수 있다. 그러나 자외선 조사와 같은 특정 조건에 노출되면 용균성 주기로 전환할 수 있다. 이때, 프로파지는 숙주유전체에서 절제되어 나와 용균성 주기가 진행된다. |◀ 바이러스 감염에는 여러 가지 유형이 있다(6.4절)

형질도입은 바이러스에 의한 세균이나 고균 유전자의 전달이다. 바이러스의 생활주기 중 실수로 숙주유전자가 바이러스 입자에 포함되는 것을 이해하는 것이 중요하다. 이러한 유전자를 가지는 바이러스가 새로운 세포로 유전자를 전달한다. 형질도입에는 일반 형질도입과 특수 형질도입이 있다.

일반 형질도입(generalized transduction)은 용균성 생활주기 동안 일어나나 세균유전체의 어떤 부분도 옮겨질 수 있다. 바이러스가 숙주를 제어하게 되면 세균유전체는 분해된다(**그림 16.23**). 바이러스 조립단계에서 일정 길이의 바이러스 유전체가 포장된다. 파지유전체 크기와 같은 작은 조각의 숙주 세균염색체가 실수로 포장될 수 있다. 이러한 파지는 일단 유출되면, 감수성이 있는 숙주세포와 만날 수 있고, 가지고 있는 세균 DNA를 숙주세포로 방출할 수가 있음으로 일반 형질도입 입자(generalized transducing particle)라고 한다. 하지만, 바이러스 유전자가 없으므로 용균성 주기를 시작하지는 않는다. 형질전환에서와 같이, 전달된 유전자들이 유지되기 위해서는 주입된 DNA 조각이 수용세포의 염색체에 삽입되어야 한다(그림 16.10). 전달 중인 DNA는 이중가닥이며, 두 가닥이 모두 수용세포 염색체에 삽입된다. 전달 DNA의 약 70~90%는 삽입되지는 않지만, 종종 분해되지 않고 일시적으로 유지되어 발현될 수도 있다. 이처럼 형질도입 DNA가 삽입되지 않은 채 부분적인 이배체의 형태로 존재하는 세균을 미성숙 형질도입체(abortive transductant)라 한다.

특수 형질도입(specialized transduction)에서는 세균유전체의 특정한 부분만 형질도입 입자를 통해 전달된다. 특수 형질도입은 숙주염색체의 특정 지점에 유전체를 삽입하는 온건성 파지의 용원성 생활사가 진행되는 도중의 실수로 인해 일어난다. 프로파지가 유도되어 숙주염색체를 빠져나올 때 절제과정이 잘못 일어날 수가 있다. 그 결과 절제된 파지는 삽입 자리 옆에 존재하는 세균염색체의 일부(세균 DNA의 약 5~10%)를 지니게 된다. 그러나 형질도입 파지는 일부 파지유전자를 가지고 있지 않아 도움 없이 증식할 수 없다. 그럼에도 불구하고, 형질도입 파지 입자는 남아 있는 바이러스 유전체와 운반하는 세균유전자를 다른 세균에 전달할 것이다. 형질도입된 세균 유전자는 적절한 조건에서 안정된 형태로 수용세포 염색체에 삽

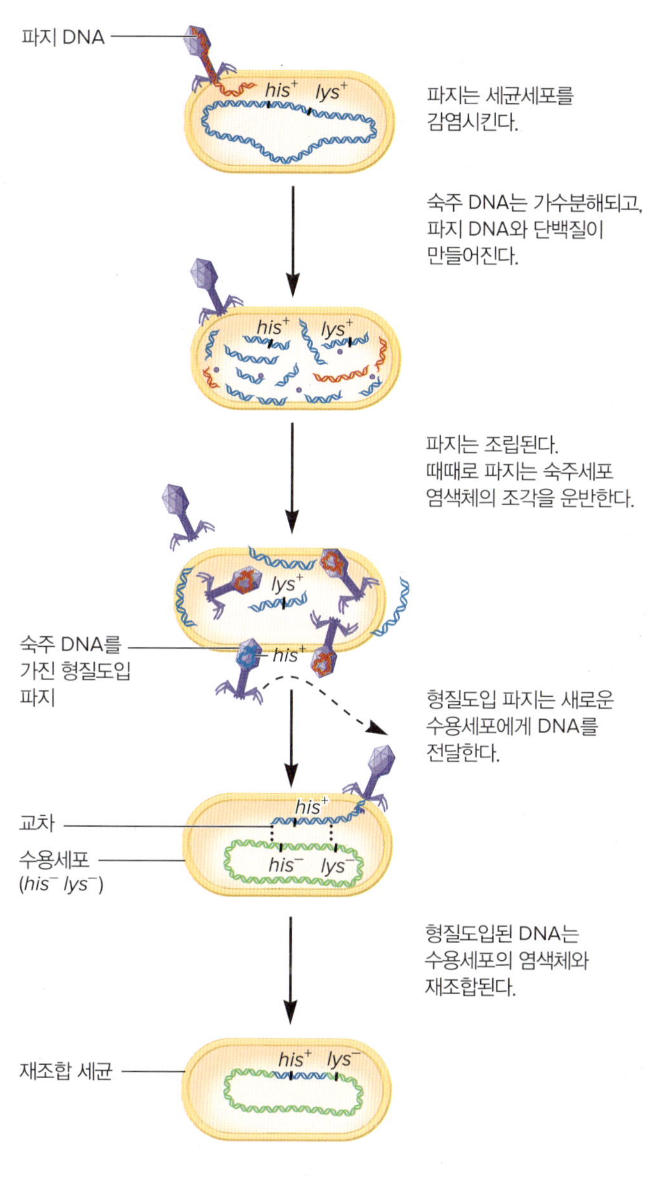

그림 16.23 일반 형질도입.

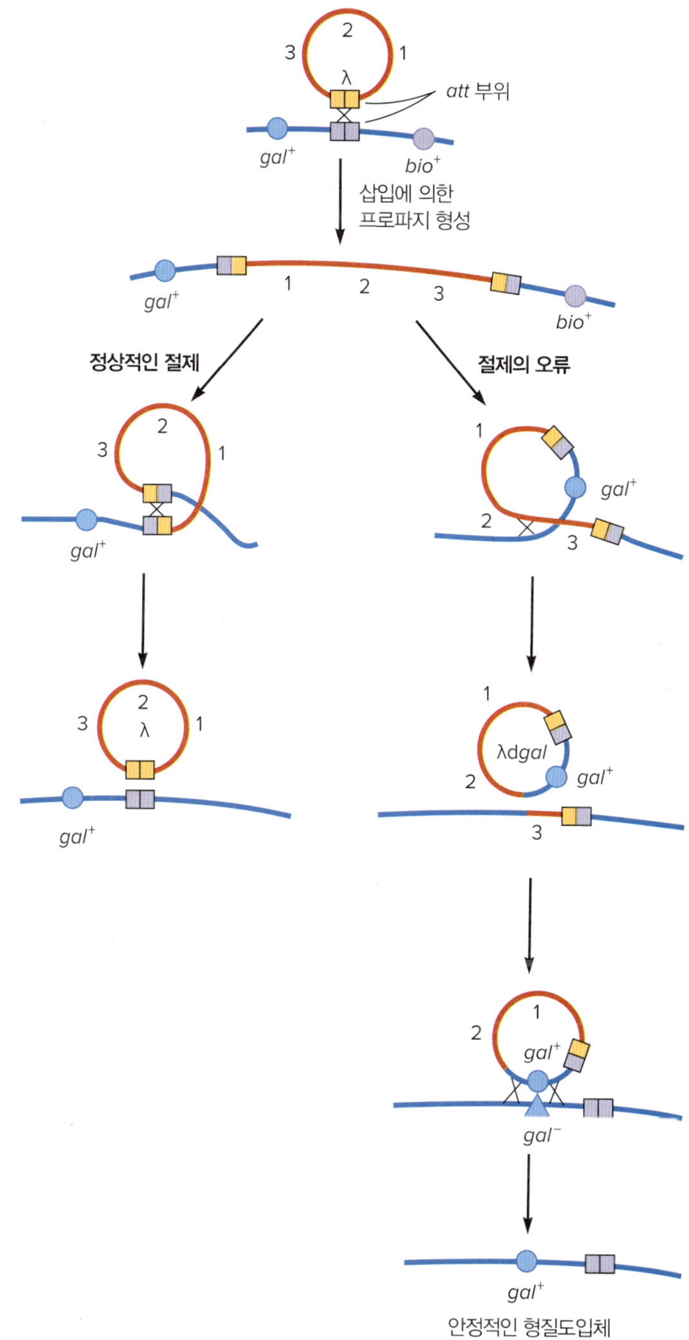

그림 16.24 람다(λ) 파지와 대장균의 형질도입 기전. 삽입된 람다 파지는 대장균 염색체의 *gal*과 *bio* 유전자 사이에 놓여 있다. 파지가 정상적으로 빠져나오면(왼쪽), 완전한 파지가 재생되고 세균 유전자는 갖지 않는다. 가끔 비대칭적으로 절제되어(오른쪽), *gal* 또는 *bio* 유전자가 같은 크기의 파지 유전자와 서로 바뀌게 된다(여기서는 *gal* 유전자만이 포함된 일탈적인 절제만을 보여주고 있음). 결과적으로 결함 있는 람다 파지(λ*dgal*)는 세균 유전자를 갖게 되고, 새로운 수용세포에 전달시킬 수 있다.

연관 질문 *gal* 유전자와 *bio* 유전자가 동일한 형질도입 입자에 의해 도입될 수 없는 이유는?

입될 수 있다.

가장 잘 연구된 특이 형질도입의 예는, 대장균의 람다(λ) 파지이다. 람다유전체는 대장균 염색체의 *gal*과 *bio* 유전자 사이에 위치하는 *att* 자리(attachment site)라는 숙주염색체의 특수한 자리에 삽입된다. 결과적으로 λ가 부정확하게 잘려 특수 형질도입 입자가 생성될 때 이들 세균 유전자가 종종 존재한다(**그림 16.24**). ▶ 람다 박테리오파지: 온건성 박테리오파지(25.2절)

마무리 점검

1. 일반 형질도입이란 무엇이며 어떻게 진행되는지 설명하시오. 미성숙 형질도입체란 무엇인가?
2. 특수 형질도입이란 무엇이며 어떻게 발생하는지 설명하시오.
3. 수평적 유전자 전달이 일반 또는 특수 형질도입에 의해 매개되는지 어떻게 알 수 있는가?
4. 온건성 파지의 형질도입 후 세포가 용균되지 않는 이유는 무엇인가?
5. 접합, 형질전환, 형질도입은 각각 어떤 점에서 유사하며, 어떻게 다른가?

16.9 끊임없는 진화: 세균의 항생제 내성 생성

이 절을 학습한 후 점검할 사항:

a. R 플라스미드와 이와 관련된 유전적 요소를 설명할 수 있다.
b. 삽입 접합요소, 트랜스포존, 접합 플라스미드를 구별할 수 있다.
c. 어떻게 유전요소가 염색체 일부를 움직이는지 설명할 수 있다.

1940년대 페니실린을 광범위하게 사용하기 시작한 지 3년이 못 되어, 임상 표본에서 페니실린-내성 세균이 발견되었다. 항생제 내성의 기원을 이해하려면, 자연계에서 항생물질을 생성하는 미생물이 자신이 분비하는 항생물질로부터 자신을 보호한다는 것을 아는 것이 중요하다. 다시 말해 항생물질을 생산하는 능력이 있는 미생물은 항생물질에 대한 내성도 지녀야 하며, 그렇지 않으면 자신이 만드는 항생물질의 영향에 굴복하게 된다. 항생물질 생산 미생물에서, 내성 단백질을 암호화하는 유전자는 종종 면역 유전자(immunity gene)로 일컬어진다. 면역 유전자는 보통 항생제 생합성 효소를 암호화하는 유전자와 함께 조절된다. 세균의 많은 항생제 내성 유전자가 항생제 생산 균주에서 비생산 균주로 이동되는 수평적 유전자 전달 방법으로 포획(captured)되었다고 생각된다. 이러한 방법으로 항생제 생산 균주의 외부에 거대한 내성 암호화 유전자 풀(pool)이 만들어진다. 따라서 항생제를 만들지 못하는 세균의 염색체, 플라스미드, 전이인자 및 다른 이동성 유전인자에 항생제 내성 유전자가 있다는 것은 놀랄 만한 일이 아니다. 항생제 내성 유전자는 종종 이동성 유전인자에서 발견되기 때문에 세균 사이에서 쉽게 이동될 수 있다. 수평적 유전자 전달에 의한 내성 유전자의 획득에 추가해서, 일부 비생산 균주는 자연발생 염색체 돌연변이에 의해 내성을 갖게 될 수 있다. 보통 이러한 돌연변이는 항생제의 표적을 변화시켜 항생제가 결합할 수 없고 생장을 억제할 수 없다. ▶| 다수의 약제 내성 기전(9.8절)

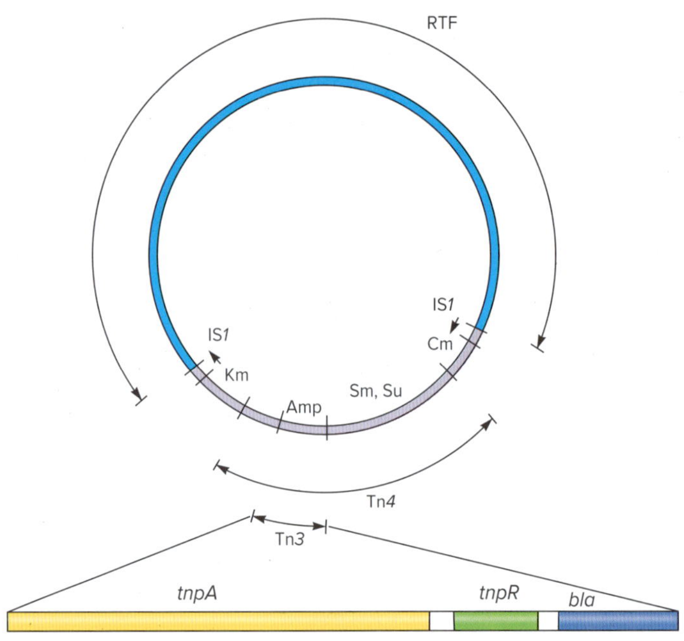

그림 16.25 R 플라스미드. R 플라스미드인 플라스미드 R1은 복제적 트랜스포존 Tn*3*를 가지고 있다. Tn*3*는 암피실린(Amp) 항생제에 내성을 부여하는 효소인 β-락탐분해효소 유전자(*bla*)를 가지고 있다. Tn*3*는 또 다른 전이요소인 Tn*4*에 삽입되어 있음을 주목하라. Tn*4*는 스트렙토마이신(Sm)과 설폰아미드(Su) 내성 유전자를 가지고 있다. R1 플라스미드에는 이와 더불어 카나마이신(Km)과 클로람페니콜(Cm) 내성 유전자를 가지고 있다. R1의 RTF 지역은 플라스미드 복제와 이동에 필요한 단백질을 암호화한다. 전이효소와 분해효소는 각각 *tnpA*와 *tnpR*에 의해 암호화 된다.

연관 질문 복제적 트랜스포존으로서 Tn*3*가 R1 플라스미드에서 다른 플라스미드로 이동하면 어떤 일이 벌어지는가?

빈번하게 병원성 세균은 **R 플라스미드**(R plasmid, 내성 플라스미드, **그림 16.25**)라 불리는 하나 이상의 내성 유전자를 지닌 플라스미드를 가지고 있어 내성을 갖는다. 플라스미드에 있는 유전자는 종종 항생제를 변형시키거나 파괴하는 효소를 암호화하고 있다. 플라스미드 유래 내성 유전자는 대부분의 부류의 항생제에 대한 내성과 관련이 있다. 일단 세균이 R 플라스미드를 갖게 되면, 플라스미드(또는 유전자)가 수평적 유전자 전달을 통해 빠른 속도로 다른 세포로 전달될 수 있다. 하나의 플라스미드가 여러 항생제에 대한 내성 유전자를 가질 수 있기 때문에, 비록 감염된 환자에게 오직 하나의 항생제로 치료하였더라도, 병원성 세균 군집은 동시에 여러 항생제에 대한 내성을 갖게 될 수 있다.

항생제 내성 유전자는 플라스미드 이외의 다른 유전인자에 위치할 수도 있다. 많은 트랜스포존이 항생제 내성 유전자를 지니고 있으며 플라스미드 사이와 세균 집단을 통해 빠르게 이동할 수 있다(그림 16.25). 많은 그람음성 세균에서 활발한 트랜스포존인 Tn*3*은 복제 트랜스포존으로 특별한 주목을 받고 있다. 따라서 내성 유전자를 이동할 뿐만 아니라 사본을 원래의 위치에 남긴다.

항생제 내성 유전자는 또한 **삽입 접합요소**(integrative conjugative element, ICE)와 **이동가능 유전체 섬**(mobilizable genomic island, MGI)이라고 불리는 유전요소에 존재하고 이들과 함께 이동한다. 이러한 요소(element)들은 트랜스포존과 접합 플라스미드와 구성요소와 기전을 공유한다. ICE는 **접합 트랜스포존**(conjugative transposon)이라고도 언급되는데, IV형 분비체계, 접합체계, 그리고 염색체 삽입과 절단을 위한 재조합효소에 대한 유전자를 가지고 있다. 이러한 유전자는 16.6절에 기술된 것처럼, 접합을 통해 요소를 다른 미생물로 전달할 수 있는 능력을 부여한다. ICE의 대표적인 연구 사례는 *Enterococcus faecalis*의 Tn*916*이다. Tn*916*은 자율적으로 자기복제를 할 수 없지만, 자신은 *E. faecalis*로부터 다양한 수용체로 전이할 수 있고 그들의 염색체에 삽입될 수 있다.

MGI는 ICE와 관련되어 있으나, 재조합 기전 때문에, 상당히 큰 크기의 DNA 조각을 이동하게 한다. MGI는 세균염색체 내 호환 가능한 자리(*attC*)와 재조합할 수 있는 *att* 자리를 포함하고 있다. *attC* 자리는 종종 tRNA 유전자이다. 하나의 유전체는 다수의 tRNA를 암호화해야 하고, 종종 유전자 암호의 중첩성으로 인해 tRNA는 중복되어 있음을 상기하라. tRNA 유전자에의 삽입은 무작위 삽입보다는 돌연변이 발생률이 낮을 수 있다. MGI에 의한 부정확한 삽입과 절단은 섬(island)이라 불리는 큰 염색체 지역의 수평적 전이를 가져온다. 한 유형인 병원성 섬(pathogenicity island)은 획득된 유전자들이 미생물이 환경과는 새로운 방식으로 상호작용하게 하여 병을 일으키기 때문에 명명되었다. 전달 기능을 상실케 하는 ICE 또는 MGI에서의 돌연변이는 섬과 그 유전자를 굳건하게 할 수 있다. ▶| 병원성 섬은 독성인자를 암호화한다(34.4절)

여기에서 우리는 항생제 내성 유전자의 기원과 내성 유전자의 항생제 생산 균주에서 비생산 균주로의 전파에 관심을 두었다. 중요한 점은 비생산 균주가 이 유전자들을 발현하기 위해서는 많은 에너지와 대사물질을 소비할 수 있다는 것이다. 세균이 항생제에, 일부 경우 살생물질(biocide)이나 중금속에 지속적으로 노출되지 않으면 내성 유전자를 잃어버린다. 그래서 항생제에의 노출은 세균 집단이 내성 유전자를 유지하는 것을 도와주는 선택적 압력이 된다. 내성균을 유지하는데 필요한 상대적으로 낮은 용량의 항생제와 중금속은 우려가 된다. 불행히도, 환경에서의 항생제와 중금속오염은 이 용량을 훨씬 초과한다. 농업에 항생제의 사용을 줄이기 위한 다국적인 노력을 포함해서, 항생제 내성 문제를 줄이는 데 도움을 줄 항생제의 사용(특히 오용)을 줄이기 위한 조치가 집행되어야 한다.

요약

16.1 돌연변이: 유전체 내에서 유전되는 변화

- 돌연변이는 유전물질의 뉴클레오티드 서열이 안정적으로 유선되는 변화이다.
- 자연발생 돌연변이는 복제과정의 실수(염기전이 돌연변이, 교차성 염기전환 돌연변이, 뉴클레오티드의 삽입이나 결실) 또는 DNA 손상(탈퓨린 자리나 탈피리미딘 자리, DNA 산화)에 의해 발생한다(그림 16.1~그림 16.3).
- 유도돌연변이는 돌연변이 유발물질로 인해 생성된다. 염기 유사체의 삽입, DNA 변형물질이 염기를 변화시켜 발생하는 염기쌍 형성 오류, 끼어들기 물질(intercalating agent)의 존재, 방사선 조사로 인한 DNA 손상 등으로 돌연변이가 생성될 수 있다(그림 16.4).
- 정 점돌연변이는 침묵돌연변이, 과오돌연변이, 정지돌연변이, 틀이동돌연변이 등의 4종류가 있다(표 16.1).
- 돌연변이는 일반적으로 흔한 야생형 표현형과 다른 변화를 일으킬 때 감시된다. 돌연변이 표현형은 역돌연변이나 억제돌연변이에 의해 야생형으로 되돌아올 수 있다(표 16.2).
- 돌연변이는 다양한 방법으로 표현형에 영향을 줄 수 있다. 일부 돌연변이는 집락 또는 세포 형태, 생존능력(예: 치사돌연변이), 생화학적 경로, 환경에 대한 감수성(즉, 내성 돌연변이) 등에 영향을 미친다. 일부 돌연변이는 어떤 환경에서만 발현되는 조건부 변이이다(즉, 고온에서는 돌연변이형이나 저온에서는 야생형).

16.2 돌연변이체의 검출과 분리

- 돌연변이체의 검출과 분리에는 민감하고 특이적인 스크리닝 방법이 필요하다. 한 예로 영양요구체의 검출에 복제평판법이 사용되는 것이다(그림 16.5).
- 특정 돌연변이체를 분리하는 가장 효과적인 방법은 환경조건을 조절하여 돌연변이체는 성장하지만, 야생형은 성장하지 못하게 하는 것이다.

16.3 DNA 수선은 유전체 안정성을 유지한다

- DNA 복제(replication)시 교정은 복제과정에서 발생한 실수를 바로 잡는 것을 돕는다. 그러나 세포는 교정이 효과적이지 않을 경우 잘못 짝지어지거나 손상된 DNA를 수정할 수 있는 다중 수선 기전을 가지고 있다.
- 불일치수선은 오류 염기쌍을 수선한다(그림 16.6).
- 절제수선체계는 DNA 단일가닥의 손상(예: 티민 이량체)을 제거하고, 다른 가닥을 주형으로 이용하여 간극을 채운다(그림 16.7와 그림 16.8).
- 직접 수선체계는 손상된 지역을 제거하지 않고 DNA 손상을 수정한다. 예를 들어, 광회복 과정에서는 티민 이량체의 두 티민을 분리하여 원상으로 회복시킨다. 이 과정은 빛이 존재할 때 광분해효소에 의해 촉매 된다.
- 재조합수선은 손상된 DNA를 세포내에 있는 정상 DNA 가닥과 재조합함으로써 제거한다(그림 16.9).
- DNA 손상이 심하면, DNA 복제는 중단된다. 이는 SOS 반응을 촉발한다. SOS 반응 중, 수선체계의 유전자는 빠른 속도로 전사된다. 이와 더불어 손상된 DNA를 복제할 수 있는 특수한 DNA 중합효소가 생성된다. 그러나 적절한 주형 없이 복제가 진행되면서 돌연변이를 생성한다.

16.4 미생물은 돌연변이 외 다른 기전을 이용하여 유전적 변이를 생성한다

- 유성생식 생물은 자손에서 부모 DNA의 혼합뿐만 아니라, 배우자 형성 시 교차에 의해 유전적 다양성을 발생시킨다.
- 수평적 유전자 전달(HGT)은 유전적 다양성을 생성하는 데 중요한 기전이고, 특히 세균과 고균에 더 그러하다. 이것은 DNA가 공여세포에서 수용세포로 전달되는 일방적인 과정이다. 많은 전달과정에서, 공여 DNA는 안정되게 유지되기 위해서는 수용세포의 염색체에 삽입되어야만 한다(그림 16.10).
- HGT에 의한 재조합 미생물의 형성은 넓은 지역의 유사한 염기서열 때문에 DNA 짝을 이루는 상동재조합에 의해 완성된다. 일부 바이러스 유전체와 알려진 모든 전이인자는 위치특이적 재조합으로 숙주 DNA에 삽입된다. 이 경우에는 넓은 염기서열의 상동성이 요구되지 않는다.

16.5 이동성 유전인자는 DNA 분자 내 및 DNA 분자 간에 유전자를 옮긴다

- 이동성 유전인자는 전이라 알려진 과정으로 유전체를 임의의 위치로 이동하는 DNA 조각이다.
- 삽입서열과 여러 유형의 트랜스포존을 포함하여 많은 유형의 전이인자가 있다(그림 16.11).
- 단순전이(자르고 붙임)와 복제전이는 2가지 독특한 전이(transposition) 기전이다(그림 16.12).

16.6 접합은 세포-세포 접촉을 필요로 한다

- 접합은 두 세균의 직접적 접촉을 통해 플라스미드의 매개에 의한 유전자 전달이다. F 인자는 접합 플라스미드의 일종이다(그림 16.13). 대장균에서 F 인자 접합은 성선모와 IV형 분비체계에 의해 이루어진다(그림 16.14).
- $F^+ \times F^-$ 교배에서는 F 인자가 염색체와 독립적으로 존재하며 복사본만 F^- 수용세포로 이동하고 공여세포의 염색체 유전자는 전달되지 않는다(그림 16.16).
- F 인자가 숙주염색체에 삽입되기 때문에, Hfr 균주는 세균 유전자를 수용세포로 전달한다(그림 16.19). 완전한 F 인자 사본의 전달은 매우 드물게 일어난다.
- F 인자가 Hfr 염색체에서 빠져나올 때, 때로 세균 유전자 일부를 가지고 나오는데 이를 F′ 플라스미드라 한다. 이 플라스미드는 이들 유전자를 다른 세균으로 쉽게 전달한다(그림 16.20).

16.7 형질전환은 자유 DNA를 흡수하는 것이다

- 형질전환은 형질전환가능세포가 DNA를 흡수하여 자신의 유전체에 이를 삽입하는 것이다(그림 16.21과 그림 16.22).
- 자연적으로 형질전환가능세균은 II형 분비체계 및 IV형 선모와 유사한 단백질로 구성된 흡수기구를 가진다. 다른 세균들은 인위적인 방법으로 형질전환이 가능하게 만들어질 수 있다.

16.8 형질도입은 바이러스-매개 DNA 전달이다

- 세균 바이러스, 즉 박테리오파지는 숙주세포에서 복제하여 숙주세포를 파괴할 수도 있거나(용균성 생활사), 잠복성 프로파지로 숙주 내에 남아 있을 수도 있다(용원성 생활사).
- 형질도입은 바이러스에 의한 유전자의 전달이다.
- 일반 형질도입에서는 어떤 숙주 DNA 조각이라도 바이러스 캡시드에 포장되어 수용세포로 전달될 수 있다(그림 16.23). 이 현상은 DNA 포장 오류이다.
- 어떤 온건성 파지는 프로파지가 유도되는 과정에 숙주 세균의 유전자 일부를 포함하여 이를 다른 세균에 전달하는 특수 형질도입을 수행한다(그림 16.24).

16.9 끊임없는 진화: 세균의 항생제 내성 생성

- 항생제 내성을 부여하는 유전자는 염색체, R 플라스미드(그림

16.25), 삽입 접합인자(ICE), 이동성 유전 섬(MGI) 등에서 발견될 수 있다. 따라서 내성 유전자는 수평적 유전자 전달에 의해 한 세포에서 다른 세포로 쉽게 이동한다.

심화 학습

1. 돌연변이는 대개 유해한 것으로 간주된다. 돌연변이가 미생물에 유용한 경우를 예를 들어 설명하시오. 어떤 유전자가 이와 같은 돌연변이를 지니겠는가? 그 돌연변이는 세포에서 유전자의 기능을 어떻게 변화시키겠는가? 이와 같은 돌연변이 대립유전자가 선택될 수 있는 조건은 무엇인가?
2. 전사가 진행되는 과정에서 발생하는 실수는 세포에 영향을 미치긴 하지만 돌연변이로 간주되지 않는다. 그 이유는?
3. 세균의 생활사에서 자연적으로 형질전환능이 있는 시기가 있다는 것이 진화상의 이점을 제공하는 이유는 무엇인가? 이것이 불리한 점은 무엇인가?
4. 수산화아민(hydroxylamine)은 수산기를 시토신에 첨가하여 티민처럼 염기쌍을 맺게 하는 돌연변이 유발물질이다. 수산화아민 처리 후 어떻게 점돌연변이가 일어나는지 그림 16.1b처럼 그리시오.
5. 유사유전자들은 대부분의 유전체에서 발견된다. 이들은 돌연변이가 일어나 전혀 기능하지 않는 유전자들이다. 세포내 절대 공생 세균은 많은 유사유전자를 가지고 있고, 종종 유전체의 1/3을 차지한다. 일부 유전자는 세포내 서식지에서 불필요해지는 것으로 믿어지는데, 생화학 전구물질의 생합성처럼 특별히 숙주세포로부터 획득될 수 있는 기능과 관련된 유전자들이다. 세포내 공생생물의 유전체는 대개 DNA 수선효소의 유사유전자를 가지고 있다. 유사유전자가 세포내 절대 공생체에 축적되게 하는 진화적 과정을 설명하고, 이것이 숙주세포에 의존하지 않는 생물과 어떻게 다른지를 설명하시오.
6. 영국 근처의 해안 바닷물에서 새로운 세균을 분리하자, 과학자들은 유전체 서열을 결정하고 작은 플라스미드의 존재를 관찰했다. 플라스미드 DNA 서열을 데이터베이스에 조회하여, 과학자들은 이 플라스미드가 여러 해양미생물에 존재하고 서열은 모든 분리균(isolate)에서 거의 동일함을 발견하였다. 이 플라스미드는 전세계적으로 *Roseobacter* 속 미생물에 분포되어 있었다. 모든 분리균의 플라스미드는 6개의 동일한 유전자를 가지고 있다. 당신은 이 유전자들에 어떤 기능이 있을 것으로 예상하는가? (힌트: 모든 플라스미드에 어떤 기능이 필요한가?)
   먼 지리적 위치에서 동정된 플라스미드는 다양한 유전자를 가지고 있는 것으로 관찰된 한 부위에서만 다르다. 여러 플라스미드에서, 이 부위는 중금속 크롬에 내성을 부여하는 오페론을 가지고 있다. 이 플라스미드의 전 세계적인 분포를 어떻게 설명하겠는가? 세계적인 전파를 설명할 수 있는 요인은 무엇인가?
   Roseobacter 종은 α-프로테오박테리아(alpha-proteobacteria)이다(21.1절 참조). 저자들은 플라스미드를 다른 α-프로테오박테리아에 옮기려고 시도했다. 성공을 예상할 수 있는가? 왜 그런가, 혹은 왜 그렇지 않은가?

   참고문헌: Petersen, J., et al. 2019. A marine plasmid hitchhiking vast phylogeneic and geographic distances. *Proc. Natl. Acad. Sci.* USA 116 (41) 20568-20573.
7. 고균의 자연적 형질전환능에 대한 기전은 밝혀지지 않고 있다. 소수의 고균은 자연적으로 형질전환 가능하나, 대부분의 고균 유전학은 인위적으로 유도된 형질전환능에 의존한다. 그 과정을 연구하기에 앞서, 미네소타 대학교의 과학자들은 먼저 항생제인 푸로마이신에 대한 저항성 유전자를 가진 플라스미드 DNA를 자연적으로 흡수할 수 있는 균주를 동정했다. 그 실험을 수행하는 방법을 대조실험을 포함해서 그림으로 설명하시오.
   선모는 자연적으로 형질전환 가능한 세균의 DNA 흡수에 매우 중요하기 때문에, 과학자들은 고균의 형질전환에 있어서의 세포외 구조의 역할을 조사하기 원했다. 어떤 구조가 조사되어야 하는가? (4.4절을 복습하시오.)
   자연적 형질전환능을 입증하기 위해 개발된 프로토콜을 사용하여, 형질전환 과정을 위해 필요한 구조를 결론적으로 확인하기 위해 당신은 어떻게 돌연변이를 만들 수 있겠는가?

   참고문헌: Fonseca, D. R., et al. 2020. Transformation in naturally competent archaea. *J. Bacteriol.* 21:e00355-20.

CHAPTER

17

미생물 DNA 기술

Tinke Hamming/Ingram Publishing

더 강력한 비단 방적

거미줄은 가볍고 탄력이 강해서, 매달려 있는 거미를 지탱하거나 다음 식사를 위한 먹이를 잡을 수 있을 만큼 충분히 튼튼하다. 재료 과학자들은 거미줄의 성질을 이용하기 위해 거미줄을 복제하려고 오랫동안 노력해왔다. 잠재적인 응용 분야로는 가벼운 방탄조끼와 인공 인대, 봉합 등이 있다.

거미줄섬유는 거미 실크 단백질(spidroin)이라는 단백질의 많은 복사본으로 구성되어 있다. 비단샘에서 거미 실크 단백질은 용액에 있고, 단백질 용액이 거미의 방적 도관을 통해 이동함에 따라 산성화되고 탈수된다. 개별 단백질 분자는 구조 변화, 응집 및 신장하여 비단섬유를 만든다.

섬유의 산업적 생산은 많은 양의 거미 실크 단백질을 필요로 하는데, 이것은 거미 집단에서 추출하는 것 이상이다. 거미 실크 단백질을 암호화하는 유전자를 세균, 효모 또는 배양된 동물세포에 주입함으로써 재조합 거미 실크 단백질이 대량생산되었다. 그 다음 도전과제는 거미 실크 단백질 용액을 돌려 섬유를 만드는 것이다. 다른 종류의 거미에서 나온 거미 실크 단백질은 아미노산 서열에서 다소 다르고, 그 결과, 용해성과 pH에 대한 반응성도 다르다. 재조합 거미 실크 단백질은 거미가 생산하는 것보다 비단의 탄력이 떨어지거나 약한 섬유를 생산한다. 그래서 과학자들은 닷거미(nursery web spider)인 *Euprosthenops australis*의 아미노 말단과 중간 부분 및 무당거미(orb-weaving spide)인 *Araneus ventricosus*의 카르복실 말단으로 구성된 이상적인 거미 실크 단백질을 설계하였다.

하지만 어떻게 새로운 잡종 또는 카메라 유전자가 만들어지는가? 이 경우, 2종의 거미 거미 실크 단백질 유전자를 클로닝한다면 간단해진다. 중합효소연쇄반응(PCR)은 유전자의 많은 복제품, 또는 유전자의 조각을 만든다. 프로모터 및 설계된 단백질을 암호화하는 열린번역틀(open reading frame)을 포함하는 완벽한 유전자를 만들기 위해 유전자 조각들은 조립된다. 이 하이브리드 유전자를 대장균에 도입해 발현을 유도하고 거미 실크 단백질을 정제하면 1 L의 재조합성 대장균 배양액에서 정제된 거미 실크 단백질 1 km의 섬유질이 방적될 수 있다.

이 장에서는 이러한 유형의 프로젝트를 가능하게 만든 몇 가지 DNA 기술을 소개한다. 대장균의 유전자 복제부터(**그림 17.1**), 맞춤형 유전자 배열 조립, 유전체 편집까지 생명공학은 쉽고 단순한 생체내(in vitro) DNA 기술에 의해 혁신적으로 변모했다.

이 장의 학습을 위해 점검할 사항:

✓ 플라스미드와 염색체의 차이점을 나열할 수 있다(3.7절, 16.6절).

✓ DNA, RNA, 단백질의 주요 구조적 요소를 이해할 수 있다(13.2절).

✓ 유전자로부터 단백질까지의 세포 정보의 흐름과 단백질의 위치(예: 세포내 위치와 방출)

를 표로 작성할 수 있다(13.5절, 13.7절, 13.9절).

✓ 진핵세포의 유전자와 세균의 유전자 조절, 암호화, 비암호화 서열을 포함한 일반적인 구조적 차이를 설명한다(13.5절, 15.3절).

✓ 단백질이 DNA를 인지하고 결합하는 능력을 설명한다(14.4절).

✓ 형질전환, 형질도입, DNA 수선과 동종 재조합 반응을 설명한다(16.3절, 16.4절, 16.7절, 16.8절).

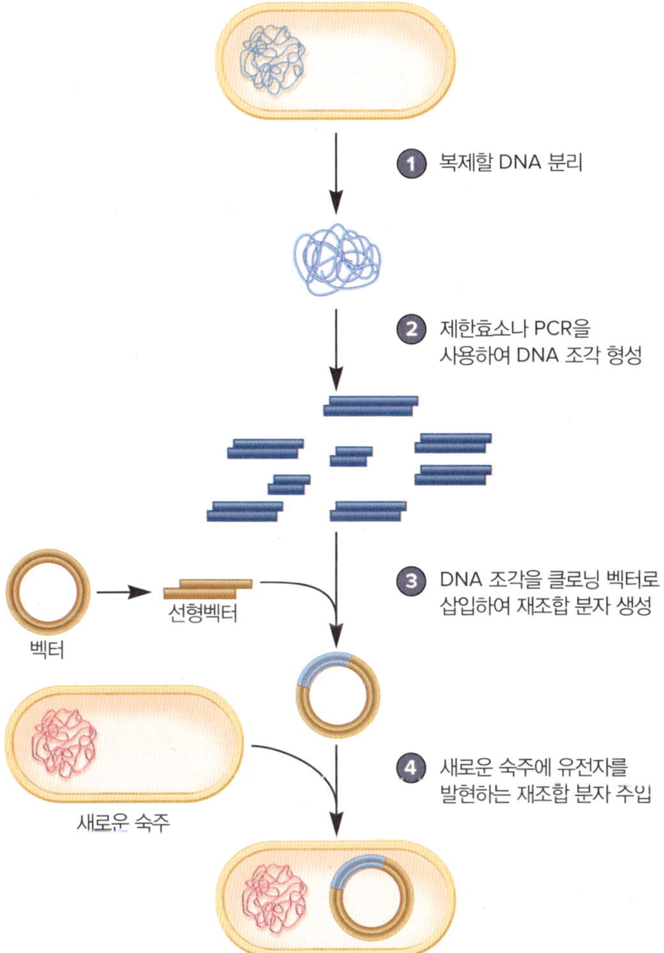

그림 17.1 유전자 클로닝 과정. 각 단계는 본문에서 자세히 설명하고 있다.

연관 질문 그림에 보이는 DNA 분자 중 재조합 DNA는 무엇인가?

17.1 DNA 클로닝 기술로 이어진 주요 발견

이 절을 학습한 후 점검할 사항:

a. 제한효소가 DNA를 인식하고 가수분해하여 뭉툭하거나 끈적한 끝을 만드는 방법을 설명할 수 있다.
b. 역전사효소에 의해 촉매된 반응을 나타내고 생명공학에서 역전사효소가 적용된 사례를 설명할 수 있다.
c. 클로닝 벡터의 3가지 특징을 나열하고 그러한 성분이 왜 필요한지 설명할 수 있다.
d. 플라스미드, 파지에서 유래한 클로닝 벡터, 코스미드, 인위적 염색체의 기능과 응용을 구분할 수 있다.
e. 생체외 실험에서 어떻게 DNA를 클로닝 벡터에 재결합하는지 설명할 수 있다.
f. 클로닝에 흔히 사용되는 숙주세포를 정의할 수 있다.
g. 실험적으로 구성된 DNA가 어떻게 숙주세포로 도입되는지에 따른 두 가지 기술을 비교할 수 있다.

유전공학은 살아 있는 생명체의 유전암호를 변형하는 것을 말한다. 수 세기 동안, 유용한 형질을 위한 농작물 개량 및 동물 교배 등이 유전공학의 유일한 형태였다. 그러나 20세기에, 유전의 화학 기반으로 DNA의 발견과 DNA 조작 실험방법의 발달은 과학자들에게 새로운 길을 열어주었다. 빠른 성장과 쉬운 실험 조작은 대장균과 효모 *Saccharomyces cerevisiae* 같은 미생물을 인기 있는 유전모델과 숙주로 만들었다.

미생물 연구에 대한 DNA 기술의 적용은 2가지 형태를 취한다. 미생물은 과학자들이 환경에서 어떻게 기능하고 생명의 기본 과정이 어떻게 작동하는지에 대한 직접적인 질문을 할 수 있도록 변형될 수 있다. 덧붙여 미생물은 41장에서 논의한 바와 같이 인슐린(단백질) 같은 생물학적 분자와 비타민같은 작은 분자의 생산 공장으로 취급될 수 있다. 이러한 기술 뒤에 숨겨진 기본 원리는 유전암호가 보편적이라는 것이다. 대장균이든 벌레든 토마토든 DNA 구조와 기능이 같다. 유전자는 한 생명체에서 다른 생명체로 옮겨질 수 있고 여전히 같은 단백질을 암호화할 수 있다. 마찬가지로, DNA에 작용하는 효소는 모든 생명체의 DNA에 대해 생체외에서 촉매 역할을 수행할 수 있다.

DNA를 조작하는 가장 초기에는 효소와 세균세포를 사용하여 **DNA 클로닝**(DNA cloning)이라고 알려진 과정에서 DNA를 변형시키고 증폭시켰다. 다른 생명체로부터 유래된 DNA 조각들을 가진 DNA 분자들을 **재조합** DNA라고 부른다. 최근의 방법들은 세포 사용의 필요성을 우회하고 정제된 효소를 사용하여 체외에서 재조합 DNA 분자를 생성한다. 연구자들이 더 복잡하게 공학된 세포를 구상함에 따라 클로닝을 수행하는 데 필요한 도구상자의 구성요소(예: 조절서열, 구조유전자, 효소)는 발전하고 있다.

제한효소

DNA 클로닝은 1960년대 아르버(Werner Arber)와 스미스(Hamilton Smith)가 이중가닥 DNA를 절단하는 미생물효소를 발견하면서 시작되었다. 제한효소(restriction enzyme) 또는 **제한 핵산중간가**

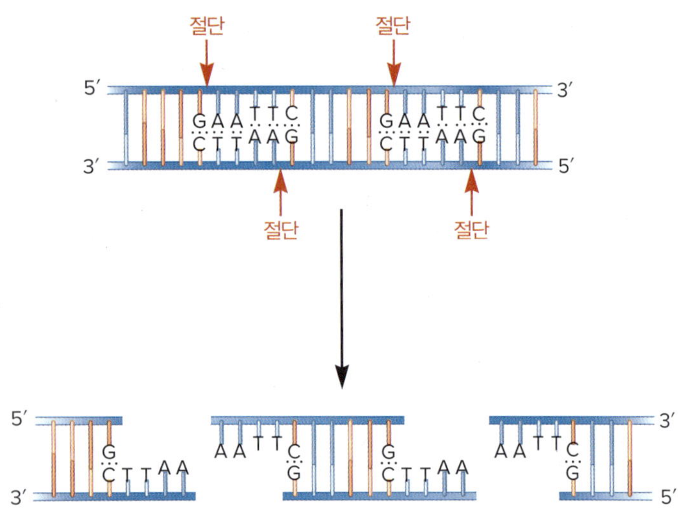

그림 17.2 제한효소의 작용. 제한효소 *Eco*RI이 촉진하는 DNA 절단반응이다. 효소는 DNA 2가닥을 엇갈리게 잘라 점착말단을 형성한다.

표 17.1	몇몇의 제한효소와 인지서열	
효소	인지서열[1]	생성되는 말단
*Eco*RI	5′ G↓AATTC 3′ 3′ CTTAA↑G 5′	5′ G AATTC 3′ 3′ CTTAA G 5′
*Hinc*II	5′ GTT↓AAC 3′ 3′ CAA↑TTG 5′	5′ GTT AAC 3′ 3′ CAA TTG 5′
*Not*I	5′ GC↓GGCCGC 3′ 3′ CGCCGG↑CG 5′	5′ GC GGCCGC 3′ 3′ CGCCGG CG 5′
*Pst*I	5′ CTGCA↓G 3′ 3′ G↑ACGTC 5′	5′ CTGCA G 3′ 3′ G ACGTC 5′

[1] 화살표는 각 가닥의 절단부위를 표시한다.

수분해효소(restriction endonucleases)라고 알려진 이러한 효소들은 특정 4~8개의 염기서열을 인지하며 자른다. 예를 들어, 대장균에서 분리한 제한효소 *Eco*RI은 5′-GAATTC-3′ 염기서열에서 G와 A 사이의 DNA를 절단한다(**그림 17.2**). DNA는 역평행이므로, 이 서열은 반대편 가닥에서도 동일한 서열이 존재하여 잘려진다. *Eco*RI이 가수분해하면, 양쪽 가닥에 염기쌍을 이루지 않는 5′-AATTC-3′이 남게 된다. 이러한 돌출부위를 **점착말단**(sticky end)이라고 한다. 반면 *Hinc*II와 같은 제한효소는 뭉툭말단(blunt end)을 만든다(**표 17.1**). 이 반응은 당인산 골격에서 일어나기 때문에, DNA 정보(질소 포함 염기서열)는 보존된다. **기술 및 응용 17.1**에서 언급하듯이, 제한효소 절단 분석은 아가로오스 겔 전기영동을 통해 이뤄진다. ◀ 바이러스 감염에 대한 반응(14.6절)

유전자 클로닝과 cDNA 합성

DNA 클로닝의 중요한 진전은 1972년에 잭슨(David Jackson), 시몬스(Robert Symons), 버그(Paul Berg) 등이 재조합 DNA 분자를 성공적으로 생산한 것이다. 이들은 DNA 조각의 점착말단이 서로 염기쌍을 이루도록 한 다음(**그림 17.3**), DNA 연결효소(ligase)를 이용해 단편을 공유결합시켰다(그림 13.15 참조). 외부 유전자가 플라스미드에 삽입될 수 있음이 확인된 후에, 생물학자들은 다양한 생명체의 특정 유전자들을 클로닝하는 방법을 찾기 시작했다. 그러나 진핵 DNA를 세균 숙주에 클로닝하는 것은 문제가 된다. 왜냐하면 진핵 mRNA 전구체(pre-mRNA)는 처리과정을 거쳐야 하는데(예: 스플라이싱을 통한 인트론의 제거), 세균은 이러한 작업을 수행할 분자기구가 없기 때문이다(그림 15.9 참조). 1970년 테민(Howard Temin)과 볼티모어(David Baltimore)는 각기 레트로바이러스(retrovirus)에서 **역전사효소**(reverse transcriptase, RT)를 발견했다. 이들은 레트로바이러스로부터 역전사 효소를 분리하였다. 이 바이러스들은 복제 전에 RNA 유전체를 DNA로 복사한다. 역전사효소가 수행하는 기전은 **그림 17.4**에서 요약하였다. 처리된 mRNA가 진핵세포에서 추출된 뒤에 체외에서 **상보적 DNA** (complementary DNA, cDNA) 합성의 주형으로 사용된다. 그 결과 처리된 cDNA는 RNA 가공과정이 필요 없이 클로닝될 수 있다. ◀ mRNA 전구체에서 mRNA로 가공: 진핵생물 특이적 과정(15.3절) ▶ 레트로바이러스: 생활사에서 역전사효소를 사용하는 양성가닥 바이러스(25.7절)

클로닝 벡터

클로닝은 선택한 뉴클레오티드 서열의 많은 복사본의 증폭에 달려 있다. 이를 위해 복제되고 추가적인 유전물질을 운반할 수 있는 DNA 요소인 **클로닝 벡터**(cloning vector)를 개발했다. 벡터의 주요 종류는 플라스미드, 박테리오파지와 다른 바이러스, 코스미드(cosmid)와 인공염색체(artificial chromosome)들이다. 모든 클로닝 벡터는 3개의 중요한 특징을 공유한다. 복제원점, 특이적 제한효소자리를 가지는 다중클로닝부위(multicloning site, MCS)라고 하는 DNA 부위, 선택표지이다. 이러한 요소들은 가장 흔히 사용되는 클로닝 벡터인 플라스미드를 통해서 설명할 것이다.

플라스미드

플라스미드는 자율적으로 복제하고(염색체에 독립적으로) 쉽게 분리

기술 및 응용 17.1

겔 전기영동

일반적으로 아가로오스와 폴리아크릴아마이드의 **겔 전기영동**(gel electrophoresis)으로 DNA 조각을 분리한다. DNA 분자를 음극의 전기장에 올려놓으면 DNA는 양극으로 이동한다. 각 조각의 이동 속도는 분자량에 의해 결정된다. 즉, 작은 조각이 빠르게 이동한다. 아가로오스는 500염기쌍(bp)보다 큰 DNA 분자의 분별에 좋은 반면, 폴리아크릴아마이드는 1염기쌍 차이의 조각들을 분별할 수 있다.

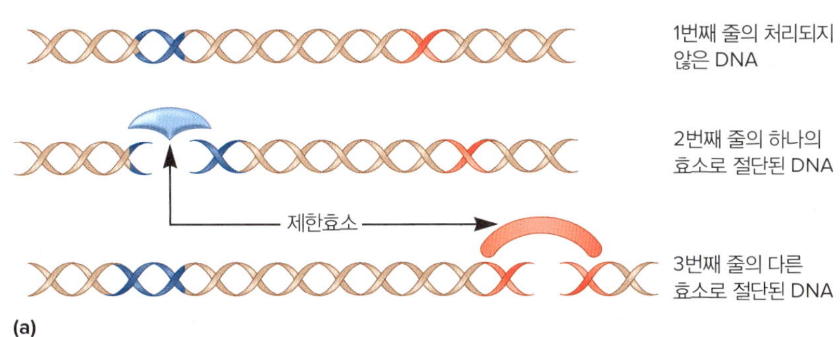

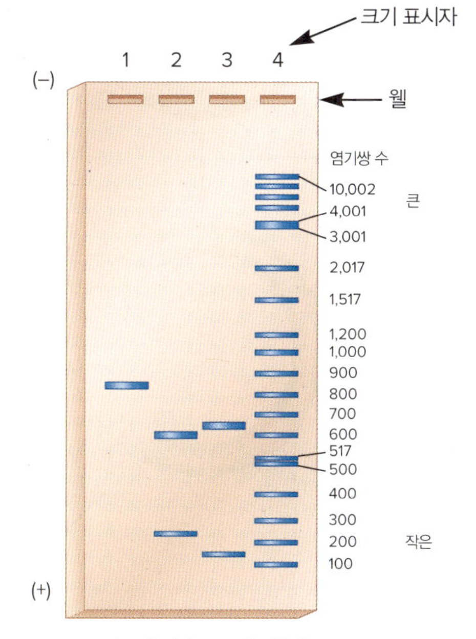

그림 DNA 겔 전기영동. (a) 2개의 제한효소에 대한 인식부위가 있는 DNA 조각이다. 각 효소는 DNA 상의 인식부위를 인식하고 그 위치에서 DNA를 절단하여 아가로오스 겔에서 크기에 따라 분리되는 조각을 만든다. (b) DNA는 아가로오스 겔의 한쪽 끝에 있는 웰에 주입된다. 전류가 겔을 통과하면 음전하 DNA는 양극쪽으로 이동한다. 같은 DNA 조각이 1, 2, 3번 줄에 주입된다. 1번 줄은 온전하며, 2번과 3번 줄은 서로 다른 효소 2개로 절단되었다. 염색된 겔은 DNA 조각의 분리 패턴을 나타낸다. 주어진 DNA의 크기는 사다리로 알려진 분자량 표지자(4번 줄)와 비교하여 측정할 수 있다.

연관 질문 4번째 줄의 크기 표준을 사용하여 1, 2, 3번째 줄에 있는 DNA 조각의 크기를 대략적으로 파악하시오. 각 줄의 조각 크기를 합치면 1번째 줄의 자르지 않은 조각 크기가 되는가?

정제할 수 있어서 좋은 클로닝 벡터가 된다. 클로닝 벡터들은 접합, 형질전환 또는 전기천공을 통해 미생물로 전달된다. 많은 여러 플라스미드가 생명공학에서 사용되는데, 이들은 모두 자연적으로 존재하는 플라스미드를 유전적으로 조작한 것이다(**그림 17.5**). ◀ 플라스미드(3.7절); 접합은 세포-세포 접촉을 필요로 한다(16.6절); 형질전환은 자유 DNA를 흡수하는 것이다(16.7절)

복제원점(origin of replication, ori)은 플라스미드가 미생물 숙주에서 염색체와 독립적으로 복세하도록 해주며, 세포내 존재하는 플라스미드 분자의 **복제개수**(copy number) 또는 숫자를 결정한다. 높은 복제개수는 플라스미드 분리를 촉진한다. 대장균의 높은 복제개수 플라스미드인 pUC19는 세포당 수백 개의 복사본이 존재한다. 일부 플라스미드는 각기 두 다른 숙주생물에 의해 인식되는 2개의 복제원점을 가진다. 이들은 **셔틀벡터**(shuttle vector)라고 한다. 이들이 한 숙주에서 다른 숙주로 이동하기 때문이다. YEp24는 효모(*Saccharomyces cerevisiae*)와 대장균에서 복제할 수 있는 셔틀벡터이다. 이것은 효모의 복제인자인 2μ 고리와의 복제원점을 가진다(그림 17.5).

모든 숙주세포가 벡터를 받아들이지 않기에, 벡터를 유입한 세포와 그렇지 않은 세포를 구별해야 한다. 이는 특정 환경에서 세포가 생존하는 데 필요한 단백질을 암호화하는 플라스미드상 유전자를 이용하여 달성할 수 있다. 이러한 유전자를 **선택표지**(selectable marker)라고 한다. pUC19의 경우, 선택표지는 암피실린 내성효소인 β-락타마아제를 암호화한다. 대장균은 일반적으로 암피실린(ampicillin)에 감수성을 가지고 있기 때문에, 형질전환체만이 암피실린을 포함한 한천에서 성장할 수 있다. 셔틀벡터 YEp24는 대장균 형질전환체를 선별하는 데 사용되는 Amp^R 유전자와 효모에서 우라실 생합성에 필수적인 단백질을 암호화하는 *URA3* 유전자를 둘 다 갖고 있다. 따라서 이 플라스미드는 우라실 영양요구체(auxotroph)인 *S. cerevisiae* 균주에서만 사용되어야만 하며, 그렇지 않을 경우 형질전환체를 선

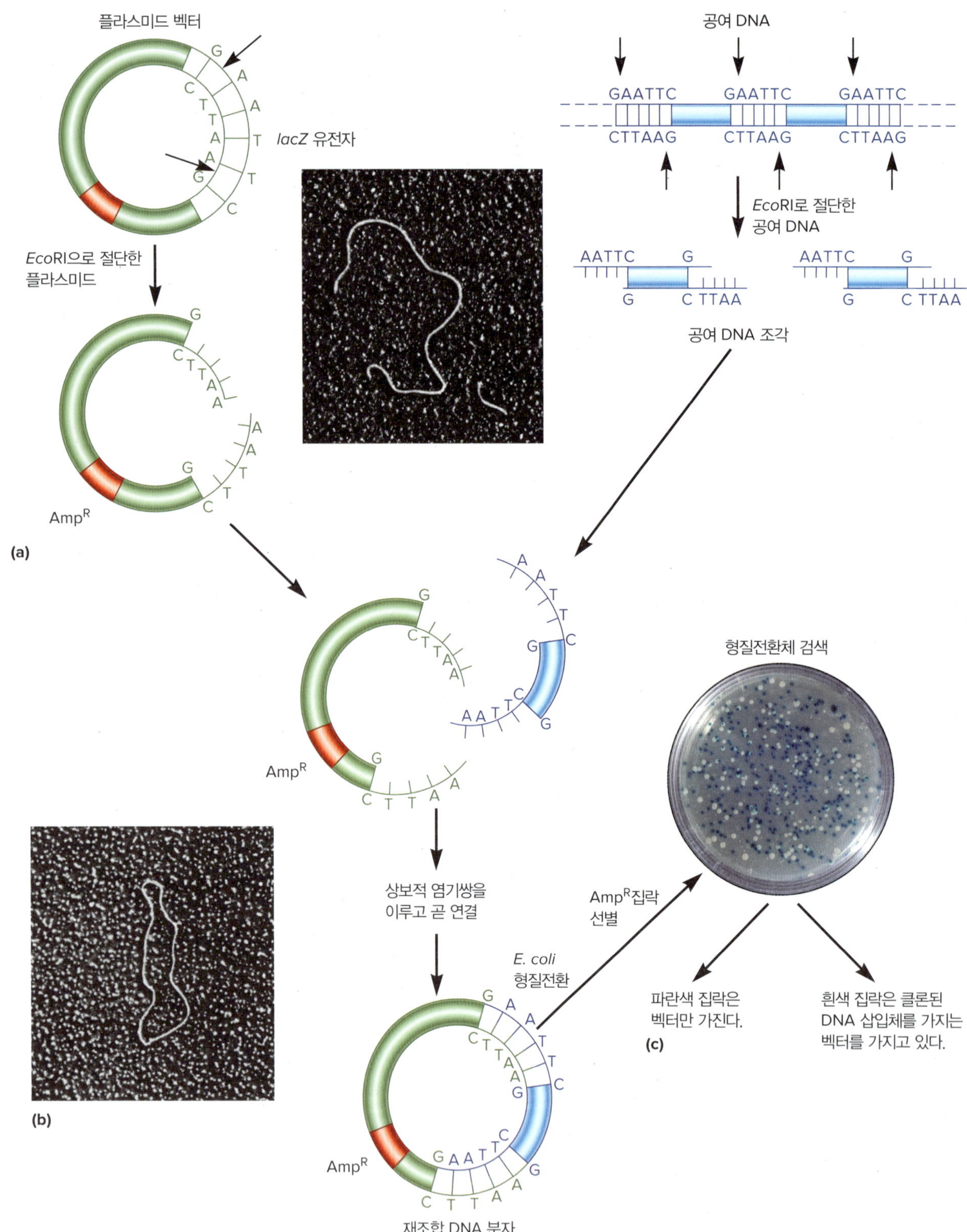

그림 17.3 클로닝 벡터. (a) 클로닝 벡터와 제공된 DNA를 동일한 제한효소로 처리하면 2분자에 상보적인 점착말단이 생긴다. 염기쌍을 보여주기 위해 조각과 플라스미드의 점착말단이 확대되었다. 제한효소에 의해 선형화된 플라스미드와 제공된 DNA 조각을 보여주는 전자현미경 사진이다. (b) 온전한 원형 플라스미드를 보여주는 전자현미경 사진이다. (c) 형질전환 후 대장균세포는 암피실린과 X-겔이 포함된 배지에 도포된다. 암피실린은 오직 암피실린 내성 형질전환체만 자라게 한다. X-겔을 사용하여 재조합 벡터로 형질전환된 집락을 볼 수 있다(벡터 + 삽입체는 흰색 집락). (a, b) Huntington Porter and David Dressler/Time Life Pictures/Getty Images; (c) Edvotek, Inc. www.edvotek.com

연관 질문 형질전환체의 파란색/흰색 선별이 가능한 벡터에 클로닝하여 파란색 집락만 관찰되었을 때의 결론은 무엇인가? 그 이유는 무엇인가?

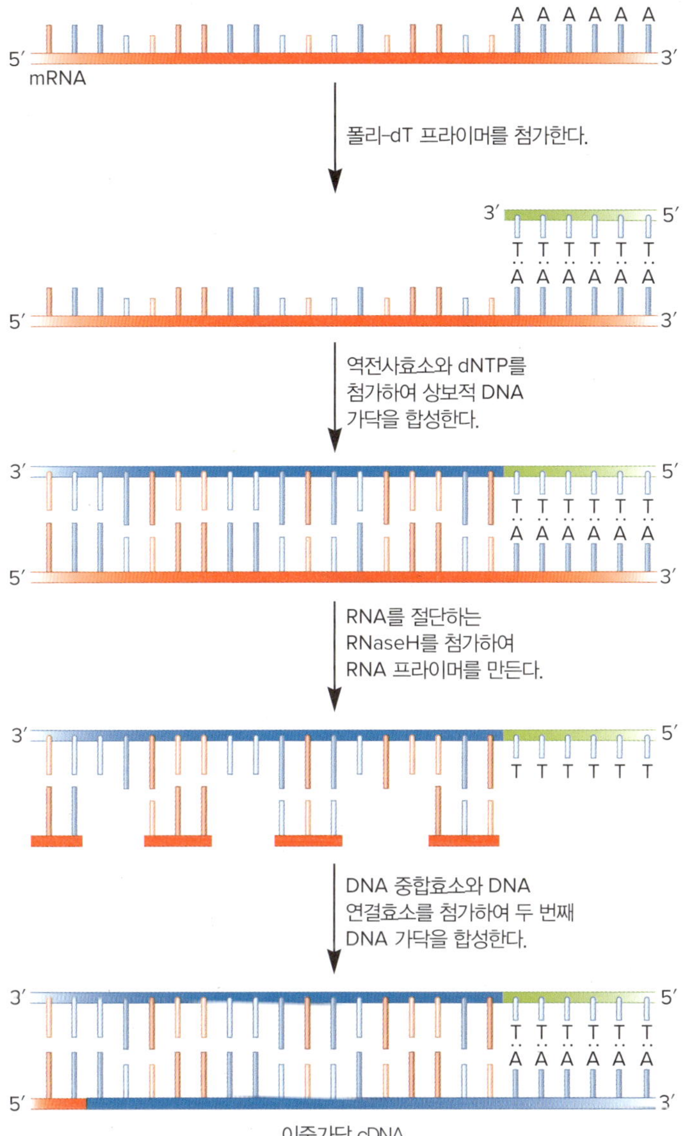

그림 17.4 역전사효소를 이용한 cDNA의 합성. 폴리-dT 프라이머가 진핵세포 mRNA의 3′ 말단에 결합한다. 역전사효소가 cDNA를 합성한다. RNaseH는 mRNA를 짧은 조각으로 절단하여, DNA 중합효소가 이 조각을 두 번째 DNA 가닥 합성의 프라이머로 사용한다. DNA 중합효소의 5′에서 3′으로 핵산외부분해효소는 5′ 말단을 제외한 모든 RNA 프라이머를 제거한다(이 지점 상위에는 프라이머가 없음). 이중가닥 cDNA가 만들어지고 나면, 이것은 그림 17.3a에서 설명한 벡터에 삽입될 수 있다.

별하거나 확인할 수 없다.

클로닝 벡터는 많은 제한효소자리가 **다중클로닝부위**(multicloning site, MCS)라고 불리는 단일 부위에 모여 있도록 고안되었다(그림 17.5). 벡터와 복제될 DNA가 동일한 제한효소로 절단될 때, 두 분자의 수소결합이 서로 호환이 되는 점착말단이 형성된다. DNA 연결효소는 DNA 조각과 벡터 사이에 인산이에스테르 결합을 형성한다(그림 17.3).

DNA 클로닝은 100% 효과적이지 못하다. 연결 반응물이 숙주세

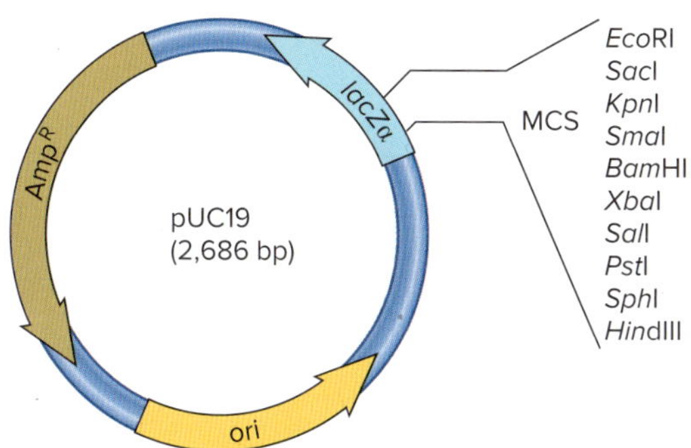

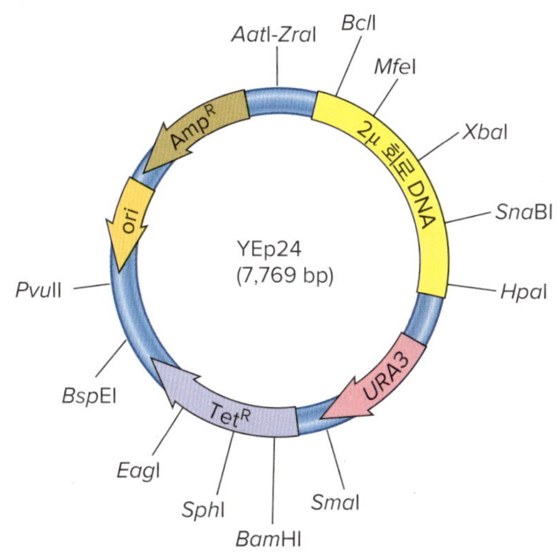

그림 17.5 클로닝 벡터. 각 벡터에 하나밖에 없는 제한효소 부위만 보여주었다. pUC19는 대장균에서 복제하며, YEp24는 대장균과 *S. cerevisiae*에서 복제할 수 있다. LacZα는 MCS에서 복제된 DNA의 존재 유무에 따라 파란색/흰색 군락을 나타낸다(그림 17.3c).

연관 질문 어느 벡터가 셔틀벡터인가? 이유를 설명하시오.

포로 전달되면, 삽입된 DNA가 없는 플라스미드를 가지고 있는 세포들은 DNA가 성공적으로 클로닝된 플라스미드를 가지고 있는 세포와 구별되어야 한다. 이를 위해서 여러 클로닝 벡터들에 있는 플라스미드의 MCS는 빈 벡터를 가진 세포와 복제된 DNA를 가진 세포 사이에 간단한 시각적 차이를 보이기 위해 고안되어 왔다(그림 17.3c).

파지와 바이러스 벡터

파지 벡터는 외부 DNA 삽입에 사용될 MCS를 포함하도록 조작된 파지 유전체이다. DNA가 삽입되면, 재조합 파지 유전체는 바이러스 캡시드에 포장되고 숙주세포를 감염시킨다. 결과적으로 바이러스 용균액은 숙주세포를 용균시키는 데 필요한 유전자뿐 아니라 클론된 DNA를 가진 수천 개의 파지 입자를 가진다. 일반적인 벡터들은 이중가닥 DNA 유전체를 가진 대장균 박테리오파지 람다(*E. coli* bacteriophage lambda)에서 유래한다. ▶| 람다 박테리오파지: 온건성 박테리오파지(25.2절)

바이러스 벡터를 사용함으로써 동물세포의 유전자 공학이 이루어진다. 이러한 재조합 바이러스는 세균 플라스미드로서 대장균 내에서 복제가 가능한 셔틀 벡터이지만, 그들은 또한 동물세포에 DNA를 전달하기 위한 성숙한 감염성 바이러스 입자의 조합으로 이어진다. 포유류 세포를 위해 일반적으로 사용되는 바이러스에는 레트로바이러스, 렌티바이러스, 아데노바이러스가 있다.

코스미드

15,000 bp~25,000 bp보다 큰 DNA 조각은 각각 플라스미드 및 파지 벡터에서 안정적으로 유지될 수 없다. 대신 큰 DNA 조각을 클로닝하기 위해서 **코스미드**(cosmid)가 사용된다. 이렇게 조작된 벡터는 플라스미드의 선택표지와 MCS, 그리고 파지의 *cos* DNA 함유 부위를 가진다(그래서 'cos-mid'라는 용어가 되었음). 이러한 융합 벡터는 숙주세포 안의 플라스미드처럼 복제되지만, *cos* 부위가 있다는 것은 파지 캡시드(capsid)에 싸이게 되고 형질도입(transduction)으로 인해 새로운 숙주세포로 이동하게 된다는 것을 의미한다. ▶| 형질도입은 바이러스-매개 DNA 이동이다(16.8절)

인공염색체

인공염색체는 생합성 과정에 관여하는 모든 유전자를 클로닝하는 경우처럼 거대한 DNA 조각을 클로닝할 때 사용된다. 자연적 염색체와 마찬가지로 인공염색체도 세포주기마다 한 번씩만 복제한다. **효모 인공염색체**(yeast artificial chromosome, YAC)는 각 말단에 말단소체(telomere, *TEL*)를 가지며, 동원체(centromere, *CEN*), 효모의 복제원점(autonomously replicating sequence, *ARS*), *URA3*과 같은 선별 유전자와 외부 DNA의 삽입을 돕기 위한 MCS를 가진다(**그림 17.6a**). YAC는 매우 큰 DNA 조각(1,000 kb까지)을 클론할 때 사용된다(그림 17.6a). 그림 17.6b와 같은 **세균 인공염색체**(bacterial artificial chromosomes, BAC)는 300 kb까지 작은 DNA 조각을 받아들일 수 있지만 일반적으로 안정적이다. BAC은 대장균의 F 성인자(F fertility factor)에 기반을 둔다(그림 17.13 참조).

숙주세포로의 재조합 DNA 도입

클로닝 과정에서 대장균은 가장 빈번하게 사용되는 원핵생물 숙주이며, *S. cerevisiae*는 가장 선호되는 진핵생물이다. 재조합 DNA를 숙주 미생물에 주입하는 여러 방법이 있다. 화학적 형질전환과 전기천공(electroporation)은 숙주 미생물에 자연적 형질전환 능력이 없을

(a) 효모 인공염색체(YAC)

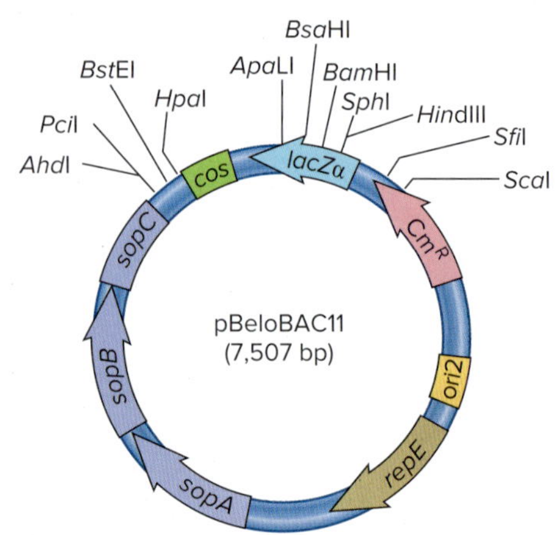

(b) 세균 인공염색체(BAC)

그림 17.6 인공염색체는 클로닝 벡터로 사용될 수 있다. (a) 효모 인공염색체이다. *TRP1*과 *URA3*는 트립토판과 유라실 영양요구를 보완한다. *ARS*: 복제원점, *CEN*: 동원체, *TEL*: 텔로미어. (b) 세균 인공염색체 pBeloBAC11이다. *repE*와 *sopABC* 유전자는 세포분열에서 적절한 복제와 분할을 보장한다. Cm^R: 클로람페니콜 저항성.

연관 질문 그림 17.5에서 보인 pUC19 플라스미드와 여기서 보인 BAC의 다른 점은 무엇인가?

때 흔히 사용되는 2가지 방법이다. 대장균이나 그람음성 세균 및 많은 그람양성 세균과 고균이 이런 경우에 속한다. 화학적 형질전환에서 숙주세포는 2가양이온 처리를 통해 형질전환 가능 상태(competent)가 되고, 플라스미드가 포함된 용액 속 세포에 열충격(heathock)을 가하여 형질전환시킨다. |◀ 형질전환은 자유 DNA를 흡수하는 것이다(16.7절)

전기천공(electrophoration)은 세균, 식물 및 동물세포를 형질전환하는 간단한 기술이다. 이 과정에서 세포는 재조합 DNA와 섞어주고 고전압에 짧게 노출시킨다. 세포막이 일시적으로 통과 가능하게 되면서 DNA가 일부 세포에 흡수된다. 세포는 클로닝 벡터를 선별하는 배지에(즉, 항생제가 들어 있는) 배양한다.

마무리 점검

1. 제한효소, 점착말단, 뭉툭말단을 설명하시오.
2. cDNA가 무엇인가? 왜 세균에서 진핵 유전자를 클로닝하고 발현시키기 전에 cDNA를 만드는 과정이 필요한가?
3. 대장균의 6,000 bp DNA 조각을 클로닝하고 싶다면 어떤 클로닝 벡터가 적절한가? 선택한 클로닝 벡터를 가지고 어떻게 형질전환체를 선택할 것인가?

17.2 중합효소연쇄반응은 표적 DNA를 증폭시킨다

이 절을 학습한 후 점검할 사항:

a. PCR 회로에서 각 단계의 기능을 설명할 수 있다.
b. PCR은 다른 많은 경쟁적 염기서열에도 불구하고 특정 DNA 서열을 증폭할 수 있는지 설명할 수 있다.
c. PCR이 수십억 개의 같은 크기의 결과물을 만들 수 있는지 설명할 수 있다.
d. 실시간 PCR과 앤드포인트 PCR의 차이를 알고, 이를 적용할 수 있다.
e. 생물학에서 PCR의 중요성을 요약할 수 있다.
f. 주형과 상응하지 않는 올리고뉴클레오티드 프라이머 5′ 말단 서열이 어떻게 포함될 수 있는지 설명할 수 있다.
g. 올리고뉴클레오티드의 설계가 무봉합 클로닝을 가능하게 하는지 설명할 수 있다.

1980년대 초에 멀리스(Kary Mullis)가 개발한 **중합효소연쇄반응**(polymerase chain reaction, PCR)은 유전자 클로닝, 핵산 서열분석, 질병의 진단 및 범죄해결 등의 방법을 바꾸어 놓았다. 간단히 말하면, 이것은 복잡한 DNA 혼합액에서 특정 DNA 조각의 사본을 빠른 시간에 다량으로 합성하는 기술이다. 체외에서 DNA 복제가 완전히 수행될 수 있도록 하여 효소반응과 세균 증식을 수반하는 여러 작업을 우회할 수 있다.

그림 17.7은 PCR 기술이 어떻게 이루어지는지 간단히 보여준다. 특정 유전자나 다른 DNA 염기서열을 다량으로 만들기 위해, **증폭**(amplification) 또는 DNA 복제라고 알려진 과정이 체외에서 반복적으로 수행된다. DNA 중합효소는 복사하기 위한 주형과 3′-OH를 제공하는 프라이머, 그리고 4개의 데옥시리보뉴클레오티드 삼인산염(dNTP)을 각각 필요로 한다. **올리고뉴클레오티드 프라이머**(oligonucleotide primer)는 일반적으로 길이가 15~30개인 단일가닥의 DNA 분자로 만들어진다. 2개의 올리고뉴클레오티드 프라이머는 각 프라이머가 주형가닥 중 하나에 상보적으로 설계되어 반응 중에 두 가닥이 모두 복사될 수 있다. 프라이머는 증폭될 영역에 인접하고, 측면으로 향하게 배치된다. 프라이머는 양 측면 뉴클레오티드 서열을 기반으로 하기 때문에 알려진(또는 거의 알려진) 서열을 가진 DNA만이 PCR로 증폭될 수 있다.

PCR은 **회로**라고 불리는 반복적 연속반응이 필요하다. 각 회로는 **유전자증폭기**라고 불리는 기계에서 3단계를 정확히 실행한다. 1단계에서, 온도를 95°C로 높여서 이중가닥의 주형 DNA를 단일가닥으로 변성시킨다. 다음에 50°C로 온도를 낮추어 프라이머가 주형가닥의 상보적인 부분에 수소결합(anneal)을 할 수 있도록 한다. 프라이머가 다른 주형가닥과 경쟁해야 되기 때문에 프라이머를 반응물에 고농도로 포함시킨다. 마지막으로 온도를 68~72°C 정도로 올려서 DNA 중합효소가 dNTP를 사용해 표적 DNA의 사본을 합성한다. 반복적인 온도 변동을 견딜 수 있는 견고한 DNA의 중합효소만이 PCR에서 사용할 수 있다. 가장 흔히 사용되는 열에 강한 DNA 중합효소는 *Thermus aquaticus*에서 나온 ***Taq* 중합효소**(*Taq* polymerase)이다.

회로의 마지막 단계에서 각 가닥의 표적서열이 복사된다. 3단계의 회로가 반복되면서(그림 17.7), 첫 회로의 2가닥이 4개의 DNA로 만들어지고, 이들은 다시 세 번째 회로에서 8개의 이중가닥 산물을 만들어 낸다. 즉, 각 회로는 표적 DNA 수를 기하급수적으로 증가시킨다. 주형 DNA의 초기 농도와 증폭하려는 DNA의 G + C 조성 등과 같은 다른 변인에 따라, 이론적으로는 20회로 후에는 100만 사본이, 30회로 후에는 10억 개의 사본이 만들어질 수 있다. 100 bp 미만에서 수천 bp 길이가 증폭될 수 있고, 초기 표적 DNA 농도는 10^{-20} ~10^{-15} M 정도로 낮아도 가능하다. ◀ 세균의 DNA 복제(13.3절)

PCR은 2가지 방법 중 하나로 수행될 수 있다. 특정 DNA 조각의 많은 양이 필요한 경우, 반응 생성물은 지정된 수의 회전이 끝날 때 정제되고 수집된다. 이것은 때때로 **앤드포인트 PCR**(end-point PCR)이라고 불리며, 증폭된 최종 DNA 조각의 수는 정량적이지 않으며, 이는 최종생성물의 양이 반응을 시작할 때 존재하는 주형 DNA의 양을 반영하지 않는다는 것을 의미한다. 예를 들어, 임상실험실에서 병원체를 검출하거나 복제할 DNA 조각을 합성할 때, 앤드포인트 PCR은 특정 DNA의 존재유무를 찾을 때 유용하다. 반면, **실시간 PCR**(real-time PCR, qPCR)은 정량적이다. 즉, 특정 시료에 존재하는 DNA 또는 RNA의 양(PCR을 시작하기 전에 역전사효소로 전환된 DNA)을 알 수 있다. 이것은 형광으로 표지된 탐침을 반응물에 섞어, 신호를 반응의 기하급수적 증폭기에 정량적으로 측정한다. 초기에 PCR 산물이 증가하면서 형광도 증가한다. 이때 DNA 증폭 속도는 기하급수적이다. 그러나 PCR 회로가 진행되면서, 기질이 소비되고 중합효소의 효율은 감소한다. 즉, 산물의 양은 증가하지만, 합성속도는 더 이상 기하급수적이 아니다(이것이 왜 앤드포인

COVID-19

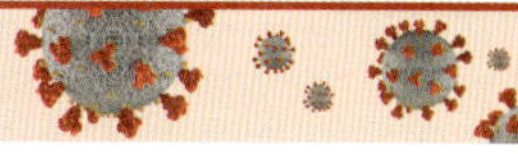

COVID-19 검사의 첫 번째 방법은 역전사효소 PCR이었고, 이것은 여전히 가장 근본적인 검사 방법으로 남아 있다. SARS-CoV-2는 RNA 유전체를 가지고 있기 때문에 샘플을 먼저 역전사효소로 처리하여 RNA를 cDNA로 전환시킨다. 그러고 나서 바이러스 유전체의 존재유무를 밝히기 위해 최종적으로 PCR이 수행된다. PCR은 매우 민감하고 특이적이기 때문에 샘플에서 단일SARS-CoV-2 바이러스 유전체를 탐지하고 확인할 수 있다.

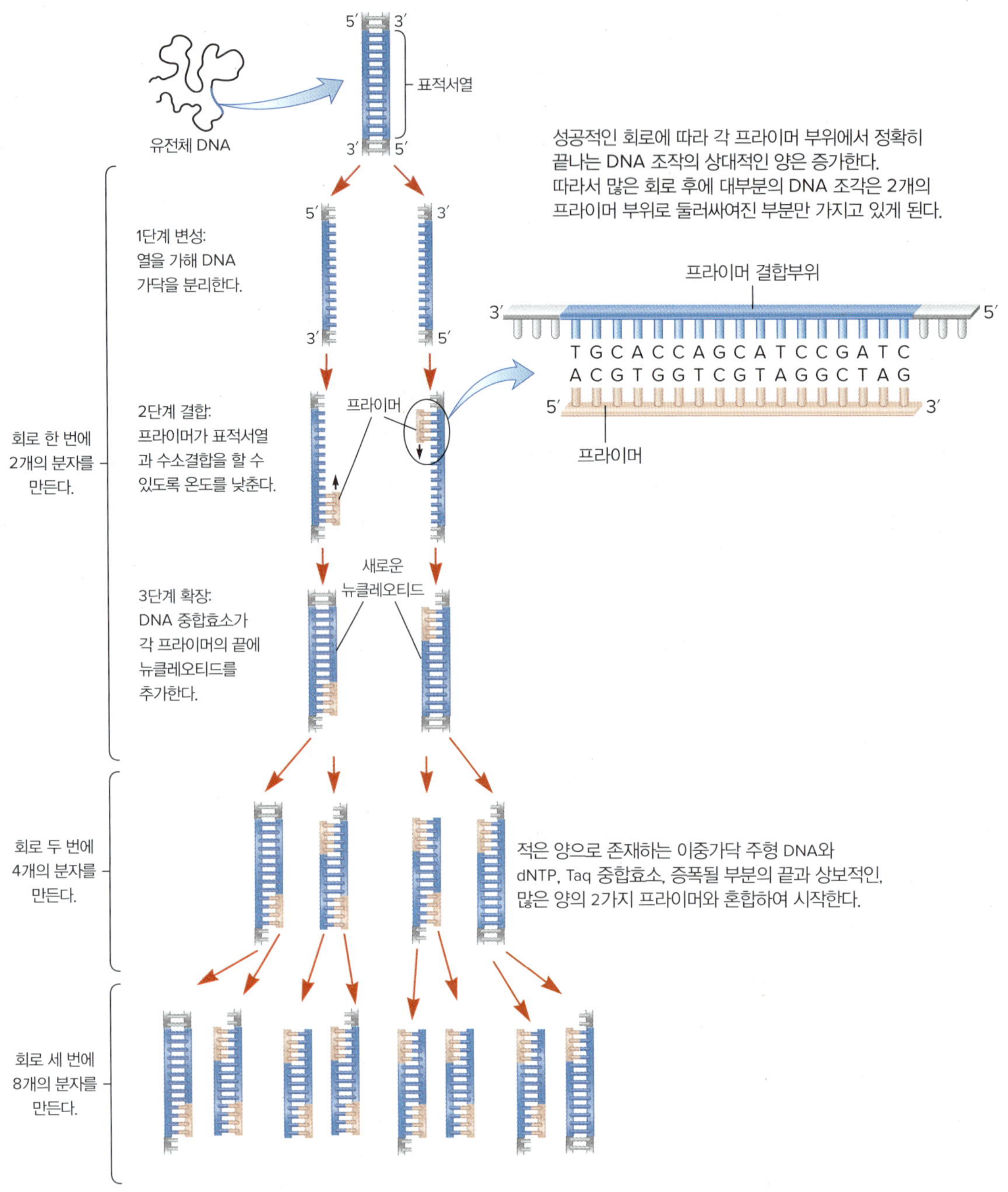

그림 17.7 중합효소연쇄반응(PCR). 각 반응주기가 진행되는 동안, 표적 DNA 서열 말단의 상보적 올리고뉴클레오티드는 DNA에 결합하여 프라이머로 작동한다. 이 두 프라이머 사이 지역은 그림에서와 같이 몇 개가 아닌 일반적으로 수백 개의 뉴클레오티드이다. PCR 결과 두 프라이머가 싸고 있는 지역의 DNA의 사본이 다수 합성된다.

연관 질문 세 번째 회로 후 대부분 증폭된 DNA 분자(PCR 산물과 같은)의 크기는 프라이머의 거리에 의해 결정되는가?

트 PCR 생성물이 정량적이지 않은지이다). 특히 디자인된 유전자 증폭기는 PCR 생성물이 만들어질 때 그 양을 기록하는데, 이를 실시간 PCR이라 한다(그림 36.8 참조).

PCR 기술은 분자생물학, 의학, 생물공학 등 여러 분야에서 매우 중요한 기술로 판명되었다. PCR에서 사용되는 프라이머는 특정 DNA를 표지하기 때문에 다양한 유전체를 포함하고 있는 토양, 물, 혈액 등과 같은 용액에서 특정 DNA 조각(예: 유전자)을 분리하는 데 PCR을 사용할 수 있다. 이것은 PCR이 코로나, 클라미디아, 인간 유두종바이러스 감염, 그리고 다른 감염원들과 질병들을 포함한 특정 진단검사의 필수적인 부분이 된 이유를 설명한다. 이 측정법은 빠르고 민감하며 특이적이다. 또한, 이 기술은 이미 DNA 지문법(fingerprinting technology)의 일부분으로 범죄 사건을 수사하는 법의학 분야에 큰 영향을 미치고 있다. ▶ 메타유전체학은 배양되지 않는 미생물 연구를 가능하게 한다(18.3절)

무봉합 클로닝

기존 클로닝 방법의 한 가지 제한점은 DNA에 자연적으로 발생하는 제한효소부위에 의존한다는 것이다. PCR을 수정하면 DNA 말단에 원하는 제한효소부위를 추가할 수 있어 DNA 조립 작업을 단순화할 수 있다. 이는 표적유전자의 합성을 시작하는 데 필요한 뉴클레오티드서열과 더불어 5′ 말단에 제한효소 인식서열도 갖는 프라이머를 합성함으로써 달성된다(**그림 17.8a**). 그 결과는 각 말단에 편리한 제한효소부위가 추가된 주형에서 정확히 복제된 DNA 조각이다.

깁슨(Daniel Gibson)은 이런 생각을 한 단계 더 발전시켜 제한효소 사용을 완전히 없애는 방법을 개발했다. '깁슨 조립'이라고 불리는 그의 방법은 올리고뉴클레오티드 프라이머의 5′ 말단 끝부분을 사용하여 분자 사이의 원하는 결합이 일어나도록 한다. 그림 17.8b에 표시된 일련의 반응에서 벡터와 삽입 조각이 효율적으로 결합될 수 있다. 최종산물에 제한효소부위로부터 유래된 상처나 이음선이 보존되지 않기 때문에, 이러한 접근법을 **무봉합 클로닝**이라 부른다.

무봉합 클로닝 기술의 출현으로 과학자들은 DNA 분자를 자유롭

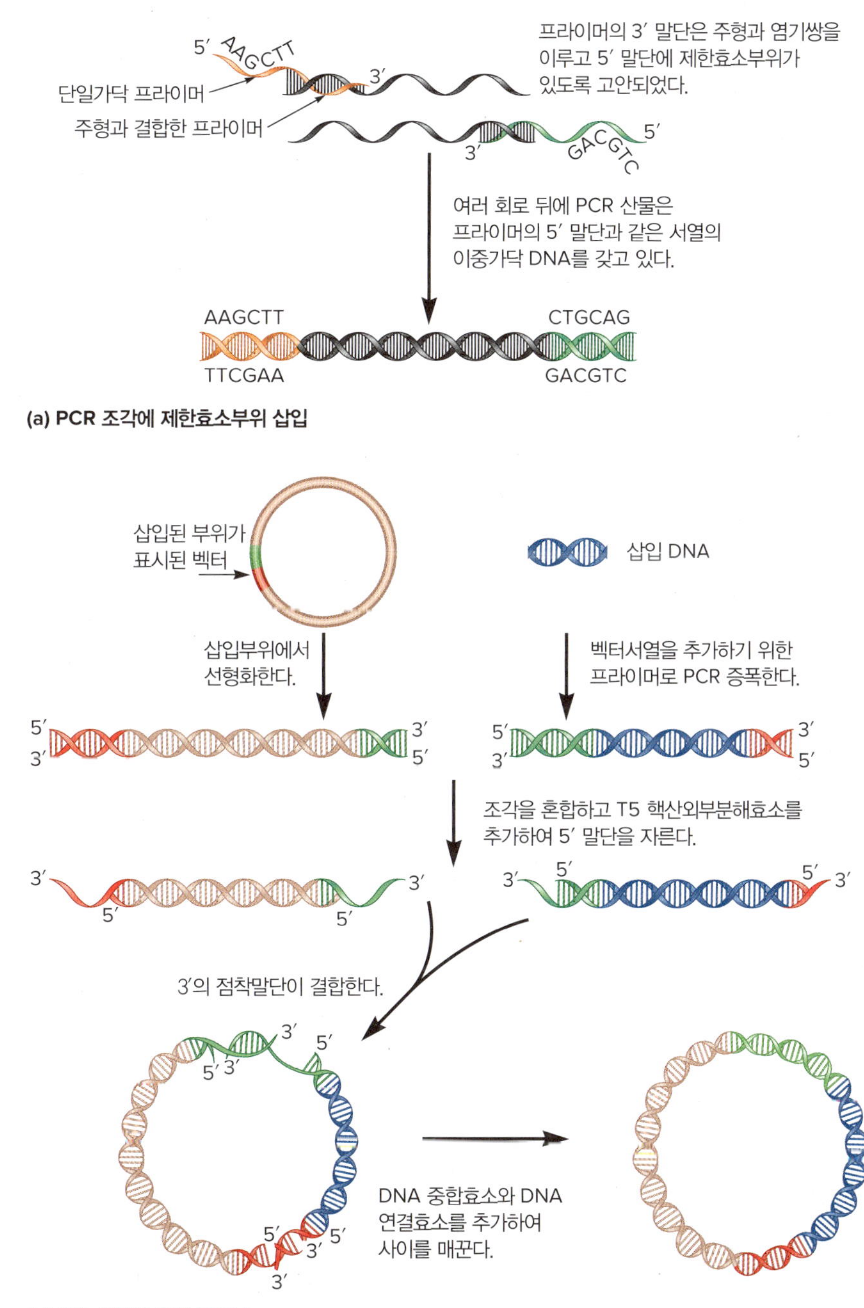

그림 17.8 5′연장 프라이머를 이용한 중합효소연쇄반응.

게 구상하고 체외에서 만들어낸다. 그림 17.8b에 표시된 절차는 각 조각과 이웃조각 사이의 접점을 명시한 프라이머로 증폭시킴으로써 여러 조각을 조립하도록 확장될 수 있다. 전체 오페론은 프로모터와 조절서열로부터 유전자까지 합성할 수 있다. 실제로 전체유전체는 깁슨 조립에 의해 합성되었다.

마무리 점검

1. 중합효소연쇄반응을 간단히 설명하시오.
2. PCR이 진단하기 어려운 전염성 물질을 검출하는 데 사용되는 이유를 설명하시오.
3. 주형 유전체의 농도가 보이지 않을 정도로 낮음에도 불구하고 PCR 산물을 아가로오스 겔에서 확인할 수 있는 이유는 무엇인가?

17.3 유전체와 메타유전체 도서관: 조각으로 유전체 클로닝

이 절을 학습한 후 점검할 사항:

a. 유전체와 메타유전체 도서관이 유용한 이유를 설명할 수 있다.
b. 유전체와 메타유전체 도서관의 구축과 관심유전자 클론을 선택하는 방법에 대해 서술할 수 있다.
c. 어떻게 메타유전체학이 스크리닝에 이용이 가능한 미생물의 생산물 범주를 늘릴 수 있었는지 서술할 수 있다.

클로닝을 할 때, 벡터에 삽입할 DNA는 여러 가지 방법으로 얻을 수 있다. 17.2절에서 설명한 바와 같이 미생물의 염색체를 주형으로 사용하여 PCR에 의해 합성하거나 토양이나 물과 같은 자연환경에서 추출한 DNA로부터 증폭시킬 수 있다. PCR은 클로닝될 DNA의 뉴클레오티드 염기서열에 대한 지식을 요구한다. 그러나 DNA 서열을 전혀 모르는 유전자를 클론하려면 어떻게 해야 할까? 이때는 유전체 도서관을 제조하고 검색해야 한다.

도서관 구축 목표는 **유전체 도서관**(genomic library)에서 유래되거나 **메타유전체 도서관**(metagenomic library)에서 분리된 모든 DNA를 대장균과 같은 쉽게 조작할 수 있는 숙주에 전달 가능한 클로닝 벡터 세트로 삽입하는 것이다. 도서관 구축은 클로닝할 DNA를 사용 중인 특정 벡터와 호환되는 크기로 조각내는 것에서 시작한다(**그림 17.9**). 각 조각은 별도의 벡터로 복제되어 각 벡터는 이제 별도의 염색체 조각을 운반한다. 이러한 재조합 벡터의 모음이 숙주세포로 전달되면(예: 형질전환), 각 형질전환체는 다른 DNA 조각을

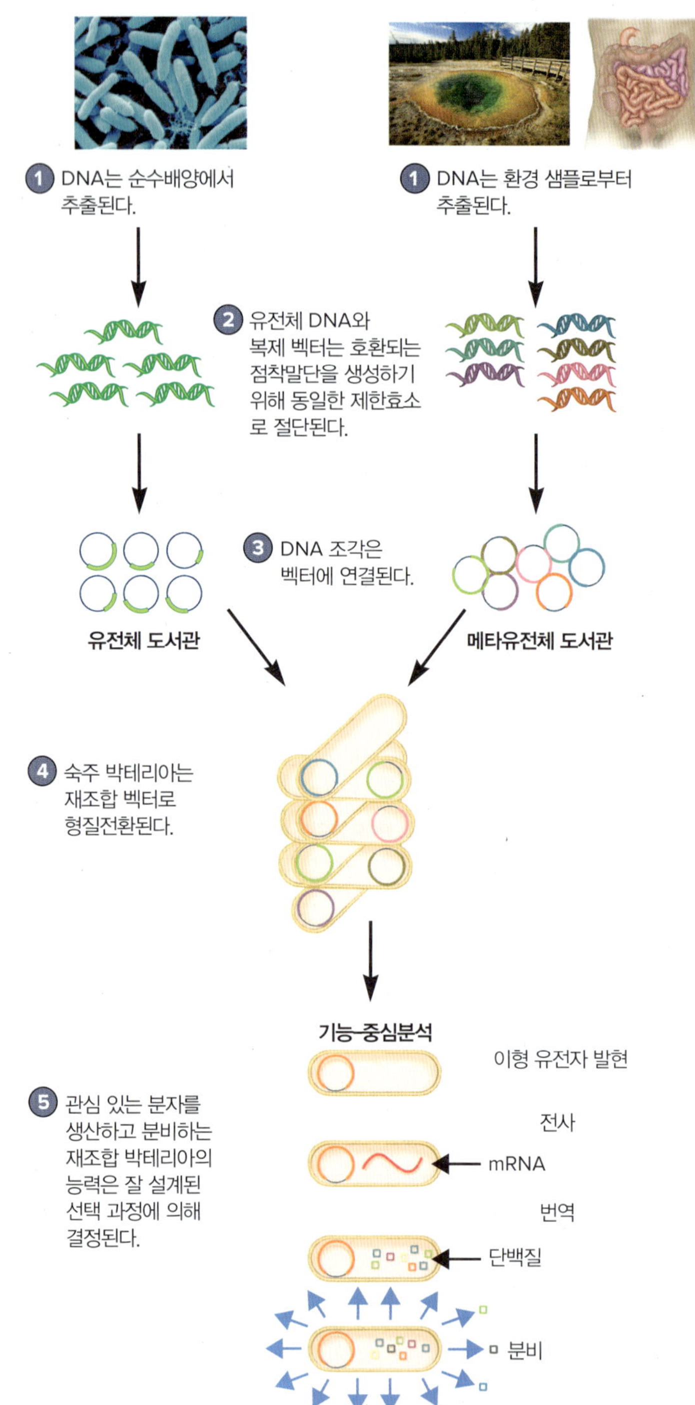

그림 17.9 유전체 및 메타유전체 도서관의 기능 검출. 유전체 도서관은 생물체의 전체유전체의 일부 조각들을 벡터(왼쪽 위)로 복제함으로써 만들어진다. 이와는 대조적으로, 메타유전체 도서관은 환경의 총 DNA에서 파생된 조각들(오른쪽 위)로 시작한다. 2종류의 도서관 모두 원하는 단백질 기능을 위해 선별된 숙주 박테리아에서 생성 및 발현될 수 있다. 이것은 보통 고속대량(high-throughput) 방식으로 수행된다. (top left) Mediscan/Alamy Stock Photo; (middle) Yi Xiang Yeng/iStock/Getty Images; (top right) Electronic Publishing Services, Inc., NY/McGraw-Hill Education

연관 질문 유전체 도서관을 구성할 때 유전체 DNA의 긴 조각(예: 20,000 bp)이 종종 필요한 이유는 무엇인가?

가진 벡터를 운반한다. 이상적으로는 전체 유기체의 유전체나 환경 시료에서 나온 모든 DNA가 재조합 벡터의 집합에 포함되어 있다.

도서관은 종종 특정한 기능을 가진 유전자 또는 유전인자(예: 작은 비암호화 RNA)를 찾기 위해 구축된다. 기능적 스크리닝에서, 그 유전자들은 벡터에서 클로닝되어 대장균에서 발현된 뒤 새롭고 특이적인 기능의 획득을 스크리닝 한다. 예를 들어, 새로 분리된 세균에서 아미노산 트립토판의 생합성에 필요한 효소를 암호화하는 유전자를 찾기 위해 도서관을 트립토판 영양요구 대장균에서 발현할 수 있다. 트립토판 없이 자랄 수 있는 군락들이 있다면 이들은 트립토판 생합성유전자를 가지고 있는 좋은 후보들이다. 이 접근법은 클론된 유전자 산물의 기능이 두 생명체에서 유사하다는 가정하에서 작동한다. 숙주세포의 결핍에 대한 **유전적 보상**(genetic complementation)은 돌연변이 표현형이 (적어도 부분적으로) 복원되어 있거나, '복구'되어 있기 때문에 때로 **표현형 복구**(phenotypic rescue)라고 부르기도 한다. ◀ 돌연변이체의 검출과 분리(16.2절)

17.4 숙주세포에서 외부 유전자의 발현

이 절을 학습한 후 점검할 사항:

a. 발현벡터의 유용성을 설명할 수 있다.
b. His-tagged 단백질을 생체내에서 생산하여 생체외에서 정제하는 과정의 개요를 설명할 수 있다.
c. 단백질 분석에서 GFP의 역할을 요약하고, 전사와 번역 GFP 융합의 차이를 설명할 수 있다.

한 개체의 유전자가 다른 개체로 클로닝되고 나서 단백질로 전사되고 번역될 때, 그것은 **이형유전자**(heterologous gene) 발현이라고 불린다. 이형유전자 발현이 중요한 최초의 예는 대장균에서 인간 인슐린 유전자의 복제와 발현이었다. 이형유전자 발현은 원래 개체에서 합성되는 다른 생성물에 의한 오염 없이 특정 단백질과 펩티드의 생성을 가능하게 한다.

전사가 되기 위해서 이형유전자는 숙주의 RNA 중합효소가 인식할 수 있는 프로모터를 가지고 있어야 한다. 이들은 진핵생물과 원핵생물에서 매우 다르다. 예를 들어, 숙주가 원핵생물이고 유전자가 진핵생물에서 유래했다면, 세균의 프로모터와 리보솜 결합부위가 제공되고 인트론은 제거되어야 한다.

재조합 유전자를 숙주세포에서 발현하는 문제는 **발현벡터**(expression vector)로 불리는 특수한 클로닝 벡터의 도움으로 거의 극복되었다. 이러한 벡터들은 특히 강력한 프로모터 근처에 유전자를 클로닝하여 높은 수준의 전사를 가능하게 한다. 일부 발현벡터는 *lac* 오페론(또는 다른 유도성 프로모터)의 조절지역을 가지고 있어서, 유도인자를 첨가하면 클론된 유전자가 발현된다. 이러한 조절은 대부분의 이형단백질의 과다발현이 숙주세포에 유독성이기 때문에 중요하다. ◀ 전사개시의 조절은 많은 에너지와 물질들을 절약한다(14.2절)

외래 단백질의 생성은 종종 숙주세포의 산화환원력(예: NADH/NAD^+)과 ATP의 균형을 붕괴한다. 따라서 세포의 조절 및 대사활동을 최적화하여 생산을 극대화하는 것이 자주 필요하다. 이를 **대사공학**(metabolic engineering)이라고 한다. 숙주 균주의 유전자 조작을 위한 목적으로 "오믹스" 데이터(예: 유전체, 전사체, 단백질체 및 대사체 데이터)를 적용하는 것을 **시스템대사공학**(systems metabolic engineering)이라고 한다.

재조합 단백질의 정제 및 연구

구조와 기능을 연구하기 위해 클로닝한 유전자의 단백질 산물을 분리해야 하는 경우가 종종 있다. 또한, 단백질의 세포내 위치를 정의하는 것도 종종 요구된다. 단백질이 정제되고 살아 있는 세포에서 볼 수 있는 방법들에 대해 살펴보자.

단백질 정제

단백질 정제에 가장 흔히 사용되는 방법은 **폴리히스티딘 표지**(polyhistidine tagging) 또는 His-표지(His-tagging)이라 불린다. His-표지 방법에서 히스티딘 아미노산이 연속적으로 단백질의 N 말단 또는 C 말단에 추가된다. 주로 6개의 히스티딘 잔기가 추가되며 6xHis-tag라 불린다. 히스티딘은 금속 이온에 대한 친화력이 높아서 여러 개의 연속 히스티딘 잔기를 가진 단백질은 니켈이나 코발트 원자를 노출시킨 수지(resin)라고 불리는 고체상 물질에 우선적으로 결합되기 때문에 사용된다. 따라서 히스티딘 잔기를 가진 단백질은 다른 세포내 구성성분과 분리된다. His-tagged 단백질의 정제과정은 **그림 17.10**에 모식화되었다. His-tag는 사용하는 정제시스템에 따라 수지에 부착된 상태에서 단백질로부터 분리되거나, 단백질이 방출된 후 제거할 수 있다. 대부분의 경우 단백질이 His-tag를 갖고 있어도 기능에 문제가 없기 때문에 His-tag를 제거할 필요는 없다. His-표지는 단백질이 수용성이고 세포질에서 발견될 때 사용된다. His-표지가 재조합 단백질의 정제에서 흔히 사용되는 방법인 것은 확실하나, 막결합 단백질의 정제와 같은 경우에는 다른 방법을 사용하기도 한다.

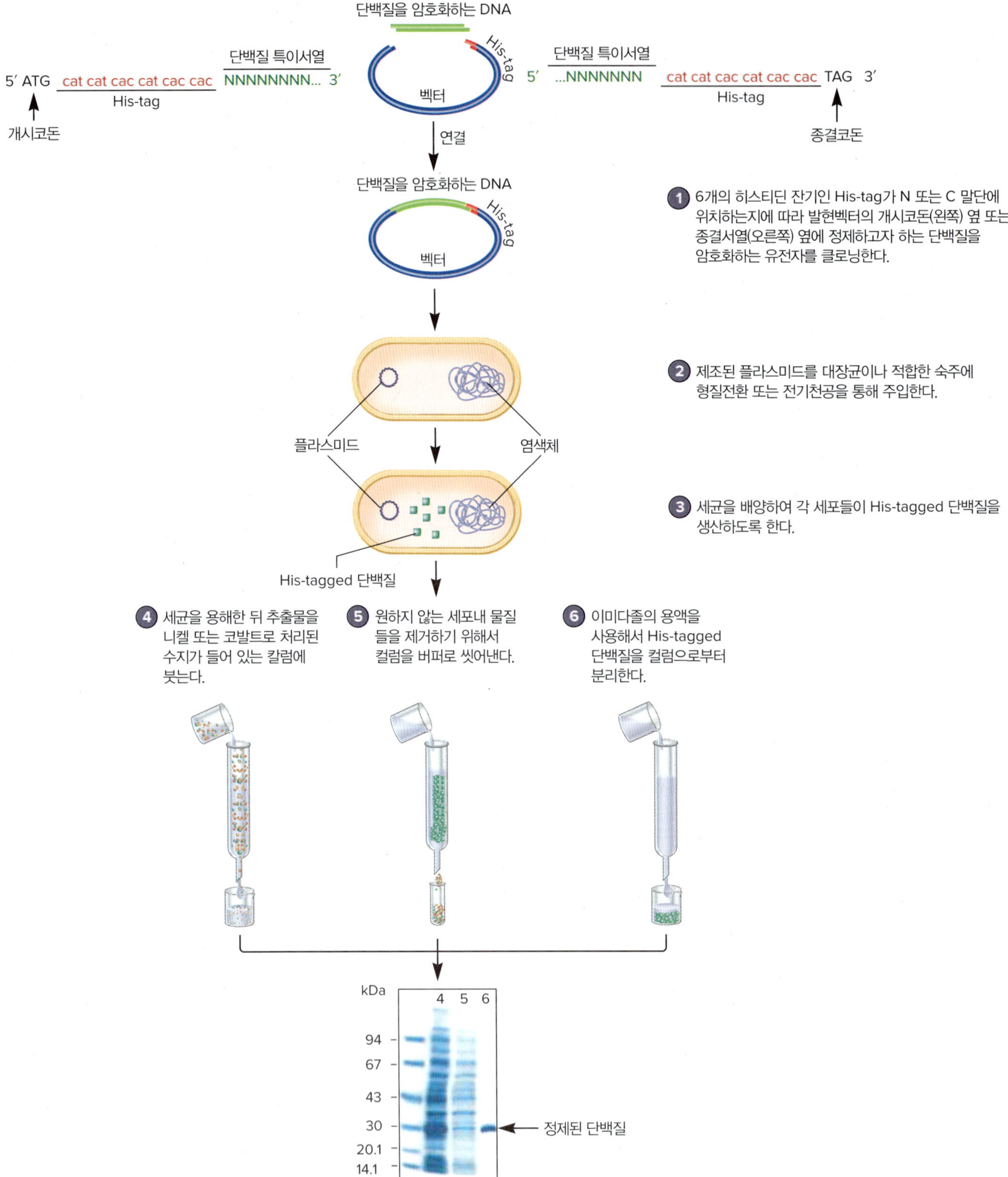

그림 17.10 폴리히스티딘 표지(polyhistidine tagging) 단백질의 제조 및 정제.

형광표지법

유전자 클로닝의 목적이 생체내(in vivo)에서 단백질 산물의 조절 및 기능일 경우에는 어떻게 하는가? 형광현미경을 통해 특정 프로모터의 활성도(즉, 언제 프로모터가 켜지고 꺼지는지) 및 단백질의 위치를 확인할 수 있다. 해파리인 *Aequorea victoria*가 만들어내는 단백질인 **녹색형광단백질**(green fluorescent protein, GFP)이 발견된 후로 살아 있는 세포의 형광표지가 시도되기 시작하였다. GFP는 번역되었을 때 스스로 촉매된 변형을 통해 강력한 녹색형광을 나타내는 단일유전자로부터 암호화된다. *gfp* 유전자는 선택된 생명체에서 쉽게 클로닝되고 발현된다는 뜻이다. 이제 형광 라벨의 전체 팔레트를 사용할 수 있다. 이들은 파란색-녹색-노란색 스펙트럼에 걸쳐 발광하는 다양한 GFP 단백질 형태를 포함한다.

전사융합은 관심 있는 유전자의 단백질 암호화서열을 형광 암호화유전자로 대체하는 것이다(**그림 17.11a**). 이는 형광유전자의 발현을 대체 유전자의 프로모터 통제하에 둔다. 따라서 프로모터가 활성화되면 형광유전자의 전사를 유도하고 세포가 발광한다. 전사융합이 다세포생물에서 만들어질 경우에는 프로모터 활성화 시기뿐만 아니라 그 유전자가 평상시 발현되는 세포형도 결정할 수 있다. 반면에 번역융합은 특정 단백질의 세포내 위치 확인에 사용된다. 이것은 카메라 단백질, 즉 연구할 단백질과 GFP 두 부분을 동시에 가진 단백질을 만들어낸다. 이제 그 단백질이 만들어질 때마다, 세포 안에서 어디로 가든지, 단백질은 형광을 나타낼 것이다. 물론 융합단백질이 원래의 단백질처럼 기능하는지는 확인되어야 한다. 키메라단백질이 완전히 기능적인 것이 확인되면 단백질의 세포내 주소를 확인할 수 있다(그림 17.11b).

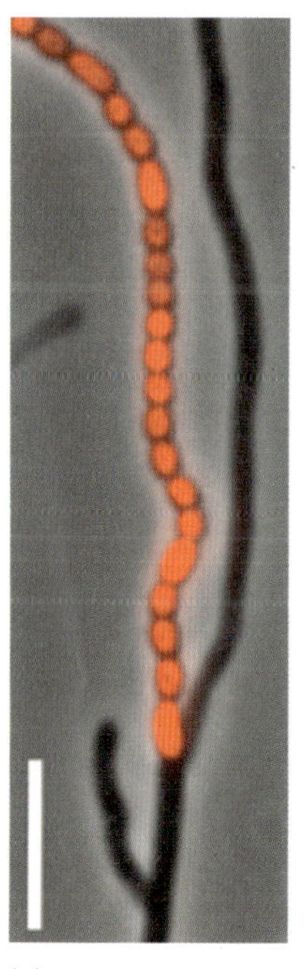
(a)

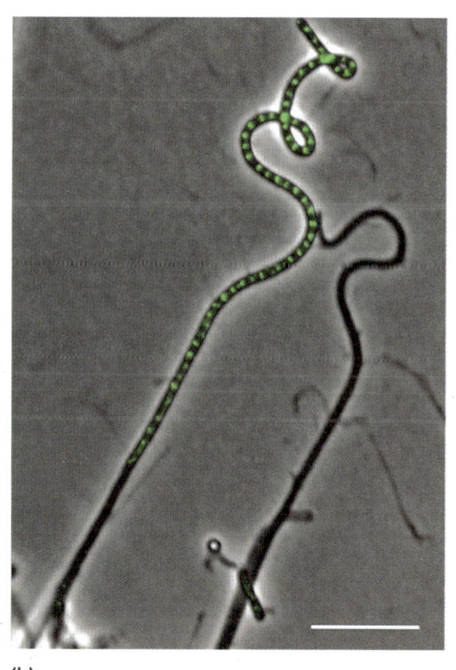
(b)

그림 17.11 형광단백질 표지. (a) 전사융합. mCherry 형광유전자는 *Streptomyces coelicolor*가 포자사슬을 만들어내는 격벽에서 기균사를 만들 때 발현하는 유전자의 프로모터에 의해 조절된다. 따라서 빨간색 형광은 포자사슬을 따라 균일하게 나타나고 무격벽균사에서는 나타나지 않는다. (b) 번역융합. *ftsZ* 유전자가 번역융합에 의해 GFP와 융합되었다. 이러한 방법을 통해 FtsZ가 격벽에 위치하는 것을 볼 수 있다. 오른쪽에 있는 필라멘트는 격벽을 만들어내지 않으며, 따라서 FtsZ가 없는 것을 주목하자. (a) Mark Buttner (b) Klas Flärdh

연관 질문 분비되는 단백질의 번역융합을 제조할 때 특별히 고려해야 될 점은 무엇인가?

마무리 점검

1. 우유에 있는 단백질인 카세인을 분해하는 세포외 효소의 생산에 관여하는 유전자를 탐색하기 위해 유전체 도서관을 활용하는 방법에 대해 서술하시오. [힌트: 카세인이 분해되면 아가(agar)와 무지방 우유의 불투명성이 없어진다.]
2. 왜 진핵생물의 유전체 도서관은 cDNA로 준비되어야 하는가?
3. 클론된 유전자가 이형발현 숙주세포에서 발현되지 않을 수 있는 이유를 나열하시오.
4. 재조합 단백질에서 His-tag를 유지 또는 제거해야 되는 상황을 설명하시오.
5. 당신은 새로 발견된 세균의 주화성 단백질을 연구하고 있다. CheA 단백질을 암호화하는 유전자를 클로닝하였을 때 이 단백질이 세포막 안쪽에 위치하는 것을 확인하고 싶다면(그림 14.22 참조), 전사융합과 번역융합 중 무엇을 사용할 것인지에 대해 설명하시오.

17.5 Cas9 핵산분해효소는 유전체 편집에 사용되는 프로그램 가능한 도구이다

이 절을 학습한 후 점검할 사항:

a. 제한효소와 Cas9 핵산분해효소의 DNA 인식 기능을 구별할 수 있다.
b. Cas9 핵산분해효소가 유전체의 특정 부위를 자를 수 있는지 설명할 수 있다.
c. 동종 재조합에 의해 염색체에 새로운 유전자가 삽입되는지를 나타낼 수 있다.

Cas9 유전체 편집(Cas9 genome editing)은 빠르게 생체내에서 유전체를 변형시키는 데 가장 널리 사용되는 기술이 되었다. Cas9 유전체 편집 기술은 이 기술이 개발된 세균 유전체 인자에 기인하여 **CRISPR** 또는 **CRISPR-Cas9**으로 불린다. Cas9 핵산분해효소는 대부분의 세균과 고균의 CRISPR (clustered regularly interspaced short palindromic repeats) 유전자 자리 근처의 유전체에서 암호화된다. Cas9 기능에 대한 기전이 밝혀지면서 다우드나(Jennifer Dou-

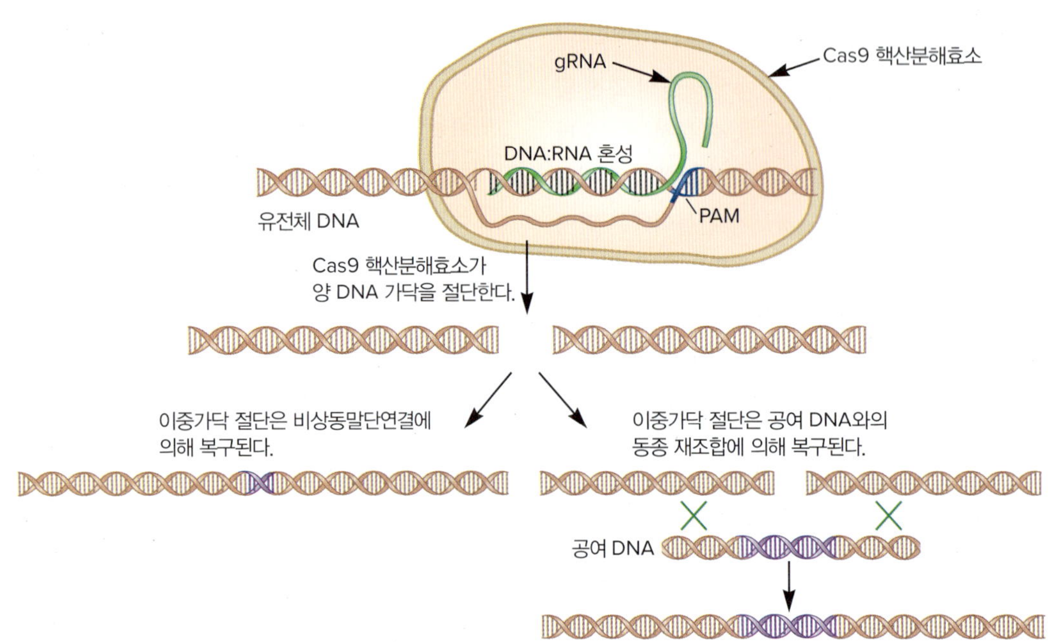

그림 17.12 Cas9 핵산분해효소를 이용한 유전체 편집. gRNA와 염색체 사이의 혼성화는 Cas9의 핵산분해효소 기능을 활성화한다. PAM: 프로토스페이서 인접 모티프.

연관 질문 어떻게 동종 재조합을 위해 제공된 DNA 분자를 조립할 수 있는가?

dna)와 샤르팡디에(Emmanuelle Charpentier, 2020년 화학부문 노벨상을 수상함) 및 장펑(Feng Zhang)이 이끄는 두 연구진이 Cas9을 유전체 편집에 적용시키려 했다. 이 과정에서 유전체 DNA를 직접 변형할 수 있으며, 모든 세포에 DNA를 도입하고 발현시킬 수 있을 정도로 과정이 일반적이다. ◀ 바이러스 감염에 대한 반응(14.6절)

제한효소처럼 Cas9는 표적 DNA의 양쪽 가닥을 모두 자르는 핵산중간가수분해효소이다. 그러나 제한효소는 DNA 분자와 효소 활성부위의 접촉을 통해 4~8개의 염기쌍을 인지하지만, Cas9은 폴리펩티드와 **가이드 RNA** (guide RNA, gRNA)로 구성된 리보핵단백질이다. 절단을 위한 표적 DNA 인지는 gRNA와 상보적인 유전체 DNA 서열 사이에 약 20개의 염기들을 혼합함으로써 발생한다(**그림 17.12**). 두 번째 짧은 염기서열들인 **프로토스페이서 인접 모티프**(protospacer adjacent motif, PAM)는 반대쪽 DNA 가닥의 혼합 영역 옆에 위치한다.

미생물에서 CRISPR 유전자 자리는 gRNA의 근원이며(그림 14.26 참조), Cas9 핵산분해효소(Cas9 nuclease)는 바이러스 공격으로부터 세포를 보호한다. CRISPR 유전자 자리의 서열은 주로 이동성 유전인자(박테리오파지와 플라스미드)에서 유래되었으며, 미생물세포의 Cas9 핵산분해효소는 침범해온 DNA를 특이적으로 인지하여 분해시킨다. 어떤 유전체에서든 각각의 20염기 표적서열은 거의 확실하게 발생하기 때문에 gRNA가 부여한 극도의 특이성은 유전체 편집의 핵심이다. 이와는 대조적으로, 몇 개의 뉴클레오티드를 인지하는 제한효소는 평균적으로 수천 염기마다 유전체를 절단하게 된다.

Cas9 효소는 특정한 뉴클레오티드 서열의 gRNA를 운반하도록 설계할 수 있으며, 따라서 핵산분해효소가 인지하는 서열을 프로그래밍할 수 있다. gRNA는 Cas9가 유전체에서 원하는 단일 부위와 혼합하도록 유도하여 DNA를 표적하고 절단하는 데 가장 정밀한 기전을 제공한다. CRISPR/Cas 시스템이 없는 모든 진핵세포에서는 성숙한 Cas9 핵산중간가수분해효소의 두 성분인 주효소(apoenzyme)와 gRNA를 숙주세포에 주입함으로써 편집과정이 시작된다. 이러한 분자들은 직접 첨가되거나, 유도성 프로모터에 의해 조절되는 클로닝된 DNA 형태로 주입될 수 있다. 후자의 경우 활성화가 유도됨에 따라, Cas9-gRNA 복합체가 조립되고 DNA 절단 기능을 수행한다.

그림 17.12은 Cas9이 특정 DNA 서열을 어떻게 인식하고 가수분해하는지 보여준다. gRNA의 일부는 효소에서 돌출되어 혼합이 가능하다. 상보적인 서열을 찾자마자 gRNA는 Cas9의 핵산가수분해효소(단백질) 부분에 구조 변화를 유도하고, 이것은 뭉툭말단을 만들면서 두 DNA 가닥의 인산이에스테르 결합을 가수분해한다. 가장 간단한 경우, 세포가 손상을 복구할 때 점돌연변이가 발생한다. 일부 세균, 고세균과 모든 진핵생물은 두 염색체 조각을 다시 결합시킬 수 있는 **비상동말단연결**(nonhomologous end joining, NHEJ)을 가지고 있다. 만약 수선이 원래 서열을 다시 만든다면, 이는 다시 Cas9에

의한 절단에 취약할 수 있다. 그렇기에 몇 개의 염기쌍이 삭제되거나 삽입되는 불완전한 수선은 일반적인 결과이다. 그 결과, 보통 비활성 단백질을 발현하는 유전자의 틀이동돌연변이가 생긴다. 이 방법의 한계는 각 세포마다 결과가 다르다는 것이다.

정확한 Cas9 유전체 편집은 뉴클레오티드를 미리 정해진 서열로 변화시킨다(예: 돌연변이 유전자는 야생형 대립유전자로 대체될 수 있다). 이 경우 제공되는 서열은 체외에서 무봉합 클로닝을 이용하여 구축되어야 한다(그림 17.8). 제공되는 DNA는 gRNA 결합부위의 양 측면에 유전체부위를 포함시켜 염색체와의 재조합을 위한 상동영역을 제공한다. 제공되는 서열은 Cas9/gRNA 분자와 동시에 세포에 주입된다. 부서진 염색체와 제공된 서열 사이의 **동종 재조합**(homologous recombination)은 이중가닥의 손실을 복구하는 동시에 제공된 DNA를 유전체에 삽입시킨다. 기존의 클로닝과 달리 Cas9 유전자 편집에서는 돌연변이를 식별하기 위한 선별 및 스크리닝 절차가 필요하지 않다. Cas9-gRNA 복합체가 주입된 세포는 원래 목표 서열이 변형되어야만 생존과 증식이 가능하다. 수선되지 않은 이중가닥 염색체 손실은 치명적이다. ◀ 분자수준에서의 재조합: DNA 분자의 연결(16.4절)

비록 Cas9 편집의 분자요소들은 원래 *Streptococcus pyogenes*에서 유래되었지만, 이 기술은 진핵시스템에서 가장 자주 사용되어 왔다. 이것에는 몇 가지 이유가 있다. 첫째, 많은 세균(약 45%)과 대부분의 고균(약 85%)이 Cas9 편집시스템의 유사성을 가지고 있어 이들 생명체에서 사용을 복잡하게 한다. 둘째, 유전체 편집을 위한 다른 도구들은 이미 많은 미생물들에게 존재한다(17.6절). 셋째, 대부분의 세균은 Cas9 핵산분해효소에 의해 발생된 이중가닥 손실을 수리하기 위한 NHEJ 복구 경로가 부족하여 생존할 수 없지만, 상동복구는 효율적으로 사용될 수 있다. 이러한 어려움에도 불구하고, Cas9 편집은 유전적으로 조작하기 어려운 일부 미생물에 성공적으로 사용되어 왔다.

연구자들은 단일 유전체 부위의 염색체 DNA와 결합하는 능력을 이용하는 Cas9 핵산분해효소의 다른 응용 방법을 개발했다. dCas9 (Dead Cas9)라고 불리는 Cas9의 변형 버전은 gRNA가 부여한 DNA 위치 식별 기능은 유지하지만 더 이상 DNA를 절단하지 않는다. 대신 DNA에 결합한 dCas9-gRNA 분자는 다른 효소의 플랫폼으로 역할을 할 수 있다. 가장 간단한 예로, 프로모터에 결합한 dCas9-gRNA는 표적 유전자의 발현을 억제하는 억제자 역할을 한다. 반대로 전사를 활성화하기 위해 dCas9-gRNA는 여러 활성화 도메인들 중 하나(예: RNA 중합효소의 ω 소단위)에 융합되고, 표적유전자의 프로모터와 결합하여 RNA 변형효소에 dCas9-gRNA를 융합하여 유전체 편집을 할 수 있음이 입증되었다. dCas9 변종이 사용되기 때문에 인산-당 골격을 파괴할 수 있는 핵산분해효소 활성은 없지만, 다른 효소들은 예를 들어 C에서 T로 염기를 직접 수정할 수 있다. 그 결과는 DNA 염기서열의 정확한 치환이다. 이와 같은 실험은 다양한 기능성 분자를 특정 염색체 위치로 유도하기 위한 장치로서 dCas9-gRNA 단위의 다용성을 입증했다. ◀ 세균의 전사(13.5절); 조절단백질은 종종 전사개시를 조절한다(14.2절)

Cas9 유전자 편집은 계속해서 수정, 적용, 향상되고 있는 급격히 발전하고 있는 기법이다. 땅콩에서 알레르기 유발원을 제거하는 것으로부터 인간의 유전질환 치료와 같은 다양한 프로젝트가 달성 가능한 것으로 제안되었다. 중요한 것은 Cas9 기술이 생식세포에서 인간유전체의 조작 가능성을 열어주기 때문에 윤리적 우려를 해소하기 위한 많은 분야의 논의를 불러일으킨다는 점이다.

마무리 점검

1. 특정 DNA 서열을 인식하기 위해 제한효소와 Cas9 핵산분해효소가 사용하는 기전을 비교하시오.
2. 상업적으로 재배되는 버섯은 수확 중 취급에 민감하며 단일 효소에 의해 촉매되는 반응에 의해 빠르게 변색될 수 있다. Cas9 유전체 공학을 이용해 버섯의 유통기한을 연장하는 전략을 설명하시오.
3. 디뉴클레오티드(예: GA 또는 CC)는 평균적으로 16 (4^2) 염기당 한 번꼴로 나타나고, 트리뉴클레오티드는 평균적으로 64 (4^3) 염기당 한 번꼴로 나타난다. 20염기쌍의 서열이 얼마나 자주 발생할 것으로 예상하는지 계산하시오. 이 숫자를 인간 유전체의 크기(3×10^9 bp)와 비교하시오.

17.6 생명공학은 산업 맞춤형 미생물을 개발한다

이 절을 학습한 후 점검할 사항:

a. 3가지 유도 진화기술들을 비교 및 대조할 수 있다.
b. 합성생물학의 목표와 기존의 기술들보다 장점을 설명할 수 있다.

핵산 조작을 위한 도구의 가용성과 방대한 수의 유전자 서열로 인해, 살아있는 생명체의 유전체를 조작하는 데는 기술적인 한계가 존재한다. 여기서는 광범위한 생물학적 활용을 위해 세포를 조작하는 방법들의 예를 살펴본다.

유도진화

역사적으로, 산업용 균주의 발달은 반복적인 유도돌연변이 유발과 세포배양 과정 동안 발생하는 자연적인 돌연변이를 이용했다. 이러한 방식으로 생산균주(production strain)는 원래의 균주와 상당히 다른 유전자형을 가지고 있다. 실제로, 유전체 분석이 등장하기 전까지, 대부분의 돌연변이의 수와 위치는 미스터리로 남아 있었다. 오직 관심 있는 유전자만이 돌연변이 발생의 목표로 정해졌기 때문에, **유도진화**(directed evolution)는 변종 발생에 더 합리적인 접근법을 취한다. 많은 경우, 유전자 서열은 시험관 내에서 바뀌어 원래 균주 또는 이종 숙주에서 대체되어 높은 수준에서 원하는 화합물을 생성하는데 더 적합해진다. 생명공학자는 작은 아미노산 치환이라도 단백질 기능과 안정성에서 예상하지 못한 변화를 일으켜 기존 제품이나 새롭고 가치 있는 특징을 가진 제품의 생산량을 높일 수 있다는 사실을 밝혀냈다. 조절 서열도 변경될 수 있어 이는 원하는 제품의 과잉생산을 초래할 수도 있다.

몇 가지 기술적 진보가 유도진화 방법론의 개발의 핵심이었다. 첫 번째는 **위치지정 돌연변이 유도**(site-directed mutagenesis)이다. 이 기술에서, 특정 유전자의 뉴클레오티드 서열은 변경된다. 필요한 단

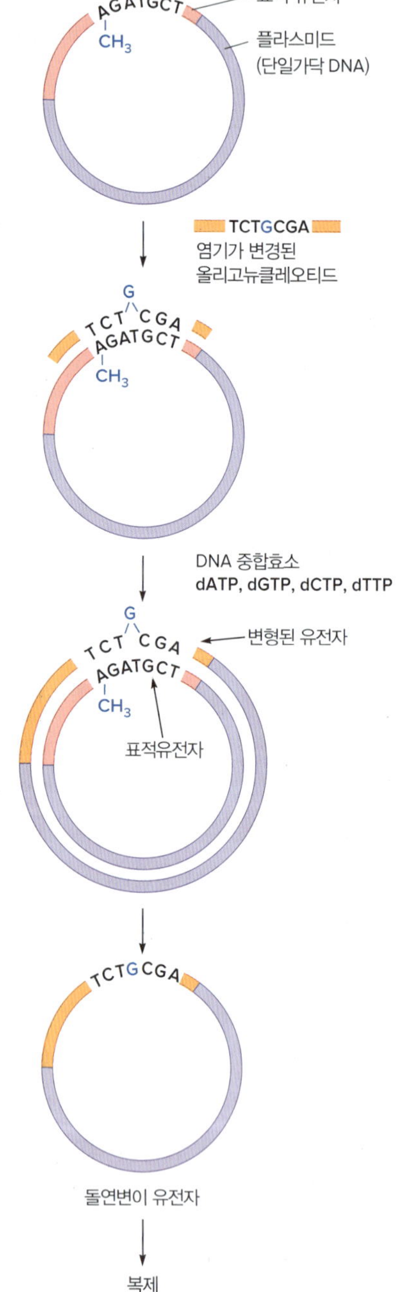

그림 17.13 위치지정 돌연변이 유도. 합성 올리고뉴클레오티드는 유전자 특정 서열의 변화를 만드는 데 사용된다.

표 17.2 유도진화 기술

기술	접근법 개요	생산품의 예
유전체 기반 균주 재구성	새로운 균주는 이전에 "무차별 대입(브루트 포스)"에 의해 생성된 생산균주의 유전자형을 기반으로 구성된다. 새로운 변종은 생산품의 과잉 생산에 필요한 돌연변이만을 가지고 있다.	라이신
대사 경로 공학	생합성 효소 유전자의 돌연변이 생성과 같은 경로에서 특정 생화학적 반응의 수정 또는 생산균주로의 새로운 유전자의 도입에 의한 제품 향상에 대한 합리적인 접근법. 목표는 대사산물의 흐름을 최적화하여 경로가 가장 효율적으로 작동하고 가능한 최고의 생성물 수율을 얻는 것이다.	L-라이신, 방향족 아미노산, 에탄올, 비타민, 항생제(cephamycin C, neomycin, spiramycin, erythromycin)
설계된 올리고뉴클레오티드의 조립(ADO)	관심 유전자가 돌연변이가 될 영역 옆에 놓이는 보존된 배열을 포함하는 경우, 올리고뉴클레오티드는 보존된 영역과 돌연변이가 될 영역의 점 돌연변이 혼합물을 포함하게끔 설계될 수 있다. 이러한 상이한 올리고뉴클레오티드의 조합은 시험관 내 상동 재조합에 의해 변이를 생성하는 데 사용된다.	리파아제
돌연변이 유도 PCR	유전자의 변형은 PCR 동안 특히 오류가 발생하기 쉬운 DNA 중합효소 또는 뉴클레오티드의 잘못된 혼입을 촉진하는 조건을 사용하여 생성된다.	리코펜
DNA 셔플링	다른 종의 유사한 유전자가 무작위로 조각내어 모이고, 새로운 DNA 조각이 시험관 내 동종 재조합에 의해 생성된다. 희망하는 특성을 암호화하는 자손서열은 식별되며, 이러한 새로운 유전자는 반복적으로 뒤섞여 여러 희망하는 돌연변이를 포함하는 새로운 자손을 만든다.	세파로스폴리나아제
전체유전체 셔플링	전체유전체가 재조합되는 것을 제외하면 DNA 셔플링과 비슷하다. 원생동물 융합은 재조합이 일어날 수 있도록 두 미생물 종의 유전체를 가진 단일세포를 얻기 위해 사용될 수 있다.	젖산

Source: Adrio J. L., Demain A. L. Genetic improvement of processes yielding microbial products. *FEMS Microbiology Reviews*, 2016, 187–214.

계는 **그림 17.13**에 요약되어 있다. 원하는 돌연변이가 생성되면 수평적 유전자 전달 방법 중 하나를 통해 관심 있는 생명체로 이동할 수 있다. 진핵생물에서 CRISPR/Cas 기술은 유전체를 편집하는 주요 방법이 되었다.

다양한 다른 유도진화 기술들이 관심 유전자에 더 큰 변화를 만들 수 있도록 개발되어 왔다. 이들 중 일부는 **표 17.2**에 나열되어 있으며, 이는 또한 많은 천연물들이 단백질이 아니므로 하나의 구조유전자를 변이하여 변형될 수 없다는 것을 보여준다. 대신, 이러한 생성물들을 변화시키기 위해서는 그것들이 촉매 반응으로 생성되는 생합성 경로에 대한 이해가 필요하다.

RNA가 촉매 활성과 유전자 발현을 조절할 수 있는 다용도의 분자라는 인식은 새로운 종류의 치료제를 탄생시켰다. RNA는 수많은 복잡한 3차원 구조로 접힐 수 있으며, 분자생물학자들은 최대 10^{15}개의 서로 다른 RNA 분자의 도서관을 생성하기 위해 시험관 내 진화를 사용한다. 이 과정은 SELEX (systematic evolution of ligands by exponential enrichment)라고 하며 **그림 17.14**에 요약되어 있다. 특정 표적이나 수용체에 결합하는 분자가 리간드인 것을 기억하면 목표는 특정 표적의 갈라진 틈이나 홈에 딱 맞아 들어가는 생물학적 활성을 가진 RNA 기질을 설계하는 것이다. 이러한 종류의 제작된 RNA는 **앱타머**(aptamer: 라틴어 *aptus*)라는 이름이 붙여졌다. ◀ 리보자임: 촉매 RNA 분자(10.6절)

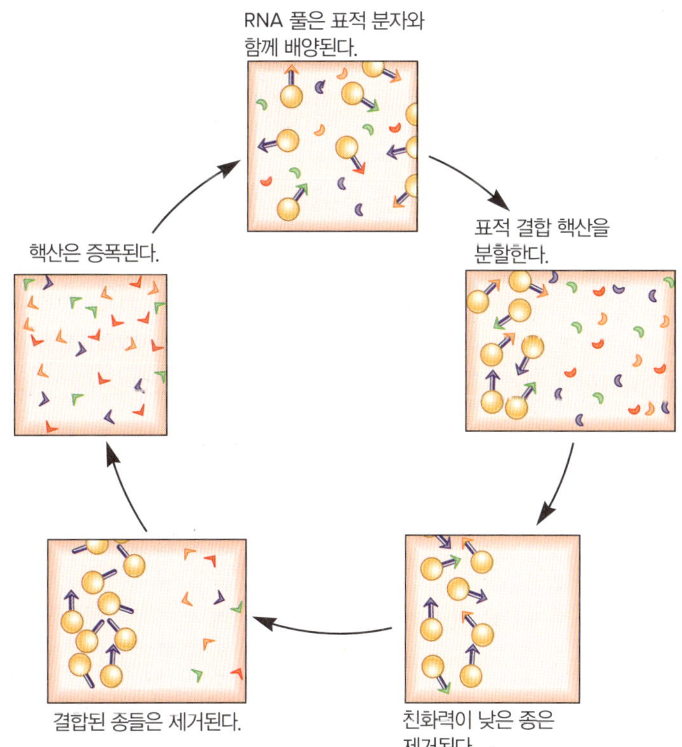

그림 17.14 핵산 분자의 유도진화. SELEX(systematic evolution of ligands by exponential enrichment)이다.

연관 질문 SELEX는 왜 농축 기법으로 간주되는가?

합성생물학

합성생물학(synthetic biology)은 생명체에 이미 존재하는 것들의 제약을 넘어 완전히 새로운 능력을 구축하거나 용도를 바꾸는 방법을 찾는다. 간단히 말해서, 합성생물학 분야는 완전히 새로운 기능을 수행하기 위해 생물학적 시스템(식물, 미생물)의 순공학을 포함한다. 예를 들어, 암 종양세포를 찾아 죽이는 미생물 설계와 기존 전자전달계에 공급될 수 있는 초과 에너지를 생산하기 위한 광합성의 재설계가 이에 포함된다.

합성생물학은 지금까지 논의된 기술에 비해 3가지 주요 이점을 제공한다. 복잡한 작업을 수행하는 효소를 암호화하는 대규모 유전자 서열을 조립하는 것은 이미 자연에 존재하는 조립체를 찾는 것보다 더 효율적이다. 예를 들어, 식물, 곰팡이 그리고 세균으로부터 하나

기술 및 응용 17.2

미생물을 구축하는 방법

만약 한 번에 하나의 유전자를 조작하는 것이 아니라, 이상적인 유전체를 설계하는 것이 가능하다면 어떨까? 이 목표에 도달하기 위한 첫 단계는 처음부터 유전체를 긁어모아 만드는 것이다. J. Craig Venter 연구소(JCVI)의 분자생물학자들은 2008년에 가장 작은 세균인 *Mycoplasma genitalium*의 유전체를 만들어 냈다. 화학적으로 합성된 DNA의 조립은 효모 숙주에서 전체 유전체를 생성하기 위해 세균과 효모 인공염색체에서 수행되었다. 1년 후, JCVI 과학자들은 효모 숙주에서 세균으로 세균 유전체를 이식하는 것이 가능하다는 것을 보여주었다.

Mycoplasma mycoides 유전체는 각각 약 1,000개의 염기의 작은 조각들로 화학적으로 합성되어 더 긴 집합체로 조립되었다. 그 다음, 집합체를 결합하여 완전한 유전체를 만들었다. 유전자 조작은 효모 세포에서 이루어졌고, 일단 완성되면, 새로운 유전체는 다른 *Mycoplasma* 종인 *M. capricolum*(**그림**)에게 이식되었다. *M. mycoides* 유전체를 받자마자, 그 세포들은 *M. mycoides*가 되었다.

유전체가 조립되고 옮겨질 수 있다는 것을 확인한 과학자들은 더 쉬운 조작과 더 큰 안정성을 허용하는 특정한 성질을 가진 유전체를 설계하기 시작했다. 몇몇 대장균 유전체가 합성되었으며 유전체의 크기는 최대 30%까지 감소하였다.

현재, *Saccharomyces cerevisiae*는 재설계되어 합성효모 유전체 프로젝트(Sc2.0)에서 합성되고 있다. 야생형 효모는 11.35 Mb의 DNA를 가진 16개의 염색체를 가지고 있지만, 이 재설계를 통해 유전체의 주요 반복서열, 인트론과 트랜스포존 약 8%가 제거될 것이다. 그러나 Sc2.0이 완성되기 전에 Sc3.0에 대한 계획이 진행 중이다. 합성효모세포에 대한 다음 세대 목표는 필수 유전자 클러스터링, 유전자 조절서열 최적화, 사용되는 코돈의 수를 최소화하는 것을 포함한다.

합성 유전체에 대한 도전은 남아 있으며, 주로 큰 DNA 분자를 조립하는 조작에 관한 것이다. Sc2.0은 한 번에 30~60 kb의 영역을 바꿔 해당 영역의 설계를 검증하는 검토 과정을 가능하게 한다. *S. cerevisiae*는 분자생물학과 생명공학에서 중요한 역할을 해왔으며, 이러한 합성 유전체는 기존의 지식을 바탕으로 진행된다.

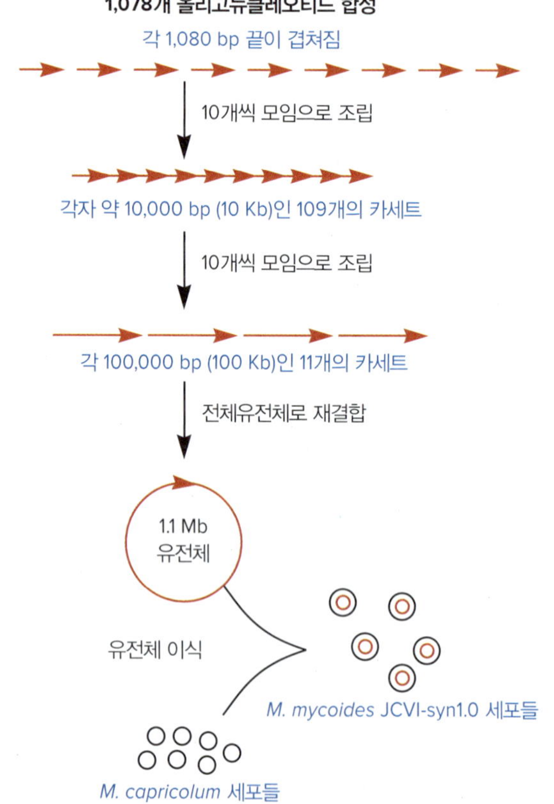

그림.

의 숙주 미생물로의 여러 유전자들의 조립은 새로운 바이오연료들의 생산으로 이어졌다. 다음으로, 특정 숙주를 위해 새로운 유전자가 체외에서 합성될 때 대사공학의 필요성이 완전히 제한되거나 줄어들 수 있다. 이는 유전자가 숙주 특이성을 충족시키기 위해 체외에서 변형될 수 있기 때문이다. 마지막으로, 합성생물학은 일반적으로 다른 수단에 의해 조절되는 유전자의 발현과 조절 기전을 혼합하고 일치시킬 수 있다. 흥미로운 예시로 종양세포를 찾아내고 쿼럼센싱 조절자에 의해 촉발되면 항암제 물질을 방출하는 세균 균주의 개발이 있다.

그러나 완전히 새로운 기능을 수행하기 위해 미생물 설계 지침은 없다. 각 프로젝트에는 설계, 구축, 시험, 재설계, 재구축, 재시험 등의 반복적인 과정이 뒤따르는 신중한 계획이 필요하다. 예를 들어, 생물 연료 생산을 위한 세균을 조작하기 위해서, 첫 번째 단계는 어떤 유전자가 필요한지 결정하기 위해 문헌을 검토하는 것이다. 다음 단계는 이 유전자들이 어떻게 복제될 것인지, 어떤 미생물 종들이 이들을 숙주로서 받을 것인지(설계)를 알아내는 것이다. 일단 유전자가 숙주에 삽입(구축)되면, 만들어진 바이오연료의 양이 정량화될 것(시험)이다. 한 번의 시도로는 완벽을 이룰 수 없다고 해도 과언이 아니다. 그러나 결과는 합성 생물학자에게 어떤 단계를 수정해야 하는지(또는 전체 설계를 폐기하고 새로운 접근법을 취해야 하는지) 알려준다. 합성생물학은 매우 다양한 생성물을 생성할 수 있는 잠재력을 가지고 있으며, 연구자들은 **기술 및 응용 17.2**에 설명된 대로 완전한 합성 유전체를 구축함으로써 그러한 다양성에 대비하고 있다.

마무리 점검

1. 대사공학이란 무엇인가? 항생제 외에 어떤 종류의 생물학적으로 활성화된 분자가 조합 생물학을 사용하여 만들어질 수 있다고 생각하는가?
2. 합성생물학과 메타유전체 도서관의 기능적 검사를 이용한 신제품 개발을 비교 및 대조하시오.

요약

17.1 DNA 클로닝 기술로 이어진 주요 발견

- 핵산화학에서 필수적인 기술이 개발되면서 유전공학이 가능해졌다.
- 제한효소는 DNA를 특정 부위에서 잘라서 클로닝 또는 조작할 DNA 조각을 만들어낸다(그림 17.2, 표 17.1).
- 4종의 클로닝 벡터는 플라스미드, 파지와 바이러스, 코스미드, 인공염색체이다. 클로닝 벡터는 일반적으로 적어도 3개의 구성요소인 복제원점, 선택표지, 다중클로닝부위를 가진다(그림 17.5, 17.6).
- 클로닝의 가장 일반적 접근법은 벡터와 삽입하려는 DNA를 제한효소로 잘라서 상보적 점착말단을 만드는 것이다. 벡터와 클론하고자 DNA 조각과 벡터를 인산이에스테르 결합으로 연결하는 DNA 연결효소와 함께 배양한다.
- DNA를 형질전환이나 전기천공을 통해 미생물로 도입시킬 수 있다.
- 대장균과 효모인 *S. cerevisiae*는 가장 일반적인 숙주세포이다.

17.2 중합효소연쇄반응은 표적 DNA를 증폭시킨다

- 중합효소연쇄반응(PCR)은 소량의 특정 DNA 서열을 증폭시키거나 수천 배로 농도를 증가시킨다(그림 17.7).
- PCR은 DNA 변성, 프라이머 결합, DNA 합성이라는 3단계의 여러 주기로 구성된다.
- PCR은 많은 응용이 가능하다. PCR은 보통 클로닝 및 진단과 과학수사에서 사용될 유전자를 얻는 데 사용된다.
- PCR의 올리고뉴클레오티드 프라이머의 5′ 말단에 추가된 서열을 포함하면 최종산물에서 원하는 서열(예: 제한효소부위)이 존재하게 된다(그림 17.8).
- 깁슨 조립은 제한효소를 포함하지 않는 효소반응에 의한 특정 조각의 공통 부분을 이용하는 무봉합 클로닝을 유도하는 일련의 반응들이다(그림 17.8).

17.3 유전체와 메타유전체 도서관: 조각으로 유전체 클로닝

- 때로 유전자의 DNA 서열에 대한 지식이 없이 염색체에서 유전자를 찾아야 한다. 유전체 도서관은 생명체의 유전체를 여러 조각으로 절단하고, 각 조각을 벡터에 클론하여 독특한 재조합 플라스미드를 만드는 방법으로 제조된다.
- 메타유전체 도서관은 비슷하게 생성되지만, 시작 DNA는 단일 유기체가 아닌 환경 샘플에서 유래된다.
- 유전체와 메타유전체 도서관은 찾고자 하는 유전자의 표현형 구제(유전자 보상)로 탐색한다(그림 17.9).

17.4 숙주세포에서 외부 유전자의 발현

- 발현벡터는 어떤 유전자 발현에도 필요한 특징을 갖추고 있다.
- 재조합 단백질의 정제는 단백질의 암호화서열을 발현벡터에 있는 6개의 히스티딘 잔기 코돈과의 융합을 통해 얻는다. 세균에 주입되어 발현될 때, His-tagged 단백질은 선택적으로 정제된다(그림 17.10).
- 녹색형광단백질은 유전자 발현 조절(전사융합)과 단백질 위치(번역융합) 연구에 사용된다(그림 17.11).

17.5 Cas9 핵산분해효소는 유전체 편집에 사용되는 프로그램 가능한 도구이다

- Cas-gRNA 핵산분해효소는 정확한 DNA 절삭 도구이다. 효소의 위치 결정성분은 RNA 분자이기 때문에 유전체의 특정 부위에 효소를 위치하도록 수정할 수 있다.
- Cas-gRNA에 의해 촉매된 이중가닥의 DNA 손실 수선은 원하는 변화가 제공된 서열로 세포에 도입되었을 때 치환 또는 삭제에 의해 주변 DNA의 치환을 유도할 수 있다(그림 17.12).

17.6 생명공학은 산업 맞춤형 미생물을 개발한다

- 특정부위 돌연변이 유도와 단백질 공학은 유전자와 그 발현을 수정하기 위해 사용된다. 이러한 접근 방식은 새로운 특성을 가진 제품으로 이어지고 있다(그림 17.13).
- 유도진화는 특히 유용한 방법으로 그 기능을 최적화하는 것을 목표하는 변화를 위한 특정 분자를 타겟으로 설계된 기술을 포함한다(표 17.2).
- 합성생물학은 새로운 세포 행동과 생성물을 구축하고 구성하기 위한 분자적인 방법을 사용하는 것이다.

심화 학습

1. 당신이 대장균 리보플라빈 구조유전자를 클로닝했다고 하자. 그런데 벡터에 클론된 유전자를 가지는 리보클라빈 대장균 영양요구체는 야생형보다 적은 양의 리보플라빈을 만든다는 것을 발견하였다. 그 이유가 무엇인가?
2. 당신은 그람양성 세균인 *Geobacillus strearothermophilus*가 만들어내는 단백질분해효소의 활성과 조절에 흥미가 있다고 가정해보자. His-tag가 있는 단백질분해효소, 단백질분해효소 프로모터에 GFP 암호화서열 융합을 제조하는 목적이 무엇인가? 단백질분해효소 암호화서열에 GFP 암호화서열 융합을 제조하는 목적이 무엇인가?
3. 최근에 분리된 세균의 유전체 서열은 제한효소를 암호화할 것으로 예측되는 유전자를 포함한다. 대장균에서 유전자를 발현하고 His-tag로 효소를 정제하는 단계를 나열하시오. His-tag가 효소의 활동에 영향을 미치는지 어떻게 판단할 수 있는가? 또한 DNA를 이 새로운 생명체에 도입하는 실험을 수행하고자 하며, 이 생명체는 자연적으로 형질전환이 가능하지만, 외부 DNA를 분해하는 제한효소가 매우 활성화되어 있다. 제한효소 활성도를 상실한 이 분리주의 변종을 개발하는 전략을 설명하시오.
4. 맥주의 효모인 *Saccharomyces cerevisiae*는 젖당을 대사하지 않지만, 젖당을 소비할 수 있는 공학적인 *S. cerevisiae*의 변종은 산업적인 관심사이다. 왜냐하면 이러한 변종은 유청(치즈 생산에 사용할 수 없는 부산물)을 에탄올로 바꿀 수 있기 때문이다. 이러한 변종은 다른 효모인 *Kluyveromyces lactis*로부터 β-갈락토시다아제와 젖당 투과효소를 암호화하는 유전자를 *S. cerevisiae*로 클로닝함으로써 만들어졌다. 그러나 재조합된 *S. cerevisiae*는 *K. lactis* 유전자를 낮은 수준으로만 발현하기 때문에 젖당이 거의 소비되지 않는다. 공학적인 *S. cerevisiae*에 의해 β-갈락토시디아제 생산을 향상시키기 위해 적용될 수 있는 유도진화 기술에 대해 논의하시오.
5. SARS-CoV-2 백신을 만드는 한 가지 방법은 바이러스 입자의 표면에 위치한 스파이크 단백질을 정제하는 것이다(그림 6.7b 참조). 이론적으로 정제된 스파이크 단백질만으로도 면역력을 이끌어내야 한다. 이러한 재조합 백신을 만드는 데 필요한 단계를 개략적으로 설명하시오. 공개 데이터베이스에서 사용할 수 있는 단일가닥 RNA 유전체를 포함하는 바이러스 시료로부터 시작하시오.
6. 인디애나 대학의 과학자들은 이형 유전자를 표현하기 위해 로타바이러스를 이용해왔다. 로타바이러스는 약 18,500 bp의 이중

가닥 RNA 유전체를 가지고 있으며, 관련 균주는 최대 1,200 bp 크기의 유전체를 가지고 있다. 로타바이러스 유전체에 추가된 유전자는 세포 감염 과정에서 발현된다. 원리의 증거로서, 실험자들은 전략과 재조합된 로타바이러스 둘다 실행 가능한지 확인하기 위해 어떤 종류의 단백질을 로타바이러스 유전체에 먼저 삽입하고 싶어 하는가? (힌트: 현미경으로 로타바이러스 감염을 관찰하는 것은 쉬울 것이다.)
로타바이러스 유전체의 조작은 플라스미드 벡터에서 수행된다. 로타바이러스 유전자를 운반하는 대장균 플라스미드를 만들기 위해 dsRNA 유전체를 분리한 후 어떤 조치를 취할 것인가? 무엇이 재조합 로타바이러스에서 발현될 수 있는 유전자의 크기를 제한할 수 있을까?

참고문헌: Philip, A. A. and J. T. Patton. 2020. Expression of separate heterologous proteins from the rotavirus NSP3 genome segment. *J. Virol.* e00959-20.

CHAPTER

18

미생물 유전체학

miljko/E+/Getty Images

유전체에는 무엇이 있을까?

유전체 서열이 우리에게 무엇을 말해줄까? 적어도 그것은 생명체가 가지고 있는 모든 유전자를 밝혀줄 것이다. 더 나아가 그것은 생명체가 표현할 수 있는 모든 단백질, tRNA, rRNA를 알려줄 것이다.

하지만 정말로 유전체가 우리에게 무엇을 말해줄 수 있을까? COVID-19를 유발하는 코로나바이러스인 SARS-CoV-2의 경우, 다음과 같은 중요한 질문에 대답하는 데 도움이 될 수 있다. 바이러스가 어디서부터 왔는가? 팬데믹은 어떻게 퍼지고 있는가? 그리고 어떻게 백신을 개발할 수 있는가? 이들에 대해 살펴보도록 하자.

SARS-CoV-2는 어디에서 왔을까? 2003년 사스 발생의 주범이었던 중증급성호흡기증후군 코로나바이러스(SARS-CoV)가 가장 유연관계가 가까울 것이라고 생각할 수 있다. 그러나 그것의 유전체는 COVID-19를 일으키는 것과 79%만 동일하다. 지금까지 SARS-CoV-2와 가장 가까운 친척은 말굽박쥐에서 발견되는 바이러스로 박쥐와 인간 바이러스 사이의 유전체 서열 일치율이 약 96%이다. 박쥐 바이러스가 다른 동물에게로 옮겨가 사람에게로 왔다는 가설도 있다. 이것이 바로 2003년 사스 대유행의 시작이다. SARS-CoV는 말굽박쥐에서 사향고양이라고 불리는 고양이로 전파됐다. 그리고 사향고양이에서 인간에게로 전달되었다. 이것을 어떻게 알 수 있었을까? 사향고양이에서 배양된 바이러스는 사스 환자에서 채취한 SARS-CoV와 99.6% 일치했다. 높은 수준의 서열 일치율은 바이러스가 인간에게 도달하기 전에 박쥐에서 사향고양이로 최근에야 전파되었다는 것을 말해준다. 바이러스 사냥꾼들은 현재 SARS-CoV-2와 가장 가까운 친척이 잠복하고 있는 동물을 찾고 있다.

팬데믹은 어떻게 퍼지고 있을까? COVID-19가 발생하는 모든 곳에는, 현지 감염자의 바이러스 유전체 서열을 파악하는 과학자들이 있다. 단일 바이러스는 각 숙주에서 여러 번 복제되며, 복제 과정 중에 오류가 발생할 수 있다는 점을 생각해봤을 때, 단백질 구조나 기능에 영향을 미치지 않는 돌연변이의 축적은 바이러스의 가계도를 구축할 수 있게 한다. 이 가계도를 통해 역학자는 유전자 변이가 전세계를 돌아다닐 때의 지리적 분포를 추적할 수 있다.

어떻게 백신을 개발할 수 있을까? 가장 초기의 관찰 중 하나는 SARS-CoV-2 표면의 스파이크 단백질이 SARS-CoV의 단백질과 상동성을 공유한다는 것이다. 스파이크 단백질은 숙주세포로의 진입을 여는 중요한 '열쇠'이다. 팬데믹의 첫 6개월 동안 개발된 150개의 백신 후보들 중에서, 가장 일반적으로 사용되게 된 후보들은 스파이크 단백질을 목표로 한다.

유전체학의 영향은 의학적인 응용 범위를 넘어선다. 사실, 생물학의 어떤 하위 분야도 유전학 혁명의 영향을 받지 않는 것이 없다. 우리는 유전체학이 필요로 하는 기술에 대해 논의하는 것으로 유전체학에 대한 논의를 시작한 다음, 유전체학이 제공하는 엄청난 양의 정보의 적용에 대해 살펴본다.

이 장의 학습을 위해 점검할 사항:

✓ DNA, RNA, 단백질의 주요한 구성요소를 이해할 수 있다(13.2절).

✓ 유전자 용어의 의미를 논의할 수 있다.

✓ PCR의 과정과 유용성을 설명할 수 있다(17.2절).

✓ 전기영동의 핵심적인 원리를 표로 작성할 수 있다(기술 및 응용 17.1).

✓ 유전체 도서관의 목적, 제조, 검사를 요약할 수 있다(17.3절).

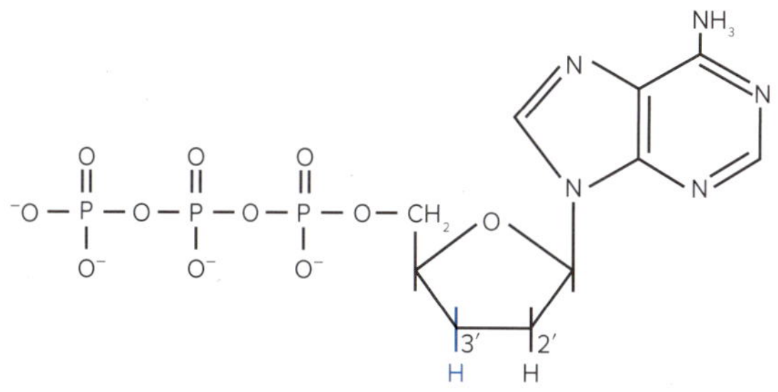

그림 18.1 디데옥시아데노신 3인산(ddATP). 3′ 탄소(파란색)에 수산기가 없어 DNA 중합효소에 의한 사슬 연장이 불가능한 것을 주의하자(그림 13.4와 비교하라).

연관 질문 DNA 합성과정에서 3′-OH의 기능은 무엇인가?

18.1 DNA 염기서열분석법

이 절을 학습한 후 점검할 사항:

a. 생어 사슬-종결 분석법에 의해 어떻게 DNA가 서열화되는지 설명할 수 있다.

b. 생어 방법과 차세대 DNA 염기서열분석법의 장단점을 비교할 수 있다.

유전학 시대는 21세기 현상이라고 생각된다. 하지만 유전학의 혁명을 이끈 가장 중요한 단계 중 하나는 DNA의 염기서열분석법을 생각해내는 것이다. 이것은 1977년 막삼(Alan Maxam)과 길버트(Walter Gilbert)의 공동 연구와 생어(Frederick Sanger)의 연구, 이렇게 2개의 그룹에 의해서 성취되었다. 여기에서는 가장 널리 쓰이는 생어 방법을 논의할 것이다.

생어 DNA 염기서열분석법

생어 방법은 서열분석을 할 DNA를 주형으로 삼아 새로운 DNA를 합성하는 방법이다. 단일가닥 주형 DNA를 올리고뉴클레오티드 프라이머(서열분석될 부위와 상보적인 12~20 뉴클레오티드 DNA, 새로운 가닥 합성을 개시한다), DNA 중합효소, 4종의 데옥시뉴클레오시드 3인산(dNTP), 그리고 디데옥시뉴클레오시드 3인산(dideoxynucleoside triphosphate, ddNTP)과 섞어주면서 반응이 시작된다. 디데옥시뉴클레오시드 3인산은 3′ 탄소에 수산기(hydroxyl group)가 없다는 것이 dNTP와 다른 점이다(**그림 18.1**). 이러한 반응혼합물에서, DNA 합성은 dNTP가 아닌 ddNTP가 첨가될 때까지 진행된다. ddNTP는 3′-OH가 없어서 나음에 들어올 dNTP의 5′-PO_4가 공격하지 못한다(그림 13.11 참조). 생어 방법은 실제로 **사슬종결 DNA 염기서열분석법**(chain-termination DNA sequencing method)이라고 한다.

서열 정보를 얻으려면, 각 ddNTP마다 하나씩 4개의 합성반응이 수행되어야 한다(**그림 18.2**). ddNTP는 4개의 정상적인 dNTP와 모두 혼합되어 있으며, DNA 합성이 진행됨에 따라 ddNTP는 dNTP 대신 신장 중인 DNA 가닥에 가끔 들어간다. 이것은 길이가 다른 DNA 조각들의 집합을 초래하고 각각은 동일한 ddNTP로 끝난다. 예를 들어, ddATP + dATP, dTTP, dGTP, dCTP로 준비된 반응은 A로 끝나는 조각을 생성하며, ddTTP를 가진 파편은 T 말단 조각을 생성한다. DNA 합성이 완료된 후 가열을 통해 DNA를 단일가닥으로 만든다. 종종 자동화 DNA 서열분석이 이용된다(**그림 18.3**). 이 경우에는 각 ddNTP가 다른 색상의 형광염료로 표지된다. 그 결과로 생긴 조각들은 전기영동에 의해 분리된다. 각 조각들의 이동률은 분자량의 로그값에 반비례하는 것을 기억하자. 단순하게 말하면, 작은 조각일수록 겔을 빨리 통과하여 이동한다. 합성은 프라이머의 3′-OH에 뉴클레오티드가 첨가되면서 진행되기 때문에 가장 짧은 조각의 말단에 있는 ddNTP는 DNA 서열의 5′ 말단에 해당한다. 반면, 가장 긴 조각은 3′ 말단이다. 이러한 방법으로 DNA 서열은 겔에서 가장 짧은 것에서 긴 조각으로 비로 읽혀진다. ◀ 겔 전기영동(기술 및 응용 17.1)

자동화된 염기서열분석법은 가장 작은 것부터 가장 큰 크기의 DNA 조각이 겔의 바닥을 빠져나갈 때 레이저 빔을 사용하여 탐지한다. 각 ddNTP가 다른 색의 형광염료로 표지되어 있기 때문에 가능하다. 이것은 크로마토그램이라고 불리는 그래프에 기록되는데, 각각의 스파이크의 진폭이 각각의 특정 조각의 형광 강도를 나타낸다(그림 18.3b). 피크에 해당하는 DNA 서열은 크로마토그램 위에 적혀 있다. 자동화된 생어 사슬종결 DNA 염기서열분석법은 단일 전기영동 실행에서 500~800 bp를 정확하게 판독할 수 있다.

합성에 의한 DNA 염기서열분석법

생어의 사슬종결법은 2001년 첫 번째 인간 유전체 프로젝트에 사용되었다. 이는 비용이 약 3억 달러가 들었고 완성하는 데 약 10년이 걸렸다. 당시에는 이것이 놀라운 업적이었지만, 생어 염기서열분석

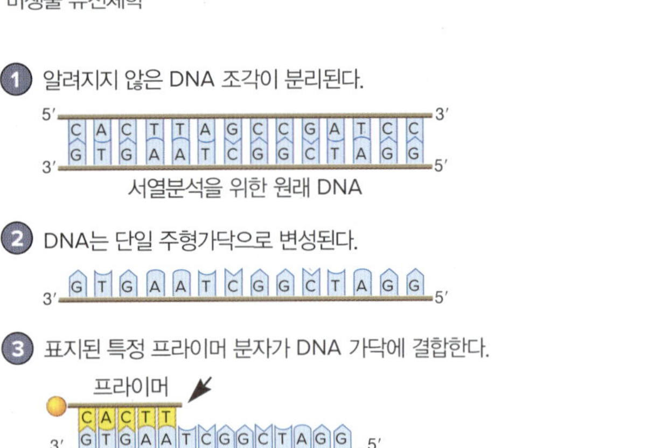

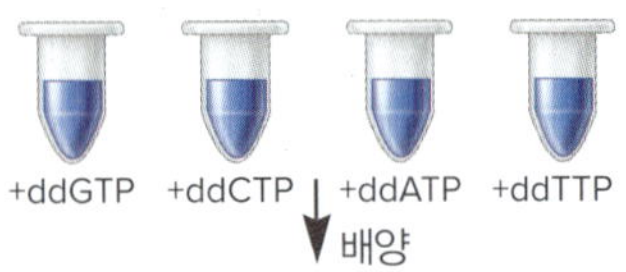

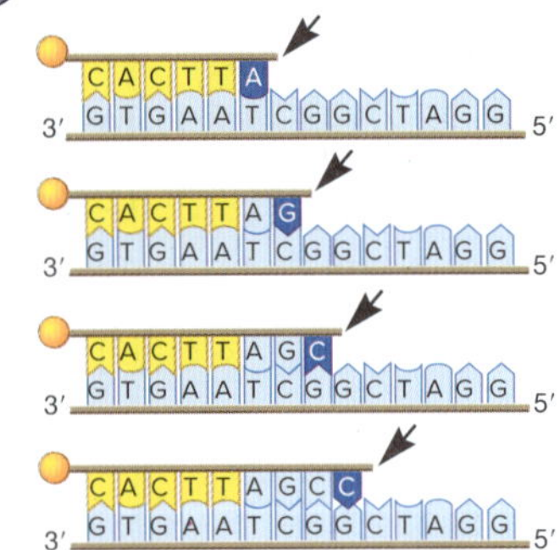

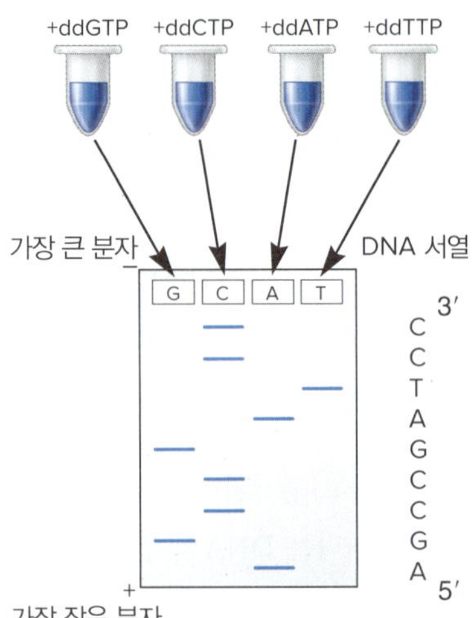

그림 18.2 생어 DNA 염기서열분석법. 1~6단계는 수동 및 자동 염기서열분석법에 모두 사용할 수 있다. 7단계는 수동 염기서열분석에서 방사성이 표지된 ddNTP를 사용할 때 겔을 준비하는 모습이다. 수동 염기서열분석은 거의 사용되지 않지만 DNA 염기서열이 어떻게 결정되는지 이해하는 데 도움이 된다.

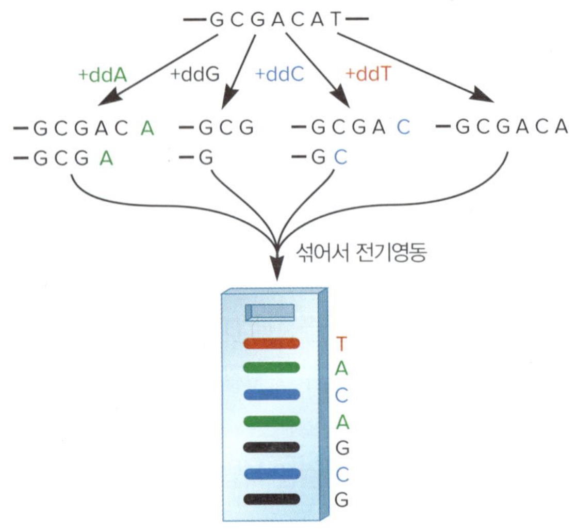

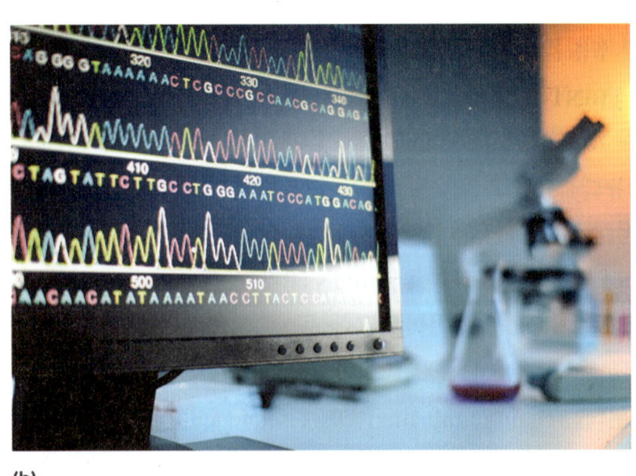

그림 18.3 자동화된 생어 DNA 염기서열분석법. (a) 자동 DNA 염기서열분석의 일부이다. 여기서 ddNTP는 형광염색으로 표지되어 있다. (b) 자동화된 DNA 염기서열분석 결과의 예이다. (b) Nicolas/E+/Getty Images

법은 비싸고 시간이 많이 걸린다. 과학자들은 유전체의 염기서열을 더 빠르고 저렴하게 분석하길 원하기 때문에 혁신적이고 새로운 DNA 염기서열분석법이 발명되었다.

이러한 새로운 기술들은 **차세대 DNA 염기서열분석법**(next-generation sequencing, NGS)이라 불린다. 이것은 생어 방법과는 설정이 매우 다르다. NGS는 용액 내의 긴 유전체 가닥보다는 고체 기질을 붙인 짧게 조각난 DNA 주형의 조각을 사용한다. 또 다른 주요 차이점은 수천 개의 동일한 DNA 조각이 동시에 서열분석된다는 것으로, 때때로 이러한 방법들을 **대량 병렬 염기서열분석법**(massively parallel sequencing technique)이라고 한다. 유전체 염기서열을 싸고 빠르게 만들 수 있다. 이 장에서 논의한 대로 NGS는 개별 DNA 조각을 벡터에 삽입(즉, 클로닝)할 필요가 없다. 이것은 모든 DNA 조각을 주어진 벡터에 클로닝하는 것이 거의 불가능하기 때문에 중요하다. ◀ 유전체와 메타유전체 도서관: 조각으로 유전체 클로닝(17.3절)

비록 몇몇 NGS 기법이 상용화되었지만, 현재 **가역적 사슬종결 염기서열분석법**(reversible chain termination sequencing)이 가장 빈번하게 사용된다. 이것은 홈이 잘려진 유리 슬라이드인 유동 셀(flow cell)에서 일어난다. 유동 셀은 점착된 DNA의 손실 없이 시약의 추

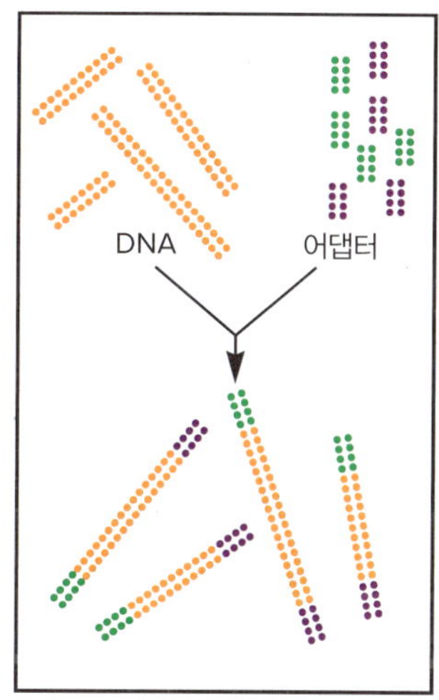

1. DNA는 조각난 뒤, 각 조각의 양쪽 말단에 어댑터가 결합한다.

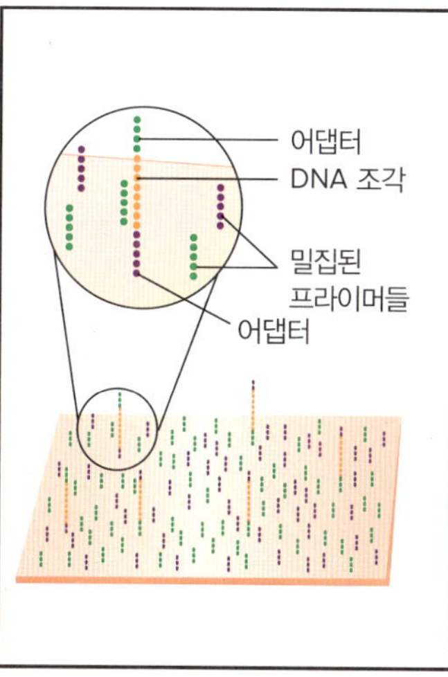

2. 단일가닥 조각이 유동 셀 표면에 결합한다.

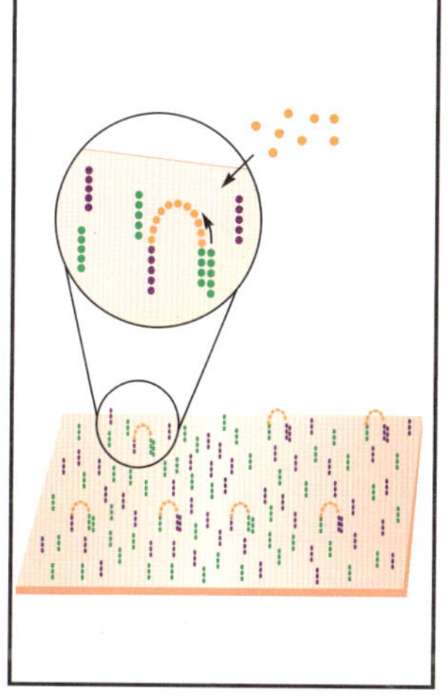
3. 표지되지 않은 뉴클레오티드를 포함한 PCR 시약이 추가되어 각 조각의 브릿지 PCR 증폭이 시작된다.

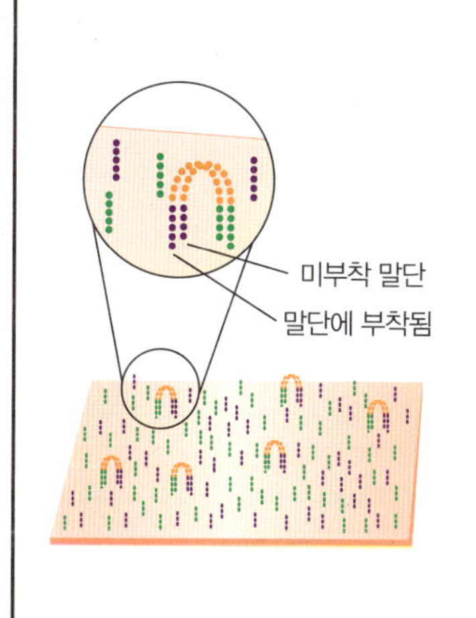

4. 브릿지 PCR 증폭을 통해 유동 셀 표면에 양쪽 말단이 결합한 이중가닥 조각이 생산된다.

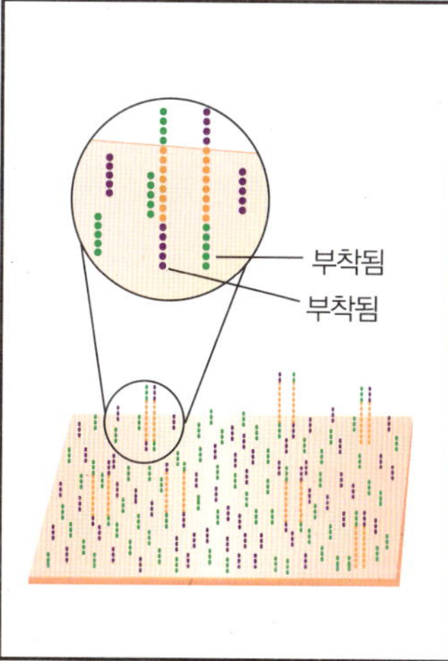

5. 조각은 단일가닥으로 변성된다.

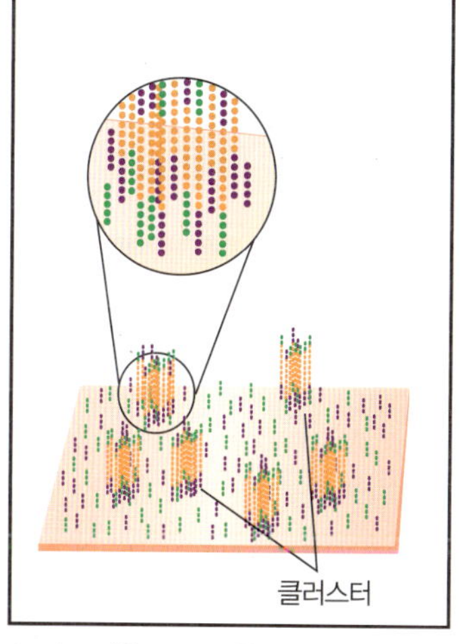

6. 각 조각은 PCR 주형으로 이용되어 수백만 개의 동일한 조각이 군집을 생산한다.

그림 18.4 가역적 사슬종결 염기서열분석법.

연관 질문 동일한 DNA 조각들이 함께 뭉쳐져 있는 것이 왜 중요한가?

(계속)

가, 배출, 새로운 시약의 추가를 가능하게 한다.

이 과정은 주형 DNA를 절단하고 어댑터라고 불리는 올리고뉴클레오티드를 각 끝에 추가하는 것으로 시작한다(**그림 18.4**, 1단계). DNA 조각 각각의 한쪽 끝에 있는 어댑터는 그것을 유동 셀에 부착한다. 다른 쪽 끝의 어댑터는 DNA 조각을 기질에 고정시키지만, 유동 셀에 이미 부착된 짧은 뉴클레오티드 조각(올리고뉴클레오티드)에 결합함으로써 그렇게 한다(그림 18.4 2단계). 일단 결합되면, 주형 DNA는 양쪽 끝이 유동 셀에 부착된 루프를 형성한다. 올리고뉴클레오티드는 중합효소연쇄반응을 개시하기 위한 프라이머로 사용된다(PCR, 그림 18.4 3단계). 다음으로, '브리지 증폭(bridge amplification)'이라고 불리는 과정에서 PCR은 DNA 주형을 사용하여 슬라이드의 표면에 퍼져있는 DNA의 동일한 이중가닥 조각의 군집을 만든다(그림 18.4 4단계).

다음 단계에서는 이중가닥 조각이 변성되고, 유동 셀이 씻긴다. 이렇게 하면 서열분석을 위한 단일가닥의 선형 조각 묶음이 준비된다(그림 18.4 5단계와 6단계). 중합효소연쇄반응은 표적 DNA을 증

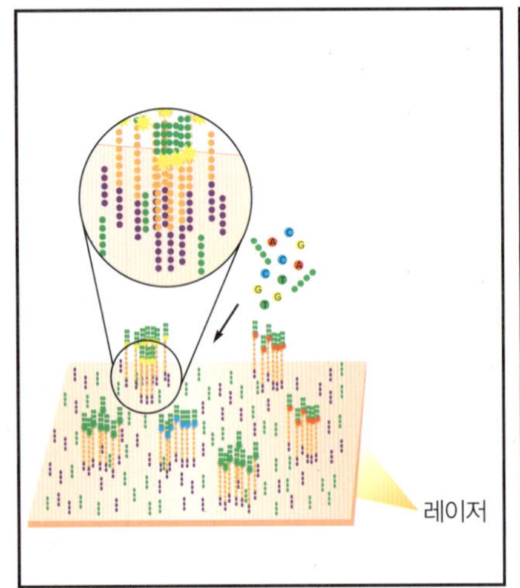

7. 첫 번째 염기서열 회로는 프라이머 및 가역성 종결자가 있는 표지된 뉴클레오티드를 포함한 시약을 추가하면서 시작된다.

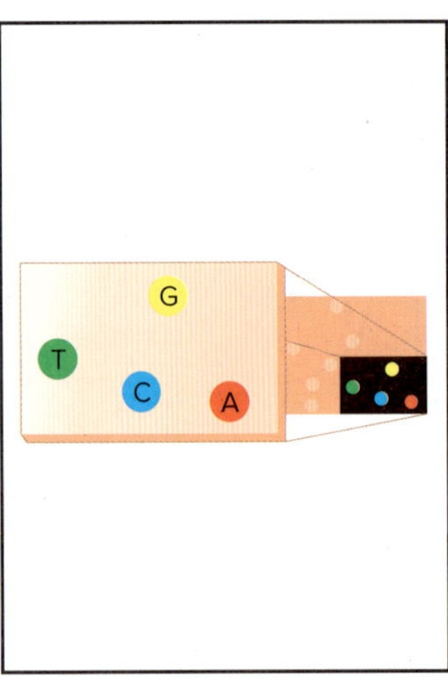

8. 각 조각의 군집으로부터 형광신호의 영상수집 후 레이저 여기(excitation)가 일어난다. 이는 기록되는 첫 번째 염기를 식별한다.

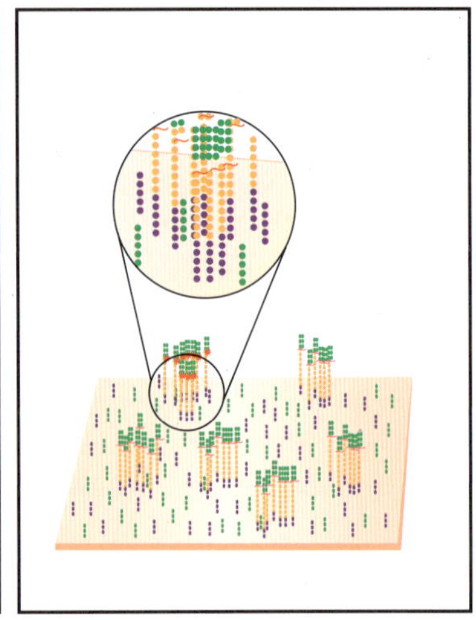

9. 가역형 종결자의 효소 절단을 통해 두 번째 염기서열분석 회로가 시작된다.

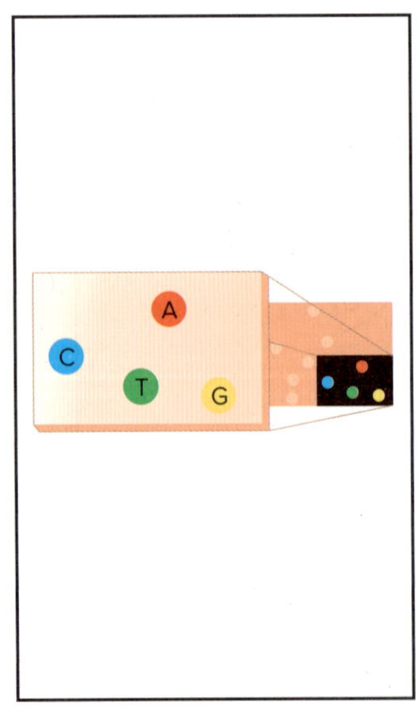

10. 레이저 여기는 각 조각 군집의 두 번째 염기를 식별하는 신호를 생성한다.

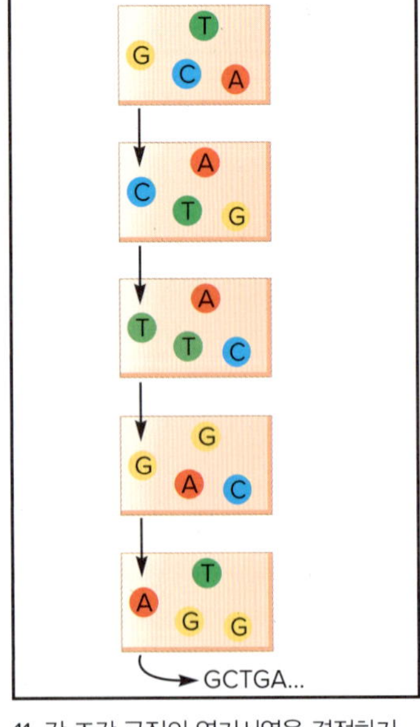

11. 각 조각 군집의 염기서열을 결정하기 위해 종결자의 절단과 염기서열분석이 반복된다.

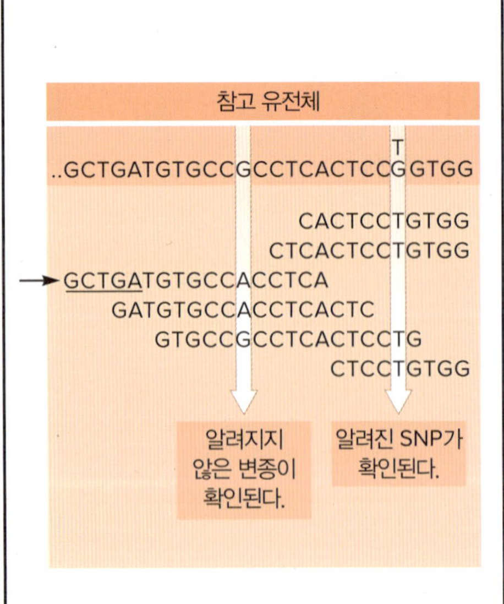

12. 염기서열을 정렬하고 참고 데이터베이스와 비교한다. SNP: 단일 뉴클레오티드 다형성.

그림 18.4 (계속)

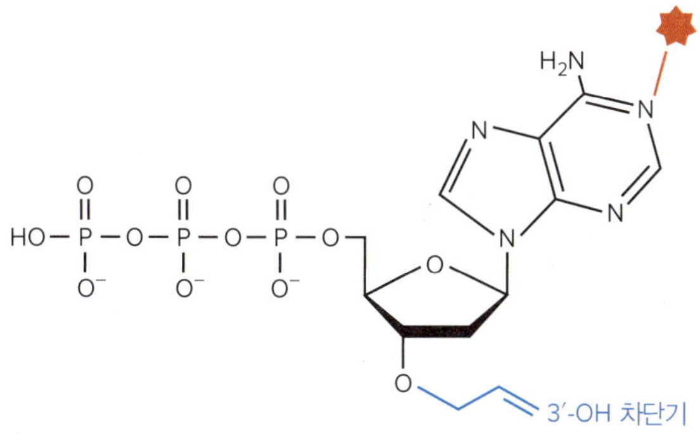

그림 18.5 가역적 사슬종결 염기서열분석법에 사용되는 수정된 염기. 이 예는 수정된 dATP를 보여주며, 3′-OH 차단기(푸른색)와 아데닌에 형광 태그(붉은색)가 부착되어 있다. 염기는 신장되는 가닥에 끼어들어가는 동안 PPi가 제거될 때만 형광을 나타낸다. 그런 다음 지속적인 DNA 합성에 필요한 3′-OH를 노출하여 3′ 차단기를 효소적으로 제거한다.

폭한다. ◀ 중합효소연쇄반응은 표적 DNA를 증폭시킨다(17.2절)

이제 유동 셀에 부착된 DNA가 군집으로 증폭되었으므로 염기서열분석을 수행할 준비가 되었다. **합성에 의한 염기서열분석법**(sequencing by synthesis)이라고 불리는 기술은 각각의 뉴클레오티드가 들어올 때 식별한다. 생어 염기서열분석과 마찬가지로 합성 염기서열분석은 성장 중인 가닥에 도입될 때, 3′-OH가 차단되어 반응을 멈추게 하는 형광 뉴클레오티드를 사용한다(**그림 18.5**). 단, 생어 염기서열분석(그림 18.1)에서는 디데옥시뉴클레오티드를 사용하는 반면, 여기서는 효소적으로 제거할 수 있는 작은 화학기가 추가된다. 또 다른 큰 차이점은 변형된 뉴클레오티드가 성장하는 DNA 가닥에 끼어들어갈 때까지 형광을 나타내지 않는다는 것이다.

레이저 광학으로 결정되는 각 뉴클레오티드의 결합은 다음 과정들을 포함한다. (1) DNA 중합효소, 4개의 변형 dNTP, 그리고 DNA 합성에 필요한 다른 시약들과 주형으로 사용되는 고정된 조각들을 유동 셀에 첨가한다(그림 18.4 7단계). (2) 주형가닥에 의해 결정되는 변형 뉴클레오티드의 결합이 일어나고 형광 태그가 빛을 발산하는 동시에 합성을 지연시킨다. 이러한 일시정지는 형광 태그의 색에 의해 결합된 염기가 결정된다(그림 18.4 8단계). (3) 합성에 필요한 시약들은 유동 셀에서 방출되고, (4) 절단효소 시약들이 주입된다. (5) 형광표지와 차단분자를 제거하여 3′-OH를 노출시킨다. 마지막으로 (6) 효소 칵테일을 씻어내고 합성 시약을 다시 한번 첨가하여 주기가 반복된다(그림 18.4 9단계). 어떤 단일 뉴클레오티드가 방출하는 빛을 정확하게 기록하기에는 너무 어둡기 때문에 동일한 조각의 각 집단은 동시에 신장되어야 충분히 큰 신호를 생성할 수 있다. 동일한 뉴클레오티드를 동시에 집단의 각 동일 조각에 결합시키면 검출할 수 있는 충분한 진폭을 가진 신호가 생성된다(그림 18.4 8단계와 10단계). 따라서 각 판독치의 길이(단일 반응으로 결정되는 뉴클레오티드의 수)가 생어 서열분석의 길이보다 훨씬 짧은 이유가 설명된다. 약 150~300개의 염기가 결합된 뒤에는 뉴클레오티드 결합의 동기성이 악화된다. 즉, 동일한 주형의 집단에서 상보가닥의 합성은 '동기화되지 않음'이 된다. 강력한 동기화 신호가 없으면 데이터가 모호해진다. 그럼에도 불구하고 짧은 판독치는 생성된 데이터의 양으로 보상된다. 유동 셀당 최소 1.5 GB(10억 개의 염기)가 약 하루 만에 판독되며, 새로운 시스템은 약 이틀 만에 최대 120 GB까지 판독한다. 이 값을 하루에 약 100만 개의 염기를 판독하는 자동화된 생어 염기서열분석법의 출력값과 비교해보자. 평균 400만 염기쌍의 세균 유전체로 NGS의 엄청난 힘을 감상할 수 있다.

여기에 기술된 방법 외에도 다양한 새로운 접근법이 개발되고 있다. 예를 들어, 새로운 염기서열분석 플랫폼은 검체 준비과정을 개선하고, 신호 검출 개선, 높은 시약 농도를 더 빠르게 달성하도록 표면을 최적화하여 더 긴 판독 길이에 도달하는 방법을 모색한다. 개선의 여지가 있지만 차세대 DNA 염기서열 기술은 이미 시간과 비용을 획기적으로 줄이고 정확도를 높여 유전체에 혁명을 일으켰다.

18.2 유전체 염기서열분석법

이 절을 학습한 후 점검할 사항:

- **a.** 전체유전체 샷건 염기서열분석법의 사용 단계를 나열할 수 있다.
- **b.** 생어 염기서열분석법과 차세대 염기서열분석법(NGS)을 이용한 유전체 염기서열 조립을 비교할 수 있다.
- **c.** 다중변위 증폭법의 방법과 어떻게 이 기술이 사용되는지를 설명할 수 있다.

1995년 벤터(J. Craig Venter), 스미스(Hamilton Smith)와 협력 연구진들은 최초로 세균 유전체의 염기서열을 분석하였다. 그 이전에는 바이러스의 작은 유전체들만이 서열분석되어 있었다. 세균 유전체를 분석 가능한 크기로 줄이기 위해, 그들은 염기서열 데이터를 전체유전체로 합치는 데 필요한 **전체유전체 샷건 염기서열분석법**(whole genome shotgun sequencing)과 컴퓨터 소프트웨어를 개발하였다. 산탄총 배열과 서열분석 데이터를 완전한 유전체로 조립하는 데 필요한 컴퓨터 소프트웨어를 개발했다. 이들은 새로운 방법을 사용하여 *Haemophilus influenzae*와 *Mycoplasma genitalium*의 유전체를 분석하였다. 이 성과로 벤터와 스미스는 유전체 시대를 열었다. 20년 안에 발표된 완전한 유전체의 수는 3가지 생물 영역에 걸쳐서 2개에서 수천 개로 늘어났다.

전체유전체 샷건 염기서열분석법

비록 그것이 도입되었을 때 혁명적이긴 했지만, 시료 준비는 전체유전체 샷건 염기서열분석법의 가장 큰 단점 중 하나로 여겨진다. 이는 염기서열을 분석할 각 유전체를 조각으로 잘라 벡터로 클로닝해야 하기 때문이다(즉, 유전체 도서관의 구축, 그림 17.9 참조). 유전체 도서관이 구축되면, 염기서열분석 과정은 3단계로 나눌 수 있다. 여기서는 다음 무작위 염기서열분석법, 조각 정렬과 간극 채우기, 교정 단계들에 대해 간략하게 설명한다.

1. **무작위 염기서열분석법**(random sequencing). 복제된 DNA를 운반하는 벡터는 추출되고 그들이 운반하는 유전체 조각은 생어 염기서열로 분석된다. 보통 모든 유전체는 최종 결과의 정확도를 높이기 위해 8~10회 정도 서열분석된다.
2. **조각 정렬과 간극 채우기**(fragment alignment and gap closure). 컴퓨터 분석을 통해, 각 염색체 조각의 DNA 서열 정보는 더 긴 서열로 조립된다. 겹치는 염기서열(즉, 동일서열)을 가진 조각들은 더 긴 DNA를 형성하기 위해 서로 연결된다. 이러한 조각들이 서로 쌓이면서 **콘티그**(contig)라 불리는 더 큰 연속적 뉴클레오티드 서열이 형성된다(**그림 18.6**). 때때로 겹치는 염기서열이 누락되어 콘티그 사이에 틈이 생기기도 한다. 누락된 염기서열을 얻기 위한 몇 가지 전략이 있다. 궁극적으로 콘티그는 완전한 유전체 염기서열을 형성하기 위해 적절한 순서로 정렬된다. **비계**(scaffold)라는 용어는 콘티그 사이에 지속되는 간격이 있는 배열된 염기서열을 설명하기 위해 사용된다.
3. **교정**(editing). 염기서열이 확실치 않은 부분 또는 틀이동을 해결하기 위해 주의 깊게 교정을 본다. 동일한 서열을 여러번 분석한 결과가 똑같고 두 DNA 가닥의 서열이 상호보완적인지 확인함으로써 교정이 이루어진다.

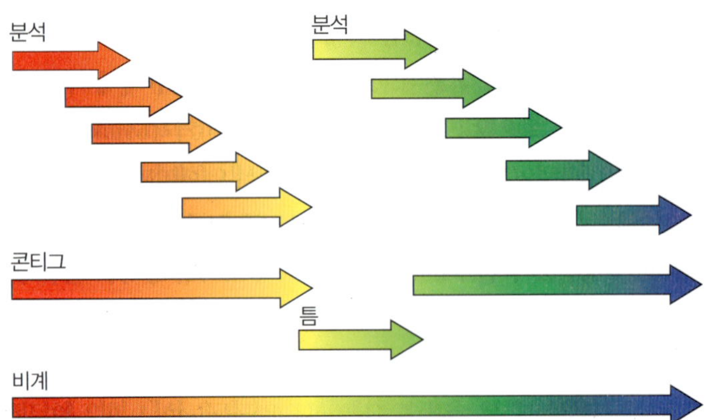

그림 18.6 비계를 구성하기 위한 염기서열이 파악된 DNA 정렬. DNA 조각(또는 분석된)은 겹치는 염기서열에 의해 결정되는 대로 정렬된다. 이 조각들은 콘티그를 형성하며, 그것들은 규소로 연결되어 비계를 형성한다. 유전체 서열을 완성하기 위해서는 비계에 배열된 DNA의 틈이 채워져야 한다.

차세대 유전체 염기서열분석법

생어 염기서열분석법은 유전체 시대를 열었다. 그러나 차세대 유전체 염기서열분석법(NGS)의 등장으로, 특히 미생물의 경우 유전체 염기서열분석은 시간, 비용, 개선된 결과면에서 훨씬 더 실용적이 되었다. 생어 염기서열분석(그림 18.4)과 같이 유전체 조각이 벡터로 복제되지 않기 때문에 NGS가 훨씬 더 효율적이다. 거의 100%의 어댑터가 있는 유전체 조각이 고체 기질(예: 유동 셀 표면)에 결합하는 반면, 클로닝은 80% 이상의 유전자 조각을 유전체 도서관으로 클로닝하는데 많은 기술과 행운이 필요하다.

분석범위의 깊이와 폭이라는 2가지 요인에서 NGS 등장은 최종 유전체 염기서열분석의 질에 상당한 영향을 미쳤다. **분석범위의 깊이**(depth of coverage)는 유전체(또는 기타 염기서열분석 프로젝트)에서 각 뉴클레오티드가 분석된 평균 횟수를 가리킨다. 사용되는 기술에 따라 단일 뉴클레오티드를 18회에서 100회까지 읽을 수 있다(서열을 분석할 수 있다). **딥 시퀀싱**(deep sequencing)이란 용어는 유전체의 각 뉴클레오티드가 매우 높은 평균 횟수로 염기서열이 분석된 것을 말한다. **분석범위의 폭**(breath of coverage)은 전체유전체 염기서열의 어느 정도까지가 분석되었는지를 가리킨다. 100% 분석범위는 간극 없이 유전체 염기서열분석이 완성됨을 의미한다. 이상적으로는 100% 범위 내에서 딥 시퀀싱이 이루어진다. NGS는 유전체 도서관 구축을 수반하지 않기 때문에 거의 항상 더 넓은 분석범위를 산출한다. 분석범위의 깊이도 생어 염기서열분석법과는 사뭇 다르다. 생어 유전체 염기서열분석법을 사용할 때 유전체의 특정 부위는 일반적으로 10회 이하로 배열된다. 이와는 대조적으로, NGS는 동일한 유전체 조각이 30~100회 분석되어 정확도를 크게 높인다. 이는 염기서열분석 반응에 사용되는 DNA 중합효소는 교정 능력이 부족하여 일치하지 않는 염기서열을 교정할 수 없기 때문에 중요하다. 딥 NGS는 동일한 유전체를 여러 번 다시 읽음으로써 DNA 중합효소 반응의 한계를 극복한다. 다수의 분석과 일치하지 않는 결과는 실수로 인식된다.

단세포 염기서열분석법

이제 단일 미생물세포에 존재하는 몇 펨토그램(10^{-15} g)의 DNA를 염기서열분석에 필요한 몇 마이크로그램(10^{-6} g)까지 증폭시킬 수 있다. 이것은 중요한 돌파구인데, 왜냐하면 대다수의 미생물들은 무균 상태로 배양될 수 없기 때문이다(즉, 순수 배양에서). 이는 자연환

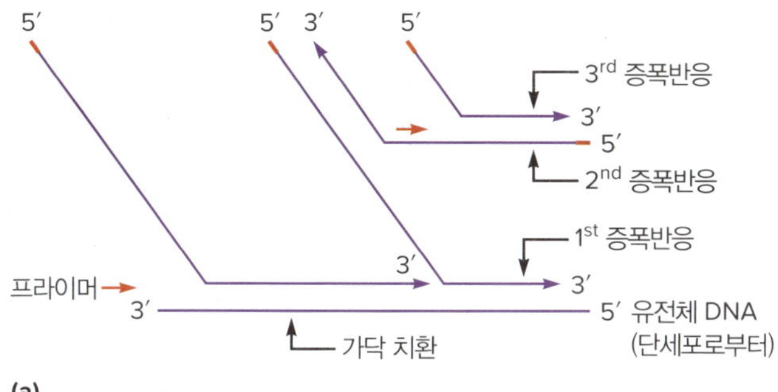

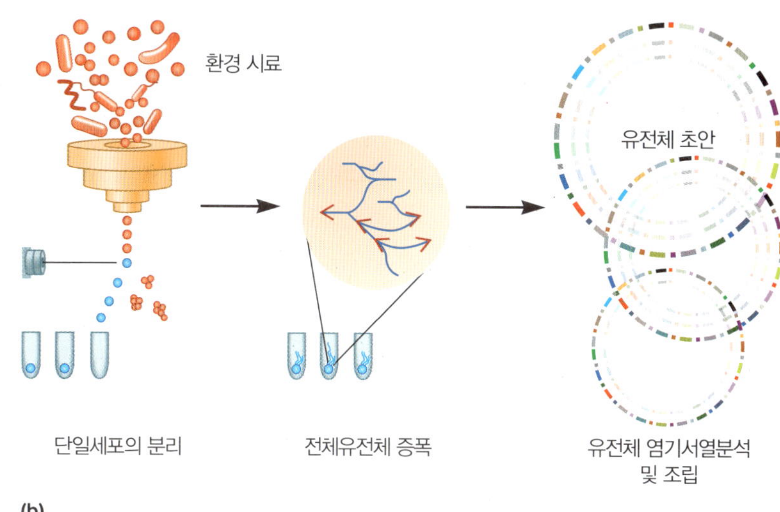

그림 18.7 단세포 염기서열분석법. (a) 세포에서 추출된 DNA의 사본들은 다중변위 증폭법에 의해 만들어진다. 무작위 육량체 프라이머(빨간색)는 상보적인 주형서열에 결합하며 박테리오파지 phi29에서 얻은 DNA 중합효소를 이용해 5′에서 3′으로 합성을 촉매한다(보라색 화살표). 새로 합성된 가닥의 말단이 이중가닥 DNA를 만나면 한 가닥은 자라는 DNA에 의해 대체된다. (b) 단세포 유전체 염기서열분석은 자연 시료로부터 배양이 안 되는 세균과 고균을 발견하는 데 사용될 수 있다.

경에서 추출한 단세포의 DNA 염기서열분석이 가능해짐에 따라 미생물 유전학, 생태학 및 감염 질환 연구의 방법으로 사용된다.

단세포 염기서열분석법(single-cell genomic sequencing) 과정에는 DNA 증폭이 필요하지만, PCR보다는 **다중변위 증폭**(multiple displacement amplification, MDA)이라는 방법을 사용한다(**그림 18.7**). MDA는 PCR DNA 증폭과 달리, 단일 온도에서 작동하며 박테리오파지 phi29의 DNA 중합효소를 이용해 유전체 주형으로부터 새로운 DNA 가닥을 합성한다. 이 중합효소는 주형가닥과 쉽게 분리(떨어져 나옴)되지 않기 때문에 사용된다. 이 특성의 중요성은 곧 밝혀질 것이다. 또한, phi29 중합효소는 잘못된 염기를 거의 삽입하지 않는다. 즉, PCR에서 사용되는 대부분의 내열성 DNA 중합효소보다 높은 정확도를 가지고 있다. PCR과 MDA의 또 다른 차이점은 합성을 시작하기 위해 6개 염기 길이(hexamer)인 무작위적인 서열을 가진 프라이머 모음을 사용하는 것이다. 유전체에 퍼져 있는 상보적인 서열과 프라이머는 수소 결합을 한다. DNA 합성이 각각의 프라이머에서 진행될 때, 성장하는 새로 만들어진 가닥의 3′ 말단이 성장하는 다른 가닥의 5′ 말단에 부딪혀서 분리된다(그림 18.7a). phi29 중합효소는 DNA에 한 번 결합하면 쉽게 분리되지 않기 때문에 2가닥 모두 계속 신장하게 된다는 사실을 상기하자. 이러한 방법으로 많은 새로운 가닥들이 급속히 합성된다. 새로운 가닥은 평균 12,000염기(12 kb)의 길이를 가지며 100 kb까지 가능하다. 이 길이는 클로닝과 DNA 염기서열분석에 적합하다. 이후, NGS는 유전체 도서관 구축을 피하고 더 넓은 분석범위와 깊이를 위해 수행된다.

미생물학자들은 단세포 유전체학을 이용하여 여러 가지 다른 환경에서 얻은 배양이 안 되는 여러 가지 미정의 세균과 고균의 유전체 염기서열분석을 수행했다(그림 18.7b). 이 미생물들은 연구자들이 **미생물 암흑물질**이라고 부르는데, 이는 미생물 존재에 대한 사전 지식이 없었기 때문이다. 단세포 유전체학의 한계로 평균적인 분석범위는 일반적으로 약 40%에 불과하지만, 적어도 20,000개의 새로운 가상의 단백질 군, 새로운 상문(superphyla)에 대한 증거, 그리고 고균에서 시그마 인자를 암호화하는 유전자 등 다양한 발견이 이루어졌다.

마무리 점검

1. DNA 염기서열분석에서 생어 방법이 사슬-종결법으로 불리는 이유는 무엇인가?
2. 생어 염기서열분석법에 사용된 디데옥시뉴클레오티드와 가역적 사슬종결 염기서열분석법에 사용된 변형 염기 간의 차이점에 대해 설명하시오.
3. 왜 합성에 의한 염기서열분석법은 짧은 판독치를 가지는가?
4. 단세포 염기서열분석법에서 사용하는 DNA 중합효소가 주형 DNA로부터 쉽게 분리될 수 없다는 것이 왜 중요한가?
5. 단세포 염기서열분석법의 의학 및 생태학적 적용을 제시하시오.

18.3 메타유전체학은 배양되지 않는 미생물 연구를 가능하게 한다

이 절을 학습한 후 점검할 사항:

a. 유전체 도서관과 메타유전체 도서관의 구조와 스크리닝의 차이점에 대해 서술할 수 있다.
b. 미생물학 분야에서 메타유전체학이 적용되는 2가지 사례를 제시할 수 있다.

DNA 염기서열분석은 강력한 도구지만, 만약 그것이 배양 가능한 소수의 미생물에만 적용된다면 그 영향은 줄어들 것이다. 다행히도 이것은 사실이 아니다. 환경으로부터 직접 추출한 DNA에 기초한 미생물 유전체 연구인 **메타유전체학**(metagenomics)은 생태학, 환경미생물학, 감염병, 면역학 등 여러 생물학 분야에 걸쳐 핵심 기술로 떠올랐다. 메타유전체학은 주어진 생태계(예: 토양, 물, 대변)에서 발견되는 핵산 전체를 채취하며, 이 핵산들은 그곳에 살고 있는 미생물 집단의 구성원을 결정하는 데 가장 자주 사용된다. NGS가 개발되기 전에는 일반적으로 환경으로부터 추출한 DNA가 PCR을 이용하여 작은 단위 rRNA 유전자나 다른 표적유전자를 증폭시키는 주형으로 사용되었다. 이 접근법은 계속 사용되지만, 현재 많은 미생물학자들은 샷건 메타유전체학을 대신 사용한다. 샷건이라는 용어는 특정 유전자를 목표로 하기 위해 PCR 프라이머를 사용하는 것이 아니라 환경으로부터 추출된 모든 DNA의 염기서열을 분석하기 때문에 사용된다. 샷건 메타유전체학은 분류학 정보 외에도 표본에 존재하는 대부분의 유전자를 목록화하여 미생물 활동에 대해 중요한 단서를 제공한다.

직접적인 DNA 추출과 NGS 결합은 환경 시료(예: 토양)에서 배양할 수 있는 미생물만을 기반으로 한 미생물 집단 조사에 적합하다. 배양된 미생물의 평균적인 회수율에 기반을 둔, 이 접근법은 현존하는 미생물종의 약 98%를 놓치게 될 것이다. 그러한 접근 방식은 몇 명을 무작위로 표본 추출하여 대도시의 인구조사를 하는 것과 같다. 차선책은 토양에서 추출한 DNA를 기반으로 하여 세균 벡터로 클로닝하는 것인데, 생어 사슬-종결법에 의해 염기서열이 분석되는 세균 벡터들은 확실히 회수율을 향상시키겠지만 그 양은 알 수 없다. 우리의 도시 인구 조사와 유사하게, 모든 사람들이 응답하기를 바라지만 일부의 거주자들만이 응답할 거라는 것을 알면서 각 가정에 설문지를 보내서 인구 조사를 하는 것과 같은 것이다. 반면, 차세대 염기서열 분석법을 이용한 메타유전체 분석은 인구 조사자들을 지역사회에 파견하여 각 개인이 포함되도록 하는 것과 같다. 그 인구 조사자들은 아마 모든 거주자들과 접촉하지는 못할 것이다. 하지만 깊이와 폭은 매우 높을 것이다.

샷건 메타유전체 분석에는 2 또는 3개의 일반적인 단계가 포함된다(**그림 18.8**). 첫째, 핵산은 환경에서 추출되어야 한다. 유전체 조각은 배양된 단일 생명체가 아닌 자연에서 채취되기 때문에, 환경에서 다시 시료 채취를 하는 것 외에는 신뢰할 수 있는 유전체 공급이 없다. 따라서 연구자들은 유전체 조각들을 벡터로 복제하는 것을 선택할 수 있다. 생성된 메타유전체 도서관은 각각의 DNA 조각이 단일 미생물이 아닌 미생물 집단에서 발견된 유전체의 집합이라는 점을

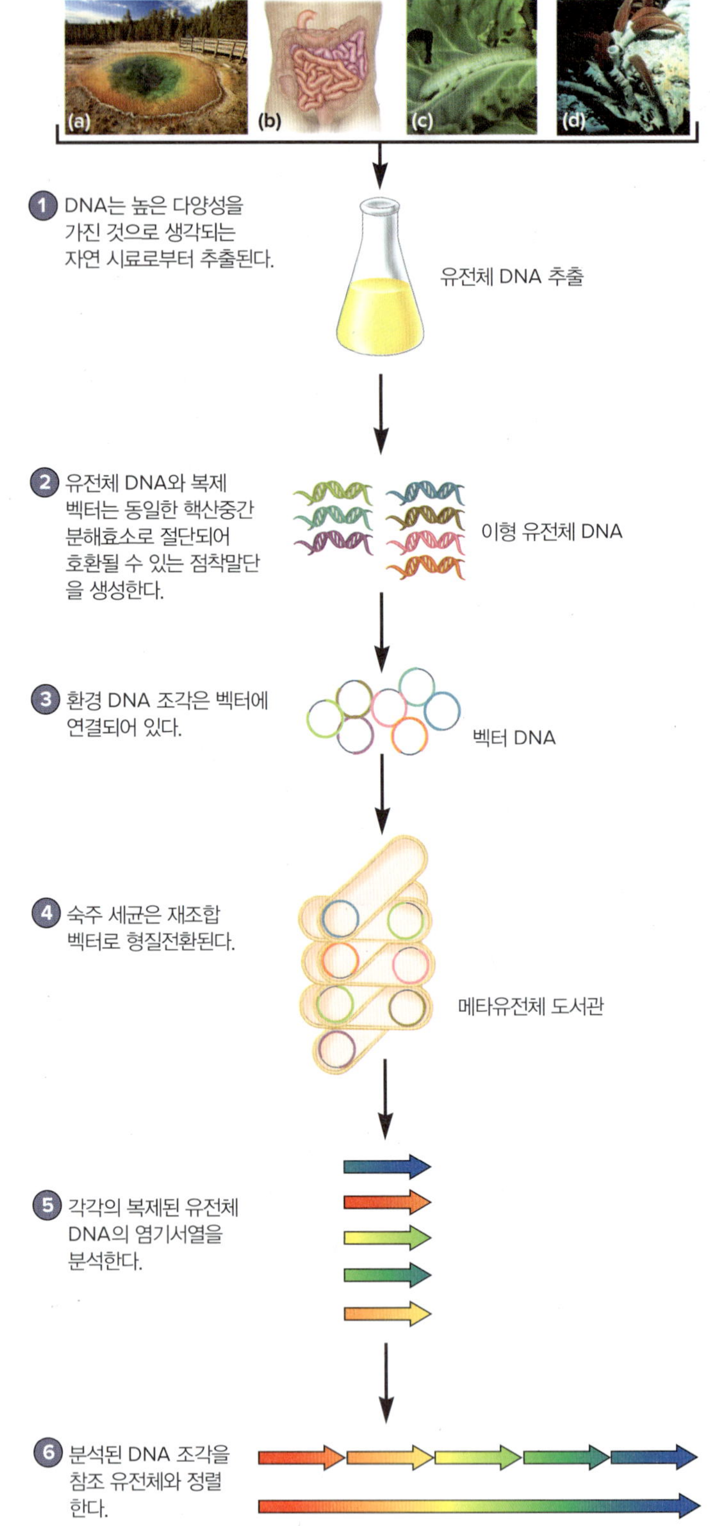

그림 18.8 샷건 메타유전체학. DNA를 다음에서 직접 추출하였다. (a) 옐로스톤 국립공원의 세균 매트, (b) 인간의 결장, (c) 배추흰나비 유충, (d) 열수공에서 나온 서관충이다. 추출 후, DNA는 메타유전체 도서관을 만들기 위해 벡터로 클로닝된다. 각각의 복제된 DNA 조각은 NGS에 의해 염기서열이 분석되고 참조 유전체(reference genome)라고 불리는 이전에 분석된 유전체와 정렬된다. (a) Yi Xiang Yeng/iStock/Getty Images; (b) Electronic Publishing Services, Inc., NY/McGraw-Hill Education; (c) Nigel Cattlin/Science Source; (d) Cindy Van Dover/National Oceanic and Atmospheric Administration

제외하면 다른 유전체 도서관과 유사하다(그림 17.9 참조). 또한 연구자는 도서관 구축 없이 유전체 조각의 순서를 직접 지정할 수 있다. 어떤 방법이든, 마지막 단계는 NGS 기술을 사용하여 각각의 DNA 조각을 배열하는 것이다.

일단 뉴클레오티드 염기서열을 얻으면 2가지 방법으로 부분이나 전체유전체를 검출할 수 있다. 첫째, 말단에 겹치는 염기서열을 정렬하여 앞에서 설명한 대로 조립할 수 있다(그림 18.6). 그러나 이 접근법은 길이가 100에서 300염기쌍인 판독치 모음이 생성되기 때문에 샷건 메타유전체학에서는 어려울 수 있다. 따라서 간극이 존재하는 염기서열의 수가 큰 경향이 있다. 대신 알려진 미생물의 유사한 염기서열(**참조 유전체**라 불림)을 식별하기 위해 이러한 짧은 판독치를 이전에 배열된 유전체와 맞추려고 시도할 수 있다(그림 18.8). 이것 역시 메타유전체학에 의해 얻은 많은 분류군이 배양되지 않고 따라서 기존의 유전체 데이터베이스에 있지 않다는 단점을 가지고 있다. 그것들 역시 미생물 암흑물질이다. 이 문제는 세균과 고균의 대용량 유전체 프로젝트 설립을 촉진시켰다. 이 프로그램의 목적은 다양한 배양 미생물의 유전체 염기서열분석을 수행하여 참고 데이터베이스를 개선하는 것이다. 자연환경의 메타유전체 시료 채취는 지금까지도 새롭고 많은 고균 문(phyla)을 발견하게 한다. ▶| 전체유전체 비교(26.2절)

마무리 점검

1. NGS 기술은 메타유전체 분석의 영향을 변형시켰다. 왜 그렇게 생각하는가?
2. 그림 18.8을 살펴보시오. 메타유전체학은 처음에는 "누가 거기에 있는지"에 대한 조사에 사용되었지만, 그 이후로는 "그들이 무엇을 하고 있는지"를 판단하는데 중요한 도구가 되었다. 어떻게 메타유전체 데이터가 미생물 집단에서 일어나는 생화학적 활동에 대한 우리의 이해에 기여할 수 있는가?

18.4 생물정보학: 염기서열이 갖는 의미

이 절을 학습한 후 점검할 사항:

- **a.** 잠재적 단백질 암호화 유전자가 어떻게 유전자 서열 내에서 인지되는지 설명할 수 있다.
- **b.** 이종상동유전자와 동종상동유전자의 의미를 비교할 수 있다.
- **c.** 보존적 가상 단백질과 기능이 알려지지 않은 것으로 추정되는 단백질 사이의 차이점을 알 수 있다.
- **d.** 유전자지도의 제조에 대해서 설명할 수 있다.

상상할 수 있듯이, 전체유전체 염기서열은 엄청난 양의 정보를 생성한다. **생물정보학**(bioinformatics) 분야는 생물학, 수학, 컴퓨터 과학, 통계를 결합해 **유전체 주석**(genome annotation)이라는 복잡한 과정을 이용해 가공되지 않은 뉴클레오티드 데이터를 유전자의 위치와 잠재적 또는 추정 기능으로 전환한다. 일단 유전자가 발견되면, 생물정보학은 컴퓨터나 **인 실리코 분석**(in silico analysis)으로 더 깊은 유전체를 분석할 수 있다.

개개 유전자의 위치와 특성에 대한 이해 없이 뉴클레오티드 서열을 얻는 것은 별 의미가 없다. 유전체 주석달기의 목적은 각 rRNA와 tRNA 암호화 유전자뿐 아니라 잠재적(추정적) 단백질 암호화 유전자와 조절인자를 찾아내기 위해 탐색하는 것이다. 단백질 암호화 유전자는 일반적으로 **열린번역틀**(open reading frame, ORF)로 인식된다. 모든 ORF를 발견하려면, DNA의 양쪽 가닥을 모두 분석해야 한다(**그림 18.9**). 세균 또는 고균의 ORF는 일반적으로 다음 특징을 가진 적어도 100개의 코돈(300염기쌍)을 가진 서열로 정의한다. 즉, 종결코돈으로 중난되지 않으며 3′ 말단에 종결서열을 가진다. 또한, 유전자 5′ 말단에는 리보솜이 붙는 위치를 가지고 있어야 한다. 이러한 특징이 있어야만 ORF는 단백질, 조절 유전자, 또는 기능성 RNA 산물을 암호화 하는 유전자를 찾기 위해 고안된 유전자 예측

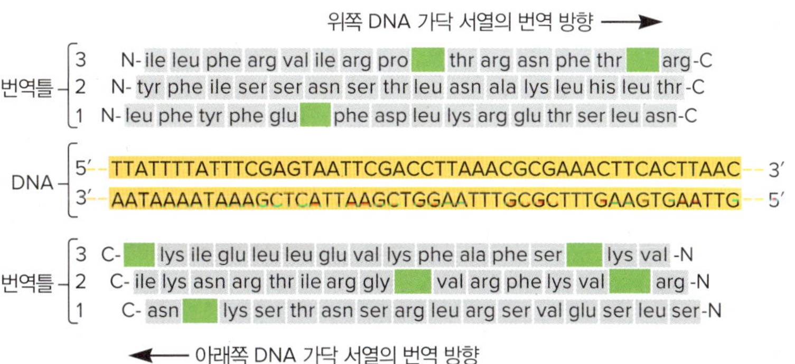

그림 18.9 잠재적인 단백질 암호화 유전자 검색. 유전체 염기서열의 주석은 DNA 양 가닥이 3개의 가능성 있는 각각의 번역틀에서 5′에서 3′으로 번역되는 것이 필요하다. 종결코돈은 녹색으로 표시되었다.

프로그램을 사용하여 진행된다. 대부분의 경우 컴퓨터가 찾아낸 유전자는 생물정보학자에 의해 수동적으로 검증된다. 이러한 과정을 유전체 정리(genome curation)라고 한다.

단백질을 암호화하는 것으로 추정되는 ORF는 **암호화서열**(coding sequence, CDS)이라 불린다. 생물정보학은 CDS로 추정되는 서열과 알려진 단백질의 뉴클레오티드와 아미노산 서열을 가진 거대한 데이터베이스를 비교하는 알고리즘(algorithm)을 개발하는 것이다. 둘 또는 그 이상의 유전자 서열을 염기 대 염기로 비교하는 것을 **정렬**(alignment)이라고 한다. 또한 정렬은 두 단백질 사이의 아미노산 염기서열을 비교함으로써 수행될 수 있다. 과학자들은 주로 **블라스트**(basic local alignment search tool, BLAST) 프로그램들을 사용하여 이 작업을 수행한다. 이 프로그램들은 검색을 원하는 뉴클레오티드(또는 아미노산) 서열을 데이터베이스의 다른 모든 서열들과 비교한다. 결과(hits)는 유사성 정도에 따라 순위가 정해져 나열된다. 각 정렬에 대한 E-값(E-value)이 결정된다. 이 값은 우연히 정렬된 가능성을 측정한다. 따라서 유사성이 높은 서열은 낮은 E-값을 가진다.

상당한 정보는 종종 잠재적 유전자로부터 번역된 아미노산 서열에서 유추될 수 있다. 영역(domain)이라 불리는 짧은 아미노산 패턴은 효소의 활성부위와 같은 단백질의 기능성 단위를 나타낸다. 예를 들어, **그림 18.10**은 많은 미생물의 세포분열단백질인 MinD의 C 말단 영역을 보여준다(그림 7.5 참고). 이들 아미노산들은 다양한 생명체에서 발견되기 때문에 계통발생적으로 보존되어 있다. 이 경우, 보존된 부분은 단백질이 막으로 정확히 위치하는 데 필요한 이중나선을 형성하는 것으로 예상할 수 있다. 이 모티프(α 나선)는 MinD가 신속하게 부착-해제-재부착을 가능하게 하는 방식으로 막 인지질과 상호작용하는 것으로 생각된다. 따라서 이 구조적 모티프는 기능 영역이기도 하다. 이와 같은 높은 수준의 보존성(유사성)을 발견하면 유전체 큐레이터가 안심하고 그 영역에 기능을 할당할 수 있다.

이와 같이 비슷한 ORF를 가진 다른 생명체의 유전자들을 **이종상동유전자**(orthologue)라고 부른다. 때때로 같은 유전체에 중복된 유전자가 있는 것처럼 보인다. 이것은 둘 이상의 유전자가 매우 유사한 뉴클레오티드 서열을 가질 때 발견된다. 이러한 유전자를 **동종상종유전자**(paralogue)라고 한다.

유사성의 정도와 일치하는 서열의 퍼센트에 따라 일부분만으로도 충분히 그 서열된 유전자의 수가 늘어났기 때문에 새로운 유전자를 명명할 단어들이 필요해졌다. 구조적 단어의 사용은 온톨로지(ontology)라고 부른다. 그리고 기준인 **유전자 온톨로지**(gene ontology, GO)는 유전자나 유전자 내에서의 영역이 일반적으로 명명되는 수단으로 채택된다. 이것은 이종상동유전자 단백질들 중에서 아미노산 서열의 유사성에 기반을 둔다. GO는 단백질의 기능을 나타낼 뿐만 아니라 단백질이 참여하는 세포의 과정[예: 운동성(motility)]과 단백질의 세포위치[예: 편모(flagellum)]를 정의한다.

알려진 아미노산 염기서열과 일치하지 않는 단백질은 2종류로 나뉜다. (1) 데이터베이스와 일치하지만 기능이 부여되지 않은 유전자

그림 18.10 계통학적으로 잘 보존된 단백질 보존 지역의 분석. 15개의 생물과 엽록체에서 유래한 MinD의 C 말단 아미노산 서열을 배열하여 강한 유사성을 보여주고 있다. 대장균과 동일한 아미노산 서열은 노란색으로 표시하였다. 보존적 치환(예: 소수성 아미노산이 소수성의 다른 아미노산으로 치환된 것)은 주황색으로 표시하였다. 대시 기호(−)는 그 위치에 아미노산이 없음을 표시한다. 이러한 틈은 정렬을 유지하기 위해서 포함될 수 있다. 마지막 아미노산 옆 숫자는 전체 아미노산 서열에 상대적인 것으로 각 선의 오른쪽에 표시하였다.

연관 질문 어떤 아미노산이 가장 잘 보존되어 있는가?

에 의해 암호화되는 **보존적 가상 단백질**(conserved hypothetical protein)이 있다. (2) 유전자의 번역된 산물은 그 생물에서만 나타나는 독특한 것이다. 이러한 유전자는 **기능이 알려지지 않은 단백질**(protein of unknown function)을 암호화한다고 한다. 한편, 더 많은 유전체 염기서열이 알려질수록 다른 생명체에서 일치하는 서열을 찾을 가능성이 높아진다. 그러나 한편, 메타유전체 데이터를 더 많이 이용할 수 있게 되면서 기능을 알 수 없는 추정상의 단백질도 많이 밝혀진다.

일단 모든 유전자에 주석이 달리면, 전체유전체를 나타내는 **물리적 지도**(physical map)가 그려질 수도 있다. 물리적 지도는 일반적으로 색상으로 구분되는 기능(예: 에너지 대사)이 나타난 유전자와 함께 세균이나 고균 염색체를 묘사하는 동심원으로 그려진다(그림 18.7b). 평균 G + C%로부터의 편차는 종종 내부 원으로 표시된다. 그러한 편차는 수평적 유전자 이동에 의해 DNA가 획득되었을 때 흔하다. 만약 미생물이 여러 염색체나 플라스미드를 가지고 있다면, 유전체 지도는 각각의 염색체와 플라스미드를 보여줄 것이다. 유전체라는 용어는 세포의 모든 DNA를 포함하고 있다는 것을 기억하자.

마무리 점검

1. 유전체 주석의 목표는 무엇인가? 왜 이것은 수학적, 통계적, 생물학적, 컴퓨터 과학적 지식이 필요한가?
2. DNA가 잠재적 열린번역틀로 간주되기 위해서는 어떤 3가지 요소가 DNA 서열에 존재해야 하는가?
3. 왜 뉴클레오티드나 아미노산 염기서열의 보존이 추정상의 유전자에 주석을 다는 데 중요한가?

18.5 기능유전체학은 유전자와 표현형을 연결해준다

이 절을 학습한 후 점검할 사항:

a. 유전체 주석달기가 미생물의 신진대사, 수송, 운동성, 다른 주요한 특징들을 도표로 나타내는 데 어떻게 사용되는지 설명할 수 있다.
b. 전사체 연구에서 RNA 서열과 마이크로어레이 분석을 비교하고 대조할 수 있다.
c. 2차원 겔 전기영동법이 어떻게 분자량이 다른 두 단백질을 분리할 수 있는지 설명할 수 있다.
d. 단백질 구조를 분석하는 질량분석법의 중요성에 대해 요약할 수 있다.
e. DNA-단백질 상호작용의 중요성에 대해 설명하고 이를 실험적으로 확인할 수 있다.

기능유전체학(functional genomics)은 유전체의 정보를 생물학적 맥락에 대입한다. 예를 들어, 주의 깊게 미생물 유전체에 주석달기는 대사경로, 전달체계, 조절 및 신호전달 기전의 규합에 사용될 것이다. 유전체 사업의 일반적인 성과는 미생물의 기능성 대사 경로, 전달 기전 및 다른 생리적 특색을 추론하는 것이다(**그림 18.11**). 그러한 분석이 수행된 최초의 미생물 중 하나는 매독의 원인균인 *Treponema pallidum*이었다. *T. pallidum*은 최근에서야 조직배양을 통해 증식이 가능해졌기 때문에 유전체학은 이 균의 대사와 병리생물학에 대해 연구하는 데 필수적이다. *T. pallidum* 유전체의 염기서열과 주석을 통해 *T. pallidum*은 TCA 회로와 산화적 인산화의 주요 효소를 암호화하는 유전자가 부족하다는 것이 밝혀졌다. *T. pallidum*은 탄수화물을 에너지원으로 사용할 수 있지만 TCA 회로와 산화적 인산화 과정이 없다. 또한 *T. pallidum*은 많은 생합성 경로가 결여되어 있어 이들을 숙주에서 공급받아야 한다. 이러한 추론은 유전자의 약 5%가 수송단백질을 암호화한다는 관찰에 의해 뒷받침되었다. ▶ Spirochaetota문: 나사와 같은 형태를 지닌 세균(20.6절)

전사체 분석

일단 유전체를 이루는 유전자의 종류와 기능이 확정되면, "특정 시간에 어떤 유전자가 발현되는 것일까?"라는 중요한 의문이 남는다. 생명체에 의해 특정 상황에서 생산되는 RNA의 전체가 전사체학 분야에서 연구하는 **전사체**(transcriptome)이다. 유전체 시대 이전, 연구자들은 특정 상황에서 발현이 변하는 한정된 수의 유전자만을 찾아낼 수 있었다. 과학자들이 방대한 유전자들의 발현 수준을 살펴볼 수 있는 2가지 기술이 있는데, 바로 **DNA 마이크로어레이**(DNA microarray)와 전사체 정량분석(RNA-Seq)이다. 가장 먼저 개발된 DNA 마이크로어레이는 단단한 지지대(보통 유리나 실리콘)로 구성되며, 그 위에 DNA가 조직화된 그리드 형태로 부착된다(즉, 어레이). 각 DNA 점은 **탐침**(probe)이라고 하며 하나의 유전자를 대표한다. 그 탐침은 보통 관심 있는 유전자로부터 생산된 PCR 산물이다. 그리드에 있는 각 탐침(즉, 유전자)의 위치와 정체는 주의 깊게 기록된다.

다른 많은 분자 유전 기술과 마찬가지로 마이크로어레이 기술을 이용한 유전자 발현 분석은 단일가닥 탐침 DNA(즉, 마이크로어레이에 부착된 유전자)와 관심이 있는 미생물의 상보적인 뉴클레오티드 서열 사이의 결합에 기초한다. 모든 mRNA 분자는 특정 관심 시간대(예: 숙주 생명체를 감염시키기 전과 후)의 미생물로부터 또는 돌연변이 및 야생형 균주로부터 추출된다. cDNA를 형광물질로 표지한 다음 cDNA가 상보적인 서열과 적절히 결합할 수 있는 조건에서 마이크로어레이와 반응시킨다. 결합하지 않은 cDNA는 씻어버리

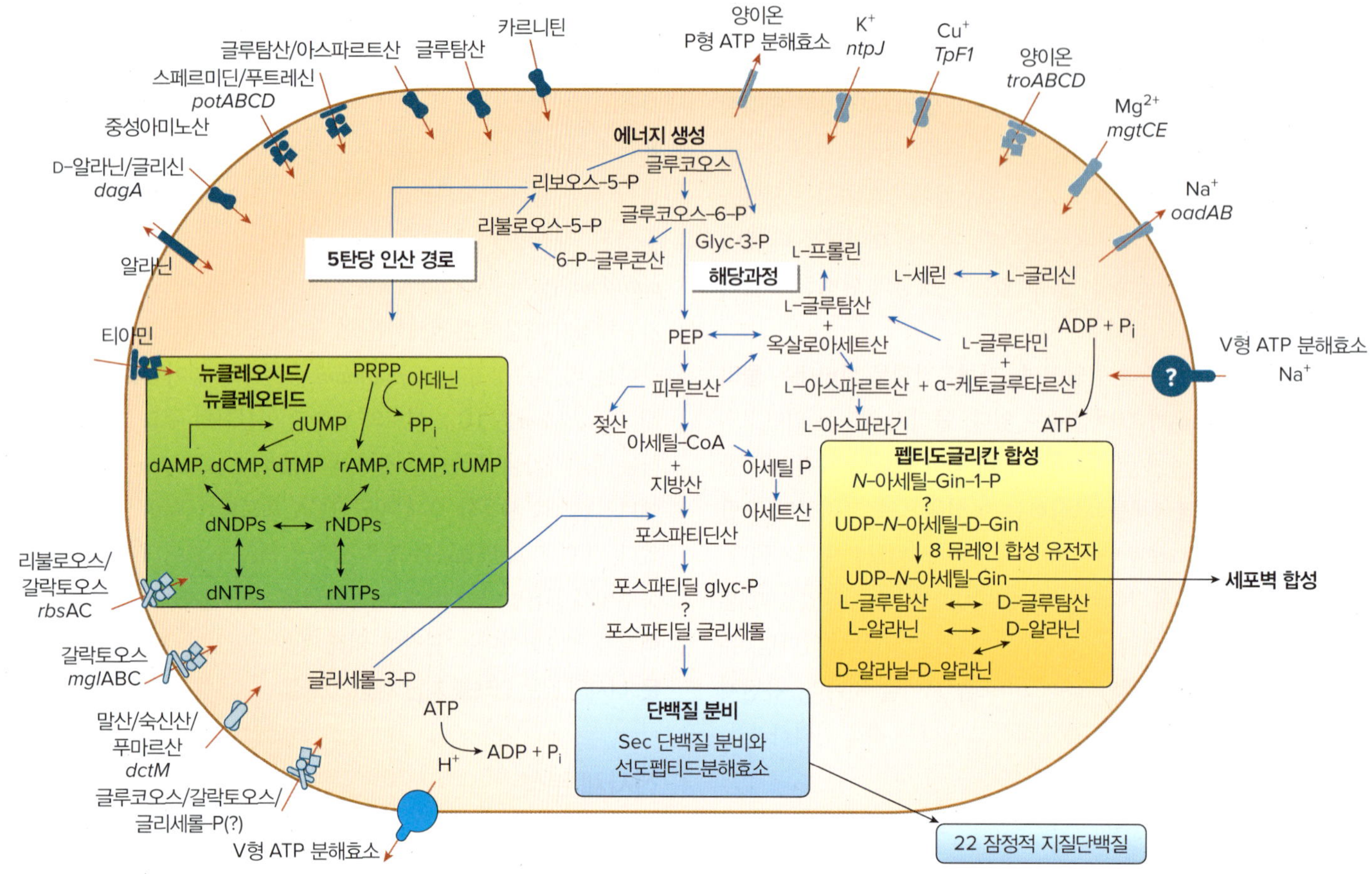

그림 18.11 ***Treponema pallidum*의 대사과정과 수송체계.** 이것은 유전체 주석달기로 추정한 *T. pallidum*의 대사이다. 한정된 생합성 능력과 광범위한 수송체의 대열을 주목할 필요가 있다. 해당과정은 있지만, TCA 회로와 산화적 전자전달은 결여되어 있다. 물음표는 불확실성이 존재하는 곳이거나 예측되는 활성이 발견되지 않은 것이다.

연관 질문 이 유전체 복원에 기인하여 *T. pallidum*이 호흡 또는 발효대사 과정을 가지고 있는지를 검증할 수 있는가?

고 마이크로어레이를 레이저 광선으로 주사한다. 각 지점 또는 탐침에서의 형광은 cDNA가 해당 유전자와 혼합되었음을 나타낸다. 각 cDNA는 mRNA 분자로부터 파생되므로 각 탐침의 색과 강도는 유전자 발현의 상대적 수준을 나타낸다.

안타깝게도 마이크로어레이 기술은 표준화가 어렵고 유전자 발현상의 큰 변화를 감지할 수 없다. 게다가, 사람들은 탐침에 의해 검침되는 유전자의 전사 수준 변화만 감지할 수 있다. 이것들과 다른 이유들로, 이제 전사체 정량분석이 전사 분석 방법으로 각광 받는다.

◀ 유전자 클로닝과 cDNA 합성(17.1절)

NGS 기법의 등장으로 **전사체 정량분석**(RNA-Seq)이라고 알려진 세포의 전체 mRNA 서열분석을 직접 수행할 수 있게 되었다. 전사체 정량분석은 많은 미생물 전사체 응용에 있어서 마이크로어레이 기술을 대체했다. 전사체 정량분석에 의한 mRNA 정량화는 각 유전자와 일치하는 판독치(서열분석된 산물) 개수를 측정함으로써 이루어진다.

마이크로어레이 분석과 함께, 전사체 정량분석의 과정은 모든 RNA를 관심 미생물에서 추출하고 cDNA로 변환하는 것으로 시작된다. 그 후 개별 mRNA를 나타내는 각 cDNA는 NGS를 사용하여 서열분석된다. 결과적인 뉴클레오티드 서열은 2가지 방법으로 분석할 수 있다. 전형적으로 연구되고 있는 미생물은 서열분석이 된 유전체를 가지고 있기 때문에 cDNA 염기서열은 참조 유전체(그림 18.8)의 정렬에 의해 확인된다. 참조 유전체를 사용할 수 없는 경우 뉴클레오티드 서열은 아미노산 서열로 변환되어 수백만 개의 단백질 서열을 저장하는 데이터베이스와 비교된다.

전사체 정량분석은 풍부한 정보를 생성한다. 판독 횟수가 제한되지 않기 때문에 검출할 수 있는 유전자 활성 수준에는 상한선이 없다. 예를 들어, 특정 생장 조건에서, 1,600만 개의 분석된 판독치(즉, 참조 유전체에 정렬할 수 있는 서열)를 분석했을 때 여러 유전자에 대해 *Saccharomyces cerevisiae* 유전자 발현이 9,000배 증가한 것으로 추정되었다. 또한 전사체 정량분석은 뉴클레오티드 염기서열을 산출하기 때문에 전사체 자체에 대한 정보가 드러난다. 예를 들어, 전사가 시작되거나 중단되는 뉴클레오티드와 마찬가지로 전사된 서

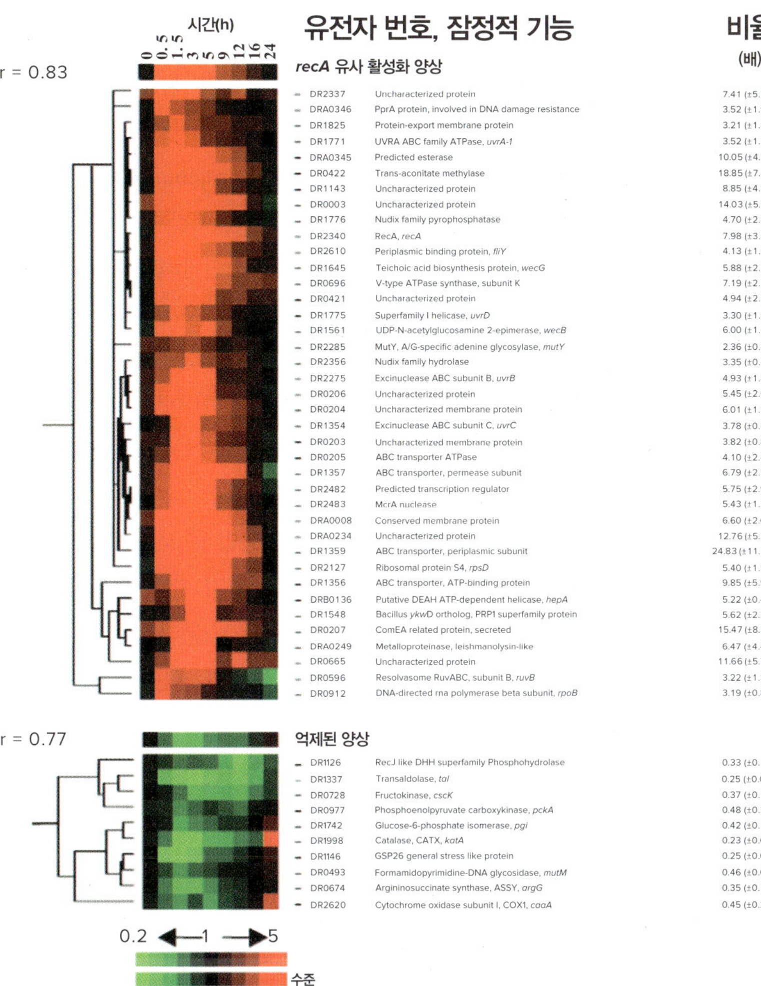

그림 18.12 ***D. radiodurans*의 감마선 조사 후 발현되는 유전자의 계층적 클러스터 분석.** 각 열의 색 띠는 단일 유전자를 나타낸다. 색은 9배수 간격으로 발현 정도를 나타낸다. 맨 왼쪽 열은 대조군이고 검은색이다(발현의 대조 수준). 대조값 대비 유도나 억제의 정도는 비율(배율)로 표시한다. 시간은 방사선 조사 후 비율을 측정한 시간이다. 각 유전자 그룹은 유사성으로 점수를 매기고, 클러스터의 맨 왼쪽에 '계통수'를 생성하였다. 이것은 상관계수(r값)로 표시하였다. DNA 수선, 합성, 그리고 재조합 단백질을 암호화하는 다수의 유전자가 방사선 조사 후 유도되었다. 이들은 대사작용의 다른 부분에 관여하는 억제된 유전자와 분리되었다. Liu Zhou, et al. "transcritomedyamics," PNAS, April 2003, Vol. 2003,Vol. 100: 4191-4196. Copyright (2003) National Academy of Sciences, U.S.A.

연관 질문 그람음성균이 보체에 의해 용해되는 것을 막기 위해 사용하는 전략은 무엇인가?

열의 변화를 감지할 수 있다.

전사체 분석은 어떤 의미있는 방법으로 구성되어야 하는 방대한 양의 정보를 산출한다. 일반적인 방법은 기능 또는 조절 양식에 따라 유전자를 분류하는 **계층적 클러스터 분석**(hierarchical cluster analysis)이다. 유도된 유전자(빨간색 점)를 억제된 유전자(녹색 점)와 다르게 분류하고, 발현이 변화하지 않은 유전자는 검은색으로 표시하였다. **그림 18.12**에서 보이는 계층적 클러스터 분석 자료는 *Deinococcus radiodurans*를 γ-방사선에 노출시켜 만들어졌다. 이 세균은 가장 치명적인 형태의 DNA 손상인 DNA 이중가닥 절단을 유발하는 매우 높은 수준의 진리방사선을 견딜 수 있는 특이한 능력을 가지고 있다. 놀랍게도, *D. radiodurans*는 수천 조각으로 조각난 후에 유전체를 다시 조립한다. 이 세균의 유전체 염기서열분석으로 *D. radiodurans*에서 DNA 수리에 관여하는 유전자가 많다는 것을 밝혀낼 것으로 생각되었다. 하지만 놀랍게도 *D. radiodurans*는 대장균보다 적은 DNA 수선 유전자를 가지고 있다.

이러한 발견을 이해하기 위해, 미생물학자들은 방사선 조사 전과 후에 *D. radiodurans* 전사체를 분석했다. 분석된 전사체는 식별되고 연관성에 따라 그룹화되었다(상관성의 정도는 통계적으로 상관계수 또는 'r값'으로 수량화한다). 이러한 분석에서 방사선 조사 후 DNA 복제와 재조합에 관여하는 유전자뿐 아니라 DNA 수선 유전자인 *recA*가 급격히 상향 조절되는 것을 확인하였다. 그러나, 그것의 상향 조절에 의해 규명된 다른 유전자의 발견은 RecA 유전체 수리를 중개하는 데 도움을 주는 특이한 DNA 중합효소의 발견으로 이어졌다.

▶| Deinococcota에는 방사선-저항성 세균이 속한다(20.3절)

메타전사체학(metatranscriptomics)은 이름에서 알 수 있듯이 환경으로부터 직접 얻은 핵산의 분석에 기초한다는 점에서 메타유전체학과 유사하다. 그러나 메타전사체학에서는 DNA보다는 RNA를 추출한다. 일단 얻으면 환경 mRNA는 배양된 단일 미생물을 이용한 전사체 정량분석과 같이 처리된다. 그러나 메타전사체학은 전체 생태계의 전사체를 기술하기 때문에, 여러 기준의 유전체와도 일치하지 않는 기록들을 산출할 것이다. 이 새로운 전사체는 새로 발견된 유전자를 나타낸다.

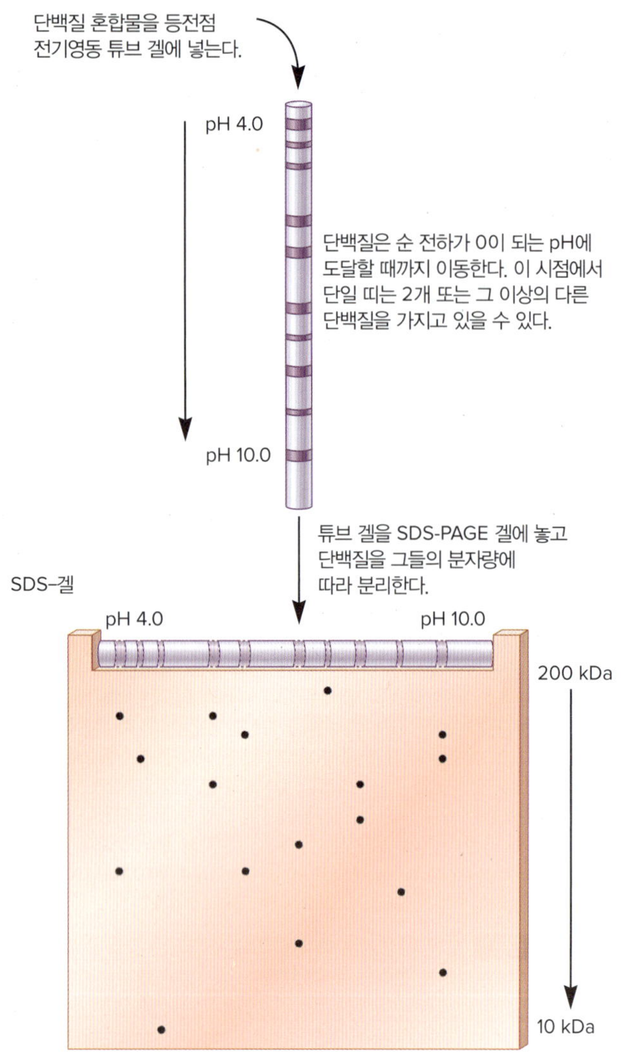

(a) 2차원 겔 전기영동법 기술

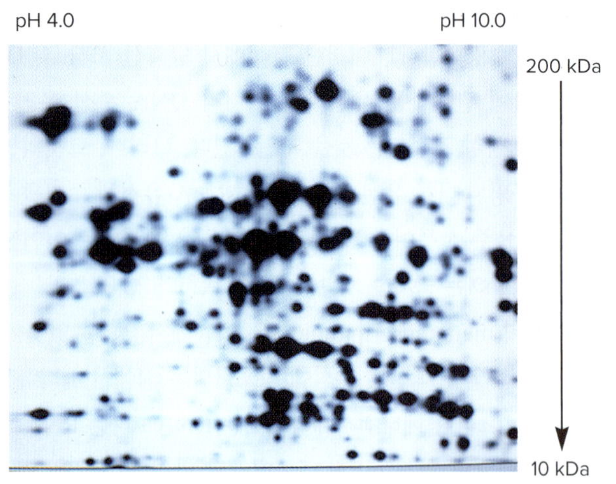

(b) 2차원 겔의 방사능 사진. 별개의 점은 각 단백질이다.

그림 18.13 2차원 겔 전기영동법. (b) Tyne/Simon Fraser/Science Source

총 세포단백질을 연구하는 단백질체학

유전체 기능은 전사(즉, mRNA)뿐 아니라 번역(즉, 단백질) 단계도 연구할 수 있다. 생명체에 의해 생성된 단백질 전체 모음을 **단백질체**(proteome)라고 부른다. 따라서 **단백질체학**(proteomics)은 생명체가 주어진 시점에 생산한 단백질의 집합체 또는 단백질체에 대한 학문이다. mRNA 양과 단백질의 양이 언제나 직접 연관되어 있는 것은 아니기 때문에 단백질체학은 mRNA 연구에서 알 수 없는 유전체 기능에 관한 중요한 정보를 제공할 수 있는 필수적인 학문 분야이다. 단백질체학은 세포내의 서로 다른 분자와 단백질들이 어떻게 상호작용하고 조절되는지와 같은, 서로 다른 세포단백질의 기능을 연구한다.

현재 단백질체학에서 새로운 기술이 발달하고 있지만 우리는 여기서 가장 흔한 접근 방법인 **2차원 겔 전기영동법**(two-dimensional gel electrophoresis)에 대해서만 간략히 살펴보고자 한다. 단백질혼합물은 각각 다른 2가지의 전기영동 과정을 이용해 분리된다. 이 과정은 많은 단백질들이 대략 같은 질량을 가지고 있기 때문에 동일한 분자량에 기초하여 분리되지 않을 수 있는 수천 개의 단백질을 시각화할 수 있게 한다. **그림 18.13a**에서 보듯이, 1차원 분리에는 **등전점 전기영동**(isoelectric focusing)을 이용한다. 전기영동 시 단백질이 pH 기울기(pH gradient, pH 4~10)를 따라서 움직인다. 고정된 pH 기울기가 있는 가느다란 조각에 단백질 혼합물을 얹고 전기영동하면 각 단백질은 전체적인 전하가 0이 될 때까지 움직이다가 멈춘다. 이때의 pH는 그 단백질의 **등전점**(isoelectric point)과 같다. 즉, 첫 번째 겔은 이온화가 가능한 아미노산의 양에 따라 단백질을 분리하는 것이다. 두 번째 겔은 **SDS-폴리아크릴아미드 겔 전기영동**(SDS-polyacrylamide gel electrophoresis, SDS-PAGE)이다. SDS(sodium dodecyl sulfate)는 단백질을 변성시키고 코팅하여 모든 단백질이 음전하를 띠도록 하는 음이온성 세제이다. 등전점 전기영동이 끝난 뒤, 겔을 SDS 완충용액에 적시고 SDS-PAGE 겔의 가장자리에 놓는다. 그리고 전극을 걸어준다. SDS 처리에 의해 모든 단백질들은 음전하를 띠기 때문에 단백질들은 음극에서 양극으로 이동한다. 이렇게 해서 이미 전하에 의해 튜브 겔의 수평 길이를 따라 분리되어 있는 폴리펩티드는 이제 수직 방향으로 분자량에 의해 분리된다. 즉, 가장 작은 폴리펩티드가 가장 빨리 가장 멀리 움직인다. 2차원 겔 전기영동법으로 수천 개의 단백질을 분리할 수 있다. 각 단백질은 세포내 양에 따라 다른 강도의 점으로 보이게 된다(그림 18.13b). 일반적으로 방사능으로 표지된 단백질이 사용되어 더 큰 감도를 가능하게 한다(즉, 낮은 농도의 단백질이 검출될 것이다).

2차원 전기영동법은 **질량분석법**(mass spectrometry, MS)과 결합하면 더욱 효과적이다. 질량분석을 위해 단백질이 있는 부분은 겔에

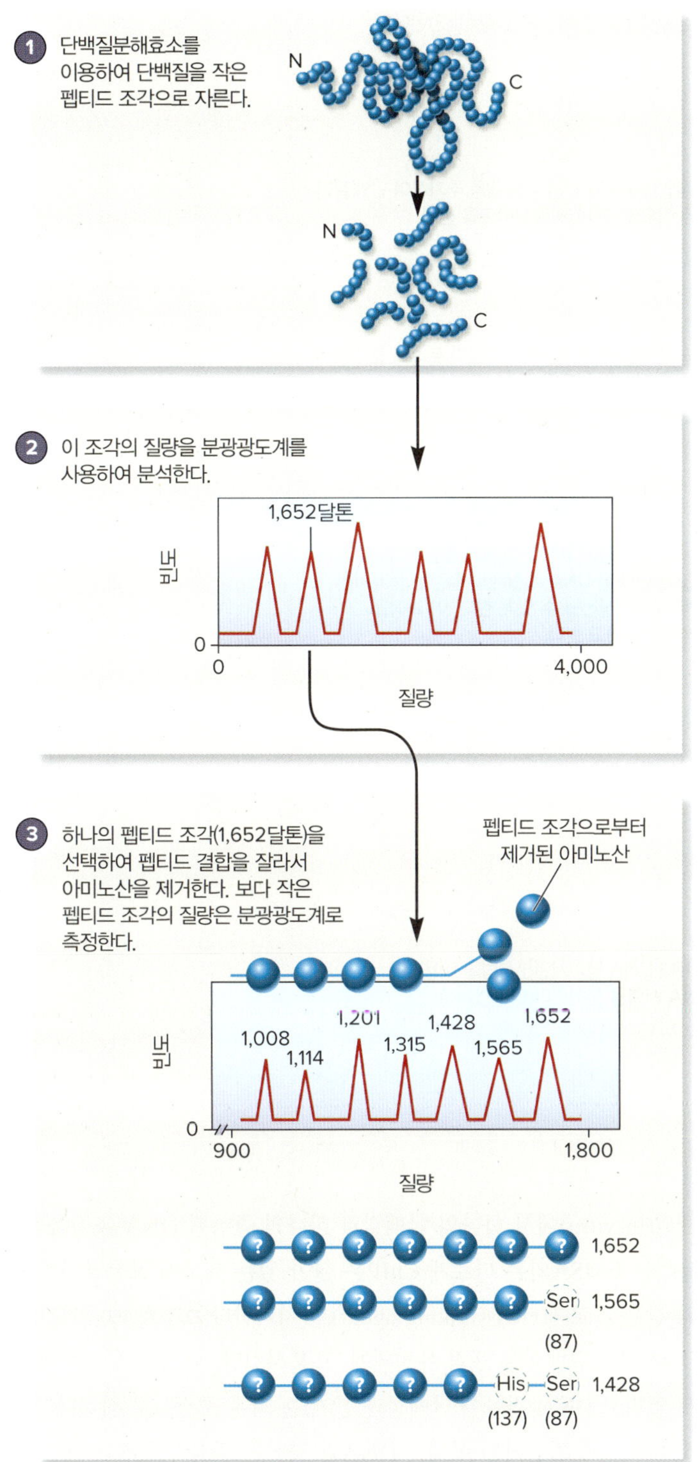

그림 18.14 탠덤질량분석법을 이용한 펩티드의 아미노산 서열 결정.

연관 질문 30개의 아미노산 잔기를 가진 펩티드 서열을 분석하는 것은 200,000 Da 단백질의 아미노산 서열을 분석하는 것과 어떻게 다른가?

서 잘라내고 단백질분해효소를 이용해 단편으로 자른다. 각 단편은 질량분석법으로 분석되어 각 단편의 질량을 계산한다. 이런 질량지문(mass fingerprint)으로 각 단편의 아미노산 조성을 예측하여 단백질을 잠정적으로 동정할 수 있다. 때로 온전한 **탠덤질량분석법**(tandom MS)이라는 과정을 사용하여 단백질이나 조각의 집단을 두 질량분석법으로 순차적 분석한다(**그림 18.14**). 첫 번째 질량분석법은 단백질이나 조각을 분리한 후 다시 조각을 낸다. 두 번째 분석법은 첫 단계에서 만들어진 각 조각의 아미노산 염기서열(분자량에 의해)을 결정한다. 전체적 단백질 서열은 종종 여러 조각의 데이터를 분석하여 결정된다. 만약 생명체의 유전체 염기서열이 알려져 있다면, 부분적인 아미노산 서열만 필요하다. 부분 아미노산 서열은 생명체의 유전체에 주석 처리된 모든 단백질 부호와 유전자의 예측된 번역서열과 일치한다. 이 방법으로 단백질과 이것을 암호화하는 유전자를 알아낸다.

구조단백질체학(structural proteomics)에서 관심의 초점은 단백질의 3차원 구조를 결정하고 이를 사용하여 서로 다른 단백질의 구조를 예측하는 데 있다. 이것은 단백질이 접히는 모양의 수가 한정적이고 단백질은 유사한 구조의 군으로 묶을 수 있다는 가정에 바탕을 둔다. 만약 각 군에 해당하는 여러 단백질 구조가 밝혀진다면, 단백질의 구조 조직체계나 단백질 접힘의 규칙이 밝혀질 것이다. 그리고 컴퓨터생물학자(computational biologist)들은 이러한 정보와 새롭게 발견된 단백질의 아미노산 서열을 사용하여 이것의 최종 형태를 예측할 것이다. 이 과정을 **단백질 모델링**(protein modeling)이라고 한다.

최근 들어 다양한 '-오믹스(-omics)'가 연구되었다. 예를 들어, **지질체학**(lipidomics)은 특정한 시간에 세포의 지질 프로파일을 밝히는 데 사용되며, **글리코믹스**(glycomics)는 세포의 전체 탄수화물을 조직적으로 연구하는 것이다. **대사체학**(metabolomics)은 화학적 구조에 상관없이 주어진 시간대의 세포내 모든 작은 분자 대사물을 검증하는 것이다. 많은 대사물들이 다양한 경로에서 사용되기 때문에, 완전한 대사체 개요는 연구자들이 주어진 환경에서 기능하는 대사경로를 규명할 수 있다. 따라서 대사체학은 생리학적 상태를 평가하기 위한 고해상도의 도구를 제공한다. 이러한 '-오믹스'는 크로마토그래피에 의존하며 이 장의 범위에 벗어나 있다. 그럼에도 불구하고 이 분야의 발전은 미생물학의 역동적이고 변화무쌍한 성격과 미생물의 구조, 기능, 행동을 이해하고자 한다면 세포와 그 공동체를 총체적으로 볼 필요가 있음을 보여준다.

DNA-단백질 상호작용 탐색

13장 및 15장에서 살펴보았듯이 많은 단백질은 DNA와 결합한다. 예를 들어, 복제와 전사에 관여하는 조절단백질은 DNA와 결합하여 기능한다. 최근까지 단백질-DNA 상호작용을 연구하는 흔한 방법은

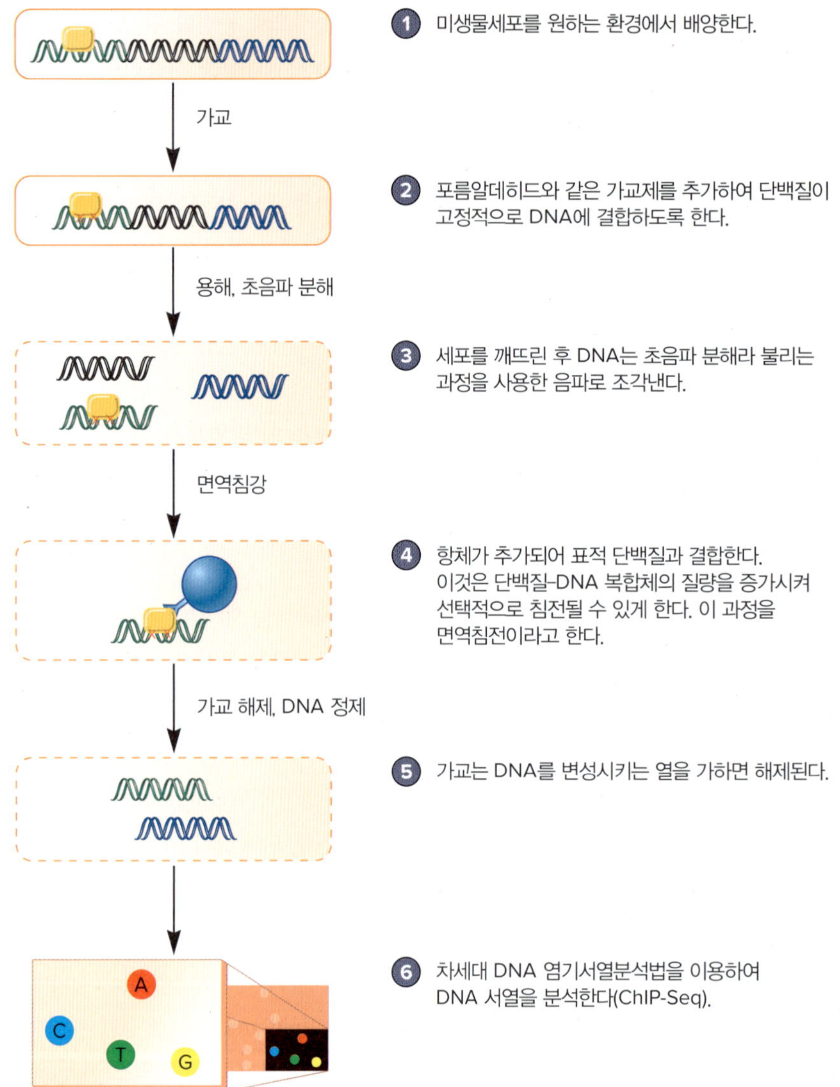

그림 18.15 **ChIP-Seq.** 이 기술은 단백질이 결합하는 DNA를 확인하는 데 사용된다.

전기영동 이동성 변화분석법(electrophoretic mobility shift assay, EMSA)이다. DNA가 결합할 것으로 예상되는 단백질이 표적 DNA에 결합하면 아가로오스 겔 상에서 DNA의 이동이 저해되기 때문에 이 기술을 겔 변화분석법(gel shift assay)이라고도 부른다. 단백질이 없는 같은 DNA와 비교하면 DNA-단백질 복합체는 더 천천히 높은 분자량으로 이동된다. 이동의 정도는 단백질과 DNA의 비율에 연관되어 있다. 즉, 충분한 단백질이 첨가되었을 때 가장 큰 이동을 보인다. EMSA를 수행하기 위해, 표적 단백질과 이에 결합하는 DNA는 모두 정제되어야 한다. ◀ 겔 전기영동(기술 및 응용 17.1)

만약 연구자가 DNA 결합단백질이 결합하는 DNA의 정체를 알지 못하거나 하나 이상의 표적 DNA에 결합한다고 의심하면 어떻게 될까? 이를 위해서는 차세대 염기서열분석법과 결합된 **염색질 면역침강법**(chromatin immunoprecipitation, ChIP)을 이용해야 한다. 생체외(in vitro)에서 하나의 단백질과 하나의 증폭된 DNA 조각을 사용하는 EMSA와는 다르게 ChIP은 살아 있는 세포에 포름알데히드와 같은 가교제(cross-linking agent)를 처리한다(**그림 18.15**). 이것은 DNA 결합단백질을 표적 유전체에 '고정'시킨다. 그 후, 세포는 깨져서 열리고 DNA(결합한 단백질과 함께)는 작은 조각으로 잘린다. 특정 단백질과 결합하는 항체는 DNA와 결합한 관심 단백질을 태그하기 위해 사용되며 항체-단백질-DNA 복합체가 침전된다. 다음으로 단백질을 제거하고 단백질에 결합된 DNA를 분리하여 차세대 염기서열 기술을 적용하여 식별할 수 있다. 이것을 ChIP-Seq이라고 부른다. ChIP-Seq은 다른 조건에서 DNA-단백질 상호작용을 분석할 수 있도록 한다. 같은 미생물 균주가 다른 환경 또는 다른 생장기에서 생장할 때 가교제를 처리하여 DNA에 결합하는 단백질의 프로필을 연구할 수 있다. ▶ 항체는 특정 3-D 항원과 결합한다(32.7절)

마무리 점검

1. 전사체 정량분석과 메타전사체학의 차이를 설명하시오.
2. 다음의 과학자들이 그들의 연구에 어떻게 전사체학을 사용할 수 있는가?
   (a) 토양세균인 *Rhodopseudomonas palustris*가 독성물질인 3-클로로벤젠을 어떻게 분해하는지 연구하는 환경미생물학자
   (b) 병원체인 *Salmonella*가 숙주세포내에서 생존하는 방법을 알고 싶은 의학미생물학자
3. 1차원 전기영동에서 볼 수 있는 수보다 2차원 겔 전기영동법으로 더 많은 수의 세포 단백질을 볼 수 있는 이유가 무엇인가(즉, SDS-PAGE)?
4. 질량분석법과 순차적 질량분석법의 차이는 무엇인가?
5. 정체기 시그마 인자 RpoS가 대장균에서 결합하는 프로모터를 식별할 수 있는 ChIP-Seq 실험을 설명하시오. RpoS가 언제 DNA에 결합되는지 어떻게 알 수 있는가?

18.6 시스템생물학: 복잡한 예측 설정 및 시험

이 절을 학습한 후 점검할 사항:

a. 시스템생물학을 구성하는 데 있어 유전학의 역할을 설명할 수 있다.
b. 시스템생물학과 합성생물학을 비교할 수 있다.

다음 실험을 상상해보자. 하나의 유전자를 제거하거나 '녹아웃(knock-out)'시킨 미생물을 만들었다. 그 유전자가 무엇을 암호화하는지는 중요하지 않다. 이 녹아웃 돌연변이와 특정 유전자의 존재 이외에는 모든 것이 동일한 부모 종과의 전사체를 비교한다고 가정해보자. 야생형과 돌연변이주의 전사체를 비교하기 위해서는 RNA 서열분석을 수행해야 하며, 단백질체를 비교하기 위해서는 2차원 겔 전기영동법과 질량분석을 수행해야 한다. 단지 한 유전자의 결실이 유전자 발현 및 단백질 합성에 엄청난 영향을 미치는 것을 볼 수 있다. 예상되는 경로가 바뀔 뿐만 아니라 100개가 넘는 다른 유전자와 단백질의 발현도 영향을 받는다. 하나의 돌연변이가 미생물세포의 기능을 변화시켰다.

이 시나리오는 수많은 미생물에서 여러 번 반복되었다. 생명과학자들은 대다수의 유전자 및 그 산물이 세포생리에서 생각했던 것보다 훨씬 광범위한 역할을 한다는 것을 이제 알게 되었다. 하나의 대사 또는 조절 경로가 고립되어 있을 것이라고 생각한 환원주의 생물학의 날들은 지나갔다. **시스템생물학**(systems biology)은 세포의 '부품 목록(mRNA, 단백질, 작은 분자)'을 이화작용, 동화작용, 조절, 동작, 환경신호에 대한 반응 등의 경로가 되는 분자 상호작용과 통합시킨다. 이것을 성취하기 위해서 시스템생물학은 여러 학문분야가 관련되어야 해서 생리학자, 생화학자, 생물정보학자, 수학자, 유전학자, 생태학자 및 다른 분야의 전문가가 필요하다.

시스템생물학은 미생물학 중 대사작용에 관한 연구에 적용되어 왔다(**그림 18.16**). 유전체 염기서열분석과 주석달기는 전사체학, 단백질체학, 대사작용학을 이용해 실험될 수 있는 예측을 이끌었다. 예측할 때 개개인의 산물(RNA, 단백질, 대사물) 사이의 상호작용은 서로 연관되어 있고 이것은 실험 가능한 가설들을 세우기 위해 사용된다. 대부분의 과학처럼 시스템생물학은 자료수집과 분석, 가설설정을 포함하는 상호적인 학문이다. 그러나 방대한 양의 자료들과 표본의 깊이, 새로운 가설설정을 위한 예측 모델들은 눈에 띄는 차이점이다.

시스템생물학이 고도화됨에 따라, 과학자들은 세포 조절시스템을 이해하면 새로운 유전자 네트워크로 구성된 미생물을 개발할 수 있는 새로운 수준의 대사공학이 초래할 수 있는 것을 깨달았다. 인공적인 조절 및 대사 경로를 미생물로 도입하여 특정한 생산물을 만들어 내는 것을 **합성생물학**(synthetic biology)이라고 한다. 합성생물학의 예로는 아미노산 생합성 경로를 조작하여 개발한 대장균에서의 바이오연료 생산과 *Saccharomyces cerevisiae*로부터 중요한 항말라리아제인 아르테미시닌(artemisinin)의 상업적 생산 등이 있다. ◀ 합성생물학(17.6절)

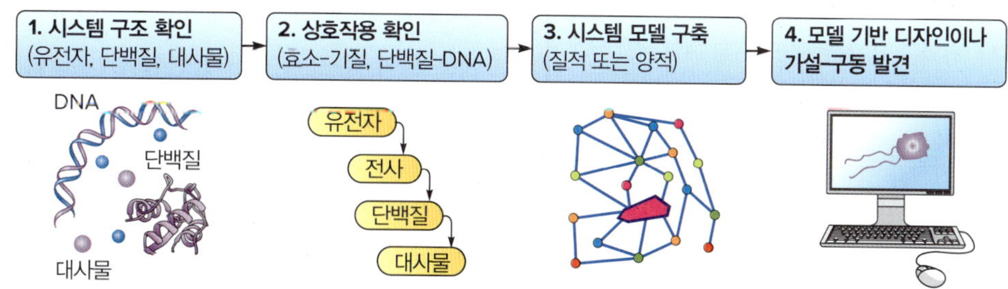

그림 18.16 시스템생물학. 미생물의 대사는 시스템생물학에서 활발하게 연구되는 부분이다. 이것은 ① 시스템 구조 확인, ② 상호작용 확인, ③ 어떻게 상호작용하는지 예측하는 모델 구축, ④ 모델 또는 실험을 통해 시험할 수 있는 가설을 종합하는 것을 포함한다.

18.7 비교유전체학

이 절을 학습한 후 점검할 사항:

a. 영역과 형태 및 신진대사의 복잡성이 주어진 생명체의 상대적 유전체 크기를 예측할 수 있다.

b. 자유생활 미생물과 세포내 기생충들을 구분하는 유전학적 차이를 서술할 수 있다.

엄청난 수의 염기서열분석된 유전체는 미생물의 진화에 대해 많은 정보를 밝힐 수 있는 의미 있는 유전체 비교를 가능하게 한다. **비교유전체학**(comparative genomics)은 유전자 기능과 진화 관계를 유추하기 위해 생명체 간의 유사한 뉴클레오티드와 아미노산 염기서열에 초점을 맞추고 있다. 아마도 가장 근본적인 비교는 미생물 유전체의 상대적인 크기일 것이다. 그러한 분석을 통해 수많은 일반화가 추론되었다. **그림 18.17**의 결과는 3개의 영역 중 지금까지 공개된 가장 작은 유전체는 기생미생물들임을 밝혀냈다. 이 생명체들은 숙주의 대사물에 의존하고 있으며, 그와 함께 진화했다. 따라서 기생미생물들은 이러한 분자의 조립에 필요한 유전자를 암호화하는 효소를 잃어버렸다. 유전자를 잃는 것 외에도 이 미생물들은 더 이상 기능하지 않는 유전자를 가지고 있다. 선택이 되지 않아 퇴화된(더 이상 필요하지 않은 산물) 이러한 유전자를 **위유전자**(pseudogene)라고 한다. 예를 들어, 수액을 빨아먹는 곤충인 *Pachypsylla venusta* 안에 사는 *Candidatus* Carsonella ruddii는 가장 작은 유전체를 가진다. 숙주 없이 재배할 수 없는 이 세균은 약 160,000개(160 kb)의 염기쌍과 182개의 유전자에 불과한 유전체를 갖고 있다. 이것은 크기가 큰 바이러스(예: 약 160개의 단백질을 230 kb 유전체에 암호화한 거대세포성 바이러스)와 대략 같다.

유전체 크기에 대한 일반화는 3가지 생물영역에 걸쳐 이루어질 수 있다. 세균과 고균 유전체는 진핵 유전체보다 작은 경향이 있는데, 부분적으로 kb당 유전자가 더 많기 때문이다. 즉, 이들의 유전자 밀도가 높다. 이것은 이들이 인트론과 진핵세포에서 발견되는 비암호화된 염기서열을 갖지 않기 때문이다. 고균은 세균보다 작은 유전체를 갖는 경향이 있다(그림 18.17). 세균의 유전체는 작은 것(약 100만 염기쌍)부터 900만 염기쌍(Mb)까지 있다. 유전체의 크기는 대사 및 형태적 복잡성을 반영한다. 진핵미생물 유전체의 대다수가 세균이나 고균 유전체보다 크지만, 진핵미생물들이 가장 광범위한 유전체 크기를 가지고 있다는 것을 그림 18.17에서 보여준다. 세포내 병원성 미포자충목 균류인 *Encephalitozoon cuniculi*는 대다수의 세균과 고균 유전체보다 작다. 그러나 섬모를 가진 원생생물인 *Paramecium tetraurelia*는 인간보다 약 2배 많은 유전자를 가진 엄청나게 큰 유전체를 가지고 있다.

속과 종, 품종 간의 유전체 염기서열 비교는 높은 수준의 **수평적 유전자 전달**(horizontal gene transfer, HGT)을 보인다. 16장에서 자세히 다루었듯이, HGT는 유사한 진화적 계열이 아닌 개체 간 유전물질의 교환이라고 크게 정의할 수 있다. 놀랍게도, 무수하게 많은 세포적 기능을 갖는 유전자들은 트랜스포존(transposon), 플라스미드, 파지를 포함한 이동성 파지에 의해 매개된다. 유전체 분석은 HGT는 빈번히 바이러스에 의해 매개되고 용원성은 예외적이라기보다는 일반적인 법칙이라는 것을 밝혔다. 실제로 일부 세균과 고균은 여러 프로바이러스(provirus)를 갖는다. 몇몇 온건성 파지는 용원성 전환 유전자를 가지는데, 이 유전자는 숙주의 표현형을 바꾸기 때문이다. 예를 들어, 디프테리아와 콜레라를 야기하는 중요한 병원체의 독성 유전자는 파지에 의해 암호화된다. ◀ 용균성과 용원성 감염은 세균과 고균에서 일반적이다(6.4절)

이동성 유전요소가 영구적으로 미생물의 유전체에 끼어들어가게 되면 **유전체 섬**(genomic island)이라고 불린다. 만약 이 새로운 유전자들이 독성을 부여하는 단백질을 암호화한다면, 그들은 **병원성 섬**(pathogenicity island)으로 알려져 있다. **섬**이라는 용어는 유입된 DNA 서열이 다른 생명체의 유전체와는 다르다는 사실을 반영한다. 예를 들어, 유전체 섬과 병원성 섬은 유전체의 나머지 부분과 다른 G + C 함량(백분율로 측정)을 갖는 경우가 많다. 유전체 섬은 때때로 그들의 트랜스포존(transposon) 또는 바이러스 근원을 표시하는 역반복서열이나 다른 요소들을 보유하기도 한다. HGT가 단기간의 미생물 진화와 장기간의 종분화에서 중요한 진화적 원동력임이 명백해졌다. ◀ 미생물은 돌연변이 외 다른 기전을 이용하여 유전적 변이를 생성한다(16.4절)

COVID-19

SARS-CoV-2의 비교유전체학은 2가지 주요 질문에 대해 알려준다. 어떻게 바이러스가 지리적으로 퍼지고 있고, 어떻게 바이러스 유전체는 변이하고 있는가? 예를 들어, 비교유전체학은 2020년 3월부터 5월까지 뉴욕 메트로 지역에서 발병 사례가 급증한 것은 중국이 아닌 유럽에서 유입된 바이러스의 결과라고 밝혔다. 이 지역에는 3개의 대형 국제공항이 있으며, 유럽발 항공편은 2020년 3월 12일까지 하루 수백 편이 운항되었다.

비교유전체학은 바이러스학자들과 진화생물학자들이 SARS-CoV-2의 새로운 변종의 발달을 추적하는 도구이다. 대부분의 새로운 변종들은 전염성이나 독성에 영향을 미치지 않는 돌연변이를 가지고 있다. 하지만 세계에서 발견했듯이, 돌연변이는 더 전염되기 쉽고 훨씬 더 치명적이게 만든다.

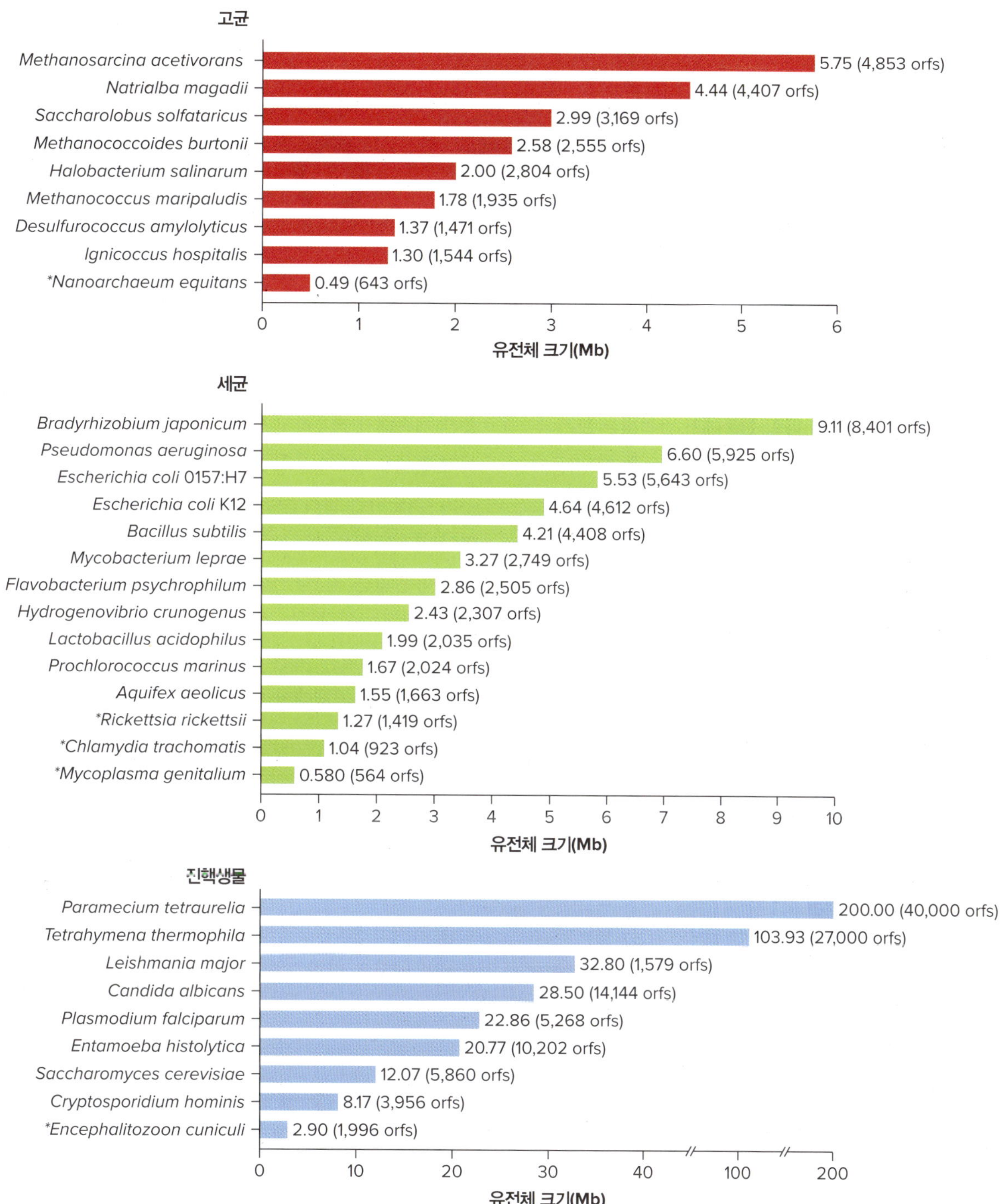

그림 18.17 미생물 유전체 크기. 여러 고균, 세균, 진핵미생물의 유전체 크기(Mb)를 몇 백만 염기쌍으로 분포하였다. 별표는 미생물이 기생성임을 나타낸다.

연관 질문 목록에서 2개의 대장균 품종을 찾아보자. 하나는 병원성이고 다른 하나는 아니다. 어느 것이 병원성이라고 생각하는가? 그리고 그 이유는?

HGT가 미생물 진화에 미치는 영향은 비교유전체학에 의해 연구되어 왔다. 한 속과 종들 사이와 한 종들 내에서의 균주의 유전체 비교 결과, 미생물 유전체는 더 오래된 핵심유전체와 더 최근에 획득한 전체유전체로 구성되어 있다(**그림 18.18**). **핵심유전체**(core genome)는 한 종의 모든 구성원(또는 다른 단계통군)에서 발견되는 유전자의 집합이다. 따라서 그것은 미생물 집단이 생존하는 데 필요한 최소한의 유전자 수를 나타내는 것으로 생각된다. 일반적으로 이러한 유전자는 DNA 복제, 전사, 번역과 관련된 정보단백질을 암호화한다. 이 유전자들은 매우 잘 보존되어 있기 때문에, 이 그룹의 공통조상에 존재했을 가능성이 있다. 이와는 대조적으로 **전체유전체**(pan-genome)

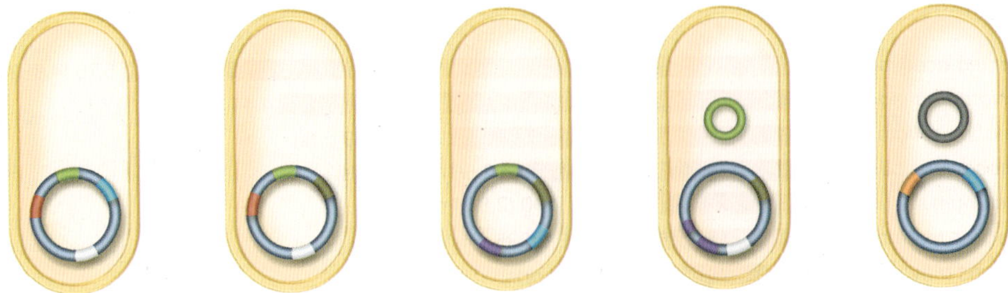

그림 18.18 핵심유전체 및 전체유전체. 한 종 내에서 균주를 구성하는 세포에서의 핵심유전체 및 전체유전체이다. 핵심유전체는 모든 구성원(파란색)에게 공통적인 반면, 전체유전체는 집합의 모든 구성원에 존재하는 모든 염기서열을 포함한다.

는 종의 모든 변종(또는 다른 분류 단위)에 있는 모든 유전자로 구성되어 있어서 핵심유전체와 적어도 하나의 변종에서 발견되는 모든 추가 유전자를 포함하고 있다. 핵심유전체 외의 유전자들은 더 최근에 획득되었고 새로운 지위의 미생물 군집을 가능하게 했다. 일반적으로 전체유전체 고유의 유전자는 HGT에 의해 획득된 것으로 간주된다. 따라서 핵심유전체 크기를 특정 균주의 실제 유전체 크기와 비교하는 것은 새로운 형질의 진화를 나타낸다. 예를 들어 *Bacillus anthracis*의 핵심유전체와 전체유전체의 현재 값은 제한된 유전적 다양성을 반영하였을 때 약 200개의 유전자(각각 약 3,600개의 유전자 대 3,800개)밖에 차이가 나지 않는다. 이와는 대조적으로, 대장균 핵심유전체는 약 2,800개의 유전자로 구성되어 있는 반면, 어떤 과학자들은 전체유전체가 약 37,000개의 유전자로 구성되어 있다고 추정한다. 대장균주 간의 광범위한 유전적 다양성은 비병원성 대장균주 K12와 병원성 균주 O157:H7의 유전체를 비교함으로써 설명된다(그림 18.17). 그들의 마지막 공통조상은 약 450만 년 전에 살았던 것으로 추정된다. 이 기간 동안 대장균은 돌연변이를 일으키고 유전자를 교환하여 많은 변종이 생기게 했다. 이들은 수많은 서식지로 퍼졌고 변종은 계속해서 적응하고 있다. 분명히, 어떤 종에 대해서든, 핵심유전체와 전체유전체의 추정 크기는 염기서열이 분석된 유전체를 가진 균주의 수에 따라 달라진다. 실제로, 각 종의 더 많은 균주에서 염기서열이 분석되었을 때, 모든 유전체에 공통으로 존재한다고 생각되는 유전자가 없는 균주가 발견됨에 따라, 핵심유전체가 축소되는 동안 전체유전체는 확장되는 경향이 있다. ◀ 유전 변이 기전(16장)

비교유전체학은 또한 다른 미생물의 유전체에서 이종상동성유전자(즉, 다른 유기체에서 발견되는 상동유전자)의 구성을 조사하는데 사용된다. 이것은 구문(syntax)이 문장의 단어 순서를 가리키는 것처럼 **신테니**(synteny)라고 불린다. 신테니는 주어진 유전체의 유전자의 순서를 설명하고, 이 순서를 둘 이상의 생명체의 유전체와 비교한다. 밀접하게 연관된 미생물들은 더 최근의 공통조상을 공유하기 때문에 일반적으로 더 멀리 연관된 생명체보다 더 높은 수준의 신테니를 가지고 있다. 2개의 다른 미생물에서 발견된 비슷한 오페론의 유전자 배열을 먼저 고려함으로써 신테니를 가장 쉽게 이해할 수 있

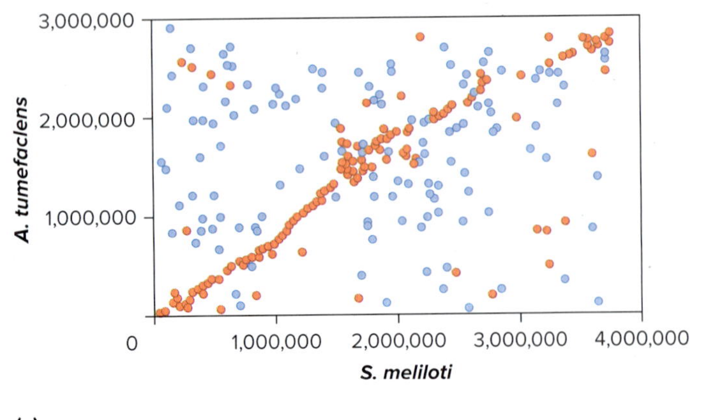

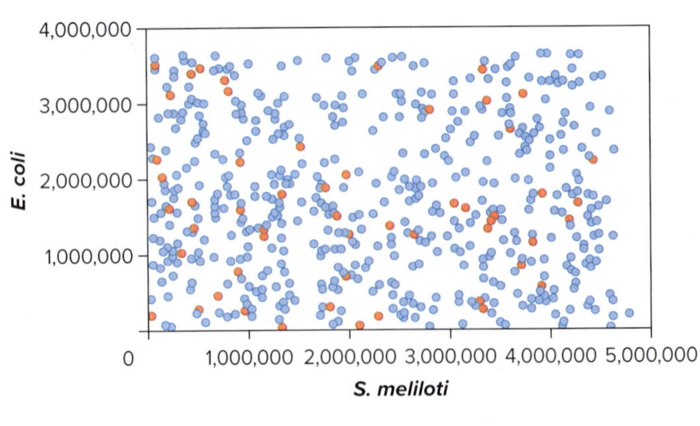

그림 18.19 신테니. 그래프의 각 축은 각 생명체의 유전자를 표시한다. 예를 들어, (a)와 (b)의 x축의 숫자는 3.7 Mb *S. Meliloti* 유전체상의 유전자(파란색 점)의 위치를 표시한다. (a) *S. meliloti*와 *A. tumefaciens*의 유전체를 비교할 때 빨간색 선이 비슷한 유전체상 위치를 나타내는 것으로 미뤄 짐작하건데 이종상동유전자의 유전체상 분포는 매우 비슷하다(빨간색 점은 *A. tumefaciens* 유전자를 나타냄). (b) *E. coli*과 *S. meliloti*는 밀접하게 연관되지는 않는다. 따라서 그들의 유전체는 신테니를 보이지 않는다(빨간색 점은 대장균 유전자를 나타냄).

다. 예를 들어, 트립토판 생합성 유전자의 배열이 대장균과 살모넬라 유전체에서 같다는 것(보존되어 있다는 것)은 놀라운 일이 아니다. 왜냐하면 이 두 세균들은 연관되어 있다(둘 다 Enterobacteriacea이다). 신테니 분석은 전체유전체 수준의 비교까지 가능하다. **그림 18.19**에서 보이듯이 식물 공생자인 *Sinorhizobium meliloti* 유전체의 유전자 배열을 식물 병원체인 *Agrobacterium tumefaciens*와 비교하였을 때 유전자 배열이 매우 비슷한 것이 명백하다. 이것은 대장균과 *S. meliloti*와는 다르다. 비록 두 세균은 같은 Proteobacteria 문에 속하지만 신테니를 보여줄 만큼 충분히 연관되지는 않았다. ▶| 프로테오박테리아(21장)

마무리 점검

1. 시스템생물학이 적절하게 응용되는 감염성 질환의 예를 드시오. 숙주-병원균 상호작용을 탐색하기 위해서 묻고 싶은 특정 질문을 3가지 제시하시오.
2. 심한 유전자 손실이 흔하게 존재하는 미생물은 어떤 미생물인가? 이 현상에 대한 가장 그럴듯한 설명은 무엇인가?
3. 대장균 O157:H7과 같은 병원성 미생물의 HGT를 통해 얻은 독성유전자를 어떻게 찾아낼 수 있는가?
4. 미생물 종의 핵심유전체와 전체유전체의 크기 차이로 진화에 대해 추론할 수 있는 것은 무엇인가?

요약

18.1 DNA 염기서열분석법

- 유전체학은 유전체의 분자조직, 그 정보 내용, 그들이 암호화하는 유전자 산물을 연구하는 것이다.
- DNA 조각은 일반적으로 디데옥시뉴클레오티드와 생어 방법을 이용해 서열 결정을 할 수 있다(그림 18.2, 18.3).
- 차세대 염기서열분석(NGS) 기술은 생어법보다 빠르고 저렴하며 힙싱에 의한 염기서열분석에 기반을 두어 가역적 사슬종결을 이용한다(그림 18.4, 18.5).

18.2 유전체 염기서열분석법

- 생어 염기서열분석기술에서는 전체유전체 샷건(shotrun) 기술을 사용한다. 이것은 도서관 구축, 무작위로 생성된 조각들의 서열분석, 조각의 비교와 간극 채우기, 마지막 서열 수정의 4가지 단계로 이뤄진다.
- NGS 기법을 이용한 유전체 염기서열분석은 미생물 유전체 염기서열의 부피와 속도를 가속화시켰다.
- 서열분석에 충분한 DNA를 얻기 위해서 하나의 미생물세포 유전체를 복세하는 다중변위 증폭법을 사용할 수 있다. 이 방법으로 배양이 불가능한 미생물의 유전체 연구를 할 수 있다(그림 18.7).

18.3 메타유전체학은 배양되지 않는 미생물 연구를 가능하게 한다

- 메타유전체학으로 개개의 미생물 배양 없이 생물다양성과 미생물 군집의 대사 가능성의 연구가 가능해졌다.
- 메타유전체학은 환경으로부터 직접 추출한 DNA의 염기서열을 포함한다. 유전체 도서관 구축을 피하기 위해 NGS 접근법을 사용하고 유전체 염기서열분석은 참조 유전체를 사용하여 조합된다(그림 18.8).
- 메타유전체학은 인체를 포함한 많은 자연적 미생물 서식지에 적용되었다.

18.4 생물정보학: 염기서열이 갖는 의미

- 방대한 양의 유전체 데이터를 분석하려면 정교한 분석 절차가 필요하다. 이것이 생물정보학 분야의 기초가 된다.
- 열린번역틀은 추정상의 단백질을 암호화하는 유전자이다. 유전자와 그 생산물의 정체성은 번역된 아미노산 염기서열을 데이터베이스에서 유사한 염기서열과 일치시킴으로써 유추할 수 있다(그림 18.9, 그림 18.10).
- 생물정보학은 유전체 내 유전자를 비교하여 동종상동유전자를 알아내고, 서로 다른 생명체들 간의 유전자의 비교를 통해 이종상동유전자를 확인한다.
- 미생물 유전체의 유전자 지도는 유전자의 일반적 기능이 쉽게 식별되도록 표시된다.

18.5 기능유전체학은 유전자와 표현형을 연결해준다

- 이화과정과 수송 같은 특정 대사과정에 기능하는 것으로 알려진 존재로 인해 생명체의 유전체 복원이 가능해진다. 이는 세포 내에서 이들 과정을 설명하는 일종의 지도이다(그림 18.11).

- 전사체는 생명체가 주어진 시간에 만드는 모든 RNA에 대한 연구이다. 유전자 발현을 개별 유전자 전사체(mRNA)를 측정하여 평가하는 전사체 정량분석으로 가장 잘 연구된다. 돌연변이와 야생형 품종 또는 다른 환경조건에서 자라는 생물 간 비교를 통해 유전자 발현을 알아볼 수 있다.
- 개체가 생성하는 전체 단백질의 집단이 단백질체이며, 이것을 연구하는 것이 단백질체학이다.
- 단백질체는 종종 2차원 겔 전기영동법으로 분석하여 전체 세포 단백질을 볼 수 있다. 많은 경우 개개 단백질의 아미노산 서열은 질량분석법으로 결정한다. 유전체학과 종합하면 목표하는 단백질과 그것의 유전자를 찾아낼 수 있다(그림 18.13, 그림 18.14).
- 구조단백질체학은 아미노산 서열 데이터를 컴퓨터로 분석하여 단백질의 3차 구조의 모델을 만드는 것이다.
- 단백질-DNA 상호작용은 전기영동 이동성 분석(EMSA) 또는 염색질 면역침강법을 통해 더 정확하게 검출할 수 있다(그림 18.15).

18.6 시스템생물학: 복잡한 예측 설정 및 시험

- 시스템생물학은 유기적 과정을 연구하기 위해 실험적으로 파생된 결과를 예측 모델링과 결합한다(그림 18.16).
- 시스템생물학은 분자 네트워크를 세포 전체의 기능을 이해하기 위해 융합하기 때문에 환원주의 생물학(reductionist biology)과 반대이다.

18.7 비교유전체학

- 유전체 염기서열을 비교하면 수평적 유전자 전달의 중요성을 포함하는 전체 구조와 진화에 대한 정보를 알아낼 수 있다.
- 핵심유전체는 미생물 종내의 모든 균주에 공통적인 유전자를 포함하고 있는 반면, 전체유전체는 모든 균주에서 발견되는 모든 유전자를 나타낸다. 전체유전체의 유전자는 HGT에 의해 획득된 것으로 생각되며 변종이 새로운 환경에 빠르게 적응할 수 있게 한다(그림 18.18).
- 비교유전체학은 미생물이 특정 생태적 지위에 어떻게 적응하는지 판별하는데, 그리고 새로운 치료제를 개발하는데 중요한 도구이다.

심화 학습

1. 새로운 토양세균의 유전적 서열 주석달기를 하고 있다고 하자. 질산염 환원효소(nar)를 암호화하는 유전자를 찾았다고 생각한다. 어떻게 이 결론에 도달하고 인 실리코 분석만을 이용해 주석달기를 강화시킬 수 있는가?
2. 새로운 DNA-결합단백질을 찾아내서, 이 단백질이 카로티노이드 생합성에 관여하는 효소를 암호화하는 오페론의 프로모터에 달라붙는다는 것을 EMSA를 통해 보여주려 한다고 가정해보자. 이 새로운 단백질에 의해 다른 유전자들이 영향을 받지는 않을까 걱정된다면, 단백질이 붙는 DNA의 다른 부분을 어떻게 알 수 있는가? 새로운 단백질이 자신이 조절하는 유전자의 전사를 증가시키는지 감소시키는지 어떻게 판단할 것인가?
3. 어떤 병원체에 대한 새로운 백신을 개발하려 한다. 특정 세포 표면 단백질을 인지할 수 있는 백신을 만들고 싶다. 가능성 있는 단백질 표적을 찾기 위해 유전체 분석을 어떻게 사용할 것인지 설명하시오. 병원체가 숙주 안에서 생산하는 단백질을 정의하기 위해 사용할 기능유전체학 방법은 무엇인가?
4. 비교적 최근까지 바이러스의 메타유전체 분석은 다른 미생물의 분석만큼 강력하게 연구되지 않았다. 고균을 감염시키는 바이러스는 특히 연구가 부족했다. 이를 염두에 두고 한 국제과학자 집단은 고열성 고균을 감염시키는 바이러스의 메타유전체 분석을 실시했다. 고열성 고균 숙주처럼, 이 바이러스들은 85°C 이상의 온도에서 복제된다. 일본의 온천에서 채취한 샘플의 농축배양(7.7절 참조)으로 Sulfolobales 목 고균의 생장이 관찰되었고, 바이러스 군집을 대상으로 메타유전체 염기서열분석이 수행되었다. 7개의 거의 완전한 바이러스 유전체가 수집되었고, 그 중 2개는 새로운 종에 속한다. 과학자들이 DNA의 모든 판독치 중에서 7개의 구별되는 바이러스와 2개의 새로운 종을 어떻게 구별할 수 있었는지에 대해 토의하시오. 이러한 바이러스들이 극호열성균을 감염시키는 것을 고려해 볼 때, 더 자세히 연구하고 싶은 특별한 유전자가 있는가?

참고문헌: Lui, Y. et al. 2019. New archaeal viruses discovered by metagenomic analysis of viral communities in enrichment cultures. *Environmental Microbiology*. 21: 2002-2014. doi: 10.1111/1462-2920.14479

CHAPTER

19

고균

Robert Ingelhart/Getty Images

메탄생성 고균 연료를 가정용 에너지로 사용할 것인지에 대한 논란

가스 가격이 급등하고 정치인들이 에너지 안보(energy security)에 대한 언쟁을 벌이기 오래 전에 고균은 천연가스라고 알려져 있는 메탄을 생성하느라 바빴다. 메탄 매장이 수십억 년 전에 이루어졌지만 최근에 이르러서야 지질학자들이 미국에서 회수할 수 있는 천연가스가 적어도 2,300조 입방 피트(trillion cubic feet, Tcf)라고 인식하였다. 저장량이 상향된 것은 지하의 셰일(shale)에 매장된 메탄 때문이다. 애팔래치아산맥과 로키산맥 지하에 많은 양이 매장되어 있는 이 자국산 가스 공급원은 미국의 총 가스 공급량의 65% 이상을 감당할 수 있다. 그러나 여기에는 문제가 있는데, 그것은 메탄을 토양에서 추출해야만 한다는 것이다.

생물적으로 생산되는 모든 메탄은 메탄생성 고균에 의해 CO_2 + H_2로부터 또는 아세트산으로부터 만들어진다(19.5절). 미국 지하의 셰일은 100억 년 동안 방대하고 생산적인 고균의 고향이었던 것이 분명하다. 셰일 속 천연가스는 오랫동안 알려져 있었지만, 메탄 회수 비용이 경제적으로 적정 수준이 된 것은 최근이다. 부드러운 다공성 셰일에 갇혀 있는 가스를 추출하는 비용은 뒤에 발생하는 이득을 훨씬 초과하였다. 그러나 최근에 수평보링(horizontal drilling)과 수압균열법(fracking: 셰일가스 시추 기술) 기술이 발전하면서 경제적 채산성에 대한 평가는 변화하였다. 현재 전형적인 광상은 약 3,000 m를 수직으로 파내려간 다음 수평으로 계속 멀리 파가는 것이다. 수압균열법은 광상으로 900만 L 이상의 물과 모래, 그리고 화학물질들을 고압으로 퍼 넣는 과정이 포함되어 있다. 이로 인해 셰일은 부서지고 '지주물질(propping agent)'이 구멍을 열어주는 동안 가스가 회수될 수 있다.

그러나 지역 사회의 일부 시민들은 수압균열법을 시행하는 곳에 지하수 오염, 지진발생, 오염된 시추수의 광상 표면으로의 방출, 광상으로부터 메탄의 누출을 우려하며 이로 인해 천연가스 사용에 따른 탄소 발자국(carbon footprint)이 증가한다고 경고한다. 연방 법규에 따르면 시추수는 환경으로 방출하기 전에 회수하여 처리하도록 되어 있다. 어떤 경우에는 이러한 처리를 위해 시추자들이 지역의 폐수처리 시설을 사용하는데, 이는 지역의 사회공공기반시설에 엄청난 부담을 주고 있다. 메탄의 누출은 더욱 심각한 문제를 내포하고 있는데 그 이유는 메탄이 해로운 온실가스이기 때문이다(28.3절 참조).

이 장에서 고균은 극한 환경에서 번성하는 생물, 즉 '극한미생물(extremophile)'로 한정하고, 그러한 곳에서 메탄생성과 같은 독특한 과정들을 수행하는 것들에 대해서만 설명하고자 한다. 그러나 우리는 고균이 생리학적 그리고 생태학적으로 다양한 분류군으로 일상적 환경 및 극한 환경에서도 발견된다는 것을 현재 알고 있다. 실제로 생물의 세 번째 영역인 고균은 존중받기에 충분한 가치가 있으며, 특히 이들이 우리의 에너지 체계에 이용될 에너지를 공급해준다면 더욱 그렇다.

이 장의 학습을 위해 점검할 사항:

✓ SSU rRNA 서열을 근거로 하는 계통수를 그리고, 고균의 분류학적 위치를 설명할 수 있다(1.2절).

✓ 고균의 세포벽과 세포막에 존재하는 전형적인 구성성분을 비교할 수 있다(4.2절).

✓ 산소를 비롯한 미생물의 생장에 영향을 주는 환경요인을 나열할 수 있다(7.5절).

✓ 종속영양과 독립영양의 차이점을 설명할 수 있다(11.1절).

✓ 화학무기합성을 설명하고 전자공여자와 수용자의 예를 찾아볼 수 있다(11.8절).

✓ 고균의 DNA 복제, 유전자 전사, 단백질 합성 및 분비를 검토할 수 있다(15.2절, 15.3절, 15.4절).

19.1 고균의 개요

이 절을 학습한 후 점검할 사항:

a. 고균이 서식하는 일반적인 서식지를 나열할 수 있다.
b. 고균 분류의 쟁점을 서술할 수 있다.
c. 고균의 생리학에서 핵심이 되는 적어도 세 가지의 중심대사 경로를 세균의 대사 경로와 비교할 수 있다.

고균(고세균, archaea)은 진핵생물과 공통점이 많으며 또 다른 면에서는 세균과 공통점이 있고 고균 고유의 특징도 지니고 있다(표 1.1 참조). 일반적으로 고균의 정보 관련 유전자, 즉 복제, 전사, 번역에 관여하는 단백질을 암호화하는 유전자들은 진핵생물과 상동성이 있는 반면에 대사 과정에 관여하는 유전자들은 세균의 유전자들과 유사하다. 고균만의 독특한 특성으로는 독특한 tRNA 구조와 메탄생성 능력 등이 있다. 고균은 형태적으로 매우 다양하며 세균과 마찬가지로 모든 유형의 형태가 관찰된다. 일반적으로 이분법으로 분열하지만 출아법, 분절법 또는 그 밖의 방법으로 증식하기도 한다. 대사적 특성도 다양하여 지구탄소순환과 질소순환에 중요한 역할을 한다. 영양방식도 화학무기독립영양생물(chemolithoautotroph)에서 유기종속영양생물(organoheterotroph)까지 다양하다.

고균은 다양한 서식지에서 생장하지만 오랫동안 극한 환경의 미생물 또는 극한 미생물(호극성 생물, extremophile)로 간주해왔다. 모든 고균은 아니지만 실제로 많은 고균이 매우 높은 온도, 낮은 pH, 농축된 염분을 가지고 있거나 완전히 무산소인 니치(niche)에 서식한다. 예를 들어, 일부 고염성 환경에서는 개체군이 너무 밀집되어 염수(brine)가 고색소로 빨갛게 된다. 반면에 일부 토양 군집에서는 고균이 중요한 구성원인데, 이러한 환경은 극한 환경이라고 할 수 없다. 게다가 일부 고균은 사람의 소화관과 구강에 서식하는 인간 마이크로바이옴의 구성원이다. 즉, 고균을 오직 극한 생물로만 인식하는 것은 타당하지 않다.

고균의 분류

유전체와 메타유전체 서열분석에서 파생된 최근 분류체계에서, 고균 영역은 16개의 문을 포함하고 있으며 그 중 7개의 문이 이 장에서 논의될 것이다. 고균계 사이의 진화적 유연관계는 활발히 연구되었으나 아직 합의에 이르지 못하였다. 일부 문은 주로 **미생물적으로 알려지지 않은 물질**(microbial dark matter)로 구성되어, 즉 배양실에서 배양된 적이 없는 유기체이므로 이들의 대사에 대한 정보는 유전체 서열로부터 추론된다. 단일세포유전체 서열분석과 메타유전체 조립 방법의 개발은 알려진 고균의 구성원을 크게 확장시켰다. 고균을 논할 때 배양되지 않은 방법으로 미생물을 식별하고 분류하는 것의 중요성은 과소평가될 수 없다. ◀ 유전체 염기서열분석법(18.2절); 메타유전체학은 배양되지 않은 미생물 연구를 가능하게 한다(18.3절)

대사

고균 생활방식들의 다양성을 생각해볼 때, 각 고균 집단마다 대사 과정이 매우 다르다는 것은 그리 놀랄 일은 아니다. 일부 고균은 종속영양이지만 독립영양인 것도 있다. 여기에서는 고균의 탄소고정 경로와 탄수화물의 대사 경로에 대해서 설명한다.

CO_2-고정 경로

모든 동화 과정과 마찬가지로 탄소 고정에는 환원력과 에너지가 요구된다. 무기 탄소(CO_2 또는 HCO_3^-)는 산화수(oxidizing state)가 +4이기에 세포성 탄소(산화수 0)로 동화되기 위해서는 4 산화수만큼의 환원력이 요구된다. 알려진 독립영양성 고균의 대부분은 무산소 또는 낮은 산소 농도 조건에서 살아간다. 이러한 미생물들은 전자

표 19.1 고균의 CO_2 고정 경로와 캘빈-벤슨 회로의 비교

CO_2 고정 경로	산소민감성	하나의 피루브산 생성에 사용되는 ATP
우드-륭달 (환원된 아세틸-CoA)	혐기적	1
3-히드록시프로피온산/4-히드록시부티르산	호기적	9
디카르복실산/4-히드록시부티르산	혐기적	5
캘빈-벤슨	호기적	7

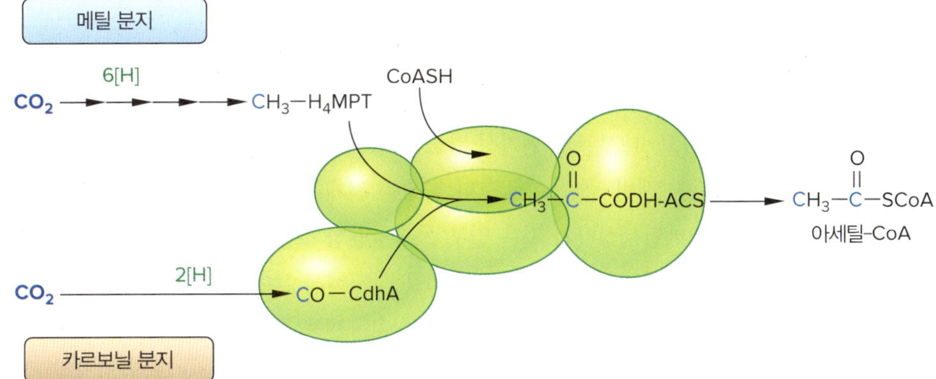

그림 19.1 우드-륭달 경로. 두 분자의 CO_2는 각각 다른 메커니즘에 의해 환원되고, 일산화탄소 탈수소효소/아세틸-CoA 합성효소 복합체(CODH/ACS, 녹색)에 의해 아세틸기를 형성한다. 메틸 가지에서 탄소는 테트라히드로메탄옵테린(H_4MPT) 운반체에 부착된다(그림 19.10).

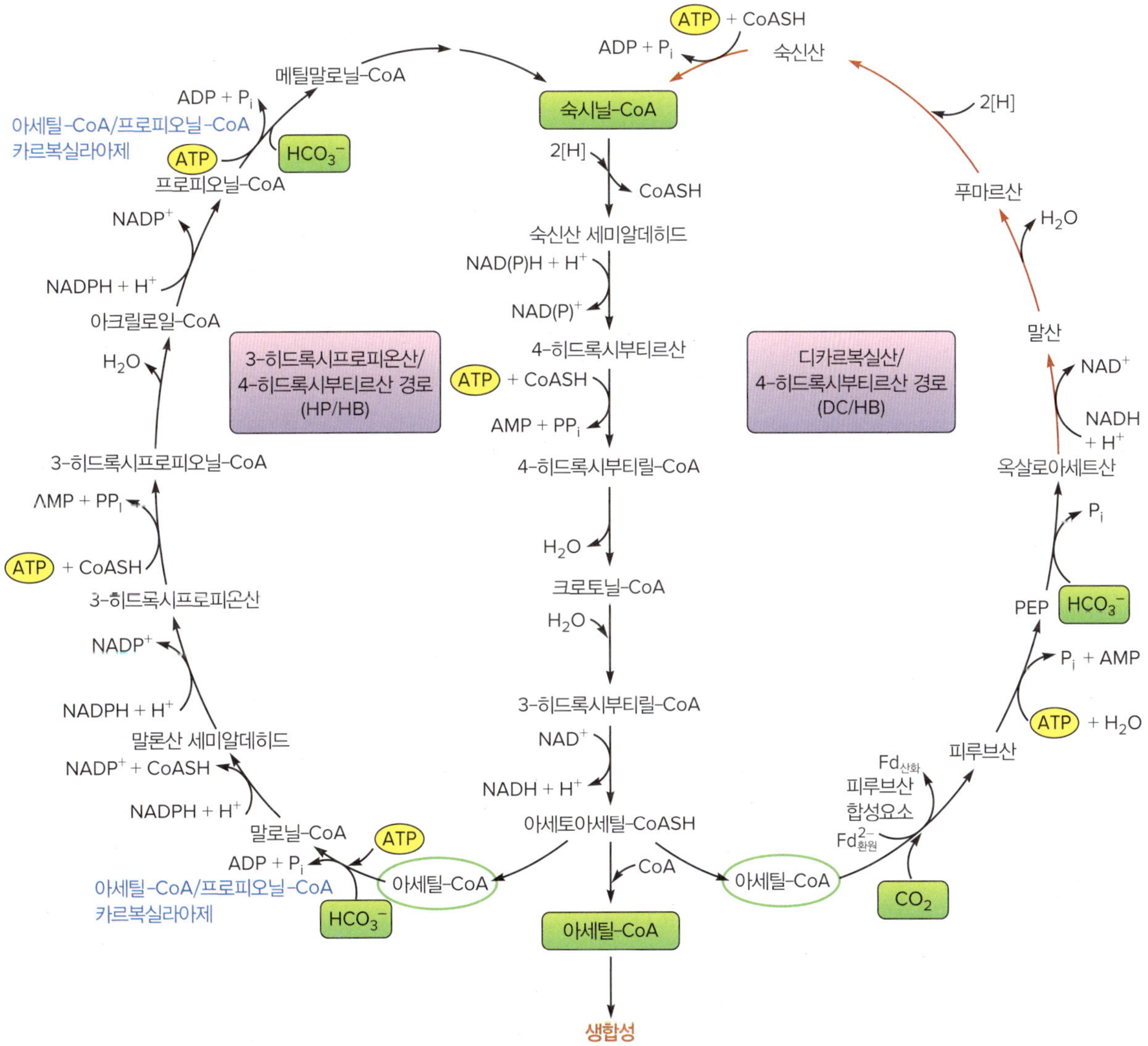

그림 19.2 3-히드록시프로피온산/4-히드록시부티르산(HP/HB) 회로와 디카르복실산/4-히드록시부티르산(DC-HB) 회로. 아래쪽 중앙에 있는 아세틸-CoA 분자에서 각 회로가 출발한다(녹색 동그라미 표시). HP/HB 회로(왼쪽)에서 아세틸-CoA/프로피오닐-CoA 카르복실라아제(파란색)는 두 가지 관련 반응을 촉매하여 중탄산을 유기분자에 통합시킨다. 혐기성 DC/HB 회로(오른쪽)에서는 1분자의 CO_2와 1분자의 중탄산 이온이 고정된다. 두 회로 모두 숙시닐-CoA를 아세틸-CoA(중앙)로 전환하기 위해 동일한 경로와 효소를 사용한다. 빨간색 화살표로 표시된 반응도 환원성 트리카르복실산 순환에 있다(그림 12.4 참조).

연관 질문 DC/HB 경로가 HP/HB 경로보다 합성되는 피루브산 1분자당 더 적은 양의 ATP를 사용한다. 그런데 고균은 왜 DC/HB 경로 대신에 HP/HB 경로를 사용하는 것인가?

공급원으로 NADPH 대신에 페레독신(ferredoxin, Fd)을 사용하는 경향이 있다. 왜냐하면 환원된 페레독신의 표준환원전위(E_0')는 -400 mV이기 때문에 이는 NADPH ($E_0' = -320$ mV)보다 더 많은 에너지를 포함하고 있고, 대부분의 혐기성 탄소 고정 대사과정은 호기성 탄소 고정 경로(예: 캘빈-벤슨 회로)보다 ATP를 적게 요구한다. 이러한 특성은 특히 메탄생성균과 같은 일부 독립영양성 고균에게 매우 중요하다. 이들은 열역학적 한계점에 가까운 상태에서 살아가므로, 여분의 ATP가 매우 적거나 거의 없다. ◀ 산화환원 반응: 물질대사의 핵심 반응(10.3절); CO_2 고정: CO_2 탄소의 환원과 동화(12.3절)

고균에서는 다른 3종류의 탄소 고정 경로가 밝혀졌는데, 우드-륭달 경로(Wood-Ljungdahl pathway, 환원적 아세틸-CoA 경로), HP/HB 회로(3-히드록시프로피온산/4-히드록시부티르산 회로, 3-hydroxypropionate/4-hydroxybutyrate cycle), DC/HB 회로(디카르복실산/4-히드록시부티르산 회로, dicarboxylate/4-hydroxybutyrate cycle)가 그것이다(**표 19.1**). 우드-륭달 경로는 고균 문에서 가장 에너지학적으로 유리하며 광범위한 경로이다.

분지된 우드-륭달 경로에서 2분자의 CO_2가 환원되어 1분자의 아세틸-CoA로 통합된다(**그림 19.1**). 1분자의 CO_2는 아세틸-CoA 합성효소(acetyl-CoA synthase)로도 작용하는 CO 탈수소효소(CO dehydrogenase)에 의해 일산화탄소(CO)로 환원되며, 다른 1분자의 CO_2는 메틸기(CH_3) 수준으로 환원되어 조효소 테트라히드로메타놉테린(tetrahydromethanopterin)에 결합된다. 일산화탄소 탈수소효소/아세틸CoA 합성효소복합체(carbon monoxide dehydrogenase/acetyl CoA synthase)는 카보닐 가지와 합성효소 반응을 촉매한다. 경로 최종 생성물인 아세틸-CoA는 생합성에 사용되는 전구체 대사산물이다. ◀ 전구대사물질: 생합성을 위한 시작 분자(12.2절)

HP/HB 회로(**그림 19.2**)는 어떤 다른 CO_2 고정 경로보다 더 많은 에너지(9 ATP/피루브산)를 요구하지만 다른 이점이 있다. 이 회로는 금속 보조인자에 대한 의존성이 낮으며, 아세틸-CoA 경로나 DC-HB 회로와는 달리 유산소 조건에서 진행될 수 있다(표 19.1). 핵심 효소인 아세틸-CoA/프로피오닐-CoA 카르복실화 효소는 2개의 서로 다른 반응을 촉매한다. 두 반응 모두에서 중탄산 이온(HCO_3^-) 형태로 CO_2가 재배열되어 최종 숙시닐-CoA를 생성하는 중간대사물에 첨가된다. 숙시닐-CoA는 4-히드록시부티르산을 거쳐 2분자의 아세틸-CoA로 전환된다. 1분자의 아세틸-CoA는 생합성에 사용되고 다른 한 분자의 아세틸-CoA는 다음 회로에서 CO_2 수용체로 사용된다.

고균의 추가적으로 알려진 독립영양성 회로는 혐기성의 DC/HB 회로이다(그림 19.2). DC-HB 회로도 아세틸-CoA에 2개의 탄소 분자를 포함하는데, 하나는 CO_2로서, 다른 하나는 HCO_3^-로서 직접적으로 포함된다. 옥살로아세트산으로부터 숙시닐-CoA까지의 단계는 환원성 트리카르복실산 회로단계(그림 12.4 참조)와 일치하며, 숙시닐-CoA에서 아세틸-CoA의 2분자까지의 단계는 HP/HB 경로와 동일하다. DC/HB 회로는 피루브산 당 5개의 ATP만을 사용하지만, 일부 효소는 산소에 민감하다. 따라서 숙시닐-CoA에서 아세틸-CoA로 전환되는 과정은 HP/HB와 DC/HB 경로에서 같지만 호기성 고균은 더 많은 에너지가 요구되는 HP/HB 경로를 수행해야만 한다.

독립영양적 경로는 2-탄소 화합물(C2)인 아세틸-CoA를 생성하는 것이 확인되는데, 이 아세틸-CoA는 동화과정에 이용되기 위해 중심 대사산물인 피루브산(C3)으로 전환되어야만 한다. 이에 가장 일반적인 방법은 글리옥실산 회로의 보충대사반응이다(**그림 19.3**). 이 회로는 TCA 회로 중간산물을 보충하기 위해 많은 세균들이 사용한다. 2분자의 아세틸 CoA(C2)는 서로 다른 지점에서 글리옥실산 회로로 들어가 생합성을 위한 말산(C4)으로 전환된다. 독립영양생물과 일부 종속영양생물은 메틸아스파르트산 회로를 사용한다. 이 회로 역시 생합성을 위한 말산을 생성하지만 더 많은 단계가 요구된다(그림 19.3). 왜 이들은 더 복잡한(따라서 비용이 많이 드는)기전을 사용할까? 이에 대한 해답은 메틸아스파르트산 회로가 호염성 고균에서만 발견된다는 사실에서 찾을 수 있다. 호염성균 유전체의 생물정보학적 분석을 통해 메틸아스파르트산 회로의 효소를 암호화하는

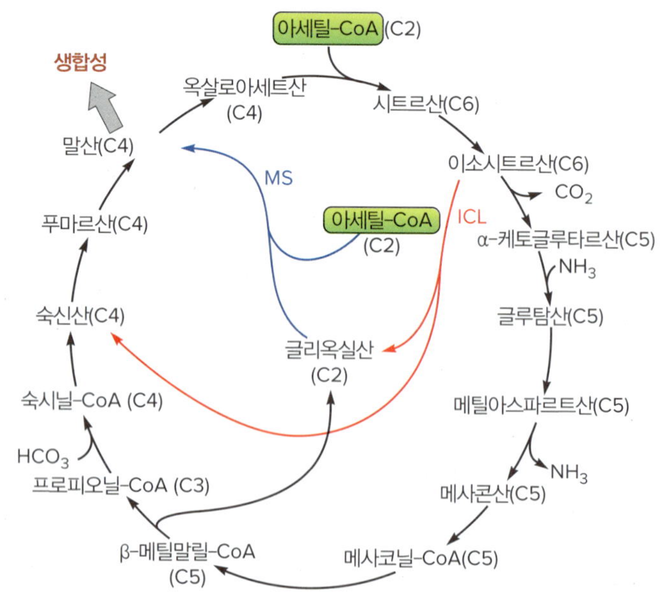

그림 19.3 아세틸-CoA 동화작용을 위해 사용되는 글리옥실산 회로와 메틸아스파르트산 경로. 독립영양성 고균과 일부 호염성 고균은 아세틸-CoA 동화를 위해 글리옥실산 회로(빨간색과 파란색의 화살표)를 사용한다. 주요 효소는 이소시트르산분해효소(ICL, 빨간색)와 말산생성효소(MS, 파란색)이다. 다른 호염성 고균은 ICL이 없고 대신 더 긴 경로인 메틸아스파르트산 회로를 통해 아세틸-CoA를 동화한다(검은색과 파란색 화살표).

유전자의 존재와 폴리히드록시알칸산(PHA) 활용을 위한 유전자 사이의 강한 상관관계를 입증하였다. 호염성균은 여분의 탄소를 저장하기 위해 PHA를 축적하고 메틸아스파르트산 회로는 이화작용을 위해 사용되는 것으로 보인다. ◀ 봉입체(3.7절)

연구된 모든 고균의 아미노산, 퓨린, 피리미딘의 합성 경로는 다른 생물의 경로와 비슷해 보인다. 일부 메탄생성균은 공기 중의 질소 기체를 고정할 수 있는데, 그 과정 또한 세균과 고균에서 매우 잘 보존되어 있는 것 같다. ◀ 동화작용: 생합성 과정에서 에너지 이용(12장)

화학유기영양 경로

화학유기영양(chemoorganotrophic) 고균에서는 변형된 엠덴-마이어호프(Embden-Meyerhof, EM) 경로와 엔트너-도우도로프(Entner-Doudoroff, ED) 경로의 변형된 두 경로 등 적어도 3가지의 새로운 탄수화물 대사 경로가 확인되었다. 변형된 EM 경로에는 ADP-의존성 포도당인산화효소(ADP-dependent glucokinase)와 인산과당인산화효소(phosphofructokinase) 등 여러 가지 새로운 효소들이 관여한다(**그림 19.4**). 이들 인산화효소는 각각 AMP를 생산한다. 사실 EM 경로와는 달리 ATP 순수율은 없다. 변형된 EM 경로의 또 다른 독특한 단계는 글리세르알데히드 3-인산이 직접 3-포스포글리세르산으로 전환되는 것이다. 일부 고균은 NAD^+가 아닌 페레독신을 전자수용체로 사용한다.

엔트너-도우도로프 경로에는 반인산화(semi-phosphorylative) 경로와 비인산화(nonphosphorylative) 경로의 두 경로가 존재한다. 반인산화 ED 경로는 1개의 ATP 수율을 갖는다(**그림 19.5**). 비인산화 ED 경로는 이름에서 알 수 있듯이 ATP 수율이 없다. ◀ 호기성 호흡

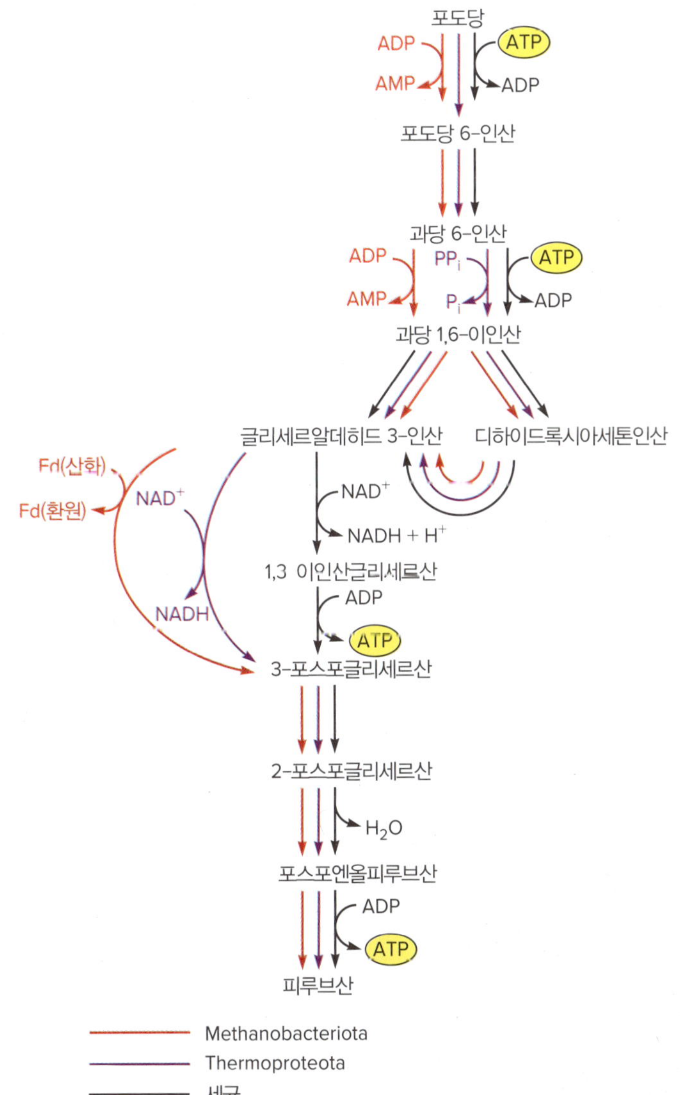

그림 19.4 변형된 엠덴-마이어호프 경로. 세균과 일부 고균들의 경로를 비교한 것이다. 고균의 변형된 EM 경로에서 순생산되는 ATP는 없다. Fd(산화): 산화 페레독신, Fd(환원): 환원 페레독신.

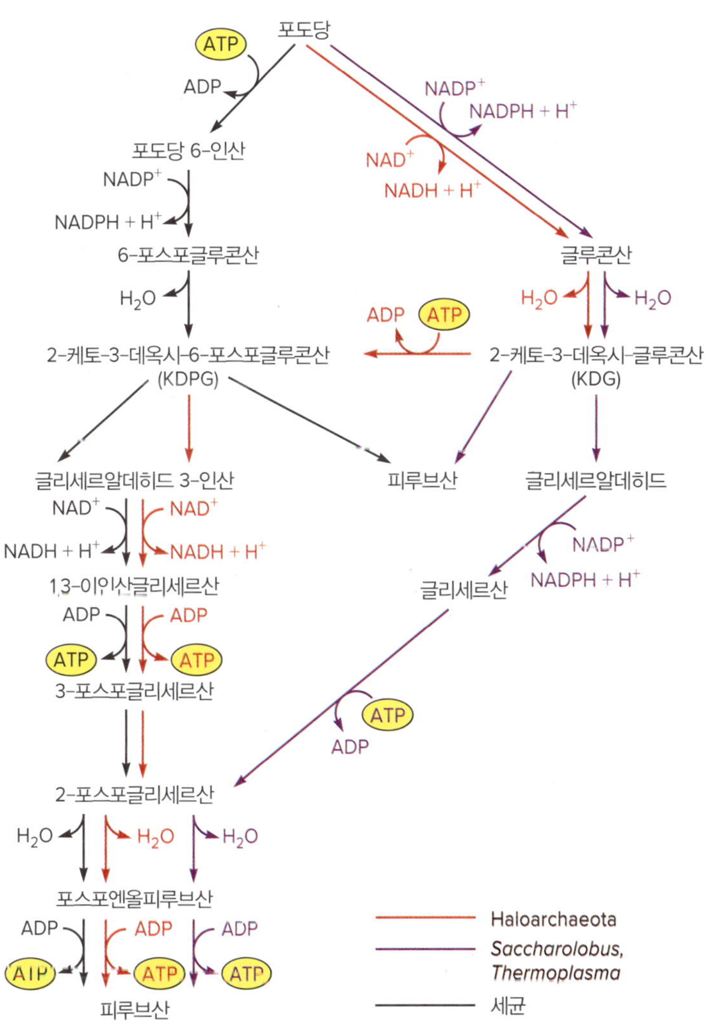

그림 19.5 엔트너-도우도로프 경로의 2가지 변형된 경로. 반인산화 경로(빨간색)는 KDG에서 KDPG로의 ATP 의존적 인산화 과정을 수반한다. 글리세르산이 2-포스포글리세르산으로 전환될 때 비인산화 경로(보라색)는 세균성 ED 경로와 결합한다. 그래서 어떤 순 ATP도 생산되지 않는다.

은 포도당 산화로부터 시작된다(11.3절)

연구된 모든 고균은 피루브산을 아세틸-CoA로 산화할 수 있다. 그러나 고균에는 진핵생물과 호흡을 수행하는 세균에 존재하는 피루브산 탈수소효소 복합체(pyruvate dehydrogenase complex)가 부족하고, 대신에 피루브산 페레독신 산화환원효소(pyruvate ferredoxin oxidoreductase)를 사용한다. 많은 고균들이 기능적인 TCA 회로를 가진 것처럼 보이지만, 포도당을 유의미할 정도로 이화시키지 않는 종들[예: 메탄생성균(methanogens)]에는 완전한 TCA 회로가 없다. 그러나 일부 고균은 글리코겐을 저장하는데, 이는 변형된 EM 경로를 통해 만들어진다(그림 19.4). ◀ 피루브산 탈수소효소와 TCA 회로(11.3절)

마무리 점검

1. 유전체와 메타유전체 서열분석이 고균 분류에 엄청난 영향을 미쳤는가?
2. 우드-륭달 경로에 들어가는 2분자의 CO_2가 어떻게 2 분자의 아세틸 CoA로 전환되는지 설명하시오.
3. 일부 고균들이 아세트산을 대사할 때 글리옥실산 회로 대신 메틸아스파르트산 경로를 사용하는 이유는 무엇인가?
4. 고균과 세균이 수행하는 해당경로의 ATP와 NADH의 수율을 비교하시오.

19.2 아스가드고균과 나노고균은 주로 메타유전체학으로 알려졌다

이 절을 학습한 후 점검할 사항:

a. 진핵생물과 아스가드고균의 유연관계를 설명할 수 있다.
b. 나노고균의 절대공생체를 설명할 수 있다.
c. 배양되지 않은 유기체의 대사가 유전체서열 정보로부터 어떻게 추론될 수 있는지 설명할 수 있다.

아스가드고균은 진핵생물에 가깝다

아스가드고균(Asgardarchaeota)은 아스가드에 거주하는 노르스(Norse) 신화의 등장인물을 딴 3개의 강(class)을 포함한다. 아스가드고균은 전 세계 다양한 지역의 해양 퇴적물 조사에서 메타유전체학을 통해 발견되었다. 이 문에서 배양된 최초의 고균은 2020년에 기술되었다(7장 시작이야기 참조). *Candidatus* Prometheoarchaeum 합포체 세포는 직경이 0.3~0.8 μm로 작고, 세포외 소포와 긴 가지 모양의 세포부속물을 가지고 있다. 이 세포는 고균 전형적인 지질을 가지고 있다(그림 4.4 참조). *Ca.*P. 합포체라는 이름에서 알 수 있듯이 성장을 위해 파트너 미생물을 필요로 한다.

아스가드 유전체는 상당한 수의 진핵생물의 특징적인 단백질인 **진핵성 서명단백질**(eukaryotic signature protein)의 유전정보를 가지고 있다(미생물의 다양성과 생태학 26.1 참조). 여기에는 세포골격 단백질(액틴과 튜불린), 정보처리 단백질(DNA 중합효소와 리보솜 구성성분), 세포막 리모델링 성분(ESCRT, 그림 7.9 참조), 세포내 수송 및 분비 경로의 구성요소 등이 있다. 이중 세포내 이동 단백질의 존재는 특히 이해하기 어려운데 고균은 일반적으로 진핵생물보다 훨씬 작고 이러한 단백질이 작동하는 세포소기관인 소포체나 골지체가 없기 때문이다. 사실, *Candidatus* P. 합포체는 세포소기관이 부족하다. 최초의 진핵세포는 세균과 고균의 공생에서 비롯하였다고 여겨지며 아스가드고균이 그 숙주세포와 가장 가까운 친척일 수 있다고 여겨진다. ◀ 생명 3영역의 진화(1.2절)

나노고균 문

나노고균의 유전체는 0.49~1.18 Mb로 매우 작다. 그들의 세포는 또한 알려진 것 중 가장 작은 것 중 하나로서, 평균 직경은 0.2 μm 이하이다(그림 4.2 참조). 최근까지 이들은 지구지열시스템에서만 발견되었다. 작은 유전체와 작은 세포의 결합으로 인해 몇 안 되는 배양종 중 하나인 *Nanoarchaeum equitans*로 증명된 바와 같이 많은 종이 절대 공생종이라는 주장이 제기되었다(**그림 19.6**). 그러나 자유생활을 하는 종에서조차도 더 큰 공동체 집단에 의존하면서 제한된 생합성을 보이기도 한다. 이들 유전체는 완전한 전자전달계를 암호화하지 않으므로 대부분 발효대사를 할 것으로 예측된다. 흥미롭게도, 예측된 유전자의 상당 부분은 알려지지 않은 기능을 가진 단백질을 암호화하여 새로운 대사 기능이 밝혀질 수도 있음을 암시한다.

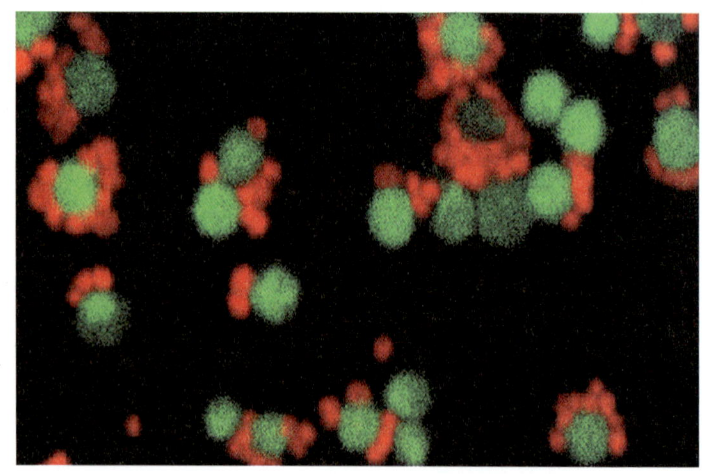

그림 19.6 숙주인 ***Ignicoccus hospitalis***의 표면에 부착하여 기생하는 기생체인 ***Nanoarchaeum equitans***. 공초점 레이저 주사현미경으로 관찰한 이 사진에서 *I. hospitalis*는 녹색으로, *N. equitans*는 빨간색으로 염색되어 있다. Karl O. Stetter

마무리 점검

1. 아스가드고균은 진핵세포와 어떤 특성을 공유하는가?
2. 나노고균이 호기성인지 혐기성인지 예측하고 자신의 답을 설명하시오.

19.3 Thermoproteota 문: 황의존성 호열성균

이 절을 학습한 후 점검할 사항:

a. Thermoproteota가 생존하는 환경을 설명할 수 있다.
b. *Ignicoccus*와 *Nanoarchaeum*의 공생관계를 설명할 수 있다.

Thermoproteota 문은 호열성이고 대부분 황의존성이다. 황은 혐기성 호흡에서 전자수용체이고 또한 무기 영양생물에 의한 전자공여체로도 사용될 수 있다. 이들은 종종 황 원소를 함유한 지열로 가열된 물이나 토양에서 발견되는데 황은 물에서 유백색을 띤다. 이런 환경을 주로 분출공(solfatara)이라고 부르고 전 세계에서 발견된다(**그림 19.7**). 많은 극호열성생물들은 해저화산으로 둘러싸인 바다에 고립되어 있다. 이 고균들은 최적생장온도 85°C를 초과하는 경우 **극호열성생물**(hyperthermophile)로 분류된다. 가장 극단적인 것은 태평양 북동부의 활발한 열수공에서 분리된 *Pyrolobus fumarii*이다(그림 7.19 참조). 최적생장온도는 약 105°C이지만, 121°C에서 한 시간 동안 고압습윤멸균에서도 생존할 수 있다. 이것은 절대산소비요구성으로 철(III) 이온을 최종전자수용체로 사용하고 전자공여체 및 에너지원으로 H_2 또는 포름산을 사용한다.

그림 19.7 아이슬란드 크라플라 산의 솔파타라호(**Solfatara**)에는 호열성 고균의 생장이 가능하다. *Joanne M. Willey, Ph. D.*

열수공은 공생체인 *Ignicoccus hospitalis*와 *Nanoarchaeum equitans*의 서식지이기도 하다(그림 19.6). *N. equitans*는 생장에 숙주가 필요하지만 *Ignicoccus hospitalis*는 순수배양으로 쉽게 자란다. *I. hospitalis*는 전자공여체로 H_2를, 전자수용체로 황 원소를 사용하는 혐기성의 화학무기독립영양 극호열성균이다. 이 고균의 세포막은 독특하게도 S층이 결여된 이중막을 가지고 있다. 세포내 막은 핵양체를 포함한 세포질을 테트라에테르(tetraether) 단일층으로 둘러싸고 있고(그림 4.4와 4.5 참조), 반면에 외막은 고균이중층으로 되어 있다(그림 4.3 참조). DC/HB 회로(그림 19.2)의 효소는 주변세포질공간(peripheric cytoplasmic compartment)이라 불리는 두 막 사이의 공간에 국한된다. DC/HB 효소는 탄소가 고정되는 동안 형성되는 알데히드 중간생성물로부터 유전체를 보호하기 위해 이 구획에서 분리된다는 것이 제안되었다. 외막에는 H_2와 황산화환원효소 및 ATP 합성효소의 복합체가 존재하며 에너지를 생성한다. *I. hospitalis* 외막에 부착되어 있는 *N. equitans*는 주변세포질공간에서 ATP를 직접 얻는 것으로 보이기 때문에 이들의 절대적 연관성을 설명한다.

*Saccharolobus*와 *Sulfolobus* 종은 호기성이며 구형의 **호열호산성균**(thermoacidophile)으로, 최적생장온도는 75~85°C이고 최적 pH는 2~4이다. 원래는 단일 속이었지만, *Sulfolobus*는 2개의 속으로 나뉘었다. *Saccharolobus solfataricus*는 비교적 배양이 쉽기 때문에 고균의 모델이다. 세포벽에는 탄수화물과 고균-특이적 지질단백질로 구성되어 있다. 산소환경에서 화학유기영양적으로 생장하지만, H_2, H_2S, FeS_2를 전자공여체로 사용하고 산소를 최종전자수용체로 사용하여 화학무기독립영양 생장도 할 수 있다. 화학무기독립영양으로 성장할 때는 탄소 고정을 위해 HP/HB 경로를 사용하고, 화학유기영양으로 생장할 때는 비인산화 ED 경로(그림 19.5)와 완전한 TCA 회로(그림 11.8 참조)를 사용한다. 대부분의 유기체와 달리 *S. solfataricus*는 전자수용체로 NAD^+를 거의 사용하지 않고 대신에 $NADP^+$와 페레독신-의존성 산화환원효소(ferredoxin-dependent oxidoreductase)를 이용한다. *Saccharolobus* 유전체는 높은 가소성을 보이는데 실제로 *S. solfataricus* 유전체에는 200개의 통합삽입서열(integrated insertion sequence)이 존재하는 것으로 보아 종종 수평적 유전자 전달이 있었음을 말해준다. *S. solfataricus*는 pH 2에서 4까지 생장하지만, 약 6.5의 세포질 pH를 유지하여 원형질막을 가로질러 큰 pH 구배를 형성한다. 이 에너지는 막 결합 ATP 생성효소 및 유기 용질(예: 당류, 아미노산)의 운반과 양성자의 이동을 결합하는 최소 15개의 2차 수송 시스템에 의해 ATP의 형성으로 보존된다(**그림 19.8**). 또한 영양소 섭취에 사용되는 ABC 수송체는 열악한 영

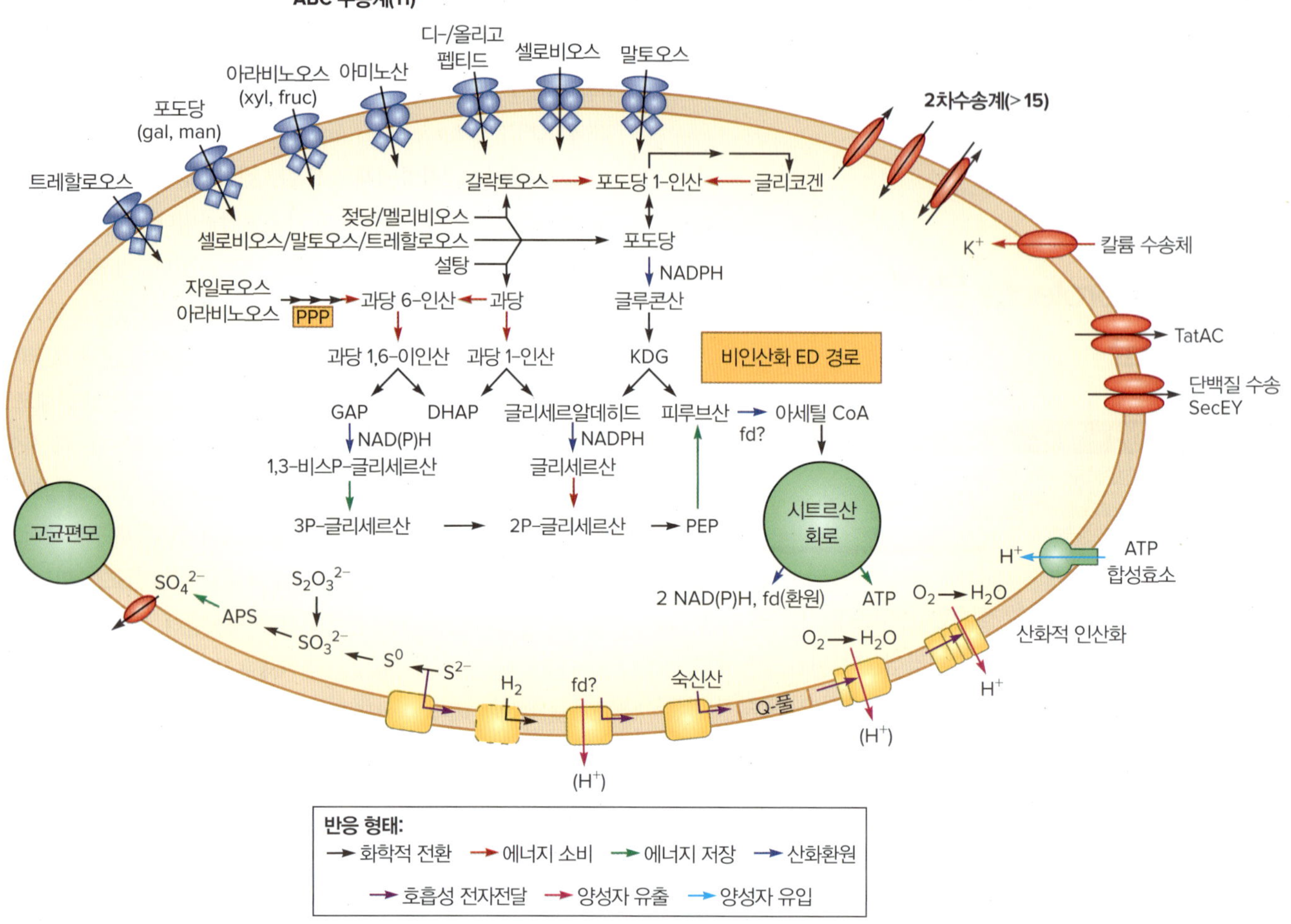

그림 19.8 ***Saccharolobus solfataricus*의 유전체 재구성.** 각 반응 형태들은 서로 다른 색의 화살표로 표시되어 있고 핵심 용어를 표기하였다. 산소호흡계는 퀴논(quinone, Q)-풀, 추정 페레독신 탈수소효소(ferredoxin dehydrogenase, Fd?), 숙신산 탈수소효소 등의 요소들이 있다. 대체 전자공여체로는 수소화효소(hydrogenase)와 황화수소 환원효소(sulfide reductase)를 통해 Q-풀을 환원시키는 수소와 황화물이 있다. 황 원소(S^0)과 티오황산염(thiosulfate, $S_2O_3^{2-}$)은 황산염으로 전환된다. ABC 수송계는 자일로오스(xylose, xyl), 과당(fruc), 포도당(glu), 갈락토오스(gal), 만노오스(man) 등을 세포내로 수송한다. 고균과 메틸 수용 주화성단백질을 암호화하는 유전자가 존재한다.

연관 질문 전자전달사슬의 잠정적 전자공여체를 확인하시오. 세포의 오른쪽에 표기된 칼륨수송체의 에너지원은 무엇인가? 힌트: 화살표 색깔 암호 박스를 검토하시오.

양소 환경에서 중요한 적응기전인 높은 기질 친화성을 갖는다. ◀ 1차 능동수송과 2차 능동수송(3.3절); 전자전달과 산화적 인산화는 대부분의 ATP를 생산한다(11.4절)

19.4 Nitrosphaeria 문: 중온성 암모니아 산화균

이 절을 학습한 후 점검할 사항:

a. Nitrosphaeria 문에 있는 유기체의 신진대사에 대해 설명할 수 있다.
b. Nitrosphaeria를 설명하는 2가지 분자 특성을 나열할 수 있다.

암모니아 산화는 Nitrosphaeria 문을 정의하는 대사적 특징이다. 이 문의 고균들은 질소순환에 중요한 구성원으로 광범위한 수생 및 육상생태계에 풍부하다. 이들은 유기탄소를 동화 목적으로 사용하면서 최종전자수용체로 산소를 사용하여 암모니아를 아질산염으로 산화시킴으로써 에너지를 포착하기 때문에 종속영양생물이라기보다는 **혼합영양생물**(mixotrophic)이다. 암모니아 산화의 첫 단계는 암모니아 모노옥시게나아제(AMO, 그림 21.12 참조)에 의해 촉매되는 반응인 히드록실아민(NH_2OH)으로의 전환이다. 다양한 환경에서 이들을 발견할 수 있었던 것은 AMO와 이를 암호화하는 유전자가 세균과 구별되기 때문이었다. 유전체 분석에 따르면 일부 유기체는 HP/HB 경로를 통해 탄소를 고정하는 반면, 다른 유기체는 유기 탄소를 대신 사용한다. ◀ 질화세균은 암모니아와 아질산염을 산화해서 에너지와 전자를 얻는다(21.1절)

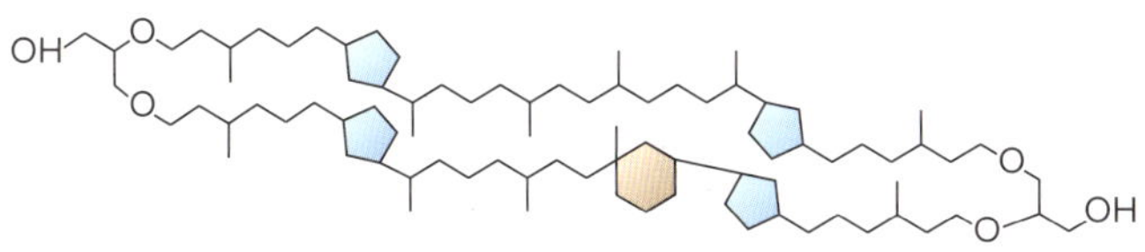

그림 19.9 타움아케올. 사이클로헥산 고리(주황색)의 존재는 타움아케올의 분자적 특징이다.

Nitrosphaeria의 또 다른 특징은 **타움아케올**(thaumarchaeol)이라 불리는 고균-특이적 지질의 존재이다(**그림 19.9**). 단일 사이클로헥산 고리는 타움아케올을 다른 디글리세롤테트라에테르 지질과 구분한다(그림 4.4 참조). 극호열성균의 지질은 높은 온도에서 막 안정성을 제공하는 사이클로펜탄 고리가 발견된다. 사이클로헥산 고리의 추가는 더 낮은 온도에서 자라는 고균에게 요구되는 더 큰 막 유동성을 촉진한다. ◀ 원형질막 구조는 역동적이다(3.3절)

마무리 점검

1. *Ignicoccus*-*Nanoarchaeum* 공생의 3가지 양상을 열거하시오.
2. 호열호산성균은 무엇이며 어디에서 자라는가? 대사에 황을 어떻게 이용하는가?
3. *Saccharolobus* 종이 생성하는 양성자구동력의 크기에서 외부 pH가 하는 역할은 무엇인가?
4. 암모니아를 산화하는 새로운 미생물을 발견하였다고 하자. 이 생물이 고균인지 세균인지 어떻게 구별할 수 있는가?

19.5 Methanobacteriota 문, Halobacteriota 문과 Thermoplasmatota 문: 메탄생성균, 호염성 고균 등

이 절을 학습한 후 점검할 사항:

- **a.** 메탄생성 과정을 설명하고 메탄생성이 에너지 생성뿐만 아니라 생물권의 탄소 순환에 미치는 중요성에 대해 토론할 수 있다.
- **b.** 메탄의 산소비요구성 산화에 대한 생리학적 및 생태학적 특징에 대해 토론할 수 있다.
- **c.** 호염성 생물이 삼투 스트레스에 대항하는 전략을 설명하고 이러한 전략이 필요한 이유에 대해 논의할 수 있다.
- **d.** 호염성 생물이 이용하는 로돕신에 기초한 광영양에 대해 설명할 수 있다.
- **e.** 메탄생성균과 호염성 생물의 서식지에 대해 설명할 수 있다.
- **f.** *Thermoplasma*, *Picrophilus*, *Thermococcus* 종의 독특한 특징을 한 가지씩 설명할 수 있다.

대부분의 배양된 고균들은 이 문에서 발견된다. 메탄생성균은 3가지 모두에서 발견된다.

메탄생성균

18세기 후반에 이탈리아의 물리학자인 볼타(Alessandro Volta)는 무산소습지에서 발생하는 기체에 불을 붙일 수 있다는 것을 발견했다. 이 방법으로 볼타는 메탄의 생물학적 생산을 발견했으며 천연가스의 산업적 중요성을 입증하였다. 메탄이 생성되는 **메탄생성**(methanogenesis)은 유기화합물의 무산소분해 과정의 최종 단계이다. 메탄생성의 ΔG가 다른 호흡과정보다 높아서 메탄생성은 산소나 다른 전자수용체를 유용할 수 없는 절대 무산소조건에서만 일어나는 과정이다(그림 28.1 참조). 일부 고균들은 메탄생성을 할 수 있는 것으로 보인다. 메탄생성균은 H_2와 CO_2 또는 포름산, 아세트산, 메탄올과 같은 간단한 유기화합물로부터 메탄을 생성한다. 이 화합물들은 일반적으로 같은 군집에 살고 있는 다른 미생물들의 발효산물이다. H_2와 CO_2를 이용할 때는 메탄생성균생장은 독립영양방식이고 우드-륭달 경로로 CO_2를 고정한다(그림 19.1). Thermoproteota 문 내의 고균의 유전체 분석은 그들이 메탄생성 및 메탄생성 보조인자의 생합성을 위한 모든 효소를 암호화한다는 것을 증명하지만, 메탄생성은 실험실에서 입증되지 않았다. 다양한 경로의 메탄생성 수행능력은 이 대사가 오래된 것임을 말해준다. 우리는 배양된 메탄생성균에서 잘 확립된 메탄생성대사 경로에 초점을 두고자 한다.

메탄생성균은 배양된 고균 중에 가장 큰 집단이다. 여기에는 3개의 문과 8개의 강이 포함되는데, 이들은 형태나 16S rRNA 서열, 메탄생성에 사용되는 기질 등 매우 상이하다. 8개의 강에 대해 선택된 특성은 **표 19.2**에 제시되어 있다.

메탄(CH_4)을 생성하려면, 탄소는 가장 산화된 형태의 CO_2(+4)에서 가장 환원된 형태(−4)로 전환되어야 한다. 독립영양생물에서 탄소가 고정될 때 탄소 원자의 산화수가 +4에서 0으로 바뀌는데, 이 과정에서 ATP의 가수분해가 필요한 것을 상기하자. 반면, 메탄생성은 에너지-생성 과정으로 여러 독특한 보조인자(cofactor)가 필요하다(**그림 19.10**). 일부 보조인자는 탄소 원자수송체이고, 일부는 전자공여체이다. 이들은 **울프 회로**(Wolfe cycle)라고 불리는 다음 반응에 사용된다(**그림 19.11**). (1) 기체 상태의 CO_2는 효소복합체에 결합하여 활성자리에서 포름산으로 환원된다. 효소복합체의 내부 통로는 포름산을 두 번째 활성자리에 이동시키고, 여기서 이것은 MFR과 결합하여 더욱 환원된다. 이것은 자유에너지흡수 반응으로 페레독신의 산화와 더불어 일어난다. 탄소 원자는 이제 활성화되어 포르밀기(formyl group, —HC=O)의 일부가 된다. (2) 포르밀기는 H_4MPT

표 19.2 대표적인 메탄생성균의 특성

문 강	서식지	메탄생성에 사용되는 기질[1]	온도 범위	기타 특성
Methanobacteriota Methanobacteria	해양 및 담수 퇴적물, 영구 동토층, 온천, 인간의 소화관	CO_2, H_2 (포름산, CO, 2차 알코올[2])	중온성, 호열성	일부 독립영양, 대부분 종속영양
Methanobacteriota Methanococci	해양 퇴적물, 열수공	CO_2, H_2 (포름산)	중온성, 호열성, 극호열성	높은 생장율
Methanobacteriota Methanopyri	열수성 해양 퇴적물	CO_2, H_2	극호열성	
Thermoplasmatatota Thermoplasmata	인간의 소화관, 습지 토양	CO_2, H_2, 메탄올, 메틸아민	중온성	
Halobacteriota Methanocellia	논	CO_2, H_2 (포름산)	중온성	생합성에 아세트산 요구
Halobacteriota Methanonatronarchaeia	알칼리성 호수 퇴적물	CO_2, H_2, 포름산	호열성	호염기성, 호염성
Halobacteriota Methanosarcina	해양 및 담수 퇴적물, 인간의 소화관, 혐기성 하수관	(CO_2, H_2, CO, 아세트산, 메탄올, 황화메틸, 메틸아민)	중온성 호열성	시토크롬, 메타노페나진 함유
Halobacteriota Methanomicrobia	해양 퇴적물, 혐기성 하수관, 섬모충 공생자	CO_2, H_2, 포름산(2차 알코올)	중온성	

[1] 괄호 안의 화합물은 일부 구성원에 의해 사용되지만, 모두 구성원에 사용되는 것은 아니다.

[2] 2차 알코올은 2-프로판올과 2-부탄올이다.

에 전달된 후 탈수된다. (3) 탈수된 포르밀기(=HC—)는 전자공여체로 F_{420}을 사용하면서 두 번에 걸친 환원작용으로 인해 메틸기(—CH_3) 수준으로 환원된다. (4) 메틸기는 막 결합효소가 가지고 있는 CoM에 전달되며, 이 과정에서 Na^+도 막을 통과한다. 이 결과로 ATPase를 구동하는 나트륨 구동력(sodium motive force)이 형성된다. (5) 메틸기는 이제 조효소 B (CoB)에 의해 메탄(CH_4)으로 최종 환원되는 단계에 도달하였다. 이 반응은 F_{430}-함유 메틸-CoM 환원효소(F_{430}-containing methyl-coenzyme M reductase, MCR)가 촉매하며, H_2가 전자공여체로 이용되면서 양성자가 방출된다. 메탄 외에도 두 조효소가 이황화결합된 CoM-S-S-CoB를 만든다. 이 회로의 마지막 단계는 (6) 두 조효소의 이황화결합을 자유에너지 방출반응으로 환원하여 두 조효소를 재생하는 것이다. 이 반응을 촉매하는 효소는 이질이황화물 환원효소(heterodisulfide reductase)로서 플라빈-기반 전자분기 기전으로 CoM-S-S-CoB를 환원시키고, 페레독신을 환원시키는데 환원된 페레독신은 (1)에서 필요하다. ◀ 플라빈-기반 전자분기(11.9절)

이제껏 우리는 수소영양성 메탄생성에 대해 논하였다. 고균이 메탄을 만드는 또 다른 경로는 아세트산 경로와 메틸영양성 경로이다(표 19.2). 일부 메탄생성은 아세트산, 메탄올, 메틸아민을 이용하고, *Methanosarcina*의 일부 종은 H_2와 CO_2를 이용하여 생장할 수도 있다. 이 고균들은 일반적으로 수소영양성 메탄생성보다 2~3배 더 높은 생장수율을 보인다. 높은 생장수율을 가진 이 고균들이 메탄생성의 2/3를 차지한다는 것은 그리 놀랄 일은 아니다.

이 장의 시작에서 설명한 바와 같이 메탄생성 고균은 실용적인 면에서 중요한 잠재력을 지닌다. 무산소적 처리조(anaerobic digester)에서는 발효균을 사용하여 하수 슬러지와 같은 입자성 폐기물을 메탄생성의 기질인 H_2, CO_2, 아세트산으로 분해한다(그림 42.6 참조). H_2를 생산하는 발효균과 메탄올 사이의 긴밀한 열역학적 관계는 종간 수소 전이(interspecies hydrogen transfer)라고 불리며 27장에서 논의된다. 1 kg의 유기물로 600 L 정도의 메탄을 생성할 수 있다. 앞으로의 기술혁신으로 메탄생성의 효율이 크게 증가되어 유기성 폐기물에서 생성된 메탄이 에너지의 중요한 공급원이 될 것으로 예상된다. ▶ 영양공생(27.2절)

메탄생성 고균은 매년 약 10억 톤의 메탄을 생산하는 것으로 추정된다. 메탄이 다량으로 생성되는 호수나 연못의 표면에는 때때로 메탄 거품이 발생하는 것을 볼 수 있다. 반추위에 서식하는 메탄생성균은 매우 활동적이어서 소는 하루에 200 L의 메탄을 트림하며 방출한다. 메탄생성은 환경 문제도 유발할 수 있다. 메탄은 적외선을 흡수

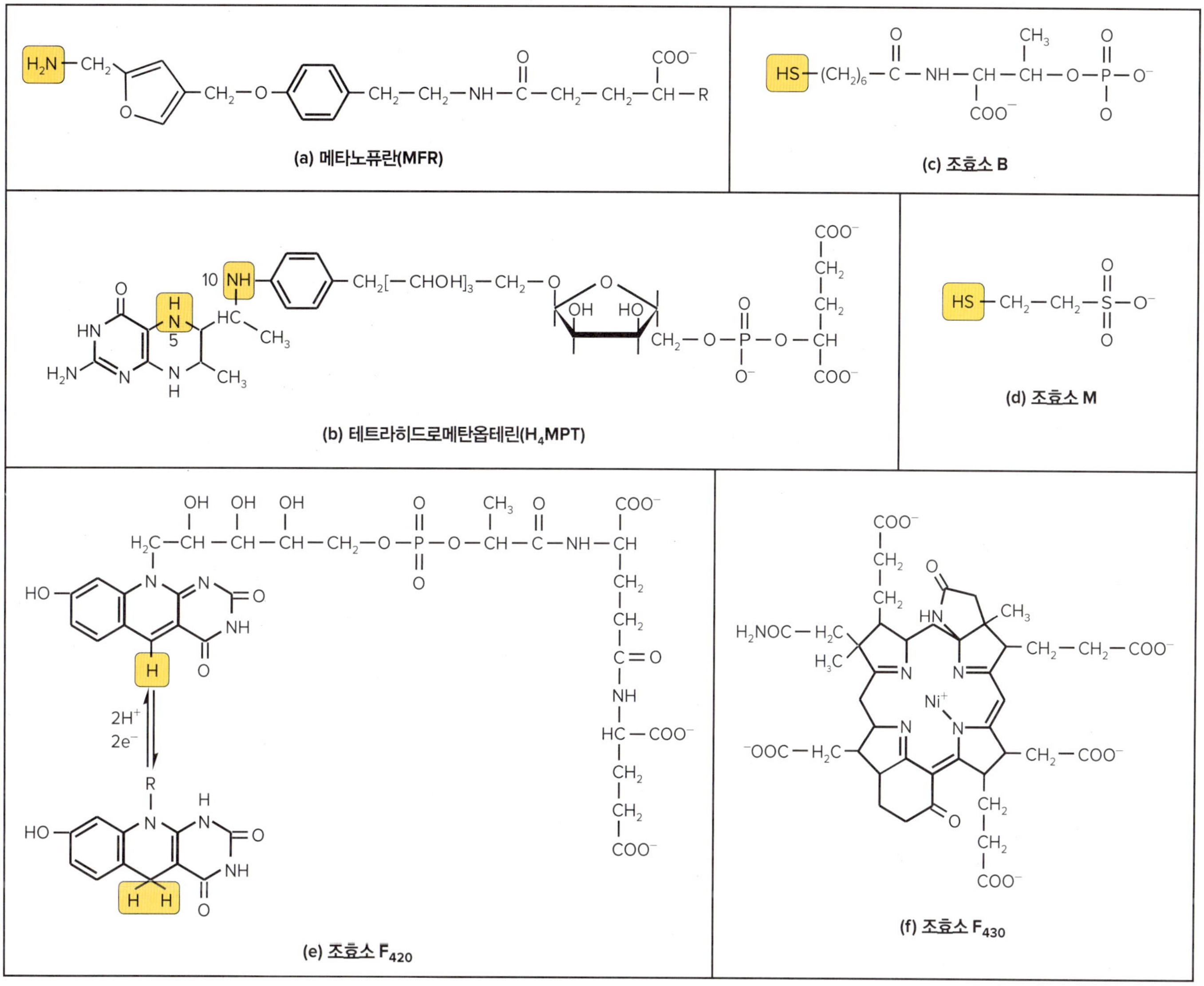

(a) 메타노퓨란(MFR)

(c) 조효소 B

(b) 테트라하이드로메탄옵테린(H_4MPT)

(d) 조효소 M

(e) 조효소 F_{420}

(f) 조효소 F_{430}

그림 19.10 메탄생성균의 조효소. (a) 조효소 MFR, (b) H_4MPT 및 (d) 조효소 M은 메탄생성 동안에 1-탄소 단위를 운반하는 데 사용된다. 조효소에 1-탄소 단위가 붙은 위치는 강조 표시되어 있다. (c) 조효소 B와 (e) 조효소 F_{420}은 산화환원 반응을 수행한다. 가역적으로 산화환원되는 부분은 강조 표시되어 있다. (f) 조효소 F_{430}은 메틸-CoM 환원효소가 촉매하는 반응에 참여한다.

하며 CO_2보다 더 강한 온실가스이다. 대기의 메탄 농도는 지난 200년 동안 계속 증가해왔다. 메탄생성이 지구온난화에 심각한 영향을 줄지도 모른다. 이 내용은 28장에 설명되어 있다. ▶| 반추위의 생태계(27.2절)

메탄영양생물

메탄이 메탄영양(methanotrophy)을 수행하는 미생물에 의해 산화되지 않았다면, 고균이 생성하는 메탄의 양으로 인해 지구는 살 수 있는 곳이 되지 못했을 것이다. 수십 년 동안 메탄을 산화하고 탄소원으로 이용할 수 있는 과정은 절대호기성 프로테오박테리아만이 수행한다고 생각했다. 그러나 해양 퇴적물에서 생성되는 메탄의 약 90%는 고균에 의해 무산소적으로 산화된다는 것을 지금은 알고 있다. 특정 DNA 서열을 지닌 형광 탐침자를 사용하여 산소가 없고 메탄이 풍부한 퇴적물에 서식하는 황산염환원균과 고균의 집합체의 존재를 확인하였다(**그림 19.12**). 메탄을 무산소적으로 산화하는 고균(ANME)이 아직까지 순수배양되지 않았음에도 불구하고 그 이후로 추가적인 집합체가 동정되었고 이들을 호염성 고균의 2개의 특징적인 그룹으로 나누었다. 이러한 미생물들은 주변의 차가운 물에 메탄이 스며든 해저면 지역에서 자주 발견된다. 이들은 열수공, 무산소 해수 기둥, 토양 및 담수 서식지에서도 발견된다.

배양된 ANME 고균이 전혀 없기 때문에, 메탄 산화 기전은 메타유전체학 분석으로만 알려져 있다. ANME 고균은 메탄생성에 필요

그림 19.11 울프 회로 수소영양성 메타노젠의 CO_2와 H_2로부터 CH_4 합성을 위한 회로이다. CO_2에서 유래된 탄소 원자는 각각의 화학 구조에서 녹색이다. 동그라미 친 숫자는 본문에 기술된 단계와 일치한다. 파란색 원은 내인성 반응이고 녹색 원은 외인성 반응이다. CoB: 조효소 B, CoM: 조효소 M, Fd: 페레독신, MFR: 메타노퓨란, H_4MPT: 테트라히드로메탄옵테린

연관 질문 CO_2 환원이 ATP 생성에 연관된 어떤 메탄생성균의 메커니즘은 무엇인가?

한 모든 유전자를 보유하고 있어서, 무산소적 메탄산화가 메탄생성의 역방향으로 진행되면서 수행될 수 있다는 것을 시사하고 있다. 순수하게 정제된 메틸-CoM 환원효소가 에너지면에서 비자발적인 반응인 메탄을 메틸-CoM으로 전환하는 반응을 촉매한다는 것이(그림 19.11 5단계) 메탄은 전자공여체라는 것을 지지해주고 있다. 황산염-환원 세균을 가진 ANME 집합체에서 황산염은 최종전자수용체이다.

$$CH_4 + SO_4^{2-} \rightarrow HCO_3^- + HS^- + H_2O \ (\Delta G^{\circ\prime} = -17 \text{ kJ/mol})$$

이들 세포집합체 내의 전자이동은 전자현미경으로 관찰되는 세포와 세포를 연결하는 나노선, 즉 접합 선모(conductive pili)를 통해 매개되는 것으로 보인다(그림 21.27b 참조). 고균은 세균에게 자신의 유기탄소를 다량으로 제공하며, 질소기체를 고정하는 ANME 고균은 세균에게 유기질소를 제공한다. 최근 무산소적 메탄산화에서 황산염만이 유일한 최종전자수용체가 아니라는 것이 알려졌다. ANME의 한 그룹은 아나목스 세균의 질산염 환원을 메탄산화에 결합한다.

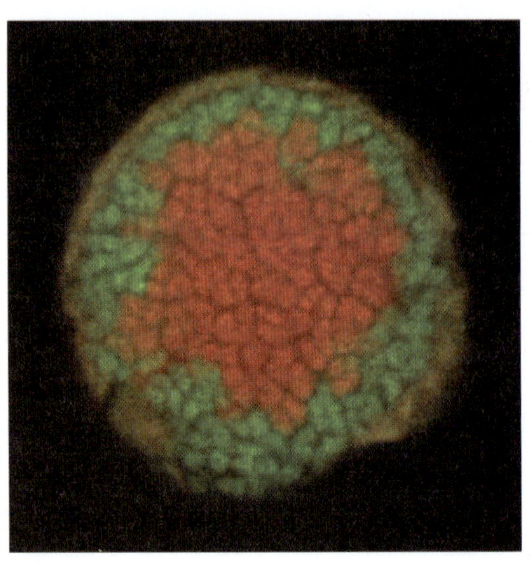

그림 19.12 황산염-환원 세균과 연계된 상태로 생장하는 메탄영양 고균. 고균의 형광 16S rRNA 탐침에 의해 빨간색으로 염색된 메탄영양 고균 덩어리가 중앙에 있고, 그 둘레를 16S rRNA 탐침에 의해 녹색으로 표지된 황산염 환원균이 감싸고 있다. Source: "Multiple archaeal groups mediate methane oxidation in anoxic cold seep sediments" by V. Orphan. PNAS, Vol. 99: 7663–7668. Copyright (2002) National Academy of Sciences, U.S.A.

다른 ANME 고균은 Fe(III)와 Mn(IV) 무기물을 전자수용체로 사용하는 것이 밝혀지면서 생물지구 순환에 새로운 경로를 제시하고 있다(그림 28.3 참조).

호염성 고균

극호염성 생물(extreme halophile)에는 일부 세균, 진핵세포성 미생물, **호염성 고균**(haloarchaea) 등이 포함되는데, 호염성 고균은 Haloarchaeota 문에 속한다. 이 문에는 일부 메탄생성균(표 19.2)과 메탄영양생물도 포함되는데 우리는 호염성 고균에 초점을 맞춘다. 이들 대부분은 호흡 대사를 하는 호기성 화학유기영양생물이다. 극호염생물은 탄수화물 복합체 또는 글리세롤, 유기산, 아미노산 등과 같은 간단한 화합물들을 탄소원으로 사용하여 다양한 영양 방식으로 생활한다. 호염성 고균은 형태가 다양하여 구형, 막대형, 정육면체형, 피라미드형 등이 발견되고(**그림 19.13a**) 일부는 고균편모(archaella)가 있어서 운동성이 있다.

호염성 고균의 가장 뚜렷한 특징은 고농도의 염화나트륨에 절대적으로 의존적이라는 것이다. 염화나트륨의 농도가 적어도 1.5 M(약 8%, wt/vol)은 유지되어야 살 수 있다. 3~4 M의 염화나트륨 농도(17~23%)에서 최적의 생장을 보이나 일부는 거의 포화상태(약 36%)에 이르는 농도에서도 자란다. 대부분의 호염성균 세포벽은 염화나트륨이 있어야 정상적인 구조를 이루는데, 염화나트륨의 농도가 1.5 M 아래로 떨어지면 세포벽이 해체된다. 따라서 호염성균은 염전

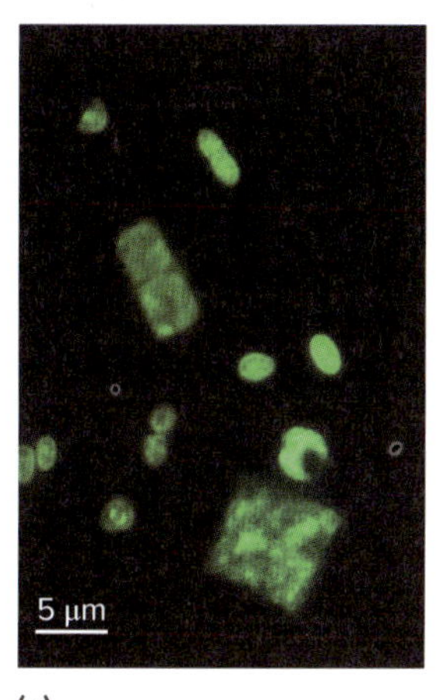

(a)

(b)

그림 19.13 호염성 고균. (a) 아크리딘 오렌지 염색 및 형광현미경으로 본 염전에서 채취한 시료이다. 아크리딘 오렌지는 이중가닥 DNA에 결합하면 녹색 형광을 띤다. 구균, 간균, 사각형 등의 다양한 모양의 세포를 확인하시오. (b) 태양열 증발 연못에는 고농도의 염과 무기염류가 함유되어 있다. 이러한 고온, 고염의 서식지에서 번성한 고균은 영롱한 붉은 색소를 생산한다. (a) ©Dr. Mike Dyall-Smith; (b) Chris Sattlberger/Blend Images

또는 이스라엘과 요르단 사이에 있는 사해(Dead Sea)와 같은 염호수 및 미국 유타 주에 있는 대염호(Great Salt Lake) 등과 같은 고농도의 염분이 포함된 서식지에서만 생장한다. 호염성 고균들은 강한 햇빛에 대한 보호작용을 하는 카로티노이드 색소를 가지고 있어 종종 붉은색~노란색의 색을 띠고 있다. 호염성균은 염호수(saltern)를 실제로 붉게 변색시킬 정도로 아주 높은 밀도로 증식할 수 있다(그림 19.13b).

호염성 고균은 삼투 스트레스에 대처하기 위해 "세포내 염입(salt-in)" 전략을 사용한다. 이러한 고균들은 Na^+/H^+ 역수송체와 K^+ 공동수송체를 사용하여 외부환경의 삼투농도에 상당하는 염화칼륨과 염화나트륨을 세포내에 축적한다. 따라서 단백질들은 염에 의한 변성과 탈수에 대해 보호되어야 한다. 이러한 미생물들의 단백질은 제한된 수의 소수성 아미노산과 많은 수의 산성 아미노산을 보유하도록 진화했다. 산성 아미노산은 접힌 단백질의 표면에 위치하는 경향이 있는데, 그곳에서 양이온을 끌어당겨 단백질 주위에 수화껍질(hydrated shell)을 형성함으로써, 단백질의 용해도를 유지한다. ◀ 용질은 삼투와 수분활성도에 영향을 미친다(7.5절)

아마도 가장 잘 연구된 종은 *Halobacterium salinarum*일 것이다. 이 고균의 두드러진 특징은 엽록소 없이도 빛에너지를 포획할 수 있는 **고균로돕신**(archaerhodopsin)이라는 난백질의 생산일 것이다. 이 단백질은 포유류의 눈에 있는 로돕신과 구조적으로 유사하며, 광-구동 양성자 펌프(light-driven proton pump)로 작용한다. 다른 로돕신 종류와 마찬가지로 고균로돕신은 두 가지 독특한 특징을 지닌다. (1) 단백질에 공유결합되어 있는 레티날(비타민 A의 알데히드)의 광수용체 유도체, (2) 단백질의 7개의 막관통영역(membrane-spanning domain)은 막을 통과하며 양쪽에서 고리(loop) 모양을 만들고, 레티날은 막 내부에 존재한다. 고균로돕신 분자들은 **홍색막**(purple membrane)이라고 하는 원형질막의 변형 부위에서 집합체를 형성한다. 빛-의존성 양성자 펌프로 전자전달계 없이도 pH 농도기울기를 생성한다. 그럼에도 불구하고 이 기울기는 화학삼투작용으로 ATP를 생산하는 데 사용될 수 있다. ◀ 로돕신을 이용한 광영양(11.10절)

*H. salinarum*은 이 밖에도 다른 기능을 하는 3종류의 로돕신을 더 가지고 있다. 할로로돕신(halorhodopsin)은 빛에너지를 사용하여 염소 이온을 세포 안으로 수송시켜 세포내 염화칼륨 농도가 4~5 M로 유지되도록 한다. 또 다른 2가지 로돕신은 감각로돕신 I (sensory rhodopsin I, SRI)과 감각로돕신 II(sensory rhodopsin II, SRII)이다. **감각로돕신**(sensory rhodopsin)은 고균의 활동을 위해 2개의 구성유전자 조절시스템에서 광수용체(photoreceptor)로 작용한다. *Halobacterium*은 고균로돕신에 의한 최적의 양성자구동력을 얻기 위해 강한 빛은 비치지만 치명적인 자외선은 제한되는 곳으로 이동한다.

더모플라즘균

Thermoplasmatota 문에 속하는 고균은 세포벽이 없는, 즉 부정형의 호열호산성균이다. *Thermoplasma* 속에 속하는 고균은 탄광의 석탄 폐기물더미에서 자란다. 이러한 곳에는 매우 많은 황철광(FeS)이 존재하는데, 화학무기영양 세균이 황철광을 황산으로 산화시킨다(미생물의 다양성과 생태학 21.1 참조). 이 결과로 석탄폐기물더미는 매우 뜨거워지고 산성화된다. 이와 같은 곳은 55~59°C이며 pH 1~2에서 가장 잘 자라는 이 고균의 이상적인 서식지이다. 이 고균은 세포벽이 없지만 세포막은 많은 양의 칼드아케올과 지질-함유 다당체 및 당단백질을 보유하여 매우 견고하다(그림 4.4, 지질 6 참조).

Picrophilus 종은 원형질막 외측에 S층을 가지고 있고 불규칙한 구균 상태로 지름이 약 1~1.5 μm까지 자란다. 이들은 호기성이며 47~65°C 사이에서 자란다. pH 요구성이 매우 특이하여 pH 3.5 이하에서만 생장할 수 있으며, 최적 pH는 0.7이다. 심지어 pH 0에 가까운 환경에서도 생장이 확인된다. *Picrophilus*와 *Thermoplasma*는 영양 흡수를 위해 2차 수송체를 사용한다. 이 전략은 막 사이에 심한 pH 차이가 유지하는 데 기여한다.

극호열성 황 황원균

이 생리학적 그룹에는 3개의 Thermococci 강이 포함된다. 이 고균은 절대산소비요구성이며 다양한 탄소 기질(펩티드나 탄수화물 등)을 사용하여 황을 황화물(sulfide)로 환원하는 화학유기종속영양생물이다. 고균편모로 운동을 하며, 최적생장온도는 88~100℃이다.

호열성 산소비요구성이지만, *Thermococci*는 실험실에서 배양하기 가장 쉬운 고균 중 하나인데, 그 이유는 이들이 실험하는 잠깐 동안에 실온을 견딜 수 있기 때문이다. *Thermococcus kodakarensis*는 셔틀벡터(shuttle vector)로 사용가능한 플라스미드가 있고 유전자 형질전환이 쉬워서 모델 생물이 되었다. 극호열성 고균을 위한 유전적 기술의 발달로 이러한 생물을 연구하는 새로운 길이 열렸다. ◀ 플라스미드(17.1절)

마무리 점검

1. 대부분의 메탄생성균이 유산소 조건에서 생장하는 미생물들에 비해 생장 수율이 매우 낮은 이유는 무엇인가?
2. 메탄생성에 많은 보조인자가 요구되는 이유가 무엇이라고 생각하는가?(힌트: CO_2와 CH_4가 거대분자와 결합되어 있지 않으면 어떤 일이 발생할까?)
3. 메탄생성균의 생태학적 및 실용적 중요성은 무엇인가?
4. 극호염성균은 어디에서 발견되며, 이들의 특이한 점은 무엇인가?
5. 감각로돕신과 고균로돕신의 차이점은 무엇인가?
6. *Thermoplasma*는 어떻게 세포벽도 없이 산성의 매우 뜨거운 산성 석탄폐기물더미에서 살아갈 수 있는가?

요약

19.1 고균의 개요

- 고균은 형태, 생식, 대사, 생태적 특성이 매우 다양하다. 고균은 산소가 없고, 염분의 농도가 높거나, 온도가 높은 곳에 서식하는 것으로 가장 잘 알려져 있지만 이들은 한대, 온대, 열대지방의 해양에서도 서식하고 있다.
- 많은 고균들은 배양-비의존적인 방법으로만 알려져 있다. 그들의 대사에 대한 정보는 유전체 서열과 메타유전체로부터 추론된다.
- 독립영양성 고균은 일반적으로 다음의 3가지 CO_2 고정 경로 중 하나를 이용한다: 우드-륭달 경로, 3-히드록시프로피온산/4-히드록시부티르산 경로(HP/HB), 디카르복실산/4-히드록시부티르산 경로(DC/HB). 아세트산은 글리옥실산 회로 또는 메틸아스파르트산 회로를 통해 이용되며, 나머지 동화 경로의 대부분은 세균의 경로와 비슷한 것 같다(표 19.1, 그림 19.1~그림 19.3).
- 고균의 이화 작용 중 많은 것은 세균의 이화 작용과 비슷하게 나타나지만, 고균은 포도당을 분해할 때 변형된 EM 경로와 변형된 ED 경로를 수행하는 차이가 있다(그림 19.4, 그림 19.5).

19.2 아스가드고균과 나노고균은 주로 메타유전체학으로 알려졌다

- 이들 문의 미생물은 미생물 암흑물질로 구성되어 있으며, 이는 실험실에서 배양된 균주가 거의 없다는 것을 의미한다.
- 아스가드고균은 진핵생물성 서명 단백질 유전자를 가지고 있어서, 초기 진화된 진핵생물과 닮은 것으로 여겨진다.
- 나노고균은 작은 유전체를 가진 작은 세포이고 공생체로 구성되었을 것이다.

19.3 Thermoproteota 문: 황의존성 호열성균

- Thermoproteota 문의 극호열성 황대사균은 황의존적 생장을 하고 대부분 호산성균이다. 황은 무산소호흡에서 전자수용체로, 화학무기영양생물에서는 전자공여체로 사용된다. 대부분은 절대적 혐기성생물이고 황이 풍부하면서 지열로 뜨거워진 토양이나 물에 서식한다.

19.4 Nitrosphaeria 문: 중온성 암모니아 산화균

- 중온성 고균은 암모니아를 아질산으로 산화하는 능력으로 묶는다. 주로 해양과 육상 서식지에서 발견되며 질화 작용에 중요한 역할을 한다.

19.5 Methanobacteriota 문, Halobacteriota 문과 Thermoplasmatota 문: 메탄생성균, 호염성 고균 등

- 메탄생성 고균은 절대산소비요구성으로 메탄생성 과정을 통해 에너지를 얻는다. 메탄생성균에는 메탄생성에 필요한 여러 가지 독특한 보조인자가 존재한다(그림 19.10, 그림 19.11).
- 다른 미생물과 공생적 유연관계를 맺고 있는 혐기적 메탄산화 고균은 전자수용체로 황산염과 질산염을 주로 사용한다(그림 19.12). 이러한 메탄영양생물들은 메탄생성 과정을 역으로 수행하여 메탄을 산화시킨다.
- 극호염성 고균은 호기적 화학유기영양 방식으로 생활하며 적어도 1.5 M의 염화나트륨 농도가 유지되어야 살 수 있다. 그들

은 염호수에서 서식한다(그림 19.13).

- *Halobacterium salinarum*은 엽록소나 세균엽록소 없이도 레티날을 이용하여 원형질막을 가로질러 양성자를 방출하는 고균로돕신에 의해 광합성을 할 수 있다.
- 호열성 고균인 *Thermoplasma* 종은 세포벽 없이도 산성의 뜨거운 석탄폐기물더미에서 생존할 수 있으며, 또 다른 더모플라즈마인 *Picrophilus* 종은 pH 0에서도 자란다.
- *Thermococci* 강은 황을 황화물로 환원할 수 있는 극호열성균을 포함하고 있다.

심화 학습

1. 온도가 높아지면 많은 원핵생물의 모양이 긴 막대형에서 구형으로 변한다. 이런 변화가 나타나는 까닭을 제시하시오.
2. 미국의 옐로스톤 국립 공원에 있는 뜨거운 온천에서 고균을 분리하고자 한다. 어떻게 하겠는가?
3. 인체에서 병원성 고균을 발견할 수 있다고 생각하는가? 본인의 생각을 논리적으로 제시하시오.
4. 현재, 아스가드고균은 고세균 영역의 일원으로 간주된다. 대부분은 아직 배양되지 않았으며, 그들의 유전체는 막의 움직임과 관련된 진핵생물의 특징적인 단백질을 암호화한다. 만약 순수 배양에서 자란 아스가드고균의 한 개체가 내부 막을 가지고 있다면, 세포 구조에 기초하여 그것을 진핵생물로 분류할 것인가? 일부 또는 모든 진핵생물이 고균으로 간주되어야 하는가?
5. 과학자들은 공생적으로 생장하는 두 종(뉴질랜드의 온천에서 분리한 나노고균과 호열성의 thermoproteote)의 특성을 설명하였다(그림 4.2 참조). 나노고균은 16S rRNA 프라이머로 증폭된 서열의 존재로 환경에서 검출되었다. 이 유기체들을 배양하기 위해 연구자들은 탄소공급원으로 펩티드가 든 농축배지를 사용하였다. 농축배지로 다양한 배지를 시도하였으나 탄수화물이나 아세트산을 유일한 탄소공급원으로 하는 생장은 볼 수 없었다. 두 유기체의 유전체는 엠덴-마이어호프 경로의 일부 효소를 포함하지만 완전한 경로는 아니다. 이 부분적인 경로로부터 유추할 수 있는 기능은 무엇인가?
고균편모를 암호화하는 유전자는 두 파트너에게 모두 존재하지만 ATP 생성효소가 발견되지 않아 고균편모의 운동성을 증가시키는 수단이 없다. 고균편모에는 어떤 다른 기능이 있는가?
저자들은 현재의 분류체계와 명명체계가 필수 공생생물에 이름을 붙이는 프로토콜이 부족하다고 지적한다. 칸디다투스(*Candidatus*)라는 명칭은 생물이 순수 배양에서 자랄 때까지만 일시적으로 사용된다. 공생자에 대한 명명법은 어떻게 수정되어야 하는가?

참고문헌: St. John, E., et al. 2019. A new symbiotic nanoarchaeote (*Candidatus* Nanoclepta minutus) and its host(*Zestoshaera tikiterensis* gen. nov., sp. nov.) from a New Zealand hot spring. *Syst. Appl. Microbiol*. 42:94-106.

CHAPTER

20

Evan Lorne/Shutterstock

비프로테오박테리아 그람음성

음식물쓰레기에서 연료로 되기까지

식사 후, 많은 사람들은 남은 음식을 모아서 미생물 먹이로 준다. 가정 내 퇴비시설은 유기물쓰레기의 분해를 촉진하고 부산물을 정원에 재순환시킨다. 그러나 퇴비를 토양에 뿌리기보다 전력으로 공급될 수 있다면 어떤가? *Thermotoga*와 같은 미생물은 음식물쓰레기에서 발견되는 복합 탄수화물을 아세트산, CO_2 그리고 가장 중요한 수소기체(H_2)로 전환하는 산소비요구성 과정인 암발효(dark fermentation)를 한다. 언젠가는 주방 밖 퇴비로 쓰이는 것보다, H_2를 포획하는 생물반응기가 주방의 가전제품을 돌리는 전기로 바꾸어 줄 날이 올지도 모른다.

*Thermotoga*는 이론적 최대 수율에 이를 정도로 엄청난 양의 수소를 생성하는 것으로 유명하다. 이것이 가능한 것은 식물 생물량을 작은 당 단위로 분해시키는 가수분해효소를 다량 분비하기 때문이다. 이때 일어나는 산화적 반응으로 NADH와 $FADH_2$가 생성되며, 이들은 양성자를 최종전자수용체로 사용하는 전자전달사슬의 구동을 도와 다량의 H_2를 생성한다.

수소는 연소 시 온실가스가 아닌 물이 생성되기 때문에 매력적인 대체연료이다. 이것은 높은 에너지 밀도를 가지고 있으며, 이는 H_2가 메탄, 에탄올 또는 가솔린과 같은 연료보다 더 많은 에너지를 가지고 있다는 것을 의미한다. 튀니지(Tunisia) 과학자들은 튀니스 시에서 나오는 과일 및 채소 쓰레기와 주변 해안의 해수를 섞은 특이한 배양액을 사용하여 *Thermotoga maritima*의 생장을 연구하였다. 음식물쓰레기는 탄소와 에너지원 그리고 해수에 의해 생성되는 추가적인 미량영양소를 제공하였다. 성장을 위해 추가로 질소와 황 공급원만 처리하면, 배양액에서 다량의 H_2가 생성되었다. *Thermotoga*를 암발효에 사용하는 중요한 장점은 오염물질이 거의 생존할 수 없는 80°C에서 생장한다는 것이다.

이 장에서 우리는 이러한 미생물뿐만 아니라 그람음성균 문을 다루고자 한다. 사람을 죽일 수 있는 수준의 전리선에서도 견딜 수 있는 데이노코쿠스(deinococci)에서부터 라임병과 매독을 일으키는 스피로헤타(spirochetes)까지, 이 장에서 깊이 있는 미생물의 다양성을 찾아볼 수 있을 것이다.

이 장의 학습을 위해 점검할 사항:

- ✓ 그람음성균의 세포벽과 구성인자를 나열할 수 있다(3.4절).
- ✓ 수영과 활주운동을 구별할 수 있다(3.9절).
- ✓ 미생물 생장에 영향을 주는 환경인자를 나열할 수 있다(7.5절).
- ✓ 절대산소요구성 생물, 조건부산소비요구성 생물, 절대산소비요구성 생물의 생장과 생리의 차이를 비교할 수 있다(7.5절).
- ✓ 종속영양과 독립영양의 차이점을 설명할 수 있다(11.1절).
- ✓ 화학무기영양생물을 정의하고 전자공여체와 수용체의 예를 들 수 있다(11.18절).
- ✓ 산소발생과 산소비발생 광영양의 차이를 비교할 수 있다(11.10절).

20.1 이중막은 유니폼이 아니다

이 절을 학습한 후 점검할 사항:

a. 이중막 세포외피의 변형을 설명할 수 있다.
b. 유전체 분석이 외막 구성성분의 식별에 어떻게 기여하는지 설명할 수 있다.

3장에서, 우리는 외막의 2가지 주요 형태를 설명하였다. 역사적으로 그들의 외막 구조는 그람염색 반응과 연관이 있어, **그람음성**(Gram-negative)과 **그람양성**(Gram-positive)으로 불려왔다. 최근에는, 전자현미경 연구를 기반으로 세포외피가 단일막(monoderm: 하나의 막으로 원형질막을 가짐) 또는 이중막(diderm: 이중막으로 원형질막과 외막을 가짐)으로 설명되었다. 대부분의 이중막세균은 그람음성으로 염색되고, 단일막세균은 그람양성으로 염색되지만, 그람양성으로 분류된 세균 중에 특히 주목할 만한 예외가 있다(22장 참조). 가장 중요하게도, 일반적인 모델로 연구된 소수의 유기체인 대장균(*Escherichia coli*), 고초균(*Bacillus subtilis*)은 세균 외막의 다양성을 지나치게 단순화할 수 있다. ◀ 세균 세포벽 구조의 개요(3.4절)

세포외피를 연구하기 위한 전자현미경이나 생화학적 기술들은 특정 구조의 존재 여부를 항상 명확하게 구분해내는 것은 아니기 때문에, 유전체 데이터로 이러한 기술들을 보완한다. 예를 들어, 지질다당체를 합성하고 외막에 있는 단백질을 암호화하는 유전자의 존재는(그림 12.28과 그림 12.29 참조) 구조의 시각화가 부족하더라도 이러한 구조가 세포에 존재해야 함을 나타낸다. 특히 실험실 배양에서 생장하기 어려운 것으로 입증된 유기체에 대해 더 많은 유전체를 사용할 수 있게 되면서 세포외피 구조의 다양성에 대한 더 큰 이해를 얻을 수 있다.

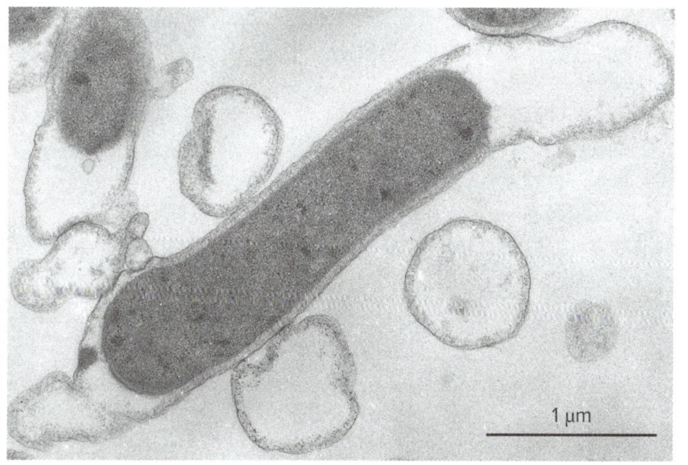

그림 20.1 ***Thermotoga maritima*.** 세포의 양쪽 끝에 확장되고 느슨한 껍질이 있는 것을 주목하시오. ©Kari O. Stetter

분류군은 다양한 유전적 특징에 따라 계통발생 그룹으로 분류된다. 여러 문의 세포외피 유전자들에 대한 평가는 세포외피의 예측과 관찰 사이에 강한 상관관계가 있음을 보여준다. 이 장과 다음 장에서는 그람음성균 또는 이중막세균(diderm bacteria)에 대해 설명한다. 최근에 대대적인 개정을 거친 프로테오박테리아(Proteobacteria) 문은 잘 연구된 세균의 많은 부분을 차지하며 따로 장을 배치하였다(21장 참조). 여기에서 우리는 그들의 특징적인 세포외피 구조를 포함한 다른 이중막 문에 대해 논의한다.

20.2 Aquificota와 Thermotogota는 극호열성균이다

이 절을 학습한 후 점검할 사항:

a. Aquificota와 Thermotogota 문에 속하는 구성원들 간에 대사적 차이를 비교하고 대조할 수 있다.
b. *Thermotoga* 종의 외피 구조를 설명할 수 있다.

호열성(Thermophilic) 미생물은 세균과 고균 영역에서 모두 발견되지만, 현재까지 대부분의 극호열성(hyperthermophilic) 미생물(적정 생장온도가 80°C 이상인)은 대부분 고균에 속한다. 극호열성 균의 2가지 예는 아퀴피코타(Aquificota) 문과 더모토고타(Thermotogota) 문이다. ◀ 온도(7.5절)

아퀴피코타 문에서 잘 연구된 속은 아퀴펙스(*Aquifex*)이며, 산소를 최종전자수용체로 사용하여 수소, 티오황산염, 황을 산화하여 에너지를 얻는 화학무기독립영양생물이다. CO_2 고정에는 환원성 TCA 회로를 사용한다(그림 12.4 참조). 아퀴펙스 피로필루스(*Aquifex pyrophilus*)는 저농도산소요구성(microaerophilic) 간균으로 적정 온도가 85°C이며 최고 95°C에서 자랄 수 있다. ◀ 화학무기영양: 바위를 먹다(11.8절)

Thermotoga (그리스어 *therme*는 '열'을, 라틴어 *toga*는 '외투'를 의미) 속 구성원들은 호열성 미생물로 최적 생장온도가 80°C이며 최고 90°C에서 자랄 수 있다. 거대한 주변세포질 공간을 둘러싸고 있는 세포 끝에서 밖으로 확장되거나 팽창할 수 있는 덮개 형태의 외막을 가진 간균이다(**그림 20.1**). 외막에 지질다당체가 없으며 단백질이 풍부하다. 지열이 높은 지역, 즉 바다의 열수계(hydrothermal system)나 육지의 유황온천에서 자란다. *Aquifex*와는 달리, *Termotoga* 종은 산소가 없는 상태에서 양성자, 황 원소, 또는 2가철 이온을 최종전자수용체로 사용하는 기능적 해당과정을 보유한 화학유기영양생물이다.

20.3 Deinococcota에는 방사선-저항성 세균이 속한다

이 절을 학습한 후 점검할 사항:

a. Deinococci의 세포 및 유전체 구조를 설명할 수 있다.
b. 건조와 강한 방사선을 견딜 수 있는 Deinococci의 고유한 특성을 설명할 수 있다.
c. *Thermus* 종의 중요한 상업적 용도를 나열할 수 있다.

Deinococcota 문은 Deinococcaceae와 Thermaceae 과가 포함된다. Deinococci는 구형 또는 막대형으로 운동성이 없으며, 종종 쌍을 이루고 있거나 사연구균으로 존재한다(**그림 20.2a**). 산소요구성 종속영양생물로 대개 몇 가지 당만을 이용하여 산을 생성할 수 있다. 그람염색에서 양성이지만 세포벽은 지질다당체가 있는 외막을 가지고 있다(그림 20.2b). Deinococci는 어디에나 존재하지만 그 수가 많지는 않다.

Deinococci는 건조와 방사선에 특별한 저항성을 보이고 300만~500만 라드(rad)의 방사선에서도 생존할 수 있다. 이와 달리, 100만 라드에 노출되는 것은 사람에게는 치명적일 수 있다. 전리선은 유전체를 수백 개의 조각으로 단편화하며, 모든 유형의 거대분자를 손상시키는 활성산소종(radical oxygen species, ROS)을 생성한다. 초기 실험들은 Deinococci의 DNA 복구능력에 초점을 맞추었지만, 유전체 조사를 통해 이 유기체가 비방사선 내성 균주와 동일한 복구 효소 세트를 가지고 있다는 것이 확인되었다(그림 18.12 참조). 방사선 저항 기전은 활성산소종 매개 산화로부터 단백질을 보호하는 Deinococci의 능력에 있다. 이러한 화학적 보호는 아미노산, 펩티드, 작은 유기산 및 무기 인산염과 같은 작은 대사물질이 있는 Mn^{+2} 복합체에 의해 이뤄진다. 방사선 조사 시, Deinococci는 단백질분해효소를 합성하여 이러한 분자들을 생성하고, 활성산소종을 해독한 후 염색체들은 다시 결합하여 재조립된다(그림 16.9 참조). Deinococci는 겹치는 조각을 제공하는 배수체이며, 12~24시간 내에 조각된 염색체들이 다시 이어진다. ◀ 산소 농도(7.5절)

Thermus 종은 실험실에서 쉽게 배양할 수 있으며, 산업응용분야에서 사용되는 많은 열안정성 효소의 공급원이다. *Thermus aquaticus*는 최초로 발견된 호열성 유기체 중 하나이다. 적정 생장온도는 70°C이며, 이것의 DNA 중합효소인 *Taq*은 일반적인 중합효소연쇄반응(polymerase chain reaction, PCR)에 사용된다. ◀ 중합효소연쇄반응은 표적 DNA를 증폭시킨다(17.2절)

마무리 점검

1. 유전체에서 예측된 단백질을 조사하는 동안 세포가 단일막 또는 이중막임을 나타내는 단백질은 무엇인가?
2. *Aquifex*와 *Thermotoga* 종의 유사성과 차이점은 무엇인가?
3. Deinococci가 다량의 방사선에도 생존하는 이유는 무엇인가?

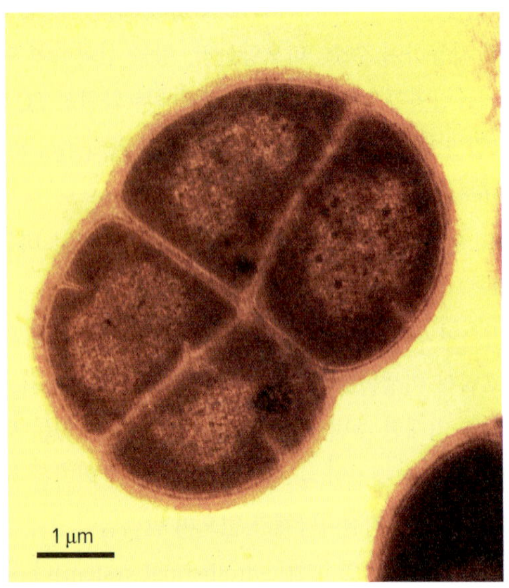

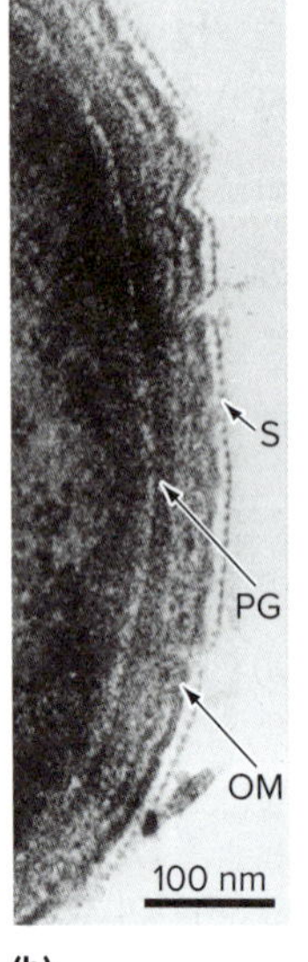

그림 20.2 ***Deinococci*.** (a) *Deinococcus radiodurans*의 사연구균. (b) S-층(S), 펩티도글리칸층(PG)과 세포외막(OM)을 지니는 *D. radiodurans*의 세포벽이다. (a) Michael J. Daly/Science Source; (b) ©Dr. Robert G.E. Murray/University of Western Ontario

20.4 광합성 세균은 다양하다

이 절을 학습한 후 점검할 사항:

a. 자연계에서 광합성 세균의 분포와 광합성 색소의 중요성을 설명할 수 있다.
b. 일반적인 클로로솜의 구조를 그리고 구조적 요소의 기능을 설명할 수 있다.
c. 녹색황세균, 녹색비황세균, 남세균을 발견할 수 있는 집 주변 서식지를 예측할 수 있다.
d. 남세균 세포의 구조를 그리고 세포내 구조와 명칭을 설명할 수 있다.
e. 남세균에 의해 만들어지는 3가지 유형의 특수화된 세포와 이들의 기능을 설명할 수 있다.
f. 원녹조생물(prochlorophyte)과 남세균을 비교할 수 있다.
g. 표 20.1에서 6가지 유형의 광합성 세균의 구조와 생리작용의 개념도를 설명할 수 있다.

전통적으로 **광합성**(photosynthetic)이라는 용어는 광종속영양미생물과 광독립영양미생물 모두 적용된다. 여기서도 이러한 뜻으로 사용할 것이므로, 빛 에너지 포획(광영양, phototrophy)이 항상 CO_2 고정(독립영양, autotrophy)과 연계되었다고 가정하지 않도록 주의

해야 한다. 식물과 달리 광합성 미생물은 하나 이상의 대사 전략을 가지고 있으며, 광영양은 수행하지만 독립영양은 수행하지 않으며 광종속영양적으로 성장한다.

엽록소를 사용하여 광합성을 할 수 있는 세균이 7개의 문에서 동정되었다. 주요 그룹의 특징들은 **표 20.1**에 요약하였다. 광합성과 관련된 공통적인 유전자가 최소 50개 있으며, 여러 문(phylum) 사이에서 광합성 유전자들의 수평적 유전자 전달이 상당히 빈번하게 일어난 것처럼 보인다. 이 장에서는 남세균과 녹색세균에 대해 살펴볼 것이다. 홍색세균은 21장에서, 헬리오박테리아는 22장에서 다룰 것이다.

남세균은 **산소발생 광합성**(oxygenic photosynthesis)을 하기 때문에 다른 광합성 세균과 근본적으로 다르다. 이들은 제I광계 및 제II광계를 가지고 있으며, 물을 전자공여체로 사용하여 광합성 동안에 산소를 생성한다. 반면, 홍색세균, 녹색세균, 산소요구성 산소비발생 광영양생물(AAnP)은 하나의 광계만을 가지며 **산소비발생 광합성**(anoxygenic photosynthesis)을 한다. 이들은 물을 전자공급원으로 사용할 수 없으므로, 전자공여체로 다른 환원 분자를 사용한다. 산소요구성 산소비발생 광영양생물과 홍색비황세균은 광유기종속영양생물이며, 유기물의 산화로 획득한 전자를 이용하지만, 빛에너지로 ATP를 만든다. 홍색황세균과 녹색황세균은 유기물뿐만 아니라 황화수소, 황 및 수소를 전자공여체로 사용하여 $NAD(P)^+$를 NAD(P)H로 환원한다. ◀ 광영양(11.10절)

광합성 미생물은 다양한 서식지에서 **1차 생산력**(primary productivity)으로 불리며 엄청난 양의 탄소를 고정한다. 광합성 세균 사이의 광합성 색소와 산소요구량의 차이는 중요한 생태학적 의미를 지닌다. **그림 20.3**에서 볼 수 있듯이 엽록소(Chl)와 세균엽록소(Bchl) 그리고 보조 색소는 각각의 흡수 스펙트럼 영역이 좁다. 그러므로 미생물은 보조 색소들을 이용하여 흡수 스펙트럼을 확장한다(그림

표 20.1 그람음성 광합성 세균 주요 집단의 특성

특성	녹색황세균	녹색비황세균	홍색황세균	홍색비황세균	산소요구성 산소비발생 광영양생물	남세균
주요 광합성 색소	세균엽록소 *a* 및 *c*, *d*, 또는 *e*	세균엽록소 *a*와 *c*	세균엽록소 *a* 또는 *b*	세균엽록소 *a* 또는 *b*	세균엽록소 *a*	엽록소 *a* 및 피코빌리단백질. *Prochlorococcus*는 엽록소 *a*와 *b*의 디비닐 유도체를 가짐
광합성막의 형태	클로로솜 안에 일부 광합성계가 있음	산소비요구성 생장 시 클로로솜 존재	원형질막과 연결된 구형 또는 층상 막 복합체에 포함된 광합성계	원형질막과 연결된 구형 또는 층상의 막 복합체에 포함된 광합성계	거의 없음. 있어도 세포질내 막	피코빌리솜이 배열된 틸라코이드 막
광합성 전자공여체	H_2, H_2S, S^0	광종속영양 공여체-다양한 당류, 아미노산, 유기산, 광독립영양 공여체-H_2S, H_2	H_2, H_2S, S^0	대개 유기분자들, 때로 환원된 황 화합물이나 H_2	다양한 당류, 아미노산, 유기산	H_2O
황 침적	세포외부	N/A[1]	세포내부[2]	일부 경우는 세포외부	N/A	N/A
광영양 종류	산소비발생	산소비발생	산소비발생	산소비발생	산소비발생	산소발생(일부는 조건부 산소비요구성)
일반적 대사 유형	대부분 산소비요구성 광무기독립영양생물, 일부 산소요구성 광종속영양생물	대개 광종속영양, 때로는 광독립영양 또는 화학종속영양(산소요구성 및 빛이 없을 때)	절대 산소비요구성 광무기독립영양생물	대개 산소비요구성 광유기종속영양생물, 일부 조건부 광무기독립영양생물, 빛이 없으면 화학유기종속영양생물	산소요구성 광유기종속영양생물	산소요구성 광무기독립영양생물
운동성	대다수가 비운동성, 일부 활주운동, 일부는 기낭을 가지고 있음	활주운동	극성편모 또는 주모성 편모로 운동	극성편모로 운동성 또는 비운동성, 일부는 기체 기낭이 있음	일부는 하나 또는 몇 개의 극성, 아극성편모로 운동성이 있음	비운동성, 편모가 없어 수영 운동, 일부 활주운동, 일부는 기낭 있음
속하는 분류군	Bacteroidota	Chloroflexota	γ-프로테오박테리아	α-프로테오박테리아	α-프로테오박테리아, γ-프로테오박테리아	남세균

[1] N/A: 해당 없음.

[2] *Ectothiorhodospira*는 예외.

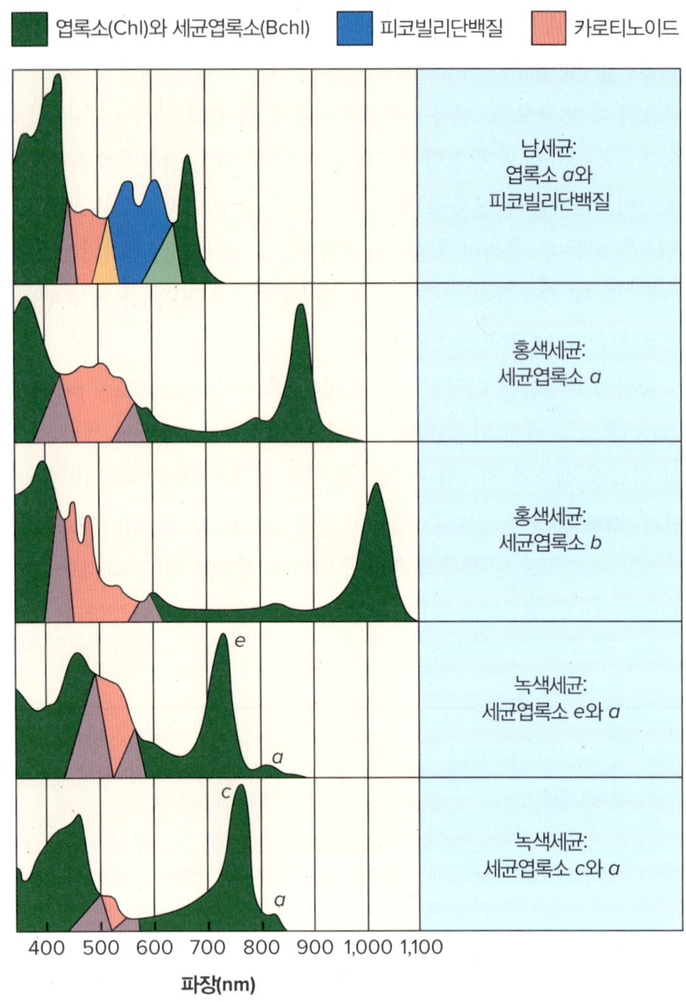

그림 20.3 광합성 색소. 5종의 광합성 세균의 흡수 스펙트럼은 최대 흡광파장과 다양한 보조 색소의 기여도를 보여준다.

11.29 참조). 이들은 다른 파장의 광을 흡수하여 빛에너지를 화학에너지로 전환할 수 있는 엽록소 또는 세균엽록소에게 전달한다. 산소발생 남세균과 규조류는 산소가 있는 담수와 해수의 표층에 있는 미생물 군집에서 우세하게 존재하는데, 이곳에서 이들은 빨간색과 파란색의 빛을 다량 흡수한다. 산소비발생광합성을 하는 홍색세균과 녹색세균은 전자공여체로 사용할 수 있는 황화수소와 기타 환원된 화합물이 풍부한 더 깊은 무산소 구역에서 서식한다. 이들의 세균엽록소와 보조 색소는 다른 광합성 생물이 사용하지 않는 원적색광(Far-red: > 750 nm)의 빛을 사용할 수 있다(그림 20.3에서 세균엽록소 *a*와 *b*를 엽록소 *a*와 비교). 세균엽록소는 350 nm와 550 nm 사이 추가적 파장의 빛을 흡수하며, 짧은 파장의 빛이 물속 더 깊이 통과할 수 있기 때문에 이들은 더 깊은 물 속에서 자랄 수 있는 것이다.

녹색황세균

녹색황세균(green sulfur bacteria)은 20.7절에서 다룬 Bacteroidota 문에 속한다. 다른 녹색세균과의 유사성을 설명하기 위해 이 부분에 제시되었다. 이것은 황화수소, 황 원소 및 수소를 전자공급원으로 사용하는 절대 산소비요구성 광무기독립영양생물의 작은 그룹이다. 황화물이 산화되면 황 원소는 세포외부에 침착된다. 광합성 색소는 세균엽록소 분자를 포함하는 단백질 기저판에 의해 원형질막에 부착된 **클로로솜**(chlorosomes)이라 불리는 타원형 소포에 위치한다(**그림 20.4**). 클로로솜 막은 이중층이 아닌 지질 단층이다. 클로로솜 내에 약 200,000개의 세균엽록소(bacteriochlorophyll) 분자가 카로티노

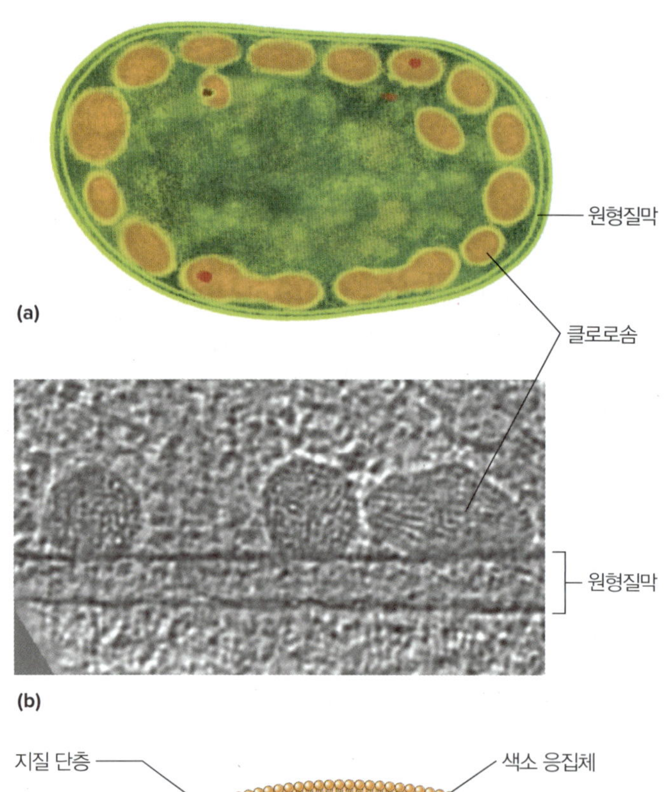

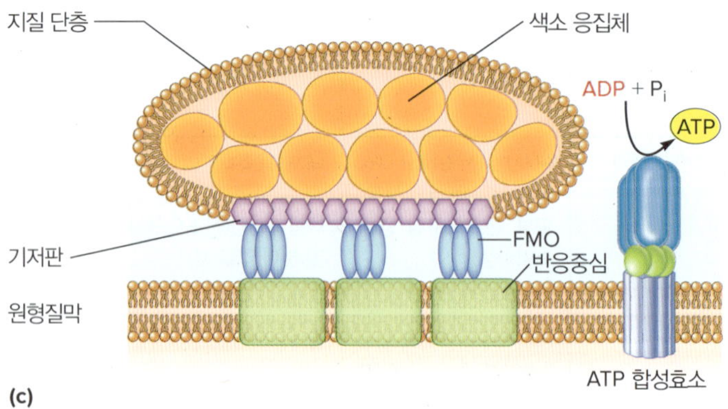

그림 20.4 빛을 모으는 클로로솜은 원형질막 안쪽을 따라 둘러싸고 있다. (a) 녹색황세균에서 막과 관련된 클로로솜이다. (b) 클로로솜의 극저온 전자단층촬영. (c) 세균엽록소 분자와 기타 색소로 가득 찬 단일 클로로솜 다이어그램이다. 광합성 색소에 의해 포획된 빛에너지는 FMO 단백질을 통해 반응중심으로 전달된다. ATP 합성효소도 원형질막에 있다. (b) Dr. Vasil Gaisin, Professor Martin Pilhofer, Dr. Romain Kooger

이드와 지질에 의해 결합된 막대모양의 구조로 응집된다. 이 색소들로부터 얻어진 빛에너지는 원형질막의 반응중심으로 전달된다. **반응중심**(reaction center)은 광자로부터 빛에너지를 포획하여 전자로 전달하기 위해 함께 작용하는 단백질과 보조인자들의 복합체이다. 전자전달사슬을 통한 전자의 이동은 막을 가로지르는 양성자구배를 만들어 ATP 합성효소를 작동시킨다(그림 11.34 참조). 광인산화로 생성된 ATP는 환원성 TCA 회로의 CO_2 고정 연료로 사용된다(그림 12.4 참조). 더 익숙한 캘빈-벤슨 회로(Calvin-Benson cycle)는 호기성 생물에서만 사용된다.

이 세균은 무산소, 황화물이 풍부한 호수 지역에서 번성한다. 편모가 없고 대부분 운동성이 없지만 최소 하나의 속 구성원은 활주한다. 일부 종은 최적의 빛과 황화수소를 위해 깊이를 조절하는 기낭을 가지고 있다(그림 3.32d 참조). 기낭이 없는 종들은 호수와 연못 바닥의 황화물이 풍부한 진흙에서 발견된다.

녹색황세균은 전형적인 이중막을 가지며 형태학적으로 다양하다. 그들은 간균, 구균 또는 비브리오일 수도 있다. 일부는 단독으로 생장하며, 다른 일부는 사슬과 군집을 형성한다. 이들은 녹색 또는 갈색이다. 대표적인 속으로 *Chlorobium*, *Prosthecochloris*, *Chlorobaculum*이 있다.

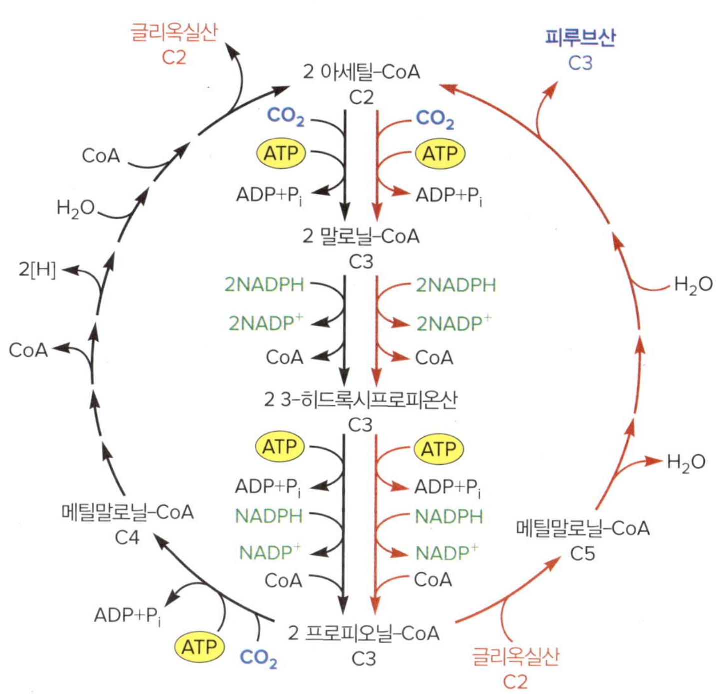

그림 20.5 3-히드록시프로피온산 이중회로. 이 경로는 Chloroflexota 문의 광합성 구성원들이 독립영양으로 증식할 때 작용하는 경로다. HCO_3^-로 존재하는 CO_2는 이 경로의 중간산물로 공급된다. 회로의 왼쪽에서 글리옥실산(glyoxylate)을 생성하고, 오른쪽에서 소비하여 피루브산을 만든다. 전체적으로 CO_2에서 3개의 탄소가 고정되어, 3개의 탄소화합물인 피루브산이 합성된다.

Chloroflexota 문: 녹색비황세균

Chloroflexus 속의 구성원은 대부분 광합성 **녹색비황세균**(green nonsulfur bacteria)이다. 하지만 녹색비황(green nonsulfur)이라는 이름은 잘못 붙여진 것으로 이들이 모두 녹색인 것은 아니며 일부는 황화물을 사용할 수 있다. *Chloroflexus* 종은 섬유상으로 활주운동을 하며, 중성에서 알칼리성에 이르는 온천에서 붉은 주황색의 층을 이루고, 대개 남세균과 함께 연합하여 자란다. 녹색황세균과 마찬가지로 원형질막과 관련된 작은 클로로솜을 가지고 있다.

이 문에 속하는 유기체의 세포외피는 전형적인 단일막 구조이다. 외막의 결핍은 구조를 합성하는 유전적 능력의 상실로 보고 있다.

Chloroflexus 종은 대사적으로 매우 다양하다. 어떤 것은 조건부 산소비요구성생물이고, 다른 것은 산소비요구성이며, 대부분 화학유기영양이지만 일부는 광종속영양이다. 이들은 황화물이나 수소를 전자공급원으로 하여 산소비발생 광합성을 할 수 있다. 종속영양적 생장은 피루브산, 아세트산, 글리세롤 그리고 포도당 산화로 이루어진다. 독립영양으로 생장할 때는 3-히드록시프로피온산 이중회로(3-hydroxypropionate bi-cycle)를 이용해 CO_2를 고정하는 매우 특이적 경로를 사용한다(**그림 20.5**).

마무리 점검

1. 어떤 미생물이 산소비발생 광합성을 하는 광영양생물인가? 화학유기종속영양도 할 수 있는 것은 무엇인가?
2. 클로로솜의 기능은 무엇이며, 이들의 어떤 구조적 특징이 이러한 기능에 기여하는가?
3. 녹색비황세균과 녹색황세균이 최적 파장의 빛을 받는 자리에 위치하는 능력을 비교하시오.

Cyanobacteria 문: 산소발생 광합성 세균

남세균(Cyanobacteria)은 광합성 세균 중 가장 크고 다양한 그룹이다. 원래 식물학자들에 의해 연구되었지만, 청록색 조류(blue-green algae)로 잘못 알려져 있다.

내부공생 남세균이 엽록체로 진화했다고 생각하는 것을 상기해보자. 남세균의 광합성 기구는 진핵생물의 광합성 기구와 매우 비슷하다. 남세균은 엽록소 *a*와 제I광계 및 제II광계를 가지고 있어 산소발생 광합성을 수행한다. 빛을 모으는 성분과 전자전달계 성분들은 **피코빌리솜**(phycobilisome)이라는 입자가 부착된 틸라코이드 막에 배열되어 있다(**그림 20.6**). 피코빌리솜은 특히 **피코시아닌**(phycocyanin)과 **피코에리트린**(phycoerythrin)이 주성분인 **피코빌리단백질**(phycobiliprotein)로 구성된 단백질 복합체이다. 발색기 색소는 피코빌리

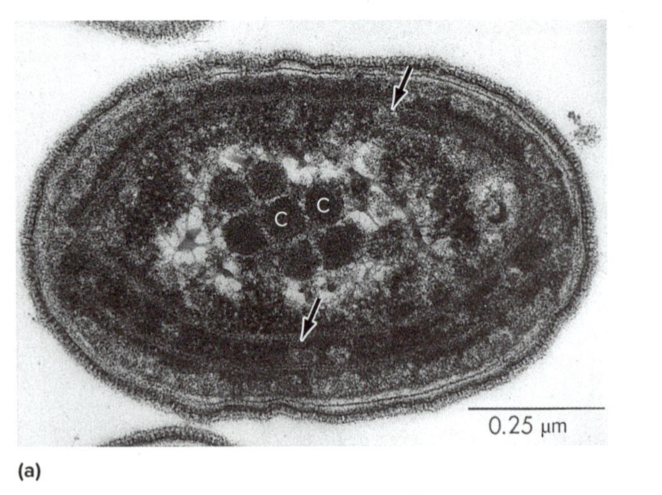

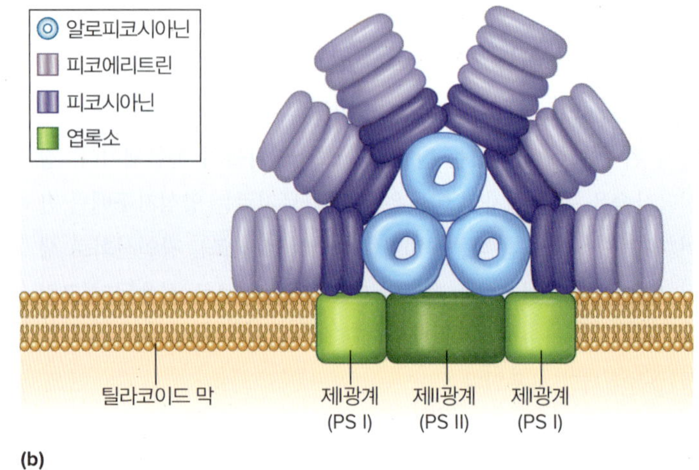

(a) (b)

그림 20.6 남세균의 틸라코이드와 피코빌리솜. (a) 틸라코이드(화살표)를 가진 해양성 *Synechcoccus*의 카르복시솜은 C이다. (b) 틸라코이드 막에 위치한 피코빌리솜은 방사상으로 배열된 층상의 색소로부터 제II광계로 에너지를 전달하는 알로피코사이닌을 중심부에 갖고 있다. 피코빌리솜은 원녹조생물(prochlorophyte)을 제외한 모든 남세균에서 발견된다. PS: 광계. (a) ©Joanne M. Willey, P.h. D.

단백질의 시스테인 잔기에 부착된다. 6개의 단백질은 원반을 만들고, 그 원반들이 쌓여 원통을 형성하며, 연결단백질에 의해 함께 고정된다(그림 20.6b). 각 색소는 서로 다른 파장의 빛을 흡수하며 이들의 구조로 인하여 제II광계에 에너지를 효율적으로 전달한다. 틸라코이드 막에 존재하는 이들의 복합체 조립은 기능적 막 미세도메인(membrane microdomain)에 있는 플로틸린(flotillin)의 도움으로 이루어진다. ◀ 생명 3영역의 진화(1.2절); 원형질막 구조는 역동적이다(3.3절)

많은 남세균이 피코시아닌으로 인해 청록색을 띄지만, 대양에서 분리된 균주는 피코빌리솜이 더 많은 피코에리트린을 담고 있어서 붉은 색소 때문에 붉은색이거나 갈색이다(그림 20.6b). 각 색소는 서로 다른 파장의 빛을 흡수하도록 진화했으며 남세균은 **색소적응**(chromatic acclimation)이라는 과정에서 빛에너지를 포획하는 분자의 상대적인 함량을 조절한다. 색소적응은 주변광 조건에 대한 에너지 포획을 최대화하기 위해 피코빌리솜에 있는 색소구성을 조정한다. 색소적응의 여러 기전이 알려져 있으며, 모두 광수용체와 DNA 결합단백질로 구성된 2인자계로 시작하는 유전자 발현의 변화를 수반한다. 피코빌리솜의 단백질을 암호화하는 유전자 또는 색소를 합성하는 효소는 이용 가능한 빛에 따라 조절된다. 일부 유기체는 피코에리트린의 양을 조절하는 반면, 다른 유기체는 발색기의 구성을 완전히 바꾼다. 많은 남세균 종들은 기낭을 사용하여 수중에서 최적의 조도에 위치하는 **주광성**(phototaxis)의 형태를 나타낸다. ◀ 2인자 신호전달체계와 연속인산 전달체계(14.5절)

CO_2는 캘빈-벤슨 회로(그림 12.3 참조)를 통해 동화되며 남세균은 보통 높은 탄소 고정률을 촉진하는 CO_2 농축 기전을 사용한다. CO_2, HCO_3^- 및 CO_3^{2-}(용해된 무기 탄소)에 대한 막 수송체는 이러한 분자가 탄소 고정에 필요한 효소에 접근할 수 있도록 한다. 탄산무수화효소(CA)와 RuBisCO는 **카르복시솜**(carboxysome, 그림 20.6a)이라고 하는 미소구획(microcompartment)에서 발견된다. 탄산무수화효소는 중탄산염과 탄산염을 RuBisCO가 인식하는 유일한 기질인 CO_2로 변환한다. 남세균이 동화적 탄소 고정을 하는 낮 시간에, 밤에 호흡하는 동안 필요한 전자들을 공급하기 위한 저장형 탄수화물인 **글리코겐**(glycogen)을 합성한다. 일부 남세균은 **시아노피신**(cyanophycin) 과립이라고 하는 아르기닌과 아스파르트산 중합체의 형태로 여분의 질소를 저장한다. 인산염은 폴리인산염 과립(polyphosphate granule)에 저장된다. 아세틸-CoA는 글리옥실산 회로(glyoxylate cycle)를 통해 동화된다(그림 19.3 참조). ◀ 봉입체(3.7절)

대부분의 남세균은 절대 광무기독립영양생물이지만, 일부는 빛이 없는 곳에서 화학종속영양생물처럼 포도당과 다른 당류를 산화하여 생장하기도 한다. 무산소조건에서, *Oscillatoria limnetica*는 물 대신에 황화수소를 산화시키고 녹색광합성 세균처럼 산소비발생 광합성을 한다. *Oscillatoria*는 흙 냄새가 나는 휘발성 유기화합물인 지오스민(geosmin)을 생성하는 남세균 중 하나이다. 이러한 남세균 집단이 호수나 강에 주종을 이루면 공공문제가 되고 식수의 맛을 바꾸기도 한다. ▶ 해양 및 담수 생태계의 미생물(29장)

남세균은 형태와 모양도 매우 다양하다. 지름은 약 1~10 μm이며 단세포성이나, 다양한 형태의 집락을 이루거나, 모상체라 불리는 섬유상 구조를 형성하기도 한다(**그림 20.7a,b,c**). **모상체**(trichome)는 넓은 지역에 걸쳐 세균들이 밀접하게 접촉하고 있는 일련의 세균세포이다. 모상체의 세포는 개별적인 원형질막과 펩티도글리칸을 갖지

(a) *Oscillatoria*

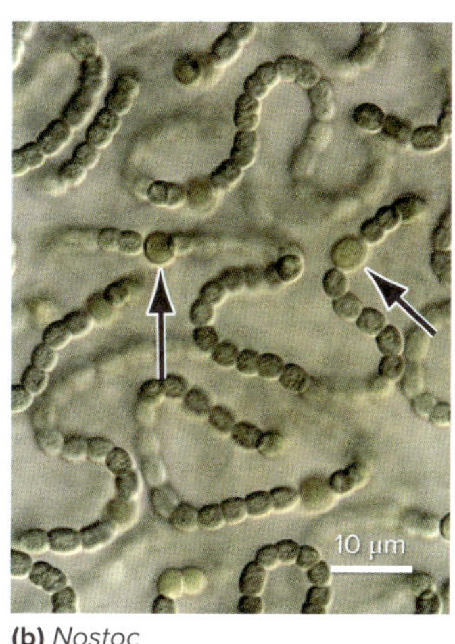

(b) *Nostoc*

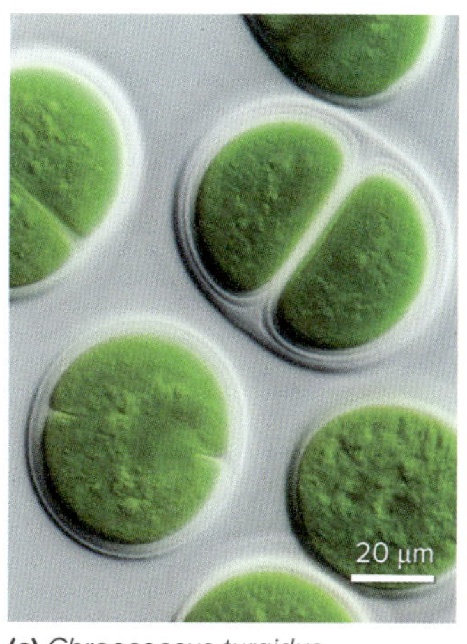

(c) *Chroococcus turgidus*

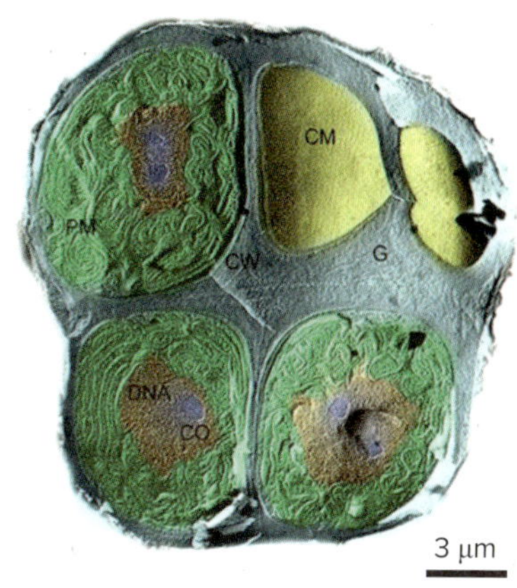

(d) *Chroococcidiopsis*

그림 20.7 남세균은 형태가 다양하다. (a) *Oscillatoria* 모상체이다. (b) *Nostoc* 종은 복합 질소가 없을 때 이질낭(화살표)을 생성한다. (c) *Chroococcus turgidus*는 하나, 둘 또는 4개의 세포를 둘러싸는 젤라틴 껍질을 만든다. (d) *Chroococcidiopsis*의 베오사이트를 보여주는 동결 파단 후 찍은 컬러화 된 전자현미경 사진이다. 광합성 막(녹색), 카르복시솜(파란색), 원형질막(금색), 핵양체(갈색), 협막(회색)으로 구성된다. (a) M.I. Walker/Science Source; (b) Don Rubbelke/McGraw Hill; (c) Gerd Guenther/SPL/Science Source; (d) Dr. Burkhard Büdel

만, 공통의 외막과 주변세포질 공간을 공유한다. 남세균의 펩티도글리칸 층은 다른 이중막에 비해 상당히 두껍다.

미생물 매트(microbial mat)로 불리는 퇴적물에 밀집한 미생물 집단에서 발견되는 남세균을 포함한 많은 섬유상 남세균은 활주운동으로 이동한다. 남세균에는 편모가 없지만, 바다에 서식하는 *Synechococcus* 속 균주의 1/3 가량은 25 μm/초의 속도로 이동할 수 있다. 수영운동은 요소와 같은 단순한 질소화합물을 향한 주화성에 사용된다. 세균의 활주운동과 수영운동 기전은 주변세포질에서 펩티도글리칸에 부착되어 나선형 경로로 움직이는 운동단백질과 관련이 있다. 이러한 움직임은 S-층에 국소 융기를 형성하여 세포에 추진력을 제공한다. ▶| 주화성(3.9절)

남세균의 증식방법은 아주 다양하며 이분법, 출아법, 분절법, 다중분열법과 같은 다양한 기전을 사용한다. 마지막 과정에서 세포는 팽창하고 여러 차례 분열하여 **베오사이트**(baeocyte, 그림 20.7d)로 불리는 많은 수의 작은 세포를 생성한 후 모세포를 깨고 밖으로 방출된다. 일부 베오사이트는 활주운동으로 분산된다. 섬유성 남세균의 분열은 작고 운동성이 있는 **연쇄체**(hormogonia)라는 섬유를 형성할 수 있다. 일부 섬유성 종은 건조함에 대해 매우 강한 저항성을 나타내는 두꺼운 세포벽을 가진 휴지 상태의 특수화된 세포인 **휴면체**(akinetes)를 형성한다(**그림 20.8a**). 이런 남세균이 종종 발아하여 새로운 섬유형 세포를 형성한다.

많은 섬유성 남세균은 **이질낭**(heterocyst)이라는 특수한 세포를 이용해 대기 중의 질소를 고정한다(그림 20.8). 이런 남세균이 선호하는 질소원인 질산염과 암모니아가 부족하게 되면 약 5~10%의 세포가 이질낭으로 분화한다. 이질낭의 구조와 생리적 특성은 이러한 특수 세포가 산소비요구성을 유지하도록 한다. 이질낭은 증식하지 않고 질소고정에만 관여한다. 이질낭 내에서는 광합성 막이 재구성되고 제II광계와 피코빌리솜을 구성하는 단백질이 분해된다. 제I광계는 여전히 기능을 하며 ATP를 합성하지만 산소는 생성하지 않는다. 질소 고정효소가 산소에 매우 민감하기 때문에 산소 생산의 부족은 매우 중요하다. 이질낭은 두꺼운 세포벽이 발달시키고, 산소가 확산되는 것을 늦추거나 막고, 존재하는 산소는 호흡으로 소모된다. 영양물질은 주변의 영양세포에서 얻는 반면, 이질낭은 아미노산 형태로 고정된 질소를 제공한다. 이질낭이 없는 일부 남세균도 질소고정을 한다. 어떤 남세균은 어둡고 무산소 조건의 미생물 매트에서 질소를 고정한다. *Trichodesmium* 속과 같은 플랑크톤형 세균은 질소를 고정하며 해양질소 공급에 크게 기여한다(그림 30.9 참조). |◀ 질소고정: $N_2 \rightarrow NH_3$(12.5절) ▶| 질소 순환(28.2절)

남세균의 중요한 그룹은 **원녹조생물**(prochlorophyte)로 통칭된다(*Prochloron* 속, *Prochlorococcus* 속, *Prochlorothrix* 속). 이들은 다른 남세균과 달리 엽록소 *a*, *b*는 있지만 피코빌린은 없다. 이러한 색소 조성 때문에 이 세균들은 녹색을 띤다. 엽록소 *b*를 가진 유일한 세균이기 때문에, 단세포 원녹조생물의 조상은 엽록체를 만든 가장 강력한 내부공생자 후보로 여겨진다. |◀ 생물의 3영역의 진화(1.2절)

Prochlorococcus 종은 지름이 1 μm 미만인 구간균(coccobacillus)으로서 해수 플랑크톤으로 번성한다. 엽록소 *a*와 β-카로틴 대신 디비닐엽록소(divinyl chlorophyll) *a*와 *b* 그리고 α-카로틴을 가지고 있어 다른 원녹조생물과 다르다. 다른 남세균은 모노비닐엽록소 *a*를 사용하며, 모노비닐과 디비닐 엽록소의 차이점은 피롤고리 II에 부착된 탄소 사이의 이중결합이 존재한다는 것이다(그림 11.28

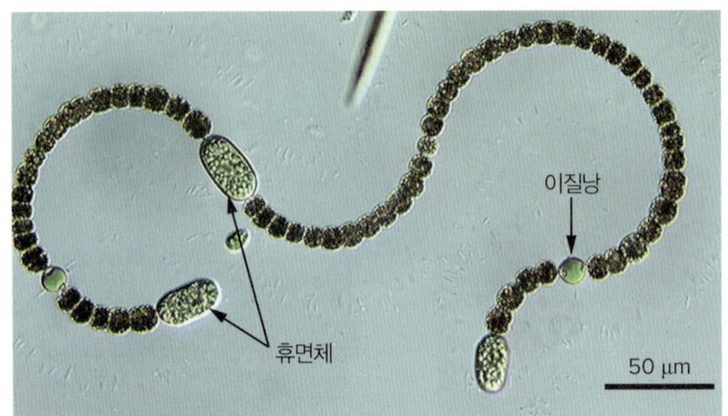

(a)

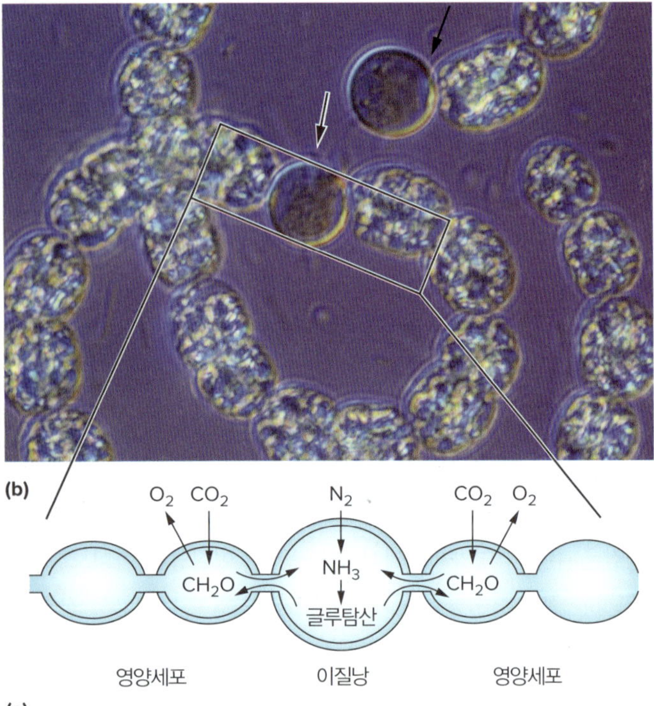

그림 20.8 휴면체와 이질낭을 갖는 남세균. (a) 휴면체와 이질낭을 갖는 섬유상 남세균 *Anabaena*이고, (b) *Anabaena*의 이질낭(화살표)과 영양세포이다. (c) 이질낭은 이질소를 고정하여 글루탐산을 만들며, 이 글루탐산은 주변 영양세포에 있는 탄수화물과 교환된다. 이질낭은 제I광계만 이용하기 때문에 이러한 분화세포내에서 광합성은 산소를 발생시키지 않는다. 질소를 고정할 때, 인접한 세포는 단백질성 중격접합부를 형성하며 이러한 접합부의 나노 기공들은 세포 사이의 확산을 촉진시킨다. (a) ©Jason K. Oyadomari; (b) ©Biophoto Associates/Science Source

연관 질문 NH_3가 주변 영양세포에게 전달되기 전 이질낭에서 아미노산인 글루탐산으로 전환되는 이유가 무엇이라 생각하는가?

참조). *Prochlorococcus marinus*는 전 세계적으로 위도 40°N 및 40°S 해양의 수심 200 m에 분포하는 세균으로 지구에서 가장 풍부한 광합성 유기체이다.

단세포 남세균은 지구의 탄소 순환에 매우 중요한 역할을 한다. *Synechococcus*와 *Prochlorococcus*는 지구에서 발생하는 총 CO_2 고정량의 최소 1/3을 담당한다. 이들 미생물은 입사광을 최대한 이용하도록 공동 진화를 해왔다. *Synechococcus* 종은 대양의 상층 25 m에 존재하며 백색광과 청록색광을 모을 수 있다. 수심이 더 깊은 곳에는 *Prochlorococcus* 종의 2가지 생태형이 존재한다. 고조도 생태형은 25~100 m 깊이에 존재하며, 저조도 생태형은 청자색 빛이 투과되는 80~200 m 깊이에서 살아간다. 이것은 남세균 2개의 속이 필수적 자원인 빛을 두고 경쟁하는 것을 방지한다. ▶| 대양의 미생물은 제한된 영양에 적응되어 있다(29.2절)

해안이나 해양 외에도 다양한 여러 다른 서식지에 많은 남세균들이 존재한다. 많은 남세균들은 원생생물 및 진균과 공생적 연합생활을 한다. 호열성 종은 75°C 이상, 중성 또는 알칼리성의 뜨거운 온천에서 자랄 수 있다. 이 광독립영양생물들은 강인한 특성이 있기 때문에, 식물이 자랄 수 없는 표면이나 토양에서 1차 집락을 이룬다. 일부 단세포 형태는 사막의 바위틈에서도 자랄 수 있다. *Microcystis*와 *Anabaena* 종 같은 섬유성 남세균은 영양이 풍부하고 따뜻한 연못과 호수에서 매우 빠르게 증식하여 번성한다. ▶| 해안 생태계의 미생물은 변화하는 환경에 적응되어 있다(29.2절)

마무리 점검

1. 다른 광합성 유기체와 구별되는 남세균의 주요 특성은 무엇인가?
2. 모상체는 무엇이며 세포의 단순한 사슬 형태와 어떻게 다른가?
3. 남세균의 증식 방법에 대해 간단히 설명하시오.
4. 영양세포, 이질낭, 휴면체가 어떻게 다른지 기술하시오. 이질낭은 질소 고정을 하기 위해 어떻게 변형되었는가?
5. 원녹조생물과 다른 남세균을 비교하시오. 이들이 해양의 성층에 존재하는 이유는 무엇인가?
6. 남세균이 사람과 환경에 미치는 긍정적 측면과 부정적 측면을 설명하시오.

20.5 PVC 상문(Planctomycetota와 Verrucomicrobiota): 비정형 세포분열

이 절을 학습한 후 점검할 사항:

a. Planctomycetota와 Verrucomicrobiota의 일부 구성원을 통합하는 특이한 특징을 나열할 수 있다.
b. 아나목스 반응에서 사용되는 전자공여체와 수용체를 구별할 수 있다.
c. 아나목스 반응이 지구의 질소 순환에 중요한 이유를 설명할 수 있다.
d. 절대세포내 기생이라는 용어를 설명할 수 있다.
e. 클라미디아 생활사를 그릴 수 있다.

이 상문에는 여러 문이 포함되어 있으며, 플란토미세토타(Planctomycetota) 및 베루코미크로비오타(Verrucomicrobiota)가 포함되어 있다. 이러한 분류는 여러 계통발생학적 지표 및 각 문 내의 일부 속이 스테롤을 합성하고, 세포분열 단백질 FtsZ가 없다는 것을 그 증거로 삼고 있다. 이러한 세균의 세포분열은 다른 세포골격 단백질을 사용하는 출아법과 이분법을 사용한다. 수년 동안 펩티도글리칸의 존재에 대해 논쟁이 있었지만, 계통유전체학 연구로 펩티도글리칸을 합성하는 능력을 입증했다. 이러한 특성은 일정하지 않기 때문에 이 미생물의 마지막 공통조상은 이러한 모든 특성들을 가졌으나 이후에 일부 상실된 것으로 여겨진다. ◀ 세포질분열(7.2절)

Planctomycetota 문: 아나목스 세균

이 문의 구성원은 세포 부피의 많은 부분을 차지하는 막 결합세포소기관인 **아나목소솜**(anammoxosome)을 갖고 있다. 이곳은 **아나목스 반응**(anammox reaction), 간단히 아나목스라고 부르는 산소비요구성 암모니아 산화(anaerobic ammonia oxidation)가 일어나는 장소다. 이 독특한 화학무기독립영양은 암모늄 이온(NH_4^+)을 전자공여체로, 그리고 아질산염(NO_2^-)을 최종전자수용체로 사용하여 질소가스(N_2)로 환원시킨다(**그림 20.9a**). 히드라진(N_2H_4)은 아나목스의 중요한 중간산물이다. 이것은 일반적으로 세포 독소지만, 이 경우에는 강한 음성 환원전위를 가지고 있어 페레독신(ferredoxin)으로 전자를 제공할 수 있다. 환원된 페레독신이 수송하는 4개의 고에너지 전자는 아나목소솜 막에 위치한 ATP 합성효소에 의해 ATP 합성을 가능하게 해주는 양성자구동력(proton motive force, PMF)을 생성하는 데 이용된다. 환원된 페레독신은 또한 CO_2를 고정하는 데 사용된다.

아나목스 세균의 생리학적 특성은 아질산염을 암모늄 산화 및 PMF의 생성을 위한 전자수용체로 사용할 뿐만 아니라 우드-륭달 경로(Wood-Ljungdahl pathway)를 통해 CO_2 고정의 전자공여체로도 사용하는 것이다(그림 19.1 참조). 즉, 아질산염은 아래 반응과 같이 이화과정과 동화과정에서 모두 이용된다.

동화반응: $2NO_2^- + CO_2 + H_2O \rightarrow CH_2O + 2NO_3^-$

이화반응: $NO_2 + NH_4^+ \rightarrow N_2 + 2H_2O$

아나목소솜은 래더란 지질(ladderane lipid)로 이루어진 단일 이중층 막으로 둘러싸여 있다(그림 20.9b). 이 지질은 플란토미세스(plantomycete)에 있는 독특한 지질이다. 이들은 양성자에 대한 낮은 투과성을 가지고 있기 때문에 아나목소솜 막을 가로질러 양성자구동력을 유지한다. 아나목스는 전 세계 해양에 있는 질소순환의 70%에 기여하는 것으로 추정된다는 점에서 중요하다. ▶ 질소 순환(28.2절)

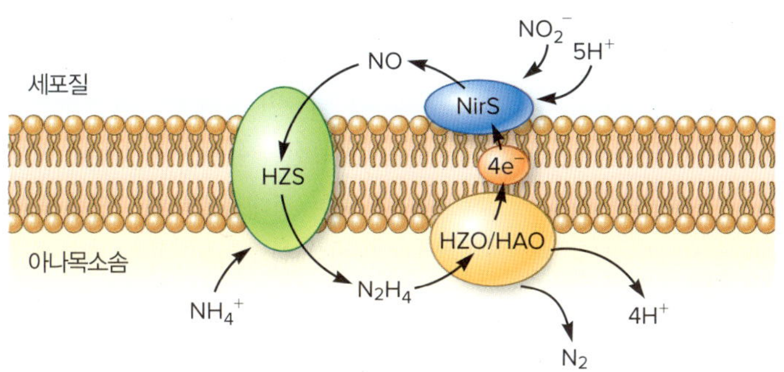

사이클로부탄 고리
8개 탄소
5개의 융합된 사이클로부탄 고리
8개 탄소
8개 탄소
(b)

그림 20.9 아나목스 세균의 특성. (a) 아나목스 반응에서, 암모늄염(NH_4^+)은 히드라진합성효소(HZS)에 의해 촉매되는 반응에서 산화질소(NO)와 결합하여 히드라진(N_2H_4)을 형성한다. 히드라진/히드록실아민 산화환원효소(HZO/HAO)에 의한 히드라진의 산화로 1개의 N_2와 4개의 양성자가 형성된다. 전자는 NO_2^-로 전달되고 이것은 아질산염:산화질소 환원효소(NirS)에 의해 환원되어 또 다른 NO 분자를 형성하고 순환은 계속된다. (b) 아나목소솜에서 발견되는 래더란 지질이다.

연관 질문 플란토미세스가 아나목스반응을 통해 양성자구동력을 생성하는 방법은 무엇인가?

Planctomyces 속의 구성원은 줄기(stalk)와 부착기(holdfast)로 표면에 부착한다. 이러한 세균의 대부분은 비이동성(sessile) 세포가 발아하여 운동성 유주자 세포(swarmer cell)를 생성하는 생활사를 가지고 있다. 유주자 세포는 편모를 가지며 기질에 부착하여 출아법으로 번식하기 전 얼마 동안 수영을 한다.

Verrucomicrobiota 문에는 사람의 공생자와 절대세포내 기생충이 포함된다

베루코미크로비오타(Verrucomicrobiota)는 다양한 수생 및 육상환경에서 발견되며, 토양 미생물의 상당 수가 여기에 속한다. 그들의 광범위한 분포는 복합탄수화물을 분해하는 능력을 반영할 수 있다.

*Akkermansia muciniphila*는 많은 주목을 받았다. 이 세균은 일반적인 사람의 장 미생물 군집의 1~5%를 차지하며, 비만-관련 전신 염증을 감소시키는 것으로 알려졌다. 이름이 말해주듯 *A. muciniphila*는 점액을 소비하고, 초기에는 위 뮤신을 유일한 탄소원으로 순수 배양되었다. 이것은 발효대사를 하는 절대산소비요구성생물로, 운동성이 없으며 구간균의 형태를 가지고 있다. ▶| 기능적 핵심 마이크로바이옴이 숙주의 항상성에 필요하다(33.3절)

그람음성인 **클라미디아**(Chlamydiae)는 절대세포내 기생충이다. 즉, 이들은 숙주세포 안에서만 생장과 생식이 가능하다. 이들의 병원성에 대해서는 잘 알려져 있지만, 많은 종들이 원생생물과 동물세포 내에서 특별히 병을 일으키지 않고 증식한다. 이러한 숙주세포는 클라미디아의 자연보유체(natural reservoir)로 여겨진다. 많은 미배양 클라미디아가 메타유전체학 서열분석 및 단일로 증폭된 유전체을 통해 확인되었다. 이들은 기존에 알려진 환경 분포를 담수, 해수, 폐수, 토양 및 퇴적물을 포함한 광범위한 자연생태계로 확장했다. 이들의 편재는 원생생물에 속하는 결과일 수 있다고 제안되었다. 사람과 동물 병원체에는 *Chlamydophila pneumoniae*, *Chlamydophila psittaci*, *Chlamydia trachomatis*가 포함된다.

클라미디아(*Chlamydia*)와 클라미도필라(*Chlamydophila*) 속의 구성원은 비운동성, 구형으로 크기가 0.2~1.5 μm 정도이다. 클라미디아는 극도로 제한된 대사를 가지며, ATP를 비롯하여 주요 대사물질은 숙주세포에 의존한다. 이들은 ATP 합성효소를 가지고 있지만, 숙주에서 영양물질을 흡수하기 위한 양성자구동력을 얻기 위해 ATP를 가수분해하는 역반응만 수행한다. 다른 세포내 기생충과 같이, 이들의 유전체 크기는 1.0~1.3 Mb에 불과하다(그림 18.17 참조). 비교유전체학으로 일부 클라미디아 유전자들은 클라미디아 공통 조상이 자유생활을 하는 세균으로부터 수평적 유전자 전달(horizontal gene transfer, HGT)로 획득한 것임이 알려졌다. 또한, 클라미디아 유전자는 HGT로 이들의 원생생물 숙주인 *Trypanosoma*와 *Leishmania*에게로 전달되었다. ▶| Discoba-Metamonada 분기군(23.2절)

클라미디아의 생식은 독특하다. 생식은 **기본소체**(elementary body, EB)가 숙주세포의 표면에 부착되면서 시작된다(**그림 20.10**). 기본소체는 지름이 0.2~0.6 μm 정도이며 전자밀도가 높은 핵물질과 단단한 세포벽을 가지며 감염성이다. 기본소체는 숙주의 액틴 중합반응을 촉진하여 세포내흡입작용으로 침투하며 봉입체(inclusion) 내에서 머문다. 세균 단백질은 세포질내 봉입체의 이동을 촉발하고, 숙주의 골지 복합체(golgi complex)에 침투한다. 봉입체에서 EB(기본소체)는 **망상체**(reticulate body, RB)의 형태로 분화한다. RB는 EB보다 핵물질의 밀도가 낮고 리보솜이 더 많으며, 세포벽은 유연하다. RB

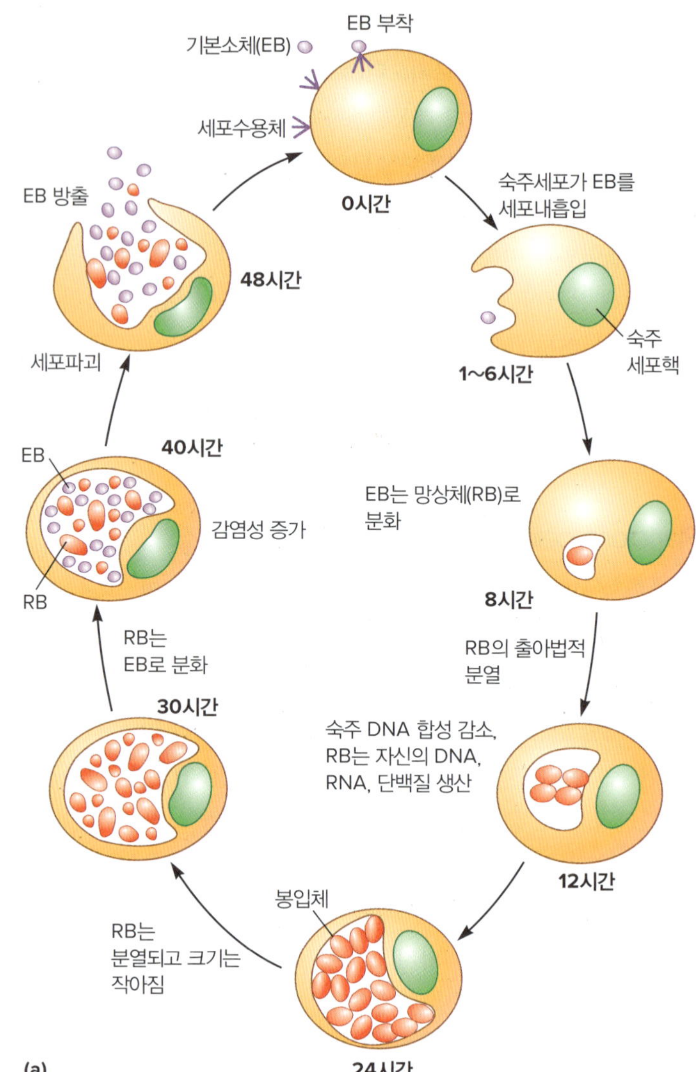

그림 20.10 클라미디아 생활사. (a) 클라미디아의 일반적인 생활사. (b) 클라미디아 트라코마티스(Chlamydia trachomatis)(녹색 구형체)에 감염된 사람세포의 주사전자현미경 사진이다. (b) ©SPL/Science Source

연관 질문 망상체(RB)를 연구하기가 극히 힘든 이유가 무엇이라 생각하는가?

는 출아법으로 분열하여 봉입체를 1,000개 이상의 클라미디아로 채운다. 추가적으로 발달과정이 진행되면서 성숙한 감염성 EB가 생성된다. 감염된 지 48~72시간 후 숙주세포가 터지고 EB가 방출된다.

클라미디아의 물질대사는 다른 세균과 매우 다르다. 클라미디아는 탄수화물을 대사하거나 ATP를 합성할 수 없는 것으로 생각되었다. *Chlamydophila psittaci*는 전자전달운반체인 플라보단백질(flavoprotein)과 시토크롬 전자전달수송체(cytochrome electron transport chain carrier)가 없고 대신 막에 운반효소(translocase)를 가지고 있어 ADP와 숙주의 ATP를 교환한다. 원생생물에 기생하는 클라미디아 UWE25는 NAD^+를 합성할 수 없지만, 숙주의 NAD^+를 수송하는 수송단백질을 합성한다. 따라서 일부 클라미디아는 숙주의 ATP에 완전히 의존하는 에너지 기생생물로 볼 수 있다. 그러나 *C. trachomatis* 유전체는 ATP/ADP 운반효소를 위한 2개의 유전자 외에도 기질수준 인산화, 전자전달, 산화적 인산화를 위한 유전자를 가지고 있다. 숙주로부터 전구체가 공급되면 RB는 DNA, RNA, 글리코겐, 지질, 단백질을 합성할 수 있다. 또한 적어도 일부 아미노산과 조효소를 합성할 수 있다.

마무리 점검

1. 플란토미세테스의 독특한 대사적 특성에 대해서 기술하시오.
2. 어떻게 일부 플란토미세테스가 N_2를 생성하는지 설명하시오.
3. 아나목스가 가능한 플란토미세테스를 분리하기 위해 어떤 배양조건이 사용되었는가?
4. 클라미디아의 생활사의 단계들에 대해 간략히 기술하시오. 왜 클라미디아가 감염과 생식을 위한 특수 세포 형태를 문화시켰나고 생각하는가?
5. 클라미디아의 물질대사는 다른 세균과 어떻게 다른가?

20.6 Spirochaetota 문: 나사와 같은 형태를 지닌 세균

이 절을 학습한 후 점검할 사항:

a. 주사현미경과 투과현미경으로 관찰한 스피로헤타의 세포의 모양을 그릴 수 있다.

b. 일반적인 스피로헤타 서식지에서 스피로헤타의 특이한 편모의 배열이 운동에 적절한 이유에 대해 설명할 수 있다.

스피로헤타(Spirochaetota: 그리스어 *spira*는 코일을, *chaete*는 '머리카락'을 의미) 문은 화학유기영양 세균으로 독특한 구조와 운동 방식을 가진다. 탄수화물, 아미노산, 긴 지방산 사슬과 긴 사슬의 알코올 지방산이 탄소원이나 에너지원으로 사용될 수 있다. **표 20.2**에 주요 속의 특징이 요약되어 있다.

스피로헤타(Spirochetes)는 형태적으로 독특하다. 이들은 가늘고 길며 유연한 나선형이다(**그림 20.11**). 중심부를 이루는 원통형 세포질에 세포질 성분과 핵양체가 포함되어 있으며, 이것은 원형질막, 펩티도글리칸 및 지질다당류가 없는 외막으로 둘러싸여 있다. 2개 또는 그 이상의 **주변세포질 편모**(periplasmic flagella)가 양쪽 끝에서 뻗어져 나와 세포 중앙의 1/3 지점에서 서로 겹치기도 한다(그림 3.43 참조). 주변세포질 편모는 세포 끝쪽에 부착되어 펩티도글리칸을 감싼다. 편모가 없는 돌연변이 스피로헤타는 원통형 모양을 가지므로 세포 구조에 대한 편모의 중요성을 확립한다.

스피로헤타의 운동성은 다른 세균의 외부 편모처럼 주변세포질 편모의 회전에 의해 발생한다. 외막이 원통형 원형질과 반대방향으로 회전하면서 세포는 코르크 마개를 뽑는 기구처럼 회전하며 이동한다(그림 20.11c). 편모의 회전은 단단한 기질에서 구부리거나 포복으로 이동할 수 있게 한다.

스피로헤타는 생태학적으로 매우 다양하며 진흙에서 사람의 구강

표 20.2 일부 스피로헤타 속의 특성

속	크기(μm)와 모양	산소관계	탄소 + 에너지원	서식지
Spirochaeta	0.2~0.75 × 5~250, 보통 2 편모	조건부산소비요구성 또는 산소비요구성	탄수화물	수생 또는 자유생활
Treponema	0.1~0.7 × 1~20, 2~16 편모	산소비요구성 또는 저농도산소요구성	탄수화물 또는 아미노산	농물의 구강, 소화계, 생식계. 일부는 병원성(매독, 매종)
Borrelia	0.2~0.5 × 3~30, 15~20 편모	저농도산소요구성	탄수화물	절지동물, 병원체(황귀열, 라임병)
Leptospira	0.1 × 6~12, 2 편모	산소요구성 또는 저농도산소요구성	지방산과 알코올 지방산	자유생활 또는 포유류 병원체. 대개 신장에 서식(렙토스피라증)

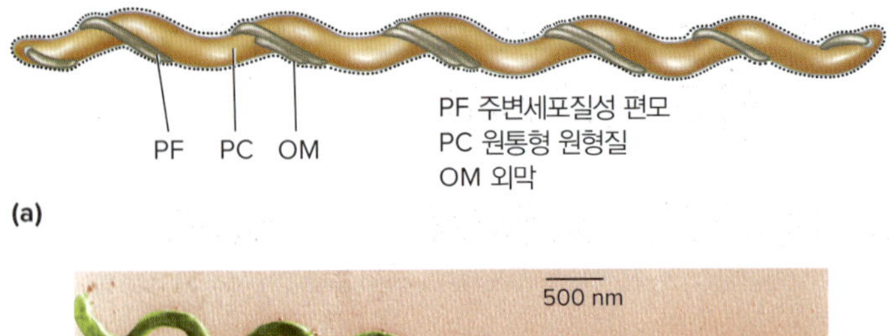

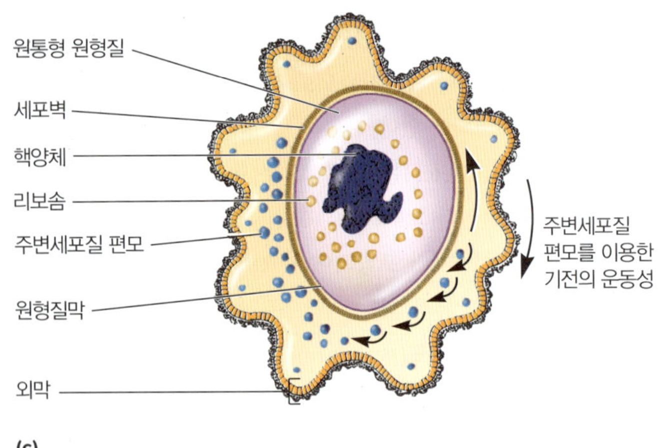

그림 20.11 스피로헤타의 형태. (a) 스피로헤타의 표면구조이고, (b) *Treponema pallidum*의 장축 구조이다. (c) 전형적인 스피로헤타의 세부 구조와 운동성에 대한 가상 기전을 나타낸 단면도이다. (b) Science Source

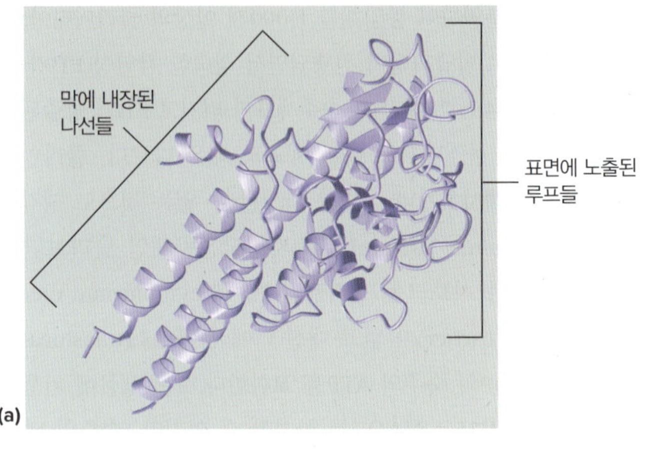

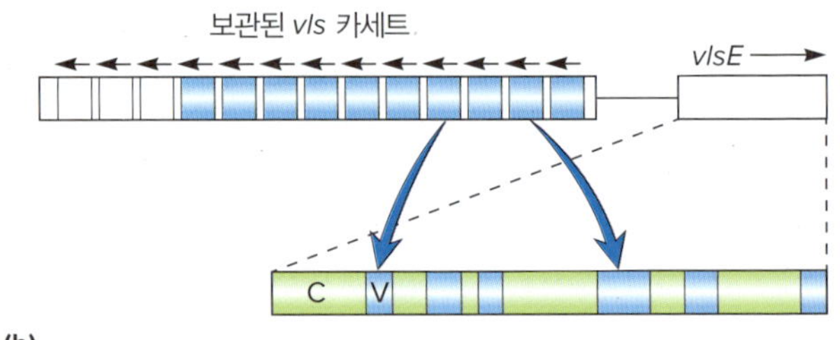

그림 20.12 보렐리아의 위상변이. (a) VlsE의 3차원적 구조는 막 부착을 위해 보존된 영역과 가변적인 표면에 노출된 루프를 가지고 있다. (b) 보렐리아 유전체의 *vlsE* 영역은 선형 플라스미드의 텔로미어에 있으며 짧은 유전자 분절들의 보관소에 인접하다. *vlsE* 발현 카세트에는 불변(C) 및 가변(V) 영역이 있다. 가변영역은 표면에 노출된 루프로 이루어져 있다.

에 이르기까지 다양한 서식지에서 자란다. 스피로헤타 속의 구성원들은 자유생활을 하며 종종 무산소, 황화물이 풍부한 담수, 해양환경에서 자란다. *Leptospira* 속의 일부 종은 산소를 포함한 물과 습기가 있는 흙에서 자란다. 일부 스피로헤타는 다른 유기체와 공생관계를 이루며, 흰개미와 나무를 먹는 바퀴벌레류의 후장, 포유류의 소화관, 동물의 구강(*Treponema denticola*) 등 다양한 곳에서 발견된다. 스피로헤타는 표면을 덮고 있으며 많은 원생생물의 운동성을 추진한다. ▶| 미생물-곤충 상리공생(27.2절)

보렐리아 부르그도르페리(*Borrelia burgdorferi*, 그림 3.2b 참조)는 라임병(Lyme disease, Lyme borreliosis)을 일으키는 여러 보렐리아(*Borrelia*) 종들 중 하나로 코네티컷주 올드 라임(Old Lyme) 거주자들 사이에서 보고되었다. 이것은 여러 면에서 매우 특이한 세균이다. 유전체는 1 Mb의 선형 염색체와 17개의 선형 또는 고리형 플라스미드로 이루어져 있다. 이것은 대사적으로도 특이하다. 예를 들면, 펩티도글리칸의 구성원인 *N*-아세틸글루코사민(*N-acetylglucosamine*, NAG)이 증식에 필요하다. *B. burgdorferi*는 또한 이를 에너지원으로 사용할 수 있다. 이 미생물은 엠덴-마이어호프 경로(Embden-Meyerhof pathway, EM pathway)를 이용해 포도당 단량체를 피루브산으로 산화한다. 저농도산소요구성(microaerophilic) 특성에서 알 수 있듯이 *B. burgdorferi*는 TCA 회로와 산화적 인산화를 하지 않는다. 이것의 유전체는 많은 생합성효소를 암호화하지 않지만, 전달계는 공통적이다.

*B. burgdorferi*는 이중막이지만 지질다당체를 합성하지 않는다. 오히려 세포외피는 외부 층으로 지질단백질을 가지고 있다. 풍부한 외막 단백질인 VlsE는 감염 중에 규칙적인 변화를 겪는데 이러한 현상을 **위상변이**(phase variation)라고 한다. 위상변이는 면역 제거를 회피하기 위해 진화되었으며, 이 경우에 *vlsE* 유전자 변화를 통해 VlsE의 아미노산 서열의 규칙적인 변형을 포함한다. 단백질은 소수성 상호작용을 통해 외막에 긴 α-나선의 보존된 구조를 가지고 있다(**그림 20.12a**). 표면 루프는 서열에 따라 크게 달라지며, 이러한 변형은 보렐리아가 숙주 면역계를 피할 수 있게 해주는 끝없이 변화하는 변장술에 해당한다. 이에 대한 자세한 기전은 아직 밝혀지지 않았지만, *vlsE* 유전자는 *vlsE* 유전자가 조립되는 플랫폼이므로 **발현 카세**

트(expression cassette)라고 한다. *vlsE*와 인접한 곳에는 *vlsE* 발현 카세트에 삽입하기 위한 일련의 짧은 열린번역틀(open reading frame, ORF)이 있다(그림 20.12b). 게다가, 이 모듈형 유전 구성조직 이외에도 이 구역에는 나머지 유전체보다 자발적인 돌연변이 비율이 더 높다. 두 가지 기전 모두 VlsE 단백질이 표면 노출 루프의 가변성을 넓히는데 기여한다.

20.7 Bacteroidota 문에는 중요한 장 미생물총이 포함되어 있다

이 절을 학습한 후 점검할 사항:

a. 사람이 이 Bacteroidota 문에 속하는 세균의 숙주인 이유에 대해 설명할 수 있다.
b. 일부 Bacteroidota에 의해 사용되는 특이한 탄소기질에 대해 말할 수 있다.
c. 미생물이 복잡한 유기기질을 분해하는 능력에 비추어 *Flavobacterium johnsoniae*의 활주운동이나 활주운동과 관련된 기전을 설명할 수 있다.

Bacteroidota 문은 다양하며 광무기독립영양 녹색황세균(20.4절 참조)과 많은 화학종속영양생물을 포함한다. 이 미생물은 셀룰로오스, 한천(해초류 성분), 키틴(곤충껍질이나 진균 세포벽에서 발견됨)과 같은 글리칸의 분해에 관여한다. 사람과 공생관계이며, 다양한 육지와 해양환경에서 존재할 뿐만 아니라 하수처리장에서 흔히 존재하여, 하수처리 과정에 기여하는 것으로 보인다. ▶| 폐수처리 과정(42.2절)

박테로이드(*Bacteroides*) 속은 산소비요구성, 이중막, 포자를 형성하지 않는 간균으로 운동성은 거의 없다. 이들은 동물의 반추위와 사람의 장관에 중요한 구성요소이다. 사람의 분변에서 배양되는 30% 정도가 박테로이드 속에 속하며, 이들은 셀룰로오스, 펙틴과 기타 복잡한 탄수화물을 분해하여 영양을 추가로 제공할 수 있다. 종종 숙주에게 이롭지만, 사람의 질병에 관여한다. 예를 들어, *B. fragilis*는 복부, 골반, 폐와 혈액 감염에서 발견되는 가장 흔한 산소비요구성 병원체이다. ▶| 반추위의 생태계(27.2절); 미생물과 사람이 공존하는 생태계(33장)

Bacteroides 염색체는 수십 개의 역위가능 DNA 인자(invertible DNA element)를 가지고 있어 극도의 유전적 유연성을 보인다. 이들의 짧은(~250염기쌍) 서열은 종종 프로모터를 가지며, 양 말단에 역반복서열을 가진다. 반복서열은 DNA를 180도로 역전시키는 재조합효소의 기질이다. 역위가능 프로모터는 종종 세포 표면 단백질과 협막 다당체 유전자와 같은 주변 유전자의 발현을 조절한다. 역위가 일어나면 왼쪽 또는 오른쪽의 주변 유전자가 프로모터에 의해 활성화된다. 여러 오페론이 역위가능 프로모터에 의해 조절되며 수많은 세포 표면의 조합이 가능해진다. 이것은 *B. burgdorferi*에서도 관찰되며 위상변이의 또 다른 예이다. *Bacteroides*는 새로운 환경의 서식지에 빠르게 적응하거나 면역인식이나 바이러스 포식자를 피하기 위해 자신의 표면을 쉽게 바꿀 수 있다.

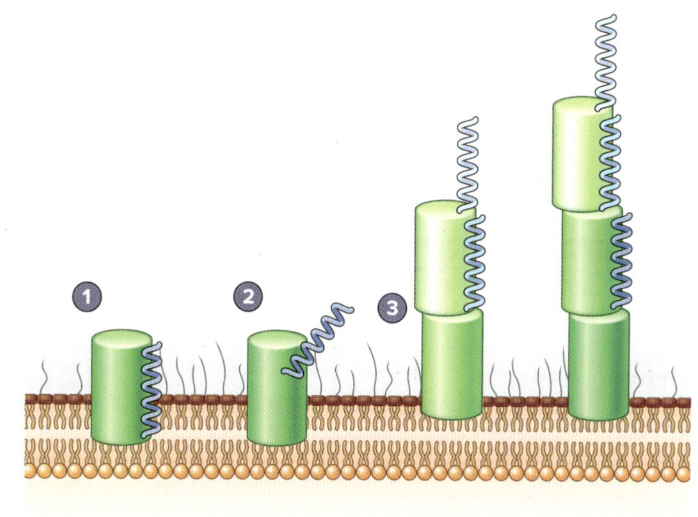

그림 20.13 **Bacteroidota에서 필린(pilin) 중합.** (1) 각 필린 소단위(녹색 및 파란색)는 원형질막과 주변세포질을 가로질러 외막으로 이동한다. (2) 단백질분해효소는 바깥쪽으로 돌출된 N-말단의 α 나선(파란색)으로 방출한다. (3) α 나선은 하나의 단위로 선모의 길이를 증가시키기 위해 다른 필린 소단위에 결합한다.

Bacteroidota의 독특한 세포 구조는 생태학적 역할을 확립하는 데 도움을 준다. V형 선모는 새로운 중합 기전을 가진 접착 구조이다(그림 20.13). 이들의 선모는 장 점막에 *Bacteroides*를 부착하고 구강 병원균인 *Porphyromonas gingivalis*를 구강점막에 부착한다. 선모의 분비는 IX형 분비체계(type IX secrection system, T9SS)를 통해 발생한다. *P. gingivalis*는 또한 독성 대부분을 차지하는 단백질분해효소인 진지페인(gingipain)을 분비한다. *Sporocytophaga*는 셀룰로오스를 분해하는 효소를 분비하고 캔버스에 그려진 귀중한 예술작품을 손상시킬 수 있다. *Flavobacterium*은 독특하게 긴 섬유성 표면 단백질을 통한 활주운동을 할 수 있는 독특한 운동성 기전을 가지고 있다. 이러한 모든 현상은 단백질의 분비 및 외막 고정에 의존한다. |◀ 세균의 선모와 핌브리아(3.8절); 2단계 분비체계(13.9절)

Sporocytophaga, *Flavobacterium*의 **활주운동**(gliding motility) 특성은 빠르다는 것이다. 이들은 일반적으로 초당 2 μm를 이동하지만, 일부는 훨씬 더 빠르게 이동한다. 일반적으로 영양 수준이 낮으면 활주를 촉진한다. 편모 매개 수영운동성과 달리 활주운동을 가능

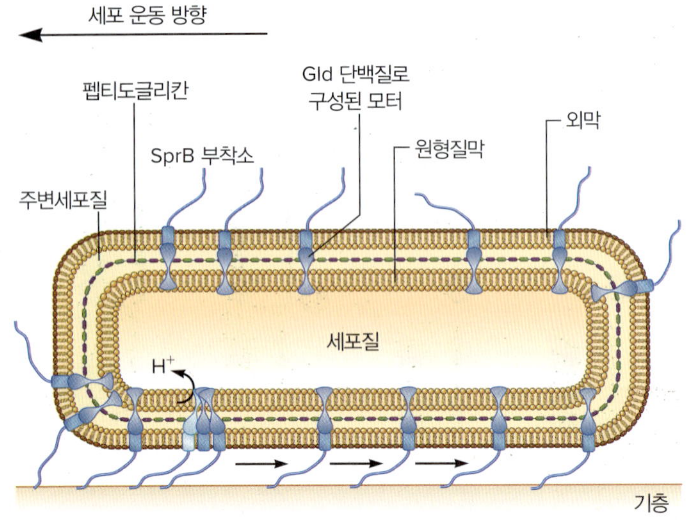

그림 20.14 ***Flavobacterium johnsoniae*의 활주운동에 대한 제안된 기전.** 세포 외막에 있는 Gld 단백질이 세포 표면을 따라 있는 SprB와 같은 부착소를 돌리는 모터를 형성한다.

연관 질문 Gld 단백질의 활주운동 필요성 여부를 검사할 방법을 생각하시오. 어떤 실험을 수행할 것인지, 어떤 결과를 예상하는지 근거를 설명하시오.

하게 하는 기전은 잘 알려져 있지 않다. *F. johnsoniae*는 IX형 분비체계(Type IX secretion system, T9SS)를 구성하는 활주단백질(glide protein, Gld)이라는 운동성 단백질에 의존한다(**그림 20.14**). 편모 기저체의 모터단백질과 마찬가지로 Gld 단백질은 양성자구동력으로부터 오는 에너지를 획득한다. Gld 단백질은 SprB로 불리는 크고, 섬유 모양의 표면 단백질을 추진시켜 나선형 궤도를 따라 세포 운동을 일으킨다. ◀ 연축운동과 활주운동(3.9절)

활주운동은 세균에게 많은 이점을 제공한다. 많은 산소요구성 화학종속영양 활주 세균은 매우 활발하게 셀룰로오스나 키틴과 같은 불용성 거대분자 기질을 소화하며, 활주운동은 이러한 거대분자물질을 찾아다니는데 매우 이상적이다. 소화효소는 외막과 연관되어 있어, 세균은 불용성 영양물질들과 직접 접촉해야 한다. 이것은 활주운동에 의해 가능하다. 또한, 건조한 서식처에서도 활주운동이 가능하며 활주운동을 통해서 흙이나 침전물 또는 썩은 나무 등의 작은 통로를 통해 고체 내에서 잘 움직일 수 있다. 마지막으로 편모 달린 세균과 마찬가지로 활주세균은 최적의 산소, 황화수소, 빛의 세기, 온도 등 생장과 생존에 영향을 주는 요인에 반응하여 이동할 수 있다.

20.8 Fusobacteriota 문: 편리공생 혐기성생물

이 절을 학습한 후 점검할 사항:

a. Fusobacteriota의 대사를 설명할 수 있다.
b. Fusobacteriota가 발견되는 인체의 서식지를 설명할 수 있다.

Fusobacteria(Fusobacteriota: 라틴어로 *fuso*는 '방추'를 의미) 문은 특징적인 방추 또는 미식축구공 형태를 가진다(**그림 20.15**). 이들은 절대적 또는 조건부산소비요구성 균으로 무산소 퇴적물이나 포유류나 곤충의 구강과 장에서 서식한다. 아미노산과 단백질이 1차 에너지원이다. *Fusobacterium nucleatum* 유전체는 단 3개의 아미노산 생합성 경로를 암호화한다. 아미노산 발효로 숙주 항상성에 중요한 장내 미생물에 의해 생성되는 대사물질인 부티르산(butyric acid)과 황화수소가 생성되면서 상피조직을 통한 병원성이 높아진다. ▶ 기능적 핵심 마이크로바이옴이 숙주의 항상성에 필요하다(33.3절)

편리공생체로서 Fusobacteriota는 인체의 무산소 서식지에 널리 분포하며 기회감염을 일으킬 수 있다. 구강 생물막을 형성하는 Fusobacteriota는 다른 종과 물리적으로 상호작용하여 생물막의 전체적 구조를 지지하는 다른 세균 종의 연결고리이다(그림 38.36 참조). 특정 종양과 연관된 사람의 마이크로바이옴을 조사해보면 *F. nucleatum*이 지나치게 많은 것을 볼 수 있다. 구강 세균은 치주 병변을 통해 혈류로 들어가 몸 전체로 운반되는 것으로 보고 있다. *F. nucleatum* 표면 부착물은 일부 암세포의 탄수화물 수용체에 결합하여 해당 세포로 들어간다. *F. nucleatum*은 세포내에서 생장하며 종양 성장을 촉진하는 사이토카인 생산을 유도한다. ▶ 암(33.4절)

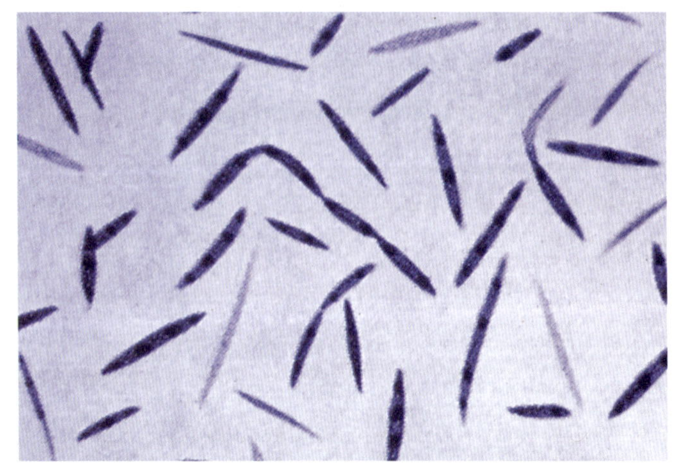

그림 20.15 ***Fusobacterium* 종은 방추 모양이다.** Centers for Disease Control and Prevention

마무리 점검

1. 스피로헤타의 형태와 원통형 원형질, 주변세포질 편모, 외막과 같은 구조가 위치하는 곳을 그려보시오.
2. *Borrelia*와 *Bacteroides*가 표면구조를 변경하기 위해 사용하는 기전을 비교하시오.
3. *Bacteroides* 속의 주요 대사활동을 나열하시오.
4. 활주운동의 3가지 장점을 나열하시오.
5. Fusobacteriota의 배양조건에서 어떤 특징이 종양을 형성하는 것과 연관이 있는가?

20.9 Desulfobacterota 문: 무산소성 황산염/황환원생물

이 절을 학습한 후 점검할 사항:

a. 황산염환원세균(SRB)의 일반적인 생리적 특징을 파악할 수 있다.
b. SRB에 의해 사용되는 일반적인 탄소 기질을 구별할 수 있다.
c. 이화적 황산염환원이 가능한 전자전달계를 그릴 수 있다.
d. SRB의 생리를 일반적인 생태적 지위와 연관시킬 수 있다.

Desulfobacterota 문의 세균은 무산소호흡 동안 황 원소 또는 황산염 및 기타 산화된 황 화합물을 황화수소로 환원시키는 능력을 갖춘 다양한 **황산염환원세균**(sulfate-reducing bacteria, SRB) 또는 **황환원세균**(sulfur-reducing bacteria, SRB) 군이다. 이러한 세균은 이화적 황산염환원(dissimilatory sulfate reduction)을 한다. 즉, 황 원자가 생물량에 포함되지 않는다. 무산소호흡은 환원된 유기화합물의 산화와 관련되며 일반적으로 SRB는 탄소 대사에 따라 분류될 수 있음을 상기하자. 많은 SRB는 젖산, 포름산, 부티르산, 프로피온산, 피루브산 및 방향족 화합물을 더 이상 대사되지 않는 아세트산으로 산화시킨다. 다른 SRB는 아세트산을 CO_2로 완전히 산화시킨다. ◀ 무산소호흡은 산소호흡과 동일한 단계를 사용한다(11.5절)

말단 전자수용체로 황산염의 사용은 다단계 과정이다. 황산염은 직접적으로 환원될 수 없다. 황산염은 안정적인 분자이기 때문에, 먼저 ATP와 반응하여 활성화된 아데노신 5′-포스포황산염(adenosine 5′-phosphosulfate, APS)을 형성해야 한다(**그림 20.16**). APS는 2개의 전자를 받아 아황산염(SO_3^{2-})과 아데노신 일인산(adenosine monophosphate, AMP)을 생성한다. 아황산염을 황화수소로 완전히 환원시키기 위해서는 6개의 추가 전자가 필요하다. 이들은 원형질막의 주변세포질 면에 있는 수소화효소(hydrogenase enzyme)에 의해 포획된다. 수소화효소는 수소 분자에서 시토크롬 c_3 (cytochrome c_3)

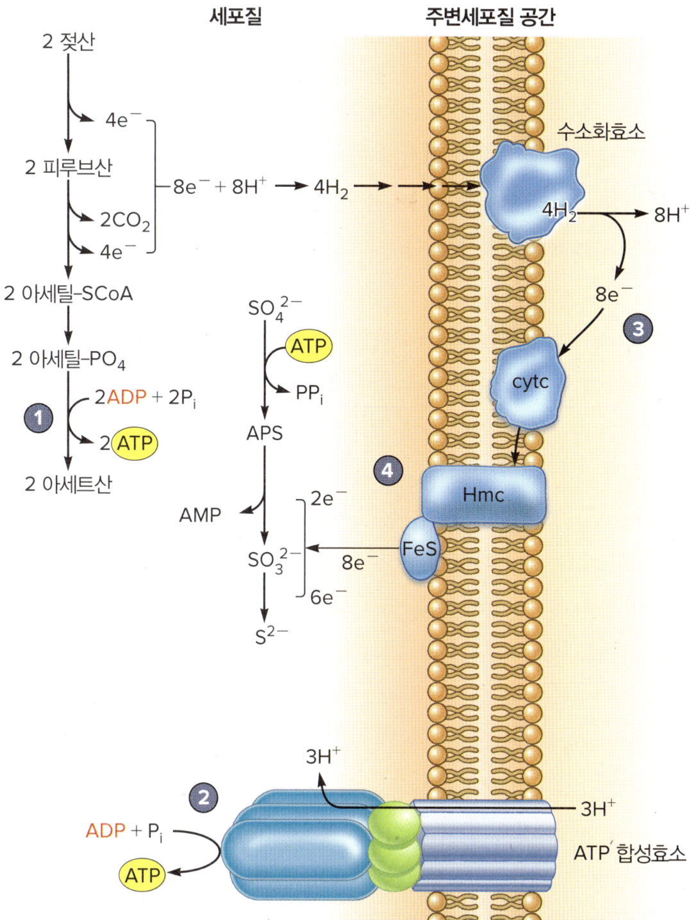

그림 20.16 ***Desulfovibrio*에 의한 이화적 황산염환원.** 이 미생물은 (1) 아세트산 발효 동안 기질수준 인산화(substrate-level phosphorylation) 및 (2) ATP 합성효소에 의하여 ATP를 만든다. (3) ATP 합성효소는 H_2를 산화시키는 주변세포질 수소화효소에 의해 생성되는 양성자구동력에 의해 구동된다. 전자는 다시 세포로 전달되어 (4) 황산염을 황화물로 완전히 환원시키는 데 사용된다. cytc: 시토크롬 c_3, Hmc: 고분자량 시토크롬 복합체(high molecular mass cytochrome complex).

로 전자를 제공하고 차례로 이들을 내재성 막단백질(integral membrane protein)인 Hmc로 이동한다. 마지막으로, 철-황 단백질은 아황산염 환원효소에 전자를 전달하고 황화수소가 생성된다. 수소화효소는 주변세포질에서 양성자를 방출한다. 결과적으로 양성자구동력은 ATP 합성을 유도하는데 충분하다.

SRB는 생태계에서 황의 순환(sulfur cycling)에 중요하다. 상당한 양의 황산염이 거의 모든 수생 및 육상 서식지에 존재하기 때문에, SRB는 유기물질의 미생물 소화로 무산소조건에서 널리 퍼져 있으며 활동적이다(그림 28.6 참조). SRB는 오염된 호수의 개울의 진흙과 퇴적물, 하수지와 소화조, 침수토양과 같은 서식지에서 번성한다. *Desulfuromonas* 종은 무산소 해양 및 하구 퇴적물에서 가장 흔히 존재한다. 또한 메탄 소화조와 담수 서식지의 무산소 황화수소가 풍부한 진흙으로부터 분리될 수 있다. 종종 황산염 및 황환원은 황화수소 냄새(썩은 계란 냄새)와 황화철에 의한 물 및 침전물이 검게 변하는 현상에서 나타난다. 침수된 토양에서 황화수소의 생산은 동물, 식물 및 미생물을 죽일 수도 있다. SRB는 파이프라인, 난방시스템 및 기타 구조물에서 철의 혐기성 부식에 주요 역할을 하기 때문에 산업에 부정적 영향을 미친다. ▶ 황 순환(28.2절)

Geobacteraceae 과는 호흡작용 또는 발효대사가 있는 엄격한 산소비요구성 생물이다. 이들은 환원된 무기화합물로부터 전자를 얻는 화학무기종속영양생물 또는 화학유기생물일 수 있다. 이들은 중온성이며 해양 및 담수 환경에서 분리되었다.

*Geobacter metallireducens*는 고체 금속인 Fe(III)을 말단 전자수용체로 사용하여 아세트산과 같은 유기기질의 산화를 연결하는 것으로 알려진 최초의 미생물이다. *Geobacter* 종의 이화적 금속 환원(dissimilatory metal reduction)으로부터 에너지를 보존하는 것은 환경 미생물학자들에게 큰 관심의 대상이다. 이 학자들은 이 세균이 독성을 가진 많은 방사성 금속을 감소시킬 수 있다는 것을 발견하였다. *Geobacter* 종은 원형질막에 결합되어 있는 전자전달사슬(electron transport chain, ETC)로부터 받은 전자를 Fe(III) 또는 Mn(IV)과 같은 외부의 불용성 수용체로 전달하는 외막 환원효소를 가지고 있다. 이것은 또한 전기전도성 선모(electrically conductive pili, e-pili)라 하는 단백질 섬유인 **나노전선**(nanowire)을 합성한다(그림 21.27 참조). 이들의 부속물은 지름이 약 100 nm이고 길이는 수십 μm이다. 일부는 시토크롬으로, 또 다른 일부는 필린(pilin) 단백질의 중합체로 구성되어 있다. 이들은 미생물로부터 물리적으로 멀리 떨어져 있는 고체상 수용체로 전자전달을 가능하게 한다.

최근에 제안된 2가지 속인, *Candidatus Electrothrix*와 *Candidatus Electronema*는 문자 그대로 전기전도성 나노전선을 새로운 길이로 사용한다. **케이블 박테리아**(cable bacteria)라고도 하는 이 미생물은 긴 사슬의 세균으로서 깊은 혐기성 황화물이 지배하는 침전물에서 산소층까지 확장되는 수중 퇴적물 어디에나 존재한다(**그림 20.17**). e-케이블(e-cable)은 2가지 다른 세포 유형이 있는 다세포 시스템이 있다. 무산소 영역의 세포는 그림 20.16에 표시된 경로를 반대로 하여 황화물을 산화시킨다. 시토크롬은 전자를 주변세포질에 있는 섬유로 전달하여 표면까지 수 센티미터의 거리를 이동한다. 표면에 있는 세포는 에너지를 보존하지 않고 산소를 환원하기 위해 전자를 사용한다. 전반적으로 케이블 박테리아는 산소요구성 황화물 산화제로 기능하지만 각 세포 유형은 뚜렷한 대사를 가지고 있다. 전기전도성 나노전선은 *Geobacter*와 같이 외부에 있지 않다. 오히려 주변세포질에 있으며, 연결은 세포-세포 사이의 연결(cell-cell interface)을 통해 유지된다. 케이블 박테리아의 세포분열은 단일섬유 내에서 동시적으로 조절된다.

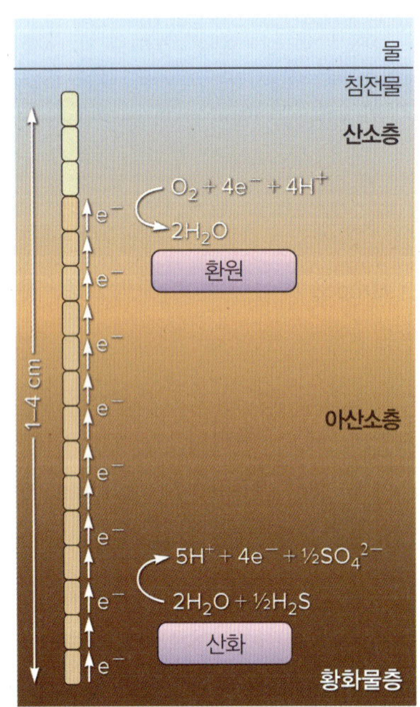

그림 20.17 케이블 박테리아는 전자를 장거리로 전달한다. 케이블 바닥에서 황화물 산화로 인한 전자는 케이블 박테리아 주변세포질을 통해 이동하여 궁극적으로 표면 근처의 산소를 감소시킨다. 여기에 표시된 세포 크기는 비례하지 않다. 수천 개의 박테리아 세포가 케이블을 구성한다.

20.10 Bdellovibrionota와 Myxococcota 문: 세균의 포식자

이 절을 학습한 후 점검할 사항:

a. *Bdellovibrio*의 생활사 그리고 세균의 포식자로 여겨지는 이유를 설명할 수 있다.

b. 점액세균(myxobacteria)의 생활사를 서식지와 영양분을 획득하는 수단과 연관지을 수 있다.

Bdellovibriota 문은 *Bdellovibrio* 속(그리스어 *bdella*는 '거머리'를 의미)에서 가장 잘 예시되었으며, 산소요구성, 그람음성, 극편모를 가지고 있는 구부러진 막대를 포함한다. 편모는 세포외피와 연속적인 껍질이 존재하기 때문에 매우 두껍다. Bdellovibrio는 독특한 생활사를 가지고 있다. 그들은 다른 이중막세균을 잡아먹고 비복제 포식단계(nonreplicating predatory phase)와 세포내 생식단계(intracellular reproductive phase)를 번갈아 한다.

Bdellovibrio의 생활사는 복잡하지만, 완료하는데 단 3~4시간 밖에 걸리지 않는다(**그림 20.18a**). 자유 박테리아는 먹이와 격렬히 충돌

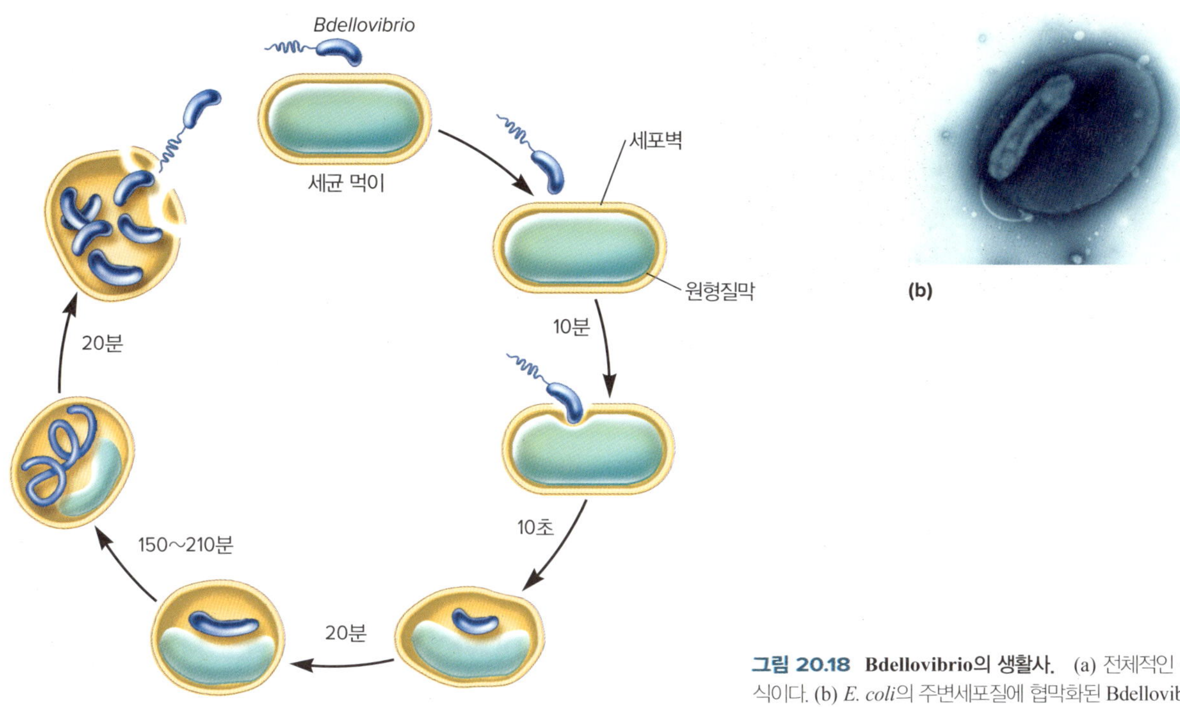

그림 20.18 Bdellovibrio의 생활사. (a) 전체적인 생활사를 보여주는 일반적인 도식이다. (b) *E. coli*의 주변세포질에 협막화된 Bdellovibrio bacteriovorus이다. (b) Katy Evans, Chi Aizawa and Liz Sockett

할 때까지 빠르게 헤엄친다(초당 약 100개의 세포 길이). 그것은 먹이 박테리아의 표면에 부착하여 초당 100회전만큼 빠르게 회전하기 시작하고 IV형 선모와 가수분해효소 방출을 포함하는 과정에서 숙주 세포벽을 통해 구멍을 뚫는다. 편모는 먹이세포(prey cell)가 침투하는 동안에 손실된다. 이 세균은 또한 단단한 기질 위를 천천히 활주하여 세균의 먹이를 찾을 수 있다. ◀ 세균의 선모와 핌브리아(3.8절)

진입한 후, Bdellovibrio는 숙주세포를 제어하고 주변세포질에서 성장하는 반면 숙주세포는 원래의 모양을 잃고 구형이 된다(그림 20.18b). 포식자는 숙주의 DNA, RNA 및 난백질 합성을 억제하며 숙주 원형질막을 파괴하여 세포질 구성성분을 세포 밖으로 누출시킨다. 성장하는 Bdellovibrio는 숙주의 아미노산을 탄소, 질소 및 에너지원으로 사용한다. 이것은 숙주의 지방산과 뉴클레오티드를 자신의 생합성에 직접적으로 사용하여, 탄소와 에너지를 절약한다. Bdellovibrio는 격벽으로 나뉘어진 작은 딸세포들의 긴 섬유로 성장하며 숙주세포 용해 시 각각 분리되어 탈출한다.

점액세균(myxobacteria)은 활주운동과 자실체(fruiting body)라고 하는 나세포 구조의 생성과 미소포자, 점균포자(myxospore)라고 하는 포자의 형성을 포함하는 복잡한 생활사를 특징으로 하는 그람음성의 산소요구성 토양세균이다. 점액세균의 세포는 가늘고 끝이 점점 가늘어지며(방추형), 끝이 둥글고 뭉툭한 막대형일 수도 있다.

점액세균은 전 세계 토양에서 발견된다. 그들은 중성 토양이나 잎과 나무껍질과 같은 썩어가는 식물물질과 동물의 배설물에서 분리된다. 열대우림과 북극 툰드라(Arctic tundra)와 같은 다양한 서식지에서 자랄 수 있지만 따뜻한 지역에서 대부분 많이 서식한다.

대부분의 점액세균은 다른 미생물의 포식자이지만 Bdellovibrio와 달리 번식을 위해 포식에 의존하지 않는다. 점액세균은 용해효소(lytic enzyme)와 항생물질을 분비하여 그들의 먹이를 죽이고 소화 생성물을 흡수한다. 대부분의 점액세균은 탄소, 질소 및 에너지의 주요 공급원으로 아미노산과 지질을 사용한다. 모두 호흡 대사가 있는 산소요구성 화학유기영양생물이다.

점액세균의 생활사는 매우 독특하며 23장에서 논의한 세포성 점균류(cellular slime mold, **그림 20.19**)의 수명주기와 유사하다. 먹이의 공급이 있을 때 점액세균은 사회적 운동성(social motility)으로 활주하는데, 이는 세포 군집에서만 관찰되기 때문에 명명되었다. 사회적 운동성은 세포의 앞쪽 끝에서 수축 가능한 IV형 선모의 생성에 의해 지배되는 일종의 연축(twitching)이다. 선모가 수축하면, 세포가 앞으로 움직인다. 대조적으로, 모험적인 이동성은 군집 주변부에 있는 단일 세포에 의해 나타나며 먹이를 찾아다닌다. 일부 종은 파동이나 잔물결을 생성하기 위해 주기적으로 움식이는 세포층을 생성하기 위해 모인다. 영양 공급이 고갈되면 점액세균이 모여서 자실체(fruiting body)로 분화하는데, 자실체는 주로 점균포자(myxospore)라고 불리는 외생포자(exospore)로 분화된 개별 세포로 구성된 구조를 가진다. *Myxococcus xanthus*의 생활사는 세균 분화 및 행동에 대한 모델 시스템 역할을 제공한다.

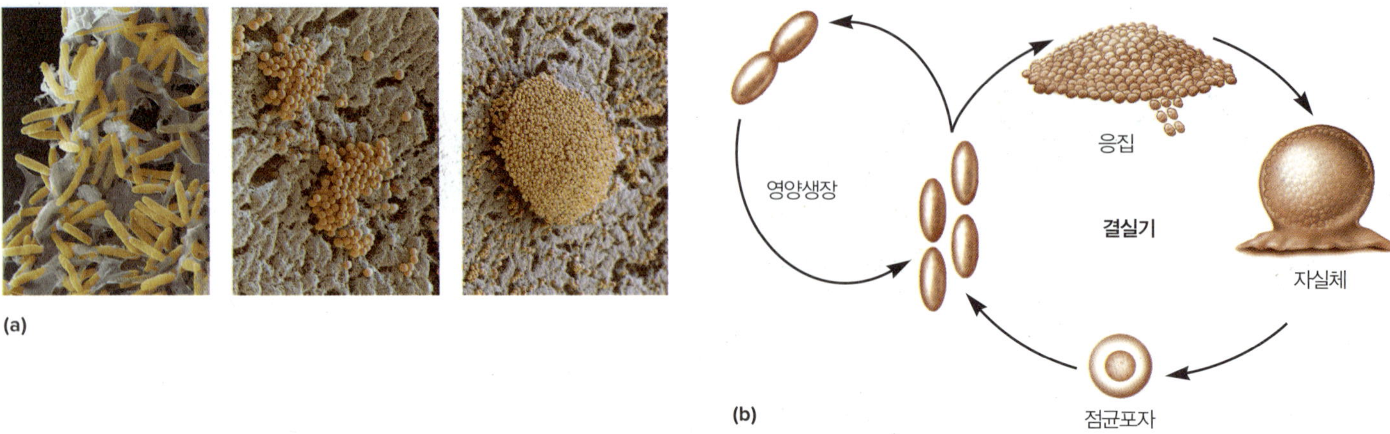

그림 20.19 ***Myxococcus xanthus*의 생활사.** (a) 영양생장, 응집 및 자실체를 형성하는 동안 촬영한 주사전자현미경 사진(왼쪽에서 오른쪽으로)이다. (b) 자실체내에서 대부분 세포는 영양분을 이용할 수 있을 때까지 발아하지 않는 휴면 점균포자가 된다. *M. xanthus*는 영양분이 풍부하면 무성하게 자란다. 하지만 영양분이 고갈되면 세포외 신호분자의 교환으로 세포가 응집되며 자실체를 형성한다. (a) Eye of Science/Science Source

자실체(fruiting body)의 높이는 50~500 μm이며 종종 카로티노이드 색소에 의해 빨간색, 노란색, 갈색으로 착색된다. 각각의 종은 특징적인 자실체를 형성한다. 그들은 약 100,000개의 세포로 구성된 단순한 구형 물체(*Myxococcus*, 그림 20.19)에서 *Stigmatella*와 *Chondromyces* 속의 구성원에 의해 형성된 정교하고, 분지를 가지며, 나무 같은 구조에 이르기까지 다양하다(그림 3.2d 참조). 일부 종에서, 세포는 포자낭(sporangioles 또는 sporangia)이라고 하는 벽 구조로 둘러싸인 휴면 점균포자로 발달한다. 이러한 복잡한 구조에서 예상할 수 있듯이, 자실체를 형성하는 동안 다양한 새로운 단백질이 합성되며, *Myxococcus xanthus*는 가장 큰 세균 유전체 중 하나이다.

점균포자(myxospore)는 휴면 및 건조에 저항하여, 그들은 악조건에서 최대 10년까지 생존할 수 있다(이를 그람양성 내생포자의 수백만 년과 비교해보자). 자실체를 사용하는 것은 점균포자를 더욱 보호하고 분산을 돕는다. 점균포자는 자실체 내에서 함께 유지되기 때문에 점균포자가 방출되어 발아할 때 점액세균 집락이 자연적으로 발달한다. 이 공동 조직은 많은 점액세균이 개별 세포보다 더 쉽게 먹이를 소화하기에 충분한 효소 농도를 생성할 수 있으므로 유리할 수 있다.

마무리 점검

1. 이화적 황산염환원에서 발효의 역할은 무엇인가? 황산염환원 세균(SRB)은 ATP를 어떻게 만드는가?
2. *Geobacter* 종은 세포외 불용성 금속으로 전자를 전달하기 위해 어떤 기전을 사용하는가? 이것은 케이블 박테리아와 어떻게 비교되는가?
3. *Bdellovibrio* 종의 특징과 생활사를 자세하게 설명하시오. 왜 그들은 그람음성 세균만 먹을 수 있는가?
4. 영양이 풍부한 조건과 영양이 부족한 조건에서 점액세균(myxobacterium)의 생장을 비교할 수 있다.

20.11 Campylobacterota 문: 사람과 동물의 공생

이 절을 학습한 후 점검할 사항:

a. Campylobacterota가 유발하는 일반적인 사람의 두 질병을 나열할 수 있다.
b. *Helicobacter* 종의 비정상적인 대사를 설명하고, *H. pylori*가 위의 산성 조건을 견딜 수 있는 방법을 설명할 수 있다.

Campylobacterales 목은 Campylobacteraceae와 Helicobacteraceae 과가 포함되어 있으며, 각각 *Campylobacter*와 *Helicobacter* 속이 배치된다. 둘다 저농도산소요구성, 운동성, 나선형 또는 비브리오이드 그람음성 간균의 구성원이다(그림 3.2a 참조).

Campylobacter 속은 사람과 다른 동물에 병원성인 종과 비병원체 모두 포함한다. *C. fetus*는 소와 양의 생식질환과 낙태의 원인이 된다. 다른 Campylobacter는 사람의 패혈증(혈액 내 병원체 또는 독소)에서 장염(장의 염증)과 관련 있다. 이완성 마비의 가장 흔한 형태인 길랑-바레증후군(Guillain-Barré syndrome, GBS)의 발병 전, 일부 종의 감염이 선행되는 경우가 많다. 이 세균은 분자적 의태로 알려진 현상으로 GBS를 유발한다고 생각된다. 이 경우 *Campylobacter* 종의 지질다당체 구조는 신경세포에서 발견되는 성분과 유사하다. 이로 인해 면역체계는 감염이 제거된 후에도 숙주의 신경계를 공격한다.

*C. jejuni*는 동물의 장에서 발견된다. 이는 매년 미국에서 약 150만 건의 *Campylobacter* 위장염(위와 장의 염증과 설사)을 유발한다. 닭, 칠면조, 소를 대상으로 한 연구에 따르면, 이러한 동물 무리의 50~100%가 *C. jejuni*를 배설한다. Campylobacteria는 오염된 음식과 물의 섭취, 감염된 동물과의 접촉 또는 성행위를 통해 사람에게

전염된다.

수십 종의 *Helicobacter*가 있으며, 사람, 개, 고양이 및 기타 포유동물의 위와 소장에서 분리된다. 전 세계 인구의 약 50%가 감염된다. 사람의 주요 병원체는 *Helicobacter pylori*로, 위염, 위궤양 및 위암을 유발한다. *H. pylori*는 절대저농도산소요구성생물이다. 세균이 사용할 수 있는 유일한 탄수화물은 포도당이며, 이는 호흡 및 발효 경로를 통해 대사된다. 생합성을 위해 NADPH를 제공하는 5탄당 인산경로와 피루브산을 생성하기 위해 ED(Entner-Doudoroff) 경로를 사용한다. 미생물은 완전한 TCA 회로를 가지고 있지 않아, 옥살로아세트산에서 α-케토글루타르산(즉, 산화 방향)으로 가는 정방향과 옥살로아세트산에서 숙신산(즉, 환원 방향)으로 가는 역방향 순환을 하는 것으로 보인다. 푸마르산은 무산소호흡동안 말단 전자수용체로 작용할 수 있으며, 또한 산소호흡도 할 수 있다. 피루브산은 발효과정에서 젖산, 아세트산 및 포름산으로 발효된다. *H. pylori*는 위 점막에 존재해 매우 산성인 조건에 노출된 것처럼 보이지만, 실험실에서는 pH 4.5 이하에서 배양할 수 없다. *H. pylori*는 선모를 사용해 위 점막을 파고들어 위 내강의 산성을 피한다. 또한, 요소를 CO_2와 NH_3로 전환시키는 요소분해효소를 생성한다. 암모니아의 방출은 국소 pH를 증가시키는 반면, 미생물은 주화성을 사용하여 점막 내에 위치한다. 실제로, 숙주의 집락형성에는 운동성이 필요하다. ▶ 위궤양과 위염(38.3절)

이 절을 학습한 후 점검할 사항:

1. 식품공급에서 동물의 *Campylobacter*를 제어하는 것이 중요한 이유는 무엇인가?
2. *H. pylori*는 위의 산성 조건에서 어떻게 생존하는가?

요약

20.1 이중막은 유니폼이 아니다

- 그람음성균은 일반적으로 원형질막, 펩티도글리칸으로 구성된 이중막성 세포외피와 외막을 가지고 있다. 모든 그람음성균이 이 모든 특징을 가지고 있는 것은 아니며, 일부 경우에는 외막에 지질다당체가 결핍되어 있다.
- 유전체 분석을 통해 세포외피 구조의 성분 또는 이것을 합성하는 효소를 암호화하는 유전자를 식별할 수 있다. 문 내의 분류군은 세포외피의 성분이 균일한 경향이 있다.

20.2 Aquificota와 Thermotogota는 극호열성균이다

- *Aquifex*와 *Thermotoga*에는 그람음성 간균과 극호열성균이 포함된다. *Aquifex* 종은 화학무기독립영양생물이다. *Thermotoga* 종은 화학유기영양생물이다.

20.3 Deinococcota에는 방사선-저항성 세균이 속한다

- Deinococcota는 특이한 세포벽을 가진 산소요구성, 구균과 간균이다.
- *Deinococcus radiodurans*는 건조함과 방사선에 강한 저항성이 특징적이다.
- *Thermus* 종은 쉽게 배양할 수 있는 호열성 미생물이며, PCR에 사용되는 *Taq* DNA 중합효소의 공급원이다.

20.4 광합성 세균은 다양하다

- 남세균은 산소발생 광합성을 수행한다. 홍색세균과 녹색세균은 산소비발생 광합성을 사용한다.
- 홍색과 녹색광합성 세균의 4가지 중요한 그룹은 홍색황세균, 홍색비황세균, 녹색황세균, 녹색비황세균이다(표 20.1).
- 홍색세균과 녹색세균의 세균엽록소 색소는 더 깊고, 무산소 영역의 수중 서식지에서 살 수 있게 한다.
- 녹색황세균은 절대산소비요구성 광무기독립영양생물로 황화수소, 황 원소, 수소를 전자공급원으로 이용한다.
- *Chloroflexus* 속의 구성원이 포함된 녹색비황세균은 홍색비황세균과 대사적으로 유사한 호열성 섬유 활주운동을 한다. 녹색황세균과 녹색비황세균 모두 빛을 모아 원형질막의 반응중심으로 전달하는 기능을 하는 클로로솜을 가지고 있다(그림 20.4).
- 남세균은 진핵생물과 유사한 광합성체를 사용하여 산소발생 광합성을 수행한다. 피코빌리솜은 빛을 모으는 색소인 피코시아닌과 피코에리트린을 담고 있다(그림 20.6).
- 남세균은 이분법, 출아법, 다중분열법 등으로 번식하고 분절법에 의해 연쇄체(hormogonia)를 형성한다. 일부 세포는 휴면체를 생성한다.
- 많은 질소고정 남세균은 질소고정이 일어나는 특수 세포인 이

질낭을 형성한다(그림 20.8).

- *Prochlorococcus* 종은 지구에서 가장 풍부한 광합성 생물이다. *Synechococcus* 속에 속하는 다른 단세포 남세균과 더불어 이들은 지구의 탄소고정의 약 1/3을 차지한다.

20.5 PVC 상문(Planctomycetota와 Verrucomicrobiota): 비정형 세포분열

- PVC 상문의 구성원은 세포골격 단백질 FtsZ가 없는 상태에서 출아법 및 비정형 과정으로 세포분열을 한다.
- 일부 Planctomycetes는 아나목스 반응을 수행한다(그림 20.9).
- Verrucomicrobiota에는 식물 탄수화물 중합체를 분해하는 사람 공생체 및 세균이 포함된다.
- 클라미디아는 비운동성이며 구형이고 펩티도글리칸이 없는 그람음성 세균으로, 기본소체(EB)와 망상체(RB)를 포함하는 생활사에 의해 숙주세포의 세포질 소낭 안에서 번식한다(그림 20.10).

20.6 Spirochaetes 문: 나사와 같은 형태를 지닌 세균

- 스피로헤타는 가늘고 긴 나선형의 그람음성 세균이다. 그들은 외막 밑에 있는 주변세포질 편모에 의해 움직인다(그림 20.11).
- 라임병의 원인이 되는 *Borrelia burgdorferi*는 위상변이를 통해 표면 단백질을 바꾸는 능력이 있다. 위상변이 기전에는 짧은 DNA 분절의 빈번한 교환이 포함된다.

20.7 Bacteroidota 문에는 중요한 장 미생물총이 포함되어 있다

- Bacteroidota 문의 구성원은 대사적으로 다양한 형태의 포자를 형성하지 않으며, 운동성이 있거나 없는 다양한 형태의 간균이다.
- 이들 중 일부는 내강과 소화계의 중요한 공생체이며 일부는 질병을 일으킨다. 많은 종들이 토양 및 수생환경에서 셀룰로오스, 키틴, 그리고 거대분자를 분해하는 데 중요하다.
- 활주운동은 Bacteroidetes에 속하는 다양한 세균에서 발견되며, 활주는 독특한 막 관통 및 표면 단백질 그룹에 의해 이루어진다(그림 20.14).

20.8 Fusobacteriota 문: 편리공생 혐기성생물

- 방추 형태의 Fusobacteriota는 산소비요구성으로 인체를 비롯한 다양한 환경에서 발견된다. 이들은 구강 생물막의 구성원이며 종양 성장과 연관이 있다.

20.9 Desulfobacterota 문: 무산소성 황산염/황환원생물

- Desulfobacterota는 무산소호흡에서 황원소와 산화된 황 화합물을 전자수용체로 사용할 수 있는 무산소성 화학유기영양세균이다.
- 황산염환원 세균은 생태계 순환에 중요하다. *Desulfovibrio* 종은 발효와 양성자구동력으로 에너지를 보존한다(그림 20.16).
- *Geobacter* 종과 케이블 세균은 세포외 섬유, 나노전선 또는 e-선모를 생성하여 세포 밖의 말단 전자수용체로 전달한다(그림 20.17).

20.10 Bdellovibrionota 및 Myxococcota 문: 세균의 포식자

- *Bdellovibrio* 종은 극성편모로 덮여 있는 산소요구성이며 구부러진 모양의 간균으로, 다른 이중막세균을 소비하고 주변세포질 공간내에서 번식한다(그림 20.18).
- *Myxobacteria* 종은 활주운동을 하는 그람음성 산소요구성 토양 세균으로, 자실체 안에 있는 휴면 점균포자의 생산으로 이어지는 복잡한 생활사를 갖고 있다(그림 20.19).

20.11 Campylobacterota 문: 사람과 동물의 공생

- *Campylobacterota*는 병원성 종을 가진 2가지 중요한 속인 *Campylobacter*와 *Helicobacter*를 포함한다. 이러한 세균은 저농도산소요구성, 운동성, 나선형 또는 비브리오이드, 이중막 간균이다.
- *Campylobacter* 종은 식품매개질환의 흔한 원인이며, 드물게 분자적 의태의 결과로 길랑-바레증후군을 유발한다.
- *Helicobacter* 종은 포유류의 위와 장에 존재한다. *H.pylori*는 위에 집락화되어 산성 조건의 영향을 피하고, 위염, 궤양 또는 암을 유발한다.

심화 학습

1. 남세균의 일종인 *Anabaena*는 유일한 질소원으로 질산염이 포함된 액체배지에서 왕성하게 생장한다. 이 사상체를 질산염이 포함되지 않은 동일한 배지에 옮겨 배양한다고 가정하자. 어떠한 구조적, 생리적 변화를 관찰할 수 있는지 설명하시오.
2. 클로로솜과 틸라코이드막 사이의 구조적 기능적 차이를 비교하시오. 이것이 동일 기능을 수행하기 위해 두 구조가 독립적으로

진화한 수렴진화의 예로 생각하는가, 아니면 조상이 동일하나 이들을 가진 개체 특유의 필요에 따라 적응한 발산진화라 생각하는가? 이 질문에 답을 하기 위해 구조와 기능 외 다른 정보가 더 필요한가?

3. 이 장에는 세균이 사용하는 다양한 유형의 운동이 있다. 이 유형을 정리하고 운동에 필요한 에너지(ATP 또는 양성자 기울기)로 진행하는 운동 기전을 제시하시오.
4. Chloroflexota 문의 세균에 외막이 사라지게 된 과정을 설명하기 위한 진화 각본을 제안하시오.
5. 세포 표면의 다당류와 지질단백질을 제어하는 역위가능 프로모터를 통해 표면구조를 바꿀 수 있는 능력을 가진 *Bacteroides*와 같은 유기체를 고려하시오. *Bacteroides* 개체군은 새로운 박테리오파지의 출현에 어떻게 적응할 수 있는가?
6. *Bdellovibrio*는 잘 연구된 *E. coli*를 포함한 이중막세균을 잡아먹는다. *E. coli* 표면구조(지질다당체, 협막, 편모, 선모)의 형태 및 생합성은 잘 알려져 있으므로, *Bdellovibrio* 인식 및 *E. coli* 감염 과정을 분석하는 실험을 제안하시오. *Bdellovibrio*가 인식하는 표면구조를 어떻게 결정하는가?
7. 이 장에서 논의된 세포소기관/구획인 클로로솜, 카르복시솜 및 아나목소솜을 비교 대조하시오. 활동을 이러한 구획으로 분리하는 목적은 무엇인가?
8. 과학자들은 해안 켈프숲에서 갈조류의 1차 세포벽 다당류인 후코이단(fucoidan)의 느린 분해에 당황했다. 후코이단을 대사하여 증식하는 몇 가지 균주를 분리하려면 반복적인 계대배양이 필요했다. 분리된 균주는 모두 염색체와 메가플라스미드로 구성된 유전체를 가진 Verrucomicrobiota 문에 밀접하게 관련된 구성원이었다. 세포벽 탄수화물 분해자에서 어떤 유형의 효소를 기대할 수 있는가?

   후코이단은 종종 황산화되고 분지를 가진 복합 탄수화물이기 때문에, 분해에는 여러 효소가 필요하며, 이러한 효소를 합성하는 데 상당한 세포에너지의 투자가 필요하다. 이 아이디어를 후코이단 분해 세균을 분리하는 문제와 연관시켜보시오.

   분해자는 다른 해양 탄수화물을 대사할 수 없으며 후코이단 분해의 최종산물 중 하나인 단당류 푸코오스(fucose)를 대사하는 특별한 부분을 차지한다. 유전체 정보는 대부분의 분해효소가 분비신호서열을 포함할 것으로 예측되고, 유전자 발현 정보는 포린이 풍부하다는 것을 나타낸다. 후코이단 분해의 일련의 과정을 제안하시오.

   푸코오스 대사는 독성 중간체 락트알데히드를 생성한다. 유기체는 이 대사산물을 어떻게 해독하는가?

   해양환경에 대한 세계적인 조사를 통해 유사한 세균에서 유래한 유전자를 확인하였다. 어떤 해양환경(극지 적도, 해안, 외해)에서 이러한 Verrucomicrobiota를 찾을 것으로 예상하는가?

   참고문헌: Sichert, A., et al. 2020. Verrucomicrobia use hundreds of enzymes to digest the algal polysaccharide fucoidan. *Nature Microbiol*. 5:1026-1039.

CHAPTER

21

프로테오박테리아

Yvette Cardozo/Alamy Stock Photo

비손과 브루셀라증이 논쟁을 일으켰다

옐로스톤국립공원의 겨울은 방문객에게 '환상적인' 시기라고 한다. 그러나 약 5,000마리에 이르는 비손(아메리카들소)에게 겨울은 먹이를 구하는 것이 힘든 시기다. 이 상징적인 동물이 먹이를 찾아 다니면서, 일부는 공원의 경계를 넘어선다. 그때는 상황이 복잡해진다.

이전에는 *Brucella abortus*로 불린 *Brucella melitensis*는 브루셀라증(Brucellosis)이라는 반추동물의 질병을 일으킨다. 이름이 말해주듯, 이것은 임신한 동물의 유산을 유발한다. 옐로스톤 비손들은 증상이 없는 *B. melitensis*의 보균자로서, 목축업자들은 이들이 공원 주변 가축들에게 질병을 옮기는 것을 걱정한다.

연방정부, 주정부, 그외 작은 단체들은 질병 감염에 대한 우려를 주지시키면서 목축업에 영향을 주지 않는 적절한 야생 비손 집단 관리정책을 고안하려고 노력하고 있다. 가장 기본적인 것은 방목된 것이지만, 이동 중인 동물들이 *B. melitensis*를 보유하고 있는지 검사한 후 도살하는 것이다. 공원 외부에서 발견되는 비손은 지정된 지역으로 이동시킨 후 브루셀라증을 검사한다. *B. melitensis* 항체 양성인 동물은 도살하고, 음성인 송아지는 백신을 접종하고 다른 성체들과 더불어 특정 지역으로 보내져 표지를 달아 봄에 공원으로 다시 방목한다.

이 관리정책의 단 하나의 문제는 누구도 좋아하지 않는다는 것이다. 목축업자들은 돌아다니는 비손이 가축을 죽일 것이라 걱정한다. 브루셀라증이 목축업계에 4억 달러의 피해를 준 경우가 있었기 때문이다. 다른 사람들은 옐로스톤 비손이 가축에게 브루셀라증을 전파한 기록이 한 번도 없었다고 반발한다. 관리정책을 찬성하거나 반대하는 양쪽의 의견이 유일하게 일치하는 것은 현재의 관리정책이 비손 집단의 브루셀라증 유병율을 줄이지도, 지속가능한 개체수를 창출하지도 못한다는 것이다.

목축업, 여행업, 환경보존의 미묘한 균형을 잡기 위해 비손 관리계획에 변화를 주려는 노력은 계속된다. 1톤에 이르는 동물의 미래가 단 2 μm 밖에 되지 않는 미생물의 손에 달려 있다는 것은 어떤 면에서는 아이러니하다.

*B. melitensis*는 거대한 **프로테오박테리아**(Proteobacteria) 문에 속한다. 이 다양한 박테리아 집단은 역사적으로 5개의 분류군(α에서 ε까지)을 가지고 있었지만, 분류학적 재평가를 통해 δ 및 ε 분류군은 제거되었다. 또한, β-프로테오박테리아에 있던 박테리아가 γ-프로테오박테리아로 이동될 정도로, 나머지 계급 구성원 간의 진화적 관계도 재고되었다. 여기서 우리는 α와 γ-프로테오박테리아라는 2종류의 프로테오박테리아에 대해 논의한다.

이 장의 학습을 위해 점검할 사항:

✓ 그람음성 세균의 세포벽을 그리고, 구성인자를 나열할 수 있다(3.4절).

✓ 유영운동과 활주운동을 구별할 수 있다(3.9절).

✓ 산소를 비롯해 미생물의 생장에 영향을 주는 환경인자를 나열할 수 있다(7.5절).

✓ 전자공여체, 수용체, 전자전달자의 상대적 표준 환원전위를 보여주는 전자전달사슬을 그릴 수 있다(10.4절, 11.4절).

✓ 종속영양과 독립영양의 차이점을 설명할 수 있다(11.1절).

✓ 무산소호흡과 산소호흡, 그리고 발효를 비교할 수 있다(11.5절, 11.6절).

✓ 화학무기영양을 정의하고 전자공여체와 전자수용체의 예를 구분할 수 있다(11.8절).

✓ 산소발생 및 비발생 광영양생물을 비교할 수 있다(11.10절).

✓ 캘빈-벤슨 회로의 기능과 질소환원효소의 기능을 요약할 수 있다(12.3절, 12.5절).

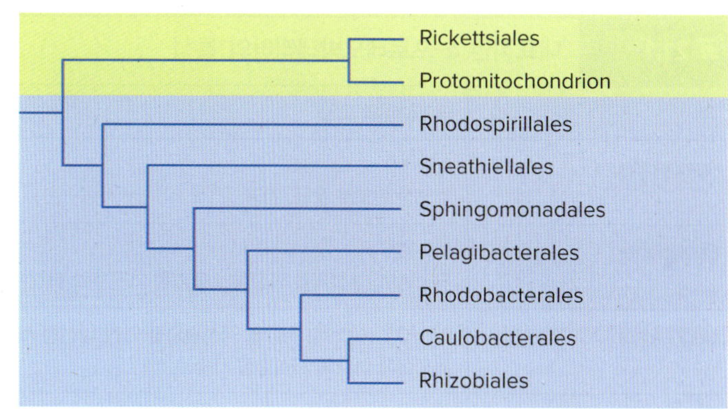

그림 21.1 제안된 α-프로테오박테리아목의 계통발생. 자유생활을 하는 유기체는 파란색, 세포내 공생체는 녹색으로 표기하였다. 원미토콘드리아는 진핵생물의 세포소기관 중 미토콘드리아 계열로 변화한 것으로 추정되는 멸종된 유기체이다.

21.1 α-프로테오박테리아 강에는 많은 빈영양생물이 속해 있다

이 절을 학습한 후 점검할 사항:

a. 일부 α-프로테오박테리아가 살고 있는 빈영양환경에 대해 설명할 수 있다.
b. 일부 홍색 광합성 세균의 대사 유연성을 요약할 수 있다.
c. 홍색 광합성 세균에서 발견되는 광합성 기구와 구성물을 설명할 수 있다.
d. *Caulobacter* 종의 생활사를 설명할 수 있다.
e. *Rhizobium* 및 *Agrobacterium* 종과 식물의 관계를 비교할 수 있다.
f. 질화 작용에서 사용되는 전자공여체와 수용체를 설명할 수 있다.
g. 질화 작용을 할 수 있는 생리학적 및 분류학적 그룹 목록을 설명할 수 있다.
h. 메탄영양생물의 메탄산화를 요약할 수 있다.
i. β-히드록시아스파르트산 회로와 지구탄소 순환의 중요성에 대해 설명할 수 있다.
j. 리케차의 2가지 특이한 대사적 특성을 나열하고 이를 세포내 생활사와 연관시킬 수 있다.
k. 미토콘드리아가 α-프로테오박테리아에서 유래된 이유를 설명할 수 있다.

다양한 종류의 세균이 α-프로테오박테리아(Alphaproteobacteria)에 속하며, **그림 21.1**은 이를 구성하는 8개 목의 계통발생 가능성을 보여준다. 여기서는 5가지 목에 대해 설명한다. 이 중 일부 분류는 논란이 되고 있지만, "원미토콘리아(Protomitochondrion)"로 명명된 분지가 Proteobacteria 문에 속한다는 것에는 이견이 없다. 이 분지는 멸종된 세균 계열로, 내공생으로 진핵성 미토콘드리아와 유사한 세포소기관을 만들었다. 리케차 목은 절지동물과 동물의 상리공생자이거나 병원체로 식물과 동물의 세포내에 살도록 진화하였다. 이 강의 나머지 생물은 자유생활을 하는 세균으로 많은 것들이 대부분 낮은 영양조건에도 자랄 수 있는 빈영양생물(oligotroph)이다. 일부 α-프로테오박테리아는 유일한 탄소원으로 1-탄소 화합물만 사용할 수 있는 **메틸영양**(Methylobacterium), **화학무기영양**(Nitrobacter), 그리고 **질소고정 능력**(Rhizobium) 등 특이한 대사유형을 가지고 있다. **표 21.1**은 앞으로 다룰 많은 세균의 일반적 특징을 요약한 것이다. ◀ 생물 3영역의 진화(1.2절)

홍색비황세균은 산소비발생 광합성을 한다

홍색비황세균(purple nonsulfur bacteria)은 Rhodospirillales 목과 Rhodobacterales 목에 속한다. 홍색비황세균은 형태가 매우 다양하다. 이들은 나선형(*Rhodospirillum*)이거나 막대형(*Rhodopseudomonas*), 부속돌기를 형성하거나 싹(bud)을 형성하는 것도 있다(*Rhodomicrobium*). 대부분은 극성편모로 운동한다. 이들은 유기물질이 풍부하고 황화물의 농도가 낮은 연못이나 호수의 물과 진흙에 널리 분포한다.

홍색비황세균은 산소비발생 광합성을 하며, 세균엽록소 a나 b를 가지고 있다(표 20.1 참조). 이들의 광합성 기구는 원형질막과 연결되어 있으며, 원형질막은 함입되어 들이와 수많은 세포내 주름을 만든다(**그림 21.2a,b**). 세포질내 막(intracytoplasmic membrane, ICM)은 표면적을 확장하여 빛에너지가 포획되는 부위인 색소체(chromatophore)를 위한 더 많은 공간을 제공한다. 각 색소체는 적외선을 흡수하는 단백질-세균엽록소(bacteriochlorophyll, Bchl) 복합체로 이루어진 반응중심(reaction center, RC)이 있다(그림 20.3 참조). RC-Bchl은 ATP를 합성하기에 충분한 전자를 전자전달사슬로 전달하고 양성자구동력을 만든다. 전자를 방출하는 데 필요한 에너지는 RC-세균엽록소에 의해 직접적으로 흡수한 또는 광수확 복합체에서 전달된 광자가 제공해준다. 모든 홍색(비황 또는 황)세균은 RC와 가깝게 연합된 LH-I로 불리는 광-수확복합체 I(light harvesting complex)를 가지고 있다(그림 21.2c). 대부분은 LH-II로 불리는 광-수확복합체 II도 추가로 가지고 있다(그림 21.2d). 광-수확복합체는 Bchl a와

표 21.1 대표적인 α-프로테오박테리아의 특성

속	크기(μm)와 모양	산소 필요성	그 밖의 특징
Agrobacterium	0.6~1.0 × 1.5~3.0, 주모성 편모로 운동, 간균	산소요구성, 저농도산소요구성	화학유기영양생물, 식물에 감염하며 종양을 일으킴
Caulobacter	0.4~0.6 × 1~2, 극성편모, 부착기를 가진 부속돌기를 가진 콤마형	산소요구성	화학유기영양 및 빈영양생물, 비대칭적 세포분열
Magnetospirillum	0.2~0.7 × 3~4, 하나의 극성편모를 가진 나선형 세포, 세포질에 하나의 자석결정 사슬	저농도산소요구성	화학유기영양, 주자성
Nitrobacter	0.5~0.9 × 1.0~2.0, 막대 또는 배 모양, 종종 편모가 있어 운동성이 있음	산소요구성, 저농도산소요구성	화학무기영양생물, 아질산염을 질산염으로 산화시킴
Pelagibacter	0.2 × 0.5, 막대 모양	산소요구성	화학유기영양, 프로테오로돕신을 가짐
Rhizobium	0.5~1.0 × 1.2~3.0, 운동성 있는 간균, 편모를 가짐	산소요구성	콩과식물에 감염하여 질소고정 뿌리혹 형성
Rhodospirillum	0.8~1.0 × 7~10, 나선형 세포로 극성편모를 가짐	산소요구성, 산소비요구성, 저농도산소요구성	산소가 없는 조건에서 산소비발생 광종속영양
Rickettsia	0.3~0.5 × 0.8~2.0, 짧은 비운동성 간균	산소요구성	절대세포내 기생생물

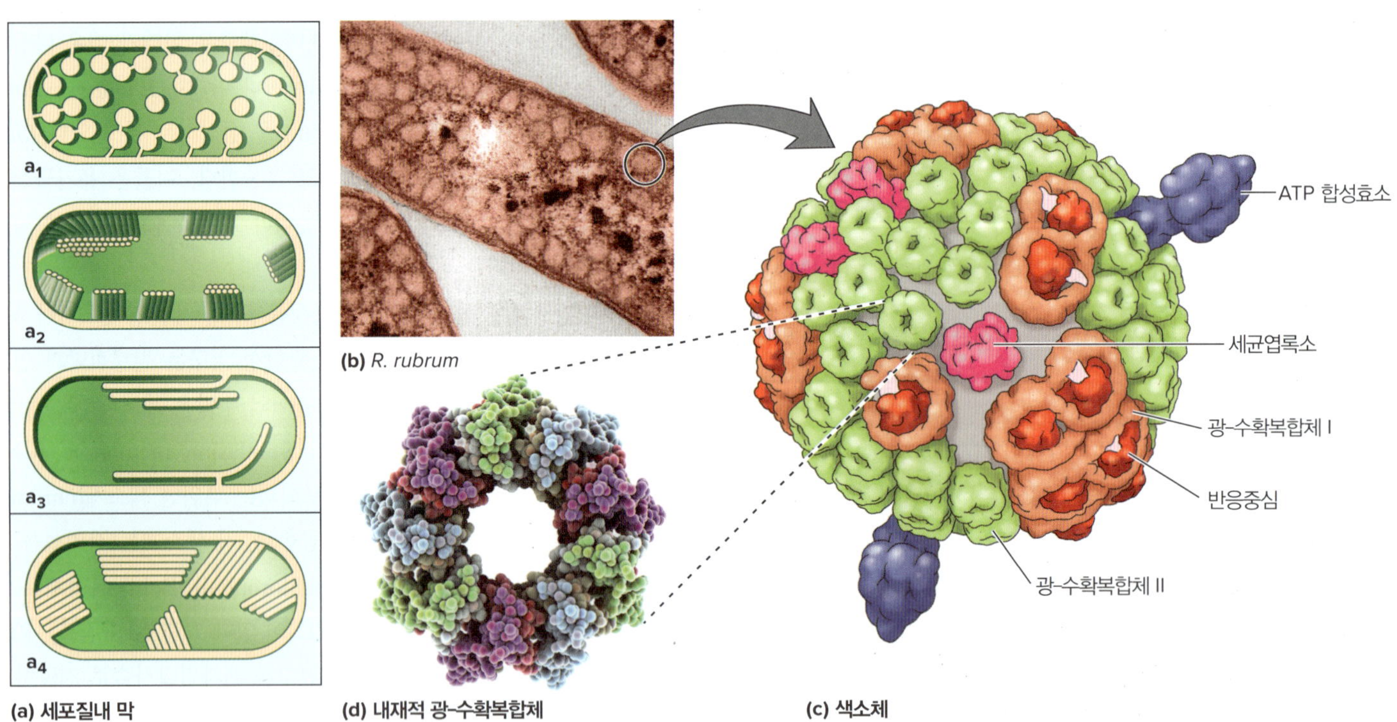

그림 21.2 홍색세균의 광합성 기구. (a) 원형질막과 연결된 세포질내 막(intracytoplasmic membrane, ICM)의 배열이다. (a_1) 소낭과 유사한 ICM (chromatophore)이 *Rhodospirillum rubrum*과 *Rhodobacter capsulatus*에서 발견된다. (a_2) *T. pfennigii*의 층상구조 ICM이고, (a_3) *Rhodospirillum molischianum*의 작은 판이 쌓인 모양의 ICM이다. (a_4) *Rhodopseudomonas palustris*의 더 큰 판이 쌓인 모양의 ICM이다. (b) 광이 있으나 산소비요구성인 조건에서 자란 *R. rubrum*의 투과전자현미경 사진으로 세포말단부 주위의 색소체를 보여준다. (c) 각 색소체는 광-수확복합체 I과 II로 조직화된 광합성 색소를 운반한다. 이들은 에너지를 중앙에 위치한 반응중심으로 전달한다. (d) *Rhodoblastus acidophilus*의 LH-II의 분자모델이다. LH-II는 9개의 동일한 소단위로 이루어져 있고 이들 각각은 전자를 반응중심과 LH-I으로 전달하는 3개의 세균엽록소 *a* 분자들을 포함하고 있다. (b) Dr. Andre Kempe/Sciencefoto. De/Getty Images; (d) Laguna Design/Science Source

연관 질문 색소체는 녹색 세균의 클로로솜과 어떻게 비교되는가(그림 20.4 참조)?

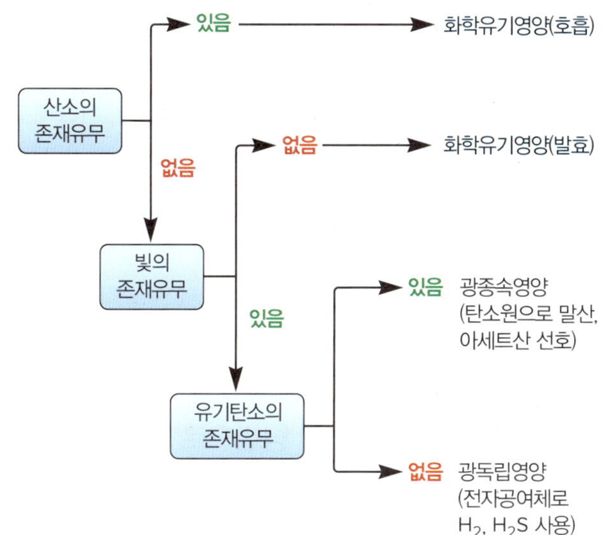

그림 21.3 *Rhodospirillum rubrum*의 대사유연성. 이 미생물은 환경조건에 따라 한 유형의 대사에서 다른 유형으로 변화가 가능하다.

연관 질문 *R. rubrum*이 다음 각 조건에서 어떤 탄소와 에너지원을 사용하는가? (a) 말산의 존재하에 어두운 곳에서 산소 없이 자란다. (b) 유기탄소 없이 빛이 있고 산소 없이 자란다. (c) 말산의 존재하에 빛이 있고 산소가 있는 조건에서 자란다.

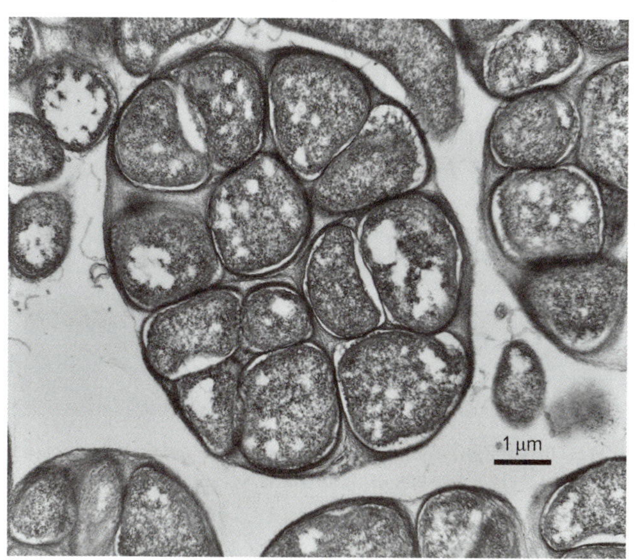

그림 21.4 *Rhodospirillum centenum*의 포낭형성. 포낭은 지질다당체와 지질단백질로 구성된 두꺼운 외피로 둘러싸여 있다. 포낭은 이동성이 없으며 성장하는 세포보다 더 둥글다. ©Carl Bauer

연관 질문 이 세균의 포낭과 그람양성 세균의 내생포자는 어떻게 다른가?

카로티노이드 색소로 이루어져 있다. LH막 내의 RC/LH-I 복합체에 대한 이들의 근접성이 에너지 전달 효율을 극대화시킨다. ◀ 산소비발생 광합성에서의 명반응(11.10절); 광합성 세균은 다양하다(20.4절)

홍색비황세균은 놀랄 정도의 대사유연성을 보인다. 일반적으로 이들은 산소비요구성으로 탄소와 전자의 공급원으로 다른 유기물을 사용하는 광유기종속영양생물이다(표 21.1). 이들을 비황세균으로 부르지만, 일부는 매우 낮은 농도의 황화물이나 황산염을 산화시킬 수 있다. 그러나 황 원소를 산화하지는 못한다. 일부는 수소를 전자공급원으로 사용할 수도 있다. 빛이 없는 상태에서 대부분의 홍색비황세균은 화학유기종속영양생물로서 산소요구성으로 증식한다. 그러나 일부 종은 산소비요구성 발효를 수행한다. 산소는 세균엽록소와 카로티노이드 합성을 저해하여 빛이 없는 상태에서 무산소적으로 자라는 배양체는 색이 없다.

*Rhodospirillum rubrum*은 대사유연성의 대표적인 예이다. 대장균의 이화물억제와 유사한 전략으로, *R. rubrum*은 산소와 광 조건 그리고 가능한 탄소원을 고려하여 주어진 환경에서 대사가 적성하도록 유전자 발현을 조절한다. 이 미생물의 "결정-실행(decision-making)" 과정은 **그림 21.3**에서 보여준다. *R. rubrum*은 β-히드록시카르복실산(β-hydroxycarboxylic acid)과 *n*-알칸산(alkanoic acid)에서 배양하면 독특한 생분해 플라스틱을 생산할 수 있어서 산업미생물학자들의 주목을 받고 있다. ◀ 대장균의 이화물억제(14.5절)

홍색비황세균이 보여주는 산소비요구성 산소비발생 광합성 외에도 일부 α-프로테오박테리아는 **산소요구성 산소비발생 광합성**(aerobic anoxygenic photosynthesis, AAnP)을 할 수 있다. 이들 산소요구성 세균은 산소의존성 호흡으로 탄소와 다른 유기물을 사용하는 광종속영양생물이다. 이들은 세균엽록소 *a*-의존성 광영양을 사용하여 화학유기영양원 에너지를 보충한다. 즉, 더 많은 유기탄소물을 동화 경로로 이동할 수 있도록 하여 생장을 촉진시킨다. 이들은 해양과 담수에서 발견되며 종종 미생물 매트 군집에 존재한다. 메타유전체학적 분석으로 AAnP를 사용하는 세균이 더 널리 분포하는 것으로 밝혀졌다(표 20.1 참조). 지구의 탄소순환에서 이들의 기여에 대한 연구는 활발한 연구 분야이다.

*Rhodospirillum*과 *Azospirillum*은 영양부족에 반응하여 **포낭**(cyst)을 형성할 수 있는 속이다(**그림 21.4**). 영양 외에도 포낭 형성은 진핵생물에서 2차 전달자로 알려진 분자인 고리형-GMP의 분비와 재흡수로 조절된다. 이들 휴면세포는 잘 알려진 그람양성 세균이 만드는 내생포자와는 다르다. 포낭은 건조한 상태에는 잘 견디지만, 열이나 자외선과 같은 기타 환경스트레스는 잘 견디지 못한다. 두꺼운 외피로 둘러싸여 있고 폴리-β-히드록시부티르산(poly-β-hydroxybutyrate)을 다량 함유한다. 포낭을 형성하는 세균은 α-프로테오박테리아에만 국한되어 있지 않다. 예를 들어, γ-프로테오박테리아에 속하는 *Azotobacter*도 포낭을 형성한다. ◀ 봉입체(3.7절); 세균의 내생포자는 생존 전략이다(3.10절)

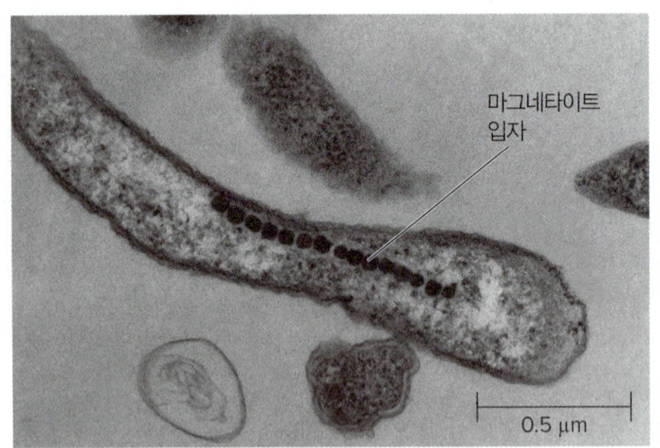

그림 21.5 마그네토솜. 주자성 세균인 *Magnetospirillum magnetotacticum*의 투과전자현미경사진이다. DENNIS KUNKEL MICROSCOPY/Science source

가장 흥미로운 세균그룹으로는 세포내 자석인 마그네토솜(magnetosome)을 사용하여 지구의 자장으로 방향을 맞추는 주자성(magnetotactic) 세균이다. 주자성 세균은 여러 계통그룹에서 발견되는데, 가장 잘 알려진 속은 Rhodospirillales 목의 *Magnetospirillum*이다. 이들은 민물과 해양 침전물에서 발견되고 지구자기장 방향으로 자신의 마그네토솜을 이용하여 매우 높은 운동성을 보인다. *Magnetospirillum*의 연구(**그림 21.5**)를 통해 마그네토솜 형성에 관여하는 효소와 구조단백질이 밝혀졌다. 마그네토솜내 세포질내 막은 원형질막의 함입으로 형성된 것이지만 독특한 마그네토솜 막(Mam) 단백질을 가지고 있다. 철은 ATP-의존적 과정으로 이동되고, 성장하는 결정의 핵을 만드는 것은 다른 Mam 단백질이 수행한다. 각 마그네토솜은 하나의 마그네타이트 결정을 가지며, 크기와 구조는 종에 따라 다르다. *Magnetospirillum* 세포는 60개에 달하는 마그네토솜을 가지고 있고 MamK 세포구조단백질과 상호작용으로 세포의 중앙을 가로질러 배열되어 있다(그림 3.33 참조). 마그네토솜의 구조단백질과 조립단백질을 암호화하는 유전자는 100 kb의 유전체 마그네토솜 섬(genomic magnetosome island, GMI)에 모여 있다. 놀랍게도 GMI는 유사한 α-프로테오박테리아인 *Rhodospirillum rubrum*으로 전달될 수 있는데, 이들은 세포에서 규칙적 구조의 마그네토솜 사슬을 형성한다.

Caulobacterales 목은 특이한 방법으로 증식한다

Caulobacterales 목은 부속돌기에 의해 특이한 생활사를 가진다. **부속돌기**(prostheca)는 자루(stalk)로도 불리며, 세포의 세포막과 세포벽이 길게 연장된 구조로 성숙한 세포보다 가늘다. 부착돌기는 세포가 고형의 기질에 부착하는 **부착기**(holdfast)에서 끝난다(**그림 21.6**). 놀랍게도 *Caulabacter crescentus*의 부착기의 끝에서 분비되는 물질은 지금까지 알려진 것 가운데 가장 강력한 생물학적 부착물질로, 일종의 세균성 초강력 풀이라 할 수 있다. 이 미생물은 종종 다른 미생물에 부착하여 이들이 분비하는 영양을 흡수하기도 한다. 이들 세균은 세포질 성분이 없으며, 거의 대부분이 세포막과 세포벽으로 구성되어 있다. 부착기는 영양물질이 부족한 배지에서 더 길게 자라 세포 길이의 10배까지도 자랄 수 있다. 이와 같은 부착돌기는 영양물질이 희석된 서식지에서 표면적을 늘려 영양물질의 흡수 효율을 높이는 것으로 보인다.

Caulobacter 속은 비브로이드(vibroid) 모양의 세포(그림 7.8 참

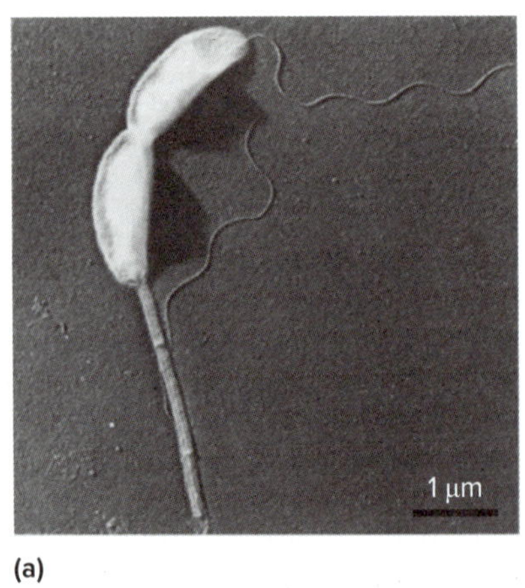

(a)

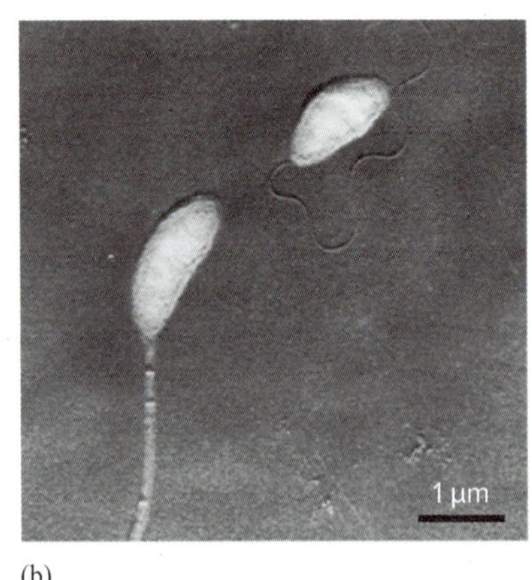

(b)

(c)

그림 21.6 *Caulobacter*의 형태와 증식. (a) 세포가 분리되면서 유주세포를 형성한다. 부속돌기와 편모를 주목하라. (b) 자루 달린 세포와 편모가 달린 유주세포와 (c) 전자현미경으로 관찰한 장미꽃 모양의 세포이다. (a, b) Jeanne S. Poindexter/Barnard College; (c) From J.T. Staley, M.P. Bryant, N. Pfenning and J.G. Holt (Eds), Bergey's Manual of Systematic Bacteriology, Vol. 3. 1989 Williams and Wilkins Co., Baltimore

연관 질문 *Caulobacter*를 인산염이 부족한 배지에서 기르면 자루의 길이에 어떤 변화가 생기는가?

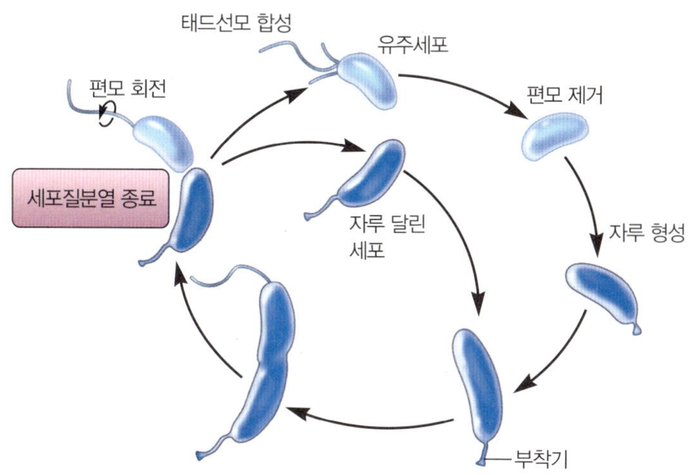

그림 21.7 ***Caulobacter*의 생활사.** 기질에 부착된 자루세포가 비대칭적 이분법을 통해 자루 달린 세포와 편모가 달린 유주세포를 형성한다. 유주세포는 자유롭게 헤엄쳐 다니다 선모를 만들고 정착하면 편모를 떼어내고 자루를 형성한다. 자루 달린 세포만 분열할 수 있다.

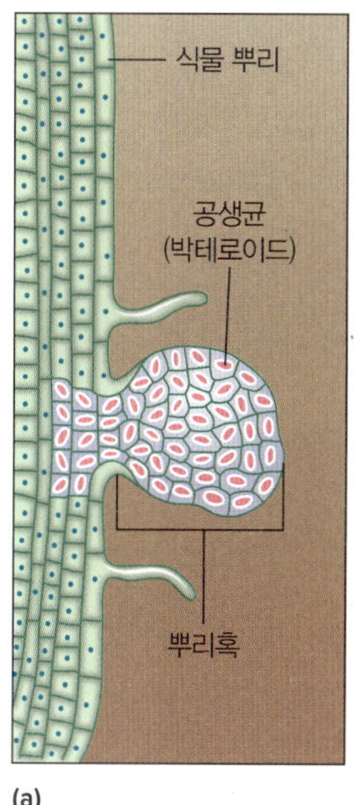

그림 21.8 리조비움(Rhizobium). (a) 콩과식물 뿌리혹에 있는 박테로이드로 불리는 분화된 세균의 모식도이다. (b) 콩과식물 뿌리의 뿌리혹(화살표)이다. (b) DS70/E+/Getty Images

조)를 형성하며, 이는 극성편모세포와 자루세포 사이를 번갈아 변화한다. *Caulobacter crescentus*의 생활사는 세균 생활사 모델로 연구된다(**그림 21.7**). 증식할 준비가 되면 세포는 길어지고 1개의 극성편모가 부속돌기의 반대편 끝에 형성된다. 그후 세포는 비대칭적으로 가로로 분열하여 편모가 있는 유주세포(swarmer cell)를 만들고 이 세포는 헤엄치며 이동한다. 편모와 동일한 극에서는 여러 개의 태드선모(tight adhesive pili, tad pili)가 형성된다. 이 선모들은 단단한 부착표면을 감지하는 수단으로 확장하고 수축한다. 표면에 결합하여 태드선모가 수축할 수 없을 때 발생학적 과정이 시작된다. 유주세포는 증식할 수는 없으며 이동을 멈추면 편모를 버리고 편모가 사라진 자리에 새로운 부속돌기를 형성한다. 이어 새로운 생활사가 시작한다. 이 과정은 *Caulobacter* 균이 유주세포를 통해 새로운 환경의 정착을 시도하면서 자루세포와의 영양분 경쟁을 감소시킨다.

Rhizobiales 목에는 중요한 질소고정 세균이 속해 있다

Rhizobiales 목에는 산소요구성인 리조비움(*Rhizobium*) 속과 아그로박테리움(*Agrobacterium*) 속을 포함하는 Rhizobiaceae 과가 있다. 리조비움 종은 운동성 간균으로, 불리한 환경에서는 다형성(다양한 모양을 갖는)을 보인다. 이들은 박테로이드(bacteroid)라고 불리는 특수한 질소고정 세포로서 콩과식물의 뿌리혹 안에서 공생체로 살아간다. 박테로이드는 뿌리혹에서 질소고정에 적절한 생리적 기전을 가지고 있다(**그림 21.8**, 그림 30.9 참조). 이는 대두와 같은 콩과식물의 번성에 기여하였다. 콩과식물(leguminosae)은 19,000종 이상을 가진 지구상에서 가장 성공적인 식물이다. 뿌리혹 내에서 미생물들은 대기 중의 질소를 암모니아로 고정하여 직접 식물 숙주에 제공한다. 이들의 흥미롭고 중요한 공생관계에 대해서는 30장에서 더 자세하게 다룰 것이다. ◀ 질소고정: $N_2 \rightarrow NH_3$(12.5절) ▶ 뿌리혹형성 세균은 콩과식물의 공생체이다(30.3절)

아그로박테리움 속에는 식물 병원체가 있다. 아그로박테리아는 많은 식물 줄기 끝부분이나 뿌리, 자루 등에 침입하여 식물세포를 스스로 분열하는 종양세포로 변형시킨다(그림 30.12, 그림 31.13 참조). 가장 잘 연구된 종은 *A. tumefaciens*로, 잎이 넓은 식물의 상처 부위를 통해 감염되어 근두암종 종양(crown gall tumor)을 일으킨다(**그림 21.9**). 암을 일으키는 데는 근 종양 유발(tumor-inducing, Ti) 플라스미드가 필요하다. 식물 유전공학에서 Ti 플라스미드를 이용하는 것에 대해서는 41장에서, *A. tumefaciens*의 종양 형성에 대해서는 30장에서 아주 자세히 다룰 것이다.

브루셀라(*Brucella*) 속 역시 Rhizobiaceae 과에 속한다. 이 장의 서론에 서술한 대로 브루셀라 속은 사람과 동물에서 주목해야 할 병원체이다. 파상열(undulant fever)이라고도 불리는 브루셀라증은 동물에서 사람으로 전염되는 인수공통전염병(zoonotic disease)이다. ▶ 브루셀라증(38.5절)

Rhizobiales 목에 속하는 또 다른 미생물은 C1 화합물의 동화로만 증식이 가능한 절대적 **메틸영양생물**(methylotroph)이다. 여기에는 *Methylocystis*와 *Methylosinus* 속이 있다. 이 미생물은 탄소원과 에너지원으로 포름산, 메탄올, 메틸아민과 같은 C1 화합물뿐 아니라

그림 21.9 ***Agrobacterium tumefaciens*에 의해 형성된 식물의 근두암종 종양.** Custom Life Science Images/Alamy Stock Photo

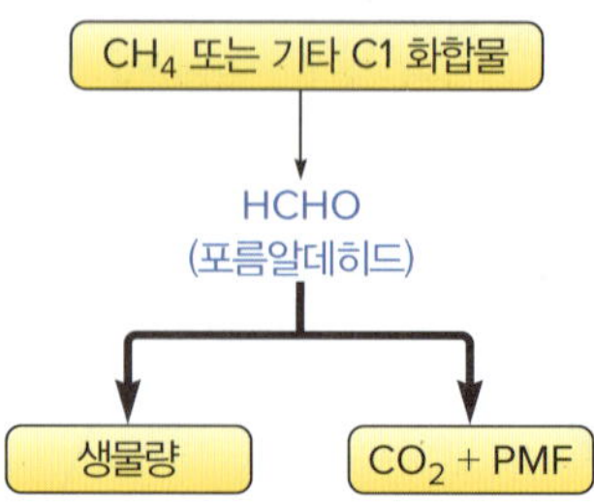

그림 21.10 메탄영양과 메틸영양. 메탄이나 다른 환원된 단일 탄소 화합물은(이산화탄소는 아님) 독성의 포름알데히드 중간산물로 전환된다. 빠르게 더 큰 분자에 고정되어 생물량을 늘이거나 빠르게 산화되어 양성자구동력(PMF)을 생성하는 것으로만 독성의 포름알데히드를 견딜 수 있다. 진한 화살표는 포름알데히드가 세포에 축적되지 않도록 전환이 빠르게 일어나야 하는 과정을 가리킨다.

메탄을 사용할 수 있어서 **메탄영양생물**(methanotroph)로도 취급된다. 모든 메탄영양생물은 메틸영양생물이지만, 모든 메틸영양생물이 메탄영양생물은 아니다. 메탄영양생물은 산소요구성이고 일반적으로 메탄가스를 발생시키는 환경에서 발견된다. *Methylococcus*종을 포함한 다른 메틸영양생물은 γ-프로테오박테리아이다.

에너지원과 탄소원인 C1 화합물의 사용은 **그림 21.10**과 같이 설명된다. 먼저 C1 화합물은 포름알데히드(formaldehyde)로 산화된다. 메탄의 경우, 메탄 일산화효소(methane monooxygenase, MMO)는 이 세포의 넓은 세포질내 막에 위치하고 있다. 반응산물인 포름알데히드는 그 다음에 생물량으로 합성되거나 CO_2로 산화되며 이때 발생하는 전자를 양성자구동력을 만드는 데 사용한다. 주된 중간산물인 포름알데히드의 사용은 이것이 독성분자라는 점에서 상당히 역설적이다. 생존을 가능하게 하는 것은 포름알데히드가 CO_2나 다른

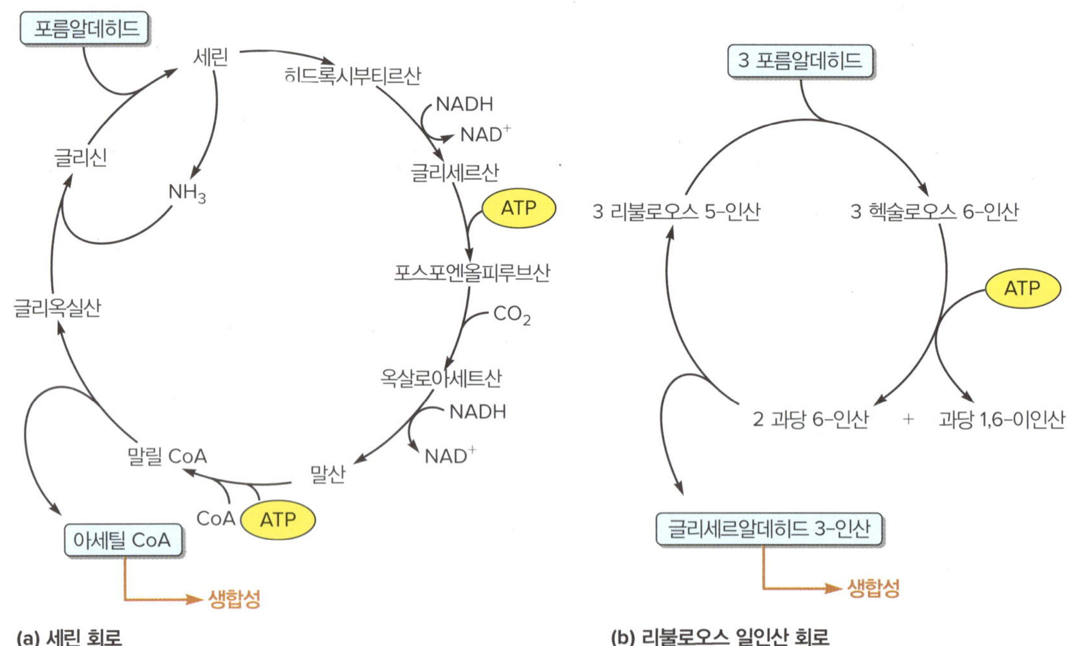

그림 21.11 C1 화합물을 동화하기 위해 메틸영양생물이 사용하는 회로. (a) α-프로박테리아의 메틸영양생물이 사용하는 세린 회로이다. 이 회로의 순 생성물은 한 분자의 아세틸-CoA로 중심 대사에 사용될 수 있다. 2개의 ATP가 분해되고 2개의 NADH가 산화된다. (b) γ-프로테오박테리아 메틸영양생물이 사용하는 리불로오스 일인산 회로이다. 이 회로의 순 생성물은 중심 대사에 사용될 수 있는 1분자의 글리세르알데히드 3-인산(glyceraldehyde 3-phosphate)이다.

연관 질문 에너지 및 소비 전력 감소 측면에서 사이클을 어떻게 비교하는가? 그 차이의 생태학적 결과는 무엇인가?

표 21.2 대표적인 질화세균의 특징

종	세포 형태와 크기(μm)	생식	운동성	세포질내 막	서식지
암모니아 산화세균					
Nitrosomonas europaea (γ-프로테오박테리아)	간균, 0.8~1.1 × 1.0~1.7	이분법	–	주변에 위치, 층상구조	토양, 하수, 담수, 해수
Nitrosococcus oceani (γ-프로테오박테리아)	구균, 지름 1.5~1.7	이분법	+; 1 이상의 아극성편모	중앙에 위치, 평행의 다발구조, 층상구조	해수에서만 서식
아질산염 산화세균					
Nitrobacter winogradskyi (α-프로테오박테리아)	간균, 종종 배 모양, 지름 0.5~0.9 × 1.0~2.0	출아법 또는 이분법	+ 또는 –; 1 극성편모	세포의 끝에 편평한 주머니 모양의 막구조가 있음	토양, 담수, 해수
Nitrococcus mobills (γ-프로테오박테리아)	구균, 지름 1.5~1.8	이분법	+; 1 또는 2 아극성편모	원통형의 세포질내 막이 세포질 내에 산재해 있음	해수

세포 구성물질로 변화되는 데 걸리는 속도이다. 이것은 세포물질로 합성될 때 두 경로 중 하나를 사용하는데, α-프로테오박테리아는 아세틸-CoA 생성에 세린 회로를 사용한다(**그림 22.11a**). 반면, γ-프로테오박테라에 속하는 메틸영양세균은 리불로오스 일인산(ribulose monophosphate) 회로를 사용한다(그림 21.11b).

질화세균은 암모니아와 아질산염을 산화해서 에너지와 전자를 얻는다

질화세균(nitrifying bacteria)에는 매우 다양한 종류가 있고 **표 21.2**에 이들의 특징을 요약하였다. 질화세균은 α-와 γ-프로테오박테리아 강에 속한다. 이들의 형태는 막대형, 타워형, 구형, 회전형, 엽상 등 매우 다양하다(**그림 21.12**). 극성편모나 주모성편모가 있는 것도 있다. 종종 세포질에 복잡한 막성 구조가 존재하는데, 이러한 세포내 막성 구조는 전자전달에 필요한 표면적을 증가시켜 준다(그림 3.31 참조).

질화세균들은 화학무기독립영양생물로 암모니아나 아질산염을 전자공여체로 사용하는 **질화 작용**(nitrification)을 한다. 전자가 암모니아에서 전자전달계로 이동하면 아질산염으로 산화되고 아질산염은 질산염으로 산화된다(그림 21.12, 그림 11.25 참조). 산소는 최종 전자수용체로 작용한다. 질화 작용은 세균과 고균의 연합작용으로 2단계 과정으로 수행될 수도 있다. 또는 Nitrospirota 문에 속하는 일부 미생물은 완전한 암모니아 산화라는 의미의 **코마목스**(complete ammonia oxidation, commamox)로 불리는 반응을 통해 암모니아에서 질산으로 산화하는 두 단계를 모두 수행한다. 일반적으로 질화세균은 화학무기독립영양생물이지만 환원된 유기물 탄소원을 사용하는 화학무기종속영양생물로도 볼 수 있다. ◀ 화학무기영양: 바위를 먹다(11.8절)

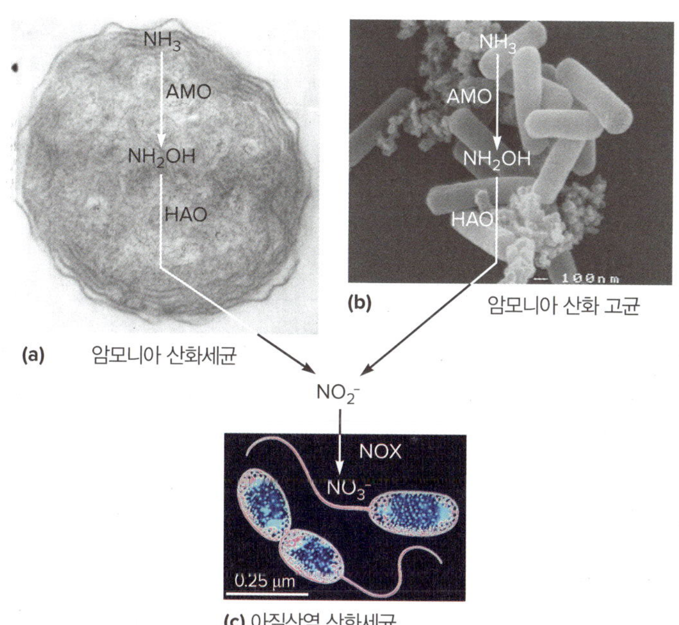

그림 21.12 질화 작용. (a, b)암모니아 산화세균이나 고균은 암모니아를 아질산염으로 전환하는 암모니아 일산화효소(AMO)와 히드록실아민 산화환원효소(HAO) 그리고 기타 효소를 사용한다. (c) *Nitrobacter* 종과 같은 아질산염 산화세균은 아질산염 산화환원효소(NOX)를 사용해 아질산염을 질산염으로 산화한다.
(a) Courtesy of Luis Sayavedra-Soto and the Electron Microscopy Facility, Oregon State University; (b) Dr. Martin Konneke; (c) Alfred Pasleka/Science Source

연관 질문 질화세균이 세포질내 막을 갖는 이유는 무엇인가?

화학무기영양생물은 매우 적은 양의 자유에너지를 만들어내므로 생장에 필요한 충분한 영양을 만들기 위해서는 암모니아나 아질산염과 같은 환원 상태의 무기물을 매우 빠른 속도로 산화해야 한다. 이것은 연소 효율이 나쁜 낡은 자동차와 비교할 수 있다. 많은 휘발유(전자)를 태워야 효율적인 차(세포)와 동일한 거리(일)를 갈 수 있다.

질화미생물은 질소 순환에 매우 중요하다(그림 28.4 참조). 공기가 잘 통하는 토양에서 암모늄염을 포함하는 비료를 처리하면 질화작용이 빠르게 일어난다. 암모니아를 아질산과 질산으로 전환하는 질화작용으로 식물이 바로 사용할 수 있는 질소 공급이 증가된다. ◀ 질소순환(28.2절)

Pelagibacterales 목은 지구상 가장 많은 미생물이다

Candidatus Pelagibacter ubique은 세계에서 가장 많은 그룹의 세균인 Pelagibacterales를 대표하는 최초 배양된 균이다(**그림 21.13**). 모든 구성원은 화학유기종속영양생물로 이들의 대사에 대한 정보는 배양물 분석, *Ca*. P. ubique 유전체 염기서열과 환경미생물의 메타유전체 염기서열을 종합한 것이다. 이 미생물은 역 엠덴-마이어호프 경로로 포도당생성 과정을 수행하는 것으로 보이며, 포도당 산화는 변형된 엔트너-도우도로프 경로를 사용한다. 빈영양의 해양환경에서 *Ca*. P. ubique는 특히 진핵성 조류와 해양 남세균으로부터 유래한 저분자 유기물에 대해 월등히 높은 경쟁력을 가지고 있다.

Ca. P. ubique의 유전체는 1.31 Mb로, 독립적으로 살아가는 미생물로서는 매우 작은 편이다. 이 미생물이 진화하면서, 부족한 영양에 최적화된 것일 수 있다. 유전체가 작은 것과 유전자의 사이서열이 거의 완전히 결여된 것에도 이유가 있다. 중복유전자와 파지유전자가 없고, 중요한 요소의 돌연변이(프로모터, 조기정지코돈의 배치 등)로 인해 산물을 암호화하기 위한 능력을 상실한 유전자인 **위유전자**(pseudogene)도 없다. 이들은 거대분자를 새로 만드는 것보다 흡수하는 것이 에너지 효율면에서 더 유리하기 때문에 상대적으로 많은 수의 고친화적 수송체를 가지고 있다. 세포의 크기는 작지만 표면적 대 부피 비율이 최대화되어 있다(그림 3.5 참조). 미생물학자들은 초기 실험에서 빛의 존재가 생장을 촉진하는 것으로 보이지 않았기 때문에 프로테오로돕신(proteorphodopsin) 유전자를 발견하고 매우 의아해했다. 광-구동 양성자 펌프가 ATP 생성과는 달랐다. 그러나 이후 탄소를 고갈한 조건에서는 빛이 있는 세포가 더 생장을 잘하는 것을 관찰할 수 있었다. ◀ 로돕신을 이용한 광영양(11.10절) ▶ 대양의 미생물은 제한된 영양에 적응되어 있다(29.2절)

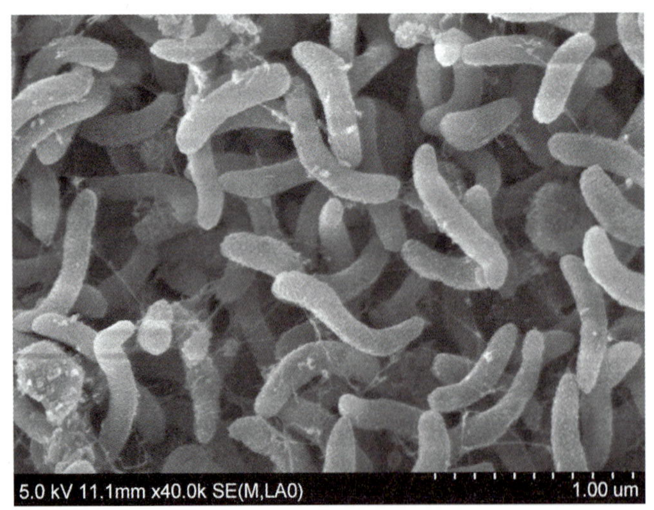

그림 21.13 ***Cadidatus* Pelagibacter ubique.** Micheal Rappé, Hawaii Institute of Marine Biology, University of Hawaii

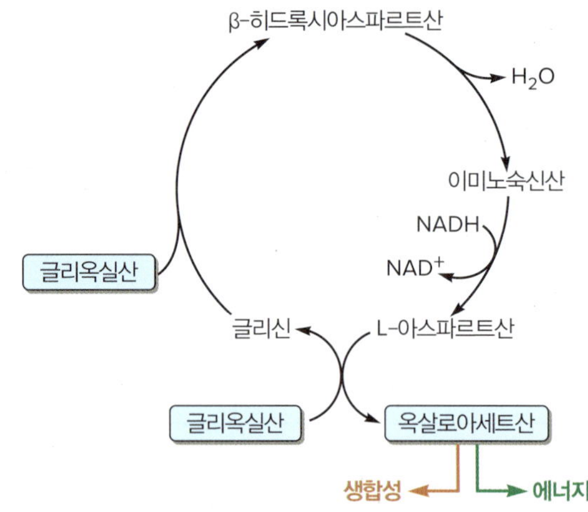

그림 21.14 β-히드록시아스파르트산 회로. *Paracoccus denitrificans*에서 설명했듯이, 옥살로아세트산이 생성되고 아스파르트산이 재생되는 동안 2분자의 글리옥실산은 회로로 들어간다. 옥살로아세트산은 TCA회로를 거친 에너지 보존과 생합성을 위한 대사전구체 둘다에 사용된다.

Ca.P uuique 외에도 α-프로테오박테리아는 지구의 1차 생산의 많은 부분을 담당하는 해양 플랑크톤의 상당 부분을 구성한다. 독립영양성 탄소고정후 주요 폐기물은 글리콜산이다. Rhizobiales와 Rhodobacterales 목의 α-프로테오박테리아 종속영양생물들은 글리콜산의 가용성을 활용하고 β-히드록시아스파르트산 회로를 거쳐 대사한다(**그림 21.14**). 글리콜산은 글리옥실산으로 최초 산화되고 오직 4단계만에 이 회로는 하나의 NADH를 사용하여 2분자의 글리옥실산을 TCA중간산물인 옥살로아세트산으로 전환시킨다. 중요한 것은, 이 회로가 이산화탄소로 탄소를 배출하지 않는다는 것이다. 글리콜산을 통해 해양에서 독립영양과 종속영양의 영양학적 연결은 대기에서 온실가스의 이산화탄소를 제거하는 메커니즘이다.

리케차는 절대세포내 세균이다

리케차(*Rickettsia*) 속은 막대형, 구형 또는 전형적인 피부세포막을 가진 다형성 세포이다. 크기는 다양하지만 대부분의 세균보다 작다. 모든 종이 원생동물에서 척추동물에 이르는 진핵생물에 기생하거나 상리공생을 한다. 기생형(parasitic form)은 적혈구나 대식세포와 순

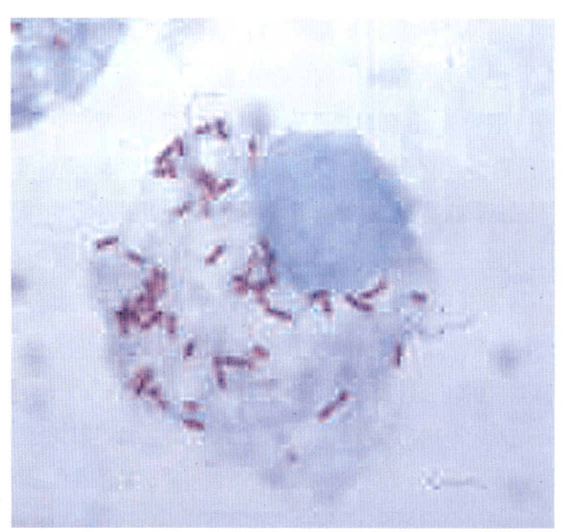

그림 21.15 ***Rickettsia rickettsii*.** *Rickettsia rickettsii*로 점령당한 벼룩의 혈구세포이다. 이것은 로키산홍반열을 일으킨다. Centers for Disease Control and Prevention

환계 내피세포에서 생육한다. 일부는 매개체 혹은 1차 숙주인 이나 벼룩, 진드기 같은 흡혈 절지동물들 안에서 산다(**그림 21.15**).

리케차는 자유생활을 하는 산소요구성 세균이 세포소기관이 없는 조상 진핵세포내 기생물이 되면서 유래한 것으로 생각된다. 이러한 방식으로 많은 숙주 기질을 획득할 수 있게 되면서, 이러한 기질을 합성하는 유전자가 필요 없게 되었다. 그 결과 이들 유전자에 돌연변이가 일어나 기능의 변화나 위유전자(pseudogene: 프로모터와 같은 중요한 요소의 돌연변이나 지나치게 빠른 종결코돈의 생성과 같은 돌연변이로 생성물을 만드는 능력을 소실한 유전자)로 전환을 방지하는 선택적 압력이 없어졌다. 이후 세포 효율을 증가시키기 위해, 많은 위유전자는 결국 결실되었다. 유전자의 감소로 유전체가 작아지면서 숙주세포 바깥에서 생활은 불가능하게 되었다(그림 18.17 참조).

리케차는 대부분의 세균과 생리학적인 면이나 대사적인 면에서 매우 다르다. 해당과정이 없어 포도당을 에너지원으로 사용하지 못한다. 그 대신 글루탐산과 TCA 회로의 중간산물인 숙신산을 산화한다. 리케치아의 세포막에는 숙주세포의 영양물질과 조효소 흡수를 위한 수송체-매개 수송 단백질이 있다. ADP와 외부에 존재하는 ATP를 교환하는 수송체도 있다. *R. prowazekii*만이 예외적으로 완전한 TCA 회로와 막결합 ATP 합성효소를 가지고 있다.

이들 속(genus)에는 기생충인 이(louse)를 통해 감염되는 *R. prowazekii*와 발진열(murine typhus)을 일으키는 *R. typhi*를 비롯하여 로키산홍반열(Rocky Mountain spotted fever)을 일으키는 *R. rickettsii* 등 중요한 사람의 병원체가 속해 있다. 이들 미생물은 식세포작용을 유도하여 숙주세포로 침투한 후 즉시 식포에서 빠져나오고 세포질에서 이분법으로 분열한다. 결국 숙주세포는 파괴되고 새로운 개체를 방출한다. ▶| 식세포작용은 침입자를 파괴한다(31.6절); 로키산홍반열(38.2절)

미토콘드리아의 프로테오박테리아 기원

미토콘드리아는 α-프로테오박테리아 강에서 유래했다고 오랫동안 믿어져 왔다. 그러나 최근 다량의 메타유전체학 정보에 의하면 미토콘드리아는 α-프로테오박테리아와는 유사하지만 더 오래된 그룹에서 진화한 것으로 보인다. 이와는 무관하게 미토콘드리아의 조상이 누구인가 하는 것은 닭이 먼저냐 알이 먼저야 하는 딜레마와 유사하다. 원시미토콘드리아가 먼저 세포내 실체(리케차처럼)가 된 것인가, 아니면 홍색세균, 메틸영양생물, 질화세균, 자석세균과 같은 에너지 보존시스템을 위한 구조적 지지로서 광범위한 (홍색세균처럼) 세포질내 막(ICM)의 확장이 먼저 일어난 것인가?

세포내로 들어온 것이 먼저라는 가설은 리케차의 다양성과 계통분류적 분석이 뒷받침한다. 많은 리케차들은 오래된 포식(engulfment)과 매우 유사한 방법으로 원생동물에 공생하며 살고 있다. 그림 21.2과 5.14를 비교하면 미토콘드리아의 크리스테와 홍색비황세균의 세포질내 막은 구조적으로 유사하다. 양쪽 모두에서 세포막이 확장되면서 막에 박힌 생물에너지 기관에 표면적을 추가적으로 제공해준다. 시각적 유사성 외에도, ICM의 확장이나 곡선을 만드는 단백질 복합체는 보존적이다. 미토콘드리아 접촉 지점과 크리스테 형성체계(mitochondrial contact site and cristae organizing system, MICOS) 단백질은 모든 진핵생물에 존재한다. 덧붙여, MICOS 핵심 소단위를 암호화하는 유전자는 다른 세균에는 없으나 α-프로테오박테리아에 널리 존재한다. 이들 생물에서 이 단백질이 동일한 역할을 수행한다고 가정한다면, ICM이 미토콘드리아 크리스테와 대등한 기능을 한다고 생각할 수 있다. 흥미로운 것은 많은 α-프로테오박테리아가 ICM을 만들 수 있다는 것이다.

마무리 점검

1. α-프로테오박테리아의 일반적인 특성에 대해 설명하시오.
2. 왜 '홍색비황세균'을 '비황세균'이라 부르는가?
3. *Caulobacter crescentus* 생장과 생식에 부속돌기의 역할은 무엇인가?
4. *Agrobacterium*과 *Rhizobium* 종은 그 생활사가 어떻게 다른가?
5. 메탄영양세균과 메틸영양세균을 구분하시오.
6. 메탄산화세균이 메탄올을 에너지원과 탄소원으로 어떻게 사용하는가? 이들은 C1 대사 중 생성되는 중간산물인 포름알데히드의 독성을 어떻게 회피하는가?
7. *Ca.* P. ubique는 제한된 영양소를 가진 삶에 어떻게 적응하는가?
8. 리케차가 매우 작은 유전체를 가지는 이유는 무엇인가?

21.2 γ-프로테오박테리아는 가장 큰 세균 강이다

이 절을 학습한 후 점검할 사항:

a. *Neisseria*와 *Bordetella*가 사람에 일으키는 질병 목록을 설명할 수 있다.
b. *Leptothrix* 종의 생리에서 껍질의 기능을 설명할 수 있다.
c. *Nitrosomonas europaea*가 암모니아를 아질산염으로 산화시키는 데 사용하는 반응을 요약할 수 있다.
d. 질화작용과 탈질작용의 차이점과 이들이 사용하는 전자공여체와 수용체를 설명할 수 있다.
e. 황-산화세균이 기질수준 인산화로 환원된 황화물에서 ATP를 얻는 방법을 설명할 수 있다.
f. 다양한 γ-프로테오박테리아가 사용하는 전자공여체와 이들이 사는 서식지의 연관성을 설명할 수 있다.
g. 일부 γ-프로테오박테리아가 사용하는 다세포적 배열과 특이한 세포 모양을 설명할 수 있다.
h. *Legionella* 종과 *Coxiella* 종의 세포내 생활사를 비교할 수 있다.
i. Pseudomonads의 실용적 특성을 설명할 수 있다.
j. *Acinetobacter*의 다제내성을 세포막과 연관지어 설명할 수 있다.
k. *Shewanella* 세포가 사용하는 적어도 5가지 전자수용체와 이화적 금속환원의 의미를 설명할 수 있다.
l. 불용성 화합물을 전자수용체로 사용할 수 있는 이화적 금속 환원성세균이 사용하는 3가지 전략을 설명할 수 있다.
m. Vibrionales에 속하는 미생물과 Enterobacteriales와 Pasteurellales에 속하는 미생물의 생리와 중요성을 비교할 수 있다.
n. 혼합산 발효를 요약할 수 있다.

이전에 β-프로테오박테리아로 명명된 분류군을 없앤 재평가로, 이들 생물은 γ-프로테오박테리아의 Burkholderiales로 분류되었다. 나머지 γ-프로테오박테리아는 그 분류군에 남아 있다.

Burkholderiales 목에는 화학종속영양생물과 화학무기영양생물이 있다

γ-프로테오박테리아의 Burkholderiales 목은 α-프로테오박테리아와 대사적으로 유사하지만 대체로 산소가 없는 서식지에서 유기물이 부패되면서 나오는 물질을 이용하는 경향이 있다. 일부는 수소, 암모니아, 메탄, 휘발성 지방산과 이와 유사한 물질을 사용한다. α-프로테오박테리아처럼 상당히 다양한 종류의 대사과정을 보이는데, Burkholderiales 목은 화학유기영양생물, 광무기영양생물 그리고 화학무기영양생물이다. **표 21.3**에는 이 장에서 논의하게 될 많은 세균의 일반적 특성을 요약해 두었다.

Burkholderiaceae 과는 최근 병원체로 진화하였다

Burkholderaceae 과에는 사람 병원체의 여러 중요한 속이 있다. 가장 중요한 종 하나가 *Burkholderia cepacia* 복합체(Bcc)로 이 그룹에는 24개의 유연관계가 가까운 종이 있다. Bcc는 100가지가 넘는 유기분자를 분해할 수 있으며, 자연계에서 유기물 재순환에 많은 기여를 한다. 환경적 분포가 넓어서, 병원감염 병원체로 출현하고 광범위한 대사 능력 때문에, 의약품의 흔한 오염물질이기도 하다. Bcc는 폐에 생물막을 형성하여 낭포성섬유증 환자에게 특히 문제가 된다. *B. mallei*는 생물테러에서 사용될 가능성이 있는 병원체다. 이 둘에 대한 백신은 개발 중이다. ▶| 생물테러에 대한 대비는 공중보건미생물학의 핵심 부분이다(35.7절)

Neisseria 속은 비운동성이며 산소요구성이고 대부분 쌍으로 존재하며 부착면이 납작한 그람음성 구균이다(**그림 21.16**). 협막이나 선모(필리, pili)를 가지고 있기도 하다. 이 속은 화학유기영양생물이며 포유류의 점막에 서식하며 일부는 사람에서 병을 일으킨다. *Neisseria gonorrhoeae*는 임질을 일으키며, *Neisseria meningitidis*는 세균성 뇌수막염을 일으킨다. 이들 두 종은 공통조상으로부터 적어도 몇 백 년 전 분지되어 각각이 인체내 뚜렷한 생태적 환경에 적응한 것으로 보인다. ▶| 수막염(38.1절); 임질(38.3절)

Burkholdericeae 과의 일부 구성원은 세포 사슬을 둘러싼 텅빈 관 모양의 **껍질**(sheath)을 가지고 있다. *Sphaerotilus* 세균은 물속에 잠긴 식물, 바위 등의 물체에 부착된 길고 피복된 간균 사슬을 형성한다. 이 사슬들은 흡착기관을 통해 물체에 달라붙는 편모세포를 방출하고 새로운 사슬을 형성한다. 그들은 천천히 흐르는 오염된 담수에서 가장 잘 자란다. 사실, 그들은 왕성한 하수 폐기물에서 번성하고 때때로 폐기물의 침하를 방해하는 엉킨 필라멘트 덩어리를 형성한다. ▶| 폐수처리 과정(42.2절)

Leptothrix 종은 10 nm의 폭, 10 μm 길이의 다당류 구조인 나노섬유 집합체인 껍질을 형성한다. 껍질을 구성하는 탄수화물은 기질

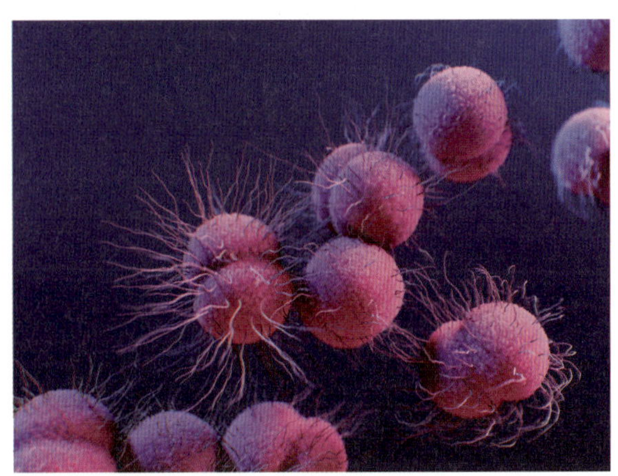

그림 21.16 ***Neisseria gonorrhoeae*.** Antibiotic Resistance Coordination and Strategy Unit/CDC

표 21.3 대표적인 γ-프로테오박테리아의 특성

속	크기(μm)와 형태	산소필요성	그 밖의 특징
Acinetobacter	1.0~1.5 X 1.5~2.5, 쌍을 이루거나 짧은 사슬의 간구균, 비운동성	산소요구성	다제 내성의 병원균, 세포막변형으로 항생제 차단
Beggiatoa	1~200 × 2~10, 섬유사 형성하는 무색의 세포, 단일 혹은 군집	산소요구성 혹은 저농도산소요구성	활주운동, 황화수소의 존재로 황봉입체 형성 가능
Bordetella	0.2~0.5 × 0.5~2.0, 비운동성 간구균	산소요구성	유기황과 질소를 요구함, 척추동물의 호기성 병원체
Bukholderia	0.5~1.0 × 1.5~4, 하나의 편모 또는 극성 다발성 편모를 가진 곧은 간균	산소요구성, 일부는 NO_3^-를 이용한 무산소호흡을 하기도 함	폴리-β-히드록시부티르산을 가짐, 인간과 동물에 병원성인 경우도 있음
Chromatium	1~6 × 1.5~16, 막대 혹은 타원형, 곧은 혹은 약간 굽은, 극성편모	산소비요구성	황을 사용할수 있는 산소비발생의 광무기영양생물, 세포내 황 저장
Escherichia	1.1~1.5 × 2~6, 곧은 간균, 주모성 편모 혹은 비운동성	조건부산소비요구성	혼합산 발효, 포름산을 H_2 및 CO_2로 전환, 젖산 발효, 시트르산 미사용
Haemophilus	1.0 미만의 폭, 다양한 길이, 간구균 혹은 간균, 비운동성	산소요구성 혹은 조건부산소비요구성	발효성, 혈액에 존재하는 생장인자 요구, 점막에 기생
Leptothrix	0.6~1.5 × 2.5~15, 껍질이 있는 사슬의 곧은 간균, 자유생활균은 편모를 가짐	산소요구성	철과 망간산화물로 된 껍질로 둘러싸여 있음
Leucothrix	긴 섬유사를 가진 짧은 원통형 세포, 일반적으로 부착기 존재	산소요구성	고니디아에 의한 분산, 사상체는 활주운동을 하지 않음, 장미꽃 모양을 형성, 화학유기영양생물
Methylococcus	0.8~1.5 × 1.0~1.5, 협막이 있는 구균, 비운동성	산소요구성	포낭 형성 가능, 메탄, 메탄올, 포름알데히드가 유일한 탄소와 에너지원, 비공생적으로 질소고정
Neisseria	0.6~1.9, 편평한 인접면을 가진 쌍을 이룬 구균	산소요구성	포유류의 점막에 서식
Nitrosomonas	균주에 따라 크기가 다양함, 구형 또는 타원형 세포로 세포질내 막 구조 발달	산소요구성	암모니아를 아질산염으로 산화하는 화학무기영양생물
Photobacterium	0.8~1.3 × 1.8~2.4, 극성편모를 가진 곧고 통통한 간균	조건부산소비요구성	일부 종은 청록색 빛 방출, 생장에 Na^+ 필요
Pseudomonas	0.5~1.0 × 1.5~5.0, 극성편모를 가진 곧은 혹은 약간 굽은 간균	산소요구성 혹은 조건부산소비요구성	산소나 질산염을 전자수용체로 사용하는 호흡대사, 넓은 범위의 유기화합물을 분해
Thiobacillus	0.3~0.5 × 0.9~4, 간균, 종종 극성편모를 가짐	산소요구성	모두 화학무기영양생물, 환원된 황화합물을 황산염으로 산화, 일부는 화학유기영양생물 또한 가능
Vibrio	0.5~0.8 × 1.4~2.6, 피복된 극성편모를 가진 곧은 혹은 굽은 간균	조건부산소비요구성	발효성 또는 호흡대사, 나트륨 이온이 생장을 자극하거나 생장을 위해 필요함, 산화효소 양성

과 다른 나노섬유에 부착을 매개하는 화학적 기능기가 장착되어 있다. 나노섬유 집합체로의 껍질의 분화로 세포분열에 따른 딸세포의 분리가 제한되어 새로운 세포가 부착점으로부터 떨어져 나가게 된다(**그림 21.17**). 세포 사슬이 길어짐에 따라 단일세포를 방출하여 새로운 분열을 시작할 수 있도록 난변화할지도 모른다. 껍질은 강한 물살에 세포를 고정시키고 원생동물과 같은 포식자로부터 보호하는 것으로 여겨진다. 껍질이 성숙할수록 철과 망간산화물이 쌓여서 구조를 강화한다. *Leptothrix* 껍질도 수용액에서 많은 다른 화학물질과 결합하여 이들을 이용한 새로운 유형의 흡착제나 필터가 개발되고 있다.

Bordetella 속은 산소요구성의 간구균(coccobacilli)이다. 이들은 생장을 위해 유기황과 유기질소(아미노산)가 필요한 호흡대사를 하는 화학유기영양생물이다. 이들은 포유류의 기생체로 호흡상피에서 증식한다. *B. pertussis*는 비운동성이며 협막을 가진 종으로 백일해를 일으키는 반면, 같은 종의 연관된 계통은 개기관지염(canine condition kennel cough)을 일으킨다. ▶ 백일해(38.1절)

Nitrosomonadaceae 과는 암모니아 산화세균으로 이루어져 있다

많은 화학무기영양생물이 질화세균을 포함한 Nitrosomonadaceae

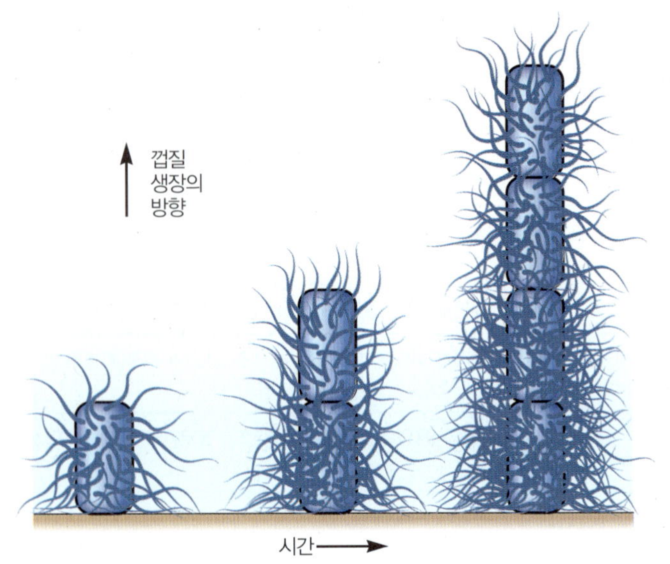

그림 21.17 ***Leptothrix*의 껍질 생장.** 단단한 기질에 부착한 다음 *Leptothrix* 세포는 껍질을 형성하기 위해 응집하는 나노섬유를 분비한다.

과에서 발견된다(표 21.2). 이들은 암모니아를 아질산염으로 산화한다. **그림 21.18**은 *Nitrosomonas europaea* 유전체에 근거한 대사와 수송을 재구성한 내용이다. 이 미생물은 암모니아를 아질산염으로 산화하기 위해 암모니아 일산소화효소(ammonia monooxygenase, AMO)와 히드록실아민 산화환원효소(hydroxylamine oxidoreductase, HAO)를 사용한다.

$$NH_3 + O_2 + 2H^+ + 2e^- \rightarrow NH_2OH + H_2O \rightarrow NO_2 + 5H^+ + 4e^-$$

최근 산화질소(nitric oxide, NO)가 HAO의 산물로 밝혀지면서, NO를 NO_2로 전환하는 데 제3의 효소가 있을 것으로 알려졌다. 이 효소와 정확한 화학반응은 앞으로 밝혀져야 할 과제이다. 방출된 4개의 전자 중 2개는 암모니아 산화를 위해 다시 AMO로 회수되어야 하는 반면, 나머지 2개는 생합성을 위한 환원제로 사용되거나 전자전달사슬에 주입되어 최종전자수용체인 산소를 환원하는 데 사용

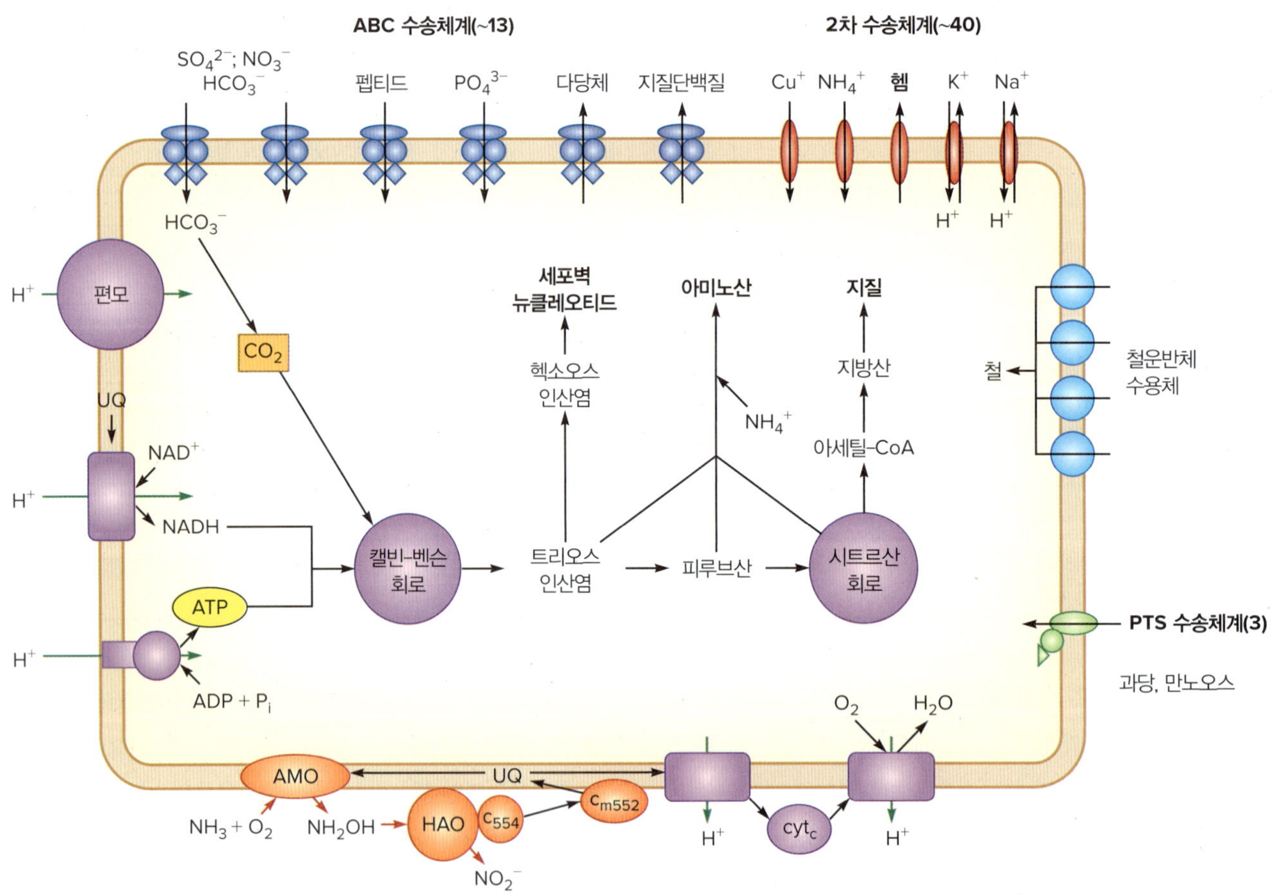

그림 21.18 ***Nitrosomonas europaea*의 유전체 재구성.** 이 화학무기독립영양생물은 캘빈-벤슨 회로를 사용하여 CO_2를 고정한다. 암모니아 산화는 막에 결합한 암모니아 일산화효소(AMO)와 히드록실아민 산화환원효소(HAO)가 촉매한다. HAO에서 나온 전자는 두 시토크롬(c_{554}와 c_{m552})을 거쳐 유비퀴논-시토크롬 c 산화환원효소 단계의 전자전달사슬로 흘러간다. O_2는 최종전자수용체이다. 암모니아 산화에서 온 전자는 NAD^+와 $NADP^+$를 환원시키기 위해 역으로도 이동해야 한다. 이러한 효소, 편모동력, ATP 합성효소, 2차 수송체계는 암모니아 산화로 만들어진 양성자구동력으로 추진된다.

연관 질문 *N. europaea*는 독립영양생물인데도 불구하고 과당과 만노오스를 위한 PTS 수송체계를 가지는 이유는 무엇인가?

될 수 있다. 그림 21.18은 이러한 CO_2를 캘빈-벤슨 회로를 이용해 고정하는 미생물의 독립영양적 대사도 보여주고 있다.

Thiobacillaceae 과는 대표적인 무색의 황세균이다

Thiobacillus 속을 포함하는 Thiobacillaceae 과는 광합성은 하지 않지만 에너지원으로 황함유화합물을 사용하는 것에서 이름 붙여진 가장 잘 알려진 **무색황세균**(colorless sulfur bacteria)이다. 많은 세균이 단세포성 간균 또는 나선형으로 비운동성이거나 편모운동을 하는 황산화세균이다.

Thiobacillus 종의 대사는 많이 연구되었다. 이 속에는 절대적 산소요구성균과 조건부 탈질세균들이 속해 있다. 이들은 에너지와 전자공급원으로 다양한 환원된 무기황화합물을 사용하며, 산소를 전자수용체로 사용한다. 2가지 방법으로 ATP를 생성하는데 **그림 21.19**에서와 같이 두 방법 모두 세포는 아황산염을 산화하거나 티오황산염을 아황산염(SO_3^{2-})으로 산화한다. 모든 *Thiobacillus* 종이 캘빈-벤슨 회로를 사용하여 CO_2를 고정하는 독립영양을 하지만(그림 12.3 참조), 몇몇 종은 종속영양적으로 자랄 수도 있다. ◀ 화학무기영양: 바위를 먹다(11.8절)

*Thiobacillus denitrificans*는 유연한 대사로 인해 연구가 집중되었다. 놀랍게도 이들은 화학무기영양으로 생장하는 동안, 산소나 질산염을 최종전자수용체로 사용하며, 황화수소나 티오황산염에서 전자를 빼내 전자전달사슬로 보낸다. 질산염을 최종전자수용체로 사용하는 경우, *T. denitrificans*는 여러 단계의 **탈질작용**(denitrification)을 통해 질산염을 질소기체로 환원시킬 수 있다.

황산화세균은 다양한 곳에 분포하며 실용적인 가치가 매우 높다. *Thiobacillus* 종은 토양과 담수, 해수 등의 모든 서식지에서 자란다. 산에 대해 매우 강한 내성을 가지고 있기 때문에 황산 생성으로 산성화된 서식처에서 번성한다. 미국에서 광산의 하수관은 가장 중요한 고농도의 황화물을 가진 낮은 pH의 환경이다. 이들 세균은 황화물(황산과 이황화철의 형태로)의 수준을 조절한다. 산성 광산 하수는 호산성 세균과 고균이 아닌 다른 생물에게 살 수 없는 환경이며, 주변의 강을 오염시키고 자연및 공학적 구조물을 부식시킨다(**미생물 다양성 및 생태 21.1**). 반면, 황산화세균이 유용할 수도 있다. 다른 호중성 생물은 황 원소를 산화하여 황산염으로 바꾸어 토양을 비옥하게 한다. Thiobacilli는 저농도의 금속광물을 처리하여 금속이 광물에서 빠져나오게 하는데 이용된다. 고농도의 질산염을 가진 오염수를 정화하는 데 *T. denitrificans*의 사용에 많은 관심이 집중되고 있다. ▶ 황 순환(28.2절)

마무리 점검

1. Burkholderiales 내의 어떤 속이 환경에 기여하는가? 사람이나 동물병원체는 어느 속인가?
2. 암모니아 산화의 최종산물은 무엇인가?
3. 그림 21.18에서 *N. europaea*가 양성자구동력(PMF)을 생성하는 방법이 무엇이며 PMF를 어디에 사용하는가?
4. 무색황세균이 어떻게 황화물을 산화해서 에너지를 얻는가?
5. *Thiobacillus*의 산화환원 대사에서 철은 어떤 역할을 하는가?

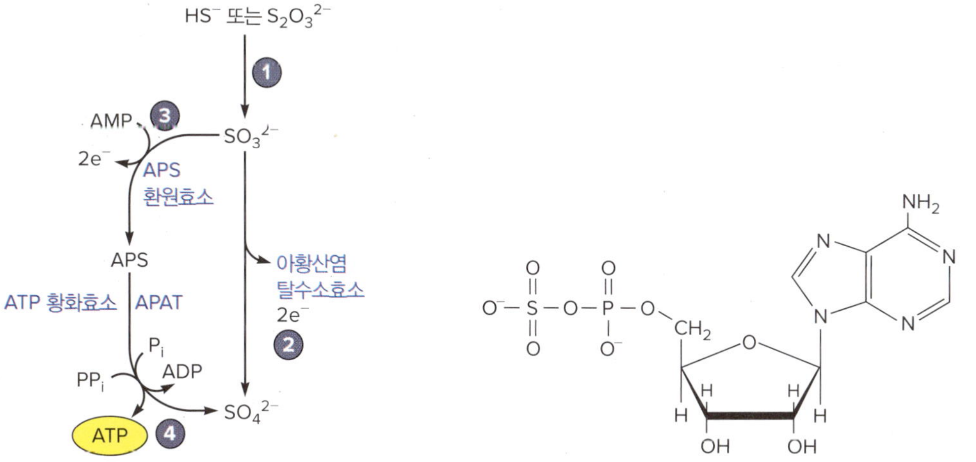

HS⁻ 또는 $S_2O_3^{2-}$
1
SO_3^{2-}
AMP 3
2e⁻
APS 환원효소
APS
ATP 황화효소 APAT
아황산염 탈수소효소
2e⁻
2
P_i
ADP
PP_i
SO_4^{2-}
ATP 4
(a)

NH_2
O⁻–S–O–P–O–CH_2
OH OH
(b) 아데노신 5′-인황산염(APS)

그림 21.19 ***Thiobacillus*의 황산화.** (a) 황화물(HS^-)과 티오황산염($S_2O_3^{2-}$) 같은 환원된 황 화합물은 아황산염(SO_3^{2-})으로 산화된다. 아황산염에서 온 전자는 아황산염 탈수소효소(sulfite dehydrogenase)에 의해 전자전달사슬로 전달되고 양성자구동력 생성에 사용된다. 그리고 APS 환원효소는 아황산염을 황산염으로 산화시킨다. 이것은 다시 AMP를 APS로 바꾼다. ATP 황화효소와 APS:인산 아데닐전이효소(APS:phosphate adenylytransferase, APAT)는 다시 기질수준 인산화를 통해 APS에 있는 황산염을 PP_i과 바꾸면서 ATP를 생산한다. (b) APS의 구조이다.

연관 질문 기질 수준 인산화에 기여하는 반응과 막결합 ATP 합성효소에 의한 ATP 합성에 기여하는 반응을 구별하시오.

미생물 다양성 및 생태 21.1

광산의 산성유출물

매년 애팔래치아 산맥의 석탄광산으로부터 오하이오강으로 수백만 톤의 황산이 흘러든다. 이 황산은 미생물이 만들어낸 것으로 광산에서 많은 금속을 유출시켜 강을 붉고 산성으로 만든다. 1차 범인은 화학무기영양세균인 *Acidithiobacillus ferrooxidans*로서 철(II) 이온을 철(III) 이온으로, 아황산 이온을 황산 이온으로 산화시키면서 에너지를 얻는다. 이 두 에너지원의 조합은 철의 용해도 때문에 매우 중요하다. 철(II) 이온은 다소 용해성이 있으며 pH 3.0 이하의 다소 환원성의 환경에서 형성된다. 그러나 pH가 4.0에서 5.0 이상이 되면, 철(II) 이온은 물속에 있는 산소와 반응하여 순간적으로 산화되어 철(III) 이온이 되고 산화물로 침전된다. 만약 황의 자연적 산화나 Thiobacilli나 기타 세균의 황산화에 의해 pH가 2.0~3.0 이하로 떨어지면 철(II) 이온은 환원된 상태로 용해되어 에너지원으로 사용될 수 있다. 놀라운 것은 *A. ferrooxidans*는 이러한 산성 pH에서 증식하며 철(II) 이온을 불용성 철(III) 침전물로 능동적으로 산화시킨다. 그 결과, 물은 대부분의 수생생물에게 독성이 있으며, 사람이 사용하기는 적절하지 않게 된다.

이러한 대사 생태 유형은 석탄광산의 황철석(FeS_2) 때문에 발생한다. 이 세균은 황철석의 원소를 자신의 증식에 사용하고, 그 과정 중 황산이 형성되며 이것은 남아있는 무기질을 유출시킨다.

$$2FeS_2 + 7O_2 + 2H_2O \xrightarrow{\text{자가산화 또는 세균}} 2Fe^{2+} + 4SO_4^{2-} + 4H^+$$

$$2Fe^{2+} + 1/2O_2 + 2H^+ \xrightarrow{\textit{A. ferrooxidans}} 2Fe^{3+} + H_2O$$

세균이 생성하는 철(III) 이온은 더 많은 황철석을 황산과 철(II) 이온으로 빠르게 산화시켜 황철석 산화는 더욱 가속화된다. 반면, 철(II) 이온은 더 많은 세균 증식을 가능하게 한다. *A. ferrooxidans*는 황철석과 흔한 무기염만으로 살아가기 때문에 생장을 억제하기는 힘들다. *A. ferrooxidans*는 산소와 이산화탄소를 대기에서 얻기 때문에, 피해를 주는 생장을 억제하려면 서식지가 무산소가 되도록 광산을 막아주는 것 밖에는 없다.

Chromatiales 목: 홍색황세균은 산소비발생 광합성을 수행한다

홍색황세균(purple sulfur bacteria)은 절대산소비요구성 생물로 대개 광무기독립영양생물이다. 산소비발생 광합성을 하려면 $NADP^+$를 환원시킬 전자가 필요하다. 이들은 전자공여체로 황화수소를 사용하고 황 과립의 형태로 세포내부에 축적한다(그림 3.32 참조). 종종 이 황은 황산염으로 더 산화된다. 수소는 전자공여체 역할도 한다. *Thiocapsa*와 *Chromatium* 종은 특정 조건에서 대번식이 일어날 수 있는 호수, 습지, 석호의 무산화, 황화물이 풍부한 구역에서 발견되는 전형적인 홍색황세균 속이다(**그림 21.20a**). Chromatiaceae 과에서만 생성되는 카로티노이드 색소인 오케논(okenone)은 지구화학적 생물지표로 유용하다(그림 21.20b). 퇴적암 형성에서 이들의 발견은 지구화학자들에게 특정 역사적 시간 간격의 환경조건의 지표가 되어 기후 재건을 돕는다. ◀ 산소비발생 광합성의 명반응(11.10절)

(a)

O—Me

(b)

그림 21.20 홍색 광합성 황세균. (a) 염수성 습지에서 자라는 홍색 광합성 황세균이다. (b) 오케논의 화학구조이다. (a) Jonny Madsen/Alamy Stock Photo

그림 21.21 ***Beggiatoa alba*.** 일부 집락의 광학현미경 사진이다. 사상체 구조 안에 수많은 검은색 황 과립이 관찰된다. ©Roger Burks/University of California at Riverside and Mark Schneegurt/Wichita State University, and Cyanosite(www-cyanosite.bio.purdue.edu)

Thiotrichales 목과 Beggiatoales 목은 거대한 사상성 세균을 포함한다

이 목에는 여러 황화합물을 산화하는 세균이 있다. 형태학적으로는 막대형 또는 사상형(filamentous)이 모두 존재하지만, 거의 대부분은 사상형이다.

Beggiatoa 종은 저농도산소요구성(microaerophilic)으로 유황온천, 부패된 식물이 있는 담수, 논, 염분이 많은 습지, 해저퇴적물과 같은 황화물이 풍부한 서식처에서 산다. 이들의 사상체는 짧고 원반 모양으로 생긴 세포로 이루어져 있다(**그림 21.21**). 황화수소를 산화해서 커다란 황 과립을 형성하여 세포막이 함입해서 만들어진 주머니에 보관한다. *Beggiatoa* 종은 전자를 전자전달계로 공여하여 에너지를 생성할 때 황을 황산염으로 산화한다. 또한 많은 균주들은 탄소원으로 아세트산을 이용해 종속영양생물로 생장하고 일부는 이산화탄소를 탄소원으로 사용하는 독립영양을 한다. 탄소 고정은 캘빈-벤슨 회로를 사용하지만, 메타유전체학적 증거에 의하면 일부 *Beggiatoa*는 환원적 TCA 회로를 돌릴 수 있는 것으로 추정된다(그림 12.4 참조). 담수 종이 해양 종보다 훨씬 작다.

Beggiatoa, *Thioploca*, *Thiomargarita*의 3개 속은 열수공 주변, 영양이 풍부한 해변 주변의 해저, 지각에서 메탄기체가 스며나오는 지역에 거대한 매트를 형성하는 점이 특이하다. 이 사상형 미생물은 알려진 세균 중 가장 거대한 세균에 속한다. 예를 들어, *Thiomargarita* 종은 지름이 100 μm 이상이며 그 길이가 수백 cm에 달한다(**그림 21.22**). 3개 속 모두 덩어리로 자라서 더 특이하게 보인다. 이들 세균은 고농도의(500 mM에 이르는) 질산염이 저장된 거대한 세포 내 액포를 형성하므로 속이 빈 것처럼 보인다. 액포 주변에 납작한 층의 세포질에 황봉입체가 발견된다.

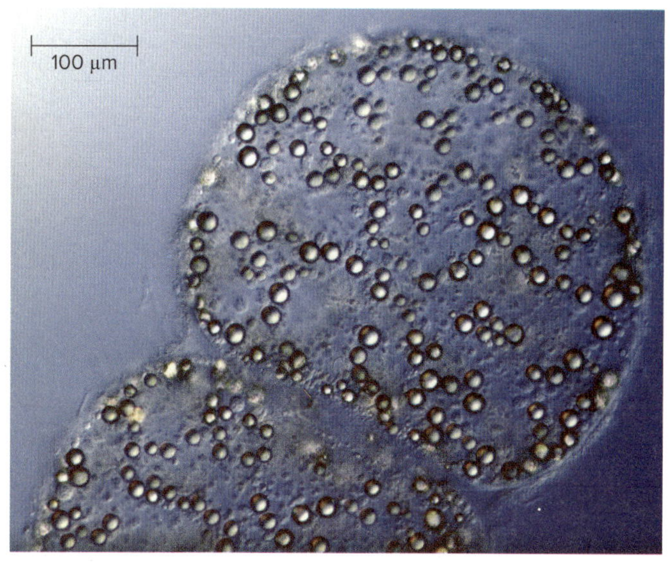

그림 21.22 세계에서 가장 큰 세균인 *Thiomargarita*. 이 세균은 일반적으로 지름이 100~300 μm이고 종종 길이가 750 μm(이 페이지의 점 크기)에 이른다. 바닥의 침전물 속 황화물을 에너지원으로 사용하며 물속 질산염을 전자수용체로 사용한다. 고농도의 질산염을 저장하는 액포는 이 그림에서 구슬처럼 보인다. Dr. Heide Schuiz-Vogt

Leucothrix 종은 길이가 400 μm에 달하는 섬유(filament) 또는 모상체(trichome)를 형성하는 산소요구성 화학유기영양생물이다. 이들 섬유형 세균은 복잡한 생활사를 가지고 있으며, 고니디아(gonidia)를 형성하여 다른 장소로 이동한다(**그림 21.23**). *Thiothrix*는 피복된 섬유를 형성하고 껍질의 끝이 열리면서 고니디아를 방출한다. *Leucothrix*와는 달리 *Thiothrix*는 황화수소를 산화하고 황 과립을 내부에 축적하며 조건부독립영양생물, 화학무기영양생물 또는 혼합영양(mixotrophic)을 하는 종들이 속해 있다. *Thiothrix* 종은 황화물이 풍부한 흐르는 물과 활성화된 하수 폐기물시스템에서 자란다.

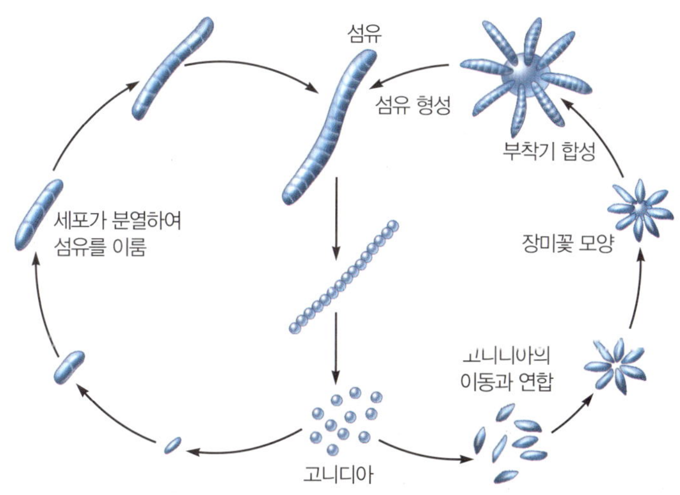

그림 21.23 *Leucothrix mucor*의 형태와 생활사.

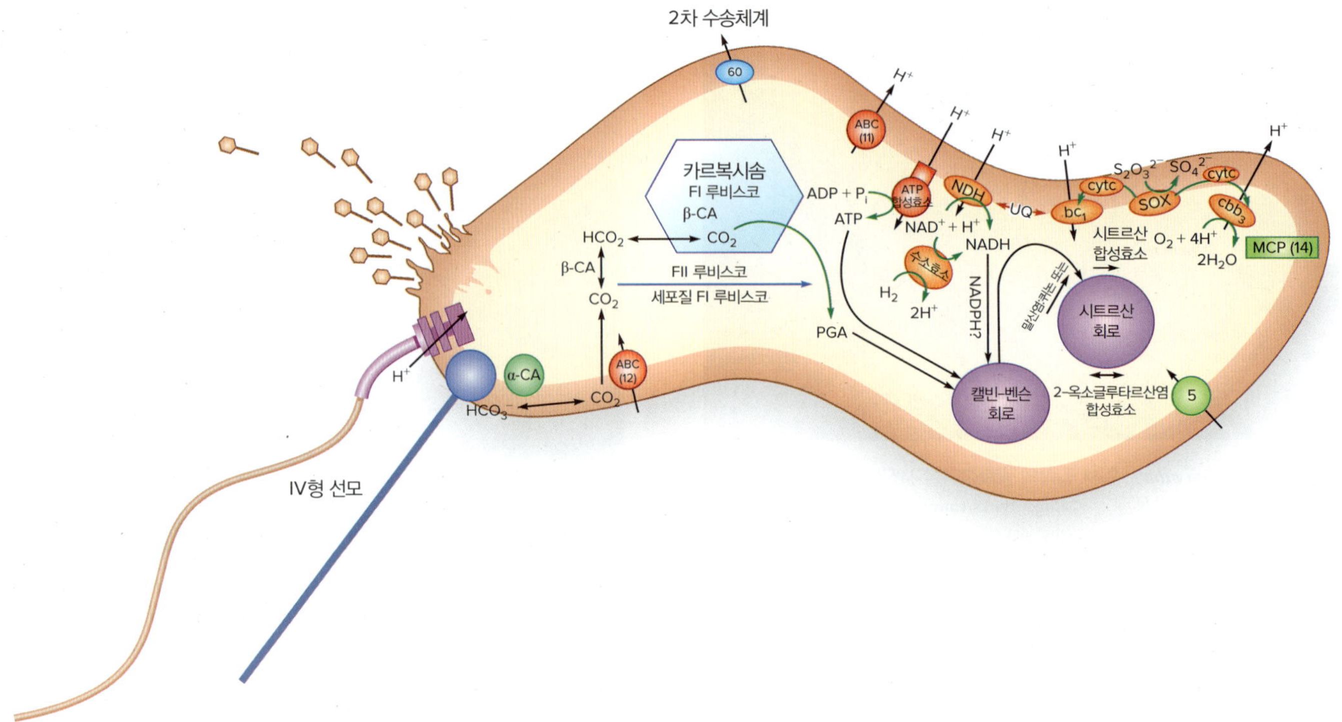

그림 21.24 ***Hydrogenovibrio crunogenus* 세포 모델.** 이 화학무기독립영양생물은 고친화력의 탄산탈수소효소(α-CA, β-CA)를 가지고 있어서 세포 바깥보다 100배나 높은 CO_2를 축적할 수 있다. 3개의 루비스코(ribulose 1,5-bisphosphate carboxylase-oxygenase, RuBisCO) 유전자가 존재하는 것으로 보아 하나의 루비스코 단백질이 카르복시솜에 위치하는 것으로 생각된다. 탄소 고정에 필요한 에너지와 환원력은 환원된 황화물의 Sox-의존적 산화로 공급된다. 전자전달사슬에는 시토크롬 c (cytc), bc1, cbb_3가 있고 최종전자수용체로 O_2를 사용한다. 유전체에는 프로파지가 있다. 용균성과 용원성 잔백질을 만드는 일련의 유전자가 있는 것으로 보아 프로파지는 그림의 왼쪽에서 보여주는 것과 같이 파지를 방출하는 용균생활사로 들어갈 수 있는 것으로 보인다. 수송체에는 금속, 무기물, 유기물을 위한 60개 이상의 2차 수송체(연한 파란색)가 있고 12개의 ATP-결합 카세트(ABC, 빨간색) 흡수 단백질과 11개의 ABC 방출체(빨간색)가 있다. 다른 막 단백질로는 주화성을 매개하는 14개의 메틸기 수용 단백질(MCP, 녹색)과 5개의 기능이 밝혀지지 않은 수송체(녹색)가 있다.

그림 21.24는 *Hydrogenovibrio crunogenus*의 주석이 달린 유전체에 기초한 세포 모델을 보여준다. 이 심해에 사는 미생물은 열수공에서 분리되었다. 이 독특한 장소는 고온, 무산소의 고도로 환원성인 열수가 차갑고 산소가 있는 바닥의 물과 섞인다는 특성이 있다(미생물 다양성 및 생태 1.1). 이 독립영양생물의 중요성은 미생물이 접하는 용존 CO_2 양의 차이에서 볼 수 있다. 해저의 물은 CO_2가 낮은 반면 열수는 CO_2가 풍부하다. 이로 인해 이들은 HCO_3^-와 높은 친화력을 가지도록 진화하였다. 특히 주목할 만한 것은 환원된 황화물을 황산염으로 산화시키는 다효소복합체다. 이 Sox (sulfur oxidation) 복합체는 *Thiobacillus* 종과 같은 다수의 화학무기독립영양생물에 보존되어 있다. *H. crunogenus*는 다양한 환원된 황화합물을 전자공여체로 사용할 수 있으나 전자수용체로는 산소만을 사용할 수 있다.

Methylococcales 목은 C1-대사세균을 포함한다

Methylococcales 목의 Methylococcaceae 과에는 *Methylomonas*, *Methylobacter*, *Methylococcus* 속이 있는데 이들은 유일한 탄소원과 에너지원으로 메탄과 메탄올을 산화하는 절대적 메틸영양생물(methylotroph)이다. α-프로테오박테리아의 메탄영양생물과 유사하게, 광범위한 세포질내 막을 형성하지만 α-프로테오박테리아 메탄영양생물과 다른 점은 외포자(exospore)가 아닌 포낭(cyst)을 형성한다는 것이다(그림 21.4). C1 화합물을 형성시 리불로오스 일인산(ribulose monophosphate) 경로를 사용한다는 점에서도 차이가 있다(그림 21.11b). ◀ 메탄생성균, 메탄영양생물(19.4절)

Legionellales 목과 Coxiellales 목에는 세포내 병원체가 속해 있다

이 절에서는 Legionellales 목의 *Legionella* 속과 Coxiellales 목의 *Coxiella* 속에 대해 다룬다. 이 미생물들은 세포내 기생체로 클라미디아 생활사를 연상하게 하는 이형성(dimorphic, 2개의 세포형) 생활사를 가진다. ◀ Verrucomicrobia 문에는 사람의 공생자와 절대세포내 기생충이 포함된다(20.5절)

*L. pneumophila*는 레지오넬라증이라는 특수한 유형의 폐렴을 일으키므로 널리 연구되고 있다. 자연계에서 *L. pneumophila*는 축축한 토양과 냉각탑, 에어컨, 목욕탕 등의 수생환경에 사는 원생동물의 세

포내 기생체이다. 이것이 레지오넬라증이 중앙냉각체계를 가지는 호텔, 병원, 유람선 등에서 발발하는 이유이다. *L. pneumophila*는 에어로졸 물방울을 호흡하면 폐로 전파되고 폐의 대식세포에 감염한다. *L. pneumophila*는 원생생물 숙주와 대식세포의 유사성으로 인한 '우연한(accidental)' 병원체로 생각된다. 세균은 숙주세포(원생동물이나 사람) 내 레지오넬라-함유소포(*Legionella*-containing vacuole, LCV)에 들어 있다. 세균은 IV형 분비체계(T4SS)로 330 유형 이상의 효과 단백질을 숙주세포질로 내보낸다. T4SS는 숙주세포질로 전달하기 위해 숙주막(이 경우 LCV 막)을 통해 외막과 주변세포질 막을 가로질러 단백질의 이동을 촉진한다는 것을 기억하자. 일부 효과 단백질들은 숙주의 파고리소좀 경로를 변형시켜 LCV가 파괴되지 않도록 한다. 나머지 효과 단백질들은 LCV 내에서 세균 증식에 필요한 탄소와 에너지원으로 아미노산을 제공하기 위해 단백질 분해작용을 개시한다. 아미노산이 한정적이면, *Legionella*는 (p)ppGpp를 합성하여 긴축 반응을 시작한다. 이 2차 전달자가 누적되면 스트레스 시그마 인자 RpoS가 합성되고, 이것은 다시 수백 개의 유전자를 활성화시킨다. 결과적으로 다른 탄소원을 사용하는 대사전환이 일어나고 끝까지 투쟁하듯이 비복제 전달세포로의 *Legionella* 세포의 분화가 일어난다. 그들은 열에 강하고 다양한 항생체에 내성이 있다. **◀ 대장균의 긴축반응(14.5절) ▶ 단핵구, 대식세포, 수지상세포(31.4절); 재향군인병(38.1절)**

Coxiella 종은 곤충, 물고기, 조류, 설치류, 양, 염소, 사람 등 숙주 범위가 훨씬 크지만 역시 숙주 내에서 2가지 세포 유형을 보인다. *L. pneumophila*와 마찬가지로 사람은 오염된 에어로졸을 통해 감염되지만 병원체 *C. burnetti*의 경우, 독감과 유사한 Q열을 일으킨다. *C. burnetti*의 생활사 역시 *L. pneumophila*와 유사하다. 작은 세포변이형(small cell variant, SCV)이라고 하는 작은 감염형은 식세포작용을 통해 숙주세포로 침투한다. 파고솜이 리소좀과 융합하면 낮은 pH에 의해 SCV의 대사활성이 촉발된다. 이 소낭은 병원체섭취(parasitophorous, parasite eating) 소낭으로 불린다(**그림 21.25**). (그림 20.10b와 비교하라.) 이 소낭 내에서 *C. burnetti* SCV는 거대세포변이형(large cell variant, LCV)으로 알려진 증식형으로 분화된다. LCV는 이분법으로 증식하고 며칠 후 다시 SCV로 전환된다. 이는 SCV의 유전체가 압축되고 보호되어 있어서 파고솜과 리소좀이 융합하면서 시작되는 초기 호흡폭발 및 분해효소 방출에 대해 더욱 적절하게 대응한다고 생각된다. 두 유형의 세포가 교대로 존재하는 것이 숙주 밖에서는 생존할 수 없는 클라미디아나 리케차와 다른 점이다. **◀ Verrucomicrobiota 문에는 사람의 공생자와 절대세포내 기생충이 포함된다(20.5절) ▶ 식세포작용은 침입자를 파괴한다(31.6절); Q열(38.5절)**

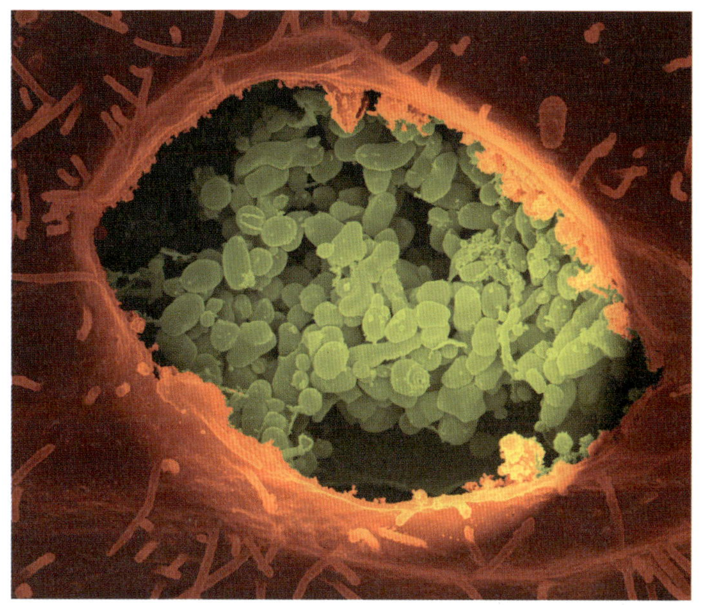

그림 21.25 숙주세포 소포내의 *Coxiella burnetii*. Source: National institute of Allergy and infectious Diseases(NIAID)/NIH/USHHS

Pseudomonadales 문에는 기회감염병원균들이 있다

슈도모나스(*Pseudomonas*)는 Pseudomonaceae 과에서 가장 중요한 속이다. 이 균은 곧거나 약간 구부러진 모양을 한 그람음성 세균으로 1개 혹은 여러 개의 극성편모를 가지고 있어 운동성이 있다. 이들은 간혹 질산염을 전자수용체로 이용하여 무산소호흡대사를 수행하는 것들도 있지만 화학종속영양생물로 주로 산소호흡을 한다. 엔트너-도우도로프(Entner-Doudoroff) 경로를 이용하여 대부분의 6탄당을 분해하며, 모든 슈도모나스는 기능적인 TCA 회로를 갖고 있다. **◀ 호기성 호흡은 포도당 산화로부터 시작된다(11.3절)**

슈도모나스 속은 매우 이질적인 그룹으로 현재 약 190종이 속해 있다. 중요한 3개의 종으로는 낭포성섬유증과 연관된 기회감염균인 *P. aeruginosa*, 다양한 분해 능력을 가진 흔하게 존재하는 균인 *P. putida* 그리고 흔하게 식품 부패와 연관이 있는 발광색소 생성자인 *P. fluorescens*이다.

슈도모나스의 독특한 특징은 많은 종류가 매우 다양한 유기분자를 분해할 수 있다는 것이다. 그러므로 이들은 자연에서나 하수처리 과정에서의 무기질화 과정(mineralization process: 유기물질을 분해하여 무기물질로 바꾸는 과정)에 매우 중요하다. 마찬가지로, 분비되는 단백질분해효소와 지질분해효소로 인하여 슈도모나스 종은 흔한 식품 부패유기체이다.

몇몇 종(예: *P. aeruginosa*)은 중요한 실험 대상이다. 이들에 대한 연구로 미생물 생리와 생화학 연구가 크게 발전하였다. 예를 들어, *P. aeruginosa* 연구는 세균이 어떻게 생물막(biofilm)을 형성하는지,

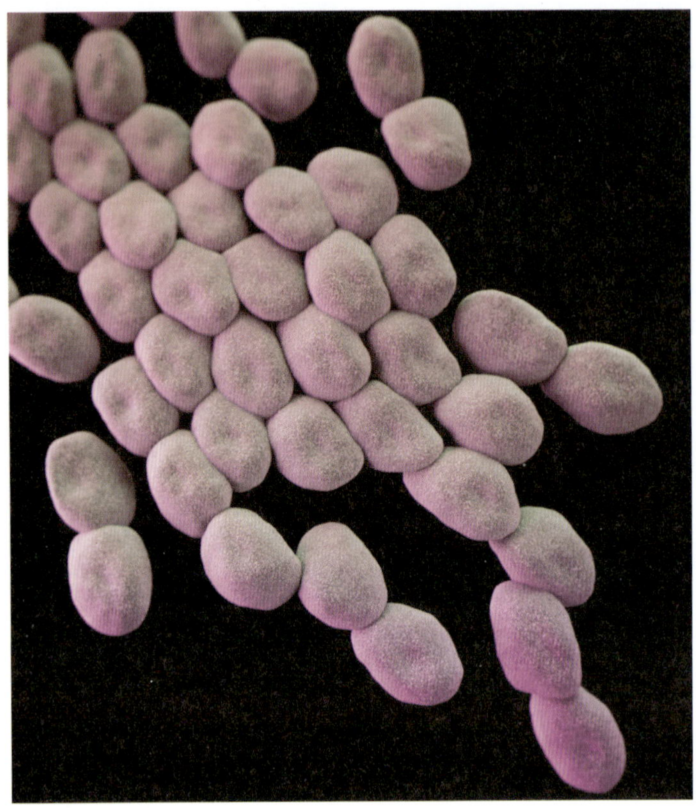

그림 21.26 ***Acinetobacter baumanii*.** CDC/Melissa Brower

세균 집단 형성과 병리현상에서 세포외 신호의 역할 등의 이해에 중요한 역할을 하였다. *P. aeruginosa*의 유전체는 동화, 영양물질 수송, 유기분자의 유출과 대사조절에 관여하는 유전자를 특히 많이 가지고 있으며 이는 이 세균이 다양한 환경에서 자랄 수 있고 항생제에 내성을 가지는 능력을 반영하는 것이다. ◀ 생물막은 자연에 흔히 존재한다(7.6절); 미생물집단내에서의 세포 간 의사소통(7.6절)

Acinetobacter 속 세균은 절대 산소요구성 생물로 비운동성의 간구균이다(**그림 21.26**) *Acinetobacter baumanii*는 다제내성 감염의 원인으로 널리 알려져 있다. 이러한 감염은 병원에서 이루어지며, 대부분 침투적 장치가 있거나 면역이 억제된 환자에게서 발생한다. 현대의료시스템에서 이들 세균이 성공적으로 서식지를 확립할 수 있었던 것은 몇 가지 세포 특징의 기능이다. 외막의 외엽은 O 항원이 없기 때문에 지질다당류(LPS) 대신 지질올리고당류(LOS)라고 불린다. 지질 A 성분은 일반적인 6개가 아닌 7개의 지방산 사슬을 가지고 있다(그림 3.24 참조). *Acinetobacter* 균주는 종종 LOS를 덮는 다당류 캡슐을 갖고 있다. OmpA 포린은 용질 통과율이 낮으며, 여러 약물 유출 시스템이 존재한다. 이 모든 요소들이 임상적으로 유용한 항생제에 대한 저항성에 기여하고 숙주 면역 반응으로부터 보호한다. ◀ 세포벽은 많은 기능을 가지고 있다(3.4절)

Enterobacterales 목은 크고 다양한 분류군이다

Enterobacterales 목은 막대형의 조건부산소비요구성생물이다. 그들은 많은 생태계에 서식하고 다소 흔한 인간 병원균이다. 여기서는 목 내의 주목할 만한 4개의 과에 대해 논의하고자 한다.

Shewanellaceae 과는 전자수용체를 사용하는 산소비요구성 생물이다

Shewanellaceae 목에는 한 개의 *Shewanella* 속이 있다. *Shewanella* 종은 해양, 호수의 바닥, 염분이 있는 식품 등에서 분리되었다. *Shewanella* 종들은 놀랄만한 대사적 유연성을 가지며 우라늄, 크롬, 요오드산염, 테크네튬, 넵투늄, 플루토늄, 셀렌산염, 텔루르산염, 바나듐산염, 질화방향족 화합물 등 다양한 금속을 전자수용체로 사용할 수 있다. 이와 같은 광범위한 금속 전자수용체의 사용 능력으로 인하여 *Shewanella* 종은 방사성 원소로 오염된 환경의 생물 복원에 사용하기 좋은 후보 생물이다. 덧붙여 이들은 다양한 탄소원을 사용하며 일부는 H_2를 에너지원과 전자원으로 사용하기도 한다. ▶ 생분해와 생물복원은 미생물이 환경을 청소하도록 이용한다(42.4절)

금속을 최종전자수용체로 사용하는 것은 금속이 생물량으로 동화되지 않기 때문에 이화적 금속 환원(dissimilatory metal reduction)으로 간주된다. 미생물이 전자수용체로 사용할 철이나 망간 등과 같은 많은 금속은 산화된 형태에서는 용해되지 않기 때문에 이화적 금속 환원은 미생물에게 문제가 된다. 이화적 금속 환원 미생물은 전자수용체로 사용될 Fe(III)이나 Mn(IV)과 같은 불용성 금속을 사용하기 위해 다양한 전략을 개발하였다. 가장 직접적인 접근법은 시토크롬을 원형질막이 아닌 외막에 두는 것이다(**그림 21.27a**). 이렇게 하면 시토크롬이 전자를 세포외 금속에 직접 전달할 수 있게 된다. 이 접근법은 *Geobacter sulfurreducens*와 같은 다수의 이화성 금속 환원 세균뿐만 아니라 *Shewanella*도 사용한다. *Shewanella* 속과 *Pseudomonas* 속 그리고 여러 세균이 사용하는 또 다른 전략은 전자를 환경에 많은 부식산(humic acid)이나 자신이 분비하는 대사물과 같은 세포외 중간산물을 통해 금속에 전달하는 방법이다. 이러한 화합물은 전자전달사슬(ETC)의 마지막 시점에 성장기질에서 나온 전자를 금속 표면으로 이동시키기 때문에 종합적으로 **전자셔틀**(electron shuttle)이라고 부른다. 세 번째 전략은 전기적으로 전도성인 **나노전선**(nanowire)을 생산하는 것이다. 이 부속물은 지름이 약 100 nm이며 길이가 수십 마이크로미터에 달한다. *Shewanella* 종에서 나노전선은 시토크롬 MtrC와 OmcA를 함유하는 연속적 외막소포 사슬이다. 이는 ETC의 마지막 시점에서 전자를 금속 표면으로 이동시키기 쉽게 해준다(그림 21.27b). 나노전선은 미생물이 전자를 세포에서 물리적으로 먼 거리의 고체 수용체에 이동할 수 있게 해준다. 흥미로운

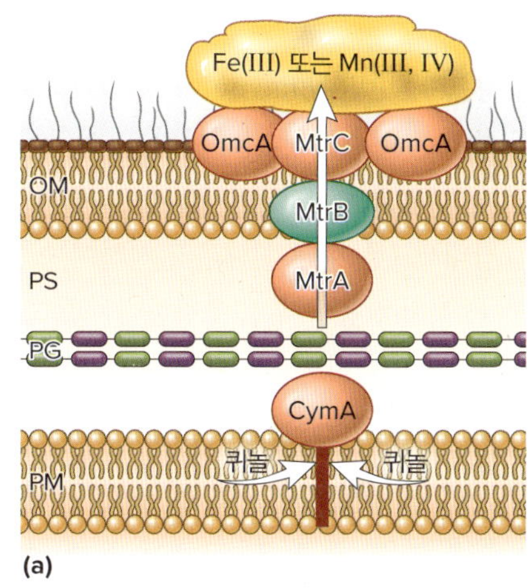

(a)

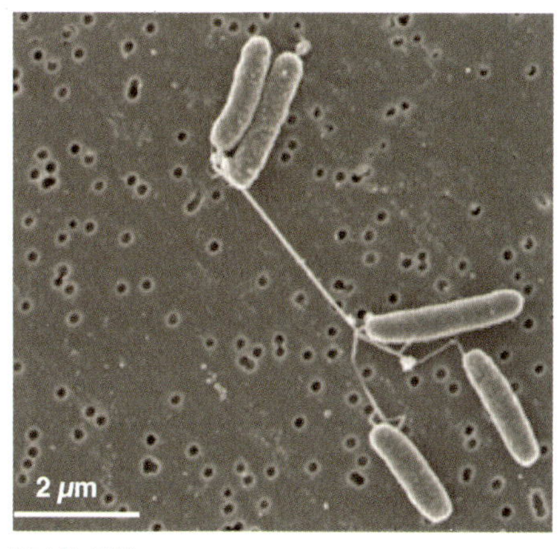

(b) 나노전선

그림 21.27 외부 최종전자수용체. (a) *Shewanella oneidensis* MR-1은 전자를 원형질막에서 받아서 외막을 통해 불용성 금속에 전달한다. CymA는 퀴놀 탈수소효소로 퀴놀을 산화시키고 c형 시토크롬 MtrA에 전달한다. MtrB는 시토크롬이 아니나 외막을 통해 전자를 표면에 노출된 c형 시토크롬인 MtrC와 OmcA에 전달한다. 이러한 산화환원 단백질은 전자를 세포외 최종전자수용체인 산화된 불용성의 금속인 철이나 망간에 전달한다. (b) 전자수용체가 부족하면 *S. oneidensis* MR-1은 나노전선을 만들며 전자는 이것을 타고 이동해 최종전자수용체에 도달한다. 주사전자현미경(SEM)으로 세포에 산소가 부족할 때 만들어지는 나노전선의 생성을 관찰할 수 있다. PM: 세포내 원형질막, PG: 펩티도글리칸, PS: 주변세포질 공간, OM: 외막. (b) From "Electrically conductive bacterial nanowires produced by *Shewanella oneidensis* strain MR-1 and other Microorganisms" by Yuri A. Groby et al. *PNAS* vol. 103, no. 30, fig 1A, p. 11358-11363. Copyright (2001) National Academy of Sciences, U.S.A

연관 질문 그람양성 세균도 *S. oneidensis*와 같은 방법으로 최종전자수용체로 불용성 금속을 사용할 수 있을까?

것은 산화환원 활성이 있는 금속의 근처에서 *Shewanella*는 주화성(chemotaxis)과 유사한 전자배치(electrolocation)를 보인다는 점이다. ◀ 세포외 소포는 세균막에서 나온다(3.5절); 주화성(3.9절) ▶ 미생물 연료전지: 미생물에 의해 구동되는 배터리(42.3절)

Vibrionaceae 과는 수생 생물발광 세균과 병원체가 있다

Vibrionaceae 과에는 몇몇 중요한 병원체를 포함하는 *Vibrio* 속이 속해 있다. *Vibrio cholerae*는 콜레라를 일으키며, *V. parahaemolyticus*는 오염된 해산물을 먹은 사람에게 위장염을 일으킬 수 있다. *V. anguillarum*과 그 밖의 종류는 물고기의 질병과 관련이 있으며 물고기 양식에 특히 문제가 된다. 최근 *Vibrio* 종의 해양 서식지가 변화하였다. 이들은 따뜻한 물을 선호하는데, 기후변화로 이들이 열대지역 외의 생태계로 서식지가 확장되고 있다. ▶ 콜레라(38.4절)

일부 Vibrionaceae 과는 청록색을 방출하는 생물발광(bioluminescent)의 특이성을 보인다. 루시페라아제(luciferase)로 불리는 효소가 환원된 플라빈 1 뉴클레오티드(flavin mononucleotide, FMN), 산소분자 그리고 긴 사슬의 알데히드를 기질로 사용하여 이 반응을 촉매한다.

$$FMNH_2 + O_2 + RCHO \xrightarrow{\text{루시페리아제}} FMN + H_2O + RCOOH + \text{광(빛)}$$

실험결과에 의하면 효소에 결합되어 활성화된 플라빈 중간산물이 발광의 직접적인 원료로 보인다. 광 생성에 사용되는 전자는 전자전달 사슬과 ATP 합성에서 우회되어 나온 것으로 이들은 상당한 에너지를 발광에 투입하고 있는 것이다. 즉, 발광은 조절되며 적절한 조건에서 스위치를 켜거나 끌 수 있다.

에너지가 상당히 많이 소모되는 세균의 발광 역할에 대해, 이것의 가치가 무엇일지에 대한 다양한 추측이 있어 왔다. 발광 세균은 해양에서 독립생활을 하는 동안은 빛을 내지 않는다. 하나의 세포가 내는 빛은 보이지도 않는다. 자유생활을 하는 발광 세균이 어린 물고기나 오징어(그림 7.27 참조)를 감염하면, 이들은 증식하고 빛이 보일 정도의 밀도에 도달한다. 세균의 발광은 쿼럼센싱 분자를 자가유도지로 사용하여 밀도-의존적 유전자 조절을 하는 첫 사례이다. 세균의 발광이 숙주에게 어떤 도움을 주는지는 여전히 확실하지 않다. 그러나 자가유도자가 빛의 생성을 조절하는 기전은 많은 병원체를 비롯해 많은 그람음성 세균에서 쿼럼센싱을 이해하는 중요한 모델이 되고 있다. ◀ 미생물군집 내에서의 세포 간 의사소통(7.6절); *Vibrio* 종의 쿼럼센싱(14.6절)

Enterobacteriaceae 과는 병원체와 상리공생자를 포함한다

Enterobacteriaceae 과는 주모성 편모를 가지거나 비운동성, 조건부 산소비요구성의 간단한 영양요구성의 간균이다. Enterobacteriaceae 과의 대사 특징은(특히 산소비요구성 성장 중) 이 과에 속하는 속을 구별하는 데 유용하다. 종종 **장내세균**(enterobacteria 또는 enteric bacteria: 그리스어 *enterikos*는 '장'을 의미)이라고 불리는 세균들은 모두 당 분해에 엠덴-마이어호프 경로를 이용한다. 저농도산소요구성 또는 산소비요구성 조건에서 **피루브산 포름산 분해효소**(pyruvate formatelyase, PFL)가 피루브산을 포름산과 아세틸-CoA로 분해한다. *Escherichia* 속의 종들처럼, 당 발효과정 중에 많은 양의 기체를 생산하는 장내세균들은 **포름산 탈수소효소**(formate dehydrogenase, FDH)도 가지고 있어서 포름산을 H_2와 CO_2로 분해한다(**그림 21.28**). 포도당에서 유리한 탄소의 1/3이 포름산으로 전환되는 발효동안 이러한 효소복합체는 생존에 중요하다. 만약 이 중간산물이 세포내에 쌓인다면 내부 pH가 너무 산성화되어 생존하기 힘들 것이다. 실제로 *E. coli*는 3개의 다른 FDH를 가지고 있다. FDH-H (H는 수소생성의 의미)는 발효 조건에서만 합성된다. FDH-N은 질산염이 최종전자수용체로 작용하는 산소비요구성 조건에서 생성된다. FDH-O는 저농도산소요구성 조건과 질산염이 최종전자수용체인 조건에서 생성된다.

이 과는 발효산물에 따라 두 그룹으로 나눌 수 있다. 대부분(예: *Escherichia*, *Proteus*, *Salmonella* 속)은 혼합산 발효를 수행하여 주로 젖산, 아세트산, 숙신산, 포름산, H_2와 CO_2 그리고 에탄올을 생성한다. 반면, *Enterobacter*, *Serratia*, *Erwinia*와 *Klebsiella* 종은 발효산물이 부탄디올, 에탄올, 이산화탄소인 부탄디올 발효 세균이다. ◀ 발효는 전자전달사슬이 관여하지 않는다(11.6절)

장내세균은 형태가 매우 유사하여 이들을 동정하려면 형태, 이동성, 성장반응 등을 우선 조사한 후 생화학적 검사가 일반적으로 시행된다. 더 일반적으로 사용되는 검사는 발효 유형, 젖당과 시트르산 사용, 트립토판에서 인돌 생성, 요소가수분해, 황화수소 생성 등이 있다. 예를 들어, 젖당발효는 일부 속(*Escherichia*, *Klebsiella*, *Enterobacter*)에서 일어나지만, 다른 속(*Shigella*, *Salmonella*, *Proteus*)에서는 일어나지 않는다. ◀ 검체로부터 미생물의 확인(36.2절)

Enterobacteriaceae 과에 속하는 많은 세균은 매우 흔하고 널리 분포되며 중요하기 때문에 아마도 대부분의 실험실에서 어떤 다른 세균보다 많이 볼 수 있을 것이다. 대장균(*E. coli*)은 두말할 것도 없이 가장 잘 연구된 세균으로 많은 미생물학자들이 연구에 사용하는 실험생물이다. 사람이나 다른 온혈동물의 대장에 서식하며, 분변에 의해 오염된 물의 요염도를 측정하는 데 매우 유용하다. 일부 균주는

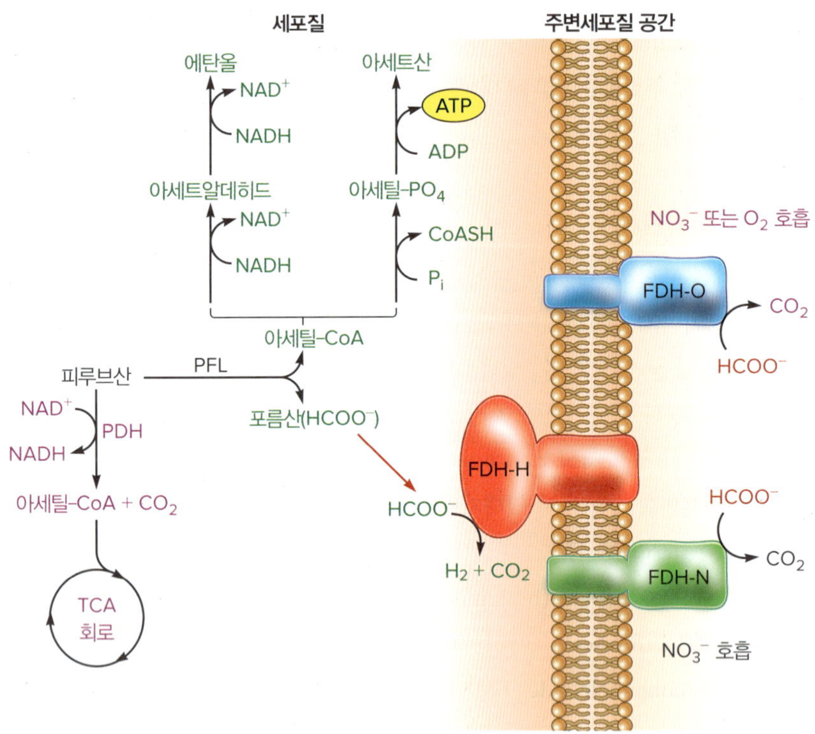

그림 21.28 ***E. coli*의 피루브산과 포름산의 대사.** 산소요구성 생장 중, 피루브산은 PDH(피루브산 탈수소효소 복합체)에 의해 CO_2와 아세틸-CoA로 전환되며 아세틸-CoA는 TCA 회로에 들어갈 수 있다. 산소가 낮은 조건에서, 일부 피루브산 PFL(pyruvate formatelyase)에 의해 포름산과 아세틸-CoA로 쪼개진다. 포름산은 3개의 포름산 탈수소효소(FDH) 중 하나에 의해 CO_2와 H_2로 전환되어야 한다. 낮은 산소 수준의 산소호흡 동안 FDH-O는 활성을 띤다. 만약 질산이 최종전자수용체로 산소비요구성 조건에서 호흡이 계속된다면 FDH-N과 FDH-O 모두 포름산을 쪼갠다. 이 효소들은 세포막의 주변세포질 공간 측면에 존재한다. 발효를 한다면, FDH-H가 만들어지고 포름산 발효를 한다. 포름산은 CO_2와 H_2로 쪼개지고, 아세틸-CoA는 에탄올과 아세트산으로 전환된다. FDH-H는 막부착 단백질로 세포질 측면으로 활성부위가 노출되어 있다. 산소요구성 대사는 보라색으로, 발효대사는 녹색으로 표시하였다.

연관 질문 FDH-O와 FDH-N은 세포막의 주변세포질 공간 측면에 있는 반면, FDH-H는 세포질 측면에 있는 이유가 무엇이라 생각하는가?

음식에서 유래한 설사와 요로 감염을 일으키는데 대장균 균주의 대부분은 무해하고 사람이 먹는 음식의 신진대사를 돕는다는 것은 분명하다. 중요한 인간 병원체로는 장티푸스와 위장염을 일으키는 살모넬라(*Salmonella*), 폐렴을 일으키는 클레브시엘라(*Klebsiella*), 흑사병의 원인인 예르시니아(*Yersinia*) 등이 있다. *Erwinia* 속에 속하는 종들은 작물의 주요한 병원체로 식물마름병, 시들음병 그밖에 다른 식물질병을 일으킨다.

Pasteurellaceae 과에는 중요한 병원체가 들어 있다

Pasteurellaceae 과의 세균들은 크기가 작고, 비운동성이며, 척추동물에서 기생한다. 이 과에 속하는 세균은 사람과 동물에서 많은 질병을 일으키는 것으로 잘 알려져 있다. *Pasteurella multocida*는 매년 많은 닭, 칠면조, 오리, 거위 등을 죽게 만드는 가금류 콜레라를 일으킨다. 또한 동물에 의해 사람에게 전염될 수 있으며(동물성 감염, 특히 집고양이에게 물림) 국소적 또는 전파적 감염을 일으킬 수 있다. *P. haemolytica*는 적어도 부분적으로는 소, 양, 염소에서 폐렴을 일으키는 것으로 생각된다[예: 소의 수송열(shipping fever)]. *H. influenzae* b 혈청형은 주요한 사람의 병원체로 어린이에게 일어나는 뇌수막염, 부비동염(sinusitis), 폐렴, 기관지염을 포함한 다양한 질병을 일으킨다. 다행히 *H. influenzae* b 혈청형의 감염은 *H. influenzae* b (Hib) 백신의 사용으로 1980년대 말 이후 급격하게 감소하였다. 그러나 이 세균에 의해 적어도 300만 명은 심각한 질병을 앓고 있고, 매년 수십만 명이 전 세계적으로 사망한다. ▶| 뇌수막염(38.1절)

마무리 점검

1. 홍색황세균의 주요한 특성은 무엇인가?
2. *Beggiatoa*, *Leucothrix*, *Thiothrix* 종의 대사 특징을 설명하시오.
3. Pseudomonad가 중요한 이유를 3가지만 설명하시오.
4. *Shewanella* 종의 금속환원이 이화성으로 생각되는 이유는 무엇인가? 세포외 불용성 금속의 산화를 가능하게 하는 두 가지 형태적 적응에 대해 설명하시오.
5. Vibrionaceae, Enterobacteriaceae, Pasteurellaceae 과를 구별하는 주요 특징을 열거하시오.
6. 생물발광에 필요한 2가지 보조인자는 무엇인가?
7. 발효 양상에 따라 장내세균을 나누었을 때 이들이 속하게 되는 2종류의 그룹은 무엇인가?

요약

21.1 α-프로테오박테리아 강에는 많은 빈영양생물이 속해 있다

- 홍색비황세균은 광유기종속영양생물로서 산소를 이용하지 않고 자라며 때로는 산소를 이용하여 화학유기종속영양을 한다. 광합성으로 생장하는 경우, 홍색세균의 광-수확 단백질과 반응중심은 세포질내 막 위에 위치한다(그림 21.2).
- *Magnetospirillum* 종은 함입된 세포막 표면에 철로부터 마그네토솜을 조립한다(그림 21.5).
- *Caulobacter* 종은 부속돌기 자루 그리고 부속지를 가진 세균으로 세균의 생장과 생식에 중요한 모델이다(그림 21.6, 그림 21.7).
- *Rhizobium* 종은 질소고정을 수행하는 반면, Agrobacteria는 식물에서 종양을 일으킨다. 모두 Rhizobiaceae 과에 속한다(그림 21.8, 그림 21.9).
- 탄소와 에너지원으로 1-탄소 화합물을 사용하는 프로테오박테리아는 메틸영양생물로 불린다. 어떤 미생물은 메탄을 사용하므로 메탄영양생물로 불린다. 세균에서 산소요구성 과정을 거치며 포름알데히드 중간산물을 생성하는데, 이들은 산화되어 에너지로 이용되거나 동화과정에 이용된다(그림 21.10, 그림 22.11).
- 질화 세균은 암모니아를 아질산염으로 산화시키거나 아질산염을 질산염으로 산화하는 질화작용을 담당하는 화학무기영양세균이다(그림 21.12, 그림 21.2).
- 전 세계적으로 분포되는 Pelagibacterales 목에 속하는 구성원들은 지구상 가장 많은 미생물이다. 이들은 빈영양 수생환경에 독특하게 적응한 생물들이다.
- 해양 박테리아는 탄소를 CO_2로 방출하지 않고 β-히드록시아스파르트산 회로를 통해 글리옥실산을 대사한다.
- 리케차(*rickettsia*)는 필수적인 세포내 기생생물이다. 세포막에 많은 수송 단백질을 가지고 있어 숙주세포의 영양물질, 조효소, ATP 등을 광범위하게 사용한다.
- 궁극적으로 미토콘드리아를 형성하기 위해 진화한 공생물은 프로테오박테리아이다. 보존된 막 조직체계는 세포질내 막이 에너지 보존효소의 부위로 발달하여 크리스테로 발전하는 메커니즘을 가리킨다.

21.2 γ-프로테오박테리아는 가장 큰 세균 강이다

- γ-프로테오박테리아는 프로테오박테리아 가운데 가장 큰 집단으로 매우 다양한 생리적 양상을 보인다(표 21.3).
- *Neisseria* 속은 운동성이 없으며 종종 쌍으로 존재하는 산소요구성인 그람음성 구균이 속한다(그림 21.16). 이들은 점막에 살며 뇌수막염이나 임질처럼 사람에게 심각한 질병을 일으킨다.
- *Sphaerotilus*, *Leptothrix*와 몇몇 속은 속이 빈 관과 같은 껍질 구조가 사슬 모양으로 연결된 세포를 감싸고 있으며 껍질은 세포와 직접 접촉하지는 않는다(그림 21.17).
- Nitrosomonadaceae 과에는 암모니아-산화 미생물인 *Nitrosomonas europaea*를 포함하여 2개의 질화세균 속이 있다(표 21.2, 그림 21.18).
- *Thiobacillus* 종 같은 무색황세균은 황 원소, 황화수소, 티오황산염을 산화하여 황산염을 만들어내는 화학무기영양 방식으로 에너지를 생산한다(그림 21.19).
- 홍색황세균은 산소비요구성으로 대개 광무기독립영양생물이다. 이들은 황화수소를 산화하여 황으로 만들어 세포내부에 과립으로 축적한다(그림 21.20).
- *Beggiatoa*나 *Leucothrix* 종 같은 세균은 긴 사상체나 모상체로 자란다. 두 종 모두 활주운동을 한다. *Beggiatoa* 종은 기본적으로 화학무기영양생물이며 *Lucothrix* 종은 화학유기영양생물이다.
- 해양성 *Beggiatoa*, *Thioploca*와 *Thiomargarita* 종은 가장 큰 미생물에 속한다. *Thiomargarita* 속 세균들은 거대한 세포내 소낭에 질산염을 저장한다(그림 21.22).
- 해양 세균인 *Hydrogenovibrio crunogenus*는 전자와 에너지원으로 환원된 황화합물을 사용하고 산소를 최종전자수용체로 사용하는 화학무기독립영양생물이다(그림 21.24).
- *Pseudomonas* 속에는 모양이 곧거나 약간 구부러진 산소요구성 그람음성 간균이 속한다. 이들은 1개 또는 여러 개의 극성 편모를 가지고 있어 운동성이 있으며 균사나 껍질 구조는 존재하지 않는다.
- *Pseudomonas* 종류는 자연적으로 일어나는 무기질화 과정에 관여하며 주요한 실험대상이다. 이는 많은 질병을 일으키며 냉장고에 보관된 음식을 상하게 하는 원인균이다.
- *Acinetobacter*는 병원에서 얻은 감염에 책임이 있다. 세포외피 구조의 몇 가지 특징은 의료 환경에서의 지속성에 기여한다.
- *Shewanella* 속은 대사의 유연성과 세포외, 불용성 금속을 최종전자수용체로 사용한다는 특징을 가진다. 이것은 전자셔틀이나 나노전선을 형성하여 이를 수행하는 등 여러 전략들로 진화되었다(그림 21.27).
- 종종 장내세균이라고 불리는 Enterobacteriaceae는 그람음성 세균으로 주모성편모를 갖거나 비운동성이며 조건부산소비요구성 생물로 영양요구조건이 까다롭지 않은 곧은 모양의 간균이다.
- 장내세균은 다양한 생리학적 검사를 이용해 동정한다. 대장균은 피루브산 포름산 분해효소와 포름산염 가수분해효소를 이용하여 혼합산 발효를 한다(그림 21.28).

심화 학습

1. *Rhodospirillum rubrum*의 대사적 유연성의 장점은 대사 과정에 관련된 모든 구조 및 조절 유전자를 운반하는 에너지 부담을 상쇄해야만 한다. 이러한 부담에도 불구하고 이 방법을 택하는 이유는 무엇인가?
2. 질화와 탈질화를 비교하시오. 어떤 것이 종속영양생물이 사용하며, 어떤 것이 독립영양생물이 사용하는가? 이들은 모두 이화성 과정을 가지는가?
3. 아그로박테리아에서는 휴면 포낭이 형성하는 능력이 장점이 되지만, 리조비움은 그렇지 않은 이유가 무엇인가?
4. 전자셔틀이 용해성 최종전자수용체가 부족한 생물막에 있는 세균의 증식을 도와주는 이유가 무엇인가?
5. *Shewanella*와 케이블 세균에서의 장거리 전자전달을 비교하고 대조하시오(그림 20.17 참조).
6. 라케차같이 절대세포내 병원체는 감염된 곤충이 사람을 먹이로 삼을 때 전염된다. 두 숙주의 세포내 틈새에서 세균은 고립된 개체군이며 수평적 유전자 이동의 기회가 거의 없다. 이러한 공동체의 부족을 절대세포내 기생충에 대해 관찰된 유전체 감소와 연관시켜 설명하시오.

7. γ-프로테오박테리아의 운동성을 연구한 과학자들은 배양이 노화될수록 운동성 세포의 비율과 함께 이동속도가 떨어진다는 것을 관찰하였다. 평가된 세균은 극성편모를 가지고 있고 세포당 편모의 수와 상관관계가 있었는데, 즉 세포들은 배양체가 기하급수적인 단계에서 정체기로 이동함에 따라 편모를 잃는 것으로 나타났다. 사실, 편모사상체는 배양액으로부터 분리될 수 있다. 세포 극의 극저온 단층 촬영은 저자들이 유물이라고 부르는 주변부에 걸쳐 있는 부분적 편모 구조를 보여준다. 모든 유물에는 온전한 편모세포에서 발견되지 않는 작은 단백질이 포함되어 있으며, 이는 주변세포질의 누출을 방지하는 마개 역할을 하는 것으로 추정된다.

   영양소 제한에 반응하기 위해 특정 γ-프로테오박테리아가 사용하는 이 현상을 확립한 후, 어떻게 박테리아가 편모를 배출하도록 촉발되는지 그리고 플러그 단백질이 어떻게 조절되고 삽입되는지 발견하기 위해 어떤 종류의 질문을 할 것인가? 어떤 신호 분자와 과정이 관련될 수 있으며 어떻게 당신의 가설을 시험할 수 있는가?

   α-프로테오박테리아 *Caulobacter crescentus*는 유주세포에서 자루세포로 전이를 위해 그들의 편모를 배출하는 것으로 알려져 있고(그림 21.7), 이 기전에 단백질분해효소가 관여한다. 단백질 분해작용이 플러그 단백질을 신속하게 재생하기 위한 γ-프로테오박테리아의 능력에 관여하는지 어떻게 결정할 것인가?

   편모 배출이 영양소 고갈에 적응하면서 세포에 어떤 도움이 되는가?

참고문헌: Ferreira, J. L., et al. 2019. γ-proteobacteria eject polar flagella under nutrient depletion, retaining flagellar motor relic structures. *PLOS Biology*. https://doi.org/10.1371/journal.pbio.3000165.

CHAPTER

22

그람양성 세균

Mateusz Kropiwnicki/Shutterstock

항생제 생산: 이것은 세균 사이의 잡담일까?

세균 중에서 스트렙토미세스(*Streptomyces*)보다 사람에게 더 큰 도움을 준 속은 찾아보기 힘들 것이다. 이들의 자연 서식지인 토양에서 스트렙토미세스는 식물과 동물 사체를 분해하는 미생물 집단의 중요한 역할을 담당하고 있다. 복잡한 식당에서 이들은 작은 분자 언어를 사용하여 폭풍과 같은 '대화'를 한다.

사실 일부 미생물학자들은 항생제가 다른 종끼리 또는 같은 종 내에서 대화의 수단으로 분비된다고 생각한다. 이것이 사실이라면 스트렙토미세스는 매우 수다스러운 미생물이다. 처방되는 모든 항생제의 약 2/3가 이 박테리아에 의해 만들어진 것이다. 스트렙토미세테스가 다양한 자연산물을 생성하고 분비하여, 제약회사들은 수많은 균주를 분리 검색하여 이들이 항암 화합물과 항진균제를 만든다는 사실을 발견했다. 스트렙토미세스 종은 약 10,000개의 생활성 생성물을 생산하는 것으로 알려져 있으나, 한 모델에 의하면 아직 발견되지 않은 것이 100만 개에 이른다고 한다!

스트렙토미세스 화합물이 많이 알려지지 않은 이유는 무엇일까? 그리고 우리는 이것을 어떻게 알게 되었을까? 스트렙토미세스 속 모델인 *S. coelicolor*의 유전체 서열은 20개 이상의 잠재적인 항균성 화합물을 암호화하지만, 이 세균은 배양물에서 자랄 시 4개만 생성한다. 이를 활용하기 위해 미생물학자들은 이러한 유전자의 발현을 억제하는 유전자 스위치를 켜는 방법을 알아내야 한다. 이것이 스트렙토미세테스의 대화 능력이 더욱 흥미로운 이유이다. 약 75년 전, 결핵 치료 항생제인 스트렙토마이신이 발견된 것은 *S. griseus*였다. 10년 후, 과학자들은 스트렙토마이신의 생성은 감마-부티로락톤(gamma-butyrolactone) 쿼럼센싱 분자인 A-인자라고 하는 작은 분자의 소량 방출에 의존한다는 것을 밝혀냈다. 만약 *S. griseus*가 A-인자를 교환하지 못한다면, 스트렙토마이신은 생성되지 못한다. 그 후 다른 그룹의 화합물질이 다른 항생제의 방출을 조절한다는 것이 밝혀졌다. 단독 배양 시 많은 스트렙토미세스 종은 항생제 활성을 거의 보이지 않지만, 다른 스트렙토미세테스 그룹과 같이 배양하면 분비된 분자를 교환하게 되면서 새로운 항생제가 방출된다.

이 모든 세균의 대화는 무엇을 의미하는가? 미생물에게 이것은 충분한 수의 자신과 유사한 종의 존재를 확보하기 위한 방법일 수 있다. 약품 개발의 측면에서 보면 새로운 자연산물을 선별하는 것은 하나의 스트렙토미세스 분리주를 순수 배양하는 단순한 배양이 아닌 좀 더 복잡한 상황임을 의미한다. 새롭고 창의적인 배양 및 선별 방법의 개발이 필요한 이유이다.

이 장에서는 그람양성 세균을 알아보고자 한다. 대부분의 그람양성 세균은 단일막(monoderm)이며, 원형질막과 두꺼운 펩티도글리칸으로 구성된 세포외피를 가진다. 그람양성 세균에는 *Streptomyces*(Actinobacteriota 문)와 같은 방선균뿐만 아니라, 내생포자 생성균, 주목할 만한 병원체 및 식품 생산에 중요한 박테리아(Firmicutes 문)가 있다.

이 장의 학습을 위해 점검할 사항:

✓ 그람양성 세포벽을 그리고, 구성부위 목록을 나열할 수 있다(3.4절).

✓ 유영운동과 활주운동을 구별할 수 있다(3.9절).

✓ 내생포자형성과 발아과정을 설명할 수 있다(3.10절).

✓ 미생물 증식에 영향을 주는 환경인자 목록을 나열할 수 있다(7.5절).

✓ 절대산소요구성, 조건부산소비요구성, 저농도산소요구성, 절대산소비요구성 생물의 증식과 생리의 공통점과 차이점을 비교할 수 있다(7.5절).

✓ 생물막의 형성 방법과 이들의 중요성을 설명할 수 있다(7.6절).

✓ 전자공여체, 전자수용체의 상대적 표준 환원전위를 표시한 전자전달계를 그릴 수 있다(10.4절, 11.4절).

✓ 종속영양과 독립영양의 차이를 설명할 수 있다(11.1절).

✓ 산소호흡과 무산소호흡, 산소발생 및 산소비발생 광영양, 기질수준 인산화와 산화적 인산화의 차이점을 비교할 수 있다(11.4절, 11.5절, 11.10절).

✓ 발효에서 ATP의 생성과 피루브산의 운명을 요약할 수 있다(11.6절).

22.1 Actinobacteriota 문

이 절을 학습한 후 점검할 사항:

a. 적어도 다른 두 방선균류의 생활사를 설명할 수 있다.
b. 외생포자와 내생포자의 차이점을 설명할 수 있다.
c. 방선균이 발견될 수 있는 일반적 환경을 나열할 수 있다.
d. 방선균류에 의해 발생하는 동물성 질병 1개와 사람의 질병 2개의 목록을 설명할 수 있다.
e. *Bifidobacterium*에 속하는 구성원의 형태를 설명할 수 있다.
f. 마이콜산의 구조와 마이코박테리아 세포벽 특성의 연관성을 설명할 수 있다.
g. 꺾기분열을 설명하고 이것이 세포의 울타리 배열을 가져오는 이유를 설명할 수 있다.
h. *Nocardia*와 *Rhodococcus* 과에 있는 세균이 사용하는 특이한 탄소와 에너지 기질과 생물정화에서의 이 세균의 중요성의 연관성을 설명할 수 있다.
i. 액티노플라네트 포자의 특이한 형태를 설명할 수 있다.
j. *Frankia* 종의 형태와 식물에서 이들의 집락과의 연관성을 설명하고, 오리나무와 같은 식물에게 세균 공생이 제공하는 장점을 설명할 수 있다.
k. 프로피오니박테리아가 사람에게 중요한 2가지 이유를 설명할 수 있다.
l. 스트렙토미세테스의 형태가 토양에서 이 그룹이 번창에 기여하는 방법을 설명할 수 있다.
m. 항생제 스트렙토마이신의 기원과 스트렙토미세테스에서 의해 만들어지는 5개의 다른 의약품을 설명할 수 있다.

표 22.1 방선균의 특성

속	크기(μm), 모양 및 운동성	산소 필요성	그 밖의 특징
Actinoplanes	분절법으로 번식하지 않음, 공기 중으로 거의 자라지 않는 분자형 균사체, 포자낭 형성, 극성편모를 갖는 운동성 포자 형성	산소요구성	균사는 종종 울타리처럼 배열을 가진다. 색깔이 매우 화려하다. 토양과 부패하는 식물에서 발견한다.
Arthrobacter	0.8~1.2 × 1.0~8.0, 어린 세포는 모양이 불규칙한 간균, 오래 자란 세포는 작은 구균임. 대개 비운동성	산소요구성	간균–구균 생장주기, 호흡대사, 카탈라아제 양성이다.
Bifidobacterium	0.5~1.3 × 1.5~8, 다양한 모양의 간균, 곤봉형 또는 가지형, 비운동성	산소비요구성	한 쌍의 세포가 종종 V자를 이룬 것도 있다. 탄수화물을 발효하여 아세트산과 젖산을 생성하지만 이산화탄소는 형성하지 않는다. 카탈라아제 음성이다.
Corynebacterium	0.3~0.8 × 1.5~8.0, 곧은 모양이거나 약간 굽은 간균으로 양끝이 뭉툭하거나 곤봉 모양, 비운동성	산소요구성이거나 조건부산소비요구성	한 쌍의 세포가 V자를 이루거나 나란히 배열된 세포가 울타리처럼 배열되어 있다. 카탈라아제 양성이고 발효성이다. 인산염중합체 과립을 가진다.
Frankia	지름 0.5~2.0, 영양성 균사는 가지가 얼마 없거나 매우 많고 기균사체는 형성하지 않음. 다실 포자낭 형성, 비운동성	산소요구성에서부터 저농도산소요구성까지	포자낭포자는 비운동성이다. 대개 질소를 고정한다. 대부분의 균주는 속씨식물과 공생관계를 맺으며 또는 뿌리혹을 유도한다.
Micrococcus	지름 0.5~2.0, 쌍구균, 사량체 또는 부정형 집단임. 대개 비운동성	산소요구성	집락이 대개 노랗거나 빨간색임. 카탈라아제 양성 호흡대사를 한다. 주로 포유류의 피부와 토양에 서식한다. 일부는 기생성이다.
Mycobacterium	0.2~0.6 × 1.0~10, 곧은 모양 또는 약간 굽은 간균, 때로는 가지 친 형태임. 항산성이고 비운동성	산소요구성	카탈라아제 양성, 쉽게 분절화되는 사상형, 지질 함량이 높은 세포벽을 가지고 있다. 토양, 물에 살며 어떤 종은 기생한다.
Nocardia	지름 0.5~1.2, 영양균사가 분절되어 막대형과 구형을 만듦. 비운동성	산소요구성	기균사체를 형성, 카탈라아제 양성, 토양에 널리 분포한다.
Propionibacterium	0.2~1.5 × 1~5, 다형적 간균, 갈퀴 또는 가지친 형태, 비운동성	산소비요구성에서부터 저농도산소요구성까지	발효하여 프로피온산과 아세트산, 그리고 종종 기체를 생성한다. 카탈라아제 양성이다.
Streptomyces	지름 0.5~2.0, 영양균사체는 광범위하게 분지가 있음. 기균사체가 3개 이상의 포자로 된 연쇄상 포자형성, 비운동성	산소요구성	지의류 또는 가죽처럼 반질반질한 집락을 형성한다. 종종 색소를 가진다. 호흡대사, 많은 유기분자를 영양물질로 사용한다. 토양생물이다.

방선균류(actinobacteria)는 매우 흥미로운 세균이다. 여기에 속하는 여러 속의 특징은 **표 22.1**에서 요약되어 있다. 모든 구성원이 화학유기종속영양생물이지만, 일부는 영양이 부족한 호기성 조건에서 자랄 때 전자전달사슬로의 전자 흐름을 유지하기 위해 전자공여체로 공기의 H_2를 사용하는 것으로 밝혀졌다. 이 장의 시작이야기에서 다루었듯이, 이들은 항생제, 항암제, 구충제, 장기이식 수술 환자를 위한 면역억제제 등의 대사산물을 생산하기도 한다. 이와 같은 방선균의 실용적 측면은 많은 경우 복잡한 생활사를 가진 이들의 생장 방식과 밀접한 관련이 있다. 많은 방선균류는 익숙한 형태의 구균이나 간균이 아닌 **균사**(hyphae)라 불리는 실과 같은 모양의 세포와 포자를 형성한다. 균사는 주로 격벽에 의해 여러 개의 핵양체를 함유한 긴 세포(20 μm 이상)로 분할된다. 한천이나 토양과 같은 단단한 기질에서 키우면 섬유성 방선균이 분지가 있는 그물 형태의 균사로 발달한다(**그림 22.1**). 균사는 기층(substratum)의 표면뿐만 아니라 안으로도 뻗어나가 **기저균사체**(substrate mycelium)라 불리는 조밀한 층을 이룬다. 자연에서 기층은 토양이나 기타 침전물이다. 실험실에서, 한천에서 자란 기저균사의 엉킴은 많은 방선균의 집락에 가죽과 같은 질감을 만든다(이 장의 시작이야기 이미지 참조). 많은 방선균에서 기저균사는 기층에서 위쪽으로 뻗어나가 털복숭이와 같은 집락의 **기균사체**(aerial mycelium)를 형성하기도 한다. 바로 이 시점에서 의학적으로 유용한 화합물들이 합성된다. 방선균이 활발하게 생장하는 영양세포에서 이와 같이 특수한 세포 형태로 전환되면서 생리적 특성이 변화하므로 이러한 화합물은 흔히 **2차 대사산물**(secondary metabolite)이라 불린다. ▶ 도전에 직면한 산업현장에서의 미생물 배양(41.3절)

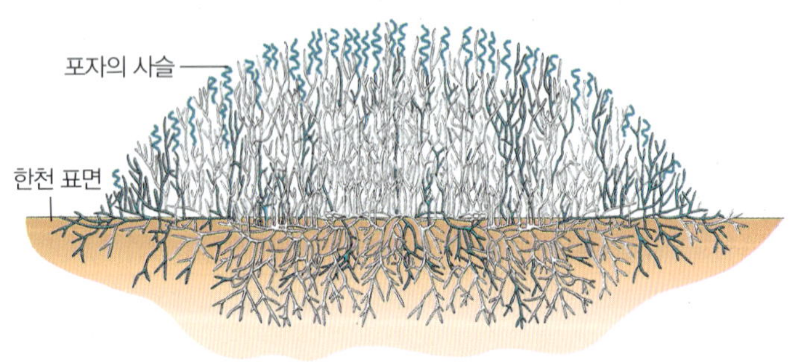

그림 22.1 방선균의 집락 단면도. 기저균사를 먹는 기균사가 활발하게 증식하는 집락을 이루고 있다. 살아 있는 균사는 파란색, 죽은 균사는 흰색으로 표시되어 있다.

시간이 지남에 따라, 기균사는 포자사슬을 형성하여 격벽을 만든다(**그림 22.2**, 그림 7.2 참조). 격벽이 완성되면, 각각의 외생포자는 환경으로 방출된다. 이러한 포자는 모세포의 내부에서 형성되지 않기 때문에 **외생포자**(exospore)로 부른다. 포자가 포자낭(sporangium: 피복 같은 구조)에 들어 있으면 이 포자를 **포자낭포자**(sporan데, 포자는giospores)라고 한다. 다른 세균에서의 포자 형성과 마찬가지로, 방선균의 포자도 대개 영양분이 고갈되거나 미생물 간 교환되는 화학적 신호에 의해 생성된다. 일반적으로 방선균의 포자는 특별히 열에 강하지 않지만 건조한 환경을 잘 견디므로 퇴적물 환경에 적절하다. 대부분의 방선균은 운동성이 없으며, 바람 또는 동물에 의해 흩어진 포자는 필요한 영양물질을 제공하기 위한 새로운 서식지를 찾을 수 있다. 흥미롭게도, 일부 운동성이 있는 속의 방선균은 포자에 편모가 있어 운동성을 지닌다. ◀ 세균의 내생포자는 생존 전략이다(3.10절)

Actinomycetales 목

Actinomycetales 목(방선균 목)에는 중요한 4개의 *Actinomyces*, *Bifidobacteria*, *Arthrobacter*, *Micrococcus* 속이 포함되어 있다. Actinomycetales 목은 토양의 복합다당체의 분해에 중요하다. 이들은 키틴, 펙틴, 셀룰로오스와 같은 분자를 가수분해하는 효소를 합성

(a) *Pseudonocardia yunnanensis*

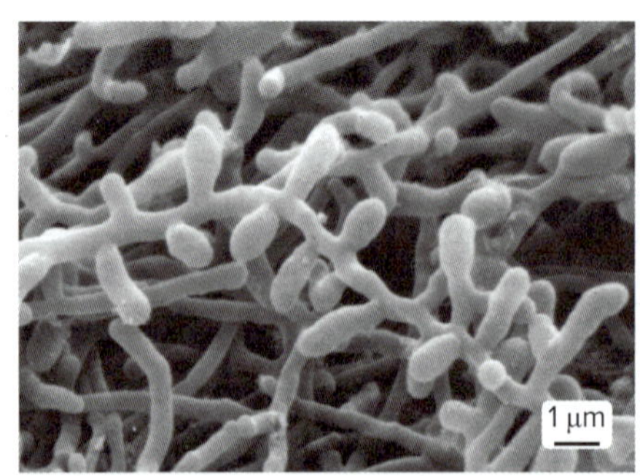

(b) *Saccharomonospora viridis*

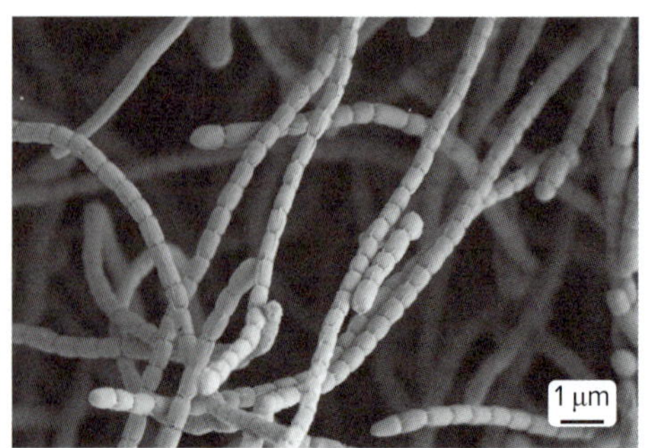

(c) *Streptomyces venezuelae*

그림 22.2 주사전자현미경으로 관찰한 방선균의 포자. (a) *Pseudonocardia yunnanensis*의 포자낭(막대 1 μm). (b) *Saccharomonospora viridis*의 포자는 기균사를 따라 좁은 간격으로 붙어 있다. 이 미생물은 농부폐증을 일으킨다. (c) 항생제 클로람페니콜을 생성하는 *Streptomyces venezuelae* 포자사슬이다. (a) C. L. Jiang L. H. Xu & S. Suzuki/Society for Actinomycetes Japan; (b) M. Hayakawa, H. Iino & H. Nonomura/Society for Actinomycetes Japan; (c) Courtesy of Kim Findlay and Mark Buttner

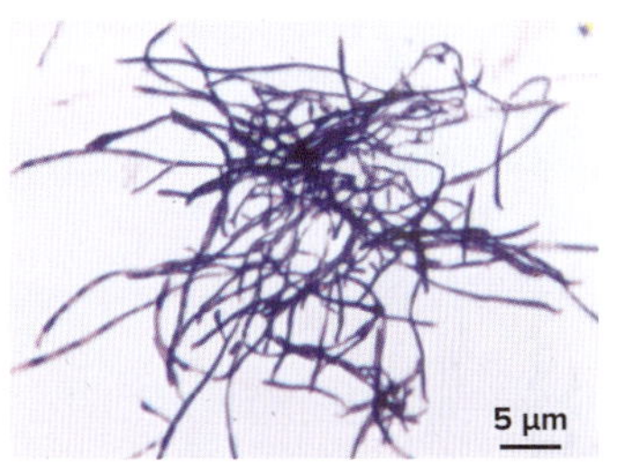

(a) *Actinomyces oris*

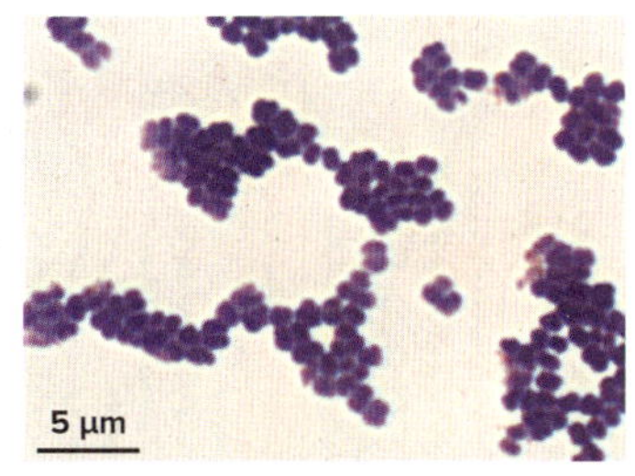

(b) *Micrococcus* 종

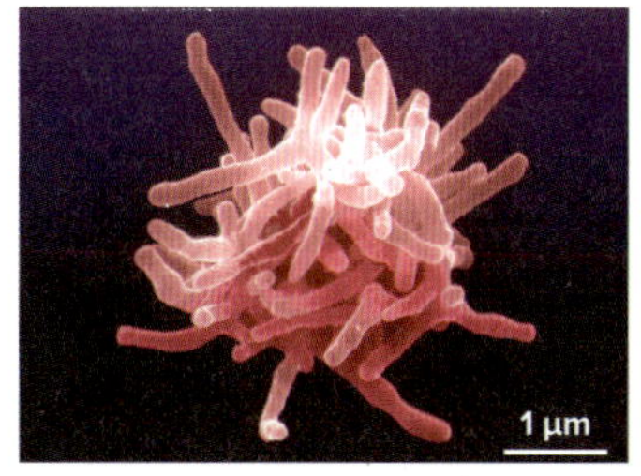

(c) *Actinomyces* 종

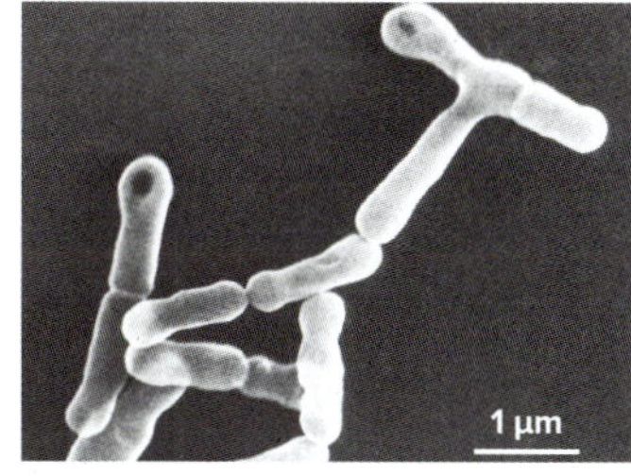

(d) *Bifidobacterium bifidum*

그림 22.3 ***Actinomycetales*** **목에 속한 박테리아의 광학현미경(a, b) 및 주사전자현미경(c, d)으로 관찰한 사진.** (a) Dr. Lucille K. Georg/CDC; (b) Source: Dr. Richard Fracklam/CDC; (c) David M. Phillips/Science Source; (d) S. Amano & S. Miyadoh/Society for Actinomycetes Japan

하고 분비한다. *Actinomyces* 속에 속하는 세균은 곧거나 약간 구부러진 모양이 매우 다양한 간균이거나 분지(branch)를 가진 가느다란 사상체이다(**그림 22.3a,c**, 그림 3.4a 참조). 간균과 사상체는 말단이 부풀어 오르거나 곤봉형일 수 있다. 조건부산소비요구성이거나 절대 산소비요구성생물로 최적 성장을 위해서는 CO_2가 필요하다. *Actinomyces*는 사람이나 온혈동물의 점막 표면에 서식하는 고유미생물로 구강은 특히 선호하는 서식지이다. *A. oris*는 치아 표면과 다른 구강 박테리아 종의 세포외피와의 부착을 매개하는 치태의 중요한 구성요소이다. *A. bovis*는 소의 덩어리턱(lumpy jaw)을 일으킨다. *A. israelii*는 특히 사람에게서 방선균증(actinomycoses), 눈 감염, 그리고 덩어리턱병을 일으키는 주요 병원체이다.

비피도박테리움(*Bifidobacterium*) 속의 구성원은 사람 장내 미생물상에서 이 세균의 중요성이 밝혀지면서 주목을 받고 있다. 이들은 약간 굽어 있거나 곤봉형(종종 분지형임) 등 다양한 모양의 비운동성, 무포자, 혐기성 그람양성 간균이다(그림 22.3d). 간균은 단일 또는 뭉쳐진 덩어리 및 V자형 쌍을 형성한다. 이들은 온혈 척추동물의 구강이나 장관, 하수 및 곤충에서 발견된다. *B. bifidum*은 사람의 장관에 존재하며, 건강상의 이점을 제공하기 때문에 프로바이오틱 제제(특히 요구르트에서)로 판매된다. ▶| 마이크로바이옴은 출생부터 성인에 이르기까지 발달한다(33.2절); 마이크로바이옴의 조절은 치료법이 될 수 있다(33.5절)

마이크로코쿠스(*Micrococcus*) 속에는 산소요구성 카탈라아제 양성 구균이 포함되어 있으며, 주로 한 쌍이나(쌍구균) 사연구균(tetrads) 또는 불규칙한 덩어리를 형성하며, 일반적으로 운동성이 없다(그림 22.3b). 다른 많은 방선균류와 달리, 마이크로코쿠스는 형태학적 분화를 겪지 않는다. 이들의 집락은 종종 노란색, 주황색 또는 빨간색이며, 토양, 물, 포유류의 피부에 널리 분포하고 있다.

아르트로박테르(*Arthrobacter*) 속은 산소요구성이며 카탈라아제 양성 간균으로 호흡대사를 한다. 가장 눈에 띄는 점은 간균–구균 생활사를 갖는다는 것이다(**그림 22.4**). 다른 많은 방선균과 같이, 이들의 주요한 서식지는 토양이며, 토양에서 배양 가능한 미생물군집의 중요한 성분을 구성한다. 이들은 포자를 형성하지 않지만, 건조하고 영양이 결핍된 환경에도 내성을 가지고 있어 이런 생태적 지위에 잘 적응되어 있다. 아르트로박테르는 영양학적으로 매우 유용하며 일부 제초제와 살충제를 분해할 수도 있다.

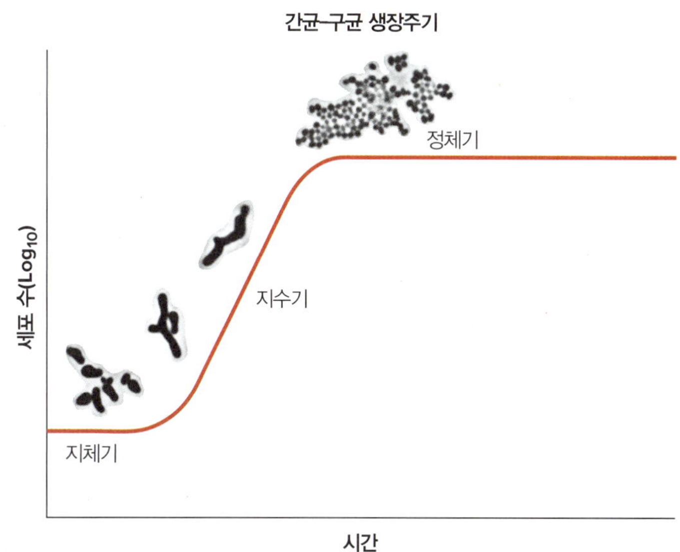

그림 22.4 ***Arthrobacter*** **종의 간균–구균 생장주기.** 25°C의 새 배지에 접종하면 (정체기에서와 같은) 지름이 1 μm 정도의 구형 세포가 커지고 길어지면서, 지수기에 이르면 길이가 약 7~10 μm인 분지를 가진 간균이 된다. 영양이 고갈되면, 세포는 정체기로 들어가고, 세포는 구형이 되면서 집락을 형성한다.

마무리 점검

1. 기저균사체, 기균사체 및 외생포자의 기능을 설명하시오. 이들 구조가 생존력에 어떠한 이점을 제공하는지 설명하시오.
2. 방선균이 실생활에 중요한 이유는 무엇인가?
3. 사람에게 흔히 연관되어 있는 두 속을 나열하시오.
4. 시판되는 요구르트에서 성분 목록을 찾아보시오. 어떤 방선균이 존재하는가?

Mycobacteriales 목에는 중요한 사람의 병원체가 속한다

Mycobacteriales 목에는 중요한 4개의 *Mycobacterium*, *Corynebacterium*, *Nocardia*와 *Rhodococcus* 속이 포함되어 있다. 이러한 속에 속하는 종은 이중막 세포외피를 가져 다른 그람양성 세균과 다르다. **마이코막**(mycomembrane)이라고 하는 두 번째 막은, 펩티도글리칸 외부에 있다. ◀ 세포벽은 많은 기능을 가지고 있다(3.4절)

Mycobacteriaceae 과는 *Mycobacterium* 속을 포함하는데, 모양은 약간 굽었거나 곧은 간균이고, 가끔 분지가 달린 모양을 하거나 사상체를 형성하기도 한다(**그림 22.5**). 마이코박테리아의 사상체는 쉽게 간균과 구균체로 단편화 된다. 마이코박테리아는 산소요구성으로 카탈라아제 양성이다. 새롭게 합성된 펩티도글리칸에 위치한 단백질인 MreB는 마이코박테리아에 존재하지 않으며, 세포의 극에서 자란다. 마이코박테리아는 아주 천천히 자라 복합배지에서 2~40일 동안 배양한 후에야 눈으로 확인할 수 있는 집락이 형성된다. ◀ 세포 생장과 세포 형태 결정(7.2절)

마이코박테리아의 세포외피는 **그림 22.6a**에 도식화되어 있다. 7 nm 두께의 마이코막은 치밀하게 배열된 공유결합의 **마이콜산**(mycolic acid)으로 이루어져 있고 비공유결합으로 짧은 지질이 부착되어 있다. 마이콜산은 불변의 26개의 탄소(C26)로 이루어진 지방산이 더 긴 C18~C76 가변성 지방산에 결합되어 있는 복합 지방산이다(그림 22.6b,c). 가변성 지방산의 화학적 변형에는 사이클로프로페인 단위체 형성, 이중결합 및 메틸화가 포함된다. 이러한 변형은 지방산 내에서 다양성을 생성한다. 마이코막의 마이콜산은 아라비노오스와 갈락토오스 소단위로 이루어진 다당체인 아라비노갈락탄(arabinogalactan)에 의해 펩티도글리칸과 공유결합으로 연결되어 있다. 이 세포벽은 매우 소수성이며, 항생제를 포함한 대부분의 유기분자가 침투하지 못한다. 마이코박테리아는 작은 분자의 통과를 도와줄 포린을 진화시켰다(그림 3.25 참조). 부가적으로 최근 마이코막은 VII형 분비 체계로 불리는 단백질 분비 기전을 가지고 있는 것이 밝혀졌다.

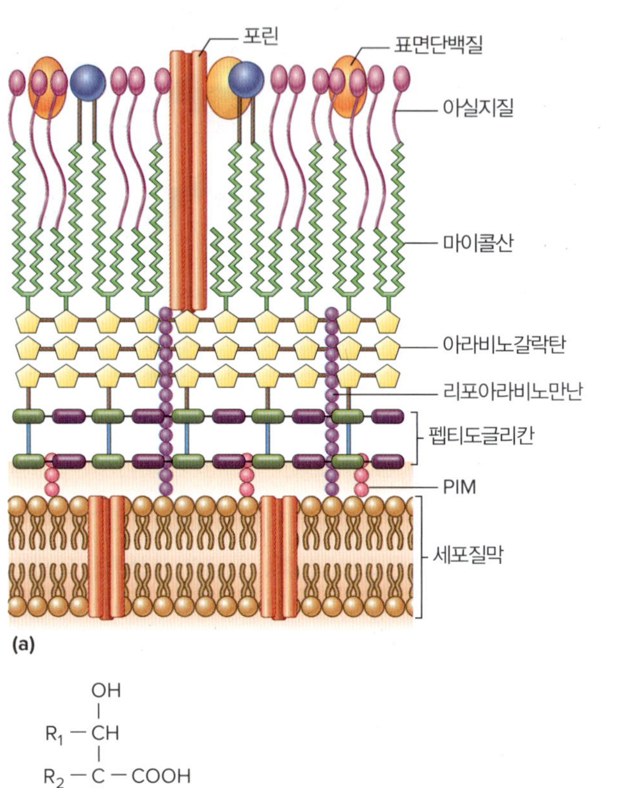

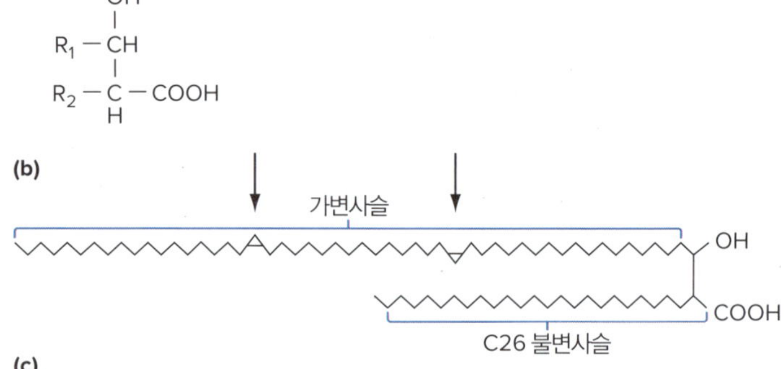

그림 22.6 마이코박테리아의 세포외피. (a) 펩티도글리칸은 당지질 리포아라비노만난과 포스파티딜이노시톨 만노사이드(PIM)에 의해 세포막에 고정되어 있다. 마이콜산에 연결된 아라비노갈락탄(D-아라비노오스와 D-갈락토오스) 역시 펩티도글리칸에 부착되어 있고 지질 이중층으로 덮여 있다. 그람음성균과 같이, 마이코박테리아는 포린을 가지고 있어 작은 분자들이 외막 통과를 조절한다. (b) 일반적인 마이콜산 구조는 500개 이상의 다른 분자들을 포함하는 그룹이다. R_1은 가변사슬이고 R_2는 C26 불변사슬이다. (c) 2개의 사이클로프로판 고리(화살표)를 가진 마이콜산의 예이다.

연관 질문 마이코박테리아 종은 왜 포린을 가지는가?

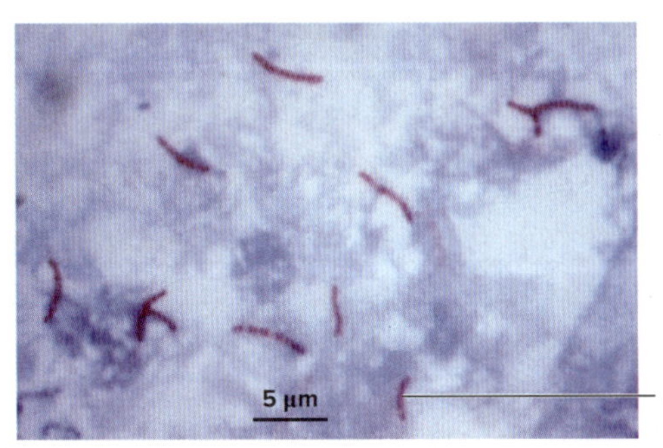

그림 22.5 마이코박테리아. 항산성 염색된 결핵균(*Mycobacterium tuberculosis*)이다. Dr. George P. Kubica/CDC

지질 함량으로 인하여 세포벽은 **항산성**(acid-fast: 염기성인 푹신 염료가 산성 알코올을 처리한 후에도 세포에서 제거되지 않는 현상)이다. ◀ 분별염색(2.3절); 단백질 성숙과 분비(13.9절)

어떤 종류의 마이코박테리아는 단독으로 생활하는 부생생물이지만, 이들은 동물 병원체로 더욱 잘 알려져 있다. *M. bovis*(최근에 *M. tuberculosis*로 재분류됨)는 소, 다른 반추동물, 영장류에서 결핵을 일으킨다. 이 세균은 사람에게도 결핵(tuberculosis, TB)을 일으킬 수 있기 때문에, 젖소는 해마다 이 병이 있는지를 검사해야 한다. 우유 파스퇴르살균법은 병원체를 죽일 수 있다. 파스퇴르살균법이

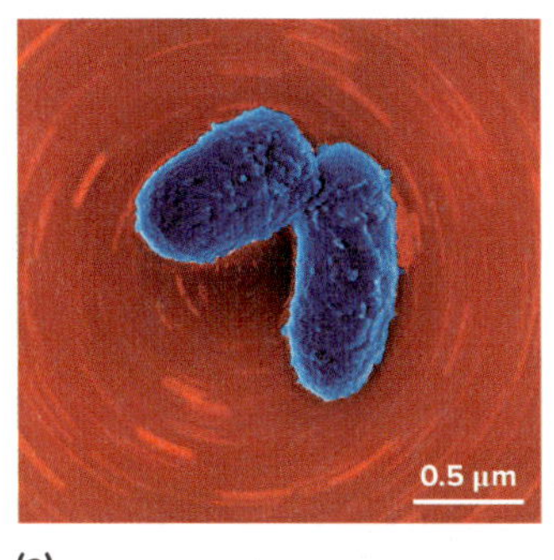

(a)

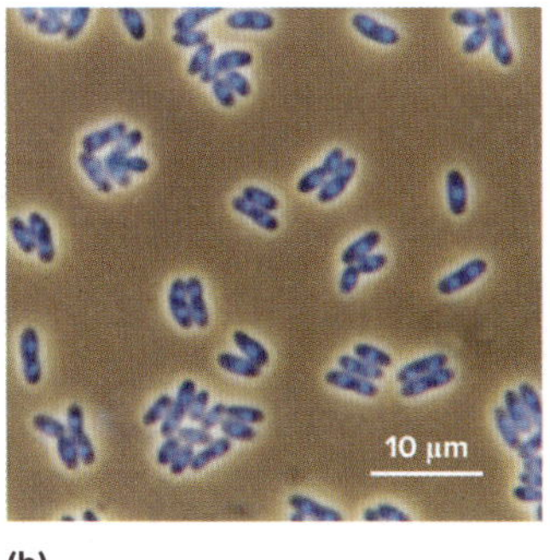

(b)

그림 22.7 꺾기분열로 울타리 배열을 형성하는 ***Corynebacterium diphtheriae*.** (a) 꺾기분열 후 두 딸세포가 각을 이룬 채 붙어 있다(×28,000). (b) 각을 이룬 세포쌍의 연합으로 울타리 배열이 만들어진다(×1,000). (a) Dr. Gray Gauler/Science; (b) © M. Wachi/Society for Actinomycetes Japan

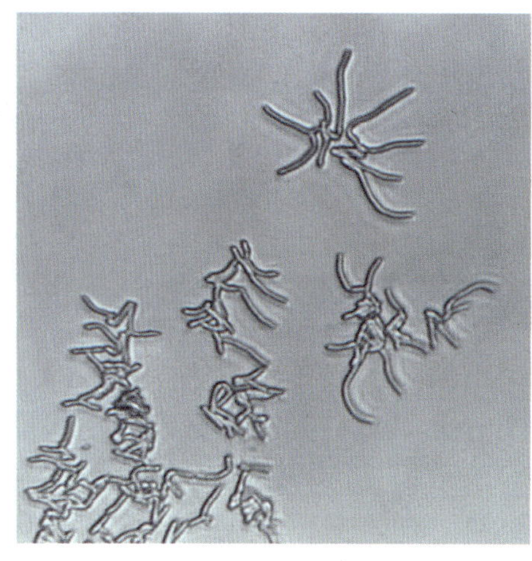

그림 22.8 ***Rhodococcus*.** Dr. David Berd/CDC

이용되지 않던 시기에는 오염된 우유가 전파의 원천이었다. 최근 *M. tuberculosis*는 사람의 주된 결핵균이다. 전 세계 인구의 1/3이 *M. tuberculosis*에 감염된 것으로 추정된다(그림 38.5 참조). 나병(한센병)은 마이코박테리아의 사람 질병이며 *M. leprae*에 의해 발병된다. 마지막으로 *M. avium*과 *M. intracellulare*는 매우 연관된 종으로 *M. avium* 복합체를 이루는데, 이들은 개발도상국에서 특히 면역기능이 약화된 사람에게 흔한 마이코박테리아에 의한 질병을 일으킨다. ▶| 마이코박테리아 감염(38.1절); 마이코박테리아의 피부감염(38.3절)

Corynebacterium 속은 산소요구성이거나 조건부산소비요구성이며, 카탈라아제 양성이고 직선이거나 약간 굽은 간균이다. 곤봉 모양의 형태가 흔하다. 코리네박테리아(corynebacteria)와 아르트로박터(arthrobacter)는 모두 이층층 세포벽을 가지며 **꺾기분열**(snapping division)을 한다(**그림 22.7a**). 꺾기분열은 세포분열 중 안쪽 세포벽만 내부로 함입되어 새로운 세포를 분리하는 격벽을 만들기 때문에 일어난다. 격벽이 두꺼워지면서 두 세포를 묶어주던 바깥쪽 세포벽에 힘이 가해진다. 마침내 힘이 점점 증가하면서 가장 약한 부분의 외벽이 터지고 꺾기로 인해 그 주변이 찢어진다. 남아 있는 외벽은 경첩처럼 새로운 두 세포를 서로 꺾어진 채로 고정한다. 결과적으로 새로운 세포들이 각을 지고 서로 붙어서 열을 이뤄 나란히 늘어선 **울타리배열**(palisade arrangement)을 하게 된다(그림 22.7b). 어떤 종은 해가 없는 부생생물(saprophyte)이지만 많은 코리네박테리아는 식물이나 동물의 병원체이다. 예를 들어, *C. diphtheriae*는 사람에게 디프테리아를 일으킨다. |◀ 디프테리아(38.1절)

Nocardia 종과 *Rhodococcus* 종은 지름이 0.5~1.2 μm 정도의 균사를 가진 기저균사체를 형성하며 이 균사체는 간균과 구균으로 쉽게 부러진다(**그림 22.8**). 대부분은 절대산소비요구성 생물이다. 이 두 속과 그 밖의 연관된 세균이 *Nocardia* 속과 닮았기 때문에 통칭적으로 **노카디아형**(nocardioform)이라고 불린다[프랑스 세균학자이며 수의병리학자였던 노카르(Edmond Nocard, 1850~1903)의 이름을 따서 명명].

Nocardia 종은 전 세계의 토양과 수중 서식지에 분포하고 있다. 탄화수소와 왁스의 분해에 관여하고, 물 속에 있는 고무 연결이나 하수구 파이프를 부식시킬 수 있다. 대부분이 독립생활을 하는 부생생물이지만 *N. asteroides*와 같은 몇몇 종은 사람과 다른 동물의 기회적 감염균이다. 면역력이 약화된 사람이 가장 위험도가 높다. 전형적으로 폐가 감염되지만 다른 기관과 중추신경계도 또한 감염될 수 있다.

*Rhodococcus*는 토양이나 수중 서식지에 널리 존재하는 종에 포함된다. 이들은 석유 탄화수소, 세제, 벤젠, 폴리염화비페닐(polychlorinated biphenyl, PCB)과 여러 가지 살충제 등 다양한 물질을 분해할 수 있어 상당한 관심의 대상이 되고 있다.

Micromonosporaceae 과에는 *Micromonospora*, *Dactylosporangium*, *Actinoplanes* 속이 있다. 이들은 종종 액티노플라네드(actinoplanet: 그리스어 *actinos*는 '광선', *planes*는 '방랑자'를 의미)라 불린다. 이들의 기저균사체는 잘 발달해 있으나 기균사체를 갖지 않거나 퇴화해 있다. 종종 균사는 색이 뚜렷하며 확산 가능한 색소가 생성된다. 포자는 대부분 기질의 표면 위로 돌출된 특수한 균사 끝에 형성된 포자낭병(sporangiophore)으로 불리는 특수한 균사의 말단의 기질층(subtratum) 표면에서 솟아오른 포자낭에서 형성된다(**그림 22.9a,b**). 일부 종에서 포자는 편모의 운동성을 가지는 등 매우 특이하다. 편모는 새로운 기질에 부착하여 발아될 때까지 남아 있다. 포자의 형태나 배열은 다양하다. 예를 들어, *Actinoplanes*는 몇 개의 포자를 가진 포자낭을 가지며, 다른 종은 하나의 포자낭에 수천 개의 포자가 들어 있다. 포자는 코일과 같은 배열을 하거나 나란한 사슬형 배열을 한다. *Dactylosporangium* 종은 곤봉 형태 또는 손가락과 유사한 모양

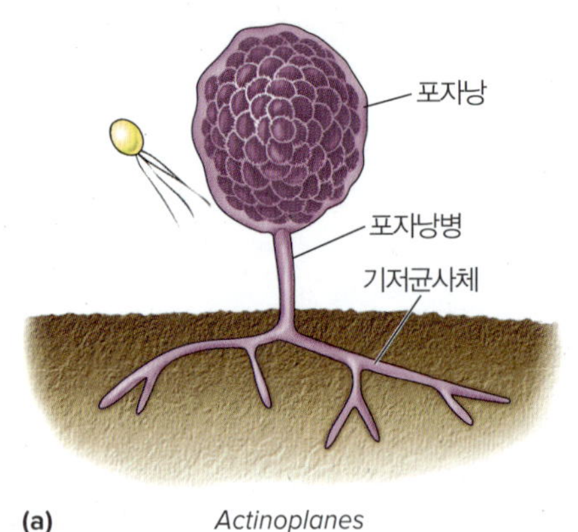

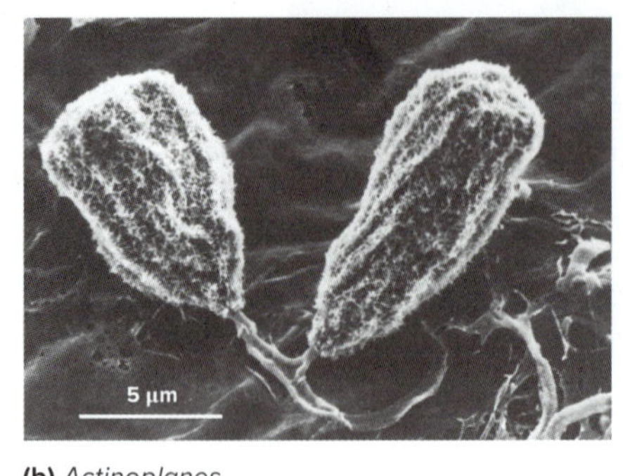

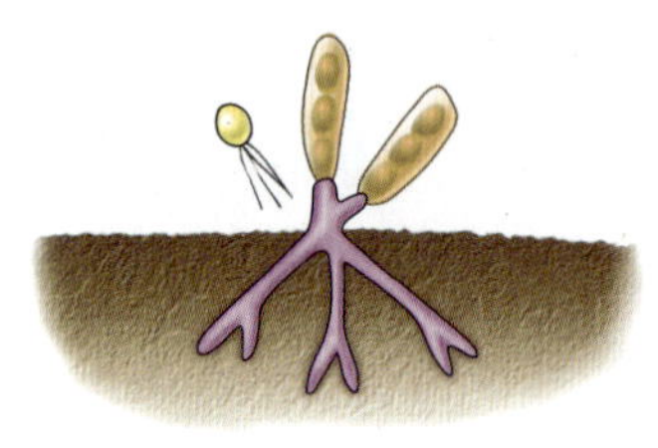

그림 22.9 Micromonosporaceae. 액티노플라네스의 형태이다. (a) *Actinoplanes*의 구조. (b) 성숙한 *Actinoplanes* 포자낭의 주사전자현미경 사진. (d) *Dactylosporangium*의 구조이다. (b) ©S. Amano & S. Miyadoh/Society for Actinomycetes Japan

또는 서양 배 형태로 1개 또는 6개의 포자를 가지고 있다(그림 22.9c).

Actinoplanetes는 숲의 쓰레기 더미에서 해변의 모래사장에 이르는 거의 모든 종류의 토양에 서식한다. 이들은 담수, 특히 개울이나 강에서 번성하고(아마도 산소와 식물의 잔재가 풍부하기 때문으로 보임), 어떤 종류는 바다에서도 분리된다. *Actinoplanes* 종은 2차 당뇨병 치료에 사용되는 약재인 아카보스(acarbose)의 제공원이다. 토양에 사는 종은 죽은 식물과 동물을 분해하는 데 중요한 역할을 한다. *Micromonospora* 종은 키틴과 셀룰로스를 활발하게 분해하며 젠타마이신(gentamicin)과 같은 항생제를 만든다.

Frankia 속의 세균은 균사가 수평과 수직 방향으로 분열할 때 비운동성 포자의 군집의 특징인 다실포자낭(multilocular sporangia: '다실'이란 표현은 여러 개의 방 또는 여러 구획을 의미)을 형성한다 (**그림 22.10a**, 그림 30.11 참조). *Frankia*는 적어도 8개 과의 고등 비콩과식물(예: 오리나무)의 뿌리와 공생관계를 이루며 성장하고 저농도산소요구성으로 공기 중 질소를 고정한다.

Frankia 종이 질소를 아주 효율적으로 고정하므로 오리나무 같은 식물은 복합 질소(예: NO_3^-)가 공급되지 않아도 잘 자랄 수 있다(그림 22.10b). 뿌리혹세포내에서 *Frankia*는 끝에 구형 주머니가 있는 분지가 달린 균사를 형성하며, 이 주머니가 질소고정이 일어나는 장소인 듯하다. 이들의 질소고정효소는 산소에 민감하고 몰리브덴과 코발트가 필요하다는 점에서 뿌리혹형성 세균류와 비슷하다. ◀ Rhizobiales 목에는 중요한 질소고정 세균이 속해 있다(21.1절) ▶ *Frankia*는 근방선균을 형성한다(30.3절)

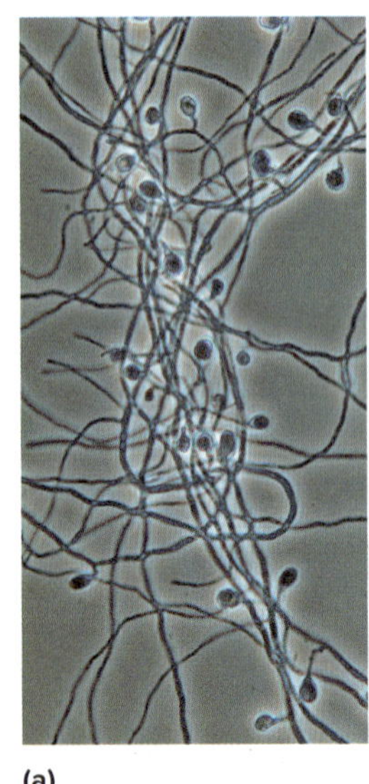

(a) (b)

그림 22.10 *Frankia*. (a) 균사와 다실포자낭을 차등간섭현미경으로 찍은 사진. (b) 오리나무 *Alnus rubra*의 뿌리혹이다. David Benson/University of Connecticut

Propionibacteriales 목

Propionibacteriales 목에는 *Propionibacterium*과 *Cutibacterium* 속이 속하며, 모양이 다양하고 운동성이 없으며 포자를 형성하지 않는 간균으로, 종종 한쪽 끝이 가느다랗고 다른 쪽 끝은 둥그스름한 곤봉 모양이다. 세포는 구균 또는 분지가 있는 경우도 있다. 세포 1개씩 떨어져 존재하거나 짧은 사슬을 형성하거나 덩어리로 뭉쳐 있기도 하다. 이 속은 조건부산소비요구성 또는 내기성(aerotolerant)이다. 젖산과 당을 발효하여 많은 양의 프로피온산과 아세트산을 생성하며, 종종 이산화탄소를 발생하기도 한다. *Propionibacterium*은 스위스 치즈를 만드는 데 사용되는 것으로, 발효 시 기체를 생성하여 특이적 구멍을 만든다. 동물에서 이 세균은 피부와 소화관에서 자란다. *Cutibacterium acnes*는 사람 피부에 많이 존재하는 세균으로 몸에서 나는 냄새와 여드름의 원인이다. 또한 조직이식 후 감염과 연관이 있는 기회감염 병원체다.

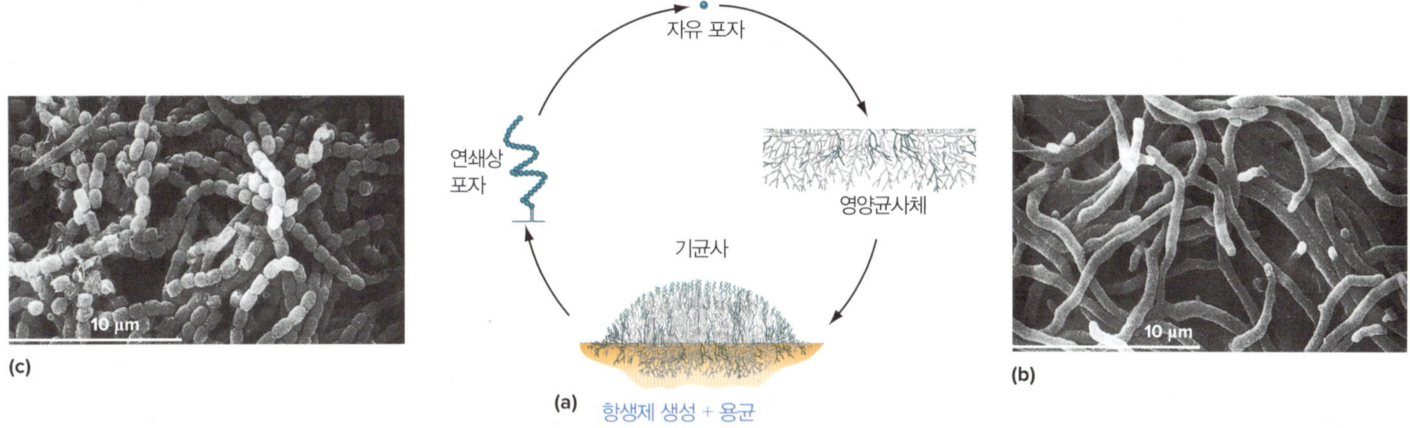

그림 22.11 *Streptomyces*의 생활사. (a) 3유형의 스트렙토미세테스의 형태: 외생포자는 발아하여 영양균사(기저균사로도 불림)를 만들고, 이어 기균사로 분화된다. 이것은 외생포자의 사슬을 만든다. (b) *S. coelicolor* 영양균사 주사전자현미경 사진이고, (c) 외생포자 연쇄사슬이다. (b, c) Joanne M. Willey, Ph.D.

Streptomycetales 목은 중요한 항생제 제공자다

Streptomycetales 목에서 가장 중요한 속이 *Streptomyces*이다. 이것은 매우 큰 속으로, 수백 종이 속에 포함된다. 모두 절대산소비요구성이며, 이들 세균은 종종 **스트렙토미세테스**(Streptomycetes: 그리스어 *Streptos*는 '굽은' 또는 '뒤틀린', *myces*는 '진균'을 의미)로 불린다.

그람음성 점액세균과 같이 스트렙토미세테스는 세균에서 알려진 진정한 다세포성의 예 중 하나다. 이것의 생활사는 모식도에서 보여준다(**그림 22.11a**). 단일의 비운동성 외생포자는 발아하여 기저균사를 생성하고, 치밀한 기저균사체를 형성한다. 영양이 부족하거나 세포 간 신호의 자극으로 기저균사는 공기 중으로 자라 기균사를 형성한다. 기균사는 기저균사체 내의 섬유를 포식하여 영양을 얻는다. 이 시점에서 스트레스를 받지만 여전히 생존하고 있는 균사는 다른 토양미생물과 경생하기 위해 항생물실이나 2자 대사산물을 생성하는 생활사를 가진다. 기균사는 계속 성장하여 꼬부라지고 규칙적인 간격으로 격벽을 만든다. 마침내 기균사체는 연쇄포자가 되고 떨어져 나와 단일 외생포자가 되어 새로운 생활사를 시작한다. 흥미로운 것은 외생포자 형성과정은 세포골격단백질 FtsZ와 MreB에 의존한다. 그러나 영양생장에서는 이분법이 아닌 말단이 확장하는 방법으로 성장하여 이들이 필요하지 않다. 그 결과 영양생장에서는 드물게 격벽을 가진 긴 섬유를 만든다. 하나의 세포에 여러 핵양체가 들어가게 되며 이것을 융합체 생장(syncytial growth)으로 불린다. ◀ 세포질 분열(7.2절); Bdellovibrionota 및 Myxococcota 문: 세균의 포식자(20.10절) ▶ 항생제(41.1절)

스트렙토미세테스는 생태적으로나 의학적으로 매우 중요하다. 이들은 대부분 토양에서 서식하며, 토양에서 분리하여 배양 가능한 생물 전체에서 1~20% 정도를 차지한다. 사실 축축한 땅에서 나는 냄새는 대개 스트렙토미세테스가 만들어내는 지오스민(geosmin) 같은 방향성 물질 때문이다. 스트렙토미세테스는 유기물질을 무기원소로 분해하는 무기질화 과정에도 매우 중요한 역할을 한다. 기저균사가 토양으로 스며들어 성장하면서, 펙틴, 리그닌, 키틴, 케라틴, 라텍스, 한천, 방향족 화합물 같은 난분해성 물질을 분해하는 다양한 효소를 분비하기 때문이다. ▶ 토양에 서식하는 다양한 미생물(30.2절)

왁스만(Selman Waksman)은 이 장의 시작이야기에서 다룬 *S. griseus* (**그림 22.12a**)의 TB를 치료할 수 있는 첫 번째 약인 스트렙토마이신 생성을 발견하면서, 의학적으로 중요한 물질을 생산하는 *Streptomyces* 종에 대한 광범위한 탐색이 진행되는 시발점이 되었다. 이후, 스트렙토미세네스가 10,000여 종 이상의 생리활성물질을 생성하는 것으로 밝혀졌다. 이 중 일부는 **표 22.2**에서 보여준다. 이 기운데 수백여 개가 의학과 산입현장에서 유용하세 활용되고 있다. 의학과 수의학에서 사용되는 항생제의 약 2/3가 스트렙토미세테스로부터 유래한 것이다. 항생제를 생성하는 세균은 그들이 합성하는

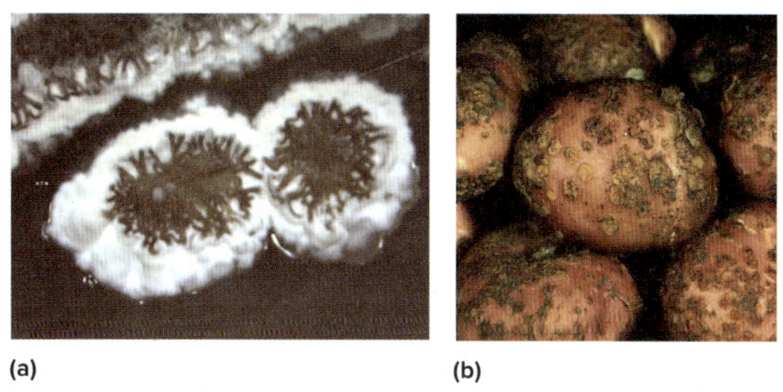

그림 22.12 실용적으로 중요한 스트렙토미세테스. (a) *Streptomyces griseus*이다. 스트렙토마이신을 생산하는 actinomycete 집락이고, 각 집락의 지름은 0.5 cm에 달한다. (b) 감자에서 자란 *S. scabies*이다. (a) Roger Greenwell; (b) Nigel Cattlin/Alamy Stock Photo

표 22.2	스트렙토미세테스에 의해 생성되는 자연산물의 예	
미생물	자연산물	적용
S. rimosus	테트라사이클린(tetracyclin)	항생제, 단백질 합성 저해제
S. clavuligerus	클라불란산(clavulanic acid)	β-락탐분해효소 저해제
S. nodosus	암포테리신 B(amphotericin B)	항곰팡이제제
S. noursei	니스타틴(nystatin)	항곰팡이제제
S. peucetius	다우노루비신(daunorubicin), 독소루비신(doxorubicin), 에피루비신(epirubicin)	항암제
S. verticillus	블레오마이신(bleomycin)	항암제

항생제에 내성을 갖게 하는 단백질(또는 작은 비암호화 RNA) 을 암호하하는 면역 유전자를 가지고 있다. ◀ 항미생물 화학치료(9장)

Streptomyces 종은 선형 염색체를 가지며, 복제는 중심 기점에서 양방향으로 진행된다. 끝에서 자라는 균사 세포 구조는 원형 염색체가 아닌 선형 염색체를 가짐으로써 염색체 분할이 단순화된 위상학적 문제임을 나타낸다. *Streptomyces*의 유전체는 가장 큰 박테리아 유전체 중 하나이며, 몇몇은 10 Mb를 초과한다. 많은 수의 유전자는 의심할 것 없이 세균의 복잡한 생활사를 수행하기 위하여 많은 단백질이 필요하다는 사실을 반영한다. 마찬가지로, 자연산물을 합성하려면 상당한 유전자 수용력이 필요하다.

항생제와 같은 천연물은 효소가 **생합성 유전자군**(biosynthetic gene cluster, BGC)이라고 하는 큰 오페론에 암호화되어 있는 생화학적 경로에 의해 합성된다. 이러한 유전자는 공동조절되어 최종생성물이 필요한 조건에서만 발현된다. 예로, 포자형성을 위해 집락이 영양균사체에서 기균사체로 전환될 때 항생제가 분비된다(그림 22.11). 영양균사체에서 죽어가는 세포는 펩티도글리칸 단편을 방출하며, 이 단편의 단량체는 살아남은 세포로 들어가 항생제 생합성 오페론의 전사유도제 역할을 한다. 이러한 방식으로 세포는 발달과 함께 BGC 발현을 조절한다. ◀ 효소 합성의 유도와 억제(14.2절)

Streptomyces 종에 대한 다양한 BGC의 유전체 연구는, 최종산물 경로를 발현하는 조건을 결정하는 것이다. 실험실 조건에서 발현되는 BGC는 거의 없으며, 몇몇 자연산물은 서열에서 추론할 수 없다. 스트렙토미세테스와 다른 미생물을 함께 배양하는 것과 같은 실험은 어느 정도 성공을 거두었다. *Streptomyces*(표 22.2)에서 이미 알려진 방대한 그룹을 감안할 때 이러한 BGC는 매력적이다.

대부분의 스트렙토미세테스는 거의 독점적으로 비병원성 부생생물이지만, 일부는 식물 및 동물 질병과 관련이 있다. *Streptomyces scabies*는 감자와 사탕무에서 반점병(scab disease)을 일으킨다(그림 22.12b). *S. somaliensis*와 *S. sudanensis*는 사람에게 병원성이 있는 것으로 알려진 스트렙토미세테스이다. 이들은 치료하지 않으면 피하조직의 드문 감염을 유발하는 방선균종(actinomycetoma)과 연관이 있으며 부기, 농양, 심지어 뼈 파괴를 일으킨다. *S. albus*와 기타 다른 종은 다양한 질병을 가진 환자로부터 분리되었으며 병원성일 수 있다.

마무리 점검

1. 마이코박테리아의 복잡한 소수성 세포벽이 이 속에 의한 질병치료에 어떤 문제를 발생시킨다고 생각하는가?
2. 꺾기분열이란 무엇인가? 울타리형 형성과 어떻게 연관이 있는가?
3. *Nocardia*와 *Rhodococcus*는 Actinobacteria를 연상시키는 세포 형태를 가지고 있다. (유전체 서열 외) 어떤 특징이 이들을 Mycobacteriales와 함께 분류하는가?
4. 액티노플라네스의 구별되는 특성을 나열하시오.
5. *Frankia* 종이 생태적으로 중요한 이유는 무엇인가?
6. 집이나 기숙사에서 *Cutibacterium* 속에 속하는 세균이 발견될 만한 장소는 어디인가?
7. *Streptomyces* 속이 생성하는 3가지 유형의 자연적 생성물은 무엇인가?
8. *Streptomyces* 종의 생태학적 중요성을 3가지 방법으로 설명할 수 있는가?

22.2 Firmicutes 문, Bacilli 강: 산소요구성 내생포자형성 세균

이 절을 학습한 후 점검할 사항:

a. *Bacillus* 종과 연쇄상구균의 최종전자수용체와 생성하는 발효물질 목록을 설명할 수 있다.
b. *Bacillus subtilis*가 중요한 모델 생물인 이유를 설명할 수 있다.
c. *Bacillus* 종이 실질적으로 중요한 3가지 특성을 설명할 수 있다.
d. *Thermoactinomyces*가 actinobacterium으로 간주되지 않는 이유를 설명할 수 있다.
e. 젖산세균으로 생각되는 속을 동정하고, 식품산업에서 이들의 중요성을 설명할 수 있다.
f. 장내구균과 연쇄상구균의 차이점을 설명할 수 있다.
g. α-용혈과 β-용혈 간 차이와 용혈작용을 하는 박테리아 속의 이름을 설명할 수 있다.
h. *Listeria monocytogenes*의 형태와 의학적 중요성을 설명할 수 있다.
i. 마이코플라즈마 세포외피 구조와 형태를 연관시킬 수 있다.
j. *Ureaplasma urealyticum*이 양성자구동력을 생성할 수 있도록 하는 양성자 유동 도표를 설명할 수 있다.
k. 마이코플라즈마의 활주운동을 설명할 수 있다.
l. 마이코플라즈마의 서식지를 나열하고 질병 유발과 연관시킬 수 있다.

표 22.3 Bacilli 강에 속하는 구성원의 특성

속	크기(μm), 모양, 운동성 및 내생포자	산소필요성	그 밖의 특징
Bacillus	0.4~1.8 × 0.9~10, 곧은 간균, 주모성편모, 내생포자 형성	산소요구성 또는 조건부산소비요구성	카탈라아제 양성, 화학유기영양생물
Enterococcus	0.6~2.0 × 0.6~2.5, 구형 또는 타원형의 세포가 쌍을 이루거나 짧은 사슬을 이루고 있음, 포자를 형성하지 않음, 종종 운동성	조건부산소비요구성	탄수화물을 발효하여 젖산을 생성, 기체는 생성하지 않음, 영양요구조건이 까다로우며 카탈라아제 음성, 분포가 다양하며 특히 포유류와 조류의 장내미생물에서 발견됨
Lactobacillus	0.5~1.2 × 1.0~10, 대개 길고, 일정한 모양의 간균, 포자를 형성하지 않음, 운동성이 거의 없음	조건부산소비요구성	발효성, 최종산물의 적어도 1/2이 젖산염, 영양분이 풍부한 복합배지에서 배양됨, 카탈라아제와 시토크롬 음성
Lactococcus	0.5~1.2 × 0.5~1.5, 구형 또는 타원형의 세포가 쌍을 이루거나 짧은 사슬을 이루고 있음, 포자를 형성하지 않음, 비운동성	조건부산소비요구성	화학유기영양생물로 발효성 대사를 수행, 젖산을 생성하며 가스는 생성하지 않음, 카탈라아제 음성, 영양요구조건이 까다로움, 유제품과 식물성 제품에서 발견됨
Leuconostoc	0.5~0.7 × 0.7~1.2, 구형 또는 타원형의 세포가 쌍을 이루거나 사슬을 이루고 있음, 비운동성, 포자를 형성하지 않음	조건부산소비요구성	발효할 수 있는 탄수화물과 영양물질이 풍부한 배지가 배양에 필요함, 발효산물로 젖산염, 에탄올, 기체 생성, 카탈라아제와 시토크롬 음성
Listeria	0.4~0.5 × 1~2, 단일 또는 짧은 사슬을 이루는 간균, 30℃ 이하에서만 주모성편모로 운동	산소요구성 또는 조건부산소비요구성	자연계에 널리 분포, 식품 오염균으로 냉장온도 및 소금과 질산나트륨으로 보존된 식품에서 자라는 식품매개 오염균
Mycoplasma	0.15~0.3: 다형성, 활주운동, 포자를 형성하지 않음	조건부산소비요구성 또는 산소비요구성	사람 및 동물 병원체, 세포 배양의 흔한 오염물질
Straphylococcus	0.5~1.5, 단일로 존재하거나 모양이 불규칙한 덩어리를 형성하는 구형 세포, 비운동성, 포자를 형성하지 않음	조건부산소비요구성	화학유기영양생물로 호흡대사와 발효대사를 모두 수행, 대개 카탈라아제 양성, 척추동물의 피부와 점막에 서식
Streptococcus	0.5~2.0, 구형 또는 타원형으로 쌍을 이루거나 사슬을 이루고 있음, 비운동성, 포자를 형성하지 않음	조건부산소비요구성	발효성, 주로 젖산염을 생성하며 기체는 생성하지 않음, 카탈라아제 음성, 주로 적혈구를 공격하여 α- 또는 β-용혈 반응을 일으킴, 까다로운 영양요구 조건이 필요하며 동물과 편리공생관계를 맺거나 기생
Thermoactinomyces	0.4~1.0, 분지를 가짐, 방선균과 유사하게 격벽이 있는 균사체를 형성, 내생포자형성	산소요구성	대개 호열성, 균사 위에 진정한 내생포자를 단일로 형성, 부패하는 건초, 식물, 퇴비 등에 많음

내생포자를 형성하는 Firmicutes 목에는 Bacillales(이번 절)와 Clostridiales(22.3절) 두 과가 속해 있다. 내생포자는 영양부족 상태의 모세포내에서 만들어지는 것을 상기할 필요가 있다. 방출된 포자는 환경에 저항성이 매우 높아서 수천 년을 생존할 수도 있다. ◀ 세균의 내생포자는 생존 전략이다(3.10절)

Bacilli 강은 구균, 내생포자를 형성하는 간균과 구균, 포자를 형성하지 않는 간균이 속해 있다. 속의 특성은 **표 22.3**에 요약되어 있다. 모든 유기체는 전형적인 단배엽 세포외피를 가지고 있다.

Bacillales 목

Bacillales 목에서 *Bacillus* 속이 가장 크다. 이 속은 내생포자를 형성하는 화학종속영양 간균을 포함하고, 대개 운동성이 있으며 주모성 편모가 있다(**그림 22.13a**). 고초균(*Baciilus subtilis*)은 질산염을 최종전자수용체로 사용하거나 젖산염, 아세

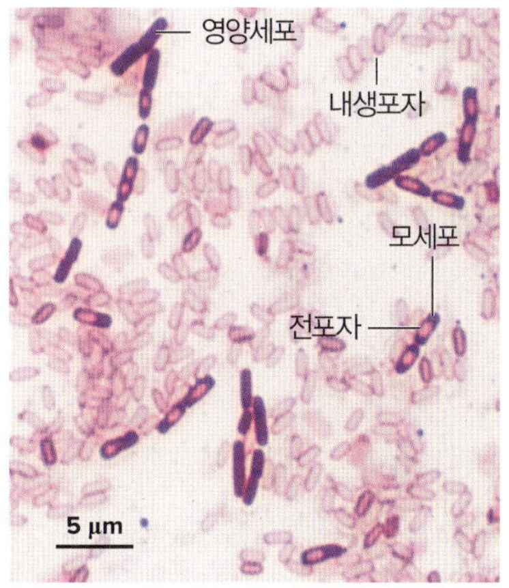

(a) *B. megaterium*

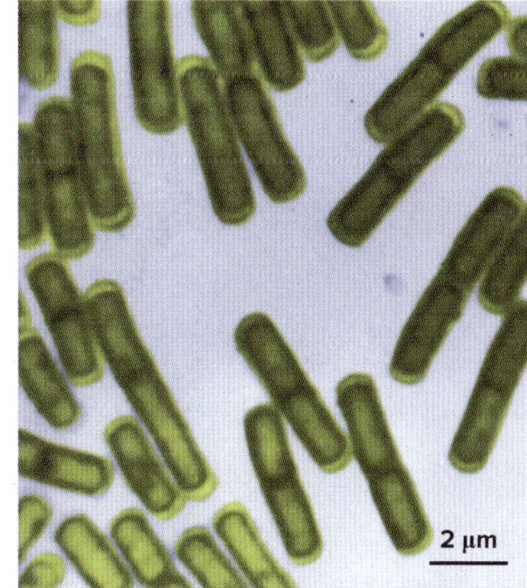

(b) *B. cereus*

그림 22.13 *Bacillus*. (a) *B. megaterium* 내생포자는 디원형의 포자기 기운데 들이 있디(× 1,600). (b) *B. cereus*를 SYTOX Green으로 핵산을 염색하여 에피형광과 차등간섭위상차현미경으로 찍은 사진이고, 빛나는 노란색으로 보이는 세포는 죽은 것이다. (a) Lisa Burgess/McGraw-Hill; (b) Science History images/Alamy Stock Photo

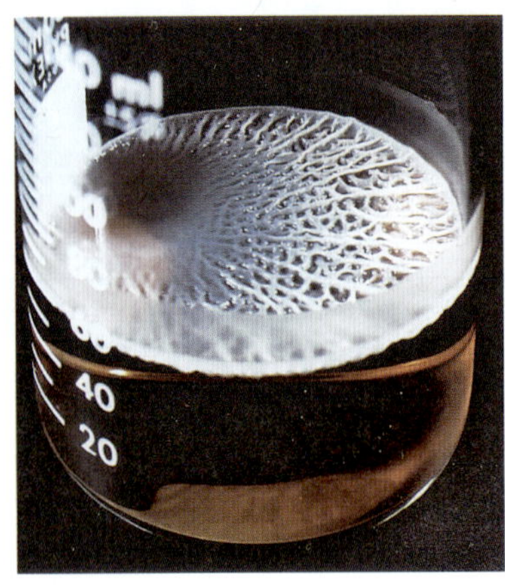

(a) 생물막 형성

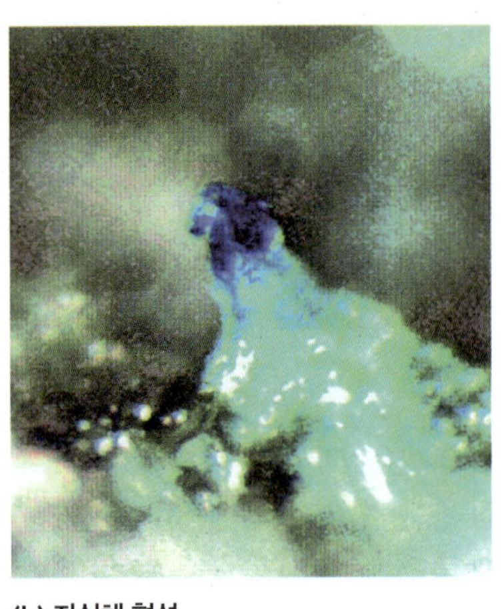

(b) 자실체 형성

그림 22.14 *Bacillus subtilis*에 의한 생물막 형성. (a) 영양이 부족한 배지에서 흔들지 않고 수일간 배양하면, *B. subtilis*는 물과 공기의 접촉면에 소수성 생물막이나 펠리클을 형성한다. (b) *B. subtilis*는 최소 염 한천배지에서 수일간 배양하면 다세포성 자실체를 형성한다. 이러한 세포들의 내생포자는 파란색으로 보이도록 염색하면 구조물의 끝에 내생포자가 풍부하게 있는 것을 알 수 있다. Banda et al. PNAS 25 Dept. 2001, vol. 98, fig 1A, P. 11623 Copyright National Academy of Sciences, U.S.A.

연관 질문 다세포성 행동이 *B. subtilis*에게 주는 생장이나 생존의 장점은 무엇인가?

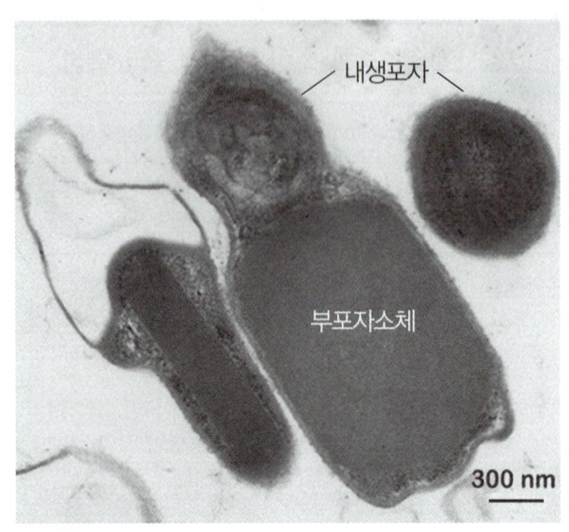

그림 22.15 부포자소체. 내생포자 바로 밑에 부포자소체를 갖고 있는 *B. thuringiensis*의 전자현미경 사진이다. 독립적 포자도 볼 수 있다. From: "Protein crystal structure obtained at 2.9 Å resolution from injecting bacterial cells into an X-ray free-electron laser beam," Michael R. Sawaya et al. PNAS vol. 111, no. 35, fig 1, p. 12769-12774. Copyright (2014) National Academy of Sciences, U.S.A.

트산, 아세토인을 주된 최종산물로 혼합산 발효를 하는 조건부산소비요구성 생물이다. 비병원성이며 유전자 조절, 세포분열, 쿼럼센싱(정족수인식), 세포분화 등의 연구에 유용한 모델 생물이다. 4.2 Mb에 달하는 유전체에 대해 여러 기지 흥미로운 사실이 밝혀졌다. 예를 들어, 일부 유전자 집단은 유전자 중복에 의해 확장되어 있는데, 이 중 가장 큰 집단은 ABC 수송체를 암호화하며 *B. subtilis*에서 가장 풍부한 단백질이다(그림 3.13 참조). 시그마 인자를 암호화하는 유전자는 18개가 된다. 세균이 유전자 발현을 조절하는 중요한 방법 가운데 하나는 RNA 중합효소의 시그마 인자 종류를 바꾸는 것이다. 이 경우, 많은 시그마 인자들이 포자형성이나 스트레스 조건에 대한 반응들을 제어한다. ◀ *B. subtilis*의 포자형성 과정(14.6절)

B. subtilis 내생포자는 다양한 토양에서 쉽게 발견된다. 흥미로운 것은 분해가 활발한 물질 및 식물의 뿌리와 밀접하게 결합하여 생장하는 내생포자가 아닌 영양단계 세포라는 것이다. 내생포자를 형성하는 것 외에도, *B. subtilis*는 영양세포와 내생포자가 공간적으로 구별되는 자실체와 생물막을 형성한다(**그림 22.14**) ◀ 생물막은 자연에 흔히 존재한다(7.6절)

많은 *Bacillus* 종에는 중요한 것이 있다. 이들은 바시트라신(bacitracin), 그라미시딘(gramicidin)과 폴리믹신(polymyxin) 등과 같은 항생제를 생산한다. *B. cereus*(그림 22.13b)는 식중독을 일으킨다. *B. thuringiensis*는 Bt라는 살충제를 만든다. 내생포자가 형성되는 동안 고체 단백질 결정인 **부포자소체**(parasporal body)가 모세포에서 형성된다(**그림 22.15**). 41장에서 다루겠지만, *B. thuringiensis*의 부포자소체에 들어 있는 단백질 독소는 나방 유충의 알칼리성 장에서 활성화되어 상피세포를 파괴하여 100여 종 이상의 나방을 죽일 수 있다. *B. anthracis*는 가축과 사람을 죽일 수 있는 탄저병의 원인균이다. ▶ 탄저병(38.5절); 농업생명공학은 식물병원체에 의존한다(41.4절)

Bacillales 목의 한 속으로 *Sporosarcina* 속이 있다. 이 속은 간균이 아닌 구균으로 내생포자를 형성하는 것으로 현재까지 알려진 유일한 세균이다. *S. ureae*는 요소를 CO_2와 NH_3로 분해할 때 발생하는 염기성 조건(pH 10 이상)에 대한 내성이 있기 때문에 특히 흥미롭다. 흥미롭게도 이것은 동물이 흔히 방뇨하는 축산지에서 쉽게 분리된다.

Thermoactinomycetales 목

Thermoactinomyces 속은 토양의 기저균사(섬유성 세포)가 위쪽으로 자라 기균사로 분화하기 때문에 원래 방선균류(actinomycetes)로 분류되었다. 그러나 계통발생학적 분석에서 별개로 분류된다. *Thermoactinomyces* 종은 방선균과 달리 기균사와 기저균사 모두 진정한 내생포자를 형성한다. 이 세균은 호열성으로 45~60°C에서 자란다. *Thermoactinomyces* 종은 축축한 건초더미나 퇴비더미에서 주로 발견된다. 건초더미와 곡식을 저장하는 저장고나 퇴비더미에 있는 *T. vulgaris*는 농부에게 호흡기 질환이나 알레르기를 일으킨다. *T. vulgaris*의 내생포자가 미네소타 호수의 진흙에서 발견되었는데

7,500년 동안 휴면상태 후에도 살아 있는 것으로 밝혀졌다.

Staphylococcales 목

Staphylococcales 목에는 4개의 속이 있는데 그중 가장 중요한 속은 포도상구균(*Staphylococcus*)이다. 조건부산소비요구성 생물은 운동성이 없는 구균으로, 분열면이 여러 개로 분열 후 불규칙한 덩어리를 형성한다(**그림 22.16a**). 대개 카탈라아제 양성, 산화효소 음성이다. 산소를 최종전자수용체로 사용하여 호흡하며, 일부는 질산염을 아질산염으로 환원할 수 있다. 이들은 또한 포도당을 발효하여 젖산으로 전환할 수 있다.

포도상구균은 일반적으로 피부 및 정온동물의 점막에서 발견된다. 이들은 사람에서 다양한 질병을 일으킨다. 황색포도상구균(*S. aureus*)은 여러 독성 인자를 집합적으로 가지고 있어서 면역기능을 피해 숙주를 장악한다(그림 22.16b). 이들은 세균 표면에 단백질 A를 가지고 있으며, 숙주 항체의 고정부위인 Fc 부위와 결합하여 불활성화시킨다. 덧붙여 몇몇 단백질들은 집락형성과 방출에 도움을 준다. 응집인자(clumping factor, 응집효소: coagulase로도 불림)는 세균이 혈소판과 상처 조직에 부착하도록 도와 초기 집락형성을 촉진시킨다. 대조적으로, 스타필로인산화효소(staphylokinase)는 초기 집락형성 부위를 넘어 침입하는 세균을 차단하는 피브린 덩어리를 용해시킨다. 응집효소는 황색포도상구균과 다른 포도상구균 종을 구별하는 지표로 사용된다. 이 외에도 혈액 한천배지에서 증식과 용혈 패턴도 포도상구균을 동정하는 데 유용하다. 포도상구균 β-용혈소(hemolysin)는 표적 원형질막에 용매로 가득 찬 채널을 만들어 세포를 터트린다. ▶|
포도상구균 질병(38.3절); 포도상구균 식중독(38.4절)

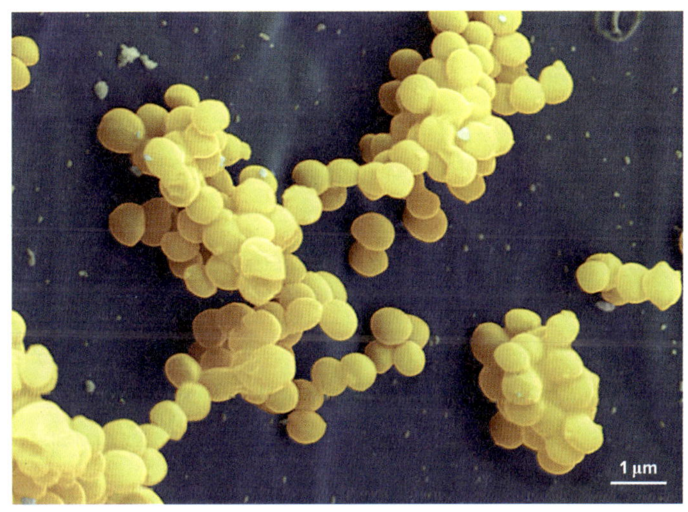

(a)

단백질 A는 IgG의 Fc에 결합한다.

표면수용체는 비트로넥틴, II형 콜라겐, 피브리노겐 및 피브로넥틴과 같은 숙주 단백질에 결합한다.

Staphylococcus aureus

협막

외독소: SE, TSST-1, ET-A, ET-B

용혈효소들: 루코시딘, α-용혈효소, β-용혈효소

침투에 사용되는 효소들: 응집인자, 스타필로인산화효소, 히알루론산분해효소, 지질분해효소

(b)

그림 22.16 ***Staphylococcus*.** (a) 황색포도상구균(*S. aureus*)의 구균들이 포도송이처럼 배열되어 있는 모습이다. 각 세포의 지름은 대략 1 μm이다. (b) *S. aureus*는 성공적인 병원체로서 많은 병원성 인자를 가지고 있다. 스타필로인산화효소는 숙주의 피브린을 분해하여 미생물의 침투를 돕는다. 히알루로산분해효소는 결합조직과 상피조직에서 발견되는 히알루론산을 분해한다. (a) Eye of Science/Science Source

마무리 점검

1. 새로운 *Bacillus* 분리주를 연구하고 있다고 하자. 분자생물학적 분석이 없는 경우 어떤 형태적, 생리적 특징으로 분류할 것인가?
2. 호열방성균 속에 대해서 독특한 특징은 무엇인가? *T. vulgaris*가 일으키는 질병은?
3. 포도상구균 종이 사는 환경의 예를 3가지만 들어보시오. 병원성 종과 비병원성 종은 어떤 점에서 다른가?

Lactobacillales 목

Lactobacillales 목에는 *Streptococcus*(연쇄상구균), *Enterococcus*(장구균), *Lactococcus*(젖산구균), *Lactobacillus*(젖산간균), *Leuconostoc*(류코노스톡) 등이 모두 여기에 속한다. 이 목에 속하는 세균은 내성포자를 형성하지 않고 대개 비운동성이다. 이들은 당을 탄소와 에너지원으로 사용하는 절대적인 발효생물이다. 시토크롬과 전자전달사슬이 없어 기질수준 인산화 과정에 의해 에너지를 얻는다. 젖산을 주된 또는 유일한 발효산물로 생산하는 이들을 총칭하여 **젖산균**(lactic acid bacteria)이라 부른다. 이들은 생합성 능력이 제한적이라 배양 조건이 까다로워서 여러 종류의 비타민과 아미노산, 퓨린과 피리미딘을 배지에 제공해야만 한다. 이 목의 구성원은 대개 조건부산소비요구성이지만 일부는 내기성(aerotolerant)으로 분류된다.
|◀ 산소 농도(7.5절); 발효는 전자전달사슬이 관여하지 않는다(11.6절)

이 목에서 가장 큰 속인 젖산간균 속에는 수십여 종이 있다. 젖산간균에는 간균과 일부 긴구균(coccobacilli)이 있다. 카탈라아제와 시토크롬이 없으며 젖산을 주요 또는 유일한 발효산물로 생산한다(그림 11.18 참조). 젖산간균은 엠덴-마이어호프 경로를 이용한 **동종젖산 발효**(homolactic fermentation)를 하거나 인산케톨화효소(phosphoketolase) 경로를 이용한 **이형젖산 발효**(heterolactic ferm-

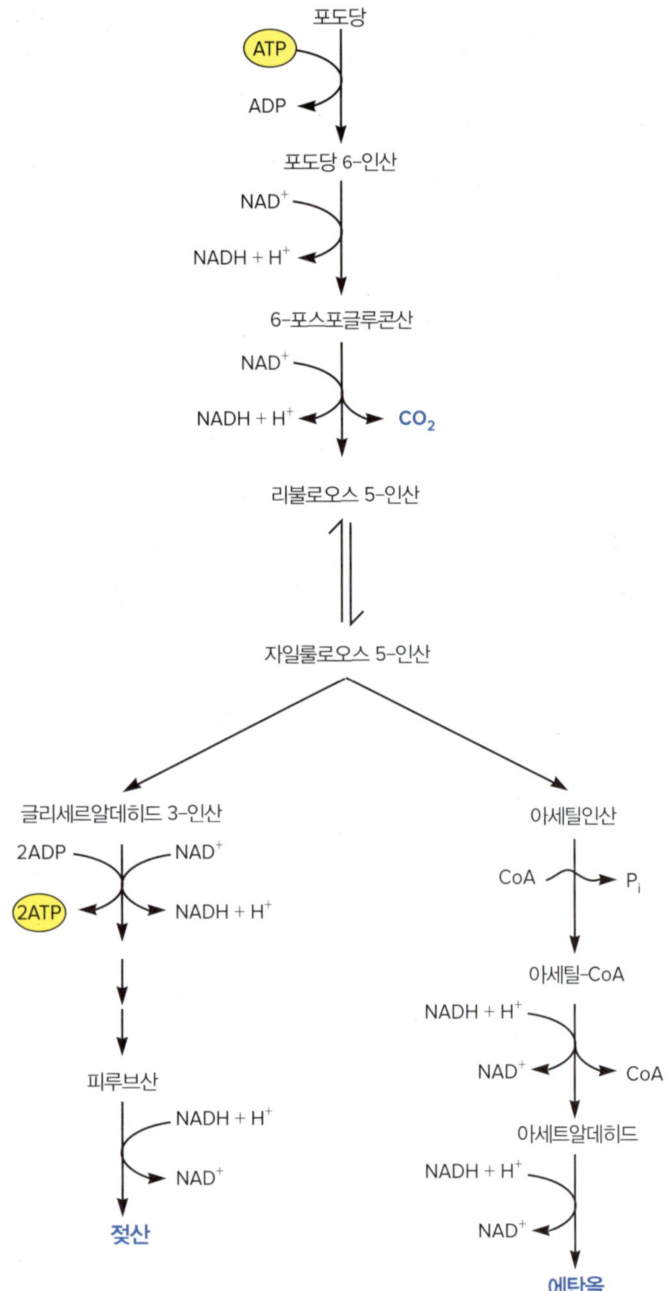

그림 22.17 이형젖산 발효와 인산케톨화효소 경로. 인산케톨화효소 경로는 포도당을 젖산, 에탄올, 그리고 CO_2로 전환한다. 젖산을 형성하는 가지에서, 글리세르알데히드 3-인산에서 피루브산으로의 5단계는 엠덴-마이어호프 경로이다(그림 11.5 참조)

연관 질문 하나의 포도당이 인산케톨화효소 경로로 들어갈 때 순수 ATP 생성량이 얼마인가?

entation)를 한다(**그림 22.17**). 이들은 pH가 4.5~6.4 사이인 약산성 조건에서 가장 잘 자라며, 유제품, 고기, 물, 하수, 맥주, 과일 및 여러 제품에서 발견된다. 또한, 젖산간균은 사람의 몸에 사는 고유미생물총이며 특히 질의 정상세균총에 중요하다. ▶| 세균성 질염(38.6절)

젖산간균은 식품과 낙농산업에 없어서는 안 되는 존재이다. 젖산

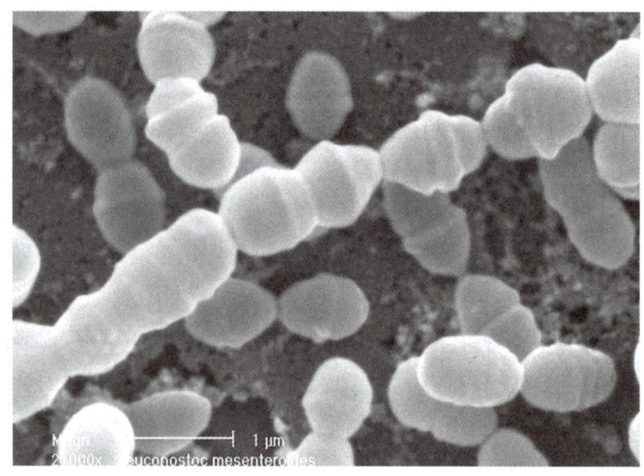

그림 22.18 ***Leuconostoc*.** *Leuconostoc mesenteroides*의 주사전자현미경 사진이다. SCIMAT/Science Source

간균은 발효된 채소(사우어크라우트, 피클), 사워도우(sour-dough) 빵, 스위스 치즈나 그 밖의 단단한 치즈, 요구르트, 소시지 등의 음식을 만드는 데 사용된다. 요구르트는 발효우유 가운데 미국에서 가장 인기가 높으며, *Streptococcus thermophilus*와 *Lactobacillus delbrueckii* 아종 *bulgaricus*가 이용된다. 이 속의 한 종인 *L. acidophilus*는 건강에 좋은 프로바이오틱 제품이며 상업적으로 판매된다. 한편 일부 젖산간균은 문제를 일으키기도 한다. 이들은 맥주나, 와인, 우유, 고기를 상하게 하기도 한다. ▶| 마이크로바이옴 조작은 치료될 수 있다(33.5절); 발효우유(40.5절)

Leuconostocaceae 과의 *Leuconostoc* 속은 조건부 그람양성 구균을 포함하며 모양은 길쭉하거나 타원형이며 쌍을 이루거나 균으로 연결된 사슬을 이루기도 한다(**그림 22.18**). *Leuconostoc*은 인산케톨화효소 경로를 통해 포도당을 D-젖산과 에탄올 또는 아세트산으로 전환시키는 이형젖산 발효를 한다(그림 22.17). 이들은 식물, 저장목초, 우유에서 분리될 수 있다. 이것은 와인 제조, 야채의 발효, 버터밀크, 버터, 치즈 제조 등에 사용된다. *L. mesenteroides*는 설탕에서 덱스트란을 합성하므로 산업적으로 덱스트란을 생산하는 데 중요하다. *Leuconostoc* 종은 음식을 상하게 하며 고농도의 당에서도 잘 견뎌 시럽에서도 자라기 때문에 설탕 정제 과정에서 큰 문제가 되기도 한다.

Enterococcaceae와 Streptococcaceae 과는 액체배지에서 배양하면 쌍으로 붙어 있거나 사슬로 연결된 형태로 존재한다(**그림 22.19**). 이들은 호흡하지 않고 절대적으로 발효대사만 한다. 이 균들은 당을 발효시켜 젖산을 생성하지만, 가스는 생성하지 않는 동종젖산 발효를 한다. 일부 종은 내기성 산소비요구성 생물이 아닌 절대산소비요구성 생물이다. *E. faecalis*와 같은 장구균(enterococci)은 사람과 대부분 동물의 장내 고유미생물총으로 존재한다. *E. faecalis*는 요로감염과 심내막염의 원인이 되는 기회 병원체이다. 장구균은 항생제 내

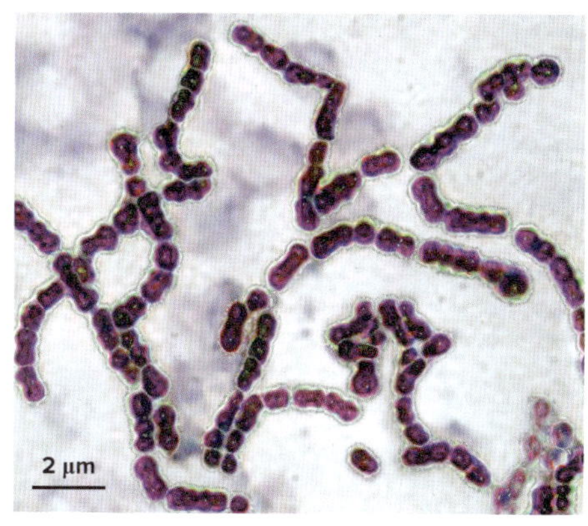

(a) *Streptococcus pyogenes* **(b)** *S. agalactiae*

그림 22.19 ***Streptococcus.*** (a) *Streptococcus pyogenes*. (b) B군 연쇄상구균 감염의 원인 *Streptococcus agalactiae*이다. 세포의 긴 사슬을 주목하자. 주사전자현미경 사진에는 색을 입혔다. (a) James Cavallini/Science Source; (b) Eye of science Source

성 유전자를 수평적으로 전달시키는 주요 매개체이다.

Streptococcaceae 과에는 *Lactococcus* 속과 *Streptococcus* 속이 포함되어 있다. 장구균처럼 액체 속에서 쌍으로 붙어있거나 사슬을 형성한다. *Lactococcus* 종은 당을 젖산으로 발효시키고 10°C에서 자라지만 45°C에서는 자라지 못한다. *L. lactis*는 우유를 응유시키고 디아세틸(diacetyl) 및 다른 산물을 합성하여 맛을 더할 수 있기 때문에 버터밀크나 치즈의 생산에 널리 사용된다. ▶| 발효우유(40.5절)

Streptococcus 속은 크고 복잡하다. 이 속의 모든 종은 조건부산소비요구성이고 카탈라아제 음성이다. 이 구균을 동정하는 가장 중요한 특성은 한천에 5%의 양 또는 말의 피를 섞어 만드는 혈액 한천배지에서 배양했을 때 적혈구를 용해하는 능력이다(**그림 22.20**). **α-용혈**(α-hemolysis)은 불완전한 용혈로 집락 주변에 1~3 mm 정도의 녹색 영역을 만들며, 이 색은 헤모글로빈의 분해로 발생한다. **β-용혈**(β-hemolysis)은 완전한 용해로 뚜렷한 영역을 만든다. 연쇄상구균에는 매우 독특하게 구별되는 세포벽 항원이 존재하므로 혈청학적 연구도 동정에 매우 중요하다. 이 세균은 **란스필드 체계**(Lancefield grouping system)로 20여 그룹의 연쇄상구균을 구별하는 동정법에 중요한 세포표면 탄수화물을 만든다. 예를 들어, *S. pyogenes*는 GAS라고 하는 그룹 A 연쇄상구균이다. 생화학적 검사 방법과 생리학적 검사 방법, 그리고 바시트라신, 설파제, 퀴닌 유사체 옵토킨(optochin)에 대한 민감도 등도 특정한 종을 동정하는 데 사용된다. ▶| 임상미생물학과 임상면역학(36장)

연쇄상구균은 병원성에 따라 화농성(pyogenic) 연쇄상구균, 구강 연쇄상구균 그리고 기타 연쇄상구균으로 나뉜다. 화농성 연쇄상구균은 고름 형성에 관련된 병원체다. 대부분 종은 β-용혈 반응으로 세포 연쇄체를 만든다. 이 그룹의 주요 사람병원체는 *S. pyogenes*로 연쇄상

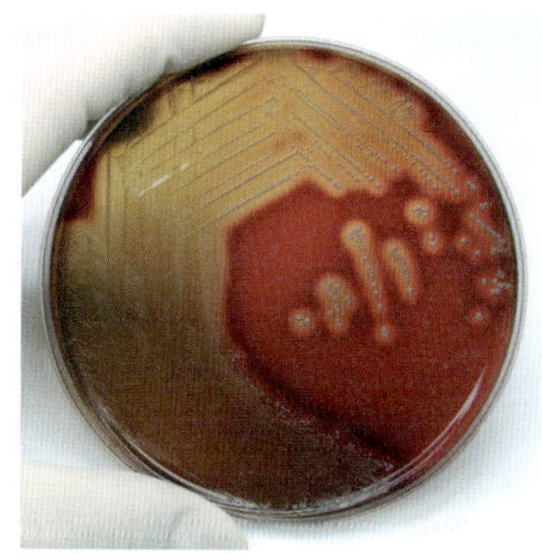

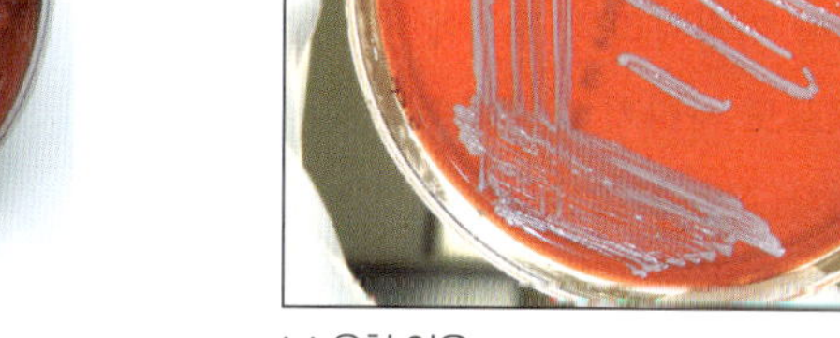

(a) α-용혈 **(b)** β-용혈 **(c)** 용혈 없음

그림 22.20 연쇄상구균과 포도상구균의 용혈반응 유형. (a) 황색포도상구균(*Staphylococcus aureus*)을 혈액 한천배지에 키웠을 때 볼 수 있는 α-용혈이다. (b) 화농성 연쇄상구균을 혈액 한천배지에 키웠을 때 볼 수 있는 β-용혈이고, (c) 혈액 한천배지에서 용혈반응을 보이지 않는 표피포도상구균이다. 이것을 γ-용혈 반응으로 부른다. (a) Matt Mezydlo; (b) Linde Stewart/Getty Images; (c) James Redfearn/McGraw Hill

연관 질문 α-용혈이 일어나는 집락의 주변에 녹색 영역이 있는 이유는 무엇인가?

구균성 인두염을 유발한다. 이 균을 치료하지 않으면 류마티스열과 피부감염을 유발하며 사구체신염으로 이어질 수 있다. 구강 연쇄상구균의 정상적 서식지는 사람과 동물의 구강과 상부 호흡기이다. 어떤 면에서 구강 연쇄상구균은 상호 간에 그리 유사성이 없다. *S. mutans*는 충치 형성과 연관이 있다. *S. pneumoniae*는 α-용혈성이며 쌍구균으로 자라며, 어린아이들의 폐렴과 중이염(중이의 염증)과 연관이 있다. ▶| 연쇄상구균 질병(38.1절, 38.3절); 연쇄상구균 폐렴(38.6절)

Listeriaceae 과

리스테리아(Listeriaceae) 과의 *Listeria* 속은 의학적으로 중요하다. 이 속은 조건부산소비요구성이고, 카탈라아제 양성이며, 주모성편모에 의해 운동성을 갖는 짧은 간균이다. 산소호흡 외에도 이 미생물은 포도당을 주로 젖산으로 발효시킨다. *Listeria* 종은 자연에 널리 분포하며, 특히 부패하는 물질에 존재한다. *L. monocytogenes*는 사람과 동물의 조건부 세포내 병원체로, 식품매개 감염인 선화병을 유발한다. ▶| 식품매개 질병의 출현(40.3절)

Mycoplasmatales 목

흔히 **마이코플라즈마**(mycoplasma)라고 불리는 Mycoplasmatales 목에 속하는 세균의 분류 배치는 논란이 되어 왔다. 때때로, 이들은 그람음성 또는 그람양성 세균으로 간주된다. 유전체 분석은 Bacilli 강에 속한다. 세포벽이 없고, 유전체가 짧으며, 대사경로가 단순화된 것이 특징이다. 짧은 유전체는 다양한 대사능력의 부족으로 인한 유전체 감소로 보인다. 마이코플라즈마는 원형질막에만 결합하기 때문에, 직경 0.3~0.8 μm의 구형 또는 배 모양의 미생물에서 가느다란 분지를 가지거나, 나선형 섬유에 이르기까지 다양한 형태를 갖는 다형성이다(**그림 22.21a**). 일부 마이코플라즈마(예: *M. genitalium*)는 세포에서 돌출되어 플라스크 또는 배 모양의 특수한 말단 구조를 가지고 있다. 이 구조는 진핵세포에 부착하는데 도움을 준다. 이들은 자기생식이 가능한 가장 작은 세균 중 하나이다. 대부분의 종은 조건부산소비요구성 생물이지만, 일부는 절대산소비요구성 생물이다. 한천에서 키울 때, 집락 가장자리의 표면에서 바깥쪽으로 퍼지는 동안 중앙의 한천 표면으로도 자라기 때문에 대부분은 계란후라이 모양의 작은 집락을 형성한다(그림 22.21b).

마이코플라즈마는 가장 짧은 유전체를 가진 세균 중 1,000개 미만의 유전자를 가지고 있어, 독립 생활을 위한 최소 유전체 크기를 가진다(표 22.3, 기술 및 응용 17.2 참조). 이들의 짧은 유전체는 다수의 거대분자를 합성할 수 없다는 것을 반영한다. 예로, *M. genitalium*은 숙주의 생합성 능력에 크게 의존하기 때문에 아미노산, 퓨린, 피리미딘 및 지방산을 합성하는데 필요한 효소를 암호화하는 유전자를 가지고 있지 않다. 게다가, 대부분의 종은 생장에 스테롤이 필요하며, 이는 숙주로부터 콜레스테롤을 얻는다. 스테롤은 세포벽이 없는 상태에서 삼투 안정성을 용이하게 하는 마이코플라즈마 원형질막의 필수 구성요소이다. 일부 마이코플라즈마는 엠덴-마이어호프 경로와 젖산 발효를 통해 ATP를 생성한다. 5탄당인산 경로는 적어도 몇몇 마이코플라즈마에서 기능적인 것으로 보이며, 어떤 것도 완전한 TCA 회로를 갖지 않는 것으로 보인다. 아르기닌은 다음과 같은 일련의 반응에서 ATP를 생성하기 위해 이화될 수 있다.

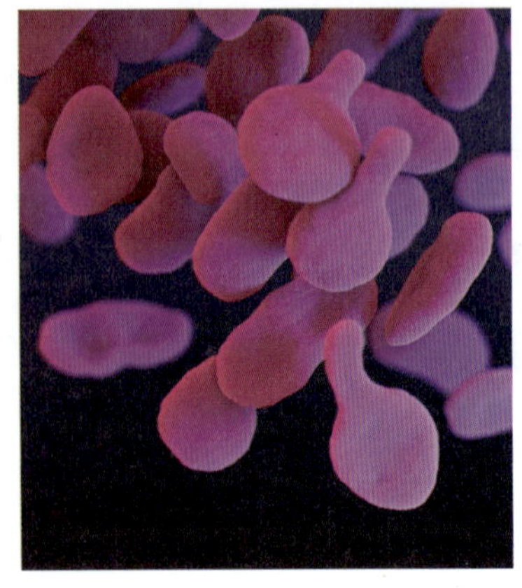

(a)

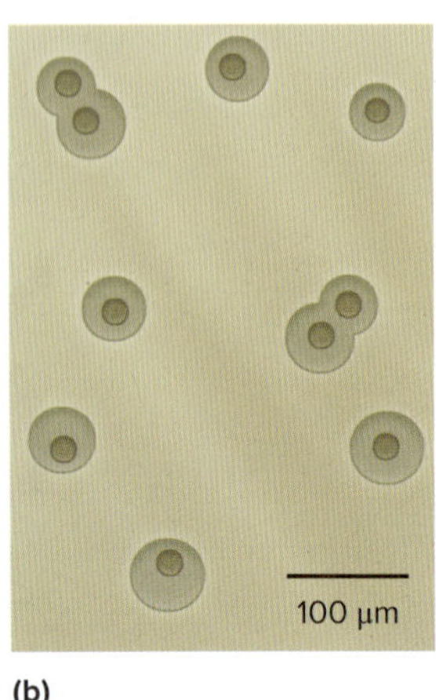

(b)

그림 22.21 마이코플라즈마 세포와 집락. (a) *M. genitalium* 세포의 다형성이다. (b) 마이코플라즈마 집락의 계란 후라이 모양에 주목하시오. (a) Jennifer Oosthuizen/CDC

아르기닌 + H_2O → 시트룰린 + NH_3

시트룰린 + P_i → 오르니틴 + 카르바밀-P

카르바밀-P + ADP → ATP + CO_2 + NH_3

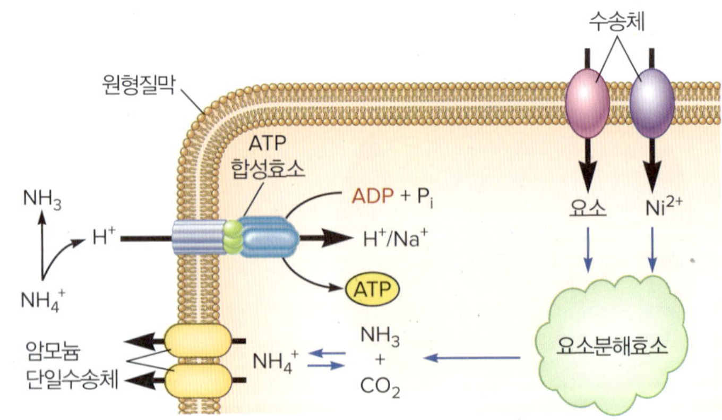

그림 22.22 *Ureaplasma urealyticum*의 에너지 보존. NH_3/NH_4^+의 축적을 통해 전기화학적 구배를 생성하기 위해 *U. urealyticum*은 특정수송체를 통해 요소를 수송한다. 일단 세포내부에 들어가면 요소분해효소(니켈결합효소)가 요소를 NH_3와 CO_2로 가수분해시킨다. 암모니아는 양성자를 받아 NH_4^+가 되며, 이는 NH_4^+ 단일수송체를 통해 방출된다. 세포외부에서 NH_4^+는 NH_3와 H^+로 전환되어 막에 결합된 ATP 합성효소를 통해 ATP 합성을 유도하는 양성자를 제공한다.

일부 요로감염의 원인균인 *Ureaplasma urealyticum*은 에너지를 보존하는 흥미로운 방법을 가지고 있다. 요소(소변에서 발견됨)를 가수분해하여 암모니아/암모늄(NH_3/NH_4^+)의 축적으로 전기화학적 구배를 생성한다. 이 구배는 ATP 합성을 유도하는 화학 삼투전위를 담당한다(**그림 22.22**).

일부 마이코플라즈마는 숙주세포 표면을 가로질러 이동하는 활주운동을 할 수 있다. *Mycoplasma mobile*은 초당 2~5 μm의 일정한 속도로 움직인다. 이는 세포 주변을 둘러싸고 있는 다리라고 하는 세포 표면 부착물에 의해 매개된다(**그림 22.23**). *M. mobile*에서 이러한 단백질들은 원형질막 내부의 수축성 단백질에 부착된다. 양성자구동력에서 에너지를 얻는 세균의 편모와 달리, 마이코플라즈마는 ATP 가수분해에 의해 구동된다. 대조적으로, 대부분의 다른 운동성 마이코플라즈마의 움직임은 초당 약 1 μm의 속도로 자벌레처럼 움직인다. 보행 폐렴의 원인균인 *M. pneumoniae*의 운동성은 기관지 섬모에서 숙주세포 표면으로 이동하는 능력을 설명한다.

마이코플라즈마는 널리 퍼져 있으며, 동물, 식물 및 토양에서 분리될 수 있다. 복잡한 생장요건으로 순수(무균) 배양에서 생장이 어려울 수 있지만, 사용 중인 포유동물세포 배양의 최소 10%는 마이코플라즈마로 오염되었을 것이다. 이는 심각하게 실험을 방해하고 세포 배양에서 마이코플라즈마 검출을 위한 신속 검사키트 개발을 유도했다.

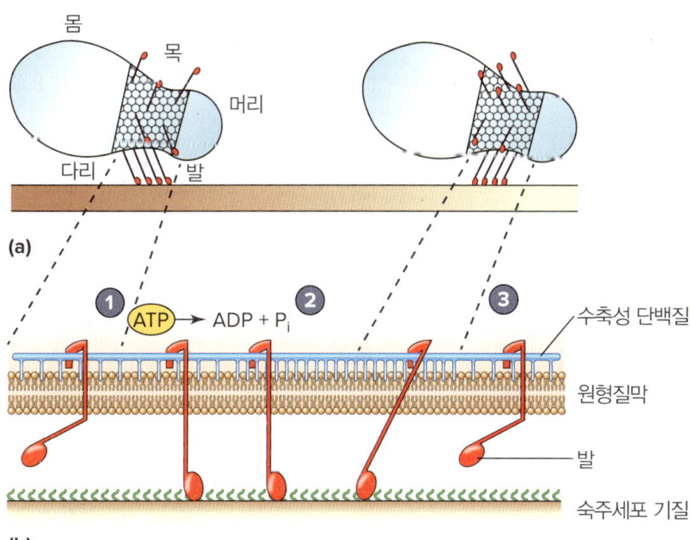

그림 22.23 *Mycoplasma mobile*의 운동성. (a) 다리 단백질(leg protein)은 세포에 일종의 보행 운동성을 부여한다. (b) 각 다리는 한 단계를 거치면서 ATP 가수분해 주기를 거친다. (1) ATP 결합은 다리를 고정시키고 숙주 상피세포의 올리고당 표면과 접촉한다. (2) ATP 가수분해는 원형질막 내부의 단백질(파란색)을 수축시켜 발이 기질에 결합한 상태로 세포체를 앞으로 이동시킨다. (3) ADP와 P_i의 방출은 또한 기질에서 발 단백질을 방출한다.

동물에서 마이코플라즈마는 점막과 관절에 서식하며 종종 호흡기 및 비뇨생식기 질환과 관련이 있다. *Spiroplasma* 종은 곤충, 진드기 및 농업적으로 중요한 식물에서 분리되었다. 절지동물은 종종 매개자 역할을 하며 식물 사이에 스피로플라즈마를 운반한다. 사람에서 *U. urealyticum*과 *Metamycoplasma hominis*는 남성과 여성의 생식기관에 염증을 일으키는 성매개 세균이다.

마무리 점검

1. *Lactobacillus* 속의 주요 특성을 설명하시오. 이것이 식품과 낙농산업에 중요한 이유는 무엇인가?
2. 다양한 *Streptococcus*는 어떻게 동정되는가?
3. *Leuconostoc*은 어떤 실용적인 중요성이 있는가? 젖산균은 무엇인가?
4. α-용혈과 β-용혈의 차이점은 무엇인가?
5. 마이코플라즈마 구조 및/또는 생리학에서 스테롤의 역할을 탐구하는 실험을 설계하시오.
6. 세포내 미생물에서 유전체 감소가 흔한 이유는 무엇인가?
7. *Mycoplasma*가 감염 과정에서 활주운동을 어떻게 사용하는가?

22.3 Firmicutes 문, Clostridia 강: 산소비요구성 내생포자형성 세균

이 절을 학습한 후 점검할 사항:

a. 내생포자를 형성하는 여러 *Clostridium* 종의 차이를 설명할 수 있다.
b. Clostridia가 아미노산을 발효시키는 반응을 요약하고, 이러한 탄소 기질을 이들이 사는 환경분포 및 병원성과의 연관성을 설명할 수 있다.
c. *Clostridioides difficile*이 어떻게 질병을 유발하는지 설명할 수 있다.
d. Heliobacteria의 광영양과 기타 산소비발생 광영양세균과의 차이점을 설명할 수 있다.

Clostridia 강에는 Clostridiales와 Peptostreptococcales의 두 가지 중요한 목을 포함하며, 각각 *Clostridium*과 *Clostridioides* 속을 특징으로 한다. 두 속은 절대산소비요구성 발효성 내생포자 생성균을 포함하고 있다(**그림 22.24**).

Clostridium 종이 실생활에 미치는 영향은 매우 크다. 이들은 산소비요구성이고 내열성이 높은 내생포자를 형성하기 때문에 여러 식품의 부패를 일으키며, 심지어는 통조림 안의 음식물도 부패시킨다. 산소비요구성 단백질분해 동안, Clostridia는 **스틱랜드 반응**(stickland reaction)을 통해 아미노산을 발효시킨다(**그림 22.25**). 이 반응으로 아미노산이 산화되어 피루브산이 만들어지고, 피루브산은 발효되어 아세트산과 ATP를 만든다. 다른 아미노산은 전자수용체 역할을 하

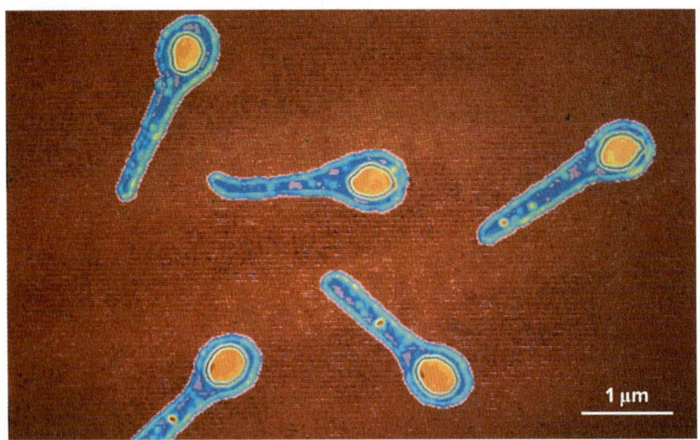

그림 22.24 ***Clostridium tetani*****.** 이 병원체는 말단부에 둥근 내생포자를 형성한다. 각 내생포자를 싸고 있는 모세포가 용해되면, 포자는 방출되고 수백 년, 수천 년을 생존한다. Alfred Pasieka/Getty Images

여 환원되어, NADH를 다시 NAD^+로 다시 산화시키면서 2개의 아세트산이 추가로 만들어진다. 이 반응은 또한 암모니아, 황화수소, 지방산이 만들어진다. 이 산물이 바로 단백질이 부패할 때 나는 불쾌한 냄새의 원인이다.

일부 Clostridia는 산업적으로 유용하지만(예: *C. acetobutylicum*은 부탄올을 만들 때 이용됨), 병원성 종들은 잘 알려진 독소를 생산한다. 예를 들어, *C. botulinum*은 보툴리누스중독을 일으키며, *C. tetani*는 파상풍 독소의 방출로 파상풍을 유발한다. 이러한 질병은 독소에 의해 매개되며, 이는 질병이 세균의 존재가 아닌 독소의 존재로 인해 발생한다는 것을 의미한다. ▶| 보툴리누스중독(38.4절); 파상풍(38.3절)

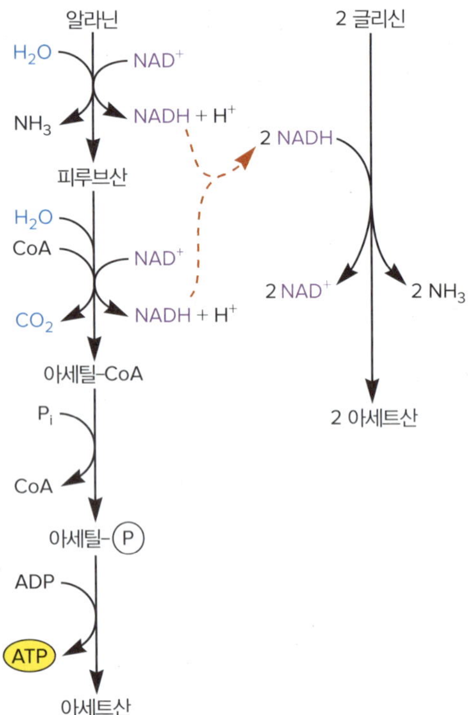

그림 22.25 스틱랜드 반응. 알라닌은 아세트산으로 산화되고 글리신은 알라닌 발효 동안 만들어진 NADH를 다시 산화하기 위해 사용된다. 발효에는 일부 ATP를 생성한다.

*C. tetani*는 여러 아미노산을 젖산, 부티르산, 그리고 H_2로 발효시킨다(**그림 22.26**). *C. tetani*는 V형 ATP 분해효소와 ATP-결합 카세트 수송체를 사용하여 ATP 가수분해가 세포 밖으로 나트륨 이온을 수송하도록 연결해준다. V형 ATP 분해효소는 양성자를 퍼내는데, 이 경우는 발효 중 기질수준 인산화로 만들어진 일부 ATP를 나트륨 이온을 방출하기 위해 사용한다. 이 과정은 나트륨 기전력(sodium motive force)을 만들어 아미노산과 당의 흡수시스템을 구동하기 때문에 쓸데없는 일은 아니다. |◀ 1차 및 2차 능동수송(3.3절)

이전에 *Clostridium difficile*였던 *Clostridioides difficile*는 C. diff라고도 한다. 심각한 위소장관 질환을 일으키는 사람 병원체이다. C. diff의 내생포자는 이 미생물의 감염 형태이며, 내생포자는 척추동물의 장에서 발견되는 1차 담즙산으로 인해 발아가 시작된다. 다른 장내미생물에 의한 담즙산의 화학적 변형은 C. diff의 발아를 억제한다. 항생제 치료 동안, 장내 미생물총의 손실은 담즙산의 변형을 감소시킨다. 이로 인한 C. diff의 발아 및 증식이 장에 과잉으로 유도되어 질병을 유발한다. C. diff는 화학적으로 변형된 두꺼운 펩티도글리칸 층을 가지고 있어 중요한 숙주 방어인 리소자임의 효과에 저항한다(그림 31.4 참조). ▶| 항생제 관련 대장염(38.6절)

Desulfitobacteria 강의 헬리오박테리아(Heliobacteria)는 Firmicutes 내의 다양성을 더욱 잘 보여준다. *Heliobacterium* 속과 *Heliophilum* 속은 독특한 산소비요구성 광영양 세균으로 세균엽록소 *g*를

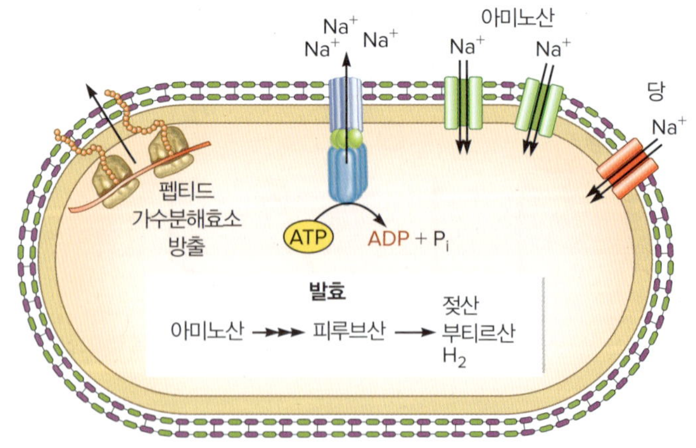

그림 22.26 ***Clostridium tetani*****의 아미노산 발효와 Na^+ 유동.** 세포는 단백질을 가수분해하기 위해 여러 펩티드가수분해효소를 내보낸다. 아미노산이 Na^+-의존성 흡수체계를 통해 수송되며, 발효는 젖산, 부티르산 및 H_2를 생성한다. V형 ATP 분해효소는 ATP를 가수분해하여 Na^+를 방출한다. 당은 수송되지만 동화 작용에만 사용된다.

갖는 특징이 있다. 이들은 녹색황세균처럼 제1광계 반응중심을 가지고 있지만, 세포질 내에 광합성을 위한 막구조가 없다. 색소는 원형질막에 존재한다. 이들은 다른 산소비발생 광영양 세균과 달리 독립영양적으로 자라지 못한다. 빛이 있으면 광종속영양적 생장을 하면서 피루브산을 사용한다. 피루브산은 어둡고 무산소조건에서는 발효에 사용된다. 클로스트리디아처럼 헬리오박테리아도 질소고정을 할 수 있다. 이 균들은 단배엽 세포벽을 가지고 있지만, 낮은 펩티도글리칸 함량으로 그람음성으로 염색된다. 일부 헬리오박테리아는 내생포자를 형성한다. ◀ 산소비발생 광합성에서의 명반응(11.10절); 광합성 세균은 다양하다(20.4절)

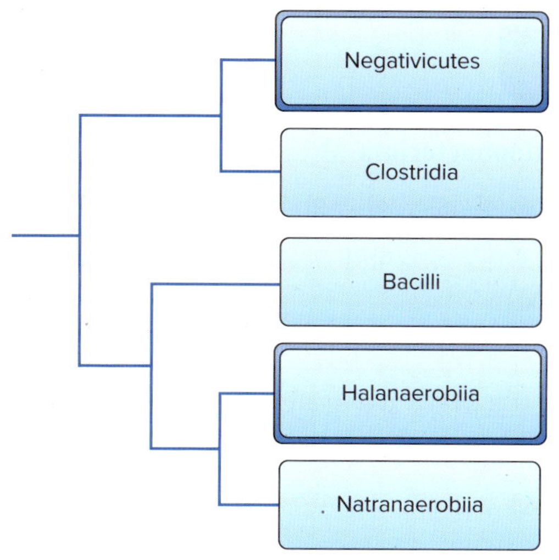

그림 22.27 Firmicutes 문 내 강에서 외막의 존재. 강은 리보솜 단백질의 유사성을 기반으로 구성된다. 두꺼운 테두리는 이중막을 나타낸다.

22.4 Firmicutes 문, Negativicutes 강과 Halanaerobiia 강: 외막을 가진 그람양성 세균

이 절을 학습한 후 점검할 사항:

a. 그람양성균의 단일막과 이중막의 구조를 설명할 수 있다.
b. Firmicutes 문 내에서 단일막과 이중막의 존재를 진화적 측면으로 설명할 수 있다.
c. 우리 몸에서 *Veillonella* 종이 발견되는 장소를 알 수 있다.

Firmicutes 문의 두 강에 속하는 세균은 그람음성균과 관련이 있는 이중막 외피를 가지고 있다(**그림 22.27**). Negativicutes와 Halanaerobiia의 이중막 세포외피는 마이코박테리아의 마이코막으로 구별된다. 진행 중인 패러독스는 이러한 외막에 필요한 하나의 문에서 어떻게 발생했는지이다. Firmicutes의 조상은 단일막일까, 이중막일까? 다르게 표현하면, Negativicutes와 Halanaerobiia는 수평적 유전자 전달로 외막 합성 유전자를 획득한 것인가, 아니면 Bacilli와 Clostridia가 외막 형성 능력을 상실한 것인가?

계통유전체학적 분석을 통해 과학자들은 어떤 분류군이 외막의 지질과 단백질을 합성하고 조립하는 효소를 암호화하는 유전자를 포함하는지에 대해 구체적인 질문을 할 수 있다. 세균 모델 *Veillonella parvula* (Negativicutes)와 *Halobacteroides halobius* (Halanaerobiia)의 유전체에는 외막에 필요한 수십 개의 유전자가 포함되어 있다. 이들 유전자를 자세히 비교해보면 이들의 연관성이 보인다. 조상 Firmicutes는 이중막이였고, 외막을 가지고 있었으며 이 외막은 현대 Firmicutes로 진화 중 여러번 상실된 것이라는 의견이 제시되었다.

세균이 외막의 손실을 어떻게 견뎌낼 수 있었을까? 지나치게 많은 펩티도글리칸을 합성하고 누적하여 외막이 손실된 돌연변이 미생물이 생존하고 복제할 수 있었다. 내생포자를 형성하는 Bacilli와 Clostridia 속의 구성원은 외막을 가지지 않는다는 것을 주목하자. 내생포자가 만들어지는 동안 복잡한 막 접힘 과정(그림 3.47 참조)은 단일막을 가지는 것이 더 용이할 수 있다. 내생포자형성의 진화적 성공이 외막이 없는 미생물을 안정화시켰다. ◀ 포자형성 과정: 내생포자 만들기(3.10절)

Veillonella 속의 구성원은 산소비요구성, 화학종속영양 구균이다. 모두 복잡한 영양요구조건을 가지고 있으며, 탄수화물, 유기산, 그리고 아미노산을 발효시켜 기체(CO_2 및 종종 H_2)와 여러 휘발성 지방산을 생성한다. 이들은 정온동물(온혈성)에 기생한다. 일부 종은 사람과 동물의 구강, 위장관, 비뇨기관의 정상 세균총의 일부이다.

마무리 점검

1. *Clostridium*의 3종을 나열하고 중요성을 설명하시오.
2. *C. tetani*가 양성자구동력이 아닌 나트륨 기전력을 사용하는 이유를 설명하시오.
3. Firmicutes 문에서 광영양성 세균을 발견한 것이 진화적으로 중요한 이유를 설명하시오. *Heliobacterium* 종이 광영양생물의 기관이 그람음성 산소비발생 광영양생물의 것과 독립적으로 진화했다고 생각하는가? 그렇게 생각하는 이유가 무엇인지 설명하시오.
4. 어떤 종류의 효소와 구조 단백질이 외막에 존재하는가?
5. *Mycoplasma*의 세포외피 구조는 어떻게 진화했는가?

요약

22.1 Actinobacteriota 문

- 분지를 형성하는 이 문의 구성원은 일반적으로 비분절균사와 무성포자를 총칭하여 방선균 또는 방선균류라고 한다(그림 22.1).
- 기균사체에서 만들어지는 무성포자는 모세포내에서 발생하지 않으므로 외생포자로 불린다. 일부는 포자낭을 생성한다.
- *Actinomyces* 속은 불규칙한 형태를 가진 비포자성 간균으로 가축과 사람에서 병을 일으킬 수 있다.
- *Bifidobacterium* 속의 구성원은 모양이 불규칙하며 산소비요구성인 이 간균은 수유 중인 아기의 장에 가장 먼저 정착하는 고유미생물총이다. 이 세균은 종종 프로바이오틱스 활성으로 인하여 상업적으로 팔리고 있다.
- *Micrococcus* 속에 속하는 구성원은 단순한 구형 세포를 형성한다. 몇몇 종은 사람 피부에 서식한다.
- Arthrobacter는 특이한 간균-구균 성장사를 가지며, 꺾기분열을 수행한다(그림 22.4).
- Mycobacteria는 간균 또는 사상체이며 쉽게 분절화된다. 마이코박테리아의 세포벽은 지질함량이 높으며 마이콜산이 함유되어 있다. 이러한 지질 때문에 항산성을 띤다(그림 22.5, 그림 22.6).
- Corynebacteria는 부정형 곤봉 모양의 세포로 종종 울타리형으로 배열되어 있다. *C. diphtheriae*는 디프테리아를 일으킨다(그림 22.7).
- 노카디아형 방선균은 쉽게 분절화되어 간균이나 구균의 형태로 분리되는 균사를 가진다(그림 22.8).
- *Micromonospora*와 *Actinoplanes* 종은 광범위한 기저균사체를 가지고 있으며, 공중으로 뻗어나가며 포자를 형성하고 토양, 담수, 해수에 서식한다(그림 22.9)
- *Frankia* 종은 비콩과식물과 공생관계를 맺으며 질소를 고정한다(그림 22.10).
- *Propionibacterium* 속의 세균은 치즈 생산에 중요하며, *Cutibacterium* 종은 피부에 서식하며 심상성 여드름의 원인균이다.
- *Streptomyces* 속에 속하는 구성원은 3~50개 또는 그 이상의 외생포자의 기균사를 포함하는 사슬로 분화하는 기저균사를 생산한다(그림 22.11).
- 스트렙토미세테스 토양에 존재하는 난분해성 유기물질 분해에 중요한 역할을 할 뿐만 아니라 많은 유용한 항생제를 생성한다. 몇몇 종류는 식물과 동물에서 질병을 일으킨다. 그러나 많은 수의 항생제와 의학적으로나 산업적으로 중요한 화학물질을 생산하는 것으로 가장 유명하다(표 22.2).
- *Streptomyces* 종의 유전체는 생합성 유전자군, 항생제와 같은 자연산물 합성을 촉매하는 효소를 암호화하는 대형 오페론이 특징이다.

22.2 Firmicutes 문, Bacilli 강: 산소요구성 내생포자형성 세균

- *Bacillus* 속에는 산소요구성이거나 조건부산소요구성이며 카탈라아제 양성이고 내생포자를 형성하는 화학유기영양 간균에 속하며, 대개 운동성이 있으며 주모성편모를 가진다. *Bacillus subtilis*는 내생포자와 생물막 및 자실체와 같은 다세포 구조를 형성하는 모델 유기체이다(그림 22.13, 그림 22.14).
- *Thermoactinomyces* 종은 호열성이며 균사체와 진정한 내생포자를 형성한다. *T. vulgaris*는 "농부의 폐(Farmer's lung)"라 불리는 알레르기 반응을 일으킨다.
- *Staphylococcus* 속의 구성원은 조건부산소비요구성, 운동성이 없는 그람양성 구균으로 불규칙한 덩어리를 형성한다. 산소호흡을 하며 일부는 발효하고 질산염을 최종전자수용체로 사용한다. *S. aureus*는 병원체로 여러 병원성인자를 가지고 있다(그림 22.16).
- *Lactobacillus*, *Listeria*와 같은 몇몇 중요한 속에는 모양이 규칙적이며 포자를 형성하지 않는 간균이 속한다. *Lactobacillus* 종은 젖산 발효를 수행하며 식품과 유제품의 가공에 많이 사용된다. *Listeria monocytogenes*는 식중독의 중요한 원인균이다. *Leuconostoc* 종은 인산케톨화효소 경로를 이용해 이형젖산 발효를 수행한다(그림 22.17). 발효식품이나 유제품 생산에 이용된다.
- *Streptococcus*, *Enterococcus*, *Lactococcus* 속의 세균은 쌍으로 존재하거나 사슬로 연결된 형태로 존재한다. 이들은 일반적으로 발효를 수행하는 조건부산소비요구성생물이다. 몇몇 중요한 종은 화농성 구균인 *S. pyogenes*, *S. pneumoniae*와 장구균인 *E. faecalis*와 젖산 구균에 *L. lactis* 등이 있다.
- 마이코플라즈마는 세포벽이 없으며 펩티도글리칸을 합성할 수 없지만, 성장하기 위해 스테롤이 필요하다.
- 많은 마이코플라즈마는 식물 및 동물 병원체이다. 그들은 자가생식이 가능한 가장 작은 세균 중 일부이다.

22.3 Firmicutes 문, Clostridia 강: 산소비요구성 내생포자형성 세균

- *Clostridium* 속의 구성원은 산소비요구성 그람양성 간균으로 내생포자를 형성한다. 이들은 식품의 부패, 보툴리누스중독, 파상풍, 가스괴저를 일으킨다. 이들은 발효성 대사를 한다(그림 22.24~그림 22.26).
- *Clostridioides difficile*은 위장 질환을 일으키는 사람 병원체이다. 리소자임에 민감하지 않은 변형된 펩티도글리칸은 면역체계를 피하는 데 도움을 제공한다.
- 헬리오박테리아는 산소비요구성 광영양세균으로 세균엽록소 *g*를 이용한다. 일부는 내생포자를 형성한다.

22.4 Firmicutes 문, Negativicutes 강과 Halanaerobiia 강: 외막을 가진 그람양성 세균

- 조상 Firmicutes는 외막을 가졌으나 내생포자의 형성을 위해 소실된 것으로 보인다.

심화 학습

1. 마이콜산은 마이코박테리아의 생존에 필수적이다. 마이코박테리아의 감염에서 마이콜산의 중요성을 실험으로 밝힐 수 있는가?
2. *Streptomyces coelicolor*는 세포분화를 연구하는 모델 생물로 취급된다. 포자형성에 관여하는 유전자 일부에는 영양세포에서 발현되는 유전자에서는 잘 사용되지 않는 AT가 풍부한 류신 코돈이 포함되어 있다. *Streptomyces*는 희귀 코돈을 어떤 방식으로 포자형성 과정을 조절하는 데 활용하는가?
3. 당신이 대기 중의 질소를 고정할 수 있는 결절(혹)을 지닌 식물을 발견했다고 하자. 세균 공생자가 *Rhizobium* 종이 아니라 *Frankia* 종이라는 것을 어떻게 증명할 수 있겠는가?
4. 일부 *Clostridium* 종은 시험관에서보다 숙주에서 더 빠르게 분열한다. 이 현상을 탐구할 수 있는 실험을 디자인하시오.
5. 산소비요구성 Clostridia를 토양이나 다른 일반적인 산소요구성 적소(niche)에서 쉽게 분리될 수 있도록 해주는 생리적 특징은 무엇인가?
6. 메티실린에 내성이 있는 *S. aureus* (MRSA)는 다른 항생제에도 내성이 있으며, MRSA가 아닌 균주보다 병원성이 강하다. 16장과 18장을 참조하여, 이러한 특징이 이 하나의 균주 그룹에서 발견되는 이유를 설명할 실험 가능한 가설을 만드시오.
7. 벨기에 과학자팀은 상부 호흡기(URT) 마이크로비이옴 연구를 시작했다. 그들의 목표는 틈새 시장에 정착하여 프로바이오틱으로 사용할 수 있는 세균을 식별하는 것이다. *Lactobacillus*는 사람 신체의 여러 부위에 존재하기 때문에 특히 초점을 맞추고 있다. 이 세균은 일부 병원체를 억제하는 젖산을 생성하여 장과 질을 보호한다. 건강한 지원자와 만성 비부비동염 환자의 URT 세균 개체군을 비교한 결과, 건강한 대조군에서 *Lactobacillus*가 더 우세한 것으로 나타났다. 이들로부터 채취한 샘플에서 여러 *Lactobacillus* 종을 분리하고, 비강 스프레이로 URT에 사용될 수 있는 잠재적인 프로바이오틱인지 탐색한다.
   대조군 실험에서 중요한 것은 건강한 사람에게서 분리된 *Lactobacillus* 종이, 그들이 점심때 먹은 요구르트에서 파생되었는지 확인하는 것이다. 식품 생산에 사용되는 종과 사람에서 분리된 종을 구별하기 위해 어떤 기준을 추천하는가?
   URT에 존재하는 *Lactobacillus* 종에 대해 어떤 유형의 적응을 기대할 수 있는가? URT와 장 사이의 다른 환경적 요인에 대해 생각해보시오.
   당신이 이 실험의 안정성을 감독하는 병원위원회의 일원이라면, 사람 생태계에 미생물을 도입할 때 어떤 측면을 연구자들이 고려하기를 원하는가?

참고문헌: DeBoeck, I., et al. 2020. Lactobacilli have a niche in the human nose. *Cell Reports* 31: 107674.

CHAPTER

23

원생생물

olaser/Getty Images

기록을 바로잡다

여러분은 "만약 그렇다면, 이렇게 할 것이고, 그렇지 않다면, 다르게 할 것이다"와 같은 계층적 결정을 내려야 했던 적이 있는가? 여러분은 옳을 때 틀렸다는 비난을 받아본 적이 있는가? 물론 있을 것이다.

이 2가지 문제는 섬유로 뒤덮인 트럼펫처럼 보이는 원생 동물인 *Stentor roeselii*의 연구에서 대두되었다. 이 원생동물은 연못에서 살고 있으며 쉬고 있지 않을 때, 다른 행동들을 보인다. 1902년 동물학자인 제닝스(Hervert Spencer Jennings)는 이 원생동물의 움직임에 대한 연구에서 놀라운 결론을 내렸다. 그는 *S. roeselii*가 화학성 자극제에 노출되면, 구부림으로써 그 자리에서 멀리 떨어지는 반응을 한다는 것을 보여주었다. 만약 이 자극이 계속된다면, 섬모를 더 빨리 움직이게 될 것이다. 자극이 멈추지 않는다면 어떻게 될까? 그러면 *S. roeselii*는 쪼그리고 앉고 해로운 자극이 그대로 계속된다면, 결국 분리시켜 빠져나갈 것이다.

신경계도 없는 이처럼 단순한 유기체가 어떻게 이런 체계적인 결정을 할 수 있는가? 1960년대까지는 뉴런이 없으면 복잡한 결정을 할 수 없다는 것이 지배적인 믿음이었고 1967년 과학자들은 제닝스의 데이터에 반복성이 없다는 논문을 발표하였다.

20년 후, 당시 학부생이었던 구나와데나(Jeremy Gunawardena)는 제닝스의 업적을 언급한 논문에 의문이 있음을 발견하였다. 2019년 구나와데나와 그의 하버드대학 동료들은 제닝스가 옳았음을 보고하였다. 그들은 *S. roeselii*가 체계적 의사결정을 하는 것을 입증하기 위해 현대기술과 통계(1902년에는 아직 초기 단계)를 적용하였다.

이 이야기는 우리에게 과학적 사고의 유연성에 대해 말해준다. 이러한 변화 가능성은 혼돈된 분류학적 역사를 겪는 원생생물 분류에 적용되었다. 많은 생물학 책에 나오는 원생생물계는 진화적인 공통성이 없는 64,000가지 이상의 서로 다른 단세포생물 형태를 인위적으로 모아놓은 것이고 다시 말해, 이들은 단계통발생군(monophyletic)이 아니다(그림 1.3 참조). 여기에서는 이러한 생물을 단순히 **원생생물**(protist)로 부르고자 한다. **원생동물**(protozoa: 그리스어 *protos*는 '처음', *zoon*은 '동물'을 의미)이라는 용어는 화학유기종속영양을 하는 원생생물을 말한다. **조류**(algae)는 식물처럼 세포벽을 가지는 광합성 원생생물이다. 조류를 연구하는 학문을 일반적으로 **조류학**(phycology)이라 하는데, 이는 식물학자와 원생생물학자 모두의 영역이다. **원생동물학**(protozoology)이 더 흔히 사용되기는 하지만, 물질대사의 유형과 관계없이 모든 원생생물에 대한 연구를 **원생생물학**(protistology)이라고 한다.

이 장의 학습을 위해 점검할 사항:

✓ 진핵세포의 외피를 그리고, 그 구성층의 구조 및 기능을 설명할 수 있다(5.2절).

✓ 진핵세포 세포소기관과 세포골격 섬유의 구조와 기능을 설명할 수 있다(5.3절~5.6절).

✓ 일반적인 세포내흡입 경로를 설명한다(5.4절).

✓ 미토콘드리아와 수소발생체의 차이점을 설명할 수 있다(5.6절).

✓ 진핵성 편모와 섬모의 구조와 기능을 설명할 수 있다(5.7절).

23.1 원생생물의 다양성은 광범위한 계통발생을 반영한다

이 절을 학습한 후 점검할 사항:

a. 원생생물이 사용하는 3가지 다른 먹이 전략에 대해 설명할 수 있다.
b. 일반적인 원생생물 세포막과 원형질막, 외형질, 내형질, 펠리클과 같은 그 하부구조를 설명할 수 있다.
c. 수축성 액포가 삼투의 안정성을 유지시키는 방법에 대해 설명할 수 있다.
d. 원생동물에 의해 섭취되는 먹이 입자의 이동 경로를 설명할 수 있다.
e. 원생생물에서 일어나는 이분법과 세균이나 고균에서 일어나는 이분법을 비교할 수 있다.
f. 일반적인 유성생식 과정과 원생생물에서 일어나는 유성생식의 변이형에 대해 설명할 수 있다.

진핵생물 대부분은 미생물이고 대부분의 진핵성 미생물은 원생생물이다. 원생생물의 엄청난 다양성은 넓은 범위의 서식지에서 번성할 수 있는 능력의 기능이다. 원생생물에게 공통적으로 필요한 한 가지 요인은 습기인데, 이는 이들이 건조한 환경에 민감하기 때문이다. 대부분 원생생물은 자유롭게 살아가며 담수나 해양에 서식한다. 많은 육상의 화학유기영양생물은 썩어가는 유기물이나 토양에서 발견할 수 있다. 육상이건 수생이건 원생생물은 생태계에서 일어나는 대부분의 영양 순환을 담당한다. ▶| 생물지구화학적 순환은 지구상의 생명을 유지한다(28.1절)

일부 원생동물 또는 화학종속영양성 원생생물은 주위에 분해효소를 방출하여 죽은 유기물을 분해함으로써 영양물질을 얻는 **부생생물**(saprophyte)이다. 이들은 용해성 생성물을 흡수하는데 이 과정을 **삼투영양**(osmotrophy)이라고 한다. 다른 원생동물은 식세포작용에 의해 고체 영양분을 얻는 **완전동물영양방식**(holozoic nutrition)을 이용한다. 광독립영양 원생생물은 남세균과 같이 절대산소요구성이며, 제1광계와 제2광계를 이용하여 산소발생 광합성을 수행한다(그림 11.30 참조). 일부 원생생물에서는 영양형태를 분류하기가 어려운데, 이들은 유기물과 CO_2를 동시에 이용하기 때문이다. 이런 영양형태를 **혼합영양**(mixotrophy)이라고 한다.

원생생물의 형태

다양성에도 불구하고, 모든 원생생물은 공통적인 특징을 갖고 있다. 여러 면에서 원생생물의 형태나 생리는 다세포인 식물이나 동물세포의 모양과 아주 유사하다. 그러나 많은 원생생물은 단세포이기 때문에 모든 기능은 단세포내에서만 이루어져야 한다. 그리고 다세포인 원생생물이라도 고도의 분화된 조직을 갖고 있지는 않다. 그러므로 원생생물에서 관찰되는 구조적 복잡성은 특화된 세포소기관 단계에서 관찰된다.

원형질막(plasmalemma)이라고 하는 원생생물의 세포막은 다세포생물의 세포막과 같다(**그림 23.1**). 일부 원생생물에서 원형질막 바로 아래에 있는 세포질은 젤라틴 같은 바깥쪽 **외형질**(ectoplasm)과 이보다 유동적인 안쪽의 **내형질**(endoplasm)로 나뉜다. 외형질은 세포체에 견고성을 부여한다. 많은 원생생물은 지지 구조인 **펠리클**(pellicle)을 가지고 있다. 펠리클은 원형질막과 그 아래 비교적 단단한 층으로 이루어져 있다. 펠리클은 단순한 구조를 이루기도 한다. 예를 들어, *Euglena* 종은 여러 개의 판이 서로 겹쳐 있는 형태로 판 모서리는 마룻바닥 판을 깔 듯 '사개물림(tongue and groove)'으로 다른 판과 이어져 있는 형태이다. 반면 섬모충류의 펠리클은 아주 복잡해서 2개의 막과 여러 종류의 부속 구조로 이루어져 있다. 펠리클은 세포벽만큼 단단하지는 않지만 보호 기능과 더불어 종의 특정한 모양을 만든다.

원생생물의 세포질에는 대개 1개 이상의 액포가 있다. 이들은 수축성, 분비성, 식포로 분화되어 있다. **수축포**(contractile vacuole)는

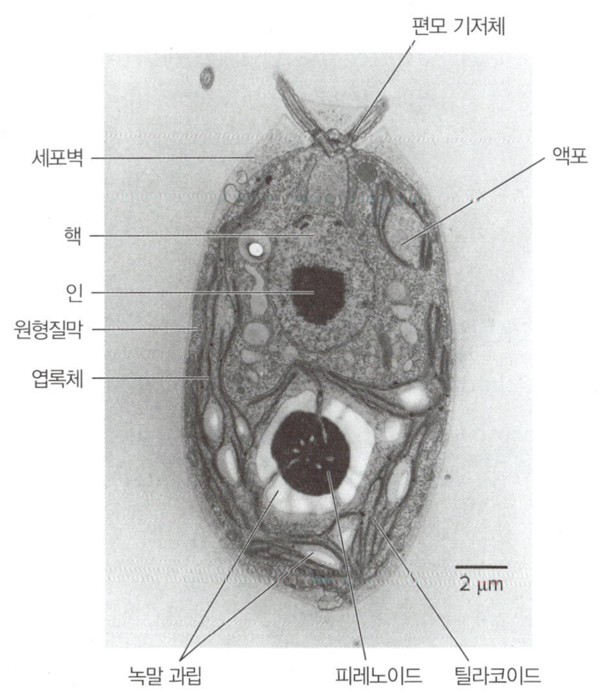

그림 23.1 원생생물의 구조. 광합성 원생생물인 *Chlamydomonas reinhardtii* 투과전자현미경 사진으로 지름은 약 10 μm이다. ©Biophoto Associates/Science Source

담수호와 같은 저장성(hypotonic) 환경에서 사는 원생생물의 삼투조절을 담당하는 세포소기관의 기능을 한다. 수축포는 지속적으로 물을 배출함으로써 삼투 균형을 유지한다. 분비성 소포(vesicle 또는 vacuole) 혹은 소포는 5장에서 다루었다(5.4절). **식포**(phagocytic vacuole)는 포식으로 음식을 섭취하는 (완전동물영양성) 원생생물에서 뚜렷하게 관찰된다. 식포는 음식이 소화되는 자리다. 일부 생물에서 이들은 세포 표면 어디에나 있지만, 어떤 종은 **세포구**(cytostome, cell mouth)라는 식세포작용을 위한 특수한 구조에만 존재한다. 세포구가 음식 입자를 섭취하면 소화가 시작되고 소화가 시작될 때 식포는 산성이 된다. 소화가 진행됨에 따라, 식포의 막에 작은 물집을 만들고, 이것이 떨어져 나오면서 영양물질을 세포질 전체에 운반한다. 소화되지 않은 내용물은 세포막 어디서든 배출될 수도 있고, **세포항문**(cytoproct: 그리스어로 *proktos*는 '항문'을 의미)이라는 정해진 위치에서만 배출될 수도 있다.

원생생물에서 관찰되는 에너지-보존 세포소기관의 다양성은 이들의 진화적 역사와 생활사를 반영한다. 대부분의 산소요구성 화학유기영양성의 원생생물은 미토콘드리아를 가지고 있고 광합성 원생생물은 엽록체를 가지고 있다. 치밀 단백질성의 미세구획인 **피레노이드**(pyrenoid)는 엽록체 내에 존재한다. 피레노이드는 녹말의 합성 및 저장과 관련이 있다. 대부분의 산소비요구성 화학유기영양 원생생물은 미토콘드리아가 없고 이들 중 일부는 수소발생체를 가지고 있다. ◀ 미토콘드리아, 관련 세포소기관, 엽록체는 에너지 보존에 관여한다(5.6절)

많은 원생생물은 생활사의 특정 단계에서 섬모나 편모를 가진다. 이들의 형성은 중심립과 비슷한 구조인 키네토솜(kinetosome)이라 부르는 기저체와 유사한 세포소기관과 연관되어 있다. 이러한 기관은 운동을 도와줄 뿐 아니라 먹이섭취와 호흡을 위한 물결 흐름을 만드는 데 이용되기도 한다.

피낭형성과 탈피낭

활발하게 증식하며 복제하는 원생생물을 '자라는 작은 동물'인 의미의 **영양형**(trophozoite)이라 한다. 많은 원생생물은 **피낭형성**(encystment)으로 불리는 과정으로 대사적으로 휴면성 피낭을 만들 수 있다. 피낭은 영양형보다 형태가 단순하고 성장 중 세포벽이 없는 원생생물도 세포벽을 가진다. 피낭형성은 수생의 자유생활을 하는 원생생물과 기생형에서 특히 흔하게 보인다. 피낭은 3가지 기능을 가진다. (1) 영양결핍, 건조, 혹한 pH, 그리고 낮은 산소량과 같은 환경의 나쁜 변화에 대해 보호해준다. (2) 핵의 구조재 변경과 세포분열 지역(생식피낭)이다. (3) 기생성 종에서 피낭은 숙주 사이의 감염단계이다. 피낭에서 원생생물이 빠져나오는 과정을 **탈피낭**(excystment)이라고 한다(**그림 23.2**). 정확히 무엇이 탈피낭을 유도하는지 잘 알려지지 않았지만, 일반적으로는 선호하는 환경으로 회복되면서 촉발된다. 예를 들어, 기생성 종의 피낭은 숙주에 섭취된 후 탈피낭이 된다.

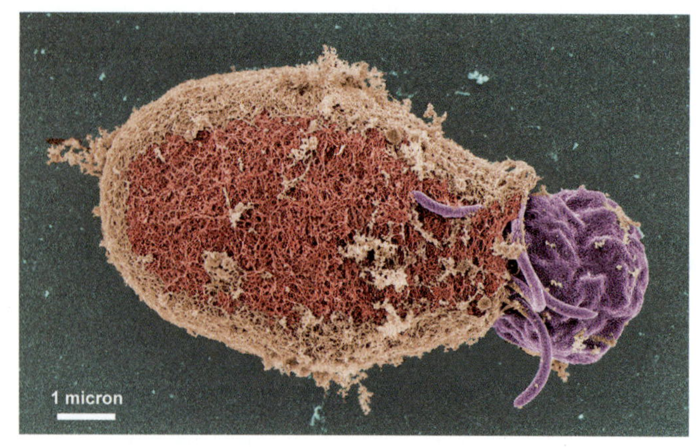

그림 23.2 탈피낭. *Giardia* 종이 탈피낭하는 모습에 색을 덧입힌 주사현미경 사진이다. 피낭 오른쪽에 영양형(trophozoite)이라 불리는 편모를 가진 영양세포가 나오고 있다. Source: Dr. Stan Erlandsen/CDC

원생생물의 생식세포와 구조

대부분 원생생물은 생활사에서 무성생식과 유성생식 생식단계를 모두 가진다. 대부분의 일반적인 무성생식 방법은 **이분법**(binary fission)이다. 이 과정 중, 체세포분열로 핵이 우선 분열한 후 세포질분열로 2개의 동일한 세포가 만들어진다(**그림 23.3**). 다중분열 역시 발아만큼 흔하다. 일부 섬유상, 광합성 원생생물은 분절(fragmentation)을 하는데, 분절된 조각에는 하나의 핵이 들어 있고, 각기 독립적으로 자란다.

유성생식은 생식세포(gamete)의 형성으로 시작된다. 원생생물 세포는 **배우자**(gamont)로 불린다. 반수체 배우자의 융합은 **배우자합체**(syngamy)라고 한다. 원생생물에서 배우자합체는 형태적으로 유사할 수도 있고(동형배우자생식, isogamy), 다를 수도 있다(이형배우자생식, anisogamy). 대부분이 동물과 같이 감수분열은 생식세포의 형성과 융합 전에 일어나거나, 하등식물에서처럼 수정 직후 일어난다. 더불어 핵물질의 교환은 다른 두 개체 사이에서 일어나는 흔한 유형(**접합**, conjugation)이거나 단일 개체 내에서 유전적으로 독립적인 핵의 발달로 일어나기도 한다(자가생식, autogamy).

이와 같은 생식의 복잡성으로 인하여 원생생물의 핵이 상당한 다양성을 보이는 것은 놀랄만한 일은 아니다. 가장 일반적으로 소포핵(vesicular nucleus)이 존재한다. 핵은 지름이 1~10 μm인 구형이고 뚜렷한 인을 가지며 풀어져 있는 염색체를 가진다(그림 23.1). 현미

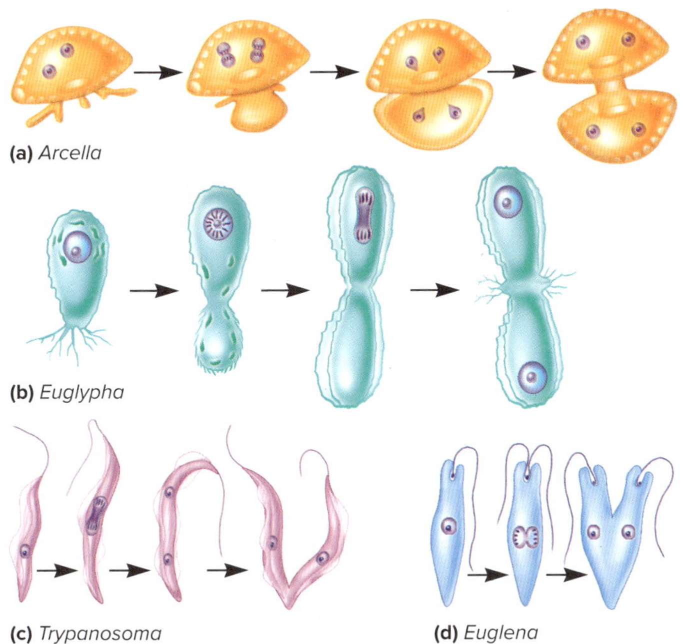

그림 23.3 원생생물의 이분법. (a) *Arcella* 속에 속하는 유각아메바의 두 핵이 분열한 후 세포질의 일부가 빠져나온다. 이어 딸세포의 각을 형성할 물질이 분비된다. (b) *Euglypha* 속의 또 다른 유각아메바는 세포질이 빠져나오기 전 작은 구멍으로 새로운 판을 분비하기 시작한다. 핵은 판이 딸세포의 외각을 형성하는 중 분열한다. 대부분의 원생생물은 세포가 분열하기 전 모든 세포소기관이 복제되어야 한다. (c) *Trypanosoma*와 (d) *Euglena*가 이 경우에 속한다.

경 하에서 보면 풀어져 있는 염색체로 인하여 핵이 레이스형이나 소포 모양으로 보인다. 난형핵(ovular nucleus)은 이보다 10배나 크고 주변에 많은 인을 가지고 있다. 어떤 것은 염색체가 전 세포주기 동안 응축된 상태로 존재하는 염색체 핵(chromosomal nucleus)을 가지고 있다. 마지막으로 많은 섬모형은 2가지 유형의 핵을 가진다. 응축된 염색질과 뚜렷한 인을 가진 거대한 대핵과, 분산된 염색질과 작은 이배체이며 인이 없는 소핵이다. 대핵 유전자는 세포유지 기능과 이분법으로 분열하는 데 필요한 단백질을 만드는 반면, 소핵 유전자는 유성생식에 필요한 유전자만을 만든다.

원생생물의 분류학은 진화중이다

레벤후크(Antony van Leeuwenhoek)가 1674년 첫 원생동물인 '극미동물(animalcule)'을 발견한 이후, 원생생물의 분류와 명명은 끊임없이 변화했다. 20세기에는 분류체계가 진화적 상관성이 아닌 형태에 기초하였다. 원생생물은 종종 이동방법에 따라 4개의 주요 그룹인 편모충류(flagellates, *Mastigophora*), 섬모충류(ciliates, *Infusoria* 또는 *Ciliophora*), 아메바충류(amoebae, *Sarcodina*), 포자충류(stationary forms, *Sporozoa*)로 분류되었다. 여전히 이러한 용어들이 사용되지만, 진화적 상관성 없이 형태적으로만 기술하고 있다. 이전의 분류체계는 버리는 것이 최선이라는 것에는 동의하지만 무엇이 오래된 분류체계를 대체할지에 대해서는 의견이 분분하다. 2000년대초 공유된 생물학적 특징을 기반으로 한 슈퍼그룹 시스템이 개발되었다. 좀 더 많은 원생생물의 유전체가 배열됨에 따라 계통유전체적 분석이 가능해졌다. **계통유전체학**(phylogenomics)은 진화적 관계를 평가하기 위해 가능한 많은 종에 걸쳐 가능한 한 많은 유전자를 정렬하는 것을 포함한다. 이 분석은 원생생물의 진화에 대한 이해를 새롭게 하고 있다. 여기서 우리는 의료 또는 환경적으로 중요한 잘 알려진 원생생물의 분기군에 대해 논의하고자 한다.

마무리 점검

1. 펠리클은 무엇인가? 그 기능은 무엇인가?
2. 세포구에서 세포항문으로 먹이가 이동하는 경로를 그려 보시오.
3. 전형적인 원생생물에서 피낭의 기능은 무엇인가? 무엇이 탈피낭이 일어나게 하는가?
4. 생식세포란 무엇인가? 이형배우자생식, 동형배우자생식, 배우자합체의 차이점은 무엇인가?
5. 접합과 자가생식은 어떻게 다른가?
6. 소낭형, 난형, 염색체형 핵에 대해 설명하시오. 고등 진핵생물에서 발견되는 핵과 가장 유사한 것은 어떤 것인가?
7. 계통유전체학이 무엇인가?

23.2 Discoba-Metamonada 분기군

이 절을 학습한 후 점검할 사항:

a. Discoba–Metamonada 분기군에 속하는 원생생물의 군집내 위치를 동정할 수 있다.
b. Discoba–Metamonada 분기군에 속하는 종에 의해 사람과 동물에서 발생하는 각 하나의 질병에 대해 설명할 수 있다.
c. 전형적인 유글레나 세포를 그리고, 스티그마와 피레노이드의 기능을 설명할 수 있다.
d. 샤가스병과 아프리카수면병의 원인에 대해 설명할 수 있다.
e. 미토솜, 수소발생체, 미토콘드리아의 분포와 기능을 구분하고 비교할 수 있다.

Discoba-Metamonada 분기군에는 가장 원시적인 몇 종의 진핵생물이 속한다. 대부분은 벅이 흐름을 만들어 내는 후방 편모를 가진 부유성-먹이섭취 구덩이인 세포구(cytostome)를 가지고 있다. 이 기구로 작은 입자를 잡아먹을 수 있다. 이런 형태적 특징이 없는 종류도 진화과정 동안 이 구조를 한 번은 가졌을 것으로 추정되는데, 2차적으로 이 형태가 없어졌을 것으로 생각된다.

Discoba

Discoba 군은 일부 아메바뿐만 아니라 다양한 자유생활 편모충과 기생편모충이 포함되어 있다. 유글레나류(Euglenozoa)는 이 분기군에서 중요한 구성원이다. 이들 편모충의 일부는 해양생물이긴 하지만, 일반적으로 담수에서 발견된다. 유글레나류의 1/3 정도가 광독립영양생물이고 나머지는 자유생활 화학유기영양생물이다. 몇 가지 기생하는 종이 발견되긴 했지만, 대부분의 화학유기영양생물은 부생성이다. 유글레나 속의 종들은 광영양생물이다. 전형적인 유글레나 세포(**그림 23.4**)는 길쭉한 모양이고 원형질막으로 둘러싸여 있다. 펠리클은 단백질성 띠와 미세소관으로 이루어져 있으며, 탄력이 좋아서 세포가 회전하거나 구부러지게 해주지만 모양이 과도하게 변형되는 것을 방지해줄 정도로 단단하다. 유글레나는 카로티노이드와 함께 엽록소 *a*와 *b*를 가지고 있다. 큰 핵에는 뚜렷한 인이 있다. 빨간 안점 또는 **스티그마**(stigma)는 생물이 빛을 향하도록 도와주며 전방 보유체(anterior reservoir) 근처에 있다. 보유체 근처에 있는 큰 수축포가 세포에서 물을 지속적으로 수집하여 보유체에 버림으로써 생명체 내의 삼투압을 조절한다. 2개의 편모가 보유체 기저부로부터 나와 있으며 이 중 1개만이 홈으로부터 빠져나와 세포가 이동할 수 있도록 활발하게 움직인다. 유글레나류의 증식은 세로 방향의 체세포분열에 의해 이루어진다(그림 23.3).

트리파노솜(trypanosome)은 Euglenozoa에 속하는 중요한 일원이다. 이 미생물들은 식물이나 동물의 기생충으로만 존재하며 세계적으로 중요하다. 이 중 하나가 리슈마니아(*Leishmania*) 속의 구성원으로 총체적으로 리슈마니아증(leishmaniasis)을 일으키는데, 약 1,200만 명을 감염한다. 샤가스병(Chagas' disease)은 *Trypanosoma cruzi*에 의해 발병한다. 이것은 잠자는 사람의 얼굴을 물어서 '키스벌레(kissing bug)'로 알려진 *Triatominae*에 의해 전염된다(그림 39.9~39.11 참조). ▶ 리슈마니아증(39.3절), 트리파노소마증(39.3절)

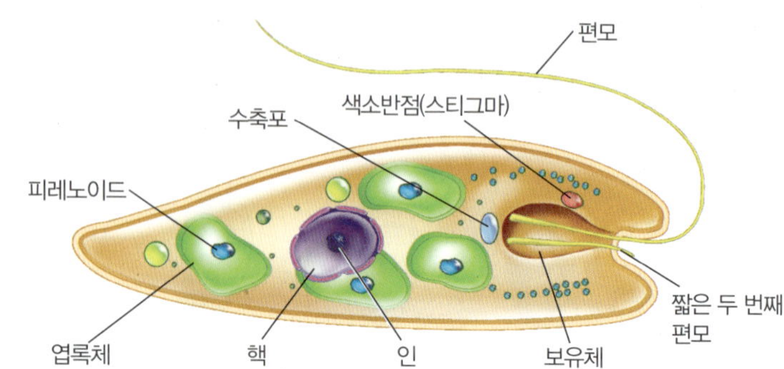

그림 23.4 유글레나. 유글레나 충류의 주요 구조를 나타낸 모식도이다. 짧은 두 번째 편모는 전방 함입부에서는 나와 있지 않은 점을 주목하자. 어떤 유글레나류에는 2개의 편모가 모두 나와 있다. 세포의 길이는 약 35~75 μm 범위이다.

연관 질문 스티그마와 보유체의 기능은 무엇인가?

*T. brucei*의 아종인 *T. gambiense*와 *T. rhodesiense*는 아프리카수면병을 일으킨다(**그림 23.5**). 흡혈하는 체체파리가 이러한 기생충을 섭취하면 처음에는 파리의 장에서 다음에는 침샘에서 복잡한 발생 및 생식주기가 시작된다(그림 39.10 참조). 기생충은 척추동물인 숙주에게 쉽게 전파되고, 치명적인 감염을 일으킨다. 매년 약 50,000명의 사람들이 이 병으로 죽어간다고 추정된다. 이 위험한 기생충의 존재로 아프리카 초원의 약 1,100만 km^2를 사용하지 못하고 있다.

Metamonada

호기심이 많은 레벤후크는 자신의 설사변에서 *Giardia lamblia*(**그림 23.6a**)를 발견하였다. 300년이 지난 지금에는 *G. intestinalis*로 불리는 이 종은 여전히 공중위생의 우려 대상이다. 오늘날, 이 원생생물은 등산객이나 실수로 오염된 물을 마신 사람들에게 종종 감염된다. 이들은 미국에서 흔한 유행성 수인성 설사병의 원인이다(매년 대략 15,000건). *G. intestinalis*는 편모를 가지고 미토콘드리아가 없다. 이 분기군의 모든 구성원들처럼 이들 역시 산소비요구성이고 *G.*

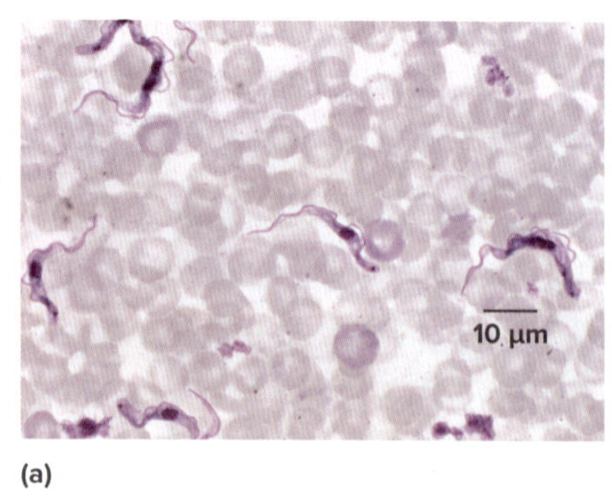

(a)

(b)

그림 23.5 트리파노소마(*Trypanosoma*)와 곤충 숙주. (a) 적혈구 사이에 있는 트리파노소마이다. 진하게 염색된 핵, 전방 편모와 물결 모양의 변화무쌍한 형태에 주목하자. (b) 체체파리는 아프리카수면병을 일으키는 트리파노소마 종의 중요한 숙주이다. (a) CDC/Dr. Mae Melvin; (b) ©Oxford Scientific/Getty Images

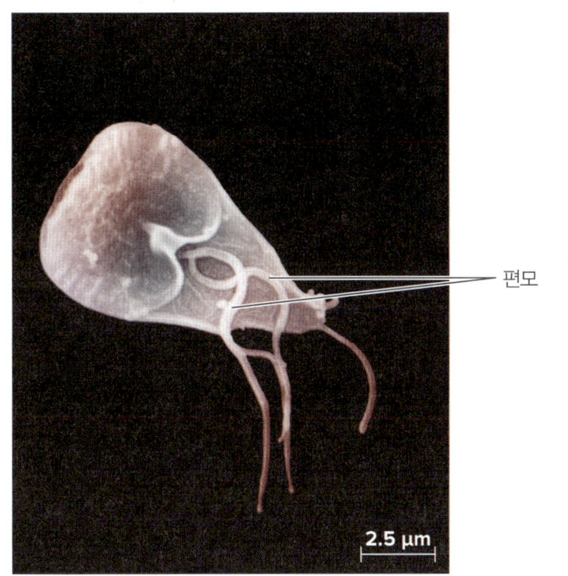

(a) *Giardia intestinalis*

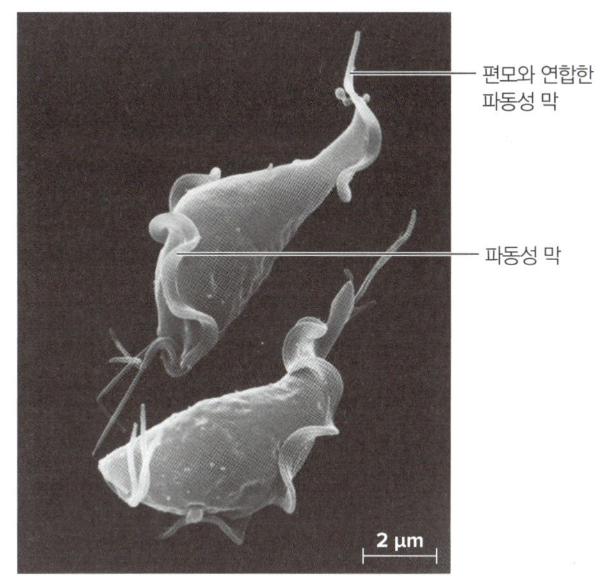

(b) *Trichomonas vaginalis*

그림 23.6 기생성 Metamonada. (a) *Giardia intestinalis*이고, (b) *Trichomonas vaginalis*이다. 이 특이한 기생성 편모충류는 살아 있는 숙주에서 영양물질을 흡수한다. (a) ©Science Source; (b) ©David M. Phillips/The Population Council/Science Source

연관 질문 이 두 원생생물이 어떻게 형태적으로 유사하지만 생리적으로 다른가?

*intestinalis*는 수소발생체에서 기질수준 인산화로 에너지를 보존한다(그림 5.13과 그림 5.15 참조). *Giardia* 속은 미토콘드리아와 같은 이중막을 가진 세포소기관인 **미토솜**(mitosome)을 역시 가지고 있다. 이 세포소기관은 ATP 합성에는 관여하지 않지만, 미토콘드리아와 수소발생체와 조상이 같은 것으로 보인다. 대신 *G. intestinalis*의 미토솜은 FeS 단백질 생성에 관여한다. ◀ 산소요구성 미토콘드리아는 미토콘드리아 연관 세포소기관 그룹에 속한다(5.6절)

G. intestinalis 생존에 피낭형성은 필수적이다. 오직 10개의 피낭이면 감염하기에 충분하다. 소장내 쓸개액과 약염기성 조건으로 인하여 탈피낭이 촉발된다(그림 23.2). 그 다음 영양체는 장세포(enterocyte)에 붙는다. 장세포가 죽으면 장에서 떨어져 나오므로 미생물은 다른 장세포에 부착할지 아니면 피낭을 형성하여 새로운 숙주를 찾아 떠날지를 '결정'해야 한다. ▶ 지아르디아증(39.5절)

Metamonada에는 2종류의 아군(subgroup), 즉 트리코님프류(Trichonymphida)와 트리코모나드류(세포편모충류, Trichomonadida)가 있다. 트리코님프류는 흰개미와 목재 바퀴벌레(wood roach)처럼 목재를 먹고 사는 곤충의 소화관 안에 사는 절대 상리공생자이다. 이 생물은 위족을 이용하여 끌어들인 목재 조각을 소화할 수 있는 셀룰라아제를 분비한다. *Trichonympha campanula*라는 종은 흰개미(그림 27.2b 참조) 한 마리 몸무게의 1/3을 차지한다. 무성생식이 일반적이지만 숙주가 탈피할 때 생성하는 탈피호르몬(ecdysone)이 유성생식을 유발한다. ▶ 미생물–곤충 상리공생(27.2절)

트리코모나디다(*Trichomonadida*) 종 또는 간단히 세포편모충(트리코모나드, trichomonad)은 무성생식만을 하며, 많은 척추동물의 소화관, 생식관, 호흡관의 공생자이다. *Trichomonas foetus*는 소의 기생충으로 소에서 자연유산을 일으키는 주요 원인이다. 사람을 감염시키는 4종은 *Dientamoeba fragilis*, *Pentatrichomonas hominis*, *Trichomonas tenax*, *T. vaginalis*이다. *D. fragilis*가 최근 설사를 일으키는 것으로 밝혀졌고, *T. vaginalis*는 오랫동안 병원체로 알려져 있다. 남자와 여자 모두의 비뇨생식관에서 발견되며, 성적으로 전파되는 트리코모나스증을 일으킨다. 숙주 밖에서는 살 수 없어서, 생활수기에 피낭 난계는 없나. ▶ 트리코모나스증(39.4절)

*G.intestinalis*와 *T. vaginalis*와는 달리 대부분의 metamonod는 무해한 공생자이다. 드물게 독립생활을 하는 형태는 유기영양으로 심하게 오염된(부영양화로 알려진 조건인) 물에서 종종 발견된다. 그 외 병원성 종으로 *Hexamida salmonis*는 물고기 부화장과 양식장에서 발견되는 골치아픈 물고기 기생충이며, *H. meleagridis*는 칠면조 병원체로 해마다 가금류 산업에 수백만 달러의 손해를 입힌다.

마무리 점검

1. Metamonada와 Discoba를 구별하는 최소 3가지 특징은 무엇인가?
2. 유글레나세포의 원형질막과 펠리클의 기능은 무엇인가? 이것의 구조가 세균의 세포벽과 어떻게 유사한가?
3. 수소발생체와 미토솜의 차이는 무엇인가?

23.3 Amoebozoa 분기군에는 위족을 가진 원생생물이 포함된다

이 절을 학습한 후 점검할 사항:

a. 위족의 3가지 다른 유형에 대해 설명할 수 있다.
b. 유각아메바와 무각아메바의 차이점을 설명할 수 있다.
c. 비세포성과 세포성 점균류의 구조, 운동성 그리고 생활사를 비교할 수 있다.
d. *Dictyostelium discoideum*의 형태적 발달에 대한 분자신호의 중요성에 대해 설명할 수 있다.
e. 주변에서 *Tubulinea*, *Entamoebida*, *Eumycetozoa* 속에 속하는 미생물을 발견할 수 있는 지역을 말할 수 있다.

아메바류(amoeboid)는 다양한 편모를 가진 조상으로부터 여러 번 독립적으로 형성되어 나타났기 때문에, 어떤 아메바류는 Amoebozoa 분기군으로 분류하고 어떤 종류는 Rhizaria 분기군에 놓는다. 아메바성 운동의 형태적 특징은 운동과 먹이 포획에 **위족**(preudopodia: 라틴어 *pseudo*는 '가짜 다리'를 의미)을 사용하는 것이다(**그림 23.7**). 위족은 둥글거나(**엽상위족**, lobopodia), 길고 좁으며(**사상위족**, filopodia) 또는 그물 모양(**망상위족**, reticulopodia)인 것도 있다. 세포벽이나 다른 지지체가 없고 원형질막으로만 둘러싸인 아메바류를 **무각아메바**(naked amoeba)라고 한다. 반면, **유각아메바**(testate amoeba)의 원형질막은 원생생물 자체가 만들거나 이 생물이 외부 환경에서 모은 물질로 뒤덮여 있다. 이분법이 무성생식의 일반적 방법이지만, 어떤 종류는 여러 번의 분열을 거치는 피낭을 형성한다(그림 23.3).

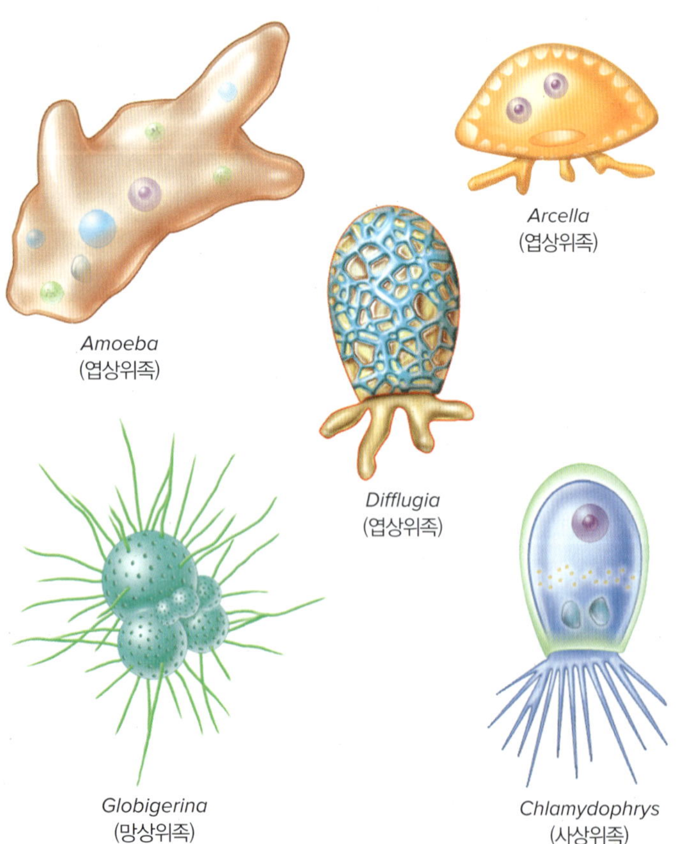

그림 23.7 위족.

Tubulinea

Tubulinea 군은 습기를 유지할 수 있는 곳이면 거의 모든 환경에 서식한다. 빙하가 녹은 물, 해양환경, 호수 웅덩이, 호수, 개울이 모두 다 여기에 속한다. 자유생활형은 배기구와 냉각기 안에 들어가 그곳의 미생물막(microbial biofilm)을 먹고 산다고 알려져 있다. 다른 생활형은 무척추동물, 어류, 포유류의 내부공생, 편리공생 또는 기생 생물이다. 일부는 조류, 세균, 바이러스를 포함한 세포내 공생자를 가지고 있지만, 이들 사이의 관계는 잘 밝혀지지 않았다. 기초생물학 실험에서 많이 이용하는 *Amoeba proteus*도 이 군 중의 하나이다.

Entamoebida

*G. intestinalis*와 같이 entamoebid 원생생물은 미토솜을 가지지만 미토콘드리아는 없다. 그러나 독립생활을 하는 *Mastigamoeba balamuthi*에서 발견된 20개의 미토콘드리아 추정 단백질을 조사한 결과, 이들의 미토솜은 지아르디아 종의 미토솜보다 더 진화한 형태로 보인다. *M. balamuthi*는 아메바성 이질의 병원체로 전 세계적으로 기생충에 의한 사망의 1/3을 일으키는 *Entamoeba histolytica*에 가깝다. *E. histolytica*와 같이 모든 *Entamoeba* 종은 기생충이거나 숙주 내에 살지만 해를 끼치지 않는 상리공생을 한다. ▶| 아메바증(39.5절)

Eumycetozoa

1880년에 처음 발견된 이래 진균충류(Eumycetozoa) 또는 점균류(slime mold)는 식물, 동물, 균류로 분류되었다. 형태와 행동을 살펴보면 이런 혼란이 왜 이 생물에서 생겼는지 쉽게 알 수 있다. 생리, 행동, 생화학, 발생학적 데이터뿐 아니라 계통발생학적 분석에 의하면 이 생물은 원생동물의 단일분류군이다.

Myxogastria 속으로 대표되는 **비세포성 점균류**(acellular slime mold)는 유동성 있는 다채로운 원형질(protoplasm) 흐름을 가진 독특한 생활사를 가진다. 아메바의 원형질은 축축하고 썩은 통나무, 나뭇잎 또는 다른 유기물 위를 아메바처럼 기어다니며 분해한다(**그림 23.8a**). 비세포성 점균류는 **변형체**(plasmodium)라고 불리는 큰 다핵성 덩어리가 형성되는 생활사의 단계를 따서 명명되었다. 하나의

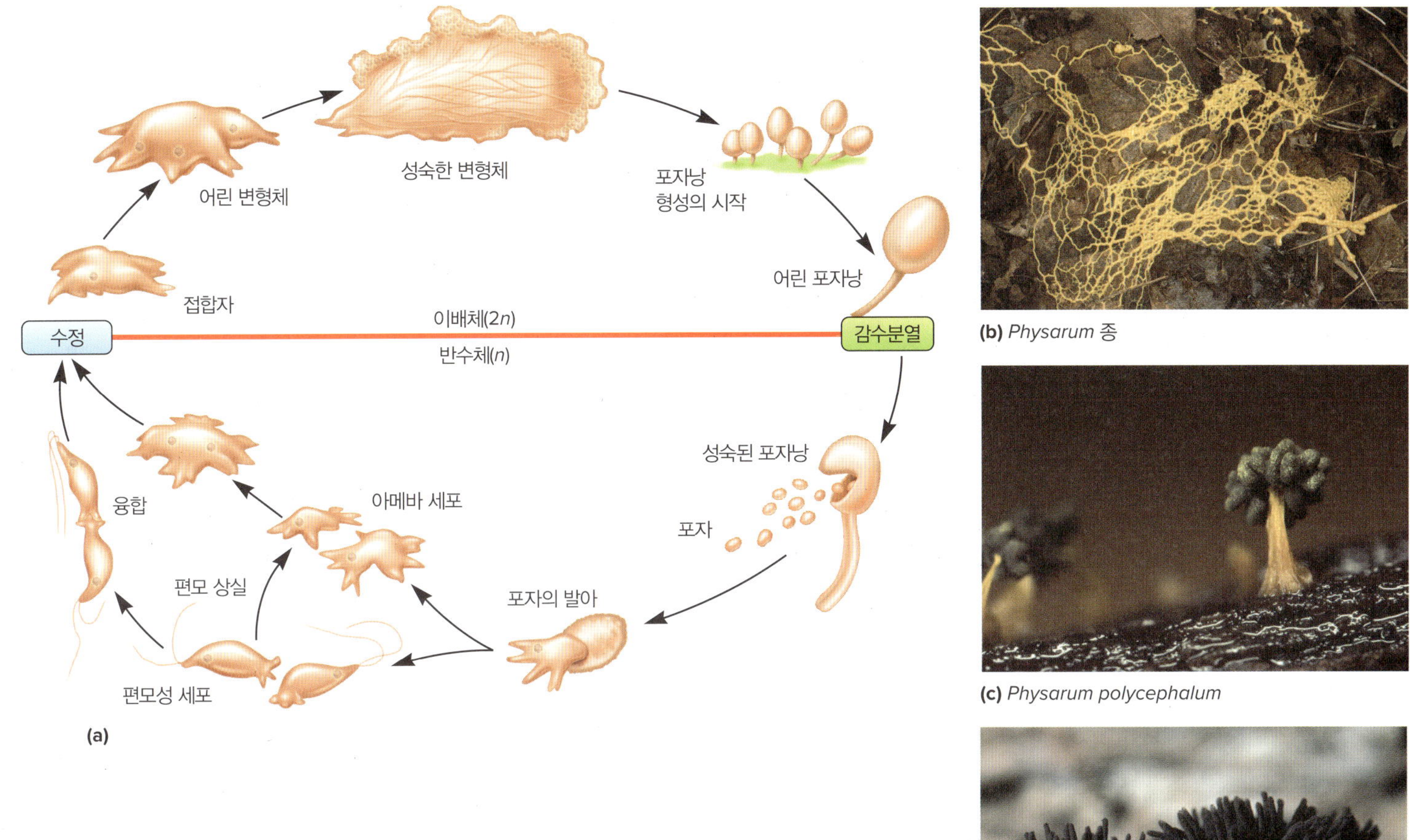

(b) *Physarum* 종

(c) *Physarum polycephalum*

(d) *Stemonitis*

그림 23.8 비세포성 점균류. (a) 변형체성 점균류의 생활사에는 유성생식이 있다. 생장에 좋은 조건이 되면 성체 이배체는 포자낭을 형성한다. 감수분열 후 반수체 배우자는 발아하여 융합하는 반수체 아메바성 또는 편모를 가진 세포를 배출한다. (b) 점균류 *Physarum* 종의 변형체이다. (c) *Physarum polycephalum*과 (d) *Stemonitis* 종의 포자낭이다. (b) Scott Camazine/Science Source; (c) Eye of Science Source; (d) Ray Simons/Science Source

연관 질문 변형체는 단일세포와 어떻게 다른가?

변형체 내에서 동시에 분열하는 핵이 최대 10,000개씩 있을 수 있다(그림 23.8b). 변형체는 먹이나 습기가 없어지면, 아름다운 자실체(fruiting body)를 발달시킨다. 자실체가 성숙하면 환경스트레스에 견디는 셀룰로오스벽을 가진 자루를 형성한다(그림 23.8c,d). 환경이 좋아지면 포자(spore)는 싹이 트고 반수체 편모세포를 방출한다. 이들은 융합하고 그 결과 생긴 접합자는 세포내흡입으로 먹이를 섭취하고, 핵분열로 다핵성 변형체를 형성한다.

세포성 점균류(cellular slime molds, *Dictyostelia*)는 세포내흡입작용으로 세균이나 효모를 잡아먹는다. *Dictyostelium discoideum* 종은 매력적인 모델생물이다. 생활사 중 개개의 세포는 연합하여 여러 형태를 만든다. 다세포형(multicellularity)은 한 덩어리로 움직이는 수많은 개개의 영양세포로 이루어진 유사변형체(pseudoplasmodium)에서 발견된다(**그림 23.9**, 2단계). 유사변형체는 굶주린 점균아메바가 분자신호인 고리형 아데노신 일인산(cAMP)과 특정 당단백질을 분비하면서 만들어지는데, 다른 *D. discoideum* 세포들이 이러한 물질을 감지하고 집단을 형성하면서 신호-생성 세포 주변으로 모여들어 덩어리를 형성한다. 이런 방법으로 이동성, 다핵성의 점액성 덩어리가 발달하고 자실체 형성의 전구체가 된다(그림 23.9, 3단계). 자실체의 형태발생은 점액성 덩어리가 이동을 멈추고 세포가 서로 위로 누적되면서 시작한다. 수직형의 구조물 바닥에 있는 세포는 셀룰로오스를 분비하여 자루를 형성하고, 꼭대기에 있는 세포는 포자로 분화한다(그림 23.9, 4단계와 5단계). 발아된 포자는 영양성 아메바가 되고 무성생식 주기를 새롭게 시작한다(그림 23.9, 6단계).

Dictyostelium 종은 복잡한 행동 패턴을 보인다. 이 장의 시작이야기에서 다룬 것처럼 경작을 하는 외에도, 원시 면역세포와 유사한 형태로 분화한다. 점액성 덩어리를 만드는 동안에, 세포는 '감시세포(sentinel cell)'가 되고 해로운 세균을 처리한다. 감시세포는 고등생물에서 면역반응에 관여하는 것과 유사한 단백질을 분비하여 이 작업

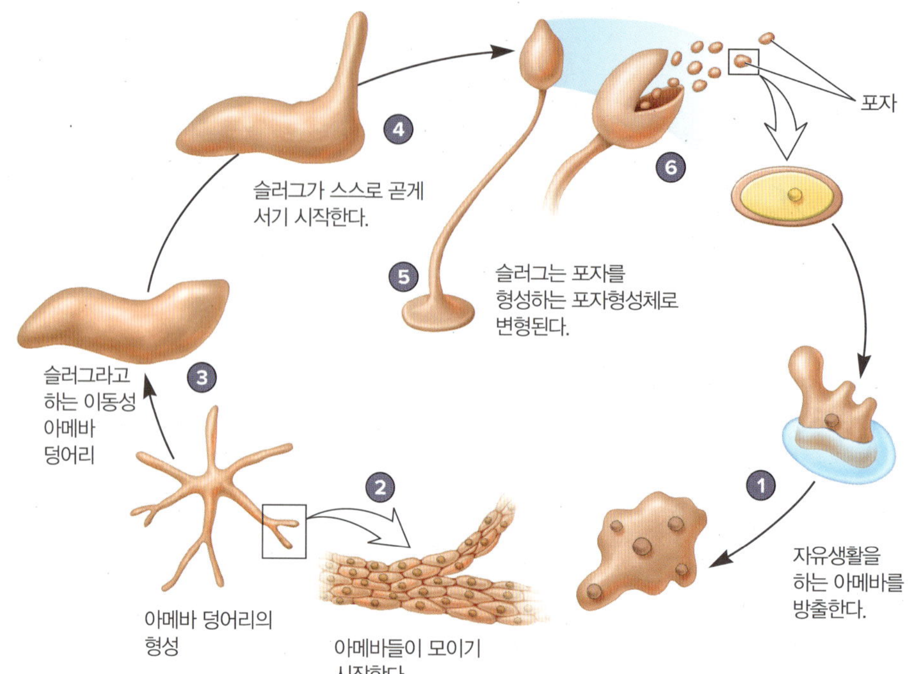

그림 23.9 세포성 점균류 *Dictyostelium discoideum*의 생활사.

연관 질문 cAMP를 분비하지 못하는 돌연변이 균주를 야생형과 섞어준다면 어떻게 행동하는가? 또 다른 cAMP 돌연변이 균주와 섞어준다면 어떠한가?

을 수행한다. 이들은 점액 덩어리 내를 돌아다니며 *Dictyostelium* 종을 감염한다고 알려진 *Legionella pneumophila*와 같은 병원성 세균을 찾아다닌다. 면역학자들은 모든 다세포성 생물은 세균 병원체에 대한 방어가 필요하다는 것을 알고 있기에 이러한 사실에 놀라지 않은 듯하다.

*D. discoideum*의 유성생식에서는 **대피낭**(macrocyst)이라는 특수한 포자가 형성된다. 이는 특이한 유형의 접합으로 이루어진다. 먼저, 여러 아메바가 셀룰로오스 벽으로 둘러싸면서 세포가 가깝게 접촉하면, 다른 교배형을 가진 세포 간 접합이 가능해진다. 3종의 다른 교배형을 가진 개체끼리 접합이 일어나는데, 자가교배도 가능하다. 접합과 더불어, 거대한 아메바가 형성되고 남아있는 아메바를 먹어치운다. 이 거대 아메바는 대피낭으로 성숙한다. 대피낭은 오랫동안 셀룰로오스 벽 안에서 휴지기 상태로 남아 있을 수 있다. 영양생장은 이배체 핵이 감수분열로 반수체 아메바를 만든 다음에 시작한다.

마무리 점검

1. 사상위족, 엽상위족, 망상위족의 형태와 기능을 서술하시오.
2. 점균류가 분류하기 어려운 이유는 무엇인가?
3. *Dictyostelium discoideum*의 생활사를 서술하시오. 대피낭의 기능은 무엇이며 어떻게 형성되는가?

23.4 TSAR 분기군: 지구상에서 중요한 원생생물

이 절을 학습한 후 점검할 사항:

a. Rhizaria에서 발견되는 사상위족과 유축위족의 형태를 설명할 수 있다.
b. Radiolaria와 Foraminifera에 속하는 미생물들의 형태, 섭식기전 그리고 생식을 이해할 수 있다.
c. 쌍편모조류의 형태, 운동, 섭식 행동을 설명할 수 있다.
d. 산호생물학과 적조 생성에서 쌍편모조류의 중요성을 설명할 수 있다.
e. 섬모가 음식물을 붙들고 먹는 방법을 설명할 수 있다.
f. 소핵과 대핵의 형태와 기능을 비교하고 접합 중 이들의 이동을 추적할 수 있다.
g. 정단복합체포자충류의 세포에서 발견되는 독특한 구조와 기능을 설명할 수 있다.
h. 정단복합체포자충류의 생활사를 설명할 수 있다.
i. 정단복합체포자충류에 의한 사람의 질병 2가지를 나열할 수 있다.
j. 부등편모조류의 분류군에서 이형편모의 중요성을 설명할 수 있다.
k. 규조류의 구조, 형태, 생식, 생태적 중요성을 설명할 수 있다.

TSAR 분기군은 텔로네미드(telonemids), 부동편모조류(stramenopiles), 알베올라타(alveolates), 리자리아(Rhizaria)를 대표하며, 최근에 분류된 것이다. 우리는 여기서 이들 편모충에 대해 논하지는 않을 것이다. 반대로, 3개 SAR 그룹의 구성원들은 지구상의 모든 진핵생물 종의 약 절반을 구성하고 있는 것으로 생각된다. TSAR 분기군은 세계적으로 가장 중요한 원생생물이 포함되어 있는데, 이들은 열대우림(규조류)만큼이나 많은 탄소를 고정하며, 전 세계적으로 매년 2억 2500만 명을 감염(말라리아를 일으키는 *Plasmodium* 종)시키기도 한다.

Rhizaria

Rhizaria에는 Radiolaria와 Foraminifera가 포함된다. 이들은 아메바 형태를 가지고 있고 가는 위족(사상위족, filopodia)이 특징인데, 이 위족은 단순할 수도 있고, 가지로 갈라져 있거나 연결되어 있기도 하다. 미세소관에 의해 지지가 되는 사상위족은 **유축위족**(axopodia)이라고 알려져 있다. 유축위족은 유축형질체(axoplast)라고 불리는 세포중심부로부터 돌출되어 나오는데 주로 먹이 섭취에 이용된다(**그림 23.10a**).

Radiolaria

대부분의 방산충류(Radiolaria)는 매우 아름다운 섬세하고 현미경적 골격으로 유명하다. 대부분은 규토질로 된 내부 골격을 가지고 있다. 그러나 아군인 극침류(Acantharia)는 스트론튬 황산염(strontium sulfate)으로 된 내골격(endoskeleton)을 가지고 어떤 종류는 골격이 전혀 없다. 골격 형태는 아주 다양하고 어떤 때는 기름이나 다른 저밀도 유동액을 저장하거나 생물이 뜰 수 있게 하는 방사성 척추를 가지고 있다(그림 23.10b).

방산충류는 점액으로 덮인 사상위족을 이용하여 세균, 다른 원생생물과 작은 무척추동물까지 먹이로 삼아 세포내흡입으로 섭취한다. 크기가 큰 먹이는 식포로 감쌀 수 있을 때까지 세포 밖에서 부분적으로 소화한다. 물 표면에 부유하는 많은 방산충류는 조류와 공생하며 조류의 순 탄소동화량을 증가시킨다. 극침류는 오로지 유성생식만 하며, 체세포분열과 감수분열이 연속적으로 일어나 수백 개의 2개의 섬모를 가진 섬모성 세포를 방출한다. 다른 종류의 리자리아에서는 무성생식(이분법, 다중분열, 출아법)이 가장 흔하지만, 영양물질이 제한되거나 먹이를 너무 많이 섭취했을 때 유성생식이 촉발된다. 이 경우에 2개의 반수체 핵이 융합하여 피낭에 싸인 이배체 접합자를 형성하며 생존 조건이 좋아지면 접합자는 피낭에서 방출된다.

Foraminifera

유공충류(Foraminifera, 간단하게 Forams) 군은 크기가 20 μm부터 몇 센티미터까지 다양하다. 사상위족은 망상위족(reticulopodia: 라틴어 *reticulum*은 '네트'나 '망'을 의미, **그림 23.11**)이라 부르는 가지 친 그물처럼 배열되어 있다. 이들의 망상위족은 말단에 소낭이 있는데, 여기에서 점성물질을 분비하여 먹이를 잡는 데 이용한다. 많은

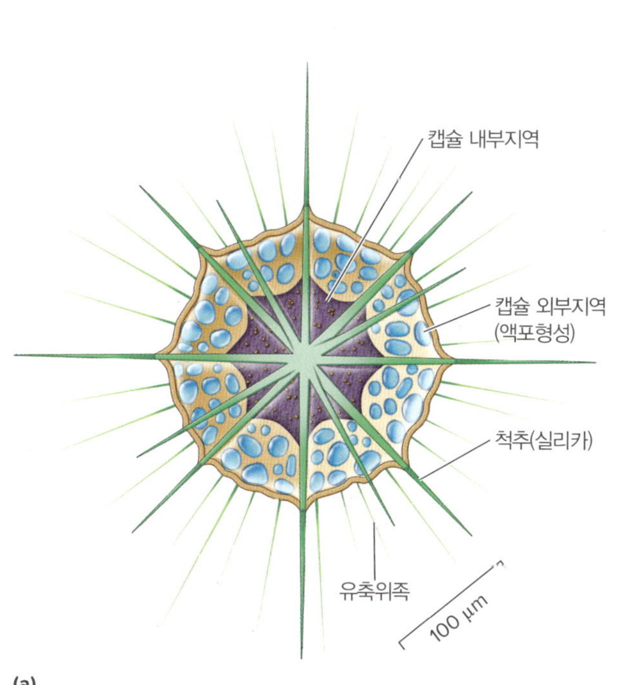

(a)

(b) 방산충류 껍데기

그림 23.10 방산충류. (a) 방산충류 *Acanthometra elastica*의 내부 뼈대 모습이다. 내형질은 캡슐 사이 영역에 있으며, 액포화된 캡슐 바깥 영역은 외형질을 포함한다. (b) 규소로 만들어진 방산충류 껍데기이다. (b) Eye of Science/Science Source

그림 23.11 유공충류. 망상위족이 이 원생생물의 석회질의 피각 또는 껍데기에 있는 구멍을 통해 돌출된 모습이 보인다. David Caron/Science Source

그림 23.12 도버의 하얀 절벽. 이 절벽을 이루는 석회암은 유공충류를 포함한 거의 완전히 원생생물의 화석 껍데기로 이루어져 있다. elena1977/123RF

종은 조류를 내부공생자로 가지고 있다. 공생하는 조류는 먹히지 않고 망상위족 밖으로 이동하여 많은 태양광에 노출된다. 공생관계에 있는 조류는 유공충의 영양에 크게 기여한다. 유공충류는 독특한 껍데기(tests)가 여러 방 모양으로 배열되어 있다. 이 원생생물이 성장하면서 방은 연속적으로 더해진다.

일부 유공충류는 자유롭게 떠다니는 플랑크톤이며 일부는 해저바닥의 퇴적층에서 살고 있다. 무산소인 침전층에 사는 해저형 유공충류는 탈질화를 수행하여 질산염을 질소기체로 완전히 환원시키는 것으로 알려졌다. 유공충류는 이러한 과정을 수행할 수 있는 진핵생물의 첫 예이다. 최근 일부 규조류와 진균도 이 과정을 수행할 수 있는 것으로 알려졌다. ▶| 질소 순환(28.2절)

유공충의 생활사는 복잡하다. 크기가 작은 종은 이분법과 다중분열로 무성으로만 생식하지만, 더 큰 형태는 유성과 무성 단계를 교번한다. 유성단계 동안 편모성 배우자는 쌍을 이루고 융합하여 무성개체(무성부모, agamont)를 만든다. 무성개체는 감수분열하여 반수체 생식세포를 만든다. 생식세포가 이배체 상태로 돌아가는 데는 몇 가지 방법이 있다. 예를 들어, 다양한 종류의 유공충은 편모성 배우자를 방출하고 이들은 대양에서 수정한다. 다른 종류는 2개 이상의 생식세포가 서로 붙어 짝지어진 껍데기의 공간 안에서 배우자가 융합할 수 있게 한다. 껍데기가 분리되면 새롭게 만들어진 무성부모는 배출된다.

유공충류는 대양이나 강어귀 서식처에서 발견된다. 일부는 부유성이지만 대부분 바닥에 사는 저생생물이다. 유공충 껍데기는 해저에 축적되어 초기 캄브리아기(5억 4,300만 년 전)의 화석을 구성하였다. 이것의 존재는 석유탐사에 유용하다. 이들의 잔해물 또는 진흙(ooze)은 열대지역에서는 몇백 미터까지 될 수 있다. 유공충 외각은 현대의 분필, 석회암, 대리석을 만들었고, 영국 남부지방인 도버의 유명한 하얀 절벽(White Cliff)으로 잘 알려져 있다(**그림 23.12**). 거대한 피라미드를 건설하는 데 쓰인 돌도 이들로부터 만들어진 것이다.

Alveolata

피하낭류(Alveolata)는 쌍편모조류, 섬모충류, 정단복합체포자충류를 포함하는 큰 군이다. 먼저 **쌍편모조류**(dinoflagellata 또는 dinoflagellates)는 해양플랑크톤 중 가장 흔하게 발견되는 큰 그룹으로 몇 종은 바다에서 가끔 볼 수 있는 인광(phosphorescence)을 낸다. 이들의 영양방식은 복잡한데 광독립영양, 종속영양과 혼합영양을 하는 종류가 있다. 종속영양 형태의 대부분은 부생성이지만(영양소를 합성하는데 삼투영양을 사용) 어떤 종류는 세포내흡입을 이용하기도 한다. 각 세포에는 서로 독특한 위치에 있는 2개의 편모가 있다. 하나는 가로홈(허리띠)을 둘러싸고 있고 다른 편모는 세로홈에서 드리워져 있다(**그림 23.13**). 이 편모들의 방향과 치는 방법에 따라 세포는 앞으로 휘저으면서 앞으로 나간다. 쌍편모조류라는 이름의 dino-는 그리스어로 '빙글빙글 돈다'는 의미인 *dinein*에서 유래되었다. 많은 쌍편모조류는 원형질막 바로 아래에 있는 피하낭(alveolar sac, 작은 주머니) 안에서 분비되는 셀룰로오스 판으로 싸여 있다. 이런 형태를

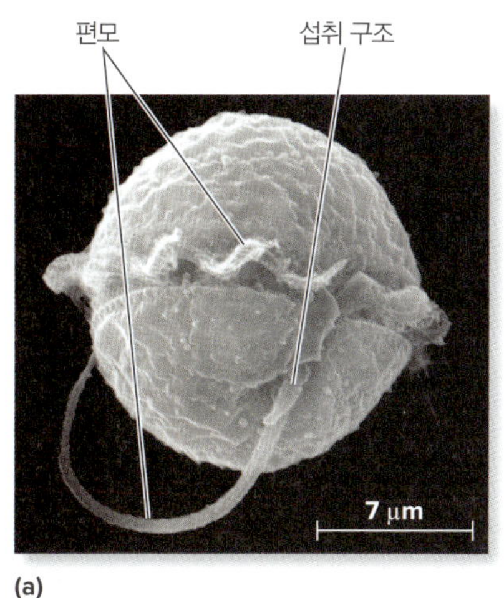

(a)

(b)

그림 24.13 쌍편모조류. (a) 담수 쌍편모조류인 *Peridiniopsis berolinensis*는 2가지 유형의 편모가 있다. 하나의 편모는 중간을 둘러싸고 있다. 조류가 이동할 때 이 편모는 세포를 회전하게 만든다. 직선 편모는 세포에서 뻗어나와 이동의 방향을 결정하는 방향키처럼 작동한다. (b) *Ornithocercus* 속의 해양성 쌍편모조류는 셀룰로오스 세포벽 판을 가지고 있다. 세포벽은 돛대와 같은 구조를 형성하며 펼쳐져 있다. (a) Lee W. Wilcox, Ph. D.; (b) Claude Taylor, III

연관 질문 *Ornithocercus* 종의 '돛대' 기능이 무엇이라 생각하는가?

피각(test)이 있거나 또는 갑옷을 입었다고 말한다. 일부 원생생물들과 같이 쌍편모조류는 **모포**(trichocyst)로 불리는 특수화된 압축된 단백질을 가지고 있다. 공격을 받으면 모포가 세포를 방어하기 위해 튀어나온다.

몇 종류는 다른 생물과 중요한 연합체를 형성하지만, 대부분의 쌍편모조류는 자유생활을 한다. 미분화된 상태로 사는 내부공생 쌍편모조류는 때로 **황록공생조류**(zooxanthellae)라는 운동성 세포를 내보낸다. 가장 잘 알려진 황록공생조류는 *Symbiodinium* 속에 속한다. 이 종류는 산호초를 만드는 산호의 광합성 내부공생자다(그림 27.3 참조). 이들은 산호에 고정된 탄소를 제공하고, 산호의 칼슘탄

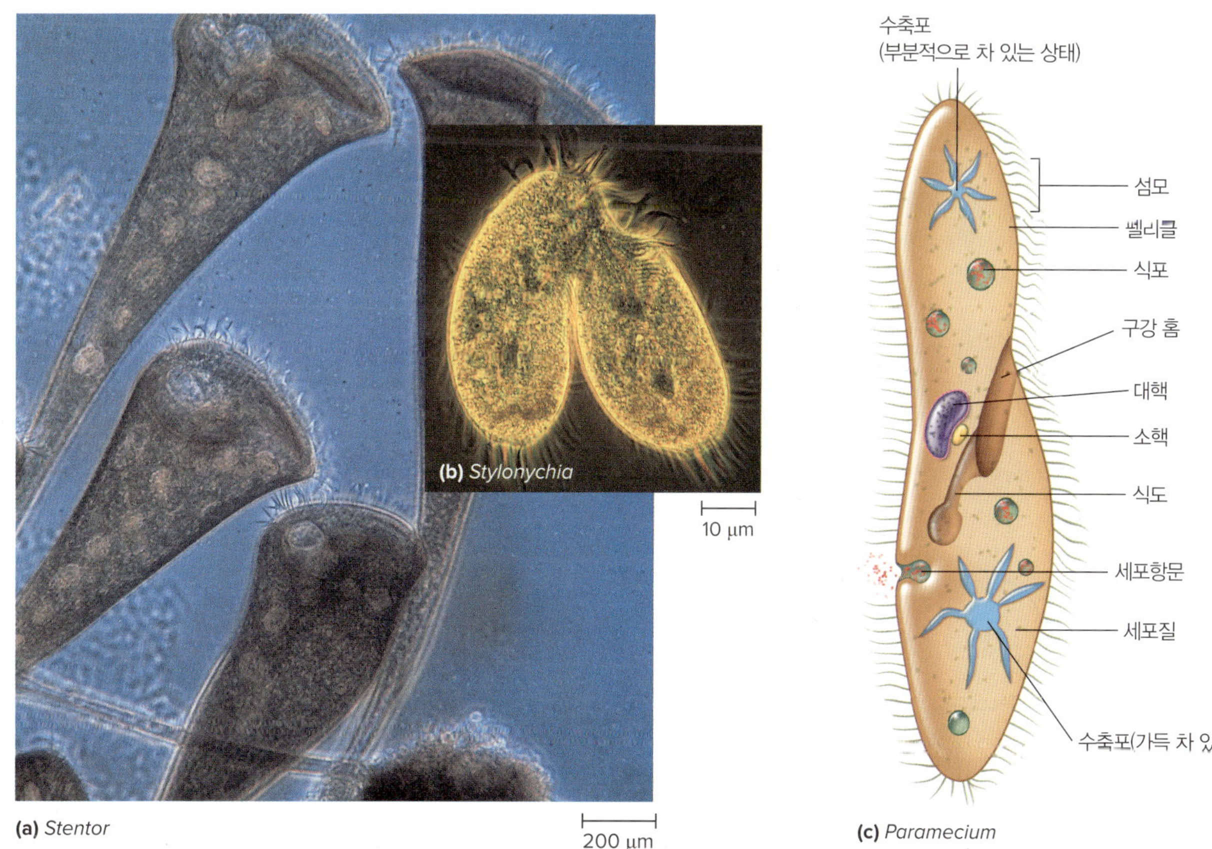

(a) *Stentor* (c) *Paramecium*

그림 23.14 섬모충류. (a) 큰 꽃병 모양의 담수 원생생물 나팔벌레(*Stentor*), (b) 접합하고 있는 2개의 *Stylonychia*, (c) *Paramecium* 종의 구조이다. (a) Eric Grave/Science Source; (b) ©Eric Grave/Science Source

산염 외골격을 분비에 필요한 내부 화학환경을 유지하는 데 이용한다. 쌍편모조류는 사람을 포함한 다른 생물에게 유해한 '적조현상(red tide)'을 일으키는 원인이기도 하다. 일반적인 적조현상에 관여하는 쌍편모조류는 *Alexandrium*과 *Lingulodinium*(이전에 *Gonyaulax*로 불림, 그림 29.3 참조) 속에 속한다. ▶| 산호 통생물체(27.2절); 해안 생태계의 미생물은 변화하는 환경에 적응되어 있다(29.2절)

섬모충류(ciliophora 또는 ciliates)는 약 8,000종이 알려져 있다. 모두 화학종속영양생물이며 크기는 10 μm~4.5 mm 사이이다. 이들은 습지뿐 아니라 해수와 담수에서 저생성과 플랑크톤 군체 모두로 서식한다. 이름에서 알 수 있듯이, 섬모충은 운동과 먹이 섭취를 위해 많은 섬모(cilia)를 이용한다. 섬모는 일반적으로 세로로 있거나(**그림 23.14**), 몸을 따라 돌아가며 나선형으로 배열되어 있다. 섬모는 비스듬한 방향으로 물결친다. 따라서 이 원생생물은 수영하면서 회전한다. 이들의 모양은 매우 다양하며 대부분은 슬리퍼 모양인 짚신벌레(*Paramecium*) 속처럼 생기지 않았다. *Vorticella* 종을 포함한 몇몇 종은 긴 줄기로 기저층에 자신을 부착한다. *Stentor* 종은 기저층에 자신을 부착하고는 트럼펫 모양으로 자신을 늘려 먹이를 잡아먹는다. 몇 종류는 먹이를 잡아먹기 위해 촉수를 가지고 있다. 어떤 종류는 독성피낭(toxicyst)이라고 부르는 독성이 있는 실 같은 침을 쏘아서 먹이를 잡아먹는다. 섬모충류의 놀라운 특징은 구강 주변의 섬모

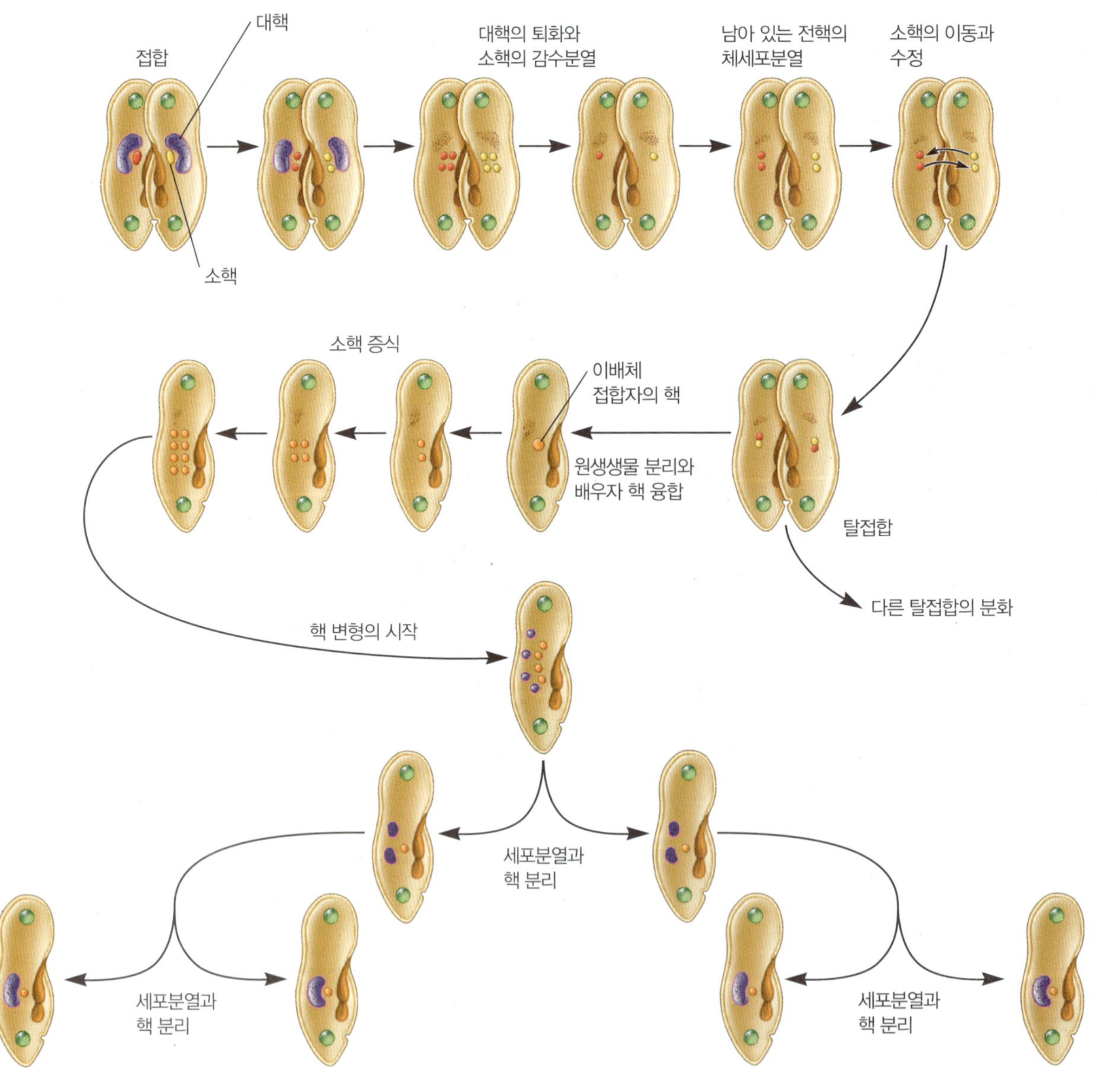

그림 23.15 짚신벌레(*Paramecium caudatum*)의 접합. 접합체가 분리된 후 하나의 탈접합체에서 일어나는 현상을 보여주고 있고, 접합과정마다 모두 8개의 새로운 원생생물이 형성된다.

연관 질문 소핵과 대핵의 기능은 무엇인가?

작용에 의해 짧은 시간 안에 많은 입자를 잡을 수 있는 능력이다. 먹이가 세포구(cytostome)로 들어오면 식포로 전해지고 식포는 세포구와 분리된 이후 리소좀과 융합한 후 소포 안의 내용물을 소화한다. 소화된 물질이 세포질로 흡수되면 식포-리소좀 융합체는 세포항문(cytoproct)과 융합하여 노폐물을 밖으로 내뱉는다.

대부분의 섬모충류에는 두 종류의 핵, 즉 **대핵**(macronucleus)과 **소핵**(micronucleus)이 있다. 소핵은 이배체로 정상적인 체세포 염색체를 가지고 있으며, 체세포분열로 분열하고 감수분열과 유성생식을 통해 유전물질을 전달한다. 대핵의 유전자 발현은 일반적인 세포기능과 정상적 세포대사의 조절에 필요하다. 대핵은 복잡한 일련의 단계를 통해 소핵에서 만들어진다. 대핵 안에는 많은 염색질체(chromatin body)가 있으며 각각의 염색질체에는 1개 또는 2개 유전자의 수많은 사본이 있다. 따라서 대핵은 다배체(polyploid)로 신장과 수축을 통해 분열된다.

대핵과 소핵의 운명은 짚신벌레(*Paramecium caudatum*)의 접합을 통해 알 수 있다(**그림 23.15**). 이 과정에서 상보적인 교배형을 가진 세포가 짝을 이룬 접합체(conjugant) 사이에서 배우자가 교환된다. 접합의 초기에 2개의 섬모충이 접촉하고 접촉 부위에 있는 펠리클이 서로 융합된다. 이때 더 이상 필요성이 없는 대핵은 퇴화한다. 각 소핵은 감수분열하여 4개의 반수체 전핵(pronuclei)을 형성하며 이 가운데 3개의 전핵은 없어진다. 나머지 1개는 다시 체세포분열에 의해 분열하여 2개의 배우자 핵을 형성한다. 이 중 핵 하나는 남아 있고 다른 하나는 접합을 위해 상대 접합체로 이동한다. 이어 섬모충은 분리되고 배우자 핵은 융합한다. 그 결과 생긴 이배체인 접합자 핵은 3번의 체세포분열을 한다. 결과적으로 8개의 핵이 생기는데 이들의 운명은 서로 다르다. 1개의 핵은 소핵으로 남아 있고 3개의 다른 핵은 파괴된다. 4개의 남은 핵은 대핵으로 발달한다. 이제 분리된 각각의 접합체는 세포분열을 수행하여 결국 1개의 대핵과 1개의 소핵을 갖는 자손이 형성된다.

비록 대부분의 섬모충류가 자유생활을 하지만 공생을 하는 유형도 있다. 어떤 섬모충류는 무해한 편리공생을 한다. 예를 들어, *Entodinium* 종은 소의 반추위에서 발견되며 *Nyctotherus*는 개구리의 대장에서 발견된다. 섬모충류 중 어떤 종류는 절대기생성이다. 예를 들어, *Balantidium coli*는 사람을 포함한 포유류의 장에 사는데 여기에서 이질을 일으킬 수 있다. *Ichthyophthirius* 종은 담수에 살면서 많은 종류의 어류에 감염하여 '이크(ick)'라고 알려진 병을 일으킨다.

정단복합체포자충류(apicomplexan)는 동물의 내부 또는 외부 기생충으로 섬유, 미세소관, 액포, 기타 세포소기관이 총체적으로 독특하게 배열된 **정단복합체**(apical complex, 정복합체)가 세포의 한쪽 끝에 존재하는 것이 특징이다(**그림 23.16a**). 롭트리(rhoptry), 미세간상체(microneme), 고밀도 과립(dense granule)의 3개의 분비세포소기관과 칼슘은 숙주세포를 침투할 때 필요하다. 또한 정단복합체포자충류(*Cryptosporidium* 종은 제외)는 **정단소체**(apicoplast)로 불리는 색소체를 가지고 있다. 고대 남세균의 내부공생으로 만들어지기

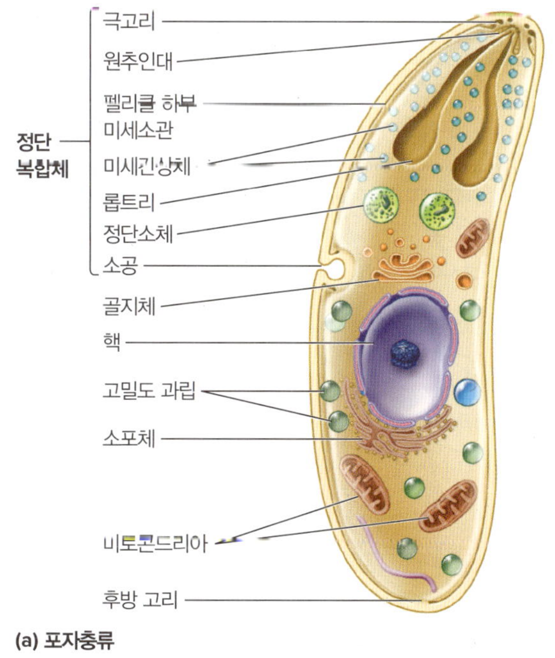

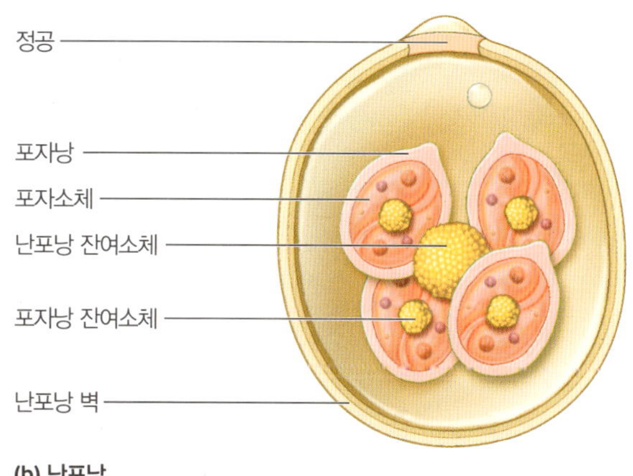

그림 23.16 정단복합체포자충류 세포. (a) 정단복합체를 보여주는 영양세포 또는 분열소체(merozoite)이고, 정단복합체는 극고리와 원추인대, 롭트리, 펠리클 하부 미세소관, 소공으로 구성되어 있다. (b) *Eimeria* 종의 감염성 난포낭(oocyst)이다. 이 난모세포는 저항성 단계로 접합체 형성 이후 여러 번 분열한다(포자형성, sporogony).

는 했지만, 엽록체와는 달리 정단소체는 광합성을 하지 않는다. 말라리아를 일으키는 *Plasmodium* 종의 정단소체는 아세틸-CoA와 이소프레노이드 생합성 자리로 알려져 있다. 모든 정단복합체포자충류에서 정단소체는 생존에 필수적이다. 즉, 병원성 정단복합포자충류의 생장을 저해하는 약의 개발에 좋은 표적이 되고 있다. ◀ 스테롤 및 이소프레노이드 지질(12.7절)

정단복합체포자충류는 복잡한 생활사를 가지는데, 특정 단계는 하나의 숙주에서, 또 다른 단계는 다른 종류의 숙주에서 일어난다. 생활사는 무성생식기(군체성)와 유성생식기가 모두 있으며, 반수체와 이배체기를 교번하는 특징이 있다. 접합자를 제외하고, 군체성이며 유성생식기 단계는 반수체이다. 운동성의 감염단계는 **포자소체**(sporozoite)라고 부른다. 이 반수체 형태가 숙주에 감염하면 하나의 생식세포(gamont)로 분화한다. 암수 배우자쌍은 여러 번의 분할을 거쳐 많은 수의 분열소체(merozoite)로 불리는 반수체세포를 생성한다. 분열소체는 새로운 숙주세포를 계속 감염하거나 쌍을 이루어 접합자를 이룬다. 각 접합자는 방어적 보호막을 분비하므로 포자로 간주된다. 포자 안에서 핵은 감수분열하고(다시 반수체가 됨) 뒤이어 체세포분열에 의해 새로운 숙주에 감염할 수 있는 8개의 포자소체를 만든다(그림 23.16b). 운동성(편모를 가지거나 아메바성으로)은 배우자에 한정되어 있으나, 일부 종에서는 접합자도 가진다.

가장 중요한 사람의 질병 병원체 중 *P. falciparum*, *P. malariae*, *P. vivax*, *P. knowlesi*, *P. ovale*의 5종이 말라리아를 일으키는 정단복합체포자충류의 *Plasmodium* 속에 속한다. 다른 *Plasmodium* 종은 원숭이, 새, 박쥐, 도마뱀, 사슴과 같은 동물에서 말라리아를 일으킨다. 사람의 병원체인 *P. vivax*의 생활사는 그림 39.6에서 보여준다. 이것은 간과 적혈구에 감염한다. 2000년 이후 예방으로 50%가 감소하기는 하였으나, 이 질병에 의해 매년 400,000명이 사망한다. *P. falciparum*이 5종 중 가장 치명적으로 말라리아 사망의 1/3을 차

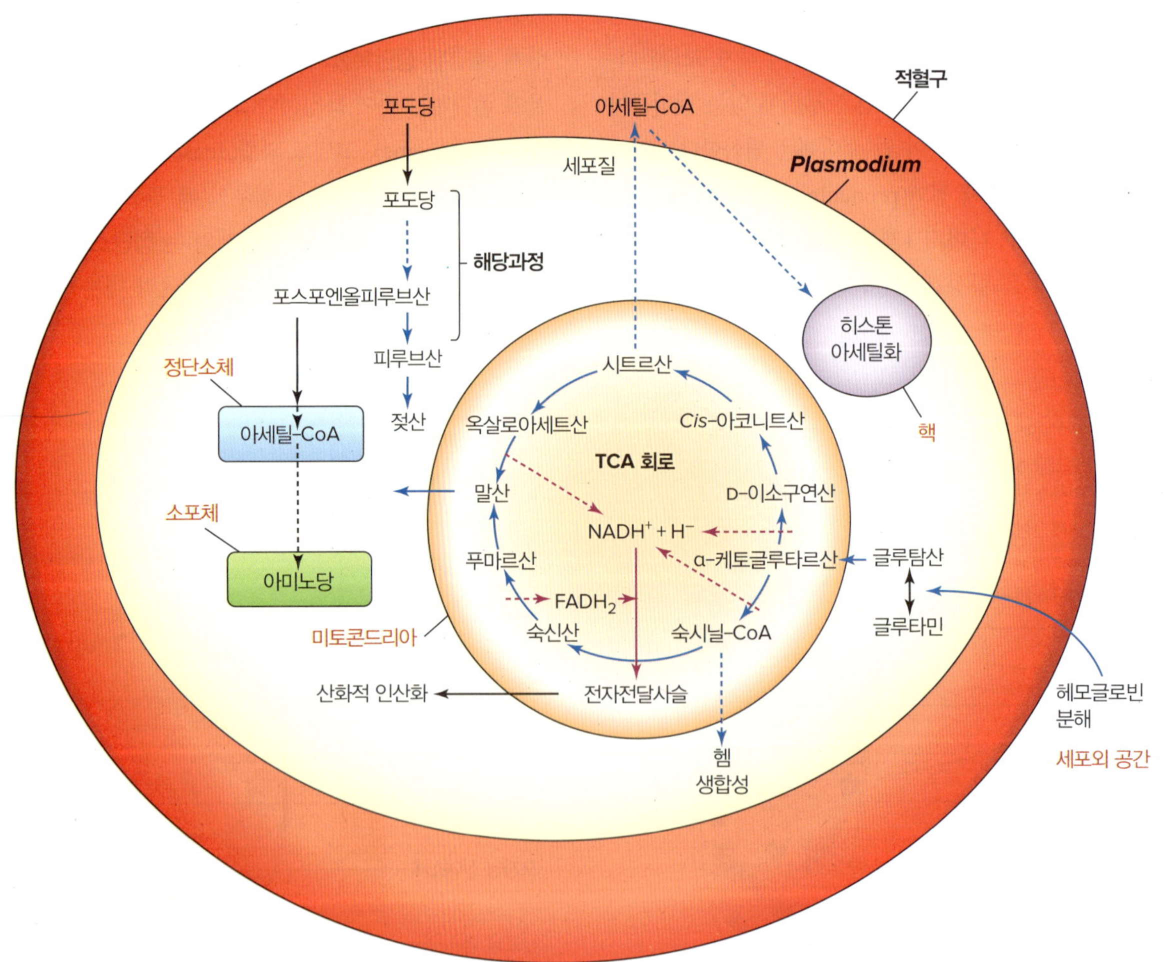

그림 23.17 ***Plasmodium falciparum*은 TCA 회로를 양방향으로 돌린다.** 글루탐산에서 아미노기가 떨어지면 α-케토글루타르산이 된다. 여기서 반응은 산화적 방향이나 환원적 방향으로 모두 일어날 수 있다. 피루브산은 아세틸-CoA로 되지 않고 미생물의 세포질에서 젖산으로 발효된다. 포스포엔올피루브산은 정단소체에서 아세틸-CoA로 전환되어 아미노당의 합성에 사용된다. 미생물이 만드는 시트르산은 숙주가 아세틸-CoA로 전환시키고 이것은 다시 미생물로 들어갈 수 있다. 이것은 아세틸화된 히스톤을 만드는 데 사용되는 것으로 보인다. 확실하지 않은 반응 경로는 점선으로 표시하였다.

지한다. 이 미생물의 에너지 대사는 독특하다. 미토콘드리아 ATP 합성효소가 있으나, 발효를 한다. 다른 정단복합체포자충류와 마찬가지로, *P. falciparum*은 미토콘드리아에서 피루브산을 아세틸-CoA로 바꾸지 못한다. 대신 세포질에서 엠덴-마이어호프 경로를 통해 포스포엔올피루브산이 만들어지고 이것은 정단복합체로 이동하여 아세틸-CoA로 전환된다. 미토콘드리아에는 아세틸-CoA가 없으므로, TCA 회로는 글루탐산에서 아미노기를 제거하고 α-케토글루타르산염으로 바꾸는 것으로 시작한다. 반응은 환원적 또는 산화적 양방향으로 진행된다. 환원적 TCA 단계로 시트르산과 말산이 생성되고 이들은 미토콘드리아에서 방출된다. 반면 산화적 방향으로 헴 생합성의 주요 전구체인 숙시닐-CoA가 만들어진다(**그림 23.17**). 아세틸-CoA는 정단소체에서 만들어지고 소포체로 이동한 다음 아미노당 합성에 사용된다. ▶| 말라리아(39.3절)

정단복합체포자충류 중 많은 종류가 중요한 감염인자이다. 아이메라(*Eimeria*)는 닭에서 맹장 콕시듐증(cecal coccidiosis)을 일으켜서, 이로 인해 미국에서 해마다 수천만 달러의 손실이 발생한다. *Theileria parva*와 *T. annulata*는 벼룩에 의한 기생충으로 가축에서 '동부해안열(East Coast fever)'로 불리는 치명적인 질병을 일으킨다. 이것은 사하라 이남 아프리카에서 매년 100만 마리 이상의 동물을 죽인다. 톡소플라스마증(toxoplasmosis)은 톡소플라스마(*Toxoplasma*) 속에 속하는 종에 의해 일어나며 덜 익은 생고기를 먹거나 고양이의 분변에 오염되었을 때 일어난다. 크립토스포리디아(cryptosporidia)는 크립토스포리듐증(cryptosporidiosis)의 원인이 되며 장에서 시작된 감염은 몸의 다른 부위로 퍼져나간다. 크립토스포리디아와 다른 종류의 정단복합체포자충류인 사이클로스포라(*Cyclospora*)는 대부분 면역력이 약해진 사람들을 감염한다. ▶| 톡소플라스마증(39.5절); 크립토스포리듐증(39.5절); 사이클로스포라증(39.5절)

Stramenopila

부등편모류(Stramenopila, 흔히 streamenopiles로 알려져 있음)는 광합성 규조류(diatoms), 황갈조류(Chrysophyceae)와 화학유기영양생물(부생성)인 난균류(öomycetes, Peronosporomycetes), 점균류(labyrinthulids, slime net)와 역모균류(Hyphochytriales)를 포함하는 크고 다양한 그룹이다. 부등편모류에는 크고 단단한 구조를 만들고 덩치가 큰 갈조류와 켈프도 포함하는데, 이들은 한때 균류나 식물로 분류되기도 하였다. 이렇게 아주 다양한 분류군을 묶는 하나의 공통 특징은 미토콘드리아에 관형 크리스테가 존재한다는 것이다. 다른 하나는 생활사 중 어느 시점에서 **이형편모**(heterokont flagella)를 가진다는 것이다. 이것은 2개의 편모가 특징인데, 하나는 전방으로 다른 하나는 후방으로 돌출되어 있다. 이 편모는 3부분으로 나누어진 독특한 형태의 작은 털을 가지고 있다. 부등편모라는 이름은 '지푸라기털(straw hair)'을 의미한다(**그림 23.18**).

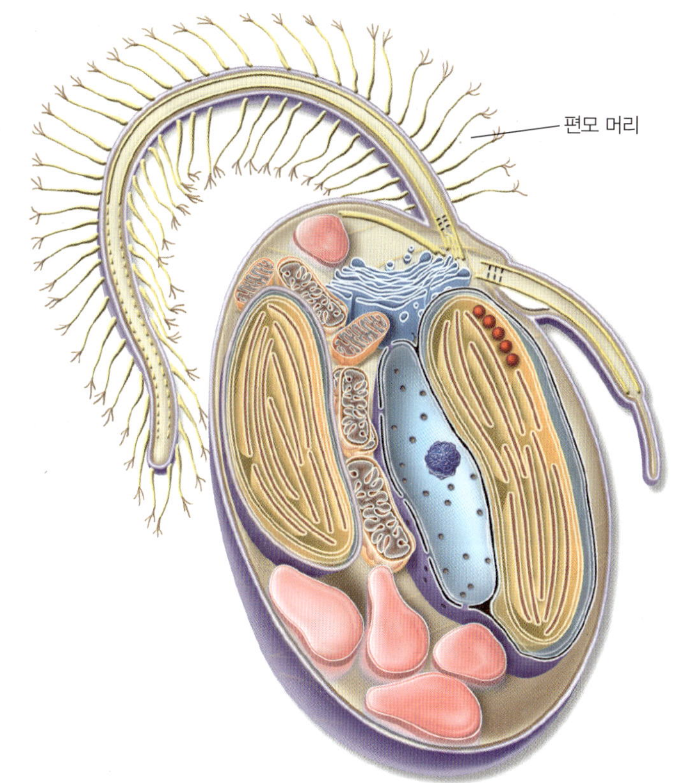

그림 23.18 부등편모류 세포. 두 편모와 하나의 '빨대 머리카락'과 같은 돌기를 주목하자.

규조류(diatoms, Bacillariophyta)는 엽록소 *a*와 c_1/c_2, 카로티노이드인 푸코잔틴(fucoxanthin)을 가지고 있다. 푸코잔틴이 주요 색소인 경우 세포의 색은 황갈색이 된다. 주요 저장 탄수화물은 크리소라미나린(chrysolaminarin)으로, 주로 포도당이 11:1 비율로 β(1 → 3)과 β(1 → 6) 결합으로 연결된 다당류이다. 규조류는 결정의 실리카[$Si(OH_4)$]로 구성된 **규조각**(frustule)이라는 2조각의 독특한 규소 세포벽을 가지고 있다. 규조각은 페트리 배양접시처럼 겹쳐져 있는 2개의 조각 또는 뚜껑(thecae)으로 되어 있다(**그림 23.19**). 더 큰 반쪽이 위 뚜껑(epitheca)이고 작은 반쪽이 아래 뚜껑(hypotheca)이다. 규조각에는 매우 아름답고 뚜렷한 무늬가 있으며 종마다 특징이 있다. 규조각의 형태는 규조류를 동정하는 데 매우 유용하며 여러 가지로 실제 적용할 수 있다. 이런 규조각의 아주 섬세하고 정확한 형태는 나노기술에서 매력적인 대상이 된다. ▶| 제품으로서의 미생물들(41.5절)

규조류 대다수는 절대 광독립영양생물이지만 어떤 종류는 조건부 화학유기영양생물이며, 벽에 있는 구멍으로 탄소를 함유한 분자를

(a) *Cyclotella meneghiniana*

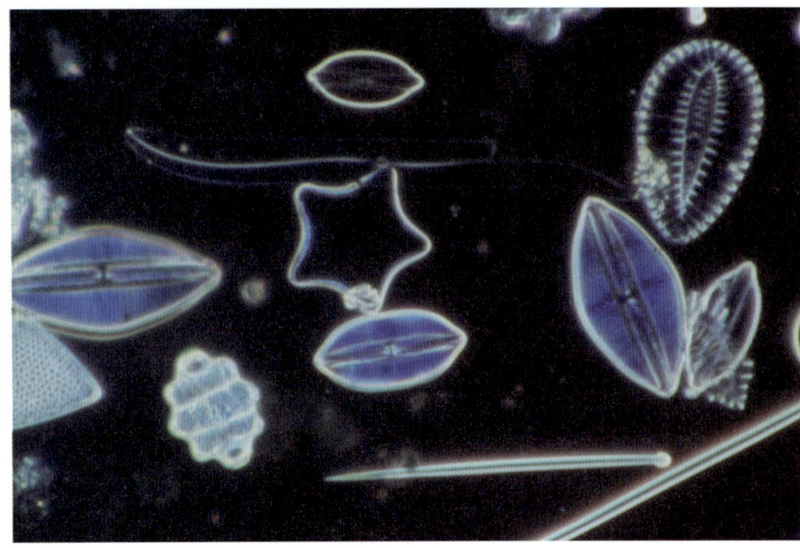

(b)

그림 23.19 규조류. (a) 규조류 *Cyclotella meneghiniana*의 실리카 위 뚜껑과 아래 뚜껑이 페트리 배양접시처럼 서로 맞물려 있다. 이 규조류의 직경은 6～18 μm로 생활사에 따라 달라진다. (b) 다양한 규조류는 실리카 세포벽의 복잡한 구조를 보여준다. (a) Dr. Anne Smith/SPL/Science Source; (b) Oxford Scientific/Getty Images

흡수할 수 있다. 규조류의 영양세포(vegetative cell)는 이배체이며 단세포, 군체성, 섬유성 형태 등 다양하다. 편모가 없고 1개의 큰 핵과 더 작은 색소체가 있다. 생식은 무성생식을 하는데 각각의 반쪽이 분열하여 이전의 규조류 안에 새로운 피각을 형성한다(**그림 23.20a**). 위 뚜껑과 아래 뚜껑의 크기가 다르기 때문에 매번 아래 뚜껑을 주형으로 사용하여 새로운 피각을 만들고 규조류는 점점 더 작아진다. 이들이 영원히 작아질 수는 없다. 그리하여 세포의 크기가 원래 크기의 30%에 이르게 되면 대개 유성생식이 촉발된다. 이배체인 영양세포가 감수분열을 거쳐 배우자를 형성하고 이 배우자는 융합하여 접합자를 형성한다. 배우자는 옥소포자(auxospore)로 분화하여 크기가 증가하고 새로운 벽을 형성한다. 성숙한 옥소포자는 결국에는 체세포분열로 정상적인 크기의 피각을 가진 영양세포를 만든다(그림 23.20b).

규조류는 전 세계에 걸쳐 담수 호수, 연못, 개울과 바다에서 발견된다. 해양플랑크톤 규조류는 바다의 약 50%의 유기탄소를 생산한다. 따라서 이들은 지구 탄소 순환에 매우 중요하다. 이것이 이들을 '해양의 열대우림'으로 부르는 이유다. ▶| 탄소 순환(28.2절); 대양의 미생물은 제한된 영양물질에 적응되어 있다(29.2절)

한때는 곰팡이로 간주되었고 전통적으로 **난균류**(öomycete: 알모양 균류)라고 부르는 원생생물은 최근 **페로노포자균류**(peronosporomycete)로 명명되었다. 이들은 여러 면에서 곰팡이와는 다르다. 세포벽 조성이 셀룰로오스로 이루어져 있고 전 생활사가 짧은 반수체 배우자 시기를 제외하면 이배체이다. 유성생식을 하는 동안 이들은 비교적 큰 난세포(장란기, öogonium)를 만들고 이는 정자세포나 크기가 더 작은 장정기(antheridium)라는 배우자세포와 수정하여 접합자를 형성한다. 접합자가 발아하면, 이형편모를 가진 무성의 유주포자(zoospore)를 형성한다.

일부 페로노포자균류는 식물과 동물의 사체를 분해하는 데 도움을 주며, 일부는 병원성이다. *Saprolegnia*와 *Achlya*와 같은 페로노포자균류는 주로 담수환경에 있는 죽은 조류나 작은 동물 사체 위에 솜털 덩어리로 자라는 부생식물이다. 가장 유명한 페로노포자균류는 감자역병균인 *Phytophthora infestans*로 1840년대 중반에 감자역병을 일으켜 아일랜드에 기근을 초래하였다. *P. infestans*를 균류로 나눈 기존의 분류 때문에 수십 년 동안 농부는 이 생물의 생장을 항진균제로 방제하였다. 물론 이 종은 항진균제에 저항성이 있다. 이 원생생물은 여전히 전 세계적으로 감자역병을 일으키고 있고 이는 해마다 67억 달러의 손실을 일으킨다. *P. sojae*는 또 다른 농업에 중요한 종이다. 이것은 콩에 감염해 매년 수백만 달러의 손실을 초래한다. 마지막으로 *P. ramorum*은 참나무역병(sudden oak death)으로 불리는 식물질병원이다. 참나무뿐 아니라 다양한 관목을 죽인다.

점균류(labyrinthulids)도 복잡한 분류 역사를 가지고 있다. 페로노포자균류와 같이 이들도 전에는 균류로 간주하였다. 그러나 분자계통발생학적 증거와 이형편모성 유주포자형성이 관찰되어 이들을 부등편모류로 분류하였다. 비편모성 단계에서 방추 모양의 세포가 발견되는데, 이들은 이 생물에 의해 만들어진 외형질의 그물을 따라 빠르게 미끄러지는 복잡한 군체를 형성한다. 이 그물은 실제 액틴과 유사한 단백질로 만들어지고 칼슘이 있을 때 수축하는 섬유로 세포의 이동을 촉진한다. 먹이를 섭취하는 기전은 균류와 같다. 세포 밖으로 분비하는 분해효소를 생성하여 삼투영양을 한다. 해양에 서식하는 종류 중에 *Labyrinthula* 속은 식물과 조류 위에서 자라고 중요한 조간대식물인 거머리말(eelgrass)의 '소모성 질환(wasting disease)'에 중요한 역할을 하는 것으로 생각된다.

23.5 Haptista 분기군

이 절을 학습한 후 점검할 사항:

a. 원석조류의 구조를 설명할 수 있다.
b. 원석조류의 지구상 중요성을 설명할 수 있다.

착편모조류(Haptophyta)는 이전까지 TSAR의 자매그룹으로 여겼지만, 계통유전체학 분석은 착편모조류를 별도의 분기군으로 분류한다. 여기에는 코코탈레스(Coccolithales)가 속해 있는데, 이 광합성 원생생물은 원석(둥근 돌, coccolith)이라는 화려한 석화비늘을 가지고 있다(**그림 23.21**). 유공충류와 함께 이 **원석조류**(인편모조류, coccolithophores)는 해양에 있는 칼슘탄산염($CaCO_3$)을 침전시켜 지구의 탄소 순환에 영향을 준다. 세포는 대개 편모가 2개 있으며 부착성편모(haptonema)라는 독특한 소기관을 가지고 있다. 부착성편모는 편모와 비슷하지만, 미세소관의 배열에 차이가 있다. *Emiliania huxleyi*라는 한 종이 자세히 연구되었다. 이 종은 다른 모든 원석조류와 마찬가지로 부유성이며 해양에서 심각한 적조현상을 일으킨다(그림 29.11 참조). *E. huxleyi*가 폭발적으로 자라면 영양물질 흐름에 막대한 변화를 가져올 뿐만 아니라 황(디메틸황산염이나 DMS)을 공기 중에 방출하여 기후에도 변화를 가져온다. DMS의 방출은

많은 세포분열 후, 일부 자손세포는 매우 작다.

(a) 규조류의 무성생식

(b) 규조류의 유성생식

그림 23.20 규조류에서 보여주는 배우자 생활사. (a) 규조류의 무성생식은 반복적 감수분열이 포함된다. 새로운 세포벽이 항상 아래쪽에서 합성되므로, 무성생식은 결국 집단의 세포 평균 크기를 감소시키게 된다. (b) 세포 크기가 작아지면 유성생식이 촉발된다. 이것은 다시 세포의 최대 크기로 성장한다.

연관 질문 일반적으로 유성생식을 촉발하는 자극과 유성생식을 촉발하는 일반적인 자극이 어떻게 다른지 비교하시오. (힌트: 방산충류와 비교하시오.)

그림 23.21 착편모조류 *Emiliania huxleyi*. 화려한 비늘은 방해석으로 만들어진 것이다. 채색된 주사전자현미경사진이다. Steve Gschmeissner/Science Photo Library RF/Getty Images

구름을 더 크게 자라게 한다. 다른 원석조류는 독성 적조를 일으킨다고 알려져 있다. ▶| 물은 미생물의 가장 큰 서식지이다(29.1절)

마무리 점검

1. 플랑크톤인 방선균류가 부유하도록 해주는 것은 무엇인가?
2. 방선균류가 유축위족을 사용하는 것과 유공충류가 망상위족을 사용하는 것을 비교해보시오.
3. 피하낭류는 무엇인가? 갑옷이 없는 또는 갑옷을 입을 쌍편모충류의 차이를 서술하시오.
4. 전형적인 섬모충류의 형태는 무엇인가? 섬모충류가 빠르게 움직이는 원생생물이라고 생각하는 이유는 무엇인가?
5. 섬모충류에서 나타나는 접합을 설명하시오. 이 과정 동안 소핵과 대핵은 어떻게 되는가?
6. 정단복합체포자충류에서 정단복합체의 기능은 무엇인가?
7. 규조류의 구조적 특징을 설명하시오. 이 구조가 무성생식과 유성생식을 교대로 하는 것과 어떤 연관이 있는가?
8. 난균류와 점균류가 진균으로 생각되었던 이유가 무엇인가?
9. 원석조류의 생태적 중요성은 무엇인가?

23.6 Archaeplastida 분기군에는 녹조류와 홍조류가 포함된다

이 절을 학습한 후 점검할 사항:

a. Chloroplastida에서 발견되는 적어도 3가지 다른 형태를 설명할 수 있다.
b. 모델생물인 *Chlamydomonas*의 구조와 생활사를 설명할 수 있다.

원시색소체(Archaeplastida) 군은 남세균을 가진 고대 세포내 공생체에서 기원한 광합성 색소체를 가진 모든 유기체를 포함한다. 이 군은 글라우코파이트(glaucophyte), 홍조류, 녹조류인 3유형의 조류뿐만 아니라 모든 고등한 식물을 포함한다. 글라우코파이트 조류는 20개의 알려진 종에 불과하다. 홍조류는 피코에리트린(phycoerythrin)이라는 색소에서 색을 얻는다. 일부 종은 열대성 산호 형성에 기여하여 이들을 산호 조류(coralline algae)라고 부른다. 여기에서는 녹조류로 알려진 클로로플라스트군(chloroplastida)에 대해 알아보도록 하자. |◀ 미생물 다양성 및 생태 5.1

Chloroplastida

Chloroplastida(그리스어 *chloros*는 '녹색'을 의미) 군은 담수와 해수, 토양이나 다른 생명체의 상층이나 내부 등 어디서나 발견된다. 이들은 특정한 카로티노이드와 함께 엽록소 *a*와 *b*를 갖고 있으며 탄수화물을 녹말의 형태로 저장한다. 대다수는 셀룰로오스로 된 세포벽을 가진다. 몸 형태는 매우 다양해서 단세포성에서부터 군체성, 섬유성, 막 또는 얇은 종이 같은 종류도 있으며 튜브 모양인 것도 있다(**그림 23.22**). 어떤 종은 기질에 닻을 내리게 하는 부착기(holdfast) 구조를 가지고 있다. 무성생식과 유성생식 모두가 관찰된다.

클라미도모나스(*Chlamydomonas*) 종은 녹색식물아군(Chlorophyta)에 속한다(**그림 23.23**, 그림 23.1). 각 개체는 길이가 같은 2개

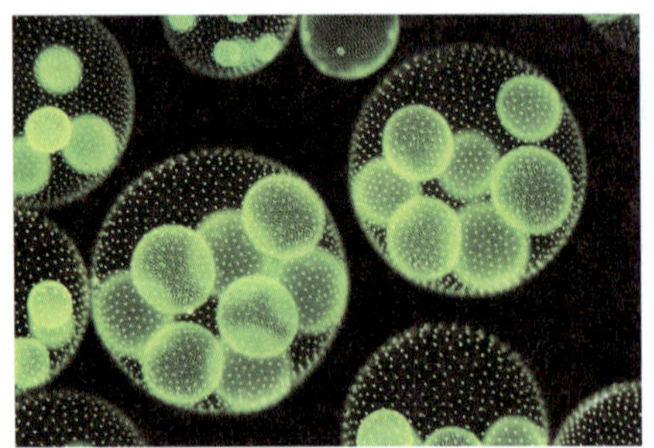

(a) *Volvox*

(b) *Spirogyra*

(c) *Acetabularia*

그림 23.22 녹조류(*Chlorophyta*) 광학현미경 사진. (a) 군체성 생장을 하는 *Volvox*이다. (b) *Spirogyra* 각각의 섬유 안에 리본 모양의 나선형 엽록체가 배열되어 있는 것에 주목하자. (c) *Acetabularia*는 '인어의 와인잔'이라고 불린다. (a) Micro photo/iStock/Getty Images; (b) Nuridsany et Perennous/Science Source; (c) De Agostini Picture Library/Science Source

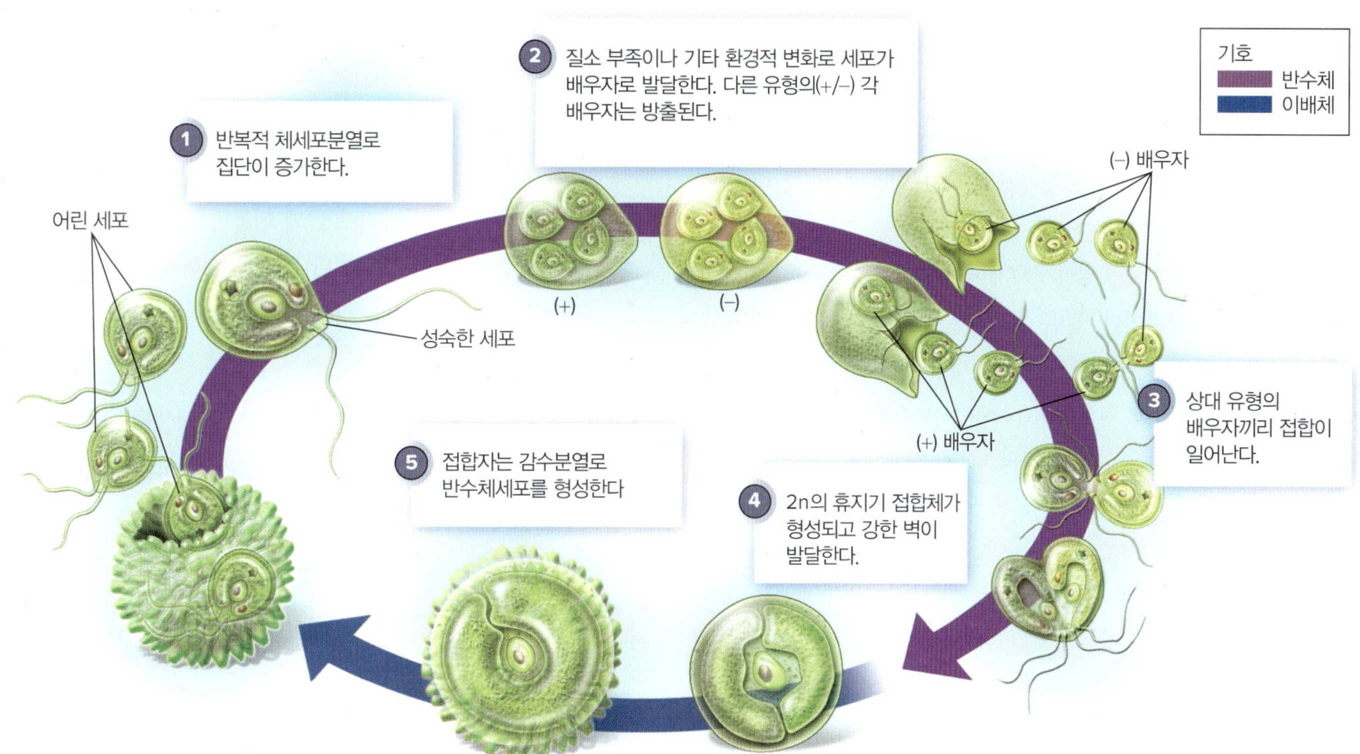

그림 23.23 운동성 녹조류(*Chlamydomonas*)의 구조와 생활사. 무성생식 동안에는 모든 구조가 다 반수체이고 유성생식 동안 접합자만 이배체이다.

연관 질문 환경적 스트레스가 왜 배우자 분화를 자극한다고 생각하는가?

의 편모를 전방 끝에 갖고 있어, 이를 이용해 물속에서 빠른 속도로 움직인다. 각각의 세포는 1개의 반수체 핵과 커다란 엽록체, 눈에 띄는 피레노이드와 세포의 광주성 반응을 돕는 스티그마(stigma)가 있다. 편모의 기저부에 있는 2개의 작은 수축포는 삼투조절기관으로 작용한다. *Chlamydomonas* 종은 세포분열을 통해 유주포자(zoospore)를 만드는 무성생식을 한다. 유성생식은 세포분열로 생성된 몇몇 세포가 배우자의 역할을 하여 서로 융합함으로써 4개의 편모를 잃고 휴지기에 들어간다. 휴지기가 끝날 무렵 감수분열이 일어나 4개의 반수체세포가 생성되며 이들이 자라 성체가 된다.

*Prototheca moriformis*는 사람과 동물에서 프로토테카증(protothecosis)이라는 질병을 일으킨다. *P. morifomis* 세포는 토양에서 흔히 발견되므로 감염은 대부분 토양에서 시작된다. 동물에서는 혈류를 통해 이동하며 심각한 전신감염을 일으키는 것이 보고된 바 있다.

Picozoa

해양성 Picozoa의 계통발생학적 기원은 불분명하여 archaeplastid와 함께 분류하기도 한다. Picozoa (그리스어 *pico*는 '작다'를 의미, *zoa*는 '동물'을 의미)의 증거는 2000년대초 18S rRNA 메타유전체 데이터로 2~3 μm의 필터를 통과하는 정도로 매우 작은 진핵성 생물이 발견되면서 나타나기 시작했다. 원래는 광합성 생물로 생각되었으나 지금은 종속영양생물로 알려져 있다. 이들은 전 세계의 해양에 널리 분포한다. 일부 장소에서, Picozoa는 생물량의 50%에 달해 미생물 고리의 중요한 일원이 되고 있다(그림 29.5 참조).

2013년 처음으로 피코조아의 배양이 보고되었다. *Picomonas judraskeda*로 명명된 이 원생생물은 해양의 해변가에서 분리되었으며 중간이 깊이 피인 2개의 반쪽 구형으로 이루어져 있다. 세포의 전체 크기는 2 × 2.5 μm에서 2.5 × 3.8 μm 정도이다. 이들은 2개의 편모가 있고 "점프-드래그-스케다들"의 순환으로 묘사된 특이한 종류의 운동성을 보인다. 이들은 세포내흡입으로 현탁성 유기물을 먹는데 이들의 특이한 운동성은 먹이활동과 연관이 있는 것으로 보인다.

마무리 점검

1. *Chlamydomonac* 속에 속하는 구성원들의 형태를 *Euglena* 속이 구성원과 비교하시오(그림 23.4, 그림 23.23).
2. 많은 원생생물과 같이 *C. reinhardtii*의 유성생식은 두 교배형의 개체가 관여한다. 진화적 관점에서의 이유는 무엇인가?
3. Picozoa의 풍부함을 고려할 때, 이들은 해양 생태계에서 어떤 역할을 할 수 있을까?

요약

23.1 원생생물의 다양성은 광범위한 계통발생을 반영한다

- 원생생물은 물, 적당한 유기영양분이 있고 온도가 적당하면 어느 환경에서나 널리 분포한다.
- 원생생물은 육상, 수상, 해양생태계에서 영양물질 순환에 기여하는 중요한 구성원이다. 많은 원생생물이 사람과 동물에 기생하며 일부는 분자생물학 연구에 매우 유용하게 사용된다.
- 원생생물의 세포막은 원형질막(plasmalemma)으로 불리며 세포질은 외형질과 내형질로 나뉜다. 일부 원생생물에서 세포막 아래 펠리클이 존재한다. 세포질은 수축성, 분비성, 섭식성(포식성) 액포가 있다.
- 에너지대사는 미토콘드리아, 수소발생체 또는 엽록체에서 일어난다.
- 일부 원생생물은 휴지단계의 피낭이 있다(피낭형성). 피낭은 나쁜 환경에서 개체를 보호하고, 핵을 재조직하며, 기생성 생물에서는 전파의 방법도 부여한다(그림 23.2).
- 대부분의 원생생물은 이분법이나 다분열 또는 발아와 같은 무성생식으로 증식한다(그림 23.3).
- 원생생물은 동형접합이나 자가접합과 같은 다양한 유성생식 역시 사용한다.
- 원생생물 분류는 활발히 연구와 토론이 진행되고 있는 주제다.

23.2 Discoba-Metamonada 분기군

- 광독립영양 편모세균인 유글레나충류는 디스코바 계열의 구성원이다(그림 23.4). 중요한 사람 병원체로 리슈마니아증, 샤가스병, 아프리카수면병을 일으키는 원생동물이 속한다.
- 사람의 병원체 *Giardia intestinalis*는 metamonad이다. 이 원생생물은 가장 원시적인 진핵생물 중 하나로 생각되며, 미토솜과 수소발생체를 가지지만 미토콘드리아는 없다(그림 23.6).
- Metamonad는 일부 편모성 동물 내부공생자를 포함한다. 목재를 먹는 곤충인 *Trichonympha* 종과 사람의 병원체인 *Trichomonas vaginalis*가 이 군에 속한다.

23.3 Amoebozoa 분기군에는 위족을 가진 원생생물이 포함된다

- 아메바류는 위족을 이용한다. 위족은 엽상위족, 사상위족, 망상위족의 형태가 있다(그림 23.7).
- 아메바는 피각(testate)이라고 부르는 외부 판을 가지고 있다. 판이 없는 종류는 껍질이 없는 또는 무각아메바라고 한다.
- 진균충류에는 세포성과 비세포성 점균류가 포함된다. 비세포성 점균류는 큰 다핵의 원형질 덩어리를 형성한다(그림 23.8).
- 세포성 점균류는 덩어리로 함께 이동하는 많은 개별 세포로 구성된 유사변형체를 생성한다 *Dictyostelium discoideum*은 세포성 점균류로 주화성, 세포발생, 행동을 연구하는 모델생물로 이용된다(그림 23.9).

23.4 TSAR 분기군: 지구상에서 중요한 원생생물

- 아메바 모양인 방산충류(*Radiolaria*)가 속하며, 이것은 규조성 내골격과 먹이를 낚아채는 데 사용되는 사상위족을 가진다(그림 23.10).
- 유공충류는 그물 모양의 망상위족과 피각을 가지고 있다. 대부분의 유공충류는 저생성이고 이들의 피각은 해저바닥에 축적되며 그곳의 유전탐사에 유용하게 이용된다(그림 23.11).
- 피하낭류에는 쌍편모조류, 섬모충류, 정단복합체포자충류가 속한다.
- 쌍편모조류는 영양방식이 복잡한 큰 원생생물군이다. 대부분이 해양플랑크톤이다. 이들은 인광을 내고 독성 조류를 일으키는 것으로 알려져 있다(그림 23.13).
- 섬모충류는 섬모를 이용하여 운동과 먹이 섭취를 하는 화학유기영양 원생생물이다. 무성생식에 더해 유성생식에서는 접합을 이용한다(그림 23.14, 그림 23.15).
- 정단복합체포자충류는 복잡한 생활사를 가진 기생성 생물이다. 운동성이 있는 감염단계를 포자소체라고 부른다. 이 그룹에는 다수의 병원체가 속하며, 사람에게 말라리아를 일으키는 5종의 *Plasmodium*이 속해 있다(그림 23.16).
- 부등편모류는 매우 다양하며 규조류, 황조류, 갈조류, 페로노포자균류, 점균류가 속해 있다. 규조류는 민물과 해양에서 발견되며 해양 플랑크톤의 중요한 구성원이다(그림 23.18~그림 23.20).

23.5 Haptista 분기군

- 원석조류는 화려한 비늘을 조립하기 위해서 이산화탄소를 고정하고 탄산칼슘염을 침전시키는 해양 광합성 원생생물이다(그림 23.21).
- 원석조류는 풍부하기 때문에 전 지구탄소비용을 조절하는데 도움이 된다.

23.6 Archaeplastida 분기군에는 녹조류와 홍조류가 포함된다

- Archaeplastida는 녹조류라고도 알려진 Chlorophyta를 포함한다. 모두 엽록소 *a*와 *b*, 특별한 카로티노이드를 가지고 있는 광합성생물이다. 이들은 다양한 형태를 가지고 있다(그림 23.22).
- *Chlamydomonas* 종은 유성생식과 무성생식을 가진 원생생물의 모델이다(그림 23.23).
- Picozoa에는 매우 작고 종속영양생물이며 전 지구적으로 분포하는 해양성 원생생물을 포함한다.

심화 학습

1. 일반적으로 환경의 변화가 원생생물의 피낭형성을 촉발한다. 그람양성 세균의 내생포자형성과 비교하시오.
2. 원생생물 질병(예: 말라리아, 샤가스병)에 대한 백신 개발은 세균성 혹은 바이러스성 질병에 비해 성공적이지 못하다. 이 문제에 대해 생물학적 이유 하나와 지정학적 이유 하나를 논하시오.
3. 대부분의 포자충류는 색이 없는 엽록체의 유물인 정단소체를 가진다. 최근 포자충류인 *Chomera velia*가 정단소체를 광합성 장소로 사용하는 것이 밝혀졌다. 어떤 유전적 그리고 생리적 특징으로 이 생물이 진정 광합성을 한다는 것을 보여줄 수 있는가? 이 원생생물이 광독립영양생물인지 광종속영양생물인지 아니면 혼합영양생물인지 어떻게 밝혀낼 수 있는가?
4. 저생성 유공충류는 해저 침전물에서 서식한다. 이 해저형 유공충인 *Globobulimina pseudospinescens*는 세포내 질산염을 저장하고 이것을 질소기체로 환원시킨다는 것이 발견되었다. 진핵성과 세균성 탈질화를 비교 분석하려면 어떻게 하면 좋은가? 어떤 물리적 인자와 생리적, 효소적 특징을 살펴보아야 하는가?
5. 원생생물의 분류학은 전적으로 형태학과 생태학에 의존하였다. 이는 분자적 특성으로 대체되어 오고 있다. 고전적인 분류학과 분자생물학적 분류학을 통합하기 위해 전문가에 의한 분류학의 공통적 모임인 국제적인 플랫폼 *UniEuk*를 만들었다. 이 장에서 다룬 원생생물을 선택하여 이것의 분류학적 탐구에 도움이 될 수 있는 정보를 나열하시오. 그리고 본인의 제안과 *UniEuk* 웹사이트에서 다루는 정보를 비교하시오.
6. 원생생물의 진화를 정착시키는 데 있어 주요한 장벽은 문화와 유전자 은행 모두에서 그들에 대한 과소평가이다(그림 18.7 참조). 단일세포 유전체서열을 사용해서 최근 영국의 한 과학자 집단은 태평양에서 채취한 원생생물로부터 70개의 부분적이고 거의 완벽한 미토콘드리아 유전체를 보고하였다. 이는 종속영양생물 편모충류로부터 얻은 미토콘드리아 유전체의 두 배에 달하는 것이다. 핵과 미토콘드리아 유전체의 기원을 고려하여 미토콘드리아 유전체와 핵 유전체를 비교할 때 구체적으로 어떤 질문을 할 수 있는가? 지금까지 발견된 적이 없는 수많은 유전자의 확인은 원생생물 다양성에 대한 우리의 지식에 대해 무엇을 시사하는가?

참고문헌: Wideman, J. G., Monier, A., Rodríguez-Martínez, R. et al. 2020. Unexpected mitochondrial genome diversity revealed by targeted single-cell genomics of heterotrophic flagellated protists. *Nat Microbiol* 5: 154-165. doi: 10.1038/s41564-019-0605-4

CHAPTER

24

진균

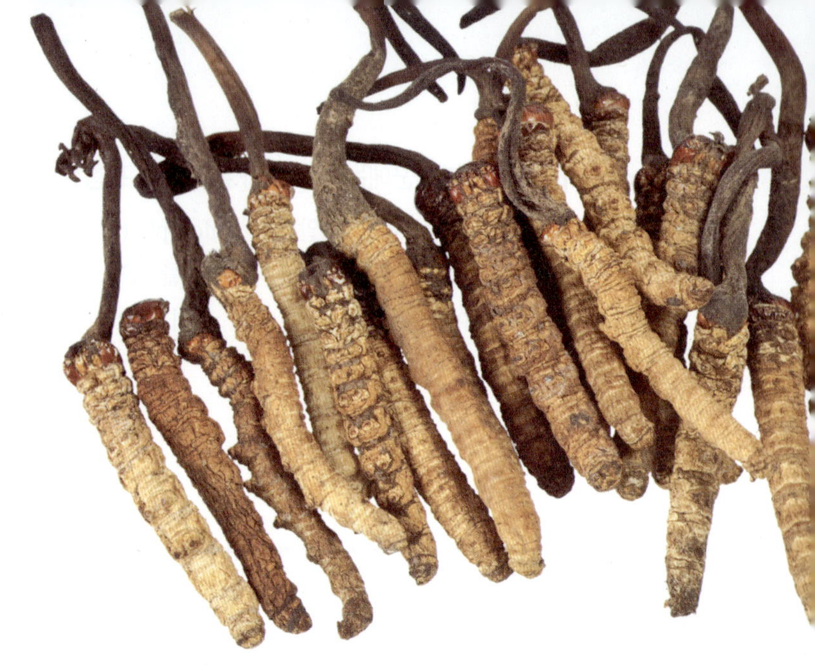

Y H Lim/Alamy Stock Photo

동충하초에 관한 복잡한 이야기

질문: 애벌레, 티베트 자치지역(TAR)의 경제, 그리고 지구기후 변화 사이의 공통점은 무엇인가? **답변:** *Ophiocordyceps sinensis*라는 균은 "동충하초"로 더 잘 알려져 있으며 "겨울에는 벌레, 여름에는 풀"를 의미한다. 이 균은 곤충을 죽이는 많은 곤충병원성 진균 중 하나이다. *O. sinensis*는 TAR에서 발견되며 30종이 넘는 유령나방(*Thitarodes* 종) 애벌레에 기생한다. 매년 봄이 되면 이 균의 포자가 발아하여 형성된 균사가 토양에 서식하는 유령나방의 애벌레에 감염된다. 이듬해 봄에 스토마(stoma)라는 자실체가 애벌레의 머리 부분에 형성되어 토양을 뚫고 나온다. 이 지역 주민들은 땅에서 올라오는 이 균의 스토마를 찾아 언덕을 오른다. 스토마를 찾으면 위의 사진에서 보이는 것처럼 자실체가 붙어 있는 미이라화된 애벌레를 채취하여 말린 후 약용으로 판매한다.

동충하초는 의학적으로 어떤 효과가 있을까? 15세기부터 동충하초는 천식에서 암에 이르기까지 수많은 질병을 개선할 수 있는 강정제로 사용되어 왔다. 최근에는 동충하초가 중국 육상선수들의 뛰어난 경기력으로 그 가치를 인정받게 되었다. 이로 인해 동충하초 시장은 폭발적으로 성장하게 되었으며, 2000년에서 2011년 사이에 동충하초의 가격은 약 1000% 올랐다.

동충하초의 엄청난 인기로 인해 TAR의 농민들이 부수입을 얻기 위해 동충하초를 채취하면서 TAR 경제에 큰 영향을 미치게 되었다. 대략 2005년까지는 동충하초의 판매는 수익성이 아주 높아서 TAR 총생산의 약 8.5%를 차지했다. 예상대로 동충하초를 채취하는 사람이 늘어남에 따라 1인당 수확량이 감소했다. 그러나 이러한 수확량 감소에는 수요와 공급 이외에 다음과 같은 이유가 있었다. 첫째, 이 균의 생활사에 대한 이해가 부족했다. 늦은 시기의 동충하초의 채취로 인해 포자가 환경에서 없어져 지속 가능한 수확이 보장되는 포자의 산포가 차단된다. 또 다른 이유는 지구기후의 변화로 보인다. TAR의 온도 상승은 수확량의 감소와 상관관계가 있다. 그럼에도 불구하고 1킬로그램의 동충하초는 약 20,000달러의 시가를 보이고 있다. 지속 가능한 채취기술을 구현함으로써 경제적으로 소외된 사람들이 동충하초를 통해 수익을 얻을 수 있는 기회가 계속되기를 바란다.

이 장에서는 **진균**(Fungi)를 소개하고자 한다. 진균은 포자를 생성하며, 흡수영양을 하고, 엽록소가 없으며, 유성생식과 무성생식을 하는 진핵생물을 말한다. 진균을 연구하는 학자들을 **균학자**(mycologist)라고 하며, 진균을 다루는 학문분야를 **균학**(mycology)이라고 한다. 진균의 독소에 대한 연구를 **진균독성학**(mycotoxicology)이라고 하며, 동물에서 진균에 의해 유발되는 질병을 **진균증**(mycoses)이라고 한다.

진균은 대략 2백만에서 5백만 종을 포함하는 거대한 생물군이다. 원생생물처럼 진균의 분류는 여러 번 수정되어 왔고 불확실한 상태로 남아 있다. 최근에 계통유전체학의 적용을 통해 진균의 다양한 분류군들 사이의 진화적 관계에 대해 쉽게 이해하게 되었다. 이 장에서

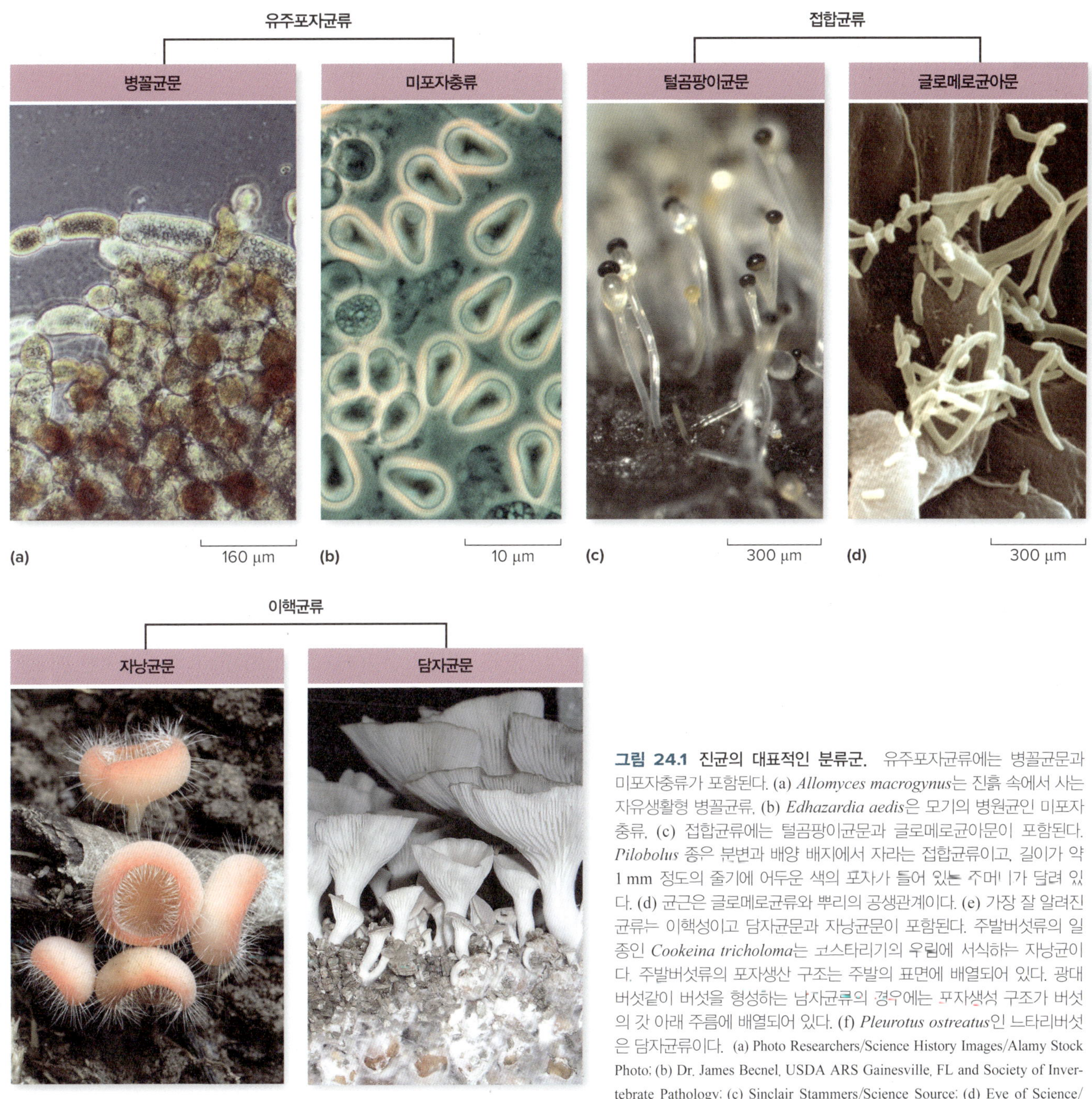

그림 24.1 진균의 대표적인 분류군. 유주포자균류에는 병꼴균문과 미포자충류가 포함된다. (a) *Allomyces macrogynus*는 진흙 속에서 사는 자유생활형 병꼴균류. (b) *Edhazardia aedis*은 모기의 병원균인 미포자충류. (c) 접합균류에는 털곰팡이균문과 글로메로균아문이 포함된다. *Pilobolus* 종은 분변과 배양 배지에서 자라는 접합균류이고, 길이가 약 1 mm 정도의 줄기에 어두운 색의 포자가 들어 있는 주머니가 달려 있다. (d) 균근은 글로메로균류와 뿌리의 공생관계이다. (e) 가장 잘 알려진 균류는 이핵성이고 담자균문과 자낭균문이 포함된다. 주발버섯류의 일종인 *Cookeina tricholoma*는 코스타리카의 우림에 서식하는 자낭균이다. 주발버섯류의 포자생산 구조는 주발의 표면에 배열되어 있다. 광대버섯같이 버섯을 형성하는 담자균류의 경우에는 포자생성 구조가 버섯의 갓 아래 주름에 배열되어 있다. (f) *Pleurotus ostreatus*인 느타리버섯은 담자균류이다. (a) Photo Researchers/Science History Images/Alamy Stock Photo; (b) Dr. James Becnel, USDA ARS Gainesville, FL and Society of Invertebrate Pathology; (c) Sinclair Stammers/Science Source; (d) Eye of Science/Science Source; (e) Sinclair Stammers/Science Source; (f) Robert W. Seagull

는 **그림 24.1**과 **표 24.1**에서 보는 것처럼 6개의 주요 분류군인 병꼴균문(Chytridiomycota), 미포자충류(Microsporidia), 털곰팡이균문(Mucoromycota), 글로메로균아문(Glomeromycotina), 자낭균문(Ascomycota), 담자균문(Basidiomycota)에 대해 다루고자 한다.

이 장의 학습을 위해 점검할 사항:

- ✓ 진핵세포의 벽을 그리고 벽을 구성하는 각 층의 구조와 기능을 구분할 수 있다(5.2절).
- ✓ 진핵세포의 세포소기관의 구성과 기능을 구분할 수 있다(5.4절~5.6절).
- ✓ 진핵세포의 편모와 섬모의 구조와 기능을 설명할 수 있다(5.7절).

표 24.1	진균의 분류체계 요약	
분류군	특징	예
미포자충류	대개 동물에 기생하는 절대세포내 기생, 미토콘드리아, 퍼옥시솜, 키네토솜, 섬모, 중심립이 없음. 포자는 키틴 내벽과 단백질 외벽을 가지고 있음. 숙주에 침투하기 위한 관을 형성함.	*Amblyospora* *Encephalitozoon* *Enterocytozoon*
병꼴균문	생활사 중 적어도 한 단계에서 편모가 달린 세포가 있고, 1개 이상의 편모임. 키틴과 β-1,3/1,6-글루칸으로 된 세포벽임. 저장 다당류는 글리코겐. 유성생식 결과 대개 휴면포자나 포자낭이 되는 접합자 형성. 부생 또는 기생.	*Allomyces* *Blastocladiella* *Coelomomyces* *Synchytrium*
털곰팡이균문	대개 사상성 비격벽의 균체, 유성생식으로 대개 장식이 있는 두꺼운 벽의 접합포자가 생김.	*Mucor* *Phycomyces* *Rhizopus*
글로메로균아문	사상균이며 대부분 수지상 내생균근. 숙주식물 밖에서 무성 포자를 형성함. 중심립, 분생포자, 공기중 포자가 없음.	*Acaulospora* *Glomus*
자낭균문	유성생식으로 자낭 안에 있는 이배체 핵이 감수분열하여 반수체의 자낭포자가 생김. 또한 대부분 분생포자경이라는 특화된 공중 균사를 이용하여 분생포자를 형성하는 무성생식을 함. 많은 종류가 자낭과라는 복잡한 자실체 안에 자낭을 생성함. 부생 또는 기생. 많은 종류가 광영양 미생물과 상리공생을 하여 지의류를 형성함.	*Aspergillus* *Candida* *Neurospora* *Penicillium* *Pneumocystis* *Saccharomyces*
담자균문	많은 버섯들이 포함됨. 유성생식은 담자기(전형적으로 아주 작은 돌기의 끝에서 포자를 형성하는 작은 곤봉 모양의 구조)를 형성하고 그 안에서 반수체 담자포자가 형성됨. 대개 담자기 1개당 포자가 4개 생기지만 1~8개까지 만들 수 있음. 유성생식으로 반대 교배형의 융합 결과 2핵체의 균사체를 형성함. 균사체 안에서 부모의 핵이 쌍을 이루지만 처음에는 융합하지 않음. 녹병균류와 깜부기병균류에 속하는 식물병원균(녹병과 깜부기병)도 포함.	*Agaricus* *Dacrymyces* *Lycoperdon* *Polyporus* *Uromyces* *Ustilago*

24.1 진균의 생물학은 방대한 다양성을 보여준다

이 절을 학습한 후 점검할 사항:

a. 진균의 실질적인 중요성뿐만 아니라, 환경에서 진균의 중요성을 논의할 수 있다.
b. 지구 탄소흐름에서 진균의 분해의 역할을 평가할 수 있다.
c. 효모와 곰팡이 그리고 균사와 균사체를 구분할 수 있다.
d. 서로 다른 포자의 형태를 비교하고 구분할 수 있다.
e. 교배형이 어떻게 유성생식에 영향을 미치는지 설명할 수 있다.
f. "이핵성 진균(dikayotic fungi)"의 의미를 추론할 수 있다.

진균의 분포와 중요성

진균은 기본적으로 육상생물이며 극지방에서부터 열대지역에 이르기까지 전 지구상에 분포한다. 대부분의 진균은 환경으로 분해효소를 방출하여 죽은 유기물질로부터 영양분을 흡수하는 **부생생물**(saprophyte)이다. 이러한 과정은 **삼투영양**(osmotrophy: 그리스어로 *osmos*는 '밀어낸다'는 의미이므로 이 과정에서 영양소는 세포로 밀려나는 것이 아니라 운반되는 것이므로 잘못된 명명일 수도 있음)이라고도 하며 진균이 용해성 물질을 흡수하도록 한다. 부생균은 중요한 분해자이다. 진균은 환경에 있는 복잡한 유기물질을 단순한 유기화합물과 무기분자로 분해한다. 이런 방법으로 죽은 생물의 탄소, 질소, 인 그리고 그밖의 중요한 구성성분이 방출되어 살아 있는 생물이 사용할 수 있게 된다. 많은 진균은 병원균이며, 5,000여 종 이상의 진균이 경제적으로 중요한 작물과 그 밖에 여러 식물에 병을 일으키는 것으로 알려져 있다. 대부분의 사람에게서 나타나는 진균병은 적은 수의 종에 의해 발생하지만, 해마다 대략 20종류의 새로운 인체진균성 병원균이 보고되고 있다. 반대로, 진균은 다른 생물에게 이익을 주는 관계를 맺기도 한다. 예를 들어, 대다수의 유관속식물의 뿌리는 진균과 균근(mycorrhizae)이라고 하는 중요한 관계를 형성한다. ▶| 균근은 대부분 식물의 성장을 촉진한다(30.3절)

진균, 특히 효모(단세포 균류)는 발효를 포함한 많은 산업공정에 필수적이다. 그 예로 빵, 와인, 맥주, 치즈, 간장을 만드는 과정을 들 수 있다. 또한 진균은 많은 유기산(시트르산, 갈산)과 특정 약제(에르고메트린, 코티손)의 상업적 생산, 그리고 많은 항생제(페니실린, 그리세오풀빈)와 면역억제제인 사이클로스포린의 제조 등에 매우 중요하다. 또한 진균은 기초생물학 과정을 연구하는 데 필요한 매우 중요한 연구도구이다. 세포생물학자, 유전학자, 생화학자, 생물물리학자, 미생물학자들은 균류를 연구에 많이 이용한다. ▶| 발효식품의 미생물학(40.5절); 미생물들은 산업적으로 많은 중요 생산품의 원료이다(41.1절)

진균의 구조

진균의 몸체 또는 영양구조를 **영양체**(thallus, 복수는 thalli)라고 한다. 영양체는 복잡성과 크기에 있어서 다양하다. 현미경으로 관찰이 가능한 단세포 진균은 효모(yeast)라고 하며, 다세포성 진균은 사상균(mold)이라고 한다. 진균에는 크기가 큰 먼지버섯류(puffball)와 버섯류(mushroom)도 포함된다. 대부분의 세균처럼 진균의 세포도 세포벽을 갖고 있는데 진균의 세포벽은 글루칸, 만난, 당단백질, 트레할로오스와 키틴으로 이루어져 있다. 키틴은 N-아세틸글루코사민 잔기로 이루어진 질소를 포함한 다당류로, 단단하지만 유연하다.

효모(yeast)는 출아법이나 이분법으로 무성생식을 하거나 포자형

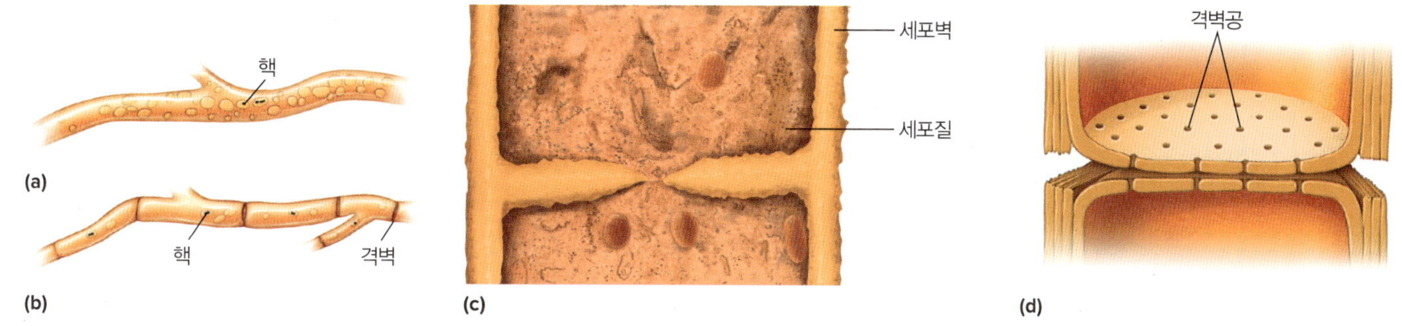

그림 24.2 균사. (a) 다핵체(무격벽) 균사의 모식도이다. (b) 격벽에 의해 여러 개의 세포로 분리된 균사의 모식도이다. (c) 일부 종에서는 세포의 구획이 하나의 격벽공에 의해 연결되어 있는 것을 보여주는 전형적인 균사의 단면이다. (d) 여러 개의 격벽공을 가진 격벽 구조의 모식도이다.

성을 통한 유성생식을 하는 단핵의 단세포 진균이다. 일반적으로 효모세포는 세균보다 크며, 보통 구형이나 달걀 모양을 하고 있다. 효모는 편모와 섬모는 없으나 진핵세포가 가진 대부분의 세포소기관을 가지고 있다(그림 5.2와 5.3a 참조). 사상균과 달리 효모는 한천배지에서 세균처럼 집락(colony)를 형성하며 자란다.

일반적으로 **사상균**(mold)의 영양체는 **균사**(hyphae, 단수는 hypha: 그리스어 *hyphe*는 '망'을 의미)라고 하는 길고 가지가 있는 실 모양의 섬유로 이루진다. 균사는 헝클어진 덩어리 모양의 **균사체**(mycelium, 복수는 mycelia)를 형성한다. 어떤 진균은 가로지르는 벽이 없어 원형질이 균사를 통해 흐르기도 한다. 이런 균사를 **다핵체**(coenocytic) 또는 **무격벽**(aseptate) 균사라고 한다(**그림 24.2a**). 다른 진균의 균사(그림 24.2b)는 **격벽**(septa, 단수는 septum)이라는 가로지르는 벽을 갖고 있는데 이 벽에 1개(그림 24.2c) 또는 여러 개(그림 24.2d)의 구멍이 있어서 이곳을 통해 세포질 유동이 일어난다. 이런 균사를 **격벽 균사**(septate hyphae)라고 부른다. 실험실에서 배양하면 사상균은 효모와 달리 한천 평판 배지에서 솜털 모양의 집락을 형성한다.

효모처럼 균사는 원형질막을 둘러싸는 바깥쪽의 세포벽이 있으며 원형질막은 세포질을 둘러싸고 있다. 효모와 달리 사상성인 균사는 세포질의 부피에 비해 표면적이 크기 때문에 삼투영양으로 영양소 흡수가 가능하다.

진균의 생식

진균은 무성생식 또는 유성생식으로 생식한다. 무성생식은 다음과 같은 여러 가지 방법으로 이루어진다. (1) 모세포는 체세포분열이 일어나면서 세포의 중앙부분이 좁아지고 새로운 세포벽이 생겨 2개의 딸세포로 나뉜다(**그림 24.3a**). (2) 영양세포의 체세포분열은 출아(budding)와 함께 일어나 더 작은 딸세포를 형성하기도 한다. 이는 효모에서 흔하게 볼 수 있는 방법이다. 무성생식 과정에서 무성포자(asexual spore)가 생성되기도 하며 산포의 수단으로 사용된다. 무성포자에는 여러 가지 종류가 있으며 각각 고유한 이름이 있다. **분절분생자**(arthroconidia) 또는 **분절포자**(arthrospore)라 불리는 포자는 균사가 조각으로 나뉘어져 형성된다(그림 24.3b). **포자낭포자**(sporangiospore)는 균사 끝에 형성된 **포자낭**(sporangium)이라는 주머니 안에서 발달한다(그림 24.3c). **분생포자**(conidiospore)는 포자가 주머니에 들어 있지는 않으나 균사의 정단이나 측면에서 만들어진다(그림 24.3d). **분아포자**(blastospore)는 영양모세포의 출아를 통해 생성된다(그림 24.3e).

진균의 유성생식은 화합성(compatible) 핵이 융합하여 일어난다. 자웅동체성(homothallic) 종은 자가수정(self-fertilization)하며 같은 균사체에서 화합성 배우자를 생산한다. 자웅이체성 종의 유성생식은 교배형(mating type)이라고 하는 화합성인 서로 다른 균사체 사이에서 타가교배(outcrossing)에 의해 일어난다. 종에 따라서 유성접합은 반수체 배우자 사이에서 일어나며 배우자는 **배우자낭**(gametangia)이라고 하는 배우자 생성체나 균사에서 만들어진다.

진균의 포자는 여러 가지 이유에서 중요하다. 진균의 포자는 세균의 내생포자만큼 스트레스에 저항성이 있는 것은 아니지만 진균이 건조, 영양물질 고갈, 극한 온도 등의 환경스트레스를 견딜 수 있게 한다. 진균의 포자는 진균의 산포를 도우며, 이는 진균이 왜 이렇게 넓은 지역에 분포하는 지 설명하는 데 도움을 준다. 포자는 대게 작고 가벼워서 공기 중에서 오랫동안 떠 있을 수 있으며 곤충이나 다른 동물에 붙어서 산포되기도 한다. 또한 포자의 크기, 모양, 색깔, 수 등은 균류의 종을 동정하는 데 유용하게 사용된다.

마무리 점검

1. 진균은 어떻게 정의할 수 있나? 효모와 사상균의 차이는 무엇인가?
2. 전형적인 진균의 세포질에는 어떤 세포소기관이 존재할 것이라고 생각하는가?
3. 진균의 무성포자에서 포자낭포자, 분절포자, 분생포자, 분아포자와 같은 형태를 비교하여 설명하시오.

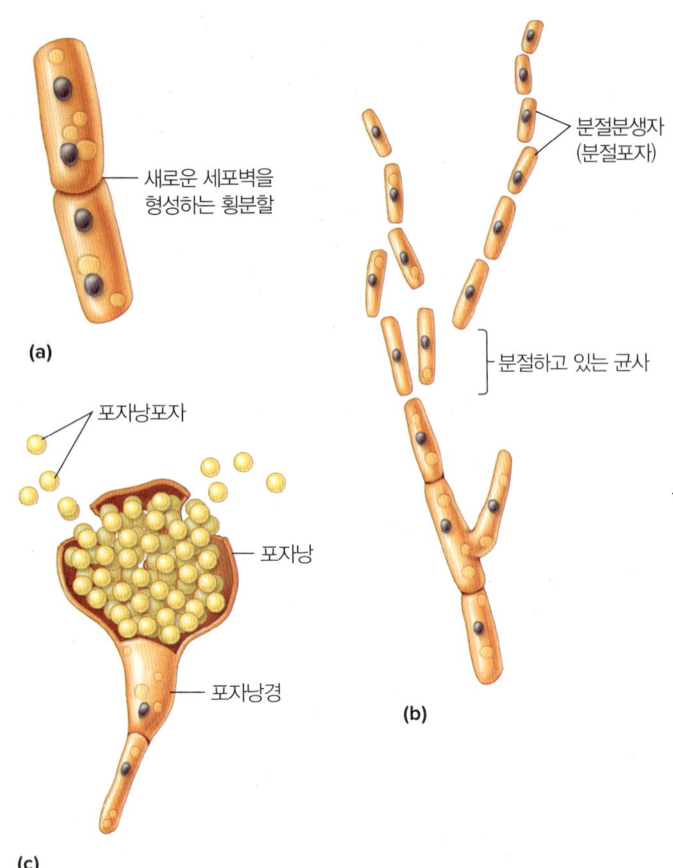

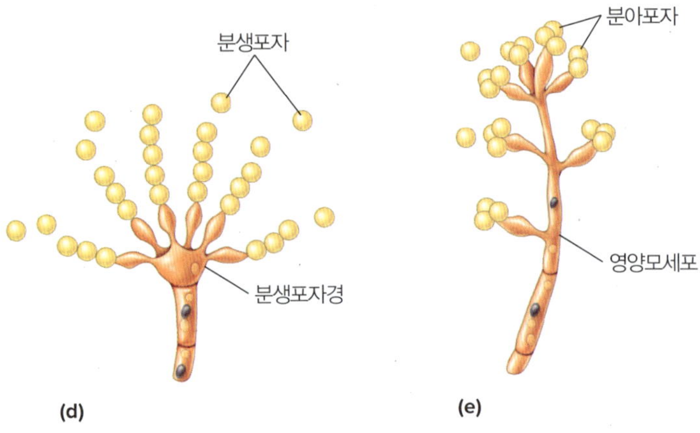

그림 24.3 진균의 무성생식과 대표적인 무성생식 포자. (a) 횡분할. (b) 분절분생자(분절포자)를 만들어내는 균사의 분절화. (c) 포자낭에 들어 있는 포자낭포자. (d) 분생포자경 끝에 사슬로 늘어선 분생포자이다. (e) 부모세포에서 출아되어 형성되는 분아포자이다.

24.2 유주포자균류는 운동성 포자를 생산한다

이 절을 학습한 후 점검할 사항:

- **a.** 유주포자를 정의할 수 있다.
- **b.** 미포자충류의 생활사를 설명하고 이들의 독특한 형태를 숙주침입과 결부시킬 수 있다.
- **c.** 미포자충류에 의해 야기되는 인간의 질병을 최소 2가지를 열거할 수 있다.
- **d.** 일반적인 병꼴균의 형태를 설명할 수 있다.
- **e.** 전 세계 양서류 다양성의 감소에 있어서 항아리곰팡이병의 역할을 설명할 수 있다.

모든 진균은 생활사에서 최소한 일정시기에 후편모를 가졌던 단세포 생물에서 진화했다. 대부분의 진균은 진화과정에서 다른 방법으로 포자를 산포하게 되면서 편모가 손실되었지만 유주포자균류는 편모를 유지하고 있다. 이 장에서는 2개의 주요 분류군인 미포자충류와 병꼴균문에 대해 알아볼 것이다. 그러나 세 번째 분류군인 로젤로균문(Rozellomycota)도 언급할 것이다. 이 기생성 균류는 숙주세포에 감염되기 전에 편모를 형성한다. *Rozella* 속에 속하는 균류는 숙주세포와 함께 배양되어 왔으며 로젤로균문의 대표적인 균류이다. 이 분류군은 거의 모든 수생 환경에서 발견되는 계통학적으로 유연관계에 있는 균류의 유전체 서열을 포함하고 있다.

미포자충류는 세포내 기생생물이다

로젤로균문처럼 미포자충류는 오피스토스포리디아(Ophisthosporidia) 계통에 속한다. 두 분류군 모두 생활사를 완성하기 위해서는 숙주세포에 감염되어야 하는 절대세포내 기생성 균류이다. 기생생물이므로 이들의 유전체는 크기와 복잡성에서 매우 감소했다. 미포자충류는 한때 원생생물로 생각했었다. 이러한 혼동은 다른 진균과 달리 미포자충류는 미토콘드리아, 퍼옥시좀 및 중심립은 없지만 일부 원생생물에서 발견되는 세포소기관인 미토솜의 존재에서 발생한다. 그러나 대부분의 진균처럼, 미포자충류의 세포벽은 키틴질(chitin)과 트레할로오스(trehalose)를 포함하고 있다.

진핵생물 중에서 미포자충류의 형태는 역시 독특하다. 이는 숙주 감염에 필요한 극성관이라 불리는 세포소기관을 가지고 있다는 점에

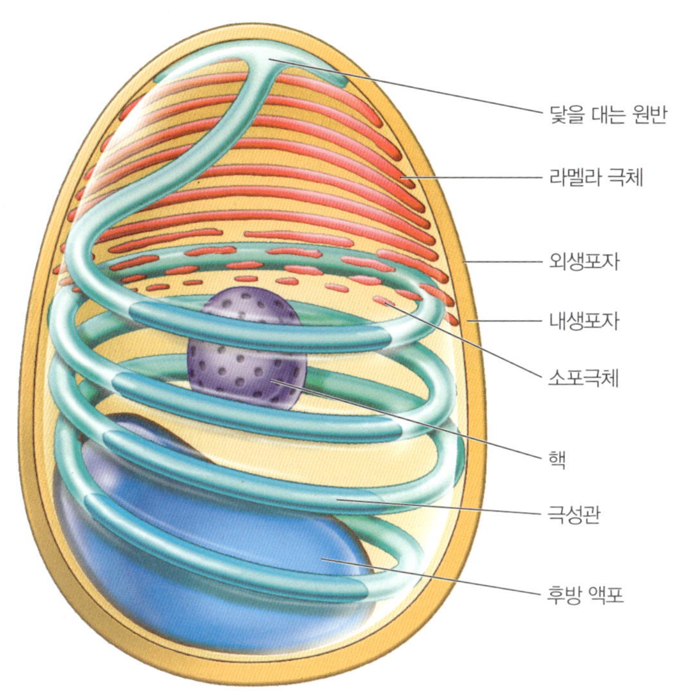

그림 24.4 미포자충 포자의 독특한 구조. 미포자충의 포자가 숙주세포에서 발아하면 숙주의 세포막에 구멍을 뚫을 만큼 강한 힘으로 극성관이 분출하여 균이 침입할 수 있게 해준다.

그림 24.5 항아리곰팡이병에 취약한 숙주. 항아리곰팡이병이 양서류를 죽이고 있다. 사진은 감염되어 개체군이 죽어가는 빨간눈청개구리(*Agalychnis callidryas*)이다. Irina Kozorog/Shutterstock

서 구분된다. 1~40 μm의 작은 포자는 숙주 밖에서 생존할 수 있다. 종에 따라 포자는 구형, 막대기형, 달걀형, 초승달 모양이다. 포자발아는 숙주에서만 일어나며 밀집된 극성관(polar tube) 또는 필라멘트가 배출된다(**그림 24.4**와 그림 24.1b). 극성관은 숙주의 세포막에 구멍을 뚫을 만큼 힘차게 배출되기 때문에 이 기생균이 들어갈 수 있다. 일단 숙주세포 안으로 들어가면 미포자충류는 발달주기를 거치는데 이 과정은 미포자충류의 종마다 다르다. 그러나 모든 경우에서 더 많은 포자가 형성되고 결국 숙주세포를 차지하게 된다.

미포자충류는 곤충, 어류, 사람에 감염하는 중요한 절대세포내 기생생물이다. 미포자충류는 특히 면역력이 약해진 사람에게 특히 심각하다. 사람의 병원균으로는 설사와 폐렴(음식물로 섭취할 때와 숨을 들이쉴 때 들어오느냐에 따라 결정됨)을 일으키는 *Enterocytozoon bieneusi*와 뇌염과 신장염을 일으키는 *Encephalitozoon cuniculi*가 있다. 수생조류는 자연에서 병원성 미포자충류의 중요한 공급자이다. 실제로 물새 한 무리는 한 번의 방문으로 10^8의 미포자충 포자를 옮길 수 있다. ▶| 미포자충증(39.6절)

병꼴균문은 양서류를 죽인다

병꼴균문(Chytridiomycota)는 일반적으로 **병꼴균**(chytrid)이라고 부르며 자유생활을 하는 속(genus)과 기생하는 속을 모두 포함하고 있다. 자유생활을 하는 병꼴균은 부생(saprophytic)이며 담수, 진흙, 토양에 있는 죽은 동식물에서 살아간다. 기생형은 수생식물과 곤충을 포함한 동물을 감염한다(**그림 24.5**, 그림 24.1a). 초식동물의 무산소성 혹위(rumen)에서도 적은 수이지만 발견된다. 병꼴균은 유성생식과 무성생식을 모두 하는 다양한 생활사를 갖는다. 이들은 크기가 현미경으로만 관찰이 가능할 정도로 작고, 단세포나 작은 다핵체 덩어리, 또는 진정한 균사체로 구성된다. 유주포자균류이므로 병꼴균의 포자는 한 개의 후방의 채찍편모를 가진다.

Batrachochytrium dendrobatidis(Bd)와 *B. salamandrivorans* (Bsal)는 양서류에 심각한 영향을 미치는 두 종류의 병꼴균이다. Bd와 Bsal는 전 세계적으로 양서류 개체군의 멸종과 관련된 항아리곰팡이병(chytridiomycosis)의 원인균이다. Bd는 약 100년 전에 동아시아에서 출현한 반면, Bsal은 2010년에 애완동물 거래를 통해 아시아에서 유럽으로 유입되었다. 아시아의 도롱뇽은 Bsal에 면역이 있으나, 유럽의 많은 도롱뇽은 Bsal에 매우 민감하여 유럽 도롱뇽 개체군이 많이 죽은 것으로 보고되었다. Bsal은 두꺼운 방수 세포벽으로 덮힌 피낭 포자(encysted spore)를 생성하기 때문에 이런 환경에서 특히 강하다. 최소 500종의 양서류가 Bd와 Bsal 감염으로 죽었고, 일부는 멸종 위기에 처했다(그림 24.5). 사실, Bd와 Bsal은 역사상 생물다양성에 가장 큰 손실을 일으킨 질병으로 보인다. 항아리곰팡이병이 일부 종의 양서류에 대해 그렇게 확실한 장악력을 가지고 있고, 다른 종은 그렇지 않은 이유에 대해서는 분명하지 않다. 영향을 받지 않는 종들은 종종 운반자 역할을 한다. Bd와 Bsal은 감염된 양서류의 피부에 영향을 주어 과도하게 두꺼워지도록 한다. 양서류는 피부를 통해 가스교환이 발생하기 때문에 감염된 양서류는 혈액 전해질 농도를 조절할 수 없고 심장마비로 사망한다.

마무리 점검

1. 이전에는 미포자충류를 왜 원생생물로 생각했는가?
2. 미포자충류 포자의 발아에 필수적인 구조는 무엇인가? 그 기능을 설명하시오.
3. 현재의 양서류 파괴에 책임이 있는 진균은 무엇인가? 이 진균이 질병을 일으키는 기전은 무엇인가?
4. 미포자충류와 병꼴균류의 서식지를 비교하시오.

24.3 접합균류는 다핵체균사를 가지고 있다

이 절을 학습한 후 점검할 사항:

a. 자연에서 접합균류를 식별할 수 있다.
b. 거미줄곰팡이의 생활사를 보여줄 수 있다.
c. 털곰팡이균류가 이로운 점과 해로운 점에 대해 논의할 수 있다.
d. 글로메로균류의 기능적 중요성에 대해 설명할 수 있다.
e. 균근을 형성하는 진균–식물 공생에서 각 공생자의 기여를 논의할 수 있다.

편모의 손실과 함께 진균은 포자 산포의 대체 방법을 진화해왔다. 한 가지 중요한 기전으로는 바람으로 날려가거나 동물에 붙어서 이동하는 균사와 포자를 형성하는 능력이다. 접합균류는 유성생식을 통해 좋지 않은 환경에서 휴면 상태로 남아 있을 수 있게 하는 **접합포자**(zygospore)라는 단단하고 두꺼운 벽을 가진 접합자를 생성한다. 접합균류는 격벽이 없는 다핵체 균사를 만든다. 이전에는 하나의 분류군(접합균문)으로 간주했지만, 계통분석을 통해 이 분류군은 곤충에 감염되는 균류가 포함되는 주파고균문(Zoopagomycota)과 털곰팡이균문(Mucoromycota)으로 구분된다. 이 장에서는 부생성균인 털곰팡이균문과 털곰팡이균문의 아문으로 생각되는 식물공생균인 글로메로균(Glomeromycotina) 아문에 대해 논의할 것이다.

털곰팡이균문은 산업적 중요성을 가진 진균들이 포함된다

털곰팡이균류(Mucoromycetes)라고도 하는 털곰팡이균문에 속하는 대부분의 종은 자유생활을 하는 부생균류이지만 일부는 다른 생물에 기생을 하거나 공생을 한다. 부생성의 털곰팡이균류는 음식을 상하게 하는 균과 식품산업에 사용되는 균을 포함한다. 식물과 상리공생 관계를 형성하는 외생균근(ectomycorrhizae)도 이 분류군에 속한다.

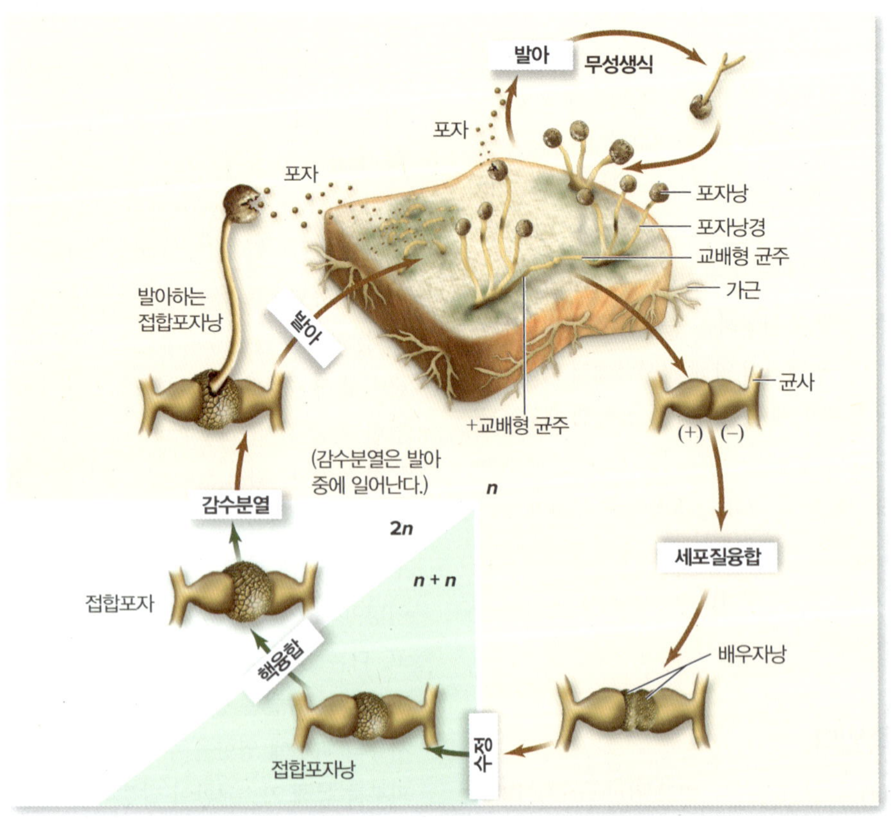

그림 24.6 ***Rhizopus stolonifer*, 단순히 당에서 자라는 접합균류.** 이 균은 축축한 빵이나 열매에서 주로 발견된다.

▶| 균근은 대부분 식물의 성장을 촉진한다(30.3절); 식물미생물학(40장)

사상균인 *Rhizopus stolonifer*는 털곰팡이균류 중에서 흔히 볼 수 있는 종이다. 이 진균은 빵, 과일 및 채소와 같은 촉촉하고 탄수화물이 풍부한 음식의 표면에서 자란다. 가근(rhizoid)이라고 불리는 균사는 기질안쪽으로 자라 영양소를 흡수한다. 다른 균사(포복균사, stolon)는 곧게 펴진 다음 다시 기질 쪽으로 구부러져 새로운 가근을 형성한다. 똑바로 선체로 남아있는 균사는 그 끝에 수백 개의 검은 포자로 채워진 무성의 포자낭을 만드는데, 이로 인해 이 균이 독특한 색을 띠게 한다. 포자낭이 터져 포자가 방출되면 발아하여 새로운 균사체를 형성할 수 있다.

뿌리곰팡이(*Rhizopus*) 속에 속하는 균은 대개 무성생식을 하지만, 만일 먹이가 부족해지거나 환경조건이 불리해지면 유성생식을 한다(**그림 24.6**). 유성생식을 하기 위해서는 반대 교배형의 화합성 균주(+, −로 부름)가 있어야 한다. 서로 다른 교배형을 가진 +와 −의 균사가 가깝게 접근하면, 페로몬(pheromone)이라고 하는 서로 다른 호르몬이 분비되어 균사는 **전배우자낭**(progametangia)이라는 돌기를 형성하고, 성숙하여 **배우자낭**(gamentangia)을 형성한다. **원형질융합**(plasmogamy)이라고 하는 과정인 배우자낭의 융합이 일어난 후, 두 배우자의 **핵이 융합**(핵융합, karyogamy)하여 접합자가 형성된다. 접합자는 두껍고 단단한 검은 외피를 만들어 휴면 상태의 접합포자가 된다. 발아할 때는 종종 감수분열이 일어난다. 접합포자가 쪼개지며 열려서 균사를 생성한다. 이 균사의 끝에는 무성 포자낭이 형성되며 그 안에는 반수체의 포자가 가득 차 있다, 포자낭에서 방출된 포자가 발아하여 다시 생활사가 시작된다.

한 가지 중요한 털곰팡이균류는 벼에 발생하는 질병인 모마름병(seedling blight)의 원인균인 *Rhizopus chinensis*이다. 쌀은 나른 이떤 작물보다 지구상에서 많은 사람이 먹고 있다는 사실을 고려한다면 이 질병의 의미는 분명하다. 이 진균은 벼의 모를 죽이는 독소를 분비하는 것으로 생각되어 과학자들은 독소와 그 유전자를 분리하였다. 그러나 놀랍게도, 이 진균에서 자라는 α-프로테오박테리아에 속하는 세균인 *Burkholderia* 종이 독소를 생산하는 것으로 밝혀졌다.

또한 털곰팡이균류는 사람들의 생활에 기여하고 있다. 예를 들어, 인도네시아에서 *Rhizopus oligosporus*는 삶은 콩으로 템페(tempeh)를 생산하는 데 사용된다. 다른 털곰팡이균류인 털곰팡이(*Mucor* 종)는 아시아에서 내두와 함께 수푸(sufu)라는 음식을 만드는 데 사용된다. 다른 균류는 일부 마취제, 피임약, 산업용 알코올, 육류 연화제 및 마가린과 버터 대체물에 사용되는 황색 착색제 등에 사용된다. 또한 털곰팡이(*Mucor*) 속과 뿌리곰팡이 속에 속하는 균류는 점액진균증(mucoromycosis)이라는 흔하지는 않지만 잠재적으로 치명적인 인간 감염을 일으킨다. 높은 혈당 수치가 조절되지 않는 당뇨병 환자는 대부분 이 진균들이 환자들의 세포외 포도당에서 번식하고 있어 고통을 받고 있다. ▶| 발효식품의 미생물학: 맥주, 치즈 등(40.5절)

글로메로균아문은 균근공생체이다

글로메로균류(Glomeromycetes)는 관속식물의 공생체이기 때문에 생태학적으로 매우 중요하다. 모든 글로메로균류는 초본식물과 열대 목본식물을 포함하는 숙주식물의 뿌리와 공생하는 **균근균**(mycorrhizal fungi)이다. 균근은 숙주식물과 균류에게 모두 유익하기 때문에 상리공생관계이다. 이 진균은 토양 영양소를 식물에 전달하고 식물은 진균에게 탄수화물을 제공한다. 30장에서 논의된 여러 유형의 균근균 중에서 글로메로균류만이 수지상균근을 형성한다. 수지상균근균은 공생하는 식물의 수와 다양성 때문에 중요하다. ▶| 균근은 대부분 식물의 성장을 촉진한다(30.3절)

털곰팡이균류처럼 글로메로균류는 격벽이 없는 균사를 가지고 있으며 큰 다핵 포자를 생산한다. 무성생식만이 알려져 있으나 유성생식도 가능하다는 증거가 있다. 포자는 적절한 숙주식물의 뿌리와 접촉하면 발아한다. 글로메로균류는 숙주식물에 침투하기 위해서 **부착기**(appressoria)라는 납작한 특수균사를 진화시켰다.

마무리 점검

1. 접합균류의 공통적 특성은 무엇인가?
2. 가근이라는 균사와 포복균사라는 균사의 차이점은 무엇인가?
3. *Rhizopus stolonifer*의 서로 다른 교배형은 어떻게 서로를 인식하는가?
4. 균근균이 탄수화물을 식물로부터 얻을 때 진균은 어떤 영양소를 식물에게 제공하는가?

24.4 이핵균아계는 가장 다양한 균류의 분류군이다

이 절을 학습한 후 점검할 사항:

- **a.** 자낭균류의 생태학적, 경제적, 의학적 중요성을 설명할 수 있다.
- **b.** *Saccharomyces cerevisiae*의 생활사를 도식화할 수 있다.
- **c.** 전형적인 사상성 자낭균류가 생식하고, 좋지 않은 환경에서 생존하고, 산포하는데 사용된 기전을 간략하게 설명할 수 있다.
- **d.** 균핵의 기능을 설명할 수 있다.
- **e.** 성 안토니의 불, LSD, 새집증후군의 기원을 설명할 수 있다.
- **f.** 전형적인 담자균류의 생활사를 설명할 수 있다.
- **g.** 식물 녹병의 원인이 되는 균을 식별할 수 있다.
- **h.** 담자균류에 의한 식물병을 설명할 수 있다.

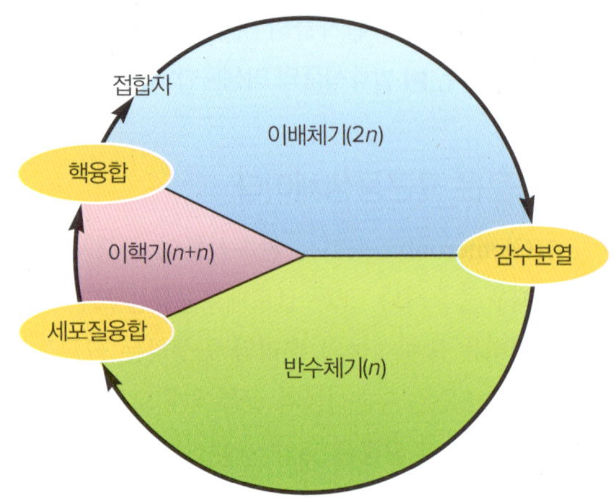

그림 24.7 **반수체기와 이배체기의 교대를 보여주는 균류의 생식.** 이핵균류에서는 다른 균류나 고등진핵생물에서처럼 세포질융합과 핵융합이 동시에 일어나지 않고 세포질융합이 일어난 후 핵융합이 일어나기 전에 얼마 동안 한 세포 안에 두 부모핵이 존재한다. 무성생식(반수체)기에는 종의 산포에 도움이 되는 포자를 생성한다. 유성생식(이배체)기에는 건조, 극한 온도 등의 불리한 환경에서 생존할 수 있는 포자를 형성한다.

(a) *Morchella esculenta* **(b)** *Tuber brumale*

그림 24.8 **자낭균문.** (a) 일반적인 곰보버섯인 *Morchella esculenta*는 식용으로 많이 쓰이는 버섯 중 하나이다. 봄에 자실체를 형성한다. (b) 블랙 트러플(*Tuber brumale*)은 요리의 향을 내는 데 쓰이는 값비싼 버섯이다. (a) Juniors Bildarchiv GmbH/Alamy Stock Photo; (b) Kelly Cline/E+/Getty Images

이핵균아계(Dykarya) 또는 이핵균류(dikaryotic fungi)는 최소한 2개의 커다란 분류군인 자낭균문과 담자균문으로 이루어진 균류에서 가장 큰 분류군이다. 이핵균류는 격벽균사와 세포막에는 스테롤인 에르고스테롤(인간에게 질병을 일으키는 진균에 대한 중요한 약물 표적)을 가진 진균이다. 2개의 핵을 가진 균류로 해석할 수 있는 이핵균류는 이들 균류의 생식 특성을 나타낸다. 다른 진균(및 고등진핵생물)에서는 2개의 반수체 세포가 함께 모이면 세포질이 혼합되고, 2개의 핵이 즉시 융합하여 2배체의 접합자를 생성한다. 그러나 이핵균류에서는 세포질과 핵의 융합이 이어서 바로 일어나지는 않는다. 따라서 이 균류에서는 각 부모에서 1개씩 기원한 2개의 반수체 핵(n + n)이 한 세포에 동시에 들어 있는 또 다른 단계가 존재한다(**그림 24.7**). 일정시간이 지나면 두 핵이 융합하고 감수분열을 거쳐 반수체 포자가 생성된다.

자낭균문은 효모와 사상균을 포함한다

자낭균문 또는 **자낭균류**(ascomycete, sac fungi)에 속하는 균류는 이 균의 특징적인 생식구조인 주머니 모양의 **자낭**(ascus, 복수는 asci: 그리스어 *askos*는 '주머니'를 의미)을 갖고 있다. 자낭균류는 리그닌, 셀룰로오스, 콜라겐 같이 화학적으로 안정된 많은 유기화합물을 분해할 수 있으므로 담수, 해수, 육상 서식지에서 생태학적으로 중요하다. 많은 종이 우리들에게 상당히 익숙하며 경제적으로도 중요하다(**그림 24.8**). 예를 들어, 음식을 상하게 하는 대부분의 붉은색, 갈색, 녹청색 곰팡이가 자낭균류이다. 식물의 잎을 상하게 하는 흰가루병과 밤나무마름병 그리고 네덜란드 느릅나무병을 일으키는 균류도 자낭균류에 속한다. 사람에 감염되는 많은 균류도 자낭균이다. 한편으로는 식용버섯인 곰보버섯(morel), 덩이버섯(서양송로, truffle)과 여러 가지의 효모도 자낭균류이다. 붉은빵곰팡이(*Neurospora crassa*)은 생화학과 유전학 연구에서 중요하다.

일부 자낭균류는 효모인 반면 다른 자낭균류는 효모와 사상균의 형태가 번갈아 나타나는 생활사를 갖고 있다. 일반적으로 맥주효모나 제빵효모로 잘 알려진 효모인 *Saccharomyces cerevisiae*의 생활사는 잘 밝혀져 있다(**그림 24.9**). *S. cerevisiae*는 반수체 상태와 이배체 상태가 번갈아 가며 나타난다. 영양물질이 충분히 유지되면, 반수체와 이배체 세포는 체세포분열을 통해 각각 새로운 반수체와 이배체의 딸세포를 생성한다. 각 딸세포는 떨어지면서 모세포에 떨어진 흔적을 남기며 딸세포는 흔적이 없는 세포벽부위에서만 출아한다. 모세포에서 흔적이 없는 세포벽부위가 더 이상 남아 있지 않으면 모세포는 더 이상 생식할 수 없고 죽게 된다. 영양물질이 제한되면, *S. cerevisiae*의 이배체 세포는 감수분열을 거쳐 4개의 반수체 세포를 만들어 공통 세포벽인 자낭 안에 붙은 채로 남아 있게 된다. 영양물질을 첨가하면, 2개의 서로 다른 교배형(a와 α)의 반수체 세포가 접촉하여 융합하고, 새로운 이배체를 형성한다. 일반적으로 서로 다른 교배형의 세포만이 융합할 수 있으며, 이 과정은 페로몬의 작용에 의해 엄격하게 조절된다.

*S. cerevisiae*는 가치가 높은 모델 생물이다. 이 생물에 관한 연구로 많은 세포 과정의 중요성을 밝혀냈다. 예를 들어, 이 진균은 세포주기와 체세포분열 동안에 일어나는 현상을 연구하는데 가장 선호되

(a) *Saccharomyces cerevisiae:* 출아 분열

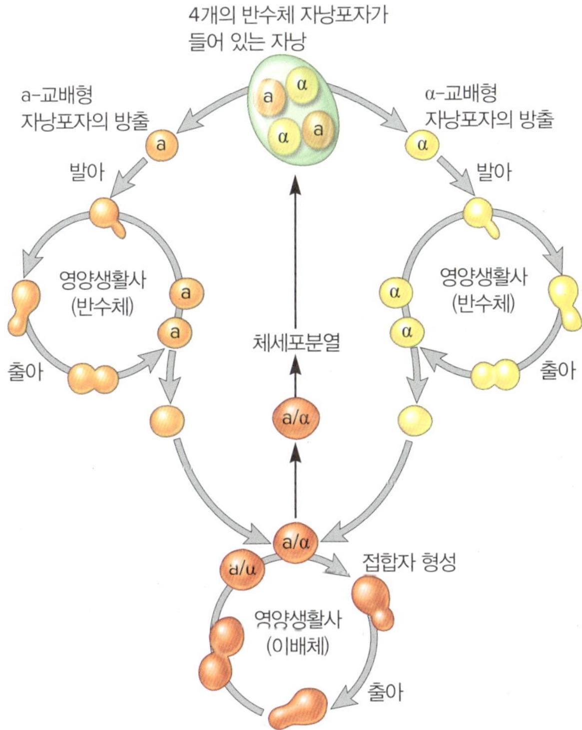

(b) *S. cerevisiae* 생활사

그림 24.9 효모 *Saccharomyces cerevisiae*의 생활사. (a) 출아 분열의 결과 비대칭 격벽이 생기고 크기가 더 작은 딸세포가 생긴다. (b) 영양소가 충분하면 반수체와 이배체 세포는 체세포분열을 통해 영양생장을 한다. 영양소가 부족하면 이배체 효모세포는 감수분열을 거쳐 4개의 반수체 세포가 만들어지며 자낭의 공통 세포벽 안에 붙은 채로 남아 있다. 영양소를 첨가하면 서로 다른 교배형의 반수체 세포(a와 α)가 서로 융합하여 이배체 세포를 만든다. (a) Steve Gschmeissner/Science Photo Library/Alamy Stock Photo

연관 질문 그림 (a)에서 어떤 세포가 죽을 때가 가장 가까운 세포인가?

는 모델 생물이다. 이러한 연구는 정상적인 세포분열을 이해하는 데 중요하며, 암세포에서 발생하는 세포주기의 조절 상실을 이해하는 데에도 중요하다.

그림 24.10 사상성 자낭균류의 무성생식. 주사전자현미경으로 본 *Aspergillus* 종의 특징적인 분생포자이다. Microfield Scientific Ltd./SPL/Science Source

사상성 자낭균류에서 무성생식은 흔히 일어나며 **분생포자**(conidia)라는 무성포자를 생산한다(**그림 24.10**). 유성생식은 서로 다른 교배형을 가진 두 균주에 의해서 일어난다. 한 교배형의 균사는 **조낭기**(ascogonium)라는 특수 구조를 형성하고 다른 교배형의 균사는 **조정기**(antheridium)를 형성한다(**그림 24.11**). 조정기의 핵은 세포질융합(plasmogamy) 동안 조낭기로 이동한다. 서로 다른 교배형에서 온 핵은 짝을 지어 이어지는 이핵체 단계에서 동시에 복제된다. 이때 조낭기는 수정(fertilization)된다고 하며, 조낭기에서 형성된 균사는 **조낭사**(ascogenous hyphae)라고 한다. 조낭사는 **자낭과**(ascocarp)라고 하는 컵 모양의 구조로 발달한다. 자낭과에서 조낭사가 성숙하고, 핵융합(karyogamy)이 일어난다. 이배체의 접합자핵은 감수분열을 수행하고, 그 결과 생성된 4개의 반수체핵은 다시 체세포분열하여 8개의 핵을 만들어 발달 중에 있는 각 자낭 안에 한 줄로 늘어선다. 이 핵은 벽으로 나뉘게 되고 각 핵은 하나의 **자낭포자**(ascospore)로 발달하게 된다. 하나의 자낭과 안에는 수천 개의 자낭이 함께 모여 있다. 자낭포자가 성숙하면 자낭에서 방출된다. 성숙한 자낭과가 충격을 받게 되면 수천 개의 자낭포자로 이루어진 "연기"가 뿜어져 나오는 것처럼 보이기도 한다. 자낭포자가 적당한 환경에 도달하면 발아하여 새로운 생활사를 시작하게 된다.

분생포자가 산포의 주요 형태이긴 하지만, **균핵**(sclerotia)은 휴면 균사로 이루어진 조밀한 덩어리로 스트레스 조건에서도 생존할 수 있게 해준다. 균핵은 균핵을 생산하는 균류에게 경쟁우위를 부여한다. 예를 들어, 식물에 병을 일으키는 누룩곰팡이(*Aspergillus*) 속의 몇 종은 추운 기간에 토양에서 살아 남을 수 있는 균핵을 형성하여 온도가 올라가면 토양에서 영양물질을 이용하는데 유리하게 된다.

누룩곰팡이(*Aspergillus*) 속에 속하는 몇 종은 중요하다. *A. fumigatus*는 대부분의 환경에 존재하며, 흔히 가정이나 직장에서 발견된다. 이 종은 알레르기 반응을 유발하는 것으로 알려져 있으며 심한

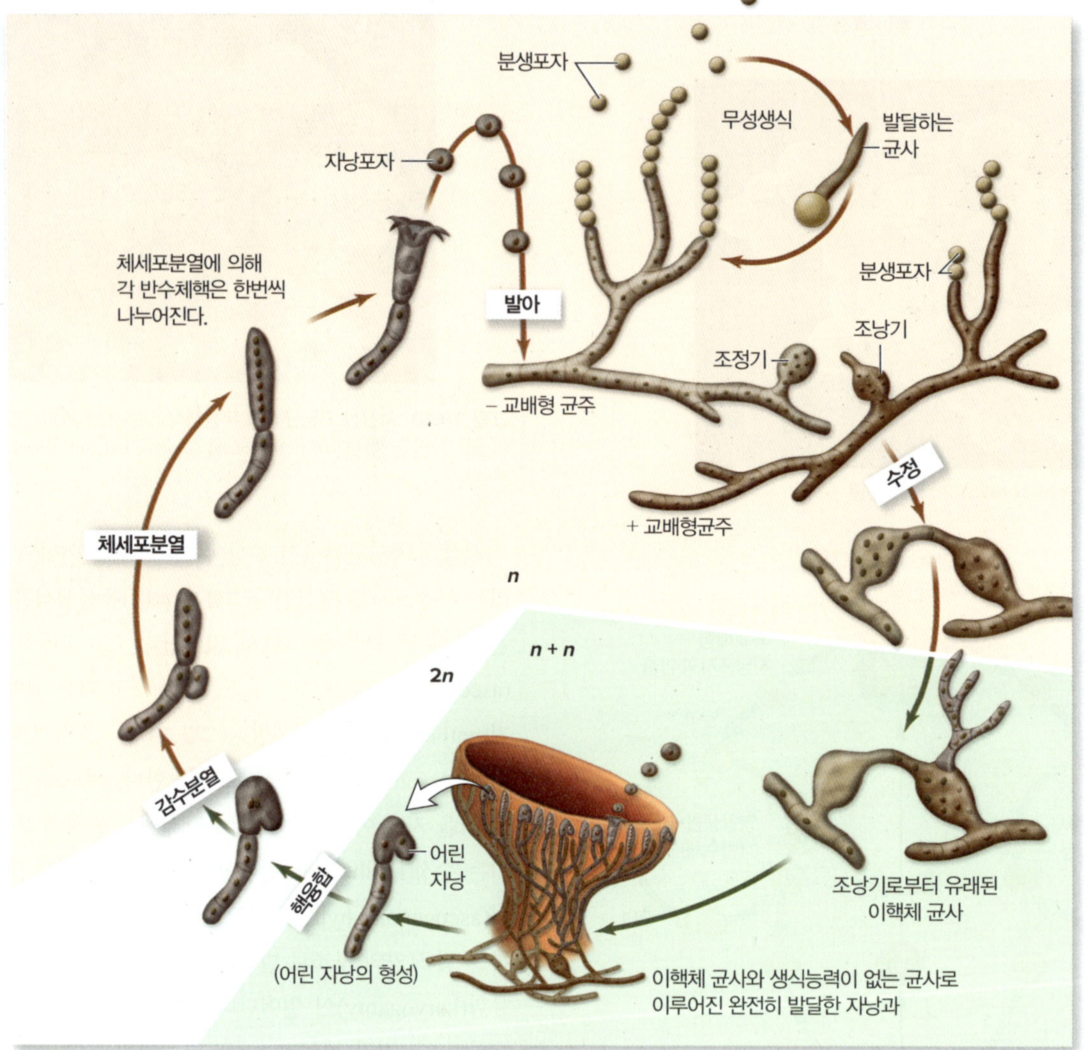

그림 24.11 사상성 자낭균류의 일반적 생활사. 유성생식으로 자낭과 자낭포자가 형성된다. 그림의 왼쪽에 그려진 사건들(핵융합, 감수분열, 체세포분열, 자낭포자의 방출)은 자낭과 안에서 일어난다.

연관 질문 사상성 자낭균의 생활사와 그림 24.6에서 보이는 접합균의 생활사가 어떠한 면에서 비슷한가? 다른 점은 무엇인가?

그림 24.12 호밀 맥각병. 자낭균류인 *Claviceps purpurea*는 호밀과 그 외의 초본류를 감염시켜 열매 대신에 맥각이라 불리는 단단한 균사덩어리를 생성한다. Carmen Rieb/Shutterstock

천식과 부비동염(sinusitis) 발생률의 증가와 관련된다. *A. nidulans*는 진핵세포와 발생생물학과 관련된 문제의 연구에 모델 생물로 이용된다. *A. oryzae*는 사케와 간장을 비롯한 일본의 전통 발효식품과 음료 생산에 이용된다. *A. oryzae*는 산업적으로 유용한 많은 단백질을 분비하고 유전적으로 조작이 가능하기 때문에 생명공학에서 중요한 생물이다.

많은 자낭균류는 고등식물에 기생한다. 맥각균(*Claviceps purpurea*)은 호밀과 다른 초본식물에 기생하여 식물병인 **맥각병**(ergot)을 일으킨다(**그림 24.12**). 맥각중독(ergotism)은 이 균에 감염된 곡식을 먹은 사람과 동물에서 나타나는 중독 증상인 망상 상태로 괴저와 신경발작, 유산, 경련을 동반한다. 중세시대에 당시 '성 안토니의 불(St. Anthony's fire)'이라고 알려진 맥각중독으로 수천 명이 사망했다. 예를 들어, 프랑스에서도 943년에 40,000명이 넘는 사람이 맥각중독으로 죽었다고 기록되어 있다. 마녀의 행각으로 널리 알려졌던 1690년대 살렘 마을과 뉴잉글랜드 지역의 사건도 맥각중독이 원인일 수도 있다. 약리적 활성은 리서진산 디에틸아미드(lysergic acid diethylamide, LSD)라고 불리는 활성성분 때문이다. 그러나 다른 활성 화합물들의 양을 잘 조절하여 사용하면 출산을 유도하거나 혈

질병 24.1

흰색 코증후군에 의한 북미 박쥐 개체군의 대량 살상

북미에서 여름 저녁을 야외에서 보낸 적이 있다면 해질 무렵 나타나는 작은 박쥐를 보았을 수 있다. 여러분이 보지 못한 박쥐 중에는 주둥이 주변에 곰팡이가 하얗게 피어 있는 박쥐가 있다(**그림**). 이는 흰색 코증후군(white-nose syndrome, WNS)을 가진 박쥐의 특징이며, 이러한 감염이 지속된다면 북미 동부에서 가장 흔한 박쥐(*Myotis lucifugus*)가 2026년경에는 멸종할 것으로 예상된다.

WNS는 2006년 뉴욕주의 알바니시 근교의 동굴에 동면하는 박쥐에서 처음 발견되었다. 과학자들은 2가지 이유에서 경각심을 갖게 되었다. 첫째로는 감염이 급속하게 확산한다는 것이다. 현재 미국 35개 주와 캐나다 7개 주에서 최소 13종의 박쥐가 감염된 것으로 알려져 있다. 둘째는 치명적이라는 것이다. 감염된 박쥐가 동면하는 장소에서 박쥐의 개체수는 30%~99%가 감소한다.

WNS는 자낭균인 *Pseudogymnoascus destructans*에 의해 발생한다. 이 균은 박쥐의 날개, 주둥이와 귀에 서식하며, 일차적으로 표피층을 약화시키고 아래의 피부와 결합조직을 침범한다. WNS라는 이름에도 불구하고 일차적인 감염부위는 날개이다. 날개는 감염에 필요한 넓은 표면적을 제공하며, 감염되면 날개 피부의 얇은 층이 쉽게 손상되어 동면 동안 생리적으로 부정적인 변화를 일으킨다. 이로 인해 동면에서 일찍 깨어나고, 필수적인 저장 지방이 손실되며 비정상적인 행동이 나타난다.

이 병원균이 어디에서 유래했으며 왜 박쥐에 감염되는가? 이 균의 기원에 관한 최고의 가설은 사람들이 우연히 유럽에서 가져왔고, 적어도 한 종의 동면중인 박쥐에 경미한 감염을 일으켰다는 것이다. 이는 병원균 오염의 명백한 사례로서 사람들이 야생동물과 가축 집단에 병원균을 도입하여 생물다양성과 생태계 기능을 위협하고 있다.

박쥐 개체군을 휩쓸어 버리는 *P. destructans*의 능력은 숙주와 병원균이 서로 연관된 요인으로 작용한 최악의 결과이다. *P. destructans*의 최적생장온도는 섭씨 12도이며 섭씨 20도 이상에서는 생장하지 않는 호냉성 균류이다. 감염된 박쥐 종은 모두 동굴이나 광산 같이 춥고 습한 환경에서 동면한다. 동면 과정에서 박쥐의 대사율은 급속히 감소하기 때문에 체온은 환경과 비슷한 섭씨 2도에서 7도 정도이다. 따라서 WNS는 동면 중이거나 방금 동면에서 깨어난 박쥐에게서만 발견된다. 대사가 활발할 때 박쥐의 체온은 병원균이 생장하기에는 너무 높다.

WNS에 이미 감염된 수백만 마리의 박쥐들을 살리기에는 너무 늦었지만, 미생물학자, 자연보존운동가 및 정부기관은 박쥐 개체군의 지속적인 감소를 막기 위해 노력하고 있다. 사람들의 동굴 출입을 제한하고 동굴간의 전파를 막기 위해 동면 장소를 방문한 이후 오염을 방지하기 위한 방법이 개발되었다. 병든 박쥐를 치료할 수는 없지만 이 병원균의 지속적인 확산을 막는 것이 우리의 책임이다.

그림 WNS의 원인균인 *Pseudogymnoascus destructans*. 작은 갈색 박쥐(*Myotis lucifugus*)에서 자라는 흰색의 균사(화살표)이다. 아래 그림은 균이 감염되어 손상된 날개를 보여주고 있다. (Top) Source: Marvin Moriarty/U.S. Fish & Wildlife Service; (Bottom) Carol Uphoff Meteyer/USGS

그림 24.13 진균성 "새집증후군"은 자낭균류가 유발할 수 있다. *Stachybotrys chartarum*의 특징인 밀집한 균사체와 분생자경의 주사전자현미경 사진이다. Scimat/Science Source

압을 낮추고 편두통을 완화하는 데 이용할 수 있다.

사람을 포함한 동물을 감염시키는 대부분의 병원성 진균은 자낭균이다(**질병 24.1**). 면역이 억제된 사람들은 누룩곰팡이 속에 속하는 여러 종에 감염될 수 있다. 아스퍼질러스증(aspergillosis)은 생명을 위협하는 질병으로 폐에 감염되거나 전신성이 될 수 있다. 다른 병원균으로는 *Candida* 속, *Blastomyces* 속 그리고 *Histoplasma* 속에 속하는 균들이 있다. 또한 새집증후군(sick building syndrome)의 원인 중 하나인 *Stachybotrys chartarum*도 자낭균류이다(**그림 24.13**). 마지막으로, 아플라톡신(aflatoxin)으로 알려진 *Aspergillus* 독소와 푸모니신(fumonisin)으로 알려진 *Fusarium* 독소는 식품오염의 중요한 원인이다(그림 40.3 참조). 아플라톡신에 노출되면 간암에 걸릴 수 있다. 진균성 병원균은 39장에서 설명하며 아플라톡신과 푸모니신은 40장에서 다룬다.

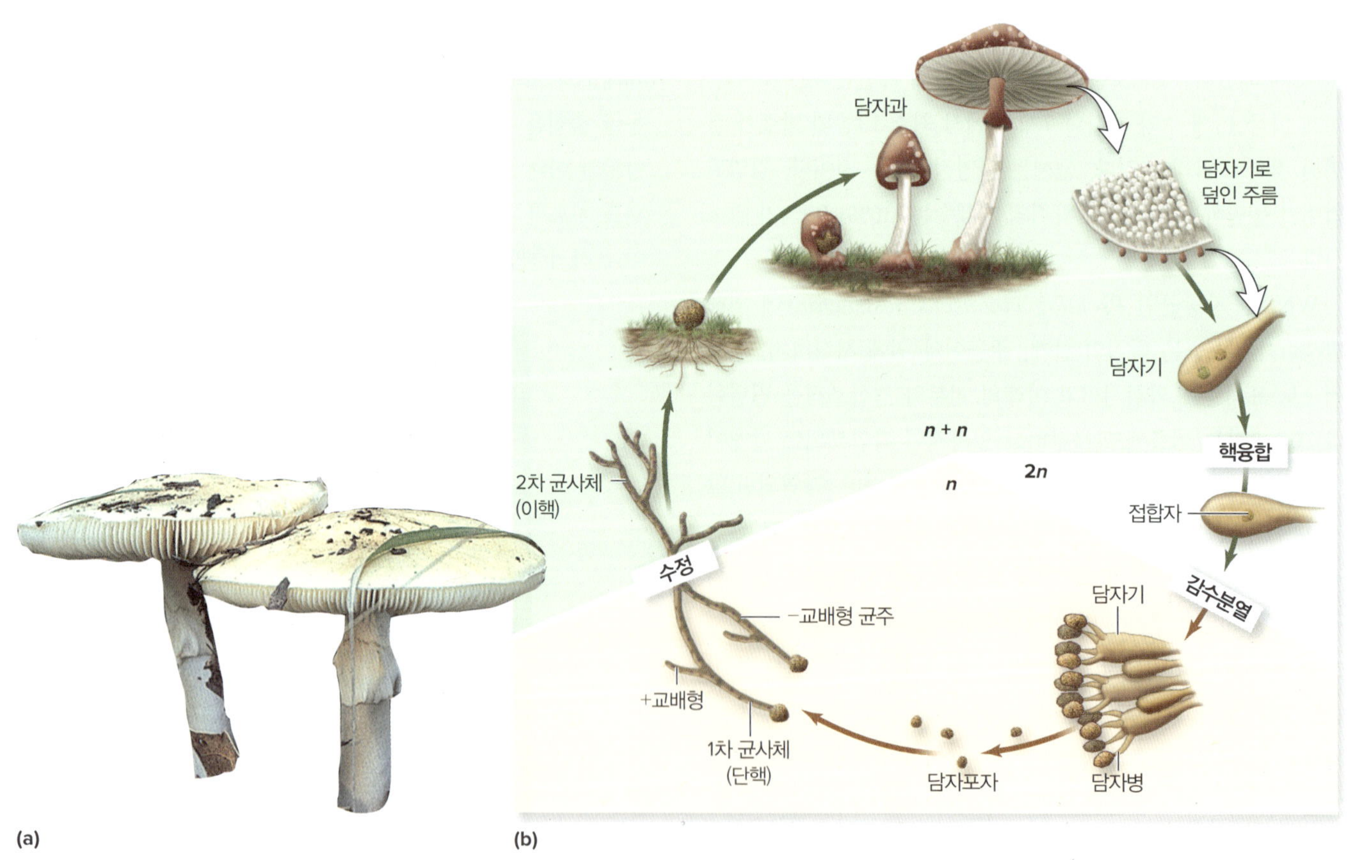

그림 24.14 담자균문. (a) 독버섯인 알광대버섯(*Amanita phalloides*)은 일반적으로 섭취했을 때 치명적인 버섯이다. (b) 토양에 사는 전형적인 담자균류의 생활사는 담자포자가 발아하여 단핵의 균사체(격벽으로 나뉜 각각의 세포에 핵이 1개씩 들어 있는 균사체)를 형성한다. 균사체는 생장하여 토양 전체에 퍼진다. 이러한 1차 균사체가 다른 교배형인 또 다른 단핵성 균사체를 만나면 이 둘은 융합하여 2핵체인 2차 균사체를 형성한다. 이 2차 균사체는 격벽에 의해 각 교배형을 1개씩 갖는 2개의 핵을 가진 세포로 분리된다. 이 이핵 균사체가 담자과를 형성한다. 단추 모양의 단단한 균사덩어리가 토양을 뚫고 올라와 토양 위로 길게 자라 갓으로 발달한다. 갓에는 평평한 주름이 많이 있으며 각 주름은 많은 담자기로 덮여 있다. 각각의 담자기 끝에서 2개의 핵이 융합하여 이배체인 접합자 핵을 형성하면 이어 곧바로 감수분열이 일어나 4개의 반수체 핵을 형성한다. 이 핵은 발생 중인 담자포자로 들어가고 담자포자가 성숙하면 방출된다. (a) Alexandra Lowry/Science Source

담자균문에는 버섯과 식물병원균이 있다

담자균문에 속하는 균류는 일반적으로 **담자균류**(basidiomycetes, club fungi)로 알려져 있다. 목이, 녹병균, 구멍장이버섯, 말뚝버섯, 독버섯, 양송이버섯, 찻잔버섯 등이 담자균류이다. 대부분은 부생생물로 식물의 잔해, 특히 셀룰로오스와 리그닌을 분해한다. 예를 들어, 구멍장이버섯(*Polyporus squamosus*)은 죽은 나무의 아랫부분에서 뻗어 나온 큰 선반 모양의 구조를 형성하며, 목질의 분해를 돕는다. 많은 버섯이 식용이며, 주름버섯(*Agaricus campestris*)의 재배는 수백만 달러의 가치가 있는 사업이다. 물론 모든 버섯을 먹을 수 있는 것은 아니다. 많은 버섯이 독소나 환각제로 작용하는 알칼로이드(alkaloid)를 생성한다. 이런 예 중 하나가 '죽음의 천사'로 불리는 버섯인 알광대버섯(*Amanita phalloides*)이다(**그림 24.14a**). 팔로이딘(phalloidin)과 α-아마니틴(α-amanitin)이라는 2종류의 독소가 이 버섯에서 분리된다. 팔로이딘은 일차적으로 간세포의 원형질막에 결합하여 파열시킨다. α-아마니틴은 위벽과 소장벽 안쪽에 있는 세포를 공격하여 버섯중독과 관련된 심각한 위장증세를 나타낸다.

담자균류는 유성생식에 관여하는 **담자기**(basidium)라는 특징적인 구조 또는 세포 때문에 이런 이름이 붙었다(그림 24.14b). 담자기는 균사의 끝에서 형성되며 대개 곤봉 모양이다. 2개 이상의 **담자포자**(basidiospore)가 담자기에서 만들어지며 담자기는 **담자과**(basidiocarp)라는 자실체 안에 들어 있을 수도 있다. 담자과는 지름이 60 cm에 달하며 많은 구멍이나 주름이 있다. 각 구멍이나 주름에는 담자포자를 생성하는 담자기가 줄을 지어 배열되어 있다. 그러므로 1개의 자실체는 수백만 개의 포자를 생성할 수 있다.

녹병균류(Urediniomycetes)와 깜부기병균류(Ustilaginomycetes)로 알려진 담자균류는 녹병(rust)과 깜부기병(smut)을 일으키는 중요한 식물병원균이 포함되어 있으며 매년 수백만 달러 상당의 농작물을 파괴한다. 이 균류는 큰 담자과를 형성하지 않는다. 그 대신 작은 담자기가 숙주식물의 표면에 있는 균사로부터 형성된다. 균사는 식물조직에서 식물세포 사이로 자란다. 또한 일부 녹병균류는 인체 병원균이다.

그림 24.15 ***Ustilago maydis*.** 이 병원균은 옥수수에 종양을 일으킨다. 정상 옥수수 알갱이 자리에 형성된 종양을 주목하라. Marina Mariya/iStock/Getty Images

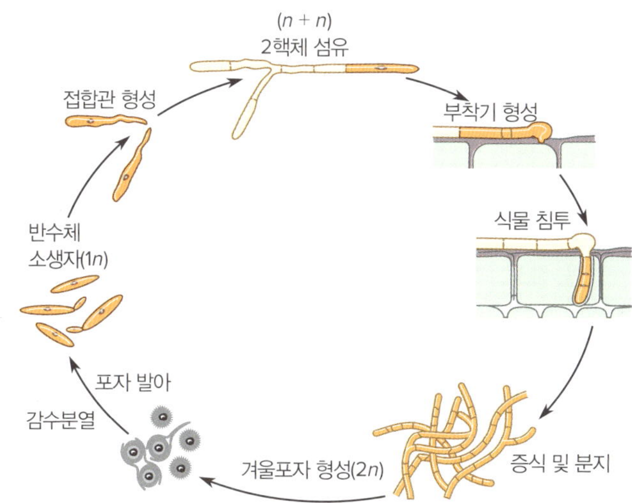

그림 24.16 **식물 병원균 *Ustilago maydis*의 생활사.** 반수체 소생자는 교배해서 감염성 이핵체를 형성하며 발달을 위해서는 숙주식물에 의존한다. 숙주 안에서 진균의 부착기는 종양을 유발한다.

연관 질문 *U. maydis*가 병원성을 갖도록 진화한 것은 어떤 적응이라고 생각하는가? 이것을 균근과 비교하시오.

깜부기병균류에 속하는 *Ustilago maydis*는 흔한 옥수수 병원균으로 식물의 깜부기병을 연구하는 모델 생물이 되었다(**그림 24.15**). 이 균류는 이형성이다. 식물에 감염된 균류는 균사체 형태로 자라지만, 식물외부 환경에서는 효모 형태이다. 효모 형태의 부생성 균류인 *U. maydis* 세포는 실험실에서 쉽게 배양할 수 있다. 자연에서 효모[반수체 소생자(sporidia)]가 교배하면 감염성이 있는 사상성의 이핵체를 생산하며 발달을 지속하기 위해서는 숙주식물에 의존해야 한다(**그림 24.16**). 식물이 감염되면, *U. maydis*는 부착기를 숙주 안에 형성한다. 이 때문에 식물에 종양이 생기는데 그 안에서 균이 번식하여 **겨울포자**(teliospore)라는 이배체 포자를 형성한다. 포자가 발아하면, 세포는 감수분열을 하여 반수체 소생자를 방출한다. 이 소생자는 식물에서 식물로 퍼져 성장과 감염주기를 다시 시작한다.

마무리 점검

1. 왜 영양의 부족이 *Saccharomyces cerevisiae*의 유성생식을 유발하는가?
2. 조정기와 소낭기의 차이점은 무엇인가? 지낭괴는 무엇인가?
3. 어디에서 균핵을 형성하는 자낭균류를 찾을 수 있을 것인가?
4. 담자기과와 담자기의 다른 점은 무엇인가?
5. *U. maydis*는 어떻게 종양형성을 유발하는가? 이런 종양형성이 균류에게 어떻게 이로운가?

요약

24.1 진균의 생물학은 방대한 다양성을 보여준다

- 진균은 유기물을 분해하는 중요한 분해자이다. 동물, 사람, 그리고 식물에 기생하여 살아가며 많은 산업 공정에서 중요한 역할을 하고, 기초적인 생물학 과정을 연구하는 데 이용되는 중요한 도구이다. 진균은 효소를 분비하여 소화된 음식물을 흡수한다.
- 진균은 포자를 생산하는 진핵생물을 말하며 흡수를 통해 영양을 섭취하고 엽록소가 없다. 유성생식과 무성생식 또는 2가지 방법 모두를 통해 생식하며 일반적으로 키틴과 글루칸을 함유한 세포벽을 갖고 있다.
- 균사는 길고 가지 달린 실과 같은 섬유 구조로 이루어져 있으며 균사가 서로 얽혀 균사체를 이루기도 한다. 균사는 격벽이 있거나 격벽이 없는 다핵체이다. 균사체는 생식 구조를 형성할 수도 있다(그림 24.2).
- 진균의 무성생식 과정에는 쉽게 퍼져나갈 수 있는 특수한 종류의 포자가 형성된다(그림 24.3).
- 진균에서의 유성생식은 서로 다른 교배형 사이에서 균사 또는 세포가 융합되면서 시작된다.

24.2 유주포자균류는 운동성 포자를 생산한다

- 유주포자균류는 생활사의 특정 시기에 1개의 후편모를 가진다.
- 미포자충류는 독특한 형태를 갖고 있고, 절대세포내 병원균이다.
- 미포자충류는 인체 기회감염성 병원균이며 일부는 다른 척추동물과 곤충에 감염된다(그림 24.4).
- 병꼴균류에 속하는 균류는 운동성 포자를 생성한다. 대부분은 부생성이며 항아리곰팡이병은 양서류의 전 지구적인 대량사망을 유발했다(그림 24.5).
- 병꼴균류는 현미경으로만 볼 수 있으며 유성생식과 무성생식을 한다.

24.3 접합균류는 다핵체균사를 가지고 있다

- 접합균류는 격벽이 없는 다핵체 균사를 형성한다. 대부분의 경우, 유성생식을 통해 단단하고 두꺼운 벽을 가진 접합자인 접합포자를 생산한다.
- 털곰팡이균문의 대부분은 부생생물이나 외생균근을 형성하는 분류군도 있다.
- 털곰팡이균류의 한 예로 흔한 빵곰팡이인 *Rhizopus stolonifer*가 있다. 유성생식은 서로 다른 교배형의 균주의 접합에 의해 일어난다(그림 24.6).
- 털곰팡이균류는 식품과 약품 조제에 사용된다.
- 글로메로균아문에는 식물뿌리와 공생하는 수지상 균근균이 포함된다. 이들은 식물의 영양물질 섭취를 증가시킨다.

24.4 이핵균아계는 가장 다양한 균류의 분류군이다

- 이핵균류는 유성생식시기에 세포질융합이 핵융합보다 먼저 일어난다. 따라서 핵융합 이전에 같은 세포에 2개의 반수체 핵이 공존하는 시기가 있어 붙여진 이름이다(그림 24.7).
- 자낭균문은 자낭이라고 하는 주머니 모양의 생식 구조 때문에 붙여진 이름이며 자낭균류는 효모 형태(그림 24.9)나 사상균 형태(그림 24.11)를 지닌다.
- 중요한 자낭균류으로는 *Saccharomyces cerevisiae*, *Aspergillus* 종, *Claviceps purpurea*(맥각중독의 원인균), 실내 곰팡이인 *Stachybotrys* 등이 있다.
- 담자균류는 담자포자를 형성하는 곤봉 모양의 담자기에서 이름이 유래되었다(그림 24.14).
- 녹균류와 깜부기균류의 속은 녹병과 깜부기병과 같은 중요한 식물 병원균을 포함한다(그림 24.15).

심화 학습

1. 일부 진균은 거의 분화가 일어나지 않는 다핵성 생물로 간주될 수 있다. 생식구조 형성에서와 같이 분화가 일어날 때는 격벽이 먼저 형성된다. 왜 이 시기에 격벽 발달이 필수적인가?
2. 세균과 진균은 모두 환경에서 주된 분해자이다. 따라서 어떤 주어진 환경에서 경쟁이 일어날 수밖에 없지만, 대개 진균이 유리하다. 진균에만 있는 어떤 특성이 이런 이점을 제공하는가?

3. *Neurospora crassa* 같은 일부 사상균은 일주기리듬을 보여준다. 예를 들면, 분생자 형성(포자형성)의 경우 온도와 명암주기에 따라 약 21.5시간 주기로 분생자 형성이 일어난다. 자연에서 미분화 균사 띠와 분생자 띠가 번갈아 가면서 나타나는 것에서 이러한 현상을 관찰할 수 있다. 왜 이들 진균의 진화과정에서 일주기리듬이 나타났을 것으로 생각되는가? 이 현상을 연구한다면, 어떤 점을 조사하고 싶은가?

4. 사상성 자낭균인 *Aspergillus flavus*에서 균핵과 분생자의 형성과정을 분석해보면 이러한 구조들의 형성은 세포의 밀도에 의존한다는 것을 알 수 있다. 특히, 높은 세포 밀도에서 이 균을 배양하면 분생자가 형성되는 반면에 낮은 세포 밀도는 균핵의 형성을 유도한다. 분생자와 균핵의 구조와 기능을 설명하시오. 그리고 어떻게 분생자와 균핵의 발달이 밀도에 따라 조절되는지를 설명할 수 있는 가설을 설정하시오.

5. *Ustilago maydis*는 옥수수 깜부기병을 일으킨다(그림 24.15). 그러나 이 균의 효모 형태에서 식물을 공격하는 균사 형태로 전환하는 원인이 무엇인지에 대해서는 알려진 바가 거의 없다. 이러한 이형 전이는 2개의 교배유전자좌 *a*와 *b*에 의해 조절된다. 멕시코의 균류학자들은 실험실에서 촉발될 수 있는 이 형태적 전환에 대해 더 알고 싶어 했다. 이 현상을 탐구한다면 어떤 환경적 요인을 테스트해볼 것인가? 형태적 전환을 유발할 수 있는 특정 조건에 대한 가설을 테스트하기 위한 실험을 대조군과 함께 설명하시오. 유전자 발현의 변화를 어떻게 모니터링할 것인가? (18장 참조)

참고문헌: Ruiz-Herrera, J., Pérez-Rodríguez, F. and Velez-Haro, J. 2020. The signaling mechanisms involved in the dimorphic phenomenon of the Basidiomycota fungus *Ustilago maydis*. *Int Microbiol* 23: 121-126. doi.org/10.1007/s10123-019-00100-5

CHAPTER

25

바이러스

K. Sandman

바이러스 생활사의 교란

고양이와 인간은 수천 년 동안 함께 살아왔고, 모든 고양이 주인이 알고 있듯이 그들은 친밀한 접촉 속에서 살고 있다. 고양이의 관점에서 보면 모든 가정용품, 특히 침대는 공동소유이다. 모든 친밀한 관계가 그러하듯이 동거인들은 마이크로바이옴도 공유한다. 우리는 모두 가정에서 다른 사람으로부터 바이러스에 감염될 수 있다는 것을 확실하게 알고 있지만 반려동물로부터 바이러스에 걸리는 것이 흔하지 않다는 것을 알고 있다. 왜? 우리가 6장에서 다뤘듯이, 바이러스가 생활사를 성공적으로 마치기 위해서는 숙주세포의 표면에 있는 특정 수용체와 결합해야 하고, 세포내부로 들어와 세포의 기구를 이용하여 자신의 복제와 방출이 일어나도록 해야 하기 때문이다.

고양이 백혈병 바이러스(Feline leukemia virus, FeLV)는 사람에서 AIDS와 비슷하게 고양이의 면역결핍을 야기한다(FeLeuk: 'fee-luke'로 발음된다). 두 질병 모두 레트로바이러스(retrovirus)에 의해 야기되며 FeLV는 고양이의 여러 세포를 감염한다. 고양이 사이의 전염은 감염된 동물의 분비물(침, 소변, 모유) 접촉을 통해 일어나며, 다른 동물과의 접촉 빈도와도 연관되어 있다. 고양이가 침을 묻혀 몸단장(그루밍)을 할 때 고양이를 만지는 것만으로도 사람은 바이러스에 노출된다. FeLV 생활사는 분자 수준에서 어떻게 작용하며, 반복된 노출에도 불구하고 어떻게 인간이 감염을 피할 수 있는지를 배울 수 있을까?

감염의 첫 단계는 숙주세포 수용체에 바이러스가 결합되는 것이다. 고양이와 사람 같은 동물에서, 각각의 조직은 독특한 표면 구조를 가지고 있다. 바이러스는 일반적으로 바이러스에 대한 수용체가 존재하는 조직 유형만을 감염시킨다. 이러한 조직친화도(tissue tropism)는 우리가 독감이나 SARS-CoV-2와 같은 호흡기 바이러스로부터 우리 스스로를 보호하기 위해 얼굴을 만지는 것을 피해야 하는 이유를 설명해준다. 즉, 손에 있는 바이러스는 감염되지 않지만, 눈이나 코로 옮겨지면 바이러스가 우리의 취약한 호흡기 상피세포를 감염시킨다.

FeLV는 보통 인산염을 운반하는 막단백질을 통해 고양이 세포를 감염시킨다. 이 흔하고 널리 퍼져 있는 단백질은 고양이와 인간 사이에 보존되어 있으며, 실제로 인간세포막의 인산염 전달단백질은 FeLV의 수용체이다. 대부분의 인간세포는 FeLV 감염에 취약하다. 그러나 중요한 것은 바이러스가 숙주세포를 성공적으로 감염시키려면 장기적인 분자 상호작용이 필요하다는 점이다. 상호작용이 없이는 바이러스유전체 복제, 바이러스 유전자 발현, 바이러스 조합 또는 바이러스 방출 등이 지연될 수 있다. 바이러스 생활사의 여러 후기 단계가 인간세포에서 FeLV 감염이 제어되는 부분이다.

이 장에서는 바이러스가 사용하는 다양한 전략을 살펴본다. 여러모로 이 논의는 세포 과정의 조절을 다루었던 14장과 15장에 소개된 주제의 연속이며, 인간 바이러스에 의한 질병의 논의는 37장에서 계속된다.

이 장의 학습을 위해 점검할 사항:

- ✓ 일반적인 비리온의 구조와 형태를 설명할 수 있다(6.2절).
- ✓ 대부분 바이러스의 일반적인 5단계의 생활사를 요약할 수 있다(6.3절).
- ✓ DNA 복제, 전사, 번역 3단계 동안 일어나는 사건을 묘사할 수 있다(13.3절, 13.5절, 13.7절, 15.2절, 15.3절, 15.4절).
- ✓ 전형적인 세균, 고균, 진핵생물의 단백질 부호와 유전자를 그릴 수 있다(13.4절, 13.5절, 15.3절)

25.1 바이러스의 계통발생학은 유전체학에 의존적이다

이 절을 학습한 후 점검할 사항:

a. 바이러스의 계통발생학을 설립하는데 있어서 어려운 점을 설명할 수 있다.
b. 볼티모어체계의 바이러스 그룹과 국제 바이러스 분류위원회에 의해 공식적으로 분류된 바이러스를 구별할 수 있다.
c. 바이러스가 양성가닥인지, 음성가닥인지 알아낼 수 있다.

1980년대 칼 우즈의 연구는 16S rRNA 서열을 기반으로 세포성 생물을 분류학적으로 3가지 영역(domain)으로 구분하였다. 그 서열은 새로운 분류체계에서 생명체의 위치를 배정하였고, 유전체 서열은 진화적 유연관계를 계속해서 미세조정하여 왔다. 바이러스는 세포성 생물이 아니며 16S rRNA를 가진 리보솜이 없다. 게다가, 그들의 작은 유전체는 연관성을 확립하는데 사용될 수 있는 보편적으로 보존된 유전자를 가지고 있지 않다.

수십 년 동안 국제 바이러스 분류위원회(International Coommittee on Taxonomy of Viruses, ICTV)는 핵산 유형, 외피 유무, 캡시드 대칭, 캡시드 치수 등의 특징을 고려한 분류체계를 사용했다. 메타유전체 염기서열분석법은 뉴클레오티드 염기서열로만 알려진 바이러스를 밝혀냈다. 숙주 생명체와 비리온 형태 모두 메타유전체 염기서열분석법에서 구별할 수 없기 때문에, 이러한 미배양 바이러스는 ICTV 분류에 포함될 수 없다. ◀ 비리온의 구조는 캡시드 대칭성과 외피의 존재여부에 따라 구분된다(6.2절)

배양 여부와 관계없이 모든 바이러스의 계통발생학적 관계를 종합하기 위해 바이러스학자들과 ICTV는 비교 서열분석에 의존하는 2가지 방법을 사용한다. 첫 번째는 유전자 공유 네트워크를 확인한다. 바이러스의 유전자 풀은 방대하지만, 바이러스 종은 생명주기를 수행하는데 필요한 최소한의 유전체만 가지고 있다. 바이러스 간, 바이러스와 숙주 간의 수평적 유전자 이동은 일반적이다. 유전체 네트워크 분석은 바이러스군의 진화 역사를 추적한다. 두 번째 방법은 바이러스 계통 내에 보편적이지는 않지만 널리 퍼져 있는 단백질에 의존한다. 이러한 바이러스의 홀마크(hallmark) 단백질들은 캡시드 구성 단백질과 유전체 복제효소들이다.

표 25.1 바이러스의 분류학적 계급

계급	접미사	특정 바이러스들의 분류	
		SARS-CoV-2	박테리오파지 람다
영역	–viria	Riboviria	Duplodnaviria
문	–viricota	Pisuviricota	Uroviricota
강	–viricetes	Pisoniviricetes	Caudoviricetes
목	–virales	Nidovirales	Caudovirales
과	–viridae	Coronaviridae	Siphoviridae
속	–virus	*Betacoronavirus*	*Lambdavirus*
종	(불규칙)	*Severe Acute Respiratory Syndrome-related coronavirus*	*Escherichia virus Lambda*

2019년 ICTV는 분류기준을 확장하여 미배양 바이러스의 데이터를 포함시킴으로써 분류체계를 현대화했다(**표 25.1**). 이 분류군은 세포성 생물에 대해 친숙한 체계를 반영하지만, 영역(domain)과 동등한 가장 높은 분류군, **영역**(realm)을 가지고 있다. 이중가닥 DNA 바이러스(dsDNA viruses, 예로 Duplodnaviria), 단일가닥 DNA 바이러스(ssDNA viruses, 예로 Monodnaviria), RNA 바이러스(RNA viruses, 예로 Riboviria)에 대한 영역이 확립되었다. 바이러스학자들이 풍부한 유전체 데이터를 다루면서 앞으로 몇 년 안에 바이러스 분류법이 개정될 것으로 예상된다.

바이러스 분류는 ICTV 위원회에 공식적인 권위가 있지만 많은 바이러스학자들은 바이러스를 분류할 때, 노벨상 수상자인 볼티모어(David Baltimore)가 제안한 분류체계를 유용하게 사용하고 있다. 볼티모어의 제안은 ICTV의 원칙을 보안해 바이러스 mRNA를 만드는 방법과 바이러스의 유전체에 초점을 맞추고 있다. 6장에서 살펴보았듯이, 모든 4가지 이중가닥(ds) DNA, 단일가닥(ss) DNA, dsRNA, ssRNA의 핵산 유형들이 바이러스에서 발견된다. 특히 ssRNA 바이러스 유전체는 바이러스에 의해 생성된 mRNA와 동일한지 상보적인지 여부 등에 따라 매우 복잡하다. 생산하는 mRNA와 염기서열이 동일한 RNA 유전체를 가지고 있는 ssRNA 바이러스는 **(+)가닥**(plus-strand) 또는 **양성가닥 RNA**(positive-strand RNA)

바이러스 mRNA 5′...GAC UCG AGC...3′
양성가닥 RNA 5′...GAC UCG AGC...3′
음성가닥 RNA 3′...CUG AGC UCG...5′
양성가닥 DNA 5′...GAC TCG AGC...3′
음성가닥 DNA 3′...CTG AGC TCG...5′

그림 25.1 양성가닥과 음성가닥 바이러스 유전체. 유전체와 바이러스 유전체의 복제 중간체는 양성가닥 혹은 음성가닥 중 하나일 것이다. 이러한 명칭은 바이러스 mRNA의 뉴클레오티드 서열에서 유래했다. 양성가닥 유전체는 mRNA와 동일한 염기서열을 가지며, 이때 DNA 유전체일 경우에는 DNA 뉴클레오티드로, RNA 유전체일 경우에는 RNA 뉴클레오티드로 이루어져 있다. 음성가닥 유전체는 바이러스 mRNA에 상보적인 염기서열을 갖고 있다.

표 25.2 볼티모어체계

그룹	특징
이중가닥(ds) DNA 바이러스	유전체 복제: dsDNA → dsDNA 단백질 합성: dsDNA → mRNA → 단백질
단일가닥(ss) DNA 바이러스	유전체 복제: ssDNA → dsDNA → ssDNA 단백질 합성: ssDNA → dsDNA → mRNA → 단백질
이중가닥 RNA 바이러스	유전체 복제: dsRNA → ssRNA → dsRNA 단백질 합성: dsRNA → mRNA → 단백질
양성가닥 RNA (+RNA) 바이러스	유전체 복제: (+)RNA → (−)RNA → (+)RNA 단백질 합성: (+)RNA → (−)RNA → mRNA → 단백질
음성가닥 RNA (−RNA) 바이러스	유전체 복제: (−)RNA → (+)RNA → (−)RNA 단백질 합성: (−)RNA → mRNA → 단백질
역전사 바이러스	유전체 복제: ssRNA → dsDNA → ssRNA 단백질 합성: ssRNA → dsDNA → mRNA → 단백질
역전사 DNA 바이러스	유전체 복제: dsDNA → ssRNA → dsDNA 단백질 합성: dsDNA → mRNA → 단백질

유전체를 가지고 있다고 한다(**그림 25.1**). 바이러스의 mRNA와 상보적인 서열의 유전체를 갖고 있는 ssRNA 바이러스들은 **(−)가닥**(minus-strand) 혹은 **음성가닥 RNA**(negative-strand RNA)를 가졌다고 한다. 볼티모어의 체계는 바이러스를 크게 7가지 그룹으로 분류한다(**표 25.2**). 이러한 방법은 바이러스학자들(또한, 미생물학을 공부하는 학생들)이 방대한 양의 바이러스들의 생활사를 몇 가지의 기본 틀로 단순화 시키는 데 도움을 준다. 따라서 우리는 그것이 진화적 관계를 반영하지 않는다는 것을 인정하면서 사용한다.

마무리 점검

1. 바이러스 분류에 사용되는 특징들을 나열하시오. 어떤 특징이 가장 중요한 것으로 생각되는가?
2. 다음 용어에 대해 논의하시오: *Feline leukemia virus*, Artverviricota, Riboviria, Retroviridae, *Gammaretrovirus*, Retriviricetes, Ortervirales. 그림 25.1과 같이 적절한 분류 계급에 이들을 위치시키시오.

25.2 이중가닥 DNA 바이러스는 모든 종류의 세포를 감염한다

이 절을 학습한 후 점검할 사항:

a. 이중가닥 DNA 바이러스가 핵산과 단백질을 합성할 때 사용하는 일반적인 전략을 설명할 수 있다.
b. 박테리오파지 람다가 어떻게 용균성과 용원성 생활사 사이의 전환을 조절하는지에 대해 일반적인 용어로 설명할 수 있다.
c. 특정 dsDNA 바이러스 하나를 선택하고 각 단계를 수행하는 데 사용되는 특정 기전에 대해 가능한 한 주목하면서 생활사의 주요 단계들을 간략히 설명할 수 있다.

아마 알려진 바이러스들 중 가장 큰 그룹은 이중가닥(ds) DNA 바이러스일 것이다. 대부분의 박테리오파지와 고균바이러스는 dsDNA 유전체를 가지며, 일부 곤충 바이러스들과 허피바이러스, 폭스바이러스를 포함한 수많은 주요 척추동물 바이러스들 또한 그렇다. dsDNA 바이러스의 복제 양상이 **그림 25.2**에 나와 있다. DNA와 RNA의 합성은 세포성 생물내에서 일어나는 반응들과 상당히 유사해서 많은 dsDNA 바이러스들은 그들의 숙주 DNA 중합효소와 RNA 중합효소에만 온전히 의존하여 복제할 수 있다.

T4 박테리오파지: 독성 박테리오파지

T4 박테리오파지(Myoviridae) 과의 생활사는 독성 dsDNA 파지의 대표적인 예이다. 그 구조는 박테리아 바이러스의 상징적인 이미지가 되었다. 세포 융해는 용균성 박테리오파지 감염의 결과이다. T4 파지의 부착은 대장균 숙주세포외막의 당지질 혹은 특정 단백질에

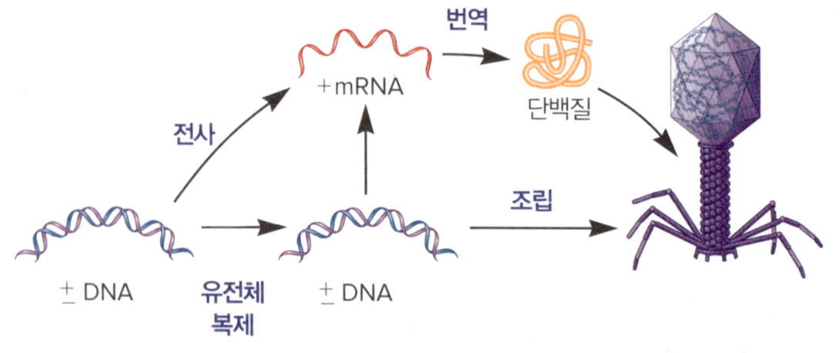

그림 25.2 이중가닥 DNA 바이러스의 복제 전략.

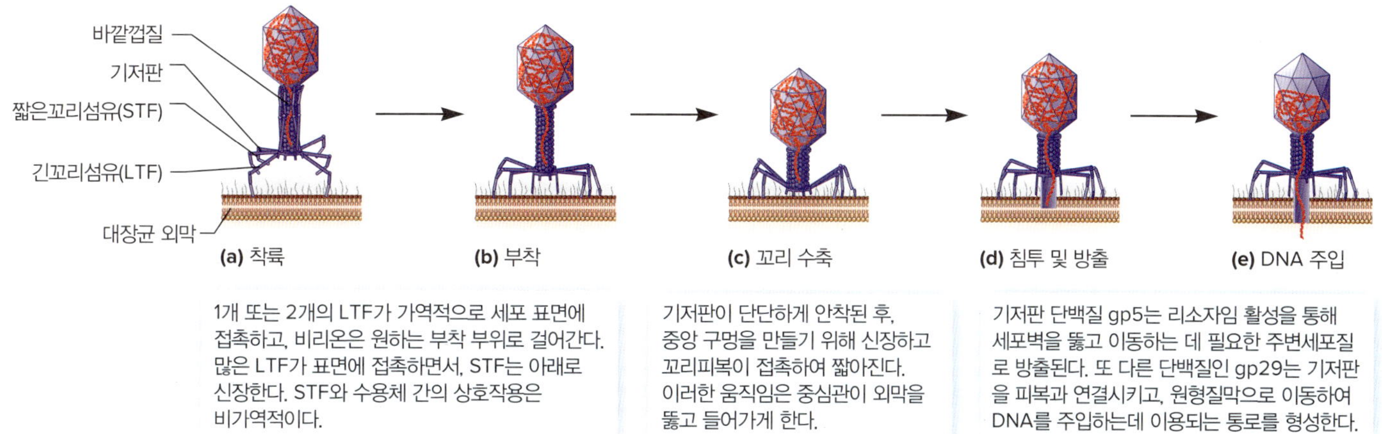

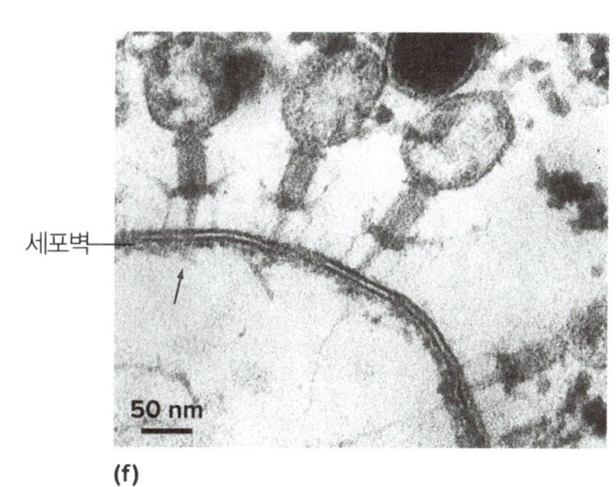

그림 25.3 T4 파지 흡착과 DNA 주입. (a~e) 대장균 숙주에 대한 흡착과 바이러스 DNA의 주입은 파지의 꼬리섬유와 기저판에 의해 매개된다. (f) 'T4' 파지에 감염된 대장균 세포의 전자현미경 사진이다. 이 파지들은 그들의 dsDNA를 세포내부로 방출하고 빈 캡시드를 가지고 있다. (f) Lee D. Simon/Science Source

연관 질문 T4 파지가 숙주세포벽을 침투할 때 쓰는 기저판에서 발견되는 단백질에는 어떤 것이 있는가?

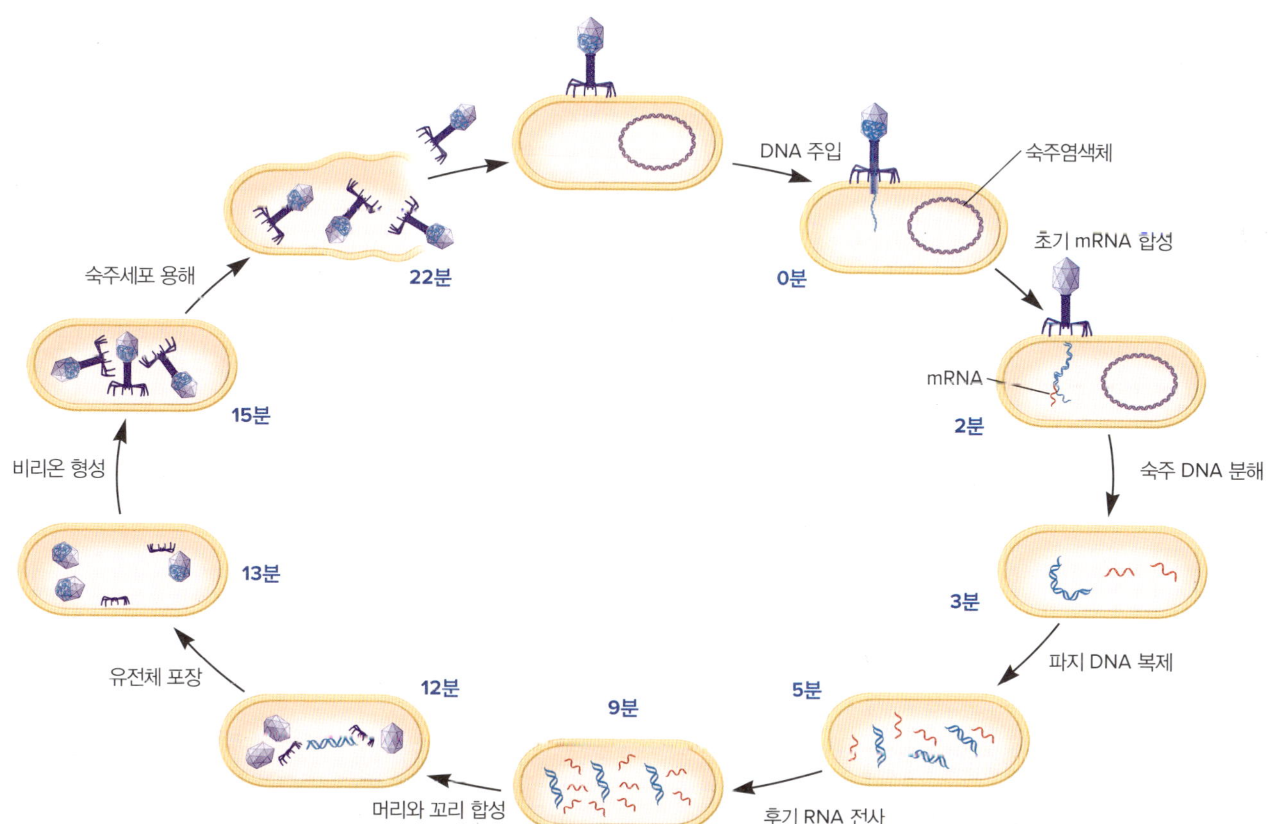

그림 25.4 T4 박테리오파지의 생활사. DNA 주입 후 분 단위로 각 생활사 단계를 나타낸 그림이다.

연관 질문 T4 파지는 하나의 복제원점만 쓰기보다는 여러 개의 복제원점을 이용해 DNA 복제를 한다. 그 이유는 무엇일까?

꼬리섬유가 닿으면서 시작된다(**그림 25.3**). 유전자와 단백질은 파지의 생활사에서 필요한 시기에 따라 초기 또는 후기로 지정된다. 대장균 숙주세포내로 T4 DNA가 주입된 후 2분 이내에 숙주의 RNA 중합효소가 T4 mRNA를 합성하기 시작한다(**그림 25.4**). 가장 먼저 발현되는 T4 유전자 중 하나는 숙주효소 RNaseE에 결합하여 숙주 mRNA를 분해시키는 단백질을 암호화한다. 숙주 mRNA 분해의 결과는 리보뉴클레오티드와 리보솜이 T4 유전자의 전사 및 번역에 독점적으로 이용될 수 있다는 것이다. 5분 안에 바이러스 DNA의 합성이 시작되고, 바이러스가 암호화하는 **DNA 의존 DNA 중합효소**(DNA-dependent DNA polymerase)가 촉매작용을 한다. 여러 개의 복제원점으로부터 DNA 복제는 양방향으로 일어난다. 바이러스 DNA가 복제된 후, 감염 후기에 중요하게 역할을 하는 후기 mRNA가 합성된다.

T4 유전자 발현에 대한 엄격한 조절은 T4 유전체의 조직에 의해 도움을 받는다. 파지의 머리나 꼬리섬유 구축에 필요한 유전자처럼 관련된 기능을 가진 유전자들은 함께 모여 있다. 초기 유전자와 후기 유전자 역시 바이러스 유전체에서 각각 유전자군을 형성한다. 두 유전자는 서로 다른 방향으로 전사된다. T4 유전체의 상당 부분은 바이러스 복제에 필수적인 산물을 암호화하고 있는데, 이러한 산물에는 리플리솜(replisome)을 구성하는 단백질 소단위체와 DNA 합성에 필요한 효소들이 포함된다. 이들 효소 중 일부는 T4 DNA에서 시토신을 대체하는 변형 뉴클레오티드인 히드록시메틸시토신(hydroxymethylcytosine, HMC)을 합성한다(**그림 25.5**). HMC가 만들어지고 나면 세균의 복제와 유사하게 바이러스 복제가 일어난다. T4 파지 DNA는 합성 후 HMC 잔기에 당이 첨가되어 수정되고, 이 당화된 HMC 잔기는 대장균 숙주의 **제한효소**(restriction enzyme), 즉 바이러스 DNA의 특정 부위를 절단하여 파괴하는 효소인 핵산중간가수분해효소(endonuclease)에 의한 T4 파지 DNA의 손상을 막는다. 이러한 숙주의 방어기전을 **제한작용**(restriction)이라고 한다. 박테리오파지도 화학적으로 자신의 DNA를 변형시켜 숙주의 제한작용으로부터 자신을 보호하는 기전을 가지고 있다. ◀ 바이러스 감염에 대한 반응(14.6절); 제한효소(17.1절)

그림 25.5 5-히드록시메틸시토신 구조(hydroxymethylcytosine, HMC). T4 DNA에서 HMC는 종종 포도당이 히드록실에 부착되어 있다.

연관 질문 T4 DNA에서 HMC 당화는 어떤 기능을 하는가?

T4 파지의 선형 dsDNA 유전체는 여러 개의 유전체가 일렬로 연결된 긴 DNA 분자인 **연쇄체**(concatemer)라는 흥미로운 종류의 분자를 생성한다(**그림 25.6**). 이것은 각각 자손의 바이러스 DNA 분자가 단일가닥 3′ 말단을 가지고 있기 때문에 가능하다. 그러므로 각 자손의 바이러스 DNA 분자의 이중가닥 지역에서의 상동재조합 과정에 참여하여 연쇄체를 만들어낸다. 조립과정 동안 연쇄체는 캡시드에 싸인 T4 유전자 세트보다 약간 더 긴 유전체 형태로 절단된다. 따라서 자손 바이러스들은 모두 서로 다른 유전자로 시작되는 유전체 단위와 같은 유전자로 끝나는 유전자 세트를 가지게 된다. 만약 자손 바이러스의 유전체가 원형이었다면, 각 비리온의 유전자 염기서열은 동일할 것이다. 따라서 T4 파지의 유전체는 말단이 중복되고 원형 순열을 갖는다고 하며, 유전자 지도는 둥근 모양일 것이다.

새로운 T4 파지의 형성은 바이러스 단백질과 숙주세포인자 일부를 포함해 복잡한 자가조립과정을 통해 이루어진다(그림 6.12 참조).

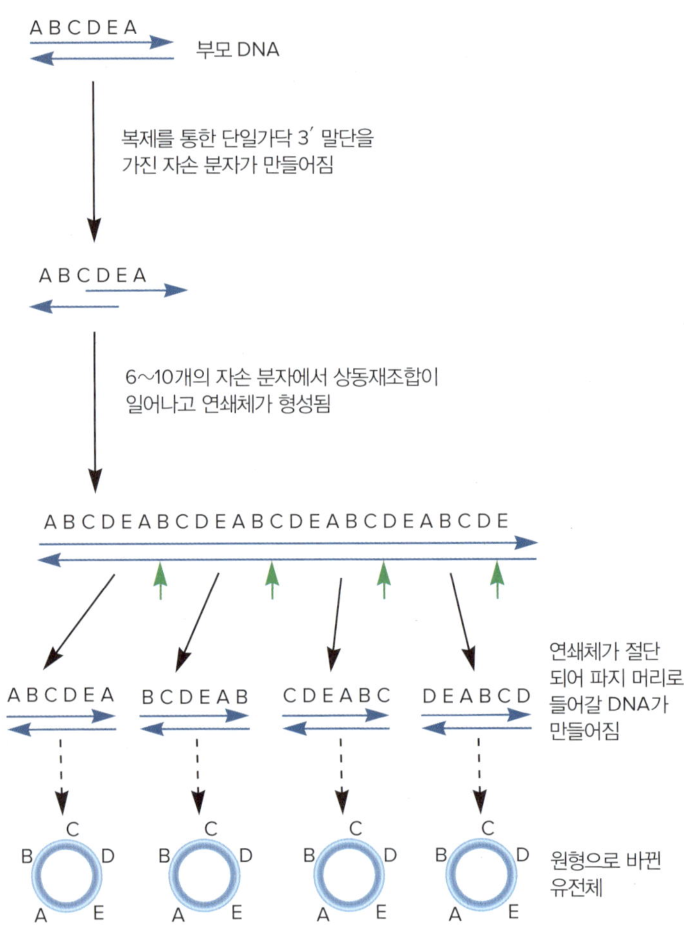

그림 25.6 말단 중복되고 원형으로 순환되는 T4 파지 유전체. T4 유전체 복제 동안 연쇄체가 만들어지는 과정은 파지의 증식에 있어 매우 중요하다. 비리온 조립 과정 중 파지의 머리로 연쇄체가 잘려 만들어진 DNA가 주입된다. 하나의 T4 유전자 세트보다 조금 많은 T4 유전자가 각 머리로 들어가기 때문에 비리온 하나하나는 각기 다른 DNA 단편을 갖는다. (DNA 단편의 말단이 다르다는 점에 주의하라.) 하지만 유전체가 원형이 되면 유전자의 염기서열은 동일하다.

T4 비리온 형성에서 중요한 단계는 비리온의 머리 부분을 T4 유전체로 채우는 것이다. 이것은 간단한 문제가 아니다. dsDNA 유전체는 다소 경직되어 있고 음전하를 띤 부분들이 있다. 그러므로 dsDNA는 캡시드 안으로 주입되어야 한다. 이것은 때로 **패커솜**(packasome)이라고 불리는 단백질 복합체에 의해 일어난다. T4 패커솜은 자동차 엔진보다 출력이 더 강하다.

패커솜은 **터미나아제**(terminase)라는 단백질을 포함하는데, T4 유전체 복제과정에서 형성된 연쇄체(concatemer)들을 자르는 것과 T4 머리에 DNA 주입을 조정하는 2가지 기능을 가지고 있다. 터미나아제는 T4 유전체를 입구에 꿰어 ATP 가수분해로 공급된 에너지를 이용하여 파지 머리로 들어간다. 패커솜은 B형 DNA에서 A형 DNA로 전환한 뒤 다시 B형 DNA로 역행하는 방식으로 DNA를 이동시킨다. 이것은 DNA 나선을 스프링처럼 압축한다. 파지 머리가 T4 유전자의 한 세트의 길이보다 약 3% 더 긴 DNA 분자로 채워지면 터미나아제는 두 번째 절단을 하고, 머리로의 DNA 주입과정은 끝난다. 터미나아제는 그 후 머리를 떠나고, 몇몇 다른 바이러스성 단백질들은 입구와 결합한다. 이는 머리를 밀봉하고 꼬리와 꼬리섬유가 추가될 수 있도록 준비한다.

대략 150개의 바이러스 입자가 숙주세포에 축적되면 T4는 두 단백질의 작용을 통해 대장균을 용균한다. 하나는 **홀린**(holin)이라는 단백질로, 세포막에 구멍을 뚫는다. 두 번째는 **T4 리소자임**(박테리오파지 진입에 사용되는 gp5 리소자임과는 구별된다)이라는 엔돌리신(endolysin)이 숙주의 세포벽에 있는 펩티도글리칸을 분해한다. 홀린 활성 때문에 T4 리소자임이 세포질에서 주변세포질로 이동할 수 있고, 원형질막과 펩티도글리칸층 세포벽이 파괴되는 것이다. 마침내, 비리온이 방출됨으로써 그들은 새로운 세포를 감염시키고 새로운 생활사를 시작할 수 있다.

람다 박테리오파지: 온건성 박테리오파지

T4 박테리오파지와는 다르게 온건성 박테리오파지(Siphoviridae 과, *Escherichia virus Lambda* 종)는 숙주세포를 감염시키자마자 용균성과 용원성을 자유롭게 오갈 수 있다. 비독성 바이러스가 용원성 생활사로 들어가면, 바이러스의 dsDNA 유전체는 대부분 숙주의 염색체로 통합되어 유도반응(induction) 조건이 갖춰질 때까지 프로파지(prophage) 형태로 존재한다(그림 6.15 참조). 유도반응에서 바이러스 유전체는 숙주 유전체로부터 잘려져 나오고 용균성 생활사가 시작된다. ◀ 용균성과 용원성 감염은 세균과 고균에서 일반적이다(6.4절)

온건성 파지가 어떻게 용균성 생활사와 용원성 생활사를 '선택'할 수 있는가? 대장균을 감염시키는 람다(λ) 박테리오파지 모델을 통해 이러한 주기 결정 과정을 설명할 수 있다. **그림 25.7**에서처럼, 람다 파지는 55 nm인 정이십면체 머리구조와 말단에 가느다란 꼬리섬유가 달린 비수축성 꼬리를 가지고 있다. 람다 파지 DNA 유전체는 선형 분자인데 말단은 점착성 단일가닥으로 된 부분들로 12개 뉴클레오티드로 이루어져 있고, 서로 상보적인 염기쌍을 만들 수 있다.

대부분의 박테리오파지처럼, 람다(λ)는 숙주에 결합하여 자신의 유전체를 세포질로 방출하고 캡시드를 세포밖에 남긴다. 세포 안으로 주입된 선형유전체의 두 점착성 말단이 서로 염기쌍을 형성하여 원형이 된다. 가닥 내부의 빈틈은 숙주세포의 DNA 연결효소(ligase)가 메운다(**그림 25.8**). 람다 파지 유전체지도에서 70여 가지가 있는 유전자들이 존재하는 것을 볼 수 있다(**그림 25.9**). 대부분의 유전자들은 머리부분 합성, 꼬리부분 합성, 용원성, DNA 복제, 세포 용균성 등 세분화된 기능에 따라 클러스터(cluster)로 존재한다. 유전체가 원형으로 바뀌고 나면, 용균성 생활사와 용원성 생활사의 결정을 조절하는 일련의 반응들이 일어나기 때문에 이러한 유전자 구조는 매우 중요하다. 유전자의 조절은 클러스터 구조(clustering)와 동일 프로모터로부터의 공동 전사에 의해 이루어진다.

용균성 생활사 또는 용원성 생활사 중 어느 것으로 갈 지를 선택

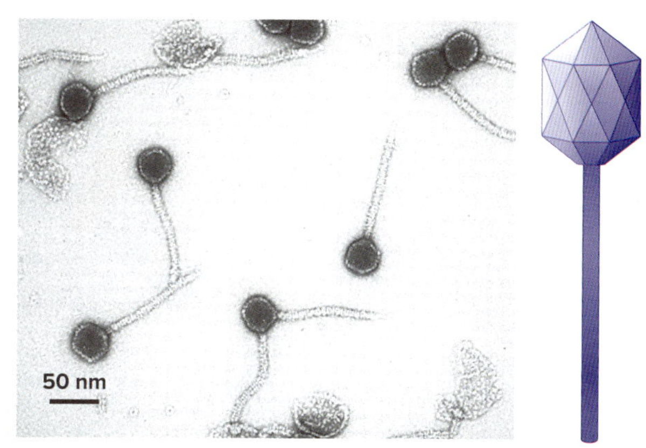

그림 25.7 람다(λ) 박테리오파지. 이 해상도의 현미경사진에서는 그림에서 묘사된 이십면체 모양의 머리를 확인하기 힘들다. M. Wurtz/Science Source

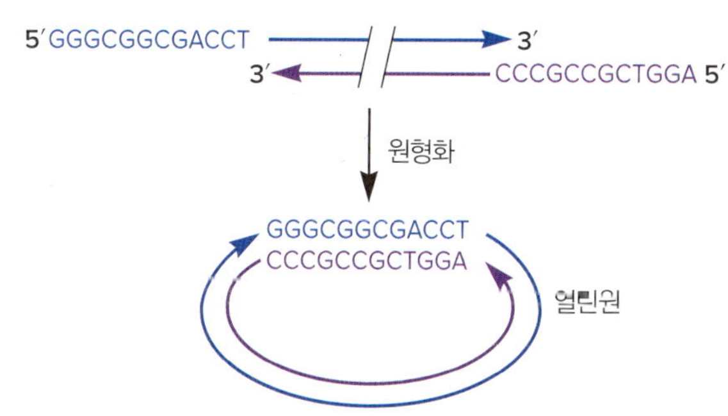

그림 25.8 람다 박테리오파지 DNA. 12염기의 단일가닥의 돌출말단을 보여주는 λ 파지 DNA의 그림이다.

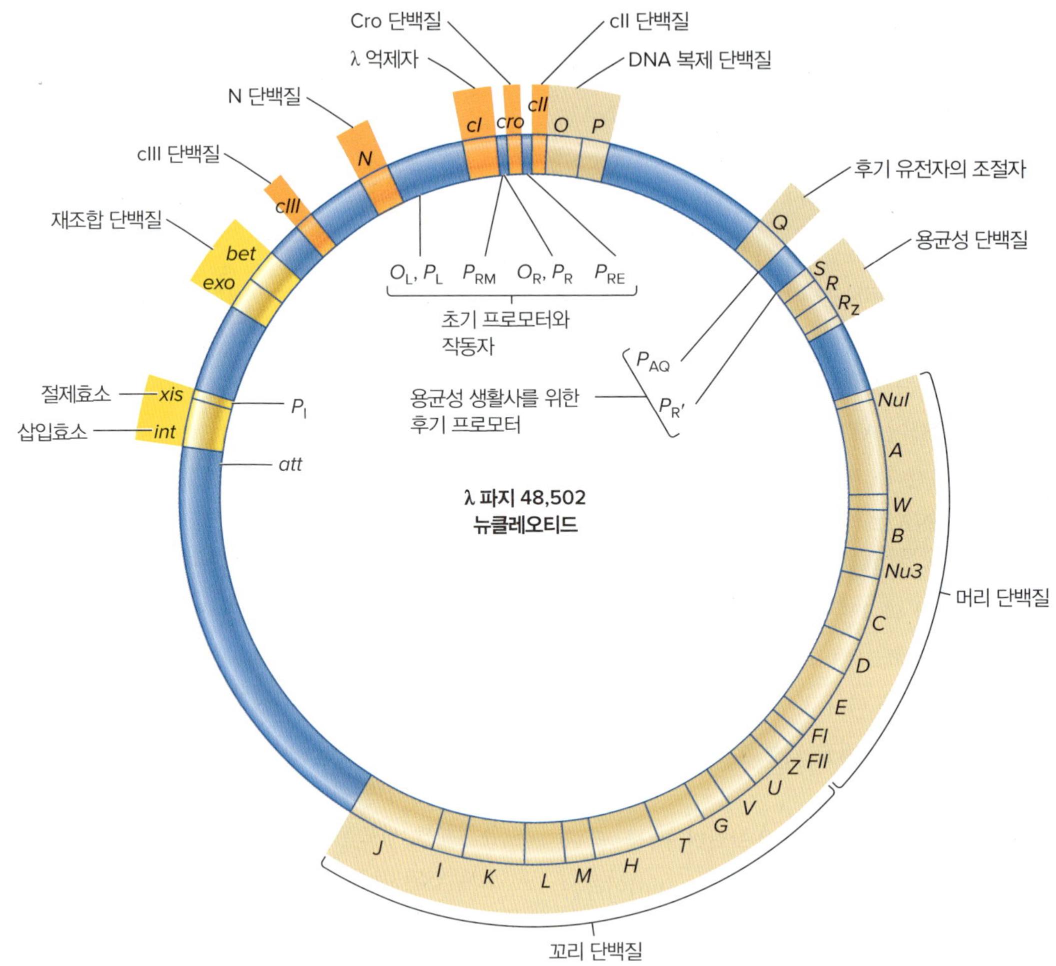

그림 25.9 람다 박테리오파지의 유전체. 유전자는 기능에 따라 다른 색으로 표시되어 있다. 용균성 또는 용원성 생활사를 결정하는 조절단백질을 암호화하는 유전자는 주황색, 용원성 확립하는 유전자들은 노란색, 용균성 생활사에 필요한 유전자들은 황갈색이다. 중요한 프로모터와 작동자가 원 내부에 표시되어 있다.

연관 질문 왜 용원성 생활사에 비해 용균성 생활사에서 더 많은 유전자가 필요로 하는가?

하는 순차적 반응은 복잡한 유도반응에 대한 모델이다. 이 반응에는 몇 가지 조절단백질과 인티센스 RNA 분자들이 관여하는데, 조절단백질들은 전사종결에 있어 전사억제자(repressor), 전사활성자(activator) 혹은 2가지 모두로 작용한다(**그림 25.10**). cII 단백질은 활성자 단백질로서 람다 파지가 용균성 생활사로 갈 것인지, 용원성 생활사로 갈 것인지를 결정하는 데 있어 매우 중요하다.

람다 파지 유전체의 전사는 숙주세포의 **DNA 의존 RNA 중합효소**(DNA-dependent RNA polymerase: DNA를 주형으로 RNA를 복제하는 RNA 중합효소)가 촉매하며 cII 단백질은 감염 초기에 합성된다. cII 단백질이 충분히 존재한다면, 삽입효소를 암호화하는 *int* 유전자의 전사가 증가한다. **삽입효소**(integrase)는 람다 파지 유전체가 숙주세포 염색체로 통합되어 용원성을 확립하는 효소이다. 또한, cII 단백질 *cI* 유전자의 전사 또한 증가시킨다. *cI* 유전자는 **람다 억제자**(λ repressor)라고 하는 조절단백질을 암호화한다. 이 단백질은 자신의 유전자를 제외한 모든 유전자의 전사를 억제한다. 파지는 억제자의 전사 억제로 용원성을 유지한다. cI 단백질(람다 억제자)은 *cI* 유전자를 전사하는 P_{RM} 프로모터에 결합하여 활성자로 작용하기 때문에 자신의 유전자만이 전사되게 할 수 있다.

숙주 염색체 부착부위(attachment site, *att*)에서 람다 파지 유전체가 숙주 염색체로 통합된다. 해당부위가 파지 유전체상에 존재하며, 람다(λ) 통합효소(integrase)는 두 부위 간의 위치특이적 재조합(site-specific recombination)을 촉매한다. 세균의 부착부위는 갈락토오스(*gal*)와 비오틴(*bio*) 오페론 사이에 위치해 있는데, 숙주 염색체로 통합되면서 원형이었던 람다 파지 유전체는 이 2가지 오페론 사이에 위치한 선형 DNA 구조로 바뀐다(그림 16.24 참조). 프로파지는 세균 유전체가 복제되는 한 무한정 잠복해 있을 수 있다. ◀ 분자수준에서의 재조합: DNA 분자의 연결(16.4절)

cII 단백질은 감염 초기에 만들어지기 때문에, 빨리 쌓이게 되면

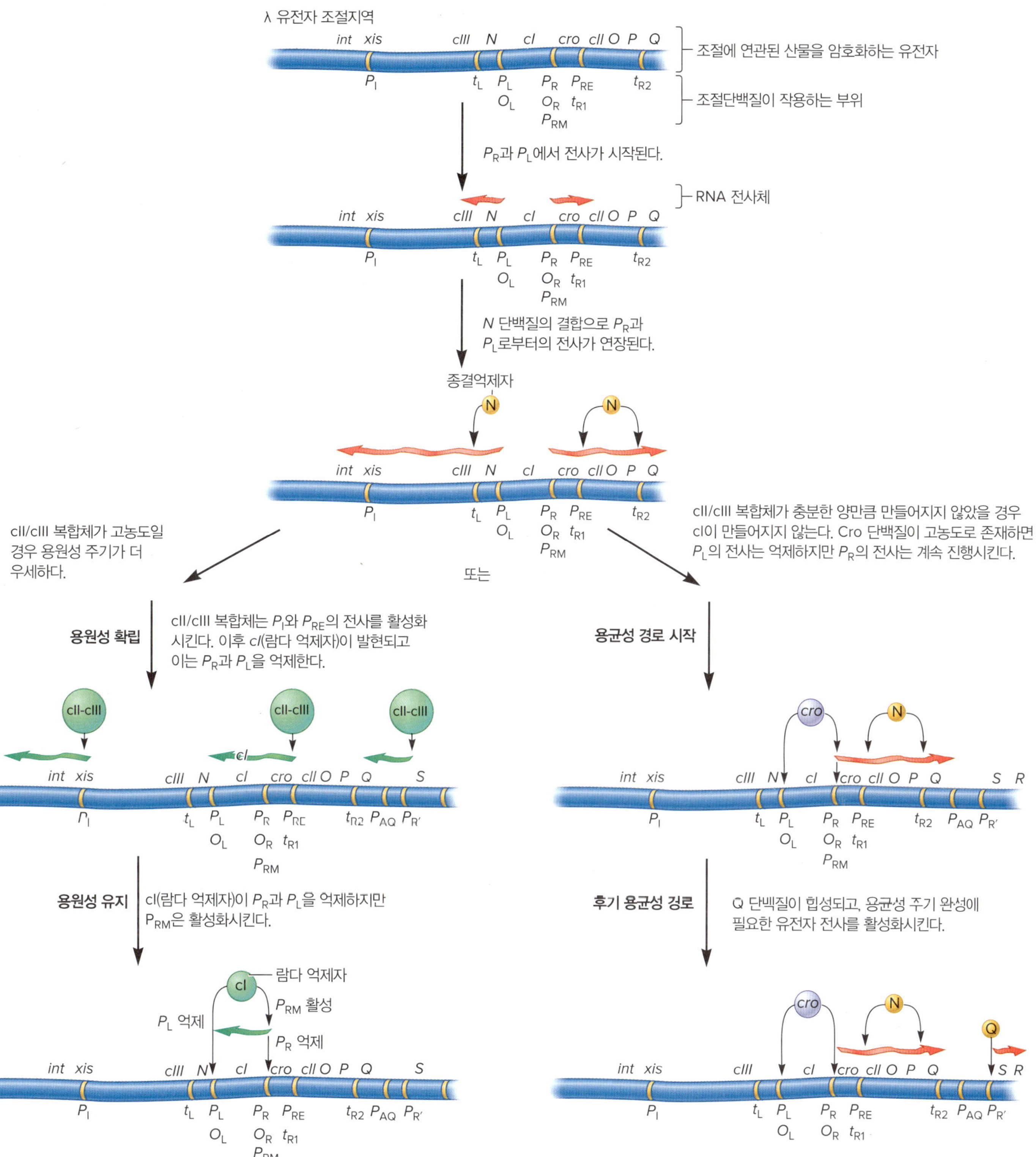

그림 25.10 람다 박테리오파지의 용원성 혹은 용균성 경로를 결정짓는 과정. 초기 전사체들은 숙주 RNA 중합효소에 의해 합성된다. 이것들은 N 단백질과 Cro 단백질을 암호화한다. N 단백질은 종결억제자(antiterminator)로서 전사종결 염기서열인 t_L, t_{R1}, t_{R2}를 지나쳐서 전사를 지속하게 만든다. 이 과정은 *xis*와 *int* 유전자를 비롯한 다른 조절유전자들의 전사를 가능하게 한다. 이들은 절제효소와 삽입효소를 각각 암호화한다. 왼쪽은 용원성 확립을 나타낸다. 오른쪽은 용균성 경로를 보여준다.

파지의 용원성 생활사가 확립된다. 하지만 cII는 바이러스 단백질인 cIII에 의해 보호되지 않으면 숙주 단백질분해효소에 의해 분해된다. cIII 단백질은 cII와 동시에 만들어지는 단백질로, cIII가 고농도로 유지되는 한 cII는 분해되지 않는다. 하지만, cII가 단백질분해로부터 보호되지 않으면, Cro (*cro* 유전자 산물)라는 단백질의 농도가 증가하게 된다. Cro 단백질은 억제자인 동시에 활성자이기도 한다. 이 단백질은 *cIII* 유전자와 *cI* 유전자의 전사를 억제하고, cII와 람다 억제자의 양을 감소시킨다. 대신 Q라고 하는 또 다른 조절단백질의 합성과 Cro 자신의 합성은 증가시킨다. Q 단백질이 충분한 농도만큼 생성되면, 용균성 생활사로 가는데 필요한 유전자들의 전사가 활성화되고, 감염은 용균성 생활사로 들어가게 된다(그림 25.10).

이제 우리는 어떻게 용원성 생활사를 용균성 생활사로 역전시키도록 유도할 수 있을지 고려해봐야 한다. 유도 반응은 대개 DNA를 손상시키는 자외선이나 화학적 돌연변이원 같은 환경적 요소에 반응해서 일어난다. DNA 손상은 숙주세포의 **RecA** 단백질(RecA protein)의 활성을 바꿔놓는다. 16장에서 말했듯이, RecA 단백질은 재조합과 DNA 수선과정에서 중요한 역할을 한다. DNA 손상에 의해 활성화된 RecA는 람다 억제자에 작용해서 억제자가 스스로를 절단하도록 만든다. 점점 더 많은 억제자가 분해될수록 *cI* 유전자의 전사는 감소하고, 따라서 세포내에 존재하는 람다 억제자의 양 역시 줄어든다. 이들의 농도가 일정 수준까지 감소하고 나면 *xis*, *int*, *cro* 유전자의 전사가 시작된다. *xis* 유전자는 단백질절제효소(excisionase)를 암호화한다. 절제효소는 통합효소와 결합하여 삽입과정을 되돌리도록 하며 프로파지는 숙주 염색체로부터 떨어져 나온다. λ 억제자의 양이 감소하면, Cro 단백질은 점점 더 많아진다. 람다 억제자의 합성이 완전히 멈추면, Q 단백질의 농도가 높아져서 용균성이 확립된다.

지금까지 람다 파지에 대해 초점을 맞춰 살펴보았지만, 그 밖에도 다른 많은 온건성 파지들이 존재한다. 람다 파지와 마찬가지로 그것들 대부분은 용원균에서 프로파지 형태를 하고 있다. 그러나 모든 온건성 파지들이 존재한다. 람다 파지와 마찬가지로 그것들 대부분은 용원균에서 프로파지 형태를 하고 있다. 그러나 통합과정이 용원성 확립에 필수적인 것은 아니다. P1 대장균 파지는 감염 후 원형으로 바뀌고 억제자를 만든다는 점에서 람다 파지와 유사하지만, 이 파지는 용원균에서도 독립적인 원형 DNA 분자로 남아 있으며 숙주 염색체가 복제될 때 자신도 같이 복제된다. 대장균이 분열할 때 P1 파지 DNA는 딸세포들로 분배되고 모든 용원균들은 1개 또는 2개의 파지 유전체 사본을 갖게 된다.

마무리 점검

1. T4 파지 유전체가 원형으로 바뀌는 이유에 대해 설명하시오.
2. 용원성과 그 유도과정에서의 cII 단백질, cIII 단백질, 람다 억제자, Cro 단백질, Q 단백질, RecA 단백질, 삽입효소, 절제효소의 역할을 설명하시오.
3. 어떻게 해서 프로파지가 다시 활성화될 수 있는가?
4. 온건성 파지인 P1은 람다 파지와 어떤 점이 다른가?

표 25.3 인간에게 질병을 일으키는 허피스바이러스

바이러스	질병
Human alphaherpesvirus 1 (HSV1, HHV1)[1]	입술 발진, 허피스성 각막염, 뇌염
Human alphaherpesvirus 2 (HSV2, HHV2)	생식기 허피스, 선천성 포진
Human alphaherpesvirus 3 (HSV3, HHV3)	수두, 대상포진
Human gammaherpesvirus 4 (EBV, Epstein-Barr Virus; HHV4)	감염성 단핵구증, 연관된 몇몇 암들
Human betaherpesvirus 5 (CMV, cytomegalovirus, HHV5)	단핵구증 유사 질환, 선천성 CMV 감염
Human betaherpesvirus 6A, 6B, 7 (HHV6, HHV7)	돌발성 발진증이라고도 불리는 소아 장미진
Human gammaherpesvirus 8 (KSHV, Kaposi's sarcoma herpesvirus, HHV8)	카포시 육종

[1] 괄호 안의 약어는 일반적으로 사용되는 대체 명칭이다. HSV: Herpes Simplex Virus, HHV: Human Herpes Virus.

허피스바이러스

이제 우리의 관심을 주요 진핵생물 dsDNA 바이러스로 돌려서 일부 친숙한 인간 병원체를 포함되는 허피스바이러스(herpesvirus)부터 살펴보기로 하자(**표 25.3**). 허피스바이러스에 의한 질병들은 37장에 설명되어 있다. 허피스바이러스 비리온의 지름은 150~200 nm이고, 특정한 모양을 갖지 않으며 피막단백질에 싸여 있다. 피막단백질에는 스파이크(spike)라고 하는 바이러스성 돌기가 분포한다. 피막단백질은 뉴클레오캡시드를 둘러싼 **표피**(tegument: 라틴어로 *tegumentum*는 '덮는다'를 의미) 단백질층을 에워싸고 있다. 표피는 허피스바이러스 특유의 것으로, 바이러스가 생활사에 필수적인 약 20개의 다른 단백질의 복사본을 가지고 있다. 허피스바이러스 유전체는 선형이며, 125~295 kb (kilobase pair, kb)의 길이를 가지고, 70개에서 200개가 넘는 단백질을 암호화한다. 허피스바이러스들이 포유류 숙주의 세포를 표적으로 할 때 그들은 특이한 세포유형들에 결합한다. 이때 허피스바이러스는 외피의 스파이크를 이용해 **수용체**(receptor)라고 불리는 특정 숙주세포의 표면 단백질에 결합함으로써 숙주세포와 결합한다.

허피스바이러스는 증식성 감염과 잠복성 감염 모두 일으킬 수 있다. 증식성 감염에서 바이러스는 폭발적으로 증식한다. 감염된 세포 하나당 50,000~200,000여 개의 새로운 비리온이 만들어진다. 증식할수록 숙주세포의 대사가 억제되고, 숙주의 DNA는 분해된다. 결국 세포는 죽음에 이르게 된다. 초기 감염된 세포는 잠복성 감염으로

1. 세포내로 바이러스의 유입과 핵공을 통한 유전체 방출
2. 유전체의 원형화와 급초기(immediate-early) 유전자의 전사
3. 급초기 전사체들의 세포질에서의 번역
4. 급초기 단백질(급초기 유전자의 산물)은 초기 유전자의 전사를 자극
5. 초기 전사체들의 번역
6. 초기 단백질(초기 유전자의 산물)은 DNA 복제에 관여해 연쇄체 DNA를 형성. 후기 유전자들이 전사된다.
7. 캡시드 단백질을 생성하기 위한 후기 전사체들의 번역
8. 뉴클레오캡시드의 형성과 핵막을 통한 출아
9. 표피 단백질이 캡시드에 축적된다.
10. 골지체는 바이러스 입자를 둘러싸서 외피를 추가한다.
11. 성숙한 바이러스는 세포외로 배출된다.

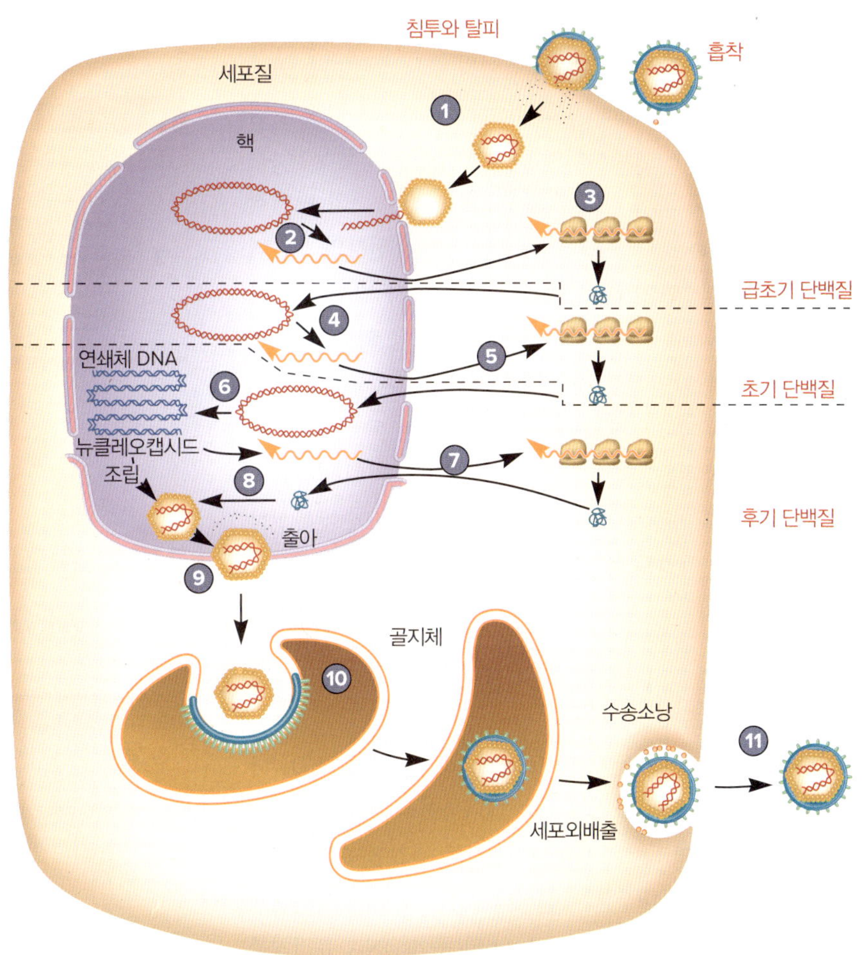

그림 25.11 **Human alphaherpesvirus 1의 생활사.**

연관 질문 이 바이러스의 외피는 어떻게 만들어지는가? 이 바이러스는 다른 외피를 가진 바이러스들과 어떤 차이점을 가지는가?

진행된다. 잠복성 감염 동안 비리온은 숙주에 의해 감지되지 않는다. 하지만 바이러스는 증식성 감염을 일으키면서 숙주세포에서 다시 활성화될 수 있다. 바이러스 유전체는 재활성화된 뒤에도 여전히 숙주세포 안에 존재한다. 일단 한 번 감염되고 나면, 숙주에서는 증식성 감염이 반복된다.

증식성 감염은 Human alphaherpesvirus 1에 의해 일어난다고 **그림 25.11**에 나타나 있다. 세포 표면에 수용체매개 부착으로 시작한다. 이 바이러스는 세포내흡입 경로를 통해 상피세포로 들어가지만, 신경세포의 경우 막 융합을 이용한다(그림 6.10 참조). 신경세포 감염은 잠복 감염이다. 뉴클레오캡시드는 세포질로 방출되고 숙주세포의 미세소관에 의해 핵으로 수송된다. 선형 dsDNA가 뉴클레오캡시드로부터 방출되고 핵공복합체를 이용해 핵으로 들어간다. 이 단백질들 중 하나는 숙주 mRNA를 분해하여 바이러스 유전자 발현을 위한 뉴클레오티드를 제공하는 RNA 분해효소(ribonuclease)이다. 바이러스 DNA가 숙주의 핵으로 들어감과 동시에, DNA는 원형이 되고 숙주의 DNA 의존 RNA 중합효소에 의해 번역되어 급초기와 초기 단백질 일부를 생산할 수 있는 mRNA를 만들어낸다(그림 25.11 1~4단계). 감염 후 4시간 안에 바이러스성 DNA 의존 DNA 중합효소에 의한 유전체 복제가 숙주세포의 핵에서 시작된다(그림 25.11 5단계). 바이러스 구조단백질은 후기 유전자의 산물이다. 이 단백질들은 핵으로 들어가서 뉴클레오캡시드로 조립된다(그림 25.11 6~7단계).

뉴클레오캡시드가 만들어졌을 때, 두 핵막 사이 공간으로 방출되면서 1차 바이러스 외피라고 하는 외피 단백질을 만들어낸다. 허피스바이러스의 뉴클레오캡시드가 세포질로 방출되면서 핵 외막과 융합될 때, 1차 외피의 상실이 일어난다. 골지체나 엔도솜(endosome)의 막에 둘러싸여 만들어질 때 표피단백질들이 첨가된다. 이 과정을 통해 막 소낭에 싸여 세포막으로 이동해 비리온이 완전히 성숙하게 된다. 소낭은 세포막과 융합해 숙주세포로부터 성숙한 바이러스를 방출한다. 즉, 다른 외피성 바이러스와는 달리 Human alphaherpesvirus 1의 외피의 재료는 세포막보다는 소기관의 막이다.

람다(λ)의 생활사가 조절과정의 모델로서 관심의 대상이 되었듯이, 허피스바이러스에 의한 잠복 감염도 관심의 대상이 되었다. 바이러스와 숙주 단백질 모두 Human alphaherpesvirus 1의 잠복 감염을 확립하는 역할을 한다. 상피세포에서 증식성 감염이 발생할 때, Human alphaherpesvirus 1의 단백질인 VP16과 숙주의 단백질 HCF-1 (host cell factor 1) 모두 바이러스의 초기 유전자의 즉각적인 발현에 필수적이다. HCF-1는 핵 단백질 유전자 발현을 위한 Human alphaherpesvirus 1 유전체의 염색질 구조를 확립한다. 그러나 바이러스가 잠복 감염된 신경세포에서 HCF-1는 세포질에 존재한다. 또한 신경세포에서만 생성되는 작은 ncRNA는 바이러스 용해 감염을 억제하는 작용을 한다. 초기 유전자 발현의 저해는 잠복기의 설립을 도와준다. 흥미롭게도 신경세포에서 바이러스가 재활성화되는 동안, 가장 초기 사건들 중 하나는 HCF-1이 핵으로 이동하는 것과 VP16의 생산이다.

핵세포질 거대 DNA 바이러스

핵세포질 거대 DNA(nucleo-cytoplasmic large DNA, NCLD) 바이러스는 Varidnaviria 영역에 배치된다. 메가바이러스(Megavirus)라고 불리는 NCLD 바이러스는 광학현미경으로 관찰할 수 있을 만큼 크다(그림 6.1f 참조). 대부분은 지질막에 둘러싸인 정이십면체 캡시드를 가지고 있으며 모두 500~2500 kb의 큰 dsDNA 유전체를 가지고 있다. 따라서 바이러스 자체와 유전체 모두 종종 작은 세균과 그 유전체의 크기와 맞먹는다. 사실, 최초로 발견된 NCLD 바이러스인 **미미바이러스**(Mimivirus)는 브래드퍼드 구균(Bradford coccus)이라고 불리는 세균으로 수년간 과학자들에게 알려져 왔다. 전자현미경 분석에서 구균이 아닌 정이십면체 캡시드가 밝혀졌다. 메가바이러스는 원생생물, 곤충, 인간을 포함한 다양한 진핵 숙주를 감염시킨다. 엄청나게 넓은 숙주 범위는 숙주의 대식작용에 의해 바이러스가 유입되기 때문이다. 특이성을 부여하기 위한 바이러스 막-세포 표면 수용체 결합은 없다.

메가바이러스의 큰 유전체는 그들이 더 많은 단백질을 암호화할 수 있게 해준다. 이들은 다른 바이러스보다 숙주에 덜 의존하고 살아갈 수 있다. 이들은 일반적으로 DNA 복제 및 재조합, 전사, 단백질 성숙 등을 비롯한 대부분의 단백질을 암호화한다. 게다가 일부 NCLD 바이러스는 번역기구의 구성요소(tRNA와 아미노아실-tRNA 합성효소)를 암호화한다. NCLD 바이러스와 세포를 구분하는 특징은 리보솜의 존재와 ATP 생성 기전, 그리고 생식 방법 등 3가지에 불과하다. 비록 이러한 바이러스들이 원시적인 세포 유형을 나타낼 수 있다고 제안되었지만, 식세포 입자 크기 조건에 의해 큰 비리온 크기가 선택되었을 가능성이 더 높다.

마무리 점검

1. HSV-1에 감염된 개체의 일생 동안 감기는 왜 재발하는 것인가?
2. 숙주세포의 어떤 부분에서 허피스바이러스 유전체의 복제가 일어나는가? 잠복성 감염에서 바이러스 유전체는 어떤 곳에 존재하는가?
3. 많은 소형 DNA 바이러스들이 복제와 전사를 할 때 숙주의 효소에 의존한다. 메가바이러스는 어째서 그들 자신의 DNA 의존 RNA 중합효소와 DNA 중합효소를 사용할 수 있는 것인가?

25.3 단일가닥 DNA 바이러스는 생활사에서 이중가닥 중간체를 사용한다

이 절을 학습한 후 점검할 사항:

a. 단일가닥 DNA 바이러스가 핵산 및 단백질을 합성하는 전략에 대해 일반적인 용어로 서술할 수 있다.
b. 특정한 단일가닥 DNA 바이러스를 선택하여 그들의 생활사에서 주요 사건을, 가능하다면 각 단계를 완료하기 위한 특이적인 기전을 기술할 수 있다.

대부분의 DNA 바이러스들은 이중가닥 유전체를 갖지만, 일부 주요 바이러스들은 단일가닥 DNA 유전체를 가진다. ssDNA 바이러스의 생활사는 dsDNA 바이러스의 생활사에서 한 가지를 제외하고는 거의 똑같다. ssDNA 유전체는 dsDNA 분자로 전환되어야 하기 때문에 부가적인 합성과정이 더 필요하다. 다음에서 ssDNA 바이러스 중 일부를 살펴보기로 하자.

φX174 박테리오파지와 Pf1 박테리오파지

φX174 (Microviridae 과)의 생활사는 대장균 숙주의 세포막에 부착하면서 시작된다. 원형의 ssDNA 유전체는 바이러스 스파이크 단백질로부터 형성된 튜브 모양의 구조를 통해 세포로 들어간다. 단백질 캡시드는 세포외부에 남아 있는다. φX174 ssDNA 유전체는 바이러스 mRNA와 동일한 염기서열로 이루어져 있기 때문에 **양성가닥 DNA**(plus-strand DNA)가 만들어진다. 전사과정이나 유전체 복제가 일어나기 위해서는 파지 DNA가 이중가닥 **증식형**(replicative form, RF)으로 전환되어야 한다(**그림 25.12**). 이 과정은 숙주의 DNA 중합효소가 촉매한다. RF는 다른 RF 사본들과 양성가닥 DNA의 합성을 지시한다(그림 16.18 참조). 비계(scafford) 단백질이 캡시드 단백질

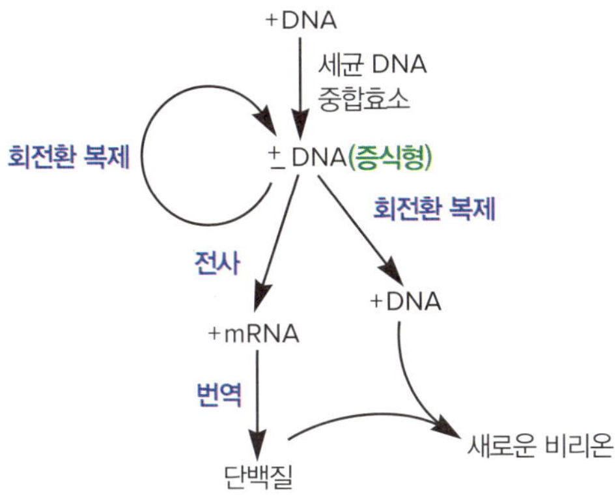

그림 25.12 양성가닥 DNA 파지인 φX174의 증식전략.

연관 질문 왜 φX174 유전체를 양성가닥으로 판단하는 것일까?

과 상호작용하여 캡시드전구체를 형성하기 위해 형태적인 변화를 겪으면서 비리온 조립이 시작된다. ssDNA 유전체는 캡시드전구체에 삽입되어 성숙한 비리온을 생성한다. 숙주는 펩티도글리칸 합성을 억제하는 바이러스 효소에 의해 용해된다. 세포벽 합성을 저해함으로써 숙주세포 세포벽 합성을 막고 세포 용해가 일어나면서 자손 비리온들이 방출된다.

Pseudomonas 바이러스 Pf1 (Inoviridae 과)는 용해 없이 숙주세포로부터 분비과정을 통해 방출되는 두드러진 특징을 가진다. 성숙한 파지의 조립은 파지 구성요소로 구성된 II형 분비체계(T2SS)에서 일어난다(그림 13.41 참조). 원형 ssDNA 분자는 2개의 당 인산염 골격에 서로 결합하고 밑부분이 바깥쪽으로 튀어나와 조립되는 캡시드와 접촉하도록 압축된다. 원형질막에 내장된 캡시드 프로토머(protomer)는 DNA가 T2SS를 통과할 때 추가된다. DNA를 기본단위체와 함께 완전히 덮으면 박테리오파지가 세포에서 방출된다. 숙주세포는 용해되지 않지만, 감소된 비율로 생장한다. ◀ 2단계 분비체계(13.9절)

파보바이러스

파보바이러스(Parvovirus, Parvoviridae 과)는 갑각류와 개, 고양이, 쥐, 사람을 비롯한 다양한 동물을 감염시킨다. 1974년에 처음 발견된 이후로, 영장류 Erythroparvovirus 1 (파보바이러스 B19)은 제5병이라고 불리는 어린시절의 피부 발진을 유발하는 중요한 인간 병원체이다. 파보바이러스 비리온은 한 가지 모양이며, 지름 26 nm인 정이십면체의 비외피성 입자이다. 그들의 유전체는 5,600개 염기로 된 하나의 ssDNA 분자로 구성되어 있다. 유전체 대부분이 **음성가닥 DNA** (negative-strand DNA) 분자이다. 즉, 그들의 뉴클레오티드 염기서열이 바이러스 mRNA와 상보적이라는 것이다(그림 25.1). 파보바이러스의 유전체는 매우 작아서 3가지 단백질과 소형 폴리펩티드만을 합성해낼 수 있다. 효소 활성을 갖는 것은 아무 것도 없다. ▶ 사람파보바이러스 B19 감염(37.3절)

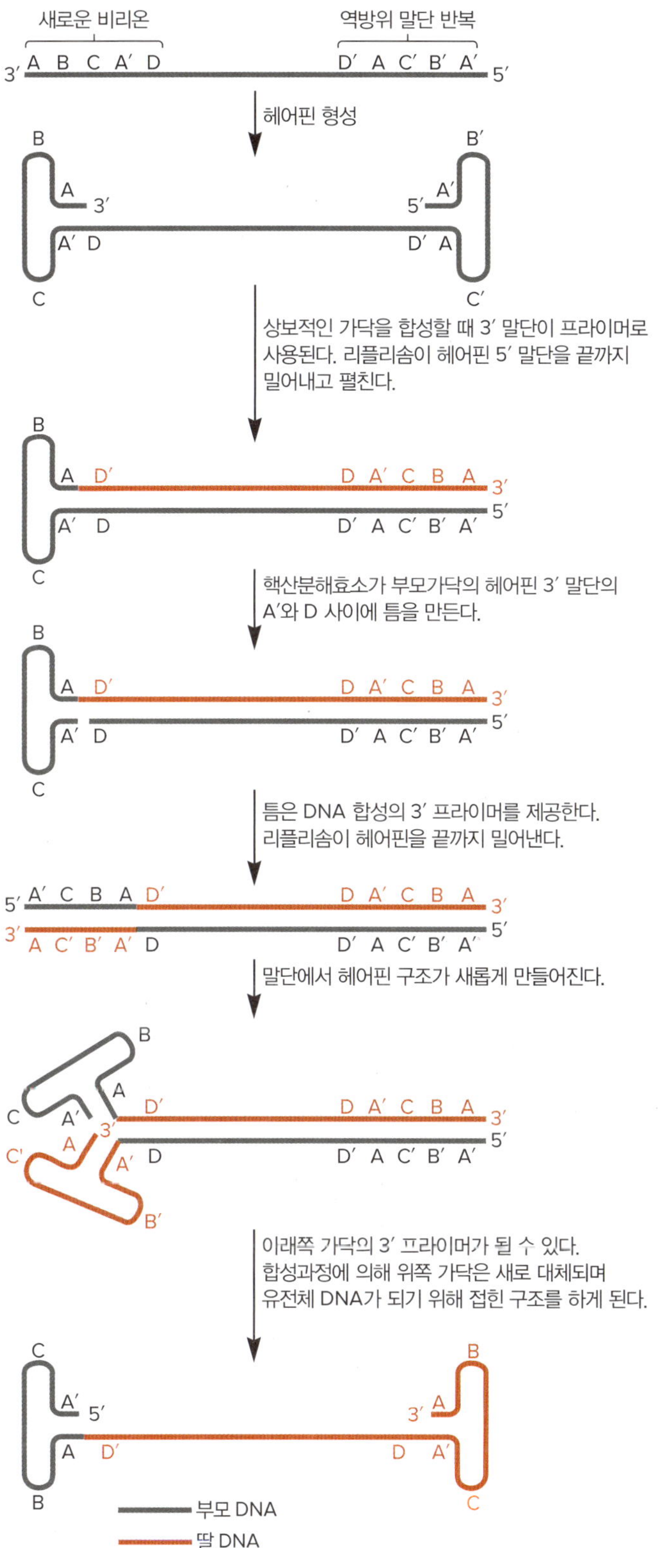

그림 25.13 파보바이러스의 회전헤어핀(rolling-hairpin) DNA 복제기전.

생산적인 파보바이러스 감염은 특정 세포 유형에 대한 결합을 필요로 한다. 비리온은 수용체매개 세포내흡입 작용에 의해 숙주세포로 들어간다. 각 비리온은 엔도솜을 빠져나와 캡시드의 핵이동신호에 따라 숙주세포의 미세소관에 의해 핵으로 운반된다. 뉴클레오캡시드가 핵으로 진입한 후, 캡시드로부터 바이러스 DNA가 방출된다.

파보바이러스 유전체는 효소를 암호화하지 못하기 때문에, 바이러스는 모든 생합성 과정에서 숙주세포의 효소를 이용해야 한다. 바이러스 감염은 숙주세포가 바이러스 복제에 필요한 모든 구성요소를 제공할 수 있는 S기에서 세포주기의 정지를 유발한다. 유전체는 음성가닥 DNA이기 때문에 mRNA 합성을 위한 주형으로 작용한다. RNA 산물의 일부는 바이러스의 유전체 복제 과정에 필요한 폴리펩티드를 암호화한다. 파보바이러스 유전체의 말단은 역반복서열로 되어 있기 때문에 유전체가 접힐 수 있다. 유전체의 3′ 말단의 헤어핀과 바이러스 단백질로 구성된 복합체는 복제에 필요한 프라이머 역할을 한다(**그림 25.13**). 이것은 숙주 DNA 중합효소에 의해 기질로 인식되며, DNA 복제는 회전환 복제(rolling circle replication)와 다소 유사한 과정을 통해 이루어진다. 파보바이러스의 복제는 DNA 중합효소가 앞뒤로 움직이면서 유전체를 합성해내기 때문에 **회전헤어핀 복제**(rolling-hairpin replication)라고도 한다. dsDNA 중간체를 포함하는 과정은 φX174에서의 복제와 상당히 유사하다.

마무리 점검

1. 일부 ssDNA 바이러스가 증식형을 만들어내는 것이 반드시 필요한 이유는 무엇인가?
2. 바이러스의 관점에서, φX174에서 숙주세포의 용해를 일으키는 것과 Pf1 파지에서 세포용해 없이 파지를 방출하는 과정에 대해 각각 장단점을 비교하시오.
3. 파보바이러스는 어떤 방식으로 숙주세포 DNA 중합효소를 속여 자신의 유전체를 복제하게 만드는가? 또 복제가 숙주세포핵에서 세포주기 중 S기일 때만 일어나는 이유는 무엇인가?

25.4 이중가닥 RNA 바이러스: RNA 의존 RNA 중합효소는 유전체를 복제하고 mRNA를 합성한다

이 절을 학습한 후 점검할 사항:

a. RNA 의존 RNA 중합효소와 DNA 의존 RNA 중합효소를 비교할 수 있다.
b. RNA 의존 RNA 중합효소가 복제효소로 작용할 때와 전사효소로 작용할 때를 서술할 수 있다.
c. 이중가닥 RNA 바이러스가 핵산 및 단백질을 합성하는 전략에 대해 개괄적인 용어로 서술할 수 있다.
d. φ6과 로타바이러스의 생활사에서 주요 사건을, 가능하다면 각 단계를 완료하기 위한 특이적인 기전을 기술하여, 설명할 수 있다.

볼티모어체계는 RNA 유전체를 가진 바이러스를 4그룹으로 나누었다(표 25.2). 그러나 그들은 모두 같은 딜레마를 공유한다. 이들의 숙주세포는 dsDNA 유전체를 갖고 있어 RNA 주형으로 RNA를 만들 수 있는 중합효소가 부족하다. 따라서 볼티모어체계에서 이중가닥, 양성가닥, 음성가닥 RNA 바이러스로 분류된 RNA 바이러스는 **RNA 의존 RNA 중합효소**(RNA dependent RNA polymerase, RdRp: RNA 분자를 RNA 합성의 주형으로 사용하는 RNA 중합효소)라는 효소를 생성해야 한다. RdRp는 바이러스 RNA 유전체를 복제하는 데 사용될 때, **복제효소**(replicase) 활성을 갖는다. mRNA를 합성하는데 사용될 때는, **전사효소**(transcriptase) 활성을 갖는다. 대부분의 경우, 이와 같은 효소는 2가지 기능을 모두 수행한다. 네 번째 그룹의 바이러스인 레트로바이러스는 매우 다른 접근법을 사용한다. 그들은 역전사효소를 사용하여 ssRNA 유전체를 dsDNA로 변환하는데, 이는 숙주세포의 DNA 의존 RNA 중합효소에 의해 인지된다.

RNA 유전체를 가지는 바이러스 중에서도, dsRNA를 가지는 바이러스는 드물다. 이 바이러스들은 공통적인 증식 전략을 공유한다(**그림 25.14**). 2가지 대표적 dsRNA 바이러스인 박테리오파지와 척추동물 바이러스에 대해 알아보자.

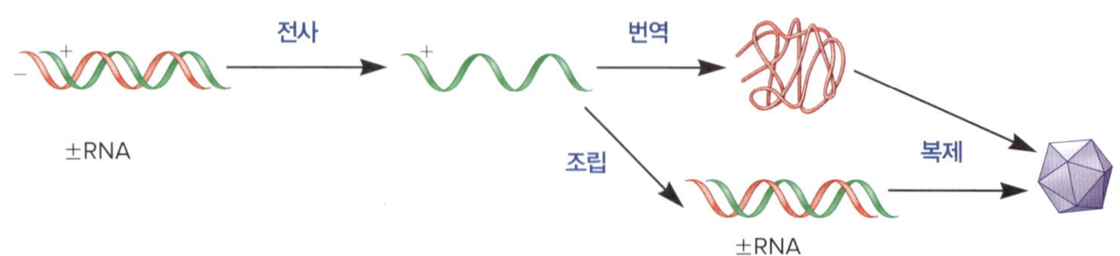

그림 25.14 이중가닥 RNA 바이러스의 다양한 전략. 양성 및 음성 RNA 가닥을 지정했지만 바이러스에 따라 양쪽 가닥이 전사효소에 의한 mRNA 합성을 위한 주형으로 역할을 할 수 있을 것이다. 이러한 바이러스들에서 각 가닥은 양극성이다. 우리가 음성으로 지정한 바이러스 유전체의 가닥은 복제에 의한 양성가닥 합성의 주형 역할을 한다. 복제효소는 양성가닥을 이용하여 음성가닥을 합성하고 dsRNA 유전체가 복제된다.

슈도모나스 바이러스 φ6

몇 가지 dsRNA 파지들이 발견되고 이들은 모두 치명적이다. 가장 잘 연구된 슈도모나스 바이러스 φ6(*Pseudomonas virus φ6*)는 여러 면에서 특이적이다. 첫째로 외피를 가진 파지라는 점이다. 외피에 싸인 바이러스 단백질로 구성된 외피 단백질 껍질과 보통 **중합효소복합체**라고 불리는 내부 중심부(core)가 있다. 이는 바이러스의 RNA 의존 RNA 중합효소(RdRp)와 3가지 기타 단백질들로 구성되며, 유전체를 싸고 있다. φ6 유전체는 모든 바이러스 단백질을 합성하기 위해 RNA 바이러스가 사용하는 방법 중 하나를 보여준다. 하나 이상의 구분되는 RNA 분자로 구성된 **분절유전체**(segmented genome)이다. 대부분의 바이러스의 경우 각 유전체 조각은 단일 단백질을 암호화한다. 그러나 φ6은 3개의 dsRNA 분자가 각각 다중시스트론(polycistronic) mRNA와 여러 개의 단백질을 생성하기 때문에 예외적이다. 많은 다른 바이러스들도 세균과 고균에서 관찰된 다중시스트론 mRNA와 같이 다중시스트론 mRNA를 생성한다(그림 13.21 참조).

이 바이러스의 생활사 또한 독특하다. φ6도 막 스파이크를 이용해 **슈도모나스** 숙주세포의 선모에 붙는다. 선모가 수축함으로써 파지가 그람음성 숙주의 세포외막에 접촉할 수 있다. 바이러스의 외피는 또 다른 외피 스파이크를 매개로 하여 숙주세포외막과 융합된다. 두 막의 융합은 뉴클레오캡시드를 주변세포질 공간으로 이동시킨다. 뉴클레오캡시드와 관련된 단백질들이 펩티도글리칸을 소화시켜 뉴클레오캡시드가 세포벽 층을 통과하게 해준다. 마침내, 온전한 뉴클레오캡시드가 세포내흡입과 유사한 과정을 통해 숙주세포내로 진입하게 된다.

일단 숙주세포내로 들어가면, 바이러스 RNA 중합효소는 전사효

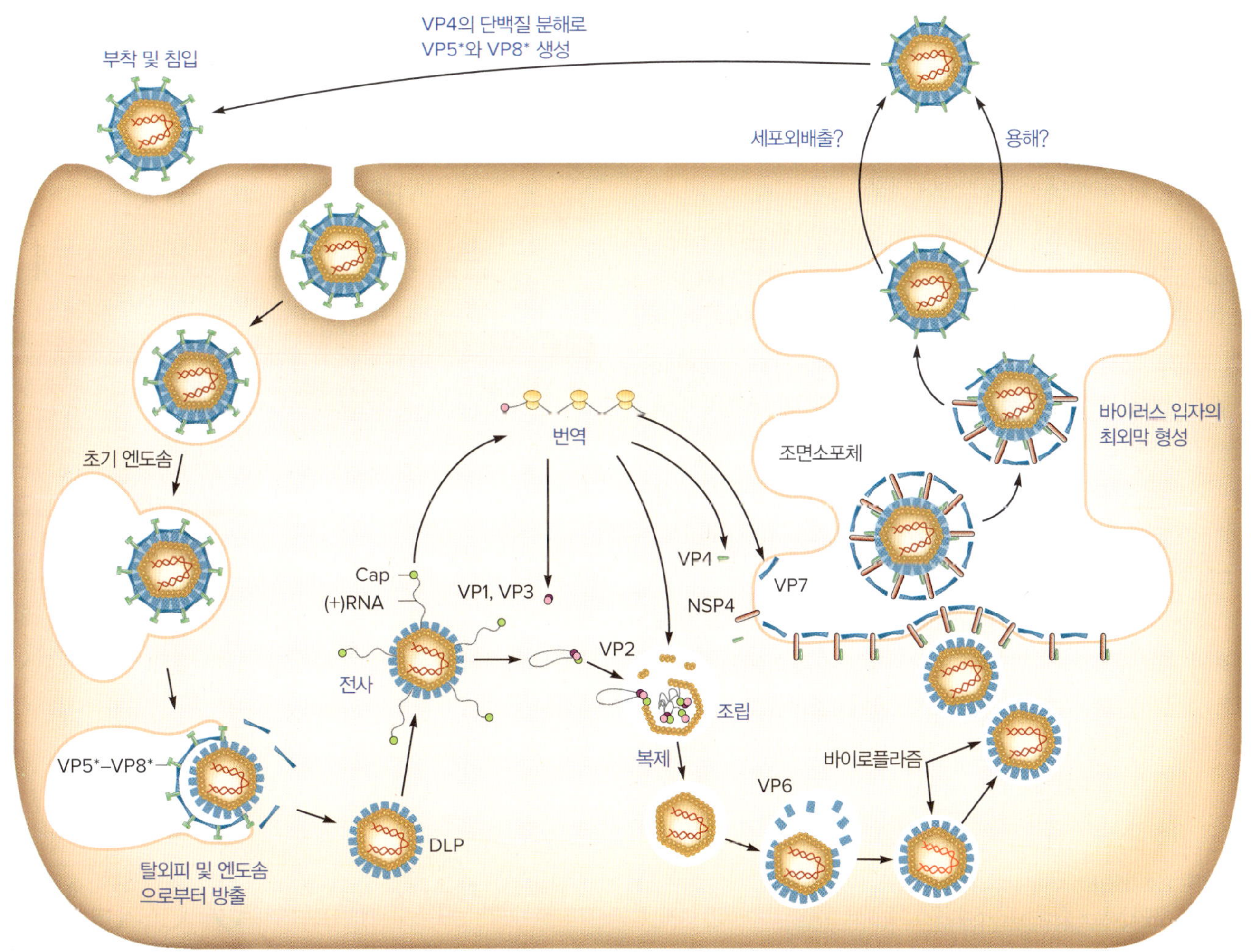

그림 25.15 로타바이러스의 생활사. 인간 장내 단백질분해효소는 로타바이러스 외피 단백질(VP4)에 작용하여 바이러스를 감염성으로 전환시킨다. Vp5*와 VP8*은 세포 표면 수용체와 결합하는 VP4의 조각이다. 바이러스성 탈외피 시 RdRp (VP1)는 유전체를 전사하고 VP3는 mRNA에 Cap을 붙인다. 유전체 복제와 비리온 합체는 바이로플라즘에서 연결되어 일어난다. NSP4는 이온이 소포체(ER)로부터 세포질로 유출되는 데 필요한 막 통로를 만드는 비로포린 단백질이다. 이 이온 누출은 외피 단백질인 VP7과 VP4에 신호를 보내 ER에 들어갈 때 비리온을 싸도록 한다. 생산된 비리온을 배출하는 방법은 확실히 알려지지 않았다.

소로 작용하여 캡시드 안에 있는 동안 각각의 dsRNA 분절로부터 바이러스의 mRNA를 합성한다. 이 mRNA는 캡시드에 남겨지고 일부는 초기 단백질로 번역된다. 이 단백질들은 새로운 빈 중합효소복합체를 형성한다(즉, RNA가 없는). 또한, 복제효소는 각 조각으로부터 양성가닥 RNA를 합성한다. 양성가닥 RNA는 새로 만들어진 캡시드 단백질에 싸여 있는데, 상보적인 음성가닥을 합성할 때 주형으로 사용되어 dsRNA 유전체를 다시 생산한다. 감염주기 후반에 만들어진 단백질은 외피에 조립된다. 뉴클레오캡시드가 만들어지고 나면, P12라는 또 다른 단백질이 숙주의 세포질 내에서 원형질막 유래(Plasma membrane-derived) 외피로 뉴클레오캡시드를 둘러싼다. 마침내, 스파이크를 포함한 또 다른 바이러스 단백질들이 외피에 첨가되면서 숙주세포의 용해가 일어나고, 성숙한 비리온들이 방출된다.

로타바이러스

매년 전 세계적으로 125,000명의 아동이 로타바이러스(rotavirus)에 감염되어 사망한다. 심한 설사를 일으켜 적절한 치료를 하지 않으면 탈수 및 사망을 초래한다. 사람에게 심각한 영향을 끼치기 때문에, 로타바이러스는 생활사와 발병기전을 더 잘 이해하기 위해 열심히 연구되어 왔다. ▶| 바이러스성 위소장염(37.4절)

전자현미경으로 관찰한 로타바이러스 비리온은 바퀴 모양이다(라틴어 *rota*는 '바퀴'를 의미). 비리온은 비외피성이며 3개의 단백질층으로 둘러싸인 11개의 dsRNA 분절로 구성된 유전체로 구성되어 있다(그림 37.22 참조). RNA 분절들은 바이러스 입자를 구성하는 6개의 구조 단백질과 유전체 복제 및 병원성에 관여하는 6개의 비구조성 단백질(NSP)을 암호화한다.

로타바이러스가 숙주세포로 들어갈 때, 최외각 단백질층의 손상이 일어나고, 이때 바이러스는 이중층입자(double-layered particle, DLP, **그림 25.15**)라고 불린다. 유전체는 아직 DLP 안에 있는 동안 바이러스 전사효소에 의해 전사된다. mRNA는 DLP의 채널을 통해 숙주세포의 리보솜에 의해 번역되고, 숙주세포의 세포질로 이동한다. 새로 생성된 단백질은 군집을 이루고, **바이로플라즘**(viroplasm)이라는 봉입체를 형성한다. 바이로플라즘 내부에서 새로운 DLP가 만들어진다. DLP에 있는 양성가닥 RNA는 곧 음성가닥의 합성 주형으로 사용된다. RdRp의 복제효소 활성을 위해서 효소는 중심 외피 단백질과 함께 복합체를 이루어야 한다. 즉, dsRNA 분자는 생성 중인 DLP 내부에서 합성되는 것이다. dsRNA를 포함한 DLP는 소포체의 막으로 포장된다. 성숙한 3개의 층으로 된 비리온 입자가 만들어진다. 성숙한 비리온이 방출되는 기전은 아직 밝혀지지 않았지만, 막 소낭에 실려 세포 표면으로 수송되는 것으로 추정된다. 그 후, 소낭은 숙주세포 세포막과 융합하고, 비리온이 세포외 공간으로 방출된다.

마무리 점검

1. φ6 파지의 생활사를 서술하시오. 다른 박테리오파지와 비교했을 때 이 파지가 특별한 점은 무엇인가?
2. 로타바이러스의 구조는 바이러스의 이름과 어떤 연관성이 있는가?
3. φ6 파지와 로타바이러스의 생활사는 어떤 점이 비슷한가? 또 어떤 점이 다른가?

25.5 양성가닥 RNA 바이러스: 진입 시 번역될 수 있는 유전체

이 절을 학습한 후 점검할 사항:

a. 양성가닥 RNA 바이러스가 핵산 및 단백질을 합성하는 전략에 대해 개괄적인 용어로 서술할 수 있다.

b. 폴리오바이러스와 담배모자이크바이러스의 생활사에서 주요 사건을, 가능하다면 각 단계를 완료하기 위한 특이적인 기전을 설명할 수 있다.

양성가닥 RNA 바이러스는 mRNA 자체로 쓰일 수 있는 유전체를 갖고 있으며 숙주세포내로 진입되는 동안 번역될 수 있다. 바이러스 mRNA로부터 합성되는 첫 단백질 중 하나는 RNA 의존 RNA 합성효소로 음성가닥 RNA의 합성을 촉매하여, 음성가닥 RNA들은 더 많은 양성가닥 RNA를 만드는 데 사용된다(**그림 25.16**). 몇 가지 경우

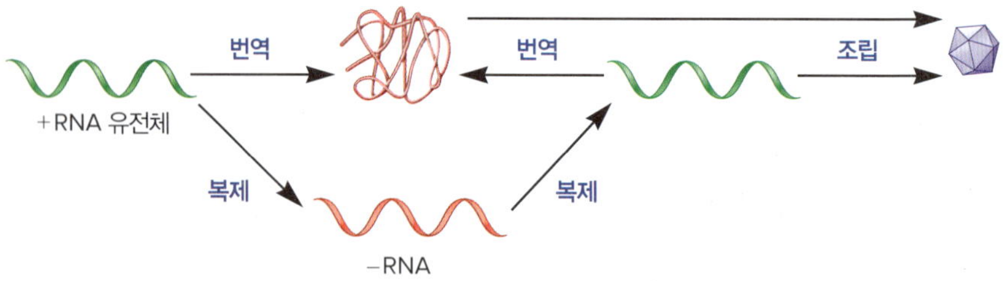

그림 25.16 양성가닥 RNA 바이러스의 증식 전략. 양성가닥 RNA 유전체는 mRNA 그 자체로 쓰일 수 있다. 맨 처음 합성된 바이러스 단백질 중 하나가 RNA 복제효소인데, 때때로 이중가닥 복제 형태를 통해 유전체를 복제한다. 전사효소는 mRNA 분자를 더 합성해낸다.

연관 질문 양성가닥 RNA 유전체는 숙주세포의 어디에서 복제되는가?

에서는 단일가닥 DNA 바이러스에서만 볼 수 있는 이중가닥 증식형(replicative form, RF)이 만들어진다(25.3절). 식물바이러스와 동물바이러스에서 바이러스 유전체의 복제는 복제 복합체(replication complex)라고 하는 세포질 내에 형성된 구조에서 일어난다(그림 6.11 참조). 주요한 양성가닥 동물바이러스(예: 코로나바이러스, 지카바이러스, A형 간염바이러스)와 대부분의 식물바이러스들은 양성가닥 RNA 유전체를 가지고 있다.

코로나바이러스

코로나바이러스(Coronaviruse: 라틴어 *corona*는 'crown'을 의미)는 전자현미경 사진(그림 6.7b 참조)에서의 독특한 모습 때문에 명명되었다. 바이러스학자들은 수십년 동안 코로나바이러스를 일반적인 감기의 원인 중 하나로 알고 있었다. 21세기에 몇몇 동물성 코로나바이러스가 인간에게 **심각한 급성호흡기증후군**(severe acute respiratory syndromes, SARS)을 일으킬 수 있는 능력을 발견하였다. 사스와 중동호흡기증후군(메르스)의 발병이 지역적 전염병을 일으켰지만, SARS-CoV-2의 급속한 확산은 2019년 대유행으로 이어졌다. ▶| 역학은 증거에 기초한 과학이다(35.1절)

전 세계의 연구소들은 짧은 시간 내에 이 바이러스에 대한 엄청난 세부정보를 제공하는 공동 노력으로 SARS-CoV-2 코로나바이러스와 COVID-19 질병을 연구하기 위해 중추적인 역할을 했다. 우리는 양성가닥 RNA 바이러스의 전형적인 SARS-CoV-2 바이러스 생활사를 설명한다. SARS-CoV-2 감염의 질병 징후는 37장에서 논의된다.

SARS-CoV-2 유전체는 약 30,000염기쌍(30 kb)으로 알려진 가장 큰 RNA 바이러스 유전체이다(**그림 25.17**). 생물학적 정보분석은 약 27개의 열린번역틀(open reading frame, ORF)을 밝혀냈다. 일부 ORF가 기능이 없을 수 있는 매우 작은 펩티드를 암호화하기 때문에 확정적이지는 않다. SARS-CoV-2 유전체에 암호화되어 있는

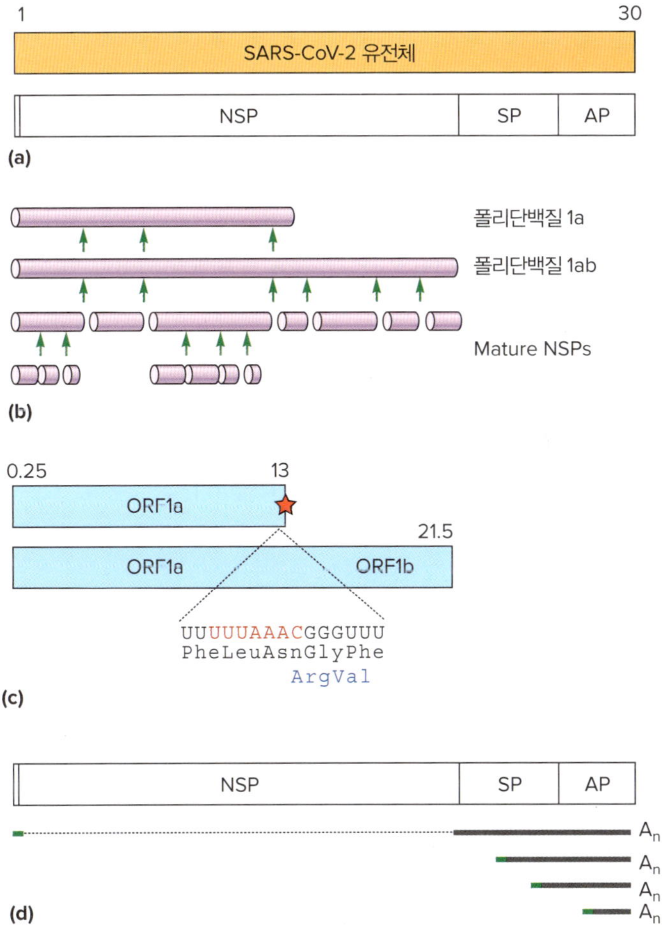

그림 25.17 SARS-CoV-2 유전체의 번역 및 전사. (a) 유전체 구조이다. 숫자는 유전체 길이를 킬로베이스로 나타낸다. (b) 폴리단백질의 단백질 분해는 비구조성 단백질을 생성한다. 모든 절단이 여기에 표현된 것은 아니다. (c) 비구조성 단백질은 ORF1로부터 합성되며, 이는 두 개의 ORF로 나뉜다. 별은 리보솜틀이동 위치를 나타낸다. (d) 아유전체 RNA는 번역 신호를 스플라이싱하는 방법을 통해 5′ 유전체 말단(녹색)에서 개별 유전자로 형성된다.

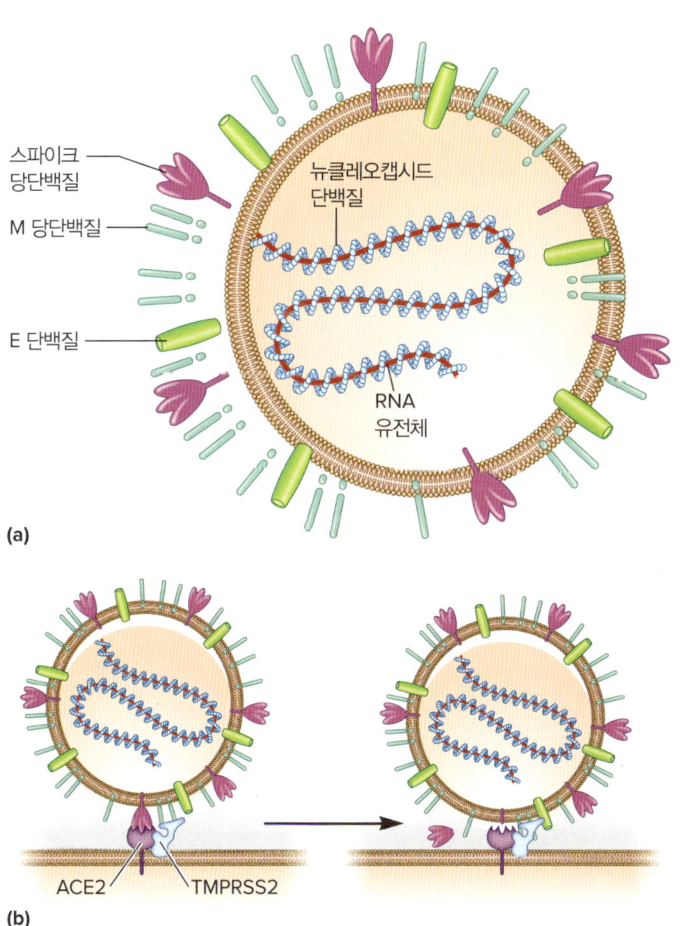

그림 25.18 SARS-CoV-2의 부착 및 진입. (a) SARS-CoV-2 비리온 도식도이다. (b) 바이러스는 스파이크 단백질과 ACE2 세포 수용체(왼쪽)의 상호작용을 통해 세포로 진입한다. TMPRSS2에 의한 단백질 분해는 막 융합을 촉진하는 스파이크 도메인을 노출시킨다(오른쪽).

단백질은 비구조성, 구조성, 보조성 3종류로 나뉜다. 이들은 유전체에서 그룹화되어 단위로 표현된다(그림 25.17a). 비구조성 단백질(NSP)은 주형 RNA에서 RNA를 합성하는 RNA 의존성 RNA 중합효소(RdRp)와 같은 고유한 바이러스 과정에 필요한 효소를 포함한다. 구조성 단백질(SP)은 독특한 표면 스파이크를 포함하여 비리온을 구성한다. 보조성 단백질(AP)은 바이러스가 정상적인 세포 과정을 파괴하고 선천적인 면역 반응을 저해하는 것을 돕는다.

SARS-CoV-2는 외피가 있는 바이러스이다. 120 nm 캡시드를 둘러싸고 있는 것은 단백질이 박혀 있는 지질 이중층 외피이며, 특히 24~4020 nm 길이의 **스파이크**(spike, **그림 25.18a**)가 눈에 띈다. 바이러스 생활사는 스파이크 단백질과 숙주 상피세포 표면의 2가지 단백질인 안지오텐신 전환효소-2 (ACE2)와 막관통 세린 프로테아제 2 (TMPRSS2)의 상호작용으로 시작된다. 바이러스 스파이크는 ACE2 수용체에 결합하고 TMPRSS2에 의한 단백질 분해의 기질이 된다. 스파이크 단백질을 절단하면 세포막에 부착된 소수성 도메인이 방출되어 바이러스 외피와 융합된다. 따라서 바이러스 유전체가 세포질로 방출된다(그림 6.10a 참조).

양성가닥 유전체는 5′-캡을 가지고 있어 숙주 리보솜에 의해 즉시 번역될 수 있다. NSP는 5′ 말단에 위치해서 먼저 번역된다. 2개의 겹치는 ORF는 폴리단백질을 암호화한다(그림 25.17b). **폴리단백질**(polyprotein)은 단백질분해효소에 의해 작은 기능성 단백질로 분해되는 큰 단백질이다. SARS-CoV-2 유전체의 번역은 11개의 NSP를 암호화하는 짧은 폴리단백질과 16개의 NSP를 암호화하는 긴 폴리단백질을 생성한다. NSP3와 NSP5는 자가단백질분해 후 다른 NSP를 생성하는 단백질분해효소들이다.

유전체 서열은 2개의 ORF, 즉 ORF1a와 ORF1b를 보여준다(그림 25.17c). 폴리단백질 1a를 생성하기 위한 ORF1a의 번역은 간단하지만, 폴리단백질 1ab의 시작은 덜 명확하다. ORF1a와 ORF1b는 서로 다른 ORF에서 폴리펩티드를 암호화하고, 바이러스는 **리보솜 틀이동**(ribosomal frameshift)을 사용하여 폴리단백질 1ab을 합성한다. 바이러스에서만 관찰되는 현상인 리보솜틀이동에서 번역하는 리보솜은 A와 P 부위에서 일련의 동일한 뉴클레오티드와 함께 일시정지를 유발하는 RNA 2차 구조를 만난다(그림 25.17c, 그림 13.36 참조). 2차 구조가 풀려 번역을 다시 시작할 때, tRNA는 하나의 뉴클레오티드만큼 미끄러지고 다른 ORF에서 번역이 계속된다. 리보솜 틀이동은 전사체의 60%에서 일어나는 것으로 추정되며, 따라서 ORF1a에 암호화된 단백질은 ORF1b에 암호화된 단백질보다 더 많은 양이 발현된다.

폴리단백질 1a (NSP1~NSP11)에서 합성된 단백질은 바이러스가 숙주세포 자원을 이용할 수 있게 하며, 폴리단백질 1ab (NSP12~NSP16)에서 합성된 단백질은 유전체 복제에 관여한다. NSP1은 2가지 기전에 의해 세포 mRNA의 번역을 억제한다. 40S 리보솜 소단위체에 들어가는 입구에 결합하여 번역 개시를 방지하며, 리보핵산 분해효소는 아니지만 리보솜과 결합하는 mRNA를 절단하도록 세포의 RNA 분해효소를 자극한다. NSP4와 NSP6는 **이중막 소낭**(double membrane vesicle, DMV)을 형성하기 위해 소포체의 재배열을 촉진한다(**그림 25.19**). 이러한 **복제 복합체**의 위치는 바이러스 공장이라고도 불린다(그림 6.11 참조). 여기서 복제효소 역할을 하는 RdRp (NSP12)가 음성가닥 RNA의 형성을 촉매한다. 이를 주형으로 사용하고 전사효소 역할을 하는 RdRp는 양성가닥 RNA를 합성한다. SARS-CoV-2는 NSP14 단백질이 새로 합성된 RNA의 오류를 교정한다는 점에서 바이러스 중에서 특이하다.

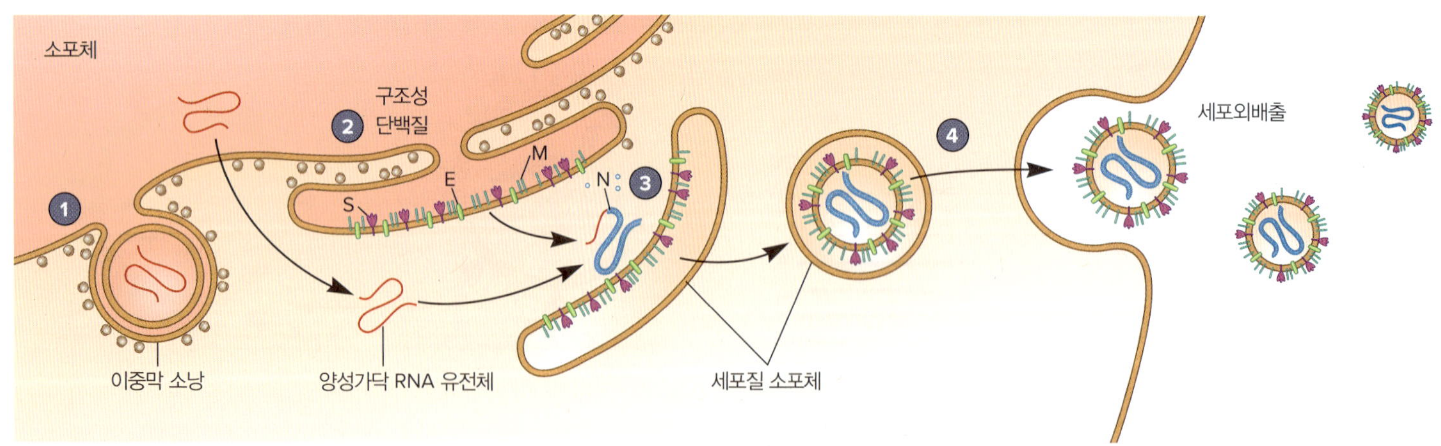

그림 25.19 복제 및 바이러스 방출. (1) 바이러스 복제는 유전체를 보호하고 리보뉴클레오티드 전구체를 농축하는 세포질 이중막 소낭에서 일어난다. (2) 구조성 단백질은 소포체에서 합성된다. (3) 양성가닥 RNA 유전체와 뉴클레오캡시드 단백질로 구성된 복합체는 세포질 소낭을 형성하기 위해 막에 봉입된다. (4) 이는 세포외배출 작용에 의해 세포로부터 나간다.

음성가닥 합성은 2종류의 양성가닥 RNA를 형성한다. 전체 길이의 양성가닥 유전체 RNA는 성숙한 입자로 포장될 것이다. 아유전체 RNA (sgRNA)는 구조 및 보조단백질의 전사체 역할을 한다(그림 25.17d). 숙주 리보솜에 의한 효율적인 번역을 보장하기 위해 각 sgRNA의 5′ 말단은 유전체의 5′ 말단의 짧은 서열과 융합된다. 3′ 말단에서 sgRNA는 폴리아데닐화된다. sgRNA는 음성가닥에서 복제되기 때문에 원래의 양성가닥 유전체보다 더 많이 생산되며, 생활사의 마지막 단계에 필요한 단백질의 양을 합성할 수 있다.

보조단백질은 바이러스에 대한 숙주세포의 반응을 방해한다. 양성가닥 RNA 바이러스의 생활사에서와 마찬가지로 이중가닥 RNA는 감염의 특징이며 선천적인 면역 반응을 유발한다. 바이러스 보조단백질은 세포의 신호망을 방해하여 반응을 지연시킨다. ▶ 외래물질의 인식이 생존에 필수적이다(31.6절)

성숙한 SARS-CoV-2 비리온의 조립은 양성가닥 RNA 유전체가 뉴클레오캡시드(N) 단백질과 결합하여 리보핵단백질 복합체를 형성할 때 시작된다(그림 25.19). 스파이크(S), 외피(E), 막(M) 단백질은 소포체(ER) 막에 존재한다. 뉴클레오캡시드는 소포체로부터 전달되고, M 단백질은 외피 조립을 조정한다. E와 S 단백질은 막에 삽입되고, E 단백질은 뉴클레오캡시드 주변을 막이 둘러싸는 것을 매개한다. 숙주세포 단백질분해효소인 퓨린(furin)은 세포막에 삽입될 때 S 단백질을 분해한다. 이는 다음 숙주세포로의 더 빠른 진입을 촉진한다. 성숙한 비리온은 세포질 소포에 축적되고 세포외배출 작용에 의해 빠져나간다.

담배모자이크바이러스

대부분의 식물바이러스는 RNA 바이러스이고, 이들 대부분은 양성가닥 RNA 유전체를 가진다. 담배모자이크바이러스(Tobacco mosaic virus, TMV, Virgaviridae 과)는 가장 잘 연구된 양성가닥 RNA 식물바이러스이다. TMV 비리온은 나선형으로 배열된 외피 단백질을 가진 섬유 모양을 하고 있다. TMV의 생활사는 단백질을 생산하기 위한 또 다른 전략을 보여준다. 리보솜이 정지신호를 무시하고 번역을 계속할 때 번역과정 중에 **번역초과**(readthrough)가 발생한다.

담배모자이크바이러스를 포함한 식물바이러스는 대부분 식물에 난 상처를 통해 감염이 일어난다. 곤충들이 수액을 흡수할 때 종종 바이러스를 전파시키기도 한다. 숙주 내부로 들어가고 난 뒤 TMV의 RNA 유전체가 번역되고, 2개의 단백질이 만들어지며, 하나는 125 kD이고 다른 하나는 약 185 kD이다. 큰 단백질은 125 kD 단백질의 암호화 부위의 끝에서 종결코돈의 번역초과에 의해 만들어진다. 185 kD 단백질은 RdRp 활성을 가지며 전사효소와 복제효소 2가지 기능 모두를 담당한다. TMV는 복제복합체를 형성하기 위해 소포체의 막을 사용한다. RdRp는 양성가닥 유전체를 주형으로 음성가닥 RNA를 합성한다. 음성가닥 RNA는 새로운 유전체의 합성 및 바이러스 단백질로 번역되는 아유전체 mRNA의 합성을 위한 주형으로 쓰인다.

외피 단백질과 TMV의 RNA 유전체가 합성되고 나면, 바로 고도로 조직화된 과정에서 자발적으로 완전한 비리온 조립이 이루어진다(**그림 25.20**). 프로토머(protomer)들이 디스크 형태로 모여서 나선형 프로토머 이중막을 구성한다. 외피 단백질과 TMV의 RNA 연합은

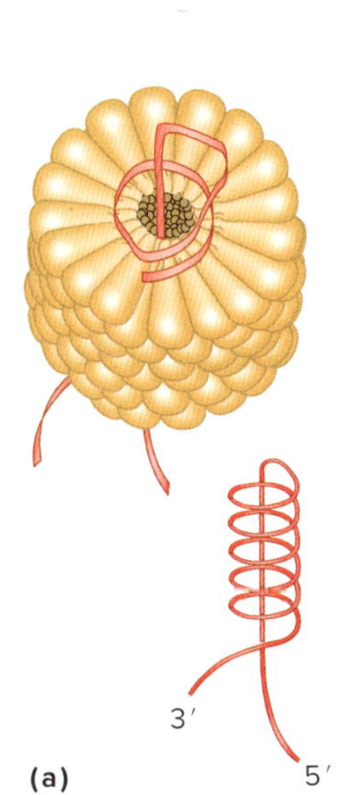

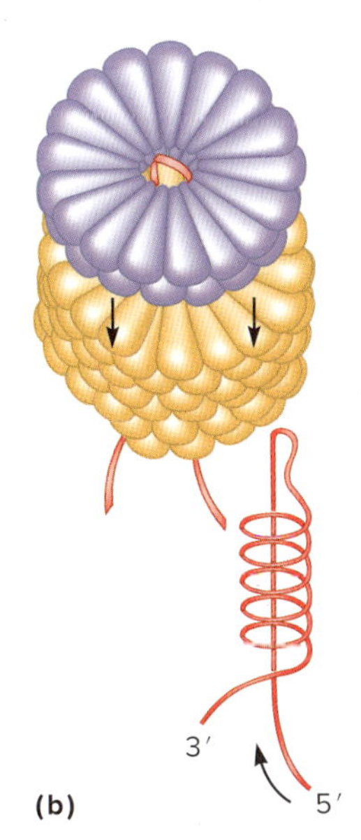

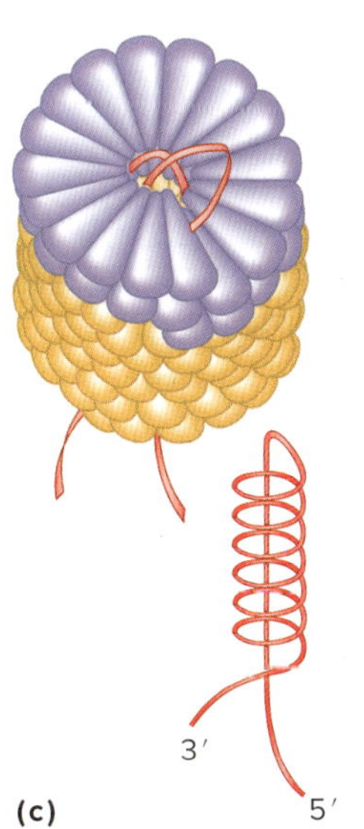

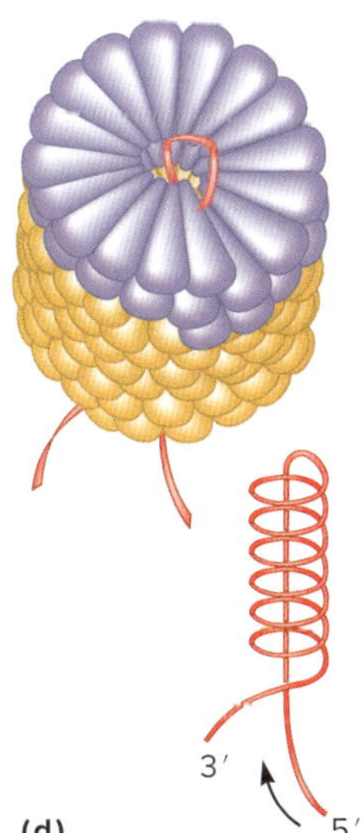

그림 25.20 TMV 조립과정. 담배모자이크바이러스의 뉴클레오캡시드 조립과정 중 신장 단계이다. 단백질 디스크(disk)가 말단에 첨가되어 나선형 캡시드가 연장되는 과정이 도식화되어 있다. 실선은 RNA의 이동을 나타낸다. RNA 유전체는 디스크에 인접한 구멍을 통해 삽입되고 실린더 끝부분에서 얽히면서, 디스크의 홈(groove)에 결합한다.

유전체 3′ 말단에 인접한 조립시작부위(assembly initiation site)에서 시작된다. 캡시드는 기본단위체가 더 첨가되면서 만들어지고 끝부분은 막대 모양이 된다. 막대 모양 부분이 길어지면 RNA는 중심부의 채널을 통과해 성장 중인 말단에서 고리구조를 형성한다. 이러한 과정을 거쳐 RNA는 나선형 캡시드 내부에 딱 들어맞게 된다.

식물바이러스의 증식은 바이러스가 얼마나 식물을 통해 잘 퍼지는지에 따라 좌우된다. 바이러스는 식물 관다발 구조(vasculature)를 통해 먼 거리까지 이동할 수 있다. 대부분 체관부를 통해 이동한다. 그들은 또한 비관다발 조직에서 지엽적으로 퍼질 수 있다. 식물세포는 단단한 세포벽을 가지고 있기 때문에, 식물바이러스는 식물세포 원형질연락사(plasmodesmata)를 통해 세포에서 세포로 이동한다. 이것들은 확장된 ER을 포함한 세포질 물질의 가느다란 다리들이다. 원형질연락사는 인접한 식물세포와 결합하기 위해 세포벽의 구멍을 통해 확장된다. 원형질연락사를 통한 이동을 위해서는 바이러스 이동단백질이 필요하다. 이동단백질은 ER 막과 연관되어 있어 복제 복합체 근처에 위치한다. 그들은 바이러스 유전체 RNA(vRNA)와 결합하고 세포골격 성분과 상호작용한다. 따라서 vRNA를 복제 복합체에서 원형질연락사로 이동하게 한다.

몇몇 세포학적 변화들이 TMV에 감염된 세포에서 일어난다. TMV에 감염된 식물은 양성가닥 바이러스에 감염된 동물세포에서 관찰되는 복제 복합체와 유사한 세포내 봉입체를 생성한다. TMV 비리온으로만 구성된 육각형 격자 모양 결정이 만들어지기도 한다. 또한, 새로운 엽록체 합성은 억제되고 존재하고 있던 엽록체들은 비정상적으로 변질된다.

마무리 점검

1. 양성가닥 바이러스들은 그들의 생활사를 완성시키기 위해 어떻게 폴리단백질을 사용하는가?
2. SARS-CoV-2에 의해 합성된 단백질의 3가지 분류는 무엇인가? 그들의 기능은 무엇인가?
3. SARS-CoV-2 코로나바이러스는 각 단백질의 합성량을 어떻게 조절하는가?
4. TMV는 숙주세포 사이를 어떻게 이동해 퍼져나가는가?

25.6 음성가닥 RNA 바이러스: RNA 의존 RNA 중합효소는 비리온의 일부다

이 절을 학습한 후 점검할 사항:

a. 음성가닥 RNA 바이러스가 핵산 및 단백질을 합성하는 전략에 대해 개괄적인 용어로 서술할 수 있다.
b. 분절된 유전체를 갖는 것이 바이러스 mRNA 및 단백질의 합성과 새로운 바이러스 균주의 생성에 어떻게 영향을 주는지 설명할 수 있다.
c. 인플루엔자바이러스의 생활사에서 주요 사건들, 가능하다면 각 단계를 완료하기 위한 특이적인 기전을 기술할 수 있다.

음성가닥 바이러스는 Rhabdoviridae(예: 광견병바이러스)와 Filoviridae(예: 에볼라바이러스), Paramyxoviridae(예: 홍역과 볼거리바이러스), Orthomyxoviridae(예: 인플루엔자바이러스)를 포함하는 많은 과에서 발견된다. 대부분의 음성가닥 RNA 바이러스는 구형부터 실 모양, 막대 모양, 총알 모양, 다형성까지 다양한 형태를 가진 외피성 바이러스이다.

음성가닥 RNA 바이러스 유전체는 mRNA로 사용될 수 없다. 따라서 바이러스들은 진입과정 동안 적어도 하나의 RNA 의존 RNA 중합효소(RdRp)를 숙주세포내로 들여온다. 먼저, 바이러스 유전체가 mRNA 합성의 주형으로 쓰인다(**그림 25.21**). 후에 바이러스 mRNA 합성이 유전체 복제로 전환되고 나면, RdRp는 복제에 쓰일 양성가닥 RNA를 만들어낸다. 이 단계에서 양성가닥 RNA 분자들은 새로운 음성가닥 RNA 유전체의 주형으로 사용된다.

이 절에서는 인플루엔자바이러스에 초점을 맞추었다. 인플루엔자바이러스 비리온은 각각 별도의 뉴클레오캡시드에 포함된 8개의 RNA 분절을 포함하는 외피로 구성된다(**그림 25.22**). 각 RNA 분자는 이중나선형 머리핀 구조로 구성된다(그림 25.22b). 이중나선의 형성과 유지는 염기쌍을 포함하지 않는다. 오히려, RNA를 싸고 있는 수많은 뉴클레오캡시드 단백질(nucleocapsid protein, NP)에 의해 이루어진다. 인플루엔자 RdRp(PA, PB1, PB2)의 폴리펩티드 3개가 머리핀의 열린 말단에 부착되어 있다. 인플루엔자 바이러스의

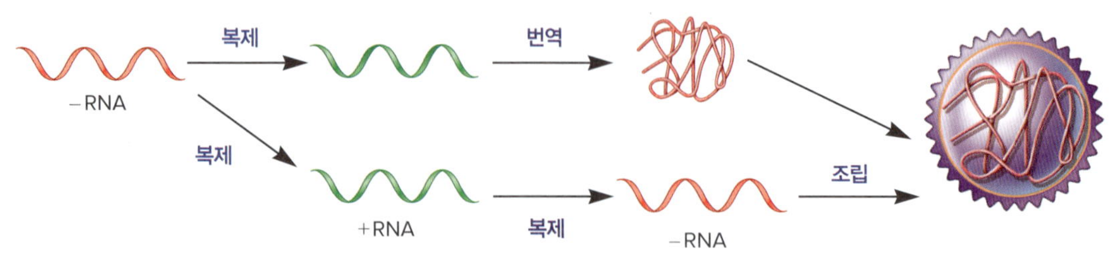

그림 25.21 음성가닥 RNA 바이러스의 증식 전략. RNA 의존 RNA 중합효소가 숙주세포가 들어가는 동시에 음성가닥 RNA 유전체도 주입된다. 유전체 mRNA를 만드는 주형으로 사용된다. 감염 후기에서 음성가닥 유전체는 양성가닥 합성에 쓰이고, 양성가닥 유전체들은 음성가닥 유전체의 복제 주형이 된다.

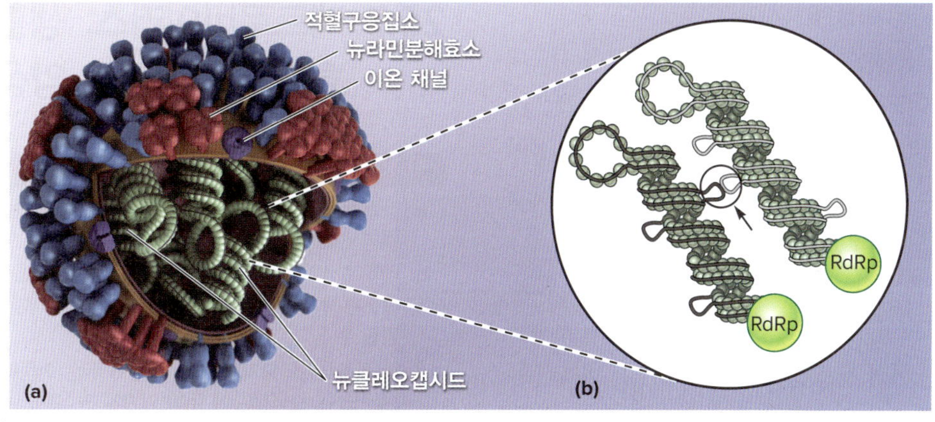

그림 25.22 인플루엔자 비리온. (a) 표면 스파이크와 내부 뉴클레오캡시드를 나타내는 인플루엔자 바이러스의 개략적 모식도이다. (b) 뉴클레오캡시드의 상세 모식도이다. PA, PB1, PB2는 함께 RdRp를 구성한다. 개별 뉴클레오캡시드의 RNA 분자는 분자간 염기쌍(원형)에 의해 상호작용한다. (a) Dan Higgins/Centers for Disease Control and Prevention

1. PB2 단백질의 핵산중간가수분해효소 활성에 의해 숙주의 mRNA 5′ 말단으로부터 10여 개의 뉴클레오티드와 캡 구조를 절단한다(캡 스내칭). 이 조각은 PB1 단백질이 갖는 전사효소 활성에 의한 회초의 바이러스 mRNA 합성을 위해 프라이머로 사용된다.
2. 바이러스 mRNA가 번역된다. 초기 산물들에는 더 많은 NP와 PB1 단백질이 있다.
3. PB1의 RNA 중합효소 활성은 –ssRNA 분자로부터 +ssRNA를 만들어낸다.
4. PB1 단백질의 RNA 중합효소 활성은 3단계에서 만들어지는 +ssRNA를 주형으로 새로운 유전체 사본들을 합성한다. 새로운 유전체 조각들 중 일부는 더 많은 바이러스 mRNA를 만들어내기 위한 주형으로 쓰인다. 감염 후기에 자손의 유전체로 들어간다.
5. 다른 유전체 분절에서 전사된 바이러스 mRNA 분자들은 적혈구응집소(HA), 뉴라민분해효소와 같은 구조 단백질을 암호화한다. mRNA는 ER-연합 리보솜에 의해 번역되고 세포막으로 수송된다.
6. 바이러스 유전체 단편은 자손 비리온으로 포상되고, 숙주세포로부터 출아한다.

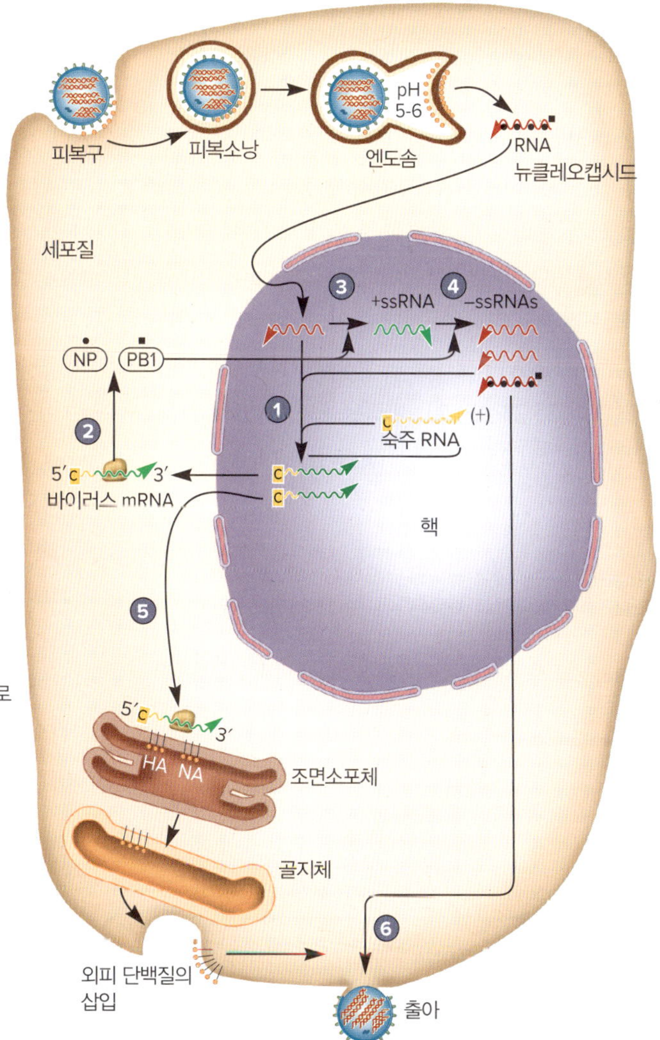

그림 25.23 인플루엔자바이러스 생활사. 인플루엔자 생활사의 단순화된 도식은 여러 단계를 생략하고 바이러스 RNA 분자를 단순한 선으로 나타낸다. 음성가닥 RNA는 붉은색이고 양성가닥 RNA는 녹색, 숙주 유래 RNA는 노란색이다. 1단계부터 6단계까지는 세포내흡입 작용 이후 바이러스 생활사 단계를 설명한다.

생활사는 **그림 25.23**에 요약되어 있다.

인플루엔자 비리온은 수용체매개 세포내흡입 작용을 통해 세포내로 유입된다. 바이러스는 엔도솜 내부로 들어가게 된다(그림 25.23). 엔도솜 pH가 떨어지면, 비리온의 구조 변화는 내막과의 접촉을 용이하게 하여 내막과 바이러스 외막의 융합을 가능하게 하여 뉴클레오캡시드를 세포질로 방출시킨다. ▶| 인플루엔자(37.1절)

인플루엔자 구성성분들은 생활사를 실행하기 위해 단백질의 핵 위치 신호(nuclear localization signal)와 RNA의 핵 방출 신호(nuclear export signal)를 이용하여 핵과 세포질 사이를 왕복한다. 벗겨진 뉴클레오캡시드는 mRNA 합성을 위해 핵으로 운반되고, mRNA는 번역을 위해 세포질로 이동하며, 새로 합성된 바이러스 RdRp는 복제와 캡시드 조립을 위해 핵으로 복귀한다. RNA 조각과 결합된 RdRp가 숙주세포의 핵으로 이동할 때 유전체 조각은 mRNA 합성을 위한 주형 역할을 한다(그림 25.23 1단계). 번역을 위한 음성가닥 유전체의 복사본은 5′ 캡 구조가 존재하며 복제를 위한 복사본과 구별된다. 각 유전체 조각의 두 말단 모두 RdRp가 전사를 위한 기질로 인지하는 프라이팬 손잡이 구조를 형성한다. RdRp는 일단 프라이팬 손잡이에 결합한 후, **캡 스내칭**(cap snatching)이라는 과정을 통해 5′ 캡을 획득한다. 5′ 캡이 있는 숙주 mRNA는 RdRp에 의해 캡 구조 뒤쪽의 약 8~14염기 정도가 잘려지며, 잘려진 짧은 프라이머는 바이러스 mRNA 생성에 사용된다. 그러고 나서 바이러스는 mRNA 합성과정을 유전체 복제로 전환시킨다. 이 상태 동안 음성가닥 유전체로부터 만들어진 양성가닥 RNA는 새로운 음성가닥 RNA 유전체를 만들어내는 주형이다(그림 25.23 4단계). 비리온은 숙주세포로부터 출아하면서 외피를 얻는다(그림 25.23 6단계 및 그림 6.14 참조).

마무리 점검

1. 인플루엔자바이러스의 분절 유전체 사용은 슈도모나스바이러스 φ6과 어떻게 다른가?
2. 숙주세포에 부착하는 것으로 시작해 비리온을 방출하기까지 인플루엔자바이러스의 증식과정을 정리하시오.

25.7 레트로바이러스: 생활사에서 역전사효소를 사용하는 양성가닥 바이러스

이 절을 학습한 후 점검할 사항:

a. 레트로바이러스가 핵산 및 단백질을 합성하는 전략에 대해 개괄적인 용어로 서술할 수 있다.
b. 레트로바이러스의 유전체와 분절된 유전체를 구별할 수 있다.
c. HIV의 생활사에, 각 단계를 완료하기 위한 특이적인 기전을 기술하여, 설명할 수 있다.
d. '역전사효소의 3가지 효소 활성 모두는 이중나선 DNA가 RNA로부터 합성되는 데 필요하다'에 대해 설명할 수 있다.
e. DNA 의존 DNA 중합효소, DNA 의존 RNA 중합효소, RNA 의존 RNA 중합효소, RNA 의존 DNA 중합효소의 주형과 합성된 산물을 이 절과 이전 절에서 다루는 교정 기능과 관련하여 구별할 수 있다.

레트로바이러스(Retrovirus)는 양성가닥 RNA 유전체를 갖고 있다. 하지만 그들의 유전체는 mRNA로 쓰이지 않는다(**그림 25.24**). 대신에, 레트로바이러스는 그들의 단일가닥 RNA 유전체를 **역전사효소**(reverse transcriptase, RT)라고 하는 다기능적인 효소를 써서 이중가닥 DNA 형태로 전환하는 방식을 선택했다. dsDNA는 숙주의 DNA로 통합되어 mRNA 합성의 주형이 되며 양성가닥 RNA 유전체 합성의 주형이 되기도 한다. 두 과정 모두 숙주세포의 DNA 의존 RNA 중합효소에 의해 촉매된다.

다양한 레트로바이러스들이 발견되고 연구되어 왔지만, 그중에서도 후천성면역결핍증(aquired immune deficiency syndrome, AIDS)을 일으키는 사람면역결핍바이러스(human immunodeficiency virus, HIV)에 특히 주목할 필요가 있다. 이는 전 세계적으로 중요하기 때문에, 우리는 이번 절에서 HIV에 대해 집중적으로 살펴볼 것이다. ▶| 후천성면역결핍증(AIDS)(37.3절)

HIV는 Retroviridae 과 렌티바이러스(*Lentivirus*) 속에 속하는 바이러스이다. 미국에서는 HIV-1가 AIDS의 주요 원인이지만, 개발도상국에서는 HIV-2가 주요 원인이다. HIV-1은 외피를 갖고 있는 바이러스이다. 옥수수 모양의 중심체를 갖고 있는 바깥 껍질을 외피가

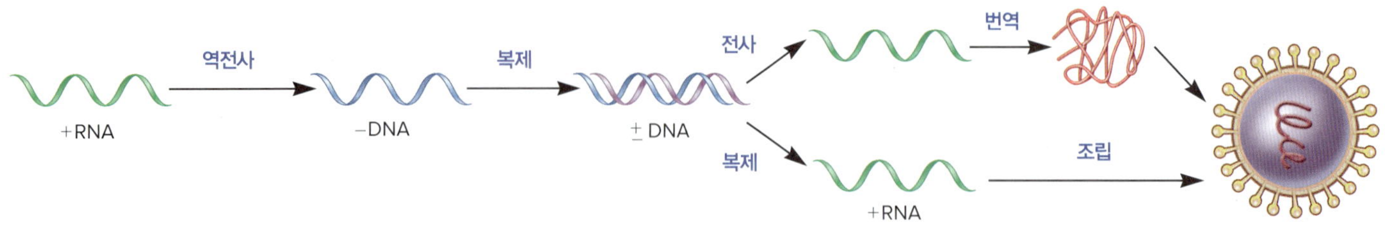

그림 25.24 레트로바이러스의 증식 전략. 레트로바이러스는 역전사효소에 의해 dsDNA로 전환되는 양성가닥 RNA 유전체를 가지고 있다. 바이러스의 dsDNA는 숙주세포의 염색체로 통합되고, 바이러스 mRNA와 유전체 합성의 주형으로 쓰인다. 2가지 모두 숙주세포의 DNA 의존 RNA 중합효소에 의해 합성된다.

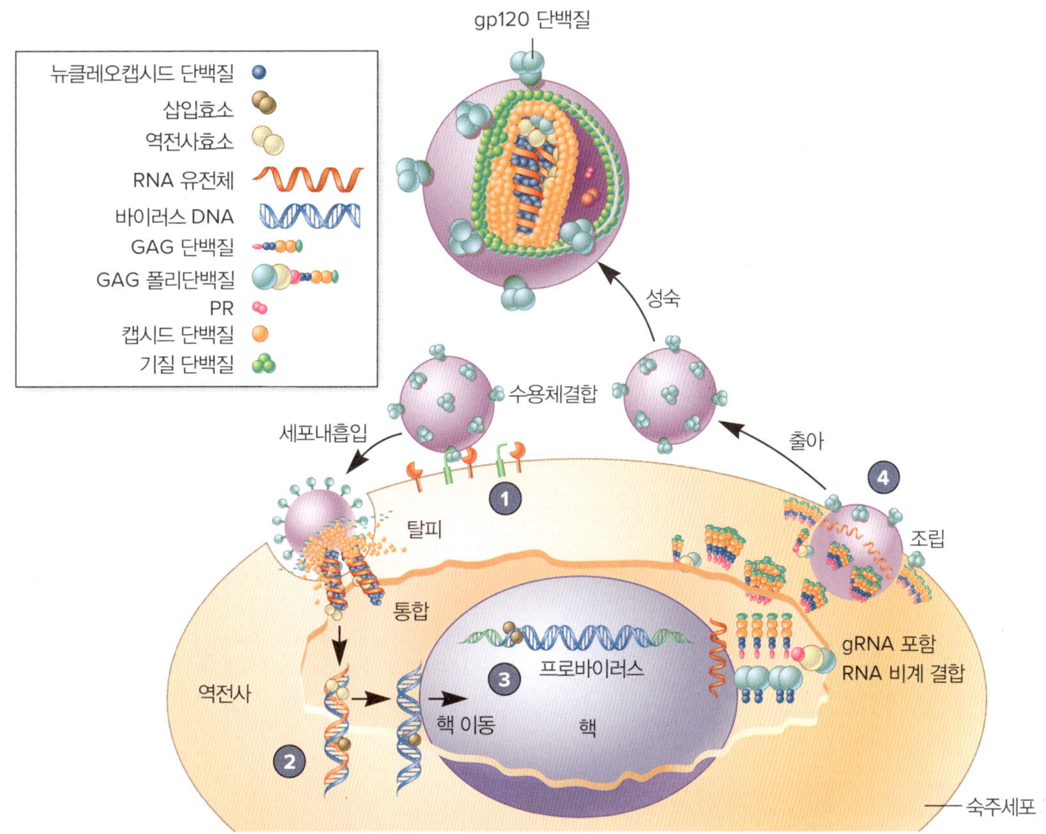

그림 25.25 HIV의 생활사. (1) HIV는 바이러스 표면 단백질 gp120을 세포 표면 CD4 당단백질에 결합하여 세포로 진입한다. (2) 역전사효소는 바이러스 RNA를 ssDNA로 복사하고 가닥은 dsDNA로 복사된다. (3) dsDNA 바이러스 유전체는 핵으로 이동하여 숙주 염색체에 통합된다. 바이러스 유전자는 정상적인 세포 과정을 통해 발현된다. (4) 바이러스 단백질과 RNA 유전체는 감염된 숙주세포에서 만들어지는 뉴클레오캡시드로 조립된다. 바이러스 입자는 단백질분해효소에 의한 성숙 과정이 필요하다.

연관 질문 역전사효소가 갖고 있는 3가지 효소 활성은 무엇인가? HIV의 생활사 중 각각 어느 단계에서 각 효소 활성을 사용하는가?

감싸고 있다(**그림 25.25**). 중심체에는 10,000 bp HIV RNA 유전체의 사본 2개와 역전사효소(RT)나 삽입효소와 같은 몇 가지 효소가 포함되어 있다. 지금까지 HIV 바이러스 비리온에서 약 10개의 바이러스 특이단백질과 수십 개의 숙주단백질이 발견되었다.

체내로 들어가고 난 후, gp120이라는 바이러스 외피 단백질은 CD4라는 표면 당단백질을 가진 세포들에 결합한다. 바이러스는 CD4 말고도 다른 공동수용체를 필요로 하는데 어떤 숙주세포를 감염시키느냐에 따라 그 종류가 다르다(그림 37.12 참조). 바이러스 진입 과정은 바이러스 외막과 세포막의 융합 또는 세포내흡입 작용을 통해 일어난다. 감염된 세포내부에서 중심체 단백질은 RNA로부터 떨어져 나오고, RNA는 RT에 의해 DNA의 한 가닥으로 복제된다. 그런 다음 RT에 의해 RNA가 분해되고 DNA 가닥은 복제되어 원본 RNA 유전체에 대한 이중가닥 DNA 사본이 된다(그림 25.24).

역전사 과정은 HIV의 생활사에 있어 매우 중요한 과정이며 RT는 다양한 활성을 갖는 효소이다. **RNA 의존 DNA 중합효소**(RNA-dependent DNA polymerase) 활성, DNA 의존 DNA 중합효소 활성, 리보핵산분해효소 활성이 그것이다. 이렇게 다양한 활성을 갖고 있는 RT일지라도, 다른 DNA 중합효소가 갖는 활성 중 한 가지가 결여되어 있다는 것은 교정(proofreading) 기능이다. 따라서 DNA 합성에서 많은 오류가 발생하게 된다.

dsDNA가 만들어지고 나면 dsDNA의 복합체와 삽입효소, 다른 인자들(일부 숙주세포 분자를 포함하는)이 핵 내부로 이동하고 HIV의 DNA가 삽입효소가 촉매하는 반응을 통해 숙주세포의 DNA로 통합된다. HIV는 특정한 통합 부위가 없으며 유전체의 어느 곳에서든 재조합될 수 있다. 통합된 프로바이러스는 세포가 바이러스 mRNA를 합성하게 만들 수 있다(그림 25.25). 다른 ssRNA 생활사에서 설명된 바와 같이, HIV에 대한 유전자 발현 전략에는 아유전체 RNA를 생성하기 위한 스플라이싱과 리보솜틀이동이 포함된다.

바이러스 단백질들과 RNA 유전체가 새로운 뉴클레오캡시드 안으로 조립되어 들어가고 감염된 숙주세포로부터 출아된다(그림 25.25). 숙주세포에서 방출되는 바이러스 입자는 감염성이 없으며 성숙과정이 필요하다. 비리온의 구조적 성분인 바이러스 Gag 단백질은 단백질분해효소에 의해 잘리게 된다. 그 결과 비리온의 모양이 구체에서 원뿔형으로 바뀌고, RNA 유전체 재포장이 일어난다. HIV를 치료하기 위한 약물은 성숙과정을 포함한 생활사의 여러 단계를 목표로 한다. ◀ 항바이러스제(9.5절)

마무리 점검

1. 다음의 HIV 단백질 산물인 gp120, 역전사효소, 삽입효소가 각각 어떤 기능을 하는가?
2. CD4는 몇몇 다른 면역세포에서 발견된다. 32장을 참조하시오. 왜 많은 면역세포의 표면에 이 분자의 존재가 AIDS의 발병에 중요한가?
3. 왜 HIV는 돌연변이율이 높은가? 이것이 치료와 백신 개발에 어떤 영향을 미치는가?

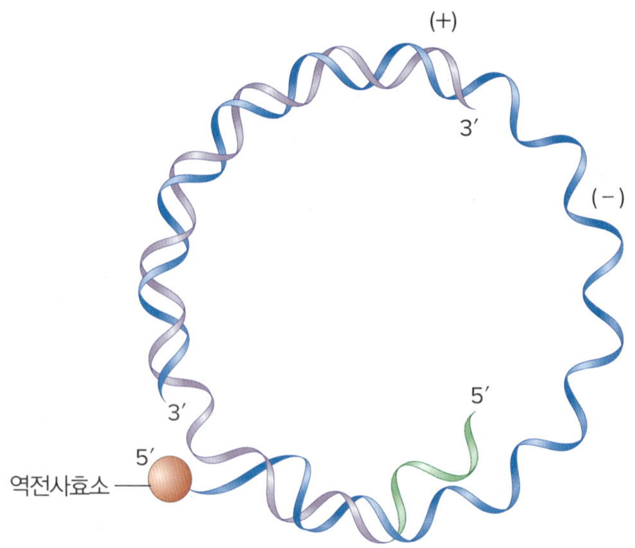

그림 25.26 헤파드나바이러스의 틈이 있는 유전체. 헤파드나바이러스의 유전체는 몇 가지 독특한 특징을 갖고 있다. dsDNA 분자의 음성가닥은 완전한 상태지만 틈(nick)이 나 있다(파란색 부분). 역전사효소 5′ 말단에 부착된다. 양성가닥에 간극(gap)이 있다. 즉, 불완전한 상태(보라색 부분)이다. RNA의 짧은 부분이 5′ 말단에 결합한다(녹색 부분). 숙주 핵내로의 진입과정 동안 음성가닥에 있는 틈과 양성가닥에 있는 틈 모두 채워지면서 공유결합성 말단이 맞물리면서 원형의 dsDNA 분자가 만들어진다.

25.8 역전사 DNA 바이러스

이 절을 학습한 후 점검할 사항:

a. 역전사 DNA 바이러스가 핵산 및 단백질을 합성하는 전략에 대해 개괄적인 용어로 서술할 수 있다.
b. 헤파드나바이러스의 생활사와 역전사바이러스의 생활사에서 역전사효소의 역할을 비교할 수 있다.

역전사 DNA 바이러스(reverse transcribing DNA virus)는 역전사효소(RT)를 그들의 유전체 복제에 사용한다. B형 간염바이러스(Hepatitis B virus, HBV)는 역전사 DNA 바이러스에서 가장 잘 연구된 바이러스 중 하나이며 이 절에서 집중적으로 살펴볼 것이다.

HBV 비리온은 유전체를 가진 42 nm의 구형의 입자이다. HBV 유전체는 3.2 kb의 원형 dsDNA 분자로서 완전하지만 틈이 존재하는 가닥과 더 큰 틈을 가진 상보적인 가닥으로 구성되어 있다. 즉, 불완전한 상태이다(**그림 25.26**). 또한, 바이러스중합효소 P는 유전체와 공유결합되어 있다. 세포 감염 후, 바이러스의 틈이 있는 DNA가 핵으로 방출된다. 바이러스가 간세포(hepatocyte)에서 생활사를 시작하기 전에, 유전체는 공유결합적으로 폐쇄된 원형 DNA (cccDNA) 형태로 변환되어야 한다. 첫째, 숙주의 단백질분해효소는 중합효소 P를 유전체에서 분리한다. 그러나 중합효소 P를 사용하는 대신, 숙주의 DNA 복구효소는 양성가닥의 나머지 부분을 합성하고 RNA 프라이머를 절단하고, 틈을 채운다. 이러한 과정은 DNA 복제 후 오카자키 절편을 결합하는데 필요한 과정과 동일하다. ◀ DNA 복제에 다양한 효소들이 필요하다(13.3절)

HBV 유전체는 바이러스 단백질을 암호화하는 4개의 부분적으로 겹치는 ORF를 가지고 있다. 헤파드나바이러스의 유전체 전사는 숙주가 RNA 중합효소를 이용해 핵내에서 일어나고, 여러 개의 mRNA와 전유전체(pregenome)라고 하는 3.4 kb의 큰 RNA(양성가닥 RNA)를 만들어낸다. RNA들은 세포질로 이동하고, mRNA는 번역되어 중심부 단백질과 활성을 가지고 있는 중합효소 P를 비롯한 바이러스 단백질을 합성한다. 만들어진 중합효소 P는 양성가닥 RNA 전유전체와 중심부 단백질과 연합해 미성숙한 중심체 입자를 형성한다. 미성숙한 중심(core) 입자내에서 중합효소 P는 RT 활성을 사용하여 음성가닥 DNA를 생성한다. 이 과정은 RNA가 아닌 단백질이 주요 합성에 사용되기 때문에 특이하다. 전유전체 RNA 대부분이 RT의 RNaseH 활성에 의해 분해되고 나면, 남아 있는 RNA 단편은 음성가닥 DNA를 주형으로 하여 만들어지는 틈이 있는 dsDNA 유전체 합성의 프라이머로 쓰인다. 뉴클레오캡시드가 완성되면 자손 비리온들이 방출된다.

마무리 점검

1. HBV 유전체에 대해 서술하시오. 어떻게 해서 숙주세포내에서 공유결합적으로 닫힌 구조의 원형 DNA로 바뀌게 되는가?
2. 숙주세포내에서의 생합성 단계가 어디서 일어나는지에 초점을 맞추어 HBV의 증식 주기에 대해 설명하시오.

요약

25.1 바이러스의 계통발생학은 유전체학에 의존적이다

- 보편적인 유전적 요소가 없는 경우, 바이러스는 핵산의 종류에 따라 분류된다. 가장 높은 수준의 영역의 분류군은 바이러스를 유전체 형태, 즉 단일가닥 또는 이중가닥 DNA 또는 RNA로 나눈다(표 25.1).
- 바이러스 분류의 볼티모어체계는 mRNA를 합성하고 유전체가 증식되는 것과 유전체형에 근거하여 바이러스를 분류하는 방법으로 많은 바이러스학자들이 사용한다(표 25.2).

25.2 이중가닥 DNA 바이러스는 모든 종류의 세포를 감염한다

- T4 파지는 독성 박테리오파지이다. 세균세포 표면의 특정 수용체에 결합하여 T4 파지는 자신의 dsDNA를 숙주세포내로 주입시킨다(그림 25.3, 그림 25.4). T4 DNA는 시토신 대신에 히드록시메틸시토신을 갖고 있으며, HMC 당화를 통해 숙주세포의 제한효소로부터 파지 DNA를 보호한다(그림 25.5). T4 DNA의 복제는 일부 유전체 사본이 길게 연결된 형태의 연쇄체를 생성한다(그림 25.6).
- 람다(λ) 파지는 온건성 박테리오파지이다. 이 파지는 용균성 감염을 일으키기보다는 용원성 생활사로 가려고 하는 경향이 있다. 용원성을 확립하는 동안, 프로파지라고 하는 바이러스 DNA는 숙주세포 유진체기 복제될 때 함께 복제된다. 용원성은 가역적이기 때문에, 프로파지는 유도 반응을 통해 다시 활성화되어 숙주세포를 용해시킬 수 있다. 고도로 조절되는 이 과정은 바이러스 생활사 조절과정의 중요한 모델이다.
- cII 단백질은 용원성과 용균성 생활사의 선택을 조절하는 과정에서 가장 중심적인 역할을 한다. 만약 cII 단백질이 충분하지 못한다면 용원성 생활사로 가고, 충분한 농도로 존재하면 용균성 생활사가 시작된다(그림 25.9, 그림 25.10).
- 허피스바이러스는 dsDNA 바이러스의 대부분을 차지하는 그룹이다. 이 바이러스는 단순포진, 생식기 허피스, 수두, 단핵구증과 같은 급성감염을 일으킨다. 숙주세포내부에 바이러스 유전체가 오랜시간 잠복해 있다가도 증식성 감염을 일으키기 위해 다시 활성화될 수 있다.
- 메가바이러스라고도 불리는 핵세포질 거대 DNA (NCLD) 바이러스는 여러 바이러스 과에 속한다. 이 바이러스들은 진화 역사를 공유한다고 생각되며 큰 유전체와 비리온 크기로 유명하다. 게다가 바이러스 유전체에서는 보통 관찰되지 않는 번역-연관 기능을 하는 유전자를 포함한다.

25.3 단일가닥 DNA 바이러스는 생활사에서 이중가닥 중간체를 사용한다

- φX174는 ssDNA 박테리오파지의 대표적인 예이다. 파지의 복제는 dsDNA 증식형 생성과 관련되어 있다(그림 25.12).
- *Pseudomonas Pf1* 파지는 감염시 용해를 유발하지 않고 숙주에서 지속적으로 방출되는 필라멘트 파지다.
- 파보바이러스는 동물에서 다양한 질병을 일으킨다. 파보바이러스 유전체는 숙주의 핵 내부에서 DNA 중합효소를 이용하여 회전환 복제기전을 통해 복제된다(그림 25.13).

25.4 이중가닥 RNA 바이러스: RNA 의존 RNA 중합효소는 유전체를 복제하고 mRNA를 합성한다

- 이중가닥 RNA 바이러스는 RNA 의존 RNA 중합효소를 사용하여 mRNA를 합성하고(전사효소 활성) 자신들이 유전체를 복제한다(복제효소 활성, 그림 25.14).
- φ6 슈도모나스바이러스는 외피를 갖고 있고 세포내흡입과 유사한 과정으로 세균 숙주 내부로 진입한다는 점에서 독특하다. 이들은 분절된 유전체를 가지고 있는데, 각 부분이 여러 개의 단백질을 생산하는 다중시스트론 mRNA를 암호화한다.
- 로타바이러스는 각 조각이 1, 2개의 단백질을 암호화하는 분절 유전체를 가지고 있다. 바이로플라즘이라고 하는 봉입체 내에서 복제가 일어난다(그림 25.15).

25.5 양성가닥 RNA 바이러스: 진입 시 번역될 수 있는 유전체

- 양성가닥 RNA 바이러스 유전체는 mRNA로 직접 쓰일 수 있다. 가장 먼저 만들어지는 바이러스 단백질 중 하나가 RNA 의존성 RNA 중합효소인데 양성가닥 RNA 유전체를 복제하며, 때로는 dsRNA 복제중간체를 형성한다. RNA 의존 RNA 중합효소에 의해 생성되는 음성가닥 RNA는 더 많은 유전체와 mRNA를 만드는 데 사용된다(그림 25.16).
- 코로니바이러스는 큰 유전체를 가지고 있다. 가장 큰 ORF는 세포에 진입하는 즉시 번역되는 폴리 단백질을 암호화한다(그림 25.17). 번역의 범위는 리보솜틀이동에 의해 조절된다.
- 코로나바이러스 초기 단백질은 세포내 막을 세포질 복제공장으로 개조하기 위해 정상적인 세포 과정을 파괴한다(그림 25.19). 소포체의 파편들은 바이러스 복제효소와 RNA 주형을 이중막

소낭으로 감싸고 있다.

- 코로나바이러스의 RNA 의존성 RNA 중합효소는 감염 초기에 합성되며, 복제효소로서 양성가닥 유전체를 바탕으로 음성가닥 유전체를 복사한다. 음성가닥은 전사되는 동안 양성가닥의 주형 역할을 한다. 이 효소는 바이러스 중합효소에 흔하지 않은 교정 활성을 가지고 있다.
- 후기에 번역되는 단백질은 각각의 ORF에 번역신호를 스플라이싱함으로써 생성된 아유전체 RNA로부터 합성된다. 이러한 단백질은 바이러스 방출을 촉진하고 선천적인 면역체계를 저해하는 바이러스 구조성 단백질과 보조단백질을 포함한다.
- TMV는 가장 잘 알려진 식물바이러스로 양성가닥 RNA 유전체를 갖고 있다. TMV 유전체 RNA의 번역은 2개의 단백질을 생산하는데, 그중 더 큰 단백질은 번역초과 기전에 의해 생성된다. 유전체에 의해 암호화된 RNA 의존 RNA 중합효소는 바이러스에게 필요한 다른 단백질을 생산하기 위해 번역되는 아유전체 mRNA의 합성을 위한 주형 역할을 하는 음성가닥 RNA를 합성한다. 음성가닥 RNA는 또한 새로운 양성가닥 RNA 유전체 합성을 위한 주형 역할을 한다. TMV의 뉴클레오캡시드는 RNA가 외피 단백질 프로토머 디스크와 결합하여 만들어진다(그림 25.20).

25.6 음성가닥 RNA 바이러스: RNA 의존 RNA 중합효소는 비리온의 일부다

- 음성가닥 RNA 바이러스가 mRNA를 합성하고 그들이 유전체를 복제하기 위해서 숙주세포핵 내로 진입할 때, 비리온은 RNA 의존 RNA 중합효소를 갖고 있어야 한다. 중합효소는 가장 먼저 음성가닥 유전체로부터 mRNA를 합성한다. 만들어진 mRNA는 감염 후기에 양성가닥 중간체를 이용하여 유전체를 복제하는 데 사용된다(그림 25.21).
- 인플루엔자바이러스는 분절된 유전체를 가지고 있다. 대부분의 조각들은 단일 단백질을 암호화한다. 바이러스는 출아를 통해 방출된다(그림 25.23).

25.7 레트로바이러스: 생활사에서 역전사효소를 사용하는 양성가닥 바이러스

- 레트로바이러스는 dsDNA 중간체를 거쳐 mRNA를 만들고 그들의 유전체를 복제한다. dsDNA는 역전사효소에 의해 만들어진다(그림 25.24).
- HIV는 외피를 가진 레트로바이러스로 유전체와 역전사효소를 포함한 몇 가지 효소를 포함한 옥수수 모양의 중심핵을 가지고 있다. 감염 동안, 바이러스의 ssRNA 유전체는 dsDNA로 전환되어 숙주세포 유전체로 통합된다(그림 25.25). HIV는 수많은 다른 mRNA 분자를 생성하기 위해 대체 스플라이싱을 사용한다. 폴리단백질 중 하나는 리보솜틀이동과 번역초과 기전을 이용해 생산된다.

25.8 역전사 DNA 바이러스

- 그중 하나인 헤파드나바이러스는 B형 간염바이러스를 포함하여 dsDNA 유전체를 갖고 있다. DNA는 완전하지만 틈이 있는 한 가닥과 그와 상보적인 서열의 불완전한 가닥으로 이루어져 있다(그림 25.26).
- B형 간염바이러스의 감염 시, 숙주세포의 효소가 간격을 메우고 벌어진 틈을 채워 공유결합적으로 닫힌 원형의 바이러스 유전체를 생산한다. 유전체는 역전사 과정의 주형인 전유전체 RNA 합성의 주형 역할을 한다. 역전사 과정을 통해 틈이 있는 dsDNA 유전체가 만들어진다.

심화 학습

1. 온건성 RNA 파지는 아직까지 발견되지 않았다. 이러한 파지가 존재할 가능성에 대해 설명하시오.
2. 용원성과 용균성 사이의 선택에 많은 인자들이 관여한다. 굶주림 혹은 밀집현상과 같은 외부적 조건을 바이러스가 어떻게 감지하며, 전사기구로 전달되어 선택을 내리는 데 영향을 미치는가?
3. T4의 엔돌리신(endolysin, T4 lysozyme)이 후기 감염에서 발현되는 이유에 대한 대부분의 설명이 바이러스 프로모터가 선택적 시그마 인자인 gp55에 의해 인식되기 때문이라고 한다. 또 다른 설명을 제시하시오.
4. 당신은 RNA 바이러스를 연구하던 중 진핵세포 배양에서 잘 자라는 새로운 바이러스를 발견했다. 당신은 이 바이러스가 단일가닥 RNA 바이러스임은 알지만, 양성 혹은 음성가닥인지는 모

른다. 당신의 연구실 동료가 "자, 너의 세포에 사이클로헥사미드(cyclohexamide)를 처리하고 바이러스가 유전체를 복제하는지 관찰해봐"라고 하였다. 당신은 사이클로헥사미드가 진핵세포 리보솜에 결합함으로써 단백질 신장을 억제하는 것을 알고 있다. 당신의 연구실 동기가 제안한 실험의 이론적 기반은 무엇인가?

5. 리보솜을 포함하고 있지 않고, 따라서 rRNA를 암호화하는 유전자를 가지고 있지 않지만, 핵세포질 거대 DNA (NCLD) 바이러스는 번역과 관련된 기능을 위한 보존된 유전자를 가지고 있다. 이러한 보존된 유전자들을 이용하여 계통수를 만들면, NCLD 바이러스는 세균, 고균, 진핵생물 옆에 네 번째 영역으로 분류된다. 이러한 바이러스를 분류하기 위한 네 번째 영역의 생성을 옹호하거나 반박하시오.

6. 막이 있는 바이러스와 세포외 소낭을 비교하고 대조하시오(그림 3.27 참조). 각각에 어떤 세포성 구성요소가 수송될 수 있는가?

7. 100% 미만의 효율적인 리보솜틀이동은 합성된 바이러스 단백질의 상대적인 양을 어떻게 조절하는가?

8. 대유행 초기부터, 초기에 전 세계에 퍼졌던 바이러스보다 전염성이 더 높은 여러 종류의 SARS-CoV-2 변종이 발견되었다. 이러한 변이체는 스파이크 단백질을 암호화하는 S 유전자를 포함하여 몇 가지 유전체 변화를 가지고 있는 것으로 밝혀졌다. 스파이크-ACE2 상호작용에 대한 변화가 전염성이 더 높은 바이러스로 나타날 것으로 어떻게 예상하는가?

9. MS2는 단일가닥 RNA 박테리오파지로 F 선모에 부착하여 대장균을 감염시킨다. 텍사스의 한 과학자 집단은 세포막에 침투하기 위한 바이러스 기전을 규명하기 위해 노력했다. 두 가지 시나리오가 제안되었는데, 바이러스가 속이 빈 선모 통로에 유전체를 축적하는 선모 전도(Pilus conduction)와 F 선모가 수축함에 따라 바이러스가 침입하는 선모 수축(Pilus retraction)이다(그림 16.16과 16.17 참조). 대장균은 매우 잘 연구되어 있고 개별 단백질이 부족한 돌연변이들의 균주 수집이 잘 되어 있기 때문에, 이 가설들을 어떻게 실험적으로 증명할 것인가?
연구원들은 F 선모가 MS2 감염 시 세포에서 분리된다는 것을 발견했다. 이것이 파지에게 어떤 도움이 되는가?

참고문헌: Harb, L., et al. 2020. ssRNA phage penetration triggers detachment of the F-pilus. *Proc. Natl. Acad. Sci. USA* 117: 25751.

CHAPTER 26

생태계의 미생물 탐험

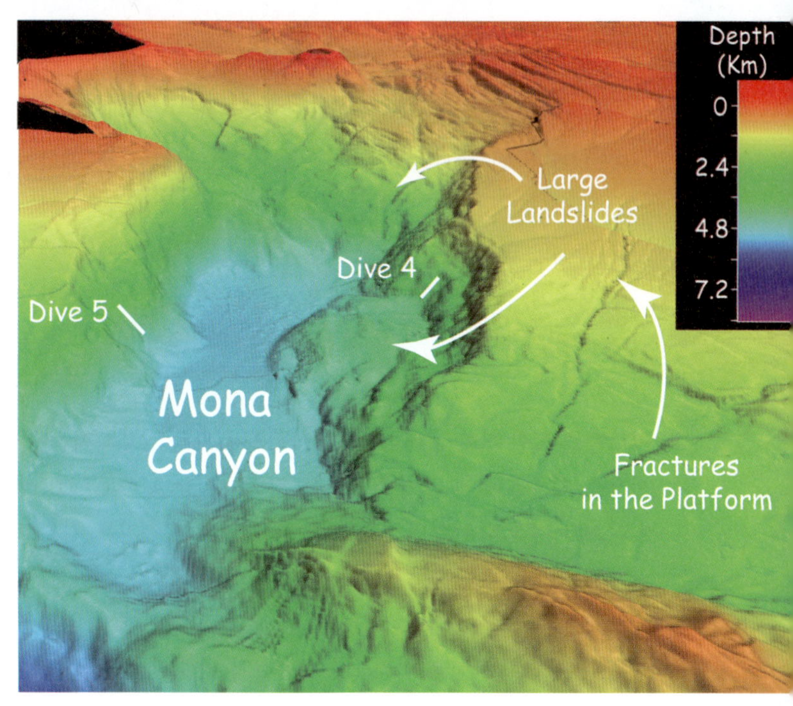

NOAA Office of Ocean Exploration and Research, Exploring Puerto Rico's Seamounts, Trenches, and Troughs

과학자들이 지구 속의 생명체를 찾아서 발견한다

1995년에 "해양미생물학의 아버지"인 조벨(Claude ZoBell)은 해저면 아래에는 미생물이 설사 있더라도 아주 적을 것이라고 결론지었다. 그가 이러한 평가를 한 근거는 해저 퇴적물의 배양액에서 세균의 성장이 없었기 때문이다. 약 10년 후, 심해 연구 잠수정인 **알빈**(Alvin)이 밧줄에서 풀려 가라앉게 되었을 때 이러한 견해는 더 강화되었다. 잠수정이 가라앉을 때, 잠수정 안의 과학자들은 구조가 되었지만 잠수정 안에 샌드위치가 남아 있었다. 10개월이 지나 알빈을 되찾았을 때 샌드위치는 상하지 않고 그대로 있었다. 이것을 보고 과학자들은 "아하, 심해는 미생물이 살기에 너무나 극한 환경이군!"이라고 말했다. 놀랄 것도 없이, 심해 미생물학을 연구하기 위한 이 접근법은 시간의 시험을 통과하는데 성공하지 못했다.

21세기에는 미생물학자들이 사용할 수 있는 연구방법들이 발전함에 따라서 지표면 아래의 "깊고 뜨거운 생물권(deep hot biosphere)"을 연구하는 것이 생물학 분야에서 가장 역동적인 한 분야가 되었다. 배양비의존적(culture-independent) 방법과 같은 기술의 발달은 지구상의 전체 미생물의 절반이 무엇인지를 조사하는데 결정적인 역할을 했다. 이러한 기술들은 단순히 "생명체가 존재하는가?" 뿐만 아니라, "어떤 생명체가 있는가?", "이들 생명체는 얼마나 빨리 자라는가?", "이들은 무엇을 먹고 사는가?"에 대한 답도 줄 수 있게 되었다. 단일 미생물 균주의 분류, 유전, 생리 등을 이해하기 위해서는 아직도 미생물을 순수배양체 형태로 얻는 것이 가장 강력한 연구 수단이다. 하지만, 동물원에 있는 동물만을 연구해서는 동물에 대한 모든 것을 알 수 없는 것처럼, 미생물학자들도 자연에 존재하는 미생물을 탐구하지 않고서는 미생물에 대해 완전히 이해하는 것이 불가능하다. 과거에는 이러한 탐구방법들이 많은 제한을 받았지만, 현재는 이런 연구의 제한이 거의 없어지게 되었다.

최근의 추정에 의하면 미생물 군집(사람의 몸에 있는 것을 포함해서) 중 가장 큰 것은 10^7개 이상의 서로 다른 분류군으로 구성된 10^{17}개에 이르는 개체로 이루어져 있는 것으로 알려져 있다. 어떻게 이런 거대한 생명체 그룹이 존재할 수 있으며, 또한 이들이 생산적인 방식으로 함께 살아갈 수 있을까? 이런 질문에 대답하기 위해서는 이 군집 안에 존재하는 미생물의 종류와 그들 간의 상호작용 및 미생물과 환경간의 상호작용에 대해 알아야만 한다. 즉, 우리는 **미생물 생태학**(microbial ecology)으로 전통적인 실험실 기반의 분석, 유전체학과 메타유전체학, 그리고 현장(in situ)에서의 생물지구화학적(biogeochemical) 평가를 포함하는 일련의 탐구를 해야 되는 것이다. 이러한 기술들을 적용함으로써 최근에 연구의 진보가 폭발적으로 이루어졌는데, 이를 통해 우리는 미생물의 다양성이 엄청나게 크다는 사실과 또한 이들 미생물이 영양소 순환과 공생 파트너의 건강에 미치는 영향에 대해서도 새롭게 이해할 수 있게 되었다.

이 장의 학습을 위해 점검할 사항:

- ✓ SSU rRNA가 분류학적 지표로 사용되는 이유를 설명할 수 있다(1.2절).
- ✓ 미생물의 생장에 영향을 주는 환경인자들을 나열할 수 있다(7.5절).
- ✓ 자연계에서 미생물의 생장에 대한 세포 사이의 분자신호전달의 중요성을 설명할 수 있다(7.6절).
- ✓ 단일 집락을 분리하고 순수배양체를 확립하는데 사용되는 일반적인 방법들을 설명할 수 있다(7.7절).
- ✓ 겔 전기영동의 원리와 응용에 대해 설명할 수 있다(17.1절).
- ✓ 수많은 염기서열이 있는데도 불구하고 PCR을 수행하면 왜 특정 염기서열만이 증폭되는가를 설명할 수 있다(17.2절).
- ✓ 메타유전체학, 생물정보학, 기능유전체학에 대해 설명할 수 있다(18.3절~18.5절).

26.1 미생물학은 배양에 의존한다

이 절을 학습한 후 점검할 사항:

a. 우리가 아는 한, 대부분의 미생물은 실험실에서 배양이 잘 되지 않는 이유를 설명할 수 있다.
b. 농화배양의 사용에 대해 설명할 수 있다.
c. 기존에 배양되지 않았던 미생물을 실험실에서 배양하는 새로운 방법 2가지 이상을 설명할 수 있다.
d. 유세포계수법의 기본에 대해 설명할 수 있다.

자연에서 미생물을 탐구하는 내용에 대해 이 장이 실험실에서 미생물을 배양하는 것에 대한 논의로 시작하는 것이 다소 이상하게 보일 수도 있을 것이다. 미생물의 생물학(microbial biology)을 진정으로 이해하려면, 이상적으로는 **무균배양**(axenic culture) 또는 **순수배양**(pure culture)을 통해 관심 미생물을 꾸준히 공급하는 것이 항상 가장 좋기 때문에 여기에서 시작하는 것이다. 그러나 실험실 조건에서 자라는 미생물이 5% 미만이라는 것은 잘 알려져 있다. 특정 미생물이 잘 배양되지 않는 데는 여러 가지 이유가 있는데, 그 중 일부가 **표 26.1**에 나열되어 있다. 현미경으로 관찰한 미생물세포의 수와 동일한 자연 시료에서 배양된 집락의 수 사이의 불일치를 **거대평판계수차이**(great plate count anomaly)라고 한다. 이로 인해 잠재적으로 생존 가능한 미생물을 "비배양성(nonculturable)"으로 설명하게 되었다. 어떤 미생물이 배양은 되지 않지만 여러 방법 중 하나에 의해 살아 있다는 것이 확인되는 경우, 이 미생물은 **비배양성 생존**(viable but nonculturable, VBNC)으로 간주된다. 살아 있는 세포와 죽은 세포를 구분하는 일반적인 현미경 기술은 살아있는 세포와 죽은 세포를 구별할 수 있는 염료를 사용한다(**그림 26.1**). 분자적 접근방법인 **생존중합효소연쇄반응**(viability polymerase chain reaction, vPCR)에서도 살아 있는 세포와 죽은 세포를 구분할 수 있는 염료를 사용한다. 이 방법에서는 손상된 세포막을 가진 죽은 세포내부로 염료가 들어가는데, 광활성화를 통해 염료가 DNA와 교차결합을 하게 되면 대상 유전자(예: ss rRNA)의 PCR 증폭을 방해하게 된다. 결과적으로 살아 있는 세포의 DNA만이 PCR 반응의 주형으로 사용되어 DNA 증폭이 일어나게 되는 것이다. ◀ 대부분의 미생물들이 생장이 멈춘 상태에 살고 있다(7.6절)

자연 상태의 미생물 혼합체를 가지고 실험을 시작할 때 비록 관심 대상 미생물을 무균배양하는 것이 표준방법(gold standard)이긴 하

표 26.1 일부 미생물이 아직 배양되지 않는 이유에 대한 예시들

잠재적인 문제점	문제점을 극복하기 위한 예시적인 방법
미생물이 느리게 성장한다.	수주에서 수개월동안 배양
미생물이 매우 적은 양으로 존재한다.	소거배양법을 반복 시행
같은 서식지에 존재하는 서로 다른 미생물이 생리학적으로 매우 유사하다. 또는 혼합배양에서 다른 미생물에 의해 성장 저해가 일어난다.	여과법, 밀도기울기원심분리 등의 물리적인 방법을 통해 다른 미생물을 제거하거나 소거배양법을 이용
성장 요구조건이 까다롭다.	유사한 미생물이 알려져 있는 경우 이들의 생장 요구사항을 평가, 영양능력 및 요구사항을 추론하기 위해 메타유전체 서열이 주석을 사용. 다른 미생물의 오염 없이 자연환경 시료로부터 작은 분자들의 유입을 허용하는 확산 챔버에서 배양
다른 미생물로부터 유래된 소통 신호물질이나 영양물질이 필요하다.	균주의 공동배양, 확산 챔버 사용, 도우미 미생물의 조절된 기사용 배지(spent medium, 미생물을 배양한 후 미생물이 제거된 배지) 사용
성장촉발제 혹은 휴면 상태로부터 벗어나게 하는 촉발제가 없다.	알려진 성장 촉발제(예: N-아세틸무람산, 담즙산)를 첨가한다.

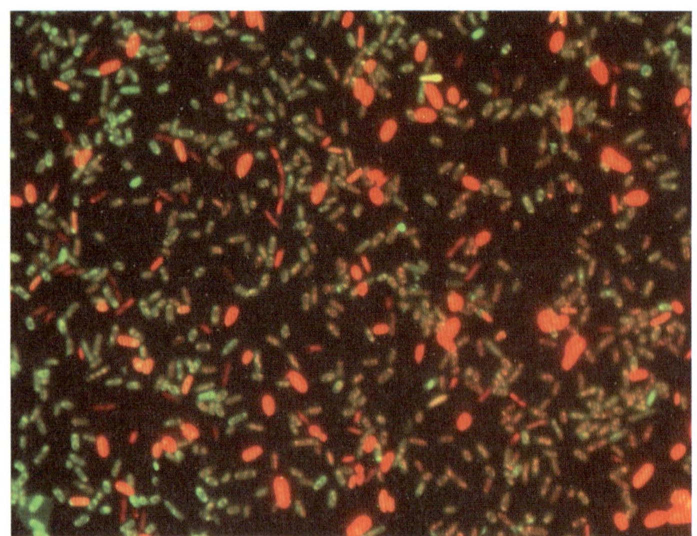

그림 26.1 직접염색법을 이용한 미생물의 생존 평가. LIVE/DEAD *BacLight* 세균 생존력 실험법에서는 두 종류의 염색약이 사용된다. 막 투과성이 있는 녹색형광의 핵산 염색약과 손상된 세포막만을 통과하는 적색형광의 프로피듐 요오드(propidium iodide)이다. 살아 있는 세포는 녹색으로 염색이 되며, 죽은 세포와 죽어가는 세포는 붉은색으로 염색된다. Dr. Rita B. Moyes

지만, 이를 위해서는 미생물 혼합체로부터 특정 미생물을 순수분리해야만 한다. 이런 경우에 시료 내에서 다른 미생물에 비해 관심 대상 미생물의 수를 늘리는 것이 최선인 경우가 종종 있다. **농화배양**(enrichment culture) 기법은 기존에 협소한 생태적 지위(ecological niche)에 제한되어 있던 미생물의 성장은 촉진시키고 다른 미생물의 성장은 억제시키는 미세환경을 실험실에서 만드는 데 기초를 두고 있다. 이런 접근방법은 종종 새로운 미생물을 발견하는 데 중요한 역할을 한다. 7장에서 설명한 바와 같이 성공적인 농화배양을 위해서는 관심 대상 미생물이 서식하고 있는 특이적인 생태환경과 다른 미생물과 구분되는 해당 미생물의 생리학적 특성에 대한 철저한 이해가 필요하다. ◀ 농화배양(7.7절)

특정 미생물 속이나 종의 존재를 정량화하는 전통적인 접근방법은 **최확수**(most probable number, MPN) 기법이다. MPN을 수행하려면 미생물은 반드시 배양 가능해야 한다. 이 기법은 자연 시료, 농화배양, 식품이나 물 시료에 존재하는 특정 미생물을 정량화하는 데 사용된다. MPN 기법에는 시료를 순차적으로 10배씩 희석하는 과정이 포함되어 있다. 일반적으로는 각 희석 단계마다 3개의 시험관을 사용하지만, 보다 정확한 결과를 얻기 위해서는 각 희석 단계마다 5~6개의 시험관을 사용하기도 한다. MPN 기법의 이론적 근거는 하나의 세포만 시험관에 접종되어 있어도 성장이 일어난다는 것이다. **그림 26.2a**에 나타낸 것처럼, 적정한 온도에서 적절한 시간 동안 배양을 한 후, 시험관에서 미생물의 성장이 일어났는지를 조사한다. 이상적으로는 일정 수준의 희석을 넘어서게 되면 시험관에 접종된 세포가 없기 때문에 미생물의 성장이 일어나지 않는다. 그림 26.2a에서는 이러한 현상이 10^{-5}과 10^{-6}으로 희석된 각 3개씩의 시험관에서 관찰된다. 이 경우, 성장이 없는 첫 번째 희석이 선행하는 2개의 희석을 포함하는 3세트의 희석 중 마지막 희석으로 표시된다. 1번째 세트(10^{-3})와 가운데 세트(10^{-4})에서 성장이 일어난 시험관의 수를 기록한다. 이 예에서는 10^{-3} 희석 시험관에서는 3개, 10^{-4} 희석 시험관에서는 1개, 그리고 10^{-5} 희석 시험관에서는 0개의 양상으로 확인된다. 통계와 이론적 고려에 기반한 표(그림 26.2b)를 찾아보면, 3-1-0의 양상은 MPN이 0.43임을 알 수 있다. 이 수치는 무엇을 뜻하는 걸까? 이 MPN 값은 평균적으로 0.43개의 미생물 개체가 가운데 세트(10^{-4})에 있는 시험관 각각에 접종되었다는 것을 의미한다. 이로부터 희석되기 전의 원래 시료 1 mL에 존재하는 미생물 개체의 MPN은 0.43×10^4, 즉 4.3×10^3임을 알 수 있다.

그림 26.2b의 MPN 표를 보면 성장이 없는 시험관이 항상 가장 많이 희석된 것은 아니라는 것을 알 수 있다. 이러한 현상은 미생물이 시료 내에 균일하게 분포되어 있지 않거나 미생물이 덩어리 또는 사슬 형태로 자라는 경우 발생할 수 있다. 따라서 이 경우에는 다소 이상적이지 않은 결과가 얻어지기 때문에, 더 많은 수의 중복 시험관을 사용하거나 단일 집락을 계수하기 위한 평판법을 사용하는 것이 최선의 방법이다.

분명히 MPN 기법은 관심 대상인 미생물이 실험실에서 배양 가능한 경우에만 유효하게 사용할 수 있다. 자연계에서 발견되는 대부분의 미생물이 아직까지 실험실에서 배양되지 않았다고 해서, 현재 배양되지 않는 미생물이 앞으로도 배양되지 않을 것이라는 주장은 시기상조이다. 전통적인 성장 배지는 새로운 배지와 성장 조건에 자리를 내어주고 있다. 1가지 접근방법은 일반적이지 않은 전자공여체와 전자수용체를 사용하는 것이다. 예를 들어, 미국 캘리포니아주에 있는 모노(Mono) 호수의 퇴적물에서 분리된 새로운 균주는 전자공여체로 아비산염(arsenite)이 제공되고 전자수용체로 질산염(nitrate)이 제공된 무산소환경에서만 배양이 되었다. 또한 새로운 미생물을 배양하기 위해서는 인내가 필요하다는 사실도 점점 명확해지고 있다. 미생물학자들은 미생물의 배가시간(doubling time)이 보통 몇 시간 정도이며 길어야 며칠 정도라는데 익숙해져 있다. 하지만, 실제로는 **미생물 다양성 및 생태 26.1**에 언급된 것처럼 항상 그런 것은 아니다. 또한, 미생물학자들은 액체배양에서의 탁도(turbidity)가 미생물의 성장을 나타낸다고 훈련받았지만, 이 또한 항상 그런 것은 아니다. 왜냐하면, 어떤 세균들은 탁도를 나타내기에는 너무 낮은 세포 밀도에서 정체기에 도달해 분열을 멈추기 때문이다. 마지막으로, 한 미생물의 성장이 다른 미생물의 대사산물에 의존할 수 있다는 점에 기반하여, 세균들이 필터나 겔을 통해 분비된 대사산물이나 신호분자들을

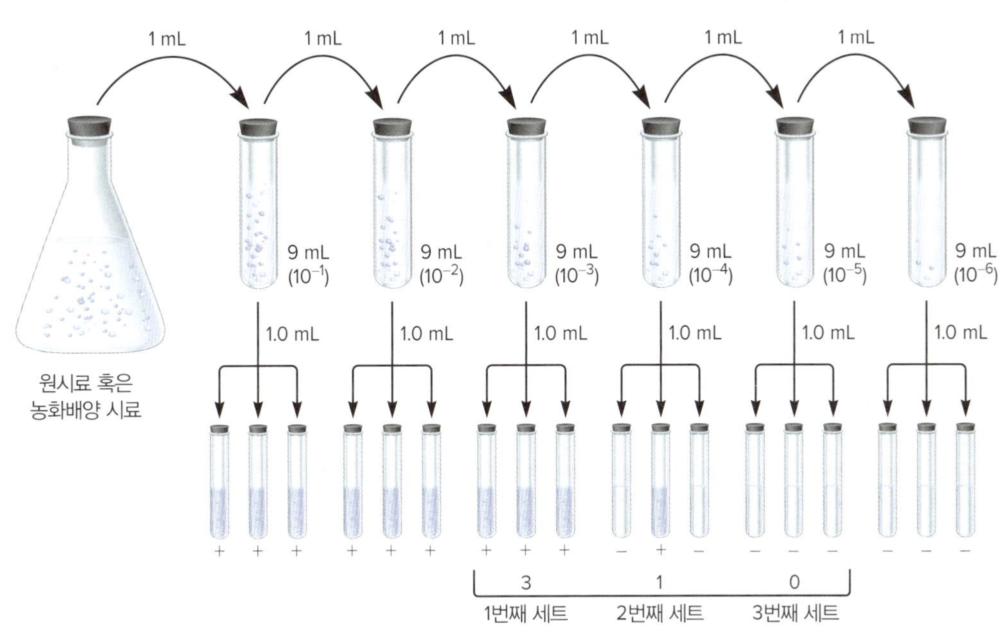

1. 희석비율별로 시료를 준비한다. 일반적으로 10배 희석비율을 사용한다.
2. 각 희석비율의 시료 1 mL 씩을 배양시험관 3개에 각각 접종한다.
3. 성장이 일어난 시험관을 확인한다. 성장이 일어나지 않은 첫 번째 희석 세트(혹은 성장이 일어나지 않은 시험관의 개수가 최소인 세트)를 이용하여 3개의 희석 세트를 결정한다.
4. 통계분석에 기반한 표를 이용하여 MPN을 구한다.

(a) MPN 분석 과정

성장이 일어난 시험관의 수			MPN
1번째 세트	2번째 세트	3번째 세트	
3	0	3	0.95
3	1	0	0.43
3	1	1	0.75

이 MPN 값(0.43)은 시료 1 mL 당 4.3 x 10^3 미생물에 해당한다

(b) MPN 표의 일부

그림 26.2 최확수 실험법.

서로 교환할 수 있도록 하는 기술들이 개발되었다.

다양한 환경에서 살아가는 미생물들의 특정 요구사항을 충족시키기 위해 다양한 새로운 배양기술들이 적용되었다. 고속대량처리법(high throughput method)을 사용하면 효율성을 크게 향상시킬 수 있다. 널리 알려진 방법 중 하나가 **소거배양법**(extinction culture technique)이다. 소거배양법에서는 자연 시료를 먼저 현미경으로 검사한 후, MPN 기법과 유사하게 세포의 밀도가 1개에서 10개 사이가 되도록, 즉 세포가 소거될 정도로, 희석하기 때문에 이러한 명칭이 붙여졌다. 48홈 미세적정판(48-well microtiter plate)을 이용하여 적당한 조건에서 원하는 시간만큼 다수의 1 mL 배양을 수행한다. 이후, 미생물의 성장이 일어났는가를 확인하기 위해 시료를 염색한 후 현미경으로 관찰한다. 배양물이 탁하지 않더라도 미생물이 성장했다는 징후가 나타나는 경우가 많은데, 이 경우 배양된 미생물을 신선한 배지로 옮겨 배양할 수 있다. 초기 배양에 10개 이하의 세포가 있다는 사실이 중요한 데, 추가적으로 배지를 교체하고 희석하게 되면 궁극적으로는 단일 세포로부터 유래된 배양(즉, 클론 성장)이 가능한 것이다.

인간 마이크로바이옴을 구성하는 미생물들을 목록화하는 최근의 연구로 인해 **배양체학**(culturomics)이라 불리는 고속대량 배양기법의 개발이 촉진되었다. 배양체학은 최소 3단계로 이루어져 있다. 먼저 여러 가지가 혼합된 미생물 시료는 수백 가지의 다른 배지에 접종되어 다양한 물리적 조건(예: 온도, pH, 산소 농도)에서 배양된다. 성장하여 집락을 형성한 미생물은 질량분석이나 rRNA의 소단위(small subunit, SSU: 세균이나 고균은 16S, 진핵생물은 18S) 서열분석을 통해 동정된다. 이런 초기 배양으로부터 더 큰 배양이 시작될 수 있다. 즉, 배양의 규모가 커지고 어떤 경우에는 미생물이 순수배양된다. 순수배양이 가능하지 않은 경우에도 단세포 유전체학(single-cell genomics)을 통해 유전체의 염기서열분석을 할 수 있다. ◀ 단세포 염기서열분석법(18.2절); 총 세포단백질을 연구하는 단백질체학(18.5절)

미생물 다양성 및 생태 26.1

인내, 노력, 운, 그리고 진핵생물의 진화

진화에서 가장 성가신 질문 중의 하나는 진핵생물의 기원에 관한 것이다. 하나의 가설은 진핵생물이 소위 아스가드 고균(Asgard archaea)의 조상으로부터 진화했다는 것이다. 이 가설에 따르면, 오래된 고균의 조상들과 이들의 내부공생 세균이 세균 기원의 미토콘드리아를 가진 초기 진핵생물을 발생시켰다는 것이다(1.2절 참조). 그런데 진화적인 사건들을 연결하는 것은 법정에서 사건을 전개하는 것과 어느 정도 비슷하다. 증거에는 2가지 유형이 있다. 첫 번째 유형은 용의자와 닮은 사람이 무기를 들고 있는 모습이 목격되었다와 같은 형태의 정황증거이다. 미생물학적으로 이와 유사한 상황은 현재 살고 있는 고균의 유전체에 진핵생물과 유사한 기능을 가진 단백질을 암호화하는 유전자(예를 들어, 복제와 전사에 관련된 유전자)가 있다는 것이다. 두 번째는 용의자가 불법적인 행위에 가담되어 적발되었다와 같은 직접적인 증거이다. 이와 유사한 미생물학적인 상황은 현재 살고 있는 고균이 소위 진핵생물 서명 유전자, 즉 막수송 소포 형성, 유비퀴틴, 세포골격 형성에 관련된 유전자처럼 진핵세포 특이적인 유전자를 가지고 있는 것이다.

2010년에 흥미로운 정황증거가 발견되었다. 로키의 성(Loki's castle)이라 불리는 심해 열수분출구(**그림**) 시료의 메타유전체 분석을 통해 Lokiarchaeum이라 불리는 새로운 고균의 유전체 대부분이 밝혀졌다. 이 메타유전체가 흥미로운 이유는 고균의 유전자뿐 아니라 진핵생물의 서명 단백질 유전자도 가지고 있었기 때문이다. 하지만 이 증거는 진핵생물 유전자에 의한 오염 위험이 높다는 이유로 진화과학 법원에서 인정할 수 없는 것으로 간주되었다. 어쨌든 이 유전자들이 세균이나 고균에서 이전에는 관찰된 적이 없었다는 것이다.

Lokiarchaeum 메타유전체의 진화적 의미가 공개적으로 논의됨에 따라, 일본의 이마치(Hiroyuki Imachi) 박사 연구실에서는 심해 열수분출구 퇴적물을 열수분출구 환경을 모방한 생물반응기(즉, 정교한 농화배양)에 넣어 두고 기다렸다. 5년이 지날 때까지 기다려서 생물반응기에서 시료를 채취하고, 다시 별도의 농화배양을 위해 1년을 더 기다렸다. 마침내 2019년에 그들은 Lokiarchaeum과 메탄생성 고균의 공동배양체를 얻을 수 있었다. 그들은 Lokiarchaeum을 *Candidatus* Prometheoarchaeum syntrophicum strain MK-D1이라 명명하였고, 이 고균은 분열에 2~3주가 걸린다는 것을 밝혔다.

가장 중요한 것은 이마치(Imachi) 박사 그룹이 *Ca.* P. syntrophicum 유전체의 염기서열을 밝힘으로써, 이 고균이 실제로 진핵생물의 서명 유전자를 가지고 있다는 직접적인 증거를 제공했다는 것이다. 최초의 Lokiarchaeum의 유전체를 제공함으로써 *Ca.* P. syntrophicum은 진핵생물과 가장 가까우면서 배양이 된 진핵생물의 고균 친척으로 인정이 되었다. *Ca.* P. syntrophicum과 진핵생물을 탄생시킨 고균 사이에는 20억 년이란 시간이 있지만, 그 어느 때보다 우리는 진핵생물의 기원에 대한 가설을 세우고 검증하는 데 가까이 와 있다. ◀ 아스가드고균은 진핵생물에 가깝다(19.2절)

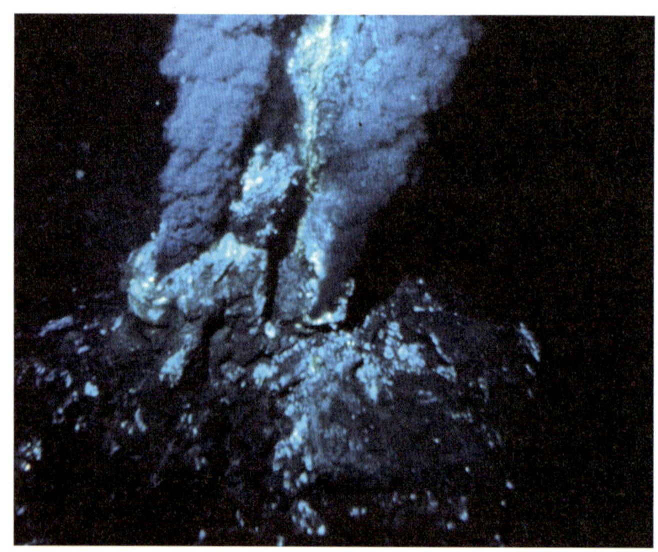

그림 OP. Rona/AR/National Undersea Research Program (NURP)/NOAA

유세포계수법(flow cytometry)은 혼합 집단으로부터 단일 세포를 분리하는 데 일반적으로 사용되는 기술이 되었다. 이를 이용하면 배양을 시작하는데 필요한 단일 세포를 얻을 수 있다. 유세포계수법에서 세포는 형광염료로 표지되어 액체의 유속관에 주입된다. **그림 26.3**에 나타낸 것처럼 유속관의 직경이 가늘기 때문에 한 번에 하나의 세포가 얇은 튜브를 통과하게 된다. 각 세포는 레이저 빔에 의해 감지

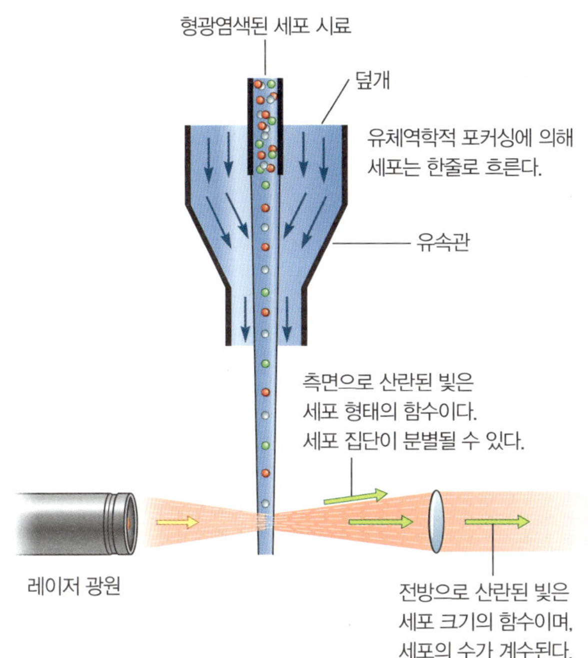

그림 26.3 유세포계수법.

연관 질문 형광활성화 세포분류(FACS)에서 유속관에는 어떤 일이 일어나는가?

된다. 레이저는 형광 표지를 여기시키고 각 세포로부터 방출된 빛은 검출기에 의해 수집되는데, 검출기는 세포가 방출하는 빛을 세포의 크기에 비례한 전압 펄스로 변환한다. 세포에서 방출된 빛의 일부는 측면으로 산란되는데, 이는 세포 형태의 복잡성에 대한 함수이다. 이렇게 산란된 빛도 검출되고 정량화된다. 따라서 유세포계수법은 세포의 크기와 형태에 따라 서로 다른 세포 집단을 검출할 수 있다. 추가적으로 **형광활성화 세포분류**(fluorescence activated cell sorting, FACS)도 가능하다. 여기에서는 유속관의 시료가 검출기를 떠날 때 진동을 가해 방울당 하나의 세포가 있는 작은 단일 방울로 부서지게 한다. 세포들은 검출기를 통과할 때 정전기적으로 전하를 가지게 되고, 전하는 각 세포가 수집용기로 가는데 안내하는 역할을 한다. 초당 수천 개의 세포가 레이저 빔을 통과하므로, 이러한 '흐름(flow)'이 세포를 세고 분류하고 수집하는데 매우 효율적인 수단이 된다.

마무리 점검

1. 어떤 미생물이 VBNC라고 하는 것은 어떤 때인가?
2. 토양 시료에서 죽은 미생물 세포와 살아 있는 미생물 세포의 비를 구하는 방법은?
3. 소거배양법의 이론적 근거에 대해 설명하시오.
4. 호수 물을 분석하여 세균과 고균을 얻고자 할 때 FACS를 어떻게 사용해야 하는가?

26.2 미생물 동정은 주로 분자적 특징을 기반으로 한다

이 절을 학습한 후 점검할 사항:

a. 분류학적인 분류를 결정하는데 일반적으로 사용되는 접근법을 나타내는 개념도를 작성할 수 있다.
b. 미생물 동정에 사용되는 분자적 접근법을 염기서열에 기반한 방법과 그렇지 않은 방법으로 구분하여 비교 설명할 수 있다.
c. 미생물의 속, 종, 균주 동정에 사용되는 적절한 방법을 선택할 수 있다.
d. 미생물의 분류학적인 동정이 가지는 의미를 기초 생물학적인 측면과 공중보건학적 측면에서 예측할 수 있다.

자연환경으로부터 어떤 미생물이 분리되었을 때, 본질적인 질문은 "이 미생물은 분류학적으로 어떻게 분류되는가?"이다. 미생물학자들은 미생물의 속과 종을 동정하기 위해 다양한 접근방식을 사용한다. 전부는 아니지만 많은 경우에 미생물의 순수배양체를 필요로 한다. 명확성을 위해 우리는 이러한 접근방식들을 고전적인 방식과 분자적인 방식의 2가지 그룹으로 나눈다. 가장 좋은 동정방식은 이러한 접근 방식들을 조합해서 사용하는 것이다.

고전적인 특성들

분류학에 대한 고전적인 접근 방식들은 형태적, 생리적, 생태학적 특성들을 사용한다. 이러한 특성들은 미생물 분류학에 오랜기간 사용되어 왔으며, 표현형적(phenetic, phenotypic) 분류의 근간이 된다. 이들 특성을 조합하여 사용하면 특성이 잘 알려진 미생물을 일상적으로 동정하는데 매우 유용하다.

세포의 모양이나 크기, 그리고 염색 특성(예: 그람양성 혹은 그람음성)과 같은 형태적 특징은 여러 가지 이유로 미생물 분류학에서 중요하다. 형태는 연구하고 분석하기 쉬운데, 특히 진핵 미생물에서 그렇다. 또한 형태 비교가 유용한 이유는 형태를 결정하는 구조적인 특징들이 많은 유전자들의 발현에 의존하고 있으며 일반적으로 이들 유전자들은 유전적으로 안정하기 때문이다. 따라서 형태적인 유사성은 계통학적 연관성을 나타내는 좋은 지표가 될 수 있다.

생리적 특성과 대사적 특성이 유용한 이유는 이들 특성이 미생물 단백질의 성질 및 활성과 직접적인 관련성이 있기 때문이다. 예를 들어, 새로 발견된 미생물에서 특정한 발효 최종산물이 검출된다면, 이 미생물에는 특정 이화효소와 이를 암호화하는 유전자가 있음을 의미한다. 따라서 에너지 대사나 영양소 수송과 같은 특성 분석을 통해 간접적으로 미생물 유전체를 비교 분석할 수 있다.

특정한 환경조건에 서식할 수 있는 미생물의 능력은 분류학적으로 중요한 가치가 있다. 알려진 미생물과 많은 측면에서 유사성을 보이는 어떤 미생물이 다른 생태학적 지위를 가지고 있다면, 이는 이 미생물이 기존에 알려진 미생물과는 연관성이 그리 높지 않을 수도 있다는 것을 의미한다. 분류학적으로 중요한 생태학적 특징에는 생활사의 양식, 공생관계의 성질, 특정 숙주에서 질병을 일으키는 능력, 서식지 선호도(특정 온도, pH, 산소, 삼투 농도 요구성) 등이 있다. ◀ 미생물 생장에 영향을 주는 환경요인(7.5절) ▶ 미생물 상호작용의 여러 유형들(27.1절)

분자적인 특성들

DNA, RNA, 단백질에 대한 연구는 미생물의 진화와 분류에 엄청난 영향을 주었다. 먼저 미생물을 동정하는 2가지 생화학적 접근법에 대해 알아보고 이후 유전학적 접근법에 대해 알아보도록 하자.

생화학적 특성들

미생물 분류에 사용되는 유용한 생화학적 특성 중에는 세균의 지방산이 있는데, 지방산은 지방산 메틸에스터(fatty acid methyl ester, FAME) 분석법을 통해 분석될 수 있다. 지방산은 사슬의 길이, 포화도, 곁사슬, 수산기 등에서 차이가 있다. 같은 종의 미생물은 동일한 조건에서 배양될 경우 동일한 지방산 프로필을 가지기 때문에 FAME 분석을 위해서는 분석 대상 미생물을 순수배양해야 한다는 제한이 있다. 또한 FAME 분석을 통해 관심 대상인 미생물을 동정하기 위해서는 기존의 FAME 프로필과 비교를 해야 되기 때문에, 동정하고자 하는 미생물과 같은 종의 FAME 프로필이 알려진 경우에만 이를 이용해 관심 대상인 미생물을 동정할 수 있다는 제한이 있다. 이러한 제한점들에도 불구하고 FAME 분석은 공중보건, 식품, 수서 미생물학 분야에서 특히 중요하다. ▶ 검체로부터 미생물의 확인(36.2절); 식품미생물학(40장); 안전한 식수를 보장하는 정화 및 위생 분석(42.1절)

질량분석법(mass spectrometry, MS)의 발전을 통해 세균에 다량으로 존재하는 특정 단백질들을 분석하게 됨으로써 빠르고 정확하게 세균을 동정할 수 있게 되었다. 세균의 동정에는 매트릭스 보조 레이저 탈착/이온화-비행시간형(matrix-assisted laser desorption/ionization-time of flight, MALDI-ToF) 질량분석법이라 불리는 특정 형태의 질량분석법이 주로 사용된다. MALDI-ToF를 이용하면 기존의 질량분석법으로는 분석이 쉽지 않았던 복잡한 생체고분자물질의 분석이 가능하다. 분석을 위해서는 분석할 물질을 타겟이라 불리는 시료 홀더에서 건조시키고 매트릭스와 혼합하는 과정을 거치게 된다. 자외선 레이저빔을 시료 타겟에 조사시키면 시료와 혼합되어 있던 매트릭스가 시료 표면으로부터 시료가 떨어져 나가는 것을 촉진하게 되는데, 이를 **매트릭스 보조 탈착**(matrix-assisted desorption)이라 한다. 매트릭스-시료가 방출(탈착)이 되면 일반적으로 매트릭스로부터 양성자가 시료에 전달되어 시료가 이온화되는데, 이를 **매트릭스 보조 이온화**(matrix-assisted ionization)이라 한다. 이온화된 생체 시료는 기기내부의 공간을 날아서 검출기에 닿게 되는데 이 과정에서 걸린 **비행시간**(time of flight)을 이용해 각 분자의 분자량을 결정하게 된다.

MALDI-ToF를 이용해 세균을 동정하는 가장 간단한 방식은 특정 조건에서 배양된 단일 집락의 세균 세포들을 전처리 없이 직접 시료 타겟으로 옮겨 건조시킨 후, 매트릭스와 혼합하여 분석하는 방법이다. 이러한 방식으로 분석을 하게 되면 세균에 다량으로 존재하는 단백질들의 질량을 분석할 수 있게 된다. FAME 분석법과 마찬가지로, 실험을 통해 얻어진 단백질 프로필은 기존에 알려진 세균의 단백질 프로필과 비교 분석함으로써 분류에 사용된다. MALDI-ToF 질량분석법은 같은 미생물 균주를 많이 다루는 의학 미생물학 분야에서 특히 중요하게 사용되고 있다. MALDI-ToF 질량분석법도 FAME 분석법과 마찬가지로 미생물들을 같은 조건에서 배양해야 된다는 제한점과 새로운 미생물 종을 동정할 수 없다는 제한점을 가지고 있다. ◀ 총 세포단백질을 연구하는 단백질체학(18.5절)

서명서열

1장에서 소개된 것처럼, **작은 소단위 리보솜 RNA**(small subunit ribosomal RNA, SSU rRNA)는 미생물의 계통분류학적 추론과 속 수준의 분류에 일반적으로 사용이 된다. 이 분자는 **올리고뉴클레오티드 서명서열**(oligonucleotide signature sequence)을 가지고 있는데, 이것은 특정 계통발생학적 그룹의 구성원들에게 특이적으로 나타나는 짧은 염기서열이다(그림 1.8).

중합효소연쇄반응(PCR)을 통해 rRNA 유전자(rDNA) 영역을 증폭하고 NGS(Next Generation Sequencing, 차세대 염기서열분석) 기술을 사용하여 DNA의 염기서열을 결정하게 됨으로써, SSU rRNA 서열을 얻는 효율성이 크게 증가되었다. PCR을 이용해서 여러 다양한 생물의 유전체에서 rDNA를 증폭할 수 있는데, 그 이유는 미생물을 동정할 때 표적염기서열의 양쪽에 보존된 염기서열을 사용하기 때문이다. 현실적으로 이것이 의미하는 바는 PCR 프라이머가 배양된 미생물과 배양되지 않은 미생물 모두에서 rDNA를 증폭한다는 것이다. 핵산서열(또는 기타 관찰 가능하고 정량화할 수 있는 표현형)을 통해서만 동정되는 비배양성 미생물을 **계통형**(phylotype)이라고 한다. ◀ 중합효소연쇄반응은 표적 DNA를 증폭시킨다(17.2절); 합

성에 의한 DNA 염기서열분석법(18.1절)

분류학적 표지로 SSU rRNA 서열을 사용하는 것은 분자생물학적으로 연관성을 측정함으로써 검증이 되었다. 종을 결정하는 전통적인 방법과 SSU rRNA 서열 데이터를 비교했을 때, 같은 종의 생물은 SSU rDNA 서열에서 최소 98.65%의 서열 동일성을 나타낸다. 이것이 의미하는 바는, 두 세균의 SSU rRNA 서열을 비교했을 때 ~1,540개의 염기로 이루어진 SSU rRNA에서 20개 이상의 염기 위치에서 차이가 있다면, 이들이 다른 종에서 유래했을 가능성이 있다는 것을 의미한다.

서명서열은 rRNA 유전자외의 다른 유전자에도 존재한다. 많은 유전자는 일정한 위치에 특정 길이와 서열의 뉴클레오티드가 삽입 또는 결손되어 있다. 이렇게 삽입되거나 결손된 특정 뉴클레오티드 서열은 하나의 문(phylum)에 속하는 구성원 모두에서 배타적으로 발견될 수도 있다. 이처럼 분류군은 특이적인 삽입 및 결손을 보존된 **인델**(indel, insertion/deletion)이라고 한다. 인델이 계통발생학적 연구에서 특히 유용한 경우는 인델 양쪽에 보존된 서열이 있는 경우이다. 이 경우 서명서열의 변이는 염기서열의 오정렬로 인한 것일리가 없기 때문이다. 염기서열로부터 추론된 아미노산 서열을 비교하면 계통발생학적 분석에 유용한 인델을 찾아낼 수 있다.

전체유전체 비교

분류학 분야에서 균주 동정 및 분류학적 분류를 위한 목적으로 전체유전체 염기서열분석(whole-genome sequencing, WGS)이 사용됨에 따라 생물 상호간의 연관성에 대한 새로운 정량적 측정법이 개발되고 평가되고 있다. 모든 표준 측정법이 그러하듯, 이 측정법도 방법과 해석의 표준화가 필요한데, 현재 이런 과정이 진행 중이다. 새로 발견된 미생물을 동정하기 위한 초기 단계는 SSU rRNA 비교인데, 이는 속 수준에서의 명확한 동정을 가능하게 한다. ◀ 유전체 염기서열분석법(18.2절)

종 수준으로 동정하려면 새로운 분리 균주와 이와 가장 가까운 기준 균주(type strain)를 유전자 별로 상세하게 비교하는 것이 필요하다. **평균 뉴클레오티드 동질성**(average nucleotide identity, ANI)은 이제는 종 동정을 위한 표준으로 널리 받아들여지고 있다. 이 기술은 두 유전체가 공유하는 모든 서열을 쌍별로(pairwise) 정렬하고 동일한 뉴클레오티드의 비율을 계산한다. 동일한 종에 속하는 두 유전체에 대한 ANI 값은 최소 95~96%여야 한다.

ANI는 **DNA-DNA 혼성화**(DNA-DNA hybridization, DDH)라는 생화학적 기술을 대체하고 있는 중이다. DDH는 두 균주에서 추출한 유전체 DNA를 혼합하여 수행하는데, 먼저 혼합물을 변성(denaturation)이 일어날 때까지 가열하고, 이후 복원(renaturation)이 되도록 천천히 냉각시킨다. 상보적이지 않은 영역은 짝을 이루지 않은 상태로 남아 있게 되므로 복원 정도를 계산할 수 있게 된다. 이러한 분석결과는 추출된 DNA의 품질 및 기타 요인에 따라 달라질 수 있다. 대조적으로, 생물정보학 소프트웨어와 WGS 데이터를 사용하여 디지털 DDH 값을 빠르게 계산할 수도 있는데, 이 기술은 ANI보다는 덜 일반적으로 사용된다.

디지털화된 또 다른 생화학기술은 **G + C 함량**(G + C content)을 계산하는 것이다. 이 계산은 DNA 염기에서 G + C의 함량을 나타내는 단순한 백분율이며, WGS 데이터로부터 쉽게 계산될 수 있다. 생물체는 약 30%에서 80%에 이르는 G + C 함량을 가지고 있다. 다양한 변이에도 불구하고 한 종에 속하는 균주들의 G + C 함량은 일정하며, 한 속 내에서도 G + C 함량은 거의 변화가 없다.

아종 및 균주의 동정

많은 응용 분야에서 종보다 낮은 수준의 동정이 필요하다. 이를 위해서는 일반적으로 rRNA를 암호화하는 유전자보다 더 빠르게 진화하는 유전자를 분석해야 한다. **다중부위 서열타이핑**(multilocus sequence typing, MLST)이라고 하는 기술은 보존된 세포유지유전자(housekeeping gene) 몇 개의 서열을 비교하는 것이다(**그림 26.4**). 수평적 유전자 전달을 통해 일어날 있는 오류를 피하기 위해 최소

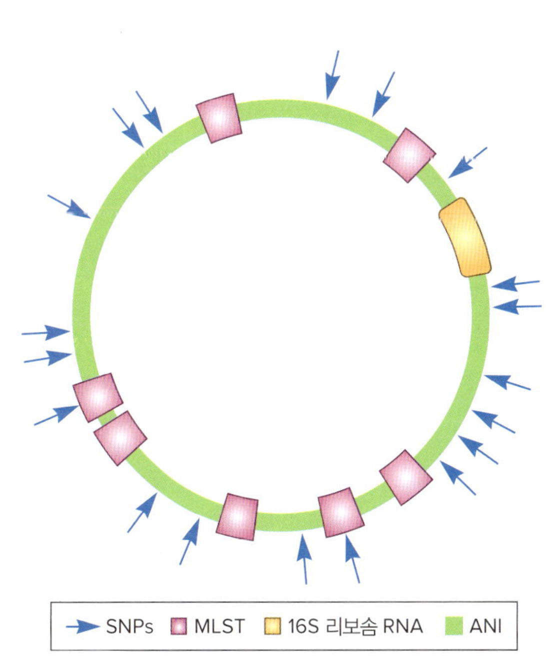

그림 26.4 유전분류학적 접근에서의 유전체 범위. 세균 또는 고균 유전체는 적어도 하나의 16S rRNA를 암호화하는 유전자자리를 가진다. MLST는 유전체 전체에 걸쳐 여러 유전자를 조사한다. SNP 분석은 전체유전체에 걸쳐 더 많지만 더 짧은 뉴클레오티드 서열을 비교한다. ANI는 전체유전체를 조사한다.

5개의 유전자를 조사한다. 각 유전자에 대해 다양한 유형, 즉 대립유전자가 존재하기 때문에, 두 미생물 분리균주가 여러 유전자에 대해 동일한 대립유전자를 공유한다는 것은 두 분리균주가 밀접하게 관련되어 있다는, 심지어는 같은 균주일 수도 있다는 강력한 증거가 된다. MLST는 종종 전체유전체 염기서열을 이용해 수행되는데, 이를 wgMLST(whole genome MLST)라고 한다. wgMLST 데이터를 사용할 수 있게 되면서 광범위한 유전자별 비교가 가능하게 되었다.

대부분의 그람음성 세균과 일부 그람양성 세균의 유전체에는 고도로 보존되고 반복적인 DNA 서열이 여러 개의 사본으로 존재하는데, 이 서열들도 미생물 동정에 사용될 수 있다. 3가지 반복서열 계열이 일반적으로 미생물 동정에 사용되는데, 이들은 154bp의 BOX 요소, 124~127bp의 장내세균 반복 유전자간 일치(enterobacterial repetitive intergenic consensus, ERIC) 서열 및 35~40 bp의 반복 유전자외 회문(repetitive extragenic palindromic, REP) 서열이다. PCR을 이용해 이러한 반복서열을 증폭하기 위해서는 프라이머가 필요한 데, 반복서열의 종류에 따라 각기 다른 프라이머를 사용하며 그 결과는 BOX-PCR, ERIC-PCR, REP-PCR로 구분된다. 각각의 경우에 여러 개의 미생물 시료에서 증폭된 단편들은 전기영동으로 분리되어 시각화될 수 있다. 겔의 각 레인은 개별 분리 균주에 해당하는데, 여러 개의 시료에서 생성된 패턴은 UPC 바코드와 유사하다. 패턴 인식 소프트웨어를 사용하여 바코드 패턴을 분석하면 계통발생학적 분석이 가능하다. 이를 통해 종, 아종 및 종종 균주 수준까지 동정할 수 있으며, 이 방법은 동물(인간 포함)과 식물의 병원체를 동정하는 데 자주 사용된다.

유전체의 많은 부분을 살펴보기 위해서는 특정 유전자, 유전자간 영역 또는 기타 비암호화 영역에서 **단일 뉴클레오티드 다형성**(single nucleotide polymorphism, SNP: "snip"으로 발음됨)을 조사한다. 원래 인간 DNA를 분석하기 위해 개발된 SNP 분석은 특정 영역들을 대상으로 하는데, 이는 이 영역들이 정상적으로는 보존되어 있어서 하나의 염기쌍 차이가 진화적 변화를 나타내기 때문이다. SNP 분석은 **제한효소 단편길이 다형성**(restriction fragment length polymorphism, RFLP) 분석과 유사점이 있다. 이 기술은 제한효소에 의한 절단 패턴 차이를 확인하는 것인데, 제한효소는 특정 뉴클레오티드 서열을 인식하기 때문에 제한효소에 의한 절단 패턴 차이는 개개의 염기쌍 변화를 반영하게 된다. 이 분석을 SSU rRNA를 암호화하는 유전자에 적용한 것이 **리보타이핑**(ribotyping)이다. WGS의 출현으로 인해 이러한 기술들은 점점 더 많이 컴퓨터를 이용하여 수행되고 있다.

마무리 점검

1. 분류와 동정에서 각각의 주요 특성 그룹(형태적, 생리 및 대사적, 생태 및 분자적)을 사용했을 때 어떤 이점이 있는가? 각각의 특성 유형에 대한 예를 드시오.
2. 새롭게 순수배양으로 분리된 미생물을 동정하기 위해 취해야 할 단계를 나열하시오. 어떤 기준을 통해 이것이 새로운 종인지의 여부를 판단할 수 있는가?

26.3 미생물 개체군 평가

이 절을 학습한 후 점검할 사항:

a. 미생물 군집을 종종 현장에서 연구해야 하는 이유를 설명할 수 있다.
b. FISH와 CARD-FISH를 왜, 언제, 어떻게 사용해야 하는 지를 설명할 수 있다.
c. 미생물 군집을 평가하기 위한 계통칩의 사용을 설명할 수 있다.
d. 미생물 다양성 평가에서 메타유전체학의 역할을 설명할 수 있다.
e. 토양이나 해수의 미생물 군집을 평가하는 데 어떤 기술이 적합한지 예측할 수 있다.

미생물 생태학자는 토양이나 물에 있는, 또는 인간을 포함한 다른 생물과 연관되어 있는 자연적인 미생물 군집을 연구한다. 다양성이란 생태계에 존재하는 속, 종 또는 생태형(ecotype)의 수를 나타낸다. **종풍부성**(species richness)은 환경에 존재하는 서로 다른 종의 수를 나타내는데, 미생물은 생태계에서 고르게 분포하거나 기울기를 이루어 분포하거나 일정 부분들에만 서식할 수 있다. 다양성, 풍부성 및 분포는 단일 서식지에서 사용되는 다양한 유형의 물질대사 전략을 반영하는데, 예를 들면 '다른 미생물이 사용하는 탄소원과 전자공여체 및 전자수용체는 무엇인가?'라는 것이다. 미생물 **개체군**(population)은 생태계에서 단일 종 혹은 다른 단일 분류군으로 이루어진 미생물 집단이다. 미생물 집단을 생리적 활성으로 정의할 때 **길드**(guild)라고 하는데, 이는 마치 목수 길드에서처럼 사람들의 길드가 직업을 나타내는 경우가 많은 것과 같다. 미생물의 예로는 토양에 있는 질화세균

Pixtal/age fotostock

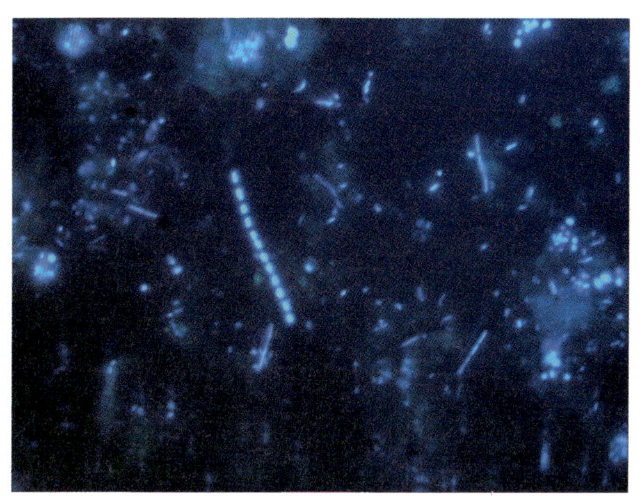

그림 26.5 DAPI는 핵산을 염색한다. 벨기에 해안에서 떨어진 북해의 미생물 집합체를 DAPI 염색 후 관찰한 사진이다. David C. Gillan/Mons University, Belgium

길드가 있다. 마지막으로, 공통의 서식지를 공유하는 모든 미생물은 **미생물 군집**(microbial community)을 이룬다.

염색법

미생물 다양성을 평가하는 가장 직접적인 방법은 자연계에 존재하는 미생물을 관찰하는 것이다. 이는 현장에서 수행될 수 있는데, 관심 있는 장소에 현미경 슬라이드나 전자현미경 격자를 담근 후 나중에 회수해서 관찰하는 것이다. 환경에서 채취한 시료는 종종 세포 염색약이나 특정 분자를 염색하는 형광염료를 사용하여 실험실에서 관찰된다. 그런 다음 개별 세포의 수를 세어 농도를 계산할 수 있다. 환경, 식품 및 임상 시료에서 미생물을 관찰하는 데는 형광염료인 DAPI (4′,6-diamido-2-phenylindole)와 아크리딘 오렌지(acridine orange)가 일반적으로 사용된다(**그림 26.5**). 이 염료는 핵산(즉, DNA와 RNA 모두)을 특이적으로 염색시키며, 염색 전 시료 준비 과정이 거의 필요 없다. 핵산 염색약인 SYBR Green도 사용되는데, 이를 사용하는 이유 중 하나는 이로부터 나오는 신호, 즉 빛이 충분히 밝아서 크기가 작은 바이러스 입자를 볼 수도 있기 때문이다.

DNA 혼성화 기술

핵산 염색을 통해 총 미생물의 수를 측정할 수 있지만, 미생물학자들은 종종 특정 속 혹은 특정 유형의 미생물 수를 측정하려고 한다. 이 경우 **형광 직접 혼성화법**(fluorescent in situ hybridization, FISH)이라는 기법을 사용할 수 있다. 이 기법에서는 자연 시료를 표지하기 위해서 관심대상 미생물에 특이적인 것으로 알려져 있는 **탐침**(probe)이라 불리는 형광 표지된 단일가닥 올리고뉴클레오티드를 사용한다(**그림 26.6**). 일반적으로 SSU rRNA의 서명서열을 탐침으로 사용한

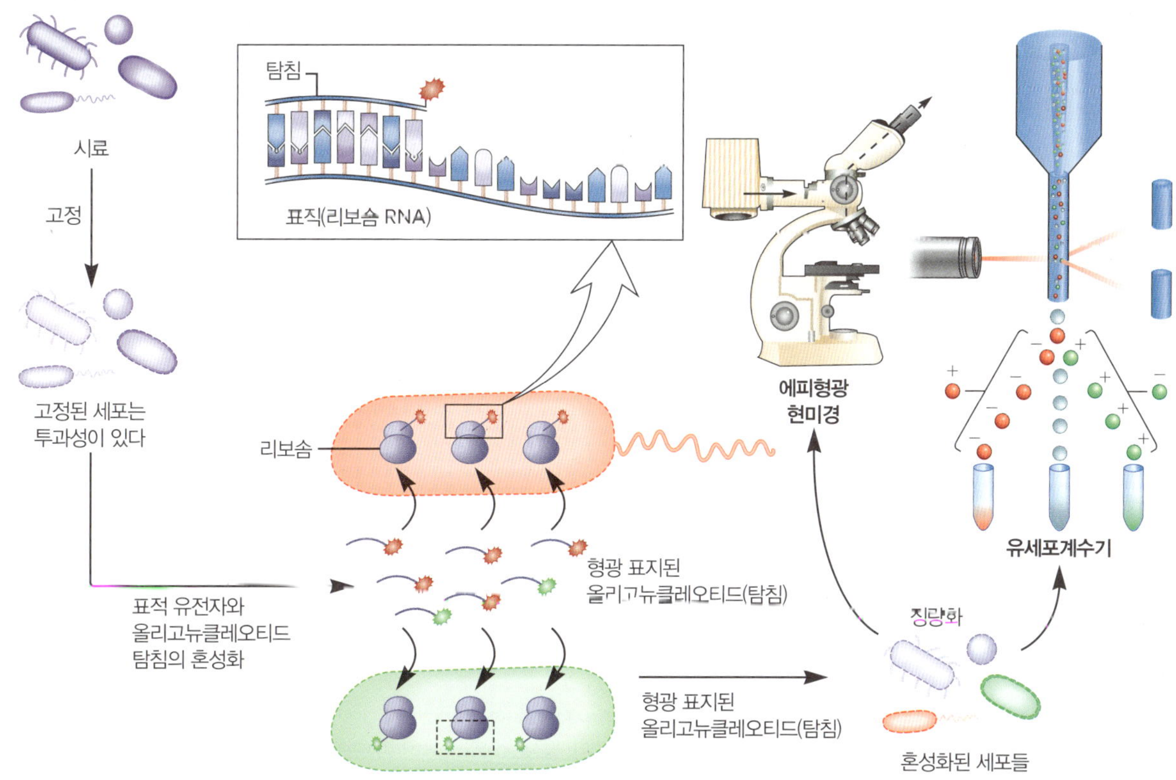

그림 26.6 형광 직접 혼성화법(FISH).

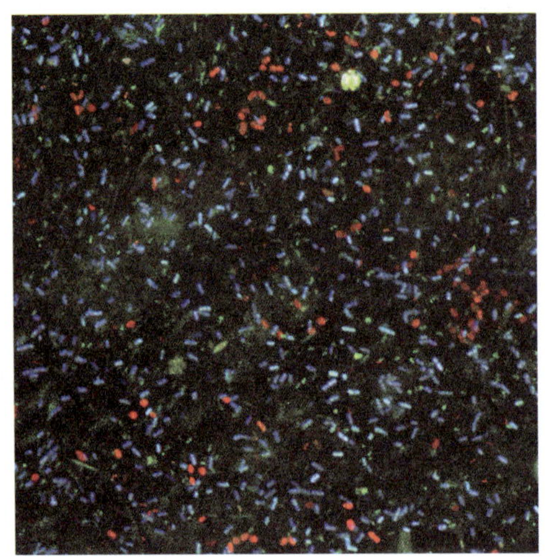

그림 26.7 미생물 개체군 연구를 위한 FISH의 사용. 이 연구에서 지렁이 장내의 미생물 다양성을 연구하기 위해서 다른 색의 형광으로 표지된 16S rRNA 탐침이 사용되었다. Seana Davidson

연관 질문 어떤 상황에서 유세포계수법보다 에피형광현미경법을 사용하는가? 그리고 반대의 경우는?

다. FISH를 수행하기 위해서는 미생물 세포막을 투과성이 있게 만들어 탐침이 내부로 들어가게 해야 된다. 일단 세포내부에 들어가게 되면, 탐침은 상보적인 뉴클레오티드 서열과 혼성화 한다. 결합하지 않은 탐침을 씻어 내고, 결합된 탐침의 형광을 통해 관심 미생물을 관찰한다. 탐침의 형광은 **에피형광현미경법**(epifluorescence microscopy)으로 확인한다(**그림 26.7**). 다른 방법으로는 유세포계수법(flow cytometry)을 이용하면 개별세포를 분리하고 계수(그러나 눈으로 볼 수는 없음)할 수 있다(그림 26.3). ◀ 형광현미경은 방출된 빛을 이용하여 상을 창출한다(2.2절)

사용된 탐침에 따라 FISH는 특정 종 또는 균주를 동정할 수 있다. 이로 인해 FISH는 미생물 생태학뿐 아니라 임상 진단 및 식품 미생물학에서 널리 사용되는 도구가 되었다. 예를 들어, FISH는 고균인 *Nanoarchaeum equitans*와 *Ignicoccus hospitalis* 사이의 연관관계를 밝히는데 사용되었다(그림 19.6 참조).

자연 시료에 FISH를 사용할 때 가끔 형광신호가 현미경으로 감지할 수 있을 만큼 충분히 밝지 않은 경우가 있다. 이는 이러한 환경에 사는 미생물이 종종 매우 천천히 성장하기 때문이다. 따라서 각 세포에는 수만 개의 리보솜(따라서 많은 rRNA 표적) 대신 상대적으로 적은 수의 리보솜이 있으므로 결합하는 탐침의 양이 검출 가능한 한계 미만이 된다. 각 세포에서 생성된 신호가 증폭되도록 하는 기발한 변형 FISH 기법이 개발되었다. 비결은 기질을 첨가하면 형광 산물을 많이 만들어내는 효소를 탐침에 부착하는 것이다. 이를 촉매반응 산물-FISH(catalyzed reported deposition-FISH) 또는 간단하게 CARD-FISH라고 한다. 일반적으로 올리고뉴클레오티드 탐침에 부착되는 효소는 서양고추냉이 페록시다아제(horseradish peroxidase, HRP)이다. 올리고뉴클레오티드를 시료에 혼성화시킨 후, HRP의 기질인 티라미드(tyramide)를 추가한다. 티라미드가 HRP에 의해 산화되면서 형광신호가 증폭된다. 이러한 방식으로, 단 하나의 rRNA 분자에 결합된 단일 올리고뉴클레오티드 탐침이 "효소 증폭" 형광신호를 생성할 수 있다.

계통칩(phylochip, **그림 26.8**) 및 지오칩(geochip)이라고 하는 특성화된 마이크로어레이도 염기서열분석 없이 자연 시료의 미생물 다양성을 평가하는 데 사용할 수 있다. 18.5절에 설명된 바와 같이 마이크로어레이는 단일가닥 DNA 탐침이 격자형으로 부착된 유리 칩이다. 각 DNA 탐침은 단일 유전자(또는 유전자의 일부)이며, 이 유전자들의 정체와 칩 상의 위치는 기록되어 있다. 환경 시료에서 추출한 단일가닥 DNA를 형광으로 표지하고, 이를 칩과 함께 배양하여 상보적인 탐침과 시료서열이 혼성화되도록 한다. 각 탐침(유전자)에 대한 혼성화 여부는 레이저 빔으로 측정된다. 계통칩의 탐침에는 수천 종의 세균과 고균의 16S rRNA 유전자가 포함되어 있으므로 "이

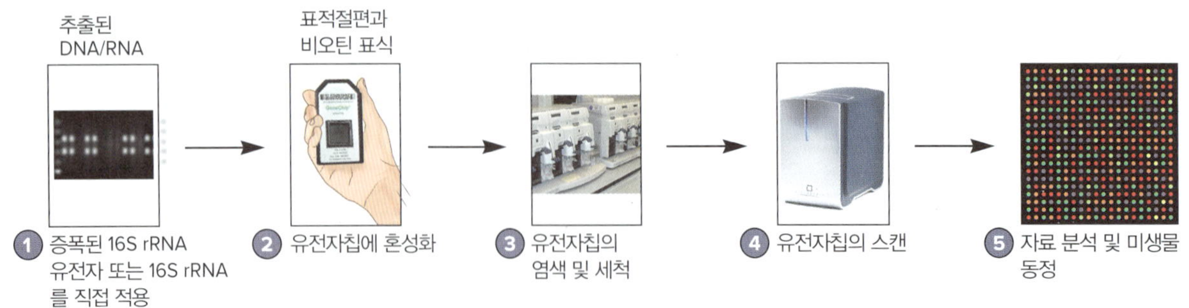

그림 26.8 계통칩 분석. 이 형태의 마이크로어레이 분석을 통해 미생물 다양성을 신속하게 평가할 수 있다. (1) 자연 시료에서 획득한 16S rRNA 유전자 또는 16S rRNA 분자를 표지한다. (2) 16S 핵산을 계통칩이라고 하는 마이크로어레이의 탐침과 혼성화시킨다. 탐침은 미리 선택된 미생물에서 얻은 16S rRNA 유전자의 짧은 영역으로 구성되어 있다. (3) 칩을 세척하여 탐침과 상보성이 없어 혼성화될 수 없는 표지된 16S rRNA 핵산들을 제거한다. (4) 레이저 빔이 계통칩을 스캔하면, (5) 다양한 색상과 강도의 일련의 반점들이 생성되는데, 이 반점들은 rRNA 탐침으로 표시되는 각 미생물의 존재 유무와 어느 정도의 상대적 풍부도를 나타낸다. 이 데이터는 컴퓨터로 분석된다.

환경에 누가 있는가?"라는 질문을 할 수 있게 된다. 지오칩 탐침에는 생물지구화학적 순환(예: 질소고정, 인산염 흡수 등)과 관련된 24,000개 이상의 유전자가 있기 때문에 "이 환경에서 어떤 일이 일어나는가?"라고 질문을 할 수 있게 된다.

메타유전체 분석

18장에서 설명한 것처럼 메타유전체 분석은 주어진 어떤 환경에서 유전체를 조사하는 가장 효율적이고 종합적인 접근 방식이다(그림 18.8 참조). 이처럼 메타유전체학은 생태계내 개체의 수와 유형을 의미하는 **거시다양성**(macrodiversity)과 개체군 내의 유전적 변이로 정의되는 **미시다양성**(microdiversity) 모두를 다룬다. 토양, 물 또는 기타 천연물질(예: 임상환경의 혈액) 시료에서 DNA를 추출하여 샷건 메타유전체학의 주형으로 사용한다. 고속대량처리의 차세대 염기서열분석을 사용하는 메타유전체 분석은 미생물 다양성을 연구하는데 중요한 도구이다. 메타유전체 판독결과를 분석하고 이를 정량화하는 컴퓨터 소프트웨어가 개발되어, 서로 다른 미생물 분류군의 상대적 풍부도를 일반적으로 평가할 수 있게 되었다. 하지만 메타유전체서열은 참조 유전체와 비교되어야 하기 때문에 기존에 유전체 서열이 결정된 미생물과 밀접하게 관련이 있는 미생물에 대해서만 동정이 가능하다. 메타유전체학을 통해 새로운 미생물이 발견될 수도 있다(실제 발견되었다)는 사실을 알아야 한다. 이를 위해서는 새로운 미생물 유전체의 대부분(또는 이상적으로는 전부)이 조립될 수 있도록 서로 중복되는 서열을 충분하게 검출하는 것이 필요하다. ◀ 합성에 의한 DNA 염기서열분석법(18.1절); 메타유전체학은 배양되지 않는 미생물 연구를 가능하게 한다(18.3절)

메타유전체 분석은 대량의 데이터를 생성한다. 연구자는 유전자의 부분집합(예: 질소고정을 위한 유전자)에 관심이 있을 수 있는데, 메타유전체학의 힘은 이러한 관심 유전자가 존재하는 맥락을 드러낸다는 것이다. 일반적으로 말해서, 한 군집의 유전적 다양성(미시적 다양성)에는 높은, 중간, 낮은 풍부도의 유전자가 포함되어 있다. 높은 빈도의 유전자는 일반적으로 군집내의 핵심유전체(core genome)에 해당한다. 적당히 풍부한 유전자는 흔히 세포-세포 상호작용을 위한 분비산물(예: 시데로포어, 항생제, 쿼럼센싱 분자)을 암호화하는 데 관련되어 있다. 낮은 빈도의 유전자는 보통 종 또는 균주 특이적인 표면 구조(예: 파지 수용체, 지질 A와 O-항원을 소립하는 효소들)를 암호화하고 있다. 이들 유전자는 주로 수평 유전자 전달에 의해 획득된 전이효소(transposase) 근처의 유전체 섬 또는 플라스미드에 암호화되어서, 균주의 범유전체(pangenome)의 일부가 된다. 유전형 다양성의 이점은, 잠재적 상호작용 증가와 성장에 사용 가능한 생태적 지위의 수 확대와 같은 여러 가지 이유로 인해, 개체 수준이 아니라 개체군 수준에서 발생한다.

시료에 있는 특정한 유전자(들)의 상대적인 수(예: 높음, 중간, 낮음)를 단순히 측정하는 것보다는 이 유전자(들) 주형의 사본 수를 측정하는 것이 일반적으로 바람직하다. 17장에서 설명한 바와 같이 실시간정량 PCR(real-time quantitative PCR, qPCR)은 주형 수의 측정이 가능하기 때문에 일반적으로 사용되어 왔다. 보다 최근에는 **디지털 미세방울 PCR**(digital droplet PCR, ddPCR)을 선택할 수도 있게 되었는데, 이는 중합효소연쇄반응을 억제할 수 있는 오염 단백질이 포함되어 있는 경우처럼 시료에 복잡한 분자 혼합물이 포함되어 있는 경우이다. 이는 환경 시료뿐만 아니라 많은 임상 시료에서도 마찬가지이다. 각 ddPCR 시료의 DNA는 주형이 하나만 포함되거나 아예 포함되지 않은 피코리터(10^{-12}리터)의 미세방울로 캡슐화된다. 이렇게 낮은 희석도에서 단일한 미세방울에 주형이 포함될 가능성은 푸아송 분포를 따르므로 주형을 포함하는 미세방울의 수는 시료 농도값으로 변환될 수 있다. ddPCR 방법을 사용하면 qPCR로 가능한 것보다 낮은 수준에서 주형을 검출하고 정량화할 수 있다. 또한 ddPCR을 이용하면, qPCR의 경우처럼 표준 곡선을 기반으로 하지 않고도, 절대적인 측정을 할 수 있다.

마무리 점검

1. DAPI는 어떤 고분자를 염색하는가? 이 염색의 장점과 단점은 무엇인가?
2. FISH는 무엇인가? CARD-FISH를 적용하여 기존 FISH보다 더 나은 결과를 얻을 수 있는 예를 설명하시오.
3. 자연 시료로부터 추출한 DNA를 분석할 때 샷건 메타유전체학(18장에 설명됨)을 사용하는 방법과 특정 유전자를 대상으로 하는 PCR 증폭을 사용하는 방법을 비교 분석하시오. 각 방법으로 어떤 종류의 질문에 대한 해답을 얻을 수 있는가?
4. 계통칩 분석이 식품 안전성 조사에 어떻게 유용할 수 있는가?

26.4 미생물 군집의 활성 평가

이 절을 학습한 후 점검할 사항:

a. 미세전극 측정이 미생물 군집 활성 연구에서 중요한 도구인 이유를 설명할 수 있다.
b. 전통적인 안정 동위원소 분석과 안정 동위원소 표지법의 적용을 비교할 수 있다.
c. 현장 mRNA 풍부도 측정의 장점과 단점을 평가할 수 있다.
d. 메타단백질체학에서 메타유전체학을 구별할 수 있다.
e. MAR-FISH와 FISH를 비교할 수 있다.

많은 미생물 생태학자들은 지구 생명체에 필수적인 생물지구화학적 순환을 미생물이 어떻게 유도하고 반응하는지 이해하기를 원한다. 따라서 이들은 영양소의 유동, 영양소 유동을 가능하게 하는 미생물 사이의 상호작용, 비생물적 요인의 영향 등을 확인하고 측정하려고 한다. 여기에서 연구 접근방식은 생물지구화학적 기술과 분자 기술로 나누어 설명되어 있지만, 한 가지 접근방식의 결과로부터 세운 가설이 종종 다른 접근방식으로 검증된다는 점을 분명히 해야 한다. ▶| 생물지구화학적 순환은 지구상의 생명을 유지한다(28.1절)

생물지구화학적 접근

아마도 가장 기본적인 미생물의 활성은 생장일 것이다. 따라서 가장 먼저 할 수 있는 질문은 “이 환경의 미생물이 생장하고 있는가? 만약 그렇다면 어느 정도의 속도로 생장하고 있는가?”이다. 복잡한 시스템에서 미생물의 성장률을 직접적으로 측정할 수 있는데, 시간 경과에 따른 미생물 수의 변화 및 분열하는 세포의 빈도를 이용하여 생산량을 추정하는 것이 이에 해당한다. 또는 방사성 표지된 티미딘(보통 ^{3}H로 표지)이 미생물 생체량으로 통합되는 것을 측정하면, 생장 속도와 미생물 물질전환에 대한 정보를 알 수 있다. 뉴클레오시드인 티미딘은 RNA가 아니라 DNA의 구성성분이므로, 이의 통합으로부터 성장을 측정할 수 있다. 이 접근법은 수생 미생물에 가장 쉽게 적용되는데, 토양 미생물 군집은 직접 관찰하기가 더 어렵기 때문이다.

군집의 활성을 측정하려면 해당 미생물 군집이 서식하는 미세환경을 잘 이해해야 한다. 많은 생태계에서 이러한 미세서식지들은 pH, 산소 분압, H_2, H_2S, 질소류 등을 측정할 수 있는 전극인 **미세전극**(microelectrode)을 이용하여 연구된다. 이 전극의 끝 부위, 즉 팁은 너비가 2~5 μm, 길이가 100~200 μm이므로, 밀리미터 이하의 단위로 조금씩 팁이 점진적으로 시료를 관통하며 측정하는 것이 가능하다. 전자공여체(예: 황화물, 암모늄)와 전자수용체(예: 산소, 질산염, 황산염)의 농도와 분포를 측정할 수 있기 때문에 미생물의 활성을 추정할 수 있다. 이러한 마이크로 전극은 **미생물 매트**(microbial mat) 연구에 널리 사용되고 있다(**그림 26.9**). 이렇게 고도로 층상화된 광독립영양생물과 화학영양생물 군집들은 염수 호수, 해안 조간대 및 온천에서 발달한다.

군집 기능을 확인하는 경우에는 특정 원소 종의 순환을 탐색하는 것이 종종 유익하다. 담수계 및 해양계에서는 미생물에 의해 고정된 탄소의 양을 확인하는 것이 중요하다. 이는 미생물에 의해 흡수되는 방사성 중탄산염($H^{14}CO_3$)의 양을 측정하는 방식을 통해 가장 통상적으로 수행된다. 중탄산염은 물에 용해되면 해리되어 CO_2를 방출한다. 따라서 이를 미생물 시료에 첨가했을 때 입자성 탄소(즉, 생물량)로의 통합은 **총 1차 생산**(gross primary production), 즉 호흡을 통해 소실된 CO_2를 고려하지 않은 탄소고정의 총량을 나타낸다. 호흡에 의한 소실을 측정하기 위해서는 특수한 CO_2 포획장치를 배양 용기에 추가할 수도 있다. 생물량에 고정된 CO_2의 양에서 호흡된 CO_2의 양을 빼면 **순 1차 생산**(net primary production)을 산정할 수 있다.

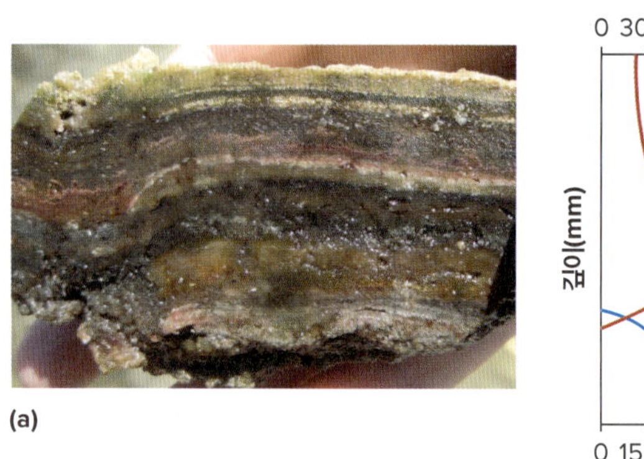
(a)

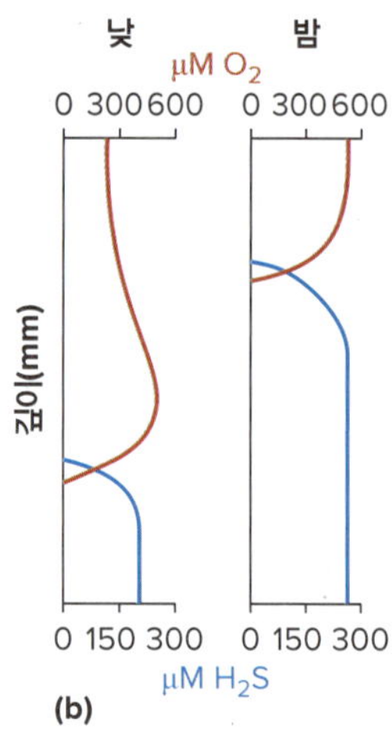

(b)

그림 26.9 미생물 매트의 미세전극 분석. (a) 미생물은 대사활성을 통해 환경적인 기울기(environmental gradient)를 생성함으로써 계층화된 생태계(layered ecosystem)를 구성할 수 있다. 미생물 층을 보여주는 온천(55°C) 미생물 매트의 수직 단면이다. (b) 미세전극으로 산소(빨간색)와 H_2S(파란색)를 측정하면 하루 동안의 기체 생산 변화를 알 수 있다. 낮에는 상층의 남세균에 의해 생성된 산소가 무산소호흡을 억제하므로 황산염 환원은 하부(어두운) 층에 국한된다. 밤에 산소발생형 광합성이 감소할 때 대기 중 산소는 매트로 확산되는 범위가 제한되므로, H_2S는 위쪽으로 확산되어 홍색광합성 세균의 전자공여체로 사용될 수 있다. (a) Reut S. Abramovich

방사성 동위원소 통합(1차 생산에 대해 설명한 것과 같은)에 더하여, **안정적 동위원소 분석법**(stable isotope analysis)도 이용될 수 있다. 동위원소는 중성자 수가 달라서 원자량이 다른 형태의 원소이다. 동위원소는 안정하거나 불안정할 수 있는데, 방사성 동위원소만이 불안정해서 붕괴한다. 안정적 동위원소는 자신의 가벼운 동위원소에 비해 드물게 존재한다. 예를 들어, ^{14}N과 ^{15}N은 모두 자연계에 존재하며 안정적이지만 ^{14}N이 훨씬 더 풍부하게 존재한다. 생물체는 안정적 동위원소를 구별해서 주어진 어떤 원소에 대해서도 더 가벼운 원소(이 경우 ^{14}N)를 우선적으로 생물량에 통합되는데, 이 현상을 **동위원소 분별**(isotope fractionation)이라 한다. 관심 화합물을 더 무거운 동위원소로 표지함으로써 이러한 분별 현상을 특정 원소의 운명을 추적하는 데 사용할 수 있다. 예를 들어, 토양에서 NO_3^-의 운명을 조사한다고 할 때 먼저 토양 샘플은 $^{15}NO_3^-$의 존재 하에 배양된다. 그런 다음 생물량에 통합된 ^{15}N의 양, $^{15}N_2$로 방출된 ^{15}N의 양, $^{15}NH_4^+$로 환원된 ^{15}N의 양을 측정한다. 불행히도 ^{15}N의 절대량은 너무 작아서 직접 측정할 수는 없다. 대신, 시료에서의 ^{15}N 대 ^{14}N 비율을 무기물에서 발견되는 표준 비율과 비교한다. $^{15}NO_3^-$를 동화한 생물체는 표준과 비교했을 때 더 많은 ^{15}N을 포함하고 있을 것이다. 델타(δ)라고 하는 이 차이는 다음과 같이 계산된다.

$$[(R_{시료} - R_{표준})/(R_{표준})] \times 1,000 = \delta_{시료-표준}$$

여기서 $R_{시료}$는 시료의 무거운 동위원소 대 가벼운 동위원소의 비율이고, $R_{표준}$는 표준물질의 무거운 동위원소 대 가벼운 동위원소의 비율이다. 예를 들어, 가상의 토양 군집이 표준보다 3ppt (parts per thousand)만큼 큰 $^{15}N/^{14}N$ 비율을 갖는 것으로 밝혀지면 이 값은 $\delta\ ^{15}N = +3\ \delta$ o/oo(기호 o/oo는 ppt를 나타냄)이다. 안정적 동위원소 분별의 진정한 가치는 서로 다른 미생물이 무거운 동위원소와 가벼운 동위원소를 서로 다르게 구별한다는 사실에 있다. 예를 들어, 질산염 생산은 N_2 형성과 구별될 수 있는데, 그 이유는 탈질작용과 질화작용에 대한 동위원소 농화인자(isotopic enrichment factor)는 각각 약 −26 o/oo과 −34 o/oo로 서로 다르기 때문이다.

안정적 동위원소 표지법(stable isotope probing)이라고 하는 또 다른 기술은 관심 원소를 이용하는 미생물을 동정할 뿐만 아니라 미생물 군집의 영양소 순환을 조사하는 데도 사용할 수 있다. 예를 들어, 이 기술은 논 토양생태계에서 메탄생성을 연구하는 데 사용되었다. 연구자들은 자연환경을 모방한 조건을 갖춘 작은 배양기인 **소인공생태계**(microcosm)를 만들었다. 이 경우에는 자연 상태의 논을 모방한 소인공생태계를 만들고 $^{13}CO_2$를 넣어 주었다. 이후, 기체 $^{13}CH_4$를 수집하였으며, 토양에서 추출된 RNA는 밀도차이를 이용해 ^{12}C-함유 RNA와 ^{13}C-함유 RNA로 분리되었다. $^{13}CO_2$를 동화시키는 미생물에 의해서만 합성될 수 있는 ^{13}C-함유 rRNA는 이 고균들을 동정하는 데 사용되었다. 모든 메탄생성 미생물은 고균임을 상기하라. 이 연구는 미생물 군집 생태학과 생리학을 이해하기 위해 생물지구화학과 분자생물학이 결합된 배양-비의존성 접근방식의 가치와 중요성을 보여준다. ◀ 메탄생성균과 메탄영양생물(19.5절)

분자적 접근

샷건 메타유전체학은 군집에 존재하는 DNA 조각들의 염기서열분석이라는 것을 상기하자. 지금까지는 이 염기서열을 사용하여 군집 구성원을 동정하는데 중점을 두었지만, 메타유전체 서열을 사용하여 군집의 기능을 추정할 수도 있다. 다양한 생물군계(예: 광산, 고염분 연못, 강어귀)의 메타유전체는 서식지의 생물지구화학적 조건을 반영한다. 예를 들어, 산소 공급이 원활한 산호초의 군집 메타유전체에는 호흡 단백질을 암호화하는 유전자가 풍부한 반면, 육상동물의 대장에서 나온 메타유전체에는 발효에 관여하는 효소를 암호화하는 유전자가 많다.

표 26.2 군집의 기능 및 대사 다양성을 평가하는 데 사용되는 예시 유전자들

대사과정	유전자	유전자 산물
암모니아 산화	*amoA, amoB, amoC*	암모니아 일산소첨가효소 단위체들
아나목스	*hzf*	히드라진 가수분해효소
이화적 질산염 환원	*narG* *nosZ* *nir*	질산염 환원효소 아산화질소 환원효소 아질산염 환원효소
메탄산화	*mmoA*	메탄 일산소첨가효소
메탄생성	*mcrA*	메틸-CoM 환원효소
질소고정	nifH, nifD, nifK	질소고정효소의 서로 다른 소단위체들
황산염 환원	*nifH, nifD, apsA*	아데노신포스포설페이트 환원효소

메타전사체학(metatranscriptomics)이라는 기법을 이용해 환경에 존재하는 mRNA도 모니터링할 수 있다. 이 기법에서는 자연환경에서 추출한 mRNA는 cDNA로 역전사되고(그림 17.4 참조) 차세대 염기서열분석에 의해 직접 분석된다. mRNA가 존재한다는 것은 해당 유전자가 활발하게 전사되고 이 유전자 산물이 아마도 활성을 가질 것이라는 것을 의미한다. 따라서 시료가 수집된 당시의 군집 활성을 평가할 수 있게 되는 것이다. 그러나 연구자가 전체 유전환경을 조사하기보다는 특정 대사기능에 관심을 가질 수도 있다. 이 경우에는 특정 프라이머를 이용하여 관심 효소를 암호화하는 특정 유전자 즉, mRNA들 표직으로 할 수 있다. 이러한 유전자들의 예를 **표 26.2**에 나타내었다. 이러한 연구를 통해 이화적 질산염환원과 아나목스 반응 둘 모두가 특정 서식지에서 질소 소실을 설명한다는 것이 밝혀졌다. ◀ 전사체 분석(18.5절) ▶ 질소 순환(28.2절)

불행히도 대부분의 mRNA는 불안정하기에 이를 회수하는 것에는 기술적인 어려움이 있다. **메타단백질체학**(metaproteomics)에서는 mRNA를 측정하는 대신 시료를 채취하는 시점에 존재하는 각 단백질들을 동정하는 것이다. 군집의 모든 단백질을 채취하고 동정하는 데는 2가지 일반적인 접근방식이 있다. 보다 많은 노동력을 요구하는 기술은 환경에서 회수된 각 단백질을 시각화하기 위해 2차원 폴리아크릴아미드 겔 전기영동(2D-polyacrylamide gel electrophoresis, 2D-PAGE)을 사용하는 기술이다(그림 18.13 참조). 개별 단백질들은 겔에서 추출되어 질량분석법[Mass spectometry, MS: 분광법(spectroscopy)이 아니라 spectrometry임]으로 분석될 수 있다. 그런 다음 전체 펩티드 질량과 아미노산서열 정보를 사용하여 데이터베이스를 검색함으로써 단백질을 동정한다. 이러한 접근은 개별 단백질의 상대적 농도가 중요한 경우 가장 좋은 방식이다. 단백질의 종류를 조사하는 것이 목표인 경우 더 자동화된 대용량고속처리 접근방식이 사용된다. 이 방법에서는 추출된 군집 단백질들이 단백질 분해효소 처리에 의해 펩티드라고 하는 단백질 단편으로 분해된다. 이 펩티드 혼합물은 2차원 나노 액체 크로마토그래피(2D nanoliquid chromatography, nano-LC)라는 방법으로 분리된다. 2D 겔이 처음에는 전하로 그 다음에는 분자량으로 단백질을 분리하는 것과 마찬가지로, 2D nano-LC도 2가지 다른 특성으로 펩티드를 분리하는데, 펩티드는 먼저 전하로 분리된 다음 소수성으로 분리된다. 펩티드 질량은 질량분석법으로 결정되며, 마지막으로 연속 MS(tandem MS)를 사용하여 아미노산서열 정보를 얻는다(그림 18.14 참조). 두 경우 모두, 얻어진 단백질서열은 동일한 환경에서 얻은 메타유전체 데이터와 비교된다. 평가되는 환경의 복잡성으로 인해서 메타단백질체학에는 한계가 있다. 자연 그대로의 토양과 같은 복잡한 환경에는 단위 g당 10억 혹은 그 이상의 서로 다른 단백질이 있을 수 있다. 가장 진보되고 자동화된 MS 접근 방식조차도 이처럼 크고 다양한 단백질들을 해결할 수는 없다. ◀ 총 세포단백질을 연구하는 단백질체학(18.5절)

메타전사체학과 메타단백질체학은 모두 환경에서 일어나는 활성을 평가하려는 방법이다. 활성 과정을 측정하는 또 다른 방법은 FISH를 사용하여 특정 mRNA를 동정하는 것이다(그림 26.6). 이 접근법은 **현장역전사효소-FISH**(in situ reverse transcriptase-FISH, ISRT-FISH)라고 한다. In situ는 "제자리에(in place)"를 의미하므로, 이 기술을 사용하면 미생물 생태학자는 자연 표본을 조사하여 관심 유전자가 발현되고 있는지 확인하고 이를 발현하는 미생물을 시각화할 수 있게 된다. 질화작용이 가능한 고균에 관심이 있다고 해보자. 이 미생물은 암모늄을 아질산염으로 산화시키는 고균의 *amoA* (ammonia monooxygenase, 암모니아 일산소첨가효소) 유전자를 발현한다(표 26.2). *amoA* mRNA에 상보적인 짧은 DNA 절편, 즉 *amoA* DNA 탐침을 설계할 수 있을 것이다. DNA 탐침이 자연 시료의 *amoA* mRNA와 혼성화되면 역전사효소를 사용하여 cDNA를 생성하고 PCR로 증폭한다. 이제 FISH에서 형광으로 표지될 수 있는 다량의 DNA 절편을 가지게 된 것이다. 예로 든 질화고균이 해양 샘플링 스테이션의 수층 어디에서 대사적으로 활성화 되는지를 확인하고 싶을 수 있다. 다양한 깊이의 물 샘플을 수집한 후 연구 선박에서 여과한다. 필터는 나중에 분석하기 위해 보존제로 고정될 가능성이 높다(이동하는 선박에서 현미경 검사를 수행하기는 어렵다). ISRT-FISH에 의해 수집된 데이터는 고균의 질화작용이 가장 활발한 곳을 나타낼 것이다. 이 결과는 빛의 투과도, 산소 농도, 그리고 질산염, 아질산염, 암모니아, 용존 유기질소 등의 양과 같은 물리적 매개변수와 상관관계가 있을 수 있다. 이러한 방식으로 미생물 생태학자는 이 흥미로운 미생물의 중요성과 분포에 대한 가설을 세울 수 있을 것이다.

만일 어떤 미생물이 특정 대사 활동을 담당하는지 알아내려면 어떻게 해야 할까? ISRT-FISH는 특정 유전자를 발현하는 미생물의 시각화를 가능하게 하지만 미생물을 동정할 수는 없다는 점을 상기하자. 대사 활성 평가와 계통 발생학적인 동정을 동시에 수행하기 위해서는 기존 방법인 **미세방사능사진법**(microautoradiography, MAR, 그림 26.10)과 FISH를 결합한 기술, 즉 MAR-FISH를 사용할 수 있다. MAR-FISH를 이해하기 위해서는 먼저 MAR에 대한 설명이 필요하다. MAR에서는 방사성 기질(예: ^{3}H로 표지된 티미딘)을 시료와 혼합하고 일반적으로 현장에서와 매우 유사한 특정 조건에서 이

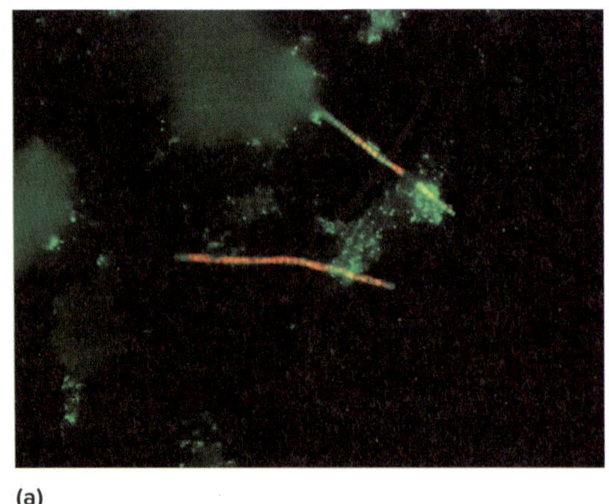

(a)

(b)

그림 26.10 MAR-FISH 기법은 단일 시료에서 미세방사능사진법과 FISH가 조합된 것이다. 복잡한 미생물 군집에 존재하더라도 대사 활성을 동정하고 측정하기 위해 관심 있는 세포는 3중으로 표지되었다. (a) 형광현미경에서 주황색 신호를 생성하는 FISH 탐침을 사용하여 동정된 관심 있는 사상성(filamentous) 미생물이다. 녹색형광은 DNA와 같은 이중가닥 핵산에 결합하는 염료(YO-PRO-1)로 인해 나타났다. (b) 명시야현미경으로 볼 때 MAR을 통해 사상성 세균은 검게 염색되었는데, 이는 이 미생물이 ^{3}H-표지 아미노산을 흡수(동화)했음을 나타낸다. Cleber Ouverney

를 배양한다. 배양이 끝나면 시료를 세척하여 세포가 흡수하지 않는 방사성 기질을 제거한다. 현미경 슬라이드에 부착된 시료를 사진 유제로 처리한다. 슬라이드를 조심스럽게 포장하여 암실에 보관한다. 세포에 통합된 방사성 물질이 붕괴함에 따라 사진 유제의 은 입자가 감광된다. 현상을 하면, 감광된 은 입자는 관심 있는 방사성 기질을 동화시킨 세포 주위에 일련의 검은 점을 남기게 된다. MAR이 FISH와 결합되면 복잡한 미생물 군집 내에서 단일 세포 수준으로 관심 미생물의 유전적 구성 및 특정 기질 흡수 양상을 분석할 수 있게 된다.

마무리 점검

1. 방사성 동위원소와 안정적 동위원소는 어떻게 다른가? 토양 생태계에서 탈질작용이 일어나고 있는지 확인하기 위한 실험을 설계하시오.
2. 안정적 동위원소 연구를 준비하기 위한 자료를 수집할 때 미세전극은 어떻게 활용될 수 있는가?
3. 메타전사체 분석으로 답을 할 수 있는 질문을 제안하시오.
4. 메타단백질체학이란 무엇인가? 이것이 메타유전체학과 유사한 점과 다른 점은?
5. MAR과 MAR-FISH의 차이점은 무엇인가? MAR로 답을 할 수 있는 미생물 생태학 질문과 MAR-FISH가 필요한 질문을 제안하시오.

요약

26.1 미생물학은 배양에 의존한다

- 미생물 분류군의 5% 미만이 배양되었다. 관찰된 미생물 분류군의 수와 성장한 분류군의 수 사이의 불일치를 거대평판계수 차이라고 하는데, 이는 비배양성 생존 미생물의 비율이 상당하다는 것을 나타낸다.
- 대부분의 미생물은 순수배양할 수는 없지만, 소거배양법과 배양체학과 같은 새로운 접근방식으로 인해 그 동안 배양되지 않은 미생물을 분리할 수 있게 되었다.
- 최확수(MPN) 기법은 시료에서 미생물의 수를 계산하는 수단으로 오랫동안 사용되어 왔다(그림 26.2).
- 유세포계수법은 세포를 세고 분류하는 빠르고 효율적인 방법이다(그림 26.3).

26.2 미생물 동정은 주로 분자적 특징을 기반으로 한다

- 역사적으로 미생물 분류학적 및 계통발생학적 분석은 형태학적, 생리학적, 생태학적 특성들을 사용했다. 이들은 분자생물학적 정보도 포함하는 완전한 모습을 구축하는 데 여전히 중요하다.
- 핵산 염기서열분석은 유전체를 비교하는 가장 강력하고 직접적인 방법이다. 전체유전체 염기서열분석은 유전체 비교를 위한 다른 방법들을 빠르게 대체하고 있다.
- SSU rRNA의 서열은 미생물의 계통발생학적 연구에 사용되며 속 수준까지 미생물을 동정할 수 있다.
- 종 또는 균주 수준에서 미생물을 동정하려면 추가적인 기술을 적용해야 한다. 여기에는 다유전자 염기서열 분석(MLST) 및 단일 뉴클레오티드 다형성 분석이 포함된다(그림 26.4).

26.3 미생물 개체군 평가

- 자연환경에서 미생물을 관찰하기 위해 다양한 염색기술이 사용된다. 형광 직접 혼성화법(FISH)은 일반적으로 SSU rRNA 유전자 영역에 있는 특정 뉴클레오티드서열을 가지고 있는 미생물을 표지한다(그림 26.6 및 그림 26.7).
- 샷건 메타유전체학은 미생물 개체군에 대한 가장 완전한 정보를 제공하는데, 그 이유는 자연 시료에서 추출한 DNA에 존재하는 모든 유전자의 염기서열이 결정되고 분석되기 때문이다.
- 자연 시료에서 추출한 DNA로부터 SSU rRNA 유전자를 증폭하는 것은 미생물 다양성을 평가하기 위한 일반적인 접근방식이다.
- 계통칩 및 지오칩이라 불리는 SSU rRNA를 담침으로 가진 마이크로어레이는 개체군과 군집의 다양성을 빠르게 평가할 수 있다(그림 26.8).

26.4 미생물 군집의 활성 평가

- 미세전극은 미세한 생태적 지위(microniche)에서 pH와 O_2 및 H_2S의 농도와 같은 매개변수를 측정하는 데 사용될 수 있다(그림 26.9).
- 안정적 동위원소 분석은 생명체가 자연에서 발견되는 무거운 동위원소와 가벼운 동위원소를 구별한다는 사실에 근거한다. 이것은 생태계를 통한 영양소 유동을 모니터링하는 데 자주 사용된다.
- 메타전사체학은 미생물 유전자 발현을 측정하여 군집의 활성을 평가한다.
- 메타단백질체학은 미생물 군집에 의해 발현되는 단백질을 동

정하는 데 사용할 수 있다. 단백질의 수가 너무 많기 때문에 기존의 2D 겔 분석은 일반적으로 실용적이지 않으며 대신 고속 대용량처리를 할 수 있는 크로마토그래피 기술이 사용된다.

- 미세방사능사진법(MAR)과 결합된 현장역전사효소(ISRT)-FISH는 대사 활성과 유전적 구성을 동시에 평가한다(그림 26.10).

심화 학습

1. 철(II) 이온(ferrous iron, Fe^{2+})을 전자공여체로 사용하고 산소를 전자수용체로 사용하는 화학무기독립영양생물은 어떻게 배양해야 하는가?
2. 아세트산과 CO_2는 모두 메탄생성 고균에 의해 메탄(CH_4)을 생성하는 데 사용될 수 있다. 물에 잠긴 토탄에서 메탄 생성을 위한 탄소원을 어떻게 결정할 수 있는가?
3. 오스트레일리아의 샤크만(Shark Bay)에는 2가지 유형의 미생물 매트, 즉 매끄러운 것과 부스럼 투성이인(울퉁불퉁한) 것이 있다. 매끄러운 매트에는 메탄생성 및 메틸영양 고균이 다양하게 있는 반면, 울퉁불퉁한 매트에서는 호염균(halobacteria)이 고균 군집의 우점종이다. 이 매트들에서 발견되는 고균 속들을 동정하고 계수하기 위해서 어떻게 하겠는가? 어떻게 그들의 물질대사 전략(예: 메탄생성 대 메틸영양)을 결정하고 산소 침투와 같은 매트의 물리적 특징과 관련된 공간 분포를 결정할 수 있는가? 이러한 질문에 답하는 데 사용되었을 수 있는 기술들에 대해 설명하시오.
4. 담수생태계의 미생물 군집에는 퇴적물, 식물 및 암석에 부착된 생물막에 사는 미생물 군집이 포함되어 있다. 이러한 미생물은 온도와 수위의 변화 및 토양 유출수에서 발견되는 살충제와 기타 오염물질에 대한 노출을 포함하여 많은 스트레스를 받는다. 이러한 생물막에서의 군집 역학을 탐구하기 위해 스페인 미생물학자 그룹은 군집 구성원을 동정하고, 주요 대사 활성을 결정하기 위해 농화배양과 메타유전체학의 조합을 사용하였다. 당신이 근처의 가까운 개울을 연구하고 있다면 묻고 싶은 연구 질문을 제안하시오. 어떤 가설을 테스트하겠는가? 질문에 답하고 가설을 검증하기 위해 사용할 배양 기술과 분자생물학적 기술에 대해 토론하시오.

   참고 문헌: Romero, F., Acuña, V., and Sabater, S. 2020. Multiple stressors determine community structure and estimated function of river biofilm bacteria. *Applied and Environmental Microbiology* 86: e00291-20. DOI: 10.1128/AEM.00291-20

CHAPTER

27

미생물의 상호작용

Kevin Wells Photography/Shutterstock

군집 속의 미생물

중앙 아메리카 개미는 현대의 농부와 어떤 점에서 유사한가? 둘 모두 그들의 지역사회에 식량을 공급하는 데 중요한 작물을 재배하고 작물을 공격하는 해충을 퇴치하기 위해 화학물질에 의존한다. 어떤 점에서 차이가 나는가? 개미는 작물로 균류(fungi)를 재배하지만, 인간은 버섯을 제외하고는 식물을 작물로 재배한다.

재단사 개미, 잎꾼 개미, 가위 개미 등으로도 불리는 잎자르기 개미(leaf-cutter ant)는 이름 그대로 잎을 자르는 개미이다. 이 개미들은 잎을 둥지로 운반해서 그들이 키우는 작물인 균류에게 먹이로 준다. 수천 년 동안 길들여져 온 이 균류는 개미 유충의 먹이로 재배된다. 불행하게도 작물로 재배되는 이 균류는 기생성 균류인 *Escovopsis*에 감염되기 쉽다. 조만간 알게 되겠지만, *Escovopsis*는 *Pseudonocardia* 속의 방선균에 의해 억제될 수 있다. 개미에 서식하는 이 세균은 *Escovopsis*로부터 균류 작물을 보호하는 억제물질을 생성한다. 상호작용하는 구성원들로 이루어진 이 군집에는 협동관계(균류 작물을 보호하는 방선균)와 편해관계(균류 작물을 감염시키는 *Escovopsis*)가 포함되어 있다.

놀랍게도 이 군집에는 또 다른 구성원이 있는데, 이 구성원은 방선균이 생산하는 항균물질이 기주에 부합하는지를 검사하는 품질관리자 역할을 한다. 이 구성원은 *Pseudonocardia*를 먹이로 삼는 검은 효모인 *Phialophora*로서 *Pseudonocardia*와 함께 살아간다. 균류 농장을 보호하는 역할을 하는 방선균에 적대적인 *Phialophora*가 용인되는 것이 이상해 보이지 않는가? 이에 대한 설명은 속임수와 관련이 있다. *Pseudonocardia* 세포가 항균물질을 생산하기 위해서는 에너지 측면에서 고비용이 들지만, 항균물질을 생산해야만 이 세균의 안정적인 생존이 보장될 것이다. 하지만, *Pseudonocardia* 개체군의 일부는 자기는 항균물질을 생산하지 않고 이웃이 생산하게 하는 속임수를 쓸 수 있을 것이다. *Phialophora*는 이렇게 속임수를 쓰는 방선균의 증가를 억제함으로써 방선균들 모두가 해충 방제에 참여하도록 하는 역할을 하는 것으로 보인다.

이렇게 6개의 부분으로 구성된 공생(잎, 개미, 재배되는 균류, 기생 *Escovopsis*, *Pseudonocardia*, *Phialophora*)은 다세포생물에서 미생물 군집의 복잡성을 잘 보여준다. 이러한 유대관계는 공진화(coevolution)를 거치면서 최적화되었다. 공생자(symbiont)는 건강, 행동, 진화, 번식 성공과 같은 숙주의 많은 측면에 영향을 미친다. 이번 장에서는 미생물 상호작용의 유형을 정의하고 구체적인 예를 살펴볼 것이다.

이 장의 학습을 위해 점검할 사항:

✓ 원생생물의 일반적인 형태와 수소발생체의 구조와 기능을 설명할 수 있다(5.6절과 23.1절).

✓ 미생물의 생장에 영향을 미치는 환경요인들을 나열할 수 있다(7.5절).

✓ 전자공여체와 전자수용체의 표준환원전위를 비교하여 도식화하고, 이를 표준자유에너

지 변화에 연관시켜 설명할 수 있다(10.3절).

✓ 세균과 고균이 사용하는 이화작용 전략의 다양성에 대해 설명할 수 있다(11장).

✓ 탄소와 질소고정에 대해 설명할 수 있다(12.3절과 12.5절).

✓ 유전체 축소와 절대세포내 생활방식을 연관지어 설명할 수 있다(18.7절).

✓ 메타유전체학의 응용에 대해 설명할 수 있다(18.3절과 26.3절).

✓ 메탄생성에 사용되는 기질을 알아 볼 수 있다(19.5절).

27.1 미생물 상호작용의 여러 유형들

이 절을 학습한 후 점검할 사항:

a. 상리공생, 협동관계, 편해작용 등과 같은 서로 다른 미생물 상호작용을 비교하고 차이점을 설명할 수 있다.

b. 절대적 동반자 관계와 조건적 동반자 관계를 구분할 수 있다.

미생물 상호작용의 정도를 파악하기 위해서는 거울 속만 들여다봐도 충분하다. 여러분의 몸에 존재하는 세균 세포의 수(고균, 균류, 박테리오파지, 원생생물을 제외)는 최소한 체세포의 수만큼은 된다. 더 깊이 살펴보면, 우리 몸의 세포마다 존재하는 미토콘드리아는 에너지 전달을 기반으로 한 고대의 세균 공생에서 비롯된 것이다. 대다수의 미생물은 자기와 가까운 미생물 뿐 아니라 다른 영역(domain)에 있는 생물이 포함된 복잡한 군집에서 살고 있다. 서로의 관계가 유익한지, 중립적인지, 또는 부정적인 영향을 미치는지에 관계없이 한 생물과 다른 생물의 유대관계를 **공생**(symbiosis)이라고 한다(**그림 27.1**). 공생 상호작용은 연속적이며 개체에게 주어지는 이익 혹은 피해는 환경조건과 군집 구조에 따라 바뀔 수 있다.

세균 세포와 온건성 박테리오파지를 생각해보자(그림 6.15 참조). 환경요인이 박테리오파지가 용균성(lytic) 또는 용원성(lysogenic) 생활사에 들어갈지 여부를 결정한다. 용균성 감염의 결과는 항상 숙주에 해를 입히지만, 온건성 박테리오파지에 의한 감염은 중립적이거나 유익한 결과를 초래할 수 있다. 추가적인 프로파지(prophage) DNA 염기 수천 개 정도를 복제하더라도 숙주 세균은 크게 영향을 받지 않을 수 있다(중립적인 결과). 추가적인 대사 유전자를 가진 박테리오파지의 경우라면, 이제 숙주는 자신의 생태적 지위를 확장시킬 수 있는 능력을 가지게 된 것일 수도 있다(유익한 결과). ◀ 바이러스 감염에는 여러 가지 유형이 있다(6.4절)

세균의 상호작용에서 중요한 측면은 이것이 조건적인지 아니면 절대적인지의 여부이다. **조건적**(facultative) 상호작용은 그 미생물이 다른 선택을 할 수 있는, 즉 대체 가능한 생활사를 가지고 있다는 것이다. 이것의 예로는 자유생활 세균으로 토양에 서식하지만 콩과식물의 뿌리혹에서도 잘 자라는 *Rhizobium* 종들이 있다(그림 21.8과 그림 30.9 참조). 바이러스는 **절대적**(obligatory) 상호작용의 예로서 바이러스가 복제되기 위해서는 숙주가 절대적으로 필요하다. 이와 유사하게 진핵세포내부에서 살아가는 많은 세균들도 절대세포내 공생자이다. 즉, 이 관계는 숙주세포외부에서 미생물이 살 수 없도록 단단히 고정되어 있다는 것이다. ◀ 라케차는 절대세포내 세균이다(21.1절) ▶ 뿌리혹형성 세균은 콩과식물의 공생체이다(30.3절)

오랫동안 세균의 상호작용은 상대적인 크기로 구분되는 하나의 숙주와 하나의 **공생자**(symbiont) 사이의 관계로 여겨졌다. 그러나 메타유전체학, 단세포 염기서열분석법, 차세대 염기서열분석법, 새로운 미생물 배양기법 등이 적용됨에 따라 미생물의 상호작용은 한 종의 미생물과 해당 숙주의 상호작용에서부터 서로 다른 수천 종의 미생물로 이루어진 시스템까지 그 범위가 확장되었다. 사실 미생물

그림 27.1 미생물의 상호작용. 미생물의 상호작용은 협동에서 갈등까지 연속적으로 이루어져 있다. (a) 메탄영양생물(methanotroph)과 황산염환원 세균은 대사로 연결되어 있다. (b) *Vibrio fischeri*는 짧은꼬리 오징어의 발광기관에 서식한다. (c) 지의류를 부양하는 나무껍질. (d) *Penicillium*은 세균의 성장을 방해하는 항생물질을 분비한다. (e) 대장균을 감염시키는 T4 박테리오파지이다. (a) Source: Orphan, V., et al. 2002. Multiple archaeal groups mediate methane oxidation in anoxic cold seep sediments *PNAS*, 99:7663, fig. 1. National Academy of Sciences, U.S.A.; (b) Chris Frazee/UW-Madison; (c) Kathleen Sandman; (d) Christine L. Case, Skyline College; (e) Lee D. Simon/Science Source

연관 질문 이 그림에 나타낸 미생물의 상호작용을 검토하고 서로 간에 이익을 주는지 해를 주는지 알아보시오.

상호작용이라는 어휘가 변하고 있을 정도로 상상치 못했던 많은 새로운 관계가 발견되었다. 한때 미생물-숙주 관계라고 여겨졌던 것이 상호작용의 중요한 특성을 반영하기 위해 이제는 **메타유기체**(metaorganism), **통생명체**(holobiont), 혹은 **초개체**(superorganism)라고 불리곤 한다. ◀ 메타유전체학은 배양되지 않는 미생물 연구를 가능하게 한다(18.3절); 미생물학은 배양에 의존한다(26.1절) ▶ 사람은 통생물체이다(33.1절)

미생물 상호작용을 기술하기 위해 3가지 큰 범주가 사용된다. **상리공생**(mutualism)은 어느 정도의 상호 이익이 양쪽 파트너 모두에게 발생하는 관계로 정의된다. 이 관계는 생물체들이 서로 의존적이고 절대적인 관계로, 많은 경우에 서로 분리되었을 때 개체 각각은 살아남을 수 없다. **협동관계**(cooperation)는 절대적이지 않다는 점에서 상리공생과 구분된다. 불행하게도 종종 이 둘을 구분하는 것이 어려운데 그 이유는 한 서식지에서는 절대적이지만 다른 서식지(예, 실험실)에서는 그렇지 않을 수 있기 때문이다. **적대관계**(antagonism)는 한 생물체가 다른 생물체에게 부정적인 영향을 주는 경우를 말한다. 방어적 기동은 적대적인 관계의 중요한 요소이다. 이러한 용어들로 두 생물체 사이의 상호작용을 정의할 수 있지만, 이번 장의 시작이야기에 예를 든 것처럼 군집내에는 다수의 관계가 있다는 것을 명심해야 한다.

27.2 상리공생: 절대적인 긍정적 상호작용

이 절을 학습한 후 점검할 사항:

- **a.** 상리공생에서 각 구성원이 얻는 이점을 나열할 수 있다.
- **b.** 공생 파트너들 사이의 대사관계를 설명할 수 있다.
- **c.** 산호의 백화현상을 공생관계에 연관시켜 설명할 수 있다.
- **d.** 산호, 서관충, 포유동물의 반추위를 예시로 하여, 미생물과 복잡한 생물체 사이의 영양관계를 설명할 수 있다.

많은 상리공생은 일반적으로 어떤 생물체가 다른 생물체에게 성장에 필요한 기질이나 전자공여체를 제공하는 대사에 기초하고 있다. 이러한 관계들은 서로에게 이익이 되며, 몇몇 경우에는 미생물 군집이 동물에게 필수 영양소를 제공한다. 농업에서 중요한 2가지 상리공생인 균근/식물과 질소고정 세균/콩과식물은 30장에 설명되어 있다. ▶ 미생물-식물 상호작용은 긍정적, 부정적 또는 중립적일 수 있다(30.3절)

영양공생

영양공생(syntrophy: 그리스어 *syn*은 '같이' 혹은 '함께', *trophe*는 '영양')은 한 종이 다른 종의 대사산물로부터 이익을 얻을 때 발생한다. 공동영양은 대부분의 해양, 담수, 토양 서식지에서 자유생활 생물체 사이에 일어나는 미생물 상호작용의 대부분을 차지한다. 예를 들어, 해양 플랑크톤 군집은 1차 생산자로부터 종속영양생물로 영양소를 효율적으로 전달할 수 있도록 구성되어 있다(그림 29.5 참조).

메탄생성 고균들은 **종간 수소 전달**(interspecies hydrogen transfer)에 기초한 공동영양 유대관계인 것으로 자주 나타난다. 이를 통해 주위 환경으로부터 H_2를 제거함으로써 열역학적으로 불리한 발효가 가능하게 된다.

슬러지 처리조(sluge digester), 무산소환경의 담수 퇴석물, 홍수로 물에 잠긴 토양 등과 같은 무산소 조건의 메탄생성생태계에는 발효의 최종산물로 H_2, CO_2, 아세트산염 등을 생성시키는 군집이 형성된다(그림 42.6 참조). *Syntrophobacter*와 같은 혐기성 세균은 양성자를 최종전자수용체로 사용하여 H_2를 발생($2H^+ + 2e^- \rightarrow H_2$)시키는 데, 표준 조건에서 이 반응은 ΔG가 양의 값을 가지는 흡열반응이며 H_2와 함께 CO_2로 산화되는 HCO_3^-를 생성한다.

$$\text{프로피온산염}^- + 3H_2O \rightarrow \text{아세트산염}^- + HCO_3^- + H^+ + 3H_2 \quad (\Delta G^\circ = +76.1\ \text{kJ/mol})$$

이 반응의 산물인 H_2와 $CO_2(HCO_3^-)$는 메탄생성 고균들에게 기질로 제공되어 다음과 같은 반응이 일어난다.

$$4H_2 + CO_2 \rightarrow CH_4 + 2H_2O\ (\Delta G^\circ = -25.6\ \text{kJ/mol})$$

메탄생성균이 메탄 합성을 통해 H_2를 소비하기 때문에, 두 미생물 인접환경에서는 H_2 농도가 낮게 유지된다. 이렇게 H_2 농도가 낮게 유지되는 환경에서는 H_2가 생성되는 반응의 ΔG가 -20에서 -25 kJ/mol 사이의 값을 가지는 발열반응이 되므로, 이 반응은 자발적으로 진행된다. 연속적인 H_2의 제거는 추가적인 지방산의 발효와 H_2의 생성을 촉진하게 된다. 증가된 H_2의 생성과 소비는 두 미생물 모두의 성장을 촉진하므로 이 상호작용의 두 공생자 모두가 이익을 얻게 되는 것이다. ◀ 메탄생성균(19.5절) ▶ 폐수처리 과정(42.2절)

미생물-곤충 상리공생

미생물과 곤충의 상리공생은 흔한 일인데, 이의 부분적인 이유는 곤충이 필수 비타민이나 아미노산이 결여된 식물의 수액이나 동물의 체액을 종종 섭취하기 때문이다. 진딧물과 γ-프로테오박테리아에 속하는 *Buchnera aphidicola*의 관계는 상리공생 연구를 위한 모델시스템이다(**그림 27.2a**). *B. aphidicola*는 숙주의 세포내에 서식하는 **내부공생자**(endosymbiont)이다. 성숙한 진딧물은 **세균낭**(bacteriocyte)이라고 불리는 특정한 세포내에 수백만 마리에 달하는 이 세균

(a)

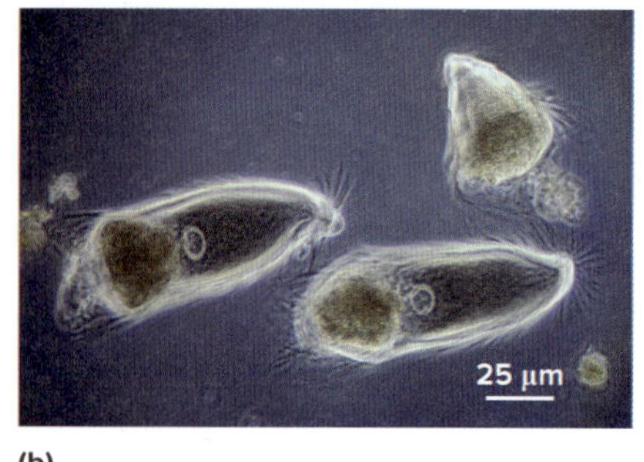

(b)

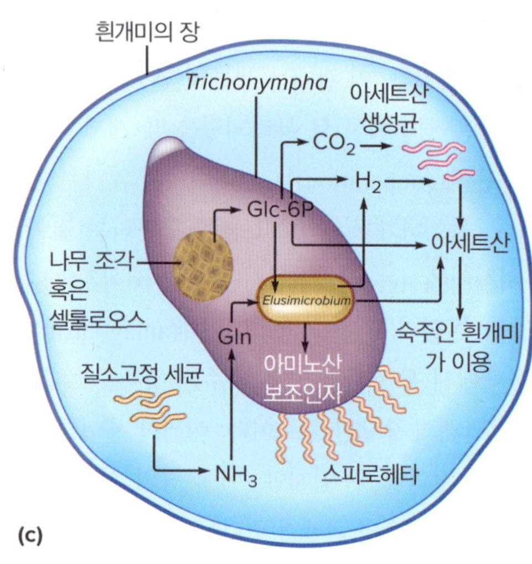

(c)

그림 27.2 미생물–곤충 상리공생. (a) *Aphis nerii*이다. 성숙한 진딧물 숙주에는 수백만 마리의 *Buchnera* 공생자가 있다. (b) 흰개미 장내에 살고 있는 다편모성 원생동물인 *Trichonympha* 종의 광학현미경 사진이다. (c) *Trichonympha*와 이것의 세균 내부공생자인 *Elusimicrobium*이다. 흰개미의 장내에서 세균이 N_2를 암모니아로 고정하고, 원생동물은 암모니아를 섭취하여 글루타민(Gln)으로 전환한다. Gln이 다른 아미노산으로 전환되는 과정은 세균에서 일어나며, 이렇게 전환된 다른 아미노산들은 원생동물이 합성하지 못하는 다른 보조인자들과 함께 세균으로부터 방출된다. 두 생명체 모두 포도당을 아세트산, H_2, CO_2로 발효한다. (a) Steven P. Lynch; (b) Michael Abbey/Science Source

연관 질문 흰개미의 장내에서 메탄생성에 사용될 수 있는 기질은 무엇인가?

을 가지고 있다. 안전한 서식지와 풍부한 영양소를 제공받는 대가로 *B. aphidicola*는 숙주에게 식물 수액에 없는 아미노산을 제공한다. 세균의 성장을 억제하는 항생제를 투여하면 이 진딧물은 죽기 때문에, *B. aphidicola*는 절대적인 공생자인 것이다. 파트너가 되는 공생자 없이는 한 파트너가 홀로 살아갈 수 없다는 것은 두 생명체가 **공동진화**(coevolution), 즉 함께 진화했다는 것이다. 실제로 완두콩 진딧물인 *Acyrthosiphon pisum*과 이것의 공생자인 *B. aphidicola*는 아미노산 생합성의 특정 단계가 한 생물체에서만 진행되는 형태로 몇몇 아미노산의 생합성 과정을 공유하고 있다.

흰개미는 내부공생을 연구하는 또 다른 훌륭한 모델시스템이다. 일부 흰개미는 원생생물, 세균, 고균 등의 공생자들을 가지고 있으며 나무만을 섭취한다. 나무의 주요 구조 다당류는 포도당 중합체인 셀룰로오스와 헤미셀룰로오스이며, 이것들이 리그닌(그림 30.2 참조)과 결합하여 리그노셀룰로오스를 형성한다. 나무로 구성된 식단은 흰개미에게 2가지 문제를 제기하는데, 하나는 연결되어 있는 포도당 단위체의 수가 15,000개까지 이르는 다당류를 어떻게 분해하는가이며 다른 하나는 핵산과 단백질 합성에 필요한 유기질소를 어디에서 획득하는가이다. 비록 흰개미가 셀룰로오스 분해효소를 생산하더라도 흰개미의 상리공생자인 원생생물만이 리그노셀룰로오스를 완전히 분해할 수 있다. 유기질소를 획득하는 문제는 흰개미의 장내에 살고 있는 질소고정 세균이 해결해준다. ◀ 질소고정(12.5절)

흰개미와 연관된 대부분의 원생생물들은 메타모나다 분기군(Metamonada clade)에 속하는데, 이 분기군이 그런 것처럼 미토콘드리아보다는 수소발생체(hydrogenosome)를 가지고 있는 매우 원시적인 생명체이다. 무산소 환경인 흰개미의 장 내에서 이 원생생물은 셀룰로오스를 아세트산, CO_2, H_2로 발효한다. 아세트산은 흰개미가 선호하는 탄소원이며, CO_2와 H_2는 세균 공생자에 의해 우드–륭달(Wood-Ljungdahl) 경로를 통해 아세트산으로 전환된다(그림 19.1 참조). 추가적으로 흰개미는 종간 수소 전달을 통해 살아가는 메탄생성균도 가지고 있다. ◀ 미토콘드리아, 관련 세포소기관, 엽록체는 에너지 보존에 관여한다(5.6절); Discoba–Hetamonada 분기군(23.2절)

일부 흰개미 장내의 원생생물은 내부공생자(즉, 내부공생자의 내부공생자)도 가지고 있다. 예를 들어, 원생생물인 *Trichonympha* 종은 *Elusimicrobium* 속의 세균 내부공생자에 의존해서 글루타민을 다른 아미노산과 질소 화합물로 전환시킨다(그림 27.2b,c). 그 대가로 원생생물은 *Elusimicrobium*에게 해당과정으로 바로 들어갈 수 있는 포도당-6인산을 공급한다. 또한, 원생생물의 운동성은 원생생물 자신의 표면을 덮고 있는 스피로헤타로부터 부여받는 경우가 많다. 운동성은 원생생물이 흰개미의 장에서 축출되지 않고 음식을 얻는 데 필수적이다.

1차 생산자와 상리공생

생태계에서 **1차 생산자**(primary producer)는 비생물적인 자원으로부터 에너지를 얻는 생물체이다. 모든 1차 생산자는 독립영양생물, 즉 CO_2를 유일한 탄소원으로 이용하며 이를 고정해서 생물량을 만드는 생물이다. 독립영양생물은 광영양 혹은 무기영양을 통해 이 반응에 연료를 공급한다. 우리의 주변에 있는 식물의 **광영양**(phototrophy)에 대해 친숙하기 때문에 미생물의 광합성 과정을 이해하는 것은 어렵지 않을 것이다. **무기영양**(lithotrophy)은 미생물에서만 일어나며, 전자공급원으로 환원된 무기화합물을 사용한다. 1차 생산자가 통생물체(holobiont)로 간주될 수 있는 동물을 도와주는 공생의 2가지 예를 살펴보도록 하자. ◀ 대사적 다양성과 영양형식(11.1절)

산호 통생물체

많은 해양 무척추동물(해면동물, 해파리, 말미잘, 산호)은 자신의 조직 내에 내부공생하는 광합성 쌍편모조류(dinoflagellate: 예전에는 zooxanthellae라고 불림)를 가지고 있다. 빈영양 상태인 해양환경에서는 광합성 생명체가 모든 먹이사슬의 근간이 된다. 쌍편모조류에 대한 숙주의 의존도는 다양하므로 여기에서는 잘 알려진 1가지 예만 살펴보기로 하자. ◀ Alveolata(23.4절)

조초성(암초를 형성하는) 산호는 에너지 요구량의 대부분을 광합성 공생자로부터 얻는다. 이러한 공생자에는 쌍편모조류인 Symbiodiniaceae 과가 있는데, 여기서는 *Symbiodinium* 속을 예로 들었다(**그림 27.3a**). 이 원생생물은 산호충(coral animal) 1 cm^2당 10^6개의 밀도로 산호의 위상피조직(gastrodermal tissue)에 분포되어 있다. *Symbiodinium* 세포는 자신이 고정한 탄소의 95%까지 산호에게 제공하며, 이에 대한 보답으로 숙주인 산호로부터 질소화합물, 인산염, 그리고 자외선으로부터의 보호를 제공받는다. 쌍편모조류 외에도 산호는 미세서식지에 독특한 미생물 군집을 가지고 있다(그림 27.3b). 영양분이 풍부한 점액층은 질소고정 세균과 키틴분해 세균의 성장을 뒷받침한다. 산호의 골격에는 질산염과 아질산염을 암모니아로 환원시키는 균류, 암모늄 산화 고균, 그리고 다양한 세균 등이 존재한다. 이러한 미생물 군집들은 아주 효율적인 영양순환과 긴밀한 영양단계의 연결을 담당하는데, 이를 통해 생동감 넘치는 생태계를 발전시키는 조초성 산호의 놀라운 성공을 설명할 수 있다.

지난 수십년간 산호 백화가 일어나는 사건이 크게 증가하였다. 산

(a)

(c)

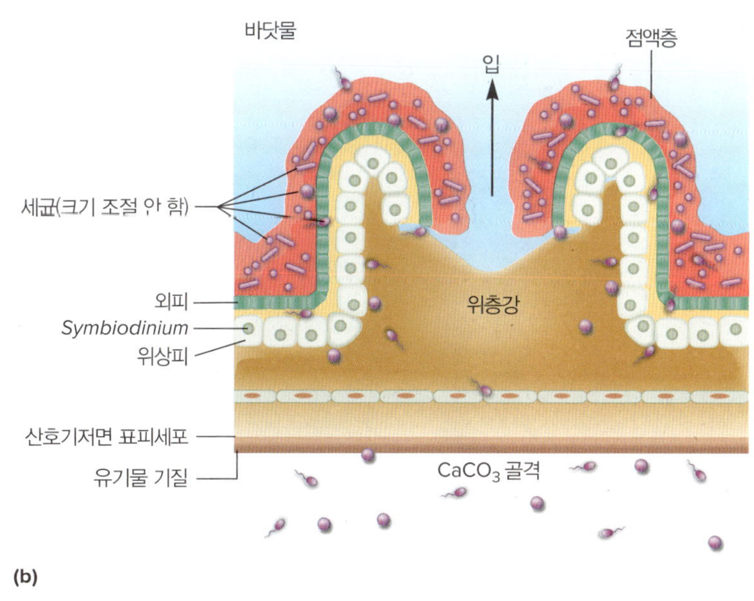

(b)

그림 27.3 산호 통생물체. (a) 장미 산호(rose coral, *Manicina* 종)가 녹색으로 보이는 것은 이 산호의 조직 속에 광합성 쌍편모조류가 많기 때문이다. (b) 산호는 위상피조직에 존재하는 쌍편모조류 공생체(녹색)의 광합성 산물에 의존하며, 점액층과 골격에는 다양한 미생물 군집을 가지고 있다. 산호기저면 표피세포(calicoblastic epithelial cell)는 외골격을 만들기 위해 물에 있는 탄산칼슘($CaCO_3$)을 침전시킨다. (c) 카리브해의 별 산호(star coral)의 산호 백화 현상이다. 금-갈색은 건강한 산호조직이며 탈색된 흰색 부위에서는 쌍편모조류의 소실이 일어났다. (a) Mary Beth Angelo/Science Source; (c) Diane Nelson

호 백화(coral bleaching)는 쌍편모조류의 광합성 색소가 소실되거나 산호로부터 쌍편모조류가 완전히 축출되는 것으로 정의된다(그림 27.3c). 제2광계가 손상되면 활성산소(reactive oxygen species, ROS)가 발생하는데, 이 ROS가 많은 산호를 직접적으로 손상시키는 것으로 보인다(제2광계는 물을 전자공여체로 사용하여 산소를 발생시킨다는 것을 상기하라). 산호 백화는 다양한 요인의 스트레스에 의해 발생하는 것으로 보이는데, 중요한 요인 중 하나는 온도이다. 여름철 평균 최고온도가 2℃ 정도만 상승하여도 산호 백화가 촉발될 수 있다. 온도 상승은 산호의 감염병과도 관련이 있다. 점막에 서식하는 일부 미생물은 기회감염성 병원균으로 보인다. 백화가 진행 중이거나 진행된 후에 미생물 군집의 균형이 깨어지고 스트레스를 받은 산호는 병원균의 공격에 더욱 취약하게 된다. 카리브해에서 흰색 용균반(white plague)과 갈반병(yellow blotch disease)이라 불리는 세균감염이 산호 백화 현상이 일어난 후에 발생하여 거의 삼분의 일에 이르는 산호를 감소시켰다. 마지막으로, 해양에 용해되는 CO_2가 증가함으로써 발생되는 해양 산성화도 산호의 건강을 위협한다(그림 29.1과 그림 29.2 참조). 여러 가지 증거들을 볼 때, 슬프게도 산호 통생명체의 1/3 정도는 전지구적인 기후변화가 제대로 통제되지 않을 경우에 예상되는 해양 산성화와 수온 상승에 맞추어 충분히 빠르게 진화하지 못할 것이라고 추측된다. ◀ 산소발생 광합성에서의 명반응(11.10절) ▶ 지구기후 변화: 균형을 잃은 생물지구화학적 순환(28.3절); 물은 미생물의 가장 큰 서식지이다(29.1절)

서관충 통생물체

해수면 아래 수천 미터에서 지구의 지각판이 확장되어 분리되는 곳에 열수 분출구(hydrothermal vent)가 분포하고 있다(**그림 27.4a**). 여기서 분출되는 유체에는 산소가 없고 높은 농도의 황화수소가 함유되어 있으며, 이것의 온도는 350℃에 달할 수 있다. 이들 분출구 주위의 해수에는 약 250 μM 농도의 황화물이 있으며, 온도는 10~20℃로 약 2℃인 주변 해수의 온도보다 높다. 심해의 높은 압력으로 인해 물이 끓지는 않지만 이 조건은 생명체가 살기에 적합하지 않다고 생각할 수도 있을 것이다. 하지만 이런 생각은 전혀 사실이 아니다.

열수 분출구 군집에 속해 있는 모든 동물들은 내부공생자인 세균

(a)

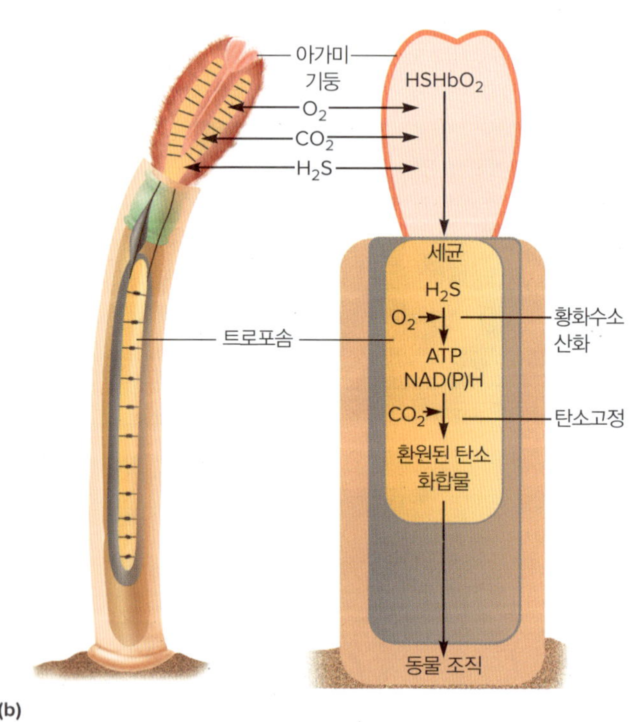

(b)

그림 27.4 서관충-세균 상호관계. (a) 북동 태평양의 Juan de Fuca 단층대에 있는 검은 연기 열수 분출구이다. 열수에 포함된 황화물이 차가운 해수와 닿게 되어 분출구 유체인 열수를 검게 만든다. 붉은색 아가미 기둥을 가진 흰색의 서관충이 화학적 에너지를 이용하기 위해 해당 지역을 둘러싸고 있다. 각 서관충의 길이는 1 m 이상이며, 아가미 기둥의 길이는 20 cm이다. (b) 성숙한 서관충의 해부생리학적 구조이다. 서관충의 몸통 안에는 내부공생 세균, 관련 세포, 혈관으로 이루어진 트로포솜(trophosome)이 있다. 산소, 이산화탄소, 황화수소는 호흡기 아가미 기둥을 통해 흡수되어 혈액 세포 안으로 들어간 후에 트로포솜으로 운반된다. 황화수소(H_2S)는 서관충의 헤모글로빈에 결합($HSHbO_2$)한다. 내부공생자는 H_2S를 산화해서 나오는 일부의 에너지로 CO_2를 고정한다. 내부공생자에 의해 합성되는 일부의 환원된 탄소화합물은 동물의 조직으로 이동한다.
(a) NOAA PMEL Vents Program

연관 질문 내부공생 세균의 영양형은?

을 가지고 있는데, 이 세균은 이 생태계에서 1차 생산자인 화학무기독립영양생물(chemolithoautotroph)이다. 이 세균은 환원된 황으로부터 에너지를 얻을 수 있는 유일한 생명체이다. 이 환경에는 종속영양생물을 성장시킬 수 있는 고정된 탄소가 없기 때문에, 이곳의 동물들은 전적으로 이들의 내부공생자에 의존한다.

열수 분출구 주변에서 자라는 *Riftia* 속의 거대한(길이 1 m 이상) 서관충(tube worm, 그림 27.4)은 매우 성공적인 상리공생의 예로서, 세균 내부공생자는 서관충의 세균낭(bacteriocyte) 속에서 부양된다. *Riftia*는 분출구에서 나오는 뜨겁고 무산소이며 황화물을 포함한 분출구 유체와 차갑고 산소가 포함된 바닷물의 경계면에서 서식한다. *Riftia*는 소화관이 없으며 유기탄소의 공급을 내부공생자 세균에 전적으로 의존한다. 이 세균은 전자공여체로 황화물을 이용하고 전자수용체로는 산소를 이용하는 화학무기영양생물(chemolithotroph)이다. *Riftia*는 환원된 황과 산소 2가지 모두를 내부공생자에게 운반하는 독특한 헤모글로빈을 가지고 있다. 바닷물의 황화수소(H_2S)와 O_2는 헤모글로빈에 의해 *Candidatus* Endoriftia persephone이 들어 있는 세균낭으로 운반된다. 이 세균의 밀도는 *Riftia* 조직 1 g 당 10^{11}개에 달한다. 내부공생자는 공생관계의 서로 다른 단계를 나타내는 2가지의 하위 개체군으로 이루어져 있다. 작은 세포는 이들 개체군을 유지하기 위해 빈번하게 분열하는 반면, 큰 세포는 *Riftia*의 조직에 공급할 생물량을 생산하는데 전념한다. 이러한 상리공생으로 인해 *Riftia*는 빽빽한 군집을 이루며 놀라운 크기로 성장할 수 있다.

상리공생은 각 파트너에게 어떠한 이점을 제공하는가? 내부공생자가 제공하는 고정된 탄소가 없으면 살 수 없다는 점에서 *Riftia*가 얻는 이익은 명확하다. *Ca.* E. persephone가 얻을 수 있는 이점은 안정된 생태적 지위와 탄소원, 전자공여체, 전자수용체 등의 편리한 수송이다.

반추위의 생태계

반추동물에는 소, 사슴, 엘크, 들소, 물소, 낙타, 양, 염소, 기린, 순록 등이 있다. 이 동물들은 새김질감(cud)을 되씹는데 많은 시간을 소비한다. 새김질감은 반추동물이 먹었지만 아직 완전히 소화되지 않고 부분적으로 소화된 작은 풀 덩어리를 말한다. 반추동물이 풀을 뜯어 먹는 동안 포식자의 공격을 받는 일이 빈번하기 때문에, 이 동물들은 "지금 먹고 나중에 소화"를 하는 전략으로 진화한 것으로 생각된다.

이러한 초식동물들은 위가 4개의 공간으로 나누어져 있다(**그림 27.5**). 위의 윗부분이 확장되어 큰 주머니가 형성되어 있는데, 이를 반추위(rumen)라고 한다. 반추위의 미생물은 역동적이며, 전체적으로 동물 숙주와 상리공생관계를 형성하고 있다. 반추위는 동물의 다른 부위보다 약간 더 따뜻하며, 약 −30 mV의 환원전위를 가지고 있기 때문에 이곳에 있는 모든 미생물들은 무산소성 대사(anaerobic metabolism)를 수행해야 한다. 동물이 섭취하는 식물성 물질은 화학적으로 복잡하므로, 이러한 식물성 물질을 단순한 탄수화물로 가수분해하기 위해서는 여러 효소들의 작용이 필요하다. 한 종의 미생물에는 이러한 여러 효소들 모두가 존재하지 않아서 함께 작용하는 미생물 군집이 셀룰로오스, 헤미셀룰로오스, 리그닌, 펙틴과 같은 식물 중합체를 분해한다. 세균의 한 그룹은 식물 셀룰로오스를 형성하는 연속적인 D-포도당 사이의 β(1 → 4) 연결을 절단하는 셀룰로오스 분해효소(cellulase)를 분비한다. 군집의 다른 구성원들은 포도당을 아세트산, 부티르산, 프로피온산 등의 유기산으로 발효시킨다. 지방산과 함께 이러한 유기산들은 반추동물의 실질적인 탄소원과 에너지원이 된다. ◀ 발효는 전자전달사슬이 관여하지 않는다(11.6절)

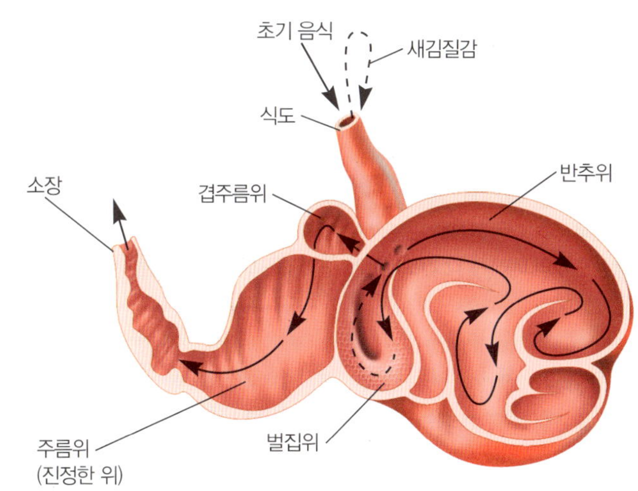

그림 27.5 반추동물의 위. 소의 위 구획이다. 풀은 씹지 않고 삼켜져 반추위로 들어가고 미생물에 둘러 싸여 부분적으로 소화된다. 음식 덩어리는 벌집위로 이동하고 역류되며, 씹혀지고, 다시 삼켜진다. 덩어리가 미생물 군집에 의해 가수분해됨에 따라 더 액화되어 겹주름위로 이동하고, 최종적으로 주름위로 이동한다. 여기에서 음식은 소화효소를 만나고 가용성 영양소는 동물의 혈류로 흡수된다. 화살표는 음식물의 이동 방향을 나타낸다.

마무리 점검

1. 질화작용을 수행하는 세균과 고균을 복습하시오(그림 21.12 참조). 이러한 미생물 상호작용을 가장 잘 설명하는 용어는 무엇인가?
2. 곤충-미생물 상호작용이 상리공생 관계임을 확인하기 위해 어떻게 테스트 할 수 있는가?
3. 성공적인 서관충-내부공생자 상리공생 관계에서 *Riftia* 헤모글로빈의 역할은 무엇인가?
4. 산호 동물과 이것의 미생물 공생자 사이에서 "밀접한 영양결합"은 무엇을 의미하는가?
5. 반추위가 환원적인 환경인 것이 중요한 이유는?

27.3 협동관계: 절대적이지 않고 긍정적인 상호작용

이 절을 학습한 후 점검할 사항:

a. 상리공생과 협동관계를 구분할 수 있다.
b. 협동관계의 예에서 각 파트너에게 주어지는 이점을 설명할 수 있다.

협동관계는 2개체가 파트너십을 맺지 않고도 살아 갈 수 있다는 점에서 상리공생과 구분된다. 이처럼 각각의 개체가 따로 성장할 수 있기 때문에, 협동관계를 주도하는 특성들을 탐색하기 위해 이 파트너십을 실험실에서 조작하는 것이 가능하게 되었다.

그람음성 세균인 *Xenorhabdus nematophila*와 이 세균의 선충 숙주인 *Steinernema carpocapsae* 사이의 관계는 주목할 만한데, 그 이유는 이 세균이 숙주의 번식 성공에 직접적으로 기여하기 때문이다. 장 속에 *X. nematophila*를 가지고 있는 유충 상태의 선충은 토양에 서식한다. 성충이 되기 위해 유충은 감염시켜서 섭취할 곤충을 찾아야 하는데, 이때 흥미로운 일이 일어난다(**그림 27.6**). 굶주린 유충이 곤충의 혈액(혈림프, haemolymph)을 섭취함에 따라 *X. nematophila*는 유충의 변으로 배설된다. *X. nematophila*는 이제 자유생활을 시작하여 증식하면서 제3형 분비시스템을 이용하여 곤충을 죽이는 효소를 배출한다. 곤충이 죽게 되면 이 세균은 다른 세균에 의한 분해와 개미의 공격으로부터 죽은 곤충을 보호하기 위한 다른 종류의 화합물을 생산하도록 바뀌게 된다. 이를 통해 이들의 숙주인 선충의 집을 보호하는 것이다. 놀랍게도 이 과정이 진행되는 동안에 *X. nematophila*는 *S. carpocapsae*가 성충으로 발달하도록 촉발하는 또 다른 분자신호를 생산한다. 한 마리의 곤충 사체는 짝짓기를 하는 많은 성충 상태의 선충 서식처가 될 수 있기 때문에, 궁극적으로 곤충 사체는 *S. carpocapsae* 알로 가득 차게 된다. 이 알들이 *X. nematophila* 공생자를 가진 유충으로 되면 유충은 새로운 곤충을 찾아 떠나 생활사를 새로 시작한다.

협동관계는 균류와 운동성 박테리아 사이의 몇몇 상호작용에서도 잘 알려져 있다. 토양이나 치즈 껍질과 같은 단단하고 건조한 생태적 환경에서 균류의 균사체(hyphae)는 세균의 분산을 촉진하는 **균류 고속도로**(fungal highway)를 구성한다. 균류는 단단한 표면에 퍼져 영양분을 향해 자란다. 세균의 운동성은 액상에 국한되어 있지만, 표면 장력으로 인해 균사 주위에는 수층이 유지되어 있다. 이로 인해 세균은 새로운 환경을 탐색하기 위해 균사 표면을 따라 이동할 수 있게

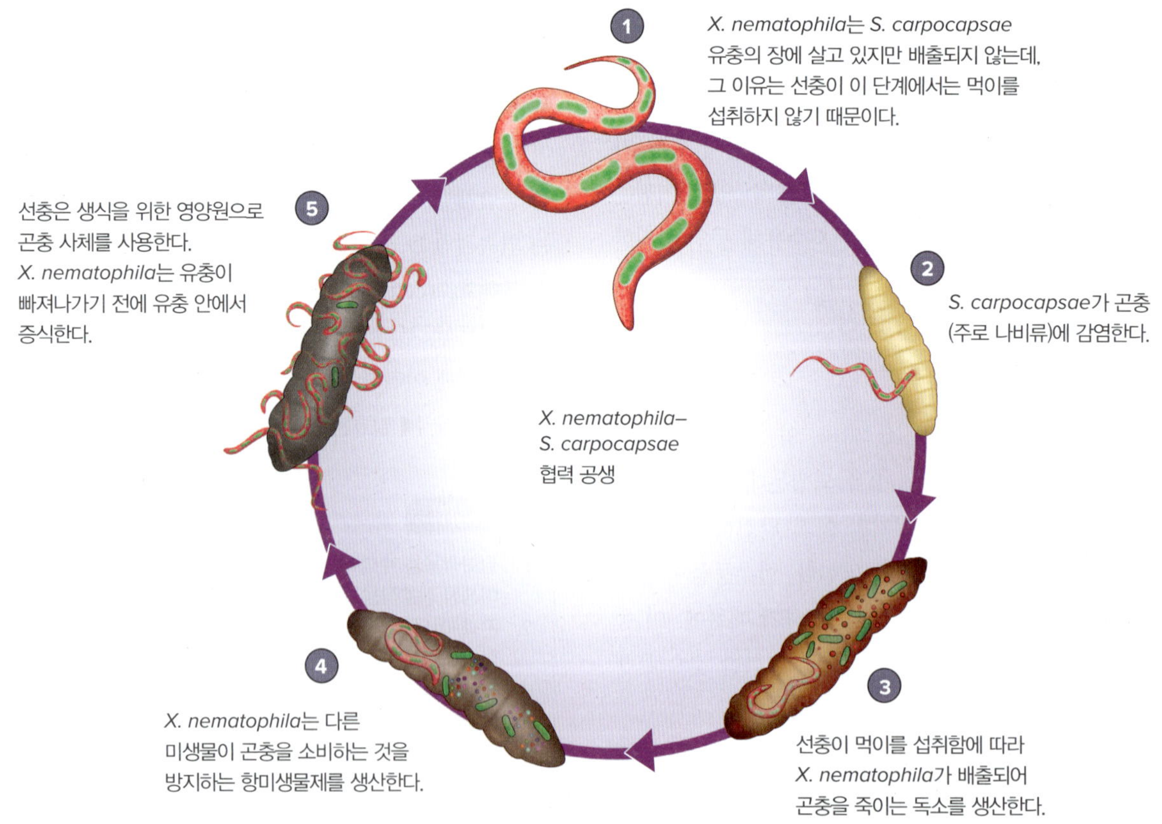

그림 27.6 *Xenorhabdus nematophila-Steinernema carpocapsae*의 공생.

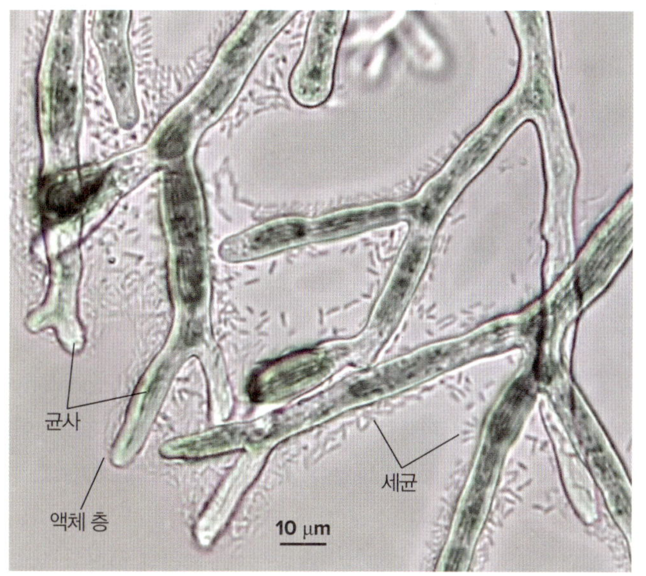

그림 27.7 균류 고속도로는 세균의 분산을 촉진한다. *Mucor* 균사를 둘러싼 액체층(연한 핑크색)은 운동성이 있는 *Serratia*가 치즈 껍질에서 새로운 환경을 탐색하는 수단을 제공한다. Benjamin Wolfe

(a)

(b)

그림 27.8 지의류. (a) 바위 표면에 있는 평평한 잎 모양의 *Umbilicaria* 속은 일반적인 잎 모양 지의류이다. (b) 복합현미경으로 관찰한 *Umbilicaria*의 얇은 박편은 녹조류가 상층의 얇은 부분에 있고 균류의 균사는 지의류의 나머지 부분을 구성하고 있다는 것을 보여준다. (a) Jeff Holcombe/Shutterstock; (b) Lee W. Wilcox, Ph.D.

되는데, 이때 세균도 균류와 동일한 종류의 화학적 신호에 이끌린다고 추정된다(**그림 27.7**). 균류/세균 쌍에 대한 전사체 연구를 통해 이들의 협동관계에 대한 분자적 세부사항이 밝혀졌다. *Aspergillus*와 *Bacillus* 종을 이용한 모델시스템에서 균류는 티아민(thiamine) 생합성 유전자를 하향 조절하는 반면, 세균은 이들 유전자를 상향 조절한다. 이를 통해 세균으로부터 균류로 영양전달이 되므로 균류가 혜택을 받게 된다.

한 세기가 넘는 기간 동안 지의류(**그림 27.8**)는 특정 자낭균(균류)과 녹조류 또는 남세균 사이의 연계로 정의 되었다. 균류 파트너는 **공생균체**(mycobiont)라고 하며 조류 혹은 남세균 파트너는 **광공생체**(photobiont)라고 한다. 지의류의 구조를 연구하기 위한 기본 도구로 광학현미경을 사용하여 각 구성요소의 공간적인 구조가 명확하게 묘사되었다(그림 27.8b). 그런데 분자적인 도구와 함께 현미경을 사용한 결과, 지의류에는 추가적인 파트너가 있을 수 있다는 것이 최근에 밝혀졌다.

광공생체는 고정된 탄소를 분비하는 광합성생물이다. 만일 남세균이 세 번째 파트너로 존재한다면, 이들은 특화된 구획에서 질소를 고정한다. 균류는 광공생체의 세포벽을 통과할 수 있는 **기생근**(haustoria)이라고 하는 돌출된 균사를 이용해 영양분을 획득한다. 또한 균류는 호흡을 위해 광합성 과정 중 생성된 O_2도 사용한다. 반면, 진균은 강한 빛으로부터 광공생체를 보호하고 물과 미네랄을 공급하며 광공생체가 자랄 수 있는 견고한 토대를 마련해준다. 이러한 관계는 관다발 식물의 진화이전에 발달된 아주 오래된 것이다.

마무리 점검

1. 상리공생과 협동관계는 어떻게 다른가? 2가지 공생 유형 모두의 진화론적 의미는 무엇인가?
2. *X. nematophila–S. carpocapsae* 공생이 협동관계인 이유는? 선충의 생활사 동안 어떤 다른 유형의 미생물 상호작용이 작용하는가?
3. 지의류에 있는 개체들은 물리적 연합으로부터 어떤 이점을 얻는가?

27.4 적대적인 상호작용은 미생물의 반응을 촉발한다

이 절을 학습한 후 점검할 사항:

a. 포식과 기생을 구분할 수 있다.
b. 접촉-의존적 성장 서해와 접촉-비의존적 성장 서해를 설명할 수 있다.

적대적 상호작용에는 죽임(**포식**, predation), 착취(**기생**, parasitism), **경쟁**(competition) 등이 있다. 우점 미생물이 언제 이익을 얻는지를 아는 것은 이들을 구분하는데 도움이 된다. 희생 대상이 죽은 후에 생화학적 전구체와 에너지를 얻는 것은 포식자이다. 기생체는 희생 대상이 살아있는 동안에 이익을 얻는다. 경쟁은 관련된 미생물들 사이의 불안정한 휴전 상태로 가장 잘 설명된다.

포식자는 모든 크기가 가능하다

미세한 바이러스에서 초대형 원생동물에 이르기까지 미생물세포는 다른 미생물의 먹이가 된다. 바이러스는 생식주기를 촉진시키기 위한 원료와 장비를 공급받기 위해 살아있는 세포를 필요로 하므로, 모든 생명체에게 중요한 적대자(antagonist)이다. 미생물 집단에 대한 바이러스 포식의 중대한 결과를 고려하면, 미생물이 바이러스에 대항하기 위해 여러 메커니즘을 진화시킨 것은 놀라운 일이 아니다. 가장 잘 연구된 2가지는 제한-변형(restriction-modification, RM) 시스템과 CRISPR/Cas 시스템이다. RM 시스템은 바이러스와 숙주 DNA를 화학적으로 구별하여 바이러스 DNA를 가수분해한다. CRISPR/Cas 시스템도 유사하게 바이러스 DNA를 표적으로 하지만 바이러스 DNA를 인식하기 위해 다른 메커니즘을 사용한다. 이 시스템은 바이러스 유전체를 식별하고 분해하기 위해 이전에 접촉한 대상과 비교한다. ◀ 바이러스 감염에 대한 반응(14.6절)

적대적 상호작용에서 반복되는 주제는 종종 미생물의 군비 경쟁 증가로 묘사된다. 바이러스는 숙주의 방어를 우회하는 전략을 개발하였다. 일부 박테리오파지는 숙주의 RM과 CRISPR/Cas 시스템을 억제하는 작은 단백질을 합성한다. 유사하게, 동물 바이러스는 종종 숙주면역 반응을 방해하는 단백질을 합성한다. ◀ 코로나바이러스 (25.5절)

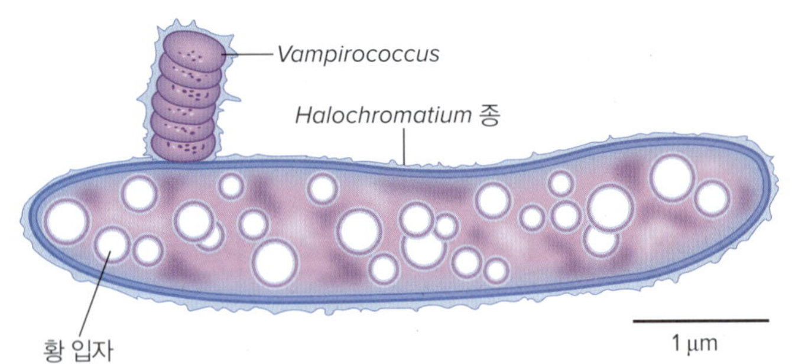

그림 27.9 *Vampirococcus*는 외생적인 방식을 사용해 먹이 세균을 공격한다. *Vampirococcus*는 숙주세포에 붙어 있는 동안 성장하고 분열하는 절대 기생체이다. 숙주를 죽이고 나면 황 입자만 남는다.

또한 세균은 원생동물, 특히 종속영양 편모류(flagellate)와 섬모류(ciliate)에 의한 포식에 취약하다. 토양, 담수 및 해양 환경에서 **섭식**(grazing)은 원생동물이 세균을 소비하는 과정이다. 이것은 세균의 생물량으로부터 보다 복잡한 생명체로 탄소와 에너지를 전달하는 기본 메커니즘이기 때문에 먹이 그물의 중요한 구성요소이다(그림 29.5 참조).

섭식에 대항하는 방어 기전은 성장 형태가 증가하는 특성을 두드러지게 나타나게 한다. 섭식을 하는 원생동물은 일반적으로 중간 크기의 세균을 선택하므로, 필라멘트 또는 미세집락(microcolony)처럼 더 큰 집합체로 존재하는 세균 세포는 포식을 피할 가능성이 더 높다. 생물막 형성은 세포외 다당류 기질에서 어느 정도의 보호를 제공하지만 일부 포식자는 단순히 전체 생물막을 섭취한다.

다른 세균을 포식하는 세균 포식자는 포식 전략에 따라 분류된다. **외생적 포식자**(epibiotic predator)는 먹이가 되는 생물체의 표면에 부착한다. *Vampirococcus* 세포(**그림 27.9**)는 외막에 부착하여 먹이의 세포질 내용물을 용해시키고 방출시키는 분해효소를 분비한다. **내생적 포식자**(endobiotic predator)는 희생자의 세포질 또는 주변세포질을 침범하여, 세포 분열에 필요한 에너지와 전구체를 얻기 위해 내용물을 섭취한다. *Bdellovibrio*(그림 20.18 참조)는 이러한 포식 전략을 사용한다.

*Myxococcus*는 죽은 생물체에서 방출된 유기물을 섭취하는 통성 포식자이지만, 그렇지 않을 때는 다른 미생물을 적극적으로 잡아먹는다. *Myxococcus*는 세포 집단이 활주운동을 이용해 먹이를 향해 기어가서 먹이를 덮으면서 분해효소와 항생제라는 무기를 방출하는 포식방식을 사용한다(**그림 27.10**). 더 큰 군집 내에서 적대적 상호작용과 협동적 상호작용 사이의 상호영향에 대한 실례로, *Myxococcus*는 식물이 내는 화학적 신호에 의해 유도되어 토양에 있는 식물 병원

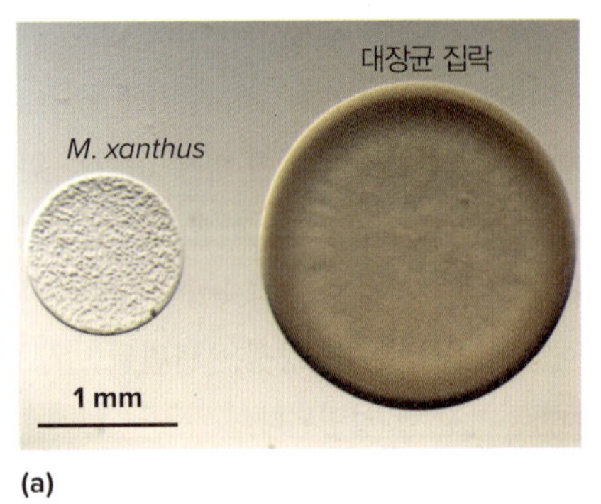

(a)

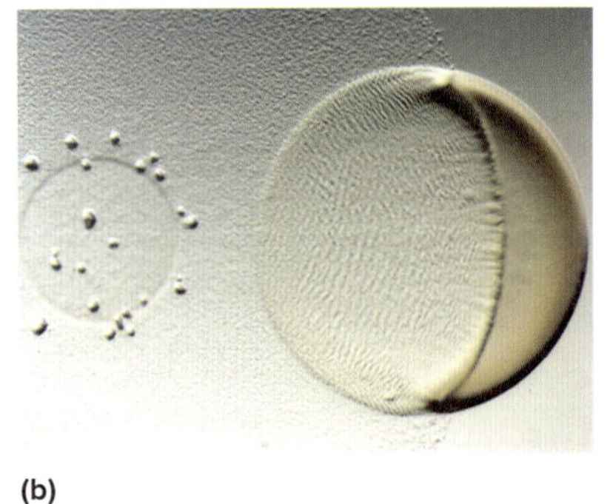
(b)

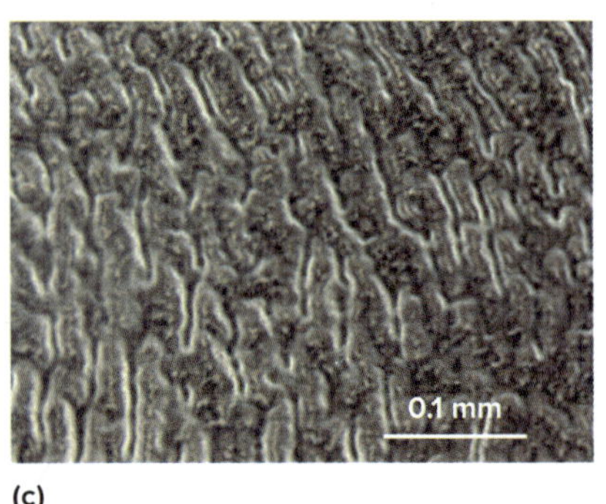

(c)

그림 27.10 *Myxococcus xanthus*에 의한 포식. (a) 이 실험에서 *M. xanthus* 세포 한 방울을 먹이 세균(*Escherichia coli*) 집락의 왼쪽에 놓는다. (b) *M. xanthus*가 대장균 세포들 위로 활주하여 세포들을 섭취할 때, 대장균 세포는 용해된다. 이로 인해 집락이 투명해진다. (c) *M. xanthus* 세포는 물결치듯 떼를 지어 먹이 세균 위로 이동해서 자실체를 형성한다(그림 20.19 참조). Courtesy of James Berleman

연관 질문 점액 세균의 포식과 *Vampirococcus*의 포식에는 어떤 차이가 있는가?

성 균류를 공격적으로 잡아먹는 것으로 알려져 있다. ◀ Bdellovibrionota와 Myxococcota 문: 세균의 포식자(20.10절)

중요한 점은 포식에는 많은 유익한 효과가 있다는 것인데, 특히 개체군(population)과 군집(community) 수준에서 포식자와 피식자를 고려했을 때이다. 먹이 세균의 섭취와 동화는 미생물 생태환(microbial loop)이 작동하는 데 중요한 영양소 순환의 속도를 증가시킬 수 있다(그림 29.5 참조). 군집, 생태계, 심지어 전 지구적인 탄소량에 대한 바이러스 포식의 영향은 방대하다. 이런 이유로 이 분야는 활발히 연구가 이루어지는 분야이다. ◀ 해양 바이러스: 바다에서의 죽음(29.2절)

기생: 미생물이 숙주에게 해를 끼친다

기생(parasitism)은 가장 복잡한 미생물 상호작용 중 하나이다. **기생체**(parasite)와 숙주는 적어도 일시적으로 공존해야 하므로 미생물은 새로운 숙주에서 번식하여 집락화 할 수 있는 충분한 시간을 갖게 된다. 공존에는 영양소 획득, 숙주 내부 또는 표면에서의 물리적 유지, 또는 이 둘 모두가 포함될 수 있다. 그러나 숙주와 기생체의 균형이 무너지면 어떻게 될까? 균형이 숙주에게 유리하게 이동하면(아마도 강력한 면역 방어 또는 항미생물 요법에 의해), 기생체는 서식지를 잃고 생존하지 못할 수 있다. 반면에 균형이 기생체에 유리하게 이동하면 숙주는 병에 걸릴 것이고 특정 숙주-기생체 관계에 따라 죽을 수도 있다.

조절된 기생충-숙주 관계는 오랜기간 동안 유지될 수 있으며 이 관계의 본질이 명확하지 않을 수도 있다. 예를 들어, *Wolbachia*-곤충 공생은 상리공생과 기생 둘 모두로 설명되었는데, 이것은 곤충 세포와 내부공생자라는 렌즈를 통해 보았는지 혹은 곤충 개체군 유전학을 통해 보았는지에 따라 달라진다(**미생물 다양성 및 생태 27.1**).

기생을 포함한 많은 공생관계의 중요한 양상은 시간이 지남에 따라 공생자는 잉여의 사용하지 않는 유전체 정보를 버리는 현상, 즉 **유전체 감소**(genomic reduction, 그림 18.17 참조)가 진행되는 것이다. 이러한 현상은 공생자가 핵심 대사물질의 합성과 같은 특정 기능을 숙주에게 의존할 때 발생한다. 이것은 진딧물 내부공생자인 *Buchnera aphidicola*에서 관찰되며, 인간 병원체인 *Mycobacterium leprae*, *Mycoplasmoides genitalium*, 소포자충인 *Encephalitozoon cuniculi* 등에서도 발견된다. 이 미생물은 이제 숙주세포내에서만 생존할 수 있다. ◀ 비교유전체학(18.7절); Mycobacteriales 목에는 중요한 사람의 병원체가 속한다(22.1절); 미포자충류는 세포내 기생생물이다(24.2절)

경쟁: 공동재를 놓고 경쟁하는 미생물

경쟁(competition)은 개체군이나 군집 내의 서로 다른 생명체들이 물리적 위치이든 한정된 특정 영양소이든 간에 동일한 자원을 얻으려고 할 때 발생한다. 경쟁하는 두 생물 중 하나가 물리적 서식지를 점유하거나 한정적인 영양소를 섭취하여 그 환경에서 우세해 질 수 있다면, 이 생물은 다른 생물보다 빠르게 성장할 것이다. 인접한 미생물에 대한 공격적인 행동의 2가지 일반적인 메커니즘은 접촉-비의존성과 접촉-의존성으로 설명된다. **접촉-비의존성 성장 억제**(contact-independent growth inhibition)는 확산성 화합물의 분비에 의해 일어난다(**그림 27.11a**). 이러한 물질에는 다양한 표적 미생물에 대해 활성을 갖는 항생제와 밀접하게 관련된 균주에만 작용하는 박테리오신이 있다. 박테리오신은 종종 이를 생성하는 특정 유형의 미생물에 따라 명명되는데, 예를 들어, 할로신은 호염성 고균에 의해 생성되고 이 고균에만 활성을 가지고 있다. 또 다른 접촉-비의존성 메커니즘에는 독소를 함유한 외막 소포를 통한 분비가 있다. ◀ 세포외 소포는 세균막에서 나온다(3.5절); Streptomycetales 목은 중요한 항생제 제공자다(22.1절) ▶ 박테리오신(31.3절)

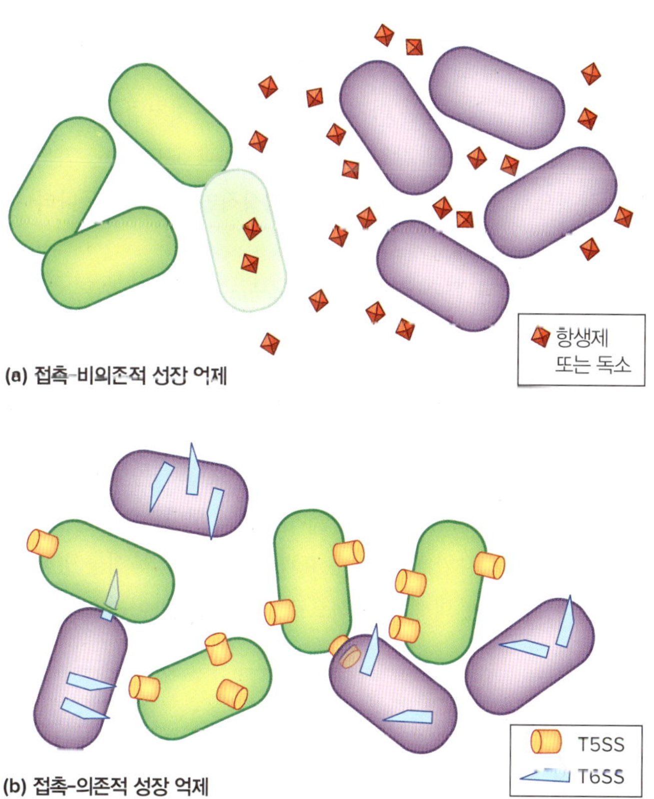

그림 27.11 미생물 사이의 경쟁. (a) 접촉-비의존적 성장 억제는 가용성 길항제(antagonist) 분자의 분비를 포함한다. 여기서 길항제는 보라색 세포에서 분비되어 녹색 세포에 작용한다. (b) 접촉-의존적 성장 억제는 V형 및 VI형 분비시스템을 통해 전달되는 문사에 의해 매개된다.

미생물 다양성 및 생태 27.1

Wolbachia: 세계에서 가장 전염성이 강한 미생물?

대부분의 사람들은 세균인 *Wolbachia*에 대해 들어본 적이 없지만 리케차(rickettsia)는 다른 어떤 미생물보다 더 많은 생명체를 감염시킨다. 이것은 아주 넓은 범위의 갑각류, 거미, 모기, 노래기 및 선충을 감염시키는데 전 세계적으로 2백만 종 이상의 곤충을 감염시킬 수 있다. *Wolbachia*가 이렇게 놀랍도록 성공한 이유는 무엇일까? 간단히 말해서, 이 내부공생자는 숙주의 생식 생물학을 조작하는 대가이다.

*Wolbachia*는 숙주세포의 세포질에 서식하며 감염된 암컷의 난자를 통해 한 세대에서 다음 세대로 이동한다. 생존을 위해 *Wolbachia*는 감염되지 않은 난자의 생존 가능성은 줄이면서 감염된 난자의 수정과 생존 가능성은 보장해야 된다. 이를 수행하는 메커니즘은 숙주에 따라 다르다. 말벌과 모기에서 *Wolbachia*는 **세포질 부적합성**(cytoplasmic incompatibility)을 유발하는데, 이는 수컷만 감염되면 배아 발달이 비정상적으로 되는 것을 의미한다. 예를 들어, 말벌인 *Nasonia vitripennis*의 감염된 정자가 감염되지 않은 난자를 수정시키면, *Wolbachia*가 가득한 정자의 염색체는 정상보다 빨리 난자의 염색체와 정렬하려고 시도한다. 이 수정란들은 마치 수정되지 않은 것처럼 분열한다. 하지만 감염된 암컷이 감염되지 않은 수컷과 교미하면, 염색체는 정상적으로 행동한다. 이를 통해 정상적인 성 분포가 나타나고 모든 자손은 리케차에 감염된다.

다른 감염된 곤충에서는, *Wolbachia*가 단순히 모든 수컷 자손을 죽이고 감염된 암컷에서 단위생식(parthenogenesis)을 유도하여 암컷은 단순히 자신을 복제하도록 한다. 이는 유전적 다양성을 제한하지만 다음 세대에 리케차를 100% 전달할 수 있다. 또 다른 숙주에서는 이 미생물이 수컷 호르몬을 변형시킴으로써 수컷이 암컷화되어 난자를 생산하게 하다.

Wolbachia 감염의 또 다른 효과는 바이러스 복제를 방해하는 것이다. 곤충에 의해 일반적으로 전파되는 바이러스가 *Wolbachia*에 감염된 곤충에 의해서는 전파되지 않을 수 있다. 이것은 이 감염이 생물학적 통제 수단으로 사용될 수 있다는 개념으로 이어졌다. *Aedes* 모기(**그림**)는 지카(Zika), 뎅기열(dengue), 치쿤구니야(chikungunya), 웨스트 나일(West Nile) 등의 수많은 바이러스를 전염시킨다. 인간의 경우 이러한 바이러스 감염에 대해서는 지지요법 외에는 치료법이 없으므로 곤충 통제가 최선의 예방이다.

지난 10여 년에 걸쳐 연구자들은 여러 지역에서 뎅기열의 확산을 통제하기 위해 *Wolbachia*에 감염된 *Aedes* 모기를 풀어 놓았다. 지역 모기 개체군에 따라서 풀어 놓는 *Aedes* 모기는 모두 수컷이거나 암수 모두이다. 첫 번째 경우 목표는 전체 곤충 개체수를 줄이는 것이지만, 두 번째 경우에는 *Wolbachia*가 개체군 전체에 퍼져 바이러스 전파를 줄이게 된다. 호주, 인도네시아 및 브라질에서 기대되는 결과가 나왔는데, 인근의 대조군과 비교했을 때 실험지역 거주자에서 질병이 극적으로 감소하였다. ▶| 절지동물은 바이러스질병을 전파할 수 있다(37.2절)

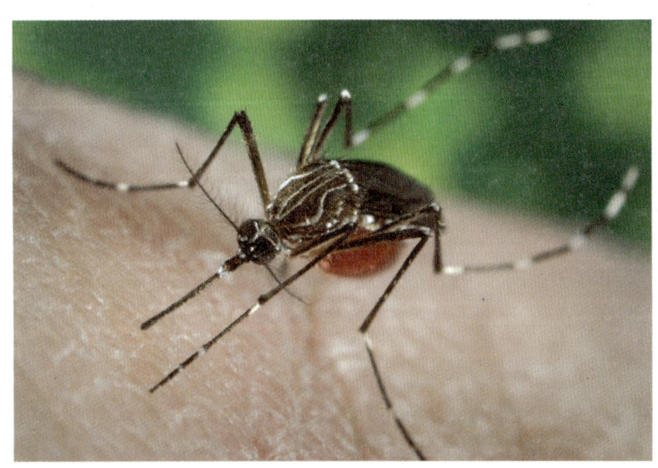

그림 암컷 *Aedes aegypti* 모기. *Wolbachia*에 감염되면 이 곤충은 아르보바이러스(arbovirus)를 인간에게 전파할 수 없다. James Gathany/CDC

항생제와 같이 전체 개체군에 유익한 화합물을 합성하고 분비하는 세균 개체군에는 **사기꾼**(cheater)으로 가장 잘 설명되는 일부 구성원이 포함되어 있다. 이 하위 집단은 화합물의 이점(경쟁자의 억제)은 취하지만 생산에 필요한 에너지 비용은 피하려 한다. 사기꾼은 소수여야 한다. 그렇지 않으면 전체 개체군의 경쟁력이 떨어지게 된다. 이 장의 시작이야기에서 설명한 것처럼 자연은 개체군이 스스로를 통제하거나 다른 것들이 개체군을 통제하는 다양한 방식으로 진화했다.

접촉-의존적 성장 억제(contact-dependent growth inhibition, CDI)는 효과적인 독소 전달을 위해 세포가 물리적으로 근접해 있어야 하는데, 이중막세균에서 V형 및 VI형 분비체계(T5SS, T6SS)에 의해 빈번하게 매개된다(그림 27.11b, 그림 13.41 참조). CDI 시스템이라고도 하는 T5SS는 두-파트너 메커니즘이다. 한 단백질인 CdiB는 외막에 있는 베타배럴 단백질로서 이를 통해 파트너인 다른 단백질 CdiA가 분비된다. CdiA 단백질의 일부는 절단되어 표적세포의 세포질로 전달되는 독소이다. T5SS를 통해 전달되는 독소에는 염색체 및/또는 리보솜을 손상시키는 핵산분해효소와 세포질 내용물을 방출시키는 구멍을 형성하는 분자가 있다. ◀ 2단계 분비체계(13.9절)

T6SS도 마찬가지로 독성 단백질을 분비하지만 발사체를 통해 분비한다. T6SS 합성에는 많은 에너지 투입이 필요한데, 그 이유는 상당한 양의 세포 자원이 T6SS와 그 독소를 합성하는 데 사용되기 때문이다. T6SS는 세포질에서 조립되며 3개의 막, 즉 이것을 생산하는 세포 2개의 막과 세 번째 막을 관통할 수 있도록 되어 있다. 표적이 다른 이중막세균일 때 독소는 주변 세포질(periplasm)로 방출되지만, 단일막세균이나 진핵세포일 경우는 세포질로 방출된다. T6SS는 세균 사이의 경쟁을 위한 무기에서 유래한 것으로 생각되지만, 세균이 감염되고 질병을 일으키는 것을 촉진하는 데 이점을 제공한다. 인간의 장내 병원균인 *Vibrio*와 *Salmonella*는 정상 미생물총에 대해 T6SS를 사용하여 그들의 장내 생태적 지위를 확보하고 숙주에 대해서도 이를 사용하여 질병을 유발한다. ◀ 1단계 분비체계(13.9절)

공생체에서 관찰되는 유전체 감소와 달리 경쟁에 참여하는 자유생활 세균은 큰 유전체를 가지고 있다. 경쟁이 치열한 개체일수록 유전체의 더 많은 부분이 공격 및 방어 시스템에 전념한다. 항생제와 박테리오신은 전구체로부터의 생합성을 위해 대규모 대사경로를 필요로 하며, 분비시스템은 합성, 조립 및 유지 관리를 필요로 한다. 이 모든 것이 세포에 에너지 부담을 준다.

마무리 점검

1. 포식과 기생을 정의하시오. 이 둘의 유사점과 차이점은?
2. 세균 세포가 포식 당하는 유형을 요약하시오.
3. 사기꾼은 무엇인가? 개체군에서 사기꾼의 비율이 작은 이유는?

요약

27.1 미생물 상호작용의 여러 유형들

- 공생적 상호작용은 협력에서 갈등에 이르는 연속체에 걸쳐 있다(그림 27.1). 개체 간의 상호작용은 군집의 맥락에서 발생한다.

27.2 상리공생: 절대적인 긍정적 상호작용

- 상호 이점은 많은 생명체-생명체 상호작용의 핵심이다. 이러한 상호작용은 에너지 대사와 관련된 물질 전달 또는 보호를 제공하는 물리적인 환경 변화의 생성을 기반으로 할 수 있다. 몇 몇 중요한 상리공생적 상호작용을 통해 미생물 1차 생산자는 더 큰 군집이 사용할 수 있는 유기물을 만드는 데 중요한 역할을 한다(그림 27.3 및 그림 27.4).
- 반추위는 동물과 복잡한 미생물 군집 사이의 상리공생적 상호작용의 한 예이다. 이 미생물 군집에서 복잡한 식물 재료는 반추동물이 흡수할 수 있는 단순한 유기화합물로 분해될 뿐만 아니라 환경으로 방출되는 메탄과 같은 폐기스도 형성한다.

27.3 협동관계: 절대적이지 않고 긍정적인 상호작용

- 상리공생처럼 협동관계는 두 파트너 모두에게 이익이 된다. 협동관계는 절대적이지 않기 때문에 각 파트너는 기계적 및 대사적 측면을 다루기 위해 실험적으로 연구될 수 있다.

27.4 적대적인 상호작용은 미생물의 반응을 촉발한다

- 포식은 포식자와 먹이(피식자)의 개체군에 많은 유익한 영향을 미치는데, 특히 화학합성 및 광합성 1차 생산자들이 재사용할 수 있도록 유기물에 고정된 미네랄을 재활용하는 점이 그렇다(그림 27.9 및 그림 27.10).
- 다른 미생물에 대한 미생물의 적대적 상호작용은 접촉-비의존성(항생제와 같은 화합물의 분비) 또는 접촉 의존성(V형 또는 VI형 분비체계를 통한 단백질 독소의 분비)일 수 있다(그림 27.11).

심화 학습

1. 미생물과 이와 관련 식물이 협동관계 또는 상리공생을 통해 상호작용하는지를 확인하기 위한 실험적 접근방식을 설명하시오. 두 조건에서 미생물 성장을 어떻게 정량적으로 비교할 수 있는가?
2. 여드름으로 항생제를 복용하는 일부 환자에서 입이나 비뇨생식기에 효모 감염이 일어난다. 이유를 설명하시오.
3. *Variovorax paradoxus*는 탄소원으로 N-아실호모세린락톤(N-acyl homoserine lactone)을 사용하도록 적응된 토양 생명체이다. 이렇게 함으로써 *V. paradoxus*는 서식지에 있는 다른 미생물의 쿼럼센싱을 방해한다. 이러한 종간(interspecies)의 상호작용을 분류하시오.
4. 인간 통생명체와 인간의 장내 마이크로바이옴을 생각해보자. 다음 시나리오에서 발생할 수 있는 미생물 상호작용의 유형을 식별하고 분류하시오. 장으로부터 온 대장균이 요로로 이동하여 기회 감염을 일으킨다. 항생제 치료 후 인간 숙주는 *Clostridioides difficile*에 의한 감염에 굴복하게 된다(38.6절). 이 두 번째 감염을 성공적으로 치료하기 위해 분변 미생물총 이식(33장의 시작 이야기 참조)이 성공적으로 수행된다.
5. 세균 세포는 접촉-의존적 성장 억제를 어떻게 방어할 수 있는가?
6. *Vampirococcus*와 용균성 박테리오파지를 비교하고 차이점을 설명하시오.
7. 과학자들은 최근에 바닷물이 증발하도록 남겨진 곳인 염전에서 배양된 두 고균 사이의 공생 파트너십을 보고하였다(그림 19.13 참조). 현미경과 유전체학을 통해 *Halomicrobium*이 숙주이고 nanoarchaeote인 *Candidatus* Nanohalobium이 외부공생자임을 확인했다. *Halomicrobium*이 독립적으로 잘 살아가기 때문에 이 파트너십은 절대적이 아니다. 염전의 탄소 및 에너지원은 키틴(브라인 쉬림프와 같은 절지동물에서 유래)과 글루칸(조류에서 유래)이다. *Halomicrobium*은 공생자의 유무에 관계없이 키틴을 대사하지만, 파트너 관계에서만 글루칸을 대사할 수 있다. 공생자의 유전체는 완전한 중심 탄소 경로를 암호화하지만 생합성 경로는 거의 암호화하지 않고 있다. 두 생물체의 탄소 교환 및 가능한 물리적 배열을 도표로 나타내시오. 탄소 중합체를 분해하는 효소가 존재할 것 같은 유전체의 위치를 나타내시오. 공생에서 각 파트너는 어떤 이점을 가지는가?

   참고문헌: LaCono, V., et al. 2020. Symbiosis between nanohaloarchaeon and haloarchaeon is based on utilization of different polysaccharides. *Proc. Natl. Acad. Sci. USA* 117:20223.
8. 박테리오파지 *Escherichia virus* T7은 DNA의 구조를 모방한 단백질인 Ocr을 암호화하고 있는데, 이 단백질의 3차원 구조는 DNA 골격에서 인산염 사이의 간격에 해당하는 간격마다 음전하를 띤 잔기를 가지고 있다. Ocr은 DNA와 상호작용하는 단백질과 결합해 이들 단백질의 활성을 억제한다. 영국과 중국의 연구팀은 최근 극저온전자현미경을 사용하여 대장균에서 Ocr이 표적에 결합하는 것을 시각화하였다. Ocr이 박테리오파지의 생활사를 촉진하기 위해 결합할 것으로 예상되는 단백질은 무엇인가?

   참고문헌: Ye, F., et al. 2020. Structural basis of inhibition by the DNA mimic protein Ocr of bacteriophage T7. *eLife* 9:e52125.

CHAPTER

28

생물지구화학적 순환과 지구기후 변화

Voishmel/AFP/Getty Images

지구기후 변화, 감염병의 변화

대부분의 사람들은 가래톳 페스트(bubonic plague)를 생각할 때 중세 유럽을 떠 올린다. 말라리아는 사하라 사막 이남의 아프리카를 떠올리게 한다. 그리고 뎅기열에 대해 들어본 적이 있다면 열대 지방을 생각한다. 그러나 이것들은 지구기후 변화로 인해 이제는 온대 기후에 거주하는 사람들을 위협하는 질병들 중 3가지에 불과하다.

기후와 감염병 사이의 연관성은 복잡하기 때문에 질병 양상의 정확한 변이를 예측하는 것은 어렵다. 하지만 다음을 살펴보자. 곤충은 페스트, 말라리아, 라임병, 황열 및 뎅기열(알려진 것들 중 소수)을 일으키는 미생물의 매개체이다. 온난화는 많은 곤충의 지리학적 분포를 확장시킬 뿐 아니라 번식기를 연상시키고 번식률을 높이며 먹이를 더 자주 먹게(물게) 만든다. 또한 에볼라와 COVID-19를 유발하는 바이러스와 같은 많은 감염원은 사람과 동물 간에 공유되고 있다. 역사적으로 환경의 변화는 새로운 질병의 출현이나 오래된 질병의 재출현과 관련이 있었다.

전염병에 대한 지구기후 변화의 영향은 크게 3가지 범주인 이미 일어난 질병 양상의 변화, 확신을 가지고 예측할 수 있는 질병 양상의 변화, 우리를 놀라게 할 질병 양상의 변화로 나눌 수 있다. 이미 범위가 확장된 질병인 페스트부터 시작해보자. 이 세균성 질병은 뉴멕시코 일부 지역의 사람과 설치류 집단에서 풍토병이며, 이 지역에서의 유행은 강우의 시기 및 양과 상관관계가 있다. 페스트는 이제 와이오밍과 아이다호를 포함하는 그 어느 때보다 더 북쪽에서 진단되고 있다.

곤충매개 질병의 패턴도 바뀌려고 한다. 모기는 미시간과 뉴욕에 말라리아를 가져왔다. 뎅기열을 일으키는 모기는 시카고와 네덜란드에 이르는 북쪽까지 퍼졌다.

이제는 우리를 놀라게 할 수 있는 질병 차례이다. 이 질병은 COVID-19와 같이 완전히 새로운 질병이거나 잘 통제되는 것으로 생각되었던 질병일 수 있다. 그러나 전염병이 새로운 것이든 오래된 것이든, 전염병의 예방과 치료에는 새로운 세대의 역학자, 의료 전문가, 그리고 (물론) 미생물학자의 전문성이 필요하다.

미생물학자들이 기후와 전염병 사이의 연관성 연구에 참여하는 이유는 분명하다. 덜 분명한 것은 기후 변화에서 미생물의 역할이다. 그러나 모든 원소의 순환은 미생물에 의해 매개된다. 퇴적물, 수계, 대기 사이의 원소 흐름을 유도하는 미생물적, 물리적, 화학적 과정의 총합은 **생물지구화학적 순환**(biogeochemical cycling)으로 알려져 있다. 이 장에서는 탄소, 질소, 황, 인, 철, 망간과 같은 주요 원소의 흐름에 초점을 맞출 것이다. 그런 다음 탄소 및 질소 순환의 변화에 의해 주도되는 지구기후 변화에 관심을 돌릴 것이다.

이 장의 학습을 위해 점검할 사항:

✓ 영양소 가용성과 환경적 요인이 미생물 성장에 어떻게 영향을 미치는지 설명할 수 있다(3.3절, 7.5절, 7.6절).

✓ 산화-환원(산화환원) 반응을 설명할 수 있다(10.3절, 10.4절).

✓ 종속영양과 독립영양의 차이점을 설명할 수 있다(11.1절).

✓ 호기성 호흡, 혐기성 호흡 및 발효, 그리고 화학무기독립영양 및 광독립영양을 비교할 수 있다(11.3절, 11.5절, 11.6절, 11.8절, 11.10절).

28.1 생물지구화학적 순환은 지구상의 생명을 유지한다

이 절을 학습한 후 점검할 사항:

a. 생물지구화학적 순환이라는 용어를 정의할 수 있다.
b. "생물지구화학적 순환이 지구상의 생명을 유지한다"는 말을 옹호할 수 있다.
c. 산화환원전위라는 용어를 설명할 수 있고, 이것이 특정 서식지에서 발견되는 원소들의 흐름에 어떻게 영향을 미치는가를 설명할 수 있다.
d. 무기질화와 고정화를 비교 설명할 수 있다.

생물지구화학적 순환은 침식과 같은 비생물적 또는 무생물적 과정과 생물활동을 모두 포함한다. 생물학적 과정은 때때로 **영양소 순환**(nutrient cycling)이라고 한다. **영양소**(nutrient)라는 용어는 생명을 유지하는 유기 및 무기 화학물질을 의미한다. **순환**(cycling)이라는 용어는 각 영양소가 어떤 하나의 풀(pool)에서 다른 풀로 이동이 된다는 것을 나타낸다. 한 풀에서 영양소는 특정 상태(예: 고도로 산화됨)로 존재하지만 다른 풀에서는 다른 상태(예: 더 환원됨)로 존재한다. 한 풀에서 다른 풀로 이동하는 과정은 영양소를 한 상태에서 다른 상태로 변경시키는데, 이를 **유동**(flux)이라고 한다. 유동의 중요한 예는 해양 독립영양생물(환원, 고체)에 의한 대기 CO_2의 흡수(산화, 기체)이다. 일부 변화는 비생물적 요인에 의해 주도되지만 대부분은 세균, 고균 및 진핵 미생물에 의해 수행된다. 원소의 변형이 없다면 지구상의 모든 생명체는 끝이 날 것이다.

순환의 개념에는 질량의 균형도 함축되어 있다. 순환에 어떤 입력이 일어나면 이와 동일한 손실에 의해 균형이 맞추어지기 때문에, 순환을 중심으로 돌고 있는 탄소나 질소와 같은 특정한 원소의 원자 수는 일정하게 유지된다. 실제로 수십억 년 동안 그랬다. 하지만 20세기로 접어들면서 인간은 되돌릴 수 있는 것보다 더 빠르게 탄소와 질소를 한 풀(대지)에서 다른 풀(대기)로 옮기기 시작했다. 화석연료를 태우면 수백만 년 동안 격리되었던 수많은 탄소가 방출된다. 지속적으로 증가하는 인구를 위해 농업을 지원할 목적으로 질소 비료를 사용하면 질소 화합물이 순환에 재도입될 수 있는 것보다 더 빨리 방출된다. 미생물 및 다른 생물체가 제거할 수 있는 것보다 더 많은 양의 열을 가두는 탄소 및 질소 함유 화합물이 대기로 방출되면 지구기후 변화의 핵심인 불균형이 발생한다. 지구기후 변화는 물질의 균형 문제인 것이다.

우리는 지구기후 변화가 공급원(source)과 흡수원(sink) 사이의 탄소와 질소의 흐름에 달려 있다고 이해하고 있는데, 이러한 우리의 이해는 대부분의 미생물활동이 지표면 아래 깊은 곳에서 일어난다는 최근의 발견과 일치한다(그림 1.2 참조). 생명을 가능하게 하는 생물지구화학적 순환을 탐구할 때, 지구 표면에 분포하는 미생물은 영양소의 빠른 순환에 기여하는 반면, 매우 느리게 성장하고 거의 탐구되지 않은 지하 깊은 곳의 미생물은 지질학적 기간 동안 원소 순환에 영향을 미치며 아주 거대한 탄소 흡수원이라는 점을 명심해야 된다. ▶| 해저의 해양 퇴적물에 있는 미생물 군집은 거대하고 신비하다(29.2절); 지하 생물권은 광대하다(30.4절)

본문 전반에 걸쳐서 지금까지 온도, 압력, 염도, pH 및 영양소 가용성의 차이가 미생물의 성장과 다양성에 어떤 영향을 미치는지를 고려하였다. 이제 미생물활동을 결정하는 데 중요한 또 다른 요소인 산화환원전위를 소개한다. **산화환원전위**(redox potential: 더 공식적으로는 oxidation-reduction potential)는 어떤 한 시스템에서 분자가 전자를 받거나 주는 경향을 측정한 것이다. 10장에서 산화환원전위는 특정한 산화환원전위 쌍과 관련하여 설명되어 있다(표 10.2 참조). 여기에서는 자연적인 미생물 환경의 맥락에서 산화환원전위에 주목하고자 한다. 각 환경의 산화환원전위는 표준값과 비교하여 볼트 또는 밀리볼트로 정량화될 수 있다. 하지만 '표준 환경'이 존재하지 않으므로 0 볼트로 설정된 수소 전극이 사용된다. 따라서 환경의 산화환원전위는 환경과 표준 수소 전극 사이의 전위차에 의해 결정된다. 값은 E_h로 표시된다. 주로 높은 산화환원전위(더 큰 양의 값)를 갖는 화합물로 구성된 환경은 새로운 화합물이 추가될 때 전자를 수용(즉, 환원됨)할 가능성이 더 높다. 전자를 공여하는 새로 추가된 화합물은 산화된다(**표 28.1**).

미생물학자들이 산화환원전위에 관심을 갖는 이유는 무엇일까? 환경의 산화환원 상태는 존재하는 미생물의 유형을 결정하는 데 중요한 역할을 하는데, 그 이유는 (1) 어떤 산화된 화합물이 산소비요구성 호흡을 위해 최종전자수용체로 이용 가능한지와, (2) 무기영양에서 전자공여체로 사용할 수 있는 환원된 분자로 어떤 것이 존재하는지를 결정하기 때문이다. 일반적으로 산소비요구성 호흡에 사용되는 전자수용체들은 각 반응에서 나오는 자유에너지의 크기에 따라

표 28.1 생물지구화학적 순환에서 중요한 원소와 이들의 산화환원 상태

		주요 형태 및 이온가				
원소	**물질의 상태**	**환원형**	**중간 산화형**			**산화형**
C	기체 및 고체	메탄: CH_4(−4)	일산화탄소: CO(+2)			이산화탄소: CO_2(+4)
N	기체 및 고체	암모늄: NH_4^+, 유기물의 N(−3)	질소 기체: N_2(0)	아산화질소: N_2O(+1)	아질산염: NO_2^-(+3)	질산염: NO_3^-(+5)
S	기체 및 고체	황화수소: H_2S, 유기물의 SH기(−2)	원소 황: S_0(0)	티오황산염: $S_2O_3^{2-}$(+2)	아황산염: SO_3^{2-}(+4)	황산염: SO_4^{2-}(+6)
Fe	고체	철(II) 이온: Fe^{2+}(+2)				철(III) 이온: Fe^{3+}(+3)
P	고체	포스폰산과 아인산염: (HPO_3^{2-})(+3)				폴리인산염, 인산염: PO_4^{3-}(+5)
Mn	고체	제1망간 이온: Mn^{2+} 산화망간: MnO(+2)				이산화망간: MnO_2(+4)

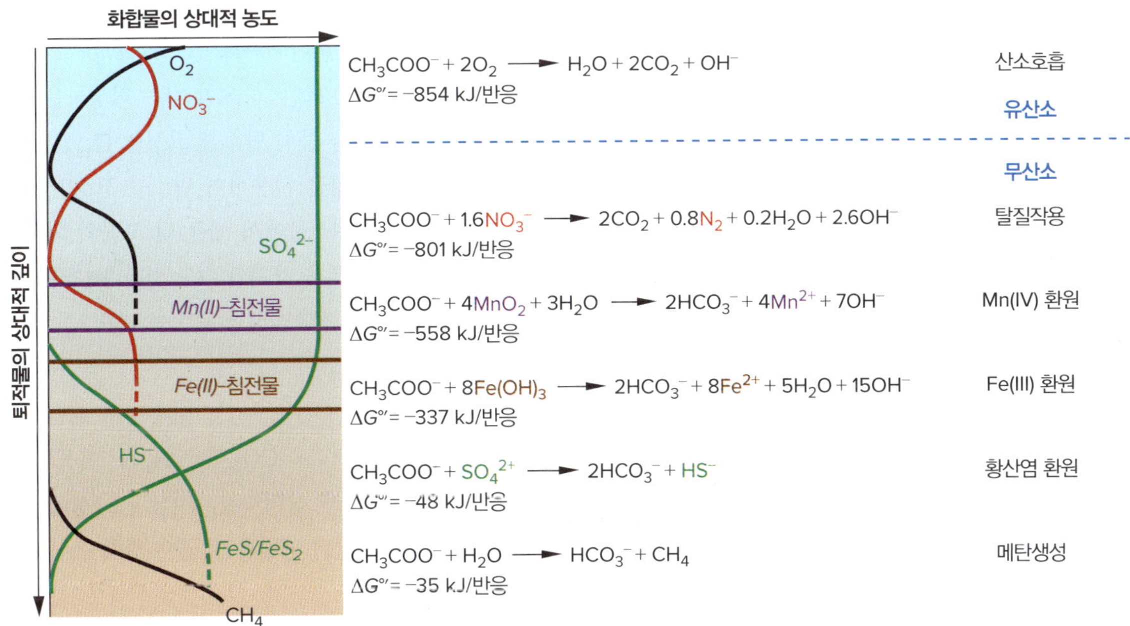

그림 28.1 산화환원전위, pH, 산소 농도 등은 최종전자수용체의 가용성에 영향을 준다. 산소 농도는 깊이에 따라 감소하기 때문에 나든 최종전자수용체가 무산소 호흡에 사용된다. 퇴적물이나 토양의 미생물 분포는 각 호흡 과정의 자유에너지 생산량에 의해 결정된다. 비교 가능한 $\Delta G^{\circ\prime}$ 값을 나타내기 위해 유기물인 아세트산이 모든 식에서 기질로 사용되었다. 발효는 컬럼의 무산소 영역 전체에서 일어난다. 깊이에 따른 원소의 상대적 농도를 해양 퇴적물에 대해 나타내었는데, 담수 퇴적물과 토양에서는 황산염이 적기 때문에 메탄생성 고균이 더 많이 존재할 수 있다.

연관 질문 황산염 환원과 메탄 생성이 같은 깊이 또는 같은 미세서식지에서 거의 발생하지 않는 이유는 무엇인가?

연속적으로 나열할 수 있다. 최종전자수용체와 이들의 수직적 분포는 **그림 28.1**에 있지만, 미생물 대사의 다양성은 여기에 나타낸 것보다 훨씬 더 놀랍다. 예를 들어, 케이블 세균(Desulfobulbaceae 과에 속하는 다세포성의 황화물 산화 세균)의 발견은 자연의 독창성을 보여준다. 그림 28.1을 보면 침전물 기둥에서 황화물과 산소가 공간적으로 분리되어 있음을 알 수 있다. 케이블 세균은 활주 운동성을 사용해서 해양 퇴적물에서 수직적으로 위치를 잡는다(그림 20.17 참조). 이를 통해, 필라멘트의 무산소 말단에 있는 세포는 황화물을 전자공여체로 사용할 수 있게 된다. 전자는 유산소 퇴적물, 즉 O_2가 최종전자수용체로 사용되는 장소에 도달할 때까지 세포에서 세포로 전달된다. ◀ 산화환원 반응: 물질대사의 핵심 반응(10.3절)

마지막으로, 무기질화와 고정화라는 2가지 용어는 자연계에서 유기물의 운명과 이용 가능성을 고려하는 데 도움이 된다. **무기질화**(mineralization)는 유기물을 더 단순한 무기물(예: CO_2, NH_3, CH_4,

H_2)로 분해하는 것이다. 이 화합물들은 동일한 생태계 내에서 재활용될 수도 있고 재활용되지 않을 수도 있다. 대조적으로, 생물량으로 전환된 영양소(탄소 포함)는 일시적으로 영양소 순환에 사용할 수 없게 되는데, 이것을 영양소의 **고정화**(immobilization)라고 한다. 바이러스, 원생생물 및 기타 포식자 뿐 아니라 사체의 유기물을 분해하는 부생생물(saprophyte)도 고정화된 유기물을 무기질화하는 데 중요하다.

마무리 점검

1. 영양소 순환과 지구기후 변화 사이의 관계를 설명하시오.
2. 동일한 농도의 질산염과 황산염을 포함하는 무산소환경에서 대부분의 혐기성 미생물의 생장을 지원하는 것은 어떤 최종전자수용체인지에 대해 설명하시오.
3. 무기질화와 고정화의 차이점은 무엇인가?

28.2 미생물은 영양소 순환을 매개한다

이 절을 학습한 후 점검할 사항:

a. 일반화된 탄소, 질소, 인, 황, 철, 망간 등의 순환 과정을 그림으로 나타낼 수 있다.
b. 탄소 및 질소고정 미생물과 유산소 및 무산소 조건에서 유기탄소와 질소의 무기질화를 담당하는 미생물을 대사 유형별로 식별할 수 있다.
c. 메탄생성과 메탄 산화가 일어나는 환경을 열거할 수 있다.
d. 이화적 질산염환원, 질화작용, 탈질작용, 아나목스반응 동안 질소 원자의 운명을 추적할 수 있고, 각 과정이 유산소 혹은 무산소 환경에서 일어나야 되는가를 식별할 수 있다.
e. 이화적 질산염환원과 이화적 황산염환원 및 동화적 질산염환원과 동화적 황산염환원을 비교 설명할 수 있다.
f. 이화적 질산염/황산염/철 환원, 질화작용, 황/철의 산화 등을 담당하는 미생물을 대사 유형별로 식별할 수 있다.
g. 철, 수은, 망간의 순환 과정을 비교 설명할 수 있다.
h. 한 원소의 유동이 다른 원소의 순환에 어떻게 영향을 미치는지를 2가지 예를 설명할 수 있다.

지구기후 변화는 미생물이 원소를 무기질화하는 속도와 연결되어 있기 때문에 원소들이 생물권으로 방출되거나 생물권으로부터 제거되는 데 영향을 미친다. 따라서 영양소의 유동이 어떻게 변화하는지 이해하는 것이 시급하다. 여기에서는 단지 주요 원소들만 제시되지만, 바나듐, 크롬 및 우라늄과 같은 다른 원소들도 미생물의 생장을 지원하고 생물권을 순환한다는 점을 명심하는 것이 중요하다.

탄소 순환

탄소는 생명을 규정하는 원소로서 어디에나 존재한다. 탄소 순환과 지구기후 변화를 이해하려면 CO_2의 공급원, 흡수원 및 저장소를 알아야 한다. 종속영양미생물 및 화석연료 연소와 같은 **공급원**(source)은 탄소를 CO_2로 방출하는 반면, **흡수원**(sink)에는 대기로부터 CO_2를 흡수하는 식물, 식물플랑크톤 및 기타 독립영양미생물이 있다. **저장소**(reservoir)는 지질학적 기간 동안 탄소를 저장한다. 탄소는 메탄(CH_4) 및 기타 복잡한 유기물과 같은 환원된 형태로 존재하거나 일산화탄소(CO) 및 이산화탄소(CO_2)처럼 산화된 무기물 형태로도 존재한다. 탄소는 계속해서 한 형태에서 다른 형태로 변하지만, 명확성을 위해 탄소고정, 즉 CO_2가 유기물로 전환되는 것으로부터 탄소 순환이 "시작"한다고 할 것이다(**그림 28.2**). 식물은 종종 주요한 CO_2 고정 생명체로 간주되지만, 지구상의 탄소 중 적어도 절반은 미생물, 특히 규조류와 *Prochlorococcus* 및 *Synechococcus* 속의 해양 남세균에 의해 고정된다. 또한, 중요한 점은 미생물은 무산소환경에서도 산소비발생 광합성을 통해 탄소를 고정할 뿐 아니라 빛이 없는 상태에서도 화학독립영양을 사용하여 탄소를 고정한다는 것이다. 사실, 깊고 어두운 지하 퇴적물에서 세균 및 고균의 화학독립영양이 지구 탄소고정의 상당 부분을 차지할 수도 있다. ◀ 캘빈-벤슨 회로(12.3절); Cyanobacteria 문: 산소발생형 광합성 세균(20.4절); Stramenopila (23.4절)

한편, 무기탄소(CO_2)는 무산소상황에서 메탄(CH_4)으로 환원될 수 있다. 고균만이 H_2 + CO_2 혹은 H_2 + 아세트산을 사용하여 메탄을 형성한다는 것을 상기하자. 19장과 21장에서 설명한 바와 같이, 퇴적물에서 생성된 메탄은 세균에 의해 유산소적으로 산화되거

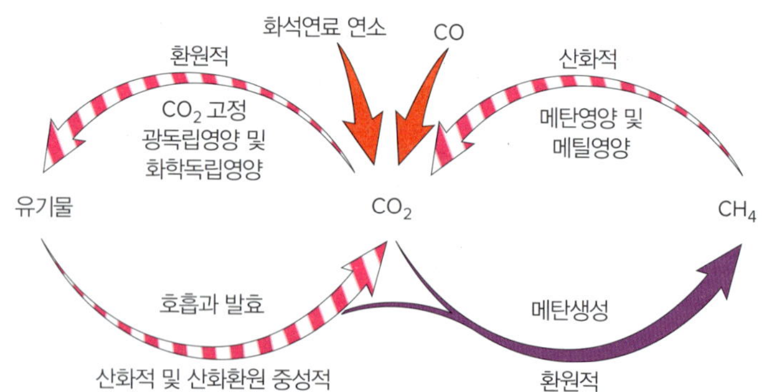

그림 28.2 탄소 순환. 탄소고정은 광독립영양미생물과 화학독립영양미생물의 활동에 의해 일어난다. 메탄은 무기기질(CO_2 + H_2) 또는 유기물에서 생성된다. 자동차와 공장 같은 발생원에서 생성된 일산화탄소(CO)는 CO-산화 세균에 의해 CO_2의 형태로 탄소 순환으로 되돌아간다. 유산소 조건에서 일어나는 과정은 빨간색 화살표로, 유산소 및 무산소 조건 모두에서 일어나는 과정은 줄무늬 화살표로, 무산소 조건에서 일어나는 메탄생성 과정은 보라색 화살표로 표시되었다.

연관 질문 어떤 미생물이 메탄생성과 메탄 산화를 할 수 있는가?

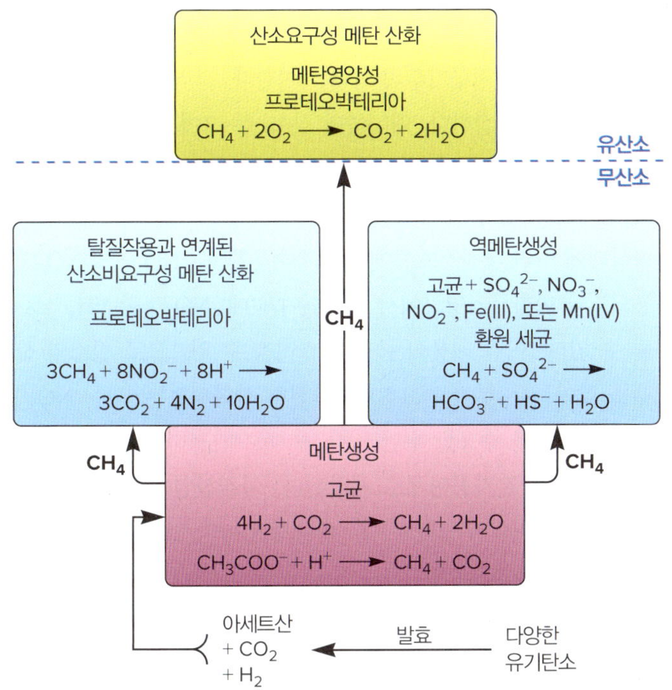

그림 28.3 메탄생성과 메탄영양. 그림 하단에서 시작하는 세균의 발효산물은 메탄생성 고균(보라색 상자)의 기질로 사용된다. 메탄이 생성되면 위쪽으로 확산되는데, 이곳에서 3가지 일반적인 유형의 메탄영양생물 중 하나에 의해 산화된다. 메탄 산화를 탈질작용과 연계시키는 프로테오박테리아(왼쪽 파란색 상자), 황산염(반응과정이 표시됨), 질산염, 아질산염 Fe(III), 또는 망간 환원과 연계시켜 메탄생성 경로를 역전시키는 산소비요구성 고균(오른쪽 파란색 상자), 그리고 및 산소요구성 프로테오박테리아(노란색 상자)이다.

나 고균과 탈질 세균에 의해 무산소적으로 산화된다(**그림 28.3**). 반추동물의 위에서도 다량의 메탄이 생성된다. 범지구적으로 보면 논, 탄광, 하수 처리장, 매립지, 습지 및 맹그로브 늪 등의 퇴적물, 그리고 반추동물과 심지어는 흰개미의 내장에서 발견되는 고균은 메탄의 중요한 공급원이다. ◀ 메탄생성균과 메탄영양생물(19.5절); α-프로테오박테리아 강에는 많은 빈영양생물이 속해 있다(21.1절); γ-프로테오박테리아는 가장 큰 세균 강이다(21.2절)

고정된 모든 탄소는 유기물의 공통 풀에 유입된 후 유산소 혹은 무산소 호흡 및 발효(즉, 종속영양)를 통해 CO_2로 다시 산화될 수 있다. 그림 28.2에 나타낸 탄소 순환에서는 생성되고 분해되는 여러 다른 유형의 유기물을 구별하지 않았다. 유기물은 원소의 조성, 기본 반복단위의 구조 및 반복단위 간의 연결 측면에서 매우 다양하기 때문에 이 그림은 아주 단순화한 것이다. 유기물의 생체 가용성과 분해는 (1) 산화환원전위, (2) 경쟁 영양소의 이용 가능성, (3) pH, 온도, O_2 및 삼투압 조건과 같은 비생물적 조건, (4) 존재하는 미생물 군집 등과 같은 여러 요인들에 의해 영향을 받는다.

미생물이 사용하는 많은 복잡한 유기기질은 **표 28.2**에 요약되어 있다. 성숙한 식물의 중요한 구조성분인 리그닌은 놀랍도록 안정적이다. 리그닌은 실제로 탄소-탄소 및 탄소-산소(에테르) 결합으로 연결된 복합 중합체 계열이다(그림 30.2 참조). 균류와 streptomycetes 같은 사상형(filamentous) 미생물은 산소를 필요로 하는 해중합(depolymerization) 과정을 통해 리그닌을 가수분해하는 효소를 분비한다. 이들의 사상체 형태가 넓은 면적에 걸친 세포외효소(exoenzyme) 방출 및 영양소 흡수를 가능하게 한다. 홍색세균인 *Rhodopseudomonas palustris*와 같은 소수의 단세포 미생물은 무산소 조건에서도 리그닌을 분해할 수 있는데, 분해 속도는 매우 느리다. 무산소 조건에서의 느린 리그닌 분해로 인해 토탄 습지(peat bog)의 형성과 같은 리그닌화된 물질의 축적이 야기된다.

리그닌을 포함한 많은 복잡한 기질에는 탄소, 수소 및 산소만 포함되어 있다(표 28.2). 이러한 기질을 사용해 생장하기 위해서 미생물

표 28.2 분해 및 분해성에 영향을 주는 복잡한 유기물 기질의 특성

			다량으로 존재하는 원소					분해	
기질	**기본 소단위**	**결합**	**C**	**H**	**O**	**N**	**P**	**O_2 있을 때**	**O_2 없을 때**
녹말	포도당	α(1 → 4), α(1 → 6)	+	+	+	−	−	+	+
셀룰로오스	포도당	β(1 → 4)	+	+	+	−	−	+	+
헤미셀룰로오스	6탄당과 5탄당	β(1 → 4), β(1 → 3), β(1 → 6)	+	+	+	−	−	+	+
리그닌	페닐프로펜	C—C, C—O 결합	+	+	+		−	+	+/−
키틴	N-아세틸글루코사민	β(1 → 4)	+	+	+	+	−	+	+
탄화수소	사슬형, 고리형, 방향족	C—C, C=O 결합	+	+	−	−	−	+	+/−

연관 질문 *Vibrio cholerae*의 경우에서처럼 미생물이 키틴을 섭취하면 어떤 영양소가 제한되는가?

은 환경의 다른 곳에서 나머지 영양소(예: N, P, S, Fe 등)를 획득해야 한다. 하지만 질소, 인 및 철의 농도가 매우 낮을 수 있기 때문에 이렇게 하는 것은 종종 매우 어렵다. 영양소의 공급이 최대 생장을 지원하기에 충분하지 않을 때 해당 영양소가 제한적이라고 한다. 예를 들어, 대양(open-ocean) 미생물 군집에서 많은 미생물의 생장은 종종 질소 제한적이다. 다시 말해, 더 높은 농도의 사용 가능한 질소(예: NO_3^-, NH_4^+)를 사용할 수 있다면 미생물의 생장 속도가 증가할 것이다. 이 현상을 19세기 화학자 리비히(Justus von Liebig)의 이름을 따서 명명된 **리비히의 최소율의 법칙**(Liebig's law of the minimum)이라고 한다.

마무리 점검

1. CO_2의 미생물 공급원과 흡수원은 무엇인가? 탄소는 어떤 형태로 저장되는가?
2. 지구적 탄소고정에 대한 미생물의 기여는 무엇인가?
3. 얕은 강바닥과 논바닥 중에서 리그닌이 더 빨리 분해되는 곳은 어디일지 설명하시오.
4. 탄소가 무기질화되고 고정화되는 과정을 비교 설명하시오.

질소 순환

질소 화합물 또한 지구기후 변화에 기여한다. 그러나 질소 순환은 탄소 순환보다 더 복잡하다. 왜냐하면 질소는 −3에서 +5까지의 산화환원 상태로 존재하는데 이 산화상태들이 질소 순환을 추진하는 변환에 반영되기 때문이다(표 28.1). **그림 28.4**에 나타낸 것처럼, 질소는 산화상태에 따라 무산소호흡에서 전자수용체(예: NO_3^- 및 NO_2^-)로 사용되거나 화학무기영양에서 전자공여체(예: NO_2^- 및 NH_4^+)로 사용될 수 있다. 이런 내용이 좀 혼란스러울 수 있으므로 질소의 산화상태를 알아두는 것이 필요하다. 완전히 산화되었는가(즉, NO_3^-)? 그렇다면 전자를 수용할 수만 있다. 반대로 완전히 환원되면(NH_4^+) 이것의 역할은 전자공여체로 제한된다. 아질산염(NO_2^-)은 완전히 산화되거나 환원되지 않았으므로 생물체에 따라 전자공여체 혹은 전자수용체 역할을 할 수 있다.

질소 순환에 대한 논의를 **질소고정**(nitrogen fixation)에서부터 시작해 보자. 질소고정은 무기기체 분자인 N_2를 암모니아(NH_3)로 환원시키는 과정으로 이를 통해 얻어진 암모니아는 유기물 형태(예: 아

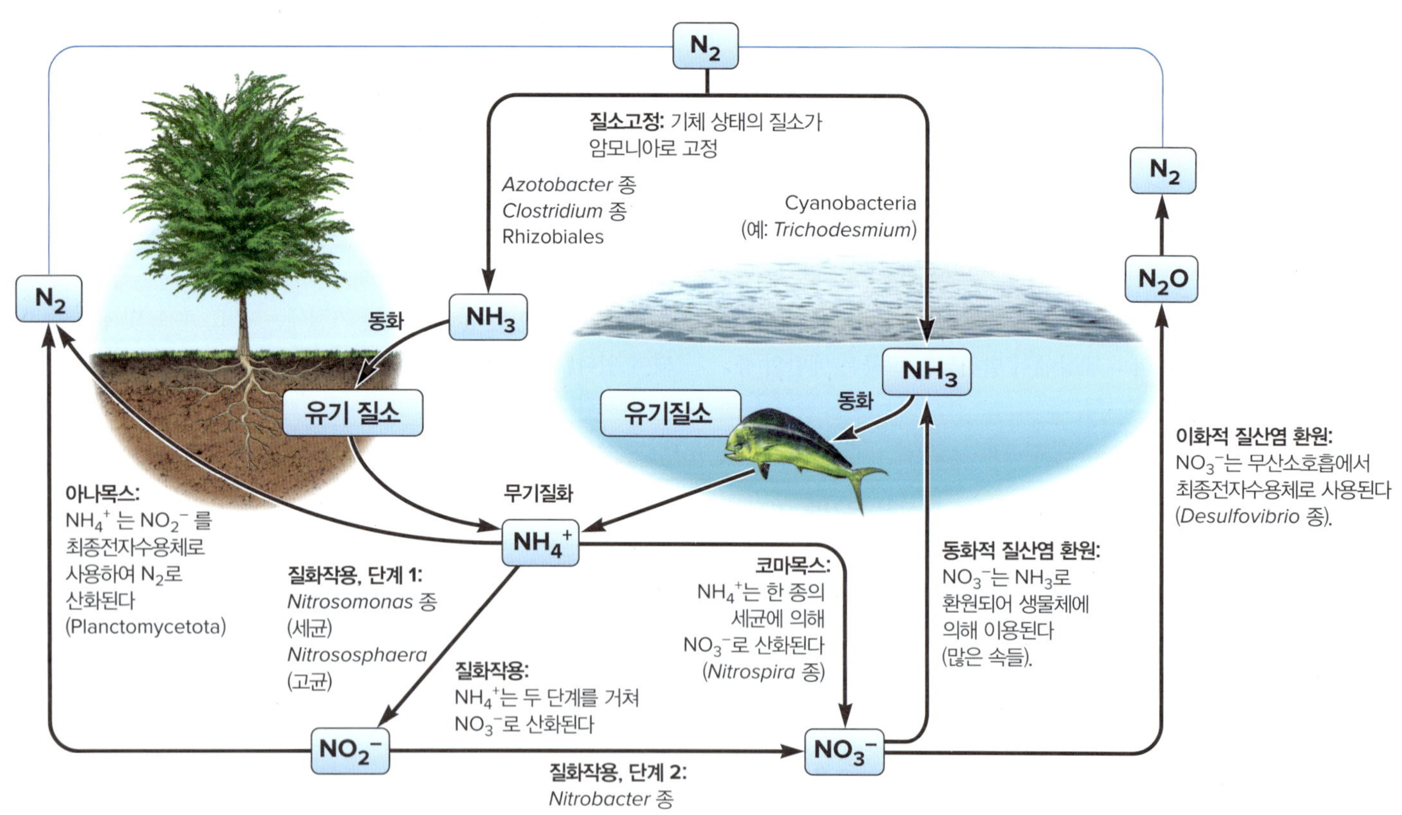

그림 28.4 간략하게 나타낸 질소 순환. 일부 질소 화합물은 산화 상태에 따라 전자공여체 또는 전자수용체 역할을 할 수 있으므로 이들은 환경에서 매우 다른 역할을 한다. NH_4^+는 완전히 환원되어 있기 때문에 전자공여체 역할만 할 수 있다. 완전히 산화된 형태인 NO_3^-는 최종전자수용체로 사용되며, 식물과 미생물에서는 동화적 환원을 거쳐 생물량으로 병합될 수 있다. 질소 순환의 모든 부분은 육상과 해양 생태계 모두에서 일어나는데, 질소 순환에서 필수적인 질소고정은 육상과 해양에서 서로 다른 속의 미생물에 의해 일어나기 때문에 그림에서 구분하여 표시하였다.

연관 질문 탈질작용, 질화작용, 이화적 질산염 환원, 동화적 질산염 환원의 생성물은 무엇인가?

미노산, 퓨린, 피리미딘)로 전환될 수 있다. 질소고정은 일부 박테리아와 고균에 의해서만 수행된다. 질소고정효소(nitrogenase)는 산소에 민감하지만 질소고정은 유산소 및 무산소 조건 모두에서 수행될 수 있다. *Azotobacter* 종과 *Trichodesmium* 속의 남세균과 같은 미생물은 유산소적으로 질소를 고정하는 반면, *Clostridium* 종과 같은 자유생활 산소비요구성 미생물 또한 질소를 고정한다. 아마도 가장 잘 연구된 질소고정 미생물은 콩과식물의 세균 공생자로서, 여기에는 rhizobia와 이들의 α-프로테오박테리아 친척, 그리고 소수의 γ-프로테오박테리아가 포함된다. 다른 세균 공생자도 질소를 고정하는데, 예를 들어, *Frankia* 속의 방선균 종은 많은 종류의 관목에 공생하면서 질소를 고정하고 이질낭(heterocyst)을 형성하는 남세균인 *Anabaena* 종은 물고사리(water fern)인 *Azolla* 종에 공생하면서 질소를 고정한다. ◀ 질소고정: $N_2 \rightarrow NH_3$(12.5절); Cyanobacteria 문: 산소발생 광합성 세균(20.4절); Actinomycetales 목(22.1절) ▶ 질소고정 박테리아는 농업에 필수적이다(30.3절)

N_2 고정의 생성물은 암모니아(NH_3)이며, 이는 아민(NH_2^-) 형태로 유기물에 즉시 통합된다. 이러한 아민의 N 원자는 단백질, 핵산 및 기타 생체 분자로 통합됨으로써 고정화(immobilization)된다. 이런 유기분자가 분해(이화)되어 무기질화될 때 질소는 암모늄(NH_4^+)으로 방출된다. 많은 미생물 속들은 유기질소 기질의 이화작용을 수행할 수 있지만, 완전한 무기질화에는 미생물의 집합체가 필요하다.

암모늄은 완전히 환원되어 있기 때문에 전자를 공여할 수만 있는데, 이것이 **질화작용**(nitrification) 중에 일어난다(그림 28.4). 이러한 화학무기영양 과정의 첫 번째 단계에서 암모늄은 아질산염(NO_2^-)으로 산화되고 두 번째 단계에서는 NO_2^-가 질산염(NO_3^-)으로 산화된다. 오랫동안 질산화는 서로 다른 두 그룹의 박테리아에 의해 수행되어야 한다고 여겨졌다. 예를 들어, 일부 고균과 *Nitrosomonas* 속 및 *Nitrosococcus* 속의 세균은 암모니아 산화에 중요한 역할을 하고, 반면에 *Nitrobacter* 종과 이와 관련된 세균은 아질산염 산화를 수행한다. 질화작용의 두 단계 모두 일반적인 최종전자수용체로 O_2를 사용하는 유산소적 과정이다. 이제는 2가지 예외가 알려져 있다. 첫 번째는 β-프로테오박테리아인 *Nitrosomonas eutropha*로, 이 세균은 암모늄을 무산소적으로 아질산염과 산화질소(NO)로 산화시키는데 이 과정에서 이산화질소(NO_2)가 전자수용체로 사용되는 탈질작용(denitrification)과 관련된 반응이 일어난다(그림 21.12 참조). 아주 최근에 여러 Nitrospira 종은 2가지 질화작용 단계를 모두 수행하는 것으로 밝혀졌는데, 이 능력에는 완전한 암모니아 산화(*complete ammonia* oxidation)를 의미하는 **코마목스**(comammox)라는 별명이 붙여졌다(그림 28.4). ◀ 질화세균은 암모니아와 아질산염을 산화해서 에너지와 전자를 얻는다(21.1절)

질산염의 생산은 중요한데, 그 이유는 **동화적 질산염 환원**(assimilatory nitrate reduction)이라고 알려진 과정을 통해서 질산염이 환원되어 미생물과 식물의 생물량으로 통합되기 때문이다. 이와 별개로, 일부 미생물은 무산소 호흡을 할 때 최종전자수용체로 질산염을 사용한다. 이 경우에는 질소가 세포물질에 통합되지 않으므로 이것을 **이화적 질산염 환원**(dissimilatory nitrate reduction)이라고 한다. *Geobacter metallireducens* 및 *Desulfovibrio* 종을 포함한 다양한 미생물은 이화적 질산염 환원을 수행한다. 질산염이 질소 기체(N_2)로 완전히 환원될 때 질소는 생태계를 벗어나 대기로 돌아가게 되는데, 이러한 일련의 과정을 통틀어서 **탈질작용**(denitrification)이라고 한다. 이러한 이화적 과정은 *Pseudomonas* 종과 같은 다양한 종속영양 세균들에 의해 수행된다. 이화적 질산염 환원의 주요 산물은 질소 기체(N_2)와 아산화질소(N_2O)이지만 아질산염(NO_2^-)이 축적될 수도 있다(그림 11.16 참조). N_2O는 28.3절에서 설명된 것처럼 중요한 온실가스이다. ◀ 무산소호흡은 산소호흡과 동일한 단계를 사용한다(11.5절); 무기질소동화(12.5절)

마지막으로, **아나목스 반응**(anammox reaction, anoxic ammonium oxidation)은 Planctomycetota 문의 화학무기영양생물에 의해 수행되는 무산소 반응이다. 이 반응에서 암모늄 이온(NH_4^+)은 전자공여체 역할을 하고 아질산염(NO_2^-)은 최종전자수용체 역할을 함으로써 질소 기체(N_2)를 생성한다(그림 20.9 참조). 사실상 아나목스 반응은 암모늄과 아질산염이 질산염을 거치지 않고 직접적으로 N_2로 가는 지름길이다(그림 28.4). Planctomycetota 문의 세균이 상당량의 NH_4^+를 N_2로 산화시켜 환경에서 암모니아를 제거한다는 이 발견은 높은 농도의 암모니아가 바람직하지 않은 폐수 처리 분야에서 뜨거운 관심을 불러일으켰다. ◀ Planctomycetota 문: 아나목스 세균(20.5절) ▶ 폐수처리 과정(42.2절)

마무리 점검

1. 질소고정에 의해 생태계에 직접 도입된 유기질소는 때때로 “신규” 질소라고 한다. 이유를 설명하시오.
2. 질화작용을 구성하는 2단계의 과정을 설명하시오. 질화작용을 수행하는 미생물과 아나목스를 수행하는 미생물이 같은 환경에서 살 수 있는가? 왜 가능한지 혹은 왜 불가능한지 이유를 설명하시오.
3. 동화적 질산염 환원과 탈질과정의 차이점은 무엇인가? 어떤 반응이 많은 미생물에 의해 수행되고 보다 전문화된 대사 기능은 무엇인가?

인 순환

인의 생물지구화학적 순환은 여러 가지 이유로 중요하다. 살아있는 모든 세포는 ATP, 핵산, 일부 지질 및 다당류를 위해 인을 필요로 한

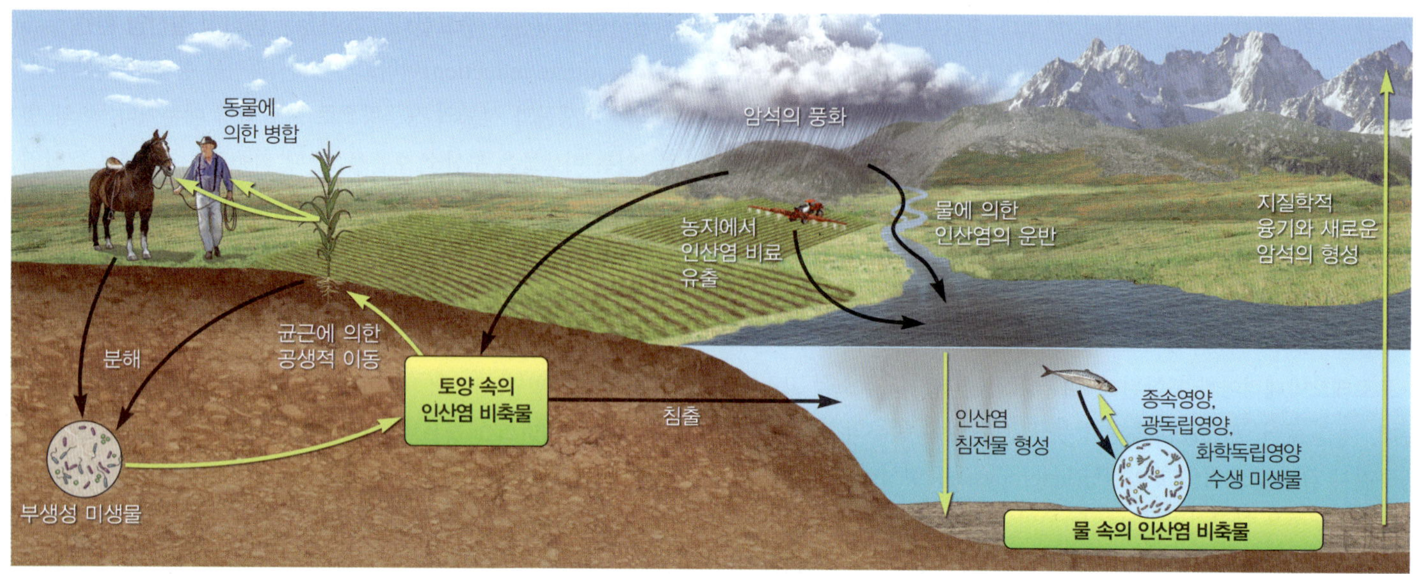

그림 28.5 간략하게 나타낸 인 순환. 인은 식물과 동물의 분해, 암석의 풍화, 비료 시용 등을 통해 토양과 물로 유입된다. 토양 속의 인산염과 물 속의 인산염, 아인산염 및 포스폰산염은 육상 및 수생 미생물에 의해 소비되고 더 큰 생명체로 전달된다. 그러나 토양의 많은 인은 침출을 통해 멀리 이동하거나 양이온과 복합체를 형성하여 상대적으로 불용성 화합물이 될 수 있다. 육상의 화학무기영양 미생물도 토양의 인산염을 흡수하지만 표시하지는 않았다.

다. 인은 인산염을 함유한 암석의 풍화작용에 의해서만 유래되어 인산염으로 동화되는 것으로 오랫동안 믿어졌다(**그림 28.5**). 하지만, 일부 해양 미생물에서는 C—P 결합을 가지고 있어 유기물인 포스폰산염(phosphonate)이 중요한 인 공급원인 것으로 보인다.

토양에서 인은 무기물 형태와 유기물 형태 모두로 존재한다. 유기인은 생물량뿐만 아니라 부식질(humus) 및 기타 유기화합물과 같은 물질에도 포함되어 있다. 이러한 유기물질의 인은 미생물의 활성에 의해 쉽게 재활용된다. 무기인은 음전하를 띠기 때문에 철, 알루미늄 및 칼슘과 같은 환경에 존재하는 양전하를 띤 원소와 착물(complex)을 형성한다. 이러한 착물은 상대적으로 불용성이고 용해도는 pH 의존적이어서, 인산염은 pH 6과 7 사이에서 식물과 미생물에 가장 유용하다. 미생물은 단순한 오르토인산염(PO_4^{3-})을 보다 복잡한 형태로 변형시키는데, 여기에는 뉴클레오티드 및 인지질과 같은 보다 친숙한 거대분자뿐만 아니라 봉입체(inclusion)로 존재하는 폴리인산염(polyphosphate) 등이 있다. ◀ 봉입체(3.7절); 인의 동화(12.6절)

황 순환

미생물은 황 순환에 크게 기여하는데, 이러한 황 순환을 **그림 28.6**에 간단하게 나타내었다. 황 순환은 황의 산화 상태에 따라 전자수용체, 전자공여체 또는 둘다의 역할을 할 수 있다는 점에서 질소 순환과 유사하다. 완전히 산화된 형태인 황산염은 아미노산과 단백질 생합성에 사용하기 위해 식물과 미생물에 의해 환원되는데, 이를 **동화적 황산염 환원**(assimilatory sulfate reduction)이라 한다. 대조적으로, 황산염이 무산소 서식지로 확산되면 미생물이 **이화적 황산염 환원**(dissimilatory sulfate reduction)을 수행할 수 있는 기회를 제공하게 된다. 이 과정에서 황산염은 다양한 미생물의 무산소 호흡 과정에서 최종전자수용체 역할을 하는데, 이러한 미생물에는 *Desulfovibrio* 종과 *Desulfonema* 종에 속하는 세균과 *Archaeoglobus* 속에 속하는 고균이 있다. 이 과정은 황화물(sulfide) 축적을 초래하여 썰물 동안 염습지에서 나는 썩은 계란 냄새를 설명한다. 완전히 환원된 형태인 황화물(sulfide, S_2^-)은 녹색황세균과 같은 산소비발생형 광합성 미생물 및 *Thiobacillus* 종과 같은 화학무기영양생물에서 전자공급원으로 이용될 수 있다. 이 미생물들은 황화물을 원소 황(elemental sulfur)과 황산염으로 전환한다.

다른 미생물은 이화적 원소 황(S^0) 환원을 수행하는 것으로 밝혀졌다. 이런 미생물에는 *Desulfuromonas* 속의 세균들, 호열성 고균, 고염분 퇴적물에 서식하는 남세균 등이 있다. 아황산염(SO_3^{2-})은 *Alteromonas* 속, *Clostridium* 속, *Desulfovibrio* 속 및 *Desulfotomaculum* 속의 세균을 포함하는 다양한 미생물들에 의해 황화물로 환원될 수 있는 또 다른 중요한 중간산물이다.

DMSP(Dimethylsulfoniopropionate)는 중요한 유기 황 화합물로서, 해양 식물 플랑크톤에 의해 호환성 용질(compatible solute)로 생성된다. 이 식물성 플랑크톤이 죽어서 DMSP를 방출하면 세균플랑크톤(부유 세균)은 이를 황 및 탄소 공급원으로 사용한다. 이 과정에서 DMSP는 DMS(dimethylsulfide)로 대사되어 대기 중으로 방출된다. 대기에서 DMS는 물방울 형성을 위한 핵 역할을 하는 다양

그림 28.6 간략하게 나타낸 황 순환. 황산염은 완전히 산화되어 있기 때문에 무산소 호흡에서 최종전자수용체 역할을 하는데, 이를 이화적 황산염 환원이라고 한다. 다른 한편으로 식물과 미생물은 동화적 황산염 환원을 통해 유기물에 S 원자를 제공할 수 있다. H_2S는 완전히 환원되어 있기 때문에 화학무기영양과 광무기영양에서 전자공여체 역할을 할 수 있다. 원소 황과 티오황산염은 완전히 산화되거나 환원되어 있지 않기 때문에 전자공여체 또는 수용체 역할을 할 수 있다.

연관 질문 환원될 때 원소 황(S^0)의 역할은 무엇인가? 산화될 때 그 역할은 무엇인가?

한 황 화합물로 빠르게 전환되어 구름 형성에 기여한다. 구름은 지구 표면을 차갑게 유지하는 데 도움이 되기 때문에, DMS의 생성 증가가 지구기후 변화의 영향을 완화하는 데 도움이 될 수도 있다는 가설이 있다.

철 순환

철 순환에는 철(II) 이온(ferrous iron, Fe^{2+})과 철(III) 이온(ferric iron, Fe^{3+})이 서로 전환되는 특징이 있다(**그림 28.7**). 공기가 충분하고 pH가 중성인 환경에서 철은 주로 두 산화 상태의 불용성 미네랄로 존재한다. 환원된 철(II) 이온(Fe^{2+})과 산화된 철(III) 이온(Fe^{3+}) 모두 산성화가 될수록 용해도가 증가하므로, pH 4 미만에서는 철이 수용액 상태로 존재하게 된다. 대부분의 산소요구성 미생물에서 철을 동화하는 데는 2가지 문제점이 있다. 첫째, 철은 필수적인 원소이지만 자유 철(free iron)은 일반적으로 매우 소량으로 존재한다. 둘째, 일반적으로 철은 흡수하기에 적절하지 않은 산화 상태로 존재한다. 즉, 유산소환경에서는 Fe^{3+}이 우세하게 존재하지만, 미생물은 일반적으로 Fe^{2+}를 사용한다. **시데로포어**(siderophore)를 사용하면 2가지 문제가 모두 해결된다. 시데로포어는 Fe^{3+}에 결합하여 세포내부로 수송을 촉진하는 저분자량 유기분자로, 세포내에서 Fe^{3+}은 Fe^{2+}로 환원된다(그림 3.15 참조). ◀ 철의 흡수(3.3절)

이화적 환원은 무산소 호흡을 통해 일어난다는 것을 다시 한 번 알 수 있다. 이화적 철 환원(dissimilatory iron reduction)에서 Fe^{3+}은 무산소 호흡의 최종전자수용체 역할을 한다. 대부분의 환경에서 Fe^{3+}는 주로 결정형(예: 적철석 및 자철석)과 침전토의 성분으로 발견된다. 21장에서 더 자세히 설명했듯이, 일부 미생물은 전자전달계에서 나오는 전자를 세포외부에 있는 이러한 고체 형태의 Fe^{3+}에 전달한다(그림 21.27 참조). ◀ 무산소호흡은 산소호흡과 동일한 단계를 사용한다(11.5절); Shewanellaceae 과는 전자수용체를 사용하는 산소비요구성 생물이다(21.2절)

고균과 세균 모두 이화적 Fe^{3+} 환원을 수행할 수 있다. 이런 계통발생적 다양성은 Fe^{3+} 환원이 아주 오래전에 기원했다는 것을 의미하는 것일 수 있다. 생명은 35~38억 년 전에 Fe^{2+}가 풍부한 환경에서 시작되었다고 여겨진다. Fe^{2+}의 광산화(photooxidation)로 생성된 Fe^{3+}와 H_2는 각각 전자수용체와 에너지원으로 원시세포체에게 제공되었을 수 있다. 선캄브리아기 말에 대기 중 산소 수준이 증가하기 시작했을 때 발생한 띠모양의 철광층 형성은 세균의 철 대사 증가의 증거일 수 있다. ◀ 미생물은 수십억 년 동안 진화하고 다양화되었다(1.2절)

최종전자수용체로 Fe^{3+}이 이용되는 것 외에도, 일부 주자성(magnetotactic) 세균은 세포외부의 철을 다양한 원자가를 가진 산화철 광석인 자철석(Fe_3O_4)으로 변환하여 세포내부의 자기 나침반을 만든다(그림 3.33 참조). 보다 정확하게 말하자면, 이 세균은 주자/주산

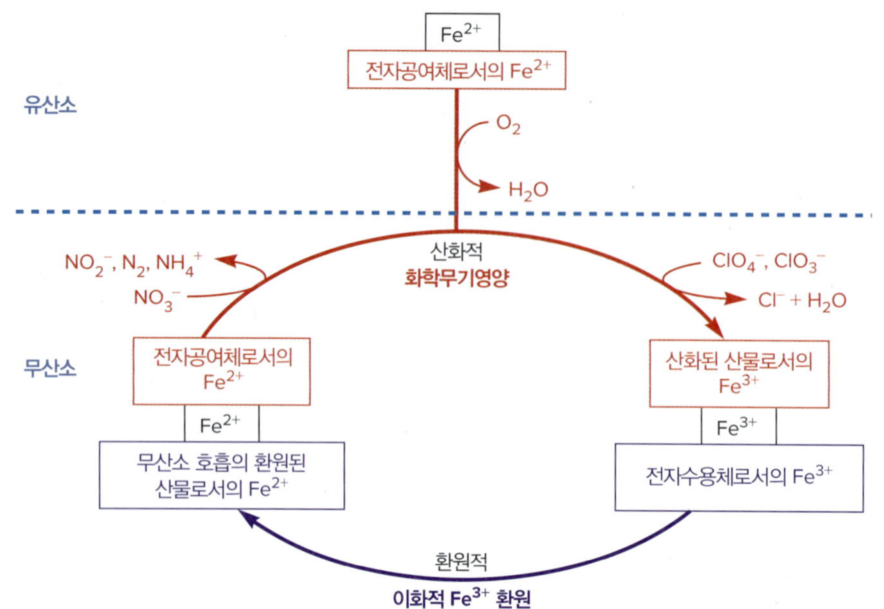

그림 28.7 철 순환. 철의 이화적 환원은 Fe^{3+}가 무산소 호흡 동안 최종전자수용체로 사용될 때 일어나는데, 이는 무산소환경에서만 일어난다. 대조적으로, Fe^{2+}의 산화는 산소 및 무산소 조건 모두에서 일어날 수 있다. Fe^{2+}는 O_2를 전자수용체로 사용하는 반응에서 전자공여체로 사용될 수 있다. 일부 무기영양생물은 Fe^{2+}를 전자공여체로 사용할 때, NO_3^-나 심지어는 환경오염물질인 염소산염(ClO_3^-)과 과염소산염(ClO_4^-)을 전자수용체로 사용하기도 한다.

연관 질문 왜 Fe^{2+}는 주로 산성환경에서 전자공여체로 사용되는가?

소성(magnetoaerotactic)인데, 그 이유는 습지나 늪에서 이 세균이 자기장을 이용하여 자신이 살기에 가장 적절한 산소 농도를 가진 위치로 이동하는 것으로 생각되기 때문이다. 더욱이 이화적 철 환원 세균은 세포외 생성물로 자철석(Fe_3O_4)을 축적한다. ◀ 봉입체(3.7절)

환원된 상태의 Fe^{2+}는, Fe^{2+}가 용해되어 있고 산소가 최종전자수용체 역할을 할 수 있는 환경, 즉 산성의 유산소환경에서 무기영양 미생물에 의해 전자공여체로 사용될 수 있다(그림 28.7). γ-프로테오박테리아인 *Acidithiobacillus ferrooxidans*와 *Sulfolobus* 속의 호열성 크렌고균에서 이런 특성이 잘 나타나 있다. 중성 pH에서도 많은 미생물이 유산소 조건에서 Fe^{2+}를 산화시키는데, 가장 잘 연구된 것은 *Marinobacter* 속의 γ-프로테오박테리아와 *Leptothrix* 속과 *Gallionella* 속의 β-프로테오박테리아이다. Fe^{2+}는 무산소 조건에서 질산염을 전자수용체로 사용하여 산화될 수도 있다. 흥미로운 산소비요구성 미생물 중 하나는 과염소산염(perchlorate, ClO_4^-)과 염소산염(chlorate, ClO_3^-)을 전자수용체로 사용하여 Fe^{2+}를 산화시키는 *Azospira suillum*이다. 과염소산염은 폐업한 군수시설의 주요 오염물질이기 때문에 *A. suillum*은 이러한 장소의 생물정화(bioremediation, biological cleanup)에 사용될 수 있다. 이 과정은 산소 농도가 낮은 수중 퇴적물에서도 발생하며 저산소환경에서 광범위하게 산화철이 축적되는 또 다른 경로일 수 있다. ▶ 생분해와 생물복원은 미생물이 환경을 청소하도록 이용한다(42.4절)

망간과 수은 순환

철 순환과 마찬가지로 망간 순환에는 환원된 형태의 망간 이온(Mn^{2+})이 산화된 형태인 MnO_2(Mn^{4+}에 해당)로 변환되는 과정이 포함된다. 이 과정은 열수 분출구, 습지, 층상화된 호수(stratified lake)의 산소-무산소 경계면에서 일어난다(**그림 28.8**). 계통발생학적으로 다양한 세균들이 전자공여체로 Mn^{2+}를 사용하는데, 이때 최종전자수용체로는 산소 또는 질산염이 사용된다. *Shewanella* 종, *Geobacter* 종 및 다른 화학유기영양생물은 MnO_2를 전자수용체로 사용하는 상보적인 망간 환원 과정을 수행할 수 있다.

수은 순환은 메틸화될 수 있는 금속의 많은 특성을 보여준다. 수은 화합물은 한때 산업 공정에서 널리 사용되었다. 무산소 상태의 퇴적물에 축적된 무기 수은은 철환원 세균과 메탄 생성균뿐 아니라 *Desulfovibrio* 속의 산소비요구성 세균에 의해서도 메틸화된다(**그림 28.9**). 메틸화된 수은은 휘발성이고 지용성이며, 수은 농도는 **생물농축**(biomagnification)으로 알려진 과정을 통해 먹이그물의 단계마다 증가한다. 고농도의 메틸화 수은을 함유한 어패류를 인간이 섭취하면 심각한 신경장애가 발생할 수 있는데, 특히 어린이에게 더 그렇다. 1950년대 일본에서 공업용 수은이 해양환경으로 방출되어 미나마타만 지역에 대규모 수은 중독이 발생함으로써 이러한 위험은 참혹하게 입증되었다.

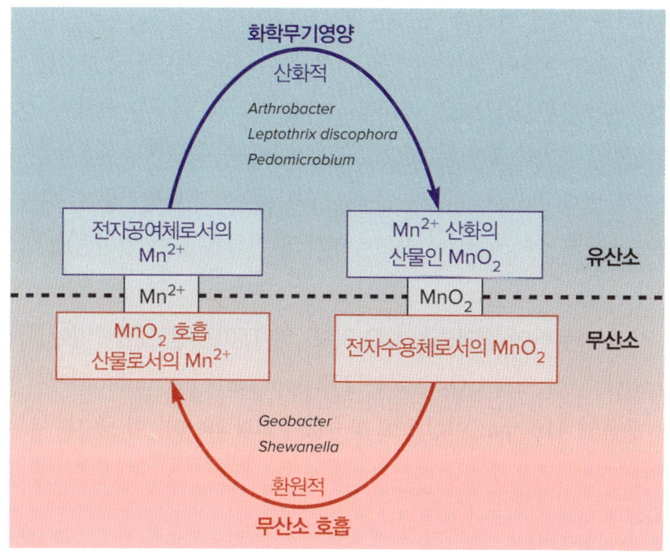

그림 28.8 층상화된 호수에서의 망간 순환. 미생물은 망간 순환에 많은 중요한 기여를 한다. 무산소 영역(분홍색)에서 산소 영역(파란색)으로 확산된 후, 망간 이온(Mn^{2+})은 화학적으로 산화되거나 산소가 포함된 물층에 있는 많은 다양한 미생물에 의해 산화되어 산화수 4+를 가진 산화제1망간(MnO_2)이 된다. MnO_2가 무산소 구역으로 확산되면 *Geobacter* 종과 *Shewanella* 종과 같은 세균이 상호보완적인 환원 과정을 수행한다. 유사한 과정이 토양, 진흙 및 기타 환경에서도 산소/무산소 전이가 일어나는 곳에서 일어난다.

원소 순환들의 상호작용

지금까지 우리는 생물지구화학적 순환을 개개의 영양소 유동(flux)으로 소개하였다. 그러나 생물지구화학적 순환은 지질학적 시간에 걸쳐 생물권을 자급자족하는 정상 상태로 유지시키는 역동적이고 상호연결된 과정임을 이해하는 것이 중요하다. 순환 사이의 연결은 전지구적 규모로 일어나더라도, 단일 유형의 미생물 수준에서 이러한 연결을 고려하는 것은 어렵지 않다. 여기에서는 화학무기영양과 질소고정의 2가지 예를 살펴볼 것이다.

화학무기영양미생물 군집이 암모늄(NH_4^+)과 아질산염(NO_2^-)을 전자 공급원으로 사용하고 CO_2를 유일한 탄소원으로 사용할 때, 유기 탄소와 질산염을 생성하여 탄소와 질소의 유동 모두에 기여하는데, 질산염은 동화적 질산염 환원에 의해 흡수되거나 탈질작용으로 대기로 되돌아가기도 한다. 화학무기독립영양생물은 NH^{4+} 또는 Fe^{2+}과 같은 환원된 무기화합물을 전자공급원으로 사용하는데, 탄소를 고정하는 데 충분한 ATP와 환원량을 생성하기 위해서는 이러한 화합물들을 대량으로 산화해야 한다. 그 이유는 대부분의 무기화학물질은 산화되는 동안 상대적으로 적은 양의 에너지를 방출하기

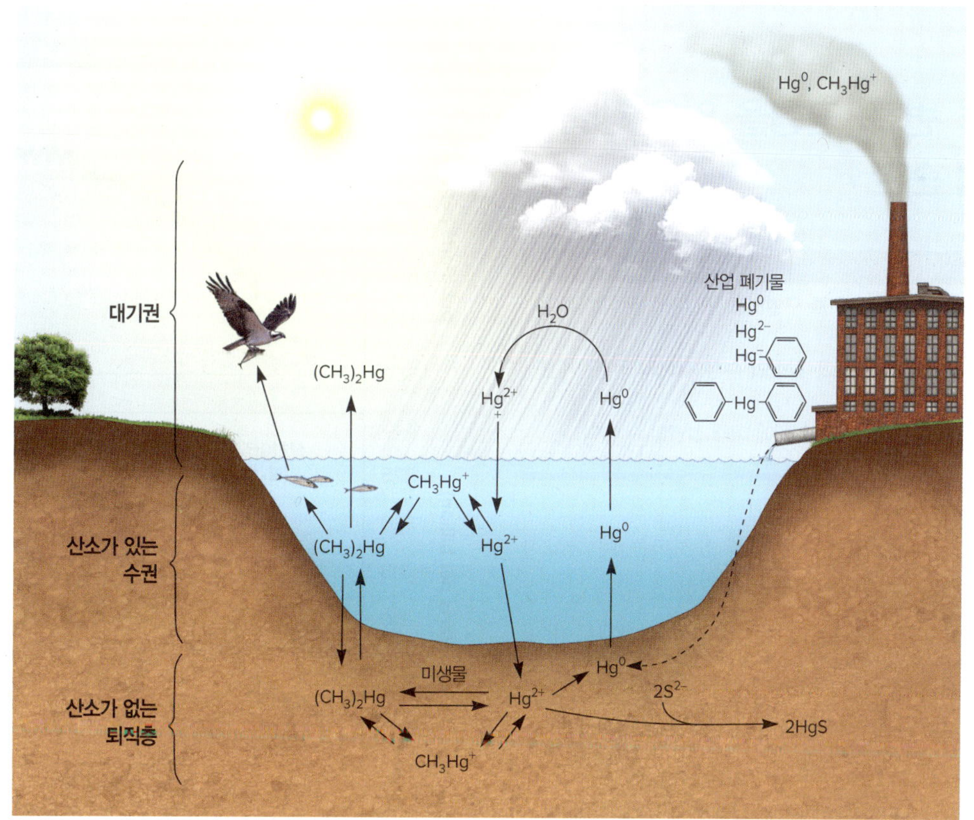

그림 28.9 수은 순환. 대기, 산소가 있는 물, 무산소 상태의 퇴적물 사이의 상호관계는 수은 순환에서 중요하다. 무산소 퇴적물에 있는 미생물(주로 *Desulfovibrio* 종)은 수은을 물과 대기로 이동시킬 수 있는 메틸화된 형태로 변형시킬 수 있다. 또한, 이렇게 메틸화된 형태는 생물농축이 되기도 한다. 휘발성 원소 수은(Hg^0)이 생산되면 이 금속은 물과 대기로 방출된다. 무산소 상태의 퇴적물에 존재하는 황화물(S^{2-})은 이온성 수은과 반응하여 용해도가 낮은 HgS를 생성할 수 있나.

때문이다. 따라서 화학무기영양생물들은 탄소 순환을 질소, 황 또는 철(또는 기타 금속) 순환과 연결할 뿐만 아니라 이러한 원소의 전 지구적 유동에도 상당한 영향을 미친다.

질소고정의 경우 세균과 고균은 N_2를 암모니아로 전환시킨 다음에 아미노산과 핵산과 같은 유기질소 분자에 넣는다. 많은 환경에서 식물과 미생물이 흡수하는 탄소의 양(CO_2 또는 용해된 유기탄소)은 생장을 뒷받침하는 데 사용할 수 있는 질소의 양에 따라 결정된다. 따라서 질소고정 미생물은 '새로운' 질소를 시스템에 도입함으로써 탄소 유동의 속도 또한 증가시킬 수 있다. 이는 미생물을 이용하여 대기로부터 CO_2를 제거하는 것을 고려할 때 중요한 개념이다.

마무리 점검

1. 이화적 황산염 환원의 생성물과 이화적 질산염 환원의 생성물을 비교하시오.
2. 철은 초기 생명체의 진화에서 어떻게 중요했는가?
3. 망간 순환에 기여하는 중요한 미생물 속은 무엇인가?
4. 미생물활동이 어떻게 일부 금속을 동물에게 더 독성이 있거나 덜 독성이 있게 할 수 있는가?
5. 화학무기영양생물이 탄소와 황 순환을 연결할 수 있는 방법을 제시하시오.

28.3 지구기후 변화: 균형을 잃은 생물지구화학적 순환

이 절을 학습한 후 점검할 사항:

a. 지구온난화와 지구기후 변화라는 용어를 구별하고 온실가스를 식별할 수 있다

b. 온실가스 축적과 미생물에 의한 탄소와 질소의 순환 사이의 연결관계를 설명할 수 있다.

c. CO_2, 메탄, 산화질소류 등의 온실가스의 기원에 대해 설명할 수 있다.

미생물의 활성은 생물권을 특징인 동적 평형을 유지하는 데 중요하다. 미생물이 지구상의 모든 생태적 지위에서 번성할 수 있는 능력은 35억 년에 걸친 미생물 진화의 결과이다. 중요한 것은 미생물이 적응한 물리적 및 화학적 환경의 변화는 일반적으로 지질학적 시간 규모에 걸쳐 발생했다는 것이다. 그러나 20세기 초부터 CO_2와 소위 온실가스로 불리는 기타 기체들이 대기로 유입되는 속도는 알려진 지구 생명체의 역사의 그 어느 때보다 훨씬 빨랐다. CO_2, CH_4 및 질소 산화물과 같은 대기가스는 지구 표면에서 반사된 열을 우주로 방출하지 않고 대기권에 가두기 때문에 이들을 **온실가스**(greenhouse gas)라고 한다. 이러한 가스가 대기로 유입되는 속도는 자연계의 탄소 및 질소 순환이 이들 가스를 제거할 수 있는 속도를 초과한다. 때때로 지구온난화(global warming)라고 불리는 현상을 초래한 것은 계속해서 증가하고 있는 이 가스들의 대기 중 농도이다. 하지만, **지구기후 변화**(global climate change)라는 용어가 바람, 강수, 해양과 대기의 온도 양상에서 나타나는 현재의 변화를 보다 정확하게 반영한다.

가장 풍부한 온실가스는 CO_2이다. 약 150년 전 산업혁명이 시작된 이래로 전 세계 CO_2 농도는 278 ppm(parts per million)에서 현재 수준인 410 ppm 이상으로 상승했다(**그림 28.10**). 이 중 대부분은

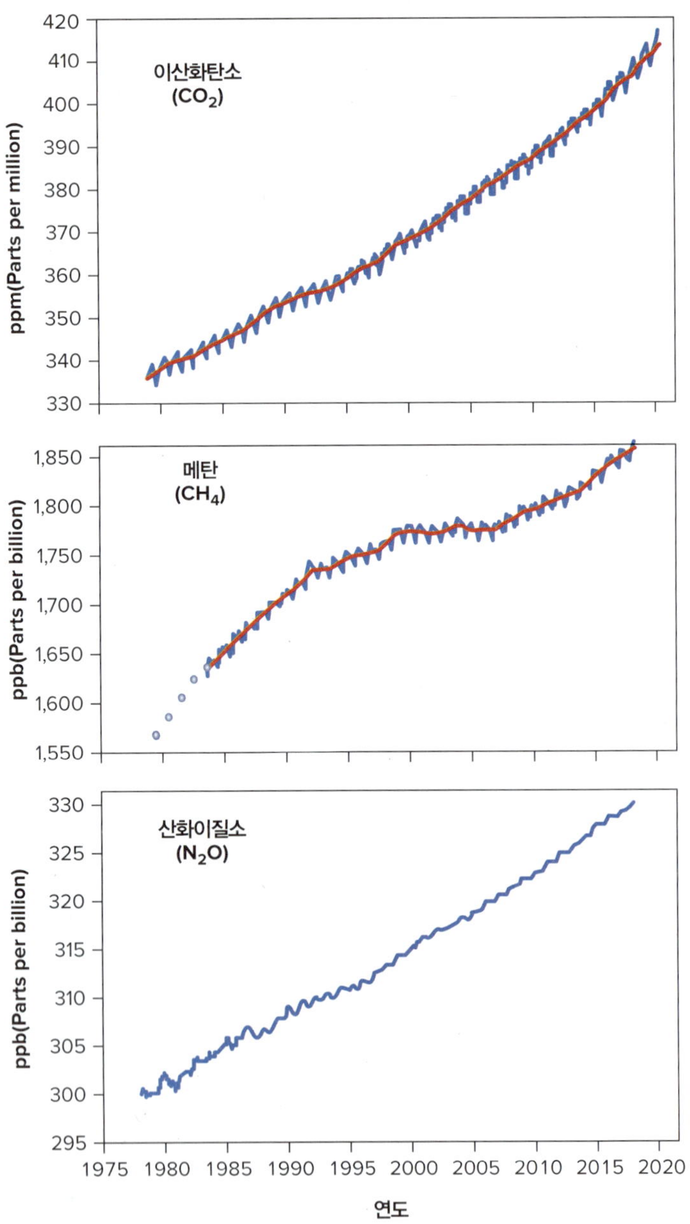

그림 28.10 온실가스의 지구 대기 농도. Source: Butler, James, & Montzka, Stephen. "The NOAA Annual Greenhouse Gas Index (AGGI)." 2017.

매년 약 100억 톤의 CO_2를 방출하는 화석연료의 연소로 볼 수 있다. 삼림 파괴를 통해 주로 일어나는 토양의 용도 변경에 의해서도 연간 12억 톤의 CO_2가 추가로 발생한다. 이러한 활동으로 인해 CO_2의 방출이 가속화되는 이유를 이해하려면 화석연료(예: 석유)는 썩어가는 유기물로부터 형성된다는 점을 고려해야 된다. 이 유기물은 수백만 년에 걸친 CO_2 고정을 통해 생겨났으며, 이 과정에서 CO_2는 대기로부터 제거되었다. 그리고 거의 그 기간만큼 지구 깊숙이 갇혀 있었다. 화석연료가 연소될 때 화석연료는 자신이 축적된 시간에 비하면 아주 짧은 시간 안에 CO_2로 되돌려져 산화된다. 대기 유입(CO_2 방출) 속도가 제서 속도(CO_2 고정)를 크게 초과하기 때문에 탄소 유동의 평형이 깨어지게 된다.

삼림 파괴에서는 다른 양상이 나타난다. 숲은 일반적으로 CO_2 흡수원으로 간주되는데, 그 이유는 숲에 풍부한 광독립영양식물이 대기에서 많은 양의 CO_2를 흡수하여 이를 생물량으로 전환하기 때문이다. 실제로, 1990년대에 육상 생태계는 연간 약 30억 톤의 탄소를 격리시켰다. 따라서 장작이나 농업을 위해 숲이 베어질 때 지구는 탄소 흡수원을 잃게 된다. 일부 사람들은 나머지 식물이 여분의 CO_2를 흡수하고 단순히 더 빨리 자랄 것이라고 추측하지만, 토양 미생물의 호흡 속도 증가는 문제를 복잡하게 만든다. 호흡 속도가 증가함에 따라 방출되는 CO_2, CH_4 및 N_2O의 양도 증가한다는 사실을 기억하자. 실제로 아북극(subarctic) 지역의 영구 동토층의 온난화는 토양 미생물의 호흡을 극적으로 증가시켰고, 무기질 토양에서의 실험은 CO_2 방출이 온난화가 진행됨에 따라 증가한다는 것을 보여주고 있다.

과학적으로는 문제가 없음에도 불구하고, 일부 사람들은 여전히 지구기후 변화가 인간 활동에 의해 발생한다는 것에 대해 의문을 제기한다. 불행히도 COVID-19 팬데믹이 자연스러운 실험을 제공했다. 2020년의 전 세계적인 자가격리 명령 동안 일일 CO_2 배출량은 17% 감소했다. 그럼에도 불구하고 2020년 5월에 대기 CO_2에 대한 새로운 기록이 세워졌는데, 이는 기존에 배출된 CO_2는 수백 년 동안 대기에 남아 있기 때문이다.

메탄은 우려가 증가되고 있는 온실가스인데, 그 이유는 메탄이 CO_2보다 지구온난화 잠재력이 약 30배나 높기 때문이다. 이는 대기

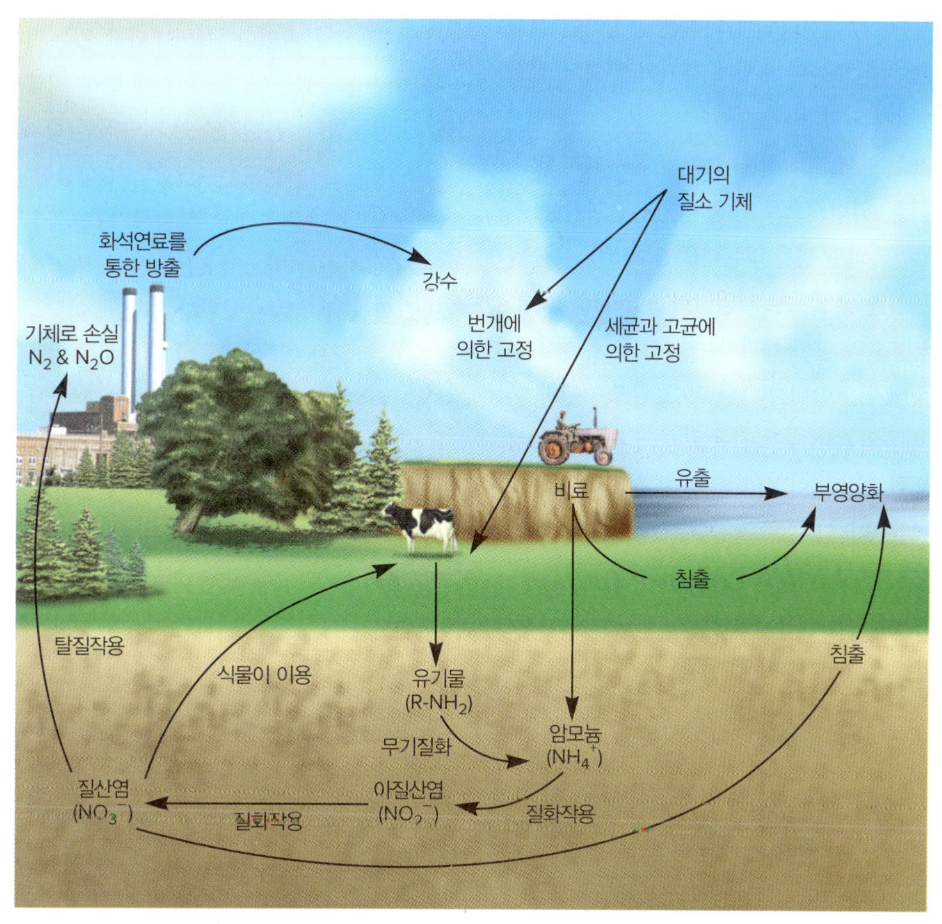

그림 28.11 질소 순환에 미치는 자연적인 영향과 인위적인 영향.

연관 질문 질화작용으로 이익을 얻는 생명체는 무엇인가?

중으로 방출된 1 분자의 CH_4가 30 분자의 CO_2와 동일한 열 잔류 능력을 갖는다는 것을 의미한다. 빙하에서 채취한 얼음 기둥(ice core) 속에 있는 기포를 분석한 결과, 대기의 메탄 수준은 약 150년 전까지는 본질적으로 일정했다. 그 이후로 메탄 수준은 현재 수준인 약 1,875 ppb(parts per billion)로 2.5배 증가했다(그림 28.10). 이러한 경향 때문에 미생물에 의한 메탄 생성과 산화를 조절하는 요인을 이해하려는 세계적인 관심이 나타나고 있다.

질소산화물 온실가스인 NO와 N_2O는 통칭하여 'Nox'라고 하는데, 이들은 CO_2의 약 280배에 달하는 지구온난화 잠재력을 가지고 있다. 증가하고 있는 Nox의 발생 기원을 이해하기 위해서는 식량 생산을 살펴볼 필요가 있다. 20세기 중반의 '녹색 혁명(green revolution)'은 농업 생산량을 인구 증가에 맞추기 위한 핵심수단으로 인공비료를 도입했다. 그러나 비료 제조는 고온 및 고압에서 수소 가스를 사용하여 N_2를 NH_4^+로 환원시키는 에너지 집약적 공정이다. 이 과정은 1913년 하버(Fritz Haber)와 보슈(Karl Bosch)에 의해 처음 기술되었지만 하버-보슈(Haber-Bosch) 반응이 산업적으로 사용된 것은 20세기 중반이 되어서였다. 현재 비료 사용량은 연간 약 2억 톤으로 1940년의 약 500배이다. 농업 생산량의 증대라는 긍정적인 결과와는 대조적으로, 이렇게 많은 암모늄이 토양에 추가하게 되어 질소 순환의 균형이 철저하게 깨지게 되었다.

문제는 비료로 사용된 모든 NH_4^+가 식물에 의해 흡수되지 않는다는 것이다. 여분의 NH_4^+는 일반적으로 유출되거나 질화작용 후 탈질화라는 2가지 운명 중 하나의 운명을 갖는다(**그림 28.11**). 유출된 암모늄은 호수와 하천으로 침출되어 자주 **부영양화**(eutrophication: 생물의 생장을 제한했던 영양소의 양이 증가하는 현상)를 유발하고, 이로 인해 수서생태계의 생태가 교란된다(그림 29.3 참조). 이와 대조적으로, 생물체는 특정 비율의 C:N:P를 필요로 하기 때문에 미생물에 의한 질화작용은 과도한 암모니아 산화를 통해 식물과 미생물에 의해 고정화될 수 있는 것보다 더 많은 질산염을 생성한다. 이러한 여분의 질산염은 탈질과정을 통해 N_2와 활성(reactive) 온실가스인 Nox로 환원된다. 비료로 유입된 NH_4^+를 연료로 사용하는 이러한 질화작용/탈질작용의 순환이 650,000년 만에 N_2O를 최고 수준에 도달하게 한 원인이다.

탄소와 질소 순환을 방해하면 어떤 결과가 발생할까? 지구기후 변화가 가장 분명한 예이다. 날씨는 기후와 같지 않다는 것을 명심해야 한다. 지구기후 변화는 수십 년에 걸쳐 측정되며 지표, 바다, 대기의 온도, 강수량, 기상이변 빈도 등의 많은 요소들을 포함한다. 이러한 분석에 기초하면, 평균 지구 온도는 1880년 이후 약 1.2°C 증가했는데 이 증가의 3분의 2가 1975년 이후에 발생했다(**그림 28.12**). 그러나 온난화 속도는 전 세계적으로 균일하지 않으며 특정 지역은 더 빨리 더 많이 더워지고 있다. 실제로 2020년 1월부터 6월까지가 북극에서 기록된 가장 더운 기간이었으며 북극권 한계선(Arctic Circle) 북쪽의 러시아 도시에서 신기록을 수립한 38°C가 기록되었다. 기후학자들은 인간이 유발한 기후 변화가 이 폭염의 위험을 600배 증가시켰다고 결론지었다. 녹아내리고 있는 빙하는 급격한 해수면 상승에 기여하고 있는데, 이로 인해 일부 지역사회와 섬을 사람이 살 수 없게 만들었다. 온실가스의 지속적인 증가 속도에 따라 2100년까지 지구 평균 표면 온도는 4.5°C까지 상승할 것으로 예측된다. 이는 평균적으로 해수면을 1 m 상승시키고, 해수면 상승의 영향을 받는 해안 지역 사람들 약 6억 8천만 명(현재 미국 인구의 약 2배)을 이재민으로 만들 것으로 추정된다.

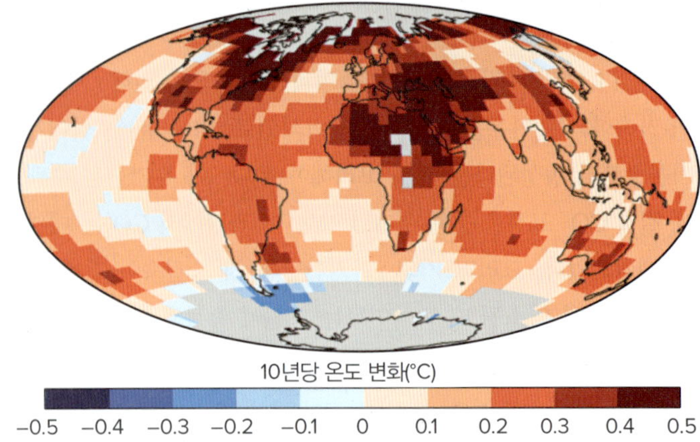

그림 28.12 지난 30년 동안의 지구 기온 추이. Source: NOAA

중요한 질문은 미생물이 변화하는 세계에 어떻게 반응할 것인가 하는 것이다. 지구 역사의 대부분에 걸쳐 미생물은 균형 잡힌 원소 순환의 추진자였기 때문에, 미생물 활성의 변화는 온실가스 축적과 지구기후 변화의 속도와 규모에 큰 영향을 미칠 것이다. 29장과 30장에서 소개한 바와 같이 탄소와 질소 유동의 균형에서 미생물이 하는 역할은 미생물 생태학 분야에서 연구와 발견의 새로운 방향을 제시하였다.

마무리 점검

1. 3가지 온실가스를 나열하고 이들의 기원에 대해 설명하시오.
2. 대기 중 CO_2 농도를 조절하는 데 있어 산림의 가능한 역할에 대해 설명하시오.
3. 비료 사용으로 인한 질소 순환의 변화는 탄소 순환에 어떤 영향을 주는가?
4. 각 미생물 그룹이 생장을 위한 최적의 온도 범위를 가지고 있다고 가정할 때, 여러분의 지리적 영역에 살고 있는 토양 미생물 군집의 변화를 어떻게 예측할 수 있는가?

요약

28.1 생물지구화학적 순환은 지구상의 생명을 유지한다

- 생물지구화학적 순환은 한 풀에서 다른 풀로 영양소의 유동(flux)을 포함한다. 풀 사이를 이동할 때 영양소는 화학적으로 변형된다.
- 환경의 산화환원전위는 그 환경에서 어떤 유형의 대사 과정이 일어날 수 있는가를 결정하는데 큰 영향을 미친다(그림 28.1).

28.2 미생물은 영양소 순환을 매개한다

- 무기탄소(CO_2)와 유기탄소 사이의 순환은 모든 종류의 미생물에 의해 유산소적 및 무산소적으로 진행된다(그림 28.2). 메탄 생성 고균만이 무산소적으로 메탄을 생성할 수 있다. 메탄은 유산소적 및 무산소적으로 산화될 수 있다(그림 28.3).
- 동화 과정에서는 물질대사 동안 영양소가 생물체의 생물량으로 병합되며, 이화 과정에서는 물질대사 후 환경으로 영양소가 방출된다. 이화적 환원에서는 무산소 호흡 동안 최종전자수용체로 산화된 화합물(예: NO_3^- 또는 SO_4^{2-})이 사용된다(그림 28.4 및 그림 28.6).
- 화학무기영양생물은 환원된 원소를 전자공여체로 사용하여 산화된 형태를 생성하는데, 이 산화된 형태의 원소는 동화 또는 이화 과정에 사용될 수 있다(그림 28.4 및 그림 28.6).
- 인은 주로 산화 상태인 인산염으로 순환된다. 해양 시스템에서는 아인산염(phosphite)과 포스폰산염(phosphonate)도 순환된다(그림 28.5).
- 철과 망간은 중간산물의 축적 없이 산화된 형태와 환원된 형태 사이를 순환한다(그림 28.7 및 그림 28.8).
- 수은 순환은 복잡하지만 메틸화된 수은은 고등생물체의 건강에 심각한 영향을 끼칠 수 있다(그림 28.9).
- 편의상 단일 원소 순환으로 설명하지만, 자연계에서는 영양소 순환 사이에 광범위하고 복잡한 상호작용이 일어난다.

28.3 지구기후 변화: 균형을 잃은 생물지구화학적 순환

- 미생물은 오랜시간에 걸쳐 천천히 진화했는데, 이를 통해 지구의 생명체를 지탱하는 생물지구화학적 순환이 생겨났다. 그러나 20세기 초부터 CO_2, CH_4 및 질소 산화물이 대기로 방출되는 속도가 이들이 재활용될 수 있는 속도를 초과했다. 이로 인해 이러한 온실가스가 지구 대기에 축적되고 있다(그림 28.10 및 그림 28.11).
- 북극과 같은 특정 지역이 다른 지역보다 더 빠르게 온난화되고 있지만, 온실가스의 증가는 전 지구적인 온도 증가와 상관관계가 있다(그림 28.12).

심화 학습

1. 그림 28.11을 참조하여 물음에 답하시오. 아르헨티나의 농부들은 작물/소 순환 시스템을 사용한다. 이 시스템에서는 소가 약 5년 동안 목초지에서 풀을 뜯어 먹게 한 후, 소를 다른 지역으로 옮기고 소가 풀은 뜯어 먹은 곳에는 작물을 심는다. 3년 동안 작물을 재배하고 소를 다시 데리고 와서 밭을 목초지로 다시 사용한다. 이 방식은 작물을 재배할 때 추가적으로 사용해야 하는 질소 비료의 양을 극적으로 줄인다. 이 방식이 온실가스 방출을 최소화하는 이유를 토론하시오.
2. 하수 슬러지에서 분리된 어떤 세균이 아질산염을 전자공여체로 사용하여 이를 질산염으로 전환시키면서 산소비발생 광합성을 수행할 수 있는 것으로 최근 밝혀졌다. 이러한 형태의 질화 과정과 잘 알려진 질화 과정을 비교 설명하시오. 이 세균이 환경에서 아질산염을 제거하는 것은 질소 순환의 다른 어떤 과정에 영향을 미칠 수 있는가?
3. 호수 생태계에 인을 추가하면 과도하게 존재하는 질소의 제거가 촉진되는 것으로 나타났다. 많은 지역 사회가 자연 수계로 유입되는 인을 줄이기 위한 관리 계획을 시행했기 때문에 이는 실제 세계에 영향을 미친다. 한 원소인 인의 증가가 어떻게 다른 원소인 질소의 제거로 이어질 수 있는지 설명하시오. 탄소 순환에 대해 생각해보시오. 주어진 생태계에서 다른 원소를 증가시킴으로써 어떻게 CO_2의 형태로 탄소가 방출되는 것을 변화시킬 수 있는가?
4. 미생물에 의한 메탄 산화는 중요한 과정인데, 그 이유는 이 과정이 이 위험한 온실가스의 방출을 대폭적으로 제한하기 때문

이다. 어떤 고균은 NO_3^-를 전자수용체로 사용하여 N_2를 생성하면서 CH_4를 CO_2로 산화시킨다. 또 다른 어떤 고균은 메탄 산화 동안 Fe(III)를 Fe(II)로 환원시킨다. 탄소, 질소 및 철 순환과 관련된 그림 28.2, 28.3, 28.4 및 28.7을 참조하시오. 만일 위의 두 균주에게 동일한 양의 질산염과 Fe(III)를 제공하면 어떤 메탄 산화 고균이 더 빠르게 성장할 것 같은가? 이유는?

5. 지구기후 변화로 인해 작은 호수들은 크기가 줄어들고 심지어 사라지게 되었다. 호수가 작아지거나 사라지면 초원으로 대체된다. 이러한 현상을 연구하는 과정에서 중국 과학자 그룹은 인근 초원, 호숫가, 그리고 남아있는 호수내의 토양에 존재하는 미생물을 동정하여 생물지구화학적 순환의 변화를 탐구했다. 그들은 호수가 줄어들수록 메탄생성 고균이 줄어들고 다양한 유형의 메틸영양생물이 더 많아진다는 것을 발견했다. 그림 28.1과 그림 28.3을 참조하여 무산소적 및 유산소적 메탄 산화가 다른 원소의 순환에 미칠 수 있는 영향에 대해 논의하시오. 생물지구화학적 순환 변화의 특성을 더 많이 파악하기 위해서는 어떤 다른 종류의 미생물을 모니터링 해야 하는가?

참고문헌: Mo, Y., Jin, F., Zheng, Y., et al. 2020. Succession of bacterial community and methanotrophy during lake shrinkage. *J Soils Sediments* 20, 1545-1557. doi.org/10.1007/s11368-019-02465-6

CHAPTER 29

해양 및 담수 생태계의 미생물

Explorer/Science Source

당신 근처의 해안에 곧 다가올 바다의 죽음

당신이 해안 근처에 살고 있다면, 당신은 수면 아래에 서식하는 모든 동식물이 질식사한 해양 데드존(ocean dead zone)에서 그리 멀지 않은 곳에 있는 것이다. 데드존은 1960년대 이후로 크기와 발생 빈도가 증가해왔으며, 2100년에 이르러서는 전 세계 해양의 20%까지 차지할 수 있다. 데드존은 식물성 플랑크톤이 영양분과 온도의 증가에 반응하여 생장(또 생장하고 생장)하고 가라앉은 결과로 생긴다. 초기에는 해저에 있는 식물성 플랑크톤이 종속영양생물을 위한 더 많은 먹이를 의미한다. 하지만 산소를 소비하는 동물과 미생물의 수가 증가함에 따라 사용 가능한 산소가 점점 줄어들게 된다. 이로 인해 무척추동물과 물고기는 죽게 되고 식물은 빛이 충분하지 않아서 자랄 수가 없으므로, 남게 되는 생물은 산소비요구성 미생물뿐이다.

전 세계적으로 245,000 km^2 이상을 덮고 있는 500개 이상의 해양 데드존 중에서 가장 큰 것은 발트해이고, 두 번째로 큰 것은 미시시피 강의 입구이다. 말 그대로 수톤에 달하는 잉여 질소와 인이 멕시코만에 추가되면서 뉴저지보다 약간 더 큰 데드존이 생겼다. 이러한 큰 데드존의 존재는 어업, 바닷새, 관광, 그리고 걸프만의 전반적인 상태에 거대하고 명백한 영향을 미친다.

데드존을 되돌릴 수 있을까? 어떤 경우에는 그렇다. 그러나 대부분의 문제가 그러하듯 예방이 최선이다. 비료를 신중하게 사용하고 지표면 유실을 제한하는 것이 예방을 위한 좋은 출발점이다. 또 다른 고려사항은 축산 폐기물을 지역 수로에 퇴적시키는 것이다. 마지막으로, 적절한 하수 처리(42.2절)와 질소와 인이 해안으로 흘러들어가기 전에 여과되고 소비되도록 하는 자연 습지 복원이 추구할 가치가 있는 예방계획이다.

이 장에서 우리는 해양 및 담수 환경의 미생물 생태에 주목하고자 한다. **해양학**(oceanography)은 해양계와 생물지구화학적 순환, 물 순환 및 기후에 영향을 주는 생물학적, 물리학적, 지질학적 및 화학적 요인에 대한 연구이다. 미생물 해양학은 개별 분류군 수준에서 해양 미생물을 이해함과 동시에 이들 미생물이 전 지구적 수준에서 생물지구화학적 순환에 미치는 영향을 설명하고자 하는 학문이다. **육수학**(limnology)은 빙하, 지하수, 강, 개울 및 습지를 포함하는 대륙 내의 수계에 대해 연구하는 학문이다. 모든 육상생물은 이러한 육수 생태계로부터 지속적으로 제공되는 깨끗한 담수에 의존하고 있다.

이 장의 학습을 위해 점검할 사항:

- ✓ 바이러스의 생활사를 도식화할 수 있다(6.3절).
- ✓ 미생물 생장에 영향을 미치는 한경적 요인들을 나열할 수 있다(7.5절).
- ✓ 절대산소요구성 미생물, 조건부산소비요구성 미생물, 절대산소비요구성 미생물의 생장과 생리를 비교 설명할 수 있다(7.5절).
- ✓ 미생물이 자주 생물막에서 자라는 이유와 방법을 설명할 수 있다(7.6절).

- ✓ 자연에서 분리된 미생물을 실험실에서 배양하기 위한 획기적인 방법들을 설명할 수 있다(26.1절).
- ✓ 환경의 산화환원 상태가 그곳에서 발견되는 미생물의 물질대사 유형에 어떻게 영향을 미치는지를 설명할 수 있다(28.1절).
- ✓ 미생물이 탄소 및 질소 순환에 미치는 전 지구적 영향을 설명할 수 있다(28.2절).
- ✓ 탄소고정, 질소고정, 질화작용, 이화적 질산염 환원, 탈질과정, 아나목스 반응, 황 환원 등을 담당하는 미생물을 영양 유형별로 식별할 수 있다(19.1절, 20.4절, 20.5절, 20.9절, 21.1절, 21.2절).

29.1 물은 미생물의 가장 큰 서식지이다

이 절을 학습한 후 점검할 사항:

a. 탄산염 평형시스템을 설명할 수 있다.
b. 해양 산성화의 원인과 결과를 설명할 수 있다.

미생물은 해양 및 담수 생태계를 주도한다. 그들은 이들 서식지에서 가장 다양하고 풍부한 생물체이다. 바다, 강, 호수 등에서 미생물 활성의 중요성은 지구기후 변화로 인해 많은 관심을 받게 되었다. 영양소와 온실가스의 전 세계적인 유동에 영향을 미치는 미생물의 능력을 이해하려면 먼저 해양 및 담수 서식지를 고려해야 한다.

미생물 서식지로서의 물의 특성은 온도, pH, 빛 투과 등과 같은 여러 물리적 요인에 따라 달라진다. 가장 중요한 요소 중 하나는 용존산소(dissolved oxygen)이다. 물속에서 산소의 유동률은 공기 중에서의 유동률보다 약 10,000배 작다. 하지만 일부 수생 서식지에서는 산소 확산의 한계가 전 지구적 해수 순환, 미생물의 산소 소비 양상, 더 낮은 온도 및 더 높은 압력에서 증가된 산소용해도 등의 조합으로 상쇄될 수 있다. 예를 들어, 공기-물 경계면으로부터 수마일 떨어질 수 있음에도 불구하고 매우 깊은 바다에서는 용존 산소 농도가 깊이에 따라 실제로 증가한다. 반면에 열대 호수와 여름철 온대 호수에서는 수면 아래로 몇 미터만 내려가도 산소가 제한될 수 있다.

데드존의 발달에서 볼 수 있듯이(이 장의 시작이야기), 햇빛도 해양 및 담수 생태계의 건강에 매우 중요하다. 지구상의 모든 생명체와 마찬가지로 수생태계의 모든 생물들도 CO_2를 고정하여 유기탄소를 제공하는 독립영양생물체인 **1차 생산자**(primary producer)에 의존한다. 하천, 호수 및 연안계(estuary system)에서는 대형 조류와 식물이 주요 생산자이다. 유기탄소는 또한 육지의 유출수를 통해서도 이러한 수생태계로 유입된다. 모든 유기탄소가 미생물독립영양의 산물인 대양에서는 상황이 매우 다르다. 사실, 지구상의 모든 **1차 생산**(primary production), 즉 탄소고정의 약 절반이 이러한 미생물에 의한 탄소고정의 결과이다.

태양의 복사열은 물을 데우는데, 이로 인해 열적 층상화(thermal stratification)가 유발될 수 있다. 따뜻한 물은 차가운 물보다 밀도가 낮기 때문에 태양이 열대 및 온대 해역의 표면을 가열함에 따라 **수온약층**(thermocline)이 형성된다. 수온약층은 차가운 물 위에 떠 있는 따뜻한 물의 덩어리로 생각할 수 있다. 이러한 두개의 물 덩어리는 심한 폭풍과 같은 실질적인 혼합 사건이 있거나 온대 기후에서 가을이 시작될 때까지 분리된 상태로 유지된다. 날씨가 차가워지면 따뜻한 물의 상층부가 냉각되어 2개의 물 덩어리가 혼합된다. 이러한 현상은 더 깊고 어두운 물에서 표면으로 영양물질이 요동치는 것과 연관이 있다. 이러한 영양물질의 요동은 특정 미생물의 개체수를 갑자기 빠르게 증가(대번식, blooming)시킬 수 있다. 이 내용은 연안생태계와 호수생태계의 미생물에 대한 설명에서 자세히 다룰 것이다.

CO_2는 많은 화학적 과정과 생물학적 과정에서 중요하므로 담수 및 해수 생태계에서 CO_2의 운명을 이해하는 것이 중요하다. 완충되지 않은 증류수의 pH는 공기로부터 용해된 CO_2에 의해 결정되며 일반적으로 pH 5.0~5.5의 산성이다. 일반적으로 아주 약하게만 완충되어 있는 호수 및 개울과 같은 담수계의 pH는 육상 유입(예: 산성 또는 알칼리성 무기물)과 규조류와 같은 광독립영양생물에 의해 CO_2가 제거(고정에 의한 CO_2 소실은 물의 pH를 증가시킬 수 있음)되는 속도에 의해 조절된다.

대조적으로, 해수는 CO_2, 중탄산염(HCO_3^-) 및 탄산염(CO_3^{2-})의 균형에 의해 강하게 완충되어 있다. 대기 중 CO_2는 해수로 들어가 광합성에 의해 유기탄소로 전환되거나 해수와 반응하여 탄산(H_2CO_3)을 형성한다. 탄산은 빠르게 해리되어 중탄산염과 탄산염을 형성한다(**그림 29.1**).

$$CO_2 + H_2O \rightleftharpoons H_2CO_3 \rightleftharpoons H^+ + HCO_3^- \rightleftharpoons 2H^+ + CO_3^{2-}$$

따라서 바다는 이러한 **탄산염 평형계**(carbonate equilibrium system)에 의해 pH 7.6과 8.2 사이에서 완충되어 있으므로 알칼리성이다. 화학실험에서 사용하는 완충액과 마찬가지로 해수의 pH는 중탄산염과 탄산염의 상대적 농도에 의해 결정된다.

탄산염 평형계의 반응은 새로운 중요성을 갖게 되었는데, 그 이유는 대기 중의 CO_2 농도 증가로 인해 해수로 CO_2가 용해되는 속도가 빨라졌기 때문이다. 사실, 바다는 이미 인위적으로 생산된 CO_2의 약 25%를 흡수하고 있다. 이 탄소의 대부분은 미세 플랑크톤의 외골격으로 전환되어 **석회질 연니**(carbonate ooze)로 해저에 퇴적된다(그림 29.1). 그러나 현재 유입되는 탄소(CO_2 형태)는 해양이 격리할 수 있는 것보다 많아서 **해양 산성화**(ocean acidification)를 초래했다.

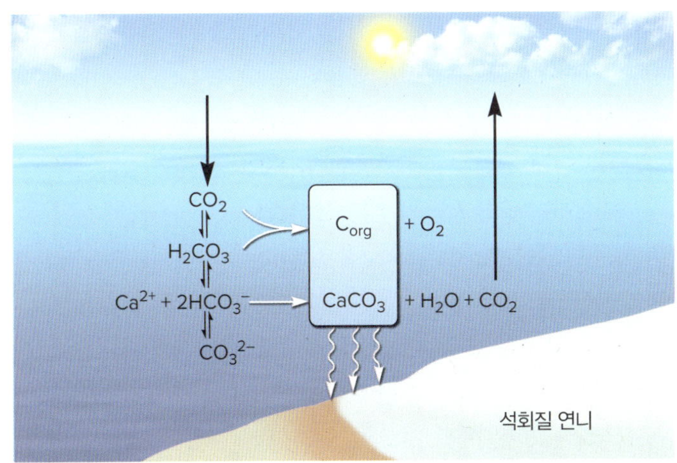

그림 29.1 탄산염 평형계. 대기 중의 CO_2는 해수로 유입되어 유기탄소(C_{org}) 또는 탄산(H_2CO_3)으로 전환된다. 탄산(H_2CO_3)은 약산인 중탄산염(HCO_3^-)과 탄산염(CO_3^{2-})으로 자발적으로 해리된다. 고체인 탄산칼슘($CaCO_3$)은 해저로 침전되어 석회질 연니의 형성에 도움을 준다. 이 평형계는 대기에서 CO_2를 제거하고 해수를 약 pH 8.0의 완충 상태로 유지한다.

연관 질문 왜 $CaCO_3$ 생성이 대기 중의 CO_2 농도를 줄이는 역할을 하는가?

바다의 평균 pH는 산업혁명 이전보다 0.1단위(pH 8.1로)가 떨어졌다. CO_2 배출을 제한하는 효과적인 수단이 구현되지 않는다면, 2100년까지 추가적으로 0.35~0.50단위가 낮아질 것으로 예상된다. 이는 중요한 의미를 가지는데, 그 이유는 CO_2 증가에 따라 탄산염 평형이 $CaCO_3$를 벗어나게 되어 해양 생물의 껍질과 골격 형성에 필요한 $CaCO_3$의 가용성을 잠재적으로 제한하기 때문이다. 원석조류(coccolithophore)로 알려진 원생생물은 해양 $CaCO_3$의 약 1/3을 생산하기 때문에 해양 산성화의 영향을 예측하기 위한 연구의 초점이 되고 있다. 종마다 반응이 조금씩 다르긴 하지만, 약간의 pH 변화도 **코콜리드**(coccolith)라고 불리는 껍질을 형성하는 능력에 영향을 주는 것은 분명하다(**그림 29.2**). 해양 산성화는 산호에도 부정적인 영향을 미친다. 비록 예측하기는 어렵지만, 일부 모델들에 의하면 대기 CO_2가 약 550 ppm에 도달하면 많은 산호가 생장하는 것보다 더 빨리 용해되기 시작할 것으로 추정된다. 이대로 방치된다면, 대기 CO_2는 약 45년 후에 이 임계값에 도달할 것이다. ◀ Haptista 분기군(23.5절); 지구기후 변화: 균형을 잃은 생물지구화학적 순환(28.3절)

그림 29.2 원석조류(coccolithophore)는 바닷물 산성화에 반응한다. 대양에 풍부한 종인 *Emiliania huxleyi*이다. Steve Gschmeissner/Science Photo Library/Getty Images

마무리 점검

1. 산소용해도에 영향을 미치는 요인들은 무엇인가? 수생환경을 고려할 때 이것이 중요한 이유는 무엇인가?
2. 바닷물의 pH를 조절하는 완충계를 설명하시오. 미생물 진화에 있어서 이러한 안정적인 완충작용은 어떤 의미를 갖는가?
3. 호수와 연안 생태계의 1차 생산은 대양에서의 1차 생산과 어떻게 다른가?
4. 수온약층의 어떤 특징이 뜨겁고 차가운 공기 덩어리들과 유사한가?

29.2 해양 생태계의 미생물

이 절을 학습한 후 점검할 사항:

a. 강하구와 유해 조류 대번식의 생태적 중요성과 경제적 중요성을 설명할 수 있다.
b. 위노그라드스키 컬럼에서 탄소 및 황의 유동을 도표로 나타낼 수 있다.
c. 지구 탄소 비축에서 해양 미생물에 의한 1차 생산성의 중요성을 평가할 수 있다.
d. 미생물 생대환을 설명하고 대양에서의 중요성을 평가할 수 있다.
e. 해양 생태계에서 Pelgibacteriales 목 구성원의 중요성을 평가할 수 있다.
f. 대양에서 발견되는 낮은 영양 조건에 적응하기 위해 미생물이 진화한 메커니즘을 최소한 3가지 설명할 수 있다.
g. 영양소 순환에 대한 바이러스의 기여뿐 아니라 해양 미생물 개체군을 유지하고 이들에게 영향을 미치는 데 있어서 바이러스의 역할에 대해 설명할 수 있다.
h. 해저 퇴적물에 서식하는 미생물의 대사 유형에 대한 분포를 설명할 수 있다.

육상생물인 우리 인간은 지구 물의 약 96%가 해양환경에 있음을 상기해야 한다. 미생물학적 관점에서 바닷물의 표면이 가장 집중적으로 연구되었으며, 최근에서야 과학자들은 해저(benthos), 즉 심해 퇴적물과 수면아래(subsurface)를 조사하기 시작했다. 먼저 강하구 해양생태계를 설명하는 것으로부터 시작해서 대양에 서식하는 미생물 군집을 설명하고, 마지막으로 어둡고 차가운 압력이 높은 해저에 있는 미생물 군집을 설명할 것이다.

해안 생태계의 미생물은 변화하는 환경에 적응되어 있다

강하구는 반개방적인 연안 지역으로 강과 바다가 만나는 곳이다. 강하구는 담수와 해수가 조수에 의해 섞이는 것으로 정의된다. 대부분의 강어귀는 대규모로 조수에 의한 씻김(tidal flushing)을 겪는데, 이로 인해 이곳의 생물들은 매일 변화하는 염분 농도에 적응하도록 강요받는다. 이러한 조건에서 사는 미생물들은 주변의 물과 자신의 세포내 삼투압이 차이가 나지 않도록 조정함으로써 삼투 스트레스에 대항한다. 이를 위해 대부분의 원생생물과 진균류는 디메틸설포닐프로피온산염(dimethyl sulfonyl propionate)과 같은 화합성 용질(compatible solute)을 생산한다. 세균과 고균은 칼륨 또는 프롤린 및 베타인(betaine)과 같은 화합물의 세포내 농도를 조절한다. 염(salt)은 또 다른 스트레스 요인이며 강하구에 서식하는 대부분의 미생물은 호염성과는 다른 내염성이다. **내염성**(halotolerant) 미생물은 염도의 상당한 변화를 견딜 수 있는데 반해, 호염성 미생물은 높은 염 농도를 절대적으로 요구한다. ◀ 용질은 삼투와 수분활성도에 영향을 미친다(7.5절)

강하구는 여러 면에서 독특하다. 잔잔하고 영양이 풍부한 물은 상업적으로 중요한 많은 어류와 무척추동물의 유생들에게 어린이집 역할을 한다. 그러나 상업적인 수산업에 대한 중요성에도 불구하고, 강하구는 가장 오염된 해양환경 중 하나이다. 강하구와 이 강하구에 영양물질을 공급하는 강은 농업 유출수와 거리 유출수뿐만 아니라 산업 공정에서 배출되는 독소들의 저장소이다. 이러한 오염물질에는 무기물질들, 특히 비료가 있는데, 이 물질들은 상주하는 미생물에 의해 영양분으로 사용될 수 있다. 너무 많은 질산염과 인산염이 지속적으로 추가되었을 때, 그 계는 **부영양**(eutrophic)되었다고 칭해지며 이러한 조건에서는 호흡 속도가 광합성 속도를 크게 초과하게 된다(그림 28.11 참조). 이로 인해 물은 무산소 상태가 될 수 있다(이 장의 시작이야기). 대조적으로, 영양소가 일정하지 않게 요동치듯이 유입되면 조류 혹은 남세균에 속하는 단일 광독립영양생물 종이 군집 내의 다른 모든 생물들을 훼손시키면서 자란다. **대번식**(bloom)이라고 하는 이 현상은 영양소의 유입이 빛과 온도의 변화 및 수층의 혼합과 연계되어 종종 발생한다. 미생물이 독성 산물을 생산하거나 미생물 자체가 어패류와 같은 다른 생물체에게 유독한 경우, **유해 조류 대번식**(harmful algal bloom, HAB)이라는 용어가 사용된다. 일부 HAB의 경우 **적조**(red tide)라고 불리는데, 이는 미생물 밀도가 너무 커서 물이 조류의 색인 빨간색 또는 분홍색이 되기 때문이다(**그림 29.3**).

그림 29.3 유해 조류 대번식은 종종 적조(red tides)라고 불린다. 대번식은 원인이 되는 미생물의 색소에 따라 물에 색을 띠게 할 수 있다. 이 HAB는 미국 워싱턴주에 있는 퓨젯사운드(Puget Sound)에서 발생했다. Don Paulson Photography/Purestock/Alamy Stock Photo

HAB의 발생 건수는 지난 10여 년 동안 극적으로 증가했다. 지구 기후 변화가 더 많은 HAB를 촉발할 수 있다고 예측되는데, 부분적인 이유는 더 따뜻해진 물로 인해 가을까지 더 오래 지속되는 안정적인 수온약층이 형성되기 때문이다. HAB는 때때로 많은 수의 물고기나 해양 포유류를 죽이는 원인이 된다. 예를 들어, 캘리포니아 연안에서 주기적으로 발생하는 HAB은 바다사자의 갑작스러운 대규모 죽음에 책임이 있다. 이 대번식은 *Pseudonitzschia* 속의 규조류(diatom)에 의해 발생한다. 멸치가 규조류를 먹게 되면 강력한 신경독소인 도모산(domoic acid)이 축적되는데, 포유류는 이 독소를 함유한 물고기를 대량으로 섭취한 후 중독이 된다. ◀ Stramenopila(23.4절)

규조류 외에도 HAB는 종종 쌍편모조류(dinoflagellate)에 의해 발생한다. 대번식을 일으키는 일부 쌍편모조류 또한 신경독을 생성한다. *Alexandrium* 속의 쌍편모조류는 마비성 패류 중독(paralytic shellfish poisoning)의 원인이 되는 독소를 생산하여 인간과 북미 연안의 온대지역 동물에게 영향을 미친다. 2019년 플로리다에서 쌍편모조류인 *Karenia brevis*의 HAB에 의해 생성된 독소가 멸종위기에 처한 해우(manatee), 바다거북 및 돌고래를 대량으로 학살하였다. ◀ Alveolata(23.4절)

염수습지(salt marsh)는 일반적으로 강하구와 다른데, 그 이유는 담수가 단일 강이 아니라 여러 출처에서 유입되기 때문이다. 염수습지 퇴적물 내의 미생물 군집은 매우 역동적이다. 이러한 생태계는 선구적인 미생물 생태학자 위노그라드스키(Sergei Winogradsky, 1856~1953)의 이름을 따서 명명된 **위노그라드스키 컬럼**(Winogradsky column, **그림 29.4**)으로 모형화 할 수 있다.

위노그라드스키 컬럼은 유리 실린더에 침전물을 넣고 그 위에 바닷물을 채워 쉽게 만들 수 있다. 컬럼의 상단을 밀봉하여 닫힌 계로 만들고, 빛에너지만 공급한다. 기둥의 상단에는 산소발생형 광합성

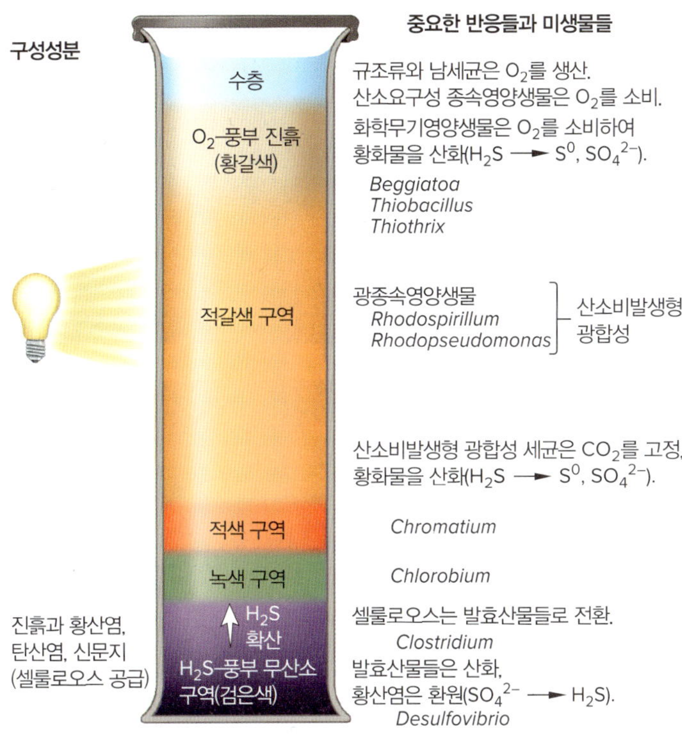

그림 29.4 위노그라드스키 컬럼. 미생물과 영양소는 이러한 소인공생태계(microcosm)에서 수직적인 농도 기울기를 통해 상호작용한다.

연관 질문 *Chlorobium* 속과 *Chromatium* 속에 속하는 산소비발생형 광합성 미생물과 산소비요구성 종속영양생물인 *Desulfovibrio* 종 사이에서 황은 어떻게 순환하는가?

을 수행하는 남세균과 광합성 원생생물(대부분 규조류)이 살게 된다. 파쇄된 신문지를 추가하는 것은 산소요구성 종속영양생물들에게 유기탄소원을 제공하는 것으로, 이 종속영양생물들은 남세균과 규조류가 생산한 산소를 소비하게 된다. 이 종속영양생물들 바로 아래에서 *Beggiatoa* 속과 *Thiothrix* 속의 화학무기영양생물들이 CO_2를 유기탄소로 고정하는데 이들은 황화물을 전자원으로 사용하고 산소를 최종전자수용체로 사용한다. 이러한 화학무기영양생물들의 생장은, 강하구와 염수습지에서처럼 위노그라드스키 컬럼에서도 탄소 순환과 더불어 활발한 황 순환이 일어나고 있음을 보여준다. 종속영양생물과 화학무기영양생물에 의한 산소 소비는 산소 농도 기울기를 형성하게 되고 침전물이 무산소 상태가 되는 곳에서 *Rhodospirillum* 속 및 *Rhodopseudomonas* 속에 속하는 홍색비황세균의 생장이 일어나게 된다. 이러한 광유기영양생물들은 유기물을 탄소원과 전자 공여체로 사용한다(그림 21.3 참조). 이 미생물 아래에서는 *Chlorobium* 속과 *Chromatium* 속에 속하는 산소비요구성 광독립영양생물들이 각각 황록색(olive green)과 홍색(purple) 구역을 형성한다. 이들 녹색과 홍색의 광합성 황세균은 CO_2를 고정하고 H_2S를 전자원으로 사용한다(그림 11.34 참조). 컬럼의 맨 아래로 시선을 돌리면 *Clostridium* 속의 구성원을 포함하는 종속영양 발효세균들이 무산소 호흡을 수행하는 세균의 생장을 지원하는 발효산물을 생성한다. 예를 들어, *Desulfovibrio* 종은 최종전자수용체로 황산염(해수에 존재)을 사용하여 황화수소(H_2S)를 생성한다. H_2S는 위쪽으로 확산되어 안정적인 H_2S 농도 구배를 생성하는데, 산소비발생형 광독립영양생물들은 이를 산화시켜 *Desulfovibrio* 종 및 무산소 호흡을 수행하는 다른 미생물들에게 필요한 황산염을 제공한다. ◀ 무산소호흡은 산소호흡과 동일한 단계를 사용한다(11.5절); 광영양(11.10절); 광합성 세균은 다양하다(20.4절); 홍색비황세균은 산소비발생 광합성을 수행한다(21.1절); γ-프로테오박테리아는 가장 큰 세균 강이다(21.2절); Firmicutes 문, Clostridia 강: 산소비요구성 내생포자형성 세균(22.3절)

마무리 점검

1. 해양 생태계에서 HAB를 유발하는 것으로 알려진 원생생물의 두 그룹은 무엇인가? HAB는 인간과 다른 해양생물에게 어떤 위험을 초래하는가?
2. 위노그라드스키 컬럼 내의 황 순환을 설명하시오. 컬럼이 오랜시간 어둠 속에서 배양되면 무슨 일이 일어나겠는가?

대양의 미생물은 제한된 영양에 적응되어 있다

때때로 "보이지 않는 열대우림"이라고도 불리는 대양의 빛이 비치는 상층부 100 m를 **조광대**(photic zone)라고 하는데, 이 지역은 다양한 미생물의 서식지이다. **식물성 플랑크톤**(phytoplankton: 그리스어로 *phyto*는 '식물', *planktos*는 '방황')은 열수 분출구와 지하의 화학무기독립영양 군집을 제외하면 대양의 모든 유기물의 공급원이다(그림 27.4 참조). 대양에서 일어나는 탄소고정의 약 절반은 *Prochlorococcus* 속 및 *Synechococcus* 속의 남세균에 의해 수행된다. 이 미생물들은 전체 식물성 플랑크톤 생물량의 20~80%를 차지할 수 있는 **초미세 플랑크톤**(picoplankton: 크기가 0.2~2.0 μm 사이의 플랑크톤성 미생물)의 주요 구성원이다. 거대 단세포성 남세균(*Crocosphaera watsonii*)과 진핵 독립영양생물, 특히 규조류가 나머지 50%의 탄소고정에 기여한다. ◀ Cyanobacteria 문: 산소발생 광합성 세균(20.4절); Stramenopila(23.4절); 1차 생산자와 상리공생(27.2절)

강, 개울, 육상 유출수의 영향을 크게 받는 해안 지역과 달리 대양에서는 영양소의 수준이 매우 낮다. 조광대에서 생존의 열쇠는 영양분이 해저로 가라앉게 두지 않고 이를 긴밀하게 재활용하는 것인데, 이것이 **미생물 생태환**(microbial loop)의 본질이다(**그림 29.5**). 미생물 생태환 내에서 종속영양 미생물은 더 큰 생물체뿐만 아니라 다른 미생물에 의해 삼출물로 방출되는 **용해성 유기물**(dissolved organic

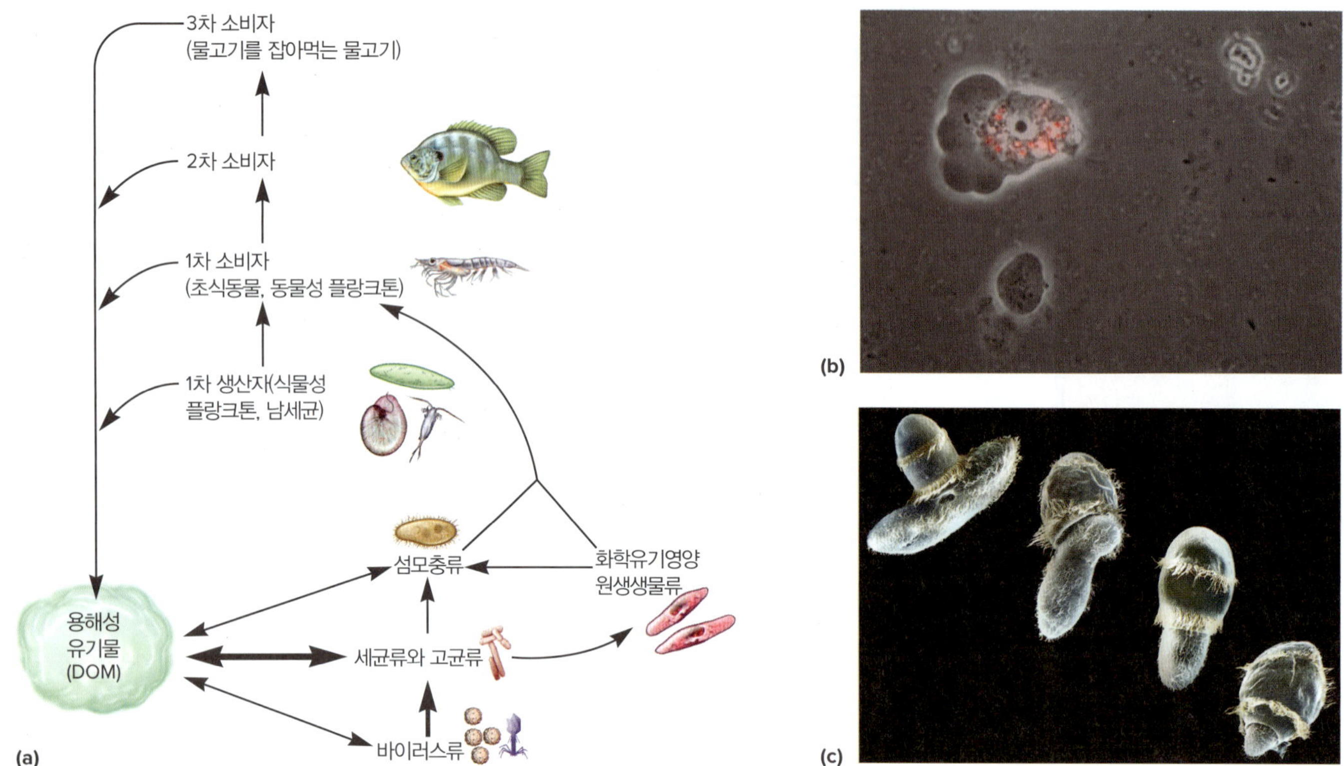

그림 29.5 미생물 생태환. (a) 미생물은 생태계에서 1차 생산자, 분해자, 1차 소비자로서 중요한 역할을 한다. 모든 생물은 미생물에 의해 소비되는 용해성 유기물(DOM)의 공통 풀에 기여한다. 바이러스는 숙주를 용해함으로써 DOM에 기여하고 세균 및 고균 세포는 원생생물에 의해 소비되며, 일부 원생생물은 다른 원생생물도 소비한다. 이들 미생물은 초식동물과 동물성 플랑크톤에 의해 소비되는데, 이들은 종종 크기에 따라 먹이를 선택하여 종속영양 미생물과 독립영양 미생물을 모두 섭취한다. (b) 원생생물은 세균을 섭취하는데, 이 경우에는 아메바가 붉은색 형광을 띠는 남세균인 *Synechococcus* 종을 먹었다. (c) 원생생물은 다른 원생생물을 소비하는데, 이 저속 촬영에서는 섬모충류인 *Didinium* 종(2줄의 섬모가 있는 둥근 생물)이 다른 섬모충류인 *Paramecium* 종을 포식하고 있다. (b) Jackie Parry; (c) Greg Antipa/Biophoto Associates/Science Source

연관 질문 종속영양 미생물은 DOM 풀에 어떻게 기여하는가? 이것은 독립영양 미생물이 DOM 풀에 기여하는 방식과 어떻게 비교되는가?

matter, DOM)을 소비한다. 광독립영양 미생물에 의해 방출되는 DOM을 때때로 **광합성산물**(photosynthate)이라고 한다. 단위 ml당 최대 10^8의 농도로 존재하는 해양 바이러스도, 숙주세포의 용해를 통해 미생물 생태환으로 영양소를 되돌려 주는 데 크게 기여하기 때문에 DOM의 공급원이다. 이것은 모든 삼투영양적(osmotrophic) 생물, 즉 DOM의 수송에 의해 모든 영양을 얻는 미생물의 영양소 공급원 역할을 하는 DOM의 공통 풀(pool)을 생성한다. 편모충류과 섬모충류를 포함하는 종속영양 원생생물은 다른 원생생물도 포함하는 더 작은 미생물을 섭취한다(그림 29.5b,c). 미생물 세포, 불용성 찌꺼기 및 기타 고형 유기물을 **입자성 유기물**(particulate organic matter, POM)이라고 한다. 원생생물은 동물성 플랑크톤에 의해 소비되기 때문에 DOM과 POM 모두 여러 영양 수준에서 재순환된다. 미생물 생태환의 순효과는 조광대 내에서 유기탄소, 질산염, 인산염 등과 같은 필수영양소의 재사용이다.

해양 식물성 플랑크톤에 의해 고정되는 모든 탄소의 운명은 실질적으로 중요하다. 지구기후 변화에 대한 연구는 식물성 플랑크톤이 얼마나 많은 CO_2를 대기에서 제거하여 해저에 격리할 수 있는지를 알아내는 데 중점을 두고 집중적으로 진행되었다. 다시 말해서, 미생물 생태환에 과부하가 걸리게 된다면 대기 중의 CO_2로부터 시작된 유기탄소가 해저로 보내질 수 있다는 것이다. 이것은 때때로 “생물학적 탄소 펌프(biological carbon pump)”라고 불리는데, 이것은 해저로 탄소를 내보내는 것을 나타낸다.

미생물 생태환이 어떻게 대부분의 탄소가 해저로 가라앉는 것을 방지하는지를 이해하기 위해서는 조광대를 떠나는 유기물의 운명을 고려해야 한다. 이 물질의 대부분은 **바다눈**(marine snow)처럼 깊은 곳을 통해 떨어진다(**그림 29.6a**). 이 물질은 겉모습 때문에 이러한 이름이 붙여졌는데, 중간 깊이의 바다와 깊은 바다를 촬영한 영상에서 눈을 닮은 솜털 같은 부유성 입자가 떠다니는 것이 가끔 보였기 때문이다. 바다눈은 주로 배설물 알갱이, 규조 껍질(diatom frustule) 및 쉽게 분해되지 않는 기타 물질로 구성되어 있다. 바닥으로 떨어지는 동안 바다눈은 미생물에 의해 집락화되어 영양소 재순환과 무기질화가 계속된다. 바다눈과 관련된 세균 집단의 밀도는 ml당 10^8~10^9에

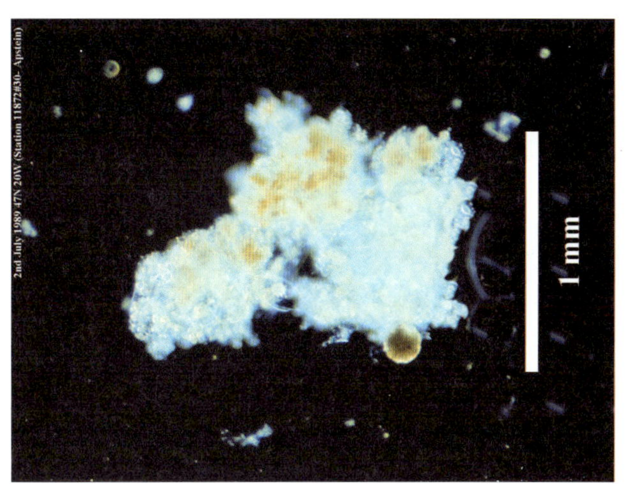

(a)

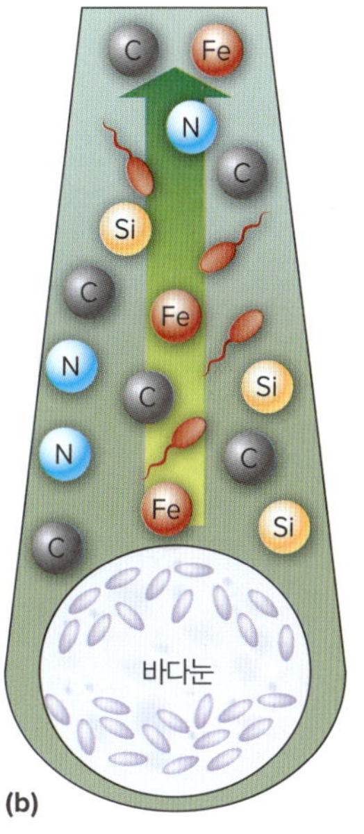

(b)

그림 29.6 바다눈. 조광대에서 심해로 유기물을 내보내는 것은 부분적으로 바다눈의 형태로 일어난다. (a) 바다눈에는 배설물 알갱이, 플랑크톤 골격(test), 투명한 달팽이와 같은 익족류(pteropod) 껍질, 방사충류, 규조류가 포함되어 있다. (b) 바다눈에 집락을 형성한 미생물이 분비하는 세포외효소의 가수분해 활성으로 인해 바다눈이 가라앉는 동안 영양분 기둥을 생성한다. 이 영양분 기둥은 더 많은 미생물을 끌어들인다. (a) Courtesy of Prof. Richard Lampitt/National Oceanography Centre

이를 수 있는데, 이는 주변 물보다 수십배 더 높은 것이다. 생물막을 형성함으로써 이들 미생물은 함께 작용하여 다양한 세포외효소를 분비하는데, 세포외효소들은 유기 중합체를 분해하며, 이를 통해 생성된 단량체는 미생물들에게 동화된다. 바다눈은 가라앉으면서 DOM, 질소, 인 및 철 기둥을 남긴다. 이러한 영양소들은 주화성의 자유-유영 미생물을 유인하는데, 이는 영양소 풀을 더욱 고갈시키는 데 도움이 된다(그림 29.6b). 바다눈 조각이 해저에 도달할 때에는 광합성에서 유래된 유기탄소의 1% 미만이 변하지 않은 채로 남아 있게 된다. 일단 해저에 도달하면 극히 일부분만이 퇴적물에 묻히고, 대부분은 용승류가 있는 지역에서 수표면으로 돌아갈 것이다(**그림 29.7**).

절박한 문제는 대기 중 CO_2 농도가 계속 상승하는 것만큼 해양이 CO_2 감소(제거 및 매장)를 증가시킬 수 있는지의 여부이다. 현재 연간 약 30억 톤의 탄소가 심해 퇴석물에 묻히는 것으로 추정된다. 탄소 격리의 속도와 양을 증가시켜 대기 CO_2의 증가를 상쇄시킬 수 있을까? 그렇다면 이를 통해 지구 온난화를 늦출 수 있을까?

비록 아무도 이러한 질문들에 대해 확실하게 답할 수는 없지만, 경험적 데이터와 모델링 데이터를 결합함으로써 식물성 플랑크톤이 기후 변화에 어떻게 반응하는가에 대해 이해하기 시작했다. 예를 들어, 대기 중 CO_2가 증가함에 따라 N_2를 고정할 수 있는 미생물이 선택되는 것으로 보인다. 증가된 CO_2 유입 외에도 해양은 상승하는 온도에도 반응하고 있다(그림 28.12 참조). *Synechococcus* 속의 남세균 생장을 측정하는 온대 수역에서의 장기 생장 실험은 바다 표면 온도가 1℃ 증가할 때마다 매년 봄의 대번식이 4~5일 더 빨라질 것임을 시사한다. 그러나 이러한 반응이 다른 1차 생산자에게도 해당될 것인지 또는 이것이 CO_2 감소를 크게 증가시킬 것인지는 불분명하다.

CO_2 수준이 상승함에 따라 질소고정 미생물(diazotroph)이 선택된다는 것에서 어느 정도 알 수 있듯이, 대양에서의 미생물 생장은 종종 질소에 의해 제한된다. 육상 유출수가 없기 때문에 바다에서 "새로운" 유기질소의 유일한 공급원은 생물학적 질소고정이다. 적어도 4가지의 중요한 N_2 고정 공급원이 있는 것으로 보이는데 모두가 남세균이다. (1) 예전에는 사상성 남세균인 *Richelia intracellularis*만이 상당량의 N_2를 고정하는 유일한 미생물이라고 여겨졌다. 이 미생물은 특정 규조류와 함께 산다. (2) 이제는 *Trichodesmium* 속의 사상형 남세균이 N_2-고정량 측면에서 훨씬 더 중요하다는 것을 알고 있다(**그림 29.8**). 이 미생물은 열대 및 아열대 바다에서 표면 수 m^2을 덮는 뗏목 형태로 떠돌아다니고 있다. *Trichodesmium*은 산소에 민감한 질소고정효소를 **질소고정낭**(diazocyte)이라고 하는 사상체(trichome, filament) 영역에 분리시킴으로써 이 효소를 보호한다. 질소고정낭으로 기능을 하는 사상체 영역은 격막에 의해 사상체의 나머지 부분과 분리되어 있지 않기 때문에, 이 구조는 다른 필라멘트형 남세균에서 볼 수 있는 이질낭(heterocyst)과는 다르다(그림 20.8 참조). (3) 새로운 질소의 또 다른 공급원은 N_2를 고정하는 단세포 남세균인 *Crocosphaera watsonii*이다. 이것의 직경은 3~8 μm로 *Synechococcus* 속이나 *Prochlorococcus* 속의 다른 단세포 남세균보다 훨씬 크다. *C. watsonii*는 열대지방의 바다 표면에서 발견된다.

새로운 질소의 네 번째 공급원은 2008년에 처음 보고된 특이한 남세균이다. 이 남세균은 N_2를 고정하지만 제2광계가 없는 광종속영양생물이다. 이 세균은 유기탄소를 발효시키고 제1광계만을 사용하기 때문에 O_2가 발생하지 않는다. 따라서 이 세균은 낮에 N_2를 고정할 수 있다. 이 세균은 아직 배양되지 않았으며 UCYN-A로만 알려져

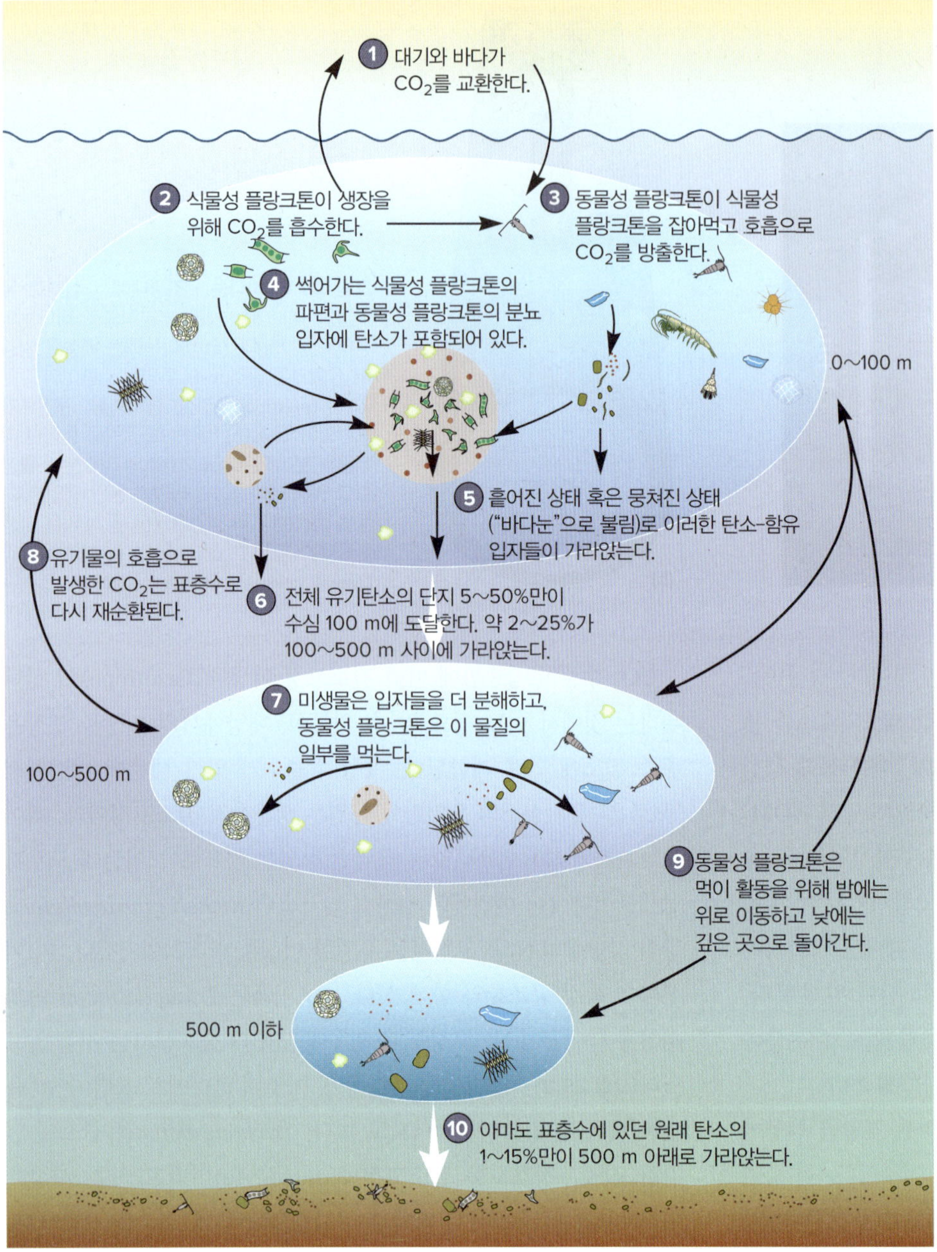

그림 29.7 조광대에서 심해 저서로 가라앉는 탄소의 운명. 대양 표면에서 독립영양성 미생물에 의해 고정된 탄소의 대부분은 조광대(상부 100 m)에 남게 된다. 비록 작은 부분이 바닥에 도달하지만, 바닥에 도달한 탄소의 대부분은 심해와 표면의 바닷물이 섞이는 지역(용승 지역, 표시되지 않음)에서 표면으로 되돌아간다.

있다. 자연 시료에서 관찰하면 직경이 1 μm보다 약간 작다. 독립적으로 살 수 있는 능력이 배제되지는 않았지만, 이 세균은 조류의 공생자(haptophyte, 착편모조류)로 사는 것으로 보인다. 이 세균은 온대 위도에 서식하며 대양뿐 아니라 연안 해역에서도 발견된다. ◀ 질소고정: $N_2 \rightarrow NH_3$(12.5절); Cyanobacteria 문: 산소발생 광합성 세균(20.4절); Haptista 분기군(23.5절)

질소고정과 더불어 질소 순환의 다른 구성요소도 대양에 존재한다. 이 순환의 대부분은 조광대 아래에서 일어나는데, 이곳은 산소 농도가 깊이에 따라 증가하기 전에 최소에 이르는 곳이다. 여기에서는 2가지 유형의 미생물 매개 반응으로 질소가 N_2 가스로 소실된다. 첫 번째는 탈질작용으로, 질산염(NO_3^-)을 최종전자수용체로 사용하여 이를 N_2로 환원시키는 무산소호흡이다. 두 번째는 아나목스 반응으로, 아질산염(NO_2^-)을 최종전자수용체로 사용하여 무산소 조건에서 암모늄(NH_4^+)을 N_2로 산화시키는 것이다(그림 20.9 참조). 아나목스는 Planctomycetota 문의 구성원이 수행한다. 산소가 최소인 영역에서 탈질작용 또는 아나목스를 피해 더 가라앉는 질소는 대부분 NH_3/NH_4^+이다. 그러나 바다 깊은 곳에 축적되는 질소의 대부분은 질산염(NO_3^-)이다. 그 이유는 가라앉고 있는 NH_3/NH_4^+가 질화작용(NH_3를 먼저 NO_2^-로 산화시킨 다음 NO_3^-로 산화)을 수행하는 미생물에 의해 산화되기 때문이다. 대부분의 해양 질화작용은

그림 29.8 사상형 남세균인 *Trichodesmium* 종은 대양에서 N_2를 고정한다. Image Quest 3-D/NHPA/Photoshot/Newscom

Nitrosphaeria 문의 고균에 의해 수행된다. 이 중온성 고균은 NH_3를 NO_2^-로 산화시키고, NO_2^-는 세균에 의해 NO_3^-로 산화된다. 해양 질소 순환에 대한 이해가 시급한 이유는 주로 암모니아 산화 고균에 의한 온실가스인 N_2O의 방출에 대한 우려가 있기 때문이다. ◀ Nitrosphaeria 문: 중온성 암모니아 산화균(19.4절); Planctom- ycetota 문: 아나목스 세균(20.5절); 질소 순환(28.2절)

바다가 엄청나게 크다는 것을 감안하면 지구에서 가장 풍부한 계통군(clade, 단일계통 생물)이 해양 α-프로테오박테리아라는 것은 놀라운 일이 아니다. Pelagibacterales 목(**SAR11** 계통군이라고도 하는데 처음 발견된 Sargasso Sea의 이름을 따서 명명됨)의 구성원들은 전 세계적으로 채취한 거의 모든 대양 시료에서 검출되었다. 또한, 그들은 3,000 m 깊이, 연안 해역, 그리고 일부 민물 호수에서도 발견되었다. 형광 직접 혼성화법(FISH, 그림 26.6 참조)을 이용한 결과, 이 세균은 연안 및 대양 시료의 표층수에서 미생물세포의 25~50%를 구성하는 것으로 밝혀졌다. 실제로 일부 과학자들은 Pelagibacteriales 목의 세균이 지구상의 모든 미생물의 약 25%를 구성한다고 추정한다. ◀ Pelagibacterales 목은 지구상 가장 많은 미생물이다(21.1절)

Pelagibacteriales 목에 있는 세균의 생리적 특성은 해양 미생물 연구에서 반복적으로 확인되는 대사적 특성을 보여주는데, 그것은 바로 많은 미생물들이 에너지 비축을 보충하는 전략들을 진화시켰다는 것이다. 이러한 대사적 다양성은 해양 미생물들 사이의 영양적 구분(trophic division)을 명확하지 않게 만들었고, 미생물 생태환에 더욱 많은 기여를 하게 만든다(그림 29.5). 예를 들어, 호염성 고균에서 처음 확인된 로돕신 유전자는 α-프로테오박테리아(즉, Pelagibacteriales)뿐만 아니라 γ-프로테오박테리아, *Bacteroidetes* 및 적어도 한 종의 해양 쌍편모조류에서도 발견된다. 프로테오박테리아에서 발견되는 로돕신을 **프로테오로돕신**(proteorhodopsin, PR)이라고 한다. 이들 미생물 중 어느 것도 독립영양생물이 아니며, 오히려 이들은 ATP 합성과 다른 형태의 세포 작업을 위한 양성자구동력을 보충하기 위해 빛으로 구동되는 로돕신 펌프를 사용한다(그림 11.13 참조). 따라서 이들은 광화학영양생물(빛에너지와 화학에너지를 모두 이용)로 간주된다. 조광대에 있는 종속영양 해양 세균과 고균의 대부분이 로돕신 생합성에 필요한 유전자를 가지고 있다는 점을 감안할 때, 이러한 형태의 광영양은 영양이 고갈된 물에서 생존하는 데 중요하다고 추론할 수 있다. 실제로 세균 및 고균 로돕신이 예외라기보다는 일반적이기 때문에 로돕신의 중요성은 아무리 강조해도 지나치지 않다. 우리는 모든 에너지가 빛에서 유래되는 세상에서 살고 있는데, 미생물 로돕신에 의해 포획되는 빛에너지의 양은 엽록소와 세균엽록소 모두에 의해 포획되는 빛에너지의 양과 맞먹는다. ◀ 로돕신을 이용한 광영양(11.10절); 호염성 고균(19.5절)

에너지 비축을 보충하는 또 다른 해양 미생물 그룹은 산소요구성 산소비발생형 광영양생물(aerobic anoxygenic phototroph, AAnP)이다. **산소요구성 산소비발생 광영양**(aerobic anoxygenic phototrophy)을 할 수 있는 세균은 세균엽록소 *a*(Bchl *a*)를 가지고 있는 것으로 알려져 있는데, 이 광합성 색소는 해수 표면에 널리 분포되어 있다. 배양 기술과 메타유전체 기술의 조합을 통해 일부 α-프로테오박테리아(*Roseobacter* 계통군)와 γ-프로테오박테리아가 이러한 형태의 광영양을 할 수 있음을 알게 되었다(표 20.1 참조). 로돕신을 가진 미생물과 마찬가지로 AAnP도 광종속영양생물이다. 즉, 그들은 빛을 이용하여 ATP를 합성(광인산화)하지만, 탄소 요구를 충족시키기 위해서는 유기탄소를 동화해야 한다. ATP 요구량의 일부를 광영양으로 충족시킴으로써 광종속영양생물은 더 많은 유기탄소를 생합성으로 돌리고 이화 과정으로는 더 적은 유기탄소를 돌린다. 하지만 Bchl *a*를 가지고 있는 해양 세균이 프로테오로돕신을 생성하는 세균보다 훨씬 덜 풍부하다. 이는 기능적인 광-구동 양성자 펌프에는 6개의 유전자만 필요하기 때문에 이 유전자들이 수평적 유전자 전달에 의해 널리 퍼졌다는 것을 의미하는 것으로 보인다. 이와 대조적으로 AAnP에서 발견되는 산소비발생 광-수확 복합체, 반응 중심, Bchl *a* 및 카로티노이드를 조립하는 데는 대략 50개의 유전자가 필요하다.

α-프로테오박테리아인 *Ruegeria pomeroyi*는 ATP 수율을 증가시키는 세 번째 흥미로운 대사 전략인 **무기종속영양**(lithoheterotrophy), 또는 화학무기종속영양(chemolithoheterotrophy)을 수행할 수 있는 것으로 보인다. 무기종속영양생물은 에너지원과 전자원으로 무기물을 사용하지만 동화 작용을 위해서는 유기탄소를 필요로 한다. *R. pomeroyi*는 해양에 있는 많은 종류의 일산화탄소(CO) 산화 종속영양생물 중 하나이다. 이 세균은 CO 탈수소효소를 생성하여 CO를 CO_2로 산화시키지만 다른 CO 산화 세균과는 달리 CO_2를 생물량으로 전환하는 데 필요한 효소를 가지고 있지 않다. 대신, 그들은 전자전달계를 위한 보충 전자공여체로 CO를 사용한다. 따라서 그들은 전자전달계에 사용되는 NADH를 생성하기 위해 많은 유기탄소를 산화시킬 필요가 없다. 대신, 더 많은 유기탄소를 생합성에 사용할 수 있다. 이 가설은 한 분자의 CO가 산화되면 하나의 ATP 생성을 유도하기에 충분한 에너지가 방출된다는 열역학적 측면에서 지지받고 있다. 바다에서 미생물의 생장에 CO 산화가 실제로 기여하는가에 대해서는 아직 명확히 밝혀지지 않았지만, 여기에서 강조된 이유는 빈영양 상태의 대양에서 진화한 물질대사의 다양성을 보여주기 위해서이다.

해양 바이러스: 바다에서의 죽음

미생물 생태환에 대한 논의에서 언급했듯이(그림 29.5), 바이러스는 해양과 담수 미생물 군집의 중요한 구성원이다. 실제로, **비리오플랑크톤**(virioplankton)은 해양 생태계의 구성원 중에서 가장 수가 많다. 하지만 바이러스를 정량화하는 것은 까다로운데, 그 이유는 플라크 형성으로 계수하는 전통적인 방법은 바이러스와 숙주 모두에 대한 지식과 함께 실험실에서 숙주를 키울 수 있는 능력을 필요로 하기 때문이다. 극히 일부의 미생물만이 배양 가능하기 때문에 실제 바이러스 감염을 보여줌으로써 바이러스의 다양성을 측정하는 것은 쉽지 않다. 대신 바이러스 입자를 직접 관찰하는 것은 가능할 수도 있는데, 여기에는 적어도 2가지 접근방식이 있다. 전자현미경을 사용하는 것이 가장 정밀한 방법이지만, 바이러스를 정량화하는 데 사용되는 일반적이고 편리한 방법은 형광현미경을 사용하는 것이다. 해수를 여과할 때 구멍의 크기가 0.02 μm인 필터를 사용하면 바이러스를 포집할 수 있다. 바이러스의 핵산은 형광현미경으로 관찰하기 위해 YO-PRO 또는 SYBR Green과 같은 형광염료로 염색된다. 현미경 관찰을 통해서는 숙주세포외부의 비리온(virion) 존재만을 확인하는 것이며 이들 비리온이 숙주세포를 감염시킬 수 있다는 것을 증명할 수는 없다. 따라서 이러한 방식으로 확인된 바이러스를 **바이러스유사 입자**(viruslike particle, VLP)라고 한다. 이 접근방식을 사용하면 해수의 평균 VLP 밀도는 10^6~10^7/ml(일부 경우에는 10^8/ml에 가까울 수도 있음)이며, 수심 약 250 m 이상에서는 약 10^6/ml로 감소한다. 해양 바이러스는 너무나 풍부하기 때문에 VLP는 이제 지구상에서 가장 많이 존재하는 미생물로 인식된다(**그림 29.9**).

고균, 세균 및 원생생물을 감염시키는 단일가닥 및 이중가닥의 RNA 바이러스와 DNA 바이러스를 포함하는 바이러스 다양성은 방대하다. 메타유전체 분석을 통해 바이러스 유전체의 90%는 어떤 데이터베이스에서도 뚜렷한 유사성이 없는 것으로 나타났다. 따라서 해양 바이러스의 유전적 다양성은 방대할 뿐만 아니라 대부분 거의 탐구도 되지 않았다. ◀ 바이러스(25장)

해양 바이러스가 풍부하다는 것은 그들이 바다에서 죽음의 주요 원인임을 의미한다. 실제로 바이러스는 평균 해양 미생물 생물량의 약 20%를 매일 죽이는 것으로 생각된다. 하지만 바이러스에 의한 미생물의 사망률을 측정해보면 변화가 매우 심한 것으로 나타난다.

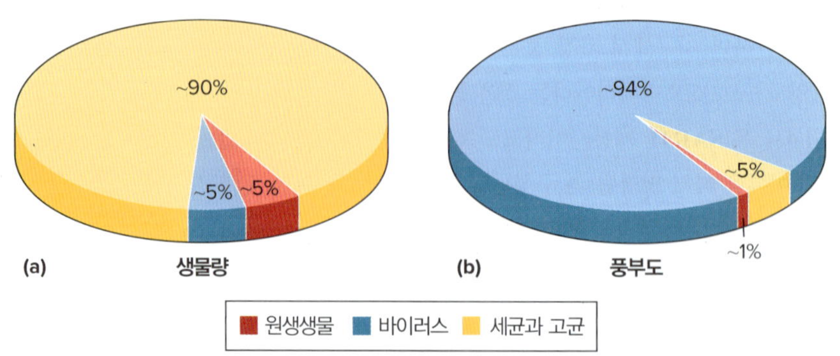

그림 29.9 해양 미생물의 상대적 생물량 및 풍부도. (a) 세균과 고균의 생물량은 원생생물과 바이러스의 생물량을 훨씬 능가한다. 하지만, (b) 개체수를 고려하면 해양 미생물의 대다수는 바이러스이다.

그림 29.10 바이러스에 의한 용균과 대규모의 플랑크톤 대번식의 종료. 이 위성 이미지는 바렌츠 해(Barents Sea)에서 500 km 길이에 이르는 대번식(밝은 청색 영역)한 원석조류(cocolithophore)인 *Emiliania huxleyi*의 소멸을 보여준다. 이용 가능한 영양소의 고갈도 거대한 대번식의 죽음에 기여하지만, 이 원생생물에 특이적인 바이러스가 대번식의 소멸을 이끈 주요 원인이다. Jeff Schmaltz, MODIS Rapid Response Team at NASA-GSFC

바이러스는 숙주의 풍부도를 결정하는 데 중요하기 때문에 바이러스-숙주 역학을 설명하기 위해 여러 이론이 제안되었다. 한 모델은 어떤 하나의 미생물 종(또는 균주)이 수적으로 우세해지면, 곧 용균성 바이러스(lytic virus)의 표적이 되어 개체군이 감소할 것이라고 예측한다. 이렇게 되면 또 다른 미생물 종(또는 변종)이 번성하게 되고 이들 또한 강력한 용균성 바이러스의 표적이 되며, 이러한 과정이 계속 반복된다. 이 "승자 죽이기(kill the winner)" 모델은 해양 세균 개체군에서 예상보다 높은 비율의 용원성(lysogeny) 관찰을 기반으로 하는 "승자에 편승하기(piggyback the winner)" 모델에 의해 도전을 받았다. 이 모델에서는 바이러스 감염이 숙주의 용균보다는 바이러스 유전체가 숙주염색체로 삽입(용원성)되는 것으로 끝난다. 마지막으로, 일부 증거는 바이러스와 숙주가 서로 적대적인 관계를 유지하기 위해 계속 진화하는, 즉 일종의 바이러스-숙주 간에 군비경쟁을 하는 붉은 여왕(Red Queen) 모델을 지지한다. ◀ 람다 박테리오파지: 온건성 박테리오파지(25.2절)

아마도 해양 바이러스 감염의 가장 흥미로운 예는 원석조류(coccolithophore)인 *Emiliania huxleyi*가 대번식하는 동안 발생한다. 이 대번식은 너무나 대단해서 우주에서 촬영할 수 있을 정도지만 붕괴는(적어도 부분적으로) 바이러스에 의한 용균 때문이라고 생각된다(**그림 29.10**). 이것은 바이러스가 숙주를 용균함으로써 큰 미생물 개체군들이 POM과 DOM으로 전환되는 속도를 가속화한다는 것을 극적으로 보여준다. 이것은 미생물 생태환을 평소보다 단순화시켜 영양소 순환에 크게 기여한다(**그림 29.11**).

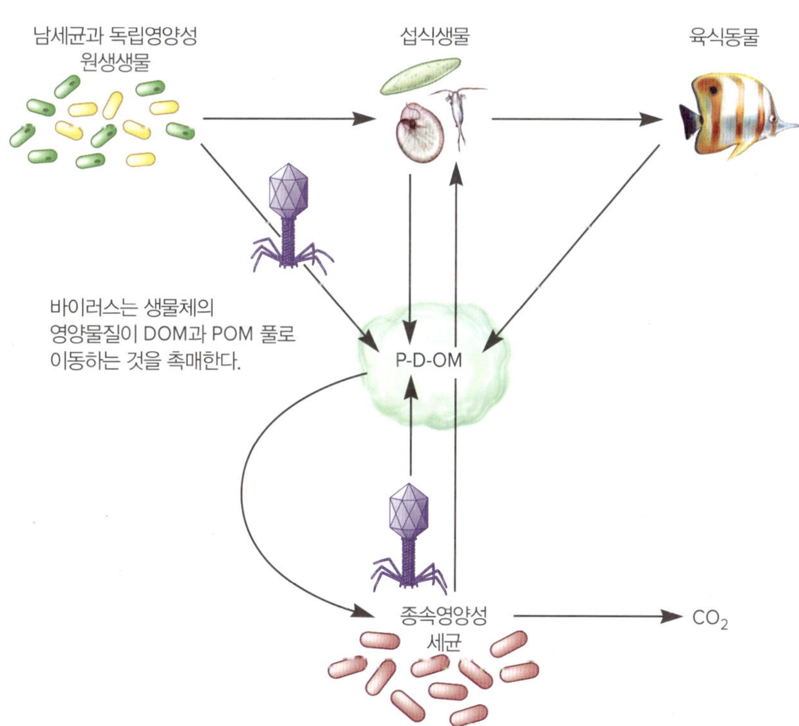

그림 29.11 미생물 생태환에서 바이러스의 역할. 바이러스에 의한 독립영양 및 종속영양 미생물의 용균은 이 미생물들이 입자성 및 용해성 유기물(P-D-OM)로 전환되는 속도를 가속화한다. 이것은 순 군집 호흡량은 증가시키지만, 상위 영양단계로 영양소를 전달시키는 효율은 감소시키는 것으로 생각된다.

연관 질문 바이러스가 용균 대신 용원을 선택하는 경우는 언제이며 이것은 탄소 흐름에 어떤 영향을 미치는가(그림 29.5 참조)?

해저의 해양 퇴적물에 있는 미생물 군집은 거대하고 신비하다

지구 표면의 67%가 바다 아래에 있는데, 이는 전 세계의 모든 미생물 생태계 중에서 가장 큰 것에 대해 가장 적게 알고 있다는 것을 의미한다. 그러나 심해 시추 프로젝트와 해저 화산 및 열수 분출구와 같은 지질학적으로 활성이 있는 지역의 탐사를 통해 해양 퇴적물, 즉 **해저**(benthos)에 대해 가치 있고 놀라운 연구결과를 얻고 있다. 해양 퇴적물은 매우 얕은 곳에서 가장 깊은 해구까지, 희미하게 빛이 비치는 곳에서 완전히 어두운 곳까지, 그리고 지구상의 가장 최근 퇴적물에서 수백만 년 된 퇴적층에 이르기까지 다양하다. 해양 퇴적물의 온도와 나이는 지질 활동이 있는 지역과의 근접성에 달려 있다. 다양하고 많은 무척추동물들(이중 일부는 내부공생적 화학무기영양성 세균에 의존한다)이 있는 열수 분출구 군집들은 1970년대 후반에 흥미롭게 발견된 이후로 집중적으로 연구되어 왔다. 이곳에 있는 미생물들은 27장에 설명되어 있다. 지각의 대다수가 지열 활동 지역에서 멀리 떨어진 깊은 곳에 있기 때문에 대부분의 해저 미생물들은 1°C에서 4°C 사이의 온도에서 빛 없이 고압에서 살아가고 있다.

한때 심해 퇴적물에는 어떠한 생명체도 없다고 생각되었기 때문에, 해양 퇴적물이 지구에서 가장 큰 미생물 서식지라는 것을 발견한 것이 얼마나 놀라운 일인지 한번 상상해보자(그림 1.2 참조). 실제로, 최대 수심 8,200 m의 침전물 시료(가장 깊은 바다는 수심이 약 11,000 m이다)는 광대한 **압력권**(piezosphere: 그리스어 *piezein*은 '압착하거나 누르기')의 존재를 드러낸다. 압력권은 압력이 100 atm (압력은 10 m 깊이당 약 1 atm 증가)을 초과하는 깊이의 생물군계(biome)를 말한다. 그러한 큰 압력에서 자라는 미생물을 **호압성**(piezophilic)이라고 하며, 이들 호압성 미생물의 풍부도는 놀라울 정도로 높은데 일반적으로 표면수에 있는 미생물의 풍부도를 능가한다. 이러한 차이에 대한 이유는 복잡하지만, 에너지 가용성과 제한된 포식이 그 이유에 포함되어 있다.

대부분의 심해 미생물은 호압성일 뿐만 아니라 호냉성이다. 흥미롭게도 미생물이 생장할 수 있는 지하 깊이의 한계는 압력의 영향을 받지 않고 오히려 온도에 의해 결정되는 것으로 보인다. ◀ 미생물 생장에 영향을 주는 환경요인(7.5절)

이제는 해저 아래, 즉 해저 퇴적층의 생물권이 전 세계 바닷물에 있는 미생물의 생물량보다 더 크다는 것이 받아들여지고 있다. 예상한 것처럼 이들 미생물 대부분은 실험실 배양이 어렵다. 사실, 이 미생물들은 표면층에 있는 미생물보다 약 백만 배 느린 호흡을 하기 때문에 물질대사가 너무 느려서 평균 배가 시간(doubling time)이 수백년으로 측정된다(7장 시작이야기 참조). 지하 미생물은 우리가 생명체라고 정의한 것의 한계를 진정으로 확장시킨다.

전 지구적 조사에 따르면 상대적으로 영양이 풍부한 대륙 주변부 퇴적물 내의 깊은 지하 생물권은 유기물이 부족한 대륙에서 멀리 떨어진 심해의 지하 생물권과 차이가 있는 것으로 나타난다. 바닷물에는 무산소 호흡에서 전자수용체로 사용되는 황산염이 풍부하게 존재한다. 대륙 주변부에서는 퇴적물의 황산염이 100 m 깊이 이내에서 고갈되는데, 이 지점에서는 메탄생성이 우세하게 진행된다. 하지만 멀리 떨어진 심해에서 황산염은 훨씬 더 깊숙이 침투하며 황산염 환원 세균과 메탄생성 고균 사이에 뚜렷한 구역화가 나타나지 않는다. 더욱이 퇴적물 표면과 표면 아래에는 바이러스가 풍부한 것으로 보이는데, 해저에서 바이러스의 용균작용으로 인해 바다눈과 다른 침강 입자에 의해 격리되었던 최대 6억 3천만 톤의 탄소가 매년 방출되는 것으로 추정된다(그림 29.6). 이 흥미로운 발견은 지구 생물량의 상당 부분이 놀라울 정도로 활동적이지만 대체로 특성이 밝혀지지 않았음을 시사한다.

심해 지하 미생물학 연구는 세균의 에너지 대사에 대한 우리의 이해를 말 그대로 뒤집어 놓았다. 11장과 28장에서 설명된 것처럼, 일반적으로 무산소 호흡에서는 사용 가능한 최종전자수용체 중에서 우선적으로 사용되는 전자수용체가 있다는 것이 알려져 있다(그림 28.1 참조). NADH나 환원된 무기화합물(예: H_2, H_2S)의 산화로부터 가장 많은 에너지(더 큰 음의 값의 ΔG)를 생성하는 전자수용체가 더 작은 음의 값의 ΔG를 생성하는 전자수용체보다 먼저 사용된다. 따라서 산소가 고갈되면 질산염이 감소하고, 망간, 철, 황산염, 마지막으로 이산화탄소가 감소한다. 이것은 페루 앞바다에서 420 m 깊이로 채취한 시추 퇴적물에서 입증되었다(**그림 29.12**). 하지만 이러한 특징적인 화합물의 프로파일은 약 400 m 이상의 깊이에서 반전된다. 이는 420 m 이상의 지하 깊이에는 이러한 전자수용체들의 알려지지 않은 공급원이 있음을 암시한다. 또한 열역학적 한계에 대한 우리의 오랜 개념과 달리 황산염 농도가 높은 퇴적물에서 메탄생성과 철 및 망간 환원이 동시에 발생한다. 이것은 고도로 국소화된 미세환경 때문이거나 같은 장소지만 다른 시간에 일어나는 물질대사 활동 때문인 것일 수 있을까? 비록 이러한 질문들과 또 다른 질문들이 추가적인 연구를 기다리고 있지만, 분명한 것은 해저 표면 퇴적물 단위 g당 10^8 세포가 존재하고 깊은 지하 퇴적물 단위 g당 10^4 세포가 존재하는 이러한 군집이 중요하다는 것이다. ◀ 산화환원 반응: 물질대사의 핵심 반응(10.3절); 무산소호흡은 산소호흡과 동일한 단계를 사용한다(11.5절); 화학무기영양: 바위를 먹다(11.8절)

심해 퇴적물 탐사의 또 다른 성과는 200~3,500 m 깊이에서 방출되는 탄화수소를 기반으로 살아가는 미생물 군집이 대륙 주변부에서

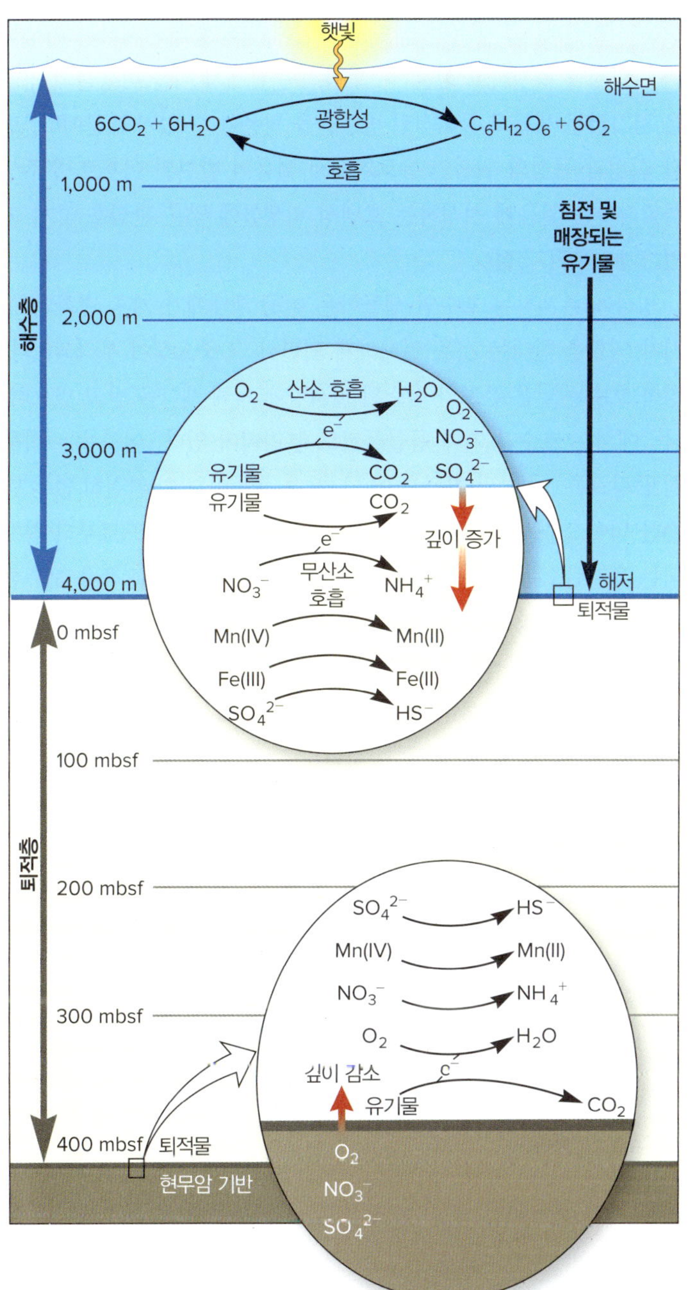

그림 29.12 심해 퇴적물에서의 미생물 활동. 해저 표면에서는 무산소 호흡에서 전자수용체 역할을 하는 산화된 기질의 환원이 열역학적으로 예측 가능한 순서를 따른다(그림 28.1 참조). 이 순서는 매우 깊은 지하 퇴적물에서는 역전되는데, 이는 지구 지각 깊숙한 곳으로부터 오는 전자수용체의 원천이 있다는 것을 시사한다. mbsf는 해저 아래 미터(meters below seafloor)를 뜻한다.

발견되었다는 것이다. 탄화수소가 표면의 위상배치와 탄화수소가 방출되는 속도에 따라서 이들을 얽은자국(pockmark), 가스 굴뚝(gas chimney), 진흙 화산(mud volcanoe), 염수 연못(brine pond), 기름 및 아스팔트 누출구(seep)라고 한다. 다양한 미생물들이 탄화수소를 유일한 탄소원으로 사용하는데, 이들은 전자수용체로 산소나 황산염을 사용하여 탄화수소를 산화시킨다. 일부 지역은 미생물 매트 지역으로, 가끔은 미생물 매트가 수백 미터를 덮고 있다. 이 매트는 *Thiomargarita* 속 및 *Beggiatoa* 속의 거대하고 액포가 있는 황산화 세균이 대부분을 구성하고 있다(그림 21.21 및 그림 21.22 참조). ◀ γ-프로테오박테리아는 가장 큰 세균 강이다(21.2절)

또 다른 매력적인 군집은 **메탄수화물**(methane hydrate)에서 발견된다. 메탄수화물은 메탄이 갇혀 있는 격자형의 얼음 구조이다. 메탄은 지열 활동과 메탄생성 고균에 의해 생성된다. 관련된 메탄 산화 미생물의 부재로 인해 전 세계 해양의 많은 지역의 퇴적물 표면 아래 500 m 이상에서 이러한 천연가스 풀은 결정화된 물의 격자 구조 속에 축적될 수 있게 되었다. 실제로 전 세계적으로 최대 10^{13}톤의 메탄수화물이 있을 수 있다. ◀ 메탄생성균(19.5절)

마무리 점검

1. 바다눈이란 무엇인가? 바다눈이 CO_2 감소에 중요한 이유는?
2. 새로운 유기질소가 대양으로 어떻게 유입되는지 설명하시오.
3. 프로테오로돕신이 Pelagibacteriales에 속하는 세균들의 번성에 어떻게 기여했는가를 설명하시오.
4. 빈영양 상태의 물에서 세균이 수행하는 무기종속영양과 광종속영양을 비교 설명하시오
5. 바이러스에 의한 용균작용이 없다면 군집의 역학이 어떻게 바뀔 수 있는가?
6. 일부 심해 해양 퇴적물에서 설명한 바와 같이 "뒤집힌 미생물의 에너지대사"가 의미하는 바를 설명하시오.

29.3 담수 생태계의 미생물

이 절을 학습한 후 점검할 사항:

a. 지구의 담수 희소성을 인식할 수 있다.
b. 유수계에서 발견되는 미생물 군집과 정지수계에서 발견되는 미생물 군집을 비교 설명할 수 있다.
c. 깊고 층상화된 호수에서 발견되는 미생물 군집과 층상화가 없는 얕은 호수에서 발견되는 미생물 군집의 차이점을 설명할 수 있다.
d. 계절적 변화가 호수 미생물 군집에 어떻게 영향을 미치고 이러한 변화가 어떻게 대번식으로 이어질 수 있는지 설명할 수 있다.

지구상의 대부분의 물은 해양환경에 있지만 담수는 육상 생활에 매우 중요하다. **그림 29.13**에 나타낸 것처럼 염분이 포함되지 않은 지구의 물은 3.9%인데, 아주 일부만이 우리가 **담수**(freshwater)라는 용어와 연관시키는 친숙한 개울, 강 및 습지를 나타낸다. 가장 큰 비율을 차지하는 담수, 즉 극지방에 얼어있는 담수에 대해 먼저 살펴보고, 개울, 강, 호수를 살펴볼 것이다.

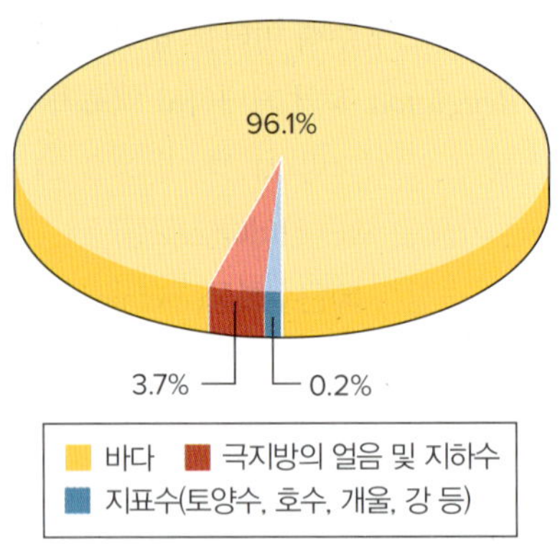

그림 29.13 지구에 존재하는 담수의 상대적 분포.

빙하와 영구적으로 얼어붙은 호수는 활동적인 미생물 군집을 지원한다

지구에 있는 얼음의 대부분은 수백만 년 동안 계속 얼어있는 상태이다. 실제로 지구 표면의 대부분은 온도가 5℃를 넘지 않는다는 것에 주목해야 한다. 이러한 곳에는 극지방, 심해, 육상의 고산지대가 포함된다. 놀랍게도 빙하 속에 있는 미생물은 휴면 상태가 아니다. 오히려, 활동적인 미생물 군집이 이러한 환경에 존재한다는 증거가 지난 수십년에 걸쳐 증가해왔다. 사실, 지금이 빙하 미생물학에서 흥미로운 시기인데, 그 이유는 해빙으로 인해 빙하계에 존재하는 미생물의 다양성을 측정하고 생물지구화학적 순환에서 이들 미생물의 역할을 평가하는 새롭고 창의적인 방법들을 적용할 수 있기 때문이다. 또한 화성과 목성의 위성인 유로파에서 얼음이 발견된 이후로 우주생물학자들은 얼음에 서식하는 호냉성 미생물에 많은 관심을 갖게 되었다. ◀ 온도(7.5절)

빙하에 존재하는 호수의 생물학은 이곳 생태계가 기후 변화의 감시자 역할을 한다는 것을 인식하게 되면서 그 중요성이 부각되었다. 빙하 호수는 낮은 온도와 감소된 일사량에 의해 제약을 받고 있으며, 남극에서는 호수가 거대 동물들과도 분리되어 있다. 이곳에는 식물성 플랑크톤, 세균 및 원생생물이 다세포 생물이 거의 완전히 없는 단순한 먹이그물을 형성하고 있다(**그림 29.14**). 주변 환경으로부터 침착되는 유기탄소는 광합성 미생물에 의해 생성되는 DOM 풀을 보충한다. 더욱이, 광영양성 편모충류와 섬모충류 원생생물들이 세균과 용해된 유기탄소도 섭취할 수 있다. 이러한 혼합영양생물(mixotroph)들이 세균의 유일한 소비자는 아니다. 남극 호수에서는 바이러스에 의한 세균의 용균도 중요하다. 고균도 빙하 호수에서 발견되었지만 다른 미생물보다 수와 다양성이 적은데, 이 생태계에 대한 이들의 기여는 아직 연구되지 않았다.

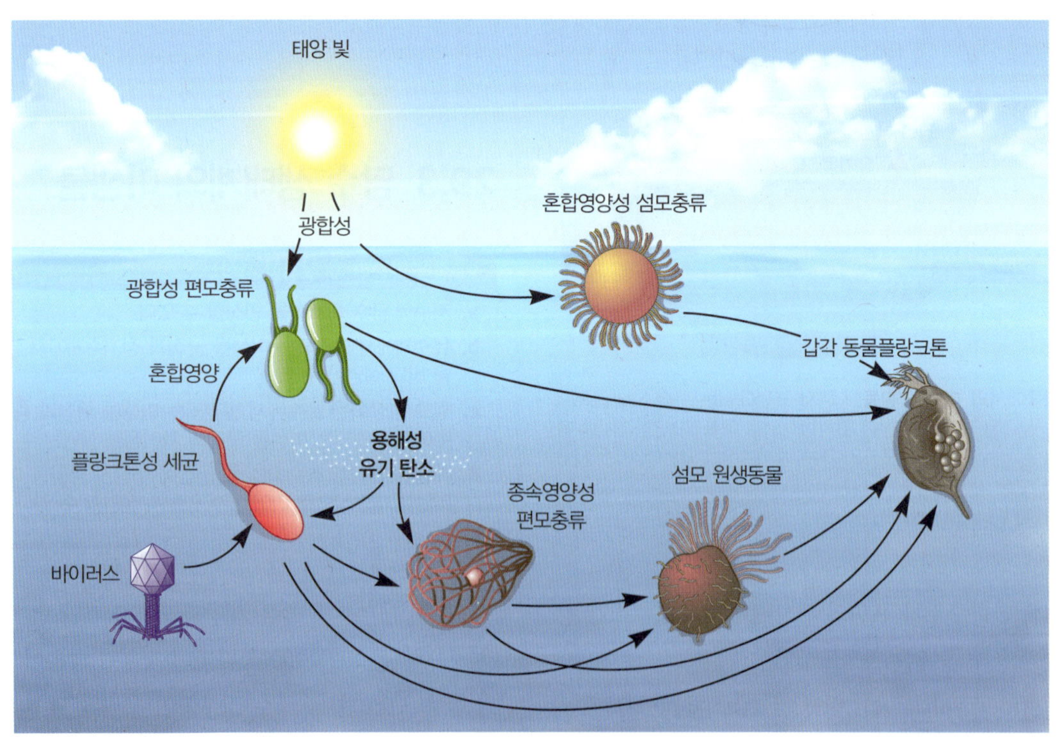

그림 29.14 남극 호수의 영양소 순환은 전적으로 미생물에 의해 수행된다. 남극의 빙하 호수에는 다세포 유기체가 없기 때문에 모든 영양소 순환은 다양한 유형의 미생물 사이에서 이루어지는데, 이러한 미생물에는 박테리오파지와 원생생물을 감염시키는 바이러스도 포함된다(표시되지 않음). 주변 환경에서 약간의 유기탄소가 제공된다.

연관 질문 이 미생물 생태환과 대양에서 발견되는 미생물 생태환(그림 29.5) 사이의 3가지 주요 차이점을 나열하시오.

표 29.1	담수 서식지의 미생물 군집에 영향을 미치는 물리적 및 생물학적 요인들		
서식지	주요 미생물 군집	주요 물리적 특성	주요 생물학적 특성
호수	플랑크톤	층상화, 바람에 의한 난류	영양소 경쟁, 섭식, 기생
범람원	플랑크톤, 식물에 부착된 생물막	주기적인 건조	조류와 거대 식물사이의 경쟁
강과 개울	저생 미생물, 생물막	물의 흐름에 의한 난류	집락화 경쟁, 생물막의 섭식
강하구–갯벌	생물막	건조, 강한 빛, 염에 노출	진흙 표면에서 경쟁과 섭식
강하구–유출수	플랑크톤	염수와 혼합, 혼탁도	수층에서의 섭식

개울과 강의 미생물 군집은 다르다

개울과 강은 빙하 호수보다 훨씬 더 역동적이다. 이러한 담수계의 미생물 군집을 조절하도록 도와주는 물리적 요인과 생물학적 요인 중 일부가 **표 29.1**에 나열되어 있다. 호수, 강 및 개울은 자유롭게 흐르는 물(개울, 대부분의 강)이 있는 **유수계**(lotic system: 라틴어 *lotus*는 '세척') 또는 독립된 물(예: 연못, 호수, 습지, 느리게 움직이는 강)이 있는 **정지수계**(lentic system: 라틴어 *lentus*는 '잔잔하거나 느린')로 크게 분류될 수 있다. 거대한 정지수 강과 호수에서는 식물성 플랑크톤이 번성하는데, 이들이 대부분의 탄소고정을 담당한다. 계(system) 내에서 생산된 생물학적으로 이용 가능한 탄소를 **토착성**(autochthonous)이라고 한다. 대조적으로, 아주 큰 강을 제외한 모든 강과 개울에서의 지속적인 물 흐름은 플랑크톤 군집이 충분히 의미 있을 정도로 발달하는 것을 방해한다. 또한, 식물 플랑크톤의 생장이 추가적으로 제한될 수 있는데, 이는 드리워진 나뭇잎, 탁도, 물의 급작스러운 혼합 등으로 인해 이용 가능한 빛의 양이 제한될 수 있기 때문이다. 따라서 대부분의 개울과 강에서 영양소의 원천은 주변 땅에서 유래한다. 이러한 영양소를 **타지성**(allochthonous)이라고 한다. 따라서 정지수계는 자주 순수 독립영양 대사를 갖는 반면 유수계는 일반적으로 종속영양이다.

강과 개울로 유입되는 타지성 탄소에는 용해성 유기탄소(dissolved organic carbon, DOC)와 입자성 유기탄소(particulate organic carbon, POC) 모두가 포함되어 있다. 담수계로 유입되는 탄소의 양은 주변 식물, 인간 활동에 대한 근접성 및 지역 지질에 따라 달라진다. 또한 물이 강이나 개울로 유입되기 전에 토양에 얼마나 오래 머무르는가와 같은 수문학적(hydrological) 요인도 유기탄소의 특성에 영향을 미친다. 따라서 DOC는 쉽게 동화될 수 있는 것부터 소수의 미생물 그룹만이 천천히 분해할 수 있는 것에 이르기까지 다양하다. 입자성 유기탄소의 대부분은 낙엽과 같은 큰 것들인데, 이들은 진균과 세균이 집락화할 수 있는 기질로 제공된다. 초기에 이러한 미생물의 활동을 통해 DOC가 일정하지 않게 요동치듯이 방출되고, 그 다음에는 동화하기 쉽지 않은 영양소가 느리게 침출된다.

대부분의 강과 개울에는 생물막을 형성하는 건강한 저생성(benthic) 미생물 군집이 있는데, 이들이 형성하는 생물막은 무척추동물과 다른 섭식(grazing) 생물들이 소비한다. 얕은 강과 개울에서 생물막을 자주 우점하고 있는 것은 계의 총 1차 생산에 기여하는 규조류와 기타 광합성 원생생물이다. 주로 종속영양 미생물로 구성된 생물막은 분해 및 무기질화의 주요 원천이다. 강과 개울에서 저생성 미생물의 역할은 **그림 29.15**에 나타낸 미생물 생태환을 통해 일반적

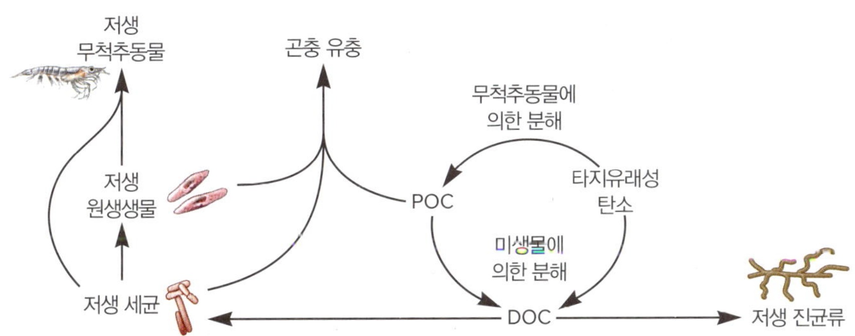

그림 29.15 유수계의 저생성 미생물 생태환. 플랑크톤성 시스템의 미생물 생태환(그림 29.5)과는 대조적으로, 빠르게 움직이는 강이나 개울과 같은 유수계의 밑바닥에는 무척추동물 및 곤충 유충과 같은 작은 진핵생물이 존재하는 특징이 있다. 이러한 생물들은 영양소 순환에서 중요한 역할을 한다. 동시에 물고기 및 기타 상위 육식동물과 같은 거대 생물은 역할이 작을 수도 있다.

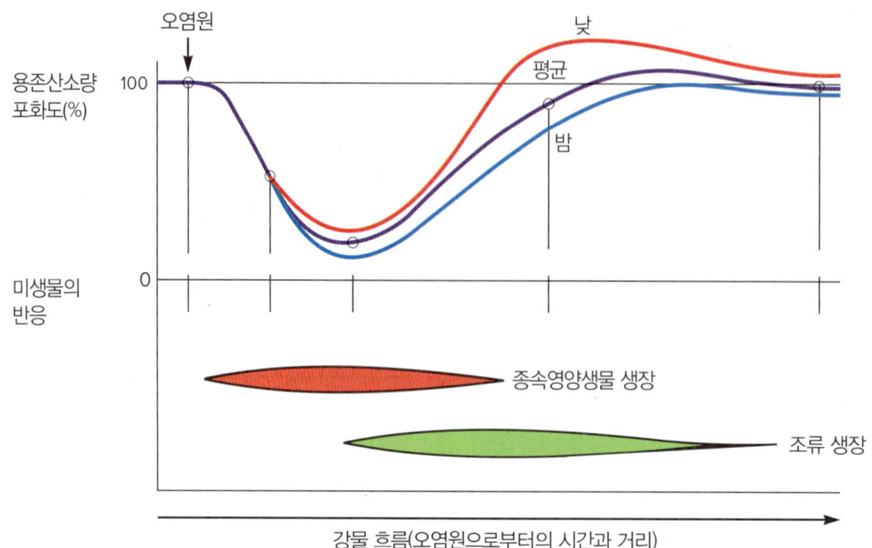

그림 29.16 용존산소하락곡선(dissolved oxygen sag curve). 영양분이 강에 유입될 때 미생물은 거리와 시간에 따라 변화도(gradient)를 나타낼 수 있다. 깨끗한 하천시스템의 한 장소에서 유기성 폐기물이 유입되면, 이곳의 바로 하류에서 O_2 소비(고갈)율이 증가하여 용존 O_2 하락곡선이 생성된다. 더 하류로 가면 광영양성 군집이 다시 우세해져서 강의 용존산소량에 1일 주기성 변화가 나타난다.

으로 특징지을 수 있다.

다른 미생물 군집에서처럼 강과 개울의 화학유기영양 미생물이 이용 가능한 유기물을 대사하면 생태계 내에서 영양분은 재순환된다. 독립영양미생물은 유기물에서 방출된 무기물을 필요로 한다. 광합성과 호흡 속도가 동적 평형 상태에 있는 낮 시간 동안에는 O_2가 생성된다. 개울과 강에 추가되는 유기물의 양이 이 균형을 깨뜨리지 않아서 종속영양과 독립영양이 거의 같을 때, 생산적인 개울과 강이 유지된다. 하지만 유기물의 공급이 막대한 크기의 종속영양생물 집단을 지원해서 이들의 호흡 속도가 산소발생형 광합성 속도를 능가하게 될 때, 물은 무산소 상태가 될 수 있다. 이러한 현상은 도시 및 농업 지역에 인접한 개울과 강에서 발생할 수 있다. 제대로 처리되지 않은 도시 하수와 기타 물질이 강이나 개울의 특정 위치에 방출되는 것을 점오염원(point source pollution)이라고 한다. 이러한 방식으로 유기물질이 추가되면 미생물 군집과 산소 농도에 뚜렷하고 예측 가능한 변화를 일으키는데, 이를 통해 산소가 오염원 바로 하류에서 고갈되는 **산소하락곡선**(oxygen sag curve)이 생성될 수 있다(**그림 29.16**). 농업 활동이 활발한 들판과 가축사육장으로부터 유래한 유출수는 비점오염원(nonpoint source pollution)의 한 예이다. 이것 또한 미생물 군집의 불균형을 일으켜 조류 또는 남세균 대번식을 유발할 수 있다.

호수의 미생물은 계절적 대번식을 일으킬 수 있다

호수는 정지수계라는 점에서 강이나 개울과 다르므로, 플랑크톤성 미생물과 무척추동물이 우점종을 차지하고 있다. 호수에 있는 물의 대부분은 주변 땅에서 오기 때문에, 호수에 영양물질을 공급하는 토지의 지질학적 특성과 용도에 따라 유입수의 화학적 성질이 대부분 결정된다. 예를 들어, 산악 호수(mountain lake)는 상대적으로 척박한 땅으로부터 온 물을 공급받기 때문에 호수는 빈영양 상태이다. 이를 통해 산악 호수가 그토록 맑은 경향이 있는 이유를 설명할 수 있는데, 바로 미생물 생장이 낮은 영양소 수준을 견딜 수 있는 종으로 제한되기 때문이다. 반면에 저지대 호수는 일반적으로 비옥하고 경작된 토양에서 물을 끌어오기 때문에 영양분이 풍부하다. 이로 인해 플랑크톤 생장이 높은 수준으로 일어나 호수가 탁하게 보일 수 있다. 초미세플랑크톤(picoplankton)에는 종종 담수 종의 *Synechococcus*가 있고, 거대 플랑크톤(macroplankton: 200 μm보다 큰 미생물)에는 *Anabaena* 속의 사상성 남세균과 담수 원생생물이 있다.

깊은 호수는 2개의 주요 구역으로 나눌 수 있는데, 하나는 **천해대**(littoral zone), 즉 물가(shoreline) 구역이며, 다른 하나는 **원양대**(pelagic zone), 즉 중심 구역이다(이들 용어는 해양계에도 적용된다). **그림 29.17a**에 나타낸 것처럼, 천해대는 조광대의 깊이에 의해서도 정의될 수 있다. 두 구역에는 뚜렷이 구분되는 미생물 군집이 있다. 천해대에서 유기기질과 인산염 및 질산염과 같은 영양소는 타지 유래성 DOC의 형태로 도입된다. 수심이 얕아서 빛이 수층 전체를 관통하므로 큰 식물들이 자랄 수 있다. 생물막은 이러한 식물과 퇴적물에 자주 형성된다.

원양대 내의 미생물 군집은 부분적으로 호수의 깊이에 의해 결정

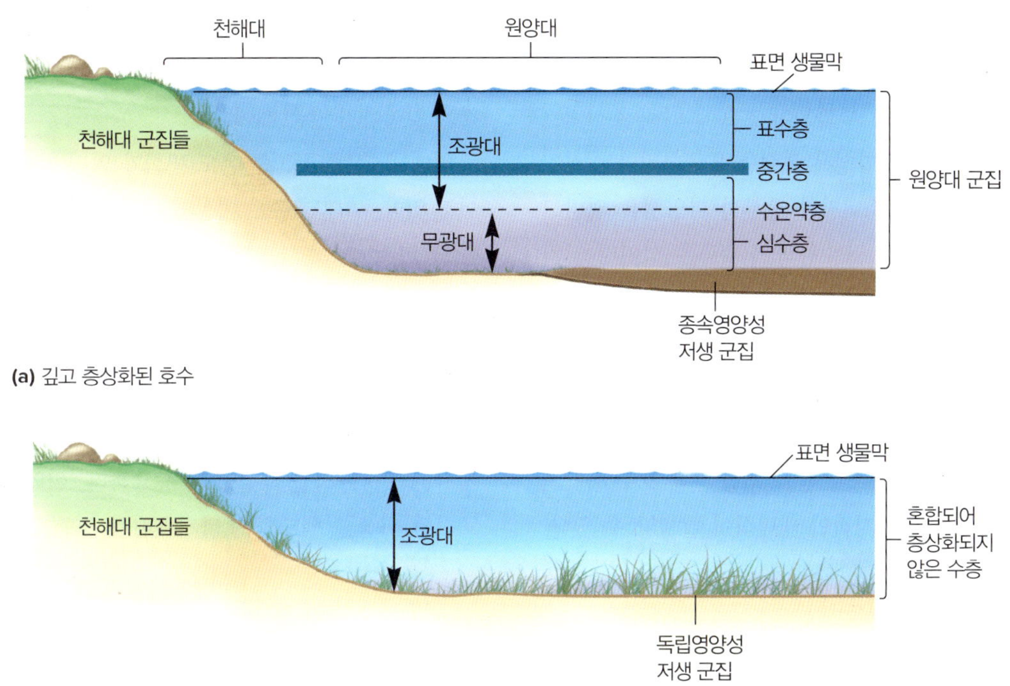

그림 29.17 호수의 깊이는 미생물 군집의 양상을 결정하는 핵심요소이다. (a) 깊은 호수에는 독립영양생물이 우점종인 천해대와 표수층 미생물 군집이 있다. 수온약층과 조광대 아래의 물은 심수층을 형성하는데, 이곳에서는 종속영양 저생 군집이 번성하며 산소가 고갈될 수 있다. (b) 얕은 호수에서는 물의 혼합이 거의 일어나지 않으며, 조광대는 호수 바닥까지 도달한다. 따라서 독립영양생물이 호수 전체의 수층과 바닥 지역에 우세하게 존재한다.

연관 질문 저생 독립영양생물의 기여도는 얕은 호수와 비교하여 깊은 호수에서 어떻게 다른가? 이것이 이 두 수생태계에서 식물성 플랑크톤의 상대적 기여도에 어떤 영향을 주는가?

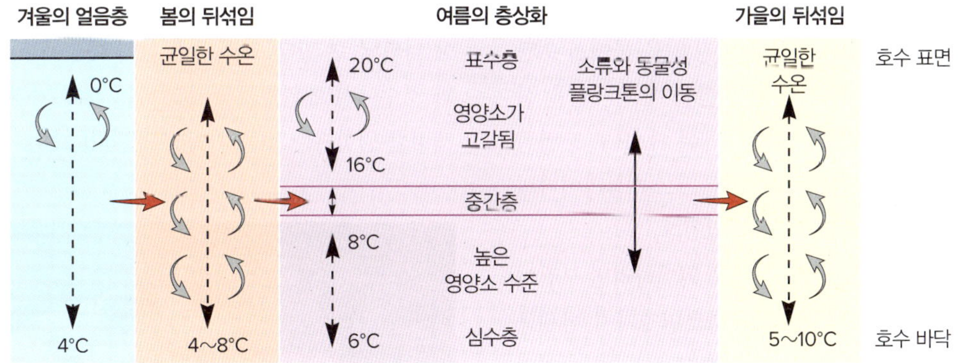

그림 29.18 온대 호수의 계절적 변화는 대번식과 연계되어 있다. 봄에는 물이 따뜻해지기 시작하고 열적인 층상화가 없기 때문에 비교적 따뜻한 표층수에서 자랄 수 있는 미생물에게 충분한 양분이 공급된다. 여름 동안 표층수가 따뜻해지면 열적 성층화로 인해 빛이 비치는 따뜻한 물로부터 차고 깊은 영양이 풍부한 물이 분리된다. 미생물의 생장은 더 따뜻한 표층수에서 선호되기 때문에 표층수에서는 영양소가 고갈된다. 가을에는 물이 차가워지고 폭풍이 수층을 혼합하여 바닥의 영양소를 표면으로 가져온다. 이러한 영양소의 요동은 세균이나 조류의 대번식을 일으킬 수 있다. 난류(turbulence)는 화살표로 표시되어 있다.

연관 질문 왜 여름에는 물의 난류가 수층을 혼합하는데 단지 작은 역할만을 하는가?

된다. 얕은 호수(약 10 m 미만)에서는 빛이 전체 수층을 투과하므로 규조류와 남세균 등의 저생성 독립영양생물이 주요 1차 생산자일 수 있다(그림 29.17b). 더 깊은 호수에서는 중앙의 원양대가 열적으로 층상화될 수 있다. 온대 기후 지역의 경우(**그림 29.18**), 여름에는 **표수층**(epilimnion)이라고 하는 상층이 따뜻해지며 산소가 대기 중으로 방출된다. 수온약층(thermocline)은 **중간층**(metalimnion: 호수의 수온약층 혹은 변수층)이라고 불리는 구역에 걸쳐 있는데, 이 구역은 상층부와 하층부의 물 덩어리들이 섞이지 못하게 하는 장벽 역할을 한다. **심수층**(hypolimnion)으로 알려진 더 낮고 더 차갑고 어두운 구역은 2가지 요인이 동시에 작용하여 무산소 상태가 될 수 있는데, 이 요인들은 (1) 확산에 의한 산소 투과율이 호흡에 의해 소실되는 것보다 느리다는 것과 (2) 산소 광합성은 표수층에 국한된다는 것이다. 상층부에서는 1차 생산자와 소비자가 풍부한 다양성을 지니고 생장하면서 영양소를 소비하는데, 표수층과 심수층은 섞이지 않기(섞이더라도 아주 조금) 때문에 상층부에서는 영양소 고갈이 일어날 수 있다. 어둡고 무산소이며 수온이 낮은 조건 때문에 미생물의 생장이 제한되는 심수층에서는 반대 현상, 즉 영양소가 축적되고 미생물 군집은 주로 종속영양생물로 구성되는 현상이 나타난다. 가을 날씨가 표면을 식히고 폭풍이 물리적으로 두 층을 혼합할 때 호수 바닥의 영양소가 조광대로 혼합되면서 단기적인 대번식이 발생할 수 있다. 훨씬 더 오래 지속되는 대번식은 봄에 발생할 수 있는데, 이때는 열적인 층상화는 일어났지만, 미생물 생장에 의해 표수층의 영양소 고갈은 일어나지 않은 때이다.

열대 호수는 연중 큰 온도 변화가 없지만 강우량에는 계절적인 차이가 있다. 열대 호수는 여름의 온대 호수와 많은 측면에서 유사하지만 몇 가지 중요한 차이점이 있다. 연중 내내 따뜻한 온도가 더 높은 생산성을 지원하기 때문에 플랑크톤 대번식이 연중 언제든지 발생할 수 있다. 질소고정이 가능한 남세균이 우점종이 될 수 있는데, 이는 열대 호수에서 자주 발견되는 낮은 N:P 비율을 반영한다. 온대 호수의 영양 순환은 주로 물리적인 혼합에 의해 주도되는 반면 열대 호수에서는 생물학적인 과정이 더 중요하다. 이와 관련하여 그림 29.5에 표시된 미생물 생태환은 타지유래성 영양소가 거의 없는 열대지역

미생물 다양성 및 생태 29.1

모든 개 소유자는 주의하시오!

민물의 유해 조류 대번식(harmful algal bloom, HAB)은 실제로 매년 여름 가정에 타격을 주는데, 이때 미국 전역의 개 주인들은 남세균 대번식이 일어난 호수나 연못에서 수영한 후에 그들의 사랑스러운 애완동물이 죽었다고 보고한다. HAB의 냄새와 모습은 일반적으로 사람에게 혐오감을 느끼게 하지만, 개는 그저 개인 것이다. 그들은 우리가 발을 들이지 않을 물에서 수영하며, 그 물을 마시거나 수영 후 젖은 털을 핥을 때 남세균을 섭취한다. 한가지 예로, 어떤 텍사스 여성의 개는 HAB로 오염된 호수에서 수영한 지 한 시간 만에 사망했다. 노스캐롤라이나의 또 다른 가족은 이런 식으로 3마리의 개를 잃었다.

비록 어떤 동물이라도 정확한 사망 원인을 확인하려면 부검이 필요하지만, 개 주인들이 설명한 증상에 따르면 2가지 남세균 독소가 범인으로 여겨진다. 간 세포를 표적으로 하는 한 가지의 독소는 마이크로시스틴(microcystin)이라고 한다. 단세포 남세균인 *Microcystis* 종에 의해 생성되는 이 독소는 중요한 세포신호전달 과정에 관여하는 진핵생물 단백질인 인산분해효소(phosphatase)를 차단한다. 신경독은 남세균 독소의 두 번째 유형으로, 개들은 쓰러지기 직전에 발작을 일으킨 것으로 보고되었다. 이러한 신경독에는 아나톡신-a(anatoxin-a)와 삭시톡신(saxitoxin) 2가지가 있는데, 둘다 뉴런의 전압 개폐 나트륨 채널을 차단하여 신경근 약화, 호흡정지 및 사망을 초래한다. 아나톡신-a는 40종 이상의 남세균 종에 의해 생성되며 삭시톡신은 15종 이상에 의해 생성된다.

개(또는 인간을 포함한 모든 동물)가 남세균 독소를 섭취했다는 징후에는 메스꺼움, 구토, 경련, 쇠약, 발작 및 호흡 곤란 등이 있다. 이러한 증상은 노출 후 몇 분에서 몇 시간 또는 며칠 후에 나타날 수 있다. 해독제가 없기 때문에 더럽고 냄새나는 연못과 호수에서 애완동물을 멀리하는 것이 가장 좋다. 개들은 단지 재미를 원한다는 것을 기억해야 된다(**그림**).

그림 Andraž Cerar/Shutterstock

거대 호수의 표층수에 적용될 수 있다.

호수는 영양 상태가 다양해서 일부는 빈영양 상태이고 다른 일부는 부영양 상태이다. 영양이 부족한 호수는 일년 내내 유산소 상태를 유지하며 계절적 온도 변화로 인해 뚜렷이 구분되는 산소 층상화가 일반적으로 일어나지 않는다. 이러한 빈영양 호수에서 질소고정이 가능한 남세균이 대번식을 일으킬 수 있다. *Anabaena*, *Nostoc*, *Cylindrospermum* 등과 같은 몇몇 속에 속하는 세균들은 유산소 조건에서 질소를 고정할 수 있다. 대조적으로, 부영양 호수는 일반적으로 유기물이 풍부한 바닥 퇴적물을 가지고 있다. 질소와 인이 모두 존재하는 경우 남세균은 진핵 조류와 경쟁한다. 남세균은 알칼리성 물(pH 8.5~9.5)과 더 높은 온도(30°~35°C)에서 더 효율적으로 기능을 발휘한다. 빠른 속도로 CO_2를 사용함으로써 남세균은 pH를 증가시켜 환경을 원생생물에게 덜 적합하게 만든다. 남세균은 추가적인 경쟁 우위도 가지고 있는데, 이는 많은 남세균들이 철을 결합시키는 시데로포어를 생산하여 이 중요한 미량 영양소를 원생생물이 이용할 수 없도록 만드는 것이다. 일부 남세균은 독소를 생산하여 포식에 저항하기도 한다(**미생물 다양성 및 생태 29.1**). 또한 일부는 음용수의 품질에 영향을 미치는 냄새를 유발하는 화합물과 독성 화합물을 생성하기도 한다. 이러한 문제들은 남세균 또는 원생생물(조류)이 심하게 부영양화된 호수에서 대번식을 일으킬 때 심각해진다. ◀ Cyanobacteria 문: 산소발생 광합성 세균(20.4절)

마무리 점검

1. 남극 빙하 호수에서 혼합 영양이 생존에 적합한 이유는 무엇인가?
2. 산소하락곡선이란 무엇인가? 강의 어떤 변화가 이러한 효과를 유발하는가?
3. 점오염원과 비점오염원은 무엇인가? 여러분 근처의 예를 들어 보시오.
4. 깊은 호수의 표수층과 심수층에서 발견되는 미생물의 유형을 비교 설명하시오.
5. 호수의 부영양화가 미치는 중요한 영향은 무엇인가?
6. 인의 유입으로 오염된 물에서 남세균이 자주 우점종이 되는 이유는?

요약

29.1 물은 미생물의 가장 큰 서식지이다

- 지구상의 대부분의 물은 바다이다(97%). 이것의 내부분은 차갑고(2°~5°C) 고압이다. 담수는 적지만 지구 생물권의 중요한 부분이다.
- 탄산염 평형계는 바다를 pH 7.6~8.2의 완충 상태로 유지한다. 하지만, 해양 산성화는 해양 생태계의 건강을 위협한다(그림 29.1).
- 표층수로 빛이 투과되는 것에 의해 조광대의 깊이가 결정된다. 표층수의 온도 상승은 수온약층의 발달로 이어질 수 있다.

29.2 해양 생태계의 미생물

- 강하구의 조석 혼합은 삼투압 농도의 일주성 변동을 일으킨다. 강하구의 내염성 미생물은 염분의 급격한 변화에 대처하기 위한 메커니즘을 신화시켰다.
- 강하구와 염수습지와 같은 해안 지역은 유해 조류 대번식 장소가 될 수 있다(그림 29.3).
- 대양 내의 조광대에 있는 독립영양 미생물은 지구상의 모든 탄소고정의 약 절반을 담당한다.
- 미생물 생태환은 영양소 재순환에 기여하는 미생물의 다양한 역할을 고려하여 영양단계 사이의 영양소 전달을 나타낸다. 영양소는 매우 효율적으로 재순환되므로 유기탄소는 해저에 거의 묻히지 않는다(그림 29.5~그림 29.7).
- 대양의 탄소 및 질소 비축은 기후 변화의 미래에 미치는 영향 때문에 집중적으로 연구된다.
- α-프로테오박테리아 목의 세균인 Pelagibacteriales는 지구상에서 가장 풍부한 생물체이며 많은 다른 해양 세균과 마찬가지로 빈영양 상태의 대양에서의 삶에 독특하게 적응했다.
- 바이러스는 많은 수계에서 고농도로 존재하며 세균보다 10배 더 높은 수준으로 존재한다. 해양계에서는 영양소 전환에 중요한 역할을 한다(그림 29.9~그림 29.11).
- 바다 표면 깊숙한 퇴적물 속에는 전 세계 바닷물에서 발견되는 수만큼 많은 세균과 고균이 서식하고 있다.
- 극한의 압력에서 냉온성 고균에 의한 메탄 생성의 결과인 메탄수화물에는 풍부한 천연가스가 포함되어 있다.

29.3 담수 생태계의 미생물

- 빙하와 영구적으로 얼어붙은 호수는 활동적인 미생물 군집이 있는 장소이다. 남극 호수에는 다세포 생물이 없고 일부가 잘려진 먹이 그물이 존재한다(그림 29.14).
- 개울과 강의 영양 공급원은 토착성이거나 타지유래성이다. 종종 타지유래성 유입에는 도시, 산업 및 농업 유출수가 포함된다.
- 호수의 깊이는 호수가 지원할 수 있는 미생물 군집을 결정한다. 깊은 호수는 표수층에 플랑크톤성의 독립영양 군집을 가지고 있고, 얕은 호수는 큰 독립영양 군집을 가지고 있다(그림 29.17).
- 온대 호수에서 계절적인 수층 혼합은 봄과 가을에 미생물 대번식을 일으키는 환경을 조성할 수 있다(그림 29.18).

심화 학습

1. 단세포 남세균인 *Prochlorococcus* 종은 열대 및 아열대 바다에서 가장 풍부한 광합성 미생물이다. 최소한 2가지 생태형이 존재하는데, 하나는 강한 빛에 적응한 것이고 다른 하나는 약한 빛에 적응한 것이다. 이들이 생리학적 및 수적으로 성공한 것에 대해 2가지 생태형의 존재가 어떻게 기여하는가? 각 생태형이 대양 생태계에 기여하는 탄소고정량을 어떻게 결정할 수 있는가?
2. 부영양화 호수를 정화하려면 어떻게 해야 하는가? 계획을 세울 때 화학적, 생물학적, 물리적 접근 방식을 고려하시오.
3. 세균섭식(bacterivory)이 색소체가 없는 해양 원생생물의 생장을 지원한다는 것은 잘 알려져 있다. 그러나 색소체를 함유한 플랑크톤성 조류의 세균섭식을 측정한 결과 작은(5 μm 미만) 조류가 북대서양의 조광대에서 세균섭식의 약 40~95%를 수행한다는 것을 보여준다. 이러한 혼합영양 수준이 미생물 루프의 생태환에 어떤 영향을 미치는지 토론하시오(그림 29.5).
4. 조광대에 있는 미생물 군집의 활동성이 해저로 탄소를 내보내는 데(즉, 생물학적 펌프) 어떤 영향을 미치는가를 최근 조사하기 시작한 연구팀에 당신이 소속되어 있다면, 당신이 할 수 있는 3가지 구체적인 질문에 대해 토론하시오. 당신이 다양한 시료 채취 및 유전체 기술을 사용할 수 있다고 가정하시오. 이러한 질문에 답하기 위해 필요한 방법을 제안하기 위해서는 18장과 26장을 참조하시오.

참고문헌: Sunagawa, S., Acinas, S. G., Bork, P., et al. 2020. Tara oceans: towards global ocean ecosystems biology. *Nat Rev Microbiol* 18, 428-445. https://doi.org/ 10.1038/s41579-020-0364-5.

CHAPTER

30

토양생태계의 미생물

Yue Jin, USDA-ARS

배고픈 세상을 위한 빵

아리스토텔레스는 그들에 대해 "로마인들은 그들을 막는 종교적인 의식을 가졌다"라고 기록했다. 1940년대에 200만 명이 넘는 남아시아인들이 그들 때문에 굶어 죽었다. 그들은 매년 미국에서 백만 톤 이상의 밀 손실에 책임이 있다. 볼로그(Norman Borlaug)는 그들과 싸움으로써 노벨 평화상을 수상했다. 그들은 무엇인가? 그들은 바로 식물 병원성 진균으로, 전체 주요 작물의 질병 중 70% 이상을 유발한다.

진균 식물 병원체 중 가장 나쁜 것은 담자균인 '녹병균'이다(24.4절 참조). 북미에서 아마도 가장 중요한 녹병균은 밀 줄기 녹병의 원인균인 *Puccinia graminis* 아종 *tritici*일 것이다. 다른 중요한 녹병에는 보리 줄기 녹병, 대두 녹병, 삼나무-사과 녹병 및 포플러 잎 녹병 등이 있다. 유럽에서 유입된 진균은 밤나무 줄기마름병(*Cryphonectria parasitica*), 네덜란드 느릅나무 시들음병(*Ophiostoma ulmi*) 및 잣나무 털녹병(*Cronartium ribicola*)을 유발했다. 6,000종 이상의 녹병균이 식물의 질병을 유발하는 것으로 알려져 있기 때문에, 수백만 달러에 달하는 귀중한 농산물을 구하기 위한 유일한 방법은 항진균제를 과도하게 살포하여 최선의 결과가 있기를 바라는 것이다.

볼로그는 값비싼 항진균제가 개발도상국의 주민들에게는 선택사항이 아니라는 것을 알고 있었다. 미네소타 대학에서 식물 병리학으로 박사 학위를 취득한 직후, 그는 새로운 질병 저항성 밀 품종을 육종하기 위해 멕시코로 이주했다. 그는 나중에 인도 아대륙으로 관심을 돌렸고 그곳에서 강인한 벼 품종을 개발하는 데 도움을 주었다. 1970년에 노벨 위원회는 "이 시대의 어떤 사람보다 그가 굶주린 세계를 위해 식량을 제공하는 것에 기여했다"고 발표했다. 매일 세계 인구의 절반 이상이 볼로그의 식물 육종 노력을 통해 생산된 곡물을 소비하는 것으로 추산된다. 볼로그는 2009년 91세의 나이로 사망할 때까지 활발하게 연구를 진행한 과학자였다.

식물과 관련된 대부분의 미생물은, 식물과의 관련이 좋은 것이든 나쁜 것이든 중립적인 것이든, 토양에 산다. 토양은 매우 저평가된 자원이다. 토양은 영양소, 폐기물, 에너지, 심지어는 의약품의 방대한 저장소이다. 토양의 지질학과 화학에 대해서는 많이 알려져 있지만, 토양의 발달과 지속적인 건강을 주도하는 미생물 군집에 대한 우리의 이해는 아직도 완전하지 않다. 그러나 새롭고 혁신적인 배양기술과 유전체 기술의 도입으로 토양 미생물학 연구는 흥미롭고 역동적인 분야가 되었다.

이 장의 학습을 위해 점검할 사항:

✓ SSU rRNA가 분류학적 마커로 사용되는 이유를 설명할 수 있다(1.2절).

✓ 미생물 성장에 영향을 미치는 환경적 요인을 나열할 수 있다(7.5절).

✓ 절대 산소요구성 미생물, 조건부 산소비요구성 미생물, 절대 산소비요구성 미생물의 성

장과 생리를 비교 대조할 수 있다(7.5절).

- ✓ 자연에서 미생물 성장에 대한 세포 사이의 분자신호 전달의 중요성을 평가할 수 있다(7.6절).
- ✓ 질소분해효소의 기본적인 효소반응을 상기할 수 있다(12.5절).
- ✓ 질소고정을 담당하는 미생물을 확인할 수 있다(21.1절, 22.1절).
- ✓ 미생물이 전 지구적인 탄소 및 질소 순환에 미치는 영향을 설명할 수 있다(28.2절).

30.1 토양은 미생물의 중요한 서식지이다

이 절을 학습한 후 점검할 사항:

- **a.** 무기질 토양과 유기질 토양을 구별하고 토양 유기물을 생성에서 미생물의 역할을 설명할 수 있다.
- **b.** 리그닌 분해가 소수의 미생물 종에만 국한되는 이유를 설명할 수 있다.
- **c.** 특정 탄소 대 질소 비율이 주어진 토양내 미생물 군집에 어떻게 영향을 미칠지 예측할 수 있다.

토양의 미생물 다양성 수준은 지구상의 다른 서식지를 능가하는 놀라운 수준으로, 토양 단위 g당 10^{7}~10^{10}개의 세포 밀도로 최대 50,000종에 이르는 미생물이 존재한다. 토양환경은 활발한 미생물 생장을 지원하는데, 이러한 활발한 미생물의 생장은 전 지구적 원소 순환에 기여하고 식물이 영양분을 이용할 수 있도록 한다. 간단히 말해서, 토양 미생물이 없으면 식물도 없어지게 되고, 이로 인해 초식동물도 없어지며 계속하여 먹이사슬도 없어질 것이다.

많은 사람들이 토양에 대해 깊이 생각해 본 적이 없더라도, 토양에는 복잡한 미생물 군집이 포함되어 있다. 토양에는 상호 의존적인 생물적, 물리적, 화학적 요인에 의해 생성된 광범위한 미세서식지가 포함되어 있다. 여기에는 토양입자 및 토양입자 사이의 공극(pore space)이 포함되는데, 공극은 물과 기체의 이동에 중요하다(**그림 30.1**). 총 공극 공간과 이를 통한 기체 확산은 토양의 질감(texture)에 의해 결정된다. 예를 들어, 모래 토양은 점토 토양보다 공극이 더 크므로 모래 토양은 더 빨리 배수되는 경향이 있다. 또한, 공극은 미생물 생장을 위한 최적의 환경을 제공하기 때문에 중요하다. 공극에서 미생물은 입자 표면의 얇은 수막내에 있는데, 이곳은 산소가 높은 수준으로 존재하고 확산에 의해 산소가 쉽게 보충될 수 있는 곳이다(그림 27.2 참조).

Emilio Ereza/Pixtal/age fotostock

토양환경은 빠르게 변할 수 있다. 예를 들어, 강우 또는 물대기는 공기가 잘 통하는 토양을 고립된 물 주머니가 있는 토양으로 빠르게 변화시켜 작은 수생 서식지를 생성할 수 있다. 산소 소비 속도가 산소 확산 속도를 초과하면 물에 잠긴 토양이 무산소 상태가 될 수 있다. 수분 함량과 기체 흐름의 변화는 CO_2 및 기타 기체의 농도에도 영향을 미친다. 이러한 변화는 많은 세균이 발견되는 작은 공극에서 더욱 두드러지게 나타난다. 통기가 되는 토양에서 자라는 식물의 뿌리 또한 산소를 소비하고 CO_2를 방출하므로 뿌리환경에서 이런 기체들의 농도에 영향을 미친다.

모든 농부들이 알고 있듯이 모든 토양이 같은 것은 아니다. 토양은 2가지 일반적인 범주로 나눌 수 있다. **무기질 토양**(mineral soil)은 20% 미만의 유기탄소를 함유하는 반면, **유기질 토양**(organic soil)은 적어도 이 이상의 유기탄소를 함유하고 있다. 이 정의에 따르면 지구 토양의 대다수는 무기질 토양이다. 그럼에도 토양내 유기물의 중요성을 과소평가할 수 없다. **토양 유기물**(soil organic matter, SOM)은 영양분을 간직하고 토양 구조를 유지하며 식물이 사용할 물을 보유하는 데 도움이 된다. SOM은 환경조건 및 농업 관행의 변화에 따라 획득되거나 소실될 수 있다. 땅을 갈고 뒤집는 행위 및 기타 교란은 SOM을 더 많은 산소에 노출시켜, 미생물에 의한 유기물질의 분해가 광범위하게 일어나게 한다. 관개(물대기)는 주기적인 습윤 및 건조를 유발하는데, 이러한 변화는 특히 고온에서 SOM의 분해를 증가시킬 수 있다.

식물성 물질이 미생물에 의해 분해되면 CO_2가 방출되고 식물의 탄소가 미생물 생물량으로 통합된다. 그러나 분해된 식물성 물질의 일부는 SOM 상태로 토양에 남아 있게 된다. 이 현상은 숲이 CO_2 흡수원으로 간주되어 지구기후 변화를 늦추는 이유를 설명하는 데 도움이 된다. 예를 들어, 아마존 열대 우림은 현재 매년 대기에서 약 20억 톤의 CO_2를 뽑아낸다. 그러나 화재, 가뭄, 삼림 벌채 및 지속적으로 증가하는 CO_2 배출량으로 인해 이 열대 우림이 2035년쯤에는 CO_2 흡수원에서 발생원으로 전환될 수 있음을 시사한다. 실제 일부 지역에서는 이미 그렇게 되었다.

미생물에 의한 식물성 물질의 분해와 SOM의 발생은 3단계 과정으로 생각할 수 있다. 첫째, 가용성 탄수화물 및 단백질과 같은 쉽게 분해되는 화합물은 다양한 종속영양 미생물에 의해 분해된다. 약 절반의 탄소는 CO_2로 호흡되고 나머지는 새로운 생물량으로 빠르게 통합된다. 두 번째 단계에서는 셀룰로오스와 같은 복잡한 탄수화

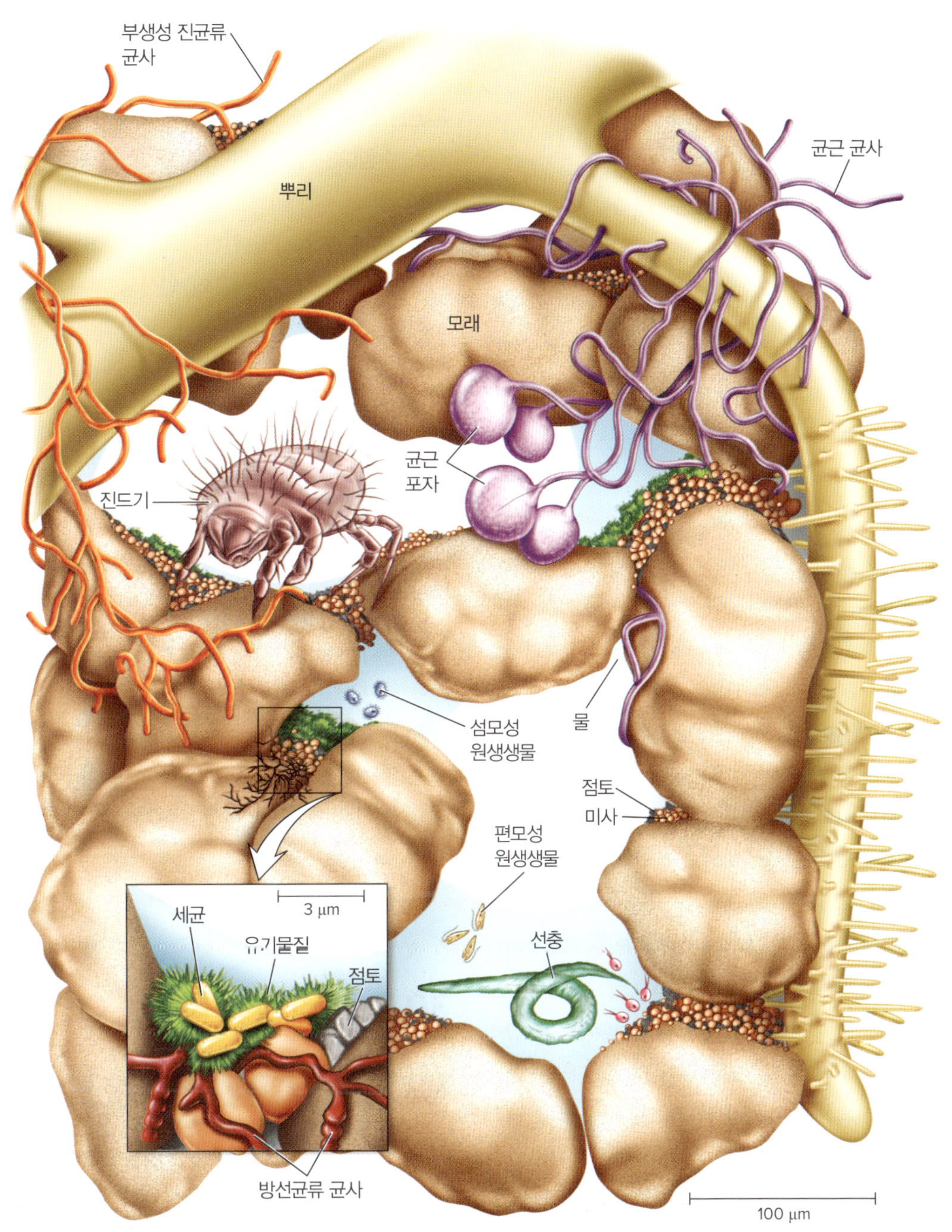

그림 30.1 토양 서식지. 전형적인 토양 서식지는 토양 유기물과 함께 점토, 미사(silt) 및 모래의 혼합물이 포함되어 있다. 뿌리, 동물(예: 선충류 및 진드기), 화학유기영양 세균 등은 산소를 소비하는데, 산소는 미생물이 사는 토양 공극 내에서 확산으로 빠르게 대체된다. 2가지 유형의 진균류가 있는데, 하나는 공생 파트너인 식물뿌리에서 유기탄소를 획득하는 균근 진균류이고, 다른 하나는 유기물질의 분해에 기여하는 부생성 진균류이다. 종속영양생물 뿐 아니라 화학무기영양 미생물도 토양환경내에서 원소 순환에 중요하다.

연관 질문 사상성 미생물은 어떤 특별한 방식으로 토양생태계에 잘 적응하는가?

물이 분해된다. 중요한 식물세포벽의 구조 다당류인 셀룰로오스는 방대한 탄소 저장고로서 지구상에서 가장 풍부한 유기화합물이다. *Coniophora* 속의 갈색부후균(brown rot fungi) 및 *Streptomyces* 속의 사상형 세균, 그리고 *Cytophaga* 및 *Bacillus* 종과 같은 비사상성 세균은 셀룰로오스를 포도당 이량체인 셀로비오스 및 포도당 삼량체인 셀로트리오스로 분해하는 세포외 셀룰로오스분해효소(cellulase)를 분비한다. 이러한 더 작은 화합물들은 쉽게 분해되어 포도당 단량체로 된다.

리그닌(lignin)은 목본 식물의 중요한 구조적 성분으로 토양에서 분해가 가장 어려운 성분이다. 리그닌의 정확한 구조는 식물 종에 따

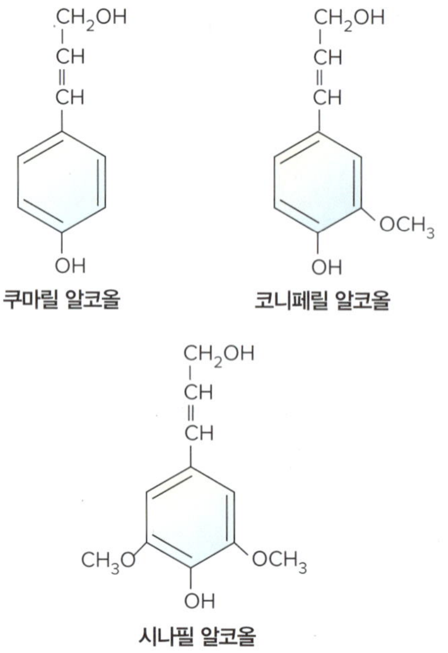

쿠마릴 알코올

코니페릴 알코올

시나필 알코올

그림 30.2 페닐프로펜 단위체. 이 분자들 수백 개가 중합되어 불규칙한 가지를 가진 중합체인 리그닌을 형성한다.

라 다르지만 공통적인 구성단위는 페닐프로펜(phenylpropene) 단위체이다. 이 단위체는 수산화된 벤젠 고리와 3개의 탄소로 이루어진 선형 곁사슬로 구성되어 있다(**그림 30.2**). 단일 리그닌 분자는 최대 600개의 교차결합된 페닐프로펜 단위로 구성될 수 있기 때문에, 리그닌의 분해가 셀룰로오스의 분해보다 훨씬 느린 것은 그리 놀라운 일이 아니다. 일반적으로 백색부후균(예: *Phanerochaete* 및 *Phlebia* 종)이라고 하는 담자균류 및 방선균(예: *Streptomyces* 종)은 유산소 조건에서 리그닌을 분해하는 세포외 페놀산화효소(phenoloxidase)를 분비한다. 리그닌은 무산소 상태에서도 분해될 수 있지만 이 과정은 매우 느리기 때문에, 이탄 습지(peat bog)처럼 습하고 산소가 부족한 토양에는 리그닌이 축적된다. 산소의 유무에 관계없이 리그닌의 10% 이상은 생물량으로 전환되지 않는다.

질소는 토양생태계의 또 다른 중요한 요소이다. 토양의 질소는 종종 토양의 탄소 함량과 관련해서 유기 **탄소 대 질소 비율**(carbon to nitrogen ratio, C/N ratio)로 간주된다. 일반적으로 30의 C/N 비율(즉, 질소보다 탄소가 30배 더 많음)에서 분해가 최대로 일어난다고 생각된다. 비율이 30 미만이면 그 환경에서 용해성 질소가 소실될 수 있다. 많은 농업용 토양은 30 이상의 비율을 가지므로 질소가 제한적이다. 이것이 매년 수톤의 질소 비료가 농업 토양에 추가되는 이유이다. 대부분의 비료에는 암모늄 이온이 포함되어 있는데, 그 이유는 암모늄 이온은 식물에 의해 영양소로 사용될 때까지 토양에서 음전하를 띤 점토와 결합해 있기 때문이다. 그러나 암모늄이 과잉되면 토양의 질화 미생물이 암모늄 이온을 아질산염과 질산염으로 산화시키고, 이러한 음이온들은 식물환경에서 침출되어 지표수와 지하수를 오염시킬 뿐만 아니라 질소 산화물 온실가스의 원인이 된다. 질화 세균은 암모니아와 아질산염을 산화해서 에너지와 전자를 얻는다(21.1절); 질소 순환(28.2절); 지구기후 변화: 균형을 잃은 생물지구하학적 순환(28.3절)

인(phosphorus)도 일반적으로 토양에서 공급이 부족하기 때문에 비료에 첨가된다. 음이온인 인산염 분자의 토양 흡착은 토양 pH를 포함한 몇몇 요인에 의존한다. 토양의 인 흡착 능력이 최대에 이르게 되면, 토양 침식에 의해 방출된 인과 더불어 여분의 초과된 인은 호수, 개울 및 강어귀로 이동하여 미생물, 특히 질소고정 남세균의 성장을 촉진시켜 부영양화를 초래한다. 호수의 미생물은 계절적 대번식을 일으킬 수 있다(29.3절)

마무리 점검

1. 토양 유기물(SOM)이 중요한 3가지 이유를 나열하시오.
2. 펩티드, 리그닌, 전분, 셀룰로오스, 과당이 토양에서 분해되는 순서는?
3. 일반적으로 셀룰로오스와 리그닌을 분해하는 미생물은 무엇인가? 이들 미생물의 사상 형태가 유리한 이유는?
4. C:N 비율이 23, 28, 37인 토양 중 농부가 비료를 줄 가능성이 가장 큰 토양은 무엇인가?
5. 대부분의 질소 비료가 암모늄 이온으로 첨가되는 이유는 무엇인가?

30.2 토양에 서식하는 다양한 미생물

이 절을 학습한 후 점검할 사항:

a. 여러 토양 유형에서 상대적인 미생물 개체군을 추정할 수 있다.
b. 토양으로부터 쉽게 배양되는 미생물 속을 나열할 수 있다.
c. 토양에서 미생물이 차지하는 서로 다른 생태적 지위를 설명하고, 미생물이 생태적 지위를 이용하기 위해 어떻게 진화했는가를 설명할 수 있다.

숲의 벌크 토양(bulk soil: 식물 뿌리에 가깝지 않은 토양)에는 평균적으로 단위 g당 약 4×10^7의 세균과 고균이 포함되어 있는 반면, 초지나 경작지 토양 단위 g에는 2×10^9 세포가 있을 수 있다. 얼마나 많은 서로 다른 분류군이 있는지를 결정하는 것은 어렵지만, DNA 재결합(DNA reassociation)에 기초하면 토양 단위 g당 2,000개에서 18,000개의 서로 다른 유전체가 있는 것으로 추정된다. 또한, 여러 토양에서 얻은 유전체 조사결과는 몇 가지 주요 경향을 보여준다. 대부분의 rRNA 유전자서열은 잘 연구된 세균 문(phylum)에 속했지만, 상당 부분(약 40%)은 알려진 속(genus)에 속하지는 않았다. 전

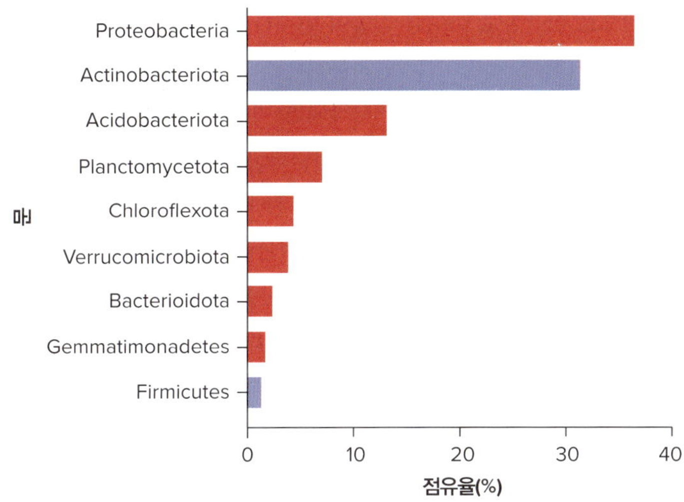

그림 30.3 토양에서 추출한 16S rRNA 및 16S rRNA 유전자들을 통해 동정된 세균의 문(Phylum)들. 그람음성 문은 붉은색으로 표시되고 그람양성 문은 보라색으로 표시되었다.

체적으로 적어도 35개의 다른 문에 속하는 세균이 확인되었으며, 토양 세균 16S rRNA의 약 85%는 **그림 30.3**에 표시된 9개의 문에 속했다. 흥미롭게도 여기에는 Acidobacteriota 문과 Verrucomicrobiota 문이 포함되어 있는데, 이들에 대해서는 알려진 바가 거의 없다. 그림 30.3에 표시되지 않은 다른 중요한 문에는 Cyanobacteria, Deinococcota, 및 Nitrospirota가 있다. 많은 Actinobacteriota는 쉽게 배양되기 때문에 토양 군집에서 특성이 잘 알려진 구성원이다(**표 30.1**). 그들은 탄화수소의 분해, 분해에 잘 견디는 식물성 물질 및 토양 부식질(humus)의 분해에 중요한 역할을 한다. 또한 이 그룹의 일부 구성원들은 살충제를 잘 분해한다. 사상형(filamentous) 세균, 주로 *Streptomyces* 속의 세균은 지오스민(geosmin)이라는 냄새나는 화합물을 생성하여 토양 특유의 흙 냄새가 나게 한다. ◀ Actinobacteriota 문(22.1절)

표 30.1	**배양이 용이한 토양의 그람양성 세균**	
문	**대표적인 속**	**특징**
Actinobacteria	*Arthrobacter*	간균-구균 생활사
	Cellulomonas	셀룰로오스 분해에 중요
	Corynebacterium	곤봉 모양의 세포
	Mycobacterium	항산성 염색
	Nocardia	흔적 가지
	Streptomyces	사상성의 산소요구성 세균
Firmicutes	*Bacillus*	산소요구성, 내생포자 형성
	Thermoactinomyces	고온 생장

물론 세균이 토양에 존재하는 유일한 미생물은 아니다. 고균 중에서는 Thermoproteota 문의 암모니아 산화균이 종종 풍부하게 존재하는데, SSU rRNA 서열로 동정한 미생물의 최대 10%를 구성하는 경우도 있다. 고균의 풍부함은 C/N 비율과 관련이 있는 것으로 보이며, 질소 농도가 더 높은 토양에서 더 큰 고균 개체군이 존재한다. 토양에서 질화작용에 대한 세균과 고균의 상대적인 기여는 활발한 연구 영역이다(그림 21.12 참조). ◀ 질소 순환(28.2절)

진균류 또한 토양 미생물 군집의 매우 중요한 구성원이다. 벌크 토양에서 자라는 균류는 부생성(saprophytic)으로 복잡한 식물성 분자를 분해하는 데 도움을 준다. 진균류는 토양 단위 g당 최대 수백 미터까지 균사를 확장할 수 있다. 우리는 토양 진균류를 잔디밭에서 돋아나는 버섯만으로 생각하는 경향이 있지만, 진균류 생물량의 거의 대부분은 땅속에 있다. 땅속에서 균사는 토양 입자 사이의 벌어진 영역들을 서로 연결한다. 이러한 진균들은 균핵(sclerotia)과 균사끈(hyphal cord)이라고 하는 검게 착색된 휴면 구조를 형성한다. 균사끈은 평행한 진균 섬유로 구성되어 있는데, 이를 통해 이들의 기능적 전략의 독특한 부분인 공기 공간을 가로지르는 것을 포함하여 먼 거리에 걸쳐 영양분과 물을 이동시킨다. 그들은 종종 식물 뿌리와 유사해 보이기 때문에 **근상균사속**(rhizomorph: 그리스어 *rhiza*는 '뿌리', *morphe*는 '형태')이라고도 한다.

진균의 생물량은 엄청날 수 있다. 사실 지구상에서 가장 큰 생물체는 대부분 오리건주에 있는 산들의 지하에서 발견된다. 그곳에서 진균인 *Armillaria ostoyae* 단일 클론의 근상균사속이 많은 침엽수의 뿌리를 감염시키는 데, 그 크기가 4평방 마일 이상에 걸쳐 있는 것으로 확인되었다. 이 클론은 2,000년 이상 된 것으로 추정되며 가장 오래된 생명체 중 하나이기도 하다.

토양에 있는 바이러스도 중요하지만 비교적 최근까지 토양 미생물 군집에서 간과된 구성요소였다. 이들의 주된 역할은 세균, 고균, 진균류, 원생동물 및 선충류(벌레)의 포식자로서 중요하지만, 이를 정량화하기는 어렵다. 바이러스의 놀라운 추가적인 기능은 물질대사일 수 있는데, 토양 바이러스체(virome) 분석은 많은 바이러스가 용원성 후에 발현될 수 있는 글리코시드 가수분해효소(glycoside hydrolase) 및 탄수화물 에스터라아제(carbohydrate esterase)와 같은 탄수화물을 분해하는 데 도움이 되는 유전자를 가지고 있음을 보여준다. 이것은 바이러스가 토양에서 생물지구화학적 순환에 기여하는 수단이 그들의 먹이가 되는 개체군의 크기를 조절하는 것보다 더 복잡하다는 것을 시사한다.

거의 모든 토양 생태계에서 토양을 통한 영양소의 유동은 1차 생산을 위해 식물에 의존한다. 토양 미생물은 식물과 동물에서 유래되는 유기물질을 빠르게 재활용하는데, 이러한 동물에는 고형 유기물의 크기를 줄이는 기능을 하는 많은 선충과 곤충이 포함되어 있다. 또한 미생물 자체는 바이러스뿐만 아니라 다른 세균(예: *Lysobacter* 속 및 *Myxococcus* 속의 미생물 종) 그리고 단위 g당 100,000에 달하는 토양 원생생물의 먹이가 된다. 이를 통해 미생물의 유기물질이 다른 영양 수준에서 이용될 수 있게 된다.

마무리 점검

1. 세균과 사상성 진균이 선호하는 토양 미세서식지의 차이점은 무엇인가?
2. 토양에서 어떤 종류의 고균이 발견되었는가?
3. 토양의 탄소 흐름에 대한 식물, 세균, 진균류, 원생생물 및 바이러스의 기여도를 간단히 설명하시오.

30.3 미생물-식물 상호작용은 긍정적, 부정적 또는 중립적일 수 있다

이 절을 학습한 후 점검할 사항:

a. 식물과 미생물이 의사소통하는 메커니즘을 설명할 수 있다.
b. 엽권, 근권, 근면 환경을 구별하고 그곳에 사는 미생물을 구별할 수 있다.
c. 관다발식물의 성장에 대한 균근의 중요성을 설명할 수 있다.
d. 외생균근과 수지상균근의 생활사를 비교 설명할 수 있다.
e. 콩과식물에 뿌리혹이 형성되는 단계를 그림으로 나타내어 설명할 수 있다.
f. 줄기혹과 뿌리혹이 형성되는 과정을 비교할 수 있다.
g. 뿌리혹형성 세균과 이외의 다른 질소고정 미생물을 설명할 수 있다.
h. *Agrobacterium tumefaciens*가 식물에서 어떻게 종양을 일으키는가를 설명할 수 있다.
i. *Agrobacterium tumefaciens*를 제외하고 5가지 이상의 식물 병원체와 이들이 일으키는 질병을 나열할 수 있다.
j. 집이나 학교 근처에서 발견될 가능성이 있는 식물 질병을 식별할 수 있다.

약 4억 7천만 년 전에 수생식물이 육상생물로 진화한 것은 토양 미생물과의 협력에 의해 가능했는데, 이러한 미생물-식물 상호작용의 많은 부분이 남아 있다. 일부 상호작용은 편리공생적(commensalistic)인데, 이는 식물에게는 해가 되지 않지만 미생물은 약간의 이점을 얻는 것이다. 다른 많은 상호작용들은 미생물과 식물 모두에게 유익하다(예: 상리공생적 상호작용). 마지막으로, 또 다른 미생물은 식물 숙주에 기생하는 식물 병원체이다. 이 모든 경우에 있어서 미생물과 식물은 서로 의사소통하는 능력을 확립했다. 미생물은 식물에서 생성된 화학신호 분자를 감지하고 이에 반응한다. 이러한 반응은 일반적으로 미생물로 하여금 식물이 인식하는 미생물 화합물을 방출하도록 야기하여, 분자 어휘를 사용하는 양방향 "대화"가 시작된다. 일단 미생물과 식물의 관계가 시작되면 미생물과 식물은 계속해서 각자가 파트너의 생리 상태를 모니터링하고 그에 따라 자신의 활동을 조정한다. 신호 분자의 특성 및 식물과 미생물 둘다의 반응 메커니즘은 토양 미생물학, 생태학, 분자 생물학, 유전학, 생화학 등에 걸쳐 흥미로운 다학제간 연구를 자극했다. ◀ 미생물집단내에서의 세포 간 의사소통(7.6절); 미생물 상호작용의 여러 유형들(27.1절)

식물과 상호작용하는 미생물은 크게 두 부류, 즉 **착생미생물**(epiphyte)로 불리는 식물 표면에 사는 미생물과 **내생미생물**(endophyte)로 불리는 식물내부 조직에 서식하는 미생물로 나눌 수 있다. 추가적으로 지상부, 즉 공기에 노출된 식물 표면에 사는 미생물과 지하부 식물 조직에 서식하는 미생물로 더 분류할 수 있다. 먼저 공기에 노출된 식물 부분과 관련된 미생물 군집을 소개함으로써 미생물-식물 상호작용에 대한 논의를 시작한다.

엽권 미생물은 스트레스에 강하다

공기에 노출된 식물체 부분(예: 줄기 및 잎)의 환경은 **엽권**(phyllosphere)이라고 불리는데, 엽권의 습도, 자외선 노출, 온도 등은 빈번하고 빠르게 변화한다. 이로 인해 세균, 사상성 진균, 효모, 광합성 및 종속영양 원생생물 등의 다양한 미생물들을 유지시키는 유기물질(주로 단순 당류)의 침출이 큰 변동을 일으키게 된다. 세균 밀도는 식물 조직 단위 cm^2당 10^6~10^7개의 세포로 추정된다. 배양 가능한 세균에는 γ-프로테오박테리아인 *Pseudomonas syringae*, *Erwinia* 종 및 *Pantoea* 종 등이 있다. 또한, *Methylobacterium* 종과 같은 메탄영양 α-프로테오박테리아는 식물이 방출하는 메탄올에 의해 유지된다. 또 다른 풍부한 세균 속으로는 *Sphingomonas* 속이 있는데, 이 세균은 자외선 차단제와 같은 기능을 하는 색소를 생산하여 식물 표면에 내리쬐는 자외선으로부터 살아남을 수 있다. 엽권의 미생물 다양성은 전체 생태계의 생산성과 양의 상관관계를 가진다. 또한, 엽권의 미생물 군집은 지구 탄소 및 질소 순환, 공기 중 오염물질 제거, 낙엽 분해 등에 기여한다.

근면과 근권은 복잡한 미생물 군집을 유지한다

식물 뿌리는 순 광합성 탄소의 30~60%를 받는데, 이 중 약 40~90%가 알코올류, 에틸렌, 당류, 아미노산, 유기산, 비타민, 뉴클레오티드, 다당류, 효소 등의 다양한 물질 형태로 토양으로 유입된다. **근면**(rhizoplane: 그리스어 *rhiza*는 '뿌리', 라틴어 *planum*은 '평평한 표면')으로 불리는 식물 뿌리 표면은 미생물에게 탁월한 환경을 제공하는데, 그 이유는 기체성, 용해성 및 입자성 물질이 식물에서 토양으로 이동하기 때문이다.

근권(rhizosphere)은 리그닌과 셀룰로오스보다 훨씬 쉽게 분해되는 식물 삼출물들이 풍부한 식물 뿌리를 둘러싼 영역이다. 이로 인해 근권은 주변의 벌크 토양보다 100배나 더 많을 수 있는 세균 및 진균류 개체군을 지탱한다. 외견상으로 영양소가 풍부함에도 불구하고 근권 군집의 미생물은 서로 경쟁해야 하는데, 그들은 항미생물제, 용균 효소, 시안화수소 등을 분비함으로써 경쟁을 하고 있다. 다른 미생물들은 유출 펌프, 해독 효소, 경쟁 유전자 발현을 변경하는 분자의 분비 등을 통해 이러한 억제제에 대항한다. 중요한 점은 근면과 근권의 미생물은 식물과 기타 미생물을 포함하는 다른 생명체에게 영양분을 제공함으로써 유기물 합성 및 분해에 결정적인 역할을 한다는 것이다.

근면과 근권의 미생물은 다양한 화합물을 생성하여 식물 성장을 증진시킨다. 이러한 화합물에는 **식물 호르몬**(예: 옥신 및 지베렐린)으로 불리는 식물 성장을 조절하는 분자와 숙주인 식물이 식물 호르몬을 생산하도록 자극하는 화합물이 포함되어 있다. 아세토인(acetoin)과 다양한 종류의 이형고리 화합물인 페나진(phenazine)을 포함하는 휘발성 유기화합물들의 생성은 스트레스에 대한 식물의 반응을 자극한다. 또한 일부 세균은 식물에 있는 진균 병원체의 성장을 억제하는 화합물을 분비한다. 농업에서 이러한 화합물을 사용하는 것에 대해 활발히 연구가 이루어지고 있다.

연합 질소고정(associative nitrogen fixation), 즉 착생 미생물에 의한 질소고정은 권면과 권근에서 수행되는 중요한 과정이다. 이는 *Azotobacter*, *Azospirillum* 및 *Acetobacter* 등을 포함하는 많은 속의 구성원들에 의해 수행된다. 이 세균들은 밀, 감자, 보리와 같은 농업적으로 중요한 작물의 성장을 촉진시킨다. N_2를 고정하는 것 외에도 이들 중 많은 것들은 뿌리털 발달을 증가시켜 식물의 영양소 흡수를 향상시키는 성장 촉진 호르몬을 생산한다.

마무리 점검

1. 근권, 근면, 연합 질소고정을 정의하시오.
2. 토양에 있는 미생물은 겪지 않지만, 잎에 있는 미생물은 겪어야 하는 스트레스는 무엇인가?
3. 근권 및 근면 미생물에 의해 생성된 화합물이 식물 성장을 촉진하는 2가지 방법을 나열하시오.
4. 연합 질소고정과 관련된 중요한 속은 무엇인가?

균근은 대부분 식물의 성장을 촉진한다

균근(Mycorrhizae: 그리스어로 *myco*는 '균류', *rhizo*는 '뿌리')은 전체 육상식물의 약 80%와 한정된 수의 사상성 진균 종 사이에서 발생하는 상리공생적 상호관계이다. 균근은 매우 풍부하여 토양 1 g에서 최대 100 m의 균근 필라멘트를 찾을 수 있다. 대부분의 진균류와 달리 **균근 진균류**(mycorrhizal fungi)는 부생성이 아니다, 즉 그들은

표 30.2 균근 연합체

균근의 분류	포함된 진균	연관된 식물	진균의 구조적 특징	진균의 기능
외생균근 (Ectomycorrhizae)	큰 자실체를 가진 담자균류 (예: 독버섯), 일부 자낭균류	온대 지방의 나무와 목본식물의 90% 이하, 진균–식물 연관관계는 주로 종 특이적임	하틱 망, 외피 혹은 외투막, 근상균사속, 일반적으로 뿌리털의 발달이 제한됨	영양소(N과 P)의 획득과 수송
수지상균근 (Arbuscular)	Glomeromycetes, 특히 glomeromycetes에 속하는 6 속	야생식물 및 작물식물, 열대 나무, 진균–식물 연관관계는 종 특이성이 높지 않음	수지상: 피층 뿌리세포에 균사로 채워진 함몰부위	영양소(N과 P)의 획득과 수송, 종자 생산 촉진, 해충 및 선충의 감염 억제, 가뭄과 질병에 대한 내성 증진
철쭉과식물 균근 (Ericaceous)	자낭균류, 담자균류	상록 관목, 헤더(heather)	일부는 세포내부, 일부는 세포외부	유기물의 무기질화
난초과식물 균근 (Orchidaceous)	담자균류	난초류	숙주조직내에 펠로톤(peloton)이라 불리는 코일 모양의 균사	일부 난초는 광합성을 못하며 나머지는 성숙했을 때만 엽록소 생산, 난초류는 유기탄소와 영양소를 균근에 의존
내외생균근 (Ectendomycorrhizae)	자낭균류	구과류	약간의 세포내 균사를 지난 하틱 망	영양소 획득과 유기물의 무기질화
구상난풀 균근 (Monotropoid mycorrhizae)	자낭균류, 담자균류	엽록소가 결핍된 현화식물 Monotropaceae [예: 구상난풀(Indian pipe)]	뿌리 피질에서 세포 한 층 깊이의 하틱 망	영양소의 획득과 수송

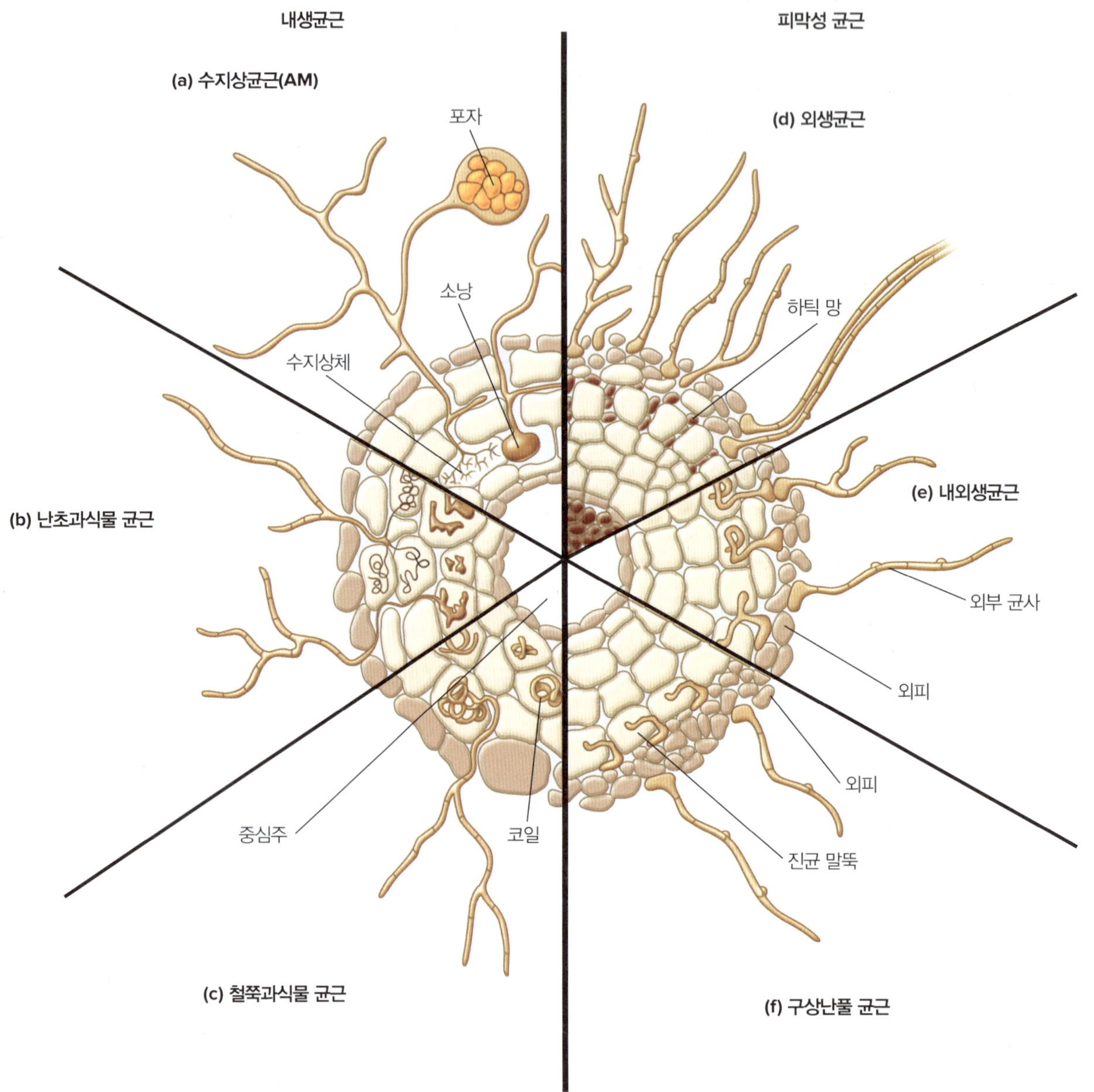

그림 30.4 균근. 진균은 식물뿌리와 상호유익한 관계를 구축할 수 있는데, 이를 균근이라고 한다. 뿌리 단면은 다양한 균근 관계를 보여준다. (a) 수지상체는 식물의 세포벽과 원형질막 사이에서 망 형태로 자라는 진균의 균사로 구성되어 있다. 대조적으로 (d) 하틱 망은 식물세포 사이에 남아서 식물세포벽을 관통하지 않는 균사로 구성되어 있다.

유기물질을 분해해서 유기탄소를 얻지 못한다. 대신, 그들은 숙주의 광합성으로부터 유래된 탄수화물을 사용한다. 그 대가로 그들은 식물숙주에게 다양한 서비스를 제공한다. 습한 환경에서 그들은 숙주에게 영양분, 특히 인의 가용성을 높인다. 건조한 환경에서 균근은 수분 흡수를 도와줌으로써 균근이 없는 식물에 비해 해당 식물이 증산 속도를 높일 수 있게 한다. ▶ 상리공생: 절대적인 긍정적 상호작용 (27.2절)

균근은 뿌리세포로 들어가는 진균이 있는 **내생균근**(endomycorrhizae)과 세포외부에 남아서 뿌리 주위에 상호연결된 필라멘트(균사)로 이루어진 피막(sheath)를 형성하는 **외생균근**(ectomycorrhizae)으로 크게 분류될 수 있다. 6가지 유형의 균근이 **표 30.2**와 **그림 30.4**에 자세히 설명되어 있지만, 여기서는 가장 중요한 2가지 유형인 외생균근과 수지상균근에 주로 초점을 맞추어 설명한다.

외생균근(ECM)은 자낭균류와 담자균류에 의해 형성된다. ECM은 서늘한 기후에 있는 거의 모든 나무에서 집락을 형성한다. 이들의 중요성은 필수 영양소, 특히 인과 질소를 뿌리로 전달하는 능력에서 비롯된다. ECM의 발달은 뿌리 주변에서 진균 균사체가 성장하는 것으로부터 시작된다. 균사체가 두꺼워지면 피막(sheath) 또는 외투막(mantle)을 형성하게 되고 전체 뿌리가 균사체로 덮일 수도 있다(**그림 30.5**). 이렇게 되면 진균류와 식물 사이의 접촉 표면적이 증가되어

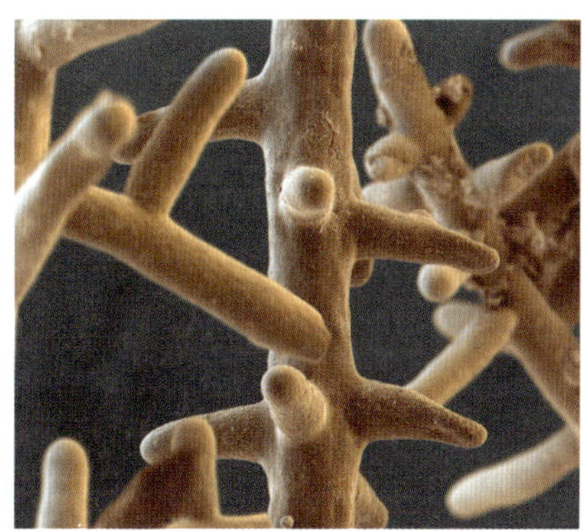

그림 30.5 소나무 뿌리에서 발견되는 외생균근. 진균 균사는 외피로 자라서 뿌리 표면을 둘러싸고 뿌리 발달을 둔화시킨다. Eye of Science/Science Source

영양소 전달이 최적화된다. 대부분의 ECM은 뿌리털의 성장을 제한하는 신호 분자를 생성하는데, 이로 인해 ECM-집락화된 뿌리는 종종 뭉툭한 것처럼 보이며 균류로 덮여 있다. 진균은 균사를 뿌리 표면으로부터 토양으로 확장시키는데, 이러한 필라멘트들이 서로 모여서 육안으로 볼 수 있는 근상균사속을 형성할 수도 있다. 근상균사속은 피막으로 둘러싸인 균사로 구성되어 있는데, 피막의 안쪽 면에 있는 균사는 뿌리세포 사이(내부가 아님)를 관통하여 **하틱 망**(Hartig net)이라고 하는 특징적인 균사 그물망을 형성한다(그림 30.4d). 근상균사속은 식물과 진균류 사이의 영양소 전달을 최적화하도록 진화했다. 근상균사속에 의해 흡수된 토양 영양소는 균사 피막을 통과한 다음,

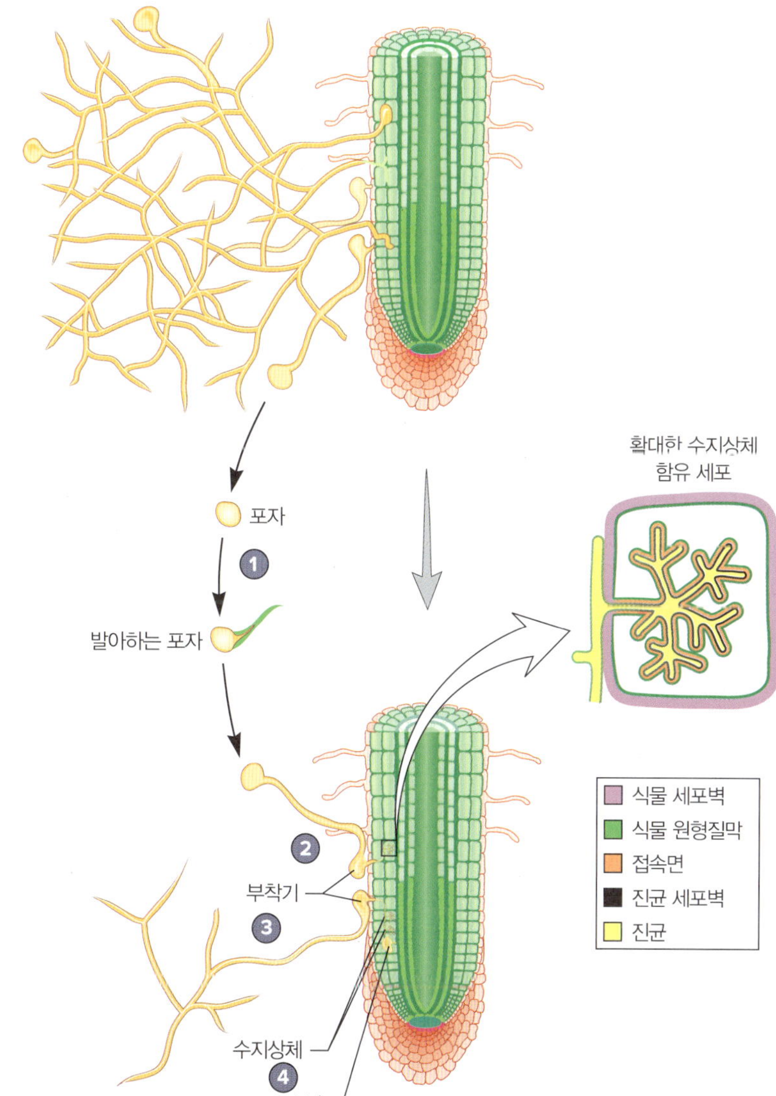

1 진균 포자가 발아하고, 식물에 저장된 탄소 산물을 분해하여 성장한다.

2 진균과 식물은 세포외 분자신호물질을 교환하여 부착기를 발달시킨다.

3 숙주가 방출한 분지인자들이 진균 균사의 분지를 촉진시킨다.

4 진균 균사가 식물 뿌리세포의 세포벽과 원형질막 사이에서 수지상체를 형성하여 집락화 한다.

그림 30.6 수지상균근이 뿌리에 집락을 형성하는 과정.

연관 질문 진균은 언제 부생적으로 성장하는가? 숙주에 집락화하는 동안 부생적으로 성장하는 진균의 비율은 어떻게 변하는가?

뿌리세포와 수많은 접촉을 형성하고 있는 하틱 망 필라멘트로 전달된다. 이를 통해 효율적으로 균류에서 식물로 토양 영양소가 전달되고 식물에서 균류로 탄수화물이 전달된다. 이러한 관계는 일부 식물로 하여금 만니톨(mannitol)과 트레할로오스(trehalose)처럼 균류 파트너만이 사용할 수 있는 당을 합성하도록 하는 데까지 진화했다.

수지상균근(Arbuscular mycorrhizae, AM)은 가장 흔한 유형의 균근으로 대부분의 토양에서 균류 생물량의 약 절반을 구성한다. 그들은 많은 열대식물과 관련되어 발견되며, 중요한 점은 대부분의 작물과 관련되어 발견된다는 것이다. AM 균류는 Glomeromycotina 분류군에 속하며, 식물 숙주의 뿌리가 있을 때만 배양이 된다. 이 미생물은 뿌리세포의 세포벽과 원형질막의 함입부위 사이로 들어간다(그림 30.4a). 따라서 AM은 내생균근이지만 뿌리세포의 세포막을 뚫지는 않는다. 대신, 원형질막의 주름내에서 **수지상체**(arbuscule)라고 불리는 나무 모양의 균사망이 발달한다. 개별 수지상체는 일시적이며 최대 2주 동안 지속된다. 근처에 있는 뿌리-연관 AM에 의해 방출된 포자가 발아해서 뿌리에서 집락을 형성한다. 이를 위해서는 **그림 30.6**에 나타낸 것처럼 여러 특정 단계가 필요하다. 여기에는 **부착기**(복수형 appressoria, 단수형 appressorium), 즉 숙주식물세포에 침투하는 데 사용되는 특성화된 균사의 납작하고 두꺼워진 끝이 발달하는 것이 포함되어 있다. AM은 활발하게 집락을 형성할 수 있는데, 5 cm 뿌리 절편에서 최대 8종의 AM이 성장할 수 있으며, 하나의 발아된 포자로부터 나온 균사가 서로 연관이 없는 식물 종의 뿌리 여러 개에 동시에 집락을 형성할 수 있다. 이를 통해 영양소 수송을 위한 복잡한 지하 고속도로가 형성될 수 있는 것이다. ◀ 글로메로균아문은 균근공생체이다(24.3절)

뿌리혹형성 세균류(rhizobium family, 뒤에 설명)에 속하는 α-프로테오박테리아처럼 AM도 여러 식물들 중 콩과식물들과 공생관계를 형성한다. 뿌리혹형성 세균이 분비하는 소위 **혹 인자**(Nod factor)의 분비는 잘 알려져 있는데, 이와 유사한 **Myc 인자**(Myc factor)가 AM 진균류에서 정제되었다(**그림 30.7**). 혹 인자와 Myc 인자는 모두 콩과식물 뿌리가 공생체를 수용하도록 자극하는 지질키토올리고당(lipochitooligosaccharide)이다. Myc 인자는 혹 인자보다 간단한 구조를 가지고 있다. 흥미롭게도, 뿌리혹형성세균–콩과식물의 공생은 단지 약 6천만 년 전에 발생한 것으로 여겨지는 반면 AM은 4억 700만 년 전에 육상식물의 발달과 함께 존재했다. 이러한 사실은 이 신호 메커니즘이 뿌리혹형성 세균에 의해 채택되었고, 그후 추가로 변형되었음을 시사한다.

AM은 질병, 가뭄, 선충류 및 기타 해충으로부터 보호하는 것을 포함해서 식물 숙주에게 많은 기여를 하는 것으로 믿어진다. 인을 뿌리로 수송하는 AM의 능력은 잘 입증되어 있다. AM은 자신의 식물 숙주에게 질소도 제공한다. 흥미롭게도 AM은 글루타민 합성효소-글루탐산 합성효소(glutamine synthetase-glutamate synthase, GOGAT) 경로(그림 12.12 참조)를 통해 NO_3^-와 NH_4^+를 동화함으로써 질소를 글루타민에 통합하고 아르기닌으로 전환한다. 하지만 아르기닌을 숙주세포로 전달하는 대신에 세포내 진균 균사체는 아미노산을 분해한 후 NH_4^+만 전달한다(**그림 30.8**). 이를 통해 진균은 숙주에게 필요한 암모늄을 많이 제공하지만 질소 흡수에 필요한 탄소 골격을 유지할 수 있게 된다. 이와는 대조적으로, 균근 진균류가 숙주로부터 탄소를 획득하는 방법에 대해서는 덜 알려져 있다. 흥미롭게도 식물은 최고의 진균 파트너를 감지하고 구별할 수 있으며, 이 파트너에게 더 많은 탄수화물로, 적어도 한 경우에는 지방산으로, 보상을 할 수 있다. 그 대가로 진균은 자신을 가장 잘 "먹이는" 식물에게 더 많은 양분을 전달한다. 이 긴밀한 식물-미생물 결합이 이 파트너십의 진화적 안정성을 설명하는 것일 수도 있다. ◀ 무기질소동화(12.5절)

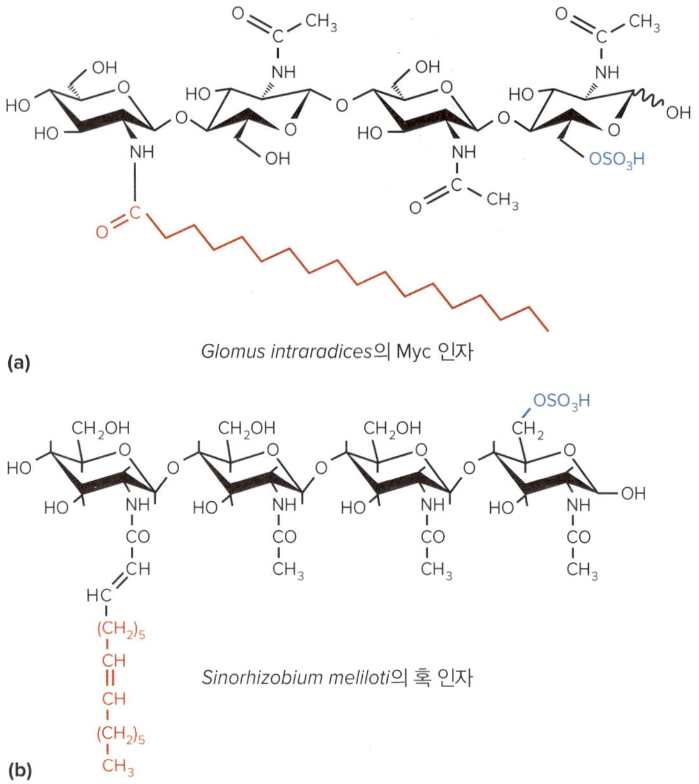

(a) *Glomus intraradices*의 Myc 인자

(b) *Sinorhizobium meliloti*의 혹 인자

그림 30.7 Myc 인자와 혹 인자. 미생물이 지질키토올리고당을 분비하면 수지상균근과 뿌리혹형성 세균은 콩과식물과 공생관계 형성을 시작한다. (a) AM은 Myc 인자를 생성한다. (b) 세균은 혹 인자를 분비한다. 각 Myc 인자와 혹 인자의 세부적인 구조는 미생물 종에 따라 다르지만, 모두가 종 특이적 아실 사슬(빨간색)을 비환원적 말단에 지닌 β-1,4-N-아세틸-D-글루코사민 단위체 4~5개로 구성되어 있다. 모든 혹 인자에는 환원 말단(파란색)에 부착된 황산염이 있지만 모든 Myc 인자가 설폰화된 것은 아니다.

이런 2가지의 가장 많은 균근 유형 외에도 난초과식물 균근(orchidaceous mycorrhizae)이 특히 흥미롭다(그림 30.4b). 대부분의 난

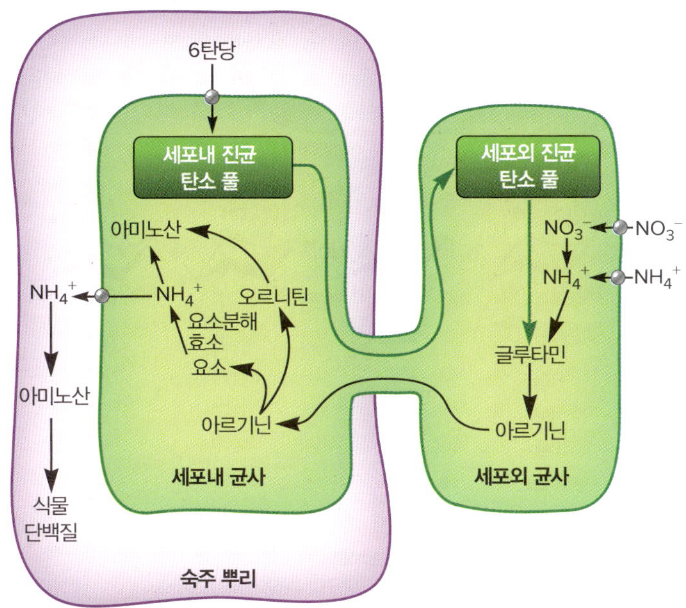

그림 30.8 수지상균근과 숙주식물 사이의 질소와 탄소 교환. 세포외 균사체(오른쪽)에서는 질산염과 암모늄이 숙주식물 세포외부에 있는 진균 균사에 의해 흡수되어 아르기닌으로 전환된다. 이 아미노산은 숙주식물 세포내부의 세포내 균사체(왼쪽)로 전달되고, 이곳에서 아르기나아제(arginase)가 아르기닌을 요소와 오르니틴으로 전환한다. 그런 다음 요소분해효소(urease)가 요소를 CO_2와 NH_3로 분해한다. 암모늄만 식물에 들어간다.

초는 엽록소를 전혀 생산하지 않으며 엽록소를 생산하는 일부 난초의 경우에도 묘목 단계를 지나 성숙된 후에만 생산한다는 점에서 난초는 특이한 식물이다. 따라서 모든 난초는 적어도 생활사의 일부를 내생균근 파트너에게 절대적으로 의존한다. 실제로, 난초 종자는 담자균류인 난초과식물 균근에 의해 먼저 집락화되지 않는 한 발아하지 않는다. 난초는 광합성으로부터 유래하는 유기탄소를 거의 또는 전혀 생산하지 않기 때문에 난초과식물 균근의 진균은 부생성이다. 그들은 탄소를 얻기 위해 토양 유기물을 분해해야 하는데, 난초도 이렇게 분해된 탄소를 소비한다. 이 경우 난초는 기생체로 작용한다.

균근의 유형에 관계없이 외부 균사망이 토양에서 사방으로 퍼져나감에 따라서 식물에서 균근의 균사망으로 그리고 나서 주변 토양으로 탄소의 흐름이 생기는데, 이로 인해 균근권(mycorrhizosphere)이 형성된다. 이 구역에 있는 많은 세균들은 균근화 보조세균이라고 불리는데, 그 이유는 그들이 외생균근 진균류를 포함한 균근관계의 발달에 역할을 하기 때문이다. 이러한 균근화 보조세균에는 *Pseudomonas* 종, *Bacillus* 종, *Burkholderia* 종 등이 있다. 세균 공생체는 AM 균류의 세포질에서도 발견되었다. 이 세균은 γ-프로테오박테리아 내에서 뚜렷한 계통을 형성하는 것으로 보이며, *Burkholderia*, *Pandoraea*, *Ralstonia*와 가장 밀접하게 관련되어 있다. 진균 내에서 그들의 역할은 불분명하다.

마무리 점검

1. 균근 균류와 식물 숙주 사이의 양방향 관계를 설명하시오.
2. AM과 EM의 3가지 주요 차이점을 나열하시오. 근처에 있는 어떤 식물이 AM 또는 EM에 의존한다고 생각하는가?
3. 근상균사속과 하틱 망의 기능은 무엇인가?
4. AM에 의한 암모늄의 흡수와 식물 숙주로의 전달에 대해 설명하시오. 왜 암모늄만 전달되는가?
5. 균근화 보조세균의 2가지 잠재적 기능을 제안하시오.

질소고정 박테리아는 농업에 필수적이다

기체 질소(N_2)가 암모니아(NH_3)로 전환되는 것은 흔히 세균과 식물 간의 공생관계의 일부로 일어난다. 이러한 공생으로 인해 연간 1억 톤 이상의 고정된 질소가 생산되는데, 이는 지구 질소 순환의 필수적인 부분이다. 실제로 미생물의 질소고정이 없었다면 지구상의 생명체는 진화할 수 없었을 것이다. 현재 공생에 의한 질소고정은 농업에서 사용되는 질소의 절반 이상을 차지한다(나머지는 비료로 공급됨). 질소고정은 질소가 제한적인 토양에서 숙주식물의 성장을 가능하게 한다. 동시에 탈질작용 및 침출에 의한 질소 손실을 촉진하는 비료 시비의 필요성을 제한하는 데 도움이 된다. ◀ 질소 순환(28.2절)

뿌리혹형성 세균은 콩과식물의 공생체이다

몇몇 α-프로테오박테리아 속에는 콩과식물과 함께 질소고정을 수행하는 뿌리혹을 형성할 수 있는 종들이 있다. 이러한 종들에는 *Allorhizobium*, *Azorhizobium*, *Bradyrhizobium*, *Mesorhizobium*, *Sinorhizobium*, *Rhizobium* 등이 있다. 이 박테리아를 총칭하여 종종 **뿌리혹형성 세균류**(rhizobia)라고 한다. β-프로테오박테리아인 *Burkholderia* 속 및 *Cupriavidus* 속의 세균도 콩과식물에 질소고정 뿌리혹을 형성한다는 것이 발견되면서 뿌리혹형성 세균의 계통학적 다양성은 더욱 확장되었다. 여기에서는 뿌리혹형성의 일반적인 과정을 살펴볼 것이다. 이 과정의 일부에는 분자 수준의 세부사항도 포함되어 있는데, 이는 대부분이 *Rhizobium* 속의 세균 연구를 통해 알려진 것이다. ◀ α-프로테오박테리아 강에는 많은 빈영양생물이 속해 있다(21.1절)

뿌리혹형성 세균류는 토양에서 자유생활을 한다. 질소가 풍부한 토양에서 식물은 뿌리혹형성을 억제하는 에틸렌-매개 화합물들을 분비한다. 심지어 질소가 부족한 토양에서조차도 뿌리혹형성 세균류가 식물 뿌리에 접근하면 이들은 침입자로 간주된다. 식물은 슈퍼옥시드 라디칼, 과산화수소, N_2O 등이 포함된 혼합물을 생산하는 산화적 폭발(oxidative burst)로 반응한다. 이 산화적 폭발은 감염 과정의 운명을 결정하는 데 중요하다. 충분한 항산화 방어 능력을 가진 뿌리

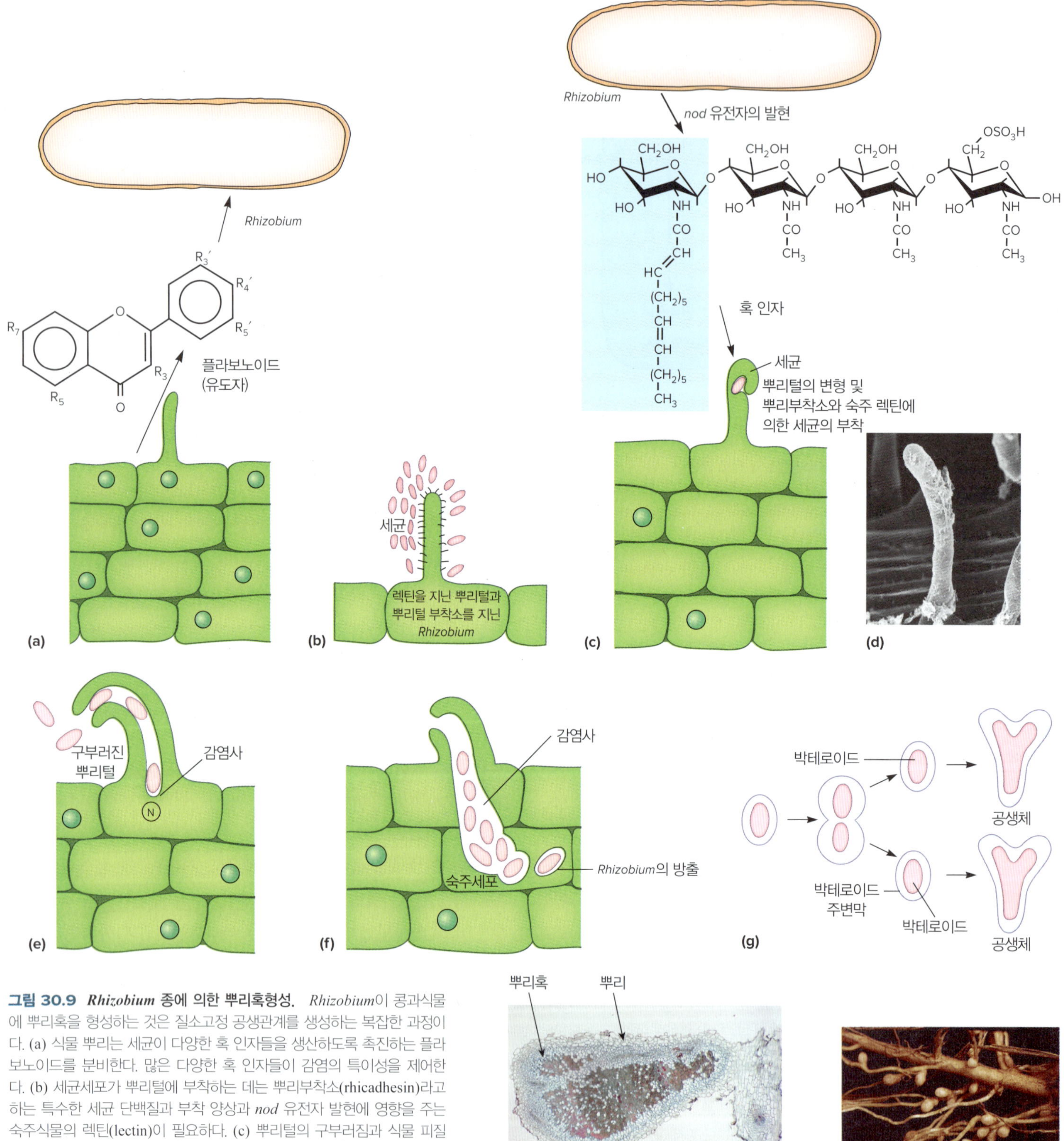

그림 30.9 ***Rhizobium* 종에 의한 뿌리혹형성.** *Rhizobium*이 콩과식물에 뿌리혹을 형성하는 것은 질소고정 공생관계를 생성하는 복잡한 과정이다. (a) 식물 뿌리는 세균이 다양한 혹 인자들을 생산하도록 촉진하는 플라보노이드를 분비한다. 많은 다양한 혹 인자들이 감염의 특이성을 제어한다. (b) 세균세포가 뿌리털에 부착하는 데는 뿌리부착소(rhicadhesin)라고 하는 특수한 세균 단백질과 부착 양상과 *nod* 유전자 발현에 영향을 주는 숙주식물의 렉틴(lectin)이 필요하다. (c) 뿌리털의 구부러짐과 식물 피질 세포분열을 촉진하는 전형적인 혹 인자의 구조이다. 생리 활성부분(비환원성 *N*-지방아실글루코사민)은 파란색으로 강조되었다. 혹 인자는 뿌리털에 들어가 핵으로 이동한다. (d) *Rhizobium*이 부착되어 구부러지고 있는 식물의 뿌리털이다. (e) 뿌리털 세포 안으로 세균의 침투 개시 및 식물의 핵(N)에 의해 조정되는 감염사의 성장이다. (f) 세포 사이를 통과한 감염사를 통한 *Rhizobium*의 세포 간 확산에 이은 *Rhizobium*의 방출 및 숙주세포 감염이다. (g) 식물 유래 박테로이드 주변막(peribacteroid membrane)으로 둘러싸인 박테로이드의 형성 및 박테로이드의 질소고정 공생체로의 분화이고, 세균은 형태학적으로 변화하고 부피도 약 7~10배 커진다. 공생체는 질소고정 박테로이드, 박테로이드 주변 공간 및 박테로이드 주변막으로 구성된다. (h) 세포분열에 의해 발달하는 뿌리혹 2개의 광학현미경사진(×5)이다. 뿌리혹은 길이방향 축으로 나타나고 뿌리는 횡단면 축으로 나타나도록 절단면이 조절되어 있다. (i) 버클로버(Medicago 종)의 뿌리혹이다. (d) Dr. Jeremy Burgess/SPL/Science Source; (h) Biology Pics/Science Source; (i) Hugh Spencer/Science Source

혹형성 세균류만이 감염 과정의 다음 단계로 진행할 수 있다.

감염은 집락 형성으로 시작되는데, 이러한 집락 형성은 근권에서 식물과 뿌리혹형성 세균류 사이의 신호 분자 교환에 의해 개시된다. 식물 뿌리는 뿌리 표면에서 뿌리혹형성 세균이 집락을 형성하도록 자극하는 플라보노이드 유도 분자(flavonoid inducer molecule, 2-phenyl-1,4-benzopyrone derivative)를 방출한다(**그림 30.9a**). 플라보노이드는 전사 조절자로 기능하는 세균 단백질인 NodD에 결합한다. NodD는 혹 인자(Nod factor) 신호 전달화합물의 생산에 필요한 생합성효소를 암호화하는 *nod* 유전자들의 전사를 활성화한다(그림 30.9c). 이와 달리, 비숙주식물의 플라보노이드는 혹 인자의 생성을 억제한다. 혹 인자 신호를 받으면 뿌리 외부(표피) 세포의 유전자 발현이 변경되어 세포내 칼슘 수준이 진동하게 된다. 이러한 칼슘 급등(spike)은 뿌리털이 구부러지게 하여 세균을 포획한다(그림 30.9c,d). 혹 인자는 뿌리 피질세포가 세포분열을 시작하도록 촉발하고, 이렇게 분열된 세포들은 결국 침입하는 뿌리혹형성 세균을 수용하는 뿌리혹 원기(nodule primordium)를 형성한다.

혹 인자에 추가적으로, 세균은 식물세포벽의 변화를 유도하는 세포외 다당류(exopolysaccharide)를 생성하며 식물의 원형질막은 함입된다. 이러한 변형은 **감염사**(infection thread)로 불리는 세균으로 가득 찬 관상 구조의 발달로 이어진다(그림 30.9e,f). 식물세포가 분열함으로써 감염사의 성장이 일어난다. 세균이 뿌리털세포의 기저부를 관통할 때 세균은 추가적인 식물세포벽과 막을 통해 감염사가 확장되도록 자극한다. 이는 식물 세세포분열을 자극하는 혹 인자와 함께 식물 호르몬인 사이토키닌(cytokinin)에 의존한다. 마침내 세균으로 가득 찬 감염사는 내부의 식물 피질에 도달하고, 여기서 각 세균세포는 감염사에서 유래한 세포벽이 없는 구분된 막 구조안으로 세포내흡입(endocytosis)이 된다. 각 세균과 이를 둘러싼 세포내 막으로 구성된 이 단위를 **공생체**(symbiosome)라고 한다(그림 30.9g). 여기에서 각 세균세포는 **박테로이드**(bacteroid)라고 하는 질소고정 형태로 분화한다. 식물 종에 따라 박테로이드는 최종적으로 분화된 형태가 될 수 있는데, 이렇게 되면 이들은 더 이상 분열할 수도 없고 미분화 상태로 되돌아갈 수도 없다. 최종적인 분화는 식물 숙주에 의해 생산되는 혹-특이적 시스테인-풍부(nodule-specific cysteine-rich, NCR) 펩티드 신호물질에 의해 제어되는데, 흥미롭게도 이 신호물질은 디펜신(defensin)이라고 불리는 인간에 의해 생산되는 항미생물 펩티드와 구조가 유사하다.

공생체 내의 낮은 수준의 산소 농도는 질소고정을 제어하는 연쇄조절과 질소분해효소에게 ATP와 환원력을 제공하는 데 필요한 저농도 산소요구성 호흡(microaerobic respiration)으로의 전환을 촉발한다. 이러한 조절단백질에는 산소-감지 2인자 신호전달계(oxygen-sensing, two-component signal transduction system)인 FixL 및 FixJ, 그리고 대체 시그마 인자인 σ^N이 있다. 종합적으로 말하면, 박테로이드 내부에서는 대부분의 대사 과정이 감소하지만, 질소고정과 호흡은 상향 조절된다. 많은 공생체의 집합체가 **뿌리혹**(root nodule)을 발생시킨다(그림 30.9h,i). ◀ 질소고정: $N_2 \rightarrow NH_3$(12.5절); 세균은 복잡한 세포과정을 조절하기 위해 여러 조절기전을 조합한다(14.6절)

분화된 박테로이드에 의해 대기 중 N_2가 암모니아로 환원되는 것은 **레그헤모글로빈**(leghemoglobin)이라는 단백질의 생산에 달려 있다. 질소고정효소는 산소에 의해 비활성화된다는 것을 기억하자. 질소고정효소를 보호하기 위해서 레그헤모글로빈은 산소와 결합하여 성숙한 뿌리혹 내부를 저농도산소 조건으로 유지한다. 레그헤모글로빈은 동물에서 발견되는 헤모글로빈과 구조가 유사하지만, 산소에 대한 친화도는 더 높다. 흥미롭게도, 레그헤모글로빈의 단백질 부분은 식물 유전자에 의해 암호화되는 반면, 헴(heme) 그룹은 세균의 산물이다. 레그헤모글로빈의 존재로 인해 박테로이드는 분홍색을 띤다.

박테리오이드에서 숙주식물로 암모니아가 이동되는 데는 아미노산의 복잡한 순환이 포함되어 있다. 식물이 세균에게 특정 아미노산을 제공하기 때문에 박테로이드는 암모니아를 동화할 필요가 없다. 그 대가로 박테로이드는 아미노산(새로 고정된 질소를 함유함)을 식물로 운반한다. 이로 인해 상호의존적인 관계가 형성되고 이는 상리공생의 진화를 위한 선택적인 압력으로 작용하게 된다. 또한 세균은 숙주인 콩과식물로부터 디카르복실산(dicarboxylic acid)의 형태로 탄소와 에너지를 제공받는다.

숙주인 콩과식물과 뿌리혹형성 세균 공생체가 뿌리혹 안에서 생산적인 질소고정 박테로이드를 형성하는 분자 메커니즘은 집중적으로 연구가 진행되는 분야이다. 생명공학의 주요 목표는 쌀, 밀, 옥수수와 같은 곡물내에서 질소고정이 가능하도록 하는 것이다. 이를 위해 3가지 접근방식이 시도되고 있는데, 이는 (1) 이들 비콩과식물에 생산적인 뿌리혹이 형성되도록 뿌리혹형성 세균을 변형하는 것, (2) 곡물에서 집락을 이룰 수 있는 뿌리혹비형성 질소고정 세균 균주를 개발하는 것, (3) 질소고정유전자를 뿌리혹형성 세균의 숙주가 아닌 식물에 도입하는 것 등이다. 각 접근법을 사용하여 얼마간의 진전이 있었지만 이러한 중요한 작물과 관련된 질소고정은 아직 실현되지 않았기 때문에, 환경문제를 야기하는 인공비료의 사용이 계속되고 있다.

줄기혹형성에 관여하는 뿌리혹형성 세균

일부 콩과식물은 종종 뿌리에 더불어 줄기에도 혹을 형성하는 뿌리혹형성세균을 가지고 있다. 이러한 혹은 토양 표면 바로 위의 줄기에

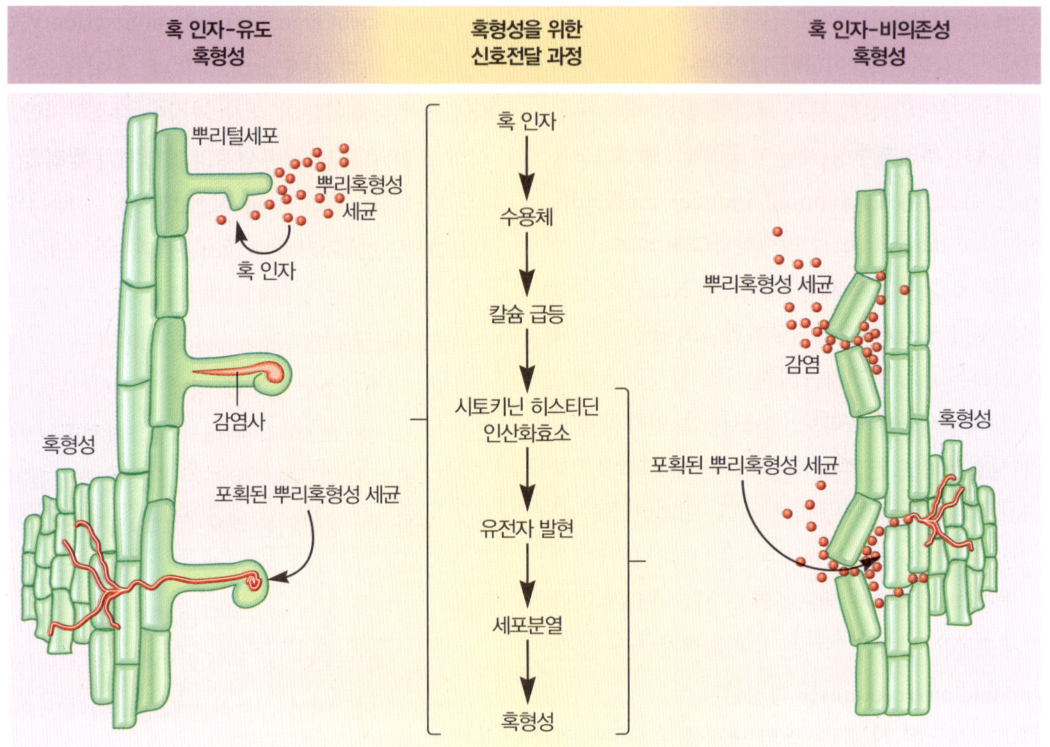

그림 30.10 뿌리혹 및 줄기혹의 형성. 뿌리혹형성(왼쪽)에는 뿌리혹형성 세균에 의한 혹 인자의 생산과 숙주식물에 의한 신호분자 시토키닌의 분비가 필요하다. 대조적으로, 혹 인자와 식물 시토키닌 분비는 적어도 2종의 뿌리혹형성 세균에 의한 줄기혹형성(오른쪽)에는 필요하지 않다. 이것이 일반적인 지는 아직 알려지지 않았다.

서 분기되는 뿌리의 기저부에 형성된다. 이러한 식물들은 일반적으로 물에 잠긴 토양과 강둑에서 발견된다.

줄기혹형성은 뿌리혹형성만큼 잘 연구되지는 않았지만 두 과정이 다르다는 것은 분명하다. 줄기혹형성은 뿌리 끝이 나오는 동안 생겨난 줄기 표피세포의 파열부위를 통해 세균이 침입함으로써 시작된다. 뿌리혹형성과 달리 줄기혹형성에는 혹 인자의 생성 또는 식물의 칼슘 급등이 포함되어 있지 않는 것으로 보인다(**그림 30.10**). 그럼에도 불구하고 뿌리혹에서와 마찬가지로 줄기혹 내의 세균은 외부환경으로부터 보호되며 식물 유래의 에너지 기질을 얻을 수 있다.

*Frankia*는 근방선균을 형성한다

또 다른 공생적인 질소고정은 *Frankia* 속의 방선균류와 8종의 비콩과식물 사이에서 일어난다. 식물 뿌리와 이러한 세균의 결합을 **근방선균**(actinorhizae)이라 한다(**그림 30.11**). *Frankia* 종은 특히 나무와 관목에서 중요하다. 어떤 식물(오리나무, *Ceanothus* 종)의 혹은 야구공만큼 크며, *Casuarina* 종(호주 소나무)의 혹은 축구공 크기에 근접한다.

숙주식물에 따라 감염 과정은 뿌리털을 통한 감염에 의해 진행되거나 뿌리세포 사이의 기질을 직접 침투함으로써 진행된다. 뿌리털

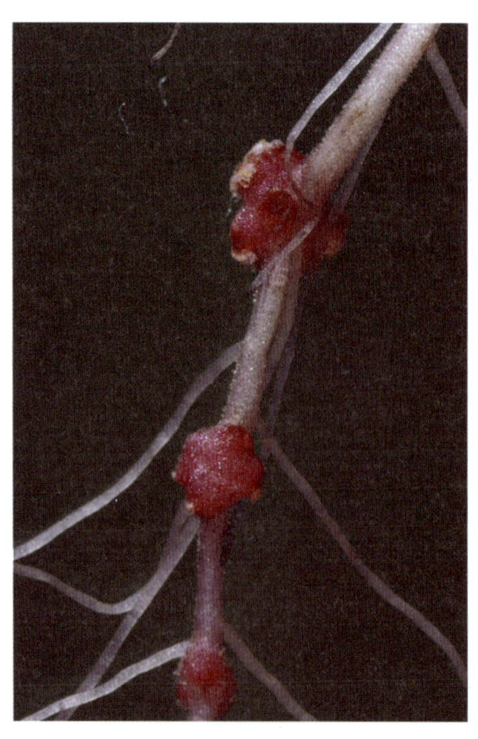

그림 30.11 근방선균. *Frankia* 유도성 근방선균 혹이다. 레그헤모글로빈은 혹을 붉게 만든다. Biophoto Associates/Science Source

연관 질문 *Frankia* 종은 산소에 의한 손상으로부터 질소고정효소를 어떻게 보호한다고 생각하는가?

을 통해 감염될 때 세균은 식물의 세포분열을 유도하여 혹전구체(prenodule)를 발달시킨다. 그런 다음 *Frankia* 세포는 뿌리의 피질로 들어가 측면 뿌리와 유사한 혹을 형성한다. 뿌리털과 무관하게 감염이 진행되는 경우에, *Frankia*는 펙틴으로 만들어진 껍질에 둘러싸인 후 식물의 세포 사이 공간을 통해 신장된다. *Frankia* 혹은 형태가 다양하지만 모두 말단에 반복적인 가지를 치며 자라는 측면 뿌리 덩어리 형태의 일반적인 모양을 가지고 있다. 일부 혹은 토양 표면 바로 아래에서 발견되는 반면, 다른 혹(특히 건조하고 암석이 많은 토양에서 자라는 식물에서 형성되는 혹)은 표면 아래 매우 깊숙한 곳에서 발달한다. ◀ Actinobacteriota 문(22.1절)

마무리 점검

1. 뿌리혹형성 세균으로 간주되는 몇 가지 세균을 나열하시오.
2. 감염사의 기능은 무엇인가?
3. '최종적으로 분화되었다'는 용어는 무엇을 의미하는가?
4. 뿌리혹형성 세균과 숙주 사이의 질소 이동은 수지상 균근과 숙주 사이의 질소 이동과 어떻게 다른가?
5. 레그헤모글로빈 생성에 있어 특이한 점은 무엇이며 레그헤모글로빈의 기능은 무엇인가?
6. *Frankia* 종이 숙주식물에 혹을 형성하는 2가지 일반적인 메커니즘은 무엇인가? 어떤 종류의 식물이 감염되는가?

*Agrobacterium*은 모델 식물 병원체이다

많은 미생물-식물 상호작용에는 숙주에게 해를 입히거나 심지어 숙주를 죽이는 미생물 병원체가 포함되어 있기 때문에, 모든 미생물-식물 상호작용이 두 파트너 모두에게 유익한 것은 아니다. α-프로테오박테리아에 속하는 *Agrobacterium tumefaciens*는 수십년 동안 집중적으로 연구되어 왔다. 초기 연구는 이 미생물이 어떻게 종양 모양의 성장을 일으켜 근두암종병(crown gall disease)을 유발하는지에 초점을 두었다(**그림 30.12**). 이 메커니즘을 더 잘 이해하게 됨으로써 *A. tumefaciens*는 생명공학의 가장 중요한 도구 중 하나가 되었는데, 그 이유는 이 병원체가 숙주를 감염시키는 분자 유전학적 메카니즘이 식물 유전공학의 기초가 되기 때문이다. ▶ 농업생명공학은 식물병원균에 의하여 좌우된다(41.4절)

식물을 감염시키고 독성을 일으키는 유전자들은 **종양유발 플라스미드**(tumor-inducing plasmid, Ti plasmid)라고 불리는 *A. tumefaciens* 플라스미드에 암호화되어 있다. 이 유전자들에는 6개의 오페론들에 분리되어 존재하는 21개의 *vir* 유전자(*vir*는 독성을 나타냄)가 있다. 이 유전자들 중 두 유전자인 *virD1*과 *virD2*는 **T DNA**라고 불리는 Ti 플라스미드의 특정 영역을 절단하는 단백질을 암호화한다. 절단 후 T DNA 단편은 숙주식물의 유전체에 통합된다. 일단 식물세포의 유전체에 통합되면, T DNA는 식물세포의 무절제한 성장과 증식을 일으키는 식물 호르몬의 과잉생산을 지시하고 이로 인해 식물에 종양, 즉 혹이 생성된다.

그림 30.12 ***Agrobacterium***. 단풍나무에 생긴 *Agrobacterium tumefaciens*에 의한 종양이다. Joanne M. Willey/McGraw Hill

*A. tumefaciens*가 토양에서 부생적으로 살아갈 때에는 *vir* 유전자들이 발현되지 않는다. 대신 산성(pH 5.2~5.7) 및 서늘한(30°C 미만) 환경에서 식물 페놀류와 단당류가 존재하면 이들의 발현이 유도된다(**그림 30.13a**). 이 미생물은 상처를 통해 숙주를 감염시킨다. 식물 신호를 수신하면 2인자 신호전달체계가 활성화되는데, VirA는 페놀 신호가 있을 때 반응 조절자(response regulator)인 VirG를 인산화하는 감지 인산화효소(sensor kinase)이다. 활성화된 VirG는 다른 *vir* 유전자들의 전사를 유도한다. 이를 통해 세균세포는 식물세포에 대해 적절하게 위치할 수 있게 되며, 이 위치에서 *virB* 오페론은 T DNA를 수송할 도구를 발현한다. 이 수송은 세균 접합과 유사하며 IV형 분비체계를 이용한다. VirD1 및 VirD2가 Ti 플라스미드에서 T DNA를 절단한 후에, T DNA는 VirD2 단백질이 5′ 말단에 부착된 형태로 식물세포의 세포질로 수송된다. VirD2와 함께 VirE2

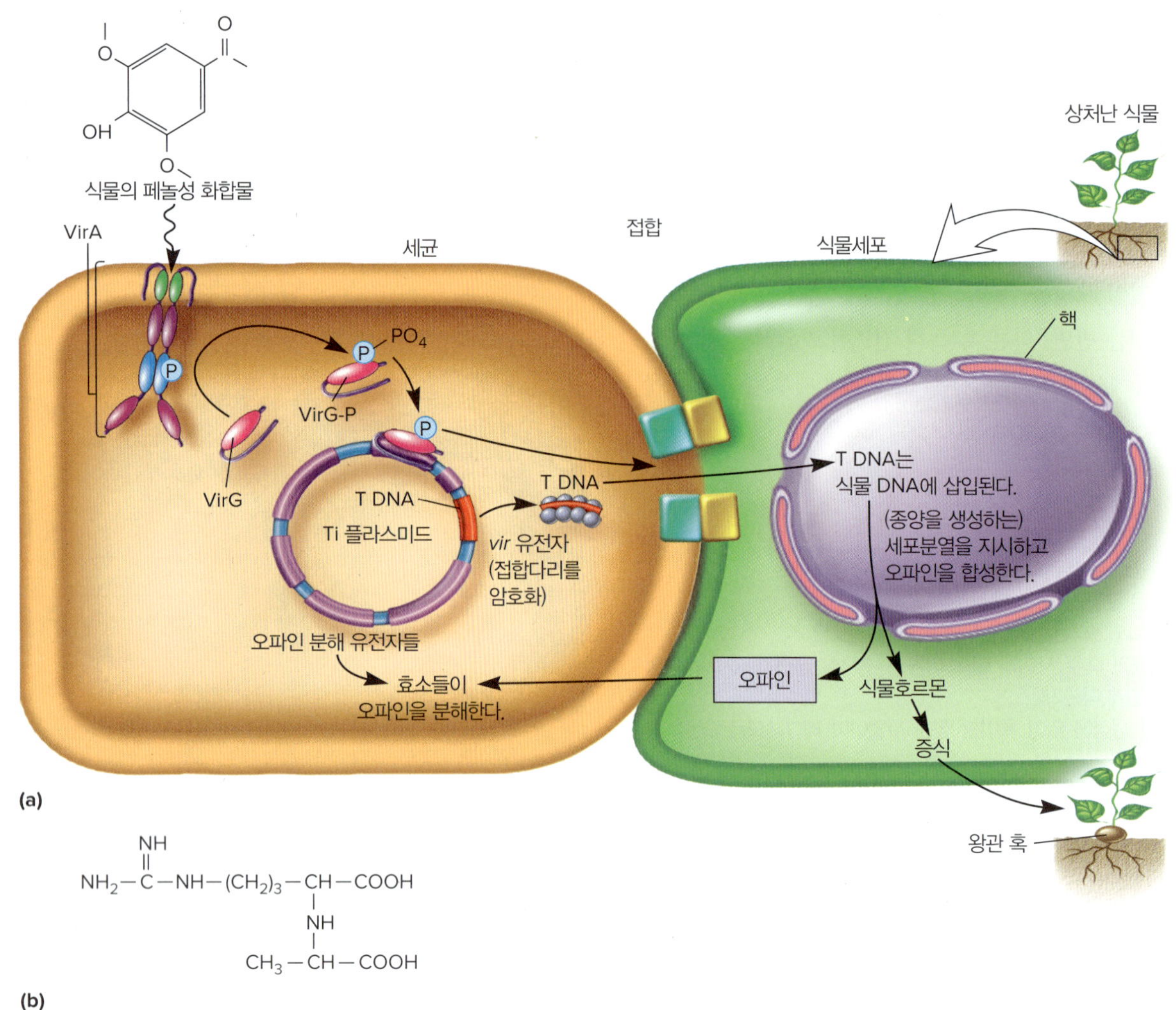

그림 30.13 ***Agrobacterium tumefaciens*** **Ti 플라스미드에 있는 유전자들의 기능.** (a) *A. tumefaciens*의 Ti 플라스미드에 존재하는 유전자들은 접합다리 형성과 T DNA 절단을 촉진하는 2인자 조절체계에 의해 종양 형성을 제어한다. T DNA는 식물세포로 이동하여 식물 DNA에 삽입된다. T DNA는 식물세포를 분열시켜 종양을 생성하는 식물 호르몬의 생산을 유도한다. 모식적으로 나타내기 위해 식물세포와 세균세포는 원래 비율로 그려지지 않았다. (b) 종양세포에 의해 생산되는 오파인의 예이다. 오파인은 감염하는 *A. tumefaciens*에게 탄소 공급원 역할을 한다. 궁극적으로 왕관 모양의 혹(crown gall)이 토양 표면 위의 상처 입은 식물줄기에 형성된다.

연관 질문 식물의 오파인 생산이 *A. tumefaciens* 감염 과정을 어떻게 가속화하고 증폭하는가?

단백질도 전달되며, T DNA는 식물세포의 핵으로 들어가 숙주의 유전체에 통합된다.

일단 숙주세포유전체의 일부가 되면 T DNA는 2가지의 특별한 기능을 발휘한다. 첫째, T DNA는 숙주세포로 하여금 종양 형성을 유발하는 식물 호르몬을 과도하게 생산하도록 한다. 둘째, 식물이 오파인(opine)이라는 특수한 아미노산-당 유도체를 생성하도록 자극한다(그림 30.13b). 오파인은 식물에 의해 대사되지 않지만 *A. tumefaciens*는 오파인에 끌리는 주화성을 갖는다. 이 세균은 탄소, 에너지, 질소, 경우에 따라서는 인의 공급원으로 오파인을 사용할 수 있기 때문에 주변 토양 개체군에 있는 세균들의 주화성으로 인해 감염은 더욱 촉진된다. ◀ 세균은 복잡한 세포과정을 조절하기 위해 여러 조절기전을 조합한다(14.6절); 접합은 세포-세포 접촉을 필요로 한다(16.6절)

미생물 식물 병원체는 다양하다

다양성과 경제적 비용 둘 모두의 측면에서 식물 질병의 약 70%를 일으키는 진균은 가장 중요한 식물 병원체이다(**표 30.3**, 장 시작이야기 참조). 진균 식물 병원체는 식물 숙주와의 관계에 따라 분류할 수 있다. 그들은 살아 있거나 죽은 식물성분을 소비한다. **생영양성 진균**(biotrophic fungi)은 살아있는 식물물질을 동화시키지만 숙주를 죽이지는 않는다. 이를 위해서는 식물 면역 호르몬인 살리실산을 극복해야 한다. 기생성 생영양성 진균에는 흰가루병균(powdery mildew fungi) 및 녹병균(fust fungi)이 있는데, 이 미생물들은 영양소를 흡

표 30.3 세균(B)과 진균(F)에 의한 주요 식물 질병

증상	예	병원체
반점과 마름병	들불병(담배)	*Pseudomonas amygdali*(B)
	마름병(벼)	*Xanthomonas oryzae*(B)
	감귤도열병	*P. syringae*(B)
	잎 반점과 마름병(많은 식물)	*Alternaria alternata*(F)
	이삭마름병(밀)	*Fusarium graminearum*(F)
	잎 반점(알팔파)	*Pseudopeziza trifolii*(F)
	잎 반점(곡물, 잔디)	*Zymoseptoria tritici*(F)
	갈색 반점(옥수수)	*Physoderma maydis*(F)
관다발 시들음병	시들음병(토마토)	*Clavibacter michiganensis*(B)
	스튜어트 시들음병(옥수수)	*Pantoea stewartii*(B)
	불마름병(사과)	*Erwinia amylovora*(B)
	Verticullium 시들음병(감자)	*Verticullium dahliae*(F)
무름병	흑색부후(십자화과 식물)	*X. campestris*(B)
	무름병(여러 식물)	*Pectobacterium carotovorum*(B)
깜부기병	겉깜부기병(귀리, 보리, 밀)	*Ustilago avenae, U. nuda, U. tritici*(F)
	속깜부기병(수수)	*Sproisorium sorghi*(F)
줄기마름병(동고병)	줄기마름병(핵과)	*P. syringae*(B)
	줄기마름병(오크나무)	*Biscogniauxia atropunctatum*(F)
녹병	아시아 대두 녹병	*Phakopsora pachyrrhizi*(F)
	잎 녹병(곡물)	*Puccinia recondita*(F)
	백송 수포 녹병	*Cronartium ribicola*(F)

Source: From Lengler, J. W., et al. 1999. Biology of the prokaryotes. Malden, MA: Blackwell Science, table 34.4.

수하기 위해 흡기(haustorium)라고 불리는 특별한 섭식도구를 진화시켰다. 흡기는 숙주식물세포에 침투하는 진균 균사의 신장에 의해 생겨난다. 대조적으로, **괴사영양성 진균**(necrotrophic fungi)은 식물 영양소를 섭취하기 전에 독소나 효소를 방출하여 숙주식물세포를 죽인다. 이 병원체는 식물 면역 호르몬인 자스몬산(jasmonic acid)과 에틸렌을 피하도록 진화했다. 괴사영양성 진균은 더 넓은 범위의 숙주를 감염(그리고 사멸)시킨다. *Sclerotinia sclerotiorum*(흰곰팡이병균) 및 *Botrytis cinerea*(잿빛곰팡이병균)는 각각 200종 이상의 다른 식물 종에 기생하며 매년 수확 전후에 수백만 파운드의 농산물 손실을 초래하는 2개의 악명 높은 괴사영양성 진균이다.

많은 세균 또한 식물 병원체이다(**질병 30.1**). *A. tumefaciens*와 마찬가지로 일부 식물 병원성 세균은 식물의 상처를 통해 감염되지만, 무름병(soft-rot)의 원인 병원체인 *Dickeya dadantii*와 *Pectobacterium carotovorum*(이전에는 각각 *Erwinia chrysanthemi* 및 *E. carotovora*)과 같은 세균은 펙틴, 셀룰로오스 및 단백질을 분해하는 효소를 분비하여 식물조직을 분해한다. 또 다른 중요한 세균성 식물 병원체 그룹에는 세포벽이 없는 세균인 *Phytoplasma* 종이 있는데, 이 세균은 고구마, 옥수수, 감귤류와 같은 채소 및 과일 작물을 감염시킨다.

23장과 25장에서 논의된 바와 같이, 원생생물, 바이러스 및 바이로이드 또한 파괴적인 식물 병원체일 수 있다. 이들의 예로는 아일랜드의 감자 기근(1845~1852년: 그러나 계속해서 경제적 부담을 가중

질병 30.1

감귤류 과일의 녹화와 "왜?"의 힘

황룡병(huanglongbing, HLB)으로도 알려진 감귤 녹화병(citrus greening)은 감귤 산업을 파괴하고 있다. 1900년대 초 중국에서 처음 발견된 HLB는 아프리카와 남미에서도 발견된다. 플로리다에서 HLB 발병이 2005년에 시작된 이후로 플로리다 주의 감귤 생산량은 75%나 감소하였고, 생산 비용은 2배 이상 증가했다. 그리고 이 질병은 아직도 확산 중인데, 현재 루이지애나, 조지아, 사우스 캐롤라이나, 텍사스, 캘리포니아, 푸에르토리코, 미국령 버진 아일랜드, 쿠바, 벨리즈, 멕시코와 브라질의 감귤나무를 감염시키고 있다.

HLB는 Rhizobiaceae 계통의 비배양성 그람음성 세균에 의해 발생하는 세균성 질병이다. 이 식물 병원체에는 3가지 종이 있는데, 아프리카에서는 *Candidatus* Liberibacter africanus, 아시아와 미국에서는 *Ca*. L. asiaticus, 브라질에서는 *Ca*. L. americanus에 의해 발생한다. 아시아와 아메리카의 HLB는 쌀알만 한 크기의 아시아감귤나무이(Asian citrus psyllid)라는 곤충에 의해 전염된다. 곤충이 식물 수액을 먹으면 세균이 곤충의 침샘에서 식물의 체관으로 이동한다. 세균은 식물의 맥관 구조(vasculature)를 공격하여 영양분의 흐름을 차단한다. 이로 인해, 잎은 얼룩덜룩해지고 열매가 익지 않게 되며 과즙이 산성이 되어서 맛이 없게 된다. 따라서 과일은 시장성이 없게 된다(**그림**). 그런데 이것은 아침에 마시는 한 잔의 오렌지주스에만 영향을 미치는 것이 아니라, 자몽, 라임, 레몬, 귤 등을 포함한 많은 감귤류 나무도 이 세균의 감염에 취약하다. 한 번 나무가 감염되면 치료법이 없으며 대부분의 감염된 나무는 몇 년 이내에 죽는다. 이로 인해 나무의 격리가 촉발되었고 선적 전 감귤류 과일의 세척이 강화되었다.

그러면 질문은 무엇을 해야 하는가이다. 살충제와 생물학적 방제를 통해 매개 곤충을 통제하려는 노력들은 어느 정도 도움이 되지만 충분하지는 않다. 2019년에는 심각한 상황으로 인해 미국환경보호국이 오렌지 과수원에 항생제인 스트렙토마이신과 옥시테트라사이클린을 살포하는 것에 대해 긴급 승인을 하였다. 이는 질병통제예방센터와 식품의약품안전청의 큰 반대를 무릅쓴 것이었는데, 이들 기관은 임상 용도로 사용되는 수톤의 항생제를 환경에 방출하는 것은 이미 심각한 상황인 항생제 내성 문제를 더욱 증가시키는 확실한 방법이라고 지적했다. 물론 더 나은 전략이 있어야 한다.

이는 우리를 HLB에 자연적으로 저항하는 호주의 핑거 라임 나무로 안내한다. 캘리포니아주립대학 리버사이드 캠퍼스(UCR)의 과학자들은 이 사실을 알고서 "왜?"라는 간단한 질문을 했다. 그들은 핑거 라임 열매가 *Ca*. L. asiaticus에는 유독하지만 사람에게는 무해하며 우리가 사용하는 항생제가 아닌 펩티드를 생성한다는 것을 발견했다. 그리고 이 펩티드는 실용적이다. 즉, 열에 안정하기 때문에 뜨거운 태양 아래서도 활성을 유지하며, 분무 또는 주입 형태로 적용할 수 있으며, 지속 활성을 가지고 있어 매년 몇 번만 적용하면 된다. UCR 팀은 이 펩티드를 시장에 출시하기 위해 농업 기술회사와 협력했다. 이것이 "왜?"의 힘이다.

그림 U.S. epartment of Agriculture (USDA)

시킴)의 원인이 된 난균류(öomycete)인 *Phytophthora infestans*와 최초로 특성이 밝혀진 바이러스인 담배 모자이크 바이러스(tobacco mosaic virus, TMV)가 있다. 식물–병원체 상호작용 측면에서 특히 관심을 끄는 바이러스는 밤나무마름병(chestnut blight)의 원인인 진균 *Cryphonectria parasitica*를 감염시키는 히포바이러스(hypovirus, *Hypoviridae* 과)이다. 유럽에서 수행된 연구에 기초하여, 미국의 연구자들은 이 히포바이러스로 진균을 감염시키면 마름병의 발병률과 발생빈도가 감소한다는 점에 주목했다. 덜 치명적인 바이러스 균주로 나무를 감염시키는 것은 밤나무마름병에 대한 생물학적 방제 노력의 기초이다. 목표는 치명적인 토착 *C. parasitica* 균주에 대해 나무에 예방 백신을 접종하는 것이다.

마무리 점검

1. Ti 플라스미드와 T DNA의 차이점은 무엇인가?
2. *A. tumefaciens*에 의한 식물 감염에서 2인자 신호전달체계의 구성인자들은 어떤 기능을 하는가? 이 감염 과정에서 페놀화합물과 오파인의 역할은 무엇인가?
3. 식물 병원체가 숙주식물조직으로 들어가는 2가지 일반적인 방법은 무엇인가? 각 메커니즘의 장단점은 무엇인가?
4. 생영양 진균과 괴사영양성 진균의 차이점은 무엇인가?

30.4 지하 생물권은 방대하다

이 절을 학습한 후 점검할 사항:

a. 4개의 지하 구역과 각 구역에 서식하는 미생물 유형을 설명할 수 있다.
b. "깊은 뜨거운 생물권"을 탐험하여 얻은 새로운 발견 한 가지 이상을 설명할 수 있다.

오랫동안 생명체는 지표면의 얇은 판에만 존재할 수 있으며, 수백미터 깊이의 퇴적물에서 회수된 미생물은 시료 채취 중에 얻어진 오염물질이라고 생각했다. 이러한 견해는 미국 에너지부가 유독성 폐기물을 저장하는 새로운 방법을 찾기 시작한 1980년대에 크게 바뀌었다. 정부기관은 깊은 지하 시료를 채취하기 위해 현대기술을 적용한 연구에 자금을 지원하기 시작했다. 아주 깊은 곳에 있는 미생물에 대한 후속 보고들은 신뢰를 얻게 되었고, 지질학자와 미생물학자로 구성된 국제 팀은 이후 지표면 수천미터 아래에서 미생물을 회수했다. 미생물의 밀도, 다양성 및 활성을 정량화하기 위해 배양–비의존적 기술을 적용한 결과, 지하 미생물이 지구 생물량의 약 1/3을 구성한다는 사실이 밝혀졌다. 이러한 사실을 알게 됨으로써 심지하 미생물학(deep subsurface microbiology)은 흥미롭고 활발한 연구분야가 되었다.

미생물에 의한 작용은 다음의 여러 지하 구역, 즉 (1) 표면에서 흐르는 물이 식물 뿌리 영역 아래로 이동하는 얕은 지하층, (2) 원래 지구 표면에 있던 유기물이 화학적 및 생물학적 과정에 의해 변환되어 석탄(육상식물에서 유래), 증류 시 화석연료를 생산하는 케로겐(kerogen: 해양 및 담수 미생물에서 유래), 그리고 석유와 가스로 전환되는 구역, (3) 미생물 활성의 결과로 메탄이 합성되는 구역, (4) 에너지가 부족한 심층 생물권에서 일어난다.

얕은 지하 영역에서 지표수는 대수층(aquifer)인 식물 뿌리 영역 아래의 다공성 지질 구조를 통해 이동하는 경우가 많다. 산소가 있는 표면을 가진 자연그대로의 시스템에서, 이화작용에 사용되는 전자수용체는 표면 근처에 있는 가장 산화되고 에너지적으로 선호(산소)되는 것부터 시작해서 더 깊은 곳에 있는 가장 덜 선호되는(여기서 CO_2는 메탄 생성에 사용됨) 것에 이르도록 분포되어 있다(그림 28.1 및 그림 29.12 참조).

지표면의 유기물이 매장되어 열 및 생물학적 과정에 의해 처리되었던 지하 구역에서는 불용성 케로겐과 석탄이 분해되어 가스와 기름을 생성한다. 이러한 유동성 생성물들은 미생물이 활동하고 있는 더 많은 다공성 지질 구조를 가진 위쪽으로 이동한다. 이러한 석유 탄화수소에는 식물 및 미생물 생체량으로부터 유래한 특징적인 화학 분자들이 존재한다. 미생물은 또한 중간 깊이의 석유–매장 구조에서도 성장하는 것으로 보인다. 활동성 있는 세균 및 고균 집합체가 고온(60°~90°C) 석유 저장층에도 존재하는데, 이들에는 *Thermotoga* 속, *Thermoanaerobacter* 속, *Thermococcus* 속 등이 있다. 이곳에 있는 고균 대부분은 메탄생성균이다.

"깊고 뜨거운 생물권"은 골드(Thomas Gold)가 지구에서 가장 크고 가장 신비한 생물권을 설명하기 위해 제안한 용어인데, 지구 지각 아래 수 킬로미터에서 세균과 고균은 생물막을 형성하여 살고 있다. 성장을 지지할 뚜렷한 기질의 부재와 수세기에서 심지어 1,000년까지로 계산된 세대 시간(generation time)은 미생물의 삶에 대한 우리의 이해와 어울리지 않는 것처럼 보인다. 광합성에서 유래하는 화합물에 의존하지 않는 산소비요구성 화학무기독립영양이 이러한 미생물들에게 연료를 공급하는데, 지질학적으로 생성된 H_2는 가장 중요한 에너지원이자 전자원으로 여겨진다. 유전체 연구를 통해 지하세계의 질소 순환을 이루는 N_2 고정 및 탈질작용의 존재가 제안되었다. 이 생태계에 있는 세균 및 고균 세포의 수는 대략 3×10^{29}인데(그림 1.2 참조), 이들이 중요한 이유는 단지 이들이 아주 많이 있기 때문만은 아니다. 해저 깊은 곳의 미생물 군집과 마찬가지로 이 육상 미생물은 모든 생물지구화학적 순환에 기여한다. 사실, 어떤 사람들은 이들

이 이러한 순환의 주요 동인이라고 주장한다. ◀ 생물지구화학적 순환은 지구상의 생명을 유지한다(28.1절)

깊은 지하에 있는 미생물의 발견은 다양한 의미를 가지고 있다. 예를 들어, 햇빛이 없는 상태에서 1차 생산이 존재한다는 것은 화성의 지하 퇴적물에서도 독립영양이 가능할 수도 있음을 시사한다. 이러한 가능성을 탐구하는 것은, 지구 깊은 곳의 지하 미생물들의 대사 활동 수준을 조사하는 것과 함께, 다음 도전 과제로 남아 있다. ◀ 해저의 해양 퇴적물에 있는 미생물 군집은 거대하고 신비하다(29.2절)

마무리 점검

1. 얕은 지하에 있는 미생물과 매우 깊은 지하에 있는 미생물의 대사(특히 전자 공여체 및 수용체)를 비교 설명하시오.
2. 유기물이 표면에서 지하로 침출될 때 미생물학적 과정의 관점에서 어떤 일이 발생하는가?
3. 석유 저장층에서 어떤 미생물 속이 관찰되었는가?

요약

30.1 토양은 미생물의 중요한 서식지이다

- 토양은 점토, 모래, 미사(silt), 유기물 및 물의 복잡한 혼합물이다. 토양은 다양한 미생물 군집을 지원할 수 있는 많은 미세환경을 제공한다(그림 30.1).
- 토양 유기물(SOM)은 영양분과 물을 보유하고 토양 구조를 유지하는 데 도움이 된다. 토양 유기물은 부식질과 비부식질로 나눌 수 있다.

30.2 토양에 서식하는 다양한 미생물

- 토양은 아주 다양한 미생물들이 살 수 있게 해준다.
- 토양에서 고균은 세균만큼 풍부하게 존재하지 않지만, 암모니아 산화 고균은 토양의 질화작용에 기여한다.
- 부생균 및 균근은 대부분의 토양에서 토양 미생물 생체량의 약 절반을 구성한다.

30.3 미생물-식물 상호작용은 긍정적, 부정적 또는 중립적일 수 있다

- 엽권은 지상에 있는 식물의 모든 부분을 일컫는다. 이 부분은 다양한 미생물 성장을 위한 독특하지만 변화 가능한 환경을 제공한다.
- 근권은 식물 삼출물이 방출되는 식물 뿌리 주변 영역이다. 근면은 식물의 뿌리 표면이다. 이러한 영역들에서 자라는 다양한 미생물은 식물의 성장을 촉진한다.
- 균근 관계(식물-진균 연합)는 다양하고 복잡하다. 내생균근 및 외피/외생균근 유형을 포함하는 6가지 기본 유형이 관찰된다. 진균 공생체의 균사망은 균근권을 형성할 수 있다(그림 30.4~그림 30.8, 표 30.2).
- 뿌리혹형성 세균-콩과식물 공생은 식물-미생물 상호작용의 가장 잘 연구된 예 중 하나이다. 뿌리혹형성 세균은 숙주식물의 뿌리에 혹을 형성하는데, 이 안에서 특수한 세균세포(박테로이드)가 질소를 고정한다(그림 30.9).
- 뿌리혹형성 세균과 숙주식물 사이의 상호작용은 의사소통 신호 역할을 하는 복잡한 화학물질에 의해 매개된다(그림 30.7, 그림 30.9, 그림 30.10).
- Frankia 속의 방선균류는 일부 나무 및 관목과 질소고정을 위한 공생관계를 형성한다.
- *Agrobacterium tumefaciens*는 DNA 절편이 전달되는 식물 숙주와 복잡한 의사소통 시스템을 구축한다. 이 DNA 절편에 있는 유전자들은 박테리아의 성장을 촉진하고 이로 인해 최종적으로 식물의 종양 또는 혹이 형성되게 하는 단백질들을 암호화하고 있다(그림 30.12 및 그림 30.13).

30.4 지하 생물권은 방대하다

- 지하층은 최소한 4개의 구역으로 구성된다. (1) 얕은 지하층, (2) 가스, 석유 및 석탄이 축적된 지하층, (3) 오일과 메탄이 발견되는 중간 깊이의 지하층, (4) 매우 깊고 뜨거운 지하층이다.
- 깊은 지하층의 미생물 활성은 이곳에 있는 미생물들이 광합성이 아닌 지질학적 기원의 기질에 의해 연료를 공급받으며 매우 느리게 성장한다는 것을 시사한다. 이러한 지질학적 기원의 화합물은 산소비요구성 화학독립영양을 지원한다.

심화 학습

1. 근권 내의 모든 미생물을 의미하는 리조바이옴(rhizobiome), 이 중에서도 특히 상업용 작물의 리조바이옴을 더 잘 이해하기 위해 상당한 연구가 진행되고 있다. 연구의 목표는 생물 제어 미생물의 사용을 늘림으로써 살충제와 비료의 필요성을 줄이고 식물 병원체를 제한하여 더 많은 수확량을 얻고자 하는 것이다. 작물을 선택하고 이러한 방식으로 사용될 수 있는 후보 미생물들을 제안하시오. 각 미생물이 미생물–식물 관계에 어떤 기여를 하는지 설명하시오.

2. 뿌리혹형성 세균인 *Sinorhizobium meliloti*에 의해 생성되는 혹 인자 신호는 N_2 고정뿐 아니라 생물막 형성에도 필수적이다. 어떤 면에서 뿌리혹형성과 생물막형성이 유사하며, 이 미생물이 2가지 경우에 동일한 신호를 사용하도록 진화한 이유는 무엇 때문이라고 생각하는가?

3. 외생균근인 담자균류 *Laccaria bicolor*는 많은 수의 작은 분비 단백질(small secreted proteins, SSP)을 생성하는데, 그 중 일부는 숙주 뿌리에 집락화하는 균사에서만 발현된다. *L. bicolor*가 숙주식물에 집락화하고 한 숙주에서 다른 숙주로 옮겨 가는 생활사에서 이 단백질이 수행할 수 있는 잠재적 역할에 대해 설명하시오.

4. 해양과 담수에 있는 바이러스와 박테리오파지의 역할은 오랫동안 연구되어 왔지만, 토양의 바이러스에 대해서는 알려진 바가 거의 없다. 안정적 동위원소 조사(26.4절 참조)에 의하면 벼의 탄소가 토양 박테리오파지의 캡시드에 통합되어 있음을 보여준다. 이 사실은 이 토양에서 탄소의 영양 이동에 대해 무엇을 의미하는가? 토양 생태계의 바이러스에 대한 이해를 높일 수 있는 2가지 질문을 제시하시오.

5. 많은 사람들이 대기 중 CO_2 농도의 증가가 식물에 의한 탄소고정을 증가시킬 것이라고 예측했다. 그러나 다른 사람들은 이러한 CO_2의 비료 효과가 질소 가용성에 의해 제한될 것이라고 주장한다. 식물에 질소를 공급하는 데 있어 진균과 세균의 역할에 대해 설명하시오. 26장을 참고하여 대기 CO_2의 변화에 따른 미생물 군집의 변화를 측정할 수 있는 방법을 제안하시오.

6. 토양에서 균근은 질소를 두고 세균과 경쟁하는데, 이 경쟁의 결과는 토양 유기물의 양을 결정하는 데 도움이 된다. 일본의 미생물 생태학자 팀은 균근 진균류와 탈질작용 및 질화작용 세균 사이의 상호작용을 연구했다. 이들 각 미생물이 사용하는 물질대사 전략과 이들의 활동이 토양의 C:N 비율에 어떻게 영향을 미치는지 고려하시오. 질소 비료가 첨가된 경우 이들 미생물의 상대적 풍부도가 어떻게 되는가에 대한 가설을 세우시오. 이 가설을 어떻게 검증하겠는가?

참고 문헌: Tatsumi, C., et al. 2020. Soil nitrogen cycling is determined by the competition between mycorrhiza and ammonia oxidizing prokaryotes. *Ecology*. 101: e02963. doi.org/10.1002/ecy.2963

CHAPTER

31

선천성 숙주 저항

shurkin_son/Shutterstock

위생가설

아기들이 고무 젖꼭지를 떨어뜨릴 때마다 초보 부모들이 매번 소독하는 일은 일상사가 되어 왔다. 또한 아기가 애완동물에 가까이 하기만 해도 부모들은 소란을 피우기 마련이다. 그런데 아마도 이들은 위생가설을 모르는 듯 하다.

위생가설(hygiene hypothesis)은 1989년에 런던위생열대의학 대학원의 역학자인 데이비드 스트라찬에 의해 처음 소개되었다. 이 가설은 어릴 때 미생물에 노출되면 알레르기와 자가면역질환(자신의 면역계가 자신의 세포를 공격하는 질환)으로 진행할 위험성이 감소한다는 이론이다. 스트라찬 박사가 17,000명 이상의 영국 어린이들을 대상으로 실시한 연구에 의하면 대가족에서 태어난 어린이들에게는 고초열과 습진의 발병률이 낮았다. 그는 형제자매가 많을수록 신생아들이 미생물에 노출될 기회가 높아서 알레르기와 자가면역 발생으로부터 보호된다고 제안하였다.

1980년대와 1990년대에는 이러한 미생물 노출과 질환 사이의 연관성을 설명해줄 수 있는 면역계에 대해 알려진 바가 충분치 않았다. 하지만 급진전한 면역학 연구 덕분에 위생가설의 분자적 설명이 가능하게 되었다. 수지상세포(DC)는 다양한 자신의 세포표면 수용체들(톨유사 수용체 포함)을 이용하여 미생물을 탐지한다. 이후 DC는 여러 종류의 T 림프구를 활성화시킨다. 세균과 바이러스 감염에 대항해 DC는 보조 T1(T_H1) 세포라 부르는 T 림프구를 활성화시킨다. 반면에 기생충이 감염하면 다른 종류의 T 림프구인 보조 T2(T_H2) 세포를 활성화시킨다. T_H2 세포 역시 알레르기 반응을 일으킨다. 위생가설에 의하면 미생물에 노출이 덜 된 어린이에게는 T_H1 활성이 감소하는 대신 보상적으로 T_H2 활성이 증가한다고 예측한다.

하지만 이러한 설명은 반박되었다. 예를 들어 기생충에 감염된 사람들은 T_H2 세포의 활성화가 일어나서 실제로 알레르기 반응으로부터 보호되었다는 것이다. 또한 일부 자가면역질환이 T_H1 세포의 활성에 의해 일어난다.

서구권 나라에서 지난 수십 년간 청결함에 집착한 나머지 당뇨 1형과 같은 자가면역질환, 천식, 식품 알레르기가 3배나 증가했다는 사실을 입증할 방법은 있는 것일까? 현재 우리 몸에 거주하는 미생물의 중요성을 이해하게 되었는데, 이는 '**오랜 친구 가설**(old friends hypothesis)'을 촉진하였다. 사람은 자신의 몸에서 면역계 성숙과 같은 수많은 기능을 수행하는 미생물과 함께 공존해왔다. 비록 어린 시절에 이러한 친숙한 미생물에 노출되면 알레르기와 자가면역질환의 발생으로부터 우리 몸이 보호되는 방식이 아직 정확히 알려지지는 않았지만, 면역세포의 톨유사 수용체가 탐지하는 미생물이 신호전달을 중재한다는 연구가 주목받고 있다.

위생가설의 역사가 우리에게 보여주는 것처럼, 면역은 면역세포들이 서로 복잡하게 균형을 이루고 있는 상태를 말한다. 이 장에서는 먼저 선천면역을 탐구하는 것부터 시작한다. 32장과 33장에서는 각각 적응면역과 미생물-숙주 생태계에 대해 학습하기로 한다.

이 장의 학습을 위해 점검할 사항:

✓ 기초적인 진핵세포 생물학을 설명할 수 있다(5.1~5.6절).

✓ 진핵생물에서 DNA로부터 단백질로 전해지는 정보의 흐름과 그 조절을 그림으로 설명할 수 있다(15장).

31.1 면역은 선천성 저항과 적응방어로부터 발생한다

이 절을 학습한 후 점검할 사항:

a. 항원을 정의할 수 있다.
b. 선천면역계와 적응면역계의 차이점을 일반적인 용어로 설명할 수 있다.

매일 우리는 수천의 미생물과 접촉하면서도 병에 걸리지 않는다. 하지만 이러한 요행은 전적으로 우리의 정교한 면역계 덕분만은 아니다. 대부분의 미생물이 우리 몸에 감염을 일으키기 위해서는 직접적인 항미생물 작용이나 숙주로의 미생물 흡착을 방해하는 피부와 점막 같은 여러 표면 장벽을 뛰어넘어야만 한다. 상당수의 미생물은 이 장벽을 뚫고 지나갈 수 없지만, 대부분의 **병원체**(pathogen) 또는 질병-유발 미생물에게는 가능하다. 다행스럽게도 동물은 전신에 넓게 분포된 단백질, 세포, 조직, 기관들로 구성된 **면역계**(immune system)를 발진시켜왔다. 이들은 서로 상호작용하여 외래물질이나 비자기로 인식된 미생물을 중화하거나 파괴한다.

면역

면역(immunity: 라틴어 *Immunis*는 '부담에서 벗어나다'를 의미)이란 용어는 감염이나 질병에 저항하는 숙주의 전반적인 능력을 뜻한다. **면역학**(immunology)은 면역반응과 이것이 어떻게 숙주를 보호하는지에 대한 학문이다. 면역학은 '자기(self)'와 '비자기(nonself)'를 구분하는 것과 면역반응의 생물학적, 화학적, 생리학적, 물질대사적 및 물리적인 관점을 모두 포함한다.

포유류의 면역반응에는 기본적으로 다르지만 서로 보완적인 두 가지 형태의 요소가 있다. **선천면역**(innate immunity)은 미생물을 포함하여 숙주가 만나는 모든 외래물질에 대한 1차적인 방어선이다. 이것은 피부, 점액 및 지속적으로 생산되는 항미생물 화학물질과 같은 일반적인 기전을 포함한다. 선천성 저항기전은 외래 침입자를 만날 때마다 언제나 동일하게 최고의 강도로 침입에 방어할 준비가 되어 있다. 반면에 **적응면역 반응**(adaptive immune response)은 선천면역의 세포나 화학물질에 의해 활성화되어야(스위치가 켜져야) 한다. 선천면역과는 달리, 각 적응면역 반응은 특정 외래물질(예: 바이러스, 세균, 원생동물, 기생충, 곰팡이, 비정상적인 숙주세포 및 독소)에 대해 맞춤 제작되어 있다. 적응면역 반응은 특정 침입자의 침입에 대응하도록 다양한 세포와 화학반응을 조율하고 증강시킨다. 적응면역 반응의 효율성은 숙주가 특정 외래물질에 반복적으로 노출되면 더욱 커진다. 이 현상에 대해 적응면역이 기억을 가지고 있다고 말한다. 적응면역에 대해서 32장에서 학습할 것이다.

선천면역 또는 적응면역에 의해 인식되는 물질들은 어떤 것이든 **항원**(antigen)이라고 부른다. 면역계의 특성 중 가장 중요한 것은 자기항원과 비자기(외래)항원을 구별할 수 있다는 것이다. 이 장과 32장에서 논의하겠지만, 이러한 구별 능력은 면역계가 숙주로부터 외래 침입자(세균, 바이러스 및 다른 감염체)뿐 아니라 암세포도 제거할 수 있게 한다. 하지만 이러한 구별이 잘못되면 알레르기 반응이나 류마티스성 관절염 및 다발성 경화증과 같은 자가면역질환을 일으키는 원인이 된다.

선천면역과 적응면역을 연결해주는 중개자가 많다. 비록 이 사실이 면역학 학생들에게는 어려움이 되겠지만 포유류 면역계의 복잡성과 일상에서 매일 접하는 수십억의 미생물에 의한 감염으로부터 방어할 수 있는 능력은 진정 대단하다. 미생물이 숙주를 만났을 때 접하게 되는 물리적 및 화학적 장벽에 대한 소개를 필두로 학습을 시작할 것이다. 그리고 선천성 방어에 관여하는 다양한 세포, 조직 및 기관을 소개하고 이들이 외래 침입자를 인식하고 반응하는 기전을 보여줄 것이다. 이 장의 뒷부분이나 32장(적응면역)에서 자세하게 설명할 과정과 화학물질에 대해서도 언급할 것이다.

마무리 점검

1. 적응면역과 선천면역 사이의 두 가지 핵심적인 차이점을 나열하시오.
2. 항원은 무엇인가?

31.2 선천성 저항은 장벽에서 시작한다

이 절을 학습한 후 점검할 사항:

a. 미생물의 침입을 막는 숙주의 장벽을 확인할 수 있다.
b. 숙주의 물리적 및 기계적인 장벽이 어떻게 미생물의 침입을 방해하는지 설명할 수 있다.
c. 선천성 저항 전략의 성공을 숙주의 해부학적 구조 및 분비물에 결부시킬 수 있다.

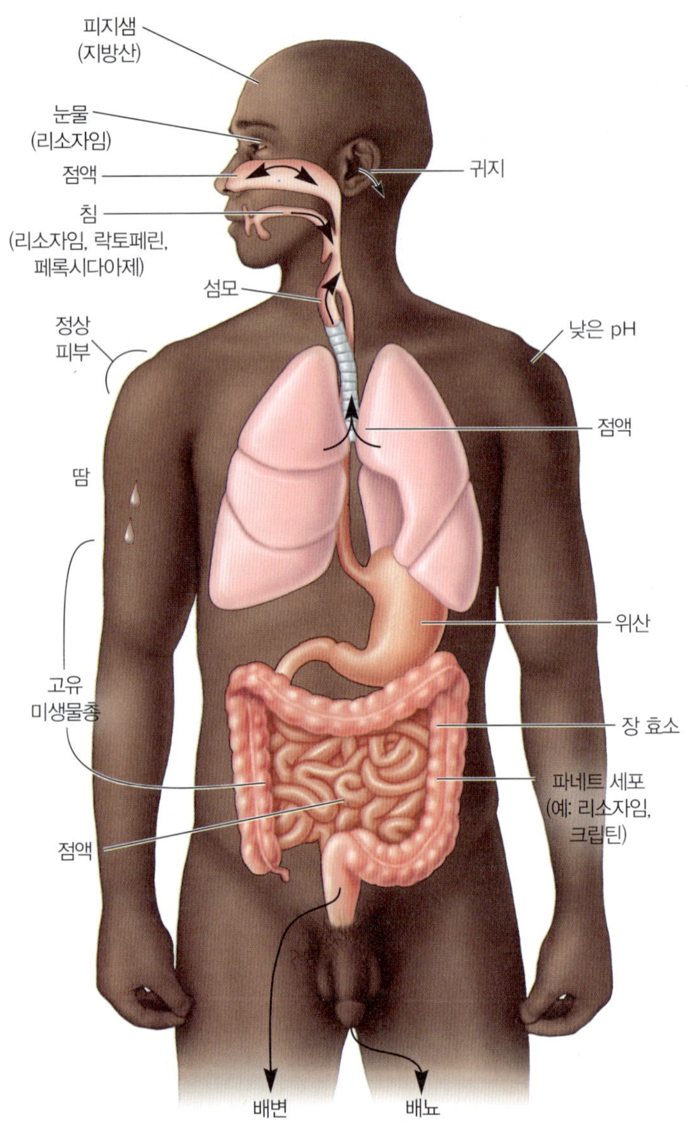

그림 31.1 숙주 방어. 고유미생물총은 외부 환경에 노출된 모든 신체 부위에서 발견된다. 피부와 장은 단순하게 표시했다.

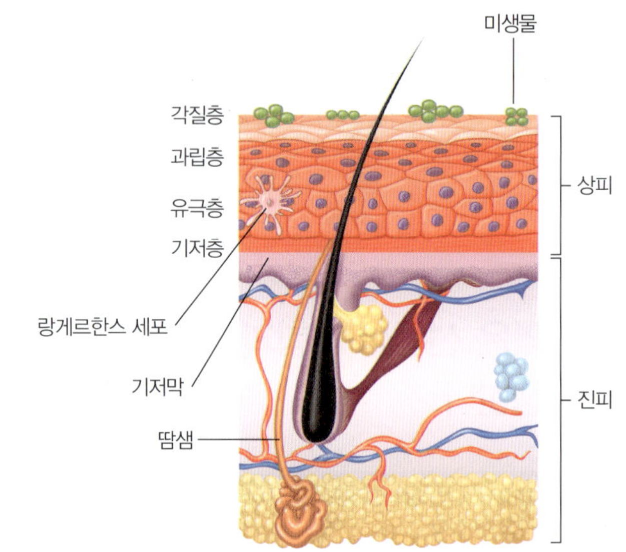

그림 31.2 사람의 피부. 피부는 여러 겹의 세포층, 상피 및 진피로 구성된다. 랑게르한스 세포는 피부에만 상주하는 수지상세포다.

일부 예외가 있지만, 사람 숙주에 침입하는 미생물성 병원체는 즉시 다양한 선천 방어 기전과 직면하게 된다(**그림 31.1**). 모든 척추동물 숙주는 특별한 물리적 및 기계적 장벽을 가지고 있다. 숙주의 세정 기전(기침, 배뇨 등)과 함께 이러한 물리적 및 기계적 장벽은 화학적, 미생물학적, 물리적 공격에 대한 1차 방어선이다. 숙주와 환경 사이를 연결하는 체표면과 점막의 방어는 미생물이 숙주에게 접근하는 것을 막는 데 매우 중요하다.

피부

피부(skin)는 층으로 이루어지고, 각질화된(케라틴으로 전환된) 상피세포로 구성되어 있다(**그림 31.2**). 완벽한 피부는 미생물의 침입에 대항하는 매우 효과적인 기계적 장벽이고, 피부에 상주하는 미생물(예: 피부연관 미생물총)이 침입자를 방어한다. 피부의 바깥층은 **각질세포**(keratinocyte)라 불리는 두껍고 빈틈없이 꽉 찬 세포로 이루어져 있다. 각질세포는 불용성 단백질로서 머리털, 손톱 및 피부 바깥층 세포의 주요 성분인 각질(keratin)을 생산한다. 이들 바깥 피부세포는 지속적으로 떨어져 나간다. 피부의 일정 부분은 피지샘이 분비하여 윤활유 역할을 하는 피지에 젖게 된다. 이 피부 표면은 지형적으로, 생태적으로, 생리적으로 다양한데 특유의 수분, pH, 온도 및 피지 함유량을 가진 다양한 미세환경을 제공한다. 이러한 특별한 피부 환경에서 증식할 수 있도록 적응된 고유미생물 집단은 표면에 부착하여 정착하려고 하는 병원체를 방해한다(그림 33.2 참조). 이와 함께 **랑게르한스 세포**라고 불리는 피부 아래에 위치하는 면역세포는 침입하는 미생물을 인식하고 방어한다.

점막

점막은 호흡기관, 위장관, 비뇨생식관 같은 내부 구조에서 외부 환경과 연결되어 있다. 일명 **점막**(mucosa)이라고도 불리는 점액성 막은 미생물의 침입을 저지하며 붙잡아두는 방어막 역할을 한다. 점막은 한 층의 상피세포와 여러 유형의 특화된 세포로 구성되어 있다. 예를 들어, **배상세포**(goblet cell, 술잔모양의 세포)는 당단백질이 풍부한 점액을 분비하여 막 표면을 흠뻑 젖게 한다. 또 다른 종류의 특화된 세포는 **파네트 세포**(paneth cell)로서 항미생물 펩티드와 항세균성 효소인 리소자임을 분비한다. 이러한 화합물들은 눈물과 전립샘액과 같은 점액 분비물을 만들어서 많은 미생물에게 독소로 작용한다. 점액성 막 내부에는 선천면역과 적응면역 모두에 관련된 세포들이 세 종류의 전문화된 면역 구조에서 발견된다. 이들은 페이에르판(peyer's patch), 고립된 림프여포(lymphoid follicle) 및 확산 림프 조직이다(31.5절).

호흡계

사람은 평균적으로 1분에 최소한 8개 또는 하루에 10,000개의 미생물을 흡입한다. 일단 흡입된 미생물은 먼저 상기도와 하기도의 방어선을 극복해야 한다. 이들 관에서의 공기 흐름은 매우 거칠어서 미생물은 축축하고 끈적끈적한 점막 표면에 들러붙게 된다. 10 μm보다 큰 미생물은 일반적으로 비강에 정렬된 털과 섬모에 의해 붙잡힌다. 비강의 섬모는 인두 쪽으로 물결치기 때문에 점액도 이곳에 잡혀 있는 미생물과 함께 입 쪽으로 이동된 후 배출된다(**그림 31.3**). 비강에서 공기의 습도는 많은 미생물을 부풀게 하여 식세포작용을 도와준다. 10 μm보다 작은 미생물(예: 대부분의 세균)은 비강을 통과하여 하기도의 점막상피를 덮고 있는 **점액성 섬모층**(mucociliary escalator)에 붙잡힌다. 붙잡힌 미생물은 폐로부터 멀리 이동시키는 점액성 섬모층의 섬모운동에 의해 입으로 운반된다. 기침과 재채기 반사작용도 미생물로부터 호흡계를 정화한다. 폐포에 성공적으로 도착한 미생물은 **폐포대식세포**(alveolar macrophage)라 불리는 전문화된 식세포를 만나게 된다. 이 대식세포는 흡입된 대부분의 미생물을 섭취하여 죽인다(31.4절, 31.6절).

위장관

간식, 식사 및 음료를 먹을 때면 수많은 미생물을 삼키게 되고 이들은 위에 도달하게 된다. 대부분의 미생물은 위에서 염산, 단백질분해 효소 및 점액의 혼합물인 산성 위액(pH 2~3)에 의해 죽는다. 하지만 일부 미생물과 그들의 생성물(예: 원생동물의 피낭, *Helicobacter pylori*, *Clostridium* 종 및 포도상구균의 독소)은 위의 산성에서 살아남을 수 있다. 뿐만 아니라 음식물에 깊이 파묻힌 미생물은 위액으로부터 보호되어 소장까지 도달할 수도 있다. 또한 이곳에서 미생물은 다양한 췌장 효소, 담즙, 장에서 분비되는 효소 및 장연관 림프조직(gut-associated lymphoid tissue, GALT)에 있는 세포와 분자에 의해 손상될 수도 있다(31.5절). **연동운동**(peristalsis: 그리스어 *peri*는 '주위, 주변', *stalsis*는 '수축'을 의미)과 원주상피세포의 정상적인 탈락을 통해 장의 미생물은 청소된다. 이러한 기전에도 불구하고 위

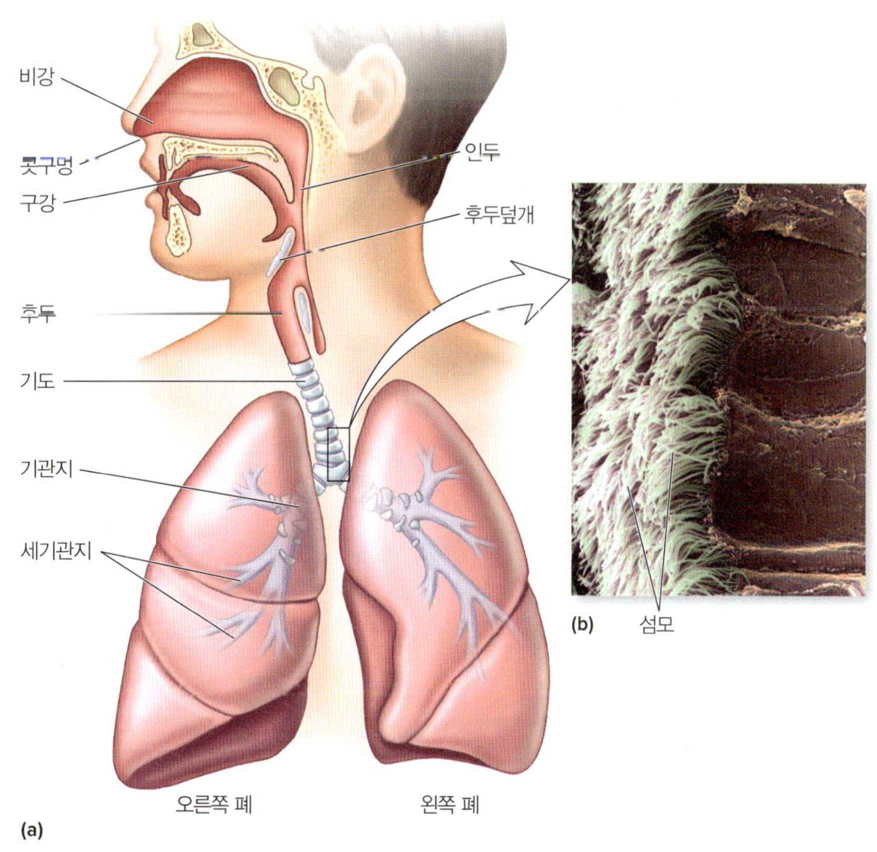

그림 31.3 호흡계관. (a) 호흡계관의 구성성분을 보여주는 모식도이다. (b) 호흡계관은 섬모상피세포의 점막으로 덮여 있다. 섬모의 주사현미경 사진이다. 섬모(×5,000)는 입자를 배출하거나 삼키기 위해 입 쪽으로 쓸어낸다. (b) SPL/Science Source

장관은 사람의 건강과 항상성에 매우 중요한 역할을 하는 많은 미생물의 서식지다. 이들 미생물은 면역계가 성숙하고 정상적인 면역 기능을 수행하는 데 필요하다. 또한 장내 미생물총은 잠재적 병원체의 생육을 억제한다. ▶ 기능적 핵심 마이크로바이옴이 숙주의 항상성에 필요하다(33.3절)

비뇨생식관

정상적인 상태의 신장, 요도 및 방광에는 미생물이 존재하지 않는다. 이러한 무균 상태의 유지에 영향을 주는 인자는 복합적이다. 소변은 세정 작용을 통해 미생물을 제거할 뿐만 아니라, 낮은 pH와 요소(urea) 및 다양한 최종 대사산물(예: 요산, 지방산, 뮤신, 효소)의 존재로 인해 일부 세균을 죽인다. 남성의 경우, 해부학적으로 요도관의 길이(20 cm)가 방광에 미생물이 침입할 수 없도록 거리상의 장벽을 만든다. 반면에 여성의 짧은 요도관(5 cm)은 미생물이 쉽게 침입하도록 한다. 이것은 여성이 남성보다 대략 4배나 많이 비뇨관 감염에 걸리게 되는 이유를 설명해준다.

질(vagina)에서 관찰되는 선천성 저항은 점막의 방어벽과 함께 주로 고유미생물총의 역할 때문이다. 임신하지 않은 여성의 질에서 발견되는 미생물총에서 젖산균(*Lactobacillus* 종)이 우점종이다. 이 젖산생성균은 젖산을 분비하여 병원체의 생육에 부적절한 산성 환경을 만든다. 자궁경부 점액도 항세균 작용을 하는데, 다음 절에서 학습할 리소자임, 락토페린 및 고유 항미생물 펩티드의 작용에 기인한다.

마무리 점검

1. 피부가 병원성 미생물에 대해 좋은 1차 방어선으로 작용할 수 있는 이유는 무엇인가?
2. 포유류의 호흡계, 위장관계 및 비뇨생식계에서 작동하는 특정 항미생물 방어기전을 설명하시오. 병원성 미생물에 대해서는 각각 어떻게 방어하는지 설명하시오.

31.3 선천성 저항은 화학적 매개물질에 의존한다

이 절을 학습한 후 점검할 사항:

a. 항미생물 작용을 하는 숙주분자를 설명할 수 있다.
b. 숙주의 보체계 활성과 이들의 세 가지 결과를 일반적인 용어로 설명할 수 있다.
c. 사이토카인의 세 가지 부류와 그들의 주요 기능에 대해 설명할 수 있다.

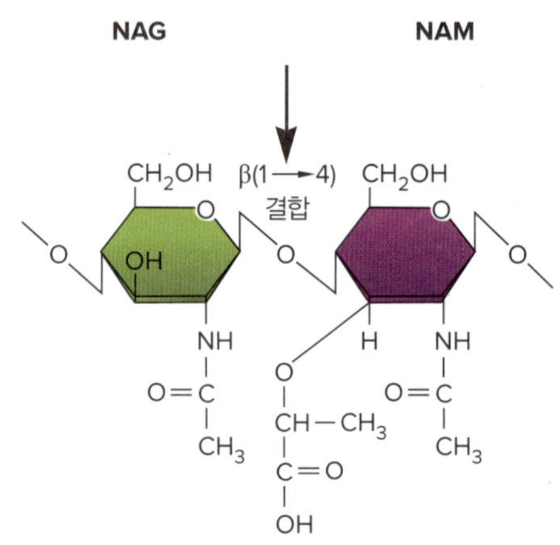

그림 31.4 펩티도글리칸에서 작용하는 리소자임. 이 효소는 *N*-아세틸뮤람산(NAM)과 *N*-아세틸글루코사민(NAG) 잔기를 교대로 연결하는 β(1→4) 결합을 가수분해하여 세포벽 펩티도글리칸을 파괴한다.

포유류 숙주는 지속적으로 맹공격하는 미생물에 대항하기 위해 화학무기고를 가지고 있다. 중요한 점은 고유미생물총(normal microbiota)도 화학물질을 분비하여 경쟁 미생물의 생육을 억제함으로써 숙주의 저항에 도움을 준다는 것이다. 이는 33장에서 논의할 것이고, 미생물의 침입에 대해 숙주가 생산하는 화학물질이 어떻게 숙주를 방어하는지가 다음 주제다.

리소자임(lysozyme, muramidase)은 세균 세포벽의 펩티도글리칸에서 *N*-아세틸뮤람산과 *N*-아세틸글루코사민을 연결하는 결합을 가수분해하여 세포를 용해하는 효소다(**그림 31.4**). 그람양성균에서 이 리소자임은 특히 효과적이다. 눈물 및 모유(유관도 점막으로 배열되어 있다)를 포함한 다른 점막 분비물에서 이것이 발견된다. 철결합 당단백질인 **락토페린**(lactoferrin)이 상당량 포함되어 있는 이 분비물은 혈액에서 발견되는 **트랜스페린**(transferrin)과 유사하다. 이 두 단백질은 철을 격리해 침입한 병원성 미생물에게 철분 결핍을 일으킴으로써 이들의 증식을 제한한다. 점막도 많은 미생물에게 독성이 있는 활성산소종의 일종인 초과산화물 라디칼(superoxide radical)의 생산을 촉매하는 효소인 락토페록시다아제(lactoperoxidase)를 생산한다. ◀ 펩티도글리칸 구조(3.4절); 산소 농도(7.5절)

항미생물 펩티드

광범위한 항미생물 활성을 나타내는 펩티드는 일반적으로 동물의 가장 원시적인 1차 방어기전으로 간주된다. 대부분은 양이온을 띠고 있어서 미생물세포 표면으로 끌린다. 항미생물 펩티드는 양친매성(amphipathic)이다. 소수성 성분과 친수성 성분을 함께 가지고 있어서 물과 지방이 풍부한 환경 모두에서 잘 녹는다. 항미생물 펩티드는 미생물의 막과 상호작용한 후 다양한 기전을 통해 표적세포를 죽인다. 두 가지 주요한 형태의 항미생물 펩티드는 숙주세포가 생산하는 양이온 펩티드와 미생물총이 분비하는 박테리오신이다.

양이온 펩티드

사람은 세 종류의 양이온 펩티드를 만든다. 첫 번째 그룹에는 직선의 α-나선 펩티드가 있다. 중요한 예로 **카텔리시딘**(cathelicidin)이 있다. 사람을 포함해서 많은 척추동물에서 약 30종류를 발견할 수 있다. 이것은 처음에 크기가 큰 단백질로 분비되고, 이어 단백질분해에 의해 잘리면서 활성화된다. 카텔리시딘은 세균, 외피보유 바이러스 및 진균에 대해 광범위한 항미생물 활성을 가진다. 사람에서 카텔리시딘은 호흡기와 비뇨생식기 상피세포, 호중구 및 폐포대식세포를 포함한 다양한 세포에 의해 만들어진다(31.4절).

두 번째 그룹인 **디펜신**(defensin)도 마찬가지로 전구체 단백질의 형태로 만들어지고, 단백질분해효소에 의해 성숙된다. 하지만 카텔리시딘과는 달리 디펜신은 척추동물뿐 아니라 무척추동물에서도 발견된다. 사람의 경우에는 α형과 β형 두 종류의 디펜신이 있다. α 디펜신은 β 디펜신보다 조금 작은 경향이 있으며 호중구(식세포)의 과립, 장의 파네트 세포, 그리고 장과 호흡기의 상피세포에서 발견되며, 이곳에서 세균의 분해를 돕는다. β 디펜신은 일반적으로 상피세포에서 발견되며, 면역세포의 일종인 비만세포를 자극하여 면역계에서 작용하는 화학적 매개체를 분비하도록 한다(31.4절). 카텔리시딘처럼 디펜신도 많은 세균, 진균 및 외피보유 바이러스에 작용한다.

양이온 펩티드의 세 번째 그룹은 **히스타틴**(histatin)이다. 히스타틴은 사람 및 다른 영장류의 침(saliva)에서 발견되는 항진균 기능(antifungal activity)을 가지고 있으며, 다른 그룹의 펩티드보다 더 큰 펩티드이다. 카텔리시딘이나 디펜신은 미생물의 세포막을 파괴하지만, 히스타틴은 진균의 세포질에 들어가 미토콘드리아의 기능을 손상시키고 산화적이며 삼투적인 스트레스를 초래하여 진균을 죽인다.

박테리오신

숙주세포가 항미생물 펩티드를 분비하는 것에 더하여, 미생물총의 일부인 대부분의 세균도 **박테리오신**(bacteriocin)이라 불리는 독성 펩티드를 분비한다. 이들은 가깝게 연관된 다른 종의 균주에게 치명적이다. 박테리오신을 생산하는 균주는 자신이 만든 박테리오신에 대해 자연적으로 면역력을 갖기 때문에, 박테리오신은 생산균주가 다른 세균에 대항하는 데 도움을 준다. 하지만 가끔 박테리오신은 세균의 독성을 강화하여 숙주의 면역세포에도 손상을 입힌다. 박테리오신을 생산하는 세균 중 대표적인 예는 대장균(*Escherichia coli*)이다. 대장균은 서로 다른 플라스미드의 유전자로부터 **콜리신**(colicin)이라는 박테리오신을 합성한다. 일부 콜리신은 민감한 표적 세균의 세포외피(cell envelope)에 있는 특이 수용체에 결합하여 세포를 용해하기도 하고, 다른 콜리신은 리보솜(ribosome)과 같은 세포내 특정 부위를 공격하거나 에너지 생산을 방해한다. 다른 유형의 박테리오신은 *Streptococcus*, *Bacillus*, *Lactococcus* 및 *Staphylococcus* 같은 그람양성균에 의해서 생산된 **란티바이오틱스**(lantibiotics)라고 불리는 펩티드를 포함한다. ▶ 기능적 핵심 마이크로바이옴은 숙주의 항상성에 필요하다(33.3절)

보체는 일종의 연속효소계다

보체계(complement system)는 포유류뿐 아니라 초기 무척추동물에서 발견되는 아주 오래된 형태의 선천면역이다. 보체는 혈장에 있는 30종 이상의 열에 약한 단백질 집단을 말한다. 보체(complement)라는 이름은 이 단백질이 발견되었을 때, 면역계의 다른 항미생물 작용을 '보완한다(complement)'고 하여 갖게 되었다. 보체계는 세 가지의 서로 다른 기전을 통해 숙주로부터 침입하는 병원체를 신속하게 제거할 수 있다. 이 기전들은 (1) 백혈구(leukocyte)의 소집을 촉진시켜 염증반응을 자극하고, (2) 미생물세포를 용해하고, (3) 옵소닌화라는 과정을 통해 미생물 침입자에 대한 식세포작용(삼키고 죽임)을 촉진한다. **옵소닌화**(opsonization: 그리스어 *opson*은 '섭취를 위해 준비하다'를 의미)는 미생물 또는 다른 비자기 항원을 보체 단백질이나 항체가 따로 또는 함께 덮어서, 이들이 식세포에게 인식되어 잡아 먹히도록 준비하는 것이다. 이러한 관점에서 이 단백질은 **옵소닌**(opsonin)이라고 불리며, 덮인 미생물은 **옵소닌화된**(opsonized)이라고 말한다. 항원 표면에 결합한 옵소닌은 표지나 표적신호처럼 작용하여 식세포가 잘 인식하도록 해준다. 식세포에는 옵소닌만을 특별히 인식하는 표면 수용체가 있기 때문에 가능하다. 따라서 병원체가 옵소닌으로 덮일 때, 식세포에 의한 병원체 제거작용이 크게 증가한다(**그림 31.5**).

보체 단백질은 간에서 만들어지고 혈장(혈액의 액성 성분)과 세포외액(세포밖 조직에서 발견되는 액성 성분)으로 방출된다. 병원체가 없는 경우 보체는 처음에 비활성화 상태로 만들어지고, 이후에 병원체가 침입하면 연속적인 단백질 분해에 의해 절단되어 활성화된다. 보체 단백질이 절단에 의해 최초로 활성화 상태가 되면, 단백질 분해 활성을 가지게 되면서 다른 보체 단백질을 절단하여 활성화 상태로 전환시킨다. 활성화 경로는 복잡하기 때문에 단순화된 개관을 학습하기로 한다. 보체 활성화 과정에는 세 가지 서로 다른 경로가 있다. 이들은 대체 경로, 렉틴 경로 및 고전 경로다(**그림 31.6**). 이들의 차이점은 (1) 각 경로를 활성화시키는 분자의 유형, (2) 핵심 단백질분해

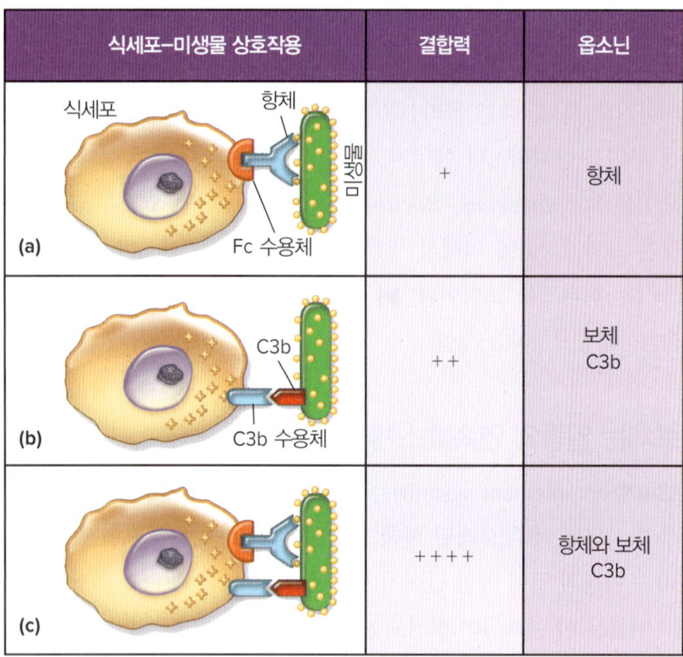

식세포–미생물 상호작용	결합력	옵소닌
(a)	+	항체
(b)	++	보체 C3b
(c)	++++	항체와 보체 C3b

그림 31.5 옵소닌화. (a) 미생물에 결합하는 식세포의 능력은 그 미생물에 부착된 항체가 있다면 더욱 강화된다. 항체는 미생물과 식세포 사이에서 식세포 표면의 항체 Fc 수용체에 결합하여 가교 역할을 한다. (b) 만약 활성화된 보체 성분(C3b)이 미생물에 결합하면 C3b 수용체에 의해 결합이 더욱 강화된다. (c) 만약 항체와 C3b가 모두 옵소닌으로 작용하면 결합은 최고로 강화될 것이다.

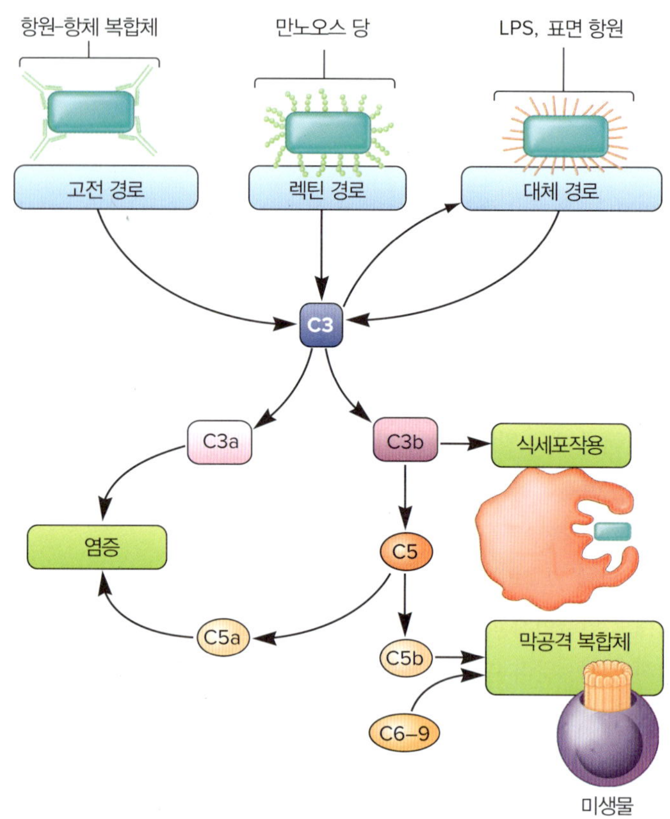

그림 31.6 보체의 활성화와 작용. 보체의 활성화는 보체성분 C3를 C3a와 C3b로 자르는 C3 전환효소를 형성하게 하는 일련의 효소작용이다. C3a는 국소 염증의 펩티드 매개물질이다. C3b는 옵소닌으로 작용하여 미생물 세포에 공유결합함으로써 식세포작용을 강화한다. C5 전환효소가 C5를 잘라 C5a와 C5b를 만든다. C5a는 C3a와 함께 염증의 매개물질로 작용한다. C5b는 보체의 마지막 C6–9 성분들이 막공격 복합체로 조립되는 과정을 촉진한다.

효소가 활성화되는 방법, (3) 관여하는 단백질분해효소의 종류다.

선천면역계의 일원인 보체 단백질은 일반적으로 무균 환경의 혈장과 조직에서 농도가 낮고 불활성 상태로 존재한다. **대체 보체경로**(alternative complement pathway, 그림 31.6)는 수산화 그룹($-OH$)과 아미노 그룹($-NH_2$)을 가진 지질다당체(lipopolysaccharide, LPS)처럼 반복적인 표면 분자를 갖는 병원체에 대한 반응으로 시작된다. LPS가 보체(C) 단백질 3(C3)을 활성화시키면, 활성화된 C3이 자신을 스스로 절단하여 C3a와 C3b의 두 조각이 만들어진다(**표 31.1**). 혈류와 조직액에서 C3b는 원래 불안정하지만, 미생물의 세포 표면에 결합하면 안정화된다. 막에 결합한 C3b는 옵소닌으로 작용하여 식세포에 의한 세균의 포획(식세포작용)을 돕는다(그림 31.5). 보체계에 의한 다른 두 가지 결과인 염증반응과 미생물세포의 용해를 일으키기 위해서는 C3b가 B 인자라 불리는 다른 보체 단백질과도 상호작용해야 한다. B 인자가 일단 C3b에 결합하면 또 다른 보체 단백질분해효소인 D 인자에 의해 B 인자가 2개의 조각으로 절단된다(**그림 31.7**). 절단 산물 Bb 인자는 C3b에 결합된 상태로 일명 C3bBb 복합체를 형성한다. C3bBb는 이후 단백질분해효소로 작용하는데, 이는 대체 보체경로의 **C3 전환효소**(C3 convertase)라 불린다. 이 C3 전환효소는 더 많은 C3을 C3a와 C3b로 잘라서 미생물 표면을 덮는 C3b의 양을 증가시킨다. 이처럼 LPS같은 미생물 표면 구조물에 잠시만 노출되어도 단백질 분해 과정이 연속적으로 일어나 C3로부터 C3b와 마지막으로 C3Bb가 출현한다. C3Bb는 더 많은 C3를 자르는 단백질분해효소이므로 이러한 과정이 연속적으로 일어나면 병원체의 세포 표면에는 수많은 C3b가 존재하게 된다.

C3bBb는 C3b의 양을 증가시킬 뿐만 아니라 또 다른 보체 단백질인 C5를 절단하여 활성화시킨다. C3bBb는 C3와 C5 모두를 절단하므로, C3 전환효소(단백질분해효소)이자 **C5 전환효소**(단백질분해효소)의 역할을 한다. C5 전환효소로서의 C3bBb는 C5를 잘라 C5a와 C5b로 만든다. C5b는 재빨리 2개의 추가적인 보체 단백질인 C6, C7과 결합하여 C5b67 복합체를 형성한다. 이 복합체는 미생물의 막에 결합한다. 이후 C8과 C9이 추가적으로 C5b67에 결합하여 표적 세포의 원형질막이나 외막에 구멍을 뚫는 **막공격복합체**(membrane attack complex, MAC)를 형성한다(**그림 31.8**). 이러한 구멍을 형성하는 복합체가 미생물 막을 덮게 되면 MAC은 매우 효과적인 용해 기전으로 작용한다. MAC은 그람음성균의 세포막을 뚫는 데에는 매우 효과적이나, 두꺼운 세포벽에 의해 보호되는 그람양성균이나 진

표 31.1 주요 보체 단백질과 그 기능

	단백질	기능
보체 활성화(세 가지 독특한 경로를 통해 시작함)		
대체 경로	C3	C3는 미생물 구조에 있는 반복 패턴과 결합하여 자발적으로 C3a와 C3b로 잘린다. C3b는 근처에 있는 막에 결합한다.
	D 인자	D 인자는 C3b에 의해 활성화되어 B 인자를 활성화한다.
	B 인자	Bb인자는 C3b에 흡착되어 C3 전환효소(단백질분해효소)인 C3bBb가 된다.
	C3bBb	C3bBb(활성이 있는 C3 전환효소)는 더 많은 C3를 절단하여 a와 b 조각으로 만든다. C3b는 가까이에 있는 막에 결합한다.
	프로퍼딘	프로퍼딘은 C3 전환효소를 안정화시킨다.
렉틴 경로	만노오스 결합 렉틴(MBL)	MBL은 미생물에 있는 만노오스에 결합하여 만노오스-연관 세린 단백질분해효소(MASP)가 되기 위해 혈장 에스테라아제를 끌어들여 결합한다.
	MASP-1, 2	MASP 단백질은 C3를 C3a와 C3b로 절단하고, C3b는 가까이에 있는 미생물 막에 결합한다.
고전 경로	항원(Ag)에 대한 노출로 적응면역계에 의해 생성된 항체(Ab)	항체는 미생물 표면에 있는 항원에 결합하여 항체의 구조에 3차원적 변화를 일으킨다. 이것은 항체의 카르복시 말단(Fc 부위) 가까이에 특정 아미노산을 드러내고, 새롭게 드러난 아미노산은 혈장의 C1 단백질을 끌어들인다.
	C1(q, r, s 요소로 구성된 삼량체)	C1q는 항원-항체 복합체의 Fc 부위에 결합한다. C1r과 C1s는 혈장에 있는 칼슘에 결합한다.
	항원-항체-C1q,r,s 복합체	항원-항체-C1 복합체는 혈장의 C2와 C4를 각각 그들의 a와 b 조각으로 자르는 활성화된 효소(C2/C4 에스테라아제라고 부름)다.
	C2a	C2a는 항원-항체-C1 복합체에 결합한다.
	C4b	C4b는 항원-항체-C1-C2a 복합체에 결합하여 C3 전환효소(단백질분해효소)가 된다.
	항원-항체-C1-C2a-C4b	항원-항체-C1-C2a-C4b(활성이 있는 C3 전환효소)는 혈장 C3를 그것의 a와 b 조각으로 자른다. C3b는 가까이에 있는 막에 결합한다.

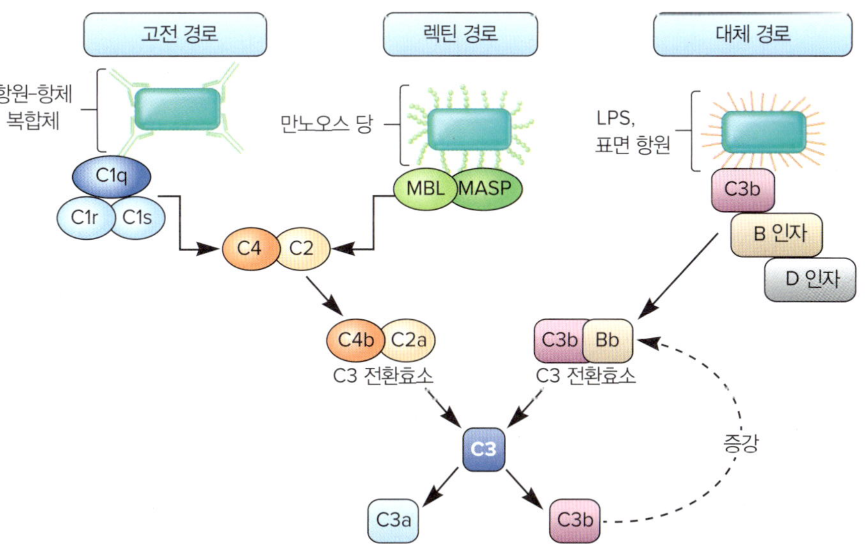

그림 31.7 세 가지 보체 경로에 의한 C3 전환효소의 활성화. C3 전환효소는 각 경로에 특이적인 단백질분해효소의 연속 작용에 의해 활성화된다. 렉틴 경로와 고전 경로에는 동일한 C3 전환효소인 C4b2a가 사용되지만, 활성화 과정은 각각 다르다. 렉틴 경로의 활성화에는 2개의 MB연관 세린 단백질분해효소(MASP: MASP-1과 MASP-2)가 관여하는데, 1개만 표시하였다. C3 전환효소가 대체 경로와 렉틴 경로에서는 미생물 표면에 결합하는 반면에 고전 경로에서는 항원-항체-C1 복합체에 결합한다. MBL: 만노오스 결합 렉틴.

연관 질문 C3bBb가 자르는 또 다른 보체 성분은 무엇인가?

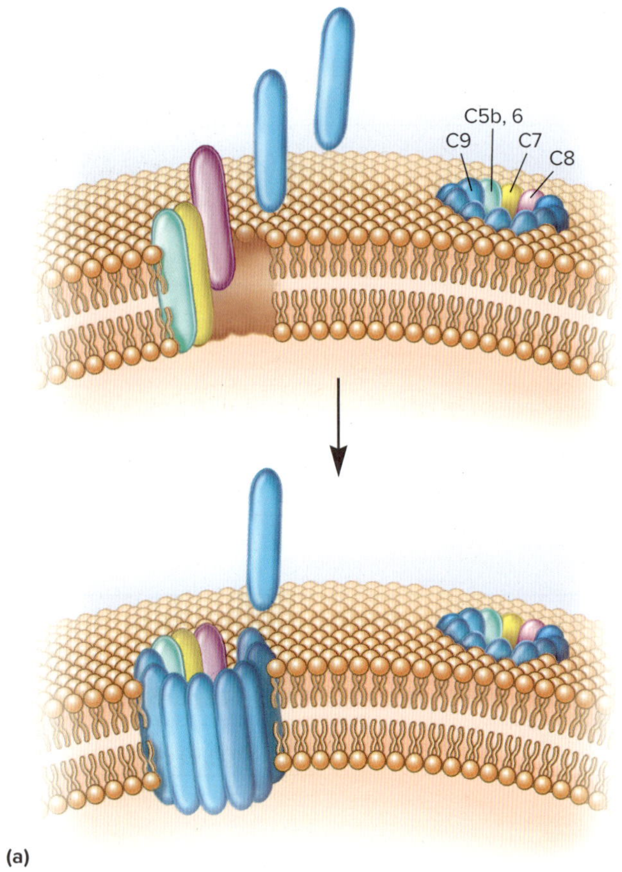

(a)

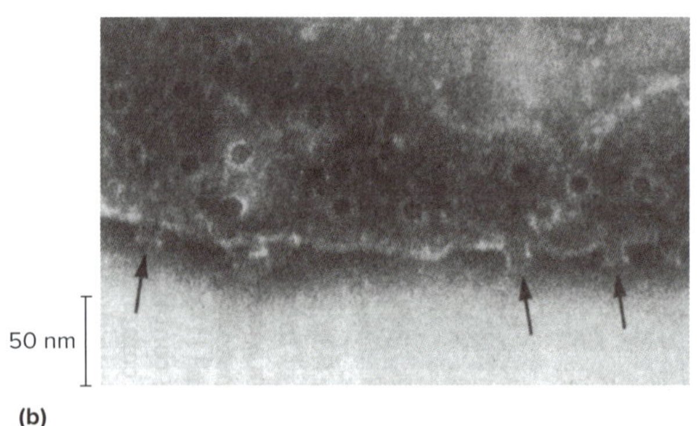

(b)

그림 31.8 막공격복합체. 막공격복합체(MAC)는 병원체의 막에 막관통 구멍을 만드는 관상구조다. (a) 막관통 구멍은 C5b678 복합체와 10~16개 C9 분자의 중합체로 형성된다. (b) MAC 구멍을 전자현미경으로 보면 분화구나 도넛처럼 보인다. (b) Sucharit Bhakdi

연관 질문 그람음성균이 보체에 의해 용해되는 것을 막기 위해 사용하는 전략은 무엇인가?

균에는 효과가 떨어진다. MAC은 병원체와 숙주세포의 막을 구분할 수 없기 때문에, 숙주세포는 혹시 있을 수도 있는 보체의 공격으로부터 자신의 막을 보호해주는 여러 기전을 가진다. 가장 중요한 기전은 숙주세포의 표면에 있는 단백질 H 인자와 붕괴촉진인자(decay accelerating factor, DAF)다. H 인자는 Bb를 불활성화시키는 반면 DAF는 다른 보체 인자들과 결합하여 숙주세포를 보호한다.

이제 분해산물인 C3a와 C5a로 관심을 돌려보자. 이들은 중요한 전염증성 효과(proinflammatory effect)를 가진다. C3a와 C5a가 특정 숙주세포의 수용체에 결합하면 숙주세포로부터 이들과는 다른 생물학적 신호물질이 분비된다. 이 신호물질은 혈관을 확장하고 신경을 자극하며 국소 혈관의 투과성을 증가시킨다. 이로써 식세포, 특히 호중구가 감염부위로 소집될 수 있다. 호중구는 식욕이 왕성한 식세포로서 세포외 병원체의 제거에 매우 중요하다. C3a와 C5a가 활성화된 결과 염증성 신호가 전달되면, 또 다른 선천면역세포들(예: 수지상세포와 대식세포)이 자극되고 이들이 적응면역반응을 활성화시킨다(31.4절).

렉틴 보체경로(lectin complement pathway)는 세균, 진균 및 일부 외피보유 바이러스에 반응하여 활성화된다. 이 미생물들은 만노오스를 가지고 있어 탐지가 되는데, 만노오스는 사람 세포에서는 발견되지 않는 탄수화물이다. 만노오스는 **만노오스 결합 렉틴**(mannose-binding lectin, MBL)이라 불리는 단백질에 의해 탐지된다(그림 31.7, 표 31.1). 렉틴 보체경로가 활성화되려면 C3 전환효소의 활성화가 필수적이다. MBL이 병원체 표면의 만노오스에 결합하면, 또 다른 혈액 단백질인 **만노오스결합 렉틴연관 세린 프로테아제-1**(mannose-binding lectin-associated serine protease-1, MASP-1) 및 MASP-2와 복합체를 이룬다. MASP는 곧 활성화되어 단백질분해효소로 작용한다. MASP 단백질분해효소는 제일 먼저 보체 단백질 C4를 C4a와 C4b로 자른다. C4b는 미생물 표면에 결합한다는 점에서 C3b와 같다. C4b가 일단 표적 미생물에 결합하면, 다른 보체 단백질 C2가 C4b와 복합체를 이룬다. 이후 MASP가 C2를 C2a와 C2b로 자른다. C2a는 곧 C4b와 결합하여 또 다른 C3 전환효소를 형성한다. 대체 경로의 C3 전환효소처럼, 렉틴 경로의 C3 전환효소도 C3를 C3a와 C3b로 자른다. 이때 C3b는 옵소닌으로 작용하기도 하고, 일부는 C4b 및 C2a와 함께 C5 전환효소(C3b + C4bC2a)를 형성한다. 이어서 MAC의 성분들이 조립되고, C5a와 C3a는 염증반응을 촉발하게 한다. 이처럼 렉틴 경로에서는 이전과는 다른 C3 전환효소와 C5 전환효소가 사용되지만, 대체 경로에서처럼 동일한 세 가지 결과가 나타난다(그림 31.7).

고전 보체경로(classical complement pathway)의 활성화는 전형적으로 특정 병원체에 대한 항체에 의존한다(표 31.1). 항체는 당단백질이며, 적응반응의 일원인 활성화된 B 세포로부터 생산된다(32.7절). 항체는 각각 특정 항원에 결합한다. 보체 단백질은 항상 낮은 농도와 불활성 상태로 존재하는 까닭에, 항체가 미생물 표면의 항원에 결합하면, 그때 C1이 항원-항체 복합체에 추가적으로 결합하게 된다. C1

은 세 가지 단백질(q, r, s)로 이루어진 보체 인자다. 이로써 3합체(C1qrs + 항체 + 항원)를 형성하는데, 이 3합체는 단백질분해효소의 활성을 가진다(그림 31.7). 활성화된 C1s 성분은 C4와 C2를 잘라 C4b와 C2a를 방출하고 이로부터 이미 렉틴 경로에서 설명한 것처럼 C3 전환효소인 C4b2a를 만든다. 하지만 렉틴 경로에서는 C4b2a가 직접적으로 미생물세포나 다른 항원 입자에 결합한 반면, 고전 경로에서는 C4b2a가 항원-항체-C1 복합체에 결합한다. 렉틴 경로에서는 C4b2a가 C3 전환효소로 작용하여 C3를 병원체에 결합하는 조각인 C3b와 용해성 성분인 C3a로 자른다. 이와 비슷하게 고전 경로의 C5 전환효소도 렉틴 경로의 C5 전환효소(C3b + C4bC2a)와 동일하다. 이처럼 세 경로의 주요 차이점은 (1) 초기 활성화를 촉발하는 분자 유형(반복적인 표면 분자, 만노오스, 항체-항원 복합체), (2) C3 전환효소와 C5 전환효소가 활성화되는 방법(연속적인 단백질 분해과정의 첫 단계에 관여하는 불활성 보체 단백질의 종류에 의존), (3) 렉틴 경로와 고전 경로에서는 동일하지만 C3 전환효소와 C5 전환효소의 구성성분이다. 이러한 차이점에도 불구하고, 이들 세 보체 경로는 3가지 공통적인 결과인 (1) 염증, (2) MAC 조립, (3) 옵소닌화를 도출해 낸다.

이 3가지 경로는 동시에 활성화되지 않는다는 점이 중요하다. 특정 지역의 조직에 처음으로 도착한 미생물은 대체 경로의 성분과 먼저 상호작용하고, 이후 렉틴 경로와 작용한다. 만약 병원체가 지속적으로 존재하거나 숙주에 재차 침입하게 된다면, 항체반응도 고전 보체경로를 활성화시킬 것이다.

사이토카인은 세포 사이의 화학 메시지다

면역계가 온전하게 기능하고 상호 간에 협조하기 위해서는 고도로 특화된 소통 시스템이 필요하다. 포유류의 면역계가 적절한 면역반응을 위해 사용하는 수단은 수용성의 작은 단백질이다. 이 단백질은 표적세포의 수용체에 결합하여 특정 유전자의 전사와 단백질의 활성을 조종하는 신호전달 경로를 시작하게 한다. 사용되는 사이토카인 각각은 하나의 특정 세포반응이나 여러 반응들을 촉발시킨다. 따라서 어떤 신호를 받는지, 일정시간에 얼마나 많은 수용체가 결합하는지, 내부나 외부로부터 어떤 방해를 받는지에 따라 면역반응은 다르게 나타난다.

사이토카인(cytokine)은 한 세포 집단에서 만들어져 세포와 세포 사이의 신호분자로 작용하는 용해성 저분자단백질 또는 당단백질(glycoprotein)을 일컫는 일반적인 용어다. 사이토카인은 다양한 종류의 세포에 의해 만들어진다. 사이토카인은 일단 분비되면 광범위한 세포에 영향을 미쳐 다양한 세포반응을 일으킨다. 사이토카인의 합성은 바이러스나 세균 또는 기생충 감염, 암 또는 염증과 같은 자극에 의해 빈틈없이 조절되고 유도되어야 한다. 또한 특정 면역세포가 생산하는 일부 사이토카인은 분비되어 다른 세포로부터 또 다른 사이토카인의 생산을 유도할 수도 있다. 사이토카인은 표적세포 표면의 특정 수용체에 결합할 때에만 생물학적 반응을 유도할 수 있다.

사이토카인을 분류하기 위해 많은 방법들이 있지만 세 그룹으로 단순화할 수 있다. 이들은 (1) 주로 선천면역 기전을 조절하는 사이토카인, (2) 주로 적응면역을 조절하는 사이토카인, (3) 조혈작용(혈액 세포의 발달과정)을 조절하는 사이토카인이다(**표 31.2**).

사이토카인에 이름을 붙이는 작업은 왼손이 한 일을 오른손이 모르는 이야기처럼 불행한 스토리의 하나였다. 역사적으로 새로운 단백질이 발견되는 대로, 과학자는 그것의 기능에 기초하여 이름을 붙였다. 단백질 생화학이 더욱 정확해지면서 과학자는 구조에 기반하여 단백질을 그룹으로 묶었다. 결과적으로 이것은 동일한 기능을 가지고 있지만 다른 이름을 갖게 되고, 동일한 구조를 가지지만 서로 다른 이름을 갖게 되는 단백질의 목록이 만들어진 것이다. 단순히 사이토카인의 명명법은 네 가지의 기능성 그룹으로 나누어진다. (1) 세포 이동[예: 주화성(chemotaxis)이나 화학운동성(chemokinesis)]을 자극하는 사이토카인은 **케모카인**(chemokine), (2) 백혈구에서 분비되어 다른 백혈구에 작용하면 **인터루킨**(interleukin), (3) 감염된 진핵세포가 만드는 조절 사이토카인은 **인터페론**(interferon), (4) 골수에서 미성숙 백혈구의 성장과 분화를 자극하는 사이토카인은 **집락자극인자**(colony-stimulating factor, CSF)라 불린다. 마지막으로 일부 면역세포가 생산하는 중요한 사이토카인 중에는 초기에 실험실 내에서 활성을 가진 것으로 관찰된 **종양괴사인자**(tumor necrosis factor, TNF)가 있다. 이들의 면역기능은 염증반응을 자극하는 것이다. 이러한 명칭이 기능을 알 수 있는 손쉬운 방법이긴 하지만 서로 배타적이지는 않다. 예를 들어, 한 종류의 백혈구에서 생산된 인터페론은 다른 백혈구의 행동에 영향을 준다. 즉, 인터페론이 인터루킨의 역할도 한다는 것이다.

급성기 단백질

사이토카인에 더해 숙주에 극적인 생리적 변화를 일으킬 수 있는 다양한 생물학적 활성을 지닌 분자들이 있다. 중요한 예로 **급성기 단백질**(acute-phase protein)이 있는데, 이 단백질은 상처 부위나 감염이 발생할 때 대식세포가 분비하는 전염증성 사이토카인에 의해 간에서 만들어진다. 이들은 혈액의 손실을 막고 숙주로 하여금 미생물의 침입에 준비하게 한다. 급성기 단백질에는 C-반응 단백질(CRP), 보체 단백질인 만노오스 결합 렉틴(MBL), 계면활성제 단백질 A (SP-A)

표 31.2 사이토카인의 예와 그들이 매개하는 기능

	사이토카인[1]	합성 장소	역할
선천면역	IL-1	대식세포, 내피세포, 상피세포	열을 포함한 염증반응 상승 조절, 급성기 단백질의 분비를 자극
	IL-6	대식세포, T 세포, 내피세포	열을 포함한 급성기 반응을 상승 조절, 호중구 성숙을 자극, T 세포의 보조 T 세포(T_H17)로의 분화를 유도
	IL-8	호중구, 대식세포, 수지상세포, 내피세포, 상피세포	호중구를 활성화, 주화성을 유도, 염증 상승
	IL-15	대식세포	NK 세포 증식을 상승 조절
	IL-23	대식세포, 수지상세포	T 세포의 IL-17 분비 유도하여 염증반응 상승을 조절, 이어 호중구 활성을 자극
	TGF-β	수지상세포, 보조 T 세포	T 세포의 보조 T 세포(T_H17, Treg)로의 분화를 유도, 항체 생성을 자극
	TNF-α	대식세포, NK 세포, T 세포	열을 포함하는 염증반응을 상승 조절, 급성기 단백질의 합성을 촉진, 호중구 활성을 자극
	I형 IFN(IFN α/β)	바이러스에 감염된 숙주세포, 형질세포양 수지상세포, 대식세포, NK 세포	광범위한 항바이러스 및 항암 활성을 유도, 세포독성 기능을 향상, 염증 촉진
적응면역	IL-2	T 세포	T 세포와 NK 세포의 성장과 분화를 촉진
	IL-4	보조 T 세포(T_H2), 수지상세포	T 세포의 보조 T 세포(T_H2)로의 분화를 유도, 항체 생성을 자극
	IL-5	T 세포 아집단, 비만세포	B 세포 성장자극, 항체 분비 향상, 호산구를 활성화
	IL-10	조절 T 세포, 대식세포	전염증성 사이토카인의 분비를 억제하여 전반적인 항염증성 효과
	IL-12	보조 T 세포(T_H1), 수지상세포, 대식세포	T 세포의 보조 T 세포(T_H1)로의 분화를 유도, NK 세포 활성을 자극
	IL-17	보조 T 세포(T_H17)	단핵구 및 호중구 케모카인, 다양한 세포로부터 전염증성 사이토카인 IL-6, TNF-α, IL-1, 케모카인 및 프로스타글란딘을 유도
	II형 IFN(IFN γ)	보조 T 세포(T_H1), 수지상세포, NK 세포	T 세포의 보조 T 세포로의 분화를 유도, 항체 생성을 자극, 대식세포와 NK 세포 활성을 상승 조절
조혈	IL-3	호염구, 활성화된 T 세포	다능 조혈모세포의 골수계 전구세포로의 전환을 자극, 골수계 세포 증식을 자극
	IL-7	골수세포, 융선기질세포, 수지상세포, 상피세포, 간세포	다능 조혈모세포의 림프계 전구세포로의 전환을 자극, 림프계 세포 증식을 자극
	CSF-1	뼈모세포	조혈모세포의 단핵구/대식세포로의 증식 및 분화를 유도, 단핵구의 생존을 촉진
	CSF-2	대식세포, T 세포, 내피세포, 비만세포, 섬유모세포	조혈모세포의 과립구/단핵구로의 증식 및 분화를 유도
	CSF-3	많은 세포 및 조직	조혈모세포의 호중구로의 증식 및 분화를 유도, 호중구의 기능과 생존을 자극

[1] 사이토카인: CSF[집락자극인자(colony-stimulating factor)], IFN[인터페론(interferon)], TNF[종양괴사인자(tumor necrosis factor)]

와 D (SP-D) 등이 있다. 이들은 모두 세균의 표면에 결합하여 옵소닌으로 작용한다. CRP는 고전 보체경로를 활성화시키기 위해 C1q와 반응할 수 있다. MBL은 세균과 진균에 결합하여 렉틴 경로를 통해 보체를 활성화시킨다. SP-A, SP-D, MBL 및 C1q는 모두 **콜렉틴**(collectin)이라고도 알려졌는데, 이것은 콜라겐(collagen) 유사 모티프가 α-나선에 의해 구형 결합부위에 연결된 단백질이다. 이 단백질은 다른 단백질들과 함께 외래 당과 지질에 결합하고 응집, 보체 활성 및 옵소닌화 등 여러 기전을 통해 미생물과 그 생성물의 제거를 도와줌으로써 숙주 조직을 보호한다(31.6절).

마무리 점검

1. 리소자임과 트랜스페린은 어떻게 세균의 성장을 제한하는가?
2. 양이온 펩티드와 박테리오신의 기능과 출처(숙주 또는 세균)에 대해 설명하시오.
3. 대체, 렉틴 및 고전 보체경로가 활성화되는 과정과 C3 전환효소 및 C5 전환효소의 작용을 그림으로 표시하여 설명하시오.
4. 보체 활성화를 통해 나타나는 세 가지 결과를 설명하시오.
5. 표 31.2에 표시된 정보에 기초하여 어떤 사이토카인이 발열을 일으키는가? 또한 어떤 사이토카인이 항바이러스 활성을 나타내는가?
6. 항염증성 활성을 나타내는 사이토카인이 중요한 이유는 무엇인가?
7. 급성기 반응물질은 어떻게 병원체 제거에 도움을 주는가?

31.4 선천면역계의 세포는 각각 자신만의 특별한 기능을 가진다

이 절을 학습한 후 점검할 사항:

a. 선천면역에 관여하는 서로 다른 유형의 백혈구를 구별할 수 있다.
b. 미생물 침입에 대한 백혈구의 반응을 설명할 수 있다.
c. 숙주 면역과 연계하여 숙주 내부의 백혈구 분포를 설명할 수 있다.

다른 기관계(예: 호흡기, 심장)와는 달리, 면역계는 흉선 및 **백혈구**(leukocyte: 그리스어 *leukos*는 '흰색'을, *kytos*는 '세포'를 의미)로 구성되어 있다. 따라서 면역계를 이해하려면 백혈구에 속한 모든 세포 유형의 출처와 기능을 알아야 한다. 혈액세포의 발달은 포유류의 **골수**(bone marrow)에서 **조혈과정**(hematopoiesis)을 통해 일어난다. 모든 백혈구는 태아의 간에 있는 조혈 전구세포(hematopoietic precursor cell)에서 최초로 만들어지고, 출생 후에는 골수에서 만들어진다(**그림 31.9**). 계속 발달하도록 자극받으면 일부 백혈구는 조직으로 이동하여 그곳에 존재하면서 국소적인 외상에 반응하는 세포가 된다. 이들 세포가 외부 생명체의 침입을 알리는 신호 경보를 울린다. 다른 백혈구는 체액을 순환하다가 경보가 울리면 감염이 일어난 부위로 모여든다.

평균적인 성인은 1 mL의 혈액당 4,500~10,000개의 백혈구를 가지고 있다. 이러한 평균값도 면역반응 동안에는 크게 변화한다. 예를 들어, 대부분의 세균이나 진균 감염에서 백혈구가 골수로부터 혈액을 통해 침입 장소로 이동하면서 백혈구의 수는 크게 증가한다. 혈액 내에서 순환하는 백혈구의 일시적인 증가(백혈구 증가증)는 임상 의사들이 감염과정을 진단하는 데 도움을 주는 생물지표로 작용한다. 이제 이러한 세포들과 이들의 특화된 기능을 소개하도록 한다.

비만세포

비만세포(mast cell)는 골수에서 유래하여 결합조직에서 분화하는 세포다. 비만세포(그림 31.9)는 들쭉날쭉한 핵과 과립이라 부르는 특화된 세포소기관으로 가득 찬 세포질을 가지고 있다. 비만세포는 식세포작용을 하지는 않지만, 자극을 받으면 **탈과립**(degranulation)이라는 과정을 통해 과립 내용물을 세포 밖으로 빠르게 분비한다. 비만세포 과립은 혈관의 탄력성과 직경에 영향을 주는 물질인 **혈관 활성 인자**(vasoactive mediator)를 가지고 있다. 이것은 히스타민, 프로스타그란딘, 세로토닌, 헤파린, 도파민, 혈소판 활성인자 및 류코트리엔을 포함한다. 또한 비만세포의 표면에는 벌레 감염과 알레르기 반응에 연관된 항체(IgE)에 대해 높은 친화력을 지닌 수용체가 있다. 이 수용체에 충분한 양의 IgE가 결합할 때 이미 만들어져 있던 혈관 활성인자의 분비가 일어난다. 32장에서 논의하겠지만 이것은 습진(eczema), 고초열(hay fever), 천식(asthma)과 같은 특정 알레르기 반응에 중요한 역할을 한다. ▶| 항체는 특정 3-D 항원과 결합한다(32.7절); 과민반응(32.9절)

과립구

과립구(granulocyte)도 2~5개의 조각으로 이루어진 비정형의 핵을 가지고 있다(그림 31.9). 이들의 세포질에는 미생물을 죽이고 염증을 촉진하는 반응성 물질을 지닌 과립이 있다. 이들 과립구의 3 유형은 호염구, 호산구, 호중구다.

호염구(basophil: 그리스어 *basis*는 '염', *philein*은 '사랑하다'를 의미)는 두 조각으로 이루어진 부정형의 핵을 가지고 있다(그림 31.9). 호염구의 과립에는 비만세포처럼 히스타민 등 여러 유사물질들이 들어 있다. 비만세포처럼 호염구도 알레르기와 과민반응을 일으키는데, 그 이유는 IgE에 대해 고친화성 수용체를 가지고 있어 이미 형성된 혈관 활성인자를 분비하기 때문이다.

호산구(eosinophil: 그리스어 *eos*는 '새벽, 여명'을 의미)는 염색질의 가는 실로 연결된 두 조각의 핵을 가지고 있다(그림 31.9). 호산구의 과립에는 페록시다아제와 주요 염기성 단백질(major basic protein)이라 불리는 부식성 단백질뿐 아니라 가수분해효소(예: 핵산 분해효소, 글루쿠로니다아제)를 가지고 있다. 호산구는 혈류에서 소량으로 순환하고 케모카인에 의해 소집되어 조직 공간, 특히 점막으로 이동한다. 이들은 선충류 기생충에 대한 방어에 중요한 역할을 한다. 이 기생충들은 식세포작용이 되기에는 너무 크기 때문에 호산구는 가수분해효소, 양이온 펩티드와 활성산소종 물질을 세포외액으로 분비하여, 기생충의 원형질막에 손상을 입혀 죽인다. 또한 호산구는 히스타미나아제(histaminase)가 들어 있는 과립을 가지고 있기 때문에 알레르기 반응에도 관여한다. 따라서 혈액에서 순환하는 호산구의 수는 종종 기생충 감염과 알레르기 반응에 의해 증가한다. ▶| 제1형 과민반응(32.9절)

호중구(neutrophil: 라틴어 *neuter*는 '어느 쪽도 아닌'을 의미)는 염색질의 가는 실로 연결된 3~5조각의 핵을 갖고 있다(그림 31.9). 호중구는 1차와 2차 과립이라고 알려진 눈에 잘 띄지 않는 세포소기관을 가지며 식세포작용이 왕성한 식세포다. **1차 과립**에는 페록시다아제, 리소자임, 디펜신 및 다양한 가수분해효소가 들어 있는 반면에, 그것보다 작은 **2차 과립**은 콜라겐분해효소(collagenase), 락토페린, 카텔리시딘, 리소자임을 가지고 있다. 이들 효소 및 다른 분자들은 모두 식세포작용 후에 외래물질의 세포내 소화를 돕는다(31.6절)

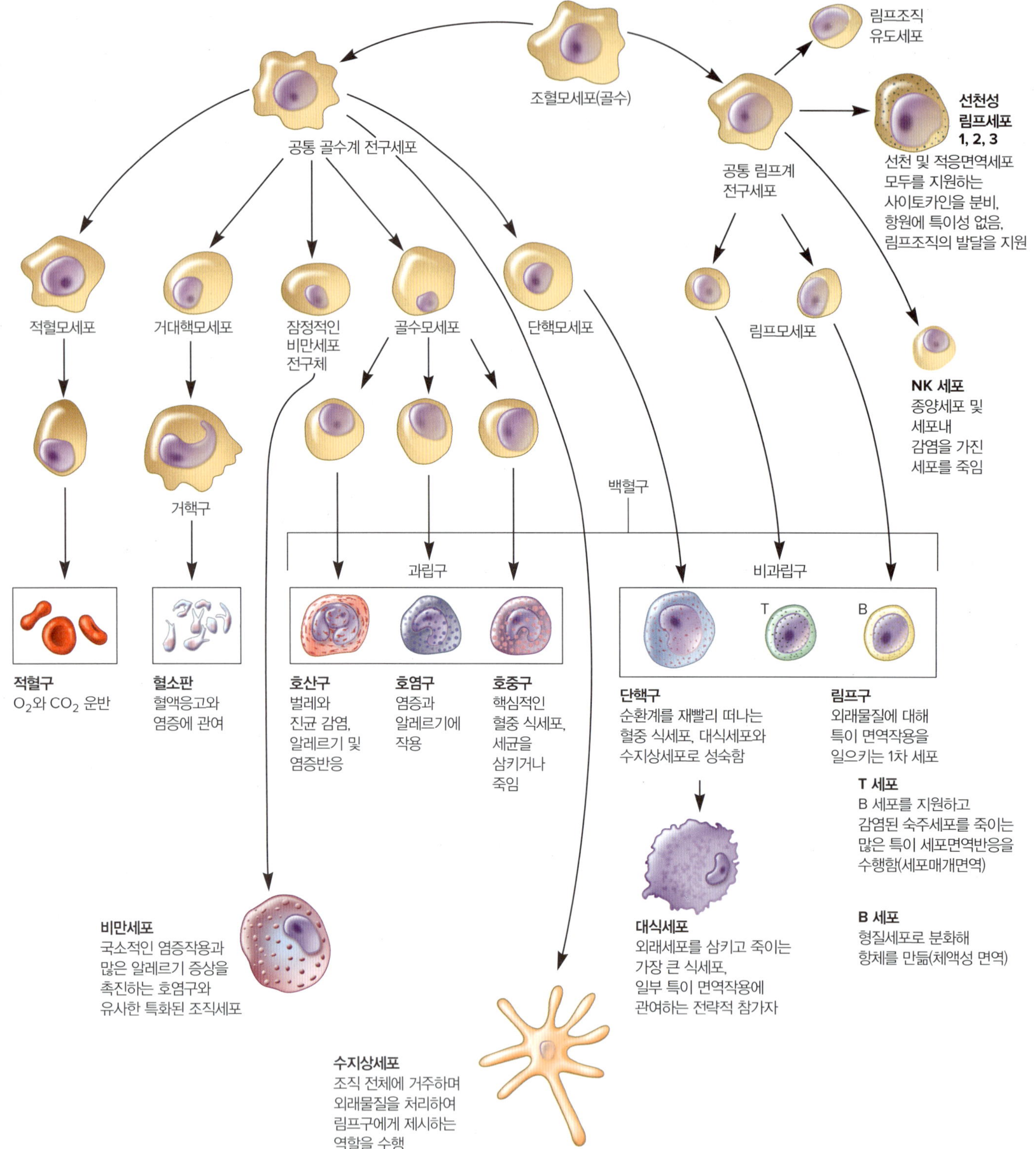

그림 31.9 다양한 유형의 사람 혈액세포. 골수에 있는 조혈모세포(hematopoietic stem cell)는 2가지 혈액세포 계열로 나뉜다. (1) 공통 골수계 전구세포는 적혈구(RBC)를 만드는 적혈모세포, 혈소판을 생성하는 거대핵모세포, 비만세포가 되는 알려지지 않은 전구세포가 된다. 골수모세포는 과립구(호산구, 호염구, 호중구)로 성숙되고 단핵구는 대식세포가 된다. 수지상세포는 별개 계열이 된다. (2) 공통 림프계 전구세포는 B 세포, T 세포, 선천성 림프세포(ILC) 1, 2, 3과 자연살해(NK)세포 및 림프조직 유도세포가 된다.

성숙한 호중구는 골수를 떠나 혈액을 순환하기 때문에 상처받거나 감염된 조직으로 빠르게 이동하여 1차적인 식세포작용을 한다. 호중구는 C3a와 C5a 보체가 분비된 곳으로 이동하여 빠르게 포식될 수 있는 옵소닌화된 입자를 만나게 된다. 호중구는 일주일 정도의 제한된 수명을 가지고 있다. 호중구와 이들의 항미생물 물질에 대해서는 식세포작용(31.6절)과 염증반응(31.7절)에서 자세히 설명할 것이다. 호산구, 호염구, 호중구는 모두 **다형핵 세포**(polymorphonuclear cell, PMN)라고도 불린다.

단핵구, 대식세포, 수지상세포

단핵구(monocyte: 그리스어 *monos*는 '하나', *cyte*는 '세포'를 의미)는 세포질에 구형 또는 신장 모양의 핵과 과립을 가지고 있는 백혈구다(그림 31.9). 이들은 골수에서 만들어져 혈액으로 들어가 약 8시간 동안 혈액을 순환하면서 크기가 커지고, 조직으로 이동하여 대식세포로 성숙한다.

대식세포(macrophage: 그리스어 *macros*는 '큰 것', *phagein*은 '먹다'를 의미)는 단핵구로부터 유래되고 단핵구보다 더 큰 백혈구다. 대식세포는 특정 조직에 정착하기 때문에 가끔 고정 대식세포 또는 상주 대식세포로 불린다. 그 조직에서 대식세포는 감시병 역할을 하여 미생물이 침입했을 때 화학적 비상경보를 주위로 보낸다. 보체 활성화와 함께 대식세포는 케모카인을 분비하여 호중구를 감염 부위로 끌어 들인다. 이곳에서 병원체는 호중구에 의해 쉽게 포식되어 다른 신체 부위로 퍼지지 못하게 된다. 대식세포와 호중구는 매우 중요한 포식자이기 때문에 선천성 저항에서의 이들의 기능은 식세포작용의 관점에서 좀 더 자세히 다룰 것이다(31.6절).

수지상세포(dendritic cell, DC)에는 나뭇가지처럼 기다란 세포돌출이 많아서 식별하기에 용이하다(**그림 31.10**). 이들은 돌출로 인한 세포 표면의 확장을 통해 항원을 수집하기에 유리하다. 대부분의 수지상세포들은 조직에서 발견되는데, 특히 이들은 피부에서 랑게르한스 세포(그림 31.2)라고 불리고 코, 폐, 장의 점막에 존재하여 지속적으로 그들의 환경을 조사한다. 수지상세포는 병원체를 탐지하여 잡아먹도록 프로그램되어 있는 고도로 특화된 세포다. 이들은 포식된 병원체로부터 유래된 펩티드 조각을 자신의 표면에 위치한 특별한 수용체에 전시한다. 일단 포식된 병원체의 펩티드가 제자리에 전시되면 수지상세포는 림프구에게 항원을 보여주거나 제시하기 위해 림프조직으로 이동하여 침입자에 대한 필수적인 정보를 공유하고 적응 면역반응을 자극한다. 수지상세포는 T 세포로부터 특정 항원에 대한 면역반응을 이끌어낼 수 있다. 이처럼 수지상세포는 모든 병원체에 대한 선천성 반응을 특정 항원에 대한 적응반응으로 연결하는 중요한 역할을 한다. ▶| 항원은 면역을 유도한다(32.2절); T 세포는 면역기능을 위해서 매우 중요하다(32.5절)

지금까지 매우 중요한 식세포들인 호중구, 대식세포, 수지상세포를 학습했다. 이들 3종류의 세포는 종종 **전문적 식세포**(professional phagocyte)라고 불린다. 더 자세한 식세포작용에 대해서는 31.6절에서 논의하겠지만 우선 각 전문적 식세포의 특이한 기능을 살펴보는 것도 의미가 있다. 피부와 같은 선천면역의 장벽을 통과한 미생물을 상상해보자. 피부에 상주하는 대식세포가 제일 먼저 미생물과 만나게 되고, 보체 활성화와 함께 케모카인을 사용하여 화학적 경보를 울리게 된다. 이 경보로 수많은 호중구가 감염부위로 몰려든다. 도착하자마자 호중구는 실제로 자신의 탐식을 이겨내지 못할 만큼의 빠른 속도로 미생물세포를 포식한다. 한편 수지상세포는 만나는 미생물을 게걸스럽게 포식해 파괴하기보다는 식세포작용으로 미생물을 수집함으로써 더 신중한 방법을 선택한다. 이들의 목적은 자신의 표면에 미생물의 항원 조각을 포장해 전시하는 것이다. 목적을 달성하면 수지상세포는 미생물 침입자의 존재를 적응면역계의 세포들에게 알리기 위해 감염 부위로부터 가장 가까운 림프절로 이동한다.

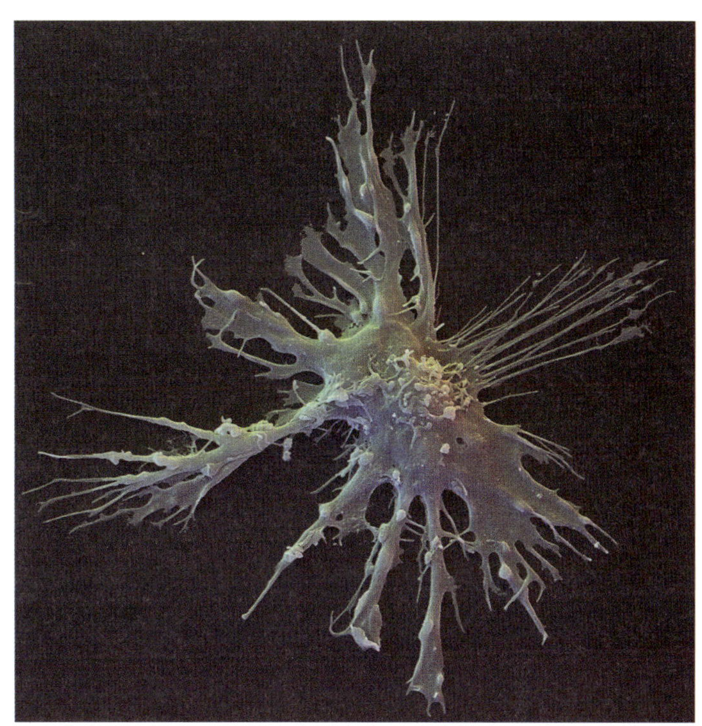

그림 31.10 수지상세포. 수지상세포는 신경세포인 수상돌기의 세포돌기와 모양이 유사하기 때문에 이름이 지어졌다. 수지상세포는 림프조직으로 이동하여 적응면역반응을 촉진하기 위해 림프구에게 항원을 제시한다. David Scharf/Science Source

연관 질문 수지상세포의 세포 돌기는 무엇에 이용되는가?

선천성 림프세포

그림 31.9를 자세히 살펴보면 지금까지 논의한 모든 선천면역세포들은 공통 골수계 전구세포로부터 유래함을 알 수 있다. 자연살해세포가 공통 림프계 전구세포로부터 유래하는 것으로 밝혀졌을 때 과학

자들은 당황하였다. 그 이유는 이 세포가 선천면역 기능을 가지고 있기 때문이었다. 아주 최근에 공통 림프계 전구세포로부터 선천면역계에서 작용하는 색다른 유형의 세포인 **선천성 림프세포**(innate lymphoid cell, ILC)가 유래한다고 알려졌다. 이 모든 세포들이 동일한 전구세포를 공유하기 때문에 림프구이지만, 2가지 핵심 특성으로 인해 적응면역의 림프구들(T 세포와 B 세포)과는 구분된다. 첫째, T 세포나 B 세포와는 달리 NK 세포를 포함한 선천성 림프세포는 항원 특이 수용체를 발현하는 복잡한 발생과정을 동일하게 따르지 않는다는 것이다. 이는 두 번째 주요 차이점으로 나타나게 된다. 즉, 적응면역세포들과는 다르게 선천성 림프세포에는 특이 병원체에 반응하거나 '기억'하는 수용체가 없다. 대신 선천면역세포처럼 호중구, 대식세포, 수지상세포에게 보내는 동일한 스트레스 신호에 의해 자극된다. 이 신호에는 옵소닌화된 미생물, 외래항원, 사이토카인이 포함된다.

일단 성숙되면 각각의 ILC는 자신만의 다른 기능을 가지게 된다. 이름이 말해주듯이 **림프조직유도체세포**(lymphoid tissue inducer cell, LTi cell)는 림프절과 페이에르판(소장에서 특화된 림프조직)에서의 조직발생을 촉진한다. 이는 31.5절에서 논의할 것이다. 다른 선천성 림프세포(ILC)는 서로 다른 종류의 항원 자극에 반응하는 3종류의 기능성 세포인 **ILC 1, 2, 3**으로 분류된다(**그림 31.11**). 세포내 병원체(예: 바이러스)에 자극되면 ILC-1은 대식세포를 활성화시킨다. 기생충(특히 장에 서식하는 종류)과 같은 세포외 병원체에 반응해서 ILC-2는 혈관확장, 더 많은 점액의 분비 및 대식세포 활성을 촉진시킨다. ILC-2는 아직은 잘 이해할 수 없지만 체온 조절에도 어떤 역할을 한다. ILC-3는 미생물병원체 뿐 아니라 우리 몸의 고유미생물

COVID-19

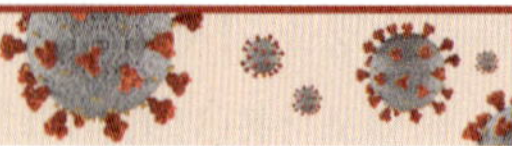

SARS-CoV-2에 감염된 사람은 정상적으로 보이기도 하고(무증상), 심각하게 아픈 경우도 있다. 선천성 면역반응은 두 경우와 모두 밀접한 관계가 있다. 무증상의 사람이 증상을 나타내는 사람보다 더 강력한 NK 세포의 방어작용을 한다는 증거가 일부 제시되었다. 반면에 감염이 생존을 위협하는 질병을 일으켜, 많은 치명적 증상을 나타내는 사람에게서 염증성 사이토카인의 대량생산이 원인이 되었다는 증거도 있다(그림 37.4 참조).

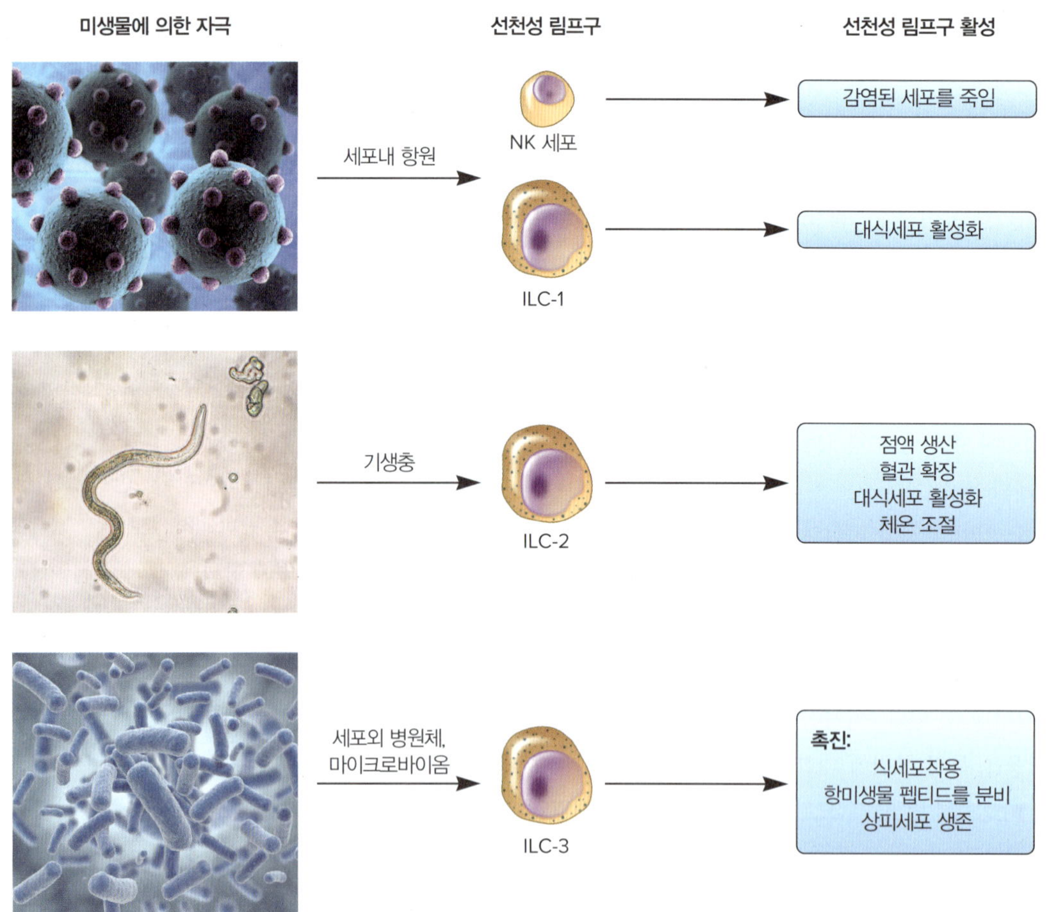

그림 31.11 선천성 림프구 자극과 반응. (Left top) Nixxphotography/Getty Images; (Left middle) Olgaru79/Shutterstock; (Left bottom) Jezperklauzen/iStock/Getty Images

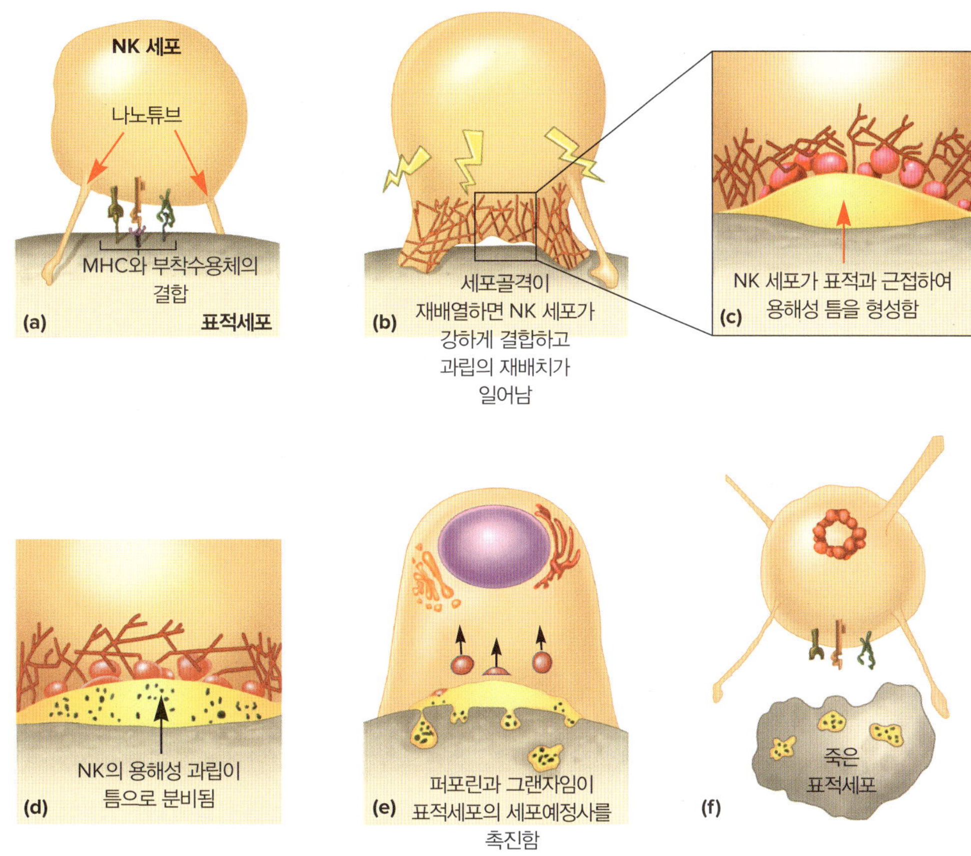

그림 31.12 비정상적인 세포를 인식하고 파괴하기 위해 자연살해세포(NK 세포)가 사용하는 시스템. (a) NK 세포는 막의 나노튜브를 이용하여 표적세포를 검사한다. (b) 미세소관은 표적세포 방향으로 과립을 배열한다. (c) 용해성 틈(lytic cleft)이 형성된다. (d) 과립이 NK를 떠나 틈으로 방출된다. (e) 용해성 퍼포린과 그랜자임이 표적세포를 파괴한다. (f) NK 세포가 죽은 표적세포를 떠나 다른 세포로 이동한다.

총에도 반응하기 때문에 면역 항상성에 매우 중요한 것으로 판명되었다. ILC-3는 항미생물 펩티드의 분비를 자극하고, 장내 고유미생물총에 대한 면역반응은 방해하고, 식세포작용과 점막에 배열된 상피세포의 생존은 촉진함으로써 짐막을 따라 일어나는 장벽 기능이 유지되도록 도와준다. ▶| 기능적 핵심 마이크로바이옴이 숙주의 항상성에 필요하다(33.3절)

자연살해세포(natural killer cell, NK cell)는 세포독성 ILC로 간주되기도 한다(그림 31.11). 이들은 크기가 큰 과립성 세포로서 스트레스 받은 세포나 악성세포(malignant cell) 또는 바이러스에 감염된 세포를 발견하여 파괴한다(**그림 31.12**). NK 세포는 여러 표면 수용체를 통해 주변의 세포들을 접촉하면서 그들을 검사한다(그림 31.12a). 이러한 상호작용으로 NK 세포에게 살해신호와 생존신호가 전해진다. 표적세포의 운명이 결정되는 것은 이 신호의 균형에 의해서다. 만약 표적세포가 결함이 있거나(예: 암) 감염되었다면 살해신호가 생존신호보다 더 커서 NK 세포가 치명적이 된다.

일단 표적세포를 죽이도록 활성화되면 NK 세포는 자신의 세포골격 단백질을 표적세포에 가까이 이동시키고 운반한 독성분자를 방출한다(그림 31.12). 독성분자에는 **퍼포린**(perforin) 단백질과 **그랜자임**(granzyme)이라 불리는 효소가 있다. 퍼포린은 그랜자임의 진입을 손쉽게 하기 위해 표적세포의 막에 구멍을 만들지만, 그들의 기능은 좀더 복잡하다. 이 단백질들은 함께 협동하여 표적세포가 자살(세포예정사)하게 만든다.

표적세포가 전달하는 살해신호와 생존신호의 균형에 반응하는 것에 더해 NK 세포는 제거될 필요가 있는 세포를 감지하는 다른 방법을 가진다. NK 세포는 항체에 대한 수용체를 가지고 있기 때문에 항체로 옵소닌화된 세포를 공격할 수 있다. 자기 세포는 항원성을 가지면 안 되고 따라서 항체로 뒤덮이면 안 된다는 점을 기억하라. 하지만 암세포는 적응면역에 의해 비자기로 감지될 수 있는 돌연변이 단백질을 만들어 낼 수 있다. 또한 바이러스나 세포내 병원체에 감염된 숙주세포는 자신의 표면에 바이러스 단백질을 부착할 수 있다. 어떤 경우든 이에 대해 항체가 생성되고 이 항체가 결합할 수 있게 된다. NK 세포가 이러한 세포들을 인식하고 죽이는 과정을 **항체의존 세포매개 세포독성**(antibody-dependent cell-mediated cytotoxicity, ADCC)이라 부른다(**그림 31.13**).

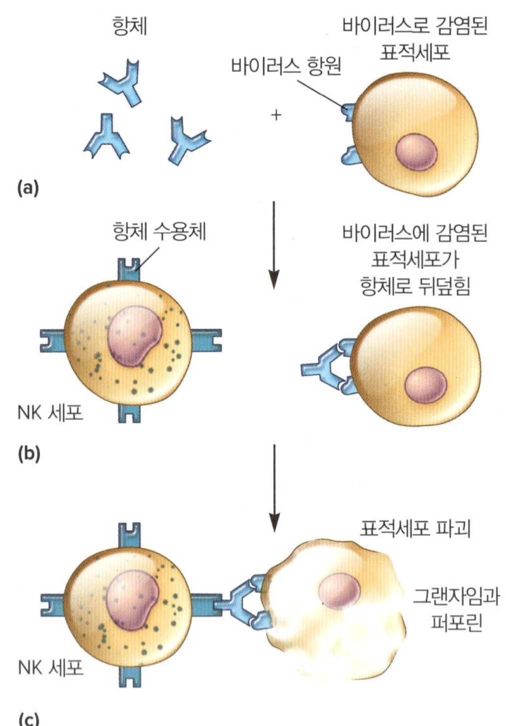

그림 31.13 항체의존 세포매개 세포독성(ADCC). (a) 이 기전에서는 항체가 암세포나 바이러스에 감염된 숙주세포에 결합한다. (b) NK 세포는 표면에 항체 수용체를 가지고 있다. (c) 항체는 감염된 세포와 NK 세포를 연결하여 표적세포가 효소에 의한 공격을 받을 수 있을 만큼 가깝게 한다.

마무리 점검

1. 호염구, 호산구, 호중구, 단핵구, 대식세포, 수지상세포의 구조와 기능을 설명하시오. 이들 중 식세포작용을 하는 세포는 무엇인가?
2. 대식세포와 수지상세포의 차이점과 유사점은 무엇인가?
3. 수지상세포는 어떻게 선천면역과 적응면역을 연결하는가?
4. ILC와 LTi 세포의 기능을 비교하시오.
5. 숙주방어에서 NK 세포의 역할에 대해 설명하시오. NK 세포가 변형된 세포를 탐지하는데 사용하는 두 가지 기전을 설명하시오.

31.5 면역계의 기관과 조직은 숙주 방어가 일어나는 곳이다

이 절을 학습한 후 점검할 사항:

a. 1차 림프조직과 2차 림프조직 및 기관을 구조와 기능 측면에서 구분할 수 있다.
b. 숙주 방어에서 비장의 역할을 설명할 수 있다.
c. 피부연관 림프조직과 점막연관 림프조직에서 보이는 세포 구조를 합리적으로 설명할 수 있다.

면역계의 조직과 기관은 기능에 따라 1차 또는 2차 림프기관 또는 조직으로 분류될 수 있다(**그림 31.14**). 1차 기관은 조혈모세포가 선천면역세포 및 적응면역세포(T 림프구와 B 림프구)로 분화하는 장소다. 흉선은 T 세포를 위한 1차 면역기관이고 골수는 B 세포와 선천면역세포를 위한 1차 면역조직이다. 중요한 면역학적 개념은 공통 림프계 전구세포로부터 T 세포와 B 세포의 **발달**(그림 31.9)과 이 두 세포의 **활성화**(32장에서 논의)는 별개로 작동한다는 것이다. 이 두 세포가 1차 림프기관에서 발달과정을 거치면 성숙한 림프구가 되어 자기 항원에 반응하지 않는다. 성숙한 림프구는 2차 림프기관과 조직(예: 비장 및 림프절)으로 이동하여 그곳에서 활성화가 일어난다. 각 림프구는 이 과정에서 특이 항원을 만나고 뒤이어 분화와 증식 과정을 거친다. 관련된 기관과 조직에 대해서는 여기에서 더 자세히 다룰 것이다.

1차 림프기관과 조직

흉선(thymus)은 심장 위에 위치한 고도로 조직화된 림프기관이다. 이곳은 T 세포의 발달과정을 위한 배양기 역할을 한다. 골수 유래의 전구세포는 흉선의 바깥층인 피질(cortex)로 이동하여 그곳에서 증식한다. 이들은 성숙하면서 약 98%는 세포예정사를 통해 죽는데, 그 이유는 자기항원과 비자기항원을 구분하지 못하기 때문이다. 이 과정을 **음성선택**(negative selection)이라고 한다. 나머지 2%는 흉선의 수질(medulla)로 내부 깊숙이 이동하여 그곳에서 성숙된다. 이후 혈류를 통해 2차 림프조직으로 들어가서 선천면역세포에 의해 활성화되기까지 기다린다. ▶| T 세포 발달(32.5절)

포유류에서는 골수(bone marrow, 그림 31.14b)에서 B 세포가 발달한다. T 세포 발달의 선택과정처럼, 골수에서도 선택과정에 의해 자기(self)와 반응하는 B 세포를 제거한다. 살아남은 B 세포는 혈류로 들어가고, 림프절과 비장으로 이동하여 그곳에서 항원과 만나 표적을 갖는 항체를 만든다. ▶| B 세포는 항체를 만든다(32.6절)

2차 림프기관과 조직

비장(spleen)은 가장 고도로 조직화된 2차 림프기관이다. 비장은 복강에 있는 커다란 기관으로 혈액을 걸러내고 혈액에 있는 입자를 잡아내어 식세포와 B 세포에게 외래물질인지의 여부를 평가받게 한다(그림 31.14). 비장에 풍부하게 있는 대식세포와 수지상세포는 혈류를 통해 비장에 들어온 병원체를 포식한다. 수지상세포에게 붙잡힌 항원이 T 세포에게 제시되면서 특이 면역반응을 활성화한다.

림프절(lymph node)은 몸에서 전략적으로 중요한 부위에 위치한다. 수지상세포는 식세포작용으로 항원을 포획하고 곧바로 림프절로

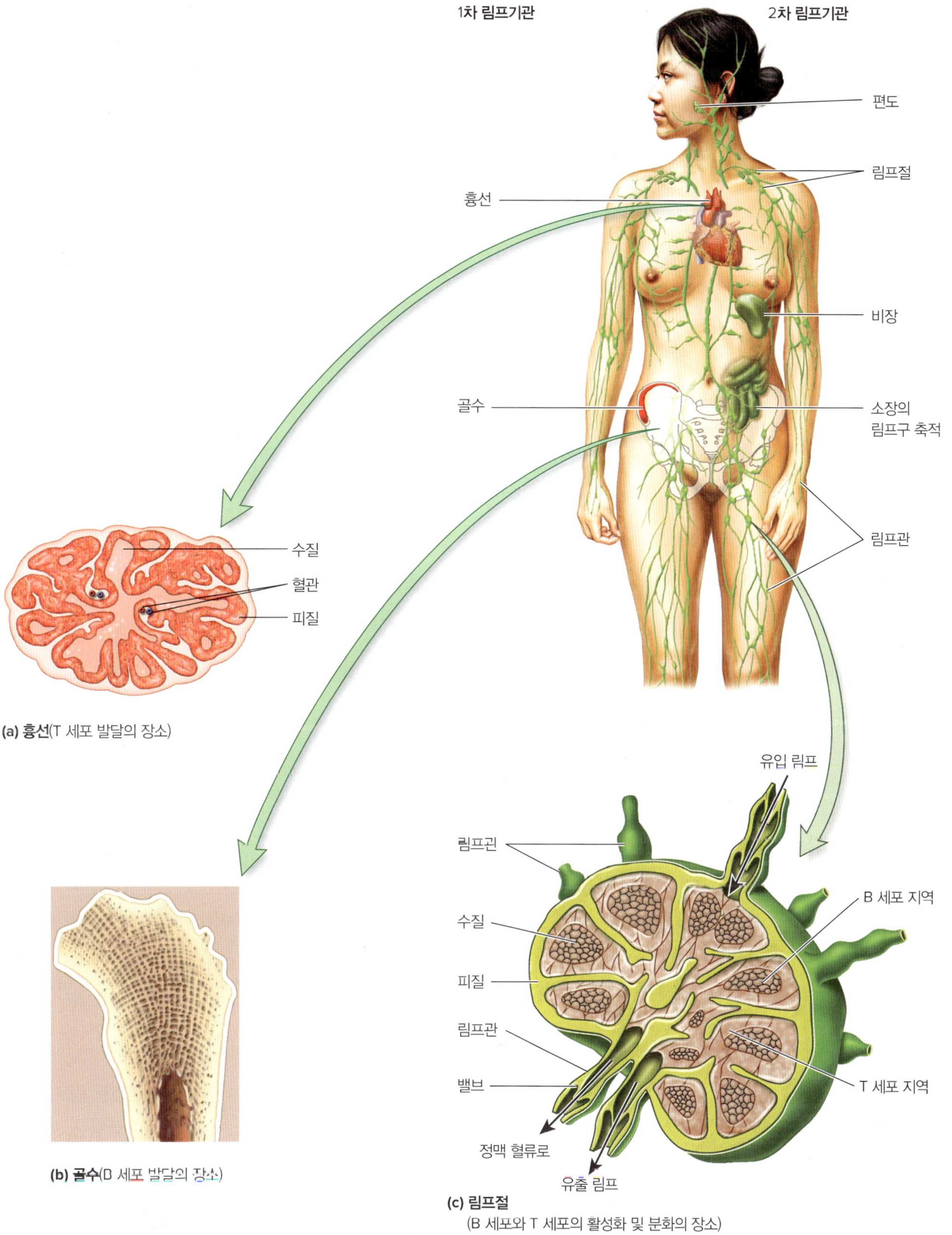

1차 림프기관

2차 림프기관

편도

림프절

흉선

비장

골수

소장의
림프구 축적

림프관

수질

혈관

피질

(a) 흉선(T 세포 발달의 장소)

유입 림프

림프관

B 세포 지역

수질

피질

림프관

T 세포 지역

밸브

정맥 혈류로

유출 림프

(b) 골수(B 세포 발달의 장소)

(c) 림프절
(B 세포와 T 세포의 활성화 및 분화의 장소)

그림 31.14 림프계 해부. 1차 림프기관에는 (a) 흉선, (b) 골수가 있다. (c) 림프절은 2차 림프조직이다. 림프액(림프)은 유입('들어옴') 림프관을 통해 림프절로 들어가고, 림프절에 있는 B와 T 세포 지역으로 구성된 여포를 통해 주위로 스며들며 유출('나감') 림프관을 통해 림프절을 떠난다. 림프여포는 세포 간의 상호작용과 활발한 면역 활동이 일어나는 장소다.

연관 질문 그림의 기관과 조직 중에서 대식세포와 수지상세포가 풍부하게 존재하는 곳은 어디인가?

이동해 아직 활성화되지 못한 T 세포에게 그 항원을 제시한다(그림 31.14c). 림프절에 풍부하게 존재하는 대식세포는 식세포작용으로 림프액 속에 있는 항원을 제거한다. 림프절의 피질에서는 풍부한 B 세포가 혈액과 림프로부터 항원이 들어오자마자 곧바로 결합한다. 림프절의 수질에는 B 세포로 밀집된 일명 **여포**(follicle)라는 지역을 T 세포 지역이 둘러싸고 있다. 수질에서 T 세포는 수지상세포나 B 세포와의 상호작용을 기다린다. ▶| T 세포 활성화(32.5절)

림프조직(lymphoid tissue)은 고도로 조직화되어 있거나 느슨하게 연결되어 있는 세포복합체로서 몸 전체에서 발견된다. 고도로 조직화되어 있는 조직에는 특화된 지역의 B와 T 림프구가 수지상세포와 대식세포를 둘러싸고 있다. 느슨하게 연결되어 있는 조직에는 고도로 조직화된 조직에서 볼 수 있는 세포 구획이 없다. 이들 조직의 1차 역할은 백혈구가 위치한 지역에서 숙주가 가지는 미생물 환경을 표본 조사하는 것이다. 이로써 선천면역반응과 적응면역반응 사이의 상호작용이 증가하도록 백혈구들을 효율적으로 조직한다. 이들 조직은 **연관 림프조직**(associated lymphoid tissue)이라 알려졌고 몸에 위치하는 장소에 따라 다르다.

피부의 방어에도 불구하고, 일부 병원성 미생물들은 때때로 피부 밑 조직으로 들어갈 수 있다. 이곳에서 미생물은 **피부연관 림프조직**(skin-associated lymphoid tissue, SALT)이라 불리는 고도로 조직화된 림프조직과 만난다(**그림 31.15**). SALT의 주요 기능은 침입한 미생물을 상피 바로 밑 지역으로 제한함으로써 혈류로 들어가는 것을 막는 것이다. SALT 세포의 일종인 **랑게르한스 세포**(Langerhans cell)는 피부에 침투한 미생물을 포식하는 수지상세포다. 랑게르한스 세포가 외래 입자나 미생물을 잡아먹으면 근처 림프절로 이동한다. 그곳에서 림프구에게 항원을 제시하고 활성화시켜 그 항원에 대한 특이 면역반응을 일으킨다.

상피(epidermis)에도 **상피 내 림프구**(intraepidermal lymphocyte, 그림 31.15)라고 불리는 또 다른 종류의 SALT 세포가 있다. 이 세포는 강력한 세포독성과 항원에 대한 면역조절 반응능력을 갖춘 특화된 T 세포다. 이들은 전략적으로 피부 내에 존재하여 1차 방어벽을 뚫고 들어온 모든 항원을 낚아챌 수 있다. 이들 특화된 SALT 세포의 대부분은 수용체 다양성이 제한적이어서 피부에서 흔히 발견되는 미생물의 표면에 있는 분자를 인식하도록 발달된 것 같다.

점막에서 특화된 림프조직은 **점막연관 림프조직**(mucosal-associated lymphoid tissue, MALT)이라 불린다. MALT에는 몇 가지 종류가 있다. 가장 많이 연구된 시스템은 **장연관 림프조직**(gut-associated lymphoid tissue, GALT)이다. GALT에는 편도(tonsil), 아데노이드, 장을 따라 퍼져 있는 림프조직이 있다. 비교적 덜 조직화 된

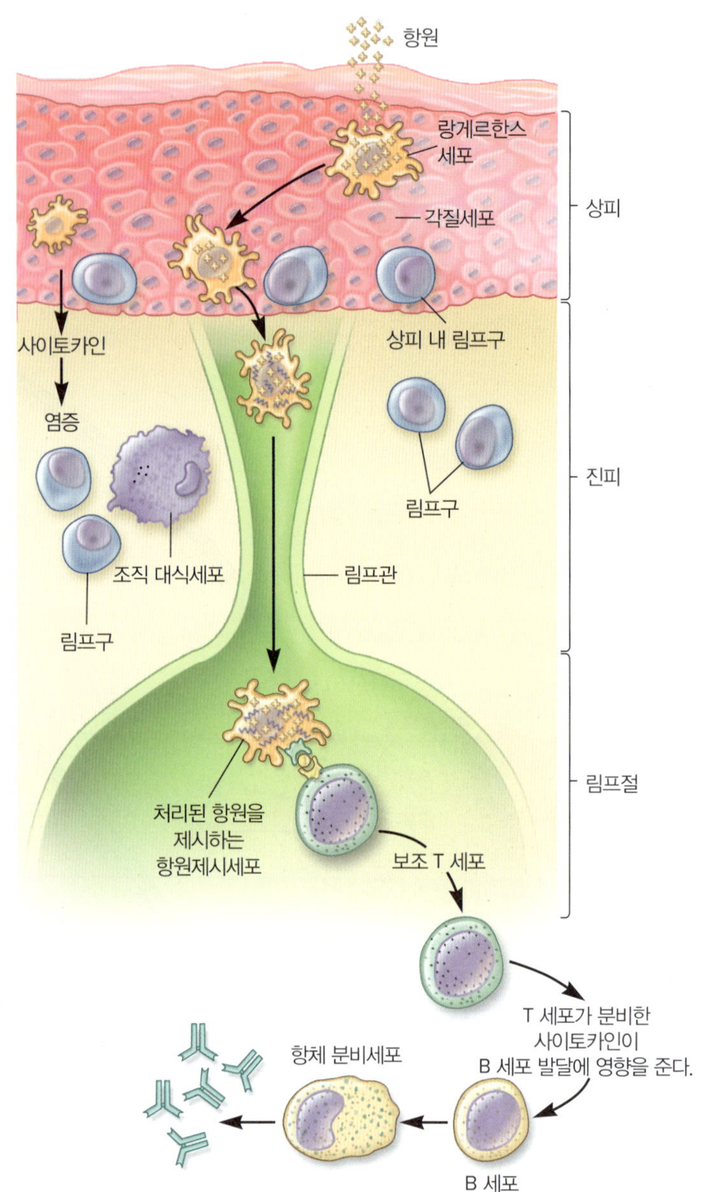

그림 31.15 피부연관 림프조직(SALT). 각질세포가 상피의 90%를 차지한다. 이들은 침입한 병원체에 대한 염증반응을 일으키는 사이토카인을 분비할 수 있다. 랑게르한스 세포는 항원을 내재화하고, 림프절로 이동하여 항원을 보조 T 세포에게 제시하는 전문 수지상세포다. 상피 내 림프구는 숙주에 재침투하는 미생물 침입자에 반응한다.

MALT가 호흡계에도 있으며 이것은 **기관연관 림프조직**(bronchial-associated lymphoid tissue, BALT)이라 불린다. 비뇨생식계에 넓게 퍼져 있는 확산 MALT(diffuse MALT)에는 특정 이름이 없다.

모든 점막은 한 층의 상피세포로 구성되며 그 밑의 조직과 내강을 분리해주는 역할을 한다(**그림 31.16a**). 내강은 끊임없이 미생물과 상호작용하기 때문에 반드시 MALT가 미생물에 의한 점막 장벽의 파괴를 막아야만 한다. GALT에는 소장에 존재하는 **페이에르판**(Peyer's patch)과 모든 창자에 존재하는 **고립된 림프여포**(isolated lymphoid

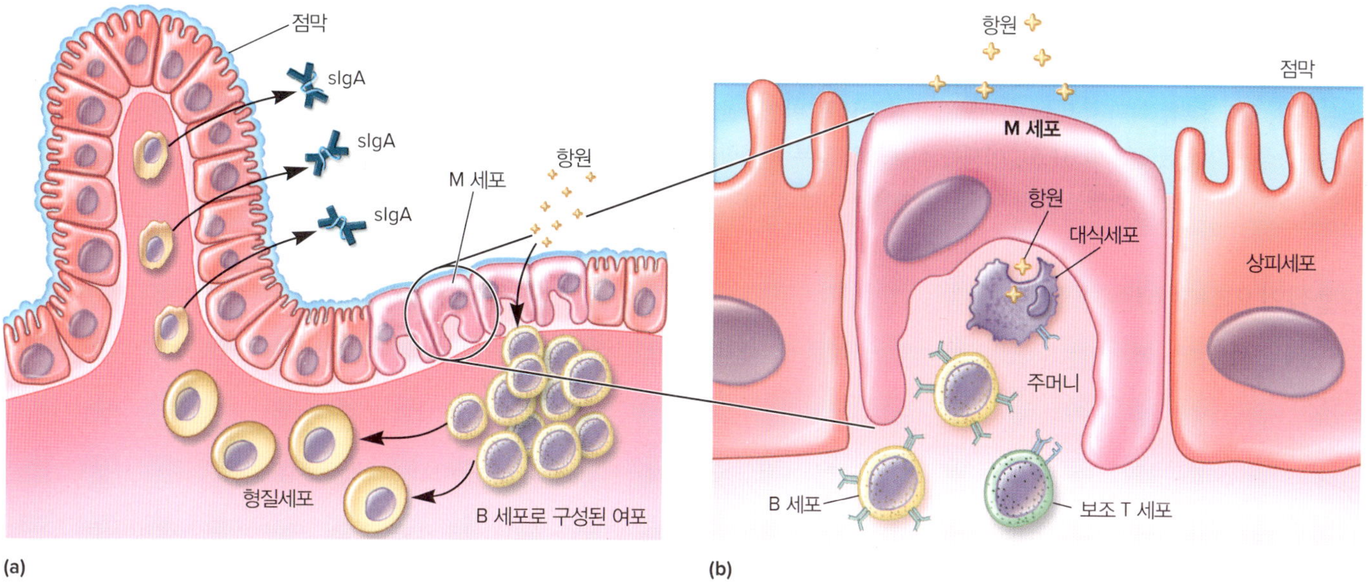

그림 31.16 점막연관 면역에서의 M 세포의 기능. (a) 소장의 점막은 한 겹의 상피세포 사이에 M 세포가 위치한 구조다. (b) M 세포와 그 밑에 위치한 여포의 구조이다. M 세포의 주머니 안으로 이동한 항원은 대식세포, 수지상세포(표시 안함), T 세포 및 B 세포를 만난다. B 세포는 페이에르판 여포에서 활성화되고 형질세포로 성숙되어 내강으로 분비성 sIgA 항체를 분비한다. 분비된 항체는 내강에서 항체의 생산을 유도했던 항원과 반응한다.

follicle, ILF)가 있고, 이들에는 상피세포 사이에 **M 세포**(M cell)라 불리는 특화된 세포가 있다. M 세포는 장의 내강 면에 위치한 납작한 세포이고 내부로 향한 큰 주머니 모양을 하고 있다(그림 31.16b). 외래 입자가 M 세포를 만나면 내강면에서 세포내 이입작용을 거쳐 주머니 안으로 방출된다. 이 과정을 **세포통과**(transcytosis)라 부른다. 그곳에서 수지상세포와 대식세포가 입자나 병원체를 삼키거나 파괴시킨다. 대식세포와 함께 T 세포와 B 세포는 페이에르판과 ILF의 여포에 밀집해 있다. M 세포의 주머니로 들어간 미생물을 B 세포가 포획하면 항체 생산이 자극되어 장의 내강으로 항체가 분비된다(분비형 IgA, 32.7절 참조). 수지상세포는 여포 내에서 T 세포를 활성화시키거나 가까이에 있는 림프절(장간막 림프절)로 이동해 거기서 T 세포를 활성화시킨다. SALT와 비슷하게, GALT의 상피 내 림프구(intraepithelial lymphocyte) 및 상피 사이 림프구(interepithelial lymphocyte)는 전략적으로 분포되어 있어서 장의 막이 파손되었을 때 외래 입자의 발견 가능성을 높여준다. 페이에르판과 ILF에 더해 확산 림프조직도 대장, 호흡기관, 비뇨생식관, 젖가슴, 눈, 침샘 및 피부에 넓게 분포되어 있다. 보통 이러한 곳에는 고밀도의 면역세포들이 존재하지만 조직화된 여포에는 T 세포와 B 세포가 없다. ▶| **항체는 특정 3-D 항원과 결합한다(32.7절)**

지금까지의 논의에서 살펴본 것 같이, 잠재적인 숙주에 침입하려는 미생물은 물리적, 화학적 및 세포 장벽으로 이루어진 선천성 기전을 만나게 된다. 이들 선천성 기전은 침입자를 죽여 작은 항원으로 소화시킴으로써 림프구가 다음 침입에 대항하기 위해 장기적인 방어를 준비하도록 도와준다. 이제는 식세포작용의 과정을 좀 더 자세히 살펴보고 숙주가 어떻게 선천성 저항 활동의 많은 부분을 염증반응이라 알려진 조율된 활동으로 통합하는지에 대해 학습할 것이다.

마무리 점검

1. 1차, 2차 림프조직 및 기관의 역할을 비교하고 각각의 예를 드시오.
2. 비장의 손상은 비장의 제거를 가져올 수 있다. 이것은 숙주의 방어에 어떤 영향을 미치는가?
3. 선천성 저항에서의 SALT와 MALT의 기능을 설명하시오.

31.6 식세포작용은 침입자를 파괴한다

이 절을 학습한 후 점검할 사항:

a. 식세포가 병원체를 인식하는 방법을 설명할 수 있다.
b. 자가소화작용과 식세포작용의 과정을 비교하여 설명할 수 있다.
c. 파고리소좀 내에서의 생화학적 활성이 어떻게 병원체를 파괴하는지 설명할 수 있다.

식세포(대식세포, 수지상세포, 호중구)는 침입한 미생물에 대한 초기 대응에 매우 중요하다. 이들 식세포에 의해 세포성 미생물은 **식세포작용**(phagocytosis: 그리스어 *phagein*은 '먹다', *cyte*는 '세포', *osis*

는 '과정'을 의미)이라는 과정을 통해, 세포내 병원체는 **자가식작용**(autophagocytosis) 또는 자가소화작용(autophagy)을 통해 인식되고 포식되어 죽게 된다. 이미 우리는 식세포가 옵소닌화된 미생물을 인식하는 방식을 이해했고(그림 31.5), 이제는 식세포의 일부 독특한 분자에 기초하여 식세포가 미생물을 탐지하는 방법을 논의할 것이다.

외래물질의 인식이 생존에 필수적이다

선천면역계의 세포들은 모든 미생물 침입자에 반응하지만, 구별하지는 못한다. 전문 식세포(호중구, 대식세포, 수지상세포) 및 다른 백혈구는 미생물이 가지는 거대분자의 반복되는 구조패턴을 통해 미생물을 구별해낸다. 미생물의 이러한 독특한 특징을 **미생물연관 분자패턴**(microbe-associated molecular pattern, MAMP) 또는 **병원체연관 분자패턴**(pathogen-associated molecular pattern, PAMP)이라고 한다. 면역계는 병원체가 아닌 많은 미생물에도 반응하기 때문에 더 포괄적인 용어인 MAMP를 사용하기로 한다. MAMP는 미생물의 공통적인 거대분자[예: 지질다당체(LPS), 펩티도글리칸, 진균의 세포벽 성분, 바이러스의 핵산 및 그외의 다른 미생물 구조] 내부에 위치하는 특정 부위다. MAMP는 특정 미생물을 나타내지는 않지만, 숙주에게 미생물의 존재를 알리고 감염의 가능성을 경고해준다.

미생물은 대부분의 진균과 많은 세균처럼 숙주세포의 외부로부터 침투하거나 바이러스, 일부 세균 및 소수의 진균처럼 숙주세포의 내부에서 침투할 수 있다. 따라서 선천면역계의 세포는 숙주세포 표면의 수용체를 통해서는 세포외 병원체를 인식하는 반면, 세포기질의 수용체를 통해서는 세포내 병원체를 인식한다. MAMP를 인식하는 모든 수용체는 세포에서의 위치와 상관없이 **패턴인식 수용체**(pattern recognition receptor, PRR)라 불린다. PRR이 자극되면 면역 저항을 촉진하는 사이토카인을 생산한다. 이제 이 수용체(PRR)가 자기와 비자기를 구분하는 중요한 역할을 한다는 것을 염두에 두면서 자세히 살펴보기로 한다.

C형 렉틴 수용체

C형 렉틴 수용체(CLR)는 1개 이상의 렉틴결합 영역을 가진 큰 그룹의 칼슘의존 막결합 단백질이다. CLR 단백질의 렉틴결합 영역은 미생물의 MAMP에서 발견되는 특정 유형의 탄수화물(렉틴)에 특이적으로 결합할 수 있다(**표 31.3**). CLR에 결합할 수 있는 리간드에는 일부 세균(예: *Mycobacterium tuberculosis* 및 *Helicobacter pylori*), 진균(예: *Candida albicans* 및 *Aspergillus fumigatus*), 기생충(helminth) 및 일부 바이러스에 존재하는 만노오스, 푸코오스 또는 글루칸 탄수화물이 있다. 식세포의 표면에 있는 CLR이 미생물의 MAMP에 결합하면 식세포내부로 사이토카인의 유전자 발현을 촉진하는 연쇄 신호가 전달된다. 또한 결합을 통해 CLR-MAMP이 식세포내부로 이동되어 파괴되고 결국 림프구에게 항원이 제시된다(32.4절).

톨유사 수용체

톨유사 수용체(toll-like receptor, TLR)는 선천면역에 관여하는 다양한 종류의 세포들 특히 대식세포와 수지상세포에서 발현되는 중요한 막관통 수용체다(표 31.3). TLR은 원형질 뿐만 아니라 엔도솜, 리소좀, 엔도리소좀, 소포체의 막에 위치하여 숙주세포의 세포기질로 들어온 MAMP를 감지한다. TLR에는 2개의 영역이 존재하는데,

표 31.3 패턴인식 수용체(PRR)

수용체	세포에서의 위치	세포 유형	리간드
C형 렉틴	세포 표면	대식세포, 수지상세포, NK 세포	탄수화물 MAMP (예: 만노오스, 글루칸, *N*-아세틸글루코사민)
NOD유사 수용체(NLR)	세포기질	대식세포, 수지상세포, 림프구, 일부 상피세포 (예: 점막을 구성하는 세포)	바이러스 RNA 세포내 병원체의 MAMP 숙주 손상연관 분자패턴 분자(예: 요산, 열충격 단백질)
RIG-1	세포기질	모든 세포 유형	바이러스 RNA
STING	소포체 막	모든 세포 유형	세균 및 숙주유래 고리형 디뉴클레오티드
톨유사 수용체(TLR)	세포 표면 및 소포체 막, 엔도솜, 리소좀 및 엔도리소좀의 표면	대식세포, 수지상세포, 일부 상피세포 (예: 점막을 구성하는 세포)	LPS, 플라젤린, 테이코산, 지질펩티드, ssRNA[1], dsRNA[2], CpG DNA[3]

[1] 단일나선 RNA
[2] 이중나선 RNA
[3] 시토신 삼인산 데옥시뉴클레오티드 (C)-인산디에스테르 결합 (p)-구아닌 삼인산 데옥시뉴클레오티드(G). 비메틸화 CpG는 일종의 MAMP이다.

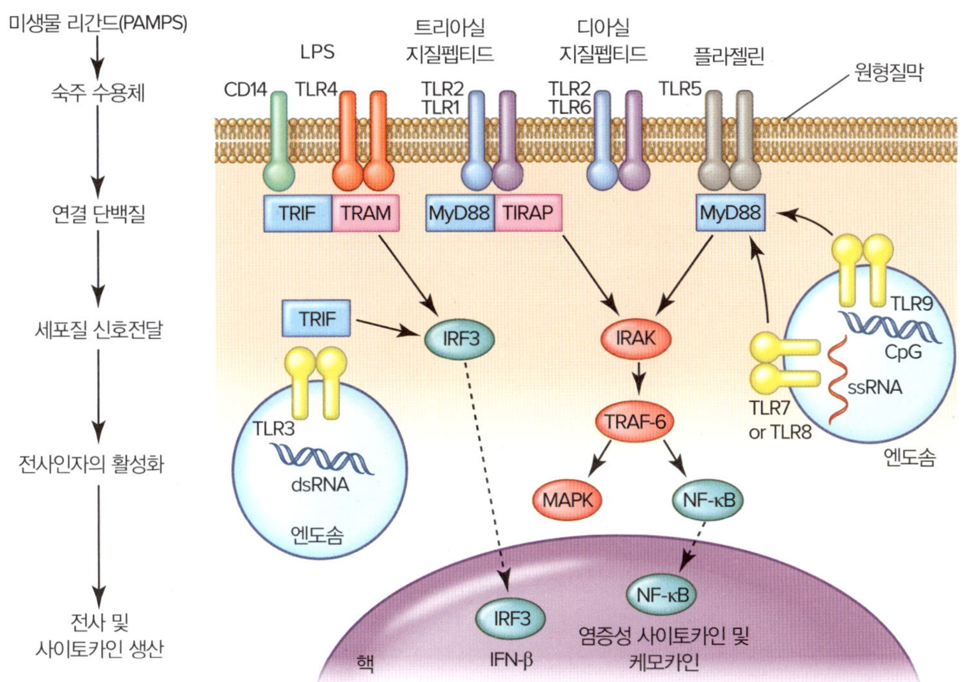

그림 31.17 패턴인식 수용체(PRR)에 의한 미생물연관 분자패턴(MAMP)의 인식. MAMP는 원형질막과 엔도솜막 모두에서 발견되는 톨유사 수용체인 PRR에 결합한다. PRR에 결합하면 전사인자 NF-κB 같은 공통 신호전달 경로를 통해 사이토카인 유전자 발현을 증가시키는 신호를 보낸다. IFN-β는 항바이러스성 사이토카인이다. TRIF와 TIRAP는 세포내 신호전달을 매개하는 단백질이다. TLR4 뿐 아니라 CD14도 지질다당체(LPS)에 결합한다. Source: "Introduction to the Immune System." What-When-How.

MAMP와 결합하는 세포외(또는 세포소기관 외) 영역과 세포내부로 신호를 보내는 톨/인터루킨-1 수용체(toll/interleukin-1 receptor, TIR)의 세포질 영역이다(**그림 31.17**). MAMP가 TLR에 결합하면 TIR로 하여금 특별한 연결 단백질(adaptor protein)을 끌어 들이게 한다. 이어서 연결 단백질은 사이토카인의 유전자를 발현하는 데 필요한 전사인자의 활성을 최종 목표로 연속적인 신호전달계를 활성화시킨다. 사람에는 별개의 MAMP나 가끔은 중복된 MAMP를 인식하는 최소한 10개의 TLR이 있어서 면역반응을 시작한다.

NOD유사 수용체

막관통 TLR과는 달리 **뉴클레오티드결합 및 올리고머화 영역유사 수용체**[nucleotide-binding and oligomerization domain(NOD)-like receptor]는 숙주세포의 세포기질에서만 위치한다(**그림 31.18**). 그곳에서 NOD유사 수용체(NOD-like receptor, NLR)는 세포내 MAMP를 감지한다(표 31.3). 또한 NLR은 숙주 유래 세포 스트레스에도 반응한다. 이러한 스트레스에는 활성산소종, 세포내 칼륨 이온의 손실 및 요산이나 열충격 단백질 등과 같은 '손상연관 분자패턴 (damage-associated molecular pattern, DAMP)'이라 불리는 숙주분자도 포함된다. 진핵생물의 세포기질에는 원래 DNA가 없는 지역이므로 세포내부의 수용체는 종종 DNA의 존재를 세포내 병원체에 의한 감염의 증거로 인식한다. 이러한 외래 또는 숙주의 고유한 신호를 감지하면 여러 NLR이 모여 올리고머화가 일어난다. 이어서 보조인자(cofactor)와 단백질분해효소인 caspase-1을 올리고머화된 NLR로 끌어들인다. 이렇게 만들어진 NLR-caspase 복합체는 일단 형성되면 전염증성 사이토카인의 방출을 촉진하게 되므로 **염증조절복합체**(inflammasome)라 불린다(그림 31.18).

RIG-I유사 수용체

레티노산유도 유전자 I유사 수용체[retinoic acid-inducible gene I (RIG-I)-like receptor, RLR]는 또 다른 세포질 수용체 패밀리이다. 이 수용체는 바이러스 RNA를 감지하도록 발달되었다. RNA 유전체를 가진 바이러스는 숙주세포의 세포기질(cytosol)에서 복제를 통해 이중나선 RNA (dsRNA)와 말단에 3인산의 모자를 가진 단일나선 RNA (triphosphate-capped ssRNA)를 생성한다. 이러한 유형의 RNA들은 건강한 세포의 세포기질에서는 발견되지 않는 다. RLR은 이러한 바이러스 유래의 특이 RNA를 인식하여 항바이러스 사이토카인 반응을 자극한다. ◀ 바이러스와 비세포성 감염인자(6장)

STING 수용체

인터페론 유전자의 자극자(stimulator of interferon gene, STING) 수용체와 그 역할은 세포내 침입과 스트레스가 감지되는 연구를 통해 최근에서야 밝혀진 기전이다. 이 수용체는 모든 유형의 세포에 있는 소포체에 위치하고 있으며, 그곳에서 세포내 세균의 존재와 숙주의 핵이 가진 스트레스를 숙주세포에게 알리는 역할을 한다(표

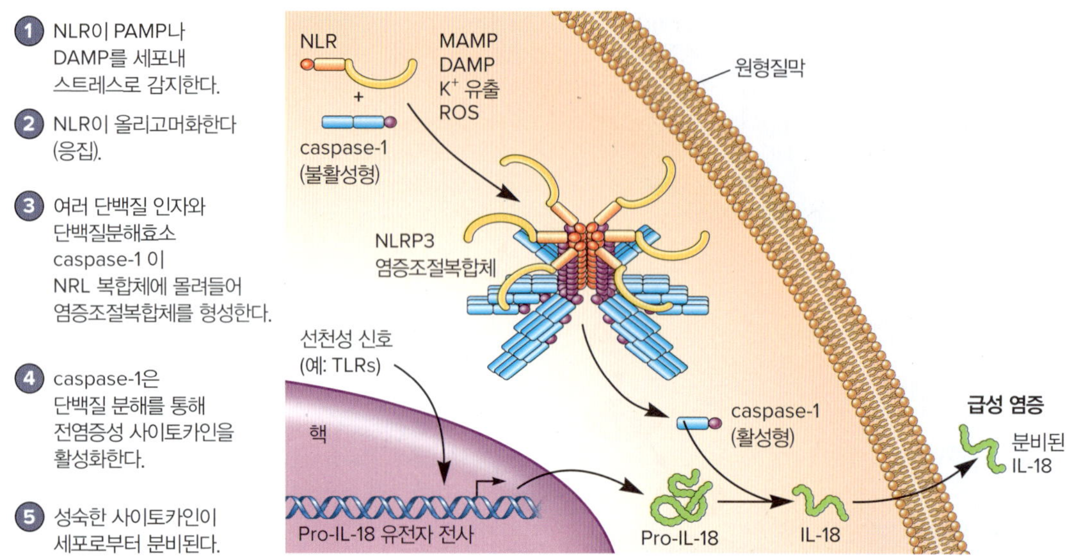

그림 31.18 NOD유사 수용체(NLR)가 세포내 MAMP와 숙주 손상연관 분자패턴(DAMP)를 감지하면 염증조절복합체가 형성된다. MAMP와 DAMP를 감지하면 NLR이 올리고머화되어 미성숙 사이토카인(예: 인터루킨 전구체-18, Pro-IL-18)을 잘라 활성화시키는 단백질분해효소 caspase-1을 끌어 들인다. IL-18만 표시했고, 표시하지 않은 IL-1도 비슷한 방식으로 활성화된다. ROS: 활성산소종.

31.3). 세포내에 병원체인 *Listeria monocytogenes*가 나타나면 고리형 이중 GMP (cyclic di-GMP)와 고리형 이중 AMP (cyclic di-AMP)와 같은 고리형 디뉴클레오티드가 생성된다. DNA 존재가 핵에 국한되지 않고 세포기질에서 포착되면 숙주의 핵 스트레스가 탐지된다. 만약 70 bp보다 큰 이중나선 DNA가 세포기질에서 발견되면 숙주효소인 고리형 GMP-AMP 합성효소(cyclic GMP-AMP synthase)가 이 DNA를 고리형 디뉴클레오티드로 전환하여 STING 수용체가 비상경보를 울리게 된다. 이름에서 알 수 있듯이 이 수용체의 활성화가 일어나면, 특히 세포내 바이러스 감염을 방어하는 I형 인터페론 생성을 위해 사이토카인 유전자의 발현이 유도된다.

세포내 소화

일단 침입자가 탐지되면 반드시 제거되어야만 한다. 외래물질의 섭취와 소화는 식세포작용과 자가소화작용이라는 두 가지 유사한 과정에 의해 이루어진다. 식세포작용 동안 세포막의 확장으로 형성된 위족(pseudopodia: 라틴어 *pseudo*는 '가짜', *podium*은 '발'을 의미)은 세포외부의 입자를 둘러싸고 세포내부로 들여와 **파고솜**(phagosome)을 만든다. 이 과정은 종종 옵소닌과 수용체가 매개한다(**그림 31.19**, 단계 1과 단계 2). ◀ 세포내흡입 경로는 여러 가지가 있다(5.4절)

일단 미생물을 내부에 가두고 있는 파고솜이 리소좀으로 이동하여 융합하면 **파고리소좀**(phagolysosome, 그림 31.19, 단계 3)이 만들어진다. **리소좀**(lysosome)은 리소자임, 포스포리파아제 A2(phospholipase A2), 리보핵산분해효소(ribonuclease), 데옥시리보핵산분해효소 및 단백질분해효소 등의 다양한 가수분해효소를 운반한다. 이들 가수분해효소의 활성은 소포 내의 산성 pH에 의해 더욱 강화된다. 총체적으로 이들 효소는 잡아먹힌 미생물의 파괴에 관여한다(그림 31.19, 단계 4). 그뿐만 아니라 식세포의 리소좀에는 초과산화물 라디칼(superoxide radical, $O_2^{\cdot-}$), 과산화수소(H_2O_2), 단일상태산소(singlet oxygen, $^1O_2$) 및 수산화 라디칼($\cdot OH$) 등과 같은 독성의 **활성산소종**(reactive oxygen species, ROS)을 생산하는 효소도 있다. 호중구도 표백제인 차아염소산(hypochlorous acid)의 생산을 촉매하는 헴 단백질 효소인 **미엘로페록시다아제**(myeloperoxidase)를 가지고 있다. 이들 ROS의 발생은 파고솜 또는 자가파고솜(autosome)의 막으로 이동한 NADPH 옥시다아제에 의해 시작된다. 이 효소는 산소분자를 이용하여 NADPH를 $NADP^+$로 산화시키고 초과산화물 라디칼을 발생시킨다(**표 31.4**). 산소가 소비되고 ROS가 방출되는 현상을 **호흡 폭발**(respiratory burst) 또는 **산화적 폭발**(oxidative burst)이라고 부른다. ◀ 산소 농도(7.5절)

대식세포, 호중구, 비만세포도 **활성질소 매개물질**(reactive nitrogen intermediates, RNI)을 만든다는 것이 알려졌다. 이들 분자에는 산화질소(nitric oxide, NO)와 이것의 산화된 형태인 아질산 이온(nitrite, NO_2^-) 및 질산 이온(nitrate, NO_3^-)이 있다. RNI는 매우 강력한 세포 독성물질이다. 산화질소는 전자전달 단백질에 있는 철분과 복합체를 형성하여 세포호흡을 방해하므로 아마도 가장 효과적인 RNI일 것이다. 대식세포는 다양한 감염원의 파괴뿐 아니라 종양세포를 죽이는 데에도 RNI를 이용한다.

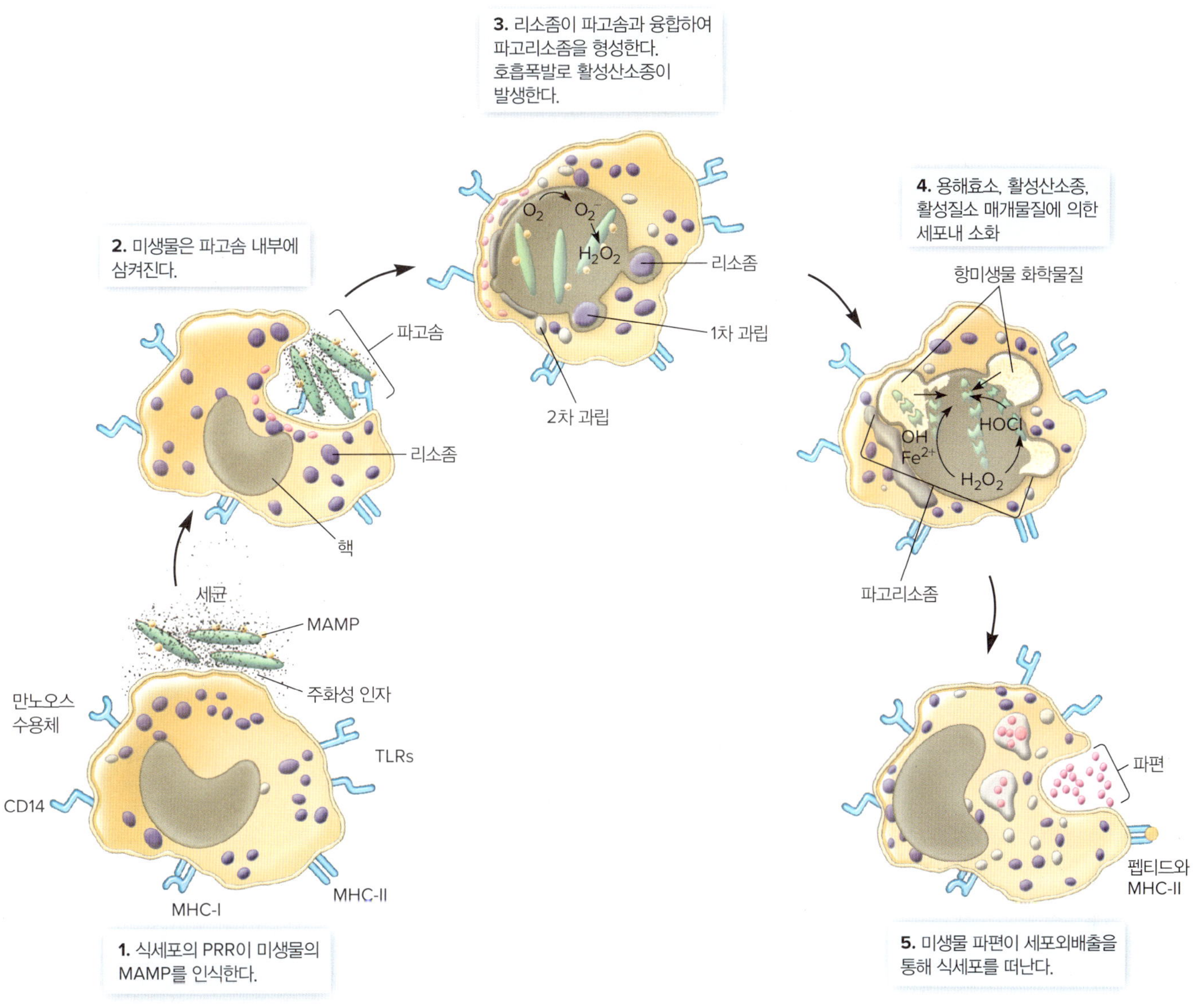

그림 31.19 식세포작용. CD14는 TLR-4와 연결된 지질다당체 수용체다. MAMP: 미생물연관 분자패턴, MHC-I: 주조직적합 단백질 클래스 I, MHC-II: 주조직적합 단백질 클래스 II(MHC 단백질은 32장에서 다룰 것이다), RNI: 활성질소 매개물질, ROS: 활성산소종, TLR: 톨유사 수용체.

표 31.4 활성산소종 중간체의 형성

산소 중간체	반응
초과산화물 라디칼($O_2^{\cdot-}$)	$NADPH + 2O_2 \xrightarrow{\text{NADPH 옥시다아제}} 2O_2^{\cdot-} + H^+ + NADP^+$
과산화수소(H_2O_2)	$2O_2^{\cdot-} + 2H^+ \xrightarrow{\text{초과산화물 불균등화효소}} H_2O_2 + O_2$
차아염소산(HOCl)	$H_2O_2 + Cl^- \xrightarrow{\text{미엘로페록시다아제}} HOCl + OH^+$
단일상태산소($^1O_2$)	$ClO^- + H_2O_2 \xrightarrow{\text{페록시다아제}} {}^1O_2 + Cl^- + H_2O$
수산화 라디칼($\cdot OH^-$)	$O_2^{\cdot-} + H_2O_2 \xrightarrow{\text{페록시다아제}} 2\cdot OH^- + O_2$

호중구 과립에는 양이온 펩티드, 살균 투과성향상 단백질(bactericidal permeability-increasing protein, BPI) 및 광범위 항미생물 펩티드(디펜신 포함)와 같은 다양한 미생물 살균물질이 있다(31.3절). 이 물질들은 세포 밖으로의 분비나 식포(phagocytic vacuole)로의 전달을 위해 구획화되어 있다. 표적이 되는 민감한 미생물에는 다양한 세균, 효모, 균류 및 일부 바이러스가 있다.

이미 살펴보았듯이 식세포작용을 통해 세포외 미생물은 제거된다. 반면에 자가소화작용은 막 융합이나 세포내흡입을 통해 숙주의 세포기질로 들어온 세포내 병원체를 파괴하도록 설계되어 있다(**그림 31.20**, 그림 6.10 참조). 일단 숙주세포내부에 미생물 또는 그들의 생성물이 PRR을 통해 세포내 막에 의해 붙잡혔을 때나 또는 프로테

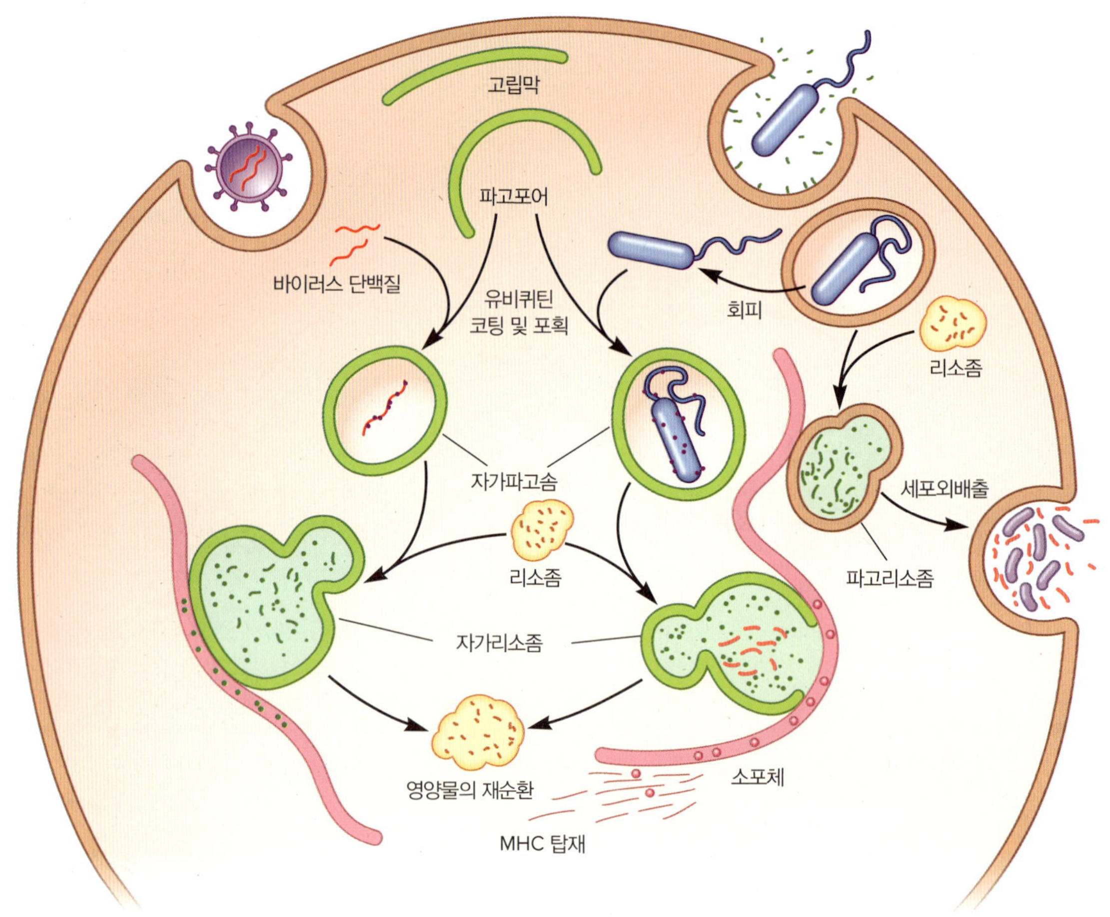

그림 31.20 자가소화작용은 식세포작용과 유사하다. 세포기질 안에서 자유로이 떠다니는 막은 파고포어를 형성하고 종종 막결합 TLR을 통해 세포내 감염원을 포획한다. 세포기질의 유비퀴틴(ubiquitin) 분자가 세포내 침입자와 그들의 거대분자(예: 바이러스 단백질)를 둘러싼다. 유비퀴틴으로 뒤덮인 입자들은 파고포어로 둘러싸여 자가파고솜이 된다. 자가파고솜은 리소좀과 융합하여 자가리소좀(autolysosome)을 형성하고 내용물을 소화한다. 파고리소좀과 자가리소좀은 모두 그들의 조각 일부를 소포체에 전달한다. 이곳에서 항원 펩티드는 식세포의 세포막으로 갈 MHC 분자와 결합하도록 처리된다(32.4절). 나머지 분자는 재순환되거나 주변 환경으로 배출된다.

아솜(proteasome)에 의한 단백질의 재순환에 사용하기 위해 단백질에 표지를 하는 분자인 유비퀴틴으로 뒤덮였을 때 자가소화작용이 시작된다(그림 5.7 참조). 이 과정에서 유비퀴틴은 단백질을 표적으로 삼기보다는 미생물이 **파고포어**(phagophore)에 붙잡히도록 '표시'를 한다. 파고포어는 세포기질에서 자유롭게 떠다니는 열린 막 구조물로서, 미생물을 둘러싸 이중막의 **자가파고솜**(autophagosome)을 만든다(그림 32.18). 파고솜처럼 자가파고솜도 리소좀과 융합하여 **자가리소좀**을 형성하고 그 안의 독성 물질들이 잡혀 있는 병원체를 파괴한다.

세포외배출 대 항원제시

미생물 침입자가 죽임을 당하고 작은 항원 조각으로 소화되면, 식세포는 다음의 두 가지 중 한 가지 일을 한다. 세포는 미생물 조각을 **세포외배출**(exocytosis) 과정을 통해 배출한다(그림 31.19, 단계 5). 이것은 파고리소좀이 세포막과 결합하여 미생물 조각을 세포 밖으로 배출하는 것으로서, 근본적으로 식세포작용의 역반응이다. 호중구는 수명이 다할 때까지 식세포작용과 미생물 파편을 배출하고 죽는다. 반면에 대식세포와 수지상세포는 **항원제시세포**(antigen presenting cell)로서의 역할을 한다(그림 32.5 참조). 이것은 미생물 조각의 일부를 파고리소좀이나 자가리소좀으로부터 소포체로 전달하는 과정을 통해 이루어진다. 여기에서 미생물 조각의 펩티드 성분이 세포막으로 이동하기로 되어 있는 주조직적합(major histocompatibility, MHC) 단백질이라 불리는 당단백질과 결합한다(그림 32.4 참조). 결합을 통해 미생물 조각의 특이 펩티드가 MHC에 자리 잡게 되면, 이 MHC-펩티드 복합체는 수지상세포나 대식세포의 원형질막에 부착하여 펩티드를 외부로 향하게 한다(그림 31.19, 단계 5). 이 과정이 수지상세포나 대식세포에서 일어나는 항원제시 과정의 중요한 시작점이 되는데, 이를 통해 이들은 미생물의 항원을 T 림프구에게 전시하거나 '제시'할 수 있다. 이러한 항원제시는 이후 적응면역반응의 활성화를 촉발시킨다. 이처럼 항원제시는 선천면역반응을 적응면역과 연결해주는 중요한 과정이다. ▶ 외래물질의 인식은 강력한 방어를 위해서 중요하다(32.4절); T 세포 활성화(32.5절)

마무리 점검

1. 백혈구는 어떻게 세포내 미생물과 세포외 미생물을 인식하는가? 미생물 및 숙주의 성분을 고려하시오.
2. 식세포의 내부에서 일어나는 호흡 폭발의 목적은 무엇인가? 활성산소종과 활성질소종의 성질과 기능을 설명하시오.
3. 세 가지 전문적 식세포 중에서, 어느 것이 항원제시를 할 수 있는가? 항원제시의 목적은 무엇인가?

31.7 염증은 모든 면역인자들을 연합한다

이 절을 학습한 후 점검할 사항:

a. 염증을 일으키는 선천성 숙주반응의 순서를 설명할 수 있다.
b. 급성염증과 만성염증을 각각의 숙주반응으로 구분하여 설명할 수 있다.
c. 숙주세포와 병원체 제거과정을 연결하는 개념도를 만들 수 있다.

염증(inflammation: 라틴어 *inflammatio*는 '불을 지피다'를 의미)은 병원체나 상처에 의해 일어나는 조직손상에 대한 중요한 방어작용이다. 급성염증은 상처나 세포의 죽음에 대한 우리 몸의 즉각적인 반응이다. 염증의 전반적인 특징은 2,000여 년 전에 기록된 것으로 지금도 염증의 중요한 증상으로 알려져 있다. 이 증상에는 **홍조**(rubor), **발열**(calor), **통증**(dolor), **부종**(tumor) 및 **기능의 상실**(functio laesa)이 있다. 종종 부정적인 사건으로 여겨지기는 하지만 상처는 염증 없이는 치유되지 않는다.

급성염증반응(acute inflammatory response)의 목적은 손상 또는 감염 부위로 면역세포들을 이동시키는 것이다. 염증은 상처받은 조직세포가 화학적 신호(케모카인, chemokine)를 방출하여 국소적인 혈관확장을 일으키고 부근 모세혈관의 내벽층을 활성화시키면서 시작된다(**그림 31.21**). 상처 부근에 있는 혈관을 둘러싸는 내피세포가

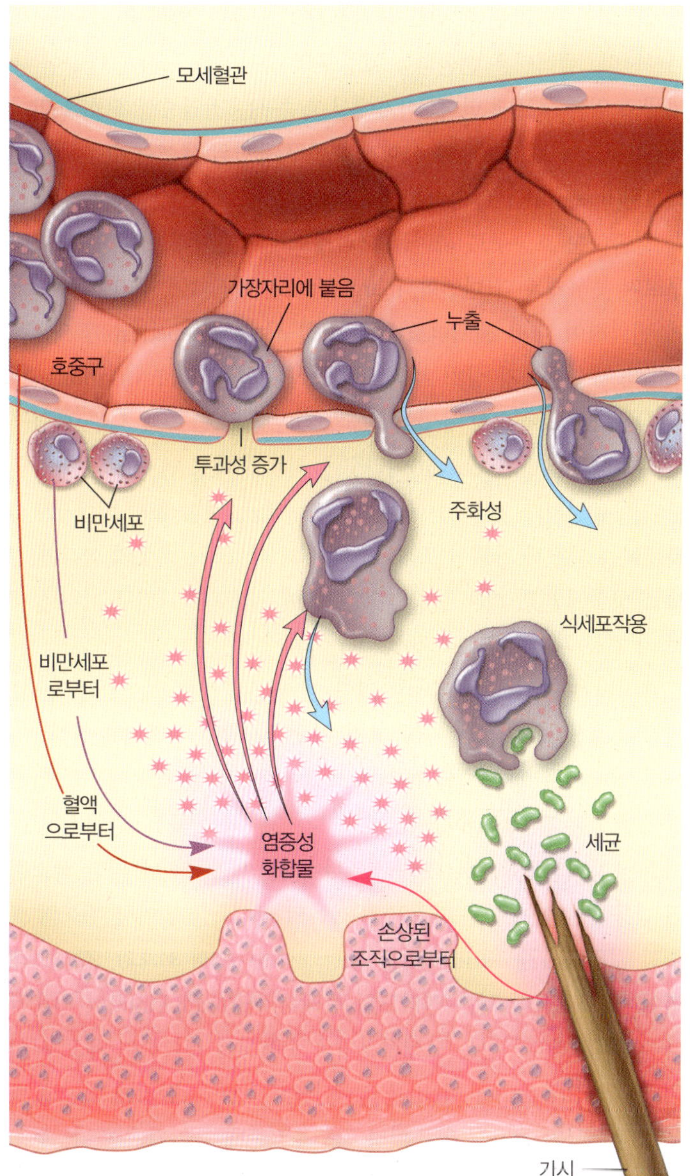

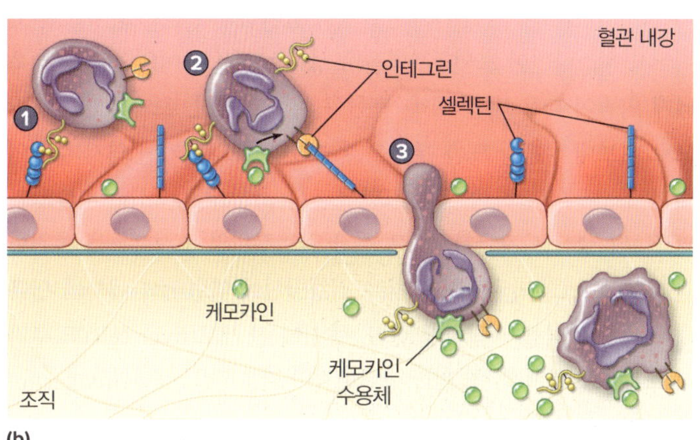

그림 31.21 급성염증반응의 생리적 현상. (a) 상처 부위(가시)에서 손상된 조직과 비만세포 및 혈장으로부터 전령 역할을 하는 화학물질이 분비된다. 이들 염증성 매개물질들은 호중구의 이동, 누출(diapedesis), 주화성 및 식세포작용을 활성화시킨다. (b) ① 호중구 인테그린은 내피 셀렉틴과 상호작용하여 ② 가장자리에 붙음(margination)과 ③ 누출(diapedesis)을 원활히 한다.

연관 질문 케모카인에 반응하여 일어나는 백혈구의 이동은 염증의 주요한 증상에 어떻게 기여하는가?

활성화되면 그 표면에 세포 부착분자의 일종인 **셀렉틴**(selectin)이 나타난다. 셀렉틴은 순환하는 호중구의 움직임을 느리게 만들어 내피세포 위를 구르게 한다. 여기에서 호중구는 전염증성 신호를 만나게 된다(그림 31.21b). 이 신호가 호중구 표면의 셀렉틴 수용체인 **인테그린**(integrin)을 활성화한다. 그러면 인테그린이 셀렉틴에 강력하게 결합하여 호중구로 하여금 내피세포에 단단히 결합하여 더 이상 구르지 못하게 한다(**변연화**, margination). 이제 호중구의 모양이 크게 변화하여 내피 세포벽을 비집고(**혈구누출**, diapedesis), 세포간 조직액으로 들어가 상처 부위로 이동하여(**삼출**, extravasation), 병원체나 다른 조직손상 유발물질을 공격한다. 호중구 및 다른 백혈구는 **주화성물질**(chemotaxin)이라고 불리는 주화성 인자에 의해 감염 부위로 유인된다. 이들 주화성물질로는 세균, 내피세포, 비만세포가 분비하는 물질과 파괴된 조직 생성물이 있다. 조직 손상의 심각한 정도와 성질에 따라 다른 종류의 백혈구(예: 림프구, 단핵구, 수지상세포)가 호중구의 뒤를 따라 몰려든다.

손상받은 조직세포에 의한 염증 매개물질의 분비는 결과적으로 염증의 증상을 유발하는 일련의 연속적인 사건이 시작되게 한다. 뒤따라 일어나는 반응 중의 하나는 조직에 상주하는 대식세포와 멀리 떨어져 있는 간 세포(liver cell)가 각각 항미생물 물질 및 급성기 단백질을 분비하도록 자극하는 것이다. 이들 매개물질에 의한 국소적인 반응은 주변에 있는 세포와 조직액의 산성도를 높여서 세포외 효소인 **칼리크레인**(kallikrein)을 활성화시킨다(**그림 31.22**). 칼리크레인이 절단되면 더 짧은 펩티드인 브래디키닌(bradykinin)이 방출된다. 이후 브래디키닌은 모세혈관벽의 수용체에 결합하여 세포 사이의 밀착연접(tight junction)을 열어 체액, 적혈구, 감염에 대항해 싸우는 백혈구가 모세혈관을 떠나 감염조직으로 들어가게 한다. 동시에 브래디키닌은 결합조직에 있는 비만세포에 결합한다. 이것은 칼슘 이온의 유입을 통한 비만세포의 활성화를 일으켜 히스타민과 같이 이미 만들어져 있던 매개물질들의 탈과립화와 분비를 유도한다. 이어서 히스타민이 모세혈관벽을 구성하는 세포 사이의 간격을 더욱 넓게 만들어 더욱 많은 체액, 백혈구, 칼리크레인, 브래디키닌을 밖으로 내보내서 팽창 또는 부종을 유발한다. 브래디키닌 역시 주변의 내피세포에 결합하여 프로스타글란딘(prostaglandin, PGE_2과 PGF_2)의 생산을 자극하고, 그 결과 감염부위의 조직부종을 촉진한다. 또한 프로스타글란딘은 자유 신경말단에 결합하여 이들이 열을 내고 통증 자극을 시작하게 한다. 동시에 간 세포(liver cell)도 추가적으로 보체 단백질, 철 결합 당단백질인 락토페린, 콜렉틴(collectin)을 분비한다.

염증반응이 진행됨에 따라 혈관 확장과 케모카인 분비가 일어나면 더 많은 식세포들이 혈류로부터 염증 부위로 몰려든다. 식세포들의

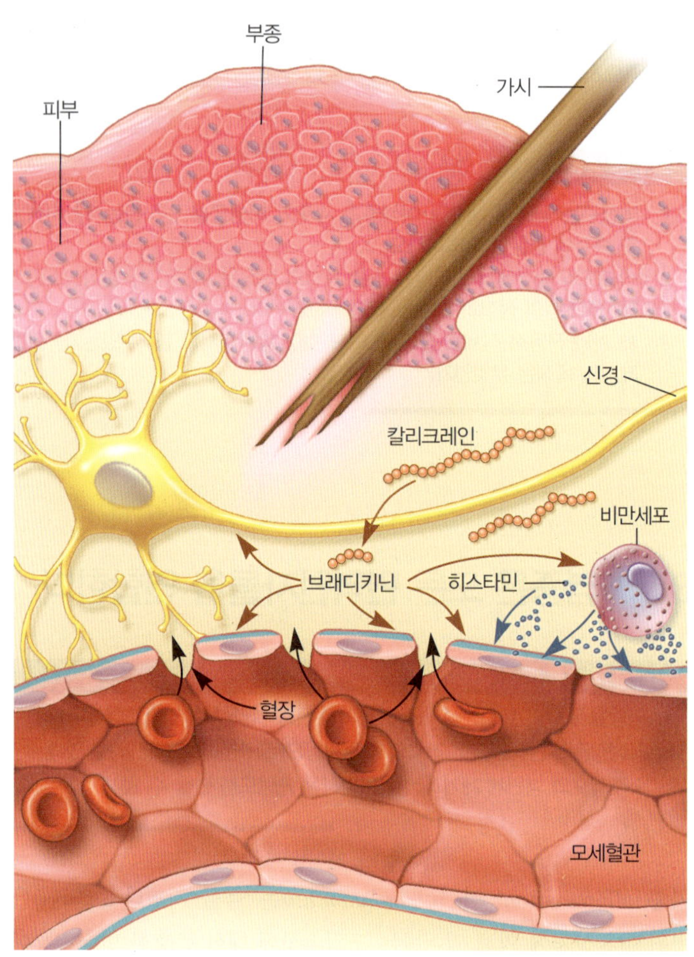

그림 31.22 조직 손상이 일어나면 브래디키닌이 분비되는 곳으로부터 칼리크레인이 몰려온다. 브래디키닌이 내피세포와 신경세포에 작용하면 각각 부종과 통증이 유발된다. 또한 브래디키닌이 비만세포를 자극하여 히스타민을 분비하도록 한다. 이어 히스타민은 내피세포에 작용하여 손상된 조직 부위로 혈액이 더 많이 누출되도록 한다.

수요를 맞추기 위해 화학물질이 골수를 자극하여 호중구를 방출하고 과립구의 생산을 증가시킨다. 국소 지역에서의 감염을 제한하는 또 다른 중요한 단계는 감염원이 더 이상 혈류나 몸의 다른 부위로 퍼지는 것을 막기 위해 피브린 응혈(fibrin clot)을 형성하는 것이다.

급성염증반응은 수일에서 수주 이내에 해결된다. 염증 경로에 의한 지속적인 자극은 세포반응 및 결과에 점진적인 변화를 일으키는데, 이것을 **만성염증**(chronic inflammation)이라고 한다. 급성염증의 결과는 조직의 치유와 수선이지만, 만성염증의 특징은 림프구 및 대식세포가 감염된 부위로 밀집되게 침투하여 새로운 결합조직을 생성하는 것이다. 이것은 영구적인 조직 손상을 일으키는 원인이 된다. 세포의 침투와 처리가 반복되면서 대식세포가 만드는 분해효소가 재생되는 조직보다 더 많은 조직을 파괴한다. 뿐만 아니라 선천성 반응이 숙주를 지속되는 감염이나 만성적인 조직 손상 또는 잘 분해되지 않는 물질[봉합(suture), 이식(implant) 등]로부터 방어할 수 없다면,

우리 몸은 **육아종**(granuloma: 라틴어 *granulum*은 '작은 입자', 그리스어 *oma*는 '만들다'를 의미)을 형성함으로써 염증 부위에 벽을 만들어 격리시킨다. 육아종은 대식세포, 호산구, 다핵거대세포(둘 또는 그 이상의 세포가 하나의 커다란 세포로 융합된 것), T 림프구, 섬유아세포 및 콜라겐이 잘 배열되어 만들어진 덩어리다(**그림 31.23**). 이들 세포와 세포외 기질 단백질은 함께 공 모양의 덩어리를 만들고 이 덩어리가 칼슘에 결합하여 저항성 결절을 만든다. 이것은 결국 육아종을 파괴하기 어렵게 만든다

중요한 것은 만성염증이 급성염증 없이 별도의 과정으로 일어날 수도 있다는 것이다. 지속적인 세균의 존재도 만성염증을 자극할 수 있다. 예를 들어, 결핵과 나병을 일으키는 마이코박테리아(mycobacteria) 중 일부는 대식세포의 식세포작용에도 살아남아 그대로 대식세포내에 거주한다. 마이코박테리아를 품고 있는 대식세포 주변에 형성된 육아종은 종종 석회화되어 X-선 상에 나타나며 이것은 잠재적인 결핵을 의미한다. 중요한 점은 마이코박테리아 육아종은 세균이 몸 전체에 퍼지는 것을 막아준다는 것이다. 하지만 면역 기능이 약해지면 육아종의 벽이 약해지면서 세균이 폐포로 방출되어 활동성 결핵이 발생한다. ◀ Mycobacteriales 목에는 중요한 사람의 병원체가 속한다(22.1절) ▶ 마이코박테리아 감염(38.1절)

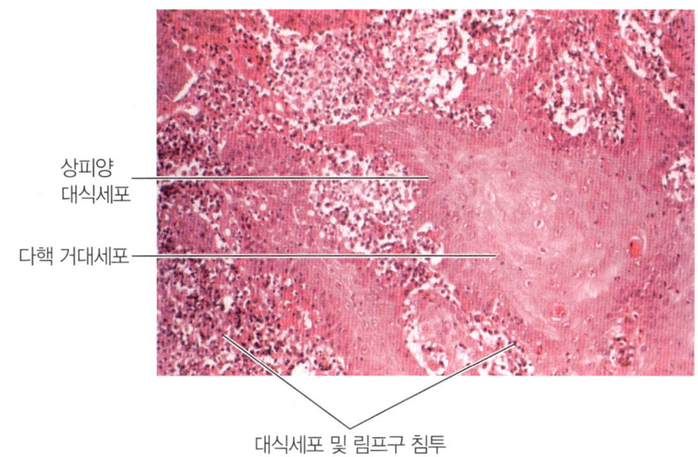

그림 31.23 육아종의 현미경 사진. 육아종은 만성염증반응의 결과로 형성된 세포와 단백질이 잘 조직화된 덩어리이다. 육아종에 있는 상피양 대식세포(epitheloid macrophage)와 대조를 이루며 그것을 둘러싸고 있는 많은 수의 정상 대식세포에 주목하시오. Dr. Cornelio Arevalo, Venezuela/CDC

마무리 점검

1. 염증반응 동안에 일어나는 주요 과정들은 무엇이며, 어떻게 이들은 병원체 파괴에 기여하는가?
2. 급성염증과 만성염증의 차이점을 비교하여 설명하시오.

요약

31.1 면역은 선천성 저항과 적응방어로부터 발생한다

- 침입하는 미생물이나 외래물질에 대한 면역반응에는 선천성 저항과 적응면역반응이라고 하는 상호 의존적인 두 가지 형태가 있다.
- 선천성 저항 기전은 모든 미생물이나 외래물질에 대해 상당한 숙주 저항을 제공한다. 면역학적 기억 없이 선천성 반응은 항상 숙주를 방어할 준비가 되어 있다.
- 적응면역반응은 특이 외래물질에 저항한다. 더욱이 지속적으로 동일한 물질에 노출되면 적응면역은 강화되지만 반드시 선천면역 기전에 의해 활성화되어야 한다.

31.2 선천성 저항은 장벽에서 시작한다

- 물리적 및 기계적 장벽은 숙주의 분비물과 함께 병원체에 대한 숙주의 1차적인 방어선이다. 예로는 피부와 점막, 그리고 호흡계, 위장관계 및 비뇨생식계의 상피가 있다(그림 31.1~그림 31.4).

31.3 선천성 저항은 화학적 매개물질에 의존한다

- 포유류 숙주는 병원체의 지속적인 공격에 대항하기 위해 특별한 화학적 장벽을 가지고 있다. 예로는 양이온 펩티드, 박테리오신, 사이토카인, 급성기 단백질 및 보체가 있다.
- 보체계는 동물의 면역반응에 중요한 역할을 하는 다수의 혈청 단백질로 구성되어 있다. 보체활성에는 대체 경로, 렉틴 경로 및 고전 경로의 세 가지 경로가 있다(그림 31.6과 그림 31.7, 표 31.1). 이 모든 경로는 옵소닌화, 증강된 염증 및 막공격복합체의 발달로 이어진다(그림 31.8).
- 사이토카인은 선천면역반응과 적응면역반응을 조절하는 데 필요하다. 사이토카인은 진핵세포에 광범위하게 작용한다(표 31.2).
- 간(liver) 세포에서 급성기 단백질이 분비되어 미생물 표면에 결합한다. 이들은 옵소닌으로 작용한다.

31.4 선천면역계의 세포는 각각 자신만의 특별한 기능을 가진다

- 비특이면역과 적응면역 모두에 관여하는 세포는 백혈구다(그림 31.9). 예로는 단핵구, 대식세포, 수지상세포, 과립구, 비만세포가 있다.
- 선천성 림프세포(ILC)에는 5종류의 세포가 있다. 림프조직유도(LTi)세포는 2차 림프조직의 생성을 자극한다. ILC-1은 세포내 병원체에 대한 숙주 방어에서 특이적인 역할을 한다. ILC-2는 기생충에 반응한다. ILC-3는 고유미생물총을 포함하는 세포외 미생물에 의해 자극된다. 자연살해세포는 암세포를 죽이거나 미생물에 감염된 숙주세포를 죽이는 ILC이다(그림 31.11~그림 31.13).

31.5 면역계의 기관과 조직은 숙주 방어가 일어나는 곳이다

- 2차 림프기관과 조직은 림프구가 항원을 만나 결합하여 완전히 성숙한 항원특이 효과세포로 분화하고 증식하는 장소다. 비장은 2차 림프기관이며 림프절과 점막연관조직(GALT와 SALT)은 2차 림프조직이다(그림 31.14~그림 31.16).

31.6 식세포작용은 침입자를 파괴한다

- 식세포는 각각 미생물과 숙주세포 표면에 있는 미생물연관 분자패턴(MAMP) 및 손상연관 분자패턴(DAMP)을 감지하기 위해 패턴인식 수용체(PRR)를 이용한다. 막결합 및 세포질 PRR은 동일한 분자 경로를 이용하여 염증반응 활성화를 위해 신호를 전달한다. 톨유사 수용체와 NOD유사 수용체는 독특한 병원체인식 수용체다(그림 31.17과 그림 31.18, 표 31.3).
- 식세포작용은 병원체를 인식하고 잡아먹어 리소좀 효소, 활성산소종, 디펜신, 활성질소종으로 파괴시키는 과정이다. 자가소화작용은 세포내 병원체를 죽이고 분해하는 데 세포내 막과 리소좀을 이용한다(그림 31.19와 그림 31.20).

31.7 염증은 모든 면역인자들을 연합한다

- 염증은 조직 손상과 감염에 대한 숙주의 비특이적 방어 기전이다.
- 염증은 급성 또는 만성이 될 수 있다(그림 31.21~그림 31.23).

심화 학습

1. 어떤 세균이 선천면역반응을 피하고 뒤엎기 위해 필요한 네 가지 특성을 나열하시오. 또한 세균이 각각의 특성을 가지게 되는 기전을 제시하시오.
2. COVID-19 감염병을 앓고 있는 환자는 면역계에 과다한 자극을 받는다. 감염 초기에 처방된 약제는 환자들이 분비한 IL-6의 양을 제한하는 것이 목적이었다. 다른 처방으로는 감염 초기에 흡입기를 이용하여 1형 인터페론을 투입해 효과를 보려는 것이었다. 표 31.2를 참조하여 이 처방들이 사용할 가치가 있는 지 논리를 제시하시오.
3. 당신이 최근에 감기, 독감, 피부 감염 또는 장염(stomach 'bug')에 걸렸던 때를 생각해보시오. 감염체가 당신의 어떤 선천성 장벽을 파괴했는가? 표 31.2에 설명한 사이토카인을 참조할 때, 어떤 것이 당신의 선천성 반응에서 작용했는가? 어떤 면역세포가 활성화되었다고 생각하는가?
4. 사람의 톨유사 수용체에서 TLR-10만이 리간드가 알려져 있지 않다. 이 수용체는 현재 다른 TLR과는 아주 다르게 작용할 수도 있다는 증거가 제시되었다. TLR-10 수용체가 전염증성 반응을 억제하는 것 같고 단핵구로 하여금 완전히 기능적인 대식세포로 분화하지 못하도록 작용하는 것 같다. 숙주세포가 전략적으로 선천면역을 하향 조절할 수도 있는데 그 이유를 논의하시오. 그림 31.17을 참조하여 TLR-10 수용체가 어떤 방법으로 전염증성 반응을 저하시킬 수 있는지 제안하시오.
5. 독감에 걸리는 일은 드물지 않다. 동물모델 연구를 통해 밝혀진 흥미로운 사실은 독감 바이러스에 감염된 이후 폐포대식세포가 폐렴을 일으키는 폐렴구균에 대해 최소한 한 달 동안 방어를 해준다는 사실이다. 그 이유를 알아보기 위해 영국 연구진은 폐포대식세포를 대상으로 독감에서 회복된지 1달 된 생쥐와 같은 연령의 대조군 생쥐를 비교 분석하였다. 당신이 팀의 일원이라면 이 대식세포에 대해 어떤 특정 질문을 제시할 것인가? 답변을 얻기 위해 어떤 과정을 진행할 것인가?

참고문헌: Aegerter, H., Kulikauskaite, J., Crotta, S., et al. 2020. Influenza-induced monocyte-derived alveolar macrophages confer prolonged antibacterial protection. *Nat Immunol* 21, 145-157. https://doi.org/10.1038/s41590-019-0568-x

CHAPTER

32

적응면역

AVAVA/iStock/Getty Images

면역학적으로 암 죽이기

한 해 미국에서 약 10만 명의 사람이 악성 흑생종으로 진단을 받을 것이다. 치료하기 어렵다고 알려진 이 종양으로 인해 약 7천명이 죽을 것이다. 이 암은 30세 미만의 사람에게는 가장 일반적인 암 중의 하나이다. 하지만 이런 우울한 현실은 낙관론에 의해 반박되기 시작했다. 면역학 분야는 흑색종이나 다른 암에 대한 인식과 치료 방법을 변화시키고 있다.

21세기가 시작되면서 과학자와 의사들은 암세포와 종양성 미세환경에 있는 다른 유형의 세포가 면역계와 어떻게 상호작용하는지에 대하여 훨씬 더 많이 이해하게 되었다. 이러한 이해는 암 치료에 대한 희망을 품은 채 두 개의 서로 다른 접근 방식을 이끌어냈다. 이 두 방식의 목표는 환자의 적응면역반응을 이용하여 암세포를 특정한 표적물로 삼아 죽이는 것이다.

첫 번째 접근 방식은 면역조절이라고 하는데, 암세포에 대해 면역계가 반응하는 방식을 변화시킨다. 암세포는 **신항원**(neoantigen)이라 불리는 고유의 단백질을 세포 표면에 드러낸다. 신항원은 단순히 새로운 항원을 의미하며, 환자의 면역세포가 이전에는 감지하지 않았던 것이기 때문에 면역반응을 유발시킨다. 만일 그 반응이 충분히 강하면 신항원을 가지고 있는 암세포는 죽임을 당한다. 면역조절 암 치료의 목표는 이런 종류의 강력한 면역반응을 일어나도록 하는 것이다. 이 방법으로 모든 환자는 아니지만 많은 환자의 생명을 성공적으로 연장시켰고 심지어 일부 말기환자의 경우도 치료하였다.

두 번째 방식은 키메라 항체 수용체(CAR)를 발현하도록 조작된 환자의 T 세포를 사용하는 것이다. 이 장에서 논의하는 것과 같이 항체는 높은 특이성으로 항원과 결합하고, 세포독성 T 림프구(CTL)라고 불리는 한 무리의 T 세포는 신항원을 발현하는 숙주세포를 죽인다. CAR의 배경이 되는 아이디어는 슈퍼킬러 CTL을 제작하는 것이다. 이를 위하여 일반적으로 항원과 결합하는 T 세포수용체(TCR)의 도메인을 항체의 도메인으로 대체한다. 반면에 TCR에서 막을 관통하여 T 세포에게 죽이라는 지시를 하는 부분은 그대로 남겨둔다. 항체로 대체된 T 세포는 암세포의 신항원을 레이저 추적처럼 빠르게 찾아내어 정확하게 죽일 수 있다. 이 방식은 B 세포 급성림프종과 백혈병 치료에서 놀랍도록 성공적이었다. 현재 다른 암을 치료하기 위해서 이 면역치료법을 개선하는 작업이 진행 중이다.

31장에서 선천면역반응이 외부 침입자를 제거하기에 충분하지 않다면, 적응면역반응을 활성화시킨다는 것을 학습했다. 이제 적응면역을 설명함으로써 면역반응에 대한 논의를 계속하고자 한다.

이 장의 학습을 위해 점검할 사항:

- ✓ 숙주 보체반응의 중요성을 설명할 수 있다(31.3절).
- ✓ 숙주 백혈구의 기능을 설명할 수 있다(31.4절).
- ✓ 식세포작용과 염증 반응에서 일어나는 사건을 요약할 수 있다(31.6절과 31.7절).

32.1 적응면역은 인식과 기억에 의존한다

이 절을 학습한 후 점검할 사항:

a. 숙주의 선천성 저항과 적응면역을 비교할 수 있다.

b. 세포 유형과 일반적인 기능으로 두 종류의 적응면역을 설명할 수 있다.

비록 면역을 선천성과 적응성으로 구별하는 것은 인위적이긴 하지만, 이미 예정된 선천 반응을 더 특이적인 적응 반응과 구별하게 해준다. 이처럼 동전의 양면과도 같이 우리가 면역이라고 부르는 체계는 실제로는 완전히 통합된 단 하나의 숙주의 방어계이다.

동물의 적응면역계에는 3가지 주요 기능이 있다. (1) 자신에게 외래(비자기, nonself)인 모든 물질을 인식하고, (2) 숙주를 이 외래물질로부터 방어하며, (3) 이 외래 침입자를 기억하는 것이다. 선천면역처럼 적응면역은 자기와 비자기를 구별해야만 하지만, 선천면역과는 대조적으로 적응면역세포에 의한 비자기 항원의 인식은 매우 특이적이다. 적응면역계는 비자기를 인식한 후 **T와 B 림프구**(T and B lymphocyte)를 활성화하고 증식시킨다.

항원에 반응하여 활성화되면 대부분의 B 림프구와 일부 T 림프구는 **효과반응**(effector response)을 나타내며 때로는 **효과세포**(effector cell)라고 불린다(**그림 32.1**). 성공적인 효과반응은 외래물질을 제거하거나 숙주에게 해가 되지 않도록 만든다. 효과세포에 더하여 일부 활성화된 B 림프구와 T 림프구는 제한적인 활성을 가진 상태로 존재하는데, 이 세포는 자신을 처음에 활성화시켜준 외래물질을 기억하기 때문에 **기억세포**(memory cell)라고 불린다. 만약 나중에 동일한 비자기 물질을 만나면 B와 T 기억세포는 이를 제거함으로써 다시 한 번 숙주를 보호하기 위하여 더욱 강력하고 빠르게 반응하도록 이미 예정되어 있다.

적응면역을 구별해주는 5가지 특징은 다음과 같다.

1. **구분**(discrimination). 선천 및 적응면역세포 모두 자기와 비자기를 구분하지만 적응면역계는 더 선택적으로 비자기에 반응한다.
2. **특이성**(specificity). 활성화된 T 림프구와 B 림프구는 비자기 항원(몇 조에 걸쳐서)에 대하여 각각 특이적으로 반응한다. 일반적으로 특정 병원체나 물질에 대한 면역은 다른 것에 면역성을 갖지 않는다.
3. **다양성**(diversity). 매우 특이적인 반응을 시작하기 위해서 면역계는 매우 다양한 세포 수용체와 몇 조(trillions)의 서로 다른 외래물질을 인식할 수 있는 항체를 생성할 수 있다.
4. **타이밍**(timing). 선천면역계는 항상 숙주를 방어할 준비를 하고 있다. 적응면역계는 활성이 진행되는 동안에 새로운 항원을 인식하도록 교육을 받아야만 한다.
5. **기억**(memory). 동일한 병원체나 물질에 다시 노출되면 적응면역은 신속히 대처하여 눈에 띄는 질병을 일으키지 않는다. 반면에 선천방어의 반응시간은 처음 노출되었을 때와 동일하다.

적응면역에는 항체매개 면역과 세포매개 면역의 2종류가 알려져 있다. B 세포는 **항체매개(체액성) 면역**[antibody-mediated (humoral) immunity]을 구성한다(그림 32.1). 오래 전부터 사용되어 왔던 **체액성**(humoral)이라는 용어는 항체가 혈장(혈청)에서 발견되었다는 것을 반영하며 우리 몸의 체액(fluid 또는 humor)을 의미한다. 순환하는 항체는 미생물, 독소 및 세포외 바이러스에 결합하여 이들을 중화시키거나 식세포작용 및 32.8절에서 설명하는 다른 기전으로 파괴시키기 위해 이들을 표지(tagging)한다. T 세포는 **세포매개(세포성) 면역**[cell-mediated (cellular) immunity]을 구성한다. 대체로 두 종류의 T 세포가 있다. 세포독성 T 세포(CTL)로 분화되는 T 림프구는 바이러스와 같은 세포내 병원체로 감염된 표적세포, 암세포 등을 직접 공격한다. 다른 형태의 T 세포인 보조 T 세포는 CTL이 표적세포를 용해할 수 있도록 유도하고, B 세포와 반응하여 항체를 생산하도록 자극하고 식세포작용 및 염증과 같은 선천성 방어를 상승조절 또

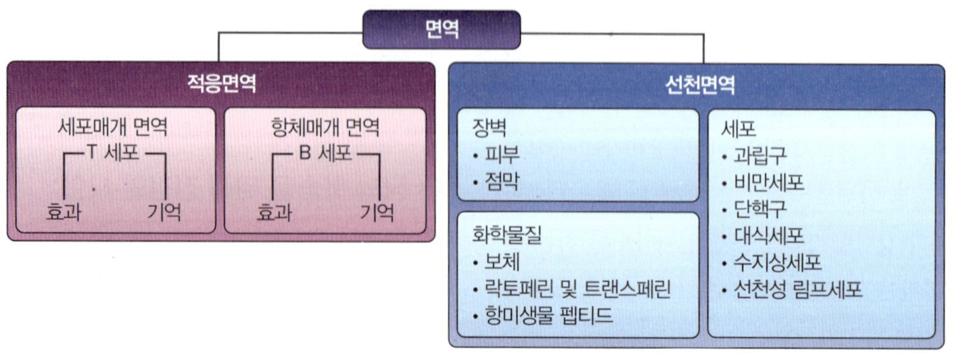

그림 32.1 면역계는 두 가지로 구성되어 있다. 선천 면역은 31장의 주제다.

는 하강조절하기 때문에 붙여진 이름이다. 획득면역반응의 작용은 매우 강력하기 때문에 T 세포와 B 세포가 지속적으로 자기와 비자기를 정확하게 구별하는 것은 필수적이다.

32.2 항원은 면역을 유도한다

이 절을 학습한 후 점검할 사항:

a. 항원으로 작용할 수 있는 분자 유형을 예측할 수 있다.
b. 합텐과 항원의 관계를 설명할 수 있다.

선천면역에 관여하는 세포(대식세포, 수지상세포)들은 분자형태로만 비자기를 인식하는 반면 적응면역에 관여하는 세포들은 외래물질을 인지하기 위하여 더 정교한 기전을 사용한다. 자기이든 비자기이든 면역반응을 유도하는 물질을 **항원**(antigen)이라고 하며, **면역원**(immunogen, immunity generator)이라고도 불린다. 항원에는 단백질, 핵단백질, 다당류 및 일부 당지질과 함께 미생물연관 분자패턴(MAMP, 31장 참조)이 포함된다(**그림 32.2**). 한 분자가 항원으로 작용할 수 있는 지는 그 크기, 구조적 복잡성, 화학적 성질, 숙주와 다른 정도(degree of foreignness)에 의해 결정된다. 대부분의 항원은 일반적으로 분자량이 10,000달톤(Dalton, Da) 이상 되는 크고 복잡한 분자이다.

가각이 항원은 여러 개의 **항원결정부위**(antigenic determinant site) 또는 **에피토프**(epitope)를 가질 수 있다(그림 32.2b). 에피토프는 특이항체에 결합하는 항원의 부위 또는 자리이다. 화학적으로 에피토프에는 당, 유기산과 염기, 아미노산 곁사슬, 탄화수소 및 방향족이 포함된다. 항원 표면에 존재하는 에피토프의 수를 그 항원의 **결합가**(valence)라고 한다. 결합가는 하나의 항원에 동시에 결합할 수 있는 항체 분자의 수를 결정한다. 결정부위가 하나이면 그 항원은 단일가(monovalent)이다. 하지만 대부분의 항원들은 동일한 에피토프를 하나 이상 가지고 있어서 다가(multivalent)항원이다(32.8절). 일반적으로 다가항원이 단일가항원보다 더 강력한 면역반응을 유도한다. 그래서 동일한 구조가 반복되는 분자는 다가이며 강력한 면역원이라고 말한다. **항체 친화력**(antibody affinity)은 특정 항원결합부위에서 항체와 항원이 결합하는 강도를 의미한다. 32.7절에서 논의하는 것처럼 단일항체는 2~10개의 결합부위를 갖는다. 친화력은 단일 항원결합부위와 이것의 에피토프 사이에 반응하는 강도를 측정한다. 반면에 항체의 **결합력**(avidity)은 항원에 결합할 때 모든 항원결합부위에 결합하는 항체의 전체적인 강도다. 따라서 결합력은 부분적으로 항원의 결합가와 관련이 있다.

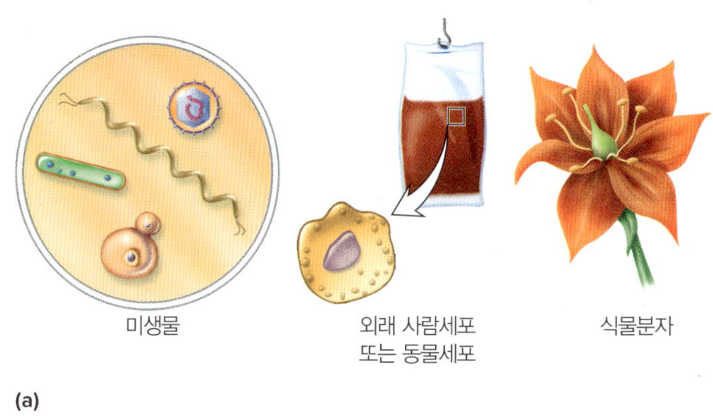

(a)

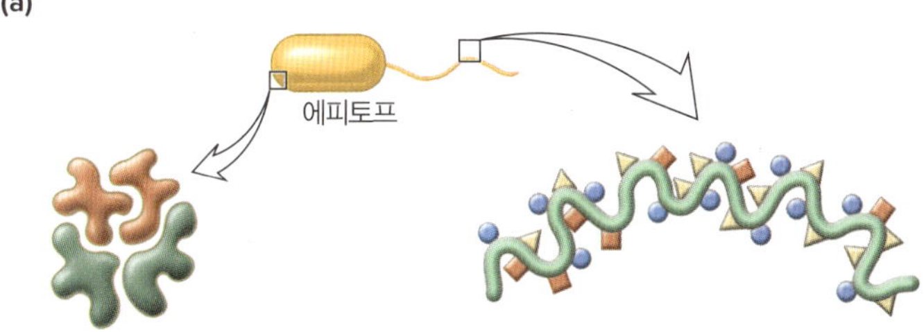

(b)

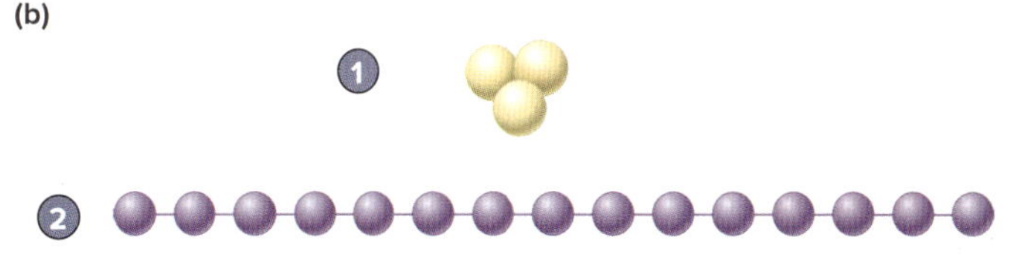

(c)

그림 32.2 **항원의 특징은 많고 다양하다.** (a) 세포 전체와 바이러스 및 일부 식물 분자는 면역원성이 있다. (b) 항체가 인식하는 항원의 특이성을 가진 부위는 에피토프라고 불린다. (c) 면역성과 관련해 작은 분자의 경우, ① 운반체에 결합하지 않은 작은 분자(합텐)는 면역성이 약하다. ② 작은 분자가 반복적으로 연결된 구조를 가진 플라젤린과 펩티도글리칸은 면역성이 강하다.

연관 질문 결합가의 의미는 무엇인가? 또한 항원의 결합가는 어떻게 면역반응에 영향을 주는가?

합텐

그림 32.2c에서 보는 바와 같이 일부 작은 항원은 면역반응을 일으킬 수 없다. 즉 그것은 면역원이 아니다. 하지만 일명 운반 단백질이라고 불리는 커다란 숙주 단백질에 부착되면 면역원이 될 수 있다. 운반단백질과 결합하여 면역원이 될 수 있는 작은 분자를 **합텐**(hapten, 라틴어 *haptein*은 '붙잡다'라는 의미)이라 한다. 합텐의 한 예로 페니실린(penicillin)이 있다. 페니실린은 민감한 사람의 특정 혈청단백질과 결합할 때만 알레르기 면역반응을 유발할 수 있는 면역원이 될 수 있다(32.9절).

마무리 점검

1. 어떤 구조적인 특징이 항원으로 하여금 면역원이 되게 하는가?
2. 에피토프, 친화력 및 결합력을 설명하시오.
3. 합텐의 뚜렷한 특징은 무엇인가? 어떻게 하면 면역원이 될 수 있는가?

32.3 적응면역은 얻거나 빌릴 수 있다

이 절을 학습한 후 점검할 사항:

a. 자연적인 방법과 인공적인 방법으로 생긴 면역을 비교할 수 있다.
b. 자연적인 면역과 인공적인 면역에서 각각의 수동면역과 능동면역을 구별할 수 있다.

사람은 자연적으로 적응면역 반응을 상승시키도록 발전해왔지만 현재 숙주를 지키기 위하여 인공적으로도 이러한 반응을 유도하는 기술을 사용하고 있다. 여기에서 우리는 2종류의 적응면역, 즉 자연적으로 또는 인공적으로 얻는 면역과 각각의 면역이 수동적으로 또는 능동적으로 생기게 되는 방식에 대해 학습한다(**그림 32.3**).

자연획득면역

자연획득 능동면역(naturally acquired active immunity)은 개인의 면역계가 감염을 일으키는 병원체와 같은 항원을 만났을 때 일어난다. 적응면역계는 병원체를 중화하거나 파괴하는 항체와 활성화된 T 림프구를 생산하여 반응한다. 이렇게 얻어진 면역력은 홍역처럼 평생 유지되기도 하고 독감처럼 몇 년 동안만 유지되기도 한다. **자연획득 수동면역**(naturally acquired passive immunity)은 엄마로부터 아기에게로 항체를 전달하여 이루어진다. 이것에는 2가지 방법이 있다. 첫째 임산부의 항체는 태반을 통해 태아에게 전달된다. 만약 임산부가 소아마비나 디프테리아 같은 질병에 면역력이 있다면 태반을 통해 태아나 신생아에게 이들 질병에 대한 면역력을 약 6개월 동안 전달해준다. 둘째, 항체는 모유 수유를 통해 엄마로부터 신생아에게 전달된다. 전달된 엄마의 항체는 신생아 자신의 면역계가 성숙할 때까지 처음 몇 주에서 몇 개월 동안 신생아에게 면역력을 제공하는 중요한 수단이 된다.

인공획득면역

백신접종은 **인공획득 능동면역**(artificially acquired active immunity)을 제공한다. **백신**(vaccine)은 여러가지 다른 방법으로 준비된 항원으로 구성되어 있다. 여기에는 (1) 죽은 미생물, (2) 약화된 살아 있는 미생물, (3) 유전공학적으로 처리된 생명체와 그들의 생산물 또는 핵산, (4) 비활성화시킨 세균 독소(toxoid)가 해당된다. 백신과 면역법(immunization)에 대해서는 35장에서 자세히 학습할 것이다.

인공획득 수동면역(artificially acquired passive immunity)은 하

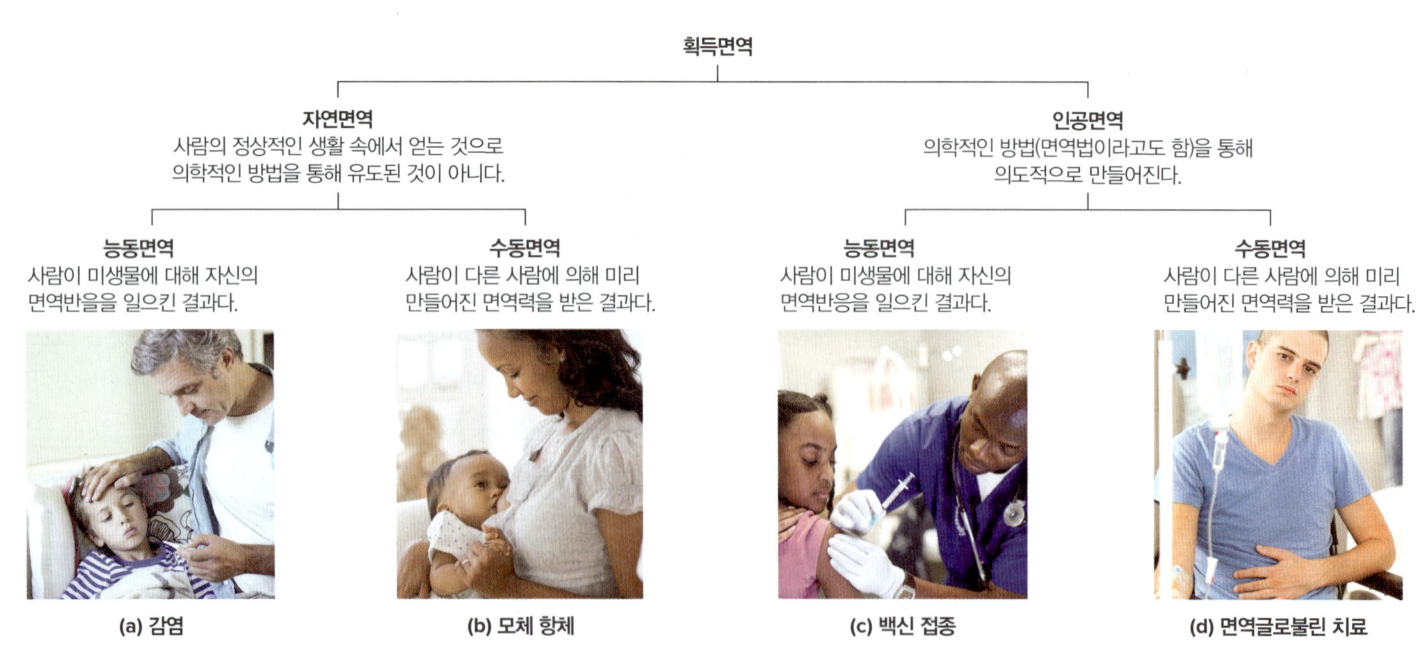

그림 32.3 면역력은 다양한 방법으로 얻을 수 있다. (a) Paul Bradbury/Caiaimage/Getty Images; (b) JGI/Blend Images; (c) ER Productions Limited/DigitalVision/Getty Images; (d) Miodrag Gajic/vgajic/E+/Getty Images

나의 숙주에서 만들어진 항체나 림프구를 다른 숙주에게 투여할 때 얻어진다. 이렇게 얻어진 면역력은 신속하기는 하지만 활성유지기간이 짧아서 단지 몇 주 또는 몇 개월 동안만 유지된다. 인공획득 수동면역의 예로는 말에게 보툴리누스 독소를 주입하여 얻은 항체(항독소)를 보툴리누스 식중독에 걸린 환자에게 투여하는 것이다.

마무리 점검

1. 자연면역과 인공면역을 구분하는 것은 무엇인가?
2. 능동면역이 수동면역과 다른 점은 무엇인가?
3. 네 가지 획득면역 중에서 당신의 면역계가 경험한 것은 무엇이라고 생각하는가?

32.4 외래물질의 인식은 강력한 방어를 위해서 중요하다

이 절을 학습한 후 점검할 사항:

a. MHC 클래스 I 수용체와 클래스 II 수용체가 펩티드를 처리하고 제시하는 과정을 비교할 수 있다.
b. 항원제시세포(APC)로 작용하는 세포를 확인할 수 있다.

지금까지 자기와 비자기의 구별은 숙주를 온전하게 유지하는 데 중요하다고 강조했다. 이 구별은 침입한 병원체를 제거하면서도 숙주 조직은 파괴하지 않기 위해서 반드시 매우 특이적이고 선택적이어야만 한다. 그렇기 때문에 면역계가 외래 항원을 비자기로 인식하는 것만으로는 충분하지 않고, 반드시 숙주세포를 자기로 인식해야 한다. 이를 위해서 각각의 숙주세포는 자신이 거주자임을 표시하는 표면단백질을 발현해야 한다. 이러한 자기 신호는 면역계의 모든 세포에 알려야 하고 오로지 비자기항원만이 파괴의 표적이 되게 해야 한다. 포유류에서 이러한 체계가 발달되어 왔고 이것을 주조직적합복합체라고 부른다.

주조직적합복합체

주조직적합복합체(major histocompatibility complex, MHC)는 숙주로 하여금 자기/비자기를 구별하도록 해주는 단백질을 암호화하는 유전자들의 집합이다. **조직적합성**(histocompatibility)이라는 용어는 그리스어로 '조직'을 의미하는 *histo*와 '서로 어울릴 수 있는 능력'을 의미하는 *compatibility*에서 유래하였다. 사람의 MHC는 6번 염색체에 위치하며 **사람백혈구항원 복합체**(human leukocyte antigen complex, HLA complex)라 부른다. HLA 단백질은 세 가지 클래스로 구분된다. 클래스 I 분자는 핵을 가진 모든 체세포에서 발견된다. 클래스 II 분자는 항원을 처리하여 T 림프구에게 제시할 수 있는 세포에서만 발견된다. 클래스 III 분자에는 면역기능을 가지는 다양한 분비단백질이 포함된다. 클래스 III 분자는 자기와 비자기를 구분하지 않으며, 더 이상 언급하지 않을 것이다.

MHC 클래스 I 분자(class I MHC molecule)는 몸의 모든 정상적인 유핵세포를 '자기'로 인식하는 역할을 한다. MHC 클래스 I 분자는 2개의 단백질 사슬로 구성된 복합체이다. 이 사슬로는 커다란 α 사슬(45,000 Da)과 β_2-마이크로글로불린(β_2-microglobulin)이라고 불리는 작은 사슬(12,000 Da)이 있다. **그림 32.4a**에서 보는 것처럼 α 사슬만이 원형질막에 연결되어 있다. 두 사슬이 서로 작용하여 세포 표면으로부터 돌출한 주머니를 형성한다. 이 주머니는 자기 항원과 결합하여 자신의 세포를 숙주세포로 표지할 수도 있고, 또는 세포내 병원체로부터 추출된 펩티드와 결합하여 면역계에게 자신의 세포가 감염된 숙주세포라고 신호를 보낸다. 따라서 세포의 MHC 클래스 I 분자와 결합한 펩티드는 숙주세포가 건강한 세포(자기)인지 세포내 병원체(비자기)에 감염된 세포인지를 분명히 보여준다.

MHC 클래스 I 분자에는 A, B, C의 3가지 형태가 있다. 이것을 유전자 좌위와 관련지어 **HLA 형태**라고 말한다. 개인의 HLA 단백질은 모두 다르다. 두 사람이 가깝게 연관될수록 그들의 HLA 분자는 유사한데, 그 이유는 각각의 HLA 유전자에 다양한 형태(대립형질들)가 존재하기 때문이다. 발달과정에서 각 유전자에 유전자 돌연변이, 재조합 및 다양한 기전에 의해 다수의 대립형질들이 만들어진다. 또한 HLA 유전자는 공동우성이기 때문에 각 개인은 엄마와 아빠 모두의 A, B 또는 C 좌위로부터 2개의 대립형질을 모두 발현하여 다양성은 더 증폭된다. 그래서 사람은 6개의 서로 다른 MHC 클래스 I 단백질을 가지고 있다. MHC 클래스 I 단백질이 모든 유핵세포(적혈구만이 핵이 없다)에서 발견되기 때문에 다른 클래스 I 분자를 가진 숙주세포가 다른 숙주에 들어가면 면역반응을 자극한다. 이것이 환자가 장기나 골수 이식을 준비할 때 시행하는 조직적합검사(tissue typing)의 기초가 된다.

MHC 클래스 II 분자(class II MHC molecule)는 분포의 범위가 훨씬 좁다. 이 분자는 활성화된 대식세포, 수지상세포, 성숙한 B 세포 및 일부의 선천성 림프세포(ILC)와 같은 특정 면역세포에서만 발현한다. 앞으로 학습하겠지만 DC와 B 세포에 있는 클래스 II 분자는 적응면역반응을 시작하기 위해 필요한 핵심 분자이다. 클래스 I 분자처럼 클래스 II 분자도 역시 2개의 서로 다른 사슬로 이루어진 막관통 단백질이다(그림 32.4b). 하지만 MHC 클래스 II 분자는 3차

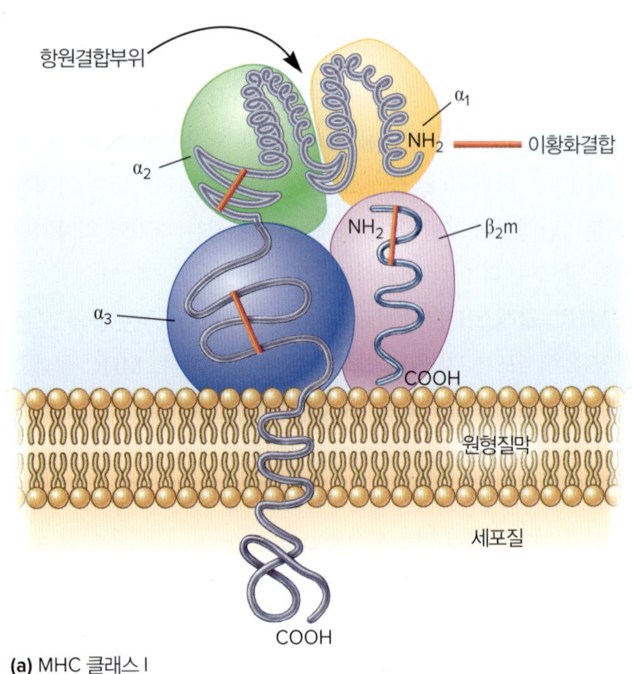

(a) MHC 클래스 I

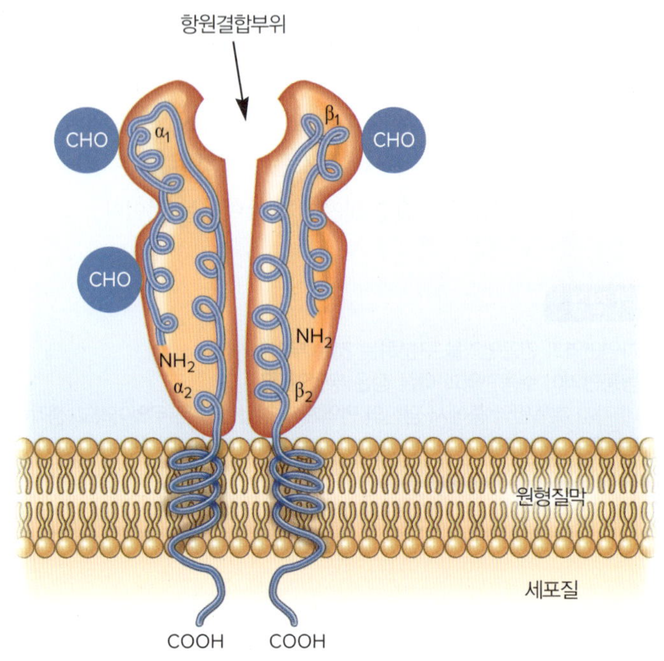

(b) MHC 클래스 II

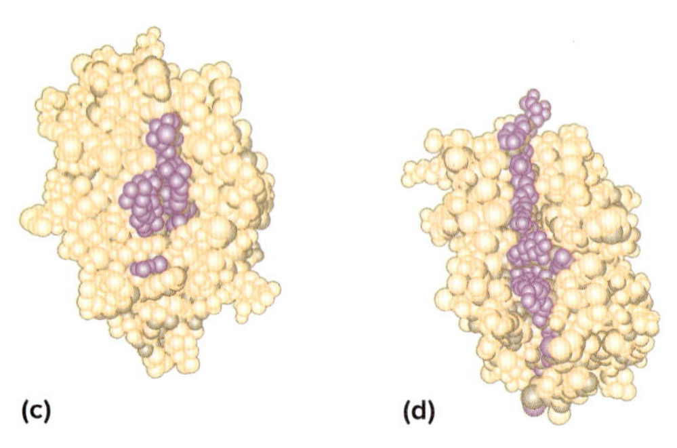

그림 32.4 막결합 주조직적합복합체 클래스 I과 클래스 II 분자. (a) 클래스 I 분자는 α_1, α_2, α_3의 3개 영역으로 나뉘는 α 단백질과 β_2-마이크로글로불린(β_2m) 단백질로 구성된 이형이량체이다. (b) 클래스 II 분자는 α와 β로 불리는 서로 다른 2개의 단백질로 구성된 이형이량체이다. 각각은 α_1, α_2와 β_1, β_2의 2개 영역으로 나뉜다. α와 β는 모두 글리코실화되었으며, 이는 CHO(파란색 원)로 표시했다. (c) MHC 클래스 I 단백질의 공간충전 모델을 통해 살펴본 결과 MHC 클래스 I 단백질이 MHC 클래스 II 단백질보다 더 작은 항원결합 주머니 안에 더 짧은 펩티드 항원(연보라색)을 가지고 있음을 알 수 있다. (d) MHC 클래스 II 단백질의 공간충전 모델은 항원결합 주머니의 양쪽 끝이 모두 열려 있음을 보여준다.

연관 질문 그람음성균이 보체에 의해 용해되는 것을 막기 위해 사용하는 전략은 무엇인가?

원 항원결합 주머니를 형성하여 그 안으로 비자기 펩티드 조각만이 들어갈 수 있게 하고, 이것을 면역계의 다른 세포(면역세포)에게 제시한다. MHC 클래스 II 분자는 외래물질에서 유래한 더 긴 펩티드가 결합할 수 있도록 더 깊은 홈을 가지고 있다는 것이 MHC 클래스 I 분자와 다른 점이다(그림 32.4 c, d). 두 클래스 간의 가장 중요한 차이점은 MHC I 분자는 자기/비자기 펩티드와 결합할 수 있는 작은 결합 주머니를 가지고 있다는 것이고, 반면에 MHC II 분자는 더 큰 비자기 펩티드와만 결합한다는 것이다. 32.5절에서 설명하겠지만 MHC I과 MHC II의 홈에 있는 비자기 펩티드 항원 조각은 T 세포를 활성화시키기 위해 반드시 제시되어야 한다.

MHC는 T 세포에게 항원을 제시한다

펩티드가 MHC 분자에 결합하는 기전을 **항원처리**(antigen processing)라고 한다(**그림 32.5**). 클래스 I 분자는 모든 유핵세포의 세포질에 있는 단백질에서 유래된 펩티드와 결합한다. 건강한 세포에서는 세포기질에서 유래한 자기 펩티드와 결합하여 "나는 건강한 자기 세포입니다. 제발 나를 내버려 두세요"라며 주위의 면역계와 소통한다. 하지만 숙주세포가 바이러스와 같은 세포내 병원체에 감염되었거나 또는 암세포라면 외래 펩티드가 MHC I 분자의 홈에 결합한다. 이것은 면역계에 "나는 건강하지 않은 세포입니다. 그러니 나를 반드시 제거해 주세요"라고 소통한다.

어떻게 자기/비자기 펩티드가 MHC I의 결합 주머니에 자리 잡을 수 있을까? 세포내부에 존재하는 단백질은 세포가 자신의 단백질을 지속적으로 재활용하는 자연스러운 과정의 하나로 프로테아솜(proteasome, 그림 5.7 참조)에 의해 분해된다는 것을 기억하자. 이 과정에서 특이적 자기 펩티드와 항원성 비자기 펩티드는 세포질에서 소포체(ER)로 운반된다. MHC 클래스 I 분자의 α 사슬과 β_2-마이크로글로불린은 소포체 내강에서 결합한다. 6개의 서로 다른 MHC I

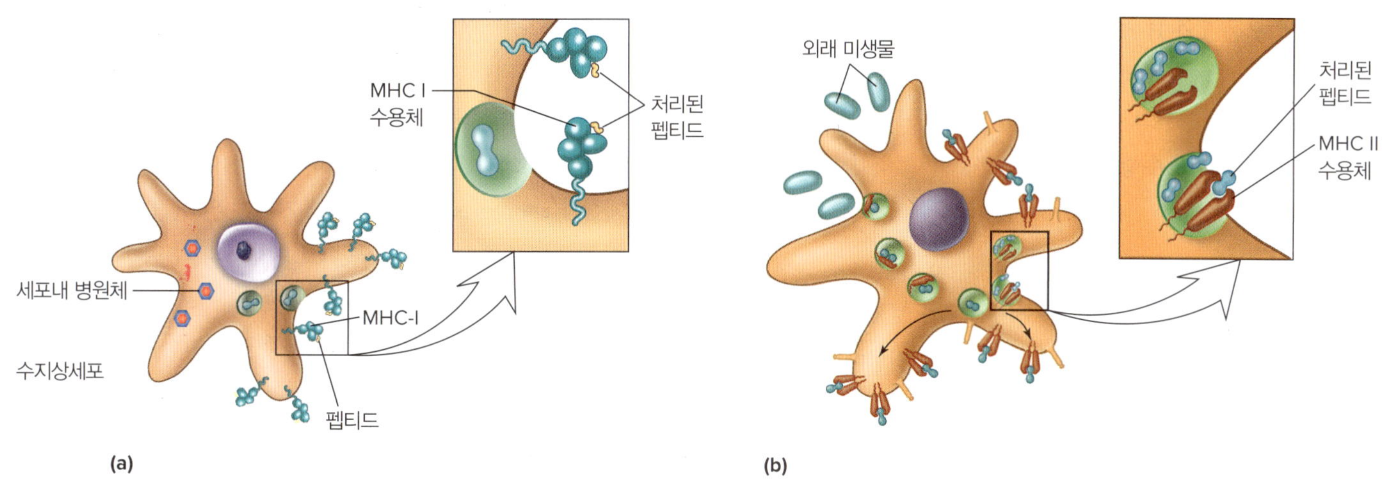

그림 32.5 항원제시. (a) 내인성 항원처리: 세포내에서 만들어진 항원(자기항원 및 세포내 병원체로부터 유래된 항원 포함)은 프로테아솜에 의해 분해되어 다양한 면역세포에게 제시를 위해 세포 표면에 있는 MHC 클래스 I 단백질의 항원결합 주머니에 삽입된다. (b) 외인성 항원처리: 식세포작용에 의해 포식된 항원은 리소좀에 의해 분해되고 세포 표면에서 T 림프구에게 제시되기 위해 MHC 클래스 II 분자의 항원결합 주머니에 삽입된다.

연관 질문 항원과 결합한 MHC 클래스 I 분자를 인식하여 결합하는 세포는 무엇인가? 항원과 결합한 MHC 클래스 II 분자는?

분자 중 한 분자의 결합 홈에 정확히 들어맞는 펩티드만이 붙는다. 이 과정을 **내인성 항원처리**(endogenous antigen processing)라고 하며 이 과정으로 숙주세포는 CD8$^+$ T 세포 또는 세포독성 T 림프구(CTL)라 불리는 효과 T 세포 아집단에 펩티드 항원을 제시한다. CD8$^+$ T 세포는 항원을 제시하는 MHC 클래스 I 분자에 특이적인 수용체를 가지고 있다. 만약 숙주세포가 MHC I 분자 안에 자기항원을 제시하면 T 세포는 이것을 무시한다. 하지만 MHC I 분자가 비자기항원(세포내 병원체나 암세포에서만 발견되는 새로운 펩티드)을 제시하면 이 T 세포는 결합하여 숙주세포를 죽인다(32.5절).

MHC 클래스 II 분자는 세포 밖에서 유래한 항원의 조각에 결합하기 때문에 MHC I 분자와는 다르다. 따라서 이들은 **외인성 항원처리**(exogenous antigen processing) 과정을 거친다. 따라서 이 경로에서는 세포내흡입 또는 식세포작용으로 붙잡힌 외래입자(예: 세균, 바이러스 및 독소)만이 MHC 클래스 II 분자와 결합할 수 있다(그림 31.19와 그림 31.20 참조). MHC 클래스 II 분자에 비자기 항원을 탑재할 수 있는 면역세포를 **항원제시세포**(antigen presenting cell, APC)라고 하며, 여기에는 대식세포, 수지상세포 및 B 세포가 포함된다. 외인성 항원처리 과정은 대식세포와 수지상세포가 침입자를 식세포작용하거나 B 세포가 수용체매개 세포내흡입(receptor-mediated endocytosis)을 하면서 시작된다. 이 모든 경우에 파고리소좀이나 자가리소좀에서 분해되어 생긴 항원펩티드는 침입자의 형태로 방출된다. 이 펩티드들은 이미 형성된 MHC 클래스 II 분자와 결합하여 세포 표면으로 운반된다. 이때 MHC 클래스 I 분자의 경우처럼 MHC 클래스 II 분자의 결합 주머니에 꼭 맞는 펩티드만 결합한다. 이 펩티드는 이제 CD4$^+$ 보조 T 세포라고 불리는 T 세포에 의해 인식될 수 있다. 수지상세포는 외래 펩티드를 T 세포에게 제시하여 그들이 활성화된 T 세포가 되도록 자극하는 데 특별히 뛰어난 능력을 갖고 있다. CD8$^+$ T 세포와 달리 CD4$^+$ T 세포는 표적세포를 직접 죽이지는 않는다. 대신 통합된 선천면역 및 적응면역 반응을 조정하기 위해 사이토카인을 분비한다. ◀ 일부 세포소기관은 분비와 세포내흡입에 관여한다(5.4절); 사이토카인은 세포 사이의 화학 메시지다(31.3절); 식세포작용은 침입자를 파괴한다(31.6절).

마무리 점검

1. MHC 클래스 I 분자와 클래스 II 분자의 구조와 역할이 가지는 차이점을 보여주는 표를 작성하시오.
2. MHC 클래스 I 분자가 자기항원과 결합하여 제시하는 것이 왜 중요한가?

32.5 T 세포는 면역 기능을 위해서 매우 중요하다

이 절을 학습한 후 점검할 사항:

a. T 세포 발달과 T 세포 활성화의 차이점을 논의할 수 있다.
b. T 세포 수용체의 구조와 기능을 설명할 수 있다.
c. 해당 유형의 T 세포에 작용하는 MHC 수용체의 항원제시를 그림으로 설명할 수 있다.
d. T_H1, T_H2, T_H17 및 Treg 세포의 작용을 비교할 수 있다.

적응면역에서 모든 T와 B 세포의 작용은 조화를 이루며 진행된다. 하지만 B 세포가 항체를 생산하고 분비하는 단독 기능을 가지고 있는 반면에 T 세포는 다수의 아집단들이 서로 협동하여 적응면역 반응을 시작하고 조율하고 수행해 나간다.

T 세포 발달

T 세포 발달(T cell development)을 전구세포가 보조 T 세포나 세포독성 T 림프구 중 한 형태로 성숙하는 것이라 정의한다. 흉선이 가지는 유일한 목적은 T 세포 발달의 장소가 되는 것이다(그림 31.14 참조). 이것은 공통 림프계 전구(CLP, 그림 31.9 참조) 세포가 골수로부터 심장 위에 위치한 1차 림프기관인 흉선으로 이동하면서 시작된다(**그림 32.6**). **흉선선택**(thymic selection)이라고 알려진 과정 동안에 양성선택과 음성선택의 2가지 주요 사건이 일어난다. 하지만 먼저 T 세포는 **T 세포 수용체**(T cell receptor, TCR)의 구조에 의해 2개의 형태로 구분된다. TCR은 2개의 상호작용하는 단백질로 구성되어 있다. 대부분의 TCR은 α 단백질 하나와 β 단백질 하나로 구성되어 **αβ T 세포**(αβ T cells)라고 불린다. 소수의 T 세포는 γ 단백질과 δ 단백질로 구성된 TCR를 가지고 있다. 이것을 **γδ T 세포**(γδ T cells)라고 부르고 흉선에 도착 후 빠르게 흉선을 떠나 피부와 점막에 있는 림프조직으로 이동한다.

T 세포의 대부분을 차지하는 αβ T 세포는 양성선택이 시작되는 흉선에 머무른다(그림 32.6). **양성선택**(positive selection)은 T 세포가 2종류의 TCR 공동수용체 중 어떤 것을 가질 지를 결정해준다. T 세포의 공동수용체는 **분화분자집단**[cluster of differentiation (CD) molecule]의 구성원이다. 면역계의 세포들은 서로 다른 많은 CD를 세포 표면에 가지고 있다. 우리는 CD4와 CD8에 관심을 갖는다. 미성숙 T 세포는 처음에 CD4와 CD8 모두를 가지고 있지만, 곧 둘 중에 하나만 갖도록 선택된다. 선택된 공동수용체의 종류(CD4 또는 CD8)는 앞으로의 T 세포 발달과 작용에 중요하다.

흉선의 T 세포는 **음성선택**(negative selection)의 과정으로 진입한다. 음성선택에서 자기항원에 강하게 반응하는 T 세포는 선별되어 세포예정사(apoptosis, 그림 32.6)를 거치게 된다. T 세포 발달의 전반적인 과정에서 흉선에 들어갔던 CLP 세포의 약 98%가 제거된다. 흉선을 떠나 림프절과 비장으로 이동하는 T 세포는 성숙세포이지만 미경험세포라고 불린다. 앞으로 학습하겠지만 이것은 T 세포가 완전히 발달(성숙)했지만 MHC 분자에 제시된 항원정보를 받기 전까지는 항원에 반응할 수 없다(미경험)는 사실을 반영한다. 비유하자면 19세의 사람은 완전히 성숙했지만 사회생활을 시작하기 전까지는 교육이 필요한 것과 같다.

T 세포 활성화

TCR은 T 세포 활성화에도 중요한 역할을 한다. TCR은 다른 세포의 표면에 있는 MHC 분자에 의해 제시된 항원 조각을 탐지하도록 발달해왔다. 각각의 TCR은 두 부분으로 이루어져 있다. 즉 이형이량체 폴리펩티드 수용체와 전체적으로 CD3라고 불리는 6개의 보조 폴리펩티드다(**그림 32.7a**). 각각의 이형이량체는 이황화결합에 의해 안정화된 막관통 수용체를 형성한다. TCR의 항원인식부위는 α와 β 사슬의 세포 바깥쪽 부분이 서로 작용하여 3차원 주머니를 만들 때 형성된다. 적응면역의 특이성을 이해하는 핵심은 각각의 TCR 주머니가 독특하다는 것이다. 각 주머니를 구성하는 아미노산 서열은 다양하여 완벽하게 주머니에 들어맞는 특이 항원 조각만 결합할 수 있게 한다. 이것은 흉선에서 T 세포가 성숙되는 동안 TCR은 T 세포 간에 매우 다양한 결합 주머니를 만들기 위한 일련의 유전적 과정을 경험하기 때문에 가능하다(32.7절). 궁극적으로 이러한 과정은

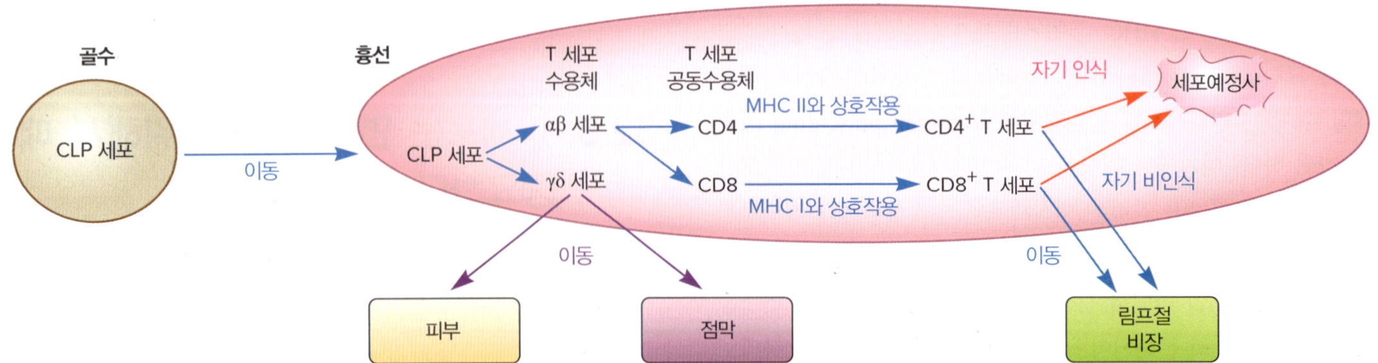

그림 32.6 T 림프구의 발달. 골수에 있는 공통 림프계 전구(CLP) 세포는 흉선으로 이동하여 그곳에서 T 세포 수용체(TCR)의 구조가 자신의 운명을 결정짓는다. 대부분은 α/β 세포로서 연속적으로 CD4나 CD8 중 하나의 공동수용체를 발현하도록 선별된다. CD4 공동수용체를 가진 T 세포는 MHC II 분자와 반응하고 CD8 공동수용체를 가진 T 세포는 MHC I 분자와 반응한다. 자기 분자와 결합하는 모든 세포는 세포예정사에 의해 제거된다. 나머지는 흉선을 떠나 비장과 림프절로 이동하여 활성화 과정 동안 지시를 기다린다. 활성화되기 전의 세포들을 미경험세포라고 부른다.

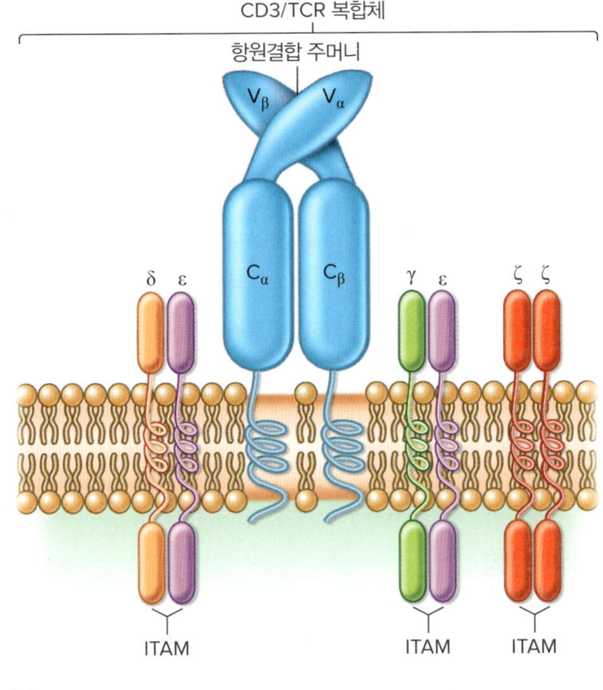

(a)

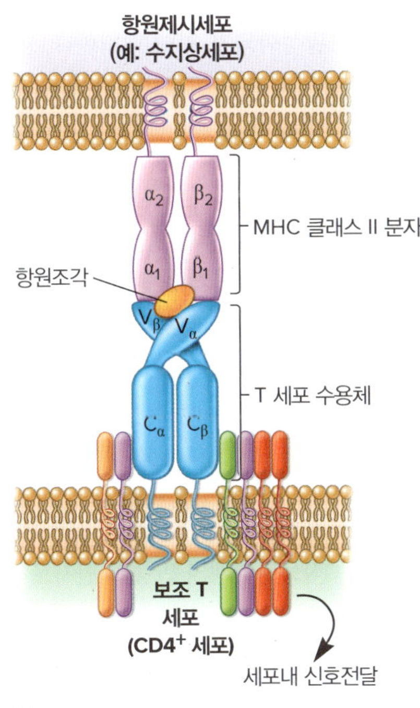

(b)

그림 32.7 T 세포 수용체와 면역연접 형성 활성화. (a) T 세포 원형질막에 있는 T 세포 수용체의 전체적인 구조이다. 면역연접이 형성되면 짧은 막관통 CD3 보조단백질의 면역수용체 티로신기반 활성화모티프(ITAM)는 세포내 신호전달을 시작하여 T 세포를 활성화한다. (b) 항원제시세포(상단부)는 MHC의 결합 주머니(분홍색)에 위치한 항원펩티드(주황색)를 제시하여 활성화 과정을 시작한다. T 세포(하단부)는 수용체의 가변부위(파란색의 V_α와 V_β)가 동일한 항원조각(주황색)과 결합한 후에 활성화된다. 여기서는 MHC 클래스 II 분자에 결합된 펩티드와 상호작용하는 보조 T 세포를 보여준다. 그림을 단순화하기 위해 CD4 공동수용체는 표시하지 않았다.

MHC 분자에 결합한 서로 특이하게 다른 항원 펩티드가 각각의 T 세포 수용체에 잘 인식되도록 해준다. 성숙한 T 세포가 MHC 분자에 있는 펩티드와 결합하면 이것은 더 이상 미경험 T 세포가 아니다. 그 이유는 TCR의 특정 결합 홈에 맞는 항원펩티드를 인식해서, T 세포의 작용 경로가 결정되었기 때문이다. 이것이 T 세포 활성화의 첫 단계이다.

미경험 T 세포의 활성화는 항원의 형태가 TCR에 꼭 맞게 결합할 때의 결과이다. 하지만 항원은 무작위하게 미경험 T 세포에 제시되지 않는다. 항원은 반드시 항원제시세포(APC)에 의해 전달되어야만 한다. 활성화는 APC와 미경험 T 세포가 모여 있는 림프조직에서 항원제시와 함께 시작한다. 이 과정에서 APC의 MHC 분자에 탑재된 항원이 TCR의 결합 주머니에 꼭 맞게 결합했다면 T 세포의 TCR에 의해 인식된다. 만약 APC의 MHC 주머니에 있는 항원이 T 세포의 TCR에 결합하지 않는다면(즉 TCR의 주머니에 맞지 않는다면), APC는 항원에 맞는 T 세포를 위해 다른 T 세포의 TCR과의 접촉을 계속할 것이다. 항원과 TCR이 완벽하게 맞을 때 TCR-펩티드-MHC 사이의 상호작용은 APC와 T 세포 사이에서 **면역연접**(immune synapse)이라고 불리는 일종의 가교를 형성한다(그림 32.7b). 면역연접이 형성되면 TCR에서 3차원적 구조 변화가 진행되고 이것이 T 세포의 핵으로 하여금 관련 유전자가 발현되게 한다. 하지만 그림 32.7b를 자세히 관찰해보면 TCR에서 직접 세포질로 신호를 보낼 부분은 거의 없다. 따라서 항원을 감지했다는 정보를 전달하기 위해 TCR의 세포질 내 꼬리는 CD3 보소 폴리펩티드와 연관되어 세포 안으로 신호를 전달한다. 이것은 단지 T 세포 활성화의 첫 단계에 불과하다. 완전한 T 세포 활성화는 2개의 추가 신호가 항원과 함께 전달될 때에만 일어난다. 이처럼 모든 미경험 T 세포가 활성화되기 위해서는 3개의 신호가 모두 필요하다.

우리는 방금 APC의 MHC 분자로부터 제시된 항원 조각이 적절한 T 세포 수용체에 의해 인식되고 결합될 때 발생하는 **신호 1**(signal 1)에 대하여 설명하였다. 보조 T(T_H) 세포의 경우에 CD4 공동수용체는 MHC 클래스 II 분자와의 반응을 지정한다(**그림 32.8a**). $CD8^+$ 세포가 활성화되기 위해서 CD8 공동수용체는 APC에 있는 MHC 클래스 I 분자와만 반응을 한다. 반면 $CD8^+$와 $CD4^+$ 세포는 면역연접을 형성하는데 TCR을 사용하지만, MHC 클래스 I 분자 또는 클래스 II 분자와의 반응을 제한하는 것은 각각 CD8 또는 CD4 공동수용체이다.

흉선을 떠난 미경험 T 세포가 아직 완전한 항원을 만나지 않았음을 기억하자. 이 세포가 정확한 항원에 반응하기 위해서는 두 번째 단계가 필요하다. 미경험 $CD4^+$와 $CD8^+$ 세포는 활성화되기 위해

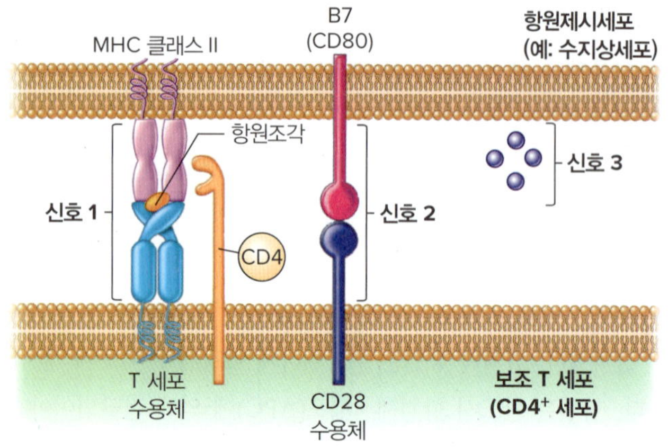

(a)

(b)

그림 32.8 T 세포 활성화에는 3가지 신호가 필수적이다. 첫 번째 신호는 항원제시세포에 의한 항원조각의 제시이다. 여기서 미경험 T 세포를 활성화시키는 항원제시세포는 수지상세포이다. (a) 보조 T 세포의 CD4 공동수용체가 항원제시세포의 MHC 클래스 II 분자를 인식하는 데 관여한다. (b) T 세포의 CD8 공동수용체가 MHC 클래스 I 분자를 인식하면 T 세포는 활성화되어 CTL이 된다. 두 번째 신호는 수지상세포가 B7 (CD80) 단백질을 보조 T 세포나 CTL의 CD28 단백질 수용체에 제시할 때 일어난다. 세 번째 신호는 항원제시세포가 분비하는 사이토카인과 T 세포 자체이며, 이들은 T 세포로 하여금 기억세포와 효과세포로 분화하고 증식하여 완전히 활성화되게 한다. 그림을 단순화하기 위해 CD3 복합체는 표시하지 않았다.

연관 질문 보조 T 세포는 어떻게 $CD8^+$ 세포의 활성화를 용이하게 하는가?

공동자극 **신호 2**(signal 2)가 필요하다. 신호 2는 APC의 표면에 있는 **B7 (CD80) 단백질**[B7 (CD80) protein]이 T 세포에 있는 CD28 수용체와 결합할 때 발생한다(그림 32.8). 수지상세포는 항상 많은 양의 B7을 발현하기 때문에 미경험 T 세포를 자극하는 APC이다. 다른 APC는 자극을 받지 않으면 B7을 많이 생산하지 않는다. 이러한 APC(대식세포와 B 세포)는 이미 활성화된 T 세포를 조절한다. 신호 2 없이 신호 1만 받은 T 세포는 종종 **무반응 상태**(anergic)가 된다. 즉 항원을 인식할 수는 있지만 항원에 반응하지는 않는다. ◀ 단핵구, 대식세포, 수지상세포(31.4절)

신호 3(signal 3)은 신호 1이나 신호 2처럼 잘 규명되지는 않았다. 신호 3에는 APC와 T 세포를 포함하여 면역연접을 만드는 면역세포의 중요한 사이토카인 분비가 관여한다. 이러한 사이토카인은 표적 T 세포를 자극하여 장차 병원체를 제거하게 될 효과 T 세포로 분화시키거나 다음에 만났을 때 병원체를 기억하게 될 기억세포로 분화시킨다. 이 두 유형의 세포 모두 증식하여 완전한 활성을 갖는 세포가 된다. 신호 1과 2에는 APC에 있는 수용체와 T 세포에 있는 수용체가 관여하고, 신호 3에는 표적 T 세포에 있는 유사한 수용체를 인식하여 결합하는 수용성 분자가 관여한다. 이 모든 세 종류의 신호는 T 세포의 유전자 발현을 촉진하여 특이적인 적응면역 반응을 유발한다. ◀ 사이토카인은 세포 사이의 화학 메시지다(31.3절)

T 세포의 유형

αβ T 세포는 2차 림프기관과 조직으로 이동한다는 것을 기억하자(그림 32.6). 하지만 αβ T 세포는 한 곳에만 머물러 있지 않는다. 대신에 정기적으로 혈류로 이동하여 림프절에서 림프절로 또는 비장으로 돌아다닌다. 이러한 조직에 있는 성숙한 미경험 T 세포는 수지상세포의 항원제시를 받아 활성화되기 위해 대기한다. 항원의 자극을 받으면 αβ T 세포는 효과세포와 기억세포로서의 활동적인 역할을 수행한다. 효과 T 세포는 외래 항원으로부터 숙주를 방어하기 위해 특유의 역할을 수행한다. 성숙하고 교육받은 기억세포(자기의 항원을 아는 세포)는 숙주가 해당 항원에 다시 노출되었을 때 빠르게 재활성화된다. 효과 및 기억 $CD4^+$ T 세포에는 보조 T 세포와 조절 T 세포가 포함되고, 활성화된 $CD8^+$ T 세포는 기억세포나 세포독성 T 림프구(CTL)로 작용한다.

보조 T 세포

$CD4^+$ T 세포($CD4^+$ T cell)로도 알려져 있는 **보조 T (T_H)세포**[T-helper (T_H) cell]는 적응면역계의 만능 조절자로 생각할 수 있다. 보조 T 세포에는 여러 유형의 다른 세포들이 있다. 미경험 $CD4^+$ 세포는 면역연접 동안 DC가 분비하는 사이토카인(신호 3)에 의해 특정 유형의 보조 T 세포가 된다. 또 다른 사이토카인은 특정한 전사인자의 활성화를 촉진시켜 미경험 T 세포로 하여금 $CD4^+$ 보조 T 세포의 여러 유형 가운데 하나로 분화시킨다. 중요한 보조 T 세포 유형으로는 T_H 유형 1 (T_H1) 세포, T_H 유형 2 (T_H2) 세포, T_H 유형 17 (T_H17) 세포, 조절 T (Treg) 세포가 있다(**그림 32.9a**). 종종 **T_H0**가 아직 활성화되지 않은 성숙한 미경험세포로 지명되기도 한다.

DC가 IFN-γ와 IL-12를 분비하면 T_H0 세포에서 T-bet 전사인자의 활성이 유도되어 결국 T_H1 세포로의 분화를 이끌어낸다. **T_H1 세**

포(T_H1 cells)는 세포독성 T 림프구(CTL)의 활성을 촉진하고 대식세포를 활성화시키며 인터루킨, IFN-γ, 종양괴사인자-α (TNF-α), TNF-β를 생산하여 염증을 매개한다. 이들 사이토카인은 특히 바이러스와 같은 세포내 미생물에 감염된 경우 T_H1 세포의 중요성을 알게 해준다.

만약 면역연접 동안 DC가 IL-4를 방출하면 T 세포의 전사인자 GATA-3이 유도되어 T_H0 세포를 **T_H2 세포**(T_H2 cell)로 되게 한다. T_H2 세포들은 항체반응을 자극하여, 사이토카인 IL-4, IL-5, IL-6과 IL-13을 생산함으로써 기생충으로부터 방어한다.

형질전환 생장인자(transforming growth factor, TGF)-β와 IL-6와 같은 사이토카인이 분비되면 T 세포의 전사인자 RORγt의 활성화를 초래한다. 이것은 T_H0에서 **T_H17 세포**(T_H17 cell)로의 분화를 촉

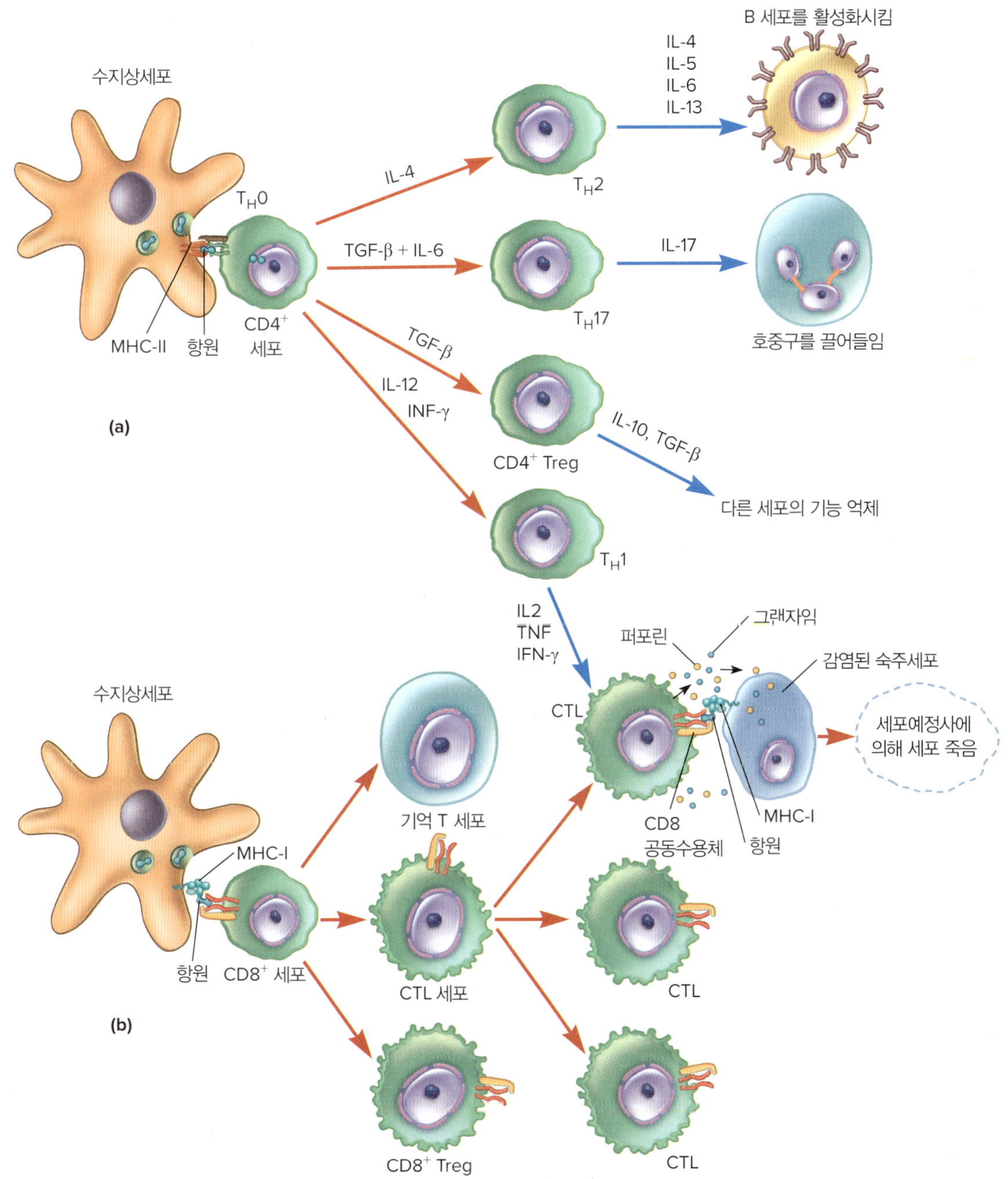

그림 32.9 T 세포 활성화. (a) $CD4^+$ T_H0 세포는 활성화되면 T_H1, T_H2, T_H17 또는 Treg 세포로 분화한다. 빨간색 화살표 옆에 표시된 사이토카인은 면역연접 동안 수지상세포로부터 만들어지며 T_H0 세포의 분화를 촉진한다. 파란색 화살표 옆에 표시된 사이토카인은 활성화된 T 세포에 의해 만들어지며 다른 유형의 세포들과 소통한다. 여러 종류의 T 세포로부터 각각의 기억 T 세포가 만들어진다(표시 안함). (b) $CD8^+$ T 세포는 MHC 클래스 I 분자에 결합된 비자기 항원을 제시하는 수지상세포에 의해 활성화된다. 이로써 $CD8^+$ T 세포는 활성화된 CTL로 분화한다. T_H1 세포도 특정 사이토카인을 분비하여 CTL을 자극한다. CTL은 표적세포의 세포예정사를 유도한다. $CD8^+$ T 세포의 소집단은 Treg 세포로 분화하지만 이들의 역할은 잘 알려져 있지 않다.

발한다. 이 세포들은 세균이 감염하면 IL-17와 디펜신을 분비하고, 호중구를 소집하며, 강한 염증반응을 유도함으로써 침입에 반응한다.

조절 T 세포(regulatory T cell, Treg)는 대략 10%의 $CD4^+$ T 세포와 2%의 $CD8^+$ T 세포로부터 유래된다. 면역연접 동안 DC가 TGF-β를 분비하면 Treg의 발달을 책임지는 T 세포 전사인자 FOXP3을 유도한다. Treg는 항염증성 사이토카인 IL-10과 TGF-β를 생산함으로써 면역반응을 되돌리기 때문에 중요하다. 추가적으로 Treg는 급성 염증과 적응면역 반응을 소멸시킬 뿐 아니라 점막면역의 항상성 유지에 중요하다. ◀ 염증은 모든 면역인자들을 연합한다(31.7절) ▶ 기능적인 핵심 마이크로바이옴이 숙주의 항상성에 필요하다(33.3절)

세포독성 T 림프구

$CD8^+$ T 세포($CD8^+$ T cell)는 건강하지 않은 숙주세포를 파괴한다는 것을 기억하자. 이 과정은 엄격하게 조절되어 건강하지 않은 세포만 제거되어야 한다. DC가 MHC 클래스 I 분자에 탑재된 비자기 항원을 제시할 때 활성화가 일어난다(그림 32.8b). 만약 $CD8^+$T 세포의 TCR이 비자기 항원을 인식하면 **세포독성 T 림프구**(cytotoxic T lymphocyte, CTL)로 성숙하여 바이러스 같은 세포내 병원체에 감염되거나 암 신생 항원을 제시한 숙주세포를 파괴하는 역할을 한다. CTL을 활성화시킨 DC에 의해서 제시된 항원과 동일한 항원을 MHC 클래스 I 분자가 제시하고 있을 때 그 숙주세포는 파괴의 표적이 된다. 즉 면역연접 동안에 DC는 T 세포에게 어떤 숙주세포를 찾아서 파괴시켜야 하는지를 교육한다. 활성화되면 CTL은 최소한 2가지 방법으로 표적세포를 죽인다. 더 일반적으로 퍼포린(perforin), 그랜자임과 그라뉼리신을 분비하는 방법이 있는데, NK 세포매개 용해와 유사하다(그림 31.12 참조). 퍼포린은 표적세포에 구멍을 만들고 그랜자임과 그라뉼리신은 표적세포의 예정사 전구체 단백질(pro-apoptotic protein)을 활성화시켜 세포예정사를 자극한다. 또 다른 세포예정사 경로는 세포사멸 단백질인 Fas 리간드(FasL)가 표적세포의 표면에 발현된 수용체 Fas(CD95라고도 불림)와 결합할 때 촉발된다.

마무리 점검

1. 흉선에서 성숙한 미경험 T 세포가 되기까지의 선택과정을 설명하시오.
2. 면역연접의 형성과 구조를 설명하시오.
3. T 세포 활성화에 필요한 3개의 신호는 무엇인가? 각각의 기능을 설명하시오.
4. $CD4^+$ T 세포와 $CD8^+$ T 세포의 활성화를 비교하시오.
5. T_H1 세포, T_H2 세포, T_H17 세포 및 Treg 세포의 기능은 각각 어떻게 다른가?
6. CTL이 표적세포를 파괴하는 2가지 방법을 간단히 설명하시오.

32.6 B 세포는 항체를 만든다

이 절을 학습한 후 점검할 사항:

a. B 세포 수용체의 구조와 기능을 설명할 수 있다.
b. B 세포가 APC가 되는 데 필요한 단계를 설명할 수 있다.
c. T 세포 의존과 T 세포 비의존 B 세포 활성화를 기전과 결과 측면에서 비교할 수 있다.

다양한 역할을 가진 T 세포와 달리 B 세포의 오로지 한 가지 목적은 항체를 만들거나 기억 B 세포의 경우에 장차 항체를 만드는 것이다. T 세포와 같이 B 세포의 발달과 활성화는 엄격히 조절되어야만 한다. B 세포의 발달은 골수에서 시작한다. T 세포가 성숙하는 동안 흉선 선택이 일어나는 것처럼 골수 안에서는 자기항원을 인지하는 B 세포가 제거되는 음성선택이 진행된다. 골수를 떠나면 B 세포는 T 세포처럼 비장과 림프절 사이를 이동하는데 이곳에서 B 세포 수용체에 의해서 특정 항원을 인식하게 된다. 이 결과 B 세포의 활성화, 증식과 분화가 초래되어 항체를 생산할 수 있는 성숙한 **형질세포**(plasma cell)가 된다. 이 활성화 과정에는 T 세포 활성화와 마찬가지로 특정 항원을 인식하고 결합하는 B 세포 수용체가 필요하다. 하지만 T 세포와는 달리 B 세포는 항원과 직접 결합할 수 있다. 즉 APC에 의한 제시가 필요하지 않다.

B 세포 수용체는 세포막에 결합되어 있는 항체로 구성된다. 성숙한 미경험 B 세포는 항원과 결합하는 부위가 바깥을 향하도록 IgM 또는 IgD와 같은 항체를 세포막에 부착한다(**그림 32.10**). 이들 세포 표면의 막관통 항체는 특정 B 세포를 활성화시키는 특이 항원의 수용체로 작용한다. TCR처럼 면역글로불린 수용체의 아주 작은 부분만 세포질 내에 들어와 있기 때문에 신호전달이 일어나기 위해서는 BCR이 Ig-α/Ig-β의 이형이량체 단백질로 알려진 또 다른 내재성 막단백질과 연결되어야 한다. 막관통 항체와 이형이량체 단백질 복합체를 **B 세포 수용체**(B-cell receptor, BCR)라고 한다. 항원이 면역글로불린 수용체의 항체 부위에 결합하면 이 수용체의 내재성 막성분은 신호전달 경로를 통해 이 결합의 신호를 핵에게 전달한다.

각 개인은 10^{13}개의 다양한 항원에 대해 특이적인 BCR을 갖는 반면에 각각의 B 세포는 한 항원의 특정 에피토프에만 특이적인 BCR을 갖는다. 따라서 숙주는 최소한 10^{13}개의 서로 다른 성숙한 미경험 B 세포를 생산한다. 이 놀라운 다양성은 숙주가 전 생애에 걸쳐 항원에 반응하는 것을 가능하게 한다.

지금까지 B 세포 수용체와 활성화된 B 세포가 항체를 분비한다는 사실을 설명하였다. BCR에 결합한 항원은 미경험 B 세포가 항체를 분비하는 형질세포로 전환하는 데 중요한 역할을 한다(**그림 32.11**).

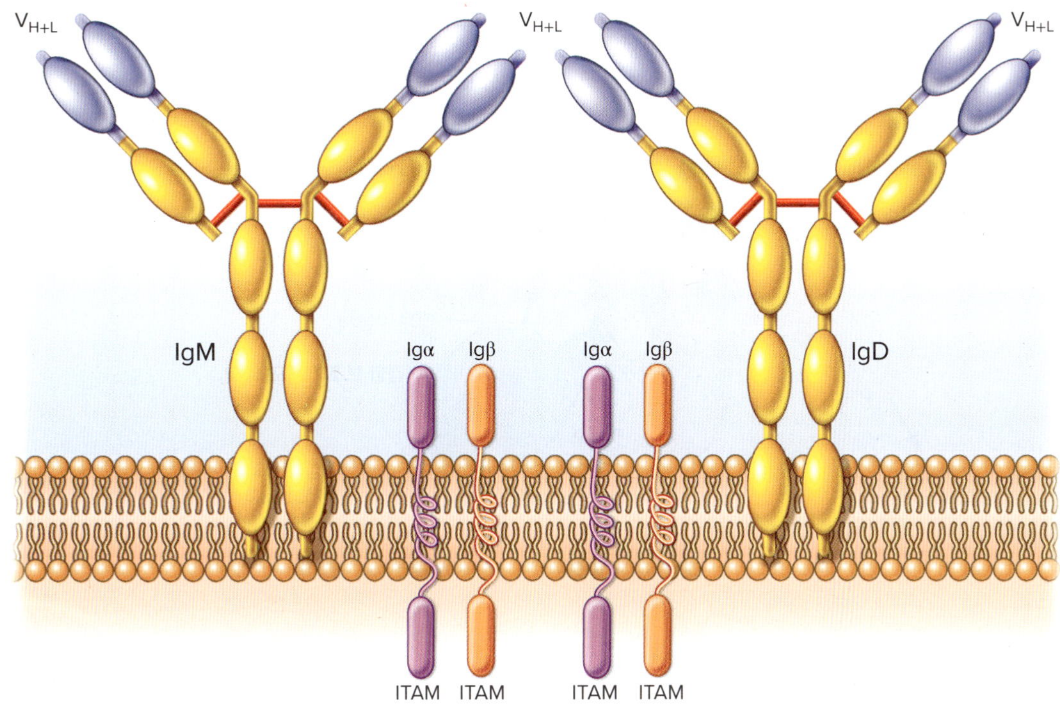

그림 32.10 막결합 B 세포 수용체(BCR) 복합체. BCR은 단량체 IgM 및 IgD 항체와 공동수용체 Igα와 Igβ 로 구성되어 있다. 수용체의 가변부위(파란색의 V_{H+L})가 항원과 결합하면 B 세포의 활성화는 시작된다. 항원은 B 세포내부로 들어가고, 이후 처리되어 생긴 펩티드 조각은 MHC 클래스 II 분자에 탑재되어, 수지상세포와 면역연접 형성 후에 동일 항원으로 활성화된 T_H 세포에게 제시된다(T 세포 의존 활성화). 또한 많은 BCR의 가변부위가 항원에 의해 연결되어 B 세포 표면에서 BCR이 교차결합하면 활성화될 수 있다(T 세포 비의존 활성화).

대부분의 경우에 B 세포의 활성화에는 T 세포와의 상호작용이 필요하기 때문에 **T 세포 의존 B 세포 활성화**(T-cell dependent B-cell activation)라고 부른다. 이제 설명하겠지만 이 과정에서는 동일한 항원으로 T와 B 세포 모두를 동시에 활성화시킨다.

항원이 딱 맞게 BCR에 결합하면 B 세포는 항원과 수용체의 복합체를 수용체매개 세포내흡입으로 세포 안으로 받아 들인다. B 세포 안에서 항원은 쪼개져서 펩티드 형태로 MHC 클래스 II 분자에게 전달된다. 이 펩티드-MHC 클래스 II 복합체는 B 세포 표면에 항원을 제시하기 위해 B 세포의 막으로 이동한다. B 세포가 항원을 수용체매개 세포내흡입으로 처리하는 동일한 림프절에서 동시에 T_H0 세포는 B 세포에 의해 제시된 항원과 동일한 항원 펩티드를 제시하는 DC와 면역연접을 형성하여 활성화된다. 어떻게 이것이 가능한가? 국지적인 감염에서 DC는 펩티드 항원을 T 세포에 제시하기 위해서 가까운 림프절로 이동한다는 것을 기억하자. 동시에 림프액은 항원을 동일한 림프절로 운반한다. 거기에서 B 세포가 MHC II 분자에 있는 항원을 제시할 것이다. B 세포와 DC는 HLA 유전형에서 결정된 동일한 MHC 분자를 발현한다. 동일한 항원성 펩티드가 이 두 세포 유형에 의해서 탑재된다. 그 이유는 (1) 이들이 동일한 림프절(또는 비장)에 위치하고 있으며, (2) 펩티드 항원과 특정 펩티드만 이들의 MHC 분자에 잘 맞기 때문이다.

DC와 T 세포 사이의 면역연접이 형성되면 T 세포가 활성화되고 T_H1이나 T_H2 세포로 분화된다(다른 보조 T 세포도 발달하지만 이들은 B 세포와 반응하는 유형의 T 세포이다). B 세포는 DC와 동일한 항원을 MHC 클래스 II 분자에 탑재하고 있기 때문에 APC이며, 이 B 세포는 활성화된 T_H 세포에 항원을 제시한다(그림 32.11). B세포와 T_H 세포 사이에 면역연접이 형성되면 T_H 세포로부터 특별한 종류의 사이토카인이 방출된다. 이 사이토카인은 B 세포에서 유전자 발현을 자극하여 B 세포를 증식시키고 이어서 대다수는 항체를 생산하는 **형질세포**(plasma cell)로 분화하고 상대적으로 적은 수는 기억 B 세포로 분화한다.

T 세포 의존 B 세포 활성화를 촉발하는 항원을 **T-의존 항원**(T-dependent antigen)이라고 한다. 항원-BCR 상호작용(신호 1)과 T 세포 사이토카인(신호 2)의 신호에 의해 B 세포가 활성화되는 복잡한 과정은 B 세포가 자기 항원에 대한 항체를 생산하는 강력한 형질세포로 분화하지 않도록 설계되어 있다. 사실 하나의 형질세포는 시간당 천만 개 이상의 항체 분자를 합성할 수 있다.

예상한 것처럼 T 세포 의존 B 세포 활성화에 필요한 세포의 움직임은 최소한 일주일 정도의 시간이 걸린다. 그래서 사람은 항체 형성을 위한 지름길을 발달시켰다. 하지만 T 세포 의존 B 세포 활성화를 촉발할 수 있는 분자는 매우 다양한 반면에 아주 소량의 특이 항원만

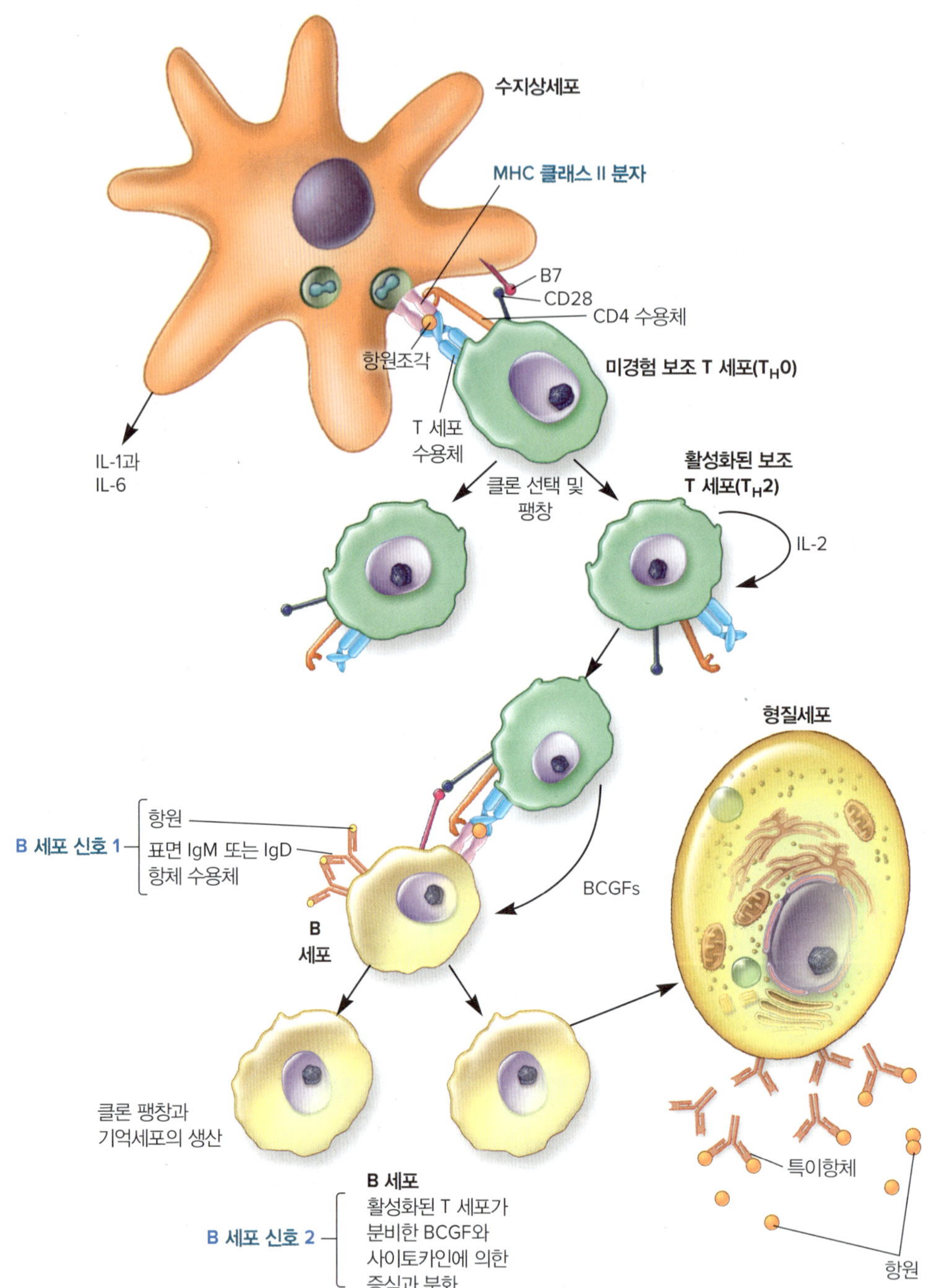

그림 32.11 T-의존 항원에 의한 B 세포 활성화. 수지상세포, 보조 T 세포 및 B 세포 사이의 상호작용에 의해 일어나는 사건들을 그림으로 설명하였다. 다양한 사이토카인이 B 세포 증식을 자극하는 B 세포 증식인자(BCGF)로 작용한다. 반면 다른 사이토카인은 B 세포가 형질세포로 분화하도록 자극한다.

연관 질문 이 그림에서 APC로 작용하는 세포는 무엇인가?

이 T 세포의 도움 없이 B 세포가 항체를 생산하도록 촉발할 수 있다. 이러한 항원을 **T-비의존 항원**(T-independent antigen)이라고 하며, 이러한 항원의 B 세포 자극을 **T 세포 비의존 B 세포 활성화**(T-cell-independent B-cell activation)라고 한다. 여기에는 세균의 지질다당체와 특정 다당체가 포함된다. T-비의존 항원은 당이나 아미노산이 반복되는 중합체의 형태를 갖고 있다. 이 항원에 의해 생성된 항체는 일반적으로 항원에 대해 비교적 낮은 친화력을 가진다.

T-비의존 항원에 의한 활성화 기전은 그들의 중합체 구조에 달려 있다. 이러한 분자는 B 세포 수용체에게 동일한 에피토프가 반복적으로 넓게 배열된 형태를 제시한다. 이들 반복적인 에피토프는 막결합 BCR과 교차 결합하여 B 세포를 활성화시키고 항체를 분비하는 형질세포로 분화시킨다. 하지만 T 세포의 도움 없이 B 세포는 높은

결합력과 높은 친화력을 갖는 항체를 생산할 수 없고, 기억 B 세포는 거의 생성되지 않는다. 따라서 T 세포 비의존 B 세포 활성화는 T 세포 의존 B 세포 활성화보다 비효율적이다. 하지만 항체가 매우 빠르게 생산되기 때문에 T 세포 의존 B 세포 활성화가 완성될 때까지는 면역학적으로 좋은 임시변통의 방법으로 작용할 수 있다.

마무리 점검

1. B 세포 수용체의 구조는 어떠한가? 이것은 B 세포 활성에 어떻게 관여하는가?
2. T 세포 의존 B 세포 활성화 과정에서 DC와 B 세포의 항원제시에 의해 일어나는 T 세포 활성화가 반드시 동일한 림프절에서 진행되어야만 하는 이유는 무엇인가?
3. B 세포의 T 세포 비의존 항원 촉발은 T 세포 의존 항원 촉발과 어떻게 다른가?

32.7 항체는 특정 3-D 항원과 결합한다

이 절을 학습한 후 점검할 사항:

a. 5종류의 항체가 갖는 구조와 기능을 비교할 수 있다.
b. 1차와 2차 항체반응의 차이점을 설명할 수 있다.
c. BCR의 유전학적 다양성과 재조합, 선택적 스플라이싱, 체세포초돌연변이의 결과로 생성된 수용성 항체를 설명할 수 있다.

지금까지 우리는 B 세포가 항체를 분비하는 형질세포로 활성화되는 과정에 대해 학습하였다. 이제는 항체의 구조와 개인에게서 무한대로 보이는 다양성을 갖는 항체가 어떻게 만들어지는 지를 학습해보자. **항체**(antibody) 또는 **면역글로불린**(immunoglobulin, Ig)은 당단백질이다. 사람에게는 5종류의 항체가 있다. 이들은 모두 독특한 생물학적 기능을 수행하기 위해 서로 다른 기본 구조를 공통으로 가지고 있다.

항체의 구조

모든 항체 분자들은 2개의 동일한 중쇄(heavy chain)와 2개의 동일한 경쇄(light chain)로 구성된 4개의 폴리펩티드 사슬로 구성된 기본 구조를 가지고 있다(**그림 32.12**). 각각의 경쇄 폴리펩티드는 약 220개의 아미노산으로 이루어져 있으며, 대략 25 kDa의 분자량을 가진다. 각각의 중쇄는 약 440개의 아미노산으로 이루어져 있으며 분자량은 대략 50~70 kDa이다. 중쇄와 경쇄는 이황화결합에 의해 서로 연결되어 있다. 중쇄는 각 면역글로불린의 종류에 따라 서로 다른 구조를 가진다. 경쇄(L)와 중쇄(H)는 다른 2가지 부위를 가지고 있다. **일정부위**[constant (C) region, C_L과 C_H]를 구성하는 아미노산 서열은 같은 종류의 면역글로불린에서는 크게 다르지 않다. **가변부위**[variable (V) region, V_L과 V_H]는 각기 다른 아미노산 서열을 갖고 있으며, 이 부분이 서로 접혀서 항원결합부위를 형성한다. V 부위에서의 구조적인 다양성은 항체가 무한한 숫자의 항원과 결합하는 능력을 설명해준다.

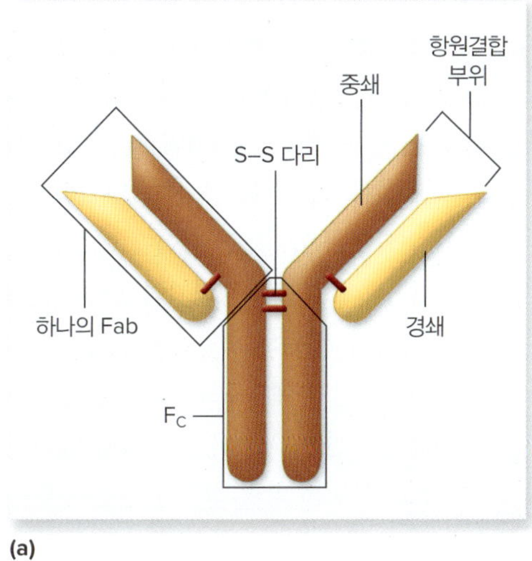

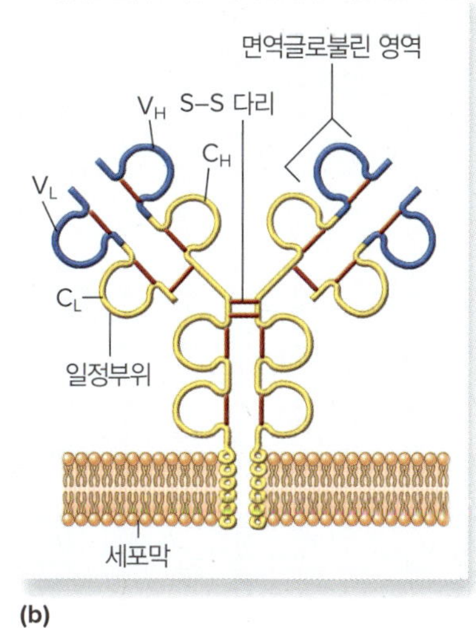

그림 32.12 면역글로불린(항체)의 구조. (a) 중쇄와 경쇄는 서로 이황화결합(빨간색, S-S 다리)으로 연결되어 있다. 중쇄와 경쇄의 가변부위(V_H, V_L)는 하나의 항원 결합조각(Fab)을 이룬다. 이황화결합으로 연결된 중쇄는 결정화되는 조각(Fc)을 만든다. (b) 중쇄와 경쇄는 약 100~110개의 아미노산으로 이루어진 서로 상응하는 영역을 가진다. 각 영역에는 이황화결합(빨간색)에 의해 대략 60개의 아미노산으로 형성된 루프가 포함된다. 중쇄와 경쇄의 사슬 간에도 이황화결합이 서로 연결해준다. 모든 경쇄는 하나의 가변영역(V_L)과 하나의 일정영역(C_L)을 갖는다. 중쇄는 하나의 가변영역(V_H)과 3개 또는 4개의 일정영역(C_H1, C_H2, C_H3, C_H4)을 갖는다.

표 32.1	사람 면역글로불린의 물리화학적 특성				
특성	IgG[1]	IgM	IgA[2]	IgD	IgE
중쇄	γ	μ	α	δ	ε
혈청 내 총 항체 중 비율(%)	80~85	5~10	5~15	< 1	< 1
결합가	2	5(10)	2(4)	2	2
전체 분자량(kDa)[3]	146	970	160[3]	184	188
태반 통과	+	−	−	−	−
혈청 내 반감기(days)[4]	23	5	6	3	2
보체 활성화 고전 경로 대체 경로	 ++ −	 +++ −	 − +	 − −	 − −
주요 특징	체액 내 가장 풍부한 항체, 독소의 중화, 세균의 옵소닌화	항원 자극 후 가장 먼저 나타나는 항체, 응집원, 단량체는 BCR 복합체의 구성원으로 역할	분비 항체, 점막을 보호하는 항체	BCR 복합체의 구성원으로 작용하는 항체	아나필락시스를 매개하는 항체, 장 내 기생충에 저항성을 갖는 항체

[1] IgG 아종 I의 특성.
[2] IgA 아종 I의 특성.
[3] sIgA = 분비 IgA, 360~400 kDa.
[4] 항체의 50%가 소멸되는 데 필요한 시간.

4개의 사슬은 경첩부위가 있는 Y자의 형태로 배열된다. 이 경첩부위는 항체분자를 더욱 유연하게 해주며 항원 에피토프의 다양한 공간적 배열에 맞출 수 있게 해준다. Y자의 기둥은 **결정가능조각**(crystallizable fragment, Fc)이라 부르며, 이것은 세포 표면에 Fc 수용체가 있는 숙주 면역세포에 의해 감지된다. Y의 상층부에는 적합한 에피토프에 결합하는 2개의 **항원결합 조각**(antigen-binding fragment, Fab)이 위치한다.

사람의 경우, 모든 경쇄사슬의 일정부위는 동일하다. 하나의 B 세포에 의해 생산되는 각각의 항체분자는 2개의 서로 다른 유전자 좌위로부터 유래한 κ나 λ 사슬 2종류 중에서 하나만을 가진다. 경쇄의 가변(V) 도메인에는 상보성 결정부위(complementarity-determining region, CDR)라고 불리는 극다양부위(hypervariable region)가 있는데, 가변부위의 나머지 부위보다 아미노산 서열이 더욱 다양하다. 이러한 부위는 특정 항원과 결합하는 능력을 가지므로 중요하다.

중쇄도 경쇄처럼 가변부위(V_H)를 가지고 있다. 중쇄의 다른 영역들은 일정(C)영역이라고 한다. 중쇄의 일정영역은 일정(C_H)부위를 이룬다. 이 부위의 아미노산 서열이 중쇄의 종류를 결정한다. 사람에게는 5종류의 중쇄가 있는데, 이들은 그리스 문자의 소문자인 감마(γ), 알파(α), 뮤(μ), 델타(δ), 엡실론(ε)으로 표기하며 일반적으로 G, A, M, D 및 E로 표시한다. 이들 중쇄의 특징이 각각 5종의 면역글로불린인 IgG, IgA, IgM, IgD 및 IgE를 결정한다(**표 32.1**). 각각의 면역글로불린 종류는 특이 구조, 반감기, 신체 내 분포 그리고 숙주 방어계의 다른 요소들과의 상호작용 등이 모두 다르다.

항체의 기능

항원은 항체의 Fab 부위 안에 있는 항원결합부위에서 항체와 결합한다. 이 부위에서 V_H 부위와 V_L 부위의 접힘에 의해 주머니가 만들어진다. 각 항체에는 두 개의 항원결합부위가 있다(그림 32.12). 이 부위에서 특이적인 아미노산이 항원의 에피토프와 접촉하여 에피토프와 결합부위 아미노산 사이에 여러 개의 비공유결합이 형성된다. 이 결합은 수소결합과 정전기적 끌림과 같은 비공유결합으로 매우 약하기 때문에, 항원의 모양이 항원결합부위의 모양과 정확히 들어 맞아야 한다. 만약 에피토프와 결합부위의 모양이 실제로 완전히 상보적이지 않으면, 항체는 항원과 효율적으로 결합하지 못할 것이다.

Fab 부위는 항원 결합과 관련이 있는 반면에 Fc 부위는 호중구, DC 및 대식세포와 같은 다양한 면역세포에서 발견되는 수용체(**Fc 수용체**)에 결합한다. 항체가 미생물의 옵소닌화(opsonization)와 고전적인 연속 보체 반응의 시작에 중요하다는 것을 기억하자. 일부 항체의 Fab 부위는 이 보체 경로의 첫 보체 성분과 결합한다. 항체가

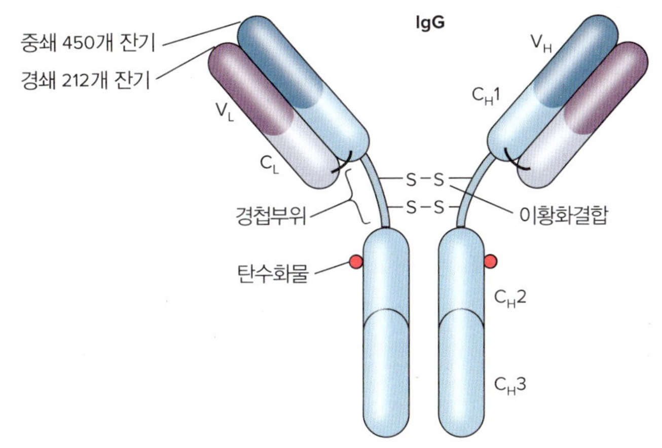

그림 32.13 면역글로불린 G. 사람 IgG의 기본 구조이다.

연관 질문 IgG만의 독특한 특징은?

항원에 결합하면 면역학적 공격을 위한 표적으로서 비자기 생명체를 옵소닌화하거나 표지한다(32.8절). 호중구나 NK 세포와 같은 또 다른 세포들은 항체로 덮인 세포를 각각 식세포작용과 항체의존 세포매개 세포독성(antibody-dependent cell-mediated cytotoxicity)을 통해 파괴한다(그림 31.13과 그림 31.19 참조). ◀ 보체는 일종의 연속효소계다(31.3절)

면역글로불린의 종류

면역글로불린 γ 또는 **IgG**는 사람의 혈청에서 전체 면역글로불린의 80%를 차지하는 주요 면역글로불린이다(**그림 32.13**). IgG는 세균과 바이러스를 옵소닌화하여 대항한다. 또한 독소와 바이러스를 중화한다(32.8절 참조). IgG는 고전경로를 통해 보체를 활성화시키는 2종류의 면역글로불린 중 하나이다(다른 하나는 IgM이다). IgG는 태반을 통과하여 자궁 내 태아와 출생 후 6개월 동안 신생아에게 자연면역을 제공하는 유일한 면역글로불린이다.

중쇄의 화학적 구성 및 사슬 간 이황화결합의 위치와 숫자가 서로 다른 4종류의 사람 IgG 개별형(isotype: IgG1, IgG2, IgG3 및 IgG4)이 있다. 이들 개별형에는 생물학적인 기능 차이가 알려져 있다. 예를 들어, IgG2와 IgG4 항체는 독소와 결합하여 중화시킨다. IgG1과 IgG3는 옵소닌화에 중요하다.

면역글로불린 μ 또는 **IgM**은 전체 혈청 면역글로불린의 5~10% 정도를 차지한다. 혈청에서 IgM은 일반적으로 2개의 경쇄와 2개의 중쇄로 이루어진 단량체가 5개 모인 중합체(오량체, pentamer) 형태다(**그림 32.14a**). 5개의 단량체들은 Fc 말단이 중심을 향한 팔랑개비 모양으로 배열되어 이황화결합과 J 사슬(J chain, joining)이라 불리는 단백질로 연결되어 있다. 수용성 오량체 IgM은 항원 자극에 의해 가장 먼저 만들어지는 면역글로불린이다. 또한 T 세포 비의존 B세포 활성화에 의해서 만들어지는 유일한 항체이다. 오량체 IgM은 혈액에 남아 있는 경향이 있으며, 그곳에서 세균을 응집시키고, 고전경로를 통해 보체를 활성화시키며, 식세포에 의한 병원체의 섭취를 증강시킨다. 오량체 IgM과 달리 IgM 단량체는 B 세포 표면에 발현되어 BCR의 항체성분으로 작용한다(그림 32.10).

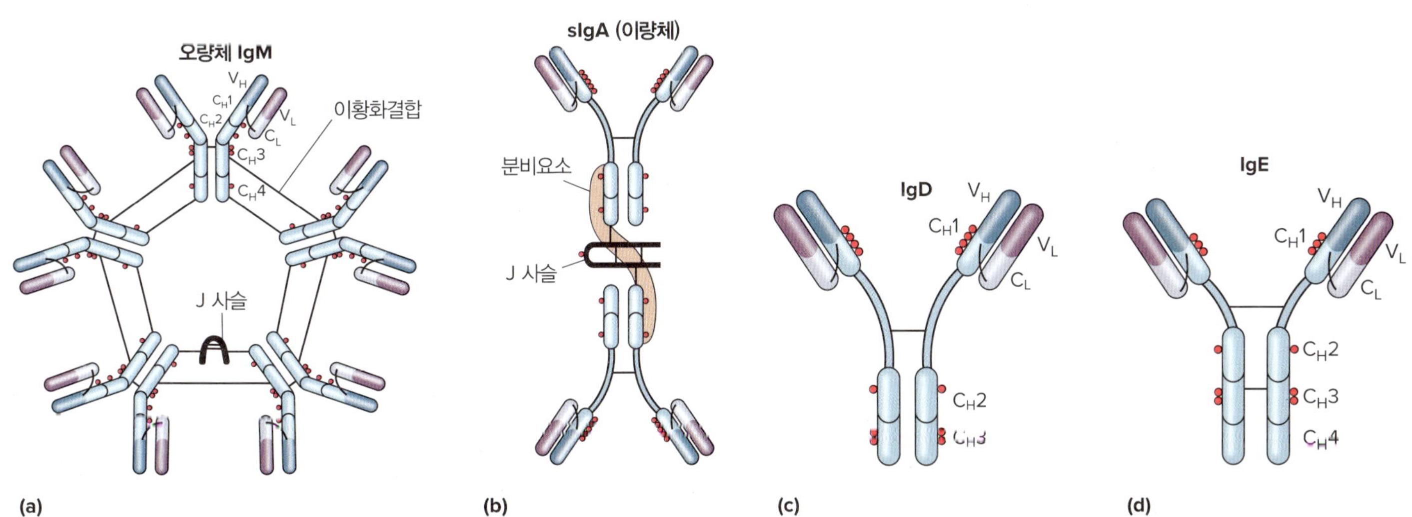

그림 32.14 면역글로불린 M, A, D, E. 항체는 당단백질이다. 여기서 탄수화물 곁사슬은 빨간색으로 표시하였다. 이황화결합은 검정색으로 표시하였다. (a) 사람 IgM의 오량체 구조에는 10개의 항원결합부위가 있다. (b) 사람 분비 IgA의 이량체 구조이다. 분비요소(황갈색)가 IgA 이량체를 돌아서 감고 있으며 각각의 IgA 단량체의 일정부위에 연결되어 있다. (c) 사람 IgD의 구조이다. (d) 사람 IgE의 구조이다.

연관 질문 단량체 IgM과 분비형 IgA는 각각 주로 어디에 존재하는가?

면역글로불린 α 또는 **IgA**는 혈청 면역글로불린의 약 12%를 차지하지만 실제로 가장 풍부한 항체다. 대부분의 IgA는 점액 분비물에서 발견되기 때문이다. 혈청에서 IgA는 단량체이지만 점막 표면으로 분비될 때 J 사슬로 서로 연결된 이량체를 형성한다(그림 32.14b). IgA가 점막연관 림프조직(MALT)으로부터 점막 표면으로 운반될 때 분비요소(secretory component)라 불리는 두 번째 단백질의 부착이 필요하다(그림 31.16 참조). **분비 IgA**(secretory IgA, sIgA)라 불리는 변형된 분자는 MALT의 가장 중요한 면역글로불린이다. 따라서 sIgA는 침, 눈물, 장 점액과 같은 점막과 관련된 모든 분비물에서 발견되며, 그곳에서 면역 장벽을 형성하여 미생물로부터 표면조직을 보호하는 데 주된 역할을 한다. 예를 들어, sIgA가 바이러스, 세균 및 원생동물에 결합하면, 이것은 병원체가 점막 표면에 부착하여 숙주의 조직으로 침투하는 것을 막아준다. 이러한 현상을 면역배제(immune exclusion)라 한다. 또한 IgA는 모유에서도 발견되어 수유 중인 유아에게 점액면역의 수단을 제공한다. ◀ 2차 림프기관과 조직(31.5절)

면역글로불린 δ 또는 **IgD**는 단량체 구조이다(그림 32.14c). IgD 항체는 IgM과 함께 B 세포 표면에 다량으로 존재하여 B 세포 수용체 복합체의 일부분이 된다. 따라서 이들의 역할은 초기에 항원이 결합하면 B 세포가 항체 생산을 시작하도록 신호를 보내는 것이다.

면역글로불린 ε 또는 **IgE**는 전체 면역글로불린에서 매우 적은 부분을 차지한다(그림 32.14d). 비만세포, 호산구, 호염구 세포들은 IgE의 Fc에 대한 특이적인 수용체를 가지고 있기 때문에 IgE 분자와 결합한다. 세포에 결합한 IgE 분자가 동일한 항원에 결합하여 교차결합하면 그 세포는 입자를 방출한다(탈과립). 탈과립은 미리 만들어져 있던 염증매개물질(예: 히스타민)을 분비한다. 이것은 또한 혈액에서 과량의 호산구 생산(호산구과다증)과 장내 물질의 이동속도를 증가시키는 장의 과운동성(gut hypermotility)을 일으키며, 장 내 기생충을 제거하는 데 도움을 준다. 하지만 특히 히스타민과 같은 매개물질의 분비는 알레르기 반응과 아나필락시스의 원인이 된다(32.9절).

항체반응 속도론

항체의 합성과 분비 속도는 시간에 따라 변한다. 항원을 처음 만났을 때 상대적으로 느린 항체의 반응을 1차 항체반응이라고 한다. 이후에 동일한 항원에 노출되었을 때 2차 항체반응이 일어난다. 이 반응은 빠르고 효과적이어서 질병을 방지한다. 이 현상은 병원체를 기억하는 적응면역계의 능력을 증명하는 것이며 예방접종의 기초가 된다.

1차 항체반응

개인이 감염이나 백신을 통해 항원에 처음 노출되면, 과량의 항체가 생산되기 전에 최대 몇 주 정도의 초기 유도기 또는 잠복기를 가진다. 이 잠복기에는 혈액에서 항원특이 항체가 검출될 수 없다(**그림 32.15**). 이 기간 동안 림프조직에 있는 B 세포는 활성화되어 항체를 분비하는 형질세포로 분화하고 증식한다. IgM이 처음으로 나타나고 상대적으로 빠르게 분비되지만 항원에 대한 친화력은 비교적 낮다. 만약 T 세포 의존 B 세포 활성화가 일어난다면 B 세포에는 **항체 클래스 전환**(antibody class switching)이 진행될 것이다. 이것은 대개 IgG나 IgA와 같은 다른 클래스에 속하는 항체를 분비하는 형질세포로 분화하는 것을 의미한다. 이들 항체는 항원에 대하여 IgM보다 더 높은 친화력과 결합력을 가지고 있다. 항체 클래스 전환에는 항체를 암호화하는 유전자 좌위를 자르고 붙이는 과정이 필요하다. 한번 클래스 전환이 일어나면, 그 B 세포군은 다른 종류의 항체를 생산할 능력을 상실한다. 중요한 점은 B 세포도 새로운 형태의 항체를 생산할 수 있는 기억세포로 분화한다는 것이다.

혈청에서 항체의 농도로 표시되는 **항체 역가**(antibody titer)는 항체의 역동성을 보여준다. 초기 잠복기(항체반응이 없는 최초 노출)가 지나면서 IgM(초기 항체반응)이 지수적으로 상승한다. 이것은 곧 IgG(점막에서는 IgA)의 생산으로 대체된다. IgM과 IgG를 함께 고려한다면 전체 항체 농도는 정체기(plateau phase)에 이르게 된다. 곧 이어 감소기(decline phase)로 연결되며, 이때 대부분의 항체는 분해되거나 항원에 결합하여 순환계에서 사라진다. 하지만 기억 B 세포는 혈류나 조직에 남고 일부 형질세포는 골수로 이동하여 소량의 항체를 지속적으로 생산할 것이다.

2차 항체반응

1차 면역반응 동안 면역반응을 일으킨 항원에 대해 유전적으로 동일한 기억 B 세포군(클론)이 생산된다. 개인이 동일한 병원체에 다시 노출되거나 백신 촉진주사(booster)를 접종했을 때처럼 동일한 항원에 반복 노출되면 기억 B 세포는 활성화되어 집단의 수를 늘리거나 항체를 분비할 수 있는 형질세포로 분화한다. 그림 32.15의 오른쪽에 보이는 것처럼 1차 항체반응에 비해 2차 항체반응은 훨씬 짧은 잠복기와 더 빠른 대수기를 가진다. 중요한 점은 반복 노출의 결과로 항원에 대해 강력한 친화력과 결합력을 갖는 IgG(또는 IgA)가 생산된다. 이 항체들은 1차 항체반응에서보다 더 오랜 기간 지속되고 더 높은 항체 역가를 가지게 된다. 종합하면 이러한 사건들은 질병을 예방하기 위한 백신 사용의 성공 및 많은 감염원에 의해 제공되는 평생면역을 잘 설명해준다.

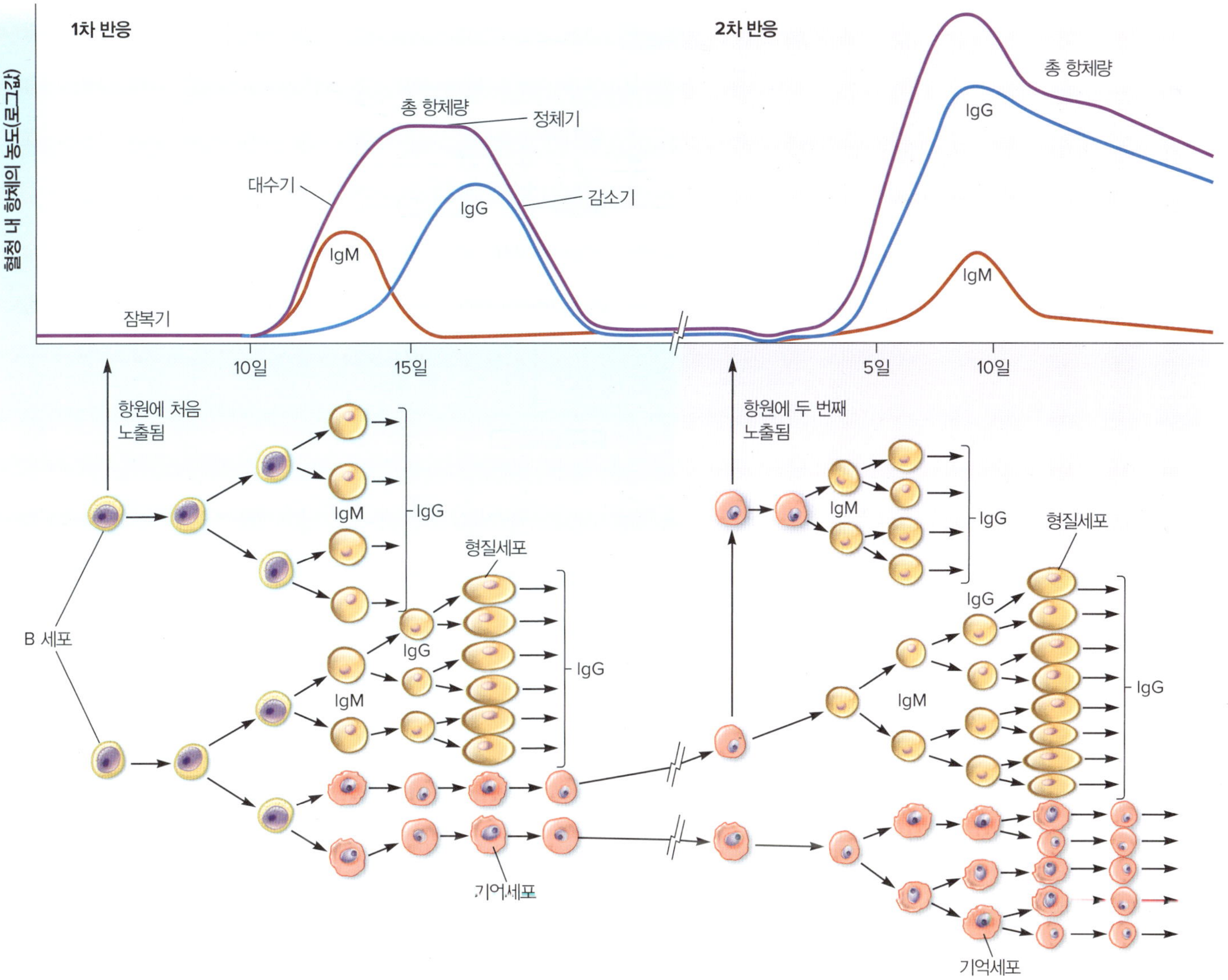

그림 32.15 항체 생산과 반응속도. 1차 항체반응의 4단계는 활성화된 B 세포의 클론팽창과 형질세포로의 분화 및 항체 단백질의 분비와 연관되어 있다. 2차 반응은 1차 반응에 비해 매우 빠르고 총 항체 생산은 1차 반응보다 거의 1,000배 정도 많다.

연관 질문 1차와 2차 반응에서의 IgM 생산에 필요한 잠복기는 어떤 차이점이 있는가? 이것을 IgG의 경우와 비교하시오. 이 차이점은 2차 반응의 어떤 특성을 나타내는 것인가?

COVID-19

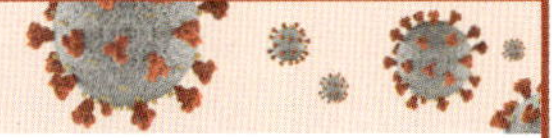

COVID-19 백신접종 대비 자연적인 SARS-CoV-2 감염 후에 나타난 면역적인 효율성의 차이는 얼마나 되는가? 이 질문에 답하기 위해서 두 집단이 선별되었다. 한 집단은 백신접종을 완료한 자원자들이며, 다른 집단은 이미 감염된 경험이 있고 이후 의도적으로 바이러스에 다시 노출된 18세~30세의 자원자들이다. 이 두 집단에서 건강상태를 점검하면서 면역반응과 이후 T 세포 반응뿐 아니라 항체의 종류(예: IgM과 IgG) 및 역가를 결정하기 위해 혈액 샘플을 분석하였다. 바이러스에 의도적인 노출은 아직도 논란이 많은 연구 윤리의 대상이지만, 영국 정부는 이를 허가하였다. 우리는 이 연구의 결과를 기다리고 있는 중이다.

항체의 다양성

개인이 약 10조 이상의 서로 다른 항원 에피토프에 결합할 수 있는 다양한 항체를 만들 수 있다고 생각하니 정말로 놀랍다. 사람의 유전체가 단지 약 22,000개의 유전자를 암호화한다고 할 때 어떻게 이러한 다양성이 가능한가? 그 답은 4부분으로 이루어져 있다. 처음 3과정은 골수에서 일어난다. (1) B 세포 발달 동안 항체를 암호화하는 유전자는 조합형접합(combinatorial joining)이라고 불리는 절단과 접합에 의해 재배열된다. (2) 조합형접합 동안에 항체 유전자의 두 말단이 접합할 때 뉴클레오티드가 추가로 첨가되어 서열 다양화가 발생한다. 동시에 (3) 스플라이스 부위 가변성(splice-site variability)이

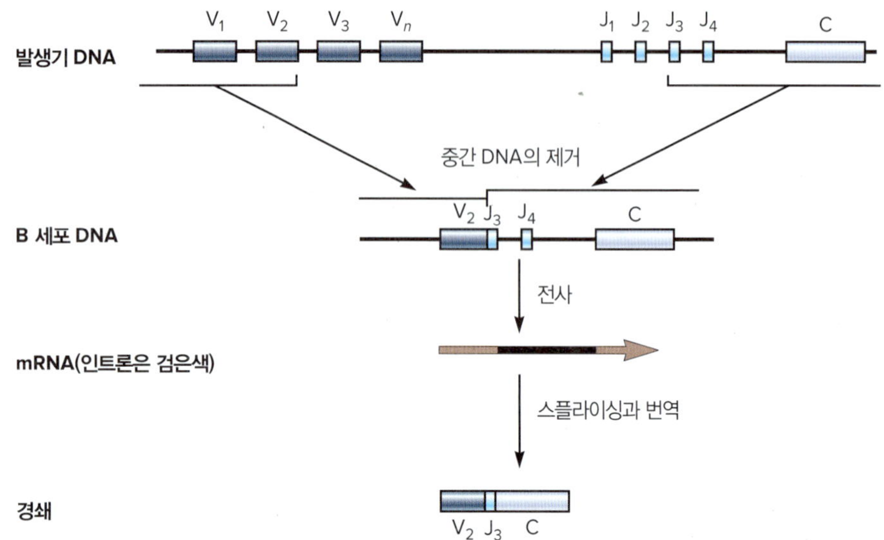

그림 32.16 경쇄 생산. 하나의 V 조각이 사이에 있는 중간 DNA가 제거되면서 하나의 J 부위와 결합한다. 남아 있는 여분의 J 조각들은 RNA 처리과정에서 전사된 RNA로부터 제거된다.

라고 알려진 과정에서 서로 다른 코돈이 생성된다. (4) 마지막 과정은 림프절이나 비장과 같은 림프조직에서 일어난다. 즉 보조 T 세포가 B 세포를 자극하면 항체를 암호화하는 유전자에서 매우 빈번하게 돌연변이가 일어난다. 체세포초돌연변이(somatic hypermutation)라고 알려진 이 과정에 의해 B 세포는 처음에 생산된 IgM과 비교하여 항원에 대해 친화력과 결합력이 모두 향상된 항체를 생산하는 형질세포가 된다. 체세포초돌연변이는 T 의존 B 세포 활성화 시기에만 일어난다. 이제 이 기전들에 대하여 자세히 살펴볼 것이다.

조합형접합(combinatorial joining)은 면역글로불린 유전자의 조직화에 의해 가능해진다. 항체 단백질을 암호화하는 유전자는 소수의 엑손(exon)을 가지고 있으며, 이것은 경쇄의 일정(C)부위를 결정하는 동일한 염색체상에서 가깝게 위치하고 있다. 이 엑손들과 떨어져 있지만 동일한 염색체 상의 다른 부위에는 경쇄의 가변(V)부위를 결정하는 조각들이 훨씬 더 큰 군집을 이루고 있다. V와 C 부위 사이에 J (joining) 부위의 군집이 있다(**그림 32.16**). 골수에서 B 세포가 발달하는 동안 RAG-1과 RAG-2라 불리는 효소가 V 유전자 조각 하나와 J 유전자 조각 하나를 접합한다. 다른 V와 J 부위는 DNA에서 잘려 나가고 세포에서 사라진다. 조합형접합은 이처럼 V와 J 부위 사이에 서로 다른 많은 조합을 만들어내기 위해 DNA를 절단하고 접합하는 과정이다. 또한 말단 데옥시뉴클레오티드 전달효소(terminal deoxynucleotidyl transferase, tdt)라 불리는 효소가 V와 J 연결부에 뉴클레오티드를 삽입하여 더 많은 다양성을 만든다. 경쇄 유전자가 전사될 때는 일정부위 유전자를 암호화하는 DNA 부위까지 연속적으로 전사된다. 이후에 RNA 이어맞추기(스플라이싱)를 통해 V, J, C 부위를 연결하여 mRNA를 만들어낸다.

중쇄 유전자에서의 조합형접합은 3개의 서로 다른 항체 부위 V, J, D가 접합해야 한다는 것을 제외하면 경쇄 유전자의 경우와 비슷하다. 따라서 중쇄의 발달 과정에는 V, J 부위와 함께 D (diversity) 부위가 절단되고 접합되는 과정이 포함한다(**그림 32.17**).

경쇄와 중쇄의 재배열에서 각각 VJ나 VDJ로 접합되는 과정 동안 유전적 다양성을 추가하는 기회가 또 있다. 조합형접합은 서로 다른 뉴클레오티드 사이에서 일어나기 때문에 이로 인해 서로 다른 코돈이 만들어지면 **스플라이스부위 다양성**(splice site variability)이라고 알려진 과정이 일어날 수 있다. 예를 들어, 하나의 VJ 스플라이싱은 V 부위의 CCTCCC 서열과 J 부위의 TGGTGG 서열을 두 가지 방법으로 결합시킬 수 있다. CCTCCC + TGGTGG = CCGTGG로 만들어 프롤린(proline)과 트립토판(tryptophan)을 암호화할 수 있다. 이와는 다르게 VJ 스플라이싱은 뉴클레오티드를 제거할 수도 있어서 프롤린과 아르기닌(arginine)을 암호화하는 CCTCGG 서열을 만들 수도 있다. 따라서 동일한 VJ 접합을 통해 하나의 다른 아미노산을 가진 폴리펩티드들이 만들어질 수 있다. 중요한 점은 조합형접합, tdt의존 뉴클레오티드 첨가 및 스플라이스부위 다양성이 DNA 서열 변화(RNA 스플라이싱과 다르게)를 수반하기 때문에 이로부터 생산되는 각 B 세포는 새롭고 다른 유전형질을 가진 채 복제하여 유전적으로 구별되는 클론을 만들어낸다는 것이다.

처음에는 모든 중쇄가 μ형의 일정부위를 갖는다(그림 32.17b). 이것은 초기 항원 자극으로 IgM이 생산되는 이유를 설명해준다(그림 32.15). 림프조직에서 T 세포 의존 B 세포 활성화가 일어나면 VDJ

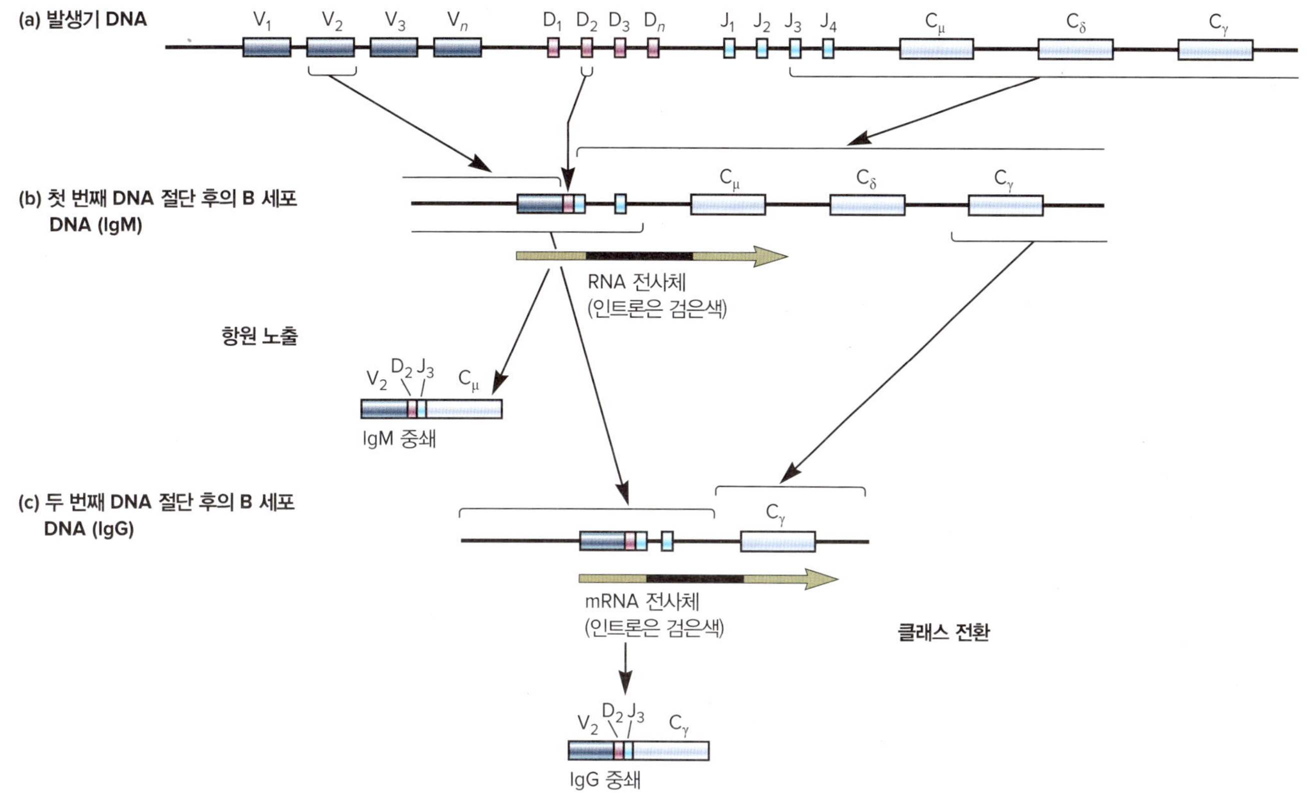

그림 32.17 항체 분자의 중쇄 유전자 형성과정. 비슷한 기전이 다양한 T 세포 수용체를 만드는 데 사용된다.

부위가 다른 종류의 항체(대개 IgG나 IgA)를 암호화하는 새로운 일정부위와 결합하여 항체 클래스 전환(antibody class switching)이 일어난다(그림 32.17c).

이 독특한 편집과정은 IgM에서 다른 종류의 항체로 전환하는데 사용된다. 림프조직에서 활성화된 B 세포는 활성화유도 시티딘 탈아미노효소(activation-induced cytidine deaminase, AID)를 합성한다. AID는 시토신(cytosine) 잔기를 우라실(uracil) 잔기로 바꾼다. 이것은 DNA 수선효소가 DNA 상의 우라실을 제거하도록 자극한다. 그 결과 염기가 떨어져나간 뉴클레오티드는 제거되어 하나의 DNA 사슬에 틈(nick)이 만들어진다. 틈이 μ와 γ 의 전환부위 근처에서 생기면 재조합이 일어난다. 즉 μ 일정부위는 완전히 제거되고 γ 일정부위가 VDJ 부위에 연결된다. 따라서 클래스 전환이 일어나면 B 세포는 IgG를 생산할 것이며 다시는 IgM을 생산할 수 없게 된다.

클래스 전환에 더해 T 세포는 B 세포가 **체세포초돌연변이**(somatic hypermutation)를 통해 항체 다양성을 증가시키도록 돕는다. 이 변이과정은 활성화된 B 세포가 빠르게 복제될 때 림프절에서 진행된다. 핫스팟(hotspot)이라고 불리는 곳에서 점돌연변이가 생기면 변형된 염기를 수선하려는 DNA 수선효소에 의해 인식된다. 항체 클래스 전환을 매개하는 동일한 효소인 AID도 이러한 수선효소 중 하나이다. AID는 DNA의 시토신에서 아미노기를 제거하기 때문에 염기쌍이 잘못 짝지어져 전환형 돌연변이(transition-type mutation)가 발생한다. 뿐만 아니라 잘못 짝지어진 염기쌍의 수선은 실수가 많아서 서열 다양성을 더욱 증가시킨다. T 세포가 활성화된 후 B 세포 항체를 암호화하는 유전자의 가변부위에서 변형된 염기가 많아지면 상당한 항체 다양성을 촉진한다. 변이가 무작위로 진행되기 때문에 림프조직 내에서 여러 변종 항체는 친화력과 결합력을 시험받아야 한다. 새롭고 향상된 항체를 생산하는 B 세포만이 이 선별과정에서 살아남아 성숙한 항체분비 형질세포로 분화한다.

클론선택

항체 다양성을 이끄는 각 과정은 세포의 DNA를 변화시키는 과정을 수반하기 때문에 모두 비가역적이다. 유전적으로 구별된 B 세포가 특이 항원에 자극을 받아 증식하면 동일한 클론들의 집단이 생긴다. 이 과정이 **클론선택**(clonal selection)이다. T 세포 수용체의 다양성은 β 사슬의 VDJ 재조합과 가벼운 α 사슬의 VJ 재조합에 의해서 발생한다. 따라서 T 세포는 유전적으로 서로 구별이 되고, 항원제시에 의해 자극될 때 클론선택이 진행된다. 클론선택은 특정 항원을 표적으로 하는 B와 T 림프구의 집단을 숙주에게 제공하기 때문에 중요하다.

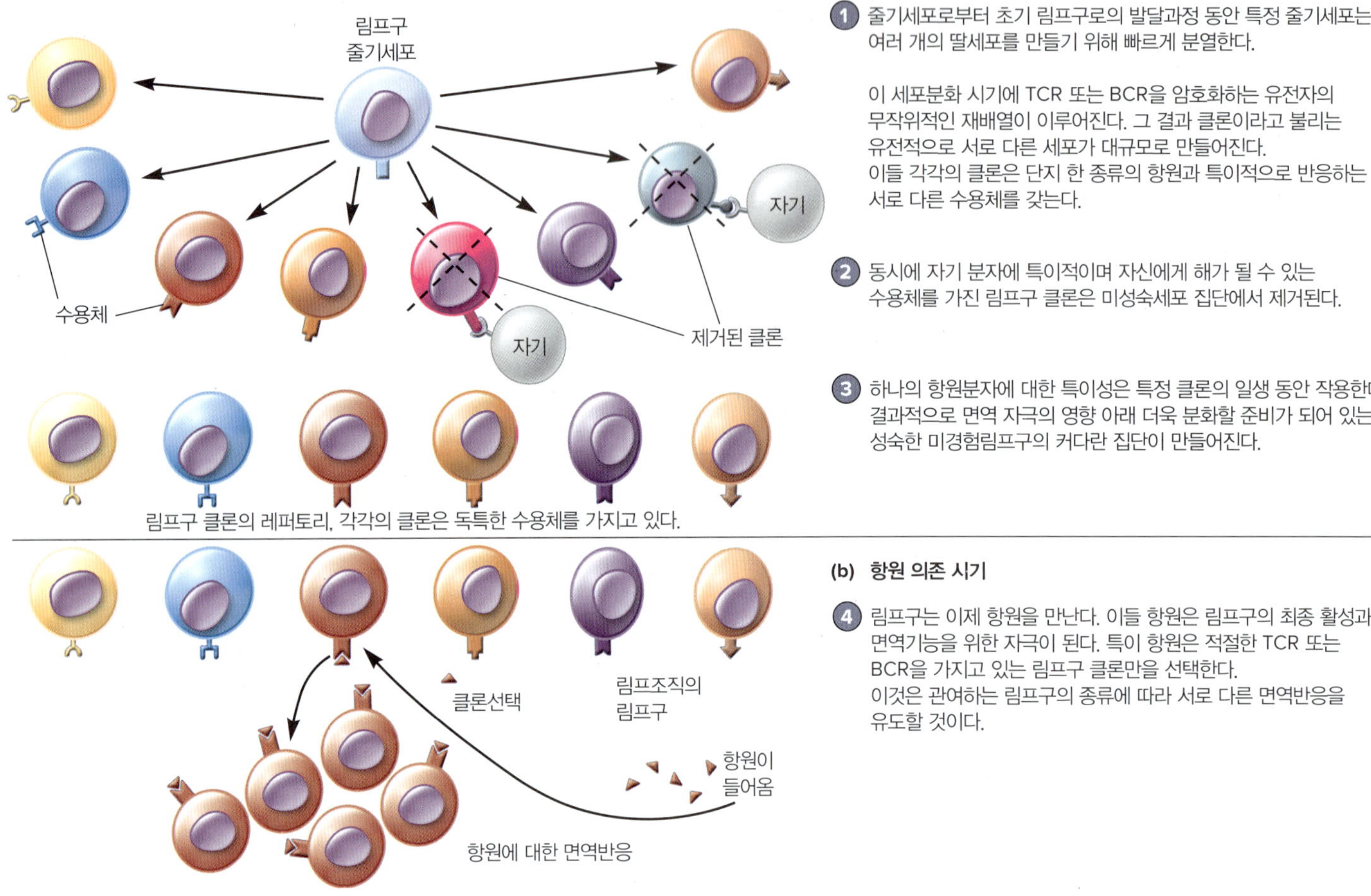

그림 32.18 림프구의 클론선택. (a) 세포 집단이 음성선택을 통과하면 구조적으로 독특한 B 또는 T 수용체를 갖게 되는 특정 클론이 발생한다. (b) 이들 특정 클론 집단은 특이 항원으로 활성화되면 더욱 팽창한다.

클론선택 이론은 4가지 구성요소 또는 원칙을 가지고 있다. 첫 번째 원칙은 다양한 종류의 에피토프에 결합할 수 있는 림프구 집단이 존재한다는 것이다(**그림 32.18**). 이 집단의 B 세포와 T 세포 일부는 자기 에피토프에 반응하기 때문에, 두 번째 원칙은 이들 자기반응 세포들은 발달 과정에서 음성선택에 의해 제거된다는 것이다. 이 과정은 B 세포의 경우 골수에서 일어나며, 자기반응 T 세포는 흉선에서 제거된다(그림 32.6). 세 번째 원칙은 일단 림프구가 골수나 흉선에서 방출되어 자신의 특정 항원에 노출되면 증식하여 하나의 모세포에서 만들어진 동일한 세포들의 클론 집단을 형성한다는 것이다. 유전적으로 구별된 B나 T 세포는 특정 항원과 반응할 수 있는 독특한 능력에 의해서 선택되었다는 것을 유의하자. 마지막 원칙은 모든 클론세포들은 자신의 생성을 자극하였던 동일한 항원 에피토프와 반응한다는 것이다. 클론선택 이론은 질병 치료에 활용되는 단클론항체(monoclonal antibody, mAb) 기술의 발달을 가져왔다(**기술 및 응용 32.1**).

마무리 점검

1. 항체의 가변부위, 상보성결정부위 및 일정부위의 구조와 기능을 설명하시오.
2. IgM이 B 세포에 결합해 있을 때와 혈청에 용해되어 있을 때의 기능상의 차이점을 설명하시오.
3. 각 면역글로불린의 주요 기능을 설명하시오.
4. 어떤 면역글로불린이 태반을 통과할 수 있는가? 점막과 모유에서 발견되는 면역글로불린은 무엇인가?
5. 중쇄와 경쇄 유전자 조각의 조합형접합을 비교하여 설명하시오.
6. 골수에서의 발달 과정 중 B 세포 다양성을 이끄는 사건은 무엇인가? 림프조직에서 B 세포에 의해서 T 세포의 활성화가 완료된 후에만 일어나는 사건과 비교하시오.

기술 및 응용 32.1

단클론항체 치료

항원의 위치를 파악하고 확인하는 도구로서 항체의 가치는 이미 잘 알려져 있다. 수년간 사람이나 동물에서 얻는 항혈청이 검사나 치료에 사용되는 항체의 주공급원이었다. 하지만 대부분의 항혈청은 근본적인 문제점을 가지고 있었다. 항혈청은 다클론항체, 다시 말하면 다양한 형태의 항원에 대한 특이항체들의 복합체라는 뜻이다. 왜냐하면 동물이 경험하는 수천의 다양한 면역반응을 반영하기 때문이다. 이에 대한 중요한 연구 및 의학적 진보가 세포배양기술을 통해 이루어졌다. 이 기술로 하나의 클론으로부터 유래하여 동일한 에피토프에 대해 하나의 특이성만을 갖는 순수한 단클론항체(mAb)를 만들 수 있다. 이러한 단클론항체가 질병에 관여하는 단백질을 표적하도록 변형된다면 치료목적으로 사용될 수 있다(이 장 시작이야기 참조). 따라서 암세포, 감염원, 질병연관 단백질에 있는 특이 항원에 대한 mAb는 다른 단백질, 세포 또는 조직 등에 영향을 미치지 않고 특이 항원을 제거할 수 있다.

단클론항체를 생산하는 기술은 조직배양체계를 사용하여 사람의 암세포와 토끼나 생쥐의 활성화된 B 세포를 융합시킴으로써 가능하게 되었다. 이 기술을 사용하여 생쥐와 사람의 키메라 mAb(사람 항체의 일정 부위에 생쥐 항체의 가변부위를 연결한 mAb)와 인간화 mAb(humanized mAb, 사람 항체의 가변부위에 생쥐 항체의 초가변부위 아미노산을 가진 mAb)의 생산이 가능해졌다. 또한 사람 항체 유전자를 가지고 있는 유전자도입(transgenic) 생쥐에게 특정 항원을 주입하여 완전히 사람의 B 세포와 mAb를 만들 수 있다. 그뿐만 아니라 사람의 B 세포 DNA를 가진 박테리오파지를 이용하여 대장균에서 사람의 mAb도 만들 수 있다.

현재 약 500종 이상의 mAb가 특정 진단이나 질병의 치료를 위해 허가를 받았거나 개발 중이다(**그림**). 몇 가지 예를 들자면, mAb는 다양한 암, 자가면역질환, 감염, 패혈증, 류마티스 관절염, 크론병, 알츠하이머병을 표적으로 한다. 흥미롭게도 면역학자들은 mAb의 연구를 통해 전에는 기능이 없는 단백질 분해산물이라고 생각했던 항체 '희귀 조각(단일사슬, 단일 영역, Fab, $F(ab')_2$)'의 기능을 포함하여 B 세포 생물학에 대해 많이 배우게 되었다.

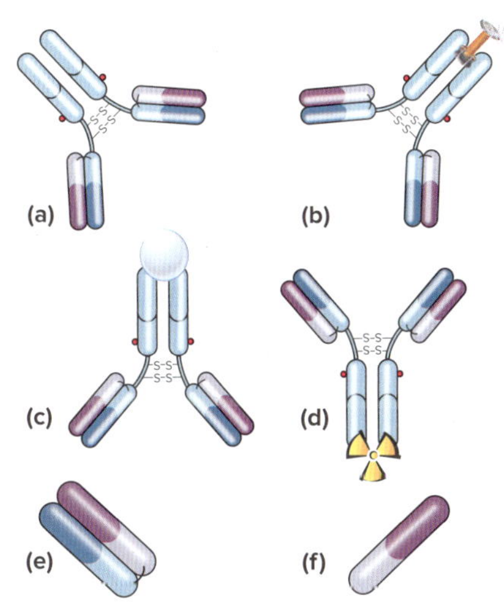

그림 단클론항체 치료법. 자신의 항원결합 특이성을 지니고 있는 단클론항체는 (a) 항원인식과 제거를 촉진하는 단순한 당단백질로 사용될 수 있으며, 그들의 표적을 죽이기 위해 (b) 사이토카인, (c) 약물 또는 (d) 방사성 뉴클레오티드 등을 운반하도록 변화시킬 수 있다. 그뿐만 아니라 (e) 하나의 영역 및 (f) 단일사슬 조각 같은 항체의 조각이 사용될 수도 있다.

32.8 항체는 항원을 파괴한다

이 절을 학습한 후 점검할 사항:

a. 항체와 항원 결합의 결과를 설명할 수 있다.
b. 항체에 의한 항원 제거의 효율성을 평가할 수 있다.
c. 어떤 항원이 항체의 작용에 가장 취약할지 예측할 수 있다.

우리가 이미 학습한 것과 같이 항원과 항체의 상호작용은 정교한 특이성을 보여준다. 동물에서 일어나는 이들 상호작용은 미생물과 그 산물, 암세포의 끊임없는 공격으로부터 동물을 보호하는 데 필요하다. 항체의 치료적 가치는 항체의 구조와 기전이 이해되기 전부터 발견되었다(**역사 속 주요 장면 32.2**). 항체가 이러한 역할을 하는 기전에 대해 이제부터 학습할 것이다.

역사 속 주요 장면 32.2

회복기 혈장: 새로운 질병에 대한 오래된 치료법

19세기 가장 위대한 두 명의 미생물학자인 로베르트 코흐(Robert Koch)와 루이 파스퇴르(Louis Pasteur)는 라이벌이었다. 서로를 향한 깊은 경멸감의 시작은 미생물은 변치않는 형질을 가진다는 코흐의 믿음에서 시작되었다. 이 믿음은 약화된 균주로부터 백신을 만들어낸 파스퇴르의 능력을 부정하였다. 이 때문에 코흐의 연구실에서 두 조수인 에밀 베링(Emil Behring)과 시바사브로 기타자토(Shibasaburo Kitasato)가 디프테리아를 일으키는 세균(*Corynebacterium diphtheriae*)의 약화된 균주를 사용하여 디프테리아 치료법과 백신을 개발했을 때에도, 코흐는 감동하지 않았음을 추측할 수 있다.

19세기 당시 독일에서만 매년 약 5천명의 어린이가 디프테리아로 사망하고 있었는데, 코흐가 어떻게 반대만 하고 있었겠는가? 베링과 기타자토는 약화된 *C. diphtheriae*를 동물에 주입하고 그 동물에서 혈장(혈액의 액체 부분, 혈청이라고도 부름)을 추출하였다. 이들의 가설은 혈장 속에 디프테리아 독소에 대항하는 소위 항독소(현재는 항체로 알려짐)가 존재한다는 것이었다. 이들은 실험동물이 *C. diphtheriae*에 노출되어서 디프테리아가 발생했다는 것을 증명하기 위해 코흐의 가설(그림 1.17 참조)을 이용하였고, 실험동물에게 항독소가 포함된 혈장을 주입하였을 때 질병이 치료되었음을 밝혀 내었다. 1891년에 베링과 기타자토는 어린이를 대상으로 하여 항독소 혈장의 효과를 증명하였고, 곧 체액성 면역설은 세간의 주목을 끌게 되어 항체라는 용어가 만들어졌다. 이후 코흐의 연구팀을 떠난 베링은 계속해서 디프테리아 치료를 위한 백신 개발에 유사한 접근 방식을 사용하였다. 1901년에 베링은 첫 번째 노벨 생리학/의학상을 수상하였고(기타자토는 수상 못 함), 후에 자신의 이름에 영예로운 독일 귀족의 명칭인 '폰'을 수여받아 에밀 폰 베링이라는 이름을 가지게 되었다. 정작 코흐는 1905년이 되어서야 노벨상을 받게 되었다.

몇 년 후에 의료진들은 1918 독감 팬데믹 치료를 위해 폰 베링과 기타자토가 사용했던 디프테리아에 대한 혈장 치료법을 주목하였다. 하지만 그 당시 독감의 원인균이 알려져 있지 않아서 중화 항체를 가진 혈장을 얻기 위해 동물에 주입할 균주를 준비할 수 없었다. 이러한 혈장을 얻을 수 있는 유일한 공급원은 독감에서 회복한 환자들이었다. 이처럼 항체의 구조와 기전을 알지 못한 채(1959년에 비로소 제랄드 에델만과 로드니 포터에 의해 밝혀짐), 소위 **회복기 혈장**[convalescent plasma (serum)]이 독감 생존자들로부터 추출되어 치료제로 사용되었다.

회복기 혈장은 1930년대까지 성홍열(*Streptococcus pyogenes*이 원인균)과 폐구균성 폐렴(*S. pneumoniae*이 원인균)과 같은 다양한 감염성 질병을 치료하기 위해 자주 사용되었다. 하지만 소수의 바이러스성 질병을 제외하고는 거의 모든 질병에 항생제가 치료제로 개발되어 회복기 혈장을 대체하였다. 특히 주목할 점은 회복기 혈장이 에볼라 백신이 개발되기 전까지는 에볼라 치료에 사용되었다는 것이다. 2020년에 회복기 혈장은 COVID-19 환자의 치료를 위해 다시 사용되었지만, 이후에 밝혀진 바로는 그 효율성이 아주 낮았다(**그림**). 팬데믹의 폭발적인 성장세가 신약 개발 속도를 한참 앞서게 되면서 세계는 다시 한 번 오래된 치료법에 눈을 돌렸다. 이번에는 회복기 혈장에 관련된 분자와 기전을 한층 더 잘 이해하게 되었다. 사실은 중화 항체의 분자구조에 대한 정보로 인해 단클론항체를 이용한 치료법이 개발되었다. COVID-19의 시대에는 더 효과적인 의약품이 도입되기 전까지 회복기 혈장이 가교 역할을 하였다.

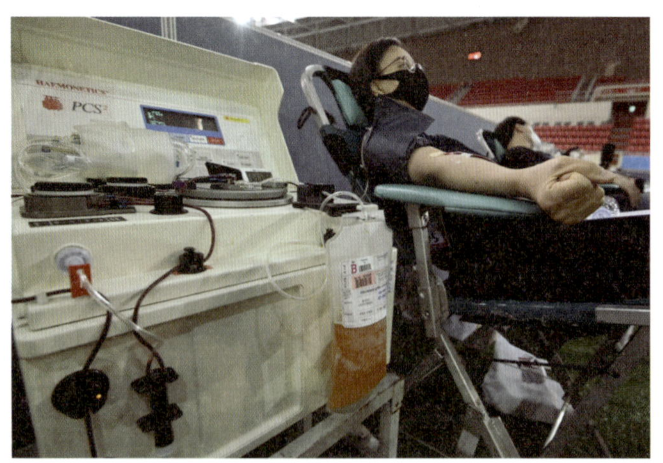

그림 JUNG YEON-JE/AFP/Getty Images

중화

생물학적으로 활성이 있는 물질(세균, 독소, 바이러스)에 항체가 결합하면 비활성화되거나 **중화**(neutralization)된다(**그림 32.19**). 포유류 점막상피에서 군집을 이루는 세균의 능력은 점막상피세포에 부착할 수 있는 그들의 능력에 의해 어느 정도 결정된다. 분비형 IgA (sIgA) 항체는 세균 흡착인자를 차단하여 그것이 숙주세포에 부착하는 것을 막는다.

항체는 병원체에 의해 만들어진 세포외 독소도 중화할 수 있다. 이러한 독소는 그들의 생물학적 역할을 수행하기 전에 표적 숙주세포에 붙어야만 한다. 독소와 항체가 결합하여 생성된 독소-항체 복합체는 숙주의 표적세포 수용체에 결합할 수 없어 세포내로 들어가지 못하거나 식세포에게 잡아 먹힌다. 독소를 중화할 수 있는 항체나 그 독소에 대한 중화항체를 포함하는 항혈청을 **항독소**(antitoxin)라고 한다. ▶ 독소는 생물학적 독이다(34.4절)

비슷한 방식으로 IgG, IgM, IgA 항체는 일부 바이러스가 세포 밖에 존재하는 시기에 그 바이러스와 결합하여 숙주세포에 결합하지 못하도록 한다. 이러한 항체에 의해 바이러스가 비활성화되는 것을 **바이러스 중화**(viral neutralization)라고 한다.

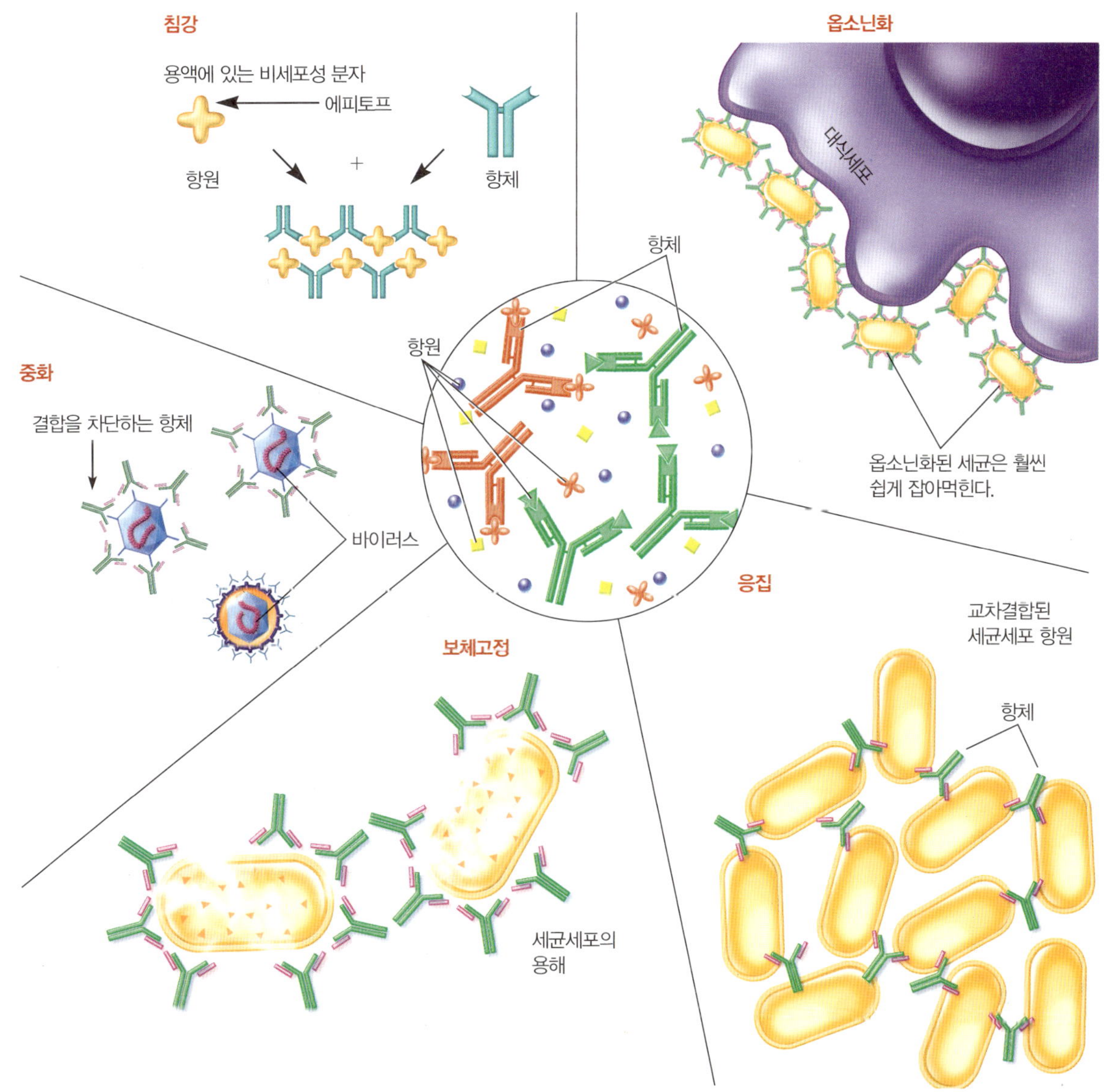

그림 32.19 항원항체 결합의 결과. 용해성 항원(Ag)이 용해성 항체(Ab)와 결합하면 면역복합체가 형성되어 침강이 일어난다. 옵소닌화는 항체가 커다란 분자나 세포에 있는 항원에 결합할 때 일어나고, 이는 식세포에 의한 인식을 증강시킨다. 응집은 항원이 항체에 의해 교차결합될 때 일어난다. 고전 보체경로는 면역복합체에 의해 활성화된다. 이를 보체고정이라고 한다. 중화는 항체가 항원(독소나 바이러스)에 결합하여 이 항원이 더 이상 숙주세포에 결합하지 못하는 것을 말한다.

연관 질문 침강반응과 응집반응의 차이점은 무엇인가?

옵소닌화

식세포과정은 옵소닌화에 의해 크게 강화될 수 있다(그림 31.19 참조). 31.3절에서 논의한 것과 같이 옵소닌화는 항체 또는 보체가 미생물이나 다른 외래입자들에 붙어서 식세포에 의한 인식을 더 쉽게 해주는 과정이다. IgM과 IgG를 포함한 옵소닌 항체는 보체의 고전경로를 촉발한다. 이 항체는 수지상세포, 대식세포, 호중구 표면의 Fc 수용체에 결합한다. 이러한 과정은 항원의 효과적인 제거를 극적으로 증가시킨다(그림 31.5 참조).

면역복합체의 형성

항체에는 최소한 2개의 항원결합부위(각 팔 끝에 있는 가변부위)가 있고 대부분의 항원은 최소한 2개의 에피토프를 가지고 있기 때문에 하나의 항체가 두 개의 다른 항원과 결합할 때 (각 팔에 하나씩) 교차결합이 일어난다. 많은 수의 항원이 이 방법으로 많은 항체와 결합하면 **면역복합체**(immune complex)라는 응집물을 만들 수 있다(그림 32.19). 만약 항원이 용해성 분자이면서 복합체가 용액에서 가라앉을 수 있을 만큼 커지면 **침강**(precipitation, 라틴어 *praecipitare*는 '바닥으로 던지다'를 의미) 또는 **침강반응**(precipitin reaction)이 일어난다. 면역복합체가 세포나 입자들의 교차결합을 포함할 때는 **응집반응**(agglutination reaction)이 일어난다. 이러한 면역복합체는 자유로운 항원보다 훨씬 더 빠르게 잡아 먹힌다. 하지만 면역복합체 형성은 32.9절에서 논의한 것과 같이 숙주에게 해가 될 수도 있다. 중요하게도 면역복합체의 형성은 일부 진단검사의 기초가 된다. ▶| 면역반응이 감염을 검출하는데 이용될 수 있다(36.3절)

마무리 점검

1. 중화와 옵소닌화의 차이점은 무엇인가?
2. 독소와 바이러스의 중화는 각각 어떻게 일어나는가?
3. 면역복합체를 항원은 원 모양, 항체는 Y 모양으로 그려 표시하시오.

32.9 면역계는 오작동할 수 있다

이 절을 학습한 후 점검할 사항:

a. 과민반응, 자가면역, 조직거부, 면역결핍 사이의 다른 점을 설명할 수 있다.
b. 공여된 이식편에 대한 조직거부를 면역학에 기반하여 설명할 수 있다.
c. 면역억제나 면역결핍이 숙주에게 주는 영향을 예측할 수 있다.

체내의 다른 체계처럼 면역계도 고장이 날 수 있다. 면역질환은 과민반응(hypersensitivity), 자가면역질환, 장기(조직)이식 거부반응, 면역결핍으로 분류할 수 있다. 이제 각각의 질환에 대해 학습하도록 한다.

과민반응

과민반응은 한 가지 항원에 두 번째 또는 그 이상 접촉한 개인에게서 발생하는 과도한 적응면역반응이다. 과민반응을 일반적으로 고초열 같은 알레르기라고 생각하지만 반응속도와 원인이 되는 항체나 면역세포가 알레르기와는 다르다. 1963년에 이러한 사실을 인식하고 겔(Peter Gell)과 쿰스(Robert Coombs)는 과민반응을 일으키는 반응에 대한 분류체계를 개발하였다. 이들의 분류체계는 과민반응 동안 일어나는 면역학적 사건의 기초와 임상 증상의 상관관계를 입증하였다. **겔 쿰스 분류**(Gell-Coombs classification) 체계에서는 과민반응을 제1형, 2형, 3형, 4형의 4가지로 구분한다.

제1형 과민반응

알레르기(allergy: 그리스어 *allos*는 '다른', *ergon*은 '일'을 의미)는 가장 흔한 **제1형 과민반응**(type I hypersensitivity)의 하나이다. IgE는 기생충을 방어하는데 중요하지만 알레르기 반응도 매개한다. 알레르기 반응은 항원(**알레르기항원**, allergen)에 처음으로 노출되었을 때, IgE를 생산한 사람이 동일한 항원에 다시 노출되었을 때 일어난다. 용해성 알레르기항원에 처음 노출되면 B 세포는 T_H2 세포의 도움으로 IgE 항체를 생산하는 형질세포로 분화하도록 자극받는다(**그림 32.20**). 알레르기항원에 처음 노출되는 것을 감작(sensitization)이라고 하며 개인의 유전적 성향에 따라 주어진 알레르기항원에 대해 감작이 결정된다. 일단 만들어지면 IgE는 비만세포의 Fc 수용체와 비가역적으로 결합하는데, 호산구나 호염구의 수용체와는 결합정도가 약간 떨어진다. 동일한 알레르기항원에 대해 연속적으로 노출되면, 감작된 세포 표면의 IgE는 알레르기항원에 결합한다. 그 결과 IgE가 매개하는 수용체의 교차 결합은 비만세포에서 탈과립을 자극한다.

비만세포의 탈과립은 히스타민, 류코트리엔(leukotrien), 헤파린(heparin), 프로스타글란딘(prostaglandin), PAF(혈소판활성인자), ECF-A(아나필락시스의 호산구 주화성인자) 및 단백질분해효소와 같은 생리조절 물질을 분비한다. 이 매개물질들은 평활근의 수축, 혈관확장(vasodilation), 혈관의 투과성 증가 및 점액분비를 촉진한다(그림 32.20). 이 반응들을 일괄하여 **아나필락시스**(anaphylaxis: 그리스어 *ana*는 '상승'과 '되돌아옴', *phylaxis*는 '방어'를 의미)라고 부

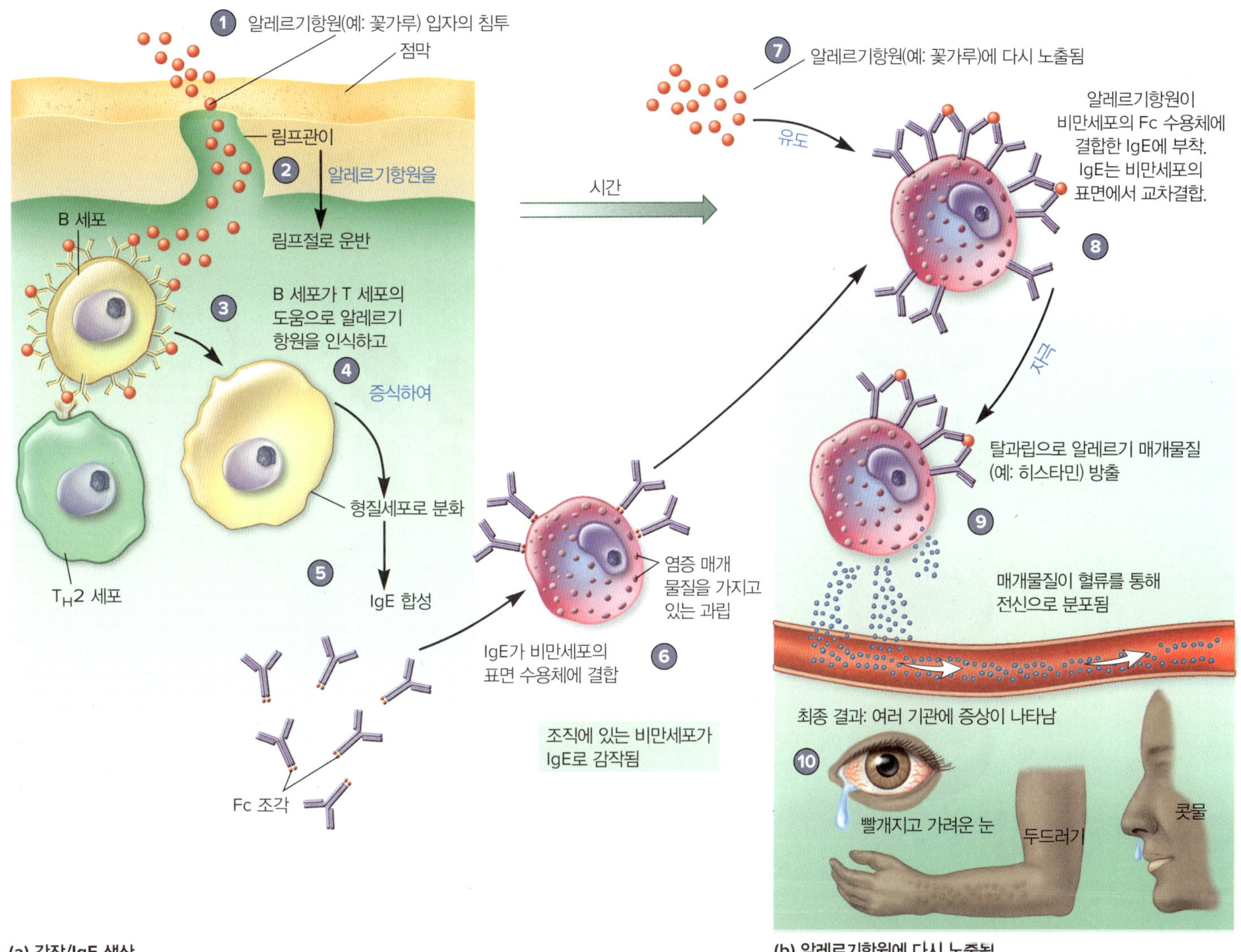

(a) 감작/IgE 생산

(b) 알레르기항원에 다시 노출됨

그림 32.20 제1형 과민반응(알레르기 반응). (a) 림프구가 점막에서 작은 단백질 알레르기항원(알레르겐)에 처음으로 접촉(감작)하면 T_H2 세포의 도움을 받는 항체의 클래스 전환이 일어난다. 즉, 형질세포가 IgE 항체를 분비한다. IgE는 조직의 비만세포에 있는 수용체에 결합한다(①~⑥). (b) 동일한 알레르기항원에 다시 노출되면 항원이 세포에 결합되어 있는 IgE에 붙잡혀(⑦), 비만세포의 탈과립을 유도한다(⑧, ⑨). 알레르기의 특징적인 징후와 증상(두드러기, 부종, 가려움증 등)이 잇따라 일어난다(⑩).

연관 질문 비만세포의 탈과립 동안 분비되는 일부 알레르기 매개물질은 무엇인가?

른다. 아나필락시스는 전신반응과 국소반응의 두 가지로 나눌 수 있다.

전신성 아나필락시스(systemic anaphylaxis)는 비만세포의 매개물질이 갑자기 방출되기 때문에 일어나는 의학적 비상사태다. 증상은 세기관지(bronchiole) 평활근의 수축에 의한 호흡곤란이다. 세동맥(arteriole)의 확장으로 동맥 혈압이 크게 떨어지고 모세혈관의 투과성이 증가하여 체액이 조직 공간으로 빠르게 빠져나간다. 전신성 아나필락시스는 질식(asphyxiation), 혈류량 감소, 혈압 저하 및 순환 쇼크로 인해 갑자기 치명적일 수 있다. 전신성 아나필락시스를 일으킬 수 있는 일반적인 알레르기항원의 예로는 약물(페니실린), 땅콩 및 말벌, 장수말벌, 꿀벌에 의한 곤충의 독이 있다.

Pixtal/age fotostock

더 친숙한 알레르기 반응은 **아토피성 반응**(atopic reaction: 그리스어 *a*는 '없는', *topos*는 '장소' 또는 '장소를 벗어난'을 의미)이라고 불리는 **국소성 아나필락시스**(localized anaphylaxis)이다. 증상은 주로 알레르기항원의 체내 유입경로에 따라 결정된다. 피부를 통해 들어온 알레르기항원은 국소반응을 자극하여 발진(wheal)과 발적(flare)을 일으킨다. 고초열(hay fever, 알레르기성 비염)은 상기도에 일어난 아토피성 알레르기의 좋은 예다. 처음에는 공기 중의 알레르기항원인 식물의 꽃가루, 곰팡이 포자, 동물의 비듬 및 집먼지진드기에 노출되어 호흡기 점막 내의 비만세포를 감작시킨다. 이들 알레르기항원에 다시 노출되면 눈의 가려움증과 눈물, 코막힘, 기침 및 재채기를 동반한 국소성 아나필락시스 증상이 발생한다(그림 32.20)

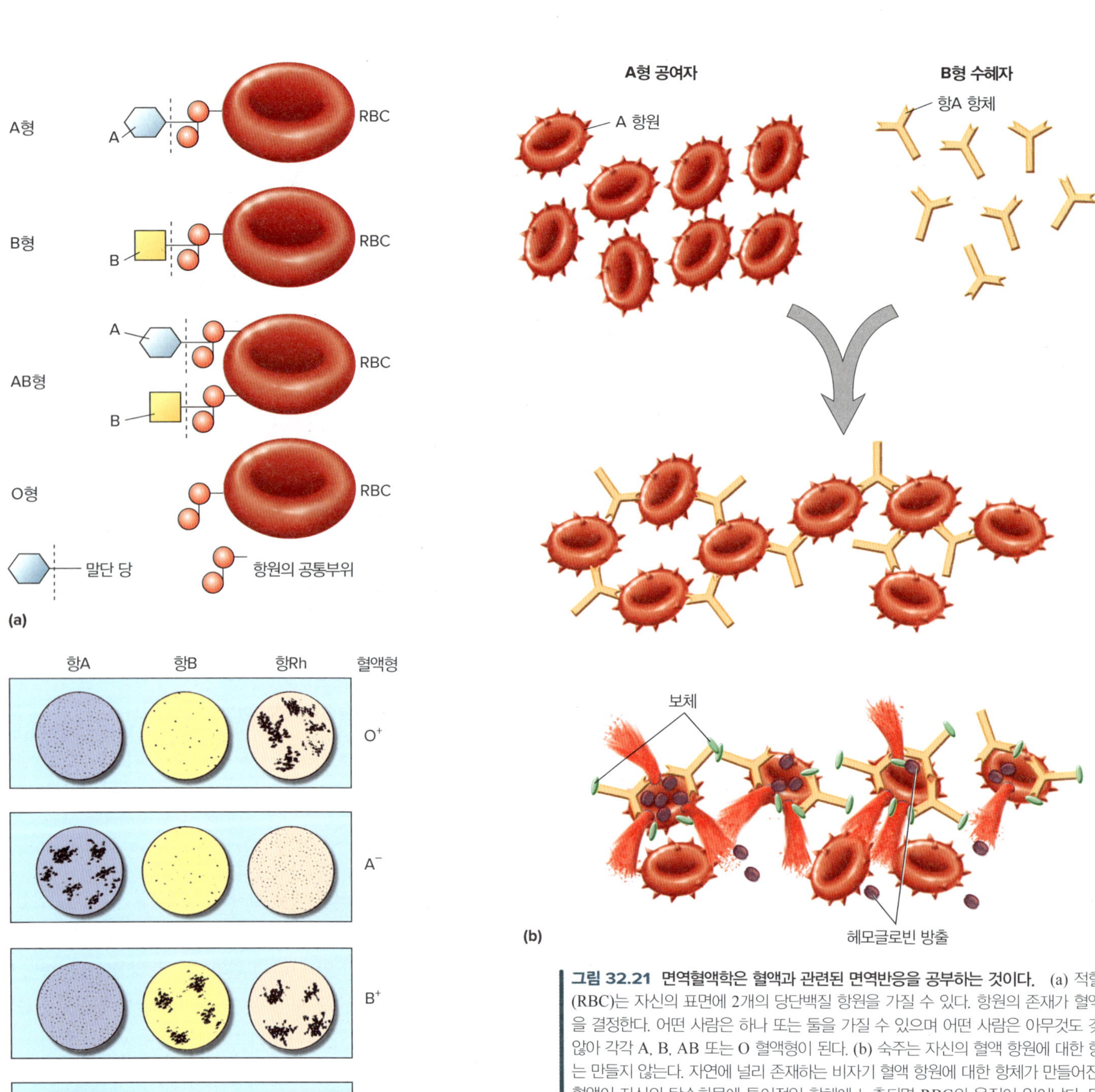

그림 32.21 면역혈액학은 혈액과 관련된 면역반응을 공부하는 것이다. (a) 적혈구(RBC)는 자신의 표면에 2개의 당단백질 항원을 가질 수 있다. 항원의 존재가 혈액형을 결정한다. 어떤 사람은 하나 또는 둘을 가질 수 있으며 어떤 사람은 아무것도 갖지 않아 각각 A, B, AB 또는 O 혈액형이 된다. (b) 숙주는 자신의 혈액 항원에 대한 항체는 만들지 않는다. 자연에 널리 존재하는 비자기 혈액 항원에 대한 항체가 만들어진다. 혈액이 자신의 탄수화물에 특이적인 항체에 노출되면 RBC의 응집이 일어난다. 만약 항체에 응집된 세포에 의해 보체가 활성화되면 RBC의 용해가 일어날 수 있다. (c) 특이 항체와 RBC의 응집은 혈액형 검사의 기초가 된다. 또 다른 분자인 Rh 인자[rhesus (Rh) factor]는 혈액 호환성을 결정할 때 확인해야 하는 또 다른 주요 RBC 항원이다.

연관 질문 O형에 Rh^-인 혈액형을 가진 사람은 왜 수혜자의 혈액형과 관계없이 어느 누구에게나 혈액을 제공할 수 있는가?

제2형 과민반응

제2형 과민반응(type II hypersensitivity)은 숙주세포의 파괴를 가져오기 때문에 세포용해(cytolytic) 또는 세포독성(cytotoxic) 반응이라 불린다. 제2형 과민반응에서는 IgG 또는 IgM 항체가 숙주세포의 표면항원에 대해 부적절하게 반응한다. 이들은 고전 보체경로를 활성화시킨다. 표적 숙주세포가 항체에 의해 옵소닌화되면, 호중구와 대식세포의 Fc 수용체가 옵소닌화 항체와 결합하여 이들 포식세포가 활성화된다. 이것은 보체가 미생물 막에서 보이는 효과와 비슷하게 숙주세포가 식세포작용과 용해에 의해 죽는다(그림 31.8 참조).

다른 혈액형을 가진 사람의 혈액을 수혈받는 경우가 제2형 과민반응의 한 예이다. 1904년 랜드스타이너(Karl Landsteiner)에 의해 혈액형이 발견되기 전에는 수혈이 종종 치명적이었다. 한 사람의 혈청이 다른 사람의 혈액세포를 응집시킬 수 있다는 랜드스타이너의 관찰은 사람에게서 4가지 서로 다른 종류의 혈액세포를 확인할 수 있게 해주었다. 그후에 적혈구(RBC)의 종류는 현재 **ABO 혈액형**(ABO blood group, **그림 32.21a**)이라 부르는 세포 표면 당단백질로부터 확인되었다. 당단백질은 A나 B 그룹에 속한다. 이 당단백질을 암호화하는 유전자는 공우성(codominant)이기 때문에 2개의 대립형질을 물려받은 사람은 A와 B 당단백질을 모두 발현하므로 AB 혈액형이 된다. 둘 중에 어떤 유전자도 물려받지 못한 사람은 O형이 된다. 수혈에서 볼 수 있는 제2형 과민반응은 적혈구 표면에 있는 A 또는 B 당단백질에 교차결합한 항체에 의해 보체가 활성화될 때 일어난다(그림 32.21b).

혈액형 검사는 랜드스타이너 방식의 조금 더 정교한 생체외 방법으로서, 한 사람의 혈액을 A형이나 B형 혈액에 특이적인 항체와 섞는 방법으로 이루어진다. 항체에 의한 적혈구의 응집(그림 32.21c)이 혈액형을 결정하는 진단도구로 사용된다.

ABO 혈액형이 발견된 후 붉은털원숭이(rhesus monkey)를 사용한 실험의 결과로 또 다른 적혈구 항원이 발견되었다. 소위 Rh 인자(Rhesus factor) 또는 D 항원은 하나의 우성인자(Rh 인자를 암호화함)와 하나의 열성인자(Rh 인자를 암호화하지 않음)인 2개 대립인자의 발현에 의해 결정된다. 따라서 우성인 Rh 대립형질에 대하여 동형이거나 이형인 사람이 항원을 가지고 있으면 Rh^+로 표시한다. 두 개의 열성 대립형질이 발현되면 Rh^-(Rh 인자 없음)로 표시한다. Rh^- 엄마와 Rh^+ 태아 사이의 불일치 결과는 태아의 혈액세포를 파괴하는 엄마의 항Rh 항체가 만들어내는 제2형 과민반응이다(**그림 32.22**). 이것을 **태아적아구증**(erythroblastosis fetalis)이라 부른다. 이 잠재적으로 치명적인 신생아 용혈성질병은 항Rh 인자 항체로 엄마를 수동면역시키면 방지할 수 있다.

제3형 과민반응

제3형 과민반응(type III hypersensitivity)에는 면역복합체의 과다

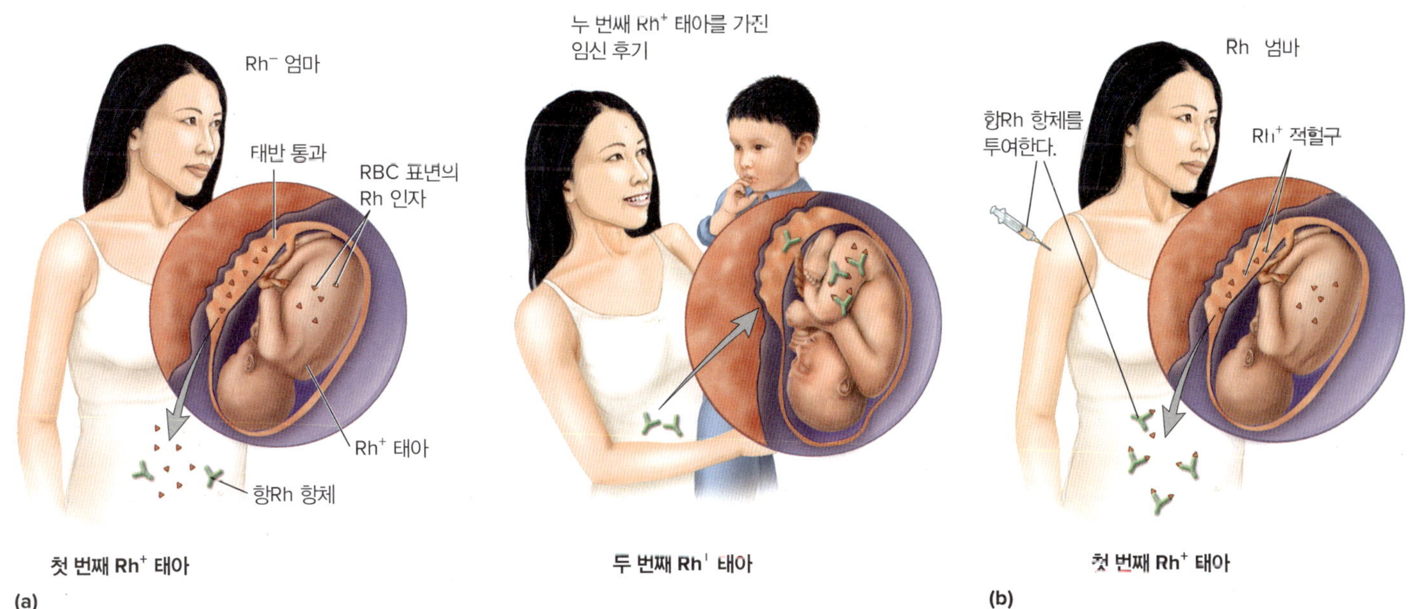

그림 32.22 Rh 인자의 불일치는 적혈구 용해를 일으킬 수 있다. (a) Rh^- 엄마에게서 Rh^+ 태아가 잉태되면 자연적으로 혈액세포의 불일치가 일어난다. 분만 중 태반이 떨어져 나가고 태아의 혈액이 태반 장벽을 통과하여 엄마의 혈류에 들어가면 엄마의 면역계에 처음으로 감작이 일어난다. 대부분의 경우 태아는 정상적으로 자란다. 하지만 Rh^+ 태아를 다시 임신하게 되면 엄마는 이미 충분한 항Rh 항체를 만들었기 때문에 태아에게 심각한 용혈현상이 일어난다. (b) 첫 번째와 그 이후의 임신 동안 Rh^- 엄마에게 항Rh 항체를 주사하면 태아에게서 넘어온 Rh 인자에 결합하여 비활성화시키고 제거하도록 도움을 줄 수 있다.

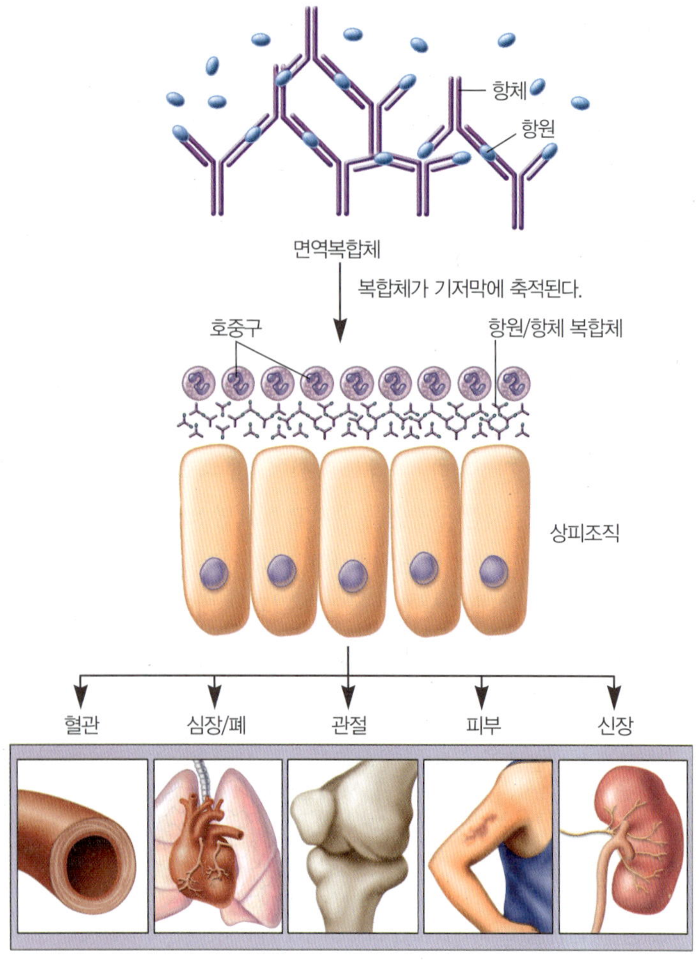

면역복합체 축적의 표적이 될 수 있는 주요 기관

1. 과량으로 존재하는 가용성 항원과 항체가 결합하여 다량의 항원/항체 복합체를 형성한다.
2. 순환하는 면역복합체가 신장, 폐, 관절, 피부 등의 상피 기저막에 축적된다.
3. 보체조각이 히스타민 및 다른 매개물질의 방출을 일으킨다.
4. 호중구가 면역복합체 축적 부위로 이동하여 관련 조직과 기관에 심각한 손상을 입히는 효소를 분비한다.

그림 32.23 제3형 과민반응. 순환하는 면역복합체는 여러 조직에 자리 잡고 그곳에서 보체를 활성화하여 조직세포 용해를 일으킨다. 보체의 활성화는 과립구를 끌어들여 그들의 매개물질을 방출하게 하여 결과적으로 더욱 심각한 조직 손상을 일으킨다. 과립구 매개물질로 인해 혈관 투과성이 높아지면 조직 깊은 곳에 면역복합체가 축적된다. 이것은 혈소판을 끌어들여 미세 혈전(microthrombi)이 생기게 하고, 혈액의 흐름을 방해하여 결과적으로 추가적인 조직 손상이 일어난다.

생성이 수반된다(**그림 32.23**). 일반적으로 이 복합체는 수지상세포와 대식세포에 의해 효과적으로 포식된다. 하지만 과량의 IgG나 IgM 항체-항원 복합체가 형성되면 이 복합체는 효과적으로 제거되지 못할 수 있다. 이들의 축적은 다양한 염증반응을 유도하는 보체를 자극하여 과민반응을 일으킬 수 있다. 이러한 염증은 특히 혈관(혈관염, vasculitis), 신장의 신사구체 기저막(사구체신염, glomerulonephritis), 관절(관절염, arthritis)에서 심각한 손상을 초래할 수 있다.

제4형 과민반응

이전에 불행히도 덩굴 옻나무에 많이 노출되었다면 **제4형 과민반응**(type IV hypersensitivity)을 경험했을 것이다. 제1, 2, 3형과 달리 제4형은 항체에 의한 것이기보다는 T 세포에 의해 매개되는 반응이다. 해당 항원이 처리되고 제시되는 경로에 따라 T_H와 CTL 세포가 모두 제4형 과민반응을 일으킬 수 있다. 징후나 증상이 나타나는데 보통 하루 또는 그 이상이 걸리기 때문에 제4형 과민반응은 **지연성 과민반응**(delayed-type hypersensitivity, DTH)이라고도 부른다. 두 가지 중요한 DTH에는 투베르쿨린 과민반응과 알레르기성 접촉성 피부염이 있다. 제4형 과민반응의 다른 예로는 나병, 결핵 및 리슈마니아증에 의한 세포 및 조직의 손상이 있다. 이들 감염성 질병에 대해서는 38장과 39장에서 학습할 것이다.

제4형 과민반응은 혈청 단백질이나 조직세포에 결합한 항원이 처리되어 T 세포에게 제시될 때 일어난다. 만약 항원이 포식되면 항원제시세포의 MHC 클래스 II 분자에 의해 T_H 세포에게 제시될 것이다. 이것은 T_H1 세포를 활성화시켜 세포의 증식과 함께 전염증성 사이토카인을 분비하게 한다. 만약 항원이 지질 용해성이라면 세포막을 가로질러 통과하고 세포기질에서 처리되어 MHC 클래스 I 분자에 의해 CTL에게 제시된다. CTL은 자극되어 항원을 제시하는 세포를 죽인다. T_H 세포와 CTL의 신호는 주변 혈관 내피세포의 부착분자 발현을 자극하여 혈관 투과성을 증가시킨다. 이것은 체액과 세포를 조직 공간으로 흘러 들어가게 한다. 사이토카인은 림프구, 대식세포, 호염구를 끌어들이고 염증을 악화시킨다. 그 결과 광범위한 조직 손상이 일어난다.

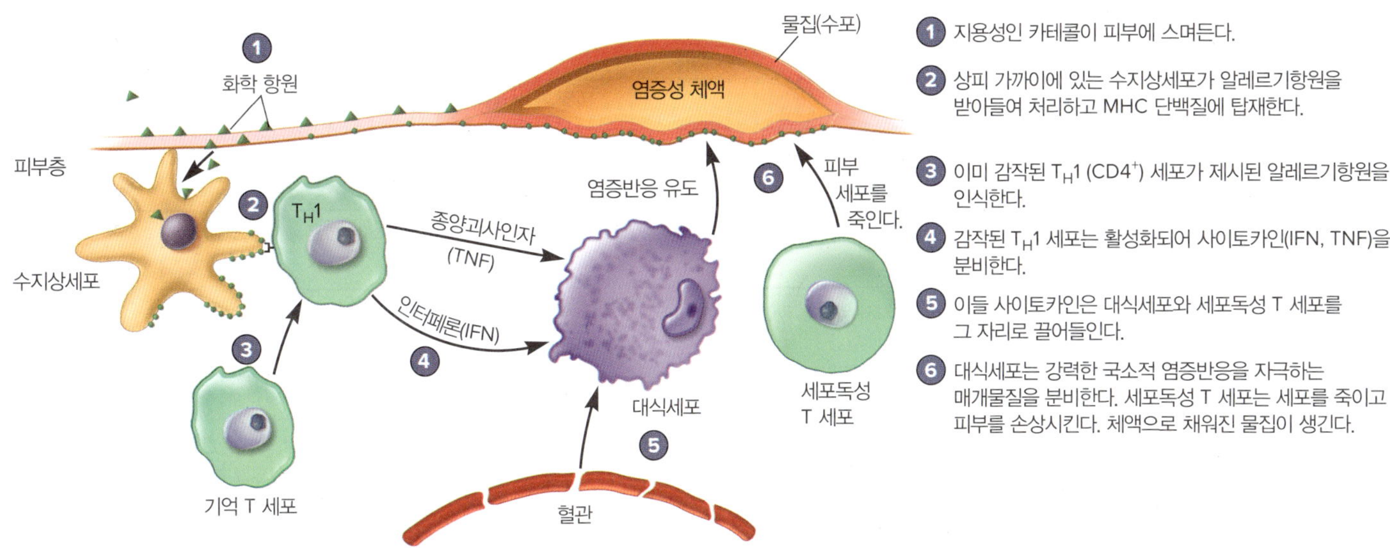

그림 32.24 접촉성 피부염. 옻나무에 의한 접촉성 피부염에서는 환자가 처음에 대부분 3-n-pentadecyl-catechol로 이루어진 알레르기항원에 노출된다. 이 알레르기항원은 옻나무의 잎, 열매, 줄기 및 껍질에서 만들어지는 송진의 수액에서 발견된다. 합텐으로 작용하는 카테콜 분자는 고분자량의 피부 단백질과 결합한다. 7~10일 정도 후에 감작된 T 세포가 만들어지고 기억 T 세포가 생성된다. 두 번째 접촉에는 카테콜이 동일한 피부 단백질과 결합하고 단지 하루나 이틀 사이에 기억 T 세포가 활성화되어 염증반응을 일으킨다(접촉성 피부염).

투베르쿨린 과민반응(tuberculin hypersensitivity)에서는 결핵을 일으키는 세균으로부터 투베르쿨린이라 불리는 부분적으로 정제된 단백질을 얻는다. 이 단백질을 팔뚝의 피부에 주사한다. 만약 48시간에서 72시간까지 주사 부위가 붉은색을 띠고, 딱딱하게 굳어지면 이 시험은 양성으로 간주된다. 결핵균에 노출되어 이전에 활성화 되었던 T_H1 세포가 주사 부위로 이동하여 딱딱하게 굳어짐의 원인이 된다. 결핵의 원인이 되는 세균에 노출된 적이 없다면 주사 부위에는 첫 염증이 일어나지만 커지거나 굳어지지는 않는다.

알레르기성 접촉성 피부염(allergic contact dermatitis)은 4형 반응으로서 피부에서 운반 단백질과 결합한 합텐이 알레르기항원으로 작용하여 면역반응을 일으킨 것이다(**그림 32.24**). 이러한 합텐의 예로는 화장품, 여러 가지 식물 유래물질(담쟁이넝쿨과 오크나무 독 유래의 카테콜 분자), 국소용 화학요법 물질, 금속 및 장신구(특히 니켈 함유 장신구)가 있다.

마무리 점검

1. 제1형 과민반응의 기전을 설명하고, 어떻게 이들이 전신성 또는 국소성 아나필락시스를 일으키는지 설명하시오.
2. 제2형 과민반응이 세포용해성 또는 세포독성이라고 불리는 이유는 무엇인가?
3. 제3형 과민반응의 특징은 무엇인지 예를 들어 설명하시오.
4. 결핵 피부 검사는 어떻게 하는가? 면역이 억제된 사람에게 결핵 피부 검사는 정확하다고 생각하는가? 왜 그런가?

자가면역과 자가면역질환

자기항원과 비자기항원을 구별하는 면역계의 능력이 중요하다는 것은 자가면역질환에 의해 극적으로 설명된다. 이 상황에서는 신체가 관용을 상실하고 자신의 자기항원에 대항하여 항체나 T 세포로 비정상적인 면역공격을 한다.

자가면역과 자가면역질환을 구분하는 것은 매우 중요하다. 자가면역은 강력하지 않지만, 자가면역질환은 치명적일 수 있다. **자가면역**(autoimmunity)은 자기항원과 반응하는 항체가 혈청 내에 존재하는 것이 특징이다. 이들 항체를 자가항체(autoantibody)라고 한다. 자가항체의 형성은 노화의 자연적인 과정이며, 감염성 물질 또는 약물에 의해 쉽게 만들어지고, 일반적으로 가역적이어서 촉발하는 항원이 제거되면 사라진다. 자기반응성 T 세포와 B 세포가 유전적, 환경적 요인에 의해 촉발되어 자극을 받으면, 활성화되고 만성적 조직 손상의 원인이 되는 **자가면역질환**(autoimmune disease)을 일으킨다. 일부 자가면역질환의 예가 **표 32.2**에 정리되어 있다.

원인이 한 가지뿐인 자가면역질환은 없다. 오히려 각 질환은 그 질환만의 독특하고 복합적인 면역병리학적 특징이 있다(표 32.2). 어떤 자가면역질환은 주로 T 세포가 유도한 것이고, 또 어떤 것은 자가항체를 수반하며, 또 어떤 것은 이들 2개의 기전을 모두 수반한다. 많은 경우 바이러스나 세균 감염과 같은 감염성 생명체에 의한 촉발을 수반한다. 정상적인 숙주-미생물총 사이에서 관계의 변화(장내세균 불균형, dysbiosis)가 면역 기능장애를 일으킨다는 증거가 있다

표 32.2 사람의 자가면역질환

질환	자가 항원	병리생리학
급성 류마티스열 (acute rheumatic fever)	연쇄상구균의 세포벽 항원은 자가 항원을 흉내내고 심근세포 및 다른 세포의 단백질과 교차반응하는 항체를 유도한다.	제2형 과민반응은 심근염, 심장 밸브의 상처 및 관절염을 초래한다.
자가면역성 용혈성빈혈 (autoimmune hemolytic anemia)	Rh 혈액형 항원은 적혈구 표면에 있는 Rh 항원에 대한 항체를 유도한다.	제2형 과민반응은 적혈구가 보체와 식세포작용에 의해 파괴될 때 빈혈을 일으킨다.
굿패스처증후군 (goodpasture's syndrome)	신장 기저막의 손상은 숨겨져 있던 콜라겐 단백질을 노출시켜 항콜라겐 항체를 유도한다.	제2형 과민반응은 사구체신염과 폐출혈을 일으킨다.
그레이브스병(Ggraves' disease)	갑상선 자극호르몬(TSH) 수용체에 대한 항체는 TSH를 흉내낸다.	TSH 수용체의 지나친 자극은 갑상선기능항진증을 일으킨다.
다발성경화증(multiple sclerosis)	몇 가지 신경계 항원에 대한 항체와 활성화된 T 세포	제2형과 제4형 과민반응은 신경 소통을 변화시켜 무감각, 무력증, 경련, 그리고 운동 및 인지기능의 상실을 초래한다.
중증근무력증(myasthenia gravis)	골격근에 있는 아세틸콜린 수용체에 대한 항체	항체에 의한 신경전달 수용체의 차단은 진행성 근무력증을 초래한다.
류머티스성관절염 (rheumatoid arthritis)	활막 관절의 연골 단백질에 대한 IgG 항체가 유도된다.	면역복합체 형성에 의한 제3형 과민반응은 관절의 염증과 파괴를 초래한다.
전신홍반성낭창 (systemic lupus erythematosus)	다양한 세포 구성성분[DNA, 핵단백질, 카르디올리핀(cardiolipin)]과 혈액응고인자에 대한 항체	제3형 과민반응은 면역복합체 유래 관절염, 사구체신염, 혈관염 및 발진을 일으킨다.
1형 당뇨(type I diabetes mellitus)	췌장 베타세포 항원에 대한 항체와 활성화된 T 세포	제2형과 제4형 과민반응은 베타세포를 파괴하여 인슐린 부족을 일으킨다.

(그림 33.6과 그림 33.7 참조). 자가면역질환의 중요한 요인은 면역 활성을 제한하는 조절 T 세포의 무능함이다.

이식(조직) 거부

한 종(species)에 속하지만 유전적으로 서로 다른 개체 간의 이식을 **동종이식**(allograft: 그리스어 *allos*는 '다른'을 의미)이라고 한다. 일부 이식된 조직 중에는 면역반응을 자극하지 않는 것도 있다. 예를 들어, 림프구는 눈의 안쪽으로 순환하지 않기 때문에 이식된 각막은 거의 거부되지 않는다. 이러한 부위를 면역학적으로 특권부위(immunologically privileged site)라고 한다. 특권조직의 또 다른 예로 심장의 밸브가 있다. 실제로 면역반응을 자극하지 않으면서 돼지의 심장 밸브를 사람에게 이식할 수 있다. 이렇게 서로 다른 종 사이에서 이루어지는 이식을 **이종이식**(xenograft: 그리스어 *xenos*는 '잘못 들어선'을 의미)이라고 한다.

하지만 대부분의 이식은 면역학적으로 특권을 갖지 않는 조직에서 이루어진다. 만약 기관 공여자와 수혜자 사이에서 모든 MHC 단백질이 일치(일란성 쌍생아)하지 않는다면 수혜자의 세포는 공여자의 조직을 외래물질로 인식할 것이다. 이것은 수혜자의 선천면역과 적응면역을 촉발하여 공여된 조직을 파괴할 수 있다. 이러한 반응을 **숙주대이식편질환**(host-versus-graft disease) 또는 기관거부(organ rejection)라고 한다. 기관거부는 두 가지 서로 다른 기전으로 일어날 수 있다. 첫째, 이식된 조직 또는 이식편(graft)에 있는 외래 MHC 분자가 비자기로 인식되면 세포독성 T 세포가 활성화된다(**그림 32.25**). 세포독성 T 세포는 이식편이 외래 MHC 클래스 I 분자를 가지고 있기 때문에 이식편을 인식한다. 이 반응은 바이러스에 감염된 숙주세포에 의해 CTL이 활성화되는 것과 매우 유사하며 결국 공여된 조직을 파괴하게 된다. 둘째 기전은, 보조 T 세포가 이식편에 작용하여 사이토카인을 분비하게 된다. 이 사이토카인은 대식세포를 자극하여 대식세포로 하여금 이식편 안으로 들어가 축적되어 이식편을 파괴하게 만든다. MHC 분자가 조직거부반응에서 중요한 역할을 하는 이유는 T 세포에 작용하여 T 세포가 자기와 비자기를 구별할 수 있게 해주기 때문이다.

MHC 클래스 I 분자가 숙주대이식편질환의 발병에 중심이기 때문에 수혜자와 공여자 조직의 클래스 I 분자의 항원성이 다르면 다를수록 더욱 빠르고 더욱 강력하게 이식거부반응이 일어날 가능성이 높아진다. MHC 클래스 II 분자의 불일치도 거부반응을 일으킬 수 있다. 따라서 공여자와 수혜자를 짝짓는 데 있어서의 목표는 가능한 많은 MHC 대립형질을 맞추는 것이다. 대부분의 수혜자는 그들의 공여자와 100% 일치하지는 않기 때문에 숙주에 의한 이식편거부를 방지하기 위해 면역억제제를 사용한다.

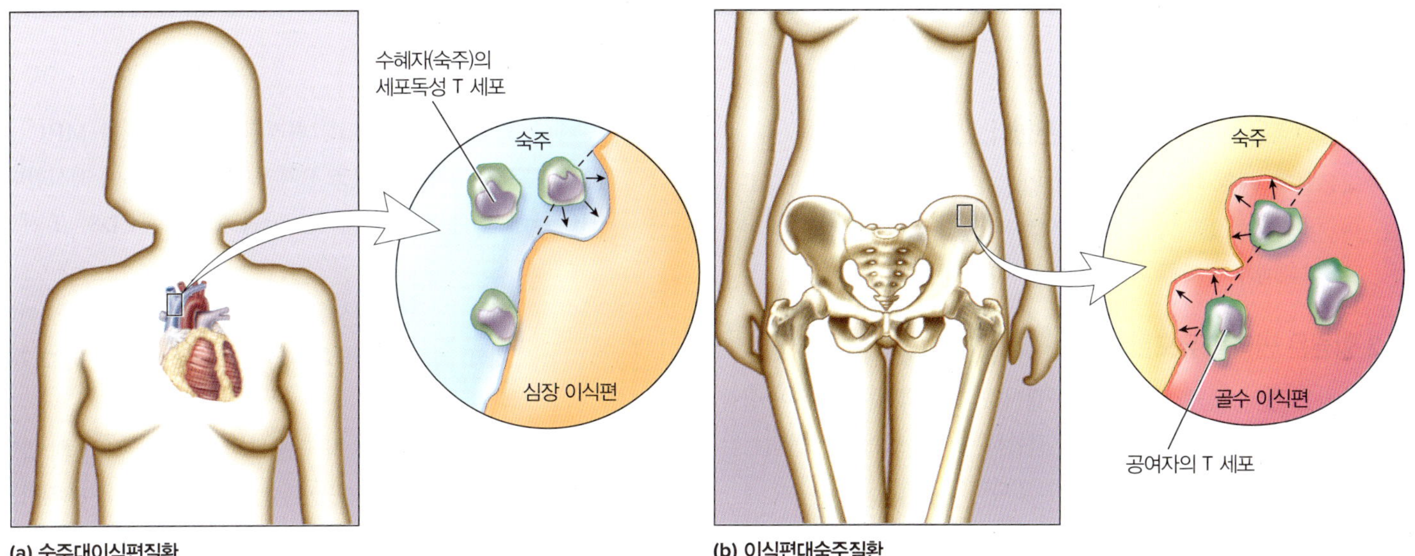

(a) 숙주대이식편질환 **(b) 이식편대숙주질환**

그림 32.25 가능한 이식반응. (a) 일란성 쌍생아가 아닌 다른 공여자로부터의 조직은 수혜자인 숙주가 외래물질로 인식하는 MHC 단백질을 세포에 가지고 있다(숙주대이식편질환, host-versus-graft disease). 이 조직은 숙주의 CTL에 의해 공격을 받게 되어 손상되고 결과적으로 거부된다. (b) 이식된 줄기세포는 숙주의 항원에 반응하는 면역세포를 가지고 있을 수 있다. 공여자의 CTL이 숙주를 외래물질로 인식하면 이식편대숙주질환(graft-versus-host disease)이 발생한다.

골수(줄기세포) 이식 수혜자도 **이식편대숙주질환**(graft-versus-host disease)을 일으킬 수 있다. 이것은 기관거부에서 보여주는 숙주편대이식(host-versus-graft)과 구별된다. 이식편대숙주질환은 이식된 골수에 포함된 면역세포가 숙주의 MHC 분자를 외래물질로 인식하여 숙주세포를 공격하는 것이다. 골수 이식은 새로운 면역세포의 도입을 수반하기 때문에 더욱 엄격한 공여자와 수혜자 간의 맞춤이 요구된다. 하지만 어느 정도의 맞지 않음은 면역억제제로 조절할 수 있다.

면역결핍

면역계를 이루는 요소 중 하나 또는 그 이상의 결함은 항원을 인식하고 그에 대한 적절한 반응을 실패하게 할 수 있다. 이러한 **면역결핍**(immunodeficiency)이 있는 사람은 완전하고 활동적인 면역반응을 하는 사람보다 감염에 더욱 취약하다. 지금까지 면역결핍과 연관된 대부분의 유전적 결함은 X 염색체에 위치하며 일차적 또는 선천적인 면역결핍을 일으킨다(**표 32.3**). 다른 면역결핍은 HIV와 같은 면역억제 미생물의 감염을 통해 발생할 수도 있다.

마무리 점검

1. 자가면역질환이란 무엇이며 어떻게 발생하는가?
2. 면역특권 부위란 무엇이며 이식의 성공과 어떻게 연관되어 있는가?
3. 왜 대부분의 환자에게 기관이식 후와 마찬가지로 기관이식 전에 면역억제제를 투여하는가?
4. 면역결핍을 설명하시오. 면역결핍은 어떻게 일어나는가?

표 32.3 사람의 선천적인 면역결핍질환

상태	증상	원인
만성 사구체 질환 (chronic granulomatous disease)	결함을 가진 단핵구와 호중구로 인해 계속적으로 세균과 진균 감염이 재발한다.	결함을 가진 NADPH 옥시다아제로 인해 활성산소 중간체들이 만들어지지 않는다.
X 연관 무감마글로불린혈증 (X-linked agammaglobulinemia)	형질세포 또는 B 세포의 결핍으로 적절한 특이항체를 만들지 못한다.	티로신 인산화효소의 결핍으로 B 세포 분화가 일어나지 못한다.
디조지증후군(diGeorge syndrome)	T 세포 결핍과 매우 약한 세포매개면역	흉선이 없거나 거의 발달하지 않는다.
중증복합면역결핍증(SCID)	B 세포와 T 세포가 크게 감소되어 항체의 생산과 세포매개 면역이 손상된다.	다양한 기전(예: X 연관 유전자의 돌연변이로 T 세포와 B 세포의 성숙이 일어나지 못함. 림프구의 RAG 효소가 결핍)

요약

32.1 적응면역은 인식과 기억에 의존한다

- 적응면역 반응계는 외래물질(항원)을 인식하고 그것에 반응하며 기억할 수 있는 림프구로 구성되어 있다. 두 가지 적응면역 즉, 항체매개 면역과 세포매개 면역이 알려져 있다(그림 32.1).

32.2 항원은 면역을 유도한다

- 항원은 면역반응을 자극하는 물질이다. 각각의 항원은 특이 항체의 생산을 자극하며 항체와 결합하는 에피토프라고 불리는 항원결정부위를 여러 개 가질 수 있다(그림 32.2).
- 합텐은 그들 자체는 항원성이 없지만 커다란 운반체 분자에 결합하면 항원성을 가질 수 있는 작은 분자다.

32.3 적응면역은 얻거나 빌릴 수 있다

- 면역은 자연적인 방법으로 얻을 수 있다. 감염을 통한 능동적 방법과 모유 수유처럼 이미 만들어진 항체를 받는 수동적 방법이 있다(그림 32.3).
- 인공적인 방법으로도 면역을 얻을 수 있다. 백신접종을 통한 능동적 방법과 항혈청 주사처럼 미리 만들어진 항체를 받는 수동적 방법이 있다.

32.4 외래물질의 인식은 강력한 방어를 위해서 중요하다

- MHC 분자는 주조직적합복합체라고 불리는 유전자군에 의해 암호화되는 세포 표면 단백질이다. MHC 클래스 I 단백질은 핵이 있는 모든 포유류의 세포에서 발견된다. MHC 클래스 II 단백질은 항원제시세포에서 발현된다. 사람 MHC 유전자 산물은 사람백혈구항원(HLA)이라고 불린다(그림 32.4).
- MHC 클래스 I 단백질은 프로테아솜에 의해 처리된 세포내 자기 및 비자기 펩티드를 모아 비자기 펩티드에게만 반응하는 세포독성 T 세포에게 제시한다(그림 32.5).
- MHC 클래스 II 단백질은 파고좀(대식세포와 수지상세포) 또는 엔도솜(B 세포)에 의해 처리된 외래 펩티드를 모아 보조 T 세포에 제시한다.

32.5 T 세포는 면역 기능을 위해서 매우 중요하다

- 흉선에서의 T 세포 발달에는 CD4 또는 CD8 공동수용체에 대해 양성선택하고, 자기 항원을 인식하는 T 세포를 제거하는 음성선택 과정이 포함되어 있다(그림 32.6).
- 항원제시세포(대식세포, 수지상세포, B 세포)는 외래항원 또는 병원체를 포식하여 처리하고, 처리된 항원펩티드를 MHC 클래스 II 분자에 탑재하여 보조 T 세포($CD4^+$ 세포)에 제시한다. MHC 클래스 I 분자에 탑재되는 항원 펩티드는 $CD8^+$ T 세포에 제시된다.
- DC가 항원을 T 세포에 제시할 때 면역연접이 형성된다. 이때 3가지 신호가 T 세포를 활성화시키는데 필요하다(그림 32.7과 그림 32.8)
- T 세포는 효과 B 세포와 T 세포를 포함하는 다른 세포의 발달을 조절한다. 보조 T 세포($CD4^+$)는 세포의 행동을 조절하고 세포독성 T 세포($CD8^+$)는 변화된 숙주세포를 직접 죽인다.
- 보조 T 세포의 아집단에는 T_H1, T_H2, T_H17 및 조절 T(Treg) 세포가 있다. 이들은 분화되지 않은 T_H0로부터 만들어졌다. T_H1 세포는 세포성 면역 및 체액성 면역에 관여하는 다양한 사이토카인을 생산한다. T_H2 세포도 역시 항체매개 면역에 관여하는 다양한 사이토카인을 생산한다. T_H17세포는 주로 IL-17을 생산하여 호중구를 끌어들인다(그림 32.9).
- 조절 T (Treg) 세포는 $CD4^+$ T 세포와 $CD8^+$ T 세포 모두에서 만들어지며 특이 면역반응을 하향조절할 수 있다.
- 세포독성 T 림프구(CTL)는 바이러스에 감염되어 표면의 MHC 클래스 I 분자에 외래항원을 갖는 숙주세포를 인식한다. 이후 CTL은 퍼포린 경로 또는 Fas-FasL 세포예정사 경로를 이용할 수도 있고, 두 가지 경로를 모두 이용해 표적세포를 공격하여 파괴한다.

32.6 B 세포는 항체를 만든다

- 활성화된 B 세포는 항체매개 면역을 제공하는 형질세포로 분화하여 항체를 분비한다.
- B 세포는 원형질막 표면에 면역글로불린 수용체를 가지고 있다. 이 수용체는 3차원적 입체구조(3D)를 가진 에피토프(항원결정부위)에 특이적으로 반응한다(그림 32.10).
- 형질세포와 기억세포로의 B 세포 분화는 일반적으로 T 세포에 의존한다. T 세포에 비의존적으로 B 세포가 활성화되면 낮은 친화력을 가진 항체만을 생산하는 형질세포가 만들어진다(그림 32.11).

32.7 항체는 특정 3-D 항원과 결합한다

- 항체(면역글로불린)는 척추동물의 혈액, 조직액 및 점막에 존재하는 당단백질이다. 모든 면역글로불린은 각각 이황화결합

으로 연결된 4개의 폴리펩티드 사슬(2개의 경쇄와 2개의 중쇄)로 이루어진 기본구조를 가지고 있다(그림 32.12). 사람에게는 5종류로 이루어진 면역글로불린이 있고, 이는 IgG, IgA, IgM, IgD 및 IgE이다(그림 32.13, 그림 32.14, 표 32.1). 항체는 비공유결합을 통해 항원의 에프토프에 결합한다.

- 1차 항체반응은 항원에 처음 노출되었을 때 일어난다. 이 반응은 잠복기, 대수기, 정체기 및 감소기를 갖는다. 항원에 두 번째로 노출되면 B 세포는 신속하고 강화된 반응을 나타낸다(그림 32.15).
- 항체의 다양성은 세포 발달과정 중에 항체를 암호화하는 염색체상에서 각 유전자 조각의 재조합과 스플라이싱 뿐 아니라 스플라이싱 동안 서로 다른 코돈의 발생 및 경쇄와 중쇄 유전자의 독립적 배열로 인해 일어난다. T 세포와의 상호작용에 의해 활성화된 B 세포에서 체세포초돌연변이가 일어나면 추가적인 항체의 다양성이 일어난다(그림 32.16, 그림 32.17).
- 클론선택에 의해 유전적으로 서로 다른 B 세포와 T 세포의 커다란 집단이 형성된다. 이들 각각은 특정 항원을 인식한다(그림 32.18).

32.8 항체는 항원을 파괴한다

- 보체계는 IgG 또는 IgM에 의해 활성화되어 세포용해, 식세포작용, 주화성 또는 염증반응의 자극을 유도할 수 있다.
- 항원항체반응의 또 다른 방어작용으로는 독소의 중화, 바이러스의 중화, 부착 억제, 옵소닌화 및 면역복합체 형성이 있다(그림 32.19).

32.9 면역계는 오작동할 수 있다

- 면역반응이 지나쳐서 조직손상이 일어날 때 과민반응이라는 용어가 사용된다. 과민반응은 제1형부터 제4형까지 4가지로 구분된다(그림 32.20~그림 32.24).
- 자기반응성 T 세포와 B 세포가 신체를 공격하여 조직손상을 일으키면 자가면역질환이 생긴다. 이러한 자가면역질환의 발달에는 다양한 여러 인자가 영향을 줄 수 있다(표 32.2).
- 면역계는 이식된 조직이 다른 MHC 분자를 가지고 있으면 이를 거부할 수 있다. 기관 이식은 숙주대이식편질환을 일으키고, 골수(줄기세포) 이식은 이식편대숙주질환을 일으킬 수 있다(그림 32.25).
- 면역결핍질환은 여러 가지 감염에 대한 개인의 감수성이 높아진 다양한 상태를 나타낸다. 적응 또는 선천면역반응의 하나 또는 그 이상의 결핍으로 여러 심각한 질병이 발생할 수 있다(표 32.3).

심화 학습

1. 노출림프구증후군-2라고 불리는 희귀한 면역결핍질환은 MHC 클래스 II 분자의 생산이 억제되는 유전적 돌연변이에 의해 발생한다. 이 환자의 T_H, CTL 및 B 세포에서 보이는 발달 및 기능상 변화를 예측하시오.
2. EBV가 일으키는 단핵증(mononucleosis)의 진단에는 종종 항 EBV 항체를 검출하는 EBV 혈청 검사라 불리는 과정이 포함된다. 당신이 두 환자에 대한 EBV 혈청 검사 보고서를 받는다고 가정한다. 한 환자에는 고농도의 항EBV IgM 수치가, 다른 환자에서는 고농도의 항EBV IgG 수치가 검출되었다. 두 환자가 모두 최근에 단핵증 증상을 나타낸다고 확신하는가? 이에 대한 답을 설명하시오(힌트: 그림 32.15 참조).
3. 어린이는 많은 수의 성숙한 미경험 T 및 B 세포 집단을 갖지만 매우 적은 수의 기억세포를 가진다. 노인들은 매우 적은 수의 성숙한 미경험 T 및 B 세포를 갖지만 많은 수의 기억세포를 가진다. 이 상황이 어떻게 어린이와 노인이 동일한 백신 또는 감염원(예: COVID-19을 일으키는 SARS-CoV-2)에 반응하는 능력에 영향을 주는지 논의하시오.
4. APC 활성에는 단지 한 가지 신호만 필요한 반면 T 세포 활성에는 3가지 신호가 필요한 이유를 논의하시오.
5. COVID 19 질환의 진행과 백신 개발을 잘 이해하기 위해서는 반드시 원인 바이러스인 SARS-CoV-2에 감염된 환자의 면역반응을 이해해야만 한다. 과학자들이 SARS-CoV-2에 감염된 환자들을 살펴본 결과 SARS-CoV-2 항원을 인식하는 $CD4^+$ T 세포는 모든 환자에게서 발견되었지만 이 항원에 반응성을 가진

$CD8^+$ T 세포는 70%의 환자에서만 발견되었다. 이 두 유형의 T 세포가 SARS-CoV-2 바이러스에 대해 반응하는 역할을 예측하시오. SARS-CoV-2를 인식하는 $CD8^+$ T 세포를 생산하지 못하는 환자들에게는 어떤 일이 일어나고 있는가?

참고문헌: Grifoni A., et al. 2020. Targets of T cell responses to SARS-CoV-2 coronavirus in humans with COVID-19 disease and unexposed individuals. *Cell*. 181:1489-1501. e15. doi.org/10.1016/j.cell.2020.05.015

CHAPTER

33

미생물과 사람이 공존하는 생태계

Radius Images/Alamy Stock Photo

장내 미생물은 우리의 동반자

사만다는 절망적이었다. 그녀는 8개월 간에 걸쳐 체중이 60파운드나 빠질 만큼 끔찍한 설사와의 전쟁을 치러왔고, 성인용 기저귀를 찬 채 휠체어에 의지해야만 했다. 바네사는 6개월 동안 고열에 시달렸고 증상이 심한 날에는 매 시간마다 설사를 해야 했다. 증상이 악화되면 모든 시간을 잠으로 보내곤 했다. 이 두 여성은 *Clostridioides*(이전의 *Clostridium*) *difficile*에 감염된 것이었다. 결국 이 두 여성은 한때 미친 짓이라고 여겼던 처방으로 치료되었다. 그것은 분변미생물이식법(fecal microbiota transplant, FMT)이었다.

먼저 미생물에 대해 살펴보자. *C. difficile* (짧게 C. diff)은 사람의 장에서 적은 수로 존재하는 그람양성균이며 내생포자를 형성하는 후벽균(firmicute)이다(22.3절과 38.6절 참조). 비병원성 장내세균의 활성은 후벽균의 성장을 억제한다. 많은 경우 C. diff 감염은 항생제 치료를 받는 환자에게서 일어난다. 항생제 치료로 고유 장내 미생물의 성장이 억제되면 C. diff가 과도하게 증식하고 독소를 분비하여 장 상피의 탈피를 동반한 설사를 촉발시킨다.

다음으로 치료법에 대해 살펴보자. C. diff은 다중 미생물저항성을 가지게 되고 항생제 치료가 이 해로운 병원체와의 경쟁에서 우월한 장내 미생물의 성장을 지속적으로 억제하기 때문에 항생제 처리로는 치료에서 실패할 수 밖에 없다. 재발성 C. diff 감염 환자들의 치료에 FMT를 사용하기 위해, 먼저 최근에 항생제를 사용하지 않은 건강한 기증자로부터 수집한 분변을 멸균 식염수와 섞어 환자의 한쪽 끝(코 위 삽관을 통해) 또는 다른 끝(결장경을 통해)으로 부어 넣는다. 이 치료를 받은 환자의 90%가 48시간에서 1주에 걸쳐 완치되었음이 보고되었다. 이 성공률로 FMT가 실용적인 치료법으로 받아들여지고 있다. 하지만 최근 사례를 살펴보면 이식 전에 병원체에 대하여 대변이 적절히 선별되지 않아서 환자가 더 악화된 경우도 있었다. 현재 미국 식품의약처는 환자와 의사에게 FMT를 사용할 때 주의하라고 권고하고 있다.

FMT가 시사하는 바는 무엇인가? 장내 미생물은 숙주에게 손해를 입히지도 않고 유익도 주지 않으면서 함께 사는 생물이라는 의미에서 매우 오랜 기간 공생생물로 여겨졌다. 확실히 C. diff 감염의 심각성과 FMT에 의한 치료는 이것을 너무 단순화한 것이 아니냐는 논란을 불러 일으켰다. 이번 장에서 우리는 미생물과 그들의 숙주 사이의 관계성을 살펴볼 것이다. 곧 살펴보겠지만, 이전에 상상했던 것보다 더 복잡하다는 것을 알게 될 것이다.

이 장의 학습을 위해 점검할 사항:

✓ 리보솜 RNA의 작은 소단위가 어떻게 미생물을 동정하는 데 사용되는지 설명할 수 있다(1.2절).

✓ 절대산소요구성생물, 조건부산소비요구성생물 및 절대산소비요구성생물의 성장과 생리 현상을 비교할 수 있다(7.5절).

✓ 메타유전체분석에서의 장점을 차세대 염기서열분석법의 발달과 연관시킬 수 있다(18.1절~18.3절).

✓ 전문적 식세포의 기능을 알고 설명할 수 있다(31.4절과 34.6절).

✓ 점막연관 림프조직의 구조와 기능을 설명할 수 있다(31.5절).

✓ 염증과정을 논의할 수 있다(31.7절).

✓ T 세포와 B 세포의 주요 기능적 차이점을 설명할 수 있다(32.5절~32.7절).

33.1 사람은 통생물체다

이 절을 학습한 후 점검할 사항:

a. 마이크로바이옴을 정의할 수 있다.
b. 사람이 통생물체로 간주되는 이유를 설명할 수 있다.

21세기에 사람의 새로운 기관이 발견되었다는 것이 어떻게 가능할 수 있을까? 사전에 따르면 기관(organ)이라는 용어는 '특정 기능을 수행하기 위해 맞춰진 살아있는 유기체에서의 조직 집단'이라고 정의한다. **조직**에서 **유전자**로 용어가 변하면서 마이크로바이옴은 새로 발견된 기관이라고 주장되어 왔다. **마이크로바이옴**(microbiome)은 생명체 내부와 표면에 살고 있는 모든 미생물, 즉 **미생물총**(microbiota)에서 발견되는 모든 유전자를 말한다. 사람은 자신의 동반자인 미생물 없이는 정상적인 삶을 유지할 수 없다. 즉, 우리는 숙주와 미생물이 서로 함께 의존하여 살아가는 **통생물체**(holobiont)이고, 중요한 것은 함께 변화해간다는 것이다. 결국 평균적으로 성인은 자신의 체세포 수(약 10^{14})와 같은 미생물세포를 몸에 지니고 있다. 사람이 대략 22,000개의 유전자를 가지고, 미생물이 800만 개 이상의 단백질 암호화 유전자를 가지고 있다는 사실은 미생물의 수많은 유전자 생산물이 우리의 유전자가 제공할 수 없는 필요한 기능을 수행해준다는 점을 깨닫게 한다. 고유미생물총이 우리 몸에 자리잡게 된 것은 선택과정에 의해서다. 사람에서 각 미생물의 생태 서식지는 신체 내 위치, 연령, 성별, 음식 및 환경과 같은 다양한 인자와 관계가 있다.

이들 미생물을 16S 리보솜 RNA 서열로 분석한 결과 많은 미생물(예: Clostridiales 및 Bacteroidales에 속한 미생물)은 사람 숙주에서만 제공되는 무산소이며 영양학적으로 특별한 환경에서만 생존할 수 있다. 따라서 이들은 실험실에서 배양되지 못한다. 차세대 염기서열분석법, 메타유전체학 및 생물정보학이 없었더라면 아직도 우리 몸의 마이크로바이옴에 대해 거의 아는 것이 없었을 것이다. 이러한 신기술의 응용을 통해 미국국립보건원(NIH)에서 지원받은 사람 마이크로바이옴 프로젝트(human microbiome project, HMP)와 미국인과 아시아인의 장 프로젝트와 같은 시민 과학 프로젝트는 수천 명의 자원자들로부터 다양한 신체부위에서 유래된 수천 개의 메타유전체를 밝혀내게 되었다. 2008년에 시작된 HMP의 1단계 목표는 사람 마이크로바이옴의 특성 규명이다. 이 작업으로 개인마다 자신만의 독특한 미생물 집단을 가지고 있는 것으로 밝혀졌다. 이로써 건강과 관련된 모든 미생물종을 나열하는 것은 거의 쓸모가 없어졌다. 대신 건강한 마이크로바이옴은 핵심 유전자들의 발현에 의해 결정되는 미생물의 기능이라고 정의된다. 이 유전자들은 많은 분류군에 걸쳐 분포되어 있다. 현재 HMP의 2단계로서, 3유형의 마이크로바이옴 관련 분야(임신과 조산, 과민성 장증후군 및 2형 당뇨병)에 대한 과제가 수행 중이다. 이 장에서는 먼저 우리의 미생물 파트너가 우리 몸에 정착한 스토리와 함께 사람 마이크로바이옴을 탐구해 볼 것이며, 이후 건강과 질병으로 관심을 돌릴 것이다. ⏮ DNA 염기서열분석법(18.1절); 유전체 염기서열분석법(18.2절); 메타유전체학은 배양되지 않는 미생물 연구를 가능하게 한다(18.3절)

마무리 점검

1. 마이크로바이옴과 미생물총을 구별하시오.
2. 분자생물학 기술의 진보가 어떻게 사람의 마이크로바이옴을 정의하는 데 기여했는가?

33.2 마이크로바이옴은 출산에서 성인에 이르기까지 발달한다

이 절을 학습한 후 점검할 사항:

a. 소아의 마이크로바이옴에서 비피도박테리아의 역할을 논의할 수 있다.
b. 호산성, 무산소성, 젖산발효 및 호염성 세균과의 공생을 선호하는 숙주의 환경적 상황을 예측할 수 있다.
c. 사람의 몸에서 미생물의 다양성을 매개하는 인자들을 논의할 수 있다.

안정적인 마이크로바이옴의 발달

우리 몸에 거주하는 미생물총 군집은 변화한다. 이 군집은 출생하면서 발달을 시작하고 나이가 들어감에 따라 변한다. 유아기에 우리의 미생물총이 환경에 가장 민감한 시기라는 것은 전혀 놀랍지 않다. 이 시기는 면역계의 성숙에 가장 유익한 영향을 미치는 미생물 발달에

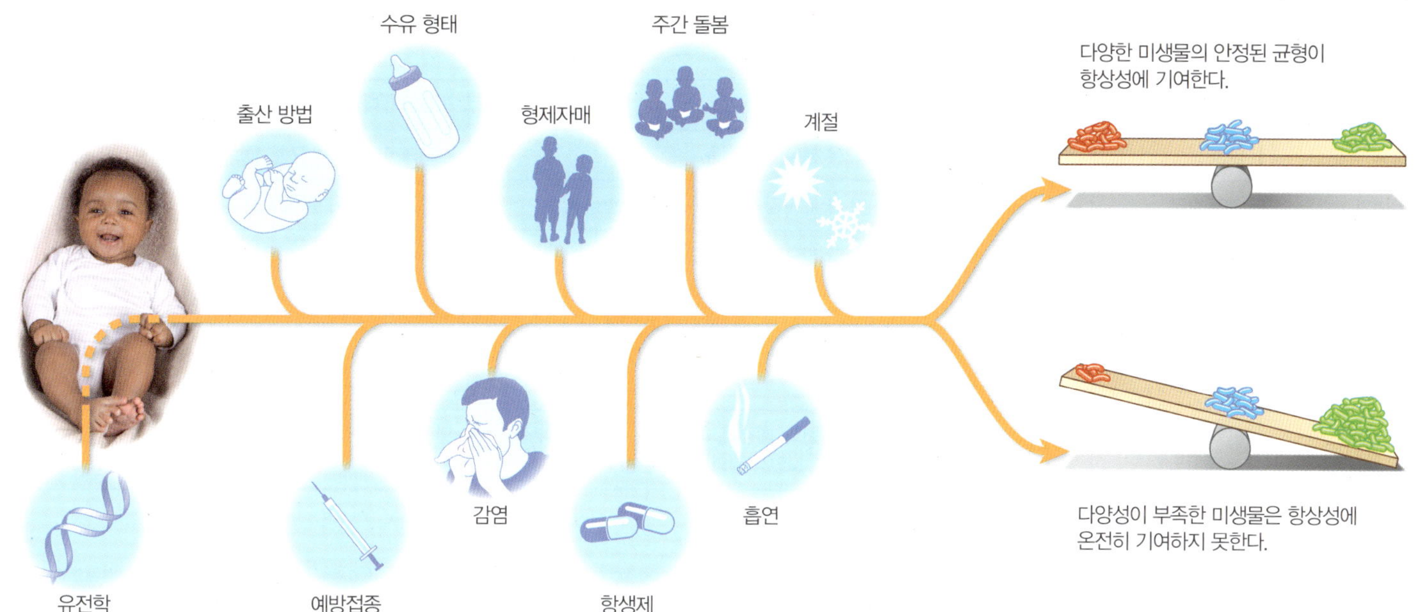

그림 33.1 많은 인자가 안정적인 마이크로바이옴의 발달에 기여한다. 다양한 미생물군집은 더 나은 건강에 연결되어 있다. 일부 인자는 확실히 음성 효과(항생제) 또는 양성 효과(모유)를 나타내지만, 미생물 다양성을 결정하는 것은 많은 인자들의 복잡한 상호작용에 의해서다. (photo) Michel74100/iStock/Getty Images. (Text) Source: Man, Wing Ho, Piters, Wouter A. A. de Steenhuijsen and Bogaert, Debby. "The microbiota of the respiratory tract: gatekeeper to respiratory health," *Nature Reviews*, March 20, 2017.

'기회의 창' 역할을 하는 듯하다. 세 살이 되면 더 안정적인 미생물 군집이 자리잡게 된다(**그림 33.1**). 앞으로 더 살펴보겠지만 마이크로바이옴은 그 다양성이 더 커지도록 발달하는 것이 중요하다.

신생아에 최초로 정착하는 미생물은 가장 근접한 환경으로부터 온 것이다. 예를 들어 산모의 질을 통해 자연분만한 신생아는 산모의 산도로부터 대부분의 미생물을 물려받는다. 반면 제왕절개처럼 인공분만에 의해 출산된 신생아는 자신을 처음 받아준 도우미(간호사, 의사, 산파, 부모님 등)의 피부로부터 미생물을 받게 된다. 현재 신생아에게 최초로 정착하는 미생물이 중요하다고 이해하기 때문에, 인공분만 후 산모의 질에서 면봉으로 채취한 질 분비물을 신생아의 입에 발라 어떤 장점이 있는 지를 연구하는 중이다.

Ziggy_Mars/Shutterstock

출생 초기에 모유는 비병원성 세균에게 선택적 배양액으로 작용한다. 모유가 지닌 다당류에는 장내 비피도박테리아의 성장을 돕는 복합 다당류가 있다. 비피도박테리아는 모유에 있는 일부 다당류를 자신의 원형질막을 가로질러 직접 내부로 수송하는데, 세균에게는 눈부신 업적이다. 이것은 모유로 자란(또한 미약하나마 분유를 먹고 자란) 유아의 장에 비피도박테리아가 우점종으로 존재하게 하는 이유가 된다. 다당류가 발효하면 아세트산과 젖산이 생성되는데, 성장하는 아기에게 열량을 공급하고 장내 pH를 낮추어 특정 병원체의 성장을 억제한다. 흥미롭게도 유아의 위장관 내 비피도박테리아가 백신접종에 의한 면역반응을 강력하게 촉진한다는 가설이 세워지기도 하였다. 우유 또는 주로 다당류로 구성된 고형식으로 식단을 바꾸게 되면 장에서 비피도박테리아가 가지는 우월적 지위가 없어진다. 즉, 프로테오박테리아, 후벽균 및 박테로이데테스[특히 장내세균(enterobacteria), 간구균(enterococci), 젖산간균(lactobacilli), 클로스트리디아, *Bacteroides* 종]들이 증식하여 비피도박테리아와의 경쟁에서 우월해진다.

유아의 미생물군집은 숙주의 연령에 따라 안정된 고유미생물총이 확립될 때까지 변화한다(**표 33.1**). 각 개인이 가지는 유전학, 발달변화(예: 사춘기, 폐경기), 식습관, 개인위생, 해부학적 위치 및 인생사(예: 항생제 사용, 여행, 직업, 성관계 파트너 등)는 자신만의 미생물 군집에 큰 영향을 끼치면서 그들을 배양한다.

흥미롭게도 성인의 미생물총은 일단 정착하면 그 다양성이 일시적으로만 변한다. 이러한 일시적 변화는 숙주의 상당한 물리적 또는

표 33.1 미생물의 다양성과 사람의 면역에 영향을 주는 선천인자 및 환경인자

상대적인 연령	선천인자[1]	환경인자	미생물의 다양성[2]
출생	유전	다중 돌봄, 모유/분유, 예방접종	산모의 질 및 장내 균총, 돌보미로부터 일시적 균종
유년기	면역 발달	고형식, 기어 다님, 구강 접촉, 첫 감염, 첫 항생제	40~100종, 7~8문, 일시적 진균 및 바이러스
아동기	신체 성장	식단 변화, 사교/친구와 교류, 운동, 모험	40~100종, 7~8문, 드문 진균 및 바이러스
청소년기	사춘기, 성적 활동	여행, 스포츠, 피트니스	종 변화, 7~8문, 진균 증가, 바이러스 증가
성인기	체중 증가, 임신, 대사질환 진단, 스트레스	공동 생활, 직업 변화, 작업 전환, 재배치, 육아, 약물 치료	안정적인 집단 500~1,000종, 7~8문, 1~10% 진균, 10~40% 바이러스
노년기	근육 퇴화, 면역 저하, 시스템 붕괴	주간 돌봄, 식단 변화, 폐경기, 피트니스 감소, 운동 부족, 요실금, 심폐질환, 노인성 감염, 입원, 간병 돌봄	덜 안정적인 집단, 7~8문, 다양한 진균, 다양한 바이러스

[1] 각 인자는 해당 연령 그룹에 포함된다.

[2] 분류군의 유형과 상대적 비율.

Source: Spor, A., O. Koren and R. Ley, "Unravelling the effects of the environment and host genotype on the gut microbiome." *Nature Rev Microbiol* 9, 2014, 279–290; and Belkaid, Y., and J. A. Segre, "Dialog between skin microbiota and immunity." *Science* 346, 2011, 954–959.

라이프스타일 변화(예: 사춘기, 장기간의 채식주의 채택)의 결과이다. 감염성 질병과 치료가 미생물총에 가지는 효과가 이 사실을 지지한다. 급성 질병과 단기간의 항미생물성 화학치료가 단기간의 미생물 전환을 일으키기는 하지만, 전형적으로 성인의 미생물총이 가지는 장기간의 균주 구성을 변화시키지는 않는다. 하지만 만성 감염과 계속되는 항미생물제의 사용으로 미생물총의 장기간 전환이 일어날 수 있다.

성인의 미생물총이 시간에 따라 비교적 안정적이긴 하지만 개인에 따라 동일인 내에서도 부위에 따라서는 굉장히 다르다. 달리 표현하자면 모든 사람에게는 비교적 소수의 미생물만이 공통적으로 존재한다. 즉, 각 사람은 비교적 독특한 미생물총을 가지고 있다. 16S rRNA와 전체유전체 메타유전체학 자료에 따르면 사람의 피부, 장관 및 다른 점막 표면에 공통적인 세균으로는 6종류의 주요 문(phylum)이 있는데, Actinobacteriota, Bacteroidota, Firmicutes, Fusobacteriota, Proteobacteria 및 Verrucomicrobiota이다(**그림 33.2**). 이 밖에 많은 고세균, 진균 및 바이러스도 존재한다. 문 단계(phylum level)에서는 다양성이 적은데도 불구하고 수많은 종이 존재한다. 사실 성인의 장에는 평균적으로 500~1,000종류의 서로 다른 미생물 종이 서식한다.

미생물총은 몸의 위치에 따라 다양하다

일반적으로 연령에 상관없이 건강한 사람의 내부기관과 조직(예: 뇌, 혈액, 뇌척수액, 근육)에는 미생물이 없다. 하지만 표면조직(예: 피부와 점막)은 항상 환경과 접촉하고 있고 다양한 미생물이 정착하여 집락을 이루고 있다. 미생물총의 대부분을 세균 종들이 차지하고 있기 때문에 군집 내의 다른 종류인 고세균, 진균, 원생생물, 바이러스(파지 포함)보다 강조되어 있다.

피부

피부 표면 또는 상피에는 약산 pH와 고농도의 염화나트륨이 존재한다. 일부 부위에는 수분이 없지만, 다른 부위는 기름 성분의 윤활제인 피지와 항미생물 펩티드(AMP)에 젖어 있다. 평균 성인이 가지는 피부의 여러 다른 미세환경에는 약 100억 개의 세균이 서식하는 것으로 예측된다. 일부 미생물은 피부에서 단기간만 체류하고 일반적으로 증식이 불가능하다.

피부 표면은 건성, 습성, 지성(피지 포함)과 같은 3종류의 환경적 역할(niche)로 나누어 질 수 있다. 일반적으로 건성 부위(예: 아래팔, 엉덩이, 손)에 서식하는 세균은 엄청나게 다양해서 Actinobacteriota, Bacteroidota, Firmicutes, Proteobacteria 문에 속하는 그람양성균과 그람음성균이 섞여 있다. 습성 부위(예: 배꼽, 겨드랑이, 사타구니와 둔부의 주름)에 서식하는 세균은 건성 부위보다 다양하지 않은데 대부분의 Firmicutes와 Actinobacteriota(예: 각각 포도상구균과 *Corynebacterium* 종) 및 소수의 다른 세균이다. 서식하는 세균의 다양성이 가장 적은 피부 표면은 기름기가 많은 지성 부위(예: 이마, 귀 뒷부분 등)로서 *Cutibacterium* (전에는 *Propionibacterium*) 종 및 Actinobacteriota가 주로 서식한다(그림 33.2).

표피포도상구균(*Staphylococcus epidermidis*)은 종 이름이 그러하듯 피부에 정착하는 것으로 오랜 시간 알려져 왔는데, 피부 감염을

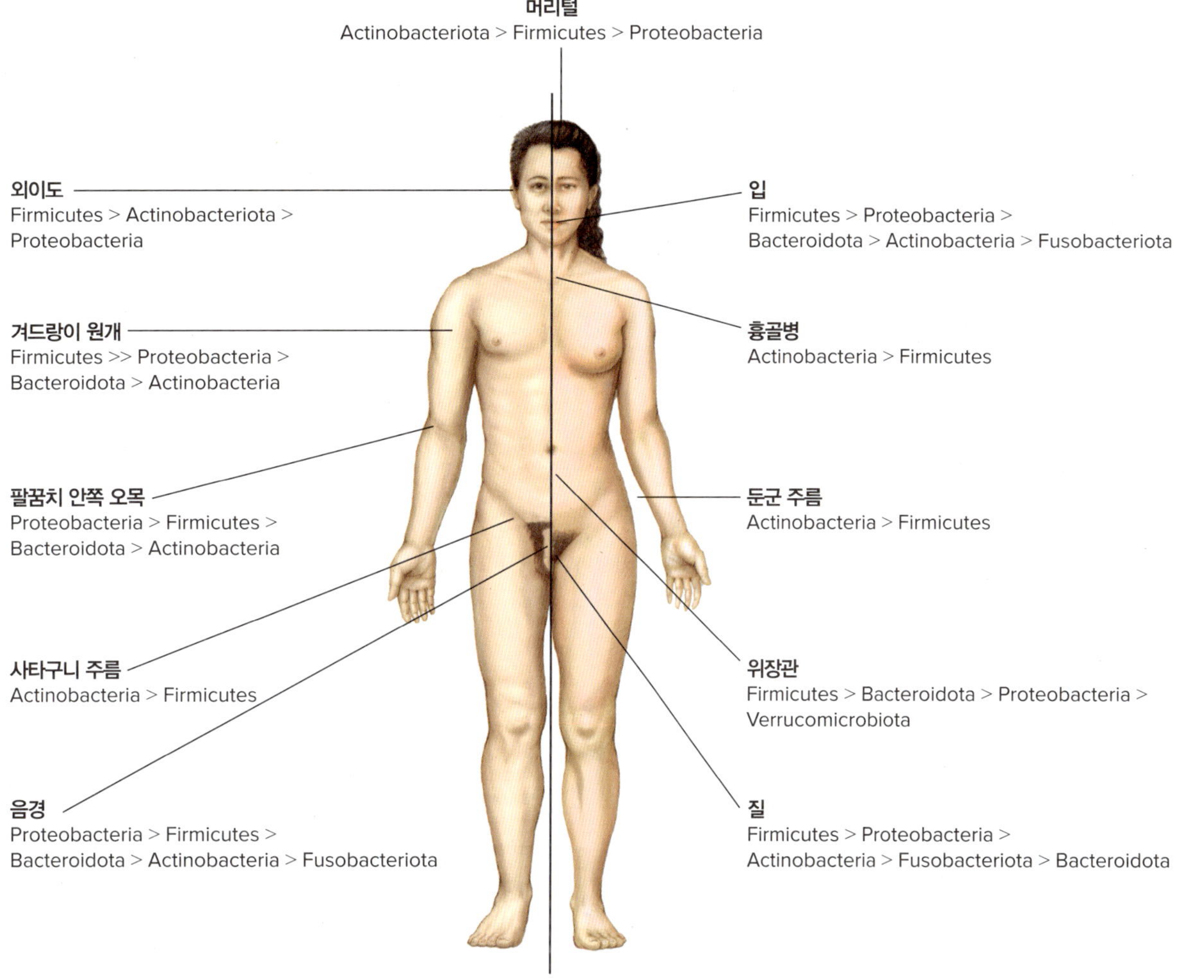

그림 33.2 메타유전체 서열분석에 의해 분류된 세균 문 구성원의 상대적 분포. 여섯 문에 해당하는 세균이 성인의 몸에서 대다수를 차지한다. 세균 다양성은 종 단계에서 나타난다.

일으키는 황색포도상구균(*S. aureus*)과는 달리 일반적으로 비병원성이다. *S. epidermidis*는 현재 건강한 피부의 핵심요소라는 것이 알려져 있다. 각질세포와 밀접하게 연결되어(그림 31.15 참조), 최소한 두 가지 방법을 통해 각질세포의 유전자 발현을 조절한다. 즉 단쇄지방산(SCFA)이라는 발효산물을 분비하고, 패턴인식 수용체(TLR-2)에 결합한다(**그림 33.3**, 그림 31.17 참조). 이러한 상호작용을 통해 각질세포가 AMP를 방출하게 하여 감염과 염증을 억제하고 이어 상처의 회복을 촉진하게 한다. 또한 *S. epidermidis*는 **세균간섭**(bacterial interference)이라는 과정을 통해 잠재적 병원체의 성장을 억제하기도 한다. 세균간섭은 어떤 한 종이 다른 종의 활성에 영향을 끼치는 능력을 말한다. *S. epidermidis*의 경우, 여러 분자를 생산하는데, 일명 박테리오신이라 불리는 AMP, 황색포도상구균이 숙주세포에 부착하는데 필요한 부착소(adhesin)를 분해하는 단백질분해효소 및 다른 미생물이 사용하는 쿼럼센싱(정족수인식)을 방해하는 분자가 해당된다. 황색포도상구균 외에도 *Cutibacterium acnes*에 대한 염증 반응도 약화시킨다. 이러한 세균은 보통 해롭지 않지만 피부에 심상성좌창(뾰루지, 여드름)과 같은 상태를 유발한다. ◀ 박테리오신(31.3절); 톨유사 수용체(31.6절) ▶ 포도상구균 질병(38.3절)

호흡기관

호흡기관은 상기도(URT, 예: 콧구멍, 비강, 인두 및 인두구부)와 하기도(LRT, 예: 성대 아래의 후두, 기도, 기관지 및 폐)의 두 부분으로 나뉘어져 있다. 오랫동안 상기도에는 다양한 미생물들이 집락을 이루고 있다고 알려져 왔다. 하지만 하기도의 경우 예전에는 무균지역이라고 생각했지만 이제는 무균지역이 아니라는 가능성에 대해 탐구를 진행하고 있다.

주위 환경과 거리적으로 가장 가까운 상기도 부위는 피부처럼 피지를 분비하는 세포가 위치하는 콧구멍 안쪽이다. 이곳에는 피부에

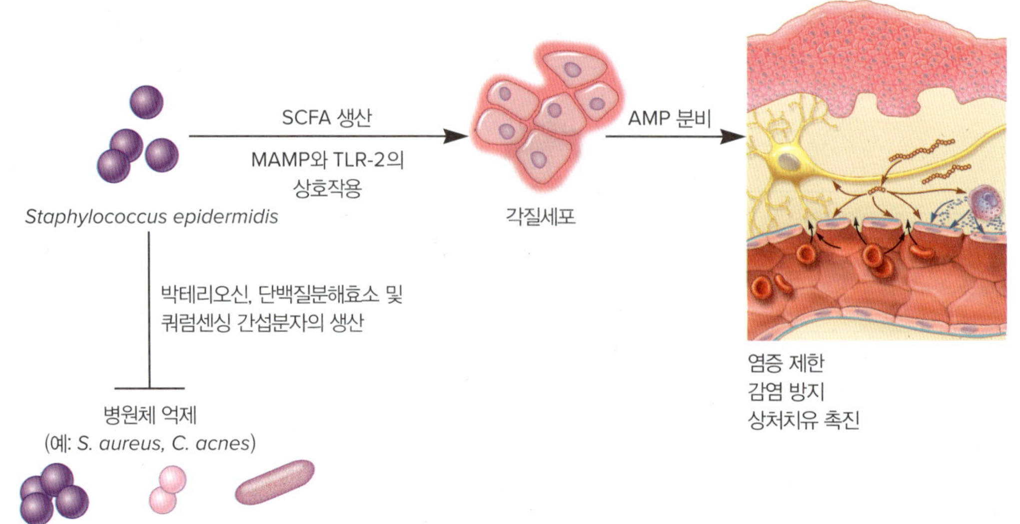

그림 33.3 표피포도상구균(*Staphylococcus epidermidis*)은 건강한 피부의 필수 세균이다. AMP: 항미생물펩티드, MAMP: 미생물연관 분자패턴, SCFA: 단쇄지방산, TLR-2: 톨유사수용체-2.

서처럼 그람양성, 호지질성에 속하는 포도상구균, *Corynebacterium* 및 *Cutibacterium*이 집락을 이루고 있다. 또한 피부에서 언급했던 것처럼 콧구멍에 서식하는 표피포도상구균과 황색포도상구균 간의 상호작용도 관찰할 수 있다(그림 33.3). 비강 깊숙이 들어가면 그람양성균에 속하는 연쇄상구균, *Dolosigranulum*과 그람음성균에 속하는 *Moraxella*, *Haemophilus* 종이 서식하고 있다. 마지막으로 인두구부에는 가장 다양한 세균들이 서식하는데 콧구멍과 비인두에서 발견되는 세균과 함께 대표적인 *Neisseria*, *Rothia*, *Veillonella*, *Prevotella*, *Leptotrichia* 종에 속하는 세균들이 발견된다. 최근 연구에 따르면 상주하는 연쇄상구균이 어린이에서 중이염을 일으키는 *Moraxella*, *Haemophilus* 종의 성장을 억제하는 AMP를 생산한다고 한다. 상기도는 상당히 다양한 바이러스에게도 서식지가 되는데, 일부는 사람에게 병원성을 가진다.

하기도의 마이크로바이옴은 최근에야 연구할 가치가 있는 것으로 여겨졌다. 그 이유는 부분적으로 폐가 무균 상태라는 강한 공감대가 형성되어 있었기 때문이다. 또한 상기도의 미생물로 오염되지 않게 폐로부터 샘플링하는 것이 기술적으로 도전적이고 위험한 일이어서 건강한 사람에게는 할 수 없었기 때문이었다. 그럼에도 불구하고 폐는 마치 회전문처럼 작동한다는 생각이 새롭게 떠오른다. 미생물들이 주로 인두구부로부터 들어오지만, 건강한 사람에서는 잠시 머물다가 배출되고 새로운 방문 미생물들로 교체된다는 것이다(그림 31.3 참조).

눈과 외이

출생 시, 그리고 전 생애에 걸쳐 적은 수의 세균이 눈의 결막에서 발견된다. 우점종은 처음에는 *S. epidermidis*이고 곧이어 *S. aureus*, *Haemophilus* 종, *S. pneumoniae*이다. 비교해 본다면 외이(external ear)에서 발견되는 고유미생물총은 피부와 유사한데 비병원성 포도상구균, *Corynebacterium* 종이 우점종이다.

위장관

위장관은 입에서 시작하여 항문에서 끝난다. 그 길을 따라 여러 독특한 환경이 자리잡고 있다. 아기가 태어나자마자 입에는 주위 환경으로부터 유래한 미생물이 집락을 이루게 된다. 최초로 구강에 도달하는 대부분의 미생물은 산소요구성 및 절대적 산소비요구성이다. 첫 치아가 솟아나올 때 치아와 잇몸 사이에 산소가 없기 때문에 주로 산소비요구성 미생물(예: *Porphyromonas*, *Prevotella*, *Fusobacterium* 종)이 우점종이 된다. 치아가 자라면서 *S. parasanguis* 및 *S. mutans*가 치아의 에나멜 표면에 붙는다. *S. salivarius*가 뺨 안의 볼과 잇몸의 상피 표면에 부착하여 침에서 집락을 이룬다. 이러한 연쇄상구균은 글리코칼릭스(당지질) 및 다양한 다른 부착인자를 분비하여 구강 표면에 생물막을 형성한다. 이로써 결국 치석, 충치, 치은염 및 치주 질환을 일으킨다. ▶| 치주 질환(38.6절)

입으로부터 음식과 미생물은 식도를 거쳐 위로 이동한다. 위의 강산(pH 2~3)은 대부분의 미생물을 죽인다. 결국 위에는 보통 1 mL의 위액당 10세포 미만의 세균만을 살려둔다. 여기에는 주로 *Streptococcus*, *Staphylococcus*, *Lactobacillus*, *Peptostreptococcus* 종 및 *Candida* 종과 같은 효모가 포함된다. 미생물들이 위를 빠르게 통과하거나 음식물과 함께 들어온 생명체가 특히 위액의 pH에 저항한다면 생존할 수도 있다.

소장은 십이지장(duodenum), 공장(jejunum) 및 회장(ileum)의 세 부분으로 나뉘어져 있다. 십이지장(소장의 첫 25 cm 길이에 해당)에는 위로부터 들어오는 산성의 위즙과 또한 쓸개와 췌장으로부터 각각 들어오는 담즙과 췌장 분비액의 억제 작용으로 인해 극히 소수의 미생물만이 살아남는다. 이곳의 대부분을 차지하는 미생물총은 그람양성균이다. 공장에는 *Enterococcus faecalis*, 젖산간균, diphtheroid 및 효모인 *Candida albicans*가 발견된다. 소장의 가장 끝에 있는 회장에서 발견되는 미생물총은 대부분 대장 미생물총의 특징을 나타내기 시작한다. 더 염기성 상태의 pH가 되는 곳이 바로 회장이다. 예를 들어, 회장에는 산소비요구성 그람음성균과 장내세균들이 정착하고 있다.

사람의 대장은 지구상에서 가장 미생물 생태계가 빽빽하게 밀집되어 있는 곳 중의 하나이다. 대장의 변에는 g당 1조(10^{12}) 세포의 미생물이 존재한다. 1,000개 이상의 다른 종이 발견되었는데 대부분은 아직 배양되지 못하고 있다. 문 단계에서 Firmicutes와 Bacteroidota가 건강한 장내 미생물총의 우점종이다(그림 33.2). 이에 비해 속 단계에선 개인마다 다양성 차이가 매우 크다. 이로써 **핵심 마이크로바이옴**(core microbiome)의 개념이 발달하게 되었는데, 이를 통해 특정 미생물 집단을 가졌다기보다는 총체적으로 마이크로바이옴을 구성하는 유전자들이 특이 물질대사 및 조절 기능을 나타낸다고 예측하게 되었다. 우리의 장내 핵심 마이크로바이옴은 식습관에 영향을 받는다. 예를 들어, 메타유전체 서열분석 연구에 의하면 대부분의 산업화된 국가에서 전형적인 저섬유질, 고지방 식단을 따르는 사람들이 채식기반의 식단(고섬유질, 저지방)을 따르는 사람과는 전혀 다른 마이크로바이옴을 가진다고 밝혀졌다. 흥미롭게도 마이크로바이옴은 식단의 큰 변화에는 재빨리 반응하지만, 변화는 고도로 다양해서 새로운 식습관이 유지되는 동안에만 지속된다는 것이다.

광범위한 메타유전체 자료 분석을 통해 최소한 저섬유질, 고단백 식단을 따르는 서구인 집단에서 핵심 장내 마이크로바이옴을 밝히려는 연구가 시도되었다. 산업화된 국가에 거주하는 사람들에서 핵심 마이크로바이옴에 속하는 일부 세균들로는 *Bacteroides*, *Faecalibacterium*, *Clostridium*, *Prevotella*, *Coprococcus* 및 *Ruminococcus*이다. 최근에서야 배양하게 된 장내세균을 계통유전학적으로 분석한 결과 예전에 *Bacteroides* 속에 속했던 일부 세균들을 *Alistipes*, *Prevotella*, *Paraprevotella*, *Parabacteriodes*, *Odoribacter* 속으로 재분류하게 되었다.

이 미생물들은 무슨 일을 하는가? 총체적으로 우리의 장내 미생물총은 물질대사, 면역 및 내분비의 역할을 갖는 하나의 기관으로 작용한다. 더 자세히 연구해 본 결과, 장내 미생물들은 다음과 같이 상당히 많은 작업을 수행한다. (1) 우리 몸이 소화하지 못하는 음식을 발효시킨다(우리 몸에는 이 음식의 소화에 필요한 유전자가 결여되어 있다). (2) 비타민 등 미량영양소를 합성한다. (3) 식이독소와 발암물질을 대사한다. (4) 면역계의 성숙을 보장한다. (5) 대장 내벽을 이루는 대장세포의 성장과 분화에 영향을 준다. (6) 장에서 혈액 공급의 발달을 조절한다. (7) 장내 병원체로부터 보호한다. (8) 콜레스테롤과 담즙산과 같은 스테로이드를 다른 물질로 전환한다. 예를 들어 섭취한 콜레스테롤의 약 1/3에서 1/2 가량이 장내 미생물에 의해 코프로스타놀이라는 물질로 전환되어 대부분 배출된다. 이와 비슷하게 간이 생산한 **1차 담즙산**은 장내 미생물에 의해 화학적으로 변형(예: 탈수소화, 산화 및 에피머화 과정을 통해 변형)되어 대략 20개의 구조적으로 다른 **2차 담즙산**으로 변한다. 2차 담즙산은 장내 다른 미생물(병원체인 *Clostridioides difficile* 포함)의 성장에 영향을 주고 간, 신장, 심장으로 이동하여 그곳에서 지질, 포도당 및 에너지 대사를 조절하는 것으로 생각된다. 미생물들은 각각 다른 담즙산 변형에 관여하지만, 모든 2차 담즙산이 동일한 효과를 갖는 것은 아니다. 이처럼 일부 미생물과 자신이 생산하는 담즙산은 다른 미생물보다 건강에 기여를 한다. 이것이 마이크로바이옴의 구성이 사람의 건강과 항상성에 광범위한 영향을 끼친다는 사례 중 단 한가지 예만 살펴본 것이다.

비뇨생식관

상부요로(예: 신장, 수뇨관, 방광)에는 일반적으로 미생물이 없다. 남성과 여성 모두에 공통된 소수의 세균(예: *S. epidermidis*, *E. faecalis*, *Corynebacterium* 종)은 요도의 끝부분에서 채집하여 배양할 수 있다. 남성에서 실시한 메타유전체 서열분석에 의하면 여러 산소비요구성 그람양성균이 존재한다.

성인 여성의 생식관에는 넓은 표면적과 점액성 분비물 때문에 월경주기에 따라 변화하는 복잡한 미생물총이 존재한다. 배양 가능한 미생물로는 되데를라인 간균(Döderlein's bacillus)이라고도 불리는 *Lactobacillus acidiphilus*처럼 산에 내성을 갖는 젖산간균이다. 이들은 질의 상피세포에서 분비하는 글리코겐을 발효하여 젖산을 만든다. 결국 질과 자궁경부의 pH가 4.4~4.6으로 유지된다. 다양한 산소비요구성 그람음성균, 그람양성균, 칸디다 효모도 질과 자궁경부에 서식한다. 산성 pH를 유지함으로써 *L. acidophilus*는 이들 미생물들의 증식을 억제한다. 이러한 세균간섭이 항생제 처리나 호르몬

변동으로 방해된다면, 여성에게는 산소비요구성 그람음성균의 과증식이 초래되어 세균성 질증이 나타난다. 또한 *C. albicans*의 증식이 제한되지 않아 질에서 효모 감염이 일어난다. ▶| 세균성 질염(38.6절), 칸디다증(39.6절)

마무리 점검

1. 당신의 장내 미생물총 발달에 영향을 주는 3가지 인자를 논의하시오.
2. 위의 미생물총을 결정하는 데 pH의 역할은 무엇인가? 질의 pH를 결정하는 데 미생물총의 역할은 무엇인가?
3. 콜레스테롤 대사에서 대장 미생물의 역할은 무엇인가? 담즙산의 경우에는 어떠한가?
4. 항생제 처리가 어떻게 질에서 효모 감염을 일으키는가?

33.3 기능적 핵심 마이크로바이옴이 숙주의 항상성에 필요하다

이 절을 학습한 후 점검할 사항:

a. 사람의 물질대사에 기여하는 장내 마이크로바이옴의 역할을 설명할 수 있다.
b. 사람의 마이크로바이옴을 이해하는 데 무균 생쥐의 중요성을 분석할 수 있다.
c. 집락형성에 저항하는 직접적인 기전과 간접적인 기전을 구분할 수 있다.
d. 항상성을 유지하기 위해 면역계가 마이크로바이옴에 의존하는 3가지 특별한 이유를 들 수 있다.
e. 장내 미생물들이 중추신경계(CNS)와 연락하는 3가지 경로를 비교할 수 있다.

개인 간에 미생물총을 구성하는 종이 다양하기 때문에 어떤 미생물이 양호한 건강에 기여하는지에 관해 일반화하기가 매우 어렵다. 하지만 반복해서 떠오르는 주제는 분류적으로 다양한 미생물총이 우리의 건강과 복지에 필수적이라는 것이다. 위장관에 관해 논의했던 것처럼 '건강한 미생물총'을 구성하는 특정 미생물 속을 알아내려 노력하는 것보다는 기능적인 핵심 마이크로바이옴에 대한 개념 정립이 더 현실적인 판단이 된다. **기능적 핵심 마이크로바이옴**(functional core microbiome)에는 건강과 항상성에 필요한 서로 연관된 활동들을 숙주에게 제공하는 미생물 유전자들이 있다. 대장균이 비타민 K를 공급하는 것처럼 이러한 일부 활동들이 오랫동안 알려져 왔다. 사람의 행동에서 장내 미생물총의 역할이 떠오르는 것처럼 이들은 놀랍고 이제 이해되기 시작했다. 기능적인 핵심 마이크로바이옴이라는 개념은 우리의 관심을 미생물 유전자와 대사물질의 특성 규명으로 돌리는 것이다. 이제 우리는 빠르게 진보하는 이 분야를 주의 깊게 보면서 건강한 마이크로바이옴의 일부 기능을 논의할 것이고, 일부 중요 부분만을 제시하겠다.

숙주의 물질대사

체중은 우리가 섭취하는 칼로리 수가 아니라 흡수하는 칼로리 수와 밀접하게 관련된다. 우리의 세포는 단순당과 소수의 다당류를 잘 섭취하지만 대부분의 경우 음식을 우리가 사용하는 칼로리로 바꾸는 것은 장내 미생물총이다. 이 사실은 2000년대 초반에 무균 생쥐를 이용한 일련의 실험을 통해 밝혀졌다. **무균**(germfree, GF) 생쥐는 제왕절개로 태어나고 무균실에서 사육되며 멸균된 먹이와 물을 먹는다. 비록 정상적인 환경에서는 무균 동물을 발견할 수 없지만, 무균 생쥐와 전통 생쥐(고유미생물총을 가지는 생쥐)를 비교함으로써 과학자들은 미생물, 숙주 및 환경요소 간의 복잡한 관계를 통제된 형태로 조사하게 되었다.

이러한 초기 연구의 결과 무균 생쥐는 전통 생쥐보다 더 먹지만 체중은 적게 증가한다. 예를 들어, 한번의 8주 연구에서 두 종류의 생쥐 모두는 40% 저지방식을 먹은 후 무균 생쥐는 전통 생쥐보다 체중이 50% 적게 증가했다. 이 결과는 마치 체중 감량 플랜('더 먹자! 덜 찌자!')을 위한 광고처럼 들리겠지만, 장내 미생물총이 섭취한 먹이의 대부분을 숙주의 전체 칼로리 섭취에 기여하는 더 작고 소화하기 쉬운 분해산물로 전환시킨다는 것을 밝혀내었다. 미생물과 체중 증가의 인과관계는 분변미생물이식법(FMT) 실험에 의해 그 실체가 드러났다(이 장 초반 내용 참조). 비만한 전통 생쥐를 공여자로, 무균 생쥐를 수혜자로 하여 하나의 FMT 실험이 수행되었다. 이 실험에 따르면 수혜자인 무균 생쥐는 먹이나 운동의 변화 없이도 비만하게 되었다. 계속되는 실험에 의하면 날씬한 생쥐로부터 비만 생쥐에게 FMT를 시행하면 수혜자 생쥐(비만 생쥐)에서 체중 감소가 촉진되었다. 이러한 결과는 사람의 대변이 이식된 생쥐(사람의 미생물총을 가진 생쥐)에서도 관찰되었다.

항상 그렇지는 않지만 종종 과체중과 비만한 사람들처럼 비만 생쥐는 Bacteroidota 문 세균들과 비교해 고농도의 Firmicutes 문에 속한 세균들을 가지고 있는 것으로 관찰되었다. 또한 장내 미생물총 집단의 여러 변화들도 관찰되었다(**표 33.2**). 이러한 변화가 중요한 이유는 무엇인가? 단순히 말하자면 사람은 섬유질을 잘 분해하지 못하지만 우리의 세균은 잘 할 수 있다. 비록 **섬유질**(fiber)이라는 용어가 매우 특별하지는 않지만 모든 섬유질은 다양한 선형 및 분지를 가진 당으로 구성되어 있다. 사람은 소수의 복합 다당류만을 분해할 수 있기 때문에, 대부분의 다당류 분해는 우리의 미생물총에게 맡긴다.

표 33.2 장내 미생물총 집단의 역동적인 변화 추세

기능적인 핵심 마이크로바이옴의 세균	비만과 관련된 미생물총의 변화
Firmicutes(후벽균)	증가
Bacteroidota	감소
Verrucomicrobiota	감소
Actinobacteriota	증가
Faecalibacterium	감소

우리 자신의 세포와는 달리 전형적인 장내 마이크로바이옴은 복합 다당류를 자신의 구성성분이 되는 단당류로 분해하는 수천의 효소를 생산해낸다. 중요한 것은 많은 세균이 이러한 단당류를 발효하여 단쇄지방산(short-chain fatty acid, SCFA)으로 만든다는 것이다. 이런 SCFA로는 부티르산, 프로피온산, 아세트산이 있다(**그림 33.4**).

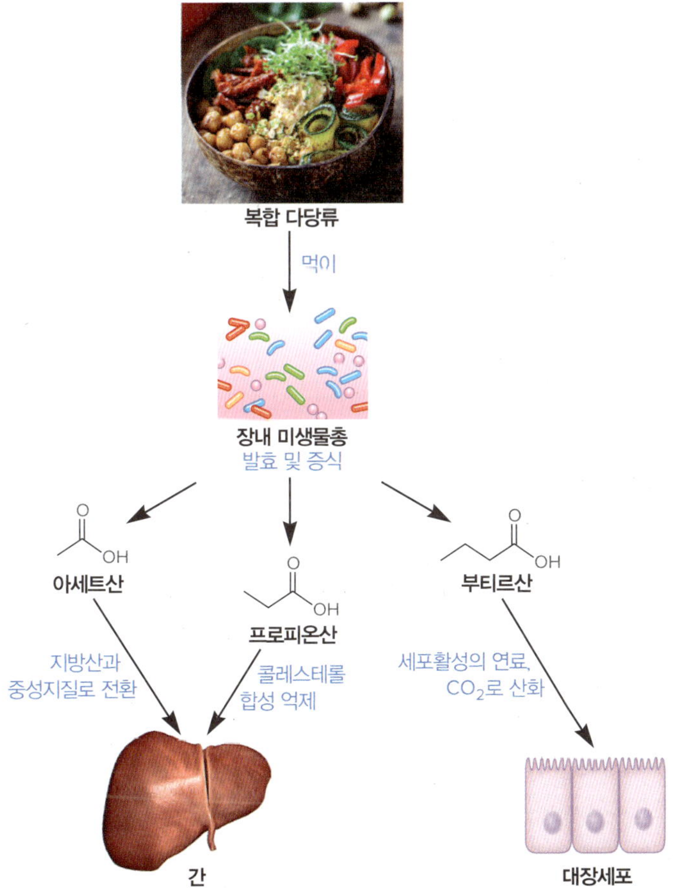

그림 33.4 발효의 최종 산물이 숙주의 물질대사에 영향을 준다는 개념도. 부티르산, 프로피온산, 아세트산을 생산하는 세균의 상대적인 수가 얼마나 많은 칼로리를 숙주가 흡수할 수 있는지 결정해준다. 그림에 표시되어 있지는 않지만 이들 단쇄지방산은 전신에 분포해 있다. (top photo) Magdanatka/Shutterstock; (bottom photo) MedicalRF.com

부티르산은 장내에 배열한 장상피세포(일명 대장세포)에게는 주요 칼로리 공급원이 된다. 사실 부티르산은 대장세포의 미토콘드리아 활성을 증가시켜 많은 탄소 기질을 이산화탄소로 산화시킴으로써 소비된 칼로리를 문자 그대로 증발시켜 버린다. 프로피온산은 간으로 이동하여 콜레스테롤 합성을 억제하고, 부티르산과 함께 배고픔을 억제하는 장내 호르몬의 분비를 증가시켜 체중을 조절한다. 반면에 아세트산은 다양한 숙주세포에 의해 재빨리 흡수되어 간과 지방세포에서 지질합성을 위한 전구체로 작용한다. 이러한 이유 때문에 아세트산을 가끔 **비만유발자**(obesogenic)로 부른다. 비만한 사람에게서 관찰되는 장내 미생물총 집단의 변화는 아세트산을 생산하는 세균은 더 많이 만들어 체중 증가를 촉진하고, 비만을 방지해주는 SCFA인 부티르산과 프로피온산을 생산하는 세균은 거의 만들지 못한다. 칼로리 흡수 능력과 관련된 또 다른 미생물 집단은 메탄생성 고균이다. 비만 생쥐와 사람에게서 정상 생쥐와 사람보다 고농도의 메탄생성균이 발견된 최초 연구와 뒤이은 여러 연구들로부터 2가지 추론이 가능해졌다. 첫째, 메탄생성균이 수소를 소비함으로써 다른 세균들에 의한 발효가 증가하여 비만을 유발하는 SCFA를 생산해낸다. 둘째, 메탄의 존재는 위장관을 통한 음식의 통과 속도를 저하시켜 더 많은 흡수를 가능케 하였다. 메탄생성균의 우세는 과민성 장증후군과도 연관이 되는데, 이는 우리의 장내 미생물총이 건강 뿐 아니라 질병에도 역할을 한다는 또 하나의 예가 된다. ◀ 영양공생(27.2절)

체중 조절과 숙주의 항상성을 유지하는데 있어 SCFA의 역할로 인해 우리의 관심은 장내 미생물총을 구성하는 개별적인 미생물 종으로부터 이러한 미생물이 분비해내는 **대사체**(metabolome)라 불리는 생성물로 초점을 다시 맞추게 되었다. 이제 논의하겠지만, 대사체를 생산하는 SCFA와 미생물은 면역 조절에도 핵심 역할을 한다.

면역

마이크로바이옴이 숙주의 면역에 중요하다는 첫 번째 단서가 50년 전에 관찰된 결과로부터 수집되었다. 그 당시엔 항생제 치료를 하면 사람들이 대장균 또는 *Salmonella enterica*와 같은 장내세균에 의해 더 치명적인 위장관 감염의 위험이 있다고 생각했다. 즉, 당연히 항생제가 장내 미생물군집을 파괴할 것이라고 예상하였고, 이 현상을 집락형성 저항성(colonization resistance)이라고 별명을 붙여 설명하였다. 50년 전에는 단순히 건강한 대장에 서식하는 세균이 영양분과 공간을 놓고 병원체와 경쟁해 우월한 지위를 가진다고 예상하였다. 하지만 현재 세균간섭은 더욱 더 복잡하고, 장내 미생물총은 숙주와 미생물이 서로 이득을 보기 때문에 **상리공생자**라고 이해하게 되었다. 상리공생적 파트너들은 단순히 공간과 영양분을 차지한다기보다

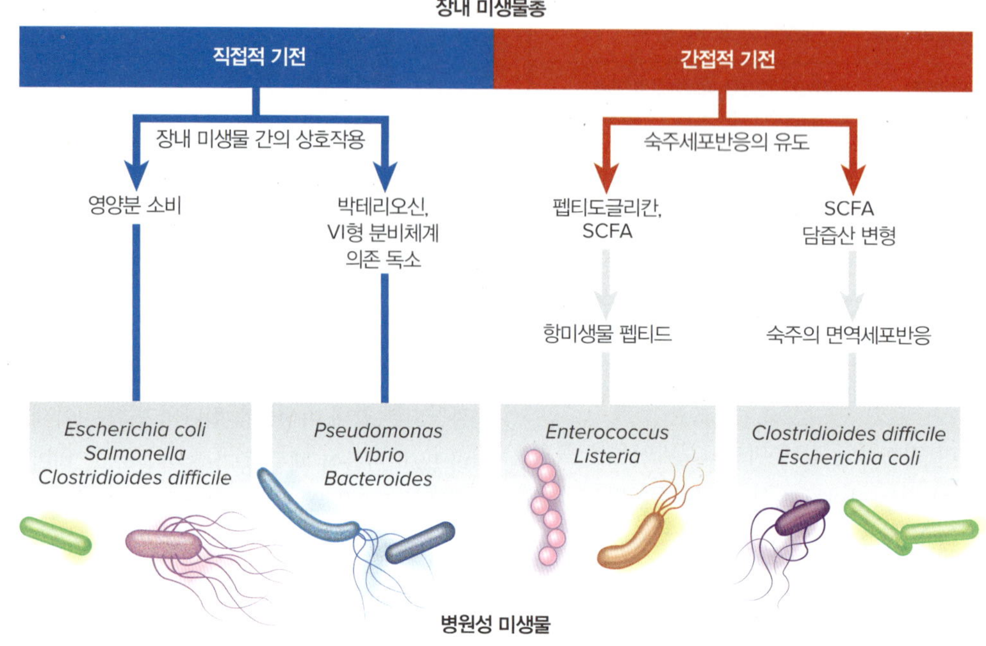

그림 33.5 **장내 미생물총은 직간접적으로 병원체의 성장에 영향을 준다.** Source: Pamer, Eric G. "Resurrecting the intestinal microbiota to combat antibiotic-resistant pathogens," *Science*, 352, April 29, 2016, 535–538.

는 직접적인 병원체 간섭과 숙주와의 간접적인 상호작용을 통해 우리를 보호해준다. ◀ 미생물 상호작용의 여러 유형들(27.1절)

잘 규명된 미생물총과 병원체 간의 직접적인 상호작용 가운데 하나는 한 그룹의 세균이 다른 세균을 특별히 표적으로 하여 독성 펩티드를 분비한다는 것이다(**그림 33.5**). 이러한 펩티드에는 박테리오신, 마이크로신, 콜리신이 있다. 일명 란티바이오틱이라 불리는 박테리오신은 그람양성균이 생산하고 아주 밀접한 연관이 있는 균주나 종을 표적으로 한다. 마이크로신은 광범위한 장내세균이 생산하고, 그 중 콜리신은 대장균의 생산물이다. 박테리오신처럼 마이크로신과 콜리신은 자신을 생산하는 미생물과 분류학적으로 연관된 세균을 표적으로 삼는다. 일부 그람음성균은 자신의 VI형 분비체계(T6SS)의 바늘로 직접 경쟁 세균의 세포외피를 뚫어 살균독소를 주입한다. ◀ 단백질 성숙과 분비(13.9절); 경쟁: 공공재를 놓고 경쟁하는 미생물(27.4절); 박테리오신(31.3절)

미생물, 숙주, 병원체 간의 간접적인 상호작용의 예로는 미생물총이 분비하는 펩티도글리칸과 SCFA가 숙주세포로 하여금 AMP와 C형 렉틴을 생산하도록 유도할 수 있다는 것이다(그림 33.5). C형 렉틴은 칼슘을 요구(C형의 C는 칼슘에서 차용된 것)하는 탄수화물결합 단백질의 한 종류이다. 이 경우 C형 렉틴은 병원성 균주인 *C. difficile*과 *Enterococcus faecalis*처럼 그람양성균만을 선택적으로 죽인다. 다른 예로는 미생물이 생산한 2차 담즙산이 숙주에게 신호로 작용하여 염증과 병원체 증식을 억제한다. 마지막으로 발효산물인 부티르산은 숙주의 대장세포를 자극하여 지방산의 β-산화를 통해 산소를 소비하게 한다. 이로써 산소가 내강으로 확산되는 것을 억제하는데, 산소를 낮게 유지함으로써 대장균과 *S. enterica*와 같이 덜 바람직한 조건적 산소비요구성 세균보다 산소비요구성 세균의 성장을 돕는다. ◀ 지질의 이화작용(11.7절)

집락형성 저항성을 이해하게 했던 초기의 관찰이 사람들의 항생제 치료에 기반을 두었던 반면 무균 생쥐를 이용한 정교한 실험은 우리의 이해를 더 깊게 하는 데 필수적이었다. 미생물총의 중요성에 신호가 되었던 초기 결과 가운데는 무균 생쥐의 장내 세포 분포가 전통 생쥐와는 다르다는 관찰이 있었다. 특히 무균 생쥐의 장에 펼쳐진 손가락 모양의 돌출(미세융모)이 더 긴 반면 융모 사이의 깊은 홈은 덜 발달되어 있었다. 이러한 형태상의 변화를 연구하기 위해 과학자들은 융모 홈에 위치한 숙주의 파네트세포가 분비하는 항미생물 펩티드(AMP)의 양을 측정하였다. 측정 결과는 무균 생쥐가 더 적은 양을 분비했는데, 이로써 장내세균이 AMP 생산에 필요하다고 생각하게 되었다. 마이크로바이옴을 연구하던 초기에는 숙주가 장내 미생물을 무시하기보다는 반드시 탐지해야 한다고 제안되었기에 이 결과는 주목받았다.

과학자들은 무균 생쥐의 장(창자) 밖에 있는 특히 비장, 흉선 및 림프절과 같은 림프조직을 조사했을 때 더욱 놀라게 되었다. 이 조직들은 발달이 덜 되었는데, 장의 내강에 있는 미생물들이 멀리 떨어져 있는 면역세포와 조직의 발달에 영향을 끼친다는 사실을 암시하기

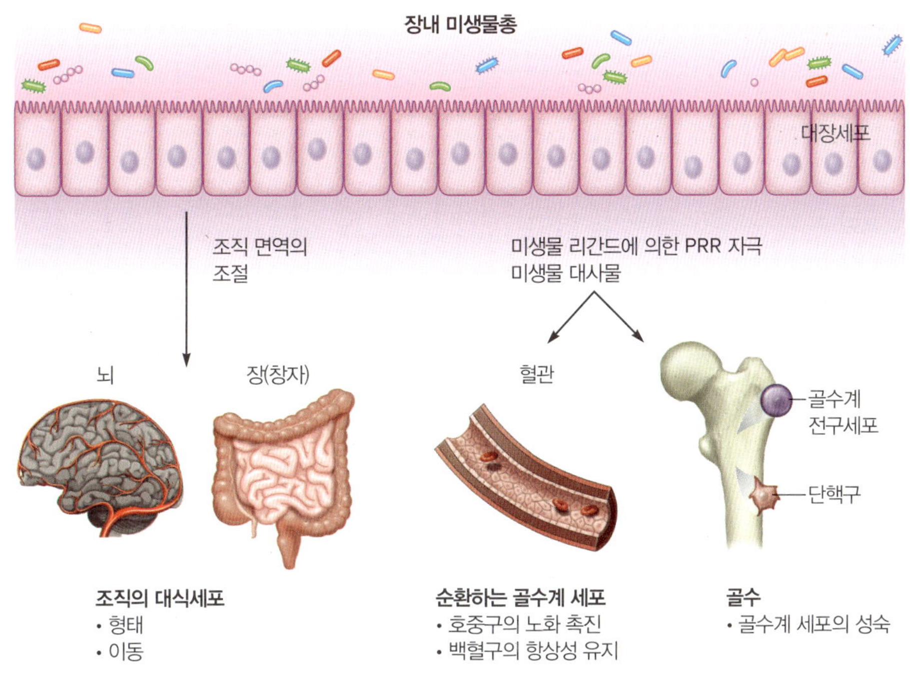

그림 33.6 장내 미생물총이 보내는 신호가 장에서 멀리 떨어진 면역세포의 기능에 영향을 준다. 무균 생쥐에서의 연구에 의하면 선천면역세포의 성숙과 기능은 장내 미생물총으로부터의 신호에 의존한다. PRR: 패턴인식 수용체, WBC: white blood cell. (left) GraphicsRF/Shutterstock. Source: Thaiss, C. A., Zmora, N., Levy, M., and Elinav, E. "The microbiome and innate immunity." *Nature*, 535(7610), July 7, 2016, 65-74.

연관 질문 아기와 유아에게 빈번하게 항생제를 사용하면 면역계에 어떤 영향을 줄 것인가?

때문이었다. 추가 연구를 통해 무균 생쥐에서는 선천면역계의 백혈구 발달이 제한된다는 사실을 알게 되었다(**그림 33.6**). 이들 백혈구는 골수에서 성숙하는 호중구, 단핵구, 대식세포, 수지상세포다(그림 31.9 참조). 이 발견은 장내 미생물총이 생산한 용해성 인자가 혈류를 통해 면역세포의 성숙을 가져오는 지를 조사하는 계기가 되었다. 현재 다시 떠오르는 주제 중 하나는 장내 미생물총이 생산하는 SCFA와 장내 면역세포가 분비하는 사이토카인이 몸 전체에 퍼져 있는 면역세포의 성숙에 필요하다는 것이다. 흥미롭게도 장내 면역세포가 우리의 고유미생물총에서 발견되는 미생물연관 분자패턴(MAMP)을 인식할 때 TLR의 자극에 의해 면역세포로부터 사이토카인이 분비된다(그림 31.17 참조). ◀ 외래물질의 인식이 생존에 필수적이다(31.6절)

하지만 면역세포의 성숙이 이야기의 끝이 아니다. 면역세포가 골수를 떠나 혈류로 진입한 후 장내 미생물총과 그들의 용해성 분비물은 호중구에 신호를 보내 병원체에 내항할 준비를 하도록 한다. 중추신경계, 피부 및 장과 같은 조직에 상주하는 대식세포의 경우에도 정상적인 형태를 유지하는데 기능적인 마이크로바이옴이 필요하다. 아직도 우리는 이러한 효과에 관여하는 기전에 대해 학습하는 중이지만 확실한 것은 마이크로바이옴이 면역계의 발달에 매우 큰 영향을 준다는 것이다. ◀ 선천면역계의 세포는 각각 자신만의 특별한 기능을 가진다(31.4절)

이러한 발견은 숙주의 장 벽에 배열한 한 겹의 대장세포 층이 뚫릴 수 없는 장애물이라서 오직 병원체만이 통과할 수 있다는 오랫동안 정설로 여겨졌던 기존의 이해 방식에 큰 논란을 일으켰다. 기존에 가졌던 생각은 **점막내성**(mucosal tolerance)의 개념 또는 극도의 염증반응 없이 장에서 그렇게도 많은 미생물과 외래 음식의 항원을 수용할 수 있는 지를 편리하게 설명해줄 수 있었다. 하지만 대장세포의 TLR과 같은 숙주세포의 패턴인식 수용체(PRR)가 발견되고 무균 생쥐 실험과 아울러 수많은 메타유전체 마이크로바이옴 자료가 축적되면서 진정한 패러다임의 전환이 일어났다. 그것은 대장세포의 하부와 그 사이에 위치한 면역세포와 대장세포가 병원체뿐 아니라 상리공생하는 미생물총을 인식하고 반응한다는 것이다. 점막내성에 대한 이해가 완전하지 못한 반면, SCFA 특히 부티르산은 부분적으로 숙주의 효소인 히스톤 디아세틸라아제를 저해하여 숙주세포의 유전자전사를 조절함으로써 대장세포와 대식세포가 생산하는 전염증성 사이토카인의 분비를 억제한다고 보고되었다.

점막내성은 현재 전염증성 T_H17 세포와 항염증성 사이토카인 IL-10을 생산하는 조절 Treg 세포의 작용 사이에서 균형을 잡는다고 간주된다(**그림 33.7a**). 하지만 어떻게 이 균형이 결정되고 유지될까? 초기에 발견된 흥미로운 사실 중 하나는 배양 가능한 세균인

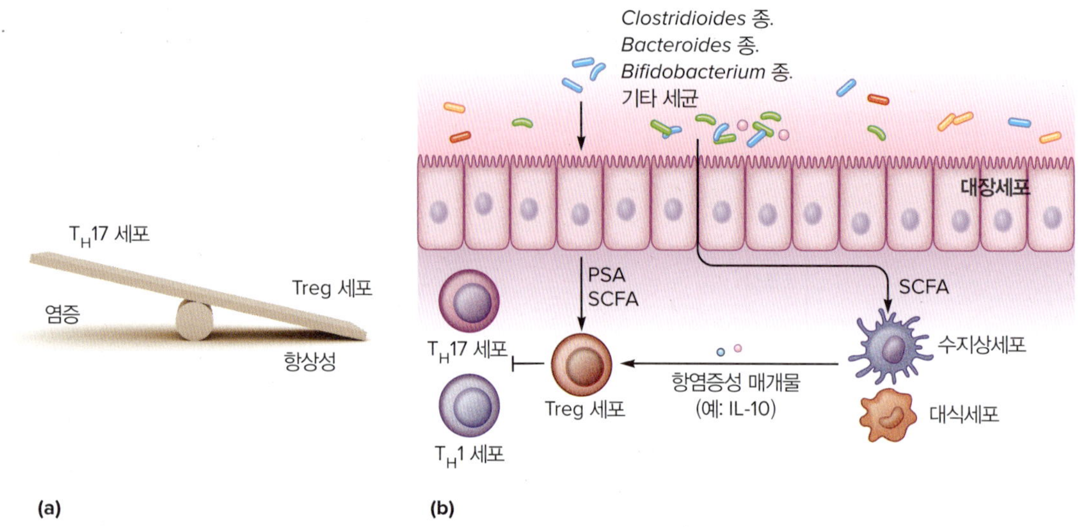

그림 33.7 장내 미생물총의 대사물질이 염증을 조절한다. (a) 염증은 T_H17 세포와 Treg 세포가 각각 분비하는 전염증성 사이토카인과 항염증성 사이토카인의 균형을 반영한다. (b) *Bacteroides fragilis*로부터 분비되는 PSA와 클로스트리디아 및 다른 발효세균으로부터 분비되는 SCFA 같은 세균 대사물이 직접 Treg 세포의 활성을 촉진한다. SCFA도 대식세포 및 수지상세포와 상호작용하여 염증을 억제하며 뒤이어 Treg 세포를 자극한다. PSA: 다당류 A, SCFA: 단쇄지방산. (a) Ayagiz/iStockphoto/Getty Images. (b) Source: Thaiss, C. A., Zmora, N., Levy, M., and Elinav, E. "The microbiome and innate immunity." *Nature*, 535(7610), July 7, 2016, 65-74.

*Bacteroides fragilis*가 생산하는 다당 A (PSA)라 불리는 분자가 T_H17 세포에 의한 전염증성 사이토카인 IL-17의 분비를 억제하고 Treg 세포의 PRR (TLR2)에 결합하여 IL-10의 분비를 촉진함으로써 염증을 되돌릴 수 있다는 것이다(그림 33.7b). 또 다른 초기 발견은 SCFA가 장내 Treg 세포의 수와 활성 모두를 증가시킬 수 있는 능력을 가지고 있다는 것이다. 놀랍게도 부티르산은 Treg 세포의 G-단백질 연계 수용체에 결합함으로써 이 세포에 직접 신호를 보낸다. SCFA와는 반대로 16~18개의 탄소를 가진 긴 사슬의 지방산은 T_H1과 T_H17 세포의 분화와 증식을 촉진하는 것으로 나타났다. 생쥐 모델 시스템과 염증성 장질환 환자의 마이크로바이옴 연구에 기초해서 불균형적인 수를 가진 프로테오박테리아 문 세균이 속하는 장내 미생물군집에서 최소한 부분적으로 긴 사슬의 지방산이 생산되어 염증을 촉진시키는 것 같다. 흥미롭게도 유아의 괴사성 대장염과 성인의 크론병과 같은 많은 염증성 장 상태는 불균형적으로 증가한 프로테오박테리아가 특징이다. ◀ T 세포의 유형(32.5절)

31장에서 논의한 것처럼 장내 점막에는 장연관 림프조직(GALT)이 배치되어 있고, 여기에는 페이에르판 및 고립된 림프여포 등 면역세포가 풍부하다(그림 31.16 참조). 이 부위가 미생물이나 그 생성물에 의해 자극되면 림프여포로 발달해 이곳에서 선천 및 적응면역계의 세포들이 활성화된다. 이 세포 중 B 세포는 자극되어 형질세포로 분화되고 항원특이 분비형 IgA (sIgA)를 생산한다. sIgA 분자는 점막을 덮고 그곳에서 표적 미생물과 결합하여 부착을 억제하고 제거를 촉진한다. 선천성 면역세포(ILC3)는 B 세포를 활성화시켜 sIgA를 생산하도록 한다. ILC 발달이 그러하듯 sIgA의 생산도 상리공생하는 미생물총에 의존한다(**그림 33.8**). 지금까지 학습한 내용의 한 가지 사례만 설명했지만, 이러한 사례들은 장내 미생물총이 건강한 선천면역과 적응면역에 필요하다는 것을 잘 나타내준다. ◀ 선천성 림프세포(31.4절); 면역글로불린의 종류(32.7절)

장-뇌 축

마이크로바이옴 연구에서 가장 흥미로운 분야 중 하나는 어떻게 장내 미생물총이 중추신경계에 영향을 줄 수 있는 가에 관한 것이다. 다양한 연구를 통해 무균 생쥐와 전통 생쥐를 비교했을 때 특이 행동형질(예: 탐구성, 사교성)과 감정(예: 불안, 우울증)에 차이가 있다는 것이 밝혀졌다. 놀랍게도 무균 생쥐에게 세균을 먹였을 때 이러한 행동 형질과 감정이 변할 수 있었다. 또한 실험 생쥐에 FMT를 실행했을 때 일부 행동 형질은 생쥐 사이에서 반복적으로 전환되었다. 임신한 생쥐의 장내 마이크로바이옴이 새끼의 신경발달에 영향을 주기 때문에 마이크로바이옴의 영향은 유전적으로 대물림이 가능하다. 흥미로운 사실은 어미에서 전염증성 사이토카인 IL-17의 분비를 자극하는 세균이 새끼 생쥐에게 반복행동(repetitive behavior)과 비사교적인 행동을 나타내도록 한다는 것이다.

이러한 결과로 인해 더욱더 미생물총과 중추신경계 사이의 분자적 관계에 대한 연구가 가속화되었다. 신경전달물질은 신경 기능에 필요한 작은 분자이다. 전통 생쥐와 비교해볼 때 무균 생쥐는 뇌의 신경전달물질인 도파민, 노르에피네프린, 세로토닌의 전환속도(즉,

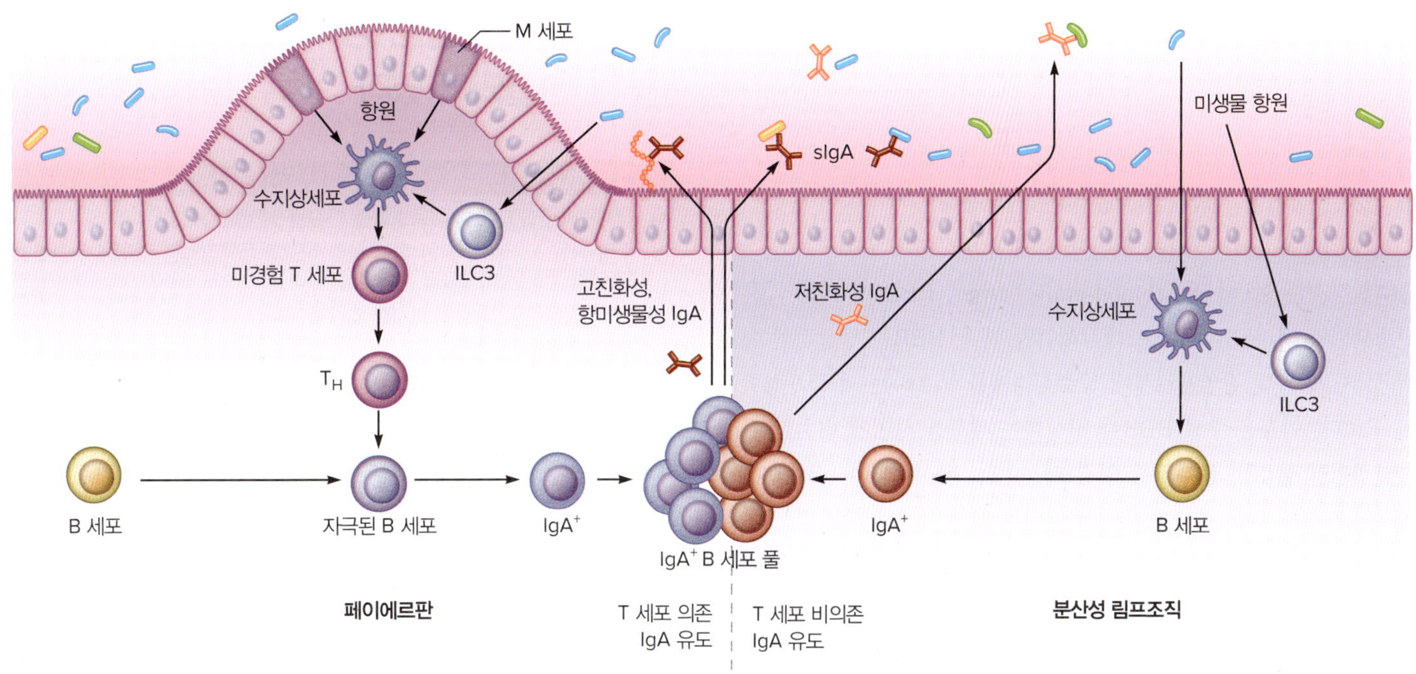

그림 33.8 미생물과 ILC3에 의한 자극이 sIgA의 생산에 필요하다. B 세포 자극은 T 세포 의존(왼쪽, 페이에르판)이거나 T 세포 비의존(오른쪽, 고립된 림프여포)이다. 이 모든 경우 수지상세포의 활성을 최적화시켜주는 선천성 면역세포-3 (ILC3)이 필요하다. ILC3의 기능에 숙주미생물 또는 그의 생성물과의 상호작용이 필요하다. Source: Honda, K., and Littman, D. R. "The microbiota in adaptive immune homeostasis and disease." *Nature*, 535(7610), July 7, 2016, 75-84.

합성과 분해)가 더 크다. 중추신경계에서 생산된 세로토닌은 감정, 식욕, 수면, 학습 및 기억에 관여한다. 무균 생쥐의 혈액에는 세로토닌의 농도가 낮기 때문에 쉽게 장내 미생물총과 세로토닌의 농도 사이에서 연관성을 도출할 수 있었다. 몸 전체에서 생산되는 세로토닌의 대략 90%는 위장관에서 생산되고 그곳에서 장의 운동이나 이동을 조절한다. SCFA 부티르산을 생산하는 장내세균은 숙주의 장세포들에 의한 세로토닌의 생산을 유도하고, 무균 생쥐에게 부티르산을 발효하는 미생물을 주입했을 때 세로토닌의 농도가 정상 수준으로 회복되었다.

하지만 이러한 발견이 어떻게 장내세균과 뇌가 상호작용하는지에 대해 완벽하게 설명하지는 못한다. 이 관점에서 마이크로바이옴이 중추신경계에 영향을 주는 최소한의 3가지 방법을 예측할 수 있다(**그림 33.9**). 첫째 우리가 본 대로 마이크로바이옴은 면역계에 상당한 영향을 주고 이어서 중추신경계를 조절한다. 이것은 미생물들이 전염증성과 항염증성 사이토카인 사이의 균형을 조절함으로써 일어난다는 보고에 의해서였다(그림 33.7). 전염증성 사이토카인이 뇌에 도착하면 뉴런과 일명 마이크로글리아라고 불리는 중추신경계 대식세포의 기능을 바꾼다. 예를 들어, LPS가 장을 가로지를 때 전염증성 사이토카인의 생산이 촉진되고 이어서 식욕 저하, 운동 능력의 저하, 사교성 저하 및 인지능력 저하(사고능력 장애)와 같은 병적 행동을 유발한다.

장-뇌 축을 매개하는 또 다른 기전은 장에서 뇌로 연결되는 직접적인 경로이다. 위장관에는 장신경계(enteric nervous system) 또는 내재신경계(intrinsic nervous system)라 불리는 신경네트워크가 배열되어 있고, 이것이 미주신경을 통해 중추신경계에 연결되어 있기 때문에 가능하다. 장내세균이 직접적으로 벽재신경총 내의 뉴런을 자극하면 미주신경과 소통할 수 있다. 이어서 미주신경은 그 신호를

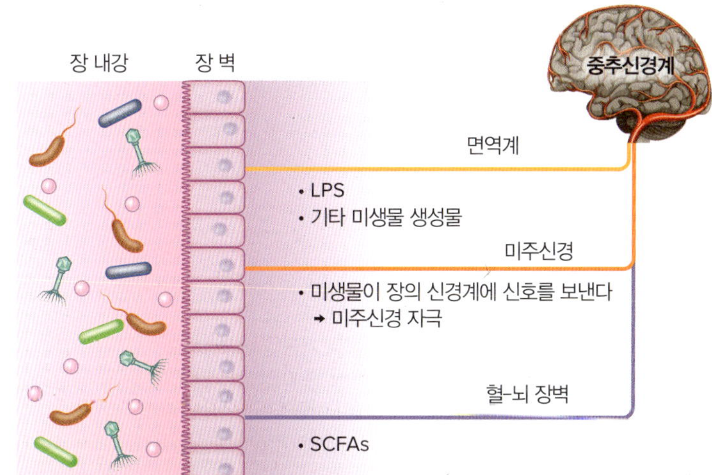

그림 33.9 장-뇌 축. 장내 미생물은 최소한 3가지 기전을 사용하여 중추신경계에 영향을 준다. LPS: 지질다당류, SCFA: 단쇄지방산. (right top) GraphicsRF/Shutterstock. Source: Sampson, T. R., and Mazmanian, S. K. "Control of brain development, function, and behavior by the microbiome." *Cell Host Microbe* 17(5), May 13, 2015, 565-576.

뇌로 전달한다. 염증이 없을 때라도 미주신경은 고유미생물총으로부터의 신호와 병원체로부터의 신호를 구분할 수 있다. 하지만 어떻게 구분이 가능한 지는 연구 중이다.

마지막으로 부티르산과 FMT가 무균 생쥐의 행동에 유사한 효과를 가지는 실험이 제안한 바로는 미생물의 용해성 생성물이 중추신경계에 영향을 줄 수 있다는 것이다. 이것을 이해하기 위해서는 먼저 중추신경계는 혈-뇌 장벽(blood-brain barrier, BBB)에 의해 다른 신체부위와 격리된 부위라고 생각해야만 한다. BBB는 정상적인 혈액 성분, 독소 및 감염체로부터 중추신경계를 보호하는 세포로 정렬된 구조다. 이것은 주로 BBB를 구성하는 세포들 사이에 위치한 밀착연접이라 불리는 불투과성 연결 때문이다. 다시 한 번, 질풍같은 연구가 시작된 것은 무균 생쥐에서 이뤄진 발견 때문이었다. 바로 무균 생쥐의 BBB는 전통 생쥐보다 원치 않는 성질의 큰 투과성을 가진다는 것이다. 재차 기억할 것은 BBB를 불투과성 장벽으로 유지시켜 주는 것은 SCFA, 특히 부티르산이다. 생쥐나 사람이 고섬유질의 식품을 먹을 때 SCFA가 가장 많이 만들어지기 때문에, 넓게 본다면 각자의 식습관이 대사물질 및 다른 혈액 속 화합물의 중추신경계 진입을 조절한다는 것이다.

동물과 일부 사람을 대상으로 한 실험에서 보고된 대로 장내 미생물총이 행동에 가지는 예상치 못한 영향은 마이크로바이옴이 어떻게 파킨슨병이나 알츠하이머병과 같은 신경퇴화질병을 매개하는지에 대한 연구를 재촉하게 하였다. 자폐 범주성 장애(autism spectrum disorder, ASD)도 많은 주목을 받았다. 이는 기능적인 마이크로바이옴의 정착이 행동에, 또는 아마도 대부분의 아이들이 ASD로 진단받는 때인 첫 3년 내의 신경발달에 중요한 장기간의 효과를 갖는다는 것을 증명한다. 어떻게 마이크로바이옴이 한 편으로는 신경발달에 영향을 주고, 다른 한 편으로는 퇴화에 영향을 주는지에 대한 연구가 의심할 바 없이 예상치 못한 발견을 계속 드러내주는 흥미로운 분야가 될 것이다.

마무리 점검

1. 무균 생쥐를 이용해서 생리적 항상성을 유지해주는 장내 마이크로바이옴의 역할을 이해하게 해준 실험을 설명하시오.
2. 병원체 증식의 직접적 기전과 간접적 기전을 비교하시오.
3. 당신이 지난 24시간 내에 먹은 음식 중 미생물이 단쇄지방산을 생산하도록 촉진한 것은 무엇이고, 이 음식이 바람직한 이유는 무엇인가?
4. 점막내성은 무엇이고 마이크로바이옴이 어떻게 이 저항을 유지하는 데 기여하는가?
5. 마이크로바이옴이 선천면역과 적응면역에 영향을 주는 방법을 각각 설명하시오.
6. 혈-뇌 장벽과 이 장벽이 어떻게 장-뇌 축에 관여하는지 설명하시오.

33.4 많은 질병은 장내세균 불균형과 연결되어 있다

이 절을 학습한 후 점검할 사항:

a. 대사증후군과 대사성 내독소혈증 가설을 설명할 수 있다.
b. 주로 붉은 고기로 구성된 적색 육류 식단과 동맥경화증 사이에서 연결고리 역할을 하는 미생물을 논의할 수 있다.
c. 마이크로바이옴과 암의 관계를 일반적 용어로 논의할 수 있다.

최근 논문들에 대한 약식 리뷰를 보면 사람의 모든 질병이 마이크로바이옴에 연결된다고 생각하게 만든다. 인터넷 검색을 해보면 자가면역질환(예: 다발성경화증, 홍반성 낭창, 1형 당뇨), 천식과 알레르기, 염증성 장질환 및 파킨슨질환으로부터 ASD에 이르는 신경 손상처럼 다양한 질환의 발달에도 미생물이 관여한다는 수백 개의 보고서를 찾을 수 있다. 이 질환들의 일부는 염증성 질병이고, 지난 십년 동안 밝혀진 바에 의하면 마이크로바이옴의 변화를 통해 만성염증과

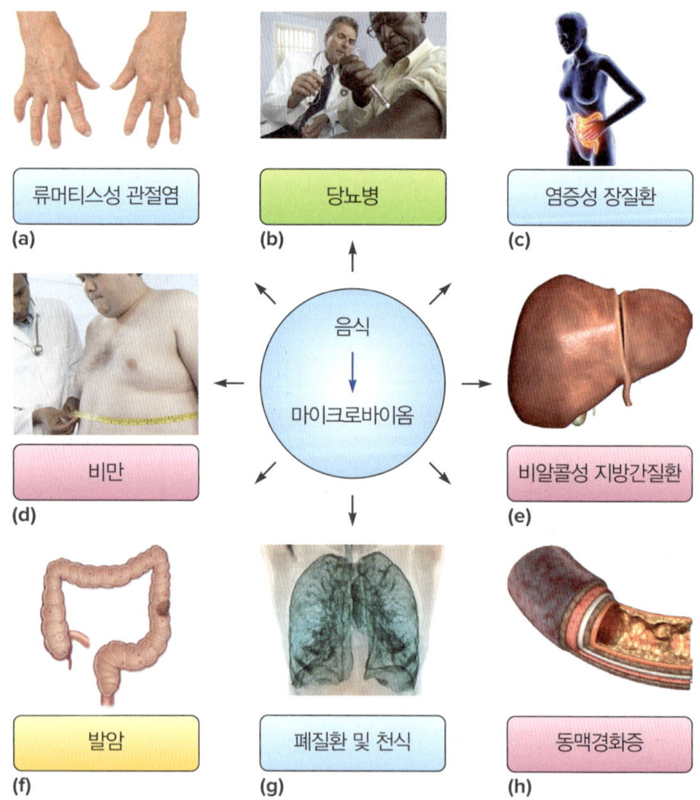

그림 33.10 미생물이 다양성을 잃으면 장내세균 불균형과 염증이 포함된 다양한 질환이 발생한다. (a) Suze777/iStock/Getty Images; (b) Adam Gault/Science Photo Library RF/Science Source; (c) Roger Harris/Science Photo Library RF/Science Source; (d) Adam Gault/Science Photo Library RF/Science Source; (e) MedicalRF.com; (f) Electronic Publishing Services, Inc., NY/McGraw Hill; (g) Zephyr/Science Photo Library/Alamy Stock Photo; (h) MedicalRF.com. Source: Thaiss, C. A., Zmora, N., Levy, M., and Elinav, E. "The microbiome and innate immunity." *Nature*, 535(7610), July 7, 2016, 65–74.

관련된 증상이 영향을 받거나 일부 질환을 발생시킨다는 것이다. 미생물의 문 단계에서의 균형이 무너져 숙주의 항상성이 변화되는 단계로까지 진행되는 현상을 **장내세균 불균형**(dysbiosis, **그림 33.10**)이라고 부른다. 이제 산업화된 나라에서의 대다수 질병과 사망을 설명하는 3가지 원인이 되는 대사증후군, 심혈관질환, 암에 초점을 맞추기로 한다.

대사증후군

대사증후군은 큰 허리둘레, 혈중 중성지질의 높은 수치, 고혈압 및 저밀도지질단백질(LDL) 수치와 공복기 혈당수치의 증가 중 최소한 3개의 특성을 가진 상태이다. 대사증후군에서 나타나는 병리생리학에는 몸의 세포가 혈류로부터 인슐린을 잡아들여 소비해야 하는데 그렇게 하지 못해 일어나는 인슐린 저항성이 있다. 혈류로부터 세포로 포도당을 이동시키는 데 인슐린이 필요하기 때문에 인슐린 저항성이 되면 당뇨병의 특징인 높은 혈당 수치를 가지게 된다. 인슐린 저항성이 있은 후에 2형 당뇨가 뒤따르는데, 이 두 상태가 비만과 관련이 되어 있다. 반면 1형 당뇨는 숙주의 면역이 인슐린의 생산 장소인 췌장을 공격하여 일어나는 자가면역질환이다. 대사증후군은 뇌졸중과 심장병의 발생 위험도 증가시킨다. 세계보건기구(WHO)의 보고에 따르면 전 세계적으로 비만이 1980년 이래로 2배 이상 증가하였고 대사증후군이 현재 세계적인 유행병이 되었다고 한다.

대사증후군과 비만은 낮은 수준의 만성염증과 연관되어 있고, 이러한 염증은 미생물총과 연결되어 **대사성 내독소혈증**(metabolic endotoxemia)으로 알려진 현상으로 설명된다(**그림 33.11**). 대사성 내

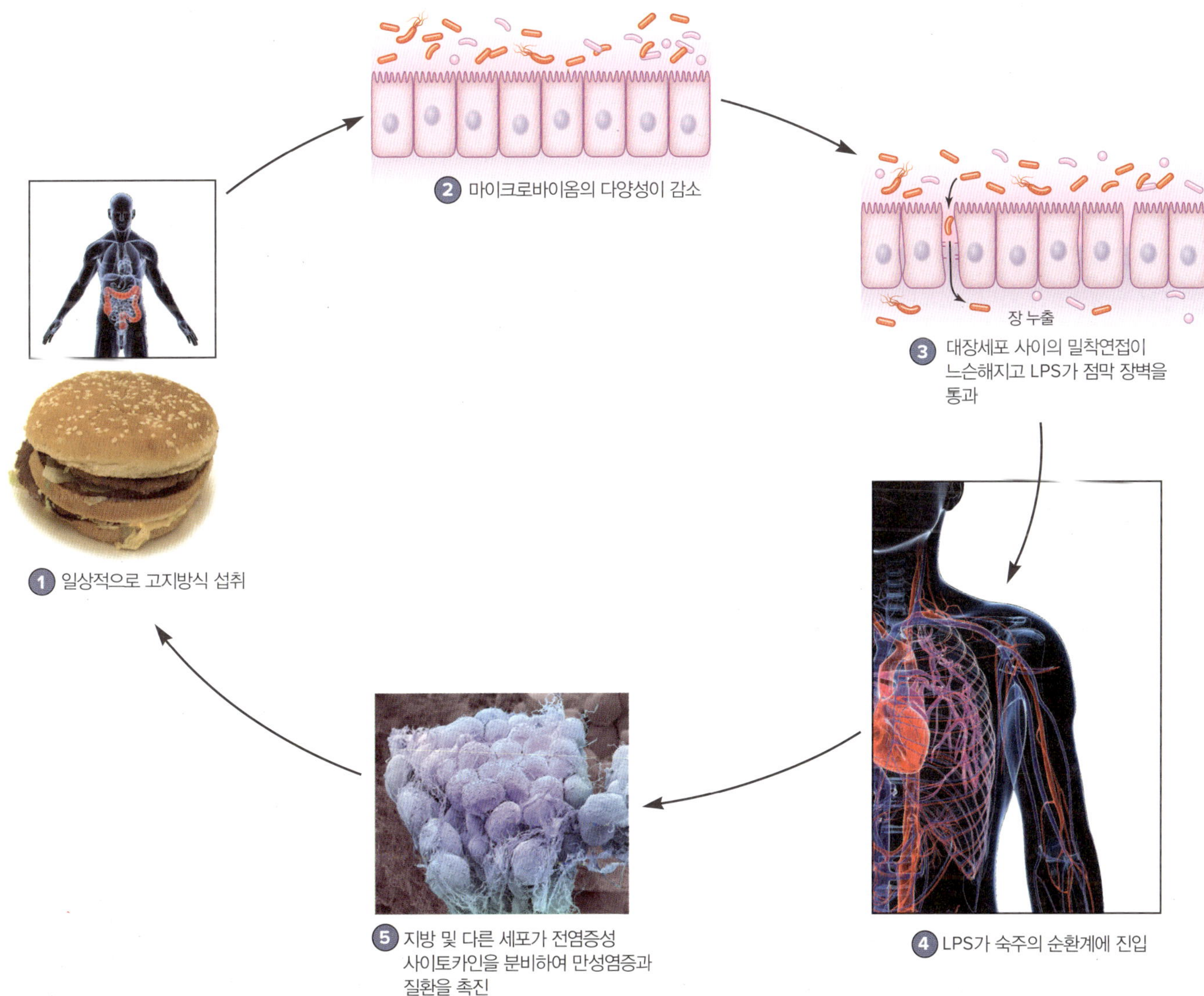

그림 33.11 대사성 내독소혈증 유발에 관해 제안된 기전. LPS: 지질다당류. (1 top) Sebastian Kaulitzki/Eraxion/iStockphoto/Getty Images; (1 bottom) Mark Dierker/McGraw-Hill; (4) Science Photo Library -SCIEPRO/Brand X Pictures/Getty Images; (5) Steve Gschmeissner/Science Photo Library/Alamy Stock Photo

독소혈증은 미생물의 먹이 변화로 인해 미생물 다양성이 감소되고 장내세균 불균형으로 이어지는 일련의 과정에 의해 발생한다. 장내세균 불균형은 뒤이어 대장세포 사이에 있는 밀착연접의 투과성을 높여, 결국 점막 장벽을 '새게' 만든다. 점막 장벽이 느슨해지면 그람 음성균이 성장하면서 떨어져나간 LPS가 점막 장벽을 통과할 수 있게 된다. 사실 비만인 사람들의 혈중 LPS 수준은 날씬한 사람에 비해 2 내지 3배 높다. LPS는 면역세포 및 지방세포(adipocyte)에 의해 감지되면 매우 강력한 면역조절분자로 작용하여 재빨리 전염증성 사이토카인의 분비를 촉진한다. 시간이 지나면서 결국 비만과 대사증후군으로 특징되는 낮은 수준의 만성염증이 유발된다고 생각된다. 또한 간에서 LPS는 인슐린 저항성, 중성지질의 축적 및 지방간질환의 발달을 촉진한다. 혈액 내 LPS도 혈관 내피세포가 전염증성 분자와 부착분자를 발현하도록 유도하고, 이로써 동맥경화를 통한 심혈관질환을 촉진한다. 동맥경화의 특징은 혈관 내벽에 지방, 칼슘 및 총체적으로 플라크라 불리는 또 다른 화합물의 축적이다.

대사성 내독소혈증이 비만 및 대사증후군과 연관된 만성염증을 설명할 수는 있지만, 마이크로바이옴 자체의 구성을 나타내지는 못한다. 대사증후군에서 마이크로바이옴의 역할을 밝혀주는 유력한 증거는 인슐린 저항성이 FMT에 의해 전달될 수 있다는 반복된 관찰에 의해 얻어졌다. 비록 이것이 전체 스토리는 아니지만, 장내세균 불균형에 관련된 미생물들은 부티르산보다 아세트산을 더 많이 생산한다. 아세트산은 지방산과 중성지질로 전환된다(그림 33.4). 고농도의 아세트산은 부티르산이 면역계에 기여하는 양성 효과를 감소시키고, 식욕 자극 호르몬인 그렐린(ghrelin)의 생산을 촉진한다. 여러 연구 결과, 고지방 식단은 아세트산과 가지사슬 아미노산을 생산하는 다양성이 적은 마이크로바이옴을 선택함으로써 숙주로 하여금 더 많은 칼로리를 흡수하게 한다는 사실이 밝혀졌다.

심혈관질환

심혈관질환과 대사증후군에서 공통적으로 동맥경화증이 발견된다 하더라도, 심혈관질환을 가진 사람이 소비하는 다량의 붉은 고기와 고지방 식품과 같은 전형적인 식단을 생각해보자. 마이크로바이옴의 관점에서 이러한 질환자들은 자신의 장내 미생물들에게 항염증성 SCFA를 생산하도록 하는 섬유질을 거의 먹이지 않는다. 대신에 이러한 식단은 '고기를 먹는' 미생물 집단의 성장을 도와준다. 이 미생물들은 붉은 고기에 많은 고농도의 L-카르니틴 아미노산과 접촉하게 되고 치즈, 해산물, 계란, 고기에 많은 인지질인 포스파티딜콜린과도 만나게 된다(**그림 33.12**). 미생물들이 L-카르니틴과 포스파티딜콜린을 대사하면 트리메틸아민(trimethylamine, TMA)이 된다. 일단 TMA가 혈류에 흡수되면 간으로 이동하고 간세포에 의해 효소적으로 산화되어 트리메틸아민 *N*-옥사이드(trimethylamine *N*-oxide, TMAO)로 변한다. TMAO는 생쥐에서 동맥경화의 촉진에 관여한다. TMA와 뒤이은 TMAO의 생산은 채식하는 동물의 미생물총이 L-카르니틴과 포스파티딜콜린이 풍부한 먹이를 먹었을 때에도 거의 TMA를 생산하지 않는 것처럼, 우리의 식단이 마이크로바이옴에 어떻게 작용하는지에 대한 좋은 예가 된다.

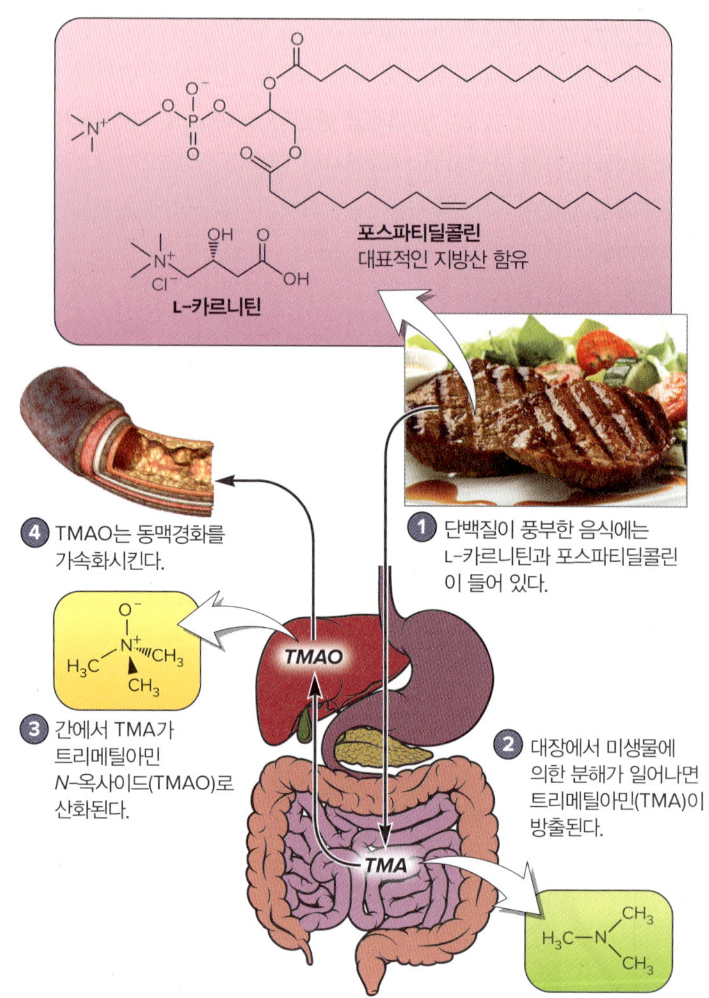

그림 33.12 음식과 미생물이 동맥경화에 관여한다. (1) Gbh007/iStock/Getty Images; (2) Christos Georghiou/Shutterstock; (4) MedicalRF.com

암

마이크로바이옴과 암의 관계는 특히 복잡하다. 비록 우리가 공통적으로 환경인자와 흡연같은 생활습관을 암의 촉진자라고 생각한다고 하더라도 여전히 모든 악성종양의 약 20%에 미생물이 관여하는 것으로 추측된다. 미생물이 사람의 암에 원인이 되거나 기여한다는 여러 기전이 알려져 있다.

먼저 암을 유발한다고 알려진 특별한 미생물로 우리의 시선을 돌려보자. 일부 사람 바이러스(예: 사람유두종바이러스)가 동시에 작동하는 2개의 기전에 의해 숙주세포로 하여금 암으로 변하게 한다는 사실이 몇 십 년간 알려져 왔다. 이 기전은 숙주의 세포주기를 변형시켜 계속 증식만을 하도록 하고, 숙주세포가 DNA 손상을 복구하지 못하게 하여 결국 돌연변이 속도를 증가시키는 것이다. 이 두 기전은 세균의 생성물이 발암을 촉진시키는지도 설명해준다. 세균은 DNA를 직접 또는 간접적으로 손상시킬 수 있다. 예를 들어, 계통유전학적 그룹 B2에 속하는 대장균은 콜리박틴이라 부르는 DNA 손상 화합물의 합성을 지시하는 유전체 섬(genomic island)을 가진다. 장세포에 의해 흡수되면 콜리박틴은 이중나선 DNA를 절단한다. 콜리박틴을 생산하는 대장균이 사람의 대장암에서 발견되었고, 생쥐에서는 장내종양 형성을 촉진한다. DNA 손상에 대한 간접적인 접근 방식으로는 Bft라고 불리는 금속단백질분해효소를 분비하는 장독소생성균주인 *Bacteroides fragilis*의 연구로부터 비롯되었다. Bft는 숙주세포로 하여금 돌연변이를 유발하는 산소라디칼을 고농도로 생산하도록 한다. 암 발생에서 Bft의 역할은 정제된 Bft가 생쥐의 대장암 모델에서 종양 형성을 유도한 실험에서 확실해졌다. *Helicobacter pylori*는 미생물이 숙주의 세포주기를 악성 조절함으로써 암 발생을 매개한다는 두 번째 기전을 설명하는 좋은 예가 된다. 이 세균은 위궤양을 일으키는 것으로 잘 알려져 있지만, 일부 균주는 숙주세포로 주입해 들어가는 CagA 단백질도 생산한다. 숙주의 위장세포내에서 CagA는 종양 형성에 필요한 세포 증식, 생존, 이동, 혈관 생성을 통제하는 유전자를 상승 조절한다.

또한 이 세균은 특정 지역에서의 암을 유발하는 것(1차 종양 형성)뿐 아니라 먼 지역으로 종양을 전이(metastasis)시킬 수도 있다. 예를 들어, *Fusobacterium*은 종종 사람의 대장 종양뿐 아니라 선이된 간 종양에서도 추출할 수 있다. 흥미롭게도 같은 유형의 암을 가진 생쥐 모델에서 *Fusobacterium* 등의 산소비요구성 세균을 표적으로 하는 항생제를 투여하면 종양의 성장이 억제된다. 이로써 암을 유발하는 미생물의 성장을 억제하는 방향으로 연구의 초점을 집중하고 있다. ◀ Bacteroidota 문에는 중요한 장 미생물총이 포함되어 있다(20.7절); Fusobacteriota 문: 편리공생 혐기성생물(20.8절)

암을 일으키는 것으로 알려진 단일 미생물종에 대한 여러 예가 보고되어 있다. 이와는 대조적으로 미생물과 관련된 많은 암은 장내세균 불균형과 관련된 염증에 의해 일어난다(그림 33.10). 비만과 대사성 내독소혈증에 의해 일어난 낮은 수준의 만성염증은 다양한 암이 발생할 수 있는 위험인자가 된다. 역학 조사에 의하면 비만인 사람이 특히 위험한 일부 암에는 식도, 간, 신장, 췌장, 대장, 자궁내막, 유방, 난소 및 갑상선암이 포함된다. 사실 미국에서 암으로 인한 모든 사망자 5명 중 1명은 비만과 관련되어 있다.

전통적인 화학치료요법과 새로운 면역치료요법 모두에 대한 숙주의 반응에는 종양 환경 내에서의 활동적이고 기능적인 면역계가 필요하기 때문에, 마이크로바이옴은 치료에 대해 중요한 효과를 나타낼 수 있다. 또한 비피도박테리아 종을 섭취하면 종양에 대해 면역이 증가한다는 증거도 있다. 이 미생물은 요구르트 및 다음에 논의할 다른 프로바이오틱 음식과 제품에 풍부하다.

마무리 점검

1. 대사성 내독소혈증은 무엇이고, 어떻게 장내세균 불균형과 연관되는가?
2. 섬유질이 풍부한 샐러드를 먹은 후와 햄버거와 감자튀김을 먹은 후에 분비되는 미생물의 생성물을 비교하시오.
3. 미생물, 비만, 암 간의 관련성을 설명하시오.

33.5 마이크로바이옴의 조절은 치료법이 될 수 있다

이 절을 학습한 후 점검할 사항:

a. 생성물이 프로바이오틱으로 분류되는 방법을 설명할 수 있다.
b. 질병 억제에 프로바이오틱의 사용을 예측할 수 있다.

오래 전 TV 광고 중에 동유럽의 한 도시에는 100세 노인들로 가득하며 장수의 원인이 특정 상표의 요구르트를 섭취해서라는 요구르트 광고가 있었다. 1908년에 미생물학자이며 노벨상 수상자 메치니코프(Élie Metchnikov)도 이 노인들을 알고 있었고 젖산생성 세균이 이들의 건강을 향상시켰다고 추정했다. 마이크로바이옴의 시대에 프로바이오틱 산업은 500억 달러 사업 규모로 확장 일로에 있다.

급성장하는 시장 분위기에도 불구하고 많은 소비자들은 실제로 '프로바이오틱'이라는 용어의 의미도 확실히 알지 못한다. **프로바이오틱**(probiotic)이란 용어의 사용을 표준화하기 위해 유엔의 식품농업기구와 세계보건기구(FAO-WHO)는 이 용어의 의미를 "적절한 양을 섭취했을 때 숙주에게 건강상 유익을 제공하는 살아있는 미생물(live microorganism)"로 정의했다. FAO-WHO 가이드라인은 이 기준에 맞추기 위해 식품 및 보충제가 갖춰야 하는 특별한 가이드라인을 제공한다.

하지만 가이드라인에도 불구하고 미국 식약처(FDA)가 프로바이오틱 식품과 보충제를 규제하지 않기 때문에, 이 제품들의 제조사가 주장하는 건강상 유익이 적극적으로 검사되지 않고 있는 실정이다. 이와는 대조적으로 살아 있는 미생물이 약물로 사용되려면 FDA의 사용승인을 받아야만 한다. 예를 들어, 표면성 방광암(superficial bladder cancer)에 사용되는 *Mycobacterium bovis* BCG와 생약독화 백신(예: 홍역과 풍진 백신)이 있다. 이 제품들은 장기간에 걸쳐 안전하고 치료 효과가 있는 것으로 보고되었기 때문에 약품으로 분류되어 규제 대상이 되었다. 프로바이오틱 개발의 다음 단계는 규정되지 않은 건강상 유익을 전달하기보다는 특정 상태를 치료할 수 있는 미생물이 함유된 제품이 될 것이다. 이 새로운 제품들은 대규모의 안전성 및 임상 효능 시험 후 FDA 또는 다른 나라의 유사 기관들로부터 사용승인을 받아야 한다. 예를 들어, *C. difficile* 감염을 예방하거나 치료할 목적으로 시판되는 세균 혼합물은 약품으로 분류되는 반면에 FMT는 현재 시술(procedure)로 간주되어 재발성 감염의 치료에만 허용된다(이 장 시작이야기 참조).

다른 혼란스러운 점은 최근까지만 해도 프로바이오틱 세균이 실제로 장에 정착하는지 또는 효과를 나타내기 위해 충분히 오래 장에 머무르는지를 평가하기가 어려웠다는 것이다. 소위 많은 프로바이오틱 미생물이 장에 효과적으로 정착하지 못한다는 발견으로 말미암아 신바이오틱스가 개발되기 시작했다. **신바이오틱스**(synbiotics)는 프리바이오틱과 프로바이오틱을 함께 포함하는 식품 또는 보충제다. **프리바이오틱**(prebiotic)은 프로바이오틱 미생물의 정착과 양호한 건강상 유익을 증진시키기 위해 첨가하는 화합물이다.

고유의 화학 구조를 가지는 약물과는 달리 미생물 제품의 균일성과 효능은 관리하기가 더 어렵다. 그럼에도 불구하고 실제로 마이크로바이옴이 새롭게 사람의 항상성 유지에 필요한 수단으로 인식되었기 때문에, 더욱더 프로바이오틱스와 신바이오틱스를 예방 치료제로 개발하려는 시도가 끊임없이 추진되었다. 입원 환자들에게는 항생제 저항 병원체로 감염될 위험성 때문에 정기적으로 경구용 세균혼합물을 복용시키려고 하는 것 같다. 유사하게 항생제 치료가 필요한 외래 환자에게도 치료 후 장내 마이크로바이옴의 재구성을 위해 혼합 신바이오틱스가 처방될 수 있다. 관광객들은 곧 자외선 차단제와 함께 여행자 설사를 예방하는 프로바이오틱스를 여행 짐에 추가할 지도 모른다.

연구자, 제약회사, 규제기관들이 프로바이오틱스에 접근하기 전에, 먼저 동물에서의 성공적인 프로바이오틱스 사례를 살펴보는 것이 교훈이 될 것이다. 예를 들어, 육우의 먹이에 *Lactobacillus acidophilus*를 첨가하면 놀랍게도 소에게서 병원성 대장균 O157:H7의 보균율이 60%로 저하된다. 이 수치라면 도살 당시에 현재의 미생물학적 품질 기준에 맞는 소고기를 쉽게 생산할 수 있다. 프로바이오틱스는 가금류에도 성공적으로 사용될 수 있다. 예를 들어, 닭에게 체중을 늘리기 위해 프로바이오틱인 *Bacillus subtilis*를 먹인다. 또한 이렇게 처리된 가금류의 생고기에도 대장균형 미생물과 *Campylobacter* 균종이 감소되었다. 이 프로바이오틱은 가금류 사육 농장에서 병원체에 대한 항생제의 사용을 줄일 수도 있을 것이다. 닭의 맹장에서 추출한 29가지의 특허받은 세균 혼합물을 생후 며칠된 병아리들에게 분무함으로써 *Salmonella enterica*를 제어할 수 있다. 병아리들이 깃털을 다듬으면서 세균 혼합물을 삼키게 되고, 이들이 맹장에서 기능적인 마이크로바이옴으로 정착하여 *Salmonella*가 장에 정착하려는 것을 막게 된다. 항미생물 저항성을 향상시키려는 시기에 프로바이오틱스를 사용하면, 사람과 소비되는 동물들 모두에게 가치 있는 것으로 판명될 수 있을 것이다.

마무리 점검

1. 현재 사용 중이거나 개발 중인 프로바이오틱 제품의 특정 용도에 대해 설명하시오.
2. 농업에서 프로바이오틱스의 용도는 무엇인가?

요약

33.1 사람은 통생물체다

- 평균적으로 성인은 자신의 세포와 동일한 수의 미생물세포를 보유하고 있다. 사람 숙주에 상주하는 미생물을 고유미생물총이라 부른다.
- 전 세계적으로 실시되는 사람 마이크로바이옴 프로젝트 그리고 그와 유사한 프로젝트는 미생물과 그들의 유전자 및 대사물질이 숙주에서 항상성을 유지하거나 질병을 일으키는 역할을 평가한다.
- 사람의 마이크로바이옴에 대한 메타유전체 및 생물정보학 분석을 통해 사람의 몸과 내부에 서식하는 많은 다양한 미생물이 밝혀졌다. 이 미생물들은 숙주의 건강을 보장하고 유지해주는 필요한 존재들이다.

33.2 마이크로바이옴은 출산에서 성인에 이르기까지 발달한다

- 다양한 미생물들이 사람 숙주에서 발견되는 특별한 생태적 서식지에 적응했다. 이 서식지는 유일하게 미생물의 성장을 지원할 수 있다(그림 33.2).
- 피부 또는 그 내부에 서식하는 미생물은 일시적으로 존재하거나 상주하는 특징을 가지고 있다. 피부의 상주미생물인 표피포도상구균은 피부를 건강하게 유지하기 위해 여러 기전을 사용한다.
- 구강은 영양분이 풍부한 서식지를 제공하지만 미생물들을 물리적 과정에 의해 제거할 수도 있다. 구강의 고유미생물총은 이러한 기계적 제거에 저항할 수 있는 생물막을 형성한다.
- 위에서는 강산성 pH 때문에 극히 소수의 미생물만이 생존한다.
- 소장의 끝 부분과 대장의 모든 부위에는 몸 전체에서 가장 많은 미생물 집단이 서식한다. 500~1,000종이 서식하고 있고 거의 대부분이 산소비요구성 미생물인데, 대부분은 인공적으로 배양할 수 없다(표 33.2).
- 일반적으로 요로 상부에는 미생물이 없다. 요도의 끝(점막)에는 많은 피부세균이 서식한다. 대조적으로 성인 여성의 생식관에는 다른 미생물이 정착하지 못하도록 억제하는 더 복잡한 미생물총이 서식한다.

33.3 기능적 핵심 마이크로바이옴이 숙주의 항상성에 필요하다

- 기능적인 핵심 마이크로바이옴은 숙주에게 항상성을 유지하도록 도와주는 다양한 대사물뿐만 아니라 난분해성 복합다당류까지도 분해할 수 있는 많은 효소를 제공한다(그림 33.4).
- 장내 미생물총은 직간접적인 기전을 모두 사용하여 병원체를 퇴출한다(그림 33.5).
- 무균 생쥐는 성숙하고 기능적인 면역계를 발달시키지 못한다. 따라서 최적의 숙주면역을 위해서는 미생물의 집락화가 필요하다(그림 33.6).
- 섬유질이 풍부한 음식은 단쇄지방산인 아세트산, 부티르산, 프로피온산을 생산하는 미생물이 포함된 마이크로바이옴의 발달을 촉진한다. 부티르산과 프로피온산은 선천 및 적응면역세포에게 양성 효과를 가진다.
- 점막내성의 특징은 특히 위장관과 같은 점막과 상호작용하는 많은 외래 항원에 대해 염증성 반응을 나타내지 않는다는 것이다. 미생물의 생성물이 전염증성 T_H17 세포와 항염증성 Treg 세포의 적절한 균형을 이루는 데 필요하다(그림 33.7).
- 장내 마이크로바이옴은 장-뇌 축이라 알려진 시스템에서 중추신경계에 영향을 준다. 이러한 흥미로운 현상을 설명하기 위해 3가지 기전이 제안되었다(그림 33.9).

33.4 많은 질병은 장내세균 불균형과 연결되어 있다

- 미생물 다양성의 부족과 특정 세균 문의 변경된 비율이 장내세균 불균형의 특징이고 다양한 질병으로 진행한다.
- 비만과 대사증후군은 장내세균 불균형과 연관되어 있고, 대사성 내독소혈증이 유발한다고 생각되는 만성염증을 포함한다(그림 33.11).
- L-카르니틴과 포스파티딜콜린이 풍부한 음식은 트리메틸아민을 생산하는 미생물총의 발달을 촉진한다. 트리메틸아민은 간에서 대사되어 동맥경화증을 가속화시킨다(그림 33.12).
- 다섯 암 중 하나는 비만과 연결되어 있고, 비만은 장내세균 불균형을 통해 염증을 유발한다.

33.5 마이크로바이옴의 조절은 치료법이 될 수 있다

- 건강에 유익을 주는 것으로 생각되는 미생물을 함유하는 식품들은 수백 년간 소비되어 왔고 프로바이오틱스라 부른다. 사람의 장내 마이크로바이옴에 대한 최근의 평가는 프로바이오틱 식품, 보충제 및 약품에 더 많은 관심을 불러 일으켰다
- 프로바이오틱 제품들은 농업에도 사용되고 있는데, 이는 항생제 의존성을 줄이려는 노력의 일환이다.

심화 학습

1. 매일 한 그룹의 비만 생쥐와 또 다른 그룹의 날씬한 생쥐에게 동일한 양의 동일한 먹이를 제공했다. 이 생쥐들을 자세히 관찰한 결과 행동에 어떠한 차이도 보이지 않았다. 왜 이 두 그룹이 체중이 증가하거나 감소하지 않았는지 논의하시오.
2. 부티르산은 대장세포에서 미토콘드리아 활성을 증가시키고, 프로피온산은 간에서 포도당신생합성에 기여하는 반면, 아세트산은 간과 다른 조직에서 지질 생합성에 기여하는 것으로 알려져 있다. 11장과 12장을 참고하여 이 지방산들이 세균에 의해 생산

되고 곧 이어 사람 숙주에게 이용되는 경로를 추적하시오(이 경로는 모든 역(domain) 단계에서 동일하다). 학습한 내용에 기초하여 부티르산이나 프로피온산과 비교해볼 때, 아세트산이 지질의 시작물질이 되어 '비만유발자'가 되는 이유를 설명하시오.

3. 요요 다이어트는 누구나 경험하는 거의 공통적인 현상이다. 체중 감소 후 80%의 사람들은 1년 내에 다시 체중 증가를 경험한다. 다시 다이어트를 시작하고 체중 감소와 증가를 반복한다. 체중 감소에 의해 비만의 대사 표지(예: 혈중 중성지질 수준)는 급작스레 떨어진 반면, 표준이 되는 날씬한 생쥐의 장내 미생물총 집단으로 되돌아가는 데에는 많은 시간이 걸렸다. '마이크로바이옴을 표적으로 하는 접근 방식'의 개발이 어떻게 요요 다이어트를 해결할 수 있겠는가? 체중 감소를 위해 이러한 접근 방식의 개발에 필요한 정보에 대해 논의하시오.

4. 종양억제단백질 p53은 종종 사람의 암에서 돌연변이가 되어 있고, 변이 p53은 악성종양의 주도자 중 하나로 여겨진다. 장암 모델을 통해 과학자들은 변이 p53이 대장이 아니라 소장에서만 영향을 준다는 사실을 밝혔다. 신기하게도 이러한 효과는 장내 미생물총과 관련이 있었다. 뒤이은 연구결과 미생물을 대신하여 특정 미생물 대사물인 갈산(gallic acid)도 변이 p53의 부정적 영향을 방지할 수 있었다. 만약 당신이 이 연구팀의 일원이라면 여러 개의 질문을 만들어보시오. 또한 질문에 대한 연구를 수행하기 위해 접근 방식을 제안해보시오.

참고문헌: Kadosh, E., Snir-Alkalay, I., Venkatachalam, A., et al. 2020. The gut microbiome switches mutant p53 from tumour-suppressive to oncogenic. *Nature*. https://doi.org/10.1038/s41586-020-2541-0

CHAPTER

34

감염과 병원성

Channarong Pherngjanda/Shutterstock; Lunx/Shutterstock; John Lund/Drew Kelly/Blend Images LLC

나쁜 공기, 브래지어 및 마스크의 있음직하지 않은 이야기

"N95 마스크와 스포츠 브라의 차이점은?"이라는 나쁜 농담으로 시작해보자. 깜짝 답변은 "당신이 생각하는 만큼 큰 차이가 있는 것은 아니야!" 일 것이다. 마스크 착용의 역사는 오해, 고집과 독창성에서 비롯된 놀라운 이야기이다.

세균과 바이러스가 발견되기 오래전부터 1800년대까지, 사람들은 질병이 "유해한 공기(땅 속에서부터 뿜어 나오는 부패한 가스)" 때문이라는 세간에 만연했던 오해로 인해 입과 코를 막아왔다. 이에 대한 증거로 1600년대의 "로마의 새 부리 박사"라는 제목의 판화를 볼 수 있다. 이 그림은 의사들이 무시무시한 외모로 환자들을 무섭게만 했다는 사실을 풍자한 것이다. 실제로 새의 긴 부리 같이 생긴 마스크의 생김새는 사람의 마음을 불안하게 하고, 중세 흑사병의 공포를 표현하기에 충분했다.

1910년 가을에 아시아에서 "만주 흑사병"이라는 전염병이 발생했다. 100%에 가까운 치사율을 가진 이 전염병은 흑사병의 원인을 찾아내고 전염을 막는 승자의 자리를 쟁취하려는 러시아와 중국 간의 치열한 경쟁을 촉발시켰다. 젊은 중국 의사 리엔-테 우 박사는 정설로 알려진 것처럼 흑사병이 항상 벼룩 물림 때문만이 아니라 공기를 통해서도 전파될 수 있다고 주장했다. 서구에서 보았던 수술용 마스크로부터 영감을 얻은 우 박사는 흡입하는 공기를 걸러내기 위해 거즈와 여러 장의 면사로 두터운 마스크를 디자인했다. 의학계에 알려진 인물이 아니라서 그의 아이디어는 초기에 인정을 받지 못했다. 하지만 증거는 명백했다. 우 박사가 만든 마스크를 쓰지 않은 사람은 사망했고, 쓴 사람은 살아 남았다. 마스크는 저렴했고 생산하기에 용이했으며 효율성은 뛰어났기에 대중적 마스크 착용의 첫 성공 사례가 되었다.

20세기에 들어서면서 미세입자의 흡입을 방지할 필요성이 이해되었다. 1차, 2차 세계대전 동안 사용하던 유리섬유 필터가 장착된 가스 마스크는 원래 탄광에서 탄진폐 방지를 위해 개발된 성가신 존재였다. 따라서 경량의 효율적인 마스크가 절실히 필요했고, 해결책은 예상치 못한 곳에서 나왔다. '하우스 뷰티풀'이란 잡지의 전임 편집장 사라 리틀 턴불은 3M 회사와 협업하여 패션 산업계에서 용융폴리머 직물을 사용하였다. 1958년에 100회 이상의 직물 사용에 대해 사례 발표를 한 후에 그녀는 몰드브라의 디자인 임무를 맡게 되었다. 3명의 아픈 가족도 돌봐야 했던 턴불은 납작한 끈 마스크와 씨름 중이던 보건의료 전문가들의 고충을 알게 되었다. "필요는 발명의 어머니"라는 격언도 있듯이 턴불은 몰드브라의 컵에 사용한 디자인을 마스크에 적용해 결국 N95 마스크가 탄생하게 되었다. 마스크와 브라의 역사가 서로 얽혀져 있음을 그 누가 예상했을 것인가?

이 장의 학습을 위해 점검할 사항:

✓ 세균, 바이러스, 원생생물 및 진균이 가지는 주요 세포 구성요소의 구조와 기능뿐 아니라 그들의 복제과정 및 에너지 요구를 설명할 수 있다(3, 5, 6, 7, 10, 12, 13, 15장).

✓ 공생을 설명하고 기생에 대한 진정한 의미를 기존에 통용되던 몇 가지 의미들과 구분할 수 있다(27.4절).

✓ 공생의 원리를 사람과 미생물의 상호작용에 연관시킬 수 있다(33장).

34.1 감염의 과정

이 절을 학습한 후 점검할 사항:

a. 병원성과 독성을 구분할 수 있다.
b. 기회성, 세포외 및 세포내 병원체를 비교하고, 그들의 생존에 무엇이 필요한지 논의할 수 있다.
c. 감염병의 진행을 시간대 별로 연관짓고 각각의 단계와 연관된 사건을 확인할 수 있다.
d. 감염 과정을 요약하는 개념도를 제작할 수 있다.

병원성 미생물이 자신보다 더 큰 생명체의 피부나 내부에서 성장하고 증식할 때, 이 큰 생명체를 **숙주**(host)라 하고 숙주가 **감염**(infection)되었다고 한다. 감염의 특성은 심각한 정도, 위치 및 관여한 미생물의 종류에 따라 매우 다양하다. 감염은 질병으로 나타날 수도 있고 안 나타날 수도 있다. 질병을 일으키는 모든 생명체를 **병원체**(pathogen: 그리스어 *patho*는 '질병', *gennan*은 '생산하다'를 의미)라 한다. 병원체가 질병을 일으킬 수 있는 능력을 **병원성**(pathogenicity)이라 부른다. 한 생명체의 **독성**(virulence)은 숙주에 가해지는 손상(병원성)의 **정도**(degree)이다. **감염병**(감염성 질병, infectious disease)은 병원체나 그들의 산물(예: 독소)로 인해 숙주의 몸 전체 또는 일부가 정상적인 기능을 수행할 수 없게 되어 숙주가 겪게 되는 건강한 상태로부터의 모든 변화이다. 장 또는 피부와 관련된 미생물도 숙주에 있는 자신의 고유 서식처(niche) 이외의 장소에서는 병원체가 될 수 있다. 특히 면역계가 약화(손상)된 숙주에서 이러한 미생물을 **기회감염 병원체**(opportunistic pathogen)라고 한다. 숙주와 조직에 대한 특이성은 미생물에게 서식처를 제공하고 자원에 대해 접근을 허용한다. 하지만 생명체 간의 관계는 복잡할 수 있다. 미생물은 자신의 성장과 증식에 꼭 맞는 숙주의 특정 장소를 능동적으로 찾아간다.

미생물이 질병을 일으키려면 숙주와 접촉할 뿐 아니라 숙주 내부에서 생존할 수 있어야 한다. 세균, 바이러스, 원생생물, 진균이 성장하고 증식하기 위해서는 적절한 환경이 필요하다. 온도, pH, 습도, 산소 농도 등과 같은 환경인자가 사람 숙주로부터 제공된다. 이 조건들은 병원체에 따라 숙주세포의 외부나 내부에서 조정된다. 감염성 미생물이 발병과정 동안 조직이나 체액에 머물기만 할 뿐 숙주세포 안으로 침투하지 않는다면 **세포외 병원체**(extracellular pathogen)라 간주한다. 예를 들어, 일부 세균과 진균은 혈액 또는 조직 공간에서 활발히 성장하고 증식한다. 숙주세포 안에서 성장하고 증식하는 미생물은 **세포내 병원체**(intracellular pathogen)라 부른다. 이들은 두 그룹으로 나눌 수 있다. **조건부 세포내 병원체**(facultative intracellular pathogen)는 숙주세포의 내부 또는 주위 환경에서 거주하지만 숙주세포의 지원없이 순수 배양할 수 있는 미생물이다. *Brucella abortus*는 대식세포, 호중구, 영양막세포(발달 중인 배아를 둘러싸고 있는 세포)의 내부에서 성장하고 증식하는 세균이다. *Histoplasma capsulatum*은 식세포에서 성장하는 진균이다. 이 둘은 모두 시험관에서 배양될 수 있다. 반면에 **절대세포내 병원체**(obligate intracellular pathogen)는 숙주세포의 외부에서는 성장이나 증식을 하지 못한다. 모든 바이러스는 증식에 숙주세포를 필요로 한다는 점에서 당연히 절대세포내 병원체이고 종종 숙주세포에 손상을 입힌다. *Chlamydia* 종과 리케치아[로키산홍반열(Rocky mountain spotted fever)과 발진티푸스를 일으키는 미생물]와 같은 일부 세균도 절대세포내 병원체이다. 이 미생물들은 숙주세포외부의 실험실에서 배양될 수 없다.

임상적으로 감염병의 경과에는 특징적인 패턴이 있으며 몇 단계로 나눌 수 있다(**그림 34.1**). **잠복기**(incubation period)는 병원체 감

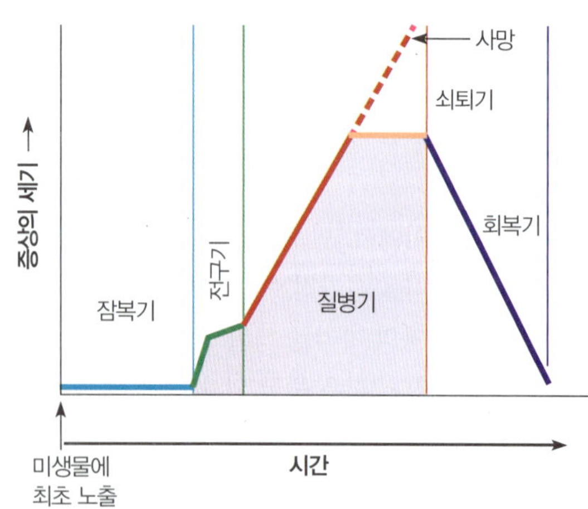

그림 34.1 감염병의 진행과정. 대부분의 감염병은 4단계로 진행된다. 각 단계의 경과 시간은 그 질병의 특징이다. 음영 부위는 많은 질병이 전염성이 있을 때를 나타낸다. 숙주가 병을 이겨낼 수 없다면 결국 사망에 이른다.

연관 질문 숙주는 어떤 단계에서 징조와 증상을 나타내는가? 이것은 질병이 전염성을 갖는 시기와 어떻게 연관되는가?

염 후 징조와 증상이 나타날 때까지의 시간이다. 즉 병원체가 확산 중이지만 임상적 징후를 나타낼 만큼 충분한 수준에 이르지 못한 단계다. 잠복기의 기간은 병원체에 따라 다르다. **전구기**(prodromal stage)는 징조와 증상이 시작되었지만, 아직 명확한 진단을 내릴 만큼 충분히 특이적이지 못한 기간이다. 하지만 이 단계의 환자는 전염성을 가지고 있다. **질병기**(illness period)는 질병이 가장 심하고 특징적인 징조와 증상을 보이는 단계이다. 일반적으로 이 단계에서 숙주의 적응면역 반응이 시작된다. 마지막으로 **쇠퇴기**(period of decline) 동안에 징조와 증상이 사라지기 시작한다. 특히 쇠퇴기의 회복단계를 종종 **회복기**(convalescence)라 부른다.

감염병은 일반적으로 뚜렷한 물리적 또는 생리적 사건이 숙주에게 세포 전쟁이 시작되었다는 신호를 보내기 전까지는 감지되지 않는다. 감염병은 종종 특징적인 징조와 증상을 보인다. **징조**(sign)는 신체에 일어나는 열이나 발진처럼 직접 관찰하고 계측할 수 있는 객관적인 변화이다. **증상**(symptom)은 통증과 식욕감퇴처럼 개인적으로 겪는 주관적인 변화이다. 증상이란 용어는 종종 임상적 징조를 포함하는 광범위한 의미로 사용된다. **질병의 증상**(disease syndrome)은 그 질병에 특징적인 일련의 징조와 증상의 복합적인 의미이다.

감염의 기본적인 과정은 근본적으로 자원에 대한 경쟁이다. 숙주는 병원체의 생존에 필요한 방어, 영양 및 에너지를 공급해준다. 따라서 감염성 생명체는 숙주로 접근하여 그것을 이용하며 또한 동시에 숙주의 맹공격적인 방어로부터 회피할 수 있는 기전을 개발해야 한다. 뿐만 아니라 지속적으로 살아남기 위해 병원체는 처음 환경의 가치가 감소하면 더 나은 환경으로 이동할 수 있는 방법을 반드시 고안해야 한다. 바로 그 시점에 동일한 숙주에서의 다른 장소나 다른 숙주로의 이동이 반드시 이루어져야 한다.

병원체가 숙주에 감염하고 결국 질병을 일으키기 위해서는 특별한 사건이 일어나야 한다. 첫째, 이전 숙주로부터 새로운 숙주로 이동해야만 한다. 이 과정의 성공을 결정하는 특정요소로는 병원체의 독성, 침입하는 병원체 숫자, 부착과 침투인자 및 숙주의 면역역량 등이 있다. 둘째, 병원체는 자원에 대해 고유미생물총과의 경쟁에서 이겨야 하고 막대한 숙주 방어 기전에 대한 반격의 수단으로 다양한 분자(예: 항식세포인자)를 생산하여 생존해야 한다. 셋째, 병원체가 숙주세포에 직접적으로 손상을 가하는 분자를 생산하거나 면역세포를 자극해 감염된 조직을 파괴하면 질병이 뒤따른다. 종종 병원체로 하여금 숙주의 방어를 피하도록 도와주는 인자가 숙주를 파괴하는 동일한 분자임을 파악하는 것이 중요하다. 따라서 감염 과정의 단계를 논의할 때 커다란 중복이 있음도 인식해야 한다.

마무리 점검

1. 감염, 감염병, 병원성, 독성, 기회감염 병원체를 정의하시오.
2. 저온균이 사람에게 감염하지 못하는 이유는 무엇인가?
3. 절대세포내 병원체는 무엇인가? 어떻게 생존하는가?
4. 질병의 징조와 증상을 구분하시오.
5. 잠복기나 초기 전구기에 있는 사람이 전염성이 있다고 가정하시오. 이 경우에 병원체가 새로운 숙주에게 쉽게 전파되지 못하게 하는 방법은 무엇인가?

34.2 숙주로의 전파와 진입

이 절을 학습한 후 점검할 사항:

a. 미생물이 사람세포와 조직에 접근하여 질병을 일으키는 방법을 열거하고 설명할 수 있다.
b. 초기 감염 미생물의 숫자와 증식속도를 감염 및 치사율에 연관시킬 수 있다.
c. 미생물이 사람세포와 조직에 부착하여 침투하는 분자적 기전을 비교할 수 있다.

미생물이 사람에서 질병을 일으키기 전에 이 두 생명체는 반드시 접촉해야만 한다. 병원체는 감염원(source)으로부터 직접적이거나 간접적으로 중간체를 통해서 숙주로 이동한다. 감염원은 생명체(예: 사람 또는 동물)거나 무생명체(예: 물 또는 음식)이다. 감염 기간(period of infectivity)은 감염원(예: 사람 또는 오염된 물)에서 병원체를 퍼뜨리는 동안의 시간이다.

보유체(reservoir)는 병원체가 정상적으로 살고 있는 자연환경의 장소를 의미한다. 병원체는 보유체에서 감염원을 거쳐 숙주로 전파되거나 보유체에서 사람에게 직접 전파될 수도 있다. 따라서 보유체가 때로는 감염원으로 기능할 수도 있다. 생명체나 무생명체가 모두 보유체가 될 수 있다. 예를 들어, 웨스트나일바이러스가 새에서 모기를 거쳐 사람에게 전파될 때 보유체는 새이고, 식수에 오염된 비브리오 콜레라가 직접 사람에게 감염할 때의 보유체는 오염된 식수이다.

감염체가 동물에서 사람에게 전파될 때 일어나는 감염병을 **인수공통전염병**(zoonoses: 그리스어 *zoon*은 '동물', *nosos*는 '병'을 의미)이라 부른다. 예를 들어, 광견병에 걸린 미친개가 사람을 물어 광견병바이러스를 전파하는 것처럼 동물도 보유체로 작용할 수 있다. 또한 모기, 참진드기(tick), 벼룩, 진드기(mite), 흡혈파리 같은 절지동물인 **매개자**(vector: 한 숙주에서 다른 숙주로 병을 전파하는 생명체)에게 물려도 지카, 말라리아, 라임병, 로키산홍반열, 흑사병의 감염을 유발할 수 있다.

전파와 독성은 서로 관련되어 있다

전파는 감염과정의 중요한 요소이다. 전파는 공기매개, 접촉, 운반체(vehicle), 매개자매개라는 4종류의 주요 경로를 통해 직접적이거나 간접적으로 일어난다. 임산부도 **수직전파**(vertical transmission)를 통해 병원체를 자신의 태아에게 전달할 수 있다. 병원체의 독성은 전파 방식과 숙주 외부에서 생존하는 능력에 의해 강력하게 영향을 받을 수 있다(**역사 속 주요 장면 34.1**).

병원체가 숙주 외부에서 장기간 생존할 수 있을 때 병원체에게는 숙주를 떠나 단순히 새로운 숙주가 오기를 기다릴 여유가 있다. 숙주의 건강과는 상관없이, 숙주 내부에서의 광범위한 증식이 전파 효율성을 증가시킬 것이다. 결핵균, 디프테리아균 및 홍역 바이러스가 일으키는 결핵, 디프테리아 및 홍역이 좋은 예이다. 이 미생물들은 비교적 오랜시간, 즉 몇 시간에서 며칠 또는 몇 주 간에 걸쳐 사람 숙주의 외부에서 생존한다. 많은 세균의 생존을 용이하게 해주는 독성인자는 세균 간에 접합, 형질도입, 형질전환(수평적 유전자 전달)을 통해 손쉽게 전달되는 DNA의 특정 서열에 암호화되어 있다. ◀ 수평적 유전자 전달: 무성적인 방법에 의한 변이 생성(16.4절)

노출만으로는 감염이 발생하기에 충분하지 않다. 오히려 병원체는 반드시 적절한 숙주조직과도 접촉해야 한다. 예를 들어, 리노바이러스는 공기매개 전파를 통해 한 숙주에서 다른 숙주로 전파된다. 일단 바이러스가 상기도의 상피세포와 접촉하여 침입하면 상기도에서만 질병을 일으킨다. 리노바이러스는 일반적으로 다른 종류의 숙주세포에는 감염하지 않는다. 이러한 특이성을 **친화성**(tropism: 그리스어 *trope*는 '전환'을 의미)이라 부른다. 많은 병원체는 세포, 조직 및 기관 특이성을 나타낸다. 특정 미생물에 의한 친화성은 보통 숙주세포의 표면에서 그 미생물에 대해서만 특이성을 가지는 세포 표면 수용체를 반영한다. ◀ 부착(흡착)(6.3절)

COVID-19

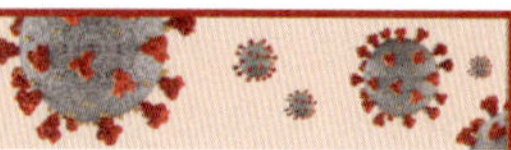

SARS-CoV-2의 스파이크 단백질은 특이적으로 안지오텐신-전환효소2(ACE2) 단백질과 결합한다. 이 바이러스는 호흡기 비말과 분무에 의해 전파되어 주로 호흡기관의 세포에 침투하지만, ACE2가 다른 유형의 세포에도 많이 존재하므로 SARS-CoV-2는 다른 기관에도 광범위하게 침입할 수 있다.

역사 속 주요 장면 34.1

감염성 질병이 사람에서 사람에게로 확산된다는 것을 보여준 처음 사례들

1773년 영국의 외과의사이자 산과의사인 화이트(Charles White)는 '임부와 산모의 관리에 관한 논문'을 발표하였다. 여기에서 그는 출산 후에 나타나는 산욕열을 해결하기 위해 수술실의 청결을 주장하였다(산욕열은 출산 후에 일어날 수 있는 급성 열병 상태이며 자궁이나 주변부의 연쇄상구균 감염으로 일어난다). 1795년 스코틀랜드의 산과의사인 고든(Alexander Gordon)은 '애버딘 지역의 전염성 산욕열에 대한 논문'을 발표하였다. 이것은 질병의 전염성을 보여주는 첫 번째 논문이었다. 1843년에는 미국의 유명한 의사이자 해부학자인 홈스(Oliver Wendell Holmes)도 '산욕열의 전염성에 대하여'라는 논문을 발표하였으며 이 질병에 대처하기 위해 수술실의 청결을 주장하였다.

하지만 병원체가 사람에서 사람에게로 전파될 수 있다는 것을 처음으로 인식한 사람은 헝가리의 의사인 제멜바이스(Ignaz Phillip Semmelweis)였다. 1847년~1849년 사이에 제멜바이스는 의과대학 학생과 의사들의 도움으로 병원에서 출산한 사람이 조산원의 도움으로 출산한 사람보다 4배나 더 산욕열에 걸린다는 것을 확인하였다. 그는 의사와 학생들이 부검 및 다른 활동 후에 그들의 손에 남아 있는 물질로 여자들을 감염시킨다고 결론지었다(놀랍게도 이들은 이런 활동 후에도 손을 씻지 않았다!). 따라서 제멜바이스는 환자를 진료하거나 출산을 돕기 전에 염화칼슘용액으로 손을 닦기 시작했다. 이 간단한 방법으로 산욕열의 발생은 급격히 감소했으며 많은 여성들의 목숨을 구하게 되었다. 결과적으로 제멜바이스는 산과에서 소독법의 개척자로 인정받게 된다. 하지만 불행하게도 그 당시에는 대부분의 의학적 성취가 인정받지 못하였고 그의 방법은 받아들여지지 않았다. 수년에 걸친 외면 끝에 1865년 제멜바이스는 신경쇠약에 걸렸다. 이후 그는 상처 부위를 통해 감염되었고 곧 죽었다. 그것은 아마도 그가 전문가로서 평생 동안 싸워왔던 것과 동일한 병원체인 연쇄상구균에 의한 감염이었을 가능성이 높다.

공기매개 전파

공기는 병원체 성장에 적절한 매체가 아니기 때문에 공기매개 병원체는 사람, 다른 동물, 식물, 토양, 음식, 물과 같은 감염원에서 유래되어야만 한다. **공기매개 전파**(airborne transmission)에서 병원체는 비말, 비말핵, 먼지로 공기 중에 떠 있다.

비말(droplet)은 침, 점액, 다른 체액으로부터 만들어진다. 비말은 지름이 최대 2 mm이며 액체에 힘이 가해지면 만들어진다. 비말의 크기 때문에 비말이 직접 전달되려면 숙주 사이의 거리가 1 m 미만으로 아주 가까워야 한다. **비말핵**(droplet nuclei)은 지름이 1~5 μm인 작은 입자로, 조금 더 큰 비말이 증발되면 만들어진다. 비말보다 훨씬 작은 비말핵은 몇 시간 또는 며칠 동안 공기 중에 남아 있으며 먼 거리를 이동할 수 있다. 1 μm보다 더 작은 입자는 **분무질**(aerosol) 형태로 더 멀리 퍼질 수 있다. 일부 전염성이 강한 질병인 홍역, 수두, 결핵이 이 방식으로 전파된다. 먼지(dust) 또한 공기매개 전파의 주요 경로이다. 먼지가 약간의 소동에 의해 날릴 때 먼지 입자에 부착된 미생물은 공기매개로 전파된다. 먼지가 숙주의 외부에서 비교적 오랜기간 생존할 수 있는 병원체 또는 내생포자를 전달한다면 특히 병원감염이 발생할 수 있는 임상 환경에서 역학적 문제를 일으킬 수 있다. 비말핵과 먼지 입자가 1 m 이상의 거리를 이동할 수 있기 때문에 종종 공기매개 전파라는 용어가 사용된다. 이는 간접적인 전파 방식이라 생각된다.

접촉성 전파

접촉성 전파(contact transmission)는 병원체의 감염원 또는 보유체가 직간접적으로 숙주와 접촉하는 것을 의미한다. 직접적인 접촉은 감염원과의 실제적인 물리적 접촉을 의미한다(**그림 34.2**). 이러한 경

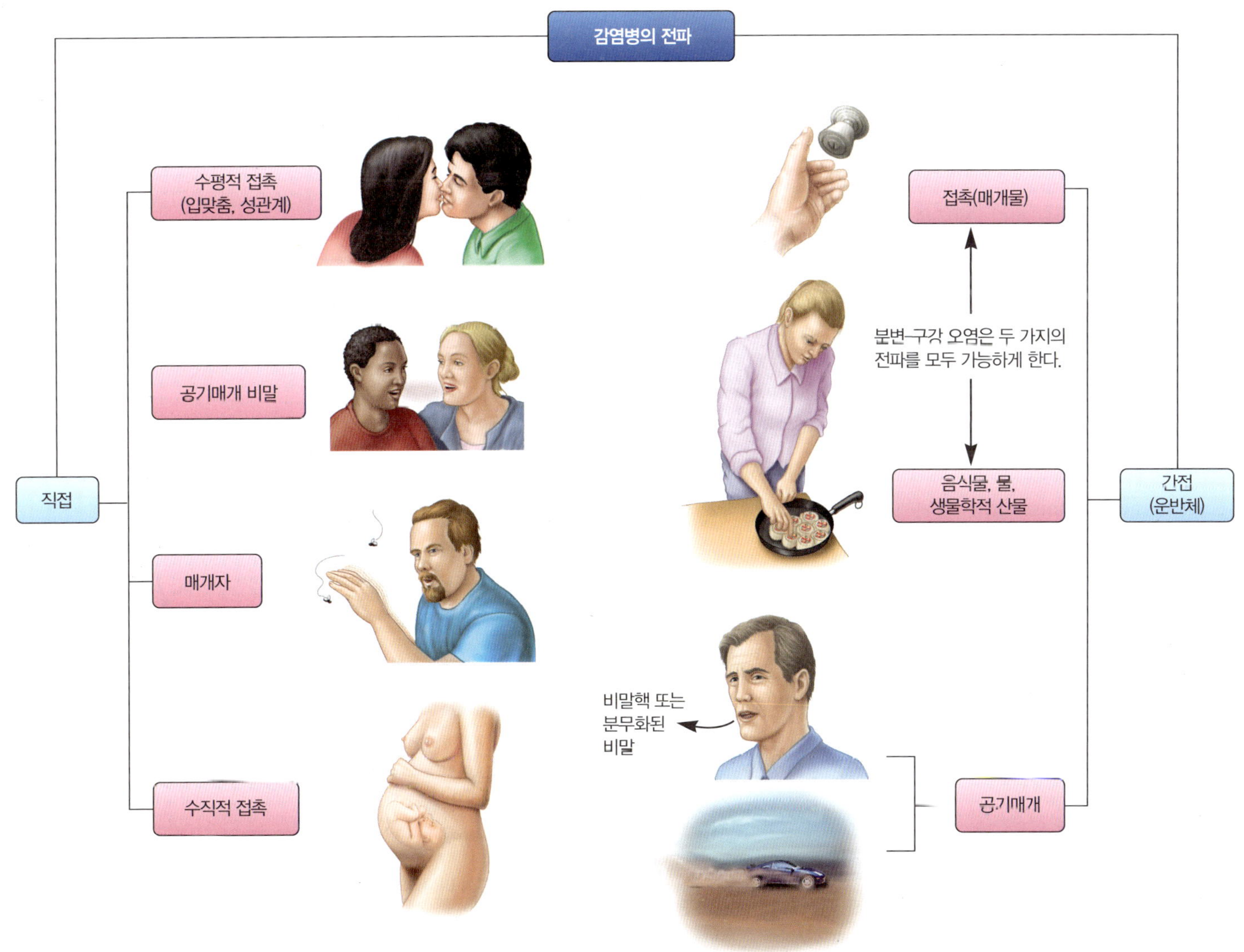

그림 34.2 감염병의 전파. 감염병은 직접적이거나 간접적인 방법으로 다양하게 전파된다.

로는 사람 대 사람(person-to-person)의 접촉이라고 불린다. 사람 대 사람의 전파는 주로 만지거나, 입맞춤 또는 성적 접촉(예: 임질, 단핵증), 구강분비물이나 몸의 상처와의 접촉(예: 허피스와 종기), 수유(예: HIV, 포도상구균 감염), 태반을 통해서(예: 매독, 수직 전파 참조) 또는 출산 동안에 일어나는 전파(그룹 B 연쇄상구균)가 해당된다. 또한 일부 병원체들은 동물이나 그들의 생산물과의 직접적인 접촉에 의해 전파될 수도 있다(예: 살모넬라와 *Campylobacter* 속의 세균). 간접적인 접촉에 의한 전파는 **매개물**(fomite)이라 불리는 무생물체가 감염체를 숙주 사이에서 운반할 때 일어난다.

운반체 전파

병원체를 간접적으로 전파하는 물질을 **운반체**(vehicle)라 한다. 접촉성 운반체 전파(contact vehicle transmission)에서는 운반체 또는 종종 매개물(fomite)이 병원체를 여러 숙주에게 전파한다. 매개물의 예로는 수술 도구, 음료 용기, 청진기, 침구, 식기 및 의류 등이 있다. 병원체를 가지고 있는 하나의 감염원(예: 혈액, 약, 정맥주사용 용액)이 여러 감염을 유발하는 공통 운반체를 오염시킬 수 있다. 식품이나 물 및 생물학적 물질(체액과 조직)은 사람에게서 다양한 질병을 유발하는 중요한 공통 운반체이다. 게다가 이 운반체는 종종 병원체의 증식을 도와주기도 한다. 새로운 숙주에 도달하기 위해 1 m 이상을 이동하는 분무체는 공기를 운반체로 이용한다.

매개자매개 전파

병원체를 전파하는 살아있는 생명체를 매개자(vector)라 부른다. 대부분의 매개자는 절지동물(예: 곤충, 참진드기, 진드기, 벼룩) 또는 척추동물(예: 개, 고양이, 스컹크, 박쥐)이다. **매개자매개 전파**(vector-borne transmission)는 병원체가 왕성하게 증식하고 숙주간에 확산되도록 허용함으로써 병원체에게 도움이 된다. 숙주 내에 병원체 수가 매우 많으면, 숙주를 무는 곤충과 같은 매개자가 병원체를 취득해 그것을 새로운 숙주에게 전달할 기회가 크게 증가할 것이다. 실제로 무는 절지동물에 의한 병원체의 전파는 말라리아, 발진티푸스, 수면병과 같이 독성이 매우 강한 질병의 원인이 된다. 이러한 병원체가 매개자에게는 해가 되지 않아야 하며, 매개자는 최소한 병원체를 전파할 수 있을 만큼 충분히 오랫동안 건강해야 한다는 점이 중요하다.

Akil Rolle-Rowan/Shutterstock

수직전파

병원체의 직접적인 전파는 수평적으로 사람에서 사람으로의 전달에 의해서만 매개되는 것이 아니라 수직적 전달에 의해서도 이루어진다. 병원체의 **수직전파**(vertical transmission)는 태아가 감염된 엄마로부터 병원체를 얻을 때 일어난다. 수직전파는 수평전파만큼 자주 일어나지는 않지만 몇몇 미생물은 이 경로를 개발하여 숙주의 범위를 넓혀간다. 감염성 질병을 가지고 태어난 아기는 **선천적**(congenital: 라틴어로 '함께 태어나면서'를 의미) 감염을 가지고 있다고 말한다. 선천적 감염의 예로는 임질, 매독, 허피스, 풍진, 톡소플라스마증이 있다. 이 질병에 대해서는 37~39장에서 학습할 것이다.

침입하는 병원체의 숫자는 감염마다 다르다

감염이 진행되는 속도(예를 들어, 잠복기와 전구기의 타이밍)와 심각한 정도는 숙주의 저항력에 더하여 초기에 감염된 미생물 접종량(inoculum)과 그 독성에 의해 결정된다. 일부 미생물은 숙주에 침입해 들어가는 능력이 매우 뛰어나서 극소수만으로도 감염을 일으킬 수 있다. 반면에 어떤 미생물은 감염을 일으키기 위해 많은 수가 필요하다. 접종량은 접종된 숙주의 50%에서 질병을 일으키는 데 필요한 미생물의 수인 **감염량 50**(infectious dose 50, ID_{50})을 실험적으로 결정하여 측정할 수 있다(**그림 34.3**). ID_{50}은 병원체에 따라 다르다. 예를 들어 새로운 숙주에서 결핵을 일으키기 위해 전파되는 결핵

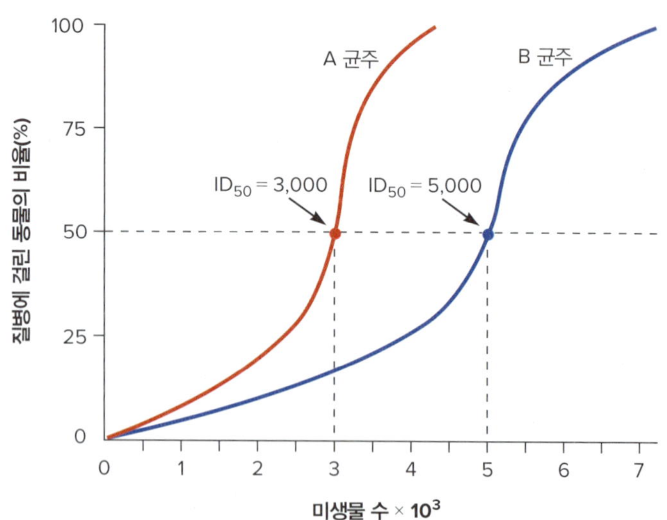

그림 34.3 병원성 미생물의 ID_{50} 결정. 다양한 양(dose)의 특정 병원체를 실험동물에 주입한다. 감염을 기록하고 그래프를 그린다. 이 실험의 그래프는 한 병원체의 두 가지 서로 다른 균주인 A와 B에 대한 숙주동물의 감수성을 보여준다. A 균주에 대한 ID_{50}는 3,000이며, B 균주에 대한 ID_{50}는 5,000이다. 따라서 A 균주가 B 균주보다 독성이 더 강하다.

균은 10개체만 필요한 반면, 살모넬라증의 발생에는 종에 따라 다르겠지만 최소한 1,000개체가 전파에 필요하다. 감염량이 적으면 적을수록(즉 감염에 필요한 개체수가 적을수록) 그만큼 더 감염의 위험성은 커진다.

감염성 즉, 독성의 또 다른 측정 방법은 숙주를 죽이는 데 필요한 미생물의 양을 실험적으로 측정하는 것이다. 이것은 **치사량 50**(lethal dose 50, LD_{50})이라고 한다. 이 수치는 특정 기간에 실험용 숙주 50%를 죽이는 병원체의 양 또는 수를 나타낸다. 독성이 강한 병원체는 독성이 약한 생명체와 비교하여 매우 적은 양으로 숙주를 죽인다.

일부 생명체에 대한 ID_{50}과 LD_{50}이 숙주의 민감성에 의해서도 영향을 받을 수 있다는 사실이 중요하다. 만약 숙주가 강력한 면역계를 가지고 있다면 질병으로 발전할 가능성이 감소할 것이다. 영양 상태, 청결도, 정신건강 및 유전적 소인 등도 역할을 한다. 예를 들어, 투약, 스트레스, 영양결핍 때문에 면역계가 약해진 숙주는 감염병에 걸릴 가능성이 더 커진다.

부착인자와 침입인자가 질병을 개시한다

숙주세포에 부착하고 그 아래 조직에 침투해서 군집을 이루어야 하는 작업은 병원체가 극복해야 하는 주요 과업이다. 이를 위해서 미생물의 세포 표면에는 특정 분자, 특히 단백질이나 당단백질이 있다. 이 표면분자는 숙주에 접근하기 위해 다양한 역할을 한다. 미생물의 표면 단백질은 부착과 침입뿐 아니라 병원체로 하여금 숙수의 면역 반응을 피하고 생물막을 형성하도록 도움을 준다.

진입과 부착이 집락형성의 기반을 확립한다

일단 충분한 수의 병원체가 보유체나 감염원으로부터 민감한 숙주로 전파되면 숙주로의 진입은 적절한 **침입문호**(portal of entry)를 통해서 이루어진다. 피부, 호흡계, 위장계, 비뇨생식계 또는 눈의 결막이 해당된다. 진입 후 감염병 과정의 첫 단계는 미생물이 표적세포에 부착하는 것이다.

숙주로 진입한 병원체는 반드시 숙주의 세포나 조직에 부착하여 집락을 형성할 수 있어야 한다. 이러한 의미에서 집락형성(colonization)은 숙주 표면 또는 내부에서 미생물의 번식 장소가 확립되는 것을 의미한다. 조직 침입이나 손상이 반드시 일어나야 하는 것은 아니다. 부착은 2단계로 이루어진 과정이라고 생각할 수 있다. 단계 1은 비특이적이고 종종 가역적인데, '도킹'을 가능하게 하는 소수성, 정전기성, 진동력에 의해 일어난다. 단계 2는 상보적인 분자(동계 수용체)에서 보이는 자물쇠-열쇠 유형의 결합처럼 특이적이고 영구적이다. 이 단계에서 일어나는 과정은 병원체로 하여금 숙주세포의 표면에 보이는 특성을 이용하도록 하는 공동진화의 예가 된다. 병원체는 표적조직에 높은 특이성을 가지고 부착한다. 선모(pili) 및 핌브리아(fimbriae)와 같이 **부착분자**(adhesin)라 알려진 부착구조, 막과 협막 물질 및 침입하는 미생물 표면의 특수한 부착분자는 숙주에 결합한다(**그림 34.4**, **표 34.1**). 이러한 미생물의 산물과 구조성분은 감염을 용이하게 하며, 병원체의 독성에도 기여하기 때문에 독성인자로 분류할 수 있다. 병원체 부착의 예에 대해서는 특정 질병의 관점으로 37~39장에서 학습할 것이다.

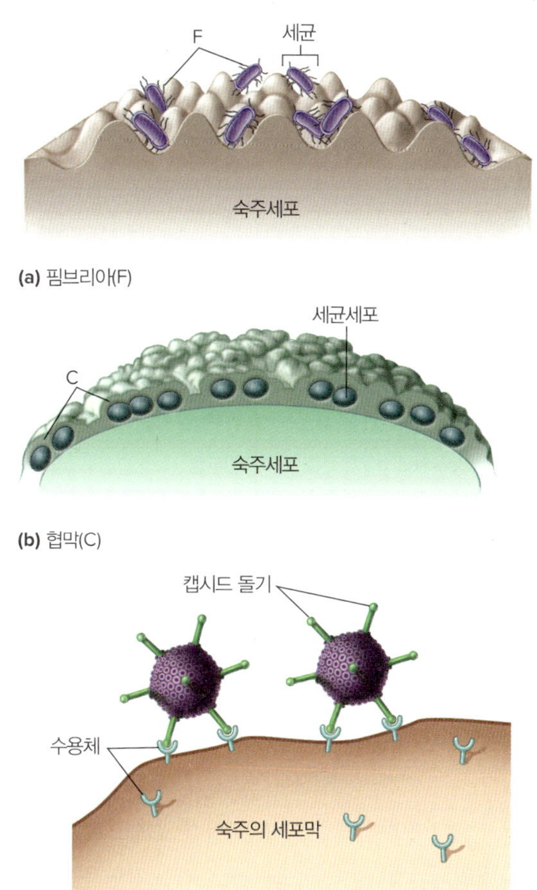

그림 34.4 미생물의 부착 기전. (a) 세균의 핌브리아, (b) 세균의 협막, (c) 바이러스의 단백질 돌기(스파이크)이다.

침입은 병원체를 퍼뜨린다

병원체는 그들의 감염성과 침입성으로 설명될 수 있다. **감염성**(infectivity)은 생명체가 별개의 감염부위를 형성할 수 있는 능력이다. 미생물이 숙주세포 표면의 특이 분자에 결합하면 미생물이 매개하는 감염이 시작되지만 세포매개에 의한 미생물의 내재화도 일어난다. 바이러스는 이 방법들을 감염성에 사용하는 데 능숙하다. **침입성**

표 34.1 미생물의 부착 기전의 예

미생물	질병	부착 기전	숙주 수용체
Neisseria gonorrheae	임질	IV형 핌브리아	요도 상피의 만노오스
Escherichia coli	설사병	I형 핌브리아	장 상피의 당 잔기
	용혈성 요독증 증후군	P 선모	콩팥세포의 당 잔기
	요로 감염	P 선모	요도 상피의 당 잔기
Treponema pallidum	매독	외막 단백질	점막세포의 피브로넥틴
Mycoplasma pneumoniae	폐렴	막 단백질	폐세포의 시알산
Streptococcus pyogenes	인두염	단백질 F	상기도관 세포의 피브로넥틴
Streptococcus mutans	충치	당 잔기	치아의 침 당단백질
Influenza virus	독감	혈구응집소 돌기 단백질	상기도관 세포의 단백질 잔기
Human immunodeficiency virus-1	AIDS	gp120 단백질	T 세포의 CD4 수용체
Human enterovirus C	소아마비	캡시드 단백질 VP1	장 및 신경세포의 CD155 단백질
SARS-CoV-2	COVID-19	스파이크 단백질(돌기 단백질)	안지오텐신-전환효소2

(invasiveness)은 생명체가 주변 또는 다른 조직으로 전파되는 능력이다. 일부 병원체는 한 곳에 머물러 국소적인 감염을 일으키지만 다른 병원체는 다른 조직으로 침입해 들어간다.

병원체는 숙주의 표면을 능동적 또는 수동적 방법으로 뚫고 들어갈 수 있다. 여기에는 호흡계, 위장관, 비뇨생식관, 상피세포로 구성된 다른 표면들의 막이 포함된다. 능동적인 침입은 (1) 세포외 기질과 피부 및 장 내막의 기저막 공격, (2) 세포 사이 또는 세포 표면에 있는 탄수화물-단백질 복합체의 분해 또는 (3) 숙주세포 표면의 파괴 등과 같은 방법으로 숙주 조직을 변화시키는 용해성 물질의 생산을 통해 이루어질 수 있다. 침입의 수동적인 기전은 병원체와는 관련이 없다. 예로는 (1) 초기 침입을 가능하게 해주는 점막의 작은 상처, 병소 또는 궤양, (2) 피부 표면의 상처, 찰과상 또는 화상, (3) 절지동물 매개자가 섭식하면서 만드는 작은 상처, (4) 염증 동안 세포 사이의 밀착연접의 분리 및 (5) 다른 생명체에 의해 만들어지는 조직 손상(예: 개에 물림)이 있다.

일단 점막 또는 다른 장벽 밑으로 들어오면 병원체는 좀 더 깊은 조직으로 침입하고 숙주의 몸 전체로 지속적으로 퍼진다. 병원체가 이것을 이루는 한 가지 방법은 전파를 촉진하는 특별한 구조나 효소를 만드는 것이다(**표 34.2**). 이들 산물은 숙주 내에서 병원체의 성공에 기여하기 때문에 또 다른 독성인자로 간주될 수 있다. 병원체는 또한 상피를 둘러싸고 있는 작은 말단 모세림프관으로 들어갈 수도 있다. 이들 모세림프관은 결과적으로는 순환계와 합쳐지는 커다란 림프관으로 모인다. 일단 순환계에 도달하면 미생물은 숙주의 모든 장기나 기관에 들어갈 수 있게 된다. 혈액에 살아 있는 세균이 존재하는 것을 **세균혈증**(bacteremia)이라 한다. 혈액 내 세균이나 진균 독소에 의한 감염병의 진행은 **패혈증**(septicemia: 그리스어 *septikos*는 '부패에 의해 만들어지는', *haima*는 '혈액'을 의미)이라 한다.

침입성은 병원체들 사이에서 매우 다양하다. 예를 들어, 파상풍균(*Clostridium tetani*)은 한 조직에서 다른 조직으로 전파되지 않기 때문에 비침입성이지만, 이 균의 독성인자는 혈액으로 매개되어 질병을 일으킨다. 탄저균(*Bacillus anthracis*)과 페스트균(*Yersinia pestis*)도 독성인자를 만들며 더구나 세균 자체는 높은 침입성을 가진다. 연쇄상구균(*Streptococcus*) 속의 세균은 다양한 독성인자와 침입성을 모두 가지며, 일부는 패혈성 인두염(strep throat) 또는 심각한 피부 및 연조직 감염('살을 먹는' 질병)을 일으킨다. 침입의 또 다른 방법은 리스테리아균(*Listeria monocytogenes*), 이질균(*Shigella* 종) 및 리케치아균(*Rickettsia* 종)에서 관찰된 것처럼 이들 세포내 병원체는 자신의 세포 표면단백질을 이용하여 숙주의 액틴(actin)을 중합한다. 만들어진 액틴 꼬리는 이들 병원체가 포유류 숙주세포 안에서 이동하고 숙주세포 사이에서 퍼지도록 해준다(**그림 34.5**). 주변에 있는 다른 세포로 이동하기 위해 세균은 원형질막을 밖으로 밀어내어 돌출부를 형성한다. 이 돌출된 부위는 주변 세포에 의해서 삼켜지게 되어 세균은 주변의 새로운 세포로 들어간다. 이러한 방법으로 면역계에 쉽게 감지될 수 있는 세포외 환경에 노출되지

표 34.2 병원성 세균의 부착과 전파에 관여하는 독성인자

산물	관여하는 균	작용 기전
응집효소	황색포도상구균	혈장의 섬유소원을 응고시킨다. 응고를 통해 병원체가 잡아먹히는 것과 그밖의 숙주 방어기전을 막는다.
콜라겐가수분해효소	*Clostridium* 종	결합조직의 기본이 되는 콜라겐을 분해하여 병원체가 이동하기 쉽게 해준다.
데옥시리보핵산분해효소	A 그룹 연쇄상구균, 포도상구균, *Clostridium perfringens*(웰치균)	DNA를 분해함으로써 삼출액의 점성을 낮춰 병원체의 운동성을 높여준다.
엘라스타아제와 알칼리성 단백질분해효소	녹농균(*Pseudomonas aeruginosa*)	기저막에 연결되어 있는 라미닌(laminin)을 분해한다.
용혈소	포도상구균, 연쇄상구균, 대장균, 웰치균	적혈구를 파괴하여 미생물 성장에 필요한 철분을 공급해준다.
히알루론산분해효소	A, B, C, G 그룹 연쇄상구균, 포도상구균, 클로스트리듐 속	세포를 서로 연결해주는 세포외 기질의 구성물질인 히알루론산을 가수분해한다. 따라서 병원체가 세포 사이 공간을 통과하기가 용이해진다.
과산화수소(H_2O_2)와 암모니아(NH_3)	*Mycoplasma* 종, *Ureaplasma* 종	독성이 있어서 호흡기나 비뇨생식기의 상피세포를 손상시킨다.
IgA 단백질분해효소	폐렴연쇄상구균	IgA를 Fab와 Fc 조각으로 분해한다.
레시틴가수분해효소 또는 인지질가수분해효소	클로스트리듐 종	원형질막 성분인 레시틴(포스파티딜콜린)을 파괴하여 병원체가 전파될 수 있게 한다.
백혈구독소	포도상구균, 폐렴구균, 연쇄상구균	구멍을 형성하는 외독소로 백혈구를 죽인다. 백혈구 내에서 리소좀의 탈과립을 일으켜 숙주의 저항을 약화시킨다.
단백질 A 단백질 G	황색포도상구균 화농연쇄상구균	세포벽에 위치. IgG의 Fc가 단백질 A나 단백질 G에 결합함으로써 결합된 IgG가 보체와 상호작용하는 것을 막는다.
발열성 외독소 B (시스테인 단백질분해효소)	A 그룹 연쇄상구균(화농연쇄상구균)	숙주의 혈청 단백질을 분해한다.
스트렙토키나아제(섬유소용해소, 스타필로키나아제) 스타필로키나아제	A, C, G 그룹 연쇄상구균 황색포도상구균	플라스미노겐에 결합하여 플라스민 생성을 활성화시키는 단백질로서 응고된 섬유소를 분해한다. 이로써 병원체가 응고된 부위에서 이동하도록 해준다.

그림 34.5 세포내 세균 병원체에 의한 액틴꼬리의 형성. 숙주의 대식세포 안에 있는 *Lysteria monocytogenes*의 투과전자현미경 사진. 세균(분홍색)은 숙주의 액틴을 한쪽 끝에 기다란 꼬리(녹색)로 중합하여 이것을 세포내에서의 이동과 다른 숙주 세포로 이동하는 데 사용한다. SPL/Science Source

잃고 주변 세포로 전파된다. 미포자충류 종(*Microsporidia* 종)은 숙주세포내로 구멍을 뚫기 위해 독특한 극성 세관(polar tubule)을 사용한다(그림 24.4 참조). 반면에 많은 다른 진균들은 세포와 조직에 침입하기 위해 가수분해효소를 이용한다. 이들 독성인자에 대해서는 38장과 39장에서 좀 더 자세히 논의할 것이다.

마무리 점검

1. 감염원과 보유체를 설명하시오. 이 둘은 어떻게 관련되는가?
2. 감염병의 네 가지 주요한 전파 형태를 설명하고 각각의 예를 드시오.
3. 비말핵, 운반체, 매개물 및 매개자를 정의하시오.
4. 사람 대 사람으로 전파되는 병원체가 절지동물 매개자에 의해 전파되는 병원체보다 독성이 약한 이유는 무엇인가?
5. 의심스러운 병원체의 ID_{50}는 어떻게 측정할 수 있을까?
6. 세균 병원체가 숙주세포에 부착하기 위해 사용하는 여러 특이 부착분자들을 설명하시오.

34.3 숙주 방어에서 살아남기

이 절을 학습한 후 점검할 사항:

a. 미생물종 간의 경쟁을 미생물과 사람세포 간의 경쟁과 비교할 수 있다.
b. 미생물이 숙주의 저항과 면역을 극복할 수 있는 특징을 설명할 수 있다.
c. 미생물이 사람의 세포와 조직을 그들의 생존에 필요한 자원으로 사용할 수 있도록 발전시킨 전략을 설명할 수 있다.
d. 생물막에 있는 미생물과 부유생물의 특징을 구분할 수 있다.

대부분의 미생물은 질병을 일으키지 않는데 그 이유 중 일부는 숙주의 고유미생물총에 의해 적대화되거나 감염을 시작하기 전에 면역계에 의해 제거되기 때문이다. 이러한 상황에서 세균이 처음 숙주에 노출되면 공간과 영양물질에 대해 상주 미생물총과 경쟁하고 숙주의 선천성 방어기전이 작용하게 된다. 이후에는 감염체가 더 이상 증식하지 못하게 방지하는 특이 면역반응의 놀라운 역할이 발휘된다. 하지만 일부 병원체는 경쟁을 극복하고 숙주의 초기 방어와 아울러 적응면역계에 의한 방어도 피하는 다양한 기전을 갖도록 발전하였다.

세균과 진균이 성공적으로 감염을 일으키기 전에 이들은 자원에 대해 직접적인 경쟁에서 상주 미생물총을 극복할 수 있어야 한다. 일부 세균은 치명적인 효과분자를 직접적인 접촉을 통해 자신의 세포질로부터 경쟁하는 생명체로 전달하는 분자 나노병기인 VI형 분비체계(T6SS)를 생산한다(27.4절, 그림 27.11 참조). 이 분비체계는 특히 자원에 대한 경쟁이 치열한 장내 그람음성 병원체에 효과적이다. 숙주에서 미생물의 생존은 은신처를 찾는 능력에 달려 있는데, 이는 숙주의 방어세포에 의한 감지를 피하기 위해서다. 또 다른 미생물은 숙주세포내부에서 생존하고 증식한다. 심지어 일부는 자신을 죽이기로 예정된 세포내에서도 서식한다(예: 대식세포와 호중구). 다른 미생물은 숙주세포 사이에 비집고 들어가기도 하고, 식세포작용을 피하기 위해 협막을 만들기도 하고, 점액 밑에 파묻히기도 하고, 생물막(biofilm) 내부에 공동의 은신처를 만들기 위해 세포외 다당류(exopolysaccharide)를 분비하기도 한다. 또 다른 미생물은 선천성 저항기전을 비활성화시키는 효소를 생산한다. 여전히 또다른 미생물은 선택적으로 숙주세포를 죽이는 특수 단백질 분비체계를 발달시켰다. 이러한 물리적이고 화학적인 특성은 미생물의 독성을 반영하고 생존을 용이하게 한다. ◀ 1단계 분비체계(13.9절); 기능적 핵심 마이크로바이옴이 숙주의 항상성에 필요하다(33.3절)

병원체는 숙주의 면역반응을 피하기 위해 다양한 방법을 발전시켜 왔다. 예를 들어, B형 간염바이러스에 감염된 세포는 완전한 바이러스 입자와는 상관없는 다량의 단백질을 생산한다. 이 단백질은 혈류와 주변 조직에 들어가 미끼로 작용하여 이용 가능한 항미생물 단백질에 결합함으로써 바이러스가 감지되지 않도록 한다. 일부 미생물은 다양한 유전적 기전에 의해 자신의 표면 단백질 수를 변화시키거나 적게 생산하도록 한다. 예를 들어 임질균(*Neisseria gonorrhoeae*)은 **상변이**(phase variation)라 불리는 과정을 통하여 선모(pili)의 단백질을 암호화하는 서로 다른 유전자들의 발현을 개폐하는 스위치 역할을 한다(그림 20.12 참조). 이러한 선모단백질의 변화는 새로운 선모에 대한 특이 숙주반응을 소용없게 하여 숙주조직에 부착할 수 있게 한다. 화농연쇄상구균(*Streptococcus pyogenes*)과 같은 일부 세균은 숙주조직의 성분과 비슷한 **협막**(capsule)을 생산하여 은밀하게 자신을 덮는다. 일부 다른 세균(인플루엔자균, *Haemophilus influenzae*)의 협막은 숙주 보체의 축적을 억제하여 숙주의 방어로부터 자신을 보호한다. 일부 세균성 병원체는 IgA와 같은 숙주 단백질을 분해하는 단백질분해효소를 생성한다. 다른 세균은 항체의 Fc 부위와 결합하는 표면단백질(예: 포도상구균의 단백질 A)을 생산함으로써 항체가 반대 방향으로 자신과 결합하여 뒤덮게 한다. 사람면역결핍바이러스(HIV), 홍역바이러스 및 거대세포바이러스(cytomegalovirus)는 숙주세포의 융합을 일으키는 병원체의 예이다. 이것은 바이러스들이 숙주방어에 최소한으로 노출되면서 감염된 세포로부터 감염되지 않은 세포로 이동할 수 있게 해준다. ◀ 협막과 점액층(3.6절); 보체는 일종의 연쇄효소계다(31.3절)

병원체는 숙주의 면역반응을 억제하기 위해 다양한 방법을 발전시켰다. 일부 바이러스들, 그중에서도 가장 악명 높은 사람면역결핍바이러스(HIV)는 면역계 세포에 감염하여 그들의 기능을 감소시킴으로써 자신의 생존을 공고히 한다(37장 참조). 폐렴연쇄상구균(*Streptococcus pneumoniae*), 수막염균(*Neisseria meningitidis*), 인플루엔자균(*Haemophilus influenzae*)과 같은 일부 세균은 숙주의 면역세포가 세균을 식세포작용하지 못하게 하는 미끈거리는 점액성 협막을 만들 수 있다. 임질균(*Neisseria gonorrhoeae*)과 같은 세균은 표면의 지질다당체(lipopolysaccharide)에 있는 O-항원을 제거하여 지질올리고당체(lipooligosaccharide)로 바꿈으로써 면역 인지와 제거를 방해한다. ◀ 그람음성균의 세포벽에는 펩티도글리칸 외에 층이 더 있다(3.4절); 항미생물 펩티드(31.3절)

생물막은 미생물에게 보호막을 제공한다

많은 세균들은 자신이 생산한 수화된 중합체 기질로 둘러싸인 채 안정적이고 고착된 집단 안에서 살고 있다. **생물막**(biofilm)이라고 알려진 이 세균 집단은 영양물의 고갈, 포식자, 환경 변화, 항미생물질체 및 숙주의 면역세포로부터 자신을 보호한다. 같은 종 내에서도 플랑크톤처럼 자유롭게 부유하는 세균과는 대조적으로 생물막의 세균은 형태적으로 다르고, 영양물 고갈 상태에서 고착된 상태로 더 잘 살 수 있는 유전자를 발현하다. 하지만 생물막의 역할은 훨씬 복잡한데, 특히 사람에게서 만성적 감염을 유발하는 생물막의 경우에 더욱 그러하다. 고용량 서열 분석, 형광 직접 혼성화법(fluorescent in situ hybridization) 및 광범위 유전자 분석 등을 이용하며 살펴본 결과 생물막에 존재하는 일부 병원성 세균은 서로 플라스미드, 영양물질 및 쿼럼센싱 분자(quorum-sensing molecule) 등을 교환하여 부유형과는 다르게 행동한다는 사실을 밝혀내었다. 이러한 차이가 생물막 내의 세균들로 하여금 유전자 발현을 조절하여 생물막 집단을 항생제와 숙주의 방어기전에 덜 민감하게 만든다는 점에서 주목할 만하다.

예를 들어, 녹농균(*Pseudomonas aeruginosa*)과 항생제, 항체 및 백혈구(대식세포와 호중구)의 혼합물을 평가하는 연구에서 부유형 녹농균은 쉽게 사멸한 반면, 생물막을 이루는 녹농균은 변화가 없었다. 생물막의 세균들은 광범위한 반응 조절물질을 활성화시키고, 다약제 유출 펌프작용의 활성을 증가시키며, 기아 또는 스트레스 반응을 활성화시키고, 세포외 다당류의 분비를 자극할 수 있었다. 이러한 활동들이 항생제와 항체의 침투를 막은 것 뿐 아니라 식세포의 살상기전을 하향조절하게 끔 유도한 것 같다. 또한 숙주의 가수분해효소는 효율성이 감소하고, 초과산화물이나 질소산화물을 생산하는 효소는 억제된다. 간단히 말하자면 생물막 내부에 위치한 생명체는 일부 항세균성 반응의 강도를 축소시키면서 함께 다른 것들도 억제하여 식세포를 '좌절'하게 만든다(**그림 34.6**). ◀ 자연환경에서의 미생물 생장(7.6절); 식세포작용은 침입자를 파괴한다(31.6절)

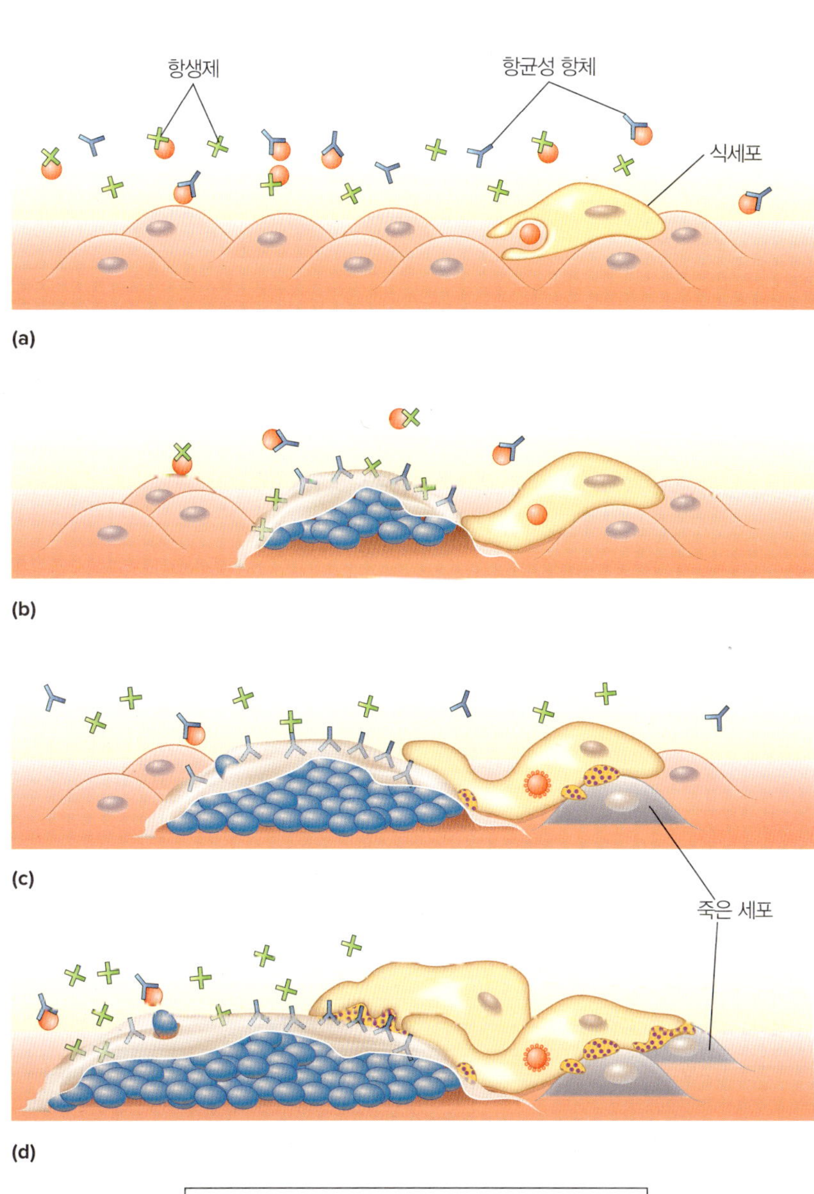

그림 34.6 실패한 식세포작용. (a) 부유성 세균은 항생제에 민감하며 숙주의 식세포와 항체에 감지된다. (b) 부유성 세균은 생물막을 형성하기 위해 가라앉아 생물막의 세포(세균)가 된다. (c) 생물막의 세포는 항생제와 항체의 감지에 저항성을 가진다. 숙주의 식세포는 생물막 세포(세균)를 감지하고 파괴시키려 한다. (d) 생물막 세포를 붙잡을 수 없는 식세포는 항미생물 산물을 방출하지만, 오히려 숙주세포를 죽이고 생물막 세포는 죽이지 못한다.

마무리 점검

1. 협막이 어떻게 병원성을 향상시키는가?
2. VI형 분비체계가 어떻게 병원체의 생존을 돕는가?
3. 숙주의 면역반응을 피하고 억제할 수 있는 생명체의 예를 드시오.
4. 생물막이란 무엇이고 어떻게 독성인자로 작용하는가?

34.4 숙주에게 손상 입히기

이 절을 학습한 후 점검할 사항:

a. 숙주에게 손상을 입히는 미생물의 독성인자와 숙주세포 반응을 예측할 수 있다.
b. 병원성 섬의 원천과 특성을 논의할 수 있다.
c. 미생물 독소가 사람세포에 영향을 주는 기전을 설명할 수 있다.

병원성이란 질병을 일으키는 생명체의 잠재력을 의미하는 일반적인 용어인 반면, 독성은 손상의 크기(병원성)를 더 구체적으로 표현한 것이다. 일부 미생물은 재빨리 증식하고 숙주세포로부터 완전히 탈출하기 때문에 병원성이다. 많은 미생물, 특히 세균은 독소를 사용하여 숙주세포를 죽인다. 기전과는 상관없이 병원체가 생산하는 **독성인자**는 숙주면역을 피하거나 숙주에 부착, 집락형성 또는 침입하는데 도움을 주는 분자이다. 많은 감염의 경우, 조직손상은 병원체가 숙주를 자극하여 과도하거나 부적절한 면역반응이 일어날 때 간접적으로 발생한다. 이 점이 굉장히 중요한 이유는 병원성이란 미생물이 가진 고유한 형질이 아니라 바로 미생물과 숙주 간에 일어나는 상호작용의 결과이기 때문이다.

독성인자는 미생물의 염색체나 염색체 외 요소(종종 수평적 유전자 전달로 획득)에 암호화될 수 있다. 독성인자의 합성은 숙주의 특수한 작동에 의해 상향 조절되어 미생물로 하여금 숙주의 서식처에서 더 잘 생존하도록 해주고 외부 환경에 있을 때 지불해야 할 인자생산에 드는 에너지 비용을 피하도록 해준다.

병원성 섬은 독성인자를 암호화한다

세균 염색체와 플라스미드 DNA의 커다란 조각(10~200 kb)이 독성인자를 암호화한다고 밝혀졌다. 이들 DNA 조각은 병원체가 비병원성 선조로부터 종분화하는 과정 중에 기존의 DNA에 삽입되는 것으로 알려져 **병원성 섬**(pathogenicity island)이라 불린다(16장 참조). *Yersinia* 종, 녹농균(*Pseudomonas aeruginosa*), 이질균(*Shigella flexneri*), 살모넬라(*Salmonella*) 종과 장병원성 대장균(enteropathogenic *Escherichia coli*) 등과 같은 많은 세균들은 최소한 하나의 병원성 섬을 가지고 있다. 병원성 섬은 일반적으로 세균의 독성을 증가시키며 동일한 속이나 종이지만 비병원성인 세균에는 없다(**표 34.3**). 예를 들어, 황색포도상구균의 병원성 섬은 독소충격증후군(toxic shock syndrome)을 일으키는 독소의 유전자를 포함하여 몇 가지 초항원 유전자(superantigen gene)를 암호화한다. 한 세균세포로부터 다른 세균세포로의 유전자 이동은 16장에서 논의했고, 미생물 유전체에서의 병원성 섬 탐지는 18장에서 논의했다. ◀ 미생물은 돌연변이 외 다른 기전을 이용하여 유전적 변이를 생성한다(16.4절); 비교 유전체학(18.7절)

표 34.3 병원성 섬 및 그들이 암호화하는 산물의 예

미생물	병원성 섬[1]	유전자 산물	기능
Escherichia coli	PAI-III	I형 선모(pili) 분비 단백질	부착 용혈소, 세포독성 괴사인자, 요로병원성 단백질
Helicobacter pylori	cag-PI	IV형 분비 단백질	세포독소
Legionella pneumophila	icm/dot	IV형 분비 단백질	세포내 생존
Salmonella enterica	SPI-1, SPI-2	III형 분비 단백질	세포독소
Shigella flexneri	SHI-1, SHI-2, SHI-3, SHI-O	III형 분비 단백질	세포독소
황색포도상구균	SaPI	분비 단백질	초항원
Vibrio cholerae	VPI-1	20개 이상의 단백질	집락형성, 장독소 생산
Yersinia pestis	HPI-1	철운반체 합성	철분 흡수 및 저장

[1] PI와 PAI는 모두 병원성 섬의 공통적인 약자다. HPI = 고병원성 섬(high-pathogenicity island)

독소는 생물학적 독이다

독소(toxin: 라틴어 *toxicum*은 '독'을 의미)는 숙주세포의 정상적인 물질대사를 망가뜨리는 물질로서 숙주에게 해로운 효과를 나타낸다. **독소생성능**(toxigenicity)은 독소를 만들 수 있는 병원체의 능력이다. **중독**(intoxication)은 병원체가 만든 특정 독소에 의한 질병이다. 중독성 질병은 활발히 자라는 병원체가 필요하지는 않다. 보툴리누스 중독의 경우와 같이 그것의 독소만 있으면 일어난다. 세균은 구조적으로 서로 다른 두 종류의 독소인 외독소(단백질)와 내독소(지질다당체)를 생산한다. 진균은 강력한 마이코톡신을 생산한다.

외독소

외독소(exotoxin)는 일반적으로 세균 병원체가 대사작용을 하면서 주변 조직으로 분비하는 수용성의 열에 약한 단백질(60~80℃에서 비활성화)이다. 외독소는 종종 감염부위에서 다른 조직이나 표적세포로 이동하여 영향을 주기도 한다(**그림 34.7**). 외독소는 일반적으로 외독소 유전자가 있는 플라스미드나 프로파지를 가진 특정 세균에 의해 만들어진다. 독소는 특정 질병과 관련이 있으며 종종 유발하는 질병에 따라 이름이 붙여지기도 한다(예: 디프테리아 독소). 외독소는 가장 치명적인 물질 중의 하나로 체중 킬로그램당 나노그램(nanogram, ng)의 아주 낮은 농도에서도 독성을 보인다(예: 보툴리누스 독소).

외독소는 특이 작용기전으로 생물학적인 활성을 보이며 작용기전(예: 세포독소는 세포를 죽인다)이나 단백질 구조에 따라 구분된다. 일반적인 구조형은 **AB 독소**(AB toxin)로서 'A (active)'와 'B (binding)'의 서로 다른 2가지 요소로 구성되어 있기 때문에 붙여진 이름이다. 독소의 B 부위는 숙주세포 수용체에 결합하여 독소의 세포내 흡입을 촉진한다. 이처럼 B 요소는 독소가 공격하는 세포를 결정한다. A와 B 요소가 숙주세포내로 들어가면 서로 분리된다. A 요소는 숙주세포에 독성을 유발하는 반응에서 효소 활성을 가진다(그림 34.7a). AB 독소들은 서로 다른 기전으로 세포에 작용한다. 많은 A 요소는 ADP 리보실화 활성을 갖고 있어 숙주의 NAD^+에서 ADP와 리보오스를 숙주의 다른 분자에게 전달하는 촉매 역할을 한다(그림 10.7 참조). 다른 종류의 외독소는 막을 파괴하는 작용기전에 따라 분류된다. 이러한 외독소의 예로는 통로형성 독소[channel(pore) forming toxin]가 있다(그림 34.7b). 이것은 원형질막을 파괴하여 세포를 용해시켜 죽게 한다. 몇 가지 외독소의 일반적인 특징을 **표 34.4**에 정리하였다. 독소는 단백질이기 때문에 각각의 독소를 인식하고 결합하여 불활성화시키고 제거하는 항독소 항체를 생산하는 숙주의 면역계에 쉽게 인식된다.

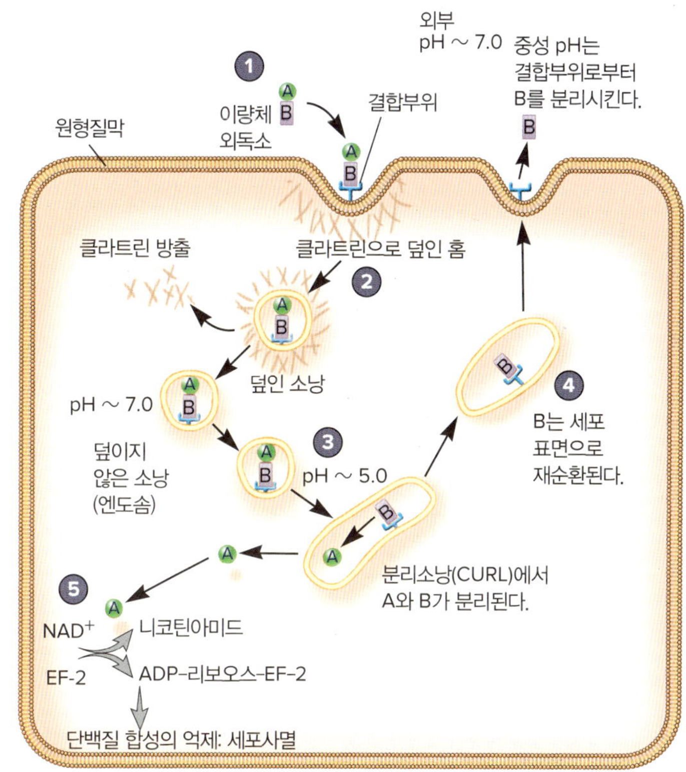

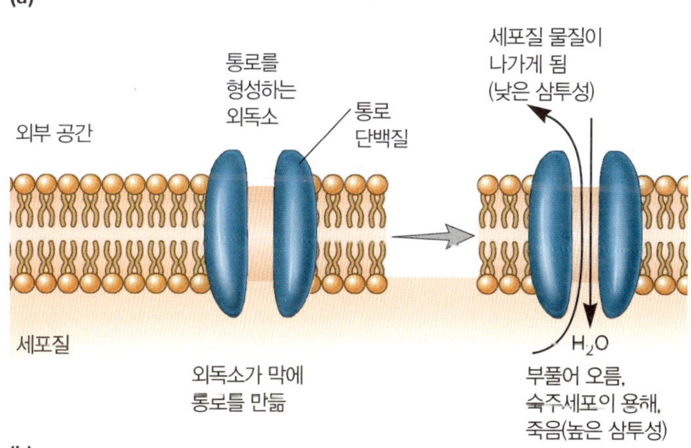

그림 34.7 외독소의 두 가지 기전. (a) 1. 디프테리아 AB 세포독소는 B 소단위를 이용하여 클라트린(clathrin)으로 덮인 홈에 있는 세포 수용체에 결합한다. 2. 전체 독소가 세포내흡입된다. 3. 엔도솜 안에서 pH의 변화로 소단위가 분리된다. 이러한 분리가 일어나는 엔도솜을 CURL(수용체와 리간드의 분리소낭, compartment of uncoupling of receptor and ligand)이라 부르기도 한다. 4. B 소단위는 이제 재활용된다. 5. 활성을 갖는 독소인 A 소단위가 ADP-리보오스를 숙주의 EF-2 (신장인자-2)에 결합시킴으로써 단백질 합성을 차단한다. 결과적으로 세포는 죽게 된다. (b) 통로(또는 구멍) 형성 독소(예: 황색포도상구균이 생산하는 α-용혈소)는 자신을 숙주의 세포막에 삽입하여 통로(구멍)를 만든다. 막에 있는 다수의 구멍은 삼투성의 변화를 가져와 물이 세포로 들어오고 세포질 내용물이 밖으로 이동하게 된다. 이 독소의 최종적인 효과는 세포의 용해다.

일부 외독소는 무려 30%나 되는 숙주 T 세포를 자극하여 사이토카인 유전자를 과발현하게 하고, 숙주의 다른 면역세포들이 전염증성 분자를 과량 분비하게 만든다(**그림 34.8**). 이것은 외독소가 항원제

표 34.4 사람의 세균 병원체가 만드는 외독소

독소	미생물	유전자 위치	독소 형태	활동기전
부종인자(EF) 치사인자(LF) 방어항원(PA)	*Bacillus anthracis*	플라스미드	세 부분으로 된 AB	EF는 부종을 일으킨다. LF는 세포독소 PA는 B 요소
백일해 독소	*Bordetella pertussis*	염색체	AB	↓ATP, ↑cAMP는 세포의 기능을 변화시켜 사망에 이르게 한다.
보툴리누스 독소	*Clostridium botulinum*	프로파지	AB	아세틸콜린의 분비를 억제하여 이완마비를 일으킨다.
CPE 장독소	*Clostridium perfringens*	염색체	세포독소	용혈작용
파상균 강직 독소	*Clostridium tetani*	플라스미드	AB	억제성 신경전달물질의 분비를 차단하여 경련성 마비를 일으킨다.
디프테리아 독소	*Corynebacterium diphtheriae*	파지	AB	번역을 변화시켜 단백질 합성을 억제한다.
장독소 시가유사 독소	*Escherichia coli* *E. coli* O157:H7	플라스미드 염색체에 통합된 파지 유전자	AB AB	↑cAMP는 세포로부터 물의 분비를 일으킨다. 단백질 합성을 억제하여 사망에 이르게 한다.
세포용해소	*Salmonella* 종	염색체	세포독소	↑cAMP는 세포로부터 물의 분비를 일으킨다.
시가 독소	*Shigella dysenteriae*	염색체	AB	단백질 합성을 억제하여 사망에 이르게 한다.
탈락 독소 독소충격증후군 독소-1 팬톤-바렌타인 백혈구 독소	황색포도상구균	염색체 염색체 파지	단백질분해효소 초항원 세포독소	피부가 벗겨짐 사이토카인 유도 쇼크 백혈구를 용해시킨다
O 용혈소 발적독소	*Streptococcus pyogenes*	염색체 파지	세포용해소 초항원	용혈작용 사이토카인 유도 쇼크
콜레라 독소	*Vibrio cholerae*	파지	AB	↑cAMP는 세포로부터 물의 분비를 일으킨다.

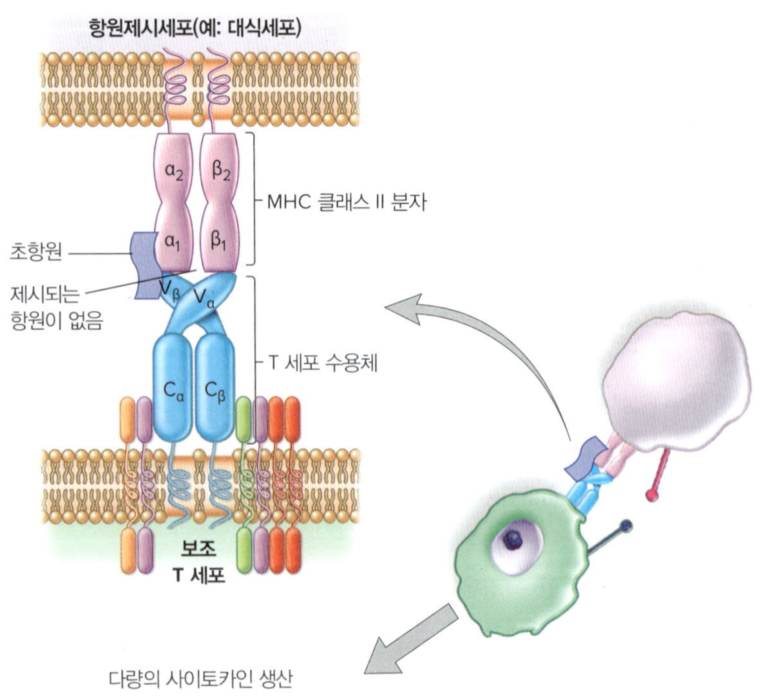

그림 34.8 초항원. 항원이 없는 상태에서 초항원에 의한 비특이적인 T 세포 활성은 숙주를 압도하여 쇼크에 이르게 하는 다량의 사이토카인 분비를 자극한다.

시세포로 하여금 표적 항원없이 비특이적으로 T 세포에 결합하기 때문에 가능하다. 이러한 극적 반응이 외독소에게 **초항원**(superantigen)이라는 이름을 얻게 해주었다. 지나치게 많은 양의 사이토카인은 다양한 숙주 기관을 마비시켜 병원체가 전파될 수 있는 시간을 제공한다. 이처럼 초항원은 **'사이토카인 폭풍'**을 촉발하여 생명에 위협적인 질병을 유발한다. 즉, 발열, 체액 손실 및 저혈압으로 인해 쇼크가 일어나거나 죽게 한다. 초항원은 너무도 강력해서 이러한 숙주 반응은 잠시 후 논의할 내독소매개 패혈성 쇼크와 너무도 비슷하다. 이에 해당하는 특별한 독소의 예는 37~39장에서 질병의 진행과정에 대해 논의하면서 이야기할 것이다. ◀ 사이토카인은 세포 사이의 화학적 메시지다(31.3절)

내독소

그람음성균의 외막(outer membrane)에 있는 지질다당체(lipopolysaccharide, LPS)는 포유류에게 독소가 될 수 있다. 이 LPS는 세균에 붙어 있으면서 세균이 용해될 때나 일부는 세균 증식 중에 분비되므로 **내독소**(endotoxin)라 한다. LPS의 독성성분은 지질 A라 불리는 지질 부분이다(그림 3.24 참조). **지질 A** (lipid A)는 하나의 큰 분자 구조가 아니라 지질기의 복잡한 배열로 되어 있다. 지질 A는 열에 안정하며 나노그램의 양으로도 독성이 있다. ◀ 그람음성균의 세포벽에는 펩티도글리칸 외에 층이 더 있다(3.4절)

외독소가 구조적 및 기능적으로 다양한 것과는 달리 다양한 그람음성균의 지질 A는 유래한 미생물의 종류와 관계없이 유사한 전신적 효과를 일으킨다. 이러한 증상에는 발열(즉, 내독소는 발열성임), 쇼크(혈압 하강, 심박수 증가), 혈관 내벽의 손상, 기운 없음, 설사, 염증, 장출혈 및 섬유소용해(fibrinolysis: 혈액응고의 주요 단백질 성분인 섬유소의 효소에 의한 분해) 등이 있다

지질 A는 **패혈성 쇼크**(septic shock: 독소에 대한 치명적인 전신성 반응)를 일으키는 중요한 시작인자이다. 지질 A의 주요 생물학적 작용은 지질 A 자체에 의한 것이 아니라 숙주 분자나 시스템에 의한 간접적인 것이다. 내독소는 손상된 내피세포, 단핵구, 대식세포, 호중구 및 형질세포 전구체를 자극하여 이들 세포가 전염증성 사이토카인(예: TNF-α, IL-1, IL-6 및 IL-18)을 분비하도록 한다. 이로 인해 발생하는 '사이토카인 폭풍'은 혈관의 갑작스런 확장과 함께 심장, 맥관구조(vasculature) 및 다른 신체기관에 심각한 생리적 효과를 유발하는 혈압의 급격한 하강을 일으킨다. 내독소는 하게만인자(Hageman factor: 혈액응고인자 XII)라는 단백질을 활성화시켜서 모세혈관에서의 조절되지 않는 혈액응고(널리 퍼진 혈관내 응고)와 다양한 기관의 마비를 일으킨다(**그림 34.9**). 내독소는 또한 대식세포가 시상하부 항온기를 재조정하는 발열성 사이토카인(IL-1과 TNF-α)을 분비하게 함으로써 숙주에서 열이 나도록 간접적으로 유도한다. 감염을 통제하기 위한 항미생물제와 혈압을 안정시키는 혈관수축 약물 외에는 연속적인 패혈증을 저지할 특별한 약물 치료법은 없다. 이처럼 패혈성 쇼크의 결과는 회복이나 죽음이다. 보통 하나 이상의 기관계가 완전히 고장이 나면 결국은 죽음에 이르게 된다. 우연치 않게 일어나는 패혈성 쇼크를 예방하려면 모든 약물, 특히 혈관주사나 근육주사로 투여되는 약물들에는 반드시 내독소가 없어야 하며 따라서 정기적으로 검사해야 한다.

마이코톡신

마이코톡신(진균독소, mycotoxin)은 일부 진균에 의해 만들어진다. 예를 들어, *Aspergillus flavus*와 *A. parasiticus*는 아플라톡신(aflatoxin)을 만들며, *Stachybotrys* 종은 사트라톡신(satratoxin)을 만든다. 이러한 진균들은 주로 농산물과 수해를 입은 건물을 각각 오염시킨다. 개발도상국에서는 약 45억 명으로 추정되는 인구가 만성적으로 음식을 통해 아플라톡신에 노출되는 것으로 생각된다. 아플라톡신에 노출되면 만성 및 급성 간질환과 간암에 걸린다. 아플라톡신은 강력한 발암물질이며 돌연변이 유발물질이고 면역억제제이다. 약 18종의 서로 다른 아플라톡신이 있다. 아플라톡신은 화학적 구조에 따라 광범위하게 두 종류로 나뉜다(그림 40.3 참조). *Stachybotrys trichothecene* 마이코톡신은 DNA, RNA 및 단백질 합성의 강력한 억제제이다. 이들은 염증을 유발하고 폐의 표면활성물질인 인지질을 파괴하며 조직에 병리적인 변화를 일으킬 수도 있다.

진균 *Claviceps purpurea*도 독성물질을 만든다. 이들 산물은 진균류의 융기(결절)와 유사한 구조 때문에 맥각균(ergot)이라 불린다(그림 24.12 참조). 맥각균은 사람에게 다양한 생리적인 영향을 미치는 고농도의 알칼로이드(alkaloid)를 만든다. 이러한 알칼로이드 중의 하나가 향정신성 환각제 LSD인 리세르그산(lysergic acid)이다. 맥각 중독(ergotism)은 맥각균에 오염된 식물을 섭취하여 생기는 생리적 상태를 말하며, 진균 독소증(mycotoxosis)의 최초 기록은 기원전 600년까지 거슬러 올라간다.

마무리 점검

1. 독성인자는 무엇인가?
2. 병원성 섬은 무엇이고 왜 중요한가?
3. 외독소의 몇몇 일반적인 특성을 설명하시오.
4. 패혈성 쇼크의 발달과정에서 지질 A의 역할을 설명하시오.

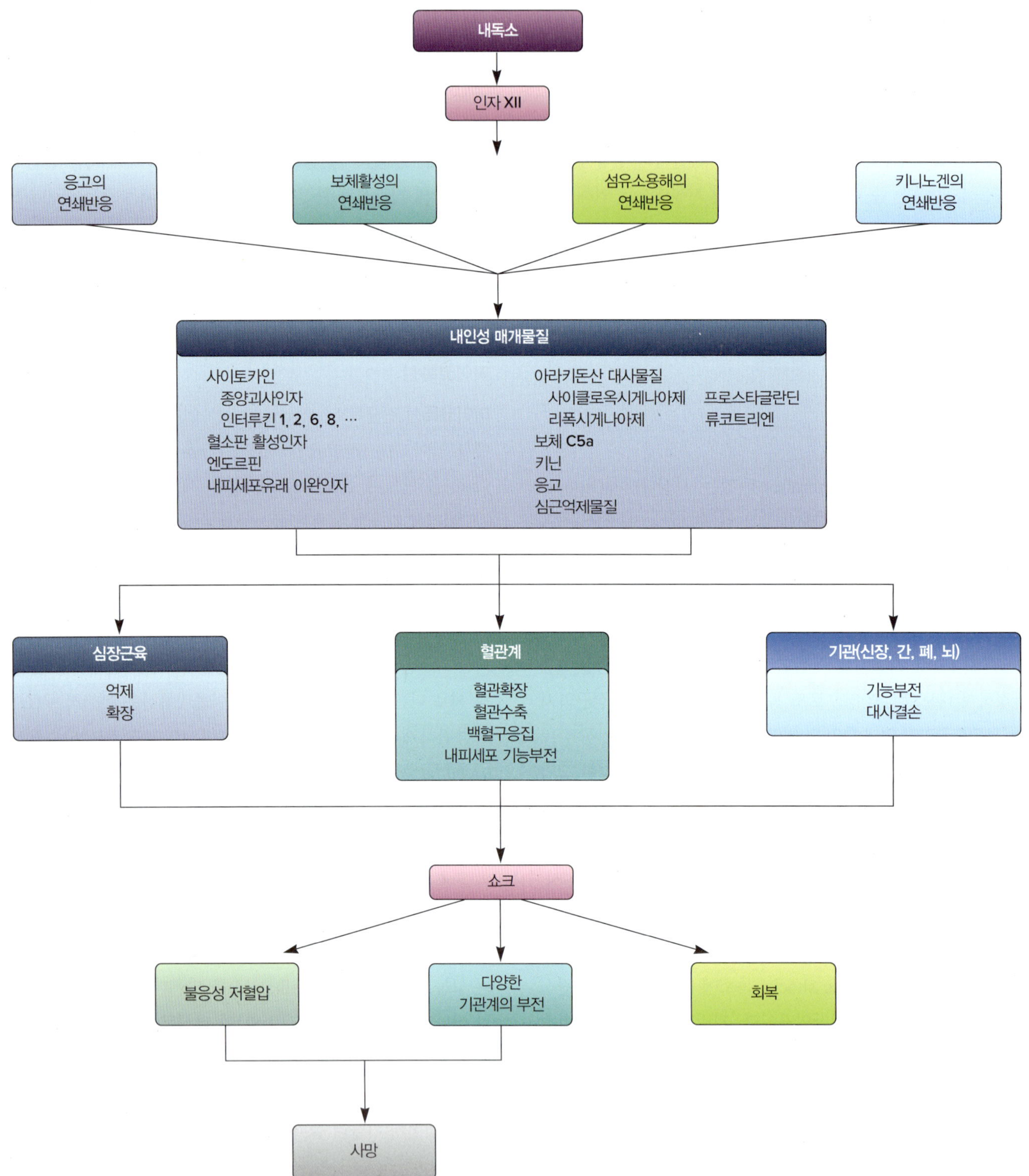

그림 34.9 패혈성 쇼크의 연쇄과정. 그람음성균의 내독소는 생화학적 변화를 일으켜 쇼크나 급성호흡부전증후군(acute respiratory distress syndrome) 및 전신성 혈관 내 응고(disseminated intravascular coagulation)와 같은 심각한 후유증을 유발한다.

요약

34.1 감염의 과정

- 감염은 미생물이 커다란 생명체, 즉 숙주에게 들어가서 자원에 대해 경쟁할 때 일어난다.
- 독성은 병원체가 자신의 숙주에게서 나타낼 수 있는 손상의 정도를 의미한다.
- 감염의 과정은 특징적인 패턴을 따른다: 잠복기, 전구기, 질병기 및 회복기(그림 34.1).
- 감염성 질병의 징조는 신체 내에서 일어나는 객관적 변화이다. 증상은 주관적이다.

34.2 숙주로의 전파와 진입

- 병원체는 보유체라 불리는 다양한 환경에서 살아간다. 이들은 보유체로부터 숙주를 감염시키고 다시 보유체로 돌아갈 수 있다.
- 병원체는 여러 공통 경로, 즉 공기, 직접 접촉, 절지동물 매개체 및 운반체를 통해 숙주에게 또는 숙주 사이에 전파된다(그림 34.2).
- 동물에서 사람에게로 전염되는 감염병을 인수공통전염병이라 한다.
- 질병을 일으키기에 필요한 침입 생명체의 숫자는 ID_{50} 또는 LD_{50}을 사용하여 정량화될 수 있다(그림 34.3).
- 병원체에게는 숙주에게 접근하도록 도와주는 독성인자가 필요하다. 이들 중에는 숙주세포에 흡착할 수 있는 능력을 가진 것, 세포와 조직의 붕괴를 일으키는 화학물질, 주위 조직으로 침입할 수 있도록 해주는 것 등이 있다(표 34.1과 표 34.2).

34.3 숙주 방어에서 살아남기

- 미생물은 숙주의 방어를 피하기 위해 많은 생존 전략을 발달시켜 왔다.
- 숙주 내에서 미생물의 생존을 돕기 위해 합성된 단백질을 총체적으로 독성인자라 한다.
- 생물막은 세균이 유전정보를 교환하여 집단적으로 항미생물제와 숙주의 방어기전에 대해 저항할 수 있게 하는 독특한 환경을 제공한다(그림 34.6).

34.4 숙주에게 손상 입히기

- 병원성 유전자 섬이라 불리는 특별한 유전자 염기서열은 독성인자를 암호화한다(표 34.3).
- 외독소는 생물학적 활성을 가진 분비단백질이다(그림 34.7, 표 34.4).
- 내독소는 대부분의 그람음성균의 외피에 있는 지질 A 성분으로 패혈성 쇼크를 일으킬 수 있다(그림 34.9).
- 마이코톡신은 진균의 대사물질이다. 이들의 효과에는 환각, 암 및 면역억제가 포함된다.

심화 학습

1. 일반적으로 치명적인 감염병은 병원성 생물과 숙주와의 관계에서 새롭게 발달한 것이다. 왜 그런가?
2. 서로 다른 병원체가 숙주의 서로 다른 조직을 감염시키는 현상을 설명하시오.
3. 숙주에게는 세포내 세균의 감염에 대항하기가 특별히 어렵다. 바이러스 감염이나 세포외 세균의 감염보다 이러한 감염에 숙주가 대항하기가 더 힘든 이유는 무엇인가?
4. 2013년에 발생한 에볼라바이러스 사태는 지리적 분포와 감염 수에서 전례가 없었다. 하지만 잠복기, 투병 기간, 질병의 징후학(예: 감염의 임상 경로) 및 바이러스 전파력에 있어서는 1970년대에 발발했던 예전의 에볼라 사태와 비슷하다. 활성을 가진 바이러스와의 직접적인 접촉이 특히 아프거나 죽은 친척과의 접촉이 전파 경로라고 이해되어 왔다. 에볼라에 걸린 모든 사람들은 다른 에볼라 환자로부터 분비된 고도의 감염성을 가진 체액에 직접 접촉한 것이었다. 하지만 에볼라바이러스가 공기매개 전파에 의해 퍼진다는 가능성도 힘을 얻고 있다. 실험적으로 에볼라바이러스의 입자가 분무화될 수 있다. 중요한 것은 2013년 달라스에서 확진된 미국 최초의 에볼라 환자와 함께 거주하는 가족 구

성원들은 질병에 감염되지 않았다는 사실이다. 만약 여러 에볼라바이러스 균주의 유전체가 염기서열분석되었다면 공기매개 에볼라바이러스가 감염성을 가지는지의 여부를 조사하기 위해 어떤 실험을 할 수 있는가?

5. 2020년 늦은 가을에 SARS-CoV-2의 변이주가 영국 전역을 급속히 휩쓸었다. 이 변이주는 알파로서 수용체 결합부위에 있는 스파이크 단백질의 501번 아미노산이 아스파라진(N)에서 티로신(Y)으로 치환(N501Y)된 것이다. 2020년 12월까지는 알파가 영국에서 우세종으로서 이전 균주보다 전파력은 더 강하지만 독성은 그렇게 강하지 않은 것으로 보고되었다. 더욱이 알파는 백신접종 후에 생성된 숙주의 항체에 성공적으로 표적이 되었다. 즉 SARS-CoV-2의 스파이크 단백질은 숙주의 ACE2 수용체와 결합하여 세포내흡입을 촉진함으로써 백신의 표적이 된다. 알파에서 전파력은 증가했지만 독성은 그렇지 않다고 가정하고, 적응면역의 원리를 이용하여 백신의 효능이 지속될 수 있는지 그 이유를 설명하시오.

참고문헌: Leung, K., Shum, M. H. H., Leung, G. M., Lam, T. T. Y., and Wu, J. T. Early transmissibility assessment of the N501Y mutant strains of SARS-CoV-2 in the United Kingdom, October to November 2020. *Eurosurveillance* 2021; 26(1).

역학 및 공중보건 미생물학

Katherine Welles/Shutterstock

대중을 보호하다

COVID-19 팬데믹은 신체적, 정신적 건강과 경제, 교육에 큰 타격을 입혔다. 국가들이 감염률을 낮추고 화장지 공급을 늘리기 위해 고군분투하는 동안, 한 과학 분야가 주목 받았다. 국가 및 지역 역학자들은 질병 통계를 유지하고 희망적인 끝이 보이고 정상으로 돌아갈 수 있는 전망을 제시했다. 그들은 사회적 거리두기, 마스크 착용, 홈스쿨링을 권장했다. 2020년 국립알레르기감염병연구소(NIAID) 소장 엔서니 파우치 박사의 이름을 모르는 사람이 없듯이, 티셔츠, 머그컵, 버블헤드 인형, 양말 등이 그의 이름과 닮은 모습으로 판매됐다. 전염병학자들은 유명인이 되었고, 시민들은 연방 및 지역 차원에서 정기적인 전염병 발생을 확인했다. 주목을 받는 것은 공중보건 분야에 대한 기괴한 현상을 만들었다. 예산이 늘어나면서 노동자의 안전이 위협받고, 공중보건 분야의 지도자들이 과도한 부담으로 인해 자리를 떠나는 동안 대학에서는 공중보건 프로그램 신청이 동시에 급증했다. 학교 및 공중보건 프로그램 협회(Association of schools and programs of public health, ASPPH)는 2021년 석사과정 신청이 예년에 비해 평균 20% 증가했다고 보고했으며, 일부 학교는 75%까지 증가했다. 학교들은 흑인 사회와 소수 민족이 팬데믹의 불균형적인 영향을 받았다는 자료에 대한 응답으로 흑인 학생들의 신청이 증가했다고 보고했다.

전염병의 출현과 재발은 끊임없는 위협이다. 가장 뛰어나고 똑똑한 사람들이 우리를 안전하게 지켜주는 임무를 맡은 분야에 끌린다는 것은 안심이 된다. 이 장에서, 역학의 실질적인 목표인 특정 인구에 대한 효과적인 질병 인식, 통제, 예방 및 근절 조치 확립에 대해 설명한다.

이 장의 학습을 위해 점검할 사항:

- ✓ 선천적인 인간 숙주저항 메커니즘을 설명할 수 있다(31장).
- ✓ 병원체에 대한 인간 적응면역 반응에 대한 논의할 수 있다(32장).
- ✓ 병원성 및 전염 과정을 설명할 수 있다(34장).

35.1 역학은 증거에 기초한 과학이다

이 절을 학습한 후 점검할 사항:

a. 질병 예방과 통제를 관장하는 기관을 정의할 수 있다.
b. 역학이라는 학문에서 사용하는 기본 용어 및 과정을 정의할 수 있다.

역학(epidemiology: 그리스어 *epi*는 '~위에', *demos*는 '사람'이나 '인구집단', *logy*는 '학문'을 의미)은 특정 인구집단에서 건강과 질병의 발생, 결정요인, 분포, 확산, 관리방법(제어)을 평가하는 학문으로 정의할 수 있다(**그림 35.1**). 역학을 연구하는 사람들을 **역학자**(epidemiologist)라 부른다. 질병 발생의 필수요인들을 찾아서 질병 예방법을 개발하는 것이 그들의 주요 관심사이다. 미국 내에서는 조지아 주 애틀랜타 시에 위치한 **질병관리본부**(또는 질병통제예방센터, center for disease control and prevention, CDC)가 국가기관으로 질병의 예방과 제어, 지역건강 및 건강증진과 교육활동 등을 담당하고 있다. 전 세계적으로는 스위스 제네바에 위치한 **세계보건기구**(world health organization, WHO)가 이 업무를 담당하고 있다.

역학은 콜레라(cholera), 장티푸스(tyhoid fever), 천연두(smallpox), 인플루엔자(influenza), 황열(yellow fever)과 같은 주요 대유행병에 대처하기 위해 시작되었고 발전하였다(**역사 속 주요 장면 35.1**). 오늘날 역학은 감염병, 유전적 이상, 대사질환, 영양실조, 종양(neoplasm), 정신질환, 비만과 노화 등의 모든 보건 문제를 다루고 있다. 이 장에서는 감염병의 역학만을 다룬다.

역학은 건강과 관련된 사건의 빈도와 분포를 결정하고 미치는 영향의 요인을 연구한다. 역학을 알기 위해서는 먼저 몇 가지 핵심용어를 정의한다. 질병은 인간 집단에서 가끔 또는 불규칙한 간격으로 발생하는 경우, 이를 **산발적 발생**(sporadic) 질병(예: 세균성 뇌수막염)라고 한다. 일정한 간격으로 낮은 수준의 빈도를 유지할 때 그것은 **풍토병**(endemic, 예: 일반감기)이다. 고풍토병은 풍토병 수준을 넘어 점차적으로 빈도가 증가하지만 전염병 수준까지는 아니다(예: 겨울철 감기). **발병**(outbreak)은 일반적으로 인구의 제한된 부분(예: 오염된 농산물의 소비)에서 갑작스럽고 예기치 않은 질병 발생이다. 한편 **전염병**(epidemic: 그리스어로 *epidemios*는 "사람들에게")은 많은 사람들에게 동시에 영향을 미치는 발병이다. 인플루엔자는 지역사회에서 종종 전염병 상태가 되는 질병의 한 예이다. 인플루엔자 바이러스는 인간 숙주에게 전염될 때까지 바이러스가 번성하는 동안 건강하게 유지되는 생물 **보유체 숙주**(reservoir host)에 머무른다. 특정 전염병으로 확인된 첫 번째 사람을 **지표 사례**(index case)라고 한다. **팬데믹**(pandemic)은 전 세계적으로 적어도 2개국 이상의 인구에서 질병이 발생하여 증가하는 것을 말한다. 보통 COVID-19에서 보듯이 전염병은 대륙간에 퍼진다. **침입률**(attack rate)은 감염원에 노출된 집단에서 발병하는 사례의 비례적인 수이다.

COVID-19

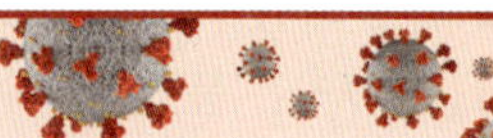

SARS-CoV-2는 2019년 12월에 중국 우한에서 처음 확인되었다. 3개월도 채 지나지 않은 2020년 3월 11일에 세계보건기구는 COVID-19를 세계적 유행병으로 선포했다.

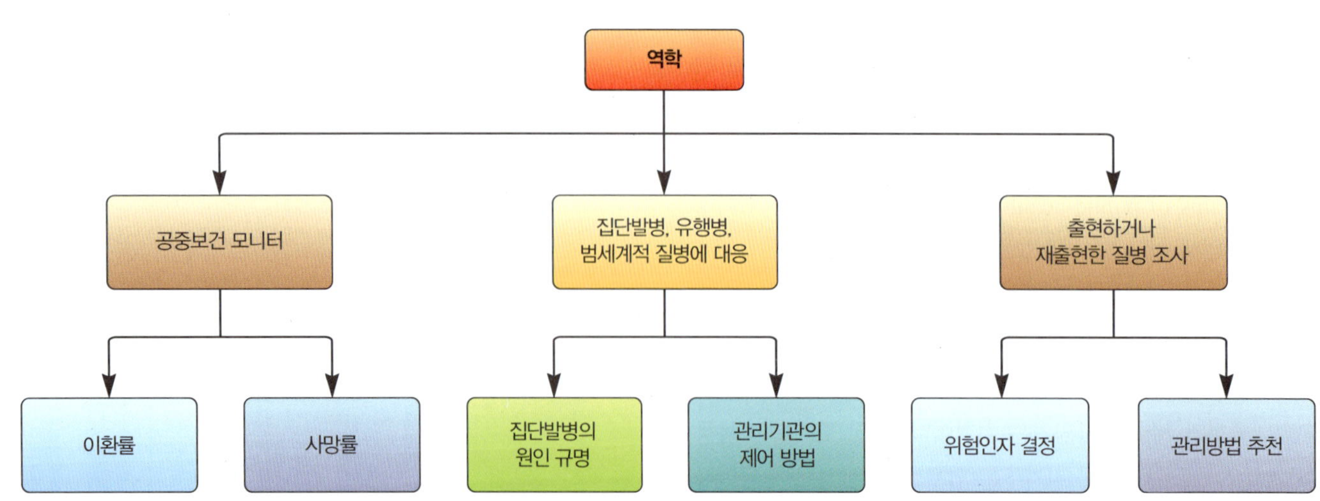

그림 35.1 역학. 역학은 질병을 조사하고, 그 기원을 찾아서 질병을 평가하여 위험도를 결정하고, 질병을 통제하여 미래의 발병을 예방하는 다면적인 과학이다.

역사 속 주요 장면 35.1

존 스노우, 첫 번째 역학자

콜레라 역학에 관해 우리가 알고 있는 많은 내용은 영국인 의사 스노우(John Snow)가 1849~1854년 사이에 시행한 전통적인 연구에 기초를 두고 있다. 이 시기 영국 런던에서는 여러 건의 콜레라 집단발병이 있었고 스노우는 질병의 감염원을 찾고자 했다. 이보다 몇 년 앞서 그가 아직 의과대학 수련생이었을 때, 콜레라가 집단발병한 탄광의 광부들을 돕기 위해 파견되었다. 이 기간 동안 그가 관찰한 바에 따르면, 콜레라가 더러운 공기나 일상적인 직접 접촉에 의해서가 아니라 손을 깨끗이 씻지 않고 음식을 함께 먹을 때 주로 전파된다고 확신하게 되었다.

따라서 1849년 콜레라 집단발병이 일어났을 때 스노우는 광산에서와 같은 방식으로 가난한 사람들 사이에서 콜레라가 전파된다고 믿었다(파스퇴르와 코흐의 영향력은 1860년대에 이르러서야 실현되었다). 그는 부유한 사람들 사이에서는 씻지 않은 손이나 함께 먹는 음식들이 아니라 물이 콜레라 전파의 감염원이라고 의심했다. 공식적인 사망자의 기록을 조사한 스노우는 브로드가(Broad Street)의 희생자들 대부분이 우물 근처에 살면서 그 우물의 물을 마신 사람들인 것을 발견했다. 그는 병원체가 포함된 미처리 하수로 오염된 우물의 식수에 의해 콜레라가 전파되었다고 결론을 내렸다. 이 우물의 손잡이를 없애자 콜레라 환자의 수가 급격히 감소했다. ◀ 미생물과 질병(1.3절)

1854년, 또 다른 콜레라가 런던을 강타하였다. 도시 급수는 서더크 앤 보홀 회사와 램버스 회사의 두 공급업체로부터 일부 제공되었다. 스노우는 콜레라 환자들과 인터뷰한 결과, 그들 중 대부분이 런던 시민들이 하수를 배출한 지역 아래의 템스 강에서 물을 얻은 서더크 앤 보홀 회사에서 식수를 구입했다는 것을 발견했다. 그와 달리 램버스 회사는 도시의 상류에 있는 템스 강으로부터 물을 가져왔다. 콜레라로 인한 사망률은 렘버스 회사에서 물을 공급받은 가정에서 8배 이상 낮았다. 스노우는 병의 원인이 물에서 증식할 수 있어야 한다고 추론했다. 1883년 로버트 코흐는 비브리오 콜레라를 원인균으로 확인했다.

이러한 업적을 기념하기 위해, 존 스노우 술집(**그림**)은 현재 오래된 브로드가의 우물터에 서 있다. 질병통제예방센터(Centers for Disease Control and Prevention)의 역학정보 프로그램을 수료한 사람들은 존 스노우 술집에서 조제된 와트니 에일의 통의 복제품이 새겨진 엠블럼을 받는다.

그림 영국 런던 소호 가에 있는 존 스노우 술집. Dorothy Wood/McGraw Hill

35.2 역학은 잘 검증된 방법에 근간을 둔다

이 절을 학습한 후 점검할 사항:

a. 공중보건감시방법의 효과를 평가할 수 있다.
b. 공중보건방법이 지난 120년 동안 미국인들의 삶의 질에 미친 영향을 추론할 수 있다.
c. 멀리 떨어진 곳의 질병까지도 찾는 지리학적 정보시스템 사용을 설명할 수 있다.
d. 표준감시 결과를 사용하여 감염병의 빈도를 측정할 수 있다.
e. 발생률, 유병률, 질병률 및 사망률을 계산할 수 있다.

공중보건은 교육을 통한 건강한 삶의 홍보 및 질병과 상해를 예방함으로써 사회의 건강을 증진하고 인류를 보호하는 과학이다. 공중보건의 종사자는 부정적인 결과를 예방하거나 바로잡아 인간 사회의 건강 이슈를 규명하는 방법론적 접근을 사용한다. 방법론적 접근은 인구의 건강문제를 인지하여 원인을 밝히고, 예방이나 개선활동을 제안하여 그 활동을 수행하고 결과를 평가하는 체계적인 방법을 반영한다.

공중보건감시

인구의 건강문제를 인지하는 일은 공중보건감시에서 시작된다. 공중보건감시는 인구의 건강을 감시하기 위해 인구의 기본 유전정보, 환경조건, 인간행동과 생활방식, 새롭게 출현한 감염성 물질과 화학치료제에 대한 미생물의 반응에 대한 사전평가를 하는 것이다. 다른 말로 공중보건 종사자는 원인과 결과의 관계를 살펴보고 상대적인 위험을 결정한다. 1900년에서 2020년까지의 미국의 주요 사망원인의 변화를 보면 공중보건 역학조사의 영향력이 명백하다(**그림 35.2**). 1900년의 공중보건 상태는 감염질병에 의한 죽음의 계곡이었다. 공중보건감시는 감염병 문제와 감염병과 관련된 위험을 밝혔다. 상수도의 처리, 엄격한 하수처리 지침, 그 이후의 항미생물제의 사용 및 백신에 의해 공중보건이 개선되었다. 이 결과로 감염병에 의해 20세기 초에는 많은 수의 사망자가 발생했으나, 1960년대에는 아주 적은 수로 현저히 감소하였다. 역설적으로 1900년대의 주 사망원인의 문제를 해결하는 데 도움을 주었던 현대화로 인해 21세기에는 기대수명이 늘어나고 더 움직이지 않는 생활방식의 삶을 살게 하였다. 이로 인해 대사관련 질병이 심각한 문제가 되었다. ◀ 대사증후군(33.4절)

공중보건감시는 가래톳 페스트(bubonic plague)를 조절하기 위해 14세기에 시작되었다. 그러나 세균 이론(germ theory)이 널리 받아들여지기 시작한 이후(1800년대 후반)부터, 과학에 근거한 감시 방법이 전염병을 찾는 수단으로 사용되었다. 이 방법은 우리가 오늘날 기대하는 비밀이 보장된 역학조사는 아니었다. 임상증상이 있는지 강제적인 방법으로 사람들을 조사하고, 감염되었다고 생각되면 검역을 위해 격리시키는 방법이 처음에 질병을 찾는 방법이었다. 현재 인

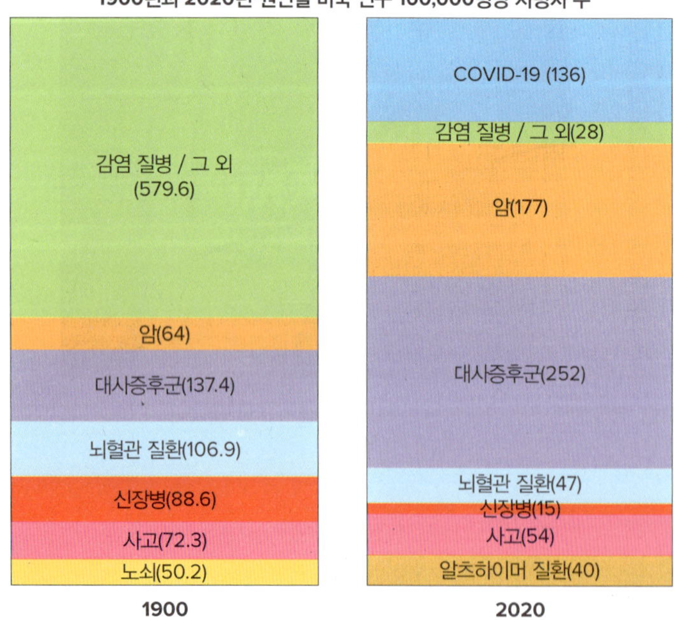

그림 35.2 1900년과 2020년 원인별 미국 사망률 비교. 1900년에는 전염병이 주요 원인이었으며, 2020년에는 대사증후군으로 전환되었다. COVID-19 이전까지, 전염병은 21세기에 두 번째로 낮은 사망 원인이었다. COVID-19를 강조하기 위해 별도로 표시된다. nejm.org/doi/full/10.1056/NEJMp1113569; thelancet.com/journals/lancet/article/PIIS0140-6736(20)30925-9/fulltext

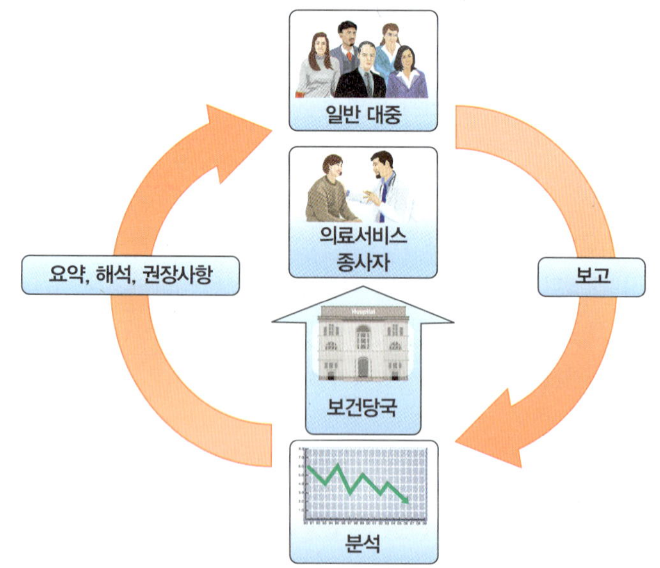

그림 35.3 공중보건감시의 정보 고리. 질병통제예방센터는 국지적인 전염병이나 더 널리 퍼질 수 있는 전염병에 대한 감시를 유지하기 위해 다양한 데이터 자료를 사용한다.

연관 질문 편향된 데이터 수집이 공중보건 권고에 어떤 영향을 미칠 수 있는가? 설명하시오.

구의 질병 진행 모니터링 및 질병에 대한 사전정보제공에 대한 강조는 공중보건의 영향을 근본적으로 개선하였다. 중요한 것은 질병 레지스트리(질병 등록), 현장조사 등의 어러 자료로부터 질병 데이터를 수집한다(**그림 35.3**). 이러한 질병 데이터는 (1) 인구의 이환률과 사망률, (2) 질병이 학교 출석에 미치는 영향, (3) 유행병이 직원의 잦은 결근에 미치는 영향, (4) 동물과 매개자 관리 등의 문제를 공중보건관리자에게 보고하는 보고서에서 가장 많이 사용되는 것이다. 팬데믹이 선언되면 효과적인 관리에는 (1) 신속하고 정확한 인구 테스트, (2) 감염된 개인의 격리, (3) 접촉 추적-바이러스에 노출된 사람을 추적, (4) 격리-노출된 사람들의 이동제한으로 조정된 4가지 통제 조치가 시행된다. 병원체에 대한 효과적인 검사를 신속하게 개발하고 배포하는 것(36장 시작이야기 참조)과 접촉 추적을 수행할 인력을 지정하는 것이 중요하다. 이 4가지 조치 중 하나라도 실패하면 COVID-19에서 확인된 것처럼 병원체 확산이 촉진되어 공중보건감시가 어려워지게 된다.

CDC는 감염병의 발생과 재발에 따라 주기적으로 업데이트되는 신고 대상 질병 목록을 유지 관리한다. 이 목록은 콜레라, 흑사병(페스트), 천연두가 지속적으로 우려되었던 19세기에 시작되었다. 2021년 기준 감염병은 77개이며, 2020년 새로이 COVID-19가 추가되었다.

원격감지와 지리정보시스템: 감염병의 도표 만들기

원격감지와 지리정보시스템은 미생물에 의한 질병의 분포, 역동성, 환경적 상관성을 연구하는 데 사용될 수 있는 시노기반 도구(map-based tool)이다. **원격감지**(remote sensing, RS)란 인공위성을 통해 수집한 지구 표면의 디지털 영상자료와 생물학적 감지징보의 자료를 모아 지도화한 것이다. **지리정보시스템**(geographic information system, GIS)이란 원격감지로부터 얻은 디지털지도 영상자료를 정리하고 보여주고 지도화된 지형들 사이의 관계 분석을 용이하게 하는 자료관리시스템이다. 자연숙주 또는 인류집단에서 발생한 질병과 지도화된 특성 간에는 통계학적 연관성이 종종 존재한다. 예를 들어, 말라리아 기생충과 매개체인 모기의 서식지는 멕시코와 아시아에, 라임병(Lyme disease)을 전파하는 진드기는 미국에, 그리고 인수공통의 아프리카 트리파노솜은 아프리카에 서식지가 있다. 질병의 역동성 및 분포가 지도화된 환경변수들과 확실하게 연관되어 있다면 원격감지와 지리정보시스템은 가장 유용한 수단이 된다. 예를 들어, 어떤 미생물 질병이 특정 식생형(vegetation type) 또는 물리적 특성(예: 고도, 강우량)과 연관성이 있다면 원격감지와 지리정보시스템은 이 질병의 위험성이 비교적 높은 지역을 찾아낼 수 있다.

감염질병 빈도 측정

집단발병, 유행병, 또는 범세계적 질병이 발생하였는지를 결정하기 위해서 역학자들은 한 시점이나 일정기간 동안 병의 발생빈도를 조사한다. 그 다음에 역학자들은 자료를 분석하고 질병과 연관된 위험인자와 다른 요인들을 결정하기 위해 통계학을 이용한다.

사건의 빈도나 비율을 결정하려면 전체 인구, 노출된 인구의 수, 영향받은 사람의 수의 정확한 조사가 필요하다. 질병 역학조사는 감염을 추적할 수 있다. 많은 감염질병(예: 식품매개 및 수인성 질병)은 일정시간 내에 보고하도록 법으로 정해져 있다. 이렇게 함으로써 공중보건담당자가 집단발병을 막고, 조절 방법을 시행하는 활동을 빨리할 수 있게 해준다.

빈도의 측정(measure of frequency)은 대개 분수(fraction)로 표현한다. 분자는 집단 내에 감염 등의 문제가 생긴 개체수이며, 분모는 사건이 일어난, 즉 위험에 처한 집단의 전체 개체수이다. 분수는 부분(proportion) 또는 비(ratio)로 나타낼 수 있지만, 기간이 항상 고려되기 때문에 일반적으로 비율(rate)이라 한다(비율은 백분율로도 표현함). 집단통계학에서 비율은 대개 1,000개체를 기준으로 계산하지만, 특별한 질병의 경우 다른 10배수가 사용되기도 한다(예: 아주 흔한 질병의 경우 100개체당, 드문 질병의 경우 10,000 또는 100,000개체당으로 표시). 일정기간 동안 전체(건강한) 인구에 비해 질병을 앓고 있는 사람의 수가 **발생률**(incidence)이다. 발생률은 발생뿐 아니라 상대적인 위험도 보고한다. 발생률이 시간에 따른 새로운 감염률을 반영하는 반면에 **유병률**(prevalence)은 발생한 시점과 관계없이 특정 시간에 집단 내에서 감염된 사람의 전체 수를 의미한다. 유병률은 발생률과 병의 지속기간에 좌우된다. 유병률의 계산방식은 다음과 같다.

$$\text{유병률} = \frac{\text{집단 내에서 감염된 사례의 총 수}}{\text{총 집단 수}} \times 100$$

질병은 시간 경과에 따른 건강 상태의 변화를 반영하기 때문에 **이환률**(morbidity rate)이 사용된다. 이 비율은 일반적으로 일반 집단 내에서 새로운 사례의 질병이 임상보고서로 보고되었을 때 결정한다. 계산방식은 다음과 같다.

$$\text{이환률} = \frac{\text{특정 기간 동안 발생한 질병의 신규 사례 수}}{\text{집단 내 개체의 수}}$$

예를 들어, 캘리포니아는 COVID-19 팬데믹 기간 동안 가장 큰 피해를 입은 지역 중 하나였다. 2021년 1월 캘리포니아는 10만 명당 7,340건, 7.34%의 질병률을 보고하였다.

사망률(mortality rate)은 특정 질병의 총 사례 수에 대한 사망자 수를 의미한다. 사망률은 한 가지 원인으로 인한 사망자 비율을 단순하게 수치화한 것으로 그 계산방식은 다음과 같다.

$$\text{사망률} = \frac{\text{특정 질병으로 사망한 사람 수}}{\text{동일한 질병으로 감염된 환자의 총 수}}$$

예를 들어, 뉴욕시는 COVID-19의 초기 진원지였다. 2021년 1월까지 보고된 총 사망자 수는 26,000명 이상으로 추정되는 반면 보고된 총 사례 수는 50만 명 이상으로 추산된다.

이환률, 유병률 및 사망률을 결정하는 것은 공중보건담당자가 감염병 확산 방지를 위한 건강관리(healthcare)의 방향을 잡는 데 도움이 된다. 한 예로, 특정 질병의 질병률이 갑자기 증가하면, 질병을 줄이기 위한 예방수단을 강구할 필요가 있다는 것을 의미한다.

마무리 점검

1. 역학이란 무엇인가?
2. 전염병, 풍토병 및 유행병을 정의 하시오.
3. 어떤 유형의 감시 자료가 인구에 대한 감염성 질병 침투를 결정하는데 가장 유용한가?
4. 이환률, 유병률 및 사망률을 정의하시오.

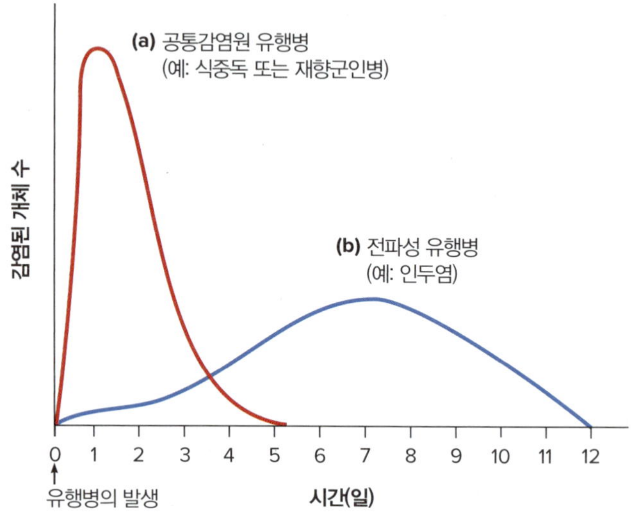

그림 35.4 전염병 곡선. (a) 공통감염원 유행병의 경우 감염자 수가 정점에 도달할 때까지 급격히 증가하다가 그 후 빠르지만 더 점진적으로 감소한다. 사례는 일반적으로 질병의 대략 1개의 잠복기에 해당하는 기간 동안 보고된다. (b) 전파성 유행병에서 곡선은 점진적으로 상승한 다음 점진적으로 감소한다. 감염 사례는 보통 질병의 여러 잠복기에 해당하는 시간 간격에 걸쳐 보고된다.

연관 질문 독감은 공통감염원 또는 전파성 유행병의 예인가? 설명하시오.

35.3 감염병은 인구집단내의 양상을 통해 밝혀진다

이 절을 학습한 후 점검할 사항:

a. 전염병과 비전염병을 구분할 수 있다.
b. 유행병과 범세계적 질병을 정의할 인구 감염자료를 해석할 수 있다.
c. 집단면역개념을 우리 사회의 공중보건에 적용할 수 있다.
d. R_0과 집단면역 사이의 관계에 대해 논할 수 있다.

감염병(infectious disease)이란 바이러스, 세균, 진균(fungi), 원생동물(protozoa), 윤충(helminth) 등의 미생물에 감염되어 발생하는 질병이다. **전염병**(communicable disease)은 인간에서 인간으로 전파될 수 있는 감염병을 의미한다. 모든 감염병이 전염병은 아니다. 예를 들어, 라임병은 진드기에 물려 감염되지만 사람에서 사람으로 전염되지는 않는다. 감염병을 연구하는 역학자들은 원인 병원체 및 이들의 감염원과 보유체(저장숙주), 질병의 전파 방법, 특정 집단 내에서 질병 진행을 돕는 숙주와 환경의 인자들을 찾으며, 가장 효과적인 질병의 제어 및 제거 방법이 무엇인지를 연구한다. 이러한 인자들은 감염병의 생활사(natural history) 또는 감염병의 주기를 설명한다.

2가지 주요 형태의 유행병이 인식되는데 공통감염원 유행병(비전염성)과 전파성 유행병(전염성)이 그것이다. **공통감염원 유행병**(common-source epidemic)의 특징은 감염환자 수가 단기간(1~2주)에 최고치에 도달한 후 중간 정도의 속도로 감소하는 것이다 (**그림 35.4a**). 이러한 형태의 유행병은 대개 그 감염원이 음식(식중독)이나 물(콜레라)과 같은 공통의 1개의 오염원에 의해서 발생한다. 반면에, **전파성 유행병**(propagated epidemic)의 특징은 감염 개체 수가 비교적 천천히 긴 시간 동안 증가한 후 점진적으로 감소하는 것이다(그림 35.4b). 이러한 형태의 유행병은 대개 감염자 1명이 그 병에 대한 감수성이 있는 집단에 유입됨으로써 발생한다. 초기감염은 점진적으로 증가하여 집단 내에 많은 수가 감염될 때까지 퍼져나간다. 인플루엔자가 그 예인데, 이 질병은 겨울방학 후에 대학생들이 되돌아오는 시기에 급증한다. 비말과 접촉으로 바이러스가 감수성이 있는 백신접종을 하지 않은 학생들 사이로 빠르게 전파된다. 감염된 학생이 1명만 있어도 전파성 유행병은 시작되며, 사람에서 사람으로의 전파가 유행병을 연장시킨다. 감염병이 한 집단내에서 확인된 후에 역학자들은 질병의 집단발병과 특정 생명체와의 연관성을 규명하여 정확한 원인을 밝혀야만 한다(**역사 속 주요 장면 35.2**). 이 시점에 임상 또는 진단 미생물 실험실이 조사를 시작하며, 질병의 원인이 된 생명체를 분리하고 동정하는 것이 목적이다. ▶| 임상미생물 및 면역학(36장)

앞서 말했듯이 역학자들은 다양한 역학조사(surveillance) 방법을 통해 집단 내 감염병을 파악한다. 역학조사는 질병의 발생과 발달에

역사 속 주요 장면 35.2

장티푸스 메리

1900년대 초에 수천명의 장티푸스 환자가 발생했으며 많은 사람이 사망했다. 대부분의 환자들은 하수로 인해 오염된 물을 마시거나 장티푸스균(*Salmonella enterica* serovar Typhi)을 보유하고 있는 사람이 준비한 음식을 통하여 감염되었다. 가장 유명한 장티푸스 보균자는 메리 맬런(Mary Mallon)이었다.

1896년과 1906년 사이에 메리는 뉴욕 시 일곱 가정의 요리사로 일했다. 이들 가정에서 메리가 요리사로 일하는 동안 28명의 장티푸스 환자가 발생했다. 뉴욕 시 보건국이 그녀를 체포하여 뉴욕의 이스트 강(East River)에 위치한 노스브라더 섬(North Brother Island)의 한 격리병원에 그녀를 수용했다. 메리는 외형적으로는 질병의 증상을 보이지는 않았지만, 그녀의 대변을 검사한 결과 대변을 통해 많은 수의 장티푸스균을 방출하고 있었다. 과학 잡지인 〈미국 의학연합지(Jounal of American Medical Association)〉에 1908년에 보고된 한 논문에서 그녀를 "장티푸스 메리(Typhoid Mary)"로 표현하였고, 현재까지 그렇게 알려지고 있다. 요리사로 일하지 않겠다고 맹세하고 나서 석방된 그녀는 이름을 바꾸고 다시 요리사로 일했다. 그 후 5년 동안 발각되지 않고 계속 장티푸스를 전파했다. 결국, 그녀는 시 당국에 체포되어 1938년 사망할 때까지 23년간 감금되어 지냈다. 평생 보균자로서 메리 맬런은 10번의 장티푸스 집단발병과 53명의 환자를 발생시켰으며 그 중 3명이 사망했다.

대한 정보수집, 데이터의 비교 분석, 결과, 요약, 제어 방법의 선별을 위한 정보사용 등을 하는 역동적인 조사활동이다(**그림 35.5**). 역학조사는 사례에 대한 직접적인 조사가 항상 필요한 것은 아니다. 그러나 역학조사 데이터를 정확하게 해석하고 개개인에 대한 질병의 경로를 연구하기 위해서 역학자와 다른 의학 전문가들은 반드시 감염병의 양상에 대해 알고 있어야 한다. 그 질병이 인구집단에서 또는 한 명에게 어떻게 전파되는지를 나타내는 특징적인 양상에 대해 감염병 과정을 밝혀낸다는 점을 기억해야 한다. 역학자들이 질병의 양상을 연구함으로써 실질적인 질병 및 사망이 발생하기 이전에 새로운 집단발병을 빠르게 확인할 수 있게 해준다. ◀ 감염의 과정(34.1절)

유행병이 어떻게 전파되는지를 이해하기 위해 **그림 35.6**을 참조하자. 감염시간 0에서 이 집단의 모든 개체들은 가상적인 병원체에 감수성을 가지고 있다. 감염된 한 개체의 유입으로 유행병(집단발병, 아래 곡선)이 발생하기 시작하여 전파되면서 15일째에 최고치에 도달한다. 개체가 질병에서 회복되면 면역이 생겨서 그 질병을 더 이상 전파하지 않는다(위의 곡선). 감수성이 있는 개체 수가 감소하게 된다. 감수성 있는 개체 수가 한계밀도(threshold density: 질병 전파를 지속하기에 필요한 최소한의 개체 수)에 이르는 시기는 유행병 발생 곡선의 최고점과 일치하며, 병원체가 스스로 퍼져나갈 수 없기 때문에 새롭게 발병하는 개체 수는 감소하게 된다. 감수성이 있는 사람들의 비율이 임계밀도 이상인 경우 보호수준이 감소하고 질병율이 증가한다. 예를 들어, 취약한 개인의 수가 전체 인구의 30% 이상으로 증가하면 학생 중 독감의 이환률이 전염병 수준으로 도달하게 된다.

COVID-19

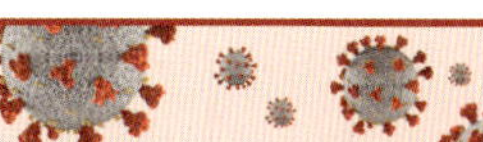

2019년 SARS-Co-V-2 바이러스가 출현했을 때 감수성 인구는 거의 78억 명(지구상의 인구 수)로 추정되었다.

그림 35.7에서 알 수 있듯이 공중보건 관점에서의 목표는 **집단면역**(herd immunity)의 수준을 달성하는 것이다. 즉, 면역력을 가진 인구의 역치 백분율을 달성하여, 격리된 질병 사례가 재발하더라도 전체 인구에서 질병이 확대되지 않도록 하는 것이다. 역학조사자들은 감염원 전파능력을 결정하기 위해 노력한다. 이 매개변수는 정량화할 수 있으며, 이는 1명의 감염자로부터 감염될 수 있는 취약한 개체의 수를 나타내는 **기본생식 수**(basic reproduction number) 또는 $\mathbf{R_0}$(R naught)라 한다. 특정감염원에 대한 R_0은 상수가 아니며 환경에 따라 다르다. 예를 들어, 인구밀도는 다른 영역에서 다른 R_0 값으로 이어질 수 있다. 뉴욕시와 몬태나의 작은 마을에 선염성 병원체가 퍼질 수 있는 능력을 인구 집단의 행동과 함께 생각해보자. 예를 들어, 비말전염이 있는 질병의 경우 마스크 착용 및 사회적 거리두기를 실천하는지 여부를 생각하면 R_0은 전염성과 발병의 심각성을 평가할 뿐만 아니라, R_0의 통제에 필요한 의학적 및 행동적 개입의 강도를 의미한다.

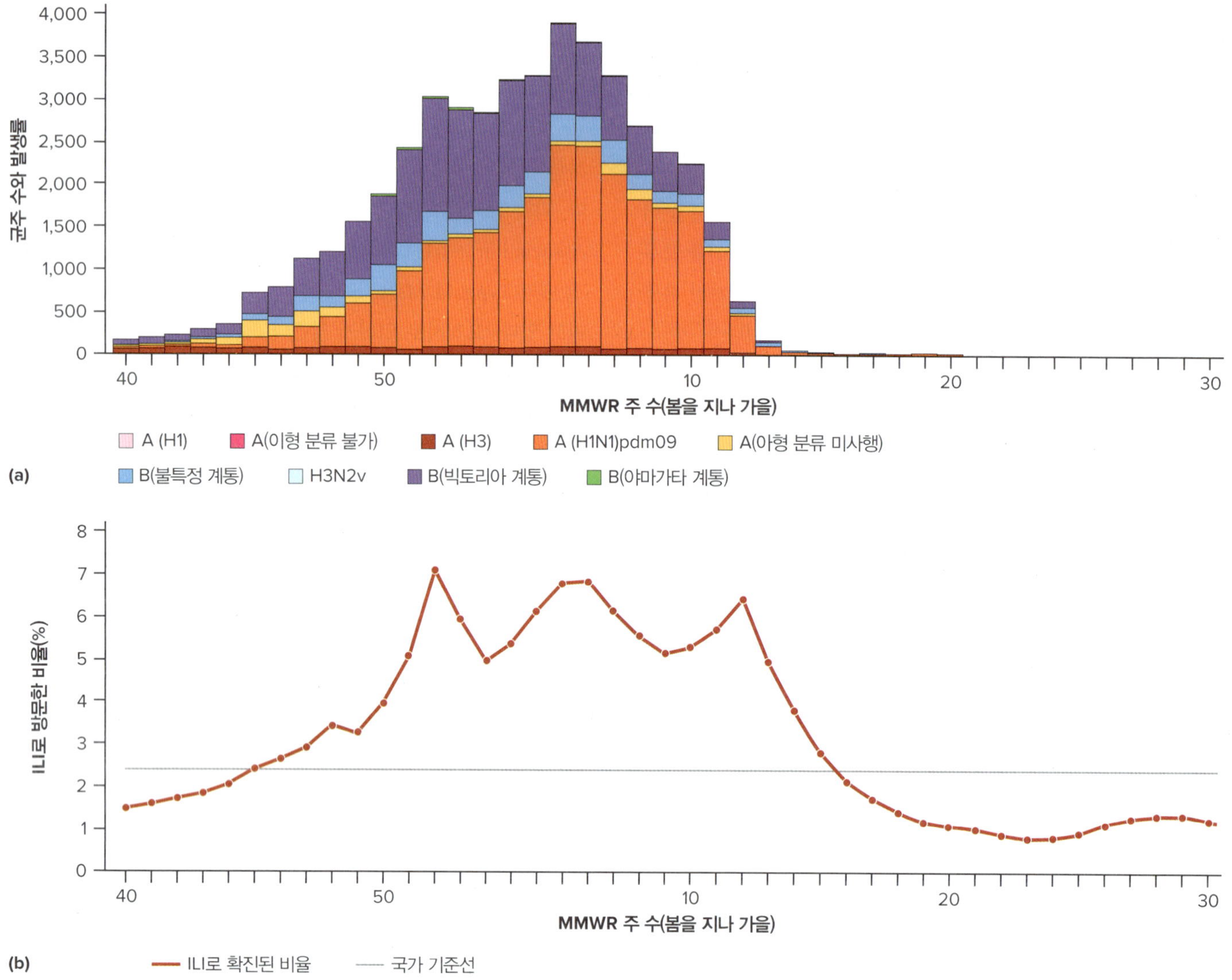

군주 수와 발생률

4,000
3,500
3,000
2,500
2,000
1,500
1,000
500
0

40 50 10 20 30

MMWR 주 수(봄을 지나 가을)

A (H1) A(이형 분류 불가) A (H3) A (H1N1)pdm09 A(아형 분류 미사행)

(a) B(불특정 계통) H3N2v B(빅토리아 계통) B(야마가타 계통)

ILI로 방문한 비율(%)

8
7
6
5
4
3
2
1
0

40 50 10 20 30

MMWR 주 수(봄을 지나 가을)

(b) ILI로 확진된 비율 국가 기준선

그림 35.5 역학 자료의 그래픽 표현. 질병통제예방센터는 인간의 건강 및 질병과 관련된 다양한 매개변수를 수집하고 평가한다. 이 자료는 2019~2020년 독감 시즌 동안 확인된 인간 독감 사례의 누적 수를 (a) 균주 수와 주당 발생률, (b) 입원 횟수로 반영한다. ILI: 독감 유사 질환, MMWR: 사망률 및 이환률 주간 보고서.

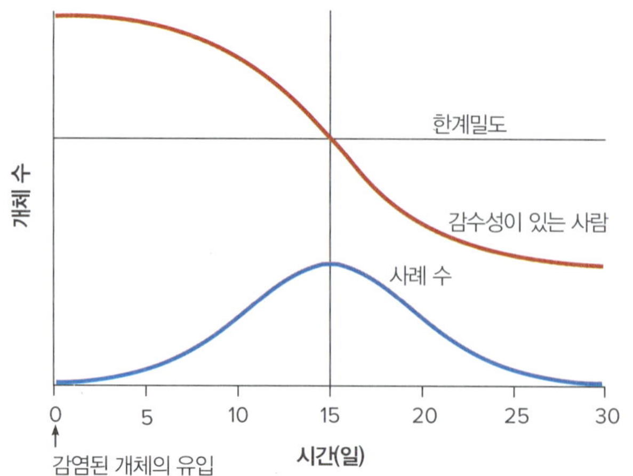

그림 35.6 가상 전염병의 확산. 전염병의 정점은 감염자의 역치밀도와 일치한다.

연관 질문 전염병이 정점에 도달한 후 감염되기 쉬운 사람들의 수가 감소하는 이유는 무엇인가?

R_0를 계산하는 수학은 복합적이며, 살아있는 유기체를 다룰 때처럼 데이터가 항상 규정된 이론에 정확히 들어맞는 것은 아니다. R_0값을 계산할 때 중요한 고려사항은 모든 구성원이 감염원에 취약하다고 가정한다는 것이다. 아무도 질병을 앓지 않았고, 백신을 접종하지 않았으며, 확산을 통제할 수단이 없다는 것이다. 전염성이 높은 질병은 높은 R_0값을 가지고 있다. 예를 들어, 에어로졸 입자를 통해 전염되는 홍역은 $R_0 = 12 \sim 18$로, 이는 감염된 1명이 잠재적으로 최대 18명의 다른 사람을 감염시킬 수 있음을 의미한다. 이것을 사람에서 사람으로 쉽게 퍼지지 않는 질병과 비교해보자. 예를 들어, 에볼라 바이러스는 체액을 통해 직접 전염되어야 함으로 $R_0 = 2$이다. 그럴듯하게, $R_0 < 1$은 질병이 궁극적으로 인구에서 사라질 것이라는 것을 암시한다.

R_0에 대한 지식을 갖는 것은 집단면역을 달성하고 질병 확산을 막기 위해 인구의 몇 퍼센트가 면역이 되어야 하는지를 결정하는 데 중요하다. 예를 들어, R_0가 5일 때, 역학 전문가들은 전염병을 예방하기 위해서는 인구의 약 80%가 면역력이 있어야 한다고 계산한다. SARS-CoV-2처럼 치사율이 높은 병원체의 경우, 집단면역은 노출보다는 보호에 의해 가장 잘 달성되며, 그렇지 않으면 병원이 압도당하고 불필요한 사망자가 많아진다. 백신접종이 가장 실행 가능한 해결책이다. 일반 백신이 개발되고 시행되면, 효과적인 **유효 번식률**(effective reproduction rate) 또는 $\mathbf{R_e}$를 낮추는 것이 목표다. 보호되지 않는 개체군에서 계산되는 R_0와 달리 R_e는 개체군의 현재(회복/예방접종) 상태에서 유효 번식률로 계산된다. 이상적으로는 1보다 작은 값이 바람직하며, 이는 개인이 질병이 취약한 개인에게 전염시킬 가능성이 낮다는 것을 의미한다. 이러한 상태에서 감염속도가 느려지고, 격리된 사례가 때때로 다시 나타날 수 있지만, 예방접종을 받는 개인의 임계값 백분율이 유지되는 한, 전염병 전파의 연결이 끊어진다. 이 질병은 궁극적으로 완전히 사라지거나 기준 또는 풍토병 상태로 감소한다.

전염성 질병은 감염된 인간이 감염되기 쉬운 개인에게 병원체를 옮기거나(예: 성병) 새롭고 취약한 개인이 이주 및 출생을 통해 지속적으로 인구에 유입되기 때문에 지속된다. 병원체는 동물 보유체[예: 웨스트 나일 바이러스(West Nile virus)는 모기 매개체에 의해 조류로부터 전염됨]에서 인간 개체군으로 재진입한다. 또 다른 병원체는 계속 진화하고 있으며 다시 유행하는 전염병(예: HIV, 인플루엔자 바이러스 및 코로나 바이러스)을 일으킬 수 있다.

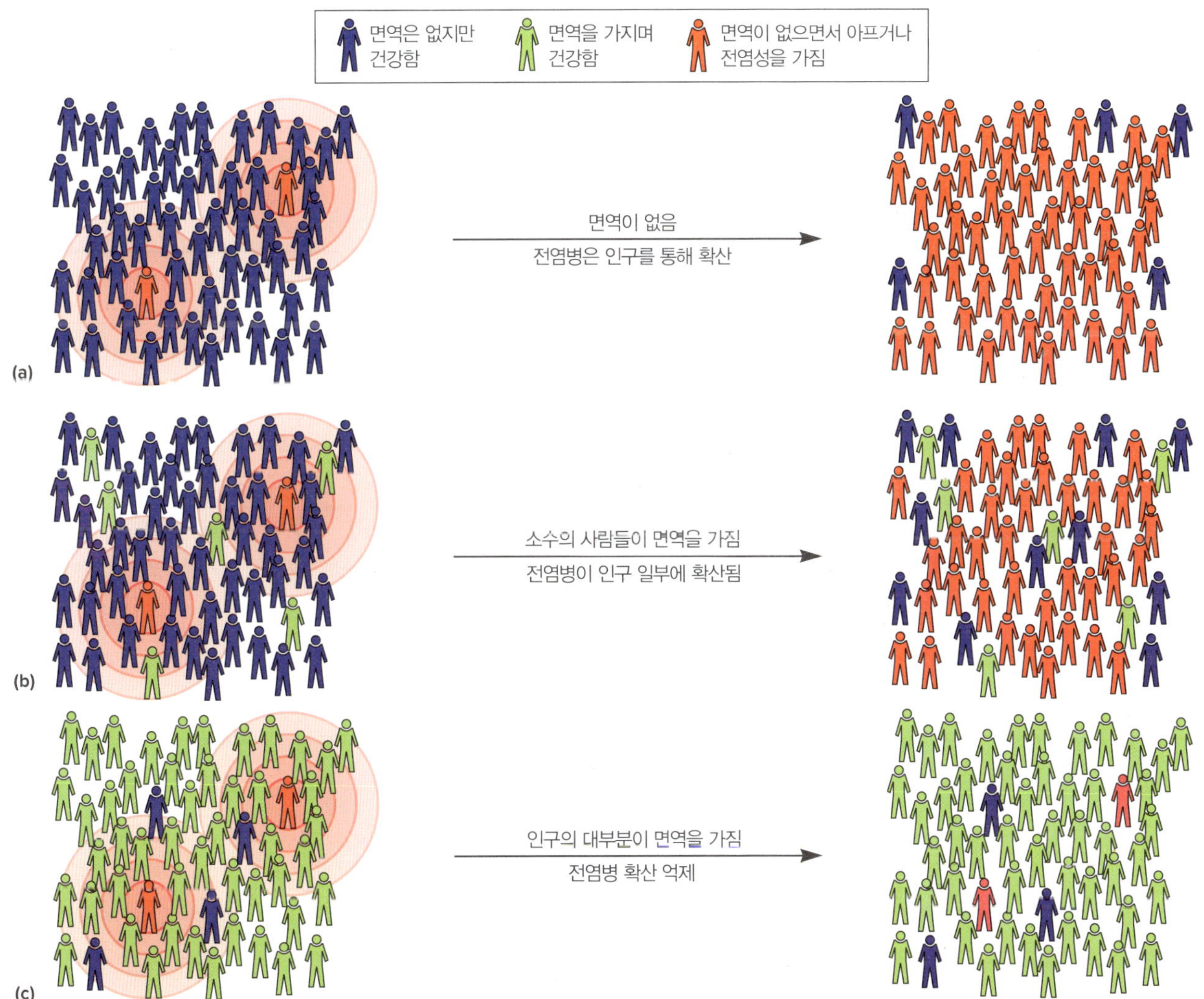

그림 35.7 집단면역. 면역은 이전 노출이나 예방접종으로 발생할 수 있다. 면역 집단의 취약한 구성원들은 자신이 면역을 만들지 않는다. (a) 원래 모집단의 아무도 면역이 되지 않았을 때, 그 질병은 퍼진다. (b) 소수의 사람들이 면역력이 있는 경우에 질병은 여전히 확산되지만, (c) 인구의 대부분이 면역력이 있는 경우에 집단면역력은 취약한 소수의 사람들에게 주어진다.

마무리 점검

1. 역학자들은 인구의 전염병을 어떻게 인식하는가?
2. 공통감염원 및 전파성 유행병의 예를 제공하시오.
3. 집단면역에 대해 설명하시오. 이것이 어떻게 공동체를 보호하는가?
4. 높은 R_0값은 병원체에 대해 무엇을 말하는가? 집단 내에서 집단면역을 달성하는 것과 어떤 관계가 있는가?

35.4 감염병과 병원체는 새롭게 출현하거나 재출현한다

이 절을 학습한 후 점검할 사항:

a. 최근에 출현하거나 재출현한 전 세계적 감염병을 발표할 수 있다.
b. 전염병의 출현과 재발을 초래하는 요인에 대하여 논의한다.

수십년 전만 해도 많은 사람들은 과학의 발전으로 건강을 보호하는 장벽이 만들어져서 감염병을 막을 수 있다고 믿었다. 항생제, 백신과 공격적인 공중보건 캠페인이 백일해, 폐렴, 소아마비, 천연두 등과 같은 오래된 질병들로부터 일련의 승리를 거두었다. 선진국에서는 미생물에 의한 위협이 과거의 일이라고 믿게 하여 사람들을 안심시켰다. 미국의 경우 1900년에서 2020년까지의 감염병에 의한 사망자 수 감소 영향이 이 결론을 뒷받침했다(그림 35.2). COVID-19가 분명해짐에 따라, 이러한 전반적인 감소 추세에도 불구하고, 미생물 병원체의 출현 및 재출현으로 인한 감염성 질병의 발병률은 계속해서 수백만 명의 생명을 앗아가고 있다. COVID-19 외에도 세계는 후천성면역결핍증후군(AIDS)의 전 지구적 확산, 결핵의 부활, 사스와 H1N1 인플루엔자 바이러스의 대유행을 보았으며 지카바이러스, C형과 E형 간염 바이러스와 같은 새로운 적의 발생, 사스(SARS)와 메르스(MERS), 에볼라 바이러스, 라임병의 스피로헤타, 크립토스포리듐(*Cryptosporidium*) 종과 장독소를 분비하는 여러 종류의 대장균, 광범위한 항생제 내성 세균 등과 같은 새로운 병원체의 전 세계적 출현을 목격했다.

당분간, 인간은 새로운 전염병과 한때 정복된 것으로 생각되었던 오래된 질병의 재발에 계속 직면할 것이 분명하다. 미국 질병관리본부(CDC)는 이러한 질병을 "최근 30년간 증가하였거나 가까운 미래에 증가할 위험이 있는 약제 내성이거나 새롭거나 재출현한 감염"이라고 정의하였다. 새로운 질병의 특징과 분류 책임은 국립보건원(National Institutes of Health, NIH)의 부서인 국립알레르기감염병 연구소(National Institute of Allergy and Infectious Diseases, NIAID) 생물방어사무소에 있다. NIAID는 이러한 질병을 일으키는 요인을 위협 수준에 따라 3단계 목록으로 분류한다(**표 35.1**). **범주 A**(category A) 병원체/생물학적 제제는 쉽게 전파되거나 사람에서 사람으로 전염될 수 있기 때문에 공중보건 또는 국가안보에 가장 큰 위협을 가한다. 이는 높은 사망률을 초래하고, 대중의 공포를 유발하거나 사회적 혼란을 야기할 수 있으며, 공중보건 대비를 위한 특별 조치가 필요하다. 우리는 병원체가 예고 없이 나타날 때 야기될 수 있는 사회적 혼란을 직접 보았다. COVID-19는 확인된 지 3개월 만에 글로벌 팬데믹으로 분류됐다. **범주 B**(category B) 병원체/생물학적 인자는 두 번째로 높은 우선 순위를 갖는다. 그들은 적당히 전파되기가 쉽고, 중간 정도의 이환률과 낮은 사망률을 초래하며, 특정 진단 및 강화된 질병감시가 필요하기 때문에 그렇게 분류된다. 몇몇 범주 B 병원균은 오염된 음식과 물을 통해 전염될 수 있다. 만약 전파된다면, 그들은 공통감염원 유행병을 일으킬 수 있다. 예를 들어, 밭에서 오염된 시금치의 대장균 O157:H7은 다중주 발병의 원인이 되었다. **범주 C**(category C) 병원체는 세 번째로 높은 우선 순위이며, 가용성, 생산 또는 보급의 용이성, 높은 이환률 또는 사망률 및

표 35.1 국립알레르기감염병 연구소 3단계 병원체 우선 순위 목록(일부)
범주 A
탄저균(*Bacillus anthracis*, anthrax)
클로스트리디움 보툴리눔(*Clostridium botulinum*, botulism)
예르시니아 페스티스(*Yersinia pestis*, plague)
주요 천연두(samllpox) 및 기타 수두 바이러스
야토병 균(*Francisella tularensis*, tularemia)
출혈열 바이러스(뎅기열, 에볼라, 마크부르크 포함)
범주 B
부르크홀데리아 종(*Burkholderia* 종)
콕시엘라버네티이(*Coxiella burnetii*, Q 발열)
브루셀라 종(*Brucella* 종, 브루셀라증)
클라미디아 시타시(*Chlamydia psittaci*, psittacosis)
대장균, 살모넬라균, 이질균, 리스테리아균, 캄필로박터균(설사제)
A형 간염 바이러스(간염)
모기 매개바이러스(예: 웨스트 나일, 동무 말뇌염, 지카, 치쿤구니아)
원생동물-크립토스포리디움, 지아르디아, 톡소플라스마, 네글레리아 파울러리
균류-소포자충류
독신-리신, 클로스트리듐 퍼프링겐스 엡실론, 포도상구균 장독소 B
범주 C
한타 바이러스(폐증후군)
결핵균(TB/광범위한 약물내성-TB)
인플루엔자 바이러스(독감)
광견병 바이러스(광견병)
프리온(신경질환, 예: 크로이츠펠트-야콥)
항생제 내성균

주요 건강에 영향을 마실 수 있기 때문에 대량 보급을 위해 조작될 수 있는 새로운 병원체를 포함한다.

자료에 따르면 감염성 질병의 출현과 재출현은 종종 동물원성 감염원에서 비롯된다. 가축 사육이 많은 지역은 전 세계적으로 전파되는 감염병 발생과 높은 상관성이 있다. 새롭게 출현하거나 재출현한 감염병의 중요성이 커지면서 **계통역학**(systematic epidemiology)이라 불리는 분야가 설립되었으며, 이 역학은 질병 발생에 영향을 주는 생태학적 및 사회적 인자들에 초점을 맞추고 있다. 현재의 기술과 글로벌 협력으로 인해 신종 및 재출현 전염병을 실시간으로 추적하는 능력이 향상되었다.

의학연구, 신약개발, 기술발달과 위생 등에서 엄청난 진보가 있었음에도 병원체는 왜 여전히 문제가 될까? 현대세계의 많은 특징적인 요인들이 이러한 미생물 및 질병의 발생과 확산의 원인이 되었다는 것은 의심할 여지가 없다(**그림 35.8**).

도시의 인구밀도가 증가하면 사람이 미생물에 노출되는 것과 미생물 진화의 역동성이 증가한다. 도시화로 인해 종종 인구가 밀집되고 미생물에의 노출이 증가한다. 인구밀집으로 비위생적 환경을 초래하고 적절한 의료서비스를 효과적으로 받을 수 없게 만들어 병원체가 증식하여 더 널리 전파되게 한다. 현대사회에서는 과밀한 직장, 집단거주 구조, 어린이집, 대형 병원, 대중교통 등의 모든 것들이 미생물 전파를 용이하게 하기 때문에 여행자는 사실상 어떠한 질병도 수시간 내에 전파시킬 수 있다. 새 천년에는, 해외여행의 속도와 양이 전 세계적으로 전염병의 출현에 기여하는 주요 요인이다. 새로운 질병의 확산은 새로운 숙주 집단에 도달하는데 필요한 이동시간에 의해 제한되었다. 만약 배가 바다를 건널 때처럼 이동시간이 충분히 길다면, 감염된 여행자들은 새로운 인구에 도달하기 전에 회복되거나 사망할 것이다. 항공여행은 기본적으로 노출과 질병 발생 사이의 시간을 없앴기 때문에, 여행자는 몇시간 만에 전염병을 퍼뜨릴 수 있다. COVID-19 대유행은 바이러스가 몇 주만에 한 도시(중국 우한)에서 5개 대륙으로 몇 주만에 얼마나 빨리 퍼질 수 있는지를 보여주는 충격적인 사례다.

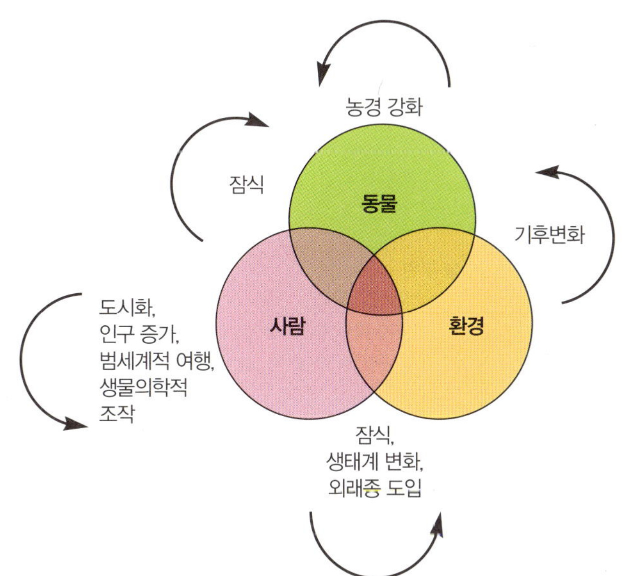

그림 35.8 질병의 출현과 재발은 여러 요인과 메커니즘을 수반한다. 질병을 유발하는 병원체의 출현과 재출현은 인간, 동물 및 환경 사이의 역동적이고 다인자적인 상호작용을 포함한다. Source: Daszak, P., Cunningham, A. A., and Hyatt, A. D. "Emerging infectious diseases of wildlife-threats to biodiversity and human health." *Science* 287(5452), January 2000, 443-449.

기후나 생태계에 변화가 일어나면 유익한 미생물이나 해로운 미생물 모두가 변한다는 것은 놀랄 일이 아니다. 기후변화는 미생물의 생존에도 영향을 준다. 피난민, 노동자와 난민들의 대규모 이동은 농촌 지역의 희생을 대가로 도심 지역의 지속적인 성장을 초래했다. 더욱이 토지 개발과 자연 서식처의 탐험이나 파괴는 사람이 새로운 병원체에 더 잘 적응하도록 선택적 압력을 주었다. 새로운 환경 또는 새로운 숙주에 병원체가 유입되면 전파와 노출 양상이 변화될 수 있어 질병이 급격하게 증가한다. 예를 들어, 2013~2015년 아프리카 서부에서의 에볼라 바이러스 확산은 박쥐의 병원체가 사람 집단에 들어와 바이러스가 전파되었다. 일주일의 잠복기를 갖는 바이러스는 빠르게 생장하여 치명적인 감염병으로 재출현한다. ◀ 지구기후 변화: 균형을 잃은 생물지구화학적 순환(28.3절)

따라서 새롭게 출현하거나 재출현한 병원체와 그 질병들은 수많은 다른 요인들의 결과물일 것이다. 현재 세계는 서로 아주 긴밀하게 연결되어 있기 때문에 다른 나라나 대륙으로부터 우리 자신을 격리시킬 수 없다. 세계 어느 한 부분에서의 질병 상태 변화와 항생제를 오용하는 것은 세계 나머지 부분의 사람들의 건강에도 영향을 끼친다. 노벨상 수상자인 레더버그(Joshua Lederberg)는 "어제 멀리 떨어진 대륙의 한 아이에게 감염된 미생물체가 오늘 당신의 아이에게 다다를 수 있고 내일이 되면 범세계적 질병이 될 시초가 될 수 있다"라고 신빙성 있는 말을 하였다.

마무리 점검

1. 어떤 요인들이 출현하거나 재출현하는 전염병의 정의에 영향을 미치는가?
2. 지역사회에서 병원체 출현 또는 재출현으로 이어질 수 있는 요인에는 어떤 것이 있는가?
3. 지구기후 변화가 어떻게 새로운 인간 전염병으로 이어질 수 있는지 설명하시오.

35.5 의료시설이 감염원을 보유하고 있다

이 절을 학습한 후 점검할 사항:

a. 미국의 의료관련 감염의 주요 원인을 말할 수 있다.
b. 의료관련 병원체와 사회에서 획득한 병원체를 구분하고 왜 사회에서 획득한 병원체도 병원 종사자들의 염려가 되는지를 설명할 수 있다.
c. 의료관련 감염을 예방하고 방제할 방법을 추천할 수 있다.

의료관련(healthcare-associated)은 때때로 **의료획득**(healthcare-acquired) 또는 **병원내 감염**(nosocomial infection: 그리스어 *nosos*는 '병', *komeion*는 '보살피다'를 의미)으로 불리고 환자가 병원이나 다른 의료시설에 있는 동안에 획득된 병원체가 유발하는 것을 의미한다. 의료관련 감염(healthcare-associated infection, HAI)은 환자에게 피해를 줄 뿐만 아니라 간호사, 의사, 간호보조원, 방문객, 영업사원, 배달원, 수위 및 다른 병원 접촉자들에게도 영향을 미칠 수 있다. 대부분의 의료관련 감염은 환자가 입원해 있는 동안에 임상학적으로 분명해지지만, 환자가 퇴원한 후에 병이 시작될 수도 있다. 환자가 병원에 입원할 때 이미 보유하고 있던 감염은 의료관련 감염이 아니라 지역사회에서 획득하여 감염된 것이다. 미국 질병관리본부(CDC)는 전체 병원 환자의 약 5~10% 정도가 여러 형태의 의료관련 감염에 걸린다고 추산한다. 따라서 의료관련 감염은 미국에서 매년 평균적으로 약 170만 명이 감염되고 사람에 의한 감염병의 큰 부분을 차지한다.

의료관련 감염은 대체로 세균에 의해 유발되며 대부분 비침입적이고 고유미생물총(normal microbiota)의 일부이기도 하다. **그림 35.9**는 가장 흔한 의료관련 감염과 그 병원체들을 요약한 것이다. 흥미롭게도 20세기 대부분의 기간 동안 의료관련 감염은 페니실린에 감수성이 있는 포도상구균에 의해 주로 일어났다. 이후 메티실린 내성 황색포도상구균(methicillin-resistant *Staphylococcus aureus*, MRSA)이 급격히 증가하였다. 1980년대 후반에 처음 보고되었던 반코마이신 내성 장구균(vacomycin-resistant enterococci, VRE)은 현재 미국 병원에서 흔히 발견된다. 페니실린 내성 폐렴연쇄상구균(penicillin-resistant *Streptococcus pneumoniae*)의 출현도 비슷한 양상으로 발생하였다.

오늘날 가장 흔한 의료관련 감염은 (1) 삽관(카테터)관련 요로감염, (2) 외과수술 부위 감염, (3) 중심정맥관의 혈류감염(삽관에 의해), (4) 산소호흡기 관련 폐렴이다(**그림 35.10**). 최근에 확인된 의료관련 감염 세균인 *Clostridioides difficile*에 더하여 그림양성 세균 종

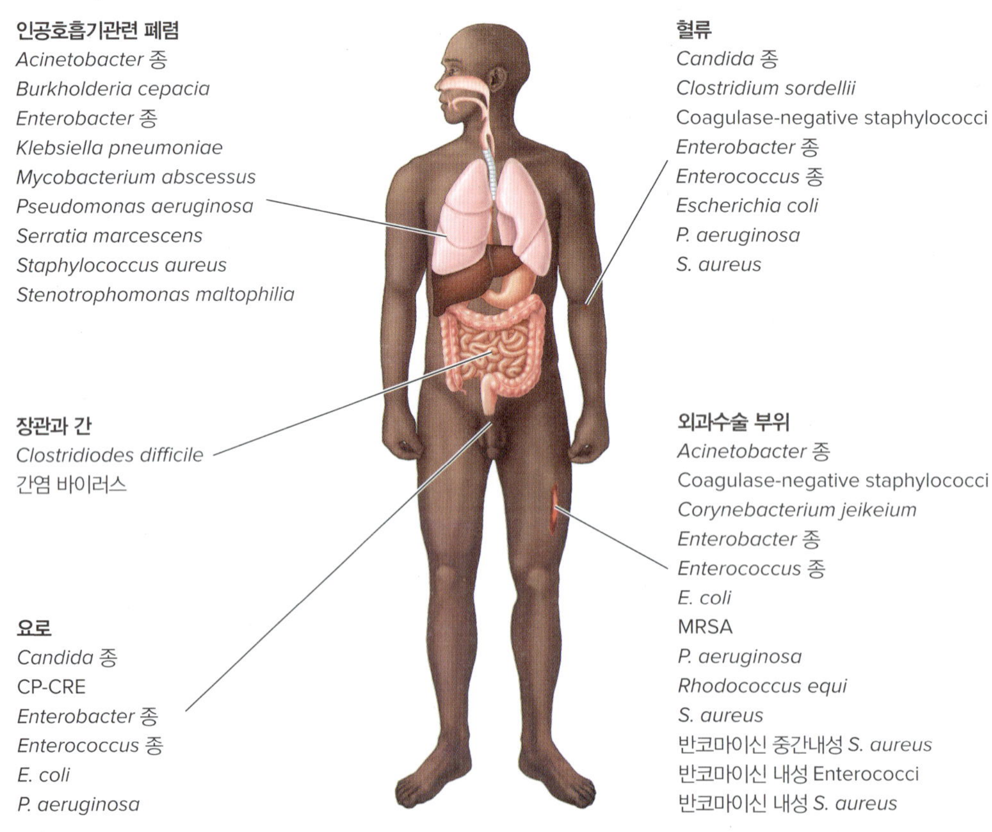

그림 35.9 의료관련 감염(HAI). 가장 흔한 의료관련 감염은 의료 종사자, 오염된 기구, 식물 및 꽃, 신선한 식품 또는 환자의 미생물 군으로부터 환자에게 전달되는 세균, 진균 및 바이러스에 의해 발생한다. CP-CRE: 카르바페네마아제 생산 카르바페넴 내성 장내세균, MRSA: 메티실린 내성 황색포도상구균.

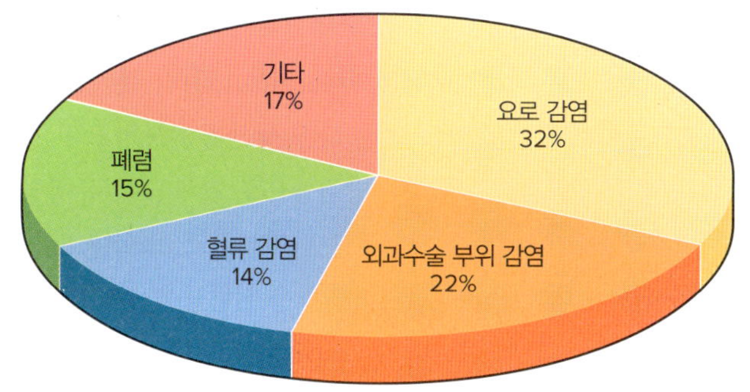

그림 35.10 미국의 주요 의료관련 감염 유형. 이 자료는 2019년 국가 통계(가장 최근의 자료)를 반영한다. https://www.cdc.gov/hai/data/portal/progress-report.html

으로는 *Clostridium sordellii*, *Corynebacterium jeikeium*과 *Rhodococcus equi*가 포함된다. 그람음성 병원체인 녹농균(*Pseudomonas aeruginosa*)과 *Acinetobacter* 종과 함께 *Burkholderia cepacia* 및 *Stenotrophomonas maltophilia*에 의한 감염 발생이 증가하고 있다. 많은 그람음성 간균이 베타-락탐(β-lactam) 항생제에 내성이 있다. *Klebsiella pneumoniae*, 대장균, 다른 *Klebsiella* 종, *Proteus* 종, *Morganella* 종, *Citrobacter* 종, 살모넬라(*Salmonella*) 종 및 *Serratia marcescens* 같은 세균들이 포함되며, 이들은 모두 페니실린, 오래된 세팔로스포린(cephalosporin), 아즈트레오남(aztreonam), 그리고 가장 놀라운 것은 카르바페넴(carbapenem)에 내성이 있다. 베타-락타마아제(β-lactamase) 항생제에 내성이 있는 Enterobacteriaceae를 모두 광역스펙트럼 베타-락타마아제 Enterobacteriaceae라 한다. ◀ 항미생물제 내성은 공중보건에 위협이다(9.8장)

병원에는 잠재적인 외부감염원이 많이 있다. 살아 있는 감염원으로는 병원 직원, 다른 환자들, 방문객 등이 있다. 무생물적 외부감염원의 예로는 음식, 식물과 꽃, 컴퓨터 키보드, 정맥내 및 호흡기 치료기구와 물 시스템(예: 유화제, 투석장치와 수치료장치) 등이 있다.

미국에서는 의료관련 감염으로 병원입원기간이 4~14일 정도 더 늘어나게 되고 매년 28억에서 33억 달러의 직접적인 추가 병원비 지출을 유발하며 매년 99,000명 이상이 이 때문에 사망한다. 이러한 심각성 때문에 병원에서는 의료관련 감염에 대한 감시, 예방, 제어를 위한 방법과 프로그램 개발에 많은 비용을 들인다.

마무리 점검

1. 의료관련 감염에 대해 설명하고, 이러한 감염이 중요한 이유를 설명하시오.
2. 의료관련 감염에 대한 2가지 일반적인 원인은 무엇인가? 각각의 구체적인 예를 제시하시오.

Yuri Kevhiev/Alamy Stock Photo

35.6 유행병의 예방 및 제어를 위해 협조적인 노력이 요구된다

이 절을 학습한 후 점검할 사항:

a. 역학자가 감염고리를 끊기 위해 시도할 수 있는 2가지 유형의 통제 조치에 대하여 논할 수 있다.
b. 질병을 예방하고 제어하기 위해 시도할 수 있는 감염고리에서 가장 취약한 부분을 말할 수 있다.
c. DNA 및 RNA 백신이 전체 병원체 제제에 비해 장점과 단점을 설명할 수 있다.

감염병의 제어는 임상미생물학자, 간호사, 의사, 역학자와 감염병을 제어하는 사람들의 잘 정립된 네트워크에 크게 의존한다. 감염병을 제어하는 사람들은 지방, 주, 국가 및 국제기구에 역학적 정보를 제공한다. 이들 각 개인과 조직이 공공건강시스템을 구성한다. 각각의 주(state)는 감염병을 감시하고 제어하는데 필수적인 공공건강실험실을 보유하고 있다. 각 주의 전염병 부서에는 의사, 지방 건강부서, 병원실험실, 위생학자 및 역학자가 보내준 표본이나 배양체를 검사할 수 있는 특화된 부서가 있다. 이 그룹은 그들의 결과를 주에 있는 다른 건강관련 부서, CDC 및 WHO와 공유한다.

제어는 감염고리의 차단으로 시작한다

감염병의 발생은 많은 인자들이 관여하는 복잡한 과정으로, 특정 역학적 제어 수단을 시행하는 것 또한 마찬가지로 복잡한 과정이다. 역학자들은 이용 가능한 정보와 시간적 제약, 잠재적 제어 수단의 익영향, 감염 확산에 영향을 줄 수 있는 사람들의 활동을 고려해야만 한다. 제어활동들은 많은 경우의 대체방안들 중에서 타협점을 모색하는 것이다. 현명하게 대처하기 위해 특정 유행병을 유발한 감염질병주기의 요소들을 1차적으로 찾아내야 한다. 제어 방법은 질병주기요소들 중 제어에 가장 민감하고 취약한 곳에 집중해야만 한다.

2가지 유형의 제어 방법이 있다. 첫 번째 유형은 감염의 감염원 또는 저장숙주를 감소 또는 제거하는 데 집중하는 것이다. 보균자(carrier)의 사회적 격리와 분리, 보균 동물이나 곤충의 제거, 수질오염을 감소시키기 위한 물과 하수 처리(42장 참조), 개개인의 감염능력을 줄이거나 없애는 치료이다.

두 번째 유형의 제어 방법은 감수성 개체의 수를 줄이고 집단면역의 일반적인 수준을 높이는 것이다. 여기에는 예방접종도 포함된다(그림 32.3 참조). 감염을 예방하기 위한 예방적 치료(예: 말라리아에 감염된 국가를 여행할 때 클로로퀸 복용) 등이다. 항균 화학요법은 9장에서 논의된다. 다음 절에서 백신의 사용과 예방접종에 대해 논의하다.

백신은 감수성 집단을 면역시킨다

백신[vaccine: 라틴어 *vacca*는 '소'(cow)를 의미]이란 숙주에 방어면역을 유도하기 위해 사용하는 하나 또는 여러 미생물 항원들의 조합이다. **면역**(immunization)은 숙주의 면역시스템이 백신에 성공적으로 반응했을 때 일어난다. 예방접종(vaccination)의 목적은 미래의 감염으로부터 숙주를 보호하기 위해 항체 생산을 유도하고 T 세포를 활성화시키는 것이다. 광범위한 예방접종으로 인해 많은 유행병들이 억제되었다(**표 35.2**). 백신은 천연두를 박멸하였고, 소아마비를 멸종 위기로 몰아냈으며, 셀 수 없을 정도로 많은 사람들을 A와 B형 간염, 인플루엔자(독감), 홍역, 로타바이러스(rotavirus)에 의한 질병, 파상

표 35.2 인간의 바이러스 및 세균성 질병을 예방하기 위해 권장된 백신

질병	백신	부스터*	권고
바이러스성 질병			
수두	약독화 오카 변종	4~6년	12~18개월 아동, 수두에 걸린 적 없는 아동
A형 간염	비활성화된 바이러스	6~18개월	12개월 아동
B형 간염	바이러스 항원	1~4개월 6~18개월	고위험 의료인, 아동, 출생~18개월 및 11~12세
인간 유두종바이러스 감염증	재조합 단백질 소단위	2~3개월 6개월	11~12세 아동
인플루엔자 A/B	불활성화된 바이러스 또는 약독화된 생균	매년	모든 사람
홍역, 유행성이하선염, 풍진	약독화 바이러스(MMR 복합 백신)	없음	1차 접종 12~15개월, 2차 접종 4~6세
소아마비	약독화(경구 소아마비 백신, OPV) 또는 불활성화 바이러스(불활성화 소아마비 백신, IPV)	필요에 따라 성인	2개월에 1차, 4개월에 2차, 16~18개월에 3차, 4~6세에 4차 접종
광견병	불활성화된 바이러스	없음	야생동물과 접촉하는 개인, 동물관리 요원, 수의사
대상포진	재조합 수두 표면 당단백질	없음	50세 이상 개인
황열병	약독화 바이러스	10년	발병 지역으로 여행하는 군인 및 개인
세균성 질병			
디프테리아, 백일해, 파상풍	디프테리아 및 파상풍 톡소이드, 무세포 보르데텔라 백일해 백신(DTap) 또는 파상풍 톡소이드, 환원 디프테리아 톡소이드 및 무세포 백일해 백신(Tdap)	10년	생후 2~3개월부터 12세까지의 아동 및 성인. DPT 시리즈 이후 최소 5년 후인 10~18세 아동은 Tdap을 받아야 한다
헤모필루스 인플루엔자 B형	다당류-단백질 접합체(HbCV) 또는 세균성 다당류(HbPV)	없음	2개월에 1차, 4개월에 2차, 6개월에 3차, 12~15개월에 4차 접종
수막구균 감염	혈청형 A/C/Y/W-135의 수막구균 다당류	없음	11~12세에 1차 접종, 16세에 2차 접종
폐렴구균성 폐렴	정제된 *S. peneumoniae* 다당류 23가지 폐렴구균 유형 또는 13가지 균주의 폐렴구균 접합체	없음	만성질환이 있는 50세 이상 성인
결핵	약독화 *Mycobacterium bovis*(BCG 백신)	3~4년	장기간 결핵에 노출된 개인, 일부 국가에서 사용, 미국에서는 허가되지 않음
장티푸스	*Salmonella enterica* Typhi Ty21a(살아 있는 약독화성 또는 다당류)	없음	풍토병 지역 거주자 및 여행자
발진티푸스	살균된 *Rickettsia prowazekii*	매년	발진피푸스가 유행하는 지역의 과학자 및 의료진

* 초기 예방접종 후 후속 예방접종 용량.

풍, 발진티푸스(typhus) 및 다른 위험한 질병으로부터 보호하였다. **백신체학**(vaccinomics)은 유전체학, 생물정보학 및 맞춤형 의학, 유전 및 면역 반응을 결정하는 메커니즘과 경로를 포함하므로써, 백신 개발에 대한 혁신적인 접근방법을 제공하고 있다. ▶ 백신(41.1절)

좀더 효율적인 면역반응을 유도하기 위해 백신 내의 항원들은 면역의 정도와 효율을 증진시키는 **항원보강제**(adjuvant: 라틴어 *adjuvans*는 '도움을 주는'을 의미)와 함께 사용할 수 있다. 항원보강제는 독성이 없는 물질로 항원이 면역세포와 지속적으로 작용할 수 있게 하거나, 항원을 처리하는 항원제시세포(antigen-presenting cell, APC)를 도와주거나, 항원에 대한 면역반응을 비특이적으로 자극하는 역할을 한다. 여러 형태의 백신항원보강제가 사용될 수 있으며 그 종류로는 물에 기름을 넣은 유화제(Freund's incomplete adjuvant), 수산화알루미늄염(alum), 밀랍, 살아있거나 죽은 세균의 다양한 조합 등이 있다. ◀ 외래물질의 인식은 강력한 방어를 위해서 중요하다(32.4절)

백신과 면역의 현대 역사는 1798년 제너(Edward Jenner)가 천연두에 대응하는 백신으로 우두(cowpox)를 사용한 것(**역사 속 주요 장면 35.3**)과 1881년 파스퇴르(Louis Pasteur)의 광견병 백신으로부터

역사 속 주요 장면 35.3

첫 번째 예방접종

고대 그리스 시대 이후부터 페스트나 천연두, 황열 및 여러 다른 감염병에 한 번 걸렸다가 회복된 사람들은 다시 그 병에 걸리지 않는다는 사실이 알려져 왔다. 1500년대의 기록에는 천연두 딱지를 갈아서 피부에 긁거나 콧구멍을 부풀리는 관습이 기술되어 있다. 인간에게서 천연두 딱지를 접종하는 이 과정은 1768년 러시아의 캐서린 대제에 의해 발전된 것으로 유명한 변종이라고 알려져 있다. 인위적인 예방접종의 첫 번째 과학적인 시도는 영국의 글로스터셔, 버클리 지역의 의사인 제너(Edward Jenner, 1749~1823)에 의해 18세기 말에 이루어졌다. 제너는 우두(vaccinia, cowpox)에 걸렸던 사람은 결코 천연두(smallpox)에 걸리지 않는다는 영국 농부 사이에 널리 알려진 사실을 근거로 조사하였다. 천연두는 종종 치명적으로 환자의 약 10~40%가 죽었으며 회복된 사람도 흉터(곰보)가 남는다. 이에 반해 우두에 감염된 소의 젖을 짜는 대부분의 여자들은 우두에 쉽게 감염되며, 피부에 흉터가 생기지 않는 상대적으로 약한 감염의 우두이므로 피부가 깨끗하였다.

1796년 제너는 우두에 감염된 소젖을 짜는 넴스(Sarah Nelmes)라는 여인의 팔의 농포(pustule)에서 그 내용물을 추출하여 8살의 제임스 핍스(James Phipps)라는 소년의 팔에 주사하였다. 제너의 예상대로 우두바이러스로 예방접종을 받은 소년은 약한 감염 증상만을 나타내었다. 제너가 다시 천연두바이러스를 그 소년에게 주사하였지만(제너의 이러한 시도는 현재 기준으로는 비윤리적인 것임) 천연두의 증상은 나타나지 않았다. 제너는 그의 많은 환자들에게 우두의 고름을 주사하였고 영국과 유럽의 다른 지역 의사들도 같은 방법을 시도하였다(**그림**). 제너는 라틴어로 소를 뜻하는 *vacca*에서 나온 "백신(vaccination)"이라는 용어를 만들었는데, 이는 변이보다 훨씬 안전한 선택이었다.

예방접종에 대한 더 많은 연구는 파스퇴르(Louis Pasteur, 1822~1895)에 의해 이루어졌다. 파스퇴르는 배양한 닭콜레라 세균을 2~3개월 정도 두었다가 닭에 감염시키면 이 세균들이 약한 콜레라 증상만을 나타내는 것을 발견하였다. 콜레라에 대한 그의 연구는 실험실에서 개발된 최초의 백신으로 이어졌고, 다른 과학자들은 향후 20년 이내에 광견병, 장티푸스 및 디프테리아 백신의 개발을 이끌었다.

그림 백신을 접종하는 19세기의 의사들. Ann Ronan Pictures/Print Collector/Getty Images

시작되었다. 다른 질병에 대한 백신은 계속해서 시도와 실패를 거듭하다가 19세기 말에 이르러 미생물을 불활성화 및 약독화하는 방법이 개선되면서 만들어졌다. 서유럽과 북아메리카에 창궐한 대부분의 유행병[예: 디프테리아, 홍역, 유행성이하선염, 백일해, 독일 홍역(풍진)과 소아마비]에 대항하기 위한 백신이 마침내 개발되었다. 실제로 20세기 말에 접어들면서 백신과 항생제를 병행하여 사용함으로써, 많은 국가에서 미생물 감염 문제를 해결한 것처럼 보였다. 하지만 이전에는 알지 못했던 새로운 병원체의 출현과 이전부터 있었던 병원체의 항생제 내성 발생으로 이러한 낙관론은 빠르게 사라져 버렸다. 그럼에도 불구하고 백신은 여전히 미생물 질병을 예방하는 비용 면에서 가장 효율적인 수단 중 하나이다.

여행자, 수의사 및 의료제공자는 미국 이외의 모든 국가에 대한 백신 및 부스터 권장사항과 위험에 처한 개인에 대한 권장사항을 나열하는 CDC 웹사이트가 매년 업데이트되므로 참조해야 한다. 일반 백신과 질병은 표 35.2에 나열되어 있다. 예방접종의 역할은 아무리 강조해도 지나치지 않다. 예방접종은 생명을 구한다.

백신은 크게 3가지로 나눌 수 있다. 병원체 백신, 무세포 또는 소단위 백신, 재조합/DNA/RNA 백신이다. 다음으로 각 유형의 예에 대하여 설명한다.

세포-전체 백신

현재 사람들에게 사용하는 바이러스나 세균이 원인인 질병에 대한 상당수의 효과적인 백신들은 미생물체 전체를 이용한 것으로 **전체병원체 백신**(whole-pathogen vaccine)이라고 한다. 이 전체병원체 백신 백신은 불활성화된 죽은 것이거나 약독화된(살아 있지만 독성이 없는) 것이다. 이러한 백신들의 주요한 특징들을 **표 35.3**에 비교하였다. **불활성화 백신**(inactivated vaccine)은 효율적이기는 하지만 약한 면역반응을 일으켜 종종 여러 차례의 추가접종이 필요하고, 세포매개 면역이나 분비성 IgA의 생산을 적절하게 유발하지 못하는 단점이 있다. 반면에 **약독화 백신**(attenuated vaccine)은 대개 한 번의 접종으로 체액성 및 세포매개 면역을 모두 유도할 수 있다. ◀ 선천성 숙주 저항(31장); 적응면역(32장)

전체병원체 백신 백신을 현재 사용하고 있는 백신들의 '표준'으로 간주하기는 하지만 여러 문제점이 있다. 1990년대 조합된 전체병원체 백신 백일해 백신(Dtwp)이 심각한 부정적 반응의 위험 때문에 조합된 무세포 백일해 백신(DTaP)으로 대체되었다. 약독화 백신도 면역기능이 저하된 사람들(예: AIDS 환자, 화학치료를 받는 암 환자 및 노인 등)에게 심각한 질병을 일으킬 수 있다. 또한, 이러한 사람들은 최근에 예방접종을 한 건강한 사람들로부터 감염되어 병을 얻을 수 있다. 더욱이 약독화한 바이러스는 돌연변이를 일으켜서 그들의

txking/Shutterstock

표 35.3 백신 유형의 비교[1]

주요 특징	전체병원체 백신		무세포 또는 소단위 백신	재조합 또는 DNA/RNA 백신	
	살아 있는 약독화백신	불활성화백신		재조합	DNA 또는 RNA
전형적인 면역원	바이러스	박테리아	미생물에서 1~20개의 항원	바이러스 또는 박테리아 벡터	DNA 또는 RNA에 의해 암호화된 항원(들)
T 반응	강함	약함	매우 강함	매우 강함	매우 강함
B 세포 반응	강함	강함	매우 강함	매우 강함	매우 강함
안정성	냉장 보관하지 않으면 감소됨	더 긴 저장 수명, 동결건조	더 긴 저장 수명, 동결건조	더 긴 저장 수명, 동결건조	
잠재적인 문제	면역 저하자에게 투여하지 않음. 병원체로의 복귀가 가능함	약한 반응, 추가 용량 필요	항원 식별은 비용이 많이 들고 연구 집약적임	단백질 면역원에 대해서만 효과적임. DNA 백신은 효능 문제가 있고 유전체 DNA를 교란할 위험이 있음.	

[1] Source: U.S. Department of Health & Human Services. "Vaccine Types."

독성을 종종 다시 회복할 수 있다. 일부 국가에서는 소아마비 백신이 살아있는 약독화 바이러스이다. 만일 바이러스가 콕사키 바이러스와 함께 순환하면, 두 바이러스가 재조합하여 병원성 소아마비 바이러스를 형성할 수 있다. 다수의 척추성 소아마비가 이러한 재조합으로 발생하였다. 미국이나 다른 나라의 아이들은 이러한 유전적 변이를 일으킬 수 없는 죽은 소아마비 백신을 접종 받는다.

무세포 또는 소단위 백신

병원성 미생물로부터 유래한 특이적이고 순수 정제된 고분자물질을 사용함으로써 전체병원체 백신과 관련된 일반적인 위험요소의 몇 가지는 해결될 수 있다. 3가지 일반적인 형태의 **소단위 백신**(subunit vaccine)이 있다. (1) 협막의 다당체, (2) 재조합한 표면 항원, (3) **변성독소**(toxoid)라 부르는 불활성화한 외독소이다. 정제된 미생물 소단위나 이들의 분비산물들은 백신을 만드는 데 사용하기 위해 무독성 항원으로 준비된다(**표 35.4**).

재조합 매개자, DNA, RNA 백신

주요 항원의 유전자를 병원체로부터 분리하여 무독성 바이러스나 세균에 넣을 수 있다. 이렇게 재조합된 미생물은 매개자로 작용하여 숙주세포내에서 복제되고 병원체의 항원 단백질을 발현한다. 이렇게 발현된 항원이 매개자를 벗어나게 되면 체액성 면역(예: 항체 생산)을 유발하고, 잘게 부수어져서 세포 표면에 적절하게 제시되었을 때는(마치 숙주세포가 활성을 가진 병원체를 가지고 있는 것처럼) 세포성 면역도 유발한다. 로타 바이러스(rotavirus)와 약독화한 살모넬라(*Salmonella enterica*)와 같은 여러 미생물들은 이러한 **재조합 매개자 백신**(recombinant-vector vaccine)을 생산하는 데 이용되고 있다.

DNA 백신(DNA vaccine)은 병원체의 DNA 절편을 직접 숙주세포내로 주입한다. 근육세포에 주입되면 DNA는 핵 속으로 들어가고, 병원체의 DNA 절편이 일시적으로 발현되어 숙주의 면역반응을 유도하는 외래 단백질을 만든다. DNA 백신은 아주 안정적이어서 종종 저온 보관이 불필요하다. 존슨 앤 존슨과 아스트라제네카/옥스포드 COVID-19 백신은 변형된 아데노 바이러스를 사용하여 SARS-CoV-2 스파이크 단백질 DNA를 숙주세포에 전달한다. 현재 말라리아, HIV, 인플루엔자(독감), B형 간염, 공수병, 헤피스 바이러스 및 지카바이러스에 대한 여러 종류의 DNA 백신이 사람에서 임상시험 중이다.

COVID-19 팬데믹은 **mRNA 백신**(mRNA vaccine)을 대중인식의 최전선으로 이끌었다. COVID-19의 빠른 확산과 높은 치사율은 백신의 확실하고 신속한 필요성을 요구했다. 연구, 개발, 임상시험, FDA 승인 등의 중요한 단계가 서두르는 것처럼 느껴져 일부에서는 두려움과 의심을 불러일으켰지만, RNA 백신 개발은 생화학자 카리코(Katalin Karikó)가 개척한 1990년부터 진행되고 있다. mRNA 백신 연구에서 극복해야 할 주요 장애물은 (1) mRNA 분해 최소화, (2) 유해한 선천성 면역원성 제한, (3) 세포로의 진입을 용이하게 하는 전달시스템을 설계하는 것을 포함한다. 완전히 처리된 성숙한 mRNA를 모방한 시험관 내 전사된 mRNA를 생성하여 첫 번째 문제가 해결되었고, 뉴클레오시드로 변형된 mRNA를 정제하고 사용함으로써 두 번째 문제를 해결했으며, mRNA를 리포솜에 십입하여 세포막을 통한 전달을 향상시켰다. 일단 SARS-CoV-2 유전체의 염기서열이 확정되면, 이 백신은 스파이크 단백질을 지질 소포에 암호화하는 mRNA를 삽입하여 만들어졌다. COVID-19 백신의 빠른 개발은 정부와 민간 부문의 자금, 인력 증가, 수의학 연구의 견고한 기반 덕분에 촉진되었다. 과학자들과 공중보건 관계자들은 다음과 같이 동의한다. 이 기술은 강력하고 저렴하며 안전하고 효율적이며 많은 질병에 쉽게 적응할 수 있어 빠르게 진화하는 병원체의 위협에 쉽게 적응한다(**그림 35.11**).

표 35.4 소단위 백신의 예

미생물 또는 독소	백신 소단위
캡슐 다당류	
헤모필루스 인플루엔자 B형	다당류–단백질 접합체 (HbCV) 또는 세균성 다당류 (HbPV)
나이세리아 수막염	혈청형의 다당류 A/C/Y/W–135
연쇄상 구균에 의한 폐렴	23개의 캡슐형 다당류
표면 항원	
B형 간염 바이러스	재조합 표면 항원 (I IDsAg)
인유두종 바이러스	재조합 단백질 소단위
변성독소	
코리네박테륨 디프테리아 독소	불활성화 외독소
클로스트리듐 테다니 독소	불활성화 외독소

마무리 점검

1. DNA와 RNA 백신은 새로운 질병과 부스터 샷과 관련하여 어떤 이점을 제공하는가?
2. 백신 준비에 약독화된 살아있는 바이러스를 사용할 때 어떤 위험이 수반되는가?

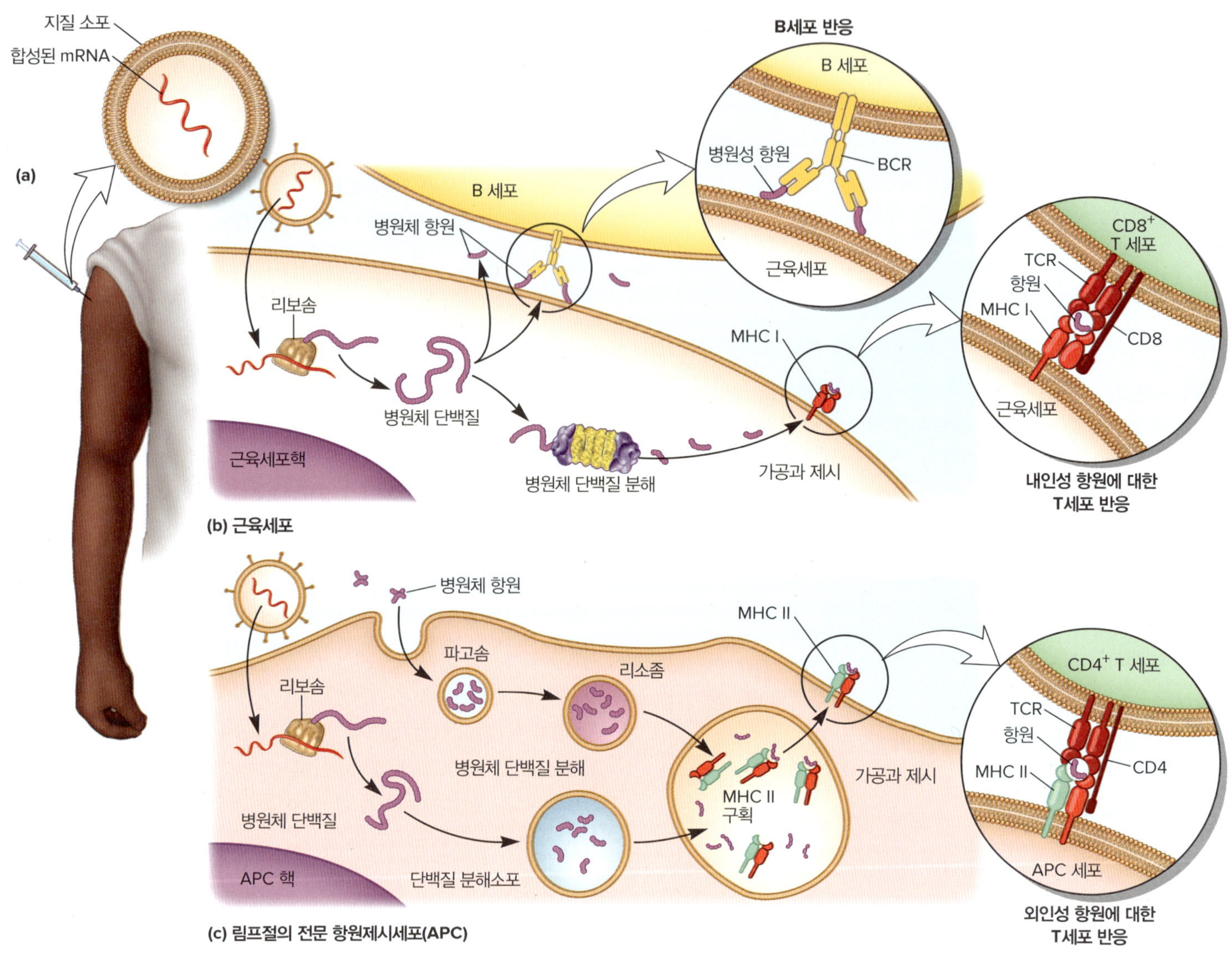

그림 35.11 RNA 백신. 일단 주입되면(a), mRNA는 내인성 및 외인성 항원으로 작용하는 병원체 단백질로 번역되어, 근육세포(b) 및 항원제시세포(c) 내에서 세포매개 및 체액성 면역 반응을 자극한다. BCR: B세포 수용체(B-cell receptor), TCR: T세포 수용체(T-cell receptor), MHC: 주조직적합복합체(major histocompatibility complex).

35.7 생물테러에 대한 대비는 공중보건 미생물학의 핵심 부분이다

이 절을 학습한 후 점검할 사항:

a. 생물테러 공격에 대해 대비하기 위하여 필요한 수고를 논할 수 있다.
b. 공중보건위협에 기반을 둔 미생물을 우선 정할 수 있다.
c. 감염병 유발 병원체에 대한 예방과 제어정보의 표를 만들 수 있다.
d. 생물테러가 의심될 때 관장하는 기관에 보고하여 알릴 수 있다.

생물테러(bioterrorism)는 "인간, 동물과 식물들을 죽이거나 병을 일으키기 위해 바이러스, 세균, 진균 또는 생명체로부터의 독소를 의도적 또는 위협용으로 사용하는 것"으로 정의한다. 생물학적 무기를 개인이나 국가의 이익을 위해 사용한 것은 새로운 시도가 아니며 오늘날에도 이러한 생물학적 무기를 실제로 사용하고 있다(**역사 속 주요 장면 35.4**). 범죄나 테러를 위해 의도적으로 생물학적 무기를 사용한 가장 주목할 만한 예는 다음과 같다. (1) 10개의 음식점 샐러드바에 살모넬라균(*Salmonella enterica* serovar Typhimurium)을 사용한 사건(1984년 미국 오레곤 주 달레스 시의 Rajneeshee라는 사이비 종교 집단에 의해), (2) 병원 실험실 휴게실에 *Shigella dysenteriae*(이질균)의 의도적인 살포(범인은 아직까지 밝혀지지 않았음, 1996년 미국 텍사스), (3) 탄저균(*Bacillus anthracis*) 포자를 우편물로 배달한 사건[범인은 아직까지 밝혀지지 않았음. 그러나 미연방수사국

역사 속 주요 장면 35.4

1346년 생물학적 전쟁의 최초 기록

14세기 중반 유럽, 아시아와 북아프리카 지역을 휩쓸고 간 흑사병(Black Death)은 아마도 역사적으로 가장 큰 공중보건 재앙이었을 것이다. 어림잡아 유럽 인구의 4분의 1에서 3분의 1을 이로 인해 목숨을 잃었다. 이 사실은 커다란 역사적인 관심뿐만 아니라 생물학적 무기를 사용하는 테러범이나 군대의 위협을 평가하기 위한 현재의 노력에도 영향을 미친다. ▶ 페스트(흑사병)(38.2절)

유럽에서 흑사병의 근원에 대한 증거는 제노바의 드 무씨(Gabriele de' Mussi)의 자서전에서 찾을 수 있다. 14세기의 자서전에 따르면, 1346년 생물학적 공격의 결과로 흑사병이 크리미아(우크라이나의 한 지역)에서 유럽으로 전파되었다. 몽골 군대는 포위한 크리미아의 카파[Caffa: 현재는 우크라이나의 페도시자(Feodosija)] 시로 페스트에 감염된 시체들을 날려 보내 결과적으로 이 병을 카파 시 주민들에게 감염시켰고, 카파 시 전투에서 살아남은 사람들이 지중해 유역으로 도망치면서 흑사병을 전파시켰다. 시체는 던져져 처참하게 손상되고, 방어자들은 공격에 대처하느라 손이 베이고 다쳤을 것이므로 카파 시에의 흑사병 전파는 발생할 가능성이 특히 높았다. 많은 시체들이 관련되었기 때문에 병의 전염 기회는 더 커졌을 것이다. 주요 질병의 창궐로 인해 희생된 시체의 처리는 항상 문제였으며 몽골 군대는 부족한 시체 처리소의 대처방안으로 그들의 투석기계를 사용하였다. 수천구의 시체가 이러한 방법으로 처리되었을 가능성이 있다. 무씨의 표현대로 "시체가 산을 이뤘다"는 것은 사실일 수 있다. 정말로 카파 시는 흑사병의 생물학적 전쟁 재앙의 아주 깊은 의미가 있는 장소이다. 이 기록은 질병이 무기로서 성공적으로 사용될 때 얼마나 무서운 결과를 가져오는지에 대한 강력한 경고일 것이다.

(FBI)은 이빈스(Bruce Ivins, 현재 사망)를 용의자로 지목. 2001년 미국 동부의 5개 주]이다. 살모넬라균으로 오염된 샐러드는 751건의 문서화된 사례와 살모넬라증으로 45명이 병원에 입원하였다. 이질균 살포 사건의 경우 8건의 사례가 확인되고 그중 4명이 이질로 입원하였다. 탄저균 포자는 22명을 감염시키고 5명을 사망에 이르게 했다. 표 35.1에 제시되어 있는 NIAID의 3단계 병원체 우선 순위 목록이 생물방위국(office of biodefense)에서 작성된 점을 감안할 때, 여러 병원체가 국가적 관심사이며 생물테러의 매개체로서의 가능성에 대해 주의 깊게 모니터링되고 있음을 알려준다.

대량살상무기 가운데 생물학적 무기는 신경가스를 포함하는 화학무기만큼이나 파괴적이다. 어떤 경우에는 생물학적 무기가 핵폭탄만큼이나 파괴적인데 예를 들어, 단지 몇 킬로그램의 탄저균은 히로시마에 투하된 핵폭탄만큼이나 많은 사람을 살상할 수 있다. 생물학적 병원체는 여러 가지 이유로 국지적인 공격(biocrime) 또는 대량살상(bioterrorism)의 수단으로 선택되는 것 같다. 이들은 대부분이 눈에 보이지 않고 냄새나 맛이 없어 발견하기 어렵다. 또한, 병원체에 감염되어 그 증상이나 징후가 명백하게 나타나기까지 수시간에서 수일이 걸리기 때문에 범인이 발각되지 않고 용이하게 도망갈 수 있기 때문에 테러를 위해 생물학적 병원체를 사용하는 점도 있다. 덧붙이면 일반대중들은 생물테러에 이용될 수 있는 병원체에 대한 면역이 없으므로 면역에 의해서 보호받을 수 없다. 궁극적으로 테러에 생물학적인 병원체를 사용하면 큰 두려움과 공포 및 대혼란을 야기한다.

1998년 미국 정부는 생물학적 무기의 방어체계를 구축하기 위한 국가적 노력을 처음 시작하였다. 이 발의안에는 (1) 국가에서 국민 보호를 위해 최초로 특정 백신과 의약품을 조달하여 많은 양 비축, (2) 생물방어 분야에 대한 연구 개발의 활성화, (3) 유전체 염기서열, 새로운 백신연구, 새로운 치료법 연구에 더 많은 시간과 비용 투자, (4) 개선된 동정 방법과 진단시스템 개발, (5) 생물테러에 신속히 대응하는 '1차 대응팀'을 구성하는 임상미생물학자와 임상미생물 실험실의 준비 등이 포함되어 있다. 2002년에 미국 의회는 생물작용제(select agent) 사용을 엄격하게 제어하기 위해 생물작용제를 규정하는 '공중보건안전과 생물테러 준비 및 대응책'에 대한 법률을 통과시켰다. 즉, (1) 대량의 사상자가 나오거나 대대적인 경제적 손실을 줄 수 있다는 것, (2) 전염성이 매우 강한 것, (3) 감염지가 낮은 것, (4) 쉽게 무기화될 수 있는 것이 포함된다.

2003년 미국 의회는 테러에 대비해 미국 내 방어를 담당할 국토안보부(Department of Homland Security)를 창설하였다. 국토안보부의 여러 업무 중 하나는 대규모의 위험물을 감시하기 위해 국가사고

관리시스템(National incident Management System, NIMS)을 관리하는 것이다. 생물테러나 다른 공중보건 사건들은 이 시스템을 통해 관리된다. 미국 보건복지부(Department of Health and Human Service)는 합법적인(예: 공중보건 서비스 조례와 연방 음식물, 마약 및 화장품 조례 등) 책임권이 있는 장소에서 필요한 만큼의 자산 및 인력 등을 배치하는 동시에, 국토안보부가 사고와 이에 대한 대응방식의 특성에 대하여 지속적으로 자문한다. 미국의 보건복지부 장관은 미국 질병관리본부(CDC)가 공중보건활동에 필요한 조정을 수행하도록 지시 감독한다.

2001년 9월과 10월, 미국에서 일어난 테러사건은 세계를 변화시켰다. 특히 생물학적 병원체를 이용한 테러사건을 예방하기 위한 전 세계의 노력은 사전대비에 신중을 기하는 계획에서부터 사전대책을 마련하는 것으로까지 점차 발전했다. 미국에서는 질병관리본부가 학문연구기관과 공조하여 나라 전체의 공중보건활동 종사자들, 전통적인 1차 대응자, 그리고 수많은 환경 및 건강관리 제공자들을 교육하고 훈련시키고 있다. 생물테러에 대한 전반적인 대응능력을 지지·지원하기 위해 공중보건대비본부(Centers for Public Health Preparedness)가 설립되었다. 미국 질병관리본부는 또한 실험실 대응 구축망(Laboratory Response Network, LRN)이란 프로그램을 운영하면서 미국 연방정보부(FBI)와 공중보건실험실 연합(Association of Public Health Laboratories, APHL)과 공조하여 국가의 공중보건실험실 체계를 개선하도록 도와줌으로써 생물테러에 대한 효율적인 실험실 대응이 가능하도록 하고 있다. 실험실 대응 구축망은 생물테러나 다른 공중보건의 응급상황(가축, 농업, 군대, 그리고 물과 식품에 연관된 것들을 포함하여) 발생 시 신속하고 협조적인 대응이 가능하도록 하기 위해 각 주와 지역 보건, 연방정부, 군대 및 외국의 실험실들을 연결하는 세부 연락망을 유지한다.

명백한 테러 위협이 없거나 생물학적 테러 병원체를 신속하게 발견할 능력이 없는 경우에, 공중보건시스템에 보고된 일상적이지 않은(풍토병이 아닌) 갑작스러운 병의 출현을 생물학적 테러 활동으로 규정할 수도 있다. 또한, 갑작스러운 인수공통감염병, 병에 걸린 동물 및 운반체매개 질병의 급증도 생물학적 테러의 지표가 된다. 생물작용제를 포함하는 임상 시료들의 관리를 도와주는 모든 감시 실험실을 위해 준비된 중요한 지침서와 표준화된 방법은 미국질병관리본부와 공중보건실험실 연합(APHL)의 감독하에 미국 미생물학회에서 만들었다. 잠재적 생물테러 행위에 대한 감시 및 대응에는 여러 정부기관 간의 협력과 조정이 필요하다는 것은 분명하다. 특정 생물작용제와 연관된 질병 및 미생물학은 37~39장에서 설명한다.

마무리 점검

1. 전염병을 통제할 수 있는 일반적인 3가지 방법은 무엇인가? 각 유형의 통제 조치에 대한 1가지 또는 2가지 구체적인 예를 제시하시오.
2. 많은 사상자를 낼 위험이 가장 큰 이 목록에서 생물범죄를 저지르는데 사용될 수 있는 미생물의 이름을 쓰시오.
3. 왜 생물무기가 화학무기보다 더 파괴적인가?
4. 공중보건 보안 및 생물테러 대비 및 대응법은 무엇을 하기 위해 설계된 것인가?

요약

35.1 역학은 증거에 기초한 과학이다

- 역학은 일정한 인구집단에서 건강과 질병의 결정요인(determinant), 발생, 분포 및 제어를 평가하는 과학이다.
- 특정 역학 용어는 일정한 인구집단에서 질병의 발생률을 표현할 때 사용된다. 주로 사용되는 용어는 산발성 질병, 풍토병, 과풍토병, 유행병, 지표사례, 집단발병 및 범세계적인 질병(팬데믹, 전 세계적 질병) 등이다.

35.2 역학은 잘 검증된 방법에 근간을 둔다

- 공중보건감시는 한 집단내에 특정 감염 병원체를 인식하는 데 필요하다. 이는 병의 발생에 대한 자료를 모으고, 그 자료를 모아 분석하며, 분석결과를 종합하고, 종합한 정보를 이용해 감염병 제어에 적용하는 것이다.
- 인구집단에 근거한 감시와 환자 사례에 근거한 감시결과 자료는 인구집단에서의 감염을 조사하는 데 이용된다.
- 원격감지(RS)와 지리정보시스템(GIS)은 자연환경에서 얻은 데이터를 컴퓨터통신망을 이용하여 수집하는 데 이용할 수 있다.
- 현대 역학연구에 사용되는 중요 수단은 통계학이다.
- 역학 자료는 이환률, 유병률, 사망률과 같은 요인으로부터 얻을 수 있다.

35.3 감염병은 인구집단내의 양상을 통해 밝혀진다

- 공통감염원 유행병(common-source epidemic)은 감염 환자 수가 단기간 내에 최고치에 도달한 후, 빠르지만 증가 속도보다는 느리게 감소하는 특징이 있다(그림 35.4).
- 전파성 유행병(propagated epidemic)의 특징은 감염 개체 수가 비교적 천천히 긴 시간 동안 증가한 후 점진적으로 감소하는 것이다.
- R_0는 감수성 집단내에서 감염된 개인으로부터 발생할 수 있는 감염의 수로 정의된다.
- 집단면역(herd immunity)은 집단내 대부분의 개체에 면역이 있으므로 집단이 감염과 병원체 확산에 대해 저항성이 생기는 것이다.

35.4 감염병과 병원체는 새롭게 출현하거나 재출현한다

- 인류는 끊임없이 새로운 감염질병과 한때 정복했다고 생각했던 이전 질병들의 재출현에 직면하게 될 것이다(표 35.1).
- 미국 질병관리본부는 이러한 질병들을 "과거 20년 동안 발생이 증가했거나 가까운 미래에 발생이 증가할 것으로 위협되는 약제 내성이거나 새롭거나 재출현한 감염"으로 정의했다.
- 현대의 특징인 많은 요인들(운송, 무역, 주택 단지 등)이 이러한 미생물 및 이들에 의한 질병의 발생과 확산을 초래하였다.

35.5 의료시설이 감염원을 보유하고 있다

- 의료관련(병원내) 감염은 환자가 병원이나 임상요양 간호시설에 입원해 있는 동안에 병원내에서 획득-감염된 병원체에 의해 발병한 질병이다. 이러한 감염은 내부 또는 외부 감염원에 의하여 발병한다(그림 35.9 및 그림 35.10).
- 의료관련 감염은 대체로 세균에 의해 유발되며 대부분 비침입적이고 고유미생물총(normal microbiota)의 일부이기도 하다.

35.6 유행병의 예방 및 제어를 위해 협조적인 노력이 요구된다

- 공중보건시스템은 감염병과 유행병을 제어하는 담당자와 기관으로 구성되어 있다.
- 예방접종(Vaccination)은 미생물 질병을 예방하는 비용 면에서 가장 효율적인 수단 중 하나이며, 백신은 현대의학의 가장 위대한 성과 중 하나이다.
- 사람에게 현재 사용하는 백신들(표 35.2) 중 상당수가 불활성화되었거나(죽이거나) 약독화시킨(살아 있지만, 독성이 없는) 미생물 전체를 이용한 것이다.
- 전체병원체 백신과 관련된 일부의 위험요인은 병원성 미생물로부터 유래한 순수정제된 특이 고분자물질을 사용하는 것만으로 해결할 수 있다. 현재 협막의 다당체 화합물, 재조합 표면항원 및 변성독소(toxoid)라 부르는 불활성화한 외독소 등의 3가지 일반적인 형태의 소단위 또는 무세포 백신이 있다(표 35.4).
- 다수의 미생물들은 재조합 숙주세포 백신을 생산하는 데 이용된다. 약독화된 미생물은 매개자로 작용하여 숙주세포내에서 증식하여 병원체의 항원유전자의 산물인 항원단백질을 발현한다. 이렇게 발현된 단백질은 숙주세포외부로 방출되어 체액성 면역을 유도하며, 또한 이 항원단백질이 잘게 부수어져서 세포표면에 적절하게 제시되었을 때는 세포성 면역을 유도한다.
- DNA 및 RNA 백신은 체액성 면역과 세포성 면역이란 2가지 중요한 면역체계를 활성화함으로써 병원체에 대한 보호면역을 유도한다(그림 35.11).
- 역학적인 제어수단은 감염원을 감소시키거나 제거하거나, 감염원과 감수성 있는 개인 사이의 연결이 끊어지도록 하거나, 감수성이 있는 사람을 격리시키고 예방접종을 통해 전반적인 집단면역능력을 향상시키는 방향으로 진행될 수 있다.

35.7 생물테러에 대한 대비는 공중보건 미생물학의 핵심 부분이다

- 대량살상무기 중 생물학적 무기는 화학무기보다 더 파괴적이다. 생물테러에 이용되어 국민 건강을 크게 위협할 수 있는 생물학적 병원체의 종류가 많지는 않으며 여기에는 바이러스, 세균, 기생충 및 독소들이 포함된다.

심화 학습

1. 역학분야에서 국제 협력이 필요한 이유는 무엇인가? COVID-19 기간 동안 열악한 국제 협력의 결과로 우리가 직면한 문제는 무엇인가?

2. 지역사회에서 흔히 볼 수 있는 전염병의 원인은 무엇인가? 그러한 전염병의 병인은 그 근원이나 전파를 통해 지역사회 구성원에게 어떻게 퍼질 수 있는가?

3. 특정 감염병이 유행병으로 발생했다면 어떻게 이를 증명할 수 있는가?
4. 대학 기숙사는 독감이 다른 감염병의 집단발병이 빈번한 곳으로 유명하다. 이러한 일은 특히 기말고사 기간에 자주 발생한다. 면역반응과 역학에 대한 지식을 이용하여 이러한 특정 시기에 발생하는 집단발병을 최소화할 수 있는 방안을 제시하시오.
5. RNA백신은 왜 정맥 또는 경구복용이 아닌 근육주사로 전달해야만 하는가?
6. COVID-19 팬데믹 초기에, 전염성의 척도가 수집될 수 있도록 역학자들은 R_0를 계산하고, 어느 정도의 집단면역 수준을 달성해야 하는지에 대한 정보를 얻기 위해 노력하였다. 많은 기관에서 추정한 R_0값은 1.4에서 6.68까지 다양했으며, 특정 숫자에 대한 명확한 답은 없었다. 무엇이 R_0를 이해하기 어려운 숫자로 만드는가? 투과성을 정량화하기 위해 고려해야 하는 구성요소는 무엇이며, 지역에 따라 달라지는 이유는 무엇인가? 집단면역의 임계수준은 R_0에 대한 정확한 계산 없이 달성될 수 있는가? 집단면역력을 얻기 위해 어떤 추가요소들을 고려해야 하는가?

   참고문헌: Kadkhoda, K. 2021. Herd immunity to COVID-19 alluring and elusive. *Am. J. Clin. Pathol.* XX:1-2.

CHAPTER

36

임상미생물학 및 면역학

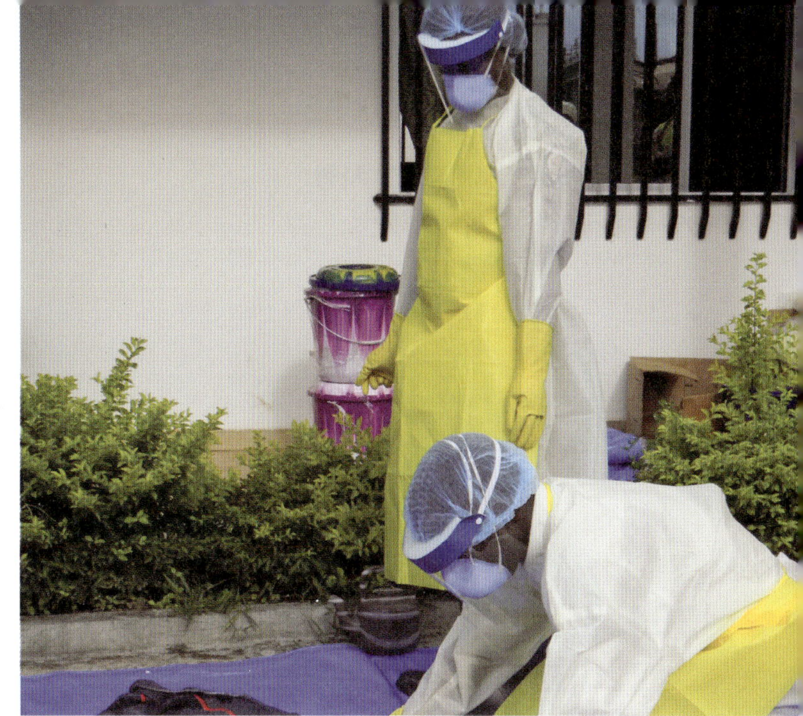

Dr. Heidi Soeters/CDC

에볼라와 세계보건 안보

2014~2016년에 서아프리카에서 발생한 에볼라 바이러스 질병은 가장 길고 광범위한 전염병이었다. 주로 시골에서 발생한 기존의 에볼라 전염병과는 달리 이번에는 도시에서 밀착 접촉을 통해 빠르게 발생하였으며 기니, 라이베리아, 시에라리온에서 대량의 사망자가 나왔다. 국제사회는 언론에서 보도되는 무서운 죽음의 광경과 비단으로 충격을 받았다. 그러나 전염병이 서서히 감소하자 이 슬픈 사건으로부터 배워야 할 것이 많다는 것을 알았다. 질병통제예방센터(CDC) 산하 국립 신종 및 인수공통감염병 센터의 관장인 벨(Beth Bell)은 "이 대발생은 글로벌보건안보의제(Global Health Security Agenda)가 왜 중요한지를 보여주는 사례"라고 지적하였다.

COVID-19 이전에, 에볼라 전염병은 이미 감염된 환자나 감염이 의심스러운 환자의 샘플을 빠르고 신뢰할 수 있게 실험할 필요성에 관심을 갖게 하였다. 정확한 진단시험과 적정한 시간없이는 병 발생 초기에 환자를 동정하고 지역사회로부터 안전하게 격리하는 것이 불가능하다. 더구나 병에 걸렸던 사람을 추적할 수도 없다. 대발생에 대한 초기대응 시 신속하게 대규모로 활용할 수 있는 진단시험의 부재, 숙련된 전문가의 부족, 샘플 채취 및 운반용 기기의 부족, 생물안전에 대한 이해 부족 및 개인보호장비의 공급부족으로 인해 병을 억제할 수 없었다.

2014년 에볼라 대발생에 대응하여, CDC, 세계보건기구(WHO), 다른 정부 및 비정부 단체는 아프리카 정부들의 협력으로 현장 실험실 설치와 인력 교육을 실시하였다. 이 대발생 기간에 새로운 방법이 개발되었지만, 그것은 마치 이미 물이 들어와 있는데 배를 만드는 것과 같다. 그럼에도 불구하고 2가지 종류의 방법이 개발되었다. 하나는 바이러스의 RNA를 증폭하는 방법이고, 다른 하나는 항-에볼라 IgM과 IgG를 검출하는 방법으로 환자를 진단하거나 회복하여 가족 품으로 돌아가는 시기를 결정하거나 접촉 경로를 추적하는 데 사용된다. 비록 초기 방법이 복잡하였지만, 2015년 3월에 횡류항원캡처검시(lateral flow antigen capture assay: 가정용 임신진단기트와 동일한 기술)가 승인되어 개인적인 부담을 완화시키고 반응속도를 증가시켰다. 새로운 방법의 개발과 더불어 훈련지침이 성문화되어 실험실 종사자가 실험을 정확하게 할 수 있도록 보장하였으며, 적절한 생물안전조치를 취하도록 하였다.

2020년에 세계는 COVID-19를 유발하는 바이러스인 SARS-CoV-2에 대해 저렴하고, 신속하며 신뢰할 수 있는 시험 방법이 필요하다는 것을 깨달았다. 2014년의 에볼라 대발생으로부터 교훈을 얻었지만 적용하기는 어려웠던 것 같다. 그러나 에볼라 전염병과 COVID-19의 세계적인 대유행 모두 진단시험이 효과적인 보건의료를 위해 얼마나 중요한지를 보여준다. 이 장에서는 감염성 질병을 진단할 수 있는 기본적인 미생물학적 및 면역학적 기술을 살펴본다. 무엇보다 먼저 모든 진단시험의 공통분모인 생물안전에 대해 논의한다.

이 장의 학습을 위해 점검할 사항:

✓ 미생물을 배양하고 특성화 하는데 사용되는 도구와 기술을 논의할 수 있다(2장, 7장, 17장, 18장, 26장).

✓ 미생물의 구조, 기능, 생존에 요구되는 조건 및 복제 전략과 관련된 중요한 내용을 간단히 서술할 수 있다(3장, 4장, 5장, 6장, 7장, 13장, 15장).

✓ 숙주의 방어에서 보체와 항체의 기능을 설명할 수 있다(31.3절, 32.7절, 32.8절).

✓ 감염성 질병의 과정을 논의할 수 있다(34장).

36.1 임상미생물 실험실은 감염원을 알아내고 실험실 종사자들을 보호한다

이 절을 학습한 후 점검할 사항:

a. 임상미생물학에 관련된 의미론적 기술을 나열할 수 있다.
b. 안전한 실험실을 위한 위험평가 과정을 설명할 수 있다.
c. 실험실 안전을 위한 "표준 미생물학" 관례를 알아볼 수 있다.
d. 생물안전 수준과 위험 그룹을 구분하고, 위험 그룹에 포함되는 미생물의 예를 제공할 수 있다.

임상미생물학 실험실은 사람의 감염성 질병을 진단하는 1차적인 장소이다. 또한, 공중보건 기반시설을 지원하며, 자연적으로 발생하는 감염과 생물테러를 빨리 발견하는 보초로서 행동한다. **임상미생물학자**(clinical microbiologist)의 주된 목표는 (1) 임상표본으로부터 빠르고 정확한 병원체의 동정, (2) 이 병원체에 대한 항생제 감수성 테스트(그림 9.2와 그림 9.3 참조)이다. 임상미생물학은 서로 다른 분야 간의 복합적 학문으로, 임상미생물학자는 미생물 형태, 대사, 생장, 생식, 생화학과 생리학에 관한 현장지식이 있어야 한다. 추가로, 임상미생물학자는 현미경, 면역학, 분자생물학, 유전체학, 무균법, 살균, 소독과 숙주-기생체 간의 역동적 관계의 원리를 이해해야만 한다(**그림 36.1**).

임상샘플이 오염되거나 낭비되지 않게 실험하기 위하여 미리 정해진 절차를 따라야 한다. 그러므로 종종 임상실험실에서는 일관성이 유지되는 일련의 실험과정을 통해 샘플이 신속하게 이동하는 작업과정이 구축된다. 이 과정에서 실험실 종사자의 안전이 무엇보다 더 중요하며 이제 이것에 대해 논의한다.

실험실 안전규정의 필요성

미생물 실험실에서 입으로 액체를 빨아들이거나 흡연, 음식물을 섭취하는 모습을 볼 수 있었던 것은 아주 오래전 일이 아니다. 수년 동안 몇몇 중요한 사건이 안전을 개선하도록 실험실 문화를 변화시켰다. 이제 실험실은 모범 사례에 대한 지침을 위해 질병통제예방센터에의 〈미생물실험실과 의생명 관련 실험실에서의 생물안전(Biosafety in Microbiological and Biomedical Laboratories 또는 BMBL)〉을 참조한다. BMBL의 최신판(2020)은 "실험실 커뮤니티의 모든 구성원이 그들 자신과 동료들을 보호하고 공중보건과 환경을 보호하기 위해 받아들어야 하는 실천 강령을 수립하는 것을 의도하였으며 의도하고 있다"는 경고를 서문에 썼다.

실험실내 감염(laboratory-acquired infection, LAI)을 예방하기 위해, 오늘날 미생물학자들은 BMBL에 규정화된 표준 미생물 실습이라 부르는 엄격한 절차를 따른다(**표 36.1**). 또한 몇몇 사건들로 인

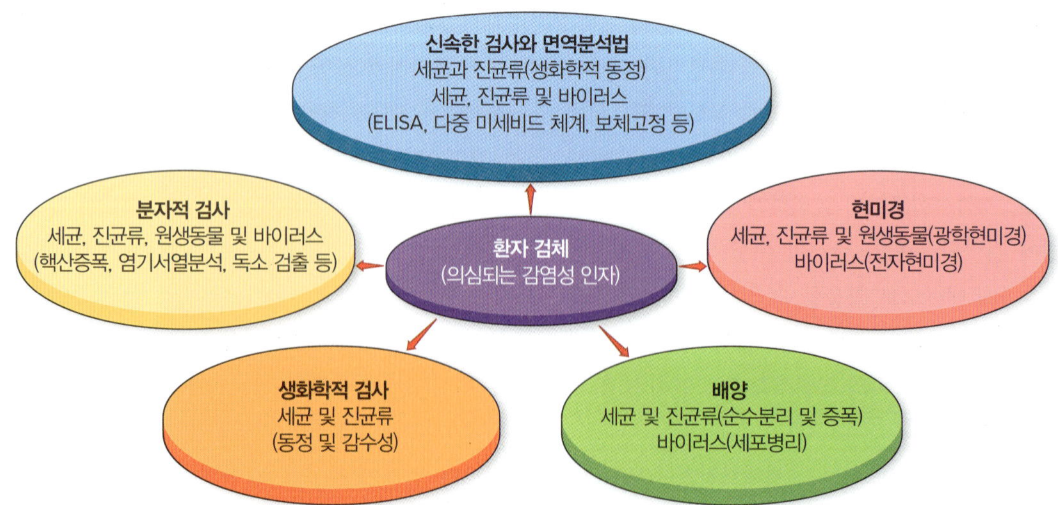

그림 36.1 환자 검체는 다양한 기법에 의해 평가된다. 검체 출처와 환자 기록은 시험 및 기법의 사용에 결정된다. 모든 시험이 모든 검체에 대해 수행되는 것은 아니지만, 모든 실험실은 이러한 시험을 수행하거나 다른 실험실 표본을 의뢰할 수 있어야 한다.

표 36.1	표준 미생물 안전규정
1	사람은 잠재적으로 위험한 물질을 사용한 후나 실험실을 나가기 전 반드시 손을 씻어야 한다.
2	먹거나 마시는 것, 콘택트렌즈를 만지는 것, 화장품 사용, 음식물을 비축하는 것은 실험실에서 절대 금지이다.
3	입으로 액체를 흡입하는 것은 금지한다. 피펫 기계를 사용해야 한다.
4	날카로운 물건(바늘, 메스, 피펫, 깨진 안경 등)을 안전하게 다루는 정책은 반드시 개발하고 시행한다.
5	얼룩이나 에어로졸을 만드는 것을 최소화하기 위한 절차를 개발하고 시행해야 한다.
6	작업 완료 후와 잠재적 감염물질의 액체나 얼룩이 생긴 후 적절한 소독약을 이용하여 오염되지 않도록 한다.
7	모든 배양, 동물, 잠재적 감염물질은 처리하기 전에 효율적인 방법을 사용해 오염되지 않게 한다.
8	감염원이 존재할 때, 보편적인 생물학적 위험의 상징을 합치는 표시는 실험실 입구에 배치되어 있어야 한다. 표시는 생물안전도, 사용하는 물질의 이름, 실험실 관리자나 다른 책임자의 이름과 전화번호를 포함할 것이다.
9	사람은 가능한 한 빨리 실험실 관리자에게 실험실 안에서 발생한 모든 부상을 보고해야 한다.

Source: Meechan, P. J., and Potts, J., 2020. *Biosafety in Microbiological and Biomedical Laboratories*, 6th ed. Washington, D.C.: U.S. Department of Health and Human Services, CDC, National Institutes of Health, 2020; and Emmert, E. "Biosafety guidelines for handling microorganisms in the teaching laboratory: Development and rationale." *J. Microbiol. & Biol. Educ.* 14(1), 2013. doi:10.1128/jmbe.v14i1.531

해 미생물학자가 실험실 안전과 보안을 실천하는 방법에 영향을 미치는 법률이 제정되었다. 예를 들어, 인간면역결핍 바이러스(HIV)와 다른 바이러스들이 혈액을 통해 전염된다는 인식은 1991년 혈액매개 병원체 법률(Bloodborne Pathogens Act.)로 이어졌다. 2001년에 탄저균을 생물테러제로 사용함으로써 2002년 공중보건 보안 및 생물테러 대비 및 대응법이 제정되었다. ◀ 생물테러에 대한 대비는 공중보건 미생물학의 핵심 부분이다(35.7절)

생물안전 실습

안전 계획은 실험실 설계(예: 공기 흐름, 싱크 접근성, 오염방지 과정)와 위험을 최소화하기 위한 생물안전 작업대에 대한 용이한 사용에서 시작한다(그림 8.5 참조). 초기 점검사항에 미생물 조작과 관련된 다음과 같은 잠재적 위험성이 고려되어야 한다. (1) 각 감염원이 사용된 절차, (2) 실험실 사용자의 기술 숙련도, (3) 감염인자 위험군이다. 각 병원체는 구분된 4개의 위험군(RG) 중 하나로 지정되며, 각 그룹은 사람에게 나타나는 위험성이 반영되어 있다(**표 36.2**). 병원체의 위험군은 병원성, 독성요인, 전파 방법, 예방백신의 가용성 및 화학치료제의 효과를 포함한 여러 가지 기준에 의해 결정된다.

위해도 평가로 생물안전등급(Biosafety level, BSL)을 결정한다. 생물안전등급 지정은 특정 위험성을 구분짓고 일련의 작업규정, 안전도구, 시설내 기계제어장치가 실험실 공간내 위험성을 낮게 유지하기 위해 사용된다는 것을 의미한다. 4개의 생물안전등급은 실험실내 감염과 환경오염을 예방하기 위한 적절한 시설등급을 반영한다(**표 36.3**). 각 하위등급은 이전 등급을 기반으로 마련된다. 모든 등급의 공통요건은 표준미생물 실습규정을 따른다는 가정을 전제로 한다.

허용된 실험실내 행동과 별개로, 특수한 생물안전장비가 각 생물안전등급 시설별로 권장된다. 개인보호장비(Personal Protective Equipment, PPE)는 (1) 보호용 피복(상의, 가운, 유니폼), (2) 보호안경, (3) 장갑을 포함한다. 개인보호장비는 감염원의 접근을 막음으로써 감염원의 전파를 예방할 수 있다(**그림 36.2**). 추가적 개인보호장비(예: 얼굴보호장치, 호흡장치)는 위해도 평가에 따라 필요할 수 있다.

표 36.2	미생물 위험군의 특징과 생물 예시
1	건강한 성인에게 항상 질병을 유발하지는 않는 것으로 알려짐 (예: *Lactobacillus casei*, *Vibrio fischeri*)
2	사람 질병과 연관이 있음. 피부를 통한 부상, 섭취, 점막 노출이 발생 시 잠재적 위험이 될 수 있음(예: *Salmonella typhi*, *Escherichia coli* O157:H7, *Staphylococcus aureus*)
3	공기매개 감염이 가능한 토착 또는 외래의 감염체로 인해 질병이 심하거나 치명적인 결과로 나타날 수 있음(예: *Coxiella burnetti*, *Yersinia pestis*, 허피스 바이러스)
4	생명을 위협하는 고위험성외래 감염체, 에어로졸매개 실험실 감염, 알려지지 않은 전파의 위험이 있는 감염체[예: 에볼라 바이러스, 출혈열 바이러스)

Source: Meechan, P. J., and Potts, J., 2020. *Biosafety in Microbiological and Biomedical Laboratories*, 6th ed. Washington, D.C.: U.S. Department of Health and Human Services, CDC, National Institutes of Health, 2020.

표 36.3 BSL 1-4 미생물 실험실을 위한 생물안전 권고사항

생물안전등급(BSL)	작업 관행	안전기구	시설
BSL-1	표준미생물 조작 방법	제한 없음. 개인보호장비(PPE): 실험복, 장갑, 눈, 얼굴 보호(필요시)	필요 시 실험대와 싱크대
BSL-2	BSL-1 방법에 추가조치: 출입 제한, 생물 위험표시, '날카로운' 물건 주의, 실험 후 폐기물의 오염제거 또는 의료감시정책을 정의한 실험안전지침서	에어로졸로 야기되는 감염물질에 대한 모든 조작에 사용되는 생물안전캐비닛(BSC) 또는 다른 물리적 방비 장치. 개인보호장비(PPE): 실험복, 장갑, 눈과 얼굴 보호(필요시)	고압증기 멸균기가 있는 BSL-1 시설
BSL-3	BSL-2 방법에 추가조치: 출입 통제, 실험 후 모든 폐기물의 오염제거, 세탁하기 전에 실험복의 오염 제거, 기준혈청학적 조사	물질의 모든 열린 조작에 사용되는 BSC나 다른 물리적 방지 장치. PPE: 보호 실험복, 장갑, 호흡기 보호(필요시)	자동으로 닫히는 이중문과 음압, 공기가 순환되지 않는 배기관이 설치된 복도에서 약간 거리가 있는 연구실이 갖춰진 BSL-2 시설
BSL-4	BSL-3 방법에 추가조치: 들어가기 전에 의복 교체, 나갈 때 샤워하여 실험실을 나갈 때 모든 오염을 제거	클래스 Ⅲ (장갑 상자) 캐비닛에 기반을 둔 작업이나 클래스 Ⅱ (층류) 전신의 BSC, 양성 압력 수트	분리된 건물이나 지역, 작업용 온도, 공기 순환, 에어컨 시스템, 오염 방지시스템이 갖춰진 BSL-3 시설

Source: Meechan, P. J., and Potts, J., 2020. *Biosafety in Microbiological and Biomedical Laboratories*, 6th ed. Washington, D.C.: U.S. Department of Health and Human Services, CDC, National Institutes of Health, 2020.

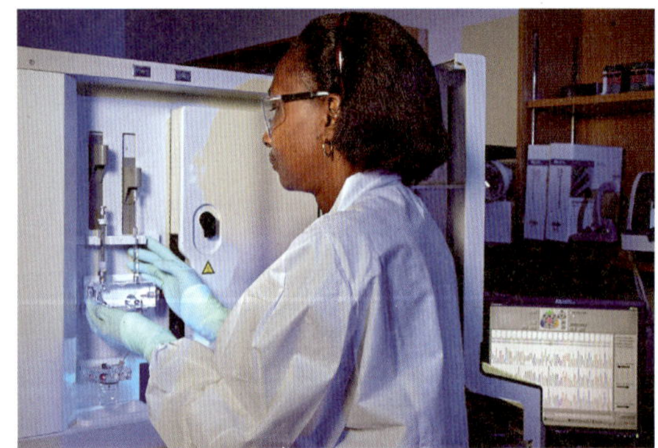

그림 36.2 개인보호장비. 이 과학자는 실험실 가운, 보안경, 장갑을 착용하여 감염원으로 인한 실험실과 자신의 오염을 방지한다. Hsi Liu, Ph.D., MBA; James Gathany/CDC

임상검체는 미확인된 것이고 미생물학 연구자들은 검체에서 미생물들을 확인하는 탐정이다. 이를 통해 그들은 환자 감염의 원인을 규명한다. 일반적으로, 임상검체에는 2가지 종류가 있다. 뇌척수액과 같은 무균 상태인 신체 부위의 검체, 피부와 점막 또는 배설물과 같은 미생물이 존재하는 부위의 검체이다. 임상미생물학자의 중요한 고려사항은 무균 부위 검체에서 발견된 미생물이 환자에게 나타낼 수 있는 문제를 생각하고 빨리 확인해야 한다는 것이다. 비슷하게, 미생물이 존재하는 부위의 검체 평가는 상대적으로 덜 중요하지만 일반적으로 그 부위와 연관된 미생물총(microbiota)에 대한 실무 지식이 필요하다(그림 33.2 참조). 미생물학자는 이러한 미생물들의 환경에서도 감염의 원인을 찾아야 하는 어려움에 매번 도전해야 한다.

36.2 검체로부터 미생물의 확인

이 절을 학습한 후 점검할 사항:

- **a.** 적절하게 수집된 검체의 예를 제공할 수 있다.
- **b.** 환자 검체에서 자주 분리되는 세균 및 곰팡이의 일반적인 배양방법을 설명할 수 있다.
- **c.** 그람염색 및 형태 보고서의 유용성을 설명할 수 있다.
- **d.** 일반적인 세균성 병원체를 식별하기 위한 생화학적 분석의 사용에 대하여 논의할 수 있다.
- **e.** 직접면역형광법과 간접면역형광법을 구별할 수 있다.
- **f.** 미생물 확인을 위한 배양기반 및 핵산기반 방법의 속도와 정확도를 비교할 수 있다.

임상검체

임상검체는 특정 미생물의 존재 여부를 확인하기 위해 검사에 사용되는 인체에서 유래된 물질의 일부 또는 수량을 말한다(**그림 36.3**). 일반적으로 임상검체는 다음과 같다.

1. 질병을 충분히 대표하는 부위나 특정 질병 과정의 잠재적 인자를 분리하고 식별하기 위한 추가 부위(예: 소변, 혈액 검체)가 포함되어야 한다.
2. 다양한 진단시험을 수행하기 위해 충분한 양과 양질의 검체를 얻어야 한다.
3. 정상 미생물총이나 환경으로부터 오염되지 않도록 해야 한다.

(a)

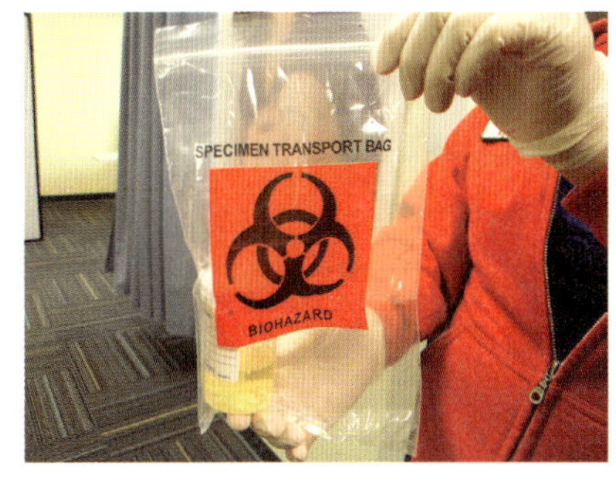

(b)

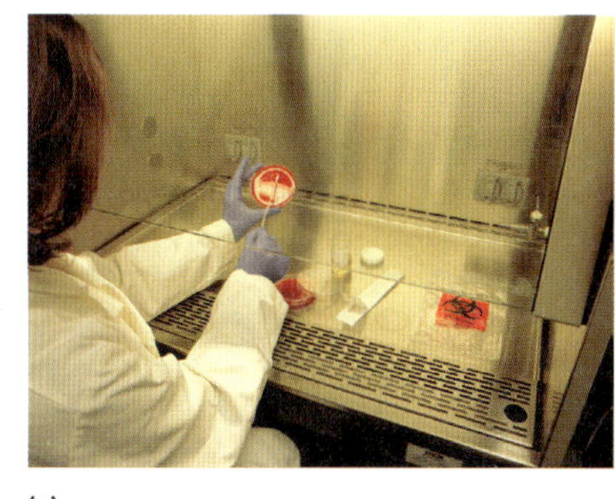
(c)

그림 36.3 미생물 검사를 위한 환자 검체 채취. (a) 미생물 확인은 검체 수집에 대한 적절한 지침으로 시작된다. (b) 검체는 오염 및 유출 방지를 위해 운반매체로 보호되고 생물학적 유해물질 차단봉투에 넣어 운반된다. (c) 검체는 생물안전캐비닛에서 처리된다. 이 경우 검체를 배양하여 감염원을 확인하고 항균제에 대한 감수성을 판단한다. James Redfearn/McGraw Hill

4. 특정한 종류의 이동 매개체가 포함된 적절한 용기에 수집하고 적절한 온도를 유지하고, 임상실험실에 즉시 보내야 한다.
5. 가능하면 환자에게 항생제를 투여하기 전에 얻어야 한다.
6. 추정진단이 동반되어야 한다.

적절한 실험이나 절차의 선택은 임상검체나 환자의 징후나 증상을 토대로 결정된다. 대부분의 실험실은 각 검체가 실험실에 들어왔을 때 어떻게 처리되어야 하는지 알려주는 알고리즘을 토대로 감염원의 원인체를 확인한다. 일부의 경우에 검체는 테스트 이전에 미생물 증식이나 생장을 필요로 하는 직접적인 방법에 의해 평가된다. 특별한 병원체에 대한 항체 검사나 병원체 유전자의 증폭과 같은 간접적 방법은 배양하기 어려운 병원체를 확인하기 위하여 사용되며, 분자적 방법은 짧은 시간내에 감도가 높고 명확한 결과를 제공할 수 있다. 여기에서는 일반적으로 사용되는 일부 미생물학적 방법을 강조하여 설명한다.

배양기반 기술

많은 세균과 진균의 순수배양체를 얻는 과정에는 선택배지나 분별배지에서의 생장이 포함되며, 이것은 미생물 동정의 첫 번째 단서를 제

표 36.4	검체에서 순수한 세균 배양을 위해 사용하는 배지
선택 배지	
만니톨염(Mannitol salt, MS) 한천은 포도상구균 분리에 사용된다. 높은 염농도(7.5%)는 많은 세균의 생장을 억제하므로 선택성이 생긴다. 이 배지는 또한 차등적이다. 만니톨은 병원성 포도상구균이 만니톨을 발효시켜 배지의 pH를 낮추는 산을 형성하기 때문에 비병원성 포도상구균으로부터 구별하는데 도움이 된다. 이로 인해 한천의 색이 빨간색에서 노란색으로 바뀐다.	
비스무쓰 아황산(Bismuth sulfite, BS) 한천은 *Salmonella enterica* serovar Typhi를 대변과 음식으로부터 분리하는 데 이용된다. 이 배지는 선택적(비스무쓰는 그람양성균의 생장을 억제)이며 분별배지이다. *S. enterica* serovar Typhi는 아황산을 황화물로 환원하여 집락이 금속성 빛의 검은색이 되도록 한다.	
헥토엔 장내 한천(Hektoen enteric agar)은 다른 미생물총에 비해 *Salmonella*와 *Shigella* 종을 더 많이 얻기 위해 쓰인다. 높은 담즙산염 농도는 그람양성 세균의 생장을 억제하고 많은 대장균형 간균의 생장을 느리게 한다.	
분별 배지	
에오신 메틸렌 블루(Eosin methylene blue, EMB) 한천은 젖당 발효 가능 여부를 감별한다. EMB에는 젖당, 소금과 2가지 색소인 에오신과 메틸렌 블루가 포함된다. 젖당을 발효하는 대장균은 금속성 빛이 있는 검은색의 집락을 형성하고, 젖당 발효를 못하는 *S. enterica* serovar Typhi는 무색으로 나타난다.	
맥콘키(MacConkey) 한천은 장내세균(Enterobacteriaceae)과 관련된 그람음성 간균의 분별과 분리에 쓰인다. 배지의 담즙산염과 크리스털 바이올렛은 그람양성 세균과 일부 배양하기 까다로운 그람음성 세균의 생장을 억제한다. 젖당이 유일한 탄수화물이므로 젖당발효 세균은 다양한 붉은색 색감의 집락을 형성하지만 비젖당 발효균은 무색의 집락을 형성한다.	
혈액한천: 트립틱 소이 한천에 시트르산이 처리된 혈액의 첨가로 여러 용혈현상의 관찰이 가능해져 일부 세균의 분별이 가능해진다. 3가지 용혈형이 혈액한천배지에서 관찰된다(그림 22.20 참조). 1. α-용혈(α-hemolysis): 집락 주위에 녹색이나 갈색의 음영(halo)이 생긴다(예: *Streptococcus gordonii*, 폐렴연쇄상구균). 2. β-용혈(β-hemolysis): 혈액의 완전 용혈로 집락주변이 투명해진다(예: 황색포도상구균과 화농연쇄상구균). 3. 비용혈성: 배지에 변화가 없다(예: *Staphylococcus epidermidis*와 *Staphylococcus saprophyticus*).	

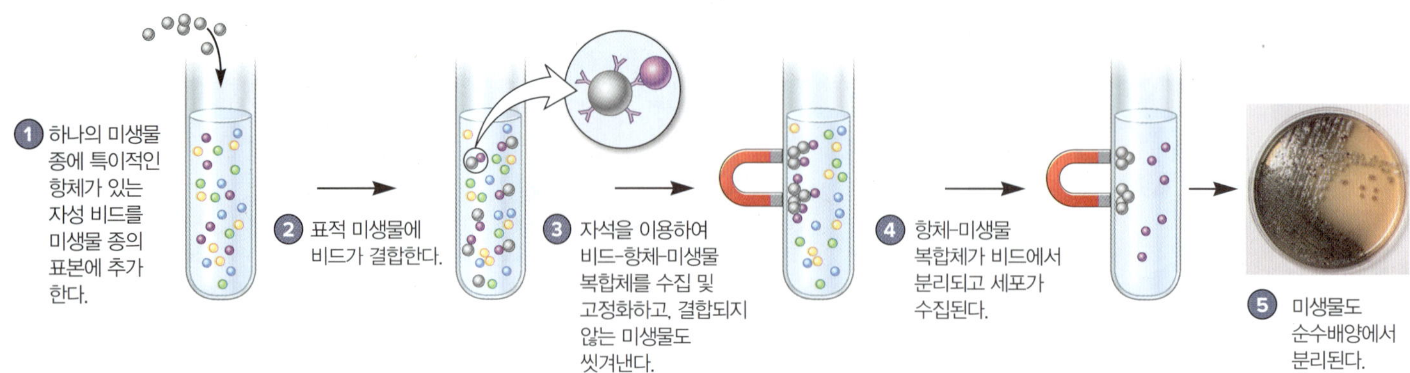

그림 36.4 면역자성 비드를 사용하여 특정 미생물을 분리할 수 있다. 자성 비드는 일반적인 병원체에 대한 항체로 코팅되어 있다. 샘플의 특정 병원체는 여기에 설명된 절차에 따라 분리할 수 있다. (5) Lisa Burgess/McGraw-Hill

공해준다. 사용할 배지의 선택은 부분적으로 감염 유발원과 검체의 출처에 달려 있다. 사용되는 배지의 일부를 **표 36.4**에 설명하였다. 많은 경우에 고전적인 농화배양법이 면역자성 비드(immunomagnetic bead, IMB) 기술로 대체되었다(**그림 36.4**). IMB는 특별한 미생물을 표적으로 하는 항체가 코팅된 작은 입자이다. 검체를 의심되는 병원체에 특별히 IMB로 혼합하면 항체가 매개하여 병원체를 비드에 결합한다. 이후 자석을 사용하여 비드를 모아 결합된 미생물을 검체용액으로부터 분리시킨다. 비드를 세척하여 비특이적으로 결합한 미생물과 찌꺼기를 제거한다. IMB에 결합된 미생물을 배지에 접종함으로써 농화배양법보다 더 빨리 순수배양을 한다. IMB 기술은 다른 응용분야에서도 미생물을 분리하는 데 사용될 수 있다.

일단 순수배양에서 분리되면, 특정 생화학적 실험을 통해 세균의 생장 특징을 검사할 수 있다. 분리된 세균을 확인하는 데 사용되는 가장 공통된 생화학실험 중 일부는 **표 36.5**에 정리되어 있다. 고전적인 이분법 검색표(dichotomous key)는 검체로부터 세균을 동정하기 위한 생화학적 검사와 함께 연결되어 있다. 보통 임상적으로 분리된 세균을 종 수준까지 동정하는 데에 20가지 미만의 검사가 필요하다(**그림 36.5**). ◀ 배지(7.7절)

키트의 소형화와 생화학실험의 로봇 자동화로 더욱 효율적인 검체내 병원체를 확인하게 되었다. 일부 소형 실험실은 장내세균(Enterobacteriaceae) 과와 다른 그람음성 세균의 확인을 위해 API 20E 같은 생화학적 키트를 사용한다. API 20E는 각각 서로 다른 생화학적 활성을 검사하는 생화학기질을 담은 20개의 마이크로튜브가 있는 플라스틱 스트립(strip)으로 이루어져 있다(**그림 36.6**). 생화학적 기질에 순수분리된 세균을 접종한다. 5~12시간 배양한 후 20개의 검사결과는 7자리나 9자리 수의 프로파일(profile)로 전환된다. 이 프로파일 수는 컴퓨터로 처리된 **API 프로필 인덱스**(API Profile Index)를 이용해 세균을 동정한다.

전통적인 기술과 키트 이외에, 큰 실험실에서는 미생물 동정을 위해 반자동시스템도 사용한다. 이들 중의 일부는 배양에 독립적인 방법으로 환자의 검체에 있는 미생물 단백질(예: 독소)이나 DNA를 직접 동정함으로써 감염원을 알려준다. 순수분리된 병원체와 조합된 ESI(electronspray ionization)-질량분석기, 펩티드핵산 형광현장혼성화(PNA-FISH) 및 MALDI-TOF(질량분석기) 방법은 동정에 대용량 고속처리와 높은 신뢰도를 제공해준다. ◀ 중합효소연쇄반응은 표적 DNA를 증폭시킨다(17.2절); 유전체와 메타유전체 도서관: 조각으로 유전체 클로닝(17.3절); 분자적 특성들(26.2절)

배양과 독립된 동정시스템의 한 예가 자동화된 혈액배양시스템이다. 미생물 생장의 추정 지표로서 포도당의 소비에 따른 이산화탄소 농도와 가스압 변화를 측정한다. 세균과 진균의 항생제 감수성은 미생물을 여러 항생물질에 노출시킨 후 생장을 측정하여 결정하고 유사한 방법으로 보고한다. 항생제 감수성 실험의 "최적 표준(gold standard)"은 현재까지 한천 희석법이다. 그러나 가장 일반적으로 사용하는 방법은 자동화된 액체배지 미량희석 항생제 감수성 테스트(microbroth dilution antibiotic susceltibility test)와 수동적인 Etest®와 커비-바우어(Kirby-Bauer) 테스트이다(그림 9.2~그림 9.3 참조). 미생물의 정체성과 항생제에 대한 감수성을 모두를 몇 시간 이내에 결정할 수 있다.

배양은 환자 검체에서 진균을 얻는 표준방법이다. 그러나 진균 배양에 필요한 시간은 진균의 종류에 따라 며칠 또는 몇 주가 필요하다. 배양은 최소한 하나의 선택 한천배지와 비선택 한천배지에서 생장률과 생장 모양으로 평가해야 하며, 이때 집락의 모양, 색깔, 이형성을 자세히 관찰해야 한다(즉, 37℃에서 효모의 형성, 실온에서 곰팡이 형태). 전형적으로 진균의 분리는 항생제와 사이클로헥시미드(cycloheximide)가 첨가되거나 첨가되지 않은 각각의 배지에서 검체와 동시에 배양한다. 항생제는 검체에 포함된 세균을 억제하고 사

표 36.5 세균의 확인과 구별에 사용되는 공통 생화학실험

생화학적 검사	특징	실험실 적용
탄수화물 발효	당이나 알코올 당이 있을 때, 발효적 생장 동안에 산 및/또는 가스가 생성된다.	특정 당의 발효는 다른 속이나 종의 세균 및 장내세균을 분별하는 데 이용된다.
카제인 가수분해	우유 단백질 카제인을 가수분해하는 효소인 카제인분해효소 탐지. 카제인을 사용하는 세균은 투명대에 둘러싸인 집락 모양으로 나타난다.	카제인 사용에 근거하여 산소호흡하는 방선균류(actinomycete)를 분별하고 배양하는 데 이용된다. 예를 들어, *Streptomyces*는 카제인을 이용하지만 *Nocardia*는 이용하지 않는다.
카탈라아제	과산화수소를 물과 산소로 전환하는 카탈라아제의 존재를 확인한다.	포도상구균(+)과 연쇄상구균(−)을 분별하고, *Clostridium*(−)과 *Bacillus*(+)를 분별하는 데 이용된다.
시트르산 사용	시트르산이 유일한 탄소원으로 사용될 때 배지가 알칼리화된다.	장내세균을 분류할 때 사용된다. *Klebsiella*(+), *Enterobacter*(+), *Salmonella*(주로 +) 및 *Escherichia*(−), *Edwardsiella*(−)
응고효소(coagulase)	응고효소의 존재를 확인. 응고효소는 혈장의 응고를 일으킨다.	*S. epidemidis*(−)로부터 황색포도상구균(+)을 분별하는 중요한 검사이다.
탈카복실화효소 (아르기닌, 라이신, 오르니틴)	아미노산의 탈카복실화로 CO_2와 아민을 방출한다.	장내세균을 동정하는 데 이용된다.
에스쿨린 가수분해	글리코시드의 분해 검사이다.	*Staphylococcus saprophyticus*, *S. mutans*와 enterococci(+)로부터 황색포도상구균, *Streptococcus mitis*와 다른 세균들(−)을 분별하는 데 사용된다.
β-갈락토시다아제(ONPG) 검사	젖당을 포도당과 갈락토오스로 분해하는 효소의 존재를 나타낸다.	장내세균[*Citrobacter*(+), *Salmonella*(−)]을 분별하고 슈도모나드를 동정하기 위해 사용된다.
젤라틴 액화	젤라틴을 가수분해하여 고체의 젤라틴 배지를 액화시키는 단백질분해효소를 세균이 갖고 있는지의 여부를 동정하는 데 사용된다.	*Clostridium*, *Serratia*, *Pseudomonas*, *Flavobacterium*을 동정한다.
황화수소(H_2S)	시스테인 디설퍼라아제에 의해서 아미노산 시스테인으로부터 황화수소가 생성되는 것을 탐지한다.	*Edwardsiella*, *Proteus*, *Salmonella* 동정에 중요하다.
IMViC[인돌, 메틸레드, VP (Voges-Proskauer), 시트르산]	인돌검사는 아미노산 트립토판으로부터 인돌 생성을 탐지하는 검사이다. 메틸레드는 세균이 혼합산 발효를 수행하는지의 여부를 결정하는 pH 지시약이다. VP는 아세토인의 생성을 탐지한다. 시트르산 검사는 세균이 유일한 탄소원으로 염화시트르산을 사용할 수 있는지 여부를 결정한다.	*Enterobacter*(MR−, VP+, 인돌−)와 *Klebsiella pneumoniae*(MR−, VP+, 인돌−)로부터 대장균(MR+, VP−, 인돌+)을 구분하기 위해 사용된다. 또한 *Bacillus* 속 세균의 특성을 분석하기 위해 사용되기도 한다.
지질 가수분해	지질을 단순지방산과 글리세롤로 분해하는 지질분해효소의 존재를 탐지한다.	Clostridia 분별하는 데 사용된다.
질산염 환원(nitrate reduction)	세균이 질산염을 전자수용체로 사용할 수 있는지의 여부를 탐지한다.	주로 (+)인 장내세균을 동정하는 데 이용된다.
산화효소(oxidase)	산소와 인공의 전자수용체를 환원하는 시토크롬 *c* 산화효소가 존재하는지를 탐지한다.	*Acinetobacter*(−)로부터 *Neisseria*와 *Moraxella* 종(+)을, 또한 슈도모나드(+)로부터 장내세균 모두(−)를 구별하는 데 중요하다.
페닐알라닌 탈아미노효소	페닐알라닌의 탈아미노화는 페닐피루브산을 생성하며 색변화로 탐지될 수 있다.	*Proteus* 속과 *Providencia* 속의 특성 분석을 위해 사용된다.
SIM(황화물, 인돌, 운동성) 배지	황화물, 인돌(트립토판 이용의 대사산물), 운동성을 탐지한다.	비색법으로 장내세균을 구분하는 데 사용한다.
전분 가수분해	전분을 가수분해하는 아밀라아제 효소의 존재를 탐지한다.	*Bacillus* 종처럼 전형적으로 전분을 가수분해하는 종류를 동정할 때 사용된다.
TSI(삼중당철) 배지	포도당이나 젖당, 설탕의 대사와 황산암모늄이나 티오황산나트륨으로부터 황화물의 대사를 탐지한다.	비색법으로 장내세균을 구분하는 데 사용한다.
요소분해효소	요소를 암모니아(NH_3)와 이산화탄소(CO_2)로 분해하는 효소를 탐지한다.	*Salmonella*, *Shigella*와 *Escherichia*(−)로부터 *Proteus*, *Providencia rettgeri*, *Klebsiella pneumoniae*(+)를 구분하는 데 사용된다.

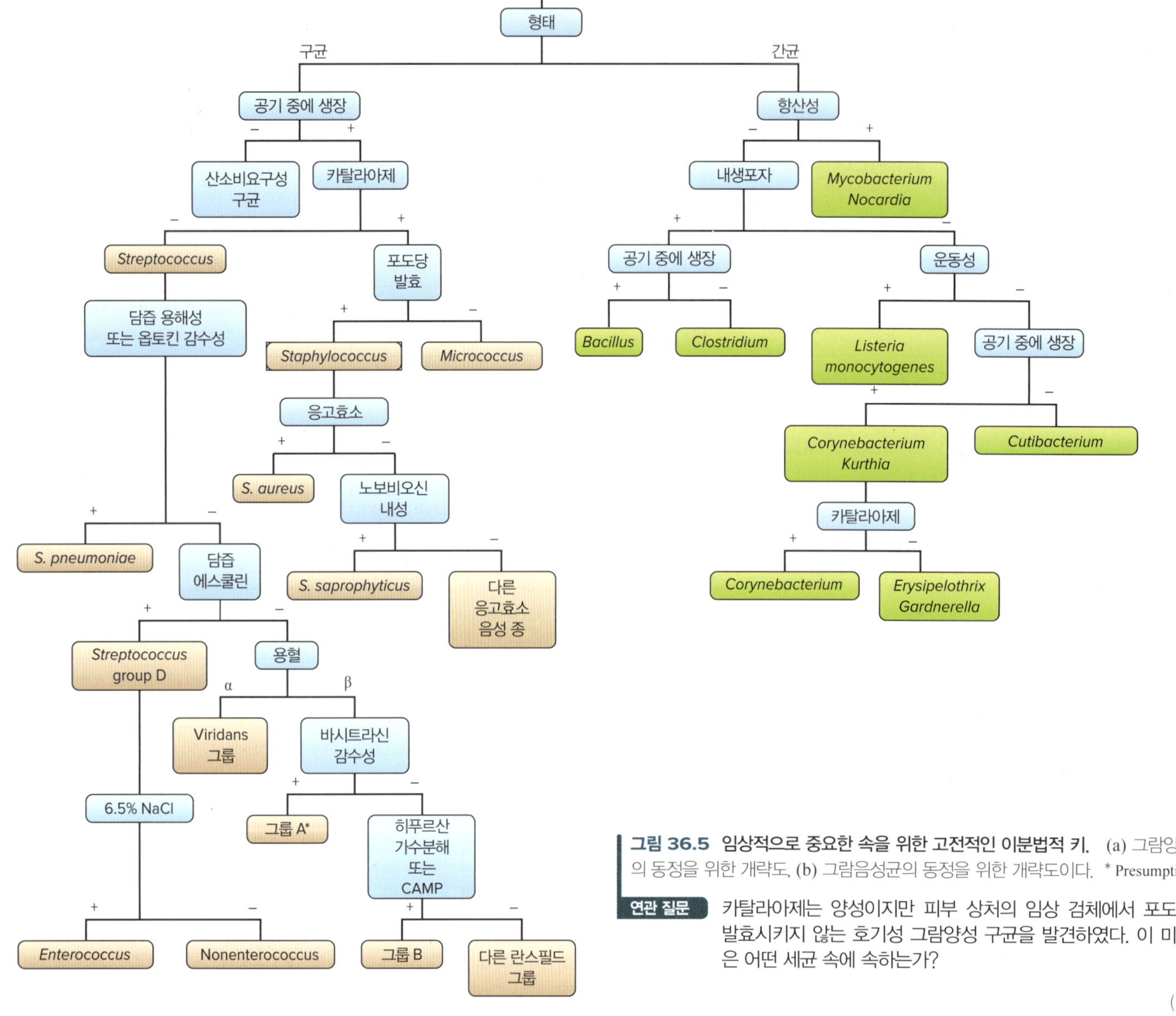

그림 36.5 임상적으로 중요한 속을 위한 고전적인 이분법적 키. (a) 그람양성균의 동정을 위한 개략도, (b) 그람음성균의 동정을 위한 개략도이다. * Presumptively

연관 질문 카탈라아제는 양성이지만 피부 상처의 임상 검체에서 포도당을 발효시키지 않는 호기성 그람양성 구균을 발견하였다. 이 미생물은 어떤 세균 속에 속하는가?

(계속)

이클로헥시미드는 부생성 균류를 억제한다. 그러나 많은 배지 조성법이 특정 진균을 배양하는 데 일상적으로 사용되고 있다(**표 36.6**). 병원성 진균 감염이 의심된다면 특정 진균의 항체를 이용한 혈청 검사를 할 수도 있다. 임상검체로부터 바이러스와 원생동물의 배양은 일반적이지 않다. 검사와 확인은 현미경, 분자적 기술이나 둘다에 의해 이뤄진다.

현미경 관찰

때론 현미경으로 검체(예: 소변이나 객담 검체)나 배양된 미생물을 식별하는 것이 동정과정을 도울 수 있다. 습성재료(wet-mount), 열로 고정되거나 화학적으로 고정된 검체는 광학현미경이나 위상차현미경으로 검사한다. 검체를 검사하는 데 사용하는 많은 염색법 중에서 그람염색이 가장 보편적이다(그림 2.17 참조). 그람염색으로 세균을 동정할 수는 없지만 '짝진 또는 사슬형의 그람양성 구균'과 같이 예비 결과를 알 수 있다. 이러한 정보는 적절한 항생제 처리에 도움을 주기도 한다. 마찬가지로 그람염색과 형태는 어떤 생화학적 시험을 하는 것이 적절한지를 결정하는 중요한 정보이다(그림 36.5).

대부분 진균의 확실한 동정은 균사나 분생자(포자)의 형태에 기반을 둔다. 칼코플루오르 화이트(Calcofluor White)는 진균 세포벽의 키틴과 결합하기 때문에 진균을 검출하는 데 종종 사용되는 형광염료이다. 이것은 종종 숙주 조직을 분해하여 진균의 시각화를 향상시키는 수산화칼륨과 함께 사용된다.

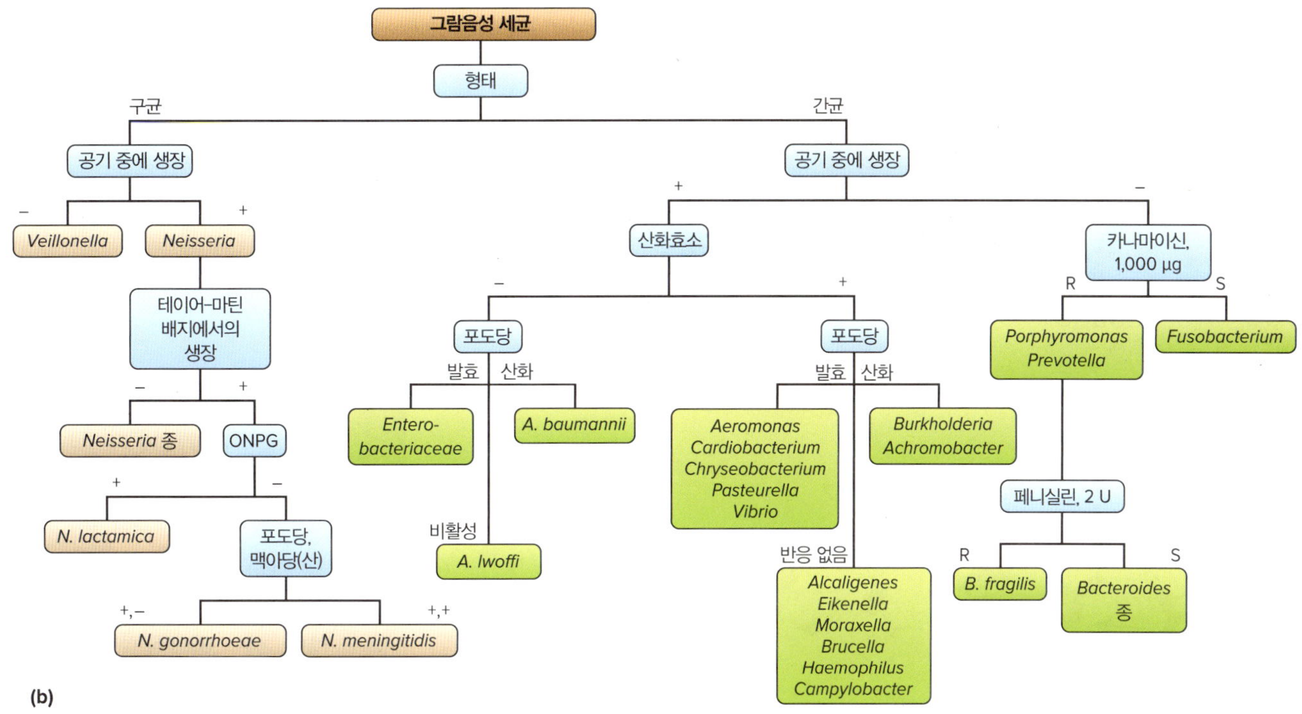

그림 36.5 (계속)

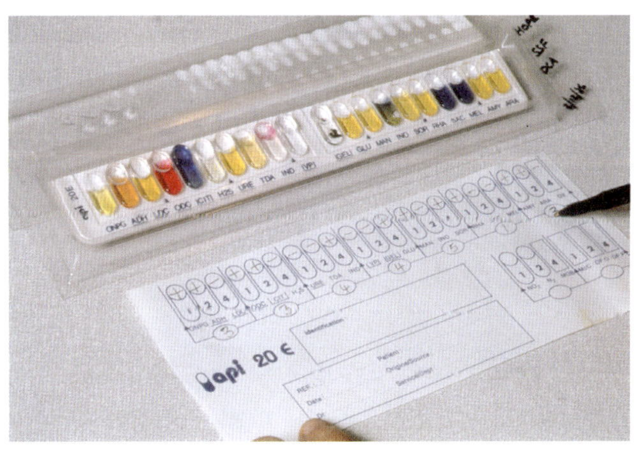

그림 36.6 세균 동정을 위한 키트 접근법. 미생물 동정을 위한 API 20E 수동 생화학적 시스템이다. 배양 후 양성 반응은 기록되는 색 변화로 동정된다. 색 변화 패턴은 세균 분리물을 확인하는데 사용된다. John Watney/Science Source

표 36.6	진균을 분리하는 데 이용하는 배지의 예
배양 배지	**표적 균류**
항생제 한천	다미생물 검체에 있는 균류
옥수수 한천	병원성 진균을 포함한 대부분의 균류
맥아 한천	자낭균
맥아추출물 한천	담자균류
SAB + 클로람페니콜 + 사이클로헥사미드	이형성 진균과 피부사상균
사부로 덱스트로오스 한천(Sabouraud dextrose agar, SAB)	대부분의 진균

원생동물은 대부분 그들의 알, 영양체 및 포낭의 형태를 기반으로 동정한다. 전형적으로 임상검체를 직접 현미경으로 관찰하여 동정한다. 기생충은 대변이나 소변 검체가 농축된 습성재료를 현미경적으로 검사하여 알, 유충 또는 성충의 존재를 확인한다.

형광현미경은 핵산을 염색하는 아크리딘 오렌지(acridine orange)와 같은 형광염료(fluorochrome)로 염색한 후 미생물을 동정하는 데 사용될 수 있다. 바이러스는 광학현미경으로 보기에는 너무 작지만, 다음에 설명할 형광현미경을 이용하면 진단이 가능하다. ◀ 형광현미경은 방출된 빛을 이용하여 상을 창출한다(2.2절): 항체는 특정 3-D 항원과 결합한다(32.7절)

형광표지가 붙어 있는 항체는 비특이적인 염색법과는 달리 미생물을 종 수준까지 동정하기 위하여 사용할 수 있다. 현미경을 위한 형광항체법에는 크게 2종류가 있다. 항원을 검출하는 직접적인 방법과 병원체에 대한 환자의 항체를 검출하는 간접적 방법이다. **직접면역형광법**(direct immunofluorescence)은 슬라이드에 검사하려는 항원을 포함한 검체를 고정하는 것으로 시작된다(**그림 36.7a**). 형광염료로 표지된 항체가 슬라이드에 첨가되고 배양된다. 결합되지 않은 항체를 제거하기 위해 슬라이드를 씻고 형광을 보기 위하여 형광현

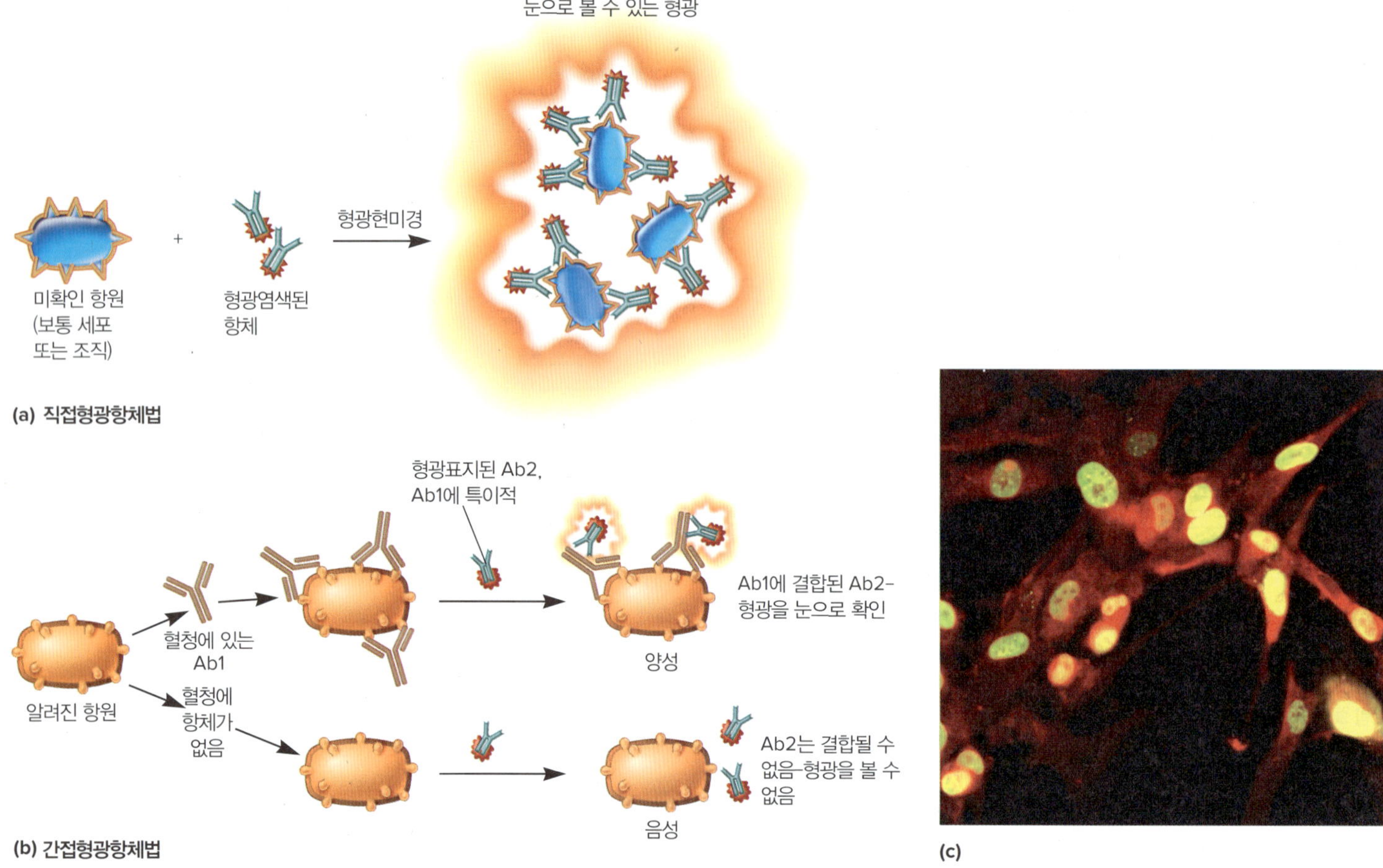

그림 36.7 직접면역형광법과 간접면역형광법. (a) 직접형광항체법(direct fluorescent antibody technique)에서는, 항원(Ag)이 포함된 검체가 슬라이드에 고정된다. 항원을 인식하는 형광염료로 표지된 항체가 그다음에 첨가되고 검체를 형광현미경으로 검사한다. (b) 간접형광항체법(indirect fluorescent antibody technique)에서는 슬라이드에 있는 항원(예: 바이러스 또는 세균)을 인식하는 항체(Ab)를 검출하는 방법이다. 항원에 결합된 항체의 불변부위를 인식하는 형광표지된 2차 항체가 항원-항체 복합체에 위치한다. (c) 간접면역형광법을 이용한 거대세포성바이러스(CMV)에 감염된 세포들(녹색 형광)과 아데노바이러스에 감염된 세포들(노란색 형광)이다. (c) Millipore Corporation

연관 질문 C형 간염바이러스와 같은 세포내 병원체의 존재를 확인하기 위해 어떤 면역형광법이 사용될 수 있는가?

미경(그림 2.12, 그림 2.13 참조)으로 검사한다. 형광이 보이면 병원체의 존재가 확인된 것이다. 직접면역형광법을 사용하여 동정한 세균의 예로는 *Treponema pallidum*과 *Rickettsia rickettsii*, 진균은 *Pneumocystis jiroveci*가 있으며, 아데노바이러스(adenovirus), 단순허피스바이러스(herpes simplex virus)를 포함한 일부 바이러스가 있다.

간접면역형광법(indirect immunofluorescence, 그림 36.7b)은 미생물에 노출된 개체의 혈청에 존재하는 항체를 검출하는 데 사용한다. 알려진 항원(예: 바이러스)을 슬라이드 위에 고정한다. 항체(항바이러스)의 존재가 의심되는 환자의 혈청을 첨가하고, 특이적인 항체가 존재하면 항체는 항원과 반응하여 복합체를 형성한다. 항체의 불변부위에 대한 형광이 표지된 2차 항체를 첨가하면 2차 항체는 고정된 항체에 결합한다. 배양과 세척 후에 형광현미경으로 슬라이드를 관찰한다. 형광 검출은 병원체의 존재를 확인한다(그림 36.7c).

분자학적 방법

특이적인 단백질과 핵산 분석을 통해 미생물을 동정하는 것은 빠르고, 정확하며, 감도가 높은 방법이다. 세균의 외독소(예: 시가 독소)와 바이러스의 캡시드 단백질 검출, 특이적인 유전자의 검출, 핵산 염기서열분석이 대표적인 예이다(그림 18.2~그림 18.4). 널리 사용되고 있는 또 다른 분자기술은 핵산 탐침, DNA 실시간 PCR 증폭법(real time PCR amplification), DNA 지문법(fingerprinting)이다. 미생물 DNA, RNA, 단백질에 사용하는 실험의 자세한 내용은 17장, 18장, 26장에 나와 있다.

미생물의 탐지와 동정을 위한 핵산에 기초한 진단방법이 많은 임상미생물학 실험실에서 일상적으로 사용하게 되었다. 예를 들어, 대부분의 바이러스는 PCR로 검사한다. 만일 바이러스가 RNA 유전체를 가진다면 PCR 증폭 이전에 DNA로 역전사한다. 모든 경우에서 실시간 PCR은 빠르고, 정확하며 정량적인 결과를 제공한다(**그림 36.8**, 그

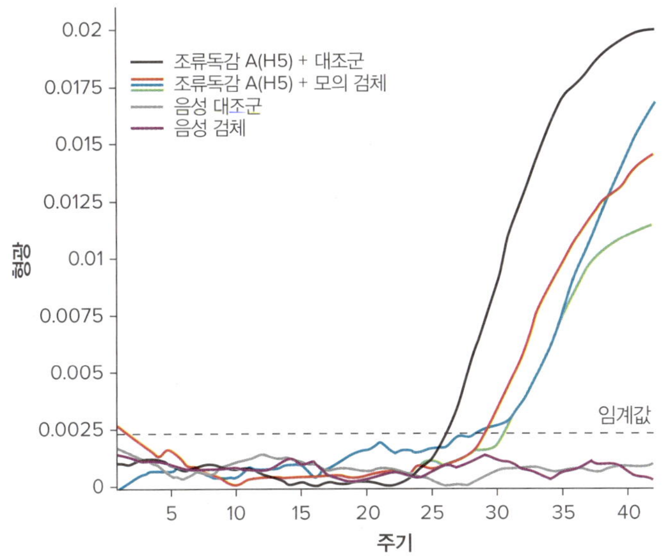

그림 36.8 PCR 키트 결과. 실시간 PCR 키트를 이용한 조류독감 검출이 가능하다. 충분한 DNA 증폭은 25~30주기 후에 발생한다. 임계값 이상의 결과만 양성으로 간주한다. 임계값을 초과하는데 필요한 주기 수는 주형(샘플)농도의 함수임으로 주형의 수준이 높을수록 더 적은 주기가 필요하다.

림 17.7). 가끔 하나의 검체를 다중 PCR(multiplex PCR) 방법으로 검사한다. 서로 다른 바이러스 유전체를 표적으로 하는 여러 프라이머가 다중 PCR에 사용되며, 단일 검체에서 의심되는 모든 바이러스를 탐색할 수 있다. 예를 들면, 환자 검체에서 호흡기바이러스에 대한 다중 PCR은 모든 일반적인 호흡기 병원성 바이러스(예: 아데노바이러스, 인플루엔자, 엔테로바이러스, 파라인플루엔자바이러스 등)들을 검사할 수 있다. 다중 PCR의 또 다른 용도는 혈액배양의 분석이다. 혈액은 보통 무균 상태이며 혈액감염은 패혈성 쇼크를 일으킬 수 있음을 상기하자. 따라서 혈액매개 병원체의 빠르고 정확한 동정은 필수적이나. 다중 PCR 방법은 20여 종의 병원체와 특정 항생제에 대한 내성 유전자의 빠른 동정이 가능하다. ◀ 중합효소연쇄반응은 표적 DNA를 증폭시킨다(17.2절)

혈액과 다른 배양체내의 세균을 동정하는 데 보편적으로 사용하는 유전자는 16S 리보솜 RNA(rRNA)이다(그림 1.8 참조). rRNA를 암호화하고 있는 유전자나 유전자 조각은 주로 PCR로 증폭된. 염기서열분석 후에 rRNA 유전자의 염기서열은 국제적인 데이터베이스의 염기서열과 비교한다. 이러한 세균 동정은 **리보타이핑**(ribotyping)이라 부르며, 16S rRNA 유전자가 세균 간에 잘 보존되어 있다는 사실을 이용한 것이다. 26장에서 논의했듯이 16S rRNA 대신에 **다중부위 서열타이핑**(multilocus sequence typing, MLST)이라고 부르는 기술로 여러 개의 세포유지 유전자(housekeeping gene)의 염기서열을 조사하고 분석할 수도 있다. ◀ 미생물 동정은 주로 분자적 특징을 기반으로 한다(26.2절)

마무리 점검

1. 표 36.4를 검토하시오. 선택적 배지와 분별 배지의 차이점은 무엇인가? 왜 일부 배지는 선택적이고 분별적인가?
2. 일반적으로 세균을 동정하기 위해 API 20E 시스템에서 생화학적 테스트가 어떻게 사용되는지 설명하시오.
3. 직접면역형광법을 사용하여 박테리아를 시각화하는 것의 장점은 무엇인가?
4. 왜 대부분의 바이러스는 현미경 검사법이 아닌 PCR과 같은 분자법에 의해 확인되는가?
5. 그림 36.5에 표시된 이분법 키를 사용하여 포도상구균 부생균과 황색포도상구균을 어떻게 구별할 수 있는가?
6. 직접면역형광법 및 간접면역형광법을 비교하고 대조하시오. 환자의 검체에서 검출된 것과 다른 점은 무엇인가?

36.3 면역반응이 감염을 검출하는데 이용될 수 있다

이 절을 학습한 후 점검할 사항:

a. 미생물을 동정하기 위해 항체가 사용되는 방법을 도표할 수 있다.
b. 환자 검체에서 미생물을 식별하는데 사용되는 면역학적 결과를 해석할 수 있다.
c. 환자 검체에서 특정 미생물을 동정하기 위한 항체기반 실험를 설계할 수 있다.

방법이 아직 개발되지 않아서(예: 매독균, A형 간염, B형 간염, C형 간염, 엡스타인-바바이러스), 안전하지 않아서(예: 리케치와 HIV) 또는 일부 실험실을 제외하면 실용적이지 않아서(예: 절대산소비요구성 세균, *Borrelia* 종), 임상검체로부터 특정 바이러스, 세균, 진균, 원생동물을 배양하는 것이 가능하지 못할 경우도 있다. 환자가 항균 치료를 시작하고 배양한 경우, 감염 세균의 생장이 억제될 수 있다. 이러한 경우에, 항원이나 항체를 검출하는 것은 매우 가치가 높을 것이다.

혈청학(serology)은 환자의 혈청에 존재하는 특정 미생물에 대한 항체를 검출하고 측정하는 학문이다. 이 방법은 IgM과 IgG를 구별한다. IgG는 과거 또는 만성 감염이나 백신접종을 의미하는 반면에, IgM의 존재는 최근의 활성 감염을 의미한다. 환자의 혈청에 존재하는 미생물에 대한 IgM과 IgG가 같이 검출되면 환자가 최근에 감염되어 항체 클래스 전환 과정에 있음을 의미한다(그림 32.15 참조). 이 경우 IgM과 IgG의 비율로 환자가 얼마나 오래 전에 감염되었는지를 추정할 수 있다.

임상미생물학의 극적인 발전으로 인해 혈청학적 검사의 수, 민감성, 특이성이 현저하게 증가하였다. 이러한 증가로 인하여 매우 높은 친화력과 결합력을 지닌 특이성이 높은 단클론항체의 이용과 민감한 항체결합 리포터 시스템의 개발에 대하여 더 잘 이해하게 되었다(기술 및 응용 32.1 참조). 대부분의 이러한 실험은 사용하기가 간편하지만 실험결과의 유효성은 적절한 검사법의 선택과 검체 채집의 시간에 의존한다. 안타깝게도, 항체의 양이 너무 적어 측정할 수 없다고 해도 감염이 없다는 것을 의미하지는 않는다. 오히려 측정 가능한 항체가 없는 것은 미생물의 항원성이 부족하거나 감염병이 발병한 후에 생기는 항체반응이 나타날 만큼 시간이 충분하지 못하다는 것을 의미할 수도 있다. 또한, 일부 환자는 다른 질병과정으로 인하여 또는 치료과정으로 인하여(예: 암 환자와 AIDS 환자) 면역이 억제되어 있으므로 반응하지 않는다. 이 절에서는 미생물에 의한 질병과 면역학적인 질병의 진단에 흔히 사용되는 항체에 기초한 기술 일부에 관하여 논의할 것이다. ◀ 항체의 구조 (32.7절)

혈청형분석

혈청형분석(serotyping)은 미생물의 구조물이나 생산물이 가지는 항원성의 차이를 이용해 균주(혈청형, serovar 또는 serotype)를 구분하는데 사용된다. 전통적으로 이 실험은 서로 다른 항원 특이적 항체에 대한 미생물의 반응을 검사함으로써 수행된다. 예를 들어, 사람에게 병을 유발하는 *Salmonella enterica*에는 약 100종의 혈청형이 다른 균주가 존재한다. 혈청형 동정은 음식물 매개질병 발생의 근원을 추적하는 데 도움을 줄 수 있다.

응집반응

특이항체가 세포나 입자들을 연결하여 면역복합체가 생성되는 것을 **응집반응**(agglutination reaction)이라 한다(그림 32.19 참조). 응집반응은 눈으로 직접 관찰이 가능한 집합체 또는 **응집체**(agglutinate)를 만든다. 직접적인 응집반응은 특정 질병의 진단에 매우 유용하다. 예를 들어, 급속혈장 리아진검사(Rapid Plasma Reagin test)는 매독을 탐색하는 데 사용된다. 스피로헤타로 손상된 숙주세포가 분비하는 항원성 카르디올리핀(cardiolipin)은 항체의 생산을 자극한다. 매독 의심 환자에서 모은 항체는 생체 외에서 매독균과 응집하여 양성 결과를 나타낸다. ◀ 면역복합체의 형성(32.8절)

항원으로 덮인 미세합성 라텍스 입자를 이용하는 방법도 개발되었다. 이 코팅된 미세구체는 환자의 혈청 검체내에 있는 항체를 결합하여 특정 병원체에 대한 감염을 식별한다. 라텍스 응집검사는 특정 진균, 윤충, 세균 감염에 의해 만들어지는 항체를 검사하거나 약물을 검사하는 데에도 이용된다. 미세입자는 임상 검체에 존재하는 항원을 붙잡기 위해 단클론항체로 코팅될 수도 있다.

적혈구응집반응(hemagglutination)은 적혈구 표면의 항원에 항체가 결합하여 적혈구를 응집시킨다. 적혈구응집반응은 혈액형 검사에 주로 이용된다(그림 32.21 참조). 바이러스가 적혈구응집을 매개하면 **바이러스성 적혈구응집반응**(viral hemagglutination)이라 한다. 예를 들어, 홍역과 같은 특정 바이러스성 질병에 걸린 사람의 혈청에는 홍역바이러스에 반응하며 바이러스를 중화시키는 항체가 존재할 것이다. 정상적으로는 홍역바이러스와 적혈구를 섞어주면 적혈구응집반응이 일어난다. 그러나 환자의 혈청을 홍역바이러스의 비리온과 섞어주면 항체는 모든 비리온에 결합한다. 이후에 적혈구를 첨가하면 적혈구응집반응이 일어나지 않는다. 따라서 혈액형 검사에서 응집인자가 형성되는 것과는 반대로 적혈구응집반응이 나타나지 않는다면 바이러스–특이항체가 존재하는 양성반응이라 말한다(**그림 36.9**).

바이러스 응집 검사는 분자적 방법(예: PCR)으로 대체되었지만, 응집반응검사는 항체의 역가를 검사하는 데에도 이용된다(상대 농

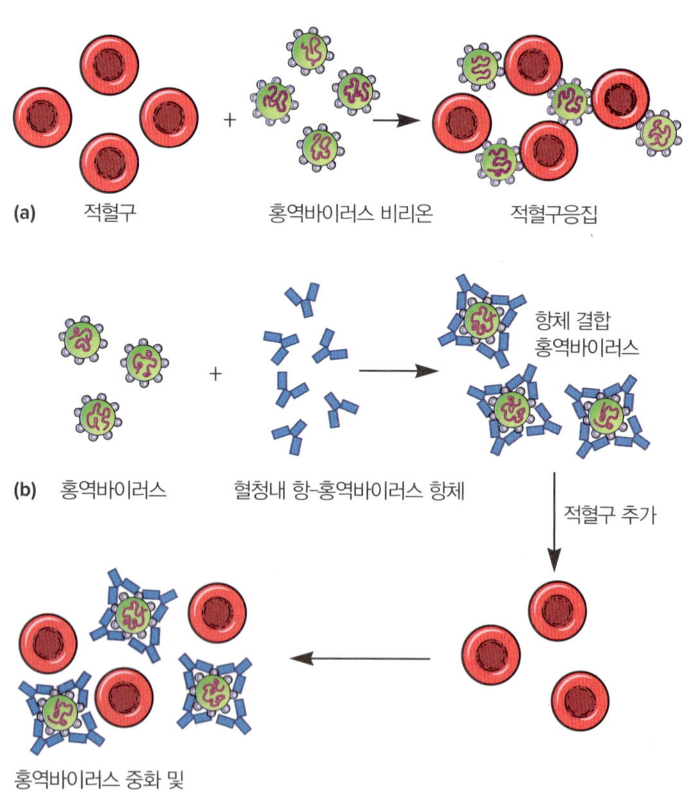

그림 36.9 바이러스성 적혈구응집반응. (a) 특정 바이러스의 비리온은 적혈구와 결합하여 적혈구응집반응을 일으킬 수 있다. (b) 환자의 혈청에 바이러스에 대한 특이항체가 존재할 경우, 혈청을 적혈구와 혼합하면 항체가 바이러스를 중화시켜 적혈구응집반응이 일어나지 않는다(양성 반응).

연관 질문 이 경우에 세포성 덩어리의 존재는 양성결과인가 음성결과인가?

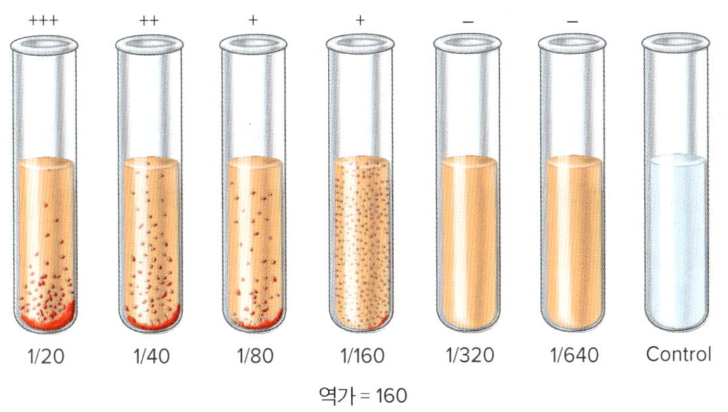

그림 36.10 시험관 응집반응검사. 항체의 역가를 확인하기 위한 시험관 응집반응검사는 시험관이나 마이크로플레이트에서 수행할 수 있다. 희석반응에서 다음 희석농도인 1/320에서 응집반응이 일어나지 않았기 때문에, 여기에서 역가는 160이다. 희석 시험관의 누런색은 환자의 혈청이 들어 있다는 표시이다.

도). 시험관 또는 웰 응집반응검사에서는 여러 개의 시험관이나 마이크로플레이트의 웰에 일정한 양의 항원을 넣는다(**그림 36.10**). 항체가 있는 혈청을 단계 희석(1/20, 1/40, 1/80, 1/160 등)하여 각각의 시험관이나 배양판 안의 웰에 넣는다. 응집반응을 가장 많이 보이는 희석된 혈청의 농도를 결정하고 그 희석의 역수가 그 항체의 역가이다.

보체고정

보체가 항원-항체 복합체에 결합하면 이 보체는 용액에서 제거되고 고정되며 이는 보체가 항원-항체 복합체에 결합한 것을 의미한다. 보체고정(complement fixation) 검사는 매우 민감하기 때문에 각 개인의 혈청이나 뇌척수액(CSF)에 존재하는 대상 미생물에 대한 항체가 아주 미량으로 존재하는 것을 검출하는 데 이용될 수 있다. **그림 36.11**과 같이 이미 알고 있는 항원을 보체가 없는 검사혈청 또는 뇌척수액과 섞어준다. 보체고정은 특정 진균, 클라미디아, 원생동물 등에 의한 질병을 진단하는 빠르고 저렴한 진단법이다.

효소면역측정법

효소면역측정법(enzyme-linked immunosorbent assay, ELISA)은 가장 널리 사용되는 혈청학적 방법이다. 이 방법의 원리는 형광현미경에 설명된 것과 유사하고 항체가 붙어 있는 단백질의 검출을 포함한다. 직접 ELISA와 간접 ELISA 2가지가 있다. 직접 ELISA는 환자의 검체 안에 있는 단백질 항원(예: 바이러스의 캡시드 단백질)을 검출하고, 간접 ELISA 환자의 검체 안에 있는 특이적인 사람의 항체를 검출한다. 따라서 간접 ELISA는 병원체 자체가 아니라 특정 병원체에 대한 항체의 존재로 병원체를 동정한다.

간접 ELISA는 환자의 혈청(수용성 항체가 포함된)을 마이크로플레이트 웰에 첨가하는 것으로 시작된다. 마이크로플레이트 웰은 이미 관심 대상의 항원으로 코팅되어 있기 때문에 환자의 혈청에 이 항원에 대한 항체가 존재한다면 항체는 항원과 결합한다(**그림 36.12a**). 다른 항원에 대한 항체를 포함하고 있는 과량의 혈청을 제거하고, 사람 항체의 불변부위에 결합하는 표지된 항체를 각 웰에 첨가한다. 오직 대상 항원에 결합한 환자의 항체만이 표지된 2차 항체와 결합한다. 2차 항체는 양성 결과를 검출하기 위하여 필요하며, 효소나 작은 분자(예: 비오틴)가 공유적으로 결합되어 있다. 2차 항체(결국 환자의 항체)의 존재는 표지된 분자와 반응하여 색이나 빛을 만드는 기질

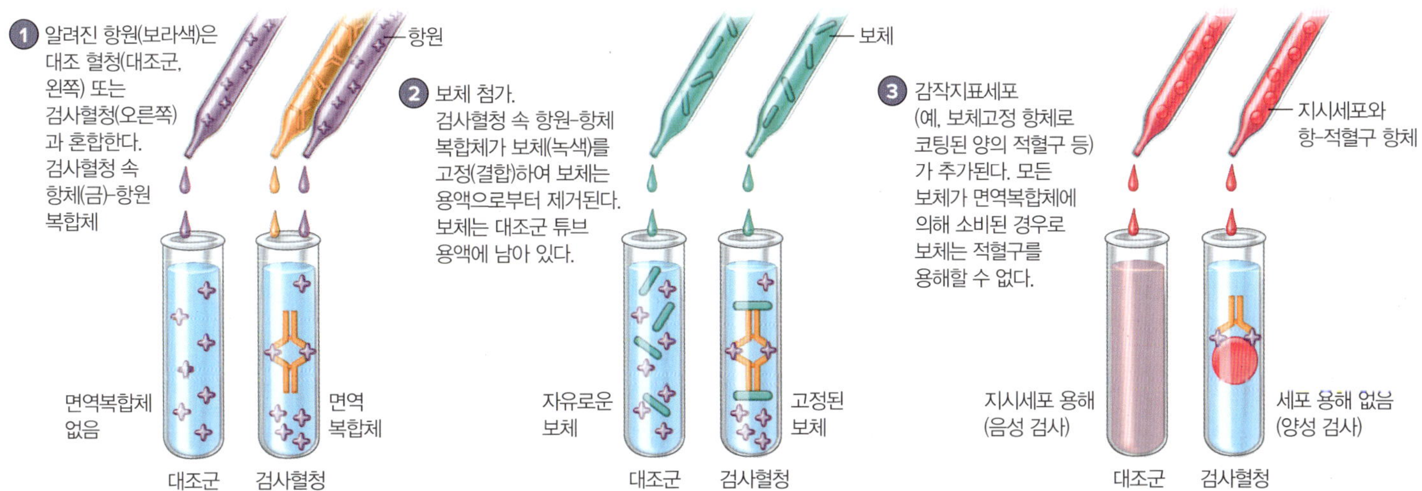

그림 36.11 보체고정은 특정 항체를 감지한다.

연관 질문 적혈구 용해의 부재가 긍정적인 결과인 이유는?

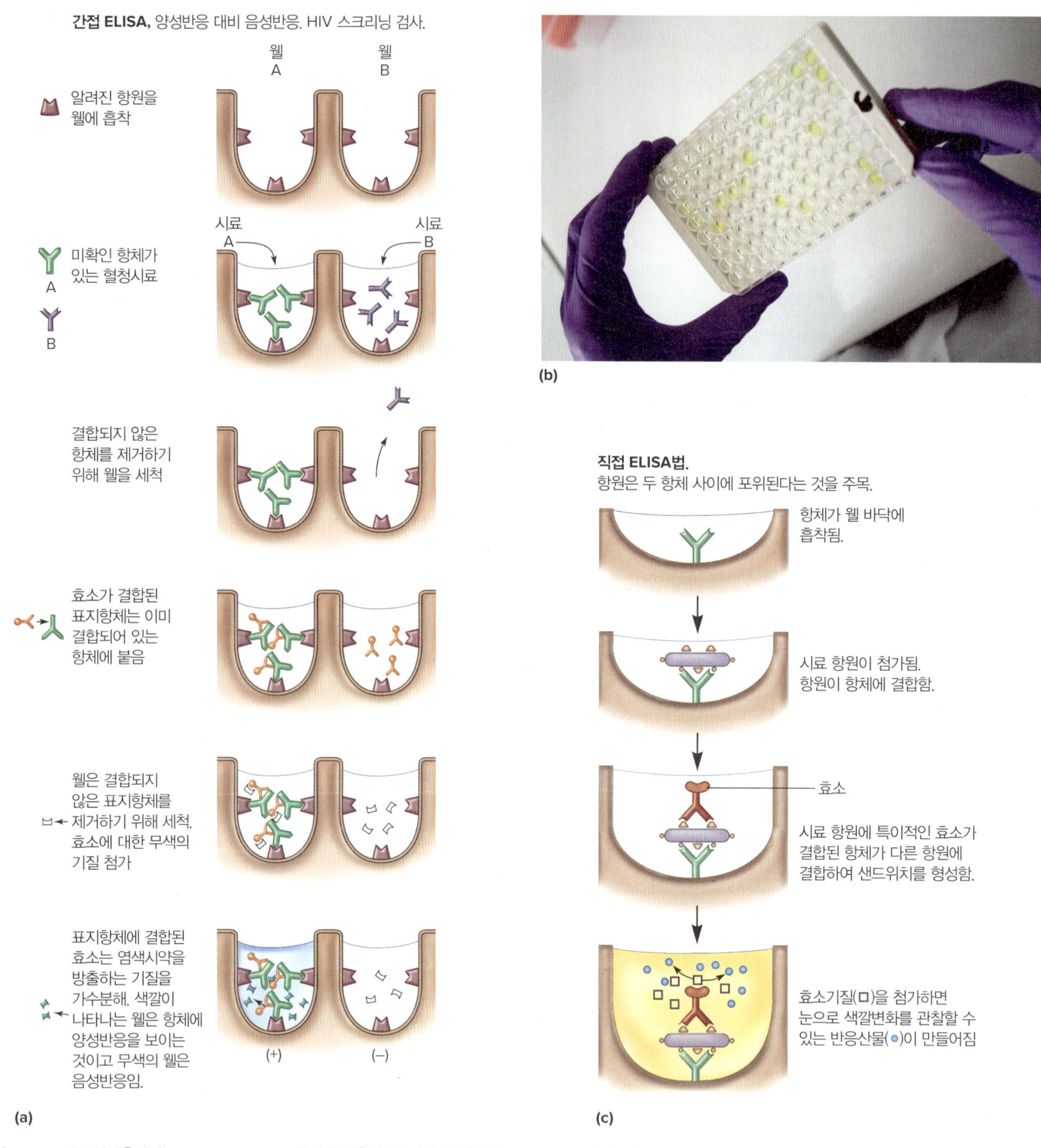

그림 36.12 효소면역측정법(ELISA Test). (a) 항체 확인을 위한 간접면역흡착법, (b) ELISA 검사 결과, (c) 항원을 확인하기 위한 직접면역흡착법 또는 이중항체 샌드위치법이다. (b) James Redfearn/McGraw Hill

을 첨가함으로써 검출한다(그림 36.12b). 일반적으로 2차 항체는 사람의 항체를 토끼나 쥐에 접종하여 만들기 때문에 사람의 IgM 또는 IgG에 대해 형성되며, 각 항체의 종류에 대해 검사할 수 있다.

직접 ELISA는 검출될 항원이 2가지 다른 유형의 항체에 의해 결합(샌드위치)되기 때문에 이중항체 샌드위치법이라도 한다. 첫 번째 항체는 포획 항체라고 불리며, 마이크로플레이터 웰에 코팅하고 환자 혈청으로부터 항원에 결합(포획)한다. 그 다음에는 항원에도 결합하는 표지된 2차 항체가 추가된다(그림 36.12c). 단클론항체로 코팅되어 시판되고 있는 마이크로플레이트는 환자의 혈액이나 다른 체액에 있는 항원을 매우 높은 친화력으로 포집할 수 있다. 과량의 환자 검체(단클론항체와 결합하지 않은 다른 항원을 포함한)를 제거한 후 관심대상 항원의 항체를 첨가한다. 간접 ELISA에서와 같이 이 항체는 효소나 작은 분자가 붙어(conjugate) 있다. 따라서 적절한 기질을 첨가하면 색 변화나 빛을 만들어낸다. 직접 ELISA와 간접 ELISA 모두 신호의 존재와 규모는 마이크로플레이트를 플레이트 리더에 넣어 결정한다. 플레이트 리더는 마이크로플레이트 웰에서 나오는 색이나 빛을 표준반응의 상대값(unit)으로 측정하고 기록하도록 고안된 기기이다.

ELISA 방법의 원리는 다수의 빠른 검사를 통칭하는 **측면유동분석법**(lateral flow assay)에 적용되었다. 간단하고, 저렴하며, 빠르고, 휴대 가능한 검출기기로 패혈성 인두염 검사를 한 적이 있다면 볼 수 있었던 기기이다. ELISA와 같이 측면유동분석법도 직접적(항원 검출)으로나 간접적(항체 검출)으로 사용할 수 있다. 일반적으로 플라스틱이나 판지 케이스에 고정된 여과지의 한쪽 끝에 환자의 검체를 놓는다. 액상 검체는 여과지에서 항원-항체반응이 일어나는 부분에 정렬한다. **그림 36.13**에 요약한 바와 같이 검출선(detection line)에는 발색 기질이 함유되어 있다. *Streptococcus pyogenes*(패혈성 인두염) 검출 이외에도 대변 검체에서 로타바이러스, *Giardia intestinalis, Clostridiodes difficile*이 생산하는 독소를 검출하는데 측면유동분석법을 사용한다. 간접 측면유동분석법은 혈청 내에 존재하는 뎅기열 바이러스, 치쿤구니아바이러스와 *Anaplasma*의 항체를 검출하는 데 사용된다.

면역블롯팅(웨스턴 블롯팅)

미생물학 실험실에서 사용되는 또 다른 면역학적 기술 중 하나가 웨스턴 블롯팅(western blotting)으로 알려진 면역블롯팅(immunoblotting)이다. **웨스턴 블롯팅**(western blotting)에서는 환자 검체에 있는 단백질을 분리하기 위하여 폴리아크릴아미드 겔 전기영동을 한

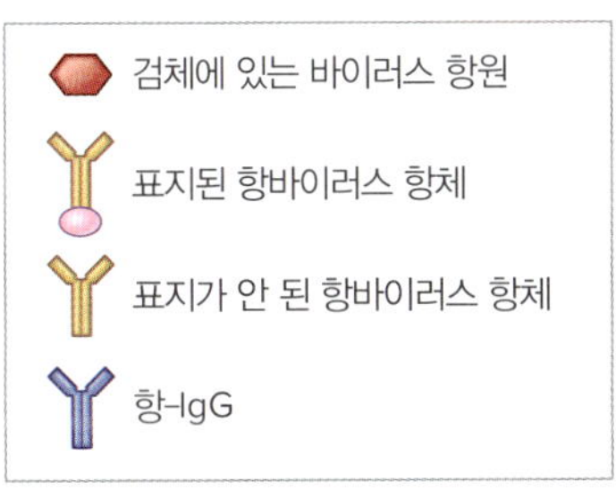

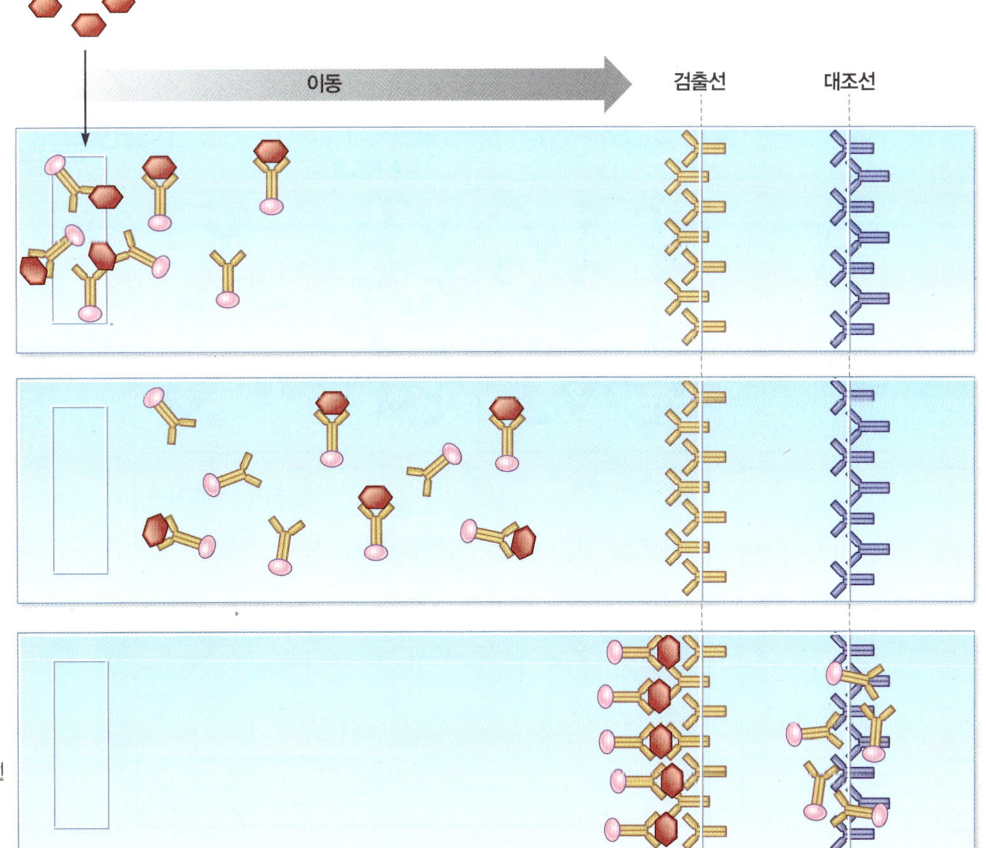

1. 환자의 검체를 여과지의 가장자리에 첨가한다. 검체에 있는 항원은 여과지에 존재하는 항체와 결합한다.
2. 항원-항체 복합체가 들어있는 액체 검체가 모세관 작용에 의해 측면으로 이동한다.
3. 검출선에 있는 항체가 항원을 포집하여 결합한다. 대조선에서는 항원이 없는 과량의 항체가 포집된다. 검사가 정확하게 수행되었다면 대조선의 색이 변하여 밴드로 보인다. 항원-항체 복합체가 포집되있을 경우에만 검출선에 밴드가 나타난다. 따라서 환자에게 항원이 없다면 오직 대조선만 보인다.

그림 36.13 측면유동분석법(lateral flow assay). 이 경우에는 환자의 항원이 검출되었다. 다른 측면유동분석법은 검체가 첨가된 부위에 항원을 첨가하여 환자의 항체를 검출한다.

연관 질문 왜 여과지에 과량의 항체가 존재해야 하는가?

다. 분리된 단백질을 막으로 옮긴다. 이 막에 효소가 결합된 항체와 반응시켜 단백질 띠를 볼 수 있도록 하여 확인하는 것이다. 이 과정은 많은 응용적인 면에서 ELISA와 측면유동검사보다 더 특이적인 것으로 간주되고 있다. 그러나 다른 방법에서 항원을 포집하거나 항체를 검출하기 위하여 단클론항체를 사용하고 동시에 기술적인 진보가 뒷받침된다면 복잡하고 시간을 소모하는 웨스턴 블롯팅의 필요성이 감소할 것이다. 아직도 웨스턴 블롯팅은 라임병과 같은 특정 감염병을 확인하는 데 사용된다.

면역침강법

면역침강법(immunoprecipitation)은 **침강소**(precipitin)라 불리는 항원과 결합하는 항체를 확인하는 방법이다. 침강반응은 항체와 항원이 적당한 비율로 만났을 때 일어난다. 항체가 항원과 연결되어 커다란 항원-항체그물로 이루어 충분히 커지면 용액에서 침강이 된다(**그림 36.14a**). 면역침강반응은 평형부위(zone of equivalence)라고 알려진 부위에서 일어난다. 이것은 시험관이나 플레이트에서 항원과 항체가 적당한 비율로 존재하여 모든 항원이 항체와 결합하여 불용성 격자를 형성하는 조건을 의미한다. 시험관내에서 침강반응이 일어나면(그림 36.14b), 항원과 항체가 평형을 이루는 부위 또는 적절한 비율을 이룬 부위에 침강원(precipitation ring)이 만들어진다. 면역침강형성의 원리는 다음에 논의할 면역확산법의 기초가 된다.

◀ 면역복합체의 형성(32.8절)

면역확산

면역확산(immunodiffusion)은 한천 겔에서 항원과 항체 사이에 일어나는 침전반응을 일컫는다. 2가지 방법이 이용되는데, 일원 방사면역확산법과 이원 면역확산법이다.

일원 방사면역확산법(single radical immunodiffusion, RID assay) 또는 만시니(Mancini) 방법으로 항원의 양을 측정할 수 있다. 항체를 한천에 첨가한 후, 혼합물을 슬라이드에 붓고 고정되기를 기다린다. 한천이 굳으면 한천에 구멍을 뚫고 일정량의 표준항원을 넣고, 검사 샘플은 다른 웰에 넣는다. 이 상태로 슬라이드를 약 24시간 정도 또는 평형이 이루어질 때까지 놓아둔다. 이 동안 항원은 웰에서부터 확산되어 항체와 불용성의 복합체를 만든다. 항원-항체 복합체 침전의 결과로 생기는 원의 크기는 항원의 양에 비례한다(원이 크면 클수록 항원의 농도가 높은 것임). 항원이 한천에서 확산되어 멀리

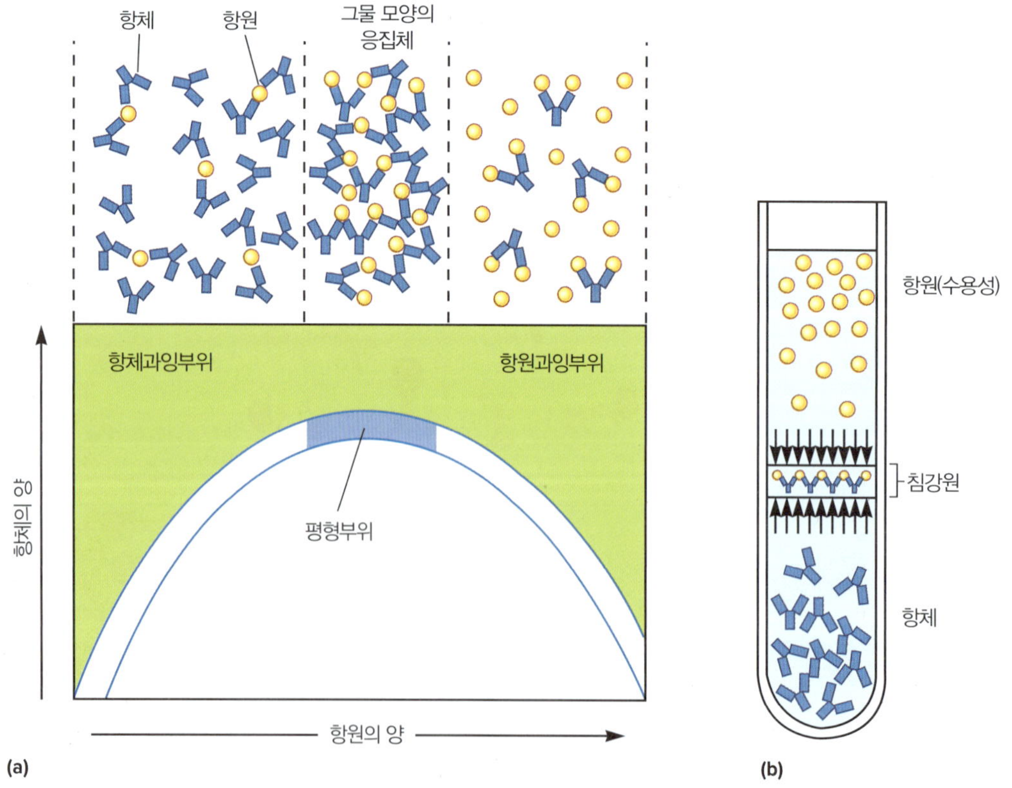

그림 36.14 면역침강법. (a) 그래프는 침강곡선이 항원과 항체의 비율에 기초한다는 것을 보여준다. 평형부위는 침강이 일어나기에 최적의 비율이라는 것을 나타낸다. (b) 침강원검사법에서는 항원과 항체가 시험관 내에서 상대방을 향해 확산된다. 평형부위에 이르면 침강원이 만들어진다.

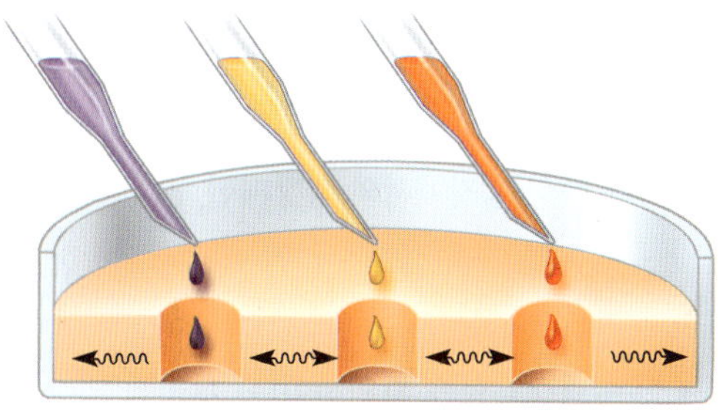

(a) 이원 면역확산법에서 소프트 한천배지의 웰(well)에 구멍을 낸다. 그리고 항체와 항원을 그림 모양대로 첨가한다. 웰의 내용물이 서로 상대방의 방향으로 확산될 때, 반응은 항체가 항원을 만나 항원을 침강시키는 여부에 따라 결과가 결정된다.

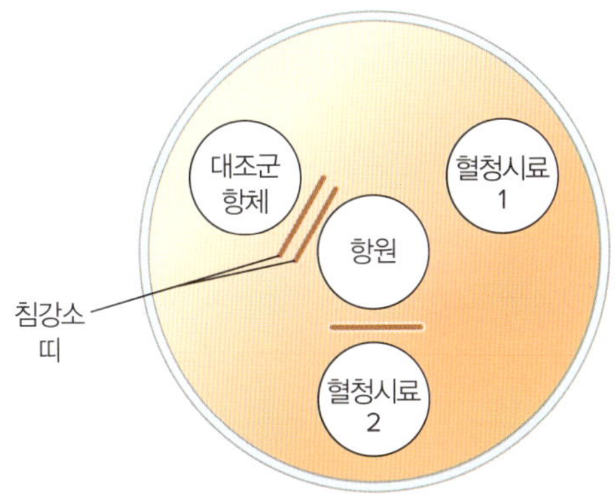

(b) 실험결과의 예이다. 항원은 중간 웰에 놓인다. 항체시료들은 테두리 부근 웰에 놓인다. 대조군은 항원에 반응한다고 알려진 항체를 사용한다. 항체와 항원이 만나는 곳에 형성된 띠에 주목하라. 1, 2번 웰에는 미확인된 혈청이 담겨 있다. 하나는 양성반응이고 다른 하나는 음성반응이다. 이중 띠는 하나 이상의 항원과 항체반응이 일어났음을 의미한다.

그림 36.15 면역확산법. 동일한 항원결정기를 갖는 것(혈청시료 2번)과 전혀 다른 것(혈청시료 1번)을 보여주는 이원 면역확산법이다.

나가면 항원의 농도가 점점 희석되기 때문이다. 항원이 한천에서 확산되어 나가다가 항체와 평형을 이룰 만큼 항원의 농도가 감소하였을 때 항체와 결합해 커다란 불용성의 침전 네트워크를 만든다. 이 방법은 혈청 내 면역글로불린, 보체단백질, 다른 여러 가지 물질들을 정량할 때 일반적으로 사용된다.

이원 면역확산법(double diffusion agar assay) 또는 **옥탈로니방법**(Öchterlony technique)은 항원과 항체가 한천배지상에서 모두 확산되어(따라서 이원확산이라 함) 안정적이고 쉽게 관찰이 가능한 면역복합체를 만드는 것이다, 샘플인 항체와 항원을 한천배지의 각각의 웰에 따로 넣어준다. 샘플은 바깥으로 확산되어 나가 항원이 적당한 농도의 항체를 만나면 평형을 이루는 지역(equivalence zone)에서 서로 결합하고 침전되어 표시선(들)을 만든다(**그림 36.15**). 침전되어 눈에 보이는 선은 주어진 항체에 대하여 동일한(same) 항원결정기(antigenic determinant)를 갖는 것, 부분적으로 동일한 것(partial), 동일하지 않은 것(nonidentity) 등으로 항원을 비교할 수 있게 한다. 면역확산법은 일반적으로 특정 진균 감염증을 확인하는 데 사용된다.

유세포계수법

유세포계수법(flow cytometry)은 특정 림프구아형(예: HIV 감염된 혈액내의 $CD4^+$ T세포)에 쉽고, 신뢰할 수 있고, 빠르게 검출한다. 유세포계수법은 26장에서 설명하였다(그림 26.3 참조). 여기에서는 유세포계수법이 백혈병과 림프종 진단을 위해 여러 분화단계의 림프구 뿐만 아니라 $CD4^+$와 $CD8^+$ 림프구를 정량하는 데 많이 사용하는 기술인 것을 강조한다. 이 기술은 항미생물제 처리에 대한 민감성과 약제에 대한 세포독성을 평가하기 위하여 빠르고 정확하고 재생성이 높은 결과를 얻기 위한 정량적인 방법의 개발이 가능하도록 하였다.

방사성면역검정법

방사성면역검정법(radioimmunoassay, RIA)은 의생물학적 연구와 임상(예: 심장병학, 혈액은행, 알레르기 진단, 내분비학 등)에서 매우 중요한 도구이다. 실제로 이 기술의 개발로 얄로우(Rosalyn Yalow, 1921~2011)는 1977년 노벨 생리의학상을 받았다. RIA는 방사성동위원소로 표지되어 순수분리된 항원을 사용한다. 이 항원은 항체와 결합하기 위해 방사성동위원소로 표지되지 않은 표준항원이나 샘플에 측정하고자 하는 항원과 경쟁한다. 항체와 결합한 방사능을 방사성동위원소 분석기나 자기방사선사진법(autoradiography: 방사능이 있는 부위를 사진으로 보여줌) 등으로 측정한다. 만약 샘플 중에 다량의 항원이 있으면 항체의 항원결합부위를 가지고 방사성동위원소로 표지된 항원과 샘플의 많은 항원이 경쟁하여 결과적으로 결합된 방사능은 거의 측정되지 못할 것이다. 결합된 방사능이 많다는 것은 샘플에 항원이 거의 존재하지 않는다는 것을 의미한다.

마무리 점검

1. 왜 혈청학은 감염병을 진단하는 간접적인 방법인가?
2. 바이러스매개 적혈구응집과 항체매개 적혈구응집의 차이는 무엇인가?
3. 보체고정 실험을 하였을 때 실험세포가 용해되지 않았다. 양성 결과인가 음성 결과인가? 그 이유를 설명하시오.
4. Multispot 검사는 HIV에 대한 환자 항체를 검출한다. 이것은 직접 또는 간접 검사방법인가?
5. 평형부위는 무엇인가? 왜 이 부위가 면역침강반응에 중요한가?
6. 면역확산법 2가지를 말하고 각각의 작동 방법을 설명하시오.

요약

36.1 임상미생물 실험실은 감염원을 알아내고 실험실 종사자들을 보호한다

- 임상미생물학자의 주요 쟁점은 임상검체로부터 미생물을 빠르고 정확하게 분리하고 동정하며, 분리된 미생물의 항생제 감수성을 정확하게 실험하는 것이다.
- 다양한 실험실 기법과 기술이 사용된다(그림 36.1). 많은 전통적인 실험실 테스트는 소형화하거나 자동화되었다. 일부는 도태되거나 더 빠르고 민감도가 높은 테스트로 대체되었다.
- 지난 50여 년간 실험실 연구원을 보호하기 위한 실험방법과 장비들이 만들어졌다.
- 실험실내 감염을 예방하기 위해, 과학자는 표준미생물 규정을 따르고 개인보호장비를 착용해야 한다(그림 36.2, 표 36.1~표 36.3).

36.2 검체로부터 미생물 확인

- 병을 유발하는 미생물의 검출은 환자의 검체를 수집하는 것으로 시작한다. 체액이나 조직의 올바른 선택, 뒤이은 검체의 수집, 수송 및 사전 분석과정은 감염원의 정확한 동정을 위해 필수적이다.
- 임상미생물실험실은 무균 및 세균 존재부위의 검체로부터 미생물의 예비결과 또는 확진결과를 제공할 수 있다. 일반적인 사람 정상균상에 대한 정보는 숙주로부터 병원체를 확인하는 데 필요하다.
- 수행할 검사는 미확인 미생물의 특성에 따라 달라질 수 있다. 세균 및 진균은 확인을 위해 병원체를 증폭하거나 순수분리하여 배양을 한다. 바이러스와 원생동물은 면역학적 또는 분자적 실험을 통해 확인할 수 있다.
- 병원체의 확인은 (1) 직접 분리와 (2) 병원체의 간접적이나 정황적인 증거로 확인할 수 있다. 감염원의 직접 분리는 분자적 기술뿐만 아니라 배양과 생화학적 분석이다. 많은 종류의 세균과 진균(섬유 모양과 효모형)의 배양은 일반적이지만 소수는 특별한 조치를 요구한다.
- 세균, 진균, 원생동물은 생명체를 농축시키거나 염색하여 확인할 수 있다. 세균의 그람염색, 균류의 칼코플루오르 화이트 염색을 통해 광학현미경을 사용하여 관찰할 수 있다.
- 세균 초기 확인과정은 다음에 의해 결정될 수 있다. (1) 배양샘플의 출처, (2) 현미경적 존재 확인, (3) 선택배지, 분별배지, 농화배지나 특성 배지에서의 생장패턴, (4) 용혈적, 대사적, 발효적인 특성이다. 단순 이분식 검색표는 신속한 확인을 위해 사용한다(그림 36.5).
- 면역형광은 형광염료를 자외선이나, 보라색 광선 또는 파란색 광선으로 조사하여 형광을 띠도록 하는 과정이다. 이러한 염료는 항체와 결합되어 있을 수 있다. 2종류의 형광항체법이 있으며 이는 직접 및 간접 형광항체법이다(그림 36.7).
- 여러 가지의 분자생물학적 방법이 검체로부터 직접 미생물을 동정하는 데 사용된다. 실시간 PCR 및 핵산 지문법과 같은 보완적 방법은 확인 속도를 높이기 위해 분리된 배양액에 사용된다.

36.3 면역반응이 감염을 검출하는데 이용될 수 있다

- 혈청형분석은 미생물의 구조물이나 생산물의 항원성 차이를 이용해 미생물의 균주(혈청형)를 구분하는 혈청학적인 방법이다.
- 생체 외에서 이루어지는 응집반응은 눈으로 관찰이 가능한 집합체 또는 덩어리(응집체)를 만든다. 항원뿐만 아니라 항체의 역가를 측정하기 위해 급속혈장리아진 검사(Rapid Plasma Reagin test), 라텍스 응집검사, 적혈구 응집반응, 바이러스 적혈구응집 검사 등이 개발되었다(그림 36.9, 그림 36.10).
- 보체고정 검사는 검사를 하는 사람의 혈청 내에 존재한다고 의심되는 미생물에 대한 특이항체를 검사하는 데 이용된다(그림 36.11).
- 효소면역측정법(ELISA)은 항원이나 항체에 여러 가지 효소를 연결해 사용한다. 2가지 기본적인 방법이 사용되는데, 이중항체 샌드위치법과 간접면역흡착법이다(그림 36.12). 처음 방법은 항원을 검사하고 두 번째 방법은 항체를 검사한다.
- 측면유동분석법(lateral flow assay)은 항원-항체반응을 이용하여 환자의 검체에 있는 항원이나 항체를 빠르게 검출하고 저렴하고 쉬운 방법이다(그림 36.13).
- 면역블롯팅은 단백질 샘플을 폴리아크릴아미드 겔 전기영동 후 분리된 단백질을 니트로셀룰로오스 종이에 옮기고 표지된 항체를 이용하여 특정 단백질 띠를 확인하는 것이다.
- 면역침강반응은 항원과 항체가 적당한 비율로 존재하여 그물을 이룰 수 있을 때인 평형부위에서만 일어나며, 이것은 눈에 보이는 침전물로 확인할 수 있다(그림 36.14).
- 면역확산은 한천 겔에서 항원과 항체 사이에 일어나는 침전반응을 말한다. 2가지 방법이 주로 이용된다. 일원 방사면역확산

법과 이원 면역확산법이다(그림 36.15).

- 유세포계수법과 형광은 세포계측 매개변수나 형광염료라 불리는 특정한 염색에 기초해 HIV 감염된 환자의 $CD4^{+}$ T 세포 같은 특정 세포형을 검출할 수 있다.

심화 학습

1. ELISA 검사법은 주로 1차 항체와 2차 항체를 사용한다. 왜 그런가? 항체특이성이 유효성이 있다(즉, 위음성 반응이나 위양성 반응이 없다는 것)는 것을 확실하게 증명하기 위해 사용하는 필요한 대조군은 무엇인가?
2. *Legionella pneumophila*는 종종 물이 이용되는 시스템(예: 샤워기, 에어컨)에서 발견되는 세균이다. 이들의 확산은 레지오넬라 감염증, 특히 노인들이나 면역기능이 손상된 사람에게 심한 폐렴을 유발할 수 있다. 물을 이용하는 시스템은 글리신, 반코마이신, 폴리믹신 B, 사이클로헥사미드가 들어 있는 GVPC 배양액을 사용하여 레지오넬라 오염을 모니터링하고 있다. 그러나 이 방법은 환경에 존재하는 레지오넬라균의 숫자를 과소평가하여 운영되고 있음이 알려졌다. 환경에서 레지오넬라균은 모니터링할 수 있는 다른 방법을 제시하시오. 어떻게 검체를 수집할 것이며, GVPC 배지에서 배양하여 얻은 결과와 비교하시오. 사용할 양성 및 음성 대조군에 대해서도 논의하시오.
3. *Coccidioides immitis*는 미국 남서부지역에서 흔하게 원내 진균성 폐렴을 유발한다. 일부 실험실에서 감염을 검출하기 위하여 보체고정법을 사용하고 있으나 빠르고 직접적인 방법이 필요하다. 환자 혈청에서 항-코키디오이드 항체를 측정하는 측방향 흐름 분석(그림 36.13)의 정확도를 기존의 보체고정 분석(그림 36.11)과 비교하는 실험을 설계하고, 긍정적인 통제와 부정적인 통제의 선택을 고려하시오.
4. 주 보건부 연구실의 과학자로서, 여러분은 죽은 철새의 급격한 증가에 대처하기 위해 일하는 팀의 일원으로 고용되었다. 원인 병원체를 식별하는데 사용되는 철새 사체 및 재료를 처리하기 위해 어떤 실험실 안전예방조치를 시행할 것인가?
5. COVID-19 대유행에 대응하여, 많은 생명공학 회사들은 원인 바이러스인 SARS-CoV-2에 대한 진단검사법을 위한 분석법을 개발하였다. 이러한 3가지 검사법을 평가하기 위해 한 그룹의 임상미생물학자가 동일한 환자 그룹에서 서로 다른 유형의 시료를 채취했을 때 RT-PCR 검사의 정확도를 비교했다. 샘플의 유형(비인두, 구인두 및 비강면봉)을 비교하였으며, 샘플을 바이러스 운반 배지에 넣는지 여부("건조" 수집)를 사용하였다. 모든 결과를 비교할 수 있도록 프로토콜의 개발에 대해 논의하시오. 환자 모집단, 보관 사슬, 샘플링과 검사 사이의 시간, 음성 및 양성 대조군을 고려해야 한다.

참고문헌: Cradic, K., et al. 2020. Clinical evaluation and utilization of multiple molecular in vitro diagnostic assays for the detection of SARS-CoV-2. *American Journal of Clinical Pathology*. Vol. 154: 201-207. https://doi.org/10.1093/ajcp/aqaa097

CHAPTER

37

바이러스와 프리온에 의한 질병

Carol M. Highsmith/Library of Congress

HIV/AIDS를 기억하며

여러분이 1980년대와 1990년대를 기억하지 못한다면, 초기 사람면역결핍증바이러스(human immunodeficiency virus, HIV)의 팬데믹(pandemic)을 모를 것이다. 혈우병 환자인 라이언 화이트가 중학교에 입학하기 위해서 어떻게든 싸웠음에도 새로운 동네로 이사해야만 했는지도 모를 것이다. HIV/AIDS가 신의 징벌이라고 공공연하게 일반대중들이 말했던 것을 기억하지 못할 것이다. 미국 정부 고위공직자가가 "HIV/AIDS"라는 단어를 사용하지 않았던 것을 모를 것이며, 남아메리카 대통령이 국민들에게 HIV가 AIDS를 야기하는 것이 아니라고 말하고서는 산모에서 태아로의 전파를 막을 수 있는 치료제 투여를 거부하였다는 것을 모를 것이다. 아마도 여러분은 이로 인해 일찍 사망해야 했던 여러 삶의 이야기 조각들을 모은 퀼트(장 시작 사진)가 미국을 순회하였다는 것을 모를 것이다.

아마도 여러분이 HIV 감염 치료에 아주 효과적인 칵테일요법이 개발된 1996년 이후에 출생했기 때문이었을 것이다. 1981년 시작된 HIV 팬데믹 초기에 흔하지 않은 균류인 *Pneumocystis jiroveci* 감염에 의한 폐렴과 카포시의 육종(Kaposi's sarcoma)이라는 암을 앓고 있는 동성애 남성에 대해 처음 보고된 것과 1996년 이후의 시기를 비교하면 많은 것이 바뀌었다는 것을 알게 될 것이다. 지금은 HIV를 불치병이 아니라 치료하는 만성질병으로 여기게 되었다.

HIV는 아주 명백하지 않은 변화도 가져왔다. 예를 들어, 면역계에 대한 현재 대부분의 이해가 HIV 연구를 통해서이며, 결국에 새롭고 유망한 암 치료방법을 개발하였다. 개발도상국에서는 생명을 살리는 HIV 항바이러스제가 너무 비쌌기 때문에 직접 생산하여 국민들에게 제공하였고, 때문에 HIV가 제약 산업을 교란시켰다. HIV에 대한 전 세계적인 재원투입이 1996년에는 2억 5천만 달러였던 것이 2007년에는 10조 달러 이상으로 증가하였다. 2013년 UNAIDS는 2005년에 최고점을 찍은 이후 새로 진단된 HIV 환자는 30% 감소하였다고 보고하였다. 감염된 약 3천8백만 명 중에서 2천5백4십만 명은 2019년 말에 치료를 받고 있었다. 따라서 아직 할 일이 많이 있다.

HIV 팬데믹은 어디에서 나타나는지 모를 바이러스에 대하여 많은 것을 알려주고 있다. COVID-19를 야기하고 있는 2020년 SARS-CoV-2에서도 반복되고 있다. 다른 모든 바이러스와 마찬가지로 바이러스에 의한 파괴는 이들의 크기와 상대적 단순함과 일치하지 않는다.

6장과 25장은 바이러스의 일반생물학과 일반바이러스학을 소개하고 있다. 이 37장에서는 사람의 병원체로서 가장 중요한 몇몇 바이러스에 관한 토론 및 검토를 하고 있다. 바이러스감염의 전파 경로에 따라서 그룹을 지었으며, 미국에서 발병하는 것을 강조하였다.

이 장의 학습을 위해 점검할 사항:

✓ 기본 바이러스학(6.1절~6.6절)과 프리온의 생화학(6.7절)의 원리를 설명할 수 있다.

✓ 볼티모어 체계에 의한 바이러스 분류와 각 그룹의 바이러스의 주요 특성을 열거할 수 있다(25장).

✓ 감염 과정을 설명할 수 있다(34장).

잠복기

0일차 결막 및/또는 상기도 점막으로 감염

그 부위의 림프절에서 바이러스 증식

4~6일차 혈류에서의 1차 바이러스혈증

간과 비장에서 바이러스가 더욱 증식

2차 바이러스혈증

10일차 피부 감염 및 소포성 발진이 나타남

(a)

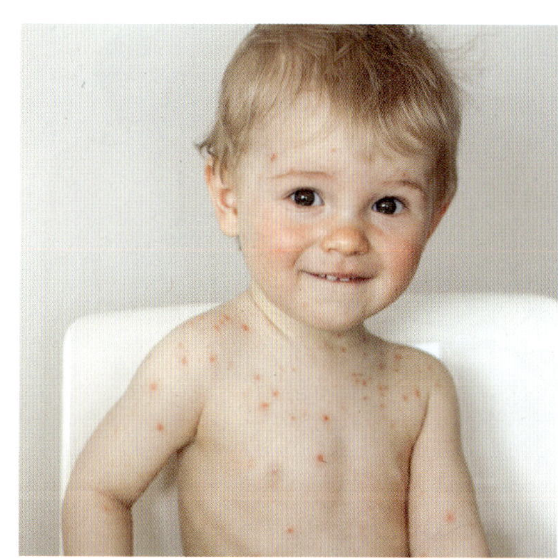

(b)

그림 37.1 수두. (a) 감염의 경과이다. 1차 바이러스혈증은 처음에 감염된 곳(이 경우는 호흡기)에서 비리온이 처음으로 혈류로 들어갈 때 생긴다. 2차 바이러스혈증은 신체 다른 부위로 비리온이 퍼질 때다. (b) 전형적인 소포성 피부발진이다. 이 발진은 온몸에 나타나지만, 몸통에서 가장 심하다. Asisyaj/Shutterstock

37.1 바이러스는 공기매개로 전파될 수 있다

이 절을 학습한 후 점검할 사항:

a. 공기매개로 전파되어 흔히 발생하는 바이러스성 질병을 토론할 수 있다.
b. 공기매개로 전파되는 바이러스성 질병의 전형적인 징후와 증상을 알아볼 수 있다.
c. 공기매개 바이러스 감염과 바이러스 생활사에 의한 질병중증도의 연관성을 보여줄 수 있다.

바이러스가 공기 중에서는 증식할 수 없기 때문에 공기매개(airborne) 바이러스는 생명체에서 유래한 것이다. 사람이 공기매개 바이러스의 출처일 때, 주로 기침하거나 재채기를 할 때 또는 말할 때 호흡기에서 바이러스가 방출된다.

수두와 대상포진

수두(chickenpox, varicella)는 주로 2~7세의 어린이가 잘 걸리는 감염성이 높은 질병이다. 사람은 수두대상포진바이러스의 출처이자 보유체이며, 비밀흡입을 통해 호흡기로 감염된다(**그림 37.1a**). 이 바이러스는 감수성이 있는 사람의 가족 간 접촉으로 65~86%의 감염률을 보일 정도로 아주 전염성이 높다. 예방접종을 시작하게 된 1995년 이전에는, 미국에서 매년 약 400만 명의 수두 환자가 발생하여 약 11,000명이 입원하였고 그중 100~150명 정도가 사망했다.

원인체는 허피스비리대 과(*Herpesviridae* family, 표 25.3 참조)에 속하는 수두대상포진바이러스(varicella-zoster virus, VZV)이다. VZV는 최근에 **사람 알파허피스바이러스 3**(human alphaherpesvirus 3, HHV3)로 재분류되었다. 모든 허피스비리대 과의 바이러스와 마찬가지로 VZV는 외피에 싸인 이중가닥 DNA 유전체를 갖고 있다. VZV는 호흡기 상피세포의 특이수용체에 바이러스가 부착하도록 최소 6종류의 당단백질(glycoprotein)을 만든다. 10~23일 간의 잠복기 후에 작은 소포(vesicle)가 얼굴이나 가슴 상부에 생긴 다음 고름이 생겼다가 터져서 가피(scab, 딱지)로 뒤덮인다(그림 37.1b). 소포의 회복은 약 10일 안에 이루어지며 이 시기 동안 자주 심하게 가렵다.

수두에서 회복된 사람들은 수두에 대한 면역력이 생기지만 바이러스가 사라진 것은 아니다. 왜냐하면 바이러스 DNA가 배근신경절의 뇌신경이나 감각신경의 핵에 원형의 에피솜(episome) 상태로 잠재(latent, dormant)하여 숨어있는 상태로 존재하기 때문이다. 이 바이러스의 DNA가 감염된 세포내에 있지만, 비리온(virion: 온전한 바이러스의 입자)은 검출되지 않는다(**그림 37.2a**). 나이, 암, 장기이식, AIDS, 정신적 또는 생리적인 스트레스 요인으로 인해 감염된 사람의 면역력이 저하되면 바이러스유전체가 다시 활성화되어 증식을 시작할 수 있다(그림 37.2b). 증식을 시작하여 생성된 바이러스입자는 감각신경을 따라 이동하여 내려가고 증식이 계속 되면서 통증이 있

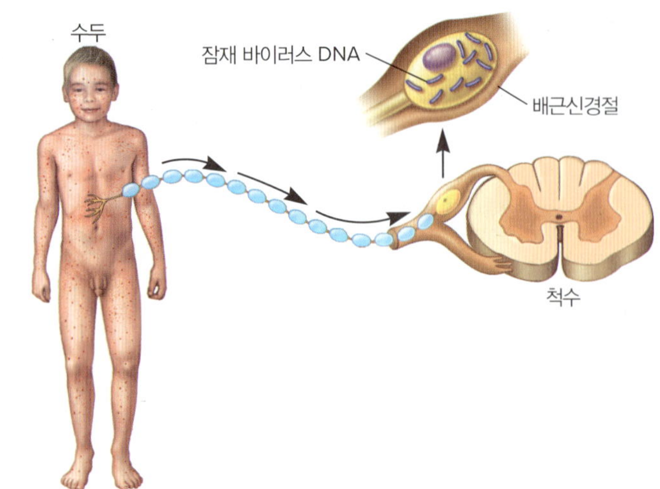

(a) 1차 감염–수두

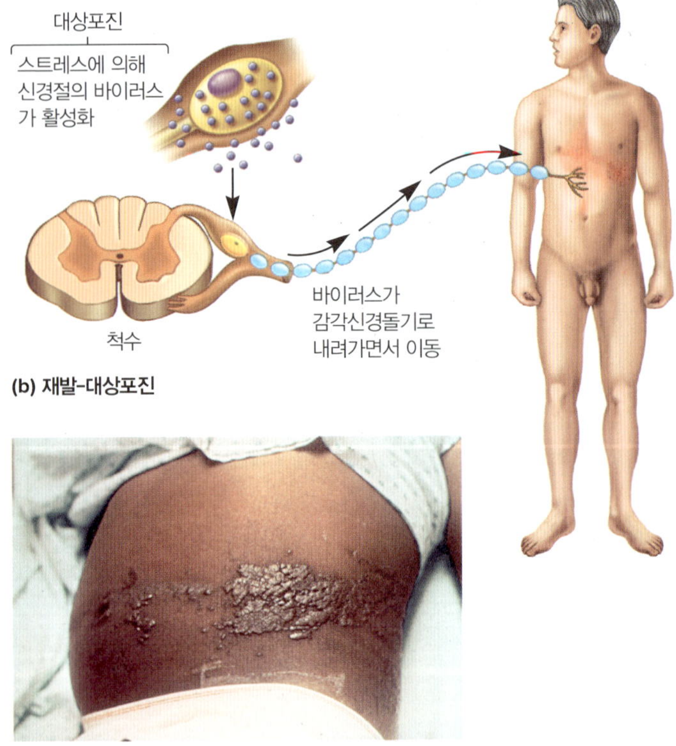

(b) 재발–대상포진

(c)

그림 37.2 수두대상포진바이러스의 병원론. (a) 수두바이러스에 처음 감염된 이후 바이러스가 감각 말단신경을 통과하여 배근신경절로 이동해 잠재 감염(latent infection) 상태가 된다. (b) 잠재 감염된 사람의 면역이 억제되거나 정신적으로나 육체적으로 스트레스를 받으면 바이러스 유전체가 활성화된다. (c) 바이러스가 감각신경돌기로 내려가면서 바이러스가 더욱 증식을 한다. 이때 고통스러운 소포가 생긴다. 이 소포가 주로 몸통에 나타나기 때문에 처음에는 조스터(그리스어 *zoster*는 '허리띠'를 의미)라는 이름으로 불렸다. (c) Centers for Disease Control and Prevention

연관 질문 잠재 감염기 동안에 바이러스의 DNA는 어디에 있는가? 이 시기에 비리온이 검출될 수 있는가?

는 소포를 형성하여 감각신경을 손상시킨다(그림 37.2c). 이렇게 재활성화된 형태를 **대상포진**(shingles, herpes zoster)이라 부르며 몸통이나 얼굴의 반쪽에 띠처럼 소포가 생긴다. 이 양상은 감염된 신경을 나타내는 것으로 피부절제 분포(dermatomal distribution)로 설명된다. 대상포진은 대부분 50세 이후에 흔하게 발병한다. 일부의 경우, 소포가 없어진 후에도 통증이 지속되는 경우가 있으며 이러한 일상생활을 힘들게 하는 합병증은 **대상포진 후 신경통**(postherpetic neuralgia)이라 부른다.

대상포진 발병 후, 항바이러스제인 어사이클로비르(acyclovir)나 그 유도체인 발라사이클로비르(valacyclovir)는 발병기간을 줄일 수 있다(그림 9.14 참조). 수두를 치료를 위한 항바이러스제는 아주 심한 경우나 면역이 억제된 환자에만 사용한다. 어린이를 위한 수두백신과 함께 60세 이상에게 대상포진 백신접종을 추천하고 있다. 매년 미국에서 100만 명 이상의 대상포진 환자가 발생하며 약 95명이 사망한다.

COVID-19

2020년 초에 **COVID-19** 팬데믹이 발생하자 전 세계 사람들은 자기도 모르는 사이에 바이러스학과 역학 석사과정에 등록되었다. 불행히도 일부 강의는 항상 사실에 기초한 것이 아니었다. 여기에서 COVID-19에 관하여 알려진 것을 논하려고 한다. COVID-19의 원인 바이러스인 사스 코로나바이러스-2(SARS-CoV-2)의 생활사는 25장에서 논의하였다.

모든 코로나바이러스(coronavirus, CoV)는 코로나비리대 과(*Coronaviridae* family)에 속한다. 대체로 크기가 크며(120~150 nm), 양성단일가닥 RNA 유전체(positive-strand RNA genome)를 나선형의 뉴클레오캡시드(helical nucleocapsid)가 싸고 있으며, 외피가 있는 바이러스이다(그림 6.7과 그림 25.18 참조). 크기가 큰 스파이크(spike, S)가 외피에서 돌출되어 있으며 스파이크가 숙주세포에 부착하여 진입하는데 도움을 준다. 달걀 또는 원형 모양의 비리온 외피에서 돌출된 스파이크 때문에 바이러스의 모양이 광륜(halo) 또는 해무리(corona)처럼 보이기 때문에 **코로나바이러스**라고 이름 지어졌다(**그림 37.3a**). ▶| 코로나바이러스(25.5절)

사람에게 감염되는 코로나바이러스는 7개의 종이 있다. 4개의 종(229E, NL63, OC43, HKU1형)은 일반감기를 야기한다. 다른 3종은 심각한 때로는 치명적인 호흡기증후군을 야기한다. SARS-CoV는 2003년 8,098명의 확진과 774명의 사망자가 발생(사망률이 약 10%)한 중증급성호흡기증후군(severe acute respiratory syndrome, SARS) 유행병(epidemic)을 야기한 바이러스이다. SARS의 마지막

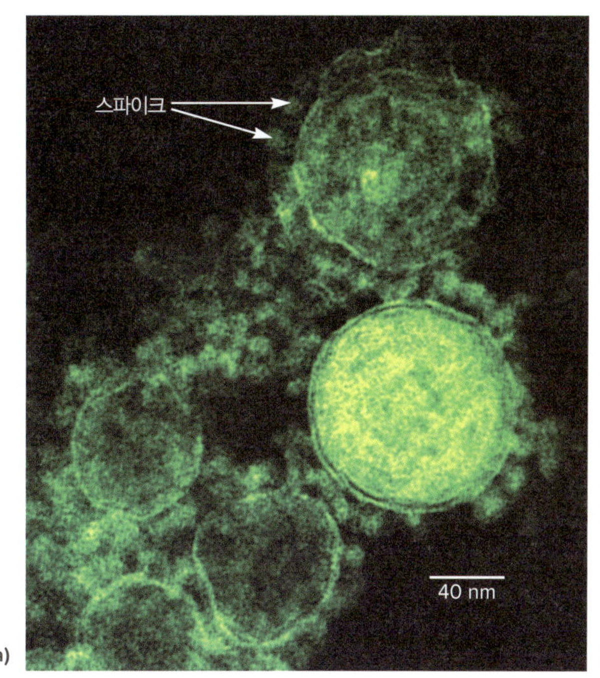

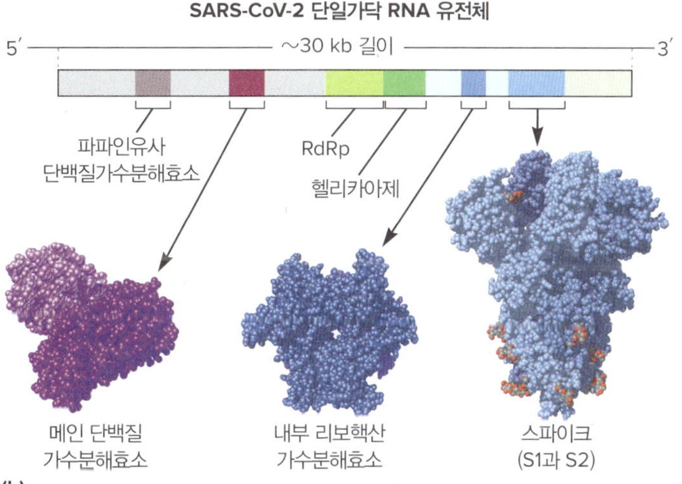

그림 37.3 코로나바이러스와 사스 코로나바이러스-2 유전체. (a) 모든 코로나바이러스는 크고(120~150 nm), 외피에 있는 스파이크로 인해 후광(halo)이 있는 것처럼 보인다. 여기서 보여주고 있는 것은 중동호흡기증후군 코로나바이러스(MERS-CoV)의 투과 전자현미경 사진에 색을 입힌 것이다. (b) SARS-CoV-2 유전체이다.
(a) National Institute of Allergy and Infectious Diseases (NIAID)/CDC

사례는 2004년에 보고되었다. 2012년 새로운 코로나바이러스 질병인 MERS(Middle East respiratory syndrome, 중동호흡기증후군)가 발생하였다. MERS CoV는 단봉낙타(dromedary camel: 혹이 하나인 낙타)가 사람에게 전파하지만 사람 간 전파가 흔하게 일어나지는 않는다. 2012년 이후 935명이 사망한 2,500명 이상의 MERS 사례(2020년 10월 기준, 사망률이 약 34%)가 보고되었다. 사우디아라비아에서 가장 많은 사례의 MERS가 발생하였다. 사람에게 감염되는 것으로 알려진 7번째 코로나바이러스 종은 SARS-CoV-2이다. 2019년 12월부터 이 교과서가 출판되는 시점까지 전 세계에서 2억 4천만 명 이상이 COVID-19에 감염되었으며 490만 명 이상이 사망하였다.

모든 코로나바이러스처럼, RNA 바이러스인 SARS-CoV-2는 유전체 크기가 큰 약 30,000 뉴클레오티드로 이루어진 바이러스이다(그림 37.3b, 그림 25.17 참조). 중요 단백질은 스파이크(S), 뉴클레오캡시드(N), 2개의 단백질가수분해효소(protease)이다. 2개의 단백질가수분해효소는 새로 합성된 폴리펩티드가 기능이 있는 단백질로 성숙(processing)하는 데 필수적이다. 뉴클레오캡시드 단백질과 스파이크 단백질은 면역원성(immunogenic)이 있으며, 숙주 안지오텐신 전환효소 2(angiotensin-converting enzyme 2, ACE2) 수용체에 결합하는 스파이크 단백질은 항체에 의한 표적이 되며 따라서 많은 백신의 기초가 되고 있다(그림 35.11 참조). 단백질가수분해효소가 성숙한 비리온을 만드는데 필수적이어서 중요한 항바이러스제의 표적이 되고 있다. 또 다른 필수적인 단백질은 RNA-의존 RNA 중합효소(RNA-dependent RNA polymerase, RdRp)이며 COVID-19 약제로 특별히 허가받은 첫 번째 약제인 렘데스비어(remdesivir)의 표적이다.

환자로부터 바이러스를 처음 분리한 1주일 이내에 SARS-CoV-2 유전체 염기서열을 알 수 있었다. 2003년에 분리된 SARS-CoV와 염기서열 유사도는 약 79%에 불과했지만 아미노산 유사도는 더 높았다. 실제로 SARS-CoV의 스파이크 또한 ACE2를 세포수용체로 사용하고 있다. 흥미롭게도 SARS-CoV-2 유전체는 말발굽 박쥐(horseshoe bat)에서 분리한 코로나바이러스들과 유사도가 더 높았다(약 88% 염기서열 유사도). 말발굽 박쥐 또한 SARS-CoV의 보유체(reservoir)로서 SARS-CoV가 사람에게 유출(spill-over)되어 감염되기 전에 중간숙주인 야생고양이 일종인 사향고양이에서 먼저 시작하였다. 이러한 박쥐들이 SARS-CoV-2의 보유체로 생각되지만 중간숙주는 아직 밝혀지지 않았다.

코로나바이러스의 RdRp에는 교정 활성(proofreading activity) 능력이 있어서 다른 RNA바이러스의 RdRp와 달리 SARS-CoV-2의 변이율은 상대적으로 낮은 편이다. 그러나 놀라운 수의 COVID-19 환자 사례를 통해 변이가 생기는 충분한 기회를 볼 수 있었다. 감염된 사람으로부터 분리된 바이러스의 염기서열을 분석하여, 변이를 목록으로 만들었으며, 계통발생수를 구성하는데 이용하였다. 팬데믹 초기 몇 개월은 2개의 주요 계통분기(clade)가 하나는 아시아와 호주에서, 다른 하나는 유럽과 미국에서 진화하였다. 2020년 봄에는 스파이크 단백질에 생긴 하나의 변이가 바이러스의 전파능력을 증가시켰지만 독성(virulence)에는 영향을 주지 않았다. 이 D614G 변이는 막 융합에 관여하는 스파이크의 부위에 있는 아스파르트산 잔기(aspartic acid residue, D)가 글리신(glycine, G)으로 치환된 변이이다. 처음에 발견되었던 바이러스에서 이 변이를 가진 변종(variant)으로 전 세계의 바이러스가 대체되었다. 2020년 말과 2021년 초에, 전파능력이 더욱 높은 추가 변종 바이러스가 영국, 남아프리카, 브라질 등에서 발견되었다. 스파이크 단백질을 비롯한 여러 부위의 여러 변이로 인해 전염성이 더 강해졌다. 이 변종의 일부에 있는 주요 변이는 ACE2에 결합하는 스파이크 부위의 N501Y 변이로서 아스파라긴(asparagine, N)이 타이로신(tyrosine, Y)으로 바뀐 것이다. 아마도 이 변이는 바이러스가 숙주수용체에 더 단단히 결합하게 하여 전염성을 더 증가시킨다고 생각된다. 2021년 여름에는 델타 변종(delta variant)이 우세해졌으며 이 변종에는 숙주의 단백질분해효소가 스파이크를 쪼개어서 숙주세포의 진입을 더 용이하도록 하는 변이가 포함되어 있다. 다른 변이들은 감염되어 생긴 항체나 백신에 의해 생긴 항체에 대한 감수성을 감소시키는 일부 변종들이 있으며, 특히 E484K 변이가 그것이다. 바이러스가 계속 증식한다는 것에는 이견이 없으며, 전파에 유리하고 숙주면역반응을 피하기에 유리한 새로운 변이가 계속 선택될 것이다.

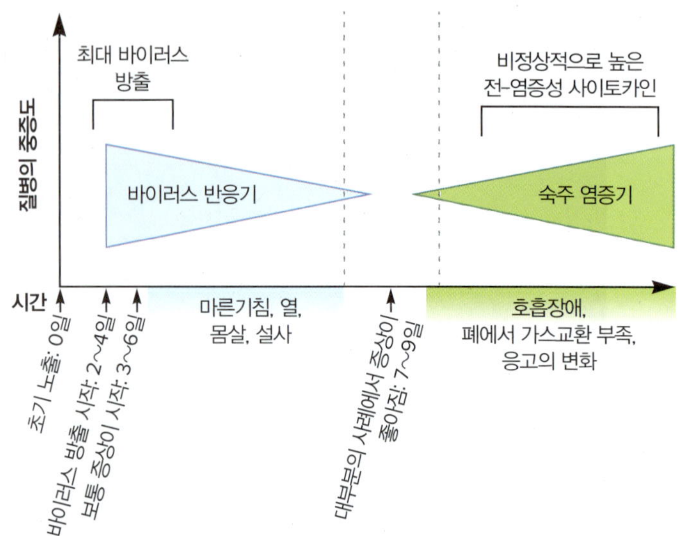

그림 37.4 COVID-19의 질병 경과. 질병은 빠른 바이러스 증식으로 시작한다. 대부분의 경우, 면역반응이 상기도에서의 바이러스 증식을 억제하고 7~9일 이내에 증상이 좋아진다. 점선으로 표시한 그 기간은 증상이 좋아지거나 바이러스가 하기도에 감염하여 중증의 호흡장애(숨가쁨)와 혈액내 산소포화도가 정상수준 이하로 낮아지는 시기를 나타낸다. 일부의 경우, 과도한 면역반응으로 인해 증상이 악화되어 중증의 호흡곤란(호흡장애), 혈액응고의 변화, 그리고 일부의 경우 순환기능상실(순환부전)이 오고 사망하게 된다.

COVID-19는 우리가 계속해서 배우고 있는 복잡한 질병이다. 약 40%가 무증상 감염자이다. 증상이 있는 경우는 2단계로 나뉘며 중간에 과도기가 있다. 첫 번째 단계에서 숙주는 바이러스에 반응하며 두 번째 단계에서 숙주는 자신의 염증반응으로 반응한다(**그림 37.4**). 증상이 있는 COVID-19를 겪는 모든 사람이 두 번째 단계로 진행되는 것은 아니다. 바이러스 증식 단계는 바이러스에 노출된 3~14일(평균 약 4~5일) 후에 시작된다. 이 시기는 SARS-CoV-2가 비인두(nasopharynx, 코인두)에 있는 숙주세포에 감염되어 증식하는 시기이다. 감염된 사람은 증상이 나타나기 2~3일 전부터 호흡기 비말과 에어로졸(5 μm보다 작은 입자)로 바이러스를 방출하기 시작한다. 이러한 사람은 따라서 **증상 발현 전단계**(presymptomatic)라고 하며, 감염되었지만 절대 아프지 않은 **무증상** 감염자와는 다르다. 증상이 시작되면 바이러스 방출이 최대로 일어나며 이후 며칠 간 폭발적인 바이러스증식을 반영하여 바이러스가 방출된다. 이 시기동안 COVID-19는 하나 또는 그 이상의 증상, 발열, 마른기침, 인후염(인두염), 몸살, 후각상실 및/또는 미각상실, 그리고 두통으로 특징된다. 일부는 구역(nausea), 구토, 설사를 하는 경우도 있다. 호흡기 뿐만 아니라, 장 상피세포에도 ACE2 수용체가 존재하기 때문이다. 이러한 징후(발열 같은 실증적인 상태)들과 증상(몸살 같은 주관적인 상태)들은 대부분의 경우 7~10일 정도 지속된다. 이때 80%의 환자는 상태가 좋아지지만 나머지는 호흡하기 더 힘들어지고 폐에서의 가스교환이 감소한다. 몸 전체에 산소전달이 부족해지고 이 상태의 환자는 혈중 산소 감소(저산소증) 상태가 되었다고 하며 추가 산소공급을 해줘야 한다. 증상이 심각한 환자는 질병이 바이러스 증식 때문이라기보다는 IL-1과 IL-6같은 전-염증성 사이토카인(염증을 촉진하는 물질, 표 31.2 참조)의 과다생산으로 특징된 환자 자신의 과도한 면역반응 때문이다. 호중구(neutrophil)가 액체처럼 폐에 스며들 수도 있다. 이렇게 되면 가스교환이 제한되어 인공호흡기(mechanical ventilation)가 필요하게 될 수도 있다. 일부 환자에서 이러한 상태가 혈액응고의 변화와 동반하여 나타나기도 하며 따라서 폐, 신장, 등 다른 기관의 모세혈관이나 기타 소혈관들이 막히는 미소혈전(아주 작은 혈전)들이 나타난다. 가장 중증인 사례에서는 혈압이 감소하고 순환허탈(혈액순환이 무너짐)로 인해 사망하게 된다.

COVID-19의 사망률(mortality rate), 좀더 정확히 표현하면 **감염치명률**(infection fatality rate)을 계산하기가 쉽지 않다. 치사율은 그 질병을 앓고 있는 전체 환자수에 그 질병에 의해 사망한 환자수를 나누는 것이다. 아주 많은 사람들이 무증상 감염자였으므로 총 감염자수(예를 들어, 분모)를 결정하는 것이 불가능하다. 더욱이 치사율은 인구집단마다 현저하게 다르다. 확진된 사람들 중에서 사망자를 계산하는 증례치명률(case fatality rate, CFR) 계산은 가능하다. 여기에서 보면 10~15%의 CFR 비율을 보이는 80세 이상의 노인이 가장 위험하다. 팬데믹이 진행되면서 과학자와 의사가 질병에 대하여 더

알게 되고 어떻게 치료하는 것이 가장 좋은지 알게 되면서 대부분의 나라에서 증례치명률이 감소하였다. ▶| 감염질병 빈도 측정(35.2절)

어떤 사람은 아프고 어떤 사람은 자기가 감염되었다는 사실조차 알지 못하는 지가 가장 짜증나는 문제이다. 하나의 답은 중증의 COVID-19 질병으로 진행될 위험이 아주 큰 사람에게 집중하고 있다. 이 사람들은 심혈관계 질환, 2형 당뇨, 비만인 사람들이 포함된다. 33장에서 논의했듯이 이 사람들은 만성염증 상태에 있다(그림 33.11 참조). 따라서 전-염증성 사이토카인의 기준선이 다른 사람들보다 더 높고, 감염되면 과도한 숙주염증 반응이 더 쉽게 추진된다고 생각된다. 노인이 위험한 이유는, 노인들은 바이러스 감염에 대한 강력한 초기면역반응을 시작할 수 없다고 생각되기 때문이다. 따라서 바이러스 증식이 활발해지고 조직이 손상되는 것이다. 어린이는 중증의 질병이 잘 걸리지 않는 이유가 그 반대로 설명된다. 어린이는 더욱 강력한 선천면역반응(innate immune response, 자연면역반응)에 의해 보호된다고 제시되고 있다. ▶| 선천적 숙주 저항(31장)

COVID-19는 역전사효소 정량적 중합효소연쇄반응(reverse transcriptase quantitative polymerase chain reaction, RT-qPCR)으로 가장 확실하게 진단할 수 있다. 하나의 바이러스 입자의 존재도 검출할 수 있고 위양성(false positive) 결과를 내는 경우가 드물기 때문에, 민감도가 높고 특이도가 높은 검사법이다. 일반적으로 검체의 질이 나쁠 때 위음성(false negative) 결과가 나오므로 면봉을 코와 목구멍 뒤쪽으로 집어넣어 검체를 채취하는 비인두도말채취법(nasopharyngeal swab)을 하면 가장 좋은 결과를 얻을 수 있다. 검체채취가 쉬운 신체의 다른 체액(예: 침)을 사용하는 검사방법이 도입되었으나, 비인두도말채취법에 비하여 민감도가 낮다. 바이러스항원(예, 단백질)을 검출하는 진단방법도 사용가능하다. 이 방법들은 수행하기 쉽고 가격도 싸지만 RT-PCR에 기초한 진단방법에 비하여 민감도와 특이도가 낮다. 이러한 진단키트의 새 버전이 개발되면 신뢰성이 개선될 것으로 기대된다.

항체검사 또한 가능하다. 항-SARS-CoV-2 항체가 있다고 하여 그 항체가 강력한 면역을 제공하는지 알지 못하므로 항체가 있다는 것을 안다는 것은 별 도움이 되지 않는다. 그러나 대부분의 경우, 감염 후 또는 재감염 후 최소한 몇 달 동안 항체-양성인 사람은 증상을 가볍게 겪고 지나간다고 가정되고 있다. 반면에 질병초기에 고친화성(high-affinity), 고결합력(high-avidity) 단클론의 항-SARS-CoV-2 항체조제물의 투입은 중증도를 낮출 수 있다. 검사결과 바이러스 양성이며 중증으로 진행될 고위험군에게 현재 이 방법이 제공되고 있다. 새로운 변종 바이러스가 분리되면, 이 치료방법은 더 이상 효과가 없을 수도 있다는 염려가 있다.

항체검사의 주요 혜택은 공중보건관리자에게 그 지역사회에 혈청유병률(seroprevalence)의 예측치를 제공하거나 몇 퍼센트의 사람들이 항체를 가졌는지를, 따라서 감염되었는지를 알게 해준다. 공중보건의 관점에서 보면 그 지역사회 내에서 얼마나 많은 사람들이 감염된 상태(바이러스 출처)이고 얼마나 많은 사람들이 최근에 감염되지 않았거나 백신접종을 하지 않아 바이러스에 감염되기 쉬운가에 따라 바이러스전파의 잠재적 비율이 감소하게 된다. 물리적 거리두기(physical distancing)와 마스크 착용의 기반은 바이러스 출처를 감소시키는 것이다. 백신은 그 반대이다. 백신은 감염되기 쉬운 사람의 수를 감소시킨다. 백신이 널리 사용되기 전까지 지역사회의 혈청유병률은 얼마나 많은 사람들이 감염에 취약한지 그리고 지역사회가 집단면역에 얼마나 근접하고 있는지를 공중보건관리자에게 알려준다. COVID-19의 경우, 처음에는 예방접종을 하거나 감염되어서 인구의 최소 70%가 면역이 생기면 집단면역이 생길 것이라고 예측하였다(그림 35.7 참조). 전파력이 더 좋은 변종이 생기면서 집단면역을 위해 필요한 인구가 최소 90%까지 올라갔다. 병원의 수용능력을 압도하는 감염률이 약 2~4%이다.

현재 COVID-19에 대한 완치(cure)는 없으므로 예방접종이 가장 중요하다. 전 세계적으로 90개 이상의 백신 후보물질들이 개발되었으며 대부분은 아직 시험 중이다. 흥미롭게도 mRNA-기반 백신이 처음 승인된 백신 중 하나이다. 이 mRNA백신은 유전자 조작된 작은 조각의 mRNA를 받는 세포(recipient cell)의 세포질에 넣어준다(그림 35.11 참조). mRNA가 스파이크 단백질로 번역되어 mRNA 백신을 접종한 사람은 스파이크에 대한 항체를 만들 수 있다. 이 백신은 사람질병에 사용된 첫 번째 핵산 백신이다. 팬데믹을 끝내기 위해서는 모든 국가의 국민들에게 백신을 공평하게 분배하는 것이 필요할 것이다. ▶| 백신은 감수성 집단을 면역시킨다(35.6절)

인플루엔자

인플루엔자 A 바이러스, 인플루엔자 B 바이러스, 인플루엔자 C 바이러스는 오르토믹소비리대(*Orthomyxoviridae*) 과에 속하지만 A형과 B형만 사람에게 심각한 질병 **인플루엔자**(influenza 또는 flu: 이태리어 *un influenza di freddo*는 '감기들에 의해 영향을 받는'을 의미)를 야기한다. 모든 인플루엔자바이러스는 바이러스가 오염된 호흡기분비물을 흡입하거나 섭취하여 감염된다. 약 1~2일 정도의 잠복기 동안 바이러스입자는 호흡기 상피세포에 부착하여 증식과정을 시작한다(그림 25.23 참조). 2개의 바이러스의 외피돌기 스파이크단백질인 혈구응집소(hemagglutinin, HA 또는 H)와 뉴라민분해효소(neuraminidase, NA 또는 N)가 숙주세포에 진입하는데 중요 역할을 한다(그림 25.22 참조). 숙주세포에 부착하는 부착인자인 혈구응집소(HA)는 수용체매개 세포내흡입(receptor-mediated endocytosis)을 촉진한다. 이 과정은 상피를 덮은 점액(mucus)을 가수분해한다고 생각되는 뉴라민분해효소에 의해 촉진된다. 바이러스입자(비리온, virion)가 세포질내의 엔도솜(endosome) 안에 있게 되고 엔도솜의 pH가 낮아지면 이때 혈구응집소가 극적인 구조변화를 하게 된다. 혈구응집소의 소수성(hydrophobic) 말단이 엔도솜막으로 뻗어나간다. 엔도솜막과 접촉하여 바이러스외피와 엔도솜막이 융합하면 RNA 뉴클레오캡시드(nucleocapsid)가 세포질로 방출된다. 각각의 인플루엔자바이러스 뉴클레오캡시드는 단일음성가닥 RNA분자가 뉴클레오단백질(nucleoprotein, NP)과 3개의 소단위로 이루어진 RNA-의존 RNA 중합효소(RdRp: PA, PB1과 PB2)로 이루어져 있다. 인플루엔자바이러스는 RNA바이러스임에도 불구하고 세포질에서 증식하지 않고 핵에서 증식하기 때문에 증식이 특이하다. 따라서 각각의 RNA 분절은 전사되기 위해서는 핵으로 이동되어야 한다(그림 25.23 참조). 증식단계의 마지막에 뉴라민분해효소(NA)의 추가 역할이 있다. 이 NA 단백질은 바이러스와 숙주세포막 사이의 시알산(sialic acid, SA) 잔기를 분해하여 새롭게 조립된 인플루엔자바이러스 입자가 감염된 세포에서 방출되는 것을 촉진한다. ▶ 음성가닥 RNA 바이러스(25.6절)

인플루엔자바이러스는 혈구응집소와 뉴라민분해효소에 따라 여러 아형(subtype, strain)으로 분류된다. 18종류의 혈구응집소(HA; H1~H18)와 11종류의 뉴라민분해효소(NA; N1~N11) 항원형이 알려져 있으며 이들이 서로 다른 조합으로 재조합한다. 사람 특이도의 일부는 수용체 결합의 차이 때문이라고 설명되고 있다. 사람 인플루엔자바이러스는 사람 기관지의 상피세포에 더 잘 부착하는 반면, 조류의 인플루엔자바이러스 HA는 물새 종류의 장 상피세포에 더 잘 부착한다. 이곳은 조류 인플루엔자바이러스의 주요 증식장소이다.

그러나 인플루엔자바이러스의 유전체는 선형의 RNA 분절로 점돌연변이(point mutation)와 RNA 분절의 재편성(reassortment, 일종의 재조합) 때문에 유전체가 빈번하게 바뀐다(**그림 37.5**). 이 RdRp가 교정기능이 없으므로 돌연변이가 쉽게 생긴다. 만일 이러한 유전

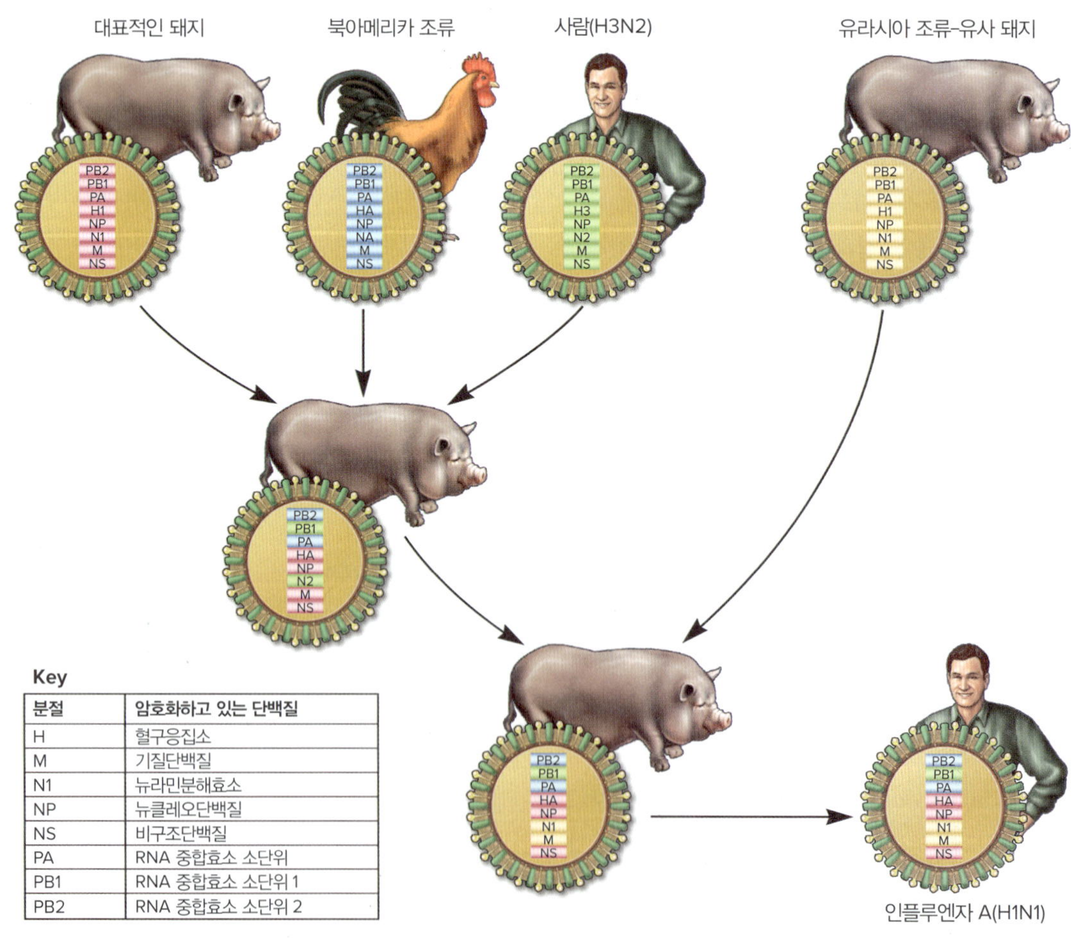

분절	암호화하고 있는 단백질
H	혈구응집소
M	기질단백질
N1	뉴라민분해효소
NP	뉴클레오단백질
NS	비구조단백질
PA	RNA 중합효소 소단위
PB1	RNA 중합효소 소단위 1
PB2	RNA 중합효소 소단위 2

그림 37.5 인플루엔자 감염. 인플루엔자 A 바이러스는 조류, 돼지, 사람에 감염된다. 2009~2010년의 H1N1 인플루엔자 팬데믹의 경우처럼 하나 이상의 바이러스 아형들의 RNA 조각들이 재편성하면서 새로운 바이러스 아형이 만들어진다.

적 변이가 크지 않으면 단백질(항원)에 미묘한 변화를 주므로 **항원소변이**(antigenic drift)라 부른다. 이러한 항원소변이는 한 종류의 인플루엔자바이러스에 돌연변이가 축적되어 생기며 매년 새로운 플루백신을 개발해야 하는 이유를 설명한다. **항원대변이**(antigenic shift)는 항원성이 크게 변하는 경우로 단일가닥의 RNA 분절유전체를 가진 바이러스에 의해서 단백질서열이 대대적으로 바뀌는 것이다. 서로 다른 균주(strain)의 플루바이러스(사람플루바이러스와 조류플루바이러스)들이 같은 숙주세포(예, 돼지의 세포)에 감염된 후 생긴다. 조류와 사람의 플루바이러스(또는 돼지플루와 사람플루) 2개 균주에 감염된 하나의 돼지세포는 하나의 새로운 캡시드에 RNA 분절을 조립한다. 캡시드가 사람플루와 조류플루 RNA 분절들을 또는 사람플루와 돼지플루 RNA 분절들을 감쌀 때, 새로운 바이러스는 **재조합바이러스**(recombinant)가 되었다고 하는 것이다. 각 분절이 서로 다른 유전자를 코딩하고 있으므로 재조합바이러스는 항원소변이에서 보이는 돌연변이가 된 유전자를 가진 것이 아니라 새 유전자를 갖게 된 것이다. 예를 들어, 항원대변이는 H1을 H3 혈구응집소 유전자(그리고 그에 따른 단백질)로 치환하게 하였을 것이다. 따라서 대단위의 유전적 변화는 항원소변이보다 항원대변이를 통해 일어난다. 실제로 주요 유행병과 팬데믹은 항원대변이 때문이다. ▶| 감염병은 인구집단 내의 양상을 통해 밝혀진다(35.3절)

기록이 잘 된 첫 번째의 인플루엔자 유사질병의 전 세계적 유행은 1580년에 발생하였다. 그때 이후로 31번의 인플루엔자(독감) 팬데믹이 보고되었고 20세기에만 4번 발생하였다. 역사에 기록된 최악의 인플루엔자 팬데믹은 1918년에 발생했으며, 전 세계에서 약 5,000만 명에서 1억 명이 사망했다. 이 재앙은 스페인 독감으로 거슬러 올라가고 그 이후 아시아 독감(1957년), 홍콩 독감(1968년), 러시아 독감(1977년), 돼지 독감(2009)으로 이어졌다. 이 지역 이름을 붙인 것은 각 유행이 시작되었던 지역의 대중적인 관심을 반영했으나, 멕시코에서 시작되었다고 생각되는 2009년의 돼지 독감을 제외하고는 모두가 중국에서 시작됐다고 생각하고 있다.

항원대변이로 인해 팬데믹 플루 변종이 생기며 이러한 변종들 대부분이 중국에서 생긴다면, 사람들은 중국의 무엇이 특별한 것인가를 궁금해 할 것이다. 중국 시골에서는 닭, 돼지, 사람들이 가까이, 밀집되어 생활한다. 인플루엔자는 조류에 널리 퍼져 있으며 바이러스가 조류에서 사람에게 쉽게 전파되지는 않지만 돼지에게는 쉽게 전파된다. 돼지는 사람에게, 사람은 돼지에게 전파할 수 있다. 돼지에서는 사람, 돼지, 조류 플루바이러스 RNA 분절들이 재조합(재편성)하여 새로운 HA/NA조합이 생기면서 주요 항원대변이가 된다(그림 37.5).

다양한 인플루엔자 아형(subtype)을 찾기 위해 표준명명법이 개발되었다. 이 명명법에는 다음 정보가 포함된다. 그룹(A, B, 또는 C형), 유래한 숙주(숙주의 기원), 발생한 지리적 위치, 변종(균주)번호, 변종을 분리한 연도로 표시한다. HA와 NA 표면단백질의 항원성은 A형 바이러스 경우에서만 괄호로 표시한다. 유래한 숙주는 사람이 아닌 숙주에서 분리한 바이러스를 표시한다. 예를 들어, A/swine/Iowa/15/30(H1N1)이다. 그러나 사람에서 분리한 경우 유래한 숙주를 표시하지 않는다. 예를 들어, A/Hong Kong/03/68 (H3N2)로 표시한다. H1, H2, H3 HA 항원과 N1, N2 NA 항원을 가진 인플루엔자 A 바이러스는 자연에서 대세로 존재하며 1900년대 초부터 사람에 감염되는 바이러스이다. 1918년에 나타난 H1N1 바이러스는 1957년에 H2N2 아형으로 대체되어 대세가 되었다. H2N2 바이러스는 바로 1968년에 주요 아형이 H3N2로 대체되었다. H1N1 바이러스가 1977년에 다시 나타나서 현재는 H2N1, H3N2, H5N1, H5N2, H7N2, H7N3, H7N7, H7N9, H9N2과 H10N7 바이러스가 동시에 유행하고 있다. 조류 인플루엔자바이러스(avian influenza virus, AI)가 사람에게 감염되려면 조류 인플루엔자바이러스의 HA와 NA 단백질이 사람의 플루바이러스 수용체를 인식하는 능력을 얻어야만 한다는 점이 중요하다. 실제로 1918년, 1957년, 1968년의 팬데믹 발병을 초래한 초기 바이러스 유전체를 분석한 결과, 사람 인플루엔자바이러스 변종에서 보이는 HA의 특징을 제외하고 다른 특징은 조류 인플루엔자 A 바이러스의 특징을 가졌음을 알게 되었다.

사람에게도 감염되는 고병원성 H5N1과 H7N9 조류 인플루엔자바이러스 때문에 질병관리본부(Centers for Disease Control and Prevention, CDC)와 세계보건기구(World Health Organization, WHO)가 걱정을 하고 있다. 지난 10여 년 동안 바이러스 전파를 막기 위해 수백만 마리의 조류를 살처분(도태시킴)하였다. 조류의 모집단 밀도를 조심스럽게 모니터하고 사람에서 발생하는 각각의 바이러스 출처를 조심스럽게 추적하여도 새로운 플루 변종이 계속하여 발생되는 것을 알게 되니 플루 집단발병과 팬데믹을 방지하는 더 좋은 방도가 필요하다고 생각하게 되었다. 또 다른 인플루엔자 팬데믹이 어느 때 발생하여도 이상하지 않다고 전 세계의 공중보건관련 지도자들은 생각하고 있었지만, 실제로는 코로나바이러스 팬데믹이 발생하여 놀라게 되었다.

다른 많은 바이러스성 질병처럼 대개 플루(독감)의 증상만을 치료한다. CDC는 뉴라민분해효소 억제제인 오셀타미비르(oseltamivir), 자나미비르(zanamivir)와 페라미비르(peramivir)를 권장하고 있다. 아픈 초기 2일 동안에 이들 약제를 주면 인플루엔자 A 바이러스의 질병기간과 증상을 줄여준다. 뉴라민분해효소 억제제는 뉴라민분해효소의 효소활성 촉매작용부위를 막는다. 따라서 바이러스가 숙주세포막에서 떨어져나가지 못하여 다른 세포를 감염시키기 위한 이동을 할 수 없게 된다. 발록사비르 마르복실(Baloxavir marboxil)은 항-

인플루엔자 약제로 가장 최근에 도입되었다. 이 약제는 **캡 강탈**(cap snatching)을 막는 약제이다. 캡 강탈은 숙주 전사물(transcript, mRNA)의 5′ 말단에 있는 캡(cap)을 인플루엔자가 코딩하고 있는 핵산말단분해효소(exonuclease, 엑소뉴클레아제)가 잘라내는 것을 말하며, 이렇게 질라낸 캡을 자신의 mRNA에 붙임으로써 단백질로의 번역을 확실하게 하는 과정(그림 25.23 참조)이다. ▶| 항바이러스제(9.5절)

주된 인플루엔자 예방법은 바이러스 백신접종을 하는 것이다. 모든 사람에게 인플루엔자백신을 권장하고 있지만 만성질환자, 5세 미만 또는 65세 이상의 사람, 요양시설에서 지내는 사람들은 특히 예방접종을 해야 한다. 이러한 환자들에서 중증으로 진행할 가능성이 더 높기 때문이다. 인플루엔자의 높은 유전적 다양성 때문에 매년 새로운 아형 항원을 백신에 추가하고 있다. 지속적인 항원소변이로 인해 백신의 면역력은 일반적으로 1~2년 동안만 유지된다. 또한 불활성화한 바이러스입자로 백신이 이루어졌으므로 백신으로부터 플루에 감염될 수는 없다는 점이 중요하다. HA단백질의 보존된(conserved) 부위를 표적으로 하여 숙주의 항체생성을 촉진하는 더 새로운 백신이 임상시험 중이다. 이러한 백신의 목적은 다양한 인플루엔자바이러스 변종을 표적으로 하여 계절 독감 예방접종을 매년 하지 않아도 되도록 하는 것이다.

홍역

홍역(measles, rubeola: 라틴어 *rubeus*는 '붉은색'을 의미)은 가장 전염성이 높은 질환으로 전 세계의 풍토병이다. 홍역은 예방이 가능하지만 2019년에 전 세계적으로 869,770명이 확진되어 200,000명이 이상이 홍역으로 사망하였다. 선진국에서는 홍역이 더 이상 풍토병이 아니지만 2011년 이후 미국의 어린이와 젊은이에서 산발적인 홍역이 발생하고 있다. 대부분의 경우, 부모가 자신의 자식들에게 예방접종을 하지 않겠다고 거부하여 백신접종을 하지 않은 경우이다. 이 백신접종을 거부한 부모의 자녀들이 잠재적으로 위험한 이 질병에 걸릴 뿐 아니라 어린이들이 1살 때 홍역에 대한 예방접종을 하지 않았기 때문에 다른 아기들에게까지 위험에 빠뜨릴 수 있다. 이런 부모들은 슬프게도 백신의 위험을 인식하는 것에 관해 잘못된 정보를 받고 있다. 백신은 생명을 구한다. 많은 공중보건기관들은 유치원 학령대의 자식에게 필요한 백신을 받지 못하게 하는 부모에 대한 인내심이 점점 없어지고 있다.

홍역바이러스(MeV, measles morbillivirus)는 파라믹소비리대과(*Paramyxoviridae* family)의 모빌리바이러스 속(*Morbillivirus* genus)에 속하는 외피가 있는 음성가닥 RNA 바이러스이다(**그림 37.6a**). 홍역바이러스 유전체는 8개의 단백질을 암호화하고 있으며, 이들 중 6개는 구조단백질이다. 호흡기나 눈의 결막을 통해 홍역바이러스가 몸 안으로 들어오면 활성화된 B세포와 T세포 및 항원제시세포에 있는 수용체에 바이러스의 혈구응집소(H) 당단백질이 결합한다(그림 37.6c). 이로써 바이러스의 외피와 숙주세포의 원형질막이 융합하여 뉴클레오캡시드가 숙주세포 세포기질(cytosol)에 들어오게 된다. 다른 많은 바이러스처럼 바이러스유전자는 순차적인 전사를 하고 세포질에서 바이러스 mRNA의 5′말단은 캡(cap)을, 3′말단은 폴리아데닐화(polyadenylated)된다. 유전체 복제와 패커징(packaging)이 끝난 후, 바이러스 매트릭스(matrix; M) 단백질이 숙주 원형질막의 내부와 상호작용하여 홍역바이러스(MeV)가 출아(bud)함으로써 새로운 바이러스입자가 방출된다.

홍역의 잠복기는 대개 10~14일 정도이고 눈에 보이는 첫 증상은 10일째(그림 37.6d)에 시작된다. 홍역의 전구증상은 콧물, 기침, 열, 두통 그리고 결막염으로 특징되며 발진이 생기기 전에 며칠 동안 더 심해진다. 전구증상이 시작된 지 3~5일 정도 이내에 피부에 붉은색의 반점상 구진(erythematous maculopapular lesion, small bumps: 색이 더 연한 조그맣게 부풀어 오른 구진)이 구별되게 듬성듬성 생긴 후 온몸에 가득 퍼진다(그림 37.6e). 이러한 발진(rash)은 5~7일 정도 지속된다. 때때로 질병초기의 구강 점막 내벽에 보이는 **코플릭 반점**(Koplik's spot)은 붉은색 병변으로 각 반점의 중심에 청백색의 점이 있다. 발진이 생긴 이후에 홍역에서 회복되기 시작한다. 아주 드문 합병증인 **아급성 경화성 범뇌염**(subacute sclerosing panencephalitis)이라는 중추신경계의 진행성 퇴화가 일어나는데 이것은 대단히 파괴적으로 영구적인 인지결손이 나타나거나 사망한다.

홍역에는 특별한 치료법이 없다. 약독화 홍역 백신으로 예방할 수 있다. 홍역 백신은 주로 MMR(measles[홍역], mumps[볼거리], rubella[풍진]의 조합) 백신 또는 MMRV (MMR + 수두) 백신의 조합으로 접종하며, 모든 아동에게 권장되고 있다(표 35.2 참조). 홍역에 감염되거나 홍역 백신으로 예방접종을 하면 평생면역을 갖게 된다.

유행성이하선염

유행성이하선염(mumps, 볼거리)은 전염성이 아주 높은 급성의 질환이다. 전 세계에서 예방접종을 하지 않은 지역의 매년 유행성이하선염 발생률(annual mumps incidence)은 인구 1만 명당 약 1~10명으로 매 2~5년에 한 번씩 유행병으로 발생한다. 백신이 널리 사용된 이후로 미국에서는 매년 유행성이하선염 발생률이 감소하여 매년 총 수백에서 수천 건 정도 발생한다. 선진국에서의 주기적인 유행성이하선염 유행병은 흔하다. 그 이유는 일반적으로 백신접종을 하지 않은

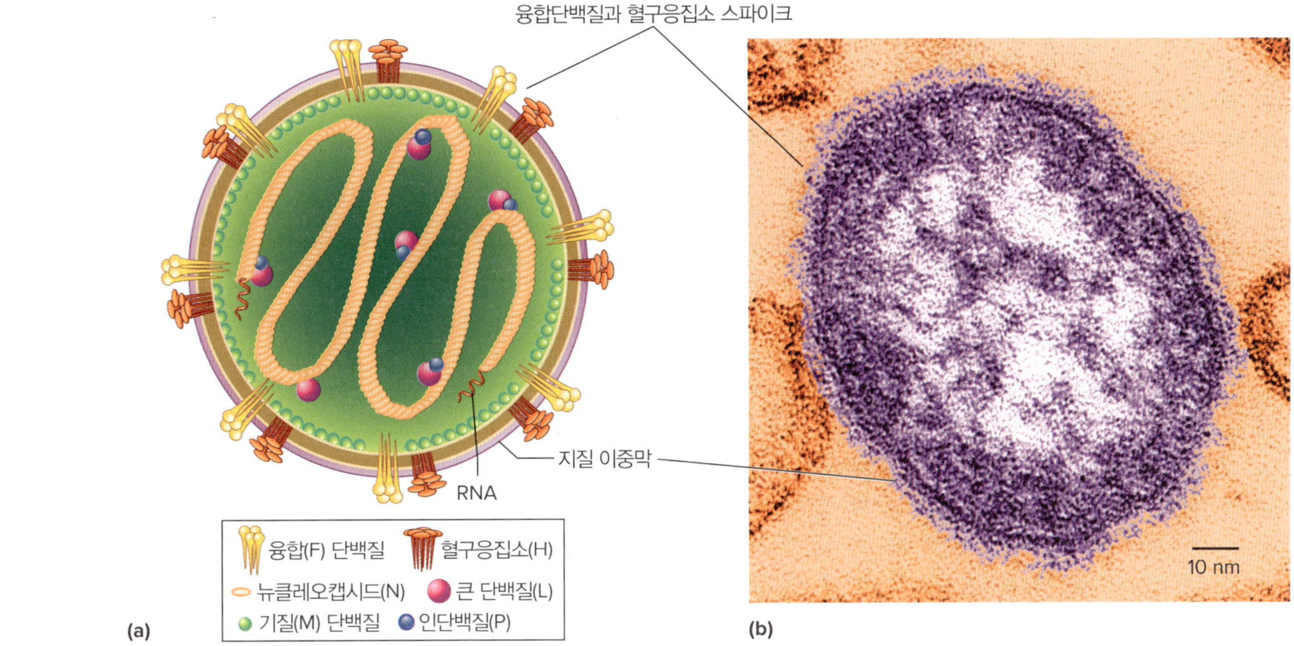

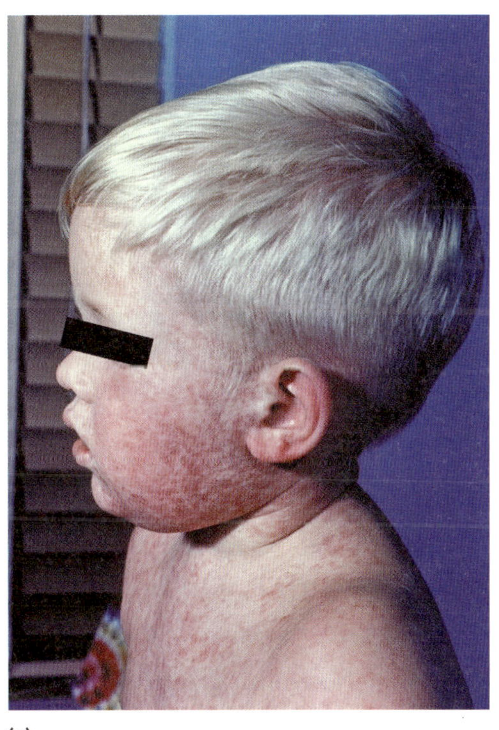

(e)

그림 37.6 홍역. (a) 홍역을 일으키는 원형의 RNA *Morbillivirus*의 그림이다. (b) 홍역바이러스(MeV) 비리온의 색을 입힌 투과전자현미경 사진이고, (c) 홍역바이러스의 생활사이다. MeV의 비리온 입자는 출아 과정을 통해 숙주에서 방출된다. (d) 홍역감염 증상의 중증도(검은색 선)는 조직부위에서의 바이러스양(빨간색 선)에 상응한다. (e) 작고 솟아오른 반점의 발진은 홍역의 전형적인 특징이다. 발진은 주로 얼굴에서 시작되어 몸통으로 이동한다. (b) Source: Cynthia Goldsmith/CDC; (e) Centers for Disease Control and Prevention

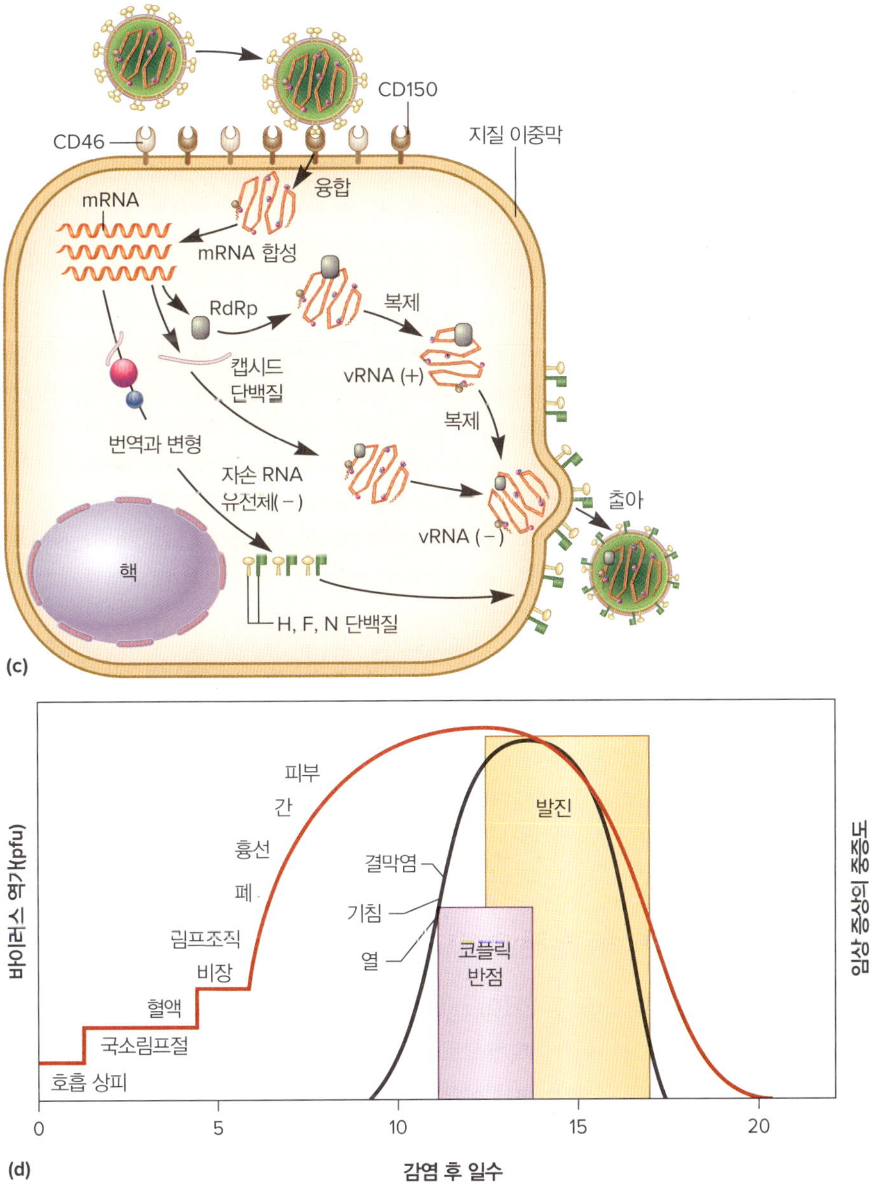

사람들 때문에 시작되는데 홍역과 풍진 백신과는 달리 유행성이하선염 백신은 면역력이 종종 감소한다.

유행성이하선염바이러스(mumps virus, MuV)는 파라믹소비리대 과(*Paramyxoviridae* family)의 오르토루불라바이러스 속(*Orthorubulavirus* genus)에 속한다. 이 바이러스는 음성가닥 RNA가 나선형의 뉴클레오캡시드를 이루고 있는, 외피가 있는 다형태의 바이러스이다. 홍역바이러스처럼 유행성이하선염바이러스(MuV) 또한 침과 호흡기 비말을 통해 전파되지만 홍역이나 수두보다는 전염력이 떨어진다. 유행성이하선염의 가장 특징적인 증상은 감염되고 16~18일 후에 침샘(이하선)이 붓고, 닿으면 따가운(누름 통증) 증상이 있는 것이다. 이러한 붓기는 미열과 함께 1~2주 계속된다. 심각한 합병증은 드물다. 하지만 청각장애(귀먹음), 무균성 수막염, 뇌염, 불임이 야기될 수도 있는 부고환과 고환의 염증(고환염)은 특히 사춘기를 넘긴 남자에서 볼 수 있다. 유행성이하선염의 치료는 증상 치료와 보조 치료에 국한한다.

호흡기증후군과 바이러스성 폐렴

호흡기의 급성 바이러스 감염이 인간 질병의 가장 흔한 원인 중 하나이다. 감염원은 급성호흡기바이러스라고 부르며 비염(rhinitis, 코점막의 염증), 편도선염(tonsillitis), 후두염(laryngitis), 기관지염(bronchitis) 등의 여러 임상증상을 일으킨다. 아데노바이러스(adenovirus), 4종의 코로나바이러스(coronavirus)와 피코르나바이러스(picornavirus)에 속하는 리노바이러스(rhinovirus), 콕사키바이러스 A와 B(coxsackievirus A and B), 에코바이러스(echovirus)가 있으며, 인플루엔자(독감)바이러스, 파라인플루엔자바이러스(parainfluenza virus), 호흡기세포융합바이러스(respiratory syncytial virus), 사람 메타뉴모바이러스(human metapneumovirus) 등 이들 모두가 호흡기질환을 야기한다. 약 50%의 사례는 리노바이러스(일반 감기 바이러스: 그리스어 *rhinos*는 '코')가 야기하며 이 바이러스는 피코르나비리대 과(*Picornaviridae* family)에 속하는 외피가 없는 양성가닥 RNA 바이러스이다. 115종류 이상의 혈청형이 존재하며 이들 각각의 항원 형들은 비강점막에 감염되는 능력이 서로 다르면서 감기를 유발한다. 또한 많은 이러한 바이러스에 대한 면역은 평생 지속되지 못한다. 따라서 리노바이러스의 다양성 때문에, 다른 호흡기바이러스들도 호흡기감염에 관여하며, 면역이 지속되지 못하는 이유 등으로 감기가 흔하다. 최상의 치료는 증상의 완화요법과 함께 휴식을 취하는 것이다. ◀ 양성가닥 RNA 바이러스: 진입시 번역될 수 있는 유전체(25.5절)

호흡기의 일부 바이러스감염은 폐렴으로 끝이 난다. 바이러스성 폐렴의 임상적 특징은 비특이적이다. 증상은 약하지만 심한 경우도 있으며 사망할 수도 있다. 중요하게 바이러스감염으로 시작되어 2차(추후) 세균감염이 호흡기 증상을 더 심하게 할 수 있다.

호흡기세포융합바이러스(respiratory syncytial virus, RSV)는 아기(1세 미만)와 COVID-19 이전에는 노인(65세 이상)에게 가장 심각한 하기도(lower respiratory) 감염을 유발하는 바이러스로 묘사되곤 한다. 이 바이러스는 전 세계에서 발견되며 계절(11월~3월) 집단발병을 야기한다. 미국에서는 매년 210만 명 이상의 유아(5세 미만)들이 병원에 방문하여 치료를 받았으며, 약 58,000명의 어린이가 매년 RSV로 진단받고 입원하였다. 또한 65세 이상은 177,000명이 입원하여 14,000명이 사망하였다.

RSV는 뉴모비리대 과(*Pneumoviridae* family)의 음성가닥 RNA 바이러스이다. 바이러스 입자는 모양과 크기(평균 지름 120~300 nm)가 다양하다. 바이러스 특이 당단백질 2개가 구조의 일부분으로 외피를 이루고 있다. 그 중 당단백질인 G 단백질은 바이러스가 숙주세포에 결합하도록 하고 다른 융합단백질인 F 단백질은 숙주세포의 세포막과 바이러스 외피가 융합하도록 하여 바이러스가 숙주세포에 들어가게 한다. F 단백질은 또한 감염된 세포들의 세포막 융합을 유도한다. 따라서 합포체(syncytium) 또는 융합된 다핵세포(mass of fused cells)를 형성할 수 있다는 특성 때문에 RSV라고 이름 지어졌다. 염증발생과 폐포가 두꺼워지고 폐포낭이 액체로 채워지게 되는 원인이 합포체이다. 사람의 호흡기 분비물의 직접접촉으로 RSV가 전파된다. 바이러스는 외부환경에서 불안정하며(외부환경 표면에서는 단지 몇 시간밖에 생존하지 못함), 비누, 물 및 소독제에 의해 쉽게 불활성화 된다.

RSV 감염의 임상증상은 갑작스러운 발열과 기침, 비염, 코막힘 등이 있다. 아기와 어린아이의 경우에는 심한 호흡기 고통으로 발전할 수 있다. RSV 속성 항원진단키트 또는 역전사 PCR(reverse transcriptase PCR, RT-PCR)로 RSV RNA를 검출하여 진단한다. 치료는 보조적이며 수액을 공급하고 열을 낮추는 방식을 사용한다. 조산아의 경우 심각한 호흡기 고통으로 발전할 가능성이 높으므로, 조산아에게 예방적 조치로 F 단백질을 표적으로 하는 단클론항체인 팔리비주맵(palivizumab)을 투여한다.

풍진(독일홍역)

풍진(rubella: 라틴어 *rubellus*는 '작고 붉은')은 1800년대 독일에서 처음 보고되어 별명으로 독일홍역(German measles)으로 불렸다. 풍진은 주로 5~9세 아동이 잘 걸리는 전염병이다. 풍진은 마토나비리대 과(*Matonaviridae* family)에 속하는 외피로 둘러싸인 양성가

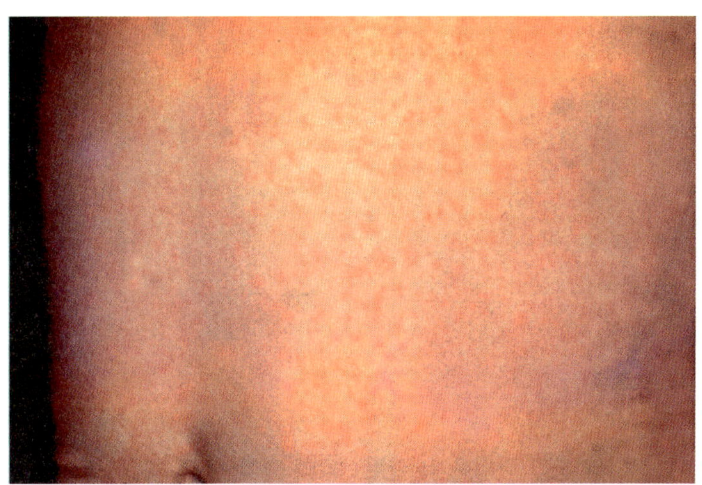

그림 37.7 풍진(독일홍역). 이 질병의 특징은 붉은 반점의 발진이다. 홍역과는 달리 반점이 피부에서 돌출되지 않는다는 점을 주목하라(그림 37.6e 참조). Centers for Disease Control and Prevention

연관 질문 특징적 발진이 피부세포에 바이러스가 감염되어서 생긴 것이 아니라고 생각하는 이유는 무엇인가?

닥 RNA 바이러스인 풍진바이러스(Rubivirus rubellae)에 의해 감염된다. 풍진은 감염된 환자의 호흡기분비물에서 나온 비말로 감염된다. 일단 바이러스가 몸 안에 들어오게 되면 잠복기는 12~23일 정도이다. 붉고 작은 반점의 발진(**그림 37.7**)은 대개 3일 이상 지속되지 않으며 미열이 일반적인 증상이다. 혈액에서 풍진바이러스가 사라지고 면역이 생기게 되면 발진이 나타나기 때문에 발진은 면역에 의한 것이다.

풍진은 주로 경미한 질병을 야기하지만, 임신 첫 3개월에 풍진바이러스에 감염되면 심각할 수 있다. 사산, 조산을 유발하거나 태아에게 다양한 선천성 기형을 유발하여 **선천성 풍진증후군**(congenital rubella syndrome)을 야기한다. 이러한 결손에는 태아의 심장, 눈과 귀 손상과 함께 뇌손상을 유발하여 인지능력장애도 유발한다. 풍진의 효과적인 치료 방법은 없으므로 이전에 풍진에 노출된 적이 없는 모든 아동이나 가임기의 여성은 반드시 예방접종을 받아야만 한다. 미국은 2009년에 풍진 발생이 없다고 선언하였다. 약독화 풍진 생백신(MMR 또는 MMRV의 일부, 표 35.2 참조) 예방접종이 추천된다.

천연두(두창)

천연두(smallpox, 두창[variola])는 전염성이 아주 높은 오래된 질병이며 백신으로 박멸한 유일한 사람 질병 사례이다. 천연두는 오소폭스바이러스의 **천연두바이러스**(Variola virus, 두창바이러스) 종에 속하는 바이러스가 원인이다. 천연두바이러스는 폭스비리대(*Poxviridae*) 과에 속하며 이 밖에도 원숭이두창바이러스(*Monkeypox virus*), 전염성 연속종바이러스(Molluscum contagiosum virus)와 백시니아바이러스(Vaccinia virus, 우두바이러스)들이 포함된다. 백시니아바이러스는 천연두 백신으로 사용한다. 폭스바이러스 입자는 크기가 크고 벽돌 모양이며 아령 모양의 코어(core)를 갖고 있다(그림 6.5 참조). 유전체는 바이러스로서는 크기가 크며(약 186,000 bp) 하나의 선형 이중가닥 DNA로 이루어져 있다(**그림 37.8a**). 분리한 천연두바이러스 유전체를 조사하니 200개의 유전자가 서로 가까이 위치하고 있지만 서로 겹치지 않는다. DNA 바이러스인 천연두바이러스가 숙주세포의 핵이 아니라 세포질에서 증식하는 것은 특이하다. 흥미롭게도 천연두바이러스 입자의 크기(가로 300 × 세로 250~200 nm)는 가장 작은 세균(예: 클라미디아(*Chlamydia*) 종, 그림 3.3 참조)보다 조금 더 크다.

천연두는 한때 가장 만연했던 질병 중 하나이다. 천연두 감염으로 20~50% 정도의 치사율을 보이므로 거의 3,000년 이상 두려운 천벌로 간주되었다. 이 바이러스 감염 후 살아남아도 장애를 유발하거나 외모를 나쁘게 만들었다. 질병 전구기는 전신 통증으로 시작된다. 천연두바이러스 감염의 특징적인 증상은 급성 고열에 이어 단단한 깊게 패인(deep-seated) 소포 또는 농포를 동반한 발진이 생기는 것으로 특정 환자의 발진 진행단계는 동일한 상태로 관찰된다(그림 37.8b). 10세기에 인도와 중국에서 천연두의 조절이 처음 시도되었다. 1796년 제너(Edward Jenner)가 해가 없는 우두바이러스(cowpox virus, vaccinia virus)에 감염되면 천연두바이러스에 대한 면역이 생긴다는 획기적인 발견을 한 이후로 천연두는 산업화된 세계에서 점차 줄어들었다(역사 속 주요 장면 35.3).

천연두바이러스는 호흡기를 통해 점막을 통과한 후 빠르게 가까운 림프절로 이동한다. 평균 잠복기는 12~14일이다. 이 기간에 바이러스는 숙주 안에서 증식하지만, 이들 숙주는 전염성이 없다. 짧은 기간의 바이러스혈증(viremia: 바이러스가 혈액내에 있는 것) 다음에 전구기로 진행한다. 이 전구기는 2~4일 정도 지속되며 갑자기 생긴 불쾌감, 심한 두통과 몸살, 간헐적인 구토 및 고열을 수반한다. 전구기 동안에 구강과 인두의 점막에 감염이 시작되어 그 결과 작고 붉은 점 모양의 발진이 생긴다. 이러한 발진이 헐게 되면 많은 수의 바이러스가 입과 목구멍으로 퍼지게 된다. 이 시기의 환자는 전염성이 아주 강해서 다른 사람에게 효율적으로 전파한다. 바이러스는 다시 피부의 세포에 침입하여 피부 안쪽 또는 위에 발진(cruption), 구진(papule), 수포(vesicle, 소포), 농포(pustule), 딱지(crust) 그리고 박리(desquamation)의 순서대로 진행된다(그림 37.8b). 발진이 생긴 지 3일째에는 발진이 더욱 커져 돌출된 융기(bump)를 이루고 4일째에는 융기 속이 탁하고 불투명한 액체로 가득 차고, 종종 중앙이 가

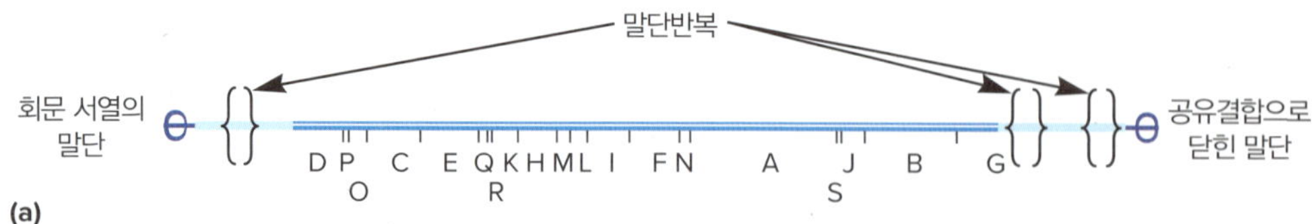

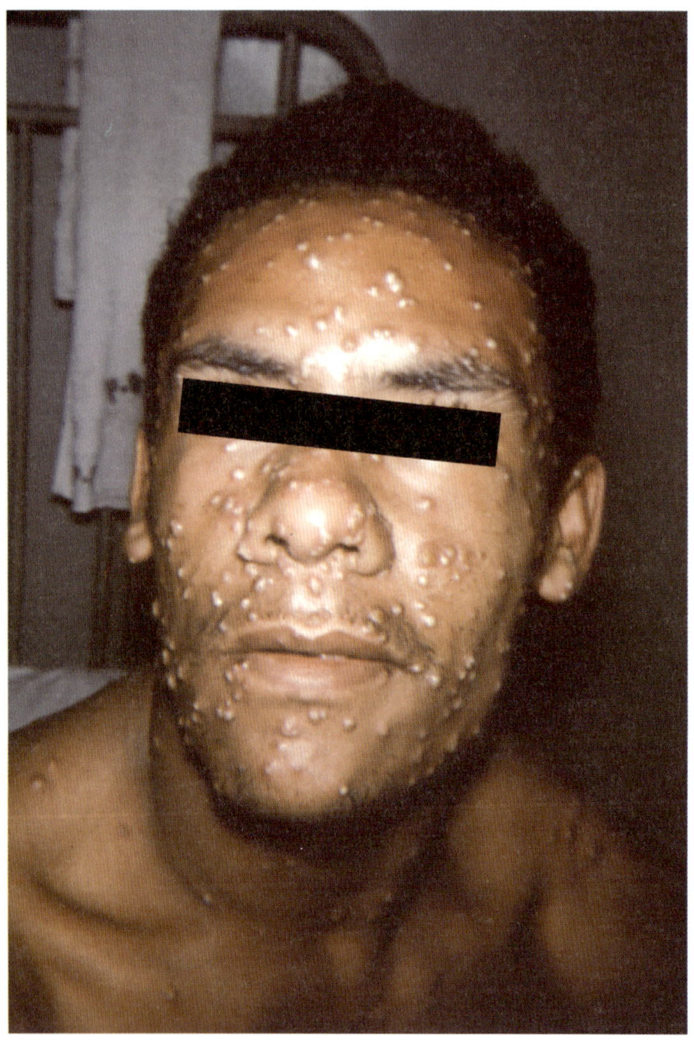

그림 37.8 천연두(두창)를 유발하는 천연두바이러스. (a) 선형의 186 kb의 염기쌍이 공유결합으로 닫힌 구조의 DNA를 보여주는 천연두바이러스의 유전체 구조이다. (b) 바이러스가 가득 찬 농포가 있는 천연두 발진이다. 농포가 부풀어 오른 상태로 발진이 몸 전체에 퍼져 있다. (b) Source: Dr. Noble/CDC

연관 질문 천연두의 어떠한 특이 임상증상과 생물학적 특성이 천연두를 박멸할 수 있게 해주었는가?

라앉아 배꼽 모양이 된다. 다양한 진행상태의 발진을 보이는 다른 질병과 비교할 때, 천연두만의 가장 구별되는 특징은 동일한 발진 진행상태를 보이는 것이다. 열은 대개 발진이 생기면서 내리지만, 소포가 생기면서 다시 올라 딱지가 생길 때까지 지속된다. 구강인두(oropharyngeal)와 피부의 상처에 많은 바이러스 입자가 있다. 천연두로 인해 사망하는 이유는 혈압 증가와 면역반응에 의한 혈액응고와 연관된 독소혈증(toxemia) 때문이다.

천연두 백신은 살아있는 백시니아바이러스(live *Vaccinia virus*)이다. 세계보건기구의 결연한 노력 덕분에 이제 천연두는 전 세계적으로 사라졌으며 이는 인류 역사상 가장 위대한 공중보건의 업적이다. 마지막 자연 감염은 1977년 소말리아에서 발생하였다. 감염된 사람인 마스린(Ali Maow Maslin)은 백신프로그램에 참여하였으나 그가 예방접종을 받았을 때 중화항체를 만드는데 실패하였다(즉, 그의 백신은 작동하지 못했다). 다행이 그는 천연두 질병에서는 생존하여, 다른 원인으로 2013년에 사망하였다. 천연두가 박멸될 수 있었던 이유로는 천연두가 뚜렷한 임상 특징이 있고 사실상 무증상의 보균자가 거의 없으며, 사람만이 유일한 보유체이며, 짧은 감염 기간(3~4주)을 가진 점 등이 있다. 더욱이 천연두바이러스(두창바이러스)는 직접접촉과 제법 오랜기간의 대면접촉에 의해서 전파된다. 또한 감염된 사람의 체액 또는 담요, 옷과 같은 오염된 물건과의 직접접촉으로 전파될 수 있다. 건물, 버스, 기차 같은 밀폐된 공간에서는 공기를 통해서 전파된다고 보고되었다.

미국에서는 천연두의 정기적인 예방접종을 1972년부터 하지 않았다. 예방접종을 하지 않은 많은 인구가 있으므로 실수로 또는 의도적으로 바이러스를 방출하면 재앙이 될 수 있으며 대규모의 팬데믹이 될 수 있다. 집단발병이 생기면 즉시 인식하고 관리방법을 시행하는 것이 가장 중요하다. 그 이유는 FDA의 승인을 받은 천연두 치료법이 없기 때문이다. ◀ 생물테러에 대한 대비는 공중보건 미생물학의 핵심 부분이다(35.7절)

마무리 점검

1. 수두와 대상포진을 임상 특징 및 역학으로 비교하고 대조하시오.
2. COVID-19와 함께 코로나바이러스가 야기하는 다른 질병은 무엇인가?
3. 초기 COVID-19와 후기 중증의 COVID-19의 질병 기전은 어떻게 다른가?
4. 왜 COVID-19에 대한 항체검사가 중요한가?
5. 항원대변이와 항원소변이가 다른 점이 무엇인가?
6. 홍역의 일반적인 증상은 무엇인가? 언제 가장 감염력이 높은가?
7. 사춘기를 지난 남자에게 유행성이하선염 바이러스가 일으키는 임상증상 한 가지는 무엇인가?
8. 풍진은 언제 가장 위험하며 그 이유는 무엇인가?
9. 수두대상포진바이러스와 천연두바이러스는 “폭스 질병”이라고 한다. 이들 바이러스의 생물학과 질명의 임상 특성을 비교하여 왜 그런지 설명하시오.

37.2 절지동물은 바이러스 질병을 전파할 수 있다

이 절을 학습한 후 점검할 사항:

a. 흔히 발생하는 절지동물매개 바이러스질병을 설명할 수 있다.
b. 2개의 절지동물매개 바이러스질병의 전형적인 징후와 증상을 알아볼 수 있다.
c. 절지동물매개 바이러스 감염과 계절과 지리학의 상관관계를 볼 수 있다.

절지동물매개 바이러스(arthropod-borne virus, arbovirus)는 흡혈 절지동물(참진드기, 모기, 특정타입의 파리)에 의해 척추동물숙주에서 다른 척추동물로 전파된다. 이들은 절지동물조직 내에서는 병을 유발하지 않고 증식한다. 대략 150종류의 절지동물매개 바이러스가 사람에게 병을 일으킨다. 절지동물매개 바이러스에 의한 질병은 다음 3가지의 임상 증상으로 나눈다. 즉, (1) 발진을 수반하거나 수반하지 않는 구분되지 않는 유형의 열, (2) 종종 높은 치사율을 보이는 뇌염(뇌의 염증), (3) 아주 극심하거나 치명적인 출혈열(hemorrhagic fever)로 나눌 수 있다. 보조요법 치료가 도움이 되기는 하지만 효과적인 항바이러스 치료법은 없다. 바이러스는 핵산증폭과 혈청학적 방법으로 바이러스를 검출한다.

치쿤구니아

치쿤구니아바이러스(Chikungunya virus)는 토가비리대(*Togaviridae*)에 속하는 양성가닥, 외피가 있는 RNA 바이러스이다. 최근까지 치쿤구니아는 2007년 아프리카에서 유럽으로 퍼져서 2013년에는 기리브헤의 섬에서도 발견되었다. 치쿤구니아바이러스에 의한 질병이 미국 32개 주, 푸에르토리코, U.S. 버진아일랜드에서 보고되었다. 바이러스는 이집트 숲모기(*Aedes aegypti*)와 알보픽투스 숲모기(*Aedes albopictus*)에 의해서 사람에게 전파된다.

사람의 급성 치쿤구니아바이러스 감염은 종종 발열과 관절통을 동반한다. 다른 증상은 두통, 근육통, 관절종창(joint swelling), 또는 발진 등이 있을 수 있다. 이러한 증상은 종종 7~10일 안에 좋아진다. 그러나 많은 환자들은 관절통증이 몇 달에서 몇 년간 지속되었다고 보고한다. 드문 합병증은 눈 염증, 심근염, 간염, 신장염, 출혈, 뇌염, 길렝바레증후군(Guillain-Barré syndrome, GBS)이다. GBS는 면역계가 실수로 병원체가 아니라 말초신경을 공격하는 것이다(때로 인플루엔자 감염 및 예방접종, 지카 감염, 그리고 *Campylobacter jejuni* 세균에 의한 감염 이후에도 관찰된다).

치쿤구니아바이러스 감염의 치료제가 없으며 예방할 백신이 없다. 풍토병지역을 여행하는 여행자는 모기매개 감염질병을 예방하기 위한 지침을 반드시 따라야 한다. 즉, 모기기피제 사용하기, 색이 연한 긴 소매 옷과 긴 바지 옷 입기, 창문과 문 그리고 통풍구에 모기장이 설치된 장소에서 머물기 등이다.

뎅기와 뎅기출혈열

뎅기바이러스(dengue virus, DENV)는 플래비비리대 과(*Flaviviridae* family)에 속하며 외피가 있는 양성가닥 RNA 바이러스이다. 전 세계에 분포하고 있으며 뎅기는 매개자인 이집트 숲모기가 발견되는 100개 이상의 나라가 풍토병지역이다. 이집트 숲모기보다는 효율적이 못하지만 알보픽투스 숲모기에 의해서도 전파된다. 세계보건기구(WHO)는 전 세계에서 매년 약 4억 건의 뎅기가 발생하며 약 320만 명이 뎅기출혈열(dengue hemorrhagic fever, DHF)로 진행한다고 추정하고 있다. 매년 DHF는 약 22,000명의 목숨을 앗아가며 대부분이 어린아이이다.

뎅기바이러스는 항원성이 구분되는 4종류의 혈청형이 있다. DENV-1에서 DENV-4까지 있다. 이들 모두는 단일 폴리펩티드로 암호화하고 있는 약 11,000염기의 유전체를 갖고 있다. 이 단일 폴리펩티드는 7개의 비구조단백질과 3개의 구조단백질로 절단된다. 구조단백질에는 캡시드(capsid), 외피당단백질(E)과 막단백질이 있다. E 단백질은 비리온을 숙주세포에 부착시킨다. 그 다음에 세포내흡입(endocytosis)하여 숙주세포 안으로 들어간다. 증식과 포장한 다음에 바이러스는 숙주세포의 망상소포체(ER)에서 출아(budding)하여 숙주세포 밖으로 방출된다.

항체의존증진(antibody dependent enhancement, ADE) 현상은 DHF 발생에 책임이 있는데, DHF는 다른 혈청형의 DENV에 감염되었던 사람에서만 나타난다. E 단백질이 각 DENV 혈청형간에 항원적으로 구별되기 때문이다. 예를 들어, DENV-1을 가진 모기에 물린 사람은 약 4~7일 후 발열, 발진, 관절 및 뼈의 통증["뼈가 부러지는 발열(breakbone fever)"이라는 이름이 생김], 근육통, 아마도 잇몸의 심하지 않은 출혈과 쉽게 멍이 드는 일이 생길 것이다. 약 3~10일 정도 지속될 것이다. DENV-1 E 단백질에 결합하는 중화항체(neutralizing antibody)가 형성된 덕분에 환자는 회복될 것이다. 이 중화항체는 새로 만들어진 바이러스입자가 추가의 숙주세포에 감염되는 것을 막아준다. 그러나 동일한 사람이 얼마 후에 다른 DENV 혈청형(예, DENV-2)을 가진 모기에 물린다면, 구조적으로 DENV-1 E 단백질과 다르지만 항-DENV-1 항체가 DENV-2 E 단백질을 인지하게 된다(**그림 37.9**). 불운하게도, 이 항체는 바이러스를 중화하는 대신에 바이러스에 결합된 항체는 백혈구가 바이러스를 식

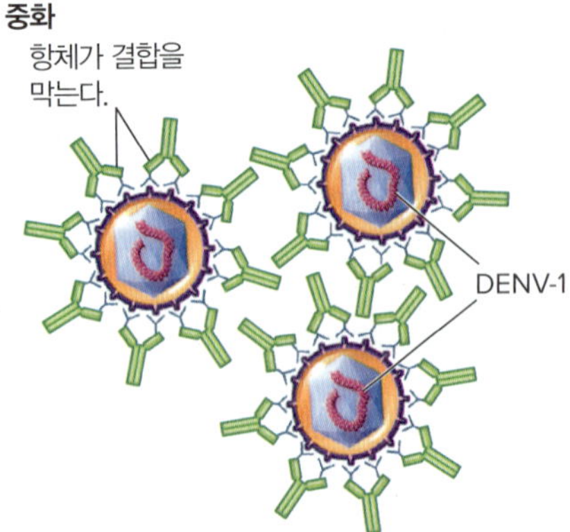

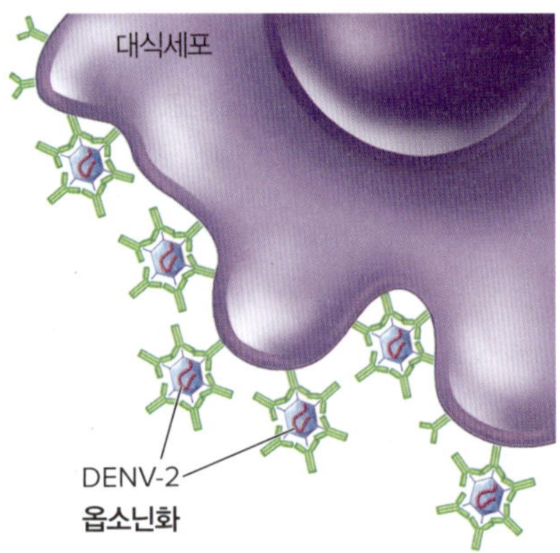

그림 37.9 항체의존증진이 뎅기출혈열을 야기한다.

세포활동을 할 수 있도록 옵소닌[opsonin, 표지(tag)] 역할을 한다. 만일 이러한 식세포활동을 한 세포가 DENV를 파괴한다면 우리는 모두 건강할 것이지만, 그렇지가 않다. 오히려 수지상세포, 단핵구, 대식세포 같은 면역세포들이 DENV를 위한 생산적인 숙주(productive host: 자손바이러스를 생산하는 숙주) 역할을 한다. 이러한 세포들은 DENV를 아주 효율적으로 포식하기 때문에 아주 많은 양의 바이러스가 만들어지고 DHF가 발생할 수 있다. DHF는 뎅기처럼 시작하지만 초기 일주일 간의 열성질환 이후에 환자는 극심한 복통과 지속적인 구토를 하게 된다. 환자는 모세혈관에서 폐(흉막강)로 체액이 새어나감으로써 숨쉬기 어려울 수 있다. 이러한 위기상황은 보조요법으로 치료하지 않으면 순환계부전(circulatory system failure), 쇼크로 사망하는 뎅기쇼크증후군(dengue shock syndrome, DSS)이 될 수 있다. 2015년에 뎅기 백신이 개발되어 뎅기열 풍토병지역의 9세 이상 어린이에서 45세 성인에게까지 권장되고 있다. 뎅기 백신은 백신접종을 받은 후에 처음 뎅기바이러스에 감염되면 ADE를 야기할 수 있으므로 이전에 뎅기에 감염되어 앓은 적이 있는 사람에게만 권장되고 있다. ◀ 단핵구, 대식세포, 수지상세포(31.4절); 항체는 항원을 파괴한다(32.8절)

말뇌염

말뇌염(equine encephalitis, 마뇌막염)은 외피로 둘러싸인 양성가닥 RNA 바이러스에 의해 야기된다. 바이러스 이름에서 알 수 있듯이 이 병은 말에게 치명적일 수도 있는 질병이다. 그러나 사람에게는 다양한 발병양상인 열과 두통에서부터 무균성 수막염과 뇌염까지 일으킬 수 있다. 이 병은 사람에서 발작, 마비, 혼수상태 및 사망으로까지 진행될 수 있다. 바이러스는 숲모기 종(*Aedes* 종)이나 집모기 종(*Culex* 종)에 의해 사람에게 전파된다. 유전학적으로 서로 다른 이런 절지동물매개 바이러스들에 의한 질병을 규정하는 데는 여러 지리학적인 색인들을 사용한다. 예를 들어, 동부 말뇌염(eastern equine encephalitis, EEE)은 캐나다부터 남아메리카의 동부 대서양 해안을 따라 발생하고, 서부 말뇌염(western equine encephalitis, WEE)은 캐나다부터 남아메리카의 서부 해안을 따라 발생하며, 베네수엘라 말뇌염(Venezuelan equine encephalitis, VEE)은 미국의 중부와 남부 및 남아메리카에서 발생한다. 일본 말뇌염(Japanese equine encephalitis, JEE)은 아시아에서 발견된다. 이들 절지동물매개 바이러스의 복제와 유지 및 전파에는 저장숙주가 중요하다. 치료는 증상을 완화하는 보조적인 처치로 이루어진다. 현재 병을 막는 백신은 일본 말뇌염만 있다.

서부나일열(뇌염)

서부나일열(West Nile fever) 또는 **뇌염**(encephalitis)은 주로 중동, 아프리카와 아시아 남서부에서 주로 발견되는 양성가닥 RNA 플라비바이러스(flavivirus)인 서부나일바이러스(West Nile virus, WNV)가 원인이다. 1999년 예기치 않게 이 바이러스가 미국 뉴욕에서 발생하였다. 아마도 풍토병지역의 모기가 비행기에 실려서 뉴욕의 라구아디아(LaGuardia) 공항에 도착하였다고 추정된다. 그 해에 62명의 확진된 사람뇌염 환자 가운데 7명이 사망했으며 다수의 국내 및 열대 조류에도 높은 치사율의 원인이 되었다.

현재 미국 47개 주와 워싱턴 DC에서 서부나일바이러스(WNV) 감염 환자가 보고되었다. 2020년 미국에서는 664명의 확진자가 있었으며 52명이 사망하였다. WNV는 주로 집모기 종(*Culex* 종)의 모기가 감염된 새(까마귀나 참새)의 피를 빨아먹어서 주로 전파된다. WNV에 감염된 사람이나 다른 포유류(예, 말)는 "막다른 숙주(dead end host)"라고 하는데 왜냐하면 혈류에 있는 바이러스가 감염되지 않은 모기에게 바이러스를 전파할 만큼 충분하지 않기 때문이다. 모기는 늦여름과 초가을에 가장 많은 수의 바이러스를 가지고 있고 그에 맞춰 늦은 8월에서 이른 9월이 질병의 정점이다. 날씨가 추워지면 모기가 죽어서 병에 대한 위험이 줄어든다. WNV에 감염된 모기에 많은 사람이 물리더라도 대부분은 감염 사실을 모르고 지낸다. 왜냐하면, 감염된 사람 대부분은 증상이 없거나 아주 경미한 독감 증상을 보인다.

입원하여 정맥 내에 용액을 주입하는 방법 이외에는 치료방법이 없다. 아직 WNV 감염을 예방하는 인체용 백신은 없다.

지카

지카바이러스(Zika virus, ZIKV)는 알려진 것이 거의 없는 바이러스로서 사람들이 병이 나면서 2015년 봄에 전 세계 사람들을 놀라게 하였다. 이 바이러스가 발견된 지 약 75년 동안 지카바이러스는 아시아와 아프리카의 3000명 미만의 사람들에게 약한 열성질환만을 일으켰다. 뎅기바이러스처럼 지카바이러스는 플래비비리대 과(*Flaviviridae family*)에 속하며 외피에 둘러싸인 캡시드와 양성가닥 RNA 유전체가 있다. 아프리카누스 숲모기(*A. africanus*), 이집트 숲모기(*A. aegypti*), 알보픽투스 숲모기(*A. albopictus*) 등 많은 숲모기 종의 모기에 의해 전파된다. 또한 체액, 특히 모유와 정액을 통해 사람-사람 전파가 가능하다. 감염된 후 최소 6개월은 콘돔 사용이 권장된다. 2개의 유전적으로 구분되는 바이러스 계통이 있다. 이 2개 계통 모두 약 10,800염기의 유전체가 약 3,400아미노산으로 구성된 1개의 폴리펩티드로 합성된 다음에 3개의 구조단백질, 7개의 비구조단백질로 절단된다. 사람의 신경세포, 피부세포, 미성숙 수지상세포가 배양상태에서는 생산적 숙주이며, ZIKV 감염을 정의하는 소두증(microcephaly)같은 선천적 결손을 바이러스가 어떻게 야기하는 지를 밝히려면 더 많은 생체연구가 필요하다. 외피단백질을 암호화하고 있는 유전자의 변이가 산모에서 태아로의 전파, 신경을 감염하는 바이러스의 능력, 그리고 혈액내의 바이러스 양(바이러스 혈증)을 증가시킨다는 증거가 제시되고 있다. 혈액내에 바이러스 양이 많은 것은 사람에서 모기매개체로의 전파를 촉진하므로 결국 사람으로의 전파를 촉진하게 한다.

ZIKV는 약 10일 정도의 잠복기가 있고 18%의 사람에서만 증상을 나타난다. 질병을 유발할 때는 미열, 발진, 관절통과 결막염(분홍색 눈)을 나타내며 3~7일 이내에 회복된다. 일부의 환자에서는 GBS(길렝바레증후군) 발생과 관련이 있다. 자궁 내에서 ZIKV에 노출된 아기에서 보이는 수두증은 석회화로 인한 뇌조직 감소로 나타난다. 일부 아기의 두개골이 무너진 경우도 있다. 이러한 어린이는 눈 손상, 비정상적으로 형성된 뇌구조와 수두증(hydrocephalus, 뇌수종)이 종종 나타난다. 불행하게도 치료제가 없으며 예방만을 할 수 있다. 몇 종류의 백신이 현재 임상시험 중이다.

지카 감염이 유행하였다가 감소되는 것을 보면, 이전에 이 감염체에 노출된 적이 없는, 면역학적으로 경험이 없는(immunologically naïve) 인구집단에 바이러스가 얼마나 빨리 확장할 수 있는 지를 지카가 보여주고 있다. 지카 감염은 2016년 봄에 최고치를 보여, 남아메리카와 중부아메리카와 카리브해 지역에서 매주 35,000명 이상이 확진되었다. 그 이후 이 감염의 유행은 뚝 떨어졌다. 왜 이렇게 뚝 떨어졌는지 아는 사람은 아무도 없지만 집단면역이 역할을 했을 것이라고 생각된다. 바이러스에 노출되었던 80% 이상의 사람들이 감염을 인식하지 못하였지만 그럼에도 불구하고 면역력이 생겨서 모기-사람으로의 그리고 사람-모기로의 전파 고리가 중단된다. ◀ 역학은 증거에 기초한 과학이다(35.1절)

마무리 점검

1. 치쿤구니아바이러스의 생물지리학적인 최근 변화를 설명하시오. 세계적 분포에서 의미 있는 대변화를 겪은 다른 절지동물매개 바이러스는 무엇인가?
2. 항체의존증진(ADE)이 어떻게 뎅기출혈열(DHF)을 발생하게 하는지 설명하시오.
3. 막다른 숙주가 무엇인가?
4. 지카바이러스 감염과 서부나일바이러스 감염이 최근에 감소한 이유가 무엇이라고 생각하는가?

37.3 바이러스가 직접접촉 질병을 야기할 수 있다

이 절을 학습한 후 점검할 사항:

a. 직접접촉에 의해 전파되어 흔한 질병을 야기하는 바이러스를 토론할 수 있다.
b. 직접접촉에 의해 전파되어 발생하는 흔한 바이러스질병의 전형적인 징후와 증상을 알아볼 수 있다.
c. 직접접촉 바이러스감염과 바이러스의 생활사에 의한 질병중증도의 상관관계를 볼 수 있다.

사람이 다른 사람에게 질병을 전파하려면 종종 밀접접촉이 필요하다. 예를 들어, 사람에서 사람으로 미생물이 직접 접촉하여 전파되려면 감염된 사람과 만지거나, 입맞춤을 하거나, 성교를 하거나, 체액이나 분비물에 접촉하거나, 상처를 만지는 것 같은 직접접촉이 있어야 한다. 여기에서는 이러한 직접접촉에 의해 전파되는 몇 가지 바이러스 질병을 살펴보겠다.

후천성면역결핍증(AIDS)

1980년대와 1990년대에 성인이 아니었다면 **후천성면역결핍증**(acquired immune deficiency syndrome, AIDS)에 의한 전 세계의 감염된 남자와 여자의 엄청나게 충격적인 사망자 수를 상상하기 어려울 것이다(이 장의 시작이야기 참조). 다행히 새로운 **사람면역결핍바이러스**(human immunodeficiency virus, HIV) 감염환자 수는 2005년도에 최고점을 찍은 이후 50% 감소하였다. 2020년도 말에 전 세계에는 3억 7600만 명이 HIV/AIDS에 감염되어 살고 있다(**그림 37.10**). 매년 백만 명이 HIV/AIDS에 의해 사망하며, 항-레트로바이러스 치료제 덕분에 매년 약 120만 명의 생명을 구하고 있다. 1981년에 처음 보고된 AIDS는 외피로 둘러싸인 양성가닥 RNA 바이러스인 사람면역결핍바이러스(HIV) 감염의 결과이다. HIV는 레트로비리대 과(*Retroviridae* family)에 속한다. 미국에서의 AIDS는 주로 HIV-1에 의한 것이다. HIV-2는 주로 아프리카에서 많다.

감염된 사람의 피(혈액)나 정액 또는 질 분비물, 또는 모유가 감염되지 않은 사람의 점막에 접촉하여 사람에서 사람으로 HIV가 전파된다. 사하라 남부아프리카와 아시아 일부 지역에서 AIDS가 많은 남자와 여자에게 영향을 미친다. 미국에서 AIDS에 걸릴 확률이 가장 높은 그룹부터 낮은 그룹으로 나열하면 보호장치 없이 다른 남성과 성관계를 하는 남성, 정맥주사용 마약 사용자(intravenous drug user), 보호장치 없이 감염된 사람과 성관계를 하는 이성애자, 감염된 산모가 출산한 아기 순이다. 정액에 의한 바이러스 전파는 다른 경로에 의한 바이러스 전파보다 HIV 독성을 10만 배 더 강해지도록 한다. 치료하지 않으면 HIV 감염 후 AIDS로 진행하여 9~11년 후 거의 100% 사망한다. 복합 항바이러스 약제의 사용은 HIV 감염을 만성질환으로 만들어 주었다.

HIV-1 비리온은 실린더 모양의 코어(core) 캡시드(capsid)를 가지고 있으며 막으로 이루어진 외피에 바이러스 스파이크 단백질이 있다(**그림 37.11a**). 코어에는 동일한 단일가닥 RNA 유전체 2개가 쌍으로 존재하며 여러 효소들로 구성되어 있다. 10개의 바이러스 특이 단백질 중 gp120 외피단백질은 HIV가 감수성 있는 숙주세포(예로, T 보조세포)에 부착하는 데 관여한다.

숙주세포에 감염하기 위해서는 바이러스의 gp120 외피단백질(그림 37.11b)이 $CD4^+$ T 세포, 대식세포, 수지상세포와 단핵구 세포막에 있는 CD4 당단백질에 결합해야 한다. 수지상세포들은 몸 전체의 점막 표면에 분포하며 CD4 단백질을 가지고 있으므로 성적접촉 시 HIV에 감염되는 첫 번째 세포는 수지상세포일 것이다. 바이러스는 CD4 수용체 이외에 보조수용체를 필요로 한다. 대식세포 친화성(macrophage-tropic strain) HIV는 질병 초기에 주로 나타나며 CD4와 CCR5(케모카인 보조수용체)를 필요로 한다. 두 번째 케모카인 보조수용체인 CXCR-4는 T 세포 친화성 HIV 감염에 필요하여 질병 말기에 많이 이용된다. 이러한 종(strain)들은 합포체(융합된 세포에 의한 다핵의 세포덩어리) 형성을 유도한다. 드물게 CCR5 유전자 쌍 2개 모두에 변이를 가진 사람은 AIDS로 발전하지 않는데 그

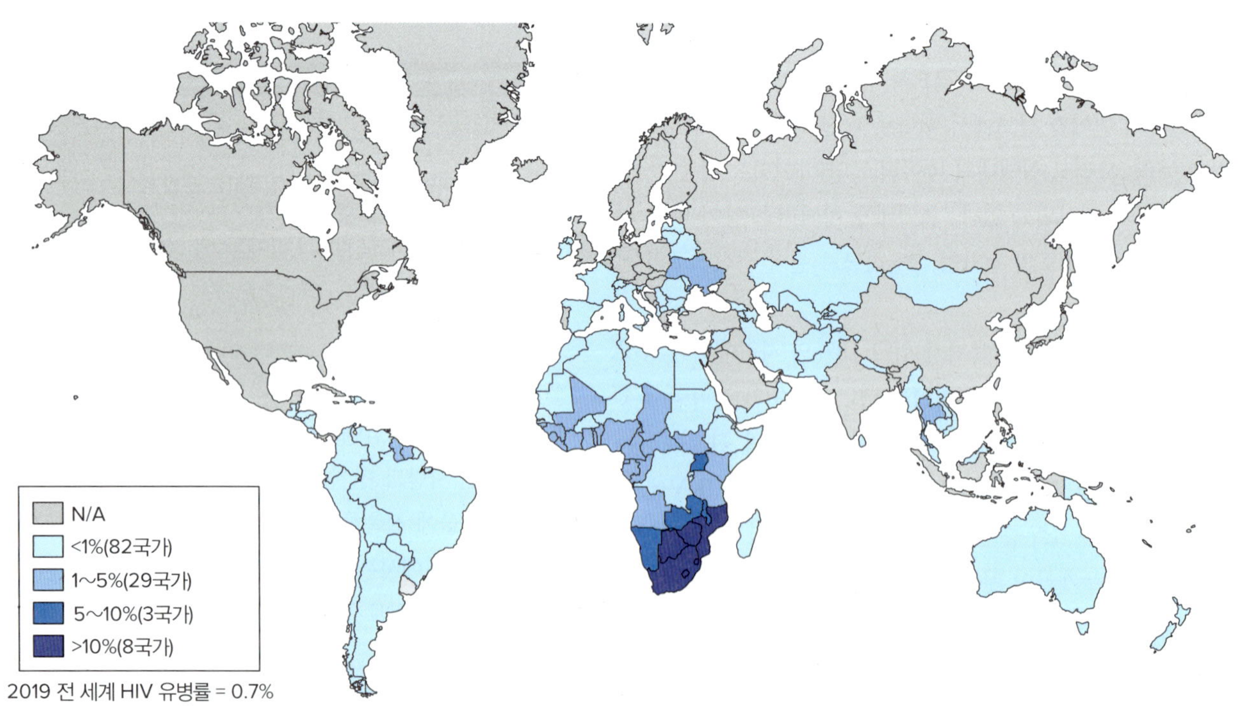

그림 37.10 전 세계 HIV/AIDS 분포도. 이 그림은 전 세계의 AIDS 유행에 대한 2019년 UNAIDS 보고서에서 성인 HIV 유병률을 보여준다. 추가로 180만 명의 어린이 HIV/AIDS 사례가 있었다. Source: KFF, "The Global HIV/AIDS Epidemic," November 29, 2017.

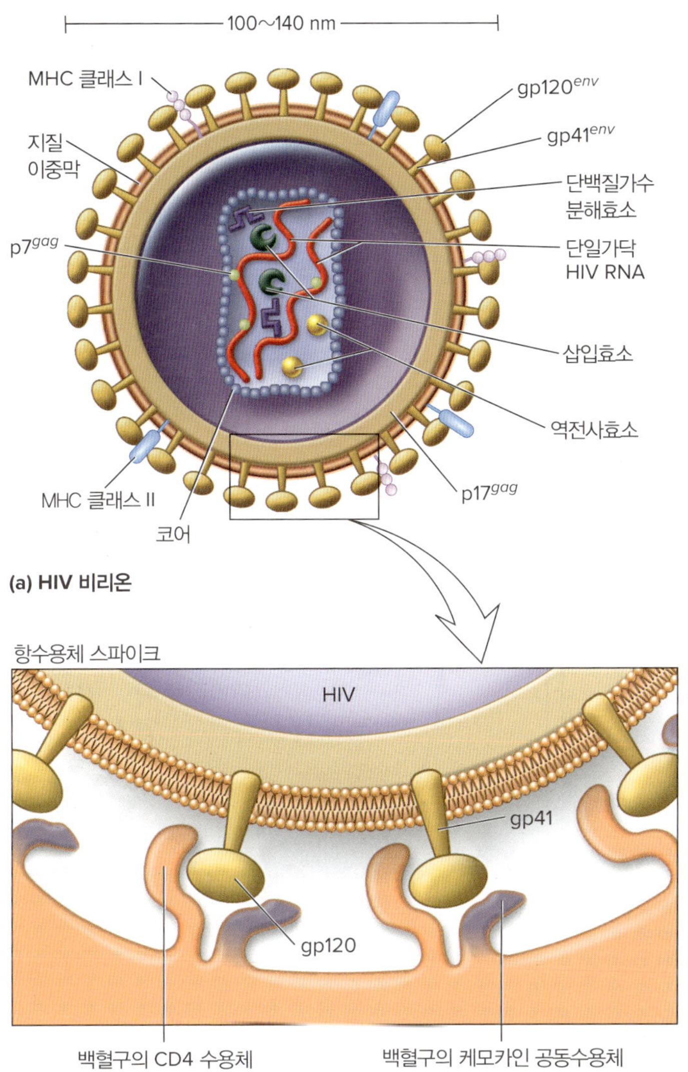

그림 37.11 HIV 바이러스 입자의 모식도. (a) HIV 비리온은 스파이크가 있는 외피성 바이러스입자로서 스파이크는 2개의 주요 외피단백질인 gp120과 gp41[gp는 당단백질로 단백질에 당이 연결되어 있으며 숫자는 단백질분자량을 킬로달톤(kDa)으로 표시]을 가지고 있다. HIV의 지질이중막은 여러 숙주단백질을 포함하고 있으며 이들에는 바이러스가 출아하면서 포함된 주조직적합복합체 I과 II(MHC class I과 II) 분자가 있다. 각 HIV 캡시드는 4개의 뉴클레오캡시드 단백질(p24, p17, p9, p7)을 포함하며 각각은 53 kDa의 gag 전구체가 HIV-1 단백질가수분해효소에 의해 분해되어 생성된 것이다. 인산화된 p24 폴리펩티드가 뉴클레오캡시드의 안쪽의 주요 구성물이며, p17 단백질은 지질이중막의 내표면과 연관되어 비리온의 외부와 내부를 안정화시킨다. p7 단백질은 p9와 함께 유전체 RNA에 직접적으로 결합하여 코어를 이룬다. 레트로바이러스의 코어에는 단일가닥의 동일한 HIV RNA 유전체 2개가 쌍으로 있으며 미리 형성된 바이러스 역전사효소, 삽입효소, 단백질가수분해효소와 서로 부착하여 있다. (b) 사람세포막에 존재하는 특이 수용체에 HIV 당단백질 분자들(gp41과 gp120)이 안정되게 부착되어 있다. 이러한 수용체들은 CD4수용체와 CCR5와 CX-CR-4(때로 퓨신이라고 부름)라는 케모카인 공동수용체(chemokine coreceptor)로 숙주세포와의 직접접촉을 가능하게 하며 세포막과 융합한다.

이유는 바이러스가 이들 대식세포와 T 세포를 감염시킬 수 없기 때문이다. 1개의 CCR5 유전자만 변이된 사람은 감염되지만, CCR5 유전자가 변이되지 않은 사람과는 다른 질병양상을 보인다. ◀ 레트로바이러스: 생활사에 역전사효소를 이용하는 양성가닥 바이러스(25.7절); T 세포는 면역 기능을 위해서 매우 중요하다(32.5절)

HIV는 세포내흡입(endocytosis)과 막의 융합으로 숙주세포에 들어간다. 세포내흡입으로 들어가면 바이러스 외피가 엔도솜막과 융합함으로써 바이러스가 외피를 벗고 바이러스 성분을 세포질로 방출한다(**그림 37.12a**, 그림 25.25 참조). HIV가 숙주세포에 들어가기 위해 막의 융합을 이용하면 gp120의 구조적 변화를 통해 또 다른 단백질인 gp41이 나선형 구조를 늘려서 숙주의 세포막에 삽입하도록 해준다. 이 과정은 바이러스와 세포막이 함께 합쳐져서 융합되도록 하는 것이다.

일단 숙주세포에 들어가면 HIV는 다른 양성가닥 RNA 바이러스와는 달리 양성가닥 RNA 유전체로부터, 즉시 단백질 합성을 하지 않는다. 대신 감염된 세포내에서 역전사효소(RT)를 이용하여 자신의 RNA 유전체를 이중가닥 DNA로 복제하여 유전자발현을 하기 전에 숙주의 염색체에 끼어들어가게(integration) 된다. 이 과정의 첫 번째 단계는 RNA 유전체를 주형으로 RT의 RNA 의존 DNA 중합효소 활성으로 RNA:DNA 헤테로듀플렉스를 만들게 된다. RT의 또다른 성분인 리보핵산가수분해효소 H(ribonuclease H)에 의해서 RNA:DNA 헤테로듀플렉스의 RNA가 가수분해된다. 새로 합성된 남은 DNA는 이중가닥 DNA 복제를 완성하기 위한 주형이 되어 RT의 DNA의존 DNA 중합효소의 작용으로 이중가닥 DNA가 완성된다. 삽입효소와 이중가닥 DNA 복합체는 핵으로 이동한다. 그 후 삽입효소가 촉매하여 비이러스 DNA는 세포의 DNA로 삽입된다. 일단 삽입되면 바이러스유전체는 프로바이러스(provirus)가 된다. 이처럼 삽입된 프로바이러스는 잠복하여, 바이러스가 있다는 임상징후가 보이지 않는다. 한편, 프로바이러스는 세포가 바이러스의 mRNA를 합성하도록 유도하기도 한다(그림 37.12b). 이러한 RNA의 일부분은 숙주세포의 리보솜에서 긴 폴리펩티드로 합성되어 바이러스 단백질가수분해효소(viral protease)에 의해 각각의 바이러스 단백질로 분해된다. 이러한 단백질로 새 바이러스 입자의 조립을 완성하여 감염된 숙주세포에서 출아한다(그림 37.12c). 결국 숙주세포는 죽는다.

일단 HIV에 감염되면 질병의 진행은 개인마다 아주 다양하다. HIV 감염 후 2~8주에 급성감염기가 된다. 약 70%는 이 단계에 발열, 불쾌감, 두통, 반섬성(삭고 붉은 반점) 발진, 체중감소, 림프절비대(림프절병증) 등의 증상을 겪는다. 이 단계 동안 바이러스는 빠르게 증식하여 획득면역반응(항체와 세포독성 T세포)이 생겨 바이러스증식을 감소시킬 때까지 몸 전체의 림프조직으로 바이러스를 퍼뜨린다(**그림 37.13**). 급성 감염기에 혈액에서 HIV가 빠르게 증가하여 혈장 1 mL당 RNA 유전체가 10^5~10^6개까지 될 수 있다. 이러한 초

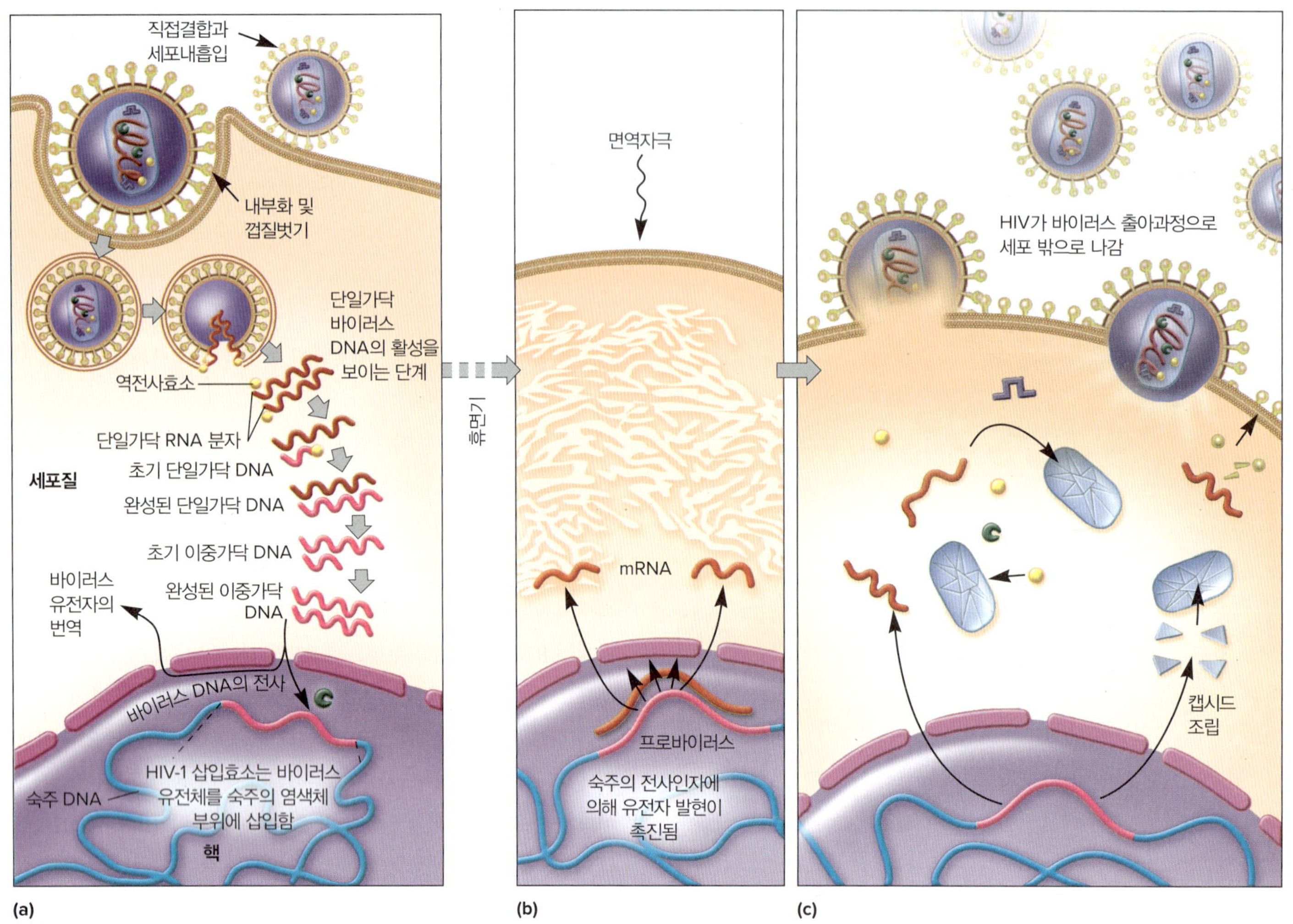

그림 37.12 HIV의 생활사. (a) HIV 비리온은 숙주의 $CD4^+$ 숙주세포에 부착한 후 세포내흡입 과정으로 세포내부로 들어간다. 세포내흡입 과정에서 세포내 식세포 구획의 막과 바이러스의 외피가 융합하여 바이러스 입자에 들어 있던 성분을 세포질로 방출하게 된다. RNA 유전체로부터 역전사효소가 그 RNA를 주형으로 하여 상보적인 DNA(cDNA)의 합성을 촉매한다. 이 DNA가 다시 주형이 되어 이중가닥 DNA(dsDNA)를 합성한다. 이 dsDNA는 숙주의 염색체에 삽입되어 프로바이러스가 되어 잠재 상태가 확립된다. (b) 프로바이러스 유전자가 전사된다. (c) 바이러스의 전령 RNA(mRNA)가 번역되어 여러 바이러스 구성성분(캡시드, 역전사효소, 스파이크 단백질)을 만들어서 비리온을 조립한다. 성숙한 바이러스 입자들은 숙주의 세포막을 자신의 외피로 가져가면서 세포에서 출아한다.

연관 질문 삽입효소의 기능은 무엇이며 삽입효소의 활성이 잠복과는 어떻게 관련되어 있나?

기의 폭발적인 바이러스 증식을 면역반응이 얼마나 잘 통제할 수 있는지에 따라 다음 임상진행 단계로 진행되는 데 걸리는 시간이 정해진다고 생각된다.

치료받지 않는 경우, HIV 감염의 무증상기(asymptomatic stage)가 6개월에서 10년 이상(일부 경우에는 더 오랜기간일 수도 있다) 지속될 수 있다. 이 시기 동안에 혈액내에 검출되는 HIV의 수는 감소하지만, 바이러스가 계속 증식하며 특히 림프조직에서 계속 복제하므로 바이러스 검출이 가능하다. $CD4^+$ T 세포(보조 T 세포) 감소가 감지되기 전에 바이러스가 특정한 면역 기능을 약화시킬 수 있다(예로, 파상풍 변성독소나 *Candida albicans*와 같은 일반적인 항원에 대응하는 기억세포 반응).

수개월에서 수년 동안 지속되는 만성 증상기(chronic symptomatic stage)에 바이러스 복제가 계속되고 혈액 내의 $CD4^+$ T 세포의 수가 급격히 감소하기 시작한다. 이러한 보조 T 세포들이 획득면역의 생성에 아주 중요하기 때문에 이 만성 증상기의 사람은 열, 체중 감소, 불쾌감, 피로, 식욕부진, 복통, 설사, 두통 및 림프절병증 등의 다양한 증상을 보인다. $CD4^+$ T 세포의 수가 계속 감소함에 따라 환자들은 기회감염이 잘 일어난다(그림 37.13b).

HIV 감염이 면역계를 황폐화시키는 것과 함께 바이러스에 감염된 대식세포가 혈액-뇌 장벽(blood-brain barrier)을 통과할 수 있기 때문에 HIV 감염은 중추신경계의 질병을 일으킨다. AIDS 환자의 중추신경계 질병의 전형적인 증세는 두통, 열, 미묘한 인지능력 변화, 비

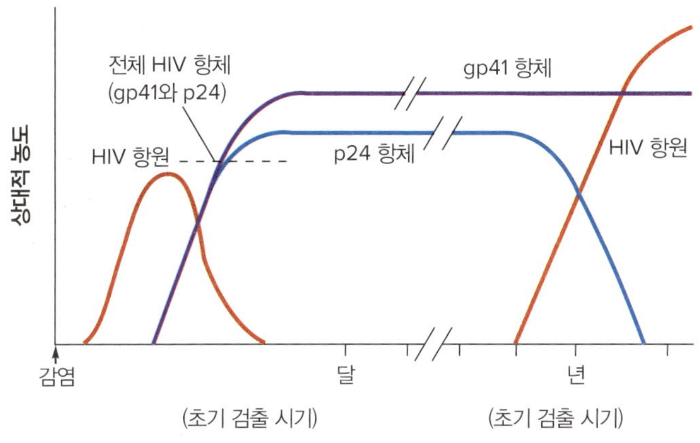

(a)

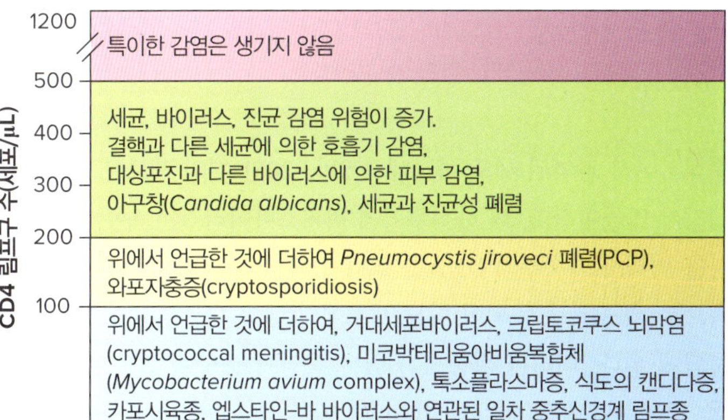

(b)

그림 37.13 HIV-1 감염에 의한 전형적인 면역학적 양상. (a) HIV-1 항원(HIV Ag)은 빠르면 감염 후 2주부터 검출되며 HIV gp41와 p24 단백질에 대한 IgG 항체가 생기기 전에 전형적으로 나타난다. HIV-1 항체가 검출될 정도로 많아지면 혈청전환이 일어난다. 이는 주로 HIV-1 감염 후 수주에서 수개월 정도 걸린다. HIV-1 감염과 혈청전환 간의 시기에는 주로 급성 플루(독감) 유사 증상과 관련되어 있다. HIV-1 항원은 혈청전환된 다음에 주로 사라지지만 질병이 마지막 단계에서 다시 나타난다. 항원의 재출현은 곧 임상적으로 악화가 임박했음을 나타낸다. HIV-2는 더 천천히 진행되고 AIDS로 진행되지 않을 수도 있다. (b) CD4 림프구는 HIV에 의해 파괴되면서 CD4 림프구 수가 감소하는 것은 특정 감염에 대한 숙주의 감수성이 증가하게 되는 것이다.

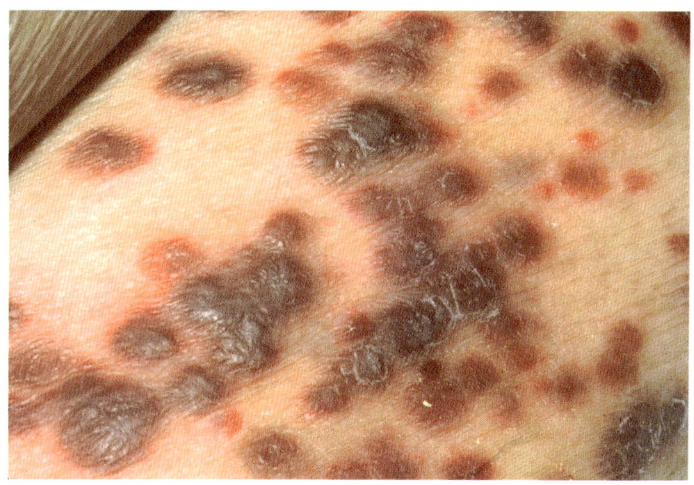

그림 37.14 AIDS 환자의 팔에 발생한 카포시육종. 편평한 보라색의 종양은 거의 모든 조직에서 생길 수 있으며 잠재 감염된 사람감마허피스바이러스 8(HHV-8) 활성화로 생긴다. National Institutes of Health/Stocktrek Images/Getty Images

정상적 반사능 및 운동실조(ataxia, 근육기능장애) 등이다. 치매와 심각한 감각 및 운동능력 변화는 더 진행된 단계 증상이다. HIV 감염의 또 다른 가능한 합병증은 암이다. HIV-1에 감염된 환자는 3종류의 종양, 즉 (1) 잠재 상태의 **사람 감마허피스바이러스 8** (latent human herpesvirus 8)의 활성화에 의한 카포시육종(Kaposi's sarcoma, **그림 37.14**), (2) 구강인과 직장암, (3) B 세포 림프종(B-cell lymphoma)이나 림프구 증식성 질환(lymphoproliferative disorder)에 걸릴 위험이 높아진다. 극심한 면역억제는 다른 발암 원인에 의한 암 발생을 가능하게 한다.

HIV 감염의 실험실 진단은 혈액내의 특정 항-HIV 항체와 항원을 검출하는 방법이 가장 일반적으로 사용된다. 일단 환자가 HIV 양성이라고 확진되면 바이러스 양(혈액 mL당 바이러스 개수)을 실시간 역전사 중합효소연쇄반응(real-time reverse transcriptase polymerase chain reaction, qRT-PCR) 방법으로 정한다. 바이러스 양과 유세포계수법(flow cytometry, 그림 26.3 참조)을 통한 CD4$^+$ 세포의 농도는 치료 후 환자의 반응을 추적하는데 사용된다. ◀ 중합효소연쇄반응은 표적 DNA를 증폭시킨다(17.2절)

HIV 감염의 완치는 없다. 바이러스 수치가 검출되지 않아도 바이러스는 오랜기간 생존하는 쉬고 있는 기억 CD4$^+$ T 세포에서 없앨 수 없다. 현재 HIV 치료를 위해 승인된 항바이러스제는 9장에서 자세히 다루고 있다. 가장 성공적인 치료방법은 3개의 항바이러스제를 동시에 사용하는 복합요법으로 약제 내성(drug resistant) 바이러스가 생기는 것을 막아준다. 중요한 사실은 환자가 항바이러스제를 먹는 것을 멈추면 조용한 CD4$^+$ T 세포내부에서 프로바이러스의 저장고 역할을 하는 부위가 활성화되어 바이러스 수치가 다시 높게 오른다는 사실이다. 따라서 치료의 목표는 바이러스 수치가 검출되지 않는 정도까지 바이러스 수치를 감소시킴으로써 환자에게 질병의 부담을 제거하고 바이러스 전파를 예방하는 것이다.

AIDS의 백신 개발은 오랫동안 연구해오던 목표이다. HIV 백신 개발에서 부딪치는 많은 문제 중에서 바이러스 외피단백질의 항원성이 계속 바뀐다는 것이 있다. HIV는 돌연변이율이 높은데 그 이유는 HIV 역전사효소(RT)가 잘못 들어간 뉴클레오시드를 교정하는(proof-reading) 능력이 없기 때문이다.

HIV의 예방과 관리는 기본적으로 교육과 감염된 사람의 검사를 통해 이루어질 수 있다. 위험요인들을 이해하고 위험을 줄일 수 있는 전략을 연습하는 것이 HIV와 싸우는 데 있어 필수적이다. 혈액과 체액의 접촉을 막는 격리장벽의 보호구(barrier protection)를 사용하는 것도 HIV 감염의 위험을 크게 줄인다. HIV 양성 산모는 출산 전에 항레트로바이러스 치료를 받으면서 모유전파에 대한 교육을 받으면, 바이러스를 자신의 아기에게 전파하지 않을 수 있다. HIV 감염 가능성이 높은 고위험군의 사람들은 2개의 항바이러스제를 복합요법으로 투여하여서 전파가능성을 현저하게 낮추는 노출 전 예방요법(preexposure prophylaxis, PrEP)의 기회를 제안해야만 한다. 정맥주사용 마약을 사용하는 사람에게 주사기와 주삿바늘을 공유하지 말도록 교육하는 것도 아주 중요하다. 더불어 지속적으로 혈액과 혈액 관련 산물을 검사하는 것도 HIV 전파 예방에 포함된다는 것을 대중은 이해해야 한다.

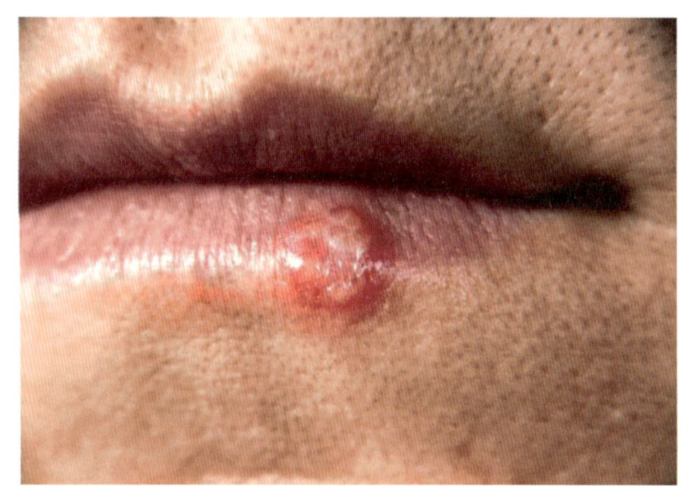

그림 37.15 단순포진. 단순허피스바이러스 1형에 의한 입술의 단순허피스 열꽃 물집이다. Centers for Disease Control and Prevention

단순포진

열꽃 물집(fever blister)으로도 알려진 단순포진(cold sore)은 액체가 채워진 병변이 전형적으로 입술이나 콧구멍 안쪽에 발견된다. 단순포진은 통증, 가려움증, 타는 듯한 느낌을 야기하는데 그 이유는 신경말단에 또는 신경말단 주변에 존재하기 때문이다. 이중가닥 DNA 바이러스인 **사람 알파허피스바이러스-1**(human alphaherpesvirus-1, HHV-1) 또는 더욱 일반적으로는 단순허피스바이러스 1형(herpes simplex virus type 1, HSV-1)에 의해 야기된다. 허피스비리대 과의 모든 바이러스처럼 정20면체캡시드(icosahedral capsid)를 외피가 싸고 있다(표 25.3 참조). 유전체는 약 100개의 단백질을 암호화하고 있다.

전파는 상피조직 표면의 직접접촉에 의해 바이러스가 전파된다. HSV-1는 처음에는 구강점막상피세포에 감염되어 단순포진(cold sore) 또는 열꽃 물집(fever blister)을 야기한다고 생각했으며, 단순허피스바이러스 2형(HSV-2, **사람 알파허피스바이러스-2**)은 생식기 상피세포에 감염되어 생식기허피스(genital herpes)를 야기한다고 생각했다. 그러나 HSV-1과 HSV-2 모두는 구강과 생식기 상피세포 모두에 감염할 수 있다. 숙주 상피세포 안으로 들어가기 위해서 바이러스의 당단백질은 상피세포 표면의 허피스바이러스 진입매개자(herpesvirus entry mediator, HVEM)라고 불리는 여러 세포의 수용체 중 하나의 당단백질과 특이적인 상호작용을 한다. 그 다음에는 서로 연합된 단백질과 함께 캡시드는 세포의 미세소관을 따라 이동하여 핵막공으로 간다. 이 핵막공을 통한 결합(docking)으로 바이러스 DNA가 핵으로 주입되는 것으로 생각되며 이때 캡시드는 세포질에 남게 된다.

감염된 숙주에서 활성기와 잠재기가 발생한다. 약 1주일의 잠복기 이후에 활성기가 시작된다. 활성기 동안에 바이러스가 폭발적으로 증식하여서 감염된 세포 하나에서 5만~20만 개의 새로운 바이러스 입자가 만들어진다. 이 증식주기에 허피스바이러스는 숙주세포의 대사를 억제하고 숙주의 DNA를 잘라서 세포예정사를 유발한다. 결과적으로 세포는 죽게 되어 다른 세포에 감염될 새로운 바이러스가 방출되게 된다. 이러한 활동성이 있는 감염이 증상이 없을 수도 있으며, 또는 세포용해(cellular lysis)에 따른 국소적인 염증반응의 결과로 인해 통증이 있는 물집이 생길 수도 있다. 이 물집에는 액체와 감염력이 있는 바이러스가 있다. 실제로 건강한 사람이 HSV를 다른 숙주에게 전파할 수 있다는 점은 중요하다. 입술, 입, 잇몸의 상피 및 점막표면에 생기는 물집은 구순포진(herpes labialis)이라고도 한다(**그림 37.15**). 일차 및 재발하는 HSV 감염이 눈에 생겨서 **포진성 각막염**(herpetic keratitis, 각막의 염증)을 야기하고 선진국에서의 감염성 실명의 가장 흔한 원인이 된다.

물집은 주로 일주일 안에 회복된다. 그 다음 매우 흥미 있는 독성인자가 감염된 뉴런(신경단위)에서 HSV-1가 잠재 상태로 생존하도록 한다. 활성감염이 격렬한 세포매개 면역반응으로 억제되고 바이러스에 감염된 구강의 상피에서 방출된 바이러스가 3차 신경절(얼굴과 턱의 신경세포군)로 이동한다. 그곳에서 바이러스는 평생 잠재 상태로 남아 있게 되어 감염된 숙주와 일생을 함께 한다. 그러나 태양빛에 과다하게 노출되거나, 열, 외상, 추위, 감정적인 스트레스 같은 스트레스성 자극과 호르몬 변화에 의해 바이러스가 재활성화될 수 있다. 일단 재활성화되면 바이러스는 신경절에서 말단신경으로 이동해 상피에서 또 다른 활성기가 된다. 흥미롭게도 잠재 감염된 뉴런과 생산적 감염(자손 바이러스 방출 감염)된 일부 뉴런은 생존한다. 이는 숙주의 면역세포로부터 감염된 뉴런을 보호하는 역할을 하는 HSV의 유전자 산물이 만들어지기 때문에 가능하다. 잠재관련 전사체(latency-associated transcript, LAT)는 mRNA 전구전사체가 스플라이싱(splicing)된 8.5 kb의 RNA로서 지속적으로 발현되는 단백질로 번역되지는 않는 것으로 보인다. 대신에 오래 생존하는 2 kb microRNA(miR-LAT)가 핵에 남아서 세포증식을 억제하고 세포예정사를 시작하게 하는 두 종류 단백질의 분해를 촉진하는 것으로 보인다. 즉, miR-LAT는 감염된 세포가 스스로 죽지 못하게 하고 뉴런이 살아남도록 하여서 바이러스가 숨어 있을 장소를 제공해준다.

어사이클로비르(acyclovir), 발라사이클로비르(valacyclovir), 팸시클로비르(famciclovir)가 단순포진에 효과적인 약제이다. 이독스우리딘(idoxuridine)과 트리플루리딘(trifluridine)은 눈에 감염된 허피스바이러스 치료에 사용된다. 성인이 될 때까지 미국 국민 70~90%가 감염되어 HSV-1에 대한 항체를 갖고 있다. HSV-1 감염은 주로 임상적으로 병변을 평가하여 진단한다. 그러나 드물게 HSV-1이 뇌의 감염(뇌염)을 야기할 수 있다. 이러한 상황이 의심되면 뇌척수액에서 핵산을 증폭하여 진단하는 방법이 전형적이다.

거대세포바이러스 봉입체병

거대세포바이러스 봉입체병(cytomegalovirus inclusion disease)은 거대세포바이러스(cytomegalovirus, CMV)에 의해서 발생한다. 허피스비리대 과(*Herpesviridae* family)의 **사람 베타허피스바이러스 5형**(human betaherpesvirus 5, HHV-5, 표 25.3 참조)으로서 CMV는 정20면체 구조의 캡시드를 지질이중막의 외피로 싸고 있는 이중가닥 DNA 바이러스이다. 대부분의 사람은 사는 동안 어떤 시기에 이 바이러스에 감염된다. 미국에서 35세 이상의 약 80% 이상이 이 바이러스에 노출되었으며 평생 바이러스에 감염되어 있다. 대부분의 CMV 감염은 무증상이지만 특정 집단의 사람은 심각한 질병으로 진전되어 오랜기간 영향을 받기도 한다. 예를 들어, 미국에서 대부분의 선천성 바이러스 감염 주요 원인이다. 산모가 임신했을 때 처음 감염되어 신생아 황달, 작은 멍(자반병), 소두증, 난청, 다른 현상이 신생아에게 나타나는 것은 충격적일 수 있다. CMV 감염은 또한 장기이식 수혜자와 면역력이 저하된 환자들의 빈번한 유병률과 치사율의 원인 바이러스이다. CMV 잠재 감염이 대다수의 인구에서 널리 퍼져 있으므로 CMV 음성 장기와 CMV 음성 혈액산물을 사용하는 것이 항상 가능할 수는 없다.

CMV는 체내의 모든 세포를 감염할 수 있고 천천히 증식하며 숙주세포의 크기도 커지게 한다. 따라서 'cytomegalo-'라는 접두어는 '크기가 증가한 세포'란 의미이다. 거대세포바이러스는 여러 숙주면역기능을 간섭하는 능력이 잘 알려져 있다. 즉, 항원제시, 사이토카인 생산과 자연살해세포 활성작용을 방해한다. 감염된 세포에는 독특한 **핵내 봉입체**(intranuclear inclusion body)와 세포질 봉입체(cytoplasmic inclusion)가 있다(**그림 37.16**). 사망 환자의 경우 소화관, 폐, 간, 비장과 신장의 세포가 파괴된 것이 관찰된다. 덜 심한 경우에 급성 거대세포바이러스 질병 증상은 전염성 단핵구증(infectious mononucleosis)의 증상과 주로 유사하다.

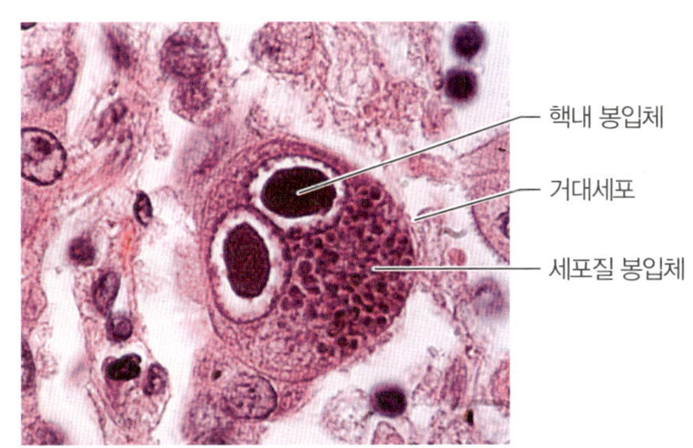

그림 37.16 거대세포바이러스 봉입체병. 거대세포바이러스에 감염된 폐 단면의 거대세포의 광학현미경 사진(×480)이다. 핵내 봉입체 주변이 투명한 후광처럼 보이는 것으로 인해서 전형적인 올빼미 눈 모양을 하고 있다. 때때로 바이러스 봉입체는 세포질에서도 볼 수 있다. Dan Wiedbrauk, Ph.D/Warke Medical Laboratory Ann Arbor, Michigan

실험실 진단은 환자 혈청에서 항-CMV IgM과 IgG을 검출하거나 PCR로 CMV 핵산을 증폭하여 진단하는 것이다. 바이러스를 배양할 수도 있다.

CMV는 전 세계에 분포하고 있다. 항바이러스제인 갱시클로비르(ganciclovir)와 발갱시클로비르(valganciclovir), 포스카넷(foscarnet)은 고위험 환자에게 사용한다. 뉴클레오티드유사체(nucleotide analogue)인 시도포비르(cidofovir)는 면역억제환자의 CMV망막염(CMV retinitis) 치료를 위해 사용된다.

생식기허피스

생식기허피스(genital herpes)는 단순허피스바이러스(HSV), 주로 2형(type 2)인 HSV-2에 의한 감염 질병이다(**그림 37.17a**). HSV-2는 주로 성적접촉에 의해서 감염되지만 성적접촉이 아닌 경로로도 감염된다. 감염은 바이러스가 피부나 점막의 상처를 통해 들어가면서 시작된다. 바이러스는 외부 생식기, 요도와 자궁경부의 상피세포에 감염된다(그림 37.17b). 항문과 인두(구강)의 허피스도 성적접촉에 의해서 감염된다.

HSV-2의 감염의 상세한 내용은 단순포진(HSV-1 감염)을 설명했듯이 HSV-1과 아주 유사하다. 생식기 HSV-2의 경우에는 척추의 천골신경총(sacral plexus)에 있는 신경세포로 바이러스가 가서 그곳에서 잠재하게 된다. 바이러스의 유전자가 발현되지 않으므로 감염된

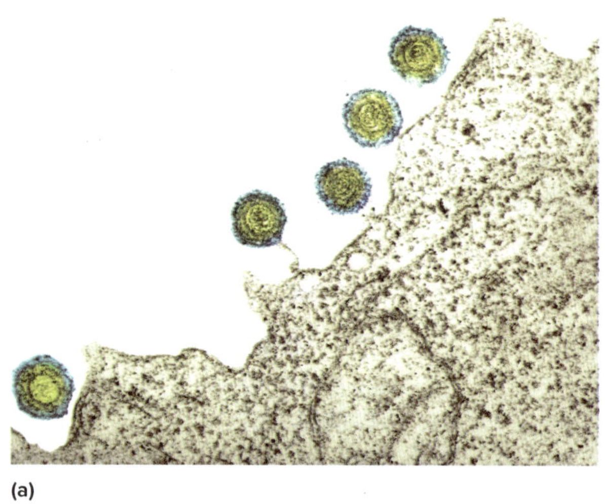

(a)

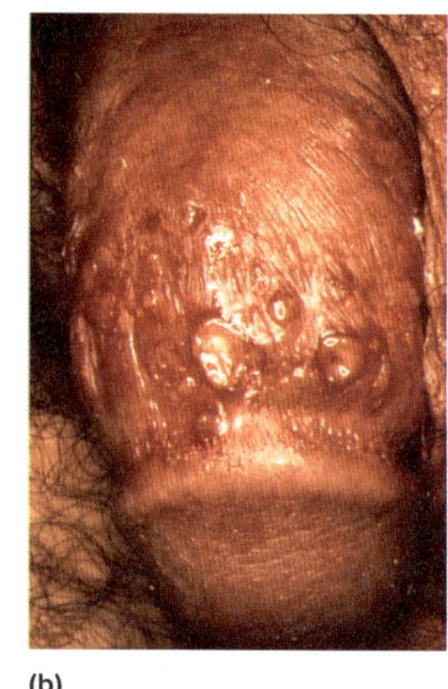

(b)

그림 37.17 생식기허피스. (a) 감염세포에서 출아하고 있는 단순허피스바이러스 비리온(색을 입힌 투과전자현미경 사진)이다. (b) 음경의 허피스 소포이다. 소포에는 감염력이 있는 액체가 있다. (a) National Cancer Institute/Science Source; (b) Dr. N. J. Flumara and Dr. Gavin Hart/Centers for Disease Control and Prevention

연관 질문 잠재기 동안에 HSV-2는 어디에 존재하고 있나?

사람은 증상이 없다. 일차 감염이거나 재활성(reactivation)이 증상 없이 생길 수 있으며 건강한 사람이 성교를 통해 HSV-2를 감염시키거나 자연분만을 통해서 신생아에게 감염시킬 수 있다는 것이다. 신생아에게 감염되면 **선천성(신생아) 허피스**[congenital (neonatal) herpes]를 유발한다. 선천성 허피스는 신생아에게 가장 치명적인 질병 중 하나로 미국에서 매년 10만 명의 아기 중 대략 30명의 아기들이 감염되고 있다. 선천성 허피스는 신경 계통에 영향을 주는 것은 물론 눈을 멀게도 한다. 임신한 여성이 생식기허피스가 활성화되어 있거나 새로 감염되어 있으면 자연분만 대신에 제왕절개(cesarian section)로 분만해야만 한다. HSV-2 감염은 자궁경부암과 유산의 확률을 높이는 것과도 관련이 있다.

HSV-2 감염은 혈액이나 혈청에서 항-HSV-2 항체를 스크리닝하거나 조직을 직접형광항체검사 및/또는 중합효소연쇄반응(PCR) 검사를 통해 진단한다. 생식기허피스를 완치할 방법이 없지만, 어사이클로비르, 발라사이클로비르와 팸시클로비르와 같은 항바이러스 약제의 복용은 재발하는 물집을 완화하는 데 효과가 있음이 증명되었다. 피부에 바르는 어사이클로비르는 팸시클로비르보다 바이러스 입자 방출을 줄이는 데 효과적이다.

지난 수십 년 동안 미국에서 생식기허피스가 증가하고 있다. 현재는 14~49세의 미국 성인 약 12%가 HSV-2에 감염되어 있으며, 매년 약 776,000명의 새로운 환자가 발생하고 있다.

사람 베타허피스바이러스 6 감염

사람 베타허피스바이러스 6(Human betaherpesvirus 6, HHV-6)은 아기의 **돌발성 발진**(exanthem subitum: 그리스어 *exanthema*는 '발진'을 의미)의 원인체이며 아기와 유아(2~6세 정도)의 **소아장미진**(roseola infantum)을 야기한다. HHV-6은 허피스비리대 과(*Herpesviridae* family)에 속한 이중가닥 DNA 바이러스로 바이러스 DNA가 있는 코어를 가진 정20면체 캡시드를 바이러스 외피가 싸고 있으며 숙주세포에서 잠재기를 확립한다(표 25.3 참조). 돌발성 발진은 3~4일간의 고열을 특징으로 짧은 기간에 앓는 질병이다. 체온이 갑자기 정상으로 떨어지면 반점상의 발진(macular rash)이 몸통에 나타난 후 전신으로 퍼지게 된다. HHV-6은 미국에서 95% 이상의 아기에게 감염되고 3세 정도가 되면 대부분이 항체 양성이 된다. 바이러스가 주로 증식하는 세포는 $CD4^+$ T 세포이며 잠재기에는 단핵구에 감염된다. 성인은 HHV-6이 말초혈액 단핵구(peripheral-blood mononuclear cell, PBMC)와 침에서 흔히 검출된다. 잠재 감염 시 바이러스가 주로 존재하는 부위가 침샘이므로 전파는 침을 통해 이루어지는 것으로 보인다.

HHV-6가 잠재 감염이 되기 때문에 때때로 면역이 저하된 숙주에서 재활성화되어 간질성 폐렴(pneumonitis)을 유발하기도 한다. 면역형광법이나 효소면역법 또는 중합효소연쇄반응으로 진단한다. 항바이러스제나 예방법이 없다.

사람 파보바이러스 B19 감염

1974년에 뜻밖에 처음 발견된 이래 **사람 파보바이러스 B19**(human parvovirus B19, *Parvoviridae* 과, *Erythrovirus* 속)는 중요한 인체 감염 병원체로 부상했다. B19 비리온은 일정한 모양의 정20면체의

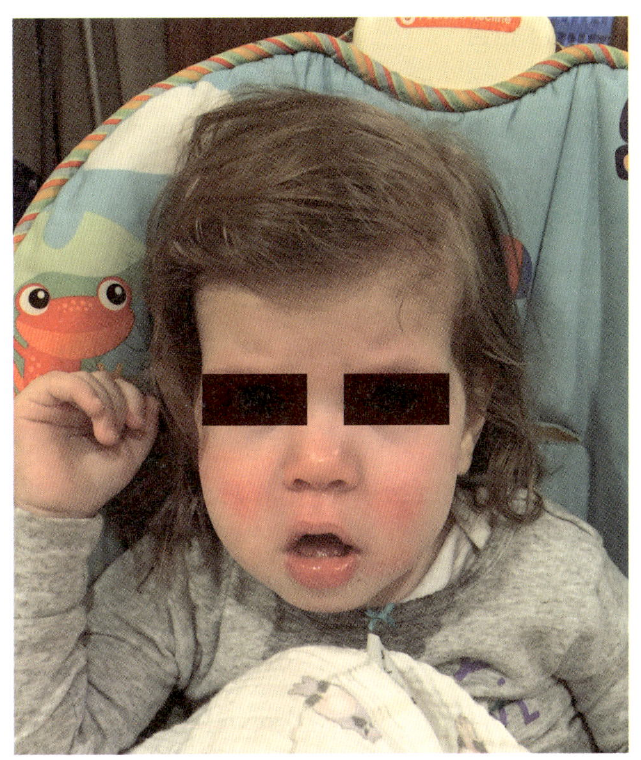

그림 37.18 전염성 홍반. 제5병의 피부발진으로 때로는 '뺨을 맞은 얼굴증후군'이라고도 부른다. Devora Lichtman

외피가 없는 입자로 지름이 대략 23 nm이다. 파보바이러스의 유전체는 약 5,000개의 염기로 구성된 하나의 단일가닥 DNA이다. 파보바이러스는 DNA 바이러스 중에서 가장 간단한 바이러스이다. 유전체가 너무 작아서 아주 적은 수의 단백질을 암호화하기 위해서라도 유전자를 서로 겹쳐서 사용하여야 하는 경우가 일부 있다. 바이러스 유전체는 효소를 암호화하고 있지 않기 때문에 바이러스의 모든 생합성과정에서 숙주세포의 효소를 이용해야 한다. 따라서 숙주세포가 자신의 DNA를 복제하는 시기인 세포주기의 S 주기 동안에 핵에서만 바이러스의 DNA를 복제할 수 있다. 바이러스 유전체가 단일가닥이고 선형이므로 바이러스 유전체 복제를 위해서는 숙주의 DNA 중합효소를 속여서 복제해야 한다. 바이러스의 DNA 끝에 있는 자가 상보적인 염기서열을 사용하여 파보바이러스 유전체가 스스로 접혀서 증식을 위한 프라이머를 만든다(그림 25.13 참조). 이 구조를 숙주의 DNA 중합효소가 인식하여 DNA 복제를 한다. ◀ 파보바이러스(25.3절)

파보바이러스 B19 감염에 의한 질병의 범위로 일반인에게는 심하지 않은 증상(열, 두통, 오한과 권태감)으로부터, 어린이에게는 **제5병**(fifth disease)이라고도 하는 **전염성 홍반**(erythema infectiosum, **그림 37.18**), 그리고 성인에게는 관절증후군까지 다양하다. 바이러스가 골수에 감염될 수 있고 적혈구 발생을 일시적으로 멈추기 때문에 더 심각한 합병증을 야기할 수도 있다. 그 예로, 겸상적혈구 질환(sickle cell disease)과 자가면역용혈성빈혈(autoimmune hemolytic anemia) 환자에게 나타나는 골수 무형성 발증(aplastic crisis, 골수형성부전 발증)과 면역력이 떨어진 환자에게 적혈구 무형성증(pure red cell aplasia)을 야기할 수 있다. B19 파보바이러스는 태아에게도 감염되어 빈혈, 태아수증(fetal hydrops: 조직에 물이 차는 것) 및 자연유산을 일으킬 수 있다. 이것은 임신한 학교교사들에게, B19 합병증에 관한 근본적인 주의의식이 생기게 하였다. B19는 호흡기를 통해 감염된다고 여겨진다. 평균 잠복기간은 4~14일이다. 감염된 사람의 약 20% 정도는 증상이 없고 감염된 사람 중 더 적은 %의 사람들이 3주까지 증상이 지속된다. 대부분의 경우 B19에 감염되면 평생 면역을 가진다.

B19 감염이 아니라면, 건강한 어린이에게 임상 증상(증상과 징후에 기초한)을 야기한다. 고위험 환자에서 B19 바이러스 감염여부를 검출하기 위해서는 혈청학적 방법과 PCR이 이용된다. 이러한 환자를 치료하기 위해 항-B19 항체가 포함된 상업용 면역글로불린으로 치료한다.

단핵구증(감염성)

엡스타인-바 바이러스(Epstein-Barr virus, EBV) 또는 **HHV-4** (Human gammaherpesvirus 4)는 허피스비리대 과(*Herpesviridae* family)에 속한다(표 37.3 참조). EBV는 전형적인 허피스바이러스의 형태학적 특징인 외피에 둘러싸인 정20면체 캡시드로 구성되어 있다. 허피스비리대 과의 바이러스처럼 이 바이러스의 dsDNA 유전체는 성숙한 비이러스 입자 안에서는 선형의 유전체로, 잠재 감염된 숙주세포에서는 원형의 에피솜 형태로 존재한다. EBV는 **감염성 단핵구증**(infectious mononucleosis)의 원인체로 증상은 거대세포바이러스에 의한 단핵구증과 유사하다. EBV는 구인두(oropharyngeal)의 분비물에 존재하기 때문에 입에서 입으로 전파되어('입맞춤병'이라는 이름이 생겼으며) 물병이나 컵을 공유해도 감염된다. 일단 침을 통해 감염되면 바이러스는 목 안의 상피세포로 이동한다. 상피세포에서 짧게 한 차례 증식하여 새롭게 형성된 바이러스가 방출하여 기억 B 세포(memory B cell)에 감염된다. 감염된 기억 B 세포는 재빨리 증식하여 비정형적인 모양(다우니세포로 불림, **그림 37.19**)으로 변한다. 질병이 림프절과 비장의 비대, 인후염, 두통, 구역질, 전반적인 허약과 피로감, 주로 초저녁에 미열이 나는 것 등으로 나타난다.

많은 사람들이 전형적으로 어린시절에 무증상으로 감염되어 질병에 대해 면역이 생긴다. EBV는 전 세계 성인의 80~90%가 감염되는 가장 흔한 바이러스이다. 단핵구증은 15~25세에 가장 많이 발생

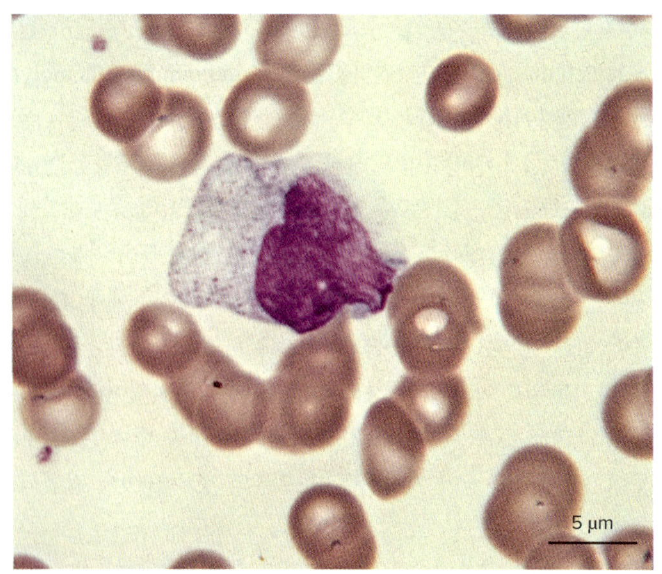

그림 37.19 감염성 단핵구증 환자의 혈액도말 시료에서 엡스타인-바 바이러스 감염의 증거. 약하게 탈색된 톱니 모양의 핵을 갖는 비정상적 모양의 림프구(때로는 다우니세포라고 불림)를 주목하라. Nature's Faces/Science Source

한다. 단핵구증의 치료는 주로 보조적인 것이며 충분한 휴식을 취해야 한다. 단핵구증 진단은 주로 혈액에서 순환하는 단핵구 세포가 증가된 것과 함께 비특이적(교차반응) 항체나 특이 항-바이러스 항체를 검사하는 혈청학적 검사와 함께, 또는 바이러스 핵산의 확인하며 확진한다. 현재 여러 속성 진단키트를 구입할 수 있다.

EBV 감염은 열대 아프리카의 버킷림프종(Burkitt's lymphoma)과 관련되어 있으며 동남아시아, 동아프리카, 북아프리카 그리고 에스키모인의 비인두종양(nasopharyngeal)과도 관련이 있다. 이러한 연관성은 자주 잘 기록되어 있음에도 불구하고 병리생리학적 기전이 아직 확실하게 알려져 있지 않다.

바이러스성 간염

간염(hepatitis, 복수로 hepatitides: 그리스어 *hepaticus*는 '간')은 간세포 감염과 간의 염증의 일반명이다. 현재 11개의 바이러스가 간염을 일으키는 것으로 알려져 있다. 그 중 2개는 허피스바이러스인 거대세포바이러스(CMV)와 엡스타인-바 바이러스(EBV)로 다양한 세포에 감염하는 바이러스이며, 나머지 9개는 특이하게 간세포(hepatocyte)를 표적으로 하는 간 친화성 바이러스(hepatotropic virus)이다. EBV와 CMV는 때때로 영구적인 간손상 없이 저절로 회복되는 미약한 간염을 야기하며, 전형적인 단핵구증의 증후군을 야기한다. 9개의 사람 간세포 친화성 바이러스 중 단지 5개의 바이러스의 특성만이 잘 알려져 있으며(**표 37.1**), G형 간염과 TTV(수혈전파바이러스, transfusion-transmitted virus)는 최근에 발견된 바이러스이다. A형 간염(감염성 간염으로도 부름)과 E형 간염은 대변-구강 오염으로 전파되며 이들은 식품매개 및 수인성 질병(37.4절)에서 다룰 것이다. 다른 주요 형태로는 B형 간염(혈청 간염), C형 간염과 D형 간염이 있다.

B형 간염(hepatitis B)은 **B형 간염바이러스**(hepatitis B virus, HBV)에 의해 발생하며, 이 바이러스는 원형의 DNA 유전체 일부가 이중가닥인 복잡한 구조로 외피에 싸인 바이러스이다. HBV는 *Hepadnaviridae* 과의 *Orthohepadnavirus*에 속한다. HBV는 역전사하는 DNA 바이러스로 자신의 유전체 복제에 역전사효소를 사용하고 있다. ◀ 역전사하는 DNA 바이러스(25.8절)

HBV에 감염된 환자의 혈청에서 3개의 서로 다른 항원성을 갖는 입자가 있는데, 하나는 **데인 입자**(Dane particle)라 불리는 성숙한 바이러스 입자이다. 나머지 2개의 항원성 입자는 작은 구형 입자, 그리고 더 큰 실모양의 입자(사상형)로 숙주항체에 대한 유인체(decoy)로 작용한다(**그림 37.20**). 바이러스 유전체는 3.2 kb 길이로 바이러스

표 37.1 간세포 친화성 바이러스에 의한 간염의 특징

질병	유전체	분류	전파	특징	예방
A형 간염	RNA	Picornaviridae 과, 헤파토바이러스(Hepatovirus)	분변-구강	무증상, 급성 감염	죽인(불활성화시킨) HAV 백신
B형 간염	DNA	Hepadnaviridae 과, 오르토헤파드나바이러스(Orthohepadnavirus)	혈액, 주삿바늘, 체액 분비물, 태반, 성교	무증상, 급성 또는 만성감염, 간경변, 원발성 간암	재조합 HBV 백신
C형 간염	RNA	Flaviviridae 과, 헤파시바이러스(Hepacivirus)	혈액, 성교	무증상, 급성 또는 만성감염, 원발성 간암	정기적인 혈액 스크리닝
D형 간염	RNA	위성	혈액, 성교	위성 증식을 위해서 HBV와 동시 감염이 필요함	HBV 백신
E형 간염	RNA	Hepeviridae 과, 오르토헤페바이러스	분변-구강	무증상, 급성 감염(임산부의 경우에는 높은 사망률)	위생 상태 개선

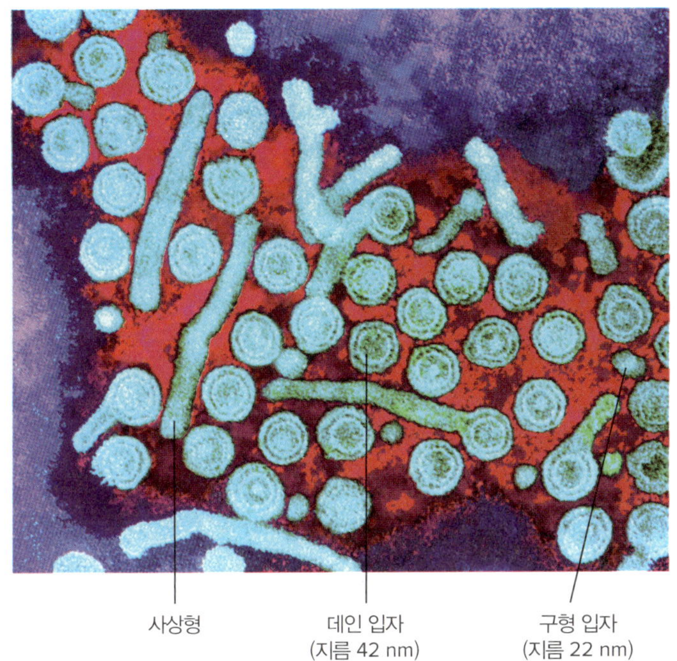

그림 37.20 혈청내의 B형 간염바이러스. 3가지로 서로 구별되는 형태의 B형 간염의 항원 입자를 보여주는 색을 입힌 전자현미경 사진이다. 구형 입자와 사상형은 내부 구조가 없으며 특징적인 3개의 바이러스 외피단백질 중 2개만이 표면에 나타난다. 데인(Dane) 입자는 감염성이 있는 완전한 비리온이다. Dr. Linda M. Stannard, University of Cape Town/Science Source

단백질을 암호화하는 부분적으로 중첩되어 있는 4개의 열린번역틀(open reading frame, ORF)로 구성되어 있다. 바이러스 복제는 주로 간세포에서 일어난다. 바이러스 외피는 B형 간염 표면항원(hepatitis B surface antigen, HBsAg)으로 덮여 있다. 내부의 뉴클레오캡시드 코어 항원(HBcAg)에는 1개 분자의 이중가닥 HBV DNA와 DNA 중합효소가 들어 있다. 체액 내에 있는 HBsAg는 (1) 활성 B형 간염 감염의 지표이고, (2) 혈액에서 HBV 감염을 대규모로 검사할 때 사용되며, (3) 재조합 DNA 기술로 개발되어 인간에게 사용된 첫 번째 백신의 기초이다. B형 간염바이러스(HBV)는 혈청학적으로 진단하며 복잡하다. HBV 진단의 가장 간단하고 확실한 것은 예방접종하지 않은 사람에서 HBsAg 항원을 검출하는 것이다. 항-HBcAg IgM 또는 IgG 항체의 존재 여부는 급성감염인지 만성감염인지를 결정하는데 도움이 된다. 환자가 혈청학적으로 양성이면 중합효소연쇄반응으로 HBV 핵산 양을 측정함으로써 바이러스 양을 진단한다.

HBV는 주로 혈액, 체액으로 오염된 기구(정맥 주삿바늘의 공동 사용 포함), 성적접촉을 통해 전파된다. 또한, HBV는 감염된 산모로부터 아기에게 수직감염이 가능하며 주로 출산할 때 아기가 산모의 질 분비물과 접촉할 때 감염될 수 있다. 전 세계에 2억 9200만 명이 HBV에 만성적으로 감염되어 있는 것으로 추정되지만, 약 10%만이 그들의 상태를 알고 있다. 백신캠페인 덕분에 감염되는 어린이 수는 현저히 감소하였다. 미국에서 현재 약 2백만 명이 만성적으로 감염되어 있는 것으로 확진되었다. 전 세계적으로 약 88만 4천명이 매년 HBV와 관련된 합병증으로 사망하는데, 여기에는 간암도 포함된다.

HBV의 임상 증세는 아주 다양하다. 약 70%는 무증상이다. 그러나 때로 1~3달 간의 잠복기 후에 열, 식욕부진, 복부 불쾌감, 구역질, 피로 및 다른 증상들이 서서히 나타난다. 바이러스는 간 조직을 퇴보시키며 간과 관련된 효소들(아미노기 전이효소)을 혈류로 방출하는 원인이 된다. 그 후 피부와 조직에 빌리루빈(bilirubin, 헤모글로빈이 분해된 산물)이 축적되어 노랗게 변하는 황달(jaundice)로 발전한다. 또한 만성B형 간염은 간암인 간세포암(hepatocellular carcinoma)으로 진행되도록 한다.

예방을 위한 일반적인 방법은 (1) 광범위한 검사, (2) 예방접종, (3) HBV에 감염된 혈액이나 분비물과의 접촉을 피하고 사고로 바늘에 찔리는 것을 최소화하는 것과, (4) 또한 HBV에 노출된 지 7일 이내에 B형 간염 면역글로불린을 근육주사하는 수동적인 예방(prophylaxis)법이 있다. 추천할 만한 HBV 항바이러스제는 엔테카비(entecavir, ETV)와 테노포비르(tenofovir disoproxil fumarate, TDF) 등이 추천되고 있다.

C형 간염(hepatitis C)의 원인 바이러스는 외피가 있는 선형의 단일가닥 RNA를 가지고 있는 50 nm 크기의 **C형 간염바이러스**(hepatitis C virus, HCV)이다. C형 간염바이러스는 플라비비리대 과(Flaviviridae family)에 속한다. 이 바이러스는 바이러스에 오염된 주사바늘(마약사용, 타투시술실), 산모에서 태아로 이어지는 자궁내(in utero) 전파, 장기이식에 의해 선파된다. HCV가 전파되려면 혈액-혈액 접촉을 필요로 하기 때문에 성적접촉에 의한 전파는 흔하지 않다. HCV의 스크리닝검사는 항-HCV 항체를 검출하여 검사한다. 양성으로 나오면 HCV 핵산증폭을 하여 바이러스 양을 확인하여 확진한다. 전 세계적으로 약 7천만 명이 C형 간염에 만성적으로 감염되어 유행병의 범주에 속한다. 미국에서 HCV는 현재 가장 흔한 혈액매개 만성감염질환의 원인으로 약 3백만 명이 만성적으로 감염되어 있으며, 매년 미국에서 20,000명이 새롭게 감염된다. HBV처럼 HCV도 간세포암(hepatocellular carcinoma)을 야기할 수 있다. 현재 미국에서 간이식의 주된 원인이 HCV이다.

HCV는 6개의 주요 유전형(genotype)이 있으며 유전형 1이 가장 흔하고 그 다음은 유전형 3이다. 유전형 1의 치료를 위해선 소포스부비르(sofosbuvir, 중합효소억제제인 뉴클레오티드 유사약제)와 레디파스비르(ledipasvir, HCV 증식억제제) 복합제제를 사용한다. 12주 동안 이 복합제제로 치료하면 숙주가 바이러스로부터 완치된다. 다른 유전형은 또한 소포스부비르와 함께 레디파스비르와 유사한 기전으로 작용하는 벨파타스비르(velpatasvir)로 12주 동안 주로 치료한다.

1977년에 발견된 **D형 간염바이러스**(hepatitis delta virus, HDV)에 의한 질병을 D형 간염(hepatitis D)으로 명명하였다. 8개의 HDV 유전형이 알려졌으며 유전형 1은 전 세계에 분포하고 있다. 유전형 2와 4는 동아시아에 있다. 유전형 3은 남아메리카에서 발견된다. 유전형 5~8은 아프리카에 있다. 모든 유전형의 HDV는 급성 및 만성 간질환을 야기할 수 있다. HDV는 자신의 증식을 위해서 B형 간염바이러스가 외피단백질(HBsAg)을 제공해주는 HBV에 의존하는 위성체바이러스이다. HDV의 HBV 의존성은 HBV가 함께 감염되어 HBV가 활발히 증식하는 간세포에서만 HDV가 증식할 수 있다는 의미이다. HDV는 HBV에 이미 감염된 사람이나(중복 감염), HBV와 위성바이러스가 동시에 감염되는(동시 감염) 사람에게서만 HDV가 감염된다. 음성가닥 RNA인 HDV는 가장 작은 피코르나바이러스(picornavirus) RNA보다 더 작으며 동물에 감염되는 음성가닥 RNA 바이러스의 전형적인 선형 유전체와 달리 원형의 유전체를 가지고 있다.

HDV 감염을 진단하는 실험실 방법은 항-HDV 항체를 검출하는 혈청학적 검사이다. 만성 HDV 감염 환자의 치료는 HBV 감염환자의 치료를 반영한다. B형 간염에 감염된 사람의 약 5% 정도가 HDV에 동시 감염되어 있다. 예방과 관리를 위해서는 B형 간염 백신을 널리 사용하는 것이다. ◀ 바이로이드와 위성체: 핵산에 기반한 보조성 바이러스 감염인자(6.6절)

사마귀

사마귀(wart, 또는 verrucae: 라틴어 *verruca*는 '사마귀')는 사람 유두종바이러스(human papillomavirus, HPV)에 의해서 피부에 생긴 뿔 모양의 돌출을 일컫는다. 사람 유두종바이러스는 100종류 이상의 DNA 바이러스에 이름이 붙여졌으며, 일부는 암을 유발한다(**그림 37.21a**). 감염되는 상피세포에 따라 달라진다. 일부는 표피에, 일부는 점막에 감염된다. 30종류 이상의 사람 유두종바이러스는 성적접

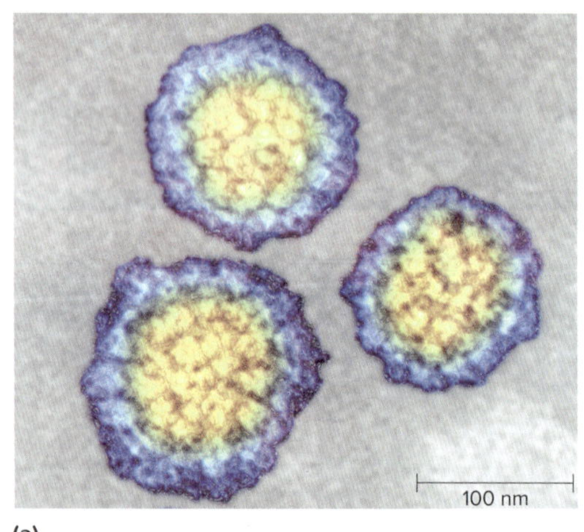

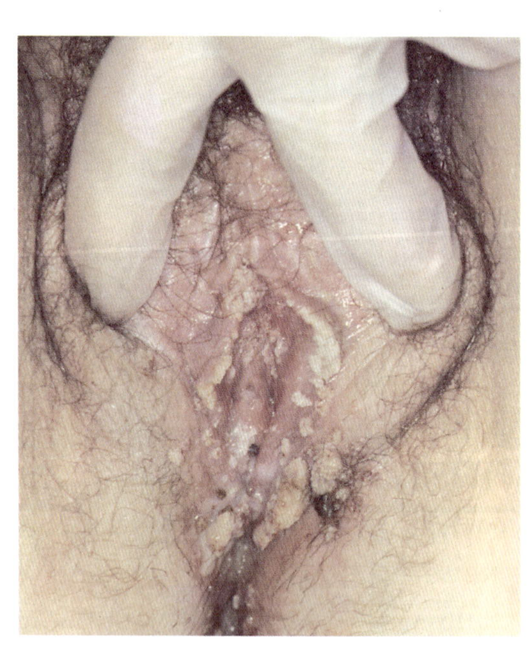

(b)

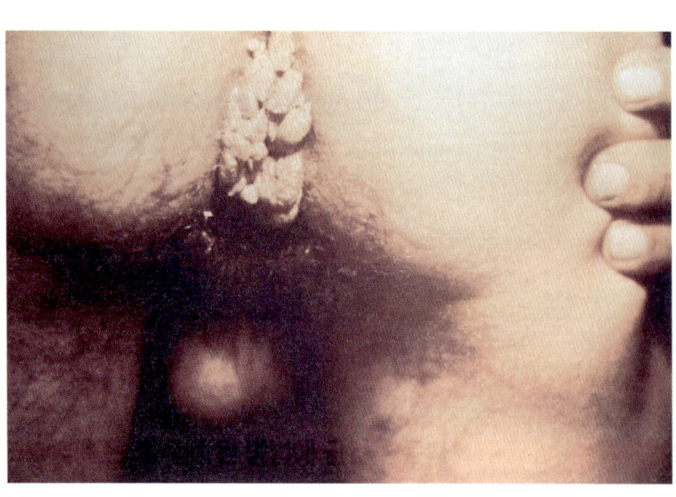

(c)

그림 37.21 사람 유두종바이러스(HPV). (a) HPV 바이러스 입자(비리온)에 색을 입힌 투과전자현미경 사진이고, (b) 질의 소음순의 생식기사마귀, (c) 항문부위의 생식기사마귀이다. (a) James Cavallini/Science Source; (b) Joe Miller/Centers for Disease Control and Prevention; (c) Dr. Wiesner/Centers for Disease Control and Prevention

촉에 의해 감염되며 생식기사마귀를 야기한다. 부드럽고 분홍색의 꽃양배추 모양처럼 자란 사마귀가 생식기 주위와 항문 주위(그림 37.21b,c)에 생긴다. 생식기사마귀는 현재 미국에서 성적접촉에 의해 감염되는 가장 흔한 성병이다.

이 바이러스는 파필로마비리대 과(Papillomaviridae family)에 속한다. 외피가 없는 정20면체의 캡시드에 초나선구조의 이중가닥 원형 DNA 유전체가 있다. 최소한 8개 이상의 서로 다른 유전형이 발생 위치, 임상적 양상 및 조직 병리적학인 특징 등이 다양한 양성 상피세포 종양을 만든다. 사마귀는 어린이나 젊은 층에 많이 나타나며 피부와 점막에 국한된다. 바이러스는 직접 접촉에 의해 전파되며 자가감염은 긁어서 생긴다. 4종류의 주요 사마귀로는 **발바닥사마귀**(plantar wart), **보통 사마귀**(verrucae vulgaris), **편평사마귀**(flat 또는 plane wart)와 **항문생식기 콘딜로마**[anogenital condylomata, **성병성 사마귀**(venereal wart)]가 있다. 전기수술, 액체 질소나 고체 이산화탄소를 이용한 냉동수술, 레이저 방전요법(건조), 포도필럼(podophyllum)을 사마귀에 직접 바르거나 IFN-α 주사로 사마귀를 물리적으로 제거하여 치료한다.

일단 바이러스가 체내에 들어오면 1~6개월의 잠복기를 거친다. 특정형의 성기 감염 HPV은 남성과 여성의 성기에 상피세포암의 병원성을 유발하는 주요 역할을 한다. HPV 균주는 번호로 명명하였으며 '고위험(암 유발함)'과 '저위험(암 유발하지 않음)' 균주로 구분한다. 4종류의 고위험 균주(6, 11, 16, 18)는 70%의 자궁경부암, 90%의 생식기 사마귀의 원인이다. 특히 자궁경부, 외음부, 음경이나 항문(다른 부위도 가능)의 악성종양(invasive cancer)과 연관된 것으로 밝혀졌다. 다른 고위험 균주는 1% 이하에서 암과 연관된 것으로 밝혀졌다. 다른 균주는 양성의 또는 낮은 등급의 자궁경부 세포변화와 생식기사마귀를 유발하며 악성종양과의 관련성은 아주 극히 드물다.

최소 대략 7900만 명의 미국인이 현재 HPV에 감염되어 있으며 대략 1400만 명이 매년 새로 감염된다. HPV는 주로 질 삽입성교 또는 항문성교를 통한 직접접촉에 의해 바이러스가 전파된다. 삽입 없는 성기의 접촉(구강-성기, 손-성기, 성기-성기의 접촉)으로도 HPV 감염이 될 수도 있다. 대부분의 HPV 감염은 무증상이고 일시적이며 치료없이 회복된다. 그러나 일부의 경우에 HPV 감염 후 몇 주나 몇 개월 후에 생식기사마귀가 생기기도 한다.

최초의 암 백신은 4종류의 고위험 HPV에 내한 4가 HPV 백신(quadrivalent vaccine)이 2006년에 미국에서 승인되었다. 현재 미국에서 HPV 백신은 9종류의 서로 다른 HPV 균주(6, 11, 16, 18, 31, 33, 45, 52와 58)로 사춘기 이전의 모든 소년, 소녀에게 권장하고 있으며 26세까지 처방하고 있다. 이 다가 백신은 HPV에 의한 암과 생식기사마귀 모두를 예방하는 백신이다. 백신은 감염성이 없는 HPV 유사 입자(HPV-like particle)로 만들었다.

마무리 점검

1. HIV 구조를 설명하고 HIV와 면역계 세포와의 특이적인 상호작용을 설명하시오. HIV 감염은 왜 잠재 감염인가?
2. 왜 사람들은 주기적으로 단순포진을 앓는가? 원인체를 설명하시오. 단순포진이 생긴다면 이것이 나타나게 하는 촉발요인이 무엇인가?
3. 단순허피스바이러스 2형이 전파되는 2가지 주요 경로를 설명하시오.
4. 단핵구증과 돌발성 발진의 원인체와 증상을 설명하시오.
5. B형 간염 바이러스와 C형 간염 바이러스를 바이러스학적으로 설명하고 이들에 의한 질병을 비교하시오.
6. 어떤 종류의 바이러스가 사마귀를 야기하는가? HPV 백신이 예방하는 질병은 무엇인가?

37.4 식품과 물이 바이러스 질병의 운반체이다

이 절을 학습한 후 점검할 사항:

a. 흔히 발생하는 식품매개 및 수인성 바이러스성 질병을 설명할 수 있다.
b. 흔히 발생하는 식품매개 및 수인성 바이러스성 질병의 전형적인 징후와 증상을 알아볼 수 있다.
c. 식품매개 및 수인성 바이러스감염과 바이러스 생활사와 질병중증도의 상관관계를 볼 수 있다.

역사시대 이후 식품과 물은 질병의 매개체(운반체)일 가능성이 있다고 인식되어 왔다. 다른 경로에 의한 감염병보다도 이 두 경로에 의해 발생하는 감염성 질병들의 수가 더 많다. 여기서는 몇 가지 식품매개(food-borne) 및 수인성(waterborne) 사람 바이러스질병에 대해서 몇가지를 논의한다. ▶| 안전한 식수를 보장하는 정화 및 위생 분석(42.1절)

위소장염(바이러스성)

위와 소장의 염증인 **급성 바이러스성 위소장염**(acute viral gastroenteritis)은 6가지 주요 범주의 바이러스가 원인이다. 이들에는 아데노바이러스(adenovirus), 아스트로바이러스(astrovirus), 보카피보바이러스(bocaparvovirus: 보카바이러스와 파보바이러스), 칼리시바이러스(calicivirus: 노로바이러스와 사포바이러스), 파르에코바이러스(parechovirus)와 로타바이러스(rotavirus, **그림 37.22**) 등이다. 이들 바이러스의 의학적 중요성은 **표 37.2**에 요약하였다. 급성 바이러스성

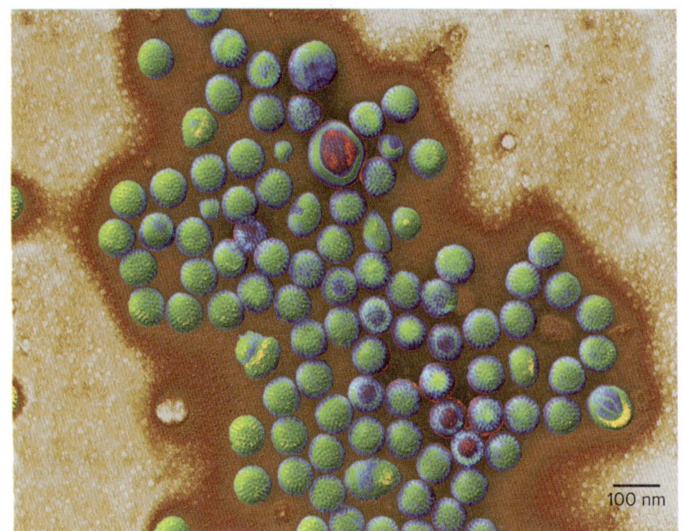

그림 37.22 로타바이러스 비리온. 사람의 위소장염 환자 대변 여과액에서 분리한 로타바이러스 비리온(*Reoviridae* 과)의 색을 입힌 전자현미경 사진이다. Eye of Science/Science Source

위소장염은 전 세계에서 30억~50억 건이 발생하며 매년 140만 명이 사망한다. 바이러스성 설사는 특히 깨끗한 물과 위생환경이 보장되지 못한 개발도상국의 5세 이하 어린이의 주요 사망원인으로 매년 50만 명이 사망한다. 모든 위소장염 유발 바이러스는 대변-구강 경로로 감염된다.

2개 그룹의 바이러스인, 노로바이러스는 전 세계 어린이와 어른들을, 로타바이러스는 어린이에서 대부분의 바이러스성 위소장염을 야기한다. 미국에서 대략 2천만 명이 노로바이러스에 의한 급성 위소장염을 앓는다고 추정하고 있다(모든 식품매개 위소장염 집단발병의 최소 50%). 더욱이 노로바이러스는 미국에서 230만 명이 병원을 방문했으며, 465,000명이 응급실을 방문했으며(주로 어린이), 약 11만 명이 입원하였으며 900명이 사망하였다(주로 어린이와 노인들). 최소한 전 세계의 바이러스성 위소장염의 또 다른 20%의 전 세계 및 5세 이하 어린이 어린이의 심한 설사의 대부분은 로타바이러스에 의한 것으로, 전 세계 유아와 어린이의 심한 설사의 원인바이러스이다. 로타바이러스를 예방하기 위한 백신이 광범위하게 사용되기 전에는 미국에서 매년 40만 명 이상이 의사를 만났으며, 55,000~70,000명이 입원을 하며, 20~60명이 사망하였다. 예방접종은 매년 로타바이러스에 의한 입원을 2만 건보다 적게, 사망자는 10명 이내로 감소시켰다.

이들 대부분 바이러스성 질병의 평균 잠복기는 1~2일이다. 바이러스성 위소장염은 1~11개월 된 아기에게서 아주 자주 발생하며 이때 바이러스가 소장 상부 융모(villus)의 상피세포를 공격하여 흡수장애, 나트륨 수송방해와 설사를 유발한다. 임상적인 증상은 무증상으로부터 두통과 열을 동반하는 상대적으로 약한 설사에서 복부 통증을 수반한 심하고 피가 섞여 나오지 않는 물 설사에 이르기까지 다양하다. 치명적인 탈수 현상은 어린아이에게 가장 흔하다. 특히 어린이는 종종 구토 증세를 동반한다. 바이러스성 위소장염은 대개 저절로 치유된다. 치료방법은 등장액으로 수분 보충하고, 진통제와 항연동운동 약제를 경구 복용하여 안정을 찾도록 하는 것이다. 증상은 대개 1~5일간 지속되며 회복되면 추가 감염에 대한 보호 면역을 종종 갖게 된다.

A형 간염

A형 간염(hepatitis A, 감염성 간염)은 주로 분변에 오염된 음식 또는 식수, 분변에 오염된 물에 사는 어패류에 의해 감염된다. 이 병은 *Picornaviridae* 과의 헤파토바이러스 속(*Hepatovirus* genus)의 A형 간염바이러스(hepatitis A virus, HAV)가 원인이다. 모든 간염바이

표 37.2 의학적으로 중요한 위소장염 바이러스

바이러스 과	바이러스	특성
Adenoviridae	아데노바이러스(서브그룹 F, 혈청형 40과 41)	주로 소아 사례, 군대에서 집단발병 보고됨, 면역 억제된 경우 더욱 심함
Astroviridae	사람 아스트로바이러스	주로 소아 사례와 요양시설에서의 집단발병, 1~3일간 지속
Caliciviridae	노로바이러스(유전형 I과 II)	소아 유행, 나이가 많은 아이와 성인(가족, 지역사회, 사회활동), 패류, 손 위생이 비위생적인 음식취급자, 유람선 여행과 종종 연관됨
	사포바이러스(유전그룹 1, 2, 4와 5)	주로 소아에서 심하지 않은 설사, 드물게 어른에게서는 패류 또는 다른 음식과 연관됨
Parvoviridae	사람 보카파보바이러스 2	주로 소아 사례, 심하지 않은 설사부터 심한 설사까지, 드물게 급성 이완마비
Picornaviridae	사람 파르에코바이러스	주로 소아 사례, 심하지 않은 설사, 드물게 심근염과 뇌염의 합병증
Reoviridae	로타바이러스(A–C 그룹)	주로 소아 사례, 위경련, 열, 구역질, 구토가 있는 탈수성 설사(5~7일), 성인의 경우 3~5일간의 설사

러스가 간질환을 일으키지만 모두 분류학적으로 서로 관련된 것은 아니라는 점을 기억해야 한다(표 37.1). HAV는 선형의 양성가닥 RNA 바이러스로서 외피가 없는 정20면체 구조를 하고 있다. 일단 소화계에 감염되면 바이러스는 소장의 상피세포에서 증식한다. 대개는 심하지 않은 소장 증세를 유발한다. 때로 바이러스혈증(viremia: 혈액 내에 바이러스가 존재하는 것)이 나타나며 바이러스가 간으로 전파되기도 한다. 간에서 증식한 바이러스는 담즙으로 들어가 소장으로 배출된다. 이것은 왜 그렇게 분변이 전염성이 강한지를 설명해 준다. 약 4주의 잠복기 후에, 식욕감퇴, 전신 권태감, 구역질, 설사, 열과 오한, 황달 등의 증상이 나타난다. 대부분의 경우 4~6주 이내에 회복되며 강한 면역을 갖게 되지만 일부 환자에서는 재발하여 6개월 또는 그 이상 증상을 보이기도 한다. 다행히 사망률은 낮다(1% 미만)으로, 미국 인구의 약 40~80%가 HAV 항체가 있으나 대부분은 그들이 과거에 감염되었었는지도 모른다. 감염관리는 위생을 철저히 하고, 배설물을 위생적으로 처리하고, HAV 백신을 맞는 것이다. 1990년대에 HAV 백신이 도입되어 새로운 환자가 현저히 감소하였다. 이 백신은 A형 간염 발생이 많은 지역으로 여행하는 여행객에게 권장되고 있다(표 35.2 참조).

E형 간염

E형 간염바이러스(hepatitis E virus, HEV) 유전형 1과 2에 의한 **E형 간염**(hepatitis E)은 깨끗한 물과 위생환경이 보장되지 못한 개발도상국에서의 유행에 많이 관여한다고 생각되지만 HEV 유전형 3과 4는 유럽에서, 그 보다는 덜하지만 미국에서 발견된다. 선형의 단일양성가닥 RNA 바이러스 유전체는 7,900 뉴클레오티드이다. 바이러스 입자는 지름 32~34 nm의 구형으로 외피가 없나(표 37.1).

HEV 유전형 1과 2에 의한 감염은 주로 분변에 오염된 식수에 의해서, HEV 유전형 3과 4에 의한 감염은 오염된 음식(특히 덜 조리된 돼지고기)에 의해 전파된다. HEV는 아마도 위장을 통해 혈액으로 들어가 간에서 증식하여 간세포에서 방출되어 담즙으로 간 다음에 대변으로 배출된다. A형 간염처럼 HEV 감염은 증상이 심하지 않으며 자연치유된다. 잠복기는 15~60일 정도로 다양하지만, 평균적으로 40일 정도이다. 이 병은 15~40세의 환자에게 가장 빈번히 발생한다. 어린이는 일반적으로 무증상이지만 때로는 복통, 식욕부진, 짙은 색의 소변, 열, 간 비대, 황달, 불쾌감, 메스꺼움과 구토 같은 약한 증상과 징후를 나타낸다. 치사율은 낮지만(1~3%), 임산부의 경우는 예외(15~25%)로 전격성 간부전(fulminant hepatic failure)으로 사망 위험이 높다. HEV 감염진단은 항-HEV의 항체를 검출하거나 역전사효소 중합효소연쇄반응(RT-PCR)으로 진단한다. 건강을 증진하고 문제가 되는 지역의 위생 상태를 개선하는 것 외에는 HEV 감염을 예방하는 특별한 예방법이 없다.

회색질 척수염

회색질 척수염(poliomyelitis: 그리스어 *polios*는 '회색', *myelos*는 '골수 또는 척수'를 의미), **폴리오**(polio), 다시 말해 **소아마비**(infantile paralysis)는 사람 엔테로바이러스 C(human enterovirus C) 종에 속하는 소아마비바이러스(poliovirus)에 의해 발생하며 영국에서 1789년에 어린이의 "다리를 못 쓰게 하는(leg-wasting)" 질병으로 처음 설명되었으나, 고대 이집트 벽화에서 소아마비를 앓았던 남자를 확실히 보여주고 있다(**역사 속 주요 장면 37.1**). 소아마비바이러스는 위소장에서 일시적으로 사는 엔테로바이러스로서 *Picornaviridae* 과에 외피가 없는 양성가닥 RNA 바이러스이다. 3종류의 소아마비바이러스 아형이 확인되었다. 2형은 2015년에 박멸되었으며 3형은 2012년 이후 발견되지 않는다. 3 종류의 백신이 사용되고 있으며 1개는 세 부분(tripartite: 3종류의 아형 모두를 포함) 백신, 나머지 2개는 단가백신(monovalent vaccine)으로 하나는 1형에 대한, 다른 하나는 3형에 대한 백신이다. 소아마비바이러스는 특히 산성 pH에서 아주 안정적이고 주요 감염경로인 식품과 물 속에서 아주 오랫동안 감염력을 유지할 수 있다. 평균 잠복기는 6~20일이다.

일단 체내에 들어가면 목구멍이나 소장의 점막에서 증식한다. 이 부위에서 바이러스가 목의 편도와 림프절에 그리고 소장 끝에 위치한 림프설에 침입한다. 일반적으로 이때는 증상이 없거나 열, 두통, 인후통, 구토와 식욕부진 등을 짧게 겪기도 한다. 때로는 바이러스가 혈류로 들어가서 바이러스혈증을 일으키기도 한다. 99% 이상의 대부분의 경우에 바이러스혈증은 일시적이며 임상적인 증상이 나타나지 않는다. 일부의 경우에 바이러스혈증이 지속되고 바이러스가 중추신경계로 들어가서 마비성 소아마비를 일으킨다. 바이러스는 척수의 전각운동신경세포(anterior horn motor nerve cell)에 높은 친화성을 가진다. 일단 이러한 세포에 들어가면 바이러스는 증식하여 세포를 파괴하므로 운동 근육이 마비된다. 3가의 솔크(Salk) 백신(1955년)과 3가의 사빈(Sabin) 백신(1962년)을 사용한 이래로 소아마비의 발생이 현저하게 줄어들었다. 미국에는 현재 이 바이러스의 야생체가 존재하지 않는다. 소아마비를 박멸하기 위한 전 세계적인 노력은 아주 성공적이어서 2020년에 야생 소아마비바이러스가 84건만이 보고되었다. 야생 소아마비바이러스는 아프가니스탄과 파키스탄에만 존재한다. 매년 300건 이상의 백신 유래 소아마비가 발생이 보고되고 있기 때문에 약독화 생백신인 사빈 소아마비 백신 사용은 논란이 많다. 백신 바이러스가 야생 바이러스로 되돌아가거나 콕사

역사 속 주요 장면 37.1

소아마비의 간략한 역사

다른 여러 감염성 질병처럼 소아마비는 고대부터 존재했을 것이다. 기원전 2,000년쯤의 여러 이집트 그림을 보면 팔과 다리가 위축되어 있는 사람이 그려져 있다(**그림**). 1840년 독일의 한 정형외과 의사인 하이네(Jacob von Heine)는 척수에 문제가 생겨 회색질 척수염(poliomyelitis, 소아마비)의 임상증상이 생긴다는 사실을 지적했다. 그후 소아마비에 대한 연구에 별다른 진전이 없다가, 1890년 스웨덴의 소아과 의사인 메딘(Oskar Medin)이 이것이 유행병으로서 질병이 진행되는 것을 알아냈다. 초기에는 미약한 증상과 열이 나는 전신기가 나타나고 일부에서만 합병증으로 마비까지 되는 것을 알아냈다. 1908년에 란트슈타이너(Karl Landsteiner)와 포퍼(William Popper)가 이 질병을 원숭이에게 전파하는 데 성공하여 주요한 진전을 이루었다. 1930년대 소아마비에 걸렸던 미국 루스벨트 대통령(U.S. President Franklin D. Roosevelt) 때문에 이 병에 대한 관심이 높아졌다. 1938년 소아마비 연구를 위해 10센트씩 모으는 캠페인이 시작되었다. 이 캠페인의 유일한 목적이 소아마비의 연구를 위한 기금 모금이었다. 1949년 엔더스(John Enders), 웰러(Thomas Weller)와 로빈스(Frederick Robbins)에 의해 신경 유래 세포가 아닌 사람의 배아조직에서 소아마비바이러스를 실험실 배양하는 데 성공했다. 이것이 후에 백신을 개발할 수 있게 한 돌파구가 되었다.

1952년 보디안(David Bodian)이 소아마비바이러스에 3가지 혈청형이 있음을 알아냈다. 1952년 솔크(Jonas Salk)가 포르말린으로 불활성화한 소아마비바이러스 백신으로 면역에 성공하여 1955년 이 백신(IPV)의 사용이 승인되었다. 1960년 사빈(Albert Sabin)과 그의 동료들이 유럽에서 약독화 생백신[live attenuated poliovirus vaccine, 경구용 소아마비 백신(OPV)]을 개발했으며 이 백신은 1962년에 미국에서 사용 승인을 받았다. 솔크와 사빈은 전문분야에서의 경쟁자로 서로를 많이 좋아하지는 않았음에도 불구하고 솔크 백신과 사빈 백신은 마비성 회색질 척수염을 현저히 감소시켰다. 예방접종 노력으로 전 세계에서 2번째로 박멸할 가능성이 높은 질병이 소아마비일 것이다.

그림 소아마비에 걸린 고대 이집트인. 환자의 다리가 위축되어 있다.
Bettmann/Getty Images

키바이러스나 다른 흔한 엔테로바이러스와 재조합되어 재조합바이러스가 됨으로써 발생한다.

소아마비에 더해서, 100개 이상의 다른 엔테로바이러스들 모두는 사람의 중추신경계를 침입할 가능성이 있다. 그러나 소아마비바이러스처럼 아주 드물다. 2014년에 이러한 바이러스인 엔테로바이러스 D68(enterovirus D68)에 의한 집단발병이 있었으며 천식과 같은 호흡기문제가 있던 어린 어린이들이 표적이 되어 생명을 위협하는 호흡기 고통을 야기하였으며 상당수는 마비되었다. 때때로 산발적인 엔테로바이러스 D68가 계속 진단되고 있다.

마무리 점검

1. 급성 바이러스성 위소장염과 관련 있는 바이러스 그룹에는 어떠한 것들이 있나? 그들이 어떻게 질병의 증상을 유발하는가?
2. A형 간염의 증상을 설명하시오.
3. A형 간염과 E형 간염 전파를 예방할 수 있는 방법을 비교 대조하시오.
4. 우리 몸의 어느 부위에서 소아마비바이러스가 증식하는가? 이 감염의 일반적인 결과는 무엇인가?

37.5 인수공통감염병은 사람–동물 상호작용으로 발생한다

이 절을 학습한 후 점검할 사항:

a. 동물과의 접촉에 의해 전파되어 흔히 질병을 야기하는 바이러스를 토론할 수 있다.
b. 인수공통 바이러스성 질병의 전형적인 징후와 증상을 알아볼 수 있다.
c. 인수공통 바이러스감염과 바이러스의 부착인자에 의한 질병중증도의 상관관계를 볼 수 있다.

이 절에서는 주로 동물유래인 인수공통감염(zoonotic) 바이러스가 원인이 되는 질병에 대해 논한다. RNA 바이러스 과(family)인 *Arenaviridae*, *Bunyaviridae*, *Flaviviridae*, *Filoviridae*와 *Picornaviridae*가 사람에게 감염이 되기 전 또는 사람 간 전염이 되기 전에 동물 저장숙주에서 발견되는 대표적인 예이다. 많은 여러 동물들이 사람에게도 감염되는 바이러스를 가지고 있지만, 가장 흔한 인수공통바이러스의 저장숙주는 박쥐이다.

에볼라와 마버그 출혈열

에볼라바이러스 질병(Ebola virus disease, EVD)은 에볼라바이러스(Ebola virus)가 원인이며 아프리카 콩고 공화국의 에볼라 강 근처에서 처음 발견되었다. *Filoviridae* 과 에볼라바이러스 속(*Ebolavirus* genus)에 속한 이 바이러스는 신형의 음성가닥 RNA 바이러스다(**그림 37.23**). 6가지 에볼라 종(species)이 알려져 있다. **수단 에볼라바이러스**(*Sudan ebolavirus*), **타이포스트 에볼라바이러스**(Tai Forst ebolavirus: 예전의 코트디부아르 에볼라바이러스), **분디부교에볼라바이러스**(*Bundibugyo ebolavirus*), **자이레 에볼라바이러스**(*Zaire ebolavirus*), **봄발리 에볼라바이러스**(*Bombali ebolavirus*)와 **레스톤 에볼라바이러스**(*Reston ebolavirus*)이다. 앞 5개의 종은 사람에게 병을 일으킨다. 6번째인 레스톤 에볼라는 1989년에 처음 발견되었으며 다른 종과는 달리 사람이 아닌 영장류와 돼지에만 병을 일으킨다. 레스톤 바이러스만이 공기연무(aerosol)를 통해서 전파된다. 사람에 감염되는 모든 에볼라바이러스는 체액의 직접접촉으로 전파된다. 회복기 환자의 체액에 바이러스가 지속하여 존재하며 드물지만 감염에서 회복된 후 17개월까지 정액에 존재하여 성교를 통해 전파되기도 한다. 박쥐는 에볼라바이러스 자연저장숙주로 여겨지지만 정확한 종은 알려지지 않았다.

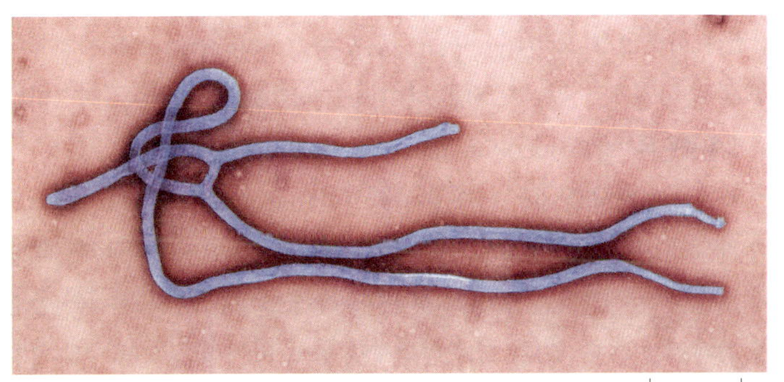

그림 37.23 에볼라바이러스 비리온. Cynthia Goldsmith/Centers for Disease Control and Prevention

바이러스성 출혈열(viral hemorrhagic fever, VHF)은 에볼라 유행병 시기에 보인 중증의 다기관증후군(multisystem syndrome: 여러 장기에서 증상)을 나타낼 때 사용하는 용어이다. 숙주의 혈관계가 손상되어 혈액응고 능력의 감소(혈액응고 병변)가 동반되어 혈관의 누출로 체액이 조직으로 흘러가는 것이 발생한다. EVD의 잠복기는 2~21일이며 특징적인 증상은 급작스러운 열, 두통, 관절과 근육통, 목 아픔, 무력감이며 그 다음에 설사, 구토 및 위통의 증상이 온다. 감염의 징후에는 발열, 발진, 눈 충혈, 출혈 및 딸꾹질 등이 포함되며 이들은 내부출혈을 경고해주는 증상이다. 에볼라 감염에 대한 표준 치료법은 없다. 환자는 보조요법의 치료를 받는다. 그것은 환자의 체액과 전해질의 균형을 맞추어 주고, 산소 상태 및 혈압을 유지하게 해주며, 다른 합병증에 의한 감염 치료를 하는 것이 포함된다. 에볼라 생존자로부터 얻은 회복기 환자 혈청과 실험적 항체 칵테일은 2014년도 에볼라 환자 치료에 효과가 있었다는 결과를 보여주었다. 아주 효과적인 백신이 집단발병을 관리하기 위해 현재 사용되고 있다.

마버그(Marburg) 질병 또한 *Filoviridae* 과에 속하는 유전적으로 독특한 RNA 바이러스가 원인이다. 마버그바이러스(Marbugvirus, MARV)는 유사하게 출혈열을 야기한다. 인간과 영장류 모두에게 영향을 주는 중증의 드문 출혈열을 야기한다. MARV는 1967년에 독일 마버그와 프랑크푸르트의 실험실과 세르비아의 벨그라드 실험실에서 동시에 집단 발병한 출혈열이 처음 보고되었다. 마버그바이러스에 감염된 첫 환자들은 아프리카 녹색원숭이나 그 원숭이 조직과 접촉한 사람들이었다. 마버그바이러스는 아프리카가 원산지이고 마버그바이러스 저장숙주는 아프리카 과일박쥐인 *Rousettus aegyptiacus*이다. 마버그 출혈열의 평균 잠복기는 5~10일이다. 갑작스러운 열과 오한, 두통 및 근육통과 빈구진성 발진(maculopapular rash: 튀어나온 색이 변한 반점)이 뚜렷한 실병의 증상이다. 메스꺼움, 구토, 가슴통, 목 아픔, 복부통증 및 설사 또한 감염된 사람에서 나타난다. 증상은 점점 더 심해져 황달, 정신착란, 간부전, 췌장염, 심각한 체중 감소, 쇼크 및 여러 장기의 부전이 생긴다. 이 병의 치료법은 보조적인 병원 치료에만 한정된다.

한타바이러스 폐증후군

한타바이러스 폐증후군(hantavirus pulmonary syndrome, HPS)은 *Hantaviridae* 과의 음성가닥 RNA 바이러스에 의한 질병이다. HPS는 전형적으로 감염된 설치류의 소변, 대변 또는 침에 포함된 바이러스 입자들을 흡입하여 인간에게 전파된다. HPS는 설치류숙주에게는 질병을 유발하지 않으므로 설치류가 저장숙주로 여겨진다. 미국에서 드물긴 하지만 HPS는 아주 치명적인 병이다. 집 안과 집 주변의 설치류를 통제하는 것이 한타바이러스의 감염을 막는 기본적인 대책이다. 미국에서 HPS는 사람에서 사람으로 전파되지 않으며 애완동물 상점에서 구입한 설치류를 통해서 전파된 바 없다.

자연환경에서 바이러스 입자는 2~3일간 감염력을 가질 수 있다. 한타바이러스는 대부분의 살균제에 민감한 지질 외피를 가지고 있다. 따라서 예방법으로는 설치류 분변으로 오염되었을 수 있는 지역을 청소하는 것이 포함된다. HPS의 특별한 치료법은 아직 없다. 환자의 체액과 전해질의 균형을 맞추어주고, 산소 상태 및 혈압을 유지하게 해주며, 손실된 피와 응고인자들을 대체해주며, 다른 합병증에 의한 감염에 대한 치료를 하는 것 등을 포함한 대증요법의 보조적인 치료에 사용된다.

광견병

광견병(rabies: 라틴어 *rabere*는 '분노' 또는 '광기'를 의미)은 매우 신경친화적인 여러 다른 계통의 바이러스에 의해 발생한다. 대부분은 1개의 혈청형(serotype)의 리사바이러스 속(*Lyssavirus* genus: 그리스어 *lyssa*는 '분노'를 의미)의 *Rhabdoviridae* 과에 속한다. 총알 모양의 외피가 있는 바이러스 입자는 음성가닥 RNA 유전체를 갖고 있다(**그림 37.24**). 처음 질병이 알려진 이래로 광견병은 인간에게 놀랍고 고통스럽고 두려운 질병으로 알려졌다. 파스퇴르가 광견병 백신을 개발하기 전에는 "미친 개!"라는 외침보다 무서운 말은 거의 없었다. 지난 50년간 예방법의 발달로 야생고양이 및 야생고양이와 접촉한 애완동물이 감염되는 치명적인 동물 질병이었던 광견병은 미국 내에서의 거의 박멸되었다. 많은 야생동물은 광견병에 감염될 수 있지만, 감수성은 종마다 다르다. 여우, 코요테 그리고 늑대가 가장 감수성이 높고, 스컹크, 너구리, 곤충 섭식 박쥐와 살쾡이 등은 중간 정도이다. 전 세계적으로 거의 모든 경우의 사람 광견병은 개에게 물려 일어나지만 미국에서의 감염 대부분은 박쥐와 야생너구리에 물려서 일어난 것이다. 광견병에 걸린 동물의 더욱 흔한 징후는 무기력증 또는 마비(침묵 광견병)이지만, 광견병에 걸린 동물들이 동요하거나 공격적인(격분한 분노로 알려진) 징후를 보이기도 한다. 광견병이 여전히 풍토병인 150개국 이상의 개발도상국 및 그 영토에서는 매년 약 59,000명이 광견병으로 죽는다. 미국에서는 매년 10건 미만이 보고된다.

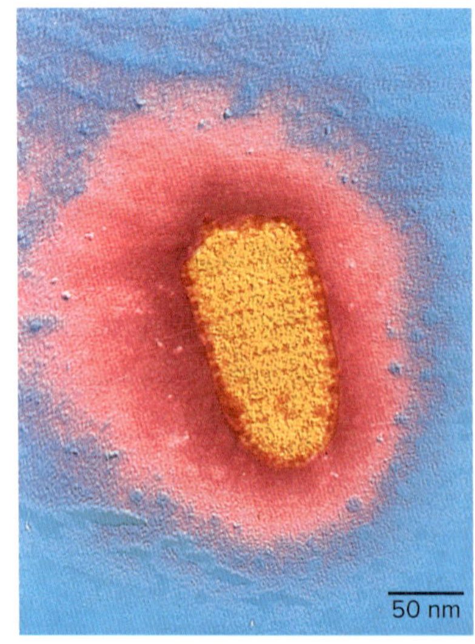

그림 37.24 광견병. 광견병바이러스 비리온의 색을 입힌 전자현미경 사진(노란색)이다. 총알 모양을 하고 있는 것에 주목하시오. 바이러스 입자의 외피는 스파이크 같은 당단백질 돌기가 있으며 이것은 세포수용체에 특이적으로 결합한다. CNRI/Science Source

연관 질문 광견병바이러스가 처음 감염하는 숙주세포는 어떤 종류인가? 그 다음에 바이러스는 어디로 이동하는가?

바이러스는 감염된 숙주의 침샘에서 증식한다. 뇌로 이동하여 동물의 행동변화를 야기할 수도 있다. 인두신경을 손상시킬 수 있어서 삼키는 것을 어렵게 만든다. 따라서 동물이 입에 거품을 물게 되며 침에 바이러스가 가득하다. 감염 동물이 다른 동물이나 사람을 물게 되어 전파하거나, 박쥐의 휴식처인 동굴에 있는 비말(에어로졸) 상태의 바이러스를 통해 전파된다. 또는, 감염 동물의 침에 있는 바이러스가 긁히거나 찰과상, 상처와 점막을 통해 들어가기도 한다. 바이러스가 체내로 들어간 후에, 바이러스의 외피 스파이크가 주변의 골격근 세포의 세포막에 부착하여 세포내로 들어간다. 그 다음에 바이러스가 증식한다. 증식된 바이러스의 수가 근육에서 충분해지면 바이러스는 수초에 싸여 있지 않은(unmyelinated) 감각신경말단과 운동신경말단을 통해 신경계로 들어가는데, 바이러스가 결합하는 부위는 니코티닉 아세틸콜린 수용체(nicotinic acetylcholine receptor)이다.

바이러스는 체내에서 역행성 축색흐름(retrograde axonal flow)으로 매일 8~20 mm 정도씩 척수에 도달할 때까지 이동하는데, 척수에 도달하면 나타나는 질병의 첫 번째 특이 증상은 상처 부위의 통증과 감각이상일 수 있다. 중추신경계를 통해 바이러스가 빠르게 퍼질 때 빠르게 진행하는 뇌염이 생긴다. 그 후 바이러스는 말초신경을 통해 몸 전체로 퍼지며 그 중에 침샘으로도 이동하며 침을 통해 바이러스가 방출된다.

뇌신경세포 안에서 바이러스는 특징적인 네그리소체(Negri body)를 형성하며, 이것은 광학현미경으로도 볼 수 있는 바이러스 덩어리 또는 조립되지 않은 바이러스의 소단위들이 모인 것이다. 이전에는 단지 이 네그리소체가 신경조직에 존재하는지의 여부로만 광견병을 진단했다. 현재는 직접면역형광 항체(direct immunofluorescent antibody, DFA), 항-광견병바이러스 항체를 보는 혈청학, PCR 등으로 진단한다. ◀ 검체로부터 미생물의 확인(36.2절)

사람이 광견병에 걸렸을 때의 증상은 주로 바이러스에 노출된 지 2~16주 후에 나타나며 불안, 흥분, 우울함, 피로, 식욕부진, 열과 빛과 소리에 민감한 반응을 보이는 것이다. 병은 빠르게 마비 단계로 진행된다. 대략 50%의 환자는 액체를 삼킬 때 목구멍 및 가슴의 근육에 강하고 고통스러운 경련을 일으킨다. 물을 보거나 생각하거나 냄새를 맡아도 경련을 일으킨다. 그 때문에 광견병은 공수병(hydrophobia: 물을 두려워 함)으로도 불렸다. 일단 광견병 증상이 시작되면 질병 치사율은 100%이다. 호흡을 조절하는 뇌 중추가 파괴되기 때문에 사망하게 된다. 효과적이고 안전한 사람 이배체세포 광견병 백신(human diploid-cell rabies vaccine, HDCV) 또는 흡착된 광견병 백신(rabies vaccine adsorbed, RVA)이 있다. 예방 및 관리방법은 개와 고양이에게 사전 예방접종(preexposure vaccination)을 하며, 특별히 위험한 경우, 즉 수의사나 개들의 광견병이 흔한 국가에서 한 달 이상 체류한 사람에게도 사전 예방접종을 한다.

광견병에 노출되었는지 의심되는 경우 광견병 면역글로불린을 수동면역으로 접종하고 능동면역으로 광견병 백신을 사용하는 조치는, 광견병바이러스가 상대적으로 긴 잠복기를 가지는 특성을 이용하는 것이다. 광견병 면역글로불린은 상처부위를 세척한 후 그 상처부위에 직접 접종한다. 백신은 4번 접종하는데 첫 접종 후 3일, 7일, 14일 이후에 접종한다. 이 조치는 동물이 광견병바이러스에 감염되지 않았다고 증명되지 않은 상태에서 광견병바이러스의 흔한 저장숙주 동물(너구리, 스컹크, 여우와 박쥐 등)에게 물린 경우에 주로 권장된다.

광견병 백신을 더 쉽게 더 싸게 이용할 수 있도록 세계적인 계획이 시도 중이다. 2030년까지 모든 나라에서 최소한 70%의 개가 예방접종을 하도록 하는 것이 목표이다. 광견병바이러스는 다양한 동물숙주가 있으므로 박멸할 수 없기 때문이다.

마무리 점검

1. 에볼라와 마버그 출혈열이 그렇게 전염성이 높고 치명적인 요인이 무엇인가?
2. 한타바이러스와 광견병바이러스가 사람에게 전파되는 것을 막기 위해 취할 수 있는 예방조치는 무엇인가?
3. 대부분의 질병은 예방접종으로 치료될 수 없다. 왜 광견병은 예방접종으로 치료될 수 있는가?

37.6 프리온 단백질이 질병을 전파한다

이 절을 학습한 후 점검할 사항:

a. 프리온에 의한 질병을 설명할 수 있다.
b. 바이러스 감염과 프리온에 의한 질병을 구분할 수 있다.

프리온 질병, **전염성 해면양뇌병증**(transmissible spongiform encephalopathy, TSE)이라고도 부르는 이 질병은 치명적인 신경퇴행성 장애를 일으키는 특이한 생물학적인 특징뿐만 아니라 공중보건에 미치는 영향 때문에 엄청나게 많은 주목을 받고 있다. 프리온은 비정상적으로 접힌 단백질(PrP^{Sc})로 구성되어 있으며 이 PrP^{Sc}들은 정상적인 형태의 단백질(PrP^{C})을 비정상적으로 접힌 형태로 유도할 수 있다(그림 6.20 참조). 이들 그룹의 질병에는 스크래피(scrapie), 쿠루(kuru), 크로이츠펠트 야콥병(Creutzfeldt-Jakob disease, CJD), 변종 크로이츠펠트 야콥병(new variant Creutzfeldt-Jakob disease, vCJD), 저스만 스트라우슬러 쉰커병(Gerstmann-Sträussler-Scheinker disease, GSD)과 치명적인 가계 불면증(fatal familial insommia, FFI) 등이 있다. 스크래피는 주로 양에서 발생한다. 이 질병들 중 사람에서 처음 연구된 것은 뉴기니의 포어(Fore) 부족에서 발견된 쿠루(kuru)였다. 게쥬섹(Carlton Gadjusek)과 동료들은 부족의 종교의식의 식인(특별히 뇌와 척수를 먹는) 풍습에 의해 이 질병이 전파되는 것을 보여주었다. 질병에 의한 장애의 일차적인 증세는 치매(dementia)로서, 뇌성운동실조(cerebral ataxia: 근육운동을 조절하는 능력 상실)와 간대성 근경련(myoclonus: 근육의 충격 같은 수축)같은 운동기능장애가 동반된다. FFI는 또한 자율신경계의 비정상적인 기능과 수면장애의 특징이 있다. 이러한 증상들은 중년이나 노인에게서 은밀하게 나타나서 사망하기 전 수개월(CJD, FFI와 쿠루)에서 수년(GSD) 동안 지속하다가 사망하게 된다. ◀ 프리온은 단백질로만 이루어져 있다(6.7절)

신경병리적으로 이 질병은 뇌의 특징적인 해면양의 퇴화와 함께 아밀로이드 플라크(plaque)의 축적을 보인다(**그림 37.25**). 따라서 프리온 질병은 또 다른 뇌의 아밀로이드증(amyloidosis: 아밀로이드 축적 등)을 보이는 더 흔한 알츠하이머병(Alzheimer's disease)과 임상적, 신경병리적 그리고 세포생물학적 특징이 비슷하다. 프리온 질병은 3종류의 하위 카테고리를 갖는다. 즉, 유전형[familial: inherited(가족력을 보이는)], 산발형(sporadic), 획득형(acquired)으로 구성되어 있다. 프리온을 암호화하고 있는 유전자에 유전적인 돌연변이로 인해 가족형 CJD가 생긴다. 특정 아미노산 잔기에 변이가 생기면 CJD가 발생하는 것에서 왜 이 아미노산의 변이로 인해 정상적인 단백질(PrP^{C})이 잘못 접힌 비정상적인 단백질(PrP^{Sc}) 구조가 되는

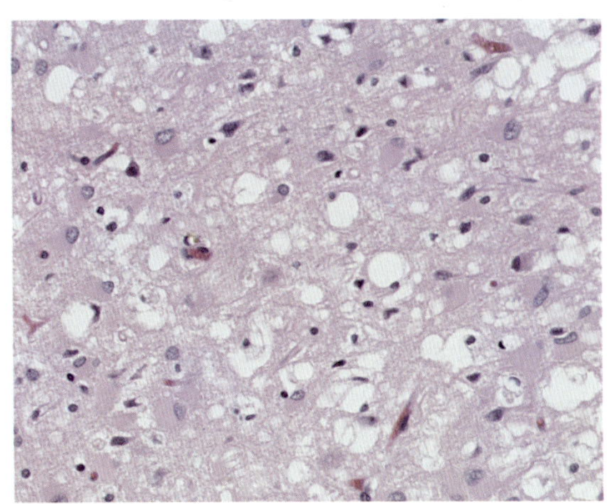

그림 37.25 변종 크로이츠펠트-야콥병(vCJD). vCJD는 프리온-의존 질병으로 대뇌피질에 뚜렷한 스폰지(구멍이 생긴)같은 변화와 신경의 감소가 나타난다. 이 뇌 조직의 사진(×100과 헤마톡실린과 에오신으로 염색하였음)으로 스폰지 모양을 주목하시오. Teresa Hammett/Centers for Disease Control and Prevention

지는 아직 명확하지 않다. 가족형 CJD는 아주 드물어서 모든 CJD의 5~15% 정도이다. 빠르게 진행되며 항상 치명적으로 발병한 지 일년 이내에 사망한다.

산발형 CJD (sCJD)는 PrP^C 단백질을 암호화하고 있는 유전자에 자연발생 돌연변이가 일어나면 발생한다. 전 세계에서 매년 1백만 명 중 1명이 발생하며 전 세계 CJD의 75%가 sCJD이다. sCJD 발생을 야기하는 성별, 환경, 생활습관과의 연관성이 알려져 있지 않다. 이 질병도 빠르게 진행한다. 증상은 우울증과 상호조정 능력과 걷는 능력 상실에서 시력과 말하는 능력을 상실하고 요실금과 움직이지 못하게 되는데 이 변화가 평균 4~5달 만에 발생한다. 70%의 환자가 증상이 나타난 6개월 이내에 사망한다.

변종 CJD(variant CJD, vCJD)는 프리온 질병인 소해면양뇌병증(bovine spongiform encephalopathy, BSE)에 걸린 소의 소고기 관련 식품을 먹어서 걸린다. 이러한 전파는 1980년대와 1990년대 초반에 영국에서 발생하여 1996~2011년 동안 175건의 vCJD가 발생하였다. 이 결과는 5년의 잠복기를 제시하고 있다. 의인성(iatrogenic) CJD는 의사, 외과의사, 의학처치, 또는 진단과정 중에 획득되어 감염되는 것이다. 가장 흔한 의인성 CJD 출처는 프리온에 오염된 인간 성장호르몬, 또는 각막이식이나 경뇌막(dura mater: 뇌 주변 조직)의 이식 등에 의해 감염된다. 기증자의 사전검색과 이식하기 전에 철저히 검사하면 프리온의 전파 빈도를 줄일 수 있다. 의인성 CJD는 전 세계 CJD의 5% 미만이다.

마무리 점검

1. 프리온은 바이러스와 어떻게 다른가? 또한, 유사점은 무엇인가?
2. 해면양뇌병증은 주로 어떤 경로를 통해 획득되는가?

요약

37.1 바이러스는 공기매개로 전파될 수 있다

- 수두와 대상포진은 동일한 허피스바이러스인 수두대상포진바이러스(varicella zoster virus, VZV)가 야기한다. 허피스비리대(Herpesviridae) 과에 속한 모든 바이러스처럼 VZV는 잠재감염(latent infection)을 하여 몇 년 후에 대상포진이 발생할 수 있다. 수두와 대상포진은 백신으로 예방할 수 있다(그림 37.1과 그림 37.2).
- 사스-코로나바이러스-2(SARS-CoV-2)가 야기한 COVID-19는 사람에게 감염된다고 알려진 7종류의 코로나바이러스 중 하나이다. 코로나바이러스는 크기가 크고 외피가 있는 양성가닥 RNA 유전체를 가지고 있다. 대부분의 SARS-CoV-2는 무증상이거나 증상이 약하지만 중증의 COVID-19는 호흡이 어렵게 되고 혈액응고에 변화가 생겨 사망하게 되기도 한다(그림 37.3과 그림 37.4).
- 플루(독감)를 야기하는 2개 속(genus), 인플루엔자바이러스 A와 인플루엔자바이러스 B는 스파이크단백질인 적혈구응집소(HA)와 뉴라민분해효소(NA)로 구분된다. 항원소변이는 지속적인 점 돌연변이의 축적으로 발생한다. 숙주 특이성과 독성의 대변이는 2개의 다른 균주가 같은 숙주세포에 감염되어 RNA 유전체 절편을 서로 교환할 때 발생하며 항원대변이라고 부른다(그림 37.5).
- 홍역바이러스는 전염성이 아주 강하다. 홍역은 백신으로 예방할 수 있는 질병으로, 매년 20만 명 이상의 어린이가 사망한다. 발진, 열, 각막염, 코막힘 등의 특징이 있으며, 영구적인 뇌손상이나 사망할 수 있는 뇌염을 야기할 수 있다(그림 37.6).
- 호흡기증후군을 야기하는 많은 바이러스는 일반감기(리노바이러스, 아데노바이러스, 코로나바이러스)에서부터 폐렴, 그리고 다른 호흡기증후군까지 다양한 증상을 나타낸다. 호흡기세포융

합바이러스(RSV)는 영유아와 걸음마를 배우는 시기의 아기에게 심각할 수 있는 호흡기증후군을 야기한다. 현재 백신이 없다.

- 백신으로 예방할 수 있는 질병인 풍진은 임신초기에 감염되지 않으면 전형적으로 약한 질병을 야기한다. 임신초기에 감염되면 선천성 풍진증후군을 야기할 수 있다(그림 37.7).
- 천연두바이러스(두창바이러스)에 의한 천연두는 1977년 박멸되었다(그림 37.8). 그 시기까지 천연두는 20~ 50%의 사망률을 보이는 전 세계의 큰 부담이었다. 걸린 후 생존한 사람들은 농포성 발진(pustular rash)으로 인한 상처 때문에 평생 모양이 흉한 상태로 고통 받았다.

37.2 절지동물은 바이러스 질병을 전파할 수 있다

- 절지동물매개 바이러스 질병은 절지동물매개체에 의해 사람에서 사람 또는 동물에서 사람으로 전파된다. 많은 경우에 대부분의 감염은 약하여 감염이 된지 모르고 지나간다. 그러나 논의한 각각의 질병에서 일부의 환자는 심각해질 수 있으며 때로는 사망할 수 있다.
- 치쿤구니아, 뎅기, 지카는 숲모기 종(*Aedes* 종) 모기매개질병으로 발진, 두통, 근육통과 관절통을 야기한다. 뎅기에 감염된 적이 있었던 사람이 다른 혈청형에 감염되면 항체의존증진(antibody-dependent enhancement)에 의한 바이러스 흡수(그림 37.9)의 결과로 뎅기출혈열로 진행될 수 있다. 지카가 브라질과 다른 아메리카대륙 국가들을 침범한 2015년까지는 거의 알려지지 않았다. 임신 중에 감염되면 가장 충격적인 선천적 장애가 생기는데, 특히 소두증이 현저하다.
- 1999년에 뉴욕에 도입된 이래 서부나일바이러스(West Nile virus)는 미국 대륙 전체에 퍼졌다. 서부나일열은 집모기 종(*Culex* 종) 모기매개이며 새들이 자연숙주이다. 사람은 막다른 숙주로 여겨진다. 서부나일바이러스에 대한 백신이나 항바이러스제가 없다.

37.3 바이러스가 직접접촉 질병을 야기할 수 있다

- HIV는 성적으로 전파되는 레트로바이러스이다. 감염되어 치료하지 않으면 다양한 시간의 잠재기 이후에 AIDS로 진행된다. HIV는 숙주의 CD4 단백질을 바이러스수용체로 이용하여 면역세포를 표적으로 한다. AIDS는 면역기능을 잃어버리는 특징이 있으며 환자는 기회감염에 의해 제압된다. HIV는 완치되지 못하며 백신도 없다. 항레트로바이러스 약제의 복합제제는 HIV를 만성감염상태로 살 수 있게 해준다(그림 37.10~그림 37.14).
- 단순포진(그림 37.15)과 생식기허피스(그림 37.17)는 모두 허피스바이러스 감염에 의하며, 단순포진은 주로 단순허피스바이러스 1형(HSV-1)이, 생식기허피스는 주로 단순허피스바이러스 2형(HSV-2)이 야기한다. 활성이 있을 때 통증이 있는 수포성 발진(vesicular rash)이 생기게 하고, 잠재기일 때 신경에 존재한다. 물리적인 스트레스 및 정신적인 스트레스가 잠재기 상태 바이러스를 활성화한다.
- 간염을 야기하는 바이러스들은 분류학적으로 연관되어 있지 않다(표 37.1). 직접접촉으로 전파되는 바이러스는 B형 간염바이러스(HBV, DNA 바이러스), C형 간염바이러스(HCV, RNA 바이러스), D형 간염바이러스(HDV, HBV에 의존적인 위성바이러스)이다. HBV(HDV가 있거나 없거나) 또는 HCV에 의한 간염은 급성간염 또는 만성간염이 될 수 있으며 간세포암으로 진행될 수 있다. HBV에 의한 간염(따라서 HDV도 포함)은 백신으로 예방이 가능하며 최근에 개발된 항바이러스제는 대부분의 C형 간염을 완치시킬 수 있게 하였다.
- 거대세포바이러스(CMV), 사람베타허피스바이러스 6(HHV-6) 감염과 사람 파보바이러스 B19는 전형적으로 어린이에 감염된다. 엡스타인-바 바이러스(EBV)는 어린이에게 무증상으로 감염되지만, 젊은 성인에서 EBV는 감염성 단핵구증(infectious mononucleosis)을 야기한다. CMV, HHV-6, EBV는 허피스비리대(Herpesviridae) 과에 속하며 따라서 외피가 있는 DNA 바이러스로서 감염된 모든 사람은 잠재기로 진행된다.

37.4 식품과 물이 바이러스 질병의 운반체이다

- 식품과 물에 의해 전파되는 바이러스는 주로 소장에서 증식해 대변으로 배출된다(표 37.2).
- 바이러스성 위소장염은 가장 흔한 형태의 음식매개 질병이다. 노로바이러스는 어른과 어린이에서 가장 흔하고, 로타바이러스는 전 세계적으로 나이가 어린아이들에게 흔하다. 로타바이러스는 백신으로 예방할 수 있다(그림 37.22).
- 분변으로 오염된 음식과 물에 의해 감염된 간염은 A형 간염과 E형 간염이 있다. A형 간염은 백신으로 예방할 수 있다.
- 소아마비바이러스는 엔테로바이러스 중 하나이며 다른 엔테로바이러스처럼 주로 약한 위소장의 배탈을 야기한다. 아주 드문 경우에 소아마비바이러스와 다른 엔테로바이러스들은 중추신경계에 감염된다. 전 세계의 소아마비 박멸 프로그램이 소아마비 박멸에 엄청난 진전을 이루었다.

37.5 인수공통감염병은 사람-동물 상호작용으로 발생한다

- 동물로부터 전파되는 질병을 인수공통감염(zoonotic) 질병이라 한다.
- 바이러스성 인수공통감염의 예로는 에볼라(그림 37.23)와 마버그 질병, 한타바이러스 폐증후군, 광견병(그림 37.24) 등이 있다.
- 이러한 바이러스들은 사망률이 높은 심각한 질병을 야기한다. 광견병은 능동면역법과 수동면역법의 조합으로 치료할 수 있다.

37.6 프리온 단백질이 질병을 전파한다

- 프리온 질병은 전염성 단백질(프리온)에 의한 병리학적 과정이며 감염된 후 임상질병 증상이 뚜렷해지기까지 아무런 증상 없이 오랜기간을 거친 후 나타난다.
- 프리온 질병의 예로는 크로이츠펠트 야콥병, 변종 크로이츠펠트-야콥병, 쿠루, 저스만 스트라우슬러 쉰커병과 치명적인 가계 불면증(FFI) 등이 있다. 이 질병은 중추신경계의 만성감염으로 진행성의 퇴행성 변화를 겪다가 결국 사망한다.

심화 학습

1. 당신은 새로운 모기매개 질병에 대하여 알게 된 지역 보건위원이다. 당신 지역의 모기를 검사한 결과 양성으로 나왔다. 감염되면 대부분의 사람은 무증상이다. 그러나 2% 정도는 뇌염(뇌감염)으로 진행되기도 한다. 당신이 추적할 역학적 데이터와 당신 지역의 시민을 보호하고 교육하기 위해 당신이 할 노력에 대해 논의하시오.
2. 서부나일바이러스와 뎅기바이러스와 같은 플래비바이러스들은 종종 절지동물매개 바이러스(arbovirus)라고 불리곤 한다. C형 간염바이러스는 플래비바이러스 속에 속하지만 절지동물매개 바이러스라고 생각되지 않는다. 이 경우는 왜 그런 것인가?
3. 홍역바이러스와 A형 간염바이러스 같은 일부 바이러스 감염은 강하고 평생 지속되는 면역력을 제공한다. 그러나 뎅기바이러스, 리노바이러스, 코로나바이러스, 인플루엔자바이러스 같은 많은 다른 바이러스들은 그렇지 않다. 이러한 차이에 기여하는 요인에 대하여 토론하시오.
4. 천연두 박멸을 가능하게 했던 생물학적, 사회학적, 정치적인 요인들을 토론하시오. 소아마비 박멸의 관점에서 이러한 요인들을 고려하시오. 어떻게 비교해야 하는가? 다른 어떤 바이러스에서 박멸하고자 하는 이러한 노력을 예상할 수 있겠는가?
5. 1918년의 스페인독감 바이러스의 8개 유전자를 재구성한 인플루엔자바이러스를 2005년에 사람 폐 상피세포와 생쥐에 도입하였다. 이 바이러스는 빨리 증식하여 갑작스럽게 질병을 야기하고 생쥐를 죽게 하였다. 2008년에는 현대의 H1N1 인플루엔자 바이러스 유전자와 1918년 스페인독감 동종 유전자를 하나씩 대체하여 각 유전자의 독성을 연구하였다. 1918년 바이러스를 현재의 H1N1의 혈구응집소, 뉴라민분해효소, 또는 PB1 중합효소 아단위로 바꾸면서 1918년 바이러스의 독성이 심각하게 감소되었다.
   왜 이들 각각의 유전자가 감염과 독성에 그렇게 중요한지 설명하시오. 하나 이상의 유전자가 대체되었을 때 추가효과를 예측하시오. 당신의 답을 설명하시오.
6. 조류인플루엔자바이러스(AIV)가 사람에게 감염되는 능력을 갖게 되면 공중보건에 위험이 된다. H5N6 AIV가 중국에서 2013년에 출현하여 몇 명의 사람이 사망하였다. 175개의 H5N6 AIV의 유전체 염기서열을 완전히 분석하여 6종류의 다른 유전체가 있으며 이들은 유전적 재편성으로 발생하였음을 규명하였다. 그림 37.5의 그림을 참조하여 과학자들이 어떻게 이러한 결론에 도달하였는지를 토론하시오. 모든 변화를 통해 바이러스가 사람에 감염하기 더 쉬워질 것인가? 어떤 변화가 가장 위험한 신호라고 생각되는가?
7. 백신이 있음에도 불구하고 지난 몇 년간 선진산업국에서 홍역 발생이 증가하였다. 어릴 때 예방접종을 하였으면 어른이 되어서도 면역이 남아있는가 하는 것이 중심이 되는 질문이다. 이탈리아 연구자 그룹이 홍역 예방접종을 하였거나 어렸을 때 홍역을 앓았던 1,100명으로부터 혈액샘플을 채취하여 이 질문에 대한 답을 찾았다. 그 다음에 혈청학적 유병률을 결정하였다. 두 그룹에서 항-홍역 항체 역가(항체 양)의 차이가 있을 것이라고 기대하는가? 왜 또는 왜 아닌가? 당신이 보건당국자라면 결과를 얻기 위한 실험에서 어떤 특별한 질문을 할 것인가?

   참고문헌: Anichini, G., et al. 2020. Seroprevalence to measles virus after vaccination or natural infection in an adult population, in Italy. *Vaccines*. 8, 66. doi.org/10.3390/vaccines8010066

CHAPTER

38

세균에 의한 질병

VCG Wilson/Corbis/Getty Images

페스트(흑사병)의 가계도

거의 모든 사람들은 1347~1351년에 유럽 인구의 40%가 사망했던 흑사병(Black Death)이라는 역병의 집단발병을 들어봤을 것이다. 그람음성 세균인 *Yersinia pestis*에 의한 이 역병은 희생자 피부의 아래에서 출혈이 있고 신체말단인 손발 괴사(세포 죽음)로 인해 피부가 검은 보라색이 되어서 흑사병이라고 부른다.

흑사병을 오랜기간 연구해 오면서 1347년의 집단발병과 그 후 몇 백년 간에 일어난 여러 번의 발생이 아시아에서 독립적으로 도입된 *Y. pestis* 균주 때문이라고 믿어 왔다. 그러나 새로운 증거는 그것이 아닐 것이라 제시한다. 더 독성이 강한 *Y. pestis* 균주가 유럽에서 아시아로 다시 전파된 것이다.

500년 전에 발생한 질병의 집단발생을 어떻게 연구하는가? 찾고, 기록하고 무덤을 발굴하는 고고학 팀과 치아와 골격에서 *Y. pestis* DNA를 추출하여 염기서열을 분석하는 법의학 인류학자와 세균학자 팀의 도움으로 가능했다. 비록 *Y. pestis* 진화에 대한 연구가 복잡하지만 스페인, 영국, 독일, 러시아 역병의 희생자들에 관한 연구는 거의 완성되고 있다. 1320년경에 몽고 고비사막에서 역병의 집단발병이 시작되었다는 것이 대체로 받아들여지고 있다. 그곳에서 1330년경에 중국으로 퍼졌다고 생각된다. 검은 종기가 덮여 사망한 무역선의 뱃사람에 대한 당시 기록을 통해 1347년에 시실리 부두에 정박한 수십척의 무역선을 통해 *Y. pestis*가 유럽에 도착하였음을 알 수 있다. 시실리에서 이 질병은 북으로 빠르게 이동하여 1351년 러시아에 도착했다.

이 역병의 유행이 1350년 중반에 물러나고 1497년으로 기록된 리페랭스(Josse Lieferinxe)의 그림에서처럼 3백년 동안 몇 세대마다 다시 재발하였다. 유럽이 아시아에서 개별적으로 유입된 *Y. pestis*의 피해자라면, 각 집단발병의 피해자에서 추출한 세균의 DNA가 유전적으로 다른 균주여야 한다. 그러나 14세기에서 17세기를 아우르는 피해자의 *Y. pestis* DNA가 초기의 DNA와 아주 유사하다는 것은 1722년 프랑스에서 마지막으로 발생한 집단발병까지 같은 균주가 진화했다는 것을 보여준다. 일부 과학자들은 흑사병 *Y. pestis* 균주 독성이 더 강해져서 중국에 돌아갔고, 19세기와 20세기의 집단발병을 야기했다고 생각한다.

옛날에 발생했던 질병에 왜 관심을 가질까? COVID-19는 질병이 발생하고 이동한다는 것을 확실하게 보여주고 있다. 과거를 이해해야 미래의 발생에 대응할 수 있기 때문이다. 이 장에서는 인체에 질병을 일으키는 세균을 공부할 것이다. 아주 극히 일부분의 세균만이 인체에 병을 일으키는 병원균이지만, 인간에 미치는 영향을 아는 것이 현명하다.

이 장의 학습을 위해 점검할 사항:

✓ 기본적인 세균세포생물학을 검토할 수 있다(3.2절~3.10절).

✓ 주요 클래스의 항생제의 작용기전을 설명할 수 있다(9.4절).

✓ 선천면역과 획득면역의 기본 원리를 비교하고 차이를 알 수 있다(31장, 32.1절~32.8절).

✓ 주요 병원체가 어떻게 감염되는지 설명할 수 있다(34장).

✓ 서로 다른 형태의 백신을 구분할 수 있다(35.6절).

✓ 병원성 세균을 발견하여 찾아내는 방법을 간략하게 알아 볼 수 있다(36장).

38.1 세균은 공기매개로 전파될 수 있다

이 절을 학습한 후 점검할 사항:

a. 공기매개로 전파되어 흔히 발생하는 세균성 질병을 토론할 수 있다.
b. 공기매개로 전파되는 세균성 질병의 전형적인 징후와 증상을 알아볼 수 있다.
c. 공기매개 세균 감염과 세균의 독성인자에 의한 질병중증도의 상관관계를 볼 수 있다.

대부분의 공기매개 세균 질병은 호흡기에 감염된다. 감염 입자를 흡입하거나 자가 감염으로 부비강, 목구멍, 기관지, 폐에 질병을 유발할 수 있다. 특히 나이가 많거나 면역이 억제된 경우 폐에서 일부 세균은 혈류를 통해 전신에 퍼진다. 이들 질병 가운데 흔한 몇 가지를 여기에서 논할 것이다.

클라미디아 폐렴

클라미디아 폐렴(chlamydial pneumonia)은 클라미디아 폐렴균(*Chlamydophila pneumoniae*)에 의해 야기된다. 클라미디아는 절대세포내 기생체로서 숙주세포내에서만 자라고 번식한다. 기본소체(elementary body, EB) 형태내에 있는 세균을 흡입하여 감염이 시작된다(그림 20.10 참조). 기본소체(EB)는 전파와 감염을 위해 독점적으로 발달시킨다. 숙주세포가 식세포작용으로 EB를 섭취하면 봉입체(inclusion body) 내에 있다가 망상체(reticulate body, RB)로 재배열을 한다. 감염 후 약 8~10시간이 지난 후 RB는 2분열을 하여 20~25시간 동안 증식한다. RB는 감염력이 있는 EB로 분화한다. 감염 후 약 48~72시간이 지나면 숙주세포는 용해되면서 EB를 방출한다. ◀ Verrucomicrobiota 문에는 사람의 공생체와 절대세포내 기생충이 포함된다(20.5절)

임상적으로 감염은 흔히 경미한 인두염(pharyngitis), 기관지염(bronchitis), 부비동염(sinusitis) 등이 주로 하기도(lower respiratory tract) 증상과 동반하여 나타난다. 증상은 열, 기침, 인후염, 목이 쉬는 현상, 삼킬 때 통증이 있다. 모든 성인 폐렴과 기관지염의 약 5~10%은 *C. pneumoniae*에 의한 감염이며, 약 50%의 성인이 이 균에 대한 항체를 갖고 있다는 것은 이전에 감염되었다는 것이다. *C. pneumoniae*는 기본적으로 호흡기 분비물을 통해 사람에서 사람으로 직접 전파되는 인체 병원체이다. 증상과 IgM 항체를 검출하는 혈청학적 방법, 또는 핵산 증폭방법에 따라서 클라미디아성 폐렴을 진단한다. 마크롤라이드(Macrolide)로 우선 치료하며 독시사이클린도 효과가 있다.

혈청역학적 조사결과 *C. pneumoniae* 감염은 다른 부위의 혈관성(vascular) 질환은 물론 관상동맥질환(coronary artery disease)과도 연관되어 있다. *C. pneumoniae* 유전자와 항원이 동맥플라크(artery plaque)에서 발견됨에도 불구하고 동맥플라크를 배양하여 세균자체의 검출 여부는 일정하지 않다. 이와 같은 결과 때문에, 현재 관상동맥질환과 전신의 죽상경화증(atherosclerosis)에 대한 *C. pneumoniae*의 가능한 병인학적 역할은 아직 확실하지 않다.

디프테리아

디프테리아(diphtheria: 그리스어 *diphthera*는 '막', *-ia*는 '상태'를 의미)는 백신에 의해서 예방이 가능한, 그람양성 세균인 디프테리아균(*Corynebacterium diphtheriae*, 그림 22.7 참조)에 의해 감염되는 질병이다. 디프테리아균은 건조에 매우 강하기 때문에 비인두(nasopharyngeal) 분비물을 통해 공기로 전파하는 데 잘 적응되었다. 디프테리아는 독소에 의한 질병으로 독소만으로 동물(또는 사람)에게 병을 일으킬 수 있다. 디프테리아 독소를 암호화하고 있는 톡스(*tox*) 유전자는 프로파지에 있으므로 이 프로파지를 지닌 용원성(lysogen) 세균이 질병을 야기한다. 이것이 **용원성 전환**(lysogenic conversion)의 예이다.

디프테리아가 상기도(드물게는 피부 상처)에 자리를 잡고 정착하면서, 디프테리아는 디프테리아 독소를 방출하여 독소가 순환계로 흡수되어 온몸에 퍼지게 된다. 그곳에서 단백질 합성을 억제하여 심장, 신장과 신경조직의 파괴를 유도할 수 있다(**그림 38.1**). 독소는 1개의 유전자에서 암호화된 2개의 소단위(A와 B) 단백질로 된 AB 독소이다(그림 34.7 참조). B 소단위는 여러 진핵세포의 표면에 있는 수용체와 결합한다. 일단 결합하면 독소는 세포내흡입(endocytosis)에 의해 세포질로 들어간다. B 소단위는 막통과(transmembrane) 부위가 있으며 이 부위가 엔도솜막에 박힌 상태로 있다. 엔도솜의 산성화로 A와 B 소단위를 연결해주는 이황화 결합이 환원되면 결합이 깨지면서 A 소단위가 세포질로 이동하도록 해준다. A 소단위는 NAD^+로부터 ADP-리보오스 당이 번역신장인자-2(elongation factor-2, EF-2)에 부착하는 것을 촉매한다. 한 분자의 독소효소(예: 촉매활성 영역)가 몇 시간 안에 세포내 모든 EF-2를 고갈시켜 결과적으로 단백질 합성을 저해하고 세포를 죽게 한다. ◀ 세균의 번역(13.7절); Mycobacteriales 목에는 중요한 사람의 병원체가 속한다(22.1절); 외독소(34.4절)

디프테리아의 전형적인 징후와 증상은 점액과 고름을 둘다 포함한 걸쭉한 코 분비물, 인두염, 열, 기침, 목구멍과 호흡근육의 마비이다. 디프테리아의 심각한 징후는 인두와 호흡기 점막에 죽은 숙주세포와 *C. diphtheriae*로 이루어진 두꺼운 회색의 위막(pseudomembrane)을 형성하는 것이다. 가장 최근의 사례들은 면역력이 약해진 열대지방에 사는 30세 이상의 사람들이다. 디프테리아 백신은 불활성화 백신으로 변성독소(toxoid)이다. 1980년부터 2016년까지 미국에서는 매년 10건 미만의 감염 사례가 보고되는데 주로 예방접종을 받지 않은 사람들이었다. 전 세계적으로 매년 10,000~20,000건의 디프테리아가 보고되며 최근에 그 수가 증가하고 있다. ◀ 백신은 감수성 집단을 면역시킨다(35.6절)

재향군인병

재향군인병(Legionnaires' disease) 또는 **레지오넬라증**(legionellosis)이란 용어는 1976년 필라델피아에서 열린 미국재향군인회에서 생긴 폐렴의 집단발병을 묘사하는 말이다. 이 집단발병의 원인에 대해 의문이 많았으며 여러 음모론이 난무하였다(**그림 38.2a**). 그 다음 해에 이를 유발한 세균이 레지오넬라균(*Legionella pneumophila*)이며, 배양영양 조건이 까다로운 호기성 그람음성 세균임이 밝혀졌다(그림 38.2b). 다양한 자유생활 아메바와 섬모가 있는 원생동물이 *L. pneumophila*의 자연 보유체(저장숙주)이다. 이 원생생물은 담수생태계에 사는 것 외에 에어컨시스템의 냉각수에서 발견된다. 대부분의 집단

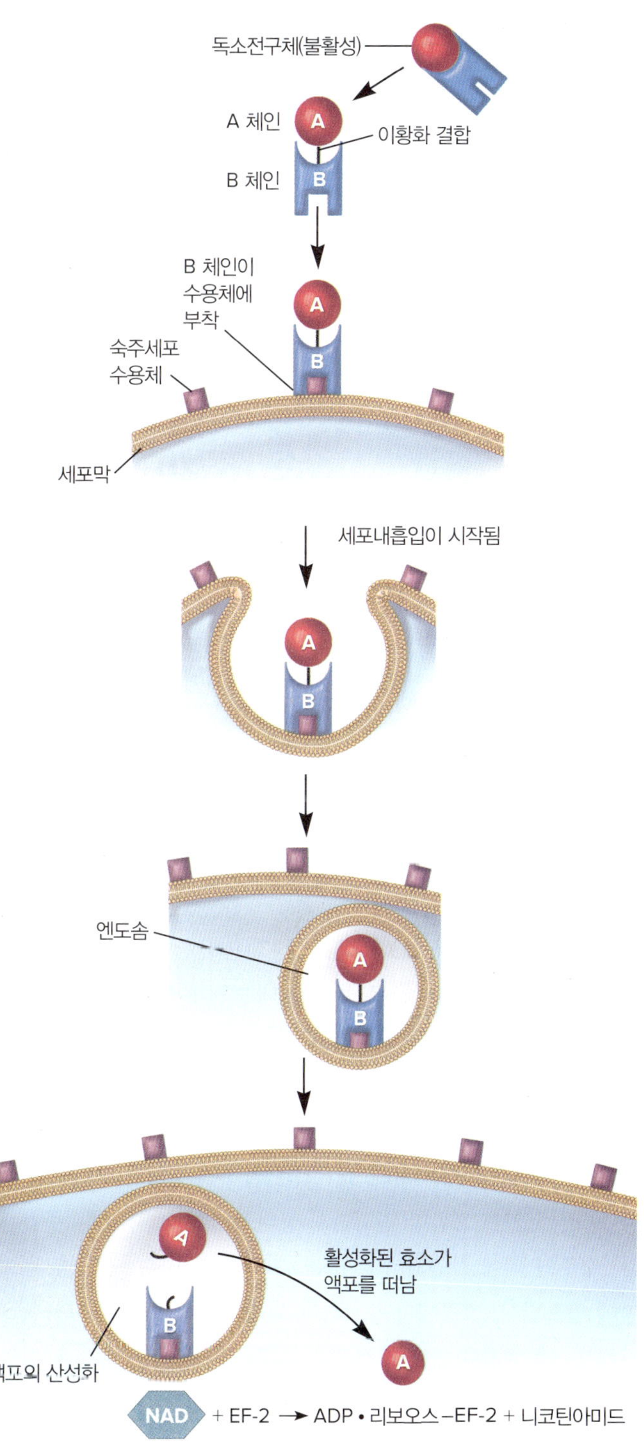

(b) 변형된 EF-2는 단백질 합성을 억제한다.

그림 38.1 디프테리아 병인론. (a) 디프테리아는 *Corynebacterium diphtheriae*에 의한 외독소에 의해 매개되는 감염성 질병이다. 국소적인 구인두의 염증과 위막 형성이 특징인 급성의 전염성 발열 질병이다. 만일 외독소가 혈액으로 들어가면 몸 진체에 피져 말초신경, 심장 및 신장을 손상시킨다. (b) 디프테리아 독소의 B 소단위는 숙주세포막에 부착하여 A 소단위의 세포내 진입을 촉진한다. A 소단위는 단백질 합성을 억제하기 위해 EF-2에 ADP-리보실기를 부착한다.

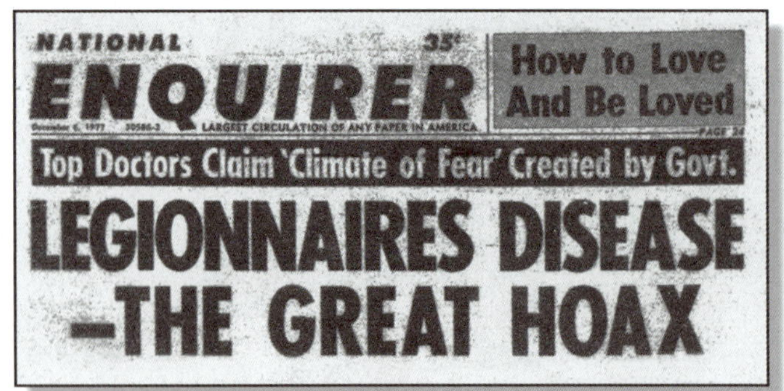
NATIONAL ENQUIRER 35¢
How to Love And Be Loved
LARGEST CIRCULATION OF ANY PAPER IN AMERICA
Top Doctors Claim 'Climate of Fear' Created by Govt.
LEGIONNAIRES DISEASE —THE GREAT HOAX

(a)

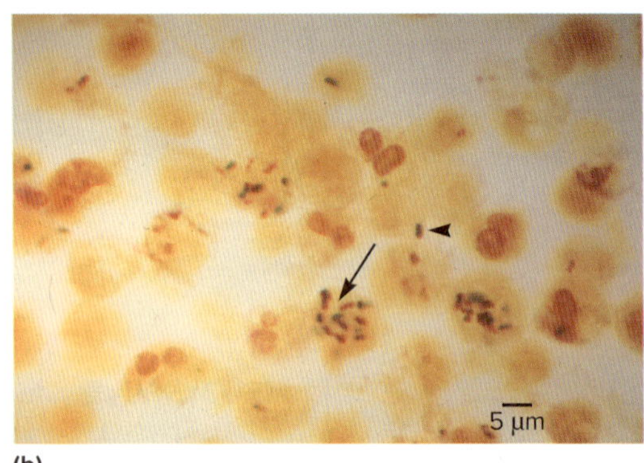

(b)

그림 38.2 레지오넬라균. (a) 1977년 이 신문의 표제는 재향군인회의 대회에서 생명을 앗아가는 집단발병 폐렴의 원인균이 컨벤션센터의 환기시스템에 있는 세균이었음을 발견하기 전이었다. (b) 세포내 *L. pneumophila*(화살표)를 보여주는 폐조직과 세포외 세균(화살머리)이다. 표본은 은 염색법(silver staining)으로 준비하여 광학현미경으로 관찰하였다. (a,b) Centers for Disease Control and Prevention

연관 질문 *L. pneumophila*의 환경에서 보유체 역할을 하는 생명체에는 어떤 것이 있는가?

발병을 추적해보니 실제로 오염된 냉각수가 원인이었다. ◀ Legionellales 목과 Coxiellales 목에는 세포내 병원체가 속해 있다(21.2절)

레지오넬라 종은 사람의 대식세포(macrophage) 내에서 증식하는 것처럼 원생생물 세포내에서도 증식한다. 레지오넬라는 사람에서 사람으로 전파되지 않는다. 더욱이 *L. pneumophila*에 감염된 대부분의 사람들은 **폰티악 열**(Pontiac fever)로 알려진 증상보다 더 약한 질병을 앓고, 노인을 포함한 면역억제 상태인 경우 레지오넬라증을 앓는다. 숙주의 폐에 감염되어 *L. pneumophila*가 폐포 대식세포내 파고솜에 있으면서, 그곳에서 증식하며 세포독성을 가진 외부단백질가수분해효소를 배출하여 국소적으로 조직을 파괴한다. 증상은 감염 후 2~14일에 고열, 마른기침(기침을 하면서 호흡기 분비물이 나오지 않는), 두통, 신경적인 증세와 심한 기관지폐렴(bronchopneumonia), 설사 등이 나타난다. 소변내의 레지오넬라 항원을 검출하는 속성진단키트 등으로 진단하지만, 세균을 분리하거나 시간이 지남에 따라 항체 역가가 증가됨을 기록하여 확진하여야만 한다. 보조요법과 아지트로마이신(azithromycin)과 플루오로퀴놀론(fluoroquinolone)으로 치료한다. 증상이 있는 환자의 5~30% 정도가 사망한다.

레지오넬라증은 *L. pneumophila*로 오염된 환경오염원을 찾아 제거하는 것으로 예방한다. 염소처리, 오존 요법, 물의 가열 및 건물의 물 저장고 청소가 *L. pneumophila*의 증식과 전파를 막는 데 도움을 준다. 병원, 호텔, 아파트 건물, 감옥 등의 장소에서 재향군인병 발생을 줄이고자 다양한 통제 관리방법이 시도되고 있다. 그러나 물을 연무화하는 개인 욕조, 분수, 물을 이용하는 시스템이 세균의 감염원이 될 수 있다. 1976년 최초 집단발병 이후 많은 집단발병이 여름에 미국 전 지역에서 발생하고 있다. 매년 약 8,000~18,000명이 레지오넬라증으로 입원을 하며, 또 다른 18,000명 이상이 미약한 증상 또는 별다른 증상 없지만 레지오넬라에 감염되는 것으로 여겨진다.

수막염

수막염(meningitis: 그리스어 *meninx*는 '막', *-itis*는 '염증'을 의미)은 뇌나 척수막의 염증이다. 수막염의 원인으로 바이러스, 진균, 원생동물 외에 다양한 세균이 수막염을 발생시킨다. 2세 이상의 어린이나 어른들에게 가장 흔히 수막염을 유발하는 세균은 *Streptococcus pneumoniae*(폐렴연쇄상구균), *Neisseria meningitidis*(수막구균 쌍구균), *Haemophilus influenzae* b 혈청형(인플루엔자균 b 혈청형)이다. 젖먹이 아기들에게 가장 자주 발생하는 수막염균은 B 그룹 streptococci(*S. agalactiae*), *Listeria monocytogenes*(리스테리아 모노사이토제니스), *E. coli*(대장균)이다. 세균성 수막염은 *Mycobacterium tuberculosis*(결핵균), *Norcardia asteroides*, *Staphylocccus aureus*(황색포도상구균) 등 감염으로도 발생한다.

원인체를 정확하게 동정하는 것이 수막염의 적절한 치료에 필수적이다. 그러나 이것이 때로는 어려운데, 그 이유는 수막염의 증상으로 보이지만 그람염색이나 배양하였을 때 뇌척수액(cerebral spinal fluid, CSF)에서 미생물을 찾을 수 없는 경우도 있기 때문이다. 이러한 경우에는 무균성(aseptic: 확인된 원인체가 없다는 의미) 수막염으로 종종 진단한다. 이러한 무균성 수막염은 바이러스나 드물게는 원생동물에 의해 발생할 수 있다. 무균성 수막염은 특정 미생물을 표적으로 치료할 수 없기 때문에 보통 치료하기가 더 힘들다.

수막염을 일으키는 세균의 즉각적인 원천은 보균자의 호흡기 분비물에 있다. *meningococcus*(수막염구균)으로 불리기도 하는 *N. meningitidis*(수막구균 쌍구균)는 사람의 비인두(nasopharynx)에 원래 서식한다(5~10%의 사람이 비병원성 혈청형을 보유하고 있음). 가장 많은 질병의 원인이 되는 *N. meningitidis*의 혈청형은 A, B, C, Y와 W-135이다. 일반적으로 A 혈청형과 덜 발생하는 W-135은 아프리카에서 유행병의 원인이지만, B, C, Y, W-135형은 다른 나라에서의 수막염 집단발병 원인이다. 병원성 세균이 비인두에서 선모매개 집락화를 이루면서 병의 진행이 시작된다. 세균은 비인두 상피세포와 혈액-뇌 장벽(일반적으로 세포내흡입 작용으로)을 통해 중추신경계에 들어간다. *N. meningitidis*는 종종 혈류에 침입(수막구균혈증, 수막알균혈증 발생)한다.

*N. meningitidis*에 의한 증상은 수막구균혈증이 생겼는지의 여부에 따라 다양하다. 수막염의 일반적인 증상은 하나 또는 그 이상의 수막염증후군의 증상인 구토, 두통, 졸음증(기면, lethargy), 혼란, 광선공포(photophobia, 빛에 민감해짐), 목의 뻣뻣함 등이다. 세균이 혈류로 퍼졌다면 빠르게 진행하는 특징적인 보라색 발진이 나타나며 패혈성 쇼크(septic shock, 그림 34.9 참조)가 오며 정상적 혈액응고 상실(파종성 혈관내 응고)이 나타난다. 일단 세균성 수막염이 의심되면 세프트리악손(ceftriaxone), 3세대 항생제인 세팔로스포린(cephalosporin)을 즉시 처방한다. 원인균이 페니실린-내성균이 아니란 것이 확인되면 페니실린을 사용한다. 또한 환자와 접촉한 사람에게 예방 목적으로 특정 항생제인 시프로플록시신(ciprofloxicin) 또는 리팜핀(rifampin)을 처방해야 한다. 수막구균 쌍구균에 의한 수막염은 치료하지 않으면 치명적이다.

N. meningitidis 감염 예방은 백신으로 조절한다(**그림 38.3**). 현재 2가지 백신형, 뇌막구균 다당류백신과 뇌막구균 결합백신(conjugate vaccine)이 사용된다. 두 백신 모두 A, C, Y, W-135 혈청형에 효과가 있다. 재조합 단백질(항원)을 사용하는 2개의 백신이 B 혈청형에 효과가 있다. ▶ 백신(41.1절)

수막염의 또 다른 원인체는 그람음성 세균인 인플루엔자균 b 혈청형(*H. influenzae* serotype b, Hib)이다. 감염된 사람이나 보균자로부터 나온 비말핵(droplet nuclei)의 흡입으로 전파된다. Hib은 점막에 감염되어 예방접종을 하지 않은 어린아이들에게 부비동염, 폐렴과 기관지염과 후두개염(epiglottitis)을 일으킨다. 뇌척수액(CSF)에 들어가는 것 이외에, 혈류로 전파될 수 있어 세균혈증(bacteremia)의 원인이 된다. 미국에서 *H. influenzae*의 질병은 10만 명에 1명보다 적은 수로 발병할 정도로 감소되었다. 전 세계적으로 *H. influenzae* b 혈청형은 최소 매년 300만 명 이상의 환자가 심각한 질병으로 진행한다고 추정되며, 매년 거의 40만 명이 백신으로 예방할 수 있는 질병으로 목숨을 잃는다.

모든 *H. influenzae* 감염의 3~6%는 치명적이다. 더욱이 생존 환자의 20% 이상이 영구적인 청각상실이나 오랫동안 다른 후유증을 앓는다. 현재 생후 2개월 되는 모든 유아는 Hib 혈청형의 뇌막구균 결합 백신(conjugate vaccine)으로 예방접종을 받아야만 한다.

그림 38.3 수막염은 백신으로 예방할 수 있다. 젊은이와 성인의 세균성 수막염의 가장 흔한 원인균은 *Streptococcus pneumoniae*(폐렴연쇄상구균), *Haemophilus influenzae*(인플루엔자균)와 *Neisseria meningitidis*(수막구균 쌍구균)이다. 이들 3종에 대한 백신이 있으며, 2개의 혈청형에 대한 수막구균 쌍구균의 2개 백신이 있다. CDC. Meningococcal Disease. https://www.cdc.gov/meningococcal/vaccine-info.html

마이코박테리아 감염

마이코박테리아(mycobacterium)는 토양, 물, 집 먼지 등의 일반적인 자연환경에서 서식하는 그람양성 세균이다. 마이코박테리아는 치료하기 힘든 여러 질병을 사람에게 일으킨다. 마이코박테리아는 마이콜산(mycolic acid)을 가진 세포벽을 만든다는 사실을 상기하자. 마이콜산은 60~90개의 탄소가 있는 지방산으로 짧은 β-수산기와 길이가 더 긴 α-알킬 측쇄가 있는 복합지방산이다(그림 22.6 참조). 펩티도글리칸 외부의 마이콜산과 다른 지질의 존재는 마이고박테리아를 항산성(acid-fast)으로 만든다(그림 2.19 참조). ◀ 분별염색(2.3절)

M. avium 복합체(MAC)

*Mycobacterium avium*과 *Mycobacterium intracellulare*는 아주 밀접하게 연관되어 있어, 이를 *M. avium* 복합체(*M. avium* complex, MAC)라 한다. MAC이 미국에서 마이코박테리아 감염의 가장 흔한 원인이다. ◀ Mycobacteriales 목에는 중요한 사람의 병원체가 속한다(22.1절)

이러한 MAC은 전 세계에서 발견되며 다양한 곤충, 조류와 동물들을 감염시킨다. MAC가 들어가는 침입구로 호흡기와 위소장관이 모두 가능하지만, 사람과 사람 간의 전파는 아주 효율적이지 않다. 결핵균(*M. tuberculosis*)에 의해 발병하는 것과 유사하게 MAC도 사람에게 폐 감염을 일으킨다. 호흡기 MAC는 이미 호흡기 질환을 앓고 있는 노인에서 그리고 면역이 억제된 사람에서 더 흔하다. HIV 양성 환자의 경우, 이 세균이 집락을 이뤄 퍼지는 가장 흔한 부위는 위소장관이다. MAC 감염은 열, 권태감, 체중감소, 침한(night sweat)과 설사 등의 증상을 일으켜 일상생활을 불편하게 한다.

MAC는 가래(sputum, 객담), 혈액과 골수 흡인액(aspirate)에서 분리할 수 있다. 배양과 항산성 염색은 진단을 위한 방법이다. 모든 마이코박테리아 감염처럼 MAC는 복합제제로 치료한다. 분리된 각각의 MAC는 항생제 내성검사를 해야 하므로, MAC 감염의 구체적인 치료를 위해 현재 미국의 식품의약국(the U.S. Food and Drug Administration, FDA)으로부터 승인을 받은 복합제제는 없다. 종종 마크롤라이드(macrolide)와 아미노글리코시드(aminoglycoside)를 에탐부톨(ethambutol)과 리팜핀(rifampin)을 함께 장기간 사용한다.

결핵균

한 세기 전에 코흐(Robert Koch)가 **결핵**(tuberculosis, TB)의 원인체로 *Mycobacterium tuberculosis*(결핵균)을 동정하였다. *M. bovis*(저온살균하지 않은 우유를 마셔서 전파될 수 있음)과 *M. africanum* 도 결핵(TB)을 일으킨다는 것을 안다. 이 2종을 최근에 결핵균(*M. tuberculosis*)으로 다시 분류하여 이들 3종의 세균이 결핵균복합체(*M. tuberculosis* complex)를 이룬다. 결핵은 거대한 세계적인 보건 문제이다. 전 세계 인구의 4분의 1이 감염되어, 즉 최소 20억 명이 잠복 감염(잠재 감염)되어 있다. 2019년에 전 세계 천만 명이 TB에 신규 감염되었으며 140만 명이 사망하였다. 미국에서 2020년에는 7,163명이 TB 신규 감염되었으며 노숙자, 영양실조, 알코올중독 남성, 이민자, 재소자, 아메리칸 원주민들에서 주로 발생했다.

비말과 연무에 있는 세균을 흡입하여야 감염된다. 감염량(infectious dose)은 아주 낮아서 대략 10개의 세균으로 감염이 가능하다. 잠복기는 대개 4~12주 정도이고 발병은 천천히 일어난다. 결핵(TB) 증상은 열, 피로, 침한(night sweat)과 체중감소이다. 폐가 관여된 질환의 특징인 기침이 자주 나다가 혈액이 섞인 가래가 나올 수도 있다.

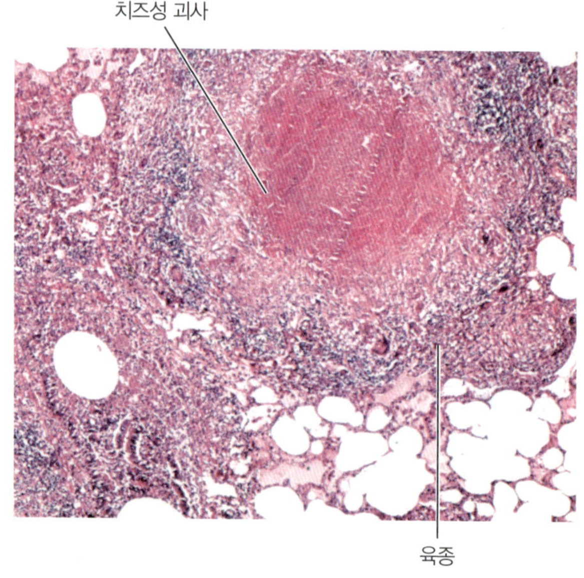

그림 38.4 결핵균은 육종내에 존재한다. 결핵의 특징은 육종 발생이다. 각 육종은 대식세포, 림프구, 세균, 섬유아세포, 상피모양의 세포들이 모여 형성된 것이다. 결절의 중앙부위에 치즈 형태의 고름과 세균이 있다. Biophoto Associates/Science Source

흡입된 결핵균 세포는 폐 안의 대식세포에 감염한다. 선천방어면역반응이 생기지만, 결핵균은 식세포작용으로 파고솜(식포) 안에 들어가게 되고 그 다음에 리소좀과 융합을 하지 못하게 하여 결핵균이 생존하게 된다. 감염된 대식세포가 융합하여 감염의 시작점이 된다. 획득면역계(adaptive immune system)가 활성화되어 T_H1과 세포독성 T 림프구(cytotoxic T lymphocyte, CTL)가 감염부위로 모집된다. 이들 세포가 감염된 세균을 없애는 일은 거의 하지 못한다. 그러나 추가적인 사이토카인들은 숙주와 병원체 간에 교착상태를 만들어 **육종**(granuloma)의 형태로 유지되도록 도와준다. 육종에서는 감염된 대식세포가 다른 면역세포에 둘러싸여 있다(**그림 38.4**). 육종이 지속되면 2가지 일이 생긴다. 첫 번째, 중앙에 있는 감염된 대식세포가 죽어서 치즈같은 모양이 되며 육종은 건락화(caseating)되었다고 한다. 두 번째, 육종 내부와 주변에 칼슘이 축적된다. 새로 감염된 경우, 이것이 흉부 X선에서 뚜렷이 보이는 **곤 복합체**(Ghon complex)가 된다. 육종이 커지면서 석회화 정도가 증가하고 이러한 부위를 **결절**(tubercle)이라 부른다. 결절은 잠재 감염에 흔히 보인다. 때때로 결절 병변이 액화되어 공기로 찬 **결핵강**(tuberculous cavity)을 형성한다. 이 결핵강으로부터 세균이 온몸 전체로 퍼져서 새로운 감염 병소를 만든다(**그림 38.5**). 이렇게 온몸에 퍼지는 것은 어린이나 면역이 억제된 사람에서 흔히 나타나며, 이것을 **속립성 결핵**(miliary tuberculosis)이라고 하는데 이는 좁쌀 크기의 많은 결절이 생기기 때문이다(좁쌀은 쌀의 낟알보다 조금 더 작은 곡물의 씨앗임). 결핵균은 숙

COVID-19

COVID-19 팬데믹이 많은 공중보건 프로그램을 흐트러뜨렸다. 예를 들어, 팬데믹의 첫 해 동안에 TB 치료를 받는 사람의 수가 백만 명 이상 감소하였으며 세계보건기구는 전 세계적으로 최소한 50만 명이 추가로 TB로 인해 사망하였다고 추산하고 있다. 이것은 폐쇄조치 뿐만 아니라 공중보건담당자, 물품, 자금 등이 COVID-19를 예방하고 치료하는데 그 노력에 분산되었기 때문이기도 하다. 특히 자원이 부족한 나라, 가장 취약한 지역에 사는 사람들에게는 그런 현상이 더욱 두드러졌다.

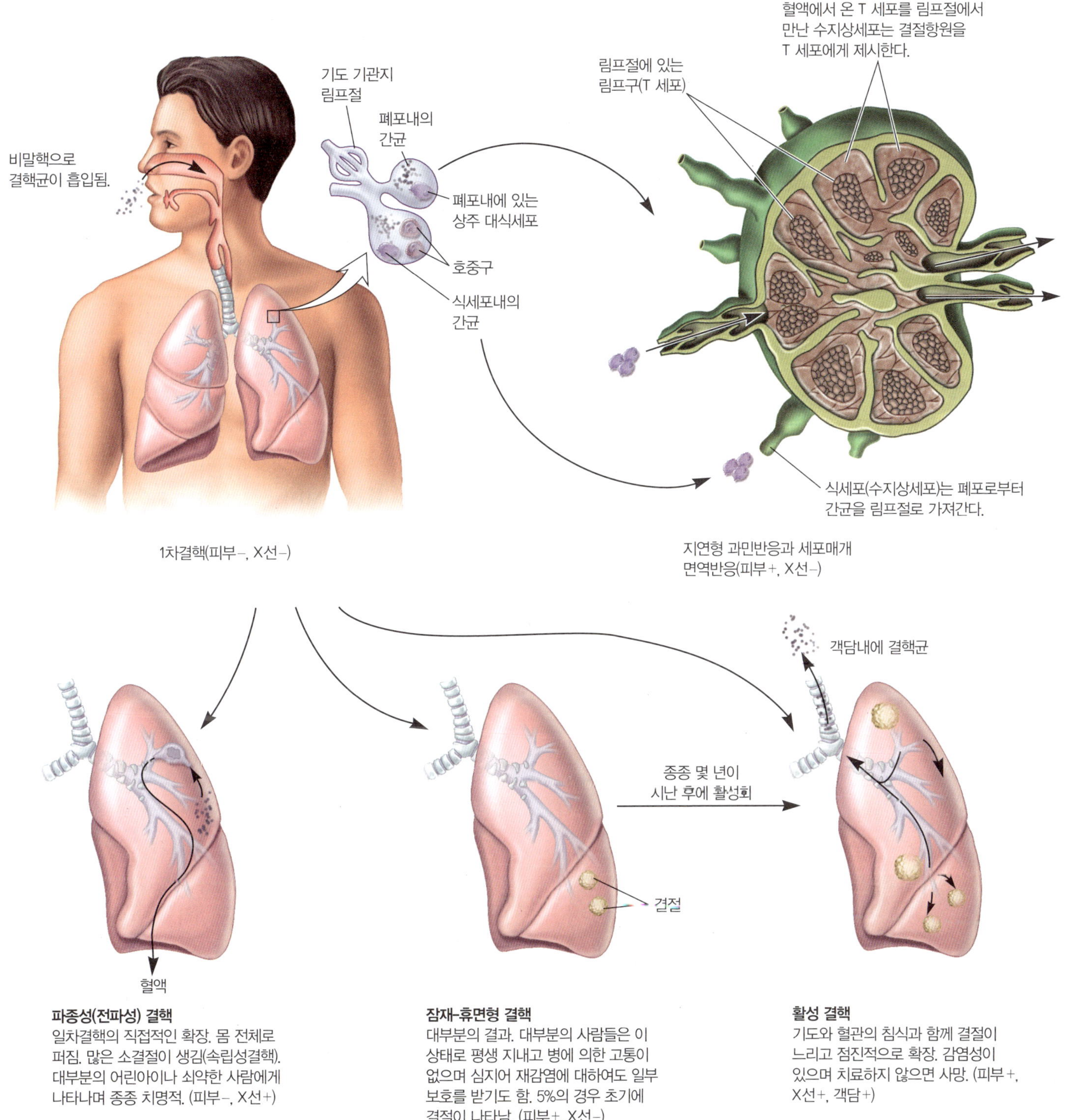

그림 38.5 결핵.

주의 모든 장기, 즉 뇌, 뼈, 내장까지 퍼질 수 있다. 다행이 TB를 가진 대부분의 사람은 잠재 감염으로 세균이 육종 내에만 제한되어 존재하는 것이다. 즉, 숙주의 면역반응으로 세균이 어느 정도는 휴면 상태에 있는 것이다. 숙주의 면역반응이 스트레스를 받게 되면 **재활성화 결핵**(reactivation tuberculosis)이 될 수 있다. 이 경우, 세균은 첫 감염 장소(예, 폐)에서 분열하고 숙주는 TB의 징후와 증상을 보이게 된다.

결핵균(Mtb)은 외독소(exotoxin), 협막, 핌브리아와 같은 전형적인 독성인자를 만들지 않는다. 결핵균 세포의 막의 여러 가지 특이한 지질과 당지질은 진핵세포에 직접적인 독성을 나타내며, 세균 주위에 소수성 장벽을 만들어 막의 불투과성을 증진시켜 항미생물제에 대한 내성을 촉진한다. 이들은 또한 산성과 알칼리성 물질에 의한 살균작용, 삼투압에 의한 용해 및 리소자임(단백질가수분해효소)에 의한 분해에 의해 결핵균이 죽지 않도록 보호한다. 더욱이 세포벽의 당지질은 만노오스(mannose)와 결합하고 있으며 이 당은 대식세포의 만노오스 수용체를 통해 결핵균이 대식세포내로 유입되도록 한다. ◀ 식세포작용은 침입자를 파괴한다(31.6절)

1945년 왁스만(Selman Waksman)의 스트렙토마이신 발견의 중요성과 1950년대 초 TB 치료를 위한 복합제제요법의 도입은 강조해도 지나치지 않다. **하얀 역병**(white plague)으로도 부르는 결핵은 19세기 유럽과 미국의 모든 사망자의 4분의 1의 원인으로 추측되고 있다. 전체 요양원 산업을 시작하게 하였으며 그곳에서 활성의 결핵을 잠재형으로 전환시키기 위해 환자가 오랜기간 머물러야 했다(**그림 38.6**). 휴식, 건강한 식사, 맑은 공기를 촉진하는 다양한 치료법이 포함되었으나, 폐를 외과적으로 제거하는 방법 또한 포함되었다.

결핵은 아직도 항미생물제 복합요법으로 치료해야 하지만 약제 내성 때문에 스트렙토마이신은 통상적 치료에 사용되지 않는다. 처음에는 4개의 약제 이소니아지드(INH)와 리팜핀(Rif), 에탐부톨과 피라지나미드를 동시에 병행하여 투여한다. 6~8주 후, INH와 Rif만 총 6개월 동안 동시에 투약하는데, 그 이유는 약제 내성을 방지하기 위해서이다. 그러나 **다약제 내성 결핵균주**(multidrug-resistant strains of tuberculosis, MDR-TB)가 출현하여 퍼지고 있다. 이 다약제 내성 결핵균주는 다른 약에 내성이 있을 수도 있고 없을 수도 있지만, 이소니아지드와 리팜핀에 내성이 있는 결핵균으로 정의한다. MDR-TB 결핵균 균주가 걱정스러운데, 광범위한 약제 내성(extensively drug-resistant, XDR) 결핵균 균주는 더 심각하다. XDR-Mtb는 이소니아지드, 리팜핀과 2차 항생제에도 내성이 있다. 1차 약제와 2차 약제 내성은 치료제 선택을 극단적으로 제한하므로 XDR-TB는 공중보건을 위해 극복해야 할 어려운 과제이다. 이러한 이유로 MDR-TB와 XDR-TB는 항생제 감수성이 있는 다른 결핵균보다 치사율이 높다.

그림 38.6 결핵 요양원, 1932. 결핵에 걸린 어린이들은 이 요양원의 건물 외부에서 잠을 자도록 했는데 그 이유는 신선한 공기가 잠재 감염을 촉진한다고 생각했기 때문이다. Fox Photos/Getty Images

약제 내성 결핵은 육종 안에 있는 결핵균이 자연발생적이고 예상할 만한 속도로 약제 내성 염색체변이를 만들기 때문이다. 이들 변이는 서로 연결되어 있지 않다. 따라서 한 가지 약에 대한 내성이 생기더라도 연관성이 없는 약에 대한 내성으로 연결되지는 않는다. 규칙적인 복약규정을 지키지 않으면 약제 내성이 주로 생기며 이전에 치료과정을 거친 환자가 MDR-TB가 아니라고 증명되지 않았다면 MDR-TB를 갖고 있다고 가정한다. TB 복합제제요법은 종종 유쾌하지 않은 부작용이 있지만 환자는 대체로 괜찮다고 느낀다. 그러나 복약규정을 지키지 않으면, 감수성이 있는 결핵균이 수개월 이내에 다약제 내성 결핵균이 된다. 이것 때문에 공중보건당국은 건강관리자가 입회하고 있을 때 각 약제를 복용하고, 직접 관찰하는 치료를 위한 짧은 강좌(directly observed treatment short course, DOTS)를 실시하는 것이다.

결핵균이 강한 T_H1 세포반응을 자극하기 때문에 결핵에 감염된 사람은 세포매개 면역반응이 생긴다. 이러한 감작된(sensitized) T 세포는 투베르쿨린(tuberculin) 피부반응검사의 기초가 된다. 이 검사에서 결핵균의 정제단백질의 유도체(purified protein derivative, PPD)를 피하에 주사한다. 결핵균이 있거나 이전에 결핵에 노출되었다면 감작된 T 세포가 이 단백질과 반응하여 48시간 이내에 지연형 과민반응(delayed hypersensitivity reaction)이 생긴다. 양성 피부반응은 주사한 부위가 딱딱해지고(induration) 붉어지는 것이다. 양성 피부반응은 활성 결핵 또는 잠재 감염, 또는 이전에 BCG 백신의 예방접종(미국에서는 사용하지 않음)을 구분하지 못한다. 따라서 양성 피부반응을 보인 경우 흉부 X선으로 확인하여야 한다. 실험실 검사는 세균배양, MTb 항원에 대한 반응은 환자의 면역세포의 사이토카인 분비검사법, 항산성 세균의 현미경검사와 시판되는 DNA 탐침 키트를 포함한다. ◀ 제4형 과민반응(32.9절)

마이코플라즈마성 폐렴

세균성 폐렴의 원인으로 가장 많은 것은 폐렴연쇄상구균(*Streptoco-*

ccus pneumoniae)으로 일관된 징후와 증상을 보인다(38.6절). 만일 폐렴의 증상이 전형적인 증상과 다르다면 이를 **비정형 폐렴**(atypical pneumonia)이라고 한다. 이러한 비정형 폐렴은 가장 흔하게 앞에서 설명한 2개의 원인체가 야기하며 그것은 클라미디아 폐렴균(*Chlamydophila pneumoniae*)과 레지오넬라균(*Legionella pneumophila*)이다. 또한 전 세계에 분포하는 세포벽이 없는 세균인 폐렴마이코플라즈마(*Mycoplasma pneumoniae*)가 있다. *M. pneumoniae*는 밀접한 접촉이나 공기비말로 전파된다. 청소년과 젊은이에게는 아주 흔하다. 이처럼 건강한 사람은 감염되어도 정상적인 생활을 하므로 "걸어다니는 폐렴"이라는 별명이 생겼다. ◀ Mycoplasmatales 목(22.2절)

*M. pneumoniae*는 세포벽이 없기 때문에 모양이 다양하며 모든 β-락탐계 항생제(예: 페니실린)에 내성이 있다. 마이코플라즈마는 주로 상기도에서 집락화하며 그 다음에 하기도로 이동해서 그곳의 호흡기 점막세포에 부착한다. *M. pneumoniae*는 **지역사회감염 호흡기질환증후군**(community acquired respiratory distress syndrome toxin, CARDS) 독소라고 부르는 독소를 분비한다. 이 독소는 숙주세포내에 액포 형성을 촉진하며 알레르기반응을 일으키는 사이토카인(IL-4, IL-13, 표 31.2 참조)을 많이 분비한다. CARDS 독소의 활성은 "걸어다니는 폐렴"에서 보이는 호산구(eosinophil) 축적과 쌕쌕거림으로 설명할 수 있다. 증상은 또한 두통, 무기력, 미열과 뚜렷한 특징적인 기침 등이다. 질병과 증상은 주로 몇 주간 계속된다. 사망률은 1% 미만이다.

M. pneumoniae 항체 검출을 위한 여러 신속진단법이 마이코플라즈마성 폐렴을 진단한다. 핵산증폭방법으로도 진단할 수 있다. 테트라사이클린이나 마크롤라이드가 치료에 효과적이다.

백일해

백일해(pertussis: 그리스어 *per*는 '심한', *tussis*는 '기침'을 의미)는 'whooping cough('훕' 소리나는 기침)'라고도 부르며 그람음성 세균인 백일해균(*Bordetella pertussis*)이 원인이다. 백일해균은 호흡기 상피세포에 집락화하여 발열, 불쾌감, 참을 수 없는 기침과 청색증(조직의 산소가 불충분하여 나타나는 푸른 피부색)의 특징을 보이는 병을 앓게 한다. 'whooping cough'라는 이름은 흡입하는 헐떡거림인 '훕(whoop)' 소리로 끝나는 특징을 보이는 오래 지속되는 발작성 기침에서 유래하였다. 백일해는 주로 어린이가 잘 걸리는 전염성이 아주 높은 질병이고 백신으로 예방할 수 있다(**그림 38.7**). 2019년 세계보건기구(World Health Organization, WHO)는 전 세계에 2410만 건의 백일해가 발생하여 160,700명이 사망하였으며 대부분이 6개월 미만이라고 보고하였다. 미국에서 매년 약 16,000명이 백일해로 확진되었으며 10명 미만이 사망한다. ◀ Burkholderiaceae 과는 최근 병원균으로 진화하였다(21.2절); 백신은 감수성 집단을 면역시킨다(35.6절)

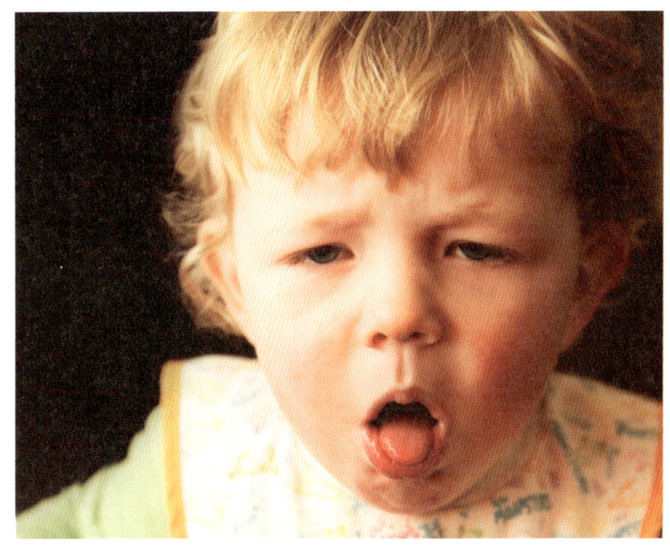

그림 38.7 백일해는 발작성 기침을 야기한다. 백일해 또는 'whooping cough'는 흡입하는 헐떡거림으로 '훕(whoop)' 소리로 끝나는 발작적인 기침을 한다. 감염된 어린이는 단순히 기침을 하다가 기진맥진해진다. DavidWhalen/Getty Images

감염된 사람이 방출한 비말 내에 있는 세균을 흡입하여 전파된다. 잠복기는 7~14일이다. 일단 백일해균이 상기도에 들어가면 핌브리아 유사구조를 통하여 호흡기 상피세포의 섬모에 집락화한다. 핌브리아 유사구조는 실 모양의 혈구응집소라고 부르며 대식세포의 보체수용체에 결합한다. 백일해균 독소의 구성성분 몇 가지는 숙주의 섬모에 부착하는 것을 도와주어 세균과 숙주세포의 다리 역할을 한다.

백일해균은 여러 독소를 생산한다. 가장 중요한 독소는 백일해 독소(pertussis toxin, PTx)이다. PTx는 IV형 분비계(type IV secretion system)에 의해 분비되는 AB 외독소이다(그림 34.7 참조). 5개의 폴리펩티드로 구성되어 있는 B 소단위는 숙주세포표면에 있는 특정 다당류에 결합하고 원형질막에 있던 A 소단위가 세포질로 가도록 매개한다. A 소단위는 디프테리아 독소와 유사한 ADP-리보실 전달효소이다. 그러나 PTx는 숙주세포의 G 단백질 결합수용체인 Gi에 ADP-리보오스 일부를 추가한다. 이로써 숙주의 아데닐산 고리화효소(adenylate cyclase)의 기능을 억제하는 Gi 기능을 없애는 것이다. 이 분자브레이크가 없으므로 아데닐산 고리화효소가 활성 상태로 고정되어 ATP를 고리형 AMP(cAMP)로 계속해서 전환시키게 된다. 결과적으로 세포내 cAMP의 수치를 높이는 효과로 인해 뮤신 분비가 증가하고 물의 전달을 변형시켜 전해질 균형에 영향을 미친다. 백일해균은 또한 여러 다른 독소를 만드는데 그중에는 자체적 아데닐산 고리화효소 독소를 만들어 세포내 cAMP의 수치를 더욱 높인다. 다른 독소로는 기관세포독소(tracheal cytotoxin)와 피부괴사인자(dermonecrotic factor)를 생산하여 상피조직을 파괴한다. 또한, PTx, 아데닐산 고리화효소 독소, 기관세포독소는 함께 작용하여 호흡기의 분비세포들로 하여금 산화질소(NO)를 분비하게 하여 근처에 있는 섬모세포들을 죽여서 세균과 점액 제거를 방해한다. 또한 분비된 걸쭉한 점액은 섬모운동을 방해한다. 숨쉬기가 힘들어지고 환자가 숨을 쉬려고 하면 훕하는 소리의 기침이 난다.

백일해 진행은 3단계로 나뉜다. (1) 점막의 염증 때문에 명명된 카타할기(catarrhal stage: 라틴어로 *catarrhus*는 '흘러내리다')는 감기와 유사하다. (2) 발작기(paroxysmal stage)는 지속적으로 기침하는 시기로 5~15번을 연속해서 급하게 기침하면서 점액 분비물을 내보내려 하고 그 다음에 훕(whoop)하는 급하게 숨을 깊이 들이쉬면서 내는 소리를 낸다. 기침이 너무 심해서 환자의 갈비뼈가 부러지는 일이 흔히 발생한다. 카타할기와 발작기는 약 6주 동안 지속된다. (3) 마지막으로 회복기(convalescent stage)로 회복에 몇 달 정도 걸린다.

백일해는 실험실에서 균의 배양과 핵산증폭으로 진단한다. 감염 후 강하고 오래 지속되는 면역력이 생긴다. 마크롤라이드로 치료한다. 카타할기에 치료를 시작하면 임상 증상이 완화되며, 발작기 시작 2주 이내에 치료를 시작하면 심한 중증도를 줄일 수 있다. 이 시기 이후의 항생제 치료는 치료효과가 미미하다. 백일해는 무세포 백신(acellular vaccine)으로 예방할 수 있으며 주기적인 부스터접종을 해야 한다. 어린아이와 어린이를 돌보는 양육자(조부모 포함)는 모두 백일해 백신접종 여부를 확인하여 백일해 백신을 접종하는 것이 중요하다.

연쇄상구균 질병(A 그룹)

병원성 연쇄상구균(pathogenic streptococcus, 사슬알균)은 일반적으로 스트렙(strep)이라고 하며 여러 다른 종류들로 이뤄진 그람양성 세균의 heterogeneous 그룹이다. 화농연쇄상구균(*Streptococcus pyogenes*)은 란스필드 그룹 A(Lancefield group A)에 속한다. 이 β용혈성 연쇄상구균은 주요한 중요성을 갖는다(그림 22.20 참조). **A그룹 연쇄상구균**(group A streptococci, GAS)의 다른 혈청형의 세균들은 여러 종류의 독성인자를 만든다. (1) 숙주 분자를 파괴하는 세포외 효소, (2) 혈전을 용해하는 숙주 혈액인자를 활성화하는 효소인 스트렙토키나아제(streptokinase), (3) 숙주 백혈구를 죽이는 세포용해소(cytolysin)인 O형 연쇄상구균 용혈소(streptolysin O)와 S형 연쇄상구균 용혈소(streptolysin S), (4) 식세포작용을 방해하는 협막과 M 단백질 등을 생산한다(**그림 38.8**). GAS의 세포막에 박힌

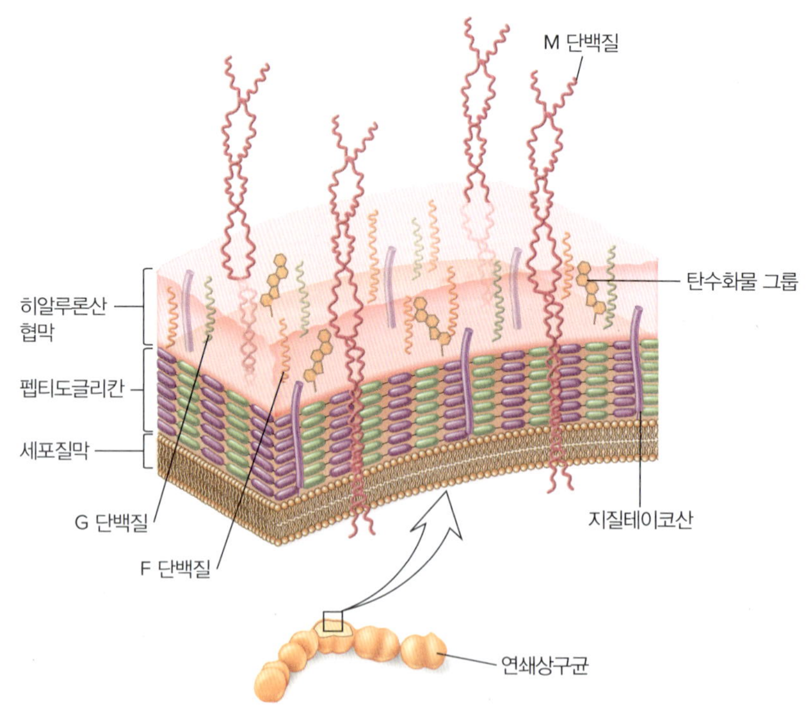

그림 38.8 화농연쇄상구균 세포외막. M 단백질은 A 그룹 연쇄상구균의 주요 독성인자이다. 이 단백질은 세균이 숙주세포에 부착하는 것을 촉진하고 항-식세포작용 활성을 가지고 있다. G 단백질은 항체의 Fc 부위에 결합하기 때문에 항체의 항원 결합부위가 세균과 결합하는 것을 막아서 항체의 공격을 억제하여 준다. F 단백질 또한 상피세포 부착인자이다. 란스필드 그룹은 탄수화물 그룹의 항원성에 기초한 것이다.

연관 질문 어떻게 M 단백질이 연쇄상구균 감염 후 질병(poststreptococcal disease)에 관여한다고 생각하는가?

알파-나선형의 코일 모양(alpha helical coiled-coil)의 단백질인 M 단백질은 숙주세포에 부착하는 것을 도와주고 보체(complement)에 의한 옵소닌화(opsonization)를 방해한다. M 단백질의 아미노산 서열은 *S. pyogenes*의 혈청형마다 다르고 다른 M 단백질은 다른 숙주 수용체와의 상호작용을 매개한다. ◀ Lactobacillales 목(22.2절); 보체는 일종의 연속효소계다(31.3절)

*S. pyogenes*는 히알루론산(hyaluronic acid)으로 만들어진 캡슐로 싸여 있고, 이 히알루론산은 사람도 가지고 있다. *S. pyogenes* 백신은 없다. *S. pneumoniae*에도 해당되는 것처럼 연쇄상구균 백신으로 가장 좋은 항원은 캡슐이다. 그러나 히알루론산이 숙주에도 있으므로 면역성이 없다.

연쇄상구균성 인두염

연쇄상구균성 인두염(streptococcal pharyngitis)은 인간에게 가장 자주 발생하는 세균성 질환으로 흔히 **스트렙 인후염**(strep throat)이라 부른다(**그림 38.9**). A 그룹 화농연쇄상구균(GAS)은 침이나 코 분비물의 비말로 전파된다. 사람에서 2~4일의 잠복기를 가진다.

목구멍(**인두염**, pharyngitis)이나 편도선(**편도염**, tonsillitis)에서의 스트렙균의 활동은 염증반응과 백혈구와 적혈구의 용혈을 자극한다. 연쇄상구균성 인두염 환자 약 50%에서 세포와 용액으로 구성된 염증성 삼출액(exudate)이 혈관으로부터 방출되어 주변 조직에 축적된다. 이때 전반적인 불쾌감 또는 권태감, 열과 두통이 동반된다. 또한, 목구멍이 붉게 되고 부종과 목의 림프절 비대 등이 현서한 신체 증상으로 나타난다. 여러 다른 감염도 이와 유사한 특징을 가지기 때문에 단지 징후나 증상만으로는 진단할 수 없다. 스트렙 인후염 진단을 위한 신속진단키트가 흔히 사용된다(그림 36.13 참조). 합병증이 없다면 1주일 정도 안에 자연 치유된다. 그러나 항생제(페니실린, 세팔로스포린, 마크롤라이드계 항생제)는 감염기간과 임상 증상을 줄여준다. 특히 어린이의 경우에는 류마티스열 예방에 특히 중요하다. 이것은 이 다음에 논할 것이다. 청소년과 성인 감염은 질병증상이 더 약하고 덜 자주 발생하는데, 그 이유는 어릴 때 많은 혈청형에 노출되어 생긴 면역 때문이다.

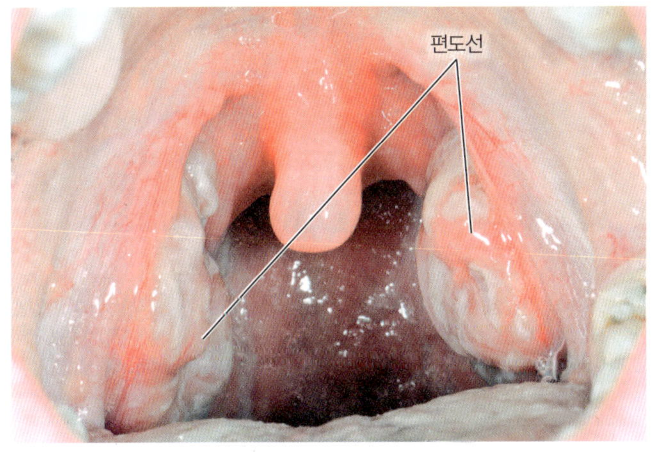

그림 38.9 연쇄상구균성 인두염(스트렙 인후염). 화농성의 삼출액(백혈구와 세균 포함 고름)은 편도선에서 가장 두드러진다. Dr P. Marazzi/Science Source

연관 질문 스트렙 인후염에서 무엇이 삼출액을 유발하는가? 모든 환자에서 나타나는가?

연쇄상구균 감염후 질병

GAS에 의한 가장 흔한 2개의 연쇄상구균 감염후 질병(poststreptococcal disease)은 **류마티스열**(rheumatic fever, RF)과 사구체신염(glomerulonephritis)이다. 이들은 급성 연쇄상구균 감염후 1~4주 후에 발생한다. 류마티스열(RF)은 심장판막, 관절, 피하조직과 중추신경계에 염증성 병변이 생기는 특징이 있는 자가면역질환(autoimmune disease)이다. 류마티스열은 특정 M 단백질 균주의 연쇄상구균에 의한 이전의 인후감염(인두염)과 관련이 있는 것으로 보인다. M 단백질이 심장단백질을 표적으로 하는 자가항체(autoantibody) 형성을 촉진하는 것으로 보인다. 6~15세의 아동에게 가장 흔히 발생하며 다양한 징후와 증상을 보여 진단이 어렵다. 미국에서는 류마티스열이 아주 드물어졌으나(연쇄상구균 감염의 0.05% 미만), 열대 국가에서는 더 빈번히 일어난다. 염증과 열을 낮추고 심부전을 조절하는 것으로 치료한다. 아스피린(salicylate)과 코르티코스테로이드(corticosteroid)가 치료의 기본이다. 류마티스열이 드물기는 하지만 아직까지도 어린이의 영구적인 심장판막 손상의 주 원인이다.

사구체신염(glomerulonephritis) 또는 **브라이트병**(Bright's disease)은 GAS의 피부감염으로 생긴다. 혈액을 여과하는 신장 내부의 막구조인 사구체에 염증이 생긴 것이다(제3형 과민반응). 항원 항체 복합체가 사구체에 축적되기 때문에 사구체가 손상된다. 원인 항원이 아직 밝혀지지 않았으나, 화농연쇄상구균 외독소 B(Streptococcal pyrogenic exotoxin B, SpeB)에 대한 항체가 만들어져 관여한다는 증거가 제시되고 있다. 항원-항체 복합체는 사구체막을 손상시켜 단백질과 혈액이 소변으로 빠져나오게 한다. 임상적으로 환자는 부종, 열, 고혈압, 혈뇨(소변에 혈액이 있음) 등의 증상을 보인다. 임상적인 병력, 혈액과 소변검사, 신장 생검, 이전의 연쇄상구균 감염의 확진으로 진단한다. 잔존하는 연쇄상구균 때문에 페니실린 G나 에리트로마이신으로 치료한다. 그러나 일단 신장이 손상되면 특별한 치료방법이 없다. 모든 사례의 약 80~90%에서는 손상된 사구체가 천천히 회복되지만 일부는 만성질환이 된다. 만성질환이 되는 경우는 평생 신장투석을 하거나 신장이식이 필요하다. ◀ 제3형 과민반응(32.9절)

마무리 점검

1. 클라미디아가 감염과 번식을 위해서 특수화된 세포형으로 분화하는 이유는 무엇인가?
2. 사람이 레지오넬라증(재향군인병)에 어떻게 걸리는지, 클라미디아성 폐렴에는 어떻게 걸리는 지 비교하고 대조하시오.
3. 디프테리아의 전형적인 증상을 야기하는 것은 무엇인가? 개개인은 어떻게 이 질병으로부터 보호될 수 있는가?
4. 세균성 수막염의 3개의 주요 원인은 무엇인가? 어떤 수막염에 감염된 것인지를 결정하는 것이 왜 중요한가?
5. 육종에서 발견되는 면역세포는 무엇인가? 어린이와 면역이 억제된 사람은 왜 속립성 결핵으로 진행하기가 더 용이한가?
6. 다약제 내성 결핵 균주는 어떻게 생기는가?
7. *M. pneumoniae*에 의한 폐렴을 '걸어다니는 폐렴'이라고 부르는 이유는 무엇인가?
8. PTx가 숙주세포를 죽이는 기전은 무엇인가?
9. 백일해의 3단계에 대해 설명하시오.
10. 어떤 GAS 질병이 가장 많이 만연한가? 연쇄상구균감염의 2가지 주요 합병증을 설명하시오.

38.2 세균은 절지동물매개로 전파될 수 있다

이 절을 학습한 후 점검할 사항:

a. 흔히 발생하는 절지동물매개 질병을 야기하는 세균을 토론할 수 있다.
b. 절지동물매개 세균성 질병의 전형적인 징후와 증상을 알아볼 수 있다.
c. 절지동물매개 세균성 질병과 세균 독성인자에 의한 질병중증도의 상관관계를 볼 수 있다.

절지동물매개 세균성 질병은 바이러스나 원충보다는 적다. 하지만 역사적으로 흥미롭거나(페스트[흑사병) 사람들에게 감염되는 것으로 새로이 알려져서[엘리히증(ehrlichiosis), 라임병(Lyme disease)] 관심이 높다.

라임병

라임병(Lyme disease 또는 Lyme borreliosis, LD)은 1975년 미국 코네티컷 주의 올드 라임(Old Lyme) 지역 주민에게서 처음 관찰되면서 기록되었다. 이 병은 미국에서 가장 흔한 참진드기 매개 인수공통감염병(zoonosis)이다. 라임병은 매년 평균 약 3만 명의 확진 환자가 CDC에 보고되었으며 95%의 환자는 14개의 주에서 발생하였다. 유럽이나 숲이 우거진 아시아에도 라임병이 존재한다.

최소 3종의 스피로헤타(spirochete)균이 라임병의 원인이다. *Borrelia burgdorferi*가 미국에서 라임병의 주원인인 반면, *B. garinii*와 *B. afzelii*는 유럽에서의 발병 원인이다. 설치류와 다른 야생동물이 자연숙주이다. 성체 사슴 참진드기(deer tick)가 사슴피를 빨아 먹지만 사슴은 감염되지 않는다(**그림 38.10a**). 미국 북동부에서 *B. burgdorferi*

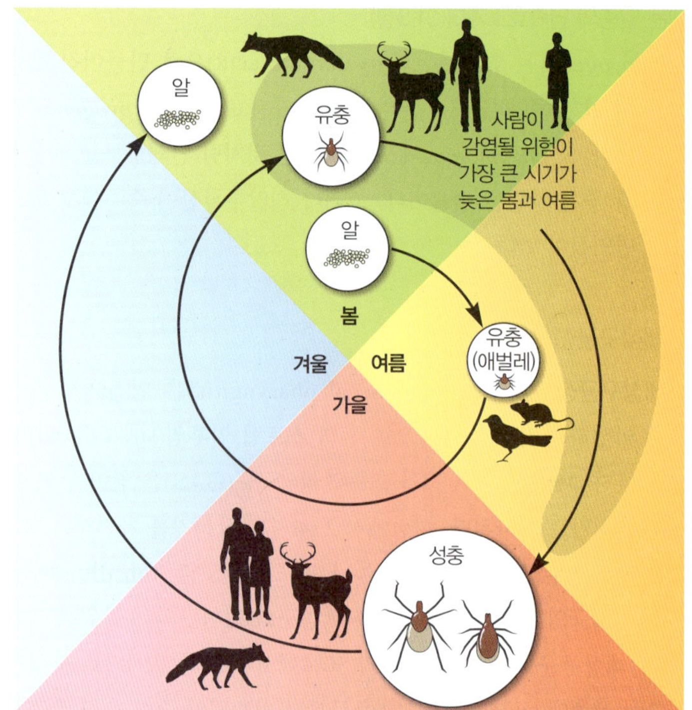

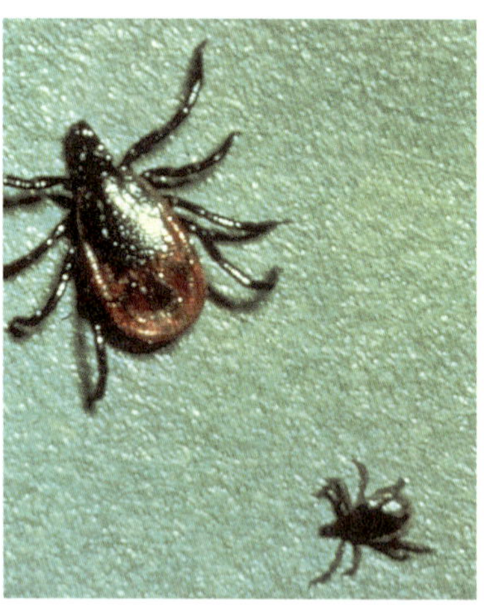

(b)

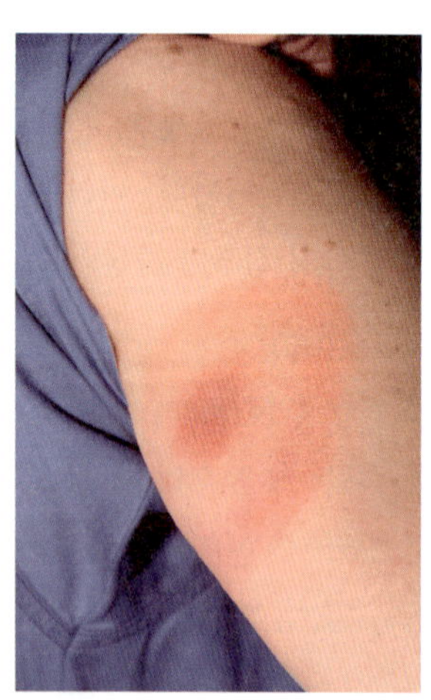

(c)

그림 38.10 라임병. (a) *Borrelia burgdorferi*는 2년의 생활사를 가지고 있는 참진드기에 의해서 전파된다. 생활사는 봄에 알을 낳음으로써 시작한다(가운데). 대부분의 사람들은 유충(nymph)이 몸에서 피를 빨아 먹으면(bloodmeal) 감염된다. (b) 탐식하지 않은 참진드기 성충(아래)의 크기는 핀의 머리만 하다. 탐식한 성충(위)은 젤리빈(jelly bean) 크기만큼 커진다. (c) 전형적인 발진(유주성 홍반)이 참진드기에 물린 위치 주변으로 동심원을 이루며 나타난다. (a) CDC. Lyme Disease. https://www.cdc.gov/lyme/transmission/blacklegged.html; (b) Michael L. Levin, Ph.D./CDC; (c) James Gathany/Centers for Disease Control and Prevention

연관 질문 라임병 진행의 3단계를 설명하시오. 이와 유사한 스피로헤타에 의한 다른 질병은 무엇인가?

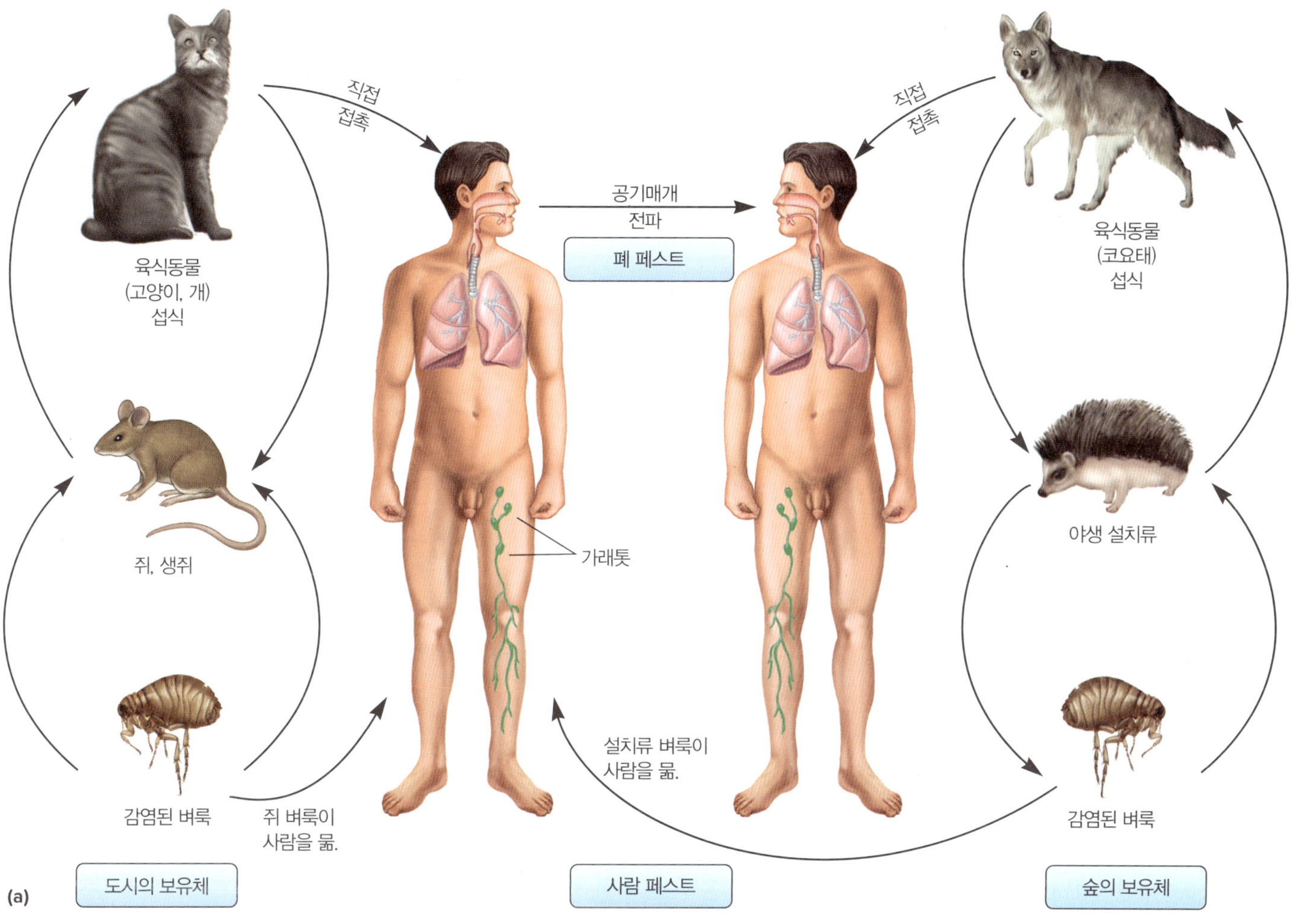

직접 접촉
육식동물 (고양이, 개) 섭식
쥐, 생쥐
감염된 벼룩
쥐 벼룩이 사람을 묾.
도시의 보유체
공기매개 전파
폐 페스트
가래톳
설치류 벼룩이 사람을 묾.
사람 페스트
직접 접촉
육식동물 (코요태) 섭식
야생 설치류
감염된 벼룩
숲의 보유체
(a)

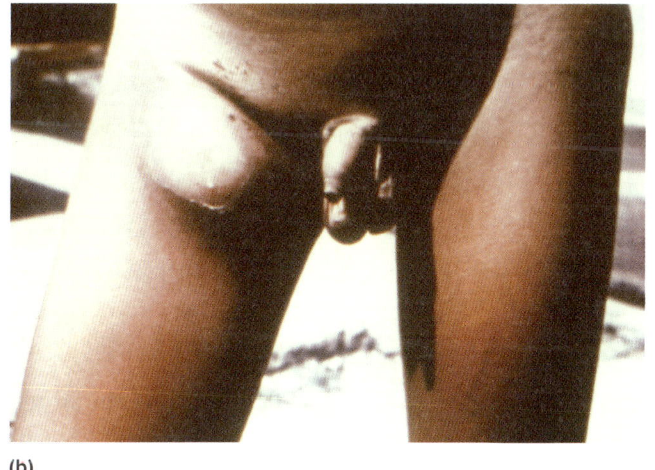

(b)

그림 38.11 페스트. (a) 페스트는 사람에게 (1) 도시 순환경로에서는 쥐벼룩에 의해서, (2) 숲 순환 경로에서는 야생의 설치류와 그들의 벼룩이 중심이 되어서, (3) 감염된 사람으로부터의 공기매개 전파 등을 통해 전파되어 폐 페스트를 유도하게 된다. 개, 고양이와 코요테도 감염된 동물을 섭취하여 세균에 감염된다. (b) 가래톳이라고 부르는 비대해진 림프절은 페스트균 감염의 특징이다. (b) Dr. H. G. Scott/CDC

의 보유체는 흰발생쥐이다. 스피로헤타에 감염된 검은발(또는 사슴) 참진드기(*Ixodes scapularis*, 그림 38.10b)가 사람을 물면 사람에게 전파된다. 태평양 연안, 특히 캘리포니아에서는 검은발나무쥐(dusky-footed woodrat)와 진드기(*I. pacificus*)가 보유체이다. ◀ Spirochaetota 문: 나사와 같은 형태를 지닌 세균(20.6절)

임상적으로 라임병은 치료하지 않는다면 3가지 주요 단계를 거치는 복잡한 질병이다. 초기 국지적인 단계는 감염력이 있는 참진드기에 물린 지 7~10일 안에 나타난다. 이 병은 종종 유주성 홍반(erythema migrans)으로 시작하는데, 중앙부위는 부분적으로 깨끗하고 주변은 붉은 경계선을 갖고 퍼지는 고리 모양의 피부병소가 점점 커지게 된다(그림 38.10c). 이는 종종 독감유사증상(권태감, 피로, 두통, 열과 오한)을 수반한다. 가끔 알지 못하는 사이에 참진드기에 물리거나 물린 부위가 두피 등 잘 보이지 않는 곳이거나 피부색 때문에 피부병소를 모르고 지나치기도 한다.

2차 전이단계는 초기 감염 후 몇 주나 몇 달 후에 나타난다. 이때 신경적 이상, 심장 염증, 발작적인 관절염(팔꿈치나 무릎 같은 주요 관절) 등의 여러 증상이 나타난다. 최근 연구결과에 따르면, 라임 관절염은 관절 윤활막(synovium, joint)세포의 주조직적합복합체(major histocompatibility complex, MHC) 분자와 유사한 세균의 항원에 반응하려다가 자가 MHC 분자항원에 반응하게 된 자가면역 질환일 수도 있다는 것이다. 마지막으로 또 다른 스피로헤타에 의한 질병인 매독의 진행경과처럼 그 후의 단계는 몇 년 후에 나타날 수 있다. 감염된 사람은 신경의 수초가 탈락(demyelination)하므로 알츠하이머 또는 다발성 경화증(multiple sclerosis)과 유사한 증상이 나타나기도 한다. ◀ 주조직적합복합체(32.4절)

라임병의 실험실 진단은 병원균에 대한 IgM이나 IgG를 검출하기 위한 혈청학적 검사와 특정 단백질을 검출하는 웨스턴 블롯(Western blot), 또는 환자의 시료(특히 관절액)에서 중합효소연쇄반응을 통해 *Borrelia* DNA를 검출하는 것이다. 초기에 독시사이클린(doxycycline)으로 치료하면 빨리 회복되며 관절염과 다른 합병증을 방지할 수 있다.

라임병의 예방과 관리는 참진드기 서식지를 깨끗이 치우는 것처럼 환경을 바꾸고 진드기와 참진드기를 죽이는 진드기에 치명적인 화합물(진드기 살충제) 등을 살포한다. 교육과 스스로의 보호 등을 통해 라임병에 걸릴 위험을 크게 줄일 수 있다.

페스트(흑사병)

페스트(plaque: 라틴어 *plaga*는 '유해물'을 의미, 흑사병, 역병)은 그람음성 세균인 페스트균(*Yersinia pestis*)에 의해 발생한다. 매년 1,000~2,000건의 페스트가 세계보건기구(WHO)에 보고된다. 미국은 매년 평균 7건이 발생한다. 벼룩이 들끓는 동물, 즉 쥐, 생쥐, 프레리도그(북미 대초원 지대에 사는 다람쥣과 동물)같은 동물과 접촉하여, 또는 더 드물게는 감염된 동물과 직접 접촉하여 처음에는 사람이 감염된다(**그림 38.11a**). 감염된 벼룩에 물리게 되면 세균이 림프절에 들어가고 그곳에서 증식하면서 효율적인 면역반응을 못하게 만든다. 증상은 피하출혈, 발열, 오한, 두통, 극심한 탈진과 급격하게 비대해진 림프절인 **가래톳**(buboes: 과거에는 **가래톳 페스트**[bubonic plague]라고 했음)이 나타난다(그림 38.11b). 치료하지 않은 50~70%는 많은 수의 세균이 혈액내에 존재해서 야기되는 독성 상태로 인해 3~5일 이내에 사망한다.

가래톳 페스트는 혈류를 따라 이동하여 폐에 가서 더 위험한 **폐 페스트**(pneumonic plague)가 될 수 있다(그림 38.11a). 폐 페스트는 호흡기 비말을 통해 사람에서 사람으로 전파될 수 있으므로 유럽 및 다른 지역에서 전파된 유행병이 되었다(이 장의 시작이야기 참조). 폐 페스트를 치료하지 않으면 사망률은 거의 100%이다.

대부분의 그람음성 병원체처럼 페스트균은 효과단백질(effector

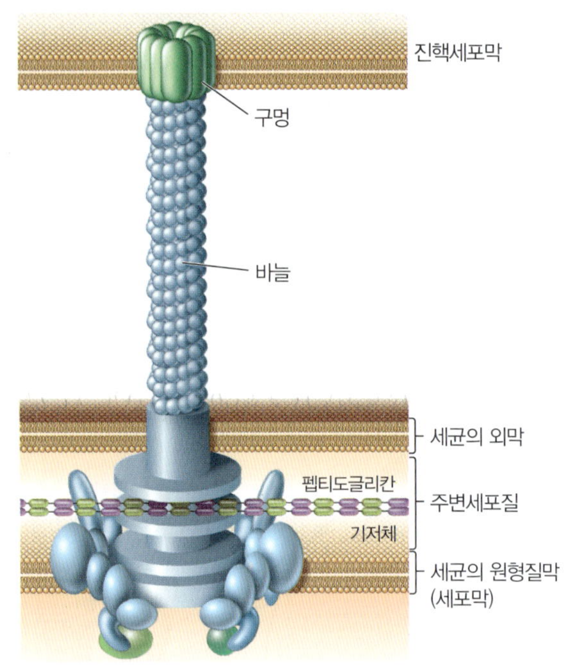

그림 38.12 III형 분비체계. X선 섬유굴절연구로 주사체(바늘; injectisome, needle)가 나선형 구조임을 밝혔다.

protein)을 표적숙주세포에 직접 전달하는 III형 분비체계를 사용한다. 페스트균에 있는 플라스미드가 암호화하고 있는 단백질인 YOPS (yersinial outer membrane protein, 페스트균의 외막단백질)를 대식세포에 분비하여 숙주의 자연방어기전을 제어하고 세균이 숙주내에서 증식하고 퍼질 수 있게 도와준다(**그림 38.12**). 추가로 면역세포에 의해서 페스트균이 포식되면 세균은 그 속에서 살아남아 증식한다. ◀ 단백질 성숙과 분비(13.9절); Enterobacterales 목은 크고 다양한 분류군이다(21.2절); 병원성 섬은 독성인자를 암호화하고 있다(34.4절)

페스트균은 생물학 무기로 사용될 가능성이 있는 생물작용제로 분류되어 있기 때문에 보초용 실험실(sentinel labora- tory) 동정은 초기 염색과 배양검사만 하도록 제한되어 있다. 중합효소연쇄반응, 고급 혈청학적 검사 및 다른 승인된 방법을 이용한 페스트균의 확인을 위한 확진은 국가 표준 실험실에서만 할 수 있다. 스트렙토마이신으로 치료하며 회복되고 나면 이 세균에 대해 면역력을 갖게 된다. 벼룩과 설치류의 통제, 환자의 격리, 노출된 사람의 예방적 처치와 감염될 위험성이 높은 사람(예: 공원관리자, 수의사)의 예방접종 등으로 예방하고 관리한다.

로키산홍반열

로키산홍반열(Rocky Mountain spotted fever, RMSF)은 리케차(*Rickettsia rickettsii*)가 원인이다. 로키 산 지역에서 처음 발견되었으나 미시시피 강 동부 지역에서 대부분의 환자가 발생한다. 2개의 주요 참진드기 매개자에 의해 전파된다. 하나는 봄과 초여름에 활동하는 숲진드기인 *Dermacentor andersoni*로 로키 산이 있는 주에 분포하고, 더욱 중요하다고 생각하는 개진드기인 *D. variabilis*는 미국 동부 1/2 정도 지역에서만 배타적으로 분포한다. 다른 리케차와 달리 *R. rickettsii*는 진드기의 알을 통해서 다음 세대로 전달되는 경난소전파(transovarian passage)를 할 수 있다. 따라서 라임병의 원인균인 *Borrelia* 종과는 달리 리케차는 계속 증식하기 위해 저장숙주로서 다른 동물이나 사람이 필요하지 않다.

리케차 세균은 감염된 참진드기가 혈액을 섭취하면서 진도기의 침으로 사람에 전파된다. 리케차는 작은 혈관의 내피세포가 식세포작용을 하도록 유도하여 식세포작용으로 세포 안으로 들어가 그 속에서 증식한다. 그 결과 혈관이 손상되어 혈액이 조직으로 누출되어서 눌러도 없어지지 않는 특징적인 열이 나지 않는 발진이 생기게 된다. 리케차가 내피세포의 세포질에서 번식하여 숙주의 액틴(actin)을 중합화하여서 한쪽 끝에서 꼬리를 만들어 지금의 내피세포에서 옆의 내피세포로 세균이 나아갈 수 있게 한다(그림 34.5 참조). 이것은 혈관을 더욱 손상시키며 리케차가 면역세포와 숙주의 항체에 노출되지 않도록 도와준다. ◀ 리케차는 절대세포내 세균이다(21.1절)

로키산홍반열(RMSF)은 심한 두통, 고열, 오한, 손과 발(손바닥과 발바닥 포함)에서 시작해 몸통으로 퍼지는 피부발진(**그림 38.13**)이 전형적인 증상이다. 치료하지 않으면 리케차가 심장혈관, 폐 또는 신장의 혈관을 파괴하여 감염 후 약 8일 후에 사망한다. 항생제 치료(독시사이클린)와 보조치료로 심각한 병리적인 변화는 피할 수 있다. 증상과 특징적인 발진 등의 징후와 혈청학적 검사와 핵산증폭검사로 진단한다. 최고의 예방은 참진드기 만연 지역이나 동물을 피하는 것이다. RMSF 사례가 미국에서 1년 내내 보고되지만 5~8월에 가장

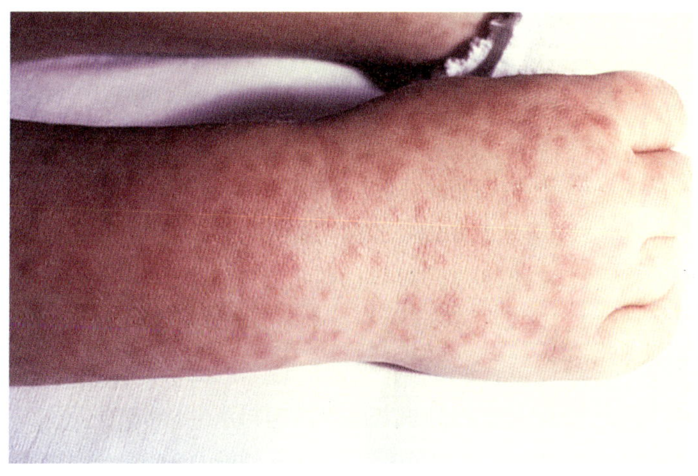

그림 38.13 로키산홍반열. 전형적인 다발성의 피부발진(nonblanching rash)은 손바닥과 발바닥까지 포함한 몸 말단에서 발생한다. Centers for Disease Control and Prevention

많이 발생한다. CDC 보고에 의하면 지난 수십 년간 RMSF 사례가 증가하여 미국에서 매년 약 4,000~6,000명의 사례가 보고되고 있다. 다행히 치사율(case fatality rate)은 약 0.5%로 감소하였다.

마무리 점검

1. 라임병의 원인체는 무엇이며 어떻게 사람에게 전파되는가? 라임병의 3단계를 설명하시오.
2. 가래톳 페스트와 폐 페스트를 구별하시오. 왜 폐 페스트가 더 심각한 공중보건의 위기인가?
3. 라임병에서 보이는 발진과 로키산홍반열에서 보이는 발진을 비교하시오.
5. 숙주의 어떤 종류의 세포가 리케차에 감염되고 이것이 징후, 증상, 로키산홍반열의 중등도와 어떻게 관련되나?

38.3 직접접촉 질병은 세균에 의해 야기될 수 있다

이 절을 학습한 후 점검할 사항:

a. 직접접촉에 의해 전파되어 흔히 발생하는 세균성 질병을 설명 할 수 있다.
b. 직접접촉에 의해 전파되어 발생하는 세균성 질병의 전형적인 징후와 증상을 알아볼 수 있다.
c. 직접접촉 세균감염과 세균의 독성인자에 의한 질병중증도의 상관관계를 볼 수 있다.

직접접촉 세균 질병의 대부분은 피부, 피하조직이나 점막을 통해 감염된다. 때로는 세균이 피부나 점막을 부위를 넘어 전파되어 산재성 질병을 일으킨다. 여기에서는 이러한 질병들 중 잘 알려진 직접접촉에 의한 세균성 질병 몇 가지에 대해 논의한다.

가스괴저(클로스트리디아성 근괴사)

웰치균(*Clostridium perfringens*), *C. novyi*와 *C. septicum*은 내생포자형성 그람양성 간균으로 골격근에 **가스괴저**(gas gangrene: 그리스어 *gangraina*는 '섭취 통증'을 의미) 또는 **클로스트리디아성 근괴사**(clostridial myonecrosis: 그리스어 *myo*는 '근육', *necrosis*는 '죽음'을 의미)로 부르는 괴사감염을 일으킬 수 있다. 그러나 웰치균이 가장 흔한 원인균이다. 웰치균의 유전체 염기서열분석을 통해 웰치균은 발효를 하여 가스를 만들 수 있는 유전자를 가지고 있으나 TCA 회로나 호흡연쇄반응을 위한 효소는 암호화하지 않고 있다는 사실을 밝혔다. 그럼에도 웰치균은 사람에 감염되어 영양요구조건이 맞으면 사람숙주내에서 세균 개체 수가 2배로 되는 시간(doubling time)이 8~10분으로 놀라운 수준이다. 따라서 가스괴저의 신속한 진단과 치료가 아주 중요하다. ◀ Firmicutes 문, Clostridia 강: 산소비요구성 내생포자형성 세균(22.3절)

조직독성(조직손상)이 있는 클로스트리디아는 전 세계의 토양에서 발견되고 또한 사람의 대장에 내재한 고유미생물총(정상세균총)의 일부이다. 토양에 있는 조직독성이 있는 클로스트리디아의 포자가 상처가 난 조직으로 오염되는 것이 주된 전파수단이다. 감염은 일반적으로 유산, 자동차 사고, 동상, 총기 사고, 다른 사고를 통해 생긴 상처와 주로 연관되어 있다. 포자가 무산소 상태의 조직내에서 발아하여 영양형 세균이 되고, 이 영양형 세균은 여러 독소를 분비하며 그 중에는 세포막을 파괴하여 세포용해를 일으킴으로써 근육조직을 파괴하는 α-독소(레시틴분해효소) 등이 있다. 이 세균은 또한 콜라겐분해효소(collagenase)를 분비하며 이름에서 보듯이 숙주의 콜라겐을 분해하여 아미노산으로 방출시켜 자신이 사용한다. 또한 웰치균은 시알산(sialic acid)을 이용할 수 있게 해주는 효소를 분비한다. 이 시알산은 많은 숙주세포 표면에 있으며 탄소와 질소원이다. 이 외부효소는 세균이 빨리 자라서 인체에 퍼지도록 한다. 세균 증식은 가스(주로 발효에 의한 수소와 이산화탄소)축적과 독소에 의해 파괴된 골격근조직 산물을 축적하기도 한다(**그림 38.14**). ◀ 외독소(34.4절)

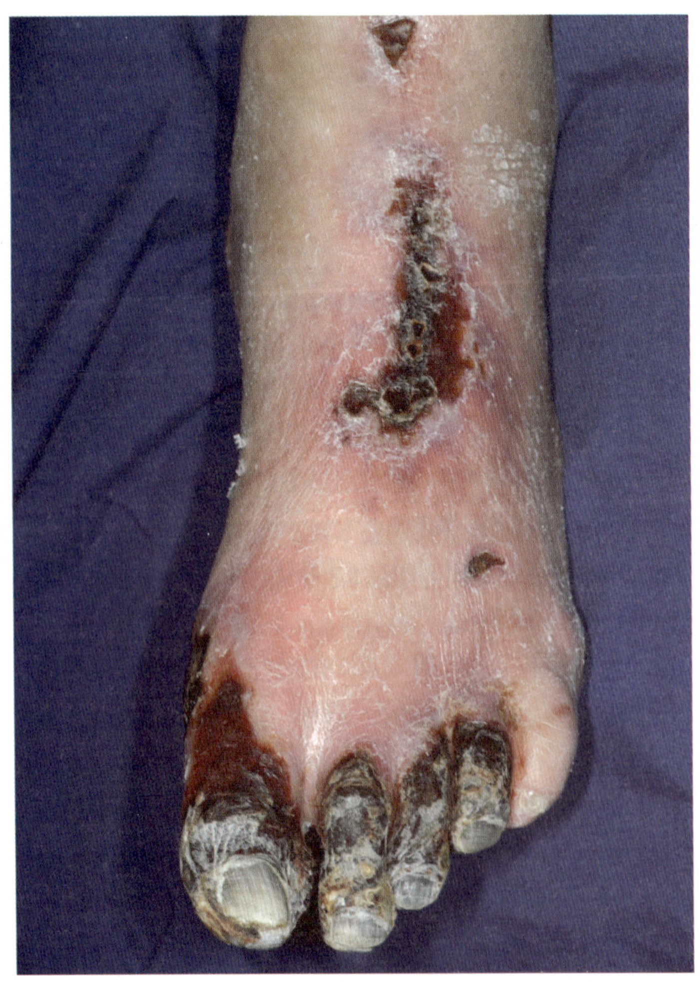

그림 38.14 가스괴저(클로스트리디아성 근괴사). 웰치균이 만드는 수많은 독소들로 인한 근육과 다른 조직의 괴사이다. Scott Camazine/Alamy Stock Photo

가스괴저는 의학적으로 응급상황이다! 가스괴저의 특징적인 증상은 극심한 통증, 부종, 고름이 흐르는 것, 근육괴사이다. 원인이 되는 클로스트리디아 종을 배양하고 환자의 징후와 증상을 평가하여 진단한다. 치료는 모든 죽은 조직을 광범위하게 외과적 수술로 제거하는 것과 함께 β-락탐과 마크롤라이드의 항미생물 요법을 쓰는 것이 필요하다. 예방과 관리는 수술을 통한 오염된 상처부위의 제거와 함께 예방적 항미생물제 처치 그리고 모든 상처 감염의 적절한 치료이다. 흥미롭게도 실험실에서 키운 멸균된 구더기를 감염된 죽은 조직을 제거하는데 사용하기도 한다. 병이 진행되어 더 퍼지는 것을 막기 위해 감염된 수족을 절단하는 것이 필요하기도 한다.

B 그룹 연쇄상구균 질병

Streptococcus agalactiae 또는 **B 그룹 연쇄상구균**(group B streptococcus, GBS)은 노인과 면역이 억제된 성인과 신생아에게 병을 유발하는 그람양성 세균이다. 이런 세균들에 감수성이 있는 성인의 경우, GBS는 패혈증과 폐렴, 피부와 뼈 감염을 야기한다. 신생아의 경우, 신생아 수막염, 균혈증과 신생아 폐렴의 원인이다. 감염된 신생아가 태어난 지 1주일 안에 증상이 나타나면 조기발생 질병(early-onset disease) GBS라고 부른다. GBS는 1주일에서 3달된 유아에게도 발병한다(후기발생 질병). 조기발생 질병 GBS은 모체(모체는 무증상의 보균자)로부터 전파된다고 알려져 있지만, 후기발생 질병 GBS에 걸린 유아의 약 절반 정도만 GBS 보균자인 모체와 연관되어 있다. 나머지 후기발생 질병 GBS 신생아의 감염원은 알려져 있지 않다. GBS에 의한 유아의 치사율은 약 5% 정도이다. GBS 질병에서 생존한 아기, 특히 GBS에 의한 수막염으로부터 생존한 아기는 청각과 시각 상실 또는 발달장애와 같은 영구적인 장애를 가질 수 있다. 미국 질병관리본부(CDC)는 매년 대략 3만 명의 침습성 GBS가 모든 연령에서 발생한다고 보고하고 있다. 1990년대 중반부터 모든 임산부에게 정기검진을 시행한 이후 GBS에 감염된 아기들 수가 현저하게 감소하였다.

GBS 질병은 그람양성인, β-용혈성 연쇄상구균을 배양하여 진단한다(그림 22.20 참조). 신속진단검사가 필요하거나 배양검사결과가 모호할 때는 FDA의 승인을 받은 GBS에 대한 DNA 검사를 할 수 있다.

많은 사람들이 증상이 없는 GBS 보균자로서 GBS가 집락을 형성하고 있지만, 이것 때문에 병에 걸리지는 않는다. 성인은 GBS를 장, 질, 방광 또는 목에 보유하고 있을 수 있다. 25%의 임산부는 GBS를 직장 또는 질에 보유하고 있다. 따라서 엄마가 보균자이면 태아는 분만 동안에 GBS에 노출될 수 있다. GBS 보균은 일시적인 것으로 보균자가 세균을 평생 보유하는 것은 아니다. 임신 동안에 GBS의 보균 사실은 질 또는 직장의 시료로부터 세균을 배양함으로써 GBS의 존재를 확인할 수 있다. 미국 질병관리본부(CDC)는 임신부가 임신 후기에 질과 직장의 시료에서 GBS를 배양하여 확인할 것을 권장하고 있다. 배양결과 양성의 의미는 산모나 아기가 확실하게 아프게 될 것이라는 것이 아니라 산모가 GBS를 보유하고 있다는 것을 의미한다. 출산하는 동안에 항생제 치료를 하면 모체로부터 태아가 GBS에 감염되는 것을 막는데 효과적이다.

신생아와 성인의 GBS 감염은 약제 내성이나 과민반응이 없다면 주로 정맥주사 페니실린으로 치료한다. 유전체 분석에 기초한 GBS 백신을 현재 개발 중이다. 그러나 많은 혈청형과 많은 인체세포표면에서 발견되는 탄수화물인 시알산이 있는 캡슐(capsule) 때문에 예방백신 개발에 문제가 많다. 이것 때문에 효과가 있는 캡슐형 백신개발에 방해가 되고 있다. ▶| 백신(41.1절)

마이코박테리아의 피부감염

비결핵성 마이코박테리아의 많은 병원성 종이 피부와 부드러운 조직에 감염된다. 이 질병들은 종종 다양하고 잘못된 방향으로 이끄는 징후와 증상으로 인해 진단하기가 어렵다. 비결핵성 마이코박테리아에 의한 피부와 관련된 2종류의 질병을 여기에서 설명할 것이다. 역사적으로 나병에 걸린 사람들을 도와주지 않고 격리시켰다. 나병은 여전히 희생자를 낙인찍는 복잡한 질병이므로 나병에 대하여 설명할 것이다. 이 오랜 질병과 대조적으로, 문신예술과 연관되어 새로이 출현한 마이코박테리아 감염을 설명할 것이다.

나병

나병(leprosy: 그리스어 *lepros*는 '비늘', '더러운', '거친'을 의미)은 나균(*Mycobacterium leprae*)에 의해 심하게 형태가 손상되는 피부 질병이다. 중요성이 인정된 유일한 보유체는 아마딜로와 사람이다. 새로 감염되는 80%가 브라질, 인도네시아, 인도에서 발생하며 전 세계에서 매년 20만 명이 보고되고 있다. 이 질병은 열대지방에서 주로 발생한다. 많은 수의 *M. leprae*를 방출하는 감염된 사람과 오랜 기간 접촉했을 때 나병에 감염되는 것으로 보인다. 비강분비물이 가족 간의 접촉 감염원으로 보인다. |◀ Mycobacteriales 목에는 중요한 사람의 병원체가 속한다(22.1절)

나병의 잠복기는 약 3~5년 정도이지만 더 오래될 수도 있으며 질병은 천천히 진행된다. 세균은 말초신경과 피부세포를 침범하여 절대세포내 기생체로서 증식한다. 말초신경 축삭(axon)을 싸고 있는 슈반세포(Schwann cell)와 단핵식세포(mononuclear phagocyte)에서 가장 자주 발견된다. 나병의 가장 초기증상은 지름이 몇 센티미터 정도되는 약간 착색된 피부의 솟은 발진이 생기는 것이다. *M. leprae*에 대한 초기증상인 이 개별적인 피부병변은 대략 75%의 환자에서 효과적인 세포매개 면역반응으로 자연치유된다. 그러나 일부 환자는 면역반응이 약해서 나균을 없애지 못하여 독특한 2가지 형태, 곧 결핵성 나병 또는 나종성 나병 중의 하나로 발병한다.

결핵성(신경의) 나병[tuberculoid(neural) leprosy]은 경미한 비진행성 나병으로 *M. leprae*의 표면항원에 대한 지연형 과민반응과 관련이 있다. 신경이 손상되고 감각을 잃은 피부 주위에 소결절(nodule)이 생기는 것이 특징이다(**그림 38.15**). 과민반응을 보이지 않는 감염 환자들은 **나종성(진행성) 나병**[lepromatous(progressive) leprosy]이라고 하는 가차 없는 진행형 질병으로 발전하며 이 경우 많은 수의 *M. leprae*가 피부세포, 특히 체온이 약간 낮은 신체말단부위에 존재한다. 세균이 피부조직을 죽이고 얼굴 형태, 손가락, 발가락 및 다른 구조들의 진행성 손실을 일으킨다. 또한, 기형의 소결절이 온몸에 생긴다. 신경도 감염되지만 결핵성 나병보다는 손상 정도가 덜하다. |◀ 제4형 과민반응(32.9절)

나병균은 실험실에서 배양할 수 없기 때문에, 실험실 진단은 직접형광항체염색법으로 세균을 조직검사에서 확인하여 진단한다. 형광나병항체 흡착법과 효소면역측정법(ELISA) 같은 혈청학적 진단법이 개발되었다.

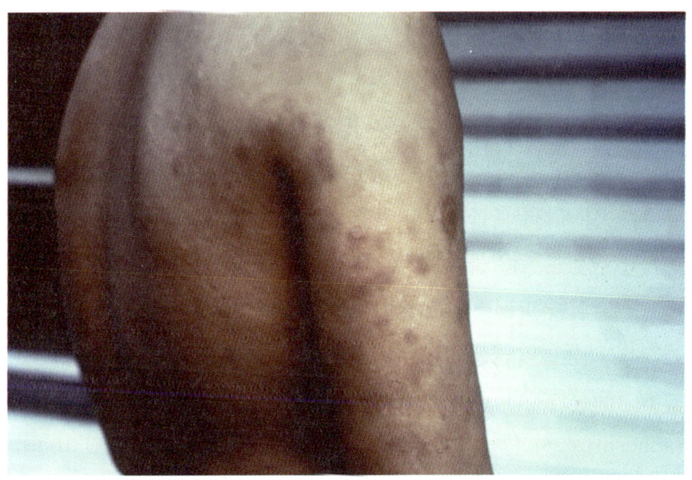

그림 38.15 나병. 결핵성 나병에서는 납작하고 통증 없는 병변이 피부에 나타난다. Arthur E. Kaye/CDC

연관 질문 결핵성과 나종성 나병의 주된 차이점은 무엇인가?

결핵성 나병 치료는 리팜핀을 댑손(dapsone)과 함께 복합제로 치료한다. 나종성 나병은 리팜핀을 클로파지민(clofazimine)과 함께 댑손(dapsone)을 혼합하여 사용하기도 한다(그림 9.11 참조). 나병 환자의 확인과 치료가 나병 관리의 핵심이다. 가족과의 밀접접촉을 하는 경우는 화학적 예방요법으로 약제를 복용해야만 한다.

문신과 연관된 마이코박테리아 감염

문신과 연관된 마이코박테리아 감염이 산발적으로 발생하고 집단발병하고 있는 사실은 새로이 출현하는 감염이 이국적인 것만은 아니라는 사실을 상기시킨다. 빠르게 자라는 마이코박테리아(rapidly growing mycobacteria, RGM)는 비결핵성 마이코박테리아 그룹으로 물, 토양, 먼지에서 흔히 발견된다. 문신과 관련된 피부감염원인으로 RGM이 확인되었다. 문신과 연관된 마이코박테리아 감염은 다양한 범위의 피부병변, 분홍색과 빨간색과 보라색인 구진(여드름 같은), 비늘처럼 피부가 뒤덮인 구진, 육종성 구진(granulomatous papule), 이끼 같은 구진, 농포, 플라크 등의 다양한 피부병변의 특징을 보였다. 또 다른 문신과 연관된 마이코박테리아 감염이 보고되었으며 이때는 *M. haemophilum*과 *M. chelonae*이였으며, 아티스트가 사용했던 잉크가 오염되어 있었다. 대부분의 경우, 감염을 없애기 위해 여러 과정의 항생제 치료요법을 사용하여도 6~9개월이 걸렸다.

빠르게 자라는 마이코박테리아(RGM)의 실험실 진단은 배양과 일상적인 세균의 염색이다. 항생제 감수성 검사 또한 중요하다. 다른 마이코박테리아 감염에서처럼 여러 항생제를 동시에 사용하여 약제 내성이 생기는 것을 방지할 수 있다. 스테로이드계의 피부연고제는 병변을 치료하는 데 사용될 수 있다.

위궤양과 위염

위궤양(peptic ulcer disease)은 그람음성인 나선형의 세균 *Helicobacter pylori*에 의해 생긴다. **위염**(gastritis) 환자의 위생검(gastric biopsy)에서 발견된 *H. pylori*는 다른 일차적인 원인이 알려지지 않은 대부분의 만성위염의 원인이다. 중요한 점은 치료하지 않은 *H. pylori* 감염은 위암을 생기게 하여 세계보건기구(WHO)는 이 균을 제1형 발암물질(carcinogen)로 분류하였다. ◀ Campylobacterota문: 사람과 동물의 공생(20.11절)

*H. pylori*는 위 점막층 아래에서 핌브리아(fimbriae)를 부착분자(adhesin)로 사용하여 점액분비세포에서 집락을 이룬다(**그림 38.16**). *H. pylori*는 적혈구 표면에 있는 루이스 B 항원(Lewis B antigen)에 결합한다. *H. pylori*는 위 상피세포 표면의 당단백질의 흔한 당 성분인 시알산(sialic acid)에도 결합한다. *H. pylori*가 요소분해효소를 만들어 요소를 가수분해하여 생기는 암모니아로 국지적인 알칼리성 환경을 만든다. 이 알칼리성 환경은 세균이 위의 점막층 아래에서 자랄 때 위산으로부터 세균을 보호한다. 상피세포 손상과 염증에 관여하는 잠재적인 독성인자로는 단백질가수분해효소, 인지질분해효소와 세포독소 등이 있다.

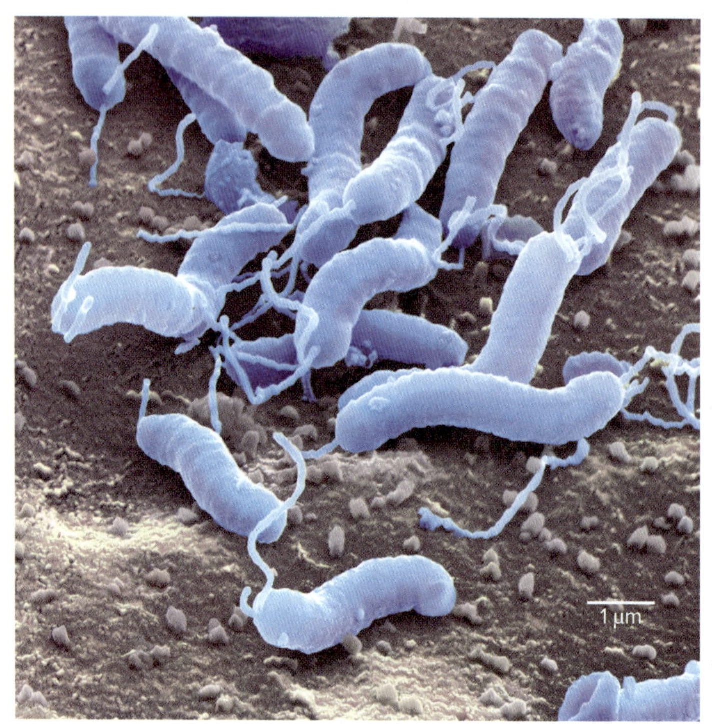

그림 38.16 위궤양의 원인균인 *Helicobacter pylori*. 위장 세포에 붙어 있는 *H. pylori*의 색을 입힌 주사전자현미경 사진이다. Juergen Berger/Science Source

연관 질문 *H. pylori*는 어떻게 위장의 미세환경의 pH를 국소적으로 증가시키는가?

실험실 진단은 위생검 검체를 배양하여서, 위생검 검체를 염색한 후 세균의 존재를 검사하거나, 대변 항원검사와 요소 호흡검사(urea breath test)로 *H. pylori*의 존재를 확인하여 진단한다. *H. pylori* 치료 목표는 이 세균의 완전한 박멸이다. 치료는 2가지 방식으로 진행하는데, 위산을 줄이는 약(양성자펌프억제제)과 세균을 죽이는 항생제[메트로니다졸(metronidazole)과 함께 테트라사이클린이나 아목시실린, 또는 클라리트로마이신(clarithromycin)]를 함께 사용한다.

세계 인구의 50% 정도가 *H. pylori*에 감염되었다고 추정된다. 일반적인 외인성 요인에 의한 감염을 완전히 배제할 수는 없지만, 대부분이 사람에서 사람으로(주로 아동기에 획득) *H. pylori*가 전파되고, 일부 사람들은 물과 음식으로도 전파된다고 생각한다. 무리지어 생활하는 가족이나 요양원 같은 시설에서 함께 생활하는 경우, 예상보다 환자가 많이 발생한다는 증거들로부터 *H. pylori*가 사람에서 사람으로 전파된다는 것을 지지하고 있다.

성적으로 전파되는 감염

성적으로 전파되는 감염(sexually transmitted infection, STI)은 전 세계 공중보건 문제이다. 성적접촉으로 사람 간 전파되는 세균, 바이러스, 원생동물(원충)이 30종류 이상이 있다. 다양한 바이러스에 의한 STI는 37장에서, 원생동물에 의한 STI는 39장에서 다룬다. 가장 흔한 세균에 의한 STI는 클라미디아 감염, 임질, 매독 등이다. 성적접촉에 의해 전파되는 다양한 세균과 이들이 야기하는 질병의 목록이 **표 38.1**에 있다.

STI를 이전에는 색정(venereal) 질병(로마의 사랑과 미의 여신인 비너스에서 기원됨)으로 불렸으며 때때로 성병(sexually transmitted disease, STD)이라고도 하였다. 이들은 성적으로 가장 활발한 연령대에 가장 많이 발생하나 감염된 사람과 성교를 하면 누구나 감염 위험이 높아진다. 일반적으로 성교 상대가 많으면 많을수록 STI에 걸릴 확률이 더 높아진다.

대부분 STI의 전파는 현재 사상 최고치이다. 세계보건기구(WHO)는 매일 약 100만 명의 새로운 STI 환자가 발생하고 대부분은 15~30세에서 발생한다고 추정하고 있다. 미국 질병관리본부(CDC)는 미국에서 클라미디아, 임질, 매독감염이 약 240만 명의 신규 감염을 합하여 2019년에 최고에 도달하였다고 보고하고 있다. 그러나 이것은 오히려 과소평가된 것으로 많은 경우 진단되지 않거나 다른 경우는 보고조차 되지 않는다. 여성이 클라미디아나 임질 감염을 치료하지 않을 경우 불임 위험이 높기 때문에 특히 문제이다. 또한 남성과 여성 모두에게 파필로마바이러스(papillomavirus) 감염은 암 발생 위험을 더 높인다.

STI를 일으키는 일부 미생물은 성교가 아닌 방법으로도 전파된다. 마약 사용자들끼리 공유하는 오염된 주사기와 주삿바늘, 그리고 감염된 산모로부터 태아에게 전파되는 것이 그 예이다. 예방법은 공중보건교육과 격리보호, 감염된 사람과 그 성적접촉 상대를 화학요법제로 치료하는 것이다.

클라미디아 질병

클라미디아는 성적으로 전파되는 세균성 질병으로 가장 자주 보고되고 있다. CDC는 2019년에 180만 명 이상의 클라미디아 환자를 보고하였다. 그러나 대부분의 클라미디아 감염자들은 증상이 없어서 진단받지 않으므로, 이 클라미디아 감염자 숫자는 지나치게 과소평가되었다고 생각된다. 가장 흔하게 분리되는 종은 *Chlamydia trachomatis*이다. 클라미디아는 항문성교, 구강성교, 질성교에 의해서 전파되며, 자연분만하는 경우 신생아가 엄마의 산도(질)를 통과하면서 산모가 아기에게 감염시키기도 한다. 클라미디아 감염증상은 아주 다양하다. 남성은 증상이 아예 없거나 거의 없을 수(요도의 분비물, 배뇨 시 작열감, 가려움증) 있으나 남성 생식기구조의 염증 등의 합병증이 생길 수 있다. 여성은 무증상이거나 자궁경부와 요도의 심

표 38.1 세균에 의해 성적으로 전파되는 주요 감염(STI)의 요약

미생물	질병	설명	치료
Chlamydia trachomatis	비임균성 요도염(NGU), 자궁경부염, 골반염증 질환(PID), 성병성 림프육아종	혈청형 D-K가 미국에서 대부분의 STI를 유발, 미국에서는 드문 성병성 림프육아종는 혈청형 L1, L2, L3	독시사이클린과 아지트로마이신
Haemophilus ducreyi	연성하감(Chancroid soft chancre)	생식기의 개방된 상처가 치료되지 않으면 반흔이 남음, 미국에서 증가 추세	아지트로마이신과 세프트리악손
Helicobacter cinaedi, *H. fennelliae*	동성애 남성에서 설사와 직장 염증	면역력이 저하된 사람에게 흔함	메트로니다졸, 마크롤라이드계
Metamycoplasma hominis	일부 골반염증 질환(PID)과 관련	널리 퍼져 있으며 종종 무증상이지만 여성에게 골반염증 질환(PID)을 유발함	아지트로마이신
Mycoplasma genitalium	일부 비임균성 요도염(NGU)과 관련	최근에 STI로 묘사됨	아지트로마이신
Neisseria gonorrhoeae	임질, 골반염증 질환(PID)	주로 남성은 증상이 있고 여성은 증상이 없음, 항생제 내성 균주가 증가하고 유행함	세프트리악손과 함께 아지트로마이신 또는 독시사이클린
Treponema pallidum	매독, 선천성 매독	감염단계(1차, 2차, 3차 단계)에 따라 많은 임상적 증후군을 나타냄	벤자틴 페니실린 G 또는 알레르기 반응이 있다면 독시사이클린
Ureaplasma urealyticum	요도염	널리 퍼져 있으며 종종 무증상인 경우가 많으나 여성에게는 골반염증 질환(PID), 남성에게는 비임균성 요도염(NGU)을 일으킴, 조산과 연관	아지트로마이신 또는 독시사이클린

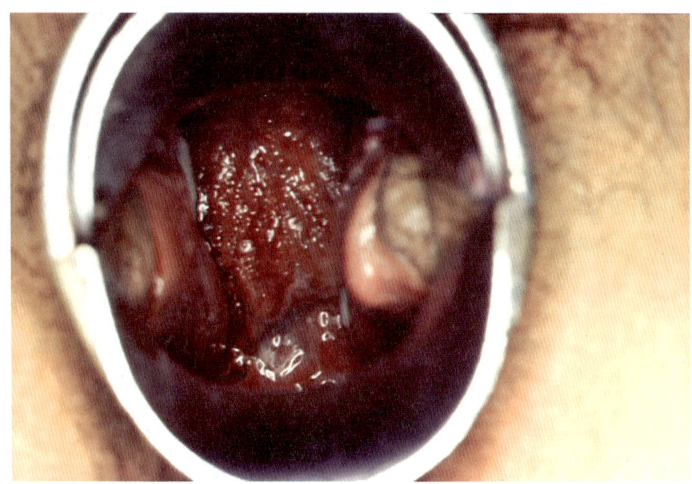

그림 38.17 ***Chlamydia trachomatis*** **감염으로 자궁경부미란(자궁목까짐)이 생길 수 있다.** 정상적인 여성의 자궁경부는 검사를 해보면 붉고 윤기가 난다. Dr. Lourdes Fraw and Jim Pledger/Centers for Disease Control and Prevention

각한 감염이 될 수 있다(**그림 38.17**). 증상은 비정상적인 질 분비물과 배뇨 시 작열감 등이 나타난다. 세균이 자궁경부에서 나팔관까지 전파되어 **골반염증질환**(pelvic inflammatory disease, PID)이 되며 증상은 복부 통증, 등 통증, 열, 메스꺼움, 비정상적인 질 출혈이 있다. 더욱이 목구멍의 클라미디아 감염은 감염된 사람과의 구강성교를 통해서 감염될 수 있다. 임산부의 클라미디아 감염은 특히 위험한데, 그 이유로는 유산, 사산, 신생아 결막염과 신생아 폐렴 등과 직접적인 연관이 있기 때문이다. 마크롤라이드 또는 독시사이클린으로 치료하면 클라미디아 감염이 효과적으로 치료된다. 클라미디아가 자주 임질균(*N. gonorrheae*)과 함께 전파되므로 임질치료 받는 환자는 클라미디아도 함께 치료한다.

임질

임질(gonorrhea: 그리스어 *gono*는 '씨앗', *rhein*은 '흐르다'를 의미)은 생식비뇨기, 눈, 직장과 목구멍 등의 점막에 생기는 급성 감염성 성병이다(표 38.1). 그람음성 쌍구균(쌍알균)인 임질균(*Neisseria gonorrhoeae*)이 원인균이다. 이 세균들은 또한 **임균**(gonococcus)이라 하며 전 세계에 분포한다. 매년 미국에서 60만 건 이상을 예상하나 클라미디아 사례처럼 실제 감염보다 적게 셌을 것이다. ◀ Burkholderiaceae 과는 최근 병원체로 진화하였다(21.2절)

일단 임질균이 체내에 들어오면 임균은 IV형 선모와 단백질 II라고 하는 표면단백질을 부착분자로 이용하여 점막세포의 미세융모에 부착한다. 이렇게 부착함으로써 정상적인 자궁과 질의 분비작용이나 소변의 강한 흐름에 의해서 세균이 씻겨 내려가지 않게 해준다. 그 다음에 점막세포에 의해 식세포작용되어 세포 속으로 들어가며, 세포

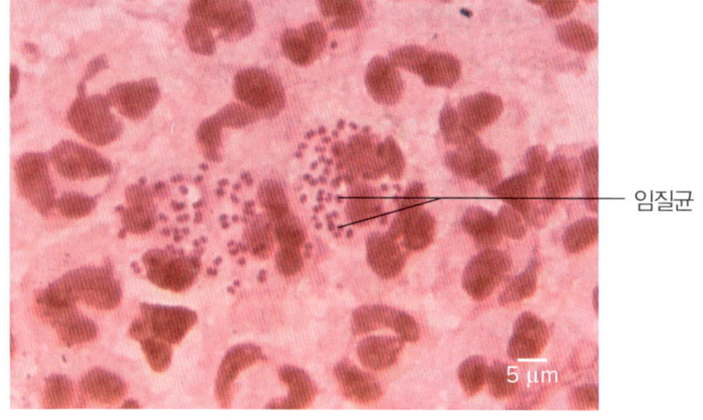

(a)

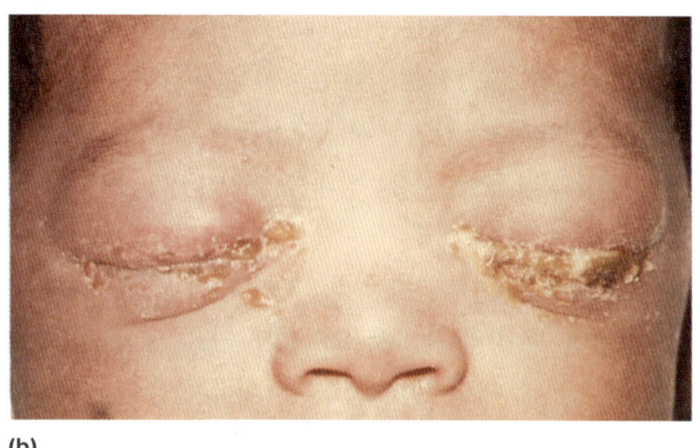

(b)

그림 38.18 임질. (a) 그람 염색하여 호중구 안에 쌍구균(쌍알균)인 임질균이 있는 광학현미경 사진이다. (b) 1주된 신생아의 임질성 신생아 결막염이다. (a) Bill Schwartz/Centers for Disease Control and Prevention; (b) J. Pledger/Centers for Disease Control and Prevention

를 통과하여 세포간 공간(intercellular space)이나 상피하(subepithelial)조직으로 들어가기도 한다. 이 과정을 통과세포외배출(transcytosis)이라고 한다. 호중구(neutrophil)는 임질균을 식세포작용하여 포식하지만, 임질균은 혹독한 파고솜 환경을 견딜 수 있기 때문에 생존한다(**그림 38.18a**). 이 시기에 임질균이 세포내에 있기 때문에 숙주의 면역반응으로부터 숨어 있는 것이다. 세포외 임질균은 **항원변이**(antigenic variation) 과정을 이용하여 면역을 회피한다. 항원변이는 미생물이 자신의 표면단백질을 무작위로 바꾸는 기전으로 면역세포가 새 항원을 다시 검출하여도 또 다시 반응하여 또 다시 다른 새로운 항원으로 바꾸는 과정을 반복하는 것이다. 항원변이 과정을 이용하여 임질균은 숙주의 면역계에 1,000개 이상의 표현형을 나타낼 수 있는 것이다. 따라서 임질균 감염은 재감염에 대한 면역이 생기지 않게 된다. 나중에 남성의 경우에 요도 협착(urethral closing, stricture) 및 상처가 생기는 섬유성 조직으로 대체된다. ◀ 과립구(31.4절); 식세포작용은 침입자를 파괴한다(31.6절); 숙주 방어에서 살아남기(34.3절)

남성의 경우, 잠복기는 2~8일 정도이다. 징후와 증상은 노란색의 크림 같은 고름의 요도 분비물과 작열감을 동반한 잦은 고통스러운

배뇨이다. 여성의 경우, 자궁경부가 주요 감염부위이고 거의 모든 사람이 느끼지 못할 정도로 그 증상이 미약하다. 그러나 일부 미약한 증상을 느끼는 경우, 감염 후 1~3주에 질 분비물이 생기기도 한다. 임질균은 나팔관과 주변조직을 감염시켜 골반염증질환(PID)을 유발하기도 한다. PID는 감염 여성의 10~20%에서 나타난다. 임질성 PID는 나팔관에 상처를 입히기 때문에 배란 시 난자가 자궁으로 가는 것을 막음으로써 불임과 자궁외 임신의 주요 원인이다. 임질균은 세균이 이용할 수 있는 철이 많이 존재하는 월경기간에 주로 몸으로 퍼지게 된다. 남성과 여성 모두에게 세균혈증(bacteremia)을 수반하는 전신으로 퍼진 임질균 감염이 일어날 수 있다. 이는 관절(임질성 관절염, gonorrheal arthritis), 심장(임질성 심내막염, gonorrheal endocarditis) 및 인두(임질성 인두염, gonorrheal pharyngitis)가 관련될 수 있다.

임질균에 의한 눈의 감염은 신생아가 감염된 산도(birth canal)를 통과하면서 일어날 수 있다. 이 병은 **신생아 결막염**(ophthalmia neonatorum 또는 conjunctivitis of the newborn)이다(그림 38.18b). 한때 실명의 주된 원인이었다. 임질균에 의한 신생아 결막염과 클라미디아성 결막염을 예방하기 위해 모든 신생아의 눈을 에리트로마이신으로 씻어준다. 이러한 눈을 씻기는 처치는 미국 등 여러 나라에서 법으로 정해져 반드시 시행해야 한다.

임균을 실험실에서 진단하기 위해서는 임균의 산화효소 반응을 결정하고, 그람염색 반응, 그리고 집락 및 세포 모양을 검사하며 이들 진단법은 성공적인 임질균의 배양에 의존한다. 임질균은 열악한 환경조건에 아주 민감하고 체외에서는 거의 생존하지 못하기 때문에 시료는 배지에 직접 접종되어야 하지만 이것이 불가능할 때는 특별한 수송배지가 필요하다. 임질균의 핵산을 증폭하는 검사로 임질균을 진단할 수 있다.

임질균을 없애기 위해 현재 세프트리악손(ceftriaxone)의 1회 주사 치료를 하고 있다. 놀랄만큼 모든 클래스의 항생제에 내성이 있는 임질균 종이 분리되었으며, 문제는 언제 임질균을 치료하지 못하게 되느냐(또는 혹시 치료불가가 되면 어떻게 하나)이다. 임질균과 클라미디아는 종종 함께 전파되므로 현재의 임질 치료는 클라미디아를 함께 치료하는 마크롤라이드 또는 독시사이클린도 포함된다. 후기 단계의 임질치료는 더 어려워서 많은 양의 항생제를 오랜기간 치료

(a)
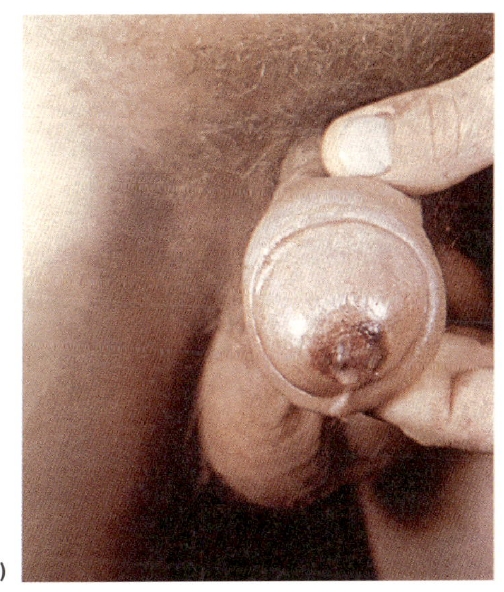

(b)
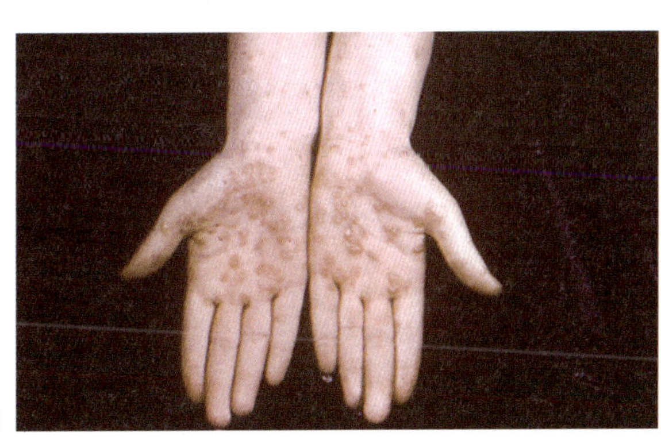

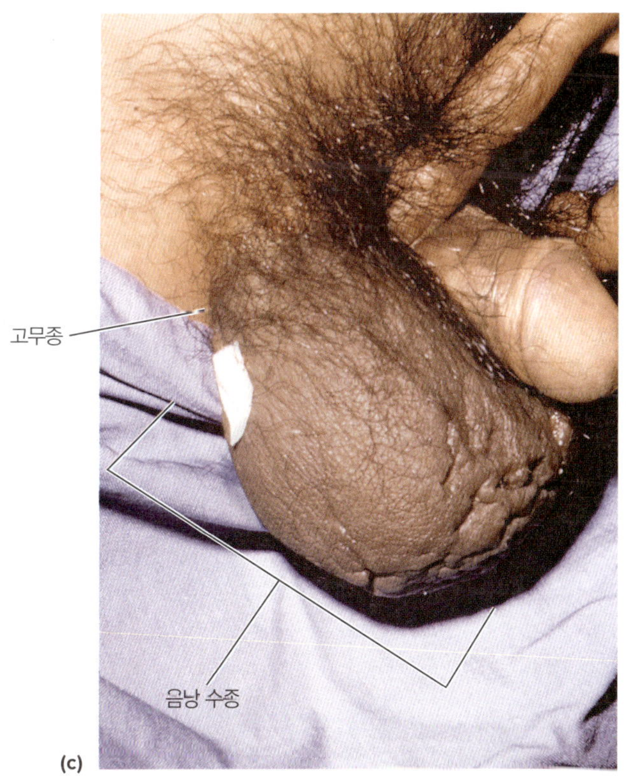

(c)

그림 38.19 매독. (a) 음경의 1단계 매독성 경성하감이다. (b) 2단계 매독으로 인해 몸 전체에 발진이 생기며 손바닥과 발바닥에도 생긴다. (c) 후기 3단계 매독으로 부어서 죽은 섬유 유사조직 덩어리가 특징이다. (a) CDC; (b) Robert Sumpter/CDC; (c) CDC

연관 질문 어떤 임상적 증상이 매독의 전파와 연관되어 있는지 설명하시오.

하여야 한다.

매독

매독(syphilis: 그리스어 *syn*은 '함께', *philein*은 '사랑'을 의미)은 궤사성 질병(표 38.1)으로 스피로헤타 매독균(*Treponema pallidum*)에 의해서 발생한다. 성교 상대의 감염된 병변과 밀접접촉을 통해 감염된다. 매독은 여러 비속어로 불러 왔으며 다른 질병들과 유사한 증상과 징후로 '대단한 모방자'라고도 알려져 있다. 매독 증상과 징후는 감염단계에 따라 다양하다(1단계, 2단계, 잠재단계, 3단계). **선천성 매독**(congenital syphilis)은 모체의 자궁에서 태아에게 감염되는 것이다. ◀ Spirochaetota 문: 나사와 같은 형태를 지닌 세균(20.6절)

스피로헤타인 매독균은 운동성이 좋아 점막이나 피부 상처나 찰과상 부위를 통해 체내에 쉽게 들어온다. 국소적으로 증식하여 궤양을 유도하고 그 부위 림프절로 이동하고 그곳에서 전신으로 빠르게 전파된다. 매독균은 확실히 성공적인 병원균이지만 무기가 될 만한 독성인자를 가지고 있지는 않다. 임질처럼 항원변이를 하는 항원성이 있는 표면분자가 오히려 많지 않다.

치료하지 않으면 매독은 특징적인 3단계로 진행된다. 10일에서 3주 이상의 잠복기 후에 1단계가 나타나며, 초기증상은 통증이 없는 작은 붉은 궤양 또는 딱딱한 융기를 가진 **경성하감**(chancre: 불어로는 '기어다니는 궤양'이라는 의미)이 나타나는 것으로 경성하감은 감염위치에 생기며 그 속에 스피로헤타가 포함되어 있다(**그림 38.19a**). 성행위 중에 경성하감과 접촉하면 질병이 전파될 수 있다. 약 1/3 정도의 경우에 질병이 더 이상 진전되지 않고 경성하감이 사라진다. 감염된 사람의 약 80%는 이 단계에서 혈청학적 검사 양성으로 나타난다(**그림 38.20**).

1차 병변이 있은 후, 2~10주 안에 아주 다양한 피부발진이 나타나는 매독 2단계가 된다(그림 38.19b). 이때는 100%의 환자가 혈청학적 검사에서 양성으로 나타난다. 이 시기의 다른 증상은 원형탈모처럼 머리카락이 빠지고 권태감과 열이 나는 것이다. 경성하감과 발진 병변 모두 감염성이 있다.

몇 주 후에는 질병이 잠재 상태가 된다. 잠재기에는 산모에서 태아로 전염되는 것(선천성 매독)을 제외하면 감염성이 거의 없다. 그 다음 매독 3단계는 꽤 오랜 몇 년의 시간이 지난 후 매독을 치료하지 않은 감염자의 약 40% 정도에서 나타난다. 이 시기 동안에는 과민반응의 결과로 **고무종**(gumma, 그림 38.19c)이라고 부르는 죽은 섬유성 조직덩어리가 피부와 골격, 신경계에 나타난다. 이 시기의 특징은 체내의 스피로헤타 수가 현저히 감소하는 것이기도 하다. 중추신경계를 침범하면 조직이 손실되어 인지력 결핍, 실명, '비틀거리는 걸음(shuffle walk, tabes)'이나 정신이상(insanity)을 초래한다. 이러한 여러 증상들이 헨리 8세(Henry VIII), 알 카포네(Al Capone), 히틀러(Adolf Hitler), 니체(Friedrich Nietzsche) 등의 유명인사와도 연관이 있다. 슬프게도 매독의 진행과 예후의 많은 부분은 20세기 미국에서 행해진 창피스러운 연구에 의해서 알게 되었다(**질병 38.1**).

매독진단은 임상적 과거병력, 물리적 검진과 면역학적 검사법으로 한다. 성병연구실험실(venereal disease research laboratory, VDRL)과 급속혈장리아진검사(rapid plasmin reagin, RPR) 등 2개 검사법은 매독균에 의해 손상된 숙주세포에 대한 반응으로 만들어진 항체생산을 측정한다. 이들 검사법은 스피로헤타 특이항체를 검사하는 것이 아니라서 비트레포네마검사(nontreponemal tests)라고 한다. 진단은 비트레포네마검사(예: VDRL과 RPR)와 매독균입자응집(*T. pallidum* particle agglutination, TPPA)검사와 같은 트레포네마

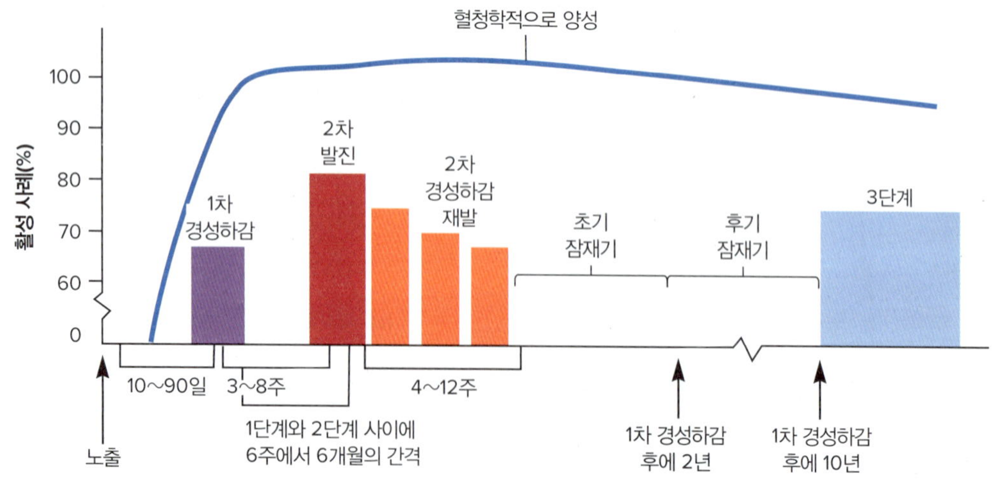

그림 38.20 치료하지 않은 매독의 경과. 재발한 2차 발진인 피부발진은 회복된 것처럼 보인 몇주나 몇달 후에 나타난다.

질병 38.1

매독과 터스키기 연구

"흑인남성의 치료하지 않은 매독의 터스키기 연구"라고 이름 지어진 연구는 현재는 생각 조차할 수 없는 연구이다. 그러나 1932년 앨라배마주 메이콘 카운티에서 실제 있었던 일이다. 주의 공중위생국에서 600명의 흑인남성(매독감염자 399명, 비감염자 201명)으로 연구가 시작되었다. 이 연구와 연구 참여자의 이야기는 미국 공중보건역사를 얼룩지게 한 사건으로 1997년 빌 클린턴 당시 대통령이 정식으로 사과하였다.

알려졌듯이 "터스키기 연구"는 흑인의 매독치료를 개발하기 위한 인종차별주의자의 목적으로 시작되었다. 참여자는 무료의료검사, 식사, 장례보조가 제공되었지만 이 연구가 매독과 관련되었다는 것에 대해서는 전혀 듣지 못했다. 오히려 나쁜 피(**그림**)를 치료하고 있다고 알려줬지만 전혀 치료받지 못했다. 1947년에 페니실린이 매독치료 완치에 아주 효과가 좋다는 것이 알려진 이후에도 치료를 해주지 않았다. 6개월 정도 예상한 프로젝트였으나 40년이나 계속되었다.

마침내 1972년 신문에서 이 뉴스를 다루었다. 내용을 알지 못한 남자들이 아주 비윤리적인 연구에 참여하였다는 것으로 정부에서 참가자들에게 잘못된 정보를 주고 적절한 치료를 하지 않은 연구를 했음을 인정했다. 이 연구를 그만둘 기회를 전혀 받지 못했다는 사실도 알려졌다. 3달 후 합의체는 이 연구를 끝냈다.

그 다음해 그 연구에 참여한 참여자를 위한 집단소송이 있었다. 1974년 1,000만 달러로 합의하였다. 미국 정부에서는 참가자전원에게 평생 의료보험을 제공하고 장례서비스 또한 제공하겠다고 약속하였다. 1975년에는 참가자의 아내와 자식들도 포함되었다. 마지막 참가자가 2004년에 사망하였으며 현재 12명의 자손이 의료보험혜택을 받고 있다.

그림 비윤리적인 터스키기 실험은 40년간 지속되었다. CDC

특이검사를 변형하여 진단한다. TPPA는 매독균에 대한 항체를 검출한다. ◀ 면역복합체의 형성(32.8절)

초기단계 매독치료는 오랜 시간 작용하는 1회 주입의 벤자틴 페니실린 G(benzathin penicillin G)로, 또는 페니실린에 알레르기반응을 보이는 경우에는 2주 과정의 독시사이클린으로 치료한다. 후기단계 매독은 훨씬 많은 양을 더 오랫동안 투여해야 한다. 매독에 대한 면역은 완전하지 않아 재감염이 일어날 수 있다.

매독의 예방과 관리는 (1) 공중보건 교육, (2) 모든 신규 환자의 신속하고 적절한 치료, (3) 감염원을 추적하여 그와 접촉한 사람의 치료, (4) 균에 대한 노출을 막기 위한 예방조치(콘돔 사용) 등에 의존한다.

포도상구균 질병

포도상구균(staphylococci, 포도알균)은 사람에게 질병을 유발하는 가장 중요한 세균 중 하나이다. 이 세균은 상기도, 피부, 소장과 질의 고유미생물상이다. 포도상구균은 **화농성**(pyogenic, pus-producing: 고름이 생기는) 구균으로 알려진 침입성 그람양성 세균그룹의 멤버이다. 이들 세균은 고름을 생성하는 다양한 질병(예: 부스럼, 큰종기, 농양, 농가진)을 야기한다. ◀ Staphylococcales 목(22.2절)

포도상구균은 혈장응고효소(coagulase) 생성 여부에 따라 병원성과 상대적 비병원성으로 나뉜다. 혈장응고효소 양성 황색포도상구균(*Staphylococcus aureus*)은 이 속의 세균들 중 가장 중요한 사람 병원체이다. 반면에 *S. epidermidis*와 같은 혈장응고효소 음성 포도상구균은 독성이 별로 많지 않다. 그러나 이들은 심각한 의료서비스 획득감염과 연관성이 증가하고 있다.

또한, 포도상구균은 점액질 생성자(slime producer, SP)와 점액질 비생성자(slime non-producer, NSP)로 더욱 분류된다. 혈장응고효소 양성과 음성 포도상구균 모두에서 이 점액질 생성능력은 포도상

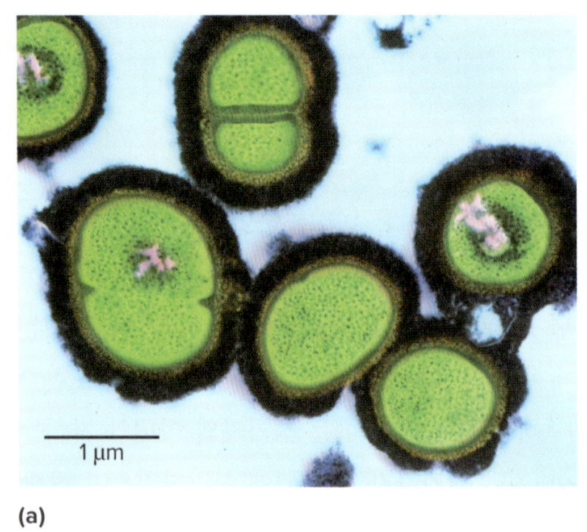

(a)

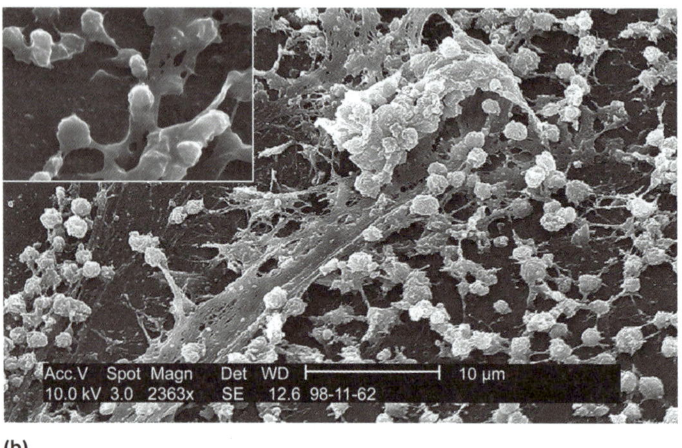

(b)

그림 38.21 점액질과 생물막. (a) 점액질을 생성하는 세균인 황색포도상구균은 각각을 둘러싸는 검은 광륜으로 보인다. 색을 입힌 투과전자현미경 사진이다. (b) 정맥 도관의 안쪽 표면에 형성된 생물막이다. 대부분 다당류로 이루어진 세포외 중합체가 포도상구균을 둘러싸고 있다. 황색포도상구균을 둘러싸고 있는 세포외 점액질은 왼쪽 위에 고배율로 삽입하였다. (a) Dr. Kari Lounatmaa/Science Source; (b) Janice Carr/Centers for Disease Control and Prevention

구균 병원성 균주의 지표가 될 수 있다(**그림 38.21a**). 점액질(slime)은 끈적끈적한 세포외 당접합체(glycoconjugate)로서 이러한 세균들이 보철의 의료기구와 도관(catheter) 같은 매끄러운 표면에 부착할 수 있게 해준다. 점액질의 기질에 싸인 포도상구균이 포함된 생물막(biofilm, 그림 38.21b)의 주사전자현미경 사진을 보면 이 생물물질 관련 감염이 연관됨을 명확하게 보여준다(**질병 38.2**). 또한, 점액질은 호중구의 주화성, 식세포작용, 항미생물제의 작용을 방해하는 것으로 보인다(그림 34.6 참조). ◀ 생물막은 자연에 흔히 존재한다(7.6절); 생물막은 미생물에게 보호막을 제공한다(34.3절)

포도상구균은 자연에 흔하다. 사람들 중 3분의 1 이상은 무증상 보균자로서 코 점막에 황색포도상구균이 있다. 포도상구균은 손에 의해서 전파되거나, 호흡기에서 방출되거나, 여러 생물 및 무생물에 의해서 전파될 수 있다. 황색포도상구균은 거의 대부분의 몸 장기와 조직에서 병을 유발할 수 있다.

황색포도상구균은 조직 내에서 번식하여 널리 퍼지는 능력과 많은 독성인자들을 생성하는 능력을 통해 병을 유발한다(**표 38.2**). 이러한 인자의 일부는 외독소이고 다른 것은 포도상구균의 침입성과 관련된 효소들이다(그림 22.16b 참조). 많은 독소유전자는 플라스미드에 있으며 일부 경우 병원성에 관련된 유전자가 플라스미드와 숙주염색체 양쪽에 다 있다. 종종 병원성 섬(pathogenicity island)에 있다. 특정 황색포도상구균(*S. aureus*)의 병원성은 세포외 요인과 독소가 연합된 효과이다. 미리 형성된 장독소(enterotoxin)의 섭취에 의해서만 야기되는 짧은 기간에, 저절로 회복되는 포도상구균 식중독이 질병 범위의 한쪽 끝이라면(표 38.2), 신체 대부분의 장기에 나타나는 포도상구균 세균혈증과 전파성 농양(disseminated abscess)이 질병 범위의 또 다른 끝이다.

포도상구균 병변의 전형적인 예는 둥글게 솟아오른 농포(pustule)의 국소적인 농양(abscess)이다(**그림 38.22**). 황색포도상구균이 모낭에 집락을 형성하면 조직괴사가 일어난다. 혈장응고효소가 생성되고 병변 주위에 섬유소벽(fibrin wall)이 형성되어 세균이 퍼지는 것을 방해한다. 병변의 중앙에서는 괴사한 조직의 액화 현상이 일어난다. 농양은 부스럼[furuncle, 종기(boil)]이나 큰 종기(carbuncle: 피하종기의 무리)일 수 있다. 병변 중앙의 괴사한 조직을 짜내면 결국 낫게 된다. 그러나 세균이 한 지점에서 림프나 혈액을 통해 신체의 다른 부위로 이동할 수도 있다.

유아는 때로 **포도상구균 열상피부증**(staphylococcal scalded skin syndrome, SSSS)이 생길 수 있는데, 이는 **박탈성 독소**(exfoliative

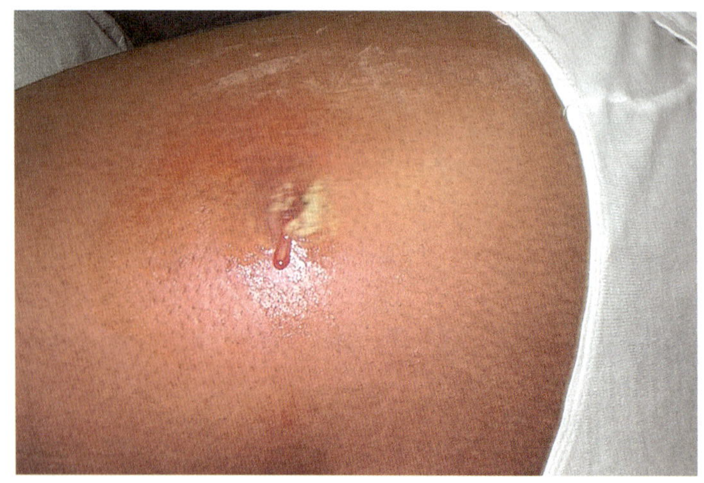

그림 38.22 포도상구균에 의한 피부감염. 엉덩이의 농양(종기, 고름)에서 고름을 빼내고 있다. Centers for Disease Control and Prevention

질병 38.2

생물막

생물막(biofilm)은 미생물기원의 유기물 중합체 고분자 기저물질에 박혀 있는 미생물들로 구성되어 있다. 이 막은 사실상 생물(수생식물과 동물)과 무생물(콘크리트, 금속, 플라스틱과 돌) 모두를 포함하는 자연계의 물에 잠겨 있는 모든 표면에 만들어진다. 생물막은 인공심박조율기(pacemaker)나 인공관절 같은 의료기기를 이식한 사람들에게는 특히 해롭다.

사람의 모든 세균 감염의 최소 80%가 생물막과 연관되어 있다고 예측하고 있다. 주로 관련된 미생물은 황색포도상구균(*Staphylococcus aureus*), *S. epidermidis*, 다른 혈장응고효소 음성 포도상구균이다. 이러한 피부의 고유미생물상은 삽입된 무생물의 인공기관 표면에 끈덕지게 부착하는 능력을 갖추고 있다. 녹농균(*Pseudomonas aeruginosa*)과 폐렴간균(*Klebsiella pneumoniae*)같은 그람음성 세균은 또한 튼튼한 생물막을 형성하지만 의료기기와 일반적으로 관련되어 있지는 않다. 생물막은 색을 입힌 주사전자현미경 사진(scanning electron micrograph, **그림**)에서 보여주듯이 많은 다른 종이 포함된 다중 미생물일 것이다. 생물막 안에서 세균은 인체의 정상적인 방어기전과 함께 항생제로부터 보호된다. 생물막에서 떨어져 나온 세균이 몸의 다른 곳을 감염시키는 출처가 되기도 한다. ◀ 생물막은 자연에 흔히 존재한다(7.6절)

생물막의 의학적인 중요성에 대한 몇 가지 예는 다음과 같다.

- 보철장치의 교체가 필요한 인공무릎과 엉덩이인공기관의 감염
- 낭포성 섬유증(cystic fibrosis) 환자의 폐에 있는 많은 수의 녹농균이 다량의 알긴산 중합체를 만듦
- 치아의 생물막이 치태를 형성하여 충치를 유발
- 콘택트렌즈에 있는 세균이 눈을 심각하게 자극하여 염증과 감염을 유발
- 에어컨과 다른 물 보유 시스템(물 저장고)에 *Legionella* 종 같은 잠정적인 병원균들이 있으며 염소처리를 해도 생물막에 의해 보호받을 수 있다.

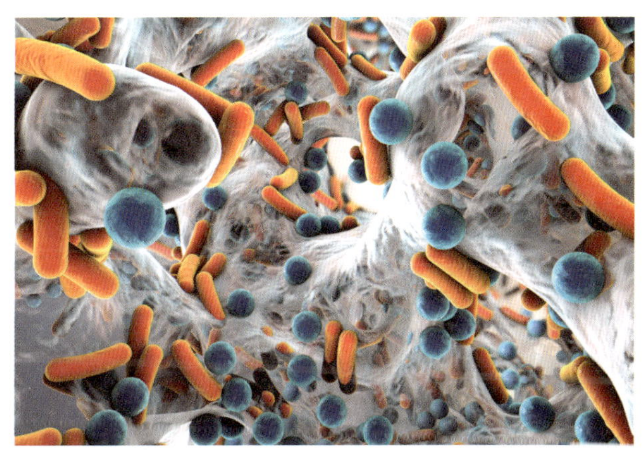

그림 **많은 생물막은 다중 미생물성이다.** Kateryna Kon/Shutterstock

toxin 또는 exfoliatin)를 생산하는 특정 균주의 황색포도상구균에 의한 질병이다. 이 독소단백질 유전자는 보통 플라스미드에 있다. 상피세포의 피부 아래층에 상피세포를 붙어 있게 하는 단백질을 이 박탈성 독소가 잘라내서 표피가 벗겨져 그 아래의 염증성 피부가 나타나므로 이름이 열상피부증이 되었다.

독성쇼크증후군(toxic shock syndrome, TSS)은 잠재적으로 심각한 결과를 초래하는 포도상구균에 의한 질병이다. 비록 드물기는 하지만, 이 증후군은 월경기간에 흡수성이 아주 좋은 탐폰을 사용하는 여성에게 발생한다. 이 탐폰이 질의 고유미생물총을 바꾸어서 독소를 생산하는 황색포도상구균이 자랄 수 있게 한다. 그러나 독성쇼크증후군은 저혈압, 열, 설사와 광범위한 피부발진과 피부가 벗겨지는 등의 증상을 보인다(**그림 38.23**). TSS는 TSS 독소단백질(TSST-1)에 의해 유도된다. TSST-1은 **초항원**(superantigen)으로 T 세포가 사이토카인을 대량으로 과다분비하도록 한다. 특이항원이 T 세포집단의 0.01~0.1%만을 활성화시키는 것에 비해 초항원은 전체 T 세포집단의 5~30%를 활성화시킨다(그림 34.8 참조). 그 결과 사이토카인이 과잉생산되어 순환계를 붕괴시키고 쇼크와 다중 장기의 기능부전(multiorgan failure)을 초래한다. 종양괴사인자(tumor necrosis factor α, TNF-α) 및 인터루킨-1(interleukin-1, IL-1)과 인터루킨-6(IL-6)은 초항원에 의해 유도되는 쇼크와 밀접하게 연관되어 있다. TSS의 치사율은 30~70%이다. 1970년대 초기 집단발병이 흡수성이 아주 좋은 탐폰 사용과 연관되어 있었으므로 탐폰제조회사는 탐폰의 흡수성이 그다지 좋지 않도록 만듦으로서 TSS가 생길 위험을 감소시킨다. ◀ 독소는 생물학적 독이다(34.4절)

표 38.2 포도상구균이 생성하는 여러 효소와 독소들

생성물	생리학적 작용
β-락탐분해효소	β-락탐 항생제를 분해한다.
카탈라아제	과산화수소를 물과 산소로 전환하여 식세포작용에 의해 죽는 것을 감소시킨다.
혈장응고효소	섬유소원을 분해하는 복합체를 형성하기 위해 프로트롬빈과 반응하여 섬유소 응고를 형성한다. 섬유소(fibrin, 피브린)는 포도상구균 표면에 침전되어 식세포의 파괴로부터 포도상구균을 보호한다. 혈장응고효소 생성은 침입성 병원성 잠재능력(invasive pathogenic potential)과 동의어이다.
DNA 분해효소	DNA를 가수분해한다.
장독소	열에 안정적인 6종의 독소들(A, B, C1, C2, D, E)로 나뉜다. 식중독에 의한 전형적인 위소장의 배탈을 유발한다.
박탈성 독소 A와 B(초항원)	열상피부증에서 피부 외부층을 잃게 한다.
용혈소	알파 용혈소는 적혈구를 파괴하고 피부 파괴를 초래한다. 베타 용혈소는 적혈구와 신경 주변의 스핑고미엘린을 파괴한다.
히알루론산 분해효소	확산인자로도 알려져 있다. 세포 사이의 히알루론산을 분해하여 세균이 침투하고 퍼지도록 해준다.
지질분해효소	지질을 분해한다.
Panton-Valentine 백혈구 독소	호중구세포에 의한 식세포작용을 억제하고 파고솜의 막에 구멍을 뚫어서 이 세포를 죽일 수 있다.
페놀 수용성 모듈린(phenol soluble modulin)	생물막 형성과 파고솜(phagosome) 내에서의 생존에 기여하는 펩타이드.
단백질가수분해효소	단백질을 가수분해한다.
단백질 A	항체의 Fc 부위에 결합하는 표면단백질로서 세균표면의 위 부분이 아래로 내려가게 하여서 더 이상 옵소닌으로 작용할 수 없게 함.
독성쇼크증후군 독소-1(초항원)	열, 쇼크와 독성쇼크증후군과 연관된 여러 기관과 관련이 있는 초항원.

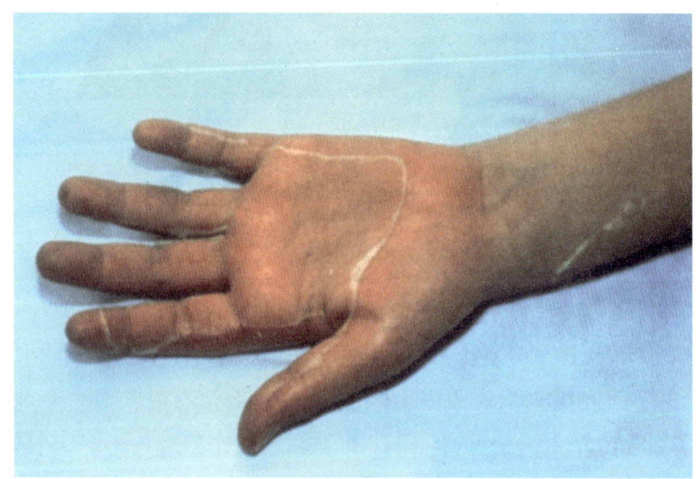

그림 38.23 독성쇼크 독소가 피부에 미치는 영향. 독성쇼크증후군을 보이는 환자는 종종 홍역발진과 유사한 발진이 나타나며(여기서 보여주지 않음), 나중에는 상당한 피부가 벗겨지는 현상이 생긴다(표피탈락). Centers for Disease Control and Prevention

포도상구균 질병을 확실하게 진단하는 것은 관련된 포도상구균을 분리, 동정하는 것뿐이다. 이를 위해서는 병원균의 배양, 카탈라아제 검사, 혈장응고효소 검사와 다른 생화학검사 등이 필요하다. 또한, 상품으로 구매 가능한 신속진단키트가 있다. 포도상구균 감염을 막는 특별한 방법은 없다. 치료의 주축은 특정 항생제 투여로 치료하는 것이다. 항포도상구균 β-락탐(예, 나프실린[nafcillin])항생제와 1세대, 2세대 세팔로스포린(cephalosporin)을 우선 사용하여 치료한다. 약제 내성균주가 많이 생겨서 분리한 모든 포도상구균은 반드시 약제 감수성을 검사해야만 한다. 청결, 위생과 무균적으로 병변을 처치하는 것이 최상의 관리방법이다.

메티실린 내성 황색포도상구균(MRSA)

모든 β-락탐계 항생제에 내성이 생긴 황색포도상구균은 **메티실린 내성 황색포도상구균**(methicillin-resistant *Staphylococcus aureus*, MRSA)으로 알려져 있다. 이것들에는 페니실린(예: 페니실린, 아목시실린), '항포도상구균' 페니실린(예: 메티실린, 옥사시실린), 세팔로스포린[cephalosporin: 예외는 5세대 세프타롤린(ceftaroline)]과 카르바페넴[carbapenem: 이 있다. 항생제내성은 *mecA*(드물게는 *mecC*) 유전자에 의해서 생기며 이 유전자는 PBP2a라는 변형된 페니실린 결합단백질(transpeptidase)을 암호화하고 있다. 건강한 사람도 MRSA에 감염될 수 있으며, 주로 피부 표면에, 또는 피부 속에 있는 농양, 부스럼(boil, 종기)과 다른 고름이 있는 병변이 생길 수 있다. 미국에서 매년 약 10만 명이 MRSA에 감염되고 2만 명이 사망한다. 지난 1년 이내에 입원한 적이 없거나 최근에 투석이나 외과수술, 도관 삽입 등의 의료처치를 받지 않은 사람에 의해 감염되면 이러한 감염은 지역사회연관 MRSA 감염(community-associated-MRSA, CA-MRSA)이라 한다. 그러나 MRSA는 종종 병원내 감염(nosocomial infection)이다. 이처럼 병원에서 감염된 MRSA를 HA-MRSA(hospital-acquired MRSA)라고 한다. MRSA가 처음 발생하였을 때 CA-MRSA 균주와 HA-MRSA 균주가 뚜렷이 달랐다. 그러나 CA-MRSA 균주가 보건의료세팅에서 흔하게 보고되기 때문에 CA-와 HA-MRSA를 지정하는 것은 이들의 일반적인 표현형을 구분하는데 도움이 된다. 일반적으로 HA-MRSA 균주가 여러 다른 클래스의 항생제에 내성이 있기도 하다. 반면에 CA-MRSA는 다른 클래스의 항생제에 대체로 감수성이 있지만 종종 독성이 더 강한 경우도 있다. 독성이 더 강한 경우는 추가독소를 만들기 때문인데 팬톤-발렌틴 류코시딘(Panton-Valentine leukocidin)이 그 일례이다(표 38.2). ◀ 펩티도글리칸 구조(3.4절); 항세균제(9.4절)

포도상구균에 의한 다른 질병과 유사하게 MRSA 피부감염은 커다란 뾰루지(여드름)처럼 보이는 피부의 붉어진 부위나 솟아오른 돌기로 감염이 시작된다. 그러나 메티실린에 감수성이 있는 황색포도상구균(methicillin sensitive *S. aureus*, MSSA)에 의한 큰 종기나 부스럼(종기)과는 달리, MRSA 감염은 더 많은 고름을 만든다(**그림 38.24**). MRSA는 또한 MSSA처럼 다양한 질병을 야기한다.

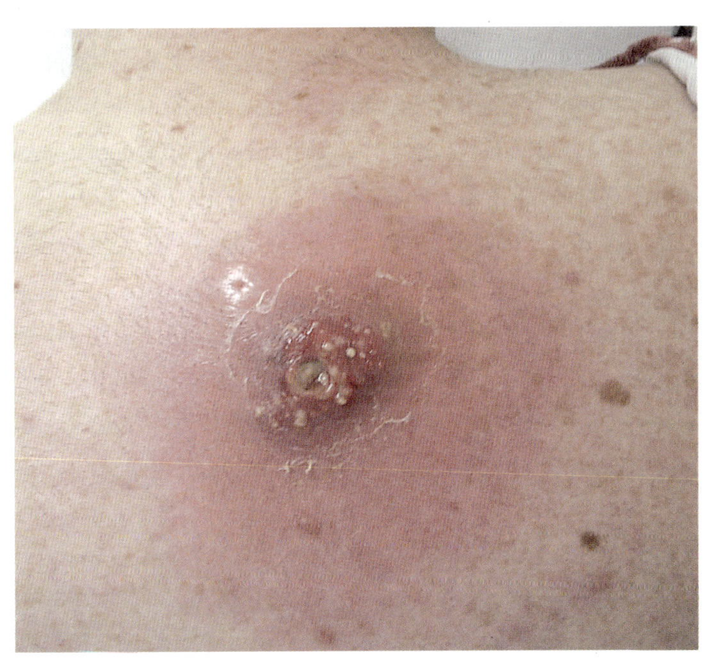

그림 38.24 메티실린 내성 황색포도상구균 상처. Gregory Moran, M.D./Centers for Disease Control and Prevention

연관 질문 메티실린 이외의 어떠한 약제에 메티실린 내성 황색포도상구균(MRSA)이 내성을 갖고 있는가?

항생제로 치료한다. 세균을 배양하여 항생제 감수성이 있는지를 반드시 결정해야 한다. 독시사이클린 또는 트리메토프림(trimethoprim)을 설파메톡사졸(sulfamethoxazole)과 함께 사용하는 것이 가장 흔히 사용하는 치료법이다. 반코마이신은 더 심각한 MRSA 치료에 사용한다. 세프타롤린, 리네졸리드(linezolid) 또는 댑토마이신(daptomycin)을 사용하기도 한다.

연쇄상구균 질병

A 그룹 연쇄상구균(사슬알균, 화농연쇄상구균)에 의해서 피부와 연조직이 감염된다. 또한 연쇄상구균에 의한 질병은 또한 침입성이 되어 피부에서 침입하여 조직 깊숙이 침투하여 그 밑의 근육에까지도 퍼질 수 있다. 이처럼 조직은 '생장배지'가 풍부하여 연쇄상구균이 빠르게 자라서 번식할 영양분을 제공해준다. 여기에서 피부 표면과 침입성의 연쇄상구균 질병을 설명할 것이다. 공기매개 화농연쇄상구균은 38.1절에서 다루었다.

봉와직염, 농가진, 단독

봉와직염(cellulitis)은 화농연쇄상구균(*S. pyogenes*)이나 황색포도상구균(*S. aureus*)에 의한 피부의 피하조직에 확산되어 퍼지는 감염이다. 수반하는 염증은 국소적인 홍반(erythema)과 부종(edema, 체액의 축적)이 특징적으로 나타난다.

화농연쇄상구균과 황색포도상구균에 의한 가장 빈번히 진단되는 피부감염은 **농가진**(impetigo)이다. 농가진은 피부 상층 감염으로 어린이에서 가장 흔히 보이며 대개 얼굴에 나타나고 붉은 경계선으로 둘러싸인 딱딱한 병변과 소포가 특징적이다. 전염성이 있고 유아시설, 어린이집, 학교에서 빠르게 퍼진다. 농가진 치료는 뮤피로신(mupirocin) 연고로 치료한다. 심각한 경우에는 전신용 항생제 치료제가 처방되기도 한다. 페니실린 또는 1세대 세팔로스포린이 가장 좋으며 β-락탐 계열에 알레르기가 있으면 에리트로마이신으로 치료한다.

화농연쇄상구균 또는 황색포도상구균에 의한 봉와직염과 농가진과는 달리 **단독**(erysipelas: 그리스어 *erythros*는 '붉은', *pella*는 '피부'를 의미)은 거의 항상 화농연쇄상구균이 원인이다. 이것은 피부진피(dermal layer)의 급성 감염이다. 주로 유아와 30세 이상의 성인이 잘 걸린다. 피부에 경계선이 뚜렷한 패치가 생기며 부어서 피부가 두껍고 딱딱해지며 붉게 변하며 통증이 있다. 치료하지 않으면 회복하는 데 일주일 이상 걸린다. 단독 치료는 페니실린이나 1세대 세팔로스포린이 가장 좋다. 단독은 몇 년 동안 같은 부위에서 주기적으로 재발하기도 한다.

침입성 연쇄상구균 감염

화농연쇄상구균에 의한 침입성 질병의 발생은 M 단백질 구조(그림 38.8)에 의해 결정되는 특정 혈청형과 이미 존재하고 있던 숙주 요인들(외과나 비외과적 상처, 당뇨병과 다른 여러 기저질병 등)과 연관되어 있다. 침입성 A 그룹 연쇄상구균(GAS) 균주들이 점막을 침투하거나 타박상 등의 상처에 침입하여 자리를 잡음(집락을 형성함)으로써 생명을 위협하는 감염이 시작된다. 이 감염은 바로 골격근을 싸고 있는 껍질을 파괴하는 **괴사성 근막염**(necrotizing fasciitis: 그리스어 *nekrosis*는 '죽음', 라틴어 *fascis*는 '붕대', *itis*는 '염증'을 의미) 또는 지방조직과 골격근을 파괴하고 염증을 일으키는 근염(myositis, 그리스어 *myos*는 '근육'을 의미)을 일으킨다(**그림 38.25**). 감염이 퍼지는 속도는 이러한 균주에게 살을 먹는 세균이라는 이름을 붙이게 하였다.

매년 미국에서 11,000~24,000건의 침입성 A 그룹 연쇄상구균(GAS) 환자가 발생하는 것으로 추산되며(1,200~1,900명 사망), 이 중 6~7%가 괴사 상태와 연관되어 있다. 괴사성 근막염에 의한 사망률을 낮추려면 신속한 치료가 필요하며 페니실린 G를 사용한다. 괴사성 근막염이 진전된 경우에는 죽은 조직과 죽어가는 조직을 외과적으로 제거하는 것이 필요하다.

침입성 A 그룹 연쇄상구균(GAS)이 치명적인 이유 중 하나는 85% 정도가 연쇄상구균 발열성 외독소 A와 B(Spe exotoxin, streptococcal pyrogenic exotoxins A and B)를 생산하는 유전자를 갖고 있기 때문이다. 외독소 B는 단백질가수분해효소로서 조직의 세포외 기질에 존재하는 단백질을 가수분해하여 세균의 침입을 촉진시킨다. 외독소 A는 초항원으로 작용하여, 따라서 GAS 피부 및 연조직감염이 연쇄상구균에 의한 독성쇼크증후군(streptococcal toxic shock syndrome, STSS)라고 하는 심각한 패혈증과 패혈증성 쇼크가 되도록 한다. 포도상구균에 의한 독성쇼크증후군처럼, STSS는 치료하기가 아주 힘들며 치사율이 20~40% 정도이다. ◀ 독소는 생물학적 독이다(34.4절)

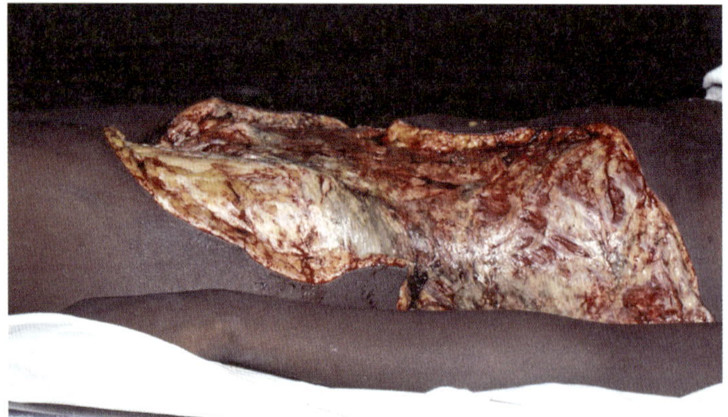

그림 38.25 괴사성 근막염. 빠르게 진전되는 연쇄상구균성 질병은 여기서 보이듯이 커다란 괴사부위가 되어 드브리망(debridement)이라고 부르는 외과적 적출이 필요하다. 괴사성 근막염과 근염(myositis)은 때때로 종종 살을 먹는 질병이라 한다. Dr. M. A. Ansary/Science Source

연관 질문 특정 연쇄상구균 A 균주를 빨리 침입할 수 있도록 하는 독성인자는 무엇인가?

파상풍

파상풍(tetanus: 그리스어 *tetanos*는 '늘어나다'를 의미)을 유발하는 파상풍균(*Clostridium tetani*)은 혐기성의 그람양성 내생포자형성 간균이다(그림 22.24 참조). 파상풍균의 내생포자는 토양과 먼지 그리고 많은 농장의 동물과 사람 분변에서 흔하게 발견된다. 인체감염은 피부 상처를 통해 일어난다. 피부 상처로 파상풍균의 내생포자가 들어오고 산소공급이 적당히 낮아지면 내생포자가 발아하여 신경독소인 **테타노스파스민**(tetanospasmin)을 방출한다. 테타노스파스민은 시냅스 소포(synaptic vesicle)의 막단백질인 시냅토브레빈(synaptobrevin)을 선택적으로 자르는 엔도펩티다아제(endopeptidase)이다. 따라서 척수운동신경 안에 있는 시냅스로부터의 억제성 신경전달물질(inhibitory neurotransmitter: γ-아미노부티르산과 글리신)의 방출을 억제한다. 그 결과 조절되지 않는 골격근의 자극(강직성 마비)이 일어난다. 두 번째 독소인 **테타노리신**(tetanolysin)은 조직파괴를 돕는 용혈소(hemolysin)이다. ◀ Firmicutes 문, Clostridia 강: 산소비요구성 내생포자형성 세균(22.3절)

질병의 초기 단계에서 테타노스파스민은 상처부위를 감싸는 골격근의 긴장, 경련과 뒤틀림 및 턱 근육의 갑갑함(tightness)을 유도한다. 병이 좀 더 진행되면 턱의 교근(masseter muscle) 경련 때문에 입을 열 수 없는 입 벌림 장애(trismus, lockjaw)가 나타난다. 얼굴 근육이 경련이 일어나면 때로는 비웃는 것 같은 경련미소(risus sardonicus)라는 특징적인 표정을 만든다(**그림 38.26a**). 몸통과 말단 근육의 경련 또는 수축은 때로는 너무 심해 딱딱함, 고통스러운 경련과 경직성 발작(후궁반장: 등이 뒤로 활처럼 휘어 등과 발뒤꿈치가 서로 가까워짐, 그림 38.26b)을 보인다. 사망은 주로 횡격막과 늑간의 호흡근의 경련으로 일어난다.

예방은 (1) 변성독소(toxoid)로 능동면역을 시행하고, 매 10년 마다 추가접종을 시행한다. (2) 흙으로 오염된 상처를 잘 치료하고, (3) 항독소(antitoxin)를 예방적으로 사용하며, (4) 페니실린 투여 등이

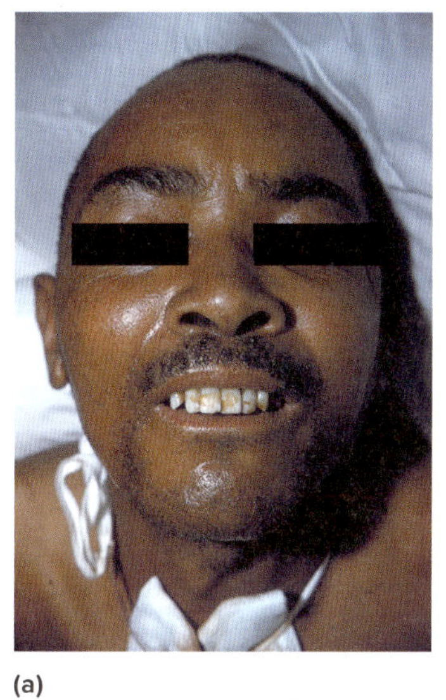

(a)

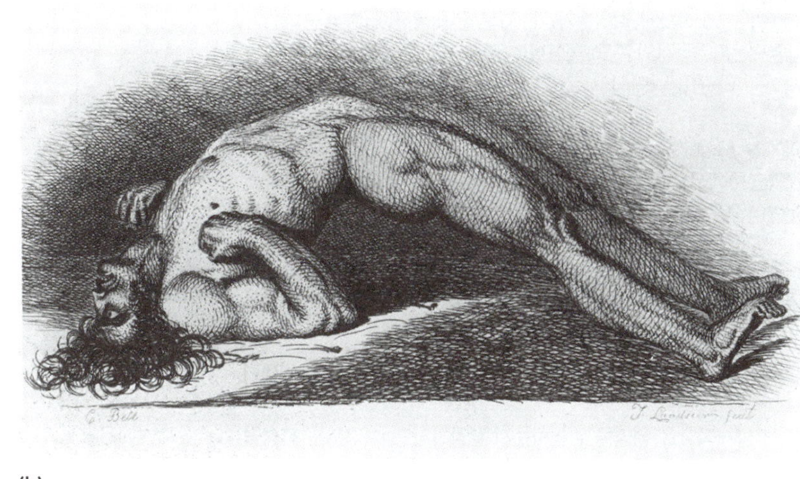

(b)

그림 38.26 파상풍 희생자. (a) 파상풍 환자의 경련미소이다. (b) 스페인의 반도전쟁에서 상처를 입은 병사가 파상풍에 의하여 후궁반장을 보이는 것을 그린 찰스 벨(Charles Bell) 경의 그림(1821년)이다. (a) Centers for Disease Control and Prevention, AFIP, C Farmer; (b) Everett Collection Historical/Alamy Stock Photo

있다. 서방국가에서 파상풍은 드물다. 그러나 비멸균 출산에 의한 배꼽의 오염으로 신생아 파상풍이 생길 수 있다. 거의 100% 사망하며 매년 25,000명 정도의 신생아가 사망한다. 신생아 파상풍은 임신한 모체에게 능동면역을 시행하여 모체의 항체가 신생아에게 전달되도록 하여 예방할 수 있다.

트라코마

트라코마(trachoma: 그리스어 *trachoma*는 '난폭함'을 의미)는 *Chlamydia trachomatis* 혈청형 A-C에 의한 전염성이 높은 질병이다. 전 세계적으로 실명의 가장 큰 단 하나의 원인이다. 2019년에 약 9500만 명 이상이 트라코마에 감염되어 치료를 받았으나, 이 수치는 치료가 필요한 사람의 약 절반에 불과하다. 이것은 전 세계적으로 250만 명이 감염되어 시력에 장애가 생기며, 그 중의 125만 명은 시력을 완전히 잃어 실명한다는 것을 설명해준다. 20세 이상 성인의 활동성 감염은 남성보다 여성에서 3배 이상 많이 발생하는데 그 이유는 엄마와 자녀 간의 접촉이 더 많기 때문이다. 트라코마가 미국(남서부의 인디언을 제외)에서는 흔하지 않지만 아시아, 아프리카와 남미에는 널리 퍼져 있다. *C. trachomatis*는 또한 경미한 형태의 안과감염질병인 "부홍색 눈"을 야기한다.

트라코마는 비누나 수건 등의 무생물과 접촉하여, 손에서 눈으로의 접촉, 또는 파리에 의해서 전파된다. 염증성 결막염이 갑작스럽게 시작된다. 이어서 염증성 세포 삼출액 분비와 괴사성 속눈썹 소포(follicle)가 생긴다(**그림 38.27**). 병은 대개 자연치유되지만, 재감염 또는 다른 미생물에 의한 2차 감염 시에는 각막의 혈관화(vascularization), 판누스(pannus: 혈관 신생) 형성과 결막에 상처가 일어날 수 있다. 만일 각막에 상처조직이 쌓이게 되면 실명한다.

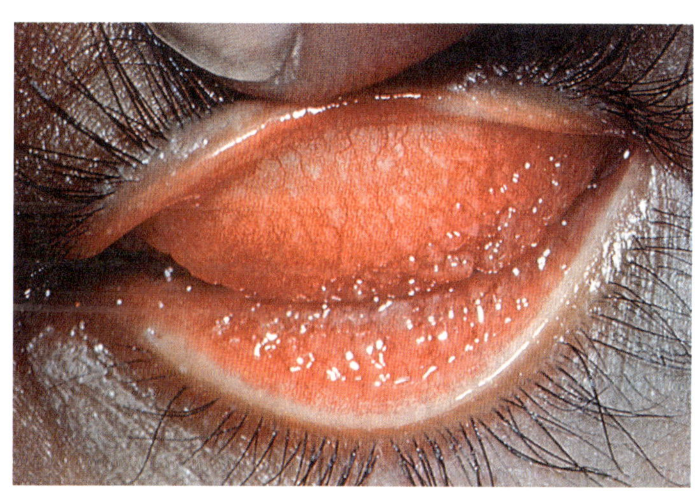

그림 38.27 트라코마. 이 환자의 눈꺼풀을 오므려서 붉은 염증성 소결절이 눈의 결막을 덮고 있는 것을 보여주고 있다. Susan Lindsley/CDC

혈청학적 방법으로 트라코마를 진단한다. 독시사이클린(doxycycline), 마크롤라이드, 또는 테트라사이클린으로 치료한다. 그러나 트라코마의 예방과 관리는 보건교육과 개인위생과 깨끗한 물을 사용할 수 있는 위생 환경개선 등이다.

마무리 점검

1. 사람이 어떻게 가스괴저에 걸리는가? B 그룹 연쇄상구균 질병과 나병은 어떻게 감염되는가? 각각의 주요 증상을 설명하시오.
2. 천천히 자라는 나균이 나병의 치료를 더 어렵게 하는 이유가 무엇이라고 생각하는가?
3. 위궤양 외에 *H. pylori*가 야기하는 상태는 무엇인가?
4. 신생아 결막염은 무엇이며 어떻게 전파되는가?
5. 매독의 질병의 3단계를 설명하시오. 매독균이 어떻게 면역계와 상호작용하는가?
6. 임질균과 매독균감염은 재감염으로부터 평생 보호해주지 못한다. 이 이유가 무엇이라고 생각하는가?
7. CA-MRSA와 HA-MRSA 간의 차이가 무엇이라고 생각하는가?
8. 초항원에 의해 야기되는 상태는 무엇인가? 왜 이 독소들은 그렇게 위험한 것인가?
9. 파상풍이 왜 잠재적으로 생명을 위협하는지 설명하시오. 여러분은 파상풍 추가접종을 언제 하였는가?
10. 트라코마가 어떻게 전파되고 어떻게 실명하게 만드는가?

38.4 식품과 물이 세균 질병의 운반체다

이 절을 학습한 후 점검할 사항:

a. 흔히 발생하는 식품매개 및 수인성 세균성 질병을 설명할 수 있다.
b. 흔히 발생하는 식품매개 및 수인성 세균성 질병의 전형적인 징후와 증상을 알아볼 수 있다.
c. 식품매개 및 수인성 세균감염과 세균의 독성인자에 의한 질병중증도의 상관관계를 볼 수 있다.

음식과 물을 오염시키는 몇몇 미생물들은 위와 소장 내막에 염증을 일으키는 급성 위소장염(gastroenteritis)을 유발한다. 음식물이 병원체의 출처가 될 때 이러한 상태를 **식중독**(food poisoning)이라고 한다. 위소장염은 2가지 방법으로 일어날 수 있다. 일부 세균은 세균에 오염된 음식을 섭취하여서 감염을 유발한다. 또 다른 방법으로는 병원균이 외독소를 분비해 음식을 오염시키고 이 오염된 음식을 숙주가 섭취하는 것이다. 이를 **식품중독**(food intoxication)이라 한다. 왜냐하면 섭취한 독소가 병의 원인이고 살아 있는 원인 미생물은 필요 없기 때문이다. 이러한 독소는 장 점막의 기능을 파괴하여 **장독소**(enterotoxin)라고 부른다.

전 세계에서 매년 거의 17억 명의 어린이가 설사병을 앓는다. 사실 어린이 사망원인에서 폐렴 다음으로 많은 두 번째 원인이 설사병이다. 예를 들어, 매년 약 525,000명의 어린이(하루에 약 1,440명)가 설사병으로 사망한다. CDC에 의하면 미국에서는 매년 약 4800만 명 이상이 식품매개 질병을 앓아 128,000명이 입원하고 3,000명이 사망한다고 예측하고 있다.

이 절에서는 더 흔한 세균성 위소장 감염, 식품중독과 수인성 질병들과 관련된 것에 대해 언급한다. **표 38.3**에서는 식중독을 일으키는 많은 세균성 병원균을 요약하고 있으며, **표 38.4**에서는 많은 중요한 수인성 세균 병원체를 요약하고 있다. 원생동물에 의한 식품매개 및 수인성 질병은 40장에서 다룬다. ▶| 식품매개 질병의 출현(40.3절)

보툴리누스중독

식품매개 **보툴리누스중독**(botulism: 라틴어 *botulus*는 '소시지'를 의미)은 식품중독의 한 형태이다. 왜냐하면 이 보툴리누스중독은 세균이 아니라 이미 형성된 보툴리누스독소를 섭취하여 발생하기 때문이다. 가장 흔한 감염원은 보툴리누스균(*Clostridium botulinum*) 내생포자에 오염된 장소에서 만든 통조림 음식이다. 내생포자는 발아하여 무산소성(혐기성) 영양생장기 동안에 독소를 생산한다. 모든 독소분자를 파괴하기 위해 적절한 열처리를 하지 않고 이후에 이 음식을 섭취하면 독소가 병을 유발한다.

보툴리누스독소는 파상풍독소와 같은 표적에 결합하는, 즉 운동신경의 시냅토브레빈(synaptobrevin)에 결합하는 AB 신경독소(neurotoxin)이지만, 파상풍독소와는 정반대의 효과를 보인다(**그림 38.28**). 이 독소는 시냅스 소포의 막단백질인 시냅토브레빈을 선택적으로 자르는 단백질가수분해효소이다. 따라서 신경전달물질(neurotransmitter)인 아세틸콜린의 방출을 억제한다. 결과적으로 운동신경의 작용에 따라 근육이 제대로 수축하지 못해 이완성 마비를 유발한다(**기술 및 응용 38.3**). 보툴리누스중독의 증상은 독소 섭취 후 12~72시간 이내에 발생하며 눈앞이 흐려지고, 삼키거나 말할 때 힘들며, 쌍방의 근육 허약, 구역질과 구토 등이 나타난다. 치료는 항독소와 보조요법에 의존한다. 치료하지 않으면 환자의 5%는 호흡부전이나 심부전으로 며칠 내에 사망한다.

신생아 보툴리누스중독은 미국에서 가장 일반적인 보툴리누스중독으로 대략 75건 정도가 매년 보고된다. 꿀이나 집먼지에 존재하는 내생포자를 섭취하면 아기의 소장에서 포자가 발아한다. 그다음에 보툴리누스균이 증식하고 독소를 생산한다. 유아는 변비가 생기고, 맥이 풀리며, 전반적으로 힘이 없고 잘 먹지 않는다. 호흡부전으로 사망한다. 유아에게는 꿀을 주지 않는 것 등이 권장되는 이유이다.

Campylobacter jejuni 위소장염

*Campylobacter jejuni*는 미국에서 식품매개 질병을 야기하는 세균성 원인 병원체 중에서 가장 흔하게 보고되는 세균이다. CDC는 매년 미국에서 약 150만 명이 **캄필로박터 위소장염**(Campylobacter

표 38.3 설사와 식중독을 유발하는 세균

생물체	잠복기(시간)	구토	설사	발열	공통 감염원	병인론	임상적 특징과 치료
Bacillus cereus	0.5~5 중독, 8~16 감염	+++	++	–	재가열한 볶음밥, 파스타, 고기, 유제품	*B. cereus*의 생장으로 인해 음식이나 장에서 형성된 외독소	8~16시간의 잠복기가 있으며 주로 구토와 설사를 함.
Campylobacter jejuni	2~7일	–	+++	++	제대로 조리하지 않은 닭고기, 고기, 해산물, 계란, 저온살균 처리를 하지 않은 우유	점막의 침입, 세포독성 팽창독소가 생산됨	발열, 설사. 특히 어린이에게 과립백혈구(PMN)와 피가 섞인 대변. 대개는 자연치유됨. 특별한 배지를 이용하여 43℃에서 균을 배양해야 함. 침입성의 심한 경우에는 에리트로마이신을 투여. 대개 5~8일 안에 회복됨.
Clostridioides (Clostridium) difficile	항생제 치료 후 수일에서 수주	–	+++	+	분변으로 오염된 식품. 포자가 환경에서 발견됨	독소가 대장의 상피 괴사를 일으킴	특히 항생제치료 후 갑작스러운 혈액성 설사와 발열. 대변에서 독소가 검출. 반코마이신 복용이 효과적. 재발되는 경우 분변 마이크로바이옴의 이식으로 치료.
Clostridium botulinum	8~36	±	드묾	–	혐기성 음식(예. 통조림). 조리하지 않은 꿀	장에서 독소가 흡수되면 신경근육접합부에서의 아세틸콜린 분비를 억제함.	말하기, 숨쉬기 곤란 등의 증세. 기도를 깨끗이 하여 폐에서 환기가 잘 되도록 해주며 다가의 항독소로 치료함. 사망률이 아주 높음.
Clostridium perfringens	8~12	±	+++	–	재가열한 육류의 식사	장에서 포자발아로 외독소가 생성되며, 과도한 분비를 유도	갑작스러운 심한 설사, 간헐적인 구토. 대개는 치료 없이 1~4일 안에 회복됨.
Escherichia coli (장독소성 균주)	24~72	±	++	–	생과일과 생야채, 오염된 물	열 불안정성 장독소(LT)와 열 안정성 장독소(ST)가 소장에서 과다분비를 초래함.	대개는 갑작스런 설사 증상, 구토는 드물다. 신생아에 심각한 감염. 성인에게 '여행자 설사'는 대개 1~3일 안에 저절로 치유됨
Escherichia coli (장출혈성)	3~5일	±	++	±	요리하지 않은 갈아놓은 고기, 저온살균 처리를 하지 않은 유제품, 과일주스와 사이다	쉬가독소는 직장에서 상피 괴사를 일으키며, 경미한 경우부터 심한 증상의 합병증까지.	증상은 약한 설사부터 중증의 혈액이 섞인 설사까지 다양함. 독소는 흡수될 수 있어서, 전신성이 되며 용혈성 요독증후군(HUS)을 야기하며, 어린이에게 가장 빈번히 나타남
Salmonella enterica(비장티푸스형 혈청형)	6시간~6일	±	++	+	제대로 조리하지 않은 닭고기, 고기, 계란, 땅콩잼, 애완동물파충류	장 표면의 감염으로 침범은 거의 없음. 감염량은 $>10^5$ 세균임	점진적 또는 갑작스런 설사와 미열. 구역질, 두통과 근육통이 일반적인 증상. 전신적인 전파가 의심되지 않는다면 항생제 처방 불필요. 오래기간 전파되는 경우가 종종 발생.
Salmonella enterica Typhi 혈청형 (장티푸스)	10~14일	±	+	++	분변으로 오염된 식품, 사람이 유일한 보유체	외독소에 의한 증상. 감염량은 $>10^7$ 세균임	초기에 발열, 두통, 권태감, 식욕 부진, 근육통. 병 발생의 열이 40℃에 도달하고 2주 또는 그 이상 지속. 설사와 복통이 발생하기도 함. 증상이 시작된 후, 편평한 붉은 발진이 2~4주간 나타남. 항생제 치료, 치명적일 수 있음.
Shigella 종	24~72	±	++	+	생과일과 생야채, 오염된 물	세균은 상피세포를 침투함. 대변에 혈액, 점액과 호중구가 포함. 감염량은 $< 10^3$ 세균임	갑작스러운 설사, 피와 고름이 섞인 대변, 경련과 무기력. 심한 경우에는 트리메토프림-설파메톡사졸 또는 암피실린 처방. 종종 자연치유됨.
Staphylococcus aureus	0.5~8 (드물게 18까지)	+++	+	–	육류(편육), 유제품과 제과류	장독소가 장의 수용체에 작용하여 수질 중심부에 자극을 전달함.	갑작스런 발병(섭취 후 2~6시간 후), 24시간까지도 지속되는 심한 구토, 24~48시간 안에 회복. 체액과 전해질을 공급하는 것 이외에는 특별한 치료를 할 필요가 없음
Vibrio cholerae (콜레라균)	24~72	+	+++	–	대변에 오염된 물, 해양무척무동물(예. 요각류)의 외부골격에서 생장함.	독소가 소장에서의 과다분비를 초래함. 감염량은 $>10^5$ 비브리오임. 콜레라 변은 전통적으로 알관성있게 "쌀뜨물"로 묘사	풍토병지역에서의 갑작스러운 물설사. 구강이나 정맥주사를 통해 체액과 전해질을 즉각적으로 공급해야 함. 테트라사이클린을 쓰면 비브리오의 배출기간을 줄일 수 있음.
Vibrio para–haemolyticus	6~24	+	++	±	해산물, 특히 조개류나 갑각류	독소는 과다분비를 초래함. 비브리오가 상피세포를 침범함. 대변에 혈액이 있음	갑작스러운 설사. 대개 1~3일 안에 완전히 회복됨. 음식과 대변을 배양하면 균이 존재함.
Yersinia enterocolitica	4~7일	±	++	+	식품매개성(대부분 돼지고기)	위소장염. 때로 세균혈증, 가끔 독소를 생성	심각한 복통, 설사, 발열. 과립백혈구(PMN)와 피가 섞인 대변, 특히 어린이에게 다발성 관절염, 결절성 홍반.

Source: Geo. F. Brooks, et al., Medical Microbiology,21st ed. Norwalk, CT: Appleton & Lange, 1998.

표 38.4 수인성 병원균

생물체	보유체	설명
Aeromonas hydrophila	자유생활	때로 위소장염, 봉와직염, 다른 여러 질병과 관련
Helicobacter pylori	자유생활	위장염, 위궤양, 위암
Legionella pneumophila	자유생활하며 원생동물과 관련되어 있음	냉각탑, 증발기, 농축기, 샤워기와 다른 물 출처에서 발견됨
Leptospira 종	감염된 동물	출혈성 결과, 황달
Mycobacterium 종	감염된 동물과 자유생활	복잡한 회복과정이 필요함
Pseudomonas aeruginosa	자유생활	수영 후 귀 및 피부 감염
Salmonella enteritidis	동물의 장관계	흔한 물 오염
Vibrio cholerae	자유생활	강의 하구 등을 포함한 다양한 물에서 발견됨
Vibrio parahaemolyticus	해변의 물에서의 자유생활	조개류를 먹은 후 설사유발
Yersinia enterocolitica	동물과 환경에서 자주 발견됨	수인성 위소장염

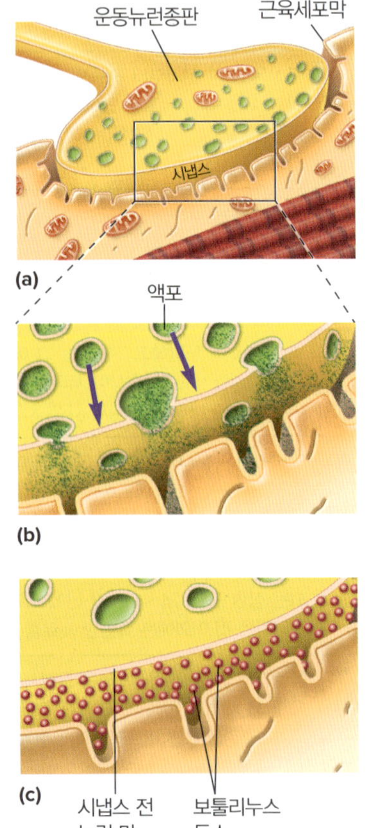

그림 38.28 보툴리누스독소의 생리적인 효과. (a) 신경근육접합에서 운동신경과 근육 사이의 관계이고, (b) 정상 상태에서는 시냅스에서 방출된 아세틸콜린(녹색)이 근육에 전달되어 근육수축을 촉진하는 자극을 만든다. (c) 보툴리누스중독에서 독소는 운동신경의 말단 판으로 들어가 시냅스 전 뉴런 막에 결합하여 아세틸콜린의 방출을 차단한다. 이것이 신경자극의 전달을 막아 근육이 수축하는 것을 억제한다.

연관 질문 보툴리누스독소와 파상풍독소는 신경학적인 영향이 어떻게 다른가?

gastroenteritis) 또는 **캄필로박테리아증**(campylobacteriosis)과 그에 의한 설사를 앓는다고 예측하고 있다. 닭, 칠면조와 소를 연구한 결과 이러한 가금류와 가축들 50~100%가 *Campylobacter jejuni*를 배출하는 것으로 밝혀졌다. 이 세균은 오염된 물과 음식, 감염된 동물과의 접촉이나 항문-구강 성행위에 의해서 사람에게 전파된다. ◀ Campylobacterota 문: 사람과 동물의 공생(20.11절)

캄필로박테리아증의 잠복기는 2~10일이다. *C. jejuni*는 소장의 상피세포에 침입하여 염증을 유발한다. *C. jejuni*는 세포독성 팽창독소(cytolethal distending toxin)를 분비하여 숙주 DNA를 분해한다. 증상은 설사, 고열, 심한 염증, 소장의 궤양으로 혈변을 야기한다. *C. jejuni* 표면 다당류와 신경세포 당단백질에서 발견되는 당 성분이 구조적으로 유사하여서 드물지만 *C. jejuni* 감염에 의한 길랑-바레 증후군과도 연관되어 있다. *C. jejuni* 감염에 의한 **분자모방**(molecular mimicry, **그림 38.29**)이라고 부르는 기전을 통해서 길랑-바레 증후군이 생긴다고 여겨진다. 길랑-바레 증후군은 인체 면역계가 말초신경을 공격해 생명을 위협하는 마비를 일으키는 장애이다.

실험실 진단은 분변에서 균을 배양하여 진단한다. 병은 대개 자연 치유되며 치료는 보조적으로서 체액 공급, 전해질 보충이다. 추가 건강문제가 있는 경우에만 아지트로마이신(azithromycin)을 사용한다. 5~8일 정도 후에 회복된다. 예방과 관리는 음식물 취급 주의, 우유의 파스퇴르살균(저온살균)과 가금류의 조리를 철저히 하는 것 등이다.

기술 및 응용 38.3

치료제로서의 클로스트리디아 독소: 자연계의 독성이 가장 강한 단백질의 혜택

일부 독소가 현재 인체 질병 치료에 쓰이고 있다. 특히 독성이 가장 강하다고 알려진 생물학적 물질로 가장 유명한 독소는 보툴리누스독소이다. 보툴리누스독소는 불수의근 수축이 특징인 특정 신경근육장애 치료에 사용되고 있다. 1989년 FDA가 보톡스(Botox, A형 보툴리누스독소)를 3개의 장애, 사시(strabismus, crossing of the eyes), 안검연축(blepharospasm: 눈 근육의 경련성 수축) 및 편측안면연축(hemifacial spasm: 얼굴 한 면의 수축) 등의 치료에 사용하도록 승인한 이래로 경련(tremor), 편두통(migraine)과 긴장 두통 및 다른 만성질환을 포함하는 많은 신경근육성 문제들을 치료하는 데 이 보톡스 사용이 점차 증가하고 있다. 2000년에 피부과와 성형외과 의사들은 웃음, 미소나 찡그림과 같은 반복된 근육의 수축으로 인해 생성된 주름을 없애기 위해 보톡스를 사용하기 시작했다(**그림**). 보툴리누스독소를 이처럼 놀라운 치료에 이용할 수 있었던 것은 이 독소가 특이적으로 또한 강력하게 근육의 작용을 오랫동안 억제하는 능력이 있기 때문이다. 종합해보면 클로스트리디아 속의 세균들은 어떤 알려진 다른 세균 속보다도 많은 단백질 독소들을 생산하며 연구나 의학 분야에 이용할 수 있는 독소들의 큰 저장고이다. 예를 들어, 이 독소나 독소의 일부분을 약제 전달, 식중독 예방 그리고 암과 다른 질병들을 치료하는 데 이용하고자 하는 연구가 진행되고 있다.

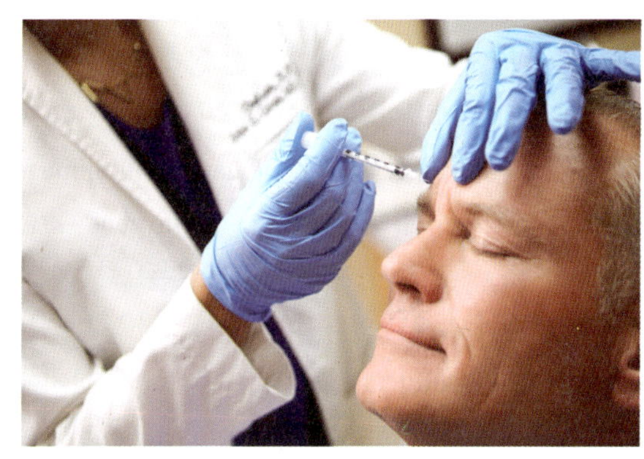

그림 보톡스는 의학 뿐 아니라 미용에도 사용된다. MBI/Alamy Stock Photo

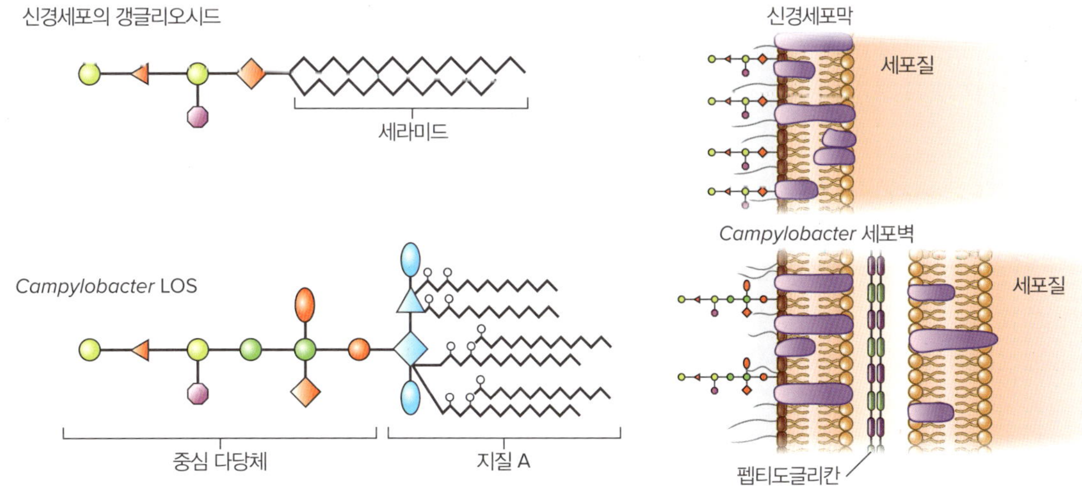

그림 38.29 ***Campylobacter jejuni*** **감염에 따른 길랑-바레 증후군은 분자모방을 통해 생긴다.** 신경세포 표면에 있는 당(갱글리오시드[ganglioside])은 *C. jejuni* 지질올리고당(LOS, lipooligosaccharide)의 중심 다당체(core polysaccharide)와 구조적으로 유사하다. LOS는 지질다당체(lipopolysaccharide)와 유사하지만 O-항원이 없다. *C. jejuni* LOS에 대한 항체는 신경세포 갱글리오시드에 결합하고 보체 침전(complement deposition)을 하면 숙주의 면역반응에 의해서 신경세포가 표적이 되어 신경세포를 파괴하게 된다.

콜레라

콜레라(cholera: 그리스어 *chole*는 '담즙'을 의미)는 쉼표 모양의 그람음성 세균인 콜레라균(*Vibrio cholerae*)이 장에 감염되어 야기하는 급성 설사병이다. 질병은 아주 심한 물 같은 설사, 구토와 다리 경련의 특징을 보인다. 이러한 증상으로 인해 체액이 급격하게 손실되어 탈수와 쇼크를 일으킨다. 급격한 체액 손실을 치료하지 않으면 몇 시간 내에 사망할 수 있다. 역사 기록을 보면 콜레라는 전 세계의 여러 지역, 특히 아시아, 중동, 아프리카 등 전 세계의 여러 지역에서 7번의 팬데믹(전 세계적 질병, 대유행)을 일으켰다. 불행하게도 아이티(Haiti)에서 부활한 콜레라 유행 때문에 2010년은 기억될 것이다. 거의 100년간 콜레라가 발생한 적이 없었던 아이티에 대단히 파괴적인 아이티 지진에 대응하기 위해 좋은 의도를 가지고 들어온 구조대원들이 콜레라균과 함께 아이티에 들어왔다. 이 이후 77만 명의 콜레라 환자가 발생하였으며 최소 1만 명이 사망하였다. 콜레라 유행을 통해 세균이 얼마나 빨리 침입하여 감염시키는지를 증명하였다.

여러 콜레라균 혈청형이 존재하지만, 독성의 O1과 O139형(피포성의, encapsulated)만이 유행병을 일으킨다. 콜레라균 O1은 2가지 생물형인 고전형과 El Tor로 나뉜다. 이 2가지 생물형은 O-항원의 구조에 따라서 각 3가지 혈청형인 Inaba, Ogawa, Hikojima로 나뉜다. 흥미롭게도 콜레라독소 유전자(cholera toxin gene, *ctxAB*)는 용원성[temperate phage, 약독파지(용균하지 않는)] CTX 사상(실 모양의) 박테리오파지가 가지고 있다. 이 파지는 독소를 만드는 콜레라균 균주 내에 프로파지(prophage) 상태로 존재한다. 파지에 대한 수용체는 독소에 의해 보조적으로 조절되는 선모(pilus)로서 이 구조가 숙주의 소화관에 집락을 형성하는 데 사용된다. 따라서 유전자의 수평적 전달(horizontal transfer of gene)을 통해 어떻게 병원성을 가질 수 있게 되는가의 훌륭한 사례가 콜레라균이다.

콜레라에 감염된 사람의 배설물로 오염된 물과 음식을 섭취하면 콜레라가 전파된다. 잠복기는 3~72시간이다. O1과 O139 혈청형 감염으로 경미한 설사에서 심한 설사까지 야기한다. 심한 설사를 보이는 약 20%는 물 같은 설사를 한다. 물 같은 설사를 하는 10~20%는 "쌀뜨물 설사"를 한다고 하는데 그 이유는 점막 조각 덩어리가 떠 있기 때문이다. 세균은 소장 점막에 부착하여 침입하지는 않고 AB 독소인 콜레라독소를 분비한다(그림 34.7 참조). A 소단위는 소장 상피세포에 들어가서 ADP-리보실기를 G-단백질연결수용체(G protein coupled receptor, $G_{s\alpha}$)에 부착시켜 활성화상태로 고정시킨다. 이것으로 숙주의 아데닐산 고리화효소(adenylate cyclase)를 계속 활성화시켜서 cAMP를 과다생산한다. 결과적으로 물과 염소 이온의 과다분비를 촉진하면서 나트륨 이온의 흡수를 방해한다. 환자는 많은 양의 액체와 전해질을 잃어 복부 근육의 경련, 구토, 열과 설사를 하게 된다. 설사는 아주 심해 환자는 감염기간에 하루 최대 20 L의 체액을 잃게 된다(**그림 38.30**). 탈수와 전해질 불균형으로 사망할 수도 있다.

치료는 소장에서 물 흡수를 촉진하기 위해 소금(NaCl)과 포도당을 함께 복용하게 하여 수분을 보충해주는 치료방법과 함께 항생제 독시사이클린을 투여한다. 가장 확실한 관리 방법은 특히 상수도의 위생을 철저히 하는 것이다. 치료하지 않는 경우 사망률은 종종 50% 이상이나 치료와 보조요법으로 사망률이 1% 미만까지 떨어진다.

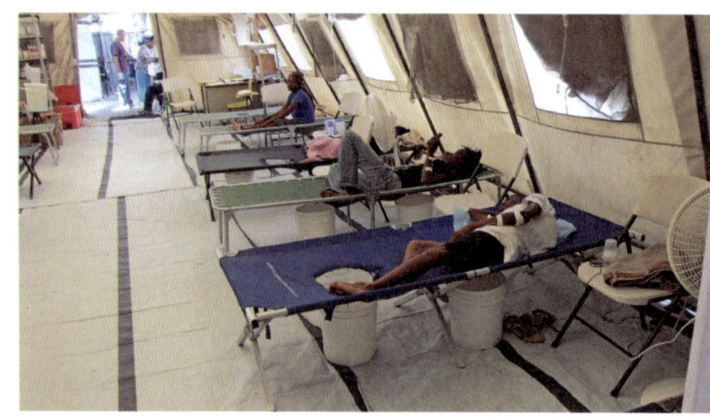

그림 38.30 콜레라 간이침대. 콜레라균(*Vibrio cholerae*)에 의한 콜레라는 극심한 설사를 야기하므로 집단발병시기에 고통받는 환자를 조금 더 깨끗하게 유지해주는 간이침대이다. Centers for Disease Control and Prevention

대장균 위소장염

식품매개 설사의 주요원인이 대장균(*Escherichia coli*)이다. 대부분의 대장균 균주는 해를 입히지 않고 우리가 먹는 음식 대사에 도움을 주기도 한다. 그러나 특정 균주의 대장균은 수평적 유전자 전달방법으로 유전자를 얻어 병원성 균주가 된다. 혈청형 분석(serotyping)을 통해 병원성 대장균의 균주를 쉽게 찾아낼 수 있다. 가장 흔히 사용되는 혈청형으로 분석된 항원은 H(편모)와 O(LPS의 O-항원 부분) 항원이다.

설사를 야기하는 5가지 범주의 병원형(pathotype) 대장균이 밝혀졌는데(**그림 38.31**), 장독소생성 대장균(ETEC), 장침입성 대장균(EIEC), 장병원성 대장균(EPEC), 장응집성 대장균(EAEC), 장출혈성 대장균(EHEC)이다. EHEC를 제외한 모든 병원형은 사람의 분변에서 발견된다. 비위생적인 손과 열악한 위생시설을 통해 전파된다. 각 병원형은 병을 야기하는 기전이 다르고 여기에서 논의할 것이다.

◀ Enterobacteriaceae 과는 병원균과 상리공생자를 포함한다(21.2절)

장독소생성 대장균(enterotoxic *E. coli*, ETEC)은 설사를 유발하는 2가지 장독소 중 하나 또는 둘 모두를 생산한다. 이 2가지는 열에 대한 안정성에 따라 열에 강한 장독소(heat-stable enterotoxin, ST)와 열에 약한 장독소(heat-labile enterotoxin, LT)로 구분한다(그림 38.31a). ST와 LT 생산 유전자들과 집락인자 유전자들은 주로 플라스미드에서 유래하고, 따라서 수평적 유전자 전달에 의해 획득된다. ST는 숙주 내 cGMP 농도를 증가시키는 작은 단백질이다. LT는 콜레라독소와 구조와 활성이 아주 유사하다. ST와 LT 두 독소는 장의

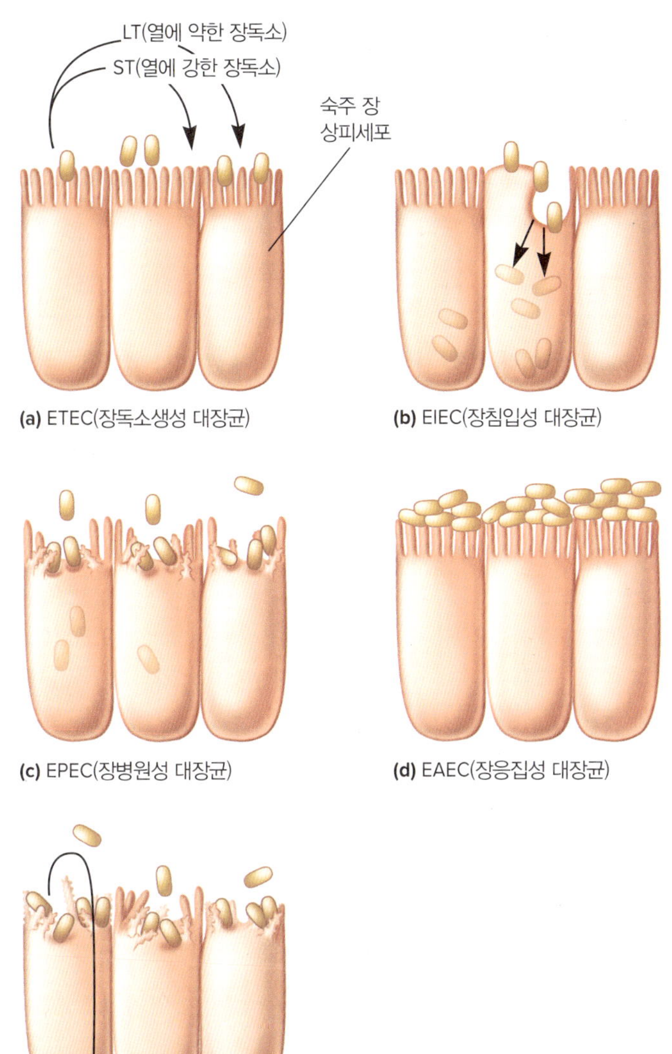

그림 38.31 설사 유발 대장균 5가지 균주. 설사를 유발하는 각 균주의 대장균은 숙주의 장 상피세포와 상호작용하는 특성에 따라 분류될 수 있다.

연관 질문 O157:H7 균주가 속한 대장균의 그룹은 어디인가?

공간에 전해질과 물의 과분비를 유도하여 물 같은 설사를 유발시킨다. ETEC는 유행자 설사의 가장 흔한 원인이다.

장침입성 대장균(enteroinvasive *E. coli*, EIEC)은 장 상피세포에 침입 후 증식한다(그림 38.31b). EIEC와 쉬겔라 종(*Shigella* spp.)은 동일병원체 변종(pathovar)에 속하며 쉬겔라 종은 *Escherichia* 종으로 재분류하였다. EIEC와 쉬겔라 종 모두는 설사와 이질(dysentery) 증상을 자극하는 장독소를 생산하며 이것은 쉬겔라증에서 설명하고 있다.

장병원성 대장균(enteropathogenic *E. coli*, EPEC)은 인티민(intimin)이라고 알려진 부착분자를 이용하여 장 상피세포의 유상피(brush border, 미세융모 부위)에 부착하여 소실성 병변(effacing lesion)이라는 부르는 특정 종류의 세포 손상을 일으킨다(그림 38.31c). 병원성 섬(pathogenicity island)부위의 LEE(locus of enterocyte effacement)에 의해 암호화된 단백질은 소실성 병변[effacing lesion, 또는 부착소실성 병변(attaching-effacing lesion, AE)이라고도 함]을 야기한다. 이는 궁극적으로 부착하는 세균주변의 유상피의 미세융모를 파괴(출혈성 대장염)한다. AE 병변은 LEE-암호화된 III형 분비계(type III secretion system, T3SS system)를 통해서 7개의 다른 특정 독성단백질을 숙주세포막으로 전달하여서 생긴다(**그림 38.32**). 이 독성단백질들은 숙주면역반응을 제한하거나 숙주세포 파괴를 촉진하여 물 같은 설사 또는 혈액성 설사를 야기하는 등 다양한 활성을 보인다. EPEC는 적절한 위생 기반시설이 없는 나라에서 살고 있는 유아와 소아에게 치명적일 수도 있는 설사를 야기하는 중요한 원인체이다.

장응집성 대장균(enteroaggregative *E. coli*, EAEC)은 국소부위의 상피세포에 부착하여 쌓아 놓은 벽돌 모양으로 세균 덩어리를 형성한다(그림 38.31d). EAEC는 또한 플라스미드가 암호화하고 있는 여러 독소를 생산하여 좋은 위생환경이 부족한 나라에서 특히 어린이들에게 설사를 유발한다. 여행자설사를 2번째로 많이 유발하는 원인병원체이다.

장출혈성 대장균(enterohemorrhagic *E. coli*, EHEC) 또는 **쉬가 독소생산 대장균**(Shiga toxin producing *E. coli*, STEC)의 저장숙주는 소(cattle)인데 사람에게는 물이나 식품을 통해 전파된다. 쉬가 독소(Shiga toxin) 또는 쉬가유사 독소(Shiga-like toxin: Stx-1과 Stx-2 단백질, 그림 38.31e)를 유전결정인자로 박테리오파지에 암호하하고 있는 혈청형이 200~400 정도 있다. 일부 EHEC는 균주는 심한 복부의 통증과 뒤틀림을 유발하여 출혈성 설사로 이어지는 출혈성 대장염(HC)을 유발하는 원인인 AE 병변을 만드는 LEE 유전자를 가지고 있다. Stx-1과 Stx-2는 또한 신장병인 용혈성 요독증후군(hemolytic uremic syndrome, HUS)이라는 심한 용혈성 빈혈로 인해 신부전을 일으킨다. 이 독소들의 A 소단위는 신장세포에 들어가서 28S rRNA 분자의 퓨린기를 없애서 리보솜 작용을 못하게 함으로써 단백질합성을 못하게 하여 세포를 죽게 한다. ▶| 식품매개 질병의 출현(40.3절)

북미 STEC(EHEC)의 주요 혈청형은 대장균 O157:H7(STEC O157)로 미국에서 1982년에 처음 알려진 이래 미국에서 출혈성 대장염(HC)과 용혈성 요독증후군(HUS)의 많은 집단발병을 일으켰다. 다른 혈청형의 STEC 대장균도 유사한 질병을 일으킨다. 미국에서 매년 265,000건의 STEC(36% STEC O157)사례가 발생하고 그

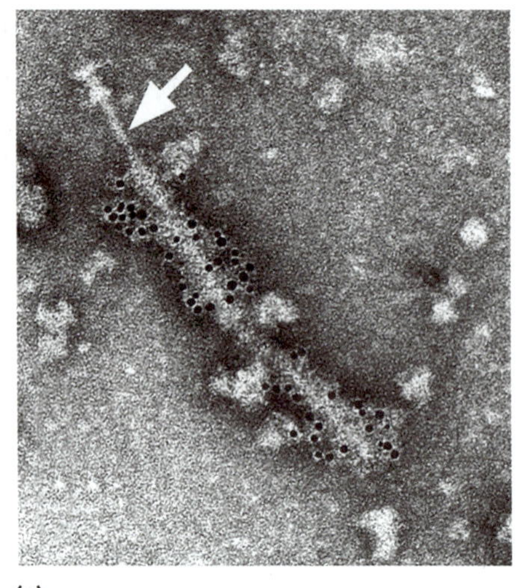

(a)

외막
원형질막
병원성 세균
EspA 필라멘트
편모-유사 인젝티솜
EspB/EspD
포린
트랜스로콘
동물세포
감염단백질
핵

(b)

그림 38.32 장병원성 대장균(EPEC)의 III형 분비계(T3SS system). (a) EPEC 세포로부터의 T3SS 구조의 투과전자현미경(TEM) 사진이다. T3SS의 싸개(sheath) 유사구조를 6 nm의 면역골드 입자로 표지하였다(검은색 점들). 주사체 복합체, 목, 줄기 성분(흰색 화살표)은 표지하지 않았다. (b) T3SS 단백질의 기능은 숙주세포에 독성인자를 주사처럼 주입하는 것이다. (a) From: Sekiya, K., et al., "Supermolecular structure of the enteropathogenic Escherichia coli type III secretion system and its direct interaction with the EspA-sheath-like structure," PNAS, Vol. 98, no. 20, September 25, 2001, p 11638-11643. 2001 National Academy of Sciences, U.S.A.

중 평균적으로 60명이 사망한다.

대장균에 의한 설사의 진단은 여행한 경력과 증상으로 진단한다. 실험실 진단은 대변에서 특정형의 대장균을 분리하여 배양하고 쉬가 독소를 검출하기 위한 면역진단을 한다. 수분섭취와 전해질 공급이 치료의 주축이다. 쉬가독소를 생성하는 균주인 경우에는 항생제 치료로 독소분비가 증가할 수 있으므로 항생제 치료를 하지 말아야 한다. 예방과 관리는 오염된 식품과 물을 피하는 것이다.

살모넬라중독

살모넬라중독(salmonellosis, 살모넬라 위소장염, 살모넬라증)은 2,000가지 이상의 비장티푸스성(장티푸스를 야기하지 않는) 살모넬라 혈청형(*Salmonella* serovar: 아종 범위의 균주)에 의해 야기된다. DNA 상동성 연구에 따르면, 사람에게 질병을 일으키는 것으로 알려진 모든 살모넬라 혈청형은 단일 종으로 분류된 *Salmonella enterica*이다. 인체에서 가장 빈번하게 분리되는 혈청형은 Typhimurium과 Enteritidis이다(혈청형의 이름은 이탤릭체로 표시하지 않고 첫 글자만 대문자로 표시한다). 미국에서 매년 약 135만 명의 비장티푸스성 살모넬라 감염이 발생하는 것으로 추정되며, 그 중에서 약 26,500명이 병원에 입원하였고 420명이 사망하였다.

비장티푸스성 *Salmonella* 혈청형의 1차 출처는 새와 다른 동물의 소장관이다. 사람은 오염된 물이나 식품, 즉 쇠고기제품, 가금류, 달걀, 달걀 가공품 등과 같이 오염된 음식을 통해서 이 세균에 감염된다. 세균이 체내에 들어오면 잠복기는 단지 12~72시간 정도이다. 세균이 소장 점막에 침범하여 증식할 때 질병을 야기한다. 복통, 경련, 설사, 구역질, 구토와 열이 가장 특징적인 증상으로 보통 4~7일 정도 지속되지만 몇 주 동안 계속될 수도 있다. 병의 급성기에는 10억 마리 이상의 살모넬라가 1 g의 대변에서 검출되기도 한다. 대부분의 성인은 회복되지만 어린이와 노인은 체액손실로 인한 탈수가 짧은 시간 내에 올 수도 있다. 심한 설사를 하는 경우 정맥주사로 수분공급치료(rehydration therapy)가 필요할 수 있다. 감염이 소장에서 다른 곳으로 퍼지지 않는 한 항생제는 처방하지 않는다.

최근에는 씨리얼에, 닭고기 요리, 타히니참깨 페이스트, 땅콩버터, 등에 다양한 혈청형이 오염된 것이 보고되었다. 현재 음식물 안전에 대한 염려로 인하여 음식물 오염의 검출과 보고에 대한 대단위의 노력이 시작되었다. 그러나 주목할 점은 항생제 내성 살모넬라균 혈청형 감염에 대한 걱정이 점점 커지고 있다.

장티푸스(typhoid: 그리스어 *typhodes*는 '연기(smoke)'를 의미)는 *Salmonella enterica* 혈청형 Typhi와 Paratyphi가 원인으로 감염된 사람의 대변으로 오염된 음식 또는 물을 섭취하거나 사람과 사람 간의 접촉을 통해 감염된다. *S.* Typhi는 사람이 유일한 보유체이다. 살모넬라중독과 달리 장티푸스는 다장기 기능부전(multiorgan failure)으로 사망할 수 있다. *S.* Typhi와 *S.* Paratyphi는 독소를 만드는 것으로 알려진 단 2종류의 혈청형이다. 특히 특이한 AB독소를 만드는데 촉매작용이 있는 이형이량체 A소단위를 만든다. 하나의 소단위는 핵산분해효소 활성이 있다. 두 번째 A소단위는 ADP-리보실기를 부착하는 활성이 있는 것으로 알려져 있으나 이 독소의 세포표적은 아직 밝혀지지 않았다.

예전에는 장티푸스가 대유행병을 일으켰다. 위생상태가 좋지 못한 곳에서는 아직 풍토병이기도 한다. 장티푸스의 잠복기는 5~21일이다. 초기에 열이 나지만 역설적으로 심박수는 느려지고 그 다음에 "장미진"(rose spot)이라는 작고 분홍색의 병변을 보이는 특징적인 발진이 나타난다. 세균은 소장에 집락을 형성하고 상피를 침투하여 림프조직, 혈액, 간과 담낭으로 전파된다. 일부의 경우, 감염이 너무 심각하여 패혈증을 야기하기도 한다. 다른 경우는 증상이 심하지 않다. 급성증상 이후에, 대략 3달 후에 대부분의 사람은 더 이상 대변을 통하여 세균을 방출하지 않는다. 그러나 대략 4%는 증상 없이 오랫동안 계속해서 살모넬라균을 방출하기도 한다. 이러한 보균자의 경우, 담낭에서 세균이 계속 생장하여 담관을 통해 소장에 이르게 된다. 확실히 '장티푸스 메리(Typhoid Mary)'의 경우가 이러한 예이다(역사 속 주요 장면 35.2 참조). 항생제가 없던 시대에는 사망률이 최소 15%까지 이르렀으나 지금은 1% 미만이다. 아지트로마이신, 플루오로퀴놀론, 또는 세팔로스포린으로 치료한다. 장티푸스가 풍토병인 지역을 여행할 경우 떠나기 전에 장티푸스백신을 접종하기를 권하고 있다.

쉬겔라증

쉬겔라증(shigellosis) 또는 세균성 이질(bacillary dysentery)은 이전엔 *Shigella* 속(genus)이고 지금은 *Escherichia* 속(genus)의 4종의 세균에 의해 유발되는 소장관의 급성염증으로 생기는 설사병이다. 이 명명법의 전환은 아직 끊임없이 변화중이지만 이 절에서는 *Shigella* 라는 용어를 유지할 것이다. 전 세계적으로 매년 약 1억 6500만 건의 질병을 야기하고 그 중 1백만 명이 사망한다고 예측한다. 매년 미국에서 약 450,000건이 보고된다. 그러나 증상이 경미한 경우는 보고되지 않으므로 실제 사례는 그것보다 훨씬 더 많을 것으로 추정된다. 미국에서 질병을 주로 야기하는 종은 *S. sonnei*이다. 많은 열대국가에서는 *S. flexneri*가 주로 질병을 야기한다. *S. boydii*와 *S. dysenteriae* 감염은 흔하지 않다.

세균은 분변-구강 경로로 주로 감염되며 어린아이에서 특히 흔하다. 감염량(infectious dose)이 단지 약 10~100개의 세균일 정도로 적은 수의 세균으로 감염이 가능한데 그 이유는 이 세균이 위의 산성에 아주 잘 견딘다. 감염은 열, 경련성 복통, 혈액이 섞였거나 점액성 설사의 특징을 보인다. 심각한 경우에는 결장(colon)에 궤양이 생길 수 있다.

이질균(Shigella)은 장의 점막층을 통과하는 선택적 세포내 기생생물이다. 페이에르관(Peyer's patch) 내의 대식세포가 세균을 식세포작용한다. 식세포작용에 의해 대식세포 안으로 들어간 후 세균은 파고솜(phagosome) 막을 파괴하고 세포질내로 들어가서 증식하여 대식세포를 죽인다. 그 다음 주변의 점막상피세포를 침입하여 그곳에서 액틴을 중합하여 자신이 세포내 이동으로 나아가게 하여 세포에서 세포로 이동할 수 있게 한다. LPS(내독소)와 외독소(일부는 T3SS에 의해 분비) 모두 병의 진행에 관여하지만, 세균은 대개 대장 상피세포 밖으로까지 전파되지는 않는다. *S. dysenteriae* 혈청형 1이 쉬가독소(Stx)를 만든다. 이 쉬가독소는 앞의 EHEC에서 언급한 쉬가(또는 쉬가유사)독소와 아주 유사하다. 이들 독소는 사구체의 내피세포를 표적으로 하여 용혈성 요독증후군(HUS)과 신부전(kidney failure)을 일으킨다. ◀ 식세포작용은 침입자를 파괴한다(31.6절); 외독소(34.4절)

쉬겔라증의 잠복기는 주로 1~7일 정도이고, 세균은 1~2주 이상 방출된다. 병원체가 *S. dysenteriae*가 아니라면 성인의 경우에는 평균적으로 4~7일 정도 지속되며 주로 자연 치유되고, 유아나 어린아이의 경우에는 원인종과는 상관없이 치명적일 수 있다. 대개는 체액과 전해질 공급으로 치료가 충분하며 심하지 않으면 항생제가 필요하지 않다. 심한 경우에 아지트로마이신 또는 3세대 세팔로스포린 항생제 투여로 치료한다. 유아나 어린아이에게는 때때로 신경적인 합병증이 생긴다.

포도상구균 식중독

포도상구균 식중독(staphylococcal food poisoning)은 미국에서 가장 주된 식품중독(food intoxication)이다. 부적절하게 보관하거나 조리한 음식(특히 햄, 가공 육류, 닭고기 샐러드, 가루반죽 과자, 크림이 풍부한 소스와 아이스크림까지도)에서 황색포도상구균(*S. aureus*)이 증식할 수 있어 장독소(enterotoxin)를 방출한 것을 섭취하여 유발된다. 이러한 장독소는 열에 강하기 때문에 음식을 철저히 요리하여 세균을 없애더라도 활성이 있는 독소는 남아 있게 된다. 다른 포도상구균도 장독소를 만들지만 황색포도상구균이 주로 포도상구균 장독소(SE)를 만든다. SE는 구조적으로 연관되어 있는 단일체인 단백질이지만 항원성은 서로 다르다. 13종류의 서로 다른 장독소가 밝혀졌고 SE-A, B, C1, C2, C3, D와 E가 가장 흔하다. 특징적 증상으로는 보통 심한 복통, 경련, 설사, 심한 구토와 구역질 등이 있다. 증상의 시작은 빠르며(오염된 음식을 먹은 후 보통 1~6시간) 지속시간은 주로 24시간 이내이다. 포도상구균 식중독에 의한 사망은 건강한 사람의 경우에는 무시할 수준이다.

포도상구균 식중독의 치료는 주로 독소가 몸에서 빠져나가도록 수분을 계속 공급해주는 것이다. 독소혈증(toxemia)은 주로 약을 먹지 않고 회복된다. 예방은 음식물을 준비하는 동안 손을 철저히 씻고 안전하게 조리하여 음식을 먹는 것이다.

마무리 점검

1. 보툴리누스균은 어떻게 살아있는 세균이 없어도 질병을 유발하는가?
2. 콜레라균에 의한 위소장염과 *Campylobacter jejuni*에 의한 위소장염을 비교하시오.
3. 대장균이 병을 유발할 수 있는 기전은 무엇인가?
4. ETEC와 EHEC를 독소활성과 질병의 중등도로 비교하시오.
5. 비장티푸스성과 장티푸스성 *Salmonella* 혈청형 간의 병원성의 기전이 어떻게 다른가?
6. 살모넬라와 쉬겔라에 의한 장의 질병을 비교하시오.
7. 포도상구균에 의한 식중독을 왜 중독이라 하는가? 어떻게 치료하는가?

38.5 인수공통감염병은 사람-동물 상호작용으로 생긴다

이 절을 학습한 후 점검할 사항:

a. 동물과의 접촉에 의해 전파되어 흔히 발생하는 세균성 질병을 토론할 수 있다.
b. 인수공통 세균성 질병의 전형적인 징후와 증상을 알아볼 수 있다.
c. 인수공통 세균감염과 세균 독성인자에 의한 질병중증도의 상관관계를 볼 수 있다.

동물로부터 사람에게 전파되는 질병을 인수공통감염병(zoonotic disease), 또는 인수공통감염질병(zoonosis)이라 부른다. 많은 병원체들이 생물학적 테러에 사용될 위험이 있는 **선택적 작용제**(select agent, 생물작용제)로 여겨진다. ◀ 생물테러에 대한 대비는 공중보건 미생물학의 핵심 부분이다(35.7절)

탄저병

탄저병(anthrax: 그리스어 *anthrax*는 '석탄'을 의미)은 그람양성의 내생포자를 형성하는 탄저균(*Bacillus anthracis*)에 의한 감염성이 아주 높은 동물 질병이다. 탄저균은 전 세계적으로 분포하며 감염된 동물(소, 염소, 양)이나 그들의 산물(특히 가죽)과의 직접접촉을 통하여 사람에게 전파될 수 있다. 탄저균의 내생포자는 토양과 동물의 생산물에서 10년 이상 생존할 수 있다(그림 22.13a 참조). 탄저균 균주는 유전적 변이가 거의 없지만, 지금은 여러 유전자에 있는 직렬반복서열(tandem repeat)의 수에 따라 알려진 모든 균주를 5가지 범주로 분류(이들의 기원에 대한 지형학적인 위치의 실마리를 제공)할 수 있게 되었다.

3가지 형태의 탄저병이 있다. 피부의 상처로 탄저균이 들어오면 **피부탄저**(cutaneous anthrax)를 유발한다. 내생포자의 흡입으로는 양모업자 병(woolsorter's disease)이라고도 알려진 **호흡기탄저**(pulmonary anthrax)를 유발한다. 만일 내생포자가 위소장관에 도달하면 **위소장관 탄저**(gastrointestinal anthrax)를 초래한다. 2001년에 일어났던 생물테러를 제외하고는 탄저병의 95% 이상이 피부탄저이다. 호흡기탄저에서는 내생포자(지름 1~2 μm)가 흡입되어 폐포대식세포에게 섭취된다. 이 경우 초기에는 플루 유사증상으로 빠르게 진행한다. 위소장관 탄저의 증상은 내생포자가 있는 덜 익은 고기를 섭취한 후 나타나며 메스꺼움, 구토, 열 및 복통 등이 나타난다. 피부탄저는 **딱지**(eschar)라고 부르는 피부병변을 야기하는데 이것의 특징은 주변조직에 최소한의 염증이 있는 검은 괴사성 조직이다. 탄저균혈증은 어떠한 형태의 탄저에서도 발생할 수 있지만 호흡기탄저는 거의 항상 균혈증을 야기한다.

탄저균은 독성인자들을 암호화하고 있는 2개의 플라스미드(plasmid)를 갖고 있다. 하나의 플라스미드는 세균의 식세포작용을 억제하는 폴리글루타밀 협막(polyglutamyl capsule)의 합성에 관여하는 유전자들을 갖고 있고, 다른 플라스미드는 탄저외독소 합성을 위한 유전자들을 가지고 있다. 탄저균 외독소는 보호항원(protective antigen, PA), 부종인자(edema factor, EF), 치사인자(lethal factor, LF)인 3개의 단백질로 구성되어 있다. 대식세포에는 탄저균 외독소 보호항원(PA)이 결합하는 2개의 다른 탄저독소수용체가 있다. 7개의 PA-수용체 소단위가 조립하여 도넛 모양의 고리(**그림 38.33**)가 되어야 성공적으로 부착할 수 있다. 독소단백질 부종인자(EF)와 치사인자(LF)가 PA 복합체에 결합하고, 부종인자(EF)와 치사인자(LF)가 결합된 PA가 대식세포에 의해 포식되는 형태로 엔도솜 안으로 들어간다(그림 31.20 참조). 보호항원(PA) 분자들은 엔도솜막을 뚫는 구멍을 만들어 부종인자(EF)와 치사인자(LF)가 세포질에 들어가게 한

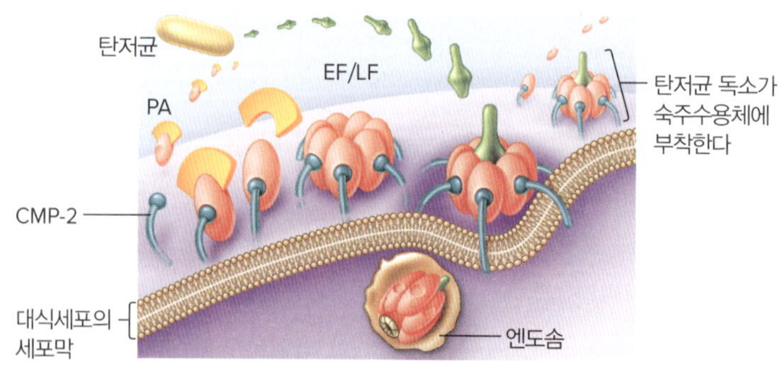

그림 38.33 탄저병. 보호항원(PA) 단백질은 표적 대식세포에서 통(barrel)모양 구조로 조립한다. 2개의 다른 단백질인 부종인자(EF)와 치사인자(LF)가 엔도솜으로 수송된다. 그다음에는 PA가 EF와 LF를 엔도솜에서 대식세포 세포질로 운반하며 그곳에서 EF와 LF가 독성효과를 발휘한다.

연관 질문 어떠한 기전으로 EF와 LF가 대식세포를 죽이는가?

다. 부종인자(EF)는 아데닐 고리화효소 활성이 있으므로 세포가 물을 방출하도록 하여 조직비대를 야기한다(부종). 치사인자(LF)는 전사인자인 NF-κB(nuclear factor κB)를 억제하여서 효율적인 면역반응이 생기는데 필요한 조절유전자의 전사를 억제한다. 수많은 대식세포가 죽게 되면 이들의 대식세포의 리소좀 내용물이 방출되고 결과적으로 열, 내부출혈, 패혈성 쇼크와 급사가 유도된다. 항생제 치료와 보조요법이 없으면 호흡기탄저와 위소장관 탄저의 사망률은 100%까지 도달하며 피부탄저의 사망률은 20~50% 정도이다.

전 세계에 매년 2만~10만 건의 탄저병이 발생하는 것으로 추산된다. 미국에서는 매년 1건 미만으로 발생하여 2001년까지인 지난 20여 년 동안 이 추세를 유지해왔다. 따라서 2001년 발생한 22건의 탄저병 사례는 탄저병이 생물테러 무기로 실제로 사용되었다는 우려 때문에 큰 주목을 받았다(2장의 시작이야기 참조).

각 형태의 탄저병 치료는 동일하다. 시프로플록사신, 페니실린, 또는 독시사이클린을 사용하며 독소의 농도가 위험한 상태까지 축적되기 전에 치료를 시작해야만 치료에 성공할 수 있다. 항생제가 세균을 죽이거나 생장을 억제하지만, 외독소가 결국 환자를 죽일 수도 있다. 환자사망을 막기 위한 보조요법이 필요하다. 그러나 감염된 동물이나 그 생산물(짐승 가죽과 양털 등)을 취급하는 사람처럼 직업적으로 감염 위험이 높은 사람들은 반드시 백신을 접종해야만 한다. 특정 미국 군인들도 백신을 접종해야 한다.

브루셀라증(파상열)

Brucella 속은 사람과 동물에게 중요한 병원체이다. **브루셀라증**(brucellosis)은 **파상열**(undulant fever)이라고도 부르며, 희미하게 염색되는 그람음성 구형간균인 *B. melitensis*(지금은 한 종에 포함되는 미생물이지만 이전에는 *B. abortus*, *B. suis* 및 *B. canis*로 분류) 종에 의하여 유발된다. 브루셀라균은 오염된 동물의 생산물을 섭취하여서, 감염된 동물(소, 양, 염소, 돼지, 드물게 개)을 다루다가 생긴 피부에 긁힌 상처를 통해 주로 전파된다. 가장 흔한 감염경로는 오염된, 또는 저온살균하지 않은 우유 제품의 섭취를 통해서 일어난다. 브루셀라증은 사람에서 사람으로의 직접적인 전파가 아주 드물다. 그러나 유아는 모유수유로 감염될 수 있으며, 성적접촉을 통한 브루셀라증의 전파도 보고된 바 있다. 브루셀라증 전파에 대한 논란이 미국 북서부 지방에서 발생했는데 브루셀라균이 없는 동물로 알려졌던 야생들소와 큰사슴(elk)에게 풍토병으로 브루셀라증이 발생하여 몇 년간 지속되었던 것이다(21장의 시작이야기 참조). ◀ α-프로테오박테리아 강에는 많은 빈영양생물이 속해 있다(21.1절)

브루셀라균의 인체감염은 주로 *B. melitensis*가 원인이다. 미국에서 브루셀라증은 드물어서 매년 100건 이하이다. 미국과는 달리 브루셀라증은 전 세계에서 가장 흔한 인수공통감염 질병이다. 매년 약 50만 건이 보고되며 실제 사례는 보고된 것보다 25배 더 많을 것이라고 의심된다.

급성 형태(병의 시작으로부터 8주)의 브루셀라증은 비특이적인 독감 유사 증세, 즉 열, 땀, 불편함, 식욕부진, 두통, 근육통과 요통을 보인다. 열이 파도치는 형태(병의 시작으로부터 1년)의 브루셀라증의 증상은 열이 올랐다 내렸다 하며 관절염과 고환 염증이 나타난다. 신경계의 증상은 5% 정도까지에서 나타난다. 만성 형태(병의 발생 후 1년 이상)의 브루셀라증 증상은 만성피로, 우울증 및 관절염이다. 사망률은 낮으며 대개 2% 미만이다. 그러나 자연유산, 조산, 태아사망을 촉진한다고 알려져 있다. 치료는 주로 재감염을 막기 위해 6주 동안 독시사이클린과 함께 스트렙토마이신 또는 리팜핀을 복합 사용한다. 병이 서서히 진행되며, 음식공급을 파괴할 수 있고, 브루셀라균의 감염과 연관된 현저한 이환률 때문에 브루셀라균을 선택적 작용제(생물작용제)로 지정하였다. 이것은 생물학적 무기로 사용될 수 있으며 공중보건에 충격이 크고 그 영향이 실질적일 수 있다는 것이다.

앵무새병(조류병)

앵무새병(psittacosis) 또는 **조류병**(ornithosis)은 전 세계 조류에 발생하는 감염병으로 사람에게도 전파된다. 미국에서 매년 50건 미만의 확진 환자가 보고된다. 앵무새병(sit-a-co-sis로 발음함)은 앵무새나 잉꼬와 관련된 것으로 처음 발견되었으며 둘다 같은 앵무과(psittacine) 새에 속한다. 하지만 지금은 그 외의 여러 조류(예: 비둘기, 닭, 오리와 칠면조)에서 발견되어 일반명칭으로 조류병(라틴어 *ornis*는 '조류'를 의미)이 사용된다.

조류병은 *Chlamydophila psittaci*에 의해 감염된다. 사람은 감염된 새를 다루거나 새의 마른 분변 속에 *C. psittaci*가 아직 살아 있는 경우 그 마른 분변을 흡입하여서 감염된다. 보통 잠복기는 5~19일이다. 호흡기에 들어간 후 세균은 간과 비장의 세포로 이동한다. 이들 세포 안에서 증식한 다음에 폐에 침범하여 염증, 출혈과 폐렴을 일으킨다. 때로는 심내막염(endocarditis: 심장근육의 염증), 간염, 신경적 합병증이 생기기도 한다. 항생제 독시사이클린 또는 테트라사이클린으로 치료하고 사망률은 약 2%이다.

Q열

Q열(Q Fever)에서의 Q는 "query(의문)"의 Q로 열의 원인을 오랫기간 알지 못했기 때문이다. 지금은 γ-프로테오박테리아 *Coxiella burnetii*에 의한 질병으로 알려졌다. *C. burnetii*는 세포내 병원체이지만,

내성이 있는 내생포자 유사체를 만들어 숙주세포 밖에서 생존할 수 있다. 이 세균은 야생동물과 가축 모두를 감염시킬 수 있다. 소, 양, 염소가 주요 보유체이다. 전파를 위해 절지동물매개자가 필요하지 않다. 그러나 동물에 있는 여러 종의 참진드기가 *C. burnetii*를 전파할 수 있다. 반면 사람에의 전파는 주로 세균으로 오염된 동물의 마른 대변이나 소변에 있는 세균이 먼지형태로 흡입되거나, 파스퇴르살균 처리를 하지 않은 우유를 먹음으로써 일어난다. 특히, 출산 시 양수와 태반에 있는 아주 많은 수의 세균이 방출된다. 세균은 열, 건조, 흔히 사용하는 많은 소독제에 저항성이 있다. 이러한 특징으로 인해 세균이 외부 환경에서 오랜기간 생존할 수 있다. Q열이 도살장 직원에게는 유행병의 형태로, 농부나 수의사에게는 간헐적으로 발생한다. 미국에서 매년 약 100건의 Q열이 보고된다. 그러나 미국 성인의 약 3%와 추가 고위험군(농부, 수의사 등)의 10~20%가 *C. burnetii*에 대한 항체를 갖고 있다는 점은 이전에 *C. burnetii*에 노출되었음을 시사한다. ◀ Legionellales 목과 Coxiellales 목에는 세포내 병원체가 속해 있다(21.2절)

사람에게 Q열은 심한 두통, 불쾌감, 혼란, 인후염, 오한, 발한, 메스꺼움, 흉통, 근육통과 고열이 갑작스럽게 시작되는 특징을 가진 급성 질병이다. 병은 거의 치명적이지 않지만 심내막염이 환자의 10%에서 발생한다. 초기 감염과 심내막염 발생 사이에 5~10년 정도의 간격이 있을 수 있다. 이 기간 동안 세균은 간에 존재하고 종종 간염을 유발하기도 한다. 이 경우는 치사율이 약 4% 정도이다.

Q열의 진단은 국가표준실험실에서 한다. 왜냐하면 Q열 원인균이 선택적 작용제(생물작용제)이기 때문이다. 중합효소연쇄반응(PCR)이나 세균의 배양과 함께 형광항체와 응집검사를 사용한다. 치료는 독시사이클린으로 치료하며 병이 시작된 첫 3일 이내에 항생제 치료를 시작하면 가장 효과적이다.

야생토끼병

또 다른 선택적 작용제(생물작용제)로서 그람음성 세균인 야토균(*Francisella tularensis*)은 **야생토끼병**(tularemia)의 원인이다. 절지동물(참진드기, 사슴파리[대모등에붙이])에게 물리거나, 감염된 조직(토끼)과 직접 접촉하거나, 에어로졸 상태에 있는 세균을 흡입하거나, 오염된 식품 또는 오염된 물을 섭취하면 사람에게 전파될 수 있다. 그러나 감염된 동물과의 접촉을 통해 야생토끼병이 가장 잘 전파되며 종종 사냥 후 잡은 동물의 껍질을 벗기는 사냥꾼들에게 발병되기 때문에 미국 중부에서는 토끼열(rabbit fever)이라고도 한다. 2~10일의 잠복기 후에 페스트(plague)와 유사한 병변이 나타나지만 증상이 심하지는 않다. 환자는 감염부위에 일차궤양병변이 생기고 그 다음에 림프절이 커지며 고열이 발생한다. 치료하지 않으면 야생토끼병은 사망률이 약 30~60% 정도이다.

진단은 국가표준실험실에서 중합효소연쇄반응(PCR) 검사 또는 세균의 배양 그리고 형광항체와 응집검사를 한다. 치료는 스트렙토마이신, 테트라사이클린, 또는 아미노글리코시드계(aminoglycoside) 항생제로 10~21일 동안 치료한다. 감염 위험이 있는 고위험 실험실 연구자들을 위한 약독화 생백신을 미국 육군으로부터 얻을 수 있다. 보통 매년 100~200건의 야생토끼병 환자가 미국에서 보고된다.

마무리 점검

1. 사람이 어떻게 탄저병에 감염되는가? 브루셀라증은 어떻게 감염되는가?
2. 탄저병과 브루셀라증과 야생토끼병의 증상을 비교하고 대조하시오.
3. 조류병은 어떻게 전파되는가?
4. 야생토끼병이라는 질병을 설명하시오. 왜 야토균이 생물테러의 가능성이 있는 병원체라고 여겨지는가?

38.6 기회감염 질병은 세균에 의해 야기될 수 있다

이 절을 학습한 후 점검할 사항:

a. 신체의 다른 부위에서는 사람의 고유미생물총(정상세균총)인 세균이 어떻게 질병을 유발하는지를 설명할 수 있다.
b. 하나의 세균 종의 과다증식으로 인한 특정 환경적 상태를 예를 들어 설명할 수 있다.
c. 사람 질병에서 세균 생물막이 미치는 역할을 설명하기 위한 세균 생물막 형성 모델을 디자인할 수 있다.

기회감염은 2개의 범주로 나눌 수 있다. 하나는 사람의 정상 고유미생물총(normal microbiota, 정상세균총)인 미생물이지만, 다른 고유미생물총 군에 들어가 그들보다 과다하게 자라게 되거나, 숙주의 멸균상태 조직이나 부위에 들어가게 되면, 병을 일으킬 수 있는 것이다. 두 번째는 환경에서 발견되는 미생물로서 이들 미생물은 면역이 억제되어 활발한 면역방어기전으로 미생물을 없앨 수 없는 사람들에게만 질병을 일으킨다. 이 절에서 기회감염 질병의 몇 사례를 논할 것이다.

항생제연관 대장염(위막성 대장염)

항생제연관 대장염(antibiotic-associated colitis)은 *Clostridioides*

(이전에는 *Clostridium*) *difficile*의 과다증식에 의하여 발생하는 여러 스펙트럼의 질병으로 미국에서 매년 약 50만 명의 환자에게 영향을 준다. *C. difficile*은 때로 사람의 장내에 존재하는 고유미생물상의 세균의 일부이지만 다른 세균들에 의해서 주로 그 숫자가 적은 수로 유지되는 세균이다. *C. difficile* 감염의 스펙트럼(*C. difficile infection*, CDI)에는 합병증 없는 설사, 위막성 대장염[장을 막히게 하는 염증세포, 죽은 세포, 괴사조직, 장을 막은 피브린(*fibrin*, 섬유소) 등의 끈적한 것이 모인 것], 독성 거대 대장(장의 조직이 괴사되는 염증) 등으로 때로는 사망에 이르게도 한다(**그림 38.34**). CDI의 가장 흔한 증상은 수성의 설사로서 하루에 3번 이상의 설사를 2일 이상 지속되는 것으로 설사와 함께 열, 식욕부진, 구역질, 복부경련 등이 있다. 심한 경우에는 하루에 20번 이상의 설사를 하여 극도의 체중감소, 탈수, 쇠약해 질 수 있다.

*C. difficile*은 혐기성(산소비요구성)의 내생포자형성 간균으로 이 내생포자는 보건의료시설에서도 종종 발견된다. 어떠한 항생제치료를 하건 *C. difficile* 감염(CDI)을 야기하지만, 가장 흔한 항생제연관 CDI는 클린다마이신이다. 클린다마이신은 혐기성 세균을 표적으로 하는 단백질 합성억제제로서 정상적으로는 숙주 담즙산을 화학적으로 변형시켜 화합물로 만들어서 *C. difficile*의 생장을 억제하는 것이다. 비록 세포독소(TcdB)가 모두 염증과 설사에 관여하는 것처럼 보여도, 모든 병원성 *C. difficile* 균주는 2개의 외독소인 장독소(TcdA)와 세포독소(TcdB)를 만든다. 이러한 독소들은 숙주 장 상피세포내의 세포골격이 조설삭용을 못하게 하여 보호벽의 상태를 망가뜨린다. 일부 더 공격적인 균주 또한 이원성 독소(binary toxin)라는 추가 독소를 분비하여 숙주세포의 액틴을 표적으로 한다. TcdB를 만들지 않는 균주는 독성이 없어서 병을 야기하지 않는다.

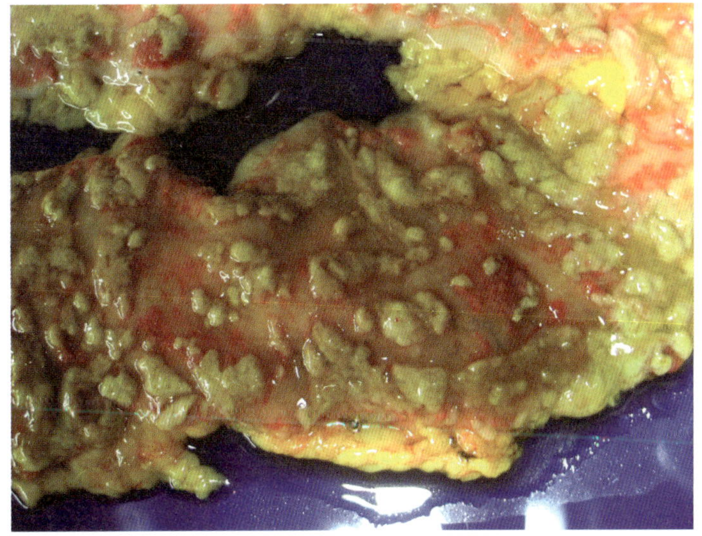

그림 38.34 ***Clostridioides difficile* 감염.** 외과적으로 제거된 창자의 이 부위는 녹황색의 허물이 벗겨지는 막과 세균의 과다증식을 보인다. McGraw Hill

연관 질문 어떠한 세포와 조직이 위막을 구성하는가?

*C. difficile*은 입원환자의 설사 원인으로 가장 흔히 발견되는 원인으로 한 환자의 내생포자가 다른 환자에게 전파될 수 있다. 항생제 사용이 CDI의 주요한, 변경이 가능한 위험인자이다. 항생제가 다른 세균을 억제하여 *C. difficile*의 과다증식을 촉진하는 것과 함께 항미생물제 내성 균주를 선택하는 위험을 증가시킨다. 역설적으로 CDI의 치료는 먹는 반코마이신을 처방한다. 건강한 기증자로부터 얻은 사전에 스크리닝을 마친 분변을 CDI환자의 결장에 이식하는 분변 마이크로바이옴 이식(fecal microbiome transplant, FMT)방법이 재감염을 막기 위한 치료로 사용될 수 있다(33장 시작이야기 참조). 이 방법으로 건강한 마이크로바이옴이 다시 확립되어 완치율이 약 92%까지 도달하게 한다. ◀ 미생물과 사람이 공존하는 생태계(33장)

세균성 질염

세균성 질염(bacterial vaginosis)은 다미생물 감염으로 여러 미생물 종이 관여하는 감염이다. 가장 흔히 관련된 세균은 *Bifidobacterium vaginale*(이전의 *Gardnerella vaginalis*)로서 그람음성에서 그람다양성(Gram-variable)을 보이는 다형태의 비운동성 간균, *Mobiluncus* 종(그람음성의 혐기성 간균), 그리고 여러 혐기성 세균 등이 흔히 관여하는 질병이다. 이러한 미생물들이 20~40%의 건강한 여성의 질과 직장에서 서식하지만 이들의 생장은 질의 젖산간균(lactobacilli)에 의해서 억제된다(**그림 38.35**). 세균성 질염은 산과 감염, 임신의 부정적인 결과, 골반염 질병, HIV 감염의 위험인자이지만 주로 경미한 질병이다.

질염은 다량의 거품이 있는 비린내 나는 분비물과 함께 다양한 정도의 통증이나 가려움이 특징적인 증상이다. 진단은 질 분비물 안의 단서세포(clue cell)를 현미경으로 관찰하여 진단한다. 단서세포는 세균으로 뒤덮인, 떨어져 벗겨진 질의 상피세포로 이들 세균의 대부분은 *B. vaginale*이다(그림 38.35b). 세균성 질염은 혐기성 세균과 원생동물을 죽이는 메트로니다졸로 치료한다.

치아 감염

구강(oral cavity)에 있는 세균 중 몇 종만이 진정한 기회 치아 병원체(dental pathogen), 즉 치병원체(odontopathogen)로 간주한다. 이러한 일부 치병원체가 가장 흔한 인간의 세균성 감염인 충치(tooth decay)와 치주 질환(periodontal disease)을 유발한다.

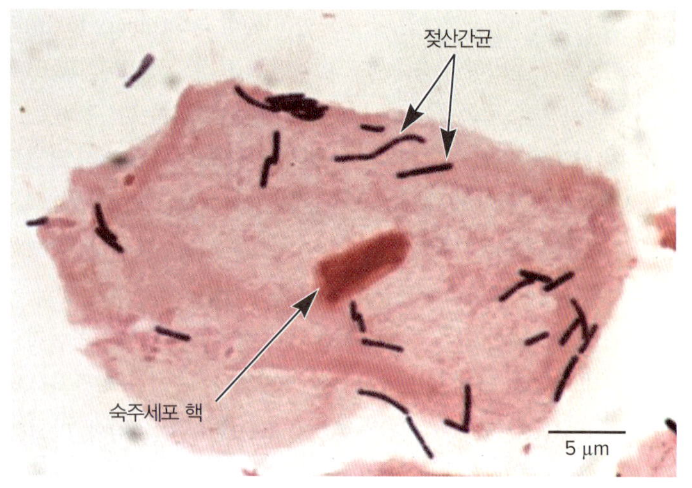

(a) 질의 젖산간균

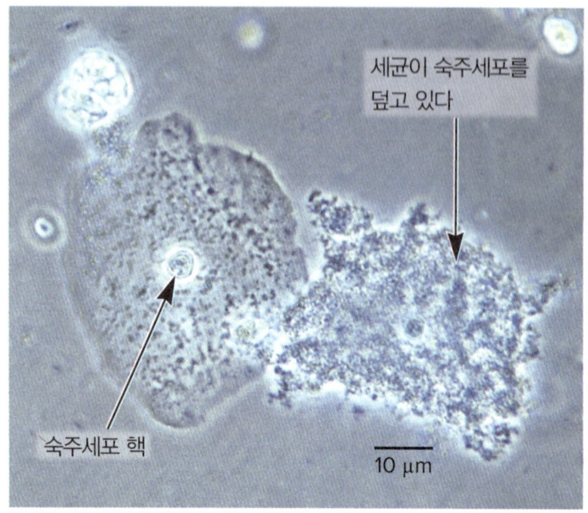

(b) 단서세포

그림 38.35 세균성 질염은 단서세포가 있으면 진단된다. (a) 건강한 숙주에서 그람양성 젖산간균은 질의 점막을 산성상태로 유지하여 많은 다른 미생물들이 자라는 것을 방지한다(그람염색). (b) 항생제치료, 호르몬, 또는 다른 요인에 의해서 질의 젖산간균 생장이 억제되면 그람음성 혐기성균이 우세해진다. 이러한 세균이 부착해있는 숙주 상피세포는 단서세포(clue cell)라고 부른다(염색하지 않은, 위상차 광학현미경 사진). (a) Dr. Mike Miller/CDC; (b) M. Rein/CDC

치태

사람의 치아는 침의 방어작용을 보완하여 세균의 집락화에 대응하는 자연 방어기전을 갖고 있다. 딱딱한 에나멜질(enamel) 표면은 침에서 산성의 당단백질(뮤신, mucin)을 선택적으로 흡수해 획득된 에나멜질 균막(acquired enamel pellicle)이라는 막 구조를 형성한다. 이 균막 또는 유기물의 덮개는 황산염(SO_4^{2-})과 카르복실기(COO^-)를 많이 함유해 치아 표면에 음전하를 띠게 한다. 대부분의 세균이 음전하를 띠고 있기 때문에 구강 내의 치아 표면과 세균은 자연적으로 서로 밀어내는 특징이 있다. 그러나 불행하게도 이러한 자연적인 방어체계는 치태(dental plaque)가 형성되면 깨진다.

치태(dental plaque)는 인체에서 세균들이 가장 빽빽하게 밀집된 것 중 하나로, 17세기에 레벤후크(Anton van Leeuwenhoek)가 사람에서 채취하여 현미경으로 관찰한 최초의 미생물이었을 것이다. 치태 형성은 균막에 *Streptococcus gordonii*, *S. oralis*와 *S. mitis* 등의 세균들이 집락을 형성하면서 시작된다(**그림 38.36**). 이러한 세균들은 특이적인 이온결합, 소수성 결합 및 렉틴유사(lectin-like) 상호작용 등을 통해 균막에 선택적으로 부착한다. 치아 표면에 일단 이러한 집락이 형성되면 다양한 특이 공동응집(coaggregation)반응에 의해서 다른 세균들이 연속적으로 부착하게 된다.

*S. mutans*와 *S. sobrinus*가 초기에 형성된 집락에 부착함으로써 치아표면에 자리를 잡게 된다(그림 38.36). *S. mutans*와 *S. sobrinus*는 세포외 효소(포도당 전달효소)를 생산하여 설탕의 포도당 부분을 세포 밖의 이종(heterogenous)의 수용성과 비수용성인 다당류 그룹으로 중합한다. 이들은 세균을 서로 붙여주는 시멘트처럼 작용을 하여 생물막내에서 치태 생태계를 형성한다. 이 과정의 부산물인 과당은 발효과정에 이용된다. 일단 치태가 형성되면 치아의 표면은 무산소 상태가 된다. 이 상태에서 절대혐기성 세균(*Prevotella melaninogenica*, *P. oralis*, *Veillonella alkalescens*)들이 치아와 잇몸 사이의 틈에서 자라게 된다(**그림 38.37**). 덧붙여서 세균은 설탕(자당)과 여러 종류의 당류로부터 젖산을 생산하고, 아마도 아세트산과 포름산도 생성할 수 있다. 치태에 침이 스며들 수 없기 때문에 이러한 산들은

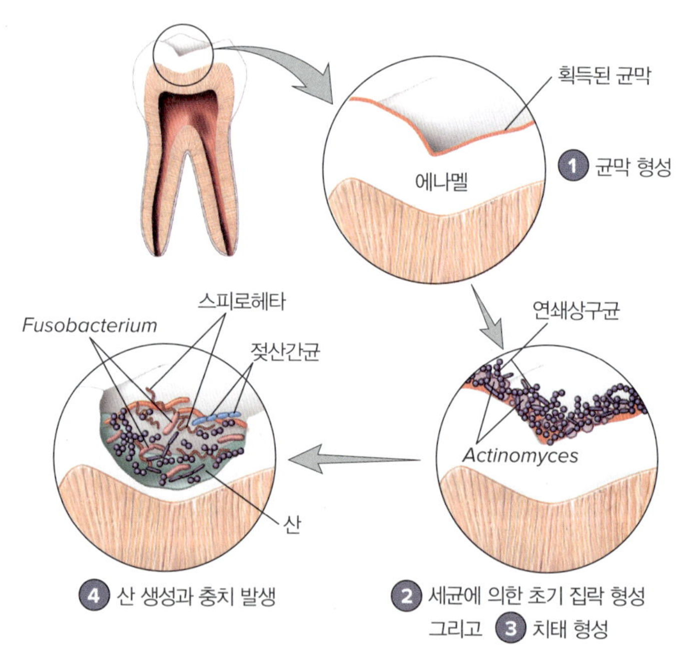

그림 38.36 치태 발생 단계와 충치 형성. 균막과 치태 형성, 산성화, 치아 에나멜질 파괴의 현미경적 관찰을 도식화한 그림이다.

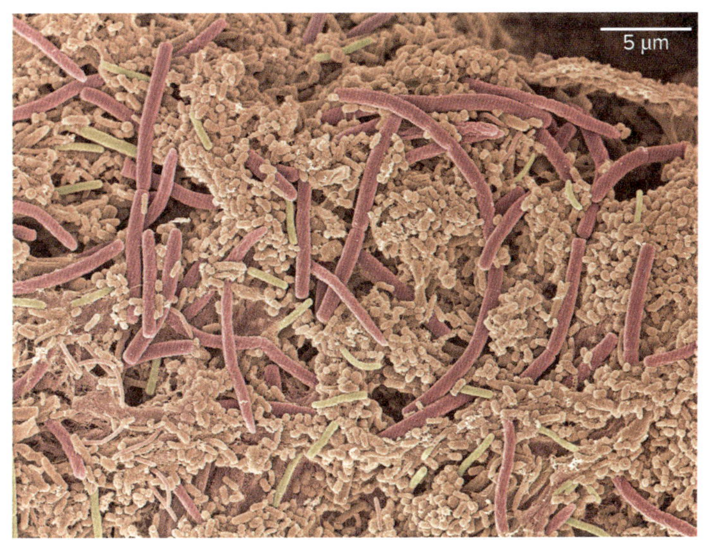

그림 38.37 치태의 현미경적 모습. 치태를 찍은 색을 입힌 주사전자현미경 사진은 다균성 생물막을 보여주고 있다. Steve Gschmeissner/Science Photo Library/Brand X Pictures/Getty Images

연관 질문 세균이 자라는 것에 따라서 치아의 에나멜이 어떻게 비무기질화되는가?

희석되거나 중화될 수 없게 되고, 결과적으로 에나멜질에서 무기질이 빠져나오게 하여 치아의 병변을 유도한다. 이러한 화학적인 병변이 충치의 시작이다. ◀ 생물막은 자연에 흔히 존재한다(7.6절)

충치

발효과정에서 생성된 산들이 치아의 에나멜질로 스며들어 가면 이들은 분리되어 에나멜질의 수산화인회석(hydroxyapatite)과 반응하여 수용성의 칼슘과 인산 이온을 형성한다. 이러한 이온들은 밖으로 분산되고 일부는 치아 표면층에 칼슘인산염으로 재침전되어 구멍이 있는 표면아래층 위에 외막을 형성하게 된다. 식사와 간식 사이에 pH는 다시 중성으로 변하고 일부 칼슘인산염은 병변에 다시 들어가서 결정을 이룬다. 이 결과로 탈무기질화(demineralization)와 재무기질화(remineralization)의 순환이 일어난다.

설탕 성분이 많은 음식을 오랜기간 섭취하면, 산 생성이 보수과정을 능가해 비무기질화가 재무기질화보다 훨씬 많이 일어난다. 이것이 충치 또는 **우식증**(caries)을 유발한다. 일단 딱딱한 에나멜질에 틈이 생기면 세균이 상아질과 치아의 수질을 침범하여 이들을 파괴한다.

치주 질환

치주 질환(periodontal disease)은 성인의 가장 흔한 만성감염이다. 이것은 치근막(periodontium)에 생기는 다양한 종류의 염증 질환을 의미하며, 치근막은 치아의 보조구조로 시멘트질(cementum: 치아를 그 아래 뼈에 부착시켜주는 물질), 치주막, 턱뼈와 치은(잇몸, gingiva, gum)을 포함한다. 치은은 밀집한 섬유성 조직으로 치아의 목을 감싸는 점막을 덮는다. 치은은 치아가 제자리에 있도록 도와준다.

치아 치은(dentogingival, tooth-gum) 경계에 형성된 치태가 치은 조직까지 확장되면 질병이 시작된다. 일련의 세균 종들이 조직 파괴에 관여한다. 이것이 **치주염**(periodontitis)으로 알려진 초기의 염증 반응으로 치태 세균과 조직 파괴 모두에 대한 숙주의 면역반응이 원인이다. 조직이 붓고 치주 구멍(periodontal pocket)이 생긴다. 이 구멍에 세균이 집락을 형성하고 염증을 더욱 유발하여 치주 농양(periodontal abscess)이 형성되고, 뼈가 파괴되며(periodontosis, 치주증), 치은의 염증(gingivitis, 치은염)과 전체 조직 괴사가 일어나게 된다. 이 상태를 치료하지 않으면 치아가 빠지기도 한다.

충치(우식증)와 치주 질환을 예방하기 위한 주된 전략은 설탕소비를 줄이고, 칫솔질, 치실과 구강 세척제를 매일 사용하는 것과 함께, 최소한 1년에 2회 전문가에 의해 치태를 제거하는 것이다. 치약, 마시는 물, 구강 세척제에 불소를 사용하거나, 필요하면 전문가가 불소와 치아밀폐제(sealant)를 치아에 처치하여 젖산과 아세트산으로부터 치아를 보호하면 충치를 줄일 수 있다.

연쇄상구균 폐렴

연쇄상구균 폐렴(streptococcal pneumonia)은 자신에게 있는 고유 미생물총에 의해 감염되기 때문에 기회감염(opportunistic infection)으로 간주한다. 주로 상기도에서 발견되는 그람양성 세균인 **폐렴연쇄상구균**(*Streptococcus pneumonia*)에 의해 생긴다. 이 질병은 **폐렴구균성 폐렴**(pneumococcal pneumonia)으로도 부르며 호흡기 바이러스 감염이나 호흡기의 물리적인 손상, 약화된 면역기능(노인들에서 나타남), 알코올중독 또는 당뇨병, 흡연처럼 병이 쉽게 걸릴 선행 요인들을 가진 사람들에서 주로 발생한다. 폐렴 외에 폐렴연쇄상구균은 급성 중이염, 균혈증, 수막염을 야기한다. 폐렴으로 알려진 모든 호흡기 질환의 60~80%가 폐렴연쇄상구균이 원인이다. 미국에서 매년 대략 100만 명의 사람들이 폐렴구균성 폐렴에 감염되며 사망률이 5~7% 정도이다.

폐렴연쇄상구균의 일차 독성인자(virulence factor)는 협막(capsule)이다. 폐렴연쇄상구균의 90개 이상의 혈청형은 다른 다당질로부터 협막을 구성한다. 협막은 대식세포(phagocyte)의 식세포작용으로 잡아먹혀서 죽임을 당하는 것으로부터 세균을 보호하는 중요한 역할을 한다. 병인론은 세균이 폐포강(alveolar space) 내에서 급속도로 증식하기 때문이다. 세균은 또한 다양한 독성인자를 만들며, 그 중 독소인 뉴모리신(pneumolysin)은 숙주세포를 죽인다. 숙주세포가 죽으면서 폐포가 혈액과 세균, 호중구(neutrophil, 호중성과립백혈구), 액체로 채워지면 염증이 유발된다. 가래에 혈액이 있으면 종종 철이 녹슨(rust) 색을 띤다. 임상 증상의 시작은 대개 갑작스럽게 발생하는데 오한, 고통스러운 호흡, 가슴 통증 등이 있다. 진단은 흉부 X선, 그람염색, 배양과 대사산물 검사를 통해 진단한다. 항생제 민감성검사를 한 후에 치료해야 한다. 왜냐하면 일부 균주는 β-락탐계와 마크롤라이드계 항생제에 내성이 있기 때문이다.

2개의 폐렴구균 백신은 세균에 노출될 고위험에 있는 사람들에게 유용하다. 폐렴구균 결합 백신(pneumococcal conjugate vaccine, PCV)은 13종류의 혈청형에 대한 백신이며, 폐렴구균다당류백신23(pneumococcal polysaccharide vaccine, PPSV23)은 또 다른 폐렴구균 23종의 혈청형에 대한 백신이다. 이 백신들은 90%의 폐렴구균 질병을 야기하는 균주에 대해 항체를 형성하게 해주므로 효과적인 백신이다. 항체가 세균의 표면에 결합하면 그 미생물은 옵소닌(opsonized: 감수성을 갖게 됨)화되어 식세포작용을 촉진한다(그림 31.5 참조).

요로감염증과 신우신염

요로감염증(urinary tract infection, UTI)은 **방광염**(cystitis)이라고도 하며 가장 흔한 질병 중 하나이다. 전 세계적으로 유행하여 매년 약 1억 5000만 건이 발생한다고 예측된다. 미국에서 매년 120만 명 이상이 UTI로 인해 의사를 만나거나 응급실로 가서 도움을 청한다. 장에서 있던 원인균은 요도에 진입하여 방광까지 도달한다. 치료하지 않으면 세균이 수뇨관(ureter)을 따라 신장까지 이동할 수도 있다. **신우신염**(pyelonephritis)이라는 신장감염을 앓게 된다. 여성의 요도는 짧아서 UTI가 여성에서 훨씬 많이 발생하는 이유이지만 남자 유아나 노인의 감염도 드물지는 않다. 다양한 세균이 UTI를 야기한다. 그 중에는 폐렴간균(*Klebsiella pneumoniae*), 부패성 포도상구균(*Staphylococcus saprophyticus*), 엔테로코커스 패칼리스(*Enterococcus faecalis*), *Proteus mirabilis*, B그룹 연쇄상구균, 녹농균(*Pseudomonas aeruginosa*)들도 있지만 대략 90%의 모든 UTI는 비뇨병원성 대장균(uropathogenic *E. coli*, UPEC)이 야기하며 여기에서 집중하려 한다.

UPEC는 방광에 감염되어 소변으로 흘러나가기를 피하는 능력 때문에 대장균(*E. coli*) 균주 중에서는 독특하다. UPEC는 FimH 단백질을 1형 선모(type 1 pili)의 끝에 위치하게 하여 방광세포의 수용체에 부착하는 부착분자(adhesin)로 작용하게 한다. 이러한 결합은 숙주세포의 액틴 재배열을 촉진하여 UPEC가 포식세포가 아닌 세포 안으로 들어가게 된다. 방광세포 안에서 UPEC는 증식하고, **유선형 공간**(pod, 꼬투리)이라고 부르는 세포내 생물막 군집을 확립한다. UPEC는 또한 세포용해독소(cytolytic toxin)인 HylA를 만들어서 숙주세포 침입에 관여한다. UPEC가 유선형 공간을 들어갔다 나왔다 하는 동안 호중구세포가 방광을 침입하여 급성 염증을 야기한다. 이로써 방광염의 특징적 증상인 빈번하게 소변을 보고, 소변볼 때 찌르는 통증, 복부경련, 소변에 혈액이 있는 증상을 야기한다.

감염이 방광에 남아 있다면 환자는 열이 나지는 않을 것이다. 그러나 세균이 수뇨관(ureter)으로 올라가서 신장에 다다르면(이것은 종종 양쪽에 일어나지는 않는다) 신우신염이 생긴다. 신우신염은 영구적인 신장손상을 야기하므로 훨씬 심각한 상태이다. UPEC는 1형 선모와 편모를 상반의(reciprocal)방식으로 조절한다. 그래서 수뇨관 위 신장까지 올라가는 운동성이 필요하면 1형 선모와 FimH를 만들지 않는다. 일단 UPEC이 신장에 들어가면 부착을 매개하는 핌브리아(fimbriae)를 만든다. 열과 오한과 함께 영향을 받는 신장의 통증과 함께 신우신염이 생긴다.

합병증이 없는 UTI는 전형적으로 소변을 받아 임상적으로 진단한다. 간단한 딥스틱검사(dipstick test)는 백혈구 에스테라아제(leukocyte esterase)의 존재를 알려주며 이 결과는 방광에 호중구세포가 침입했다는 것을 나타낸다. UPEC가 원인균이라면 딥스틱은 또한 소변에 아질산염(nitrite)이 있다는 것을 나타낸다. 혐기성호흡으로 전환한 UPEC가 질산염(nitrate)을 최종전자수용체(terminal electron acceptor)로 사용하여 아질산염을 만든다. 신우신염의 원인균은 소변배양으로 반드시 확인해야 한다. 소변은 정상적으로는 무균이다. 원인세균의 항생제 감수성 프로파일은 필수적으로 수행해야 한다. 합병증이 없는 UTI는 고농도로 방광에 도달할 수 있는 항생제인 설포메톡사졸/트리메토프림, 니트로푸란토인(nitrofurantoin), 또는 포스포마이신(fosfomycin) 등으로 치료한다. 신우신염을 앓는 환자는 외래진료를 받은 상태로 플루오로퀴놀론(fluoroquinolone)으로 치료한다.

마무리 점검

1. *C. difficile* 관련 질병과 세균성 질염의 두 경우에서 조직의 고유미생물총이 바뀔 때 질병이 시작된다. 어떻게 이 병원균들이 우세해지는가?
2. 충치, 치태, 치주 질환을 유발하는 흔한 치병원체를 열거하시오.
3. 흡연자들이 연쇄상구균폐렴의 위험을 높이는 이유를 토의하고, 흡연자들은 폐렴구균백신접종을 꼭 받도록 권장받는 이유를 설명하시오.
4. 방광과 신장감염을 야기하기 위해 UPEC에 의해 사용되는 2가지 적응방법을 토의하시오.

요약

38.1 세균은 공기매개로 전파될 수 있다

- 백신으로 예방할 수 있는 질병인 디프테리아와 백일해는 독소에 의한 질병이다. 디프테리아독소는 숙주세포 번역신장인자(EF-2)를 ADP-리보실화하여서 숙주세포 단백질합성을 억제한다(그림 38.1). 백일해(*Bordetella pertussis*)는 4개의 외독소를 만드는데, 이 4에는 백일해독소가 포함된다. 백일해독소는 숙주의 아데닐산 고리화효소 활성을 자극한다. 또 다른 독소는 아데닐산 고리화효소 활성이 있다. 따라서 cAMP의 과생산이 백일해 독성의 주요요인이다.
- 비정형 폐렴은 *Chlamydophila pneumonia*e, *Mycoplasma pneumoniae*, 또는 *Legionella pneumophila*에 의해 발생한다. 감염을 비정형으로 여기는 이유는 주로 습성기침(productive cough)과 관련되어 있지 않기 때문이다. *Legionella pneumophil*a 감염은 재향군인병을 야기하는데 여기서 언급한 것 중에서는 가장 심각한 질병이다.
- 전 세계 인구의 약 4분의 1은 잠재성 결핵(TB)을 갖고 있다. *Mycobacterium tuberculosis*에 의한 TB는 주로 폐에 감염되지만 다른 신체부위에도 감염된다. 강한 세포매개면역이 TB를 잠재상태로 있게 한다. 이것이 어린이, HIV-양성자, 면역이 억제된 사람들에게 종종 중증의 생명을 위협하는 감염이 되는 이유이다. 치료는 복잡하고 다양한 항생제를 최소 6개월간 사용한다(그림 38.4와 그림 38.5)
- 백신으로 예방할 수 있는 수막염은 수막염균(*Neisseria meningitidis*), 인플루엔자균 b 혈청형(*Haemophilus influenzae* b 혈청형), 폐렴연쇄상구균(*Streptococcus pneumoniae*, 폐렴사슬알균)에 의해 야기된다. 그러나 신생아 수막염은 주로 B 그룹 연쇄상구균(*S. agalactiae*), 대장균(*E. coli*), 리스테리아 모노사이토제니스(*Listeria monocytogenes*)이다. 수막알균(수막구균)인 *Neisseria meningitidis*가 균혈증을 유발하면 수막구균혈증이라 한다. 공격적인 항생제치료 및 보조요법이 의학적 응급상황에 필요하다.
- 연쇄상구균성 인두염(streptococcal pharyngitis, 스트렙 인후염)은 화농연쇄상구균(*S. pyogenes*) 또는 A 그룹 연쇄상구균(GAS)에 의해 야기된다. GAS의 표면에 있는 M 단백질은 균주 특이적이고 많은 독성인자 중 하나이다(그림 38.8).

38.2 세균은 절지동물매개로 전파될 수 있다

- 참진드기, 이, 벼룩 같은 절지동물매개자에 의해서 세균이 인간에게 감염될 수 있다.
- 라임병은 참진드기매개 질병으로 보렐리아 속의 스피로헤타가 원인이다. 미국 북동부지역 매개자인 검은발(또는 사슴)참진드기가 *B. burgdorferi*를 전파한다. 독시사이클린(doxycycline)으로 치료하면 3단계, 독감유사증상, 관절염과 심장염증, 신경결핍을 방지할 수 있다(그림 38.10).
- 페스트균(*Yersinia pestis*)에 의한 페스트(역병)는 일부 지역에서는 아직 풍토병이다. 벼룩 매개자가 설치류의 피를 먹고, 사람은 벼룩에 물려서 감염되거나 감염된 동물과 직접접촉하여 감염된다. 사람은 비말전파로 다른 사람을 감염시킨다(폐 페스트). 독소단백질이 대식세포와 다른 면역세포에 삽입되어 페스트균이 생장하고 생존하게 해준다. 림프조직이 가래톳을 형성하고 혈액유래 페스트균은 피부를 얼룩덜룩하게 하고 말단의 괴사를 야기하여 각각을 가래톳 페스트(Bubonic Plague)와 흑사병(Black Death)이라고 한다. 페스트균 독소단백질을 III형 분비계를 통해 숙주세포에 직접 삽입하여 페스트균이 질병을 야기한다(그림 38.11와 그림 38.12).
- 대부분의 로키산홍반열(Rocky Mountain spotted fever, RMSF)은 미시시피강 동부 지역에서 발생한다. 원인균인 리케차(*Rickettsia rickettsii*)는 숲진드기인 *Dermacentor andersoni*와 개진드기인 *D. variabilis*가 전파한다. 리케차가 내피세포에 침입하여 다발성의 피부발진(nonblanching rash)을 보이는 혈관염을 야기한다. 치료(독시사이클린)하지 않으면 RMSF는 치명적일 수 있다(그림 38.13).

38.3 직접접촉 질병은 세균에 의해 야기될 수 있다

- 황색포도상구균(*Staphylococcus aureus*), A 그룹 화농연쇄상구균(*Streptococcus pyogenes*)는 표피 피부감염인 봉와직염(세포염)과 농가진(impetigo)을 야기한다. 화농연쇄상구균(*S. pyogenes*)은 괴사성근막염(그림 38.25)을, 웰치균(*Clostridium perfringens*)은 가스괴저(그림 38.14)를 야기할 수 있는데 이 둘은 치명적인 피부감염을 일으킬 수 있다. 이들 감염은 응급의료사태로서 감염조직을 외과적으로 적출하고 공격적인 항생제치료가 필요하다.
- 어린아이에게 B 그룹 연쇄상구균(*Streptococcus agalactiae*)

은 수막염, 균혈증과 폐렴을 야기할 수 있다. 노인과 면역력이 떨어진 사람에서는 균혈증과 폐렴과 피부와 뼈 감염을 야기할 수 있다.

- 나병을 야기하는 나균(*Mycobacterium leprae*)은 결절형(tuberculoid form)이 경미하고 진행성이 아닌 형태이다. 세포매개 면역반응이 부적절하면 나종형나병(Lepromatous leprosy)이 된다. 피부의 괴사와 신경손상의 특징이 있다(그림 38.15).
- *Helicobacter pylori* 감염은 위궤양과 위암을 야기할 수 있다. 세균이 점막에 자신을 둘러쌈으로써 그리고 요소분해효소 활성으로 암모니아를 생성하여 산성의 위에서 살아남는다.
- 클라미디아 트라코마티스(*Chlamydia trachomatis*)는 성적접촉으로 전파되고 여성에게 골반내염증질환(PID)을 야기하며, 신생아에게 트라코마 눈감염(eye infection trachoma)를 야기한다. 성적접촉으로 전파되지 않는 트라코마는 전 세계에서 가장 많은 실명의 원인으로 예방이 가능하다(그림 38.27).
- 임질균(*Neisseria gonorrhoeae*)에 의한 임질은 PID 원인 중 하나이기도 한데 그 이유 중 일부분은, 남자에서 여자보다 진단이 더 쉽기 때문으로 여성은 남성보다 증상이 더 적다. *C. trachomatis*처럼 임질균은 출산 시 신생아에게 신생아안염(ophthalmia neonatorum)의 눈 감염을 야기할 수 있다(그림 38.18). 임질균과 클라미디아의 빈번한 동시감염 때문에 세프티리락손과 아지트로마이신이나 독시사이클린으로 동시에 치료한다.
- 스피로헤타 매독균(*Treponema pallidum*)은 매독을 야기한다. 이 매독은 3단계로 진행한다. 초기증상은 통증이 없는 경성하감(chancre), 그 다음은 피부발진, 불편감, 열이 나타나는 2단계, 신경매독과 고무종(gumma) 발생(그림 38.19)이다. 벤자틴 페니실린이 완치에 효과적이지만 임질처럼 매독은 평생면역이 생기지 않는다.
- 메티실린 내성 황색포도상구균(Methicillin-resistant *Staphylococcus aureus*, MRSA)는 지역사회(CA, community-acquired)에서 또는 병원(HA, hospital-acquired)에서 감염된다. MRSA는 모든 장기에 감염될 수 있으며 모든 β-락탐계열 항생제에 내성이 있다. CA-MRSA는 HA-MRSA보다는 보통 다른 광범위 항생제에 더 감수성이 있지만 더 많은 독소를 만든다.
- 백신으로 예방할 수 있는 파상풍균(*Clostridium tetani*)은 파상풍(tetanus)을 야기한다. 파상풍독소는 억제 신경전달물질 방출을 억제하여서 강직성 마비(spastic paralysis)를 야기한다. 멸균방법으로 신생아 출산을 하지 않으면 파상풍의 위험이 있다(그림 38.26).

38.4 식품과 물이 세균 질병의 운반체다

- 식품매개 질병은 감염과 중독으로 나눌 수 있다. 중독은 독소가 매개하며 세균의 존재가 필요하지 않다(표 38.3).
- *Clostridium botulinum*는 보툴리눔독소(botulinum toxin)를 만들며 신경전달물질인 아세틸콜린의 방출을 억제한다. 따라서 이완성 마비를 야기한다(그림 38.28).
- *Campylobacter jejuni*는 미국에서 가장 흔히 보고되는 식품매개 세균에 의한 설사이다. 세포독성 확장독소인 DNA분해효소(DNase) 활성이 있는 독소를 만들지만 중독으로 생각되지는 않는다. 드물게 *C. jejuni* 감염이 분자모방(그림 38.29)이라고 부르는 기전을 통해서 길랑-바레 증후군과 연관이 있다.
- 콜레라는 수중에 사는 세균인 콜레라균(*Vibrio cholerae*)이 원인이다. *V. cholerae*는 AB독소를 만드는데 이것은 아데닐산 고리화효소를 자극하여 항상 활성상태로 고정되어 ADP-리보실화를 만든다. 숙주세포내에 높은 농도의 cAMP가 만들어진다. 결국 물과 이온을 잃게 한다. 환자는 설사로 인해 매일 20 L의 체액을 잃게 된다. 염분이 포함된 액체로 수분을 계속 공급해줘야 생명을 잃지 않을 수 있다.
- 식품매개 병원성 대장균(*E. coli*)은 주요 5균주가 있으며 숙주 장상피와의 상호작용 특성에 따라 분류된다(그림 38.31). ETEC (장독소생성대장균, Enterotoxigenic *E. coli*)와 EHEC (장출혈성대장균, enterohemorrhagic *E. coli*)는 독소를 만든다. EHEC는 또한 용혈성 요독증후군(hemolytic uremic syndrome, HUS)을 야기한다.
- 장티푸스균(*Salmonella enterica*) 혈청형은 비장티푸스형 또는 장티푸스를 야기하는 장티푸스 혈청형으로 분류한다. 균 혈청형 *S.* Typhi와 *S.* Paratyphi 만이 외독소를 분비하고 장티푸스를 야기하는 혈청형이다. 비장티푸스형 균주는 자연치유 되는 살모넬라중독(salmonellosis, 살모넬라증)인 위소장염을 야기하지만 장티푸스는 치명적일 수 있다. 장티푸스는 백신으로 예방할 수 있다.
- 쉬겔라증(shigellosis)은 4종의 *Escherichia* 중 하나(이전에는 *Shigella*])에 의한다. 쉬겔라독소(Stx)는 숙주의 28S rRNA를 탈퓨린화함으로써 단백질합성을 억제한다. Stx는 EHEC 균주에 수평적으로 전달된다.
- 주로 황색포도상구균이 야기하는 포도상구균식중독은 포도상구균 장독소에 의한 중독이다. 상한 음식을 먹은 후 몇 시간 이내에 구토가 시작되고 24시간 이내에 회복된다.

38.5 인수공통감염병은 사람-동물 상호작용으로 생긴다

- 탄저병은 독소매개질병으로 전파방법에 따라 세 가지 형태 중 하나로 나타날 수 있다. 이들은 피부탄저(cutaneous anthrax), 호흡기탄저(pulmonary anthrax), 위소장관 탄저(gastrointestinal anthrax)이다. 독소는 2개의 효과단백질(치사인자와 부종인자)과 보호항원으로 구성되며 보호항원은 숙주세포에 부착한다(그림 38.33).
- 사람 브루셀라증(brucellosis)은 여러 브루셀라 종(*Brucella melitensis*)에 의해 야기된다. 감염은 소에 의해 가장 자주 전파되며 급성이거나 서서히 퍼질 수 있다. 브루셀라증은 비특이적 열성 질환으로 여성이 임신한 경우 특히 위험하다.
- 앵무새병(조류병)은 조류로부터 획득되는 드문 호흡기질환이다. 원인균은 절대세포내 기생병원체인 *Chlamydophila psittaci*이다. Q열(Q fever)도 드문 질환으로 소, 양, 염소에 의해 전파되는 절대세포내 기생병원체인 *Coxiella burnetii*가 원인균이다.
- 야토균(*Francisella tularensis*)에 의해 발생하는 야생토끼병(tularemia)은 감염된 동물(예, 토끼), 절지동물(참진드기와 사슴파리), 또는 비말에 있는 세균을 직접 흡입하여 전파될 수 있다. 페스트와 유사한 질병을 야기하지만 중증정도는 경미하다.

38.6 기회감염 질병은 세균에 의해 야기될 수 있다

- 고유미생물총(정상세균총)은 정상적으로 균이 없는 조직에 침입할 때 특히 병을 야기한다. 기회감염 병원체는 면역기능이 억제된 사람에게만 감염되는 것도 포함된다.
- 고유미생물총의 소실에 의한 기회감염 질병은 항생제관련 대장염(*Clostridium difficile*, 그림 38.34)과 세균성 질염(*Bifidobacterium vaginale*, 그림 38.35)이 있다.
- 치태(dental plaque) 형성은 치아에 *Streptococcus gordonii*, *S. oralis*와 *S. mitis* 등이 획득된 에나멜질 균막(acquired enamel pellicle)에 초기 집락화를 하면서 시작된다. 여기에 다시 여러 세균들이 부착해 치태 생태계를 이룬다(그림 38.36와 그림 38.37). 세균은 산을 생성해 치아의 화학적인 병변을 유도하여 충치나 우식증이 시작된다.
- 치주 질환(periodontal disease)은 치근막(periodontium)에 생기는 다양한 종류의 임상 질병이다. 치은하(subgingival)에 치태가 형성되어 질병이 시작되며 치주염으로 알려진 염증반응과 치주 구멍(periodontal pocket)이 생긴다. 세균이 이 구멍에서 집락을 형성하여 농양(abscess), 치주염(periodontosis), 치은염(gingivitis)과 전체 조직의 괴사를 유발한다.
- 비인두에 정상적으로 존재하는 폐렴연쇄상구균(*Streptococcus pneumonia*)은 특히 노인들에게 폐렴을 흔히 발생시킨다. 독특한 다당류 협막이 있는 90종 이상의 혈청형이 있다. 흔히 질병을 야기하는 혈청형에 대하여 방어하는 2개의 백신이 있다.
- 요로감염증(urinary tract infection, UTI)은 사람들의 가장 흔한 질병 중 하나이다. 가장 흔한 원인균은 비뇨병원성 대장균(uropathogenic *E. coli*, UPEC)이다. 즉각적인 항생제치료는 UPEC가 수뇨관을 따라 신장으로 올라가서 더 심각한 상태인 신장감염(신우신염)이 되는 것을 방지해준다.

심화 학습

1. 이 장에서 논의한 면역세포에 감염되는 병원체의 리스트를 작성하고 이들 병원체가 야기하는 질병과 면역세포에 감염되지 않는 병원체에 의한 질병을 비교하시오. 이들 2종류의 병원체와 질병에 대한 현재의 경향이나 그에 대한 추론을 할 수 있는가?
2. 전 세계적으로 폐렴과 설사는 다른 어떤 원인보다 더 많이 어린이들의 목숨을 앗아간다. 인터넷으로 확인할 수 있는 UNICEF 폐렴과 설사 보고서(the UNICEF Pneumonia and Diarrhea Report)를 설명하고, 죽음을 피하기 위해 해야 하는 가장 중요한 3단계를 제시하시오.
3. 미국을 비롯하여 전 세계적으로 매독발생이 증가하고 있다. 매독의 3단계를 설명하고, 왜 매독에 걸렸는지 몰라 치료를 놓치는지를 설명하시오.
4. 2011년 독일에서 오염된 콩나물에 의한 EHEC의 대규모 집단발병이 있었다. 이 집단발병은 여러 방면에서 특이하였다. 첫째로 용혈성 요독증후군(HUS) 발생률이 2배 이상(8%가 아니라 20%)이었으며 HUS는 어린이보다 성인에서 더 흔했다. 원인균주 O104:H4는 EHEC와 EAEC 균주 모두에서 보이는 인자(element)를 갖고 있고 유전적으로 복잡했다. EHEC와 EAEC

가 합쳐진 것 같은 이 균주의 독성을 강하게 하는 EHEC와 EAEC의 특성을 논의하시오. 16장을 참조하여 비특이적 균주의 진화가 초래된 수평적 유전자 전달 기전을 논의하시오.

5. 라임병 세균인 *B. burgdorferi*가 참진드기 매개자의 장에 있으면, 외부표면단백질A(OspA)가 고농도로 발현된다. 일단 사람에게 전파되면 OspA 단백질합성이 감소한다. 그러나 감염과정을 완성하고 참진드기에 돌아가기 위해서 *B. burgdorferi* 세포는 OspA 단백질합성을 증가해야 한다. 이를 이루기 위해 *B. burgdorferi*는 숙주신경내분비 스트레스호르몬 에피네프린과 노르에피네프린에 결합하여 OspA 발현을 증가시킨다. 숙주의 물질을 인지하여 반응하는 *B. burgdorferi*의 능력을 발전시키기 위해 함께 진화하는 역할을 토의하시오. 참진드기에 물린 자리에서 모든 염증매개자들 중에서 스피로헤타가 특히 에피네프린과 노르에피네프린에 반응하는 것을 어떻게 보여줄 수 있는가? 대조군이 포함된 주도면밀한 실험이 여러분의 답에 포함되어 있어야 한다.

6. 생물막은 많은 감염의 발생, 가장 현저하게 충치의 발생에 중요하다. 치아에 생긴 생물막 생성에 관해 더 많이 알기 위해서 치과의사와 미생물학자들은 팀을 이루었다. 충치가 있는 치아의 생물막의 초미세구조를 눈으로 관찰하기 위해 여러 이미징 기술을 사용하여 이전에 정리된 미생물 군집을 발견하였다. 세포외 고분자중합체를 합성하는 *Streptococcus mutans*는 이러한 생물막의 중앙에 위치한다. 어떤 세포배열이 국소적 부위의 산성화와 에나멜의 탈무기질화가 될 수 있는 지 논의하시오. 생물막이 이 안의 미생물의 생장을 촉진하는 역할을 어떻게 하는가?

참고문헌: Kim, D., et al. 2020. Spatial mapping of polymicrobial communities reveals a precise biogeography associated with dental caries. *Proc. Natl. Acad. Sci.* 117: 12375-12386. https://doi.org/10.1073/pnas.1919099117

CHAPTER

39

진균과 원생생물에 의한 질병

RFStock/Alamy Stock Photo

죽음의 버섯

썩어가는 통나무에서 자라는 균류(진균, 곰팡이)를 본 사람은, 이 미생물의 유기물 분해능력이 뛰어나다는 것을 알 것이다. 실제로 기업가이며 예술가인 이재림(Jae Rhim Lee)은 동물 조직을 분해하는 능력이 특히 우수한 특정 균류를 이용해 "녹색" 장례 수의를 개발하고자 하였다. 이재림이 메사추세츠 공과대학(Massachusetts Institute of Technology, MIT)의 연구원이었던 때 이 일을 시작했다. '고성능 장례 프로젝트(Infinity Burial Project)'로 알려진 작업은 매장할 때 사용하는 독성물질인 포르말린을 대체하는 방법을 찾고 있었다. 사람의 머리카락, 피부, 손발톱 등으로 가득 찬 배양접시에서 생존할 수 있는 버섯 균주를 선택적으로 번식시켜 이 섬뜩한 배지에서 번창할 버섯을 키우는 것이다. 그 후 그녀는 부패를 촉진하도록 하는 버섯포자가 섞인 고성능 장례 수의를 파는 회사를 설립하였다. 이재림은 또한 묘소의 토양에는 이미 많은 균류(fungal) 종들이 존재한다고 언급하며 이 자연과정이 승인되도록 하고 있다고 말하며, 버섯이 기초가 된 부패방식이 사람의 체내에 축적된 200개 이상의 독성 화학물질도 없앤다고 말한다.

이러한 균주가 환경에 미칠 영향에 대하여 미생물 생태학자들이 고민하는 동안에 윤리학자들은 종교 및 영적인 문제에 관해 논쟁할 것이다. 예를 들어, 이러한 균주들이 실제로 묘지의 토양에 이미 존재하는가? 어떻게 '사람을 먹는 버섯'이 토양의 미생물환경 생태계를 바꿀 것인가? 포자가 문상객들에 붙어서 그 집의 저녁식사 자리에까지 올라올 수도 있다는 두려움 없이 문상객들이 묘소를 방문할 수 있을까? 만일 그렇다면 그것이 문제가 될까? 아직 답을 찾지 못한 여러 질문에도 불구하고 한 가지는 확실한데 이는 균류가 복합음식을 수용성의 양분으로 소화분해하는 세포외 효소를 생산하는 전문가라는 것이다.

이 장에서는 인체에 질병을 유발하는 일부 병원성 진균과 원생생물에 대해 설명하고 이들이 야기하는 질병의 임상적 특징, 진단, 역학, 병원성과 치료에 대해 논의한다. 이러한 생명체에 대한 생물학과 다양성은 5장, 23장, 24장에서 각각 다루고 있다. 이 장에서는 앞에서 설명한 37장과 38장처럼 전파경로에 따라 질병을 구분하여 설명할 것이다(**그림 39.1**).

이 장의 학습을 위해 점검할 사항:

✓ 기본 진핵세포생물학을 설명할 수 있다(5장).

✓ 원생생물과 진균의 생장과 생식을 도와주는 주요 인자를 알아 볼 수 있다(23.1절과 24.1절).

✓ 효모와 곰팡이를 구별할 수 있다(24.1절).

✓ 중요 병원성과 감염과정을 설명할 수 있다(34장).

✓ 병원성 진균과 원생동물을 확인하는 방법을 논의할 수 있다(36장).

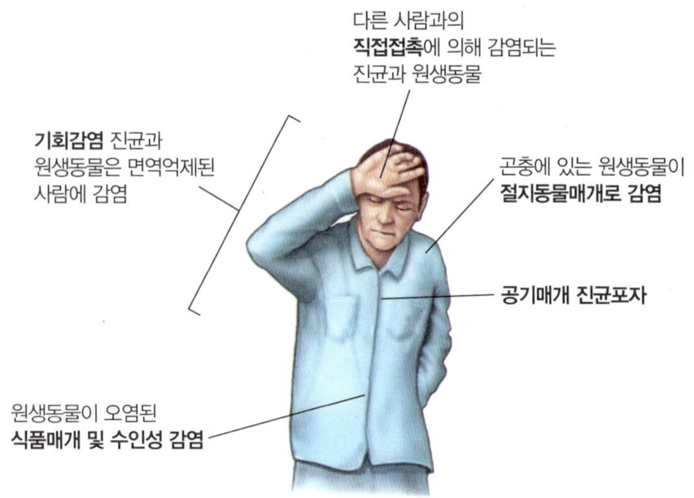

그림 39.1 진균과 원생동물 질병의 흔한 전파경로. 질병을 야기하는 진균과 원생생물의 예를 이 장에서는 전파경로에 따라서 분류하여 설명하고 있다.

39.1 상대적으로 소수의 진균과 원생생물이 인체 병원체이다

이 절을 학습한 후 점검할 사항:

a. 진균 감염을 분류하는 데 이용되는 시스템을 설명할 수 있다.
b. 전 세계적인 원생동물 질병의 부담에 대해 인식할 수 있다.

지구에는 수백만 종의 진균(균류, 곰팡이)이 있지만 단지 약 300종만이 인체에 병을 일으킨다. 의학 진균학(medical mycology)은 사람에게 질병을 일으키는 진균을 다루는 학문이다. **진균증**(mycoses: 그리스어 *mykes*는 '곰팡이'를 의미)으로 알려진 진균병은 일반적으로 5그룹으로 나뉜다. 표재성(superficial), 피부(cutaneous), 피하(subcutaneous), 전신(systemic), 기회감염(opportunistic) 진균증이다(**표 39.1**). 표재성진균증, 피부진균증, 피하진균증은 피부, 털, 손톱의 직접접촉 감염이다. 전신진균증은 내장조직으로까지 퍼지는 진균 감염이다. 전신 또는 심층 진균증을 일으키는 진균은 2가지 형태로, 효모형(yeast phase, Y형, 단세포형)과 부패기생성 곰팡이 또는 균사형(mycelial phase, M형, 사상형[실모양])이다. 외부의 낮은 온도

표 39.1 의학적으로 중요한 일부 진균들의 예

질병 그룹	병원균	부위	질병
표재성진균증	*Piedraia hortae*	두피	흑색사모증
	Trichosporon beigelii	턱수염, 콧수염	백색사모증
	Malassezia furfur	몸통, 목, 얼굴, 팔	어루러기
피부진균증	*Trichophyton mentagrophytes, T. verrucosum, T. rubrum*	턱수염	수발백선
	Trichophyton, Microsporum canis	머리털	두부백선
	Trichophyton rubrum	피부의 털 없고 부드러운 부위	체부백선
	Epidermophyton floccosum, T. mentagrophytes, T. rubrum	서혜부, 엉덩이	고부백선(jock itch)
	T. rubrum, T. mentagrophytes, E. floccosum	발	족부백선(무좀)
	T. rubrum, T. mentagrophytes, E. floccosum	손(발)톱	손톱진균증(onychomycosis)
피하진균증	*Phialophora verrucosa, Fonsecaea pedrosoi*	다리, 발	색소모세포 진균증
	Madurella mycetomatis	발, 신체의 여러 부위	마두라진균증
	Sporothrix schenckii	찔린 상처	스포로트리쿰증
전신진균증	*Blastomyces dermatitidis*	폐, 피부	분아진균증
	Coccidioides immitis	폐, 신체의 다른 부위	콕시디오이드진균증
	Cryptococcus neoformans	폐, 피부, 골격, 내장, 중추신경계	효모균증
	Histoplasma capsulatum	식세포내	히스토플라스마증
기회감염 진균증	*Aspergillus fumigatus, A. flavus*	호흡기	아스퍼질러스증
	Candida albicans	피부나 점막	칸디다증
	C. auris	혈류	칸디다증/패혈증
	Pneumocystis jiroveci	폐, 때로는 뇌	뉴모시스티스성 폐렴
	Microsporidium, Enterocytozoon	폐, 때로는 뇌	마이크로스포리디오증

에서 균사형으로 자라다가 인체의 체온에서는 효모형으로 바뀌어 자라는 것을 **YM 전환**(YM shift)이라고 하며 독성에 기여한다. 대부분의 전신진균증은 토양에 존재하는 포자를 흡입함으로써 발생한다. 감수성이 있는 사람이 충분한 양을 흡입함으로써 폐 감염으로 감염이 시작되고 이 감염이 혈류를 통해 다른 장기로 전파된다. 일부 진균은 진균독(곰팡이 독)의 독소를 만들어 사람에게 해를 입힌다. 다른 독소와 함께 34장과 40장(그림 40.3 참조)에서 설명한다. ◀ 진균(24장)

원생동물은 인체를 포함한 지구의 모든 유형의 서식지에 실질적으로 적응해왔다. 병원성 원생동물은 절지동물매개자를 통해서, 오염된 식품 또는 물을 통해, 또는 직접접촉에 의해 사람에게 전파된다. 약 20속(genera) 미만의 원생생물만이 일반적으로 사람에게 질병을 일으키지만(**표 39.2**), 이들의 영향은 가공할 만하다. 예를 들어, 2019년에 전 세계적으로 약 2억 3천만 건의 신규 말라리아 감염이 보고되어 약 40만 9천명이 사망하였으며 5세 이하의 어린이가 가장 취약했다. 아메리카대륙에서 샤가스 병(Chagas disease, 트리파노소마에 의한)으로 7백만 명이 고통 받으며 매년 약 1만 2천명이 사망한다. 노인과 면역력이 억제된 사람들은 진균과 원생동물 감염위험이 더 높다. ◀ 원생생물(23장)

진균과 원생생물은 아주 다르게 보이지만 이들이 감염을 일으키는 능력에서 몇 가지 표현형적인 특징을 공유하고 있다. 즉 현미경적 크기, 진핵세포의 생리, 세포벽 또는 세포벽 유사 구조, 숙주 밖에서 생존 시 다른 형태를 가지는 것 등이다. 이제 진균과 원생생물이 어떻게 사람에게 전파되는지의 관점으로 진균과 원생생물에 의한 질병을 논의한다.

표 39.2 의학적으로 중요한 원생동물 감염의 예

초기 감염 부위	병원체	질병
혈액	*Plasmodium* 종 *Trypanosoma brucei* *Trypanosoma cruzi*	말라리아 아프리카수면병 아메리카 트리파노소마증
장관계	*Cryptosporidium* 종 *Cyclospora* 종 이질아메바 (*Entamoeba histolytica*) 람블편모충 (*Giardia intestinalis*) *Toxoplasma gondii*	크립토스포리디아증 사이클로스포라증 아메바증 지아르디아증 톡소플라스마증
폐	*Balamuthia mandrillaris*	*Balamuthia* 아메바성 뇌염
점막 (귀, 눈, 코, 생식기)	가시아메바 (*Acanthamoeba* 종) *Naegleria fowleri* 질트리코모나스 (*Trichomonas vaginalis*)	아메바성 수막뇌염 아메바성 수막뇌염 트리코모나스증
피부	*Leishmania braziliensis* *Leishmania donovani* *Leishmania tropica*	점막피부 리슈마니아증 내장 리슈마니아증 피부 리슈마니아증

39.2 진균은 공기매개로 전파될 수 있다

이 절을 학습한 후 점검할 사항:

a. 공기매개로 전파되어 흔히 발생하는 진균성 질병을 설명할 수 있다.
b. 공기매개로 전파되는 흔한 진균성 질병의 전형적인 징후와 증상을 알아볼 수 있다.

공기를 통해 사람에게 전파되는 진균은 환경에 존재하는 포자를 흡입하여서 감염된다. 사람에서 사람으로의 전파를 통해 감염되지 않는다. 몇 종류 되지 않는 인체 원생동물 질병(protozoan disease)도 같은 방법으로 전파된다. 따라서 여기에서는 공기매개 전파를 통해 감염되는 병원성 진균과 이들이 야기하는 질병 몇 가지를 설명할 것이다.

분아진균증

분아진균증(blastomycosis)은 *Blastomyces dermatitidis*에 의한 전신진균증(systemic mycosis)으로 체내에서는 출아하는 효모(budding yeast)처럼 자라지만 외부 환경이나 배지에서는 사상균(mold)처럼 자라는 2개의 형태(dimorphic, 이형태성)를 보이는 진균이다. 이들은 부패한 유기성분이 풍부한 습기가 있는 토양에서 주로 발견된다. *B. dermatitidis*는 미시시피강이나 오하이오강 유역의 풍토병으로 중앙아메리카와 남아메리카와 아프리카의 일부 지역에서도 보고되었다. 질병이 호흡기, 전신, 그리고 피부 분아진균증의 임상 3단계로 발병한다. 분아포자(blastospore)가 폐로 흡입되어 초기 감염이 시작된다. 폐에서 전신으로 퍼지게 되면, 전신 감염이 된다. 종종 피부로 퍼져서 그곳에 피부 궤양을 형성한다(**그림 39.2**). 객담, 상처 삼출물, 또는 생검절개하여 *B. dermatitidis*를 분리할 수 있다. 진단은 두꺼운 세포벽을 가진 지름 8~15 μm 정도의 효모 모양 세포를 관찰하여야 한다. 진균 조직학과 혈청학적으로, 그리고 항원검사 또한 유용하다. 전신감염에는 암포테리신 B(amphotericin B)를 사용하고, 폐감염에는 이트라코나졸(itraconazole)을 사용하여 치료한다(그림 9.16 참조). 사망률은 약 5% 정도이다. 예방이나 관리방법은 없다.

◀ 항진균제(9.6절)

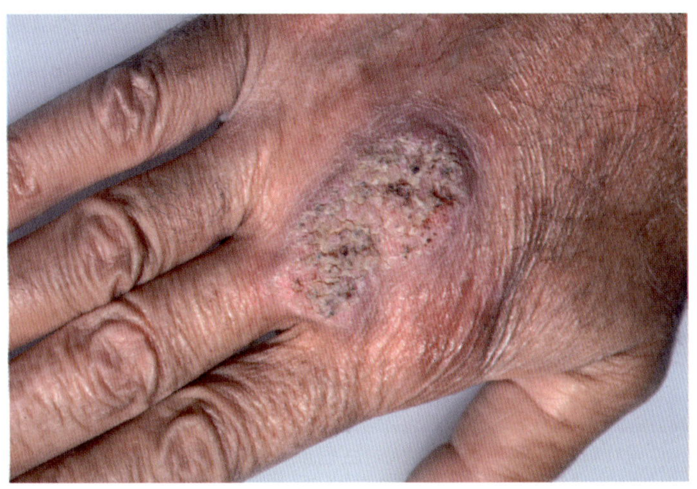

그림 39.2 전신진균증: 분아진균증. *Blastomyces dermatitidis*에 의한 피부의 분아진균증이다. Scott Camazine/Science Source

연관 질문 자연환경에서의 *B. dermatitidis*는 어떤 형태인가? 사람 숙주에서의 형태는 어떤가?

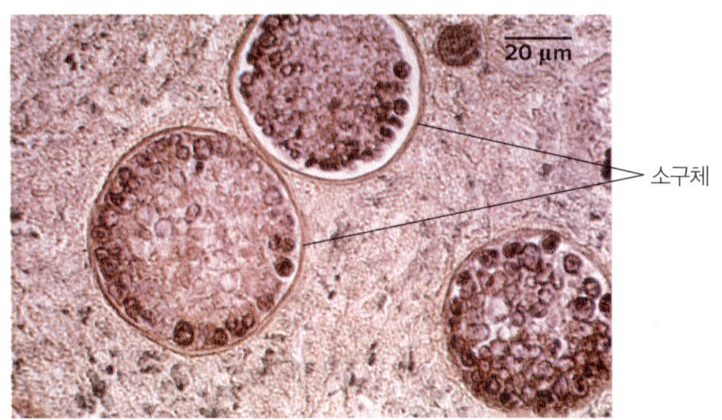

그림 39.3 전신진균증: 콕시디오이드진균증. *Coccidiodes immitis*의 성숙한 소구체(spherule)에 포자로 가득 찬 상태로 보이는 조직 절편이다. 광학현미경 사진이다. Lucille K. Georg/CDC

콕시디오이드진균증

진균의 지리학적인 분포 때문에 **콕시디오이드진균증**(coccidioidomycosis)은 계곡열, 산호아퀸열(San Joaquin fever) 또는 사막 류머티즘으로도 알려져 있다. 이형성 진균(*Coccidioides immitis*)에 의해 발생하며 미국의 남서부, 멕시코와 남아메리카 일부의 반건조 기후 지역과 알칼리성이 높은 토양에 존재한다. 미국에서 매년 약 1만 5천명이 감염되고 약 200명이 사망한다. 콕시디오이딘(coccidioidin) 항원의 광범위한 피부반응 검사로 검사인구가 15%까지 양성으로 나오면 그 지역을 풍토병 지역으로 지정하기로 정의하였으며, 풍토병 지역은 아리조나, 캘리포니아, 네바다, 뉴멕시코, 유타이다. 이 지역에서는 지역사회 감염으로 인한 폐렴의 30%가 콕시디오이드진균증이다. 토양과 배지에서 이 진균은 사상균형으로 자라서 균사(hyphae) 끝에 유절분생자(arthroconidia)를 형성한다(그림 24.3 참조). 풍토병 지역에 유절분생자가 아주 많아서 면역력이 저하된 사람이 단순히 이 풍토병 지역을 돌아다니기만 해도 유절분생자를 흡입하게 되어 병에 걸릴 수 있다. 바람에 의한 기류 변화와 외부 구조물의 건축 조차도 감염과 연관되어 있다. 체내에서 진균은 소구체(spherule)라는 두꺼운 벽을 가진 구조를 형성하며 이 속에는 지름이 약 2~5 µm의 포자로 가득 차 있다(**그림 39.3**). 대부분의 콕시디오이드진균증은 증상이 없거나 일반적인 상기도 감염과 구별할 수 없다. 거의 대부분의 경우는 몇 주 이내에 자연회복되며 오래 지속되는 면역력을 갖게 된다. 일부 감염은 진행성 만성호흡기질병이 되거나 다른 조직으로의 파종성의 감염이 된다. 진균이 몸 전체로 퍼져서 거의 모든 장기나 부위에 영향을 줄 수 있다.

진단은 고름, 가래와 흡입물(aspirate)에서 지름이 60 µm 정도의 큰 소구체를 동정하여 진단한다. 진균 선택배지인 사부로 한천배지(Sabouraud agar)에 페니실린과 스트렙토마이신이 있는 상태에서 임상 검체를 배양하여서도 진단한다. 신속한 확진을 위한 검사 방법들은 IgM과 IgG 수치를 보는 혈청학 방법과 피부반응 검사가 있다. 플루코나졸, 이트라코나졸과 암포테리신 B(전신감염치료를 위해서)의 약제를 선택하여 치료한다. 예방방법으로는 풍토병 지역에서 먼지(토양)에 노출되는 것을 줄이는 것이다.

히스토플라스마증

히스토플라스마증(histoplasmosis)은 *Histoplasma capsulatum* var. *capsulatum*이 원인으로 주로 폐의 질병이다. *B. dermatitidis*나 *C. immitis*처럼 *H. capsulatum*도 폐에서 전신으로 퍼져 전신감염을 야기한다. 이것은 숙주 대식세포(macrophage)내에서 자랄 수 있다는 것이 다르다. 증상은 독감 유사 증상으로 열, 기침, 두통과 근육통 등이다. 그러나 감염은 종종 증상이 없다. *H. capsulatum*은 37°C 배지와 체내에서는 작은 출아효모(budding yeast)처럼 보인다. 25°C에서는 사상균으로 자라서 유격균사(septate hyphae)가 있으며, 분생자자루(conidiophore)에 소분생자(microconidia) 및 대분생자(macroconidia)를 형성한다(**그림 39.4**, 그림 24.3 참조). 소분생자는 대분생자보다 작고 덜 복잡하며 오염된 토양이 휘저어질 때는 공기매개 감염이 될 수 있다. 많은 양의 소분생자를 흡입하면 감염될 수 있다. 소분생자는 새와 박쥐의 배설물이 축적된 곳에 특히 많다. 새 자신들은 감염되지 않는다는 것이 주목할 만하다. 새들의 배설물은 이 진균 생장을 위한 영양물질로만 제공된다. 박쥐와 사람만이 병에 걸리고 진균을 보유한다.

히스토플라스마증은 아프리카, 호주, 인도, 말레이시아 등 풍토병

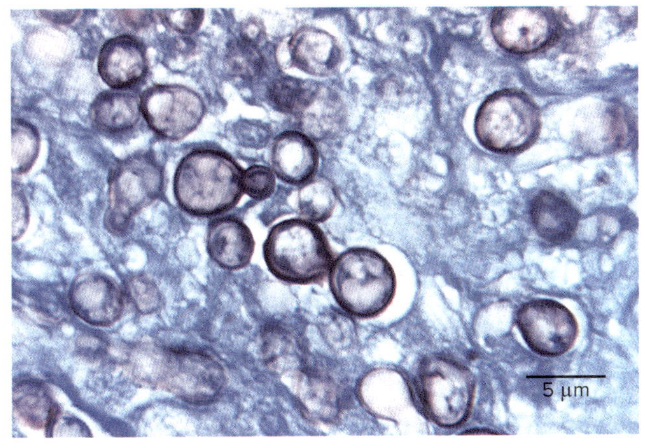

(a)

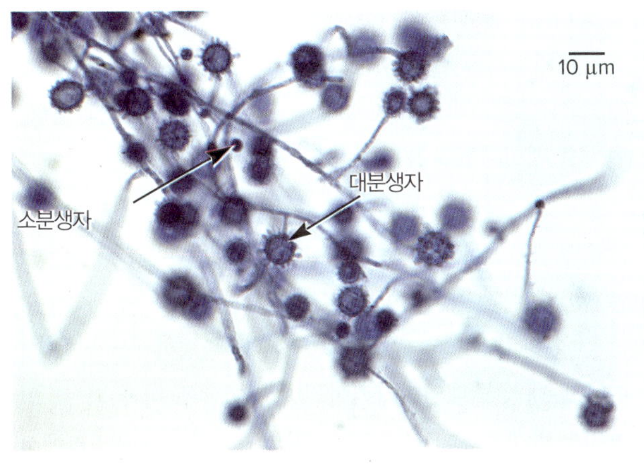

(b)

그림 39.4 ***Histoplasma capsulatum* var. *capsulatum*의 형태.** 광학현미경 사진으로 (a) 숙수 내에서 *H. capsulatum*는 효모처럼 자란다(어두운 푸른 색의 원형). (b) 토양에서 발견되는 형태인 균사(hyphae), 소분생자(microconidia)와 대분생자(macroconidia)이다. Dr. Libero Ajello/CDC

지역을 포함하여 진 세계에 분포한다. 미국 내에서는 미시시피, 오하이오, 리오그란데 강 유역이 히스토플라스마증의 풍토병 지역이다. 이러한 지역에 거주하는 주민의 최대 90%가 이 진균에 대한 항체를 갖고 있다. 미국의 풍토병 지역에서 약 25만 명이 매년 감염되고, 5만~20만 명에서 증상이 나타나는 병을 앓으며 그중 3,000명은 입원이 필요하고, 약 50명은 사망한다. 히스토플라스마증은 양계업자, 동굴탐험가와 박쥐의 배설물을 비료로 사용하는 사람들에게 흔하게 발생하는 질병이다.

*H. capsulatum*이 호흡기의 대식세포에서 증식하기 때문에, 인체의 여러 장기가 감염될 수 있어 종종 골수에서 발견되기도 한다. 병변은 폐에 나타날 수 있고 석회화 현상을 보인다. 따라서 질병이 결핵과 유사해 보일 수도 있다. 실험실 진단은 조직에서 진균을 분리하여서, 칼코플루오르 화이트(Calcofluor-White) 염색법이나 다른 진균 염색법으로, 혈청학적으로 진단한다. 이 병을 가진 대부분의 사람은 히스토플라스민 피부검사에서 과민상태를 보인다. 중증의 감염증상을 보이는 경우 암포테리신 B로 치료하며, 증상이 약하거나 심하지 않은 경우에는 독성이 덜한 이트라코나졸과 플루코나졸을 사용하여 치료한다. 예방과 관리는 오염지역에 들어가기 전에, 오염지역에서 일할 때 방호복을 입고 마스크를 착용하는 것이다.

마무리 점검

1. 전파경로에 의한 분류 외에, 진균과 원생동물에 의한 질병은 어떻게 분류할 수 있는가?
2. 이 절에서 논의한 3개의 진균에 의한 질병의 중증도를 비교하고 대비하시오.
3. 여러분이 사는 지리적 위치를 보면 여러분은 앞서 배운 진균증에 감염위험이 있는가?

39.3 절지동물이 원생동물 질병을 전파할 수 있다

이 절을 학습한 후 점검할 사항:

a. 흔히 발생하는 절지동물매개 원생동물 질병을 토의할 수 있다.
b. 절지동물매개 원생동물 질병의 전형적인 징후와 증상을 알아볼 수 있다.
c. 절지동물매개 원생동물 질병중증도와 원생생물에 의한 독성인자에 의한 질병의 상관관계를 볼 수 있다.

곤충에 의해 매개되는 원생동물은 절지동물매개 세균과 절지동물매개 바이러스와는 다른 방식으로 인체숙주와 상호작용한다. 숙주 내에서 빠르게 증식하는 세균과 바이러스는 숙주의 강한 면역반응을 촉발시킨다. 반면에 원생동물은 숙주 내에서 더 느리게 증식하므로 숙주의 면역계에 의해 제거될 가능성을 방지하는 여러 기전을 갖도록 진화했다. 그러므로 절지동물매개 원생동물에 의한 감염을 생각할 때는 원생동물에 의한 면역계가 임상질병을 막을 수는 있으나 숙주에서 그 원생동물을 완전히 없애지는 못한다는 것을 염두에 두어야 한다. 말라리아가 그 예이다. 풍토병 지역에 사는 사람들은 면역이 있다고 언급되곤 하지만, 사실 대부분이 아주 작은 양의 원생동물을 몸에 가지고 있다.

말라리아

사람에게 가장 중요한 원생동물 병원체는 **말라리아**(malaria, **질병 39.1**)의 원인체인 말라리아원충(*Plasmodium* genus)이다. 세계보건기구(WHO)는 95개국의 약 32억 명(전 세계인구의 반에 가까움)이 말라

질병 39.1

말라리아의 간략한 역사

단일 감염질병으로서 말라리아만큼 인간에게 영향을 미친 질병도 없다. 주기적인 발열과 오한에 대한 첫 번째 기록은 초기 바빌론제국 이전 왕국, 중국, 고대 인도의 옛 문서에서 찾을 수 있다. 기원전 5세기 말 히포크라테스가 말라리아의 증상을 묘사했다. 기원전 4세기에 그리스인들은 습지 환경에 노출된 사람이 그 다음에 주기적으로 열이 나고 비장증대(splenomegaly)가 나타나는 것과의 연관관계에 대해 기록하였다. 17세기에 이탈리아인들은 이 병을 *mal'aria*(나쁜 공기, bad air)로 명명했는데, 이 병이 로마 근처 습지의 나쁜 냄새와 연관이 있었기 때문이다. 거의 비슷한 시기에 남미의 키나나무(quinaquina 또는 cinchona) 껍데기가 간헐적인 열을 치료하는 데 사용되었으나, 19세기 중반에 이르러서야 키나나무의 키니네(quinine)가 활성 알칼로이드(alkaloid)인 것으로 확인되었다. 역학적으로 주요한 돌파구는 1880년 프랑스군대의 외과의사인 라브랑(Charles Louis Alphonse Laveran)이 환자의 혈액에서 원생동물의 배우자모세포(gametocyte)를 발견한 것이다. 5년 후에 이탈리아 조직학자인 골지(Camillo Golgi)는 무성혈액형(asexual blood form)의 증식을 관찰하였다. 1890년대 후반에 맨슨(Patrick Manson)은 말라리아가 모기에 의해 전파된다고 추정했다. 인도인 의료지원소(Indian Medical Service)의 영국군 외과의사인 로스 경(Sir Ronald Ross)은 모기의 장에서 발생하고 있는 말라리아 원충인 플라스모디아(plasmodia)를 관찰했는데 이것은 맨슨의 가설을 뒷받침하는 발견이었다. 결정적으로 로스는 실험 모델로 새를 이용해 플라스모디아(plasmodia) 생활사의 주요한 과정들을 밝혀냈고 이 업적으로 1902년에 노벨상을 수상했다.

사람 말라리아는 고대 그리스와 로마 제국의 몰락에 영향을 미친 것으로 알려졌다. 미국 남북전쟁과 스페인-미국 전쟁에서 군인들은 말라리아에 의해 심하게 무기력해졌다. 제2차 세계대전에서도 말라리아 유행병은 일본과 태평양 연합군 모두를 심각하게 위협하였다. 이러한 위협은 한국 전쟁과 베트남 전쟁에서도 마찬가지였다.

1955년 세계보건기구(WHO)가 전 세계적으로 말라리아 박멸 작업을 시작했는데 1976년에 결국 포기했다(**그림**). 실패의 주요 이유 중에는 살충제 DDT에 대해 매개체인 모기의 내성이 증가했고 *Plasmodium* 종들이 클로로퀸(chloroquine)에 대해 내성이 생겼기 때문이었다. 베트남 전쟁 중에 맞닥뜨린 약제 내성 말라리아 기생충은 새로운 약제 개발에 박차를 가하게 하였다(9장 시작이야기 참조).

2000년에 국제연합 새천년 개발목표(the United Nations Millennium Development Goal)에서는 세계보건기구의 울림을 듣고 말라리아를 감소시키겠다는 야심찬 목표인 2015년까지 말라리아를 75%까지 감소시키겠다는 구체적인 계획을 세웠다. 이 일의 초석은 살충제를 스며들게 한 침대 모기장 공급과 당시에는 실험적 백신이었던 RTS,S 백신으로 영아와 어린아이에게 백신을 접종하는 것이었다. 이러한 공격적인 목표가 이루어지지는 못했지만 2015년까지 가장 독성이 심한 열대열말라리아(*P. falciparum*)에 의한 말라리아 유행을 반으로 줄였으며 대략 6억 6300만 건의 말라리아 발생을 감소시켰다. 불행하게도 같은 시기에 다약제 내성 열대열말라리아원충 종이 캄보디아 외 그 인접 지역에서 발생하였다. 앞으로 말라리아 발생이 아프리카에서 더욱 급격하게 감소하기에 큰 기대를 갖고 그것을 이루려는 부담도 최고로 높다. 다른 지역인 동남아지역에서 약제 내성 말라리아가 발생하는 것에 대한 두려움도 있다. 이 고대 질병을 억제하기 위해서는 아직 할 일이 많다.

그림 살충제를 통해 말라리아를 관리하고자 하는 시도는 실패하였다. The Marine Corps History Division

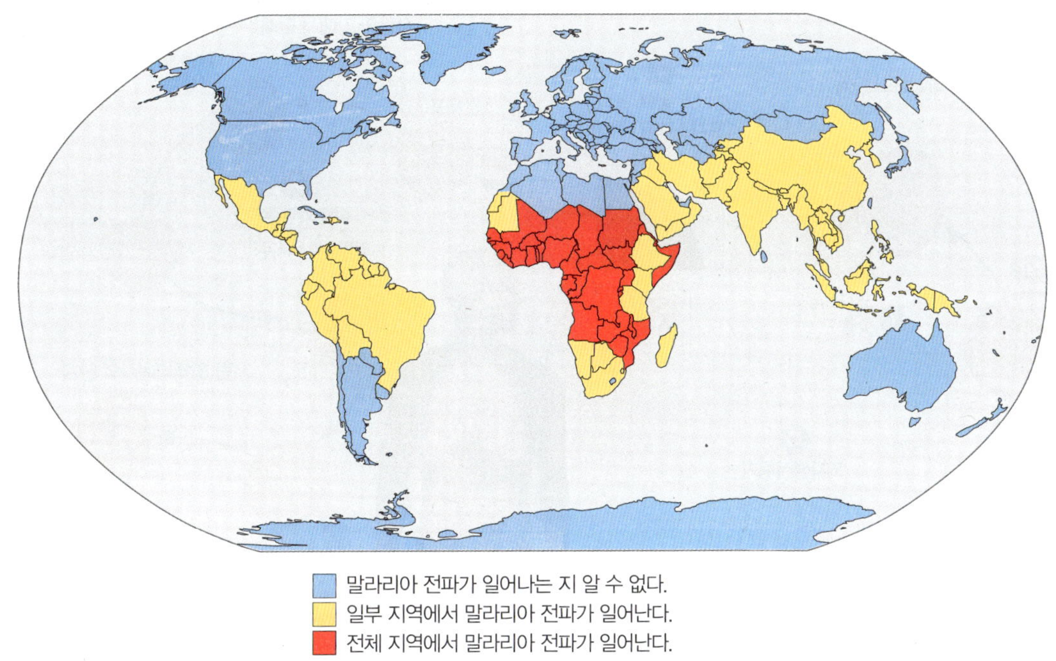

그림 39.5 말라리아의 지리학적 분포. 온도가 아주 중요한 요인이다. 20℃ 이하에 *Plasmodium falciparum*은 학질모기 안에서 생활사를 완성할 수 없다. Source: CDC, "Where Malaria, Occurs."

리아 감염의 위험에 있다고 보고하였다(**그림 39.5**). 사망률은 2000년 이후 50% 이상 감소하였지만 사망자 중 94%가 아프리카에서 발생했으며, 대부분이 5세 이하의 어린이(274,000명)였다. 매년 미국에서 약 2,000건이 보고되며, 여행에서 돌아온 미국인과 미국 내 거주 외국인으로 구분된다.

사람 말라리아는 5종의 말라리아원충(*Plasmodium*)에 의해 발생한다. 많이 발생하는 순서로 *P. falciparum*(열대열원충), *P. vivax*(삼일열원충), *P. malariae*(사일열원충), *P. ovale*(난형열원충), *P. knowlesi*가 있다. 말라리아 원충의 생활사는 **그림 39.6**에서 보여주고 있다. 생활사는 3단계인 적혈구외부주기(간에서), 적혈구기(적혈구에서), 포자생식주기(또는 모기 주기)로 구분된다.

원생동물이 감염된 암컷 학질(*Anopheles*) 모기에 물려서 원충이 혈류에 처음 들어가게 되면 **적혈구외부주기**(exoerythrocytic cycle)가 시작된다. 암컷 모기가 피를 빨면서 소량의 침(saliva)을 주입하는데 그 속에는 항응고제와 수백에서 수천 개의 반수체 **포자소체**(sporozoite)가 함께 주입된다(**표 39.3**). 운동성이 있는 포자소체는 혈류를 통해 간으로 이동하여 몇 시간 이내에 간세포(hepatocyte)에 들어간다. 그곳에서 포자소체는 여러 번의 무성번식(asexual fission)인 **분열생식**(schizogony)이라는 과정을 거쳐 **분열체**(schizont, 번식체)라고 불리는 세포를 형성한다. 각 분열체는 6~24개의 핵을 갖고 있으며 각각의 핵이 하나의 **분열소체**(merozoite)가 된다. 말라리아 종에 따라 수일 또는 수주 후의 기간 후에, 수천에서 수백만 개의 분열소체가 간세포에서 방출되어 혈류에 들어간다. 분열소체에 더하여 *P. vivax*(삼일열원충)과 *P. ovale*(난형열원충)은 또한 **수면소체**(hypnozoite)라고 불리는 휴면기의 세포를 만들어서 간에서 몇 달에서 몇 년 동안 지내게 된다. ◀ Alveolata(23.4절)

간세포에서 방출되면 분열소체는 간을 통과하여 지나면서 혈류의 적혈구에 부착하여 적혈구 안으로 침투한다. 이것이 **적혈구기**(erythrocytic cycle)의 시작이다. 일단 적혈구 안에 들어가면 말라리아원충은 **영양체**(trophozoite)라는 단핵세포로 커지기 시작한다. 처음에는 영양체가 원형으로 보이기 때문에 **반지모양**(ring form)이라고 부르기도 한다. 숙주의 헤모글로빈(혈색소)을 소비하여 영양체가 성장하기 때문에 헤모조인(hemozoin)이라는 분홍색의 폐기물이 나온다. 영양체의 핵은 무성적으로 번식하여 분열체(schizont)를 생성한다. 이 과정을 **적혈구분열생식**(erythrocytic schizogony)이라고 부르며, 포자소체가 간세포에 감염하여 감염을 시작할 때의 분열생식(무성번식)과 구분하기 위해서다. 간에서의 경우처럼, 각 분열체는 분열하여 많은 분열소체를 만들며 감염된 적혈구가 용해될 때 방출된다. 방출되어 나온 분열소체는 다른 적혈구를 감염시킨다. 이러한 적혈구기는 주기적으로 반복되며 말라리아원충의 종에 따라 대략 48~72시간 또는 그 이상의 시간 간격으로 반복된다.

적혈구에 들어가서, 무성생식과정 대신에 분열소체는 가끔 유성생식을 시작한다. 유성생식을 하려면 분열소체는 커다란 반수체 세포인 암컷배우자모세포(macrogametocyte, 암컷생식모세포)와 수컷배

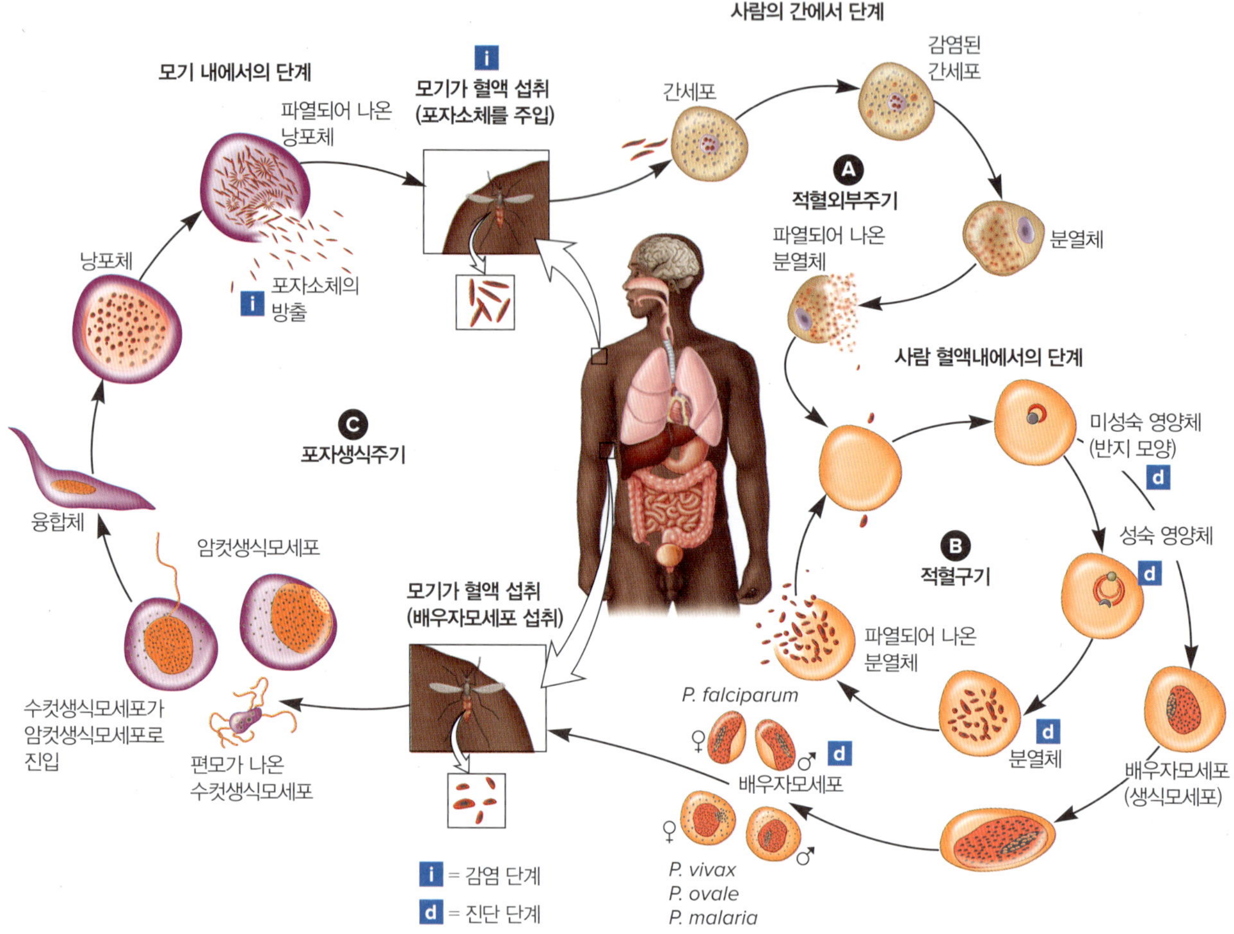

그림 39.6 말라리아. *Plasmodium*의 생활사이다. (A) 적혈구외부주기와 (B) 적혈구기와 (C) 포자생식주기를 주목하라.

연관 질문 분열체는 어떻게 형성되는가? 적혈구에서 방출되는 세포 형태는 무엇인가? 그 다음에 원생생물은 어디로 가는가?

표 39.3 말라리아원충(*Plasmodium*) 세포의 형태

세포형태	숙주 내 위치	형태	기능
포자소체(sporozoite)	모기의 침샘, 사람 숙주 내에서는 모기가 물 때 혈류에서 간으로 이동	축 모양의 10~15 μm 길이	감염형, 모기에 의해 숙주에 들어감, 곤충에게 물린 지 한 시간 이내에 혈류에서 간으로 이동
분열체(schizont, 번식체)	간과 적혈구	다핵의 형태	각각의 핵이 분열소체가 되며, 분열체의 파열로 방출된 분열소체가 됨
수면소체(hypnozoite)	간	원형, 지름이 5 μm	*P. vivax*과 *P. ovale*(난형열원충)에 의해 만들어진 휴면형으로 감염 후 몇 달에서 몇 년 후 활성화 될 수도 있음
분열소체(merozoite)	간에서 방출, 적혈구 안에서 분열체로부터 형성되며 분열체의 파열로 방출	아메바형, 지름이 1~1.5 μm	무성생식(asexual reproduction)을 거치며 배우자모세포로 발생하여 유성생식(sexual reproduction)을 시작하게 할 수 있다
배우자모세포 (gametocyte, 생식모세포)	적혈구 안, 모기로 전달됨	종 특이적, 난형(*P. ovale*)에서 바나나모양(*P. falciparum*)까지	암컷배우자모세포와 수컷배우자모세포는 모기에서 융합하여 접합자(zygote)를 형성
융합동체(ookinete)	모기의 장(gut)	운동성이 있는, 난형에서 길쭉한 형태로 바뀜	배우자모세포의 융합으로 형성되는 접합자
낭포체(oocyst)	모기의 장(gut)을 싸는 상피세포 아래에	난형, 지름이 80 μm까지	포자소체를 만들기 위해 감수분열을 하며 포자소체는 모기의 침샘으로 이동

우자모세포(microgametocyte, 수컷생식모세포)로 분화하여야 한다. 유성생식은 **포자생식주기**(sporogony) 또는 모기주기라고 하는 과정이 모기에서 완성되어야 한다. 따라서 배우자모세포(gametocyte, 생식모세포)는 적혈구를 붕괴시키지 않는다. 대신 모기가 흡혈할 때 감염된 적혈구가 섭취되어야 한다. 모기의 장 안에서 감염된 적혈구가 용해되고 방출된 암컷생식체와 수컷생식체가 융합하여 **융합동체**(ookinete)라 부르는 이배체 접합자를 형성한다. 운동성이 있는 융합동체는 모기의 장벽(gut wall)으로 가서 그곳을 뚫고 침투하여 **낭포체**(oocyst)로 성숙한다. 각각의 낭포체는 감수분열을 하여 1,000개 이상의 반수체 포자소체를 형성하여 모기의 침샘으로 이동한다. 모기가 새로운 사람 숙주를 물게 되면 새로운 생활사가 시작된다.

말라리아에 의한 병리적 변화는 적혈구뿐만 아니라 비장(오래된 적혈구가 혈류에서 정상적으로 제거되는 곳)과 다른 내장기관과도 연관되어 있다. 증상은 적혈구 조각과 분열소체가 혈류에 방출되는 것과 관련이 있으며, 말라리아성 발작(malarial paroxysm)으로 덜덜 떨리는 오한 후에 고열이 나고 그 다음에 식은땀을 흘리는 것이다. 이러한 열과 오한의 부분적 원인으로는 대식세포가 사이토카인인 TNF-α와 인터루킨-1을 분비하기 때문이다. 적혈구기가 매 48~72시간(말라리아원충 종에 따라) 간격으로 반복되기 때문에 증상도 그 주기로 반복된다. 발작과 발작 사이의 기간에 환자는 정상 상태로 느낀다. 적혈구 감소로 인해 빈혈이 올 수 있으며 비장과 간은 종종 비대해진다. 뇌말라리아(cerebral malaria)가 말라리아의 가장 위험한 현상으로 사망률이 약 20%이다. *P. falciparum*(열대열원충)이 가장 빈번하게 뇌말라리아를 야기하며 원생동물이 중추신경계에 들어갈 때 발생한다. 어린이와 면역이 없거나, 임산부를 포함하여 면역이 억제된 경우 가장 걸리기 쉽다. 흑수열(blackwater fever, 열대지방의 악성말라리아)은 중증의 신장 손상과 콜라색의 소변이 특징인 또 다른 심각한 결과다. 많은 적혈구가 동시에 용해되어 발생한다. 신장이 방출된 헤모글로빈과 헤모조인에 압도되어 소변으로 쏟아져 나가게 된 것이다.

말라리아 진단은 라이트(Wright)나 김사(Giemsa) 염색된 적혈구 내의 기생충 존재 여부를 확인해 진단한다. 혈액도말이 음성이면 혈청학적 검사를 통해 말라리아 진단을 확립할 수 있다. 미국 이외의 국가에서는 말라리아 종에 대한 특이 항체를 이용한 신속진단방법으로 말라리아를 진단하는 방법이 흔히 사용되고 있다. PCR 기반 말라리이 확인방법과 약제 내성검사도 수행되고 있다.

특별히 추천되는 말라리아 치료법은 지역에 따라 다르지만, 클로로퀸(chloroquine), 아모디아퀸(amodiaquine)이나 메플로퀸(mefloquine)을 복용한다. 열대열원충이 주로 존재하는 지역에서는 아르테미시닌(artemisinin)을 치료제로 사용한다. 아르테미시닌과 다른 항말라리아약을 혼합하는 아르테미시닌-기반 혼합요법(artemisinin-based combination therapy, ACT)은 열대열원충이 풍토병인 지역에서 모든 열대열원충 치료로 권장되고 있다(9장 시작이야기 참조). 이들 약제는 원생동물의 증식을 억제하고 적혈구 내의 무성생식기의 기생충을 없애는 데 효과적이다. *P. vivax*(삼일열원충)나 *P. ovale*(난형열원충)에 감염되었다면 수면소체(hypnozoite)를 없애기 위해 프리마퀸(primaquine)으로 치료해야 한다. 그렇지 않으면 이들 종의 말라리아에 감염된 사람들은 몇 달 후 또는 몇 년 후에 수면소체가 간에서 활성화되어 재발할 것이다. 말라리아가 풍토병인 지역(그림 39.5)을 여행하고자 하는 여행자는 CDC에서 권장하는 화학적 예방치료(chemoprophylactic treatment)를 받아야 한다는 것을 주목해야 한다.

말라리아를 관리하는 것은 시급한 문제다. 가장 이상적인 방법은 풍토병 지역의 모든 어린아이들에게 예방접종을 하는 것이다. 그러나 백신이 효과가 있으려면 백신이 말라리아의 성분이나 증식과정을 방해해야만 한다(**그림 39.7**). 2021년에 세계보건기구(WHO)는 아프리카 사하라남부 지역에 살고 있는 어린이들에게 재조합 백신 RTS,S 사용을 승인하였다. 이 백신은 포자소체가 피부에서 간으로 이동할 때 포자소체를 중화하는 숙주면역반응을 자극한다. 이 백신은 어린이들의 말라리아감염률을 약 30~45% 감소시켰다. 이것은 전 세계의 다면적인 노력의 일환으로 2000~2015년에 이루어낸 성과인 살충제를 처치한 모기장 사용, 아르테미시닌 혼합요법, 실내 살충제 살포 등과 함께 말라리아 관리를 더 잘할 수 있게 되었다. 더 좋은 효과를 보이는 백신을 개발하기 위한 연구가 계속되고 있다.

리슈마니아증

리슈마니아(leishmania)는 편모를 가진 원생생물(trypanosome)로 **리슈마니아증**(leishmaniasis)이라는 여러 종류의 사람 질병을 유발한다. 3가지 형태의 피부(cutaneous)리슈마니아증(피부에 궤양이 생김), 피부점막(mucocutaneous)리슈마니아증(피부, 입, 코, 목구멍의 궤양)과 내장(visceral)리슈마니아증(간, 비장, 혈액에 영향)이 있다. 전 세계적으로 리슈마니아증은 빈곤의 질병으로 영양실조, 이동, 열악한 주거환경과 차별대우 등과 관련되어 있다. 전 세계적으로 매년 100만 명의 새로운 피부리슈마니아증 환자와 30만 명의 새로운 내장리슈마니아증 환자가 진단된다. 아시아, 아프리카, 중앙아메리카 및 남아메리카 대륙의 98개국 10억 명이 감염위험에 처해 있다. 매년 약 2만 5천명이 내장리슈마니아증으로 사망하며 더 많은 사람들이 영구적으로 기형이 된다(**그림 39.8**).

이 기생충의 일차 보유체는 개와 설치류이다. *Lutzomyia* 속과 *Phlebotomus* 속의 암컷 모래파리(sand fly)가 모든 리슈마니아 종의

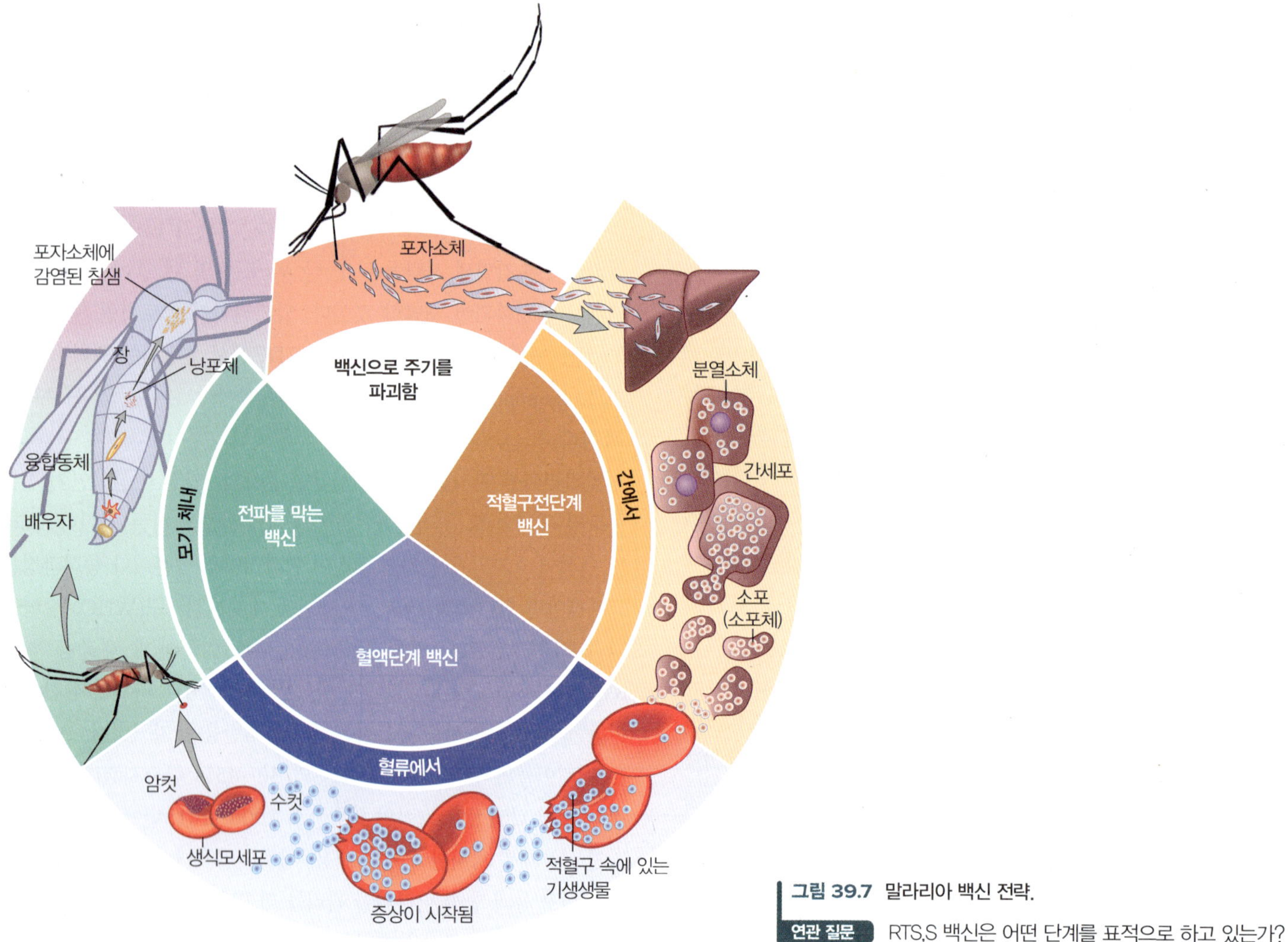

그림 39.7 말라리아 백신 전략.

연관 질문 RTS,S 백신은 어떤 단계를 표적으로 하고 있는가?

중간 숙주이다. 모래파리는 일반 모기의 1/3 크기로 눈으로 보거나 소리를 듣기가 힘들다. 이 모래파리에 의해 리슈마니아가 동물에서 사람으로 또는 사람에서 사람으로 전파된다. 감염된 모래파리가 사람의 혈액을 섭취할 때 편모를 가진 프로마스티고트(promastigote)가 사람의 피부로 들어간다(**그림 39.9**). 피부에 주재하는 대식세포가 프로마스티고트를 삼키고 대식세포내부에서 프로마스티고트가 이분법으로 증식하여 작고 운동성이 없는 아마스티고트(amastigote)라는 세포 형태로 전환된다. 이들이 숙주세포를 파괴하여서 아마스티고트가 방출되면 다시 다른 대식세포가 이들을 삼키게 되면서 그 속에서 계속 증식한다. ◀ Discoba(23.2절)

사람에게 질병을 일으키는 리슈마니아 병원체는 20종 이상이 있다. 대부분은 피부리슈마니아증 또는 피부점막리슈마니아증을 야기한다. 전신에 퍼진 피부리슈마니아증은 곤충에 물린 곳인 원충 접종 장소에 비교적 작고 붉은 구진(papule, 솟은 구진)으로 시작한다. 이러한 구진들은 얼굴과 귀에서 자주 발견된다. 결국 가피가 있는 궤양으로 진행된다. 치유되면 흉터가 남지만 영구 면역을 갖게 된다. 내장리슈마니아증은 주로 *L. donovani*가 유발하며 가장 위험한 형태의 질병이다. 내장리슈마니아증은 모래파리에 물린 곳에만 남아 있는 것보다는 아마스티고트가 수지상세포(dendritic cell, DC)와 대식세포에 침입하여 혈액매개가 됨으로써 신체의 다른 부위에까지 이동하게 된다. 감염된 수지상세포와 대식세포는 여러 장기에 자리 잡고 그곳에서 대식세포가 프로마스티고트를 잡아먹고 그 대식세포내에서 아마스티고트가 되고, 대식세포가 죽음으로써 아마스티고트가 방출되는 주기를 진행함으로써 숙주의 장기와 조직을 손상시킨다. 내장리슈마니아증은 칼라아자(kala azar)라고 하는데, 검은 열(black fever)이라는 뜻으로 감염되면 열이 나고 일부의 경우에 색소과다침착이 된 피부병변이 생긴다.

리슈마니아증의 실험실 진단은 병변이나 감염된 장기로부터의 도말 시료를 염색하여 감염된 대식세포내에 있는 원충을 관찰하는 것이다. 혈청학적 검사 또한 리슈마니아증을 진단하는 데 사용된다. 치

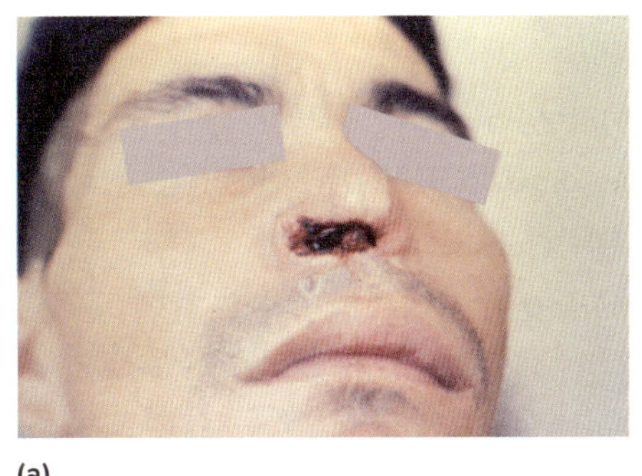

(a)

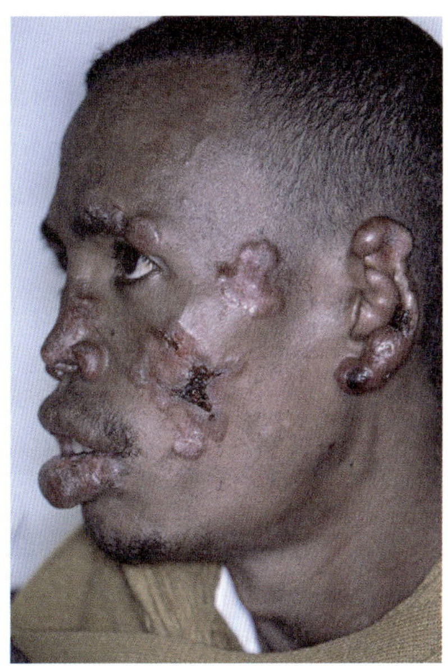

(b)

그림 39.8 리슈마니아증. (a) 코 격벽이 파괴된 피부점막리슈마니아증을 앓고 있는 사람이다. (b) 산재성 피부리슈마니아증을 앓고 있는 사람이다. (a) Dr. A. Canese, Asuncion, Paraguay/CDC; (b) Andy Crump/TDR/World Health Organization/Science Source

연관 질문 리슈마니아의 1차 보유체는 무엇인가? 중간숙주는 무엇인가?

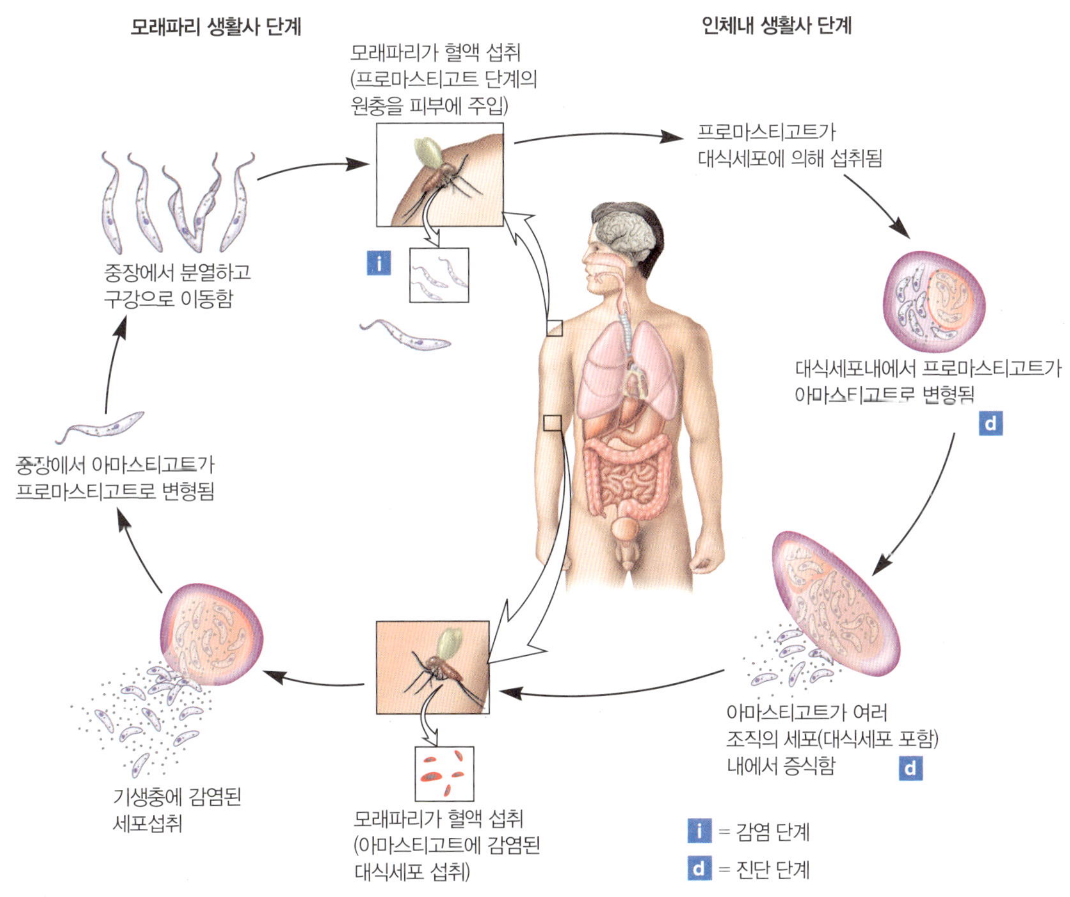

그림 39.9 리슈마니아 종의 생활사. 프로마스디고트 아마스티고트 주기에 수복하사.

료방법으로 파로모마이신(paromomycin), 리포좀의 암포테리신 B와 최근에 개발된 밀트포신(miltefosine)을 사용한다. 매개자 관리, 보유체 관리와 함께 철저한 역학적 조사를 하는 것이 질병을 예방하고 더 이상 퍼지지 않도록 막는 최상의 방법이다. 리슈마니아증에 대한 승인된 백신은 없지만, 몇몇의 재조합단백질과 DNA-기반 백신이 임상시험 중이다.

트리파노소마증

아프리카수면병(African sleeping sickness)이라고도 알려진 **아프리카 트리파노소마증**(human African Trypanosomiasis, HAT)은 2개의 트리파노솜(trypanosome, 파동편모충) 아종(subspecies)에 의해 발생한다. *Trypanosoma brucei* 아종 *gambiense*에 의해서 감비아 HAT가 발생하며 서아프리카와 중부아프리카에서 보고되는 98% 이상이 감비아 HAT이다. 나머지는 더 공격적인 *T. brucei* 아종 *rhodesiense*에 의한 로데시아 HAT(rhodesiense HAT)이며 동아프리카와 남아프리카의 고지대 초원에서 발견되는 더 심한 질병을 야기한다. 이 2개의 트리파노솜 아종의 보유체는 가축인 소와 야생동물로서 이 기생충이 심한 영양실조의 원인이 된다. 2종 모두 체체파리(tsetse fly, *Glossina* 속)를 중간 숙주로 이용한다.

트리파노소마증은 아프리카의 사하라 사막 이남의 대부분의 지역에서 발견된다. 수백억 제곱미터 넓이의 아프리카 일부 지역은 사람이 살기에는 적합하지 않을 정도로 심각한 문제이다. 트리파노소마증을 관리하고자 하는 노력으로 HAT 발생을 감소시켜 2019년에는 아프리카 전체에서 발생건수가 약 1,000건으로 보고되었다.

체체파리에 물리면 트리파노솜이 사람에게 전파된다(**그림 39.10**, 그림 23.5 참조). 원생생물은 림프계를 통해 혈류로 들어오고 다른 체액으로 이동하면서 이분법에 의해 증식한다. 체체파리에 물리면 아프고 경성하감(굳은 궤양)으로 진행될 수 있다. 환자는 열, 심한 두통, 극심한 피로, 근육과 관절통, 신경과민과 림프절이 붓는 등의 증상이 나타난다. 일부 환자는 피부에 발진이 생기기도 한다. 환자가 엎드려 몸을 가누지 못하고 누워 있고, 침을 흘리며, 통증을 느끼지 못하는 등 환자가 종종 기면 상태에 빠지기 때문에 수면병이란 이름이 붙었다. 또한 중추신경계 감염으로 인해서 꾸준히 진행되는 혼란, 불분명한 발음, 발작 및 성격변화를 보이기도 한다. 원생생물은 림프절과 뇌와 심장의 작은 혈관에 간질성(interstitial) 염증과 괴사를 일으킨다. 치료는 질병의 진행단계에 따라 다르다. 혈액림프계 단계의 HAT 치료에 펜타미딘 이세티오네이트(pentamidine isethionate)와 수라민(suramin)을 사용한다. 질병이 많이 진행된 경우의 치료는 더 어렵고 원인 원충 아종에 따라 달라진다. 치료하지 않으면 HAT은 1~3년 내에 사망한다.

*T. cruzi*는 아메리카 대륙의 열대와 아열대 지역(미국 남부, 멕시

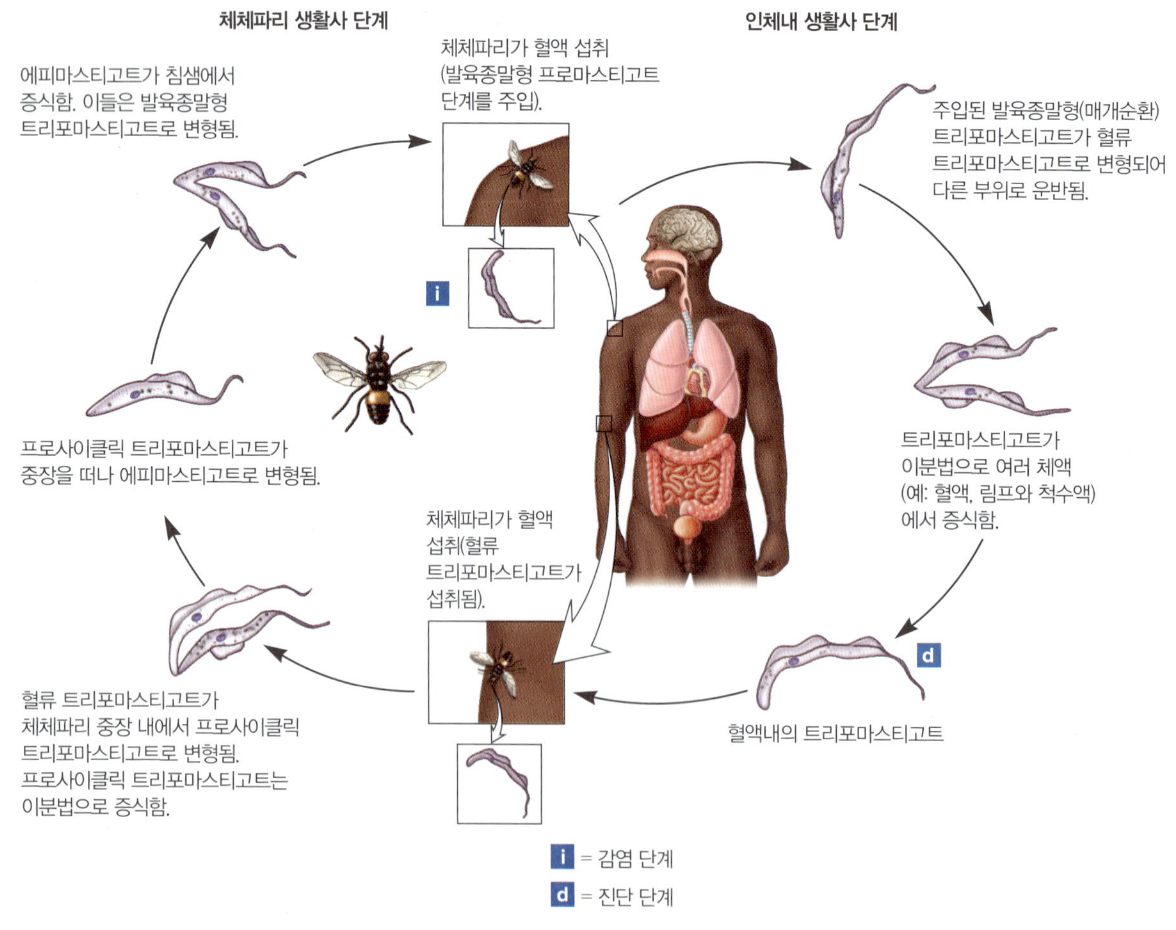

그림 39.10 *Trypanosoma brucei*의 생활사.

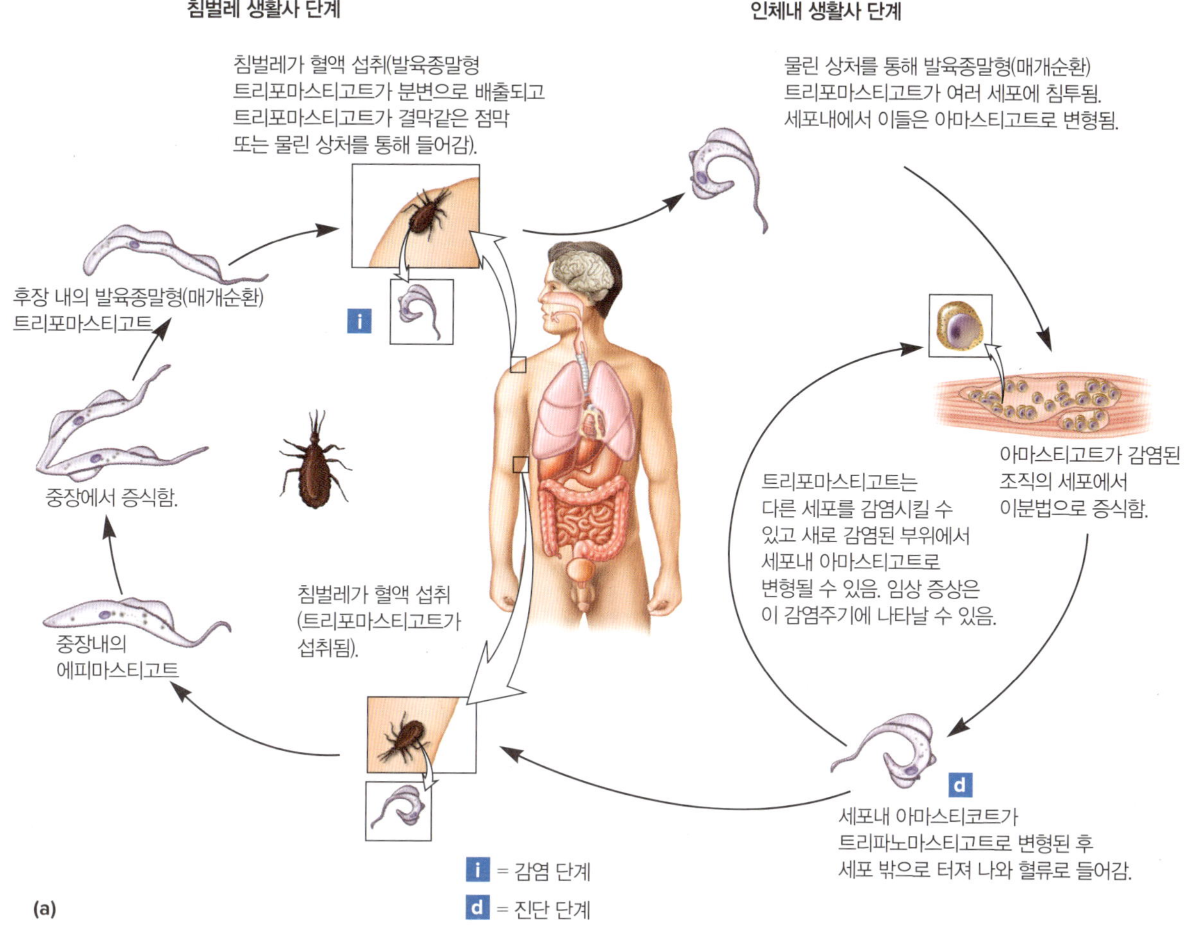

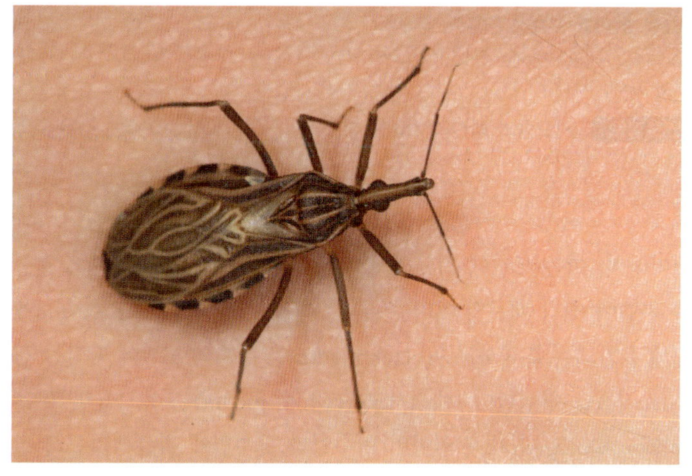
(b)

그림 39.11 ***Trypanosoma cruzi* 감염.** (a) *T. cruzi*의 생활사이다. (b) 트리아토마 빈대(침벌레, triatomine [kissing] bug)이다. (b) Ray Wilson/Alamy Stock Photo

코, 중앙아메리카, 남아메리카 북부)에서 발생하는 **아메리카 트리파노소마증**(American trypanosomiasis) 또는 **샤가스병**(Chagas'disease)의 원인체이다. 트리아토마 빈대(침벌레, triatomine[kissing bug])가 기생원충의 매개자이다(**그림 39.11**). 트리아토마 빈대가 혈액을 섭취할 때 곤충의 배설물을 통해 트리파노솜 원충들이 방출된다. 이 배설물에는 자극물이 포함되어 있으므로 물리면 가려워서 긁게 된다. 이때 긁은 상처를 통해서 트리파노솜이 혈류로 들어가서 간, 비장, 림프절과 중추신경계에 침입한다. 감염되자마자 바로 발병하여 몇 주에서 몇 달간 지속된다(급성기). 혈류의 **트리포마스티고트**(trypomastigote, 파동편모형)는 세포 안으로 들어가서야 증식하고, 세포 안에서 편모를 잃고 **아마스티고트**가 되거나, 또는 절지동물 매개자에 먹힌다(**에피마스티고트**가 됨).

급성기가 지나면 만성의 불분명한 시기(무증상기)가 된다. 이 시기에는 아마스티고트가 심장과 소화계통 세포에 각각 자리잡고 있어서 많은 사람들이 심장과 소화기계 손상이 각각 발생한다. 초기감염 후 몇 년이 지나서 심각한 심장질환 및/또는 장질환이 발생할 수 있다. 600만~700만 명이 감염되어 있는 것으로 예측되며 대부분은 라틴아메리카 지역에 있고 매년 약 3만 명이 새로 감염되고 매년 12,000명이 사망한다.

트리파노소마증 진단은 혈액, 척수액 또는 피부 생검에서 운동성이 있는 아마스티고트임을 나타내는 원생생물을 발견하거나 혈청학적 검사로 진단한다. 급성 샤가스병의 치료는 벤즈니다졸(benznidazole) 또는 니푸르티목스(nifurtimox)로, 만성 샤가스병의 치료는 종종 유의미한 심장 및/또는 위소장계의 병리현상 치료가 더 어렵다. 2종의 HAT과 샤가스병을 예방하기 위한 백신 개발은 이들 원충이 면역반응을 피하기 위해 외피단백질을 바꾸는 능력인 **항원변이**(antigenic variation)를 하므로 아직까지는 성공하지 못하였다. ◀ Discoba(23.2절)

마무리 점검

1. 말라리아의 생활사를 설명하시오. 사람에서는 말라리아 생활사의 어느 단계가 나타나는가? 분열소체의 역할은 무엇인가?
2. 3종류의 리슈마니아증은 무엇인가? 프로마스티고트와 아마스티고트의 형태를 비교하시오. 숙주 내에서 이들이 위치하는 장소는 어디인가?
3. 아프리카수면병과 샤가스병은 모두 트리파노솜에 의한 질병이다. 이들을 예방하기 위해서는 어떻게 해야 하나? 이들을 예방하기 위한 백신개발이 어려운 이유는 무엇인가?

39.4 진균과 원생생물이 직접접촉 질병을 야기할 수 있다

이 절을 학습한 후 점검할 사항:

a. 직접접촉에 의해 전파되어 흔히 발생하는 진균성 질병 및 원생동물에 의한 질병을 논의할 수 있다.
b. 직접접촉에 의해 전파되는 진균성 질병 및 원생동물에 의한 질병의 전형적인 징후와 증상을 알아볼 수 있다.

직접접촉에 의한 진핵생물 병원체의 전파는 피부와 생식기에 여러 감염성 질병을 유발한다. 진균에 의한 직접접촉 질병은 피부와 피하 진균증을 포함한다. 원생생물에 의한 질병은 체액을 통해서 또한 손에서 입/코(으)로 전파된다. 진균 병원체를 먼저 논의하고 흔한 병원성 원생동물을 나중에 논의할 것이다.

표재성 및 피부 진균감염

피부와 모발의 외부 표면에만 국한된 감염을 일으키는 진균은 표재성 진균증(superficial mycoses)을 유발한다. 이러한 진균은 케라틴(keratin)을 주요 탄소원으로 소비하며 피부의 기저막 위에 위치한다. 모간(hair shaft) 감염은 특히 **사모증**(piedra: 스페인어로 '돌'을

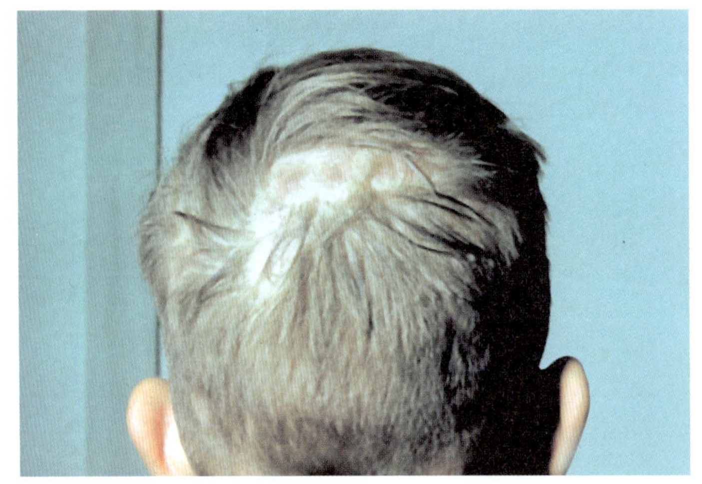

(a)

(b)

그림 39.12 표재성 진균증: 두부백선. (a) *Microsporum canis*에 의한 머리의 진균감염이다. (b) 우드광선(자외선)을 사용한 근접 사진이다. (a) CDC; (b) Medican/Alamy Stock Photo

연관 질문 사모증과 백선의 차이는 무엇인가? 여기에서 보여주는 것은 무엇인가?

의미하며, 이는 모간에 진균의 균사에 의해 만들어진 딱딱한 소결절과 관련이 있기 때문임)이라 부른다. 예를 들어, *Piedraia hortae*에 의해 유발되는 흑색사모증(black piedra)은 두피의 모발에 딱딱한 검은 소결절을 형성한다. 백색사모증(white piedra)은 효모균인 *Trichosporon beigelii*가 원인이며 턱수염과 콧수염에 밝은색의 소결절을 형성한다. 일부 표재성 및 피부진균증은 **버짐**(tineas)이라고도 부르는데 피부, 손톱과 모발의 바깥층에 나타난다. 특정 형태의 버짐은 변형된 형태를 지정한다. 어루러기(tinea versicolor)는 효모균인 *Malassezia furfur*에 의해 유발되는 흔한 진균증이며 붉은 갈색의 비늘이 몸통, 목, 얼굴과 팔의 피부에 형성된다. 이러한 진균증은 항진균 연고제로 치료한다.

수발백선(tinea barbae: 라틴어 *barba*는 '턱수염'을 의미)은 *Trichophyton mentagrophytes*나 *T. verrucosum*에 의해 발병하는 턱수염의 감염이다. 농촌 지역에 사는 남자들에게 많이 발생하는 병으로 감염된 동물로부터 전파되어 진균에 감염된다. 두부백선(tinea capitis: 라틴어 *capita*는 '머리'를 의미)은 두피모발의 감염이다(**그림 39.12a**). 머리카락이 빠지고 염증이 생기며 피부껍질이 벗겨지는 특징이 있다. 두부백선은 주로 어린이에게 생기는 질병으로 *Trichophyton* 종이나 *Microsporum* 종이 원인이다. 사람에서 사람으로의 진균 전파는 밀집한 환경일 때 자주 발생한다. 진균은 또한 가축에서 발생하여 사람에게 전파시킬 수 있다. 우드의 램프(Wood's lamp, 자외선)라고 부르는 자외선 조사는 두부백선 진단에 도움이 되는데 그 이유는 일부 진균 종은 자외선을 조사하면 형광을 띠기 때문이다(그림 39.12b).

피부진균증(cutaneous mycoses)을 유발하는 3가지 속(genus)의 진균인 피부사상균(*dermatophyte*)은 *Epidermophyton*, *Microsporum*과 *Trichophyton*이다. 체부백선(tinea corporis: 라틴어 *corpus*는 '몸'을 의미)은 몸의 모든 부위 피부에 일어날 수 있는 피부사상균 감염이다(**그림 39.13a**). 붉은 가려움을 동반한 원형으로 잘 분획된 비늘처럼 벗겨지는 수포농포성(vesiculopustular) 병변을 보인다. 체부백선은 백선(ringworm, 또는 버짐)이라고도 하며 *Trichophyton rubrum*, *T. mentagrophytes*, *T. concentricum*이나 *Microsporum canis*에 의해 생긴다. 감염된 동물, 사람과의 직접접촉이나 매개물(생명이 없는 물체)을 통한 간접접촉에 의해 사람에게 전파된다.

무좀(athlete's foot)으로 알려진 족부백선(tinea pedis: 라틴어 *pes*는 '발'을 의미)은 발에(그림 39.13b), 수부백선(tinea manuum: 라틴어 *mannus*는 '손'을 의미)은 손에 피부사상균이 감염되는 질병이다. 작은 비늘에서 뾰루지성 발진까지 임상 증상이 다양하다. 가려움증이 자주 나타난다. 따뜻함, 습기, 상처와 폐색(폐쇄)에 의하여 감염에 대한 감수성이 증가한다. 대부분의 감염은 *T. rubrum*, *T. mentagrophytes* 또는 *E. floccosum*에 의해 생긴다. 족부백선과 수부백선은 전 세계에서 발생하며 성인에게 흔히 발생하고 나이가 많아질수록 그 빈도가 증가한다.

손(발)톱백선(tinea unguium: 라틴어 *unguis*는 '손톱'을 의미)은 손톱 바닥의 피부사상균 감염이다(그림 39.13c). 손톱 색이 바뀌고 두꺼워진다. 손톱이 위로 올라가고 손톱 바닥으로부터 분리된다. *Trichophyton rubrum* 또는 *T. mentagrophytes*이 원인 진균이다.

진단은 10% 수산화칼륨으로 세척한 피부 생검을 현미경으로 관찰하고 사부로 포도당 한천배지에서 배양해 진단한다. 미코나졸(miconazole), 톨나프테이트(tolnaftate)나 클로트리마졸(clotrimazole) 연고로 2~4주간 치료한다. 그리세오풀빈(Griseofulvin)으로

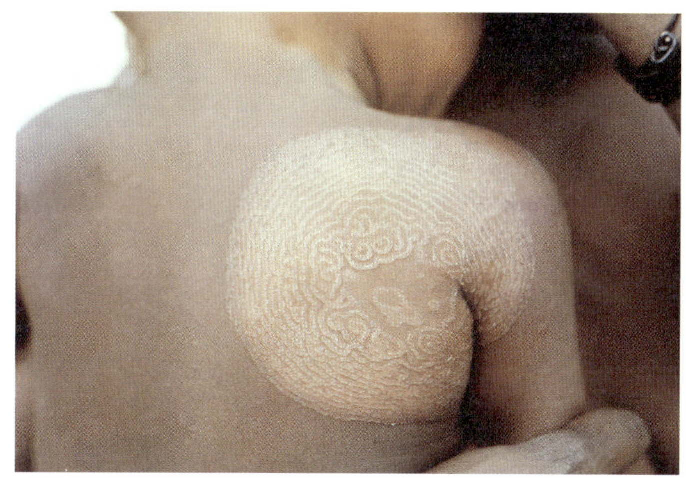

(a)

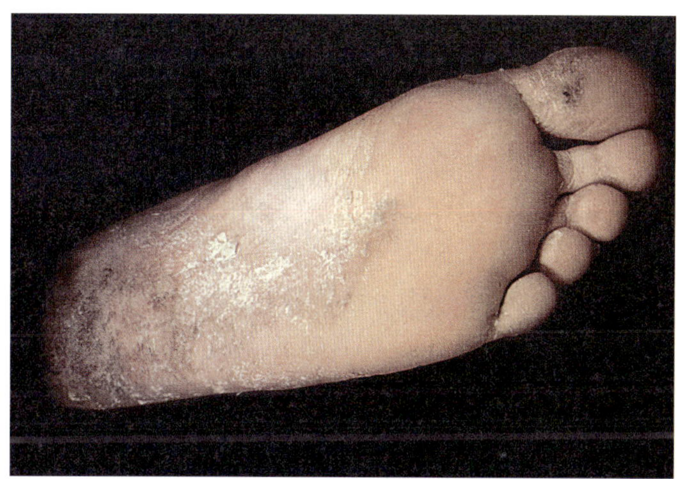

(b)

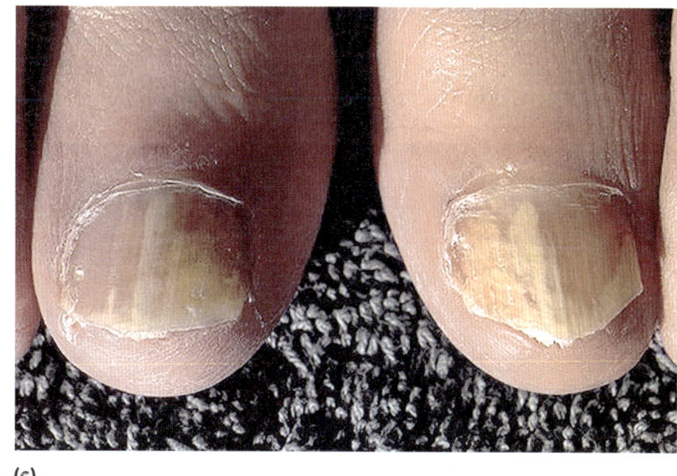

(c)

그림 39.13 피부진균증. (a) *Trichophyton concentricum*에 의한 신체(어깨)의 체부백선이다. (b) *Trichophyton rubrum*에 의한 족부백선이다. (c) *Trichophyton rubrum*에 의한 손톱백선이다. (a) Source: K. Mae Lennon, Tulane Medical School; Clement Benjamin/Centers for Disease Control and Prevention; (b) Centers for Disease Control and Prevention; (c) Dr. Edwin P. Ewing, Jr./Centers for Disease Control and Prevention

손(발)톱백선을 치료한다. 피부사상균에 의한 감염증은 은밀히 퍼지며, 떨어져 나간 표피의 피부세포에 진균이 몇 달에서 몇 년간 살아 있다. 따라서 어떠한 치료방법을 사용하든 떨어져 나간 표피의 피부세포가 남아있을 수 있는 침대보, 카펫 모든 물건들을 등을 철저히 청소해야 한다.

피하진균감염

피부 밑에 감염되는 피부사상균은 피하진균증(subcutaneous mycoses)을 유발한다. 이들은 스포로트리쿰증(sporotrichosis), 색소모세포 진균증(chromoblastomycosis), 마두라진균증(maduromycosis) 등이다. 이들 피부사상균은 토양의 정상부패균(saprophyte)으로서 채소를 썩게 한다. 이들은 피부를 침투할 수 없지만, 상처를 통해서 토양에 있는 진균이 피하조직에 들어간다. 일단 피하조직 내에 들어가면 병은 느리게 진행되며 때로는 몇 년이 걸리기도 한다. 이 시기 동안에 진균은 통증이 없는 소결절을 형성하며 결국 궤양이 되어 진균이 림프관을 통해 퍼져서 더 많은 피하 소결절을 형성한다. 때로 이 소결절이 피부 표면으로 튀어나오기도 한다. 진단은 감염조직을 배양하여 진단한다.

스포로트리쿰증(sporotrichosis)은 피하진균증으로 이형태(dimorphic) 진균인 *Sporothrix schenckii*에 의해 생긴다. 이 질병은 전 세계에 퍼져 있으며, 미국에서 가장 흔히 발생하는 피하진균증이다. 이 진균은 토양, 장미 같은 식물, 또는 물이끼, 묶은 건초나 소나무 껍질 뿌리 덮개와 같은 식물 부스러기 등에서 발견된다. 진균에 오염된 가시나 파편에 찔려서 감염된다. 화훼가, 정원사, 숲에서 일하는 사람들이 직업적 특성으로 인해 감염 위험이 높은 질병이다. 사람에서 사람으로 전파되지는 않는다. 1~12주의 잠복기 후에 작은 붉은 구진(papule)이 솟아올라 생기고 궤양으로 진행한다. 국소적으로 존재하기도 하지만 림프관을 통해 새로운 병변이 생기기도 한다(**그림 39.14**). 드물지만 진균이 몸 전체에 퍼져서 각질 스포로트리쿰증(extracutaneous sporotrichosis)이 되기도 한다.

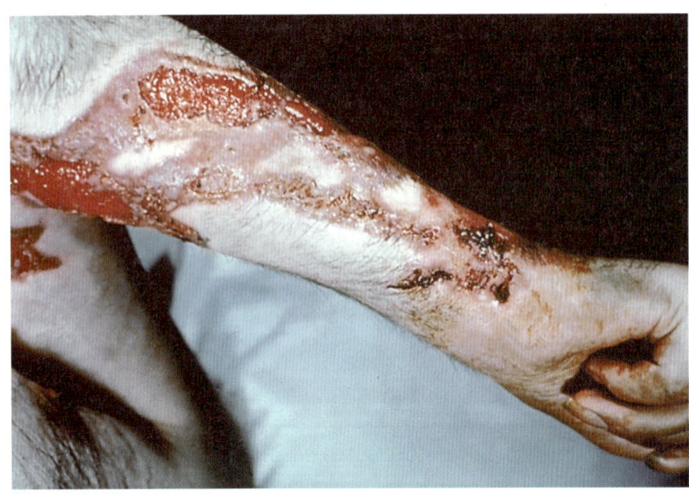

그림 39.14 피하진균증: 스포로트리쿰증. *Sporothrix schenckii*에 의한 팔의 스포로트리쿰증이다. Centers for Disease Control and Prevention

스포로트리쿰증 치료는 일반적으로 3~6달 동안 이트라코나졸(itraconazole)을 복용하여 치료한다. 전신질병이나 중증질병인 경우의 치료는 병변이 나을 때까지 주로 몇 주 이상 지질제제의 암포테리신 B를 사용하여 또는 과포화된 요오드화 칼륨을 섭취하여 치료한다.

피하진균증의 한 가지 유형인 **색소모세포 진균증**(chromoblastomycosis)은 진한 갈색의 결절이 형성되며 검은곰팡이인 *Phialophora verrucosa*와 *Fonsecaea pedrosoi*가 원인이다. 이러한 곰팡이는 전 세계에 분포하며 특히 열대와 아열대 지역에 많다. 감염은 천천히 진행되며 종종 외양을 망가뜨린다(**그림 39.15**). 또 다른 피하진균증인 **마두라진균증**(maduromycosis)은 *Madurella mycetomatis*가 원인이며 전 세계 특히, 열대 지방에 많다. 진균이 피하조직을 파괴하고 심각한 기형을 일으키는 결과로 생긴 감염은 종종 **진균성 균종**(eumycotic mycetoma)이나 진균종(fungal tumor)이라고 부른다. 마두라발(Madura foot)로 알려진 한 형태의 균종(mycetoma)은 오염된 토양을 맨발로 걷다가 피부찰과상을 통해 감염된다. 그리세오풀빈, 테르비나핀(terbinafine), 이트라코나졸, 및 플루코나졸이 흔

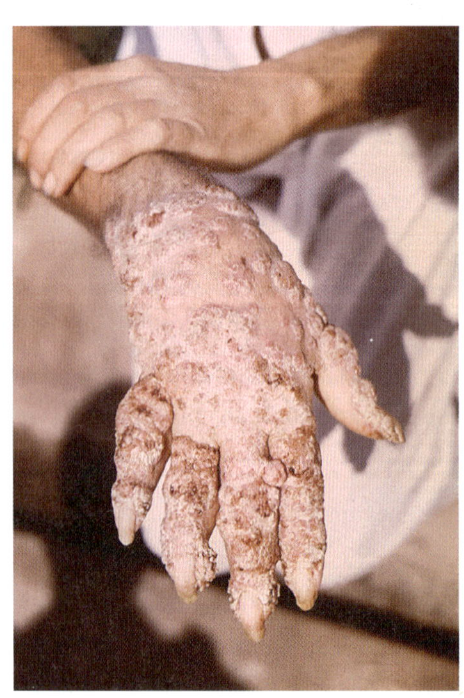

그림 39.15 피하진균증: 색소모세포 진균증. *Phialophora verrucosa*에 의한 손의 색소모세포 진균증이다. Dr. Lucille K. Georg/CDC

연관 질문 진균이 어떻게 피부 표면 아래의 조직에 침투하여 피하진균증을 유발하는가?

히 사용되는 치료제이다. 그러나 이 진균들의 감염은 완치하기가 아주 어렵다.

트리코모나스증

직접접촉에 의하여 감염되는 병원성 원생생물은 많지 않다. 그러므로 여기서는 **트리코모나스증**(trichomoniasis) 하나만을 설명할 것이다. 트리코모나스증은 편모를 가진 원생동물인 *Trichomonas vaginalis*(질편모충)에 의한 성병이다(그림 23.6 참조). 질편모충의 유일한 숙주가 사람이다. 이 원충감염은 종종 다른 성적으로 전파되는 감염(sexually transmitted infection, STI)과 함께 검출되며 아마 다른 STI의 감염위험을 증가시킬 수 있다. 트리코모나스증은 가장 흔한 STI들 중 하나로 매년 미국에서 매년 약 370만 명이(14~49세 여성), 전 세계적으로는 매년 1억 5600만 명 이상이 감염된다. 원생생물에 대한 우리 몸의 반응으로 감염 부위에 백혈구가 모이게 된다. 여성의 경우 대개 악취와 노란색에서 밝은 크림색을 띠는 다량의 화농성 질 분비물이 방출된다. 이러한 질 분비물은 가려움증을 동반한다. 경부의 점막은 점성의 출혈, 구진, 수포로 덮여서 '딸기 경부'라고도 한다(**그림 39.16**). 남성의 경우 일반적으로 전립선 분비물이 트리코모나스를 죽이는 작용(trichomonacidal action)을 하므로 주로 무증상이다. 그러나 때로는 배뇨 시에 작열감(타는 듯한 통증)을 느낀다. 진단은 현미경으로 원생동물을 동정하여 진단한다. 치료는 모든 성적접촉에 메트로니다졸로 치료한다. ◀ Metamonada(23.2절)

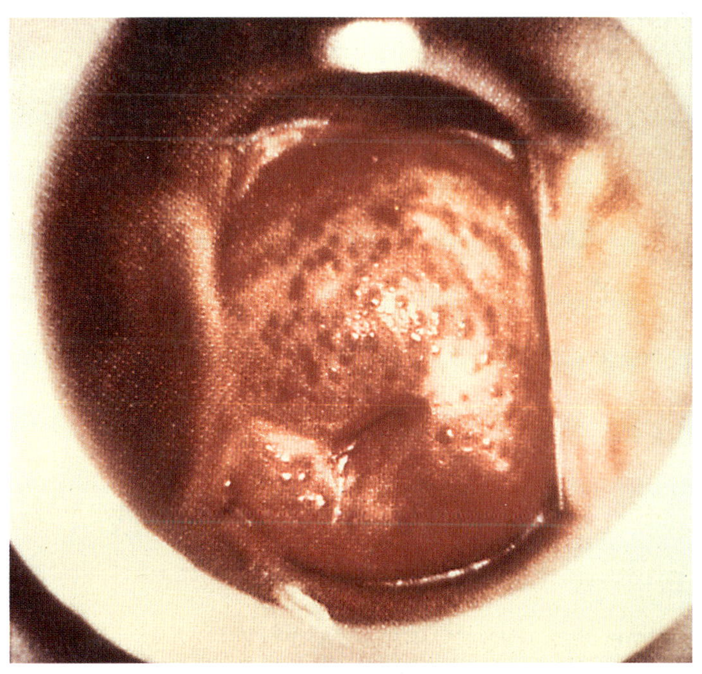

그림 39.16 트리코모나스증. 경부에 출혈, 구진, 수포를 야기하는 *Trichomonas vaginalis* 감염(딸기 경부)이다. Centers for Disease Control and Prevention

마무리 점검

1. 사람에 감염되는 2가지 사모증을 설명하시오.
2. 사람에게 생기는 주요 백선을 간략히 설명하시오.
3. 사람을 감염시키는 3가지 형의 피하진균증을 설명하시오.
4. 남성과 여성의 트리코모나스증의 증상과 징후가 다른 이유는 무엇인가?

39.5 식품과 물은 원생동물 질병의 운반체이다

이 절을 학습한 후 점검할 사항:

a. 진균 및 원생생물에 의해서 흔히 발생하는 식품매개 및 수인성 질병을 야기하는 미생물을 논의할 수 있다.
b. 진균 및 원생생물에 의해서 흔히 발생하는 식품매개 및 수인성 질병의 전형적인 징후와 증상을 알아볼 수 있다.
c. 깨끗한 물을 공급받는다는 것을 인간의 기본 권리로 생각하는 이유를 특정 용어로 설명할 수 있다.

매년 전 세계인구의 약 4%가 수인성 매개 감염병에 의해 사망하며 많은 경우에 원인 감염체가 원생동물이다. 식품은 진균과 원생동물에 오염되어, 특히 소비되기 전에 먼 거리를 수송된 식품은 모든 국가에 영향을 주는 문제이다. 원생동물 병원체가 진균 병원체보다는 더 흔히 물을 섭취하여서 전파된다(**표 39.4**). 여기에서는 부패한 식품과 물을 섭취하여 전파되는 더 흔히 발생하는 원생동물에 의한 질병을 논의할 것이다.

아메바증

아메바인 이질아메바(*Entamoeba histolytica*)가 **아메바증**(amebiasis), 즉 **아메바성 이질**(amebic dysentery)을 일으킨다. 전 세계적으로 이 기생충에 매년 약 5억 건 이상의 침입성(중증) 아메바증을 앓으며 대략 10만 명이 매년 감염되고 사망한다. 매년 미국에서 3,000~5,000건이 발생한다. ◀ Entamoebida(23.3절)

대변에 오염된 물 또는 식품을 통해서 성숙한 피낭(cyst)을 섭취하면 감염이 시작된다. 소장의 아랫부분에서 탈낭(excystation)한 후, 후기피낭(metacyst)은 빠르게 분열하여 8개의 작은 영양체(trophozoite)를 만든다(**그림 39.17**). 이 영양체는 대장으로 이동해 숙주조직에 침입하고 장관 내강 안에서 공생하며 피낭을 형성한다. 일부 숙주에서 영양체가 장의 내강 안에 남아 있으면서 피낭을 대변으로 방출하는 무증상의 보균자가 된다.

표 39.4 수인성 원생동물의 저장장소

병원체	저장장소(저장숙주)	설명
가시아메바 종 (*Acanthamoeba* 종)	하수 슬러지 처리 지역	육아종 아메바성 뇌염(GAE), 각막염, 각막의 궤양을 유발할 수 있음
작은와포자충 종 (*Cryptosporidium* 종)	많은 종의 가축과 야생동물	급성 장염의 원인, 면역력이 저하된 사람에게 중요, 피낭은 화학소독제에 강함
Cyclospora cayetanensis	물-건조함을 견디지 못함. 다른 저장장소(보유체)도 가능	장기간 지속되는(평균 43일) 설사의 원인, 면역력이 있는 숙주에게는 자연치유되는 감염, 설폰아미드와 트리메토프림의 즉각적인 치료에 감수성을 보임
람블편모충 (*Giardia intestinalis*)	가축, 개, 고양이, 사람	초봄 설사의 주요 원인, 산 속 차가운 물이 중요함
Naegleria fowleri	따뜻한 연못과 호수	오염된 물을 비강 경로로 흡입, 중추신경계 감염, 원발성 아메바성 수막뇌염(PAM)의 원인

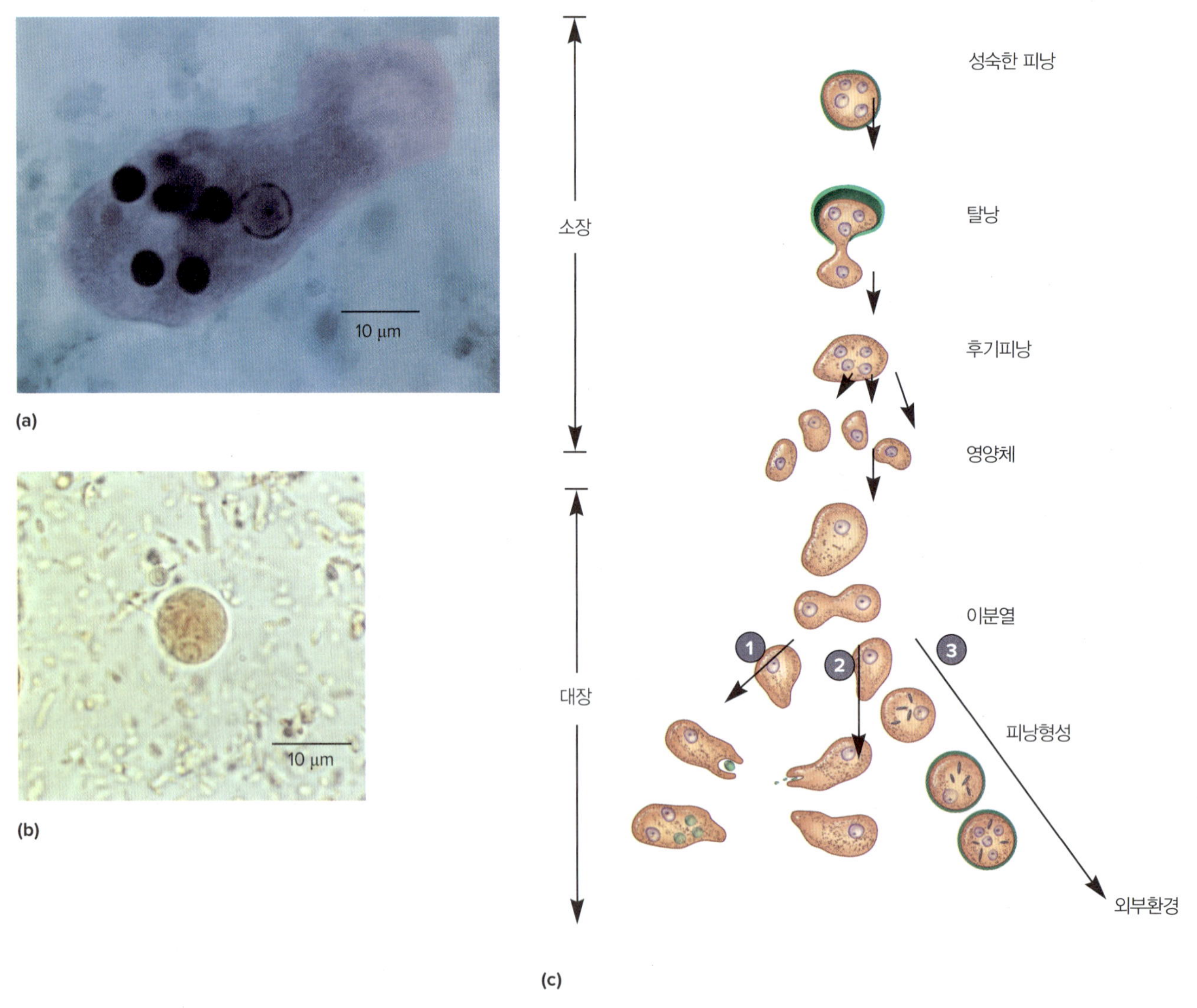

그림 39.17 이질아메바(*Entamoeba histolytica*)에 의한 아메바증. (a) 영양체 광학현미경 사진, (b) 피낭의 광학현미경 사진과 (c) 생활사이다. 성숙한 기생충 피낭 섭취로 감염이 시작된다. 소장의 아래 부위에서 탈낭한 다음 후기피낭은 빠르게 분열하여 8개의 작은 영양체를 만든다(단지 4개만 보여주고 있다). 이들이 대장으로 들어가 이분열을 하여 (1) 숙주조직을 침입하거나, (2) 침입 없이 대장 내강(lumen)에 살거나, (3) 피낭을 형성하여 분변으로 숙주 밖으로 빠져나간다. (a) Dr. Mae Melvin; Dr. Greene/CDC; (b) Centers for Disease Control and Prevention

감염력이 있는 영양체가 장의 조직을 침입하면 빠르게 번식해 주변으로 퍼지면서 적혈구, 세균과 효모를 섭취한다. 침입하는 영양체는 단백질가수분해효소를 생성해 대장의 상피 내벽을 파괴하는데, 이는 세포외 기질을 파괴하고 IgG와 보체인자와 분비성 sIgA(secretory immunoglobulin A)를 분해하여 면역반응을 회피하도록 하는 것이다. 병변(궤양)은 점막으로 들어가는 미세한 침입부위가 점막하(submucosa) 조직에 침입한 후에 병변이 아주 커지는 특징이 있다. 이질아메바는 또한 다른 조직, 특히 간에도 침입해 병변을 만들어 간아메바증(hepatic amebiasis)을 유발하기도 한다. 아메바증의 증상은 무증상보균자에서부터 전격적인 이질(혈액과 점액이 동반된 탈진성 설사), 충수염(appendicitis), 간, 폐, 뇌의 농양까지 아주 다양하다. ◀ 항체는 특정 3-D 항원과 결합한다(32.7절)

아메바증의 실험실 진단은 대변에서는 피낭을 발견하여 진단한다. 이질아메바의 혈청학적 검사가 가능하다. 아메바증의 치료는 아메바의 숙주 내 감염 위치와 숙주의 상태에 따라 다르다. 피낭을 전파하는 무증상의 보균자는 원생동물의 가장 중요한 보유체이므로 파로모마이신(paromomycin)으로 치료한다. 증상이 있는 장 아메바증은 메트로니다졸(metronidazole)과 파로모마이신으로 치료한다. 아메바증의 예방과 관리는 개인위생을 철저히 하는 것과 사람의 대변에 오염되었을지도 모르는 물이나 식품을 피하는 것이다. 물에 있는 살아있는 피낭은 과량의 염소처리 또는 요오드로 파괴할 수 있다. ◀ 항원충제(9.7절)

아메바성 수막뇌염과 각막염

자유생활 아메바인 네글레리아(*Naegleria*) 속과 가시아메바(*Acanthamoeba*) 속은 중추신경계에 직접 침입한다. 다른 수인성 원생동물병원체와 달리 섭취하여 감염되지 않는다. 네글레리아 파울러리(*Naegleria fowleri*)는 원발성 아메바성 수막뇌염(primary amebic meningoencephalitis, PAM)을 유발하며 감염된 지 10일 이내에 거의 항상 사망한다. *N. fowleri* 감염은 따뜻한 지역의 호수에서 수영할 때 주로 감염된다. 부비강을 세척하기 위해 사용하던 네티 항아리(neti-pot: 그래이비 그릇과 유사)때문에 야기된 네글레리아 감염에 의해 사망자가 가끔 발생하곤 하였다. 이들의 경우 수돗물이 아메바에 오염되었던 것으로 보고되었다. PAM은 *N. fowleri*가 부비강과 뇌 사이의 얇은 세포층을 통과할 수 있기 때문에 발생한다.

몇 종의 가시아메바는 육아종성 아메바성 뇌염(granulomatous amoebic encephalitis)을 유발하고 눈에 감염되어 만성적인 진행성 궤사성 가시아메바 각막염(keratitis: 각막의 염증)을 일으켜 실명하게 될 수도 있다. 소프트 콘택트렌즈 착용자는 이 질병에 감염될 위험이 높기 때문에 렌즈 세척액이나 저장액이 오염되지 않도록 조심해야 한다. 진단은 임상 검체에서 아메바를 확인해 감염여부를 진단한다. 대부분의 담수아메바는 일반적으로 사용하는 항미생물제에 내성이 있다. 매년 미국에서 100명 미만의 환자가 보고되지만, 실제는 (특히 가시아메바 각막염의 경우) 이보다 더 많을 것으로 추정된다.

크립토스포리듐증

많은 크립토스포리듐(작은 와포자충) 종이 사람과 동물에 감염된다. 크립토스포리듐(*Cryptosporidium*: 그리스어 *kruptos*는 '숨은'을 의미) 종은 하수도의 90%에서, 강물의 75%에서, 식수의 28%에서 발견된다. *Cryptosporidium parvum*은 많은 새와 포유류의 장에서 흔하게 발견되는 원생생물이다. 이 동물들의 대변을 통해 낭포체가 환경으로 방출된다. 만일 낭포체에 오염된 식품이나 물을 사람이 섭취하게 되면 소장에서 탈낭하여 포자소체가 상피세포에 들어가 분열소체로 바뀐다. 일부 분열소체는 그 다음에 유성생식을 하여 접합자를 만들고 접합자는 벽이 두꺼운 낭포체로 분화한다. 낭포체가 밖으로 방출되면 새로운 생활사가 다시 시작된다. ◀ Alveolata(23.4절)

공중보건의 주요 문제점이 다음 사실들 때문에 제기된다. (1) 낭포체의 지름이 4~6 μm 정도로 너무 작아서 식수 정화를 위한 모래여과층으로 제거할 수 없다. 더구나 (2) 10~100개의 낭포체만으로도 감염이 성립될 정도로 감염량(infectious dose)이 아주 적으며, (3) 크립토스포리듐 종은 염소소독제와 같은 소독제에도 아주 강하다. 또한 (4) 낭포체는 습한 환경에서는 2~6개월간 생존할 수 있다는 사실 등이다.

크립토스포리듐증의 잠복기는 5~28일 정도이다. 콜레라와 유사한 설사(혈액이 없는 아주 물 같은 설사)가 가장 흔한 증상이다. 다른 증상은 복통, 구역질, 열과 피로 등이다. 진단은 변을 농축하여 항산성(acid fast) 염색을 한 도말시료에서 병원체를 관찰하여 일상적으로 진단한다. 건강하여 면역력이 우수한 사람의 치료는 수분공급을 해주면서 니타족사니드(nitazoxanide)로 치료한다. 건강한 사람은 주로 자연치유되지만 면역능이 저하된 환자는 지속적이고 중증의 치명적인 설사로 진행되기도 한다.

사이클로스포라증

사이클로스포라증(cyclosporiasis)은 난세포 원생생물인 *Cyclospora cayetanensis*가 원인이다. 대부분의 나라에서 보고되지만 열대와 아열대 환경에서 가장 흔하다. 매년 CDC에서는 미국에서 발생한 300~650건의 사이클로스포라증을 보고한다. 이들 중 많은 사이클로스포라증은 오염된 농산물과 연관된 집단발병이다.

사이클로스포라증은 빈번하고 때로는 폭발적인 설사를 동반한다. 환자는 종종 위경련, 가스 생산으로 인한 위장 팽창, 메스꺼움, 구토, 열, 피로와 실질적인 체중 감소 등을 보인다. 환자는 수일에서 수주 동안 증상이 줄어들다가 다시 재발하곤 한다. 원생동물은 소장에 감염되어 약 일주일 정도의 잠복기를 거친다. 새로 배설된 분변에 있는 사이클로스포라 낭포체는 감염성이 없다(**그림 39.18**). 따라서 구강-배설물의 직접전파는 일어나지 않는다. 대신 낭포체는 22~32℃ 사이 온도에서 수일 또는 수주 안에 낭포체에서 포자소체로 분화해야만 한다. 농산물을 시장으로 운송하기 전에 낭포체가 오염된 물로 과일이나 채소를 세척하면 포자소체가 종종 음식 유통 과정에 들어가게 된다. 일단 체내에 섭취되어 들어가면 포자소체가 낭포체 밖으로 나와 장의 상피세포에 침입하여 장 상피세포에서 무성생식으로 분열한다. 포자소체가 새로운 낭포체로 성숙하여 분변으로 배설되기 위해 소장의 내강으로 방출되면서 유성생식이 완성된다.

사이클로스포라증의 실험실 진단은 분변에서 낭포체를 확인하는 것이다. 확진은 수일에 걸쳐 여러 시료들을 여러 번 확인해야 할 수도 있다. 치료는 트리메토프림과 설파메톡사졸을 함께 복합요법으로 사용하며 설사로 인한 수분 손실을 보충하기 위해 수액으로 보충해준다. 사이클로스포라증의 예방은 오염된 식품과 물을 피하는 것이다.

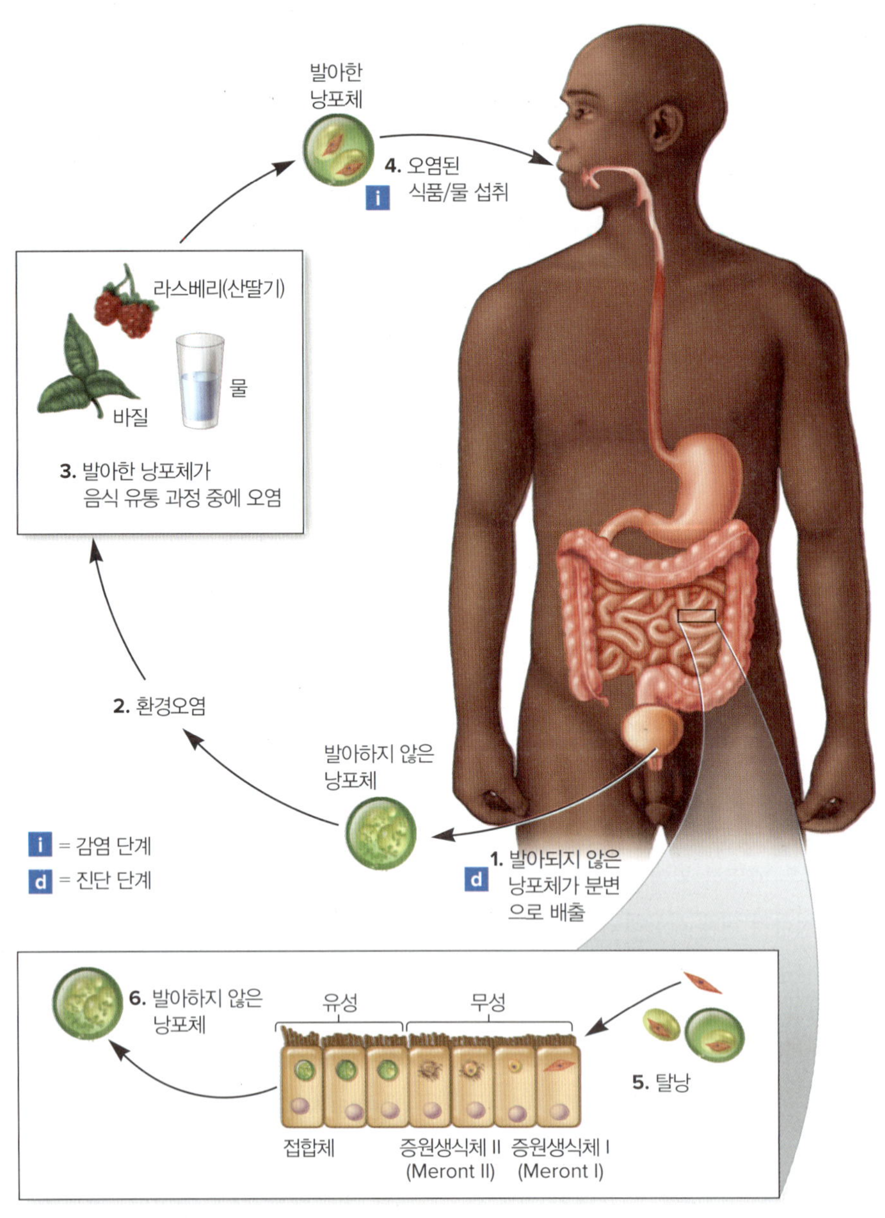

그림 39.18 ***Cyclospora cayetanenis*의 생활사.** 감염된 동물의 배설물로 방출된 발아하지 않은 낭포체는 발아하여 식품과 물을 오염시킨다. 일단 섭취되어 인체에 들어가면 발아한 낭포체는 탈낭하여 숙주세포로 침입하여 이분법으로 분열한다(이분열). 접합체를 형성하기 위해 유성생식기에서 서로 합쳐지면 새로운 낭포체(발아되지 않은)가 형성되고 결과적으로 분변으로 배출된다. Source: CDC, "Biology."

지아르디아증

Giardia intestinalis(람블편모충)는 편모를 가진 원생생물로서, 아주 흔한 장 질환인 **지아르디아증**(giardiasis)의 원인으로 전세계에 분포한다. 약 10개의 피낭을 섭취하므로도 감염될 정도로 감염량이 낮으며, 어른보다는 어린이에게 더 심각한 영향을 미친다. 미국에서 가장 흔한 장 기생생물에 의한 질병원인이 람블편모충이다(매년 대략 1만 5천~2만 건). *G. intestinalis*는 미국 유아보육시설 내 풍토병이다. 가장 많은 경우에 피낭으로 오염된 식수공급원에 의해 전파된다. 감염된 가축이나 애완동물이 방출한 *G. intestinalis*가 냇물에 들어가서 야생지역에서 사람에게 감염되어 유행성 집단발병이 일어나는 것으로 보인다. 인체 감염이 또한 인수공통감염병(zoonosis)이 될 수 있다는 것을 의미하지만, 미국인구의 대략 7% 정도가 대변에서 피낭을 방출하는 무증상 보균자라고 예측하고 있다. 전 세계적으로 최대 2억 명이 감염되어 있을 것이다.

피낭을 섭취하면 십이지장에서 탈낭하여 영양체를 형성한다. 영양체는 소장의 윗부분에 살면서 흡반(suction disk)을 이용하여 장 점막에 부착한다(**그림 39.19**, 그림 23.6 참조). 영양체가 점막 분비물을 섭취하고 번식하여 커다란 집단을 이룸으로써 장의 상피세포가 영양분을 흡수하는 것을 방해한다. 지아르디아증의 증상은 주로 감염 1주 후에 나타나며 치료하지 않으면 6~8주 또는 더 오랫동안 지속되기도 한다. 지아르디아증은 급성 또는 만성이 될 수 있다. 급성 지아르디아증은 심한 설사, 상복부 통증(epigastric pain), 경련, 가스에 의한 복부팽만(flatulence, 방귀)과 식욕부진의 증상을 보인다.

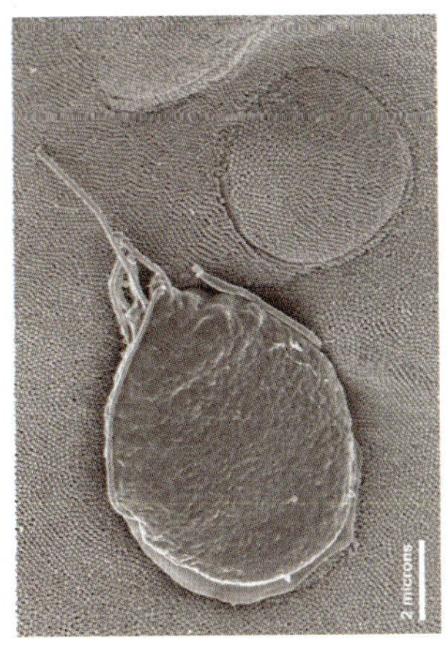

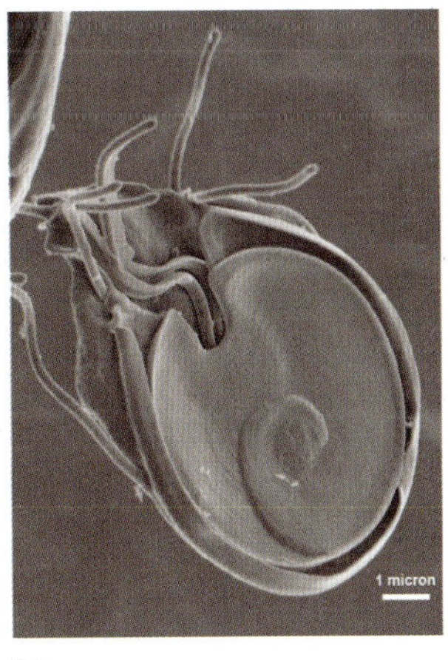

그림 39.19 지아르디아증. (a) *Giardia muris* 원생동물이 장 상피세포의 미세융모에 부착하고 있는 것을 보여주는 주사전자현미경 사진(SEM)이다. 원생동물 사진 위에 있는 원형의 병변은 다른 *G. muris* 원생동물의 배 쪽의 부착판에 의해 만들어진 자국이다. (b) 이 주사전자현미경 사진은 *Giardia* 원생동물의 배 쪽의 부착판의 초미세구조의 형태를 보여주고 있다. 부착판은 흡입 컵(suction cup)처럼 작용하여 원생동물이 장 표면에 부착하는 것을 촉진한다. Dr. Stan Erlandsen/CDC

만성 지아르디아증은 간헐적으로 설사를 하는데 증상이 주기적으로 나타났다가 개선되면서 나타나는 것이다.

실험실 진단은 대변에서 영양체 또는 피낭을 동정하여 진단한다. 대변 시료에서 *G. intestinalis* 항원을 검출하는 방법이 상업적인 면역검사법으로 가능하다. 티니다졸(tinidazole), 니타족사니드(nitazoxanide) 및 메트로니다졸(metronidazole)로 치료한다. 예방과 관리를 위해서는 특히 느린 모래여과법(slow sand filtration)을 사용하여 지역의 식수공급원을 적절하게 처리해야 하는데 그 이유는 피낭이 염소처리에 아주 강하기 때문이다. ▶| 안전한 식수를 보장하는 정화 및 위생 분석(42.1절); 폐수처리 과정(42.2절)

톡소플라스마증

톡소플라스마증(toxoplasmosis)은 원생생물 *Toxoplasma gondii*(톡소포자충)에 의해 전 세계에서 발생하는 질병이다. 세계의 일부 지역은 인구의 최대 95%가 감염되어 있으며, 미국에서 나이가 6세 이상인 사람의 약 10%가 감염되어 있다. 야생 설치류, 새, 다른 소동물이 *T. gondii*의 자연 저장숙주이다. 고양이는 *T. gondii*의 최종 숙주로서 유성생식주기를 완성하는 데 필요하다(**그림 39.20**). 고양이(특히 새끼고양이)는 감염 후 몇 주 동안 원생생물 낭포체(oocyst)를 대변으로 배출한다. 다음 3가지 전파방식으로 인체 감염이 된다. (1) 고양이 대소변용 통을 청소하거나 고양이를 만지다가 우연하게 낭포체를 섭취하여 감염되는 인수공통감염, (2) 날 것이나 덜 익은 고기 섭취를 통한 식품매개 감염, (3) 모체-태아(선천적) 전파(산모는 감염되었다는 사실을 모를 수 있음)가 있다. 선천적 전파는 태아에 심각한 선천적 기형이나 사산을 유도하기 때문에 임신한 여성은 고양이 대소변용 통을 청소하지 말도록 권장하고 있다.

대부분의 경우 *T. gondii*에 감염되었는지 모르는데 그 이유는 강력한 세포매개면역반응이 자극되기 때문이다. 이러한 면역반응이 없으면 급성 톡소플라스마증이 발생하며 림프절이 붓는 림프절종대(lymphadenopathy)가 발생한다. 폐의 괴사, 심근염과 조직괴사에 의한 간염이 발생할 수 있다. 망막염(retinitis: 눈 망막의 염증)은 망막세포내에서 기생충이 증식하면서 괴사를 유발하는 것과 관련이 있다. 면역기능이 저하된 사람에게서 *T. gondii*는 염증성 침윤이 동반된 뇌의 괴사성 병변을 보이는 독특한 뇌염을 일으킬 수 있다. *T. gondii*는 미국에서 매년 400명 이상의 선천성 감염이 발생시킨다. 신생아의 톡소플라스마증은 여러 장기에 영향을 주는 광범위한 문제를 야기할 수 있지만 가장 흔히 영향을 미치는 부위는 중추신경계이다. |◀ Alveolata(23.4절)

톡소플라스마증의 실험실 진단은 혈청학적으로 진단한다. 톡소플

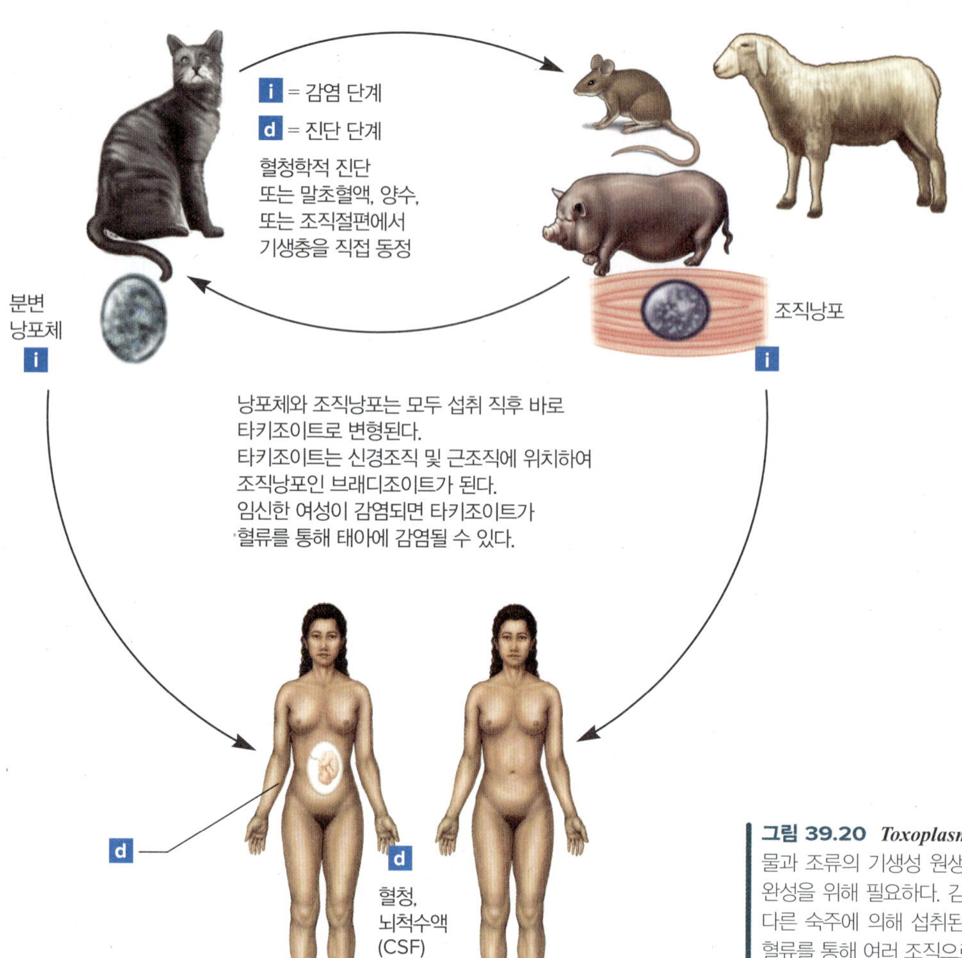

그림 39.20 ***Toxoplasma gondii*의 생활사.** *Toxoplasma gondii*는 많은 포유동물과 조류의 기생성 원생동물이다. 그러나 최종 숙주인 고양이는 유성생식주기의 완성을 위해 필요하다. 감염된 동물의 분변으로 낭포체가 배출되어서 그곳에서 또 다른 숙주에 의해 섭취된다. 섭취된 낭포체는 타키조이트(tachyzoite)로 변형되어 혈류를 통해 여러 조직으로 이동한다.

연관 질문 입과 코를 통해 숙주인 인체에 들어오게 되면 어디에서 *T. gondii*가 집락을 형성하는가?

라스마증의 치료는 피리메타민(pyrimethamine)과 설파디아진(sulfadiazine)의 복합요법으로 치료한다. 예방과 관리는 톡소플라스마에 노출되는 것을 최소화하는 것이다. 익히지 않았거나 덜 익힌 고기와 달걀을 먹지 않고, 흙을 만지고 나서는 손을 깨끗이 씻고, 고양이 대소변용 통을 매일 청소하고 가능한 한 고양이를 실내에서만 키우고, 사료를 사서 먹이는 것이다.

Hemera Technologies/Getty Images

39.6 기회감염 질병이 진균과 원생생물에 의해 야기될 수 있다

이 절을 학습한 후 점검할 사항:

a. 정상진균총의 고유미생물상이 새로운 숙주환경에 도입될 때 숙주에 나타나는 영향을 예측할 수 있다.
b. 정상진균총의 고유미생물총 및 환경 모든 곳에 존재하는 진균이 건강한 사람에 감염되려고 할 때 겪어야 하는 생장과 번식의 도전을 설명할 수 있다.
c. 진균 감염을 촉진하는 숙주의 특정 상태를 예로 들 수 있다.

우리가 논의했던 일부 원생동물은 면역력이 억제된 숙주에게 더 자주 감염되기 때문에 기회감염으로 생각될 수 있다. 예를 들어, 강력한 면역반응이 없으면 병을 일으키는데 *Cryptosporidium parvum*은 더 적은 수의 낭포(cyst)가 필요하다. 진균은 면역력이 약화된 숙주에게 특히 위험하다. *Toxoplasma gondii*의 잠자는 낭포인 느린 분열소체(그림 39.20)는 지속적인 면역 각성상태가 없으면 활성화될 수도 있다. 특정 진균은 면역력이 억제된 숙주에게는 특히 위험이 될 수 있다. 진균증은 건강한 사람에게는 거의 나타나지 않지만, 면역계가 억제된 사람에게는 생명을 위독하게 하는 감염이 될 수 있다. 면역억제 상태가 되는 데에는 여러 원인으로 영양결핍, 알코올중독, 암, 당뇨병, 다른 감염 질병(예: HIV/AIDS), 수술이나 부상으로 인한 상처, 지속적인 항생제 투여로 인한 고유미생물상의 변화, 유전적 결손, 항암화학요법, 및 노화가 있다. 여기에서는 흔히 발생하는 기회감염 진균 병원체 몇 종류를 논의할 것이다.

아스퍼질러스증

인체 숙주에게 질병의 원인이 되는 모든 진균 가운데 *Aspergillus* 속에 속한 진균보다 자연에 더 넓게 분포하고 있는 진균은 없다. 이 실 모양의 진균은 어디에서든지 존재하고 있다. 이 진균은 유기물 조각이 있는 곳이면 어디든 발견된다. 특히 토양, 부패하고 있는 식물체, 집 먼지, 건물 재료, 일부 음식과 물 등이다. 실제로 매일 *Aspergillus* 포자를 흡입하지 않는 것은 거의 불가능할 정도이다(**그림 39.21**). 그러나 건강한 면역기능이 나빠질 경우에만 *Aspergillus*가 감염된다.

Aspergillus 종의 주요 감염 통로는 호흡기이다. 분생포자(conidiospore)의 흡입은 여러 형태의 **아스퍼질러스증**(aspergillosis)을 일으킨다. 열, 가슴통, 기침을 동반한 폐 아스퍼질러스증을 주로 유발하는 종이 *Aspergillus fumigatus*이다. *A. flavus*는 특히 면역이 억제된 환자에게 흔히 침입성 질병 및 표재성 감염 모두를 야기한다. 침입성 질병은 전형적으로 폐 감염이 뇌, 신장, 간, 뼈, 또는 피부로 퍼지게 될 때 생긴다. 침입성 아스퍼질러스증의 사망률은 50~100%이다. ◀ 자낭균문은 효모와 사상균을 포함한다(24.4절)

이 진균은 알레르기성 아스퍼질러스증을 야기하기도 한다. 감염되면 즉각적인 알레르기 반응이 생기고 진균항원에 노출되면 천식 발작으로 고통받는다. 또 다른 반응은 폐기관지 아스퍼질러스증을 야기하기도 하는데 이 경우 결핵, 천식, 낭포성 섬유증과 같은 폐 질환이 기저질환으로 있는 환자는 I형과 III형 과민반응에 의한 기관지염을 앓게 된다. 마지막으로 폐 감염은 진균종(아스퍼질로마, aspergilloma)이 생길 수 있다. 폐 안에서 진균 집락을 형성하고 제한된 부위에서 자라는 균사(hyphae)의 얽힌 덩어리로 이루어진 진균공(fungus ball)으로 될 때 진균종이 된다. 폐에서부터 진균이 확산되어 여러 조직과 장기에 퍼진 산재성 아스퍼질러스증(disseminated aspergillosis)을 일으킨다. 면역력이 심하게 저하된 환자의 경우 침입성 아스퍼질러스증(invasive aspergillosis)이 생겨 폐에 균사가 가득 차게 된다. ◀ 과민반응(32.9절)

아스퍼질러스증 실험실 진단은 병리 검체를 직접 검사하거나 또는 진균을 분리하여 특성을 분석하여 진단한다. 아스퍼질러스증이 의심되는 경우에 갈락토만난(galactomannan: *Aspergillus* 종의 항원)을 검출하는 효소면역법을 스크리닝 검사법으로 사용하기도 한다. 침입성 아스퍼질러스증의 치료는 보리코나졸(voriconazole)로, 알레르기성 아스퍼질러스증은 이트라코나졸과 코르티코스테로이드로 치료한다. 그러나 성공적인 치료는 환자의 기저 질환을 치료하여 숙주의 저항성을 증진시키는 것에 의존한다. ◀ 항진균제(9.6절)

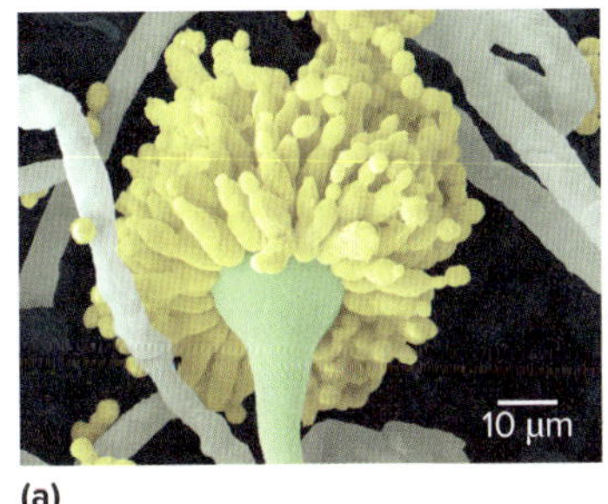

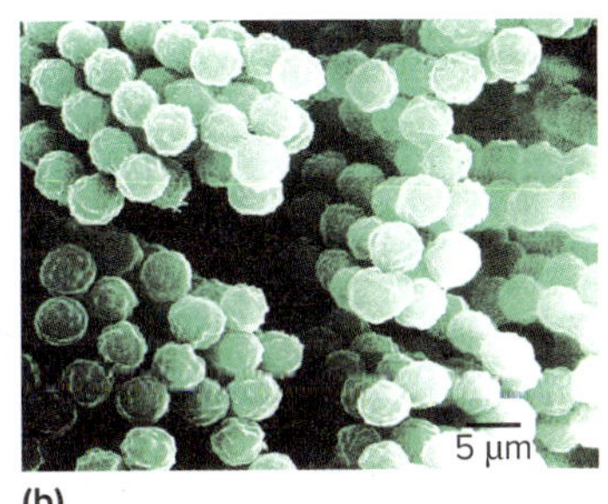

그림 39.21 *Aspergillus* 종은 기회감염 진균증을 야기한다. (a) *Aspergillus flavus*의 분생자자루(conidiophore)와 (b) *Aspergillus*의 분생포자(conidiospore)의 색을 입힌 주사전자현미경 사진(SEM)이다. (a) Thierry Berrod, Mona Lisa Production/SPL/Science Source; (b) Robert Simmons/CDC

칸디다증

칸디다증(candidiasis)은 *Candida* 속의 진균에 의한 진균증이다. *Candida* 종은 효모(yeast) 상태로 체액으로 침입하거나 가성균사(pseudohyphae) 상태로 조직으로 침입하여 자신의 필요에 따라 인체 숙주 속으로 퍼진다. 가성균사라는 단어에서 보듯이 가성균사는 진짜 균사가 아니라 불완전한 출아로 인해 생긴 것처럼 보인다. 세포분열 후 세포가 길어져서 출아하다가 떨어지지 않고 붙어 있다. 사람에게 감염되는 *Candida* 종은 20종이 넘지만 사람에게 가장 현저히 감염되는 것은 *Candida albicans*(**그림 39.22a**), *C. glabrata*와 *C. auris*가 있다. 다른 기회감염 진균과는 달리 *Candida* 종은 소화기, 호흡기, 여성의 질과 입의 고유미생물상이다. 건강한 사람에게 이 진균은 병을 유발하지 않는데, 그 이유는 다른 고유미생물종과 숙주의 저항기전에 의해 이 진균의 생장이 억제되기 때문이다. 그러나 경쟁하는 고유미생물상이 없어지면 이 *Candida* 종의 개체수가 증가한다. 숙주의 상피세포에 들어가게 되면 *C. albicans*는 칸디나리신(candidalysin)이라는 펩티드 독소를 분비하여 숙주세포막을 투과할 수 있게 된다. 이것은 영양분을 추가로 공급하게 되므로 *Candida* 종의 개체수가 더욱 증가하게 되는 것이다.

병원성 진균 가운데 *Candida* 종 만큼 인체에 다양한 질병을 유발

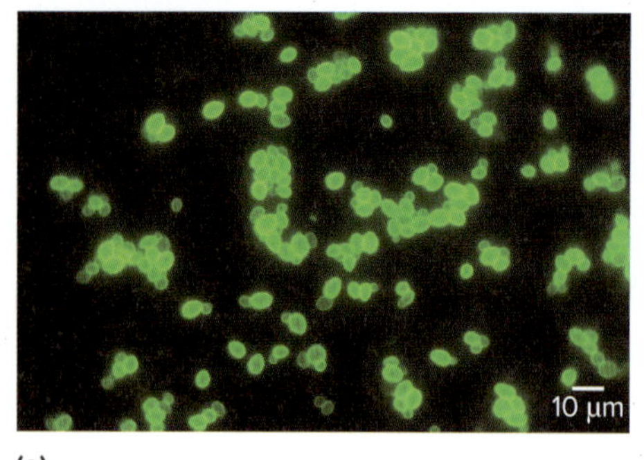

(a)

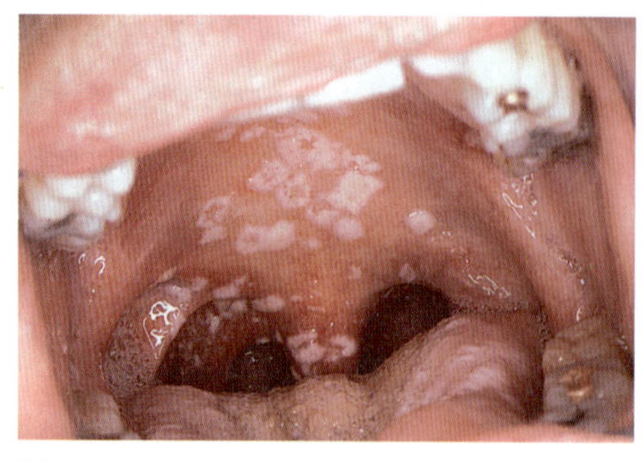

(b)

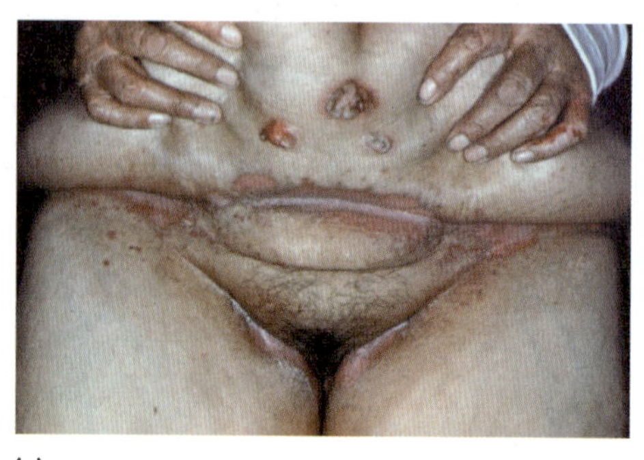

(c)

그림 39.22 ***Candida albicans*에 의한 기회감염 진균증.** (a) 형광항체(FA) 염색은 난형(oval)의 출아하는 효모 형태를 보여준다. (b) 아구창 또는 구강 칸디다증은 입과 혀의 점막에 하얀색 반점조각이 생기는 특징이 있다. 이러한 반점조각은 구형의 효모세포, 백혈구, 세포의 조각들로 이루어진 위막을 형성한다. (c) 간찰성 칸디다증은 살이 접힌 부위가 아프고 염증과 피부 궤양이 주로 생긴다. (a) Maxine Jalbert, Dr. Leo Kaufman/CDC; (b) Sol Silverman, Jr. DDS./Centers for Disease Control and Prevention; (c) Dr. Hardin/Centers for Disease Control and Prevention

하는 진균은 없다. **구강 칸디다증**(oropharyngeal candidiasis) 또는 **아구창**(thrush, 그림 39.22b)은 신생아, 틀니를 하는 사람, 흡입 스테로이드를 사용하는 사람에게 아주 흔하게 발생한다. 아구창은 혀와 입안을 덮는 작고 하얀 반점조각으로 많이 나타난다. **간찰성 칸디다증**(intertriginous candidiasis)은 겨드랑이, 서혜부나 살이 접힌 부위와 같이 주로 우리 몸의 따뜻하고 습한 곳, 피부 표면의 반대되는 곳에 생기는 질병이다(그림 39.22c). **칸디다성 질염**(candidal vaginitis, vaginal yeast infection)은 당뇨 합병증으로, 항생제 치료, 경구피임약, 임신, 또는 다른 요인에 의해서 여성의 질의 고유미생물총이 교란되어 발생한다. 정상적으로 질의 모든 곳에 존재하는 젖산간균(lactobacilli)이 낮은 pH를 유지해 *Candida*가 자라지 못하게 한다. 그러나 앞에서 언급한 여러 이유로 젖산간균의 수가 줄어들면 질의 진균(yeast)이 증식해 노랗고 흰색의 응결된 우유 같은 여성의 질 분비물이 생긴다. *C. albicans*와 *C. glabrata*는 성교에 의해서 남성에 감염되어 **귀두염**(balanitis)을 유발한다. 귀두염은 남성의 귀두 감염으로 포경수술을 하지 않은 남성에게 주로 발생한다. 여성과 남성의 모두에서 칸디다증은 심한 가려움증과 화끈거림을 야기한다. *Candida* 종은 요로 감염과 혈액매개 감염을 야기하기도 한다. ◀ 안정적인 마이크로바이옴의 발달(33.2절)

최근에 *Candida auris*가 헬스케어(보육원, 요양원 등)에서 획득되는 중요한 병원체로 발생하고 있다. 이 진균은 여러 가지 이유로 특별하게 중요하다. *C. auris*는 주로 다약제 내성이고 일부 *C. auris* 균주는 모든 항진균제에 내성이 있다. 이 특성 때문에 *C. auris*은 혈류 감염이 되면 치사율이 높다(25%). *C. albicans*와 달리 *C. auris*는 환경에서 번창하고 그곳에 생물막을 형성한다. 따라서 헬스케어 시설에서 발견되면 없애기 아주 어려워진다. 마지막으로 많은 작은 임상 미생물학 실험실은 *C. auris*를 동정할 수 있고 항진균제 내성 검사를 할 수 있는 시설을 갖추고 있지 않다. 항생제치료는 *C. auris*를 포함한 칸디다효모 감염의 중요한 위험요인이라는 점을 기억해야 한다. 이것은 항생제처방을 신중하게 해야 하는 많은 이유 중 단지 하나일 뿐이다.

칸디다증의 진단은 임상 증상을 관찰하는 방법과 함께 좀 더 침입성인 경우에는 직접 현미경으로 검사하여 진단한다. 칸디다증의 만족할 만한 치료법은 없다. 피부 병변은 니스타틴(nystatin), 미코나졸(miconazole) 및 트리코마이신(trichomycin) 같은 연고제로 치료할 수 있다. 클로트리마졸 드롭스와 뿌리는 니스타틴을 구강 칸디다증의 치료를 위해 사용한다. 유사한 약제를 생식기/음문질(vulvovaginal), 그리고 직장 칸디다증의 치료에도 사용한다. 플루코나졸은 국소감염 치료에도 사용되지만 암포테리신 B는 전신성 칸디다증의 치료에 사용된다.

효모균증

효모균증(cryptococcosis)은 *Cryptococcus gattii*와 *C. neoformans*가 원인인 진균증이다. 이들 진균은 인체 내에서는 커다란 출아효모(budding yeast)로 자란다. 자연환경에서는 단핵성(monokaryotic) 또는 이핵성(dikaryotic) 번식을 하여 더 작은 세포 형태의 부패미생물로 전 세계에 분포한다. *C. gattii*는 열대 및 아열대 지역에서 또한 미국 태평양 북서부 지역 및 브리티시콜럼비아에서 발견된다. *C. neoformans*는 더 광범위한 지역에 분포하여 따라서 더 흔한 병원체이다. 효모균증은 사망률이 약 33%에 이르는 폐렴 및/또는 수막염을 나타낸다. 전형적으로 크립토코쿠스(효모균)는 면역이 억제된 사람에게 질병을 유발하며, 가장 흔히 HIV/AIDS 환자, 암 환자, 또는 최근에 장기이식을 한 환자에서 병을 유발한다.

비둘기 및 여러 다른 조류의 배설물에서 *C. neoformans*가 발견된

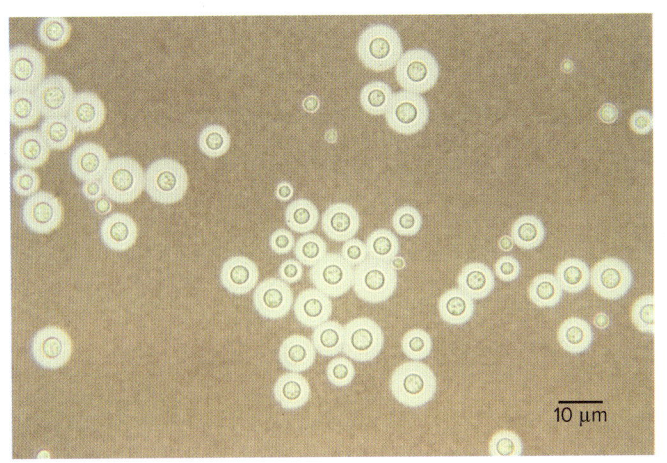

그림 39.23 전신진균증: 효모균증. 인디아 잉크로 염색한 *Cryptococcus neoformans*이다. 모든 세포 전체를 둘러싸는 뚜렷하게 표시가 되는 협막과 세포질 내의 굴절성 봉입체를 광학현미경 사진에서 주목하자. Source: Dr. Leanor Haley/CDC

연관 질문 흡입에 의하여 미생물이 일단 들어오면 체내의 어느 장기로 미생물이 퍼질 수 있나?

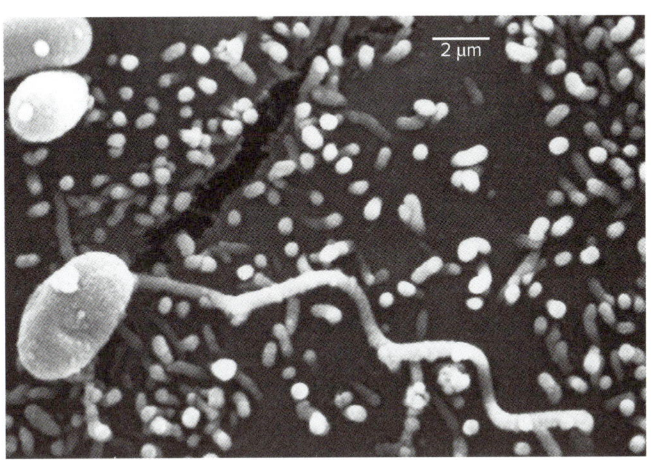

그림 39.24 미포자충. 분출된 극성소관이 진핵세포에 삽입된 미포자충 포자의 주사전자현미경 사진(SEM)이다. 포자는 이 극성소관을 통해서 감염성의 포자질을 주입한다. CDC-DPDx

다. 이 새들이 보유체인지 또는 토양에서 이들 배설물이 진균 포자가 자라도록 영양분을 공급하는지는 명백하지 않다. 건강한 사람의 호흡기를 통해서 진균이 체내에 들어오면 대개는 선천면역의 작용으로 즉시 제거되거나 심하지 않은 일시적 호흡기 증상을 일으킨다. 반면에 면역이 억제된 사람이 진균을 흡입한 경우, 기침과 열이 나는 폐렴 유사 증상을 앓는다. 일부 호흡기 감염은 피부, 뼈, 복강으로 퍼지며, 중추신경계로도 퍼져서 효모균류 뇌수막염(cryptococcal meningitis)을 야기한다. 진단은 혈액, 가래, 뇌척수액을 인디아 잉크, 칼코플루오르 화이트(Calcofluor White), 또는 형광항체로 염색하여 두꺼운 벽을 가진 구형의 효모세포를 검출하는 것으로 진단한다(**그림 39.23**). 진균은 사부로 포도당 한천배지(Sabouraud dextrose agar)에서 쉽게 배양될 수 있다. *C. neoformans* 지료는 플루시토신과 함께 암포테리신 B로 치료한다. 이전에 감염된 적이 있는 면역이 억제된 환자는 예방 차원으로 플루코나졸로 치료한다.

미포자충증

1,200종 이상의 **미포자충**(Microsporidia, 작은 포자충)이 목록으로 정리되었다. 적어도 14종은 인체 병원체로 알려져 **미포자충증**(microsporidiosis)을 유발한다. 여러 가축과 야생동물이 인체를 감염하는 여러 종의 저장숙주이다. 기회감염 병원체로 점점 더 많이 밝혀짐으로써, 진균인 미포자충은 척추동물과 무척추동물 숙주에 광범위하게 감염된다. 미포자충의 공통적인 특징 중의 하나는 외부환경에서 오랫동안 생존할 수 있는 아주 저항성이 강한 포자를 만들 수 있다는 것이다. 포자의 모양은 종에 따라 다양하다. 인체 감염으로부터 회수한 미포자충 포자는 난형에서 막대 모양으로 1~4 µm의 크기이다. 미포자충은 또한 포자 안에 코일처럼 감긴 극성소관(polar tubule)으로 알려진 특이한 세포소기관을 가지고 있다(**그림 39.24**, 그림 24.4 참조). ▶| 미포자충류는 세포내 기생생물이다(24.2절)

미포자충 포자가 안에서 극성소관을 분출할 때 숙주세포내로의 감염이 일어나는데, 극성소관은 표적세포의 막에 구멍을 낸다. 포자내 칼슘이 갑작스럽게 증가하면 포자질(sporoplasm: 세포질과 유사한 성분)이 극성소관을 통해 숙주세포내로 주입된다. 세포 안에서 포자질은 농축되고 무성증식을 하게 된다. 증식 위치는 종마다 특이적(species-specific)이고, 숙주세포의 세포질 또는 액포 안에서 일어나며 주로 이분열(binary fission, merogony) 또는 다분열(multiple fission, shizogony)을 통하여 완성된다. 일단 포자질이 증식하면 무성분열(무성증식)의 산물인 이분체(meront)나 다분체(shizont)가 두꺼운 포자외피내에 처음으로 캡슐에 싸여 새로운 포자(sporogony)의 발생을 지시하게 된다. 새로운 포자는 숙주세포의 막을 파괴할 때까지 계속 증가되어 새끼 포자를 생성한 후 방출한다.

미포자충 진균 감염은 다양한 종류의 증상을 일으킬 수 있다. 간염, 폐렴, 피부병변, 설사, 체중 감소와 소모성 증후군이 포함된다. 진단은 임상학적인 소견과 함께 대변의 도말시료에서 미포자충을 확인하여 진단한다. 가능하다면 전자현미경을 통하여 포자 안에 있는 코일 모양의 특징적인 극성소관을 관찰하여 확인할 수 있다. 미포자충증의 치료는 어렵다. 그러나 알벤다졸[albendazole, 윤충(helminth)의 튜불린(tubulin)과 ATP 합성을 저해하는]은 위장감염 또는 전신감염에 종종 사용되며, 푸마길린(fumagillin, 살아메바제) 등은 눈에 감염되었을 때 사용한다.

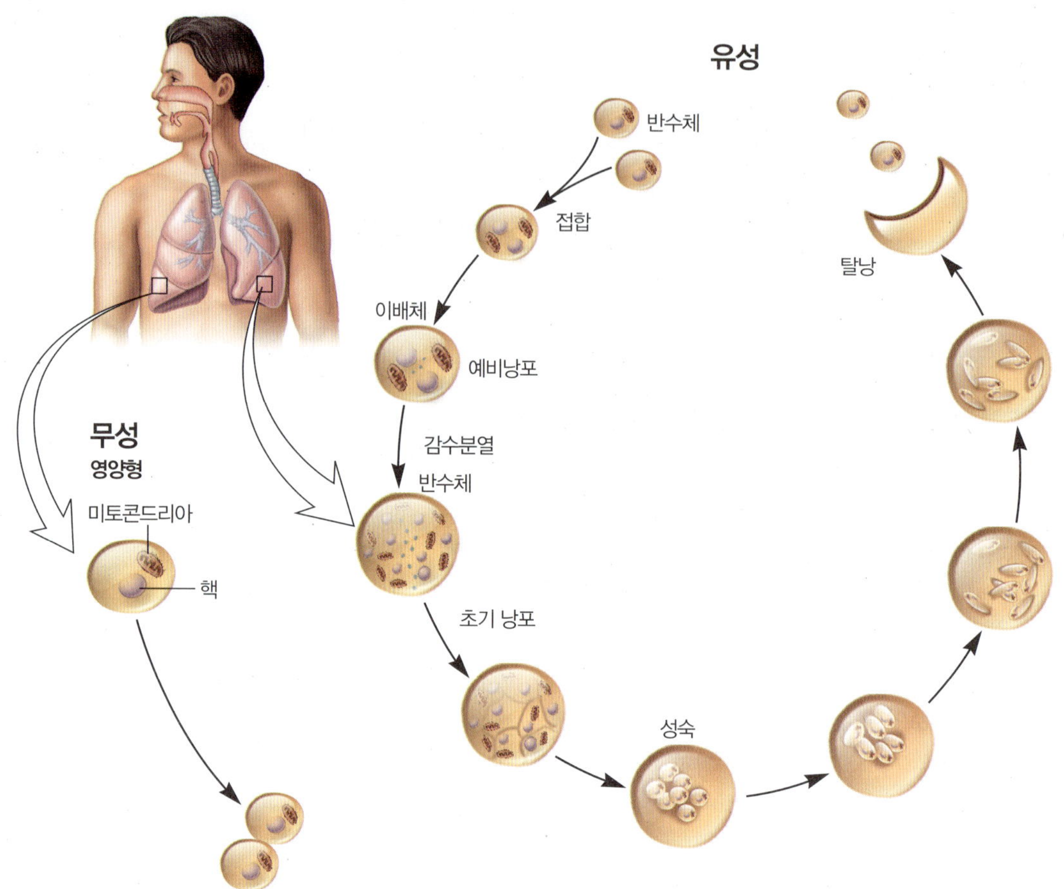

그림 39.25 ***Pneumocystis jiroveci*의 생활사.**
이 진균은 유성생식기와 무성생식기를 모두 가진다. 유성생식은 감수분열 후에 반수체 세포가 접합할 때 일어난다. 무성생식은 이분법에 의해 일어난다. 이 2가지 형태의 생식이 사람 숙주 안에 있을 때 일어날 수 있다.

뉴모시스티스성 폐렴

*Pneumocystis jiroveci*는 다양한 여러 종류의 포유류의 폐에서 발견되는 진균이다. *P. jiroveci* 생활사는 **그림 39.25**에 제시하고 있다. 이 진균에 의한 질병을 처음에는 뉴모시스티스 카리니 폐렴(*Pneumocystis carinii* pneumonia, PCP)이라고 불렀다. 인체에서 처음 이 병원체를 밝힌 체코의 미생물학자인 지로벡(Otto Jirovec)을 기리기 위해 이 병원체 이름을 *Pneumocystis jiroveci*로 바꾸었다. 이 질병의 이름은 머리글자어 PCP를 그대로 사용한다. 현재 PCP는 뉴모시스티스성 폐렴(pneumocystis pneumonia)을 나타낸다.

혈청학적 결과에 따르면, 대부분의 인간은 3~4세에 *P. jiroveci*에 노출되는 것으로 나타난다. 그러나 면역이 억제된 환자에서만 거의 전적으로 PCP가 발생한다. 암 치료를 위해 오랜기간 면역억제제 처치하고 및 방사선 치료하고 장기이식 이후에 PCP 발생이 폭발적으로 증가하였다. 이 폐렴은 또한 영양상태가 좋지 않은 미숙아와 HIV 양성에서 AIDS로 진행된 80% 이상의 환자에서도 나타난다. 사망하는 경우에도 진균과 질병은 폐에만 한정되어 나타난다. 폐 안에서 *P. jiroveci*가 폐포를 거품성 분비물로 채우게 된다.

실험실 진단은 감염된 폐조직에서 미생물을 현미경으로 관찰하여 검출하거나 PCR 분석하여야만 뉴모시스티스성 폐렴을 확진할 수 있다. 치료는 산소요법과 함께 TMP-SMX인 트리메토프림(trimethoprim)과 함께 설파메톡사졸(sulfamethoxazole)을 사용하는 복합요법으로 치료한다. 예방과 관리는 감염될 수 있는 사람에게 TMP-SMX로 예방요법을 시행한다.

마무리 점검

1. 이질아메바와 람블편모충에 의한 감염을 비교하여 대조하시오.
2. 톡소포자충은 어떻게 전파되는가?
3. 왜 일부 인체 진균 감염 질병을 기회감염 진균증이라 하는가?
4. 신체의 어느 부위가 *Candida*에 감염되어 영향을 받을 수 있는가?
5. 미포자충과 *Pneumocystis jiroveci*에 의한 감염치료에 항진균제를 사용하지 않는다는 것에 주목하시오. 이들 미생물은 분류학적으로 분류하기가 어려웠다. 이들의 특이한 항미생물 감수성이 분류의 문제와 어떻게 연관이 있다고 생각하는가?

요약

39.1 상대적으로 소수의 진균과 원생생물이 인체 병원체이다

- 사람 진균 질병 또는 진균증은 숙주에 침입하는 방법과 수준에 따라 5그룹으로 나눌 수 있다(그림 39.1). 이들은 표재성(superficial), 피부(cutaneous), 피하(subcutaneous), 전신(systemic)과 기회감염(opportunistic) 진균증이다(표 39.1).
- 원생동물은 전 세계적으로 수억 명 사람에게 영향을 주는 가장 심각한 인체 질병의 원인이 몇 종류 있다(표 39.2).

39.2 진균은 공기매개로 전파될 수 있다

- 사람에게 발생하는 대부분의 전신진균증은 토양에 있는 자유생활 진균 포자를 흡입하여서 발생한다.
- 사람에게는 주요한 3가지 형이 발생할 수 있다: 분아진균증(blastomycosis, 그림 39.2), 콕시디오이드진균증(coccidioidomycosis, 그림 39.3), 히스토플라스마증(histoplasmosis, 그림 39.4). 이들 모든 질병은 폐 감염으로 시작되어 그 다음에 신체 다른 부위로 퍼진다.

39.3 절지동물이 원생동물 질병을 전파할 수 있다

- 가장 중요한 인체 원생동물 병원체는 말라리아의 원인체인 *Plasmodium*이다. 사람 말라리아는 5종의 말라리아 원충(*Plasmodium*)에 의해 발생한다: *P. falciparum*, *P. vivax*, *P. malariae*, *P. knowlesi*, *P. ovale*.
- *Plasmodium*의 생활사는 모기내의 포자생식(sporogony)과 사람 숙주내에서의 적혈구외부주기(exoerythrocytic cycle)와 적혈구기(erythrocytic cycle)의 3단계로 이루어진다(그림 39.6~그림 39.7, 표 39.3).
- 전 세계의 말라리아 부담을 줄이기 위한 큰 걸음이 21세기에 만들어졌으며 그 결과 아프리카에서 말라리아 발생이 반으로 줄었다.
- 편모를 가진 원생동물은 절지동물에 의해 전파되어 사람의 혈액과 조직에 감염된다. 2가지 주요 병원체가 있다. 리슈마니아증(leishmaniasis)을 유발하는 리슈마니아(leishmania, 그림 39.8과 그림 39.9)와 아프리카 트리파노소마증(trypanosomiasis)과 샤가스병(Chagas disease, 아메리카 트리파노소마증)을 유발하는 트리파노솜(trypanosome, 그림 39.10과 그림 39.11)이다.

39.4 진균과 원생생물이 직접접촉 질병을 야기할 수 있다

- 모간(hair shaft)의 표재성 진균증(superficial mycosis)을 종합해서 사모증(piedra)이라 한다. 2가지 주요 형은 흑색사모증(black piedra)과 백색사모증(white piedra)이다. 어루러기(tinea versicolor)는 3번째로 흔한 표재성 진균증이다.
- 모발, 손톱과 피부의 바깥층에 기생하는 피부의 진균을 피부사상균(dermatophyte)이라 부르고 이들 진균의 감염을 피부진균증(dermatophytosis), 백선(ringworm) 또는 버짐(두선, tinea)이라 부른다. 여러 형이 인체에 발생한다. 수발백선(tinea barbae, 턱수염의 백선), 두부백선(tinea capitis, 두피의 백선, 그림 39.12), 체부백선(tinea corporis, 몸의 백선), 족부백선(tinea pedis, athlete's foot, 무좀), 손발톱백선(tinea unguium, 손톱의 백선, 그림 39.13)이 있다.
- 피하진균증(subcutaneous mycosis)을 일으키는 피부사상균은 토양의 정상부패균(saprophytic)으로 채소를 썩게 한다. 인체에는 3가지 형의 피하진균증이 생길 수 있다. 색소모세포 진균증(chromoblastomycosis), 마두라진균증(maduromycosis)과 스포로트리쿰증(sporotrichosis, 그림 39.14와 그림 39.15)이 있다.
- 트리코모나스증(trichomoniasis)은 편모를 가진 원생동물인 *Trichomonas vaginalis*가 원인인 성병이다. *T. vaginalis*는 악취가 나는 점액 농즙성의 질 분비물이 나오게 한다(그림 39.16).

39.5 식품과 물은 원생동물 질병의 운반체이다

- 이질아메바(*Entamoeba histolytica*)는 아메비성 원생동물로 아메바증(amebiasis)을 일으킨다. 전 세계의 따뜻한 기후의 지역에서는 아주 흔한 질병이다. 오염된 식품이나 물을 통해 피낭을 섭취하여 감염된다(그림 39.17).
- 담수성 원생동물인 *Naegleria* 속의 원충은 원발성 아메바성 수막뇌염(primary amoebic meningoencephalitis)을, *Acanthamoeba* 속의 원충은 육아종성 아메바성 뇌염(granulomatous amoebic encephalitis)과 각막염(keratitis)을 유발한다.
- *Cryptosporidium parvum*은 흔한 콕시디아(coccidial)의 정단복합포자충(apicomplexan)의 원생동물로 심한 설사를 유발한다. 오염된 식품이나 물을 통해 감염된다.
- *Cyclospora cayetanensis*는 현재 숙주의 분변으로 방출되어 22~32°C에서 며칠 또는 몇 주 동안 발생과정을 거친 후에야

새로운 숙주의 위소장관에 감염될 수 있다. 과일이나 채소를 세척할 때 오염된 물을 사용하여 감염될 수 있다(그림 39.18).

- *Giardia intestinalis*는 편모를 가진 원생동물로 흔한 장 질환인 지아르디아증(giardiasis)을 유발한다(그림 39.19). 이 질병은 전 세계에 분포하며 미국에서는 수인성 설사병의 가장 흔한 원인이다.
- 톡소플라스마증(toxoplasmosis)은 *Toxoplasma gondii*라는 원생동물이 원인인 질병이다. 고양이를 다루거나 고양이 분변통을 치울 때, 날고기나 덜 익은 고기를 먹어서, 또는 모체-태아 전파로 감염된다(그림 39.20).

39.6 기회감염 질병이 진균과 원생생물에 의해 야기될 수 있다

- 기회감염 생물은 일반적으로 정상적인 환경에서는 병을 유발하지 않지만 면역력이 저하된 숙주에서는 병을 유발한다.
- 사람에게 영향을 미치는 가장 중요한 기회감염 진균증에는 전신성 아스퍼질러스증(systemic aspergillosis, 그림 39.21), 칸디다증(candidiasis, 그림 39.22), 효모균증(cryptococcosis, 그림 39.23)과 *Pneumocystis jiroveci*(그림 39.25)에 의한 뉴모시스티스성 폐렴이다.
- 새롭게 출현한 진균 질병으로서, 특히 면역력이 저하된 숙주에게 감염되는 기회감염 진균 질병은 미포자충(microsporidia)으로 알려진 진균에 의해 발생한다. 이들은 포자형으로 살아가며 새로운 숙주세포를 감염하는 데 사용하는 특이한 세포소기관을 가지고 있다(그림 39.24).

심화 학습

1. *Toxoplasma gondii*는 주요 전사인자의 양을 조절함으로써 숙주세포 유전자 발현을 조절한다. 그러나 어떻게 조절 되는지 그 기전은 불분명하다. 원생동물 곤봉체와 고밀도과립으로부터 배달되는 단백질은 숙주환경으로 분비된다고 알려져 있다(그림 23.16 참조). 이러한 단백질의 기능을 어떻게 알아볼지 토론하시오.
2. 숙주의 피부에 들어갈 때 대부분의 리슈마니아 종은 전문 포식세포(호중성백혈구, 대식세포, 수지상세포)에 의해 죽게 된다. 질병을 일으키는 프로마스티고트는 대식세포내에 기생충공포(PV)를 만들며 이들이 자라도록 한다. 기생충공포(PV) 안에서 프로마스티고트가 아마스티고트로 전환된다(그림 39.9). PV 형성을 촉진하고 프로마스티고트에서 아마스티고트로 분화되는 분자적 신호를 토의하시오. 당신은 이 예측을 어떻게 검사할 것인가?
3. 트리파노솜은 자신의 표면 항원들을 자주 바꾸는 능력으로 악명 높다. 1차 면역반응(1차 항체 생산, 그림 32.15 참조)의 동력학을 가정해 볼 때 항체의 특이성보다 "앞서기" 위해서 표면 항원은 얼마나 자주 바꾸는가?
4. 우리는 현재 전례 없는 말라리아 감염이 아프리카에서 감소된 것을 보고 있다. 이 상태를 지속하고 확장하고자 하는 노력을 비용 절감의 방식으로 해결하고자 영국의 역학자들은 예방방법의 효과, 의료처치의 효과와 함께 인구, 지리적 및 환경적인 요인 등을 조사하여 역동적 모델을 개발하였다. 여러분이 이러한 모델을 개발한다면 어떠한 특정 결과를 고려할 것인가? 여러분이 이러한 공공보건팀의 일원이라면 어떠한 특정 데이타를 고려할 것 같은가?
5. 헬스케어 시설에서 *Candida auris*가 퍼지는 것에 대항하는 노력으로 미생물학자와 물질과학자 팀은 *C. auris* 생물막 형성을 억제하는 은 나노입자의 능력을 조사하였다. 은 나노입자로 코팅된 의학기구와 붕대가 개발되어 시험되었다. 은 나노입자 처치를 했거나 하지 않은 물체에 *C. auris* 생장과 생물막 형성의 수준을 결정하기 위해 배치할 수 있는 분석을 제안하시오. 양성 대조군과 음성 대조군을 주의 깊게 고려해야 한다.

참고문헌: Humberto H. Lara, Liliana Ixtepan-Turrent, Miguel Jose Yacaman, and Jose Lopez-Ribot. 2020. Inhibition of *Candida auris* biofilm formation on medical and environmental surfaces by silver nanoparticles. *ACS Applied Materials & Interfaces*. 12,21183-21191.DOI:10.1021/acsami.9b20708

CHAPTER

40

식품미생물학

Cathy Yeulet/stockbroker/123RF

맥주 양조가 보여주는 기술, 과학, 유전학

맥주는 가장 자주 소비되는 음료일 것이다. 아마도 그 인기의 일부는 오랜 역사와 관련이 있을 것이다. 선사시대 유목민들은 빵 굽는 법을 알기 전에 곡물과 물로 맥주를 만드는 법을 배웠다. 6,000년 전 바벨론 서판에는 맥주 제조법이 기록되어 있다. 고대 중국, 이집트, 로마제국에서도 맥주가 제조되었다. 심지어는 1620년에 청교도들이 플리머스에 상륙한 이유가 맥주 공급이 떨어졌기 때문이라는 루머가 있을 정도였다.

여러 시대에 걸쳐, 몇 가지 필수 단계가 맥주 제조를 정의해왔다. 먼저, 보리를 온수에 담가 발아를 촉진한다. 일단 발아되면, 낟알은 글루코나아제(gluconase) 효소와 아밀라아제 효소를 생산하는데, 글루코나아제는 식물의 세포벽을 분해하고 아밀라아제는 식물의 녹말을 당으로 분해하여 효모가 발효할 수 있도록 한다. 이후, 싹튼 낟알이 가열되고 건조되면 효소가 변성된다. 이 혼합물을 엿기름(malt)이라 부르고 이를 온수로 세척하면 효모가 당을 에탄올과 CO_2로 발효하기 시작한다.

예상대로, 맥주 양조의 기술과 과학에는 많은 변화가 일어났다. 1990년대 중반 이후, 이런 변화에는 유전자변형(GM) 성분의 발달이 포함된다. 대부분의 맥주 양조장에서는 유전공학으로 변형된 세균, 즉 글루코나아제와 아밀라아제를 생산하는 세균에서 이 효소들을 추출하여 사용하는 것이 비용면에서 더 효율적인 것을 알게 되었다. 오랫동안 많은 대규모 양조장에서 제초제 저항성 쌀과 옥수수가 사용되어 왔다. 그리고 병원성 진균(*Rhizoctonia solani* 및 *R. oryzae*)에 내성이 있도록 설계된 다양한 GM 보리 품종이 있다.

그러나 GM 효모의 사용은 완전히 제한적인 것으로 보인다. 양조업자를 위해 새로운 균주를 개발하는 효모 유전학자는 균주를 교배하고 새로운 특성을 선택하는 구식 방식으로 작업한다. 그러나 일부 연구실에서는 CRISPR을 사용하여 변형을 도입하고 있다. 실제로 CRISPR 기술은 실제 홉을 사용할 필요가 없도록 맥주에 홉 향을 더하는 "호피 효모"를 개발하는 데 사용되었다. 이것이 비용 효율적인 것으로 판명되면 GM 효모에 대한 금기를 극복할 수 있을 것이다.

맥주의 역사에서 알 수 있듯이, 인류는 오래 전부터 가공되지 않은 음식을 음료와 미식을 위한 음식으로 변환하기 위해 미생물을 활용하는 방법을 알아냈다. 그러나 19세기 후반까지는 식품 부패에서 미생물의 역할은 평가되지 않았다. 이것은 식품 생산과 보존에서 미생물의 두 가지 상반되는 역할을 보여준다. 이 장은 식품의 미생물 부패에 대한 개요로 시작하며, 후반부는 식음료 생산에서 다른 미생물의 중요성에 대해 논의한다.

이 장의 학습을 위해 점검할 사항:

✓ 자연에서 생존할 수 있는 세균 내생포자의 능력을 설명하고 내생포자를 형성하는 세균의 예를 나열할 수 있다(3.10절, 22.2절).

✓ 절대산소요구성, 조건부산소비요구성 및 절대산소비요구성(7.5절)의 성장과 생리를 비교 및 대조할 수 있다(7.5절).

✓ 미생물 생장을 제어하는 데 일반적으로 사용되는 물리 및 화학물질에 대해 요약할 수 있다(8.2절, 8.3절).

✓ 발효에서 피루브산의 가능한 운명을 요약할 수 있다(11.6절).

✓ 독소매개 질병의 원리를 설명할 수 있다(34.4절).

40.1 미생물의 성장은 식품 부패의 원인이 될 수 있다

이 절을 학습한 후 점검할 사항:

a. 식품 부패에 영향을 끼치는 내인성 인자에 대해 정의할 수 있다.
b. 식품의 조성이 어떻게 미생물 증식의 유형을 결정하는지 설명할 수 있다.

음식이 우리에게 영양을 공급하는 것처럼, 음식은 부패를 유발하고 우리를 아프게 할 수 있는 미생물의 성장을 지원할 수도 있다. 미생물 증식은 **내인성 인자**(intrinsic factor)라고 불리는 식품 자체에 연관된 요인에 의해 부분적으로 조절되기도 하고, 이들 인자는 식품의 고유한 부분이므로 식품 부패를 지연시키거나 방지하기 위해 조작하기가 어렵다. 여기서 우리는 식품 부패와 관련된 가장 중요한 내인성 인자에 대하여 살펴볼 것이다.

식품의 조성은 미생물의 생장에 영향을 주는 중요한 내인성 인자이다(**표 40.1**). 만약 식품의 주요 구성성분이 탄수화물이라면, 미생물 부패는 어떤 시점에 가장 잘 일어날 것이다. 일부 과일이나 채소처럼 수분 함량이 높은 고탄수화물 식품은 먼저 진균류에 의한 부패에 취약하다. 곰팡이는 과일과 채소의 방어적인 외부 껍질을 약하게 하여 침투하는 데 필요한 효소를 생산한다. 곰팡이가 외부 껍질 내의 탄수화물을 분해하면, 뒤이어 세균이 식품에 집락을 형성한다. 집락을 형성하는 세균은 펙틴분해효소와 같은 가수분해효소를 생성하는 *Pectobacterium carotovorum*과 같은 무른 부패를 유발하는 것들을 포함한다. ▶ 용질은 삼투와 수분활성도에 영향을 미친다(7.5절)

곰팡이는 곡물이나 옥수수와 같은 고밀도 탄수화물에서 빠르게 생장하며, 이러한 제품이 습한 조건에서 보관될 때 특히 그렇다(**그림 40.1**). 자낭균류인 *Claviceps purpurea*로 오염된 곡물에서는 치명적

(a)

(b)

그림 40.1 식품의 부패. 곰팡이 부패의 전형적인 예는 다음과 같다. (a) 빵 부패는, 아마도 *Penicillium* 종의 성장을 뒷받침하는 것 같다(녹색 균사). (b) 옥수수 부패는 이삭부패(ear rot)라 하며, 심각한 경제적 손실을 가져온다. (a) martinfredy/123RF; (b) Daleen Loest/iStock/Getty Images

표 40.1 식품의 특징에 따른 부패 과정의 차이점

성분	식품 예	화학반응 또는 공정[1]	주요 산물(및 영향)
펙틴	과일	펙틴분해	메탄올, 우론산(uronic acid) (과일의 구조 파괴, 짓무름)
단백질	육류	가수분해, 탈아미노화	아미노산, 펩티드, 아민, 황화수소, 암모니아, 인돌(쓴맛, 신맛, 불쾌한 냄새, 끈적거림)
탄수화물	녹말성 식품	가수분해, 발효	유기산, CO_2, 다양한 알코올(신맛, 산성화)
지방	버터	가수분해, 지방산 분해	글리세롤, 혼합 지방산(역겨움, 쓴맛)

[1] 성분들이 부패하는 동안 다른 반응도 일어난다.

인 상태인 맥각중독(ergotism)이 발생한다(그림 24.12 참조). 오염된 곡물을 섭취했을 경우 이 곰팡이가 생성한 환각을 유발하는 알칼로이드(hallucinogenic alkaloid)로 인해 행동의 변화, 유산, 죽음에까지 이를 수 있다.

탄수화물과 달리, 육류 및 유제품에는 세균의 성장을 지원하는 단백질과 지방이 풍부하다. 지방에서 단쇄 지방산을 생산하면 버터 부패처럼 된다. 단백질의 혐기적 분해를 **부패**(putrefaction)라 한다. 부패로 인해 카다베린(cadaverine: 이름의 어원을 추측해 볼 것)과 푸트레신(putrescine) 같은 고약한 냄새를 풍기는 아민계 화합물이 생성된다. 파스퇴르살균(저온살균)되지 않은 생우유는 지방, 단백질 및 탄수화물을 함유한 복합식품의 좋은 예이다. 부패 동안, 일련의 미생물 변화 과정을 거친다. *Lactococcus lactis*의 아속인 락티스(lactis)에 의한 산의 생성에 이어 좀 더 산에 저항성이 있는 젖산간균(*Lactobacillus*)과 같은 미생물이 생장하며 더 많은 산을 생성한다. 이 시점에서 효모와 곰팡이가 우점종이 되고, 축적된 젖산을 분해하면 산성도는 점차 떨어진다. 마지막 단계에서 단백질분해 세균이 활성을 띠면서 고약한 냄새와 쓴 냄새를 풍긴다. 원래 불투명했던 우유는 단백질과 지방이 응고되면서 점점 투명하게 된다.

pH와 식품의 산화환원능[oxidation-reduction (redox) potential] 또한 부패에 영향을 주는 내인성 인자이다. 낮은 pH에서는 효모와 곰팡이의 성장에 유리하며, 육류와 같은 중성 또는 알칼리성 pH 식품에서는 세균이 부패의 주요 원인이다. 게다가 육류제품을 조리할 때는 미생물 성장을 감소시키는 환경을 제공한다. 따라서 이런 식품류는 즉시 아미노산, 펩티드 및 성장인자를 공급하므로 클로스트리듐(*Clostridia*)과 같은 혐기성 세균의 생장에 이상적인 배지가 된다.

식품의 물리적 구조는 부패 과정이나 정도에 영향을 끼칠 수 있다. 소시지나 햄버거 같은 식품을 갈아서 섞으면 식품 표면적을 넓히고 오염 미생물을 식품 전체에 퍼뜨린다. 이러한 식품을 잘못 보관하면 빠르게 부패가 일어난다.

많은 식품이 복잡한 화학적 저해제 및 효소와 같은 천연 항미생물 물질을 갖고 있다. 과일과 채소에서 발견되는 쿠마린(coumarin)은 항미생물 활성을 보인다. 젖소의 우유와 달걀에도 항미생물 물질을 가지고 있다. 달걀에는 그람양성 세균의 세포벽을 분해할 수 있는 리소자임(lysozyme) 효소가 많다(그림 31.4 참조). 한때 식품 보존의 주류였던 향신료와 양념에도 상당한 항미생물 물질이 존재하는데 일반적으로 진균이 세균보다 더 민감하다. 한때 식품 보존의 주류였던 허브와 향신료는 종종 중요한 항균물질을 가지고 있다. 일반적으로 곰팡이는 세균보다 이 물질에 더 민감하다. 예를 들어, 미생물 생장을 억제하는 알데히드성(aldehydic) 화합물과 페놀성(phenolic) 화합물이 계피(cinnamon), 겨자(mustard), 오레가노(oregano) 등에서 발견된다.

마무리 점검

1. 식품의 부패에 영향을 주는 내인성 인자에는 어떤 것이 있고, 이들은 어떤 영향을 끼치는가?
2. 빵의 부패는 버터와 같은 고지방 음식의 부패와 어떻게 다른가?
3. 육류를 덩어리로 잘라놓은 것보다 소시지와 잘게 갈은 고기가 식품 부패성 미생물에게 더 좋은 환경을 제공하는 이유는 무엇인가?

40.2 식품 부패를 제어하는 환경적 요인

이 절을 학습한 후 점검할 사항:

a. 냉장의 한계를 검토할 수 있다.
b. 2가지 파스퇴르살균 방법을 비교할 수 있다.
c. 물 이용성 원리는 식품 보존에 어떻게 사용되는지 서술할 수 있다.
d. 일반적으로 사용되는 화학물질이 식품 보존에 이용되는 방법을 서술할 수 있다.
e. 식품 조사의 안정성과 효율성에 정통한 의견을 제시할 수 있다.
f. 자주 사용되는 식품 포장법을 검토하고 이 방법의 부패 방지 성능을 평가할 수 있다.

식품 부패에 영향을 미치는 내인성 요인 외에도, 식품에서 미생물 성장을 제어하는 다양한 환경적 또는 외인성 요인이 있다. 내인성 요인과 달리 이들은 부패를 늦추거나 방지하기 위해 조정할 수 있다. 따라서 그들은 식품 품질을 유지하면서 부패 및 질병 유발 미생물의 개체수를 제거하거나 줄이기 위해 고안된 다양한 방법의 기초를 형성한다. 이제 이러한 기술 중 일부에 대해 간략하게 설명한다.

여과

물, 포도주, 맥주, 주스, 음료수 등에 있는 미생물은 여과(filtration)에 의해 제거될 수 있다. 이 방법으로 세균 집단의 수를 줄이거나 완전히 제거할 수 있다. 여러 주요 브랜드의 맥주들은 맥주 원래의 향과 맛을 보존하기 위해 파스퇴르살균보다 여과가 사용된다.

저온

5°C 냉장은 미생물의 증식을 늦추지만, 장기간 보관할 때에는 미생물이 점점 증식해 부패가 일어난다. 특히 우려되는 미생물은 냉장 온도에서 증식할 수 있는 리스테리아(*Listeria monocytogenes*)이다.

그림 40.2 통조림을 위한 식품 준비. 통조림 야채 생산 라인은 아페르트법을 보여준다. Javier Larrea/age fotostock

연관 질문 야채 수프와 같은 통조림 제품에는 종종 소금이 포함되어 있다. 조미료로 사용되는 것 외에 통조림 제품에서 소금의 목적은 무엇인가?

명심해야 할 것은 저온저장으로 대부분의 미생물에 의한 대사작용이 늦어질 수는 있지만, 여러 미생물 집단의 수가 크게 감소하지 않는다는 점이다. ◀ Listeriaceae 과(22.2절)

고온처리는 식품의 미생물 증식을 억제하여 질병의 전파와 부패를 막는다. 1809년 아페르트(Nicholas Appert)에 의해 처음 사용된 가열 공정은 특히 상업적 통조림 작업에서 수행될 때 식품을 안전하게 보존하는 수단을 제공한다(**그림 40.2**). **아페르트법**에서, 통조림 식품은 레토르트(retort)라는 특수한 용기에서 25~100분 간격으로 115°C로 가열한다. 정확한 시간과 온도는 식품의 종류에 따라 다르다. 때로는 모든 미생물을 죽이지 않고 식품을 부패시킬 수 있는 미생물만 죽이는 방법이다. 이는 남아 있는 세균은 pH와 같은 식품의 내인성 특성 때문에 증식할 수 없기 때문이다. 열처리 후 통조림은 가능한 빨리 차가운 물로 식힌다. ▶ 물리적 방법으로 미생물을 제어할 수 있다(8.2절)

파스퇴르살균법(pasteurization)은 질병을 일으키는 미생물을 죽이고 부패 미생물의 수를 충분히 감소시키는 온도로 식품을 열처리하는 것이다. 여러 유형의 저온살균이 있으며, 온도와 제품가열시간에 따라 다르다(**표 40.2**). 파스퇴르살균의 처리시간은 특정온도에서 일정시간 열처리 후 살아남는 미생물의 수가 특정수치 이하로 떨어지는 통계적 확률에 기초하여 결정한다.

물 사용 가능성

물의 존재와 사용 가능성은 식품에서 미생물의 생장에 영향을 끼친다. 단순히 건조만 시켜도 부패 과정을 늦추거나 방지할 수 있다. 이것은 냉장을 필요로 하지 않는 말린 과일에서 흔히 볼 수 있다. 물이 존재하더라도 설탕이나 소금과 같은 용질을 첨가해서 물을 사용하기 어렵게 만들 수 있다. 물 사용 가능성은 **수분활성도**(water activity, a_w)로 측정한다. 수분활성도 값은 1의 a_w를 갖는 증류수와 비교할 때, 시험 용액(또는 식품)에 대한 공기내 상대습도의 비율을 나타낸다. 소금이나 설탕을 식품에 다량 첨가하면, 미생물은 대부분 고장성(hypertonic) 상태에서 탈수가 일어나 자라지 못한다. 탈수 또는 동결 건조는 미생물 생장을 방지하는 일반적인 방법이다. a_w를 감소시키면서 제품의 삼투압을 증가시켜서 미생물의 생장을 제한한다. 그러나 이러한 나쁜 조건에서도 **호삼투성**(osmophilic) 미생물과 **호건성**(xerophilic) 미생물은 식품을 부패시킬 수 있다. 약 0.9의 a_w에서 증식하는 대부분의 부패 미생물과는 달리, 이 미생물들은 0.6~0.7의 a_w에서 가장 잘 자란다. 호삼투성(osmophilic: 그리스어 *osmus*는 '충격', *philein*은 '좋아하는'을 의미) 미생물은 높은 삼투농도를 갖는 배지(예: 잼과 젤리)에서 가장 잘 자란다. 반면 **호건성**(xerophilic: 그리스어 *xerosis*는 '건조한', *philein*은 '좋아하는'을 의미) 미생물은 낮은 a_w 환경(예: 건조된 과일, 시리얼)을 선호하고 높은 a_w에서는 자라지 못할 수 있다. ◀ 용질은 삼투와 수분활성도에 영향을 미친다(7.5절)

표 40.2 저온살균 방법

저온살균 종류	온도와 열처리 기간	저온살균된 생산품
저온 지속(LTH)	68.2°C, 30분	맥주, 과일주스, 요거트용 우유
고온 단시간(HTST)	72°C, 15초	미국내 우유와 다른 유제품을 위한 산업표준
고온 장시간(HTLT)	80°C, 30초	과일주스, 우유
초고온(UHT)	138°C, 3초	개봉할 때까지 냉장이 요구되지 않는 우유

화학물질에 기초한 보존 방법

다양한 화학물질이 식품의 보관에 사용되고 있다. 그리고 이러한 물질들은 미국 식품의약품안전청(U.S. Food and Drug Administration, FDA)에서 엄격하게 규제하며 **일반안전식품**(generally recoginzed as safe, GRAS)으로 분류되어 있다. 여기에는 단순 유기산, 아황산염(sulfite), 기체 살균제로서의 산화에틸렌(ethylene oxide), 아질산나트륨(sodium nitrite), 에틸포름산(ethyl formate) 등이 포함된다. 이러한 화학물질들은 세포의 원형질막을 손상시키거나 다양한 세포 단백질을 변성시킨다. 핵산의 기능을 방해하여 세포의 복제를 억제하는 다른 화합물들도 있다.

아질산나트륨은 *Clostridium botulinum*의 증식과 포자발아를 억제하기 때문에 햄, 소시지, 베이컨 등 건조된 육류의 보존을 돕기 위해 사용되는 중요한 화학물질이다(그림 38.28 참조). 이것은 보툴리누스 중독을 차단하고 부패 속도를 늦춘다. 아질산염(nitrite)은 육류의 안전을 높이는 반면에 질산으로 분해되고, 질산은 헴(heme) 색소와 반응하여 육류의 붉은 색을 유지하게 한다. 최근에 아질산염이 아민(amine)과 반응해 발암성 물질인 니트로사민(nitrosamine)으로 변할 수 있다는 것이 보고되었다.

낮은 pH도 미생물 증식을 방해하는 데 사용될 수 있다. 예를 들어 아세트산과 젖산은 *Listeria monocytogenes*의 생장을 억제한다. 게다가 낮은 pH는 다른 화학보존제의 작용을 증강시킬 수 있다. 프로피온산나트륨(sodium propionate)은 낮은 pH에서 가장 효과적이며, 낮은 pH에서는 주로 해리되지 않은 형태로 존재한다. pH가 낮은 빵에는 보존제로서 프로피온산나트륨을 종종 사용하는데, 구연산도 자주 사용된다.

높은 수압

파스칼라이제이션이라고도 하는 높은 정수압(HHP)을 사용하면 식품을 보존할 수 있다. 식품을 포장 및 밀봉한 후 물에 담군다. HHP에는 큰 온도 변화 없이 100~1,200메가파스칼(megapascal, MPa)의 압력이 사용된다. HHP는 세포막에 가장 치명적이어서 진핵 미생물이 더욱 민감하다. 추측컨대 그람양성 세균와 특히 내생포자는 그람음성 세균보다 HHP에 대한 내성이 강하므로 죽이기 어렵나.

방사선조사

사람들은 식품 방사선조사(food radiation)를 우려하지만, 이는 식품을 멸균시키는 효과적인 방법이다. 불행히도 식품이 방사선에 조사되면, 식품이 방사능을 가지게 된다는 잘못된 인식이 퍼져 있다. 이는 마치 흉부 또는 치아에 X선 사진을 찍고 나서 우리 몸이 방사능을 가진다고 생각하는 것과 유사하다. ◀ 방사선(8.2절)

식품 보존을 위해 3가지 방사선이 사용된다. X선과 전자빔은 중금속(X선)에서 반사되거나 가속기(전자빔)에서 추진되는 고에너지 전자의 흐름을 보낸다. 세 번째는 코발트-60(cobalt-60)에서 나오는 감마선조사이나. 감마신은 투괴력이 뛰어나지만 물에서 활성산소를 발생시켜 핵산, 지질, 단백질을 산화시키는 경우에만 효과가 있으므로 수분이 많은 음식과 함께 사용해야 한다. 이러한 과정은 니콜라스 아페르트의 이름을 따서 **방사살균**(radappertization)이라고 하는데, 이것은 해산물, 과일, 채소류의 저장기간을 늘려 주었다. 통조림 제조 과정과는 달리, 방사살균은 식품을 가열하지 않는다.

포장법

식품 저장 패키지의 포장용기 내부에 있는 기체 조성이 미생물 증식에 중요하다. 이러한 연구는 **변형된 공기포장법**(modified atmosphere packaging, MAP)의 발달을 가져왔다. 최근에는 현대적인 수축포장물질과 진공기술의 사용으로 공기를 잘 조절하여 식품을 포장하게 되었다. 대부분의 이런 포장재들은 산소를 투과하지 않으며, 공기가 들어 있는 포장제품과 비교하여 식품의 유통기간을 2~5배 정도 늘릴 수 있게 되었다. 식품 주변의 공기조성이 60% 이상의 이산화탄소로 이루어져 있을 경우, 낮은 농도의 산소가 있더라도 부패성 곰팡이는 자라지 않는다. 높은 산소의 MAP 또한 효과적임을 알았다. 이런 조건에서는 세포내에 초과산화물 음이온(superoxide anion)의 생성이 촉진되기 때문이다. 현재 MAP 기술을 사용하여 포장되는 제품들은 조제육과 조제치즈, 피자, 갈은 치즈, 일부 제빵류 및 커피와 같은 건조식품이다.

마무리 점검

1. 식품 보존에 대한 화학적, 물리적, 생물학적 접근 방식을 나열한 표를 구성하시오.
2. 하루에 소비하는 음식과 음료를 보존하는 데 사용되는 모든 화학물질의 목록을 보관하시오.
3. HHP의 공격 목표가 되는 세포내 성분은 무엇인가? 방사살균은 무엇인가?
4. MAP에 쓰이는 주된 기체는 무엇인가? 미생물 증식을 억제하기 위해 농도 변화를 어떻게 주어야 하는가?

40.3 식품매개 질병의 출현

이 절을 학습한 후 점검할 사항:

- **a.** 실질적으로 건강 및 경제에 영향을 주는 주요 식품매개 감염을 요약할 수 있다.
- **b.** 미국에서 발생한 주요 식중독 사건의 기원과 결과를 서술할 수 있다.
- **c.** 아플라톡신과 퓨모니신을 비교할 수 있다.

식품매개(food-borne) 질병은 대부분 질병으로 인식되지도 않고 사례 보고도 되지 않는다. 식품 병원체의 출처와 정체는 피해자가 의사나 병원을 방문할 정도로 심각한 질병을 일으기는 경우에만 밝혀진다. 미국의 질병통제예방센터(Centers for Disease Control and Prevention, CDC)에 따르면, 식품과 관련된 질병을 앓고 있는 사람이 1년에 약 4,800만 건에 달하고, 128,000명이 입원하고, 대략 3,000명이 사망한다. *Salmonella enterica* 혈청형, 노로바이러스,

Campylobacter jejuni, 장출혈성 대장균(예: 균주 O157:H7), A형 간염, *Listeria monocytogenes*는 식품매개 질병의 주요 원인균이다.

모든 음식매개 질병은 분변 구강 경로(fecal-oral route)로 전염된다. 배설물, 손가락, 음식, 기생충 및 파리(feces, fingers, food, fomites, flies)와 같은 "5-F"는 분변 구강 전염에 중요하다. 감염매개에는 수도꼭지나 음료수 컵, 도마 등이 포함된다. 개별 식품매개 질병은 37장~39장에서 다루며 관련된 일반적인 미생물은 표 38.3에 요약되어 있다. 여기서는 오염된 음식의 개인적, 경제적, 사회적 영향을 보여주는 여러 식품매개 질병의 주요 발발 사례를 살펴보기로 한다. 여기서는 식품과 관련된 질병의 2가지 주요 유형은 식품매개 감염과 식중독에 대하여 살펴본다.

Noam Armonn/Alamy Stock Photo

식품매개 감염

식품매개 감염(food-borne infection)은 병원체의 섭취로 시작해 숙주에서 증식하고 조직에 침투하여 독소를 방출한다.

*Listeria monocytogenes*에 의해 발생한 리스테리아증(listeriosis)은 미국 역사상 가장 큰 규모의 육류 리콜이 일어나게 만든 원인이었다. 2002년 7개 주에서의 리스테리아증 발병은 펜실베니아에 위치한 육류 가공공장에서 생산된 델리육 및 핫도그에서 문제가 생긴 것이었다. 임산부, 어린이, 노인, 면역력이 저하된 사람들이 특히 *L. monocytogenes* 감염에 취약했다. 이러한 발병으로 인해 7명이 죽고, 3명이 사산되었으며, 46명이 병에 걸렸다. 미생물학자들은 오염된 식품에 존재하는 *L. monocytogenes* 균주와 웜플러(Wampler)사의 육류 가공공장 하수구에서 분리한 균주가 동일함을 확인하였다. 이 결과는 5개월 동안 상점, 식당, 학교 점심급식으로 팔린 2,740만 파운드의 육류를 즉시 리콜하게 하였다. 그 가공공장은 한 달 동안 폐쇄되었으며, 웜플러라는 상표는 시장에서 사라지게 되었다. 이 사건으로 미국 농무부(USDA)는 *L. monocytogenes*의 환경평가프로그램을 더 강력하게 시행하게 되었고, 현재는 농무부에 검사결과를 정기적으로 제출하지 않는 공장을 감찰하고 있다. 또한 정기적으로 검사결과를 제출하는 공장에 대해서도 기습 검열을 시행하고 있다. 이제 의사들은 리스테리아증 감염에 취약한 사람들에게 소프트 치즈(예: 페타, 브리, 까망베르), 냉장 훈제육[예: 훈제연어(lox)], 델리육, 충분하게 가열되지 않은 핫도그 등을 먹지 말라고 권고하고 있다. 웜플러 육류 가공공장은 2002년 사건으로 1억 달러에 달하는 경비와 신용 손실을 극복하지 못하고, 결국 2006년에 최종 폐쇄되었다. 따라서 한 번의 발병으로 사망, 질병, 파산, 식품안전검사 정책 변경 및 위험에 처한 환자를 리스테리아증으로부터 보호하기 위한 일상적인 예방의학이 만들어졌다.

장출혈성 미생물인 대장균(EHEC) 균주 O157:H7과 관련된 발병은 식품 감염이 미칠 수 있는 영향을 보여준다. 대장균 O157:H7은 시가(Shiga) 유사 독소로 알려진 독소를 생산하는데, 이는 잠재적으로 생명을 위협하는 용혈성 요독증후군을 유발하며, 이는 어린이와 노인에게 가장 흔히 볼 수 있다. EHEC는 독소를 생산하지만, 박테리아가 숙주에서 독소를 생산하기 위해 존재해야 하기 때문에 EHEC가 유발하는 질병은 중독이 아니다. 대장균 O157:H7 질병(1980년대)의 미국 최초 발병은 덜 익힌 햄버거를 섭취한 사람들에게서 발생했다. 이 미생물은 다양한 포유동물의 내장에 서식하며 도축 및 가공 과정에서 소의 대변으로 오염된 갈은 소고기는 계속해서 이러한 발병의 일반적인 원인이다. ◀ 대장균 위소장염(38.4절)

보다 최근에는 다른 유형의 음식이 대장균 O157:H7에 오염된 것으로 밝혀졌다. 하나의 예는 최소한으로 가공되고 즉시 먹을 수 있는 신선한 샐러드 채소이다. 농산물을 반복적으로 세척한 다음 건조하고 비닐봉지에 포장한다. 이에 대한 한 가지 예는, 2006년과 2018년에 가장 크고 가장 널리 알려진 것 중 하나가 시금치 관련 발병인데, 조사결과 시금치가 밭에 있는 동안 오염이 발생한 것으로 확인되었다. 조사에 따르면 가장 가능성이 높은 곳은 울타리 아래에 파묻혀 시금치 밭을 가로질러 이동하고 대변으로 오염된 관개용수이다. 이 발견은 다음과 같은 답변보다 더 많은 질문을 제기한다. 어떻게 수천 개의 농경지를 야생동물로부터 보호할 수 있는가? 수확 후 세척 절차에서 시금치에 있는 대장균이 깨끗하게 제거되지 않은 이유는 무엇인가? 식물의 초기 세균 접종원이 최소 10배까지 자라는 요인은 무엇인가? 잦은 발병은 정부와 산업계에서 농작물 관리에 최소한의 처리를 유지하도록 지속적으로 촉구되어야 한다.

식중독

식품에서 일어나는 미생물의 증식은 **식중독**(food intoxication)을 일으킬 수도 있다(표 38.3 참조). 식중독은 독소가 이미 음식에 존재하기 때문에 중독은 음식을 섭취한 직후 증상을 나타나기도 한다. 전형적인 예는 황색포도구균 장독소(*Staphylococcus aureus* enterotoxin)로 오염된 샐러드를 섭취한 후 4~6시간 후에 구토하는 사람들이다. 음식에서 생성된 독소가 질병을 유발하기에 충분하기 때문에 *S. aureus* 세포의 섭취는 필요하지 않다.

S. aureus 이외에도, *Clostridium botulinum*, *Bacillus cereus* 종

의 내생포자를 생성하는 그람양성 간균이 식중독과 감염을 일으키는 것으로 알려져 있다. *C. botulinum* 식중독은 38장에서 설명한 바 있다. 미국에서는 매년 30건 이하의 보툴리누스 중독 사례가 보고되며, 대부분 가정 통조림과 관련이 있다. *B. cereus*는 2종류의 식중독을 일으키는데, 이는 각각 다른 종류의 독소가 작용하기 때문이다. *B. cereus*로 오염된 육류, 생선 또는 채소를 섭취한 후 일어나는 식중독은 설사를 일으킬 수 있다. *B.cereus*에 의한 식중독은 급성구토(24시간 내)가 특징인데, 오염된 쌀 또는 패스트리 같은 녹말 식품을 섭취했을 때 일어난다.

일부 곰팡이에서 유래한 독소는 더 큰 건강상의 잠행성 효과를 나타낸다. 곰팡이에서 유래한 발암물질로는 아플라톡신과 퓨모니신이 있다. **아플라톡신**(aflatoxin)은 *Aspergillus flavus*와 *A. parasiticus*에 의해 생산된다. 이 곰팡이는 촉촉한 곡물과 견과류에서 성장하여 독소를 방출한다. 식품들이 최적이 아닌 조건에서 저장되거나, 수확 후 가공처리가 거의 없거나 전혀 하지 않는 열대국가에서 아플라톡신 섭취가 일반적으로 일어난다. 아플라톡신은 DNA 가닥 사이에 쐐기 모양으로 삽입되어 암을 유발할 수 있는 틀이동돌연변이를 일으키는 평면 고리형 화합물이다. 이러한 현상은 불안정한 유도체로 변환되는 간에서 주로 일어난다. 약 20개의 다른 아플라톡신이 알려져 있다. 가장 중요한 것은 **그림 40.3**에 나와 있다. 이들 중에서, 아플라톡신 B_1은 가장 흔하고 가장 강력한 발암물질이다. 수유동물(예: 젖소)에 의해 섭취된 후, 아플라톡신 B_1은 간에서 변형되어 아플라톡신 M_1으로 전환된다. 만약 젖소가 아플라톡신으로 오염된 사료를 먹으면, 우유와 유제품에서 아플라톡신이 발견될 수 있다. 곡물과 우유 이외에 맥주, 고고아, 건포도, 땅콩버터, 콩 식품에서도 발견된 바 있다. 식습관은 아플라톡신 노출과 관련이 있는 것으로 보인다. 전통적인 유럽식 식사에서 평균적인 아플라톡신의 섭취량은 하루에 19 ng인 반면, 일부 아시아에서는 103 ng이다.

퓨모니신(fumonisin)은 *Fusarium verticillioides*에 의해 생성된 옥수수의 곰팡이 오염물질이다. 이것은 말에서 백색질뇌연화증(leukoencephalomalacia: '훈도병'으로 불리며, 2~3일 내에 치사함)을, 돼지에게 폐부종(pulmonary edema)을, 사람에게는 식도암을 일으킨다. 퓨모니신은 세포에서 지질 사용에 관여하는 주요 효소인 세라미드 합성효소(ceramide synthase)를 억제한다. 퓨모니신은 스핑고지질(sphingolipid)의 합성과 대사를 방해하여 다양한 세포의 기능에 영향을 끼친다. 옥수수와 옥수수 낟알이나 가루를 포함하는 사료와 식품이 종종 오염된다. 따라서 옥수수와 옥수수 제품은 곰팡이가 발생할 수 없는 건조한 조건에서 보관하는 것이 매우 중요하다.

다른 진핵 미생물도 심각한 독성물질을 합성할 수 있다. 예를 들어 물고기가 조류 독소(algal toxin)에 오염되면 먹이사슬의 상위에 있는 해양동물의 건강에 영향을 끼친다. 이들은 또한 사람이 소비하는 조개류와 일반 물고기를 감염시킨다. 29.2절에서 논의된 것처럼, 이러한 독소는 독성조류 대번식(algal bloom) 동안 생산된다.

(a) B_1 G_1 (b) M_1

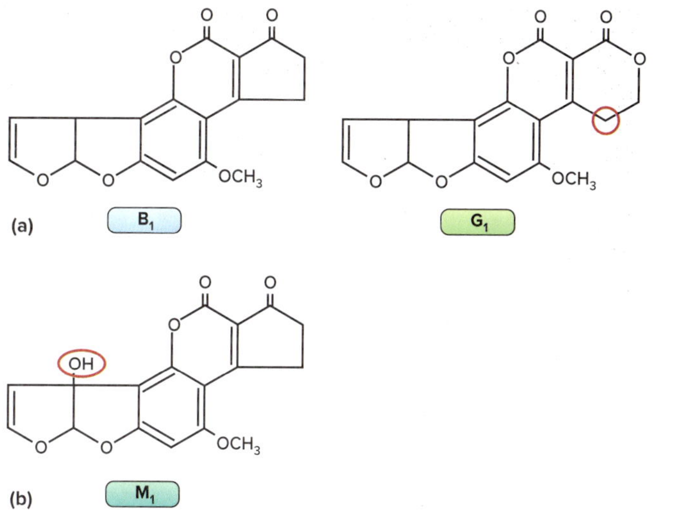

그림 40.3 아플라톡신. 이 *Aspergillus flavus* 제품은 2가지 기본 구조를 가지고 있다. (a) 아플라톡신을 곡물에서 추출하여 크로마토그래피를 통해 분리하고 자외선에서 관찰하면 여러 색으로 나타난다. 독소 B는 청색, 독소 G는 녹색 형광을 보인다. (b) M형 아플라톡신은 B형 아플라톡신을 섭취한 젖소의 우유에서 발견된다. 빨간색 원은 독소 B_1와의 화학적 차이를 나타낸다.

연관 질문 어떤 식품이 아플라톡신 오염에 가장 취약할까?

마무리 점검

1. 식품매개 감염과 식중독의 차이점은 무엇인가? 어떤 것이 억제하기 더 어려운가? 답변을 설명하시오.
2. 대장균 O157:H7 오염에 대해 우려되는 사람에게 음식 준비에 관한 실질적인 권장사항은 무엇인가?
3. 아플라톡신과 퓨모니신은 어떤 곰팡이 속의 구성원에 의해 생성되는가? 오염된 사료를 먹은 동물에 어떤 손상을 일으키는가?

40.4 식품매개 병원체의 검출은 정부–산업체 협력이 요구된다

이 절을 학습한 후 점검할 사항:

a. 농업 관행에서 식품 오염의 기회를 인식할 수 있다.
b. 식품 생산 중 오염을 방지하기 위해 사용되는 방법을 설명할 수 있다.
c. 식품 테스트 전략 개발을 안내하는 원칙을 나열할 수 있다.
d. 개인이 섭취한 식품매개 병원체를 식품 공급원으로 추적할 수 있는 방법을 설명할 수 있다.

• 사료 및 보충제
• 가축의 건강
• 운송 중 조난

• 처리 속도
• 염소, 과아세트산 처리
• 병원체 감시

• 방부제 첨가
• 포장
• 운송 시간

그림 40.4 미생물 구성에 영향을 미치는 닭 공급망의 단계. (left) Vedaant Sethia/Shutterstock; (middle) Glow Images; (right) Kathleen Sandman/McGraw Hill

1905년 싱클레어(Upton Sinclair)의 소설 《정글》에는 육류포장 산업의 끔찍한 현실이 폭로되어 있다. 이듬해 미국 연방법과 주정부법의 첫번째 법안은 식품안전을 개선하도록 시행하는 것이었다. 그러나 FDA 식품안전 현대화법이 통과된 1938년과 2011년 사이에는 이 문제를 다루는 주요 법규가 없었다. 2011년 법의 중요한 목표는 연방정부 규제기관의 초점을 식품오염의 규제에서 예방으로 변화하는 것이었다. 그러나 식품안전을 유지하기 위해 정부에 기대할 수 있지만, 식품안전은 공동 책임이다. 식품의 생산, 운송, 판매, 준비 및 소비 동안 예방 조치를 정의하고 준수해야 하기 때문이다. 식품 수입 및 수출이 증가함에 따라 생산자에서 소비자까지 체인의 길이와 복잡성이 급격히 증가하여 식품안전 노력이 더욱 복잡해졌다. 지난 30년 동안 식품 수출입이 증가하면서 식품안전 노력이 더욱 복잡해졌다. 여기에서는 안전 조치 및 식품 병원체 감지에 대한 광범위한 개요를 제공한다.

농산물 직판장 안전 조치

대부분의 식품매개 질병의 원인이 되는 미생물은 두 곳에서 기인된다. 하나는 가축이나 농산물과 관련된 미생물군이며, 다른 하나는 식품가공 체인의 농장환경 및 작업자로부터 발생한다. 수확 및 포장을 통해 현장 조건부터 시작하여 농산물을 모니터링한다. 들판 주변에서 트럭을 운전하거나 스프링클러가 물을 튀기는 것과 같은 활동으로 인한 토양 파괴는 토양 유기체에 오염될 위험이 있으며, 이들 중 다수는 포자형성 미생물이다. 농업 분야는 이전 절에서 언급했듯이, 농작물을 방목하고 배설물을 남길 수 있는 지역 야생동물(사슴, 토끼, 너구리)을 끌어들인다. 마지막으로, 식물의 일부(뿌리, 잎, 과일)는 별개의 미생물군을 가지고 있으며 그 중 일부는 포장 및 운송 중에 부패를 일으킬 수 있다.

우리는 가장 인기 있는 육류 중 하나를 제공하기 위한 도전과 통제를 설명하기 위하여 닭고기를 사용한다(**그림 40.4**). 가금류와 가장 관련이 있는 병원체는 *Campylobacter*, *Salmonella* 및 *Clostridium perfringens*이다. 이들은 정상적인 가금류 미생물군의 일부이다. 대조적으로, *Listeria monocytogenes*는 차갑고 습한 처리시설에서 증식한다. 이러한 세균에 대한 일상적인 감시는 가공공장 내에서 돌발사태를 감지하고 제거하는 데 중요하다.

닭의 정상 체온은 *Campylobacter*와 *C. perfringens*의 최적 생장 온도인 41°C이다. 이러한 병원체에 대한 제어 전략은 배설물 오염 감소와 도축 후 사체를 빠르게 냉각시키는 데 의존한다. 위장관(GI)을 청소하기 위해 운송 및 수확 전 8~12시간 동안 동물에게 사료를 공급하지 않는다. 도축 후 도체를 60°C의 물에 몇 분 동안 데운다. 이 단계는 깃털 제거를 촉진하고 일부 비포자형성 세균도 제거하지만, 많은 닭들이 물에 잠겨서 교차오염의 주요 원인이 되기도 한다. 동물의 위장관 제거는 분변 미생물(살모넬라)에 의한 오염 가능성이 가장 크며, 이 단계는 일관성을 위해 자동화되는 경우가 많다. 깃털을 제거한 사체는 물에 담그어 4.4°C까지 냉각한다. 냉각 과정 시간(새의 크기에 따라 4~8시간 미만)은 연방법에 의해 지정된다. 느린 냉각은 미생물 생장을 촉진한다. 피부의 깃털 모낭은 도체 사이의 밀접한 접촉으로 인해 냉각 단계 동안 *Campylobacter*에 의해 집락화될 수 있다는 사실에 주목해야 한다. 오염을 줄이기 위해 염소와 과아세트산은 모두 처리에 사용되는 물을 소독하는 데 사용된다. 육류의 최종 목적지에 따라 닭고기는 바로 먹을 수 있는 제품으로 조리되거나 시장으로 운송되는 동안 안정화하기 위해 추가 방부제로 처리될 수 있다.

식품 병원체 검출

몇 가지 원칙은 식품을 안전하게 유지하는 데 사용되는 기술, 프로토콜 및 정책의 개발을 안내한다. 여기에는 (1) 모든 주어진 검사에서 가짜양성(**특이성**)이 거의 발생하지 않아야 하며 문제의 병원체가 낮은 농도로도 검출되어야 한다(**민감도**). (2) 유통을 기다리는 신선 농산물에 특히 중요한 **신속성**, (3) **단순성**, 즉 식품은 제한된 샘플 준비로 테스트해야 한다. 또한 각 탐지 전략의 목표를 명확하게 정의해야 한다. 이상적으로는 “예방을 위한 테스트”, 즉 식품이 농장이나 가공 공장을 떠나기 전에 안전한지 확인하는 것이 목표이다. 물류 및 비용으로 인해 이것이 불합리한 경우 차선책은 “보호를 위한 테스트”이며, 이는 식품이 소비에 접근하기 전에 분석을 포함한다. 이러한 전략은 발병이 발생하고 오염된 식품의 출처를 식별해야 할 때 “회복을 위한 테스트”를 피하기 위해 고안되었다.

선택적 배지에서 오염된 식품매개 병원체의 성장은 오랫동안 식품안전 연구실의 기반이었다. 일단 유기체가 분리되면 다양한 방법을 사용하여 그 정체를 확인할 수 있다. 예를 들어, 배양된 미생물은 일반적으로 생화학적 테스트의 대상이 되며 완료하는 데 최대 일주일이 걸릴 수 있다. 이러한 접근 방식 중 많은 부분이 감도, 특이성 및 처리시간이 우수한 최신 분자 방법으로 대체되었다. 일부 분자 기술은 여전히 병원체를 먼저 배양하는 데 의존하지만 다른 많은 기술은 독립적으로 배양된다.

일반적으로 식품검사에는 핵산 기반 방법, 면역학적 방법 및 바이오센서의 3가지 유형의 분자 방법이 사용된다. 핵산 기반 방법에는 실시간 PCR, 다중 PCR 및 전체유전체 서열분석법(WGS)이 포함된다. 예를 들어, 다중 PCR은 각 관심 미생물에 대한 특이적인 프라이머를 사용하여 한 번에 여러 병원체에 대한 식품을 테스트하는 데 사용된다. 이를 통해 병원성 오염물질을 신속하게 식별할 수 있다. 병원체 산물을 검출하기 위한 면역분석법에는 간단하고 저렴하며 중요하게는 현장에서 수행할 수 있는 측면 유동 분석법이 포함된다(그림 36.16 참조). 면역자기 비드의 사용은 식품에서 의심되는 병원체를 분리하기 위한 농축 배양보다 더 빠른 접근 방식이다(그림 36.4 참조). 바이오센서는 광학, 전기, 자기 또는 기계적 판독을 제공하는 변환기에 병원체를 감지하는 생물학적 물질(예: 세포 수용체, 효소, 합성 펩티드)을 연결한다. 바이오센서는 실시간 병원체 검출을 제공하고 일반적으로 현장에서 사용할 수 있도록 휴대가 간편하기 때문에 식품안전검사에서 유용한 가치가 있다. ◀ 중합효소연쇄반응은 표적 DNA를 증폭시킨다(17.2절); 유전체 염기서열분석법(18.2절) ▶ 바이오센서(41.5절)

식품매개 병원체를 추적하려면 종 또는 아종 이하의 수준으로 식별해야 한다. 16S rRNA를 인코딩하는 것과 같은 단일 유전자의 서열을 지정하는 대신, 염색체의 여러 영역을 **서브타이핑**(subtyping)이라고 하는 과정에서 조사한다. ◀ 아종 및 균주의 동정(26.2절)

전체유전체 서열분석법(WGS)은 식품매개 병원체를 식별하기 위한 선택 방법이다. WGS는 **짧은 읽기 플랫폼**과 **긴 읽기 플랫폼**의 2가지 형태로 제공되며 각각 1,000개 염기쌍(bp) 미만 및 초과의 유전체 단편을 제공한다. 긴 읽기는 완전한 유전체의 조립에 필수적이지만 더 짧은 읽기는 하위 유형 지정에 충분하다. **참조 서열**(그림 18.6 참조)로 알려진 기존 유전체와 짧은 읽기의 컴퓨터 정렬은 단일 뉴클레오티드 다형성 및 삽입결실과 같은 차이점을 조명한다. 많은 짧은 판독으로 확인된 차이점의 합계는 해당 유기체의 고유한 유전자형을 설명한다. 이러한 짧은 판독 서열분석은 다른 분리주와 비교할 수 있다. 예를 들어, 공중보건 관계자는 환자의 질병을 일으킨 *Campylobacter* 분리 균주의 염기서열이 지역 처리시설의 분리주 또는 다른 질병 사례의 분리주와 어떻게 비교되는지 알고 싶어 한다. 참조 유전체에서 발견되지 않는 DNA 영역을 식별하고 평가하려면 완전한 유전체 서열분석이 필요하다. 그러한 서열은 종종 최근의 수평적 유전자 전달을 나타낸다. ◀ 전체유전체 비교(26.2절)

CDC는 특히 발병 중 식품매개 병원체를 조기에 탐지하기 위해 펄스네트(PulseNet)라는 프로그램을 감독한다. 펄스네트는 식품매개 병원체의 균주를 문서화하기 위한 분자 도구와 리소스를 제공하여 공간과 시간에 걸쳐 추적할 수 있도록 하였다(**그림 40.5**). 2019년까지 펄스네트는 모든 분석을 WGS로 변환하였다.

2011년 16개국에서 4,000명 이상의 사람들을 병들게 하고 50명을 사망시킨 새로운 대장균 병원체의 발병은 식품매개 발병에 WGS를 적용한 예를 제공한다. 한 달도 채 되지 않아 환자에게서 회수된 여러 대장균 O104:H4 균주의 유전체가 서열분석되었다. 이것은 장출혈성 및 장응집성 대장균 계통 모두로부터 독성인자의 특이한 집합을 갖는 새로운 계통인 것으로 판정되었다(그림 38.31 참조). 이로써 발병 원인인 오염된 콩나물을 추적할 수 있게 되었다. ◀ 대장균 위소장염(38.4절)

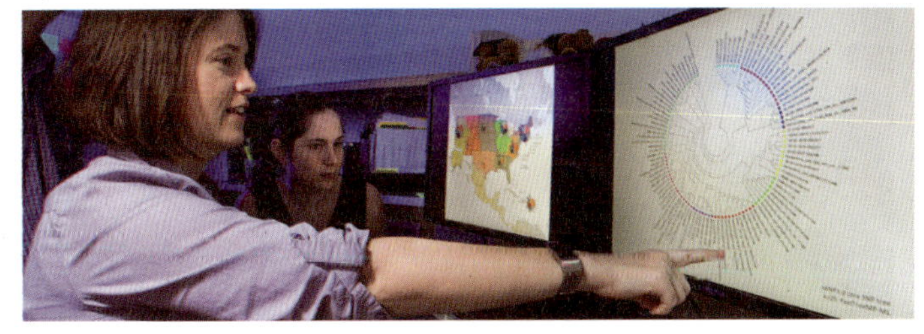

그림 40.5 펄스네트. 식품 미생물학자가 세균 병원체를 식별하는 데이터를 조사한다. Centers for Disease Control and Prevention

연관 질문 펄스네트가 국가 차원에서 식품매개 병원체의 신원을 조정하는 것이 중요한 이유는 무엇인가?

마무리 점검

1. 수입 채소의 식품 공급망을 고려해서, 언제 그리고 어디서 야채를 병원균에 대해 검사해야 한다고 생각하는가? 설명하시오.
2. 식품안전검사에서 현재 사용되는 3가지 분자 접근법은 무엇인가? 현장에서 사용할 수 있는 것은?
3. 당신은 *Salmonella enterica* 식중독의 발생을 조사하는 팀에 있다. 여러 환자와 여러 오염된 식품의 펄스네트 및 WGS 정보가 있다. 이 데이터로 어떤 질문에 대답할 수 있는가?

40.5 발효식품의 미생물학: 맥주, 치즈 등

이 절을 학습한 후 점검할 사항:

a. 중온성 발효와 호열성 발효를 비교할 수 있다.
b. 효모-젖산 발효를 설명할 수 있다.
c. 치즈 제조 공정을 요약할 수 있다.
d. 일부 발효육 제품을 나열할 수 있다.
e. 포도주, 샴페인, 맥주 및 증류된 주정의 생산을 개괄적으로 설명할 수 있다.
f. 미국에서 흔히 먹지 않는 발효식품 목록을 서술할 수 있다.

발효는 수천 년 동안 식품 생산에 사용되었다. 최초 기록은 기원전 6,000년으로 거슬러 올라간다. 미생물 증식은 식품에 화학적 또는 조직적(textural) 변화를 일으켜 장기간 보관할 수 있는 형태가 되도록 한다. 발효 과정은 치즈, 요구르트 및 초콜릿처럼 즐거운 음식에 맛과 냄새를 만드는 데 사용된다(**기술 및 응용 40.1**). 발효에는 두 가지 유형이 있다. 하나는 종균배양물을 첨가하여 수행하는 것이고, 다른 하나는 발효되는 식품에 존재하는 고유 미생물에 의해 수행되는 것이다. 여기에서 가장 일반적인 발효식품의 미생물학에 대해 논의한다. ◀ 발효에는 전자전달사슬이 관여하지 않는다(11.6절)

발효우유

우리는 요구르트에 대해 가장 잘 알고 있지만, 세계적으로 적어도 400종의 서로 다른 발효우유가 생산된다. 대부분의 발효유제품은 **젖산균**(lactic acid bacteria, LAB)에 의하여 생산된다. 젖산균은 *Lactobacillus*, *Lactococcus*, *Leuconostoc* 속에 속하는 종을 포함한다(**그림 40.6**). 내산성이 강한 후벽균(firmicute)은 포자비형성균으로 절대 발효대사를 수행하는 내기성(aerotolerant) 균주이다. ▶ Lactobacillales 목(22.2절)

유제품의 종류에 관계없이, LAB의 **종균배양**(starter culture)이 발효를 시작하기 위해 첨가된다. 예를 들어 *Lactococcus lactis*는 치즈 생산에 사용되고 다양한 *Leuconostoc* 종은 버터밀크 발효를 시작하는 데 사용된다. 유제품 산업에 있어 까다로운 문제는 종균배양을 파괴하는 세균성 바이러스의 존재이다. 세균성 바이러스에 감염된 종균배양으로 인해 젖산 생산은 30분 이내에 중단될 수 있다. 이 문제를 극복함으로써, 많은 신뢰할 수 있는 종균배양은 파지 흡착 또는 세균성 바이러스 DNA의 세포내 진입 방지, 제한 변형의 활성 또는 크리스퍼-카스 시스템의 사용과 같은 다양한 메커니즘에 의해 세균성 바이러스 감염을 예방하는 세균으로 구성되는 것으로 밝혀졌다. 그럼에도 불구하고, 다양한 세균성 바이러스 제어 수단이 이용 가능하며, 여전히 더 많은 개발이 진행되고 있다. ◀ 바이러스 감염에 대한 반응(14.6절)

중온성(mesophilic) **우유 발효**는 버터밀크와 사워크림을 생산한다. 이 유형의 발효는 발효의 산성 생성물에 단백질 변성을 일으키는

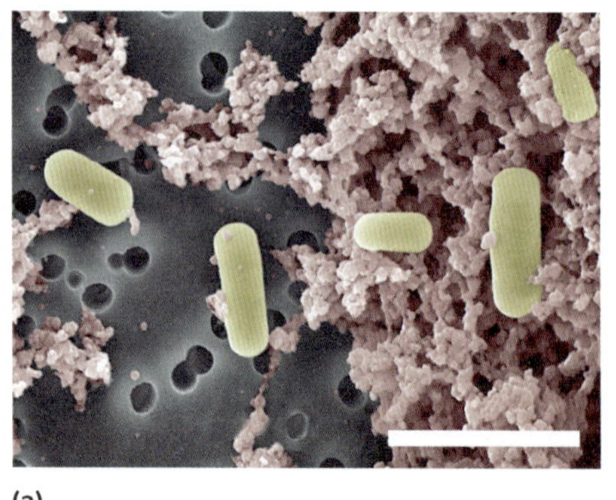
(a)

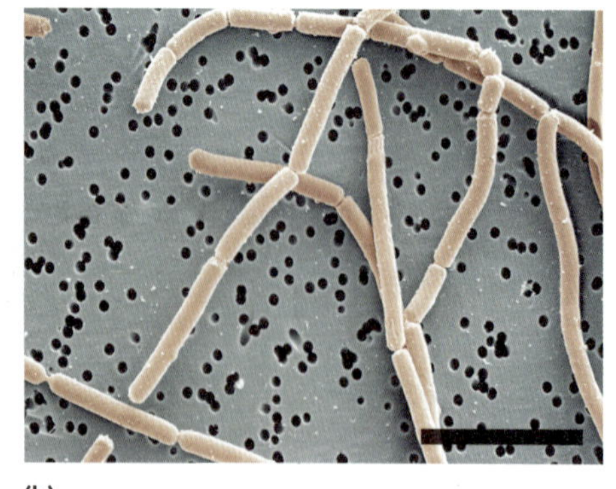
(b)

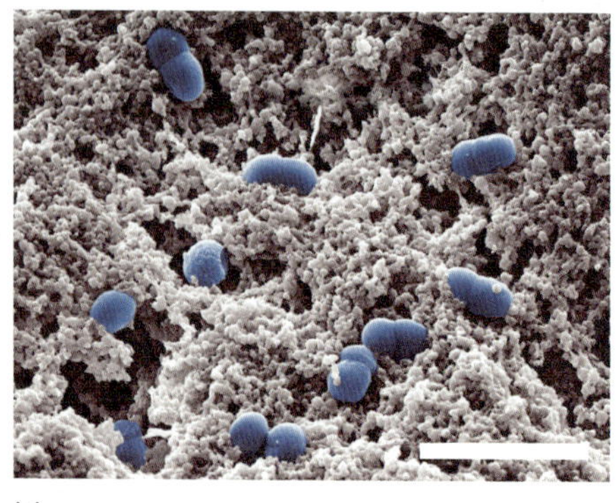
(c)

그림 40.6 유산균(LAB). 종균배양으로 사용된 LAB의 주사전자현미경 사진이다. (a) *Lactobacillus helveticus*, (b) *Lactobacillus delbrueckii* 아종 *bulgaricus*, (c) *Lactococcus lactis*이다. 세균은 바탕에 구멍처럼 보이는 필터로 지지되어 있다. 막대의 길이 = 5 μm. Jeffery Broadbent/Utah State University

연관 질문 이 세균이 우유 발효에 적합한 이유를 적어도 2가지 특징을 들어 설명할 수 있는가?

기술 및 응용 40.1

초콜릿: 발효의 달콤한 면

초콜릿은 "세계에서 가장 좋아하는 음식"으로 불려졌지만, 발효가 초콜릿 생산의 필수요소라는 것을 아는 사람은 거의 없다. 아즈텍인은 초콜렛 나무의 씨앗인 *Theobroma cacao* (그리스어로 *theos*는 '신', *broma*는 '음식'이고, '신의 음식'이라고 불림)에서 초콜릿 음료를 만들기 위해 초콜릿 발효를 최초로 개발했다. 초콜릿 나무는 현재 남아메리카뿐만 아니라 아프리카에서도 자란다.

초콜릿 발효 과정은 지난 500년 동안 거의 변하지 않았다. 잘 익은 꼬투리가 나무에서 수확되고 잘게 썰어서 펄프와 씨앗을 배출한다(**그림**). 발효가 빨리 시작될수록 제품의 품질이 향상되므로 나무가 재배되는 농장에서 발효가 일어난다. 씨앗과 펄프는 "땀 상자" 또는 땅 속에 넣고, 보통 바나나 잎으로 덮어둔다.

대부분의 발효와 마찬가지로 이 과정에는 일련의 미생물이 필요하다. 첫째, 효모 복합체는 씨앗을 덮고 있는 펙틴을 가수분해하고 단순 탄수화물로 분해한다. 온도가 상승하면 효모가 억제되고 젖산균의 수가 증가된다. 유산균은 당을 발효시켜 젖산, 에탄올 및 CO_2를 방출한다. 산 생성은 pH를 낮추고 발효 최종산물로 아세트산을 생성하는 박테리아의 생장을 촉진한다. 아세트산은 씨앗 내부의 새싹을 죽이고 단백질과 탄수화물을 더 분해하여 초콜릿의 전반적인 맛에 기여하는 효소를 방출하기 때문에 고급 초콜릿 생산에 중요하다. 발효에는 5~7일이 소요된다. 숙련된 코코아 재배자는 발효가 완료된 시기를 알고 있다. 발효가 너무 빨리 멈추면, 초콜릿에서 쓴맛과 떫은 맛이 나게 된다. 그리고 발효가 너무 오래 지속된다면, 미생물이 펄프 대신 씨앗에서 자라기 시작하여 맛이 떨어진다.

발효 후 콩이라고 불리는 씨앗을 펼쳐서 건조한다. 말린 콩은 갈색이며 과육이 부족하다. 그들은 초콜릿 제조업체에 포장되어 판매되며, 먼저 쓴맛을 줄이고 대부분의 미생물을 죽이기 위해 콩을 구워낸다. 그런 다음 콩을 갈아서 각 콩의 안쪽 부분인 떡잎을 제거한다. 떡잎은 코코아 고형물과 코코아 버터를 포함하는 초콜릿 주류라는 두꺼운 페이스트로 분쇄된다. 코코아 고형분은 갈색이고 풍미가 풍부하며, 코코아 버터는 지방 함량이 높고 회백색이다. 코코아 고형분과 버터는 조절된 비율로 재혼합되며 설탕, 바닐라 및 기타 향료가 첨가된다. 발효가 좋을수록 설탕을 적게 넣을 필요가 있다(그리고 더 값비싼 초콜릿이 된다).

최종제품인 맛있는 초콜릿은 300가지가 넘는 다른 화합물의 조합이다. 이 혼합물은 너무 복잡하여 아직 아무도 자연 발효식물과 경쟁할 수 있는 합성 초콜릿을 만들 수 없었다. 미생물학자와 식품과학자들은 각 미생물의 역할을 결정하기 위해 발효 과정을 연구하고 있다. 그러나 화학자들처럼 그들은 코코아 농장에서 발생하는 복잡하고 정밀하지 않은 자연발효를 재현하지 못하였다. 실제로, 최고급의 가장 비싼 초콜릿은 발효에 대한 세부사항이 여러 세대에 걸쳐 전해진 농장에서 코코아로 시작된다. 초콜릿 생산은 과학이면서 진정한 예술이다. 한편 초콜릿을 맛본다는 것은 정말로 신이 내린 은총이다.

그림 코코아 발효. (a) 코코아 나무에서 자라는 코코아 꼬투리는 길이가 13~15 cm이고 끈적끈적한 흰색 펄프에 30~40개의 씨앗이 들어 있다. (b) 씨앗과 펄프를 5~7일 동안 큰 더미에서 발효시킨 다음 햇볕에 말린다. 발효 없이는 초콜릿을 생산할 수 없다. (a) Valentyn Volkov/Shutterstock; (b) Rodrigo Buendia/AFP/Getty Images

제조 방식에 의존한다. 공정을 수행하기 위해, 우유는 원하는 종균배양으로 접종하고 최적 생장온도(약 20~30℃)에서 배양한다. 미생물 증식은 냉각하여 멈춘다. *Lactobacillus* 종과 *Lactococcus lactis* 종균배양은 향기와 산의 생산을 위해 사용된다. *Lactococcus lactis*는 구연산(citrate)염을 다이아세틸로 전환하여 완제품에 풍부한 버터향을 준다.

명칭에도 불구하고, **호열성**(thermophilic) **발효**는 매우 높은 온도에서 진행하는 것이 아니라, 약 45℃에서 수행된다. 대표적인 예가 요구르트의 생성이다. 상업적인 생산에서, 무지방 또는 저지방 우유를 파스퇴르살균하여 43℃ 이하로 식힌 후 *Streptococcus salivarius* 아종 *thermophilus* (*S. thermophilus*)와 *Lactobacillus delbrueckii* 아종 *bulgaricus* (*L. bulgaricus*)를 1:1 비율로 접종한다. *S. thermophilus*가 먼저 자라서 우유를 무산소적인 약산으로 만들고 이어서 *L. bulgaricus*가 자라서 우유를 더욱 산성으로 만든다. 이 두 미생물이 조화를 이루어 증식하면 모든 젖당이 젖산이 되고 요구르트에 디아세틸향(*S. thermophilus*에 의함)과 아세트알데히드향(*L. bulgaricus*에 의함)이 더해진다. 현재 많은 요구르트에 프로바이오틱 세균 균주가 함유되지만, 이 균주들이 반드시 발효 과정에서 어떤 역할을 하는 것은 아니다. 과일이나 과일향을 따로 파스퇴르살균하여 함께 요구르트에 첨가하기도 한다. 신선한 요구르트는 1 g당 약 10^9개의 세균을 함유한다. ◀ 마이크로바이옴의 조절은 치료법이 될 수 있다(33.5절)

효모 젖산(yeast-lactic) **발효**에는 최대 2%의 에탄올을 함유하는 케피르(kefir)가 있다. 이 독특한 발효유는 코카서스(Caucasus) 산맥에서 유래했다. 케피르 제품은 미생물에 의한 이산화탄소의 생성으로 거품이 발생한다. 이 발효는 케피르 '알갱이'를 종균배양으로 접종하면서 시작된다. 실제 알갱이가 아닌, 효모균, 젖산균, 초산균 등을 포함하는 응고된 카세인 덩어리이다. 이러한 발효에서 알갱이들은 신선한 우유에 접종되고 후에 발효가 끝나면 회수된다. 또는 케피르는 각 배치의 샘플을 보유하여 다음 배치에 접종하는 식품 발효의 일반적인 기술인 **백슬로핑**(backslopping)으로 생산할 수 있다. 원래 케피르는 낮 동안 정문 입구에 걸쳐진 가죽 자루에서 생산했는데, 지나가는 사람들이 이 자루를 밀치면서 내용물을 섞고 주물러 발효를 자극한다. 케피르는 인기를 얻어 대중화 되었으며, 현재 전 세계 매장에서 대량생산 및 판매되고 있다.

치즈의 생산

치즈는 인류의 식품 중에서 가장 오래된 것 중 하나로 약 8,000년 전에 개발된 것으로 보인다. 전 세계적으로 약 20개의 일반적인 유형이 있다.

치즈 생산은 치즈 유형에 따라 다르지만, 일반적으로 다음 단계가 포함된다. 먼저, 우유를 저온살균하여 부패 미생물을 제거할 수 있다. 그런 다음 32℃로 냉각하여 종균배양을 첨가한다. 혼합물을 이 온도에서 30분 동안 유지시킨다. 이러한 숙성 단계를 통해 발효가 시작되고 산성 발효생성물이 축적됨에 따라 pH가 낮아진다. 다음으로 레넷(rennet)이 첨가된다. 레넷은 우유의 소화를 돕기 위해 포유류가 생산하는 효소의 혼합물이다. 레닌은 우유 단백질(카제인)의 가수분해를 유발하여 우유를 고체 응유(curd)으로 전환시키는 복잡한 반응을 촉진하기 때문에, 레넷의 핵심효소이다. 응유가 단단한 응고물로 형성될 수 있도록 약 30분 동안 응고시킨다. 응유 발효는 pH가 6.4에 도달할 때까지 계속되며, 이 시점에서 치즈는 작은 조각으로 자르고 38℃로 가열되어 남아있는 액체(유청)를 응유에서 분리하는 데 도움이 된다. 유청이 응유에서 완전히 배출된 후 체더링(cheddaring) 과정이 시작된다(**그림 40.7**). 여기서 응유는 쌓이고 때로는 뒤집어진다. 이 과정은 발효가 계속되는 동안 잔류 유청을 배출하는 데 도움이 된다. 응유 매트가 pH 5.1에서 5.5로 도달하면 더 작은 조각으로 절단된다. 치즈의 종류에 따라 소금이 추가되거나(예: 체다치즈) 치즈를 덩어리로 말려 소금물(예: 모짜렐라)에 담군다. 다음 단계는 소금에 절인 치즈를 가져다가 몇 주에서 몇 년 동안 숙성시킬 수 있도록 블록으로 만드는 것이다. 이것은 부분적으로 치즈의 최종 경도와 질감을 결정한다. 마지막으로 포장 또는 왁스 처리된다(예: Jarlsberg 치즈).

그림 40.7 체다치즈 생산. 영국 체다 마을의 이름을 따서 '체다'라는 이름이 붙은 치즈가 전 세계에서 제조되고 있다. 체더링은 유청을 배출하고 원하는 질감을 만들기 위해 응유를 뒤집고 쌓는 과정이다. 모든 치즈 생산에 사용한다. Joe Munroe/Science Source

*Lactococcus lactis*는 다양한 치즈의 종균으로 사용된다. 종균의 밀도는 보통 숙성 전에 치즈 g당 10^9 CFU 정도된다. 그러나 치즈 미세환경을 특징짓는 높은 염, 낮은 pH, 온도 등의 환경이 이 숫자를 급격하게 감소시킨다. 이러한 감소는 가끔 다른 세균, 즉 비종균 젖산균(nonstarter lactic acid bacteria, NSLAB)을 자라게 하고, 여러 달 숙성 후 그들의 숫자가 $10^7 \sim 10^9$ CFU/g에 이르게 된다. 그 결과 종균과 비종균 유산균이 함께 치즈의 최종 맛, 질감, 향, 모양에 기여하게 된다.

일부 경우, 곰팡이가 치즈의 맛을 더 향상시키는 데 사용된다. 대표적인 예가 로크포르(Roquefort)와 블루치즈이다. 이 경우 *Penicillium roqueforti* 포자를 최종처리 직전의 응유에 첨가한다. 가끔 숙성 초기에 이미 형성된 치즈의 표면에 곰팡이가 접종되는데, 예를 들어, 카망베르 치즈에 *Penicillium camemberti* 포자가 접종된다.

포도주과 샴페인

포도주학(enology: 그리스어 *oinos*는 '포도', *ology*는 '과학'을 의미)의 초점인 와인 생산은 포도의 수집으로 시작되며, 그런 다음 포도를 분쇄하여 포도즙(must)이라고 불리는 액체를 발효시킬 수 있다(**그림 40.8**). 모든 포도에는 흰색 주스가 있다. 적포도주를 만들기 위해 적포도의 껍질은 발효 전에 포도즙과 접촉을 유지한다. 와인은 자연스러운 포도의 껍질 미생물을 사용하여 생산할 수 있지만, 이 세균과 효모의 혼합물은 예측할 수 없는 발효 결과를 제공한다. 이러한 문제를 피하기 위해, 신선한 과즙을 이산화황 훈증제로 처리하고 원하는 효모 *Saccharomyces cerevisiae* 또는 *S. ellipsoideus*를 첨가한다. 접종 후, 주스는 20~28°C의 온도에서 3~5일 동안 발효된다. 효모 균주의 알코올 내성(알코올을 생산하는 효모는 알코올에 의해 효모는 죽는다)에 따라서 최종제품에는 10~14%의 알코올이 함유될 수 있다. 숙성 과정에서 풍미의 제거 및 발달이 일어난다. 포도 주스에는 말산(malic acid)과 주석산(tartaric acid)을 포함하여 높은 수준의 유기산이 포함되어 있다. 발효 과정에서 이러한 산의 수준이 감소하지 않는다면 포도주의 산성도가 매우 높아져 안정성과 식미감(mouth feel)이 떨어지게 된다. *Oenococcus*, *Lactobacillus* 및 *Pediococcus* 종에 의해 발효될 때 말산 수준이 감소된다. 이들 미생물은 말산(4 탄소 디기르복실산)을 젖산(3 탄소 모노카르복실산) 그리고 이산화탄소로 전환시킨다. 이러한 말로락틱 발효는 탈산, 향미 안정성의 개선, 및 일부 경우 와인에 박테리오신의 축적을 초래한다.

◀ 자낭균문은 효모와 사상균을 포함한다(24.4절)

포도주 생성의 중요한 부분은 드라이(dry: 여분의 유리당이 없는) 또는 스위트(sweeter: 다양한 유리당을 포함) 포도주 중 어느 것을 만들지를 선택하는 것이다. 이것은 초기 포도즙의 당 농도를 조절하면 된다. 많은 양의 당을 가지면 알코올이 축적되어 당이 완전히 사용되기 전에 발효가 억제되므로 달콤한 포도주가 생성된다. 숙성 과정에서 최종 발효 과정 동안 향기를 내는 화합물이 축적되어 포도주의 향기를 결정한다.

그림 40.8 포도주 생산. 일단 포도가 압축되면, 주스(포도즙)의 당이 바로 발효되면서 포도주를 만든다. 포도즙 생성, 발효, 숙성은 중요한 단계이다.

샴페인과 스파클링 와인은 기본적으로 동일한 제품이지만 샴페인은 프랑스의 샹파뉴 지역에서 만든다. 천연 샴페인은 자연 거품을 가지는 포도주를 생성하기 위해 병 속에서 계속 발효시켜서 만들어진다. 침전물은 샴페인 병을 조심스럽게 거꾸로 세워서 뚜껑 쪽으로 모은다. 병목 부분을 얼려서 코르크를 제거하면 모아진 침전물이 따라 나온다. 침전물이 제거된 다른 병의 투명한 샴페인으로 병을 재충전하고, 최종 포장과 상표를 붙이면 된다.

맥주와 에일맥주

맥주와 에일맥주(ale)의 생산은 보리, 밀, 쌀과 같은 곡물을 사용한다. 맥주 생산 과정의 첫 단계인 담금(mashing)으로 알려진 이 과정은 보리알을 발아하고 그 속에 있는 효소를 활성화하여 엿기름(맥아, malt)을 만든다(**그림 40.9**). 그 다음 엿기름은 다시 물과 원하는 곡식을 혼합하여, 녹말을 사용 가능한 탄수화물로 가수분해하기 위해 그 혼합물을 맥아즙통 또는 양조통에 넣는다. 이 과정이 끝나면 맥아즙은 미생물의 부패를 억제하기 위해 맥아즙에 처음부터 첨가한 호프(hop: *Humulus lupulus* 포도나무의 암나무 꽃을 말린 것)와 함께 가열된다. 호프는 또한 향기를 좋게 하고 맥아즙의 액체부분인 맥아주(wort)의 정화를 돕는다. 이 가열 단계에서 가수분해효소는 불활성화되므로 맥아주에 원하는 효모를 접종(pitch)할 수 있다.

대부분의 맥주는 발효통 바닥에 가라앉는 *Saccharomyces pastorianus*와 유사한 바닥효모(bottom yeast)를 사용하여 발효시킨다. 맥주 향기는 적은 양의 글리세롤과 아세트산의 생성에 영향을 받는다. 바닥효모는 pH 4.1~4.2 정도의 맥주를 생산하기 위해 7~12일 동안 발효시켜야 한다. *Saccharomyces cerevisiae* 같은 상위효모(top yeast)를 이용하여 pH를 3.8까지 떨어뜨리면 에일맥주가 만들어진다. 신선하게 발효된(녹색) 맥주는 숙성시키고, 병에 담을 때 보통 CO_2를 첨가한다. 맥주는 40℃ 이상의 온도에서 저온살균하거나 향기의 변화를 줄이기 위해 막필터를 이용해 살균한다.

증류된 주정

증류된 주정(distilled spirit)은 맥주 생산 과정의 확장으로 생산되었다. 신선한 곡물 대신 산성 맥아즙(sour mash)을 사용한다. 이것은 이전에 준비했던 알코올 통에서 수집한 액화발효 곡물이다. 맥아즙은 *Lactobacillus delbrueckii* 아종 *bulgaricus*(그림 40.6b)와 같은 호모락틱(homolactic: 젖산이 주된 발효산물임) 세균으로 접종한다. 이것은 6~10시간 안에 맥아즙의 pH를 3.8로 낮추고 원치 않는 미생물이 발생하는 것을 억제한다. 발효된 액체를 끓인 후, 휘발성 인자를 응결시켜 맥주보다 알코올 함량이 높은 제품을 만들어낸다. 호밀(rye)과 버번(bourbon) 위스키가 그 예다. 호밀 위스키는 적어도 51%의 호밀을 포함하고 있어야 하고, 버번은 적어도 51%의 옥수수

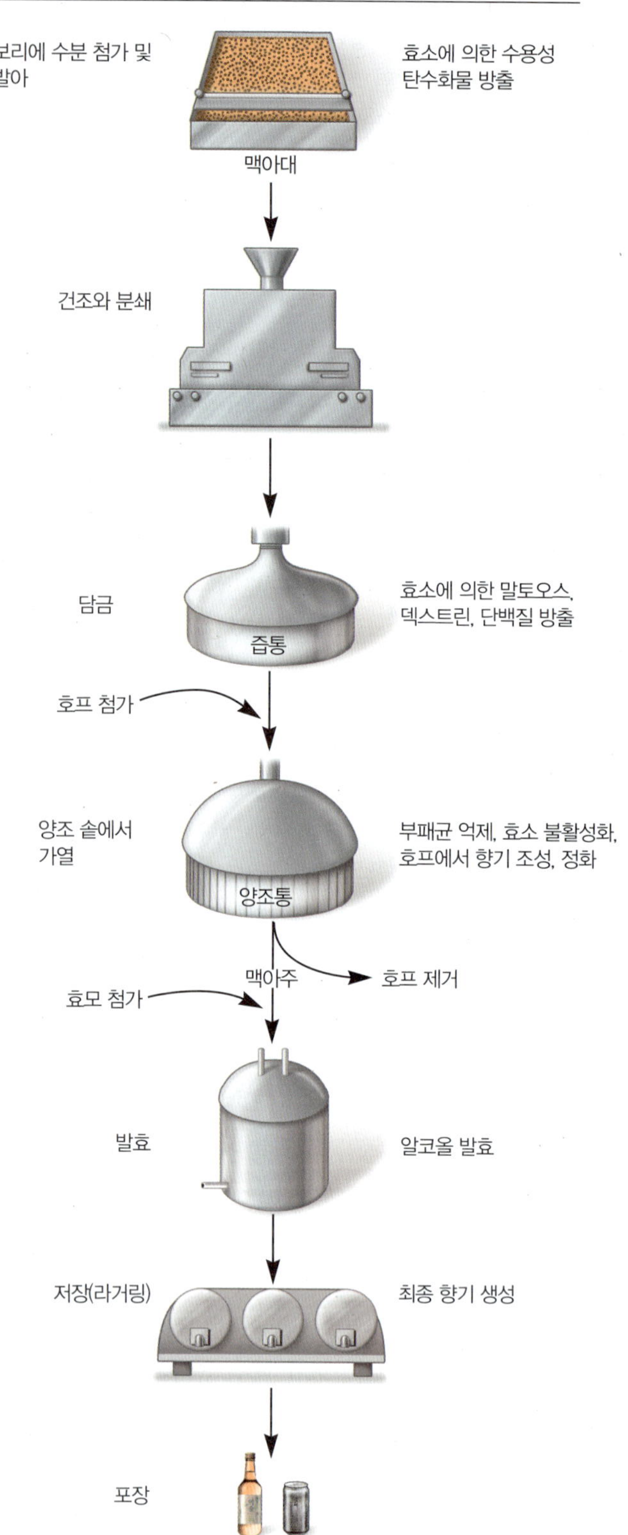

그림 40.9 맥주의 생산. 맥주를 만들기 위해, 먼저 곡물 속의 복합 탄수화물을 발효 가능한 기질로 전환시켜야 한다. 맥주의 생산에는 여러 중요한 단계들이 있는데, 담금, 호프의 사용, 정화를 위한 끓임, 맥아주 생산을 위한 맥아효소 비활성화가 필요하다.

를 포함해야 한다. 스코틀랜드(scotch) 위스키는 주로 보리로 만든다. 보드카와 주정 알코올 또한 증류에 의해 생성된다. 진(gin)은 주로 솔향기를 내는 곱향나무 열매(juniper berry)를 첨가하여 독특한 향기와 맛을 낸 보드카(vodka)이다.

빵의 생산

빵은 가장 오래된 인류의 식품 중 하나이다. 고대이집트 벽화에 빵을 부풀게 하기 위해 효모를 사용하는 것이 섬세하게 묘사되어 있다. 기자 피라미드(Giza pyramid) 지역에서 기원전 2575년쯤에 존재한 빵 굼터가 발굴되었다. 빵을 만드는 효모의 증식은 유산소 조건에서 일어난다. 그 결과 CO_2 생성이 증가하고 알코올 생성이 최소화된다. 빵의 발효는 여러 단계를 거친다. 습기 있는 빵 반죽에 존재하는 알파 및 베타 아밀라아제가 녹말로부터 말토오스와 포도당을 방출한다. 이때 말타아제(maltase), 인베르타아제(invertase), 치마아제(zymase) 효소를 가진 효모(*Saccharomyces cerevisiae*)의 빵 균주가 빵을 만드는 데 첨가된다. 효모에서 생성되는 CO_2는 빵을 부풀게 하고 질감을 가볍게 만든다. 미량의 발효산물은 최종 향기를 형성시켜 준다. 보통 빵 굽는 사람들은 2시간 내에 빵이 부풀 수 있도록 충분한 양의 효모를 첨가한다. 부푸는 시간이 길어지면 오염된 세균이나 곰팡이의 증식이 일어날 수 있어 원하지 않는 제품이 나올 수 있다. 예를 들어, 빵 제품은 로피니스를 생산하는 바실러스(*Bacillus*) 종에 의해 손상될 수 있다.

기타 발효식품

표 40.3에서 요약된 것처럼, 많은 다른 식물성 물질이 발효될 수 있다. 여기에는 두부(tofu: 화학적으로 응고된 두유 제품)의 발효에 의해 생성되는 템페 및 수푸(sufu)와 같은 곰팡이 발효식품이 포함된다.

세균 발효식품에는 커피, 소금에 절인 양배추, 피클 등이 있다. 사우어크라우트(sauerkraut: 소금에 절인 양배추) 또는 신 양배추는 갈가리 찢긴 양배추에서 생산된다. 농도가 2.2~2.8%에 달하는 염화나트륨은 젖산균의 발달을 촉진하고 다른 그람음성 세균의 생장은 억제한다. 이 제품에 관계되는 주된 미생물은 *Leuconostoc mesenteroides*와 *Lactiplantibacillus plantarum*이다. 예측할 수 있는 미생물의 천이가 사우어크라우트의 제조 과정 중에 일어난다. 젖산 발효

표 40.3 과일, 채소, 콩, 기타 재료로 생산되는 발효식품

식품	재료	발효 미생물	지역
세균 발효 음식			
커피	커피원두	*Enterobacter cloacae*, *Saccharomyces* 종	브라질, 콩고, 하와이, 인도
가리	카사바	*Corynebacterium manihot*, *Geotrichum* 종	서아프리카
김치	배추 및 다른 채소	젖산균	대한민국
오기	옥수수	젖산균, *Zygosaccharomyces rouxii*	나이지리아
올리브	초록 올리브	*Leuconostoc mesenteroides*, *Lactiplantibacillus plantarum*	전 세계
피클	오이	젖산균	전 세계
포이	타로 뿌리	젖산균	하와이
사우어크라우트	양배추	*L. mesenteroides*, *L. plantarum*, *L. brevis*	전 세계
곰팡이 발효 음식			
켄키	옥수수	*Aspergillus* 종, *Penicillium* 종, 젖산간균, 효모	가나, 나이지리아
미소	콩	*Aspergillus oryzae*, *Zygosaccharomyces rouxii*	일본
간장	콩	*A. oryzae* 또는 *A. soyae*, *Z. rouxii*, *Lactobacillus delbrueckii*	일본
수푸	콩	*Actinimucor elegans*, *Mucor* 종	중국
템페	콩	*Rhizopus oligosporus*, *R. oryzae*	인도네시아, 뉴기니, 수리남

Source: Jay, James M., Loessner, Martin J., Golden, David A. Modern Food Microbiology, 6th ed. New York: Springer, 2000.

구균의 활동은 산의 농도가 0.7~1.0%가 되면 멈춘다. 이 시점에서도 *L. plantarum*과 *Levilactobacillus brevis*의 활동은 계속된다. 바람직한 제품의 최종 산성도는 pH 1.7 정도로, 전체 산의 1.0~1.3%가 젖산이다.

피클은 소금물로 채워진 통에 오이와 딜(dill) 씨앗과 같은 향료를 넣어 생산된다. 소금의 농도는 초기에 5%에서 6~9주를 지나면서 16%로 증가시킨다. 소금은 원치 않는 세균의 생장을 억제할 뿐만 아니라 물과 물에 용해되는 성분들을 오이에서 빠져나오게 한다. 이러한 용해성 탄수화물은 젖산으로 전환된다. 발효하는 데는 10~12일이 걸리는데, 그람양성 세균인 *L. mesenteroides*, *Enterococcus faecalis*, *Pediococcus acidilactici*, *L. brevis*, *L. plantarum*이 관여한다. 그중 *L. plantarum*이 발효 과정에서 주된 역할을 한다. 때로 더 균일한 품질의 피클을 얻기 위해 자연적 미생물을 먼저 죽이고 *P. acidilactici*와 *L. plantarum*의 순수 배양균을 사용하여 오이 발효를 한다.

마지막으로 발효는 농업에서 중요하다. 풀, 잘게 썬 옥수수, 다른 신선한 동물사료 등을 산소가 없는 습한 조건에서 보관하면 혼합산 발효(mixed acid fermentation)가 일어나 기분 좋은 냄새가 나는 **저장목초**(silage)가 생성된다. 저장목초는 겨울 동안 가축을 먹이기 위해 사용된다. 저장목초를 저장하기 위해 트렌치 또는 더 전통적인 수직 강철 또는 콘크리트 사일로가 사용된다.

마무리 점검

1. 우유 발효의 주요 유형은 무엇인가?
2. 배양 버터밀크, 요구르트가 어떻게 만들어지는지 간단히 비교하시오.
3. 치즈를 생산하는 주요 단계는 무엇인가? 이 과정에서 치즈 응유는 어떻게 형성되는가?
4. 치즈 생산에 사용되는 주된 곰팡이 속은 무엇인가?
5. 포도주와 맥주 생산 공정에 대하여 비교설명하시오.
6. 이 장에서 설명된 내용 중 생소한 음식의 발효에 대해 설명하시오.

요약

40.1 미생물의 성장은 식품 부패의 원인이 될 수 있다

- 대부분의 식품, 특히 가공되지 않은 것은 미생물 생장에 매우 좋은 환경을 제공한다. 이들의 생장은 이미 존재하는 미생물이나 환경조건에 따라 식품을 부패시킬 수도 있고 또는 보존시킬 수도 있다.
- 식품에서 미생물이 발달하는 과정은 식품 자체의 고유한 특성, 즉 구성(단백질, 지질, 탄수화물), pH, 염분 함량, 존재하는 기질, 수분 가용성에 의해 영향을 받는다(표 40.1).

40.2 식품 부패를 제어하는 환경적 요인

- 식품은 여과, 온도변화(냉각, 저온살균, 살균), 건조, 화학방부제 첨가, 방사선, 발효 등 다양한 물리화학적 방법으로 보존할 수 있다(표 40.2).
- MAP(변형된 공기포장법)은 식품의 미생물 증식을 제어하고 제품의 유통기한을 연장하는 데 사용된다. 이 과정은 음식 표면과 포장재 사이의 공간에서 산소 감소와 이산화탄소 증가를 포함한다.

40.3 식품매개 질병의 출현

- 식품은 식품의 생산, 저장, 준비과정 중 언제라도 병원체로 오염될 수 있다. 살모넬라(*Salmonella enterica*), 캄필로박터(*Campylobacter jejuni*), 리스테리아(*Listeria monocytogenes*), 대장균 병원체는 식품을 통해 소비자에게 전파되며, 이들 병원체가 숙주내로 소화흡수되어 증식되면 식품매개 감염을 일으킨다.
- 만약 병원체가 식품이 소비되기 전에 식품에서 증식되어 독소를 생성한다면 미생물이 더 이상 증식하지 않더라도 식중독(food-borne intoxication)이 발생한다. 포도상구균(*Staphylococcus*), 클로스트리듐(*Clostridium*), 간균(*Bacillus*) 종에 의한 식중독이 이러한 예이다. 특히 시리얼과 곡물에서 자라는 곰팡이는 발암물질인 아플라톡신(그림 40.3)이나 퓨모니신과 같은 중요한 질병유발 화학물질을 생성한다.

40.4 식품매개 병원체의 검출은 정부-산업체 협력이 요구된다

- 가축이나 농산물을 농장에서 시장으로 가공하는 과정에는 미생물 오염이 식품을 손상시킬 수 있는 여러 단계가 포함된다. 식품 가공시설은 오염을 최소화하기 위해 엄격한 프로토콜을 따른다.
- 분자생물학적 기술은 많은 배양기반 접근법을 대체하고 있다. 이러한 분자생물학적 기술은 면역학적 기술, 핵산기반 기술 및 바이오센스는 모두 식품 병원체를 감지하는 데 사용한다. 펄스네트는 식품매개 질병 발생에 대응하는 데 사용된다.

40.5 발효식품의 미생물학: 맥주, 치즈 등

- 유제품으로 다양한 발효유제품을 만들 수 있다. 중온성, 치료성 프로바이오틱스, 호열성, 효모 젖산, 곰팡이 젖산 생성물 등이 있다.
- 종종 레닌의 추가 사용과 함께 젖산 형성 세균의 생장은 유고형분을 응고시킨다. 이 고형물을 가공하여 다양한 치즈를 생산한다. 세균과 곰팡이는 모두 치즈 생산 공정에 사용된다.
- 포도주는 압축 포도로부터 생성되는데, 최종 알코올 발효 단계에 남아 있는 유리당의 정도에 따라 드라이 또는 스위트 포도주로 분류된다(그림 40.8). 샴페인은 병 속에서 발효가 계속되어 CO_2가 생성될 때 만들어진다.
- 맥주와 에일맥주는 시리얼과 곡물로부터 생성된다. 이러한 물질 속의 녹말은 몰팅(malting)과 담금(mashing)이라는 처리 과정으로 가수분해되어 발효 가능한 맥아주(wort)가 된다. *Saccharomyces cerevisiae*과 *S. pastorianus*는 맥주와 에일맥주 생성에 사용되는 주된 효모이다(그림 40.9).
- 많은 식물 생산물이 세균, 효모, 곰팡이에 의해서 발효될 수 있다. 중요한 생성물로 빵, 간장, 수푸, 템페 등이 있다(표 40.3). 사우어크라우트와 피클은 천연의 젖산간균(lactobacilli) 집단이 주된 작용을 하는 발효 과정에서 생성된다.

심화 학습

1. 핫도그 포장지에 적혀 있는 유통기한과 신선한 육류의 유통기한을 비교하시오. 차이에 영향을 미치는 내재적 및 외재적 요인은 무엇인가?
2. 하루나 이틀 동안 먹은 식품을 기록하시오. 여러분이 먹은 식품, 음료, 과자가 미생물의 도움으로 생산된 것인지 확인하시오. 어느 단계에서 미생물이 사용되었는지 생각하시오. 여러 종류의 진균에 의하여 산업적으로 생산되는 구연산 등을 고려하시오(유기산, 41.1절 참조).
3. 치즈 제조 중, 젖산균이 젖당과 카세인(우유 단백질)을 각각 젖산과 아미노산으로 전환한다. 그다음 젖산과 아미노산은 미생물의 증식을 위한 기질로 사용되어 결국 치즈의 향을 내고 덜산성화가 일어난다. *Yarrowia lipolytica*는 많은 치즈의 표면에 자라고, 젖산과 아미노산의 이화작용을 일으킨다. 젖산과 아미노산 배지에서 자랄 때, *Y. lipolytica*는 아미노산을 더 잘 사용한다. 아미노산은 분해되어 pH를 높이는 암모니아를 방출한다. 우유의 유산균 발효와 뒤이은 *Y. lipolytica*의 증식을 보여주는 흐름도를 작성하시오. 어떤 기질이 처음에 사용되고, pH에 어떤 변화가 일어나는지 표시하시오. 단순화한 계획안을 바탕으로, 왜 한 가지 이상의 효모 종이 대부분의 치즈 생성에 관여하리라 생각하는가?
4. 곤충은 식품재료로 점점 더 인기를 얻고 있다. 독일의 과학자들은 농장에서 키운 귀뚜라미의 가루를 가공하기 위한 조건을 확립하기 위해 노력했다. 빻은 곤충에서 가루를 안전하게 준비하는 데 필요한 단계에 대해 토론하시오. 이 과정을 여러 종류의 곤충에 적용할 수 있겠는가? 곤충 유래식품 성분을 섭취할 때 어떤 안전 문제가 있는가?

참고문헌: Fröhling, A., et al. 2020. Thermal impact on the culturable microbial diversity along the processing chain of flour from crickets (*Acheta domesticus*). *Frontiers in Microbiology*. 11:884. https://doi.org/10.3389/fmicb.2020.00884

CHAPTER

41

생물공학과 산업미생물학

Rocketclips/123RF

새로운 항생물질은 어디에 있는가?

키이샤의 아버지는 혈중 콜레스테롤을 낮추기 위하여 스타틴제제를 복용하고, 그녀의 할머니는 심장병이 있어 베타 차단제를 복용하고 있다. 그녀의 어머니는 천식관리를 위하여 스테로이드 흡입을 한다. 키이샤가 편도선염에 걸려서 고생할 때, 의사는 아목시실린을 일주일 간 처방하여 완쾌되었다.

키이샤와 그 가족들은 제약회사가 개발해온 의약품들로 인하여 많은 혜택을 받고 있다. 제약회사들은 이 약들의 개발과정을 조용히 묵묵하게 해내고 있다. 그러나 생각해보면 의약품의 개발과 상품화에는 대략 130억 달러 이상의 비용이 들며, 신약을 발견하여 시장에 내놓기까지는 적어도 10년의 시간이 소요된다. 그리고 그 특허는 상품화 이후 10년 정도 더 보장된다. 만일 특허가 만료되면, 약값(동시에 기업의 이익)은 가파르게 떨어진다. 키이샤의 가족들은 살아가는 동안 내내 그 의약품들을 복용하게 될 것이다. 일주일 간의 항생제 복용이 끝나고 그녀의 편도선염은 완치되었고 제약회사들의 판매 이익은 더 이상은 없다.

하지만 아목시실린(대부분의 항생제들도 마찬가지)은 그 효력을 잃어버리고 더 많은 세균들이 저항성을 가지게 된다. 그래서 새로운 항생제가 개발된다 하더라도 광범위하게 처방될 수 없으며, 저항성이 쉽게 만들어진다. 하나의 항생제는 대규모 이익을 주는 의약품이 될 수는 없다.

이처럼 의욕을 잃게 하는 요인이 있음에도, 새로운 항생제에 대한 끊임없는 요구는 해마다 더 커진다. 알려진 항생제의 2/3가 자연에서 얻어지는 미생물 대사산물임을 상기하자. 하지만 모든 고균, 세균 그리고 진균류라도 이들의 5% 미만의 수에서 인공배양이 가능하며, 주위 환경에는 아직도 대단히 많은 미지의 자원을 포함하고 있다. 그러나 역사는 우리에게 잠재적인 신약들에 접근하기 위한 새로운 전략이 필요하다고 이야기한다. 1935년부터 1962년까지 현재까지 우리가 사용하는 7가지 그룹의 항생제들[1]이 개발되었다. 1962년부터 2000년까지는 새로운 그룹의 항생제가 발견되지 않았다. 인간이 달에 가고, 인터넷이 탄생되는 동안 기존의 항생제들을 화학적으로 변형하여, 다세대 약품들을 생산하였다. 21세기가 되어서야 비로소 새로운 3가지 그룹(옥사조리디논, 지질펩티드, 뮤틸린류)이 임상에 도입되었다. 근래에는 신약의 발견이 새로운 미생물의 발견과 같은 뜻일 것이다. 새로운 서식지를 찾는 것(예: 심해서식지, 다른 동물의 공생미생물 또는 토양 같은 공통의 환경에서 신규미생물을 실험실에서 배양하는 새로운 방식 등으로) 등이 새로운 신약 후보물질들을 만들어 줄 것이다.

산업미생물학은 미생물을 이용하여 화합물을 합성하는 능력을 제약 산업, 농업, 식품가공, 그외 다른 산업공정 등에 중요하게 활용할

1 발견된 순서로 베타-락탐계, 클로람페니콜/테트라사이클린, 아미노글리코시드, 마크롤라이드, 글리코펩티드, 퀴놀론, 스트렙토그라민이다.

수 있도록 연결해줄 것이다. 이들 화합물은 일반적으로 **천연물**(natural product)이라고도 불린다. 이 장에서는 이 산물들과 미생물들(또는 그들의 유전자)이 어떤 공업적인 제조 과정을 위하여 최적화되는지에 관하여 논의할 것이다.

이 장의 학습을 위해 점검할 사항:

- ✓ 내생포자의 형성을 설명할 수 있다(3.10절).
- ✓ 회분배양과 연속배양기술의 차이점을 서술할 수 있다(7.7절과 7.9절).
- ✓ 최소 5가지 항생제 그룹을 비교, 대조할 수 있다(표 9.1).
- ✓ 리보스위치에 의한 전사과정의 조절을 설명할 수 있다(14.3절).
- ✓ 유전자 수평적 전달의 기전을 설명할 수 있다(16.4절~16.9절).
- ✓ 면역성을 주는 백신들의 원리들을 설명할 수 있다(35.6절).

41.1 미생물들은 산업적으로 많은 중요 생산품의 원료이다

이 절을 학습한 후 점검할 사항:

a. 최소한 5가지의 산업적으로 중요한 미생물 생산물을 설명할 수 있다.
b. 생물촉매반응을 정의하고, 화학적인 합성보다 더 나은 장점들을 정의할 수 있다.
c. 백신들을 디자인하기 위한 합리적인 전략을 설명할 수 있다.

대부분의 사람들은 수많은 항생물질, 기타 의약품, 식품첨가물들, 산업적으로 이용되는 효소들, 생물연료 등이 미생물의 산물들(**표 41.1**)인 것을 알지 못하고 있다. 이 장에서는 현대생활에 중요한 부분으로 더 잘 알려진 미생물 생산물들을 소개한다.

표 41.1 산업에서 중요한 미생물 대사산물과 공정들

대사산물	생산 미생물
산업적 산물	
에탄올(포도당으로부터)	*Saccharomyces cerevisiae*
아세톤과 부탄올	*Clostridium acetobutylicum*
2,3-부탄디올	*Enterobacter, Serratia*
식품첨가물	
아미노산(예: 라이신)	*Corynebacterium glutamicum*
유기산류(구연산)	*Aspergillus niger*
비타민	*Eremothecium, Blakeslea*
다당류	*Xanthomonas*
의약품	
항생제	*Penicillium, Streptomyces, Bacillus*
알칼로이드	*Claviceps purpurea*
스테로이드 변환	*Rhizopus, Arthrobacter*
인슐린, 인간성장호르몬, 소마토스타틴, 인터페론	*E.coli, Saccharomyces cerevisiae* 외 (유전공학)
생물연료	
수소	광합성 미생물들
메탄	*Methanothermobacter*
에탄올	*Zymomonas, Thermoanaerobacter*

항생제

알려진 모든 항생제들의 65% 이상은 *Streptomyces* 속에 속하는 방선균과 사상성 진균류들이 주로 생산한다(표 22.2 참조). 항생제들은 미생물에 의해 분비되며, 자연상태 그대로 또는 화학적으로 변형된 반합성 유도체들로서 질병 치료에 사용된다. 이와 같은 반합성 유도체들은 더 넓은 스펙트럼을 갖거나 항생제 내성을 가진 세균들을 치료하기 위하여 개발된다.

페니실린과 그 유도체들의 합성과정은 항생제가 어떻게 상업적으로 생산되는지를 잘 보여준다. 산업적으로 중요한 자연산물을 생산할 때와 같이 제조자들은 최대생산수율을 얻도록 노력한다. 이 경우에 곰팡이 *Penicillium chrysogenum*의 생장은 배지 조성의 세심한 조절이 필요하며, 천천히 가수분해되는 이당류인 젖당을 공급하면서 공급되는 질소의 양을 제한하면, 곰팡이의 생장이 정지된 후에 축적되는 페니실린의 양이 증가한다(**그림 41.1**). 특정 페니실린이 필요할 때는 특정 전구체를 배지에 첨가한다. 예를 들어, 페닐아세트산을 첨가하면 벤질 곁사슬을 가진 페니실린 G(그림 9.4 참조)가 생산된다. 대개 일주일 정도 후에 배양액은 곰팡이 균사체와 분리된 후에 흡착, 침전, 결정화 과정을 거쳐 처리된 후 최종산물을 얻는다. 암피실린이나 메티실린과 같은 반합성 β-락탐계 항생제의 제조는 천연 페니실린에서 시작한다. β-락탐 고리는 보존되지만 곁사슬은 화학적 과정에 의하여 변형된다. ◀ 페니실린(9.4절)

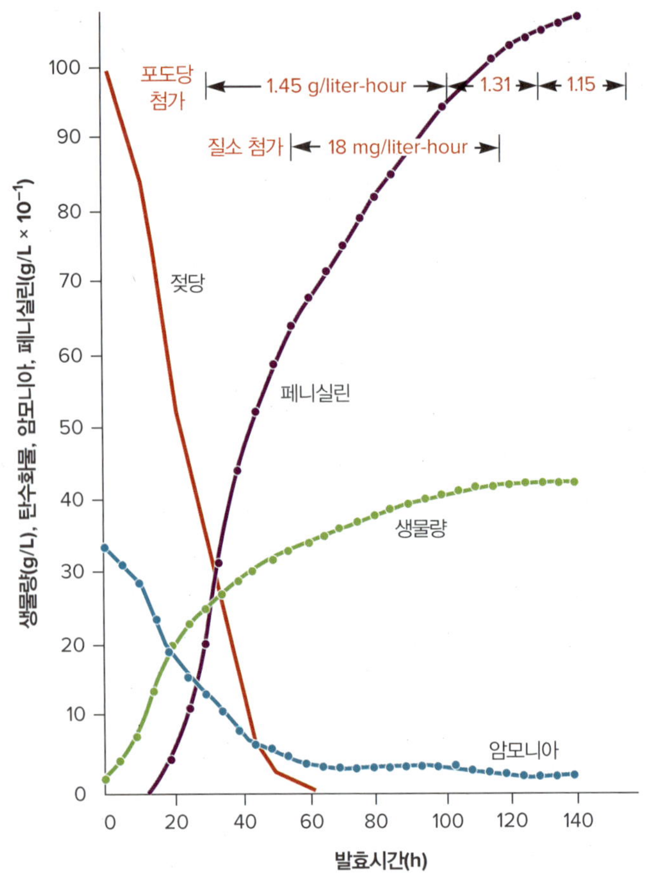

그림 41.1 페니실린 발효에는 정밀한 영양성분 조절이 수반된다. 페니실린 합성은 암모니아에서 만들어지는 질소가 결핍될 때 시작된다. 대부분의 젖당이 분해되고 난 후 적은 양의 질소와 함께 포도당을 첨가한다. 이는 페니실린 합성에 탄소원이 최대로 전환되도록 촉진한다.

연관 질문 세포에 먼저 젖당을 주고 난 다음에 포도당을 주는 이유는?

아미노산

라이신, 글루탐산과 같은 아미노산은 식품업계에서 빵 제품의 영양 보충제와 글루탐산나트륨(monosodium glutamate, MSG)과 같은 조미료로 이용된다. 생산세균 균주들은 특정 아미노산이나 아미노산 대사의 주요 중간물질의 합성을 과량 생산한다. 글루탐산과 몇 가지의 기타 아미노산은 TCA 회로의 중간물질인 케토글루타르산부터 숙시닐-CoA까지의 과정(그림 11.8 참조)을 진행하는 능력이 없거나 제한된 *Corynebacterium glutamicum*의 돌연변이주를 이용하여 이루어진다. 대사적인 결함이 있는 세균은 특히 생장기에 필수적인 생화학 중간물질의 요구량을 맞추기 위해 글리옥실산 회로를 이용한다(그림 12.21 참조). 사용할 수 있는 영양분이 고갈되고 생장이 멈춘 후 이소시트르산에서 글루탐산으로 거의 완전한 몰농도 수준의 전환이 일어난다. 배지의 비오틴 양을 낮게 조절하고 지방산 유도체를 첨가하면 막투과성이 증가하고 고농도의 글루탐산이 배출되도록 허용한다. ◀ 아미노산의 합성은 많은 전구대사물질을 소비한다(12.5절)

유기산

시트르산, 아세트산, 젖산과 같은 다양하게 사용되는 유기산은 대부분의 식품공정에 사용되는 주된 식품첨가물의 목록에 항상 열거된다. 이들은 주로 식품보존제로 사용된다.

유기산 생산은 대사과정의 조절이 얼마나 유기산 생산수율에 영향을 주는지를 보여주는 모범적인 사례이다. 한 가지의 예로 식품보존제나 산미를 부여하기 위하여 첨가되는 시트르산이다. 시트르산 생산 발효는 망간이나 철과 같은 미량 금속의 양을 제한하여 곰팡이 *Aspergillus niger*의 생장을 특정 시점에서 중단시킨다. 일반적으로 고농도의 당(15~18%)이 사용된다. 이는 해당과정과 TCA 회로의 조절에 영향을 받는다(시트르산은 TCA 회로의 구성물임을 상기할 것). 활발한 지수 생장기 이후 첨가당의 농도가 높을 때 시트르산 합성효소 활성은 증가하고 아코니타아제(aconitase)와 이소시트르산 탈수소효소 활성은 감소한다. 그 결과, 스트레스를 받은 미생물에 의해 시트르산이 축적되고 배출된다.

효소

공업용 효소들은 매년 전세계적으로 50억 불의 시장규모의 제약, 농업, 식품, 소비재 등의 다양한 산업적인 생산공정들에 사용된다. 매우 다양한 효소들은 세균들, 곰팡이들로부터 기원하며, 가수분해효소로 분류된다. 이들 효소들은 전분질과 단백질 등의 천연 고분자들을 분해한다(41.2절). 많은 산업적인 생물촉매 공정에서 효소들은 화학적 처리과정들의 품질과 안전성을 개선하고, 독성부산물을 감소시키며, 생산 원가를 절감하는 이점들을 제공한다. 때때로 이 효소들은 그들의 근본적인 미생물 효소 특성과 다른 pH와 다른 온도조건에서 작동시키기 위하여 유전적으로 변형된다. ◀ 유도진화(17.6절)

식품공업에서 효소는 원료의 일정한 품질유지를 제공하는 생물촉매 공정에서 사용되며, 대부분의 가공식품 공정들은 최소한 하나의 효소처리 공정이 포함된다. 예를 들면, 펙틴분해효소 처리는 과즙으로부터 주스를 얻는 공정에서 물리적인 처리보다 더 좋은 효과를 보인다. 치즈 생산에서는 전통적으로 동물의 내장으로부터 추출한 레닌(응유효소)을 사용하여 우유를 응고시킨다. 키모신은 레닌 안에 있는 활성 효소인데, 이는 세균 안에서 유전자재조합 기술로 생산된 단백질로서 판매된다. 또한 미생물효소는 알레르기반응을 일으키는 성분을 제거한다. 예로, 락타아제는 유제품의 젖당을 제거해준다. ◀ 치즈의 생산(40.5절)

최근에는 단백질 가수분해효소와 지질분해효소로 잘 알려진 2가지의 효소들이 개량되었다. 세탁용 세제와 주방세제는 의복과 식기들로부터 때와 얼룩을 제거해야 한다. 혈액과 윤활유 등의 얼룩은 표백제와 같은 가혹한 화학약품 등의 사용없이 효소로 제거될 수 있다. 게다가 수질의 부영양화를 초래하는 인산부산물을 제거할 수 있게 한다. ◀ 호수의 미생물들이 계절적으로 크게 증가한다(29.3절)

백신

백신은 가장 중요하고도 강력한 공중보건수단 중의 하나이다. 면역반응을 일으키는 최적의 항원들을 규명하기 위하여 유전체와 분자적인 접근에 의한 신기술들이 백신들을 향상시킨다. 예를 들면, 임질을 일으키는 *Neisseria meningitidis*의 다섯 가지 종들이다. 한 임질 백신은 다른 4가지 혈청형의 외피캡슐 다당류를 활용하였다. 하지만 혈청형 B(serovar B) 다당류 캡슐은 인간세포 표면의 다당류와 비슷하여 백신으로 사용할 수 없었다. 혈청형 B에 알맞은 백신을 개발하기 위하여 **역백신학**(reverse vaccinology) 접근법이 사용되었다. 역백신학으로 병원균의 항원을 조합한 유전자서열을 효과적인 백신목표물의 항원들로 발굴하였다. ◀ 백신은 감수성 집단을 면역시킨다(35.6절)

역백신학을 이해하기 위하여 항원이란 숙주의 면역시스템에 의하여 목표물이 되는 외래분자라는 것을 상기할 필요가 있다. 전체 병원생물체나 바이러스가 아니라 정제된 항원 또는 항원을 코드화한 DNA, RNA들이 백신에 사용될 수 있다. 이 항원들은 반드시 (1) 병원체에 의하여 감염 중에 발현되어야 하며, (2) 병원체의 표면에 있거나 분비되어야 한다. (3) 모든 병원체의 종들에서 발견되어야 하며, (4) 숙주의 면역반응을 유발하며, (5) 숙주 안에서 존재하는 동안 병원체의 생존에 반드시 필수적이어야 한다.

역백신학은 위의 모든 것을 만족하는 유전자를 찾기 위해 수많은 유전자들을 고려한다. 임질균 *N. meningitidis* serogroup B (MenB)의 경우, 600개의 표면 단백질을 찾아내고 약 300여 개를 생쥐에 실험하였다. 이중 지속적으로 연구할 만한 25개의 단백질을 가지고 여러 가지를 조합하여 확실한 면역반응을 일으키는 항원을 개발하고 있다. 2014년에는 처음으로 만든 MenB 백신의 사용이 미국에서 허가되었다.

과학적인 백신 개발 전략이 개발되고 있다. 대표적인 전략은 **그림 41.2**에 표시한 대로 항체생산 B 세포를 분비하는 배양 안에서 항원-항체 결합을 촉진하는 컴퓨터를 사용한 모델 접근법이다. 감염된 환자로부터 추출한 B 세포들은 어떤 항체들이 병원체와 가장 잘 결합하는지 알아내기 위하여 배양된다(기술 및 응용 32.1 참조). 면역반응을 보이는 개인들로부터 얻은 항체들의 수확물들은 병원체에 대하여 가장 면역성이 강한 표면구조를 연구원들에게 허용한다. 이 정보는 성공적으로 면역반응을 이끌어내는 것으로 입증되었다.

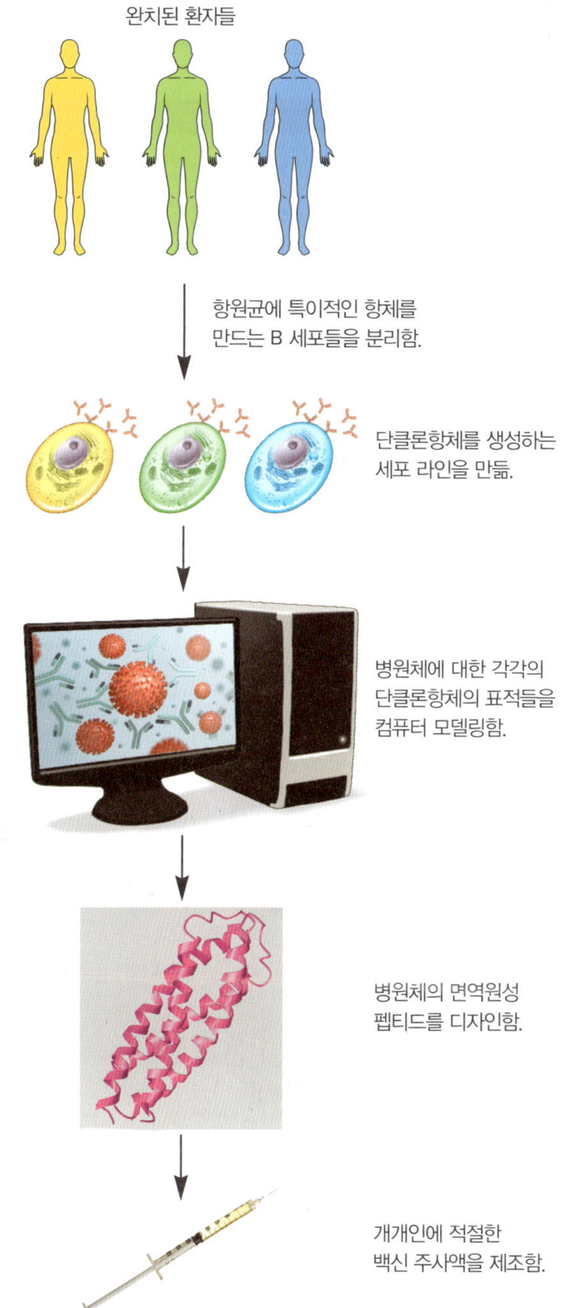

그림 41.2 백신개발의 합리적인 전략. (top) DariaRen/Shutterstock; (middle) National Institutes of Health; (bottom) roblan/123RF

마무리 점검

1. 페니실린 발효에서 중요한 제한 요인으로 이용되는 것은? 미생물이 고농도 이 약품을 생산하기 위해 스트레스 상태에 있어야 하는 이유는 무엇인가?
2. 조절 돌연변이체란 무엇이며 *Corynebacterium glutamicum*에 의한 글루탐산 생산을 증가시키기 위해 이 균주의 조절 돌연변이체가 사용되는 이유는?
3. 생물촉매반응의 결과로 생기는 분자의 변화에는 어떤 것들이 있는가?
4. 역백신학은 기존의 백신개발 과정과 어떻게 다른가?

41.2 생물연료 생산은 역동적인 분야이다

이 절을 학습한 후 점검할 사항:

a. 제조와 수송에서의 생물연료와 경쟁연료 사이에서의 가치를 비교할 수 있다.

b. 최소한 2가지 이상의 생물연료에 대해 토의할 수 있다.

인구와 경제적인 성장으로 인하여 에너지 수요는 새로운 수준까지 도달할 것이며, 대부분 나라들은 대기 중의 이산화탄소를 감축하는 절차를 약속해야 한다(그림 28.10 참조). 이 목표를 달성하기 위해서 중요한 한 가지의 과정은 화석연료를 대체할 경제적으로 경쟁력이 있는 에너지를 개발하는 것이다. **미생물 에너지 전환**(microbial energy conversion)은 미생물에 의해 유기물을 에탄올과 수소와 같은 **생물연료**(biofuel)로 전환하는 것을 말하며, 이들은 자동차와 다른 기계의 연료로 사용될 수 있다. 이 절에서는 미생물에 의한 생물연료의 생산에 대해 알아본다. ◀ **지구기후 변화: 균형을 잃은 생물지구화학적 순환**(28.3절)

현재 에탄올은 저장하기 쉽고 순수 휘발유를 사용하도록 만들어진 자동차에서도 연소될 수 있기 때문에 휘발유 첨가제로 사용된다. 가장 흔한 형태는 E10으로, 10%의 에탄올과 90%의 가솔린의 혼합물이다. 미국 외의 다른 나라에서는 팜오일과 사탕수수가 에탄올을 생산하는 데 사용되지만, 미국에서는 에탄올 생산에 옥수수가 가장 널리 사용된다(**그림 41.3a**). 에탄올 생산발효는 미생물의 아밀라아제와 아밀로글루코시다아제를 이용하여 식물 녹말을 분해하는 과정을

그림 41.3 생물연료로서 에탄올의 식물 재료. (a) 옥수수 녹말을 효소적인 처리로 가수분해하여 당을 만들고 이를 발효하여 에탄올을 만든다. 시험관들은 좌에서 우로 에탄올 순도가 높아짐을 보여준다. 섬유질[(b) 수수속풀, (c) 톱밥]로부터 에탄올이 만들어진다. (a) ThamKC/iStock/Getty Images; (b) Photo by Stephen Ausmus, USDA-ARS; (c) Reimphoto/Getty Images

거친다. 그 결과 생산되는 당은 미생물에 의하여 에탄올로 발효된다. 그러나 생물연료 생산에 옥수수를 사용하면 농약과 비료사용의 증가와 세계 곡물 가격의 상승이라는 원치 않은 결과를 초래한다. 그러므로 옥수수 기반의 생물연료 생산을 대체하기 위해 곡물수확의 부산물인 셀룰로오스(또는 섬유질)를 사용하기 시작했다. 곡물부산물은 톱밥이나 유휴지의 풀이나 수확 후에 밭에 남는 식물성 원료물질이다(그림 41.3b,c). 이들 물질에는 셀룰로오스와 5가지의 다른 6탄당과 5탄당인 포도당, 자일로오스, 만노오스, 갈락토오스 및 아라비노오스의 중합체인 헤미셀룰로오스가 있다. 셀룰로오스와 헤미셀룰로오스를 분해하여 단당류로 방출하는 과정은 일반적으로 열처리와 산처리인데, 과정은 에너지로 많이 소모하고 부식이 심하다. 반추동물들은 효과적으로 셀룰로오스를 분해한다(그림 27.5). 이는 이들 다당류의 미생물적 분해로 화학적 전처리법을 대체할수 있다는 관심을 촉발하였다. 이리하여 새롭게 분리된 다양한 미생물과 유전자조작된 생물에 의하여 100℃ 이상의 온도에서 셀룰로오스를 분해한다.

에탄올을 생산할 수 있는 더 값싼 식물 물질이 발견된다 하여도 에탄올을 생물연료로 사용하는 것에는 몇 가지 단점이 있다. 하나는 에탄올이 물을 흡수하고, 언제나 약간의 물을 함유하고 있기 때문에 기존의 송유관을 통해 수송할 수 없다는 점이다. 따라서 에탄올이 생산되면 한번 증류해야 하고 수송 후 물을 제거하기 위해 두 번째 증류를 해야 한다. 더욱이 에탄올은 휘발유 또는 분자량이 더 크고 생산하기 쉬운 부탄올과 같은 다른 연료보다 에너지를 훨씬 적게 가지고 있다. 이 점 때문에 여러 의욕적인 생명공학 기업과 에너지 기업들이 다른 종류의 알코올, 이소프레노이드와 탄화수소를 생산하는 미생물들을 개발하고 있다. 이들 생산품들은 적은 흡습성(예를 들면, 알코올처럼 물을 흡수하지 않는), 높은 에너지 밀도, 추위에서의 좋은 유동성 측면에서 가솔린(석유)과 유사하다.

많은 경우에 생물연료로서 수소(H_2)는 에탄올이나 다른 연료와 비교되기 쉽다. 사실 수소(H_2)는 단위 무게당 잠재 에너지가 휘발유보다 약 3배 많은데, 사용가능한 에너지 함량이 높은 에너지이다. NASA는 우주선의 동력장치로서 수소 연료전기들을 사용하여 왔으며, 이 기술은 자동차에서도 적용되고 있다. 그러나 에탄올과는 달리 수소는 단순히 휘발유와 섞어서 현재의 자동차에 사용할 수 없다. 이는 오직 수증기와 데워진 공기만을 배출하는 연료전지 전기차의 개발로 이어졌다. 이러한 수소연료차의 제한점으로 인하여 수소충전소의 부족함을 초래하였다.

다양한 그룹의 미생물들이 수소를 생산하는 제조과정은 다양하다. 에탄올처럼 수소는 발효의 산물이다. 수소(H_2)는 산소발생 광합성 미생물(남세균과 조류)과 산소비발생 광종속영양생물에 의해서도 생산된다. 2가지 다른 효소(즉, 다른 두 과정)인 수소화효소(hydrogenase)와 질소고정효소(nitrogenase)가 수소(H_2)를 생산한다. 두 효소 모두 산소에 매우 민감하기 때문에 수소(H_2) 생산은 산소비요구적 과정이다.

산소발생 광합성 미생물은 폴리β-히드록시부티르산과 같은 세포 저장산물을 산화하는 밤에 수소(H_2)를 생산한다. 수생 광영양생물을 이용한 수소(H_2) 생산은 기질(빛과 CO_2)이 풍부하기 때문에 전망이 밝다. 그러나 수소화효소는 생산물에 의해 심하게 억제되기 때문에 수소(H_2)는 생성되자마자 시스템에서 제거되어야 한다. 반면, 산소비발생 광영양세균에 의한 수소(H_2) 생산은 세포의 수소화효소나 질소고정효소에 의해 이루어진다. 수소화효소나 질소고정효소가 산업미생물학자의 주목을 받는 것은 인공적으로 모든 질소(N_2)가 제거된 대기에서 질소고정효소는 오직 수소(H_2)만을 형성할 것이기 때문이다. 이 과정은 엄청난 양의 ATP와 환원제가 필요하지만 수소화효소와 달리 질소고정효소는 축적된 수소(H_2)에 의해 억제되지 않고, 이 과정에서 전자가 거의 100% 수소(H_2)로 전환된다.

특정 생물연료의 미래가 결정되었지만, 몇 가지 사실은 명백하다. 에너지를 향한 커지는 욕망은 결과적으로 화석연료를 대부분 소모해버리고, 가격을 터무니없게 올리게 될 것이다. 그와 동시에 식량 증산의 필요성은 부족한 곡물 경작지에 생물연료의 생산을 위한 작물을 키우는 것을 허용하지 않게 될 것이다. 석유채굴을 위한 시추보다는 생물반응기로부터 생물연료를 수확하게 될 것이다. 아니면, 탄화수소 기반의 생활스타일을 지원하는 고도의 사회기반 구조를 아직 설립하지 않은 국가들에게 수소가 중요한 자원이 될 것이다. 하지만 그 일이 일어나건 안 일어나건 지금은 미생물 에너지 전환 분야에 매우 기대가 되는 시기이다.

마무리 점검

1. 미국에서는 왜 생물연료의 대체물로서 에탄올을 선택하는것에 관심을 가지게 되었는가?
2. 수소의 공업적 생산에 어떤 종류의 미생물들을 선택하는 것이 적당한가?

41.3 도전에 직면한 산업현장에서의 미생물 배양

이 절을 학습한 후 점검할 사항:

a. 산업 현장에서 사용되는 발효기라는 용어를 설명할 수 있다.
b. 2가지 종류의 발효기를 묘사할 수 있다.

천연물과 그의 생산 공정에 대한 우리의 리뷰처럼 적절한 배지와 배양조건이 목적생산물의 제조에 매우 중요하다. 산업현장에서 미생물의 배양은 자연상태 또는 실험실에서의 배양과는 많이 다르다. **발효**(fermentation)는 미생물, 식물세포, 동물세포의 대량배양을 의미한다. 산업적 발효에는 적절한 배지의 개발과 소량의 배양기술을 훨씬 큰 양으로 배양할 때의 조건으로 전환하는 것(scale-up)이 필요하다. 사실 주요 대규모 산업미생물 생산의 성공은 **스케일 업**(scale-up, 대량생산)에 달렸다. 이는 작은 플라스크에서 개발된 공정조건을 큰 발효기에서 이용할 수 있도록 변형하는 것이다. 배양 부피가 늘어나지만 소량 배양에서의 미세환경은 유지되어야 한다. 원래 250 mL 플라스크에서 사용하였던 과정이 100,000 L 반응기로 성공적으로 전환되면 스케일 업 공정은 성공적으로 이루어진다. 하지만 매번 같은 수율로 목적산물을 생산하는 것은 어렵다.

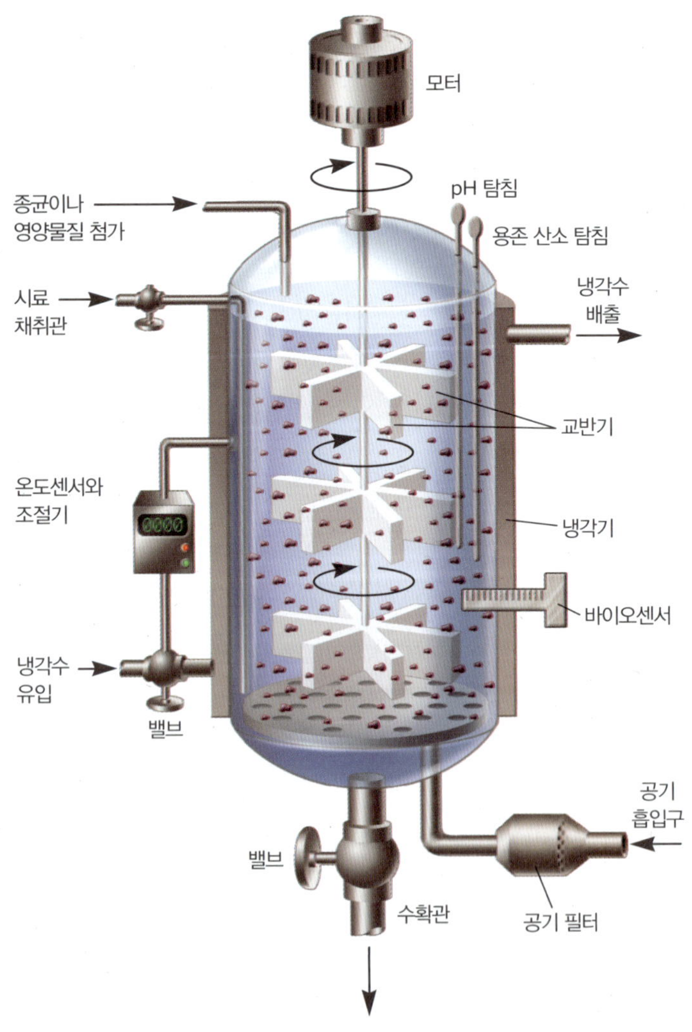

그림 41.4 산업적인 발효기. 이 장치는 산소조건 또는 무산소조건에서 운용할 수 있고, 영양성분의 첨가, 시료의 채취 그리고 무균 조건에서 발효 공정을 감시할 수 있다. 바이오센서와 적외선 감시는 발효과정을 실시간으로 감시할 수 있게 한다.

미생물은 대개 교반 발효기나 다른 대량 배양시스템에서 생장시킨다. 교반 **발효기**(fermenter)는 생산요구량에 따라 그 크기가 3~100,000 L 또는 그 이상 되기도 한다. 전형적인 교반 발효장치가 **그림 41.4**에 그려져 있다. 미생물들의 접종과 샘플수확은 멸균된 배지, 통기, pH 조절, 시료 채취 및 공정 감시 등이 면밀하게 통제된 조건에서 이루어져야 한다. 특히 필요하다면, 고단백질 배지를 사용할 때는 거품 제거제도 투입되어야 한다. 컴퓨터로 미생물 생물량, 중요 대사산물, pH, 기체 성분의 투입과 배출, 다른 변수를 결정하는 탐침(probe)에서 나오는 결과를 감시한다. 특정 공정의 필요에 따라 환경조건을 변화시키거나 배양시간 동안 일정하게 유지시킬 수 있다.

때때로 배지의 중요 성분은 **연속공급**(continuous feed)이라는 공정을 통해 연속적으로 투입된다. 따라서 미생물이 사용할 수 있는 기질이 과량으로 있는 시점은 없다. 포도당과 여타 탄수화물의 경우에 특히 중요하다. 발효 초기에 포도당이 과량으로 있으면 이화과정으로 에탄올을 생성하고 이는 휘발성 산물로 소실되어 최종 생산 수율을 감소시킨다.

미생물 산물은 1차 대사산물과 2차 대사산물로 분류할 수 있다. **1차 대사산물**(primary metabolite)은 대수기 생장 중인 미생물세포의 생합성과 연관된 화합물로 구성된다. 항성분배양장치(chemostat)를 이용하면 미생물을 대수기의 상태로 유지시킬 수 있기 때문에 세포 생산량과 기질 사용 속도를 크게 증가시킬 수도 있다. 1차 대사산물에는 아미노산과 뉴클레오티드가 있으며 에탄올과 유기산과 같은 발효의 최종산물들도 포함된다. 그 밖에 대수기 생장 동안 미생물에 의해 합성되는 미생물세포와 결합되어 있는 효소나 세포외 효소 등의 산업적으로 유용한 효소가 포함된다. **2차 대사산물**(secondary metabolite)은 활발한 생장기 이후 영양분이 제한될 때 또는 노폐물이 축적되는 시기에 주로 합성되기 때문에 항성분배양장치에서는 생산되지 않는다. 이 화합물들은 영양성분 결핍에 의한 스트레스 반응의 일부로 생각된다. 대부분의 항생제들은 이 범주에 속한다. ◀ 생장곡선은 5단계로 구성되어 있다(7.4절); 항성분배양장치와 항탁도조절장치가 미생물의 연속배양을 위해 사용된다(7.9절)

마무리 점검

1. 스케일 업 공정의 목적은 무엇이며 왜 중요한가?
2. 현대의 대량생산 산업용 발효기에서 어떤 종류의 변수들을 감시할 수 있는가?
3. 피루브산, 분비 아밀라아제, 항생물질, 류신 중에 2차 대사산물로 간주되는 것은? 어떤 시스템(발효기 또는 항성분배양장치)이 방선균 속의 세균이 생산하는 항생제인 스트렙토마이신의 생산에 이용되는가? 그 이유를 설명하시오.

41.4 농업생명공학은 식물병원균에 의하여 좌우된다

이 절을 학습한 후 점검할 사항:

a. 어떻게 *Agrobacterium tumefaciens*에 의한 자연적인 감염이 식물의 유전자 변형을 촉진하도록 사용되었는지를 설명할 수 있다.

b. Bt 독소의 작용메카니즘을 설명할 수 있다.

c. 생물농약으로 Bt의 사용을 옹호할 수 있다.

식물의 병원성 세균인 *Agrobacterium tumefaciens*에서 유래된 플라스미드의 이용이 주된 성공요인이다. 자연상태에서 쌍떡잎식물세포에 세균이 감염하면 세포는 종양세포로 형질전환되고 왕관혹병(crwn gall disease)이 발생한다. Ti (Tumor inducing, 종양 유발)라는 큰 접합성 플라스미드를 가진 *A. tumefaciens* 균주만이 병원성이다(그림 30.12와 그림 30.13 참조). 이는 Ti 플라스미드가 T-DNA라는 부위를 식물 염색체에 삽입하여 안정적으로 유지하기 때문이다.

Ti 플라스미드와 T-DNA는 클로닝 벡터로 식물염색체 안으로 재조합 DNA를 삽입하기 위한 벡터로서의 효용성을 증대시키도록 유전적으로 변형되었다. 종양 유발유전자를 포함한 불필요한 부위는 제거되고 다른 벡터(선별 표지자와 다중클로닝부위, 그림 17.5 참조)에 있는 부위는 첨가되었다. 식물유전체로의 통합에 필요한 직접 반복서열 사이에 있는 T-DNA 부위에 원하는 유전자 1개 또는 유전자

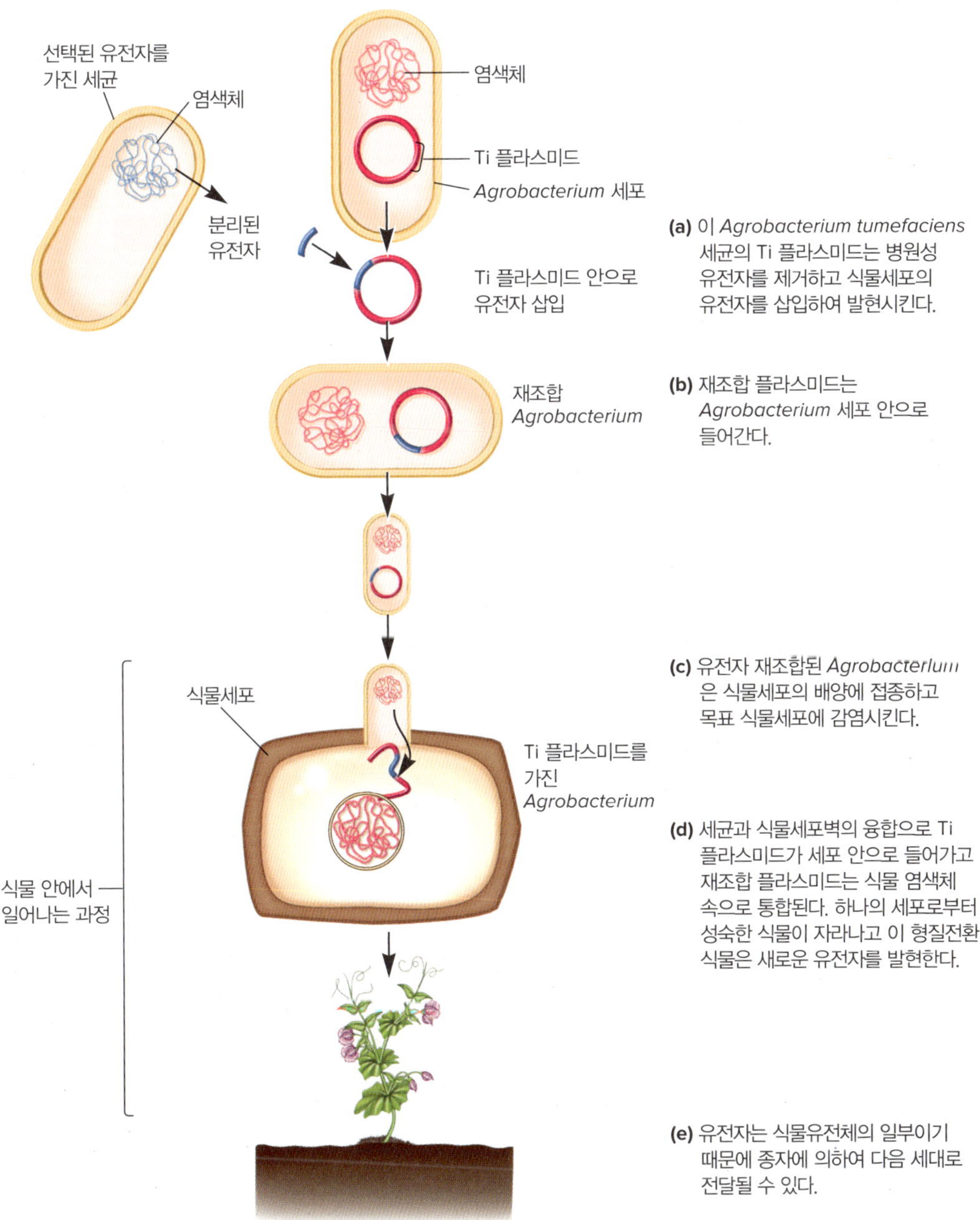

그림 41.5 식물의 생물공학. 대부분의 기술은 유전적으로 변형시킨 *Agrobacterium tumefaciens*라는 세균 균주를 이용한다.

들을 삽입한다(**그림 41.5**). 그리고 플라스미드를 *A. tumefaciens*로 반환하고 식물세포를 세균으로 감염시키고, 형질전환된 식물세포는 T-DNA에 의해 암호화되는 다른 특성을 탐색하여 선별한다. 마지막으로, 형질전환된 세포에서 전체 식물을 재생한다.

농업에 미생물을 응용하는 또 다른 분야는 세균, 진균, 바이러스를 **생물살충제**(bioinsecticide)와 **생물농약**(biopesticide)으로 이용하는 것이다. 이는 특정 곤충을 죽이는 생물제제로서, 특정미생물이나 그 성분을 이용하는 것을 말한다. 세균제제로 사용되고 있는 것의 75%는 Bt로 잘 알려진 *B. thuringiensis*로부터 유래된 것이다. 이 세균은 영양세포 단계에서 곤충에 대한 독성이 약하지만, 포자상태인 동안에는 특정 곤충 그룹에 미생물 살충제로 작용하는 단백질 독소 결정인 측포자체를 만든다(그림 22.15 참조). **측포자 결정**(parasporal crystal)은 염기성 조건인 곤충의 후장(hindgut) 안에 노출된 후, 절단되어 전독소(protoxin)를 방출한다. 이 절단물이 단백질분해효소와 반응한 후 활성독소가 생성된다. 6개의 활성독소 단위가 원형질막에 삽입되어 중장(midgut)세포에 **그림 41.6**에서와 같은 육각형의 구멍을 형성한다. 이 때문에 삼투 균형과 ATP의 손실이 일어나고 결국 세포는 용해된다. ◀ Bacillales 목(22.2절)

Bt 제조는 *B. thuringiensis*를 발효기 안에서 생장시키고 포자를 형성시킴으로써 시작된다. 세포가 용해될 때 포자와 독소결정들이 배지로 방출되고(그림 3.47 참조), 이를 식물에 사용하기 위하여 건조시켜 분말형태로 만든다. Bt 살충제는 50년 이상 전 세계에서 사용되어 왔다. 화학살충제와 달리 Bt는 토양이나 목표물이 아닌 동물 체내에 축적되지 않는다. 오히려 Bt는 환경에서 빠르게 분해된다.

Bt 독소를 코딩하는 유전자들(*cry* 유전자, 결정)은 식물들에게로 도입될 수 있다. 다른 유전자 변형 작물(genetically modified organism, GMO)과 달리 *B. thuringiensis* 독소 유전자 *cry* (결정, crystal)는 유전적으로 잘 받아들인다. 이 식물들의 폭넓은 수용성은 환경이나 건강에 미치는 부작용 없이 Bt가 살충제로 안정하게 적용된 역사를 보여준다. 장기간 연구를 통해, Bt가 포유동물에는 독성이 없고 사람에게 알레르기를 유발하지 않는다는 것이 밝혀졌다. 아직 남은 잠재적인 문제점은 *cry* 유전자가 잡초나 다른 식물로 수평이동하는지 아직 확실히 증명되지 않았다는 것이다. 그에 반해, Bt-변형 작물들을 경작할 때 살충제의 필요성은 감소하고 살충제 사용에 의하여 제거된 비목표곤충의 회복을 가져오기도 한다. 이들 곤충들은 바람직하지 않은 해충들을 제거하여 Bt 작물들이 경작될 때 향상된 생물 제어를 우리에게 가져다 준다.

마무리 점검

1. Ti 플라스미드는 무엇이고 식물의 유전자 변형에 이용되기 위해 어떻게 변형되었나?
2. Bt 독소는 어떻게 생산되고 왜 이 독소가 널리 이용되는가?
3. Cry 단백질을 생산하는 유전자변형 식물을 만들기 위한 과정을 추적해보시오.

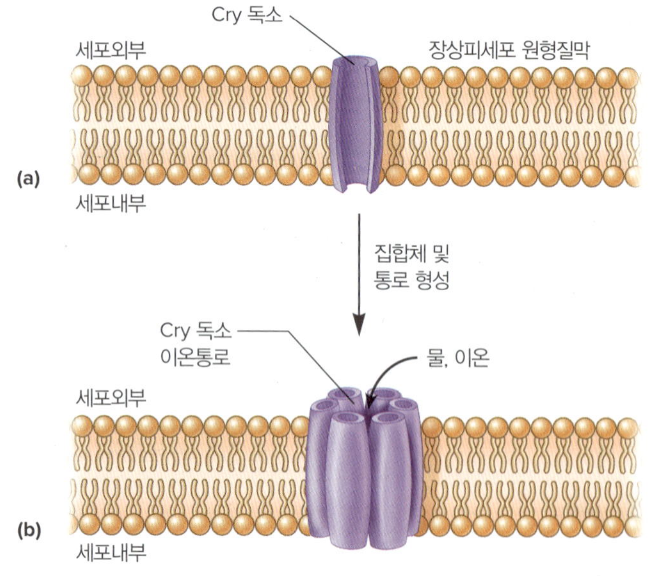

그림 41.6 ***Bacillus thuringiensis*** **독소의 작용 모델.** (a) 활성독소 분자가 곤충의 내장 세포막 안으로 삽입된다. (b) 집합체와 통로를 형성하여 물과 이온의 유입을 초래하면 세포 용해가 일어난다.

연관 질문 어떻게 Bt 독소가 곤충의 장 속에서 활성화되는가?

41.5 제품으로서의 미생물

이 절을 학습한 후 점검할 사항:

a. 나노기술에서의 미생물의 이용을 설명할 수 있다.
b. 바이오센서의 활용도를 설명할 수 있다.

지금까지 특정 목적에 맞는 미생물 대사산물의 이용에 대해 알아보았다. 그러나 미생물세포 그 자체도 값어치 있는 제품으로 상품화될 수 있다. 가장 일반적인 예는 콩과식물 종자에 뿌리혹형성세균을 접종했을 때, 효율적인 뿌리혹형성과 질소고정이 보장되는 것이다. 여기에서는 산업과 농업과 관련된 몇 가지 다른 미생물과 미생물의 구조들을 소개할 것이다. ◀ 질소고정 박테리아는 농업에 필수적이다(30.3절 참조)

규조류

규조류는 나노공학자들의 주목을 받고 있다. 이 광합성 원생생물은 종마다 구별되는 화려한 **규조각**(frustule)을 만든다(그림 23.19 참조). **그림 41.7**에서는 한 종류의 규조류에 대한 다른 크기 단위의 형태를 보여준다. 나노공학자는 규조류가 광학재료, 촉매, 전기재료를 만들 수 있는 마이크로미터 크기의 정밀한 구조를 형성하기 때문에 관심을 가진다. 큰 스케일에서는 3차원 구조와 접혀진 구조로서 구부러진 표면의 돌출부와 오목한 표면의 안으로의 접힘 등을 보여준다. 더 작은 구조를 살펴보면 규조각 전체와 마찬가지로 작은 구멍들이 골고루 퍼져 있다. 이것들의 전체적인 패턴이나 구멍크기를 조절함으로써 생물공학의 매력적인 응용성이 가능하게 된다. 규조류의 특이적인 단백질은 규조각의 구멍크기와 배열 등의 물리적인 변수들을 조절하게 한다. 규조류는 유전자 조작에 의하여 변형될 수 있고, 변형된 규조류세포들은 전환된 생물광물화 과정을 보이도록 하는 다양한 단백질들을 생산해낸다. ◀ Stramenopila(23.4절)

유전학 실험이나 세포생물학 연구는 실리콘 같은 광물소재가 생물의 세포구조 안으로 도입되는 **생물광물화**(biomineralization) 과정을 상세하게 알려준다. 자가조립된 규조각과 특수한 세포 안에서 일어나는 실리콘 침착 과정을 통하여 실리콘 운반자들은 전자들을 수송한다. 규조류는 실리콘 원소들을 규조각세포로의 응집을 위한 수용성 형태로 바꿔 준다. **대사적인 도핑**이라 불리는 실험으로 실리콘 외에도 알루미늄, 게르마늄, 주석 등의 금속이 포함된 배지에서 규조류를 배양함으로써 규조각 안으로 삽입할 수 있다. 이와 같이 변형된 규조류들은 독특한 광학 활성을 가지며 태양전지에서 사용되어 광 흡수효율을 증가시킨다.

규조류는 약물전달에서도 다수의 장점들을 가지고 있다. 이들은 화학적으로 매우 안정하고 물리적으로도 견고하고 다른 접합체 분자들을 결합시킬 수 있는 커다란 표면을 보유하고 있다. 물론 실리콘 분자결합 팔을 직접은 아니지만 간단한 화학연결자들을 첨가하여 생물분자들을 결합시킬 수 있다. 예를 들면, 항암제를 비타민 B_{12}와 함께 규조각에 삽입할 수 있다. 어떤 암세포는 비타민 B_{12} 수용체를 많이 가지고 있어 항암제 투여에 효과적으로 활용이 가능하다. 규조각

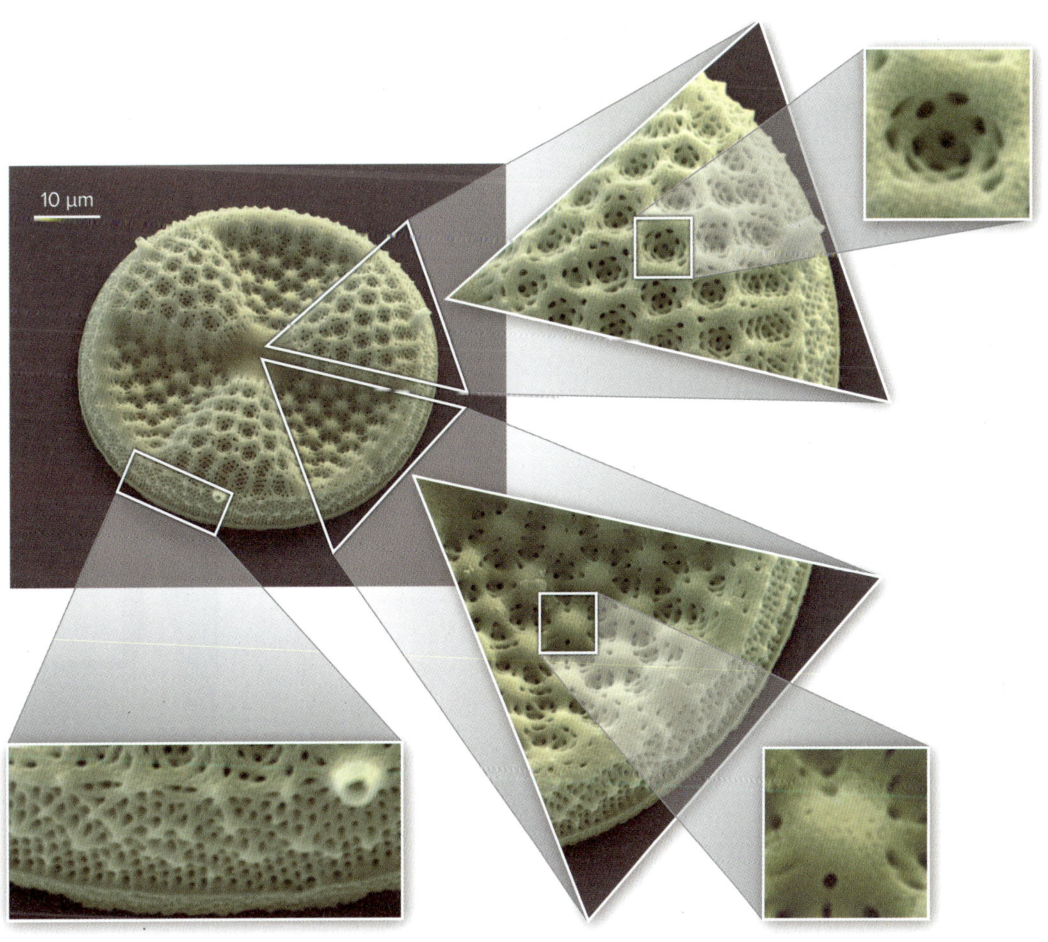

그림 41.7 해양 규조류의 표면구조는 나노기술의 매력적인 플랫폼이다. 여기에 나타낸 *Actinoptychus*의 가상색조 주사전자현미경 사진은 20∼150 μm 크기의 지름을 보여준다. 확대된 이미지들은 규조각의 형태적 복잡성을 크기 수준별로 보여준다. Eye of Science/Science Source

구조의 다공성은 약물을 천천히 오래도록 공급하게 해줄 수 있다.

바이오센서

이 책에서 다시 주목하는 분야는 유전자 발현 변화의 반응과 환경 변화를 감지하는 미생물의 능력이다. 만일 우리가 미생물의 탐지능력을 이용할 수 있다면 어떠한 일이 일어날 것인가? 그들은 우리에게 주위 환경(음용수 안의 독소 유무)의 변화와 우리 몸(질병)의 변화 등을 알려줄 수 있다. 미생물을 사용하여 **바이오센서**(biosensor)로 개발된 인지기능 탑재 미생물의 탐지능력은 우리에게 직접 알 수 없는 환경조건들의 변화를 알려줄 수 있다. 14장에서 보여준 유전자 조절의 예와 같이 어떻게 미생물이 이 반응들을 감각정보로서 변환시키는 가이다. 어떻게 이들 탐지들이 작동하는지에 대한 분자적인 접근에 의하여 과학자들은 아주 예민한 바이오센서들을 개발하고 발전시킨다(14장의 시작이야기 참조).

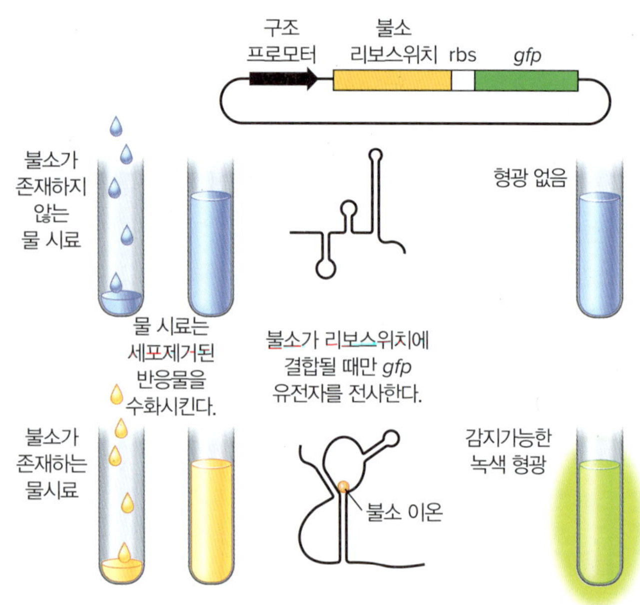

그림 41.8 물 안에 있는 불소 이온을 감지하는 바이오센서. 무세포 바이오센서를 검사 대상인 물 시료에 적신다. 리보스위치와 구조 프로모터에 의하여 전사가 일어난다. 불소의 존재는 *gfp* 유전자의 전사를 일어나게 하고 그 결과 녹색 형광이 감지되게 된다. Rbs 리보솜 결합부위이다.

리보스위치(riboswitches)는 RNA 전사체의 5′-말단에서 발견되는 조절요소들이다. RNA의 접힘형태는 그의 효과기들의 유무에 좌우된다. 하나의 형태에서, 전사가 멈추어지거나 리보솜 결합부위가 감춰지기에 유전자 발현이 억제된다. 다른 형태에서는 유전자가 발현된다. RNA 중합효소에 의하여 합성된 데로 리보스위치가 접히고, 하위 유전자임에도 불구하고 감지자로서의 기능을 할 수 있다. 리보스위치는 아미노산, 이온, 비타민 그리고 뉴클레오티드류 등의 다양한 종류의 효과기 분자들이 알려져 있다. **그림 41.8**은 어떻게 불소-감지 리보스위치가 상수도공급망에서 불소의 농도를 감지하는 녹색형광단백질과 결합하는지를 보여준다. **◀ 리보스위치들: 효과기-mRNA 상호작용이 전사를 조절한다(14.3절)**

단순한 억제물질/유도물질 모델시스템은 혈액의 지표로서 헴분자 감지 바이오센서를 들 수 있다. *Lactococcus lactis*로부터 유래된 작동유전자와 억제유전자는 헴의 유무에 의하여 조절된다(**그림 41.9**). 억제유전자에 결합된 헴은 구조유전자의 작용유전자/촉진유전자 부위에서 억제유전자를 풀어준다. 이 유전자 조절스위치는 발광 루시퍼라제를 코딩하는 *lux*CDABE 오페론에 결합하여 대장균 안에서 유전자 재조합 오페론으로 번식시킨다. 이 결과로 만들어진 바이오센

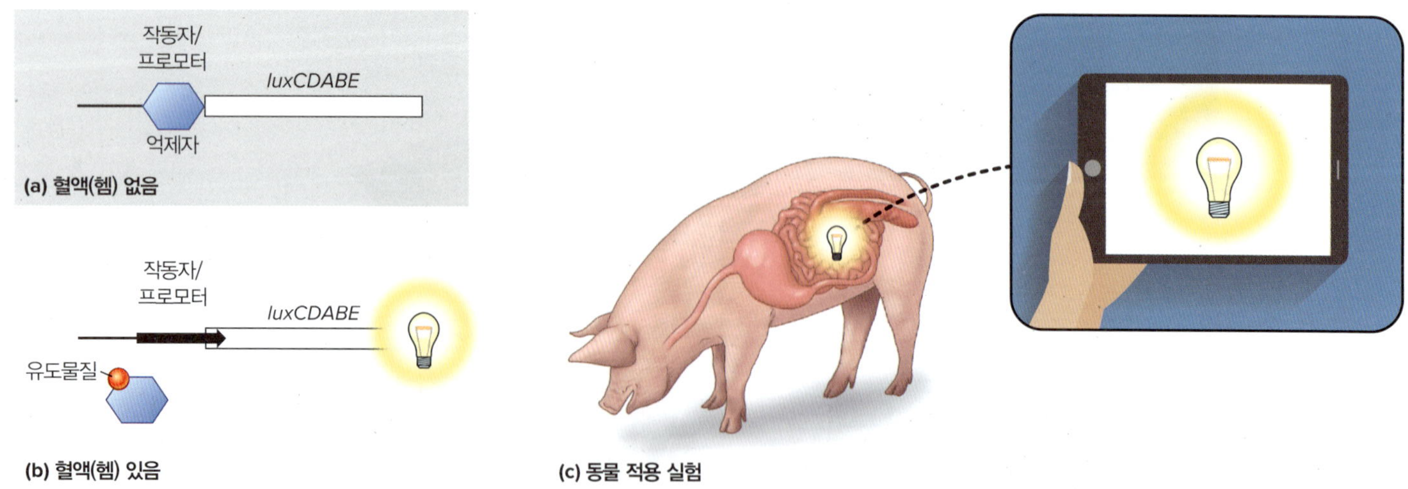

그림 41.9 즉석 혈액 감지 바이오센서. (a) 헴이 없을 경우에는 억제자가 작동자에 결합하고 그래서 *lux* 오페론이 발현되지 않는다. (b) 억제자에 헴이 결합함으로써 전사가 유발된다. 오페론은 빛을 만들어내는 루시퍼라아제(발광효소)를 암호화한다. (c) 동물실험에서 바이오센서는 장관내로 들어가고 장내의 혈액을 감지한다. 작은 전자소자에 의하여 탐지된 신호가 가까운 위치의 탐지기로 전송된다. (c) Olga Lebedeva/Shutterstock

서는 혈액(헴)의 존재 유무를 발광의 여부로 나타내게 된다. 소형화된 전자기기와 이 바이오센서를 통합하여 이를 삼키게 되면 장관내의 추적검사를 효율적으로 할 수 있게 된다. 혈액의 누출 유무를 감지하여 외부 수신장치로 무선송신으로 암이나 위궤양의 존재여부를 확인할 수 있다. 아직 인체 적용은 안되지만 동물실험으로는 이 장치가 활용되고 있다. ◀ 조절단백질은 종종 전사개시를 조절한다(14.2절)

마무리 점검

1. 규조류와 주자성 세균이 나노기술공학자들의 주목을 끄는 이유는 무엇인가? 이 미생물을 산업 목적으로 배양할 때 극복해야 할 특별한 어려움은 무엇이라고 생각하는가?
2. 어떤 분야에서 화학과 생물학의 감시장치를 보조하기 위해 바이오센서가 이용되는가?

요약

41.1 미생물들은 산업적으로 많은 중요 생산품의 원료이다

- 많은 면에서 우리의 삶에 영향을 미치는 아주 다양한 화합물이 산업미생물학을 통해 생산된다. 이 물질에는 항생제, 아미노산, 유기산, 생물중합체, 생물계면활성제 등이 있다(표 41.1).
- 미생물은 특정 화학반응을 수행하는 생물촉매로 이용될 수도 있다.
- 백신의 개발은 생물공학자들에게는 계속되는 도전이다. 역백신학은 가능한 목표점을 규명하고 그들의 구조와 기능을 사용하여 백신생산에 이용하려 하고 있다. 합리적인 백신의 디자인은 면역방응을 일으키는 항원의 표면을 규명한다(그림 41.2).

41.2 생물연료 생산은 역동적인 분야이다

- 미생물을 이용한 에너지 전환 분야는 생물연료생산과 미생물에 의한 수소연료 개발을 포함한다.
- 비록 지금은 옥수수가 에탄올 생산을 위한 가장 대표적인 기질이지만, 셀룰로오스로부터 탄수화물을 추출하는 방법이 개발 중에 있다.

41.3 도전에 직면한 산업현장에서의 미생물 배양

- 미생물은 발효기와 다른 배양시스템을 이용하여 여러 유형의 제어된 환경 안에서 배양할 수 있다(그림 41.4).
- 합성배지 성분을 이용하면, 미생물 배양의 전체 시간에 생장변수들을 선택해서 변화시킬 수 있다. 특히 이 방법은 아미노산, 유기산, 항생제 생산에 부분적으로 사용된다.

41.4 농업생명공학은 식물병원균에 의하여 좌우된다

- 많은 식물이 *Agrobacterium tumefaciens*의 Ti 플라스미드를 이용하여 유전적으로 변형된다. 이 플라스미드는 식물에게 새로운 특성을 부여하는 유전자들을 도입하도록 조작될 수 있다(그림 41.5).
- *Bacillus thuringiensis*는 중요한 생물농약으로서, Bt *cry* 유전자가 몇 가지 중요 작물에 도입되었다(그림 41.6).

41.5 제품으로서의 미생물들

- 규조류는 약물체 전달과 재료과학에 모두 매력적인 복잡한 구조의 규조각을 가지고 있다(그림 41.7).
- 바이오센서들은 산업적인 환경조건들을 쉽게 측정하도록 하기 위하여 미생물들의 탐지기능을 활용한다(그림 41.8과 그림 41.9).

심화 학습

1. 신장결석으로 고통을 받는 환자들은 시금치에 풍부한 성분이면서 동시에 신장결석의 주성분인 옥살산을 적게 섭취하기를 권고 받는다. *Bacillus subtilis*는 옥살산을 대사하는 탈탄산효소를 가지고 있다. 이 효소를 제약산업이나 프로바이오틱에 사용하여 신장결석의 형성을 줄이기 위한 전략을 고안하시오.
2. 40장에서 기술된 식품 저장의 과제에 대하여 설명하시오. 소비자들에게 제품의 안전성을 위하여 식품의 포장에 사용될 수 있는 바이오센서를 제안하시오.

3. 미주리대학교의 과학자들은 *B. thuringiensis*의 내생포자의 새로운 활용법을 개발하였다. 그것은 내생포자의 극단적인 안정성을 활용하여 토양 속에 장시간 잔류하는 제초제를 분해하는 효소를 전달하는 것이다. 목표단백질은 내생포자의 바깥 표면이다(그림 3.47 참조). 포자외부에 단백질이 위치하게 되면 연구자들은 포자외부 단백질과 관심 효소를 유전자 재조합에 의하여 플라스미드 벡터 안에 융합시킨다. 이 시스템은 *B. thuringiensis*의 생장조건과 발효조 안에서의 포자형성을 이루기 때문에 저렴한 생산비용을 제공하게 한다. 이 증거로서 사용된 효소는 농업과 골프 코스와 주거지 잔디에서 많이 사용되는 제초제이면서 토양 속에서 수개월 잔류하는 아트라진의 제독화 과정의 첫 번째 반응을 촉매한다. 연구자들은 변형된 *B. thuringiensis*의 내생포자들이 제초제 아트라진을 실험실 안에서 세팅된 용액이나 모델 토양 속에서 효과적으로 분해되는 것을 밝혀내었다.

   변형된 내생포자가 영양세포로 바뀌는 것을 기대할 수 있는가? 만일 그렇다면 세균이 토양환경에서 견뎌내기를 기대하는가? 당신의 지역에서는 *B. thuringiensis*의 사용에 대하여 찬성하는가 또는 반대하는가? 아트라진에 반응하는 바이오센서를 개발하기 위하여 어떻게 *B. thuringiensis* 균주를 적응시킬 것인가?

   참고문헌: Hsieh, H.-Y., et al. 2020. A *Bacillus* spore-based system for bioremediation of atrazine. *Appl.Env.Micro.* 86:e01230-20.DOI:10.1128/AEM.01230-20

CHAPTER

42

응용환경 미생물학

Source: U.S. Coast Guard

미생물에 의해 소비되는 심해 호라이전 오일

2010년 4월 20일, 지구상 최악의 석유 재난 중 하나인 BP 정유회사의 연안 시추시설인 심해 호라이전의 폭발이 발생하여 11명이 사망했고, 멕시코만으로 87일 동안 최소 250,000톤의 석유 및 천연가스(메탄)가 유출된 지구 최대의 석유 재해 중 하나가 발생했다. 다른 세간의 이목을 끄는 기름 유출과 달리, 이번 사건은 해저의 뚜껑이 없는 우물에서 분출하는 기름의 극적인 이미지를 특징으로 했다. 유출된 기름의 약 절반이 표면으로 솟아올라 오일 붐에 의해 물리적으로 제거되거나 침몰하거나 해안으로 씻겨나간 기름방울이 형성되었다. 그러나 유출의 약 40%에는 탄소수가 10개 미만인 화합물(예: 메탄, 에탄, 프로판 및 부탄)이 포함되었다. 이 깊이에서 석유가 유출되면 메탄과 소량이긴 하지만 에탄, 프로판, 부탄이 용해된다. 가스가 없는 저밀도의 해수면 아래 800~1,200 m 깊이에서 용해된 가스는 수평 기둥 모양으로 갇혀 있었다.

몇 년 후, 질량균형계산 결과 유출된 탄화수소의 약 4분의 1을 설명할 수 없었다. 미생물이 유출된 탄화수소의 일부(또는 전부)를 처리할 것인가? 그들은 화합물을 CO_2로 광물화하거나 바이오매스로 고정시킬 수 있었는가? 이러한 질문에 대한 만족스러운 답변을 얻기 위해서는 16S rRNA 유전자 시퀀싱, 메타유전체 및 단일세포 유전체 서열분석, ^{14}C-표지된 테스트 탄화수소의 플럭스 측정 등 여러 방법의 조합이 필요했다. 결국, 과학계는 퇴적물에 존재하는 미생물이 유출된 탄화수소의 큰 (그러나 알려지지 않은) 부분을 분해한다는 사실을 확인했다. 흥미롭게도 이 과정에서 미생물 군집이 바뀌었다. 유출 초기에, 포화 탄화수소의 농도가 높을 때의 단일세포 유전체 서열분석은 알칸분해, 화학주성 및 운동성을 위한 유전자를 밝혀냈다. 그러나 알칸 탄화수소가 감소함에 따라 그들을 분해하는 유전자의 증거도 감소했다. 알칸의 손실은 다중 방향족 탄화수소(PAH)가 분해되지 않은 오일의 더 큰 부분을 나타냄을 의미했다. **미생물 컨소시엄**이라고 할 수 있는, 관련 기능을 가진 미생물 군이 증가하고 이들 화합물을 총체적으로 분해할 때까지 많은 대형 PAH가 유지되었다. 그러나 가장 복잡한 PAH는 진핵생물에 대해 독성을 보이는 퇴적물에 갇혀 남아 있다. 따라서 많은 오염물에 대한 미생물 산화가 노출이 되었지만 10년 후 환경에서 PAHs의 지속성은 다음 재앙 이후의 향후 생물정화 노력에 중요한 영향을 미친다.

심해 호라이전의 경험은 토양, 물 및 폐수의 자연오염 제거가 대부분 미생물 과정임을 생생하게 보여준다. 수돗물 또는 폐수관리와 관련하여 물의 청결은 지질학, 생화학 및 물리학을 포함한 여러 분야의 노력이다. 이 장에서, 우리는 이와 반대되는 수순도 측면을 다룬다. 또한 미생물이 전 세계의 에너지에 대한 수요를 충족시키는 데 기여할 수 있는 방법과 환경오염물질(생물정화)을 저하시키는 역할에 대해서도 논의한다.

이 장의 학습을 위해 점검할 사항:

✓ 미생물의 증식에 영향을 끼치는 환경요인에 대해 정리할 수 있다(7.5절).

✓ 원소의 무기질화와 고정화를 구별할 수 있다(28.1절).

✓ 쉽게 분해되는 탄소 기질과 그렇지 않은 탄소 기질을 비교할 수 있다(28.2절).

✓ 일반적인 탄소, 질소, 철 순환을 도식화할 수 있다(28.2절).

✓ 여러 수인성 질병에 대하여 설명할 수 있다(38.4절, 39.5절).

42.1 안전한 식수를 보장하는 정화 및 위생 분석

이 절을 학습한 후 점검할 사항:

a. 상수원으로부터 수도꼭지에 도달하기까지 사용되는 수질정화 단계를 추적할 수 있다.
b. 미국 환경보호국이 어떻게 수질을 통제하는지 설명할 수 있다.
c. 수질 모니터링을 위한 전략에 대하여 논의할 수 있다.

깨끗하고 마실 수 있는 식수를 이용하는 것은 기본적인 인간의 권리이지만, 아직도 전 세계에 있는 10억 명 이상의 사람들이 안전한 식수를 얻지 못하고 있다. 물을 마시기 전에 물을 정화해야 할 뿐만 아니라 순도를 모니터링해야 한다. 미국 환경보호국(The U.S. Environmental Protection Agency, EPA)은 물속에서 생존하거나 증식할 수 있는 세균성, 바이러스성, 원생동물성 병원체가 특별히 건강에 심각한 손상을 끼치므로, '오염 미생물 후보(microbial containment candidate)'라고 명명했다(**표 42.1**).

따라서 수질정화는 물을 통한 질병 전염을 제어하는 중요한 연결고리이다. 정화 방법은 물의 부피, 상수원, 초기 수질에 따라 다르다. 많은 지자체에서는 지표수의 공급원인 저수지에서 물을 끌어다 사용한다. 지표수는 최소 여러 단계로 이루어진 과정을 통해 정화된다(**그림 42.1**). 첫째, 물은 더 큰 입자가 가라앉을 수 있도록 지정된 기간 동안 유지되도록 한다. 물이 정화시스템으로 유입되면 명반(황산알루미늄) 및 석회와 같은 화학적 응집제를 **응고**(coagulation) 또는 응집이라는 절차에 첨가한다. 응고된 입자를 **플록**(flocs)이라고 한다. 그런 다음 물은 중력에 의해 플록이 침전되는 **침강조**(sedimentation basin)로 이동한다. 이후 물은 **빠른 모래여과**(rapid sand filter)를 통해 더 정화된다. 여기에서 직경 약 1 mm의 모래 알갱이가 입자와 플록으로 세균을 최대 99% 제거하도록 물리적으로 트랩한다. 여과 후 물은 소독된다. 이 단계는 일반적으로 염소화 또는 오존화를 포함한다.

81a/age fotostock

이 정화 과정은 대부분의 세균을 제거하거

표 42.1 EPA가 규정한 수인성 오염 미생물 후보

미생물	특징
Adenovirus	호흡기 질환과 위장병을 유발하는 바이러스
Calicivirus	비교적 약한 자기 억제성 멀미, 구토, 설사를 일으킴. 노로바이러스가 해당됨
Campylobacter jejuni	멀미, 구토, 설사를 일으킴. 보통 자기 억제성
Enterovirus	소아마비 바이러스, 콕사키 바이러스 및 에코 바이러스를 포함하고, 드문 경우에 중추신경계 질환을 유발
E. coli O157:H7	심각한 위장관 질병 또한 신부전증을 일으키는 장출혈성 대장균
Helicobacter pylori	위궤양과 위암을 일으키는 세균
Hepatitis A virus	황달로 이끄는 간질환을 일으킴
Legionella pneumophila	냉각탑에서 발견되며, 흡입 시 세균성 폐렴을 일으킴. 주로 노인 환자에 국한됨
Mycobacterium avium	기저 질환 또는 면역 억제 환자의 호흡기 질환 또는 전파 질환
Naegleria fowleri	따뜻한 지표수, 지하수에서 발견되는 원생동물. 1차 아메바성 뇌수막염을 일으킴
Salmonella enterica	위장관 질병을 일으킴. 아종에 따라 심각성이 다름
Shigella sonnei	출혈성 설사를 동반한 위장관 질병을 일으킴

그림 42.1 수질정화. 마시는 물을 준비하는 과정에는 미생물을 포함한 입자 제거 및 소독 등의 여러 과정들이 관여한다. Mark Dierker/Bear Dancer Studios

나 불활성화시킨다. 불행히도 *Giardia* 피낭, *Cryptosporidium* 난포낭, *Cyclospora* 종과 바이러스들은 종종 응고제, 빠른 여과, 화학적 살균 등으로 제거되지 않는다. 설사의 원인인 장편모충은 현재 미국에서 가장 흔히 확인되는 수인성 병원체로 인식되고 있다(그림 23.6 참조). 또한 *Cryptosporidium* 종도 중요한 문제이다. 두 유기체 모두 염소 및 대부분의 다른 소독제에 내성이 있다. *G. intestinalis*와 *Cryptosporidium* 종에 의한 오염의 주요 원인은 캐나다 기러기로서, 개체 수가 급증하고 있는 철새이다. 따라서 땅 위로 흐르는 빗물을 받아들이는 취수장이 특히 이 원생생물에 의한 오염에 취약하다.

▶| 식품과 물은 원생동물 질병의 운반체이다(39.5절)

미국에서 EPA는 지표수 또는 지표수가 흘러들어 간 지하수를 사용하는 모든 공공상수도시스템에 대한 정책을 수립했다. 그것은 '어떤 알려진 또는 예상되는 악영향이 개인의 건강에 일어나지 않으며, 안전을 보장하는 적절한 한계 수준에 초점을 맞춘 건강 목표'로 정의되는 최대방재수준목표(maximum containment level goal, MCLG)를 설정해준다. MCLG는 *Giardia*, *Cryptosporidium*, *Legionella* 종, 장 바이러스에 대하여 0으로 설정된다. 또한, 공급원과는 상관없이 모든 공공수자원에 적용되는 총 대장균형 규정(Total Coliform Rule)도 총 대장균형과 분변 대장균형 세균에 대한 MCLG를 0으로 정한다. 오염된 수자원은 미생물을 99.9% 불활성화하기 위해 추가로 물 처리 전략을 개발해야 한다.

수질 위생분석

일단 정화된 물은 반드시 식수로 적합해야 한다(라틴어 *potabilis*는 '마실 수 있음'). 식수의 안전성을 감시하는 표준 방법으로 인간 병원체에 의한 수질오염의 기준인 **지표생물**(indicator organism)의 검출을 이용한다. 연구자들은 여전히 위생미생물학에서 사용할 '이상적(ideal)'인 지표생물을 찾고 있다. 미생물에 대해 제안된 기준은 다음과 같다.

1. 지표생물은 수돗물, 강, 땅, 저수지, 휴양지, 강어귀, 바다 및 폐기물과 같은 모든 유형의 물 분석에 적합해야 한다.
2. 지표생물은 장내 병원체가 존재할 때 항상 존재해야 한다.
3. 지표생물은 가장 강력한 장내 병원체보다 더 오래 살아남아야 한다.
4. 지표생물은 오염된 물에서 증식해서는 안 된다. 증식된 경우에는 측정값이 부풀려진다.
5. 사람에게 무해해야 한다.
6. 오염된 물의 세균 농도 지표는 배설에 의한 오염 정도와 직접 연관이 있어야 한다.
7. 지표생물 검출을 위한 분석 과정은 뛰어난 특이성(specificity)을 지녀야 한다. 즉, 다른 비병원성 세균도 양성의 결과를 나타내서는 안 된다. 또한, 분석 과정은 뛰어난 민감성(sensitivity)을 가져야 하고 낮은 수준의 지표세균도 감지할 수 있어야 한다.
8. 검사방법은 수행이 용이해야 한다.

대장균(*Escherichia coli*)을 포함하는 **대장균형**(coliform) 세균은 장내세균(Enterobacteriaceae) 과에 속한다. 이 세균은 일반적으로 인간과 다른 동물의 내장에서 발견되며 지표생물로 널리 사용된다. 그들은 대부분의 주요 장내세균 병원체보다 느린 속도로 담수에서 생존력을 잃는다. 이러한 "외부" 장내 지표 세균이 특정 부피(일반적으로 100 mL)의 물에서 검출되지 않는 경우, 물은 음용 가능한 것으로 간주된다. ◀ Enterobacteriaceae 과는 병원균과 상리공생자를 포함한다(21.2절)

광범위한 대장균형 세균의 주요 출처가 장이 아닌 경우도 있다. 이 어려움을 해결하기 위해 물에서 **분변대장균**(fecal coliform)의 존재를 확인할 수 있는 방법이 개발되고 있다. 이 대장균형 세균은 온혈동물의 장에서 채취한 세균이며, 더 제한적인 온도인 44.5°C에서 생장이 가능하다. 다른 지표 미생물에는 **분변장구균**(fecal enterococci)이 포함된다. 이러한 그람양성균은 기수(해수와 담수가 접하는 곳) 및 해수에서 분변 오염의 지표로 사용된다. 이 미생물은 소금물에서 다른 분변대장균보다 천천히 사멸하기 때문에 최근 오염에 적합한 지표가 된다. ▶ Lactobacillales 목(22.2절)

막여과법(membrane filter technique)은 물의 미생물학적 특성을 평가하는 일반적인 방법이다. 물 시료가 여과막을 통과한 후 세균이 걸러진 여과막은 고체배지 표면이나 액체배지가 흡수된 패드로 옮겨진다(그림 7.34 참조). 적절한 배지를 사용하면 모든 대장균형 세균, 분변대장균 또는 분변장구균을 그들의 특징적 집락으로 빠르게 검출할 수 있다.

지표생물인 대장균형 세균과 대장균을 검출하기 위하여, **콜리레트 특정기질시험**(Colilert defined substrate test)이 이용된다. 물 시료를 *o*-니트로페닐-β-D-갈락토피라노시드(ONPG)와 유일한 영양물질인 4-메틸룸벨리페릴-β-D-글루큐로니드(MUG)가 들어 있는 특정 배지에 첨가한다. ONPG는 대장균군에서 흔한 효소인 β-갈락토시다아제의 존재를 검출하는 반면, MUG는 대장균에서 특이적으로 발견되는 β-글루코시다아제를 검출한다. 만약 대장균형 세균이 존재할 경우 35°C에서 24시간 배양할 때 ONPG의 가수분해로 o-니트로페놀이 분비되기 때문에 배지가 노란색으로 변하게 될 것이다(**그림 42.2**). 대장균을 검출하기 위해서 배지를 자외선에서 관찰한다. 대장균이 존재할 때는 MUG가 변화되어 형광물질이 된다. 만약 대장균형 세균이 존재하지 않을 경우, 사람에게 음용 가능하다고 판단된다. 최근의 수질 기준에 따르면 물에 대장균형 세균과 분변대장균이 없어야 한다. 만일 대장균형 세균이 존재한다면 분변대장균이나 대장균의 존재를 확인하는 검출시험이 요구된다.

모든 병원성 미생물을 검출하는 방법으로서 지표생물을 사용하는 데에는 한계가 있다. 일부 병원체는 지표생물과 단순히 공존하지 않을 수도 있다. 다른 문제점으로는 지표생물이 살균제에 더 예민하여, 살균처리 후 식수 판정을 할 때 지표생물에 근거한 결과가 오인될 수도 있다는 것이다. 또한, 일반적으로 배양 방법을 사용하려면 최소한

그림 42.2 특정기질시험. 매우 간단한 이 시험은 100 mL의 물 시료에서 대장균형 세균과 분변대장균을 검출하는 데 이용된다. 특정기질로 ONPG와 MUG를 이용한다. (a) 접종하지 않은 대조군, (b) 대장균형 세균 존재에 의한 노란색, (c) 분변대장균 존재에 의한 형광반응이다. Ethan Shelkey and Joanne M. Willey, Ph.D.

18시간이 필요하고, 어떤 방법은 거의 일주일이 걸리기도 한다.

특정 병원체의 유무를 결정하기 위해 효율적이고, 신뢰할 만하고, 빠른 정량적인 방법이 필요하다는 것은 명백하다. 분자적 기술을 사용하면 이런 필요를 충족시킬 수 있는데, 물 시료를 1회만 사용해 많은 특정 병원체를 빠르게 검출할 수 있다. 이미 개발된 방법으로는 유세포측정기(26.1절), 형광 직접 혼성화법(FISH, 26.3절), 정량적 PCR(17.2절), 마이크로어레이(18.5절 및 26.3절), 메타유전체학(18.3절 및 26.3절) 등이 있다. 메타유전체 샘플 내 보존 영역의 표적 증폭은 물 샘플에서 특정 미생물의 존재 여부를 결정하는 신속한 수단이다.

수역에서 미생물의 존재를 식별하는 것만으로는 미생물이 어디에서 왔는지에 대한 질문을 해결할 수 없다. 예를 들어, 호수의 분변대장균군은 주거용 정화시스템의 고장, 가축 목초지의 유출수 또는 철새 떼를 나타낼 수 있다. **미생물 출처 추적**(microbial source tracking, MST) 방법은 가능한 출처에 따라 배설물 오염물질을 분류한다. 이러한 분자기술은 종보다 낮은 수준에서 세균을 식별할 수 있다. 라이브러리 의존 방법은 분리주를 그 지역에서 이전에 발견된 균주 목록과 비교한다. 라이브러리 독립 방법은 PCR을 사용하여 특정 동물과 관련된 표적유전자를 증폭하여 식별한다. ◀ 아종 및 균주의 동정(26.2절)

마무리 점검

1. 어떻게 *Giardia* 피낭, *Cryptosporidium* 난포낭을 상수원에서 제거할 수 있는가?
2. 물 시료에서 지표 미생물이 존재하지만 자라지 않는 것이 왜 중요한가?
3. 도시 수도시스템에 사용되는 수도관의 수명이 어떻게 수인성 병원체를 물 공급원으로 유입시키는 요인이라고 생각하는가?

42.2 폐수처리는 인간과 환경건강을 유지한다

이 절을 학습한 후 점검할 사항:

a. 1차, 2차, 3차 폐수처리 과정을 비교할 수 있다.
b. 정화처리가 작동하는 원리를 개괄적으로 설명할 수 있다.
c. 미래의 폐수처리에 대한 최소한 2가지 과제를 설명할 수 있다.

안전한 식수 위생의 뒷면에는 폐수처리가 있다. 폐수에는 공공하수시스템으로 방출되는 배설물과 더러운 물로 정의되는 하수가 포함된

COVID-19

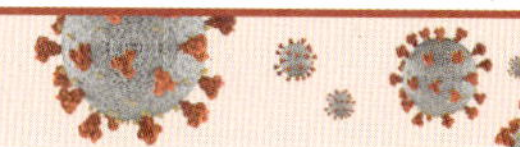

SARS-CoV-2에 감염된 사람들은 대변에서 바이러스를 배출하기 때문에 공중보건 공무원은 하수를 사용하여 지역사회 질병 유병률을 추정한다. 이는 많은 사례가 진단되지 않고, 광범위한 테스트가 불가능할 때 중요하다. 모두 사람들은 하수에 기여한다.

다. 때때로 **회색 물**이라고도 하는 더러운 물에는 샤워한 물, 세탁물 및 식기세척기에서 나오는 물이 포함된다. 또한, 도시하수도시스템은 산업 및 농업 폐수와 빗물하수구에서 수집된 거리 유출수를 받는다. 이러한 폐수에는 고농도의 유기물질, 중금속, 영양물질과 분진들이 포함되어 있다. 대규모 폐수처리 공정에 대한 개요와 수질 모니터링 방법을 통해 폐수처리에 대한 논의를 시작한다. 이어서 수질의 감시 방법과 가정처리시스템에 대해 논의하도록 한다.

폐수처리 과정

폐수처리(wastewater treatment)를 위해서 최소한 3단계가 공간적으로 분리되어 있다. 처음 3개의 단계를 1차, 2차, 3차 처리라고 부른다(**그림 42.3**). 마지막 처리 과정에서 물은 방류 전에 보통 염소 처리 또는 오존 처리를 거친다.

1차 처리(primary treatment)는 대부분의 고형물질을 물리적으로 제거하여 폐수처리를 준비한다. 이것은 스크리닝, 작은 미립자의 침전, 분지 또는 탱크에서의 침전을 포함하여 여러 가지 방법으로 수행

그림 42.3 전형적인 현대적 폐수처리장의 조감도. 폐수처리장은 강이나 호수에서 일어나는 자연적인 자체 정화가 커다란 콘크리트 수조내에서 왕성하고 통제된 조건 하에서 일어나도록 한다. Mariusz Szczygiel/Shutterstock

연관 질문 이 폐수처리장에서는 산소비요구성 분해기가 있다. 이 추가 단계의 장점은 무엇인가?

그림 42.4 활성 슬러지에서의 적절한 플록 형성. 비커 A의 폐수 유출액에는 세균 및 기타 침전에 저항하는 유기물질을 포함한다. 이 경우, 염화 철(III) 이온을 함유하는 상용 응고제를 비커 B에 첨가한다. 이것은 안정한 플록의 형성을 가속화하여 비커 C의 바닥처럼 침전한다. 비커 D는 침전된 물질이 제거된 후의 유출액을 보여준다. Ecologix Environmental Systems, LLC.

연관 질문 적절한 플록 형성이 처리시설의 기능에 필수적인 이유는 무엇인가?

할 수 있다. 그런 다음 물(폐수)은 생물학적 처리를 통해 추가로 정화된다. **슬러지**(sludge)라고 하는 생성된 고체물질은 폐기 전에 처리된다.

2차 처리(secondary treatment)는 배출수에 용해된 유기물(dissolved organic matter, DOM)이 미생물 생물량과 이산화탄소로 생물학적 변형이 이루어지도록 촉진한다. 2차 처리는 호기성 또는 혐기성 과정 또는 둘다를 통해 발생 가능하다. 2차 처리에서 분해가능한 DOM의 90~95%까지 제거된다. DOM의 제거를 위한 2차 처리에는 몇 가지 방법이 있다. 미생물의 증식이 완료되면 이상적인 조건하에서 미생물은 응집하여 **과립형 슬러지**(granular sludge)라고 하는 안정한 플록(floc) 덩어리를 이루게 된다. **그림 42.4**에서처럼, 상용 응고제는 종종 폐수 배출수에 첨가되어 응집속도와 침전되는 물질의 양을 증가시킨다. 대안으로, 안정한 과립형 슬러지를 생성하기 위해 유전자 변형된 세균이 첨가될 수 있다. 안정적인 과립형 슬러지를 생성하는 하수처리시설은 공간을 최대 75% 줄이고 비용을 25%까지 절감하므로 효율적인 응집이 중요하다.

호기성 **활성 슬러지**(activated sludge) 시스템(**그림 42.5a**)은 재활용 슬러지(유기물이 미생물에 의해 산화되거나 분해될 때 형성되는 활성 생물량)의 수평적 흐름을 가진다. 활성 슬러지 시스템은 혼합 비율을 달리하여 디자인할 수 있다. 게다가 활성 미생물 생물량에 첨가되는 유기물의 비율도 조절할 수 있다. 미생물 생장속도가 느린 저속시스템(단위 미생물 생물량 대비 적은 양의 영양물질 공급)은 잔류 용해 유기물이 적은 배출수를 생산한다. 생장속도가 빠른 고속시스템(단위 미생물 생물량 대비 많은 양의 영양물질 공급)은 단위시간당 더 많은 용해 유기물을 제거하지만 품질이 낮은 폐수를 생산한다. 또 다른 유형의 호기성 2차 처리는 **살수여상막**(trickling filter)을 이용할 수 있다(그림 42.5b). 1차 처리의 폐출수는 미생물 생물막이 잘 발달된 자갈이나 고체 물질을 통과하면서, 미생물 군집이 유기 폐기물을 분해한다.

모든 호기성 과정은 과량의 미생물 생물량 혹은 많은 재생 유기물을 포함하는 하수 슬러지를 생성한다. 산소요구성 폐수처리에서 나온

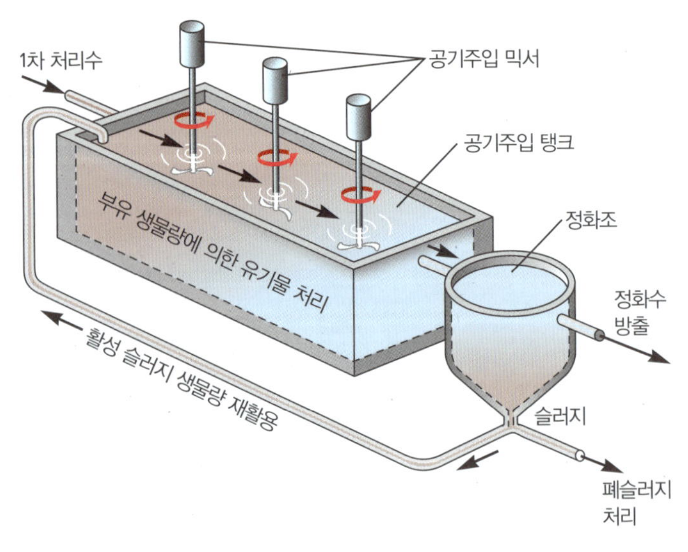

(a) 호기성 활성 슬러지 시스템

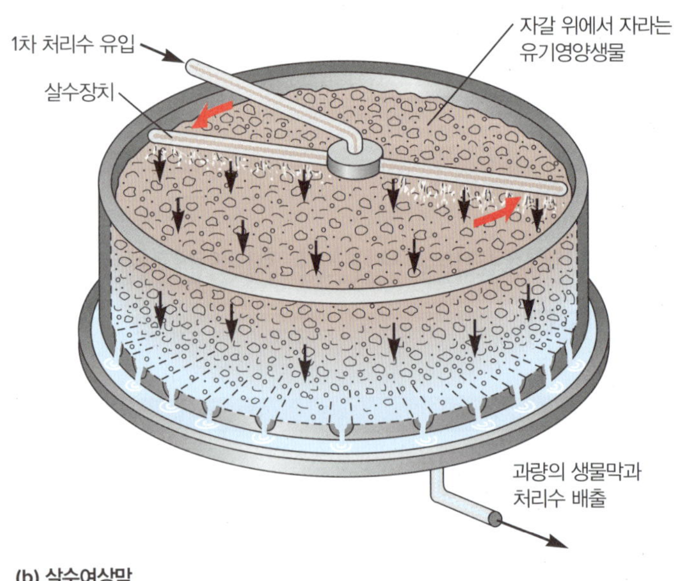

(b) 살수여상막

그림 42.5 호기성 2차 하수 처리의 2가지 유형. (a) 미생물 생물량을 재활용하는 활성 슬러지 시스템이다. 생물량은 산소, 영양물질, 폐수전달 과정을 최대화하기 위해 부유 상태에서 유지된다. (b) 폐수를 생물막이 부착된 자갈이나 다른 고체물질로 유입되도록 설계한 살수여상막은 유기물을 새로운 생물막과 이산화탄소로 전환시킨다. 과량의 생물량과 처리된 물은 최종 정화조로 이동된다.

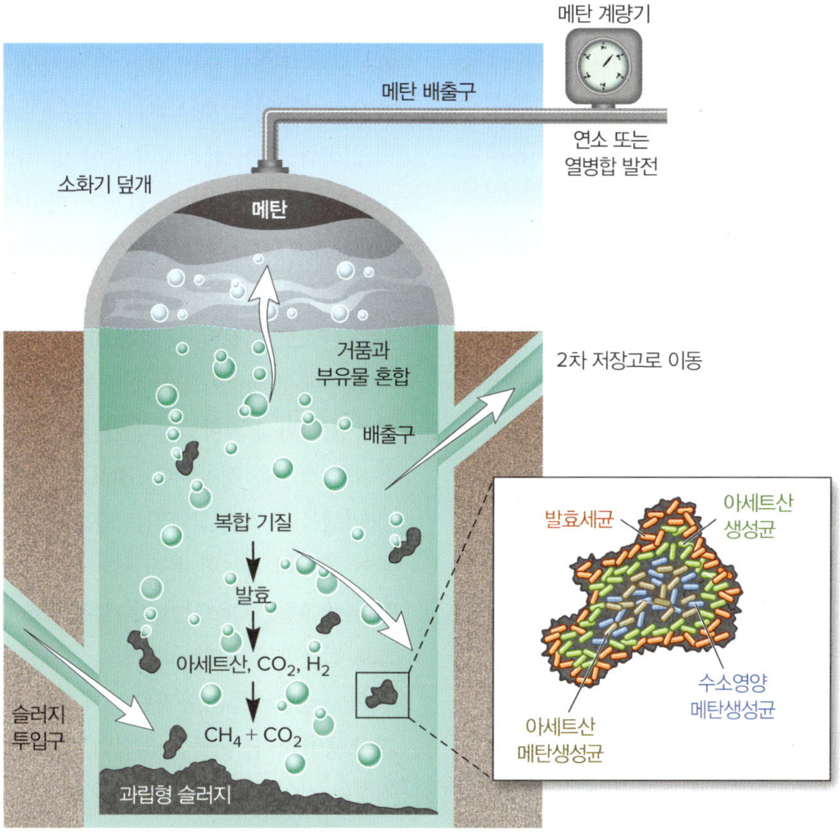

그림 42.6 혐기성 2차 하수 처리는 메탄을 생성한다. 혐기성 소화기의 기본 구조에는 폐기물(슬러지)을 넣기 위한 투입구가 있다. 복합 기질의 발효로 CO_2와 H_2가 생산되고, 이는 메탄생성균에 의해 CH_4로 전환된다. 배출구는 CH_4 포획을 최대화하기 위해 유지시간(보통 22~28일)을 최적화하는 기능을 한다.

슬러지는 1차 처리에서 침전된 물질들과 함께 혐기적인 분해에 의해 다시 처리된다. **혐기성 소화**(anaerobic digestion)는 처리되지 않은 슬러지의 지속적 주입과 최종 안정화된 슬러지생산물의 제거가 이루어지도록 고안된 큰 탱크(혐기성 소화기, anaerobic digest) 안에서 일어난다(**그림 42.6**). 천연가스의 주요성분인 메탄이 배출되어 열과 전기를 생산하기 위해 종종 환기되고 연소되기도 한다. 혐기성 소화기 안에서 최소한 3가지 과정이 일어난다. ① 아세트산을 포함한 유기산을 생성하는 슬러지 성분의 발효, ② 이산화탄소, 수소 등의 메탄 생성 기질의 생산, ③ 고균에 의한 메탄생성이다. 이 메탄생성 과정에서 전자수용체와 공여체는 서로 정확하게 균형을 이룬다(**표 42.2**). 가장 효율적인 기능을 위해 수소 농도는 낮은 수준으로 유지되어야 하며 이는 H_2와 CO_2를 소비하는 메탄생성균의 존재에 의해 보장된다. 혐기성 소화에 관여하는 여러 미생물 연합체는 서로 응집하여 메탄생성 알갱이를 형성하는데, 이것은 영양공생의 상호작용을 하는 일종의

표 42.2 혐기성 소화조에서의 순차적 반응

반응 단계	기질	산물	주요 미생물
발효	유기성 중합체	부티르산, 프로피온산, 젖산, 숙신산, 에탄올, 아세트산[1], H_2[1], CO_2[1]	*Clostridium, Peptococcus, Bacteroides, Eubacterium, Peptostreptococcus, Lactobacillus*
아세트산 생성 반응	부티르산, 프로피온산, 젖산, 숙신산, 에탄올	아세트산, H_2, CO_2	*Syntrophomonas, Syntrophobacter*
메탄 생성 반응	아세트산, H_2와 HCO_3^-	$CH_4 + CO_2$, CH_4	*Methanosarcina, Methanogenium, Methanothrix, Methanothermobacter, Methanobrevibacter, Methanococcus, Methanomicrobium, Methanospirillum*

[1] 초기 발효 단계에서 생성된 메탄생성 기질

생물막 역할을 한다. ◀ 메탄생성균(19.5절); 영양공생(27.2절)

혐기성 분해의 효율은 **직접종간 전자전달**(direct interspecies electron transport, DIET)에 의해 증가될 수 있다는 것이 최근에 발견되었다. 공생시스템에서 전자전달은 수소 이동을 통해 발생한다. DIET에서 *Geobacter* 종 균주는 혐기성 소화기에서 메탄생성균으로 연결되는 전도성 선모(그림 21.27b 참조)를 형성한다. 또한, 과학자들은 자철석이나 활성탄과 같은 전도성 물질이 전자의 경로를 제공함으로써 DIET에 참여한다는 것을 발견했다. 혐기성 소화기에 이러한 전도성 물질을 첨가하면 메탄 수율이 증가하고 메탄생성 속도가 빨라진다.

혐기성 소화에는 많은 이점이 있다. 호기성 생장에서 생산된 미생물 생물량의 대부분은 혐기성 소화기에서의 메탄생성에 이용된다. 또한, 메탄생성 과정은 에너지 효율이 매우 낮기 때문에 메탄생성균이 호기성 시스템에서 동량의 생물량 생산에 사용하는 영양물질의 두 배를 소비해야만 한다. 결국 슬러지가 적게 생성되어 쉽게 건조 유기비료 등으로 사용된다.

3차 폐수처리(tertiary treatment)는 계속해서 폐수를 정화한다. 이 과정은 특히 부영양화를 촉진할 수 있는 질소와 인 혼합물의 제거에 중요하다. 또한 중금속, 생분해가 가능한 유기물, 바이러스와 같은 많은 잔존 미생물들을 제거한다. 유기 오염물질은 활성 탄소 여과기에 의해 제거될 수 있다. 인산염은 보통 칼슘이나 금속 인산염(예: 석회 첨가 시)의 형태로 침전된다. 인을 제거하기 위해 일련의 처리 과정에서 산소와 무산소 조건이 번갈아 사용될 수 있으며, 미생물의 생물량에 다인산염(polyphosphate)으로 축적된다. 과량의 질소는 높은 pH에서 암모니아를 휘발시키는 과정인 '스트리핑(stripping)'으로 제거될 수 있다. 암모니아 자체는 염소 처리를 통해 디클로라민(dichloramine)이 되며, 이후 질소 기체가 된다. 어떤 경우 미생물학적 과정이 질소와 인을 제거하는 데 이용될 수 있다. 질소 제거에 널리 이용되는 방법은 탈질화(denitrification)이다. 이때 산소조건에서 미생물이 생산한 질산염은 무산소호흡이 일어나는 동안에 전자수용체로 이용된다. 질산염환원은 질소 기체와 아산화질소(nitrous oxide, N_2O)를 주로 생산한다. 탈질화와 함께 아나목스 반응 또한 중요하다. 이 반응에서 암모늄 이온(전자공여체로 작용)과 아질산염(전자수용체로 작용)이 반응하여 질소 기체가 생산된다. 아나목스 과정은 처음 암모늄 이온의 최대 80%를 질소 기체로 변환시킬 수 있다. 3차 처리는 비용이 많이 들며 명백한 생태학적 파괴를 막기 위해 필요한 곳을 제외하고는 보통 사용되지 않는다. ◀ Planctomycetes문(20.5절); 질소 순환(28.2절)

폐수처리 품질측정

환경으로 방출된 물이 환경 및 건강에 해를 끼치지 않도록 폐수처리 과정을 모니터링 해야 한다. 성공적으로 처리된 물은 유기탄소가 거의 없어야 한다. 폐수처리 동안 및 처리 후의 탄소량은 **총 유기탄소**(total organic carbon, TOC), **화학적 산소요구**(chemical oxygen demand, COD), **생화학적 산소요구**(biochemical oxygen demand, BOD), **오일 및 그리스**(oil and grease, O&G) 등의 4가지 검사를 통하여 탄소로 측정될 수 있다. TOC는 미생물에 의해 사용될 수 있는지 여부에 관계없이 모든 탄소를 포함한다. COD는 리그닌이 절차에 사용된 산화성 화학물질과 가끔 반응하지 않는다는 점을 제외하고는 유사한 측정을 제공한다. BOD 측정법은 총 탄소 중 20℃에서 5일간 미생물에 의해 산화되는 탄소만을 계산하는 방법이다. 이는 미생물이 생분해 가능한 유기물을 산화할 때 필요한 용존산소량을 의미한다(42.3절). O&G는 소수성이므로 미생물이 분해를 위해 화학적으로 접근할 수 없다.

이 측정방법들은 유기탄소 제거에만 관련이 있다는 점에 유의하는 것이 중요하다. 이들은 질산염, 인산염, 황산염 같은 무기물들을 제거하는 것이 직접적인 목표가 아니다. 이 무기물들은 호수, 강, 바다에서 남세균과 조류의 생장에 영향을 미치므로 부영양화(eutrophication)에 기여한다. ◀ 생물지구화학적 순환은 지구상의 생명을 유지한다(28.1절); 해안 생태계의 미생물은 변화하는 환경에 적응되어 있다(29.2절)

마무리 점검

1. 1차, 2차, 3차 폐수처리가 어떻게 이루어지는지 설명하시오.
2. 혐기성 분해 과정에서 발생하는 유기물의 처리 단계는 무엇인가?
3. 혐기성 분해 완료 후 슬러지의 폐기는 왜 문제가 되는가?
4. TOC, COD, BOD를 비교하시오. 유사점과 차이점은 무엇인가?

가정처리시스템

공공하수처리장치가 없는 상황에서는 **정화조**(septic tank)가 가장 보편적으로 이용된다. 전형적인 정화조 기능에는 간단한 혐기성 소화기로 작용하는 정화조 내의 혐기성 용해와 분해 단계가 포함된다. 이후 생물학적 산화가 일어나는 호기성 여과 필드(leach field)에서 유기물 흡착과 미생물의 포획이 일어난다. 병원성 미생물과 용해된 유기물은 지표 하부층을 통과하면서 미세모래입자, 진흙 및 유기물질에 흡착되어 제거된다(**그림 42.7**). 이러한 물질에 존재하는 미생물들(원생동물과 같은 포식자)은 흡착된 병원성 미생물을 먹이로 이용할 수 있다. 이를 통해 낮은 미생물 밀도를 가지는 정수된 물을 얻을 수 있다.

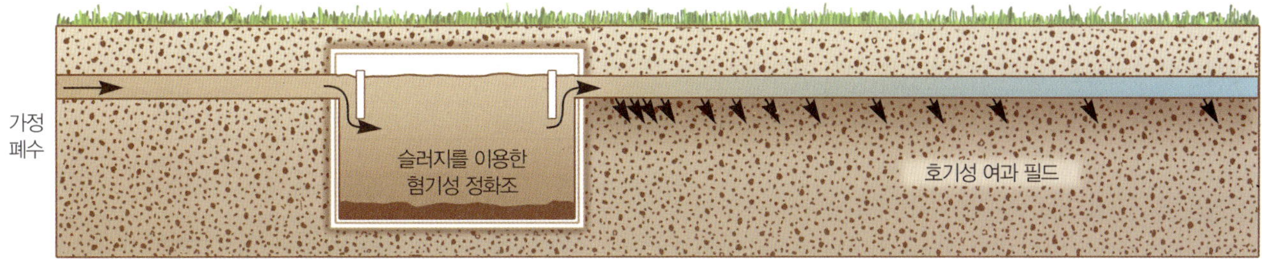

그림 42.7 전형적인 가정처리시스템. 이 시스템은 혐기성 폐기물 액화장치(정화조)와 호기성 여과 필드로 구성되어 있다. 액화된 폐기물의 생물학적 산화는 토양이 침수될 정도가 아니라면 여과 필드에서 일어난다. Ecologix Environmental Systems, LLC.

연관 질문 침수는 왜 여과 필드에서 폐기물의 생물학적 산화를 중지시키는가?

가정용 정화조는 지하수면보다 훨씬 높게 위치해야만 하며, 종종 중요한 식수 공급원이다. 그러나 모든 지역이 정화시스템에 적합하지는 않기 때문에, 정화조 설치 전에 여과검사(percolation test 또는 perc test)가 필수적이다. 여과검사를 통해 정화조에서 흘러나온 액체를 주변 토양이 흡수할 수 있는지를 결정한다.

정화조는 여러 가지 이유로 정확하게 작동하지 않을 수 있다. 정화조에서 폐수의 정체시간이 너무 짧으면, 분해되지 않은 고체들이 여과 필드로 이동되고 시스템이 막히게 된다. 만일 여과 필드에 폐수가 넘쳐서 무산소 상황이 되면, 생물학적 산화가 일어나지 않고 효과적인 처리가 멈추게 된다. 특히 알맞은 토양이 존재하지 않고 전형적인 시스템의 정화조로부터 방출수가 너무 빨리 지표 하부층으로 빠져나갈 경우, 또 다른 문제가 발생할 수 있다. 갈라진 바위층과 굵고 거친 자갈은 흡착이나 여과의 기능이 거의 없다. 게다가 폐수의 질소와 인은 지하수를 오염시킬 수 있다. 이것은 환경적으로 민감한 생태계인 연못, 호수, 강, 강어귀 등으로 지하수가 유입되어 이들 지역에 영양물질이 농축되도록 한다.

미래의 도전

현재 지구에는 80억 명의 인구가 살고 있고, 깨끗한 식수와 폐수처리의 필요성이 그 어느 때보다 절실하다. 이 2가지 필요성을 단번에 해결할 방안으로 물의 재사용과 재활용은 많은 사람들에게 현실이 되었다. 물의 재사용은 폐수를 정화하여 식수로 사용하는 것이다. 예를 들어, 캘리포니아 남부지방 자치제는 세계에서 가장 큰 물 재생공장(water reclamation plant) 중 하나를 운영하고 있다.

당연히, 물 재사용은 복잡하다. 명백한 오염물(즉, 병원체, 중금속, 부영양화를 일으키는 영양물질)뿐 아니라, 21세기에 들어서서 공장과 가정 모두에서 배출되어 하수에서 넘쳐나는 상당한 양의 약물도 제거해야만 한다. 이러한 상황이 하수에 섞여 있는 다양한 종류의 약물을 검출하여 제거하는 방법의 개발을 촉진시켰다. 물을 재활용하는 것 외에도 최근의 기술은 경제적으로 실행가능한 방식으로 바이오 폴리머, 플라스틱 및 셀룰로오스 섬유의 재생을 가능하게 한다. 현재의 과제는 이러한 기술을 광범위하게 적용하는 것이다.

1xpert/123RF

마무리 점검

1. 원칙적으로 전형적인 정화조와 여과 필드 시설은 어떻게 작동하는가? 어떠한 요소가 이 시스템의 효율성을 떨어뜨릴 수 있는가?
2. 당신의 거주지에서는 어떤 종류의 폐수처리시스템이 사용되고 있는가?
3. 폐수처리 분야에서 활발한 연구가 이루어지는 두 분야는 무엇인가? 당신의 지역사회에 절실한 분야는 무엇인가? 답변을 설명하시오.

42.3 미생물 연료전지: 미생물에 의해 구동되는 배터리

이 절을 학습한 후 점검할 사항:

a. 미생물 연료전지의 기본 모형을 그릴 수 있다.
b. 미생물 연료전지의 적용 가능성을 설명할 수 있다.

미생물학에서 관심을 끄는 신흥 분야는 세균을 사용하여 전기를 발생시키는 것인데, 이때 메탄생성(그림 42.6의 혐기성 소화기처럼)을 통하지 않고, 미생물의 전자전달사슬(ETC)로부터 직접 전자를 포획함으로써 전기를 생산하기 위해 세균을 사용하는 것이다. 이는 일부 종속영양 미생물이 유기물을 산화할 때 전자를 직접 전극으로 전달하기 때문에 가능하다. **미생물 연료전지**(microbial fuel cell, MFC)는 이 전자를 잡아 전기를 생산한다. 이를 위해 미생물은 반드시 풍부한 영양물질의 유기물을 계속 공급받아서 거의 생합성을 할 필요가 없어야 한다(동화작용은 환원력 NADPH에 의해 운반되는 전자가 필요하다는 점을 상기하자). 이런 방법으로 대부분의 유기기질은 이화작용 중에 산화되어 전자를 전자전달사슬에 제공한다. 미생물 연료전지의 기본 설계는 비교적 간단하다(**그림 42.8**). 연료전지는 산소와 무산소 상태의 2개의 방으로 구성되어 있는데, 이 2개의 방은 양성자가 통과할 수 있는 막으로 격리되어 있다. 무산소방 쪽에 있는 세균에게 영양소가 공급되면 유기물의 산화로 양성자와 전자가 생산된다. 양성자는 막을 통해 산소방 쪽으로 확산되고 전자는 2개의 방을 연결하는 양극에 축적된다. 전자는 양극에서 음극 쪽으로 흐르지만 이 과정에서 전기 생산에 이용될 수 있다. 산소방에 있는 촉매는 양성자, 전자, 산소를 합하여 물을 생성한다.

많은 종류의 종속영양 미생물이 연료전지에서 전기를 생산할 수 있다. 여기에 필요한 것은 유기물질을 산소 없이도 산화시키는 것이다. 실제로는 미생물 군집을 이용한다. 효율을 극대화하는 데 가장 큰 걸림돌은 전자를 양극으로 운반하는 데 있다. 이를 수행할 수 있는 몇 가지 방법이 있다. 세포 안에 있는 전자는 세포막을 가로질러 양극으로 운반되는데 화학매개체가 종종 이용된다(그림 42.8). *Shewanella oneidensis*와 같은 일부 미생물은 전자를 양극으로 전달하는 나노전선(nanowire)을 생산한다(자연에서 이 나노전선은 Fe^{3+}와 같은 외부 전자수용체로 전자를 운반함, 그림 21.27 참조).

미생물 연료전지는 현재 개발 중이며 전력 출력을 최대화하기 위한 큰 진전이 이루어졌다. 미생물 연료전지의 적용에는 음용수 정화 및 매립지 침출수 처리가 포함된다. 두 경우에서, 원치 않는 유기물은 미생물 연료전지의 세균에게 먹이로 사용될 수 있다. 미생물 연료전지는 에너지 요구량은 적지만 전지를 사용할 수 없는 상황에 사용될 수도 있다. 한 번에 몇 년 동안 현장에 남겨두어야 하는 환경 모니터링 장비가 좋은 예이다. 더욱이 미생물 연료전지는 독립적 장치이기 때문에 전력 공급망이 잘 발달되지 않은 지역에 적합하다.

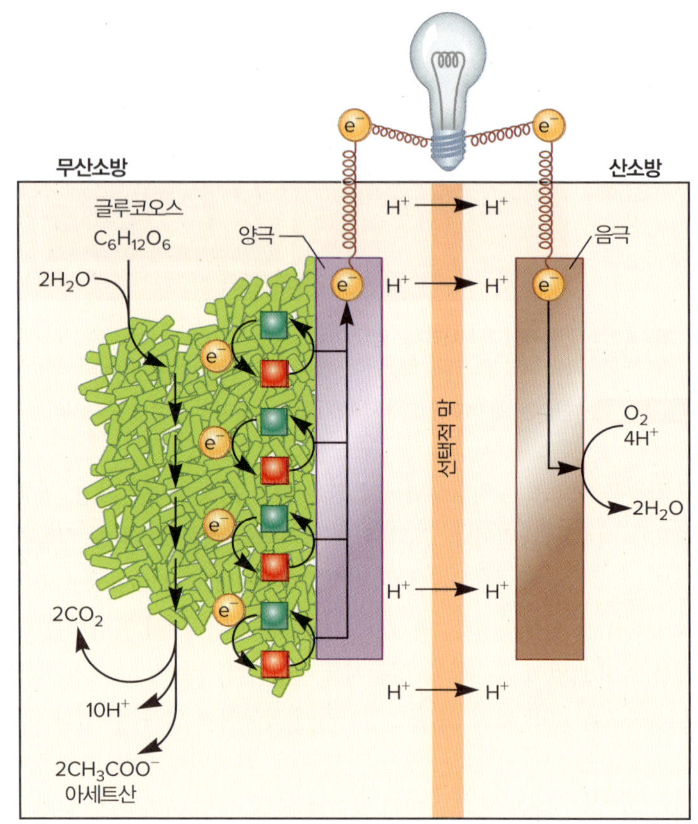

(a)

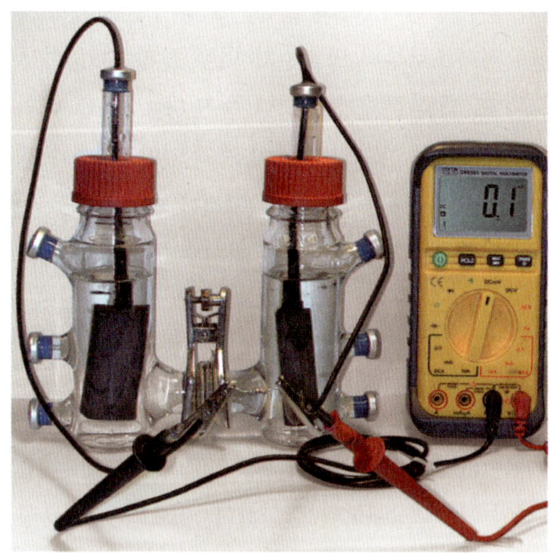

(b)

그림 42.8 미생물 연료전지. (a) 영양소는 무산소방에서 미생물에 의해 산소없이 분해된다. 그 결과 생성되는 양성자는 산소방으로 확산되고 전자는 세포막으로부터 양극으로 운반된다. 양극으로 운반된 전자는 산소방으로 흘러간다. 녹색 상자는 산화된 전자 셔틀을 나타내고 빨간색 상자는 환원된 셔틀을 나타낸다. (b) 2개의 방으로 이루어진 미생물 연료전지의 원형이다. (b) Kelly P. Nevin

연관 질문 2개의 방 사이의 막이 선택적 투과성이어야 하는 이유는 무엇인가?

마무리 점검

1. 미생물 연료전지는 어떻게 작동하는가?
2. 연료전지의 미생물이 탄소로 제한이 있다면 어떤 결과가 나오는가?
3. 미생물 연료전지가 폐수관리에 사용될 수 있는 방안은 무엇인가?

42.4 생분해와 생물복원은 미생물이 환경을 청소하도록 이용한다

이 절을 학습한 후 점검할 사항:

a. 생분해 단계를 나열할 수 있다.
b. 생물복원에서 환원성 탈할로겐화의 중요성을 설명할 수 있다.
c. 화합물의 생분해 속도와 생물복원 속도에 영향을 끼치는 요인들을 논의할 수 있다.
d. 화학오염물질의 생분해에 대한 몇 가지 문제에 대해 논의할 수 있다.

미생물 물질대사의 활성은 유익한 결과를 위해 복잡한 자연환경에서도 활용될 수 있다. 이러한 예로는 생분해, 생물복원, 환경의 유지 과정을 수행하는 상주 미생물을 이용한다.

생분해(biodegradation)는 미생물의 작용을 통해 유기화학물질을 분해하는 과정이다. 가장 단순한 경우, 프로테아제와 같은 효소는 식물이나 동물이 분해될 때 펩티드 결합을 가수분해한다. 복잡한 기질은 일반적으로 단일효소에 의해 분해되지 않지만 대신 여러 효소가 상승적으로 작용한다. 중요하게도, 생분해는 커뮤니티 과정이다. 인간의 장과 유사하게, 장내 생태계의 유전자 총합은 **핵심 마이크로바이옴**(core microbiome)을 구성한다. 복잡한 기질을 분해하는 효소는 **컨소시엄**이라고도 하는 커뮤니티의 구성 단위에게 할당된다.

그림 42.9는 생분해의 3가지 일반적인 단계를 강조한다. **생물단편**(biofragmentation)은 큰 유기화합물을 더 작은 화학 형태로 분해하는 분비효소인 외효소(exoenzyme)에 의존한다. 분해산물은 **생체동화**(bioassimilation) 과정에서 대사되며 종점은 **광물화**(mineralization), 즉 유기물이 무기물 형태로 전환되는 것이다. 여기에서 우리는 토양과 물을 오염시키는 주요 유기화합물의 생분해에 대해 논의한다.

석유 탄화수소

딥워터 호라이전 사건(이 장의 시작이야기 참조)은 엄청난 양의 원유를 멕시코만으로 방출했다. 미생물 생태학자들은 이후 몇 년 동안 생분해 과정을 추적하여 미생물 군집이 오일 대사에서 중요한 역할을 하는 방법에 대하여 문서화했다.

원유는 탄소와 에너지의 원천으로 작용할 수 있는 탄화수소의 복잡한 혼합물이다. 기름을 분해하는 미생물은 **희귀 생물권**(rare biosphere)의 일부이다. 즉, 토양, 해양 및 담수 생태계에 편재하지만 풍부하지는 않다. 예를 들어, 수중 석유가 스며든 주변에서 석유를 이용할 수 있을 때 이 미생물들은 자원을 이용하여 번성한다. 이를 위해서는 탄화수소를 세포의 중앙 탄소 경로로 들어가는 유기중간체로 전환하는 효소가 필요하다.

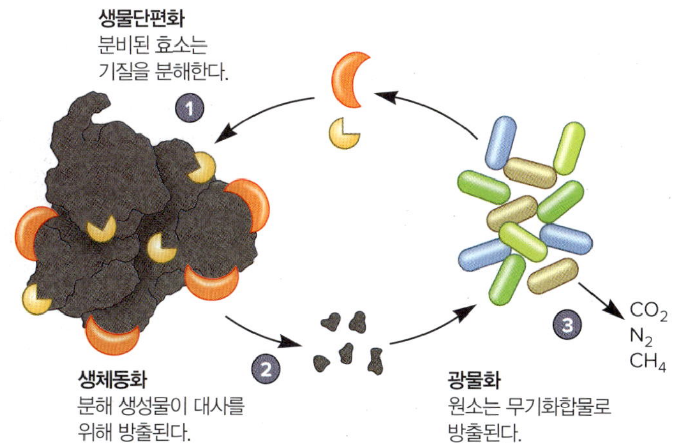

그림 42.9 생분해의 3가지 단계.

알칸은 원유의 약 50%를 구성한다. 탄화수소를 분해하는 미생물은 알칸을 기질로 사용하는 효소를 코드하는 유전자를 갖는다. 예를 들어, 알칸 모노옥시게나아제는 알칸을 알코올로 산화시키는 반응을 촉매한다(**그림 42.10**). 이 초기 활성화 단계 후에, 다른 효소가 탄소를 추가로 산화시키거나 탄소 사슬을 절단한다. 딥워터 호라이전 사고 이후 해양미생물 군집의 메타유전체 프로파일은 탄화수소 대사를 위한 유전자가 풍부해짐을 문서화했다.

인과 질소는 탄화수소에서 미생물 생장을 제한하는 요소이며, 이러한 요소의 추가는 미생물 군집을 자극하는 데 중요하다. 이것은 1989년 알래스카에서 발생한 초기 기름 유출 이후 입증되었다(**그림 42.11**). 인과 질소를 이용한 단순 비료는 기름을 분해하는 미생물의 생장을 촉진하고 해안 퇴적물에서 기름을 상당히 감소시켰다. 멕시

$CH_3-CH_2-CH_2-CH_2-CH_3$ 펜탄

↓ 알칸 모노옥시게나제

$CH_3-CH_2-CH_2-CH_2-CH_2-OH$

$CH_3-CH_2-CH_2-CHOH-CH_3$ 펜탄올

(a)

$CF_3-CF_2-CF_2-CF_2-CF_2-CF_2-CF_2-CF_2-SO_3$ PFOS

(b)

$CH_3-[CH_2]_n-CH_3$ 폴리에틸렌

(c)

그림 42.10 선형 탄소 분자의 화학 구조. (a) 펜탄은 석유에서 발견되는 전형적인 알칸이다. 알칸 모노옥시게나아제는 1차 또는 2차 알코올을 만들기 위해 산소 원자를 추가한다. (b) 퍼플루오로옥탄 설포네이트(PFOS)이고, (c) 폴리에틸렌이다.

그림 42.11 기름 유출의 생물학적 정화. 작업자들은 탄화수소 분해 미생물에 제한적인 양분을 제공하기 위해 해안선에 질소와 인을 함유한 비료를 뿌렸다. 이것은 오일이 분해되는 속도를 증가시켰다. Accent Alaska.com/Alamy Stock Photo

코만(Gulf of Mexico)에서 메타유전체학은 석유 분해 유전자와 질소 고정 유전자의 병렬 증가를 문서화했다. 대기 질소를 감소시키는 능력을 가진 오일 분해 미생물은 이러한 조건에서 분명한 경쟁 우위를 가지고 있다.

할로겐화 유기분자

토양과 수생환경에 존재하는 독성 산업산품의 제거는 반드시 필요한 과제가 되었다. 퍼클로로에틸렌(PCE), 트리클로로에틸렌(TCE) 및 폴리염화비페닐(PCB)과 같은 화합물들이 잘 알려진 오염물질들이다. 미생물을 이용하여 이러한 화합물들을 비독성분해산물로 바꾸는 것을 **생물복원**(bioremediation)이라고 한다.

생물학적 정화는 일반적으로 오염된 물이나 토양에 이미 존재하는 미생물의 분해 활동을 자극하는 것을 포함한다. 이러한 기존 미생물 군집은 일반적으로 물리적 또는 영양적 요인의 제한으로 인해 원하는 속도로 생분해 과정을 수행할 수 없다. 예를 들어, 생분해는 낮은 수준의 산소, 질소, 인 또는 기타 영양소에 의해 제한될 수 있다. 이러한 경우 제한요소를 결정하고 필요한 자재를 공급하거나 환경을 수정해야 한다. 종종 포도당과 같이 쉽게 대사되는 유기물의 첨가는 미생물에 의해 탄소 및 에너지원으로 사용되지 않는 난분해성 화합물의 생분해를 증가시킨다. 이과정을 **공동대사**(cometabolism)라고 한다.

초기에 오염물질은 더 쉽게 분해되는 독성이 적은 화합물로 전환된다. 많은 오염물질의 첫 번째 단계는 **환원성 탈할로겐화**(reductive dehalogenation)이다. 이것은 분자에 전자가 전해지면서 염소, 브롬, 불소 등의 할로겐 치환기가 제거되는 것이다. 여기에는 2가지 방법이 있는데, ① 수소첨가분해(hydrogenolysis)를 통해 할로겐 치환기를 수소 원자로 대체하거나(**그림 42.12a**), ② 할로겐 제거(dihaloelimination)를 통해 탄소 사이의 추가적 결합을 생성하면서 인접한 탄소에서 2개의 할로겐 치환기를 제거한다(그림 42.12b). 두 가지 모두 전자공여체가 필요하다. PCB의 탈할로겐화는 물에서 전자를 얻는다. 보완적으로 수소 원자는 다른 염소화합물의 탈할로겐화에 전자공여체로 작용한다. 이러한 과정을 수행하는 주요 속에는 *Desulfitobacterium*, *Dehalococcoide*, *Desulfomonile*가 포함된다. 이러한 유기체 중 일부는 무조건적인 탈할로겐제로 간주된다. 즉, 알려진 유일한 말단 전자수용체는 유기할로겐화물이다. 환원성 탈할로겐화는 일반적으로 무산소조건에서 발생한다.

(a)

(b)

그림 42.12 환원성 탈할로겐화. 1,2-디클로로에탄이 탈할로겐화되는 2가지 예는 (a) 수소첨가분해, (b) 할로겐 제거이다. 기질이 동일하긴 하지만 생성물은 서로 다르다.

환원적인 탈할로겐화 단계가 완료되면 많은 살충제 및 기타 생체이물(이물질)의 주요 구조분해가 종종 O_2의 존재하에서 더 빠르게 진행된다.

구조와 입체화학은 자연환경에서 특정 화학약품의 운명을 예측하는 데 중요하다. 구성성분이 **오르토**(ortho) 위치가 아닌 **메타**(meta) 위치에 있으면 이 화합물은 훨씬 느린 속도로 분해될 것이다. 보통 잔디의 제초제로 사용되는 물질인 2,4-디클로로페녹시아세트산(2,4-dichlorophenoxyacetic acid, 2,4-D)의 경우 염소 이온이 **오르토**(오쏘) 위치에 존재하면 여름 한철에 대부분 분해되는데, 이것은 입체화학적 차이 때문이다. 반면 염소가 **메타** 위치에 있는 2,4,5-트리클로로페녹시아세트산(2,4,5-trichlorophenoxyacetic acid, 2,4,5-T)는 수년간 토양에 존재하면서 장기간 잡초 조절에 사용된다.

생분해에 영향을 주는 또 다른 중요 인자는 화합물의 입체성(chirality) 또는 방향성(handedness)이다(그림 AI.8 참조). 미생물은 종종 하나의 이성질체(isomer)만을 분해할 수 있기 때문에 다른 이성질체는 분해되지 않는다. 적어도 제초제의 25%는 입체성을 지니고 있다. 따라서 제초제를 사용할 때 효과적이면서도 분해될 수 있는 이성질체를 선택하는 것이 중요하다. 그러나 미생물 군집은 무기질이나 유기성 기질이 첨가되면서 그 특성이 변화한다. 만약 제초제와 같은 특정 화합물을 미생물 군집에 반복 투여하면 미생물들은 환경에 적응하여 이 물질을 빠르게 분해할 수 있다. 결국 미생물 군집은 제초제를 빠른 속도로 분해하여 제초제의 효율을 낮출 수 있다.

현대의 생물학적 정화 과제는 PFAS(퍼플루오로알킬물질) 및 플루오르화 유기분자에서 발견된다(그림 42.10b). 일반적으로 영원한 화학물질이라고 불리는 이러한 화학물질은 소수성과 친유성(기름과 잘 혼합함)을 모두 가지고 있어 달라붙지 않는 조리기구와 같은 용도에 이상적이지만 동시에 분해되기 어렵다. C-F(탄소-불소) 결합은 C-Cl 결합보다 훨씬 더 강력하다. 환원적 탈할로겐화가 가능한 메커니즘으로 보이지만 PFAS를 효과적으로 탈불소화하는 유기체는 발견되지 않았다. PFAS의 생분해는 아마도 알칸 모노옥시게나아제와 관련된 효소에 의한 C-F 결합의 산화 또는 환원을 수반할 것으로 믿어진다.

플라스틱

플라스틱은 아마도 지구상에서 가장 풍부한 유기폴리머 오염물질일 것이다. 분해를 견디도록 설계된 물질이 환경에 축적되어 현재 행성 규모의 처분 문제를 야기한다는 것은 놀라운 일이 아니다(**그림 42.13**). 화학적으로 플라스틱은 탄소폴리머이다. 밀도와 가교 정도에 따라 최종제품의 특성이 결정된다.

플라스틱이 축적됨에 따라 플라스틱 파편의 미생물 환경을 설명하기 위해 새로운 용어인 **플라스티스피어**(plastisphere, 플라스틱권)가 만들어졌다. 열이나 자외선에 노출된 플라스틱은 폴리머 구조가 약해져 미생물이 분해될 수 있다. 예를 들어, 떠다니는 해양 플라스틱은 표면 생물막을 형성하고 분해를 시작하는 광독립영양생물과 광종속영양생물에 의해 집락화된다. 그러나 분해 속도는 플라스틱이 폐기를 위해 바다에 추가되는 속도보다 훨씬 느리다.

플라스틱이 생분해를 거부하는 이유는 무엇인가? 첫째, 플라스틱은 일반적으로 소수성이며 미생물은 용액에서 영양분을 필요로 한다. 둘째, 긴 반복 탄화수소사슬은 효소가 접근하기 어렵다. 마지막으로 가장 중요한 것은 대부분의 생태계에서 더 쉽게 소화할 수 있는 다른 탄소원이 있다는 것이다.

폴리에틸렌(PE)은 분해에 대한 도전을 보여주는 예시이다. PE와 탄화수소 사이의 구조적 유사성(그림 42.10c)은 잠재적인 메커니즘을 암시한다. 기름 유출에서 탄화수소를 분해하는 *Alkalivorax* 종과 같은 유기체는 탄소중합체에 산소 원자를 추가하여 알코올 또는 퍼옥실기를 형성하는 모노 및 디옥시게나아제를 사용한다. 말단 탄소의 추가 산화는 β 산화 경로를 통해 대사되는 카르복실화된 탄화수소(지방산)를 생성한다(그림 11.21 참조). PE는 결정질 영역과 비결정질 영역이 혼합되어 있다. 따라서 화학 조성은 동일하지만 폴리머 조직은 다르다(**그림 42.14**). 비결정질 영역은 좀더 생분해가 잘 되어 소규모로 분해된 PE 샘플은 스위스 치즈와 유사하다.

그림 42.13 해안선에 버려진 플라스틱 파편. LCDR Eric Johnson, NOAA Corps, NOAA/Dept. of Commerce

최근 박테리아 *Ideonella sakaensis*의 발견은 플라스틱의 한 유형인 폴리에틸렌 테레프탈레이트(PET)가 단량체 에틸렌 글리콜과 테레프탈산으로 완전히 탈중합될 수 있음을 보여주었다. *I. sakaensis*는 플라스틱 재활용 공장 주변의 토양에서 분리되었으며 분비된 2가지 효소가 반응을 촉매한다. "문제해결!"이라고 선언하는 것은 매혹적이지만, PET를 탄소 및 에너지원으로 사용할 수 있는 유기체를 분리하는 것과 산더미 같은 플라스틱 문제를 해결하는 것 사이에는 많은 단계가 있다. 중요한 초기 단계는 고온에서 효소를 안정화하기 위한 단백질 공학이다. 여기서 PET는 결정질에서 비결정질로 이동하므로 가수분해가 더 잘 된다.

현재 다양한 유형의 플라스틱을 만드는 데 사용되는 합성 폴리머

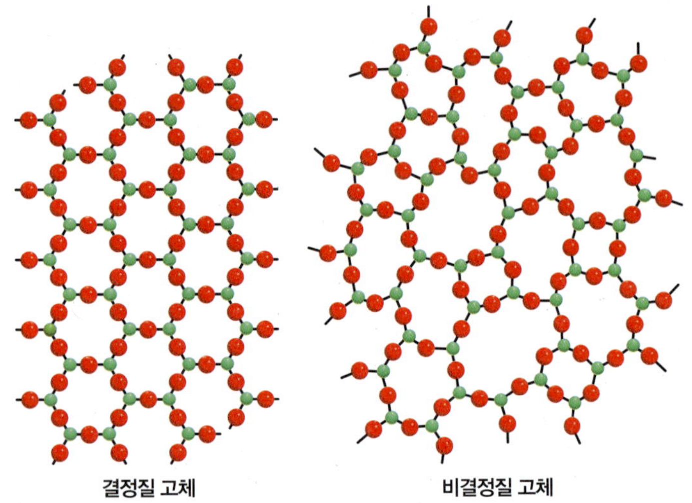

그림 42.14 결정질 및 비결정질 구조. 플라스틱은 다양한 정도의 결정질 및 비결정질 구조를 가지고 있다. 미생물은 비결정질 영역을 가장 잘 분해할 수 있다.

는 수천 가지가 있으며, 그 다양한 특성에는 의심할 여지 없이 다양한 분해방법이 필요하다. 1952년 미생물 생태학자 게일(Ernest Gale)은 미생물이 환경의 화학물질을 성장 기질로 이용하려는 강한 선택 압력이 있다는 미생물 무오류 가설을 제안했다. 21세기에 우리는 의심할 여지 없이 이 가설의 한계를 시험하고 있다.

마무리 점검

1. 생분해 단계를 나열하시오
2. 석유화학물질 오염 처리에 사용되는 미생물에는 일반적으로 어떤 성분이 첨가되는가? 이것들이 추가된 이유는 무엇인가?
3. 환원성 탈할로겐화의 2가지 메커니즘을 설명하시오.
4. 키랄성 및 이성질체화 및 생분해를 이해하기 위한 중요성에 대해 논의하시오.

요약

42.1 안전한 식수를 보장하는 정화 및 위생 분석

- 수질정화에는 침강, 응고, 염소 처리, 모래여과 등이 이용된다(그림 42.1).
- *Cryptosporidium*, *Cyclospora*, *Giardia* 종, 바이러스는 특히 관심을 끄는데, 그 이유는 전통적인 수질정화와 염소 처리가 항상 이들을 허용한도까지 제거하거나 불활성화시키지 못하기 때문이다.
- 지표생물은 병원성 미생물의 존재를 평가하는 데 사용된다. 존재하는 지표생물의 수를 추정하기 위해 막여과법이 사용된다. 정의된 기질시험은 대장균형 세균과 대장균에 사용된다(그림 42.2).

42.2 폐수처리는 인간과 환경건강을 유지한다

- 전통적인 하수처리 방법은 자연의 자체정화 과정을 극대화하도록 조절한 것이다. 이 방법은 1차, 2차, 3차 처리로 이루어진다(그림 42.3~그림 42.6).
- 수질은 총 유기탄소, 화학적 산소요구, 생물학적 산소요구, 오일 및 그리스를 측정하여 평가한다.
- 가정폐수처리시스템은 일반적인 자기정화의 원리로 운용된다. 전형적인 정화조는 혐기성 액화와 분해를 가능하게 하는 반면에, 호기성 여과 필드는 용해성 배출수의 산화를 가능하게 한다. 이 시스템들은 현재 오염에 취약한 해양과 담수에 대한 현장 폐수처리의 영향력을 감소시키기 위해 질소와 인을 제공하도록 고안되었다(그림 42.7).

42.3 미생물 연료전지: 미생물에 의해 구동되는 배터리

- 미생물 연료전지는 종속영양세균의 호흡 동안 양극으로 전달된 전자를 획득한다. MFC는 전력을 생산하는 동안 물을 정화하고 환경 프로세스를 모니터링하기 위한 에너지를 제공하는 등 다양한 용도로 사용된다(그림 42.8).

42.4 생분해와 생물복원은 미생물이 환경을 청소하도록 이용한다

- 생분해는 미생물에 의해 주도되는 자연적 시스템의 중요한 일부이다. 여기에는 생물단편, 생물동화 및 광물화가 포함된다(그림 42.9).
- 생분해는 일반적으로 복잡한 기질을 분해하기 위해 효소를 분비하는 미생물 연합체에 의해 수행된다.
- 생분해는 산소의 존재 정도, 산소수준 및 쉽게 사용 가능한 유기물과 같은 많은 인자에 의해 영향을 받는다. 환원성 탈할로겐화는 무산소조건에서 가장 잘 일어난다(그림 42.12). 유기물의 존재는 공동대사 과정에서 분해가 어려운 화합물의 변형을 촉진할 수 있다.
- 플라스틱권은 환경에서 플라스틱 폐기물을 집락화하는 미생물 군집이다. 생분해가 도입되었지만 많은 폴리머가 여전히 불안정하다.

심화 학습

1. 농촌지역사회에 집을 짓고 싶을 때, 정화시스템을 설치하고 식수를 위해 우물을 뚫어야 한다. 정화조시스템과 관련하여 우물을 어디에 설치할 것인가? 여과검사 후, 정화조 외에 모래 필터를 설치한 경우에만 마을에서 집을 지을 수 있다. 왜 이런 일이 일어날 수 있다고 생각하는가?
2. 당신이 제트연료로 오염된 토양을 생물복원하는 작업의 책임자라고 하자. 당신의 동료는 탄화수소를 분해하는 토박이 미생물의 생장을 촉진하기 위해 질소와 인을 거름으로 투입하자고 제안한다. 그러나 당신은 방금 영양물질과 계면활성제가 섞인 걸쭉한 형태의 신종미생물 혼합물에 대한 판매기사를 읽었다. 어떤 방법이 최선인지를 결정하기 위해 필요한 자료는 무엇인가? 이 자료들을 어떻게 입수할 것인가?
3. 식수 분배 네트워크의 표면에 생물막이 형성되며, 일부 경우에는 *Giardia* 및 *Cryptosporidium* 속의 원생생물 및 소아마비 바이러스 균주의 저장소로 보인다. 수돗물에서 모형 생물막에 대한 부착, 생장 및 분리를 평가하는 방법에 대해 논의하시오. 어떤 특정 변수를 고려하고 어떤 미생물, 화학 및 물리적 매개 변수를 측정하겠는가?
4. 잠재적으로 전도성이 있는 미생물 세포부속기관에 대한 조사에서 과학자들은 *Methanospirillum hungatei* archaellum(고균편모)의 추가 기능을 발견했다. 고균편모는 고균에 운동성을 부여하는 것 외에도 전기전도성 단백질 필라멘트이다. *M. hungatei*는 원래 혐기성 하수소화조에서 분리된 수소영양 메탄생성균이다. 이중 기능 부속기가 이 유기체에 어떻게 유리할 수 있는지 제안하시오. 고균편모의 구조가 알려져 있기 때문에(그림 4.11 참조), 전자의 경로를 제공할 수 있는 구조적 배열을 찾았다. 어떤 유형의 아미노산이 전자를 전달할 수 있으며 고균편모의 어느 부분에서 찾을 수 있는가?

   참고문헌: Walker, D.J.F., et al. 2019. The Archaellum of *Methanospirillum hungatei* Is Electrically Conductive. *mBio* 10: e00579-19. DOI: 10.1128/mBio.00579-19

부록 I

생물분자의 화학적 설명

부록 I에서는 미생물세포에 존재하는 분자를 중심으로 유기분자의 화학적 특성을 간략하게 소개한다. 여기서는 기본적인 개념과 용어만 다룰 것이며 이에 대한 더 자세한 내용은 생물학이나 화학의 기초 교재를 참고하기 바란다.

원자와 분자

물질(matter)은 원자로 구성된 원소로 만들어진다. 원소는 한 종류의 원자만을 가지고 있고 화학반응에 의해 더 이상 단순한 형태로 나누어질 수 없다. 원자는 원소의 특징을 가지고 있는 가장 작은 단위이며 각각의 원자로 존재할 수도 있고 다른 원자와 결합하여 존재하기도 한다. 분자는 물질(substance)을 이루는 가장 작은 입자이다. 분자는 물질의 모든 특성을 나타내며 2개 이상의 원자로 구성된다.

원자가 많은 입자로 구성되어 있지만 이 가운데 원자의 화학적 특성에 직접적인 영향을 주는 3종류의 입자는 양성자(proton), 중성자(neutron), 전자(electron)다. 원자핵은 원자의 중심에 위치하며 다양한 수의 양성자와 중성자를 가지고 있다(**그림 AI.1**). 양성자는 양전하를 띠고, 중성자는 전하를 띠지 않는다. 이들 입자와 이들이 구성하는 원자의 질량은 원자량 단위(atomic mass unit, AMU)라는 용어로 나타낸다. 1 AMU는 가장 많이 있는 탄소 동위원소 질량의 1/12에 해당한다. **달톤**(dalton, Da)이라는 용어는 분자량을 나타내는 데 자주 쓰인다. 이 역시 ^{12}C 원자량의 1/12 또는 1.661×10^{-24} g이다. 양성자와 중성자는 모두 대략 1 Da의 질량을 지닌다. 원자의 무게는 그 원소의 실제 측정된 무게이며 원소의 질량수, 즉 핵 안에 존재하는 양성자와 중성자의 총 수와 거의 같다. 질량수는 원소기호 앞에 위첨자로 나타낸다(예: ^{12}C, ^{16}O, ^{14}N).

전자는 음전하를 띠는 입자로 원자핵 주위를 회전한다(그림 AI.1). 중성 원자에서 전자의 수는 원자핵 내에 있는 양성자의 수와 같으며 원자번호로 주어진다. 원자번호는 특정 원자의 고유한 특성을 나타낸다. 예를 들어, 탄소의 원자번호는 5이고 수소의 원자번호는 1, 산소의 원자번호는 8이다(**표 AI.1**).

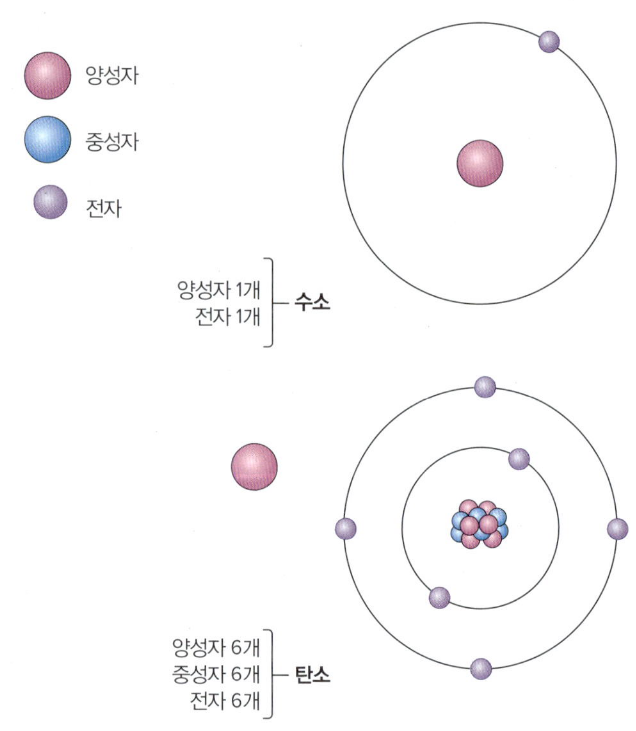

그림 AI.1 수소와 탄소 원자의 모식도. 전자 오비탈은 동심원으로 표시했다.

표 AI.1 유리분자에 많이 존재하는 원자

원자	기호	원자번호	원자량	화학 결합의 수
수소	H	1	1.01	1
탄소	C	6	12.01	4
질소	N	7	14.01	3
산소	O	8	16.00	2
인	P	15	30.97	5
황	S	16	32.06	2

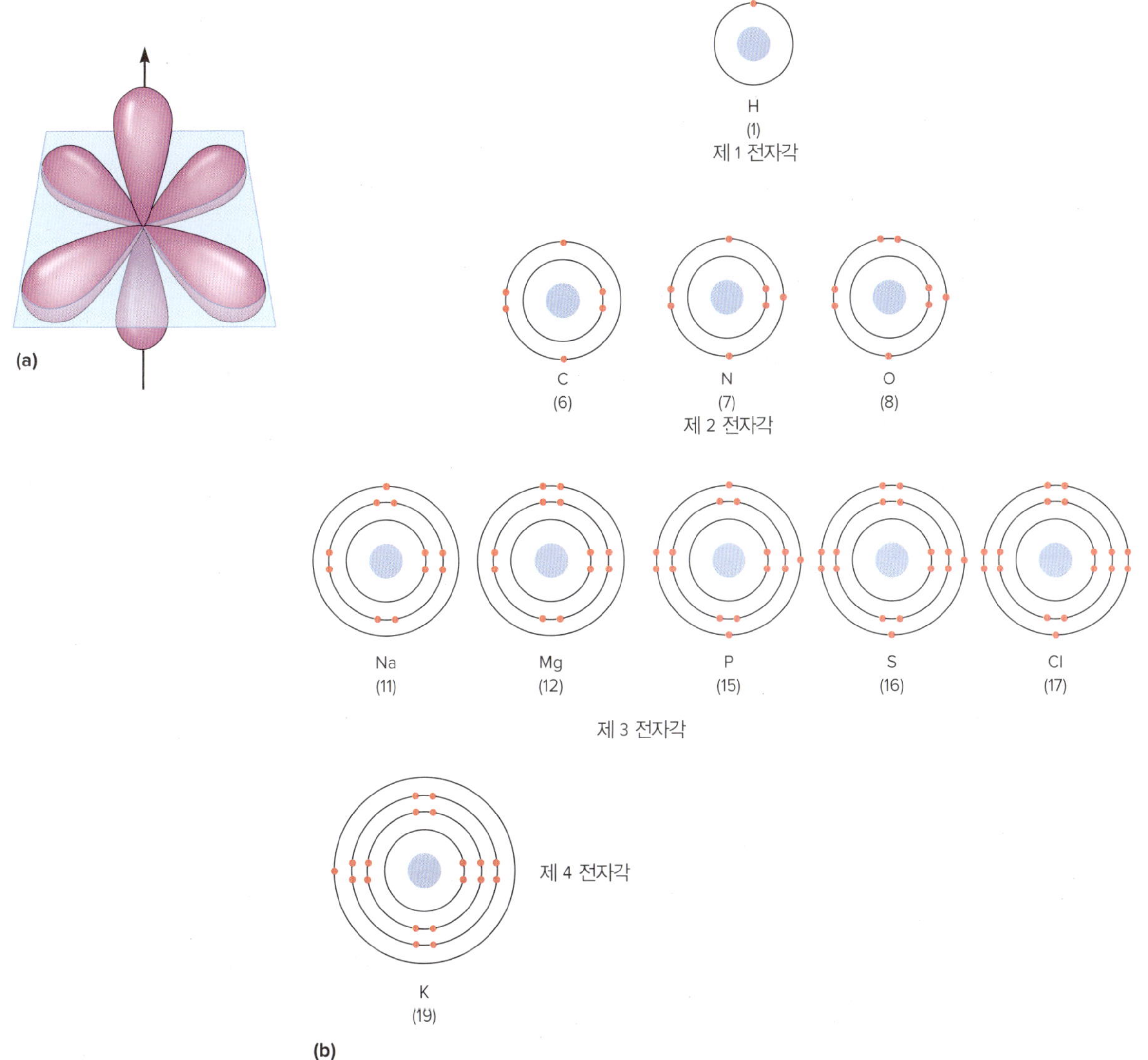

그림 AI.2 전자 오비탈. (a) 제2전지각에 있는 3개의 아령 모양 오비탈. 각각의 오비탈은 서로에 대해 직각을 이룬다. (b) 몇몇 일반적인 원소에서의 전자 배치이다. 괄호 안의 숫자는 원자번호이다.

전자의 위치를 정확하게 결정할 수는 없지만 전자는 핵을 둘러싼 공간에서 끊임없이 움직인다. 전자가 위치하는 공간을 오비탈(orbital)이라 부른다. 각 오비탈은 2개의 전자를 수용할 수 있다. 오비탈은 핵을 둘러싸는 에너지 준위가 다른 각(껍질)으로 분류된다. 제1전자각은 핵에서 가장 가까이 있으며 에너지 준위도 가장 낮다. 이 각은 단 하나의 오비탈을 가진다. 제2전자각에는 4개의 오비탈이 있으며 하나는 원형이고 3개의 오비탈은 아령 모양이다(**그림 AI.2a**). 제2전자각에는 전자가 8개까지 들어갈 수 있다. 제3전자각은 더 큰 에너지를 가지며 8개 이상의 전자가 들어갈 수 있다. 전자각에 전자가 채워질 때는 가장 안쪽의 전자각부터 시작해 바깥쪽으로 채워진다. 예를 들어, 탄소에는 6개의 전자가 있으며 2개는 제1전자각에 있고 4개는 제2전자각에 있다(그림 AI.1과 AI.2b). 가장 바깥 전자껍질(최외각)의 전자가 화학반응에 참여한다. 최외각이 전자로 모두 채워진 상태가 가장 안정하다. 그러므로 원소의 결합수는 최외각을 채우는 데 필요한 전자의 수에 달려 있다. 탄소의 최외각 전자수는 4이고 8개의 전자가 있어야 각이 채워지므로 탄소는 4개의 공유 결합을 형성할 수 있다(표 AI.1).

화학 결합

분자는 2개 이상의 원자가 화학적으로 결합하여 형성된다. 화학 결합은 분자 또는 다른 물질에 있는 원자, 이온, 원자단을 서로 묶어주는 인력(attractive force)을 말한다. 유기화합물에는 여러 종류의 화학 결합이 존재한다. 가장 중요한 3가지가 공유 결합, 이온 결합 및 수소 결합이다.

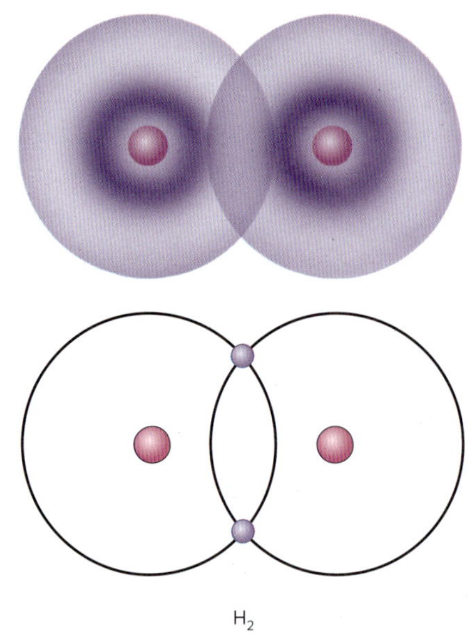

그림 AI.3 공유 결합. 수소분자는 2개의 수소원자가 전자를 공유할 때 형성된다.

그림 AI.4 수소 결합. 생물분자에 존재하는 대표적인 수소 결합의 예이다.

공유 결합에서 원자는 전자쌍을 공유함으로써 연결된다(**그림 AI.3**). 같은 종류의 원자들이 전자를 공평하게 공유하면(예: 탄소-탄소 결합), 공유 결합은 강해지며 비극성이 된다. 탄소와 산소처럼 2개의 서로 다른 종류의 원자가 전자를 공유하여 공유 결합이 형성되면 전자는 두 원자 가운데 전기 음성도가 더 큰 원자, 즉 전자를 더 강하게 끌어당기는 원자(산소원자) 쪽으로 이끌려가므로 극성 결합이 된다. 단일 결합에서는 한 쌍의 전자를 공유하고, 이중 결합에서는 두 쌍의 전자를 공유한다.

원자는 종종 핵 안에 있는 양성자의 수보다 조금 많거나 적은 수의 전자를 포함한다. 이런 경우 원자는 음전하 또는 양전하를 띠고 이온이라 불린다. 양이온은 양전하를 띠며 음이온은 음전하를 띤다. 양이온과 음이온이 서로 접근할 때 반대 전하에 의해 서로 이끌린다. 이렇게 두 그룹을 묶어주는 이온 사이의 인력을 이온 결합이라 한다. 이온 결합과 공유 결합의 결합 세기를 직접적으로 비교하기는 어렵지만 이온 결합은 물에서 쉽게 끊어지므로 생물분자의 주요 성분으로 작용한다.

수소 원자가 산소나 질소같이 전기 음성도가 더 큰 원자와 공유 결합하면, 두 원자 사이에 전자가 공평하게 분포하지 않아 수소 원자는 부분적으로 양전하를 띤다. 이런 수소 원자는 비공유 전자쌍을 가지고 있는 산소나 질소처럼 전기음성도가 큰 원자에 이끌리게 된다. 이러한 인력을 수소 결합이라고 한다(**그림 AI.4**). 단일 수소 결합의 세기는 약하지만, 단백질과 핵산에는 수소 결합의 수가 많아 이들의 구조 결정에 중요한 역할을 한다.

유기분자

세포 안에 있는 대부분의 분자는 탄소를 포함하는 유기분자다. 탄소는 최외각에 4개의 전자를 가지고 있기 때문에 최외각을 8개의 전자로 채우기 위해서 4개의 공유 결합을 하려고 한다. 이런 특성으로 인해 탄소원자로 된 사슬이나 고리 구조를 형성할 수 있으며 이때 수소나 다른 원자와도 결합할 수 있다(**그림 AI.5**). 인접한 탄소는 대개 단일 결합으로 연결되지만, 이중 결합이나 삼중 결합으로 연결되기도 한다. 벤젠 고리처럼 단일 결합과 이중 결합이 서로 엇갈려 반복되는 고리 구조를 방향족 고리라 부른다. 탄화수소 사슬이나 고리 구조는

(a) C_6H_{14}(헥산)

(b) or C_6H_{12}(시클로헥산)

(c) or C_6H_6(벤젠)

그림 AI.5 탄화수소. (a) 사슬형, (b) 고리형, (c) 방향족 탄화수소의 예이다.

화학적으로 비활성인 골격을 이루고 이 골격 구조에 반응성이 더 높은 작용기(functional group)가 부착되기도 한다. 이런 작용기에는 대개 산소, 질소, 인, 황이 포함되며(**그림 AI.6**), 유기분자의 특징적인 화학적 특성을 나타낸다.

유기분자는 자신이 가지고 있는 작용기의 특성을 기초로 하여 나눌 수 있다. 케톤 화합물은 탄소사슬내에 카르보닐기가 있으며, 알코올은 사슬에 수산기를 가지고 있다. 유기산에는 카르복실기가, 아민에는 아미노기가 포함된다(**그림 AI.7**).

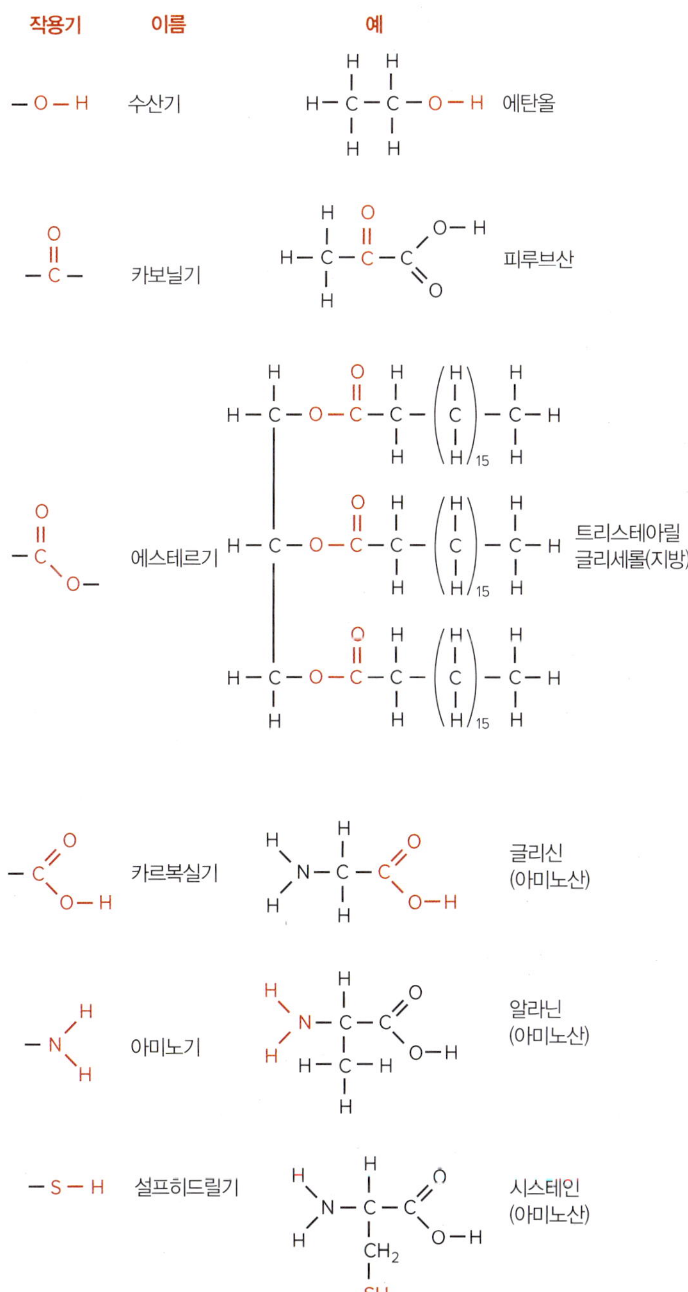

그림 AI.6 작용기. 유기분자에 있는 일부 공통적인 작용기이다. 붉은색은 작용기를 나타낸다.

분자의 유형	예
알코올	CH_3-CH_2-OH
알데히드	CH_3-CHO
아민	$CH_3-CH_2-NH_2$
에스테르	$CH_3-C(=O)-O-CH_2-CH_3$
에테르	$CH_3-CH_2-O-CH_2-CH_3$
케톤	$CH_3-C(=O)-CH_3$
유기산	CH_3-COOH

그림 AI.7 유기분자의 종류. 유기분자를 작용기에 따라 분류했다.

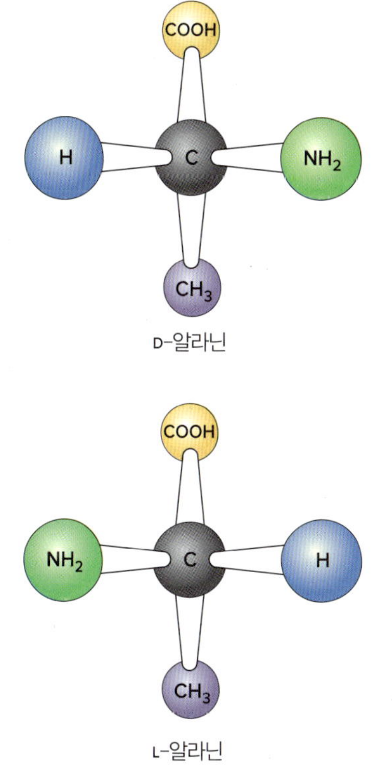

그림 AI.8 알라닌의 입체이성질체. α-탄소는 회색으로 나타나 있다. L-알라닌은 단백질에 있는 일반적 형태이다.

유기분자에는 화학적 조성은 동일하지만 분자 구조와 특성이 다른 경우도 있다. 이런 분자를 이성질체(isomer)라 한다. 이성질체 중 중요한 종류로는 입체이성질체(stereoisomer)가 있다. 입체이성질체는 같은 종류의 원자로 이루어져 있고 핵들 간에 연결된 순서가 같으나 이들이 배열된 공간적인 배치가 다르다. 예를 들어, 알라닌과 같은 아미노산은 입체이성질체를 형성한다(**그림 AI.8**). 일반적으로 단백질에 들어있는 입체이성질체는 L-알라닌을 비롯한 다른 L-아미노산이다.

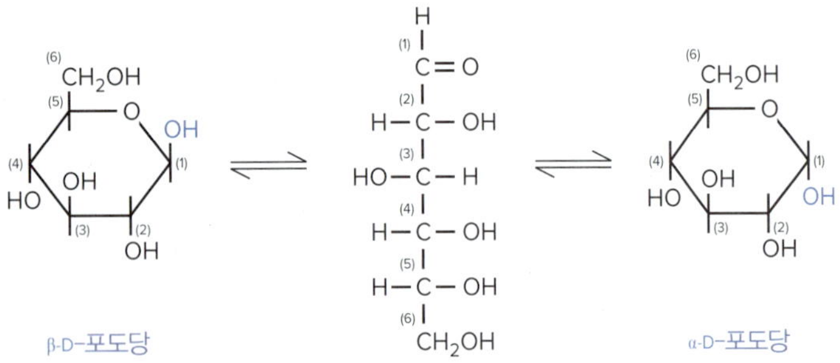

그림 AI.9 단당류 구조의 상호전환. 포도당과 다른 당류의 열린 사슬형 구조는 닫힌 고리형 구조(하워스 돌출 구조로 그려져 있다)와 평형상태를 이룬다. 알데히드 당류는 고리형 헤미아세탈을 형성하고, 케톤 당류는 고리형 헤미케탈을 형성한다. 고리형 헤미아세탈 1번 탄소에 결합한 수산기가 고리의 위쪽을 향하는 형태는 β형으로 알려져 있다. α형은 수산기가 고리 평면의 아래쪽에 위치한다. 같은 방법으로 과당에 의해 형성되는 헤미케탈의 α형과 β형을 구분한다.

탄수화물

탄수화물은 여러 개의 수산기를 가지고 있는 알코올의 알데히드 또는 케톤 유도체이다. 가장 작고 간단한 탄수화물은 단당류이다. 가장 흔한 단당류는 5~6개의 탄소원자를 가지고 있다. 고리 형태의 당류는 α형과 β형의 2가지 이성질체 구조를 가지고 있다. 이들 이성질체는 아노머 탄소 또는 글리코시드 탄소라고 하는 알데히드나 케톤기 탄소원자에 결합된 수산기가 향하는 방향이 서로 다르다(**그림 AI.9**). 미생물에는 수산기가 아미노기나 다른 작용기로 치환된 당 유도체가 많이 존재한다(예: 글루코사민).

2개의 단당류는 첫 번째 당의 아노머 탄소와 두 번째 당의 수산기 또는 아노머 탄소 사이의 결합으로 연결될 수 있다(**그림 AI.10**). 당을 연결하는 결합은 글리코시드 결합으로 아노머 탄소의 배열에 따라 α 또는 β 결합이 된다. 이런 방식으로 2개의 단당류가 연결되어 이당류를 이룬다. 말토오스(2개의 포도당 분자), 젖당(포도당과 갈락토오스), 설탕(포도당과 과당)이 가장 일반적인 이당류다. 10개 이상의 단당류가 글리코시드 결합으로 연결되면 다당류가 형성된다. 예를 들어, 녹말과 글리코겐은 탄소 및 에너지원으로 사용되는 포도당의 흔한 중합체다(**그림 AI.11**).

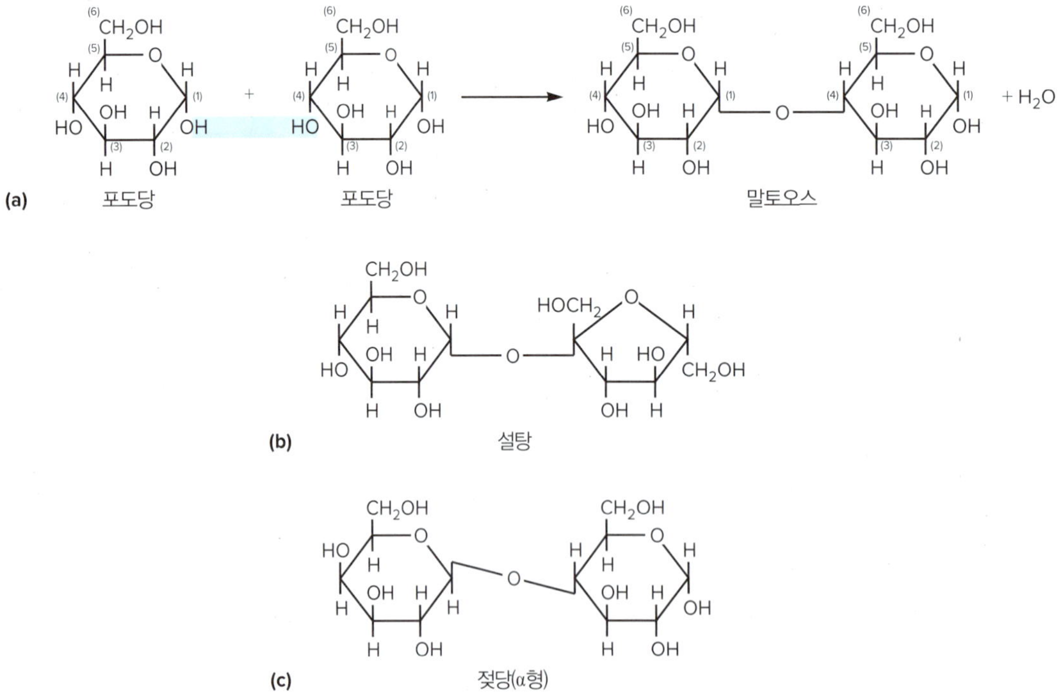

그림 AI.10 일반적인 이당류. (a) 두 분자의 α-포도당으로부터 말토오스가 형성되는 과정이다. 포도당 분자의 1번 탄소와 4번 탄소 사이에 결합이 형성되며 α형 아노머 탄소가 관련된다. 그러므로 이것은 α(1 → 4) 글리코시드 결합이다. (b) 설탕은 포도당과 과당이 각각의 아노머 탄소로 서로 연결되어, αβ(1 → 2) 결합을 한다. (c) 젖당에는 갈락토오스와 포도당이 β(1 → 4) 글리코시드 결합으로 연결되어 있다.

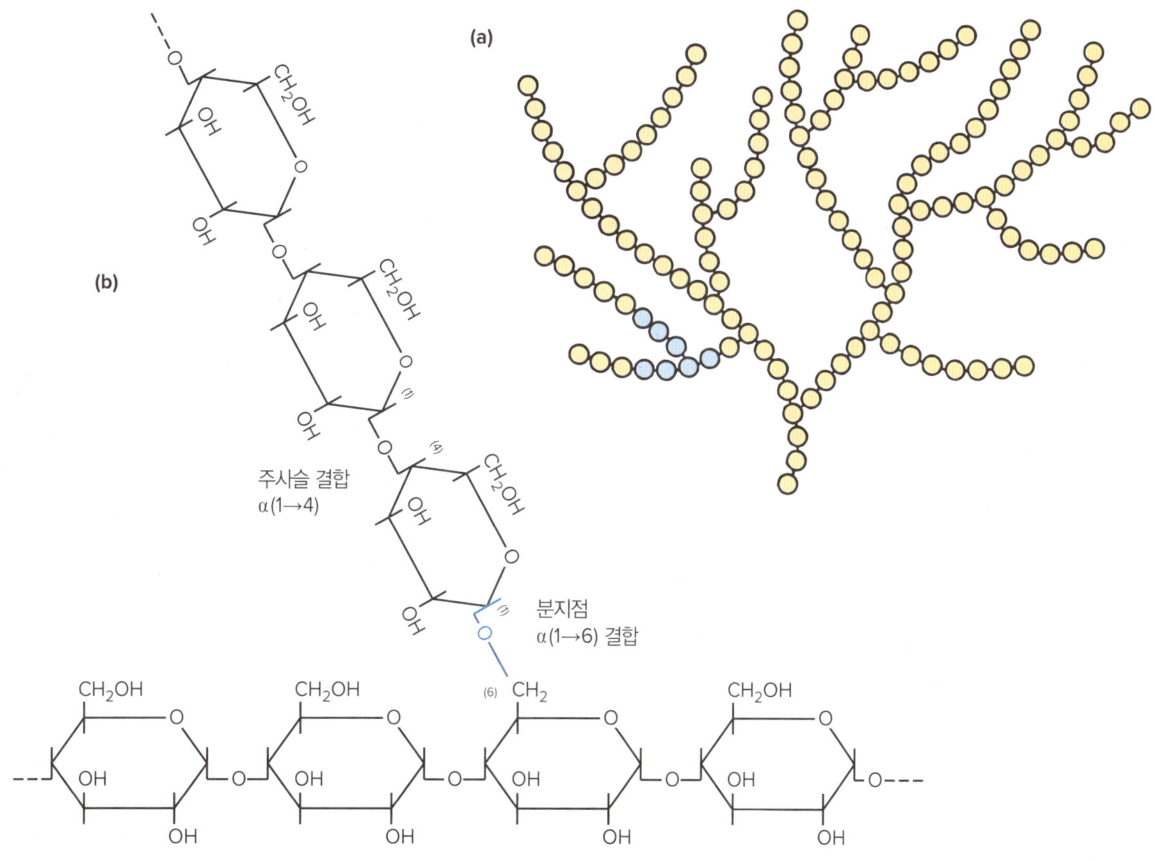

그림 AI.11 글리코겐과 녹말의 구조. (a) 분지가 많은 사슬 구조의 모식도이다. 이 구조는 글리코겐과 대부분의 녹말이 가진 특징이다. 동그라미는 포도당 잔기를 나타낸다. (b) 그림 (a)에서 파란색으로 나타낸 사슬 일부를 확대하면 분지점은 α(1 → 6) 글리코시드 결합으로 연결된 것을 알 수 있다. 연결부위는 파란색으로 나타냈다.

지질

모든 세포에는 비교적 물에 잘 녹지 않지만 클로로포름, 에테르, 벤젠 따위의 비극성 용매에 잘 녹는 유기분자들이 다양하게 섞여 있다. 이러한 분자들을 지질(lipid)이라 한다. 지질분자의 구조는 매우 다양하며 트리아실글리세롤, 인지질, 스테로이드, 카로티노이드 및 많은 다른 종류를 포함하고 있다. 지질분자가 수행하는 기능으로는 막의 구성성분, 탄소와 에너지의 저장 형태, 세포의 다른 구성성분의 전구체, 수분 손실을 막아 주는 장벽으로서의 역할 등이 있다.

대부분의 지질분자는 지방산을 포함하고 있다. 지방산은 하나의 카르복실기를 포함하는 산으로 보통은 직선사슬의 형태로 연결되지만 분지가 달린 것도 있다. 포화지방산에는 탄소 사슬 사이에 이중 결합이 없으나 불포화지방산에는 이중 결합이 포함되어 있다. 탄소 길이가 16~18개 정도인 지방산이 가장 많이 존재한다.

가장 흔한 두 종류의 지질이 트리아실글리세롤과 인지질이다. 트리아실글리세롤은 글리세롤 분자에 3개의 지방산이 에스테르결합으로 연결된 것이다(**그림 AI.12a**). 이들 분자는 탄소와 에너지를 저장하는 기능을 한다. 인지질에는 적어도 하나의 인산기와 대개 질소성 구성성분을 포함한다. 포스파티딜에탄올아민은 세균의 세포막에 흔히 존재하는 중요한 인지질이다(그림 AI.12b). 이 분자에는 2개의 지방산이 글리세롤에 에스테르 결합으로 연결되어 있고, 세 번째 수산기에 인산기가 결합되며 에탄올아민은 인산기에 부착되어 있다. 그 결과 소수성인 지방산의 비극성 탄화수소 사슬과 친수성인 극성 부분이 한 분자 내에 존재하는 비대칭적인 분자가 형성된다. 세포막에서 소수성 말단은 막의 내부에 파묻히는 반면, 전하를 띠는 극성 말단은 막의 표면에 위치하여 바깥의 물 분자 쪽으로 노출된다.

(a)
$CH_2-O-C(=O)-R$
$CH-O-C(=O)-R$
$CH_2-O-C(=O)-R$

(b)
$CH_2-O-C(=O)-R$
$CH-O-C(=O)-R$
$CH_2-O-P(=O)(O^-)-O-CH_2-CH_2-NH_3^+$

그림 AI.12 일반적인 지질의 예. (a) 트리아실글리세롤 또는 중성지방이다. (b) 인지질인 포스파티딜에탄올아민이다. R기는 지방산의 곁사슬을 나타낸다.

단백질

단백질을 구성하는 기본 단위는 아미노산이다. 아미노산에는 카르복실기와 아미노기가 α 탄소에 결합되어 있다(**그림 AI.13**). 일반적으로 약 20종의 아미노산이 단백질에 존재한다. 각각의 아미노산은 곁사슬이 서로 다르다. 단백질에서 아미노산의 카르복실기와 α 아미노기는 서로 펩티드 결합으로 연결되어 직선 형태의 중합체인 펩티드를 형성한다. 작은 단백질을 펩티드라 부르고, 보통 50개 이상의 아미노산으로 이루어진 단백질을 폴리펩티드(polypeptide)라 한다. 각 단백질은 하나 이상의 폴리펩티드로 구성되며 분자량은 대략 6,000~7,000 Da 이상이다.

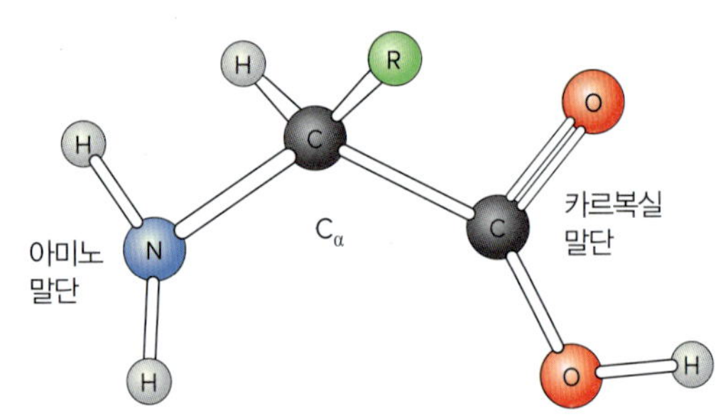

그림 AI.13 L-아미노산의 구조. 전하를 띠지 않은 형태를 보여준다.

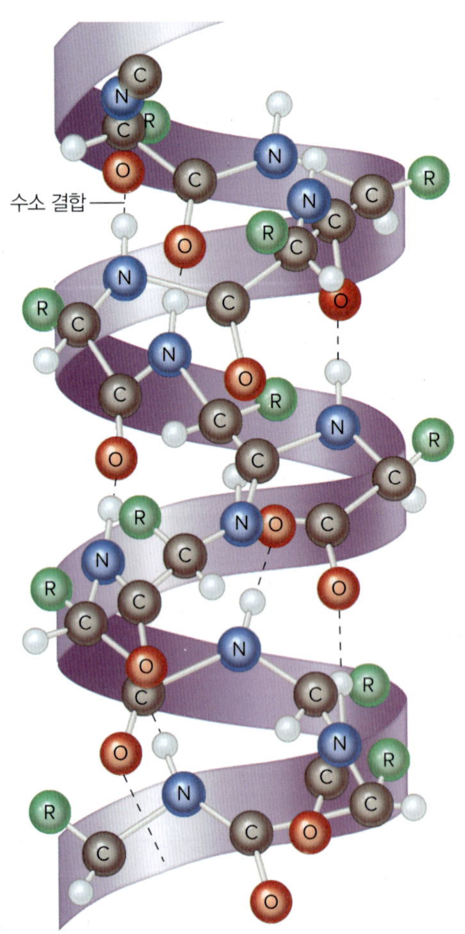

그림 AI.14 α-나선. 폴리펩티드가 꼬여 2차 구조의 하나인 α-나선 구조를 형성한다. 3개의 아미노산만큼 떨어진 펩티드 결합을 연결해주는 수소 결합이 형성되어 나선 구조를 안정화한다.

단백질은 그 구조와 복잡도에 따라 3~4단계로 나눌 수 있다. 1차 구조는 폴리펩티드 사슬을 구성하는 아미노산의 서열을 말한다. 폴리펩티드사슬의 골격 구조도 1차 구조의 일부로 간주된다. 서로 다른 폴리펩티드는 고유의 아미노산 서열을 가지고 있고 이 서열은 이를 암호화하는 유전자의 뉴클레오티드 서열을 반영한다. 폴리펩티드 사슬은 공간적으로 하나의 축을 따라 꼬이면서 α-나선 등과 같은 다양한 구조를 이룰 수 있다(**그림 AI.14**). 폴리펩티드가 하나의 축을 중심으로 형성하는 공간적인 배열 형태를 2차 구조라고 한다. 2차 구조는 폴리펩티드 사슬에서 비교적 가까이 위치한 아미노산이 상호작용하여 형성되며 동시에 안정화된다. 1차 및 2차 구조를 한 폴리펩티드는 공간에서 3개의 축을 따라 서로 꼬이고 접혀 더 복잡한 3차 구조를 형성할 수 있다(**그림 AI.15**). 이 수준의 형태를 3차 구조라 한다(**그림 AI.16**). 폴리펩티드 사슬 상에서 서로 멀리 떨어져 있는 아미노산 사이의 상호작용이 3차 구조의 형성에 기여한다. 단백질의 2차 구조와 3차 구조는 공유 결합을 끊지 않은 채 결합을 회전함으로써 바뀌는 분자의 모양, 즉 입체구조(conformation)를 말한다. 단백질이 하나 이상의 폴리펩티드로 구성되면 각 사슬은 자신만의 고유한

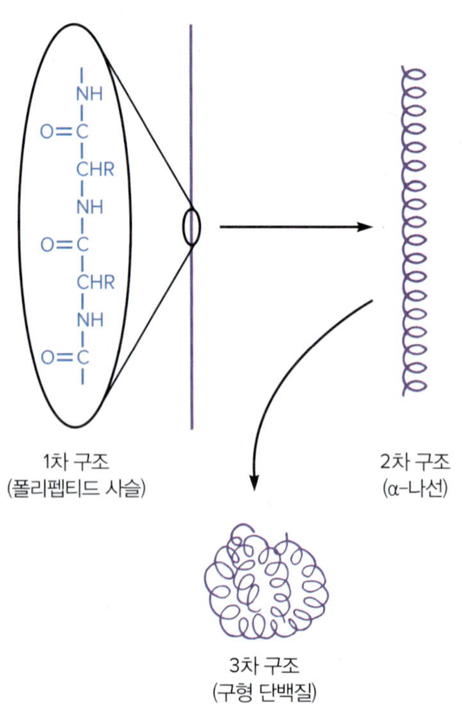

그림 AI.15 단백질의 2차 및 3차 구조. 2차 구조와 3차 구조는 1차 구조의 폴리펩티드 사슬이 접히면서 형성된다.

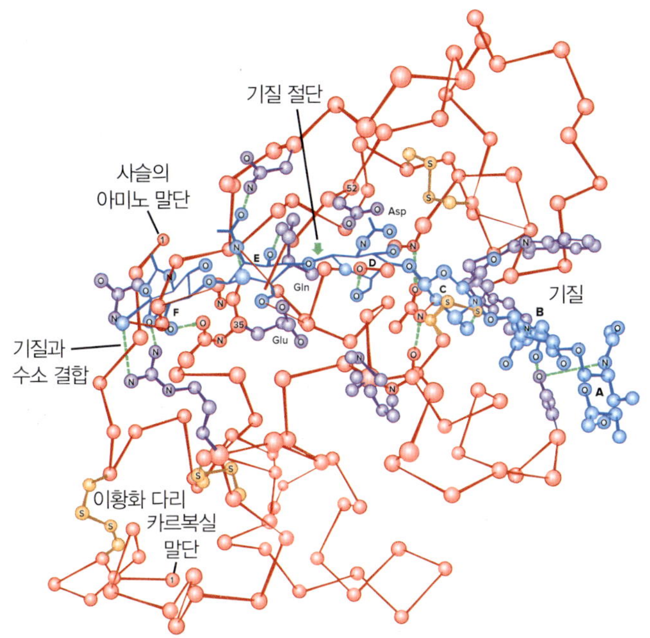

그림 AI.16 리소자임. 리소자임의 3차 구조이다. 모식도는 파란색으로 표시된 기질 6탄당과 결합한 단백질 폴리펩티드 골격 구조이다. 기질이 절단되는 지점을 화살표로 표시하였다.

1차, 2차, 3차 구조를 가지며 이는 서로 연관되어 최종 단백질 분자를 형성한다. 여러 개의 폴리펩티드가 공간적으로 서로 연결되어 최종 단백질을 형성하는 방식을 단백질의 4차 구조라 한다(**그림 AI.17**). 단백질의 최종적인 입체구조는 궁극적으로 폴리펩티드의 아미노산 서열에 의해 결정된다.

단백질의 2, 3, 4차 구조는 주로 수소 결합과 이온 결합과 같은 약한 비공유 결합에 의해 결정되고 안정화된다. 이 때문에 단백질의 구조는 매우 유연하며 쉽게 변할 수 있다. 이러한 유연성은 단백질이 기능을 수행하고 효소의 활성을 조절하는 데 매우 중요하다. 하지만 이러한 유연성 때문에 단백질은 거친 조건에 노출되었을 때 적절한 형태와 활성을 쉽게 잃어버린다. 단백질의 2차, 3차 구조에서 발견되는 유일한 공유 결합은 이황화 결합이다. 이황화 결합은 두 분자의 시스테인이 SH기를 통해 연결되어 형성된다. 이황화 결합은 대체로 단백질 구조를 강화시키고 안정화시킨다.

핵산

네옥시리보핵산(DNA)과 리보핵산(RNA)은 각각 데옥시리보뉴클레오시드와 리보뉴클레오시드가 인산기에 결합되어 중합체를 이룬 것이다. DNA의 뉴클레오시드에는 퓨린 염기(아데닌과 구아닌)와 피리미딘 염기(티민과 시토신)가 있다. RNA에서는 피리미딘 염기인 티민이 우라실로 바뀌어 있다. 유전학과 분자생물학에서의 중요성 때문에 핵산의 화학적 특성은 본문 초반에서 설명했다. 퓨린과 피리미딘의 구조와 합성은 12장(12.6절)에서, DNA와 RNA의 구조는 13장(13.2절)에서 살펴보았다.

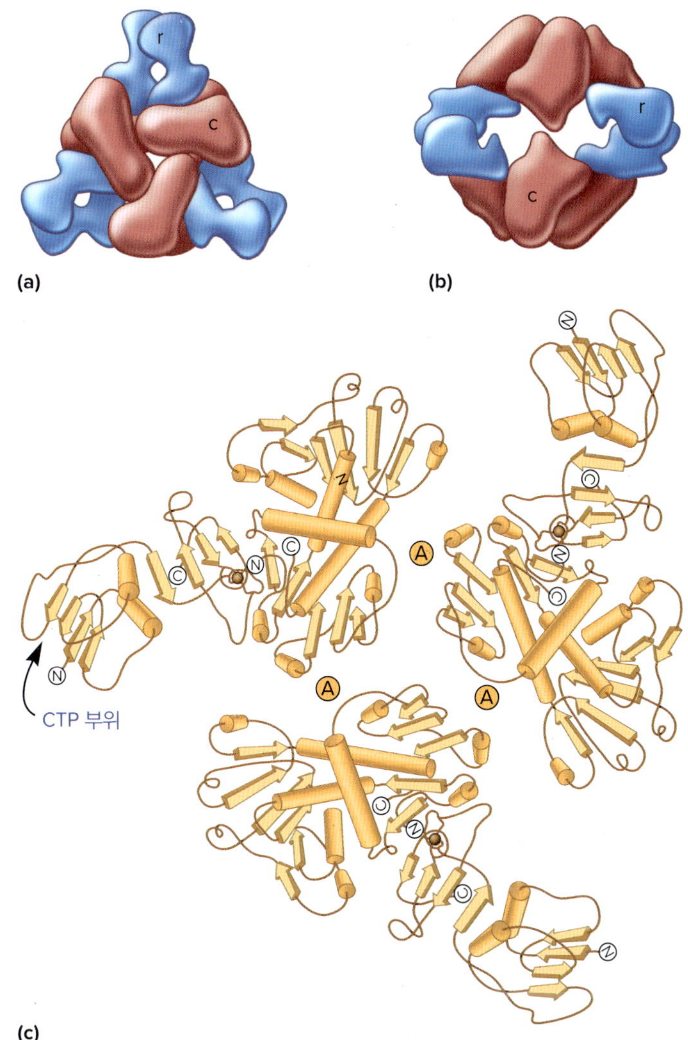

그림 AI.17 단백질 4차 구조의 예. 대장균의 아스파르트산 카르바모일기전이효소는 두 종류의 소단위, 즉 활성 소단위와 조절 소단위로 구성된다. 두 종류의 소단위가 서로 합해진 형태가 나타나 있다. (a) 위에서 본 모습, (b) 옆에서 본 모습, 활성 소단위(C)와 조절 소단위(r)는 다른 색으로 나타냈다. (c) (a)와 같이 위에서 본 펩티드 사슬. 효소의 활성부위는 A라고 표시된 부분에 위치한다. Source: Krause, et al., in Proceedings of the National Academy of Sciences, V. 82, 1985, as appeared in Biochemistry, 3d edition, by Lubert Stryer.

부록 II

일반적인 대사 경로

부록 II에서는 본문에서 논의된 대사 경로 가운데 몇몇 중요한 경로를 다룬다. 특히 탄수화물 이화대사에 관련되는 경로를 중심으로 살펴본다. 효소의 이름과 최종산물은 색으로 나타냈다. 각 경로에 대한 설명과 생리적 기능은 본문을 참조하시오.

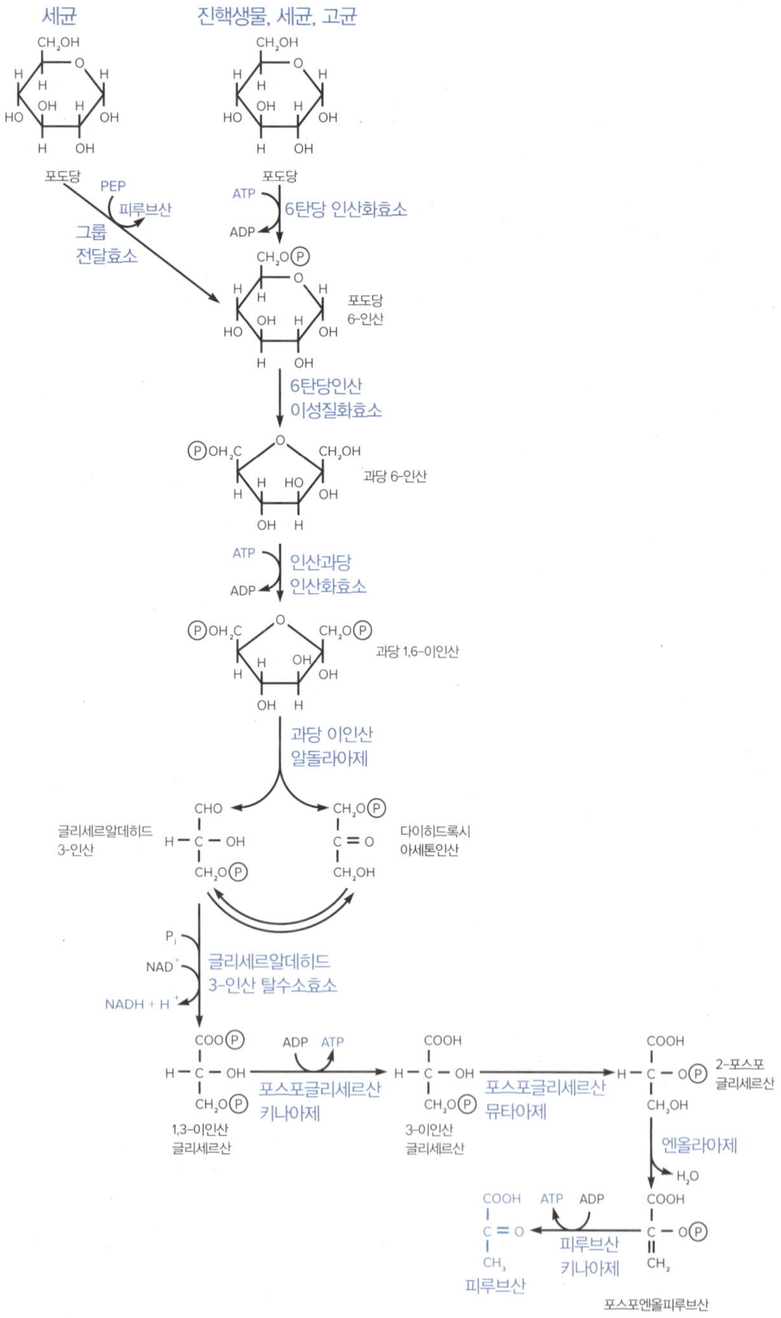

그림 AII.1 엠덴-마이어호프(Embden-Meyerhof) 경로. 이 경로는 포도당 및 다른 당을 피루브산으로 전환하며 NADH와 ATP를 생성한다. 몇몇 원핵세포에서는 포도당이 원형질막을 통해 운반되는 동안 포도당 6-인산으로 인산화된다.

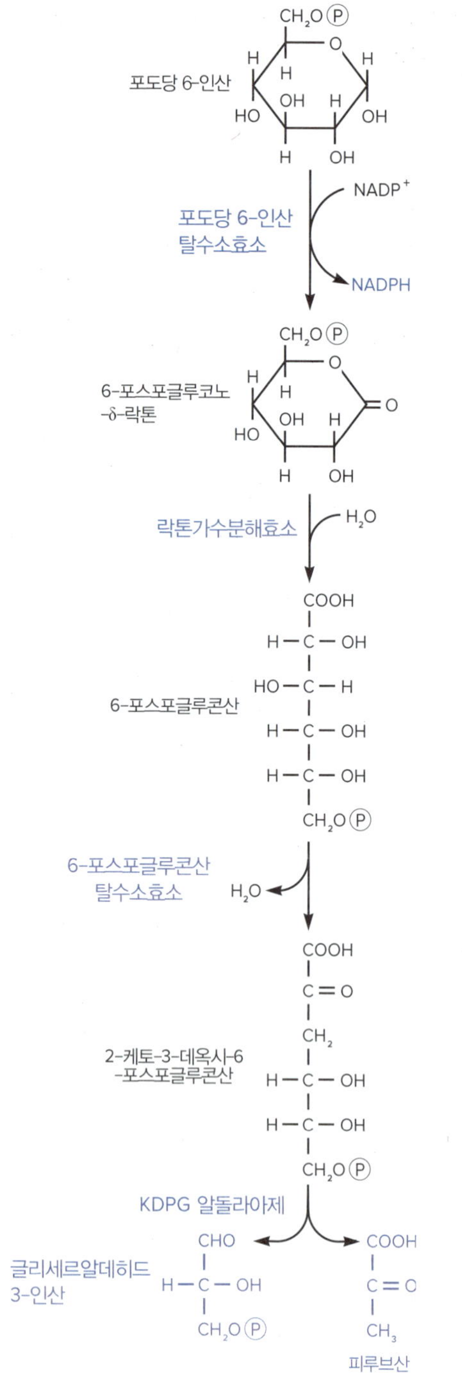

그림 AII.2 엔트너-도우도로프(Entner-Doudoroff) 경로.

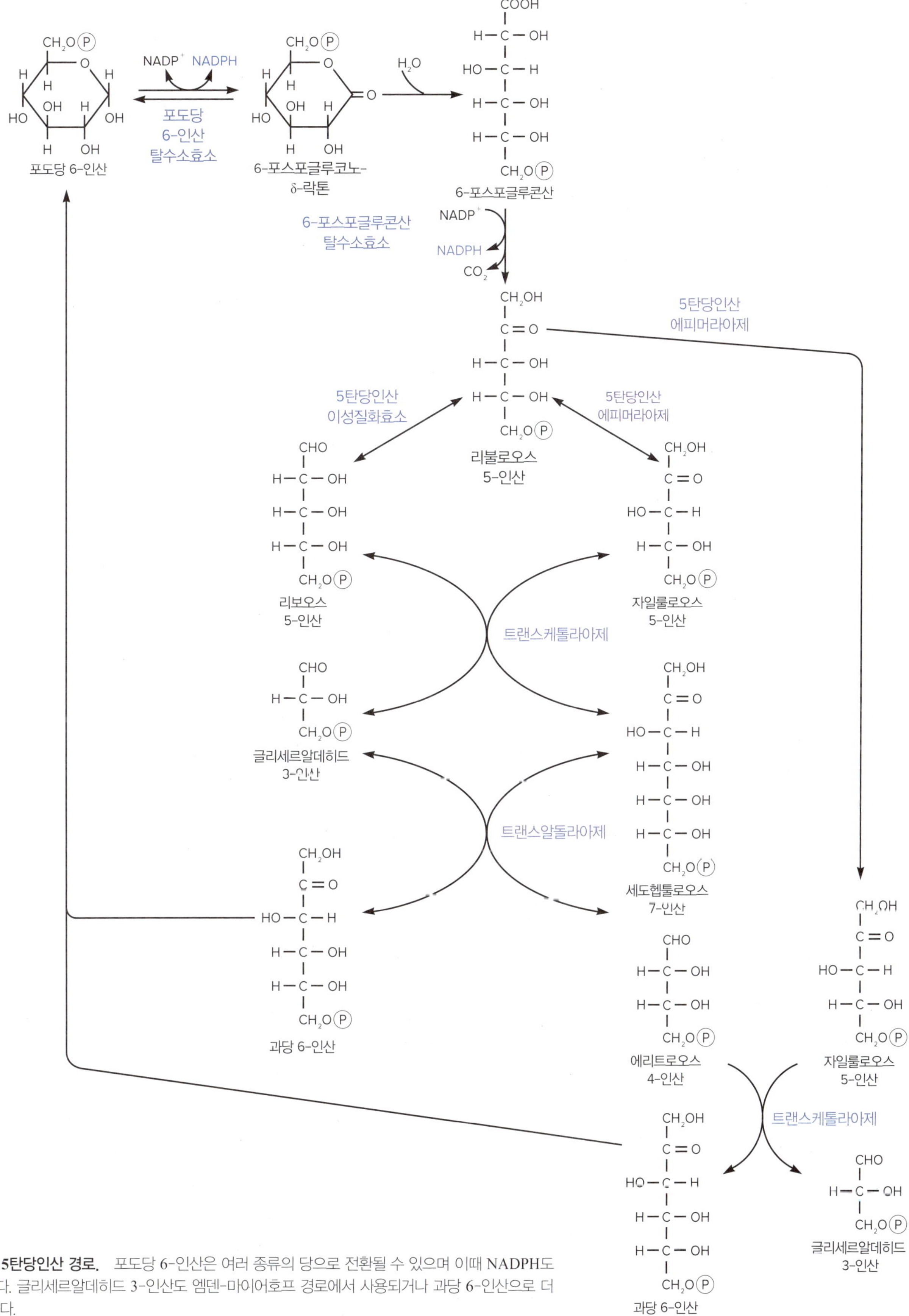

그림 AII.3 5탄당인산 경로. 포도당 6-인산은 여러 종류의 당으로 전환될 수 있으며 이때 NADPH도 같이 생성된다. 글리세르알데히드 3-인산도 엠덴-마이어호프 경로에서 사용되거나 과당 6-인산으로 더 전환될 수 있다.

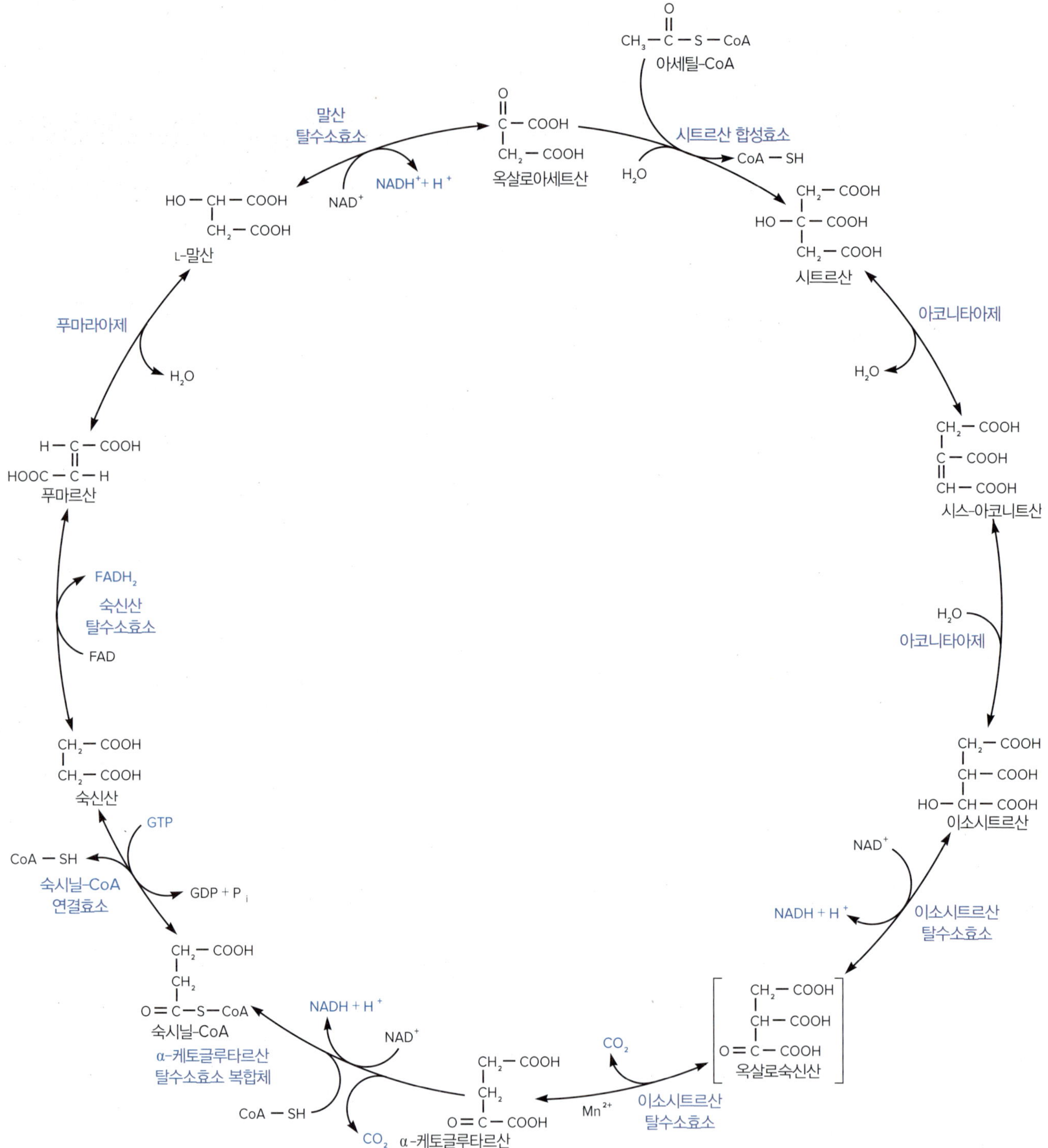

그림 AII.4 트리카르복실산(TCA) 회로. 시스-아코니트산과 옥살로숙신산은 각각 아코니타아제와 이소시트르산 탈수소효소에 결합된 채로 남아 있다. 옥살로숙신산은 매우 불안정하기 때문에 괄호에 넣어 표시했다.

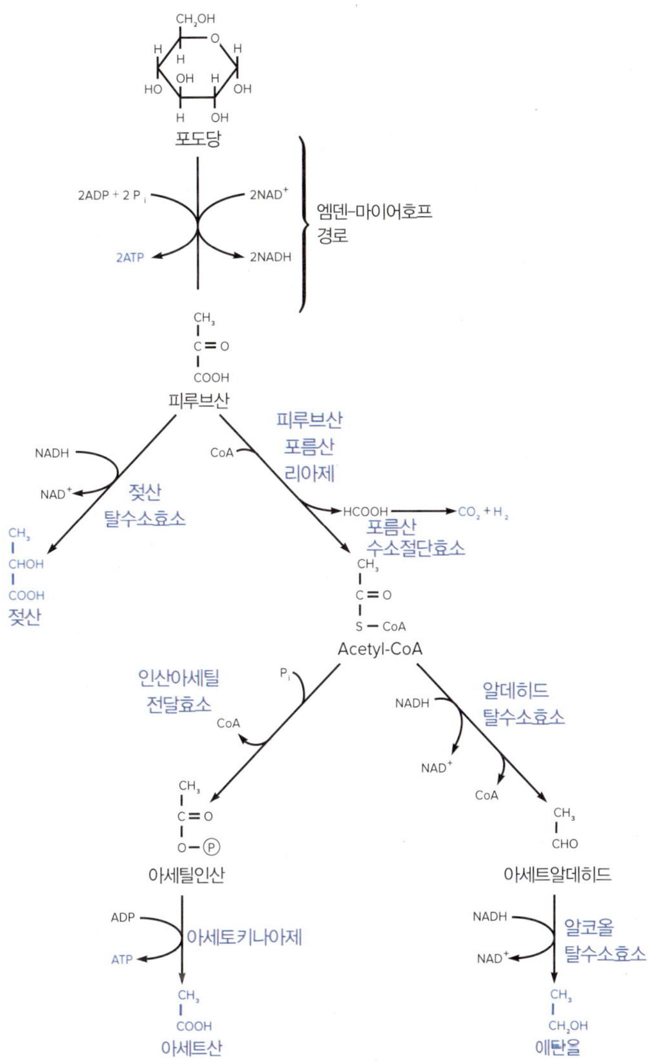

그림 AII.5 혼합산 발효 경로. 위의 경로는 대장균을 비롯한 *Enterobacteriaceae*의 여러 종에서 특징적으로 나타난다.

포도당

엠덴-마이어호프 경로

2NAD$^+$ → 2NADH + 2H$^+$

2ADP + 2P$_i$ → 2ATP

CH_3–C(=O)–COOH

2 피루브산

α-아세토젖산 합성효소

CO_2

CH_3–C(=O)–C(OH)(COOH)–CH_3

아세토젖산

아세토젖산 탈카복실화효소

CO_2

CH_3–C(=O)–CH(OH)–CH_3

아세토인

NADH + H$^+$ → NAD$^+$

2,3-부탄다이올 탈수소효소

CH_3–CHOH–CHOH–CH_3

2,3-부탄다이올

그림 AII.6 부탄다이올 발효 경로. 위의 경로는 *Enterobacter*를 비롯한 *Enterobacteriaceae*에 속하는 종에서 특징적으로 나타난다. 부탄다이올 발효가 일어나는 동안 다른 산물도 만들어질 수 있다.

CH_2OH
H H H
HO OH H OH
H OH
포도당
2ADP,
$2NAD^+$
2ATP,
2NADH
엠덴-마이어호프 경로
COOH
C=O
CH_3
2 피루브산
2NADH
$2NAD^+$
젖산
탈수소효소
COOH
CHOH
CH_3
2 젖산
(a)

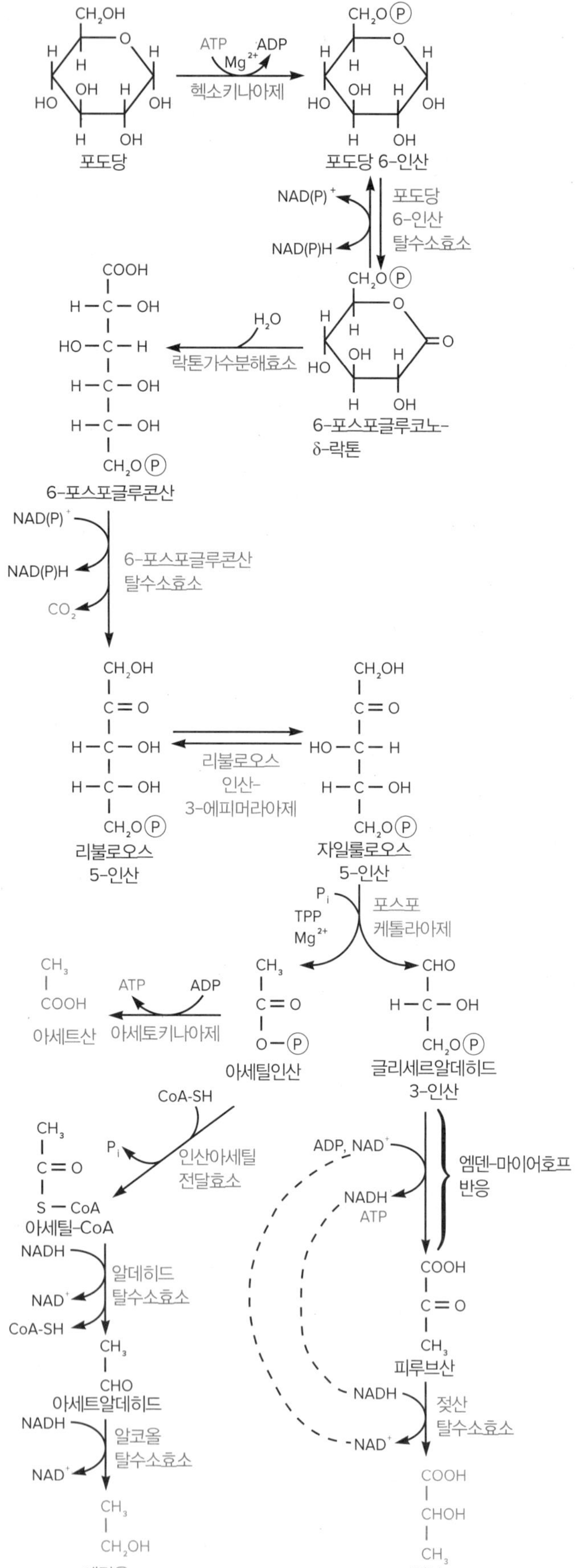

(b)

그림 AII.7 젖산 발효. (a) 동형젖산 발효 경로이다. (b) 이형젖산 발효 경로이다.

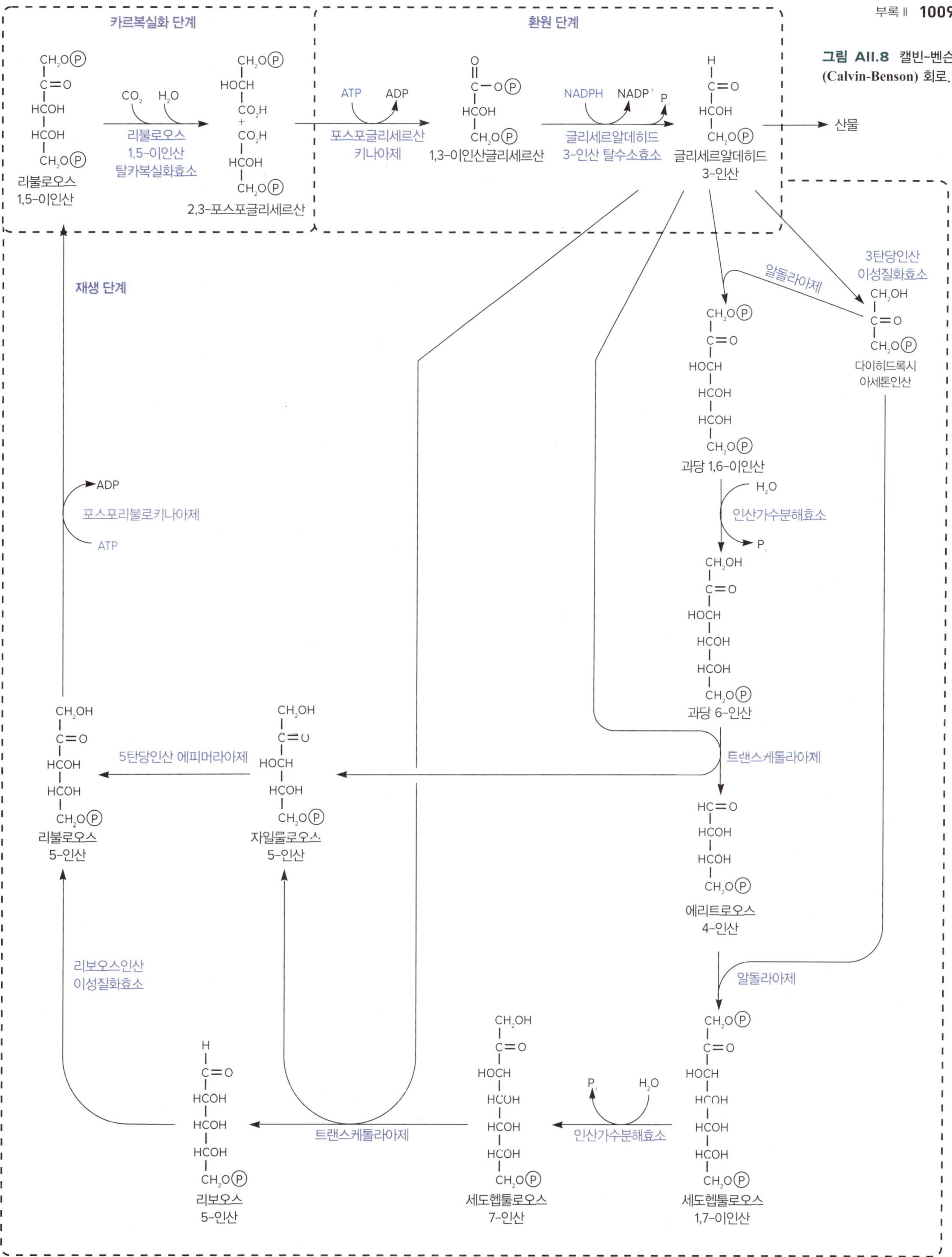

그림 AII.8 캘빈-벤슨(Calvin-Benson) 회로.

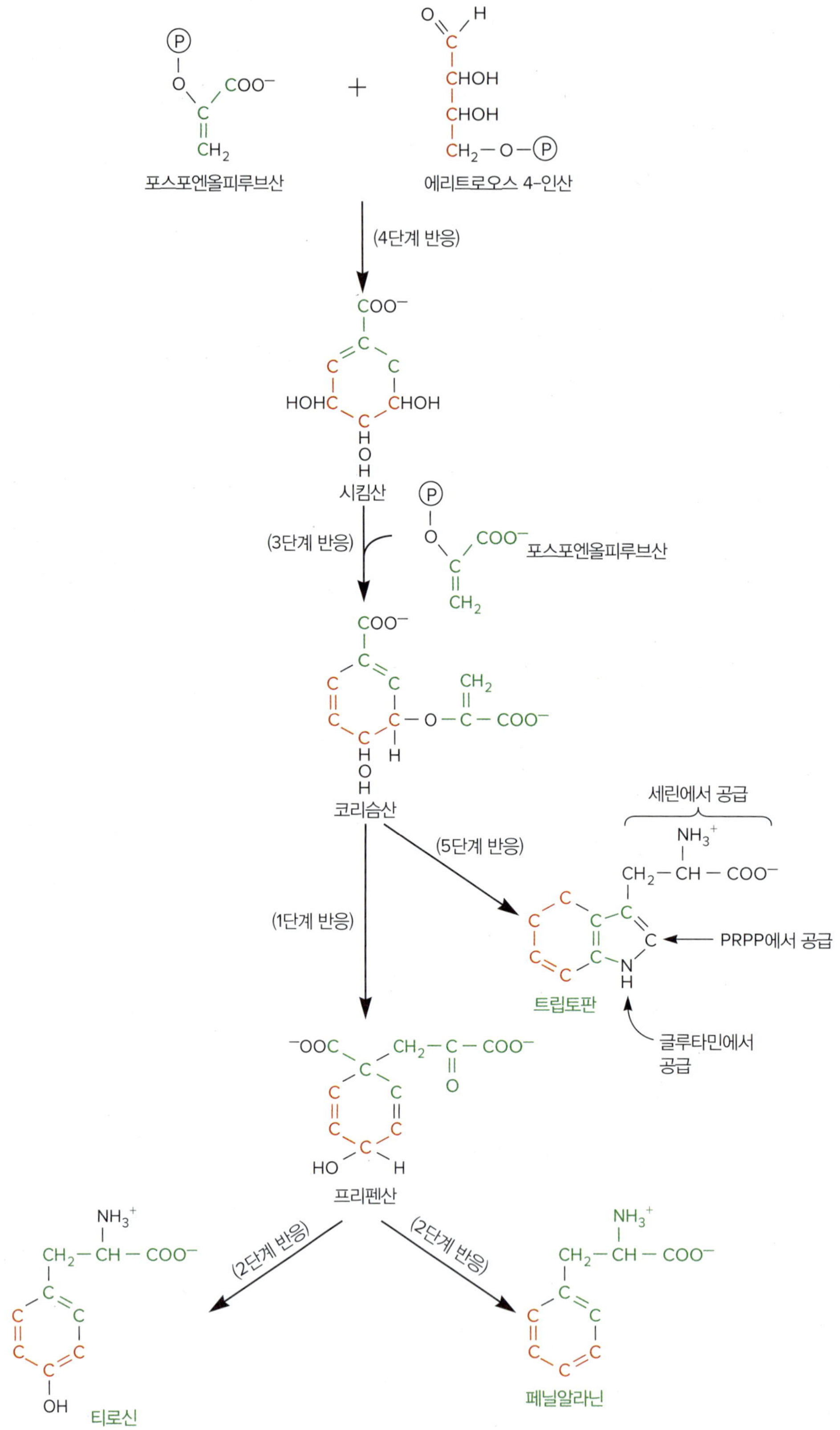

포스포엔올피루브산 + 에리트로오스 4-인산

(4단계 반응)

시킴산

(3단계 반응) 포스포엔올피루브산

코리슴산

(5단계 반응)

세린에서 공급

PRPP에서 공급

글루타민에서 공급

트립토판

(1단계 반응)

프리펜산

(2단계 반응)

티로신

(2단계 반응)

페닐알라닌

그림 AII.9 방향족 아미노산 합성. 포스포엔올피루브산(녹색)과 에리트로오스 4-인산(빨간색)에서 기원한 탄소 골격이 보인다. 트립토판에 있는 나머지 탄소는 포스포리보실 피로인산(PRPP)과 세린에서 공급한다. PRPP는 퓨린 생합성에도 중요하다(그림 AII.10).

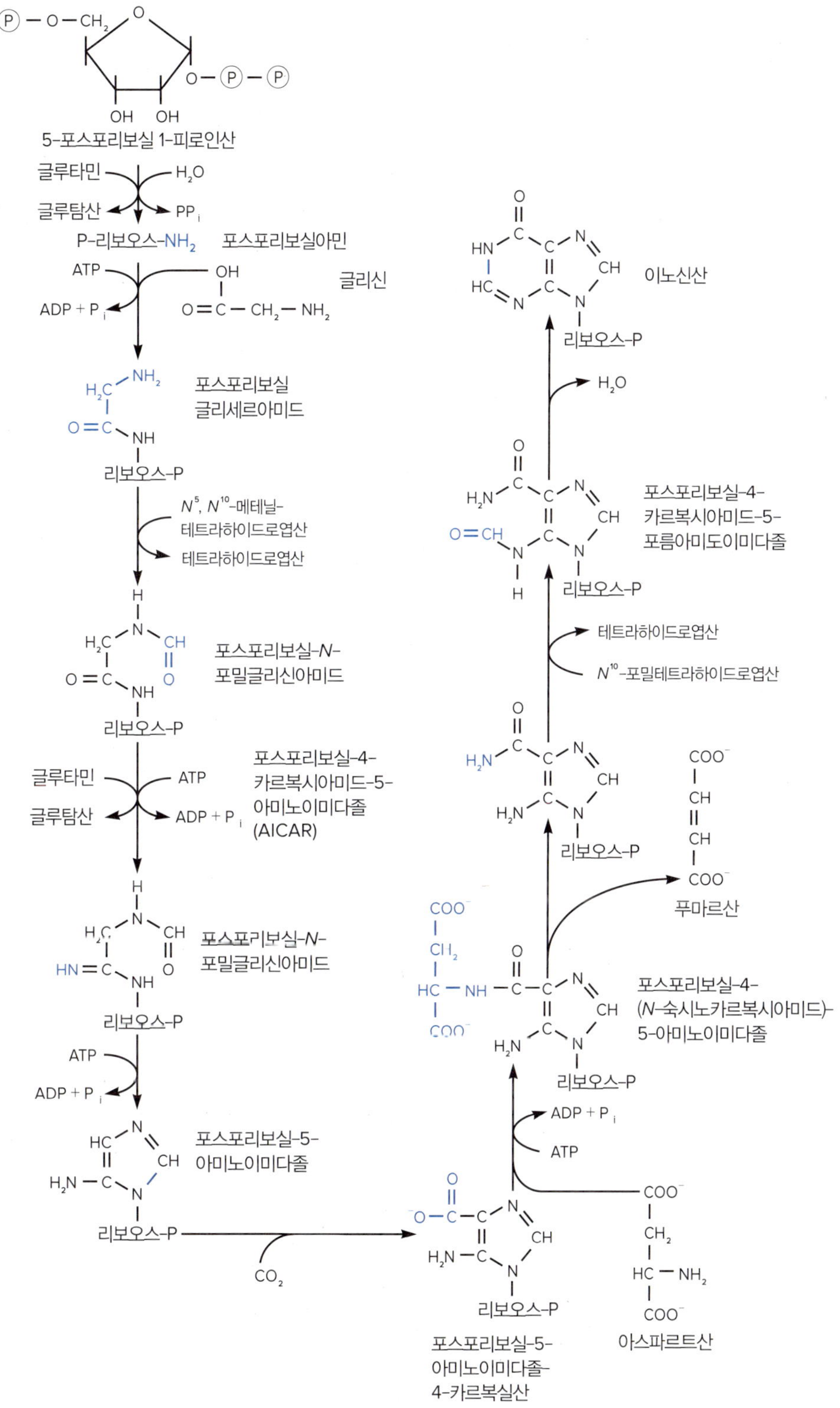

그림 AII.10 퓨린 생합성 경로. 이노신산은 최초의 퓨린 최종산물이다. 퓨린 골격은 리보오스 인산(리보오스-P)에 결합된 채로 형성된다.

부록 III

미생물 이름 안내

괄호 안에 각 이름의 발음이 제시되어 있다.

세균과 고균

Acetobacter (ah-se″to-bak′ter)
Acinetobacter (as″ĭ-net″o-bak′ter)
Actinomyces (ak″tĭ-no-mi′sēz)
Agrobacterium (ag″ro-bak-te′re-um)
Akkermansia (ak″er-manz′e-ah)
Alcaligenes (al″kah-lij′ĕ-nēz)
Anabaena (ah-nab′ē-nah)
Arthrobacter (ar″thro-bak′ter)
Bacillus (bah-sil′lus)
Bacteroides (bak″tĕ-roi′dēz)
Bdellovibrio (del″o-vib′re-o)
Beggiatoa (bej″je-ah-to′ah)
Bifidobacterium (bi″fid-o-bak-te′re-um)
Bordetella (bor″dĕ-tel′lah)
Borrelia (bŏ-rel′e-ah)
Brucella (broo-sel′lah)
Burkholderia (berk-hōl-der′e-ah)
Campylobacter (kam″pī-lo-bak′ter)
Caulobacter (kaw″lo-bak′ter)
Chlamydia (klah-mid′e-ah)
Chlorobium (klo-ro′be-um)
Chromatium (kro-ma′te-um)
Citrobacter (sit″ro-bak′ter)
Clostridioides (klo-strid′e-oi″dēz)
Clostridium (klo-strid′e-um)
Corynebacterium (ko-ri″ne-bak-te′re-um)
Coxiella (kok″se-el′lah)
Cytophaga (si-tof′ah-gah)
Deinococcus (di′no-kok″us)
Desulfovibrio (de-sul″fo-vib′re-o)
Enterobacter (en″ter-o-bak′ter)
Erwinia (er-win′e-ah)
Escherichia (esh″er-i′ke-ah)
Francisella (fran-sĭ-sel′ah)
Frankia (frank′e-ah)
Gallionella (gal″le-o-nel′ah)
Haemophilus (he-mof′ĭ-lus)
Klebsiella (kleb″se-el′lah)
Lactobacillus (lak″to-bah-sil′lus)
Legionella (le″jun-el′ah)
Leptospira (lep″to-spi′rah)
Leptothrix (lep′to-thriks)
Leuconostoc (loo″ko-nos′tok)
Listeria (lis-te′re-ah)
Methanothermobacter (meth″ah-no-ther″mo-bak′ter)
Methylococcus (meth″il-o-kok′-us)
Methylomonas (meth″il-o-mo′nas)
Micrococcus (mi″kro-kok′us)
Mycobacterium (mi″ko-bak-te′re-um)
Mycoplasma (mi″ko-plaz′mah)
Neisseria (nīs-se′re-ah)
Nitrobacter (ni″tro-bak′ter)
Nitrosomonas (ni-tro″so-mo′nas)
Nocardia (no-kar′de-ah)
Pasteurella (pas″tĕ-rel′ah)
Pelagibacter (pel-a″ji-bak′ter)
Photobacterium (fo″to-bak-te′re-um)
Propionibacterium (pro″pe-on″e-bak-te′re-um)
Proteus (pro′te-us)
Pseudomonas (soo″do-mo′nas)
Rhizobium (ri-zo′be-um)
Rhodopseudomonas (ro″do-soo″do-mo′nas)
Rhodospirillum (ro″do-spi-ril′um)
Rickettsia (rĭ-ket′se-ah)
Salmonella (sal″mo-nel′ah)
Serratia (sĕ-ra′she-ah)
Shigella (shĭ-gel′ah)
Sphaerotilus (sfe-ro′tĭ-lus)
Spirochaeta (spi″ro-ke′tah)
Spiroplasma (spi″ro-plaz′mah)
Staphylococcus (staf″ĭ-lo-kok′us)
Streptococcus (strep″to-kok′us)
Streptomyces (strep″to-mi′sēz)
Sulfolobus (sul″fo-lo′bus)
Synechococcus (sin′-eh-ko-kok′-us)
Thermoactinomyces (ther″mo-ak″tĭ-no-mi′sēz)
Thermoplasma (ther″mo-plaz′mah)
Thiobacillus (thi″o-bah-sil′us)
Thiothrix (thi′o-thriks)
Treponema (trep″o-ne′mah)
Ureaplasma (u-re′ah-plaz″ma)
Veillonella (va″yon-el′ah)
Vibrio (vib′re-o)
Xanthomonas (zan″tho-mo′nas)
Yersinia (yer-sin′e-ah)

바이러스

바이러스의 비과학적인 명칭은 이탤릭체로 표기되지 않으므로 다음의 이름은 이탤릭체로 표기되지 않는다.

adenovirus (ad″ĕ-no-vi′rus)
arbovirus (ar″bo-vi′rus)
baculovirus (bak″u-lo-vi′rus)
coronavirus (kor-o″nah-vi′rus)
cytomegalovirus (si″to-meg″ah-lo-vi′rus)
Epstein-Barr virus (ep′stīn-bar′)
hepadnavirus (hep-ad″nə-vi′rus)
hepatitis virus (hep″ah-ti′tis)
herpesvirus (her″pēz-vi′rus)
influenza virus (in″flu-en′zah)
measles virus (me′zelz)
mimivirus (me′me-vi′rus)
mumps virus (mumps)
orthomyxovirus (or″tho-mik″so-vi′rus)
papillomavirus (pap″ĭ-lo″mah-vi′rus)
paramyxovirus (par″ah-mik″so-vi′rus)
parvovirus (par″vo-vi′rus)
picornavirus (pi-kor″nah-vi′rus)
poxvirus (poks-vi′rus)
rabies virus (ra′bēz)
reovirus (re″o-vi′rus)
retrovirus (re″tro-vi′rus)
rhabdovirus (rab″do-vi′rus)
rhinovirus (ri″no-vi′rus)
rotavirus (ro′tah-vi″rus)
rubella virus (roo-bel′ah)
togavirus (to″gah-vi′rus)
varicella-zoster virus (var″ĭ-sel′ah zos′ter)
variola virus (vah-re-o′-lah)

곰팡이

Amanita (am″ah-ni′tah)
Arthrobotrys (ar″thro-bo′tris)
Aspergillus (as″per-jil′us)
Blastomyces (blas″to-mi′sēz)
Candida (kan′dĭ-dah)
Cephalosporium (sef″ah-lo-spo′re-um)
Claviceps (klav′ĭ-seps)
Coccidioides (kok-sid″e-oi′dēz)
Cryptococcus (krip″to-kok′us)
Epidermophyton (ep″ĭ-der-mof′ĭ-ton)
Fusarium (fu-sa′re-um)
Histoplasma (his″to-plaz′mah)
Microsporum (mi-kros′po-rum)
Mucor (mu′kor)
Neurospora (nu-ros′po-rah)
Penicillium (pen″ĭ-sil′e-um)
Phytophthora (fi-tof′tho-rah)
Pneumocystis (noo″mo-sis′tis)
Rhizopus (ri-zo′pus)
Saccharomyces (sak″ah-ro-mi′sēz)
Sporothrix (spo′ro-thriks)
Trichoderma (trik-o-der′mah)
Trichophyton (tri-kof′ĭ-ton)

원생생물

Acanthamoeba (ah-kan″thah-me′bah)
Amoeba (ah-me′bah)
Balantidium (bal″an-tid′e-um)
Chlamydomonas (klah-mid″do-mo′nas)
Chlorella (klo-rel′ah)
Cryptosporidium (krip″to-spo-rid′e-um)
Entamoeba (en″tah-me′bah)
Euglena (u-gle′nah)
Giardia (je-ar′de-ah)
Gonyaulax (gon″e-aw′laks)
Leishmania (lēsh-ma′ne-ah)
Naegleria (na-gle′re-ah)
Paramecium (par″ah-me′se-um)
Plasmodium (plaz-mo′de-um)
Prototheca (pro″to-the′kah)
Spirogyra (spi″ro-ji′rah)
Tetrahymena (tet″rah-hi′mē-nah)
Toxoplasma (toks″o-plaz′mah)
Trichomonas (trik″o-mo′nas)
Trypanosoma (tri″pan-o-so′mah)
Volvox (vol′voks)

용어해설

A

AB toxins(AB 독소) 두 부분(A와 B)으로 구성된 외독소로, B 소단위는 독소가 세포에 결합하는 부분으로 세포에 직접 작용하여 손상을 주지는 않으며, A 소단위가 세포로 들어가 세포의 기능을 파괴하는 부분.

ABC protein secretion pathway(ABC 단백질 분비 경로) ATP-결합 카세트 수송체(ATP-binding cassette transporters) 참조.

ABO blood group(ABO 혈액형) 부모에게서 물려받은 표면 항원에 기초해 사람의 적혈구를 분류하는 체계.

accessory pigments(보조색소) 카로티노이드나 피코빌리 단백질과 같이 엽록소가 빛에너지를 흡수하는 것을 돕는 광합성 색소.

acellular slime mold(비세포성 점균류) 변형체성 점균류(plasmodial slime mold) 참조.

acetyl-coenzyme A, acetyl-CoA(아세틸-CoA, 아세틸 조효소 A) 아세트산과 조효소 A의 결합체로 에너지를 많이 가지고 있음. 이것은 다양한 이화작용 과정에서 만들어지며, TCA 회로와 지방산의 합성과정을 포함한 여러 경로의 기질로 사용됨.

acid-fast(항산성) 염기성 푹신 등의 염료로 염색한 후 산성 알코올로 쉽게 탈색되지 않는 세균(예: 마이코박테리아)을 말함.

acid-fast staining(항산성 염색) 산성 알코올용액으로 세척하였을 때 염색에 사용한 약품의 색깔이 남아 있는 정도에 따라 세균을 구별하는 염색법.

Acidophile(호산성미생물) 약 pH 0에서 5.5 사이에서 최적의 성장을 보이는 미생물.

acquired immune tolerance(획득면역관용) 비자기항원(nonself antigen)에 대해서는 항체를 만들지만 자기항원(self antigen)에 대해서는 관용(항체를 만들지 않는 것)을 보이는 것.

acquired immunity(획득면역) 적응면역(adaptive immunity) 참조.

actin filaments(액틴섬유) 단백질 성분의 세포골격 일종, 미세섬유라고도 함.

actinobacteria(방선균, 악티노박테리아) 방선균과 G+C의 함량이 높은 방선균과 관련된 그람양성 세균을 일컫는 일반적 용어.

actinomycete(방선균류) 섬유성 균사와 무성포자를 만드는 G+C의 함량이 높은 산소요구성 그람양성 세균.

actinorhizae(근방선균) 방선균류와 식물 뿌리 사이의 연합체.

activated sludge(활성 슬러지) 활발히 자라는 미생물로 이루어진 고형물질이나 침전물로서 생물학적 하수처리과정에서 산소가 필요한 과정에 관여함.

activation energy(활성화 에너지) 화학 반응에서 반응 분자가 함께 전이 상태에 도달하는 데 필요한 에너지.

activator binding site(활성자 결합부위) 활성자 단백질 참조.

activator protein(활성자 단백질) DNA 특정 부위(활성자 결합부위)에 결합하여 전사개시를 증폭하는 전사조절 단백질.

active(catalytic) site(활성(촉매)부위) 촉매 반응 동안 효소-기질 복합체를 형성하도록 기질과 결합하는 효소의 부분.

active transport(능동수송) 막을 통과하는 용매 분자의 이동이 용매 농도기울기와 반대로 일어나게 하는 것으로서 운반체 단백질과 에너지가 필요함. 주요 능동수송 세 종류는 수송에 힘을 주기 위하여 ATP 가수분해를 하는 1차 능동수송과, 막을 통과하는 이온의 농도기울기를 능동수송의 힘으로 이용하는 2차 능동수송이 있으며, 작용기 전달이 있음. 작용기 전달 참조.

acute-phase proteins(급성기 단백질) 숙주의 간에서 생성되는 단백질로서 혈액 누출을 방지하고 미생물 감염에 대비하도록 도와준다.

adaptive immunity(적응면역) 특정 항원에 대응하여 발달하는 면역. T 림프구와 B 림프구의 분화와 항체 생산이 포함됨. 면역기억은 각 항원에 대해 형성됨.

adaptive mutation(적응돌연변이) 스트레스가 지속되는 환경에서 생명체가 그와 같은 환경에서 살아남기 위하여 발생된 돌연변이.

adenine(아데닌) 퓨린 유도체인 6-아미노퓨린으로 뉴클레오시드, 뉴클레오티드, 조효소와 핵산 등에서 발견.

adenosine diphosphate, ADP(아데노신 이인산) ATP가 분해되면서 일에 필요한 에너지를 제공할 때 주로 형성되는 뉴클레오시드 이인산.

adenosine 5′-triphosphate, ATP(아데노신 5′-삼인산) 세포의 주요 에너지 화폐의 형태로 작용하는 고에너지 분자.

adhesin(부착소, 부착 단백질) 미생물이 세포나 기저층(예: 숙주조직)에 부착할 때 관여하는 미생물 표면의 분자를 말함.

adjuvant(보강제) 항원의 면역원성을 증강시키기 위해 백신 제조 시 항원에 첨가하는 물질.

aerial mycelium(기균사체) 기질의 위에서 자라는 방선균 및 균류가 만든 균사의 집단체로 집락에 보풀이 난 것처럼 보이게 함.

aerobic anoxygenic phototrophy, AAnP(산소요구성 산소비발생 광영양) 산소가 있는 환경에서 유기물이나 황화물 같은 전자공여체를 이용하여 진행하는 광영양학적 과정.

aerobic respiration(산소호흡) 산소를 최종전자수용체로 사용하여 어떤 물질(일반적으로 유기물)을 산화시켜 에너지를 만드는 대사과정.

aerosolized microbes(에어로졸 미생물) 비인두관을 통해 미세한 에어로졸 형태로 발산되는 감염성 세균이나 바이러스.

aerotolerant anaerobes(내기성산소비요구성미생물) 산소 존재 유무에 상관없이 동일하게 자라는 미생물.

aflatoxin(아플라독소) polyketide 계열의 물질로 곰팡이의 2차 대사산물이며 암을 유발할 수 있음.

agar(한천) 보통 홍조류에서 유래되며, 배양 배지를 고체화하는데 사용되는 황산화된 다당류 복합체.

agglutinates(응집체) 응집 반응의 결과로 형성된 눈으로 확인할 수 있는 응집물 또는 덩어리.

agglutination reaction(응집 반응) 세포나 입자들의 교차결합으로 불용성의 면역복합체가 형성되는 반응.

airborne transmission(공기매개 전파) 병원체가 공

기 중에 떠 있으면서 감염원으로부터 숙주까지 수미터 이상 공기를 통해 이동하는 전파 유형.

akinetes(휴면체) 일부 남세균에 의해 형성된 휴지기 세포 형태로, 특수화되고, 운동성 없고, 휴면상태이며, 두꺼운 벽을 형성함.

alarmone(알라몬) 세포가 스트레스에서 살아남도록 유전자 활동을 조절하는 세포 스트레스 요인에 반응하여 합성되는 신호 분자.

alcoholic fermentation(알코올 발효) 당으로부터 에탄올과 CO_2를 발효하는 과정.

alga(조류) 광합성을 하는 진핵미생물 집단으로 서로 연관성이 없음. 대부분은 원생생물로 간주됨.

alignment(정렬) 염기 대 염기(또는 아미노산 대 아미노산) 단위로 유전자, RNA, 단백질 서열 간의 비교. 서열 간에 유사성 정도를 계산하는 데 사용함.

alkaliphile(호염기성 미생물) 약 pH 8.5에서 11.5 사이에서 최적의 성장을 보이는 미생물.

allele(대립유전자) 특정 유전자의 서로 다른 형태.

allergen(알레르기항원) 알레르기 반응을 유발하는 항원.

allergy(알레르기) 제1형 과민반응(type I hypersensitivity) 참조.

allochthonous(타자유래성) 주어진 환경에 고유하지 않은 물질(예: 담수 생태계로의 영양분 유입).

allograft(동종이식, 타가이식) 같은 종이지만 유전적으로 다른 개체 간의 이식.

allosteric effector(다른자리입체성 작용인자) 다른자리입체성 효소 참조.

allosteric enzyme(다른자리입체성 효소) 촉매부위와는 다른 조절부위에서 작은 분자(다른자리입체성 작용인자)와의 비공유 결합에 의해 활성이 변화하는 효소임. 작용인자의 결합은 효소의 촉매부위의 구조 변화가 일어나 효소의 활성이나 억제를 야기함.

alternative complement pathway(대체 보체경로) 항체와는 무관하게 일어나는 보체활성 경로.

alternative sigma factors(선택적 시그마 인자) 시그마는 전사개시에 필요한 박테리아 R A 중합효소의 단위체. 선택적 시그마 인자는 핵심 RNA 중합효소가 고유한 유도유전자 또는 오페론 세트를 전사하도록 지시하므로 포괄적 조절을 위한 기전.

alternative splicing(대체 스플라이싱) 동일한 유전자에서 다른 NA 스플라이싱 동안에 다른 엑손을 이용하는 것.

alveolar macrophage(폐포대식세포) 폐의 폐포 표면의 상피에 위치한 활발한 식세포작용을 하는 대식세포로 흡입한 입자들과 미생물을 잡아먹음.

amino acid activation(아미노산 활성화) 아미노산이 tRNA 분자에 부착되는 단백질 합성의 준비 단계. 반응은 아미노아실-tRNA 합성효소에 의해 촉매됨.

aminoacyl or acceptor site, A site(수용자리, A 자리) 단백질 합성의 초기 신장주기에서 아미노아실-tRNA을 가지는 리보솜 부위.

aminoacyl-tRNA synthetases(아미노아실-tRNA 합성효소) 아미노산 활성화 참조.

aminoglycoside antibiotics(아미노글라이코시드계 항생제) 사이클로헥산 고리와 아미노당을 가지고 있는 항생제 그룹. 아미노글리코시드계 항생제는 작은 리보솜 소단위에 결합하여 단백질 합성을 억제함.

amphibolic pathways(양방향 경로) 동화작용과 이화작용의 기능을 모두 하는 대사과정.

amphipathic(양친매성) 친수성과 소수성 부위를 모두 가진 분자를 말하는 용어(예: 인지질).

amphitrichous(양극성편모) 세포의 양쪽 끝에 하나씩의 편모를 가지는 세포.

amplification(증폭) 중합효소연쇄반응 동안 발생하는 DNA 절편의 수 증가.

anabolism(동화작용) 에너지와 환원력을 투입하여 간단한 분자로부터 복잡한 분자를 합성.

anaerobic digestion(산소비요구성 소화) 산소가 없는 상태에서 미생물을 이용하여 하수를 처리하여 메탄가스를 생산하는 방법.

anaerobic respiration(무산소호흡) 전자전달사슬의 최종전자수용체로 산소가 아닌 다른 물질을 이용해 에너지를 얻는 과정.

anagenesis(향상진화, 종의 진화 향상) 종내에서 유전자의 빈도 및 분포에 변화가 생기는 현상으로 집단내에서 일어나는 소규모의 유전적 변화가 유전적 다양성을 가져오기는 하지만, 새로운 종의 출현이나 종이 사라지게 결과는 초래하지 않음.

anammox reaction(아나목스 반응) 무산소조건에서 전자수용체로 아질산염을 사용하고 전자공여체로 암모늄 이온을 결합하여 질소가스를 생성.

anammoxosome(아나목소솜) 아나목스 반응이 일어나는 Planctomycete의 세포내 구획.

anaphylaxis(아나필락시스, 과민증) 과민반응을 일으킬 수 있는 항원에 노출되어 감작된 개인이 같은 항원에 다시 노출될 때 나타나는 심각한 즉시형(제1형) 과민반응.

anaplerotic reactions(보충대사 반응) 고갈되었던 TCA 회로의 중간체를 재충전하는 반응.

anergy(무반응 상태, 아너지) 면역세포가 항원에 반응하지 않는 상태.

anoxic(무산소) 산소가 없음.

anoxygenic photosynthesis(산소비발생 광합성) 물을 산화시켜 산소를 생산하지 않는 광합성.

antagonism(적대관계) 한 생물체가 다른 생물체에게 부정적인 영향을 주는 경우.

antibiotic(항생제) 민감한 미생물을 죽이거나 생장을 멈추게 하는 미생물 산물이나 그 유도체.

antibody affinity(항체 친화력) 항원과 항체 사이의 결합력.

antibody class switching(항체 클래스 전환) 형질세포가 면역글로불린의 개별형(isotype) 발현을 다른 개별형으로 바꾸는 과정.

antibody titer(항체 역가) 항원과의 반응에 필요한 항체 농도의 추정치.

antibody, immunoglobulin(항체, 면역글로불린) 도입된 항원에 반응하여 형질세포에서 만들어진 당단백질.

antibody-dependent cell-mediated cytotoxicity, ADCC(항체의존 세포매개 세포독성) Fc 부위를 인식하는 Fc 수용체를 가진 면역세포가 세포표면에 항체가 부착된 표적세포를 죽이는 것.

antibody-dependent enhancement(항체의존증진) 뎅기열바이러스의 한 혈청형에 대응하여 생산된 중화 항체가 다른 혈청형을 중화시키기보다는 옵소닌화하는 현상.

antibody-mediated immunity(항체매개 면역) 체액성 면역(humoral immunity) 참조.

anticodon(역코돈) mRNA의 코돈에 상보적인 tRNA의 3개의 문자.

antigen(항원) 림프구가 반응하는 물질(예: 단백질, 핵단백질, 다당류 또는 당단백질).

antigen processing(항원처리) 항원조각을 만들기 위한 항원의 가수분해. 항원조각은 MHC 클래스 I 또는 클래스 II 분자에 의해 수거되어 세포 표면에 제시됨.

antigen-binding fragment, Fab(항원결합조각) 면역글로불린 구조에서 중쇄의 일부와 경쇄 1개가 이황화결합으로 연결되어 1개의 항원결합부위를 갖는 조각.

antigen-presenting cell, APC(항원제시세포) 단백질 항원을 취하여 처리한 후 항원조각을 MHC

분자와 함께 T 세포에 제시하는 세포. 항원제시 세포에는 대식세포, B 세포, 수지상세포가 있음.

antigenic determinant site(항원결정부위) 에피토프(epitope) 참조.

antigenic drift(항원소변이) 한 개체의 항원성이 돌연변이에 의해서 조금씩 변하는 현상으로 면역계의 공격을 피할 수 있게 함.

antigenic shift(항원대변이) 한 개체의 항원성이 크게 바뀌는 현상으로 숙주의 면역계가 항원을 인식하기 못하게 됨.

antigenic variation(항원변이) 숙주 체내에 있을 때 일부 미생물이 표면 단백질을 변화시키는 능력으로 이렇게 하여 숙주의 면역계를 피할 수 있게 됨.

antimetabolite(대사저해물질) 효소의 일반적인 기질과 매우 유사하기 때문에, 정상 기질과 경쟁하여 주요 효소 기능을 억제함으로써, 주요 대사과정을 방해하는 화합물.

antimicrobial agent(항미생물제) 어느 종류의 미생물(예: 바이러스, 세균, 진균)을 죽이거나 성장을 억제하는 물질.

antiport(역수송) 한 분자는 세포 안으로 운반되고 다른 분자는 세포를 떠나는 짝을 이루는 두 분자의 수송.

antisense RNA(안티센스 RNA) 표적 RNA 분자에 상보적인 염기서열을 가진 단일가닥 RNA. 표적 RNA와 결합 시, 표적의 활성도를 바꿈.

antisepsis(방부) 감염이나 부패의 방지.

antiseptic(방부제) 병원체를 죽이거나 억제하기 위해 조직의 감염 예방에 사용하는 화학제제.

antitoxin(항독소) 주로 세균의 외독소 같은 미생물 독소에 대한 항체로 독소에 특이적으로 결합하여 그 독소를 중화시킴.

apical complex(정단복합체) 원생생물인 정단복합체 포자충류에서 특징적으로 나타나는 일련의 세포소기관으로, 극환, 박막층 아래의 미세소관, 원뿔형, 곤봉제 및 미세간상체 등이 있음.

apicomplexan(아피코플렉산, 정단복합체포자충류) 특별한 운동기관은 없으나 정단복합체를 가지고 있고 포자를 형성하는 단계를 가지고 있는 원생생물. Apicomplexa 분류군에 속하며 모두 동물의 내부 또는 외부에 기생을 함.

apicoplast(아피코플라스트, 정단소체) 남세균 내부공생체로부터 유래된 정단복합체포자충류 원생생물의 세포내 소기관. 광합성에 관여하지는 않으며 지방산, 이소프레노이드, 헴 생합성 부위에 관여.

apoenzyme(아포효소) 비단백질 성분을 가진 효소의 단백질 부분.

apoptosis(세포예정사) 예정된 세포의 죽음. 생리적인 자살 기전으로 세포가 막으로 둘러싸인 조각으로 잘라져 식세포작용으로 제거되는 것.

appressorium, appressoria(부착기) 식물에 감염되는 일부 진균에서 볼 수 있는 균사의 평평한 부분으로 진균이 숙주인 식물세포벽을 쉽게 침투할 수 있게 도와줌. 병원성 진균은 물론 비병원성인 균근 균류에도 존재함.

aptamer(앱타머) 단백질의 활성도를 바꾸기 위해 표적 단백질에 결합하도록 가공된 단일가닥 DNA 또는 RNA 분자.

arbuscular mycorrhizae, AM(수지상균근) 균류-뿌리 연합으로 이루어진 균근으로 균류는 뿌리의 바깥층을 파고들어 세포내에서 성장하며 수지상체라 불리는 수많은 가지를 갖는 특징적인 균사체를 형성함.

arbuscules(수지상체) 수지상균근 참조.

archaea(고균) Archaea 영역의 미생물.

archaellum(고균편모) 운동성에 기능이 있는 고균의 부속기관. 세균의 편모와 기능적으로 동등함.

archaeol(아케올) 고균 원형질막의 구성요소인 지질 분자.

archaerhodopsin(고균로돕신) 레티날이 결합된 막통과 단백질. 엽록소나 세균엽록소 없이 광인산화로 이어지는 광구동 양성자 펌프 역할. 호염성 고균의 보라색 막에서 발견.

artemisinin(아르테미시닌) 악성 말라리아 원충에 의한 감염치료를 위해 다른 항말리아약과 복합제로 사용되는 항말리리아약.

arthroconidia, arthrospores(분절분생자, 분절포자) 분절에 의해 만들어지는 진균(균류) 포자.

artificially acquired active immunity(인공획득 능동면역) 동물에 백신을 주사하여 얻은 면역력. 면역된 동물은 항체와 활성화된 림프구를 만듦.

artificially acquired passive immunity(인공획득 수동면역) 다른 동물에서 만들었거나 생체외(in vitro) 방법으로 생산한 항체를 동물에게 주사하여 얻어진 일시적인 면역.

ascocarp(자낭과) 자낭이라는 분화된 세포로 이루어져 있는 자낭균류의 다세포 구조.

ascogenous hypha(자낭균사, 조낭균사) 하나 또는 그 이상의 자낭이 되는 특수화된 균사.

ascomycetes(자낭균류) 자낭포자를 만드는 진균류.

ascospore(자낭포자) 자낭에서 만들어졌거나 자낭에 들어 있는 포자.

ascus, asci(자낭) 자낭균류에서 볼 수 있는 특징적인 분화된 세포. 세포내에서 2개의 반수체 핵이 융합하여 접합체를 만들고, 접합체는 즉시 감수분열을 함. 성숙한 자낭은 자낭포자를 갖음.

aseptate(coenocytic) hypha(무격막균사, 다핵균사) 격벽이 없는 다핵의 균사.

assimilatory reduction : e.g., assimilatory nitrate reduction and assimilatory sulfate reduction(동화적 환원, 예: 동화적 질산염환원과 동화적 황산염환원) 무기질 분자가 환원되어 유기물에 통합되는 과정. 과정 동안 에너지는 보존되지 않음.

atomic force microscope(원자힘현미경) 주사탐침현미경(scanning probe microscope) 참조.

atopic reaction(아토피성 반응) 국소성 아나필락시스(localized anaphylaxis) 참조.

ATP(ATP) 아데노신 5′-삼인산(adenosine 5′-triphosphate) 참조.

ATP synthase(ATP 합성효소) 막결합효소가 양성자 구동력으로 얻어진 에너지를 이용해 ADP와 Pi로부터 ATP를 합성함.

ATP-binding cassette transporters, ABC transporters(ATP-결합 카세트 수송체, ABC 수송체) ATP 가수분해를 통해 원형질막을 가로질러 운반하는 시스템으로 영양물질의 유입(ABC 유입)이나 단백질의 분비와 같은 물질의 배출(ABC 유출)에 사용될 수 있음.

attack rate(발병률) 감염성 미생물에 노출된 집단에서 질병을 앓는 사람의 비율.

attenuated vaccine(약독화 백신) 적응면역을 활성화시키기 위하여 사용하는 비병원성의 살아 있는 생물.

attenuation(감쇠조절) (1) 아미노아실-tRNA에 의한 일부 세균 오페론의 전사종결 조절을 위한 기전. (2) 병원체의 면역원성의 변화 없이 병원체의 독성을 약화 또는 제거하는 과정.

attenuator(감쇠기) 감쇠조절을 포함하는 선도서열 내 인자-비의존적인 전사종결자리.

autochthonous(토착성) 주어진 환경에서 기원하는 물질(영양소).

autoclave(고압멸균기) 압력 하에서 증기에 의해 물건을 멸균(살균)하는 기구.

autoimmune disease(자가면역질환) 면역계가 자기항원을 공격하여 생기는 질병.

autoimmunity(자가면역) 혈청내에 존재하는 자가 항체와 자기반응 림프구의 존재로 특징지어지는 상태. 이 상태는 양성(benign)일 수도 있고 병원성(pathogenic)일 수도 있음.

autoinducer(자가유도물질) 정족수인식과 관련하여, 자가유도물질의 합성에 영향을 미치는 효소의 합성을 유도하는 작은 분자. 쿼럼센싱(quorum sensing) 참조.

autoinduction(자가유도) 일반적으로 자체 생산 수준을 증가시키는 모든 분자.

autolysins(자가용해효소) 생장하는 세균에서 펩티도글리칸을 부분적으로 분해하여 펩티도글리칸이 더 커질 수 있는 조건을 만들어주는 효소.

autophagocytosis(자가식작용) 세포내 요소들을 재활용하여 항상성을 유지하게 하는 오래된 수단.

autophagosome(자가파고솜) 거대자가소화(macroautophagy) 참조.

autophagy(자가소화작용) 자가식작용(autophagocytosis)과 거대자가소화(macroautophagy) 참조.

autotroph(독립영양생물) CO_2를 유일한 또는 주요 탄소원으로 사용하는 생물.

auxotroph(영양요구생물) 개체에 돌연변이가 일어나서 필수영양소를 합성할 수 없기 때문에 반드시 주변에서 필수영양소 또는 그 영양물질의 전구물질을 얻어야만 하는 생물.

average nucleotide identity, ANI(평균 뉴클레오티드 유사성) 두 미생물의 전체 혹은 일부 유전체 염기서열 간의 쌍별 비교로 백분율 동일성으로 표현됨.

avidity(총항원결합력) 어떤 항체의 항원결합능력을 나타내는 것으로, 항체의 모든 항원결합부위와 그 자리에 결합하는 항원 사이의 결합력을 모두 합한 것.

axenic(무균성) 외부 생물체에 의해 오염되지 않음. 이 용어는 미생물의 순수 배양과 관련하여 사용됨. 순수 배양 참조.

axopodium(유축위족) 가늘고 긴 바늘 모양의 허족으로 중심부에 미세소관이 있음.

B

B cell(B 세포) 항원과 반응하고 형질세포가 되어 체액성면역에 관여하는 항체분자를 생산하여 분비하는 림프구의 일종.

B lymphocyte(B 림프구) B 세포(B cell) 참조.

B7(CD80, CD86) protein [B7(CD80, CD86) 단백질] 항원제시세포(B 세포, 대식세포, 수지상세포 및 T 세포)의 표면에 위치한 당단백질로서 T 세포 표면의 CD28에 결합함. 이것은 T 세포 활성화의 2차 신호로 작용함.

bacillus, bacilli(간균) 막대 모양의 세균 또는 고균.

backslopping(백슬로핑) 각 배치의 샘플을 보유하여 다음 배치에 접종하는 식품 발효의 일반적인 기술.

bacteremia(세균혈증) 혈액내에 살아 있는 세균이 존재하는 것.

bacteria(세균) Bacteria 영역의 구성원.

bacterial artificial chromosome, BAC(세균 인공염색체) 대장균의 F-플라스미드로부터 만들어진 클로닝 벡터.

bacterial interference(세균간섭) 어떤 한 종이 다른 종의 활성에 영향을 끼치는 능력.

bactericide(살세균제) 세균을 죽이는 제제.

bacteriochlorophyll(세균엽록소) 보라색 및 녹색 광합성 세균과 헬리오박테리아에서 일차적인 광 포획 색소 역할을 하는 변형된 엽록소.

bacteriocin(박테리오신) 세균에 의해 생산되는 단백질로 가까운 관계의 세균을 죽임.

bacteriocyte(세균낭) 공생 세균을 포함하는 특수 진핵세포.

bacteriophage(박테리오파지) 세균을 숙주로 이용하는 바이러스로 파지라고 부르기도 함.

bacteriostatic(정세균제) 세균의 생장과 생식을 억제하는 물질.

bacteroid(박테로이드) 콩과식물의 뿌리결절 세포 내에 있는(주로 다형성으로) 변형된 세포로 질소고정을 수행함.

baeocytes(베오사이트) 일부 남세균에서 다중분열을 통해 생산되는 구형의 작은 생식세포.

barophilic, barophile(호압미생물) 호압(piezophilic) 참조.

barotolerant(내압미생물) 필수적인 것은 아니지만 고압 환경에서 성장하고 번식할 수 있는 생물.

basal body(기저체) 편모(flagellum) 참조.

base analogues(염기유사체) 정상적인 DNA 뉴클레오티드와 유사하여 DNA 복제 시에 정상적인 뉴클레오티드 대신에 사용되어 돌연변이를 유발할 수 있는 분자.

base excision repair(염기 절제수선) 절제수선(excision repair) 참조.

basic dyes(염기성 염료) 양이온의 성질을 나타내거나 양전하를 띠는 그룹을 가지고 있는 염료로 음전하를 띠는 세포구조물에 결합함.

basic reproduction number, R_0(기본생식 수) 1명의 감염자로부터 감염될 수 있는 취약한 개체의 수를 나타냄.

basidiocarp(담자과) 담자기를 가지고 있는 담자균류의 자실체.

basidiomycetes(담자균류) 포자가 담자라고 하는 곤봉 모양의 구조에 들어 있는 진균의 한 종류.

basidiospore(담자포자) 핵분열과 감수분열의 결과 담자기의 바깥에 만들어지는 포자.

basidium, basidia(담자기) 핵분열과 감수분열로 만들어진 담자포자를 4개씩 가지고 있는 구조. 담자기는 주로 담자균류에서 발견되며 주머니 모양을 하고 있음.

basophil(호염구) 과립성 백혈구 계열의 혈액세포로 약한 식세포작용을 함. 이들은 외부 자극에 반응하여 분비되는 혈관반응성 물질(예: 히스타민)을 합성하여 저장함.

batch culture(회분식배양) 오래된 배지를 제거하거나 또는 새로운 배지의 첨가 없이 닫힌 배양 용기에서 미생물을 배양하는 것.

B-cell receptor, BCR(B 세포 수용체) 항원과 결합하여 B 세포를 활성화시키는 B 세포 표면에 있는 막관통 면역글로불린 복합체. Ig-α/Ig-β의 이형이량체와 복합체를 이루는 막결합 Ig(보통은 IgD 또는 변형된 IgM)으로 이루어져 있음.

benthic(저서성, 저생성) 바다나 다른 물의 바닥에 존재함.

binal symmetry(이중대칭) 일부 바이러스 캡시드의 대칭을 말하는 것으로 정이십면체와 나선형 대칭을 포함함.

binary fission(이분법) 하나의 세포를 나누어 2개의 동일한 딸세포로 만드는 무성 생식.

binomial system(이명법) 하나의 개체를 2가지 이름으로 나타내는 명명법으로 첫 번째는 대문자로 시작하는 속명이고, 두 번째는 소문자로 종명을 표기함. 항상 이탤릭으로 표기함.

bioassimilation(생체동화) 분해 생성물이 대사되는 생분해의 구성요소.

biochemical oxygen demand, BOD(생화학적 산소요구) 표준조건 하에서 물에서 생물체가 이용하는 산소의 양으로 미생물에 의해 산화될 수 있는 유기물의 양에 대한 지표를 제공함.

biochemical pathways(생화학 경로) 1개의 시작 물질이 1개 이상의 생성물로 전환되는 생물체가 수행하는 화학 반응 세트.

biocide(살생물제) 일반적으로 미생물을 불활성화

시키는 광범위한 생물 활성을 가지는 화학적 또는 물리적 제제.

biodegradation(생분해) 복잡한 화학물질을 생물학적 과정을 통해 분해하는 과정으로, 작용기의 일부가 떨어져 나가거나 작은 구성물로 쪼개지기도 하고, 이산화탄소와 무기물질로 완전히 분해되기도 함.

biofilms(생물막) 세포외 중합체 물질 안에 들어 있는 조직화된 미생물 군집과 그와 연관된 표면으로, 보통 복잡한 구조적 특성과 기능적 특성을 갖음.

biofragmentation(생물단편) 큰 유기화합물이 외효소에 의해 가수분해되는 분해 과정.

biofuels(생물연료) 미생물에 의해 만들어진 화합물로 차량이나 기계에 에너지를 공급하는 데 이용할 수 있는 물질. 일반적인 생물연료로는 에탄올과 수소가 있음.

biogeochemical cycling(생물지구화학적 순환) 살아있는 유기체와 비생물적인 과정에 의해 일어나는 물질의 산화 및 환원 과정으로 생태계 내에서 혹은 생태계의 서로 다른 부분과 대기 사이에서 일어나는 원소의 순환.

bioinformatics(생물정보학) 유전체와 단백질의 서열을 포함한 거대한 생물학적 데이터를 관리하고 분석하는 학문 분야.

bioinsecticide(생물살충제) 곤충을 죽이기 위해 사용되는 미생물이나 미생물 산물.

biomagnification(생물농축) 더 높은 수준에 있는 소비자 생물체에서 물질의 농도가 증가하는 것.

biomineralization(생광물화) 생물체가 자신의 조직을 단단하게 만들기 위해 광물을 만드는 과정(화학원소가 유기분자로 통합되는 과정).

biomolecular condensate(생분자 응축물) 세포질과 별개의 구획이지만 막이 아니라 고농도 분자의 생물물리학적 특성에 의해 분리됨.

bioremediation(생물복원) 특정 환경에서 오염물질을 제거하거나 분해하기 위해 생물학적인 과정을 사용하는 것.

biosensor(바이오센서) 특수한 물질(분석대상물질)을 검출하기 위한 도구로 생물유래의 수용체를 물리화학적인 검출기와 결합한 것.

biosynthetic gene clusters, BGCs(생합성 유전자군) 항생제와 이차 대사산물을 생성하는 생합성 경로를 구성하는 효소를 생산하는 대형 오페론.

biotechnology(생명공학) 유용한 산물을 만들기 위해 생명체를 분자 유전학적 단계에서 조작하는 과정.

bioterrorism(생물테러) 바이러스, 세균, 진균 또는 생물 독소 등을 이용하여 사람, 동물, 식물을 의도적으로 죽이거나 위협하는 것.

biotrophic fungi(생영양성 진균) 식물 숙주를 죽이지 않는 식물 병원균.

biovar(생물학적 변이형) 생물학적 또는 생리학적 특성으로 구분되는 미생물 균주의 변이체.

BLAST, basic local alignment search tool(블라스트) 뉴클레오티드 또는 아미노산 서열간의 유사한 부위를 식별하기 위해 모두가 사용가능한 컴퓨터 프로그램. 이는 입력한 또는 문의한 서열들을 데이터베이스 상의 서열과 비교하여 통계학적 일치 중요성을 결정함. 이를 통한 상동성은 유전자 또는 단백질의 기능을 밝히거나 진화적 유연관계를 밝히는데 사용됨.

blastospores(분아포자) 영양모세포에서 출아에 의해 만들어진 곰팡이 포자.

bloom(대번식) 수 환경에서 단일 미생물 종 혹은 한정된 수의 종이 성장하는 것으로 일반적으로 갑작스러운 영양분 유입에 반응하여 일어난다. 유해 조류 대번식(harmful algal bloom) 참조.

bright-field microscope(명시야현미경) 시료를 밝은 빛으로 직접 조명하여 상대적으로 밝은 배경 위에 어두운 상을 만들어내는 현미경.

broad-spectrum drugs(광범위 약물) 다양한 종류의 병원체에 효과가 있는 화학치료제.

bronchial-associated lymphoid tissue, BALT(기관연관 림프조직) 점막연관 림프조직(mucosal-associated lymphoid tissue) 참조.

Bt(비티) *Bacillus thuringiensis*에 의해 생성된 독소로 만들어진 살충제.

bubo(가래톳) 여러 가지 감염으로 만지면 아프고, 열이 나고, 커진 림프절.

budding(출아) 부모보다 작은 딸세포로 증식하는 무성생식 방법. 효모와 일부 미생물에서 볼 수 있음.

butanediol fermentation(부탄다이올 발효) Enterobacteriaceae 과에서 주로 볼 수 있는 발효과정으로 2,3-부탄다이올이 주요 산물. 대사과정의 중간산물로 아세톤이 생성되며, 생성된 아세톤은 Voges-Proskauer 검사로 확인.

C

cable bacteria(케이블 박테리아) 긴 사슬에서 자라며 수백 개의 세포를 지나 밀리미터 이상의 거리에 전자를 운반하는 세균.

calorie(칼로리) 물 1 gram을 14.5°C에서 15.5°C로 올리는 데 필요한 열량.

Calvin-Benson cycle(캘빈-벤슨 회로) 광독립영양생물과 화학무기독립영양생물이 이산화탄소를 유기물로 고정(즉, 환원 및 통합)하는 주된 경로.

cannula(캐뉼라) 일부 고균의 표면에 돌출되어 있는 튜브 모양의 구조물. 물체의 표면에 부착하는 기능을 나타내는 것으로 짐작됨.

capsid(캡시드) 바이러스 입자의 핵산을 둘러싸고 있는 단백질 피복 또는 껍질.

cap snatching(캡 스타칭) 세포의 mRNA의 5′ 캡이 제거되고 바이러스의 RNA 합성에 프라이머로 사용되게 하는 바이러스의 기전.

capsomer(캡소머) 정이십면체의 캡시드를 구성하는 원형의 단위체.

capsule(협막) 일부 세균의 세포벽 바깥층을 이루는 잘 조직화된 물질로 쉽게 씻겨나가지 않음.

carbapenems(카르바페넴) 광범위 β-락탐 항생제의 한 그룹으로 β-락탐분해효소에 저항성을 나타냄.

carbon to nitrogen ratio(탄소 대 질소 비율) 토양에서 탄소와 질소의 비율로, 유기물 분해 속도를 예측하는 데 사용할 수 있어서 시스템의 영양소 순환을 예측할 수 있음.

carbonate equilibrium system(탄산염 평형계) CO_2, 중탄산염(HCO_3^-), 탄산염(CO_3^{2-})이 서로 전환되는 시스템으로 해양의 pH가 7.6과 8.2 사이에서 유지되도록 함.

carbonosome(카르보노솜) 세균 세포내의 한 부분으로 탄소가 폴리히드록시알카노에이트(PHA) 형태로 저장됨.

carboxysomes(카르복시솜) 이산화탄소고정이 일어나는 다면체 내포물. 이산화탄소고정효소인 리불로오스 1,5-이인산 카르복실라아제/산화효소를 함유하고 있음. 그것들은 미소구획의 한 유형임.

cardinal temperatures(기본 온도) 생장의 최소, 최대, 최적 온도.

Cas9 genome editing(Cas9 유전체 편집) 유전체 변형을 목적으로 유전체내 특정 DNA 서열에 Cas9의 핵산분해효소 활성화를 일으키는 과정.

catabolism(이화작용) 크고 복잡한 분자를 작고 간단한 분자로 분해하면서 에너지를 방출하는 물질대사 종류.

catabolite activator protein, CAP(이화물 활성자 단백질) 이화물 억제효소를 암호화하는 유전자의 발현을 조절하는 단백질. 고리형 AMP 수용체 단백질이라고도 불림.

catabolite repression(이화물 억제) 선호하는 탄소원 또는 에너지원에 의한 여러 이화효소의 합성 억제.

catalase(카탈라아제) 과산화수소의 파괴를 촉매하는 효소.

catalyst(촉매) 그 자체의 영구적 변화 없이 반응의 속도를 증가시키는 물질.

catalytic site(촉매부위) 활성부위 참조.

catalyzed reporter deposition-fluorescent in situ hybridization, CARD-FISH(촉매반응산물-형광 직접 혼성화법) 신호가 증폭되어 낮은 수준의 형광도 검색할 수 있는 기술로 미생물생태학에서 여러 미생물이 혼합되어 있는 시료에서 하나의 세포를 탐색하는 데 사용됨. 형광 직접 혼성화법(fluorescent in situ hybridization, FISH) 참조.

catenanes(연쇄체) 사슬의 고리처럼 서로 맞물려 있는 공유결합으로 닫힌 원형의 핵산 분자.

cathelicidins(카텔리시딘) 양전하를 띠고 있는 항미생물 펩티드로 호중구, 호흡상피세포, 폐포대식세포 등 다양한 종류의 세포에서 생산됨.

caveolin-dependent endocytosis(카베올린 의존성 세포내흡입) 세포내흡입(endocytosis) 참조.

$CD4^+$ cell($CD4^+$ 세포) 보조 T 세포(T-helper cell) 참조.

$CD8^+$ cell($CD8^+$ 세포) 세포독성 T 림프구(cytotoxic T-lymphocyte) 참조.

cell cycle(세포주기) 세포분열의 끝과 다음 세포분열의 끝 사이의 세포성장 및 분열주기에서의 일련의 사건들.

cell envelope(세포외피) 원형질막과 그 바깥을 둘러싸고 있는 모든 구조물.

cell wall(세포벽) 세포막 바깥에 있는 강한 구조로 막을 지지하고 보호하며 세포가 모양을 갖추도록 함.

cellular(cell-mediated) immunity(세포매개 면역) T 세포가 매개하는 면역반응의 일종.

cellular slime mold(세포성 점균류) 아메바 모양의 세포로 이루어진 원생생물로 영양생장기가 있고 많은 세포가 모여 다세포의 유사 변형체를 만든다. *Dictyosteliim* 분류군에 속하며 이전에는 진균류로 취급됨.

Centers for Disease Control and Prevention, CDC(질병관리본부 또는 질병통제예방센터) 조지아 주 애틀랜타에 본부를 둔 미국의 공중보건 정부기관. 질병의 예방과 통제, 환경보건, 건강증진과 건강교육 프로그램을 개발하고 수행하는 국가기관.

central metabolic pathways(중심대사 경로) 이화작용과 동화 작용 기능을 모두 나타내기 때문에 생물 대사의 중심이 되는 대사경로(예: 해당작용과 TCA 경로).

central tolerance(중앙관용, 중추관용) 면역세포가 활성을 나타내지 못하도록 하는 과정.

chain of infection(감염사슬) 감염성 질병주기(infectious disease cycle) 참조.

Chain-termination DNA sequencing method(사슬-종결 DNA 염기서열분석법) 무작위 부위에서 DNA 복제의 종결을 다이디옥시뉴클레오티드를 사용하여 일으키는 DNA 염기서열분석법.

chancre(경성하감) 감염 부위에서 나타나는 매독의 첫 단계 손상.

chaperon(샤프론) 단백질의 안정화와 접힘을 돕는 단백질. 일부는 또한 새로 합성된 단백질을 단백질 분비체계나 세포의 다른 위치로 보내는 데 관여함.

cheaters(사기꾼) 군집 활동으로 혜택(예: 항생제 생산)은 받지만 군집에는 기여하지 않는 세균 개체군의 구성원.

chemical fixation(화학적 고정) 고정(fixation) 참조.

chemical oxygen demand, COD(화학적 산소요구) 물과 폐수 속의 유기물을 이산화탄소로 바꾸는 데 필요한 산소요구량.

chemiosmotic hypothesis(화학삼투설, 화학삼투가설) 전자전달에 의해 양성자기울기와 전기화학적 기울기가 생성되고 이는 다시 ATP 합성과 같은 일을 하는 데 쓰인다는 가설.

chemoheterotroph(화학종속영양생물) 화학유기종속영양생물(chemoorganoheterotroph) 참조.

chemokine(케모카인) 림프구 활성화 능력과 주화성 능력을 가지고 있는 당단백질.

chemolithoautotroph(화학무기독립영양생물) 환원된 무기물을 산화하여 에너지와 전자를 얻고, 이산화탄소를 탄소원으로 이용하는 미생물.

chemolithoheterotroph(화학무기종속영양생물) 환원된 무기물을 산화하여 에너지와 전자를 얻고, 유기물을 탄소원으로 이용하는 미생물.

chemolithotroph(화학무기영양생물) 환원된 무기화합물을 산화하여 에너지와 전자를 얻는 미생물.

chemoorganoheterotroph(화학유기종속영양생물, 화학유기영양생물) 생합성을 위한 에너지, 전자, 탄소의 공급원으로 유기물을 사용하는 미생물.

chemoreceptors(화학수용체) 세포막이나 주변세포질 공간에 있는 단백질 수용체로 특정 화학물질이 결합하면 적당한 주화성 반응을 유도함.

chemostat(항성분조절장치) 미생물을 포함한 배지가 제거된 배지를 배양 용기에 같은 속도로 공급해주는 연속배양장치. 항성분조절장치내의 배지는 제한된 양의 필수영양소 하나를 포함함.

chemotaxins(주화성물질) 백혈구가 농도기울기에 따라 이동하게 만드는 물질.

chemotaxis(주화성) 특정 화학물질에 가까이 가거나 멀리 하는 미생물의 행동 형태.

chemotherapy(화학치료요법) 화학제제를 이용하여 질병을 치료하는 방법.

chemotrophs(화학영양생물) 에너지 공급원으로 무기물 또는 유기물을 사용하는 생물.

chlamydiae(클라미디아) *Chlamydia* 및 *Chlamydophila* 속의 구성원: 그람음성, 절대세포내 병원체.

chlorophyll(엽록소) 녹색 광합성 색소로 중앙에 마그네슘 이온을 가진 커다란 테트라피롤(고리)로 이루어져 있음.

chloroplast(엽록체) 엽록소를 지닌 진핵생물의 색소체로 광합성이 일어나는 장소.

chlorosomes(클로로솜, 엽록소체) 빛에너지를 수확하는 색소를 지닌 가늘고 긴 세포내 막성 소낭으로 녹색황세균과 녹색비황세균에서 발견됨. 클로로비움 소낭으로 불리기도 함.

chromatic acclimation(색소적응) 입사광의 파장 변화에 따라 집광 색소의 상내직 농도를 변화시키는 남세균의 능력.

chromatin(염색질) DNA와 단백질(히스톤 포함)의 복합체로, 진핵세포와 일부 고균의 염색체를 형성함.

chromatin immunoprecipitation, Chip(염색질 면역침강법) 단백질과 DNA 간의 상호작용을 확인하게 하는 기술.

chromatin remodeling(염색질 재편성) 뉴클레오솜에서 변형된 히스톤 단백질이 삽입되거나 제거되어 나타나는 염색질 구조 변화.

chromogen(발색제) 효소가 작용하면 색깔이 있는 산물로 변하는 무색의 기질.

chromophore group(발색기, 발색그룹) 가시광선을 흡수하여 염료의 색깔을 띠게 하는 이중결합을 가진 화학작용기.

chromosome interaction domain(염색체 상호작용 도메인) 뉴클레오티드내에 조직된 세균 또는 거대도메인의 일부.

chromosomes(염색체) 세포에 존재하는 DNA의 대부분 또는 모두와 대부분의 유전정보를 가지고 있는 세포구조물. 미토콘드리아와 엽록체도 DNA와 유전자를 가지고 있음.

chronic inflammation(만성염증) 감염 부위에 대한 림프구 및 대식세포의 과다한 조직 침윤과 새로운 결합조직 형성을 유발하는 염증반응으로 대개 영구적인 조직 손상을 초래.

chytrids(키트리드, 병꼴균) 세포의 뒤쪽에 1개의 채찍 모양의 편모를 가지고 있는 운동성 유주포자를 만드는 병꼴균류에 속하는 진균류.

cidal(살균) 생물을 죽일 수 있는 능력.

cilia(섬모) 일부 원생생물의 표면에 돌출되어 있는 섬유 모양의 부속 구조물로 리듬감 있게 움직여서 세포를 나아가게 함. 섬모는 내부에 대개 9 + 2 양식으로 복잡하게 배열되어 잇는 미세소관을 가진 막에 결합된 원통.

ciliates(섬모충류) 섬모를 빠르게 쳐서 움직이는 원생생물.

cistron(시스트론) 하나의 폴리펩티드를 암호화하고 있는 DNA의 한 단편.

citric acid cycle(시트르산 회로) TCA 회로(tricarboxylic acid cycle) 참조.

clade(계통군, 계통분기군) 공통조상에서 유래된 한 생물집단.

class I MHC molecule(MHC 클래스 I 분자) 주조직적합복합체(major histocompatibility complex) 참조.

class II MHC molecule(MHC 클래스 II 분자) 주조직적합복합체(major histocompatibility complex) 참조.

classical complement pathway(고전 보체경로) 보체 활성화에 항체가 필요한 경로. 병원체의 용해, 식세포작용이나 숙주의 다른 방어 작용을 유도함.

clathrin-dependent endocytosis(클라트린 의존성 세포내흡입) 세포내흡입(endocytosis) 참조.

clonal selection(클론선택) 항원이 가장 적합한 B 세포 수용체에 결합하여 B 세포를 활성화시키고, 그 결과 결합한 항원에 대한 특정 항체의 합성과 그 항체를 생산하는 B 세포 클론을 증가시키는 과정.

clone(클론) (1) 특정 모체에서 무성생식적 방법으로 만들어진 유전적으로 동일한 세포나 개체. (2) 클로닝 벡터를 이용하여 분리되어 복제된 DNA 염기서열.

cloning vector(클로닝 벡터) 숙주염색체와는 독립적으로 복제할 수 있고 숙주세포에 유전자와 같은 삽입된 외부 DNA 조각을 유지할 수 있는 DNA 분자. 플라스미드, 파지, 코스미드, 인공염색체가 주로 해당됨.

club fungi(담자균류) Basidiomycota의 일반적인 이름.

cluster of differentiation molecules, CDs(분화분자집단) 기능적인 세포 표면 단백질로서 백혈구의 종류를 동정하는 데 사용됨[예: 인터루킨 2 수용체(IL-2R), CD4, CD8].

coagulation(응고) 정수 과정에서 물속의 불순물을 침전시키기 위해 화학물질을 첨가하는 과정. 면상 침전이라고도 함.

coccolithophores(원석조류, 인편모조류) 부동편모조류(Stramenopila)에 속하는 광합성 원생생물. 이들은 방해석으로 이루어진 정교한 세포벽의 구형석(coccolith)이 특징임.

coccus, cocci(구균) 둥근 모양의 세균 또는 고균.

code degeneracy(암호의 중복성) 하나의 아미노산에 대응하는 하나 이상의 코돈이 존재함.

Coding sequences, CDS(암호화서열) 유전체 분석에 있어서, 열린번역틀에 tRNA 또는 rRNA가 아닌 단백질을 암호화하고 있다고 여겨지는 부분.

codon(코돈) 단백질 합성 동안 아미노산 도입 또는 번역 종결신호를 지정하는 mRNA의 3개 뉴클레오티드 서열.

coenocytic(다핵성) 무격벽 균사(aseptate hypha) 참조.

coenzyme(조효소) 대개 생성물이 형성된 후에 효소의 활성부위에서 떨어지는 효소와 느슨하게 결합하는 보조인자.

coenzyme Q, CoQ, ubiquinone(조효소 Q, CoQ, 유비퀴논) 전자전달사슬 참조.

coevolution(공동진화, 공진화) 서로 교감하는 두 생물의 진화 현상으로 그들은 서로 생존을 최적화함.

cofactor(보조인자) 효소의 촉매 활성에 필요한 비단백질 성분.

cofactor(보조인자, 조요소) 효소의 비단백질 구성요소로 효소가 촉매활성을 나타내는 데 필요함.

cold plasma(저온 플라스마) 미생물의 지질, 단백질, 핵산을 파괴하기 위해 불안정한 라디칼을 이용하는 미생물 제어방법. 비열 플라스마나 비평형 플라스마라고도 함.

colicin(콜리신) 장내세균에 의해 만들어지는 단백질로 유전자는 플라스미드에 위치함. 감수성 있는 대상 세균의 표피에 있는 수용체에 결합하여 세균을 용해시키거나 리보솜과 같은 특정 세포 내 부위를 공격함.

coliform(대장균형) 그람음성이며 포자를 형성하지 않고 조건부산소비요구성인 간균으로 35°C에서 48시간 이내에 유당을 발효하여 기체를 생성함.

Colilert defined substrate test(콜리레트 특정기질시험) 물에 있는 대장균형의 세균을 확인하기 위해 고안된 검사 방법.

collectin(콜렉틴) 콜라겐 유사 모티프가 α-나선에 의해 구형 결합부위에 연결된 단백질. 이 단백질은 다른 단백질들과 함께 외래 당과 지질에 결합하고 응집, 보체 활성 및 옵소닌화 등 여러 기전을 통해 미생물과 그 생성물의 제거를 도와줌.

colonization(집락형성) 미생물이 무생물의 표면에 또는 생물의 경우 조직을 침범하거나 손상시키지 않고 증식 부위를 확립하는 것.

colony(집락) 고체 표면상에서 자라는 미생물의 집단. 이는 종종 육안으로 관찰할 수 있음.

colony forming units, CFU(집락형성단위) 하나의 표본에서의 생균수를 나타내는 지표로, 도말평판법 또는 주입평판법을 사용하여 배양했을 때 집락을 형성하는 미생물들의 수.

colony stimulating factor, CSF(집락자극인자) 특정 세포 집단의 생장과 발달을 촉진하는 단백질(예: 과립성 백혈구-CSF는 골수를 자극하여 미성숙 백혈구줄기세포로부터 과립성 백혈구의 형성을 촉진).

colorless sulfur bacteria(무색황세균) 황화수소와 같은 환원된 황화합물을 산화할 수 있지만 광합성을 하지 않는 다양한 종류의 프로테오박테리아. 이들 대부분은 화학무기영양생물이며 황을 산화하여 에너지를 얻음.

comammox(코마목스) 일부 *Nitrospira* 속 세균이 질화 과정의 2단계를 모두 수행하여 완전한 암모니아 산화를 수행하는 능력.

combinatorial joining(조합형접합) 림프구가 발달하는 동안 일어나는 V, D 및 J지역의 유전체 재조합. 이로 인해 다양한 T 세포 수용체, B 세포 수용체와 항체가 만들어짐.

cometabolism(공동대사) 탄소원과 에너지원으로 사용될 수 있는 다른 유기물이 존재하는 상태에서 미생물이 생장에 이용하지 않는 화합물을 변형하는 것.

common-source epidemic(공통감염원 유행병) 감염된 사람이 급격히 증가해 최고치를 이룬 다음 다소 느리지만, 다시 빠르게 감소하는 유행병. 감염자의 감염원이 하나인 경우에 주로 일어나는 현상.

communicable disease(전염병) 한 숙주에서 다른 숙주로 전파되는 병원체가 일으키는 질병.

Comparative genomics(비교유전체학) 차이와 유사성을 밝히기 위해 다른 생물과 유전체를 비교하는 것.

compartmentation(구획화) 분리된 세포구조 또는 소기관에 효소와 대사물을 차등 분배하는 것.

compatible solute(화합성 또는 호환성 용질) 서식지에서 염의 농도(삼투도)의 변화에 대응하여 세포를 보호하기 위해 사용되는 낮은 부자량의 분자. 이는 물질대사 또는 성장의 저해 없이 세포를 고농도에 존재할 수 있게 함.

competent cell(형질전환가능 세포) 형질전환 과정에서 노출된 외부 DNA를 받아들여 자신의 유전체의 일부로 포함시킬 수 있는 세포.

competition(경쟁) 동일한 자원(영양분, 공간 등)을 사용하려는 두 생물체 사이의 상호작용.

competitive inhibitor(경쟁적 억제제) 효소의 활성부위에 결합하여 효소 활성을 억제하는 분자.

complement system(보체계) 선천성 면역에서 주된 역할을 하는 혈장단백질의 한 집단.

complementary(상보적) 염기쌍 규칙에 의해 DNA 또는 RNA의 두 가닥이 상응하는 것을 뜻함.

complementary DNA, cDNA(상보적 DNA) RNA 분자로부터 복제된 DNA(예: mRNA의 복제본인 DNA).

complex medium(복합배지) 정확히 알지 못 하는 몇가지 화학성분들을 포함하는 배양 배지.

compromised host(면역약화 숙주) 감염과 질병에 대한 저항력이 낮아진 숙주.

concatemer(연쇄체) 일렬로 연결된 여러 유전체들로 구성된 긴 DNA.

conditional mutations(조건부돌연변이) 특정 환경 조건(예: 온도)에서만 발현되는 돌연변이.

confocal microscope(공초점현미경) 단색성의 레이저에서 나온 빛이 특정한 높이에서 시료를 가로지르면서 훑는 광학현미경. 초점면의 위와 아래에서 나온 미광은 차단되어 탁월한 대비와 해상력을 가진 상을 가짐.

conidiospore(분생포자, 분생자) 균사에서 무성생식 방법으로 생성된 얇은 벽을 가진 포자로 포자낭에 들어 있지 않음. 단독으로 또는 사슬처럼 연결된 형태로 만들어지도 함.

conidium, conidia(분생자, 분생포자) 분생포자(conidiospore) 참조.

conjugate redox pair(짝산화환원쌍) 산화환원 반쪽반응의 전자수용체와 전자공여체.

conjugation(접합) (1) 세포와 세포 사이의 직접 접촉으로 유전자를 이동시키는 방법. (2) 원생동물에서 일어나는 특수한 형태의 유성생식법.

conjugative plasmid(접합 플라스미드) 접합과정 동안에 다른 세균에게 자신의 유전자를 전달할 수 있는 유전자를 가지고 있는 플라스미드(예: F 플라스미드).

conjugative transposon(접합 트랜스포존) 접합에 의해 자신을 한 세균에서 다른 세균으로 전달할 수 있는 이동성 유전요소.

consensus sequence(공통서열) 유전요소 내에서 공통적으로 나타나는 염기서열.

Conserved hypothetical proteins(보존적 가상 단백질) 유전체 분석에서, 데이터베이스 상에서 적어도 하나의 일치가 존재하는 미지의 기능을 가진 단백질.

consortium(연합체) 두 종류의 다른 생물이 물리적으로 결합되어 있는 것. 일반적으로 둘 모두에게 이로움.

constant region, C_L and C_H(일정부위, C_L과 C_H) 동일한 항체 클래스(class)와 그 아종(subclass), 또는 개별형(type)에 속하는 항체분자들에서 아미노산 서열에 크게 차이가 나지 않는 항체 분자의 부위.

constitutive gene(구성유전자, 항시발현유전자) 항상 일정한 수준으로 발현되는 유전자.

contact transmission(접촉성 전파) 보균생물이나 감염원에 숙주가 직접접촉하여 병원체가 전파되는 것.

contact-dependent growth inhibition, CDI(접촉-의존적 성장 억제) 한 생명체가 경쟁자에게 독소를 전달하여 성장을 억제하는 경쟁의 한 형태.

contact-independent growth inhibition(접촉-비의존적 성장 억제) 한 생명체가 확산성 화학 물질을 분비하여 경쟁자의 성장을 억제하는 경쟁의 한 형태.

contig(콘티그) 유전체 서열분석법에서, 끝 부분에 동일한 서열을 지녀 더 긴 DNA 서열이 연속적으로 조합되는 DNA 조각들.

continuous culture system(연속배양체계) 꾸준한 폐기물의 제거와 영양분 공급을 통해 일정한 환경 상태를 유지하는 배양체계. 항성분조절장치와 항탁도조절장치 참고.

continuous feed(연속공급) 산업적 발효에서 탄소원을 지속적으로 공급하는 것.

contractile vacuole(수축포) 원생생물이나 특정 동물세포내 투명한 액체가 차 있는 액포로, 세포내 물을 흡수하여 주기적으로 수축하면서 구멍을 통해 외부로 배출. 수축포는 주로 삼투조절과 배설기능을 담당.

cooperation(협동관계) 긍정적이지만 절대적이지는 않은 서로 다른 두 생명체 사이의 상호작용.

coral bleaching(산호초 백화현상) 쌍편모조류(dinoflagellate)와 같은 광합성을 수행하는 산호의 내부공생자의 제거에 의해 산호에서 광합성 색소가 제거되는 현상.

core genome(핵심유전체) 한 종 또는 다른 분류군의 모든 유전체 내에 발견되는 공통 유전자.

core microbiome(핵심 마이크로바이옴) 인간 숙주의 생리적 항상성을 유지하는 데 필수적인 정상 미생물에 의해 발현되는 유전자 총합.

core polysaccharide(중심다당체) 지질다당체(lipopolysaccharide) 참조.

corepressor(보조억제자) 억제자에 결합해서 이를 활성화하는 작은 분자. 이것이 작용하면 억제성 유전자의 전사가 억제됨.

coronavirus(코로나바이러스) 특유의 표면 스파이크 단백질로 인해 이름이 붙여진 양성가닥 RNA 바이러스.

cosmid(코스미드) 파지 캡시드로 포장될 수 있는 람다 파지의 cos 부위를 가진 플라스미드 벡터. 이는 큰 DNA 조각 클로닝에 유용함.

coverage(커버리지) 주어진 염기서열분석 프로젝트에서 분석된 뉴클레오티드의 횟수. Breadth of coverage는 서열이 분석된 유전체의 백분율을 이미함.

COVID-19 2019년에 대유행이 시작된 SARS-CoV-2 코로나바이러스에 의해 발생하는 급성 호흡기 질병.

CRISPR-Cas system(CRISPR-Cas 체계) 유입해온 플라스미드 또는 박테리오파지 유래 DNA를 인식하며, 이들을 파괴 표적으로 설정할 수 있는 DNA 서열 한 부분과 효소 한 세트. 많은 세균과 대부분의 고균에서 발견됨.

cristae(크리스테) 미토콘드리아 내막이 안쪽으로 접힌 구조.

cryo-electron microscopy, cryo-EM(동결 전자현미경법) 손상되지 않은 검체를 급속 냉동하고, 동결 상태에서 검체를 검사하고, 다른 각도에서 영상을 촬영하는 특수전자현미경 검사 절차. 각 각도의 정보는 3차원 재구성을 만드는 데 사용.

cryophiles(저온균) 저온균(Psychrophile) 참고.

cryptidins(크립티딘) 소장의 파네트(Paneth) 세포에 의해 생산되는 펩티드.

crystallizable fragment, Fc(결정가능조각) 항체분자의 Y자 아랫부분. 대식세포 같은 세포는 Fc 부분에 결합하고, Fc 조각은 보체활성화에도 관여.

culturomics(배양체학) 리보솜 소단위체 RNA (SSU rRNA) 유전자 서열분석법과 질량분석기에 의해 많은 다른 상황 아래에서 배양하는 미생물을 식별하고 분리하고자 하는 접근방법.

cut-and-paste transposition(절단-접합 전이) 단순전이(simple transposition) 참조.

cyanobacteria(남세균) 산소발생 광합성을 수행하는 형태학적으로 다양한 그람음성균의 큰 그룹.

cyanophycin(시아노피신) 질소를 저장하는 봉입체. 남세균에서 발견됨.

cyclic dinucleotide(고리형 디뉴클레오티드) 뉴클레오티드는 많은 박테리아와 일부 진핵생물에서 두 번째 전달자로 기능하는 인산염에 의해 함께 연결.

cyclic photophosphorylation(순환적 광인산화) 광합성 동안 빛에너지를 사용해 전자가 전자전달사슬을 통해 순환적으로 이동하면서 일어나는 ATP 생성.

cyst(피낭, 포낭) 세포벽에 싸여 있는 특수화된 미생물적 세포를 일반적으로 일컫는 말. 피낭은 일부 세균이나 원생동물에서 형성됨. 생활조건이 나쁠 때 휴면상태의 저항력이 강한 구조로 만들어지기도 하고 재생적 피낭은 정상 생활사의 한 단계임.

cystitis(방광염) 요로감염(urinary tract infection) 참조.

cytochromes(시토크롬) 전자전달사슬(electron transport chain) 참조.

cytokine(사이토카인) 세포가 유도자극에 반응하여 분비하는 단백질의 총칭. 사이토카인은 다른 세포에 영향을 미치는 매개 단백질로 작용. 림프구, 단핵구, 대식세포 또는 다른 세포들에서 생성.

cytokinesis(세포질분열) 세포분열 동안에 세포질과 세포소기관들을 나누고, 격막을 형성하여, 하나의 세포를 2개의 딸세포로 나누는 과정.

cytopathic effect(세포병변효과) 바이러스가 복제되면서 세포내에 나타나는 변화.

cytoplasm(세포질) 세포막으로 둘러싸인 모든 물질. 진핵세포의 핵은 예외.

cytoproct(세포항문) 소화되지 않는 물질을 배출하는 원생생물(예: 섬모충류)의 기관.

cytosine(시토신) 피리미딘 2-옥시-4-아미노피리미딘 구조의 화합물로 뉴클레오시드, 뉴클리오티드 및 핵산의 구성인자.

cytoskeleton(세포골격) 사상성 단백질(액틴, 튜불린)과 다른 세포질 물질로 형성된 그물망 구조.

cytosol(세포기질) 세포질의 액상 성분.

cytostome(세포구, 세포 입) 음식을 섭취하는 원생동물의 영구적 섬모기관.

cytotoxic T lymphocyte, CTL(세포독성 T 림프구) MHC 클래스 I 분자에 결합한 항원 펩티드를 인식하여 이것을 제시하는 표적 세포를 파괴하는 효과 T 세포. CTL은 항원에 의해 활성화된 Tc 세포에서 유래함.

D

D value(D 값) 로그 감소시간(decimal reduction time) 참조.

Dane particle(데인 입자) B형 간염바이러스 감염 시 보이는 3가지 유형의 바이러스 입자 중 하나로 42 nm 지름의 둥근 입자. 데인 입자는 완전한 바이러스 입자.

dark reaction(암반응) 광합성(photosynthesis) 참조.

dark-field microscopy(암시야현미경) 시료는 밝게 하고 배경은 어둡게 보이도록 하는 현미경.

deamination(탈아미노반응) 아미노산에서 아미노 그룹을 제거하는 것.

decimal reduction time, D or D value(로그 감소시간, D 또는 D 값) 특정 온도에서 시료에 들어 있는 미생물이나 내생포자의 90%를 사멸시키는 데 걸리는 시간.

defensins(디펜신) 호중구에서 분비되는 특수한 펩티드로 특정 미생물의 외막과 내막의 물질 투과성을 높여 미생물을 파괴.

defined(synthetic) medium(성분명확(합성)배지) 화학식을 규명할 수 있는 성분들로 만들어진 배양배지.

delayed-type hypersensitivity, DTH(지연형 과민반응) 제4형 과민반응(type IV hypersensitivity) 참조.

denaturation(변성) 단백질의 3차 구조나 핵산 구조의 파괴.

denaturing gradient gel electrophoresis, DGGE (변성기울기 겔 전기영동) 같은 크기의 DNA 절편을 분자량보다는 염기서열의 차이를 이용하여 분리할 목적으로 전기영동을 수행하는 동안에 DNA 절편이 단일사슬로 변성되도록 하는 전기영동법.

dendritic cell(수지상세포) 세포 표면에 신경세포의 수상돌기와 유사한 형태의 돌기를 가지고 있는 항원제시세포.

denitrification(탈질작용) 무산소호흡 중에 질산염이 기체 생성물(주로 질소 기체)로 환원되는 과정.

deoxyribonucleic acid, DNA(데옥시리보핵산) 모든 세포 유기체의 유전물질을 구성하는 폴리뉴클레오티드. 인산이에스테르결합으로 연결된 데옥시리보뉴클레오티드로 구성됨.

depth filter(심층필터) 용액으로 들어가는 미생물을 감소시키고 때때로 용액을 살균시키는 데 이용되는 섬유상 또는 입자상의 물질로 구성된 필터.

desensitization(탈감작) 특정 자극물에 때로는 지나치게 민감한 사람이 그 자극물(예: 알레르기 항원)에 대해 둔감하게 되거나 반응하지 않도록 만들어주는 것.

detergent(계면활성제) 습윤제와 유화제로 작용하는 비누 이외의 유기분자. 일부는 항미생물 제제로 사용.

diatoms(규조류) 규조각이라고 불리는 규소질의 세포벽을 가지고 있는 광합성 원생생물로 Stramenopila에 속함.

diauxic growth(이중영양 생장) 미생물이 2가지 영양소에 노출될 때 처음에는 그 중 하나를 성장에 사용한 다음 두 번째 영양소를 사용하도록 신진대사를 변경하는 2중의 생장 반응.

diazotroph(질소자급영양체) 질소를 고정할 수 있는 생물.

diderm(이중막세균) 2개의 막이 있는 박테리아 세포: 원형질막과 외막.

differential interference contrast(DIC) microscope (차등간섭대비현미경) 시료를 통과한 2가지 면

편광(plane polarized light) 파장을 합치는 현미경 기술. 2가지 면편광 파장의 상호간섭 결과로 시료의 상이 형성.

differential media(분별배지) 미생물의 성장과 대사산물의 차이에 근거하여 여러 미생물을 구분할 수 있는 배양 배지.

differential staining(분별염색) 염색 특성에 따라 미생물을 서로 다른 집단으로 분류하는 절차.

digital droplet PCR, ddPCR(디지털 미세방울 PCR) 주형을 매우 낮은 농도로 희석하여 개별 미세방울에 분할하여 수행하는 정량 PCR로, 실시간 정량 PCR보다 높은 감도를 제공.

diglycerol tetraether lipids(디글리세롤 테트라에테르 지질) 고균 지질은 이소프레노이드 탄화수소가 에테르결합에 의해 2개의 글리세롤과 연결될 때 형성.

dikaryotic stage(2핵기) 진균에서 하나의 세포나 구획내에 한 쌍의 핵을 가지는 단계. 각 세포는 두 부모에서 유래한 2개의 분리된 반수체 핵을 가짐.

dinoflagellate(쌍편모조류, 와편모조류) 광합성을 하는 원생생물로 회전하는 모양으로 수영하는 데 이용하는 특징적인 2개의 편모를 가짐. 여기에 속하는 많은 종류는 형광을 내며, 중요한 해수 식물성 플랑크톤.

diplococcus(쌍구균) 쌍으로 존재하는 구균(cocci).

direct counts(직접계수법) 집단의 표본을 확인하고 표본의 세포 수를 셈으로써 집단의 크기를 결정하는 방법.

direct immunofluorescence(직접면역형광법) 항원을 검출하기 위하여 형광염료를 붙인 항체를 이용하여 현미경으로 확인하는 방법.

direct interspecies electron transfer, DIET(직접종간 전자전달) 나노전선 또는 다른 전도성 물질을 통해 한 유기체에서 다른 유기체로 전자의 이동.

direct repair(직접수선) 잘못된 질소 염기를 정상적으로 되돌리는 DNA 수선 방법 중의 하나(예: 티민 이량체를 정상적인 티민 염기로 전환).

directed evolution(방향적 진화) 새로운 분자를 합성하거나 생성물의 양을 늘리기 위해 여러 유전자 또는 특정 유전자를 변이시키는데 사용되는 다양한 접근법들.

disease syndrome(질병의 증상) 질병의 특징적 표식이나 증세.

disinfectant(소독제) 소독 기능을 하는 화학물질로 보통 물건에만 처리하는 제제.

disinfection(소독) 질병을 일으키는 미생물을 죽이거나 억제, 제거하는 과정. 보통 물건을 화학물질로 처리하는 것을 말함.

dissimilatory reduction(이화적 환원, 예: 이화적 질산염환원 및 이화적 황산염환원) 전자전달계의 전자수용체로 물질을 사용하는 것으로, 전자수용체(예: 황산염 또는 질산염)는 환원되지만 유기물로 동화되지는 않음.

dissolved organic matter, DOM(용존유기물) 용해될 수 있거나 용해된 상태로 이용 가능한 영양물질.

divisome(디비솜) 분열 중인 미생물세포의 격막이 형성될 자리에 축적하는 단백질의 집합체.

DNA amplification(DNA 증폭) DNA 분자의 수를 늘리는 공정으로 일반적인 중합효소연쇄반응을 이용.

DNA cloning(DNA 클로닝) 플라스미드 또는 파지 벡터에서 DNA 조각을 복제하는 과정.

DNA ligase(DNA 연결효소) 새로운 인산이에스테르 결합을 통해 2개의 DNA 조각을 연결하는 효소.

DNA microarrays(DNA 마이크로어레이) 유전자 발현 여부를 결정하는데 사용되는 정렬된 틀 상에 DNA가 부착된 고체형 보조물.

DNA polymerase(DNA 중합효소) 부모 핵산가닥(일반적으로 DNA)을 주형으로 사용하여 새로운 DNA를 합성하는 효소.

DNA-dependent DNA polymerase(DNA 의존 DNA 중합효소) DNA를 주형으로 하여 DNA를 합성해내는 효소.

DNA-dependent RNA polymerase(DNA 의존 RNA 중합효소) DNA를 주형으로 하여 RNA를 합성해내는 효소.

DNA-DNA hybridization, DDH(DNA-DNA 혼성화) 두 생명체 사이의 유전적 유사성을 결정하는 데 사용되는 분석 방법. 한 생명체의 단일가닥 DNA에 다른 생명체의 DNA를 혼성화하여 그 혼성화된 퍼센트를 계산함. 미생물들이 같은 종으로 판정되기 위해서는 DDH로 결정된 두 유전체 사이의 유사성이 적어도 70%는 되어야 함. 그러나 이 방법은 종을 결정하는 데 이용되는 한 가지 기준일 뿐임.

domain(도메인) 특별한 구조와 기능을 가진 단백질 부분. 어떤 단백질을 다수의 도메인을 가짐.

double diffusion agar assay, Öuchterlony technique(이원 면역확산법, 옥탈로니방법) 항원과 항체가 한천을 통해 확산되어 눈으로 관찰할 수 있는 안정된 면역복합체를 만드는 면역확산 반응.

double membrane vesicles(이중막 소낭) 특정 바이러스에 의해 감염된 동물세포들 내에 있는 소포체의 재정렬에 의해 형성되는 소낭. 이는 바이러스의 복제와 유전자 발현이 이루어지는 장소.

doubling time(배가시간) 세대시간(generation time) 참조.

droplet nuclei(비말핵) 직경이 0~4 μm 정도의 작은 물 입자로 큰 물 입자(지름 10 μm 이상)가 증발하고 남은 것.

drug inactivation(약제 비활성화) 화학요법약제를 물리적 또는 화학적으로 변형시켜 생물학적 활성을 잃게 하는 것.

dysbiosis(장내세균 불균형) 숙주의 건강에 해로운 영향을 미치는 미생물군집의 변화.

E

ecotype(생태형) 유전적으로 매우 유사하지만 같은 종의 다른 개체군과는 생태학적으로 구별되는 생물 개체군.

ectomycorrhizae(외생균근) 균류가 식물뿌리를 덮개 형태로 둘러싸고 있는 균류와 식물뿌리 사이의 상리공생적인 관계.

ectoplasm(외형질) 몇 종류의 원생생물에 존재하는 세포질의 구획으로 세포막과 인접한 곳에 젤라틴 상태로 있는 부위를 외형질, 그 안쪽에 액체성으로 존재하는 부위를 내형질(endoplasm)이라 함.

ectosymbiont(외부공생자) 숙주의 표면에서 자라는 유기체.

effective reproduction rate, R_e(유효 번식률) 모집단의 현재(복구/백신 접종) 상태에서 유효한 재생산률.

effector protein(효과기 단백질) 병원체가 분비체계를 통해 분비하는 단백질로서 숙주세포를 표적으로 함.

efflux pumps(유출 펌프) 양매성 분자를 세포질에서 세포 밖 환경으로 운반하는 막 연관 단백질 집합체.

electron acceptor(전자수용체) 산화환원반응에서 전자를 얻는 화합물. 보통 산화제라고 부름.

electron donor(전자공여체) 산화환원반응에서 전자를 주는 화합물. 보통 환원제라고 부름.

electron shuttle(전자셔틀) 전자가 전자전달사슬로부터 외부의 최종전자수용체로 전달되는 물질이나 구조.

electron transport chain, ETC(전자전달사슬) 공동으로 작용하여 전자공여체에서 산소와 같은 수용체로 전자를 운반하는 일련의 전자운반체. 전자전달에 관여하는 분자에는 니코틴아미드 아데닌 다이뉴클레오티드(NAD^+), NAD 인산($NADP^+$), 시토크롬, 헴 단백질, 비헴철 단백질(예: 철-황 단백질과 페레독신), 조효소 Q, 플라빈 아데닌 다이뉴클레오티드(FAD), 플라빈 모노뉴클레오티드(FMN)가 있음. 전자전달 시스템으로 부르기도 함.

electroporation(전기천공) 세포를 일시적으로 형질변환 가능 상태로 만들기 위해서 원형질막에 일시적으로 구멍을 내기 위해 전기장을 거는 방법.

elementary body, EB(기본소체) 클라미디아 생활사에서 숙주세포 사이의 전달 매개체 역할을 하는 작은 휴면체.

elongasome(신장체) 세포 생장 동안 펩티도글리칸을 합성하는 효소복합체.

elongation factor, EF(신장인자) 단백질 합성의 신장주기에서 기능하는 단백질

Embden-Meyerhof pathway, EMP(엠덴-마이어호프 경로) 포도당을 피루브산으로 분해하는 해당과정.

emergent properties(창발성) 체계의 구성요소에서 유추할 수 없는 새로운 특징들. 예를 들어, 생물막의 세포는 개별 세포와는 달리 자외선으로부터 보호됨.

encystment(피낭형성, 포낭형성) 피낭을 만드는 것.

end product inhibition(최종생성물 억제) 되먹임 억제 참조.

endemic disease(풍토병) 비교적 낮은 빈도로 특정 집단내에 지속적으로 또는 규칙적으로 존재하는 질병.

endergonic reaction(자유에너지흡수 반응) 기술된 방향으로 자발적으로 완성되지 않는 반응. 표준 자유에너지 변화는 양수이며, 평형상수는 1보다 작음.

endocytic pathways(세포내흡입 경로) 세포내흡입(endocytosis) 참조.

endocytosis(세포내흡입) 세포가 세포막으로부터 유래한 소낭으로 용질이나 입자를 싸서 세포내로 유입하는 과정. 세포막이 클라트린이나 카베올린과 같은 단백질로 덮여 있는 부분에서 잘 일어나며, 작용하는 단백질에 따라 각각 클라트린 의존성 세포내흡입과 카베올린 의존성 세포내흡입이라고 함. 흡입될 물질이 수용체에 최초로 결합하면서 흡입이 진행되면 이를 수용체-매개성 세포내흡입이라고 함.

endogenous antigen processing(내인성 항원처리) 세포의 표면에 항원을 제시하기 위해 세포질에 있는 프로테아솜에 의한 항원의 분해 및 MHC 클래스 I 분자와 복합체를 형성하는 연속 과정.

endogenous pyrogen(내인성 발열인자) 숙주세포에 의해 생성된 화학매개물질(예: 인터루킨-1)로 시상하부에 작용하여 체온을 높임(즉, 열 반응을 자극).

endomycorrhizae(내생균근) 진균이 뿌리세포내로 침투해서 진균과 식물 뿌리가 서로 공생관계를 이룬 형태.

endophyte(내생미생물) 식물 체내에서 생장하는 미생물로 기생체는 아님.

endoplasm(내형질) 외부원형질(ectoplasm) 참조.

endoplasmic reticulum, ER(소포체) 진핵생물의 세포질 안에 막으로 구성된 소관이나 납작한 주머니 형태(시스터나)로 된 체계. 조면소포체는 표면에 리보솜이 부탁되어 있으며, 활면소포체에는 리보솜이 없음.

endosome(엔도솜) 세포내흡입 과정에서 만들어지는 막주머니. 초기 엔도솜에서 후기 엔도솜으로 성숙하고 최종적으로는 리소좀이 됨.

endospore(내생포자) 열과 화학물질에 강력한 저항성을 지니는 휴지기의 두꺼운 벽을 지닌 포자로 Firmicutes 문에 속하는 일부 세균들에서 발달. 외측에서 내측으로 포자외막, 포자외피, 피질, 포자세포벽, 중심부 등을 지니는 복잡한 구조.

endosymbiosis(내부공생) 한 생물이 다른 생물의 내부에 존재하는 공생.

endosymbiotic hypothesis(내부공생설) 세균이 조상 진핵세포에 공생을 하면서 미토콘드리아, 수소발생체, 엽록체와 같은 세포소기관으로 진화하였다는 가설.

endotoxin(내독소) 그람음성 세균세포벽 지질다당체의 지질 A 성분으로 세포가 사멸하면 떨어져 나옴. 나노그램의 양으로도 열을 일으키고 보체와 응고반응을 촉진하며, B 세포의 분열촉진제로 작용함. 다양한 세포에서 사이토카인의 방출을 촉진함. 내독소에 의한 전신 반응을 내독소 쇼크라 부름.

end-point PCR(엔드포인트 PCR) 반응을 완전히 다 하는 PCR 종류.

energy(에너지) 일을 하거나 특정한 변화를 야기할 수 있는 능력.

enhancer(인핸서) 진핵세포에서 활성자 단백질이 결합하는 DNA 자리.

enology(포도주학) 포도주 생산에 관련된 학문.

enriched media(농화배지) 까다로운 미생물의 성장을 촉진하는 영양소를 포함한 배지.

enrichment culture(농화배양) 다른 미생물의 성장은 억제하면서 희망하는 미생물의 성장을 촉진시키기 위해 환경 상태를 조작하거나 배지 성분들을 포함함으로써 자연에서 얻은 표본으로부터 특정 미생물을 배양하는 것.

enteric bacteria, enterobacteria(장내세균) Enterobacteriaceae 과에 속하는 구성원. 장에 사는 세균을 일컫는 일반 용어.

enterotoxin(장독소) 장 점막의 세포에 특별히 영향을 미치는 독소로 구토와 설사를 일으킴.

enthalpy(엔탈피) 시스템의 열량.

Entner-Doudoroff pathway, EDP(엔트너-도우도로프 경로, ED 경로) 포도당을 6-포스포글루콘산으로 전환하고, 이것을 탈수반응으로 피루브산과 글리세르알데히드 3-인산으로 전환시키는 해당과정.

entropy(엔트로피) 무작위성이나 무질서의 척도; 시스템의 총에너지 중, 유용한 일을 하는 데 쓸 수 없는 부분에 해당하는 양.

envelope(외피) 바이러스학에서 일부 바이러스의 뉴클레오캡시드를 둘러싸고 있는 외부의 막구조.

enveloped virus(외피보유 바이러스) 뉴클레오캡시드를 둘러싸고 있는 외피를 보유한 바이러스.

environmental microbiology(환경미생물학) 토양, 수계 및 기타 자연 서식지에서 일어나는 미생물에 의한 과정을 연구하는 것. 특정 미생물이 반드시 조사되는 것은 아니며, 오히려 특정 생물군계에 대한 미생물 군집의 누적된 영향과 범지구적인 영향이 평가됨.

enzyme(효소) 촉진하는 반응에 대한 특이성과 기질 특이성을 가진 단백질 촉매.

enzyme-linked immunosorbent assay, ELISA(효소면역측정법) 고정된 항원 또는 항체를 효소와 결합된 다른 항체로 검출하는 혈청학적 분석법. 효소가 색깔이 없는 기질을 색깔을 나타내는 산물로 바꿈으로써 항체가 항원에 결합하였는지를 알려줌.

eosinophil(호산구) 2개의 돌출부를 가진 핵과 기생생물에 반응하여 화학 매개체를 방출하는 세포내 입자를 가진 백혈구.

epidemic(유행병) 특정 집단내에서 발생 빈도가 비정상적으로 급격히 증가하는 질병.

epidemiologist(역학자) 역학 전문가.

epidemiology(역학) 특정한 인류 집단 안에서 일어나는 질병 발생, 결장인자, 분포, 건강관리 및 질병관리를 평가하는 학문.

epifluorescence microscopy(에피형광현미경법) 현미경 시료의 위에서 강력한 빛을 비추면 빛이 자극되어 필터를 지나고 특정 파장의 빛이 시료에 모임. 시료가 빛을 발하고 시료가 검은 배경에서 특이적인 색깔로 보이도록 한 현미경.

epilimnion(표수층) 층상화된 호수의 따뜻한 상층부 물.

epiphyte(착생미생물) 식물의 표면에서 성장하는 미생물.

episome(에피솜) 숙주세포의 염색체 외에 독립적으로 존재하거나 염색체로 삽입될 수 있는 플라스미드.

epitope(에피토프) 특정 항체의 생산을 자극하고 그 항체와 결합하는 항원분자의 일부분으로서 항원결정부위라고도 함.

equilibrium(평형) 시스템에서 순 변화가 없고 자유에너지가 최저일 때의 시스템의 상태. 평형에서 화학 반응은 정반응과 역반응의 속도가 상호간 정확히 균형을 이룸.

equilibrium constant, K_{eq}(평형상수) 반응이 평형일 때 반응물과 생성물의 서로에 대한 농도를 연관시키는 값.

ergot(맥각균) *Claviceps purpurea*의 건조 상태의 균핵. 호밀이나 고등식물에 기생하여 맥각중독증을 일으키는 자낭균류(ascomycete).

erythroblastosis fetalis(태아적아구증) 엄마의 항체가 태아의 적혈구를 파괴해서 나타나는 태아의 용혈성 질병.

eukaryotic cells(진핵세포) 막으로 둘러싸인 핵을 가지고 있는 세포. 원생생물, 균류, 식물 및 동물 등은 모두 진핵세포 생물.

eutrophic(부영양) 영양분이 풍부한.

eutrophication(부영양화) 수생 환경에서 영양분이 풍부해지는 것.

excision repair(절제수선) 손상된 DNA를 절제한 다음 상보적 가닥의 서열을 주형으로 삼아 이에 따라 새로운 가닥으로 치환하는 DNA 수선 방식. 2종류(염기 절제수선과 뉴클레오티드 절제수선)가 있음.

excystment(탈피낭) 하나 또는 그 이상의 세포 또는 생명체가 포낭에서 탈출하는 것.

exergonic reaction(자유에너지방출 반응) 기술된 방향으로 자발적으로 완성되는 반응. 표준 자유에너지 변화는 음수이며, 평형상수는 1보다 큼.

exfoliative toxin, exfoliatin(박탈성 독소) 황색포도상구균에 의해 생성되는 외독소로 표피층이 분리되고 피부의 외부층이 손실됨. 열상피부증(scalded skin syndrome)을 유발함.

exit site(출구자리, E 자리) 빈(아미노산이 결합되지 않은) tRNA가 단백질 합성 과정에서 떠나기 전에 P 자리에서 이동하는 리보솜의 위치.

exocytosis(세포외배출) 액포와 세포막의 융합으로 소포성 세포물질을 방출하는 것.

exoenzymes(외효소) 세포에 의해 분비되는 효소.

exogenous antigen processing(외인성 항원처리) 처리한 항원을 세포 표면에 제시하기 위해 파고리소좀 효소로 항원을 분해하여 MHC 클래스 II 분자와 결합시키는 것.

exon(엑손) 스플라리싱에 의해 인트론이 제거된 후 mRNA에 남아 있는 유전자 부분.

exotoxin(외독소) 열에 약한 독성 단백질로 세균에 의해 만들어지고 세균 바깥으로 분비됨.

exponential phase(대수기) 미생물 집단이 일정한 최대 속도로 규칙적인 간격으로 분열하여 2배가 되며 성장하는 성장곡선의 한 부분.

expression vectors(발현벡터) 복제될 재조합 유전자를 담은 플라스미드. 숙주내에 있을 때, 그 유전자는 전사되어 해당 단백질이 합성됨.

extant organism(현존 생명체) 현재 지구상에 존재하는 생명체.

extinction culture technique(소거배양법) 자연시료를 연속적으로 희석하여 최종 희석액이 1~10개의 세포를 가지도록(즉, 소멸될 때까지 희석)함으로써 순수배양체를 얻는 방법.

extracellular pathogen(세포외 병원체) 숙주의 세포에 들어가지 않고 질병을 일으키는 미생물.

extracellular polymeric substances, EPS(세포외 중합체물질) 생물막 기질을 구성하는 생물막 세균에 의해 분비되는 탄수화물과 핵산 중합체.

extracellular vesicles, EV(세포외 소포) 세포막의 일부를 잘라냄으로써 형성되는 지질 이중층을 가진 작은 소포. 이것들은 세포질 또는 회반죽의 샘플을 포함.

extreme environments(극한환경) 온도, pH, 염도, 압력과 같은 물리적 요인들이 대부분의 미생물들의 성장에 적합한 보통 범위를 벗어나는 환경. 이러한 상태는 독특한 생물들이 생존하고 기능할 수 있도록 함.

extreme halophile(극호염성생물) 호염성세균(haloarchaea) 참조.

extremophile(극한 미생물) 극한 환경에서 사는 미생물.

F

F factor(F 인자) 세균의 접합에 필요한 유전자를 전달하는 플라스미드. 이 플라스미드를 지니는 숙주대장균은 접합 시 유전자 공여체로 작용.

facilitated diffusion(촉진확산) 통로단백질 또는 수송단백질을 통해 진행되는 원형질막을 가로지르는 확산.

facultative(조건적) 의무적이지 않은 상호작용 또는 조건을 설명하는 용어.

facultative anaerobes(조건부산소비요구성생물) 생장을 위해 산소가 요구되지는 않지만 있으면 잘 자라는 미생물.

facultative intracellular pathogen(조건부 세포내 병원체) 숙주를 감염시킬 때 숙주세포내에 존재하지만 숙주세포외부에서도 번식할 수 있는 미생물.

fatty acid synthase(지방산합성효소) 지방산을 합성하는 다효소복합체.

fecal coliform(분변대장균) 그람음성이고, 젖당을 발효하며 정상적 서식지가 장이고 44.5℃에서도 생장하는 세균. 분변에 의한 수질오염의 지표로 사용.

fecal enterococci(분변장구균) 사람이나 다른 온혈동물의 장에서 발견되는 장구균(Enterococci).

feedback inhibition(되먹임 억제) 음성 되먹임 기전으로 최종생성물이 그 물질을 합성하는 경로에 있는 효소 활성을 억제.

fermentation(발효) (1) 외부에서 전자수용체가 공급되지 않아도 유기분자가 산화되어 에너지를 생성하는 과정. 일반적으로 피루브산 또는 피루브산-유래물질들이 전자수용체로 이용. (2) 산업적으로 중요한 산물을 생성하기 위해 미생물을 대량 증식하는 것.

fermenter(발효기) 산업 미생물학에서 미생물을 배양하는 데 이용하는 큰 용기.

ferredoxin(페레독신) 전자전달사슬 참조.

filopodia(사상위족) 아메바 모양의 원생생물에서 볼 수 있는 길고 좁은 위족.

fimbria, fimbriae(핌브리아) 선모(pilus) 참조.

first law of thermodynamics(열역학 제1법칙) 에너지는 생성될 수도 소멸될 수도 없음(비록 에너지는 형태가 변화하거나 재배치될 수 있어도).

fixation(고정) (1) 세포와 개체의 내부 및 외부 구조를 보존하고 일정한 위치에 고정시키는 과정. (2) CO_2와 N_2와 같은 무기물이 유기물 형태로 변화하는 것.

flagellin(플라젤린) 운동성 세균의 관련 단백질군이 편모의 필라멘트를 구성하는 데 사용하는 단위 단백질.

flagellum, flagella(편모) 운동성을 담당하는 많은 세포에 있는 실 모양의 부속물. 세균성편모는 편모의 기저부에 있는 기저체와 이를 세포에 부착시키는 고리로 이루어져 있음. 필라멘트는 박테리아를 회전시키고 움직이는 편모의 부분임.

flavin adenine dinucleotide, FAD(플라빈 아데닌 다이뉴클레오티드) 전자전달사슬 참조.

flavin mononucleotide, FMN(플라빈 모노뉴클레오티드) 전자전달사슬 참조.

flavin-based electron bifurcation, FBEB(플라빈 기반 전자분기) 선호하지 않는 흡열반응과 선호하는 발열반응을 연결시켜 에너지를 보존하는 것.

flotillin(플로틸린) 세포막에 있는 큰 단백질 복합체와 조립하는 내재성 막단백질.

flow cytometry(유세포계수법) 세포가 모세관을 통과하여 하나씩 이동하도록 조절하여 레이저가 세포 수와 형태를 검출하는 방법.

fluorescence activated cell sorting, FACS(형광활성화세포분류) 크기 또는 기타 정량화할 수 있는 특성(예: DNA 함량)에 따라 세포를 분리하는 유세포 분석의 한 형태.

fluorescence microscope(형광현미경) 시료를 특정한 파장의 빛에 노출시킨 다음 시료에서 방출되는 형광을 이용하여 상을 형성시키는 현미경.

fluorescent in situ hybridization, FISH(형광 직접 혼성화법) 단일가닥 DNA 단편을 형광염료로 표지하고 관심 있는 유전자에 혼성화하여 특정 유전자 또는 유기체를 식별하는 기술.

fluorescent light(형광) 짧은 파장의 빛을 조사했을 때 조사된 물질에서 방출하는 빛.

fluorochrome(형광염료) 형광색소.

fluoroquinolones(플루오로퀴놀론) DNA 자이레이스와 DNA 회전효소 IV를 차단하는 광범위한 박테리오살균제 그룹.

fomite(매개물) 병원체를 사람에게 전파할 수 있는 공통적인 무생물 물질.

food intoxication(독소에 의한 식중독, 식품중독) 섭취하기 전 음식물에서 생성된 미생물 독소로 인해 생기는 식중독. 살아 있는 세균의 존재는 필수조건이 아님.

food poisoning(식중독) 병원체나 병원체가 생성한 독소로 오염된 음식을 섭취했을 때 나타나는 위장질환의 일반적인 명칭.

food-borne infection(식품매개 감염) 섭취된 미생물이 숙주의 장내에서 생장하여 일으키는 위장계 질환.

formate dehydrogenase, FDH(포름산 탈수소효소) 포름산을 H_2와 CO_2로 분해하는 효소시스템으로 혼합산 발효를 하는 장내세균이 이용하는 시스템.

forward mutation(정돌연변이) 야생형이 돌연변이형으로 변하는 돌연변이.

frameshift mutations(틀이동 돌연변이) DNA 조각이나 염기가 첨가되거나 결실되어 일어나는 돌연변이로, 코돈의 번역틀이 바뀌어 단백질에 첨가되는 아미노산이 바뀜.

free energy change(자유에너지 변화) 일정 온도와 압력에서 시스템이 시작 상태부터 그 끝 상태로 진행될 때 유용한 일을 하는 데 쓸 수 있는 시스템에서의 총에너지 변화.

fruiting body(자실체) 유성 또는 무성 생산 포자를 보유하는 특수 구조. 곰팡이, 일부 원생생물, 일부 세균(예: 점액세균)에서 발견됨.

frustule(규조각) 규조류에 있는 규산화된 세포벽.

fueling reactions(연료공급 반응) 생합성에 필요한 ATP, 물질대사 전구체 및 환원력 등을 공급하는 화학 반응.

fumonisins(퓨모니신) *Fusarium* 속에 속하는 곰팡이가 생성하는 독소의 총칭. 주로 옥수수에 감염되어 동물에서 간 독성이나 신장 독성을 일으키는 것으로 알려져 있음.

functional core microbiome(기능적 핵심 미생물군집) 숙주의 건강과 항상성에 필요한 대사산물과 활성을 공급하는 미생물 군.

functional genomics(기능유전체학) 유전체 기능이 어떻게 되는지 결정하는 유전체 분석학.

functional membrane microdomains(기능성 막 미세도메인) 분비체계와 같은 단백질 복합체를 국소화하는 별개의 지질로 구성된 원형질막의 일부.

fungal highway(균류 고속도로) 세균의 운동성을 위한 물리적 플랫폼을 제공하는 균류의 네트워크.

fungicide(살진균제) 진균을 죽이는 제제.

fungistatic(정진균제) 진균의 생장과 생식을 억제.

fungus, fungi(진균) 엽록소를 가지고 있지 않는 종속영양의 포자형성 진핵생물로 영양물질을 흡수하고 두꺼운 엽상체를 가짐.

F′ plasmid(F′ 플라스미드) 세균 유전자 일부를 지니고 있으며 F′ 세포가 접합을 할 때 수용체 세포에 세균 유전자를 전달하는 F 플라스미드.

G

G + C content(G + C 함량) 유전체에 존재하는 구아닌과 시토신의 비율. 이 비율은 분류학적 목적에 사용.

gametangium, gametangia(배우자낭) 배우자가 들어 있거나 배우자가 형성되는 기관.

gamont(생식세포) 원생동물이 유성생식을 할 때 형성하는 배우자 세포.

gas vacuole(기체 소낭) 남세균, 수생세균 및 고균 등에 존재하는 기체로 가득 찬 소포. 이것은 기낭으로 이루어져 있으며 단백질로 만들어짐.

gas vesicle(기낭) 기체 소낭(gas vacuole) 참조.

gel electrophoresis(겔 전기영동) 겔 상에서 전하와 크기에 따라서 분자들을 분리하는 기법.

Gell-Coombs classification(겔-쿰스 분류) 과민반응을 분류하는 데 사용되는 시스템.

gene(유전자) 폴리펩티드, rRNA 또는 tRNA를 암호화하는 염기서열 또는 DNA 조각.

gene ontology, GO(유전자 온톨로지) 기능이 있는 유전자 생성물 데이터에 주석을 달아 놓기 위해 채택한 구조화된 단어.

generalized transduction(일반 형질도입) DNA의 일부가 실수로 바이러스의 캡시드 안에 포장되어 세균이나 고균 유전체의 일부가 다른 세균에게 전달되는 과정.

generation(doubling) time, g(세대시간, 배가시간) 미생물 집단이 수가 2배가 되는데 요구되는 시간.

genetic complementation(유전자 보상) 손실된 유전자에 대한 기능성을 가진 복제 유전자를 제시했을 때, 세포의 야생형 표현형을 복원하기 위한 유전자 수용 가능성. 표현형 복구 참조.

genetic drift(유전자부동) 한 생명체의 유전자형이 오랜시간에 걸쳐 변화하는 것. 이 변화는 일반적으로 선택 없이 일어나고 유지되는 중립적인 돌연변이.

genome(유전체) 세포 또는 바이러스에 들어 있는 유전자의 총합으로 개체에 들어 있는 모든 유전물질을 나타냄.

genome annotation(유전체 주석) 유전체 서열 상의 유전적 요소와 특정 유전자의 잠재적 기능 및 위치를 결정하기 위한 과정.

genomic islands(유전자 섬) 수평적 유전자 전달에 의해 미생물 조상에서 도입된 유전체 부분. 유전자 섬은 종종 미생물에게 새로운 표현형 형질을 가져옴. 병원성 섬 참조.

genomic library(유전체 도서관) 한 생물의 완전한 유전체를 나타내는 조각들을 포함하는 복제품의 모음집.

genomic reduction(유전체 감소) 하나의 개체나 기관이 다른 세포나 숙주에 점점 더 의존적이 되면서 오랜 진화적 시간에 일어나는 유전정보의 감소.

genomics(유전체학) 유전체의 분자 구조, 유전정보의 내용 및 유전체가 암호화하는 유전자 산물에 대한 학문.

genotype(유전자형) 한 개체의 유전체가 지니고 있는 대립형질의 특정 세트.

genotypic classification(유전형적 분류) 알려지지 않은 종의 농성이나 특징 그룹 미생물의 계통분류를 위한 분류체계를 만들기 위해 유전적 데이터를 이용하는 것.

genus(속) 다른 생명체와 분명히 구분되는 하나 이상의 종을 포함하는 명확한 그룹.

geographic information system, GIS(지리정보시스템) 지리학적으로 참고가 되는 정보의 획득, 처리 및 제시를 위해 하드웨어, 소프트웨어 및 데이터 등을 이용하는 것.

germfree(무균) 미생물상을 가지고 있지 않은 상태. 제왕절개로 태어나 소독된 환경에서 사육된 동물을 설명할 때 사용.

germination(발아) 포자가 휴면 상태를 깨고 활성화된 다음 단계. 발아한 다음에는 정상적인 생장이 진행.

Ghon complex(곤 복합체) 1차 폐결핵에서의 초기 감염 지점.

gliding motility(활주운동) 미생물 세포가 편모의 도움 없이 단단한 표면을 따라 부드럽게 미끄러지는 운동성 유형.

global regulatory protein(포괄적 조절 단백질) 수많은 오페론이나 유전자의 전사에 영향을 미치는 단백질.

global regulatory system(포괄적 조절체계) 여러 유전자에 동시에 영향을 미치는 조절체계.

glomeromycetes(내생균근균, 취균류) 진균의 분류군인 Glomeromycota에 속하는 집단의 일반적인 이름.

gluconeogenesis(포도당신생합성) 젖산이나 아미노산과 같은 비탄수화물성 전구체로부터 포도당을 합성하는 과정.

glutamine synthetase-glutamate synthase(GS-GOGAT) system(글루타민합성효소-글루탐산합성효소 시스템) 암모니아를 탄소골격에 받아들이기 위해 많은 미생물이 사용하는 기전.

glycerol diether lipids(글리세롤 디에테르 지질) 이소프레노이드 탄화수소가 에테르 결합으로 글리세롤에 연결될 때 만들어지는 고균 지질.

glycocalyx(당질피질) 세균이나 다른 세포의 표면으로부터 뻗어 나와 이루어진 다당류의 망상구조.

glycogen(글리코겐) 포도당을 포함하는 고분지형 다당류로, 탄소와 에너지를 저장하는데 사용됨.

glycolysis(해당작용) 엠덴-마이어호프 경로, 5탄당인산 경로 또는 엔트너-도우도로프 경로를 이용해 포도당을 피루브산으로 전환하는 과정.

glycolytic pathway(해당과정) 포도당을 피루브산으로 전환하는 경로.

glycomics(글리코믹스) 특정한 환경 하에 있는 세포에 의해 합성된 모든 탄수화물을 분석하는 것.

glyoxylate cycle(글리옥실산 회로) 탈탄산반응이 이소시트르산 분해효소와 말산합성효소에 의해 우회되어 변형된 TCA 회로. 이것은 아세틸-CoA를 숙신산이나 다른 대사물질로 전환하는 데 사용.

Golgi apparatus(골지체) 다량의 납작한 막주머니(시스터나)가 쌓여진 형태(딕티오솜)로 이루어진 진핵세포의 막성 세포소기관. 이것은 분비와 다른 많은 과정을 위해 물질을 포장하고 변형시키는 데 관여.

gonococci(임질균) 임질균(Neisseria gonorrhoeae) 종으로 임질을 일으키는 세균.

Gram stain(그람염색) 에탄올 같은 유기용매로 탈색하였을 때 크리스털 바이올렛의 색깔을 유지하는지에 따라 세균을 그람양성과 그람음성 집단으로 나누는 분별염색 방법.

granular sludge(과립형 슬러지) 폐수처리과정에서 형성되는 잘 침전하는 안정한 세균응집. 폐수의 회수를 촉진.

granulocyte(과립구) 백혈구의 일종으로 미리 형성된 효소나 항미생물성 단백질을 세포막 주변의 소낭에 저장하고 있는 백혈구의 한 종류.

granuloma(육아종) 식세포를 포함하고 염증 부위에 나타나는 결절.

granzyme(그랜자임) 표적세포의 세포예정사를 유도하는 세포독성 T 세포와 자연살해세포의 과립에서 발견되는 효소.

GRAS '일반적으로 안전하다고 간주됨(generally regarded as safe)'의 머리글자. 미국과 유엔에 의해 인정된 식품첨가물의 범주.

grazing(섭식) 세균을 소비하는 원생동물의 먹이 습관.

great plate count anomaly(거대평판계수 차이) 살아있는 미생물 세포의 수와 동일한 자연 시료에서 배양할 수 있는 콜로니 수 사이의 불일치.

green fluorescent protein, GFP(녹색형광단백질) 특정 파장대에서 빛을 받을 때 형광을 띄는 *Aequorea victoria* 해파리로부터 유래된 단백질. GFP 유전자는 유전자가 발현되는지 여부를 결정하기 위해 유전자 프로모터에 융합(전사융합). 한 유전자의 암호화 서열과 융합시켰을 때 키메라 단백질이 생성되는데, GFP 형광발현은 단백질의 위치를 나타냄(번역융합).

green nonsulfur bacteria(녹색비황세균) 세균엽록소 *a*와 *c*를 갖는 산소비발생 광합성세균. 대부분 광종속영양을 하며 활주운동. 클로로플렉시(Chloroflexiota) 문에 속하는 세균이 여기에 포함.

green sulfur bacteria(녹색황세균) 세균엽록소 *a*와 *c*, *d* 또는 *e*를 갖고 있는 산소비발생 광합성 세균. 광무기독립영양생물. H_2, H_2S, 또는 S를 전자공여체로 사용.

greenhouse gases(온실가스) 화학적 및 생물학적 과정을 통해 지구 표면에서 방출되는 가스(예: CO_2, CH_4)로 성층권의 화학 물질과 상호 작용하여 지구의 복사 냉각을 줄임.

group A streptococcus, GAS(A그룹 연쇄상구균) 그람양성 구형 세균으로 주로 사람의 목과 피부에서 발견. 란스필드 A그룹 표면 탄수화물을 지님.

group B streptococcus, GBS(B그룹 연쇄상구균) 그람양성 구형 세균으로 사람의 점막에서 때때로 발견. 란스필드 B그룹 표면 탄수화물을 지님.

group translocation(작용기 전달) 분자가 운반단

백질에 의해 막을 가로질러 수송되는 동시에 화학적으로 변형이 일어나는 수송과정(예: 포스포엔올피루브산, 당인산전이효소 시스템).

growth arrest(생장억제) 세균 세포가 활동적으로 분열하지도, 죽지도 않는 현상. 이러한 세균 세포는 최적 상태로부터 벗어났거나 영양소의 결핍에 의해 스트레스를 받는 상태.

growth factors(성장인자) 세포의 구성성분이거나 그 전구체이면서 개체가 합성할 수 없기 때문에 생장을 위해 반드시 외부에서 섭취해야만 하는 유기물질.

growth rate constant, *k*(생장률 상수) 미생물 집단의 성장 속도를 단위시간당 세대수로 표현한 상수.

guanine(구아닌) 뉴클레오시드의 뉴클레오티드 및 핵산에 포함되어 있는 퓨린 유도체인 2-아미노-6-산화퓨린

guanosine tetraphosphate, ppGpp(구아노신 4인산) 긴축반응에 대한 2차 전달자로 작용하는 짧은 뉴클레오티드. 긴축반응(stringent response) 참조.

guide RNA, gRNA(가이드 RNA) 표적과 염기 간의 결합을 함으로써 유전체의 특정 부위에 Cas9 핵산분해효소가 향할 수 있도록 하는 짧은 올리고리보뉴클레오티드.

guild(길드) 동일한 생리 활성으로 정의되는 미생물 그룹.

gumma(고무종) 매독 3기에 나타나는 부드러운 고무조직 상의 암종.

gut-associated lymphoid tissue, GALT(장연관 림프조직) 점막연관 림프조직(mucosal-associated lymphoid tissue) 참조.

H

haloarchaea, extreme halophiles(호염성고균, 극호염균) 높은 염화나트륨의 농도에서 생장하고 약 1.5 M 염화나트륨 농도 이하에서는 생존하지 못하는 고균.

halophile(호염성미생물) 성장을 위해 고농도의 염화나트륨을 요구하는 미생물.

halotolerant(내염성) 큰 염도 변화를 견딜 수 있는 능력.

hami(하미) 일부 고균의 표면으로부터 뻗어 나온 구조로 맞물린 고리 형태. 이들은 표면에 부착할 때 기능.

hapten(합텐) 그 자체로는 면역반응을 일으키지 않으나 거대분자 운반체와 결합했을 때 항체를 만들게 할 수 있는 분자.

harmful algal bloom, HAB(유해성 조류 대번식) 수중 생태계에서 원생생물(예: 규조류, 와편모조류) 또는 남세균과 같은 단일 광영양 개체군이 성장하는 것으로, 때때로 인간을 포함한 다른 생명체에 유독한 독소를 생성. 독소 생성이 없는 경우에는 대번식 미생물의 농도가 여과섭식 쌍각류 조개와 같은 다른 생명체에 본질적으로 해로운 수준에 도달.

Hartig net(하틱망) 외생균근 균류의 균사와 식물 숙주세포 사이의 영양물질 교환 영역.

healthcare-associated infection(의료관련 감염) 환자가 병원이나 다른 형태의 임상 보호시설에 머무는 동안 일어나는 감염.

heat fixation(열 고정) 고정(fixation) 참조.

heat-shock proteins(열충격 단백질) 세포가 높은 온도 또는 다른 스트레스 상태에 놓였을 때 만들어지는 단백질. 이것은 세포가 상해를 입는 것을 막아주고 단백질이 올바르게 접히도록 함.

helical capsid(나선형 캡시드) 나선형의 바이러스 캡시드.

helicase(헬리카아제) ATP 에너지를 사용하여 복제 분기점보다 앞서 DNA를 푸는 효소.

hemagglutination(적혈구응집) 항체 또는 바이러스 캡시드 성분에 의해 적혈구가 응집되는 것. 바이러스성 적혈구응집(viral hemagglutination) 참조.

hemagglutination assay(적혈구응집법) 적혈구응집 반응에 기초한 검사 방법.

hemagglutinin, HA(적혈구응집소) (1) 적혈구응집 반응을 일으키는 단백질. (2) 인플루엔자 바이러스나 다른 바이러스의 외피에 있는 돌기 중의 하나. 이들은 서로 다른 인플루엔자 바이러스의 균주를 구분하는 기초가 됨.

hematopoiesis(조혈) 적혈구가 줄기세포로부터 특정 세포가 되는 과정. 적혈구, 백혈구 및 혈소판이 이 과정으로부터 발달함.

hemolysis(용혈) 적혈구 파괴와 헤모글로빈의 방출. 세균을 혈액배지에서 배양하면 여러 형태의 용혈 반응이 나타남. α-용혈에서는 집락 주변에 불완전한 용혈에 의한 녹색빛 부위가 만들어짐. β-용혈 동안에는 뚜렷한 색의 변화 없이 완전한 용혈에 의한 투명 부위가 만들어짐.

herd immunity(집단면역) 집단내 구성원의 높은 면역력 때문에 나타나는 감염과 감염요소의 전파에 대한 집단의 저항 현상.

heterocysts(이질낭) 남세균에서 질소고정 부위로 특화된 세포.

heterokont flagella(이형편모) 부동편모조류(Stramenopila)에서 발견되는 편모의 양상으로 2개의 편모 중에서 하나는 앞으로 다른 하나는 뒤로 뻗어나감.

heterolactic fermenters(이형젖산 발효생물) 당을 발효시켜 젖산 및 에탄올과 이산화탄소 같은 다른 물질을 만드는 미생물.

heterologous gene expression(이형 유전자 발현) 생물에 도입된, 일반적으로 생물이 가지고 있지 않은 유전자의 복제, 전사, 번역.

heterotroph(종속영양생물) 주된 탄소원으로 환원된, 이미 합성되어 있는 유기물을 사용하는 생물.

hexose monophosphate pathway(6탄당일인산 경로) 5탄당인산 경로(pentose phosphate pathway) 참조.

Hfr conjugation(Hfr 접합) Hfr 균주와 F^- 균주의 접합.

Hfr strain(Hfr 균주) 공여세균의 염색체에 F 인자가 삽입되어 있기 때문에, 접합이 일어나는 동안 수용세포에 자신의 유전자를 전달하는 빈도가 높은 대장균 균주.

hierarchical cluster analysis(계층적 클러스터 분석) 유도 및 억제된 유전자 또는 유사한 기능의 유전자가 분리되어 그룹화되는 유전자 발현 데이터의 구성.

high phosphate transfer potential(높은 인산기전달 역량) 많은 에너지의 방출과 동시에 다른 분자에 즉시 인산기를 전달하는 인산화 화합물의 특성.

high-efficiency particulate(HEPA) filter(고효율입자 공기필터 필터) 0.3 μm 이상의 입자를 99.97% 제거하기 위해 제작된 두꺼운 섬유상 필터.

high-throughput screening, HTS(고속대량탐색) 수천 개의 분자를 탐색하여 1가지 특정 성질을 찾아내기 위해 액체를 다루는 기기, 로봇공학, 컴퓨터, 데이터 처리 및 민감한 검출시스템 등이 복합적으로 결합된 시스템.

histatin(히스타틴) 24~38개의 아미노산으로 이루어진 항미생물 펩티드로 히스티딘이 특히 많이 함유되어 있으며, 진균의 미토콘드리아를 표적.

histone(히스톤) 염색질에 있는 진핵세포의 DNA와 결합하고 있는 라이신과 아르기닌의 함량이

높은 염기성의 작은 단백질. 관련된 단백질이 많은 고균 종에서 발견되었으며 고균의 뉴클레오솜을 이룸.

holdfast(부착기) 일부 세균(예: *Caulobacter*)에서 고체 표면에 부착하는 데 사용되는 구조.

holobiont(통생명체) 단일 기능 단위를 형성하는 숙주 생명체와 숙주에 있는 미생물.

holoenzyme(완전효소) 아포효소와 보조인자를 포함하는 완전한 효소. 모든 단백질 소단위가 있는 완전한 효소(예: RNA 중합효소 완전효소)를 의미.

holozoic nutrition(완전동물영양방식) 세균과 같이 영양물질을 세포내흡입 작용으로 섭취한 다음에 식포나 파고솜을 형성하는 영양소 흡수과정.

homolactic fermenters(동형젖산 발효생물) 당을 거의 대부분 젖산으로 발효시키는 미생물.

homologous recombination(상동재조합) 매우 유사한 뉴클레오타이드 서열을 가진 두 DNA 분자간의 재조합.

hopanoids(호파노이드) 세균의 막에서 발견되는 지질로 진핵세포막에서 관찰되는 스테롤과 유사한 구조와 기능을 가짐.

horizontal(lateral) gene transfer, HGT or LGT(수평적 유전자 전달) 유전자가 하나의 성숙한 개체로부터 또다른 독립된 생물로 전달되는 현상. 세균과 고균에서 형질전환, 접합, 형질도입은 수평적 유전자 전달이 일어날 수 있는 주요 기전.

hormogonia(연쇄체) 섬유성 남세균의 단편화에 의해 생성된 작은 운동성 단편. 무성 생식 및 분산에 사용됨.

hospital-acquired infections(병원 감염) 의료관련 감염(healthcare-associated infections) 참조.

host(숙주) 몸속에 다른 생명체가 가지고 있는 개체.

housekeeping gene(세포유지유전자) 유기체의 수명주기 대부분에 기능하는 단백질을 암호화하는 유전자(예: 엠덴-마이어호프 경로의 효소).

human leukocyte antigen complex, HLA(사람 백혈구 항원복합체) 숙주의 방어에 관여하는 단백질을 암호화하는 유전자의 집합으로 6번 염색체 상에 있음. 주조직적합복합체라고도 불림.

human microbiome(사람 마이크로바이옴) 인체의 피부와 내부에 살고 있는 모든 미생물의 합.

humoral(antibody-mediated) immunity(체액성 면역, 항체매개) 혈액과 림프액에 존재하는 용해성 항체에 의한 면역 형태.

hydrogen hypothesis(수소가설) 수소발생체(hydrogenosome)의 발달에 의해서 진핵생물이 유래되었다고 생각하는 가설. 이 가설은 세포소기관이 발효대사산물로 CO_2과 H_2를 만드는 산소비요구성 세균의 내부공생의 결과에서 유래되었다고 제안함.

hydrogenosome(수소발생체) 발효에 의해 ATP를 생성하는 일부의 산소비요구성 원생생물에서 발견되는 미토콘드리아 계열의 세포소기관.

hydrophilic(친수성) 물 분자에 대한 친화력이 큰 극성분자. 물에 잘 녹음.

hydrophobic(소수성) 물 분자와의 친화력이 없는 비극성분자. 물에 잘 녹지 않음.

hyperthermophile(극호열성생물) 85°C에서 약 120°C 사이의 온도에서 최적의 생장을 하는 미생물. 극호열성생물은 55°C 이하에서는 잘 자라지 못함.

hypha, hyphae(균사) 대부분의 곰팡이와 일부 박테리아의 구조 단위. 관모양의 섬유.

hypolimnion(심수층) 계층화된 호수의 차가운 기저층의 물.

I

icosahedral capsid(정이십면체 캡시드) 규칙적인 다각형의 구조로서 20개의 정삼각형으로 이루어지고 12개의 각이 있는 바이러스 캡시드.

IgA, Immunoglobulin A(면역글로불린 A) 체내 여러 곳에서 분비되고 점막에 존재하는 이량체 면역글로불린의 일종.

IgD, Immunoglobulin D(면역글로불린 D) 많은 B 림프구의 표면에 존재하는 면역글로불린의 일종. 항체합성 촉진과정에서 항원수용체로 작용.

IgE, Immunoglobulin E(면역글로불린 E) 비만세포나 호염구에 결합하는 면역글로불린의 일종으로 고초열이나 천식과 같은 제1형 아나필락시스성 과민반응에 관여한다. 또한 기생충인 연충(helminth)에 저항하는 과정에도 작용.

IgG, Immunoglobulin G(면역글로불린 G) 혈청에 가장 많이 존재하는 면역글로불린. 독소를 중화하고 세균을 옵소닌화하며 보체를 활성화함. 태반을 통과해 태아와 신생아를 보호하는 작용.

IgM, Immunoglobulin M(면역글로불린 M) 감염되었을 때 최초로 형성되는 혈청 면역글로불린. 커다란 오량체이며 병원체를 응집시키거나 보체를 활성화. 일부 B 림프구의 표면에서 단량체로 존재.

immobilization(고정화) 생물의 체내로 유입된 단순한 수용성 물질을 다른 생물이 이용하지 못하게 하는 것.

immune complex(면역복합체) 항원에 항체가 결합하여 형성된 복합체로서 보체계의 성분을 포함.

immune synapse(면역연접) T 세포가 T 세포 수용체 및 보조수용체(CD4 또는 CD8)를 통해 항원제시세포 표면의 MHC-펩티드에 결합하는 것. T 세포 활성화의 첫 단계.

immune system(면역계) 동물에서 선천면역반응 및 적응면역반응으로 구성된 방어체계. 전신에 분포된 세포, 조직과 기관으로 구성되어 있으며 외부의 물질이나 미생물을 인식하여 중화시키거나 파괴.

immunity(면역) 특정한 질병에 저항하는 전반적인 숙주의 능력. 면역력이 있는 상태.

immunization(면역법) 적응면역반응을 자극하기 위해 외부단백질을 숙주에게 의도적으로 주입하는 것. 백신(vaccine) 참조.

immunoblotting(면역블롯팅) 표지된 항체와의 반응을 통해 특정 단백질이 존재하는지 확인하기 위한 검사 방법. 폴리아크릴아미드 겔에 단백질을 전기영동한 다음 전기적으로 막(filter)에 옮기고 원하는 단백질이 존재하는지를 확인.

immunodeficiency(면역결핍) 정상적인 선천면역반응 및 적응면역반응 능력을 상실함.

immunodiffusion(면역확산법) 반고체 겔에서 항원과 항체를 확산시킨 다음 항원이 항체와 결합하여 침전을 형성할 수 있는 방법.

immunoelectrophoresis, immunoelectrophoreses(면역전기영동법) 단백질 항원을 전기영동으로 분리한 다음에 분리된 단백질에 대한 항체를 이용하여 겔에서 면역 확산시켜 침전시키는 방법.

immunofluorescence(면역형광법) 특정한 항원에 결합하는 항체에 형광염료를 붙인 다음 특정한 항원에 결합시켜서 세포나 조직에서 현미경으로 항원을 확인하는 방법.

immunoglobulin, Ig(면역글로불린) 항체(antibody) 참조.

immunology(면역학) 병원성 미생물과 형질전환된 세포나 암세포 및 다른 개체로부터의 조직이식을 포함하여 침입하는 외래물질들에 대한 숙주방어에 관하여 연구하는 학문.

immunoprecipitation(면역침강법) 수용성 항원과 항체가 결합하여 생긴 복합체가 용액에서 침전되는 반응.

in silico analysis(인 실리코 분석) 핵산과 아미노산 서열 분석을 통한 생물학 연구. 생물정보학 참조.

in situ reverse transcriptase(ISRT)-FISH(현장역전사효소 FISH) 자연 시료에서 mRNA 전사체를 식별하기 위해 형광 표지된 탐침을 사용하는 방법. 형광 직접 혼성화법(FISH) 참조.

inactivated vaccine(불활성화한 백신) 면역을 촉진하지만 감염성 질병을 일으키지 못하도록 만들어진 죽은 감염물질. 사백신(killed vaccine)이라고도 알려짐.

incidence(발생률) 위험에 노출된 인구 군에서 새로운 질병 사례의 수.

inclusions(봉입체) (1) 다양한 세균과 고균의 세포질에 존재하는 유기물 또는 무기물로 이루어진 입자. (2) 바이러스에 감염된 세포질 또는 핵에 존재하는 바이러스 입자나 바이러스 단백질 집합체.

incubation period(잠복기) 병원체가 숙주에 침입한 후로부터 징조와 증상이 나타나기 이전까지의 기간.

indel(인델) 삽입과 삭제의 합성어. 이러한 형태의 유전적 돌연변이는 분류학적으로 유용함.

index case(지표사례) 질병이 유행할 때 가장 먼저 증상이 나타난 사례.

indicator organism(지표생물) 존재 여부로 물질 또는 환경의 상태를 알려주는 생물(예: 병원체의 존재). 대장균은 분변 오염의 지표생물로 사용.

indirect immunofluorescence(간접면역형광법) 특정 항원에 반응하도록 만들어진 다른 항체가 존재하는지를 조사하기 위해 형광염료를 붙인 항체를 이용하여 현미경으로 확인하는 방법.

induced mutations(유도된 돌연변이) 돌연변이 유발물질에 노출되어 일어난 돌연변이.

inducer(유도자) 유도 효소의 합성을 자극하는 작은 분자.

inducible gene(유도 유전자) 조절 분자에 의해 발현량이 증가할 수 있는 유전자.

induction(유도) (1) 바이러스학에서, 바이러스를 용원에서 용균 경로로 바꾸는 일을 유발하는 것. (2) 유전학에서 유전자 발현의 증가.

infection(감염) 미생물이 숙주에 침입하여 정착하고 증식하는 것. 미생물에 감염되었다고 해서 반드시 질병에 걸리는 것은 아님.

infection thread(감염사) 질소고정 세균에 의해 뿌리가 감염되는 동안 형성된 관 모양의 구조. 세균은 감염사를 통해 뿌리로 들어가 뿌리혹형성을 자극.

infectious disease(감염병) 병원체에 감염되어 그 병원체가 있거나 병원체가 만드는 산물 때문에 숙주의 건강 상태에 변화가 있어서 숙주의 전신 또는 일부분이 정상적인 기능을 할 수 없게 되는 것.

infectious disease cycle, chain of infection(감염성 질병주기) 한 개체에서 감염병이 발현되기 위해 반드시 일어나야 하는 일련의 과정.

infectious dose 50, ID_{50}(감염량 50) 특정 시간 동안에 실험군 개체의 50%를 감염시키는 미생물의 수.

infectivity(감염성, 감염력) 병원체가 전염될 수 있는 정도.

inflammasomes(염증조절복합체) 염증을 유발하는 면역세포의 세포질에 형성되는 복합체. 병원체 연관 분자패턴과 위험연관 분자패턴의 인지에 의해 중합된 NOD 유사 수용체로 구성됨.

inflammation(염증) 조직에 상처가 나거나 조직이 파괴되었을 때 국소적으로 나타나는 보호반응. 염증이 급성으로 일어나면 상처 부위가 아프고 열이 나며 붓고 빨갛게 됨.

initiation factors(개시인자) 단백질 합성이 시작되는 동안 기능하는 단백질.

initiator tRNA(개시 tRNA) 번역이 시작되는 동안 개시코돈에 결합하는 tRNA.

innate immunity(선천면역) 미생물이나 외래 항원에 의해 수분에서 수시간 이내에 일어나는 비특이 저항. 때로는 비특이 면역(nonspecific immunity)이라고도 함.

innate lymphoid cell, ILC(선천성 림프세포) 선천면역과 적응면역의 연결고리로 작용하는 림프구. 감염과 조직손상에 대한 정보를 증폭하고 전달.

innate resistance mechanism(선천성 저항기전) 선천(자연)면역[innate(natural) immunity] 참조.

insertion sequence(삽입서열) 전위과정에 전위를 위해 필요한 전위효소와 같은 필수적인 유전자만을 포함하는 간단한 형태의 전위인자.

integral membrane protein(내재성 막단백질) 원형질막(plasma membrane) 참조.

integrase(삽입효소) 일부 바이러스에서 발견되는 효소로서, 프로바이러스 DNA의 숙주세포 염색체로의 삽입을 촉매.

integrative conjugative element, ICE(삽입 접합요소) 접합 트랜스포존 참조.

integrins(인테그린) 세포와 세포 사이 또한 세포와 기질 사이의 상호작용을 매개하는 세포의 부착 수용체. 보통 단백질 리간드의 아미노산 서열을 인식함.

integron(인테그론) 위치특이재조합을 위한 부착자리(염기서열)와 삽입효소 유전자를 지니고 있는 유전적 요소. 이 요소는 유전자와 유전자 카세트를 획득.

intercalating agents(끼어들기 약물) DNA 이중나선에서 염기 사이에 끼어들어가는 분자로 DNA 구조를 변형하거나 틀이동돌연변이를 유도하는 물질.

interferon, IFN(인터페론) 항바이러스 단백질을 생산하기 위해 세포를 자극하는 사이토카인(1형 IFN)과 면역계 세포들의 생장, 분화 및 기능을 조절하는 사이토카인(2형 IFN).

interleukin(인터루킨) 특히 림프구의 생장과 분화를 조절하는 사이토카인.

intermediate filaments(중간섬유) 단백질성 진핵세포 세포골격의 구성요소의 하나.

internal transcribed spacer region, ITSR(내부 전사 스페이서 영역) 보존되고 전사되는 많은 미생물 유전체에서 발견되는 SSU rRNA 유전자들 사이의 부위.

interspecies hydrogen transfer(종간 수소 전달) 발효미생물이 생성한 수소를 고균이 메탄생성에 이용하는 과정.

intoxication(중독) 특정한 독소가 숙주의 몸에 침입하여 나타나는 질환. 독소를 생성하는 개체가 없어도 독소만으로 질환을 일으킴.

intracellular pathogen(세포내 병원체) 숙주세포에 감염하여 질병을 일으키는 미생물.

intraepidermal lymphocytes(상피내 림프구) 피부의 상피에 존재하는 T 세포.

intranuclear inclusion body(핵내 봉입체) 거대세포바이러스(CMV)에 감염된 세포에서 발견되는 구조.

intron(인트론) pre-mRNA를 암호화하는 유전자에는 존재하나 제거되어 최종 RNA 산물에는 존재하지 않는 비암호화 서열.

invasiveness(침입성) 미생물이 숙주에 침입하여 생장하고 증식하며 전신으로 퍼질 수 있는 능력.

iodophor(요오드포아) 요오드와 복합체로 결합한 유기화합물로 이루어진 항미생물 제제.

ionizing radiation(전리선) 원자가 전자를 잃도록(예: 이온화) 하는 아주 짧은 파장과 고에너지를 가진 방사선.

iron-sulfur(Fe-S) protein(철-황 단백질) 전자전달 사슬 참조.

isoelectric focusing(등전점 전기영동) 등전점에 근거하여 단백질이 분리되는 전기영동 기술.

Isoelectric point(등전점) 단백질 또는 다른 분자들의 pH 값이 더 이상 최종 전하를 따르지 않는 지점.

isoenzyme, isozyme(동종효소) 같은 촉매 기능을 수행하지만 아미노산 서열, 조절 기능이나 다른 특성이 차이가 나는 효소.

isolated lymphoid follicles(고립된 림프여포) 소장 전체에 분포하는 고도로 조직화된 림프조직.

isotope fractionation(동위원소 분별) 미생물이 대사과정을 수행하는 데 다른 동위원소보다는 한 가지의 안정적인 동위원소를 선택적으로 사용하는 것.

J

joule(주울) 에너지 또는 일을 측정하는 SI(국제 시스템 단위) 단위. 1칼로리는 4.1840주울.

K

kallikrein(칼리크레인) 키니노겐에 작용하는 효소로 활성이 있는 브래디키닌 단백질을 방출.

keratinocytes(각실세포) 케라틴을 발현하는 피부세포.

Kirby-Bauer Method(커비-바우어법) 미생물의 화학치료제에 대한 감수성을 측정하는 원판확산법.

Koch's postulates(코흐의 가정) 특정 미생물이 특정 질병을 일으키는 원인임을 증명하는 일련의 원칙들.

Koplik's spots(코플릭 반점) 홍역 감염의 특징으로 구강의 점막에 나타나는 하얀 점.

Krebs cycle(크렙스 회로) TCA 회로(tricarboxylic acid cycle) 참조.

L

labyrinthulids(점균류) 이형편모성 유주포자 형성을 특징으로 하는 stramenopiles의 아그룹.

lactic acid bacteria, LAB(젖산균) 까다로운 발효, 1차 발효 최종생성물로서 젖산을 생성. 유제품 발효에 사용.

lactic acid fermentation(젖산 발효) 유일한 또는 주된 산물로 젖산을 생산하는 발효.

lactoferrin(락토페린) 대식세포와 호중구에서 혈장으로 방출되는 철분을 격리시키는 단백질.

lag phase(지체기) 새로운 배양배지에 미생물들이 처음 노출되어 회분식 배양동안 세포 수 또는 질량이 늘지 않는 기간.

lagging strand(지연가닥) DNA 복제과정에서 불연속적으로 합성되는 DNA 가닥.

Lancefield system(group)(란스필드 체계) 연쇄상구균을 분류할 수 있는 혈청학적으로 구분 가능한 그룹(예: 그룹 A 및 그룹 B) 중 하나.

Langerhans cell(랑게르한스 세포) 피부에 존재하는 세포로서 항원을 포식한 후, 림프계로 이동하여 림프절에서 수지상세포로 분화.

last universal common ancestor, LUCA(모든 생명의 공통조상) 현존하는 모든 유기체가 관련된 가장 최근의 유기체.

lateral flow assay(측면유동분석법) 환자의 시료를 종이여과지로 검사하는 간단하고 값싼 진단법. 시료는 종이여과지를 따라 흐르면서 항원-항체 반응이 검출.

lateral gene transfer(횡적 유전자 전달) 수평적 유전자 전달(horizontal gene transfer) 참조.

leader(선도서열) 프로모터와 개시코돈 사이에 있는 유전자의 서열. 전사되어 mRNA의 5′ 말단에서 번역되지 않은 서열임. 종종 전사와 번역의 시작과 조절을 도와줌.

Leading strand(선도가닥) DNA 복제 동안 지속적으로 합성되는 DNA 가닥

lectin complement pathway(렉틴 보체경로) 항체에 의존하지 않고 보체계를 활성화하는 경로로 미생물의 렉틴(탄수화물에 결합하는 단백질)에 의해서 시작.

leghemoglobin(레그헤모글로빈) 콩과식물에서 생산되는 헴 함유 단백질로 뿌리혹을 형성하는 질소고정 세균에서 질소고정효소를 산소로부터 보호하는 기능.

leishmanias(리슈마니아증) *Leishmania* 속에 속하는 트리파노소마 원생생물.

lentic(정지수) 천천히 움직이거나 고요한 물을 특징으로 하는 수계.

lethal dose 50, LD_{50}(치사량 50) 특정 시간 동안 실험군 숙주의 50%를 죽이는 개체 수.

leukocyte(백혈구) 백혈구(white blood cell).

ligand(리간드) 수용체(receptor) 참조.

light reactions(명반응) 광합성(photosynthesis) 참조.

lignin(리그닌) 페닐프로판 단위로 만들어진 불규칙한 구조의 분자. 목본식물의 중요한 구조적 요소.

limnology(육수학) 담수계의 생물학적, 화학적 및 물리학적 관점의 연구를 하는 학문.

lipid A(지질 A) 지질다당체의 지질 성분. 내독소(endotoxin)라고도 불림.

lipidomics(리피도믹스) 특정한 환경 하의 생물에 의해 합성되는 모든 지질에 대해 연구하는 학문.

lipopolysaccharide, LPS(지질다당체) 그람음성 세균의 세포벽 외막에 있는 물질로 지질과 다당류로 이루어짐. 많은 세균에서 지질 A, 핵심다당체 및 O 항원으로 구성.

liquid-liquid phase separation, LLPS(액체-액체 상분리) 무질서한 단백질 영역의 집합에 기초하여 2가지 가용성 단백질 구조가 별개의 상을 형성하는 현상.

lithoheterotrophy(무기종속영양) 전자와 에너지 공급원으로 무기물을 사용하고 유기탄소를 탄소공급원으로 사용하는 대사 전략. 화학무기종속영양 참조.

lithotroph(무기영양생물) 전자원으로 환원된 무기화합물을 사용하는 생물.

littoral zone(천해대) 호수, 강, 바다의 해안가 지역.

lobopodia(엽상위족) 일부 아메바성 원생생물에 있는 둥근 위족.

localized anaphylaxis, atopic reaction(국소성 아나필락시스, 아토피성 반응) 고초열처럼 한 조직 공간에 국한된 제1형 과민반응.

long-term stationary phase(장기정체기) 성장곡선의 사멸기 다음으로 이어지는 기간으로 집단의 크기가 장기간 일정하게 낮은 수준에서 늘거나 줄어들면서 유지되는 기간.

lophotrichous(군모성편모, 총모성편모) 편모가 한쪽 또는 양쪽 끝에 뭉쳐 있는 세포.

lotic(유수의) 빠르게 움직이며 자유롭게 흐르는 물을 특징으로 하는 수계 시스템.

lymph node(림프절) 림프구, 대식세포 및 수지상세포를 가지고 있는 작은 2차 림프기관. (1) 외부 항원을 걸러서 제거하고, (2) 림프구의 활성화와 증식이 일어나는 장소.

lymphocyte(림프구) 면역작용을 하는 포식기능이 없는 단핵성 백혈구 또는 그 전구체. 혈액, 림프액, 림프조직에 존재. B 세포와 T 세포 참조.

lymphoid tissue(림프조직) 림프절과 페이에르판

처럼 많은 수의 면역세포를 가지고 있는 조직.

lymphoid tissue induce(LTi) cell(림프조직유도세포) 선천성 림프세포로서 림프절과 페이에르판(Peyer's patches)과 같은 2차 림프조직의 생성을 촉진.

lysis(용해, 용균) 세포가 물리적으로 파괴되는 현상.

lysogenic(용원성) 용원균(lysogens) 참조.

lysogenic conversion(용원성 전환) 프로파지의 존재로 세균의 표현형이 바뀌는 것.

lysogenic cycle(용원성 생활사) 용원성을 성립하고 유지하는 바이러스 생활사의 주기.

lysogens(용원균) 프로바이러스가 감염된 세균 및 고균. 적절한 조건에서 바이러스를 생산.

lysogeny(용원성) 파지 유전체가 감염된 숙주인 세균이나 고균의 유전체내에 존재하며, 세균을 파괴하지 않고 숙주 유전자의 일부처럼 증식하는 상태.

lysosome(리소좀) 진핵세포에 존재하는 구형의 막으로 싸인 세포소기관으로, 가수분해효소를 포함하고 있어 세포내 물질소화를 담당.

lysozyme(리소자임) 펩티도글리칸을 구성하고 있는 *N*-아세틸뮤람산과 *N*-아세틸글루코사민을 연결하는 β(1 → 4) 결합을 가수분해하여 펩티도글리칸을 분해하는 효소.

lytic cycle(용균성 생활사) 세포의 용해를 유도하는 바이러스의 생활사.

M

M cell(M 세포) 내장 점막 또는 비뇨생식기의 부위에 존재하는 특수화된 세포로서 항원을 자신의 정단면(apical face)으로부터 받아들여 기저측면(basolateral face)의 주머니 부위에 모여 있는 림프구에 전달.

macroautophagy(거대자가소화) 자가파고솜(autophagosome)이라고 불리는 이중막 구조가 그 안에 있는 물질, 즉 세포질 성분(예: 세포소기관)을 소화하는 과정. 자가파고솜은 물질을 리소좀으로 운반하여 소화.

macrolide antibiotic(마크로라이드 항생제) 다수의 케톤기와 수산기가 있는 커다란 락톤 고리인 마크로라이드 고리가 하나 또는 그 이상의 당에 결합되어 있는 항생제.

macromolecular crowding(고분자 혼잡) 용매가 감소하여 세포질내 용질의 농도가 높아지는 현상.

macromolecule(거대분자) 작은 단위가 서로 결합되어 중합체를 이룬 커다란 분자.

macronucleus(대핵) 섬모충류에 있는 2개의 핵 가운데 커다란 핵. 보통 다배체이며 세포의 일상적인 활동을 주관.

macronutrient(다량영양소) 비교적 많은 양(예: 탄소 및 질소)이 필요한 영양소.

macrophage(대식세포) 혈액, 림프와 기타 조직에 존재하는 커다란 단핵성 항원제시 식세포.

madurose(마두로오스) 마두로미세테스(maduromycetes)라 통칭되는 일부의 방선균류의 특징인 3-*O*-메틸-D-갈락토오스 당 유도체.

magnetosomes(마그네토솜) 주자성을 나타내는 세균에 존재하는 자석과립으로 작은 자석. 세균이 자기장에서 특정한 방향을 향하도록 함.

maintenance energy(유지에너지) 세포가 스스로 유지하거나 생존 및 기능을 적절히 유지하기 위해 요구하는 에너지. 이는 성장 또는 생식을 위한 에너지를 포함하지 않음.

major histocompatibility complex, MHC(주조직적합복합체) 면역계의 조직적합항원 및 다른 성분을 암호화하는 염색체 부위. MHC 클래스 I 분자는 핵을 갖는 모든 세포에 존재하는 표면당단백질이며, MHC 클래스 II 당단백질은 항원제시세포에 존재.

mannose-binding protein, MBP(만노오스 결합단백질) 만노오스 결합렉틴이라고도 알려져 있는 혈청단백질로서 미생물 세포벽의 만노오스 잔기에 결합하여 보체활성을 시작.

marine snow(바다눈) 바다의 조광대로부터 가라앉는 유기물. 이러한 부유물 입자는 분변 알갱이, 규조류 껍질 및 빠르게 분해되지 않는 기타 물질로 구성.

mass spectrometry, MS(질량분석법) 분석되는 분자로부터 합성되는 이온들의 질량 대비 전하 비율을 결정하는 분광광도법의 한 종류. 그 비율은 단백질의 서열을 결정하고 구조를 확인하는 데 사용.

massively parallel nucleotide sequencing(대량병렬 염기서열분석법) 차세대 DNA 염기서열분석법(next-generation DNA sequencing) 참고.

mast cell(비만세포) 백혈구로서 혈관활성분자(예: 히스타민)를 만들어 세포막 근처의 소낭에 저장하고 외부로부터 비만세포로 자극이 오면 방출.

meiosis(감수분열) 이배체의 세포가 분열하여 4개의 반수체 세포를 형성하는 유성생식의 과정.

melting temperature, T_m(용융점) 이중가닥 DNA가 각각의 가닥으로 분리되는 온도. 미생물 분류학에서 유전학적 유사도를 비교하는 데 사용.

membrane attack complex, MAC(막공격복합체) 표적세포의 세포막에 구멍을 만들어 세포를 파괴하는 보체단백질복합체(C5b-C9).

membrane filter(막필터) 부유 용액이 구멍을 통과할 때 미생물을 포획하는 다공성 물질.

membrane filter technique(막여과법) 얇은 다공성 막을 이용하여 물, 공기, 음식으로부터 미생물을 거르는 방법.

memory cell(기억세포) 감작된 B 세포나 T 세포에서 유래한 비활성 림프구로서 동일한 항원에 다시 노출되면 빠르고 강화된 반응을 보임.

mesophile(중온균) 최적성장온도가 약 20~45℃, 최저성장온도는 15~20℃, 최대성장온도는 약 45℃ 이하인 미생물.

messenger RNA, mRNA(메신저 RNA) 전사 동안 핵산 주형(세포 유기체의 DNA, 일부 바이러스의 RNA)으로부터 합성된 단일가닥 RNA. mRNA는 리보솜에 결합하여 단백질 합성을 지시함.

metabolic channeling(물질대사 채널링) 대사물과 효소가 세포의 다른 부위에 위치하는 것.

metabolic endotoxemia(대사성 내독소혈증) 비만인 사람에서 내벽의 LPS에 대한 투과성이 증가하는 것. 만성염증, 지방간과 동맥경화를 초래.

metabolic engineering(대사공학) 생성물의 생산량을 증가시키거나 또는 새로운 생성물을 생산하는 새로운 생화학 기작들을 발달시키기 위한 분자 기술들을 사용하는 것.

metabolism(물질대사) 세포의 모든 화학 반응 전체. 거의 모든 물질대사는 효소가 촉매.

metabolite flux(대사물 흐름) 대사물의 전환율.

metabolites(대사물) 생물체의 대사작용으로 생산되는 화합물.

metabolome(대사체) 세포질과 분비되는 물질을 모두 포함한 세포가 생산하는 모든 작은 분자 물질.

metabolomics(대사체학) 특정 환경 아래의 세포내에 존재하는 모든 작은 대사체를 연구하는 학문.

metagenomic library(메타유전체 도서관) 환경으로부터 직접 추출한 DNA(또는 mRNA로부터 유래한 cDNA)를 구축해 놓은 유전체 도서관.

metagenomics(메타유전체학) 배양에서 미생물 집단의 성장과 미생물 집단으로부터 처음 분리해낸 미생물들이 없는 환경 표본(인체를 포함한)

으로부터 복원된 유전체 연구.

metalimnion(수온약층) 호수에서 심수층과 표수층 사이에 있는 물기둥 지역.

metaproteomics(메타단백질체학) 특정 시간에 특정 미생물 서식지내에서 만들어지는 모든 단백질을 검사하는 새로운 분야.

metatranscriptomics(메타전사체학) 미생물의 활성도를 평가하기 위한 수단으로, 자연적인 환경으로부터 얻은 mRNA의 대규모 염기서열분석.

methane hydrate(메탄수화물) 전세계 바다의 많은 지역에서 바다밑 500 m 또는 그 이하에서 물 결정의 격자형 케이지 안에 축적되어 잡혀 있는 메탄 덩어리.

methanogenesis(메탄생성) Euryarchaeota 고균문의 특정 구성원에 의한 메탄생성.

methanogens(메탄생성균) 이산화탄소, 수소, 포름산, 아세트산 등을 메탄 또는 메탄과 이산화탄소로 전환하면서 에너지를 얻는 절대산소비요구성 고균.

methanotroph(메탄영양생물) 메탄을 유일한 탄소원 및 에너지원으로 사용하는 생물.

methyltroph(메틸영양생물) 메탄이나 메탄올과 같은 환원된 일탄소화합물을 유일한 탄소원 및 에너지원으로 사용하는 미생물

metronidazole(메트로니다졸) 산소비요구성 세균과 원생동물에 활성을 가지는 니트로미다졸 계열의 항미생물 화학요법 약제.

Michaelis constant, K_m(미카엘리스 상수) 최고속도의 반으로 작용하기 위해 효소가 필요로 하는 기질 농도를 나타내는 값.

microaerophile(저농도산소요구성) 생장에 필요한 산소 농도가 대략 2~10% 정도로 산소의 분압이 낮아야만 생장 가능한 미생물. 대기의 정상적인 산소 농도에서는 세포의 기능이 손상.

microautoradiography, MAR(미세방사능사진법) 하나의 세포가 섭취하는 방사성 기질을 확인하는 기술.

microbe-associated molecular pattern, MAMP(미생물연관 분자패턴) 미생물 표면 패턴에 존재하는 보존된 분자 구조. 구조와 패턴은 특정 종의 미생물에 특이적이고 특정 미생물 군에 속하는 미생물 사이에서는 변이가 없음.

microbial community(미생물 군집) 공통 서식지에 서식하는 모든 미생물.

microbial dark matter(미생물적으로 알려지지 않은 물질) 배양실에서 배양된 적이 없는 유기체. 그들의 특성은 그들의 유전체서열로부터 추론됨.

microbial ecology(미생물 생태학) 토양, 물, 음식 등과 같은 자연 서식지의 미생물 개체군과 군집에 대한 연구.

microbial energy conversion(미생물 에너지 전환) 미생물을 이용하여 생물연료(에탄올, 수소, 메탄올)의 생산, 미생물 연료세포를 통한 전기의 생산 등과 같은 유용한 형태의 에너지를 만드는 과정.

microbial flora, microbiota(미생물총, 미생물상) 미생물총(microbiota) 참조.

microbial fuel cell, MFC(미생물 연료전지) 미생물이 호흡하는 과정에서 발생하는 전자들을 모아 전기로 전환하도록 고안된 기구.

microbial loop(미생물 생태환) 광합성 미생물에 의해 합성된 유기물이 이와는 다른 세균 및 원생동물과 같은 미생물 사이에서 순환하는 것. 이 과정은 1차 생산자가 재사용할 수 있도록 유기영양물질, 미네랄 및 이산화탄소를 "순환(loop)"시키고 상위 소비자가 유기물을 사용할 수 없게 만듦.

microbial mat(미생물 매트) 미생물의 상보적인 생리활동에 의해 수서 환경의 표면에 미생물이 층을 이루고 있는 단단한 구조.

microbial source tracking, MST(미생물 출처 추적) 수역의 오염 가능성이 있는 원인을 결정하기 위한 세균 식별 방법.

microbiology(미생물학) 맨눈으로 관찰할 수 없는 작은 생물을 연구하는 학문.

microbiome(마이크로바이옴) 숙주의 정상 미생물총을 구성하는 모든 미생물과 미생물 유전체.

microbiota(미생물총) 서식처에서 발견되는 미생물.

microcosms(소인공생태계) 자연환경을 모방하여 만들어진 작은 배양조.

microdomain(미세도메인) 인지질, 파르네솔, 호파노이드 및 카르테노이드로 경계된 세포막 부위. 큰 단백질복합체 조립의 토대로 작용.

microdroplet culture(미세방울 배양) 미생물 군집의 세포가 겔 매트릭스에 캡슐화되어 유화될 때 단일세포가 들어 있는 다공성 미세방울을 생성함으로써 무균 배양체를 얻기 위해 고안된 기술. 미세방울은 함께 배양될 수 있으므로 작은 분자의 교환이 가능. 배양 후에 콜로니 성장이 있는 미세방울은 유세포분석법에 의해 분리.

microelectrode(미세전극) 1 mm 미만의 간격으로 비파괴 측정을 할 수 있을 정도로 팁이 작은 전극.

micronucleus(소핵) 원생생물에 존재하는 2개의 핵 중 작은 핵. 소핵은 이배체이며 유전자 재조합과 대핵의 재생에만 관여.

micronutrients(미량영양소) 생물의 생장과 생식에 아주 소량만 필요한 영양소. 미량원소라고도 함.

microorganism(미생물) 맨눈으로 명확하게 볼 수 없는 작은 단세포 또는 다세포 생물. 잘 분화되어 있지 않음.

microsporidia(미포자충류) 원시적인 진균의 일종으로 주로 포유동물의 절대적인 세포내 기생생물.

microtubules(미세소관) 진핵생물의 세포골격, 편모 및 섬모의 단백질성 성분의 일종. 튜불린 단백질로 이루어짐.

mineral soil(무기질토) 유기탄소가 20% 미만인 토양.

mineralization(무기질화) 미생물의 성장과 대사 과정에서 유기영양소가 무기물질로 전환되는 것.

minimal inhibitory cencentration, MIC(최소억제농도) 특정미생물의 성장을 억제하는 약제의 최소농도.

minimal lethal concentration, MLC(최소치사농도) 특정미생물을 죽이는 약제의 최소농도.

mismatch repair(불일치수선) 오류 염기쌍을 포함하는 부분에서 새로 합성된 DNA 가닥을 제거한 다음 부모가닥을 주형으로 삼아 교체하는 DNA 수선체계.

missense mutation(과오돌연변이) DNA의 염기서열 중 1개의 염기가 다른 염기로 치환되어 하나의 아미노산 코돈이 다른 아미노산 코돈으로 바뀌는 돌연변이.

mitochondrion(미토콘드리아) 진핵생물 세포소기관의 하나로 전자전달, 산화적 인산화 및 그렙스 회로와 같은 경로가 일어나는 곳. 광합성을 하지 못하는 생물이 산소를 이용해서 에너지를 얻음.

mitosis(체세포분열) 진핵세포의 핵에서 일어나는 과정으로 2개의 새로운 핵이 만들어짐. 만들어진 각각의 핵은 부모가 갖고 있던 것과 같은 수의 염색체를 갖게 됨.

mitosome(미토솜) 미토콘드리아나 수소발생체가 없는 일부 원생생물에서 발견되는 미토콘드리아 계열의 세포소기관.

mixed acid fermentation(혼합산 발효) Enterobacteriaceae 과에 속하는 세균에 의한 발효과정으로 에탄올과 여러 종류의 유기산 혼합물이 생성.

mixotrophy(혼합영양) 서로 다른 종류의 대사(예: 광영양과 화학유기영양)가 혼합된 영양방식.

mobile genetic element(이동 유전적 요소) 전위를 위한 유전자를 가지고 있어 유전체에 걸쳐 이동할 수 있는 작은 DNA 분자.

mobilizable genomic island, MGIs(이동가능 유전자군) 수평적으로 전달되는 DNA 서열로 자체의 전달 기능과 더불어 재조합 기능, 항생제 내성 유전자 및 병원성을 촉진하는 유전자를 암호화. 종종 염색체에 수십 kb를 차지.

modified atmosphere packaging, MAP(변형된 공기포장법) 식품을 부패시키는 미생물이 자라는 것을 억제하기 위해 음식물을 포장할 때 질소와 이산화탄소를 넣는 포장법.

mold(사상균) 집락을 형성하는 모든 종류의 진균. 맨눈으로 볼 수 있는 자실체를 형성하지 않음.

molecular chaperones(분자 샤프론) 샤프론 단백질(chaperone proteins) 참조.

molecular mimicry(분자적 의태) 숙주와 비자기항원 사이의 분자 구조가 매우 유사하여 비자기항원에 대해 만들어진 항체도 숙주(자기)항원을 표적으로 할 때의 현상.

monocistronic mRNA(단일시스트론 mRNA) 단일 암호화 영역을 포함하는 mRNA.

monocyte(단핵구) 식세포작용을 할 수 있는 단핵 백혈구. 대식세포와 수지상세포의 전구세포.

monoderm(단일막 세포) 단일막인 원형질막을 가진 세균 세포.

monotrichous(단성편모) 1개의 편모를 가짐.

morbidity rate(질병률, 이환율) 특정기간 질병에 감수성이 있는 집단에서 그 질환을 앓는 개체 수의 비율.

mordant(매염제) 세포 속이나 표면에 염료가 고정되도록 돕는 물질.

morphovar(형태학적 변이형) 형태학적 차이에 의해 특정지어지는 미생물 변이종.

mortality rate(사망률) 특정 질병에 걸린 전체 개체 수에서 그 질병으로 인해 사망하는 개체 수의 비율.

mucociliary escalator(점액성 섬모층) 점액과 섬모로 덮여 있는 호흡계의 일부분. 점액성 섬모층은 미생물을 포획하여 섬모 운동을 통하여 미생물을 폐로부터 먼 곳으로 운반하는 역할.

mucosal tolerance(점막내성) 점막조직에 존재하는 항원(미생물 포함)에 반응하지 않거나 내성을 갖는 면역계의 능력.

mucosal-associated lymphoid tissue, MALT(점막연관 림프조직) 점막 상피의 일부로 발견되는 조직적으로 분산되어 있는 림프조직. 이것은 장(GALT) 또는 기관계(BALT)로 특화.

multicloning site, MCS(다중클로닝부위) 유전자 복제가 가능하게 끔하는 수많은 제한효소 인식서열을 가진 클로닝벡터 상의 DNA 부위.

multilocus sequence analysis, MLSA(다유전자 염기서열분석법) 항상 발현되는 5~7종의 유전자의 뉴클레오티드 차이를 이용하여 세균이나 고균의 하나의 속에서의 유전자형을 분류하는 방법.

multiple strand displacement(다중가닥 변위) 매우 낮은 농도의 DNA를 증폭하는 데 사용되는 기술. 단일세포에서 DNA 염기서열분석을 수행하기에 충분한 DNA를 얻을 수 있음.

murein(뮤레인) 펩티도글리칸(peptidoglycan) 참조.

mutagen(돌연변이원) 돌연변이를 일으킬 수 있는 화학적 또는 물리적 요인.

mutation(돌연변이) 자손에게 대물림될 수 있는 유전물질의 변화.

mutualism(상리공생) 연합을 통해 양쪽의 파트너로부터 서로 필요한 것을 얻느며, 서로 종속적인 공생관계.

Myc factor(Myc 인자) 일부 균근류가 생산하는 지질키토올리고당(lipochitooligosaccharide)으로 숙주식물의 뿌리에 침입하는 것을 도움.

mycelium(균사체) 진균이나 몇 종류의 세균에서 발견되는 가지친 균사 덩어리.

mycobiont(공생균체) 지의류의 곰팡이 파트너.

mycolic acids(마이콜산) β-탄소에 수산기가 있고, α-탄소에 지방족 사슬이 있는 60~90개의 탄소로 이루어진 복합지방산. 마이코박테리아의 세포벽에서 발견됨.

mycologist(진균학자) 진균학을 전공하는 학자나 진균학을 전공하는 학생.

mycology(균학) 진균을 연구하는 학문.

mycomembrane(마이코막) 마이코박테리아에 존재하는 독특한 마이콜산 포함 외막.

mycoplasmas(마이코플라즈마) Mycoplasmatales 목에 속하는 세균의 학명. 세포벽이 결핍되어 있고 펩티도글리칸 전구체를 합성할 수 없음.

mycorrhizal fungi(균근, 균류) 관다발식물의 뿌리 외부(외생균근) 또는 내부(내생균근)에서 안정적인 상리공생적 관계를 형성하는 균류.

mycosis, mycoses(진균증) 진균에 의해 야기되는 모든 종류의 질병.

mycotoxin(마이코톡신, 진균독소) 진균이 생산하는 독소.

myositis(근염) 가로무늬근 또는 수의근의 염증.

myxobacteria(점액세균) 활주운동, 자실체 생산을 포함한 복잡한 생활사, 점균포자 형성을 특징으로 하는 그람음성, 호기성 토양세균군.

myxospores(점균포자) 점액세균에 의해 형성된 특별한 휴면 포자.

N

***N*-acyl homoserine lactone, AHL**(N-아실호모세린 락톤) 쿼럼센싱(정족수인식) 참조.

naked amoeba(무각아메바) 세포벽이나 다른 지지구조를 가지고 있지 않은 아메바성 원생생물.

naked viruses(나출형 바이러스) 비피막 바이러스(nonenveloped virus) 참조.

nanopods(나노포드) S-층에 둘러싸인 막 소포의 배열.

nanotubes(나노튜브) 세포외막의 소포로 채워진 필라멘트.

nanowires(나노전선) 전자전달사슬의 말단 지점에서 외부 금속 표면으로 전자를 전달하는 원형질막의 실 모양의 확장부분.

narrow-spectrum drugs(협범위 약물) 한정된 종류의 미생물에만 효과가 있는 화학치료제.

natural classification(자연분류) 가능한 많은 생물학적 특성을 바탕으로 하여 서로 특성을 많이 공유하는 구성원을 그룹으로 묶어 분류하는 체계.

natural immunity(자연면역) 선천면역(innate immunity) 참조.

natural killer(NK) cell(자연살해세포) 세포내 병원체나 종양세포에 감염된 숙주세포를 파괴하는 백혈구의 한 종류.

natural products(자연산물) 미생물에 의해 생산되는 항생제와 같은 산업적으로 중요한 화합물.

naturally acquired active immunity(자연획득 능동면역) 정상적인 활동 중에 개체의 면역계가 적당한 항원을 만날때 생기는 능동면역의 한 종류. 이것은 주로 개체가 감염에서 회복되면서 생기며 오랜 기간 유지.

naturally acquired passive immunity(자연획득 수동면역) 한 개체로부터 다른 개체로 항체가 전달되어 생기는 일시적인 면역.

necrotrophic fungi(괴사영양성 진균) 자신의 숙주(식물)를 죽이는 병원성 진균.

negative control(음성조절) 억제 단백질에 의한 전사 조절. 억제자 결합부위에 결합하면 전사가 억제.

negative selection(음성선택) 면역학에서 숙주(자기) 항원을 인식하는 림프구가 세포자살을 하거나 아너지(비활성)로 되는 과정.

negative staining(음성염색) 시료는 염색하지 않고 배경만 어둡게 염색하는 염색약을 사용하는 염색.

negative strand(음성가닥) 바이러스 mRNA에 대해서 상보적인 바이러스의 단일가닥 핵산.

neuraminidase(뉴라민분해효소) 동물세포 표면에 존재하는 당과 뉴라민산을 연결하는 화학결합을 끊는 효소. 바이러스학에서는 인플루엔자 바이러스 표면 스파이크의 한 종류가 뉴라민분해효소 활성을 가지고 있어서 서로 다른 균주를 동정하는 데 사용.

neutral mutation(중립돌연변이) 단백질의 기능에 영향을 주지 않는 과오돌연변이(예: 극성 아미노산이 다른 극성 아미노산으로 치환됨).

neutralization(중화) 특이 면역글로불린이 독소나 바이러스에 결합하여 그들의 생물학적 활성을 억제하는 것.

neutrophil(호중구) 과립구 계열의 성숙한 백혈구. 핵은 3~5개의 엽(lobe)으로 나뉘어져 있고 식세포작용이 왕성함.

neutrophile(호중성미생물) 중성 pH 5.5~8.0에서 최적의 성장을 보이는 미생물.

next-generation nucleotide sequencing(차세대 DNA 염기서열분석법) 우선적인 유전체 도서관 구축 없이 재빠르게 유전체 서열분석을 하는 방법론. 유전체 DNA 조각들은 고체 기질에 고정되고, 각각의 조각은 동시에 또는 대량 병렬 방식으로 염기서열분석이 이뤄짐.

nicotinamide adenine dinucleotide, NAD^+(니코틴아미드 아데닌 다이뉴클레오티드) 전자운반 조효소. 특히 이화작용에 중요하며 보통 전자원으로부터 전자전달사슬로 전자를 운반.

nicotinamide adenine dinucleotide phosphate, $NADP^+$(니코틴아미드 아데닌 다이뉴클레오티드 인산) 생합성 물질대사에서 전자운반체로 가장 많이 참여하는 전자운반 조효소.

nitrification(질화작용) 암모니아가 질산염으로 산화되는 것.

nitrifying bacteria(질화세균) 암모니아를 질산염으로 혹은 질산염을 아질산염으로 산화시키는 Proteobacteria 문의 여러 과에 속하는 화학무기영양세균.

nitrogen fixation(질소고정) 대기 중에 있는 질소분자가 암모니아로 환원되는 대사과정으로, 질소고정 세균과 고균에 의해 수행됨.

nitrogenase(질소고정효소) 생물학적 질소고정 과정을 촉매하는 효소.

nocardioforms(노카디아형) 노카디아 속의 구성원과 유사한 세균. 간균과 구균체로 쉽게 분해되는 기저균사체를 만듦.

Nod factors(혹인자) 리조비움(rhizobium)의 숙주식물에서 유전자 발현을 변화시키는 신호 화합물.

NOD-like receptors, NLRs(NOD유사 수용체) 뉴클레오티드 결합-올리고머화 영역(NOD) 수용체와 유사한 수용체로서 내인성 대사산물을 감지하고, 미생물연관 분자패턴과 위험연관 분자패턴에 반응하여 염증 사이토카인의 생산을 조절.

nomenclature(명명법) 공표된 규칙에 따라 분류된 그룹에 이름을 부여하는 분류학의 일종.

noncompetitive inhibitor(비경쟁적 억제제) 효소의 활성부위에 결합하지 않는 기전에 의해 효소 활성을 억제하는 화학물질.

noncyclic photophosphorylation(비순환적 광인산화) 산소발생 광합성에서 물에서 $NADP^+$로 전자가 이동할 때 빛에너지를 이용해 ATP를 생성하는 과정. 제1광계와 제2광계 모두 관여함.

nonenveloped(naked) virus(외피비보유 바이러스) 외피가 없는 바이러스로, 뉴클레오캡시드로만 구성된 비리온을 갖음.

nonheme iron protein(비헴철 단백질) 전자전달사슬 참조.

Nonhomologous end joining, NHEJ(비상동말단연결) 2개의 선형염색체 조각들이 서열 상동성이 없음에도 불구하고 나타나는 유전체 수선현상.

nonsense(stop) codon(정지코돈) 아미노산을 암호화하지 않으며 단백질 합성을 종료하는 신호가 되는 코돈.

nonsense mutation(정지돌연변이) 센스코돈(아미노산을 암호화하는 코돈)을 정지코돈(종결코돈)으로 변환시키는 돌연변이.

nonstructural proteins(비구조 단백질) 바이러스 캡시드를 구성하지 않는 바이러스 단백질(예: 복제에 필요한 효소).

nosocomial infection(병원내 감염) 의료관련 감염(healthcare-associated infection) 참조.

nuclear envelope(핵막) 진핵세포핵의 바깥쪽 경계를 형성하는 이중막 구조. 핵 안팎으로 물질이 통과할 수 있는 작은 구멍인 핵공으로 덮여 있음.

nuclear pore complex(핵공복합체) 핵공과 약 30종의 단백질이 구멍을 형성하며 핵막을 통한 물질이동에 관여.

nucleocapsid(뉴클레오캡시드) 바이러스의 핵산과 이를 둘러싼 캡시드로 구성. 비리온 구조의 기본 단위.

nucleoid(핵양체) 세균과 고균에서 유전물질이 함유된 불규칙한 모양의 부위.

nucleoid occlusion(핵양체 폐쇄) 이분법 동안 격막의 미성숙 형성을 방지하기 위해 많은 세균이 사용하는 기작.

nucleoid-associated protein, NAP(핵양체-연관 단백질) 핵양체에서 구조적인 역할을 하여 염색체 구조에 기여하는 단백질.

nucleolus(인) 핵내에 존재하는 막으로 둘러싸여 있지 않은 세포소기관으로, 리보솜 RNA가 합성되고 리보솜 소단위가 조립되는 장소.

nucleoside(뉴클레오시드) 리보오스 또는 데옥시리보오스와 퓨린 또는 피리미딘 염기와의 결합체.

nucleosome(뉴클레오솜) 진핵세포의 염색질과 일부 고균에서 볼 수 있는 히스톤과 DNA의 복합체. 구슬처럼 생긴 히스톤 복합체 표면을 DNA가 둘러싸고 있음.

nucleotide(뉴클레오티드) 피리미딘이나 퓨린 염기가 인산, 그리고 리보오스 또는 데옥시리보오스와 결합하고 있는 분자. 뉴클레오시드에 하나 또는 그 이상의 인산이 첨가된 분자.

nucleotide excision repair(뉴클레오티드 절제수선) 절제수선(excision repair) 참조.

nucleotide-binding and oligermization domain (NOD)-like receptors(뉴클레오티드결합 및 올리고머화 영역유사 수용체) 미생물 및 손상연관 분자패턴 분자의 세포내 센서.

nucleus(핵) 염색체를 함유하는 진핵세포에 존재하는 이중막으로 둘러싸인 세포소기관.

numerical aperture(개구수) 얼마나 많은 빛이 들어 올 수 있고, 얼마나 높은 해상도를 제공할 수 있는가를 결정하는 현미경 렌즈의 특성.

O

O antigen(O 항원) 일부 그람음성 세균의 세포벽 외막으로부터 돌출되어 있는 지질다당체.

obligate aerobe(절대산소요구성생물) 산소가 있는 환경에서만 성장하는 생물.

obligate anaerobe(절대산소비요구성생물) 산소에 노출되었을 때 버티지 못하고 죽는 미생물.

obligatory(절대적) 세균의 생장에 필수적인 상호작용 또는 조건을 뜻하는 용어.

ocean acidification(해양 산성화) 탄산염 평형 시스템의 변화로 인한 해수의 pH 감소.

oceanography(해양학) 해양의 생물학적, 화학적, 물리적 측면을 연구하는 학문.

oil and grease, O&G(오일 및 그리스) 폐수 시스템에서 정량화되는 총 유기탄소의 한 구성요소.

Okazaki fragment(오카자키 절편) 불연속적인 DNA 복제 동안 생성된 짧은 길이의 폴리뉴클레오티드.

oligonucleotide(올리고뉴클레오티드) DNA 서열분석이나 중합효소연쇄반응과 같은 수많은 분자학적 유전체 기술들에 사용되는, 보통 인공적으로 합성되는 짧은 DNA 또는 RNA 조각.

oligonucleotide signature sequence(올리고뉴클레오티드 서명서열) 분류학적으로 구별되는 그룹의 구성원에 공통적으로 있는 특이적인 짧은 뉴클레오티드서열. 작은 소단위 rRNA 분자에 있는 서명서열이 가장 보편적으로 사용.

oligotroph(빈영양생물) 영양물질이 부족한 환경에서 살아가는 생물.

oligotrophic environment(빈영양 환경) 미생물 성장을 지원하는 영양소가 낮은 수준으로 포함된 환경.

oocyst(낭포체) 일부 원생동물의 접합자 주위에 형성되는 피낭(cyst).

öomycetes(난균류) 물곰팡이라고 알려져 있는 원생생물의 총체적인 이름. 이전에는 곰팡이로 생각함.

open reading frame, ORF(열린번역틀) 종결코돈에 의해서 가로막혀 있지 않고, 분명한 프로모터와 5′ 끝에 리보솜 결합 부위, 3′ 끝에 종결자가 있기 때문에 단백질을 암호화하고 있는 DNA 서열.

operational taxonomic unit, OTU(조작분류단위) 계통수를 만드는 데 사용되는 모든 종류의 데이터를 포함하는 용어로 종, 균주 및 아직 배양하지 못하는 생명체로부터 얻은 유전체 서열 등이 포함.

operator(작동자) 억제단백질이 결합하는 오페론의 DNA 부분. 인접한 유전자의 발현을 제어함.

operon(오페론) 세균에서, 프로모터와 하나 이상의 구조유전자, 종종 발현을 조절하는 작동자 또는 활성자 결합부위를 포함하는 DNA의 염기서열.

opportunistic microorganism or pathogen(기회감염 병원체 또는 기회감염 미생물) 보통은 자유롭게 살거나 숙주의 정상적인 미생물상이지마 숙주의 면역성이 약화되는 등의 특정상황이 될 경우 질병을 야기하는 병원체가 되는 미생물.

opsonization(옵소닌화) 식세포가 더욱 잘 인식할 수 있도록 외래물질을 항체나 보체단백질, 피브로넥틴 등으로 덮어 싸는 것.

optical tweezer(광학 핀셋) 복잡한 미생물 복합체로부터 초점을 맞춘 레이저 광선을 이용해 특정 미생물을 끌어내 분리하는 것.

organelle(세포소기관) 세포의 내부 또는 표면에 존재하는 특정 기능을 담당하는 구조. 세포소기관과 세포의 관계는 기관과 신체의 관계와 유사.

organic soil(유기질토) 유기탄소가 최소 20% 포함된 토양.

organoheterotroph(유기종속영양생물) 생합성을 위한 탄소와 전자의 공급원으로 환원된 유기물을 사용하는 생물.

origin of replication(복제원점) DNA 복제가 시작되는 염색체 또는 플라스미드의 한 부분.

origin recognition complex, ORC(복제원점 인식 복합체) 진핵생물 염색체에서 복제원점을 표시하는 6개의 단백질로 이루어진 복합체.

orthologue(이종상동유전자) 공통조상을 공유하는 여러 다른 생물들의 유전체에서 발견되는 유전자. 이종상동유전자의 생성물은 유사한 기능을 가질 것으로 추정.

osmophiles(호삼투생물) 고염도 배지의 표면이나 내부에서 최적의 성장을 보이는 미생물.

osmotolerant(내삼투성) 꽤 넓은 범위의 수분 활성도 또는 염도에서 성장하는 생물.

osmotrophy(삼투영양) 세포질막을 통해 가용성 영양물질을 흡수하는 영양형태의 하나로 세균, 고균, 곰팡이 및 일부 원생생물에서 발견.

Öuchterlony technique(아우터로니 기술) 이원면역확산법(double diffusion agar assay) 참조.

outbreak(집단발병) 특정 집단내에서 급작스럽고 예기치 않은 질병이 발생하는 것.

outer membrane(외막) 전형적인 그람음성 세균 세포벽의 펩티도글리칸 층 바깥에 위치하는 막.

outer membrane vesicle, OMV(외막소낭) 그람음성 세균의 외막에 있는 구형 부분으로 세포로부터 떨어져나감. 단백질, 독소 및 핵산을 운반.

oxazolidinones(옥사졸리디논) 5개의 이종 고리가 있는 합성 항생제로 단백질 합성을 억제.

oxidation-reduction(redox) **reactions**(산화환원 반응) 전자전달에 관여하는 반응. 전자공여체(환원제)가 전자수용체(산화제)에게 전자를 줌.

oxidative burst(산화적 폭발) 호흡 폭발(respiratory burst) 참조.

oxidative phosphorylation(산화적 인산화) 화학에너지원의 산화로 시작하는 전자전달 과정 중에 만들어진 에너지를 이용하여 ADP로부터 ATP를 합성하는 것.

oxygenic photosynthesis(산소발생 광합성) 물을 산화시켜 산소를 발생하는 광합성으로 식물과 원생생물, 남세균에 의해 수행되는 광합성 형태.

P

palisade arrangement(울타리배열) 꺾기 분열 후 세포가 부분적으로 부착된 채로 남아있는 세균의 각진 배열.

pandemic(팬데믹, 범세계적 질병) 광범위한 지역에서 집단적으로 발병하는 질병(종종 전 세계적 전염병으로 불림).

Paneth cell(파네트세포) 가수분해효소와 항미생물 단백질 및 펩티드를 분비하는 창자의 특화된 상피세포.

pan-genome(범유전체) 다른 분류학적 집단 또는 단일 종에 속하는 모든 균주들에서 발견되는 유전자 모음.

paralogues(동종상동유전자) 공통조상 유전자의 복제를 통하여 발생되는 단일 생물의 유전체에 있는 여러 유전자. 동종상동유전자의 생성물은 꽤 다른 기능을 가질 것으로 예상.

parasite(기생체) 다른 생명체(숙주)의 외부 또는 내부에 살면서 자신은 이익을 얻고 숙주에게는 해를 끼치는 생명체. 종종 기생체는 숙주로부터 영양분을 얻음.

parasitism(기생) 한 생명체가 다른 생명체로부터 이익을 얻고 숙주는 보통 해를 입는 일종의 공생.

parasporal body(부포자소체) *Bacillus thuringiensis*에 의해 만들어지는 세포내 고체 단백질 결정. 세균성 살충제 Bt의 기반.

parfocal(동초점) 대물렌즈가 바뀌어도 적절한 초점을 유지하는 현미경.

particulate organic matter, POM(입자성 유기물) 일반적으로 수 생태계와 관련되어서 녹지 않는,

즉 용해되지 않는 영양소. 여기에는 노화나 바이러스에 의한 용해 후의 미생물과 미생물 세포 파편이 포함.

passive diffusion(수동확산) 무작위한 결교란 결과로 인해 분자가 고농도에서 저농도로 물질이 이동하는 현상.

pasteurization(파스퇴르살균법) 부패나 질병을 유발할 수 있는 미생물을 파괴하기 위해 용액을 가열하는 방법.

pathogen(병원체) 질병을 일으키는 모든 생물.

pathogenicity island(병원성 섬) 일부 병원체에 있는 독성과 연관된 유전자를 포함하는 DNA 조각. 이 DNA 부위는 종종 독성 단백질을 분비하여 숙주세포에게 해를 입히는 제3형 분비계를 암호화.

pathogenicity(병원성) 병원성이 될 조건이나 질, 또는 질병을 일으킬 수 있는 능력.

pattern recognition receptor, PRR(패턴인식 수용체) 대식세포 및 다른 식세포에서 발견되는 수용체로서 미생물 표면에 있는 미생물연관 분자패턴과 결합.

PCR bias(PCR 편향) 유전자나 유전체를 PCR로 먼저 증폭한 뒤에 미생물 집단을 분석할 경우 얻게 되는 가공되거나 잘못 유도된 결과. 이는 모든 DNA 또는 RNA가 동일한 속도로 증폭되지 않기 때문에 발생.

pelagic zone(원양대) 해안 지역의 사건이나 영양분에 의해 영향을 받지 않는 호수나 바다의 중앙 지역.

pellicle(펠리클, 피막) (1) 많은 원생생물의 원형질막 바로 아래에 존재하는 단백질로 이루어진 비교적 단단한 층. 원형질막도 때로 펠리클의 일부로 취급. (2) 공기와 액체 경계면에서 형성되는 생물막.

penicillin(페니실린) β-락탐 고리를 포함하고 있는 항생제. 임상학적으로 사용된 최초로 발견된 항생제.

penicillinase(페니실린분해효소) 페니실린의 활성 성분을 분해하는 β-락탐분해효소.

pentose phosphate(hexose monophosphate) pathway [5탄당인산(6탄당일인산) 경로] 포도당 6-인산을 리불로오스 5-인산으로 산화하고 이를 다시 3탄당에서 7탄당에 이르는 다양한 당으로 전환하는 해당과정.

peplomer, spike(페플로머, 스파이크) 바이러스 외피에서 뻗어 나온 단백질 또는 단백질 복합체로서 비리온이 숙주세포의 표면에 부착하는 데 중요함.

peptide interbridge(펩티드 연결다리) 일부 세균의 펩티도글리칸에서 테트라펩티드 사슬들을 연결하는 짧은 펩티드사슬.

peptidoglycan(펩티도글리칸) *N*-아세틸글루코사민과 *N*-아세틸뮤람산이 교대로 연결된 큰 중합체. 하나의 다당류 사슬은 *N*-아세틸뮤람산에 부착된 테트라펩티드들 간의 연결을 통해 서로 연결. 이는 세균세포벽의 견고성을 더 강화시킴. 뮤레인(murein)이라고 함.

peptidyl or donor site, P site(공여자리, P 자리) 단백질 합성 중 신장주기의 시작 부분에서 펩티딜-tRNA를 포함하는 리보솜 부위.

peptidyl transferase(펩티드전이효소) 단백질 합성에서 펩티드전이반응을 촉매하는 리보자임. 이 반응에서 아미노산이 성장하는 펩티드사슬에 추가됨.

perforin(퍼포린) 세포독성 T 림프구와 자연살해세포가 그랜자임(granzyme)과 더불어 분비하는 구멍 형성 단백질.

peripheral membrane protein(주변 막단백질) 원형질막(plasma membrane) 참조.

peripheral tolerance(말단관용) 자기반응 B 세포와 T 세포가 각각 골수나 흉선 이외의 신체 조직에서 억제되는 과정.

periplasm(주변세포질) 주변세포질 공간을 채우고 있는 물질.

periplasmic flagella(주변세포질 편모) 외피 아래에 있는 편모로 스피로헤타 세포의 양쪽 끝에서 뻗어 나와 중앙에서 중첩되어 섬유를 형성. 또한 축 원섬유, 축 섬유 및 내편모라고 부르기도 함.

periplasmic space(주변세포질 공간) 그람음성 세균에서 원형질막과 외막 사이의 공간, 그리고 그람양성 세균에서는 원형질막과 세포벽 사이 공간. 일부 고균의 원형질막과 세포벽 사이에서도 이와 유사한 공간이 관찰됨.

peristalsis(연동운동) 소화된 음식과 노폐물을 장을 통해 이동시키는 장 근육의 수축 운동.

peritrichous(주모성) 편모가 세포 표면에 두루 분포하고 있는 세포.

peronosporomycetes(페로노포자균류) Stramenopila의 아그룹인 난균류(öomycetes)의 새로운 이름으로, 증식할 때 커다란 난세포를 형성하는 특징.

peroxidase(페록시다아제, 과산화효소) 과산화수소을 해독하는 효소.

persisters(생존자) 항생제에 대해서 내성을 가지는 집단내의 미생물세포 변이체.

Peyer's patches(페이에르판) 소장에 있는 고도로 조직화된 림프조직.

phage(파지) 박테리오파지(bacteriophage) 참조.

phagocytic vacuole(식포) 식세포작용을 하는 세포에서 생성되는 막으로 둘러싸인 소포(vacuole). 원형질막이 함입하여 생성되며 고형물질을 함유.

phagocytosis(식세포작용) 세포가 큰 입자를 식포(파고솜)로 둘러싸 집어삼키는 세포내흡입 과정.

phagolysosome(파고리소좀) 파고솜(phagosome)과 리소좀(lysosome)이 융합하여 만들어진 소포.

phagosome(파고솜) 세포내흡입 작용 중에 세포막이 함입되어 만들어지는 막으로 둘러싸인 소포.

phase variation(위상변이) 변화하는 환경에 반응하여 급속한 유전적 변화를 촉진하는 가역적 박테리아 과정.

phase-contrast microscope(위상차현미경) 굴절률과 세포 밀도의 미세한 차이를 쉽게 관찰할 수 있는 조도의 차이로 바꾸어주는 현미경.

phenetic system(표현론적 분류체계) 관찰 가능한 특징의 유사성에 근거하여 생물을 분류하는 분류체계.

phenol coefficient test(페놀계수법) 세균에 대한 소독제의 효능을 페놀의 소독 효능과 비교하는 측정 방법.

phenotype(표현형) 하나의 개체에서 관찰 가능한 특징.

phenotypic rescue(표현형 복구) 숙주세포의 유전적 결함을 보완하는 능력에 기초한 복제 유전자의 식별.

phosphatase(인산분해효소) 분자에서 인산을 제거하는 가수분해 반응을 촉매하는 효소.

phosphoenolpyruvate:sugar phosphotransferase system, PTS(포스포에놀피루브산:당 인산기 전달효소계) 많은 세균들이 사용하는 작용기 전달시스템. 당 분자가 세포 안으로 운반될 때 고에너지 인산결합이 이 운반에 연료를 공급하며, 인산기가 당에 공유결합하여 당을 변형시킴.

phosphorelay system(연속인산전달체계) 한 단백질에서 다른 단백질로 인산염을 전달하는 데 관여하는 단백질 집합. 종종 단백질 활성이나 전사를 조절하는 데 사용됨.

photic zone(조광대) 수면으로부터 광합성 속도와 호흡 속도가 같아지는 깊이까지의 빛이 비치는 수중 서식지 영역.

photoautotroph(광독립영양생물) 광무기독립영양생물(photolithoautotroph) 참조.

photobiont(광생물체) 지의류에 있는 광합성 원생생물 또는 남세균 파트너.

photolithoautotroph(광무기독립영양생물) 빛에너지, 무기 전자공급원(예: H_2O, H_2, H_2S) 그리고 탄소원으로 CO_2를 사용하는 생물. photolithotrophic autotroph 또는 photoautotroph라고도 함.

photoorganoheterotroph(광유기종속영양생물) 빛에너지, 유기 전자공급원 그리고 탄소원으로 유기분자를 사용하는 미생물. photoorganotrophic heterotroph라고도 함.

photophosphorylation(광인산화) 빛에너지 흡수를 통해 얻은 에너지를 이용하여 ADP로부터 ATP를 합성하는 것.

photoreactivation(광회복) 광회복효소가 파란색광을 사용하여 DNA의 티민 이량체를 수선하는 과정.

photosynthate(광합성 산물) 광영양생물에서 새어나오는 영양물질로서 미생물이 이용할 수 있는 용해성 유기물을 이름.

photosynthesis(광합성) 빛에너지를 포획하여 화학적 에너지로 변화(광반응)하고, 이를 이용해 CO_2를 환원하고 유기분자로 합성하는 과정(암반응).

photosystem I(제1광계) 진핵세포와 남세균에 있는 광계로, 광합성 중 680 nm 이상의 긴 파장의 빛을 흡수하여 에너지를 엽록소 P700에 전달. 순환적 광인산화와 비순환적 광인산화에 모두 관여.

photosystem II(제2광계) 진핵세포와 남세균에 있는 광계로, 광합성 중 680 nm 이하의 짧은 파장의 빛을 흡수하여 에너지를 엽록소 P680에 전달. 비순환적 광인산화에만 관여.

phototaxis(주광성) 광원에 반응하여 움직이는 특정 광영양 유기체의 능력.

phototrophs(광영양생물) 빛을 에너지원으로 사용하는 생물.

phycobiliproteins(피코빌리단백질) 남세균에서 발견되며, 테트라피롤이 부착된 단백질로 구성되어 있는 광합성 색소.

phycobilisomes(피코빌리솜) 광합성 색소를 포함하는 남세균 막의 입자.

phycocyanin(피코시아닌) 광합성 동안 빛에너지를 가두는데 사용되는 파란색 피코빌리단백질 색소.

phycoerythrin(피코에리트린) 빛에너지를 가두는데 사용되는 적색 광합성 피코빌리단백질 색소.

phycology(조류학) 조류에 관한 학문.

phyletic classification system(계통 분류체계) 계통발생학적 분류체계(phylogenetic classification system) 참조.

phyllosphere(엽권) 식물 잎의 표면.

phylogenetic classification system(계통발생학적 분류체계) 일반적 특징의 유사성보다는 진화적 상관관계에 기초하여 분류하는 분류체계.

phylogenetic tree(계통수) 생명체들의 그룹 간에 존재하는 계통적이고 때로는 진화적인 관계를 보여주는 가지와 마디로 이루어진 나무 모양의 그래프.

phylogenomics(계통유전체학) 유기체의 진화 역사를 결정하기 위해 비교유전체학을 사용하는 것.

phylogeny(계통발생) 종의 진화학적 발달.

phylotype(계통형) 오직 핵산 서열이 가지는 특징으로만 구분되는 분류군. 일반적으로 메타유전체분석 중에 발견.

physical map(물리적 지도) 유전체에서 염색체, 유전자, 또는 제한 핵산중간가수분해효소 인식 부위로 보이는 다른 유전적 요소들의 도표. 특정 유전자와 다른 유전적 요소들(예: 복제원점) 또한 아마 기록될 것임.

phytoplankton(식물성플랑크톤) 광합성을 수행하는 원생생물들과 남세균으로 구성된 부유 광합성 생물들의 집단.

picoplankton(초미세플랑크톤, 극미부유생물) 크기가 0.2~2.0 μm인 미생물 플랑크톤. 남세균 속인 *Prochlorococcus*과 *Synechococcus*가 여기에 속함.

piezophilic(호압미생물) 성장과 생식을 위해 고압을 요구하거나 선호하는 생물을 나타냄.

pili, pilus(선모) 많은 세균, 고균 및 일부 진균이 지닌 가는 털 모양의 단백질 부속체. 세포를 부착하고 운동에도 관여함.

pilin(필린) 선모를 구성하는 단백질 단량체.

planktonic(부유성) 기질에 부착하지 않고 자유롭게 살아가는 미생물을 나타냄.

plaque(플라크, 용균반) 바이러스로 인해 숙주세포들이 사멸되어 나타나는 투명한 부위.

plaque assay(플라크분석법, 용균반검사) 감염성 비리온의 수를 확인하는 데 사용되는 방법.

plaque-forming unit, PFU(플라크형성단위, 용균반형성단위) 플라크분석법의 측정 단위. 일반적으로 하나의 감염성 비리온을 나타냄.

plasma cell(형질세포) 항체를 합성하여 분비하도록 분화된 성숙한 B 림프구.

plasma membrane(원형질막) 세포의 세포질을 둘러싸고 있는 선택적 투과성 막. cell membrane, plasmalemma, 또는 cytoplasmic membrane이라고 부름. 대부분의 세포에서 원형질막은 지질이중층(일부 고균은 지질단일층을 갖고 있음) 및 지질이중층에 묻혀 있는 단백질(내재성 단백질)과 지질이중층 표면에 연결된 단백질(표재성 단백질)로 구성.

plasmalemma(원형질막) 원생생물의 원형질막.

plasmid(플라스미드) 이중가닥 DNA 분자로서 염색체와는 독립적으로 존재하며 복제 가능. 플라스미드는 안정적으로 유전되지만, 세포의 생장과 번식에 반드시 필요한 것은 아님.

plasmodial(acellular) slime mold[변형체성(비세포성) 점균류] 원생생물 Amoebozoa (Myxogastria) 문에 속하는 일원으로 얇은 유동성 다핵 덩어리를 가진 원형질체로 존재. 생활주기의 일부.

plasmolysis(원형질분리) 세포로부터 물이 삼투현상으로 빠져나가는 현상. 세포가 쭈그러들고 세포막이 세포벽에서 분리.

plastid(색소체) 조류와 고등식물의 세포소기관으로 엽록소와 같은 색소를 가지며, 여유 식량을 저장하고 때로는 광합성과 같은 작용을 수행.

plastisphere(플라스틱권) 플라스틱 폐기물에서 발견되는 미생물의 니치(생태적 지위).

pleomorphic(다형성) 세포 또는 바이러스가 단일한 특징적 형태를 가지지 않고 다양한 형태를 가지는 것을 의미.

point mutation(점돌연변이) 단일 염기쌍에만 일어나는 돌연변이.

polar flagellum(극성편모) 길어진 세포의 한쪽 끝에 있는 편모.

polycistronic mRNA(다중시스트론 mRNA) 하나 이상의 암호화 영역을 갖는 mRNA. 오페론이 전사될 때 형성.

polyhistidine tagging, His-tagging(폴리히스티딘 표지) 6개의 연속적인 히스티딘을 단백질에 병합시키는 방법으로, 친화성 크로마토그래피를 통해 단백질 정제가 가능하게 끔하는 방법.

polymerase chain reaction, PCR(중합효소연쇄반응) 적은 양의 DNA로부터 특정 뉴클레오티드서열을 다량 합성하는데 사용되는 생체외 기술. 이는 특별히 열에 안정적인 DNA 중합효소(예: *Taq* 중합효소)와 표적유전자내 특정 서열에 상보적인 올리고뉴클레오티드 프라이머를 채용.

polymorphonuclear leukocyte(다형핵백혈구) 호염구, 호산구 및 호중구를 지칭하는 용어.

polyphasic taxonomy(다면분류) 다양한 표현형과 유전적 정보를 이용하여 분류하도록 개발된 분류학적 접근 방법.

polyprotein(폴리단백질) 폴리단백질이 단백질분해효소에 의해 잘릴 때 방출되는 몇몇 단백질을 포함한 거대한 폴리단백질. 폴리단백질은 종종 양성가닥 RNA 유전체를 가진 바이러스에 의해서 합성.

polyribosome(폴리리보솜) 단일 메신저 RNA를 번역하는 여러 리보솜의 복합체.

porin proteins(포린 단백질) 그람음성 세균의 세포벽 외막에 통로를 형성하는 단백질로서, 이 통로를 통해 작은 분자들이 주변세포질로 이동.

portal of entry(침입문호) 병원체가 최초로 접촉하는 숙주의 체표면.

positive strand(양성가닥) 바이러스 mRNA 염기서열과 동일한 바이러스 핵산가닥.

positive transcriptional control(양성 전사조절) 활성자 단백질이 전사를 조절하는 방식. 활성자 단백질이 유전자의 활성자-결합부위에 결합하면 전사가 증가.

postherpetic neuralgia(대상포진 후 신경통) 대상포진 감염 후에 나타나는 심한 통증.

posttranslational regulation(번역 후 반응) 단백질이 합성된 후에, 인산화나 형태 변화와 같은 구조 변화에 의해 단백질 활성이 변화하는 것.

pour plate(주입평판법) 미생물을 액체 상태의 배지와 섞고 이를 식혀 굳게 함으로써 고체 배양 배지의 내부 및 표면에서 자라는 미생물 집락을 분리한 페트리접시.

prebiotic(프리바이오틱) 프로바이오틱 미생물의 집락화를 강화하기 위해 식품 및 보충제에 첨가되는 화합물.

precipitation(precipitin) reaction(침강반응) 수용성인 항원이 항체와 결합하여 불용성인 침전을 형성하는 반응.

precipitin(침강소) 침강반응에 필요한 항체.

precursor metabolites(전구대사물질) 해당경로, TCA 회로 및 다른 경로의 중간물질로서, 거대분자의 합성에 필요한 단량체 및 기본 물질을 만드는 시작 분자로 작용.

pre-mRNA(mRNA 전구체) 진핵생물에서 RNA 중합효소 II로 만들어진 DNA의 전사물. 여기에 5′-캡과 3′-폴리 꼬리가 첨가되고 인트론이 잘라지는 처리과정을 거쳐 mRNA가 형성.

prevalence rate(유병률) 어떤 집단에서 질병이 시작된 시기와 상관없이 특정 시점에 감염된 감염자의 총수.

primary active transport(1차 능동수송) 능동수송(active transport) 참조.

primary metabolites(1차 대사산물) 활발한 생장기에 생산되는 미생물 대사물질.

primary mRNA(1차 mRNA) mRNA 전구체(pre-mRNA) 참조.

primary producer(1차 생산자) 이산화탄소를 유기물로 만들어 생태계의 새로운 생물량으로 만들어내는 광독립영양생물 또는 화학영양독립생물.

primary production(1차 생산) 광합성 유기체와 화학적 자가영양유기체에 의해 이산화탄소가 유기물에 결합되는 것.

primers(프라이머) 중합효소 연쇄반응(polymerase chain reaction) 참조.

prion(프리온) 단백질 성분으로만 구성된 감염인자. 양이나 염소에서 볼 수 있는 스크래피처럼 다양한 해면양뇌병증을 일으킴.

probiotic(프로바이오틱) 섭취하면 숙주에게 영양적 가치 외에도 건강상 유익을 줄 수 있는 살아 있는 미생물.

prochlorophytes(원녹조생물) 엽록소 *a*와 *b*를 모두 가지고 있지만 피코빌린이 부족한 남세균 그룹.

prodromal stage(전구기) 병에 걸린 것 같은 징조나 증상이 있기는 하되 그 증상이 아직 뚜렷하거나 특징적이지 않아 정확한 진단이 어려운 시기.

production strains(생성된 균주) 원하는 생성물의 높은 수확량을 얻기 위해 만들어진, 산업 현장에서 사용되는 미생물 균주.

professional phagocyte(전문 식세포) 미생물을 탐식하는 3종의 면역세포 중 하나. 호중구, 대식세포 및 수지상세포가 포함.

programmed cell death(세포예정사) (1) 진핵생물의 세포예정사(apoptosis). (2) 일부 세균에서 생장곡선의 사멸기에 세포 수가 감소하는 현상을 설명하기 위해 추정하는 기전. 세포예정사(apoptosis) 참조.

promoter(프로모터) RNA 중합효소가 전사를 시작하기 전에 결합하는 유전자 시작 부분의 DNA 영역.

proofreading(교정) 정확한 제품이 만들어졌는지 확인하기 위해 제품을 확인하는 효소의 능력. 예를 들어, DNA 중합효소는 새로 합성된 DNA를 확인하고 추가 합성 전에 잘못된 뉴클레오티드를 올바른 뉴클레오티드로 교체함.

propagated epidemic(전파성 유행병) 비교적 감염자의 수가 천천히 그리고 장기간 증가했다가 다시 서서히 감소하는 전염병. 주로 감염된 사람이 특정 질병에 민감한 인구 집단에 유입되어, 사람에서 사람으로 병원체가 전염되는 경우에 일어남.

prophage, provirus(프로파지) (1) 일반적으로 숙주염색체에 삽입된 채 용원균내에 잠복하고 있는 상태의 온건성 세균 파지 또는 고균 파지. (2) 잠복성 감염 동안 숙주인 진핵생물세포내에 남아 있는 바이러스의 형태. 또한 숙주의 염색체에 삽입되어 있는 레트로바이러스 유전체를 의미.

prostheca(부속돌기) 성숙한 세포보다는 좁은 원형질막과 세포벽을 함유한 세균 세포의 연장체.

prosthetic group(보결분자단) 효소가 촉매 활성을 나타내는 동안 효소의 활성부위에 단단히 붙어 있는 보조인자.

protease(단백질분해효소) 단백질을 가수분해하는 효소. 또한 proteinase라고 부름.

proteasome(프로테아솜) 진핵생물에서 발견되는 유비퀴틴으로 표지된 난백질을 ATP-의존 처리 과정에 의해 펩티드로 분해하는 큰 원통형의 단백질 복합체. 또한 26S 프로테아솜이라고 부름. 비슷한 단백질 분해기구가 일부 세균과 고균에서 발견.

protein disulfide isomerase, PDI(단백질 이황화물 이성질화효소) 폴리펩티드가 기능적 형태로 접힐 때 이황화 결합 형성을 촉매하는 주변세포질 효소.

protein modeling(단백질 모델링) 단백질의 3차원 구조를 예측하기 위해 디자인된 소프트웨어를 사용하여 단백질의 아미노산 서열을 분석하는 과정.

proteome(단백질체) 생물이 생산하는 완전한 단백질 모음

proteomics(단백질체학) 세포성 단백질의 구조와 기능을 연구하는 학문.

proteorhodopsin(프로테오로돕신) 해양 프로테오박테리아에서 처음 발견되었지만 이후에 다양한 미생물에서 발견된 로돕신 분자. 이것은 로

돕신에 의한 광영양성 생장을 가능하게 함. 박테리오로돕신(archaerhodopsin) 참조.

protist(원생생물) 단세포로 되어 있는 진핵세포로 조직으로의 세포분화가 결핍되어 있음. 많은 화학유기영양 원생생물은 원생동물로, 많은 광영양성 원생생물은 조류라고 부름.

protistology(원생생물학) 원생생물을 연구하는 학문.

protomer(프로토머) 바이러스 캡시드를 구성하는 각각의 소단위. 프로토머가 모여 캡소머가 됨.

proton motive force, PMF(양성자구동력) 양성자기울기와 막전하에 의해 발생하는 에너지. ATP 합성 및 기타 과정에 동력으로 사용.

protoplast(원형질체) (1) 세포막과 그 내부에 있는 모든 것. (2) 세포벽이 완전히 제거된 세균세포, 고균세포 또는 진균세포. 모양은 구형이며 삼투압에 민감.

protospacer adjacent motif, PAM(프로토스페이서 인접 모티프) 유전체 편집의 구성성분인 Cas9에 의해 인식되는 뉴클레오티드 서열.

prototroph(원영양체) 자연계에 존재하는 대다수의 다른 개체들과 같은 종에 속하면서 동일한 영양물질을 필요로 하는 미생물.

protozoa(원생동물) 관련이 없는 단세포의 화학유기영양 원생동물의 집단에 대한 일반적인 용어.

protozoology(원생동물학) 원생동물을 연구하는 학문.

provirus(프로바이러스) 프로파지(prophage) 참조.

pseudogene(위유전자) 분해되어 기능이 없는 유전자.

pseudomurein(유사뮤레인) 일부 고균의 세포벽에서 발견되는 복합다당류로서, 펩티도글리칸(뮤레인)과 구조 및 화학적 조성이 유사. 또한 유사펩티도글리칸(pseudopeptidoglycan)이라고 부름.

pseudopodia(위족) 아메바성 원생생물이 이동하고 섭취를 할 수 있게 해주는 비영구적인 세포질 돌기.

pseudopod, pseudopodium(사상위족) 아메바형 원생생물이 이동하고 먹이를 먹는 세포의 비영구적인 세포질 확장.

psychrophile(저온균) 최적 생장 온도가 15℃ 이하이면서 최대 성장 온도가 20℃ 내외인 미생물. 동의어 저온균(cryophiles).

psychrotolerant, psychrotroph(저온발육생물) 최생장온도가 20~30℃, 최대생장온도가 약 35℃인 미생물.

punctuated equilibria(단속평형) 진화는 연속적으로 느리게 진행하지 않으며 환경조건의 급격한 변화에 의해 간헐적으로 종의 분화와 멸종이 빠르게 폭발적으로 일어난다는 화석기록에 기초한 견해.

pure(axenic) culture [순수(무균) 배양체] 단일세포에서 발생하여 동일한 세포들의 집단.

purine(퓨린) 핵산과 그 외 세포구성성분에서 발견되며, 2개의 연결된 고리형 구조를 가진 염기성 질소 함유 분자로서 아데닌과 구아닌이 해당됨.

purple membrane(홍색막) 호염세균의 원형질막에서 박테리오로돕신이 위치하는 부분으로서, 빛에너지를 붙잡아 광합성에 사용함.

purple nonsulfur bacteria(홍색비황세균) α-프로박테리아에 속하는 산소비발생 광합성 세균.

purple sulfur bacteria(홍색황세균) γ-프로테오박테리아에 속하는 산소비발생 광합성 세균.

putrefaction(부패) 미생물의 유기물질 분해. 특히 단백질을 혐기적으로 분해하여 황화수소와 아민 등과 같은 고약한 냄새나는 물질을 생성.

pyelonephritis(신우신염) 요도 감염의 결과로 하나 또는 모든 신장이 감염됨.

pyogenic(화농성) 고름 형성.

pyrenoid(피레노이드) 일부 광합성 원생생물에서 엽록체가 분화되어 만들어진 전분형성의 중심이 되는 부위.

pyrimidine(피리미딘) 핵산과 그외 세포구성성분에서 발견되며, 1개의 고리형 구조를 가진 염기성 질소 함유 분자로 가장 중요한 피리미딘은 티미, 우라실, 시토신.

pyruvate dehydrogenase complex, PDH(피루브산 탈수소효소 복합체) 피루브산의 산화와 탈카르복실 반응으로 아세틸-CoA를 형성하는 반응을 촉매하는 다효소 복합체. 아세틸-CoA는 TCA 회로로 들어감.

pyruvate formate-lyase, PFL(피루브산 포름산 분해효소) 피루브산을 포름산과 아세틸-CoA로 분해하는 효소계. 혼합산 발효를 수행하는 장내세균이 사용.

Q

Q cycle(Q 회로, Q 주기) 전자전달계의 복합체 III에서 막을 통과하는 양성자의 이동과 연관된 과정.

quinine drug(퀴닌약제) 기나나무(cinchona tree)의 껍데기에서 추출한 항미생물 화학요법약제로서, 말라리아 치료제로 사용.

quorum sensing(쿼럼센싱, 정족수인식) 박테리아가 미생물에 의해 방출된 신호 분자(예: *N*-아실호모세린락톤)의 수준을 감지하여 자체 개체군 밀도 또는 다른 박테리아 종의 존재를 모니터링하는 과정. 이러한 신호 분자가 임계 농도에 도달하면 정족수 의존 유전자가 발현됨.

R

radappertization(방사살균) 코발트에서 나오는 감마선을 이용하여 식품에 오염되어 있는 미생물을 제거하는 방법.

radioimmunoassay, RIA(방사성면역검정법) 시료내에 들어 있는 특정 물질(항원 또는 항체)의 농도를 결정하기 위해, 표지되지 않은 표준항원이나 실험시료내 검체 항원을 방사성동위원소 물질로 표지한 순수분리된 항원이나 항체와 경쟁적으로 반응시키는 매우 민감한 방법.

rapid plasmid reagin(빠른 플라스미드 레진) 매독의 빠른 진단법.

rapid sand filters(빠른 모래여과) 식수 정수 과정의 한 단계로서, 모래를 통과하면서 불순물 입자가 제거되는 과정.

rare biosphere(희귀 생물권) 편재하지만 풍부하지는 않은 생명체.

reaction-center chlorophyll pair(반응중심 엽록소 쌍) 빛의 흡수에 의해 활성화되고 관련 전자전달사슬로 전자를 방출하여 광인산화를 통해 에너지 보존을 하는 광계의 두 엽록소 분자.

reactive nitrogen intermediate, RNI(활성질소 매개물질) 하전된 질소 라디칼.

reactive oxygen species, ROS(활성산소종) 산소에서 유래된 유도체로서 초과산화물 라디칼(superoxide radical), 과산화수소(hydrogen peroxide), 단일상태산소(singlet oxygen), 수산화 라디칼(hydroxyl radical)이 해당됨.

reading frame(해독틀) DNA와 mRNA의 뉴클레오티드가 뉴클레오티드 서열에 포함된 메시지를 읽기 위해 코돈으로 그룹화되는 방식.

readthrough(번역초과) 리보솜이 종결코돈을 무시하고 계속해서 단백질을 합성하는 현상. 이는 리보솜이 종결코돈에서 멈추었을 때 합성되는 단백질과는 다른 단백질을 합성.

realm(영역) 세포성 생물의 역과 동일한 바이러스의 가장 높은 분류군.

real-time PCR(실시간 PCR) 형광 표지를 한 증폭된 생성물의 양을 토대로 표본내 주형가닥의 양을 정량적으로 측정하는 중합효소연쇄반응의 한 종류.

RecA DNA 수선과 재조합 과정에서 기능하는 단백질. RecA의 상동 물질들은 생물의 3역 모두에서 발견됨.

receptor-mediated endocytosis(수용체매개 세포내흡입) 세포내흡입(endocytosis) 참조.

receptors(수용체) 신호물질(리간드)과 결합하는 단백질로서, 결합함으로써 세포 반응을 시작함.

recombinants(재조합체) 재조합에 의해 만들어진 개체.

recombinant-vector vaccine(재조합 매개자 백신) 1개나 그 이상이 병원체 유전자를 약독화된 바이러스나 세균에 삽입해 제조하는 백신의 한 종류. 약독화된 바이러스나 세균은 매개자(벡터)의 역할을 하며, 척추동물 숙주에서 복제하고 병원체의 유전자를 발현. 이때 병원체의 항원이 면역반응을 유도함.

recombinase(재조합효소) 부위 특이적 재조합 동안 DNA 단편의 통합 및 절제를 촉매하는 효소.

recombination(재조합) 서로 다른 두 핵산의 유전물질이 합쳐져서 새로운 재조합 염색체가 형성되는 과정. 어떤 경우 핵산은 다른 두 개체에서 유래함.

recombinational repair(재조합수선) 남아 있는 수형이 없을 때 손상된 DNA를 고치는 DNA 수리 과정. 자매염색분체에 있는 DNA 조각을 다른 DNA의 수리에 사용.

red tides(적조) 적색 색소와 독소를 방출하는 와편모류 개체군의 대번식으로 마비성 패류 중독을 일으킴. 유해조류 대번식도 참조.

redox potential(산화환원전위) 화합물이나 시스템이 전자를 수용하는 경향. oxidation-reduction potential이 좀더 공식적인 명칭임.

reducing power(환원력) 임시로 전자를 저장하는 NADH와 NADPH와 같은 분자. 저장된 전자는 CO_2 고정과 단량체(예: 아미노산)의 생산과 같은 동화작용에 사용.

reductive acetyl-CoA pathway(환원성 아세틸-CoA 경로) 메탄생성 세균이 이산화탄소를 고정하기 위하여, 초산생성 세균이 초산을 만들기 위해 사용하는 생화학 경로. 우드-륭달 경로(Wood-Ljungdahl pathway)로도 알려짐.

reductive amination pathway(환원성 아미노화 경로) 암모니아를 받아들이기 위해 많은 미생물이 사용하는 기전.

reductive dehalogenation(환원성 탈할로겐화) 강력한 전자공여 환경을 만들기 위해 산소비요구성 세균이 탄소-할로겐 결합을 깨는 과정.

reductive TCA cycle(환원성 TCA 회로) 일부 화학무기영양생물 및 산소비발생 광영양생물이 이산화탄소를 고정하는 데 사용하는 경로. 이것은 TCA 회로가 역방향으로 진행한다는 점이 가장 중요함. 역 시트르산 회로(reverse citric acid cycle)라고도 불림.

refractive index(굴절률) 한 매질(예: 유리)에서 다른 매질(예: 공기)로 빛이 통과할 때 각 매질이 그 빛의 진행 방향을 바꾸는 정도를 나타내는 단위. 빛이 첫 번째 매질을 통과하는 속도와 두 번째 매질을 통과하는 속도의 비율로 계산함.

regulatory site(조절부위) 다른자리입체성 효소(allosteric enzyme) 참조.

regulatory T cell, Treg(조절 T 세포) 효과 T 세포와 B 세포의 발달을 조절하는 T 세포.

regulon(레귤론) 공통 조절 단백질에 의해 제어되는 유전자 또는 오페론 모음.

remote sensing(원격감지) 위성자료를 모아 지도(분포도) 형태로 변환하는 기술.

replica plating(복제평판법) 비선택배지에서 자란 각각의 집락을 벨벳을 사용하여 선택배지나 환경조건으로 옮긴 후 배양하여 집단으로부터 돌연변이체를 검출해내는 방법.

replicase(복제효소) RNA 바이러스의 유전체를 복제하기 위해 사용되는 RNA 의존 RNA 중합효소.

replication(복제) 부모 DNA(또는 바이러스 RNA)의 정확한 사본이 부모 분자를 주형으로 사용하여 만들어지는 과정.

replication fork(복제분기점) DNA가 복제되는 Y자형 구조.

replicative form, RF(증식형) 새로운 유전체 복사본과 mRNA 합성에 사용되는 단일가닥 바이러스 유전체로부터 형성되는 이중가닥 핵산.

replicative transposition(복제전이) 트랜스포존의 복제가 원래 위치에 남아 있는 전이 방법임.

replicon(복제단위) 복제원점을 포함하며 DNA가 복제되는 유전체의 단위.

replisome(리플리솜) 2개의 딸염색체를 형성하기 위해 DNA 이중나선을 복제하는 큰 단백질 복합체.

repressible gene(억제유전자) 작은 분자가 있을 때 수준이 떨어지는 단백질을 암호화하는 유전자. 유전자산물이 생합성 효소인 경우 소분자는 종종 이것이 기능하는 대사 경로의 최종산물임.

repressor protein(억제자 단백질) 억제자 결합부위에 결합하여 전사를 억제할 수 있는 단백질

reservoir(보균소, 보유체) 병원성 생물이 존재하는 위치, 숙주 및 운반체로서 다른 개체를 감염시킬 수 있는 감염원으로 작용.

reservoir host(저장숙주) 병원체에 감염되어서 사람도 감염시킬 수 있는 사람 이외의 생물.

residual body(잔여소체) 내용물을 소화시킨 리소좀에서 만들어짐. 이것은 소화되지 않은 물질을 지니고 있음.

resolution(해상력) 아주 가까이 위치하고 있는 작은 물체들을 구분할 수 있는 현미경의 능력.

respiration(호흡) 외인성이거나 외부로부터 유래한 전자수용체를 이용해 에너지 기질이 산화되면서 에너지를 생성하는 과정.

respiratory burst(호흡 폭발) 활성화된 식세포가 산소 소비를 높일 때 일어나는 호흡 활성의 증가로 인해 파고리소좀 내부에 활성산소산물이 만들어짐.

response regulator(반응 조절자) 2인자 신호전달체계(two-component signal transduction system) 참조.

restriction(제한작용) 바이러스의 감염에 대항하여 세포를 지키기 위해 세균이 사용하는 방법. 숙주 제한 작용이라고도 불리며, 이는 바이러스 DNA를 자르는 효소에 의해서 달성됨.

restriction endonuclease, REs(제한핵산중간가수분해효소) 특정 뉴클레오티드 서열에서 DNA를 절단하는 세균 세포에 의해 생산되는 효소. 바이러스 감염으로부터 세균을 보호하기 위해 진화했으며 유전공학에 사용됨.

restriction fragment length polymorphism, RFLP(제한효소 단편길이 다형성) 내부핵산분해효소로 절단할 때 생성되는 각기 다른 길이를 가지는 DNA 조각. 이 차이는 생명체들 사이의 유전적 유사성을 확인하는 데 사용.

reticulate body, RB(망상체) 숙주세포내에서 성장하고 번식하는 클라미디아 생활사의 세포 형대.

reticulopodia(망상위족) 특정 원생생물에서 볼 수 있는 그물 모양의 위족.

retroviruses(레트로바이러스) 생활사 동안 유전체로부터 DNA 복사본을 형성하고 역전사효소를

지는 RNA 유전체를 가지고 있는 바이러스의 한 집단.

reverse electron flow(역전자 흐름) 일부 화학무기영양생물과 광영양생물이 환원력을 얻기 위해 사용하는 에너지 소비 과정.

reverse transcriptase, RT(역전사효소) 생활사 동안 레트로바이러스와 역전사 DNA 바이러스가 사용하는 다기능 효소. 이에는 RNA 의존성 DNA 중합효소, DNA 의존성 DNA 중합효소, RNA 분해효소 기능이 있다. 이는 단일가닥의 RNA로부터 이중가닥의 DNA를 합성.

reverse vaccinology(역백신학) 백신 개발을 위해 병원체에서 좋은 표적이 될 수 있는 분자를 알아내기 위해 유전체학을 이용하는 것.

reversible chain termination sequencing(가역적-사슬종결 염기서열분석법) 다음 뉴클레오티드-3-인산이 3′ OH에 결합할 수 없도록 작은 분자로 가려놓은 형광표지된 뉴클레오티드를 적용한 차세대 DNA 염기서열분석법 기술. 형광표지된 염기가 결합되어 읽히고 나면, 가려주는 분자는 제거되고, 그로 인해 3′ OH가 노출되어 다음 형광표지된 염기가 병합되고 읽힘. 이러한 과정이 반복적으로 연속해서 이루어짐.

reversible covalent modification(가역적 공유변형) 인산이나 AMP와 같은 작용기를 가역적인 공유결합으로 효소 단백질에 첨가함으로써 효소의 활성을 증가 또는 억제하는 효소조절 기전.

reversion mutation(역돌연변이) 돌연변이된 개체에서 다시 돌연변이가 일어나 표현형이 원래의 야생형으로 돌아가는 것. 2차 돌연변이는 1차 돌연변이와 같은 부위에서 일어남.

rhizobia(뿌리혹형성 세균) 콩과식물의 뿌리에서 공생적인 질소고정 뿌리혹을 형성하는 α-프로테오박테리아에 속하는 세균.

rhizomorph(근상균사속) 일부 균류에 의해 형성되는 거시적인 구조로 개별 세포가 빽빽히 채워진 실 구조. 이는 휴면 상태로 유지되거나 균류 전파 수단으로 사용.

rhizoplane(근면) 식물 뿌리의 표면.

rhizosphere(근권) 식물 뿌리에서 방출되는 물질이 미생물 개체군과 활성을 증가시키는 뿌리 주변 지역.

ribonucleic acid, RNA(리보핵산) 인산이에스테르 결합에 의해 결합된 리보뉴클레오티드로 구성된 폴리뉴클레오티드.

ribosomal frameshifting(리보솜틀이동) 리보솜이 암호화서열에서 번역틀의 위치를 바꾸는 현상으로, 그로 인해 종결코돈에서 멈췄을 때와는 다른 단백질을 합성.

ribosomal RNA, rRNA(리보솜 RNA) 리보솜에 있는 RNA. 리보솜 구조에 기여하며 단백질 합성 기전에도 직접적으로 관여.

ribosome(리보솜) 단백질 합성이 일어나는 세포소기관. mRNA에 있는 정보가 리보솜에서 번역됨.

ribosome binding site, RBS(리보솜 결합부위) 리보솜이 인식하는 mRNA의 뉴클레오티드 서열로, mRNA에서 적절하게 방향을 잡고 적절한 코돈에서 번역을 시작하게 함.

riboswitch(리보스위치) 대사산물이나 다른 작은 분자와 상호작용하는 mRNA 분자의 선도서열에 있는 부위로, 선도서열의 접힘 유형을 바꿈. 일부 리보스위치에서의 이러한 변화는 전사와 번역에 영향을 줌.

ribotyping(리보타이핑) 세균 균주의 종류를 정하기 위해 염색체 DNA에 대한 탐침으로 rRNA의 보존적인 염기서열을 사용하는 것.

ribozyme(리보자임) 촉매 활성을 가진 RNA 분자.

ribulose 1,5-bisphosphate carboxylase/oxygenase, RubisCO(리불로오스-1,5-이인산 카르복실라아제) 캘빈-벤슨 회로에서 CO_2의 동화작용을 촉매하는 효소.

rifamycins(리파마이신) 세균의 RNA 중합효소에 결합하여 전사를 막는 반합성 항세균 약제류.

RNA polymerase(RNA 중합효소) RNA 합성을 촉매하는 효소.

RNA polymerase core enzyme(RNA 중합중심효소) RNA를 합성하는 세균 RNA 중합효소의 일부. 시그마 인자를 제외한 모든 하위 단위로 구성됨.

RNA polymerase holoenzyme(RNA 중합완전효소) 세균 RNA 중합중심효소 + 시그마 인자.

RNA silencing(RNA 사일런싱) 이중가닥 RNA 바이러스에 의한 감염으로부터 보호하기 위해 진핵세포에서 일어나는 반응.

RNA thermometers(RNA 온도계) 온도에 따라 다른 구성을 채택하는 RNA 영역.

RNA world(RNA 세계) 최초의 자기복제적 분자는 RNA였으며, 이것이 최초의 원시적인 세포의 진화로 이어졌다는 이론.

RNA-dependent DNA polymerase(RNA 의존 DNA 중합효소) RNA를 주형으로 사용하여 DNA를 합성하는 효소. 역전사효소로도 불림.

RNA-dependent RNA polymerase(RNA 의존 RNA 중합효소) RNA를 주형으로 사용하여 RNA를 합성하는 효소.

RNA-Seq(전사체 정량분석법) 직접적인 전체 세포 mRNA 염기서열분석법.

rolling-circle replication(회전환 복제) 복제분기점이 원형 DNA 분자를 돌아 움직이면서 DNA를 복제하는 양상으로, 가닥을 풀어내면서 5′ 꼬리를 만듦. 이 꼬리 역시 복사되어 새로운 이중가닥 DNA를 만듦.

root nodule(뿌리혹) 안에 내부공생 질소고정 세균이 들어 있는 뿌리에 붙은 혹 같은 구조.

rough endoplasmic reticulum, RER(조면소포체) 소포체(endoplasmic reticulum) 참조.

S

sac fungi(자낭균류) Ascomycota의 일반명.

sanitization(위생처리) 물건에 있는 미생물 집단을 공중보건 기준에서 안전한 수준으로 감소시키는 것.

saprophyte(부생생물, 정상부패균) 용해된 형태의 죽은 유기영양물질을 섭취하는 생명체로서 주로 분해된 유기물에서 자라남.

SAR11 지구상에서 가장 많은 미생물로, α-프로테오박테리아 계열인 이들은 거의 모두가 해양 생태계에서 발견됨.

satellites(위성체) DNA 또는 RNA만으로 구성된 바이러스 아래 단계의 감염체. 복제를 위해 도움바이러스가 필요함.

scale-up(스케일 업) 산업용으로 중요한 산물을 생산하기 위해 실험실 규모의 작은 시스템을 대량 시스템으로 배양 양을 증가시키는 과정.

scanning electron microscope, SEM(주사전자현미경) 시료의 표면에 전자파를 주사하면서 시료 표면에서 방출되는 전자에 의해 형성되는 상을 얻는 전자현미경.

scanning probe microscope(주사탐침현미경) 예리한 탐침을 움직여가며 시료의 표면 구조를 연구하는 데 사용하는 현미경의 일종(예: 원자힘 현미경과 주사터널링현미경).

scanning tunneling microscope(주사터널링현미경) 주사탐침현미경(scanning probe microscope) 참조.

sclerotia(균핵) 사상성 진균류에 의해 만들어지는 균사의 밀집된 덩어리로 월동할 수 있게 함. 봄에는 이것이 발아하여 또 다른 균사 또는 분생자를 만듦.

Sec system(Sec 분비체계) 세포막을 통해 단백질을 운반하거나 삽입하는 생명의 모든 영역에서 발견되는 체계.

second law of thermodynamics(열역학 제2법칙) 물리적 화학적 과정은 우주(시스템과 그 주위)의 엔트로피가 가능한 최대치로 증가하는 방향으로 진행.

second messenger(2차 전달자) 세포외 신호(1차 전달자)에 반응하여 만들어지는 작은 분자. 신호에 대한 적절한 반응을 일으키는 효과기 분자에 메시지를 전달함.

secondary active transport(2차 능동수송) 능동수송(active transport) 참조.

secondary metabolites(2차 대사산물) 성장이 끝난 후 합성되는 대사산물. 항생제는 2차 대사산물로 간주.

secretion(분비) 세균 세포의 원형질막을 통해 단백질이 수송되는 과정.

secretory IgA, sIgA(분비 IgA) 점막과 연관된 면역글로불린. IgA 참조.

secretory pathway(분비 경로) 진핵세포에서 단백질과 지질이 합성되어 세포소기관이나 세포막으로 분비 또는 전달되는 과정.

sedimentation basin(침강조) 지표수의 정화과정에 사용되는 봉쇄된 용기. 오염물질의 응집을 촉진하기 위한 물질을 첨가한 후, 이들 물질이 침전되어 용기의 바닥에 침전물을 만들 때까지 물을 방치.

segmented genome(분절된 유전체) 몇 부위 또는 조각들로 나누어진 바이러스 유전체로, 이들 각각은 보통 단일 폴리단백질을 암호화.

select agent(생물작용제) 미국에서 제안한 공공에게 큰 피해를 줄 수 있는 생물학적 요인(세균, 바이러스, 독소 등). 이러한 요인을 다루는 실험실은 엄격하게 관리됨.

selectable marker(선택표지) 특정 배지에서의 성장으로 야생형인지 돌연변이 표현형인지 구분할 수 있는 유전자.

selectins(셀렉틴) 세포부착 분자 집단으로 활성화된 내피세포에서 나타남. 셀렉틴은 혈관 내피에 백혈구의 부착을 매개함.

selective media(선택배지) 특정 미생물의 성장을 촉진하는 배양 배지. 비희망 미생물의 성장을 억제함으로써 이는 달성됨.

selective toxicity(선택적 독성) 숙주세포에는 최소한의 손상만을 주면서 미생물 병원체를 억제하거나 죽이는 화학요법제의 능력.

sense codon(센스코돈) 아미노산을 지정하는 코돈.

sense strand(암호나선) 전사 주형으로 사용되지 않는 DNA 가닥.

sensor kinase(감지인산화효소) 2인자 신호전달체계(two-component signal transduction system) 참조.

sensory rhodopsin(감각로돕신) 특정 영역의 빛을 수용하는 미생물 로돕신. 고균로돕신(archaerhodopsin) 참조.

sepsis(패혈증) 감염에 대한 체계적인 일련의 반응. 이러한 반응은 감염의 결과로 다음에 열거한 2가지 이상의 상태를 수반함. 체온 38℃ 이상 또는 36℃ 이하, 심장박동률 분당 90 박동 이상, 호흡률 분당 20호흡 이상 또는 pCO_2 32 mmHg 이하, 백혈구 수 mL^3 당 12,000세포 이상 또는 10% 이상의 미성숙 형태. 패혈증은 또한 병원체나 독소가 혈액과 다른 조직에 존재하는 것으로도 정의됨.

septate hyphae(격벽 균사) 격벽이 있는 사상성 진균의 균사.

septation(격막형성) 세포분열동안 2개의 딸세포 사이에 가로지르는 벽을 형성하는 과정.

septic shock(패혈성 쇼크) 적절한 물 공급에도 불구하고 심각한 저혈압과 연관된 패혈증. 젖산산증, 빈뇨 또는 정신 상태의 갑작스런 변화 등을 포함하는 관류 이상과 함께 올 수 있으나 절대적이지는 않음.

septic tank(정화조) 가정 하수를 정화하는 데 사용되는 수조. 고형 성분은 가라앉고 산소비요구성 세균에 의해 부분적으로 분해된 하수는 천천히 수조를 통하여 밖으로 배출되어 또 다른 정화과정을 거치거나 산소요구성 토양으로 방출됨.

septicemia(패혈증) 혈액내에 병원체 또는 세균 독소가 존재하는 것과 관련된 질병.

septum, septa(격막, 격벽) 세포성 물질을 구분해 주는 칸막이 같은 구조. 격벽은 세포분열시 형성되어 두 딸세포를 나눔. 격벽은 또한 사상성 생물에서 세포를 분리하고, 모세포와 내생포자를 나눔.

sequencing by synthesis(합성에 의한 염기서열분석법) 표지된 뉴클레오티드가 병합됨으로써 뉴클레오티드 서열을 결정하는 DNA 염기서열분석법 기술의 총칭.

serology(혈청학) 혈청내의 여러 성분(예: 항체 또는 보체)을 포함한 생체외(in vitro) 반응에 대해 연구하는 면역학의 한 분야.

serotyping(혈청형분석) 구조나 산물의 항원 성분이 다른 미생물 균주(serovars 또는 serotypes)를 분류하기 위해 사용하는 혈청학적 기술이나 방법.

serovar(혈청학적 변이형) 항원성이 뚜렷하게 다른 미생물의 변이균주.

sessile(고착성) 고체 기질에 부착하는 미생물세포의 성장 방식을 나타냄.

severe acute respiratory syndromes, SARS(심각한 급성호흡기증후군) 코로나바이러스 감염에 의해 발병되는 인간의 질병.

sex pilus(성선모) 세균의 접합에 필요한 단백질 성분의 가는 부속물. 성선모를 가진 세포가 수용세포에 DNA를 공여함.

sheath(껍질, 피복, 따개, 초) 세포를 둘러싸고 있는 텅 빈 관모양의 구조물. 세균의 일부 속에 존재함.

Shine-Dalgarno sequence(샤인-달가노 서열) 작은 리보솜 소단위의 16S rRNA에 있는 서열에 결합하는 세균 mRNA 및 일부 고균 mRNA의 선도서열 부위. 리보솜에서 mRNA의 방향을 잡는 데 도움을 줌.

shuttle vectors(셔틀벡터) 각각 다른 미생물에 의하여 인식될 수 있는 2개의 복제원점을 가진 DNA 벡터(예: 플라스미드, 코스미드). 이러한 벡터는 양쪽 미생물 모두에서 복제 가능.

siderophore(시데로포어, 철운반제) 산화제2철과 복합체를 이루는 작은 분자로서 산화철이 세포막을 통해 세포로 이동하는 것을 도와주어 세포에 철을 공급함.

sigma factor(시그마 인자) 세균의 RNA 중합중심효소가 유전자 시작 부분의 프로모터를 인식하도록 돕는 단백질. 전사인자의 하나.

sign(징조, 징후) 질병이 있는 몸에서 바로 알아볼 수 있는 관찰 가능한 변화(예: 열 또는 반점).

signal 1(신호 1) 항원이 제시세포 표면의 적절한 MHC 분자에 의해 림프구에 제시될 때 일어나는 림프구의 1차 활성화.

signal 2(신호 2) 신호 1에 의해 활성화된 림프구의 활성이 완결되어 효과세포가 되도록 확인하는 것.

signal peptidase(신호펩디드가수분해효소) 원형질막을 통해 수송될 때 폴리펩티드로부터 신호펩티드를 절단하는 막 결합효소.

signal peptide(신호펩티드) 막을 통해 또는 막으로 수송될 예정인 단백질의 아미노산 말단 서열. 단백질 접힘을 지연시키고 Sec 분비체계에 의해 인식됨.

signal recognition particle, SRP(신호인식입자) 번역동시 위치이동 동안 폴리펩티드와 번역리보솜을 Sec 분비체계로 보내는 단백질과 작은 RNA의 복합체.

silage(저장목초) 동물을 위해 맛과 영양을 증진시킨 발효된 목초로 장기간 저장이 가능함.

silent mutation(침묵돌연변이) DNA의 염기서열 변화에도 불구하고 단백질 또는 그 표현형이 변화되지 않은 돌연변이.

simple(cut-and-paste) transposition(단순전이) 전위인자가 한 장소에서 잘려 다른 장소에 연결되는 전위현상.

single nucleotide polymorphism, SNP(단일뉴클레오티드 다형성, 단일염기변이) 특정 집단내 개체들 사이에서 잘 보존되어 있는 유전자 또는 유전적 인자에서 염기 1개의 차이.

single radial immunodiffusion(RID) assay(일원 방사면역확산법) 시험 대상이 되는 항원에 대한 항체를 함유하고 있는 겔에서 항원이 확산됨에 따라 그 항원의 양을 측정하는 면역확산법.

single-cell genomic sequencing(단일세포 유전체 염기서열분석법) 다중전위증폭(MDA) 기술을 통해 많이 복제된 단일 미생물 세포의 유전체를 차세대 기술을 통해 염기서열분석을 하는 방법.

site-directed mutagenesis(특정부위 돌연변이 유도) 부분적인 유전자에서 특정 뉴클레오티드 변이를 일으킬 수 있는 생체외 과정.

site-specific recombination(위치-특이적 재조합) 많은 부위에서 상동성이 없는 두 DNA 분자 사이의 재조합. RecA와는 완전히 다른 재조합효소가 촉매하며, 전위가 일어나는 기전.

skin-associated lymphoid tissue, SALT(피부연관림프조직) 선천면역의 한 부분으로 제1방어선을 형성하는 피부의 림프조직.

S-layer(S층) 다양한 세균과 고균 표면에 존재하는 규칙적인 구조를 가지고 있는 층으로 주로 단백질 또는 당단백질로 이루어짐.

slime(점액) 일부 세균에 의해 생성되는 점액성의 세포외 당단백질 또는 당지질. 점액층(slime layer) 참조.

slime layer(점액층) 고균이나 세균의 세포벽 바깥쪽을 둘러싸고 있는 확산되고 무정형이며 쉽게 제거되는 물질로 이루어진 층.

slime mold(점균류) 딕티오스텔리드 끈적균류(Dictyostelia)와 변형체성 끈적균류(Myxogastria)에 속하는 원생생물들의 일반 명칭.

Small RNA, sRNA(소형 RNA) 전령, 리보솜 또는 전달 RNA로 기능하지 않는 작은 조절 RNA 분자.

small subunit rRNA, SSU rRNA(작은 소단위 rRNA) 리보솜의 작은 소단위에 들어 있는 rRNA. 세균과 고균에서는 16S rRNA이며, 진핵생물에서는 18S rRNA.

smooth endoplasmic reticulum(활면소포체) 소포체(endoplasmic reticulum) 참조.

snapping division(꺾기분열) 세포의 각진 배열 또는 울타리 배열을 초래하는 독특한 유형의 이분법. 아트로박터 및 코리네박테리아 속 구성원의 특징.

soil organic matter, SOM(토양유기물) 토양내의 유기물로서, 영양분 유지, 토양 구조 유지, 식물이 사용할 물의 유지 등에 도움이 되므로 중요.

somatic hypermutation(체세포초돌연변이) T 세포 활성화 후 B 세포에서 높은 비율로 일어나는 항체 암호화 유전자 내의 돌연변이. 이 돌연변이로 인해 높은 결합력과 친화력을 가진 항체가 생성.

sortase(선별효소) 그람양성 세균의 표면 펩티도글리칸에 분비 단백질의 부착을 촉매하는 효소.

sorting signal(선별신호) 펩티도글리칸에 고정하기 위해 선별효소로 단백질을 보내는 일부 그람양성 분비 단백질의 C-말단에 있는 서열.

SOS response(SOS 반응) 광범위하게 DNA가 손상된 세균이 살아남을 수 있도록 하는 복잡한 유도과정. 세포 분열 중지, 다수의 DNA 수선 체계의 상향 조절, DNA 손상통과합성(translesion DNA synthesis)의 유도가 일어남.

specialized transduction(특수 형질도입) 온건성 바이러스에 의해 특정한 종류의 세균이나 고균 유전자 세트만이 수용세포로 이동하는 형질도입과정, 세포의 유전자는 용원성 생명주기 동안에 일어나는 잘못된 프로바이러스의 절제로 획득된다.

species(종) 고등생물의 종은 상호교잡 또는 상호간에 교잡이 가능한 자연개체군으로 생식적으로 분리. 세균과 고균의 종은 공통적으로 유사한 특징이 많으며 다른 균주들과 상당히 다른 특성을 지닌 균주의 집단으로 정의하는 것이 일반적임. 그러나 현재 세균과 고균 종에 대한 최선의 정의가 무엇인가에 대해 많은 논의가 진행되고 있음.

spheroplast(스페로플라스트) 견고한 세포벽 성분을 약하게 하거나 일부를 없앰으로써 형성되는 비교적 둥근 모양의 세포.

spike(스파이크) 페플로머(peplomer) 참고.

spirillum(나선균) 경직된 나선형의 세균.

spirochete(스피로헤타) 주변세포질 편모를 가진 유연한 나선형 박테리아.

spleen(비장) 수명이 다 된 적혈구가 파괴되고 혈액에서 유래된 항원을 포집하여 림프구에 제시하는 기능을 가진 2차 림프기관.

spliceosome(스플라이오솜) 진핵세포에서 RNA 스플라이싱을 수행하는 소형 RNA와 단백질 복합체.

spontaneous generation(자연발생) 생물이 무생물로부터 발생할 수 있다고 믿었던 과거의 신념.

spontaneous mutations(자연발생 돌연변이) 복제의 실수 또는 DNA의 손상으로 일어나는 돌연변이(예: 퓨린결손부위).

sporangiospore(포자낭포자) 포자낭 안에 있는 포자.

sporangium, sporangia(포자낭) 주머니 모양의 구조나 세포로 그 안에 있는 내용물은 하나 또는 여러 개의 포자로 전환.

spore(포자) 열이나 건조 조건 등의 극한환경 상황에의 저항 및(또는) 번식 등을 위해 전파에 사용될 수 있도록 특별하게 분화된 형태. 포자는 대개 단세포로 영양형이나 배우자로 전환. 무성 또는 유성 생식에 의해 생성.

sporozoite(포자소체) 아피콤플렉산(apicomplexan) 원생동물의 운동성과 감염성이 있는 세포체.

sporulation(포자형성 과정) 포자형성 과정.

spread plate(도말평판법) 한천 표면상에 희석한 미생물을 균일하게 나눠 퍼뜨림으로써 미생물 집락의 성장을 분리해내는 고체배양 배지를 가진 페트리접시.

stable isotope analysis(안정적 동위원소 분석법) 환경에서 특정 영양물질이나 화합물의 운명을 확인하기 위해 안정적인 동위원소를 사용하는 것.

stable isotope probing(안정적 동위원소 탐색법) 안정적인 동위원소를 사용하여 영양물질의 순환과 그에 관여하는 미생물을 확인하는 기술.

stalk(줄기) 세포에 의해 생성되어 밖으로 뻗은 세균의 부속기관.

standard free energy change(표준 자유에너지 변화) 보통 온도가 25℃인 표준 상태에 모든 반응물과 생성물이 있을 때 1기압에서 일어나는 반응의 자유에너지 변화.

standard plate counts(표준평판법) 생균수계수법(viable counting methods) 참조.

standard reduction potential(표준 환원전위) 산화환원 반응에서 전자공여체가 전자를 잃는 경향을 나타내는 척도. 화합물의 환원전위가 더 음성일수록 더 좋은 전자공여체.

start codon(개시코돈, 시작코돈) mRNA가 번역될 때 첫 번째 코돈. 번역의 시작 지점.

starter culture(종균배양) 미생물의 혼합물로 구성된 접종원은 상업적 발효를 시작하는 데 사용.

static(정균) 생장을 억제하거나 생장 속도를 늦춤.

stationary phase(정체기) 회분배양에서 집단의 성장이 멈추고 성장곡선이 일정할 때의 미생물 성장 기간.

sterilization(살균, 멸균) 살아 있는 모든 세포, 포자, 바이러스, 바이로이드를 파괴하거나 물건이나 서식지로부터 제거하는 과정.

stickland reaction(스틱랜드 반응) 아미노산은 에너지원으로써 발효에 사용되거나 전자수용체로 사용됨

sticky ends(점착말단) 이중가닥의 DNA에 특정한 제한 핵산중간가수분해효소로 잘라서 만들어지는 상보적인 단일가닥의 끝부분. 이러한 단일가닥의 끝은 재조합 분자를 만들기 위해 새로운 DNA 소삭을 도입될 때 사용됨.

stigma(스티그마) 광주성을 이용하는 일부 원생동물 표면의 빛에 민감한 부위.

stop codon(종결코돈) 정지코돈(nonsense codon) 참조.

strain(균주) 하나의 개체나 순수분리된 개체로부터 나온 자손들의 집단.

streak plate(획선평판법) 접종 백금이를 사용하여 한천 표면상에 미생물 혼합물을 퍼뜨림으로써 분리되어 자란 미생물 집락을 가진 고체 배양배지가 있는 페트리 접시.

streptomycete(스트렙토미세테스) 키타사토스포라(*Kitasatospora*) 및 스트렙토미세스(*Streptomyces*) 속의 G + C 비율이 높은 그람양성균.

strict anaerobes(절대산소비요구성생물) 절대산소비요구성생물(obligate anaerobes) 참조.

stringent response(긴축 반응) 아미노산 부족에 반응하여 tRNA 및 rRNA의 감소 및 특정 아미노산 생합성 효소의 증가.

structural gene(구조유전자) 비조절 기능을 가진 폴리펩티드 또는 폴리뉴클레오티드(즉, rRNA, tRNA)의 합성을 암호화하는 유전자.

structural proteins(구조단백질) 바이러스의 캡시드를 구성하는 단백질.

structural proteomics(구조단백질체학) 다른 단백질과 단백질 복합체의 구조를 예측하기 위해 많은 단백질의 3차원적 구조를 분석하는 학문.

subgenomic mRNA(아유전체 mRNA) RNA 바이러스의 유전자 RNA보다 작은 mRNA.

substrate mycelium(기저균사체) 방선균과 곰팡이, 미생물이 성장하는 표면을 관통하는 균사층.

substrate(기질) (1) 효소가 수행하는 화학 반응에서 반응 분자, (2) 생화학 경로의 첫 번째 분자, (3) 미생물이 생장하는 표면.

substrate-level phosphorylation(기질수준 인산화) 고에너지 유기 분자인 기질이 분해되는 자유에너지방출 반응과 연결되어 ADP를 인산화하여 ATP를 합성하는 과정.

subtyping(서브타이핑) 같은 종내에서 균주들을 동정하는 세균 분류의 한 방법

subunit vaccines(소단위 백신) 전체 감염체로부터 유래한 면역물질(예: 세균의 협막 다당류).

sulfate- or sulfur-reducing bacteria, SRB(황산염, 황환원세균) 호흡 중 말단 전자수용체로 황산염이나 황 또는 둘 다를 사용하여 이화적 황산염 환원을 수행하는 혐기성 세균.

sulfate reduction(황산염 환원) 황산염을 전자수용체로 이용하여 황화물과 같은 환원된 황의 형태로 축적하거나 대개 황화수소기 형태로 황을 유기분자내로 통합시키는 작용.

superantigen(초항원) 일반 항원보다 훨씬 강하게 면역계를 자극하는 세균의 독성 단백질.

superoxide dismutase, SOD(슈퍼옥사이드 디스뮤타아제, 초과산화물 불균등화효소) 유해한 산소 라디칼 초과산화물이 과산화수소와 산소 분자로 전환되는 반응을 촉매하는 효소로서 모든 산소요구성생물, 조건부 산소비요구성생물, 미산소요구성생물에서 발견.

superphylum(싱문) 영역의 하위에, 문의 상위에 위치하는 분류 단위. 하나 또는 그 이상의 독특한 특징으로 묶여지는 여러 문이 포함.

supportive media(지지배지) 많은 다른 미생물 종의 성장을 보조할 수 있는 배양 배지.

suppressor mutation(억제돌연변이) 앞에서 일어난 돌연변이와 다른 부위에서 일어나서 앞의 돌연변이의 영향을 극복한 돌연변이로 정상 표현형을 나타냄. 억제돌연변이는 앞의 돌연변이가 일어난 유전자내의 다른 위치에서 일어나거나(유전자내 억제자) 또는 다른 유전자에서 일어날 수 있음(유전자외 억제자).

Svedberg unit(스베드버그 단위) 침강계수를 표시하는 데 사용하는 단위로 입자의 값이 클수록 원심분리에서 더 빨리 침전됨.

symbiont(공생자) 다른 생명체와 상리공생, 협동관계, 편리공생, 포식, 기생, 편해공생으로 특징지어질 수 있는 특정한 관계를 갖는 모든 생명체.

symbiosis(공생) 서로 다른 두 생명체가 함께 살아가거나 밀접하게 연합되어 있는 것으로 각 생명체는 공생자로 불림.

symbiosome(공생체 구조) 뿌리혹에서 질소를 고정하는 박테로이드가 들어 있는 세포소기관과 유사한 구획.

symport(공동수송) 2가지 물질을 연관시켜 동일한 방향으로 운반하는 것.

symptom(증상) 질병을 앓는 환자가 주관적으로 경험하는 변화(예: 통증, 피로감, 입맛 없음 등). 때로 증상이라는 용어가 관찰되는 모든 표시를 나타내는 넓은 의미로 사용됨.

synbiotic(신바이오틱) 프로바이오틱 미생물의 군집 형성과 건강에 긍정적인 이익을 향상시키고자 첨가하는 화합물이 포함된 식품이나 식품보조제.

syndrome(증상) 질병 증상(disease syndrome) 참조.

syngamy(배우자합체) 반수체 배우자의 융합.

synteny(신테니) 유연관계가 가까운 두 생물의 유전체를 비교했을 때 관찰되는 부분적 또는 완전히 보존된 유전자 서열.

synthetic biology(합성생물학) 산업적으로 중요한 특정 분자의 생산과 같은 독특하고 새로운 가능성을 제시해주는 생물학적 체계(예: 세균 균주)의 구축.

synthetic medium(합성배지) 성분배지(defined medium) 참조.

syntrophism(영양공생) 한 생명체의 생장이 이웃하는 생명체로부터 하나 또는 그 이상의 생장인자나 영양물질의 공급에 의존하거나 그것에 의해 도움을 받는 영양형태. 가끔 두 생명체 모두가 상호이득.

systematic epidemiology(계통역학) 새롭게 출현

하거나 재출현하는 감염성 질환의 발달에 영향을 주는 생태학적 요인과 사회적 요인에 초점을 맞춘 역학의 한 분야.

systematics(계통학, 계통분류학) 개체를 질서정연하게 특징짓고 배열하는 것을 최종 목표로 하는 연구 분야. 종종 분류학과 동의어로 사용됨.

systemic anaphylaxis(전신성 아나필락시스, 전신과민증) 제1형(즉시형) 과민반응으로서 다양한 조직에서 일어나며 결국 쇼크를 일으킴. 치료하지 않으면 종종 치명적임.

systems biology(시스템생물학) 조절 기작과 생리학적 기작을 탐구함으로써 전체적인 생물학적 체계를 이해하기 위해 수학적, 컴퓨터적인 접근법을 적용하는 학문.

systems metabolic engineering(시스템 대사공학) 원하는 생성물의 세포에서의 생산을 최적화하기 위한 *—omic* 기술들(유전체학, 대사공학 등)의 사용.

T

T cell, T lymphocyte(T 세포, T 림프구) 흉선 내부에서 면역 능력이 있는 세포로 성숙하는 림프구의 일종.

T DNA *Agrobacterium tumefaciens* Ti 플라스미드의 일부분으로 숙주식물의 염색체내에 삽입.

T lymphocyte(T 림프구) T 세포(T cell) 참조.

tandem mass spectrometry(직렬 질량분석기) 연속적으로 두 번의 질량분석법을 사용하는 분자 분석법.

Taq polymerase(*Taq* 중합효소) 중합효소연쇄반응에서 사용되는 열에 안정적인 DNA 중합효소.

Tat system(Tat 분비체계) 세균과 일부 고균에서 원형질막을 가로질러 접힌 단백질을 운반하는 데 사용되는 체계. 일부 진핵생물은 엽록체와 미토콘드리아에 Tat 분비체계의 상동체를 가지고 있음.

tautomeric form(호변이성질체, 상호변이이성질체) 이중가닥 DNA에서 수소결합 형태가 번갈아 교체하는 뉴클레오티드 이성질체.

taxon(분류군) 연관된 생물들을 분류하여 모아 놓은 그룹.

taxonomy(분류학) 생물 분류의 과학으로 분류(classification), 명명(nomenclature) 및 동정(identification)의 세 부분으로 구성.

T-cell receptor, TCR(T 세포 수용체) 2개의 항원결합 펩티드 사슬로 이루어진 T 세포 표면에 있는 수용체로 여러 가지 당단백질과 연관. 항원이 MHC와 함께 TCR에 결합하면 T 세포가 활성화.

T-dependent antigen(T 의존 항원) 보조 T 세포의 도움이 있을 때만 B 세포 반응을 활성화하는 항원.

teichoplanin(테이코플라닌) 세포벽 합성을 방해하는 상세균 물질.

teliospores(겨울포자, 동포자) *Ustilaginomycota* 균류가 만드는 이배체 포자.

telomerase(텔로머라아제, 말단소체 합성효소) 진핵생물의 염색체 말단을 복제하는 효소.

telomeres(말단소체) 진핵생물의 염색체 말단에 있는 DNA와 단백질의 복합체.

temperate bacteriophages(viruses) [온건성 박테리오파지(바이러스)] 숙주를 즉시 용균시키지 않고 용원성 상태를 유지할 수 있는 세균 또는 고균의 바이러스.

template strand(주형가닥) DNA 또는 RNA 가닥의 새로운 상보적 가닥의 염기서열을 지정하는 DNA 또는 RNA 가닥.

terminator(종결자) 유전자의 끝을 표시하고 전사를 중지시키는 서열.

testate amoeba(유각아메바) 원생생물 자신이 만들거나 주변에서 모은 물질로 만들어진 껍질을 가지고 있는 아메바.

tetanolysin(테타노리신) 조직 파괴에 관여하는 용혈소로 파상풍균에 의해 만들어짐.

tetanospasmin(테타노스파스민) 파상풍 독소의 신경독소 성분으로 파상풍 근육경련의 원인.

tetracyclines(테트라사이클린) 방선균 속으로부터 분리되었거나 반합성 공정으로 생산된 항생제의 일종으로 공통적인 4개의 고리 구조를 갖는 항생제군.

$T_H0$cell(T_H0 세포) T_H1, T_H17, T_H2 세포의 전구체.

T_H1 cell(T_H1 세포) 감마-인터페론, 인터루킨-2와 종양괴사인자를 분비하는 $CD4^+$ 보조 T 세포.

T_H17 cell(T_H17 세포) 주로 피부, 장 상피에 있으며 세균 침입에 반응하여 IL-17과 IL-22를 방출하여 호중구를 자극하는 T_H 세포.

T_H2 cell(T_H2 세포) IL-4, IL-5, IL-6, IL-9, IL-10, IL-13을 분비하고 B 세포의 생장과 분화에 영향을 미치는 $CD4^+$ 보조 T 세포.

T_H9 cell(T_H9 세포) TGF-β에 노출되는 즉시 T_H2 세포의 특성을 나타내지 않고 그 이후에 IL-9를 생산하는 T_H2 세포.

thallus(엽상체) 뿌리, 줄기 또는 잎이 전혀 없는 형태로 진균의 특징.

thaumarchaeol(타움아케올) *Nitrosphaeria* 속이 가지고 있는 독특한 시크로펜탄 고리를 지닌 지질.

T-helper(T_H) cell(보조 T 세포) CD4 공동수용체를 가지고 있는 T 림프구. 선천면역을 증폭하고, 세포매개 면역반응과 항체매개 면역반응을 촉진.

therapeutic index(치료지수) 약물의 독성 용량과 치료 용량 사이의 비율로 약물의 상대적 안전성을 측정하는 데 사용.

thermoacidophiles(호열호산성균) 산성과 55℃ 이상의 고온의 환경에서 가장 잘 자라는 미생물.

thermocline(변온층, 수온약층) 급격한 온도 기울기가 특성인 물의 층.

thermodynamics(열역학) 하나의 시스템 안에서 에너지 변화를 분석하는 학문.

thermophile(호열성균) 최소 성장 온도는 약 45℃이고, 55℃ 이상에서 성장할 수 있는 미생물.

threshold density(한계밀도, 임계밀도) 질병을 지속적으로 전파하는데 필요한 최소 개체수.

thylakoid(틸라코이드) 엽록체 스트로마에 존재하는 평평한 주머니로 광합성 색소와 광합성 전자전달계가 있음. 남세균(cyanobacteria)의 세포질에서도 비슷한 구조가 발견됨.

thymic selection(흉선선택) 흉선에서 T 세포 전구체의 기능을 평가하는 과정.

thymine(티민) 뉴클레오시드, 뉴클레오티드 및 DNA에 있는 5-메틸우라실의 피리미딘.

thymus(흉선) 생명체의 초기 단계에서 T 세포 성숙을 비롯한 면역기능의 발달에 필요한 기관으로서 가슴에 있는 1차 림프기관.

Ti plasmid(Ti 플라스미드) *Agrobacterium* 속의 세균 중 식물에 병을 일으키는 종에서 발견되는 종양을 일으키는 플라스미드.

T-independent antigen(T 비의존항원) T 세포의 도움 없이 B 세포가 면역글로불린을 생산하도록 유도하는 항원.

toll-like receptor, TLR(톨유사 수용체) 미생물 리간드에 결합했을 때 적절한 반응을 유도하는 대식세포 같은 여러 식세포의 패턴인식 분자(PRM)의 한 종류. 이것은 사이토카인, 케모카인 및 다른 방어 분자의 생산을 자극하는 전사인자인 NFκB의 생산을 유도.

topoisomerase(회전효소, 위상이성질화효소) 하나 또는 두 가닥을 일시적으로 끊음으로써 DNA 분자의 위상을 변경하는 효소. 이들은 DNA 복제 및 전사에서 중요한 역할을 함.

toxemia(독소혈증, 중독증) 숙주의 혈액 내에 존재하는 독소에 의해 유발되는 상황.

toxigenicity(독소생성능) 생명체의 독소 생산 능력.

toxin neutralization(독소중화) 중화(neutralization) 참조.

toxoid(변성독소) 불활성화된 세균의 외독소로 사람이나 동물에 주사하면 항독소 생산을 촉진함.

trace elements(미량원소) 미량영양소(micronutrients) 참조.

trailer(후방서열) 암호화부위의 하류에 있는 유전자 부분. 전사되지만 번역되지 않음.

transaminase(아미노기전달효소) 아미노기전달반응을 촉매하는 효소.

transamination(아미노기전달반응) 아미노산의 아미노기를 α-케토산 수용체에 전달하여 제거하는 것. 아미노기전달반응은 아미노산 분해와 합성에 모두 사용됨.

transcriptase(전사효소) 전사를 촉진하는 효소.

transcription(전사) DNA나 RNA의 주형가닥에 상보적인 염기서열을 가진 RNA가 합성되는 과정.

transcriptome(전사체) 제시된 몇 가지 상황 아래에서 생물의 유전체로부터 전사되는 모든 mRNA.

transcriptomics(전사체학) 시료를 채취하는 시간에 세포에서 발현되는 모든 mRNA를 연구하는 학문.

transduction(형질도입) 바이러스에 의한 세균 또는 고균 사이의 유전자 전달.

transferrin(트랜스페린) 혈청에 있는 철 이온결합 단백질. 병원체의 이용도를 제한.

transfer RNA, tRNA(운반 RNA) 단백질 합성 중 아미노산을 폴리펩티드 사슬에 결합시키기 위해 아미노산에 결합하여 리보솜에 전달하는 작은 RNA.

transformation(형질전환) (1) DNA 조각이 세포에 의해 흡수되어 유전체로 통합되는 세균과 고균의 유전자 전달방법의 한 가지 형태. (2) 재조합 DNA 기술에서 세포에 의해 자유 DNA가 흡수되는 것. (3) 세포가 악성의 암세포로 전환되는 것.

transition mutation(염기전이돌연변이) 돌연변이 부위에 존재하는 퓨린을 다른 퓨린염기로의 치환이나 정상 피리미딘을 다른 피리미딘으로 치환하는 돌연변이.

translation(번역) 단백질 합성. 리보솜 및 기타 세포성분의 도움을 받아 mRNA가 전달하는 유전정보가 폴리펩티드 합성을 지시하는 과정.

translesion DNA synthesis(손상통과 DNA 합성) SOS 반응 동안에 일어나는 DNA 합성의 한 형태. 정상적 주형 없이 일어난 DNA 합성으로 돌연변이가 만들어짐.

translocation(위치이동, 전좌) 단백질 합성의 신장주기 동안, 번역될 다음 코돈 위에 리보솜의 A 부위를 재배치하는 mRNA에 대한 리보솜의 이동. (2) 막을 가로지르거나 막을 통과하는 단백질의 이동.

transmissible spongiform encephalopathies, TSE(전염성 해면양뇌병증) 프리온이 유발하는 퇴행성 중추신경질환으로 뇌가 스펀지 같은 모양이 됨.

transmission electron microscope, TEM(투과전자현미경) 전자파가 시료를 통과할 때 분산되는 전자를 자기렌즈로 모아서 상을 만드는 현미경.

transpeptidation(펩티드전이) (1) 펩티도글리칸 합성 동안 펩티드 가교 결합을 형성하는 반응. (2) 단백질 합성의 신장주기 동안 펩티드 결합을 형성하는 반응.

transposase(전이요소, 전위인자) 이동성 유전 요소의 이동을 촉매하는 효소.

transposition(전이, 전위) 염색체내 또는 염색체 간 DNA 조각의 이동.

transposon(트랜스포존, 전이인자) 이동 유전적 요소 참조.

transversion mutations(교차형 염기전환돌연변이) 퓨린 염기를 정상적인 피리미딘으로 대치시키거나 피리미딘을 정상적인 퓨린 염기로 대치시켜 만들어지는 돌연변이.

tricarboxylic acid(TCA) cycle(TCS 회로) 아세틸-CoA를 CO_2로 산화시키고 산화적 전자전달계로 들어가는 NADH와 $FADH_2$를 만드는 회로. 이 회로는 생합성을 위한 대사전구물질도 제공. 시트르산 회로 또는 크렙스 회로라고 함.

trichocyst(모포) 원생생물의 껍질 밑에 있는 소기관. 이것은 부착 또는 방어 기능을 위해 밖으로 뻗어나올 수 있음.

trichome(모상체) 넓은 면적에 걸쳐 서로 밀착되어 있는 미생물 세포의 섬유.

trickling filter(살수여상, 폐수처리필터) 2차 폐수처리 과정에서 유기오물을 호기적으로 분해하는 미생물막으로 덮인 바위층.

trigger factor, TF(시발 인자) 초기 폴리펩티드의 적절한 접힘을 촉진하는 리보솜 출구자리와 관련된 단백질.

trimethoprim(트리메토프림) 디하이드로엽산 환원효소에 결합하여 엽산의 생산을 방해하는 합성 항생제. 트리메토프림은 활성 영역이 넓고 정세균제임.

trophozoite(영양형, 영양체) 활동성이 있고 운동성이 있는 섭식 상태의 원생동물.

tropism(굴성, 친화성) (1) 살아 있는 생명체가 열, 빛 또는 다른 자극에 대해 가까이 가거나 멀어지는 현상. (2) 특정 숙주 또는 숙주조직에 대한 바이러스의 선택적인 감염. 서로 다른 숙주 또는 숙주의 특정 조직에 있는 바이러스에 대한 특이적 수용체 존재의 결과.

trypanosome(트리파노솜) *Trypanosoma*과 *Leishmania* 속에 속하는 편모를 지닌 원생동물. 트리파노솜은 인간이나 다른 척추동물의 혈액에 기생하며 곤충에 의해 전달됨.

tubercle(결핵결절) 결핵균인 *Mycobacterium tuberculosis*에 의해 만들어지는 작고 둥근 결절.

tuberculous cavity(결핵강) *M. tuberculosis*에 의해 만들어진 결핵결절 병변으로 공기가 차 있는 공간.

tumble(구르기) 편모세균이 직선 이동을 멈추었을 때 무작위로 돌기 또는 구르기를 하는 것.

turbidostat(항탁도조절장치) 일정한 세포 밀도 또는 탁도를 유지하기 위해 배양 용기를 통해 배지 흐름을 조절하는 광전지를 지닌 연속배양체계.

twitching motility(연축운동, 꿈틀운동) IV형 선모의 신장과 수축에 의해 일어나는 짧고 간헐적인 경련성 운동으로 세균의 운동성 중의 한 형태.

two-component signal transduction system(2인자 신호전달체계) 유전자 전사 및 단백질 합성을 제어하기 위해 인산기의 이동을 이용하는 조절체계. 감지인산화효소와 반응 조절 단백질의 2가지로 구성됨.

two-dimensional gel electrophoresis(2차원 겔 전기영동법) 등전점 겔 전기영동법과 SDS-PAGE를 사용하여 단백질을 분리하는 전기영동 과정.

tyndallization(틴들법) 가열과 배양을 반복하여 세균포자를 파괴하는 방법.

type I hypersensitivity(제1형 과민반응) 항원이 비만세포에 부착된 IgE에 결합하여 일어나는 즉시형 과민반응. 히스타민과 같은 아나필락시스 매개물질을 방출(예: 고초열, 천식, 음식알레르기).

type I secretion system, T1SS(I형 분비체계) ABC 단백질 분비 경로 II형 분비체계를 참조. 원형질

막에서 외막을 통해 단백질을 수송하기 위해 프로테오박테리아에서 발견되는 구조.

type II hypersensitivity(제2형 과민반응) 항체가 세포 표면에 존재하는 항원에 결합하여 일어나는 급성 과민반응으로(보체공격이나, 식세포작용 또는 응집반응을 통해) 표적세포를 파괴.

type II secretion system, T2SS(II형 분비체계) 단백질 배출을 위한 프로테오박테리아의 2단계 분비체계. 위선모는 외막을 통한 단백질 이동에 추진력을 제공함.

type III hypersensitivity(제3형 과민반응) 과량의 항원이 항체와 반응하여 일어나는 급성 과민반응으로 이들 항원-항체 복합체는 보체를 활성화시키고 급성 염증반응을 촉발하여 조직손상을 일으킴.

type III secretion system, T3SS(III형 분비체계) 독성인자를 분비하여 숙주세포에 주입하는 그람음성균의 분비체계.

type IV hypersensitivity(제4형 과민반응) 지연성 과민반응으로 항원이 활성화된 T 세포에 결합하여 염증을 일으키고 결국 조직손상을 유발하는 사이토카인을 방출. 제4형 과민반응은 옻에 의한 접촉성 피부염, 나병 그리고 4차 매독에서 관찰됨.

type IV pilus(IV형 선모) 연축운동이나 DNA 유입을 매개할 수 있는 일부 세균의 가는 털과 같은 구조.

type IV secretion system, T4SS(IV형 분비체계) 단백질을 분비하는 그람음성균의 분비체계. 일부 그람음성 및 그람양성균은 이 분비체계를 사용하여 세균 접합 시 DNA를 전달함.

type V secretion system, T5SS(V형 분비체계) 그람음성균에서 Sec 분비체계에 의해 원형질막을 통과한 단백질을 외막으로 통과시키는 경로.

type VI secretion system, T6SS(VI형 분비체계) 그람음성균에서 발견되는 단백질 분비체계로 숙주에 DNA를 주입시키는 일부 박테리오파지가 사용하는 장치와 구조가 유사함.

type VII secretion system, T7SS(VII형 분비체계) 그람양성균에서 발견되는 단백질 분비체계로 세포막을 가로질러 단백질을 분비함.

type IX secretion system, T9SS(IX형 분비체계) Bacteroidota의 2단계 분비체계로 단백질을 세포의 외부 표면으로 수송함.

type strain(기준균주) 명명된 표준인 미생물 종이거나 종 이름을 가지는 미생물 종. 기준균주는 명명법이 바뀌어도 그 종에 남아 있음.

U

ubiquinone(유비퀴논) 전자전달사슬(electron transport chain) 참조.

ultraviolet(UV) radiation(자외선) 약 10~400 nm의 짧은 파장의 고에너지 방사선.

uniporters(단일수송체) 하나의 용질을 막으로 이동하는 수송단백질.

universal phylogenetic tree(보편적 계통발생수) 세균 영역, 고균 영역, 진핵생물 영역 등의 세 가지 영역에 속하는 생물 사이의 진화학적 연관관계를 고려하는 계통수.

uracil(우라실) 뉴클레오티드, 뉴클레오시드 및 RNA에서 있는 피리미딘인 2,4-데옥시피리미딘.

urinary tract infection(요로감염) 요로병원성 대장균에 의해 가장 흔하게 유발되는 방광 감염.

use dilution test(실용희석검사) 권장 희석 농도에서 소독제의 효능을 평가하는 방법.

V

vaccine(백신) 적응면역반응을 유발하기 위해 만들어진 항원과 보강제로서 특정 병원체나 독소로부터 숙주를 보호함.

vaccinomics(백신체학) 백신 개발에 유전체학을 적용하는 것.

valence(결합가) 항원 표면에 있는 항원결정부위의 숫자 또는 항체 분자가 가지고 있는 항원결합부위의 숫자.

vancomycin(반코마이신) 당펩티드 항생제로 펩티도글리칸 합성을 억제하며 그람양성균에만 효과가 있음.

variable(V) region(V_L과 V_H, 가변부위) 면역글로불린 중쇄와 경쇄의 N-말단 부위로서 다른 특이성을 갖는 항체 사이에 아미노산 서열이 서로 다름. 가변부위는 항원결합부위를 형성.

vector(벡터, 매개자) (1) 유전공학에서 복제할 수 있는 DNA 분자로 삽입된 외래 DNA 조각(유전자)을 수용자 세포에 전달. 플라스미드, 파지, 코스미드, 또는 인공 염색체일 수 있음. (2) 전염병학에서, 감염원을 숙주사이로 전달하는 살아 있는 생명체로서 일반적으로 절지동물 또는 다른 동물.

vector-borne transmission(매개자매개 전파) 매개체에 의해 숙주 사이에 감염성 병원체가 전달되는 것.

vehicle(매개체, 운반체) 병원체 운반에 관여하는 무생물체 또는 수단.

vertical gene transfer(수직적 유전자 전달) 유전자가 부모 개체에서 자손에게 이동하는 것.

vertical transmission(수직전파) 병원체가 엄마에서(자궁에서) 태어나지 않은 태아에게 전파되는 것.

vesicular transport(소낭수송) 진핵세포의 세포내 흡입과 분비 경로에서 작은 막으로 싸여진 소포 속 물질이 소포체, 골지체, 리소좀, 세포막 그리고 다른 세포소기관 사이를 이동하는 것.

viable but nonculturable, VBNC(비배양성 생존) 특정 환경에서 생장할 수 있는 것을 알지만 표준실험실 환경에서 배양할 수 없는 미생물.

viable counting methods(생균수계수법) 배양시 미생물의 생식능력에 의존하여 집단의 규모를 판단하는 방법. 표준평판법이라고도 불림.

vibrio(비브리오) 콤마 또는 불완전한 나선 형태로 구부러진 막대 모양 세균.

viral hemagglutination(바이러스성 적혈구응집반응) 일부 바이러스에 의해 적혈구가 응집되거나 뭉치는 현상.

viral neutralization(바이러스중화) 바이러스가 세포 밖에 존재하는 시기에 IgG, IgM 및 IgA 항체가 바이러스에 결합하여 이들을 불활성화시키거나 중화시키는 항체매개 과정.

viricide(살바이러스제) 바이러스가 숙주세포 안에서 증식하지 못하도록 바이러스를 불활성시키는 제제.

virion(비리온) 완전한 바이러스 입자. 가장 단순한 것은 하나의 핵산 분자를 둘러싸는 단백질 캡시드로 이루어짐.

virioplankton(비리오플랑크톤) 물에 존재하는 바이러스. 해양과 담수 환경에 많은 존재함.

viroid(바이로이드) 단백질 없이 단일가닥의 환상 RNA만으로 이루어진 감염인자. RNA는 아무런 단백질을 암호화하지 않으며 번역되지 않음.

virology(바이러스학) 바이러스와 바이러스에 의한 질병을 연구하는 미생물학의 한 분야.

virulence(독성) 병원체가 가지는 병원성의 세기를 치명률(치사율) 또는 숙주조직에 침입하여 질병을 일으킬 수 있는 정도로 나타냄.

virulence factor(독성인자) 독성이나 병원성에 기여하는 산물로서 일반적으로 단백질이나 탄수화물.

virulent(bacteriophages) viruses[독성(박테리오파지) 바이러스] 바이러스 생활사의 최종단계에서 숙주세포를 파괴하는 바이러스.

virus(바이러스) 단백질 껍질과 핵산 유전체로 이루어진 간단한 비세포성 구조의 감염인자. 독립적인 물질대사를 못하고 살아 있는 숙주세포내에서만 증식.

viruslike particles, VLP(바이러스유사 입자) 전자현미경이나 형광현미경으로 확인되는 바이러스로 추정되는 입자. 이러한 검사방법은 이들이 숙주세포를 감염시킬 수 있는 지 확인할 수 없기 때문에 바이러스로 생각하기 힘듦.

W

wastewater treatment(폐수처리) 물리적 방법 및 생물학적 방법을 이용하여 하수에서 입자물질 및 수용성 물질을 제거하며 병원체를 통제하는 과정.

water activity, aw(수분 활성도) 서식지에서 사용가능한 물의 정량적 측정. 용액 속 수분 활성도는 해당 용액의 상대습도의 백분의 일.

water molds(물곰팡이) 난균류(öomycetes) 참조.

white blood cell, WBC(백혈구) 선천면역 또는 적응면역 기능을 갖고 있는 혈액세포. 혈액을 원심분리할 때 이 세포가 흰색 또는 완충층에서 발견되었기 때문에 이러한 이름이 지어짐.

whole-genome shotgun sequencing(전체유전체 샷건 염기서열분석법) 개별적으로 염기서열 분석이 된 완전한 유전체의 무작위 조각들에 대한 염기서열분석법. 조각들의 뉴클레오티드 서열은 동일한 서열 간의 겹침에 근거하여 적절한 순서로 놓임.

whole-pathogen vaccine(전체병원체 백신) 병원체 전체로 만들어진 백신으로서 사멸한 미생물 또는 살아 있지만 약화된 미생물.

wild type(야생형) 유전자나 표현형에서 가장 흔히 발견되는 유형.

Winogradsky column(위노그라스키 컬럼) 무산소 상태의 하부 구역과 유산소 상태의 상부 구역이 있는 유리 기둥으로 영양이 풍부한 호수에서 발견되는 것과 유사한 조건에서 미생물의 생장을 허용.

wobble(동요) 코돈의 세 번째 위치에 있는 코돈과 안티코돈 사이의 느슨한 염기쌍.

Wolfe cycle(울프 회로) 이산화탄소를 메탄으로 환원하는 생화학적 회로.

World Health Organization(세계보건기구) 스위스 제네바에 위치하는 세계건강협회.

X

xenograft(이종이식) 서로 다른 동물 종간의 조직이식.

xerophilic(호건성 미생물) 낮은 수분활성도의 환경에서 잘 자라는 미생물.

xerotolerant(건조내성) 높은 수분 활성도 값에서는 생장을 할 수 없으면서, 수분 활성도보다 낮은 환경에서 최적의 생장을 보이는 미생물.

Y

yeast(효모) 단세포, 핵이 없는 진균은 출아법이나 이분법의 무성생식으로 또는 포자형성과 같은 유성생식으로 증식함.

yeast artificial chromosome, YAC(효모 인공염색체) 효모의 염색체에서 번식하기 위해 요구되는 모든 요소들을 포함하며, 효모 세포내에서 외부 DNA 조각들의 클로닝에 사용되는 가공된 DNA.

YM shift(YM 전환) 숙주내에서는 효모 형태(Y)로, 환경에서는 균사 형태(M)로 바꾸는 것.

Z

zoonosis, zoonoses(인수공통전염병) 동물에서 사람으로 전파될 수 있는 질병.

zooxanthellae(황록공생조류) 유자포동물과 다른 무척추동물 안에 공생하는 쌍편모조류.

zygomycetes(접합균강) 보통 무격벽 균사를 갖는 진균류의 일조. 유성생식은 접합포자를 통해 이루어짐.

zygospore(접합포자) 접합균류의 특징으로 두꺼운 벽을 지니는 휴면 상태의 유성생식 포자.

기타

α-hemolysis(α-용혈) 용혈 참조

αβ T cells(αβ T 세포) α/β T 세포 수용체를 가진 CD4 또는 CD8 T 세포.

β-hemolysis(β-용혈) 용혈 참조.

β-lactam ring(β-락탐 고리) 1개의 질소와 3개의 탄소로 구성된 고리 모양의 화학구조로 세균 세포벽의 합성을 억제함으로써 항균 활성을 가짐.

β-lactam(β-락탐) β-락탐 고리를 가지고 있는 항생제(예: 페니실린과 세팔로스포린).

β-lactamase(β-락탐분해효소) β-락탐 고리를 가수분해함으로써, 항생제를 불활성화시키는 효소로, 페니실린분해효소(penicillinase)라고도 함.

β-oxidation pathway(β-산화 경로) 지방산 산화의 주요 경로는 NADH, $FADH_2$, 아세틸 조효소 A를 생성하는 것

γδ T cells(γδ T 세포) γ/δ T 세포 수용체를 가진 CD4 또는 CD8 T 세포.

3′ poly-A tail(3′ 폴리-A 꼬리) mRNA 전구체(pre-mRNA) 참조.

3′,5′-cyclic adenosine monophosphate, cAMP (3′,5′-고리형 아데노신 일인산) 박테리아와 다른 유기체의 많은 세포 과정을 조절하는 데 관여하는 작은 뉴클레오티드. 일부 세균에서는 이화작용 억제 작용을 함.

3-hydroxypropionate bi-cycle(3-히드록시프로피온산 이중회로) 녹색비황세균이 CO_2를 고정하기 위해 사용하는 경로.

5′ cap(5′ 캡) mRNA 전구체(pre-mRNA) 참조.

찾아보기

ㄴ

ㄷ

ㄹ

ㅁ

ㅂ

ㅅ

ㅇ

ㅈ

ㅋ

ㅌ

ㅍ

ㅎ

영문

기타